中国电源学会第二十一届学术年会于11月6至9日在深圳召开

会议参会人数超过1200人，图为会议主会场

中国电源学会第二十一届学术年会（CPSSC2015）

中国电源学会秘书长韩家新研究员主持开幕式

中国电源学会理事长徐德鸿教授致开幕词并作大会报告

韩英铎院士作大会报告

臧克茂院士作大会报告

会议程序委员会主席马皓教授介绍会议情况

IEEE-电力电子学会(PELS)主席Braham Ferreira教授作大会报告

美国电源制造商协会(PSMA)主席Ernie Parker先生作大会报告

美国工程院院士Kaushik Rajashekara教授作大会报告

承办单位代表深圳市禾望电气股份有限公司郑大鹏博士作大会报告

富士电机株式会社藤平龙彦博士作大会报告

三菱电机马先奎先生作大会报告

南京航空航天大学阮新波教授作技术讲座

香港理工大学黄思聪教授作技术讲座

西安交通大学刘进军教授作技术讲座

布雷斯特大学Mohamed Benbouzid教授作技术讲座

上海海事大学汤天浩教授作技术讲座

中国电源学会第二十一届学术年会（CPSSC2015）

年会共计安排40个主题分会场

本次年会新设分会场优秀报告人评选

年会安排2个墙报交流时段

年会青年沙龙现场

年会评选出20篇优秀论文

年会为8家特别贡献企业颁奖

第三届中国电源学会科学技术奖颁奖仪式

学会理事长徐德鸿为杰出贡献奖获奖人韩英铎院士颁奖

学会秘书长韩家新为特等奖获奖单位颁奖

学会副理事长刘进军、张波为一等奖获奖单位颁奖

学会副理事长李占师、学术工委会主任马皓为二等奖单位颁奖

学会副理事长陈成辉、第三届科技奖评审委员会副主任康勇为优秀产品创新奖单位颁奖

学会副理事长徐殿国、章进法为青年奖获奖人颁奖

中国电源学会代表团出访美国参加APEC2015国际会议

出访期间参观当地科研机构

出访期间中国电源学会与IEEE 电力电子学会(PELS)进行会谈

出访期间中国电源学会与美国电源制造商协会(PSMA)进行会谈

11月中国电源学会与IEEE PELS在深圳召开工作会议

11月中国电源学会与PSMA召开中美企业交流会

无线电能传输技术及装置专业委员会成立大会
（1月 重庆）

2015国际电力电子创新论坛(3月 上海)

青椒沙龙（4月 北京）

2015中国数据中心基础设施技术年会(5月 北京)

2015年电力电子与变频电源新技术学术论坛(7月 苏州)

固态高功率开关器件研讨会(7月 株洲)

第一届电力电子学科青年学者论坛(7月 长沙)

第四届全国电能质量学术会议暨电能质量行业发展论坛(8月 济南)

2015无线电能传输国际研讨会(8月 武汉)

第十二届变频器行业企业家论坛(8月 苏州)

磁元件新技术应用座谈交流会(11月 深圳)

新能源电能变换技术专委会第二届年会(12月 合肥)

开关电源中的功率变换器拓扑、分析与设计培训会
(3月 北京)

变压器磁技术高级培训会(3月 上海)

电磁技术与 EMI 特性分析培训会(4月 武汉)

高性能电源技术分享与实战技术研讨会(6月 上海)

开关电源设计验证技术培训会(深圳 8月)

高性能电源技术分享与实战技术研讨会(12月
深圳)

功率变换器磁技术分析、测试与应用高级研修班
(5月 福州)

电动和混合动力汽车专题研修班(6月 杭州)

开关电源电磁兼容性专题研修班(8月 杭州)

开关电源电磁兼容性专题研修班实验演示

高功率与功率密度电源变换技术：器件、设计与应用
高级研修班(10月 上海)

高效率高功率密度电源技术与设计高级研讨班
(12月 南京)

其他活动

中国电源学会七届四次常务理事会议胜利召开

中国电源学会七届五次常务理事会议胜利召开

中国电源学会七届三次全体理事会议胜利召开

中国电源学会–Springer电力电子技术英文丛书编委会议

《电源学报》编委会议

直流电源专委会七届二次全体委员会议

中国电源行业年鉴 2016

中国电源学会　编著

机械工业出版社

《中国电源行业年鉴2016》由中国电源学会编著，对电源行业整体发展状况进行了综合性、连续性、史实性的总结和描述，是电源行业权威的资料性工具书。本年度《年鉴》共分为十篇，前两篇：政策法规、宏观经济及相关行业运行情况，主要介绍了与电源行业相关领域的国家政策法规、宏观经济环境及行业运行情况，为行业发展和各单位的决策提供指导和参考；后八篇：电源行业发展报告与综述、电源行业新闻、科研与成果、电源发明专利、电源标准、电源相关科研团队简介、主要电源企业简介、电源新产品，从各个方面介绍了上年度电源行业的发展状况。

本年鉴可供有关政府职能部门、生产企业、高等院校、科研院所、采购单位、检测服务机构和电源工程技术人员参考。

图书在版编目（CIP）数据

中国电源行业年鉴.2016/中国电源学会编著. —北京：机械工业出版社，2016.8

ISBN 978-7-111-54693-1

Ⅰ.①中… Ⅱ.①中… Ⅲ.①电源-电力工业-中国-2016-年鉴 Ⅳ.①TM91-54

中国版本图书馆CIP数据核字（2016）第196459号

机械工业出版社（北京市百万庄大街22号 邮政编码100037）
策划编辑：林春泉 责任编辑：林春泉
责任印制：常天培 责任校对：李锦莉 任秀丽
北京京丰印刷厂印刷
2016年8月第1版·第1次印刷
210mm×297mm·49.5印张·20插页·2082千字
0 001—1 300册
标准书号：ISBN 978-7-111-54693-1
定价：298.00元

凡购本书，如有缺页、倒页、脱页，由本社发行部调换

电话服务	网络服务
服务咨询热线：010-88361066	机工官网：www.cmpbook.com
读者购书热线：010-68326294	机工官博：weibo.com/cmp1952
010-88379203	金书网：www.golden-book.com
封面无防伪标均为盗版	教育服务网：www.cmpedu.com

《中国电源行业年鉴 2016》编辑委员会

（按姓氏笔画为序）

《中国电源行业年鉴 2016》编辑部

前　　言

《中国电源行业年鉴》（简称《年鉴》）是由中国电源学会编著的电源行业权威的资料性工具书，每年出版一期，对上一年度电源行业整体发展状况进行综合性、连续性、史实性的总结和描述，为政府有关部门，为行业科研、生产、采购和应用提供服务和参考。

中国电源学会于1983年成立，是国家一级社团法人，以促进我国电源科学技术进步和电源产业发展为己任，既团结了全国电源界的专家学者和广大科技人员，也汇聚了众多的会员企业。中国电源学会经过近30年的努力和奋斗，为我国电源科技进步和产业发展做出了重要贡献，对电源行业发展状况有着深入和全面的了解，是编辑出版《年鉴》权威性的单位。

本期《年鉴》共分十篇，整体内容划分两个部分。

第一部分是前两篇：政策法规、宏观经济及相关行业运行情况，主要介绍了与电源行业相关的国家政策法规和宏观经济环境，2016年新增加相关行业运行情况介绍等内容，为电源行业的发展和各个单位的决策提供指导和参考。

第二部分是后八篇：电源行业发展报告与综述、电源行业新闻、科研与成果、电源发明专利、电源标准、电源相关科研团队简介、主要电源企业简介、电源新产品，从各个方面介绍了2015年度电源行业的发展状况。

电源行业发展报告与综述篇，今年进一步丰富了市场分析的细分领域，同时增加了对相关领域技术发展的综述性文章。

电源行业新闻篇，包括行业要闻及企业动态，记录了2015年度电源及相关领域的重大事件。

科研与成果篇，包括了第三届中国电源学会科学技术奖获奖成果介绍、自然科学基金、火炬计划电源相关项目名单。

电源发明专利篇，收录了2015年授权的电源相关发明专利。按照申请人顺序排列。

电源标准篇，收录了现在仍在执行的各类电源相关标准，对2015年已经终止的标准做了说明，对2014年新颁布执行的标准专题做了介绍，电源配套产品的标准暂未收录。

电源相关科研团队简介篇今年调整了内容，由以往介绍相关高校院系，进一步细化为对科研团队的介绍，共计收录74个科研团队，较为全面地介绍了主要团队的科研方向及研究项目，帮助企业了解相关情况，促进产学研深入的合作。

主要电源企业简介篇，按照地区和主要产品，对企业进行分类索引，方便读者查阅。

电源新产品篇，新增电源新产品目录，以目录形式收录了更多电源新品，以便读者把握产品发展态势，同时仍选择优秀产品进行整版介绍。

本《年鉴》在编辑过程中，中国自动化产业服务集团、中国电源学会学术工作委员会、电能质量专业委员会、照明电源专业委员会、变频电源与电力传动专业委员会等撰写了相关行业发展报告及技术综述。学会各专业委员会、会员企业、高等院校、科研院所为《年鉴》提供了内容素材，勤发电子股份有限公司、东莞市石龙富华电子有限公司等单位为《年鉴》的出版提供了经费的支持，在此一并表示衷心的感谢。

《年鉴》是资料性工具书，是电源行业发展的历史记录，希望电源界各个方面，包括企业、高等院校、科研机构、标准制定和咨询服务机构等提供资料，撰写文章，使《年鉴》更全面地反映行业发展情况。

由于《年鉴》出版时间较短，编辑出版水平有待提高，希望社会各界读者多提意见和建议，对本《年鉴》的疏漏、错误之处，敬请批评指正。

《中国电源行业年鉴》编辑部

2016年4月

中国电源学会简介

中国电源学会于1983年成立，是在国家民政部注册的国家一级社团法人，业务主管部门是中国科学技术协会。

中国电源学会以促进我国电源科学技术进步和电源产业发展为己任。电源科学技术是采用半导体功率器件、电磁元件、电池等元器件，运用电气工程、自动控制、微电子、电化学、新能源等技术，将粗电加工成高效率、高质量、高可靠性的交流、直流、脉冲等形式的电能的一门多学科交叉的科学技术，在经济建设和社会生活的各个方面具有广泛的应用。

电源涉及的产品范围主要包括：通信电源、不间断电源（UPS）、光伏逆变电源、风力发电变流器、LED驱动电源、通用交流电源、通用直流电源、变频电源、特种电源、蓄电池、充电器、变压器、元器件和电源配套产品等。

中国电源学会的最高权力机构是全国会员代表大会，执行机构是理事会和常务理事会，秘书处是学会常设日常办事机构。

中国电源学会下设直流电源、照明电源、特种电源、变频电源与电力传动、元器件、电能质量、电磁兼容、磁技术、新能源电能变换技术、信息系统供电技术、无线电能传输技术及装置共十一个专业委员会，以及学术、组织、专家咨询、国际交流、科普、编辑、标准化、青年共八个工作委员会。另外，还有业务联系的九个具有法人资格的地方电源学会。

中国电源学会汇聚了全国电源界的专家学者和广大科技人员，每年举办各种类型的学术交流会。两年一届的大型学术年会到2015年已经成功举办了21届，会议规模超过1200人，是国内电源界水平高、规模大的学术会议。自2014年开始，定期举办电力电子技术及应用国际会议暨展示会（IEEE International Power Electronics and Application Conference and Exposition，简称：IEEE PEAC），每四年举办一次，是中国电源领域率先召开的国际性会议。此外，我会每年还举办各种类型的专题研讨会。

中国电源学会汇聚了众多的电源企业，目前拥有近400家企业会员，其中副理事长单位8家，常务理事单位22家，理事单位42家，包括了国内外知名的电源企业。同时，我会与几千家企业保持着联系，形成了覆盖全国的服务和信息网络。

中国电源学会发挥学术界和企业界两大优势，促进产学研相结合，为建立以企业为主体的技术创新体系，全面提升企业的自主创新能力不懈努力。

中国电源学会的出版物有《电源学报》《中国电源行业年鉴》，同时，中国电源学会还组织编辑出版系列丛书、技术专著以及各种学术会议论文集。

由国家科技部批准，在国家科技奖励工作办公室登记注册，中国电源学会于2011年正式设立“中国电源学会科学技术奖”。此奖项在全国范围内评选，是代表本行业、本专业高水平的奖励。2013年举办了第二届评奖活动，其最高获奖项目已向国家科技奖推荐。

中国电源学会积极开展继续教育活动，利用学会的专家资源，每年举办不同的培训班，特别结合当前的技术热点和技术难点，开展培训和服务活动，得到社会各界广泛的关注和支持。

中国电源学会利用网络系统开拓学会服务功能，建立了网上会员注册、网上信息发布、网上技术论坛、网上培训、网上招聘、网上产品推广等，已形成国内电源行业更新快、内容全、人气高的综合性网站。

中国电源学会开展了一系列行业服务活动，如：编写标准、科技成果鉴定、技术服务、技术咨询、参与工程项目评标、评价等。

学会地址：天津市南开区黄河道467号大通大厦16层　　邮编：300110

电话：（022）27680796 27634742　　传真：（022）27687886

网站：www.cpss.org.cn　www.21dianyuan.com　　邮箱：cpss@cpss.org.cn

中国电源学会组织机构名单

主要领导人名单

（按照姓氏笔画排序）

理 事 长：徐德鸿
副理事长：刘进军　李占师　张　波　陈成辉　周雒维
徐殿国　曹仁贤　章进法
秘 书 长：韩家新
副秘书长：张　磊　陈　敏

分支机构及主任委员名单

工作委员会：

学术工作委员会	马　皓
组织工作委员会	张卫平
专家咨询工作委员会	张广明
国际交流工作委员会	刘进军
科普工作委员会	章进法
编辑工作委员会	周雒维
标准化工作委员会	康　勇
青年工作委员会	耿　华

专业委员会：

直流电源专业委员会	阮新波
照明电源专业委员会	徐殿国
特种电源专业委员会	史平君
变频电源与电力传动专业委员会	阮　毅
元器件专业委员会	高　勇
电能质量专业委员会	卓　放
电磁兼容专业委员会	张　波
磁技术专业委员会	陈　为
新能源电能变换技术专业委员会	曹仁贤
信息系统供电技术专业委员会	张广明
无线电能传输技术及装置专业委员会	孙　跃

地方学会及理事长名单

（按学会名称汉语拼音顺序排列）

福建省电源学会	陈道炼
广东省电源学会	张　波
陕西省电源学会	钟彦儒
上海电源学会	汤天浩
四川省能源研究会电源委员会	蒋理平
天津市电源研究会	车延博
武汉市电源学会	林　桦
西安市电源学会	侯振义
浙江省电源学会	吕征宇

中国电源学会理事单位名单

（按单位名称汉语拼音字母顺序先行后列排列）

副理事长单位

常务理事单位

理 事 单 位

目　录

第一篇　政 策 法 规

第二篇　宏观经济及相关行业运行情况

第三篇　电源行业发展报告与综述

第四篇　电源行业新闻

第五篇 科研与成果

第六篇　电源发明专利

第七篇　电 源 标 准

第八篇 电源相关科研团队简介

第九篇 主要电源企业简介（同类企业按单位名称汉语拼音字母顺序排列）

第十篇　电源新产品

第一篇 政策法规

国务院关于推进国际产能和装备制造合作的指导意见

国发〔2015〕30号

各省、自治区、直辖市人民政府，国务院各部委、各直属机构：

近年来，我国装备制造业持续快速发展，产业规模、技术水平和国际竞争力大幅提升，在世界上具有重要地位，国际产能和装备制造合作初见成效。当前，全球产业结构加速调整，基础设施建设方兴未艾，发展中国家大力推进工业化、城镇化进程，为推进国际产能和装备制造合作提供了重要机遇。为抓住有利时机，推进国际产能和装备制造合作，实现我国经济提质增效升级，现提出以下意见。

一、重要意义

（一）推进国际产能和装备制造合作，是保持我国经济中高速增长和迈向中高端水平的重大举措。当前，我国经济发展进入新常态，对转变发展方式、调整经济结构提出了新要求。积极推进国际产能和装备制造合作，有利于促进优势产能对外合作，形成我国新的经济增长点，有利于促进企业不断提升技术、质量和服务水平，增强整体素质和核心竞争力，推动经济结构调整和产业转型升级，实现从产品输出向产业输出的提升。

（二）推进国际产能和装备制造合作，是推动新一轮高水平对外开放、增强国际竞争优势的重要内容。当前，我国对外开放已经进入新阶段，加快铁路、电力等国际产能和装备制造合作，有利于统筹国内国际两个大局，提升开放型经济发展水平，有利于实施“一带一路”、中非“三网一化”合作等重大战略。

（三）推进国际产能和装备制造合作，是开展互利合作的重要抓手。当前，全球基础设施建设掀起新热潮，发展中国家工业化、城镇化进程加快，积极开展境外基础设施建设和产能投资合作，有利于深化我国与有关国家的互利合作，促进当地经济和社会发展。

二、总体要求

（四）指导思想和总体思路。全面贯彻落实党的十八大和十八届二中、三中、四中全会精神，按照党中央、国务院决策部署，适应经济全球化新形势，着眼全球经济发展新格局，把握国际经济合作新方向，将我国产业优势和资金优势与国外需求相结合，以企业为主体，以市场为导向，加强政府统筹协调，创新对外合作机制，加大政策支持力度，健全服务保障体系，大力推进国际产能和装备制造合作，有力促进国内经济发展、产业转型升级，拓展产业发展新空间，打造经济增长新动力，开创对外开放新局面。

（五）基本原则。

坚持企业主导、政府推动。以企业为主体、市场为导向，按照国际惯例和商业原则开展国际产能和装备制造合作，企业自主决策、自负盈亏、自担风险。政府加强统筹协调，制定发展规划，改革管理方式，提高便利化水平，完善支持政策，营造良好环境，为企业“走出去”创造有利条件。

坚持突出重点、有序推进。国际产能和装备制造合作要选择制造能力强、技术水平高、国际竞争优势明显、国际市场有需求的领域为重点，近期以亚洲周边国家和非洲国家为主要方向，根据不同国家和行业的特点，有针对性地采用贸易、承包工程、投资等多种方式有序推进。

坚持注重实效、互利共赢。推动我装备、技术、标准和服务“走出去”，促进国内经济发展和产业转型升级。践行正确义利观，充分考虑所在国国情和实际需求，注重与当地政府和企业互利合作，创造良好的经济和社会效益，实现互利共赢、共同发展。

坚持积极稳妥、防控风险。根据国家经济外交整体战略，进一步强化我国比较优势，在充分掌握和论证相关国家政治、经济和社会情况基础上，积极谋划、合理布局，有力有序有效地向前推进，防止一哄而起、盲目而上、恶性竞争，切实防控风险，提高国际产能和装备制造合作的效用和水平。

（六）主要目标。力争到2020年，与重点国家产能合作机制基本建立，一批重点产能合作项目取得明显进展，形成若干境外产能合作示范基地。推进国际产能和装备制造合作的体制机制进一步完善，支持政策更加有效，服务保障能力全面提升。形成一批有国际竞争力和市场开拓能力的骨干企业。国际产能和装备制造合作的经济和社会效益进一步提升，对国内经济发展和产业转型升级的促进作用明显增强。

三、主要任务

（七）总体任务。将与我装备和产能契合度高、合作愿望强烈、合作条件和基础好的发展中国家作为重点国别，并积极开拓发达国家市场，以点带面，逐步扩展。将钢铁、有色、建材、铁路、电力、化工、轻纺、汽车、通信、工程机械、航空航天、船舶和海洋工程等作为重点行业，分类实施，有序推进。

（八）立足国内优势，推动钢铁、有色行业对外产能合作。结合国内钢铁行业结构调整，以成套设备出口、投资、收购、承包工程等方式，在资源条件好、配套能力强、市场潜力大的重点国家建设炼铁、炼钢、钢材等钢铁生产基地，带动钢铁装备对外输出。结合境外矿产资源开发，延伸下游产业链，开展铜、铝、铅、锌等有色金属冶炼和深加工，带动成套设备出口。

（九）结合当地市场需求，开展建材行业优势产能国际合作。根据国内产业结构调整的需要，发挥国内行业骨干企业、工程建设企业的作用，在有市场需求、生产能力不足的发展中国家，以投资方式为主，结合设计、工程建设、设备供应等多种方式，建设水泥、平板玻璃、建筑卫生陶瓷、新型建材、新型房屋等生产线，提高所在国工业生产能力，增加当地市场供应。

（十）加快铁路“走出去”步伐，拓展轨道交通装备国际市场。以推动和实施周边铁路互联互通、非洲铁路重点区域网络建设及高速铁路项目为重点，发挥我在铁路设计、施工、装备供应、运营维护及融资等方面的综合优势，积极开展一揽子合作。积极开发和实施城市轨道交通项目，扩大城市轨道交通车辆国际合作。在有条件的重点国家建立装配、维修基地和研发中心。加快轨道交通装备企业整合，提升骨干企业国际经营能力和综合实力。

（十一）大力开发和实施境外电力项目，提升国际市场竞争力。加大电力“走出去”力度，积极开拓有关国家火电和水电市场，鼓励以多种方式参与重大电力项目合作，扩大国产火电、水电装备和技术出口规模。积极与有关国家开展核电领域交流与磋商，推进重点项目合作，带动核电成套装备和技术出口。积极参与有关国家风电、太阳能光伏项目的投资和建设，带动风电、光伏发电国际产能和装备制造合作。积极开展境外电网项目投资、建设和运营，带动输变电设备出口。

（十二）加强境外资源开发，推动化工重点领域境外投资。充分发挥国内技术和产能优势，在市场需求大、资源条件好的发展中国家，加强资源开发和产业投资，建设石化、化肥、农药、轮胎、煤化工等生产线。以满足当地市场需求为重点，开展化工下游精深加工，延伸产业链，建设绿色生产基地，带动国内成套设备出口。

（十三）发挥竞争优势，提高轻工纺织行业国际合作水平。发挥轻纺行业较强的国际竞争优势，在有条件的国家，依托当地农产品、畜牧业资源建立加工厂，在劳动力资源丰富、生产成本低、靠近目标市场的国家投资建设棉纺、化纤、家电、食品加工等轻纺行业项目，带动相关行业装备出口。在境外条件较好的工业园区，形成上下游配套、集群式发展的轻纺产品加工基地。把握好合作节奏和尺度，推动国际合作与国内产业转型升级良性互动。

（十四）通过境外设厂等方式，加快自主品牌汽车走向国际市场。积极开拓发展中国家汽车市场，推动国产大型客车、载重汽车、小型客车、轻型客车出口。在市场潜力大、产业配套强的国家设立汽车生产厂和组装厂，建立当地分销网络和维修维护中心，带动自主品牌汽车整车及零部件出口，提升品牌影响力。鼓励汽车企业在欧美发达国家设立汽车技术和工程研发中心，同国外技术实力强的企业开展合作，提高自主品牌汽车的研发和制造技术水平。

（十五）推动创新升级，提高信息通信行业国际竞争力。发挥大型通信和网络设备制造企业的国际竞争优势，巩固传统优势市场，开拓发达国家市场，以用户为核心，以市场为导向，加强与当地运营商、集团用户的合作，强化设计研发、技术支持、运营维护、信息安全的体系建设，提高在全球通信和网络设备市场的竞争力。鼓励电信运营企业、互联网企业采取兼并收购、投资建设、设施运营等方式“走出去”，在海外建设运营信息网络、数据中心等基础设施，与通信和网络制造企业合作。鼓励企业在海外设立研发机构，利用全球智力资源，加强新一代信息技术的研发。

（十六）整合优势资源，推动工程机械等制造企业完善全球业务网络。加大工程机械、农业机械、石油装备、机床工具等制造企业的市场开拓力度，积极开展融资租赁等业务，结合境外重大建设项目的实施，扩大出口。鼓励企业在有条件的国家投资建厂，完善运营维护服务网络建设，提高综合竞争能力。支持企业同具有品牌、技术和市场优势的国外企业合作，鼓励在发达国家设立研发中心，提高机械制造企业产品的品牌影响力和技术水平。

（十七）加强对外合作，推动航空航天装备对外输出。大力开拓发展中国家航空市场，在亚洲、非洲条件较好的国家探索设立合资航空运营企业，建设后勤保障基地，逐步形成区域航空运输网，打造若干个辐射周边国家的区域航空中心，加快与有关国家开展航空合作，带动国产飞机出口。积极开拓发达国家航空市场，推动通用飞机出口。支持优势航空企业投资国际先进制造和研发企业，建立海外研发中心，提高国产飞机的质量和水平。加强与发展中国家航天合作，积极推进对外发射服务。加强与发达国家在卫星设计、零部件制造、有效载荷研制等方面的合作，支持有条件的企业投资国外特色优势企业。

（十八）提升产品和服务水平，开拓船舶和海洋工程装备高端市场。发挥船舶产能优势，在巩固中低端船舶市场的同时，大力开拓高端船舶和海洋工程装备市场，支持有实力的企业投资建厂、建立海外研发中心及销售服务基地，提高船舶高端产品的研发和制造能力，提升深海半潜式钻井平台、浮式生产储卸装置、海洋工程船舶、液化天然气船等产品国际竞争力。

四、提高企业“走出去”能力和水平

（十九）发挥企业市场主体作用。各类企业包括民营企业要结合自身发展需要和优势，坚持以市场为导向，按照商业原则和国际惯例，明确工作重点，制定实施方案，积极开展国际产能和装备制造合作，为我拓展国际发展新空间做出积极贡献。

（二十）拓展对外合作方式。在继续发挥传统工程承包优势的同时，充分发挥我资金、技术优势，积极开展“工程承包 + 融资”、“工程承包 + 融资 + 运营”等合作，有条件的项目鼓励采用 BOT、PPP 等方式，大力开拓国际市场，开展装备制造合作。与具备条件的国家合作，形成合力，共同开发第三方市场。国际产能合作要根据所在国的实际和特点，灵活采取投资、工程建设、技术合作、技术援助等多种方式，与所在国政府和企业开展合作。

（二十一）创新商业运作模式。积极参与境外产业集聚区、经贸合作区、工业园区、经济特区等合作园区建设，营造基础设施相对完善、法律政策配套的具有集聚和辐射效应的良好区域投资环境，引导国内企业抱团出海、集群式“走出去”。通过互联网借船出海，借助互联网企业境外市场、营销网络平台，开辟新的商业渠道。通过以大带小合作出海，鼓励大企业率先走向国际市场，带动一批中小配套企业“走出去”，构建全产业链战略联盟，形成综合竞争优势。

（二十二）提高境外经营能力和水平。认真做好所在国政治、经济、法律、市场的分析和评估，加强项目可行性研究和论证，建立效益风险评估机制，注重经济性和可持续性，完善内部投资决策程序，落实各方面配套条件，精心组织实施。做好风险应对预案，妥善防范和化解项目执行中的各类风险。鼓励扎根当地、致力于长期发展，在企业用工、采购等方面努力提高本地化水平，加强当地员工培训，积极促进当地就业和经济发展。

（二十三）规范企业境外经营行为。企业要认真遵守所在国法律法规，尊重当地文化、宗教和习俗，保障员工合法权益，做好知识产权保护，坚持诚信经营，抵制商业贿赂。注重资源节约利用和生态环境保护，承担社会责任，为当地经济和社会发展积极做贡献，实现与所在国的互利共赢、共同发展。建立企业境外经营活动考核机制，推动信用制度建设。加强企业间的协调与合作，遵守公平竞争的市场秩序，坚决防止无序和恶性竞争。

五、加强政府引导和推动

（二十四）加强统筹指导和协调。根据国家经济社会发展总体规划，结合“一带一路”建设、周边基础设施互联互通、中非“三网一化”合作等，制定国际产能合作规划，明确重点方向，指导企业有重点、有目标、有组织地开展对外工作。

（二十五）完善对外合作机制。充分发挥现有多双边高层合作机制的作用，与重点国家建立产能合作机制，加强政府间交流协调以及与相关国际和地区组织的合作，搭建政府和企业对外合作平台，推动国际产能和装备制造合作取得积极进展。完善与有关国家在投资保护、金融、税收、海关、人员往来等方面合作机制，为国际产能和装备制造合作提供全方位支持和综合保障。

（二十六）改革对外合作管理体制。进一步加大简政放权力度，深化境外投资管理制度改革，取消境外投资审批，除敏感类投资外，境外投资项目和设立企业全部实行告知性备案，做好事中事后监管工作。完善对中央和地方国有企业的境外投资管理方式，从注重事前管理向加强事中事后监管转变。完善对外承包工程管理，为企业开展对外合作创造便利条件。

（二十七）做好外交服务工作。外交部门和驻外使领馆要进一步做好驻在国政府和社会各界的工作，加强对我企业的指导、协调和服务，及时提供国别情况、有关国家合作意向和合作项目等有效信息，做好风险防范和领事保护工作。

（二十八）建立综合信息服务平台。完善信息共享制度，指导相关机构建立公共信息平台，全面整合政府、商协会、企业、金融机构、中介服务机构等信息资源，及时发布国家“走出去”有关政策，以及全面准确的国外投资环境、产业发展和政策、市场需求、项目合作等信息，为企业“走出去”提供全方位的综合信息支持和服务。

（二十九）积极发挥地方政府作用。地方政府要结合本地区产业发展、结构调整和产能情况，制定有针对性的工作方案，指导和鼓励本地区有条件的企业积极有序推进国际产能和装备制造合作。

六、加大政策支持力度

（三十）完善财税支持政策。加快与有关国家商签避免双重征税协定，实现重点国家全覆盖。

（三十一）发挥优惠贷款作用。根据国际产能和装备制造合作需要，支持企业参与大型成套设备出口、工程承包和大型投资项目。

（三十二）加大金融支持力度。发挥政策性银行和开发性金融机构的积极作用，通过银团贷款、出口信贷、项目融资等多种方式，加大对国际产能和装备制造合作的融资支持力度。鼓励商业性金融机构按照商业可持续和风险可控原则，为国际产能和装备制造合作项目提供融资支持，创新金融产品，完善金融服务。鼓励金融机构开展 PPP 项目贷款业务，提升我国高铁、核电等重大装备和产能“走出去”的综合竞争力。鼓励国内金融机构提高对境外资产或权益的处置能力，支持“走出去”企业以境外资产和股权、矿权等权益为抵押获得贷款，提高企业融资能力。加强与相关国家的监管协调，降低和消除准入壁垒，支持中资金融机构加快境外分支机构和服务网点布局，提高融资服务能力。加强与国际金融机构的对接与协调，共同开展境外重大项目合作。

（三十三）发挥人民币国际化积极作用。支持国家开发银行、中国进出口银行和境内商业银行在境外发行人民币债券并在境外使用，取消在境外发行人民币债券的地域限制。加快建设人民币跨境支付系统，完善人民币全球清算服务体系，便利企业使用人民币进行跨境合作和投资。鼓励在境外投资、对外承包工程、大型成套设备出口、大宗商品贸易及境外经贸合作区等使用人民币计价结算，降低“走出去”的货币错配风险。推动人民币在“一带一路”建设中的使用，有序拓宽人民币回流渠道。

（三十四）扩大融资资金来源。支持符合条件的企业和金融机构通过发行股票、债券、资产证券化产品在境内外市场募集资金，用于“走出去”项目。实行境外发债备案制，募集低成本外汇资金，更好地支持企业“走出去”资金需求。

（三十五）增加股权投资来源。发挥中国投资有限责任公司作用，设立业务覆盖全球的股权投资公司（即中投海外直接投资公司）。充分发挥丝路基金、中非基金、东盟基金、中投海外直接投资公司等作用，以股权投资、债务融资等方式，积极支持国际产能和装备制造合作项目。鼓励境内私募股权基金管理机构“走出去”，充分发挥其支持企业“走出去”开展绿地投资、并购投资等的作用。

（三十六）加强和完善出口信用保险。建立出口信用保险支持大型成套设备的长期制度性安排，对风险可控的项目实现应保尽保。发挥好中长期出口信用保险的风险保障作用，扩大保险覆盖面，以有效支持大型成套设备出口，带动优势产能“走出去”。

七、强化服务保障和风险防控

（三十七）加快中国标准国际化推广。提高中国标准国际化水平，加快认证认可国际互认进程。积极参与国际标准和区域标准制定，推动与主要贸易国之间的标准互认。尽早完成高铁、电力、工程机械、化工、有色、建材等行业技术标准外文版翻译，加大中国标准国际化推广力度，推动相关产品认证认可结果互认和采信。

（三十八）强化行业协会和中介机构作用。鼓励行业协会、商会、中介机构发挥积极作用，为企业“走出去”提供市场化、社会化、国际化的法律、会计、税务、投资、咨询、知识产权、风险评估和认证等服务。建立行业自律与政府监管相结合的管理体系，完善中介服务执业规则与管理制度，提高中介机构服务质量，强化中介服务机构的责任。

（三十九）加快人才队伍建设。加大跨国经营管理人才培训力度，坚持企业自我培养与政府扶持相结合，培养一批复合型跨国经营管理人才。以培养创新型科技人才为先导，加快重点行业专业技术人才队伍建设。加大海外高层次人才引进力度，建立人才国际化交流平台，为国际产能和装备制造合作提供人才支撑。

（四十）做好政策阐释工作。积极发挥国内传统媒体和互联网新媒体作用，及时准确通报信息。加强与国际主流媒体交流合作，做好与所在国当地媒体、智库、非政府组织的沟通工作，阐释平等合作、互利共赢、共同发展的合作理念，积极推介我国装备产品、技术、标准和优势产业。

（四十一）加强风险防范和安全保障。建立健全支持“走出去”的风险评估和防控机制，定期发布重大国别风险评估报告，及时警示和通报有关国家政治、经济和社会重大风险，提出应对预案和防范措施，妥善应对国际产能和装备制造合作重大风险。综合运用外交、经济、法律等手段，切实维护我国企业境外合法权益。充分发挥境外中国公民和机构安全保护工作部际联席会议制度的作用，完善境外安全风险预警机制和突发安全事件应急处理机制，及时妥善解决和处置各类安全问题，切实保障公民和企业的境外安全。

国务院

2015年5月13日

国务院办公厅关于加快电动汽车充电基础设施建设的指导意见

国办发〔2015〕73 号

各省、自治区、直辖市人民政府，国务院各部委、各直属机构：

充电基础设施是指为电动汽车提供电能补给的各类充换电设施，是新型的城市基础设施。大力推进充电基础设施建设，有利于解决电动汽车充电难题，是发展新能源汽车产业的重要保障，对于打造大众创业、万众创新和增加公共产品、公共服务“双引擎”，实现稳增长、调结构、惠民生具有重要意义。近年来，各地区、各部门认真贯彻落实国务院决策部署，积极推动电动汽车充电基础设施建设，各项工作取得积极进展，但仍存在认识不统一、配套政策不完善、协调推进难度大、标准规范不健全等问题。为加快电动汽车充电基础设施建设，经国务院同意，现提出以下意见：

一、总体要求

（一）指导思想。全面贯彻落实党的十八大和十八届二中、三中、四中全会精神，按照国务院决策部署，坚持以纯电驱动为新能源汽车发展的主要战略取向，将充电基础设施建设放在更加重要的位置，加强统筹规划，统一标准规范，完善扶持政策，创新发展模式，培育良好的市场服务和应用环境，形成布局合理、科学高效的充电基础设施体系，增加公共产品有效投资，提高公共服务水平，促进电动汽车产业发展和电力消费，方便群众生活，更好惠及民生。

（二）基本原则。

统筹规划，科学布局。加强充电基础设施发展顶层设计，按照“因地制宜、快慢互济、经济合理”的要求，根据各地发展实际，做好充电基础设施建设整体规划，加大公共资源整合力度，科学确定建设规模和空间布局，同步建设充电智能服务平台，形成较为完善的充电基础设施体系。

适度超前，有序建设。着眼于电动汽车未来发展，结合不同领域、不同层次的充电需求，按照“桩站先行”的要求，根据规划确定的规模和布局，分类有序推进建设，确保建设规模适度超前。

统一标准，通用开放。加快制修订充换电关键技术标准，完善有关工程建设、运营服务、维护管理的标准。严格按照工程建设标准建设改造充电基础设施，健全电动汽车和充电设备的产品认证与准入管理体系，促进不同充电服务平台互联互通，提高设施通用性和开放性。

依托市场，创新机制。充分发挥市场主导作用，通过推广政府和社会资本合作（PPP）模式、加大财政扶持力度、建立合理价格机制等方式，引导社会资本参与充电基础设施体系建设运营。鼓励企业结合“互联网+”，创新商业合作与服务模式，创造更多经济社会效益，实现可持续发展。

（三）工作目标。到 2020 年，基本建成适度超前、车桩相随、智能高效的充电基础设施体系，满足超过 500 万辆电动汽车的充电需求；建立较完善的标准规范和市场监管体系，形成统一开放、竞争有序的充电服务市场；形成可持续发展的“互联网+充电基础设施”产业生态体系，在科技和商业创新上取得突破，培育一批具有国际竞争力的充电服务企业。

二、加大建设力度

（四）加强专项规划设计和指导。各地要将充电基础设施专项规划有关内容纳入城乡规划，完善独立占地的充电基础设施布局，明确各类建筑物配建停车场及社会公共停车场中充电设施的建设比例或预留建设安装条件要求。要以用户居住地停车位、单位停车场、公交及出租车场站等配建的专用充电设施为主体，以公共建筑物停车场、社会公共停车场、临时停车位等配建的公共充电设施为辅助，以独立占地的城市快充站、换电站和高速公路服务区配建的城际快充站为补充，形成电动汽车充电基础设施体系。原则上，新建住宅配建停车位应 100% 建设充电设施或预留建设安装条件，大型公共建筑物配建停车场、社会公共停车场建设充电设施或预留建设安装条件的车位比例不低于 10%，每 2000 辆电动汽车至少配套建设一座公共充电站。鼓励建设占地少、成本低、见效快的机械式与立体式停车充电一体化设施。

（五）建设用户居住地充电设施。鼓励充电服务、物业服务等企业参与居民区充电设施建设运营管理，统一开展停车位改造，直接办理报装接电手续，在符合有关法律法规的前提下向用户适当收取费用。对有固定停车位的用户，优先在停车位配建充电设施；对没有固定停车位的用户，鼓励通过在居民区配建公共充电车位，建立充电车位分时共享机制，为用户充电创造条件。

（六）建设单位内部充电设施。具备条件的政府机关、公共机构和企事业单位，要结合单位电动汽车配备更新计划以及职工购买使用电动汽车需求，利用内部停车场资源，规划建设电动汽车专用停车位和充电设施。各地可将有关单位配建充电设施情况纳入节能减排考核奖励范围。

（七）建设公共服务领域充电设施。对于公交、环卫、机场通勤等定点定线运行的公共服务领域电动汽车，应根据线路运营需求，优先在停车场站配建充电设施，沿途合理建设独立占地的快充站和换电站。对于出租、物流、租赁、公安巡逻等非定点定线运行的公共服务领域电动汽车，应充分挖掘单位内部停车场站配建充电设施的潜力，结合城市公共充电设施，实现高效互补。

（八）建设城市公共充电设施。公共充电设施建设应从城市中心向边缘、从城市优先发展区域向一般区域逐步推进。优先在大型商场、超市、文体场馆等建筑物配建停车场以及交通枢纽、驻车换乘（P+R）等公共停车场建设公共充电设施。鼓励在具备条件的加油站配建公共快充设施，适当新建独立占地的公共快充站。鼓励有条件的单位和个人充电设施向社会公众开放。

（九）建设城际快速充电网络。充分利用高速公路服务区停车位建设城际快充站。优先推进京津冀鲁、长三角、珠三角区域城际快充网络建设，适时推进长江中游城市群、中原城市群、成渝城市群、哈长城市群城际快充网络建设，到2020年初步形成覆盖大部分主要城市的城际快充网络，满足电动汽车城际、省际出行需求。

三、完善服务体系

（十）完善充电设施标准规范。加快修订出台充电接口及通信协议等标准，积极推进充电接口互操作性检测、充电服务平台间数据交换等标准的制修订工作，实现充电标准统一。开展充电设施设置场所消防等安全技术措施研究，及时制修订相关标准。完善充换电设备、电动汽车电池等产品标准，明确防火安全要求。制定无线充电等新型充电技术标准。完善充电基础设施计量、计费、结算等运营服务管理规范，加快建立充电基础设施的道路交通标志体系。

（十一）建设充电智能服务平台。大力推进“互联网+充电基础设施”，提高充电服务智能化水平，提升运营效率和用户体验，促进电动汽车与智能电网间能量和信息的双向互动。鼓励围绕用户需求，运用移动互联网、物联网、大数据等技术，为用户提供充电导航、状态查询、充电预约、费用结算等服务，拓展平台增值业务。

（十二）建立互联互通促进机制。组建国家电动汽车充电基础设施促进联盟，配合有关政府部门严格充电设施产品准入管理，开展充电设施互操作性的检测与认证。构建充电基础设施信息服务平台，统一信息交换协议，有效整合不同企业和不同城市的充电服务平台信息资源，促进不同充电服务平台互联互通，为制定实施财税、监管等政策提供支撑。

（十三）做好配套电网接入服务。各地要将充电基础设施配套电网建设与改造项目纳入配电网专项规划，在用地保障、廊道通行等方面给予支持。电网企业要加强充电基础设施配套电网建设与改造，确保电力供应满足充换电设施运营需求；要为充电基础设施接入电网提供便利条件，开辟绿色通道，限时办结。电网企业负责建设、运行和维护充电基础设施产权分界点至电网的配套接网工程，不得收取接网费用，相应资产全额纳入有效资产，成本据实计入准许成本，并按照电网输配电价回收。

（十四）创新充电服务商业模式。鼓励探索大型充换电站与商业地产相结合的发展方式，引导商场、超市、电影院、便利店等商业场所为用户提供辅助充电服务。鼓励充电服务企业通过与整车企业合作、众筹等方式，创新建设充电基础设施商业合作模式，并采取线上线下相结合等方式，提供智能充放电、电子商务、广告等增值服务，提升充电服务企业可持续发展能力。

四、强化支撑保障

（十五）简化规划建设审批。各地要按照简政放权、放管结合、优化服务的要求，减少充电基础设施规划建设审批环节，加快办理速度。个人在自有停车库、停车位，各居住区、单位在既有停车位安装充电设施的，无需办理建设用地规划许可证、建设工程规划许可证和施工许可证。建设城市公共停车场时，无需为同步建设充电桩群等充电基础设施单独办理建设工程规划许可证和施工许可证。新建独立占地的集中式充换电站应符合城市规划，并办理建设用地规划许可证、建设工程规划许可证和施工许可证。

（十六）完善财政价格政策。加大对充电基础设施的补贴力度，加快制定“十三五”期间充电基础设施建设财政奖励办法，督促各地尽快制定有关支持政策并向社会公布，给予市场稳定的政策预期。在产业发展初期通过中央基建投资资金给予适度支持。对向电网经营企业直接报装接电的经营性集中式充换电设施用电，执行大工业用电价格，2020年前暂免收取基本电费；其他充电设施按其所在场所执行分类目录电价。允许充电服务企业向用户收取电费及服务费，对不同类别充电基础设施，指导各地兼顾投资运营主体合理收益与用户使用经济性等，及早出台充电服务费分类指导价格，并在总结各地经验基础上，逐步规范充电服务价格机制。

（十七）拓宽多元融资渠道。各地要有效整合公交、出租车场站以及社会公共停车场等各类公共资源，通过PPP等方式，为社会资本参与充电基础设施建设运营创造条件。鼓励金融机构在商业可持续原则下，创新金融产品和保险品种，综合运用风险补偿等政策，完善金融服务体系。推广股权、项目收益权、特许经营权等质押融资方式，加快建立包括财政出资和社会资本投入的多层次担保体系，积极推动设立融资担保基金，拓宽充电基础设施投资运营企业与设备厂商的融资渠道。鼓励利用社会资本设立充电基础设施发展专项基金，发行充电基础设施企业债券，探索利用基本养老保险基金投资支持充电基础设施建设。

（十八）加大用地支持力度。各地要将独立占地的集中式充换电站用地纳入公用设施营业网点用地范围，按照加油加气站用地供应模式，根据可供应国有建设用地情况，优先安排土地供应。供应新建项目用地需配建充电基础设施的，可将配建要求纳入土地供应条件，允许土地使用权取得人与其他市场主体合作，按要求投资建设运营充电基础设施。鼓励在已有各类建筑物配建停车场、公交场站、社会公共停车场、高速公路服务区等场所配建充电基础设施，地方政府应协调有关单位在用地方面予以支持。

（十九）加大业主委员会协调力度。制定全国统一的私人用户居住地充电基础设施建设管理示范文本。各地房地产行政主管部门、街道办事处和居委会要按照示范文本，主动加强对业主委员会的指导和监督，引导业主支持充电基础设施建设。业主大会、业主委员会应依据示范文本，结合自身实际，明确物业服务区域内建设管理充电基础设施的流程。

（二十）支持关键技术研发。依托示范项目，积极探索充电基础设施与智能电网、分布式可再生能源、智能交通融合发展的技术方案，加强检测认证、安全防护、与电网双向互动、电池梯次利用、无人值守自助式服务、桩群协同控制等关键技术研发。充分发挥企业创新主体作用，加快推动高功率密度、高转换效率、高适用性、无线充电、移动充电等新型充换电技术及装备研发。

（二十一）明确安全管理要求。各地要建立充电基础设施安全管理体系，完善有关制度和标准，加大对用户私拉电线、违规用电、不规范建设施工等行为的查处力度。依法依规对充电基础设施设置场所实施消防设计审核、消防验收以及备案抽查，并加强消防监督检查。行业主管部门要督促充电基础设施运营使用的单位或个人，加强对充电基础设施及其设置场所的日常消防安全检查及管理，及时消除安全隐患。

五、做好组织实施

（二十二）落实地方主体责任。各地要切实承担起统筹推进充电基础设施发展的主体责任，将充电基础设施建设管理作为政府专项工作。建立由发展改革（能源）部门牵头、相关部门紧密配合的协同推进机制，明确职责分工，完善配套政策。2016 年 3 月底前发布充电基础设施专项规划，制定出台充电基础设施建设运营管理办法，并抓好组织实施。

（二十三）加大示范推广力度。各地要结合新能源汽车推广应用需要，针对充电基础设施发展的重点和难点，开展充电基础设施建设与运营模式试点示范。建立“示范小区与单位”、“示范城市与区县”、“城际快充示范区域”三级示范工程体系。在示范项目中要充分发挥现有公共设施的作用，加强政企合作，创新城市充电基础设施建设与运营模式，完善相关标准规范与配套政策，探索各种先进适用充电技术，总结形成可复制、可推广的充电基础设施发展经验，促进充电基础设施加快普及。

（二十四）营造良好舆论环境。各有关部门、企业和新闻媒体要通过多种形式加强对充电基础设施发展政策、规划布局和建设动态等的宣传，让社会各界全面了解充电基础设施，吸引更多社会资本参与充电基础设施建设运营，同时加强舆论监督，曝光阻碍充电基础设施建设、损害消费者权益等行为，形成有利于充电基础设施发展的舆论氛围。

（二十五）形成合力协同推进。发展改革委、能源局要会同工业和信息化部、住房城乡建设部、国土资源部等有关部门，依托节能与新能源汽车产业发展部际联席会议制度，加强部门协同配合，强化对各地的指导与监督，及时总结推广成功经验和有效做法，重大情况及时向国务院报告。能源局要从严格标准执行、理顺价格机制、加强供电监管、促进互联互通、引入社会资本等方面加快完善充电服务监管；住房城乡建设部、国土资源部、公安部要分别从规划建设标准、设施用地、消防安全和交通标志等方面为充电基础设施建设运营创造有利条件；财政部、银监会、保监会要通过加大财政支持、强化金融服务与保障等方式，增强社会资本信心。国管局、国资委要分别指导政府机关、公共机构和国有企事业单位率先在内部停车场建设充电基础设施。其他相关部门要按照各自职责分工，做好协同配合工作。

国务院办公厅

2015 年 9 月 29 日

国家发展改革委、国家能源局关于促进智能电网发展的指导意见

发改运行［2015］1518号

北京市、河北省、江西省、河南省、陕西省、西藏自治区发展改革委，各省、自治区、直辖市经信委（工信委、工信厅）、能源局，中国电力企业联合会，国家电网公司、中国南方电网有限责任公司：

智能电网是在传统电力系统基础上，通过集成新能源、新材料、新设备和先进传感技术、信息技术、控制技术、储能技术等新技术，形成的新一代电力系统，具有高度信息化、自动化、互动化等特征，可以更好地实现电网安全、可靠、经济、高效运行。发展智能电网是实现我国能源生产、消费、技术和体制革命的重要手段，是发展能源互联网的重要基础。为促进智能电网发展，现提出以下指导意见。

一、发展智能电网的重要意义

发展智能电网，有利于进一步提高电网接纳和优化配置多种能源的能力，实现能源生产和消费的综合调配；有利于推动清洁能源、分布式能源的科学利用，从而全面构建安全、高效、清洁的现代能源保障体系；有利于支撑新型工业化和新型城镇化建设，提高民生服务水平；有利于带动上下游产业转型升级，实现我国能源科技和装备水平的全面提升。

二、总体要求

（一）指导思想

坚持统筹规划、因地制宜、先进高效、清洁环保、开放互动、服务民生等基本原则，深入贯彻落实国家关于实现能源革命和建设生态文明的战略部署，加强顶层设计和统筹协调；推广应用新技术、新设备和新材料，全面提升电力系统的智能化水平；全面体现节能减排和环保要求，促进集中与分散的清洁能源开发消纳；与智慧城市发展相适应，构建友好开放的综合服务平台，充分发挥智能电网在现代能源体系中的关键作用。发挥智能电网的科技创新和产业培育作用，鼓励商业模式创新，培育新的经济增长点。

（二）基本原则

坚持统筹规划。编制智能电网战略规划，发挥电力企业、装备制造企业、用户等市场主体的积极性，在合作共赢的基础上合力推动智能电网发展。

坚持集散并重。客观认识我国国情和能源资源赋存与消费逆向分布的实际，在进一步发挥电网在更大范围优化配置能源资源作用的同时，提高输电网智能化水平。与此同时，加强发展智能配电网，鼓励分布式电源和微网建设，促进能源就地消纳。

坚持市场化。充分发挥市场在资源配置中的决定性作用，探索运营模式创新，鼓励社会资本进入，激发市场活力。

坚持因地制宜。各地要综合考虑经济发展水平、能源资源赋存、基础条件等差异，结合本地实际，推进本地智能电网发展。

（三）发展目标

到2020年，初步建成安全可靠、开放兼容、双向互动、高效经济、清洁环保的智能电网体系，满足电源开发和用户需求，全面支撑现代能源体系建设，推动我国能源生产和消费革命；带动战略性新兴产业发展，形成有国际竞争力的智能电网装备体系。

实现清洁能源的充分消纳。构建安全高效的远距离输电网和可靠灵活的主动配电网，实现水能、风能、太阳能等各种清洁能源的充分利用；加快微电网建设，推动分布式光伏、微燃机及余热余压等多种分布式电源的广泛接入和有效互动，实现能源资源优化配置和能源结构调整。

提升输配电网络的柔性控制能力。提高交直流混联电网智能调控、经济运行、安全防御能力，示范应用大规模储能系统及柔性直流输电工程，显著增强电网在高比例清洁能源及多元负荷接入条件下的运行安全性、控制灵活性、调控精确性、供电稳定性，有效抵御各类严重故障，供电可靠率处于全球先进水平。

满足并引导用户多元化负荷需求。建立并推广供需互动用电系统，实施需求侧管理，引导用户能源消费新观念，实现电力节约和移峰填谷；适应分布式电源、电动汽车、储能等多元化负荷接入需求，打造清洁、安全、便捷、有序的互动用电服务平台。

三、主要任务

（一）建立健全网源协调发展和运营机制，全面提升电源侧智能化水平

加强传统能源和新能源发电的厂站级智能化建设，开展常规电源的参数实测，提升电源侧的可观性和可控性，实现电源与电网信息的高效互通，进一步提升各类电源的调控能力和网源协调发展水平；优化电源结构，引导电源主动参与调峰调频等辅助服务，建立相应运营补偿机制。

（二）增强服务和技术支撑，积极接纳新能源

推广新能源发电功率预测及调度运行控制技术；推广

分布式能源、储能系统与电网协调优化运行技术，平抑新能源波动性；开展柔性直流输电技术试点，创新可再生能源电力送出方式；推广具有即插即用、友好并网特点的并网设备，满足新能源、分布式电源广泛接入要求。加强新能源优化调度与评价管理，提高新能源电站试验检测与安全运行能力；鼓励在集中式风电场、光伏电站配置一定比例储能系统，鼓励因地制宜开展基于灵活电价的商业模式示范；健全广域分布式电源运营管理体系，完善分布式电源调度运行管理模式；在海岛、山区等偏远区域，积极鼓励发展分布式能源和微电网，解决无电、缺电地区的供电保障问题。

（三）加强能源互联，促进多种能源优化互补

鼓励在可再生能源富集地区推进风能、光伏、储能优化协调运行；鼓励在集中供热地区开展清洁能源与可控负荷协调运行、能源互联网示范工程；鼓励在城市工业园区（商业园区）等区域，开展能源综合利用工程示范，以光伏发电、燃气冷热电三联供系统为基础，应用储能、热泵等技术，构建多种能源综合利用体系。加快源－网－荷感知及协调控制、能源与信息基础设施一体化设备、分布式能源管理等关键技术研发。完善煤、电、油、气领域信息资源共享机制，支持水、气、电集采集抄，建设跨行业能源运行动态数据集成平台，鼓励能源与信息基础设施共享复用。

（四）构建安全高效的信息通信支撑平台

充分利用信息通信技术，构建一体化信息通信系统和适用于海量数据的计算分析和决策平台，整合智能电网数据资源，挖掘信息和数据资源价值，全面提升电力系统信息处理和智能决策能力，为各类能源接入、调度运行、用户服务和经营管理提供支撑。在统一的技术架构、标准规范和安全防护的基础上，建设覆盖规划、建设、运行、检修、服务等各领域信息应用系统。

（五）提高电网智能化水平，确保电网安全、可靠、经济运行

探索新型材料在输变电设备中的应用，推广建设智能变电站，合理部署灵活交流、柔性直流输电等设施，提高动态输电能力和系统运行灵活性；推广应用输变电设备状态诊断、智能巡检技术；建立电网对冰灾、山火、雷电、台风等自然灾害的自动识别、应急、防御和恢复系统；建立适应交直流混联电网、高比例清洁能源、源-网-荷协调互动的智能调度及安全防御系统。根据不同地区配电网发展的差异化需求，部署配电自动化系统，鼓励发展配网柔性化、智能测控等主动配电网技术，满足分布式能源的大规模接入需求。鼓励云计算、大数据、物联网、移动互联网、骨干光纤传送网、能源路由器等信息通信技术在电力系统的应用支撑，建立开放、泛在、智能、互动、可信的电力信息通信网络。鼓励交直流混合配用电技术研究与试点应用，探索配电网发展新模式。

（六）强化电力需求侧管理，引导和服务用户互动

推广智能计量技术应用，完善多元化计量模式和互动功能；推广区域性自动需求响应系统、智能小区、智能园区以及虚拟电厂定制化工程方案；加快电力需求侧管理平台建设，支持需求侧管理预测分析决策、信息发布、双向调度技术研究应用；探索灵活多样的市场化交易模式，建立健全需求响应工作机制和交易规则，鼓励用户参与需求响应，实现与电网协调互动。

（七）推动多领域电能替代，有效落实节能减排

推广低压变频、绿色照明、企业配电网管理等成熟电能替代和节能技术；推广电动汽车有序充电、V2G（Vehicle-to-Grid）及充放储一体化运营技术。加快建设电动汽车智能充电服务网络；建设车网融合模式下电动汽车充放电智能互动综合示范工程；鼓励动力电池梯次利用示范应用。鼓励在新能源富集地区开展大型电采暖替代燃煤锅炉、大型蓄冷（热）、集中供冷（热）站示范工程；推广港口岸电、热泵、家庭电气化等电能替代项目。

（八）满足多元化民生用电，支撑新型城镇化建设

建设低碳、环保、便捷的以用电信息采集、需求响应、分布式电源、储能、电动汽车有序充电、智能家居为特征的智能小区、智能楼宇、智能园区；探索光伏发电等在新型城镇化和农业现代化建设中的应用，推动用户侧储能应用试点；建立面向智慧城市的智慧能源综合体系，建设智能电网综合能量信息管理平台，支撑我国新城镇新能源新生活建设行动计划。

（九）加快关键技术装备研发应用，促进上下游产业健康发展

配合“互联网＋”智慧能源行动计划，加强移动互联网、云计算、大数据和物联网等技术在智能电网中的融合应用；加快灵活交流输电、柔性直流输电等核心设备的国产化；加紧研制和开发高比例可再生能源电网运行控制技术、主动配电网技术、能源综合利用系统、储能管理控制系统和智能电网大数据应用技术等，实现智能电网关键技术突破，促进智能电网上下游产业链健康快速发展。

（十）完善标准体系，加快智能电网标准国际化

加快建立系统、完善、开放的智能电网技术标准体系，加强国内标准推广应用力度；加强智能电网标准国际合作，支持和鼓励企业、科研院所积极参与国际行业组织的标准化制定工作，加快推动国家智能电网标准国际化。

四、保障措施

（一）加强组织协调，统筹推动智能电网发展

一是建立组织协调机制。加强政府部门间协调，研究落实支持智能电网发展的财税、科技、人才等扶持政策，加强国际交流与合作，推动智能电网技术、标准和装备走出去。二是建立科技创新机制。充分发挥政府、企业和高校科研机构的作用，加强顶层设计，建立开放共享的智能电网科技创新体系。

（二）加大投资支持力度，完善电价机制

一是加大投资支持力度。加大国有资本预算支持力度；研究设立智能电网中央预算内投资专项，支持储能、智能用电、能源互联网等重点领域示范项目。二是促进形成多元化投融资体制。鼓励金融机构拓展适合智能电网发展的融资方式和配套金融服务，支持智能电网相关企业通过发行企业债等多种手段拓展融资渠道。鼓励并引进推广智能电网新技术、新产品，从成果转化的效益中提出一定份额用于技术创新的再投入。三是鼓励探索灵活电价机制。结合不同地区智能电网综合示范项目，提供能反映成本和供需关系的电价信号，引导用电方、供电方及第三方主动参与电力需求侧管理。在电力价格市场化之前，鼓励探索完善峰谷电价等电价政策，支持储能产业发展。

（三）营造产业发展环境，鼓励商业模式创新

一是建立产业联盟推动市场化发展。发挥政府桥梁纽带作用，支持建立产业联盟，促进形成统一规范的技术和产品标准，构建多方共赢的市场运作模式。二是鼓励智能电网商业模式创新。探索互联网与能源领域结合的模式和路径，鼓励将用户主导、线上线下结合、平台化思维、大数据等互联网理念与智能电网增值服务结合。依托示范工程开展电动汽车智能充电服务、可再生能源发电与储能协调运行、智能用电一站式服务、虚拟电厂等重点领域的商业模式创新。

国家发展改革委
国家能源局
2015 年 7 月 6 日

国家发展改革委《电动汽车充电基础设施发展指南（2015~2020年）》

一、前言

随着我国经济社会发展水平不断提高，汽车保有量持续攀升。大力发展电动汽车，能够加快燃油替代，减少汽车尾气排放，对保障能源安全、促进节能减排、防治大气污染、推动我国从汽车大国迈向汽车强国具有重要意义。

充电基础设施主要包括各类集中式充换电站和分散式充电桩，完善的充电基础设施体系是电动汽车普及的重要保障。进一步大力推进充电基础设施建设，是当前加快电动汽车推广应用的紧迫任务，也是推进能源消费革命的一项重要战略举措。

为落实国务院关于加快新能源汽车推广应用的战略部署，根据《节能与新能源汽车产业发展规划（2012~2020年）》（国发〔2012〕22号），特制定本指南，期限为2015~2020年。

二、发展基础

“十二五”以来，我国充电基础设施发展取得了突破，积累了经验，为下一步发展奠定了基础。

设施建设稳步推进。为落实国家新能源汽车示范推广应用工作有关要求，各级政府和相关企业积极开展充电基础设施建设。建设主体呈现多元化发展态势，除部分大型央企外，地方国企、民营企业、外资企业也逐步参与到充电基础设施的建设。截至2014年底，全国共建成充换电站780座，交直流充电桩3.1万个，为超过12万辆电动汽车提供充换电服务。

充电网络逐步形成。结合新能源汽车示范推广，在深圳、杭州、合肥等地已建成较大规模的城市充电服务网络，在苏沪杭地区已初步建成城际充电服务网络，在京沪、京港澳、青银等高速公路沿线已基本建成省际充电服务网络。

技术水平不断提高。交直流充电桩、双向充放电机、电池快速更换系统等设备已实现国产化，无线充电、移动充电等新型充电技术已开展试点运营；充电基础设施监控、计量、计费及保护等技术日趋成熟；充电基础设施的信息化和自动化水平不断提高；充电基础设施与新能源、智能电网及智能交通等技术融合已开展试点应用。

标准体系逐步完善。我国已基本建立充电基础设施标准体系，包括术语、动力电池箱、充电系统及设备、充换电接口、换电系统及设备、充/换电站及服务网络、建设与运行、附加设备等8个部分，约60项标准，在国际标准制定中的影响力逐步增强。

支持政策陆续出台。国家不断加大对充电基础设施的政策支持力度，印发了《国务院办公厅关于加快新能源汽车推广应用的指导意见》（国办发〔2014〕35号），有关部门抓紧制定配套支持政策，已出台充电价格、财政奖励等文件，其他政策将陆续发布。一些省市地方政府也相继出台了充电基础设施财政补贴、充电服务指导价格等配套支持政策。

三、问题挑战

充电基础设施在国内外均处于起步阶段，由于涉及城市规划、建设用地、建筑物及配电网改造、居住地安装条件、投资运营模式等方面，利益主体多，推进难度大。

电动汽车及其充电技术的不确定性大。电动汽车产业尚处于发展初期，动力电池及充电等关键技术发展日新月异，不同技术方案对应的充电需求存在较大差异，增加了充电基础设施建设与管理的难度，加大了投资运营风险，影响了社会资本参与的积极性。

充电基础设施与电动汽车发展不协调。在电动汽车产业发展过程中，普遍存在注重车而不注重充电基础设施的问题，有车无桩、有桩无车现象并存。一方面，部分地区电动汽车增长较快，但充电基础设施建设规模不足；另一方面，由于用户对电动汽车接受度不高以及地方保护等原因，使得电动汽车增长总体低于预期，加上部分充电基础设施建设布局不合理，以及设施通用性较差等问题，造成充电基础设施利用率较低。

充电基础设施建设难度较大。充电基础设施建设需要规划、用地、电力等多项前提条件，在实施过程中涉及多个主管部门和相关企业。在社会停车场所建设充电基础设施，面对众多分散的利益主体，协调难度大。在私人乘用车领域，大量停车位不固定的用户不具备安装条件；对于具备安装条件的用户，存在业主委员会不支持和物业服务企业不配合的现象。此外，由于充电基础设施还涉及公共电网、用户侧电力设施、道路管线等改造，也增加了建设难度。

充电服务的成熟商业模式尚未形成。在部分城市的公交、出租等特定领域，通过实行燃油对价、峰谷电价、充电服务费等措施，商业模式探索取得一定进展，但仍不具备大范围推广应用的条件。在面向社会公众的公共充电服务领域，商业模式探索处于起步阶段，由于电动汽车数量少、设施利用率低、价格机制不健全等原因，充电服务企业普遍亏损。

充电基础设施标准规范体系有待完善。充电基础设施设备接口、通信协议等技术标准亟需完善。已颁布的部分技术标准未严格执行，造成不同品牌的电动汽车与不同厂商的充电基础设施不兼容，充电便利性大大下降。充电基础设施相关工程建设标准有待进一步完善。充电基础设施与充电服务平台的通信协议、结算体系等标准不统一，充电服务平台的服务能力和质量未能满足用户需求。配套支持政策仍需加强。部分地方政府对充电基础设施发展的重视程度不够，缺少配套支持政策，在城市建设及相关规划中对充电基础设施考虑不足，对充电基础设施的长期用地政策有待进一步明确和细化，充电基础设施财税支持政策与电动汽车支持政策不匹配，对社会资本吸引力不足，对居民区、社会停车场等安装困难的场所协调推动不够。

四、需求预测

根据我国在公交、出租、环卫与物流等专用车、公务与私人乘用车等领域的汽车增长趋势，结合国家新能源汽车推广应用相关政策要求和规划目标，经测算，到2020年全国电动汽车保有量将超过500万辆，其中电动公交车超过20万辆，电动出租车超过30万辆，电动环卫、物流等专用车超过20万辆，电动公务与私人乘用车超过430万辆。

根据各应用领域电动汽车对充电基础设施的配置要求，经分类测算，2015年到2020年需要新建公交车充换电站3848座，出租车充换电站2462座，环卫、物流等专用车充电站2438座，公务车与私家车用户专用充电桩430万个，城市公共充电站2397座，分散式公共充电桩50万个，城际快充站842座。

在北京、天津、河北、辽宁、山东、上海、江苏、浙江、安徽、福建、广东、海南等电动汽车发展基础较好，雾霾治理任务较重，应用条件较优越的加快发展地区，预计到2020年，推广电动汽车规模将达到266万辆，需要新建充换电站7400座，充电桩250万个。

在山西、内蒙古、吉林、黑龙江、江西、河南、湖北、湖南、重庆、四川、贵州、云南、陕西、甘肃等示范推广地区，预计到2020年，推广电动汽车规模将达到223万辆，需要新建充换电站4300座，充电桩220万个。

在广西、西藏、青海、宁夏、新疆等尚未被纳入国家新能源汽车推广应用范围的积极促进地区，预计到2020年，推广电动汽车规模将达到11万辆，需要新建充换电站400座，充电桩10万个。

五、指导思想与原则

（一）指导思想

全面贯彻国家新能源汽车发展战略部署，加强规划指导，因地分类实施；完善标准体系，强化政策引领；鼓励社会参与，创新发展模式，发挥市场作用；系统科学地构建高效开放、与电动汽车发展相适应的充电基础设施体系，保障和促进电动汽车产业健康快速发展。

（二）基本原则

整体谋划、系统推进、适度超前。加强我国充电基础设施发展的顶层设计，将充电基础设施放在更加重要的位置，从发展全局的高度进行整体统筹。建立政府有关部门与相关企业各司其职、各尽所能、群策群力、合作共赢的系统推进机制，按照“桩站先行”的原则，适度超前建设，推进充电基础设施科学发展。

因地制宜、分类实施、经济合理。根据各地区电动汽车发展阶段和应用特点，紧密结合不同领域、不同层次的充电需求，遵循“市场主导、快慢互济”的技术导向，科学把握发展节奏，分类有序实施，加大交通、市政、电力等公共资源整合力度，合理布局充电基础设施，降低建设成本，节约土地资源。

统一标准、规范建设、通用开放。坚持按照国家标准建设充电基础设施，加快完善充换电标准体系，为“车行天下”提供有力保障。规范充电基础设施建设运营，理顺管理流程，健全管理机制。实现充电服务平台之间的互联互通，提高充电服务的通用性和开放性。

创新思路、市场主导、示范引领。鼓励地方政府与企业发挥创新主体作用，持续开展充电基础设施建设与运营模式创新。加快完善政策环境，发挥市场主导作用，鼓励引导社会资本参与，激发市场活力。加强示范推广，为充电基础设施发展探索新途径，积累新经验。

加强领导、协同推动、加快发展。落实地方政府充电基础设施发展的主体责任，建立由各地发展改革委（能源局）牵头，相关主管部门紧密配合的协同推进机制。加强宣传引导和项目协调，充分调动企业和社会各方积极性，形成合力，加快发展。

六、发展目标

（一）总体目标

根据需求预测结果，按照适度超前原则明确充电基础设施建设目标。到2020年，新增集中式充换电站超过1.2万座，分散式充电桩超过480万个，以满足全国500万辆电动汽车充电需求。

优先建设公交、出租及环卫与物流等公共服务领域充电基础设施，新增超过3850座公交车充换电站、2500座出租车充换电站、2450座环卫物流等专用车充电站。

积极推进公务与私人乘用车用户结合居民区与单位停车位配建充电桩，新增超过430万个用户专用充电桩，以满足基本充电需求。鼓励有条件的设施对社会公众开放。

合理布局社会停车场所公共充电基础设施，按照适度超前原则，新增超过2400座城市公共充电站与50万个分散式公共充电桩，以满足临时补电需要。

结合骨干高速公路网，建设“四纵四横”的城际快充网络，新增超过800座城际快充站，以满足城际出行需要。

（二）分区域建设目标

1. 加快发展地区

到2020年新增集中式充换电站超过7400座，分散式充电桩超过250万个，以满足超过266万辆电动汽车充电需求。

在新能源汽车推广应用城市，公共充电桩与电动汽车比例不低于1:7，城市核心区公共充电服务半径小于0.9公里；其他城市公共充电桩与电动汽车比例力争达到1:12，城市核心区公共充电服务半径力争小于2公里。

率先建成京津冀、长三角、珠三角三个雾霾防治重点区域的城际快充网络，各主要城市间实现互联互通。

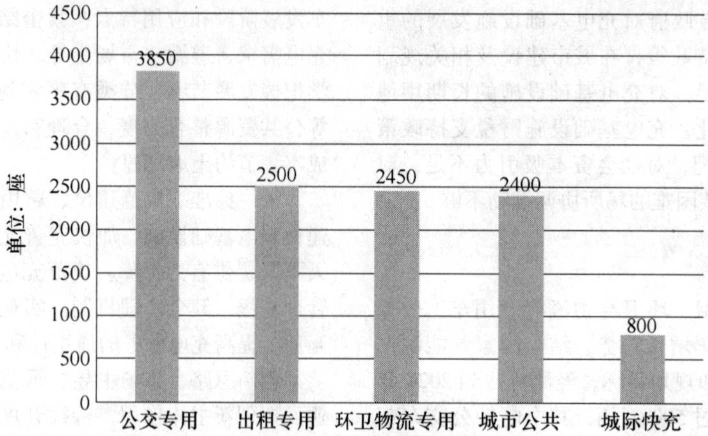

a) 集中式充换电站

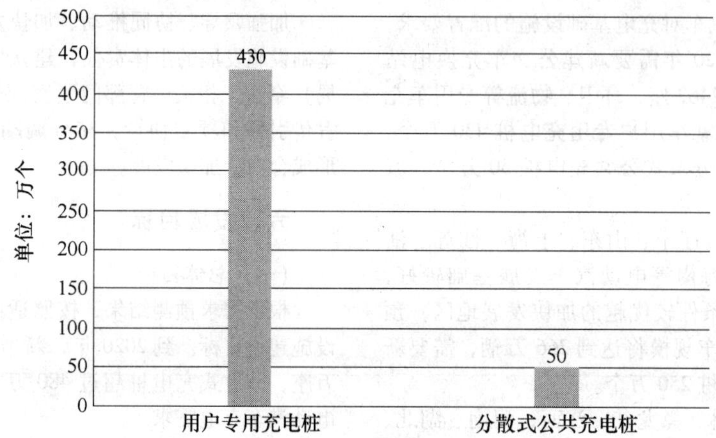

b) 分散式充换电桩

图 6-1 2015~2020 年新增各类充电设施总体目标

2. 示范推广地区

到 2020 年新增集中式充换电站超过 4300 座，分散式充电桩超过 220 万个，以满足超过 223 万辆电动汽车充电需求。

在新能源汽车推广应用城市，公共充电桩与电动汽车比例不低于 1:8，城市核心区公共充电服务半径小于 1 公里；其他城市公共充电桩与电动汽车比例力争达到 1:15，城市核心区公共充电服务半径力争小于 2.5 公里。

加强与加快发展地区的互联互通，以高速公路网为基础，逐步推进全国范围的城际快充网络建设。

3. 积极促进地区

到 2020 年新增集中式充换电站超过 400 座，分散式充电桩超过 10 万个，以满足超过 11 万辆电动汽车充电需求。

省会等主要城市公共充电桩与电动汽车比例不低于 1:12，城市核心区公共充电服务半径小于 2 公里。

按需开展城际快充网络建设。

（三）分场所建设目标

1. 结合公交、出租、环卫与物流等公共服务领域专用停车场所，适当补充独立占地的充换电站，新建超过 3850 座公交车充换电站，超过 2500 座出租车充换电站，超过 2450 座环卫与物流等专用车充电站。

2. 在居民区，建成超过 280 万个用户专用充电桩。鼓励有条件的设施对社会公众开放。

3. 在公共机构、企事业单位、写字楼、工业园区等单位内部停车场，建成超过 150 万个用户专用充电桩。鼓励有条件的设施对社会公众开放。

4. 在交通枢纽、大型文体设施、城市绿地、大型建筑物配建停车场、路边停车位等城市公共停车场所，建成超过 2400 座城市公共充电站与 50 万个分散式公共充电桩。

5. 在城际高速公路服务区，2015 年之前初步形成“四纵两横三环”（四纵：京沪高速、京港澳高速、沈海高速、京台高速，两横：青银高速、沪蓉高速，三环：京津冀、长三角、珠三角）的城际快充网络，建成超过 500 座城市快充站；2020 年之前形成“四纵四横”（四纵：沈海、京沪、京台、京港澳，四横：青银、连霍、沪蓉、沪昆）城际快充网络，建成超过 1000 座城市快充站。

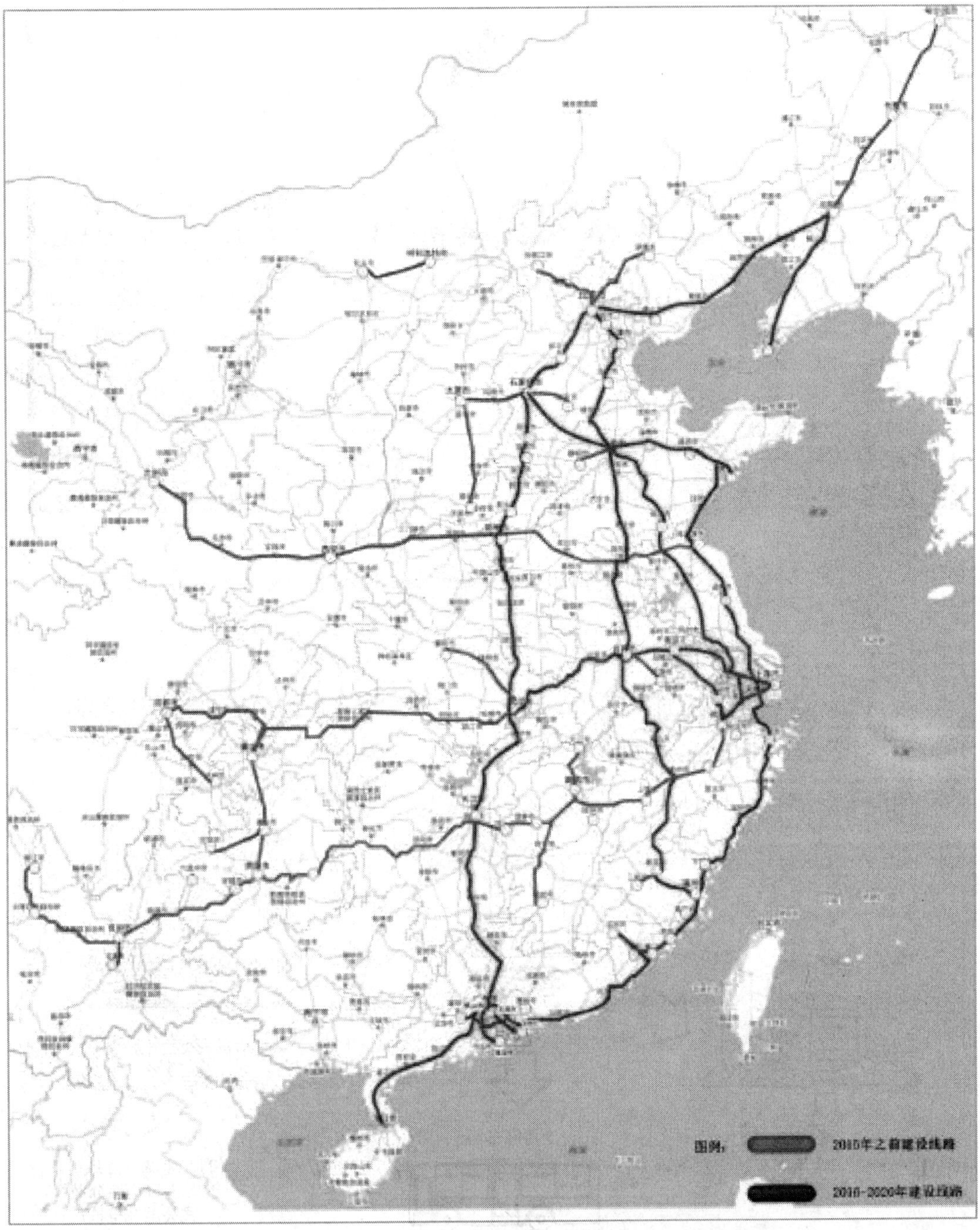

图 6-2 全国城际快充网络规划图

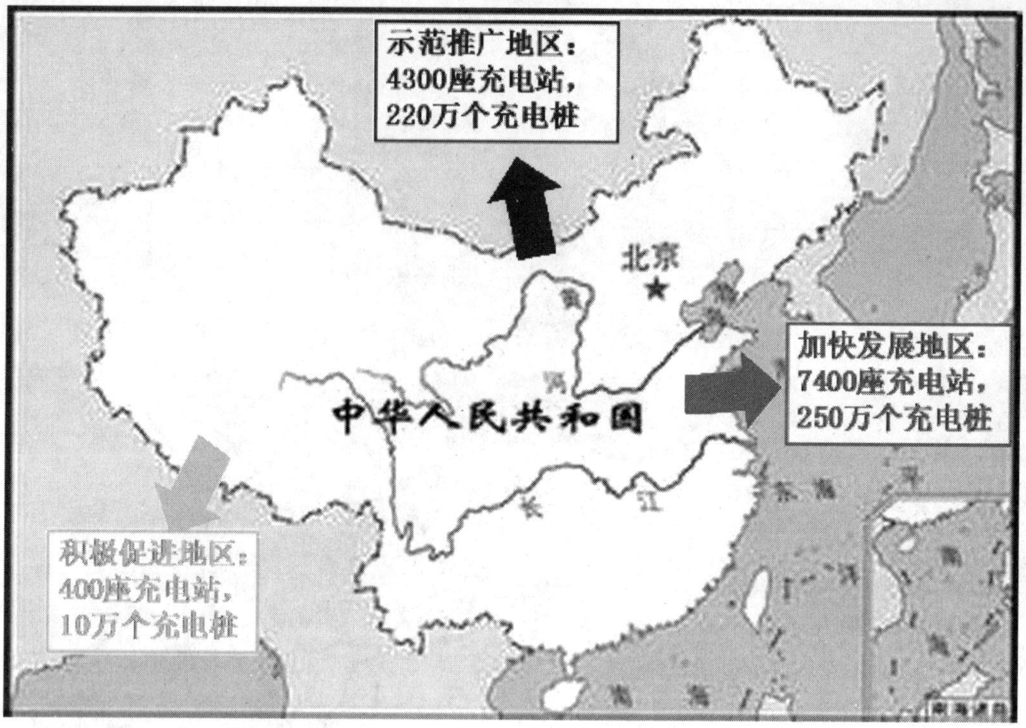

图6-3　2015—2020 充电基础设施分区域建设目标

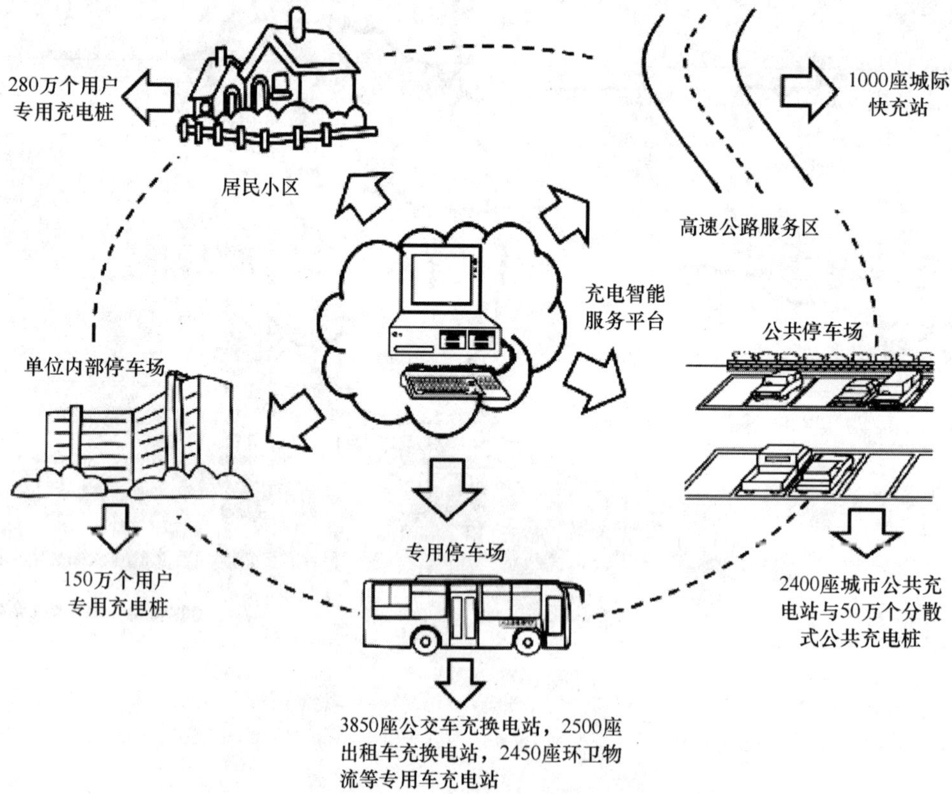

图6-4　到2020年充电基础设施分场所建设目标

七、重点任务

（一）推动充电基础设施体系建设

以用户居住地停车位、单位内部停车场、公交及出租等专用场站配建的专用充电基础设施为主体，以城市公共建筑物配建停车场、社会公共停车场、路内临时停车位配建的公共充电基础设施为辅助，以独立占地的城市快充站、换电站和高速公路服务区配建的城际快充站为补充，以充电智能服务平台为支撑，加快建设适度超前、布局合理、功能完善的充电基础设施体系。

1. 着力推进公共服务领域充电基础设施建设

对于公交、环卫、机场通勤等定点定线运行的公共服务领域电动汽车，应根据线路运营需求，优先结合停车场站建设充电基础设施；可根据实际需求，建设一定数量独立占地的快充站与换电站。对于出租、物流、租赁、公安巡逻等非定点定线运行的公共服务领域电动汽车，应充分挖掘有关单位内部停车场站配建充电基础设施的潜力，同步推进城市公共充电基础设施建设，通过内部专用设施与公共设施的高效互补提高用车便捷性。

2. 加快推动用户居住地充电基础设施建设

对于有固定停车位的用户，优先结合停车位建设充电桩。对于无固定停车位的用户，鼓励企业通过配建一定比例的公共充电车位，建立充电车位的分时共享机制，开展机械式和立体式停车充电一体化设施建设与改造等方式为用户充电创造条件。引导充电服务、物业服务等相关企业参与居民区的充电基础设施建设与运营，鼓励企业统一开展停车位改造和直接办理报装接电手续，允许企业在不违反相关法规的前提下向用户适当收费，建立合理反映各方“责、权、利”的市场化推进机制，切实解决居民区充电基础设施建设面临的“最后一公里”难题。

3. 积极开展单位内部停车场充电基础设施建设

具备条件的政府机关、公共机构及企事业单位，要结合单位电动汽车配备更新计划以及职工购买使用电动汽车需求，利用单位内部停车场资源，规划电动汽车专用停车位，配建充电桩。各地可将有关单位配建充电基础设施情况纳入节能减排考核奖励范围。

4. 加快推进城市公共充电网络建设

优先结合大型商场、文体场馆等建筑物配建停车场，以及交通枢纽、驻车换乘（P＋R）等社会公共停车场开展城市公共充电基础设施建设，鼓励在具备条件的加油站配建公共快充设施，适当新建独立占地的公共快充站。公共充电基础设施布局应按照从城市中心到边缘、优先发展区域向一般区域逐步推进的原则，逐步增大公共充电基础设施分布密度。鼓励有条件的单位和个人充电基础设施向社会公众开放。结合实际需求，推广占地少、成本低、见效快的机械式与立体式停车充电一体化设施，提高土地利用效率。

5. 大力推进城际快充网络建设

依托高速公路服务区停车位，建设城际快充网络。优先推进京津冀鲁、长三角、珠三角区域的城际快充网络建设并实现区域间互联；适时推进长江中游城市群、中原城市群、成渝城市群、哈长城市群城际快充网络建设；2020年底前初步形成覆盖大部分主要城市的城际快充网络，满足电动汽车城际、省际出行需求。

6. 同步构建充电智能服务平台

充电智能服务平台建设要与充电基础设施建设同步考虑，融合互联网、物联网、智能交通、大数据等技术，通过“互联网＋充电基础设施”，积极推进电动汽车与智能电网间的能量和信息互动，提升充电服务的智能化水平。鼓励围绕用户需求，为用户提供充电导航、状态查询、充电预约、费用结算等服务，拓展增值业务，提升用户体验和运营效率。

（二）加强配套电网保障能力

1. 加强配套电网建设

各地要将充电基础设施配套电网建设与改造项目纳入当地配电网专项规划，并与其他相关规划相协调，在用地保障、廊道通行等方面给予支持，切实做到“设施建设、电网先行”。根据各类建筑物配建充电基础设施需求，合理提高各类建筑物用电设计标准，加强相关标准与规范的制修订工作。电网企业要加强充电基础设施配套电网建设与改造，保障充电基础设施无障碍接入，确保电力供应的“畅通无阻”，满足充换电设施运营需求。

2. 完善供电服务

电网企业要为充电基础设施接入电网提供便利条件，开辟绿色通道，优化流程，简化手续，提高效率，限时办结。充电基础设施产权分界点至电网的配套接网工程，由电网企业负责建设和运行维护，不得收取接网费用，相应资产全额纳入有效资产，相应成本据实计入准许成本，纳入电网输配电价回收。

（三）加快标准完善与技术创新

1. 加快推进充电标准化工作

加快修订出台充电接口及通信协议等标准，积极推进充电接口互操作性检测及服务平台间数据交换等标准的制修订，开展已有充电基础设施改造，加快实现充电标准的统一，实现不同厂商充电设备与不同品牌电动汽车之间的兼容互通。进一步完善充电基础设施相关工程建设标准与管理规范，以及计量、计费、结算等运营标准与管理规范。进一步开展电动汽车充电基础设施设置场所消防等安全技术措施的研究，及时制修订完善相关标准；完善充换电设备、电动汽车电池等产品标准，明确防火安全要求。加快建立充电基础设施的道路交通标识体系和相关规范。

2. 积极支持关键技术的研发应用

充分发挥企业创新主体作用，加快高功率密度、高转换效率、高适用性、无线充电、移动充电等新型充换电技术及装备研发。加强检测认证、安全防护、与电网双向互动、电池梯次利用、无人值守自助式服务、桩群协同控制等关键技术研究。依托示范项目，积极探索充电基础设施与智能电网、分布式可再生能源、智能交通融合发展的技术方案。

（四）探索可持续商业模式

1. 积极引入社会资本

各地应有效整合公交、出租场站以及社会公共停车场等各类公共资源，通过政府与社会资本合作（PPP）等方式培育市场主体，引入社会资本建设运营公共服务领域充电基础设施、城市公共充电网络及智能服务平台。加快形成私人用户居住地与单位内部停车场充电基础设施建设运营的市场机制。构建统一开放、竞争有序的充电服务市场。

2. 鼓励拓展多种商业模式

鼓励探索大型充换电站与商业地产相结合的发展方式，引导商场、超市、电影院、便利店等商业场所为用户提供辅助充电服务。鼓励充电服务企业与整车企业在销售和售后服务方面创新商业合作模式。充分利用融资租赁、特许经营权质押等融资模式，借鉴合同能源管理等业务模式，推进商业模式创新。大力推动“互联网＋充电基础设施”相关商业模式与服务创新，引入众筹、线上与线下相结合等新兴业务模式，积极拓展智能充放电、电子商务和广告等增值服务，吸引更多社会资源参与，提高企业可持续发展能力。

（五）开展相关示范工作

1. 开展建设与运营模式示范

各地要结合新能源汽车推广应用需要，按照因地制宜、适度超前原则，针对不同层次和不同领域充电基础设施发展的重点和难点，从城市与区县充电基础设施体系建设、居民区与单位配建充电设施、城际快充网络建设等方面，积极开展建设与运营模式示范。通过示范项目，理顺充电基础设施建设运营管理机制，探索系统化的支持政策以及可行的商业模式，以点带面，加快充电基础设施建设整体进程，提高发展质量、速度和效益。在示范项目中积极探索无人值守自助式服务、无线充电、移动充电、智能电网等新技术的应用。

2. 加强示范经验总结与交流推广

建立多层次的充电基础设施示范经验交流推广机制，通过多种形式开展示范工作经验交流，提升示范效果，发挥带动作用。各地要加强对充电基础设施示范工作的总结，积极加强与其他地区的经验交流。对示范工作中的成功经验要加大推广力度，对暴露出来的一些共性问题要及时解决，建立有效机制，完善政策法规，为下一步普及推广打好基础。

八、保障措施

（一）加强规划指导。各地要将充电基础设施专项规划的有关内容纳入城乡规划，完善独立占地的充电基础设施布局，明确各类建筑物配建停车场及社会公共停车场中充电设施的建设比例或预留条件要求。原则上，新建住宅配建停车位应100%建设充电基础设施或预留建设安装条件，大型公共建筑物配建停车场、社会公共停车场建设充电基础设施或预留建设安装条件的车位比例不低于10%，每2000辆电动汽车应至少配套建设一座公共充电站。有关部门和地方应将城际快充网络纳入相关高速公路规划，明确在高速公路服务区配建充电基础设施的要求。

（二）加大用地支持力度。各地要将独立占地的集中式充换电站用地纳入公用设施营业网点用地，按照加油加气站用地供应模式，根据可实施供应的国有建设用地情况，优先安排土地供应。新建项目用地需配建充电基础设施的，可将配件要求纳入土地供应条件，允许土地使用权取得人与其他市场主体合作，按要求投资建设运营充电基础设施。鼓励在已有各类建筑物配建停车场、公交场站、社会公共停车场与高速公路服务区等场所配建充电基础设施，地方政府应协调有关单位在用地方面予以支持。

（三）简化规划建设审批。各地要减少充电基础设施的规划建设审批环节，加快办理速度。个人在自有停车库、停车位，各居住区、单位在既有停车泊位安装充电设施的，无需办理建设用地规划许可证、建设工程规划许可证和施工许可证。建设城市公共停车场（楼）时，无需为同步建设充电桩群等充电基础设施单独办理建设工程规划许可证和施工许可证。新建单独占地的集中式充、换电站应符合城市规划，并办理建设用地规划许可证、建设工程规划许可证和施工许可证。

（四）强化安全管理。各地要建立充电基础设施安全管理体系，完善有关制度标准，加大对用户私拉电线、违规用电、建设施工不规范等行为的查处力度。依法依规对充电基础设施设置场所实施消防设计审核、消防验收以及备案抽查，并加强消防监督检查。行业主管部门要督促充电基础设施运营使用的单位或个人，加强对充电基础设施及其设置场所的日常消防安全检查及管理，及时消除安全隐患。

（五）加大物业协调力度。制定全国统一的私人用户居住地充电基础设施建设管理示范文本。各地房地产行政主管部门、街道办事处和居委会应按照示范文本，主动加强对业主委员会的指导和监督，引导业主支持充电基础设施建设。业主大会、业主委员会应当依法履行自治管理职责，依据示范文本，结合自身实际，明确物业服务区域内建设管理充电基础设施的流程，并将相关内容纳入物业服务合同。对拒不配合或阻挠充电基础设施建设的物业服务企业，各地房地产行政主管部门应制定相应的处罚措施，扣减相关企业和负责人的信用信息评分。

（六）加强供用电监管力度。各级电力监管部门应对充电基础设施供用电环节加强监管。电网企业和充电基础设施运营企业应配合监管部门进行监督检查，按规定和要求提供真实完整的信息。对于电网企业服务不合规、充电基础设施运营企业和个人违规用电等情况，依法依规进行查处，并视情节予以处罚。

（七）完善财政价格政策。加大对充电基础设施补贴力度，加快制定“十三五”充电基础设施建设的财政奖励办法，督促各地尽快制定有关支持政策并向社会公布，给予市场稳定的政策预期。在产业发展初期给予中央基建投资资金适度支持。允许充电服务企业向电动汽车用户收取电费及服务费两项费用，对向电网经营企业直接报装接电的经营性集中式充换电设施用电，执行大工业用电价格，2020年前暂免收基本电费；其他充电设施按其所在场所执行分类目录电价。针对不同类别充电基础设施，兼顾投资运营主体合理收益与用户使用经济性等，指导各地及早出台充电服务费分类指导价格，在总结各地经验基础上，逐步规范充电服务价格机制。

（八）强化金融服务支撑。鼓励金融机构在商业可持续原则下，创新金融产品和保险品种，综合运用风险补偿等政策，完善金融服务体系。推广股权、项目收益权、特许经营权等质押融资方式，加快建立包括财政出资和社会资本投入的多层次担保体系，积极推动设立融资担保基金，拓宽充电基础设施投资运营企业与设备厂商的融资渠道。鼓励利用社会资本设立充电基础设施发展专项基金，发行充电基础设施企业债券，探索利用基本养老保险基金投资支持充电基础设施建设。

（九）落实地方主体责任。各地政府要切实承担起统筹推进充电基础设施发展的主体责任，将充电基础设施建设管理作为政府专项管理内容，建立由发展改革（能源）部门牵头、相关部门紧密配合的协同推进机制，明确职责分工，完善配套政策，在2016年3月底前发布充电基础设施专项规划，制定出台充电基础设施建设运营管理办法，并抓好组织实施。

（十）建立互联互通促进机制。设立国家电动汽车充电基础设施促进联盟，配合有关政府部门严格充电基础设施产品准入管理，开展充电基础设施互操作性的产品检测与认证。构建充电基础设施信息服务平台，统一信息交换协议，有效整合不同企业和不同城市的充电服务平台信息资源，促进不同服务平台之间的互联互通，为制定实施财政、监管等政策提供支撑。

（十一）营造良好舆论环境。各有关部门、企业和新闻媒体要通过多种形式加强充电基础设施发展政策、规划布局和建设动态等的宣传，让社会各界全面了解充电基础设施，吸引更多社会资本参与充电基础设施的建设运营，引导消费者购买使用电动汽车。加强舆论监督，曝光阻碍充电基础设施建设、损害消费者权益等行为，形成有利于充电基础设施发展的舆论氛围。

国家发展改革委关于加强城市停车设施建设的指导意见

发改基础［2015］1788号

各省、自治区、直辖市及计划单列市、新疆生产建设兵团发展改革委、财政厅、国土资源厅、住房城乡建设厅（委）、规划委（局）、交通运输厅（委）、公安厅（局）：

随着城镇化的快速发展，居民生活水平不断提升，城市小汽车保有量大幅提高，停车设施供给不足问题日益凸显，挤占非机动车道等公共资源，影响交通通行，制约了城市进一步提升品质和管理服务水平。吸引社会资本、推进停车产业化是解决城市停车难问题的重要途径，也是当前改革创新、稳定经济增长的重要举措。为此，特制定本指导意见。

一、总体思路。立足城市交通发展战略，统筹动态交通与静态交通，着眼当前、惠及长远，将停车管理作为交通需求管理的重要手段，适度满足居住区基本停车和从严控制出行停车，以停车产业化为导向，在城市规划、土地供应、金融服务、收费价格、运营管理等方面加大改革力度和政策创新，营造良好的市场化环境，充分调动社会资本积极性，加快推进停车设施建设，有效缓解停车供给不足，加强运营管理，实现停车规范有序，改善城市环境。

二、基本原则。坚持市场运作，通过政府规划引导、政策支持，按照市场化经营要求，以企业为主体加快推进停车产业化；坚持改革创新，完善管理体制机制，探索多种合作模式，有效吸引社会资本；坚持集约挖潜，鼓励既有停车资源的开放共享，有效利用、充分发掘城市地上和地下空间资源，建设立体停车设施；坚持建管同步，完善路内停车泊位管理，提升停车信息化水平，加强违法行为治理。

三、科学编制规划。各地依据城市总体规划和综合交通体系规划，以配建停车为主体、路外公共停车为辅助、路内停车为补充，采用差别化的停车供给策略，修订城市建筑物配建停车泊位标准，组织编制停车设施专项规划，并及时纳入城市用地控制性详细规划，做好用地管控。规划需统筹城市功能分区的区位特征、用地属性、公共交通发展等状况，合理测算停车需求，明确阶段性适应目标，优化设施布局，制定近期实施方案，建立项目库，并及时公布。

四、明确建设重点。以居住区、大型综合交通枢纽、城市轨道交通外围站点（P+R）、医院、学校、旅游景区等特殊地区为重点，在内部通过挖潜及改造建设停车设施，并在有条件的周边区域增建公共停车设施。鼓励建设停车楼、地下停车场、机械式立体停车库等集约化的停车设施，并按照一定比例配建电动汽车充电设施，与主体工程同步建设。

五、鼓励社会参与。通过各种形式广泛吸引社会资本投资建设城市停车设施，大力推广政府和社会资本合作（PPP）模式；鼓励企事业单位、居民小区及个人利用自有土地、地上地下空间建设停车场，允许对外开放并取得相应收益。

六、放宽市场准入。各地相关部门完善市场准入制度，降低停车设施建设运营主体和投资规模的准入标准。企业和个人均可申请投资建设公共停车场，原则上不对泊位数量做下限要求。改革停车设施投资建设、运营管理模式，消除社会参与的既有障碍。

七、简化审批程序。各城市相关部门要深化行政审批制度改革、简政放权、转变职能、主动服务，简化投资建设、经营手续办理程序，提高工作效率，按照规定办理时限和程序完成项目业主或投资主体提出的停车设施建设项目的审批（或核准）；对于小型或利用自有土地建设的停车场，鼓励实行备案制。各地最大程度地减免停车设施建设运营过程中涉及的行政事业性收费。

八、加强公共用地保障。各地做好用地保障，中心城区功能搬迁等腾出的土地应规划一定比例预留用于停车设施建设；符合《划拨用地目录》的，可以划拨方式供地；不符合《划拨用地目录》、同一地块上只有一个意向用地者的，可以协议出让方式供地。

九、盘活存量土地资源。对企事业单位、居民小区、个人利用自有出让土地建设停车设施，规划部门要充分考虑停车需求的合理性，办理用地性质和容积率等规划调整手续。鼓励利用公共设施地上地下空间、人防工程等地下空间建设停车设施，增强土地的复合利用。相关部门分层办理规划和土地手续，投资建设主体依据相关规定取得停车设施的产权。

十、创新投融资模式。利用公共资源建设停车设施，鼓励采用政府和社会资本合作（PPP）模式，政府投入公共资源产权，与社会资本共同开发建设，采用放弃一定时期的收益权等形式保障社会资本的收益；允许在不改变土地用途和使用权人的前提下将部分建筑面积用作便民商业服务设施，收益用于弥补停车设施建设和运营资金不足。

十一、加大金融支持力度。加快推动投资主体发行停车场建设专项债券；研究设立引导停车设施建设专项产业投资基金；充分发挥开发性金融作用，鼓励金融机构、融资租赁企业创新金融产品和融资模式提供支持。

十二、完善停车收费政策。充分发挥价格杠杆的作用，逐步缩小政府定价范围，全面放开社会资本全额投资新建停车设施收费。对政府和社会资本合作建设停车设施，要统筹考虑财政投入、社会承受能力等因素，遵循市场规律和合理盈利原则，由投资者按照双方协议确定收费标准。对于路内停车等纳入政府定价范围的停车设施，健全政府定价规则，根据区位、设施条件等推行差别化停车收费。

十三、提升装备制造水平。支持国内停车装备制造企业自主创新，鼓励行业联盟等形式开展技术研发，逐步提升核心装备国产化水平；将停车产业纳入高端装备制造业清单，给予相关政策优惠，打造自主装备品牌；将停车装备制造企业产品质量、售后服务等纳入企业诚信体系，及时记录不良经营行为；积极引导自主品牌走出去，实现停车产业优势产能输出。

十四、推动停车智能化信息化。各地加快对城市停车资源状况摸底调查，建立停车基础数据库，实时更新数据，并对外开放共享；促进咪表停车系统、智能停车诱导系统、自动识别车牌系统等高新技术的开发与应用；加强不同停车管理信息系统的互联互通、信息共享，促进停车与互联网融合发展，支持移动终端互联网停车应用的开发与推广，鼓励出行前进行停车查询、预订车位，实现自动计费支付等功能，提高停车资源利用效率，减少因寻找停车泊位诱发的交通需求。

十五、加强停车综合治理。各地同步完善停车场周边市政公用设施和停车引导设施；新建或改扩建公共停车场建成营业后，减少并逐步取消周边路内停车泊位，加强违法停车治理，保障公共停车场有效需求，提高收益水平；确保路内等政府停车资源委托经营的公开透明，将收入的一定比例专项用于停车场建设；严格监管停车服务和收费行为，严厉打击无照经营、随意圈地收费等违规经营行为。

十六、加强组织保障。城市人民政府是停车设施规划建设、运营管理的责任主体，要高度重视，鼓励成立专门的停车管理机构，明确部门责任分工，抓好贯彻落实。国务院相关部委结合自身职责，研究出台相应支持政策，加强联动，共同推动停车设施建设管理，保障经济平稳健康发展、人民生活水平持续快速提高。

国家发展改革委
财政部
国土资源部
住房城乡建设部
交通运输部
公安部
银监会
2015 年 8 月 3 日

国家发展改革委关于加快配电网建设改造的指导意见

发改能源［2015］1899号

各省、自治区、直辖市、新疆生产建设兵团发展改革委（能源局），中国电力企业联合会，国家电网公司、中国南方电网有限责任公司：

配电网是国民经济和社会发展的重要公共基础设施，为落实中央稳增长政策，加快配电网建设改造，现提出如下指导意见。

一、总体要求

（一）指导思想

围绕新型工业化、城镇化、农业现代化和美丽乡村建设，立足稳增长、调结构、促改革、惠民生，以满足用电需求、提高供电质量、促进智能互联为目标，坚持统一规划、统一标准，着力解决配电网薄弱问题，提高新能源接纳能力，推动装备提升与科技创新，加快建设现代配电网络设施与服务体系，为全面建成小康社会宏伟目标提供有力保障。

（二）基本原则

规划引领，有序推进。坚持先规划、后建设，切实加强规划的科学性、权威性和严肃性。科学制定远景配电网目标，远近结合、分步实施。

城乡统筹，保障供应。统一城乡配电网建设，实现一体化发展。坚持建设与改造并举，提升供电保障能力与电力普遍服务水平。

统一标准，安全经济。统一技术标准，贯彻供电可靠性和资产全寿命周期理念，因地制宜推行模块化设计与标准化建设。构建强简有序、结构合理、安全可靠、经济高效的配电网络。

智能环保，升级创新。应用新技术、新产品、新工艺，提高装备水平，推进智能化升级，适应能源结构调整需要。探索智能化配电网与互联网的深度融合，努力创建新型能源生产、配送与消费体系。

政策配套，协调发展。加大政策支持力度，研究出台金融、财税、价格等系列配套措施；结合全面深化改革的总体要求，建立市场化建设与运营协调机制，多方参与，拓展配电网建设改造投资渠道。

（三）发展目标

通过配电网建设改造，中心城市（区）智能化建设和应用水平大幅提高，供电质量达到国际先进水平；城镇地区供电能力和供电安全水平显著提升，有效提高供电可靠性；乡村地区电网薄弱等问题得到有效解决，切实保障农业和民生用电。构建城乡统筹、安全可靠、经济高效、技术先进、环境友好、与小康社会相适应的现代配电网。

经过五年的努力，至2020年，中心城市（区）用户年均停电时间不超过1小时，综合电压合格率达到99.97%；城镇地区用户年均停电时间不超过10小时，综合电压合格率达到98.79%；乡村地区用户年均停电时间不超过24小时，综合电压合格率达到97%。

二、加强规划统筹，提升发展理念

（四）以先进理念引领配电网建设改造。坚持以可靠性为中心的规划理念，将提高供电能力与供电可靠性作为配电网建设改造的出发点和落脚点，贯穿于配电网管理全过程。贯彻资产全寿命周期理念，在规划设计、建设改造、运维检修各环节实现配电网资产的整体优化。坚持标准化建设理念，建立统一的配电网技术标准体系，优化设备序列，推广典型设计和标准物料，统一施工工艺，规范造价标准。

（五）坚持规划统筹与协调发展。科学规划是做好配电网建设改造的重要保障，配电网发展要与所辖区域经济、社会发展相协调。坚持城乡电网统一规划，规划范围全覆盖，统筹推进城乡建设一体化和公共服务均等化。坚持电网规划与市政规划相统一，将配电网规划纳入城乡发展规划和土地利用规划，合理布局供电设施，实现与其它市政基础设施的协同发展。坚持配电网与上一级电网、一次网架设备与二次自动化系统、公用资源与用户资源的有效衔接、协调发展。统筹兼顾新能源、分布式电源和电动汽车等多元化负荷发展，满足各类接入需求。

三、增强供电能力，有效服务民生

（六）着力提升配电网供应能力。按照“导线一次选定、廊道一次到位、土建一次建成”的原则，适度超前建设配电网，提高对负荷增长的适应能力。密切跟踪市区、县城、中心城镇和产业园区等经济增长热点，适时增加变压器容量，增加变电站布点和线路，解决局部供电能力不足问题。结合农村人居环境整治，加大配电线路、配电台区和低压进户线改造力度，全面解决户均供电容量低、安全隐患多、“卡脖子”、“低电压”等问题。

（七）规范住宅小区供电。按照产权清晰、责权对等、运维规范的原则，建立统一的住宅小区供配电设施建设标准，将住宅小区用电需求纳入配电网统一规划，规范设计、规范建设，由具备资质的公司承担建设及运行维护管理，切实保证供配电工程质量，提升供电服务水平。对于老旧小区、使用临时电的小区，理清资产、积极化解历史矛盾，加快配电网改造步伐，落实一户一表，保障住宅小区用电客户的合法权益。

（八）优化网架结构。中心城市（区）加快变电站及廊道落实，力争形成双侧电源结构，加强中压线路站间联络，提高负荷转移能力。城镇地区根据负荷发展需求，解决高压配电网单线单变供电安全问题，逐步过渡到合理的目标网架。着力解决县域电网与主网联系薄弱问题。乡村地区适度增加布点，缩短供电半径，合理选用经济适用的网架结构。

（九）加强贫困及偏远地区供电。因地制宜采取电网延伸和光伏、风电、小水电等供电方式，全面解决无电人口用电问题。加大国家级贫困县、集中连片特殊困难地区以及偏远少数民族地区、革命老区配电网建设与改造力度，提高电力普遍服务水平。

（十）改善农村生产生活供用电状况。加强农村地区用电需求分析，针对春节、农忙等季节性负荷特点，远近结合、多措并举保障农村生产生活供电。根据地方农业生产特点，因地制宜对粮食主产区农田节水灌溉、农村经济作物和农副产品加工、畜禽水产养殖等供电设施进行建设改造。

四、提高装备水平，促进节能降耗

（十一）提高配电网装备水平。以智能化为方向，按照"成熟可靠、技术先进、节能环保"的原则，全面提升配电网装备水平。采用先进物联网、现代传感和信息通信等技术，实现设备、通道运行状态及外部环境的在线监测，提高预警能力和信息化水平。提升设备本体智能化水平，推行功能一体化、设备模块化、接口标准化。推广应用固体绝缘环网柜、选用节能型变压器、配电自动化以及智能配电台区等新设备新技术。积极开展基于新材料、新原理、新工艺的变压器、断路器和二次设备的研制。因地制宜实施老旧线路、老旧配变和计量装置改造。实现低压线路绝缘化，降低故障发生率，提高供电安全性。完善智能设备技术标准体系，引导设备制造科学发展。

（十二）优化配电设备配置。控制同一区域设备类型，优化设备序列，简化设备种类，规范设备技术标准，提高配电网设备通用性、互换性。注重节能环保、兼顾环境协调，采用技术成熟、少（免）维护、低损耗、小型化、具备可扩展功能的设备。在环境条件恶劣地区适当提高标准，增强抵御自然灾害的能力。

（十三）提高配电网能效水平。逐步淘汰高损耗变压器，推广先进适用的节能型设备，实现绿色节能环保。加强配电网经济运行分析与线损管理，合理配置无功补偿设备，优化运行方式。加快建立配电网能效评估指标体系，开展对标及能效考核。

（十四）提升电缆化水平。本着"既利当前、又益长远"的思路，逐步提升电缆覆盖水平，在符合条件的区域，结合市政建设，有序推进电力电缆通道建设，落实电缆管孔预埋与战略布点，提高城市综合承载能力。明确各类供电区域、各类城市隧道、排管、沟槽和直埋等电力电缆通道建设要求。积极探索提高电缆建设运行维护水平，降低全寿命周期成本。

（十五）开展综合管廊示范试点。鼓励有条件的地区将配电网电力电缆纳入综合管廊建设，随城市综合管廊同步规划、同步设计、同步建设，推动城市地下空间资源的统筹规划和综合利用。坚持"政府主导、统一规划、科学使用、责权明晰"的原则，大中城市加快启动地下综合管廊示范试点工程，部分中小城市因地制宜建设综合管廊项目。

五、推动智能互联，打造服务平台

（十六）加强配电自动化建设。提高配电网运行监测、控制能力，实现配电网实时可观可控，变"被动报修"为"主动监控"，缩短故障恢复时间，提升服务水平。中心城市（区）、城镇地区合理配置配电终端，缩短故障停电时间，实现网络自愈重构；乡村地区推广简易配电自动化，提高故障定位能力，切实提高实用化水平。

（十七）构建智能互动服务体系。开展智能互动信息体系顶层设计与建设，鼓励应用光纤等高效通信方式，实现能源信息在供给与需求端的双向流动，适应能源生产与消费变革。以智能电表为载体，建设智能计量系统，打造智能服务平台，全面支撑用户信息互动、分布式电源接入、电动汽车充放电、港口岸电、电采暖等业务，鼓励用户参与电网削峰填谷，实现与电网协调互动。

（十八）探索能源互联新技术。综合应用云计算、网格计算、大数据挖掘等技术，实现海量数据的深层利用，全面支撑智能家庭、智能楼宇和智慧城市建设，推动全社会生产生活智慧化。促进电力流、信息流、业务流的深度融合，鼓励能源与信息基础设施共享，构建公共能源服务平台，为推动"互联网+"发展提供有力支撑。在主动配电网"源－网－荷"协调运行、交直流混合配电网、直流供电系统、新农村多能源综合优化利用等方面开展关键技术研究与综合示范，增强未来能源发展适应能力。

（十九）完善新能源和分布式电源接入体系。规范完善新能源、分布式电源并网标准，有序建设主动配电网、微电网，鼓励应用分布式多能源互补、发电功率预测等方式，提高分布式电源与配电网协调能力，满足新能源、分布式电源广泛接入要求。推进配电网储能应用试点工程。

六、加大扶持力度，完善政策保障

（二十）加大财政资金支持力度。发挥各级政府财政资金的杠杆作用，带动企业与社会资金投入，扩大投资规模，形成支持配电网发展的长效机制。通过农村电网改造升级等现有中央预算内投资专项，研究设立城镇配电网建设改造中央预算内投资专项，结合新型城镇化、"三大战略"，支持配电网基础设施升级改造。研究对节能降耗、新技术应用、智能示范等项目，以及利用清洁电集中供暖等民生项目给予专项运营补贴。鼓励有条件的地区对社会资本投资的配电网项目给予支持。

（二十一）完善电价政策。结合输配电价改革，将配电网建设改造投资纳入电网企业有效资产，将运营成本计入准许成本，通过电价回收，保障合理收益。对于配电网综合示范、老旧小区改造、线路入地等项目以及建设成本高、收益低等地区，加大配电价格政策支持力度。针对高可靠性、特殊电能质量要求、不同用电时段等用户定制供电需求，实行差异化电价。将地下电力管线建设纳入地方重点工程，享受城市道路占用、开挖、破绿等政策性收费优惠。

（二十二）**发行配电网建设改造专项企业债券**。鼓励配电网项目实施主体通过发行企业债券、专项债券、项目收益债券、中期票据等方式直接融资。在综合管廊建设方面，通过发行专项债券融资，推进政府购买服务，完善特许经营制度。拓展金融融资渠道，创新配电网建设改造融资服务，积极推动投资、金融机构与电网企业建立投融资服务平台。

（二十三）**强化信贷支持**。完善配电网项目建设贷款支持机制，出台贴息贷款政策。引导政策性银行在依法合规、风险可控前提下，加大对配电网建设改造项目的信贷支持力度，鼓励银行企业加大对配电网建设改造项目的贷款发放力度，各地政府根据实际情况适当安排财政性资金给予贷款贴息。

（二十四）**加大转移支付力度**。统筹研究加大中西部地区的中央资本金投入，优先支持边疆少数民族地区和国家级贫困县。加快研究出台电力普遍服务补偿机制，支持企业在偏远地区做好电网建设和运行维护工作。

（二十五）**鼓励社会资本参与配电网投资**。开展试点示范，逐步向符合条件的市场主体放开增量配电投资业务，充分发挥市场机制作用，调动社会资本参与配电网建设的积极性。研究出台社会资本投资配电业务、政府和社会资本合作（PPP）建设经营配电网基础设施的具体措施。

（二十六）**鼓励多种方式购售电**。鼓励符合国家准入条件的配电网企业成立售电公司，采取多种方式通过电力市场购电，在按照国家有关规定承担电力基金、政策性交叉补贴、普遍服务、社会责任等义务前提下，向用户售电。鼓励通过创新服务、加强管理、降低成本，构建主体多元、竞争有序的市场格局。

（二十七）**加快研究税收扶持政策**。研究将配电网建设改造项目纳入企业所得税优惠目录以及将西部地区配电网建设运营纳入《西部地区鼓励类产业目录》。对利用清洁电集中供暖、电动汽车充电基础设施、分布式电源接入配套电网工程等研究税收支持政策。鼓励各地因地制宜制定配电网建设改造税费支持政策，加大支持力度。

七、落实主体责任，加强监督管理

（二十八）**建立健全信息管理体系**。由各级政府部门组织电网企业开展配电网普查工作，逐线、逐变、逐站摸清配电网基本情况，规范配电网基础数据台账，明晰电力设施归属。建立配电网基础设施信息综合管理系统，做好普查成果验收和归档工作，为配电网建设与发展提供数据支撑。

（二十九）**强化主体责任**。各级政府部门要承担配电网规划的主体责任，建立协调机制，明确职责分工，完善并落实各项配套支持政策。国家发展改革委、国家能源局负责制定发展战略与行动计划，统一规划建设技术标准，做好配电网规划建设的指导；有效衔接，积极做好新能源、分布式电源和电动汽车充电基础设施等发展规划。各省级、地市级发展改革委（能源局）要贯彻执行好指导意见、行动计划以及相关标准，提出具体实施方案与细则，负责组织开展辖区内配电网年度规划的编制与发布，促进电力设施与城乡发展规划、土地规划相衔接。

配电网经营企业要落实政府相关政策、标准和工作要求，主动做好配电网规划研究，积极参与配电网规划编制工作，提出配电网发展建议。合理安排项目投资规模和建设进度，及早开展项目前期工作，做好规划落地。进一步加强工程质量、造价控制与管理，有力推动配电网建设改造。

（三十）**完善评价考核与监督**。各级能源主管部门要密切跟踪配电网建设改造工作进展，掌握目标任务完成情况。建立健全考评机制，加强对配电网的资金投入力度、投资行为的考核与评估。加强配电网建设改造工作监督管理，建立闭环管理机制，开展配电网建设改造专项行动监督与现场检查。

国家能源局、工业和信息化部、国家认监委关于促进先进光伏技术产品应用和产业升级的意见

国能新能【2015】194号

各省、自治区、直辖市及新疆生产建设兵团发展改革委（能源局）、工业和信息化主管部门、质监局，国家能源局各派出机构，国家电网公司、南方电网公司，华能集团、国电集团、大唐集团、华电集团、中电投集团、神华集团、中节能集团、中核集团、中广核集团、中电建集团、中能建集团：

2013年国务院发布《关于促进光伏产业健康发展的若干意见》（国发［2013］24号）以来，我国光伏技术进步明显加快，市场规模迅速扩大，为光伏产业发展提供了有力的市场支撑。与此同时，也出现了部分落后产能不能及时退出市场、先进技术产品无法进入市场、光伏产业整体技术升级缓慢、光伏发电工程质量存在隐患等问题。为促进先进光伏技术产品应用和产业升级，加强光伏产品和工程质量管理，现提出以下意见：

一、发挥市场对技术进步的引导作用。充分发挥市场配置资源的决定性作用，提高光伏产品市场准入标准，引导光伏技术进步和产业升级。根据不同发展阶段的光伏技术和产品，采取差别化的市场准入标准，支持先进技术产品扩大市场，加速淘汰技术落后产品，规范光伏发电技术和质量监督管理。逐步建立光伏产品市场准入标准的循环递进机制，加速光伏发电技术进步和产业升级。

二、严格执行光伏产品市场准入标准。自本文件发布之日起，光伏发电项目新采购的光伏组件应满足工业和信息化部《光伏制造行业规范条件》（2015年本）相关产品技术指标要求。其中，多晶硅电池组件和单晶硅电池组件的光电转换效率分别不低于15.5%和16%；高倍聚光光伏组件光电转换效率不低于28%；硅基、铜铟镓硒（CIGS）、碲化镉（CdTe）及其他薄膜电池组件的光电转换效率分别不低于8%、11%、11%和10%；多晶硅、单晶硅和薄膜电池组件自项目投产运行之日起，一年内衰减率分别不高于2.5%、3%和5%，之后每年衰减率不高于0.7%，项目全生命周期内衰减率不高于20%。高倍聚光光伏组件自项目投产运行之日起，一年内衰减率不高于2%，之后每年衰减率不高于0.5%，项目全生命周期内衰减率不高于10%。上述指标将根据产业发展情况适时调整。

二、实施“领跑者”计划。国家能源局每年安排专门的市场规模实施“领跑者”计划，要求项目采用先进技术产品。2015年，“领跑者”先进技术产品应达到以下指标：多晶硅电池组件和单晶硅电池组件的光电转换效率分别达到16.5%和17%以上；高倍聚光光伏组件光电转换效率达到30%以上；硅基、铜铟镓硒、碲化镉及其他薄膜电池组件的光电转换效率分别达到12%、13%、13%和12%以上。“领跑者”计划通过建设先进技术光伏发电示范基地、新技术应用示范工程等方式实施。国家能源局提出示范工程的主要技术进步指标、建设规范、运行管理及信息监测等要求。省级能源主管部门通过竞争性比选机制选择技术能力和投资经营实力强的开发投资企业，企业通过市场机制选择达到“领跑者”先进技术指标的产品。

四、发挥财政资金和政府采购支持光伏发电技术进步的作用。国家支持的解决无电人口用电、偏远地区缺电问题和光伏扶贫等公益性项目、国家援外项目、国家和各级能源主管部门组织实施的各类光伏发电应用示范项目、各级地方政府使用财政资金支持的光伏发电项目以及在各级政府机构建筑设施上安装的光伏发电项目，优先采用“领跑者”先进技术产品。

五、加强光伏产品检测认证。加强光伏产品检测认证能力建设，逐步提高光伏产品认证标准，提高光伏行业国际标准制定和国际互认能力。光伏组件生产企业应具备组件及其使用材料的产品试验、例行检验所必须的检测能力。企业生产的关键产品必须通过第三方检测认证，并由第三方检测认证机构公布检测认证结果。光伏组件生产企业在产品说明书中应明确多晶硅、电池片、玻璃、银浆、EVA、背板等关键原辅材料的来源信息，确保进入市场的光伏产品必须是经过检测认证且达标的产品。

六、加强工程产品质量管理。光伏发电项目采用的光伏组件、逆变器及关键产品，须通过国家认监委批准的认证机构认证且与认证送检产品保持一致。各光伏发电开发投资企业应建立光伏发电关键设备的技术及质量管理制度，在产品招标采购、到货验收、竣工验收环节，对光伏产品技术指标提出明确的要求。

七、加强技术监测和监督。国家能源局、工业和信息化部和国家认监委等部门定期组织有关单位对光伏市场产品开展技术质量检查，重点检查光伏产品关键技术性能和产品质量，完善技术质量管理政策，检查结果向社会公布。对产品未达到市场准入标准的制造企业，予以公告。对国家组织实施的“领跑者”计划项目，委托第三方检测认证机构进行全过程技术监测评价，在工程竣工验收时重点检查是否达到承诺的指标，在工程投产一年后进行后评估并公布评估结果。

八、完善光伏发电运行信息监测体系。行业技术支撑单位要按照行业管理有关要求，开展并网运行光伏发电项目建设运行信息统计工作。电网企业要建立和完善并网运

行信息监测系统，监测项目输出功率和发电量等数据，保持运行信息的连续性和完整性，配合开展光伏发电技术评价和质量检查信息服务工作。项目单位应向国家可再生能源信息系统报送光伏发电设施的基本信息，包括光伏组件类型、规格、额定功率、安装方式、逆变器型号、系统最大输出功率等。项目设施进行检修和发生故障时，项目单位应按运行规程及时向电网企业通报有关情况。

国家能源局
工业和信息化部
国家认监委
2015年6月1日

国家能源局关于推进简政放权放管结合优化服务的实施意见

国能法改［2015］199号

各司，各派出机构，各直属事业单位：

为深入贯彻党中央国务院的决策部署，全面落实全国推进简政放权放管结合职能转变工作电视电话会议精神，全面落实国务院《2015年推进简政放权放管结合转变政府职能工作方案》（国发［2015］29号），将我局简政放权放管结合优化服务工作向纵深推进，现提出以下意见。

一、指导思想和总体要求

（一）指导思想

全面贯彻党的十八大和十八届二中、三中、四中全会精神，按照“四个全面”的战略布局，落实中央经济工作会议部署和《政府工作报告》确定的任务要求，认识和适应经济发展新常态，协同推进简政放权、放管结合、优化服务，坚持民意为先、问题导向，重点围绕阻碍能源创新发展的“堵点”，影响能源创业的“痛点”和市场监管的“盲点”，在放权上求实效，在监管上求创新，在服务上求提升，在深化行政审批制度改革，建设法治机关、创新机关、廉洁机关和服务型机关方面迈出坚实步伐，促进能源治理能力现代化，推进能源“四个革命、一个合作”，实现能源行业持续健康发展。

（二）总体要求

推进简政放权放管结合职能转变工作，要适应能源改革发展新形势、新任务，从重数量向提高含金量转变，从“给群众端菜”向“让群众点菜”转变，从分头分层级推进向纵横联动、协同并进转变，从减少审批向放权、监管、服务并重转变。继续取消含金量高的行政审批事项，彻底取消非行政许可审批类别，大力简化投资审批，出台规范行政权力运行、提高行政审批效率的制度和措施，推出创新监管、改进服务的举措，切实实现政府职能转变。

二、重点任务

（一）继续推进简政放权

严格按照李克强总理在全国推进简政放权放管结合职能转变工作电视电话会议上提出的5个“再砍掉一批”要求，紧紧围绕使市场在资源配置中起决定作用和更好发挥政府作用，继续加大简政放权力度，提高取消和下放行政审批事项的含金量，进一步简化能源项目审批程序，加快能源项目审批进度，坚决清除阻碍能源发展的“堵点”和“痛点”，不留尾巴、不留死角、不搞变通，切实取得经得起检验的成效。

一是再砍掉一批行政审批事项。按照国务院统一部署，再取消和下放一批行政审批事项，进一步提高简政放权的含金量。全面落实《国务院关于取消非行政许可审批事项的决定》（国发［2015］27号）确定的取消和调整的非行政许可审批事项，不再保留这一审批类别。完成中央指定地方实施的能源行政审批事项清理工作。做好非行政许可审批事项取消后的工作衔接，对调整为政府内部审批的事项，不得面向公民、法人和其他社会组织实施审批。

二是再砍掉一批投资审批事项。进一步减少国家层面能源项目核准，抓紧研究提出一批拟取消或下放的能源投资核准项目，研究将列入国家规划的部分能源项目审批核准权限下放地方。协调推进部门同步下放审批核准权限。

三是完成中介服务清理规范工作。按照《国务院办公厅关于清理规范国务院部门行政审批中介服务的通知》（国办发［2015］31号），完成我局行政审批涉及的中介服务事项清理工作。除有法定依据的中介服务事项外，审批部门不得以任何形式要求申请人委托中介服务。放宽中介服务机构准入条件，破除中介服务垄断，切断中介服务利益关联，规范中介服务收费。各单位要按照要求完成中介服务清理工作，提出清理规范意见。对清理规范后保留为行政审批受理条件的中介服务事项，实行清单管理，明确项目名称、设置依据、服务时限、收费依据及收费标准等。

四是继续减少审批环节。进一步规范行政审批行为，逐项公开审批流程。进一步压缩并明确审批时限，约束自由裁量权，以标准化促进规范化。进一步简化、整合投资项目报建手续，抓紧解决“最先一公里”和“最后一公里”存在的问题。进一步清理整合前置审批，减少前置审批事项，除少数重特大项目保留环评作为前置审批外，企业投资项目核准原则上只保留选址意见书、用地（用海）预审意见两项前置。推动落实前置审批同步下放，探索开展并联审批。

（二）创新能源管理

按照《国家能源局关于创新能源监督管理机制的指导意见》（国能法改［2014］390号）要求，积极推进规划、政策、规则、监管四位一体的能源管理新机制，根据国家能源战略、国家能源总体规划等有关部署，抓紧制定完善涉及取消下放审批事项的有关发展规划、产业政策、总量控制目标、技术政策、准入标准、项目布局原则等。要扎实落实国务院取消下放行政审批事项同步加强监管的有关部署，按照《国家能源局关于对取消和下放能源审批事项加强后续监管的指导意见》（国能法改［2015］188号）要求，确保放权放得下、接得住、落得实、管得好。加强能源监管能力建设，加快推进能源监管信息平台建设，着力解决监管服务的“盲点”，提高监管效能。

一是抓紧制定能源中长期战略规划和能源发展“十三五”规划。按照国家发改委的统一部署，按时编制完成2030年能源生产和消费革命战略，研究制订好重点区域、典型省区和城市能源生产消费革命行动计划。按照计划组织开展好“十三五”能源规划以及煤炭、电力、油气、核电、可再生能源、科技等14个配套专项规划的编制工作，统筹做好总体能源规划与专项能源规划、区域能源规划与省级能源规划之间的衔接平衡。要进一步明确能源总体规划和各专项规划的功能定位，增强能源规划的导向性、科学性和可操作性，使能源规划真正成为能源项目审批、核准、备案的重要依据。

二是抓紧制订政策、标准。各部门要对取消下放的审批事项涉及的法律法规、规章规范性文件和能源标准进行清理，做好立改废工作。要突出能源政策的针对性、有效性和可操作性，加强能源政策、标准实施的监督管理工作。

三是抓紧规范行政审批行为。严格实行行政审批事项清单管理，将保留的行政审批事项及其前置条件和中介服务，以清单方式一律对外公开，非经规定程序，任何部门不得在清单之外增设和变相增设行政审批事项。全面实行“一个窗口”受理，促进权力在阳光下运行，建立受理单制度，实行办理时限承诺制度。实行审批岗位责任制，实现审批工作程序和办事流程制度化。建立审批效率内部通报制度、审批质量定期检查制度和申请人评议制度，并将检查、考评结果纳入年度绩效考核，对不负责、不落实、乱作为、不作为的行为，坚决实行问责。

四是建立协同监管机制推动监管方式创新。建立国家能源局专业司、监管司与派出机构、省级能源主管部门之间上下联动、横向协同、相互配合的监管机制。依托在线审批监管平台加强后续监管，实现在线监测，动态监管。依法依规处理违规行为。充分发挥12398能源监管投诉热线作用，依法处理投诉举报事项。积极探索实践，转变监管理念，运用大数据、云计算、“互联网+”等现代信息技术手段，创新监管方式，提升监管效能。要加强简政放权专项监管，建立完善简政放权事中事后监管工作体系和工作机制，研究建立能源审批听证制度、项目决策后评估机制和项目“异常目录”和企业“黑名单”制度等，依法纠正各类违法行为。

五是加快建立“三个清单”。划定政府与市场、企业、社会的权责边界。积极探索负面清单模式，加快制定能源局的权力清单、责任清单，用刚性的制度管权限权，接受社会监督。派出机构要按照中办、国办的要求，完成部门权力清单和责任清单制定和公布工作。

（三）进一步优化服务

要紧紧围绕打造服务型能源局的目标，以经济社会发展和人民群众期盼为导向，充分发挥现有的服务地方、服务企业机制作用，转变观念、主动服务，将为群众“端菜”变为请群众“点菜”，切实提高能源局的服务能力。

一是加强完善服务地方工作机制。按照《国家能源局关于建立对口服务联系能源资源大省工作机制的通知》（国能综合［2013］号）和《国家能源局对口服务地方能源工作联络员制度实施方案的通知》（国能综合［2014］138号），及时向地方通报国家能源战略、规划、政策等有关情况，了解掌握各项政策措施在地方的落实情况，协助地方做好重大能源规划的制定衔接和改革方案、监管举措等工作在地方的落实。充分听取地方对能源工作的意见，深入了解地方的新要求和新企盼，统筹研究解决制约地方能源发展的瓶颈问题和地方反映强烈的突出问题，主动为地方分忧解难，推动地方经济社会科学发展。要注重对地方行政审批改革工作的跟踪指导和培训，帮助地方完善制度、提升能力。

二是加强完善服务能源企业工作机制。充分发挥我局已经建立的煤炭、电力、油气、核电、新能源、科技、国际合作7项服务能源企业科学发展协调工作机制的作用，通过现场调研、工作研讨、座谈会等多种形式，及时了解和掌握各项政策在能源企业的落实情况，充分听取能源企业对能源工作的意见，推动解决能源企业困难和问题，研究提出支持能源企业发展需要采取的产业政策等。要以创业创新需求为导向，建立和完善能源企业“走出去”协调机制，搭建为能源企业和各类市场主体服务的公共平台。

三是加大能源信息服务力度。按照国务院要求，通过国家能源局门户网站，采用新闻发布、报刊、广播、电视等便于公众知晓的方式公开政府信息，充分发挥政府信息对能源行业的服务作用。建立健全能源形势分析预测预警工作机制，及时研究能源行业的苗头性、倾向性、潜在性问题，提出前瞻性和针对性强的政策建议。充分利用国家能源局统计制度，做好能源行业数据统计和发布工作，利用国家能源局门户网站等多种渠道和方式发布国内外能源信息和数据，为地方科学研判行业运行态势提供参考，为企业管理决策提供数据支撑，为市场主体创业创新和开拓市场提供数据信息服务。

四是打造服务型机关。拓宽渠道，采取灵活多样的手段，定期开展意见征集工作。充分发挥政务服务大厅功能，改进服务方式，完善办事指南，明确审批依据、标准、条件、程序、时限，并在政务服务大厅和局门户网站公布。利用现代信息网络技术，探索实现行政审批事项申报、受理、审查、反馈、决定和查询告知等全过程、全环节网上办理。加强机关作风建设，为群众提供更加人性化、更富人情味的服务，态度要好、手续要少、速度要快，实现服务承诺制、首问负责制，完善机关内部管理，增强机关工作人员的责任意识和服务意识。

三、加强领导确保各项改革举措落到实处

（一）提高认识

推进简政放权放管结合职能转变向纵深发展是国务院今年的一项重大任务，是贯彻落实能源“四个革命、一个合作”战略布局，认识和适应经济发展新常态的必然要求，是促进机关定位转型，提升履职尽责能力的必由之路，要深化认识，正确看待能源局在简政放权放管结合优化服务中的成效与不足，切实把思想和行动统一到党中央国务院决策部署上来，进一步增强紧迫感和责任感。

（二）加强领导

各单位主要负责同志要高度重视，不折不扣地贯彻落实国务院关于行政审批制度改革的精神，以更大的勇气和智慧，加快推进简政放权，提高能源管理效能，增强依法全面履职能力。法改司要加强谋划，统筹推进行全局行政审批改革工作；各业务司要抓紧做好行政审批项目的取消下放和中介服务的规范清理工作，及时制订相关规划、政策、规则、标准，做好后续监管工作。综合司要统筹好机关转型和提升服务工作。各单位要根据本意见要求，及时组织制定工作方案，明确时间表、路线图。勇于担当，切实担负起推进本单位简政放权放管结合职能转变的重任。

（三）狠抓落实

各单位要切实负起责任，实行一把手责任制，将任务逐项分解到位，落实到人，要把简政放权、放管结合、优化服务情况纳入考核体系，并完善考评机制。要敢于啃硬骨头，抓住关键和要害，拿出硬措施，打好攻坚战，实现更大突破。确保简政放权放管结合职能转变各项工作得到有效落实。

国家能源局

2015 年 6 月 5 日

国家能源局关于推进新能源微电网示范项目建设的指导意见

国能新能［2015］265号

各省（区、市）发展改革委（能源局）、新疆生产建设兵团发展改革委，国家电网公司、南方电网公司，各主要发电投资企业，中国电建集团、中国能建集团、水电水利规划设计总院，中科院：

可再生能源发展“十二五”规划把新能源微电网作为可再生能源和分布式能源发展机制创新的重要方向。近年来，有关研究机构和企业开展新能源微电网技术研究和应用探索，具备了建设新能源微电网示范工程的工作基础。为加快推进新能源微电网示范工程建设，探索适应新能源发展的微电网技术及运营管理体制，现提出以下指导意见：

一、充分认识新能源微电网建设的重要意义

新能源微电网代表了未来能源发展趋势，是贯彻落实习近平总书记关于能源生产和消费革命的重要措施，是推进能源发展及经营管理方式变革的重要载体，是“互联网+”在能源领域的创新性应用，对推进节能减排和实现能源可持续发展具有重要意义。同时，新能源微电网是电网配售侧向社会主体放开的一种具体方式，符合电力体制改革的方向，可为新能源创造巨大发展空间。各方面应充分认识推进新能源微电网建设的重要意义，积极组织推进新能源微电网示范项目建设，为新能源微电网的发展创造良好环境并在积累经验基础上积极推广。

二、示范项目建设目的和原则

新能源微电网示范项目建设的目的是探索建立容纳高比例波动性可再生能源电力的发输（配）储用一体化的局域电力系统，探索电力能源服务的新型商业运营模式和新业态，推动更加具有活力的电力市场化创新发展，形成完善的新能源微电网技术体系和管理体制。

新能源微电网示范项目的建设要坚持以下原则：

（一）因地制宜，创新机制。结合当地实际和新能源发展情况选择合理区域建设联网型微电网，在投资经营管理方面进行创新；在电网未覆盖的偏远地区、海岛等，优先选择新能源微电网方式，探索独立供电技术和经营管理新模式。

（二）多能互补，自成一体。将各类分布式能源、储电蓄热（冷）及高效用能技术相结合，通过智能电网及综合能量管理系统，形成以可再生能源为主的高效一体化分布式能源系统。

（三）技术先进、经济合理。集成分布式能源及智能一体化电力能源控制技术，形成先进高效的能源技术体系；与公共电网建立双向互动关系，灵活参与电力市场交易，使新能源微电网在一定的政策支持下具有经济合理性。

（四）典型示范、易于推广。首先抓好典型示范项目建设，因地制宜探索各类分布式能源和智能电网技术应用，创新管理体制和商业模式；整合各类政策，形成具有本地特点且易于复制的典型模式，在示范的基础上逐步推广。

三、建设内容及有关要求

新能源微电网是基于局部配电网建设的，风、光、天然气等各类分布式能源多能互补，具备较高新能源电力接入比例，可通过能量存储和优化配置实现本地能源生产与用能负荷基本平衡，可根据需要与公共电网灵活互动且相对独立运行的智慧型能源综合利用局域网。新能源微电网项目可依托已有配电网建设，也可结合新建配电网建设；可以是单个新能源微电网，也可以是某一区域内多个新能源微电网构成的微电网群。鼓励在新能源微电网建设中，按照能源互联网的理念，采用先进的互联网及信息技术，实现能源生产和使用的智能化匹配及协同运行，以新业态方式参与电力市场，形成高效清洁的能源利用新载体。

（一）联网型新能源微电网

联网型新能源微电网应重点建设：利用风、光、天然气、地热等可再生能源及其他清洁能源的分布式能源站；基于智能配电网的综合能量管理系统，实现冷热电负荷的动态平衡及与大电网的灵活互动；在用户侧应用能量管理系统，指导用户避开用电高峰，优先使用本地可再生能源或大电网低谷电力，并鼓励新能源微电网接入本地区电力需求侧管理平台；具备足够容量和反应速度的储能系统，包括储电、蓄热（冷）等。联网型新能源微电网优先选择在分布式可再生能源渗透率较高或具备多能互补条件的地区建设。

联网型新能源微电网示范项目技术要求：1. 最高电压等级不超过110千伏，与公共电网友好互动，有利于削减电网峰谷差，减轻电网调峰负担；2. 并网点的交换功率和时段要具备可控性，微电网内的供电可靠性和电能质量要能满足用户需求。微电网内可再生能源装机功率与峰值负荷功率的比值原则上要达到50%以上，按照需要配置一定容量的储能装置；在具备天然气资源的条件下，可应用天然气分布式能源系统作为微电网快速调节电源。3. 具备孤岛运行能力，保障本地全部负荷或重要负荷在一段时间内连续供电，并在电网故障时作为应急电源使用。

（二）独立型新能源微电网

独立型（或弱联型）新能源微电网应重点建设：利用风、光、天然气、地热等可再生能源及其他清洁能源的分

布式能源站；应急用柴油或天然气发电装置；基于智能配电网的综合能量管理系统，实现冷热电负荷的动态平衡；技术经济性合理的储能系统，包括储电、蓄热（冷）等。独立型（或弱联型）新能源微电网主要用于电网未覆盖的偏远地区、海岛等以及仅靠小水电供电的地区，也可以是对送电到乡或无电地区电力建设已经建成但供电能力不足的村级独立光伏电站的改造。

独立型新能源微电网示范项目技术要求：1. 通过交流总线供电，适合多种可再生能源发电系统的接入，易于扩容，容易实现与公共电网或相邻其它交流总线微电网联网；2. 可再生能源装机功率与峰值负荷功率的比值原则上要达到50%以上，柴油机应作为冷备用，其发电量占总电量需求的20%以下（对于冬夏季负荷差异大的海岛，该指标可以放宽到40%）；在有条件并技术经济合理的情况下，可采用（LNG或CNG为燃料的）天然气分布式能源。3. 供电可靠性要不低于同类地区配电网供电可靠性水平。

四、组织实施

（一）示范项目申报。各省（区、市）能源主管部门负责组织项目单位编制示范项目可行性研究报告（编制大纲见附件2），并联合相关部门开展项目初审和申报工作。示范项目要落实建设用地、天然气用量等条件，与县级及以上电网企业就电网接入和并网运行达成初步意见。

（二）示范项目确认。国家能源局组织专家对各地区上报的示范项目申请报告进行审核。对通过审核的项目，国家能源局联合相关部门发文确认。2015年启动的新能源微电网示范项目，原则上每个省（区、市）申报1~2个。

（三）示范项目建设。各省（区、市）能源主管部门牵头组织示范项目建设。项目建成后，项目单位应及时向省级能源主管部门提出竣工验收申请，省级能源主管部门会同国家能源局派出机构验收通过后，组织编制项目验收报告，并上报国家能源局。

（四）国家能源局派出机构负责对示范项目建设和建成后的运行情况进行监管。省级能源主管部门会同国家能源局派出机构对示范项目进行后评估，将评估报告上报国家能源局，对后期运行不符合示范项目技术要求的，应责令项目单位限期整改。

（五）关于新能源微电网的相关配套政策，国家能源局将结合项目具体技术经济性会同国务院有关部门研究制定具体支持政策，鼓励各地区结合本地实际制定支持新能源微电网建设和运营的政策措施。

附件：1. 新能源微电网技术条件

2. 示范项目实施方案编制参考大纲

国家能源局

2015年7月13日

附件1

新能源微电网技术条件

一、联网微电网

联网微电网是解决波动性可再生电力高比例接入配电网的有效方案。相对于不带储能的简单可再生能源分布式并网发电系统具有如下功能和优势：

1. 通过微电网形式可以有效提高波动性可再生能源接入配电网的比例，功率渗透率（微电网额定装机功率与峰值负荷功率的比值）可以做到100%以上，此次申报项目原则上要求做到50%以上；

2. 微电网具备很强的调节能力，能够与公共电网友好互动，平抑可再生能源波动性，消减电网峰谷差，替代或部分替代调峰电源，能接受和执行电网调度指令；

3. 与公共电网联网运行时，并网点的交换功率和交换时段可控，且有利于微电网内电压和频率的控制；

4. 在微电网自发自用电量效益高于从电网购电时，或在公共电网不允许“逆功率”情况下，可以有效提高自发自用电量的比例，避免损失可再生能源发电量，提高效益；当公共电网发生故障时，可以全部或部分孤岛运行，保障本地全部负荷或重要负荷的连续供电；

5. 延缓公共电网改造，不增加甚至减少电网备用容量；

6. 在电网末端可以提高供电可靠性率，改善供电电能质量，延缓电网（如海缆）改造扩容，节约电网改造投资；

7. 与其它清洁能源（如CHP）和可再生能源不同利用形式结合，可以同时解决当地热水、供热、供冷和炊事用能问题。

主要技术条件

1. 与公共配电网具有单一并网点，应能实现联网和孤岛2种运行模式，根据所在地区资源特点、负荷特性以及电网需求和架构，可以具备上节联网微电网的一种或多种功能；

2. 微电网接入110kV公共配电网，并网点的交换功率应≤40MW，微电网接入35kV公共配电网，并网点的交换功率应≤20MW，微电网接入10kV公共配电网，并网点的交换功率应≤6MW，微电网接入400V公共配电网，并网点的交换功率应≤500kW；

3. 储能装置的有效容量由所希望实现的功能、负荷的日分布特性、孤岛运行时间以及电网调峰需求决定，应根据实际情况设计；

4. 在具备天然气资源的条件下，可应用天然气分布式能源系统，作为微电网快速调节电源，为消纳高比例、大规模可再生能源发电提供快速调节能力；

5. 具有从发电到用电的智能能量管理系统，具有用户用能信息采集功能和远程通信接口；

6. 微电网与公共配电网并网，应符合分布式发电接入电力系统的相关技术规定；微电网供电范围内的供电安全和电能质量亦应符合相关电力标准。

二、独立微电网

独立微电网适用于电网未覆盖的农村、海岛等边远无电地区，仅有小水电但供电不可靠的地区，以及对于在国家“送电到乡”工程中已经建成，但供电能力已严重下降的光伏或风光互补村落电站的改造。

独立微电网建设的主要目的是有效解决我国边远无电地区和无电海岛的用电问题，替代柴油发电机组，降低供电成本。示范要求采用交流总线技术，与传统的直流总线技术相比，交流总线微电网更高效、更灵活，更适合于多种可再生能源发电系统的接入，供电半径宽，易于扩容，通过从发电到用电的能量管理系统可以做到实时的供需平衡，大大提高供电保证率，在将来还可以很容易地同公共电力系统或相邻其它交流总线微电网并网。

主要技术条件

1. 微电网采用交流总线技术，在解决电力供应的同时，尽可能利用可再生能源解决热水、采暖、供冷、炊事用能问题；

2. 微电网电压等级110kV，可再生能源总装机应≤200MW（不含水电和柴油发电装机）；微电网电压等级35kV，可再生能源总装机应≤100MW（不含水电和柴油发电装机）；微电网电压等级10kV，可再生能源总装机应≤20MW（不含水电和柴油发电装机）；微电网电压等级400V，可再生能源总装机应≤2MW；

3. 供电保证率不低于同类地区配电网供电可靠性水平；柴油机组作为备用，对于季节性负荷差异较小的地区和海岛，柴油发电替代率要求不低于80%，柴油机组发电量占总电量需求的20%以下；对于季节性负荷差异较大的地区和海岛，柴油发电替代率允许放宽到40%；在有条件并技术经济合理的情况下，可采用（LNG或CNG为燃料的）天然气分布式能源。

4. 独立微电网应具有从发电到用电的能量管理系统；

5. 微电网的供电安全和电能质量应符合相关电力标准。

附件2

示范项目实施方案编制参考大纲

新能源微电网示范项目可行性研究报告应满足国家有关法律法规和管理办法要求，以因地制宜、清洁高效、稳定可靠、求是创新为原则，充分收集资源、负荷、建设条件等各项基础资料，按照可再生能源可行性研究阶段设计深度要求开展示范项目实施方案编制工作。

实施方案按照如下章节进行编制，明确提出相应技术方案和运行管理机制，明确提出设计成果等量化指标。

一、概述

1.1 项目背景。项目地理位置、社会经济基本情况，已与有关部门、企业或个人开展的前期工作进展。

1.2 项目单位概况。说明项目单位各投资方资产性质及股东构成、经营年限、主营业务、可再生能源行业及电力行业主要业绩、资产负债等。

1.3 主要编制原则及依据。

1.4 项目工程特性表。包括但不限于供电可靠性指标、各主要项目投资、经济性评价基本边界条件与结论、可再生能源在微网系统的容量/电量比、微电网容量/电量自给自足比率等。

二、负荷现状与供需分析

2.1 工程拟供能区域负荷（冷、热、电）现状。说明区域经济发展和能源需求概况，说明用电负荷类型，对各类负荷进行不同时间断面负荷特性分析（至少包括典型季节和典型日）。说明各类负荷的用能价格体系与年度使用成本。

2.2 负荷水平预测。结合当地过去5年电力电量发展、经济和电力发展现状及规划，分析本工程设计水平年及远景水平年各时间断面负荷特性。

2.3 根据拟供电区域内负荷类型提出其供电电能质量和供电可靠性需求。

2.4 分析新能源微电网供电和公共电网弱连接供电间的关系以及技术需求。

三、新能源资源

对示范项目拟建地区新能源资源可利用条件进行分析，作为示范项目建设方案的基础。新能源类型主要包括风能资源、太阳能资源、水能资源、生物质能资源和天然气资源等，对所采用的能源资源分别按照类型进行分析与评价。

各类新能源资源特性应包括其不同规模和布局下地典型出力特性、保证率与不确定性指标，并对生物质能、天然气等需要成本的初级燃料成本进行分析。

四、项目目标、任务和规模

4.1 建设目标、必要性与基本原则

提出项目整体建设运行的目标，包括新能源利用目标、微电网能源自给自足目标、微电网经济性目标与微电网运行机制目标，并论述各目标之间的辩证统一关系。

简述项目所在地各类可再生能源资源及开发条件，供电范围内负荷现状及规划，从能源资源合理利用角度论证项目开发必要性。分析对当地经济和居民生产生活的促进作用。论述本工程建设条件和环境经济效益，论证本工程建设的必要性。

明确微电网示范的基本原则，论述因地制宜、创新机制、多能互补、技术先进、经济合理和示范推广的具体要求，以及在项目中的体现方式。

4.2 工程任务

4.2.1 简述工程所在地国民经济和社会发展状况、能源资源概况、电力系统现状。

4.2.2 说明本工程场址概况、分析与用地、环保、电网等规划的符合性和协调性。

4.2.3 统筹考虑负荷特性、电力系统特性及各方对本工程要求，提出工程开发任务。

4.3 工程规模

4.3.1 根据项目的电力需求，结合新能源资源评价结论，简述各类电源的容量、年均发电量/耗电量，工程总体布置方案以及占地面积。

4.3.2 简述变电站、输配电线路等电网工程建设方案。

4.3.3 提出本工程各项主要电源、储能装置的建设时序。

4.3.4 提出本工程可再生能源年均和全生命周期发电量分别占系统年均和全生命周期总发电量的比例。

4.3.5 如本工程为联网型新能源微电网，提出本工程为用户供电量占供电区域内用户总用电量的比例。

五、新能源微电网方案总体设计

5.1 微电网系统总体方案

5.1.1 电源与电网建设分析。根据项目所在地各种能源特性与负荷特性，按照微电网项目目标与原则统筹分析相应各种电源的容量及其配比，分析各类电源各时间断面的出力特性，进行综合技术经济比较，提出微电网电源构成与电网建设需求。

5.1.2 储能系统（如有）。根据项目目标与原则，提出本工程储能系统配置原则、配置容量。

5.1.3 系统出力特性和电力电量平衡。根据系统配置方案和负荷特性及规划期内装机安排，充分考虑“互联网+”技术方案的可行性和优势，统筹进行工程电力、电量平衡计算。明确微电网系统出力特性，微电网与公共电网（如为联网型微电网）之间的电力流向及互相交换的电力电量。

5.1.4 系统接入方案。提出本项目变电设备（包括交流变压器与电力电子变电设施）的布点和规模，确定各类电源接入系统的方案，提出微电网电源接入系统方案、与外部主电网的连接方案。

5.2 微电网工程总体布置

5.2.1 说明构成新能源微电网的各电源工程、电网工程的总体布置。

5.2.2 说明新能源微电网工程的永久用地和施工临时用地的范围和面积。

5.3 微电网工程建设方案

结合新能源微网工程项目的技术特点，提出新能源微网各组成单元的建设时序安排及总体建设方案。

5.4 微电网工程运行方案

5.4.1 结合新能源微网能源流和信息流的技术特点，提出新能源微电网组网与各阶段调试、试运行方案。

5.4.2 结合微电网区域负荷要求、工程技术特点、电力系统特性和信息互联网技术特性，分析系统电能质量、运行稳定性等因素，提出微电网工程运行期内各电源及储能系统在典型状态、极端状态下的运行方案、负荷响应特性及其经济性需求，与电网调度协调运行方案，智能通信和控制系统方案等。

六、工程建设方案

6.1 工程建设条件

6.1.1 微电网电源、电网工程所在区域自然条件。说明各电源、电网工程（含进站道路）所在区域的地形地貌、用地类型及面积、工程地质、地下矿藏资源、水文气象、拆迁工程及工程量、站区自然地面标高等。

6.1.2 各电源、电网工程周围环境。说明工程与周围各类建筑物、保护区、河流湖泊、机场、道路、军事设施等的关系及可能存在的相互影响。

6.2 各电源、电网工程站址比较与推荐意见

应根据微电网工程建设基本条件和要求，对多个站址方案进行综合技术经济比较，说明推荐站址的意见。

6.3 电源建设方案

应根据新能源微电网的系统构成，分别说明各种电源涉及的设备、电气系统、热力系统、燃气系统、土建、消防、施工等的方案。

6.4 配电网与储能系统建设方案

根据电力电量平衡和必要的潮流计算成果，结合电网建设现状及规划，明确配电网系统接线方案（含过渡方案）、变电站配置及建设方案、线路方案和储能设施具体布置方案。

七、微电网实施机制

7.1 能源与信息深度融合机制

根据能源流和信息流在微电网中的技术特性，结合“互联网+”工程的有关要求，提出两者间深度融合的企业合作机制和运行实施机制。

7.2 微电网市场化运行机制

根据能源生产与消费革命和电力体制改革的原则要求，结合微电网的基本技术特征，提出微电网市场化运行机制及其初步经济性结论。

7.3 微电网示范及其推广

根据微电网建设运行实际，提出示范的重点内容、对产业及地方经济的带动作用，提出微电网示范推广的后续工作。

八、环境保护与水土保持

详细说明新能源微电网工程环境保护和水土保持设计方案和所需投资概算。

九、劳动安全与工业卫生

详细说明新能源微电网劳动安全与工业卫生设计方案的主要内容及专项投资。

十、节能降耗

10.1 详细说明本新能源微电网工程主要能耗种类、数量和能源利用效率。

10.2 结合拟采取的主要节能降耗措施，分析提出微网系统相对于燃煤火电机组可节约化石能源总量、温室气体和其他污染物减排量。

十一、设计概算

11.1 测算条件

11.1.1 编制原则及依据

1）说明工程设计概算价格水平年。

2）说明定额、费用标准及有关文件规定。

11.1.2 基础单价、取费标准

包括人工、机械、材料、建筑与安装等各项费用标准与依据。

11.1.3 主要设备价格

1）说明各电源、储能系统主要设备、变电站主要设备、配电线路导线（/电缆）价格。

2）设备运杂费计算标准。

11.1.4 建设项目资金来源和资本金比例、基本预备费率、年物价上涨指数、贷款利率、汇率等计算标准。

11.2 主要技术经济指标

11.2.1 新能源微电网工程静态投资，单位静态投资；工程动态投资，单位动态投资；

11.2.2 各电源与储能系统静态投资，单位静态投资；工程动态投资，单位动态投资；

11.2.3 变电站工程静态投资，单位静态投资；工程动态投资，单位动态投资；

11.2.4 配电线路本体工程投资，单位投资；工程静态投资，单位静态投资；工程动态投资，单位动态投资。

11.2.5 设计概算表。主要包括新能源微电网工程总概算表；各电源与储能工程、变电站工程、配电线路工程的总概算表、设备及安装工程概算表、建筑工程概算表和其他费用概算表。

十二、财务评价和社会效果分析

12.1 财务评价边界条件

12.1.1 项目可明确享受的有关政策。包括工程拟建地区已明确的价格政策、优惠及补贴政策（如财税优惠、补贴等），并附有关文件扫描件。

12.1.2 项目建设情况。说明各电源、配电网、变电站、储能等各主要配置的建设工期及其财务评价计算期（包括建设期和运营期）。

12.1.3 资金来源与融资方案。说明项目资金来源、筹措方式。说明投资各方的出资比例、币种和分利方式；项目债务资金应说明债务资金条件，包括支付方式、贷款期限、贷款利率、还本付息方式及其他附加条件等。

12.2 财务评价

12.2.1 总成本费用计算

1）固定资产价值和其他资产价值计算。

2）总成本计算。

电源与储能项目的发电成本，主要包括燃料费、外购电力费、水费、其他材料费、工资及福利、折旧费、摊销费、修理费、保险费、财务费用、其他费用等。

配电网络项目的供电成本。

12.2.2 发/供电、售电效益计算

根据微电网运行机制、合理的负荷需求预测与发电出力预测、储能特性和各类运行边界条件下的电力电量成本及网络成本，测算微电网整体运行成本最低方式下的发电、储能应用组合。

测算采用替代供能方式下的建设运行成本进行比较，提出新能源微电网的整体效益。

对于明确各类能源价格的微电网，说明发/供电效益、售电效益的计算方法和参数。包括发/供、售电收入、税金、利润及分配。

12.2.3 清偿能力分析。进行借款还本付息计算和资产负债计算，分析项目的偿债能力，提出利息备付率、偿债备付率和资产负债率。

12.2.4 盈利能力分析。通过项目财务现金流量计算，分析项目技术方案的经济可行性和项目的盈利能力水平，计算项目总投资收益率、资本金净利润率等财务评价指标。

12.2.5 财务生存能力分析。在分析项目总投资计划与资金筹措、发/供、售电收入与税金、总成本费用和利润与利润分配的基础上编制财务计划现金流量表，分析项目是否有足够的净现金流量维持正常运营，以实现财务可持续性。

12.2.6 不确定性分析。进行盈亏平衡分析和敏感性分析。

12.2.7 财务评价结论。编制财务评价指标汇总表及各项财务评价表，提出工程项目财务可行性评价结论。

12.3 社会效果评价

12.3.1 分析评价项目建设对所在地经济发展、城镇建设、劳动就业、生态环境等方面现实和长远影响。

12.3.2 分析本项目在提高项目所在地的用电水平的同时，对进一步促进可再生能源的发展的影响。

十三、结论及建议

13.1 综述本新能源微电网在技术、经济、社会与环境等方面的可行性研究主要结论。

13.2 分析实施项目的创新性成果及其归类（技术产品创新、系统集成创新、商业模式创新），评述成果推广应用前景。

13.3 提出今后工作的意见或建议。

十四、附录：基础资料收集清单

进行可行性研究工作时，应对新能源微电网工程的建设条件进行深入调查，取得真实、客观、可靠的基础资料。主要包括（不限于）如下内容。

14.1 项目所在地区（市、县或区）社会经济现状及发展规划，主要能源资源储量与分布，能源资源的开发与利用现状及发展规划。

14.2 项目所在地区（市、县或区）电力系统现状及发展规划，主要电源形式、规模容量及其分布，主要用电负荷特性、容量及其分布，电网地理接线图。

14.3 项目所在地区（市、县或区）行政区划图。构成新能源微电网系统各电源站（/场）址、变电站址、输配电线路路径1/10000地形图，工程地质资料，水文气象资料，土地利用规划、自然保护区等资料。

14.4 项目站（/场）址附近长期测站气象资料、灾害情况，长期测站基本情况（位置，高程，周围地形地貌及建筑物现状和变迁，资料记录，仪器，测风仪位置变化的时间和位置），收集长期测站近30年历年各月平均风速、历年年最大风速和极大风速以及与风电场现场测站测风同期完整年逐时风速、风向资料。

风电场场址处至少连续一年的现场实测数据和已有的风能资源评估资料，有效数据完整率应大于90%。

14.5 工程所在区域有代表性的长期观测辐射资料、日照资料、降水和气温等气象资料，项目现场太阳辐射观测站至少连续一年的逐分钟太阳能的总辐射、直射辐射、散射辐射、气温等的实测时间序列数据。

14.6 生物质燃料的品种、储量（/产量）、供应半径以及可供数量，生物质燃料品质、价格、运输距离及运输方式等资料。

14.7 天然气燃料供应量、供应点及可供数量，燃料品质、价格、运输距离及运输方式等资料。

工业和信息化部《光伏制造行业规范条件（2015年本）》

为加强光伏行业管理，引导产业加快转型升级和结构调整，推动我国光伏产业持续健康发展，根据国家有关法律法规及《国务院关于促进光伏产业健康发展的若干意见》（国发［2013］24号），按照优化布局、调整结构、控制总量、鼓励创新、支持应用的原则，制定本规范条件。

一、生产布局与项目设立

（一）光伏制造企业及项目应符合国家资源开发利用、环境保护、节能管理等法律法规要求，符合国家产业政策和相关产业规划及布局要求，符合当地土地利用总体规划、城市总体规划、环境功能区划和环境保护规划等要求。

（二）在国家法律法规、规章及规划确定或省级以上人民政府批准的基本农田保护区、饮用水水源保护区、自然保护区、风景名胜区、重要生态功能保护区和生态环境敏感区、脆弱区等法律、法规规定禁止建设工业企业的区域不得建设光伏制造项目。上述区域内的现有企业应逐步迁出。

（三）严格控制新上单纯扩大产能的光伏制造项目。对加强技术创新、降低生产成本等确有必要的新建和改扩建项目，报行业主管部门及投资主管部门备案。新建和改扩建光伏制造项目，最低资本金比例为20%。

二、生产规模和工艺技术

（一）光伏制造企业应采用工艺先进、节能环保、产品质量好、生产成本低的生产技术和设备。

（二）光伏制造企业应具备以下条件：在中华人民共和国境内依法注册成立，具有独立法人资格；具有太阳能光伏产品独立生产、供应和售后服务能力；具有省级以上独立研发机构、技术中心或高新技术企业资质，每年用于研发及工艺改进的费用不低于总销售额的3%且不少于1000万元人民币；申报符合规范名单时上一年实际产量不低于本条第（三）款产能要求的50%。

（三）光伏制造企业按产品类型应分别满足以下要求：

1. 多晶硅项目每期规模不低于3000吨/年；

2. 硅锭年产能不低于1000吨；

3. 硅棒年产能不低于1000吨；

4. 硅片年产能不低于5000万片；

5. 晶硅电池年产能不低于200MWp；

6. 晶硅电池组件年产能不低于200MWp；

7. 薄膜电池组件年产能不低于50MWp；

8. 逆变器年产能不低于200MWp（微型逆变器不低于10MWp）。

（四）现有光伏制造企业及项目产品应满足以下要求：

1. 多晶硅满足《太阳能级多晶硅》（GB/T25074）1级品的要求；

2. 多晶硅片（含准单晶硅片）少子寿命大于2μs，碳、氧含量分别小于10和16PPMA；单晶硅片少子寿命大于10μs，碳、氧含量分别小于1和16PPMA；

3. 多晶硅电池和单晶硅电池的光电转换效率分别不低于17%和18.5%；

4. 多晶硅电池组件和单晶硅电池组件的光电转换效率分别不低于15.5%和16%；

5. 硅基、铜铟镓硒（CIGS）、碲化镉（CdTe）及其他薄膜电池组件的光电转换效率分别不低于8%、11%、11%、10%；

6. 含变压器型的光伏逆变器中国加权效率不得低于96%，不含变压器型的光伏逆变器中国加权效率不得低于98%（微型逆变器相关指标分别不低于94%和95%）。

（五）新建和改扩建企业及项目产品应满足以下要求：

1. 多晶硅满足《硅多晶》（GB/T12963）2级品以上要求；

2. 多晶硅片（含准单晶硅片）少子寿命大于2.5μs，碳、氧含量分别小于8和6PPMA；单晶硅片少子寿命大于11μs，碳、氧含量分别小于1和16PPMA；

3. 多晶硅电池和单晶硅电池的光电转换效率分别不低于18.5%和20%；

4. 多晶硅电池组件和单晶硅电池组件光电转换效率分别不低于16.5%和17%；

5. 硅基、CIGS、CdTe及其它薄膜电池组件的光电转换效率分别不低于12%、13%、13%、12%。

（六）多晶硅电池组件和单晶硅电池组件衰减率在1年内分别不高于2.5%和3%，25年内不高于20%；薄膜电池组件衰减率在1年内不高于5%，25年内不高于20%。

三、资源综合利用及能耗

（一）光伏制造企业和项目用地应符合国家已出台的土地使用标准，严格保护耕地，节约集约用地。

（二）光伏制造项目能耗应满足以下要求：

1. 现有多晶硅项目还原电耗小于65千瓦时/千克，综合电耗小于120千瓦时/千克；新建和改扩建项目还原电耗小于55千瓦时/千克，综合电耗小于100千瓦时/千克；

2. 现有硅锭项目平均综合能耗小于8.5千瓦时/千克，新建和改扩建项目小于7千瓦时/千克；如采用多晶铸锭炉生产准单晶或高效多晶产品，项目平均综合能耗的增加幅度不得超过0.5千瓦时/千克；

3. 现有硅棒项目平均综合能耗小于45千瓦时/千克，新建和改扩建项目小于40千瓦时/千克；

4. 现有多晶硅片项目平均综合能耗小于45万千瓦时/百万片，新建和改扩建项目小于40万千瓦时/百万片；现有单晶硅片项目平均综合能耗小于40万千瓦时/百万片，新建和改扩建项目小于35万千瓦时/百万片；

5. 电池项目平均综合能耗小于10万千瓦时/MWp；

6. 晶硅电池组件项目平均综合能耗小于6万千瓦时/MWp；薄膜电池组件项目平均能耗小于50万千瓦时/MWp。

（三）光伏制造项目生产水耗应满足以下要求：

1. 多晶硅项目水循环利用率不低于95%；

2. 硅片项目水耗低于1400吨/百万片；

3. 电池项目水耗低于1700吨/MWp。

（四）其他生产单耗需满足国家相关标准。

四、环境保护

（一）新建和改扩建光伏制造项目应严格执行环境影响评价制度，未通过环境影响评价审批的项目不得开工建设。按照环境保护"三同时"要求，项目配套建设环境保护设施应依法申请项目竣工环境保护验收，验收合格后方可投入生产运行。企业应有健全的企业环境管理机构，制定有效的企业环境管理制度，符合环保法律法规要求，依法获得排污许可证，并按照排污许可证的要求排放污染物，定期开展清洁生产审核并通过评估验收。

（二）废气、废水排放应符合国家和地方大气及水污染物排放标准和总量控制要求；恶臭污染物排放应符合《恶臭污染物排放标准》（GB14554），工业固体废物应依法分类贮存、转移、处置或综合利用，企业危险废物贮存应符合《危险废物贮存污染控制标准》（GB18597）相关要求，一般工业固体废物贮存应符合《一般工业固体废物贮存、处置场污染控制标准》（GB18559）相关要求，SiCl4等危险废物应委托具备相应处理能力的有资质单位进行妥善利用或处置。厂界噪声符合《工业企业厂界环境噪声排放标准》（GB12348）。

（三）鼓励企业通过ISO14001环境管理体系认证、ISO14064温室气体核证、PAS2050/ISO/TS14067碳足迹认证。

（四）光伏制造项目应按照环境影响报告书（表）及其批复、国家或地方污染物排放（控制）标准、环境监测技术规范的要求，制定自行监测方案，开展自行监测工作，公开自行监测信息。

五、质量管理

（一）光伏制造企业应建立完善的质量管理体系，配备质量检验机构和专职检验人员。电池及电池组件生产企业应配备AAA级太阳模拟器、高低温环境试验箱等关键检测设备，鼓励企业建设具备CNAS认可资质的实验室。

（二）光伏产品质量应符合国家相关标准，通过国家批准相关认证机构的认证。

（三）企业应通过ISO9001质量管理体系认证，组件使用寿命不低于25年，质保期不少于10年，逆变器质保期不少于5年。

（四）企业应建立相应的产品可追溯制度。

六、安全、卫生和社会责任

（一）光伏制造项目应当严格落实安全设施和职业病防护设施"三同时"制度要求。企业应当遵守《安全生产法》、《职业病防治法》等法律法规，执行保障安全生产、职业健康的国家标准或行业标准，当年及上一年度未发生一般及以上生产安全事故。

（二）企业应当建立健全安全生产责任制，加强职工安全生产教育培训和隐患排查治理工作，开展安全生产标准化建设并达到三级以上。

（三）企业应当依法落实职业病危害防治措施，对重大危险源有检测、评估、监控措施和应急预案，并配备必要的器材和设备。

（四）企业应当遵守国家相关法律法规，依法参加养老、失业、医疗、工伤等各类保险，并为从业人员足额缴纳相关保险费用。

七、监督与管理

（一）新建和改扩建光伏制造企业及项目应当符合本规范条件要求。

（二）现有光伏制造企业及项目应当符合本规范条件要求，未满足规范条件要求的企业及项目根据产业转型升级的要求，在国家产业政策的指导下，通过兼并重组、技术改造等方式，尽快达到本规范条件的要求。

（三）对光伏制造企业及项目的投资、土地供应、环评、节能评估、质量监督、安全监管、职业病防治、信贷授信、应用扶持等管理应依据本规范条件。

（四）光伏制造企业自愿提出申请，对照规范条件编制相关申报材料，通过省级工业和信息化主管部门报送工业和信息化部。各级工业和信息化主管部门会同有关部门对当地光伏制造企业执行本规范条件的情况进行监督检查。工业和信息化部组织行业协会、检测机构对企业进行检查，定期公告符合本规范条件的企业名单，并会同有关部门组织行业协会、检测机构从市场上对已公告企业产品等进行抽查，实行社会监督、动态管理。

（五）公告企业有下列情况，将撤销其公告资格：

1. 填报资料有弄虚作假行为；

2. 拒绝接受监督检查；

3. 不能保持规范条件要求；

4. 发生重大安全和污染责任事故；

5. 违反法律、法规和国家产业政策规定。

工业和信息化部拟撤销公告资格的，提前告知相关企业，听取相关企业陈述和申辩。

（六）有关行业协会、检测机构要协助行业主管部门做好本规范条件的实施和跟踪监督工作，组织企业加强协调和自律管理。

八、附则

（一）本规范条件适用于中华人民共和国境内（台湾、香港、澳门地区除外）所有类型的光伏制造企业，本规范条件所指的光伏制造行业主要为光伏用多晶硅、硅棒、硅锭、硅片、电池、电池组件、逆变器等制造行业。

（二）本规范条件涉及的法律法规、国家标准和行业政策若进行修订，按修订后的规定执行。

（三）本规范条件自发布之日起实施，由工业和信息化部负责解释，并根据行业发展情况和宏观调控要求会同有关部门适时进行修订。原《光伏制造行业规范条件》（工业和信息化部公告2013年第47号）同时停止执行。

工业和信息化部《锂离子电池行业规范公告管理暂行办法》

第一章 总 则

第一条 为推动锂离子电池产业健康有序发展，引导产业加快转型升级，贯彻落实《锂离子电池行业规范条件》（以下简称《规范条件》），制定本办法。

第二条 各省、自治区、直辖市及计划单列市、新疆生产建设兵团工业和信息化主管部门（以下简称省级行业主管部门）负责本地区锂离子电池行业企业申请材料的受理、核实和报送工作，监督检查规范条件执行情况。

工业和信息化部负责全国锂离子电池行业规范公告管理工作，组织对企业申请材料进行复核、抽检、公示及公告，发布锂离子电池行业规范公告名单并实施动态管理。

第三条 本办法适用于中华人民共和国境内（台湾、香港、澳门地区除外）所有类型的锂离子电池行业生产企业，主要包括从事正极材料、负极材料、隔膜、电解液（含电解质）、单体电池、电池组等生产的企业。

第二章 申请与审核

第四条 申请公告的企业应具备以下条件：

（一）具有独立法人资格；

（二）符合国家产业政策和相关发展规划；

（三）符合《锂离子电池行业规范条件》；

（四）遵守国家法律法规，无重大违法行为。

第五条 符合本办法第四条所列条件的企业可自愿向所在地省级行业主管部门提出公告申请，填报《锂离子电池行业规范公告申请书》（附后），同时通过工业和信息化部锂离子电池行业管理系统（www.ldchy.cn）进行在线申报。

申请企业应当对申请材料真实性负责。

第六条 申请材料应包括以下内容：

（一）锂离子电池行业规范公告申请书；

（二）营业执照副本；

（三）项目备案或核准文件；

（四）项目用地权证或用地审批文件；

（五）项目环评批复文件、环保竣工验收文件；

（六）高新技术企业资质或省级以上研发中心、技术中心证明文件，有关发明专利证明文件；

（七）经审计的上一年度财务审计报告；

（八）第三方机构产品检测报告（近1年内）；

（九）质量管理体系相关证明文件；

（十）环境管理体系相关证明文件；

（十一）安全生产、职业健康安全管理等证明文件；

（十二）其他相关证明材料。

上述材料各需提供一份，且（二）至（十二）项材料，需提供企业盖章确认的复印件。

第七条 对申请材料齐全、符合规定的，省级行业主管部门予以受理。对申请材料不全的，应在10个工作日内一次性告知申请企业需要补充的全部内容。

省级行业主管部门自收到申请材料起20个工作日内，将核实且符合规定的申请材料以正式文件报送工业和信息化部（电子信息司）。

第八条 工业和信息化部收到企业申请材料之日起60个工作日内，组织有关行业机构和专家，采用材料复查和现场抽查的方式完成复核。符合规范条件的企业名单，在工业和信息化部网站上进行公示；经公示无异议的企业，以工业和信息化部公告形式予以公布。

第九条 工业和信息化部在受理和审核过程中可以对申请企业有关情况进行实地查验，查验工作应当指派两名以上工作人员进行。申请企业应当配合查验工作。

第三章 监督与管理

第十条 进入公告名单的锂离子电池企业（以下简称公告企业）要严格按照《规范条件》的要求组织生产经营活动，并对照规范条件要求开展自查，每年3月31日前通过工业和信息化部锂离子电池行业管理系统（www.ldchy.cn）提交上年度自查报告，同时向工业和信息化部递送纸质材料1份。

自查报告是监督检查公告企业执行《规范条件》情况的重要依据，包括以下主要内容：企业生产经营情况、产品进出口情况；质量管理、安全生产、节能降耗、环境保护等制度建设及运行情况；法人代表、股权或资本金、主要产品品种及生产能力等变更情况。

第十一条 公告企业出现下列情况之一时，需及时提出变更申请，经省级行业主管部门核实后，报送工业和信息化部：企业名称变化，企业合并、分立或兼并重组，企业产能产线发生较大变化，企业搬迁新址，其它重大变化。

第十二条 省级行业主管部门对公告企业保持规范条件情况进行监督核实。每年4月30日前将上年度监督结果报送工业和信息化部。

第十三条 欢迎和鼓励社会监督。任何单位或个人发现正在申请规范公告或已公告的锂离子电池企业有不符合本办法有关规定或《规范条件》有关要求的，可向各级工业和信息化主管部门举报。

第十四条 已经公告企业有下列情况之一的，省级行业主管部门责令其限期整改。

（一）不能保持《规范条件》要求的；

（二）填报资料有弄虚作假行为的；

（三）拒绝接受监督检查的；

（四）发生重大安全事故、重大环境污染事故的；

（五）违反法律、法规和国家产业政策规定的。

整改不合格，或者发生重大质量事故以及停产超过1年的，工业和信息化部撤销其公告资格。工业和信息化部拟撤销企业公告资格的，应提前告知有关企业，听取企业的陈述和申辩，视情况组织专家进行论证。

被撤销公告资格的企业，经整改合格1年后方可重新提出公告申请。

第十五条 工业和信息化部组织或委托第三方检测机构，对公告企业产品进行抽查。抽查不合格的企业，将通报并责令其予以整改；一年之内连续两次抽查不合格的企业，视为不能保持《规范条件》要求。

第四章 附 则

第十六条 本办法自2016年1月1日起实施，由工业和信息化部负责解释。

第二篇　宏观经济及相关行业运行情况

中华人民共和国
2015 年国民经济和社会发展统计公报（节选）

中华人民共和国国家统计局
2016 年 2 月 29 日

2015 年，面对错综复杂的国际形势和艰巨繁重的国内改革发展稳定任务，党中央、国务院团结带领全国各族人民，按照“五位一体”总体布局和“四个全面”战略布局的总要求，牢固树立和贯彻落实创新、协调、绿色、开放、共享的发展理念，适应经济发展新常态，坚持改革开放，坚持稳中求进工作总基调，坚持稳增长、调结构、惠民生、防风险，不断创新宏观调控思路与方式，深入推进结构性改革，扎实推动大众创业万众创新，努力促进经济保持中高速增长、迈向中高端水平，转型升级步伐加快，改革开放不断深化，民生事业持续进步，经济社会发展迈上新台阶，实现了“十二五”圆满收官，为“十三五”经济社会发展、决胜全面建成小康社会奠定了坚实基础。

一、综合

初步核算，全年国内生产总值 676708 亿元，比上年增长 6.9%。其中，第一产业增加值 60863 亿元，增长 3.9%；第二产业增加值 274278 亿元，增长 6.0%；第三产业增加值 341567 亿元，增长 8.3%。第一产业增加值占国内生产总值的比重为 9.0%，第二产业增加值比重为 40.5%，第三产业增加值比重为 50.5%，首次突破 50%。全年人均国内生产总值 49351 元，比上年增长 6.3%。全年国民总收入 673021 亿元。

图 1　2011—2015 年国内生产总值及其增长速度

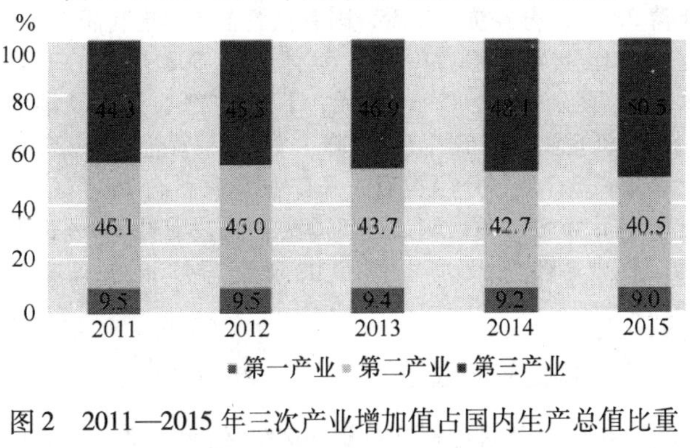

图 2　2011—2015 年三次产业增加值占国内生产总值比重

全年居民消费价格比上年上涨 1.4%，其中食品价格上涨 2.3%。固定资产投资价格下降 1.8%。工业生产者出厂价格下降 5.2%。工业生产者购进价格下降 6.1%。农产品生产者价格上涨 1.7%。

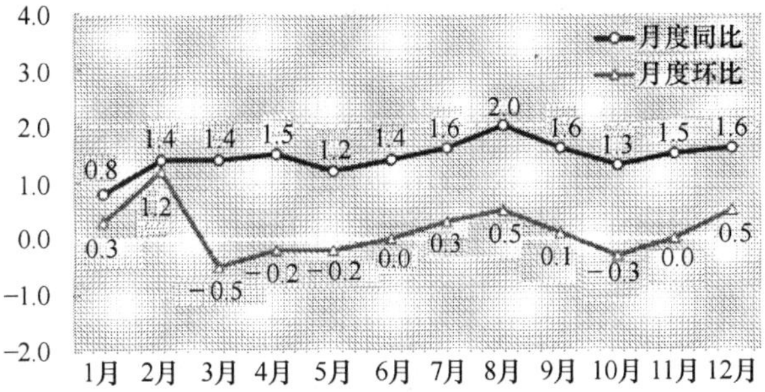

图 3　2015 年居民消费价格月度涨跌幅度

表 1　2015 年居民消费价格比上年涨跌幅度

（%）

指　　标	全国	城市	农村
居民消费价格	1.4	1.5	1.3
其中：食品	2.3	2.3	2.4
烟酒及用品	2.1	2.0	2.3
衣着	2.7	2.8	2.3
家庭设备用品及维修服务	1.0	1.0	0.9
医疗保健和个人用品	2.0	1.9	2.3
交通和通信	−1.7	−1.6	−1.9
娱乐教育文化用品及服务	1.4	1.4	1.4
居住[10]	0.7	1.0	−0.3

年末国家外汇储备 33304 亿美元，比上年末减少 5127 亿美元。全年人民币平均汇率为 1 美元兑 6.2284 元人民币，比上年贬值 1.4%。

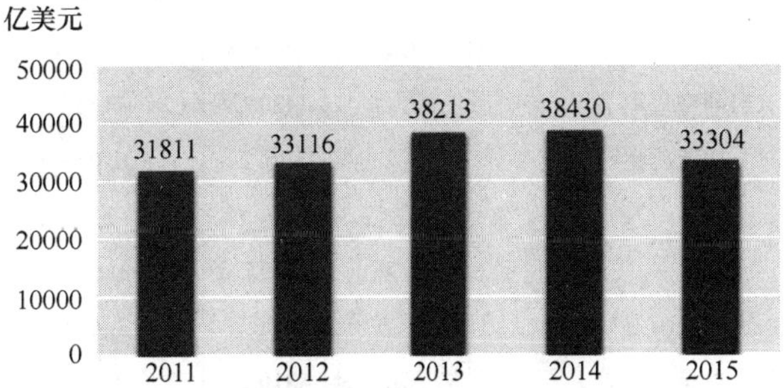

图 4　2011—2015 年年末国家外汇储备

二、工业和建筑业

全年全部工业增加值228974亿元，比上年增长5.9%。规模以上工业增加值增长6.1%。在规模以上工业中，分经济类型看，国有控股企业增长1.4%；集体企业增长1.2%，股份制企业增长7.3%，外商及港澳台商投资企业增长3.7%；私营企业增长8.6%。分门类看，采矿业增长2.7%，制造业增长7.0%，电力、热力、燃气及水生产和供应业增长1.4%。

图5 2011—2015年全部工业增加值及其增长速度

全年规模以上工业中，通用设备制造业增长2.9%，专用设备制造业增长3.4%，汽车制造业增长6.7%，电气机械和器材制造业增长7.3%，计算机、通信和其他电子设备制造业增长10.5%，电力、热力生产和供应业增长0.5%。六大高耗能行业增加值比上年增长6.3%，占规模以上工业增加值的比重为27.8%。高技术制造业增加值增长10.2%，占规模以上工业增加值的比重为11.8%。装备制造业增加值增长6.8%，占规模以上工业增加值的比重为31.8%。

表2 2015年主要工业产品产量及其增长速度

产品名称	单位	产量	比上年增长(%)
纱	万吨	3538.0	4.7
布	亿米	892.6	-0.1
化学纤维	万吨	4831.7	10.1
成品糖	万吨	1474.1	-10.3
卷烟	亿支	25890.7	-0.8
彩色电视机	万台	14475.7	2.5
其中:液晶电视机	万台	14391.9	3.8
其中:智能电视	万台	8383.5	14.9
家用电冰箱	万台	7992.8	-9.1
房间空气调节器	万台	14200.4	-1.8
一次能源生产总量	亿吨标准煤	36.2	0.0
原煤	亿吨	37.5	-3.3
原油	万吨	21455.6	1.5
天然气	亿立方米	1346.1	3.4
发电量	亿千瓦小时	58105.8	0.3
其中:火电	亿千瓦小时	42420.4	-2.7
水电	亿千瓦小时	11264.2	5.0
核电	亿千瓦小时	1707.9	28.9
粗钢	万吨	80382.5	-2.2
钢材	万吨	112349.6	-0.1
十种有色金属	万吨	5155.8	6.8
其中:精炼铜(电解铜)	万吨	796.2	4.2
原铝(电解铝)	万吨	3141.0	8.8
水泥	亿吨	23.6	-5.3
硫酸(折100%)	万吨	8975.7	0.8
烧碱(折100%)	万吨	3020.7	-1.4
乙烯	万吨	1714.6	1.1
化肥(折100%)	万吨	7432.0	8.1
发电机组(发电设备)	万千瓦	12431.4	-17.4
汽车	万辆	2450.4	3.3
其中:基本型乘用车(轿车)	万辆	1163.0	-6.8
运动型多用途乘用车(SUV)	万辆	602.4	48.0
其中:新能源汽车	万辆	32.8	161.2
大中型拖拉机	万台	68.8	6.9
集成电路	亿块	1087.2	7.1
程控交换机	万线	1880.3	-12.5
移动通信手持机	万台	181261.4	7.8
其中:智能手机	万台	139943.1	11.3
微型计算机设备	万台	31418.7	-10.4
工业机器人	台(套)	32996.0	21.7

年末全国发电装机容量150828万千瓦，比上年末增长10.5%。其中，火电装机容量99021万千瓦，增长7.8%；水电装机容量31937万千瓦，增长4.9%；核电装机容量2608万千瓦，增长29.9%；并网风电装机容量12934万千瓦，增长33.5%；并网太阳能发电装机容量4318万千瓦，增长73.7%。

全年规模以上工业企业实现利润63554亿元，比上年下降2.3%。分经济类型看，国有控股企业实现利润10944亿元，比上年下降21.9%；集体企业508亿元，下降2.7%，股份制企业42981亿元，下降1.7%，外商及港澳台商投资企业15726亿元，下降1.5%；私营企业23222亿元，增长3.7%。分门类看，采矿业实现利润2604亿元，比上年下降58.2%；制造业55609亿元，增长2.8%；电力、热力、燃气及水生产和供应业5341亿元，增长13.5%。

三、固定资产投资

全年全社会固定资产投资562000亿元，比上年增长

9.8%，扣除价格因素，实际增长11.8%。其中，固定资产投资（不含农户）551590亿元，增长10.0%。分区域看，东部地区投资232107亿元，比上年增长12.4%；中部地区投资143118亿元，增长15.2%；西部地区投资140416亿元，增长8.7%；东北地区投资40806亿元，下降11.1%。

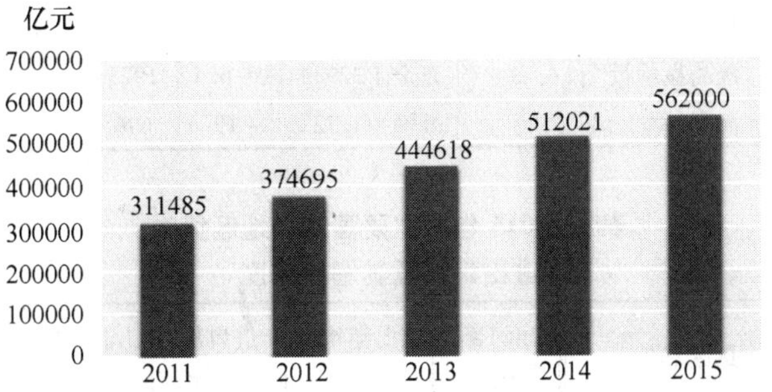

图6 2011—2015年全社会固定资产投资

在固定资产投资（不含农户）中，第一产业投资15561亿元，比上年增长31.8%；第二产业投资224090亿元，增长8.0%；第三产业投资311939亿元，增长10.6%。基础设施投资101271亿元，增长17.2%，占固定资产投资（不含农户）的比重为18.4%。民间固定资产投资354007亿元，增长10.1%，占固定资产投资（不含农户）的比重为64.2%。高技术产业投资32598亿元，增长17.0%，占固定资产投资（不含农户）的比重为5.9%。

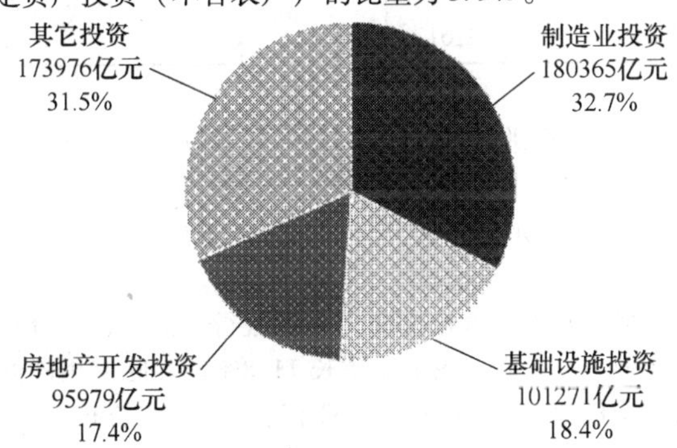

图7 2015年按领域分固定资产投资（不含农户）及其占经

表3 2015年分行业固定资产投资（不含农户）及其增长速度

行业	投资额/亿元	比上年增长/%
总计	551590	10.0
农、林、牧、渔业	19061	30.8
采矿业	12971	-8.8
制造业	180365	8.1
电力、热力、燃气及水生产和供应业	26621	16.6
建筑业	4895	10.2
批发和零售业	18682	20.1
交通运输、仓储和邮政业	48972	14.3
住宿和餐饮业	6504	5.1
信息传输、软件和信息技术服务业	5517	34.5
金融业	1367	0.3
房地产业	126674	2.5
租赁和商务服务业	9436	18.6
科学研究和技术服务业	4752	12.6
水利、环境和公共设施管理业	55673	20.4
居民服务、修理和其它服务业	2628	15.5
教育	7723	15.2
卫生和社会工作	5175	29.7
文化、体育和娱乐业	6724	8.9
公共管理、社会保障和社会组织	7851	9.1

（续）

表4 2015年固定资产投资新增主要生产与运营能力

指标	单位	绝对数
新增220千伏及以上变电设备	万千伏安	21785
新建铁路投产里程	公里	9531
其中：高速铁路	公里	3306
增、新建铁路复线投产里程	公里	7647
电气化铁路投产里程	公里	8694
新建公路里程	公里	71401
其中：高速公路	公里	11265
港口万吨级码头泊位新增吞吐能力	万吨	38487
新增民用运输机场	个	8
新增光缆线路长度	万公里	441

四、国内贸易

全年社会消费品零售总额300931亿元，比上年增长10.7%，扣除价格因素，实际增长10.6%。按经营地统计，城镇消费品零售额258999亿元，增长10.5%；乡村消费品零售额41932亿元，增长11.8%。按消费类型统计，商品零售额268621亿元，增长10.6%；餐饮收入额32310亿元，增长11.7%。

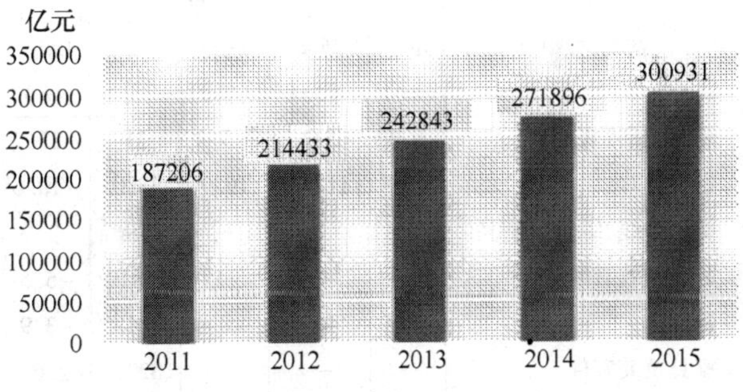

图8 2011—2015年社会消费品零售总额

注：图中2011年至2014年数据根据第三次经济普查结果进行修订。

在限额以上企业商品零售额中，家用电器和音像器材类增长11.4%，通信器材类增长29.3%，建筑及装潢材料类增长18.7%，汽车类增长5.3%。

全年网上零售额38773亿元，比上年增长33.3%。

五、对外经济

全年货物进出口总额245741亿元，比上年下降7.0%。其中，出口141255亿元，下降1.8%；进口104485亿元，下降13.2%。货物进出口差额（出口减进口）36770亿元，比上年增加13244亿元。

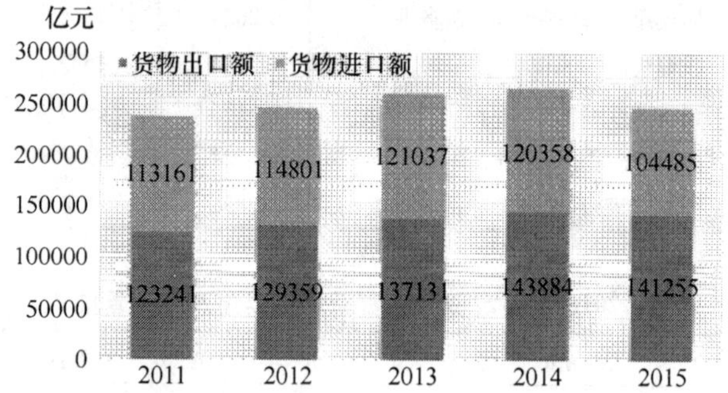

图9 2011—2015年货物进出口总额

表5 2015年货物进出口总额及其增长速度

指　　标	金额/亿元	比上年增长(%)
货物进出口总额	245741	-7.0
货物出口额	141255	-1.8
其中:一般贸易	75456	2.1
加工贸易	49553	-8.8
其中:机电产品	81421	1.1
高新技术产品	40737	0.4
货物进口额	104485	-13.2
其中:一般贸易	57323	-15.9
加工贸易	27772	-13.7
其中:机电产品	50111	-4.5
高新技术产品	34073	0.6
货物进出口差额(出口减进口)	36770	—

表6 2015年主要商品出口数量、金额及其增长速度

商品名称	单位	数量	比上年增长(%)	金额/亿元	比上年增长(%)
煤(包括褐煤)	万吨	533	-7.1	31	-27.7
钢材	万吨	11240	19.9	3890	-10.6
纺织纱线、织物及制品	—	—	—	6796	-1.3
服装及衣着附件	—	—	—	10819	-5.5
鞋类	万吨	447	-8.4	3319	-3.9
家具及其零件	—	—	—	3277	2.6
自动数据处理设备及其部件	万台	171508	-10.6	9461	-15.2
手持或车载无线电话	万台	134342	2.4	7711	8.8
集装箱	万个	272	-10.1	475	-14.2
液晶显示板	万个	229344	-6.4	1923	-1.5
汽车	万辆	72	-19.4	696	-9.5

表7 2015年对主要国家和地区货物进出口额及其增长速度

国家和地区	出口额/亿元	比上年增长(%)	进口额/亿元	比上年增长(%)
欧盟	22096	-3.0	12985	-13.6
美国	25425	4.5	9238	-5.4
东盟	17221	3.1	12097	-5.4
中国香港	20589	-7.7	797	2.8
日本	8424	-8.3	8881	-11.4
韩国	6291	2.1	10847	-7.1
中国台湾	2785	-2.0	8904	-4.6
印度	3612	8.5	831	-17.2
俄罗斯	2161	-34.5	2066	-19.1

全年服务进出口总额7130亿美元，比上年增长14.6%。其中，服务出口2882亿美元，增长9.2%；服务进口4248亿美元，增长18.6%。服务进出口逆差1366亿美元。

全年吸收外商直接投资（不含银行、证券、保险）新设立企业26575家，比上年增长11.8%。实际使用外商直接投资金额7814亿元（折1263亿美元），增长6.4%。其中"一带一路"沿线国家吸收外商直接投资新设立企业2164家，增长18.3%；实际使用外商直接投资金额526亿元（折85亿美元），增长25.3%。

表8 2015年外商直接投资（不含银行、证券、保险）及其增长速度

行　　业	企业数/家	比上年增长(%)	实际使用金额/亿元	比上年增长(%)
总计	26575	11.8	7813.5	6.4
其中:农、林、牧、渔业	609	-15.3	94.8	1.3
制造业	4507	-13.0	2452.3	0.0
电力、燃气及水生产和供应业	264	26.9	139.4	3.1
交通运输、仓储和邮政业	449	19.4	259.7	-5.0
信息传输、计算机服务和软件业	1311	33.6	237.1	40.1
批发和零售业	9156	14.8	744.0	28.0

（续）

行　　业	企业数/家	比上年增长（%）	实际使用金额/亿元	比上年增长（%）
房地产业	387	－13.2	1789.8	－15.9
租赁和商务服务业	4465	12.7	623.3	－18.8
居民服务和其他服务业	217	19.9	44.4	0.8

全年对外直接投资额（不含银行、证券、保险）7351亿元，按美元计价为1180亿美元，比上年增长14.7%。其中，我国对“一带一路”沿线国家对外直接投资额达148亿美元，增长18.2%。

表9　2015年对外直接投资额（不含银行、证券、保险）**及其增长速度**

行　　业	对外直接投资金额/亿美元	比上年增长（%）
总计	1180.2	14.7
其中：农、林、牧、渔业	20.5	17.8
采矿业	108.5	－43.9
制造业	143.3	105.9
电力、热力、燃气及水生产和供应业	27.9	51.6
建筑业	45.0	－35.9
批发和零售业	160.2	－7.2
交通运输、仓储和邮政业	30.9	5.5
信息传输、软件和信息技术服务业	57.8	240.0
房地产业	90.6	193.2
租赁和商务服务业	416.7	11.9

六、交通、邮电和旅游

全年货物运输总量417亿吨，比上年增长0.2%。货物运输周转量177401亿吨公里，下降1.9%。全年规模以上港口完成货物吞吐量114.3亿吨，比上年增长1.6%，其中外贸货物吞吐量35.9亿吨，增长1.1%。规模以上港口集装箱吞吐量20959万标准箱，增长4.1%。

表10　2015年各种运输方式完成货物运输量及其增长速度

指　　标	单位	绝对数	比上年增长(%)
货物运输总量	亿吨	417.1	0.2
铁路	亿吨	33.6	－11.9
公路	亿吨	315.0	1.2
水运	亿吨	61.4	2.5
民航	万吨	625.3	5.2
管道	亿吨	7.1	1.7
货物运输周转量	亿吨公里	177400.7	－1.9
铁路	亿吨公里	23754.3	－13.7
公路	亿吨公里	57955.7	2.0
水运	亿吨公里	91344.6	－1.2
民航	亿吨公里	207.3	10.4
管道	亿吨公里	4138.8	6.6

表11　2015年各种运输方式完成旅客运输量及其增长速度

指　　标	单位	绝对数	比上年增长(%)
旅客运输总量	亿人次	194.3	－4.4
铁路	亿人次	25.3	10.0
公路	亿人次	161.9	－6.7
水运	亿人次	2.7	2.8
民航	亿人次	4.4	11.1
旅客运输周转量	亿人公里	30047.0	4.9
铁路	亿人公里	11960.6	6.4
公路	亿人公里	10742.7	－2.3
水运	亿人公里	73.1	－1.7
民航	亿人公里	7270.7	14.8

年末全国民用汽车保有量达到17228万辆（包括三轮汽车和低速货车955万辆），比上年末增长11.5%，其中私人汽车保有量14399万辆，增长14.4%。民用轿车保有量9508万辆，增长14.6%，其中私人轿车8793万辆，增长15.8%。

全年完成邮电业务总量28220亿元，比上年增长29.2%。其中，邮政行业业务总量5079亿元，增长37.4%；电信业务总量23142亿元，增长27.5%。邮政业全年完成邮政函件业务45.8亿件，包裹业务0.4亿件，快递业务量206.7亿件；快递业务收入2770亿元。电信业全年新增移动电话交换机容量6529万户，达到211066万户。年末全国电话用户总数达到153673万户，其中移动电话用户130574万户。移动电话普及率上升至95.5部/百人。固定互联网宽带接入用户21337万户，比上年增加1289万户；移动宽带用户78533万户，增加20279万户。移动互联网接入流量41.9亿G，比上年增长103%。互联网上网人数6.88亿人，增加3951万人，其中手机上网人数6.20亿人，增加6303万人。互联网普及率达到50.3%。软件和信息技术服务业完成软件业务收入43249亿元，比上年增长16.6%。

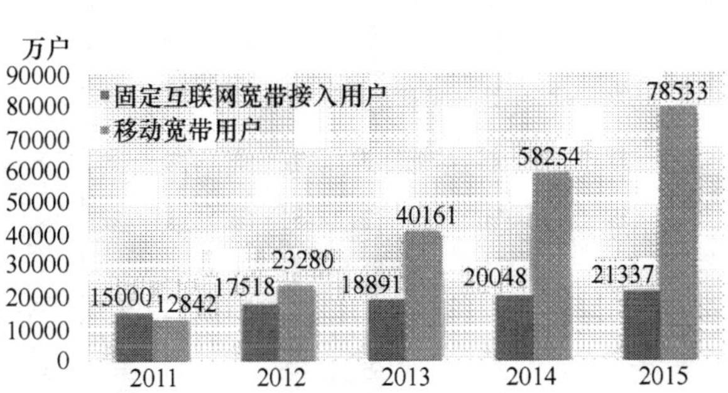

图10　2011—2015年年末固定互联网宽带接入用户和移动宽带用户数

2015 年按经济类型分工业增加值增长速度

指标	12月	11月	10月	9月	8月	7月	6月	5月	4月	3月	2月	1月
国有及国有控股企业增加值_同比增长(%)	2.6	2.8	-0.5	-1.4	-0.6	0	2.2	2.2	1.9	0.9		
国有及国有控股企业增加值_累计增长(%)	1.4	1.3	1.1	1.3	1.6	1.6	1.9	1.8	1.7	1.7	2.2	
私营企业增加值_同比增长(%)	7.9	8	8.1	9.3	10.3	9.3	8.9	8.1	7.7	8		
私营企业增加值_累计增长(%)	8.6	8.7	8.8	8.9	8.8	8.8	8.7	8.6	8.7	9.1	9.8	
集体企业增加值_同比增长(%)	0.7	-0.2	-1.6	0.5	0.4	1.3	3.2	1.2	0.4	1.4		
集体企业增加值_累计增长(%)	1.2	1.3	1.4	1.7	1.9	1.9	2	1.7	1.9	2.4	3	
股份合作企业增加值_同比增长(%)	1.3	8	9.6	5.5	1	9.1	-0.5	8.8	1.7	-4.5		
股份合作企业增加值_累计增长(%)	4.6	4.9	4.6	4	3.8	3.8	3	3.8	2.3	2.5	6.6	
股份制企业增加值_同比增长(%)	7.1	6.9	6.6	7.2	7.6	7.7	7.8	7.5	7.4	6.8		
股份制企业增加值_累计增长(%)	7.3	7.3	7.4	7.5	7.5	7.5	7.5	7.4	7.4	7.4	7.7	
外商及港澳台投资企业增加值_同比增长(%)	3.5	5.2	3.6	2.7	2.8	2.6	4.5	3	2.9	3.3		
外商及港澳台投资企业增加值_累计增长(%)	3.7	3.7	3.5	3.5	3.6	3.6	3.8	3.7	3.9	4.3	4.9	

注：1. 从 2011 年起，规模以上工业企业起点标准由原来的年主营业务收入 500 万元提高到年主营业务收入 2000 万元。

2. 2012 年起，国家统计局执行新的国民经济行业分类标准（GB/T 4754—2011），原来的工业行业大类由 39 个调整为 41 个，具体请参见 http://www.stats.gov.cn/tjbz。为便于用户使用，对于工业分大类行业增加值增速以及出口交货值数据，数据库分别提供了 2003 ~ 2011 年以及 2012 年至今两个数据库。

3. 为了消除春节日期不固定因素带来的影响，增强数据的可比性，按照国家统计制度，自 2013 年起，1 ~ 2 月份工业数据一起调查，一起发布，不再单独发布 2 月份当月数据。

（数据来源：国家统计局）

2015 年工业企业主要经济指标

指　　标	12 月	11 月	10 月	9 月	8 月	7 月	6 月	5 月	4 月	3 月	2 月	1 月
企业单位数_累计值(个)	374359	374362	374362	372291	371137	370251	369313	368637	368483	368301	377454	
亏损企业_累计值(个)	49264	54459	57068	58477	59049	60318	62084	63670	67081	72291	77058	
亏损企业_上年同期累计值(个)	40847	46375	49097	50833	51988	53593	55400	57403	61386	67932	76564	
亏损企业_累计增长(%)	20.6	17.4	16.2	15	13.6	12.5	12.1	10.9	9.3	6.4	0.6	
流动资产合计_累计值(亿元)	460717.5	466777.6	460224.3	455813.6	451540.6	446688.3	444416.4	439687.2	433387.7	427557.5	423321.2	
流动资产合计_上年同期累计值(亿元)	437644.6	443790.5	437888.6	432608.8	426593.6	420875.4	419211.8	415006.1	408515.9	401088.6	395417.9	
流动资产合计_累计增长(%)	5.3	5.2	5.1	5.4	5.8	6.1	6	5.9	6.1	6.6	7.1	
应收账款_累计值(亿元)	114546.9	118477.8	114952.3	112395.4	110292.6	108136.1	107951.6	105983.9	103425.1	101651.6	99918.3	
应收账款_上年同期累计值(亿元)	106151	109913.2	106421.3	104108.8	102180.3	100471.3	100090.4	97433.7	95261.3	92979.9	90171.7	
应收账款_累计增长(%)	7.9	7.8	8	8	7.9	7.6	7.9	8.8	8.6	9.3	10.8	
存货_累计值(亿元)	100107.2	102649.5	102542.3	101977.1	102233.1	101977.7	100887.2	100640.5	99569.7	98365.4	98177.7	
存货_上年同期累计值(亿元)	100170.4	101851.9	101582.6	100528.6	100121.4	99078.6	97790.7	97571.6	96278.2	94712.5	94218.2	
存货_累计增长(%)	-0.1	0.8	0.9	1.4	2.1	2.9	3.2	3.1	3.4	3.9	4.2	
产成品_累计值(亿元)	38700.1	39734.6	39309.5	38932.3	39135.8	38892.9	38114.9	37812	37160.5	36327.7	35632.3	
产成品_上年同期累计值(亿元)	37461.4	37982.6	37626	37113.5	37012.4	36416.8	35498	35315.3	34739.1	33719.2	32839.4	
产成品_累计增长(%)	3.3	4.6	4.5	4.9	5.7	6.8	7.4	7.1	7	7.7	8.5	
资产总计_累计值(亿元)	999741.1	994900.5	982408.7	971290.7	961553.6	950391.3	943835.5	934130.3	923307.7	911949.8	904394.5	
资产总计_上年同期累计值(亿元)	934837.1	928745.9	915896.8	905185.8	894116.1	883637.1	876963.9	866753.7	855460.9	843126.1	834204.8	
资产总计_累计增长(%)	6.9	7.1	7.3	7.3	7.5	7.6	7.6	7.8	7.9	8.2	8.4	
负债合计_累计值(亿元)	561560.3	563596.2	557675.6	551914.4	547847.9	542169.8	539730.8	535150.5	528664.6	521643.1	514508.3	
负债合计_上年同期累计值(亿元)	531997.8	535069.7	528329.6	523719.8	517890.7	512757	510731.9	506131.2	498946.4	490341.7	481438.4	
负债合计_累计增长(%)	5.6	5.3	5.6	5.4	5.8	5.7	5.7	5.7	6	6.4	6.9	
主营业务收入_累计值(亿元)	1103300.7	995066.4	893727.9	797088.6	699743.4	608354	518202.3	419362	329227.9	242073.4	151941.3	
主营业务收入_上年同期累计值(亿元)	1094360.7	985475.2	885117.6	787985.2	690724.1	600407.4	510863.8	413810.7	324179	237296.3	147669.3	
主营业务收入_累计增长(%)	0.8	1	1	1.2	1.3	1.3	1.4	1.3	1.6	2	2.9	

（续）

指　　标	12月	11月	10月	9月	8月	7月	6月	5月	4月	3月	2月	1月
主营业务成本_累计值(亿元)	945359.2	855448.7	769374.2	686411.2	602670.7	523689.4	445653	360454.9	282801	207617	129992.6	
主营业务成本_上年同期累计值(亿元)	937391.6	846521.4	761248.7	677905.1	594232	516420.5	439013.7	355493.5	278149.2	203049.8	125814.8	
主营业务成本_累计增长(%)	0.8	1.1	1.1	1.3	1.4	1.4	1.5	1.4	1.7	2.2	3.3	
主营业务税金及附加_累计值(亿元)	17945.9	16249.5	14656.6	13171.1	11596.6	10170.4	8766.2	7325.8	5896	4486.1	3096.7	
主营业务税金及附加_上年同期累计值(亿元)	16895.4	15309.8	13789.5	12366.1	10632.2	9259.2	7930.5	6594.5	5316.1	4074	2815.6	
主营业务税金及附加_累计增长(%)	6.2	6.1	6.3	6.5	9.1	9.8	10.5	11.1	10.9	10.1	10	
销售费用_累计值(亿元)	28740	25593.4	23005.2	20579.6	18000.4	15645.2	13322	10799	8562.2	6355.8	4066.1	
销售费用_上年同期累计值(亿元)	27640	24519.8	22030.1	19662.1	17163	14885.6	12655.2	10262.9	8051.4	5912.5	3729.3	
销售费用_累计增长(%)	4	4.4	4.4	4.7	4.9	5.1	5.3	5.2	6.3	7.5	9	
管理费用_累计值(亿元)	41135.4	36095.8	32329.8	28834.2	25274.4	21997.6	18737.3	15238.1	12086.2	8996.7	5810.9	
管理费用_上年同期累计值(亿元)	39108.4	34176.6	30626.8	27281	23877.4	20765.8	17645.2	14373.1	11387.6	8444.5	5452.3	
管理费用_累计增长(%)	5.2	5.6	5.6	5.7	5.9	5.9	6.2	6	6.1	6.5	6.6	
财务费用_累计值(亿元)	13371.2	12156.9	11090.6	10036.9	8863.4	7505.8	6449.7	5272.4	4236.5	3179.8	2084.6	
财务费用_上年同期累计值(亿元)	13221.9	12045.4	10953.6	9846.1	8703.8	7614.4	6531.2	5355.6	4283.2	3217.2	2057.2	
财务费用_累计增长(%)	1.1	0.9	1.3	1.9	1.8	-1.4	-1.2	-1.6	-1.1	-1.2	1.3	
利息支出_累计值(亿元)	12082.1	10903.7	9976.2	9002.1	7904	6935.2	5962.5	4867.2	3878	2910.2	1855.2	
利息支出_上年同期累计值(亿元)	12367.7	11122	10078.8	9056.8	7891.7	6908.1	5908.5	4749.3	3776.2	2824.5	1766	
利息支出_累计增长(%)	-2.3	-2	-1	-0.6	0.2	0.4	0.9	2.5	2.7	3	5.1	
利润总额_累计值(亿元)	63554	55386.8	48666	43032.4	37662.7	33173.1	28441.8	22547.6	17341.3	12543.2	7452.4	
利润总额_上年同期累计值(亿元)	65027.2	56453.7	49634.3	43767.5	38408.3	33494.9	28640.7	22739.9	17566.2	12889.9	7781.5	
利润总额_累计增长(%)	-2.3	-1.9	-2	-1.7	-1.9	-1	-0.7	-0.8	-1.3	-2.7	-4.2	
亏损企业亏损总额_累计值(亿元)	9115.5	8175.5	7525.9	6833.9	6038.3	5143.2	4419.2	3885	3353.7	2787.3	2286.5	
亏损企业亏损总额_上年同期累计值(亿元)	6944.5	6174.9	5822.6	5383.5	4916.4	4361.3	3815.9	3390.9	2911.6	2349.5	1839.3	
亏损企业亏损总额_累计增长(%)	31.3	32.4	29.3	26.9	22.8	17.9	15.8	14.6	15.2	18.6	24.3	
应交增值税_累计值(亿元)	31965	27844.5	24384.2	21427.4	18720	16285.1	13988.1	11481.7	9027.4	6772.2	4376.3	
应交增值税_上年同期累计值(亿元)	31506.9	27123.3	23712.9	20835.7	18278.5	15868	13587.7	11085.9	8718.6	6555.3	4248.4	
应交增值税_累计增长(%)	1.5	2.7	2.8	2.8	2.4	2.6	2.9	3.6	3.5	3.3	3	

注：从2011年起，规模以上工业企业起点标准由原来的年主营业务收入500万元提高到年主营业务收入2000万元。

（数据来源：国家统计局）

2015 年股份制工业企业主要经济指标

指　　标	12 月	11 月	10 月	9 月	8 月	7 月	6 月	5 月	4 月	3 月	2 月	1 月
股份制工业企业单位数_累计值(个)	292318	292321	292319	290433	289402	288618	284407	283812	283662	283495	289943	
股份制工业企业亏损企业数_累计值(个)	34817	38606	40588	41625	41942	42879	43511	44758	47237	50817	54286	
股份制工业企业亏损企业数_上年同期累计值(个)	28393	32413	34612	35885	36731	37793	38383	39802	42618	47251	53336	
股份制工业企业亏损企业数_累计增长(%)	22. 6	19. 1	17. 3	16	14. 2	13. 5	13. 4	12. 5	10. 8	7. 5	1. 8	
股份制工业企业流动资产合计_累计值(亿元)	316854. 8	320534	316205. 9	312663. 5	309644. 9	306457. 3	298752. 6	294676. 5	289788. 8	284991. 6	281315. 3	
股份制工业企业流动资产合计_上年同期累计值(亿元)	297666	301417. 7	297384. 1	293575	289276. 7	285168. 6	278549. 1	275280. 4	270356. 2	265559. 5	261330. 8	
股份制工业企业流动资产合计_累计增长(%)	6. 4	6. 3	6. 3	6. 5	7	7. 5	7. 3	7	7. 2	7. 3	7. 6	
股份制工业企业应收账款_累计值(亿元)	73836. 9	76260. 4	74007. 2	72041. 5	71318. 2	69628. 6	68208. 9	66572	64842. 3	63570. 3	62050. 3	
股份制工业企业应收账款_上年同期累计值(亿元)	67297. 9	69760. 3	67498. 6	66004. 8	65081. 2	63886. 8	62476. 4	60679. 9	59069. 8	57657. 6	55603. 1	
股份制工业企业应收账款_累计增长(%)	9. 7	9. 3	9. 6	9. 1	9. 6	9	9. 2	9. 7	9. 8	10. 3	11. 6	
股份制工业企业存货_累计值(亿元)	70745. 6	72274. 5	72094. 3	71483. 1	71379. 1	71269. 8	68566. 6	68328. 9	67561. 7	66639. 7	66453. 9	
股份制工业企业存货_上年同期累计值(亿元)	69950. 4	70750. 3	70512. 5	69791. 7	69424. 5	68672. 5	66152	66016. 1	65081	63978	63688. 6	
股份制工业企业存货_累计增长(%)	1. 1	2. 2	2. 2	2. 4	2. 8	3. 8	3. 7	3. 5	3. 8	4. 2	4. 3	
股份制工业企业产成品_累计值(亿元)	28037. 1	28713. 4	28443. 8	28173. 5	28111. 2	27948. 4	27018. 7	26780. 2	26332. 1	25742. 9	25158. 7	
股份制工业企业产成品_上年同期累计值(亿元)	26841. 2	27231. 3	27057. 3	26687. 3	26638. 7	26144. 3	25225. 5	25069. 6	24672. 7	23913. 1	23304. 4	
股份制工业企业产成品_累计增长(%)	4. 5	5. 4	5. 1	5. 6	5. 5	6. 9	7. 1	6. 8	6. 7	7. 7	8	
股份制工业企业资产总计_累计值(亿元)	704852. 7	700246. 1	691271. 6	682659. 8	675344. 6	667041. 2	647059. 9	639017. 5	630692. 9	621370. 6	614856. 6	
股份制工业企业资产总计_上年同期累计值(亿元)	654850. 9	649207. 3	639897. 8	631833. 8	623776. 3	615836. 2	597228. 3	589849. 2	581407. 9	572401. 7	566395. 7	
股份制工业企业资产总计_累计增长(%)	7. 6	7. 9	8	8	8. 3	8. 3	8. 3	8. 3	8. 5	8. 6	8. 6	
股份制工业企业负债合计_累计值(亿元)	402465. 2	403404. 8	399305. 1	395069. 6	391742	387847. 2	376905. 1	373203. 4	368413. 1	362745. 1	357182. 5	
股份制工业企业负债合计_上年同期累计值(亿元)	377355. 2	378427. 9	373623. 1	370390. 2	366393. 7	362410. 5	353079. 6	349563. 8	344186. 3	338510. 9	332629. 9	
股份制工业企业负债合计_累计增长(%)	6. 7	6. 6	6. 9	6. 7	6. 9	7	6. 7	6. 8	7	7. 2	7. 4	
股份制工业企业主营业务收入_累计值(亿元)	770887. 5	694361. 6	623026. 1	554970. 1	486840. 4	422524. 6	353673. 7	284885. 1	222898. 9	163567. 5	101935. 9	
股份制工业企业主营业务收入_上年同期累计值(亿元)	756706. 1	680479. 3	610263. 4	542222. 1	474767. 5	412577. 8	345857. 2	279053. 9	217962. 9	159308. 7	98433. 1	
股份制工业企业主营业务收入_累计增长(%)	1. 9	2	2. 1	2. 4	2. 5	2. 4	2. 3	2. 1	2. 3	2. 7	3. 6	

（续）

指　　标	12月	11月	10月	9月	8月	7月	6月	5月	4月	3月	2月	1月
股份制工业企业主营业务成本_累计值(亿元)	661142.1	597785.2	536985.6	478482.5	419814.1	364063.6	305041	245659.4	192036	140644.2	87449.4	
股份制工业企业主营业务成本_上年同期累计值(亿元)	648108.4	584685.5	525005.6	466706.1	408628.6	354930.6	297789.5	240184.3	187298.8	136459.2	83926.7	
股份制工业企业主营业务成本_累计增长(%)	2	2.2	2.3	2.5	2.7	2.6	2.4	2.3	2.5	3.1	4.2	
股份制工业企业主营业务税金及附加_累计值(亿元)	13347.2	12079.3	10901.4	9803.1	8631.4	7560.6	5807.6	4825.6	3856.6	2905.2	1977.4	
股份制工业企业主营业务税金及附加_上年同期累计值(亿元)	12394.3	11216.4	10106.5	9063.6	7728	6736.5	5119.1	4227.8	3396.8	2590.7	1765.4	
股份制工业企业主营业务税金及附加_累计增长(%)	7.7	7.7	7.9	8.2	11.7	12.2	13.4	14.1	13.5	12.1	12	
股份制工业企业销售费用_累计值(亿元)	19044.4	16900.4	15150	13522.2	11790.4	10210.9	8616.6	6948.4	5505.7	4087.9	2607.4	
股份制工业企业销售费用_上年同期累计值(亿元)	17972.9	15853.3	14185.1	12636.2	10970.6	9513.9	8011.8	6470.5	5082.9	3740.8	2355.6	
股份制工业企业销售费用_累计增长(%)	6	6.6	6.8	7	7.5	7.3	7.5	7.4	8.3	9.3	10.7	
股份制工业企业管理费用_累计值(亿元)	28045.2	24527.7	21921.5	19505.2	17065.2	14820.5	12407.7	10093.8	8003.8	5954.5	3847.7	
股份制工业企业管理费用_上年同期累计值(亿元)	26460.1	23080.6	20651	18361.2	16056.7	13972.6	11697.9	9533.2	7544.5	5584.9	3610.4	
股份制工业企业管理费用_累计增长(%)	6	6.3	6.2	6.2	6.3	6.1	6.1	5.9	6.1	6.6	6.6	
股份制工业企业财务费用_累计值(亿元)	10639.8	9735.3	8881.7	8008.7	7064.5	6163.7	5181.9	4243.5	3406.9	2554.5	1649.3	
股份制工业企业财务费用_上年同期累计值(亿元)	10707.5	9722.1	8806.1	7907.9	6947.1	6061.6	5089.9	4140.4	3291	2460	1578.6	
股份制工业企业财务费用_累计增长(%)	-0.6	0.1	0.9	1.3	1.7	1.7	1.8	2.5	3.5	3.8	4.5	
股份制工业企业利息支出_累计值(亿元)	9560.4	8637.3	7892.7	7117.1	6265.6	5499.7	4617.7	3787.5	3014.3	2249.5	1435.4	
股份制工业企业利息支出_上年同期累计值(亿元)	9697.9	8746.9	7921.9	7109.2	6193	5418.7	4543.6	3666.1	2906.3	2169.8	1356.7	
股份制工业企业利息支出_累计增长(%)	-1.4	-1.3	-0.4	0.1	1.2	1.5	1.6	3.3	3.7	3.7	5.8	
股份制工业企业利润总额_累计值(亿元)	42981.4	37139.7	32698.7	28850.8	25282.6	22158.2	18552.6	14569.1	11149.4	8072.4	4739.5	
股份制工业企业利润总额_上年同期累计值(亿元)	43745.3	37852	33196.3	29160.8	25726.4	22465.5	18877.8	14921	11536.8	8513.8	5094.3	
股份制工业企业利润总额_累计增长(%)	-1.7	-1.9	-1.5	-1.1	-1.7	-1.4	-1.7	-2.4	-3.4	-5.2	-7	
股份制工业企业亏损企业亏损总额_累计值(亿元)	6455.4	5871	5407.9	4879.6	4291	3713.7	3119.3	2745.2	2365.7	1949.9	1584.4	
股份制工业企业亏损企业亏损总额_上年同期累计值(亿元)	4864	4364.1	4081.5	3756.3	3374.9	2973.2	2554.2	2263.9	1929.1	1536.3	1223.1	
股份制工业企业亏损企业亏损总额_累计增长(%)	32.7	34.5	32.5	29.9	27.1	24.9	22.1	21.3	22.6	26.9	29.5	
股份制工业企业应交增值税_累计值(亿元)	22616.4	19654	17186.1	15087.4	13212.9	11484.8	9570.8	7803.9	6108.8	4545	2922.9	
股份制工业企业应交增值税_上年同期累计值(亿元)	22377.5	19198.3	16774.6	14699.8	12884.8	11177.3	9303.8	7543.5	5911.1	4411.4	2840	
股份制工业企业应交增值税_累计增长(%)	1.1	2.4	2.5	2.6	2.5	2.8	2.9	3.5	3.3	3	2.9	

注：从2011年起，规模以上工业企业起点标准由原来的年主营业务收入500万元提高到年主营业务收入2000万元。

（数据来源：国家统计局）

2015 年私营工业企业主要经济指标

指标	12月	11月	10月	9月	8月	7月	6月	5月	4月	3月	2月	1月
私营工业企业单位数_累计值(个)	211831	211833	211833	210528	209847	209383	209420	209012	208945	208879	214389	
私营工业企业亏损企业数_累计值(个)	20286	22356	23553	24247	24517	25203	26151	26828	28451	30866	33177	
私营工业企业亏损企业数_上年同期累计值(个)	16020	18353	19761	20547	21092	21813	22831	23526	25374	28487	32611	
私营工业企业亏损企业数_累计增长(%)	26.6	21.8	19.2	18	16.2	15.5	14.5	14	12.1	8.4	1.7	
私营工业企业流动资产合计_累计值(亿元)	113733.4	113063	111452.7	109943.7	108298.8	106840.8	106230.8	104115.9	102174.6	100681.3	99521.4	
私营工业企业流动资产合计_上年同期累计值(亿元)	107374.3	106822	105030.1	103400.5	101458.1	99710.2	99276.9	97197.1	95208.4	93163.7	91817.9	
私营工业企业流动资产合计_累计增长(%)	5.9	5.8	6.1	6.3	6.7	7.2	7	7.1	7.3	8.1	8.4	
私营工业企业应收账款_累计值(亿元)	29661.5	29574	28869.8	28053.7	27600.9	27056.5	26947.9	26187.9	25330.8	24780.5	24390.7	
私营工业企业应收账款_上年同期累计值(亿元)	27393.3	27232.2	26339.4	25569.3	25058.7	24516.6	24460	23682.9	22951.6	22288.3	21728.7	
私营工业企业应收账款_累计增长(%)	8.3	8.6	9.6	9.7	10.1	10.4	10.2	10.6	10.4	11.2	12.3	
私营工业企业存货_累计值(亿元)	25804.4	25861.3	25678	25397.5	25126.9	24922	24721	24384.2	23980.7	23515	23343.4	
私营工业企业存货_上年同期累计值(亿元)	24691.3	24623.8	24371.7	24081.8	23789.9	23513.2	23348.7	23001	22545.1	22034.4	21809.1	
私营工业企业存货_累计增长(%)	4.5	5	5.4	5.5	5.6	6	5.9	6	6.4	6.7	7	
私营工业企业产成品_累计值(亿元)	11779.6	11785.4	11680.8	11524	11341.7	11206.7	11033.9	10818.9	10547.4	10210.1	9962.1	
私营工业企业产成品_上年同期累计值(亿元)	11099.6	11121.5	10997	10816.8	10669.6	10468.9	10353.3	10096.9	9778.2	9340	9011.6	
私营工业企业产成品_累计增长(%)	6.1	6	6.2	6.5	6.3	7	6.6	7.2	7.9	9.3	10.5	
私营工业企业资产总计_累计值(亿元)	224598.4	220575.8	216579.6	212782.1	209018.5	205445.3	204363.9	200123.2	196473.8	192972.2	190899.2	
私营工业企业资产总计_上年同期累计值(亿元)	207614.5	203271.7	198955.7	195074.3	191263.5	187991.1	186416	182289.5	178327.8	174266.2	172691.5	
私营工业企业资产总计_累计增长(%)	8.2	8.5	8.9	9.1	9.3	9.3	9.6	9.8	10.2	10.7	10.5	
私营工业企业负债合计_累计值(亿元)	115073.6	114136.8	112684.1	111181.3	109690.7	108322	108252.6	106318.7	104402.5	102809.1	100893.6	
私营工业企业负债合计_上年同期累计值(亿元)	108426.1	107791	105577.6	104408	102615.9	101125.8	101195.9	99110.7	97120.6	95056.9	93383.3	
私营工业企业负债合计_累计增长(%)	6.1	5.9	6.7	6.5	6.9	7.1	7	7.3	7.5	8.2	8	
私营工业企业主营业务收入_累计值(亿元)	386258.1	348887.9	312598.5	277537.2	242792.8	210023.5	177916.8	142670.1	111235.2	81223.8	50650.2	
私营工业企业主营业务收入_上年同期累计值(亿元)	369773.4	332723.4	297522.7	263468.6	230076.7	199636.8	169220.3	135929.4	105665.1	76618.5	47188.6	
私营工业企业主营业务收入_累计增长(%)	4.5	4.9	5.1	5.3	5.5	5.2	5.1	5	5.3	6	7.3	

（续）

指　标	12月	11月	10月	9月	8月	7月	6月	5月	4月	3月	2月	1月
私营工业企业主营业务成本_累计值(亿元)	336680.5	305428.4	274228.4	243748.6	213288	184441.1	156147.8	125090.4	97435.5	70996.7	44067.3	
私营工业企业主营业务成本_上年同期累计值(亿元)	321928.9	290959.9	260838.4	231251.7	201990.6	175158.9	148314.1	118966.6	92333.8	66767.5	40896.5	
私营工业企业主营业务成本_累计增长(%)	4.6	5	5.1	5.4	5.6	5.3	5.3	5.1	5.5	6.3	7.8	
私营工业企业主营业务税金及附加_累计值(亿元)	2589.9	2264.2	1995.3	1752.7	1522.5	1313.6	1114.4	897.7	700.1	515.8	327.4	
私营工业企业主营业务税金及附加_上年同期累计值(亿元)	2480	2150.3	1878	1640	1424.3	1231.6	1046.4	838.8	656.8	483.1	303.1	
私营工业企业主营业务税金及附加_累计增长(%)	4.4	5.3	6.2	6.9	6.9	6.7	6.5	7	6.6	6.8	8	
私营工业企业销售费用_累计值(亿元)	8484.5	7594.6	6799.5	6038.8	5280.1	4573.2	3892.7	3141.6	2473.2	1828.2	1172.6	
私营工业企业销售费用_上年同期累计值(亿元)	7836	6972.7	6218.1	5496.2	4785.2	4143.6	3517.9	2834.3	2219.8	1634.7	1039.1	
私营工业企业销售费用_累计增长(%)	8.3	8.9	9.4	9.9	10.3	10.4	10.7	10.8	11.4	11.8	12.8	
私营工业企业管理费用_累计值(亿元)	11821.2	10443	9334.5	8281.9	7237.6	6271.4	5344.9	4338.4	3433.6	2546.7	1645.7	
私营工业企业管理费用_上年同期累计值(亿元)	10888.4	9573.7	8537.7	7553.4	6582.6	5713.2	4859.6	3949.1	3119.6	2314.8	1495.3	
私营工业企业管理费用_累计增长(%)	8.6	9.1	9.3	9.6	10	9.8	10	9.9	10.1	10	10.1	
私营工业企业财务费用_累计值(亿元)	3562	3224.4	2927.3	2624.9	2304.7	2035.1	1752.3	1415.7	1135.5	851.1	536.4	
私营工业企业财务费用_上年同期累计值(亿元)	3660.2	3272.8	2946	2632.9	2294.4	2010	1726	1392	1107.1	831.3	527.9	
私营工业企业财务费用_累计增长(%)	−2.7	−1.5	−0.6	−0.3	0.4	1.2	1.5	1.7	2.6	2.4	1.6	
私营工业企业利息支出_累计值(亿元)	2736.3	2438.2	2213.6	1992.7	1745.5	1531.3	1325.9	1068.9	859.9	645.2	407.9	
私营工业企业利息支出_上年同期累计值(亿元)	2843.8	2521.2	2269.3	2034.9	1776.5	1543.4	1334.6	1071	854.9	643.2	400.3	
私营工业企业利息支出_累计增长(%)	−3.8	−3.3	−2.5	−2.1	−1.7	−0.8	−0.7	−0.2	0.6	0.3	1.9	
私营工业企业利润总额_累计值(亿元)	23221.6	20086.3	17511	15297.7	13319.4	11532.1	9771.3	7857.8	6105.4	4503.8	2895.9	
私营工业企业利润总额_上年同期累计值(亿元)	22384.7	19075.7	16491	14281.8	12418.1	10824.8	9190.2	7401.5	5753.8	4216.1	2654.7	
私营工业企业利润总额_累计增长(%)	3.7	5.3	6.2	7.1	7.3	6.5	6.3	6.2	6.1	6.8	9.1	
私营工业企业亏损企业亏损总额_累计值(亿元)	1074.3	1012.1	969.5	902.5	810.8	735.1	660.6	571.2	500.6	413.1	304.4	
私营工业企业亏损企业亏损总额_上年同期累计值(亿元)	864.5	865.8	829.7	794.2	722.3	636.3	576.5	501.7	431.7	362.6	274.8	
私营工业企业亏损企业亏损总额_累计增长(%)	24.3	16.9	16.8	13.6	12.3	15.5	14.6	13.9	16	13.9	10.8	
私营工业企业应交增值税_累计值(亿元)	10125.3	8637.7	7490.9	6523.3	5659.1	4907.2	4164.5	3354.7	2623	1944.5	1255.6	
私营工业企业应交增值税_上年同期累计值(亿元)	9814.3	8245.4	7086.6	6131.4	5322.1	4615.8	3914.7	3155.3	2450.7	1814.5	1155.8	
私营工业企业应交增值税_累计增长(%)	3.2	4.8	5.7	6.4	6.3	6.3	6.4	6.3	7	7.2	8.6	

注：从2011年起，规模以上工业企业起点标准由原来的年主营业务收入500万元提高到年主营业务收入2000万元。

（数据来源：国家统计局）

2015 年外商及港澳台投资工业企业主要经济指标

指　　标	12 月	11 月	10 月	9 月	8 月	7 月	6 月	5 月	4 月	3 月	2 月	1 月
外商及港澳台投资工业企业单位数_累计值(个)	54315	54315	54317	54252	54202	54160	54562	54523	54509	54481	55727	
外商及港澳台投资工业企业亏损企业数_累计值(个)	11752	12978	13501	13779	14092	14383	14993	15302	16080	17389	18348	
外商及港澳台投资工业企业亏损企业数_上年同期累计值(个)	10198	11565	12000	12352	12656	13141	13864	14419	15420	16959	18953	
外商及港澳台投资工业企业亏损企业数_累计增长(%)	15. 2	12. 2	12. 5	11. 6	11. 3	9. 5	8. 1	6. 1	4. 3	2. 5	-3. 2	
外商及港澳台投资工业企业流动资产合计_累计值(亿元)	116355. 2	118151. 2	116628. 9	115851. 2	115017. 6	113690. 3	114864	114188. 4	113063. 7	112338. 2	111672. 1	
外商及港澳台投资工业企业流动资产合计_上年同期累计值(亿元)	113915. 6	115455. 7	113904. 1	112682. 8	111057	109942. 8	110613. 5	109692. 9	108720. 5	107060. 9	105417. 5	
外商及港澳台投资工业企业流动资产合计_累计增长(%)	2. 1	2. 3	2. 4	2. 8	3. 6	3. 4	3. 8	4. 1	4	4. 9	5. 9	
外商及港澳台投资工业企业应收账款_累计值(亿元)	36324. 4	37285. 1	36148. 2	35601	34330. 5	33961. 9	34406	34163. 3	33456. 2	32993. 6	32938. 3	
外商及港澳台投资工业企业应收账款_上年同期累计值(亿元)	34759. 4	35684. 1	34516. 2	33716. 2	32711. 1	32267. 3	32557. 3	31913. 1	31495	30677. 4	30026. 1	
外商及港澳台投资工业企业应收账款_累计增长(%)	4. 5	4. 5	4. 7	5. 6	5	5. 3	5. 7	7. 1	6. 2	7. 6	9. 7	
外商及港澳台投资工业企业存货_累计值(亿元)	23864. 6	24706. 3	24818. 9	24809. 5	25129. 6	25009. 3	24916. 1	25045. 9	24754. 8	24576. 9	24662. 3	
外商及港澳台投资工业企业存货_上年同期累计值(亿元)	24649. 1	25392. 1	25414. 9	25250. 2	25289. 8	25053. 3	24805. 2	24820. 4	24513. 9	24204. 4	24088. 3	
外商及港澳台投资工业企业存货_累计增长(%)	-3. 2	-2. 7	-2. 3	-1. 7	-0. 6	-0. 2	0. 4	0. 9	1	1. 5	2. 4	
外商及港澳台投资工业企业产成品_累计值(亿元)	8931. 3	9246. 5	9111. 1	9022. 3	9288. 6	9272. 3	9082. 7	9046. 6	8825. 1	8623. 6	8529. 6	
外商及港澳台投资工业企业产成品_上年同期累计值(亿元)	8899. 8	9001. 4	8885. 8	8785. 8	8792. 2	8716. 9	8522. 7	8524. 1	8345. 4	8111	7853. 9	
外商及港澳台投资工业企业产成品_累计增长(%)	0. 4	2. 7	2. 5	2. 7	5. 6	6. 4	6. 6	6. 1	5. 7	6. 3	8. 6	
外商及港澳台投资工业企业资产总计_累计值(亿元)	203099. 8	203322. 2	201107. 7	199752. 6	198305. 3	196341. 3	197835. 5	196510	194888. 9	193805	193468. 7	
外商及港澳台投资工业企业资产总计_上年同期累计值(亿元)	196963. 6	196605. 1	194290. 3	192439. 2	190154. 7	188633. 1	189219. 3	187617. 7	185875. 6	183620. 6	182221. 8	
外商及港澳台投资工业企业资产总计_累计增长(%)	3. 1	3. 4	3. 5	3. 8	4. 3	4. 1	4. 6	4. 7	4. 8	5. 5	6. 2	
外商及港澳台投资工业企业负债合计_累计值(亿元)	110081. 8	111248. 2	110163. 5	109416. 9	109130. 3	107699. 2	109196. 5	108341. 1	107483. 3	106550. 5	105854	
外商及港澳台投资工业企业负债合计_上年同期累计值(亿元)	109100. 8	110426. 5	109241. 4	108173. 3	106686. 5	106074	106972	105875. 4	104747. 9	102703. 2	101056. 6	
外商及港澳台投资工业企业负债合计_累计增长(%)	0. 9	0. 7	0. 8	1. 1	2. 3	1. 5	2. 1	2. 3	2. 6	3. 7	4. 7	
外商及港澳台投资工业企业主营业务收入_累计值(亿元)	249486. 5	225500. 7	203026	181472. 6	159512. 3	139585	120395. 1	98494. 7	77923. 8	57492. 7	36246. 4	
外商及港澳台投资工业企业主营业务收入_上年同期累计值(亿元)	251450. 9	226966	204649. 1	182908. 7	160471. 6	139937. 3	120154. 6	98289	77446. 5	56794. 9	35495. 9	
外商及港澳台投资工业企业主营业务收入_累计增长(%)	-0. 8	-0. 6	-0. 8	-0. 8	-0. 6	-0. 3	0. 2	0. 2	0. 6	1. 2	2. 1	

（续）

指　标	12月	11月	10月	9月	8月	7月	6月	5月	4月	3月	2月	1月
外商及港澳台投资工业企业主营业务成本_累计值(亿元)	212489.7	192647.2	173864.6	155489.2	136698.1	119670.1	103202.2	84425.8	66860.8	49390.5	31205.1	
外商及港澳台投资工业企业主营业务成本_上年同期累计值(亿元)	215123.8	194730	175851.7	157169.4	137883.4	120321.1	103296.1	84540.2	66663.9	48880.1	30518.2	
外商及港澳台投资工业企业主营业务成本_累计增长(%)	-1.2	-1.1	-1.1	-1.1	-0.9	-0.5	-0.1	-0.1	0.3	1	2.3	
外商及港澳台投资工业企业主营业务税金及附加_累计值(亿元)	2346.7	2092.9	1870.4	1665.5	1470.7	1293.3	1121.9	926.2	736.3	542.1	341.3	
外商及港澳台投资工业企业主营业务税金及附加_上年同期累计值(亿元)	2209.9	1975.4	1767.2	1585.8	1407	1222.7	1059.4	872.7	688.6	506.2	319.1	
外商及港澳台投资工业企业主营业务税金及附加_累计增长(%)	6.2	5.9	5.8	5	4.5	5.8	5.9	6.1	6.9	7.1	7	
外商及港澳台投资工业企业销售费用_累计值(亿元)	8176.4	7340.3	6634.4	5967.8	5255.4	4614	3932.5	3222.2	2561.1	1897.7	1220.8	
外商及港澳台投资工业企业销售费用_上年同期累计值(亿元)	8173.6	7338.3	6651.6	5968	5265.8	4565.4	3899.6	3190	2497.6	1830.8	1157.9	
外商及港澳台投资工业企业销售费用_累计增长(%)	0	0	-0.3	0	-0.2	1.1	0.8	1	2.5	3.7	5.4	
外商及港澳台投资工业企业管理费用_累计值(亿元)	10529.5	9318.9	8387	7526.6	6629.6	5808.8	5002.1	4061.6	3221.2	2398.4	1540.4	
外商及港澳台投资工业企业管理费用_上年同期累计值(亿元)	10087.2	8886.8	8006.7	7164.9	6281.7	5455	4660.1	3793.3	3009.9	2240.5	1435	
外商及港澳台投资工业企业管理费用_累计增长(%)	4.4	4.9	4.7	5	5.5	6.5	7.3	7.1	7	7	7.3	
外商及港澳台投资工业企业财务费用_累计值(亿元)	1738.6	1528	1390.1	1280.7	1150.4	794.4	698.8	573.3	465.9	347.2	255.2	
外商及港澳台投资工业企业财务费用_上年同期累计值(亿元)	1559.7	1451.3	1351.6	1219.9	1117	992.1	885.1	773.8	636.4	484.7	305.4	
外商及港澳台投资工业企业财务费用_累计增长(%)	11.5	5.3	2.8	5	3	-19.9	-21	-25.9	-26.8	-28.4	-16.4	
外商及港澳台投资工业企业利息支出_累计值(亿元)	1612.2	1450.2	1333.3	1202.5	1049.7	919.9	811.8	658	525.6	400.9	256.8	
外商及港澳台投资工业企业利息支出_上年同期累计值(亿元)	1754.1	1547.9	1398.6	1262	1101.6	967.6	843.9	682.7	540.7	404.2	256.1	
外商及港澳台投资工业企业利息支出_累计增长(%)	-8.1	-6.3	-4.7	-4.7	-4.7	-4.9	-3.8	-3.6	-2.8	-0.8	0.3	
外商及港澳台投资工业企业利润总额_累计值(亿元)	15726.1	13816.8	12082.9	10684	9313.4	8315.3	7216.7	5819.4	4484.4	3195.9	1842.7	
外商及港澳台投资工业企业利润总额_上年同期累计值(亿元)	15964.1	13729.2	12051.8	10666.5	9251.2	8034.6	6924	5527.7	4214.7	3010.3	1803.6	
外商及港澳台投资工业企业利润总额_累计增长(%)	-1.5	0.6	0.3	0.2	0.7	3.5	4.2	5.3	6.4	6.2	2.2	
外商及港澳台投资工业企业亏损企业亏损总额_累计值(亿元)	2029.9	1730.7	1578	1474.8	1333.2	1089.2	968.8	852.9	739.4	620.7	521.8	
外商及港澳台投资工业企业亏损企业亏损总额_上年同期累计值(亿元)	1544.1	1405.8	1360	1276.6	1226.1	1113.4	992.3	891.1	777.6	639.3	482.2	
外商及港澳台投资工业企业亏损企业亏损总额_累计增长(%)	31.5	23.1	16	15.5	8.7	-2.2	-2.4	-4.3	-4.9	-2.9	8.2	
外商及港澳台投资工业企业应交增值税_累计值(亿元)	6414.4	5526.1	4806	4178.3	3645.1	3199.9	2806.8	2333.1	1849.1	1395	882.5	
外商及港澳台投资工业企业应交增值税_上年同期累计值(亿元)	6057.7	5163.4	4458.7	3931.6	3444.5	3012.8	2631.7	2166.5	1700.7	1287.3	818.8	
外商及港澳台投资工业企业应交增值税_累计增长(%)	5.9	7	7.8	6.3	5.8	6.2	6.7	7.7	8.7	8.4	7.8	

注：从2011年起，规模以上工业企业起点标准由原来的年主营业务收入500万元提高到年主营业务收入2000万元。

（数据来源：国家统计局）

2015年工业主要产品产量

发电设备指标	12月	11月	10月	9月	8月	7月	6月	5月	4月	3月	2月	1月
发电设备产量_当月值(万千瓦)	1032.7	1117.4	1017.8	1152.8	761.9	847.3	1166	904.1	992	1663.2		
发电设备产量_累计值(万千瓦)	12440.9	11325.4	10320.5	9305.4	8147.9	7389.4	6511.2	5371.5	4446.1	3453.2	1864.1	
发电设备产量_司比增长(%)	-29.8	-7.9	-9.5	-23.5	-45.8	-20.9	2.9	-32.9	-11.3	12.9		
发电设备产量_累计增长(%)	-13.8	-12.6	-13.6	-14	-12.5	-7.4	-4.8	-10.7	0.6	6.1	-0.6	
电工仪器仪表指标	12月	11月	10月	9月	8月	7月	6月	5月	4月	3月	2月	1月
电工仪器仪表产量_当月值(万台)	1759.1	1623.2	1416.8	1569.1	1429.1	1423.5	1662.2	1310.5	1159.4	1201.4		
电工仪器仪表产量_累计值(万台)	17717.2	15955.9	14336	12321.9	10322.9	8806.7	7379.8	5671.6	4340.4	3167	1909.2	
电工仪器仪表产量_同比增长(%)	18.5	16.9	-0.9	6.6	-1.3	1	18.6	11.5	20.3	13.2		
电工仪器仪表产量_累计增长(%)	18.5	18.5	18.5	15.3	11.9	13.4	15.9	21.2	22.4	13.9	25.7	
房间空气调节器指标	12月	11月	10月	9月	8月	7月	6月	5月	4月	3月	2月	1月
房间空气调节器产量_当月值(万台)	1286.6	1072.2	1005.6	1072.4	1053.1	1213.6	1660.4	1676.9	1798	1720.9		
房间空气调节器产量_累计值(万台)	15649.8	14416.7	13348.3	12386	11263.5	10214	9001.7	7314.8	5637.4	3855	2095.4	
房间空气调节器产量_同比增长(%)	1	-6	-8.5	-7.9	-5.2	-0.4	6.2	0.5	11.3	2.9		
房间空气调节器产量_累计增长(%)	0	-0.4	-0.1	1	1.5	2.4	2.8	2.4	2	-1.5	-7	
程控交换机指标	12月	11月	10月	9月	8月	7月	6月	5月	4月	3月	2月	1月
程控交换机产量_当月值(万线)	195.5	166.3	111.1	160.9	137.2	81.1	84.9	111.4	134.2	124		
程控交换机产量_累计值(万线)	1880.3	1684.8	1518.3	1422.1	1264.7	764.5	683.5	595.7	484.3	350.1	429.1	
程控交换机产量_同比增长(%)	11.3	-7.2	-32.3	2.6	-21.1	-57.1	-54.3	-49.5	-33.1	-44.9		
程控交换机产量_累计增长(%)	-9.8	-11.8	-12.3	-11.6	-13.1	-40.3	-35.2	-31.5	-25.4	-39.9	18.9	

（续）

移动通信基站设备指标	12月	11月	10月	9月	8月	7月	6月	5月	4月	3月	2月	1月
移动通信基站设备产量_当月值(万信道)	3111	3802	3003	2914.2	2472.1	1969.4	2029.2	2294.5	2727.7	2384.1		
移动通信基站设备产量_累计值(万信道)	30659.6	27589.7	23787.7	20748.6	17852.6	15380.8	13411.7	11656.7	9363.6	6635.4	4064.5	
移动通信基站设备产量_同比增长(%)	-1.5	86	80.8	49.6	11.1	-15.8	-7.3	3.2	19	-18.6		
移动通信基站设备产量_累计增长(%)	13.3	15.5	8.9	2.8	-2.1	-4	-1.9	-1.5	-2.5	-9	-2.3	
移动通信手持机指标	12月	11月	10月	9月	8月	7月	6月	5月	4月	3月	2月	1月
移动通信手持机产量_当月值(万台)	20247.4	19048.9	17578.1	16262	13757.5	14205.5	13901.4	12762.2	12799.2	12736.3		
移动通信手持机产量_累计值(万台)	181913.7	161197.5	139831.8	121410.3	104654.2	90479.3	76178.9	61682.6	49104.5	36771.7	24197.2	
移动通信手持机产量_同比增长(%)	12.4	13.1	10	-0.9	5.5	6.6	-5.8	-8	-5	-10.4		
移动通信手持机产量_累计增长(%)	3.9	2.9	1	-1.6	-1.3	-2.7	-4.5	-5.6	-3.4	-1.5	6.1	
电子计算机整机指标	12月	11月	10月	9月	8月	7月	6月	5月	4月	3月	2月	1月
电子计算机整机产量_当月值(台)	3396	33868000	33130000	34143000	26945000	24228000	31137000	27607000	28319000	27887000		
电子计算机整机产量_累计值(台)	36043.5	326478000	285239000	252119000	217987000	190838000	166105000	134832000	107170000	78919000	50328000	
电子计算机整机产量_同比增长(%)	-18.2	-24.7	-13.8	-5.9	-13.8	-22.1	-11.7	-7.7	-6.1	-12.9		
电子计算机整机产量_累计增长(%)	-12.3	-11.6	-11	-10.6	-11.2	-10.9	-9.6	-8.8	-9.1	-9.5	-10.1	
微型计算机设备指标	12月	11月	10月	9月	8月	7月	6月	5月	4月	3月	2月	1月
微型计算机设备产量_当月值(万台)	2941.6	2941.9	2907	2972.1	2341.9	2042.9	2702.4	2403.5	2381.8	2387.5		
微型计算机设备产量_累计值(万台)	31418.7	28477.6	24797.8	21891.8	18918.9	16558.6	14503.2	11734.8	9292.8	6935.2	4549	
微型计算机设备产量_同比增长(%)	-14.6	-23.5	-11.6	-7.6	-15	-23.9	-12.8	-9	-10.5	-17.9		
微型计算机设备产量_累计增长(%)	-12.9	-12.7	-12.6	-12.8	-13.5	-13.4	-11.7	-11.7	-12.6	-12.8	-9.7	
集成电路指标	12月	11月	10月	9月	8月	7月	6月	5月	4月	3月	2月	1月
集成电路产量_当月值(万块)	1128000	1019000	939000	988000	952000	971359.4	958000	925000	894000	849000		
集成电路产量_累计值(万块)	10872000	9966000	8952000	8006000	7017000	6064090.7	5093000	4200000	3205000	2307000	1420000	
集成电路产量_同比增长(%)	13.1	10.2	4.1	7.4	3.3	5	7.6	6.6	9.3	10.8		
集成电路产量_累计增长(%)	6.8	8.1	7.6	8	8.1	8.9	9.2	11.1	10.4	11.9	12.3	

（续）

彩色电视机指标	12 月	11 月	10 月	9 月	8 月	7 月	6 月	5 月	4 月	3 月	2 月	1 月
彩色电视机产量_当月值(万台)	1666.5	1564.8	1430.8	1792.2	1537.3	1210.4	1211.7	1180	1401.1	1293.1		
彩色电视机产量_累计值(万台)	16206.7	14597.9	13039.5	11616.3	9802.8	8266.4	7057.9	5841.1	4752.7	3331.6	1974.9	
彩色电视机产量_同比增长(%)	16.9	13.7	12.5	8.2	13	6.2	15.3	-2.7	0.6	-2.4		
彩色电视机产量_累计增长(%)	7.1	6.4	6.5	5.9	4.5	2.9	2.7	0.6	2.5	7.5	9.2	
电工仪器仪表指标	12 月	11 月	10 月	9 月	8 月	7 月	6 月	5 月	4 月	3 月	2 月	1 月
电工仪器仪表产量_当月值(万台)	1759.1	1623.2	1416.8	1569.1	1429.1	1423.5	1662.2	1310.5	1159.4	1201.4		
电工仪器仪表产量_累计值(万台)	17717.2	15955.9	14336	12321.9	10322.9	8806.7	7379.8	5671.6	4340.4	3167	1909.2	
电工仪器仪表产量_同比增长(%)	18.5	16.9	-0.9	6.6	-1.3	1	18.6	11.5	20.3	13.2		
电工仪器仪表产量_累计增长(%)	18.5	18.5	18.5	15.3	11.9	13.4	15.9	21.2	22.4	13.9	25.7	
发电量指标	12 月	11 月	10 月	9 月	8 月	7 月	6 月	5 月	4 月	3 月	2 月	1 月
发电量_当月值(亿千瓦小时)	4910.3	4660.4	4453.5	4547.8	5155.3	5089.6	4745.3	4562.2	4450.3	4510.6	3653.9	
发电量_累计值(亿千瓦小时)	56183.7	51256.7	46511.2	41989.5	37380.4	32208.4	27090.5	22186.6	17593.2	13102.7	8560.9	
发电量_同比增长(%)	-3.7	0.1	-3.2	-3.1	1	-2	0.5	0	1	-3.7	-7.6	
发电量_累计增长(%)	-0.2	0.1	-0.1	0.1	0.5	0.4	0.6	0.2	0.2	-0.1	1.9	
汽车指标	12 月	11 月	10 月	9 月	8 月	7 月	6 月	5 月	4 月	3 月	2 月	1 月
汽车产量_当月值(万辆)	263.2	255.1	219.4	195.1	162.8	156.2	194.9	198.4	209.6	245.1		
汽车产量_累计值(万辆)	2483.8	2223.7	1965.7	1745.8	1548.4	1385.9	1229.6	1033.9	835.3	658.3	422.1	
汽车产量_同比增长(%)	16.3	16	4.9	-4.7	-6.5	-11.2	0.7	-1.6	-0.3	3.5		
汽车产量_累计增长(%)	2.7	1.4	-0.3	-0.9	-0.5	0.2	2	2.2	3.2	4.7	4.6	
轿车指标	12 月	11 月	10 月	9 月	8 月	7 月	6 月	5 月	4 月	3 月	2 月	1 月
轿车产量_当月值(万辆)	121.5	119.5	103.2	86.9	72.9	70.8	92.5	91.7	96.6	115		
轿车产量_累计值(万辆)	1170	1048.4	927.5	824.1	737	664.5	595.5	503.1	411.1	317.6	204.1	
轿车产量_同比增长(%)	5.7	8.4	-7.4	-21.6	-23.3	-26.3	-11.4	-15	-11.2	0.3		
轿车产量_累计增长(%)	-8.3	-9.7	-11.7	-12.2	-11	-9.3	-6.5	-5.2	-2.8	1	1.6	

（数据来源：国家统计局）

2015年固定资产投资情况

指　　标	12月	11月	10月	9月	8月	7月	6月	5月	4月	3月	2月	1月
固定资产投资完成额_累计值(亿元)	551590.04	497182.15	447424.88	394531.04	338977.36	288468.5	237131.87	171245.4	119978.5	77511.25	34477.41	
固定资产投资完成额_累计增长(%)	10	10.2	10.2	10.3	10.9	11.2	11.4	11.4	12	13.5	13.9	
国有及国有控股固定资产投资额_累计值(亿元)	178933.06	159015.22	142640.73	125201.31	106696.37	90411.07	73745.14	52489.59	36558.39	23610.77	10657.85	
国有及国有控股固定资产投资额_累计增长(%)	10.9	11.7	11.4	11.4	11.8	12	12.3	10.9	11.7	14.4	13.7	
房地产开发投资额_累计值(亿元)	95978.85	87702.38	78800.74	70535.07	61062.54	52562.22	43954.95	32291.84	23669.04	16650.64	8786.36	
房地产开发投资额_累计增长(%)	1	1.3	2	2.6	3.5	4.3	4.6	5.1	6	8.5	10.4	
第一产业固定资产投资完成额_累计值(亿元)	15560.77	14025.47	12591.98	11006.51	9389.41	7740.54	6159.33	4213.25	2712.38	1553.09	553.56	
第一产业固定资产投资完成额_累计增长(%)	31.8	28.7	28.1	27.4	28.5	28.2	27.8	27.8	26.4	32.8	36.3	
第二产业固定资产投资完成额_累计值(亿元)	224089.96	203435.89	183841.35	162189.23	139725.65	118890.9	97445.65	70802.37	49176.5	31360.72	13055.22	
第二产业固定资产投资完成额_累计增长(%)	8	8.1	8	8	8.5	9	9.3	9.6	9.8	11	11.5	
第三产业固定资产投资完成额_累计值(亿元)	311939.31	279720.78	250991.55	221335.3	189862.31	161837.07	133526.88	96229.79	68089.62	44597.45	20868.63	
第三产业固定资产投资完成额_累计增长(%)	10.6	11	11	11.2	11.9	12.1	12.4	12.1	13.2	14.7	14.8	
中央项目固定资产投资完成额_累计值(亿元)	26223.69	22106.56	19630.74	17046.02	14428.55	12143.5	9653.37	7096.61	4996.06	3370.72	1578.64	
中央项目固定资产投资完成额_累计增长(%)	6.4	0.2	1.2	1.6	2.7	3.9	1	6.9	8.1	12.8	6	
地方项目固定资产投资完成额_累计值(亿元)	525366.35	475075.59	427794.14	377485.01	324548.81	276325	227478.5	164148.79	114982.44	74140.54	32898.77	
地方项目固定资产投资完成额_累计增长(%)	10.2	10.7	10.6	10.7	11.2	11.5	11.9	11.6	12.2	13.5	14.3	

（续）

指　　标	12月	11月	10月	9月	8月	7月	6月	5月	4月	3月	2月	1月
新建固定资产投资完成额_累计值(亿元)	284980.06	257213.7	232238.66	205175.51	175884.88	149126.27	122724.11	88238.86	60978.65	38420.66	16509.07	
新建固定资产投资完成额_累计增长(%)	11.4	10.6	10.1	10.2	11	11.1	11.4	11.5	12.1	13.6	15	
扩建固定资产投资完成额_累计值(亿元)	67268.84	60334.33	54267.87	47484	41044.36	35020.04	28590.12	21069.32	14883.01	9391.74	4018.85	
扩建固定资产投资完成额_累计增长(%)	11.4	12.1	11.7	11.1	11.8	12.3	13.9	15	16.6	16.2	18.4	
改建固定资产投资完成额_累计值(亿元)	80582.96	71821.87	64135.06	55712.09	47643.54	40375.29	32748.76	23410.4	16164.13	10293.92	4125.76	
改建固定资产投资完成额_累计增长(%)	13.4	18.1	18.7	18.6	18.2	18.3	17.8	16.4	16	16.5	13.5	
建筑安装工程固定资产投资完成额_累计值(亿元)	379728.39	343617.93	310665.26	274265.63	235592.56	200473.97	165162.24	119225.34	83574.61	54273.51	24793.55	
建筑安装工程固定资产投资完成额_累计增长(%)	11.3	11.8	11.6	11.7	12.3	12.6	13.2	12.9	13.2	15.1	15.5	
设备工器具购置固定资产投资完成额_累计值(亿元)	109522.75	97476.79	86376.05	75382	64583.58	54682.92	44344.84	32130.52	22374.39	13984.62	5795.17	
设备工器具购置固定资产投资完成额_累计增长(%)	10.2	9.6	9.4	9.3	9.4	9.9	9.6	9.8	11.3	10.6	8.7	
其他费用固定资产投资完成额_累计值(亿元)	62338.9	56087.42	50383.58	44883.41	38801.22	33311.62	27624.79	19889.55	14029.5	9253.13	3888.69	
其他费用固定资产投资完成额_累计增长(%)	2.7	2.6	3.4	3.7	4.7	5.1	4.7	5.4	6.5	8.7	11.4	
房屋施工面积_累计值(万平方米)	1194013.82	1177439.01	1122771.33	1077571.84	1028027.82	986890.72	966474.64	881558.99	828803.86	778304.2	711377.77	
房屋施工面积_累计增长(%)	-4.6	-2.4	-3.2	-3.4	-3.6	-2.1	-0.8	-1.6	1.6	3.3	4.3	
房屋竣工面积_累计值(万平方米)	265656.27	185439.54	151072.35	124215.94	101032.25	84303.12	69372.66	52164.35	38697.78	27757.16	16003.48	
房屋竣工面积_累计增长(%)	0.3	5.3	2.4	0	-3.6	-4.8	-6.9	-8.5	-7.7	-5.4	-6.4	
新增固定资产投资_累计值(亿元)	386207.99	283489.67	237121.94	193748.06	156932.41	126790.23	100076.4	70474.12	49602.17	32090.27	15196.23	
新增固定资产投资_累计增长(%)	15.9	19.4	18.2	16.9	13.9	13.8	12	10	10.9	9.3	11	

（数据来源：国家统计局）

2015 年民间固定资产投资

指　标	12 月	11 月	10 月	9 月	8 月	7 月	6 月	5 月	4 月	3 月	2 月	1 月
民间固定资产投资_累计值(亿元)	354007	321190	289415	255614	220283	187534	154438	112022	78355	50349	21915	
民间固定资产投资_累计增长(%)	10.1	10.2	10.2	10.4	11	11.3	11.4	12.1	12.7	13.6	14.7	
第一产业民间固定资产投资_累计值(亿元)	12730	11451	10237	8920	7605	6255	4992	3464	2264	1323	481	
第一产业民间固定资产投资_累计增长(%)	33.1	32.9	32.4	31.6	32.2	31.6	31.4	34.3	33.7	37.9	41.5	
第二产业民间固定资产投资_累计值(亿元)	176870	160894	145529	128319	110706	94271	77298	56120	38912	24509	10027	
第二产业民间固定资产投资_累计增长(%)	9.4	9.4	9.3	9.3	9.9	10.4	10.8	11.2	11.6	12.2	13.5	
第三产业民间固定资产投资_累计值(亿元)	164407	148845	133649	118375	101972	87007	72148	52437	37179	24518	11406	
第三产业民间固定资产投资_累计增长(%)	9.4	9.7	9.8	10.3	11	11	10.9	11.9	12.7	14.1	14.8	

（数据来源：国家统计局）

2015 年电子信息产业统计公报

来源：中华人民共和国工业和信息化部 运行监测协调局

2015 年，我国电子信息产业深入贯彻落实党中央、国务院的决策部署，加快推进结构调整，产业整体保持了平稳增长。

一、综合

规模以上电子信息产业企业个数 6.08 万家，其中电子信息制造企业 1.99 万家，软件和信息技术服务业企业 4.09 万家。全年完成销售收入总规模达到 15.4 万亿元，同比增长 10.4%；其中，电子信息制造业实现主营业务收入 11.1 万亿元，同比增长 7.6%；软件和信息技术服务业实现软件业务收入 4.3 万亿元，同比增长 16.6%。

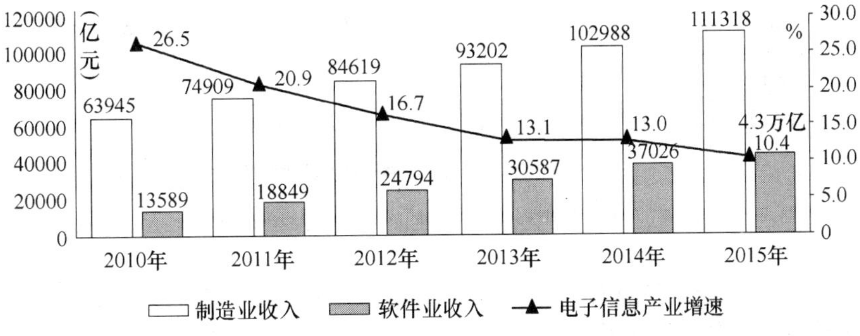

图 1　2010 ~ 2015 年我国电子信息产业增长情况

规模以上电子信息制造业增加值增长 10.5%，高于同期工业平均水平（6.1%）4.4 个百分点，在全国 41 个工业行业中增速居第 5 位；收入和利润总额分别增长 7.6% 和 7.2%，高于同期工业平均水平 6.8 和 9.5 个百分点，占工业总体比重分别达到 10.1% 和 8.8%，比上年提高 0.7 和 1 个百分点。

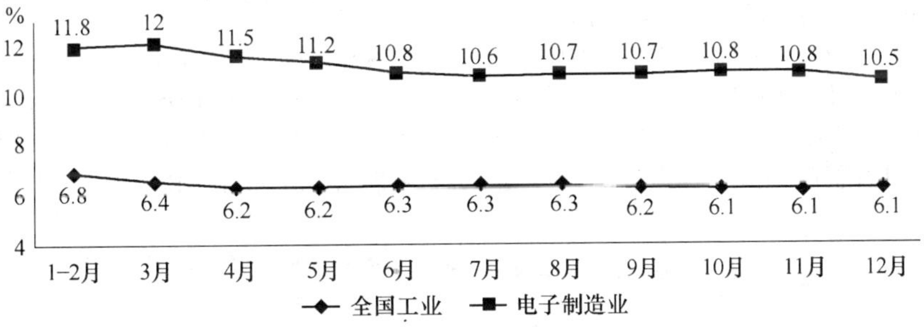

图 2　2015 年电子信息制造业与全国工业增加值累计增速对比

规模以上电子信息产业中，软件和信息技术服务业收入增速快于电子信息制造业 9 个百分点，软件业比重达到 28%，比上年提高 1.4 个百分点。

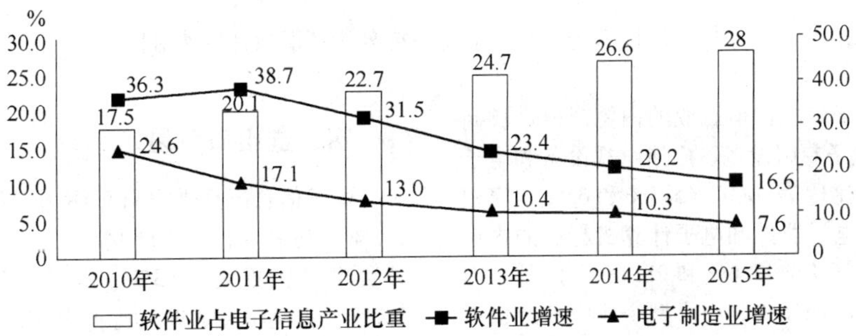

图 3　2010 ~ 2015 年我国软件产业占电子信息产业比重变化

全年共生产手机和彩色电视机 18.1 亿部和 1.4 亿台，分别增长 7.8% 和 2.5%，其中智能手机和智能电视 13.99 亿台和 8383.5 万台，分别占比达到 77.2% 和 57.9%；生产微型计算机 3.1 亿台，同比下降 10.4%；生产集成电路 1087.2 亿块，同比增长 7.1%。

软件和信息技术服务业中，信息技术服务实现收入 22123 亿元，同比增长 18.4%，增速比上年提高 1.7 个百分点。其中，运营相关服务（包括在线软件运营服务、平台运营服务、基础设施运营服务等在内的信息技术服务）收入增长 18.3%；电子商务平台技术服务（包括在线交易平台服务、在线交易支撑服务在内的信息技术支持服务）收入增长 25.1%；集成电路设计实现收入 1449 亿元，同比增长 13.3%；其他信息技术服务（包括信息技术咨询设计服务、系统集成、运维服务、数据服务等）收入增长 17.8%。

二、固定资产投资

规模以上电子信息制造业 500 万元以上项目完成固定资产投资额 13775.3 亿元，同比增长 14.2%，增速比上年提高 2.8 个百分点，高于同期工业投资增速 6.5 个百分点。

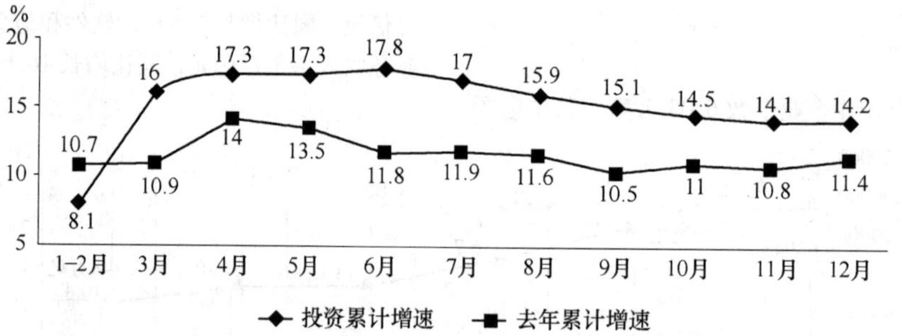

图 4　2015 年电子信息产业固定资产投资累计增速

其中，电子计算机行业完成投资 1121.5 亿元，同比增长 30.6%，成为全行业投资增速最快的领域，电子元件、电子信息机电和专用设备行业分别完成投资 2878.3、2316.3 和 1750.8 亿元，分别增长 17.9%、19.6% 和 13.9%，通信设备、家用视听设备、电子器件行业增速均低于 10%；东部地区完成投资 6748.53 亿元，同比增长 20.3%，中、西部地区分别完成投资 4278.8 亿元和 2251 亿元，同比增长 8.1% 和 11.8%；内资企业累计完成投资 11462.3 亿元，同比增长 14.8%，增速高于平均水平 0.6 个百分点，比重达到 83.2%，比上年提高 1 个百分点。

电子信息制造业 500 万元以上新开工项目 9614 个，同比增长 19.8%，增速比上年提高 18.8 个百分点。其中，通信设备行业新开工项目数量增长 32.7%，电子计算机行业增长 35.9%，电子元件行业增长 20.6%，电子信息机电行业增长 24.4%；分地区看，江苏仍是新开工项目最为集中的地区，新开工项目数同比增长 18.2%，高于上年同期 16.1 个百分点，浙江、广东、安徽省新开工项目分别增长 13.4%、4.8% 和 45.3%。

三、国内市场

规模以上电子信息制造业实现销售产值 113294.6 亿元，其中内销产值 61695 亿元，同比增长 17.3%，高于出口交货值 17.4 个百分点；内销产值占销售产值比重（54.5%）超过一半，比上年提高 4.6 个百分点。

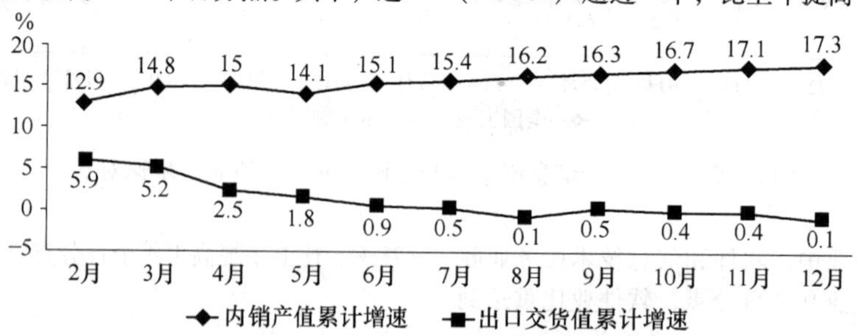

图 5　2015 年电子信息制造业内外销产值累计增速对比

电子测量仪器和电子信息机电行业的内销产值占比高达 83.3% 和 80.3%，电子专用设备、广播电视设备和电子元件行业的内销产值占比达 74.6%、65.1% 和 65%，家用视听设备、通信设备、电子器件和电子计算机行业的内销产值占比为 55.5%、52.6%、42.6% 和 28.1%。此外，内资企业的内销产值占比达 81.5%，中小型企业内销产值占比 76.9%，对国内市场的依赖度较高；外商投资企业和大型企业内销比例均不同程度提高。

四、进出口贸易

电子信息产品进出口总额达 13088 亿美元，同比下降 1.1%；其中，出口 7811 亿美元，同比下降 1.1%，占全国外贸出口比重为 34.3%。进口 5277 亿美元，同比下降 1.2%，占全国外贸进口比重为 31.4%。贸易顺差 2534 亿美元，与上年基本持平，占全国外贸顺差的 42.7%。

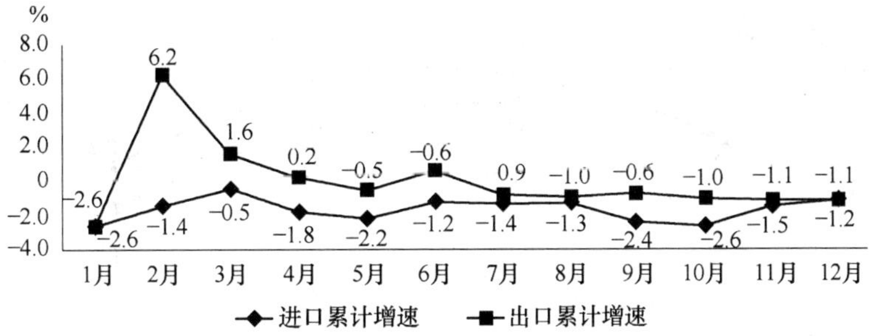

图6　2015 年我国电子信息产品进出口累计增速

软件业实现出口 545 亿美元，同比增长 5.3%，增速比上年提高 1.6 个百分点。其中外包服务出口额与上年同期基本持平，嵌入式系统软件出口增长 4.2%。

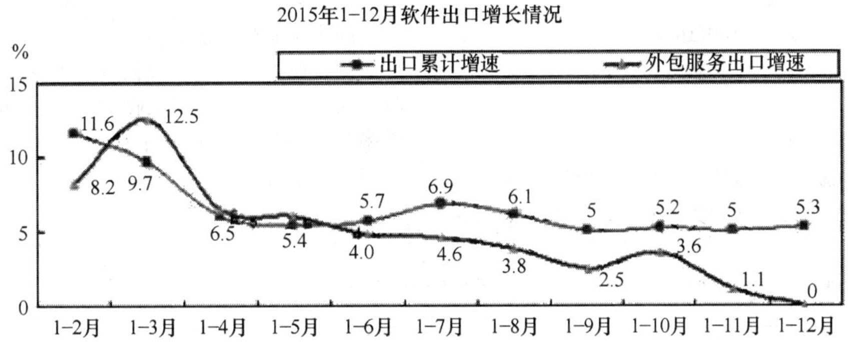

图7　2015 年我国软件业出口增长

从贸易方式看，一般贸易出口额 1988 亿美元，同比增长 11.5%，增速高于平均水平 12.6 个百分点，比重(25.5%）比上年提高 2.9 个百分点；在贸易主体上，内资企业出口 2419 亿美元，同比增长 13.2%，其中民营企业增长较快，同比增长 16.8%，国有和集体企业保持 3% 和 7.9% 的增长；从贸易伙伴结构看，新兴市场中的新加坡、印度、泰国的出口增速达到 10.3%、19.2% 和 20.8%；在区域结构上，部分中、西部省市出口增长较快，贵州、青海、广西、甘肃、内蒙古出口增速达到 435.9%、70.9%、37.9%、32.3%、30.5%。

五、结构调整

规模以上电子信息制造业中，内资企业实现销售产值 46316 亿元，同比增长 17.8%，高出全行业平均水平 9.1 个百分点，在全行业中占比提高至 40.9%。三资企业实现销售产值 66978 亿元，同比增长 3.2%，增速低于平均水平 5.5 个百分点。

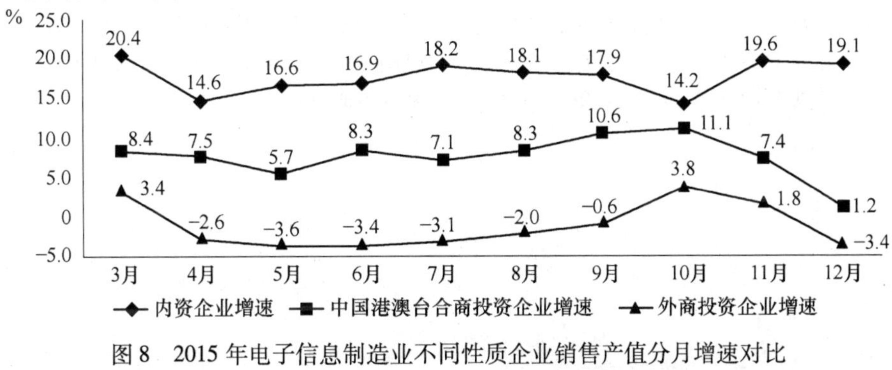

图8　2015 年电子信息制造业不同性质企业销售产值分月增速对比

规模以上电子信息制造业中，中、西部地区分别实现销售产值 14963 亿元和 10584 亿元，同比增长 18.1% 和 11.5%，增速高于平均水平 9.4 和 2.8 个百分点，在全国所占总比重达到 22.6%，比上年提高 1.5 个百分点；中、西部地区软件业务收入增长 19.3% 和 16.6%，比上年下降 1.5 和 4.6 个百分点。东部和东北地区电子信息制造业分别完成销售产值 86587 亿元和 1160 亿元，同比增长 8.7% 和下降 13%，增速低于全国平均水平 1.5 和 21.7 个百分点；东部和东北地区软件业增速分别为 17.2% 和 10.7%。

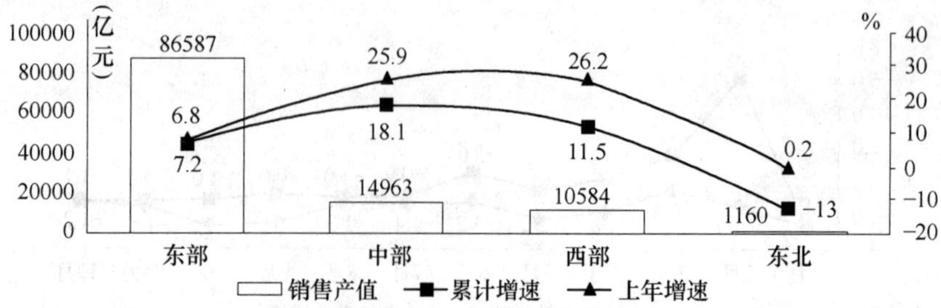

图9 2015年东、中、西、东北部电子信息制造业发展态势对比

全国15个副省级中心城市实现软件业务收入2.5万亿元，占全国收入的56.6%，同比增长16.8%，高出全国平均水平0.2个百分点，但低于上年4.7个百分点。其中软件业务收入超过千万元的中心城市达到11个，比上年新增加2个城市。

六、经济效益

规模以上电子信息制造业实现利润总额5602亿元，同比增长7.2%。产业平均销售利润率5%，低于工业平均水平0.8个百分点，比上年提高0.1个百分点；每百元主营业务收入中平均成本为87.8元，仍高于工业平均成本2.1元，但比上年下降0.6元；产成品存货周转天数为14.8天，高于工业平均水平0.6天。

规模以上电子信息制造业每百元资产实现的主营业务收入为130.7元，高于工业14.8个百分点；平均总资产贡献率为10.1%，与上年持平；资产负债率56.6%，比上年下降1.2个百分点。

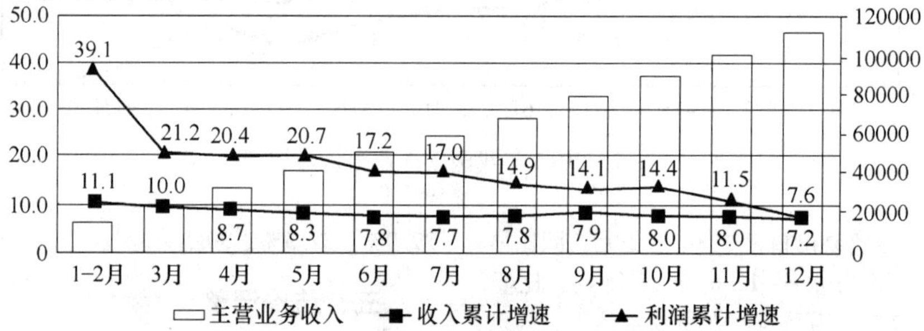

图10 2015年我国规模以上电子信息制造业收入及利润情况

从主体看，内资企业占全行业收入和利润的比重达到41.3%和52.9%，分别比上年提高4.9和5.2个百分点；从规模看，小型企业继续保持较强发展活力，收入和利润增速分别为20.8%和19.4%，高于平均水平13.2和12.2个百分点；从分行业看，部分行业效益增长较快，通信设备行业收入和利润增长达到14.4%和18.1%，电子专用设备行业收入和利润增长达到14.5%和14.1%，电子信息机电行业收入和利润增长达到13.6%和19.7%，超过行业平均水平。

注：1. 电子信息制造业数据来源于国家统计局

2. 软件和信息技术服务业数据为快报数据

规模以上指年主营业务收入2000万元及以上的电子信息制造企业；年主营业务收入100万元及以上的软件和信息技术服务企业。

2015年1~12月汽车工业经济运行情况

来源：中华人民共和国工业和信息化部 装备工业司

2015年，我国汽车市场呈小幅增长，增幅比上年同期有所减缓。汽车产销稳中有增，大企业集团产销规模基本保持稳定，汽车产业结构进一步优化。

一、汽车产销量双超2400万辆，产销量保持世界第一

2015年，我国汽车市场呈现平稳增长态势，产销量月月超过150万辆，平均每月产销突破200万辆，全年累计产销超过2400万辆。乘用车产销首次突破2000万辆。

据中国汽车工业协会统计，我国全年累计生产汽车2450.33万辆，同比增长3.25%，销售汽车2459.76万辆，同比增长4.68%，产销同比增长率较2014年分别下降了4.05和1.92个百分点。其中，乘用车产销2107.94万辆和2114.63万辆，同比分别增长5.78%和7.30%，产销同比增长率较2014年下降了4.42和2.6个百分点；商用车产销342.39万辆和345.13万辆，同比分别下降9.97%和8.97%，同比增长率较2014年分别下降4.27和3.47个百分点。

2015年12月，全国汽车产销分别为265.58和278.55万辆，同比分别增长15.93%和15.39%。其中乘用车产量232.10万辆，同比增长19.41%，销量244.21万辆，同比增长18.27%；商用车产销分别为33.48万辆和34.34万辆，同比分别下降3.56%和1.62%。

2015年1~4季度，我国汽车销量同比增长分别为3.91%、-1.04%、-2.35%和15.84%。

二、新能源汽车产量近38万辆

2015年累计生产新能源汽车37.90万辆，同比增长4倍。其中，纯电动乘用车生产14.28万辆，同比增长3倍，插电式混合动力乘用车生产6.36万辆，同比增长3倍；纯电动商用车生产14.79万辆，同比增长8倍，插电式混合动力商用车生产2.46万辆，同比增长79%。

三、1.6升及以下排量乘用车市场稳定发展，节能环保乘用车市场快速增长

2015年，1.6升及以下排量乘用车市场占有率基本持平，小排量汽车市场占有率逐步回升。2015年，1.6升及以下排量乘用车全年共销售1450.86万辆，同比增长10.42%；占乘用车销售市场的68.6%，较2014年增长1.87个百分点；占汽车销售市场的58.98%，较2014年增长3.02个百分点。

据机动车整车出厂合格证统计，列入《节能产品惠民工程节能环保汽车（1.6升及以下乘用车）推广目录》（第一、二批）的272款车型中，12月量产车型有151款，共生产27.42万辆，与11月份相比降低了3.50%。

四、乘用车自主品牌市场份额提升

2015年，自主品牌乘用车销售873.76万辆，同比增长15.3%，占乘用车销售市场的41.3%，市场份额同比提高2.9个百分点。其中自主品牌轿车销售243.03万辆，同比下降12.5%，占轿车市场的20.7%，市场份额同比下降1.7个百分点。

五、企业经济效益出现下降

2015年1~11月，17家重点企业（集团）累计实现主营业收入27951.36亿元，同比下降0.6%；完成利税总额4930.96亿元，同比下降1.4%。

六、大企业集团产业集中度基本保持一致

2015年，6家汽车生产企业（集团）产销规模超过100万，其中上汽销量突破500万辆，达到586.35万辆，东风、一汽、长安、北汽和广汽分别达到387.25万辆、284.38万辆、277.65万辆、248.90万辆和130.31万辆。前5家企业（集团）2015年共销售汽车1784.53万辆，占汽车销售总量的72.6%，汽车产业集中度同比下降2.1%。

我国汽车销量前十名的企业集团共销售汽车2200.69万辆，占汽车销售总量的89.5%，汽车产业集中度与同期保持一致。

七、汽车整车进出口继续回落

2015年1~11月，我国汽车整车累计出口69.94万辆，同比下降18.3%，其中乘用车出口34.54万辆，同比下降20.0%；商用车出口35.40万辆，同比下降16.5%。汽车整车累计进口99.12万辆，同比下降23.5%，其中乘用车进口97.91万辆，同比下降23.1%；商用车进口1.21万辆，同比下降44.5%。

2015年1~11月，全国汽车商品累计进出口总额为1660.37亿美元，同比增长13.8%。其中进口金额896.81亿美元，同比增长20.3%，出口金额763.56亿美元，同比增长6.6%。

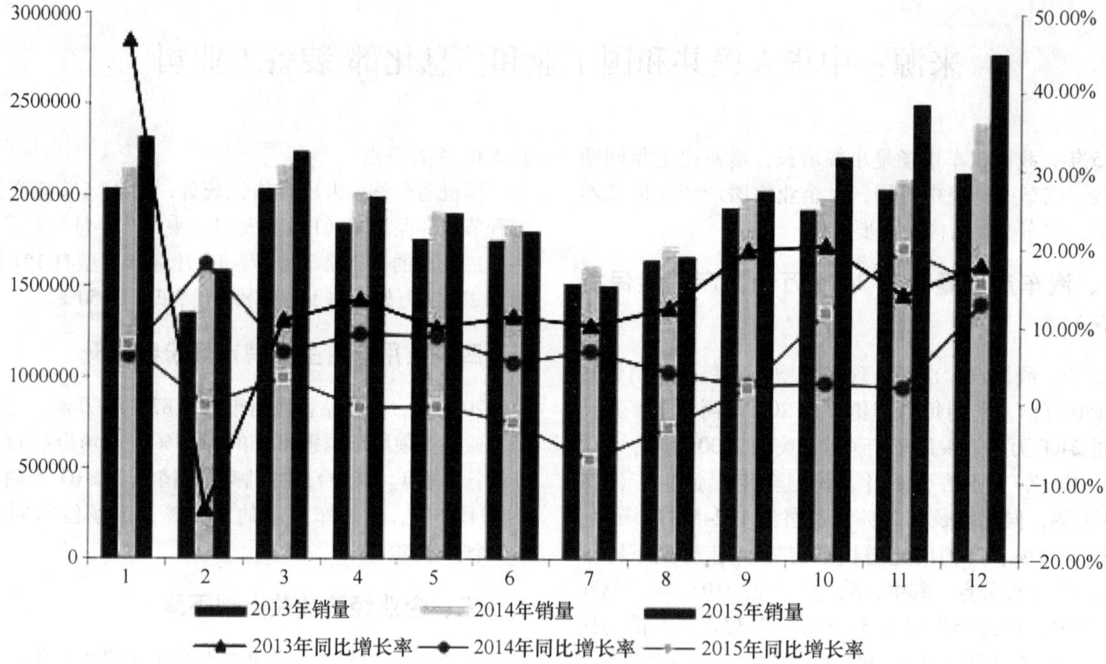

图 1 2013—2015 年月度汽车销量及同比变化情况

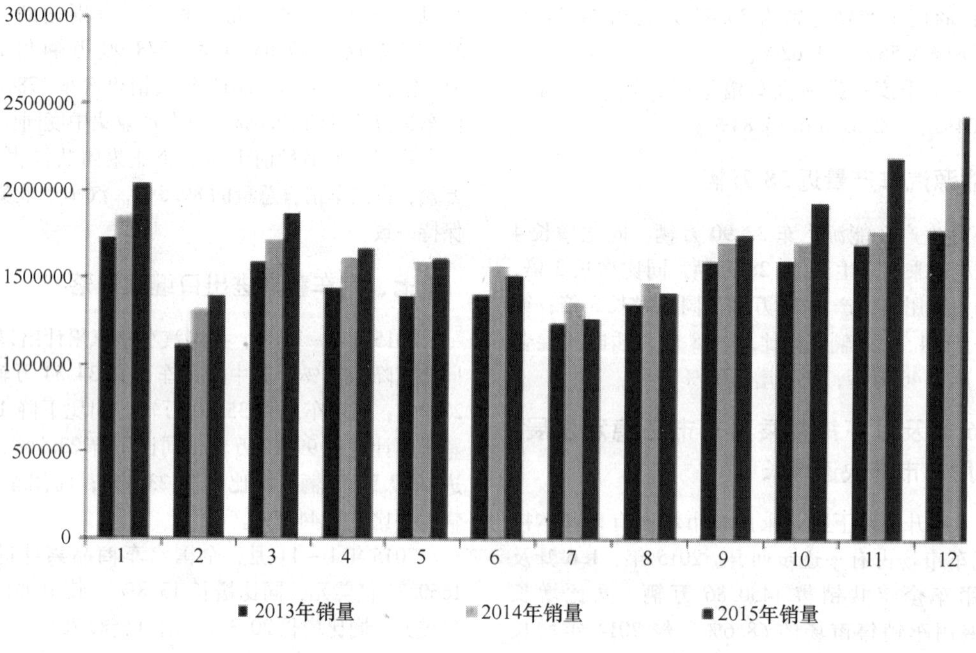

图 2 2013—2015 年月度乘用车销量变化情况

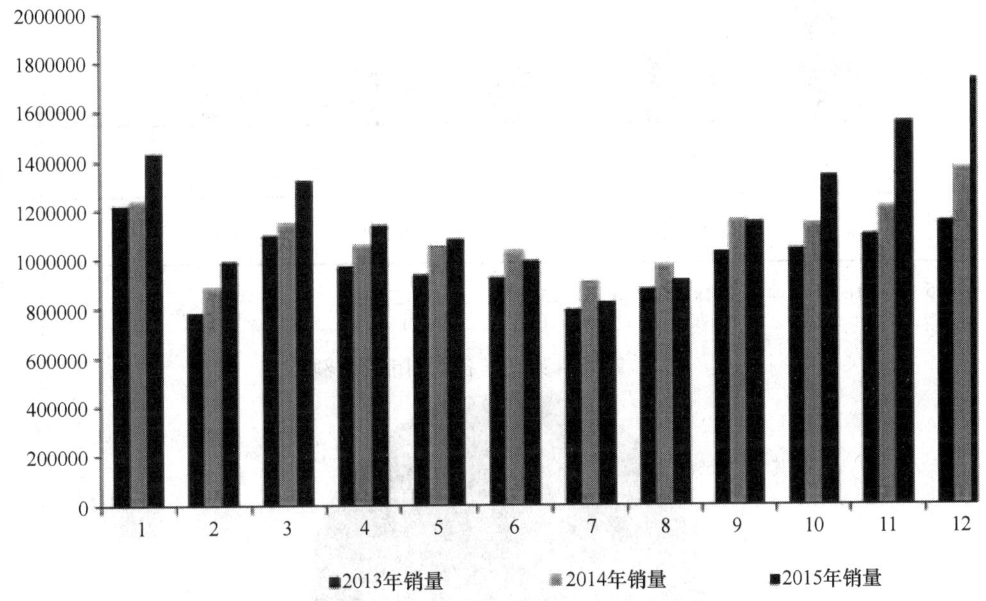

图3　2013—2015 年 1.6L 及以下乘用车销量变化情况

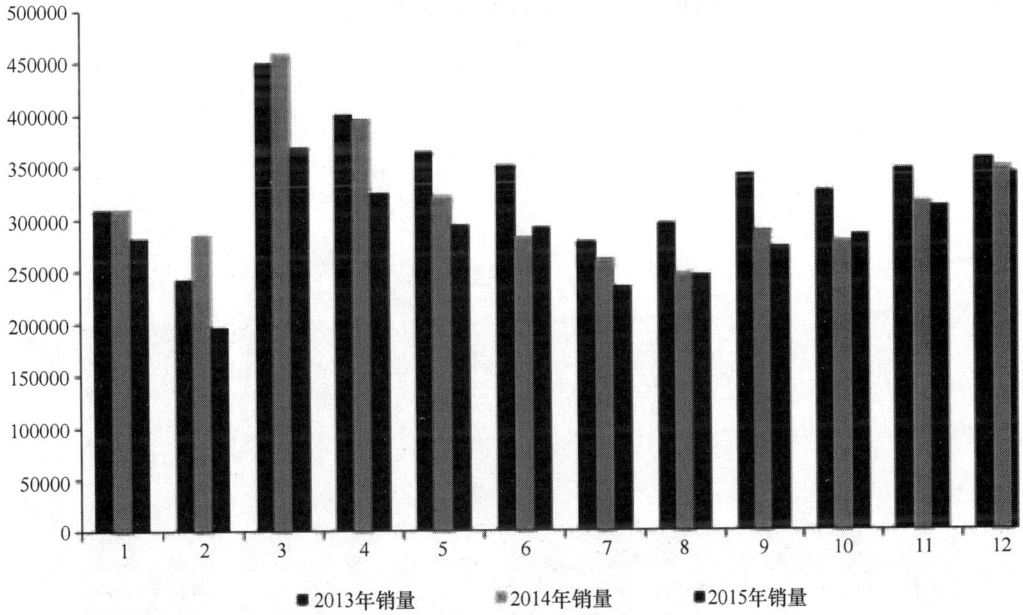

图4　2013—2015 商用车月度销量变化情况

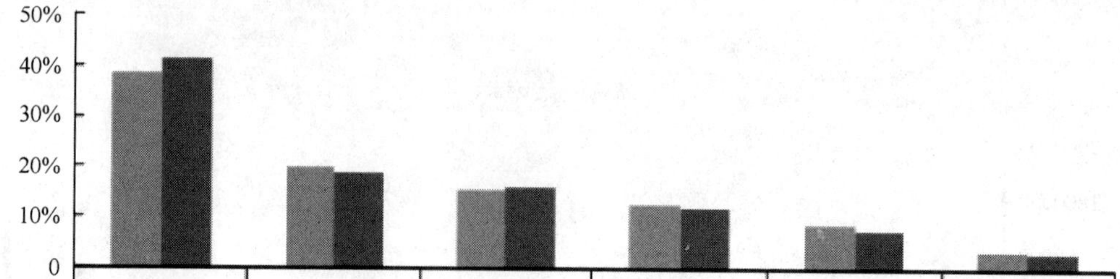

	中国	德系	日系	美系	韩系	法系
2014	38.5%	20.0%	15.7%	12.8%	9.0%	3.7%
2015	41.3%	18.9%	15.9%	12.3%	7.9%	3.5%

图 5　2015 年乘用车各系别市场份额

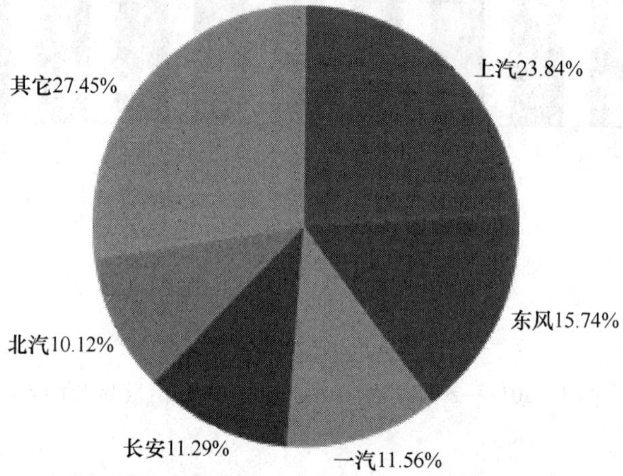

图 6　2015 年国内汽车销售市场占有率

2015年光伏发电相关统计数据

来源：国家能源局

截至2015年底，我国光伏发电累计装机容量4318万千瓦，成为全球光伏发电装机容量最大的国家。其中，光伏电站3712万千瓦，分布式606万千瓦，年发电量392亿千瓦时。2015年新增装机容量1513万千瓦，完成了2015年度新增并网装机1500万千瓦的目标，占全球新增装机的四分之一以上，占我国光伏电池组件年产量的三分之一，为我国光伏制造业提供了有效的市场支撑。全国大多数地区光伏发电运行情况良好，全国全年平均利用小时数为1133小时，西北部分地区出现了较为严重的弃光现象，甘肃全年平均利用小时数为1061小时，弃光率达31%；新疆维吾尔自治区全年平均利用小时数为1042小时，弃光率达26%。具体统计信息见附表。

光伏发电呈现东中西部共同发展格局。中东部地区有6个省累计装机容量超过100万千瓦，分别是江苏（422万千瓦）、河北（239万千瓦）、浙江（164万千瓦）、山东（133万千瓦）、安徽（121万千瓦）和山西（113万千瓦）。新疆（含兵团）、内蒙古和江苏居新增装机前三位，分别为210万千瓦、187万千瓦和165万千瓦。分布式光伏发电装机容量较大的地区有浙江（121万千瓦）、江苏（119万千瓦）和广东（57万千瓦）。

附表：2015年光伏发电统计信息表

省(区、市)	累计装机容量		新增装机容量	
		其中:光伏电站		其中:光伏电站
总计	4318	3712	1513	1374
北京	16	2	2	2
天津	12	3	3	0
河北	239	212	89	89
山西	113	111	69	68
内蒙古	489	471	187	187
辽宁	16	7	6	3
吉林	7	6	1	
黑龙江	2	1	1	
上海	21	2	4	
江苏	422	304	165	132
浙江	164	42	90	39
安徽	121	89	71	63
福建	15	3	3	3
江西	43	17	4	4
山东	133	89	73	67
河南	41	14	18	7
湖北	49	43	35	35
湖南	29	0	0	0
广东	63	7	11	5
广西	12	5	3	3
海南	24	19	5	5
重庆	0	0	0	0
四川	36	33	30	28
贵州	3	3	3	3
云南	65	63	30	30
西藏	17	17	2	2
陕西	117	112	62	60
甘肃	610	606	93	89
青海	564	564	151	151
宁夏	309	306	92	90
新疆	406	402	131	131
新疆兵团	160	160	79	79

2015 年风电产业发展情况

来源：国家能源局

2015 年，全国风电产业继续保持强劲增长势头，全年风电新增装机容量 3297 万千瓦，新增装机容量再创历史新高，累计并网装机容量达到 1.29 亿千瓦，占全部发电装机容量的 8.6%。2015 年，风电发电量 1863 亿千瓦时，占全部发电量的 3.3%。2015 年，新增风电核准容量 4300 万千瓦，同比增加 700 万千瓦，累计核准容量 2.16 亿千瓦，累计核准在建容量 8707 万千瓦。

2015 年，全国风电平均利用小时数 1728 小时，同比下降 172 小时，利用小时数最高的地区是福建 2658 小时，利用小时数最低的地区是甘肃 1184 小时。2015 年，风电弃风限电形势加剧，全年弃风电量 339 亿千瓦时，同比增加 213 亿千瓦时，平均弃风率 15%，同比增加 7 个百分点，其中弃风较重的地区是内蒙古（弃风电量 91 亿千瓦时、弃风率 18%）、甘肃（弃风电量 82 亿千瓦时、弃风率 39%）、新疆（弃风电量 71 亿千瓦时、弃风率 32%）、吉林（弃风电量 27 亿千瓦时、弃风率 32%）。

2015 年风电产业发展统计数据

省(区、市)	累计核准容量	累计在建容量	新增并网容量	累计并网容量	发电量	弃风电量	弃风率	利用小时数
合计	21641	8707	3297	12934	1863	339	15%	1728
北京	25	10	0	15	3			1703
天津	82	53	0	29	6			2227
河北	1572	549	109	1022	168	19	10%	1808
山西	1191	522	214	669	100	3	2%	1697
山东	1311	590	99	721	121			1795
内蒙古	3152	727	407	2425	408	91	18%	1865
辽宁	825	186	30	639	112	12	10%	1780
吉林	693	249	36	444	60	27	32%	1430
黑龙江	716	213	49	503	72	19	21%	1520
上海	81	20	24	61	10			1999
江苏	901	489	110	412	64			1753
浙江	245	141	31	104	16			1887
安徽	328	193	53	136	21			1742
福建	401	228	13	172	44			2658
江西	313	246	31	67	11			2030
河南	473	382	47	91	12			1793
湖北	407	273	58	135	21			1927
湖南	550	394	86	156	22			2079
重庆	105	82	13	23	3			2119
四川	394	321	45	73	10			2360
陕西	535	366	39	169	28			2014
甘肃	1386	134	245	1252	127	82	39%	1184
青海	155	109	15	47	7			1952
宁夏	1096	274	404	822	88	13	13%	1614
新疆	1883	272	842	1611	148	70	32%	1571
新疆兵团	272	192	45	80	4	1	19%	1560
西藏	5	4	0	1	0			1760
广东	547	300	42	246	41			1689
广西	365	322	30	43	6			2122
海南	39	8	0	31	6			1914
贵州	653	331	90	323	33			1199
云南	939	527	90	412	94	3	3%	2573

注：1. 容量单位：万千瓦；电量单位：亿千瓦时。

2. 累计并网容量、上网电量、利用小时数来源于中电联、电网企业。

3. 累计核准容量、累计在建容量、弃风电量、弃风率来源于水电水利规划设计总院。

2015 年通信运营业统计公报

来源：中华人民共和国工业和信息化部 运行监测协调局

2015 年，我国通信运营业认真贯彻落实中央各项政策措施，围绕实施网络强国战略，推动网络提速降费，提升 4G 网络和宽带基础设施水平，积极推动移动互联网、IPTV 等新型信息服务普及，全面服务国民经济和社会发展，全行业保持健康发展。

一、综合

经初步核算，2015 年电信业务收入完成 11251.4 亿元，按可比口径测算同比增长 0.8%，比上年回落 2.8 个百分点。电信业务总量完成 23141.7 亿元[3]，同比增长 27.5%，比上年提高 12 个百分点。

2015 年，非话音业务收入占比由上年的 58.2% 提高至 68.3%；移动数据及互联网业务收入占电信业务收入的比重从上年的 23.5% 提高至 27.6%。移动宽带用户（3G/4G）在移动用户中的渗透率达到 60.1%，比上年提高 14.8 个百分点；8M 以上宽带用户占比达 69.9%，光纤接入（FTTH/0）用户占宽带用户的比重突破 50%。融合业务发展渐成规模，截至 12 月末，IPTV 用户达 4589.5 万户。

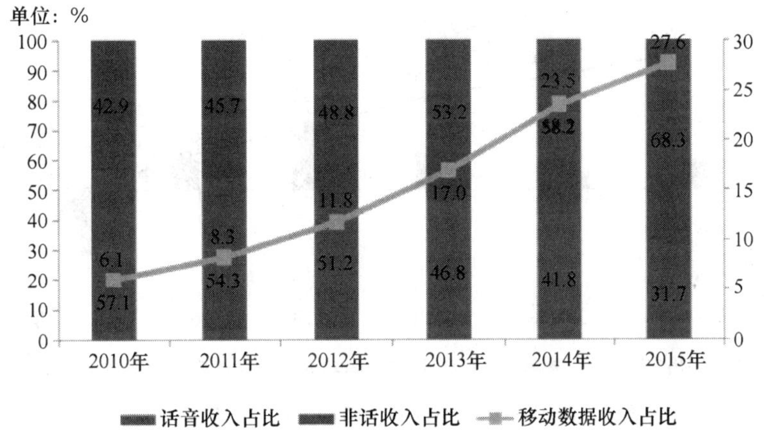

图 1　2010～2015 年话音业务和非话音业务收入占比变化情况

二、用户规模

2015 年，全国电话用户净增 121.1 万户，总数达到 15.37 亿户，增长 0.1%，比上年回落 2.5 个百分点。其中，移动电话用户净增 1964.5 万户，总数达 13.06 亿户，移动电话用户普及率达 95.5 部/百人，比上年提高 1 部/百人。固定电话用户总数 2.31 亿户，比上年减少 1843.4 万户，普及率下降至 16.9 部/百人。

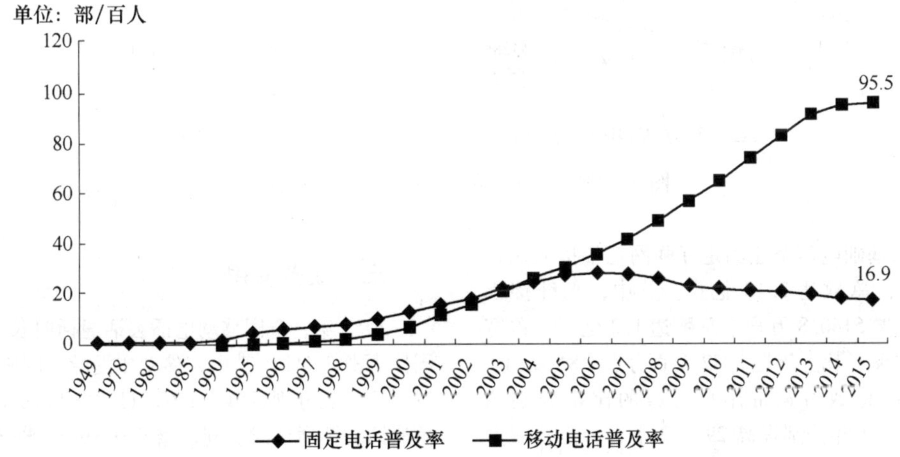

图 2　1949～2015 年固定电话、移动电话用户发展情况

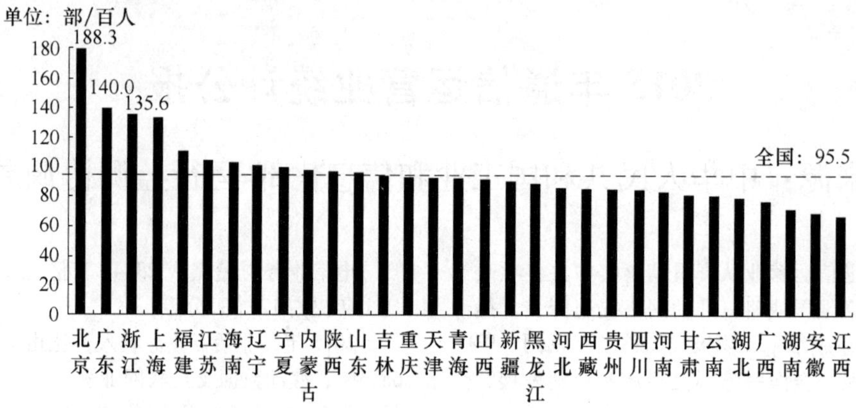

图 3　2015 年移动电话普及率各省发展情况

2015 年，2G 移动电话用户减少 1.83 亿户，是上年净减数的 1.5 倍，占移动电话用户的比重由上年的 54.7% 下降至 39.9%。4G 移动电话用户新增 28894.1 万户，总数达 38622.5 万户，在移动电话用户中的渗透率达到 29.6%。

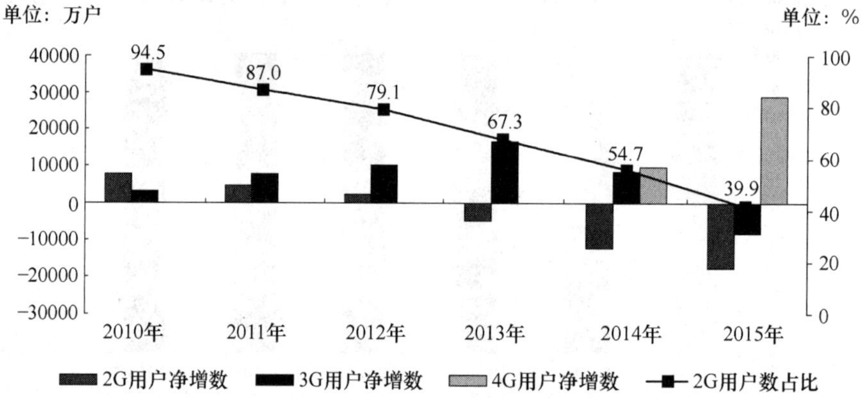

图 4　2010 ~ 2015 年各制式移动电话用户发展情况

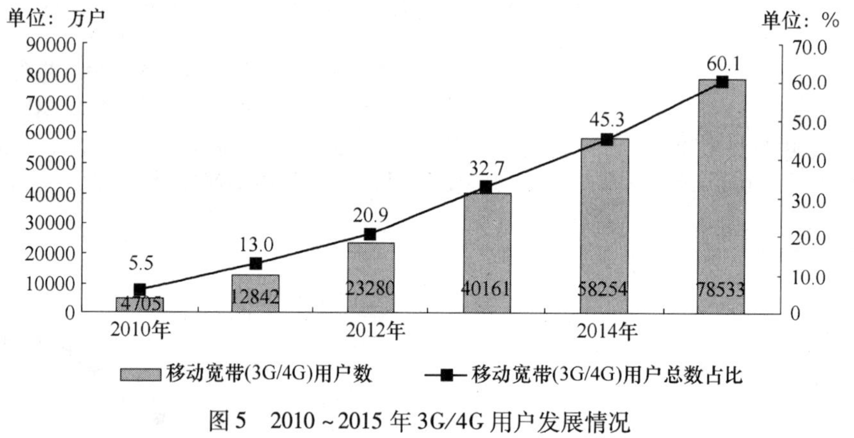

图 5　2010 ~ 2015 年 3G/4G 用户发展情况

2015 年，三家基础电信企业固定互联网宽带接入用户净增 1288.8 万户，总数达 2.13 亿户。其中，光纤接入（FTTH/0）用户净增 5140.8 万户，总数达 1.2 亿户，占宽带用户总数的 56.1%，比上年提高 22 个百分点。8M 以上、20M 以上宽带用户总数占宽带用户总数的比重分别达 69.9%、33.4%，比上年分别提高 29、23 个百分点。城乡宽带用户发展差距依然较大，城市宽带用户净增 1089.4 万户，是农村宽带用户净增数的 5.5 倍。

三、业务使用

2015 年，全国移动电话去话通话时长 28499.9 亿分钟，同比下滑 2.6%。其中，移动非漫游、国际漫游和港澳台漫游通话时长分别下滑 3.1%、11.3% 和 12.6%。移动国内漫游通话去话通话时长同比增长 0.8%，增速下滑 9.9 个百分点。

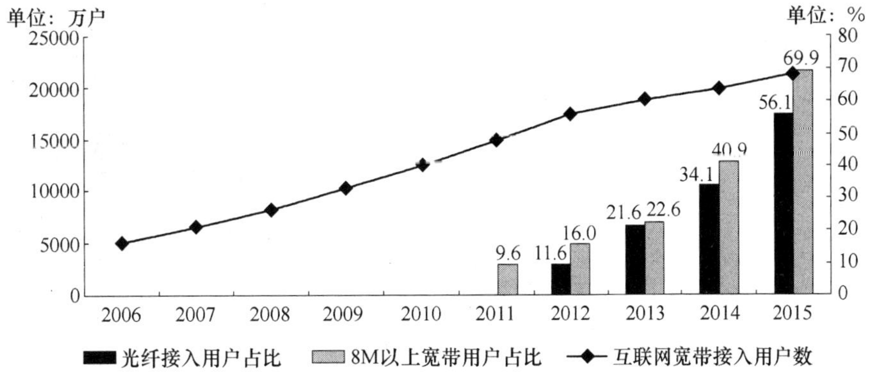

图6　2006～2015年互联网宽带接入用户发展和高速率用户占比情况

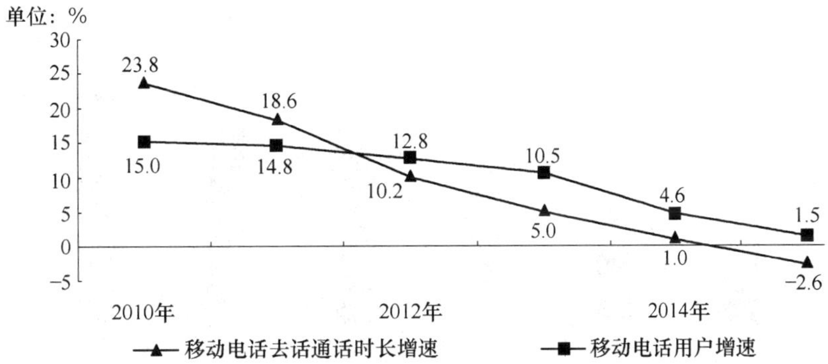

图7　2010～2015年移动通话量和移动电话用户同比增长各年比较

2015年，全国移动短信业务量6991.8亿条，同比下降8.4%，降幅较去年收窄5.6个百分点。其中，由移动用户主动发起的点对点短信量同比下降22.7%，占移动短信业务量比重由上年的45.8%降至38.7%。彩信业务量617.5亿条，同比下滑4.6个百分点。移动短信业务收入同比下降10.4%，收入规模减少58.1亿元。

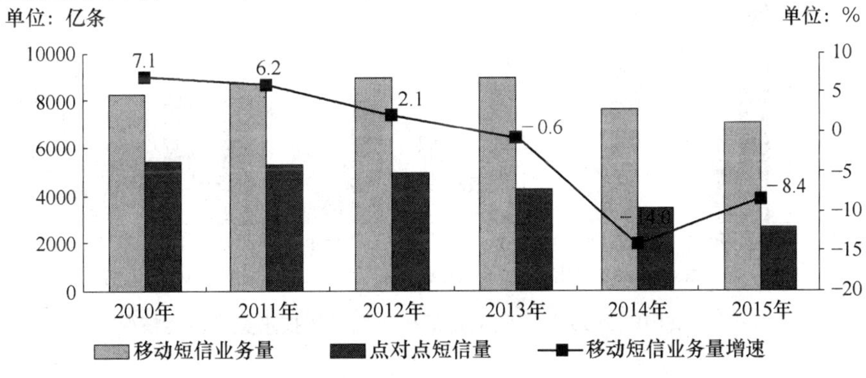

图8　2010～2015年移动短信量和点对点短信量各年比较

2015年，移动互联网接入流量消费达41.87亿G，同比增长103%，比上年提高40.1个百分点。月户均移动互联网接入流量达到389.3M，同比增长89.9%。手机上网流量达到37.59亿G，同比增长109.9%，在移动互联网总流量中的比重达到89.8%。固定互联网使用量同期保持较快增长，固定宽带接入时长达50.03万亿分钟，同比增长20.7%。

四、网络基础设施

2015年，互联网宽带接入端口数量达到4.7亿个，比上年净增7320.1万个，同比增长18.3%。互联网宽带接入端口“光进铜退”趋势更加明显，xDSL端口比上年减少3903.7万个，总数降至9870.5万个，占互联网接入端口的比重由上年的34.3%下降至20.8%。光纤接入（FTTH/0）端口比上年净增1.06亿个，达到2.69亿个，占比由上年的40.6%提升至56.7%。

2015年，新增移动通信基站127.1万个，是上年净增数的1.3倍，总数达466.8万个。其中4G基站新增92.2万个，总数达到177.1万个。

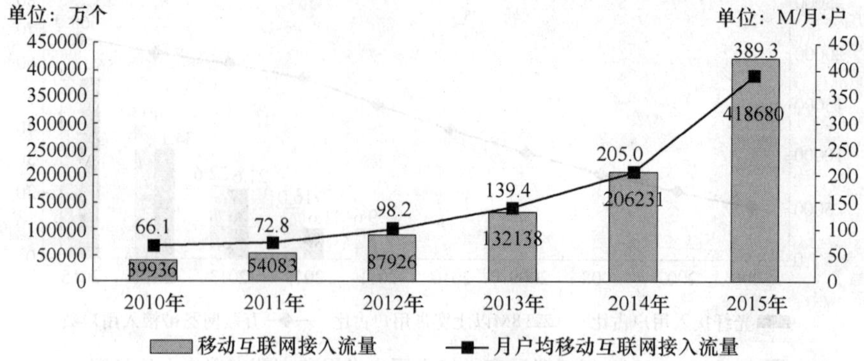

图9 2010～2015年移动互联网流量发展情况比较

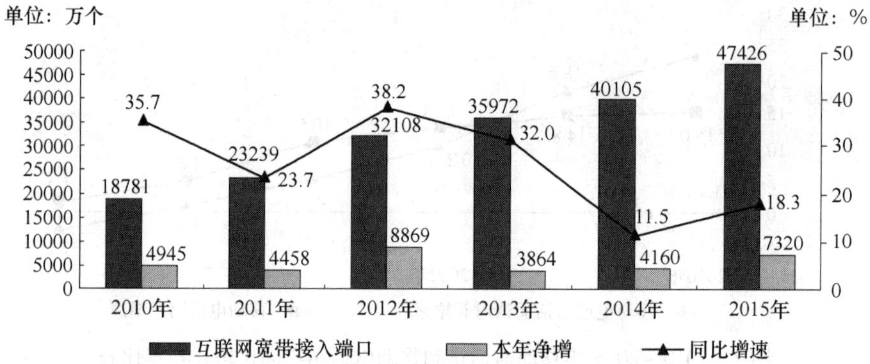

图10 2010～2015年互联网宽带接入端口发展情况

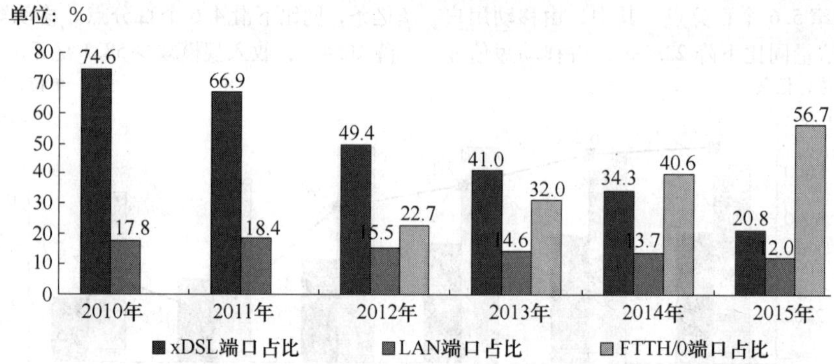

图11 2010～2015年互联网宽带接入端口按技术类型占比情况

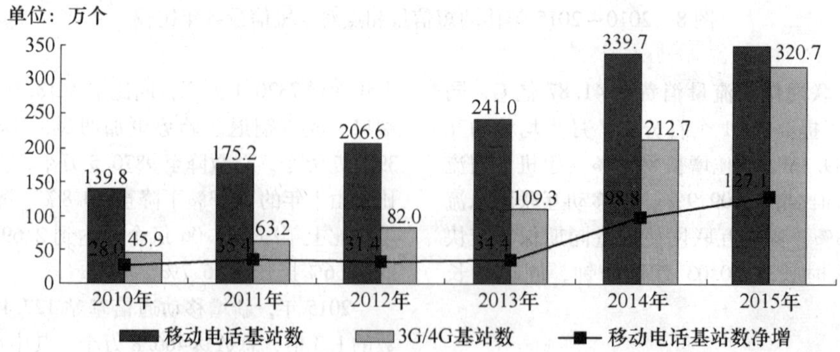

图12 2010～2015年移动电话基站发展情况

2015 年，全国新建光缆线路 441. 3 万公里，光缆线路总长度达到 2487. 3 万公里，同比增长 21. 6%，比上年同期提高 4. 4 个百分点。

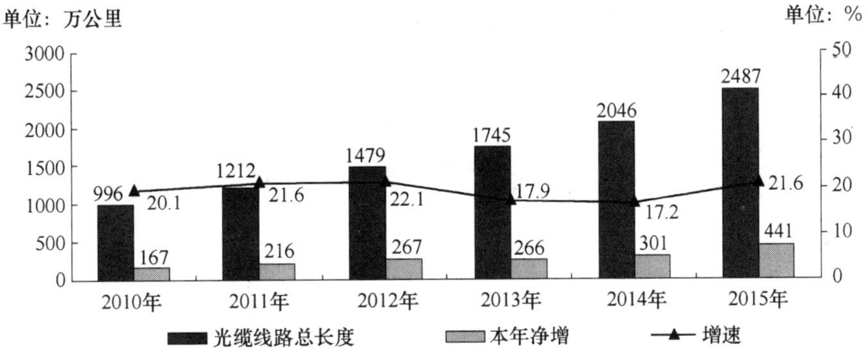

图 13　2010 ~ 2015 年光缆线路总长度发展情况

全国新建光缆中，接入网光缆、本地网中继光缆和长途光缆线路所占比重分别为 62. 6%、36. 7% 和 0. 7%。接入网光缆和本地网中继光缆长度同比增长 28. 9% 和 16. 3%，分别新建 276. 4 万公里和 161. 8 万公里；长途光缆保持小幅扩容，同比增长 3. 4%，新建长途光缆长度达 3. 2 万公里。

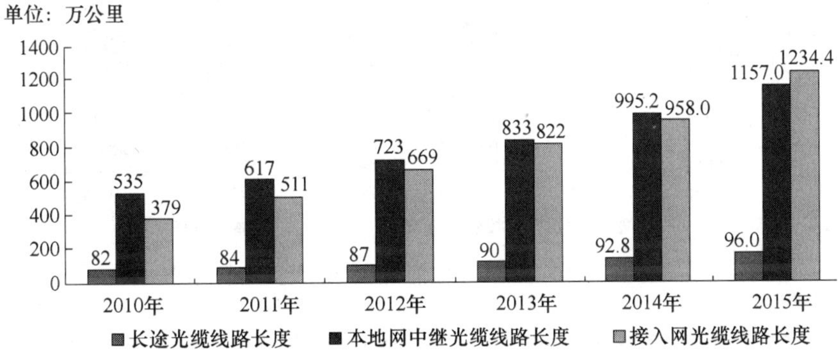

图 14　2010 ~ 2015 年各种光缆线路长度对比情况

五、收入结构

2015 年，移动通信业务实现收入 8307. 6 亿元，按可比口径测算与去年持平。移动通信业务收入占电信业务收入的比重达 74. 5%，比上年下滑 0. 7 个百分点。其中，话音业务收入在移动通信业务收入占比达到 37. 97%，比上年下降 12. 7 个百分点。固定通信业务实现收入 2943. 8 亿元，按可比口径测算同比增长 3. 2%，其中固定话音业务收入在固定通信业务收入占比达到 13. 9%，比上年下降 2. 1 个百分点。

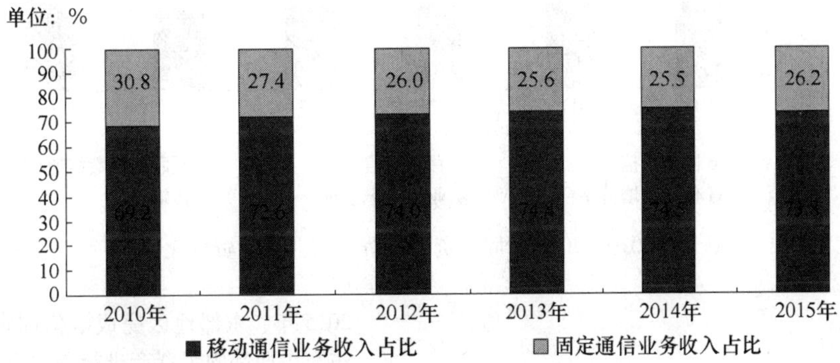

图 15　2010 ~ 2015 年电信收入结构（固定和移动）情况

2015 年，固定数据及互联网业务收入完成 1528. 6 亿元，按可比口径测算同比增长 2. 7%，比上年下降 2. 8 个百分点。移动数据及互联网业务收入完成 3101. 9 亿元，按可比口径测算同比增长 30. 9%，比上年下降 10. 9 个百分点。移动数据及互联网业务收入在电信业务收入中占比达到 27. 6%，比上年提高 4. 1 个百分点。

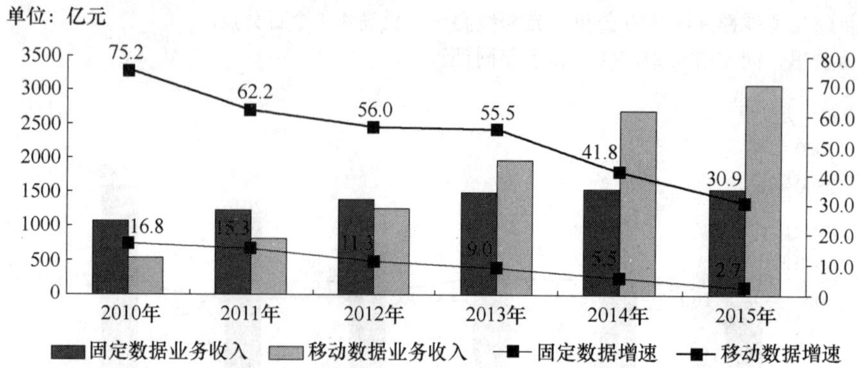

图 16 2010～2015 年固定与移动数据业务收入发展情况

六、固定资产投资

2015 年，全行业固定资产投资规模完成 4539.1 亿元。投资完成额比上年增加 546.5 亿元，同比增长 13.7%，比上年增速提高 7.4 个百分点。

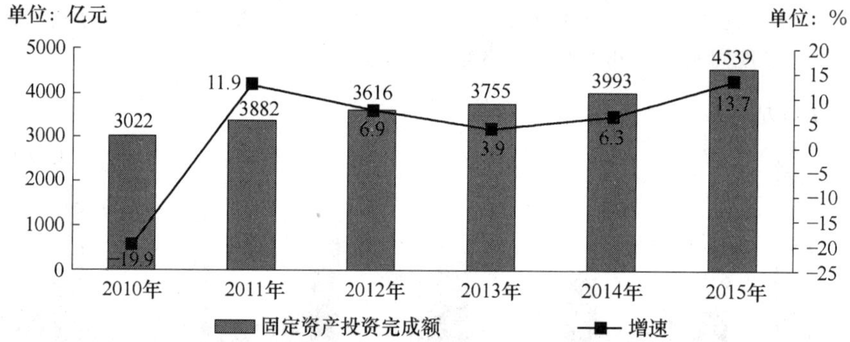

图 17 2010～2015 年电信固定资产投资完成情况

2015 年，移动投资 2047.5 亿元，同比增长 26.5%，占全部投资的比重达 45.1%，比上年提高 4.6 个百分点。互联网及数据通信投资完成 716.8 亿元，同比提高 79.9%，占比由上年的 10% 提高至 15.8%。

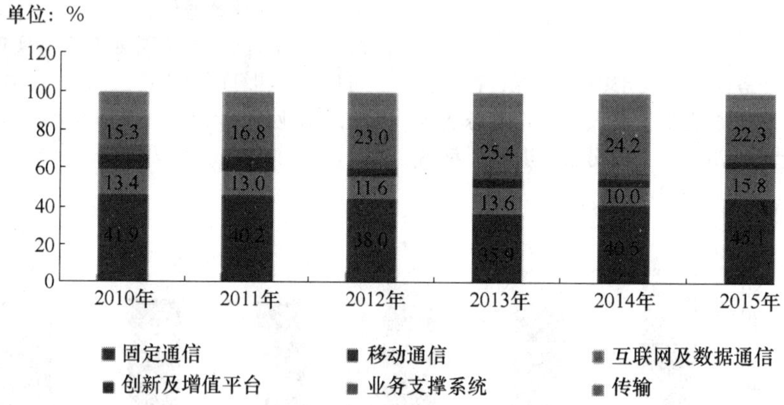

图 18 2010～2015 年固定资产投资主要业务投资变化情况

七、区域发展

2015 年，中部地区用户增速比东部和西部增速分别高 0.4 和 2.1 个百分点。东中西部移动宽带电话用户占比分别为 50.6%、25.5%、24%。

2015 年，东部地区实现电信业务收入 6290.4 亿元，占全国电信业务收入比重为 54.2%，同比下降 0.4 个百分点。

2015 年，东部地区完成电信固定资产投资 2085.6 亿元，占东中西部固定资产投资的比重为 47.7%，较上年提高 0.5 个百分点。东部与西部投资占比差距为 21.1%，较上年扩大 1.7 个百分点，东部与中部投资占比差距为 22.0%，较上年下降 0.1 个百分点。

1. 2014 年及以前的数据为年报最终核算数，2015 年的数据为 12 月快报初步核算数。下同。

2. 按可比口径是扣除“营改增”对电信业务收入的影响而测算。下同。

3. 按照2015年微调的2010年不变单价计算。

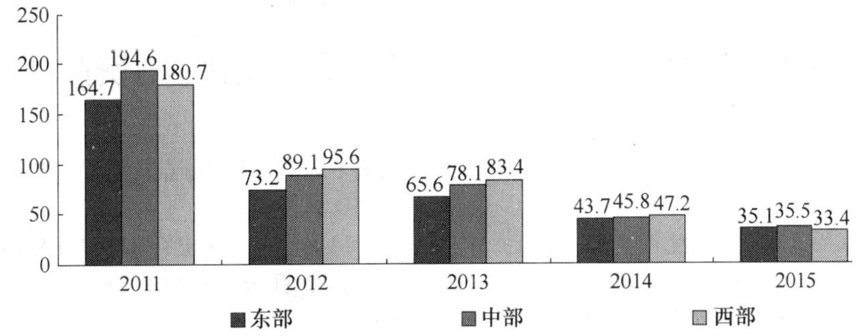

图19　2011～2015年东、中、西部地区移动宽带电话用户增长率

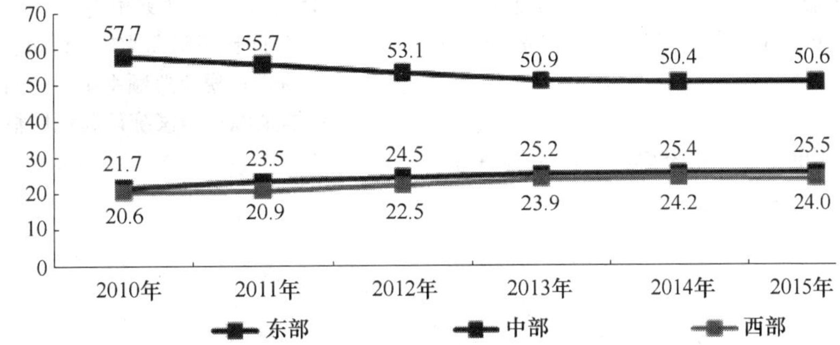

图20　2010～2015年东、中、西部地区移动宽带电话用户比重

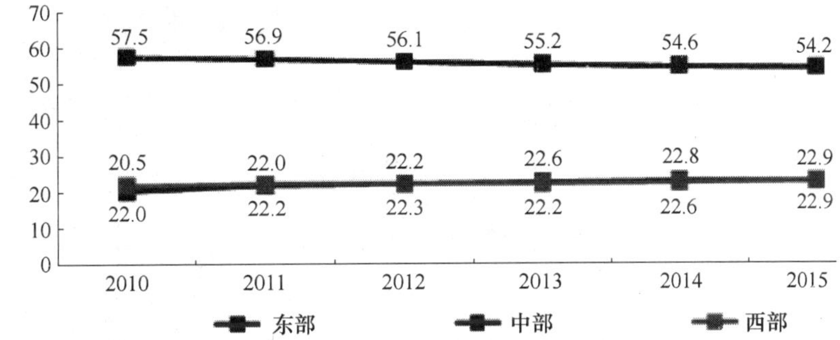

图21　2010～2015年东、中、西部地区电信业务收入比重

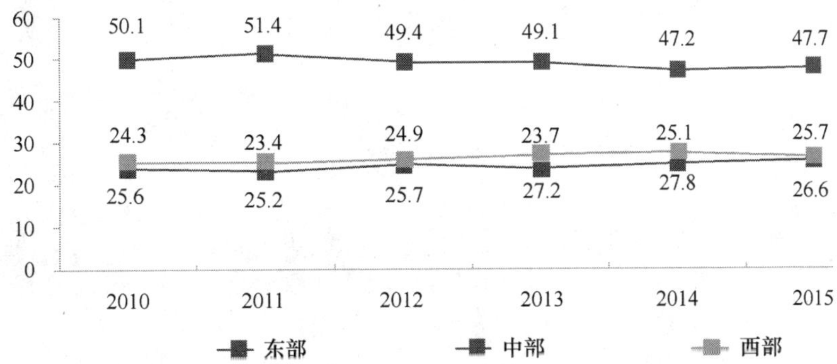

图22　2009～2015年东、中、西部地区电信投资比重

2015 年 1～12 月家用电器行业运行情况

来源：中华人民共和国工业和信息化部 消费品司

一、生产情况

2015 年 1～12 月家用电冰箱累计生产 8992.8 万台，同比下降 1.9%；房间空气调节器累计生产 15649.8 万台，与去年同期基本持平；家用洗衣机累计生产 7274.5 万台，同比增长 0.7%。

12 月当月，家用电冰箱生产 653.1 万台，同比下降 6.1%；房间空气调节器生产 1286.6 万台，同比增长 1.0%；家用洗衣机生产 662.8 万台，同比下降 9.4%。

二、销售情况

2015 年 1～12 月，家电行业产销率 95.0%，较 2014 年同期下降 1.2 个百分点；累计出口交货值 3445.6 亿元，累计同比增长 0.8%。

12 月当月，家电行业产销率 94.4%，较 2014 年同期下降 1.7 个百分点；出口交货值 276.7 亿元，同比下降 0.4%。

三、经济效益

2015 年 1～12 月家用电器行业主营业务收入 14083.9 亿元，累计同比下降 0.4%；利润总额 993.0 亿元，累计同比增长 8.4%；税金总额 474.2 亿元，累计同比增长 7.8%。

（数据来源：国家统计局数据整理）

2015年1~12月消费品工业运行总体情况

来源：中华人民共和国工业和信息化部 消费品工业司

一、生产保持平稳。消费品工业增加值同比增长6.4%，高于全部工业0.3个百分点。其中，轻工（不含食品）、纺织、食品、医药和烟草等行业分别增长6.3%、6.3%、6.5%、9.8%和3.4%。消费品工业增加值占全部工业的31.9%。

二、投资保持增长。消费品工业固定资产投资保持增长。其中，农副食品加工业、食品制造业、纺织业和医药制造业同比分别增长7.7%、14.4%、12.8%和11.9%。

三、重点行业产销率较高。家具制造业98.3%，造纸及纸制品业97.5%，皮革和制鞋业97.8%，体育和娱乐用品制造业97.6%，农副食品加工业97.8%，食品制造业97.4%，酒和饮料行业95.7%，纺织业98.3%，服装制造业97.6%，化学纤维制造业96.6%，医药制造业95.7%。

四、出口增速回落。消费品工业出口交货值同比下降1.3%，降幅低于全部工业0.5个百分点。其中，轻工（不含食品）、纺织、食品、医药和烟草同比分别增长-1.4%、-2.3%、-1.1%、3.8%和10.3%。消费品工业出口交货值占全部工业的31.6%。

（以上数据来自国家统计局或根据其数据整理所得）

第三篇　电源行业发展报告与综述

2015年中国电源学会会员企业30强名单

序号	公司名称	主要产品
1	台达电子企业管理（上海）有限公司	通信电源及系统，UPS、计算机及网络设备用交换式电源供应器，电脑及消费电子适配器，直流模块电源，照明及背光电源，变频器及工业自动化系统，太阳能、风能变换器及新能源发电系统，新能源汽车车载
2	理士国际技术有限公司	铅酸蓄电池
3	中兴通讯股份有限公司能源产品部	通信电源，UPS，太阳能控制器，通信设备
4	阳光电源	光伏逆变器、风能变流器、储能变流器等
5	易事特集团股份有限公司	UPS电源，EPS电源，分布式发电，电动汽车充电桩
6	深圳市航嘉驰源电气股份有限公司	PC电源、机箱、电源适配器、移动电源、电源转换器、充电器
7	中达电通股份有限公司	UPS电源，通信电源，新能源电源（光伏逆变器、风力变流器等），变频电源（器）
8	深圳市汇川技术股份有限公司	变频器、伺服驱动器、PLC、HMI、伺服/直驱电机、传感器、一体化控制器及专机、工业视觉、机器人控制器、电动汽车电机控制器等
9	深圳市科陆电子科技股份有限公司	直流屏、电力操作电源，UPS电源，照明电源、LED驱动电源，模块电源
10	厦门科华恒盛股份有限公司	信息化设备用UPS电源、工业动力UPS电源系统设备、建筑工程电源、数据中心产品、新能源产品、配套产品
11	深圳科士达科技股份有限公司	UPS、精密空调、蓄电池、机柜、光伏逆变器、储能
12	山特电子（深圳）有限公司	UPS电源
13	中国长城计算机深圳股份有限公司电源事业部	PC电源，服务器电源，适配器，LED驱动等各类电源
14	北京动力源科技股份有限公司	通信电源，EPS，高压变频器，新能源电源
15	华东微电子技术研究所	通用开关电源，照明电源、LED驱动电源，模块电源，电源配套设备（自动化设备、SMT设备、绕线）
16	深圳市英威腾电气股份有限公司	UPS电源、EPS电源、逆变电源及机房配套产品
17	茂硕电源科技股份有限公司	LED驱动电源、SPS消费类开关电源
18	杭州中恒电气股份有限公司	通信电源系统、电力电源系统、电动汽车充电系统、电力信息化软件
19	上海科泰电源股份有限公司	通信电源
20	田村（中国）企业管理有限公司	电源、变压器、电抗器等
21	深圳市京泉华科技股份有限公司	通用开关电源，UPS电源，电子变压器，电抗器
22	许继电源有限公司	交直流电力电源，电动汽车充换电系统、电能质量控制装备、军工特种电源
23	深圳可立克科技股份有限公司	动力电池充电器、适配器、LED电源、通信电源
24	协丰万佳科技（深圳）有限公司	通用开关电源，PC、服务器电源，模块电源，稳压电源
25	昂宝电子（上海）有限公司	半导体集成电路
26	东莞立德电子有限公司	通用开关电源，照明电源、LED驱动电源，电子变压器
27	英飞特电子（杭州）股份有限公司	LED驱动电源
28	东莞市石龙富华电子有限公司	通用开关电源，通信电源，照明电源、LED驱动电源
29	合肥华耀电子工业有限公司	通用开关电源，照明电源、LED驱动电源，模块电源，特种电源
30	贵州航天林泉电机有限公司	通用开关电源，特种电源

注：1. 此名单以会员企业提供的2015年企业经营数据、上市公司年报等数据为依据得出，未提供数据的会员企业未进行排行。

2. 同时涉及电源产品以外其它产品的会员企业，根据电源部分的经营数据进行排行。

电源技术与产业2030年展望

2015年11月6~9日，中国电源学会第二十一届学术年会在深圳市召开。中国电源学会理事长徐德鸿教授在大会上以《电源技术与产业2030年展望》为题进行特邀报告，根据报告内容经整理形成此文。

一、引言

近年来世界各国就如何应对气候变化，提升经济绿色水平，实现人类可持续发展展开了全方位的合作与努力。作为世上两个最大的经济体，中美双方展开了多方面的合作。

2014年11月12日于北京发布中美气候变化联合声明；2015年9月25日于华盛顿发布中美元首气候变化联合声明。重点内容包括：

1）中国计划2030年左右 CO_2 排放达到峰值且将努力早日达峰，并计划到2030年非化石能源占一次能源消费比重提高到20%左右。

2）发达国家每年动员1 000亿美元支持发展中国家。

3）两国紧密合作，努力在巴黎会议达成全球气候协议。

2015年8月3日，奥巴马宣布了美国清洁电力计划（Clean Power Plan，CPP）。其中：

1）2030年，美国电力行业的碳排放减少32%（以2005年为基准）。

2）SO_2 排放减少90%。

3）氮氧化物排放减少72%。

4）CPP实施办法：提高天然气发电比重；提高风电和光伏发电比重。

以此为前提，本文重点对能源、电网、电力系统、电力电子技术、互联网、电动汽车、数据中心、UPS、蓄电池以及半导体功率器件等的未来发展展开分析和展望。

二、能源

从民生来说，节能减排已成为主题；从国家能源战略部署来说，新能源结构调整已成为各国主流。

1. 新能源装机预测

图1为我国2030年新能源装机预测图。从图中可以看出，2030年新能源装机容量占我国能量总装机容量的20%。与2014年相比，增长2.2万亿kW·h，折合7.8亿t标准煤。

假定新能源中，水电占50%，风电和光伏占50%，需要新增再生能源装机：1.1万亿kW·h/2000h=5.5亿kW。

每年新增风电和光伏装机：5.5亿kW/15年=37GW/年。

2. 我国能源消费预测

从图2所示的我国能源消费预测图可以看出：2025年能源消费到达峰值；2050年新能源比例占能源消费66%，电力占终端能源消费的62%，91%电力来自新能源。

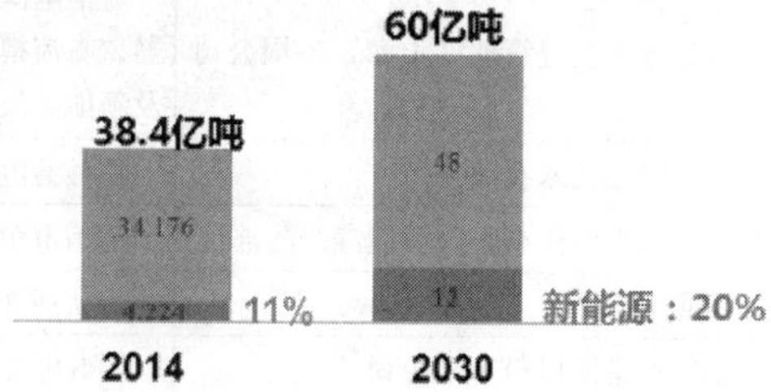

图1 新能源装机预测图

（3）能源基地与消费中心分布的失配

我国能源基地中，2/3水电在四川、西藏、云南，2/3煤炭基地在山西、陕西、内蒙；大型再生能源基地分布在西北部、北部。而用电地区主要分布在东、南沿海和中部地区。

电力传输距离一般在500~2 000km，传输损耗很大，除发展HVDC外，应积极发展分布式发电。

三、电网、电力系统和互联网及其电力电子技术

1. 未来电网

徐教授认为，我国未来电网的发展趋势如图3所示。主要有集成式和分布式两大类。2030年非化石能源占20%；2050年再生能源占60%。

2. 新能源主导的电力系统

有关新能源主导的电力系统，有下列几种情况：①电力系统化石能源为主逐步让位给再生能源。②除集中式大型光伏电站、大型风电场外，分布式光伏、风电将获得广泛应用，分布式发电比例将占半壁江山。③微网技术是分布式新能源发电的支撑技术。④储能电站和分布式储能得到普及。⑤电力电子技术广泛应用于发、输、配、储、用。⑥能源互联网推动电力市场化。

3. 城市能源互联网的构想

由社区微网、工厂微网、商业区微网、电动汽车充电站、储能电站和城市轨道交通等共同构成的城市能源互联网会迅速发展，其构想如图4所示。

4. 面向未来电网的电力电子技术

涉及未来电网及其相关的电力电子技术，徐教授认为有两个重要方面：

1）核心元件，包括：电压源直流输电装置：VSC-HVDC；固态变压器：固态交流变压器、固态直流变压器；即插即用的能源路由器（Energy router）；固态断路器。

2）控制及管理技术，涉及下列几方面：微网；储能系统；电动汽车充电及分布式储能（V2G）；需求侧控制；支持能源互联网的软件技术。

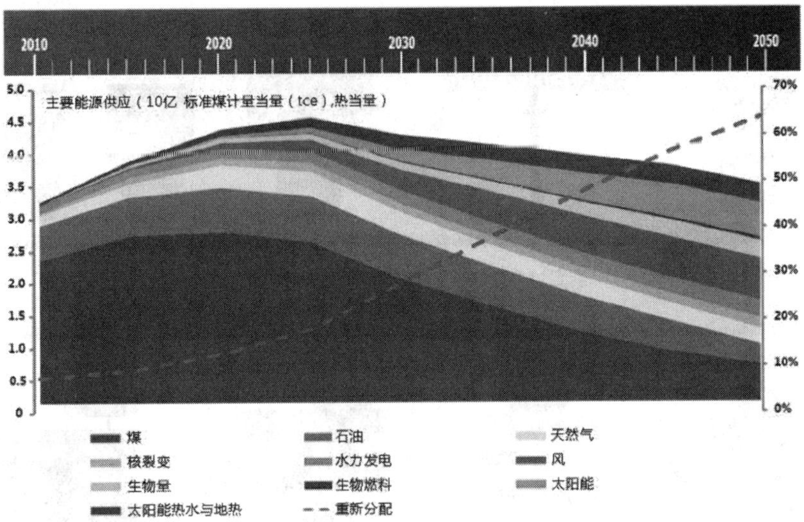

一次能源

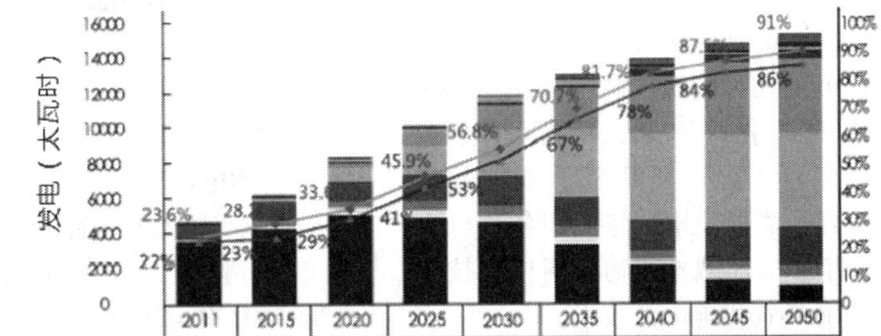

	2011	2015	2020	2025	2030	2035	2040	2045	2050
■ 海洋能						4	4	4	4
■ 地热能						30	90	90	90
■ 生物质能		6	12	18	28	46	80	180	202
■ 秸杆发电	10	20	59	87	129	187	244	283	297
■ 沼气发电	1	63	118	118	118	118	111	126	139
■ 垃圾发电	12	30	50	75	112	197	315	413	462
■ 太阳能	5	61	228	718	1496	2445	3400	4214	4310
■ 风力发电	97	252	753	1513	2595	3904	4741	5130	5350
■ 水力发电	889	1031	1221	1620	1794	1790	1851	2014	2187
■ 核能	88	300	354	449	463	484	544	569	649
■ 石油发电	2	2	2	2	2	2	2	2	2
■ 天然气发电	67	267	522	559	563	553	524	467	466
■ 煤发电	3508	4223	4994	4868	4566	3263	2018	1387	1038

电力能源

图 2　中国能源消费预测图

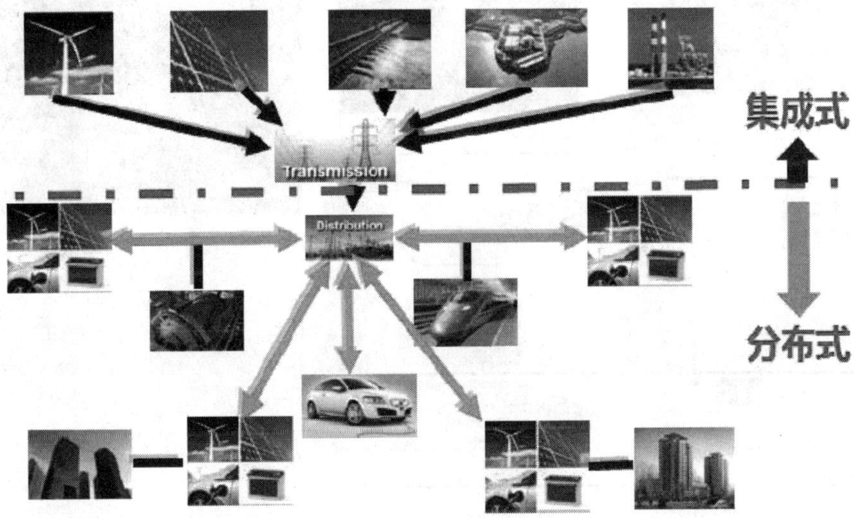

图 3　未来电网发展趋势图

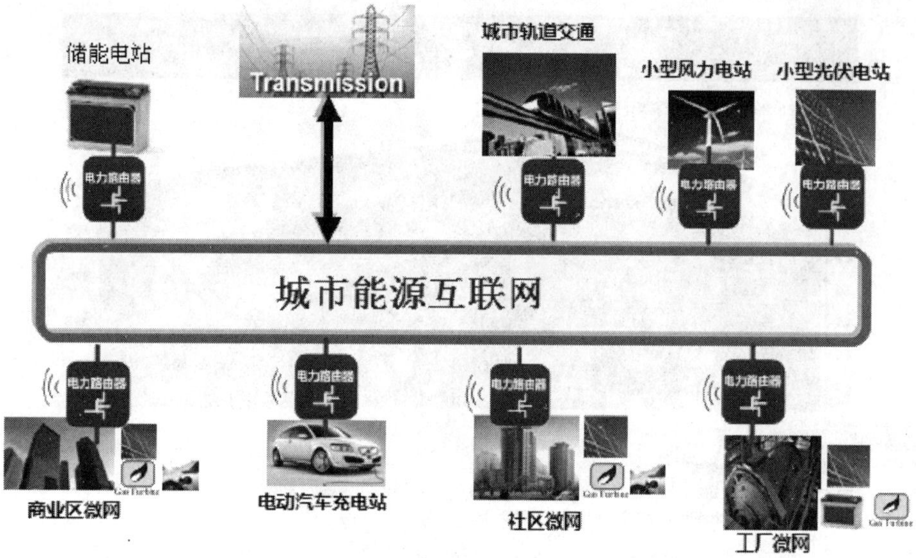

图4 城市能源互联网构想图

5. 物联网 IoT

徐教授谈到物联网时，重点叙述物联网将推动分布式再生能源发电等技术。有下列几种情况：欧盟预测：2020移动互联网的流量是2010的30倍；5G通信将为欧盟创造万亿欧元的新市场；中欧签订了合作开发5G，面向物联网；物联网将推动分布式再生能源发电；将应用各种电力电子系统，提升劳动生产率和节能减排；物联网传感技术需要 Energy Harvest 技术和低功耗供电电源技术。

四、电动汽车、蓄电池及其无线充电技术

电动汽车的发展是节能减排的重要支撑，相应的蓄电池和充电技术急需提高。

1. 电动汽车销售情况

2015年，我国新能源汽车销量呈现爆发式增长，全年共计销售33.1万辆，同比增长3.4倍，其中纯电动汽车24.7万辆，同比增长4.5倍。插电式混合动力汽车8.3万辆，同比增长1.8倍。

2. 蓄电池价格预测

根据美国先进电池联盟（USABC）基准数据，电池寿命：10年，行驶24万km（电池使用里程数：4km/kW·h×40kW·h×1500次=24万km），对电动汽车与传统汽车比较：

40kW·h 电池价格 = $1.6万=10万元

电费：0.6元/kW·h×40kW·h×1500次=3.6万元

汽油费用：24万km×0.1L/km×6元/L=14.4万元

可见，电动汽车是购置费用高，但使用费用低。

3. 动态无线充电（见图5）

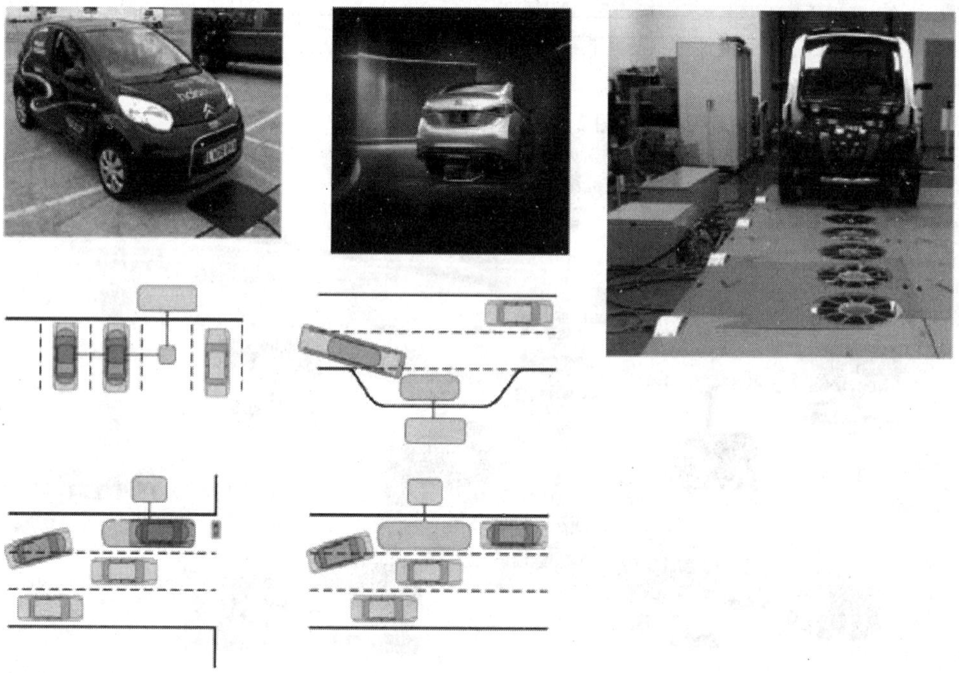

图5 动态无线充电原理图

电动汽车的动态无线充电具有下列特点：①减少车载电池安装量的2/3。②随时、随地可以充电，提高电池寿命。③解决电池里程焦虑的问题。④安全性好（人，动物）。⑤经济性好，开创充电服务新商业模式。⑥充电方便，可在停车位、公交站、红绿灯口、高速公路专用道等处完成无线充电。如路灯一样，成为城市的基础公共设施。

4. 电磁感应式无线充电

电磁感应式无线充电的原理如图6所示。

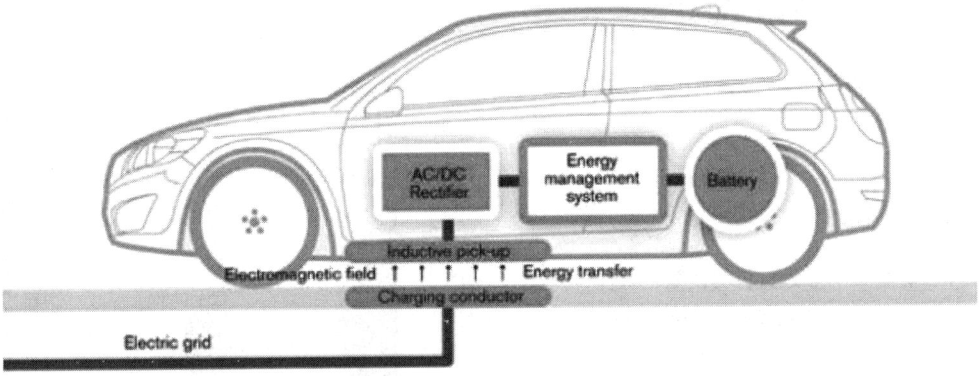

图6 电磁感应式无线充电原理图

在电磁感应式无线充电中，一次绕组通以一定频率的交流电，通过电磁感应在二次绕组上感应产生电流，从而将能量从传输端转移到接收端。这种充电方式具有下列特点：电磁感应式充电的变换级数多（3~4级），谐振频率高（85kHz），充电的效率约为90%。如果要求效率大于95%，需要采用SiC或GaN功率器件。

五、数据中心及UPS技术

徐教授还重点叙述了有关数据中心及其UPS供电系统问题。

1. 数据中心突飞猛进

云计算、大数据、数据中心的数量呈指数型增长；我国6.68亿网民，50万个数据中心，消耗电能5%。

2. 2020年通信和数据中心的耗电将增长为2007年的3倍（见表1）

表1 2007年和2020年数据中心耗电情况

	电力消耗	预测电力消耗
	十亿 kW·h 2007	十亿 kW·h 2020
数据中心	330	1 012.02
通讯	293	951.72
总计	623	1 963.74

3. 交流UPS面临挑战

交流UPS面临HVDC的挑战。图7从可靠性和效率两个方面给出了交流UPS面临挑战的情况。

冲突的结果可能推动两种技术的发展：

1）交流UPS效率和可靠性的显著提升（基于数字控制和宽禁带期间器件）。

2）HVDC的标准化，与相关产业的合作。

徐教授认为高压直流（HVDC）供电技术的普遍采用还要有一个过程，主要是国际标准的制定和相关的计算机（服务器）产业的合作须要协同发展。

六、半导体功率器件的发展

徐教授认为电力电子技术必须依赖于半导体功率器件技术的发展。

宽禁带半导体家族包括碳化硅（SiC）、氮化镓（GaN）等半导体。图8给出了宽禁带半导体材料的性能。

图9给出了SiC功率器件相对于IGBT的优势。可见SiC的损耗和成本比IGBT要低得多。利用它构成的系统具有更高的效率、更小的体积和更低的成本。

七、结束语

1）应对气候变化是21世纪对电力电子技术和产业发展的最大推动力。

2）能源互联网催生电力电子装置：VSC-HVDC、DC/DC、固态变压器、能源路由器和固态开关等。

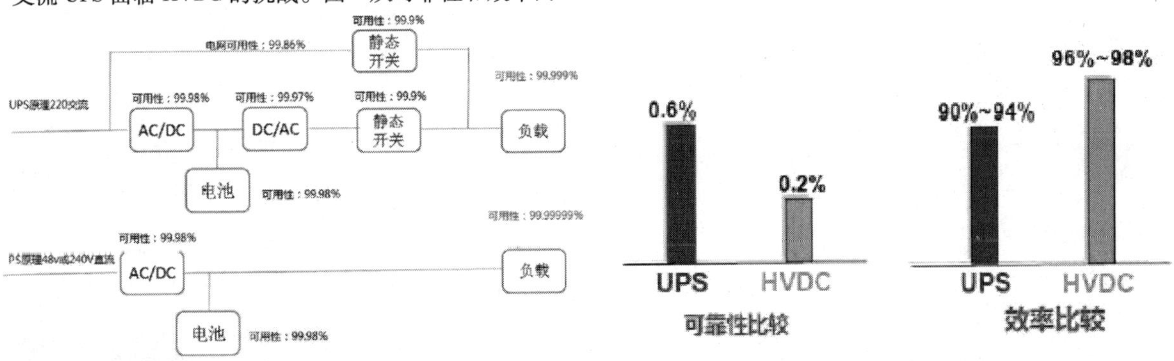

图7 UPS面临挑战

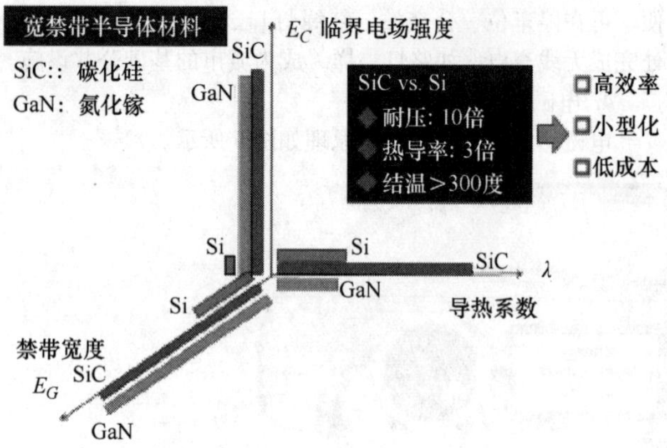

图 8　宽禁带半导体材料的性能

3）信息技术和物联网将持续推动电源技术发展。

4）由于电池价格的持续下降，当前正处于电动汽车和电网储能规模化应用的前夜。

5）宽禁带器件在开关特性、高电压和高温特性方面具有独特优势，将在新能源发电、交通及数据中心等方面率先获得应用，并向智能电网、工业和家电等领域扩展。

徐德鸿教授简介

徐德鸿，男，浙江大学求是特聘教授，博士生导师，现任浙江大学电力电子技术研究所所长，中国电源学会理事长，美国电气工程师学会会士（IEEE Fellow）。国务院特殊津贴获得者。

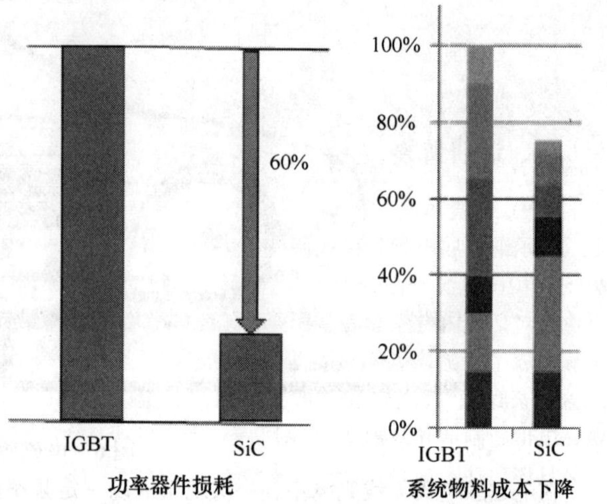

图 9　SiC 功率器件相对于 IGBT 的优势

2015 年度中国电源行业发展报告

中国电源学会 中国自动化产业集团服务

一、调研背景

（一）调查对象

在承继历届电源研究及调查优势与成功经验的基础上，2015 年中国电源产业调查的范围延伸到了电源市场的各个板块，包括业内专家学者、厂商、传统渠道商、IT 渠道商、系统集成、电源培训与教育等企业和机构。调查对象不仅涵盖了家庭/个人用户和一般企业用户，更着力刻画了金融、电信、制造和政府等行业用户对于电源产业的基本概况。具体包括：最终用户、产品供应商、维护与支持提供商、渠道商、系统集成商。

（二）数据来源与调查方法

本届调查主要采取了电话呼叫、问卷调查、线上调查等方式收集信息，并辅助以焦点小组讨论以及专家集中评审等多种方式，以期更加全面、科学地调查和评估中国电源产业发展状况和电源产品与企业的基本状况。在抽样过程上，综合运用了双重抽样、逐次抽样、分阶段抽样、分层抽样、整群抽样和等距抽样等多种方法，以确保调查数据的精确度，综合衡量其优劣。焦点小组和专家集中评审是本届调查的方法创新所在，不但体现了厂商和用户的全程参与特色，同时也是进行收集数据、信息补充和修正的依据。

（三）样本分布

表 1　2015 年中国电源调查样本区域分布

区　域	比例(%)
华北	12.30
华东	18.10
华南	41.20
华中	9.00
东北	7.30
西南	7.50
西北	4.60
合计	100

数据来源：中国电源学会；中自集团 2016，04

（四）合作机构介绍

1. 中国电源学会

中国电源学会成立于 1983 年，是在国家民政部注册的国家一级社团法人，业务主管部门是中国科学技术协会。中国电源学会的专业范围包括：通信电源、不间断电源（UPS）、通用交流稳定电源、直流稳压电源、变频电源、特种电源、蓄电池、变压器、元器件和电源配套产品等。

中国电源学会下设 17 个省、市、地区电源学会，直流电源、变频电源与电力传动、特种电源、元器件、电磁兼容、电能质量、照明电源、磁技术、信息系统供电技术、无线电能传输技术及装置、新能源电能变换技术等 9 个专业分会，以及学术、国际交流、组织、编辑、科普及标准化等 6 个工作委员会。秘书处是学会常设日常办事机构。形成了覆盖全国的组织和信息网络。中国电源学会承办各种类型的学术交流会，特别是大型学术年会，已经成功地举办了将近 20 届，历届会议规模达到 1 000 多人。年会的召开汇聚了境内外和国内外的专家学者总结、交流电源技术各个领域的新理论、新技术、新成果；有力地促进了中国电源科技水平的提高。

中国电源学会出版的刊物有：《中国电源资讯》《电源技术学报》《电源世界》和《电源技术应用》；同时中国电源学会还编辑出版了系列丛书和技术手册以及各种学术会议论文集。中国电源学会为了加速学会的信息化进程，建立了行业门户网站："世纪电源网"（http://www. 21dianyuan. com）。

2. 中自产业集团服务

中自产业服务集团（简称"中自集团"）是集杂志、网站、会议、研究及数字移动媒体为一体的中国自动化产业链整合传播、营销、咨询和投资服务机构。

中自集团拥有网刊会及数字移动合一的专业平台，以及政府部门、行业组织、专家学者、企业家、用户和投资机构等各种社会资源。旗下有《变频器世界》《PLC&FA》和《伺服控制》等品牌期刊，中自网 www. ca168. com、中自移动数字传媒 www. cadmm. com 等专业网站。中自集团在以深圳、上海、北京分别为中心的华南、华东、华北都设立了地区总部及客户服务中心，具备三大区域强大支持服务能力，能及时满足客户的全国性活动。中自集团通过传媒优势，整合各种资源，与国内外著名自动化组织、企业建立了广泛的联系和交流，每年举办数十个论坛和研讨会。其中"变频器行业企业家论坛""电力电子论坛"和"自动化大会"已成为每年一度的行业权威盛会，对推动中国自动化行业持续发展起到了积极的作用。

二、2015 年全球及中国电源市场概况分析

（一）2015 年世界电源市场概况分析

1. 2015 年世界电源产业规模与特征

随着全球经济的发展、电子信息技术水平的持续提升以及人们生活水平的不断提高，各种电子产品品种不断丰富、市场普及率不断提高，电源作为电子产品的重要部件，市场规模也不断扩大。电源市场在世界范围内一直保持稳定增长，在 2015 年达到 904.9 亿美元，同比 2014 年增长了 6.1%。

表 2　2013～2015 年度电源规模分析

年　份	2013	2014	2015
销售额(亿美元)	801.8	852.9	904.9
增长率(%)	5.70	6.40	6.10

数据来源：中国电源学会；中自集团 2016，04

2. 2015 年世界电源市场结构分析

开关电源主要分为消费类开关电源和工业类开关电源，全球范围看来，工业类开关电源涵盖自动化控制、测试设备、医疗、半导体制造、电脑、照明和通信设备等领域；消费类开关电源的主要应用包括空调、冰箱、洗衣机和液晶电视等家电领域。

2015 年，全球电子市场在 LED 技术的带动下增速逐渐回暖，开关电源市场规模达到 904.9 亿美元；预计 2015 年之后，全球电子市场增速将逐渐企稳，同时受到医疗、照明和通信等领域的发展拉动，预计 2019 年开关电源整体市场容量可达 1 158.6 亿美元左右。

表 3　2013～2015 年度开关电源规模分析

年　份	2013	2014	2015
销售额(亿美元)	344.8	363.4	384.6
增长率(%)	4.10	5.40	5.80

数据来源：中国电源学会；中自集团 2016，04

国际货币基金组织（IMF）《世界经济展望》报告显示，2015 年全球经济增长预期为 2.8%。在全球经济复苏的大环境下，全球 UPS 市场开始恢复正增长势头。2015 年，全球 UPS 市场销售收入为 61.1 亿美元，比 2014 年小幅上涨 1.50%。预计 2015 年之后 UPS 电源会呈现稳定增长态势，2019 年将达到 65.0 亿美元。2015～2019 年 UPS 的增长主要受益于全球云计算快速推广和大数据应用的规模建设需求。

表 4　2013～2015 年度 UPS 电源规模分析

年　份	2013	2014	2015
销售额(亿美元)	59.3	60.2	61.1
增长率(%)	1.70	1.60	1.50

数据来源：中国电源学会；中自集团 2016，04

由于线性电源的体积以及能耗的问题，导致线性电源只能在特定的行业和领域进行销售，整体规模不是很大，增长率也比开关电源要低。2015 年整体销售额为 31.2 亿美元，同比增长 1.10%。2019 年，预计销售额为 32.8 亿美元。线性电源应用行业和领域有一定的限制，同时受到其它电源的替代效用影响，整体规模增长不大。

表 5　2013～2015 年度线性电源规模分析

年　份	2013	2014	2015
销售额(亿美元)	30.5	30.9	31.2
增长率(%)	1.00	1.20	1.10

数据来源：中国电源学会；中自集团 2016，04

逆变器产品中的主要带动细分产品为光伏逆变器，光伏和风力发电等相关能源产业的发展带动整个逆变器产品的增速高于其他细分产品，2015 年，逆变器产品规模达到 155.1 亿美元。根据全球主要国家对清洁能源和新能源产业的推动，2019 年逆变器产品的规模将达到 260.4 亿美元，规模比 2015 年翻一番。2015～2019 年产品的增速将保持在 14%左右。

表 6　2013～2015 年度逆变器规模分析

年　份	2013	2014	2015
销售额(亿美元)	121.3	137.3	155.1
增长率(%)	13.70	13.20	13.00

数据来源：中国电源学会；中自集团 2016，04

目前，低压变频器应用较多的行业为起重机械、纺织化纤、电梯、石油石化、冶金、建材电力、市政、煤炭和塑胶等众多行业。高压变频器产品主要在风机、水泵等工业领域的中高压电机配置中使用，具有较好的节能效果。2015 年世界变频器规模为 192.9 亿美元，预计 2019 年规模将达到为 253.6 亿美元，同比 2014 年增长 6.50%。

表 7　2013～2015 年度变频器规模分析

年　份	2013	2014	2015
销售额(亿美元)	169.2	181.2	192.9
增长率(%)	6.70	7.10	6.00

数据来源：中国电源学会；中自集团 2016，04

其它类型和领域的电源主要为各种特种电源，为不同的行业和领域进行设计和制造。2015 年销售额为 82.2 亿美元，2019 年将达到 95.1 亿美元。

表 8　2013～2015 年度其他电源规模分析

年　份	2013	2014	2015
销售额(亿美元)	76.7	79.9	82.2
增长率(%)	3.90	4.30	3.00

数据来源：中国电源学会；中自集团 2016，04

在电源产品市场上，不同的电源产品由于其产品的使用场所和功能特性不同，往往采用标准电源和定制电源。一些标准化的产品，如 UPS、通信电源等，行业整体相对规范，用户比较集中，主要表现为标准化的趋势；而一些消费类产品、工业类产品，品种繁杂，用户产品比较分散，只能根据客户的要求进行定制化的电源制造。

表 9　2013～2015 年度定制与标准电源销售额分析

单位：亿元

年　份	2011	2012	2013	2014	2015
定制电源	391.3	420.9	453.6	484.5	524.7
标准电源	317.5	337.7	362.1	391.1	416.8

数据来源：中国电源学会；中自集团 2016，04

根据对世界经济和区域的研究，我们根据全球整体经济的发展情况，将全球划分为五大主要区域，分别是北美区、欧洲区、亚洲区、南美区和其他地区。从全球的电源地区细分市场来看，仍然是欧美发达国家地区的市场占据主导地位。

但新兴国家的区域发展速度较快，呈现出加速增长的趋势。经济全球化和国际产业转移的新趋势，将提供给亚洲、非洲等发展中国家一个全面提升制造业的机会，提高国际竞争力及其在世界经济分工中的地位。亚洲国家中，中国工业化进程较快，同时注重改革开放的深化，中国制造业迅速成长，生产规模也急速扩大，随之而来的是技术水平不断提高，中国已经渐渐成为“世界工厂”。

表 10　世界区域划分

地　区	划　分
北美区	美国、加拿大
欧洲区	欧盟成员国、俄罗斯
亚洲区	亚洲各国
南美区	南美洲各国
其它	包括非洲、大洋洲等国家

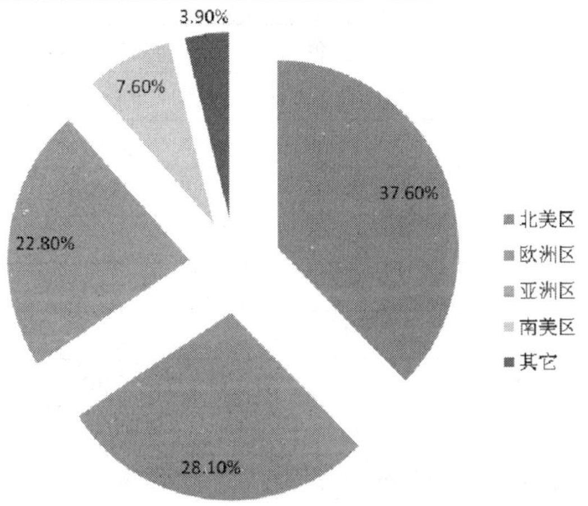

图 1　2015 年世界电源地区销售细分市场
数据来源：中国电源学会；中自集团 2016，04

（二）2015 年中国电源产业规模与特征

1. 2013～2015 年中国电源产业产值规模分析

近年来，随着中国宏观经济的持续高速发展，中国电源产业总体来说一直保持着平稳的增长，尤其是国家对于风电、水电等新能源产业的扶持更是带动相关领域电源细分市场的发展。2015 年中国电源产业的产值规模呈现出良好的发展态势，同比 2014 年增长率为 6.1%，是 2013 年以来增速首次出现正增长，总销售额过 1 900 亿元。中国电源行业的规模分析主要指产值，包含国内销售、出口、OEM/ODM 等几个部分，本报告涉及的数值如未特意表明均指产品产值（不包含港、澳、台等地区，以下同）。

表 11　2013～2015 年中国电源产业产值规模

年　份	2013	2014	2015
销售额(亿人民币)	1 712	1 813	1 924
增长率	6.60%	5.60%	6.10%

数据来源：中国电源学会；中自集团 2016，04 本年度包含变频器产品产值。

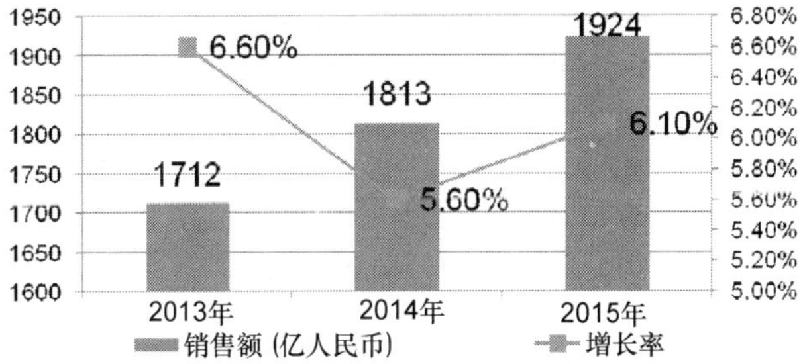

图 2　2013～2015 年中国电源产业产值规模
数据来源：中国电源学会；中自集团 2016，04

2. 2015 年中国电源市场特征

（1）产品特征

因为电源产品在各个行业中的应用十分广泛，所有电源产品的种类繁多，产品表现出多样性的特点。由于产品的多样性使得电源产业布局体现出一定的分散性特征，在众多电力电子相关产业中都涉及电源的研发和制造。同时，由于电源产品制造的技术门槛不高，投资也相对较小，这使得进入电源产业中的企业数量较大，产业分布比较分散。目前，国家在监管方面尚没有专门的部分来协调管理整个电源行业的发展，因此电源产品的标准和质量管理也较为分散。

（2）价格特征

从电源市场的价格特征来看，电源产品的价格主要与能源价格、基础材料、核心元器件以及人工成本相关联。目前来看，电源产品的高端核心元器件，如 IGBT 芯片国内还不能大规模的量产，核心元器件的进口使得电源产品的成本难以有效地控制，只有通过不断的研发投入，未来在核心元器件方面，电源产品的成本才能大幅的降低。同时，在 2015 年受益于能源、金属等大宗产品价格回落，电源产品成本压力有所缓解。

（3）促销特征

电源产品根据其应用的行业不同，体现出的促销特征也有所不同。电源产品大部分应用于工业企业，其促销往往不是简单地进行广告与打折。电源产品的促销也体现出多样性的特点，如通过给予渠道的返点来进行促销，也可以配合一些相关的展览和会议来进行产品的促销。同时，厂商在促销的过程中更加注重概念、理念和方案的宣传而不仅仅集中于产品性能与技术指标，更注重于长期的营销策略而不是短期的促销行为。在对产品进行促销的同时，企业也更加注重赋予产品更多的附加价值，如给用户提供更多的服务来增长自身产品的吸引力。

（4）渠道特征

在电源产品市场上，不同的电源产品由于其产品的应用特性不同，往往采用的渠道策略会有较大的差别。一些标准化的产品，如 UPS、通信电源等，可以通过经销商和代理商来进行分销，而一些定制化的电源产品，则往往是电源企业直接与客户建立长期的战略合作关系，来为客户提供长期的定制化的服务。不论是直销还是分销，把握住客户的需求，更好地通过渠道体系来满足客户的需求无疑就是最适合某种电源产品的渠道销售策略。

（三）2015 年中国电源市场结构分析

1. 2015 年中国电源产品结构分析

由于电源产品覆盖的产品种类众多，同时还大量存在各种非标准化的定制化电源产品。根据中国电源学会长期跟踪研究，对 UPS 电源、通信电源和电力电源等重点电源进行了重点的分析研究。当前，对于电源的分类，还没有形成统一的口径，我们的研究主要从以下几个维度进行细分：

按功率变换形式分类：目前的输入功率主要有交流电源（AC）和直流电源（DC）两类；负载要求也主要有 AC 和 DC 两类，所以电力电子电源产品有四大类：AC-DC 电源转换产品、DC-DC 电源转换产品、DC-AC 电源转换产品和 AC-AC 电源转换产品。

按电源产品名称和原理分类，主要有：开关电源（包含通信电源，电力操作电源、照明电源、PC 电源、服务器电源、适配器、电视电源、家电电源等）；不间断电源（简称为 UPS 电源，包含 AC UPS 和 DC UPS 等）；逆变器（包含光伏逆变器、车载逆变器等）；线性电源（包含电镀电源、高端音响电源等）；其它（包含变频器、特种电源等）。

按照电源生产的商业模式不同，可分为定制电源和标准电源；定制电源是利用电力电子器件、相关自动化控制技术及嵌入式软件技术对电能进行变换及控制，并为满足客户特殊需要而定制的一类电源。按照行业的细分又可以划分为消费类定制电源和工业类定制电源两大类。标准电源是根据国内外的电源标准和要求制造的电源，标准电源针对的是所有需求的用户，是统一、标准化的产品，不是仅针对满足某些特定需求的用户而定制的产品。

根据电源学会的研究表明，规模较大的电源类型有照明电源、计算机电源、通信电源、UPS 电源、变频器和逆变器等。

开关电源应用十分广泛，主要使用于工业自动化控制、军工设备、科研设备、LED 照明、工控设备、通信设备、电力设备、仪器仪表、医疗设备、半导体制冷制热、空气净化器、电子冰箱、液晶显示器、视听产品、安防、电脑机箱、数码产品和仪器类等领域。目前，除了对直流输出电压的纹波要求极高的场合外，开关电源已经全面取代了线性稳压电源，主要用于小功率场合。在许多中等容量范围内，开关电源逐步取代了相控电源，例如：通信电源领域、电焊机和电镀装置等的电源。

其中照明电源又可以分为镇流器、LED 驱动电源和其它三类，2015 年 LED 驱动电源发展速度较快，成为拉动细分市场增长的主要动力。计算机电源主要指传统 PC 电源和一体化 PC 电源两类，传统 PC 电源基本趋于饱和，增长乏力，但是一体化 PC 电源成长性非常好。通信类电源主要包含通信电源、直放站电源等，随着国家 4G 的落实，预计“十三五”期间通信电源会保持较好的增长势头。

逆变器主要包含光伏逆变器、便携式逆变器和车载逆变器等类型。其中，光伏逆变器随着绿色能源的兴起，在“十三五”期间将会爆炸性的增长。

UPS 主要分为后备式、在线式和在线互动式三个种类，其中在线式 UPS 占据整体规模的 80% 左右。UPS 主要应用在数据中心、办公场所、工业生产、交通等领域和行业。随着数据中心在中国的快速发展，UPS 的市场规模也会持续发展。

变频器主要分为低压变频器和中高压变频器，当前以低压变频器为主，但是高压变频器的市场潜力更大一些。传统的起重行业、电梯行业以及注塑机等行业增长速度虽然有所减缓，但数字城市和智能交通的高速建设和发展将带动变频器细分产品的平稳增长。

线性电源主要应用在研究机构、工矿企业以及其它工业领域，需求比较平稳，每年的市场规模变化不大。

2015 年受益于国家相关政策的推动，新能源汽车充电站、充电桩以及相关驱动控制器市场出现爆发式增长，市场规模日渐扩大。

2. 2015 年中国电源区域结构分析

从中国电源产业的区域分布结构来看，目前大部分的电源仍在华南、华东两大区域生产，这些区域也正是中国制造业最为发达和集中的区域。

表 12 2015 年中国电源区域结构分析

单位：亿元

区域	产值	市场份额（%）
东北	79	4.10
华北	17	8.90
华东	489	25.40
华南	941	48.90
华中	73	3.80
西北	73	3.80
西南	98	5.10
总计	1 924	100

数据来源：中国电源学会；中自集团 2016，04

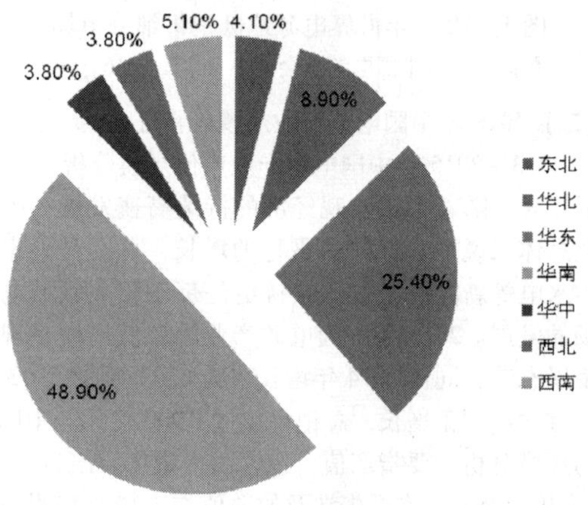

图 3 2015 年中国电源区域结构分析

数据来源：中国电源学会；中自集团 2016，04

3. 2015 年中国电源行业结构分析

中自集团根据电源产品相关产品的行业应用，把中国电源行业市场划分为：电信、金融、政府、制造、邮政、交通以及能源、教育等行业应用市场。2015 年，中国电源行业结构见表 13。从电源产业的行业分布结构来看，除了出口的相关产品外，主要集中在制造、政府、金融以及电信行业中。

表 13　2015 年中国电源行业结构分析

单位：亿元

	2015 年	占比(%)
电信	100	5. 20
金融	50	2. 60
政府	140	7. 30
制造	271	14. 10
出口	1092	56. 80
其它	269	14
总计	1 923	100

数据来源：中国电源学会；中自集团 2016，04

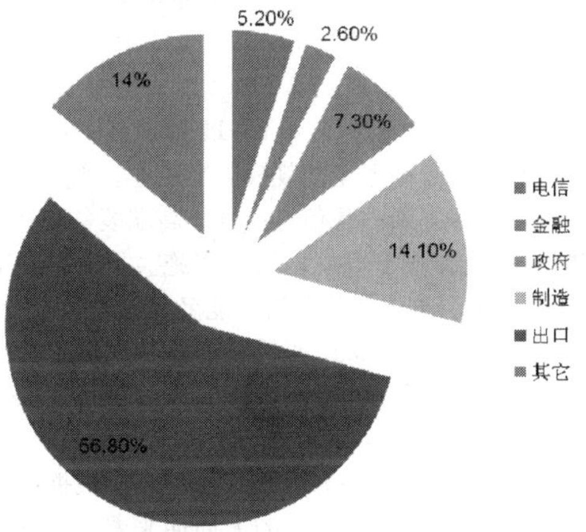

图 4　2015 年中国电源行业结构分析
数据来源：中国电源学会；中自集团 2016，04

三、2015 年中国电源企业整体概况

（一）中国电源企业数量分布

由于电源产业相关产品的多样性以及产品应用的广泛性，使得电源产业中相关的电源企业数量相对较多。同时，由于电源产品制造的技术门槛以及资金要求都不是太高，这也客观上导致了电源产品相关研发和生产的企业数量众多。从近三年的情况来看，自 2011 年，中国电源产业由于受到全球金融危机的影响，对整个制造业产生了一些负面影响，电源企业的增幅开始放缓，2015 年中国电源企业数量为 1. 78 万家，增幅仅为 0. 89%。

表 14　2012 ~ 2015 年中国电源企业数量分析

单位：千家

年　　份	2013	2014	2015
企业数量	17. 4	17. 6	17. 8
增长率(%)	0. 58	1. 14	0. 89

数据来源：中国电源学会；中自集团 2016，04

单位：千家

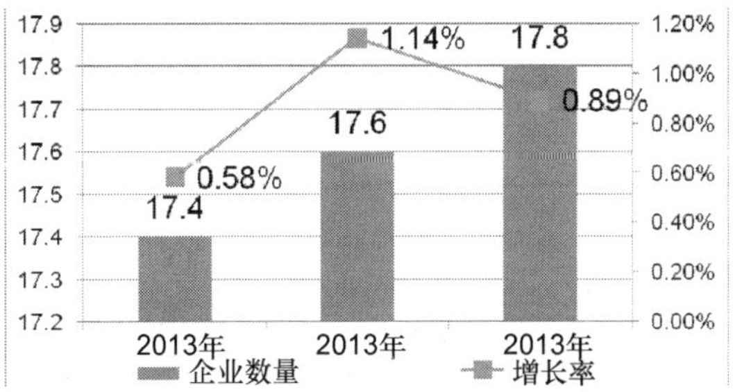

图 5　2013 ~ 2015 年中国电源企业数量分析
数据来源：中国电源学会；中自集团 2016，04

（二）中国电源企业区域分布

目前，从中国电源企业的区域分布来看，主要还是分布在以珠三角、长三角为代表的华南及华东沿海地区，同时在北京、天津周边也有数量众多的电源相关产品的研发和生产企业。

表 15　2015 年中国电源企业区域分布分析

单位：千家

	企业数量	占比(%)
华东	4. 5	25. 40
华北	1. 8	10. 10
华南	8. 4	47. 20
其它	3. 1	17. 30
总计	17. 8	100

数据来源：中国电源学会；中自集团 2016，04

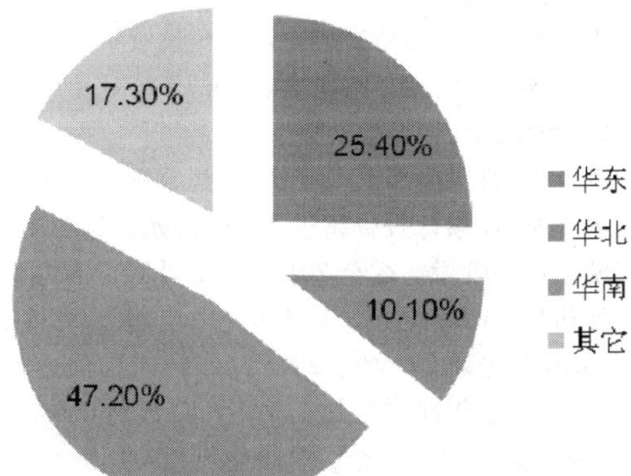

图 6　2015 年中国电源企业区域分布分析
数据来源：中国电源学会；中自集团 2016，04

（三）中国电源企业类型分布

从目前不同类型的电源企业分布来看，研发与生产定制化电源的企业数量最多，尤其是为工业类相关设备制造定制化电源产品的数量最多。无论是通信、医疗、交通以及军工行业的相关设备对电源产品的需求都十分强劲，这无疑使得为这些行业客户服务的电源企业长期保持在活跃的状态。

表 16 2015 年中国电源企业类型分布分析

单位：千家

	企业数量	占比(%)
UPS	0.9	5.10
开关电源	10.7	60.00
逆变器	1.3	7.10
其它	4.9	27.80
总计	17.8	100

数据来源：中国电源学会；中自集团 2016，04

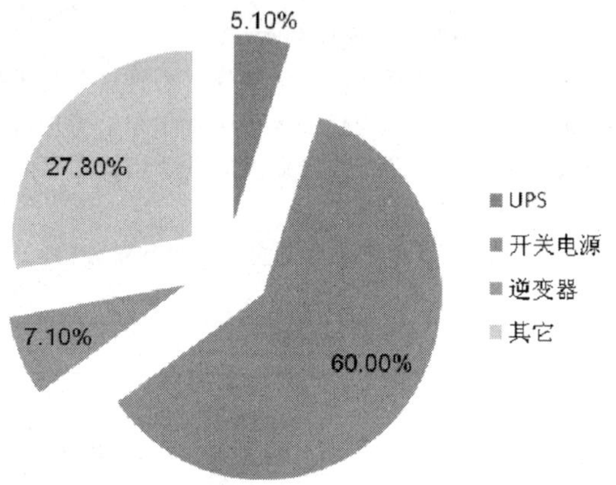

图 7 2015 年中国电源企业类型分布分析

数据来源：中国电源学会；中自集团 2016，04

四、2015 年中国电源市场应用行业结构分析

（一）电信行业分析

2015 年全年电信行业完成固定资产投资 4 539.1 亿元，比上年增加 546.5 亿元，同比增长 13.7%，比上年增速提高 7.4%，继续保持较好增长势头。

2013 年 12 月工信部正式发放 4G 运营牌照，截至 2015 年三大运营商 4G 累计投资超过 3 500 亿元，我国 4G 发展进入规模化发展阶段。截至 2015 年 12 月底，国内移动通信用户已达到 13.06 亿户，其中 4G 用户超过 3.86 亿户，4G 用户渗透率达到 29.6%。2015 年，新增移动通信基站 127.1 万个，是上年净增数的 1.3 倍，总数达 466.8 万个，其中 4G 基站新增 92.2 万个，总数达到 177.1 万个。

同时，到 2015 年全国电话用户数量接近饱和，全年全国电话用户净增 121.1 万户，总数达到 15.37 亿户，较上年增数下降 97%。其中，移动电话用户净增 1 964.5 万户，总数达 13.06 亿户，移动电话用户普及率达 95.5 部/百人，比上年提高 1 部/百人。固定电话用户总数 2.31 亿户，比上年减少 1 843.4 万户，普及率下降至 16.9 部/百人。

互联网接入，尤其是移动互联网接入服务成为主要增长点，2015 年，移动互联网接入流量消费达 41.87 亿 G，同比增长 103%，比上年提高 40.1%。月户均移动互联网接入流量达到 389.3M，同比增长 89.9%。手机上网流量达到 37.59 亿 G，同比增长 109.9%，在移动互联网总流量中的比重达到 89.8%。移动宽带用户（3G/4G）在移动用户中的渗透率达到 60.1%，比上年提高 14.8%。固定互联网使用量同期保持较快增长，固定宽带接入时长达 50.03 万亿分钟，同比增长 20.7%。

（二）金融行业分析

中自集团将中国金融领域数据中心按照面积划分为三类：小型数据中心、中型数据中心和大型数据中心。

其中小型数据中心主要指银行领域的分行、地市级支行和营业网点等；保险行业的营业网点和省级数据中心；证券公司的营业网点和省级、地区级机房。

中型数据中心主要为小规模金融机构的总部或者大规模金融机构的地区性数据中心。

大型数据中心一般为金融机构的总部数据中心、灾备中心和后援中心等。

（三）制造行业分析

房地产、制造业与基建投资三者是固定资产投资的主要构成，合计占比在 80% 左右，其中制造业占比最大，达到 30%。制造业领域的工程施工往往由专业工程公司承包，包括石化、化工、冶炼和轻工制造等，都有相对应的工程公司，以中国化学为代表的化工工程公司、中国中冶（冶炼）和中国海诚（轻工制造）等。

据国家统计局统计，2015 年 1～11 月，装备制造业增加值同比增长 8.2%，低于全部规模以上工业，增速比去年同期大幅回落 7.2%。新一代信息技术、高端装备制造、新材料、节能与新能源汽车等规划发布实施。重点行业兼并重组取得积极进展，列入淘汰落后产能名单的 2 761 家企业落后生产线大部分已关停，产业转移有序推进。2015 年 1～11 月，消费品工业增加值同比增长 11%，增速比去年同期回落 3.1%。

制造业投资基本代表了实体经济的兴衰，根据中自集团宏观研究的判断，从十年左右的大周期来看，目前制造业由于产业转型和宏观经济的影响下处于下行阶段。但是，从整个发展周期看，产业布局优化后的新的一轮经济周期将开始萌芽，部分高端制造业兴起代表了未来中国经济转型的方向。

在 2015 年，国内部分省市的制造业已经开始出现高速增长的态势。2015 年，浙江省完成制造业投资 5 321 亿元，同比增长 17.3%。其中装备制造业投资 2 518 亿元，增长 15.5%，占制造业投资比重 47.3%。仪器仪表、计算机等产品的增速达到 30% 以上，食品消费品达到 40% 以上。福建省制造业投资 3 764.39 亿元，比上年增长 23.3%，制造业投资占工业投资的比重达 82.8%。2015 年，安徽省制造业完成投资 6 072.6 亿元，增长 19.8%，占全部投资的 40.3%。

（四）政府行业分析

由于智慧城市、平安城市等建设关乎民生与政绩，且能够带动物联网、云计算和大数据等新一代信息技术产业的发展，中自集团认为在十三五期间必然是政府投资优先保障的热点，同时也是中央和地方政府政策的支持重点。未来会有大量新的上市公司出现，对板块的整体估值水平带来持续的支持与提振。在 2015 年，智能交通、区域医疗、安防监控和地理信息系统等仍将会是较为热点的投资主题，演绎阶段性的行情。

我国物联网“十三五”规划纲要明确指出，要“推动物联网关键技术研发和在重点领域的应用示范”；并锁定十大物联网应用重点领域，分别是智能电网、智能交通、智能物流、智能家居、环境与安全检测、工业与自动化控制、医疗健康、精细农牧业、金融与服务业、国防军事；计划建成50个面向物联网应用的示范工程，5~10个示范城市。未来5年全球物联网产业市场将呈现快速增长态势，年均增长率接近25%。

五、2015年中国电源市场区域结构分析

（一）华东区域分析

华东地区正在向“国际制造业基地”发展。其工业生产总值不仅占据全国重要地位，而且增长率也高于全国水平。作为国内最具综合经济实力、人口密集度最高、最富裕及市场购买力最强的区域之一，华东区域历来被企业视为重点布局区域。华东地区包含上海市、江苏省、浙江省、安徽省、山东省和江西省等省市。第一类：常州、嘉兴、无锡、上海、舟山、南京、苏州、宁波、绍兴和湖州地区，其中常州、嘉兴、无锡、上海、舟山为一亚类，南京、苏州、宁波、绍兴、湖州为一亚类。华东地区总体上已经进入工业化中期，工业化总体水平高于全国平均水平，工业化发展速度也快于全国平均速度。第二类：泰州、杭州、扬州。导致华东地区工业化进程差异的原因是地区之间经济发展水平（指标为人均收入水平）、产业结构（指标为：三次产业占GDP比重）依靠发展第二产业是迅速推进工业化重要手段。华东地区各省市的各地级市工业化进程也不均衡。从华东地区各地级市的工业化进程来看，各地级市之间的工业化进程差异也很大。上海市工业化水平最高，处于后工业化阶段，内部差异小。

（二）华南区域分析

华南地区一般包含广西壮族自治区、广东省、海南省、福建省、台湾省以及香港、澳门两特区。珠江三角洲经济区，简称珠三角经济区，是组成珠江的西江、北江和东江入海时冲击沉淀而成的一个三角洲，面积大约一万多km^2。一般来说它的最西点定义在三水。2009年1月8日，《珠江三角洲地区改革发展规划纲要（2008—2020年）》。规划范围以广东省的广州、深圳、珠海、佛山、江门、东莞、中山、惠州和肇庆市为主体，辐射泛珠江三角洲区域。

（三）华北区域分析

华北地区包括北京、天津、河北、山西和内蒙古等省市自治区。华北地区有发展经济得天独厚的条件，两大直辖市北京、天津作为华北经济圈的核心城市，130km的超近距离，使二者联系起来极为便利，且河北的一些城市穿插其间，构成了区域特色。北京作为中国的首都，是全国政治、文化中心和圈际交流中心，又是全国公路、铁路枢纽，有全国最大的航空港，具有特殊的区位优势；北京高新技术产业发达，资金雄厚。人力资源丰富，有中国其它城市无法比拟的优越性。天津是老工业基地，轻工业比较发达，并且是国际性现代化港口城市；天津的滨海新区有120多km^2的土地资源。河北省面积18.8万km^2，在空间地理位置上构成北京、天津的腹地，为其提供充足的土地和劳动力等生产要素，也是北京、天津产业转移的大后方。

（四）其它区域分析

西部大开发的范围包括重庆、四川、贵州、云南、西藏、陕西、甘肃、青海、宁夏、新疆、内蒙古和广西12个省、自治区、直辖市，面积685万km^2，占全国的71.4%。2002年末人口3.67亿人，占全国的28.8%。2003年国内生产总值22 660亿元，占全国的16.8%。西部地区资源丰富，市场潜力大，战略位置重要。但由于自然、历史和社会等原因，西部地区经济发展相对落后，人均国内生产总值仅相当于全国平均水平的2/3，不到东部地区平均水平的40%，迫切需要加快改革开放和现代化建设步伐。当前和今后一段时期，是西部地区深化改革、扩大开放及加快发展的重要战略机遇期。要重点抓好基础设施和生态环境建设；积极发展有特色的优势产业，推进重点地带开发；发展科技教育，培育和用好各类人才；国家要在投资项目、税收政策和财政转移支付等方面加大对西部地区的支持，逐步建立长期稳定的西部开发资金渠道；着力改善投资环境，引导外资和国内资本参与西部开发；西部地区要进一步解放思想，增强自我发展能力，在改革开放中走出一条加快发展的新路。

六、2015年电源市场产品结构分析

由于电源产品覆盖的产品种类众多，同时还大量存在各种非标准化的定制化电源产品。根据中国电源学会长期跟踪研究，对UPS电源、通信电源和电力电源等重点电源进行了重点的分析研究。当前，对于电源的分类，还没有形成统一的口径，我们的研究主要从以下几个维度进行细分：按功率变换形式分类：目前的输入功率主要有交流电源（AC）和直流电（DC）两类；负载要求也主要有AC和DC两类，所以电力电子电源产品有四大类：AC-DC电源转换产品；DC-DC电源转换产品；DC-AC电源转换产品；AC-AC电源转换产品。按电源产品名称和原理分类，主要有：开关电源（包含通信电源，电力操作电源、照明电源、PC电源、服务器电源、适配器、电视电源、家电电源等）；不间断电源（简称为UPS电源，包含AC UPS和DC UPS等）；逆变器（包含车载逆变器，光伏逆变器等）；线性电源（包含电镀电源、高端音响电源等）；其它（包含变频器、特种电源等）。按照电源生产的商业模式不同，可分为定制电源和标准电源；定制电源是利用电力电子器件、相关自动化控制技术及嵌入式软件技术对电能进行变换及控制，并为满足客户特殊需要而定制的一类电源。按照行业的细分又可以划分为消费类定制电源和工业类定制电源两大类。标准电源是根据国内外的电源标准和要求制造的电源，标准电源针对的是所有需求的用户，是统一、标准化的产品，不是仅针对满足某些特定需求的用户而定制的产品。根据电源学会的研究表明，规模较大的电源类型有照明电源、计算机电源、通信电源、UPS电源、变频器和逆变器等。

（一）开关电源市场分析

开关电源应用十分广泛，主要应用于工业自动化控制、

军工设备、科研设备、LED 照明、工控设备、通信设备、电力设备、仪器仪表、医疗设备、半导体制冷制热、空气净化器、电子冰箱、液晶显示器、视听产品、安防、电脑机箱、数码产品和仪器类等领域。目前，除了对直流输出电压的纹波要求极高的场合外，开关电源已经全面取代了线性稳压电源，主要用于小功率场合。在许多中等容量范围内，开关电源逐步取代了相控电源，例如：通信电源领域、电焊机和电镀装置等的电源。其中照明电源又可以分为镇流器、LED 驱动电源和其它三类，2015 年 LED 驱动电源发展速度较快，成为拉动细分市场增长的主要动力。计算机电源要指传统 PC 电源和一体化 PC 电源两类，传统 PC 电源基本趋于饱和，增长乏力，但是一体化 PC 电源成长性非常好。通信类电源主要包含通信电源、直放站电源等，随着国家 4G 的落实，预计“十三五”期间通信电源会保持较好的增长势头。

表 17　2013 ~ 2015 年中国开关电源产品结构分析

单位：亿元

年　份	2013	2014	2015
开关电源	1 046	1 094	1 149.8
增长率(%)	5.80	4.60	5.10

数据来源：中国电源学会；中自集团 2016，04

（二）不间断电源市场分析

UPS 主要分为后备式、在线式和在线互动式三个种类，其中在线式 UPS 占据整体规模的 80% 左右。UPS 主要应用在数据中心、办公场所、工业生产、交通等领域和行业。随着数据中心在中国的快速发展，UPS 的市场规模也会持续发展。

表 18　2013 ~ 2015 年中国 UPS 电源产品结构分析

单位：亿元

年　份	2013	2014	2015
UPS 电源	82	87	93.2
增长率(%)	9.30	6.10	7.10

数据来源：中国电源学会；中自集团 2016，04

（三）逆变器市场分析

逆变器主要包含光伏逆变器、便携式逆变器、车载逆变器等类型。其中，光伏逆变器随着绿色能源的兴起，在“十三五”期间将会爆炸性的增长。

表 19　2013 ~ 2015 年中国逆变器电源产品结构分析

单位：亿元

年　份	2013	2014	2015
逆变器	106	126	147.5
增长率(%)	14.00	18.50	17.10

数据来源：中国电源学会；中自集团 2016，04

（四）变频器及其它产品市场分析

变频器主要分为低压变频器和中高压变频器，当前以低压变频器为主，但是高压变频器的市场潜力更大一些。传统的起重行业、电梯行业以及注塑机等行业增长速度虽然有所减缓，但数字城市和智能交通的高速建设和发展将带动变频器细分产品的平稳增长。线性电源主要应用在研究机构、工矿企业以及其它工业领域，需求比较平稳，每年的市场规模变化不大

表 20　2013 ~ 2015 年中国其它电源产品结构分析

单位：亿元

年份	2013	2014	2015
变频器及其它产品	478	506	532.3
增长率(%)	6.50	5.80	5.20

数据来源：中国电源学会；中自集团 2016，04

七、2016 ~ 2020 年中国电源产业发展预测

（一）2016 ~ 2020 年中国电源产业产值规模

中自集团依据中国电源产业产值的历史统计数据，分析其数据特征，选择合适的数学模型，综合定量和定性分析，对中国电源产业未来五年的产值进行预测。中自集团预计未来 5 年电源产业产值规模见下表。

表 21　2016 ~ 2020 年中国电源产业产值规模预测

单位：亿元

年　份	2016	2017	2018	2019	2020
产值	2 027	2 153	2 289	2 435	2 576
增长率(%)	6.10	6.20	6.30	6.40	5.80

数据来源：中国电源学会；中自集团 2016，04

单位：亿元

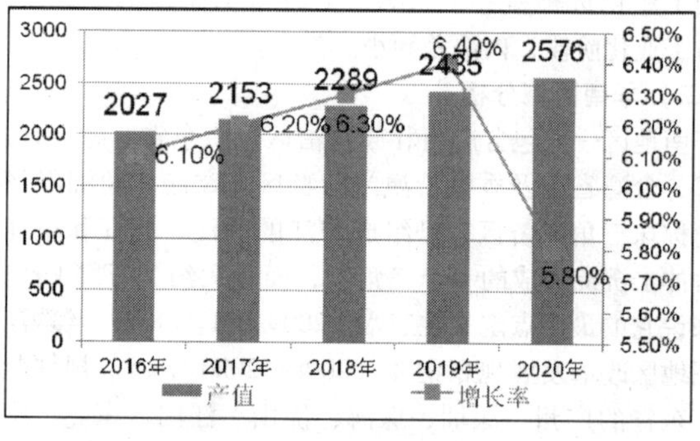

图 8　2016 ~ 2020 年中国电源产业产值规模预测

数据来源：中国电源学会；中自集团 2016，04

（二）2016 ~ 2020 年中国电源产业产值增长速度

依据 2016 年 ~ 2020 年预测结果，中国电源产业产值的增长速度见表 22。

表 22　2016 ~ 2020 年中国电源产业产值增长速度预测

单位：亿元

年　份	2016	2017	2018	2019	2020
增长率(%)	6.10	6.20	6.30	6.40	5.80

数据来源：中国电源学会；中自集团 2016，04

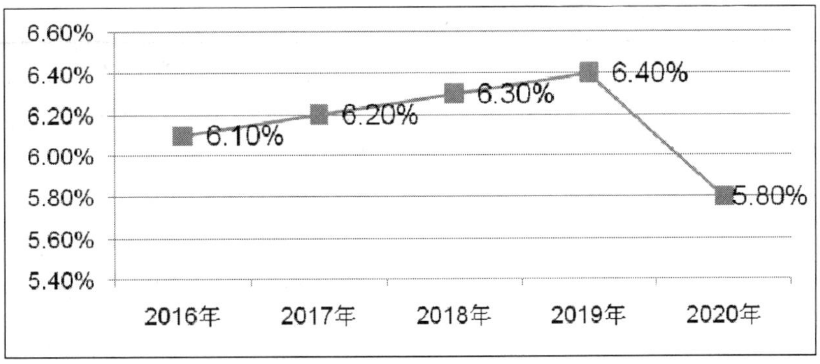

图9 2016～2020年中国电源产业产值增长速度预测
数据来源：中国电源学会；中自集团2016，04

八、鸣谢单位

表23 2015年电源行业发展报告鸣谢单位
（按照汉语拼音排名）

单位名称
昂宝电子（上海）有限公司
北京大华无线电仪器厂
北京动力源科技股份有限公司
北京泛华恒兴科技有限公司
北京汇众电源设备厂
北京落木源电子技术有限公司
北京索英电气技术有限公司
北京维通利电气有限公司
北京伟仕天成科技有限公司
北京星原丰泰电子技术股份有限公司
北京中大科慧科技发展有限公司
北京汇能精电科技股份有限公司
宝士达网络能源（深圳）有限公司
常州诚联电源制造有限公司
常州瑞华电力电子器件有限公司
常州市创联电源有限公司
常州市武进红光无线电有限公司
成都金创立科技有限责任公司
东莞立德电子有限公司
东莞市石龙富华电子有限公司
佛山市柏克新能科技股份有限公司
佛山市汉毅电子技术有限公司
佛山市南海赛威科技技术有限公司
佛山市众盈电子有限公司
广东创电科技有限公司
广东志成冠军集团有限公司
广州东芝白云菱机电力电子有限公司
广州金升阳科技有限公司
贵州航天林泉电机有限公司

（续）

单位名称
桂林斯壮微电子有限责任公司
国充充电科技江苏股份有限公司
海瑞弗机房设备（北京）有限公司
杭州奥能电源设备股份有限公司
杭州飞仕得科技有限公司
杭州祥博电气有限公司
杭州易泰达科技有限公司
杭州远方仪器有限公司
杭州中恒电气股份有限公司
合肥华耀电子工业有限公司
合肥科威尔电源系统有限公司
合肥联信电源有限公司
河北远大电子有限公司
湖南东方万象科技有限公司
华东微电子技术研究所
江门市安利电源工程有限公司
江苏爱克赛电气制造有限公司
江苏坚力电子科技股份有限公司
雷诺士（常州）电子有限公司
理士国际技术有限公司
南通新三能电子有限公司
宁夏银利电气股份有限公司
派沃力德（北京）电子科技有限公司
青岛航天半导体研究所有限公司
青岛威控电气有限公司
山东泰开电源有限公司
陕西柯蓝电子有限公司
上海贝岭股份有限公司
上海雷诺尔科技股份有限公司
上海置信电气股份有限公司

（续）

上海百纳德电子信息有限公司
上海谷登电源设备有限公司
上海科梁信息工程股份有限公司
上海科泰电源股份有限公司
上海诺易电器有限公司
上海潘登新电源有限公司
上海稳利达科技股份有限公司
上海熙顺电气有限公司
上海阳顿电气制造有限公司
深圳科士达科技股份有限公司
深圳市汇川技术股份有限公司
深圳市科陆电子科技股份有限公司
深圳市巨鼎电子有限公司
深圳市盛弘电气股份有限公司
深圳市颖发电子有限公司
深圳可立克科技股份有限公司
深圳蓝信电气有限公司
深圳青铜剑电力电子科技有限公司
深圳市铂科新材料股份有限公司
深圳市创容新能源有限公司
深圳市飞尼奥科技有限公司
深圳市航嘉驰源电气股份有限公司
深圳市皓文电子有限公司
深圳市金威源科技股份有限公司
深圳市京泉华科技股份有限公司
深圳市帕瓦科技有限公司
深圳市普德新星电源技术有限公司
深圳市瑞必达科技有限公司
深圳市实润科技有限公司
深圳市英威腾电源有限公司
深圳市智胜新电子技术有限公司
深圳市中电熊猫展盛科技有限公司
石家庄通合电子科技股份有限公司
四川长虹欣锐科技有限公司
江苏宏微科技股份有限公司
苏州康开电气有限公司
苏州美恩斯电子科技有限公司
苏州市电通电力电子有限公司
苏州市申浦电源设备厂
台达电子企业管理（上海）有限公司
唐山尚新融大电子产品有限公司
天长市中德电子有限公司

（续）

田村（中国）企业管理有限公司
无锡芯朋微电子股份有限公司
无锡新洁能股份有限公司
武汉新瑞科电气技术有限公司
西安爱科赛博电气股份有限公司
西安龙腾新能源科技发展有限公司
西安伟京电子制造有限公司
厦门市爱维达电子有限公司
厦门兴厦控恒昌自动化有限公司
先控捷联电气股份有限公司
湘潭市华鑫电子科技有限公司
协丰万佳科技（深圳）有限公司
许继电源有限公司
扬州凯普电子有限公司
易事特集团股份有限公司
英飞特电子（杭州）股份有限公司
浙江南都电源动力股份有限公司
浙江东睦科达磁电有限公司
浙江矛牌电子科技有限公司
浙江榆阳电子有限公司
浙江宇光照明科技有限公司
浙江正泰电源电器有限公司
中国长城计算机深圳股份有限公司
中兴通信股份有限公司能源产品部
重庆荣凯川仪仪表有限公司
珠海科达信电子科技有限公司
专顺电机（惠州）有限公司
溧阳市华元电源设备厂
山特电子（深圳）有限公司
天津市华明合兴机电设备有限公司
哈尔滨九洲电气股份有限公司
宁波赛耐比光电科技股份有限公司
鸿宝电气集团股份有限公司
全天自动化能源科技（东莞）有限公司
中达电通股份有限公司
杭州士兰微电子股份有限公司
湖北台基半导体股份有限公司
南通江海电容器股份有限公司
荣信电力电子股份有限公司
厦门法拉电子股份有限公司
山东镭之源激光科技股份有限公司
中国东方电气集团有限公司

表目录

图目录

2014～2015年度中国电源技术研究发展情况综述——基于2015年中国电源学会第二十一届学术年会

中国电源学会学术工作委员会

一、引言

20世纪人类最伟大的20项科技成果：电气化、汽车、飞机、自来水供水系统、电子技术、无线电与电视、农业机械化、计算机、电话、空调与制冷、高速公路、航天、互联网、成像技术、家电、保健科技、石化、激光与光纤和核能利用，都不同程度地应用了电力电子技术，取得了辉煌的成就。功率器件经历了从电流控制器件，如晶闸管、功率GTR、GTO，到场控器件，如功率MOSFET、IGBT的发展历程。20世纪90年代出现了SMART功率器件、智能功率模块（IPM）、TOPSWITCH等，将功率器件与其驱动、保护等电路集成在一个硅片或一个模块上，形成了电力电子集成化的概念。大功率、高频化、低功耗和驱动场控化为功率器件发展的重要特征。电力电子功率变换技术与电力电子器件同步发展，除发明了众多功率变换的电路拓扑外，还创造了吸收、多重化、谐振开关、谐振环、APFC、矩阵变换、多电平、混沌和电力电子系统集成等概念；在控制技术方面出现了相控、PWM控制、以状态空间平均法为代表的动态建模理论等；在仿真手段方面出现多种商用软件，如PSPICE、SABER、SIMPLIS等。电力电子技术已广泛地应用于工业、交通、IT、通信、国防以及家电等，无论对改造传统工业，还是对新兴高技术产业和高效利用能源都起到了至关重要的作用。

随着“十三五”规划的布局和实施，作为节能降耗的主力军，电力电子行业每年高增长可以维持相当长的时间。作为高技术应用性的行业，中国电源产业也将有更大的发展空间和更多的机遇，同时也要面临国外企业的激烈竞争。值此之际，2015年11月6～9日，中国电源学会第二十一届学术年会在广东省深圳市顺利召开。中国电源学会学术年会至今已有30多年历史，是中国乃至亚洲电源领域规模较大、水平较高的综合性电源学术盛会。本届年会汇聚境内外电源学术界、产业界和政府部门的高层人士以及电源相关专业在校研究生等，共计参会人数超过1 200人，录用论文412篇。会议特邀9场大会报告、7场技术讲座、40个主题分会场、2个墙报交流时段。本文基于此次学术会议，探讨中国电源技术研究的发展情况。

二、中国电源技术研究发展概况

1. 新颖开关电源：直流变换技术、功率因数校正技术

开发设计出更高功率密度、更高转换效率及更低成本更高性能的DC/DC转换器始终是近20年来电力电子技术工程师追求的目标。另外，很多用电设备输入端电能来自交流电网，为了减小对电网的谐波污染，提高电源功率密度，功率因数校正技术的应用也备受瞩目。西南交通大学的张政权博士等介绍了一种基于AC-Link技术的新型高压充电电源，在各个工作过程都能实现零电流开关，电源平均充电速率为62.5kJ/s，总电流谐波含量小于10%，在阻性条件下，效率达93%。武汉理工大学的朱国荣副教授等针对高频单相整流器系统两倍交流频率脉动的输入瞬时功率，会在输出直流端产生二倍频的纹波电流而影响供电质量的问题进行了研究，提出了一种优化的电压模式波形控制方法，不仅能实现功率因数校正、在直流侧无电解电容的情况下抑制电流纹波，而且具有有效降低变换器内部的循环流动能量、谐波特性好等优点。燕山大学的闫朝阳副教授等提出一种基于双电感结构具有PFC功能的LLC谐振型AC-DC变换电路，不仅实现传统LLC谐振变换，保证开关管以软开关方式工作，而且基于双电感结构的PFC电路，运用并联交错技术，较好克服了传统单级型功率因数校正AC-DC变换电路输入电流谐波畸变较大的问题。

2. 逆变器及其控制技术

逆变器广泛应用于工业生产的各个方面，控制器的性能决定了逆变系统的性能。国内很多学者对逆变器及其控制技术进行了较为深入的研究，取得了一定成果。上海大学的高艳霞教授等介绍了一种用于异步电机低开关损耗驱动的模型预测直接转矩控制方法，利用系统内部离散预测模型，对系统输出矢量进行轨迹外推，同时以逆变器平均开关损耗为价值函数对候选开关矢量进行在线评估，选择最优的开关矢量作用于逆变器。西安交通大学的刘进军教授等针对二极管辅助升降压电压源逆变器（VSI）直流侧斩波变化的直流电压，提出了一种新型调制策略，实现直流侧电压的最大利用率，同时将逆变桥中功率器件的开关频率减小到$1/3f_s$。该拓扑在新能源发电系统中宽输入范围DC-AC电压调节的应用场合具有更明显的优势。上海交通大学的杭丽君博士等提出了一种适用于模块化多电平变换器（MMC）的环流抑制方法，采用原模型中的外环桥臂电压均衡控制，在内环环流控制中加入了环流的直流分量提取环节以及基于准比例谐振的二倍频谐波分量消除环节，并在离散域中给出参数设计方法。

3. SiC、GaN器件、新型功率器件及其应用

近年来，由于高频、高效率、电流密度和可靠性的要求，以SiC、GaN为代表的新型功率器件受到了电力电子界越来越多的关注。随着电路开关频率的升高，相应的寄生参数的影响和热管理得到更多的研究，取得了长足的进步。浙江大学的陈敏副教授等针对在混合IGBT模块中，碳化硅（SiC）二极管替代了传统的Si二极管作为续流二极管，在IGBT开通时会导致高频的振荡，产生电磁噪声的问题提出

了一种用阻尼电路抑制开通振荡的方法。通过理论分析和实验验证了阻尼电路可以有效地加快开通振荡的衰减，不会使开通电流过冲和损耗明显增加，此外结合阻尼电路和有源驱动方法可以令使用混合IGBT模块的系统获得更好的电磁兼容性能。重庆大学的周雒维教授等基于功率器件动态运行轨迹调整，提出了变流器内部热管理的一种新方法。该热管理电路主要包括缓冲电容、吸收电阻和温控开关三部分，利用缓冲吸收电路参数调整实现变流器中功率器件结温调节，通过控制温控开关的占空比，调节充放电能量，实现器件结温控制。

4. 高频磁元件和集成磁技术

无源元件集成技术是提高功率变换器综合性能的重要途径，同时功率电感的寄生参数对于整个电路的运行性能产生重要的影响。在满足电学功能和安全性的前提下，无源元件集成可以减小传统连线方式引起的寄生参数对性能的负面影响，同时可以提高功率密度。浙江大学的徐德鸿教授等针对逆变器输出滤波器的电感和电容占用较大的体积和重量的问题，提出将柔性多层带材集成滤波器用于逆变器，分析了柔性多层带材集成滤波器不同端口接法对性能的影响。最后选择了一种集成结构，在3kW的逆变器实验平台进行了初步的实验研究。福州大学的陈为教授等针对四开关Buck-Boost电路，介绍了四开关Buck-Boost数字电源的电流检测方法，分析电源模块中功率电感寄生电容对电流检测的影响，提出电感的优化方案，并且通过软件仿真以及电源样机加以验证。实验证明优化后的电感对电流检测信号的影响明显减小，从而保证了电源模块在高频下的可靠性。

5. 新能源电能变换技术

随着传统化石能源的日益紧缺以及人类对能源需求的日益增长，太阳能、风能等新能源发电产业得到了国家的大力支持，电能变换技术在新能源领域得到了广泛的应用，也不断取得长足的技术进步。哈尔滨工业大学的徐殿国教授等介绍了滤波电感不平衡下并联三相PWM逆变器的环流问题，给出了电感不平衡下逆变器和环流的数学模型，提出的比例谐振（PR）控制策略可以消除工频波动，减小环流的幅值或有效值。燕山大学的郭小强副教授介绍了一种用于并网逆变器电流控制的通用比例复数积分控制方案，该控制方案不仅可以在三相abc坐标系下实现，也可以在单相系统中实现。合肥工业大学的张兴教授等从中小功率光伏电站的实际工况出发，提出了一种基于改进功率闭环的动态多峰值MPPT算法，融合了各种已有不同算法的优势，集成了跟踪、扫描和寻优多种模式，不仅能有效搜寻到多峰特性的全局最大功率点，而且有较好的动态性能。

6. 电能质量技术、分布式系统、智能电网与微型电网

随着高新技术的发展和电力市场的完善，电能质量的重要性越来越关系到供电企业、用户和设备生产厂家的利益。另外，迫于环境保护和能源枯竭的双重压力，微电网以其接在用户侧，具有成本低、电压低以及污染小等特点而开始被人们重视，借势智能电网国家政策，微电网也开始迅猛发展。武汉大学的查晓明教授等介绍了微电网故障时并网变换器的瞬态响应过程及其机理，给出了电网三相电压暂降时三相电压源型变换器失稳的瞬态响应现象，通过非线性分析揭示了该不稳定现象的物理本质，并通过系统建模计算给出了系统参数空间中的稳定域范围。浙江大学的马皓教授等给出了一种基于延迟电流反馈法实现的改进虚拟电抗方法用于单相逆变器控制，同传统方法相比，实现虚拟电抗值的精度更高，且无需微分环节，对系统稳定性影响更小，对系统电流采样精度要求较低，在数字控制系统中实现也更加简便。

7. 照明电源与消费电子相关技术

LED作为新一代绿色光源，具有光效高、寿命长且响应快等优点，已经广泛应用于路灯照明、汽车照明等领域。单级交直流变换器因其高可靠性、高功率密度而成为研究热点。同时，多路恒流驱动是目前LED驱动电源领域研究的热点。哈尔滨工业大学的王懿杰副教授等在拓扑集成约束条件下，通过集成Sepic电路的开关器件和LLC半桥谐振电路的开关器件，提出一种新型单级交直流变换器结构。降低了系统的成本，提高了可靠性以及效率；同时由于LLC谐振电路在系统集成后，仍具有软开关特性，系统开关损耗较低，母线电压较低，适合应用在大功率LED驱动系统中。所提出单级结构能够可靠实现功率因数校正功能，功率因数高达0.99，同时系统工作在软开关状态下，满载时系统效率高达92%。重庆大学的罗全明副教授等提出一种Buck-Boost型多路恒流输出LED驱动电源，包括一个Buck型输入单元及多个Boost型输出单元，其中输出单元的数量与LED串的数量相等。分析了驱动电源的稳态工作模式并推导其交流小信号等效模型，并基于可靠的Ⅲ型补偿网络进行了环路设计。控制方法简单，并且采用变压器隔离驱动，驱动电路简单可靠，整个闭环系统满载实测效率能够达到88.2%。

8. 特种电源

特种电源在工业、环保、医疗、国防和科研等方面具有广泛应用，且发展潜力巨大，在国防及军事上，特种电源更有普通电源不可取代的用途。国内学者对特种电源的研究不断深入。哈尔滨工业大学的孟凡刚副教授等介绍了一种基于叉形联结自耦变压器的多相大电流整流器所设计的大电流整流器，其输入电流为6阶梯波，其THD值为29%，负载电压为6脉波，在输出相同的负载功率条件下，所设计的叉形联结自耦变压器的容量比双反星形变压器小30%。中国工程物理研究院的袁建强副研究员等介绍了基于光导开关的层叠Blumlein线型脉冲功率源的设计方法及其对固态脉冲形成线和光导开关的要求，以及单元器件和模块研究进展，并进行了血液病原体灭活初步研究，当脉冲个数为10个时，在80kV/cm的电场作用下红细胞悬液中细菌的抑制率可达57%。

9. 电磁兼容技术

电磁干扰（EMI），包括传导和辐射EMI，EMI不但会影响负载的正常工作、缩短其使用寿命，而且对电力电子装置本身也可能带来很大的危害。抑制电磁干扰是电力电子领域一个很重要的研究方向，对于提高整体的可靠性具有重要意义。华中科技大学的康勇教授等详细分析了三相三桥臂逆变器和三相四桥臂逆变器共模电压的产生机理，

说明了三相四桥臂结构在共模干扰抑制方面的有效性。在此基础上给出了基于三相四桥臂共模干扰抵消的脉冲宽度调制策略的开关函数计算方法，并将其应用于电感电流的谐波计算。北京交通大学的李虹副教授等基于多涡卷混沌吸引子，提出了一种新型混沌 PWM 控制方法抑制电力电子变换器电磁干扰。该方法将多涡卷混沌吸引子与传统混沌 PWM 控制结合，应用于电力电子变换器的控制中，实现从电磁干扰源头上抑制电磁干扰。对比传统混沌 PWM 控制，该方法能够在降低开关频率及其倍数次谐波峰值的同时，减少开关频率及其倍数次附近次谐波的生成，具有更好的 EMI 抑制效果。

10. 无线电能传输技术

由于无线充电技术不需要物理线路的连接，因此相比于普通的插电式充电系统具有更高的安全系数，更加适用于严苛的充电环境，如矿场作业、雨雪天气等。电动汽车在节能环保的大环境下具有更好的应用前景，但是储能密度不高，电池体积过大一直限制电动汽车的发展。应用无线充电技术可以减小电池体积，同时提供方便、安全的充电环境。南京航空航天大学的陈乾宏教授等探讨了当一、二次侧相对位置改变时，非接触变压器自身参数的变化规律，并给出了变参数条件下的互感等效模型。在此基础上分析了非接触变压器自身参数的变化对电压增益和相角特性的影响。在允许的一、二次侧相对位置可变动范围内，以软开关为设计导向，给出了完全补偿点位置选取的优化设计。重庆大学的孙跃教授等提出利用载波原理通过将信号载波叠加到能量波上，利用同一耦合机构实现实时地传输能量与信号。信号加载和检测电路同能量耦合机构并联，避免了能量谐振回路的影响，阻波器阻断信号载波进入能量回路，限制对电能性能的影响，并利用多目标优化遗传算法解决系统关键参数的选择问题。浙江大学的马皓教授等研究无线充电系统中的松散耦合变压器的优化，通过有限元仿真以及实验测量，分析给出不同线圈覆盖面积和磁芯摆放位置情况下的耦合系数变化，通过实验测试给出了不同偏移时装置的耦合系数。

11. 电动汽车

随着全球能源紧缺和环境污染问题日益严重，电动汽车的研究成为重点。永磁同步电机以其高功率密度、高输出转矩和高效率等优点，广泛应用于电动汽车驱动系统中。因此，开展这些方面的研究对于电动汽车的推广具有重要作用。同济大学的康劲松教授等研究了电动汽车电驱动系统中，电机本体气隙磁场分布的非正弦特性、齿槽效应、逆变器死区时间以及管压降等因素引发的转矩脉动问题，综述了近年来国内外的研究成果，分析了各类方法的优缺点，为改善电动汽车电驱动系统的舒适性和可靠性提供了有价值的参考。扬州大学的蒋伟副教授等针对充放电的过程中会导致电池电压不均衡的问题，对多种均衡拓扑进行了分析并按其功能进行了分类，分析了各种均衡拓扑结构的优缺点，从控制的复杂度，均衡速度和均衡效率等方面进行了评估和比较。

12. 信息系统供电技术：UPS、直流供电、电池管理

UPS 能够为重要负载提供持续、稳定且不间断的电能供应。当前 UPS 正朝着高效率、高可靠性、模块化、数字化以及智能化方向发展。而电池管理对延长电池寿命，增加电源设备的可靠性具有重要意义。燕山大学的张纯江教授等从阻抗平衡角度，介绍了一种并联补偿式 UPS 系统功率潮流分析方法，指出串联变换器输出阻抗方向由变压器承受的电压方向而定，并联变换器输出阻抗方向由其输出的电流方向而定，两变换器的输出阻抗方向总是相反，以达到阻抗平衡的目的。南京航空航天大学的谢少军教授等介绍了一种基于 MMC 的锂电池管理器，该电路将充放电控制和电池均衡管理统一在一套管理器内部完成，解决了传统电池管理器将充放电控制器和电压均衡电路相互独立而使电路较为复杂的问题。

（执笔人：白志红，陈仲，马皓）

2015年度电能质量行业发展报告

中国电源学会电能质量专业委员会

一、电能质量总体市场环境

电能作为现代社会使用最为广泛的能源，其质量好坏对经济建设和人民生活水平有着重要影响。电能质量近年来得到越来越多的重视，国家先后颁布了电能质量相关的系列标准，国家中长期科学和技术发展规划纲要、国家电网公司科技发展规划和智能电网发展规划均把电能质量的监测和治理技术作为优先主题和重点领域，电能质量作为智能电网的重要组成部分面临良好的发展机遇。

1. 电能质量监测市场

如何提高电能质量，确保用电设备安全稳定的运行，已成为国内外广泛关注的焦点之一。只有对电能质量做出精确地检测和分析，才能对电网的电能质量水平和造成各种电能质量问题的原因做出分析和判断，从而改善电能质量。所以电能质量的有效监测成为十分必要的前期工作之一。

电能质量监测是指采用符合规范的测试仪器或设备对电网中所关心节点的电能质量相关指标进行测量并与限值对比分析的过程，即收集、分析并将原始测量数据解释为有用信息的过程。

1）了解电能质量（PQ）问题的变化规律和复杂关系。不同的组织机构对PQ有不同的定义和要求，而低压配电系统中的PQ尤为复杂，目前还难以完全界定和评价其中PQ，而且许多标准都是刚制定或正在制定中，这更需要对测量要求、测量结果的兼容性和测量数据的维护等作好统筹安排，以适应不断增长的电能质量标准的要求，所以PQ监测必须长期进行下去。

2）全面分析电力系统的PQ状况。对各种电能质量指标进行实时测量与数据采集，保证对电力系统基本运行情况的观察、记录及动态分析，优化整个系统的监测体系，实现数据共享交流，以便及时了解电能的质量情况。在供电系统和用电设备运行失效之前捕获到早期的故障信息，及时做好调整和预防检修，而在发生故障后，可为故障的分析提供有用的信息，及时找出原因。

3）实现有效的监测。有针对性地进行PQ监测具有经济、技术的双重效果，可对电网结构及其运行方式进行优化，达到经济运行和节能的效果；也可对电能质量的治理措施提供详实的数据支持和决策依据，提高电能质量治理的投资比。根据所掌握的情况，供电部门还可向用电用户提供不同的用电质量服务，优化电力商品的销售配置。

4）推动电力行业市场的发展。随着电力体制改革的不断深入，电能质量的定量评价和优质优价是电力市场的必然趋势，提高电能质量是供电部门、用电用户双方的共同愿望，而电能质量监测则是最重要的基础工作之一。

随着我国电力市场改革逐步推进，电能商品必然要求做到按质定价、优质优价，因此必须建立一套全面、公正的电能质量综合评价体系，对电能质量进行科学的评价。只有全面地了解了电能质量的评价指标才能对电能质量进行更有效监测，相反，只有对电能质量有了有效地监测才能更好地改善电能质量。

2. 电能质量治理市场

近年来，可持续发展、清洁化机制以及其它各种节能新举措不断推进，人们关注识别工业活动对社会造成的影响，已经从局部和短期上升到全球和长期的高度。在能源领域中，电能作为能量传输的一种重要中间形式，其转换效率将会对全社会造成重要影响。从提高电能质量的角度出发，全社会不同层面的参与者都能够从中获益。终端用户可以通过提高生产效率，延长设备使用寿命和减少缴纳电费，直接获得经济好处；发电企业和电力公司通过优化资产管理及减少输配电损耗提高运行效率；全社会通过提高用电效率，降低碳排放，减缓全球变暖并实现可持续发展。

在我国，电网实施企业化运作后，供电的经济性与企业的经济效益直接相关，也得到了足够重视。“安全、可靠、经济、优质、环保”一直以来都是我国电力系统运行的基本要求。然而，随着我国社会转型和经济高速发展，电能质量问题呈现出了新的特点：一方面，我国电网规模越来越大，各种非线性负载和新能源发电的接入以及无法避免的各种故障，给系统带来越来越多的电能质量问题；另一方面，对电能质量问题敏感的用电设备应用越来越广泛，用户对电能质量的要求也越来越高。

2004年~2013年，我国发电量从22 033.09亿kW·h增长到53 975.86亿kW·h，年均增长幅度达9.37%。据中国电力企业联合会统计资料显示，至2013年底，我国发电装机容量首次跃居世界第一、达到12.5亿kW，全年非化石能源新增装机占全部新增的比重提高到62%，水电新增装机创历史新高，并网太阳能发电新增装机增长近十倍。风电发电量保持高速增长，设备利用小时同比再提高151h。电力需求的增加以及电网投资规模的稳步扩大给电力电子设备行业带来了持续增长的机遇。

电网建设是“十二五”期间国家重点关注领域，根据国家电网发布的智能电网发展计划，到2020年将全面建成统一的“坚强智能电网”，其中，2011年~2015年为全面建设阶段，预计投资2万亿元；2016年~2020年为引领提升阶段，预计投资1.7万亿元。电网投资增长将为行业带来发展的良好机遇。

新电改推动行业发展。2015年3月15日，国务院下发《关于进一步深化电力体制改革的若干意见》，指出应积极开展电力需求侧管理和能效管理，完善有序用电和节约用电制度，促进经济结构调整、节能减排和产业升级。强化能源领域科技创新，推动电力行业发展方式转变和能源结构优化，提高发展质量和效率。

二、电能质量监测行业市场分析

如果把电力发供配用系统比喻为一个人体的话，电能质量监测评估就是医院，其中电能质量监测就是检查化验科，电能质量评估就是医生根据监测化验结果及其专业知识进行诊断和开处方；当然电能质量治理就好比制药厂。

可见，要保证电力系统发供配用各环节的安全可靠经济运行，电能质量监测评估是必需的；特别是随着国家能源结构政策的重大调整，大规模电力电子设备不仅广泛应用于电力系统供配用各环节，也广泛应用到发电环节，使得电力发供用配系统电磁环境更加复杂，潜在隐患更为复杂，不仅需要更为全面的电能质量监测，更需要专业化的电能质量评估分析。

1. 电能质量监测技术及产品

（1）电能质量主要指标

电能质量的评价是比较广泛的，一方面应从供电合格的角度衡量，称为技术性指标，另一方面应从引导用户合理用电等方面衡量，称为服务性指标。

技术性指标包括电压质量、频率质量和供电可靠性三个方面。电压质量包括稳态质量电压问题：谐波、电压偏差、频率偏差、三相不平衡、电压波动与闪变，稳态电压质量问题主要是由大量使用了非线性元件的电力用户引起的；暂态电压质量问题：瞬态过电压、暂时过电压、短时间间断及电压暂降，暂态电能质量问题主要是由电力系统发生故障造成的。可靠性指标定义为计算期内实际供电时间与计算期总时间之比。频率质量不随用户变化，有供电部门调整。

非技术指标方面是从电力部门供电服务角度衡量电能质量，包括供电部门对到达故障现场时限、恢复线路故障供电时间和计划检修停电提前告知时间等，称为服务性质量。服务性指标反映了电力部门开展需求侧管理的状况。

（2）电能质量监测方式

我国电力系统电能质量的监测要遵循分区、分层的原则建立监测体系，根据负载密度、负载性质等情况予以设立和调整监测点，而不仅仅是考虑电压等级；在测量内容上，要注重测量的深度和广度。电能质量监测的方式方法包括：连续监测、定时巡回检测和专项检测四大类。

1）连续监测。对重要的变电站的公共供电点的电能质量实行连续监测，监测的主要技术指标：供电频率、电压偏差、三相电压不平衡度、负序电流、有功功率、电网谐波和功率因数。控制内容：供电频率控制已由电力调度中心承担，电能质量控制主要指当电压偏差、三相电压不平衡度和电网谐波等指标越限时，发出报警或控制指令。连续监测任务主要由安装在变电站内的电能质量监测仪完成。

2）定时巡回检测。主要适用于需要掌握供电电能质量而不需要连续检测或不具备连续检测条件而采用的检测方式。居民、商业及小工厂供电系统公共点的供电质量检测。根据重要程度一般一个月或一季度检测一次即可，巡回检测任务主要由便携式电能质量分析仪或手持式谐波分析仪完成。电压波动和闪变指标是不需要在线连续监测的。若在供电范围内，负载变化不大，一般半年或一年检测一次即可。电压波动和闪变的测量可由闪变仪或便携式电能质量分析仪完成。

3）专项检测。主要适用于干扰源设备接入电网（或容量变化）前后的检测方式，用以确定电网电能质量指标的背景状况和干扰发生的实际量或验证技术措施效果。此项监测任务一般由便携式电能质量分析仪完成。在完成电能质量检测和监测的同时，电能质量监测点的选择将直接关系到检测和监测结果。

另外，电能质量监测点的设置，应综合考虑下列因素：

1）应覆盖主网及全部供电电压等级，并在电力网内（地域和线路首末）呈均匀分布。

2）满足电能质量指标调整与控制的要求。

3）满足特殊用户和订有电能质量指标条款合同的用户的要求。各类检测方式检测点的具体设置，根据电能质量不同指标的特点不同，并应按照有关国家标准、规则结合本电网实际而确定。

（3）电能质量监测设备

电能质量监测装置是电网管理者实现对电网系统有效监管的必需设备，只有对反映电能质量指标的参量进行准确、实时的测量，才能为实现对电能质量问题的有效解决提供可靠的数据依据，按照被检测对象大体可以分为以下三类：

1）电能质量远程监测仪。主要功能和特点：连续监测公共供电点的电压偏差、三相电压不平衡度、电压谐波、频率偏差及用户注入电网的谐波电流和负序电流；电能质量指标超限报警及数据录波；完善的网络通信功能；实现对供用电方的双向监督和电能质量故障分析与录波。

适用监测方式：公共供电点电能质量连续监测；多点监测组成区域电能质量监测网。

2）便携式多功能电能质量分析仪。主要功能和特点：①输入信道多，动态范围大，多种触发方式。②可以记录分析电能质量全部指标，多种工作方式可选，内存量大。③应用窗口宽度可变的 FFT、小波变换等先进的数据信号处理方法。④良好的软件平台，具备二次开发能力。⑤丰富的软件功能和方便的操作界面。

适用方式：专项测试，干扰源设备介入电网（或容量变化）前后的监测；滤波装置调试及功能评估测试；科学研究测试；现场定时测试。

3）手持式谐波分析仪。主要功能和特点：①单相电压、电流输入。②测试分析电压，电流的基波有效值，真有效值，2~50 次谐波，有功功率，功率因数。③波形存储、回放、通信接口及软件。

适用监测方式：现场定期检验，非线性电力设备调试。

（4）国内外监测设备分析

国外对于电能质量研究起步较早，加之对电能质量检测设备的开发研究非常重视，因此在电能质量检测设备方面占有很大的技术优势，国外的电能质量检测设备不但技术水平高，而且种类多样，典型如日本日置（Hioki）开发的 PW3198 系列电能质量分析仪，美国福禄克公司的 Fluke430 系列电能质量分析仪、1760 系列三相电能质量记录仪，瑞典 LEM 公司的 TOPAS1000 系列电能网络分析仪和 PQFIX 电能质量远程监测装置，瑞典联合电力公司的 UP-2210 在线式电能质量分析仪和 U900F 便携式电能质量分析仪等，这些产品代表了当今世界电能质量分析的最高水平，具有检测指标丰富，测试精度高等特点，其中美国福禄克公司 Fluke430 系列电能质量分析仪具有便携、高精度且高稳定性特点，能够对三相电压电流各参数、电压和频率偏差等基本参数测量，还涵盖了闪变分析和间谐波测量、事件记录分析的功能，而且配备了专业的分析软件能够对数据进行图形化分析和报表显示。

国内对于电能质量研究起步较晚，20 世纪 80 年代有科研院所开始谐波的研究工作，随后有一些公司开始致力于电能质量检测装置的开发和研究工作，并取得了一定的成果。目前国内致力于电能质量检测装置开发的公司还不多，比较有代表性的为上海宝钢安大电能质量有限公司、安徽振兴科技股份有限公司和台湾泰仕电子工业股份有限公司等，这些产品大多数以检测稳态参数为主，也具有测量某些瞬态参数的功能，具有一定的数据存储和通信功能，但总体而言与国外的差距比较大，主要体现在：测量精度距离国际先进水平还有较大差距；检测指标单一，不能进行全面的测量；配套软件功能简陋，不能对数据进行丰富可靠的分析；欠缺友好的界面和良好的操作体验；产品缺乏相应国家标准或工业标准的规范。

2. 电能质量监测分析展望

电能质量的分析和监测是一个复杂的系统工程。它设计到电力系统、自动控制和现代通信等多个方面。目前乃至今后一段时间内，它在发展中要解决以下几方面的问题：

（1）基础理论的研究

电能质量基础理论研究是对其本质进行深入研究的基础，包括统一的畸变波形行电能质量的含义，各功率成分的定义、产生机理、评价体系的研究，及物理意义，科学的计算方法研究等。目前，为适应不同的需要提出许多的定义方法。各方法在数学表达式、物理意义、建立模型及实施方面各有所长，但距离理论上和实际上的统一并易于接受的表达式尚有一定的差距，无法对电能质量做出综合的分析和评估。这一理论的短缺无疑将会阻碍对电能质量进一步的深入研究。

（2）新型算法的开发

随着近代数学和人工智能技术的迅速发展及大量跨学科、跨专业交叉理论的出现，电能质量分析的模型、方法和手段呈现出强烈的多样性，如何以更科学、更先进的模型来分析电能质量，改善其对电网的影响，也是电能质量研究领域内不可忽视的核心所在。就目前电能质量的研究情况来看，小波分析、模糊数学的方法、神经网络方法、遗传算法及交叉技术将成为今后电能质量新算法研究的主流方向。可应用模糊数学方法建立精确数学模型，应用小波变换对扰动数据进行辨识、分类和原因分析，应用模糊-神经网络方法确定有效信息的传输、存储。这些理论的推出及其日渐成熟对电能质量研究领域从算法本身到算法的适用领域、算法性能的改善等各方面产生深远的影响。

（3）电能质量监测的网络化、智能化

现代电网规模越来越大，监测点越来越多，未来电能质量的监测不仅局限于某一点，而是要实现同一供电系统、不同地点的电能质量监测，甚至实现多个不同供电系统的集中监测。在功能上，更强调智能化，除具有计算、显示等功能外，还要有一定的判断、分析和决策等功能，如能进行事件预测、故障辨识、干扰源识别和实时控制，初步具有自动的实用先进的计算智能评估功能。

电能质量分析及及其监测是一个较复杂的问题，如何合理、全面地分析处理各种干扰源，充分将计算机技术和网络技术为电能质量分析与监测所用，都是应注意的问题。同时电能质量监测的发展趋势对监测系统在功能上提出了更高的要求，也表明这一应用领域的研究需要多种技术的相互融合和各个领域的密切合作。

电能质量是电力工业产品的重要指标之一，电能质量直接关系到国民经济的总体效益，而电能质量的有效监测则是电能质量工作的重要手段。国家已制定了电能质量相关的法律、法规和标准，各地政府和供电部门也正在逐步重视，并开始制定相关的配套规定和管理方法，对电网电能质量进行监测、治理势在必行。电能质量工作更多地体现在配电网络中，需要地方电力系统持续、全面和细致的工作积累。国家应加强电能质量管理工作，统一相关的工作部署和系统规划，积极开展对相关标准体系的研究，增加对电能质量监测数据的统计分析的投入，提高电能质量监测工作在电力市场、电力管理等各方面的应用。

三、电能质量治理行业市场分析

从技术上看，影响电能质量的因素主要有三方面：①自然现象，例如：雷击线路。②电力设备及装置的正常使用和自动保护，例如倒闸操作。③用户终端的非线性负载、冲击性负荷等。

1. 电能质量问题的影响和危害

电能质量低下的危害有以下一些表现：

1）电压偏差超标会使用电设备的损耗增加、寿命缩短、工作不正常，会破坏电力系统同步运行的稳定性、电压的稳定性以及电网的经济运行。

2）电压的波动和闪变主要由波动性负荷（如电弧炉）引起，其超标会危害与其连接在公共供电点的其它用户的设备，如使照明灯闪烁、电机转速不均匀和计算机及电子设备工作不正常等。

3）谐波由谐波源（非线性设备和负载）注入系统，会损坏系统设备（如电容器、电缆、电动机、电压互感器等），威胁系统的安全运行（如继电保护及自动装置误动），增加系统的功率损耗（如线损），增大测量仪表的误差（如电能表），干扰通信等。

4）三相不平衡会使发电机工作不正常，增加变压器的附加损耗造成其局部过热，继电保护及自动装置误动，变流器产生非特征谐波，增加中性线电流产生电噪声干扰，增加输电线损耗、干扰通信等。

5）电力系统稳定运行时，全系统有相同的频率。在允许的频率偏差范围内，主要是引起设备的效率问题；当偏差超过范围，则会危及设备的安全，严重时甚至造成系统瓦解崩溃。

6）暂时过电压和瞬态过电压以及电压跌落和短时供电中断的问题，一般由系统或用户内部的短路故障引起，会直接影响甚至中断用户正常的用电，造成严重的经济损失。这是用户最关心的问题。

2. 电能质量治理行业发展概况

现代电力网中，随着大功率冲击性用电设备和非线性电力电子设备大量使用、分布式间歇式电源接入，使得电压和频率波动、谐波、无功和暂降等电能质量问题越来越突出。电网中的高次电流谐波是一种电力污染，会引起电压波形畸变，导致供配电系统不稳定，增加电力设备和用电设备附加损耗，严重时甚至造成设备损坏，对电网和用户危害十分严重。电网中的无功功率虽然和有功功率一样都是输配电网中不可缺少的组成部分，对供电系统的正常运行十分重要，但如果无功功率过大、功率因数过低，电气设备将得不到充分利用、电力网络的传输能力也会下降、损耗增加、系统电压下降还会导致设备损坏。因此，谐波治理和无功补偿是电能质量治理最主要的两个细分领域。

（1）谐波治理行业发展概况

根据国家统计局公布的数据，2014 年度我国电网新增电力约为 10 251 万 kW。电力网络中使用的大量非线性负载，产生了大量的谐波，谐波含量约占 10% 左右，且这些谐波绝大部分没有得到有效的治理。有源滤波器产品目前在石油矿采、轨道交通、IDC 机房、通信、冶金、化工和汽车工业等对电能质量要求较高的行业，以及医院、大型场馆、商务写字楼、主题公园和大型酒店等公共建筑逐渐已经有一定规模的应用。根据中国电源工业协会统计数据，2010～2014 年，我国谐波治理设备市场规模从 2.87 亿元上升到 10.05 亿元，年均复合增长率 37%。未来谐波治理设备市场仍将持续高速增长，预计到 2020 年市场规模将达 17.8 亿元。其中，有源滤波设备市场规模从 2010 年的 2.78 亿元增长到 2014 年的 9.74 亿元，年均复合增长率达到 36.8%，预计到 2020 年将达到 17.24 亿元。

（2）无功补偿行业发展概况

1）用户侧无功补偿市场与新增发电装机容量及保有装机容量改造需求直接相关。

根据中国电源工业协会统计数据，用户侧无功补偿装置对新增发电装机容量的比例约为 0.3:1，这意味着每增加 1kV · A 发电容量，需要配套 0.3kvar 低压无功补偿装置需求；用户侧无功补偿装置在替代更换市场对存量发电装机容量的比例约为 0.03:1，这意味着每年 1kV · A 发电容量可以带来 0.03kvar 低压无功补偿装置需求。由于中国经济的飞速增长，2010～2014 年我国发电装机总量平均增速达到 8.92%，发电装机总量从 2010 年的 9.66 亿 kW 到 2014 年的 13.60 亿 kW。在我国电力装机容量不断增长的发展背景下，2010 年至 2014 年我国用户侧无功补偿的市场规模也从 2010 年的 68.8 亿元逐步增加到 2014 年的 88.7 亿元。

2015 年我国经济增长逐渐步入新常态，伴随着经济结构的调整，假设未来 GDP 增长维持在 7% 左右，预计未来几年总的发电装机容量会保持 7% 左右的增速。考虑到未来对电网质量管理的不断加强，以及对原有无功补偿装置的替代更新，低压无功补偿的市场容量会进一步扩大。预计到 2020 年我国用户侧无功补偿装置需求容量会达到9 729.5 万 kvar，市场规模会达到 144.31 亿元。目前，低压用户侧无功补偿的主要产品包括 SVC、SVG 以及 SVC + SVG 组合三类，其中 SVG 产品还处于起步发展阶段，其产品性能优于 SVC，产品价格在规模效应下逐步下降，性价比竞争力凸显，成为低压无功补偿市场的重要发展方向。

2）网内低压有源无功补偿市场尚处于示范推广阶段。

根据中国电源工业协会统计数据，低压 SVG 作为国家电网治理低压配电网低电压和三相平衡的示范技术方案，未来几年会随着国家电网的低电压治理工作的开展，每年会占据低电压治理市场 5% 的份额，预计到 2020 年网内低压 SVG 市场规模将会超过 10 亿。

3. 电能质量治理设备现状和发展趋势

电力电子技术的飞速发展，使得电能质量控制技术取得了突破性进展，以有源电力滤波器（APF）、静止无功发生器（SVG）和动态电压恢复器（DVR）为代表的有源电能质量控制技术和产品开始用于工业现场，在稳态补偿效果上比传统无源/无功补偿方法有显著提高，具有良好的动态跟踪补偿能力，并且不易与电网参数发生谐振、有利于电网安全，无功和谐波造成的损耗降低、有利于节能。基于电力电子平台的有源电能质量控制技术已经渐趋成熟，成为改善和提高电能质量的重要手段，是未来电能质量控制技术的发展方向。

（1）并联型电能质量治理设备

1）电力滤波装置　20 世纪 70 年代前，谐波治理处于无源滤波器时代。无源滤波器又称 LC 滤波器，由电容器、电抗器、有时还包括电阻器等无源元件组成。无源滤波器技术成熟，性价比高，但有其固有缺陷：①谐振频率依赖于元件参数，因此只能对主要谐波进行滤波，且 LC（电容和电抗）参数的漂移会导致滤波特性改变，使滤波性能不稳；②只能抑制按设计要求规定的谐波成分，有时由于高次谐波的成分复杂，必须同时加入多个滤波电路，使整个无源滤波装置的体积增大、损耗增加；③电网中的某次谐波电压可能在 LC 网络中产生很大的谐波电流。

20 世纪 70 年代后，谐波治理进入有源滤波器（APF）时代。有源滤波器应用于用户端谐波抑制，被认为是最有效的抑制谐波的方法。与无源滤波器相比，APF 是一种主动性型的补偿装置，具有较好的动态性能，它通过对电网和（或）负载的谐波进行实时计算，利用高频逆变电路输出反向的谐波电流，将不同补偿目的点的谐波电压、谐波电流抑制到足够小的水平。

有源电力滤波器（Active PowerFilter）是一种基于有源逆变桥式变流器的谐波电流源，直接并联在电网上，通过实时检测电网电流谐波，产生大小相等、相位相反的谐波，注入电网中抵消电网电流谐波，使其成为正弦波形。与传统的无源电力滤波器相比，APF 具有响应速度快、连续动态补偿，既可补偿多次谐波、又可同时补偿无功和三相不平衡，不受系统阻抗影响、不易发生影响安全的谐振，可与无源滤波器混合使用等显著优点。

国内有源电力滤波器工程应用和产业起步虽然较晚，但随着智能电网和节能减排等领域的快速发展，供配电网的安全节能要求越来越高，用户侧对电能质量的认识和对有源电能质量控制技术的认同不断提高，加之电力电子装置技术日趋成熟，国内有源电力滤波器产业发展异常迅猛。从完全空白开始，经过10余年发展，目前已经形成10亿左右的应用市场，涌现出爱科赛博、深圳盛弘、山大华天和中达电通等代表性企业，提供系列化的有源电力滤波器产品、具备批量工业化生产水平，并在与ABB、Schneider和NOKIA等国外品牌形成竞争态势并逐步占据了主导地位。国内有源电力滤波器市场除部分要求较高的应用领域外，绝大部分领域目前都被国内品牌取代。

国内生产制造有源电力滤波器的企业越来越多，据粗略统计不少于50家，其中具有一定规模、出货量较大且有竞争力的企业不超过10家。由于项目周期长、竞争关系复杂，加之产品同质化严重、行业规范和监管缺乏，导致目前市场竞争较为激烈、集中度较低。

随着高频电力电子技术的进一步发展，有源电力滤波器模块化、标准化产品和就地补偿和机内补偿等方式成为发展趋势，随着产品批量和生产规模进一步扩大，单位容量的价格将进一步降低，制约有源电力滤波器应用扩大的价格因素不再是主要问题，其应用领域会进一步扩大。由于现代电力网非线性负载的增加，谐波组成越来越复杂，有源电力滤波器应用会越来越多，预计未来5年内会以20%速度增长，逐渐取代无源滤波器，成为主要的谐波治理设备。

2）无功补偿装置　无功补偿装置包括传统型无功补偿装置（FC）、静止无功补偿器（SVC）和静止无功发生器（SVG）。20世纪80年代以前，无功补偿装置是由电容器厂以“散件”形式提供，客户自行组装来实现的。20世纪80年代后，电容器制造厂开始设计、制造和提供无功补偿成套装置，较少以电容器散件供应。传统型无功补偿装置采用机械开关，投切速度慢，不具备快速性、反复性、连续性特点。

第二代无功补偿装置SVC主要包括TSC、TCR、组合类等三种类型，采用晶闸管投切开关，与传统无功补偿装置相比具有可连续调节、响应速度较快的优势，但由于电容器分组投切这一结构性缺陷，导致补偿精度低，容易产生过补或欠无法适应大容量快速变化冲击性负载的场所，晶闸管发热量大，装置功耗高。

随着电力电子技术的发展，第三代无功补偿装置SVG是将三相逆变桥式电路通过电抗器或者直接并联在电网上，适当地调节桥式电路交流侧输出电压的相位和幅值，或者直接控制其交流侧电流，就可以使该电路吸收或者发出满足要求的无功电流，实现了动态无功补偿。SVG具有速度快、精度高及快速连续无级调节无功功率特点，对大容量冲击性负载的无功补偿效果好；但由于其价格高，业内也有一些专业厂家将SVG与传统分组投切电容器相结合，构成高性价比的混合无功补偿装置。

静止无功发生器（Static Var Generator，SVG），又称静止同步补偿器（STATCOM），是一种基于有源逆变桥式变流器的无功电流源，直接并联在电网上，调节输出电流的相位和幅值，就可以吸收或者发出满足要求的无功电流，实现动态无功补偿的目的。SVG是目前无功补偿的最佳方式，相对于传统的同步调相机、固定或分级电容器、固定或分级电抗器、晶闸管控制电抗器（TCR）、磁控电抗器（MCR）和SVC型动态无功补偿等无功补偿方式，SVG具有补偿响应速度更快、安全性更高、补偿功能多样化、谐波含量极低、占地面积较小且运行损耗低等显著优势。

国内SVG研究和工程示范应用主要是从中高压大容量起步、应用于电网柔性输电。2000年由清华大学研制的国内第一套采用GTO的±20Mvar示范装置在河南洛阳500kV变电站投运成功；2006年清华大学、上海电力公司、许继电气合作完成的采用IGCT的±50Mvar装置在上海黄渡500kV变电站投运成功；2011年，作为十一五重点科技支撑项目，直挂35kV的±200Mvar链式SVG在南方电网东莞500kV变电站投运成功，2013年南方电网开始推广应用。经过十几年快速发展，国内SVG技术研究和工程应用水平已位居国际前列。

国内SVG产业化首先从中高压领域开始，发展非常迅猛。一是受近年来电力、新能源、煤炭等能源领域发展的拉动，二是SVG自身性能上具有明显优越性，加上电力电子装置技术日趋成熟、成本逐步降低，产品竞争力强大，近年来市场出现爆发性增长，目前已形成30亿左右的应用市场，SVG已逐步代替SVC占据了市场主导地位。目前，市场需求主要集中在能源和交通行业，国内企业已占据主导地位，市场相对稳定透明，主流厂家包括上海思源、辽宁荣信、南瑞继保、山东泰开和中电普瑞等。目前，采用链式结构的10kV和35kV等级SVG已形成系列产品，容量从1M～上百兆，广泛用于电网和工业负载。由于国内品牌具有极大的成本优势，在与国外品牌竞争中也完全占据主导地位。随着传统电力设备厂家和中压变频器厂家的陆续进入，后续市场竞争将进一步加剧，但相对稳定透明。未来成本控制好、可靠性高的产品和资金实力雄厚的企业会有一定竞争优势。

低压无功补偿市场方面，存在刚性需求，进入门槛相对较低，竞争激烈。近两年来，低压SVG迎来了较好的发展机遇。一方面，国网公司加大了电力配网的投入力度，重点治理供电末端低电压问题；另一方面，随着高频电力电子技术和市场规模的发展，制约其应用扩大的价格因素不再是主要问题。虽然价格仍比电容补偿高，但性能优势明显，在要求高的应用领域，将得到更多的应用。长期来看，低压SVG后续将会在一定范围内取代电容器，面临巨大的市场空间。目前，国内企业已占据主导地位，主流厂家主要包括爱科赛博、深圳盛弘、山大华天、英博电气、哈尔滨威翰等。与APF类似，由于项目周期长、竞争关系复杂，市场竞争较为激烈、集中度较低。

（2）串联型电能质量治理设备

另一类电能质量问题是因系统电压受到扰动造成，其中最为典型的是电力系统出现故障后引起电压暂降或暂升引起的。对于系统电压偏离规范而造成的电能质量问题，如果采用并联型补偿技术进行治理，从理论上而言是不太合理的，而且需要的补偿容量非常大。对于这种电能质量问题，一般需要在系统与受影响的负载之间串联接入电能质量补偿装置。

随着连续高危作业敏感负载的增加，电压暂降问题已经越来越受到企业的重视，电能质量问题按生产和持续时间可分为稳态电能质量问题和动态电能质量问题。电压暂降主要表现为持续时间为0.5个工频周期至1min，电压有效值下降至标称电压的0~90%。

电压暂降的主要原因如下：①由雷击造成的电压瞬变。②由供电系统设备或用户设备故障导致电压短时跌落。③由于重合闸或切换开关导致的短时供电中断。

解决电压暂降问题有多种技术，其中最为常用的有三种，即固态切换开关（SSTS）方案、动态电压恢复器（DVR）方案与不停电电源（UPS）方案。

SSTS方案是当系统电压出现故障时通过电子开关将负载快速切换到备用电源上，避免重要负载供电中断。现代敏感负载要求在几十毫秒甚至20ms内切换电源，普通机械开关是不可能做到的。另外，机械开关在接通或断开负载时，会发生触头振动、起弧现象而造成触头蚀损、电磁干扰与电能损失，这不但限制了其使用范围，而且使其电气寿命低于机械寿命。而以晶闸管为代表的半导体器件的导通时间可以达到微秒级，且在开关过程中不产生电弧。因此利用基于半导体器件的电力电子开关SSTS代替或改造传统的机械切换开关，将有效解决传统机械开关的固有问题，大大提高切换速度和开关的使用寿命，满足敏感和关键负载对供电可靠性和电能质量的苛刻要求。

DVR装置作为串联型电能质量控制装置的代表，是目前解决电压暂降问题最直接、经济和有效的电力电子装置。DVR是一种串联结构的电能质量控制器，通过在线路中串联一个动态受控的电压源，提供一个幅值、相位可控的补偿电压与发生凹陷畸变的系统电压叠加，使负载维持正常。

（3）综合型电能质量治理设备

负载引起的电能质量问题一般在负载端并联补偿装置，系统电压受干扰引起的电能质量问题一般在系统与负载之间串联补偿装置。但在很多情况下，对电压敏感的负载往往既是电力系统的污染源也容易受到系统电压干扰的影响，因此既需要加装并联型电能质量补偿装置，也需要加装串联型电能质量补偿装置。为了进一步降低补偿装置的成本，人们研制了综合型电能质量治理装置，通常称为统一电能质量调节器（UPQC），如图1所示。

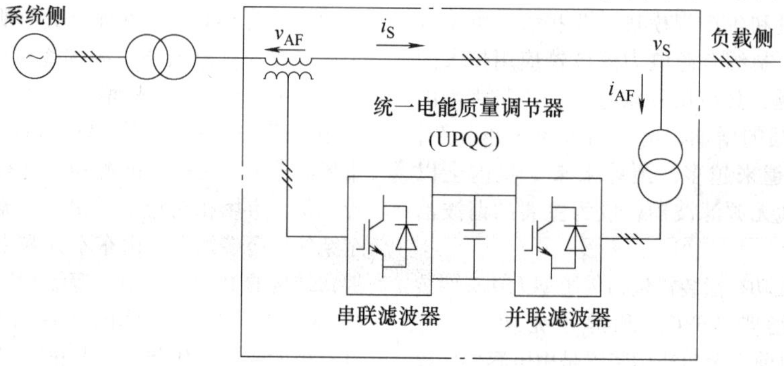

图1　统一电能质量调节器（UPQC）

UPQC是在单一的串联型或并联型补偿设备的基础上发展而来的。其主电路主要由串联单元、并联单元和直流储能单元三个部分构成。UPQC装置可以给电压和电流波形都很敏感的重要负载提供电源，还可以消除非线性负载和冲击性负载对系统的影响，相当于在负载和系统之间进行了隔离；此外UPQC装置可以提供负载所需要的无功，使系统电流和电压同相，提高负载的功率因数，不需要额外的功率因数校正装置，以及额外的整流装置提供串联单元直流侧的能量，这部分能量由并联单元提供，因此不会对系统电流产生额外的干扰。

正是由于UPQC具有强大而全面的改善电能质量的功能，因此近年来一直是国内外研究机构包括ABB等大公司在内的研究热点，国家科技部也正在立项研制10kV大容量的UPQC装置。由于UPQC的功能全面，因此主电路结构、控制策略等比其它的电能质量调节装置要更为复杂。为了取得综合效果上的优化，人们对它的主电路结构、控制策略、保护设计和可靠性分析等各方面都进行了研究。UPQC由于结构的复杂，同时包括串联、并联和储能元件，成本较高，因此在实际应用中仍受到一定的限制。

UPQC装置并联部分与串联部分需要变压器隔离，一方面会增加装置的成本，另一方面也增加了装置的体积。因此，人们一直在研究不带变压器的主电路，无隔离变压器的单相UPQC装置，如图2所示。该电路利用开关电容变换器省去了串联环节的隔离变压器，有利于设备的轻型化。同样的变换电路也适用于三相电路。但是，在UPQC容量较大时串并联环节需要交换大量有功能量，其控制会更加复杂。

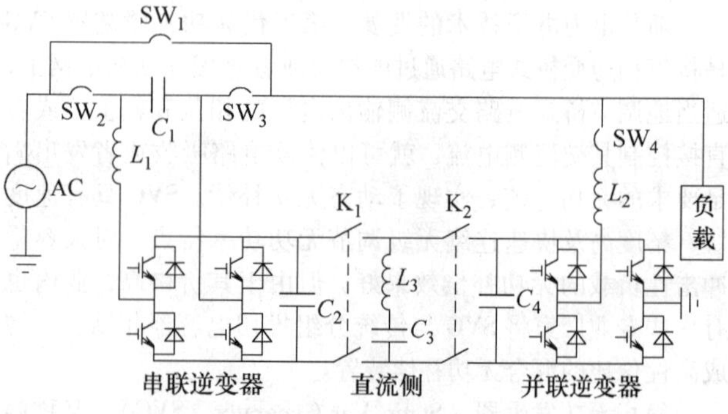

图2　DCI-UPQC的主电路结构

由于 UPQC 装置功能复杂、造价高，因此实际应用案例少，目前正处于样机及产品开发阶段。UPQC 装置今后的研究方向主要是：选择合适的拓扑结构与控制策略降低整个装置的成本与损耗，实现用户与电网全面改善电能质量的要求，为高电能质量供电园区提供技术支撑。

四、电能质量治理重点领域

1. 电力配网

针对电力配网，目前市场上的主要产品包括配网侧的动态无功补偿设备和台区柱上电能质量综合补偿设备、以及变电站使用的中压动态无功补偿设备。

近年来，随着节能减排、新能源发电等领域的快速发展，配电网的安全节能要求越来越高。在配网应用领域，国家电网 2013 年工作文件明确提出："2015 年基本解决县域电网与主网联系薄弱以及供电"卡脖子"和"低电压"问题；2020 年全面建成结构完善、技术领先、高效互动、灵活可靠的现代配电网，重点城市供电可靠率和电压合格率达到国际先进水平"，南方电网发展规划（2013～2020年）提出："到 2020 年，电网安全稳定水平、供电可靠性和经济指标进一步提升，城乡用户供电可靠率分别超过 99.97% 和 99.92%，部分重点城市电网技术装备和可靠性达到国际先进水平。"可见，配电网供电质量尤其是县域城镇供电质量亟待提高。同时，我国电力系统线路损耗偏高，比发达国家高约 4 个百分点，也主要集中在配网系统。降低配网末端城乡居民生活用电的线路损耗一个百分点，将会节约 60 亿 kW·h 的电能，直接节约成本 30 亿元（每千瓦时按照 0.5 元）。而采用有源电能质量控制技术和产品是解决供电质量和线损的最有力措施之一，目前尚处起步，市场空间巨大。

在配网应用领域，国家电网和南方电网均把提高配电网供电质量作为 2015 及 2020 规划的重点工作，尤其是县域电网的供电可靠性和电能质量。2012 年，电力系统就开始进行 SVG 应用于配网侧的试点。2013 年，上海市电力公司启动配网侧示范工程，应用了近亿元的模块化 SVG 和固定电容器混合的新型动态无功补偿设备，山东、河南等省电力公司也启动了示范工程，并在 10kV 变电站采用了中压 SVG 进行动态无功补偿，2014 年开始，多地电力公司将启动 SVG 示范应用及推广，市场前景巨大。针对配电系统线路损耗偏高的问题，各地供电局也积极采用各种方式降低损耗，包括更新供电线路、缩小供电半径和重新规划负载等。其中，采用有源电能质量综合补偿设备在提高电能质量的同时减少线损的方式正处于试点应用中。2015 年《配电网建设改造行动计划（2015～2020 年）》正式出台，计划指出至 2020 年配网投资不低于两万亿，配电网投资将成为十三五拉动 GDP 的主要措施之一。各省市电网公司纷纷行动，发布实施意见和指导政策、制定五年目标并开始快速推动落实。截至目前，上海、广州等城市已经陆续完成柱上电能质量综合补偿设备招标。

2. 轨道交通

针对轨道交通，主要是地铁车站需要配备低压谐波无功综合补偿设备、牵引变电所需要配备中压动态无功补偿设备（SVG）和轨道交通能量回馈装置等。

在地铁车站等用电侧，大量节能变频设备和照明灯具的接入，负载谐波电流越来越大，一方面造成变压器、线路电气设备谐波损耗，另一方面谐波的增大容易与补偿电容器和线路形成谐振，无法投入补偿设备，影响系统功率因数，严重时甚至损坏补偿电容引起线路火灾，造成安全隐患。因此，有源谐波无功综合补偿设备已经成为地铁车站低压配电室的标准设备，上海、北京和南京等轨道交通发达的城市，均已使用。国内目前有 30 多个大、中城市都在紧锣密鼓地进行城市轨道建设，以平均每个城市 5 条轨道交通线路，平均每条线路需要 1 500 万元电能质量补偿设备计算，市场容量大约为 22.5 亿元。

地铁、轻轨列车在运行过程中，由于站间距离较短，列车启动、制动频繁，由此而产生的制动能量是相当可观的。牵引变电所的变流器采用不控整流方式，能量只能单向流动，所以由于列车制动产生且流入直流牵引电网的能量不能被其它机车吸收时，容易导致再生失效，当电压超过允许的电压范围后还会危及轨道交通车辆的用电设备以及牵引变电所整流装置的安全；目前绝大多数地铁线路都采用吸收电阻将制动能量转换为热量消耗掉，造成大量的能源浪费，并产生大量热量导致周围温度升高；而当列车启动时，取流较大，容易造成接触网电压下降。再生制动能量回馈装置作为一种新型电能变换装置，将能量回收反馈至电网使用。具有较好的经济效益和环保效益，目前越来越多的地铁线路和行业优秀企业开始进入该领域。南车时代、许继电源、山大华天、亚派科技、爱科赛博和新风光等企业目前均已推出相关产品，北京、上海、天津、南京和郑州地铁线路中再生制动能量回馈装置已经完成招标或运行。

3. 公共建筑

针对公共建筑，主要是电能质量综合控制设备应用于建筑配电系统中，除谐波无功外，解决三相不平衡问题。同时，结合分布式发电接入和储能，应用于建筑微电网中，提高能源利用率、电能质量和配电系统综合能效。

与地铁车站类似，公共建筑谐波和无功问题较为突出，同时三相用电不平衡问题是建筑配电领域长期困扰的问题，这会导致零线电流增加，线路损耗加大，甚至带来安全隐患。采用有源电能质量技术和产品是解决谐波和不平衡的最佳方式，越来越得到上述领域用户的认同。另外，充分利用大型公共建筑屋顶光伏发电和建筑物内既有储能设备，建立智能微电网，提高能源综合利用率，提升建筑物内配用电综合能效，市场巨大。在智能微电网中采用有源综合电能质量控制设备，结合储能变流器和能量管理系统，可以形成解决方案，进一步拓宽市场。以国家规划的 8GW 分布式光伏为例，如果电站平均功率 8MW，需要建设 1 000 个建筑屋顶电站，其中 10% 采用微电网解决方案，以新增投资占电站投资 15% 计，将会有近 100 亿元的市场需求。同时，采用微电网技术如提升综合能效 3%，每年节电将达到 2 亿度。经济效益、应用前景和市场空间广阔，产业化前景广阔。

4. 新能源

(1) 风电行业

在风力发电行业中，由于风力发电的不确定性，接入电网前需要变频装置进行转换，这时需要电力滤波装置来消除变频设备产生的谐波。风电场通过加装 SVC 装置能够有效解决接入电网时产生的功率因数、电压调节以及谐波等问题，动态调整无功功率、电压等影响风电场安全运行的因素，保障电网的稳定运行。由于 SVC 的技术经济优势已在众多行业得到了大量的应用和验证，而且运行效果非常理想，因此其在风力发电行业的应用前景非常广阔。

根据规划，到 2020 年我国风电总装机容量将超过 2 亿 kW，2012 年我国风电装机为 75 324MW，这意味着 2013 ~ 2020 年 8 年中，平均每年要新增装机 1 550 万 kW，目前风电所需无功补偿的容量约占装机容量的 20% ~30%，以平均为 25% 计算，每年风电机组所需的 SVC 装置大概在 387 万 kvar 左右。以单位价格 150 元/kvar 计算，风电站建设方面每年市场容量大概 5. 81 亿元左右。

(2) 光伏发电

按照我国能源发展“十二五”规划，到 2015 年，太阳能发电装机达到 2 100 万 kW，其中光伏电站装机 1 000 万 kW，太阳能热发电装机 100 万 kW，并网和离网的分布式光伏发电系统安装容量达到 1 000 万 kW。

据数据统计，2012 年我国太阳能新增装机容量 191MW，累计装机容量达到 701MW，按照这个数据进行分析，2013 ~2015 年我国每年新增的太阳能并网发电装机容量将达到 224 万 kW，目前光伏所需无功补偿的容量约占装机容量的 10% 左右进行计算，每年光伏发电组件所需的 SVC 装置大概在 22. 4 万 kvar 左右。以单位价格 150 元/kvar 计算，仅并网光伏电站建设无功补偿方面每年市场容量大概 3. 36 亿元左右。若加上离网分布式风光互补以及光热电站的无功补偿以及谐波治理等电能质量治理市场规模，估计我国光伏电站每年的电能质量治理市场规模将在 5 亿元左右。

(3) 分布式发电

按照国家能源局规划，2020 年我国分布式电源规划总装机容量将达到约 2. 1 亿 kW（接入 110kV 及以下电压等级），占全国总装机的 12. 4%。分布式电源正处于快速发展阶段。而大量分布式电源接入对配电网规划建设、电网的安全性、继电保护、供电可靠性和电能质量等都会带来影响，因此对分布式发电引起的电能质量问题，一定要重点关注。

由于分布式电源具有随机性，会带来电压波动及电压偏差问题，而单相分布式电源并网时，各相分布的电源容量不对称，还会引起三相不平衡。此外，分布式电源通过电力电子逆变器并网，还很容易产生谐波、间谐波和直流分量等问题。对于分布式电源引起的电能质量问题，主要可以通过规划设计、逆变器控制以及微电网技术来解决。

五、结束语

随着基于电力电子技术的大量负载或分布式发电设备在电力系统中的广泛应用，电能质量问题必将越来越引起人们的关注。特别是在电力配网系统、工业制造、智能建筑、轨道交通、新能源和国防军事工程等领域，电能质量的监测与评估、以及综合治理的需求越来越迫在眉睫。

解决电能质量问题主要有两条途径：

1）制定合理的产品规范，在电力电子设备内部嵌入电能质量补偿功能，防止电力电子设备接入电网而引起公共电能质量问题，同时提高电力电子设备自身对电压干扰的抵抗能力。

2）采用外部电能质量补偿设备解决负载及电网的电能质量问题，使负载与电网实现协调与兼容。

总之，随着电力电子技术、微电子技术、计算机技术、通信技术与控制技术的快速发展，电力电子装置中人们可以采用更为复杂的拓扑结构、更加优异的调制算法与控制策略，因此必将能够实现补偿性能更为优越、运行更加节能、占地面积更小且成本更低的电能质量补偿方案。

LED 照明技术及其延伸应用现状

中国电源学会照明电源专业委员会

一、前言

2015 年是 LED 企业比较难熬的一年，在这一年里 LED 产业呈现着产品价格不断刷低、淘汰赛不断升级、并购重组不断刷新常态的现状。背光和照明市场需求不如预期，LED 芯片和封装的平均价格皆大幅下滑，下半年更呈现跳水式下跌，部分规格价格甚至已到材料成本价位，厂商面临亏损困境。

然而，资本并购的风头并不能掩盖 2015 年 LED 产品行业技术的发展成果，本文仅就自己所能获得的材料总结如下，其中用到了一些文献和网页资料，有些资料可能没能标明文献出处，在此谨表歉意。下面将 LED 产业在封装、驱动和延伸等方面的进展和现状进行介绍。

二、LED 芯片及封装技术现状

1. 新材料及新工艺在 LED 芯片和封装技术中的应用

（1）适合于高功率 LED 的脂环族环氧树脂封装材料

在白光 LED 器件制造过程中，封装材料的性能对其发光效率、亮度以及使用寿命产生显著影响。近年来随着功率型 LED 的普及，尤其是基于紫外的白光 LED 的发展，要求封装材料对紫外光有较高吸收的同时，能够保持其在可见光区的高透明性，而这些热塑性树脂在耐变色性、透光率、耐热性以及抗冲击性等方面已不能满足要求。环氧树脂存在吸湿性和耐热性差，易老化黄变，固化内应力大等缺陷，缩短了 LED 器件的使用寿命。在研究用硅树脂制作 LED 透镜材料的过程中发现：普通硅树脂的折射率、黏结性不能满足要求；而硅橡胶的强度不够，受应力变形大，易出现内部芯片、引线发生故障等问题。

由于高功率 LED 使得晶片温度升高、负载被施加到封装材料上，因此开发高性能封装材料对于我国高功率 LED 的研制与规模化生产，提高国际上的竞争力将具有十分重要的意义。

环氧树脂作为 LED 封装材料具有较高的交联密度，因而存在质脆、抗冲击韧性差等缺点，且长期使用后，在晶片发射的紫外光照射下会发生黄变、老化等现象，导致其透光率下降，降低了 LED 器件的亮度。另外，环氧树脂的热阻高达 250 ~ 300℃/W，热量蓄积使得 LED 器件温度上升，从而加速器件光衰，影响使用寿命。同时不同材料之间的膨胀—收缩率存在差异，易产生应力，造成开路而失效。因此，需要对其改性才能满足高折射率、较高的抗冲击韧性、高热传导性以及耐紫外线老化等封装要求，提高器件的可靠性。虽然通过改性方法在一定程度上可以改善环氧树脂封装材料的性能，但大功率的芯片需要通过更高的电流从而导致更高结温，普通环氧树脂已不能满足使用需求。

而脂环族环氧树脂由于其结构的特点，具有纯度高、黏度小、热膨胀系数低等优异性能。其饱和稳定的六元环使其具有优异的耐紫外线辐射和耐候性，因此成为目前高功率 LED 封装用的最有应用潜力的环氧树脂。

（2）LED 灯丝灯是推广 LED 的新方向

LED 灯丝灯自诞生之日起就为 LED 照明产业发展新开辟了一条光明大道。2013 年 6 月光亚展时，只有亚浦耳和晶阳两家公司分别展示了正装 LED 灯丝灯和倒装 LED 灯丝灯；2014 年 6 月光亚展时，有 60 多家公司展示了 LED 灯丝灯；2014 年 10 月香港灯具展时，有 200 多家公司展示形形色色的 LED 灯丝灯；2015 年春有关媒体报道中国生产 LED 灯丝灯的相关企业已达 600 多家。LED 灯丝灯的发展如雨后春笋高速萌发，市场快速波及全世界，并很快被世界各地接受。LED 灯丝灯采用高压 LED（HVLED）技术，小电流驱动技术，大大降低了 LED 光源的发热程度，成为安全可靠的 LED 光源。LED 灯丝灯酷似白炽灯，因此受到全球怀旧百姓的追捧。近几年来，其相关创新技术不断涌现和完善。LED 灯丝灯采用铝基 U 形 LED 灯丝，两根 U 形灯丝呈 X 形固定在铝质圆形导热板上，成为一个标准化的 U 形 LED 灯丝模组零件，组装在灯丝灯中时嵌入会呼吸的铝散热器中，灯丝点亮时产生的热量通由铝基灯丝基材迅速传导给散热器，迅速散热至周围空间。采用 PC 透明灯罩，无碎裂之虑，不用充气，简化生产工艺，节省成本，不用玻璃泡的灯丝灯易通过 UL 认证。

LED 灯丝是将无背镀的蓝光 LED 灯珠固晶在蓝宝石、透明陶瓷、荧光晶体、玻璃或雕花铜板做成的基条上，然后全部采用金线将灯珠串联，灯条外裹覆黄色荧光粉，将蓝光 LED 灯珠全包裹，以防蓝光泄出。每根 LED 灯丝长约 30 ~ 33mm，宽约 1 ~ 1.5mm，厚约 0.4 ~ 0.8mm；功率为 0.9 ~ 1 W。LED 灯丝和 LED 灯片如图 1 所示。

今天，LED 灯丝灯正在向大功率方向延伸。将 LED 灯丝灯功率做大并不是简单地在 A60 玻璃泡中将 LED 灯丝增加到 8 根、12 根，A60 玻璃泡的空间散热效果只能满足 4 根灯丝热量有效传递的要求，太多灯丝的热量无法散去，玻璃泡的温度会很高，LED 灯珠因此会早期光衰。加大玻璃泡的空间才能提高功率和有效散发热量。

要提高 LED 灯丝灯的亮度，一定要相应增加它的散热空间，采用有较大空间的玻璃泡。上海亚浦耳照明电器有限公司是中国最早量产高性价比 LED 灯丝灯的企业，具有中国唯一的 UL 认证灯丝灯生产线。最近又推出了新 1 代大功率 ED80、BT90 灯丝灯，单灯功率达 12W，光通量1 400lm，功率因数 >0.5，Ra >80，色温 2 800 ~ 6 000K，可通过 CE 认证，寿命 20 000h，亮度相当于 100W 的白炽灯。

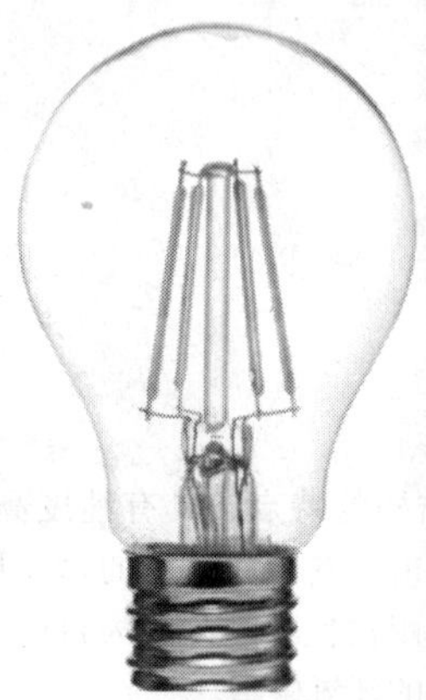

图1 LED灯丝灯和LED灯片照片

目前，中国人掌握了LED灯丝灯工业化生产的所有技术。LED灯丝灯虽然是日本牛尾公司率先发明，但因技术原因未大批量生产。中国人改进设计，进行技术创新，LED灯丝灯才被市场接受，进入大批量生产，风行世界。如今牛尾已在亚浦耳代工！随着LED灯丝灯的自动化生产设备出口，和国外对LED整灯进口要课20%～30%的关税，因此本地化生产就是利润的增长点，不久外国生产的LED灯丝灯将纷纷出现，但技术和生产设备均源自中国。

（3）新型白光LED用块体发光材料研究进展

与胶荧光粉型荧光体相比，新型白光LED用块体发光材料具有化学性能稳定，能够耐受高温、高湿，热导率高，机械性能好等优点。在新型块体发光材料中，可以实现多种激活离子的高浓度均匀共掺杂，能够通过精确控制块状荧光体的透射率、发光波段等各种参数，调节和控制光转换的比例，同时利用块体自身物相结构的均一性，获得均匀的高质量白光。

白光LED光源具有发光效率高、耗电量少、使用寿命长、安全可靠性强，有利于环保等特性，近几年来在城市灯光环境中得到了广泛应用。特别是在全球能源短缺的忧虑再度升高的背景下，LED在照明市场的前景更备受全球瞩目。但是要想替代现有市场上的传统照明器件成为照明主体，目前最流行的荧光转换型白光LED仍存在许多问题，面临着严峻的挑战。问题主要表现为发光效率仍需进一步提高，发光质量依然有待改善，光源的散热性能亟待提升。针对以上问题，研究者们从提升发光材料性能及改善封装结构两个方面做了大量的工作。

在传统封装结构中，荧光体是由分散在树脂中的荧光粉组成，这种结构的传统封装结构中，荧光体首先要进行荧光胶体的灌封，荧光胶的比例、位置和形状等都会影响到最终的出光效率。其中荧光胶体中有硅胶成分，其导热性能、透光性能都影响到LED器件的光衰特性。在大功率白光LED封装中，尤其是多芯片LED集成封装的模组，集聚的热量对荧光粉影响更严重。所以荧光粉涂覆技术，涂覆不均匀、高光衰是制约大功率LED模组进入通用照明领域的一个瓶颈。为了克服传统封装结构的缺陷，近年来开发“无粉、无胶”的高性能荧光体是白光LED研发中的重要课题，这些新型荧光体有陶瓷、晶体和玻璃以及它们的复合体。

目前，有关新型白光LED用块体发光材料的制备技术、机理研究尚不成熟，同时在白光LED中应用的封装技术以及使用性能研究还不系统，但随着人们对新型白光LED用块体发光材料的合成工艺、显微结构和光学机理等基础研究工作的不断深入，其应用前景将会更加广阔。我国是稀土资源大国，若能把稀土掺杂的合成性能优良的新型白光LED用块体发光材料形成具有自主知识产权的规模化制备技术，对于我国从资源优势向经济优势转化具有重大意义。

（4）量子点发光二极管（LED）的研究进展

量子点通常具有核-壳型的基本结构，它的发光效率及色纯度高。因此，具有优异的性能和可控合成的优点，量子点是指在空间3个维度上存在量子限域效应的半导体纳米晶材料。当半导体晶体的尺寸小于或接近激子波尔半径时，由于量子限域效应，体相材料中连续的能带结构变为分立的能级结构，所以量子点又被称为“人造原子”。自20世纪80年代以来，量子点的研究由自上而下的方法论转变为独立胶体颗粒的化学合成方法学和其各种应用的开发。由于合成高单分散性、高发光效率量子点方法的成熟，它的相关应用早在2000年就开始被各大公司报道，如Quantum Dot Corp、Nanosys、QD Vision[1]。量子点LED就是其中极具潜力的应用。Ⅱ-Ⅵ族量子点在LED中的应用研究最为丰富。为了制备高效、稳定的量子点LED，量子点的结构、器件结构和载流子传输层都需要进行设计和优化。

从器件效率的角度，量子点LED目前面临的3个最大挑战是量子点紧密堆积膜的发光猝灭、平面器件结构的光耦合效率低以及对它们工作机理的不理解。虽然量子点溶液的发光效率可以达到90%以上，但是在LED器件的薄膜中，由于自猝灭和电场诱导的激子解离等原因，量子点的发光效率降低，人们需要对量子点LED的工作机理有更深入理解之后，才可以有效解决该问题。目前，量子点LED均采用传统的平面结构，产生的50%～95%的光损失，如果进一步对结构进行修饰，器件的效率会大幅提高。从商业化的角度考虑，首先必须开发出发光效率高、不含重金属的量子点，含Cd元素的量子点是无法在欧洲市场推广的。另外，目前量子点合成的成本是有机小分子的10～100倍，因此开发更廉价、绿色的量子点制备方法也非常重要。

（5）封装工艺研究和应用现状

在封装工艺方面，新工艺不断涌现，大体还呈现出由外而内的趋势。LED封装作为上下游产业端的连接点，起着承上启下的关键作用。在LED高光效化、功率化、高可靠性和低成本的发展下，对封装的要求随之提高。由此，封装行业近年来一直处于新材料、新工艺的快速驱动及发展阶段，新兴封装形式、技术层出不穷，诸如EMC、COB、倒装、CSP……

COB（chip On board）就是将裸芯片用导电或非导电胶黏附在互连基板上，然后进行引线键合实现其电连接，COB LED又叫COB LED source，COB LED module。

COB封装与传统的SMD封装工艺相比，在生产制造效率、低热阻、光品质、应用和成本等方面具有极大的优势。

综合成本可降低25%左右，而且使用器件简单方便，工艺流程简单。

COB技术具有光线柔和、线路设计简单、高成本效益、节省系统空间、散热效果显著、高封装及输出密度等优点。虽然它还存在着芯片整合亮度、色温调和与系统整合的技术问题，但它带来的光品质提升效果是目前市场上单个大功率器件无法匹敌的，在照明用LED光源市场具有相当大的发展潜力。

因此，全球LED封装企业不断地对COB封装技术进行升级，持续优化COB光源的产品寿命、可靠性与关键的发光效率。MCOB、AC-COB和倒装COB等号称“高品质、高效率、高性价比”的新兴COB技术随之涌现。

据了解，COB封装的球泡灯已经占据了LED灯泡40%左右的市场。它在商照领域的明显优势使之成为目前定向照明主流解决方案，未来或将成为封装领域的中流砥柱。

EMC（Epoxy Molding Compound）是采用新的Epoxy材料和蚀刻技术在Molding设备的封装下的一种高度集成化的框架形式。

EMC实则是一种封装材料的变更。它具有高耐热、抗UV、高度集成、通高电流、体积小和稳定性高等特点，在对散热要求苛刻的球泡灯领域、对抗VU要求比较高的户外灯具领域及要求高稳定性的背光领域有突出优势。

EMC自从2014年在LED封装领域开始引进使用后，在室内照明得到大幅发展，迅速成为与SMD和COB相“抗衡”的主流产品。

据了解，EMC目前主要有3030、5050和7070等几种型号，其中3030性价比已经相当突出，光效与COB相差无几。而5050、7070可分别替换3-7W、7-15WCOB产品，并可使光源成本节省30%以上。

而后出现EMC的升级版——硅胶材质的SMC，耐热性、抗UV性都比EMC的环氧材质提升了一个等级，未来可能会应用于倒装芯片。虽然其成本提升但功率也相应提升，并且制作过程可沿用原来EMC的封装工艺。

目前，路灯厂家已经在陆续地导入EMC、SMC的封装产品，未来在中小功率的应用方面也会有一席之地。

倒装芯片的实质是在传统工艺的基础上，将芯片的发光区与电极区不设计在同一个平面，这时则由电极区面朝向灯杯底部进行贴装，可以省掉焊线这一工序，但是对固晶这段工艺的精度要求较高，一般很难达到较高的良率。

倒装芯片具有小尺寸、功能性能增强、高可靠性及散热快的优点，但发展早期由于成本等原因，下游终端市场保持沉寂，近几年的技术突破使其应用范围越来越广，所占市场份额迅速提升。大部分封装企业已经将此封装技术作为重点研发、创新的方向。

目前，倒装LED技术在大功率产品上和集成封装的优势较大，但在中小功率的应用上，成本竞争力并不强，且工艺颠覆带来的前段设备成本提高还需要一段时间消化。

CSP（Chip Scale Package，中文意思是芯片级封装、芯片尺寸封装）封装是时下封装行业最具话题性的封装形式，它光效低、焊接困难、光色一致性且成本价格高，但发光面小、高光密度、颜色均匀且体积小可增加应用端灵活性、成本下降空间潜力大，尤其在LED球泡灯、LED灯管等具极佳设计灵活度，成为各大企业争相抢夺的蓝海市场。

现阶段，CSP在LED背光领域、手机闪光领域的市场份额正保持增速提升，但在照明领域依然少有企业能实现量产。因为在同等光效的前提下，CSP无论是光效还是性价比对于已经成熟的中功率SMD来说优势还不明显。并且目前大部分CSP是基于倒装芯片的开发，而倒装芯片的良率和光效尚未达到正装芯片的效果。同时，生产CSP的企业还不够多，规模效应不明显，成本未能下降到普及范围。

颜色一致性好的RP（Remote Phosphor，远程荧光封装技术）封装技术的相对性能较为突出：一是荧光粉体远离LED芯片，荧光粉不易受PN结发热的影响，延长光源的寿命；二是荧光粉远离芯片设计的结构有利于光的取出，提高光源发光效率；三是光色空间分布均匀，颜色一致性高。

近年来，紫外激发的RP封装技术引起人们的高度关注，相比传统紫外光源，拥有独一无二的优势，包括功耗低、发光响应快、可靠性高、辐射效率高、寿命长、对环境无污染且结构紧凑等诸多优点。但目前来说进展相对缓慢，研发投入的企业为数不多。

ACLED又称为交流驱动LED封装，在封装内部一般有对称的反向并联的LED串联负载。大功率白光LED光源以其能耗低、寿命长及节能环保等优势逐步成为照明的主流。LED采用直流供电，因此在使用LED照明时需要AC/DC变换器将交流电转换为直流电为LED供电，导致部分的电力损耗。而ACLED直接采用交流电驱动，无需AC/DC变换器。如图2所示为一款韩国ACLED的封装结构及其驱动示意图。图中蓝色与无色标示的LED分别在两个交流半波期间正偏导通，而红色标示的LED为公用LED，在两个交流半波内均能导通发光，这在一定程度上可以减小频闪程度。

2015年，SMD+IC、AC-COB成为各大封装企业的主推产品，国内封装企业尤为突出。似乎“封装企业不再主推封装，反而是‘跨界’做AC模块，做集成类光源”。

ACLED可减少20%~30%的灯具驱动成本，有效避免因驱动电源造成LED灯的损坏，并符合简单化、高度集成的发展趋势，但散热差、稳定性低和频闪等问题致使其迟迟未能真正市场化。近两年ACLED技术得到突破，尤其是首尔半导体在这一领域不遗余力地推进，其产品已经能改善ACLED本身的光频闪问题，而且可以实现智能照明功能。

各封装形式相互交叉，正因为有各种封装形式的百家争鸣，才有封装产业的良性竞争健康发展。封装技术多样化是技术创新的结果，也是为了适应LED不同领域或场所的不同应用需求而产生。每一种封装形式都有其特定的应用优势并形成针对性的市场，不能盖棺而论哪一种封装形式将成为主流，在相当长一段时间内每种封装形式都将会各自占据一部分市场。

“COB、EMC、倒装、CSP等技术各有优势，而且相互之间是交集关系而不是孤立关系，如COB、CSP侧重封装形式，EMC侧重封装材料，而倒装主要是芯片类型及其对应的芯片安放方式，所以它们相互交叉和融合。”国星光电副总经理、研发中心主任李程博士如是说。

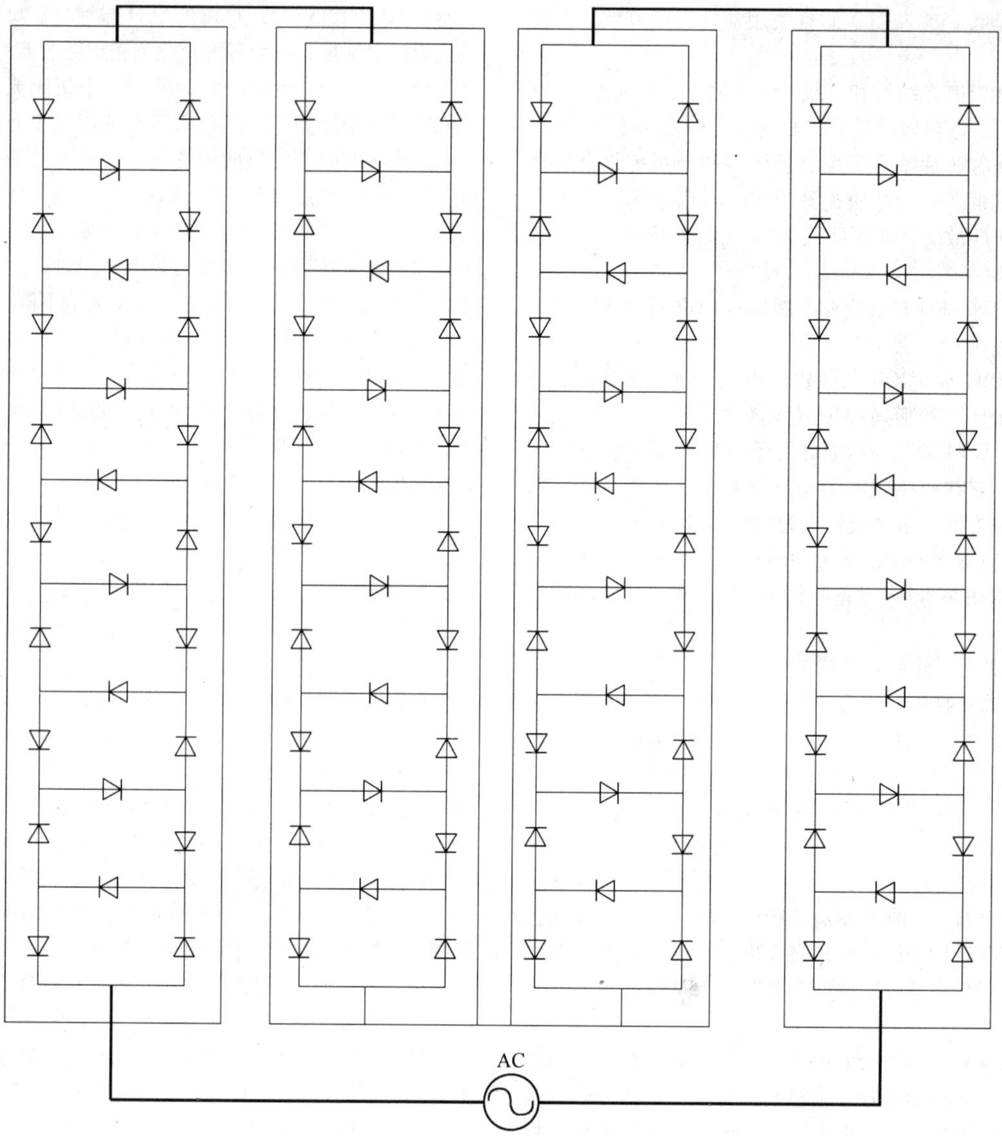

图 2 ACLED 封装（韩国）内部结构示意图及驱动实例

佛山市中昊光电科技有限公司副总经理王进华亦持同样观点："他们在封装应用领域会有所交叉，但各有特色。"

福建天电光电有限公司孙家鑫博士从每种封装形式的应用领域来分析，"COB 适合商照类灯具，注重光色和光品质；倒装适合应用在手机闪光灯以及路灯等方面；CSP 在 LED 背光领域、手机闪光灯的市场份额一直在增长；EMC 在市场容量最大的替代型灯类市场占据较大的市场份额，如灯泡、灯管、面板灯和筒灯等已在大量使用 EMC 灯珠。

昭信光电常务副总经理吴大可则认为 EMC 比较符合中国行业发展现状，它属于技术改良，"COB 不是封装形式的创新，它是基于成本压力的大功率光源模块。"

2. 国内 LED 芯片和封装厂家技术现状与发展

2015 年新年伊始，沉默的封装市场就被中国 LED 封装巨头——木林森的成功上市所打破，紧接着，金沙江对 lumileds 的成功收购（虽后来受美国政府阻扰而暂时搁置）使得中国 LED 封装市场的关注度持续火热，而后，中国 LED 封装代表企业鸿利光电对互联网和车联网的产业延伸，瑞丰光电同向产业的整合，国星光电芯片端的延伸及控制人的变化，再加上封装大厂木林森、鸿利光电以及兆驰股份的扩产计划等等都让 2015 年的中国 LED 封装市场持续火热。

不仅于此，全球经济的不景气导致 LED 应用市场需求大幅放缓，从而使得供过于求的封装市场开启了一次前所未有的价格战，全年中国 LED 主流封装器件价格腰斩，下滑幅度达 50%。激烈的竞争及受到大厂持续扩张的压力，2015 年，超过 1/5 的封装厂选择退出或变相退出。

2015 年，全球 LED 封装行业市场规模达到 1 121 亿元，同比增长 7.4%，其中中国 LED 封装行业市场规模达到 642 亿元（包含进口封装器件及国际企业在国内的生产销售），同比增长 13%。刨去中国市场消耗量，全球 LED 封装其它市场合计规模达 479 亿元，同比仅增 0.6%。中国已成为全球 LED 封装行业的主要生产及消费基地，且未来随着国内封装厂的不断强大，中国 LED 封装市场地位将进一步提高。

三、LED照明驱动技术

1. LED照明驱动技术及其控制方法

LED由于其正温度系数的伏安特性，恒流驱动依然是LED驱动的首选。然而，目前驱动技术研究领域对于LED的模型研究仍然滞后。LED是一个光电热相互作用的多学科混合系统。尽管有多篇文献通过理论分析和实验提出了实验公式，但适用性依然是问题。

2015年，在LED驱动技术方面，无电解电容的LED驱动电源依然未能成为量产产品。

量产产品依然决定于驱动芯片，具有功率因数校正功能的恒流驱动单功率级驱动电源依然是市场的主力军。该类芯片一般利用断续导通模式的反激变换器实现较高的功率因数，利用准谐振技术实现MOSFET软开关，利用一次侧电流控制技术实现二次侧的恒流控制及可靠隔离。这一技术实际上属于单功率级驱动技术，目前单功率级驱动技术除了本节介绍的基于反激式变换器的复合了PFC、准谐振软开关和原边电流控制技术的方案已经成为产品之外，其它的单功率级LED驱动技术则更多地体现为研究性成果，大多数只会停留在文章阶段。这也是目前国内高校研究人员在当前考核机制下无奈的选择。

当然，非隔离式的驱动拓扑方面也有应用场合，如一些可以避免人员接触的LED照明场合。

近几年，随着无线电能传输技术成为研究热点，无线电能传输技术与LED驱动技术的结合也将逐渐成为热点。未来的一年可能会有相关成果出现。

2. 国内LED驱动控制芯片研发制造现状

无论是隔离型驱动还是非隔离型驱动，在国内都可以找到相应的驱动控制芯片，如杭州矽力杰半导体技术有限公司、上海晶丰明源半导体有限公司、杭州士兰微电子股份有限公司、微桥科技有限公司和中国台湾昂宝电子有限公司等，还有一些国外品牌也可以批量供货，如MPS、Iwatt、NXP、Diodes等。

四、LED延伸应用

1. LED在显示和背投领域的应用

除了照明领域应用之外，在显示和背投领域，也大量应用LED。目前，在显示和背投领域，CSP封装技术正在越来越显示出自己的优势。CSP技术是2007年由PhilipsLumileds推出来，其后一直没有下文，直到2012、2013年开始才成为LED业界最具话题性的技术。飞利浦、科锐和三星等企业被认为是CSP巨头。韩国的三星公司推出的第二代芯片级封装器件CSP，尺寸达到1.2mm×1.2mm，比第一代CSP缩小30%，同时性能却提高了10%。日本的日亚化学推出一款尺寸仅为0.65mm×0.65mm的白光芯片级封装LED（CSP-LED），号称行业最小。在中国台湾，隆达电子2014年发布首款无封装白光LED芯片，并已小量试产；2015年又宣称发布业界最小CSP无封装UVLED封装产品。台积电则向业界分享了“WLCSP封装可靠性”的内容，其技术水平引起业内关注。

在国内，CSP仅限在话题性，真正展出的产品不多，天电、德豪润达、晶科立体广电等LED企业表示将陆续推出CSP产品。国内最先将倒装技术应用于白光LED的是江苏长电，而真正开创倒装无金线封装新潮流的是广州晶科电子。晶科电子总裁特助宋东表示，晶科的LED无金线倒装技术已大量应用在大功率路灯、电视机背光系列和手机闪光灯系列，在全球市场中大约已经占了10%左右的份额。宋东还披露：“晶科电子在前些年已经开始对芯片级光源也就是CSP进行研发了，经过了这几年的技术处理，今年已经成功实现批量化生产，而且已经得到了大量的应用。在未来我们大概会有超过40%～50%的市场份额。”

然而，CSP技术也有自己适合的应用场合，正如京科电子总裁特助宋东所说：“CSP不是万能的，它是针对不同的产品有不同的应用”，“针对不同的产品来做倒装的无封装技术，就像我们的荧光灯、广告球泡灯就不适合用这种无金线产品，但是针对电视机和路灯以及手机闪光灯就比较适合。”

2. 智能照明与智能家居

2015年11月19日，第12届中国国际半导体照明论坛在深圳落幕。与会专家认为，LED照明在快速替换传统照明的同时，也在向智能化、数字化和可控性的智慧照明方向发展。LED照明开创了大众创业、万众创新的新局面。展望未来，LED照明将以应用需求为驱动，引领行业步入发展新阶段。LED正在通过物联网，变得更加智能，同时互联网和LED照明融合后，将实现真正的智能化照明。未来，LED照明的用途还很广，会产生更大的价值。

智能家居与老百姓的生活紧密相连，那些高大上的功能其实并不实用，而智能照明作为基础需求，才是智能家居市场能够最快起量的领域。声波控制LED灯泡、智能多彩灯和氛围灯光效果控制等这些智能灯光控制系统比那些用APP打开窗帘、用APP查看冰箱更容易被消费者接受。

LED智能驱动技术是结合互联网、蓝牙和无线电能传输等技术实现LED调控。其特点包括开放式、分布式、遥控遥测、兼容性和互动性等，是照明技术和信息技术的深度融合。在技术上涉及面广，关键技术有发光模组与驱动电源之间的界面整合等，目前亟须有统一的基础标准，要根据实际需求进行研发推广应用。

3. 小间距LED显示技术

最近几年，在LED显示屏行业，小间距LED显示屏已经成为当之无愧的主角，在整个市场中发展得风生水起，一直备受瞩目。传统意义上，业界普遍将像素间距在2.5mm（即P2.5）以下的LED屏称作“小间距”LED屏，当前，室内小间距LED领域主要包括P2.5、P1.9、P1.6、P1.2等产品规格，其中，P1.2类型产品由于价格较高，仍未构成市场主力。不过，如今已具备了批量生产能力。

近年来，围绕高密度LED显示屏的全产业链已经启动，包括上游的灯珠、封装，下游的显示设备制造，可以说，当前技术条件已经万事俱备。从这个意义上讲，高密度LED显示屏实现高速发展也在情理之中。

不过，将像素间距做得更小，不但为户外小间距LED屏带来了成本上的增加，令一些中小企业较难接受，更是对制造工艺提出了更为严苛的要求，在可靠性和稳定性等方面仍存在一些难题。但是，随着技术的进步，成本下降、效果提升是必然的，而小间距 LED 屏高清晰度、无拼缝及色彩艳丽等优势将在户外领域更加凸显，满足户外广告更加高端的需求。

4. 植物照明应用

植物工厂是通过设施内高精度环境控制实现农作物周年连续生产的高效农业系统，是利用计算机对植物生育的温度、湿度、光照、CO_2 浓度以及营养液等环境条件进行自动控制，使设施内植物生育不受或很少受自然条件制约的省力型生产。在“光”“温”“水”“肥”“气”几个重要的生长因子中，“光”因子影响最为重要。几年前的温室农业采用高压钠灯作为人工光源的应用比较多。但是存在一些问题，主要包括：①光谱不易调节。②光源与作物之间的距离不能太近，以免灼烧作物，难以实现小空间植物工厂。③光源过于集中，作物照射不均匀。

近几年，随着 LED 照明技术的不断发展，LED 在植物工厂的应用得到很大的发展，这是因为 LED 具有更加显著的优势：①LED 面光源很容易实现均匀补光。②不同颜色 LED 的控制，可以为不同作物的不同生长阶段提供合适的照射光谱，也能给农业研究人员提供更加科学的研究手段。③LED 红外部分很少或者没有，使得 LED 光源可以非常接近作物而不会灼伤作物，因而可以实现小空间补光，如植物生长箱等。

图 3 应用 LED 补光的植物工厂照片

5. 紫外 LED 的应用

紫外 LED 一般指发光中心波长在 400nm 以下的 LED，但有时将发光波长大于 380nm 时称为近紫外 LED，而短于 300nm 时称为深紫外 LED。因短波长光线的杀菌效果高，因此紫外 LED 常用于冰箱和家电等的杀菌及除臭等用途。

紫外 LED（UV LED）主要应用在生物医疗、防伪鉴定、净化（水、空气等）领域、计算机数据存储和军事等方面。而且随着技术的发展，新的应用会不断出现以替代原有的技术和产品，紫外 LED 有着广阔的市场应用前景，如紫外 LED 光疗仪是未来很受欢迎的医疗器械，但是目前技术还处于成长期。

“十一五”国家 863 计划新材料技术领域重大项目“半导体照明工程”课题“深紫外 LED 制备和应用技术研究”经过持续攻关，在高铝组分材料研究和器件应用方面取得重要突破。

半导体深紫外光源在照明、杀菌、医疗、印刷、生化检测、高密度的信息存储和保密通信等领域具有重大应用价值。以 AlGaN 材料为有源区的深紫外 LED 的发光波长能够覆盖 210 ~365nm 的紫外波段，是实现该波段深紫外 LED 器件产品的理想材料，具有其它传统紫外光源无法比拟的优势。

但是，目前紫外 LED，特别是短波紫外 LED 和深紫外 LED 国内外均没有成熟的产品，国内目前仅有 280nm 以上的紫外 LED 产品，且单颗 LED 灯的电流仅有 20mA，正向导通电压约为 5 ~ 7V。而对于微生物灭活及有机物降解有效的 254nm 的短波紫外 LED 产品则还要期待未来的几年内才能量产。

五、总结

在以上的 LED 照明技术及其延伸应用介绍中，主要介绍了 LED 封装新工艺以及驱动技术现状，同时对于 LED 照明延伸应用做了较大幅度的介绍。较 2014 年，2015 年 LED 行业产品技术出现很多变化，可能是被资本并购的风头抢盖的原因，似乎 LED 技术没有多大改变一样。其实不然，纵观过去一年，OLED 不是炒炒概念，而是出来了产品，虽然不是主流，倒装更不是几家在研发，而是产业在布局了；UV\IR 也渐渐被拉上了高点，而不是过去几乎没有报道的情形；一直以来的光引擎产品概念，逐渐开始落到实处，企业加大布局；还有闪光灯、智慧照明、CSP 以及 COB 更是上了一个新的高度。

参 考 文 献

[1] 颜重光. LED 灯丝灯技术的创新发展［J］. 中国照明电器，2016（1）：9 ~ 13

[2] 沈雷军，乔君. 新型白光 LED 用块体发光材料研究进展［J］. 中国照明电器，2015（12）：11-14.

[3] 柳杨，刘志伟，卞祖强，黄春辉等. 高效、稳定Ⅱ-Ⅵ族量子点发光二极管（LED）的研究进展. 无机化学学报. 2015，31（9）：1751 ~ 1760.

[4] http://www.bosidata.com/qtITshichang1511/16719882CU.html. 慧聪 LED 网，博思网. LED 封装行业日新月异详解当下主流封装技术.

[5] http://china.makepolo.com/product-picture/100084830068_0.html. Product feature HV_AC.

[6] 紫外 LED 基础知识. 电子电路网. 2012-06-15.

[7] http://www.ailiteled.com/Article/2016nianLEDchanyefaz_1.html. 2016 年 LED 产业发展趋势及热门技术概况.

中国电力电子器件行业的发展动态

常州瑞华电力电子器件有限公司

一、电力电子器件行业发展趋势

电力电子技术是使用电力半导体器件及电子技术对电气设备的电功率进行变控制的技术。它以实现“高效率用电和高品质用电”为目标，是一门综合电力半导体器件、电力变换技术、现代电子技术和自动控制技术等许多学科的交叉学科，电力电子器件是电力电子技术的基础和源头。在电力电子器件中，MOS场控半导体器件以其优异的特性已成为主流器件，如IGBT、MOSFET和IECT这些以MOSFET作为控制级，且具有高的工作频率的器件，其研究的核心是提高电压和电流容量；静电感应类电力半导体SIT、SITH的研究将受到重视电力电子技术是电子学发展的新领域。近年来，国内外电力电子产品的开发和电力电子技术的应用有了很大的发展。

1. 国内外电力电子技术发展现状与走势

（1）电力电子器件发展史

电力电子器件又称作开关器件，相当于信号电路中的A-D采样，称之为功率采样，器件的工作过程就是能量过渡过程，其可靠性决定了装置和系统的可靠性。根据可控程度以及构造特点等因素可以把电力电子器件分成四类：

1）半控型器件——第一代电力电子器件　20世纪50年代，由美国通用电气公司发明的硅晶闸管的问世，标志着电力电子技术的开端。到了20世纪70年代，已经派生出了许多半控型器件，这些电力电子器件的功率也越来越大，性能日渐完善，但是由于晶闸管的固有特性，大大限制了它的应用范围。

2）全控型器件——第二代电力电子器件　从20世纪70年代后期开始，可关断晶闸管（GTO）、电力晶体管（GTR或BJT）及其模块相继实用化。此后，各种高频率的全控型器件不断问世，并得到迅速发展。这些器件主要有：电力场控晶体管（即功率MOSFET）、静电感应晶体管（SIT）和静电感应晶闸管（SITH）等，这些器件的产生和发展，已经形成了一个新型的全控电力电子器件的大家族。

3）复合型器件——第三代电力电子器件　前两代电力电子器件中各种器件都有其本身的特点。近年来，又出现了兼有几种器件优点的复合器件。如：绝缘门极双极晶体管（IGBT，Insulated Gate Bipolar Transistor）。它实际上是MOSFET驱动双极型晶体管，兼有MOSFET的高输入阻抗和GTR的低导通压降两者的优点。它容量较大、开关速度快且易驱动，成为一种理想的电力电子器件。

4）模块化器件——第四代电力电子器件　随着工艺水平的不断提高，可以将许多零散拼装的器件组合在一起并且大规模生产，进而导致第四代电力电子器件的诞生。以功率集成电路（PIC，Power Intergrated Circuit）为代表，其不仅把主电路的器件，而且把驱动电路以及具有过电压过电流保护，甚至温度自动控制等作用的电路都集成在一起，形成一个整体。

（2）国外电力电子技术发展趋势

目前，国际上电力电子技术和电力电子器件发展较快的国家主要是日本、美国和西欧，其中日本在技术和产量方面都居领先地位。日本、美国和西欧的一些公司都致力于电力电子器件的开发和应用，并以每年20%～30%的速度递增。其中，日本是世界上最主要的电力电子产品生产国，东芝、日立、三菱和富士等公司都是世界上主要的电力电子器件制造商。日本政府大力支持电力电子技术的应用和电力电子器件的研究开发，并要求起点高、起步快，从而导致日本在电力电子技术领域很快处在领先地位。美国在意识到失去优势的情况下，着手制定发展新战略，并组建了“电力电子应用中心”（PEAC）这一国家级实验室，把重点放在VDMOS和MCT上，以保持在电力电子技术发展中的优势。西欧高技术发展战略中，也将GTO、SITH、MCTH这一系列新型电力电子器件及其应用列为重点发展项目。国外电力电子技术发展的速度非常快，电力电子器件的更新换代日新月异，电力电子技术的飞速发展和新型电力电子器件的不断研制成功，使国外电力电子发展形成以下特点：一是发展速度快、应用范围宽。二是生产第二代，开发第三代电力电子器件产品。三是电力电子技术向大功率化、模块化、高频化、智能化方向发展。

（3）国内电力电子技术发展趋势

近年来我国电力电子技术又取得了长足的进展，主要表现在以下几个方面：

电力电子器件技术、电力电子集成化技术、电力电子数字化技术、小功率电力电子技术、新能源发电技术和电能质量控制技术及节能技术。

我国在60年代初研制出第一只晶闸管之后，电力电子行业得到一定发展。据1993年调查表明，目前全国主要电力电子器件和设备生产厂家共200家。其中专业生产厂、所占65%，兼业生产厂、所占35%；其中只生产电力电子器件的生产厂家占45%，只生产电力电子装置的生产厂家占25%，既生产器件又生产装置的生产厂约30%。这200家单位分别隶属机械、电子、冶金、轻工、邮电、能源、军工、铁道和教育等14个系统，其中机械电子系统的厂家占70%以上。可见，电力电子行业在我国是一个跨系统、跨部门的行业，其主体在机电系统。为了加快我国电力电子技术发展，国家科委专门组织了全国电力电子技术发展战略研究，确定了我国电力电子技术发展的基本任务，即从我国实际情况出发，以国内外两个市场为导向，经3个五年计划的艰苦努力完成行业改组和院所调整，建立若干大型企业集团，加强科研测试基地建设，形成具有独立发展，自我完善能力的成熟产业。

电力电子技术在国内正逐渐得到重视，为解决我国能源和原材料紧张的困难，提供了新的高科技解决方法和手段。今后世界市场的竞争主要表现为高新技术的竞争，谁拥有电力电子这种先进的高新科技产品，谁就掌握竞争的优势。总体说来我国当前电力电子技术的水平落后于国际先进水平，远远跟不上我国国民经济发展的需要，特别是还面临着国外产品的严重冲击，因此我们必须清醒地认识到这一挑战并且要勇敢地面对。

2. 存在的问题

目前，对电力电子装置的保护措施及其参数设计在很多方面是凭经验进行的，现有的电力电子理论还严重不足，在现行的电力电子电路分析方法中存在下列需要解决的问题。一般分析时只考虑电力电子器件的理想开关状态，以及开关器件切换后电路的稳态波形。在一般拓扑研究和设计中这样做是够的，但是要确保装置实际运行时的可靠性就不行了，还需考虑实际的开关过程，需建立器件在开关过程中的仿真模型 。一般分析电力电子装置开关切换后的过渡过程时，只考虑电路和电机的集总参数，可是在探讨各种可能损坏器件的原因时，这样做就不够了。器件在开关过程中所承受的脉冲电压可表示为 Ldi/dt，电感所引起的脉冲尖峰足以击穿通常的低压器件。一般引线的分布电感常常是 μH 级的，要确保可靠性就必须考虑这样的分布电感。与此相仿，还需考虑导线和绕组之间和对地的分布电容以及器件输入端的结电容。这样一来，电力电子装置的模型就复杂多了。从以上两类具体问题中可以看出，要深入研究电力电子科学，还有许多工作可做，有待于各位年富力强同志的努力。

3. 电力电子器件的发展趋势

现代电力电子器件仍然在向大功率、易驱动和高频化方向发展。电力电子模块化是其向高功率密度发展的重要一步。当前电力电子器件的主要发展成果如下：

（1）复合型电力电子器件

绝缘栅双极晶体管（IGBT，Insulated Gate Bipolar Transistor）是一种 N 沟道增强型场控（电压）复合器件，它属于少子器件类，兼有功率 MOSFET 和双极性器件的优点：输入阻抗高、开关速度快、安全工作区宽、饱和压降低（甚至接近 GTR 的饱和压降）、耐压高、电流大。IGBT 有望用于高压变流系统中。

MOS 控制晶闸管（MCT，MOS-Controlled Thyristor）是一种新型 MOS 与双极复合型器件，它采用集成电路工艺，在普通晶闸管结构中制作大量 MOS 器件，通过 MOS 器件的通断来控制晶闸管的导通与关断。MCT 既具有晶闸管良好的关断和导通特性，又具备 MOS 场效应管输入阻抗高、驱动功率低和开关速度快的优点，克服了晶闸管速度慢、不能自关断和高压 MOS 场效应晶体管导通压降大的不足。所以 MCT 被认为是很有发展前途的新型功率器件。MCT 器件的最大可关断电流已达到 300A，最高阻断电压为 3kV，可关断电流密度为 $325A/cm^2$，且已试制出由 12 个 MCT 并联组成的模块。

集成门极换流晶闸管（IGCT，Intergrated Gate Commutated Thyristors）是一种用于巨型电力电子成套装置中的新型电力半导体器件。IGCT 使变流装置在功率、可靠性、开关速度、效率、成本、重量和体积等方面都取得了巨大进展，给电力电子成套装置带来了新的飞跃。IGCT 是将 GTO 芯片与反并联二极管和门极驱动电路集成在一起，再与其门极驱动器在外围以低电感方式连接，结合了晶体管的稳定关断能力和晶闸管低通态损耗的优点，在导通阶段发挥晶闸管的性能，关断阶段呈现晶体管的特性。

电子注入增强栅晶体管（EGT，Injection Enhanced Gate Transistor）是耐压达 4kV 以上的 IGBT 系列电力电子器件，通过采取增强注入的结构实现了低通态电压，使大容量电力电子器件取得了飞跃性的发展。IEGT 具有作为 MOS 系列电力电子器件的潜在发展前景，具有低损耗、高速动作、高耐压和有源栅驱动智能化等特点，以及采用沟槽结构和多芯片并联而自均流的特性，使其在进一步扩大电流容量方面颇具潜力。另外，通过模块封装方式还可提供众多派生产品，在大、中容量变换器应用中被寄予厚望。

集成电力电子模块（IPEM，Intergrated Power Elactronics Modules）是将电力电子装置的诸多器件集成在一起的模块。它首先将半导体器件 MOSFET、IGBT 或 MCT 与二极管的芯片封装在一起组成一个积木单元，然后将这些积木单元迭装到开孔的高电导率的绝缘陶瓷衬底上，在它的下面依次是铜基板、氧化铍瓷片和散热片。在积木单元的上部，则通过表面贴装将控制电路、门极驱动、电流和温度传感器以及保护电路集成在一个薄绝缘层上 IPEM 实现了电力电子技术的智能化和模块化，大大降低了电路接线电感、系统噪声和寄生振荡，提高了系统效率及可靠性。

电力电子积木（PEBB，Power Electric Building Block）是在 IPEM 的基础上发展起来的可处理电能集成的器件或模块。PEBB 并不是一种特定的半导体器件，它是依照最优的电路结构和系统结构设计的不同器件和技术的集成。虽然它看起来很像功率半导体模块，但 PEBB 除了包括功率半导体器件外，还包括门极驱动电路、电平转换、传感器、保护电路、电源和无源器件。

（2）电力电子器件发展展望

1）新材料的应用　近年来还出现了很多性能优良的新型化合物半导体材料，如砷化镓（GaAs）、碳化硅（SiC）、磷化铟（InP）及锗化硅（SiGe）等。由它们作为基础材料制成的电力电子器件正不断涌现。

砷化镓材料：GaAs 是一种很有发展前景的半导体材料。与 Si 相比，GaAs 有两个独特的优点：①禁带宽度能量为 1.4eV，较 Si 的 1.1eV 要高。正因如此，GaAs 整流元件可在 350℃的高温下工作（Si 整流元件只能达 200℃），具有很好的耐高温特性，有利于模块小型化。②GaAs 材料的电子迁移率为 $8\,000cm^2/Vs$，是 Si 材料的 5 倍，因而同容量的器件几何尺寸更小，从而可减小寄生电容，提高开关频率（1MHz 以上）。当然，由于 GaAs 材料禁带宽度大，也带来正向压降比较大的不利因素，不过其电子迁移率可在一定程度上补偿这种影响。

GaAs 整流元件在 Motorola 公司的一些老用户中间，广泛用于制作各种输出电压（12V、24V、36V、48V）的 DC

电源，用于通信设备和计算机中。预计，随着200V耐压GaAs整流器件生产工艺技术的改进，器件将获得优化，应用领域将会不断扩大。

碳化硅材料：SiC是目前发展最成熟的宽禁带半导体材料，作为Si和GaAs的重要补充，可制作出性能更加优异的高温（300～500℃）、高频、高功率、高速度、抗辐射器件。SiC高功率、高压器件对于公电输运和电动汽车的节能具有重要意义。已用SiC材料制作出普通晶闸管、双极晶体管（BJT）、IGBT、功率MOSFET（175V/2A、600V/18A）、SIT（600MHz/225W/200V/f_{max} = 4GHz）、PN结二极管（300K温度下耐压达45kV）和肖特基势垒二极管（300K温度下耐压达1kV），广泛运用于火车机头、有轨电车、工业发电机和高压输电变电装置中。

磷化铟材料。InP是一种ⅢⅤ族化合物半导体材料，是继Si和GaAs之后的新一代电子功能材料。它具有更高的击穿电场、更高的热导率及高场下更高的电子平均速度，且表面复合速率比GaAs低几乎3个数量级，使得InPHBT可在低电流下工作，可作为高速、高频微波器件的材料，频率可达340GHz。

锗化硅材料。据报道，德国Tenic Telefunken Microelectronic公司于1998年一季度开始批量生产无线应用的SiGe芯片，其截止频率为50～110GHz。这标志着SiGe器件正式进入应用领域，目前，该技术仍然处于快速发展之中。

2）发展方向　集成化。高度的集成化能是体积更小，重量更轻，功率密度更高，性能更好。

智能化。电力传动系统的智能化，使其更具自动调节能力，从而获得更高的性能指标，包括高效率，高功率因数，宽调速范围，快速准确的动态性能和高故障容错能力等。

通用化。更有效地扩大应用范围，从而降低生产制造成本。

信息化。现代信息通信技术渗透到电力传动系统中，使其不但是转换、传送能量的装置，也成为传递和交换信息的通道。这就扩展了电力传动系统的内涵和外延，大大提高了电力传动系统的效用。

与此同时，在电力电子的发展过程中还应该解决其电路理论进展所遇到的问题：对于高电压、大电流的问题关键是要生产出耐高压，能承受大电流的电力电子器件及其串并联技术。电力系统需保证所有用户长期稳定的供电，因此用以电力系统的电力电子装置的可靠性十分重要。

随着电力电子器件应用领域的拓展，包括电力机车、电动汽车、电动机控制、机器人、照明、新能源发电、开关电源和微波功放等。非线性负载的电子设备，诸如整流设备、变频器、各类电源及电子镇流器等，使供电网络的电压和电流的正弦波发生畸变，产生谐波，谐波阻碍电能的合理高效利用，还会引发不安全事故，因此各国都把电网中的谐波视为电力污染和公害，都在致力于解决谐波的发生、吸收和限制谐波传播等高功率因数和低谐波的高品质用电问题。

二、2015年电力电子器件行业技术动态

2015年可谓是电力电子市场的复苏之年。历经两年看不到任何增长的艰难时期之后，2015年电力电子的市场规模增长了8.4%，达到115亿美元。未来几年，市场前景也将保持乐观。电力电子市场的重要驱动力来自：电动汽车和混合动力汽车（EV/HEV）的销售量显著增长、可再生能源的增加、智能电网技术的应用增长。预计到2020年，电力电子市场将超过170亿美元。2015～2020年期间，复合年增长率为6.9%。

电力电子的市场增长得益于电源模块和IGBT。2015～2020年期间，电源模块市场复合年增长率为10.3%，而分立器件市场的复合年增长率仅为5.1%。IGBT模块需求量的增长得益于在能效和热能管理方面改善了产品的整体性能。新出现的宽禁带半导体器件市场也将驱动电力电子市场增长，预计到2020年，约占全球市场份额的5%。

2015～2020年电力电子市场规模（包括电源IC、模块和分立器件）。中国企业将通过垂直整合方式来挑战横横向整合的欧美企业。目前，供应链正不断发生变化。电力电子供应链具有多样性，大部分应用依赖于本地市场。欧美企业通常优先考虑通过横向整合的方式来重塑产业链，在价值链的某一层次上确保专业的竞争优势。因此，建立合作伙伴关系或合资企业成为欧美企业的首选。例如，针对英飞凌以30亿美元现金收购国际整流器公司（International Rectifier）案件。一些系统制造商，如特斯拉和比亚迪，正在研发自己的电力电子技术、电源管理系统、充电和电动机驱动系统等，以提高产品附加值。

亚洲企业更青睐于市场的垂直整合，以此来优化产品成本。日本企业已经形成垂直整合商业模式，并开发出多种应用投放到不同市场中受益。中国企业则通过垂直整合创建不同应用领域的市场领导者，如光伏行业的阳光电源、风能行业的金风科技、电动和混合动力汽车行业的比亚迪。本报告重点介绍了由中国政府主导的政策细节。在这个不断变化的市场环境中，欧美和日本企业必须拥有高附加值的解决方案才能与中国企业竞争。本报告提供了主要竞争厂商完整的市场战略分析。

IGBT市场的商业模式。新技术将重塑电力电子产业，实现快速增长。小型封装的产品需求不断增长。因此，厂商们需要与产业链上其它企业形成合作关系，通过协同效应来提供更小、更高性能的解决方案。我们介绍了在上述趋势影响下形成的几大合作伙伴关系。在该方向上，越来越多的企业参与到Power Stack技术的研发中。

从技术上看，MOSFET和IGBT在电力电子市场中的需求量最大，未来也将保持增长趋势，并涵盖低、中和高压应用领域。新技术在过去十年中不断涌现，如超结（Super Junction）MOSFET将MOSFET的工作电压范围提高到了900V。从封装上看，在电动汽车和混合动力汽车的带动下也有了较大进展。

新的宽禁带（WBG）材料的出现也将重塑电力电子产业，以碳化硅（SiC）和氮化镓（GaN）为基础的电力电子器件适合高压应用。尤其是Sic器件，与硅器件相比，在高频和高温应用中占据性能优势。由于SiC技术比GaN更成熟，因此如铁路牵引和光伏逆变器已经推出了基于SiC宽禁带半导体器件的系统。

SiC进入其它高压应领域是大势所趋，如风电和高压直流电网。但是，目前最有力推动SiC市场发展的方法是将SiC器件应用于电动汽车牵引系统。基于GaN器件的系统市场占有率较小。一些消费类应用，如笔记本电脑充电器和光伏逆变器，将尝试应用GaN技术。一些系统制造商也正在进一步开发更多的基于SiC和GaN器件的产品原型。因此，未来5年，宽禁带半导体器件将进入多种应用领域，实现快速增长。

三、结束语

可以预期，随着碳化硅、氮化镓等电力半导体材料的技术进步，诸如IGBT这类在性能上兼有双极型器件和MOS器件的优点、驱动电路简单、驱动功率小、开关损耗小、工作频率高、承受电压较高、载流密度大、通态压降小、热稳定性好和没有“二次击穿”问题的电力电子器件将会得到快速发展，其电性能参数将日趋完善。

（本文由中国电源学会变频电源与电力传动专业委员会推荐）

主要撰稿单位介绍：

常州瑞华电力电子器件有限公司是一家专门从事电力半导体模块设计、开发，生产和销售的国家高新技术企业。是江苏省电力半导体模块工程技术研究中心和常州市电力半导体模块工程技术研究中心的独家依托单位。拥有一支由教授、高工、硕士等高级专业技术人员组成的研发团队，多次参加电力电子产品国家标准的编审，现已拥有20多项国家专利（其中发明专利3项）。旗下拥有两大品牌申社和SSC。公司与清华大学、燕山大学、中国矿业大学等知名院校及西安电力电子技术研究院签署了长期产、学、研究、合作协议。成立了浙江大学汪槱生院士工作站以及燕山大学研究生工作站。联合中国矿业大学建立了“常州瑞华电力半导体器件模块联合实验室”。

瑞华公司主要产品系列有：晶闸管/整流管桥臂模块（电流20～1 000A；电压400～6 500V）；单/三相整流桥模块（电流10～1 000A；电压400～3 000V）；超快恢复模块（电流60～800A；电压400～1 200V）；防反二极管模块（电流25～1 000A；电压400～5 000V）；变频器专用多功能模块（电流25～200A；电压800～2 200V）；交流开关模块（电流17～1 000A；电压400～2 200V）；晶闸管功能组件（电流50～1 000A；电压400～2 200V）。

瑞华公司的产品广泛应用于诸如逆变焊机、不间断电源、电镀电源、超声波电源、变频、斩波调速、新能源、整流器设备、不间断电源（UPS）、直流电机励磁和蓄电池的直流电源等系列电力电子产品中，为确保用户的产品品质提供了可靠的保障。

第四篇　电源行业新闻

行业要闻

智能电网的“互联网+”模式成新趋势

中央国务院发文推动中国智能电网迎来发展新机遇

国网发布2015年智能电网项目建设意见

国家智慧城市标准体系有望3年内出台

河南出台十八条措施 力促智慧城市健康发展

国家能源局发布《关于推进新能源微电网示范项目建设的指导意见》

国家发展改革委发布《关于加快配电网建设改造的指导意见》

6项分布式能源行业标准于3月1日实施

全国微电网与分布式电源并网标准化技术委员会获批筹建

2015年储能市场及国内储能大事件

2015年风电关键词

国家能源局激发风电市场为“十三五”开好头

风电等绿色产业获央行力挺清洁能源领域迎政策性利好

全国弃风限电进一步恶化 消纳不畅成风电瓶颈

2015年风电新增装机量创新高 弃风限电加剧

大数据揭秘2015年风能资源利用小时

2015年中国新能源汽车产业现状与未来发展趋势

2015全球电动汽车销量近54万中国品牌占三成

工信部：2015年重点扶持新能源汽车等七大产业

政策支持力度加大 燃料电池汽车前景几何

加快新能源汽车电池革命性突破将会带动电源行业

中国特色新能源车技术路线

工信部部长苗圩：让新能源汽车用户买得到车，充得上电

国务院办公厅印发关于加快电动汽车充电基础设施建设的指导意见

发展改革委印发电动汽车充电基础设施发展指南

七部委发文鼓励社会参与建停车场按比例配建充电设施

充电桩电动汽车将互相兼容全国建成充换电站3600座

北京开展“路灯充电桩”改造试点鼓励电动汽车发展

工信部启动新能源汽车安全排查动力电池市场或现洗牌潮

工信部印发《锂离子电池规范管理暂行办法》

2015年无线充电技术与无线充电行业现状

2015年是无线充电技术突破年

无线充电全解析 不温不火待统一标准

实用性电动汽车无线充电站面世

重庆大学研发电动汽车无线充供电系统装置：公路铺线圈 电动车边跑边充电

武汉大学无线电能传输技术研究团队成果将投入使用

2015年12个月里LED照明行业“厮杀”大事件

LED照明行业整体市场向好 中小企业竞争加剧

六大拦路虎，LED驱动IC发展道路阻力重重

三项LED照明标准通过标准审查

北理工副教授取得纳米晶白光LED研究重要进展

国家标准委下达2015年245项国家标准（电气设备33项）制（修）订计划

中国电科院牵头16项国家标准获批立项

国家能源局关于下达2015年能源领域行业标准制（修）订计划的通知

发改委发布PPP项目库864亿元能源大单静待民资进入

前沿技术出现：铜、锰也可以制作磁性材料

美合成可替代稀土的磁性纳米材料有望降低生产中对稀土的依赖

氮化镓替代硅的颠覆性半导体新技术能否成为主流技术

企业动态

台达获评中国外资企业100强十大责任企业

台达通信电源Golden Eagle荣获德国iF设计大奖

台达荣获2015中国自动化企业创新奖

台达逆变器打造上海申美2.3MW分布式屋顶光伏电站

台达为深罗高速公路打造智能交通监控大屏

科华恒盛获得全国“两化融合管理体系评定证书”

厦门科华恒盛股份有限公司全资子公司获得《武器装备科研生产许可证》

科华恒盛获“国家技术创新示范企业”认定

科华恒盛荣获第三届中国电源学会科技奖两项大奖

科华恒盛获国内核级UPS鉴定 携重大技术成果挺进核电装备市场

科华恒盛节能产品中标中广核逆变器战略采购项目

阳光电源获得SA8000社会责任标准认证

阳光电源总经理曹仁贤荣获安徽省重大科技成就奖

阳光电源检测中心通过CNAS实验室认可

阳光电源联手三星SDI正式注册成立储能装备合资公司 瞄准储能微网

安徽省光伏扶贫PPP项目落地阳光电源 为岳西超5 000贫困户致富铺路

IHS报告：阳光电源发货量蝉联2014中国光伏逆变器市场前列、全球第二

国家能源局局长努尔·白克力调研阳光电源

中国科协副主席陈章良调研阳光电源

易事特升格为集团公司

易事特荣获第三届中国电源学会科技进步二等奖

易事特检测中心获CNAS认可

易事特光伏逆变器荣获CQC“领跑者”认证，为行业树立新标杆

易事特获评“2015年广东省知识产权示范企业”

易事特荣获第十七届中国专利优秀奖

易事特参与制定国家行业标准《防孤岛试验装置技术规范》

国家发改委领导到易事特调研

志成冠军多制式模块化UPS产品荣获中国专利优秀奖

航嘉荣获“全国质量诚信标杆典型企业”称号

航嘉发布高端游戏品牌MVPLAND

航嘉罗文华董事长连任深圳市政协常委

中央组织部领导莅临航嘉园区考察调研

中兴通讯荣获2015年中国数据中心示范项目奖

华南电源——佛山产业转型升级再添新平台

佛山市委书记考察华南电源创新科技园企业——对支持民企发展更有底气、更有信心

汇川“IS系列高性能交流伺服驱动器”荣获广东省科学技术奖二等奖

汇川2015变频器重大新闻与重大事件

北京动力源被评为工业领域“AAAAA”级节能服务公司

柏克荣获“商务部AAA级信用企业”

柏克成功牵手中海油助力打造绿色节能数据中心能耗系统

富华电子通过QC080000体系认证

富华电子“大功率LED智能驱动电源研制及产业化”项目通过验收

新光宏锐布局大功率UPS电源市场

广州金升阳科技有限公司通过2015广东省工程技术研究中心认定

金升阳AC-DC电源模块荣获第三届中国电源学会科学技术奖

华耀公司获安徽省专利优秀奖

华耀获“安徽省技术创新示范企业”认定

华耀高效率高功率密度PFC电源获选合肥市科技进步奖

华耀项目再获中国电源学会科技进步奖

华耀新添8项企业标准

华耀研发团队入选安徽省“115”产业创新团队

华耀顺利通过“装备承制单位”续审

“鸿宝”牌商标再次被评为“浙江出口名牌”

鸿宝集团公司顺利通过安全生产标准化三级资质评审

华东微电子技术研究所混合集成电路及电子元器件检测实验室顺利通过国家和国防实验室认可

华东微电子技术研究所零缺陷管理研究与改进项目通过验收

华东微电子技术研究所混合集成电路宇航高可靠生产线全面通过认证

华东微电子技术研究所2015年度自主开发科研项目定型鉴定会顺利召开

茂硕电源再次获国家高新技术企业认定

再布局新能源领域　茂硕新能源10亿元投资光伏发电项目

茂硕投资新能源汽车领域加快互联网+时代步伐

赛耐比公司挂牌新三板

科士达晋级2015全球新能源企业500强

英威腾电源荣获“广东省守合同重信用企业”称号

英威腾电源“布局”数据中心　“携手”河北迅捷

英威腾模块化UPS通过抗震烈度9级测试

助力“中国制造2025”，艾默生网络能源在行动

石家庄通合电子成功登陆创业板

芯朋微发布“六级能效开关电源及半桥驱动IC新品”

先控电气荣获“第三届中国电源学会-技术发明奖”

先控捷联电气股份有限公司股票在新三板成功挂牌上市

浙江东睦科达磁电有限公司新厂房开工建设

泛华恒兴通过国军标质量管理体系认证

泛华恒兴推出高密度阵列信号模拟器

泛华测控正式成为NI白金级系统联盟商

宝士达小功率电源模块进入电动汽车领域

宝士达UPS成功入围国家税务总局国税系统政府采购电子平台项目

宝士达模块化UPS进驻北京市怀柔区广播电视中心、中国人民解放军第150中心医院

成都金创立科技公司荣获国家高新技术企业

奥冠集团首席专家默茨荣获“齐鲁友谊奖”

银利电气挂牌新三板

可立克挂牌上市登陆深圳中小板

深圳市铂科新材料荣获“深圳知名品牌”称号

铂科新材料荣登第六届“中小企业诚信榜”

深圳市委常委田夫率有关部门深入铂科调研

迪比科复审通过“国家高新技术企业”资格认定

商宇公司荣获“高新技术企业”荣誉称号

商宇产品先后中标各大省市政府协议供货

深圳中电熊猫高功率新能源汽车智能充电模组

日本大客户访问中电熊猫展盛

爱科赛博PRE-A100系列精密可编程电源新品亮相中国电源学会第二十一届年会

爱科赛博企业科协成立大会顺利召开

西安市电源学会电源技术提高培训班在爱科赛博开班

西安伟京获高新技术企业、陕西省著名商标、多项实用新型专利

浙江省英飞特LED驱动技术研究院获批

矛牌600W大功率LED高效率驱动电源研发成功

特雷斯取得TUV认证

特雷斯获消防产品CCC证书

深圳市开关电源关键技术企业重点实验室落户长城电源

国充充电科技2015年获得3项专利

云南省文山市政府企业考察上海鼎充新能源技术有限公司充电桩

杭州奥能电源充电桩中标国家电网项目

中恒中标国家电网公司、东南亚电信柬埔寨数据中心等项目

联信四项新产品通过“安徽省2015年度新产品”认定

安利电源新厂房落成并投入使用

坚力科技登陆新三板挂牌

雷诺士自主研发隧道/船用/海岛型UPS在防护等级上获得IP55认证

理士国际承办首届铅酸蓄电池国际标准与技术发展论坛暨新能源汽车行业起停电池标准2015年峰会

全天科技电源实验室通过北美认证实验室评估认可

全天科技携手SDA，开拓澳洲市场

全天科技光伏逆变器实现手机实时智能监控

山东镭之源激光科技股份有限公司成功挂牌新三板

泰开电源公司直流电源产品中标国网±800kV特高压直流输电工程

泰开电源公司充电桩产品成功在泰安公交西林站投入运营

百纳德UPS北京地铁十号线电源改造项目

青铜剑科技荣膺“2015德勤高科技高成长中国50强”和“2015德勤高科技高成长深圳20强”

深圳青铜剑科技股份有限公司创立大会暨第一次股东大会顺利召开

VAPEL荣获TÜV南德首张电源产品IEC 62368-1CB证书

苏州电通“DTSPD T”系列防爆型电涌保护器研制成功

苏州电通积极参与标准修订、规范行业应用

远方公司投资红相科技加快远方科技产业平台布局

远方公司电磁兼容（EMC）检测实验室获得CNAS认可

行业要闻

中国电源学会第二十一届学术年会成功举办

2015年11月6~9日，由中国电源学会主办，深圳市禾望电气股份有限公司承办，三菱电机机电（上海）有限公司、富士电机（中国）有限公司、深圳市汇川技术股份有限公司、深圳市航嘉驰源电气股份有限公司、深圳市智胜新电子技术有限公司、深圳市铂科新材料股份有限公司、深圳市港特科技有限公司共同协办的中国电源学会第二十一届学术年会在广东省深圳市召开。

中国电源学会举办学术年会至今已有30多年历史，是中国乃至亚洲电源领域规模很大、水平很高的综合性电源学术盛会。本届年会汇聚了境内外电源学术界、产业界和政府部门的高层人士以及电源相关专业在校研究生等，共计参会人数超过1200人，录用论文412篇，参会人数及论文数均创造历史高水平。同时，本次年会还设置了9场大会报告、7场技术讲座、40个主题分会场、2个墙报交流时段，并评选出20篇优秀论文及8家特别贡献企业。

11月6日会议正式开幕前，组委会特邀三位长江学者——南京航空航天大学阮新波教授、浙江大学盛况教授、西安交通大学刘进军教授，以及香港理工大学黄思聪教授、南京航空航天大学陈乾宏教授、福州大学陈为教授、布雷斯特大学Mohamed Benbouzid教授、法国海军学院Jf-charpentier教授、上海海事大学汤天浩教授、浙江大学李武华教授等共10位专家就热门技术进行了7场专题技术讲座。

6日晚间，为加强青年电源科技人员交流，会议专门组织了青年沙龙活动，活动采用晚餐会的形式，有90余位青年学生参与，同时特邀业内知名专家与青年学生进行面对面交流。

11月7日早8:30，本届年会开幕式如期举行，中国电源学会秘书长韩家新主持了会议。中国电源学会理事长徐德鸿教授致开幕词，会议承办单位禾望电气股份有限公司郑大鹏先生致欢迎词。开幕式上同时举行了第三届中国电源学会科学技术奖颁奖仪式，本次评奖共评出项目特等奖2项、一等奖5项、二等奖10项，优秀产品创新奖4项，青年奖3人、杰出贡献奖1人。

开幕式后，进入大会报告环节，中国工程院院士、清华大学韩英铎教授，中国工程院院士、装甲兵工程学院臧克茂教授，IEEE-电力电子学会BrahamFerreira教授，美国工程院院士KaushikRajashekara教授，美国电源制造商协会主席ErnieParker先生，中国电源学会理事长、浙江大学徐德鸿教授，深圳市禾望电气股份有限公司郑大鹏博士，富士电机株式会社藤平龙彦博士，三菱电机马先奎先生等国内外知名专家受邀做报告，受到参会代表的热烈欢迎。

大会报告结束后，举行了墙报交流环节，100位作者通过张贴墙报的方式展示了自己的论文，并与参会代表进行了面对面的交流。

11月7日晚间举行了本届年会颁奖仪式，颁发了年会优秀论文奖及大会特别贡献企业奖，仪式由南京航空航天大学阮新波教授主持。本次会议技术程序委员会主席、浙江大学马皓教授宣读20篇获评优秀论文名单，中国工程院院士、清华大学韩英铎教授，中国工程院院士、装甲兵工程学院臧克茂教授，IEEE-电力电子学会Braham Ferreira教授，美国工程院院士Kaushik Rajashekara教授，向获奖论文作者代表颁发证书。同时为本次会议顺利召开提供大力支持的8家企业单位荣获了大会特别贡献企业奖，由中国电源学会理事长徐德鸿教授、秘书长韩家新教授向获奖企业代表颁奖。

11月8~9日全天，会议设置40个主题分会场交流活动，内容涉及新颖开关电源：直流变换技术、功率因数校正技术；新能源电能变换技术；电动汽车；无线电能传输技术；特种电源；信息系统供电技术：UPS、直流供电、电池管理；照明电源与消费电子相关技术；逆变器及其控制技术；电机驱动控制；SiC、GaN器件、新型功率器件及其应用；变换器相关技术；电磁兼容技术；电能质量技术、分布式系统、智能电网与微型电网；高频磁元件和集成磁技术；可靠性相关技术等，同时8日中午还进行了墙报交流-2时段交流。

本次会议同期还召开了中国电源学会第七届理事会第三次全体会议、第五次常务理事会议，《电源学报》编委会议，中国电源学会-斯普林格出版社英文电力电子丛书编委会议及学会各分支机构工作会议等。

第三届中国电源学会科学技术奖颁奖仪式在深举行

2015年11月7日，第三届中国电源学会科学技术奖颁奖仪式在广东省深圳市举行。中国电源学会秘书长、本届科技奖评审委员会主任委员韩家新宣读奖励通报，中国电源学会理事长徐德鸿、副理事长徐殿国、章进法、刘进军、张波、陈成辉、李占师，学会学术委员会主任马皓以及本届科技奖评审委员会副主任委员康勇等向获奖单位及个人颁发获奖证书及奖杯。清华大学韩英铎院士、装甲兵工程学院臧克茂院士、IEEE-电力电子学会主席Braham Ferreira教授、美国电源制造商协会主席Ernie Parker先生、美国工程院院士Kaushik Rajashekara教授以及来自电源行业有关高校、科研院所及企业的1200余人出席颁奖仪式。

中国电源学会科学技术奖创立于2011年，是经国家科技部批准设立、代表着我国电源行业高水平的科技奖项。本届电源科技奖通过网络函审初评、评审委员会会评，面向社会公示，并报中国电源学会六届九次常务理事会审议通过，共评出获奖项目21项，其中特等奖2项、一等奖5项、二等奖10项；为了鼓励企业创新、服务国家创新驱动发展，本届评奖专门设立面向企业技术创新的奖项——优秀产品创新奖，吸引了众多企业的积极参与，评出获奖项目4项；同时本届评奖还评选出3个青年奖和1个杰出贡献奖。

由浙江大学、厦门科华恒盛股份有限公司完成的“高电能质量节能型大功率不间断电源系统关键技术与产业化”、株洲南车时代电气股份有限公司完成的“高压高功率密度IGBT芯片研发及其应用”项目获得本届电源科技奖项目类特等奖。

中国工程院院士、清华大学韩英铎教授获得本届电源科技奖杰出贡献奖，华中科技大学胡家兵、深圳青铜剑科技股份有限公司汪之涵、浙江大学张军明获得青年奖。

中国科学院核能安全技术研究所等单位完成的“强流氘氚聚变中子源加速器用350kV大功率高压直流开关电源”、英飞特电子（杭州）股份有限公司完成的“高效、高可靠性大功率LED驱动电源”、江苏宏微科技股份有限公司完成的“一种新型大功率NPTIGBT芯片和模块的开发及产业化”、株洲变流技术国家工程研究中心有限公司完成的“中高压大功率脉冲电源系统关键技术开发及应用”、江苏省电力公司电力科学研究院等单位完成的“南京青奥会优质电力园区多DFACTS设备优化配置与协调控制技术及应用”等5个项目获得一等奖。

漳州科华技术有限责任公司等单位完成的“太阳能光伏发电系统逆变器”、中国长城计算机深圳股份有限公司完成的“3000W高性能超级计算机电源”、北方工业大学等单位完成的“分布式光伏发电关键技术及应用研究”、北京卫星制造厂等单位完成的“高可靠性大功率航天器电源关键技术与工程应用”、先控捷联电气股份有限公司完成的“在线补偿式模块化UPS”、重庆大学完成的“移动用电设备无线电能灵活高效接入技术及装置”、合肥华耀电子工业有限公司完成的“新型大功率多脉波隔离整流电源”、广东易事特电源股份有限公司等单位完成的“工业自动化设备无扰供电系统”、中国工程物理研究院流体物理研究所完成的“大功率砷化镓光导开关光电导调控机理研究”、“基于光导开关的全固态重复频率功率源研究”等10个项目获得项目类二等奖。

中兴通讯股份有限公司完成的“ZXDH880高效高功率密度模块电源”、深圳可立克科技股份有限公司完成的“高输入电压230WLED路灯智能驱动电源”、广州金升阳科技有限公司完成的“高可靠性无电解AC/DC电源模块系列”、深圳市英威腾电源有限公司完成的“绿色高效节能模块化不间断电源系统”等4个项目获得优秀产品创新奖。

经过前两届评选的培育与发展，中国电源学会科学技术奖逐步得到了电源行业的认可与好评，奖项影响力有较大幅度的提高，本届评选在申报数量及质量方面均取得了长足的进步。中国电源学会秘书长韩家新表示科技奖励是学会承接政府转移职能的重要工作，也是促进行业技术创新的有效手段，中国电源学会今后将进一步提升评奖的权威性与代表性，认真落实好国家创新驱动发展战略，为推动我国电源事业的进步而努力，同时也希望各获奖单位及个人进一步做好获奖项目的应用推广工作，为我国电源科技事业的进步、为我国能源事业做出更大的贡献。

2015国际电力电子创新论坛圆满结束

由中国电源学会和慕尼黑国际博览集团共同举办的2015国际电力电子创新论坛于2015年3月17～19日在上海新国际博览中心成功举办。本次论坛包括电源技术、可再生能源-海上风力风电专题、变频技术及电机驱动控制三个主题分会场。中国电源学会副理事长李占师主持开幕式，上海电源学会理事长、上海海事大学中荷知识与创新中心主任汤天浩教授，上海电源学会副理事长陈子颖博士，上海交通大学风电研究中心主任蔡旭教授，上海大学陈息坤博士主持各主题会议。会议共计演讲23场，到会总人数616人。

本次论坛特邀请欧洲风电物流研究所、荷兰AMC研究中心主任John Stavenuiter教授，世界可持续发展高级顾问、风电物流专家Adriaan Rozemond教授，欧洲风电物流研究所Willem van‘t SPIJKER教授就海上风力发电专题进行报告和研讨。在这一系列活动中，中外专家汇聚一堂，共同探讨海上风力发电相关技术，使参会人员获得一次难得的学习机会，受到他们的一致好评。

中国电源学会代表团出访美国参加APEC2015国际会议

为促进我国电源行业国际交流，为会员企业搭建国际合作平台，2015年3月15～24日，由徐德鸿理事长率领中国电源学会17人代表团顺利出访美国参加APEC2015国际会议，并与美国电源制造商协会（PSMA）、IEEE-电力电子学会（PELS）进行了会谈。本次代表团主要成员还包括学会副理事长刘进军、章进法，副秘书长张磊以及13位会员企业代表。

APEC2015国际会议全称为Applied Power Electronics Conferenceand Exposition，是目前全球电力电子领域规模很大、涉及内容很全、参会人员很多的综合性会议。本次会议在美国北卡罗来纳州夏洛特会展中心举行，共计安排大会报告6场，技术讲座18场，工业报告会12个，技术报告会35个，同期举办电力电子产品展览会参展企业达到239家，来自全球相关大学和企业的4000余人参加本次会议。

会议期间中国电源学会分别与美国电源制造商协会（PSMA）、IEEE-电力电子学会（PELS）进行了会谈，就今后合作进行了充分的沟通，并达成初步合作意向。

美国电源制造商协会年会在本次会议期间举行，中国电源学会副理事长章进法代表学会在会上就中国电源行业发展情况做了专题介绍。

会议期间代表团成员还参观了位于北卡罗来纳大学夏洛特分校的能源生产和基础设施中心（EPIC）。该中心中心主任Johan Enslin博士接待了代表团一行，并就中心情况做了介绍。EPIC研究领域涉及智能电网、高压大功率传动、光伏、电源变换、机械和跟踪等，与产业界开展了广泛的合作，研究成果具有非常高的产业价值。目前，该中心总面积20000m^2，拥有研究人员超过400人。参观后EPIC举行了小型招待会与参观代表进行了交流。

本次出访扩大了学会在国际电力电子领域的影响力和知名度，促进了学会与国际相关组织的联系与合作，同时访问团代表通过此次出访了解了国际最新电力电子技术和最新产品的发展动态、加强了与海外技术人员的联系与交流，各位代表均表示有很大收获。

2016 年 APEC 会议将于 3 月 20 ~ 24 日美国加利福尼亚州长滩市召开，中国电源学会将继续组团参加，并将组织国内企业参展，欢迎有兴趣的会员和企业积极参与。

中国电源学会加强与国际组织 PSMA、IEEE PELS 的交流与合作

为进一步加强与国际相关组织的联系与合作，中国电源学会于 2015 年 3 月和 11 月与美国电源制造商协会（PSMA）及 IEEE-电力电子学会（IEEE PELS）分别举行了两次工作会议，就双方合作进行了会谈。

中国电源学会与 PSMA 分别于 3 月 16 日、11 月 8 日开展了合作会谈。双方对各自发展、会员状况、承办的会议以及对今后开展多领域的合作提出了建设性的意见并进行了深入探讨。中美企业代表表示希望加强两国企业交流、实现信息共享的需求。两次会谈为两国电源相关企业提供了重要的对话交流机会，增强了两国企业间的相互了解。

中国电源学会与 IEEE PELS 分别于 3 月 18 日、11 月 8 日开展了工作交流会谈。会议回顾了开展合作以来，双方对国际电源及电力电子领域学术进步所做出的努力及成果。然后，就双方如何进一步开展深化合作进行了探讨。最终，双方在未来深化合作伙伴关系及其它共同关注问题上均达成了共识。

学会通过加强与 PSMA、IEEE PELS 等国际组织交流，加强了彼此的了解和信任，开拓了更大的合作空间，进一步提升学会国际影响力，促进我国电源行业的对外交流与合作。

CPSS-Springer 电力电子英文丛书编委会第一次会议成功召开

为促进中国电力电子学者的国际交流与合作，加速中国电力电子英文专著的出版，学会与斯普林格出版集团（Springer）将合作出版 CPSS-Springer 电力电子英文丛书，丛书编委会第一次会议于 2015 年 11 月 6 日在深圳召开。

此次编委会议确定了未来的工作规划和选题。并制定了未来三年每年出版 3 本英文技术图书的初步计划。学会由编辑工作委员会牵头，成立丛书编辑委员会，负责推荐评审英文丛书的选题，斯普林格出版集团负责英文丛书的出版，面向全球发行。

以此次编委会议为标志，CPSS-Springer 电力电子英文丛书筹备工作正式启动。

中国电源学会七届四次常务理事（扩大）会议胜利召开

2015 年 1 月 31 日，中国电源学会七届四次常务理事（扩大）会议，在天津胜利召开。共有 33 位常务理事出席会议，部分学会分支机构秘书长、常务理事单位代表列席参加本次会议。会议由徐德鸿理事长主持。

韩家新秘书长传达了中国科协第八届全国委员会第七次会议精神，就学会 2014 年重点工作进行了总结，同时也通报了学会 2014 年财务运行情况及 2015 年财务预算情况。

各分支机构代表就各分支机构 2014 年工作进行了总结并汇报了 2015 年工作计划。学术委员会主任马皓就中国电源学会第二十一届学术年会相关筹备工作进行了介绍。科普工作委员会主任、学会副理事长章进法就第一届电力电子应用设计竞赛筹备工作及 2015 年培训工作计划进行了介绍。学会副秘书长张磊就第三届中国电源学会科学技术奖工作方案进行了介绍并通报了学会近期的主要工作动态。

会议同期还召开了《电源学报》第二届编委会第一次全体会议，就学会相关工作进行了讨论。

中国电源学会第七届理事会第五次常务理事会议在深圳召开

2015 年 11 月 6 日，中国电源学会第七届理事会第五次常务理事会议，在广东省深圳市召开，31 位常务理事参加本次会议，会议由徐德鸿理事长主持。

中国电源学会七届三次全体理事会议于 11 月 8 日召开，会议首先审议并通过理事会会议议程。

学术工作委员会主任马皓教授汇报了中国电源学会第二十一届学术年会情况，本次年会在学术工作委员会及各专业委员会的共同努力下，共计录用论文 412 篇，注册人数达到 1200 人，均较上届增长近一倍，取得了显著的成绩。

韩家新秘书长汇报了第三届中国电源学会科学技术奖评奖情况，本届评奖各分支机构积极参与项目推荐工作，共计收到项目申报推荐 37 项，个人申报推荐 7 项，经函审初评、会评并报常务理事会审议通过，最终评出特等奖项目 2 项、一等奖项目 5 项、二等奖项目 10 项、优秀产品创新奖 4 项，个人类杰出贡献奖 1 人、青年奖 3 人。经过三届评奖工作的积累，目前电源科技奖质量和影响力逐步提升，已得到行业和社会的认可。

科普工作委员会主任、学会副理事长章进法汇报了首届高校电力电子设计大赛的情况。本届大赛面向高校电力电子及相关专业学生，着重于引导和培养学生对于电源工业设计的认知和实践，共有 15 支队伍参赛，经过测试评比，评出一等奖作品 1 个、二等奖作品 2 个、三等奖作品 3 个。

此外，会议就学会英文期刊筹备、团体标准工作及学会发展史等工作情况进行了讨论。

中国电源学会第七届理事会第三次全体理事会议胜利召开

2015 年 11 月 8 日，中国电源学会第七届理事会第三次全体理事会议在广东省深圳市召开，50 位理事出席出席会议，学会各分支机构代表及部分理事单位代表列席会议。会议由徐德鸿理事长主持。

会议首先传达了中央党的群团工作会议精神及《中国科协所属学会有序承接政府转移职能扩大试点工作实施方案》，并提倡学会上下认真学习体会会议有关精神，按照中国科协的具体部署，在今后的工作中努力创新求变，探索

有利于学会发展的新机制，加强与电源科技工作者的联系，进一步开拓和完善学会服务手段和内容，奋力开创学会工作的新局面。

徐德鸿理事长表示，对于学会承接政府转移职能，首先是学会的一个机遇，是促进学会能力提升，推动学会发展的大好机会，学会上下应开动脑筋，加强联系，积极争取承接职能。同时我们也要保持清醒的头脑，从学会自身实际出发，认真分析和思考“我们学会是否能够承担”和“能够承担哪些职能”的问题，以确保我们在承接政府职能时接得住、做得好。

韩家新秘书长就学会2015年重点工作情况及2016年工作设想向全体理事进行了汇报。

韩家新秘书长表示2015年是中国电源学会第七届理事会工作全面展开的重要之年。学会工作得到了党和国家空前的高度重视，今年7月6~7日中央党的群团工作会议召开，中共中央总书记、国家主席、中央军委主席习近平出席会议并就群团和学会工作发表重要讲话。同样在7月中共中央办公厅、国务院办公厅联合下发了《中国科协所属学会有序承接政府转移职能扩大试点工作实施方案》，学会发展迎来了难得的机遇。在中国科协指导和支持下，在学会第七届理事会领导下，学会上下共同努力出色地完成了2015年工作规划。并从学术交流、制度建设、科技奖励、科普工作、编辑出版、会员服务、国际交流等七个方面全面介绍了2015年学会工作情况。

对于2016年工作设想，韩家新秘书长表示学会上下需共同努力，以中央党的群团工作会议精神为指引，按照中国科协7+1的工作部署，在确保学会原有学术交流、编辑出版、会员服务、技术培训等工作稳步提升的前提下，进一步开拓进取，以学会能力建设、企业行业服务、英文期刊、英文专著、团体标准等工作为重点，努力实现本届理事会“三个提升、一个突破”的工作目标，并对各个方面工作的具体设想进行了具体介绍。

徐德鸿理事长在韩家新秘书长汇报的基础上就学会2016年各项工作做了进一步指示，并提出相关意见。

会上，8个工作委员会、11个专业委员会就2015年工作进行了汇报。2015年学会各分支机构积极参与学会学术年会、电源科技奖推荐、电源学报、技术培训等工作，同时积极开拓自主举办各类学术、技术交流活动及其它特色活动。其中科普工作委员会成功组织首届高校电力电子应用设计大赛使学会科普工作取得较大突破；编辑工作委员会积极推动并与施普林格出版社达成协议组织出版英文电力电子丛书工作，推动了学会国际编辑交流工作发展；电能质量专业委员会举办的第四届电能质量学术会议，300余人参会，已成为我国电能质量领域影响力较大的会议活动之一。各工作委员会和专业委员会还介绍了2016年工作规划。

中国电源学会无线电能传输技术及装置专委会成立大会胜利召开

2015年1月18日，中国电源学会无线电能传输技术及装置专委会成立大会在重庆大学隆重举行。该专委会由重庆大学和西安高压电器研究院有限责任公司作为依托单位。来自全国10余个省、市的有关高等院校、科研院所、企业和国外研究机构的近60位知名专家学者和有关领导出席了此次会议。重庆大学孙跃教授主持了会议，并宣读了《关于同意召开中国电源学会无线电能传输技术及装置专业委员会召开成立会议的批复》。

在会上，重庆大学党委副书记肖铁岩致欢迎辞。中国电源学会秘书长韩家新出席并对专委会的成立表示祝贺，西安高压电器研究院有限责任公司副总经理李侠出席并发表讲话。

根据中国电源学会章程和专业委员会管理条例的有关规定，经过全体参会代表充分讨论，投票选举产生了无线电能传输技术及装置专业委员会第一届委员会组成人选。会议选举重庆大学孙跃教授为主任委员，选举西安高压电器研究院有限责任公司李侠副总经理、哈尔滨工业大学朱春波教授、东南大学黄学良教授、中科院电工所刘国强研究员、海尔集团技术中心李聃等7名专家为副主任委员，选举西安高压电器研究院有限责任公司臧成发高工为专委会秘书长。

专委会第一次全体委员会议随后举行，全体委员出席。委员们就专委会工作条例及2015年工作计划进行了详细讨论。最后，全体委员一致通过了专委会工作条例以及2015年工作计划。

会议还安排了专家学术报告环节，特邀报告包括：华南理工大学张波教授的“从电学原理重新审视谐振无线电能传输机理”报告，南京航空航天大学陈乾宏教授的“适用于变参数条件下的新型补偿网络”报告，红日电气有限公司崔玉龙高工的“自动巡检机器人无线充电装置及其关键技术研究”报告，重庆大学孙跃教授的“无线电能传输技术研发进展与应用推广”报告。围绕这些报告内容，与会代表进行了深入详尽的交流与讨论。

太阳能科普讲座成功举办

2015年4月21日，中国电源学会科普工作委员会联合合肥工业大学、英飞凌科技公司到安徽省滁州来安县郑楼小学，以讲座、宣传海报等形式进行太阳能科普活动，并现场指导学生动手制作太阳能模型车，进行模型车比赛，还向学校赠送30本《光伏发电环境友好》图书。

用电与节电科普讲座在上海成功举办

2015年4月10日，用电与节电科普讲座在上海实验学校东校小学举办。该讲座从电的发明和产生过程入手，讲述了从发电到最终使用过程中产生的损耗，以及因为发电造成的污染，太阳能、风能等新能源发电带来的好处。这次活动专门讲述了身边常见用电设备的节电方法，以及如何挑选节能电器，还向学校同学赠送了6台太阳能模型车。

共聚中国电源学会青年工作委员会话未来“青椒沙龙”圆满举行

2015年4月18日，由中国高校电力电子与电力传动学术年会（SPEED）组委会、中国电源学会青年工作委员会（简称青工委）主办，北京交通大学承办，青工委秘书处单位易事特电源股份有限公司支持的“青椒沙龙”活动在北京举行，会议吸引近60名嘉宾和代表参与，围绕热点话题交流思想，共话未来。

本次沙龙围绕高校与企业的合理分工、校企合作模式与平台、交流机制与信息互动等话题展开激烈讨论，中国电源学会理事长、浙江大学徐德鸿教授，北京交通大学郑琼林、杨中平教授，神华集团周友博士、西电华清卫三民总经理、深圳麦格米特电气股份有限公司代新社副总经理等学术界、企业界嘉宾们各抒己见，纷纷发言。沙龙活动通过全程微信文字直播的方式，实现线上线下实时互动交流。

“青椒沙龙”现场，高校的科研如何定位、企业的科研需求如何满足，众筹-产学研合作新模式前景如何，如何保障更有效的技术交流及项目申报，通过微信群投票取前三个热点话题，与会嘉宾及学术界、工业界的代表们结合自己的研究及实践经验，积极讨论，共话未来，精彩发言碰撞出思想火花。

与会嘉宾在会场提出的诸多建议，也为以后青工委更好地开展交流活动提供良好的指导。

2015年中国数据中心基础设施技术年会胜利召开

5月28日，由中国数据节能协会和中国电源学会主办的2015第五届数据中心基础设施技术年会在北京万豪酒店隆重举行。中国数据中心基础设施大会已经成了数据中心基础设施领域一年一度的行业盛会。本次大会云集800余名各行业用户代表、业内专家、数据中心基础设施领域企业代表，围绕“高效节能驱动未来”这一主题进行了深入探讨。施耐德电气（中国）有限公司、博耳电力控股有限公司等企业领导和专家在上午做了主题演讲，主要介绍了当前绿色数据中心在节能技术方面的创新和实现，以及数据中心在规划设计中所存在的问题。

在“节能、创新型数据中心如何实现”的专题峰会上，中科院计算所张广明老师发布了他的又一力作——《数据中心规划设计存在的若干问题》，并对本书内容做了概述。来自国家高性能研究中心技术研究所、北京节能环保中心、中国电子节能技术协会数据中心节能技术委员会、广东省电信规划设计院有限公司等单位的专家从数据中心节能环保的建造技术谈到了绿色数据中心的节能设计新趋势，全面展现了当前中国绿色数据中心技术的发展态势，为数据中心节能高效提供了有益的建议。节能减排补贴政策成了峰会的热点话题，会后许多听众想索取更多更详细的资料信息。

下午的两个分论坛主题分别为“数据中心标准推进与节能新技术应用”和“数据中心供配电系统发展与变革”。在“数据中心标准推进与节能新技术应用”分论坛上，上海华东电脑股份有限公司、阿尔西制冷工程（北京）有限公司、苏州安瑞可机柜系统有限公司等企业的领导和专家主要介绍了当前数据中心制冷系统、散热系统、电源管理、机柜微环境，为与会观众分享了数据中心绿色节能的经验。

“数据中心供配电系统的发展与变革”这个分论坛主要探讨了模块化数据中心节能实践和大数据时代数据中心基础设施的思考。参会观众从头至尾认真的态度让演讲嘉宾的讲解显得更为精彩。除了内容丰富的主题演讲，本次大会还设立了企业展示区。

为鼓励在数据中心绿色、节能方面锐意创新的企业，本次大会还评出了本年度优秀产品奖、优秀企业奖、优秀解决方案奖和优秀品牌奖。

“中国数据中心基础设施技术年会”自2011年创办以来，迄今已举办了5届，成为中国数据中心行业基础设施领域影响力很大的年度盛会，更是中国数据中心基础设施核心群体回顾梳理发展历程，交流验证节能创新技术，明确前瞻发展方向的高层聚会。中国数据中心基础设施技术年会也被认为是引领中国数据中心产业中基础设施未来发展和市场走向、探索数据中心节能创新方略和节能技术及产品深入应用的关键标杆，成为中国数据中心产业力量和各行业用户彰显价值、沟通交流的桥梁。

2015年电力电子与变频电源新技术学术论坛成功举办

由中国电源学会变频电源与电力传动专业委员会、深圳汇川技术股份有限公司和上海大学机电工程与自动化学院联合主办，汇川技术股份有限公司承办的“2015年电力电子与变频电源新技术学术论坛”于2015年7月3～5日在深圳汇川技术有限公司（苏州研发生产基地）召开。来自全国各地的专家、学者、工程技术人员和企业界人士约200余人参会。中国电源学会理事长、浙江大学徐德鸿教授到会并致贺词；我国电气工程学科奠基人和开拓者之一、上海大学陈伯时教授到会祝贺；深圳汇川技术有限公司副总经理李俊田先生致欢迎词；中国电源学会变频电源与电力传动专业委员会主任委员、上海大学阮毅教授作专业委员会的工作报告；开幕式由中国电源学会变频电源与电力传动专业委员会副主任委员兼秘书长陈息坤主持。

上海大学陈伯时教授就电力电子学科目前存在的困惑和问题、未来发展趋势作了主题演讲。会议邀请了多位国内著名专家做学术报告，浙江大学徐德鸿教授、清华大学赵争鸣教授、武汉大学查晓明教授、天津大学马小亮教授和合肥工业大学张兴教授分别就“宽禁带电力电子技术及应用展望”、“电力电子装置的关键技术及应用”、“级联多电平功率变换器的拓扑结构研究”、“容错控制及风机轴扭振”和“分布式光伏并网系统的MPPT策略”等专题作了精彩的学术报告。

会议期间，与会代表畅所欲言，各自就电力电子学科的发展态势、产品研发、工程问题等电力电子与变频电源新技术领域感兴趣的问题进行了热烈互动，发表自己的真知灼见。这次大会必将对促进我国电力电子技术在节能、新能源发电和电力传动应用领域的发展起到积极的推动作用。

固态高功率开关器件研讨会暨第七届特种电源专委会第一次常务委员会圆满结束

固态高功率开关器件研讨会暨第七届特种电源专委会第一次常务委员会于2015年7月10日至13日在湖南省株洲市召开。本次会议由中国电源学会特种电源专委会主办，中国工程物理研究院流体物理研究所和株洲南车时代电气股份有限公司联合承办。

固态高功率开关器件研讨会会议主题围绕固态高功率开关器件，邀请了半导体材料、器件工艺及制备、设备/装置研制方面的专家和高功率脉冲源用户等，也就是与固态脉冲功率器件相关的“全学术/产业链条”专家学者共同讨论固态高功率开关器件技术的发展与创新。中国电源学会副理事长李占师莅临指导。

会议邀请了本专委会器件研制及应用专家以及多位非专委会成员的国内半导体材料研究、器件研制等方面著名专家做专题报告，既形成“全学术/产业链条”交流，也营造广泛合作的氛围。发展专委会委员单位与其它知名研究机构的交流，也增强委员单位之间的合作，提高了国内特种电源技术相关技术的研发综合能力。

会议邀请了山东大学国家重点实验室副主任徐现刚教授、北京有色金属研究总院有研新材公司总工程师郑安生研究员，北京有色金属研究总院先进电子材料研究所所长杨志民研究员、西安理工大学应用物理系主任施卫教授、上海师范大学物理系主任陈之占教授作专题报告。

会议开幕式由专委会秘书长李洪涛主持，中国电源学会副理事长李占师代表上级学会致开幕词，专委会主任委员史平君、株洲南车时代电气股份有限公司总经理刘可安分别代表主办单位和承办单位致辞。会上时代电气半导体事业部副总吴煜东报告“大功率半导体器件”、山东大学徐现刚教授报告“化合物半导体材料及器件”、北京有色院郑安生研究员报告“GaAs材料特性及其应用研究”、西安理工施卫教授报告“光导开关理论与实验研究”、上海师范大学陈之占教授报告“SiC制备及其特性研究”、中国电科院武汉计测所总工孙浩良报告“中国特高压输电与电气交接验收技术”，中物院流物所副总工程师章林文报告“导开关机理及应用研究”。本次会议报告覆盖固态高功率开关器件从材料、器件结构及工艺、器件制备技术、设备研制到用户的产学研用全链条系统，努力探索跨学科交流、全方位讨论的学术交流模式。

第七届特种电源专委会第一次常务委员会由主任委员史平君主持，李洪涛秘书长汇报了特种电源专委会秘书处的工作情况，并传达中国电源学会本年度重要活动组织精神，会上还进行了“第三届中国电源学会科学技术奖”专委会推荐评审工作。评审组成员由中国电源学会特种电源专业委员会常务委员、委员代表及特邀专家共20人组成。其中专委会常务委员10人、常务委员代表3人、委员3人、特邀专家4人。来自中科院核能安全技术研究所、中科院近代物理所、中国工程物理研究院等单位的报奖项目参加了本次评审。

由于中国电源学会秘书处和副理事长李占师的精心指导以及株洲南车时代电气股份有限公司和中物院科协的大力支持，株洲南车时代电气股份有限公司半导体事业部和中物院流体物理研究所的鼎力合作，会议取得了圆满成功。

思想碰撞、经验分享“第一届电力电子学科青年学者论坛”圆满举行

2015年07月11日，由中国电源学会青年工作委员会主办，湖南大学承办的“第一届电力电子学科青年学者论坛”在长沙顺利召开，会议吸引了40余位高校青年学者、企业同仁参加，大家围绕电力电子技术最新发展动态、电力电子学科青年学者成长的困惑与挑战等主题开展了热烈交流与讨论。

本次论坛旨在为青年学者提供一个理论研究与创新、前沿学术交流与研讨、科研能力建设与培养的高端性、开放性和公益性平台，进一步促进电力电子学科青年学者的学术交流、思想碰撞与创新争鸣。论坛共分：湖南大学青年教师工作汇报，大会学术报告及学术沙龙三个主题。与会嘉宾及青年学者结合自己的研究经验，各抒己见，思想碰撞。其中，由IEEE电力电子学会副主席、IEEE Fellow沈征教授，教育部“长江学者奖励计划”特聘教授、国家杰出青年基金获得者阮新波教授，清华大学耿华副教授分别讲述的“正确处理好几个关系——与青年教师共勉”、“电力电子工作心得——与同行朋友们的探讨”、“能源互联网与电力电子”三个报告将本次论坛气氛推向了高潮。

中国电源学会直流电源专委会七届二次委员会议在常州召开

8月1日上午，中国电源学会直流电源专业委员会第七届第二次全体委员会议在常州召开。本次会议由中国电源学会直流电源专委会主办，常州诚联电源制造有限公司承办。南京航空航天大学、浙江大学、东南大学、台达电子、华耀电子、南车时代株洲所等院校企业近20名委员参加了会议。主任委员、南京航空航天大学自动化学院副院长阮新波教授主持会议。

会议首先由阮主任和常州诚联电源公司臧其准总经理致辞，对与会委员百忙中参加一年一次的委员会议表示欢迎和感谢。接着由副主任委员、浙江大学电气工程学院副院长马皓教授组织与会委员对专委会拟增补委员进行现场投票选举，最终产生了由30名委员组成的专委会最新阵容。

接着，与会委员积极发言，对专委会今年的工作计划提出想法和建议，对电力电子技术创新点、电动汽车充电技术、电源产品工程化、未来技术方向、电源企业的竞争力和校企合作现状等方面充分讨论、献计献策。南航阮新波教授和浙大马皓教授在交流总结中提到，专委会每年的委员会议增进了校企交流，促进了了解，推进了产学研合作，建议今后专委会活动可以采用多种形式开展，如学术报告、论坛交流等，也鼓励企业能主动抛出具体问题，做一次或多次的专题讨论，不断加强学术界和工业界的密切联系，用好用活技术资源。

最后，华耀电子周世兴总经理、浙大马皓教授、康舒电子马小林总监、南车时代株洲所王立鹏主任分别作了《中国制造2025与电源企业的转型升级》、《LLC谐振式DC/DC变换器的滑模控制》、《电源产品与技术发展趋势》和《中国南车风电，绿色装备世界》的专题报告，展示了领域研究成果，分享了技术和管理经验。

8月1日下午，全体委员至常州诚联电源公司参观生产制造和测试现场，就如何提高LED电源产品的附加值进行了深入交流。同时，委员们对该企业在产品研发设计过程中遇到的具体问题给予了针对性的建议和指导。

第四届全国电能质量学术会议暨电能质量行业发展论坛取得圆满成功

2015年8月20～23日，由中国电源学会电能质量专业委员会与亚洲电能质量产业联盟联合主办，山东山大华天科技集团股份有限公司承办的第四届全国电能质量学术会议暨电能质量行业发展论坛在美丽的“泉城”济南南郊宾馆召开，这是继2009年、2011年和2013年三届全国电能质量学术会议之后的又一次盛会，为业界提供了又一个高水平的交流与合作平台。

本届论坛以“电能质量与高效优质用电”为主题，来自全国各地的300多名参会代表齐聚一堂，与66位会议演讲嘉宾面对面共话电能质量产业发展。

8月21日上午8点30分，在西安爱科赛博电气股份有限公司董事长白小青的主持下，大会正式拉开序幕，济南市政协副主席、济南市科协主席刘梦海，济南市高新区管委会副主任崔志强，中国电源学会副理事长李占师出席开幕式。中国电源学会电能质量专委会主任卓放为大会致欢迎辞。

本届全国电能质量学术会议继承了历届会议“坚持以学术技术交流为主，通过大会报告、行业发展论坛研讨、分会场主题报告、学术论文张贴以及行业企业展示等多样形式举办”的特色，会议论文集共收录论文126篇，优秀的论文成果和丰富的现场演讲从多个领域和视野对各种电能质量问题进行了深入探讨，在深层次上推进了电能质量行业的学术技术交流，将有力促进全国电能质量行业的蓬勃发展。

2015无线电能传输国际研讨会成功召开

中国电源学会无线电能传输技术及装置专业委员会与武汉大学联合举办的“2015年无线电能传输国际研讨会”(2015International Workshopof Wireless Power Transfer)，简称WPT2015，于2015年8月24～26日在武汉召开。会议特邀New York University的Dariusz Czarkowski教授及Francisco DeLeon教授，英国Universityof Strathclyde的Stephen Finney教授以及国内无线电能传输技术领域著名教授及专家参加。到会专家共有50余人，其中参会的无线电能传输技术及装置专委会委员达到20余人。会议由专委会主任委员孙跃教授主持。会议旨在团结和吸引国内外无线电能传送领域的学者和专家，共同交流无线电能传送领域最新研究成果，探讨其最新发展方向和研究趋势，为提高全球无线电能传送研究及实用化水平，促进学术交流与合作做出贡献。

本次国际研讨会的主题为“无线电能传输传送理论及实践”，会议官方语言为英语。会议围绕无线电能传送的建模、仿真与控制、应用于智能家居的无线电能传送技术、大间距无线电能传送技术、大功率电动汽车无线充电技术、无线电能传送的功率调节技术、应用于无线电能传送的高频、高功率相控逆变器等议题展开了深入的探讨和交流。会议期间，与会专家还参观访问了武汉大学无线电能传输技术实验室和研究中心。会议拓展了无线电能传输技术及装置专委会在国际上的影响力，与会国际专家纷纷表示愿和专委会展开国际合作和交流，推动该技术研究及应用推广的发展。会议取得了圆满成功。

第十二届变频器行业企业家论坛成功召开

2015年8月28～29日，以“创新驱动——30年积淀变频器产业再腾飞”为主题的第十二届变频器行业企业家论坛隆重召开，近200位来自政府、协会、厂商、大专院校、科研院所、用户、投资等领域的行业专家齐聚苏州溧阳天目湖，为变频器产业的再次腾飞献力献策。

本届大会由《变频器世界》联合广东省自动化学会、北京电力电子学会、中国自动化协会、中国电器工业协会电力电子分会、中国电源学会变频电源与电力传动专委会、中国电源学会元器件专业委员会、中国科技自动化联盟等七大行业权威组织举办，并得到了当地政府和苏州高新产业园区的大力支持。中国工程院院士顾国彪先生、工信部电力电子专家组组长肖向峰先生、中国电源学会理事长徐德鸿先生、中国电器工业协会变频器分会秘书长王建峰先生、广东省机械工程院先进制造业理事长刘奕华先生、溧阳市人民政府副市长蔡金龙先生、江苏中关村高新科技产业园副主任庄松年先生、苏高新科技董事长严学澄先生、三菱电机半导体大中国区总经理四个所大亮先生作为嘉宾在主席台落座并先后致辞。

2015年矽力杰杯高校电力电子应用设计大赛圆满落幕

2015年10月24日上午九点，2015年“矽力杰杯高校电力电子应用设计大赛”决赛在浙江大学玉泉校区邵逸夫科技馆隆重开幕，中国电源学会理事长徐德鸿教授、副理事长章进法博士、浙江大学电气工程学院副院长马皓教授、上海海事大学汤天浩教授、南京航空航天大学谢少军教授、矽力杰半导体技术（杭州）有限公司技术和营运总裁游步东博士、深圳顺络电子股份有限公司陈其亮经理、湖南艾华集团股份有限公司刘欢经理等作为嘉宾出席了此次决赛开幕式，一同参加开幕式的还有前来参赛的11支各大高校代表队的老师和同学们。

中国电源学会副理事长、科普委主任章进法博士为竞赛致辞，他对当前能源发展与电力电子技术发展的紧密联系进行了分析，并结合当前热门话题节能环保与同学们进行了交流，鼓励学生们投入能源事业。随后浙江大学电气工程学院副院长马皓教授致辞，对前来参加矽力杰杯高校电力电子应用设计大赛的各位专家老师和参赛学生表示热烈欢迎，对此次比赛给予高度的评价，作为一个面向高校电力电子专业学生的比赛，对推动高校学生科研事业和促进创新将会起到一定的作用。

进入比赛环节，各参赛队伍派代表参与抽签，抽签结果顺序将作为参赛队参与测试和PPT展示的顺序。整个现场的测试在两个场地完成，在会场主要完成尺寸和电气性能指标部分的测试，完成该部分测试的队伍在另一实验室完成EMI和绝缘耐压的测试。

测试环节是竞赛前最紧张的部分，参赛队员与测试工作人员反复沟通，确保测试结果准确地反映了他们的设计成果。测试进行得非常顺利，所有的参赛队伍都完成了测试。

汇报工作结束以后，评委们进行了长达一个半小时的激烈讨论。最终，北方工业大学获得一等奖，荣获二万元大奖。南京航空航天大学和杭州电子科技大学荣获二等奖，荣获三等奖的是浙江大学、山东大学和福州大学。而获得优秀工程设计奖的是浙江工业大学、哈尔滨工业大学、重庆大学、华中科技大学和上海交通大学。

最后，竞赛组委会秘书长、浙江大学电气工程学院吕征宇教授总结一天的比赛，表达对未来学生科研发展的期许和对支持此次比赛的各方人士的衷心感谢。就此，2015年矽力杰杯高校电力电子应用设计大赛圆满落幕。

磁元件新技术应用座谈交流会成功举办

为加强磁性元件企业界与学术界的联系，促进行业新技术快速应用于生产中，中国电源学会磁技术专业委员会利用中国电源学会第二十一届学术年会召开之际，携手广东省电子变压器电感器行业协会，围绕今年磁技术的热点问题，于2015年11月6日晚在深圳举办了“磁元件新技术应用座谈交流会”。田村（中国）研究所、哈尔滨工业大学深圳研究生院、华南理工大学电力学院、浙江大学电气工程学院、西安交通大学电气学院、浙江大学等学术界专家及行业领先企业工程师共40余人参会。

此次交流会上，青岛云路新能源科技有限公司部长江志滨、珠海市艾森科技有限公司副总黄杰、台达企业管理有限公司经理卢增艺分别就非晶材料及其应用、磁元件自动化制造、功率变换器对磁元件的需求作了引导发言。

江志滨简单介绍了非晶带材及其延伸产品非晶磁粉芯的特点及应用状况，他谈到非晶粉芯相较于其它粉芯而言，虽具有良好的性价比，但同时也存在一大致命问题——噪声，为解决这一问题，青岛云路也已从成分开发、新技术研发、控制参数等方面给出解决方案。

向自动化生产方式转型是当前制造业的一大趋势，如何利用自动化降低成本、提高产能也是磁元件企业关注的重点，艾森科技作为自动化设备的领先企业，在此次交流会上也介绍了自动化设备的发展趋势，并建议由协会组织行业企业进行交流，共同研发符合标准化生产的自动化设备。

卢增艺认为要使电源达到市场标准，需要不同类型的磁元件相互配合，共同参与到电源的设计当中，他的演讲还从功率、设计角度上谈到对器件原材料的要求。

此次交流会在每一次引导发言后均设有讨论环节，企业工程师与学术界专家深入交流。会后，不少与会工程师都表示受益良多。东莞市康裕电子有限公司经理袁利评价道：“这次属于小型的研讨会，每个人都有发言的机会，沟通交流比较方便，相比以往的讲座，这种形式的交流会要实用很多。”

磁元件新技术应用座谈交流会的举办加强了磁元件新技术的交流，为行业发展贡献了力量。

聚焦新能源产业创新发展 中国电源学会新能源电能变换技术专委会第二届年会在合肥成功召开

为更好地开展电能变换技术相关政策、技术交流与分享，共同推动我国新能源产业发展壮大，2015年12月12日，由中国电源学会新能源电能变换技术专业委员会主办、阳光电源股份有限公司承办的“第二届新能源电能变换技术年会暨新能源产业创新发展研讨会”在合肥隆重召开。中国电源学会、专委会及行业相关领导、专家学者、企业代表近200人参加了会议。

中国电源学会理事长、浙江大学教授徐德鸿，安徽省原副省长宋明，中国光伏行业协会秘书长王勃华，合肥市副市长王翔，中国电科院新能源研究所副所长刘纯，中国风能设备分会副秘书长沈德昌，专委会主任委员、阳光电源董事长曹仁贤等出席了大会。

会议期间，王勃华秘书长、刘纯副所长、徐德鸿理事长、上海海事大学汤天浩教授、合肥工业大学张兴教授、阳光电源研究院副院长顾亦磊博士等分别作了主旨报告，从行业政策及发展趋势、可再生能源多能互补供电系统关键技术研究、高信赖性供电的直流微网、海洋新能源及其电源变换技术、风电基地经多电压等级直流并网的电力变换技术、电动汽车的新型电机驱动技术等方面，多角度探讨了新能源产业发展的政策环境、市场趋势、电能变换及并网关键技术最新研究课题与成果。

“产业的发展离不开技术的支撑，正是新能源电能变换技术的不断进步，提升了行业的核心竞争力，促进了产业的大规模发展和技术进步。‘十三五’期间，新能源产业必将迎来更加广阔的发展空间，但也伴随着更多的新技术、新难题有待我们去研究、破解。”曹仁贤表示，新能源电能变换技术专委会将在中国电源学会的领导下，积极搭建完善交流平台，及时关注行业发展与技术进步、密切“产学研政”的相互间交流、努力促进产业健康有序发展。

大会期间，与会专家们的深入讨论和高屋建瓴的论述，为中国新能源电源行业发展指明了方向。只要我们坚定发展方向，不断推进技术进步走创新驱动之路，中国新能源电源产业一定会取得更大的发展和突破。

功率变换器磁技术分析测试与应用高级研修班圆满结束

由中国电源学会主办，福州大学电气工程与自动化学院、中国电源学会磁技术专业委员会、科普工作委员会承办的功率变换器磁技术分析测试与应用高级研修班于2015年5月23～25日在福州大学成功举办，来自全国各企事业单位代表80多人参加了本次研修班。

本课程是中国电源学会第二次在福州举办此类高级研修班，旨在梳理电磁基本理论的基础上，结合功率变换器产品中磁元件的具体分析、设计、测试与应用，使工程师能从电磁场机理上深入认识磁元件的各项性能及其影响因素以及设计考虑点，改变传统设计方法的局限性。

中国电源学会磁技术专业委员会主任委员、福州大学电气工程与自动化学院院长陈为教授作为本次研修班的总策划及主讲专家，从电磁基本概念、磁元件绕组高频损耗分析与绕组设计、磁原件电磁干扰特性分析与设计、磁性材料及其应用等方面进行了系统深入的讲解。福州大学陈庆彬老师、林苏斌老师更是对磁元件绕组高频损耗分析、电磁干扰特性以及电磁场仿真分析方法和软件使用进行了讲解授课。

本次培训在结合了去年同期培训课程的基础上，更是加入了很多实例讲解的环节，对于反激变压器、PSFB 和 LLC 电路、变压器共模噪声特性测量与影响因素分析等问题做了具体的分析和讲解。同时演示了 4 个专题实验，包括：高频磁性材料损耗测量与损耗特性分析；变压器绕组交流电阻测量及绕组损耗和影响因素分析；滤波器差、共模插入损耗测量与近场磁耦合影响分析；变压器共模噪声特性测量与影响因素分析。通过实验，使学员对于相关理论知识有了直观的认识，加深了对于相关内容的理解，提高了学员实际解决问题的能力。通过对磁波的测试直观了解磁元件的各种特性，充分体会了实验环节对于本次研修班的作用。

在正式授课时间之外，为使大家能够更加充分地交流和提问，每天课程结束后，专门安排 1 小时自由交流时间。陈为老师与各位学员充分交流，并针对每个学员的问题给予细致的答疑解惑。

经过三天的紧张授课，研修班圆满结束，大家对本次研修班给予了充分的认可，认为在授课内容设置上理论与实践相结合，加深了学员对授课内容的直观理解，对于工程师的实际研发工作具有很强的针对性和指导性。据悉中国电源学会还将在 6 月 29 ~ 7 月 3 日和 8 月 22 ~ 24 日分别开设电动和混合动力汽车专题研修班和开关电源电磁兼容性专题研修班，欢迎广大科研技术人员参加。

电动和混合动力汽车专题研修班圆满结束

由中国电源学会主办，浙江大学承办的电动和混合动力汽车专题研修班于 2015 年 6 月 29 至 7 月 3 日在杭州成功举办，来自全国各企事业单位代表 50 余人参加了本次研修班。

中国电源学会理事长、浙江大学工学部副主任、电力电子技术研究所所长徐德鸿教授主持了开班典礼，并介绍了本次研修班的主讲老师美国国家工程院院士、IEEE Fellow，Kaushik Rajashekara 博士。本课程全面介绍了电动和混合动力汽车动力结构、推进系统分析、燃料电池技术和燃料电池汽车、储能、电机驱动系统、电动和混合动力车中的电力电子变流器、能量管理和充电、系统分析商用混合动力汽车的特性。

此类专题研修班是第一次在国内举办，与会学员对于这样的研修班抱以浓厚的兴趣，而且 Kaushik Rajashekara 博士也在课堂上对于大家提出的各类问题一一作答，解决了很多工程师的实际问题，并且安排学员们参观了浙江大学的四个实验室，对于实验室内正在进行的项目产生了浓厚的兴趣，纷纷提出问题，实验室的老师们也用准确的数据及精彩的叙述回答了大家的问题。经过五天的紧张授课，研修班圆满结束，大家对本次研修班给予了充分的认可，认为在授课内容设置上理论与实践相结合，对于工程师的实际研发工作具有很强的针对性和指导性。据悉中国电源学会还将在 8 月 22 ~ 24 日和 9 月、10 月底分别开设开关电源电磁兼容性专题研修班以及高效率高功率密度电源技术与设计高级研讨班、高效率与功率密度电源变换技术：器件、设计与应用高级培训班，欢迎广大科研技术人员参加。

开关电源电磁兼容性专题研修班圆满结束

由中国电源学会主办，浙江大学、中国电源学会电磁兼容专业委员会、科普工作委员会承办的开关电源电磁兼容性专题研修班于 2015 年 8 月 22 ~ 24 日在浙江大学成功举办，来自全国各企事业单位代表 50 余人参加了本次研修班。

本课程是中国电源学会第一次举办此类高级研修班，课程主要讲解电磁兼容的测试和相关标准、电磁干扰产生的原理以及电磁兼容设计的主要技术和方法，使学员了解电磁兼容原理，具备分析和解决开关电源电磁干扰问题的能力，掌握电磁兼容设计方法。

本次培训特邀了浙江大学电力电子技术研究所副教授、研究生导师、中国电源学会电磁兼容专业委员会副主任陈恒林以及中国电源学会理事、上海电源学会副秘书长黄敏超担任本次培训的主讲老师，课程通过大量的实例分析及现场试验，从电磁兼容标准、开关电源传导干扰、辐射干扰产生原理及模型、电磁干扰滤波器技术、瞬态干扰抑制、电磁抗浪涌问题诊断及解决方法、电磁干扰解决措施等方面进行了系统深入的讲解。

很多参加培训的学员带来了自身企业的样机和产品，通过现场调试、统一分析等手段来查找电磁问题，并且在老师的指导下通过亲自动手调试滤波器，查找电磁干扰源等手段对电磁干扰有了直观的认识，掌握了电磁兼容的基本技术和问题的解决方法，对于缩短产品开发周期、增强产品竞争力、节省研发经费等方面具有重要意义。

在正式授课时间之外，为使大家能够更加充分的交流和提问，每天课程结束后，专门安排了 1 个小时的自由交流时间。两位老师与学员充分交流，并针对每个学员的问题给予细致的答疑解惑。

经过三天的紧张授课，研修班圆满结束，大家对本次研修班给予了充分的认可，认为在授课内容设置上理论与实践相结合，实验教学更是加深了学员对授课内容的直观理解，对于工程师的实际研发工作具有很强的针对性和指导性。据悉中国电源学会还将在 10 月 26 ~ 30 日和 12 月分别开设高效率与功率密度电源变换技术：器件、设计与应用高级培训班和高效率高功率密度电源技术与设计高级研讨班，欢迎广大科研技术人员参加。

高效率与功率密度电源变换技术：器件、设计与应用高级研修班圆满结束

由中国电源学会举办，上海海事大学承办的国际高端专家先进技术课程——“高功率与功率密度电源变换技术：器件、设计与应用高级研修班”于2015年10月26～30日在上海海事大学物流学院成功举办。

本次研修班是连续第三年举办相应的活动，特邀德国科学院国际著名电力电子专家Leo Lorenz博士担任主讲，他曾在全球各地的著名高等学校、研究机构和国际会议讲授过该类课程，深受欢迎。同时还邀请了中国电源学会理事长、浙江大学徐德鸿教授、法国UBO大学教授Benbouzid博士、法国南特大学DidierTRICHET博士、上海海事大学汤天浩教授、德国英飞凌公司陈子颖博士、海事大学韩金刚博士等国内外知名学者一同授课。本次课程为了突出理论联系实际的授课方针，特别开设了实验演示的教学环节，现场演示电流波纹的变化、分析解析电路参数，进一步了解半导体器件的特性。来自全国企事业单位、高校、在校研究生等百余人参加了此次培训。

Leo Lorenz博士系统地给大家梳理了功率器件的原理，深入分析了高频开关器件的结构、参数特性以及电力电子产品设计中器件选择和保护的关键技术。课程中，徐德鸿教授、Benbouzid博士、DidierTRICHET博士、陈子颖博士也为大家在功率器件的发展趋势、电动与混合动力汽车的电源变换、控制与能量管理、电磁系统的故障检测与容错控制、高功率密度电源系统设计等众多前沿技术作了精彩的报告，另外台达、英飞凌、鹰峰电子等企业高级研发人员也对功率器件的使用和设计理念作了精彩的宣讲。课堂间隙中学员们对于工作中、学习中不甚了解的问题提出了疑问，老师们则认真地回答着大家的问题，不时引起大家的惊呼和鼓掌。经过5天的学习，与会代表纷纷表示此次活动物超所值，真正地学到了相应的技术，对于以前一些模糊不清的理念和技术难点也有了茅塞顿开的感觉。

30日上午大家参观了台达电子企业管理（上海）有限公司，通过讲解员的介绍，大家对于电源类的产品有了新的认知，对于一些产品产生了浓厚的兴趣，对于设计理念有了全新的认识。

高效率高功率密度电源技术与设计高级研讨班圆满结束

由中国电源学会主办，南京航空航天大学、中国电源学会科普工作委员会承办的“高效率高功率密度电源技术与设计高级研讨班”于2015年12月5～6日在南京成功举办，来自全国各企事业单位、高校科研院所的代表80余人参加了本次研讨班。

这是中国电源学会第一次和南京航空航天大学联合举办此类高级研讨班，课程主要讲解高效率电源变换器技术、PFC变换技术、全桥变换器软开关技术、三电平变换器及其软开关技术、数字控制技术、以及磁性元件与磁集成技术，目的是为企业技术人员提供如何实现电源高效率高功率密度的途径，拓展技术人员的知识层面，提高企业人员的研发设计能力。

本次培训特邀了台达（上海）电力电子设计中心主任、中国电源学会副理事长章进法博士和南京航空航天大学自动化学院副院长、博士生导师、“长江学者”特聘教授、中国电源学会直流电源专业委员会主任、学术工作委员会副主任阮新波教授担任本次培训的主讲老师，同时邀请了南京航空航天大学陈乾宏教授、胡海兵教授、南京理工大学要开博士共同授课。课程通过系统的技术讲解及案例分析从直流变换器、PFC变换器、磁性元件理论、数字控制理论、全桥变换器的软开关技术和LLC谐振变换技术等方面进行了深入浅出的讲解。

参加本次研讨班的代表们绝大部分为企业总工程师、高级工程师以及研究员、教授、副教授等高级技术人才。几位老师精彩讲解以及对于一些问题有针对性的解答得到了大家的认同。课间大家更是围住了老师们，对于工作中、技术上遇到的问题和技术难点提出了询问，老师们图文并茂地解答不时引起大家的赞叹。

6日下午，与会代表们参观了南京航空航天大学自动化学院的三个实验室，从电源整机到各类变换器样机，每一件样品前代表们都在驻足观看。调试设备前更是人头攒动，实验室老师对于设备的讲解以及实验演示，使大家对新技术产生了浓厚的兴趣。

经过两天的紧张授课，本次研讨班圆满结束，大家对本次研讨班的举办给予了充分的认可，认为在授课内容设置上理论与实践相结合，加深了学员对各类变换器设计的直观理解，对于工程师的实际研发工作具有很强的针对性和指导性。

2015年电气行业领域十大关键词

过去的2015年，电力设备企业在步入中速发展期的过程中稳步前行。一方面是产能过剩与低端制造的隐忧，另一方面是智能制造和产业升级的诉求。伴随着能源结构调整和产业转型升级的机遇和挑战，设备企业必须在复杂多变的国内外市场形势下，准确预判、提前布局。

关键词一：智能制造

工业和信息化部2015年启动实施了“智能制造试点示范专项行动”，并于2015年7月2日，公布了2015年46个智能制造试点示范项目名单。46个试点示范项目覆盖了38个行业，分布在21个省（自治区、直辖市），许继电气、正泰电器、特变电工、上海电气等电气企业上榜。

在我国，智能制造是指基于新一代信息技术，贯穿于设计、生产、管理、服务等制造活动的各个环节，具有信息深度自感知、智慧优化自决策、精准控制自执行等功能的先进制造过程、系统与模式的总称。工信部部长苗圩表示，智能制造日益成为未来制造业发展的重大趋势和核心内容，也是加快发展方式转变，促进工业向中高端迈进、建设制造强国的重要举措，也是新常态下打造新的国际竞争优势的必然选择。

电气行业智能制造大致分为智能基础件、智能装备、智能系统、智能设计、智能服务五大类。在国家政策指导下，电气企业纷纷着力智能制造建设。以数字化、智能化

为代表的制造技术是提升中国制造业整体效率的关键；而发展服务型制造是提升制造业核心竞争力的必然趋势。智能制造和服务型制造未来将贯穿中国电气制造业“由大变强”的整个过程。

关键词二：电网设备智能化

2015年7月6日国家发展改革委、国家能源局发布《关于促进智能电网发展的指导意见》，提出到2020年初步建成安全可靠、开放兼容、双向互动、高效经济、清洁环保的智能电网体系，满足电源开发和用户需求，全面支撑现代能源体系建设，推动我国能源生产和消费革命；带动战略性新兴产业发展，形成有国际竞争力的智能电网装备体系的发展目标。

2015年3月16日，国家电网公司发布《2015年智能电网项目建设意见》指出，国家电网公司将稳步推进智能电网推广项目建设，组织开展智能电网调度控制系统、新能源功率预测及运行控制系统推广建设，完成36套地调系统升级改造，覆盖全部并网风电场和光伏电站。智能调度与控制手段变随机为可调，使风、光联合输出功率过程满足用电负荷的需要，达到削峰填谷的最佳状态。

在国家政策的支持和国家电网需求的带动下，电气企业纷纷试水智能电网设备，智能电网设备研发、生产进入热潮，各个种类的智能化电网设备先后诞生，为智能电网发展提供了有力支撑。

关键词三：电气设备走出去

2015年，在国家“一带一路”政策促进下，电气设备企业走出去成为一大亮点。2015年的“走出去”呈现规模化、核心化的趋势，与大型工程企业“抱团出海”成为新的模式。如东方电气集团与中国电建、华能集团三方联合战略合作协议签约仪式在京举行，将在海外及多项业务领域展开深度合作。

值得一提的是，特高压这样的高端技术在2015年也加大了走出去的步伐。2015年7月，国家电网公司获得巴西美丽山水电±800kV特高压直流送出工程二期30年特许经营权，南瑞集团中电普瑞电力工程有限公司研制的±800kV/4750A特高压直流换流阀将应用于该项目。特高压换流阀是直流特高压工程最核心的设备，世界范围内原来只有三家跨国公司掌握换流阀设备的核心技术。此外，我国研制的特高压变压器、开关、高抗、串补等全部关键设备，将应用于巴西大型水电送出工程项目。电气设备走出国门，将进一步带动特高压设备研发的资金和人员投入，设备的自主研发和创新能力将进一步加强。

关键词四：配网升级“红利”

2015年7月7日，国家发展改革委、国家能源局启动实施了2015年新增农村电网改造升级近千亿投资项目，涉及河北、山西、内蒙古、辽宁等多个省市，共计项目2139个。2015年7月31日，国家能源局印发《配电网建设改造行动计划（2015~2020年）》，着力解决城乡配电网发展薄弱问题，推动装备提升与科技创新，重点要求提升低压电网装备水平，优化升级配电变压器、更新改造配电开关、提高电缆化率、配网自动化覆盖水平等。

随着新型城镇化、农业现代化步伐加快，电网投资已由输电线路投资逐步转向配、用电侧。2015年7月，国家电网公司全年共安排近1600亿元用于农网改造升级，投资规模空前。同时，南方电网公司计划投资124亿元进行农网改造。如此大规模的资金投入到农村电网改造中，将直接增加电网建设投资，东方电子变压器分公司等配网设备厂商，是这次农网改造中最先受益的企业。许多企业2015年取得较好的经营效益。同时，政策对配网设备企业带来极大利好，许继电气、置信电气、北京科锐等配网业务领先的企业都受到政策利好，在资本市场表现良好。

关键词五：光伏“领跑者”计划

2015年6月，国家能源局、工业和信息化部和国家认监委三部委联合下发《关于促进先进光伏技术产品应用和产业升级的意见》，旨在支持先进技术产品扩大市场，加速淘汰技术落后产品，规范光伏发电技术和质量监督管理。其中，国家能源局实施“领跑者”专项计划，对示范工程提出建设标准、技术进步及成本下降目标等要求。具体指标是：单晶硅光伏电池组件转换效率达到17%以上，多晶硅光伏电池组件转换效率达到16.5%以上，转换效率达到10%以上薄膜光伏电池组件以及其他有代表性的先进技术产品。随即，光伏行业掀起了一场提高效率，降低价格的技术论争，光伏企业纷纷推出高效光伏组件和相关技术，通过竞争性方式赢得“领跑者”市场。同时，国内光伏检测认证机构鉴衡认证也推出“领跑者”认证标准。

关键词六：柔性直流输电技术

虽然柔性直流输电技术首次应用于2014年，但技术的完善和发展是在2015年。2015年6月12日，世界首次采用大容量柔性直流与常规直流组合模式的背靠背直流工程，即云南电网主网与南方电网主网异步联网工程正式开工建设，工程率先采用柔性直流加常规直流组合模式。该工程无论是电压等级，还是建设规模，与同类工程相比均为世界领先。

由南京南瑞继保电气有限公司与国外同步进行自主研发的微秒级控制系统，在浙江舟山±200kV柔性直流输电示范工程稳定运行一周年。世界上电压等级领先、输送容量领先的真双极柔性直流工程——厦门±320kV柔性直流输电科技示范工程2015年12月17日投运，标志着我国全面掌握了高压大容量柔性直流输电关键技术和工程成套能力，实现了柔性直流输电技术领域的国际引领。该工程采用的核心装备M2000型柔性直流换流阀及FLEXCON-VBC-1000型阀基控制设备为国内装备企业研发制造并首次应用。

关键词七：二次再热技术

2015年6月27日，世界领先66万kW超超临界二次再热机组——江西华能安源电厂1号机组投运；2015年9月25日，世界领先100万千瓦超超临界二次再热燃煤发电机组——国电泰州电厂二期工程3号机组投运；2015年12月23日，华能莱芜电厂百万千瓦超超临界二次再热6号机组通过168小时试运行。二次再热在2015年可谓大放异彩。

二次再热技术是目前提高火电机组热效率的有效途径。目前，很多新建百万千瓦机组，更多会考虑二次再热，因为二次再热机组的热效率比一次再热机组会有大幅度提升。

采用该技术的百万千瓦超超临界机组供电煤耗约 272g/kWh，比普通百万千瓦超超临界机组降低约 12g/kWh。随着我国二次再热机组的加速开工和相继投运，设备供应商将进入密集的设备交货期和运行期，这对设备的技术性能、制造水平、服务能力都提出了极大的挑战。同时，设备企业也将在建或已投运项目中得到更多练兵的机会。

关键词八：铝合金电缆标准

2015 年以来，国家先后发布铝合金电缆行业标准和国家标准。2015 年 4 月 2 日，《额定电压 0.6/1kV 铝合金导体交联聚乙烯绝缘电缆》（标准编号 NB/T42051-2015）正式获批，2015 年 9 月 1 日起正式实施。该标准是铝合金电缆行业迄今为止最权威、最重要的一部。

2015 年 7 月 3 日，国家质量监督检验检疫总局、国家标准化管理委员会发布《额定电压 1kV（Um = 1.2kV）到 35kV（Um = 40.5kV）铝合金芯挤包绝缘电力电缆》，2016 年 2 月 1 日正式实施，标志着铝合金电缆国家标准正式诞生，具有里程碑的意义。

电线电缆行业是一个料重工轻的行业，目前，国内电缆生产中用的原材料大部分是铜，使线缆成本居高不下。

相对于铜电缆，铝合金电缆具有成本降低、重量减轻、设备及电缆磨损减小等优势。两部标准的发布标志着铝合金电缆的相关标准已经配备完整，这就有利于提升铝合金电缆行业门槛、规范铝合金电缆生产、竞争行为，有力地推动铝合金电缆行业健康、快速发展。

关键词九：高效节能变压器

2015 年 8 月 10 日，国家工业和信息化部、国家质量监督检验检疫总局、国家发展和改革委员会三部委联合发布《配电变压器能效提升计划（2015 ~ 2017 年）》的通知，要求以企业为主体，围绕配电变压器开发、生产、使用和回收等环节，加快推广、促进淘汰，到 2017 年底，初步完成高耗能配电变压器的升级改造，高效配电变压器在网运行比例提高 14%，通过强化标准规范，完善认证体系，严控市场准入等全面提高配电变压器能效水平，推动配电变压器产业转型升级，促进节能降耗，至 2017 年实现年节电 94 亿千瓦时的目标。预计到 2017 年，累计推广高效配电变压器 6 亿千伏安，相当于减排二氧化碳 810 万吨。

至 2015 年中，全国在网运行的配电变压器中，高效配电变压器比例不足 8.5%，产业发展相对滞后。随着《配电变压器能效提升计划（2015 ~ 2017 年）》的实施，非晶合金配电变压器、S13 立体卷铁心配电变压器、自动调容调压配电变压器和高过载能力配电变压器等新型节能配电变压器的市场容量迅速扩大。在农网升级改造项目中，签订了大批新型变压器合同。

关键词十：巨头并购

2015 年 9 月 8 日，通用电气公司（GE）收购法国阿尔斯通公司电力和电网业务的交易获得欧盟批准。同时，美国司法部也发布一项批准指令，允许这项并购交易的完成。2015 年 11 月 2 日，GE 宣布完成对于阿尔斯通电力与电网业务的收购。GE 在包括欧洲、美国、中国、印度、日本和巴西在内的 20 多个国家和地区通过了监管批准，从而完成了交易。这是 GE 迄今为止在工业领域最大的一笔收购。

行业分析认为，这两家设备巨头的合并，很可能改变全球电力业务市场的竞争格局，将诞生一家在能源设备业务和服务上全能的企业巨头，受到竞争压力的不仅仅是西门子公司和 ABB 公司，也包括正在快速走出国门的中国电力设备企业。

未来的电力设施将是系统化和智能化的，整个能源系统将因为信息技术而成为有生命的系统。未来的全球能源设备企业之间的竞争，将是系统能力的竞争，智能化的竞争，考验的不是单个设备的制造能力，而是整个能源系统的设计，建设以及运营能力。通用电气对阿尔斯通的并购，正说明了这种趋势。（来源：中国电力报）

国务院推进“互联网 +”助力智慧能源

2015 年 6 月 24 日，国务院总理李克强主持召开国务院常务会议，部署推进“互联网 +”行动。会议通过《“互联网 +”行动指导意见》，明确了推进“互联网 +”，促进包括智慧能源在内的若干能形成新产业模式的重点领域发展目标任务。

“智慧能源”，实质上就是“能源互联网”。“能源互联网”被定义为互联网、新能源和可再生能源技术融合的能源系统，基于新能源和可再生能源技术特点，通过能源物理网和互联网融合平台，进行能源相关产品和服务的多边交易，实现整个能源系统效率的最优化。

随着储能技术的发展与电网长距离输送能力的提升，“能源互联网”变得越发真实。“能源互联网”的应用将会使能源产业实现生产力水平提高、经济结构转型等一系列巨大的经济、社会、民生效益，并带动其它关联产业协同发展。业界普遍认为，能源互联网的商业机会集中在电力调配、交易市场及微电网等领域，工业用电需求侧管理、家庭能源管理、光伏电站和智能风场等可再生能源、电动汽车充电桩等都有望成为能源互联网的重要入口。

工信部：“中国制造 2025”总体方案已通过国务院审批

国新办 2015 年 4 月就 2015 年一季度工业通信业发展情况举行新闻发布会，工信部新闻发言人、总工程师王黎明透露，“中国制造 2025”总体方案已经国务院常务会议审议通过。

王黎明介绍了一季度工业和通信业的发展情况，称主要在四方面取得了积极成效。

一是工业通信业运行总体平稳。一季度，规模以上工业完成增加值同比增长 6.4%，18 个工业大类行业增速保持在 7.5% 以上，16 个省份工业增速在 7.5% 以上。基础电信业实现业务收入同比增长 2.9%，增值电信企业收入增长 18.5%。

二是结构调整稳步推进，转型升级向纵深发展。“中国制造 2025”总体方案已经国务院常务会议审议通过。启动实施工业强基、智能制造试点示范、推进军民融合深度发展、工业绿色发展、宽带中国 2015、扶助小微企业等 6 个专项行动。信息技术产业、高端装备制造业等国家鼓励发展的行业保持较好发展态势，结构调整早、转型升级快的地区生产相对平稳。

三是深入推进简政放权，企业发展环境不断改善。一季度我部又取消和下放2项行政审批项目，截至目前减少的行政审批项目占原有审批项目的39.2%。推动建立涉企收费清单制度，全国和各省（区、市）两级涉企行政事业性收费和政府性基金目录清单已经公布。受益于一系列支持小微企业发展的政策措施，全国新增企业保持增长态势。

四是两化深度融合继续推进，宽带中国战略全面实施。一季度，200家企业通过两化融合贯标试点企业评估复核。持续推进互联网与工业融合创新、工业云、工业电子商务创新试点，不断培育新业态、新模式。信息消费在经济增长中的拉动作用继续显现。一批全光网城市加快建设步伐。截至3月底，移动电话用户达到12.9亿户，增长3.6%，4G用户持续爆发增长，仅3月净增2388万户，达到1.62亿户；固定宽带用户达到2.04亿户，增长4.2%。我国上市互联网企业达74家，市值突破4万亿元，连续两年翻两番，在全球前30强中，我国占据10家，我国互联网行业先行指数为107.1，环比上升0.78，连续9个月上升。

王黎明坦言，总体上看，我国工业发展的基本面是好的，同时也要看到，工业下行压力有所加大，保持工业经济平稳运行仍需要付出艰巨努力。

工信部苗圩撰文解读“中国制造2025”

制造业是国民经济的主体，是立国之本、兴国之器、强国之基。党的十八届五中全会通过的《中共中央关于制定国民经济和社会发展第十三个五年规划的建议》（以下简称《建议》）明确指出，加快建设制造强国，实施《中国制造2025》。这是党中央站在增强我国综合国力和国际竞争力、保障国家安全和民族复兴的战略高度做出的重大战略决策。

建设制造强国具有重大而深远的意义

“十三五”时期是全面建成小康社会决胜阶段，调结构、转方式、促创新任务十分艰巨。《建议》提出加快建设制造强国，并且明确要求工业化和信息化融合发展水平进一步提高，产业迈向中高端水平，先进制造业加快发展，新产业新业态不断成长。这一重大战略部署，体现了党中央对制造业战略定位的新认识和重视实体经济、加快转变经济发展方式、培育发展新动力的坚定决心。

建设制造强国，是主动应对新一轮科技革命和产业变革的重大战略选择。当前，新一轮科技革命和产业变革蓄势待发，特别是新一代信息通信技术与制造业深度融合，正在引发影响深远的产业调整，形成新的生产方式、产业形态、商业模式和经济增长点。发达国家纷纷实施“再工业化”战略，试图重塑制造业竞争优势。一些发展中国家也在加快谋划和布局，积极参与全球产业再分工，谋求新一轮竞争中的有利位置。面对全球产业竞争格局的新调整和抢占未来产业竞争制高点的新挑战，我们必须前瞻部署、主动应对，在新一轮全球竞争格局中赢得主动权。

建设制造强国，是在经济发展新常态下实现提质增效的客观要求。我国经济发展已进入新常态，实现发展调速不减势、量增质更优，重点在制造业，难点在制造业，出路也在制造业。“十二五”以来，我国制造业稳步发展，综合实力和国际竞争力显著增强，稳居世界第一制造大国之位。但也应看到，我国制造业大而不强，自主创新能力弱，产业结构不合理，信息化水平不高，能源资源利用效率低，企业全球化经营能力不足，与先进国家相比还有较大差距。我们必须坚持调结构、转方式不动摇，加快发展先进制造业，促进产业迈向中高端水平，以制造业提质增效升级保证经济实现中高速增长，推动国家竞争力整体提升。

建设制造强国，是实现“两个一百年”奋斗目标和中华民族伟大复兴中国梦的战略支撑。制造业是实现经济发展、改善人民生活、参与国际竞争和保障国防安全的基础所在。世界强国的兴衰史和中华民族的奋斗史一再证明，没有强大的制造业，就不可能成为经济大国和强国，制造业是国家富强、民族振兴的根本保障。我们必须牢牢把握制造业这一立国之本、兴国之器、强国之基，深入实施制造强国战略，为实现“两个一百年”奋斗目标、实现中华民族伟大复兴的中国梦提供强有力的战略支撑。

“十三五”时期建设制造强国的重点任务

《建议》指出，必须把创新摆在国家发展全局的核心位置，坚持创新发展，着力提高发展质量和效益。这是建设制造强国的基本要求。制造业发展必须以创新为基点，不断培育发展新动力、厚植发展新优势、构建产业新体系，塑造更多依靠创新驱动、更多发挥先发优势的引领型发展。“十三五”时期要重点完成以下几项任务。

构建以智能制造为重点的新型制造体系。《建议》提出，实施智能制造工程，引导制造业朝着分工细化、协作紧密方向发展，促进信息技术向市场、设计、生产等环节渗透，推动生产方式向柔性、智能、精细转变。这是制造业创新发展的方向，是适应新一轮科技革命和产业变革的必然要求。应积极顺应这一趋势，把智能制造作为信息化和工业化深度融合的主攻方向，继续做好两化深度融合这篇大文章。以实现重大产品和成套装备的智能化为突破口，以推广普及智能工厂为切入点，着力发展智能装备和智能产品。加强工业互联网基础设施建设规划布局，发展基于工业互联网的众包设计、云制造等新型制造模式，推进生产过程智能化，构建新型制造体系。

着力强化工业基础能力。工业基础包括核心零部件（元器件）、基础材料、基础工艺、技术基础四个方面，其能力水平直接决定产品的性能、质量和可靠性，一直是我国工业发展的薄弱环节。《建议》明确提出实施工业强基工程。要按照《建议》要求，加强“四基”创新能力建设，加强应用牵引、平台支撑、重点突破，攻克一批先进基础工艺，解决重点产业发展的“卡脖子”问题。推动企业协同创新，提高核心基础零部件的产品性能和关键基础材料的制备水平，提高重点行业产品的性能稳定性、质量可靠性和环境适应性，形成整机牵引和基础支撑协调发展的产业格局。

加强制造业质量品牌能力建设。《建议》提出，开展质量品牌提升行动，支持企业瞄准国际同行业标杆，推进技术改造，全面提高产品技术、工艺装备、能效环保等水平。这是制造业创新发展的主要目标，是塑造制造业竞争新优势的重要内容。应针对重点行业加大技术改造力度，推进先进适用技术、工艺、装备等的推广应用，组织攻克一批长期困扰产品质量提升的关键共性技术。加快推行先进质量管理技术和方法，改进质量控制技术，完善质量管理机制，夯实质量提升基础，优化质量发展环境，努力实现制造业质量大幅提升。鼓励企业追求卓越品质，形成具有自主知识产权的名牌产品，塑造中国质量、中国品牌的整体形象。

大力推动先进制造业发展。这是制造业创新发展的着力点，是培育新产业新动力的重要方向。《建议》前瞻部署了“十三五”时期重点突破的十大战略领域，提出构建新型制造体系，促进新一代信息通信技术、高档数控机床和机器人、航空航天装备、海洋工程装备及高技术船舶、先进轨道交通装备、节能与新能源汽车、电力装备、农机装备、新材料、生物医药及高性能医疗器械等产业发展壮大。要按照《建议》要求，引导集聚社会各类资源，突破共性关键技术与工程化、产业化瓶颈，组织开展应用试点和示范，推动战略性新兴产业发展壮大。通过5到10年的努力，实现自主设计水平和系统集成能力明显提升、基础配套能力显著增强，重点领域基本实现自主研制及产业应用，重要领域装备达到国际领先水平。

加快发展服务型制造和生产性服务业。《建议》指出，推动生产性服务业向专业化和价值链高端延伸、生活性服务业向精细和高品质转变，推动制造业由生产型向生产服务型转变。这是制造业创新发展的新领域，是推动制造业转型升级的必然路径。应加快制造业与服务业协同发展，实施服务型制造行动计划，鼓励制造业企业增加服务环节投入，发展个性化定制服务、全生命周期管理等在线支持服务。支持有条件的企业由提供设备向提供系统集成总包服务转变，由提供产品向提供整体解决方案转变。大力发展面向制造业的信息技术服务，鼓励互联网企业发展移动电子商务、线上到线下等创新模式，加快发展研发设计、科技咨询、第三方物流等第三方服务，增强对制造业转型升级的支撑能力。

建设制造强国需把握好几个关键问题

建设制造强国，必须认真落实《建议》要求，坚持科学发展，全面深化改革，统筹国内国际两个大局；加强党的领导，进一步发挥制度优势，完善政策措施，营造制造业发展的良好环境。“十三五”时期，尤需把握好以下几个关键问题。

坚持市场主导、政府引导。建设制造强国是一项国家战略，需要动员整合政府和社会各方面资源，既要发挥市场在资源配置中的决定性作用，强化企业主体地位，激发企业活力和创造力；又要积极转变政府职能，创新行业管理方式，完善财税、金融扶持政策，形成共同推进的合力。为此，应进一步创新和改进宏观调控，抑制股市、房地产等领域的投机泡沫，引导社会资本向制造业汇聚，推动制造业创新发展、做优做强。推动产业政策由倾斜型向功能型转变，重点是营造公平竞争的市场环境、促进创新创业、加强公共服务。创新和改进政策支持方式，通过产业投资基金等模式，以股权投资方式支持重点产业发展、中小企业创新和技术改造，更好发挥国家财政资金的引导和撬动作用。注重运用市场机制和经济手段化解过剩产能，实现淘汰落后产能法治化、常态化和长效化。

坚持立足当前、着眼长远。建设制造强国是一项长期战略任务，既要针对当前发展的薄弱环节，解决突出矛盾和问题；又要把握新一轮科技革命和产业变革趋势，加强战略布局和系统谋划，梯次推进、分步实施。“十三五”时期的重点是，掌握一批关键核心技术，进一步增强优势领域竞争力，制造业数字化、网络化、智能化取得明显进展，工业化和信息化融合发展水平不断提升。同时，瞄准未来10年乃至30年的发展目标，扎扎实实打基础，认认真真抓创新，努力占据未来产业竞争的制高点，力争到新中国成立一百年时，建成全球领先的技术体系和产业体系，综合实力进入世界制造强国前列。

坚持整体推进、重点突破。建设制造强国是一项系统工程，涉及领域广，既要坚持全国一盘棋，提高制造业整体水平；又要整合资源，加强分类指导，明确发展的重点和难点，在关键共性领域和重点行业率先突破。应明确创新发展方向和区域发展重点，加强战略、规划、政策、标准引导，统筹规划、合理布局，实现差异化和梯次发展。围绕经济社会发展和国家安全重大需求，实施制造业创新中心建设、智能制造、工业强基、绿色制造、高端装备创新五大工程。在新一代信息技术、新材料、医药工业等战略性领域及制造业产品质量提升、人才发展、服务型制造等方面，加快专项规划和年度计划的制定实施，以重点突破带动制造业总体竞争力的提升。

坚持自主发展、开放合作。制造业是国际竞争与合作的焦点，建设制造强国既要坚持开放合作，又要坚持自力更生。只有具备了自主发展能力，才能在国际竞争中掌握发展的主动权；只有坚持开放合作，才能更好地引进吸收先进技术经验，倒逼国内改革创新。应把自主发展与开放合作有机结合起来，在关系国计民生和产业安全的基础性、战略性、全局性领域，着力掌握关键核心技术，完善产业链条，形成自主发展能力。继续扩大开放，提高利用外资和国际合作水平，鼓励和支持中国企业走出去，积极参与和推动国际产业合作，推动重点产业国际化布局，将引进来和走出去更好结合起来，引导企业提高国际竞争力。

能源局抓紧制定《中国制造2025能源行业实施方案》

在2015年9月8日上午举行的2015中国国际能源峰会上，国家能源局总经济师李冶透露，能源局正在制定《中国制造2025能源行业实施方案》，从行业方面细化国家战略。

“整个中国制造2025里面，能源是重要的组成部分。能源领域涉及装备制造的东西很多。根据国务院文件要求，各个部门需结合本行业、本部门的情况制定分解细化的工作规划和工作方案。中国制造2025是国家战略，明确了基本要求和原则，但更细化的东西，应该在行业战略规划中进一步细化。”李冶说。

同时，能源局在力推能源装备的升级改造专项行动计划。除了目前已发布的燃煤火电节能减排、配电网等，能源局下一步将在电网改造中的微网、储能和能源材料以及核电领域，陆续推出一系列规划或专项行动计划。在具体实施中，借鉴以往经验，关键设备的国产化仍将依托国家能源重点工程建设项目，实现关键设备如燃气轮机、智能电网技术、大功率机组等的装备升级。

据了解，《中国制造2025》涉及的能源装备包括智能电网成套设备、核电设备等新能源设备和各类电力装备，这些将直接支撑我国能源产业和装备产业的发展。

有一种观点认为，判断一个国家的能源产业是否强大，关键看本国的能源技术与装备对本国能源发展是否起到支撑作用。对此，能源局总经济师李冶称，推进能源革命，下一步重点工作有三方面：一是加紧资源进一步勘探开发，保障能源安全；二是加大化石能源清洁高效加工转化，实现技术创新；三是加快发展清洁可再生能源，核电、风光等产业化应用。以上三点都离不开能源装备，是支撑能源工业发展的重要保障。

2015中国光伏行业九大关键词

在传统能源市场低迷的2015年，光伏逆市上扬，行业持续回暖。这一年，政府扶持力度不断加大，技术升级持续发力，光伏产业展现出了欣欣向荣的朝气。虽然成长的道路仍有烦恼，但光伏的大好前景，引人注目。

关键词1　2310万千瓦

2015年3月16日，国家能源局下发《国家能源局关于下达2015年光伏发电建设实施方案的通知》，提出2015年全国新增光伏电站建设规模目标为1780万千瓦，对屋顶分布式光伏发电项目及全部自发自用的地面分布式光伏发电项目不限制建设规模；9月28日，国家能源局发布《调增部分地区2015年光伏电站建设规模的通知》，要求增加530万千伏光伏电站建设规模，至此，2015年光伏新增装机总目标为2310万千瓦。

1780万千瓦光伏装机目标已经超出行业预期，尤其是在2014年光伏装机总量大幅低于预期的背景下，显示出国家层面对光伏行业的长期看好及信心。9月，为了照顾资源好、进度较快的省份，国家能源局新增加530万千瓦光伏目标。值得注意的是，规定新增的530万千瓦光伏电站建设规模，主要集中在河北、内蒙古与新疆地区。其中，河北、内蒙古、新疆维吾尔自治区分别增加70万千瓦，居其他各省市之首，云南、青海、宁夏新增40万千瓦，其余省份新增额度在10万至30万千瓦不等。由此可见，国家能源局在指标的分配上有了导向，安装地区条件好、光伏发展好，动工快的地区会优先安排。

我国已于2015年6月提前完成光伏“十二五”3500万千瓦的总装机目标，但本年度新增装机目标完成情况却不乐观——2015年前10月，我国光伏新增装机990万千瓦，距离2015年新增装机2310万千瓦的目标尚有较大差距，其中分布式光伏完成情况更是不容乐观，前六月仅为104万千瓦。在光伏领域，尽管国家政策导向已从地面光伏电站转向分布式，但与往年相比，2015年分布式光伏的推进异常缓慢。一方面是因为光伏应用投资市场环境没有出现质的改观，另一方面2015年分布式的建设节奏明显受到国家扶持政策变动的影响。由此可见，在光伏行业被看好的大背景下，发展分布式光伏，任重道远。

关键词2　领跑者计划

2015年6月10日，工业和信息化部、国家能源局、国家认监委联合印发《关于促进先进光伏技术产品应用和产业升级的意见》，从市场引导、产品准入标准、财政支持、产品检测等方面提出具体意见和执行标准，以促进先进光伏技术产品应用和产业升级。

近年来我国光伏技术进步明显加快，市场规模迅速扩大，但同时也出现了部分落后产能不能及时退出市场、先进技术产品无法进入市场、光伏产业整体技术升级缓慢、光伏发电工程质量存在隐患等问题。针对于此，文件给出了明确答案：淘汰落后产能、建立技术优势，技术创新与进步才是我国光伏产业升级发展的必由之路。

逐步建立光伏产品市场准入标准的循环递进机制，加速光伏发电技术进步和产业升级；要求严格执行光伏产品市场准入标准，光伏发电项目新采购的光伏组件应满足工业和信息化部《光伏制造行业规范条件》（2015年本）相关产品技术指标要求。文件专门针对我国光伏行业发展的短板设定，对行业将产生积极影响。随着文件执行，将实现行业通过技术升级，达到效率提升，进而最终实现成本降低的目标，给终端市场带来利好和推动。此外，首次将“领跑者”计划准入标准进行量化，且明确提出将以政策资金和政府采购方式对“领跑者”先进技术产品进行政策倾斜。

2015年7月，山西省大同市采煤沉陷区国家先进技术光伏示范基地获得国家能源局批复，成为光伏产业“领跑者”计划领先获批的基地。鉴于大同基地的示范效应，多个城市正在借鉴大同经验，未来领跑者基地扩容在即。

关键词3　电价下调

2015年12月24日，国家发改委发布《关于完善陆上风电光伏发电上网标杆电价政策的通知》，明确对陆上风电和光伏发电上网标杆电价进行下调。

其中，2016年光伏标杆上网电价明确为：按太阳能资源分类，一类资源区上网电价由现行的0.9元/千瓦时调至0.8元/千瓦时；二类资源区由现行的0.95元/千瓦时下调至0.88元/千瓦时；三类资源区由现行的1元/千瓦时下调至0.98元/千瓦时。一、二类资源区上网电价分别降低10分钱、7分钱，三类资源区降低2分钱。

光伏、风电等新能源平价上网是大势所趋。根据可再生能源“十三五”规划的思路，到2015年，光伏要实现发电侧平价上网，到2020年，光伏实现用户侧平价上网。

国家能源局等主管部门人士在公开场合曾多次表示，可再生能源平价上网意味着电价及补贴将逐年下调。

此次确定的上网电价，与此前流传出的讨论稿中的电价调整方案相比略超过预期。在限电和补贴拖欠的情况下，电价下调会影响到企业投资光伏电站的积极性，但也会利好东部分布式的应用。此外，降成本将成为行业主流，高效产品有望持续放量。补贴逐年下调也将有效刺激行业成本下降，2016年行业发展将以高效产品推广应用为龙头。

关键词4 宜林地放开

2015年11月27日，国家林业局下发《关于光伏电站建设使用林地有关问题的通知》，首次从国家层面明确了宜林地可用于光伏电站建设。文件明确指出，对于森林资源调查确定为宜林地而第二次全国土地调查确定为未利用地的土地，可采用“林光互补”的用地模式，同时，“林光互补”模式下的光伏电站要确保使用的宜林地不改变林地性质。

我国光伏产业发展之路从未平顺。继“路条难、融资难、上网难、补贴发放难”等关键掣肘稍现突破后，各地林业部门的干预、地方政府多部门“征税抢食”等也成为制约我国光伏发展的新矛盾。

此次从国家层面明确了宜林地可用于光伏电站建设，为缓解荒山、荒地“一地双认证”的矛盾，协调好生态建设与清洁能源发展关系发挥了重要作用。放开宜林地对光伏行业是一大利好，必将加速光伏在宜林地的建设节奏。

该文件首次出现“林光互补”的正式提法，这一概念衍生自“农光互补”。按照光伏农业的标准，企业只需在农业大棚、鱼塘、滩涂上方安装光伏组件即可，但林业明显与农业形态不同。对林业来说，若不改变土地使用性质，在具体操作上将非常模糊和缺乏指导性。

该文件下发是“林光互补”迈出的重要一步，但一些具体的界定还比较模糊，对各省当地的林业局也缺乏指导性文件。已合规建好的光伏电站，地方林业部门会否以此文件来重新调整征收植物恢复费用，也未可知，所以仍有待更加详细的规定出台。

关键词5 光伏扶贫

2015年11月27日至28日，中央扶贫开发工作会议在北京召开。中共中央总书记、国家主席习近平强调：“我们要找准路子、构建好的体制机制，坚持精准扶贫、精准脱贫。”国务院扶贫办副主任欧清平指出，光伏扶贫更是一种精准扶贫的方式，利用光伏发电来帮助贫困人口脱贫是非常有效的途径之一。截至2014年底，全国仍有7000多万农村贫困人口。我国已经开展光伏扶贫试点工作，并取得了阶段性成果。预计“十三五”期间，我国光伏扶贫工作将在全国遍地开花，为7000万贫困同胞提供绿能、阳光、可收益的精准扶贫方案。

光伏扶贫既是扶贫工作的新途径，也是扩大光伏市场的新领域。自国家能源局、国务院扶贫办2014年10月11日发布《光伏扶贫工程工作方案》以来，经过一年多的光伏扶贫试点工作，安徽、山西、河北等多地已初见成效。但在落实光伏扶贫政策的实践中不难发现，政策虽规定了项目建设方式、质量要求，运行维护管理方法及保障措施，但对于保障措施如何制定、落实、监管等都未明确。因此，光伏扶贫，政策落地才是关键，其中最重要的就是平衡各方利益。对于价格过低所引起的工程质量不达标、低价无序竞争问题，解决办法是尽量让实施企业以微利或薄利的方式来保质保量地完成建设和后续维护，同时在招标时要有一系列考核和监管；如涉及电网接入和改造，各地在前期做方案时就需让电力公司介入并大力支持；加大金融政策制定；与当地产业结合，用实实在在的收益提高老百姓的积极性；说到底，还是要给光伏，乃至可再生能源一个好的发展环境。可再生能源发展好了，光伏发展好了，光伏扶贫自然能发挥功效。

关键词6 光伏农业标准

光伏农业是一种新形式的土地综合利用方式，是现代化农业与清洁能源紧密结合的产物，可以推动绿色农业生产，实现科技高效的循环生态农业。2015年，光伏农业大棚、光伏养殖、渔光互补等不同形式的农光互补光伏电站成为光伏行业投资、建设的热点。

随着光伏应用技术的不断创新和发展，光伏农业这一新兴产业每年已达千亿元市场规模，有预测甚至认为，其市场规模5年内可达数万亿。然而，因没有统一的标准，光伏农业还存在诸多问题，如有些项目打着光伏农业的幌子占用农、林业用地，以谋求税收优惠和国家财政补贴，换取企业或个人利益，“非农化”现象严重。

2015年，光伏农业项目遍地开花。真正做事的光伏农业公司，将光伏与当地产业有机结合，农民真正受益，光伏发电量也得到了提升；希望凭借农业这一借口，实则只顾及光伏发电的企业却搅乱了这一市场。虽然已有文件规定能源等项目建设中不能侵占基本农田，不能改变土地用途，不破坏农业综合生产能力和农业生态，但由于缺少行业统一标准，并没有对这一领域的企业起到规范作用。因此，制定光伏农业行业标准至关重要，有了标准才能引导产业发展的方向，可以为传统农业向现代农业过渡提供方向。

但是，光伏和农业本属两大跨界领域，加之标准制定本身的复杂性，制定光伏农业标准实属不易。2015年，积极响应并希望推进光伏农业标准制定的人士颇多，但如何确定标准层级就是首先要面对的问题。标准层级包括团体/联盟标准、企业标准、行业标准、地方标准、国家标准、国际标准等。就我国光伏农业现状而言，先制定联盟或协会组织等的标准，再逐步推广至行业及国家标准更加现实。此外，光伏和农业各自标准繁多，两个体系的结合必定会衍生出更多新体系，因此标准制定既需宏观框架体系建设，也需细分领域考虑。因此，标准制定应先从体系入手，细分领域、循序渐进。光伏农业属于新兴产业，很多方面都需要摸索，标准制定需要数据和成功案例，只有具备一定数量和规模，有可重复计算的数据，可复制的方法和手段，有完善的创新技术基础，企业实践和人才培养，适当的软硬件支撑，才能制定真正实用的标准体系。正如国务院参事、中国可再生能源学会理事长石定寰所言，对于成熟的细分领域，可先制定标准，对于尚不成熟的领域可先试点，逐步使标准建立起来。

关键词7 “互联网+”

2015年，在“互联网+”的热潮之下，向来嗅觉敏锐的光伏企业摩拳擦掌，积极布局能源互联网。

这一年，阳光电源宣布与“阿里云”达成战略合作协议，基于全新发布的“智慧光伏云 iSolarCloud”平台，共同推动新能源向“互联网+”的产业革新；华为集团在大型地面光伏电站项目中，将数字信息技术、互联网技术与光伏发电技术相融合，通过“智能化”提升光伏电站的发电量和运营管理效率；协鑫集团目前已经建成并布局“六位一体”能源微网、清洁能源电商交易平台、能源智能建筑、区域能源互联中心、"能源+互联网金融"等领域；远景能源推出了以太阳神名字"阿波罗"命名的第三方光伏电站管理云平台……

光伏和互联网结合，既是发展机遇，又是挑战。行业大佬的诸多新动向表明，拥有互联网和大数据支撑，似乎已经成为光伏电站的标配，光伏产业正在开始加速与互联网的融合。鉴于互联网强大的颠覆能力，看似无坚不摧的光伏龙头企业，可能短期内会被率先找到"互联网+光伏"路子的新冒起的小企业所颠覆。要想抓住机遇，得首先想通最适合自己的互联网化商业模式，这得靠光伏企业自身对原有商业逻辑进行思考、领悟和重构。

关键词8 失意英雄

2015年，光伏行业持续回暖，但也见证了一些企业过山车式的发展，尤其是两家光伏知名企业——海润光伏、汉能薄膜发电，风浪接二连三，冰火两重天。

2015年12月10日，海润光伏传出5~8亿元的高额赔偿，可能导致连续第三年亏损，退市几成定局；12月17日，披露公司董事会换届选举的董事候选人名单，可作为董事长、总裁、首席执行官的杨怀进的名字却未出现；12月24日，发布第五届董事会决议公告，新总裁人选确定为高欲晓。几乎同时，*ST海润发布了杨怀进的辞职公告。杨怀进就此与*ST海润分道扬镳。

虽然已是满头银发，眼神却依然坚毅，杨怀进作为中国光伏产业的拓荒者，在业内被誉为低调的先行者、光伏第一人。对于光伏行业，杨怀进有着强烈的使命感和责任感，他说"它就像自己的孩子一样，我希望能呵护它健康成长。"虽然如此，杨怀进的光伏之路走得并不轻松。离开海润光伏，"教父"又将如何东山再起，让我们在2016年拭目以待。

2015年的前五个月，李河君不但在资产上成为首富，还以太阳能行业领头人物的姿态昭告了这一行业的强势发展。然而好景不长，蝉联新财富500富人榜首富之后，汉能薄膜发电于5月20日上午10点16分出现股价"跳崖式"急跌，股价跌近50%，直接跌停，李河君作为汉能最大股东，持股比例为73%，身价缩水近千亿港元。此后，遭证监会调查，被港交所勒令停牌，首次出现业绩亏损，大幅裁员。12月份，汉能兜售集团水电资产。

眼下李河君的清洁能源帝国虽然陷入挣扎，但难能可贵的是他仍然坚信太阳能、薄膜光伏发电的前景。他说："我始终相信，当你带着使命感去做一件事的时候，上帝或上天将赋予你神奇魔力，让你正确处理每一件事，并让你享有一切好运。"

关键词9 "双反"延期

欧洲时间2015年12月5日，欧盟委员会发布公告称，将延长对中国进口太阳能产品的反倾销、反规避既有政策，现行中欧光伏组件最低价格协议（MIP）将延长至少12个月，由此，本应于2015年12月7日结束的针对中国光伏产品征收的"双反"税率，征收期限被延长至2017年，且未给中国光伏企业留下丝毫申辩回旋的余地。

不久后，天合光能宣布退出MIP名单，成为国内首家主动退出"价格承诺"的光伏企业；在这之前，阿特斯太阳能、中盛光电、昱辉阳光、正信光伏、正泰太阳能、杭州浙大桑尼能源均成为欧盟的"眼中钉"。

点评：继续延长"双反"措施，既损害中方利益，也不符合欧盟自身利益。在当前"双反"已成常态的形势下，我国应多方发力。政府应积极与有关国家进行谈判，利用相关规则和机制保护中国企业利益；行业组织应向企业提供咨询服务；企业要据理力争；要有更加明确和更具可操作性的政策制定和落地；企业要不断创新，加快技术提升，降低成本，提高整个产业的竞争力，由此才能把握发展主动权，在未来拥有光伏领域的话语权和谈判权。

光伏"十三五"规划征求意见稿下发 装机目标上调

2015年12月15日，国家能源局向各省（自治区、直辖市）发改委能源局等有关部门下发《太阳能利用十三五发展规划征求意见稿》（简称意见稿），要求于12月30日前将书面意见反馈至国家能源局新能源司。

意见稿提出，到2020年底，太阳能发电装机容量达到1.6亿千瓦，年发电量达到1700亿千瓦，年度总投额约2000亿元。其中，光伏发电总装机容量达到1.5亿千瓦，分布式光伏发电规模显著扩大，形成西北部大型集中式电站和中东部分部式光伏发电系统并举的发展格局。太阳能热发电总装机容量达到1000万千瓦。太阳能热利用集热面积保有量达到8亿平方米，年度总投资额约1000亿元。

对于结构指标，意见稿指出到2020年底，太阳能发电装机规模在电力结构中的比重约7%，在新增电力装机结构中的比重约15%，在全国总发电量结构中的比重约2.5%，折合标煤量约5000万吨，约占能源消费总量比重的1%，为15%非化石能源比重目标的实现提供支撑。在太阳能发电总装机容量中，光伏发电占比94%，光热发电占比6%，西部地区占太阳能发电总装机容量的35%，中东部地区占比65%。

在优惠政策方面，意见稿提出统筹国家可再生能源基金的使用，对先进光伏产品应用以及与城市微电网、储能技术等新技术的综合应用给予专项支持。继续实施财税优惠政策。鼓励各级财政出台地方配套财政政策加大对光伏发电利用支持力度、各新能源示范城市，绿色能源示范区县、新能源示范园区及其它示范性城镇，可结合示范项目建设安排专项资金支持光伏发电应用。鼓励各地统筹节能减排、扶贫、棚户区改造资金。探讨成立国家光伏产业投资基金，通过国家注资、企业投资和社会参与的形式，为光伏产业公共技术平台建设、关键基础理论研究、核心设备国产化、全球人才培养等无法完全市场化的创新环节提供资金支持。

国务院：支持推进太阳能光伏项目和制造国际合作

国务院2015年5月13日向各省、自治区、直辖市人民政府，国务院各部委、各直属机构下发《国务院关于推进国际产能和装备制造合作的指导意见》（国发〔2015〕30号文件）。

意见明确，为支持我国大力开发和实施境外电力项目，提升国际市场竞争力，加大电力“走出去”力度，除支持火电、水电、核电等产业外，明确支持我国企业参与有关国家风电、太阳能光伏项目的投资和建设，带动风电、光伏发电国际产能和装备制造合作。积极开展境外电网项目投资、建设和运营，带动输变电设备出口。抓住有利时机，推进国际产能和装备制造合作，实现我国经济提质增效升级。

光伏产业被国务院列入2015年落实《政府工作报告》重点目录

2015年3月5日，第十二届全国人民代表大会第三次会议在人民大会堂开幕，大会听取了国务院总理李克强作政府工作报告，审查了计划报告和预算报告。总理李克强说：“能源生产和消费革命，关乎发展与民生，大力发展风电、光伏发电、生物质能，要把节能环保产业打造成新兴的支柱产业。”

2015年4月10日，从国务院获悉，3月25日国务院向各部委、各直属机构印发关于落实《政府工作报告》重点工作部门分工的意见。意见称根据党的十八大和十八届二中、三中、四中全会精神，中央经济工作会议精神和十二届全国人大三次会议通过的《政府工作报告》，为做好2015年政府工作，实现经济社会发展目标任务，现就《政府工作报告》确定的重点工作提出部门分工意见。

针对光伏等新能源产业，分工意见明确提出：“推动能源生产和消费方式变革。大力发展风电、光伏发电、生物质能，积极发展水电，安全发展核电，开发利用页岩气、煤层气。控制能源消费总量，加强工业、交通、建筑等重点领域节能。积极发展循环经济，大力推进工业废物和生活垃圾资源化利用。把节能环保产业打造成新兴的支柱产业。（发展改革委、工业和信息化部、财政部、国土资源部、环境保护部、住房城乡建设部、交通运输部、水利部、科技部、海关总署、质检总局、统计局、林业局、能源局等负责）。”

外交部：中国已成为世界节能和利用新能源第一大国

据外交部官方消息，外交部发言人华春莹2015年12月8日在例行记者会上表示，中国政府本着对本国人民和全人类负责的态度，高度重视并积极采取措施应对气候变化，已成为世界节能和利用新能源、可再生能源第一大国。

当有记者提问：昨天北京发布了雾霾红色预警，与此同时，中方正参与气候变化巴黎气候大会谈判，期待达成协议。你是否认为中国雾霾问题会影响中方在气候变化巴黎大会中的立场时，华春莹表示，作为一个发展中国家，中国在解决人民群众温饱问题、改善民生方面做出了不懈努力。过去几十年来，中国经济快速发展，但也承担了资源环境方面的代价。鉴往知来，中国政府正大力推进生态文明建设，努力探索绿色、低碳、可持续发展道路。

气候变化是人类面临的全球性挑战，需要国际合作应对。中国等发展中国家是气候变化不利影响的主要受害者。中国政府本着对本国人民和全人类负责的态度，高度重视并积极采取措施应对气候变化，已成为世界节能和利用新能源、可再生能源第一大国。中国的努力和取得的成就有目共睹，得到国际社会的积极评价。同时，我们还建设性地参与国际合作和多边进程，推动建立合作共赢、公平合理的气候治理机制，为保障全球生态安全、推进可持续发展做出贡献。

雾霾问题与气候变化问题同根同源。雾霾问题的严重性凸显了治理环境和应对气候变化的紧迫性，也更坚定了我们的治理决心。相信在各级政府和全社会的共同努力下，部分城市的雾霾问题将不断得到改善。

“光伏领跑者计划”实施

2015年6月1日，国家能源局、工信部、国家认监委联合发布《关于促进先进光伏技术产品应用和产业升级的意见》（国能新能〔2015〕194号），我国将提高光伏产品市场准入标准，实施“领跑者”计划。国家能源局每年安排专门的市场规模实施“领跑者”计划，要求项目采用先进技术产品。2015年，“领跑者”先进技术产品应达到以下指标：多晶硅电池组件和单晶硅电池组件的光电转换效率分别达到16.5%和17%以上；高倍聚光光伏组件光电转换效率达到30%以上；硅基、铜铟镓硒、碲化镉及其他薄膜电池组件的光电转换效率分别达到12%、13%、13%和12%以上。“领跑者”计划通过建设先进技术光伏发电示范基地、新技术应用示范工程等方式实施。国家能源局提出示范工程的主要技术进步指标、建设规范、运行管理及信息监测等要求。省级能源主管部门通过竞争性比选机制选择技术能力和投资经营实力强的开发投资企业，企业通过市场机制选择达到“领跑者”先进技术指标的产品。

2015年6月25日，山西省大同市采煤沉陷区国家先进技术光伏示范基地成为能源局“光伏领跑者”计划领先被批准的项目。

国家能源局下发特急文件部署光伏发电接网及并网工作

各省（区、市）发展改革委（能源局）、新疆生产建设兵团发展改革委，能源局各派出机构，国家电网公司、南方电网公司，内蒙古电力公司、各有关地方电网企业，水电水利规划设计总院：

2013年以来，各级电网企业认真落实国家支持光伏发电的政策，不断改进光伏发电接网和并网运行服务，有力促进了光伏发电的快速发展。但由于光伏电站与配套电网建设周期差别大、分布式光伏发电量大面广等原因，依然存在一定程度的光伏发电项目接网滞后问题。为加快推进光伏发电建设，实现光伏发电及时并网和高效利用，各省（自治区、直辖市）能源主管部门要会同所在区域的能源派出机构，进一步督促协调有关各方做好光伏发电接网及并网运行工作。现将有关要求通知如下：

一、健全光伏发电项目建设管理工作机制。各省（自治区、直辖市）能源主管部门要加强对光伏发电建设计划执行的监测和督促工作，建立按月监测调度、按季考核调整的工作机制。对不能在规定时间内开工、影响计划完成的项目在符合年度指导规模管理的原则下及时进行调整。对项目遇到的在备案前或备案后开工所需的审批手续问题，要加强与有关部门的沟通协调，能够放在事中事后办理的不应作为事前的先决条件。

二、做好光伏项目发电项目并网衔接工作。各省（自治区、直辖市）能源主管部门要进一步核实在建光伏发电项目的建设进度，督促电网企业与光伏发电项目单位做好建设进度衔接。对今年12月底前能够完成主体工程且具备并网条件的光伏发电项目，电网企业要及时做好项目并网前的准备工作，简化内部管理流程，提高工作效率，力争使具备并网条件的项目在今年12月底前实现并网运行。对其它在建光伏发电项目，电网企业与项目单位要做好建设计划衔接，及早确定投产并网时间，确保项目建成时能及时并网运行。

三、正确处理实行规模管理前的光伏发电项目问题。各省（自治区、直辖市）能源主管部门对实行年度指导规模管理之前批复同意建设的光伏发电项目进行核实，分类正确处理。对2014年12月底前可完成主体工程且具备并网条件的项目，在核实符合国家有关工程建设管理要求后，协调电网企业及时接网并实现正常并网运行。对2013年12月底前已完成备案（或核准）的光伏发电项目，核实已开工建设且符合有关工程建设管理要求的，均确认纳入符合国家按发电量补贴的范围，各项目单位应及时与电网企业衔接并网时间及方案，争取早日建成并网运行。对2013年12月底前已办理备案（或核准）手续但没有开展实质性建设的项目应及时清理。

四、继续完善分布式光伏发电并网服务。各级电网企业要继续完善分布式光伏发电的接网和并网运行服务工作流程，投入足够的技术和管理人员，按国家有关技术标准和管理规定，及时开展并网调试和竣工验收，与项目单位签订并网调度协议和购售电合同，确保在规定时限内办理项目接网。继续简化并网审核的前置条件，能够通过其它政策和管理制度保障的事项，原则上不作为并网审核的前置条件。对个人在自有屋顶安装分布式光伏发电设施，电网企业应协助业主进行电气连接及并网设施的安全检查。对以35千伏及以下电压等级接入电网（东北地区66千伏及以下）、单个项目容量不超过2万千瓦且所发电量主要在并网点变电台区内消纳的光伏发电项目，各级电网企业应明确根据《分布式发电管理暂行办法》的规定，按照简化程序办理电网接入并提供相应的并网服务。

五、加强光伏发电接网和并网运行监管服务。国家能源局各派出机构要及时做好发电业务许可相关工作，确保项目尽快开展并网报验，及早并网；同时要配合所在地区能源主管部门，通过对光伏发电专项监管等方式，督促电网企业依照有关法规、政策和管理制度做好光伏发电项目的接网和并网运行服务，负责解释和协调光伏发电项目在接网环节及并网运行中出现的问题。各类光伏发电项目业主在接网和并网运行中遇到的相关问题，可向国家能源局派出机构咨询或投诉，在相关方发生争议时可向派出机构申请协调或裁决。派出机构应及时受理有关咨询和投诉等事项，及时作出答复和处理。对国家能源局转交的涉及光伏发电并网的信访材料，应及时查清情况和处理，并将有关情况和处理结果报告国家能源局。

国家能源局一日连发三文力挺光伏 要求电网年底加速并网

2015年12月24日，国家能源局连发三份文件力挺光伏发展，要求电网力争使具备并网条件的项目在2015年12月底前实现并网运行。同时，进一步推进分布式光伏发电示范区建设，数目从以前的18个增至30个。此外，太阳能发展“十三五”规划编制工作的时间表也浮出水面，要求2015年8月底形成全国规划送审稿。而按照此前发布的《能源发展行动战略计划》，2020年光伏装机目标将比“十二五”翻一番，达到1亿千瓦左右。

业内人士认为，这一举动是为冲刺完成年度目标。在年底抢装和并网政策利好下，2015年完成新增并网10吉瓦没有问题。而分布式光伏作为国家力推的重点，景气攀升速度将更快。预计明年一季度光伏行业将出现“淡季不淡”的向好局面。

数据显示，2015年前三季度，全国光伏发电量约180亿千瓦时，相当于2013年全年发电量的200%。但前三季度，全国新增光伏发电并网容量仅为379万千瓦，距离相对保守的10吉瓦全年目标还有较大差距。“由于光伏电站与配套电网建设周期差别大、分布式光伏发电量大面广等原因，依然存在一定程度的光伏发电项目接网滞后问题。”24日发布的《国家能源局综合司关于做好2014年光伏发电项目接网工作的通知》提出，对2015年12月底前能够完成主体工程且具备并网条件的光伏发电项目，电网企业要简化内部管理流程，提高工作效率，实现并网运行。

多位业内人士认为，在这种情况下，国内完成10吉瓦甚至冲击12吉瓦的可能性还是很大。“一般大规模的地面电站，在年末将会涌现不约而同并网的现象。”光伏电站的并网热情，从组件供应情况可窥一斑。晶澳、天合、晶科和英利等一线组件厂商披露的相关材料显示，各家均已经满产，2015年已没有空闲产能再接新订单。

而分布式光伏也是国家政策重点扶持的对象。同一日下发的《国家能源局关于公布分布式光伏发电应用示范区建设的通知》明确，在国家能源局已公布的第一批18个分布式光伏发电应用示范区外，增加嘉兴光伏高新区等12个园区，如各省年度规模指标不足，可按照“先备案，后追加规模指标”方式建设和管理。

“目前，国家对分布式光伏电站项目的支持力度非常大，较高的投资回报收益也吸引了很多人进行投资。”英利光伏电力投资集团总经理张哲表示，分布式光伏电站拥有巨大的市场潜力，截至目前，公司在北京、广西、江苏、湖南等22个省市安装分布式电站项目699个，发展分布式经销商近200家。

国家能源局：新增光伏补贴当年落实

从2015年4月28日举办的SNEC（2015）第九届国际光伏产业及光伏工程展览会了解到，2015年光伏产业政策将以微调、完善为主。

SNEC2015全球光伏金融峰会上，国家发改委国际合作中心国际能源研究所所长助理袁睦然透露，2015年，国家能源局针对光伏产业的政策将以微调和完善为主。首先，随着建设推进，电站配额将在不同省份之间调配；其次，光伏补贴问题将得以解决，2015年后新增项目补贴基本能在当年落实；第三，光伏行业内部整合将以“一带一路”建设为契机，融合到与其他国家多种能源的整体合作中。

“根据发改委之前发的函，各企业已经将过去几年项目补贴拖欠情况在4月14日前上报，缺口不是很大，发改委、能源局与财政部召开了联席会议，2015年后资金到位问题可以得到很好解决。”袁睦然说。

为避免2014年光伏全年建设目标不及预期情况再次发生，能源局此前下发年度建设方案，规定4月底前各省要下发指标，7月底摸底进度。中建材国际工程集团公司新能源部副部长殷新建在论坛间隙表示，2015年节奏明显加快，年度目标完成没有问题。

在技术层面，产业链上下游龙头企业均带来了最新技术。全球最大的多晶硅厂商保利协鑫发布了第四代多晶S4新品，光伏组件光衰平均下降1%，60片组件功率输出多增加5.5W。全球最大的组件生产商天合光能推出双玻Duomax组件，年衰减仅0.5%，比传统组件少20%，同时补齐背板寿命短板，有望成为未来主流。

在金融层面，资产证券化以降低融资成本逐步成为共识。香港银富控股有限公司董事局主席刘敏说，光伏投资包括开发、建设和长期持有，资本结构如何更合理化，实现资产证券化，还有一段路要走，但这是解决行业发展的长期路线。参考美国最大的上市独立发电商Yieldco的商业模式，A股中爱康科技已开始试水资产证券化。

在商业模式创新方面，协鑫集成、中天新能源等都携“互联网+”清洁能源未来社区参展。前新能源首富彭小峰携SPI阳光动力能源互联网公司卷土重来，推出“绿能宝”产品，集合个人投资者闲散的资金参与。“上线3个月，活跃用户已达十几万。”SPI首席财务官刘菁介绍说。

能源局调整光伏政策 分布式光伏不设限

国家能源局给光伏行业发了一个大红包。2015年3月16日，国家能源局下发2015年光伏发电建设实施方案，明确2015年全国新增光伏电站建设规模为1780万千瓦，这一数字远超行业内预期。

与往年不同，能源局不再对地面光伏电站、分布式光伏电站的具体规模做出限定，交由地方自行申报；屋顶分布式光伏发电项目及全部自发自用地面分布式光伏项目不限制建设规模。

此外，为鼓励各地光伏建设，能源局设定激励和动态监管机制。对于降低电价的地区和项目适度增加建设规模指标；对建设进度快的地区适度追加规模指标；10月底前，对并网规模未达新增建设规模50%的地区，调减下一年度规模指标。

屋顶分布式光伏不设限

2014年初，国家能源局设定的发展目标是全年新增光伏装机1400万千瓦，分布式800万千瓦，光伏电站600万千瓦。受分布式光伏政策调整、地面电站路条发放滞后影响，这一目标并没有完成。能源局数据显示，2014年新增装机容量1060万千瓦，其中光伏电站855万千瓦，分布式205万千瓦。

为稳定扩大光伏发电应用市场，同时避免出现2014年的尴尬局面，国家能源局调整了政策。

2015年下达全国新增光伏电站建设规模1780万千瓦。各地区2015年计划新开工的集中式光伏电站和分布式光伏电站项目的总规模不得超过下达的新增光伏电站建设规模，规模内的项目具备享受国家可再生能源基金补贴资格。

对屋顶分布式光伏发电项目及全部自发自用的地面分布式光伏发电项目不限制建设规模，各地区能源主管部门随时受理项目备案，电网企业及时办理并网手续，项目建成后即纳入补贴范围。

接近国家能源局人士解释，能源局不再向各地区分解地面电站、分布式电站指标，新增光伏建设规模理论上可以都是地面电站。屋顶分布式和自发自用地面分布式项目规模不包括在1780万千瓦的总规模内。

航禹太阳能执行董事丁文磊认为，在光伏建设配额分配上，能源局赋予地方政府更多分配权利。分布式屋顶项目和自发自用项目不受配额限制，显示能源局希望通过市场手段，来发展分布式的决心和导向。

分省份看，河北、江苏、浙江、安徽、青海、宁夏、新疆等地区下达的建设指标较多。河北、山西、安徽、宁夏、青海和甘肃等作为光伏扶贫试点省区，能源局安排专门规模用于光伏扶贫试点县的配套光伏电站建设。

地面电站因相对较高的投资回报率，在山西、内蒙古等光照资源好的地区仍然抢手，转让“路条”行为始终存在。

一位光伏企业人士认为，尽管国家鼓励分布式光伏建设，但在实际建设过程中，投资商、地方政府、银行倾向于支持地面电站建设。尤其是新疆、青海、甘肃等地，分布式电站竞争力不足，完成下发的规模基本全部依靠地面电站，分布式光伏将集中在东部地区。

建立动态管理机制

按照能源局的时间安排，各省级能源主管部门需要在4月底前上报本地区2015年光伏发电建设实施方案。实施方案包括，新增建设规模项目清单、往年结转在建的光伏电站项目。

在光伏项目规划布局上，能源局鼓励结合生态治理、设施农业、渔业养殖、扶贫开发等合理配置项目。优先满足新能源示范城市、绿色能源示范县和分布式光伏发电示范区等示范区域的建设规模指标需求。

按照有关文件要求规范市场开发秩序，对明显缺乏相应的资金、技术和管理能力的企业，不应配置与其能力不相适宜的光伏电站项目。弃光限电严重地区，在项目布局方面应避免加剧弃光限电现象。

此外，未经备案机关同意，实施方案中的项目在投产之前，不得擅自变更投资主体和建设内容。2014年底前未安排的年度规模指标作废，各地区对符合规模管理的已备案项目要督促开工建设，对不具备建设条件的项目要及时清理。

据悉，为确保规模目标完成，能源局拟建立按月监测、按季调整、年度考核的动态管理机制。

国家能源局强势推进光伏扶贫

2015 年 12 月 24 日，国家能源局发布《国家能源局关于加快贫困地区能源开发建设推进脱贫攻坚的实施意见》，要求贯彻中央扶贫开发工作会议精神及《中共中央国务院关于打赢脱贫攻坚战的决定》要求，进一步做好能源扶贫工作，落实六大重点任务，包括精准实施光伏扶贫工程，到 2020 年完成 200 万建档立卡贫困户光伏扶贫项目建设。

实施意见明确，扩大光伏扶贫实施范围，在现有试点工作的基础上，继续扩大光伏扶贫的范围。在光照条件良好（年均利用小时数大于 1100 小时）的 15 个省（区）451 个贫困县的 3.57 万个建档立卡贫困村范围内开展光伏扶贫工作。到 2020 年，实现 200 万建档立卡贫困户户均增收 3000 元以上的目标。

同时加大支持力度，继续细化光伏扶贫项目清单和需求测算，多渠道争取支持，扩大光伏扶贫项目资金来源。组织各省（区）以县为单位编制光伏扶贫实施方案，按程序报批后实施。鼓励光伏发电与种植、养殖业结合，充分利用荒山、荒坡、鱼塘、大棚等农业设施，增加贫困人口收入。

国家能源局出台《关于组织太阳能热发电示范项目建设的通知》

2015 年 9 月 23 日，国家能源局出台《关于组织太阳能热发电示范项目建设的通知》，《通知》指出：目前国内太阳能热发电产业处于起步阶段，尚未形成产业规模，工程造价较高，技术装备制造能力弱，缺乏系统集成及运行技术。为攻克关键技术装备，形成完整产业链和系统集成能力，现组织建设一批示范项目。太阳能热发电示范项目以槽式和塔式为主，其它类型也可申报，示范目标：一是扩大太阳能热发电产业规模。通过示范项目建设，形成国内光热设备制造产业链，支持的示范项目应达到商业应用规模，单机容量不低于 5 万千瓦。二是培育系统集成商。通过示范项目建设，培育若干具备全面工程建设能力的系统集成商，以适应后续太阳能热发电发展的需要。

2015 年光伏制造规范征求意见下发能耗标准被提高

为加强光伏行业管理，引导产业加快转型升级和结构调整，工信部网站公布了“2015 年光伏制造行业规范条件”征求意见稿（下称“光伏规范”）。这一新版本，相比 2013 年的光伏规范（征求意见稿）有多处修改，其中主要涉及逆变器、光伏电池转换效率等。对于产业链的各个环节能耗要求，相比此前的版本则更严格，这也是国家推进环保治理、企业降本增效等两方面因素的影响所致。

光电效率被提高

光伏规范新版本的全文共分为八个部分，与 2013 年 8 月的版本对比来看，在“生产布局与项目设立”，“生产规模和工艺技术”等部分中的改动并不大，最大的变化当属技术及能耗等章节。

据新的光伏规范，“多晶硅电池和单晶硅电池的光电转换效率，分别不低于 17.5% 和 18.5%”，而此前的征求意见稿里写的，则是“16% 和 17%”；在“多晶及单晶电池组件的光电转换效率分别不低于 15.5% 和 16%”这一内容上，相比 1 年多前的版本“14.5% 和 15.5%”也有所提高。

逆变器的内容，在 2015 版本的制造规范中有所体现，如添加了对“逆变器中国加权效率”的这一点；工信部也新设了“企业的逆变器年产能不得低于 200MWp”这一新规。

能耗要求趋严

值得注意的是，对于光伏制造企业的能耗要求，在 2015 年的新版本中被重点提及，且标准有所提高。

比如，在 2013 年版本中，多晶硅项目的还原电耗为“80 千瓦时每千克”，但到了 2015 年，数据被改为了“65 千瓦时每千克”。与此同时，多晶硅综合电耗也从原来的“140 千瓦时每千克”被降至“120 千瓦时每千克”；硅锭项目的平均综合能耗，由最初的“9 千瓦时每千克”被限制为目前的“8.5 千瓦时每千克”；电池项目的平均综合能耗也从“15 万千瓦时/MWp”，降低至“12 万千瓦时/MWp”。晶硅电池的平均综合能耗，由过去的“8 万千瓦时/MWP”降至了“6 万千瓦时/MWP。”

一位资深的光伏行业人士也透露，对于能耗，工信部方面的要求之所以提高，一是因为本身企业的技术研发在进步，能耗被有效控制，而且能耗本来就占据了企业生产成本的一部分，降低是从企业自身经济效益来看有益处；另外，国家也希望从多晶硅到电池、组件等各个生产环节上，都可以更节能。

中小企业难达标

另一位光伏分析师则表示，一些中小多晶硅企业难以企及“多晶硅综合电耗 120 千瓦时每千克”的这一要求，多数停留在 150 千瓦时每千克，部分大型多晶硅公司如保利协鑫、南玻 A 及特变电工等，约在 65 ~ 85 千瓦时每千克，比政府所提到的标准要更好一些。

而新的光伏规范中也提到，“严格控制新上单纯扩大产能的光伏制造项目。对加强技术创新、降低生产成本等确有必要的新建和改扩建项目，报行业主管部门及投资主管部门备案；而新建和改扩建光伏制造项目，最低资本金比例为 20%。”

而此前也有媒体报道称，工信部曾公布了《光伏制造行业规范条件》的三批企业名单，截至 2014 年年底，共有 180 家光伏企业入围。“入围大名单，是大部分企业所盼望的，因为只有在这个名单中，企业才可以享受出口退税，它们的项目投资、土地供应及环评、节能等也可以有序展开。”前述光伏行业人士称。

中美共舞新能源产业旋风

更蓝的天、更少的排放、更洁净的能源、更可持续的发展，中美两国将在新能源和应对气候变化等关乎每个人生活的领域推进合作。

这是2015年9月28日习近平主席和美国总统奥巴马会晤的一大亮点，中美在上述领域的示范作用也将撬动一大波新能源发展产业。

在上周的会晤中，习近平与奥巴马达成了广泛共识，取得了一系列重要成果。这些成果涵盖了政治、经济、金融、环境、能源、网络、安全、外交等各个领域。

从跟随访问美国的中国企业高管名单可看出，在互联网、能源、金融等领域，将成为未来中美经贸合作的重头戏。

在全球共同应对气候变化、减缓碳排放、发展新能源等风口上，中美之间的清洁能源合作空间更是巨大。

多年来，中美能源合作多集中在清洁煤、油气、核电等领域。现在，新的清洁能源技术为中美两国提供了新的合作机遇。奥巴马政府也把清洁能源合作作为两国外交关系的支柱之一，希望通过该领域的合作，扩大美国能源科技、服务和产品的输出。

中国方面，有巨大的能源消费市场，双方在能源领域充分互补，未来合作空间巨大。访美的代表团中，就包括新奥集团、玉皇化工、万向集团等能源相关企业代表。在西雅图，习近平出席了主题为“清洁能源与经济发展”的第三届中美省州长论坛并发表讲话，显示双方在清洁能源领域合作的诚意。

目前，中美两国已在能源领域取得实质性合作成果，包括在非洲的清洁能源项目及两国企业共同投资设立的建筑节能基金项目等。广义的能源范围内，中美在气候变化领域合作也取得进展。2015年9月25日，中美双方发表《应对气候变化联合声明》。

中国表示将在2017年启动全国碳排放交易体系，覆盖钢铁、电力、化工、建材、造纸和有色金属等重点工业行业。同时还将拿出200亿元人民币建立“中国气候变化南南合作基金”。

新能源中概股

2015年9月16日，中国机械工业集团公司下属中国机械设备工程股份有限公司与美国通用电气公司在北京签署战略合作备忘录，将共同开发非洲地区清洁能源项目。

这算是最新的项目落地，此次随团访美的企业中，万向集团早前收购了美国的电池公司A123，新奥曾在美国开发清洁能源市场，玉皇化工利用美国油气价格低的优势正在投资操作上规模的甲醇工厂。

中美是清洁能源领域增长快速的市场，中美的风电、太阳能累计装机和年度新增装机一向排在全球前列。中国的新能源公司，不完全统计包括明阳风电、天合光能、晶科能源、阿特斯、英利等，都在美国挂牌上市。

中国快速增长的市场也吸引美国企业到来，特斯拉的电动汽车早已在国内销售。中国的比亚迪在加州也投资建厂，生产电动汽车。

此外，在涉及清洁能源并网、智能电网技术、输电方面，中美也在开展合作。厦门大学中国能源经济研究中心主任林伯强分析说，中国有巨大且快速增长的市场以及生产能力，美国有先进的技术，双方在清洁能源合作空间很大，应该进一步推动。

美国阿贡实验室研究员王全录早前接受采访时曾称，中国在清洁能源并网、输电技术的应用等方面有执行优势，美国的一些技术应用短期面临政策障碍，而中国是很多技术的试验田。

核电合作会有新突破

“认识到三门、海阳在建AP1000项目的重要性，两国有关企业将共同努力，尽早实现三门1号机组安全投产。”这是中美双方在核能领域最新达成的共识。

该“共识”注定是不同凡响的。因为，世界首批AP1000核电机组是中美两国最大的能源高科技合作项目。但原计划于2013年建成发电的位于中国浙江的三门1号机组至今仍在延期。原因是该机组——AP1000——至今尚存在一些技术难题有待解决。

2015年5月20日，AP1000一项关键设备在美国完成最后一项关键试验，历时85天的工程和耐久试验顺利结束。这被认为是AP1000的主要问题已经基本得到解决。

AP1000是中国2006年从美国西屋公司引进的。它被认为是当今世界上最先进的第三代核电技术。尽管它的出生地是在美国，但它的首次应用却是在中国，即三门1号机组。

中国引进AP1000的主要原因是，通过要采用这样的先进技术来摆脱中国核电“起步早、进步慢、差距大”的被动局面。

特斯拉和比亚迪

在水电装机、在建核电站规模、风电装机方面，中国都已经排名世界第一，在太阳能光伏系列产品方面长期以来中国也占据着全球市场半壁江山。然而在相关技术方面，中国公司却并不占优势。林伯强分析说，美国在清洁能源技术研发方面还是领先，中国的生产能力应该对接美国的技术，在包括储能、清洁能源、智能电网、新材料等方面展开全领域的合作。

中美双方此前也在推动合作落地，2009年起就组建中美清洁能源联合研究中心（CERC），通过清洁煤、清洁能源汽车和建筑节能等三个优先领域产学研联盟的合作研发。

习近平访美期间，中美双方达成了这样的共识：双方高度重视在清洁能源领域的交流与合作，充分肯定中美清洁能源联合研究中心合作及成果。

美国前国会众议员菲尔·夏普曾表示，美国过去对转让可再生能源先进技术很勉强，而现在态度已经转变，因为美国从向中国转让相关技术中看到了机会，也得到了实惠。太阳能技术引入中国后，在中国形成了巨大的产能和市场，而这直接导致近几年全球太阳能发电价格迅速下降，美国太阳能产业也因此受惠。

清洁能源汽车产学研联盟的方向主要是高性能动力电池、纯电驱动与控制、小型安全轻量化车身材料与结构设计优化、EV与电网交互式智能化管理、生物燃料与新型发动机。作为中方成员万向集团，已在美国收购电池公司。

在“中国省与美国州贸易投资合作工作组”研讨会上，到场的美国各州都是新能源重镇。华盛顿州州长杰伊·英斯利说：“吸引中国投资是华盛顿州政府工作的重点之一。

这里是在清洁能源、生物技术、信息产业、航空等领域与中国合作的前沿。”

美国西部的加利福尼亚州和中国是清洁能源好伙伴。特斯拉是落户加州的电动车企业，中国比亚迪也在加州投资建厂。

减排变被动为主动

在《中美元首气候变化联合声明》中，中国还计划于2017年启动全国碳排放交易体系，并宣布拿出200亿元人民币建立“中国气候变化南南合作基金”。

中国在声明中提出，到2030年，单位国内生产总值二氧化碳排放将比2005年下降60%～65%，森林蓄积量比2005年增加45亿立方米左右。

中国将推动绿色电力调度，优先调用可再生能源发电和高能效、低排放的化石能源发电资源。2017年启动的全国碳排放交易体系，将覆盖钢铁、电力、化工、建材、造纸和有色金属等重点工业行业。

中美领导人在气候变化问题上显示出了富于勇气的领导力。“他们为年底在巴黎能达成一个宏伟的气候协议奠定了基石。”世界资源研究所主席安德鲁·斯蒂尔表示，同时，中国的气候金融资金正当其时，大大提高了中国在这个议题上的地位。

常年从事碳金融交易的中国节能环保集团华璟碳资产管理（北京）有限公司副总经理唐伟珉表示，中美联手，要重新制定气候变化领域，包括碳市场方面的规则。“尤其是对中国而言，不是被动而是主动地做世界上最大的碳市场，对外实现平等对接。”

双方重申，在有意义的减排行动和具备实施透明度的背景下，发达国家承诺到2020年每年联合动员1000亿美元的目标，用以解决发展中国家的需要。

唐伟珉表示，当下，中国变被动为主动，要做全球最大碳市场，并制定规则。唐伟珉认为，中国经济转型，且新能源发展迅猛，加之经济放缓因素，很多排放有可能会提前达到峰值，中国在制定规则方面，相较于同是发展中经济体的国家（譬如印度）而言，“我们的底气比较足。”

欧洲光伏产业协会希望结束中欧光伏贸易壁垒

欧洲光伏产业协会EPIA表示，其将支持自由贸易及结束对中国进口太阳能组件当前的贸易壁垒，这是该产业协会首次对正在进行的影响光伏产业的贸易争端设定战略定位。

EPIA负责人奥利弗-谢弗（Oliver Schaefer）本周在中国上海举办的SNEC 2015全体会议开幕式上讲话，宣布该新立场。

谢弗承认，EPIA此前的立场一直是对贸易争端保持中立，这忽视了其作为该争端的一个主要利益相关者的能力，导致对中国组件实施最低进口价格（MIP）协议。

谢弗表示：“EPIA是自由和公平贸易的坚定支持者，我们希望在2015年关税及相应价格承诺到期时，看到中欧在太阳能组件和电池领域的贸易关系尽快恢复正常及公平。”

谢弗补充道：“董事会已同意这一立场。由于我们相信，回归到公平的竞争环境将有助于欧洲太阳能发电的发展，并支持欧洲电力市场实现其具有挑战性的减排目标，消费者还将能买到规模生产、价格最佳的优质产品。”

摆脱目前协议的明确政策立场旨在吸引全球整个供应链利益相关方的大力支持，支持EPIA计划有望到2015年底结束MIP。

EPIA表示，晚些时候其将在SNEC举办一场新闻发布会，发布该战略的更多细节。

2015年青海“电能替代”9亿千瓦时促进新能源消纳

2015年12月30日从中国国家电网青海电力公司获悉，2015年青海“电能替代”9亿千瓦时，相当于减少燃煤消耗11.05万吨，减少二氧化碳排放27.53万吨，部分新能源发电得到就地消纳。

“电能替代”是指以电能替代一次能源在终端的消费，其包含“以电代煤、以电代油、电从远方来”。促进“电能替代”、提高电气化水平对于保障能源安全、促进节能减排、保护生态环境具有重要意义。

据中国国家电网青海电力公司统计数据显示，截至目前青海并网新能源发电总装机容量为607万千瓦，约占该省电力总装机容量的三成，5年累计上网（中国国家电网）电量达181.8亿千瓦时，对应到火力发电，相当于节约燃煤消耗600万吨，减碳排约1500万吨。

中国国家电网青海省电力公司调控中心主任张洪平介绍，2015年，以“环青海湖电能替代行动计划”为标志，推广有煤锅炉改造，商住宾馆电热取暖等供热项目推广，在用能领域力促农牧户取暖、做饭、农灌等，已实现电气化普及；电动汽车实现示范应用、诺木洪农业灌溉和枸杞深加工项目取得实质进展。

“2016年计划将完成17亿千瓦时‘电能替代’。”张洪平表示，“电能替代”不仅可以减少大气污染排放和分布式电源普及推广，且有助于光伏、风电等分布式能源发展，进而引导光伏产业发展由大规模集中并网向分布式能源方向转移。

国务院批复同意设河北省张家口可再生能源示范区 旨在打破制度“藩篱”

国务院近日正式批复《河北省张家口市可再生能源示范区发展规划》，明确在张家口建设国际领先的“低碳奥运专区”，并提出到2020年，示范区55%的电力消费来自可再生能源，全部城市公共交通、40%的城镇居民生活用能、50%的商业及公共建筑用能来自可再生能源，40%的工业企业实现零碳排放。

新世纪以来，以可再生能源为核心的能源革命快速演进。我国可再生能源在快速发展的同时，能源基础设施建设、经营模式等方面还存在一系列体制机制障碍，严重制约能源机构优化，亟须通过在局部区域开展先行先试和创新示范，探索有利于加快可再生能源发展的新模式和新机制。

张家口市位于河北省西北部，是我国华北地区风能和太阳能资源最丰富的地区之一，也是京津冀地区重要的生态涵养区和国家规划的新能源基地之一，目前正在与北京一道申办第24届冬季奥林匹克运动会。设立并建设河北张家口可再生能源示范区，是促进河北科学发展的重要内容，是探索绿色发展的重要途径，也是深化能源体制改革，推动能源革命的创新实践，对于促进京津冀协同发展，改善京津冀地区生产生活环境具有重要意义。

《规划》立足于张家口可再生能源示范区建设的基础条件，强化开展发电、用电和输配电在内的电力价格体制改革，建立健全新能源无歧视、无障碍上网制度等一系列电力市场体制改革举措，以及在体制机制、商业模式、技术开发等方面创新的重要工作任务，明确了下一步聚焦实施的可再生能源规模化开发、大容量储能应用、智能化输电通道建设、多元化应用等四大工程，提出了打造低碳奥运专区、可再生能源科技创业城、可再生能源综合商务区、高端装备制造聚集区、农业可再生能源循环利用示范区等五大功能区。

能源电力体制改革是未来几年中的重头戏。《规划》提出，要建立适应可再生能源大规模融入电力系统的新型规划管理体制、电力市场体制、区域一体化发展机制、利益补偿机制。其中，为解决制约当前弃风、弃光、限电等问题，重点开展包括发电、用电和输配电在内的电力价格体制改革，鼓励企业以混合所有制方式投资局域智能电网建设，完善示范区跨省（区、市）电力交易机制。

“我们力图通过示范区先行先试，率先打破制度藩篱，破解可再生能源发展的深层次矛盾，为可再生能源市场化发展和创新驱动发展探索新机制、新路径。”国家发展改革委高技术司副司长任志武说。

国务院常务会议：聚焦电力、通信等领域推进国际产能合作

国务院总理李克强5月6日主持召开国务院常务会议，确定进一步简政放权、取消非行政许可审批类别，把改革推向纵深；部署推进国际产能和装备制造合作，以扩大开放促发展升级；决定试点对购买商业健康保险给予个人所得税优惠，运用更多资源更好保障民生。

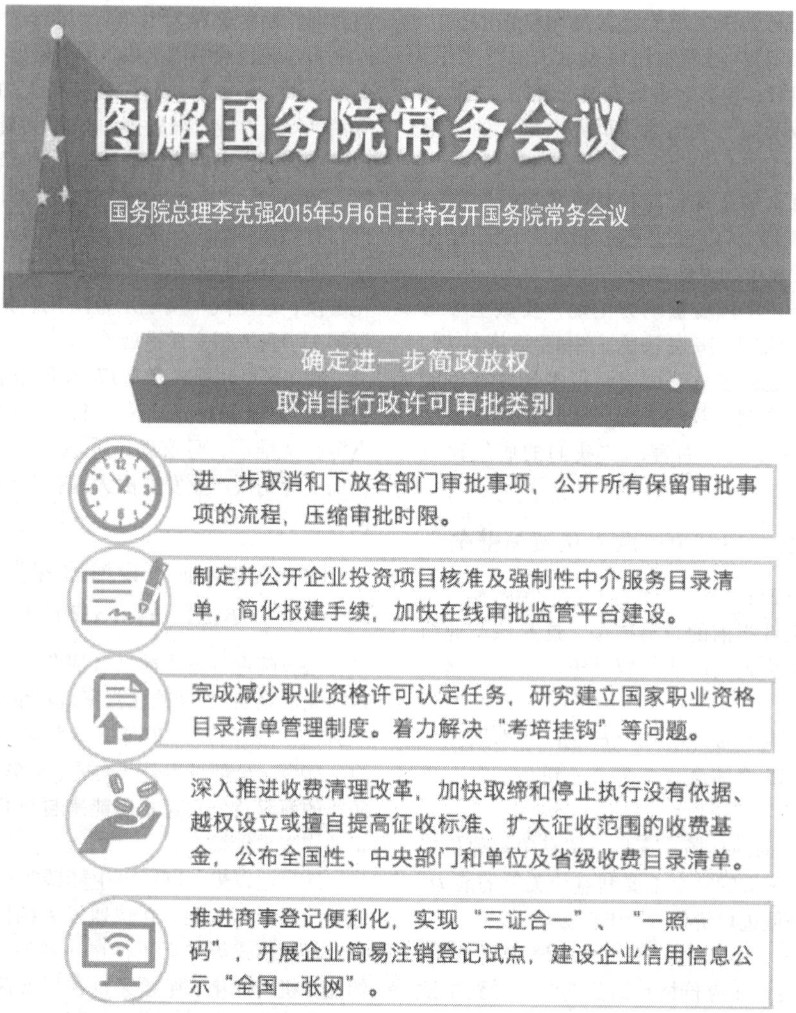

部署推进国际产能和装备制造合作
以扩大开放促发展升级

聚焦铁路、电力、通信、建材、工程机械等具有比较优势的领域，对接不同地区尤其是“一带一路”沿线国家需要。

构建上下游协同的产能合作链条，注重技术交流，做好后期维护服务，做到装备走出去与配套服务共推进，产能合作和技术升级双丰收。

把装备走出去与融资手段紧密结合。采用市场化方式，拓宽外汇储备使用渠道，提高出口信用保险保障水平。

简化境外投资管理，搭建政府和企业对外合作平台。推动标准国际互认，注重风险防控，促进企业有序竞争。

决定试点对购买商业健康保险给予个人所得税优惠
运用更多资源更好保障民生

- 发展商业健康保险，与基本医保衔接互补，可以减轻群众医疗负担、提高医疗保障水平，有利于促进现代服务业发展和扩内需、调结构。
- 借鉴国际经验，开展个人所得税优惠政策试点，鼓励购买适合大众的综合性商业健康保险。
- 对个人购买这类保险的支出，允许在当年按年均2400元的限额予以税前扣除。

会议指出，2015年要继续深入推进简政放权、放管结合，加快转变政府职能，破除阻碍创新发展的“堵点”、影响干事创业的“痛点”和市场监管的“盲点”，为创业创新清障、服务。一是进一步取消和下放各部门审批事项，公开所有保留审批事项的流程，压缩审批时限。同时取消200项以上中央指定地方实施的审批事项。公布省级政府部门和承担行政职能的事业单位权力清单。二是制定并公开企业投资项目核准及强制性中介服务目录清单，简化报建手续，加快在线审批监管平台建设。三是完成减少职业资格许可认定任务，研究建立国家职业资格目录清单管理制度。着力解决“考培挂钩”等问题。四是深入推进收费清理改革，加快取缔和停止执行没有依据、越权设立或擅自提高征收标准、扩大征收范围的收费基金，公布全国性、中央部门和单位及省级收费目录清单。五是推进商事登记便利化，实现“三证合一”、“一照一码”，开展企业简易注销登记试点，建设企业信用信息公示“全国一张网”。创新监管，改进服务，让企业和群众享受改革新红利、增添获得感。

会议决定，按照依法行政要求，在2014年大幅减少各部门非行政许可审批事项的基础上，彻底取消这一审批类别。分类清理剩余的非行政许可审批事项，对中小企业信用担保机构免征营业税审批等49项予以取消，对保健食品注册审批等20项按程序转为行政许可，对其它不直接涉及公众或具有行政确认、奖励等性质的事项调整为政府内部审批或通过权力清单逐一规范。

会议认为，契合国外需求和意愿，推动国际产能和装备制造合作，有利于中国经济与世界经济深度融合、促进世界经济复苏，更可以倒逼我国企业提质增效、实现优进优出，打造高水平开放型经济，促进互利共赢。会议要求，一要聚焦铁路、电力、通信、建材、工程机械等具有比较优势的领域，对接不同地区尤其是“一带一路”沿线国家需要，以国有、民营等各类企业为主体，灵活采取投资、工程建设、技术合作等方式，带动装备等出口，促进相关国家就业扩大和经济发展，用质量和信誉建口碑、树形象。二要构建上下游协同的产能合作链条，注重技术交流，做好后期维护服务，做到装备走出去与配套服务共推进，产能合作和技术升级双丰收。三要把装备走出去与融资手段紧密结合。采用市场化方式，拓宽外汇储备使用渠道，提高出口信用保险保障水平。建设人民币跨境支付系统。鼓励企业和金融机构发行股票、债券等在境内外筹资。四要简化境外投资管理，搭建政府和企业对外合作平台。推动标准国际互认，注重风险防控，促进企业有序竞争。发挥行业协会商会和市场中介作用，提供法律、税务、知识产权等服务。为装备和产能“出海”送去劲风。

会议指出，发展商业健康保险，与基本医保衔接互补，可以减轻群众医疗负担、提高医疗保障水平，有利于促进现代服务业发展和扩内需、调结构。会议决定，借鉴国际经验，开展个人所得税优惠政策试点，鼓励购买适合大众的综合性商业健康保险。对个人购买这类保险的支出，允许在当年按年均2400元的限额予以税前扣除。用政府与市场的合力更好托举民生。

人大国发院研究报告认为：能源革命存在“不可能三角”

2015年2月8日，中国人民大学国家发展与战略研究院（下称人大国发院）召开“中国能源革命”研讨会，发布年度研究报告——《中国能源革命的缘起、目标与实现路径》（下称《报告》）。《报告》认为，当前能源革命在某种程度上存在“不可能三角”，能源革命的目标应顺次为保障能源供应、缓解环境污染、稳定能源价格和完善能源监管。

能源革命存在“不可能三角”

“我们认为当前能源领域主要存在以下几个问题：需求过于旺盛、供给持续不足、能源价格扭曲、经济结构较重、能源安全备受威胁以及能源负外部性。然而，现有的能源改革措施远不足以应对这些问题。”《报告》撰写者，人大国发院能源中心主任、经济学院副院长郑新业在作主题报告时指出。郑新业认为，讨论能源革命，核心是“既先生”，因为能源革命在某种程度上存在“不可能三角 ”。根据报告分析，讨论能源革命，既需要效率，也需要公平；既要让市场起作用，在市场失灵部分让政策发挥作用的同时，还得防止政策失灵。但很难找到一种能源结构和体制来确保“既有能源用，又没有污染，价格还便宜”这三个目标能够同时实现，也就是所谓的“不可能三角”。

如评价电力绩效可依据以下三个方面：第一，确保有电用；第二，电力生产过程中产生的污染水平可以接受；第三，电价对企业和居民的影响不能太大。但要同时实现上述三个目标比较困难。有鉴于此，“我们认为能源革命评估的先后顺序依次为：确保能源供给、治理环境污染、调整经济结构、应对价格冲击、保障能源安全。”郑新业说。

抑制高耗能产业扩张控制能源总量关键

长期以来，我国能源消费主要集中在工业部门，工业能源消费量占能源消费总量比重已连续多年维持在70%左右。而在工业部门内部，“高能耗、高污染、低附加值”的钢铁、水泥、化工等高耗能产业是导致工业能耗居高不下的重要原因。而高耗能产业耗能的居高不下不仅拖累了我国能源强度的改善，也加重了我国能源消费结构的固化现象。因此“抑制高耗能产业的扩张是控制能源总量的关键。”郑新业说，“尽管经济总量的增长是加重我国能源供给压力的重要动因，但产业结构与能源消费是否匹配才是能否实现可持续发展的关键所在。”

《报告》指出，在考虑长期以煤炭为主的能源终端消费结构、以工业部门为主的能源终端消费主体的情况下，我国的能源供给压力持续增加，能源资源储量匮乏与能源资源的开发难度加大。并且我国新能源的开发利用规模很小，尚不足以分担供给压力。而由于能源工业固定资产投资比重的持续下降及其剧烈的波动性，能源建设投资无法长期满足我国的能源消费需求。因此，2020年我国能源消费总量控制的目标有望实现，甚至可能出现拐点，呈现下降趋势。就煤炭而言，煤炭清洁利用是当务之急，改革方案应侧重技术革新、全成本定价、规范管理三个方面。从煤炭安全生产、环境保护及煤炭工业可持续发展角度讲，“中国应鼓励进口煤。”

到2030年中国能源转型的八大趋势分析

中国社会科学院创新工程课题《世界能源中国展望（2015~2016）》课题组对2015年9月前的现行政策情景（CPS，为当年出台的政策和政策性指向）进行了回顾，认为现行政策方向是正确的，从数据分析看可以达到预定的目标，但是在结构调整、效率提升和节能上仍存在不确定性，因而能源转型效果未必是必然的和无风险的。在经济增速较高和规模较大的前提下更是如此。

我们认为，为了确保能源转型，必须以减缓经济增长为大前提。之后从终端消费导向入手，重新确定煤炭产业方向、油气产业定位，消除非化石能源发展瓶颈，确立正确的节能减排关系。

为此，我们对“生态能源新战略情景”（EES，为本课题的推荐情景）进行了进一步的提升和发展，通过对比两种情景下的发展思路、方式和基本假设（见表1），发现EES情景追求更高质量的经济增长，更优化的产业结构和更高的能源效率与低碳发展方式，从而产生了优于CPS的八大能源转型趋势（见表2）。在此情景下，不仅现行政策目标可以实现，而且可以提前实现，达到更好的效果。

表1 两大情景的假设条件差异

指标名称	情景	2015年	2016年	2017年	2018年	2019年	2020年	2025年	2030年
国民生产总值	CPS	7.00%	7.00%	7.00%	7.00%	7.00%	7.00%	5.00%	5.50%
	EES	7.00%	6.60%	6.60%	6.60%	6.00%	5.50%	4.50%	5.00%
第二产业产值占比	CPS	41.60%	41.08%	40.56%	40.04%	39.52%	39.00%	37.50%	35.00%
	EES	41.60%	41.05%	40.50%	39.95%	39.40%	38.85%	36.00%	33.00%
燃煤发电煤耗	CPS	315.4	312.8	310.2	307.6	305.0	302.4	293.0	283.6
	EES	314.9	311.7	308.6	305.5	302.4	299.2	289.8	275.3

表 2　两大情景下的能源转型数据表

指标名称	情景	2015 年	2016 年	2017 年	2018 年	2019 年	2020 年	2025 年	2030 年
能源需求亿吨标煤	CPS	43.16	44.58	46.00	47.42	48.84	50.26	54.98	57.81
	EES	43.16	44.36	45.55	46.73	47.64	48.29	48.59	48.48
能源需求弹性系数发电量亿千瓦时	CPS	0.19	0.47	0.46	0.44	0.43	0.44	0.36	0.18
	EES	0.19	0.42	0.41	0.39	0.29	0.21	0.03	-0.01
	CPS	56662.34	60002.84	63337.65	67171.34	71135.20	75148.01	89159.68	106215.84
	EES	56662.34	59822.52	62950.67	66547.38	69893.83	73204.34	82746.47	95747.39
发电量弹性系数	CPS	0.31	0.84	0.79	0.86	0.84	0.81	0.70	0.67
	EES	0.31	0.85	0.79	0.87	0.76	0.72	0.55	0.59
电气化率	CPS	26.80	27.76%	28.42%	29.60%	30.79%	31.82%	34.55%	38.67%
	EES	26.80	27.81%	28.57%	29.73%	30.95%	32.05%	35.88%	40.81%
煤炭占比	CPS	65.47	64.37%	62.84%	62.09%	61.45%	59.55%	56.23%	50.17%
	EES	65.47	64.20%	62.67%	61.91%	60.92%	59.08%	52.08%	43.76%
煤炭需求亿吨标煤	CPS	28.26	28.69	28.90	29.45	30.02	29.93	30.91	29.00
	EES	28.26	28.48	28.55	28.93	29.02	28.53	25.30	21.22
电煤占比	CPS	41.45%	42.17%	43.03%	44.05%	45.02%	45.14%	46.15%	51.35%
	EES	41.45%	42.24%	43.15%	44.11%	44.94%	46.16%	49.76%	55.09%
终端用煤占比	CPS	27.30%	25.43%	24.12%	21.72%	19.17%	17.16%	14.58%	8.71%
	EES	27.30%	25.29%	23.68%	21.47%	18.94%	16.40%	9.74%	2.55%
石油对外依存度	CPS	60.67%	60.98%	61.48%	62.00%	62.52%	63.00%	63.00%	62.69%
	EES	60.67%	61.37%	61.98%	62.55%	62.57%	62.41%	61.09%	59.02%
天然气对外依存度	CPS	27.99%	31.12%	32.30%	32.92%	32.92%	37.84%	36.88%	37.12%
	EES	27.99%	31.12%	32.20%	32.83%	32.83%	36.67%	35.38%	32.96%
非化石能源占比	CPS	10.67%	11.29%	11.90%	12.37%	12.81%	13.93%	16.47%	20.54%
	EES	10.67%	11.34%	11.95%	12.43%	13.10%	14.09%	18.57%	24.02%
非化石发电占比	CPS	27.41%	28.48%	29.54%	29.72%	30.47%	32.51%	36.39%	41.15%
	EES	27.41%	28.59%	29.65%	29.81%	31.16%	32.70%	39.41%	46.06%
核能占比	CPS	1.32%	1.73%	2.08%	2.22%	2.21%	2.26%	3.58%	5.98%
	EES	1.32%	1.73%	2.09%	2.24%	2.25%	2.37%	4.09%	6.34%
单位能耗产值*	CPS	21356	22125	22942	23812	24736	25721	30014	37306
	EES	21356	22149	22993	23892	24987	26278	32542	41626
碳排放量百万吨	CPS	9550	9761	9949	10181	10416	10522	11073	10886
	EES	9550	9705	9842	10019	10109	10074	9429	8551

*指（2011 价格）元/吨油当量

趋势展望

1. 能源需求可在 2020 年形成高峰平台，并逐步与经济增长脱钩，两种情景下的能源消费与经济增长如图 1 所示。

我们从图 1 发现，在 CPS 情景下，从 2015 年到 2030 年中国能源需求将以 1.97% 的速度持续增长，在展望期（2011 ~2030 年）内未见需求峰值或高峰平台。而在 EES 情景下，由于经济增长相对放缓，结构调整加大和效率提升，中国能源需求将于 2020 年后进入高峰平台，并至少维持至 2030 年，且能源需求总量低于同期的 CPS 情景下的总量。

从能源需求弹性系数看，2025 年后能源需求增长与经济增长之间的刚性关联逐步脱钩，体现了适度放慢国民生产总值增长速度，更有利于推动直接节能，调整结构，提高能源效率的效果。到 2030 年后可见证上述脱钩现象。

2. 发电量可趋缓，电气化程度可明显提升，使终端能源更加清洁、环保。两种情景下的发电量与电气化率如图 2 所示。

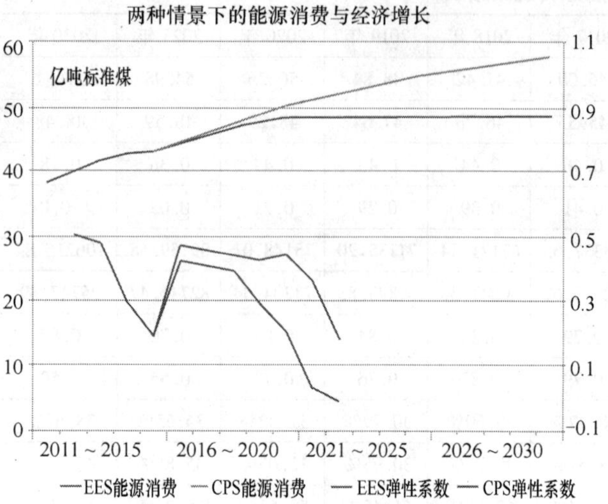

图 1 两种情景下的能源消费与经济增长

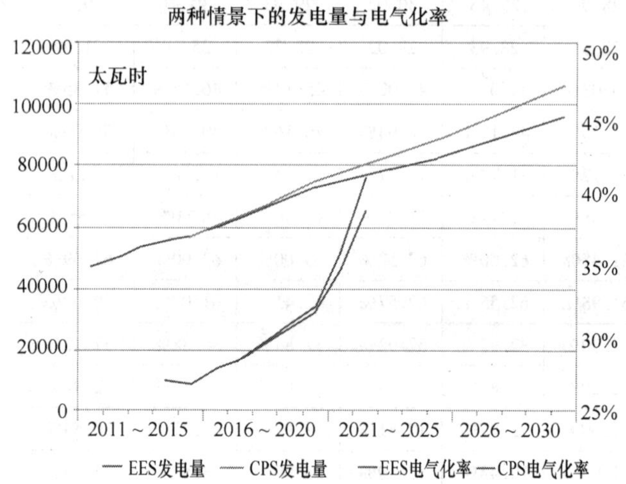

图 2 两种情景下的发电量与电气化率

在 CPS 情景下，发电总量及发电量弹性系数偏高，而电力在终端能源消费中的占比（或电气化率）较低。然而，在 EES 情景下，发电总量及发电量弹性系数降低一些，但是，电气化率反则提升，因为二次能源转换率提升，终端生活和工业部门能源消费中的电力利用领域和范围更加广泛，从而终端能源消费更加清洁、环保、减排，更有利于建设低碳、环保和可持续的发展环境，实现“美丽中国”的目标。

3. 煤炭的清洁高效利用可对节能减排做出更大的贡献。两种情景下的煤炭发展展望如图 3 所示。

煤炭是推动中国能源转型的关键环节。在 CPS 情景下，煤炭需求于 2019 年基本进入高峰平台，并于 2025 年达到峰值（约 31 亿吨标准煤）；而在 EES 情景下，煤炭需求于 2019 年便达到峰值（29 亿吨标准煤），之后明显下降，无高峰平台。

在 CPS 情景之下，煤炭在能源消费中的占比相应地逐年下降，2020 年低于 60%，2030 年接近 50%，而在 EES 情景下，2030 年的煤炭需求占比降至 44%，两者相差超过 6 个百分点。可见，在 EES 情景下，煤炭在一次能源需求中的占比更低，将为各类清洁能源占比的提升提供空间，从而使能源结构更加优化。

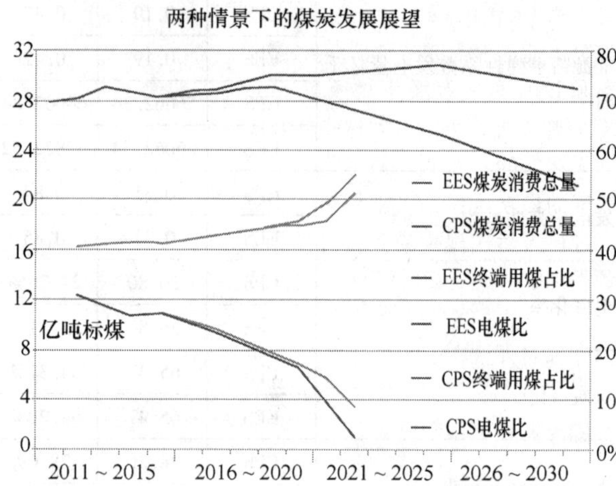

图 3 两种情景下的煤炭发展展望

值得注意的是，在两种情景下，发电用煤在煤炭消费中的占比（即电煤占比）均逐年提升，终端用煤占比（指工业与生活终端用煤在全部煤炭消费中比重）逐年下降，两者之间形成消长关系。尤其在 EES 情景下，电煤占比上升速度快于 CPS 情景，终端耗煤占比下降速度又快于 CPS 情景。在此情形下，煤炭的清洁高效利用必将对节能减排做出更大的贡献。

4. 在能源系统优化下，油气替代和消费结构重构将使对外依存度低于预期。两种情景下的对外依存度如图 4 所示。

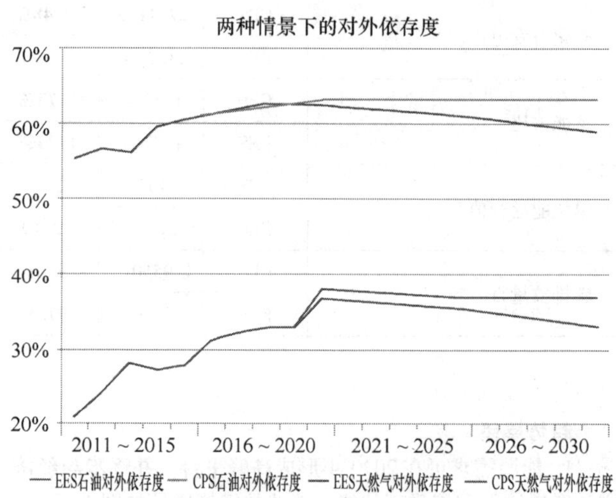

图 4 两种情景下的对外依存度

我们预计，2020 年前国际油价依然维持低位（布伦特原油价格为 45～65 美元/桶）。在这一油价预期下，上述两种情景将推动中国加大油气进口，对外依存度相应攀升。

在 CPS 情景下，石油对外依存度将从 2015 年的 60.67% 稳步上升到 2020 年 63% 之上（已考虑煤制油、电动汽车和 LNG 交通工具等燃油替代潜力）。

而在 EES 情景下，2020 年石油对外依存度可维持在到 62.41%，2030 年可进一步降至 59%。之所以出现这种结果是因为 EES 情景将石油消费纳入能源系统的优化之中，更加突出能源替代和节能潜力。我们测算，煤制油、电动汽车和 LNG 车船以及生物质燃料所替代的燃油规模可达 5000 万吨以上，可以有效地降低石油进口。

天然气的对外依赖情形也与此类似。而且根据我们对天然气的最新认识，未来天然气增速缓于之前的双位数预期，进口天然气规模受到一定的抑制，直到天然气的利用瓶颈得到解决，到 2030 年左右形成适合本国的消费结构。

可见，人们必须在能源结构调整和系统优化的基础上研判油气对外依存度。

5. 非化石能源占比目标或将提前实现。两种情况下非化石能源发展展望如图 5 所示。

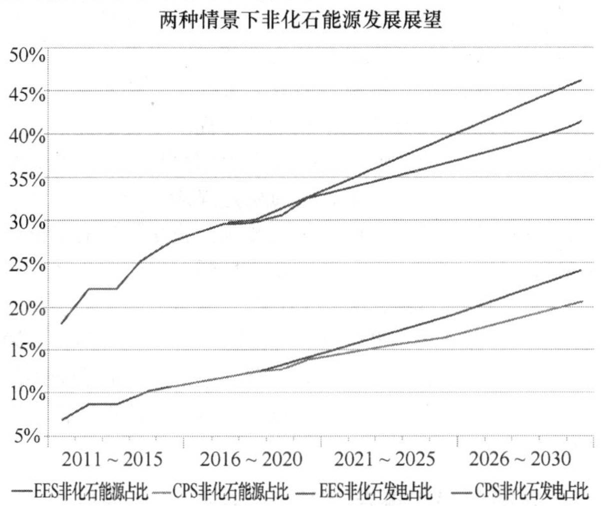

图 5　两种情景下非化石能源发展展望

在上述两种情景下，非化石能源占一次能源消费比例和非化石能源发电占发电量的比例均逐年增加。其中，CPS 情景下的非化石能源占比较低，提升较慢，到 2030 年仍可达到 20% 左右的政策目标；而 EES 情景下非化石能源的占比更高，增速较快，到 2030 年非化石能源占比达到 24%，比 CPS 情景高近 4 个百分点。非化石能源发电的占比在 EES 的情景下，增长更为突出。仅就非化石能源的一次能源占比看，可提前四年左右实现中国对外承诺的政策目标。我们认为，这是一个带政策条件、却可努力实现的目标。

6. 核电增长不可少、不可慢、且要稳。两种情况下核能发展展望如图 6 所示。

核电也是中国能源供应和能源转型中不可忽视的重要一环，并在 2030 年非化石能源占比目标中发挥作用。其中在 CPS 情景下，到 2030 年核电规模可达 171GW（按此装机容量，将相继超过日本、法国和美国，成为世界第一核电大国），核能占比 6.0%。

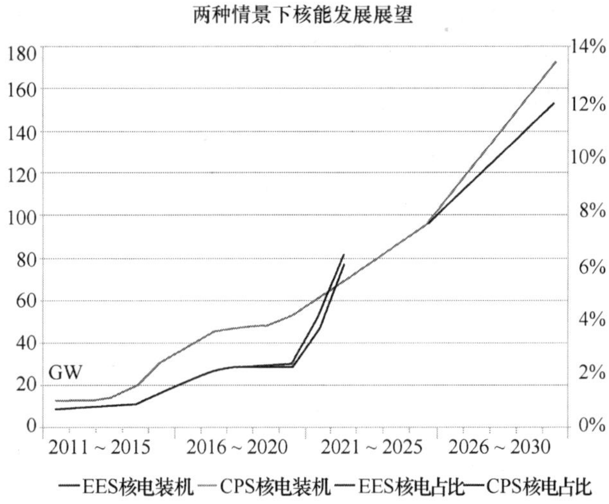

图 6　两种情景下核能发展展望

而 EES 情景下的核电规模为 153GW，核能占比 6.3%。我们认为，后者的核电装机增长相对稳健，但是 2015 年必须起步，2020～2025 年为快速建设期（每年投建 8～10 台机组）。但是，如何形成与上述核电发展规模相适应的核电综合实力、民族品牌和核电文化，将是重大挑战。

7. 能源效率仍是关键。两种情景下的能源效率如图 7 所示。

图 7　两种情景下的能源效率

推动能源转型的另一重要途径是能源效率。显然，我们对 EES 情景下的能源效率做了较高的假设（见表 1），并认为在持续推动以上海外高桥第三发电股份公司的 2 台百万千万机组的 276 克/度或新机组 251 克/度为代表的国内先进燃煤发电效率、三大产业能耗和能源消费结构调整上是可以实现的。因此，单位油当量能耗的产值高于 CPS 情景下的产值。到 2030 年，CPS 情景下的每吨油当量产值（以 2011 年不变价格计算）为 37306 元；而 EES 情景下，这一产值可达到 41626 元，比前者高近 10%。

我们始终认为，能源效率在中国具有极大的潜力，应成为政策导向、产业战略和消费方式转变的重点，也是衡量能源转型的关键指标。

8. 碳排放峰值不仅可以提前实现，还可以在2020年后趋于下降。两种情景下的碳排放展望如图8所示。

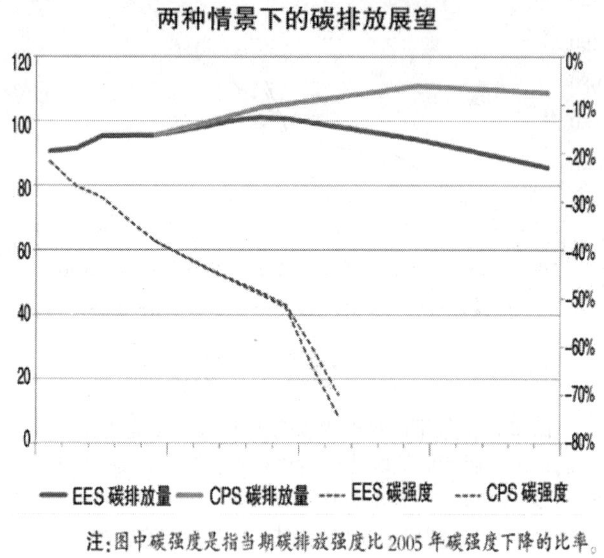

图8 两种情景下的碳排放展望

通过上述能源系统优化，两种情景下的碳强度均趋于下降，实现中国对外承诺的碳排放峰值目标。但是，在CPS情景下，碳排放到2025达到峰值，随后保持一个高峰平台（110亿吨），缓慢回落；而在EES情景下，碳排放在2020年前便可达到峰值（101亿吨），随后呈现快速下降态势，说明碳排放峰值不仅可以提前实现，而且可以达峰后下降。我们认为，在系列政策推动下，这一碳减排态势是可以实现的。

政策建议

1. 经济增长

经济增长政策不仅需考虑规模与速度的关系，更主要是速度、质量与效益的关系。我们建议将2016～2018年的GDP增速微降至6.6%。随着经济规模的扩大，2019年后有可能降至4.5%，2030年有望回升到5%。这一增长政策目标是通过适度降低速度，将重点转向更高的经济质量和更优的结构上。这样一降一转升将为所有能源转型政策提供更大的空间。

2. 终端消费导向

这一政策从终端消费入手，提升电气化程度。通过数据库优化，这一目标可以在较低的发用电量的基础上实现提升电气化的理想效果。

3. 煤炭产业

煤炭政策要作加、减法。减法的重点在于尽力削减生活和工业终端用煤，尤其是在东部；加法的重点在于提升高效清洁发电用煤占比。在严格控制总量下，鼓励比较经济的超低排放；在大幅降低每度电煤耗上推进CCUS。因此，煤炭产业不必期许价格和需求回升，不仅要“上大压小”，更要优胜劣汰和大面积转产，并要求在2020年和2025年见到成效。

4. 油气产业

油气供需必须放在能源系统优化中研究其方向，必须改变目前自我规划的局面；油气发展必须立足国内、立足节约，扩大燃油气替代/自我革命。稳油增气需要有国内市场需求作支撑，接受市场的选择。

5. 非化石能源

在稳增水电的同时，多增风、光、热，稳步发展核电。当前，多增风光热的关键在于集中与分布式相结合的大小电网消纳能力、智能电网支持和终端消费电力占比的提升。需要强调以电网能力建设为主体，电网应成为改革的贡献者，而不能成为改革的对象。

6. 节能减排

节能的关键在于创新和提升能效空间，节能不仅必减排，而且是减排的前提条件；而减排最终靠结构优化、技术推广和节能基础上的CCUS。

结语

总而言之，现行政策方向是正确的，从数据分析看可以达到预定的目标，但是在结构调整、效率提升和节能上存在不确定性，因而能源转型效果未必是必然的和无风险的。在经济增速较高和规模较大的前提下更是如此。我们认为，为了确保能源转型，必须以减缓经济增长为大前提。之后从终端消费导向入手，重新确定煤炭产业方向、油气产业定位，消除非化石能源发展瓶颈。确立正确的节能减排关系。只有这样，不仅现行政策目标可以实现，而且可以提前实现，并达到更优化的效果。（来源：中国社会科学院创新工程课题《世界能源中国展望（2015～2016）》课题组中期成果（报告由中国社会科学院徐小杰研究员的团队合力研发，程覃思承担数据库更新，朱子阳协助，徐小杰集成、提升和发展）

《新能源展望报告2015》：未来25年内电力行业的五大发展趋势

2015年6月23日，彭博新能源财经发布了一年一度的《新能源展望报告2015》。通过对电源成本、相关政策、技术进步和金融等诸多方面因素的分析，彭博新能源财经认为：可再生能源发电成本的显著下降、新商业模式的出现以及电力需求的新常态，将使得电力行业在未来25年内呈现以下五个趋势：

第一、光伏装机快速增加。受益于转换效率的提升、新材料和新工艺的应用，未来光伏平均发电成本有近一半的下降空间。这将促使光伏装机将快速发展，有望在2040年达到37亿千瓦，成为仅次于火电的第二大装机。事实上，成本下降将取代可再生能源扶持政策（上网电价政策、净计量政策等），成为驱动可再生电源发展的最重要因素。风电装机也有望在2040年达到20亿千瓦，紧随光伏成为第三大电源。而为了应对可再生电源大量接入而给电网带来的波动，灵活电源（包括电池、需求侧响应、可以快速启动的气电等）的装机容量也将达到8.6亿千瓦。

第二、分布式光伏的异军突起。由于分布式光伏及配套的储能系统将在发达国家实现用户侧平价，且在发展中国家取代昂贵的柴油发电，更多的用户（家庭和商业机构）将选择分布式光伏电源。这意味着在未来的 25 年总计投入 2.2 万亿美元，增加 17 亿千瓦的装机。而分布式光伏对商业模式的改变也十分显著：传统集中式电源时代，投资者往往追求较长时间内稳定的投资回报率；而在分布式电源时代，投资者往往更看重投资回收期以及市场的成熟程度。

第三、需求放缓。经济结构的调整、用户对高电价的反应，以及能源效率的提升将使得未来全球电量消费年均增长率从 1990～2012 年的 3% 降至 2015～2040 年的 1.8%。能效水平提高的实际效果就是，OECD 国家 2040 年的电量需求将低于 2014 年。

第四、气电难成主流。尽管美国取得了页岩气开发的革命性胜利，但是在美国以外，天然气发电很难取代煤电成为主流。很多发展中国家将同时建设煤电和可再生电源。

第五、气候危机。由于发展中国家大量建设煤电以满足日益增长的电力需求，发电行业的碳排放将在 2029 年达到 153 亿吨的峰值。这意味着 2035 年的二氧化碳浓度将超过 450ppm。要实现全球温升控制在 2 摄氏度之内的目标，还需要实行更加严格的减排措施。

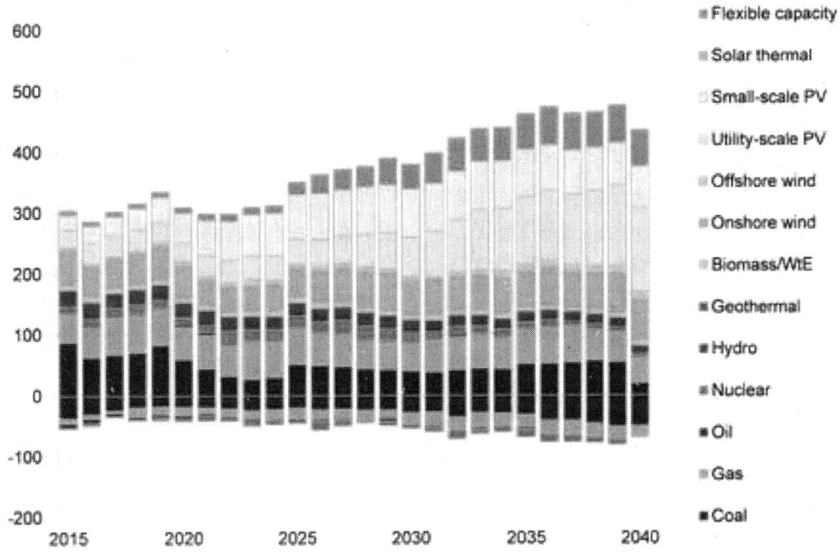

图 1　全球新增及退役装机容量，2015-40（GW）

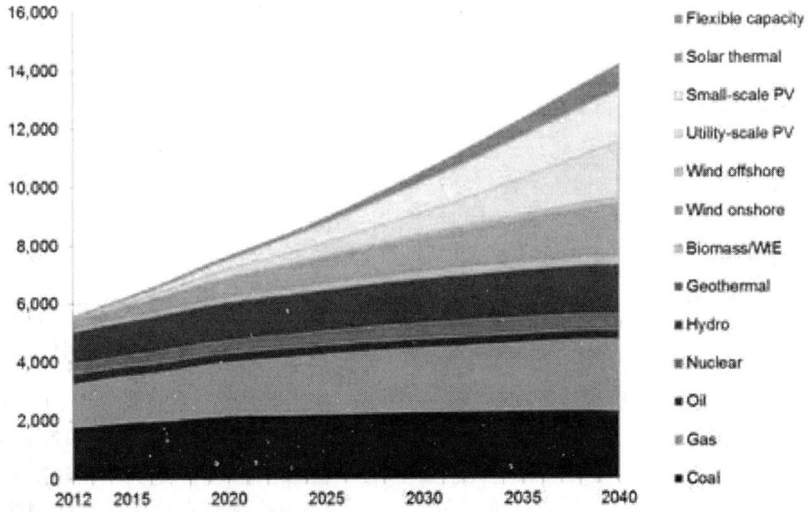

图 2　全球累计装机容量，2015-40（GW）

两会能源电力十大热点话题

热点 1：废气治理、环保监测、执法力度加大将给环保行业带来更多机会

刚刚履新的环保部部长陈吉宁 2015 年 3 月 1 日下午在首次媒体座谈会上明确表示，环保工作要加强对地方政府的监督，同时扭转过去环保执法过松过软的状态，要让守法成为常态。环保产业也有望迎来更大发展。

热点 2：2015 年是国企大重组、大整合的一年

随着南北车合并案的推出，2015 年还有哪些行业的国企有望迎来合并重组，这也是各界关心的问题。市场对国企改革释放的制度红利认可度之高不容小觑，国企改革主题有望成为 2015 年最具爆发力的投资题材之一已成广泛共识。下一步，建筑、电力、铁路等产能过剩行业的众多央企，还将面临大规模的合并重组。

热点3：新电改方案将出

春节前国务院常务会议、政治局常委会会议已经审议核定新电改方案，并将在两会前后对外印发。由此可见，两会期间，电力体制改革是规避不去的热点。

热点4：油气改革待破题

随着电力体制改革方案公布在即，石油天然气体制改革作为我国能源领域改革的重头戏，相关改革方案已在抓紧研究制定。

热点5：扶持光伏建筑一体化发展

汉能控股集团有限公司提交了《关于扶持光伏建筑一体化发展的提案》。不过，有业界分析称，在节能环保重任下，光伏建筑一体化存在较大市场空间，但成本高、无标准等因素还是令这一出路充满挑战。

热点6：分布式光伏发电需免税

2015年3月2日，全国政协委员、通威集团董事局主席刘汉元交出了本次两会的提案。他指出，分布式光伏要发展，需尽快做到“免税、补贴、简手续”。这已是刘汉元多次带着与光伏产业发展相关的提案上会。此外，补贴资金与并网手续存在制约。刘汉元称，多数地区还做不到按月发放国家补贴，且备案并网验收程序亦过于繁琐，相当程度上制约了针对广大家庭用户的分布式光伏电站的建设和发展。

热点7：新能源汽车市场

本次，政府报告中多次提出节能减排和环境治理，体现了政府要治理环境的决心，发展新能源汽车是本次汽车行业的重中之重。这无疑给新能源汽车的发展插上了翅膀。不过，新能源汽车到底是未来的汽车产业的方向，还是仅为时下车企为应付公众的一碗心灵鸡汤？有着政府扶持，2015年新能源汽车能否引爆汽车市场？

热点8：放开电池技术路线

全国人大代表、天能集团董事长张天任建议，战略性新兴产业规划应将微型电动车纳入其中。他还建议，放开新能源动力电池的技术路线，在鼓励发展锂电池的同时，支持铅蓄电池上市企业转型升级。

热点9：海上风电性价比更高

全国政协委员，中国电力国际有限公司党组书记、董事长李小琳在《协同行动，突破海上风电发展瓶颈》提案中提出，在我国当前可供集中开发的几块清洁能源资源中，包括西南水电、西北风电和光伏，海上风电在技术经济上更具优势。同时与我国经济区域布局，与发展海洋经济、建设海洋强国战略高度一致。为此，她建言：统一做好资源普查，出台海上风电整体战略规划，协同技术攻关，改进审批机制和电价形成机制，促进我国海上风电在“十三五”取得跨越发展。

热点10：中、西部成为清洁能源基地

全国政协委员、通威集团董事局主席刘汉元表示，可充分利用我国中西部地区大量沙漠、荒山丰富的太阳能资源，将中、西部地区建设成为我国未来的清洁能源基地。刘汉元建议，我国应把西部丰富的光伏资源作为我国重要的能源供应战略选择，加大“十三五”期间的“西电东送”骨干网络建设，加速推进西部以光伏发电为核心的国家新能源基地建设。

通过分析发现，在两会期间，继续加大节能减排力度、分布式光伏发电、电力设备等热点话题引起热议，来自能源和电力行业的两会代表、委员纷纷献计献策。在这里，本刊提取其中的10个热点问题进行梳理。

柔性直流输电技术迎来快速发展期

由于我国大规模可再生能源如风电、太阳能及水电主要分布在三北地区，而负荷主要集中在华中、华东和东南地区，中间相距数千公里。因此，发展特高压直流输电技术是解决我国远距离大容量电能输送问题的有效手段，对于我国区域性新能源并网和消纳，多端直流和直流电网技术将是有效的补充。

柔性直流广泛应用于可再生能源并网、动态无功补偿等领域，其无输电距离限制问题，此外由于采用XLPE直流电缆，无环境污染问题。对于大型城市供电，采用柔性直流输电，可以提升隔离电网故障能力，且不会增加系统的短路功率，传输功率可达到交流电缆的1.5倍及以上。对于海上钻井平台供电，柔性直流输电具有向无源系统供电的能力，变频调速功能，其换流阀采用模块化设计，现场安装、周期短。

另外，直流电网可对有功和无功进行独立、快速调节。具有先进能源管理系统的智能、稳定的交直流混合广域传输网络。

可以预见，未来十年将是我国柔性直流输电技术和建设快速发展阶段，强交强直的交直流互联电网将成为我国电网架构的基本形态。随着可关断器件、直流电缆制造水平的不断提高，柔性直流输电将会成为直流电网中最主要的输电方式。柔性直流工程造价已降至同等容量常规直流的1.1~1.5倍，损耗降低至1.4%以下，柔性直流工程容量不断增加，进入大规模实用化阶段。

预计在5~10年时间内，世界范围内将有望建成以柔性直流为基础、主干网为500kV及以上等级、10GW及以上输送容量为主的区域性直流电网。（来源：英大网）

新电改配套文件出台：发电和售电环节引入竞争

作为电力改革文件的重要组成部分，2015年11月30日国家发改委、国家能源局印发6大电改核心配套文件，涉及输配电价改革、电力市场建设等。

“这几个配套文件让电力体制改革有了更加清晰的路径，与主体文件一起，共同划定了让全社会共享改革红利的路线图。”中国电力企业联合会发文解读称。

购电、售电价格市场定

按照“管住中间、放开两头”的体制架构，配套文件要求在可竞争环节充分引入竞争，符合准入条件的发电企业、售电公司和用户可自主选择交易对象，确定交易量和价格，打破电网企业单一购售电的局面，形成“多买方—多卖方”的市场竞争格局。

国家发改委表示，在单独核定输配电价的基础上，发、购电价格通过协商或竞价形成，充分体现电力商品属性。电价由市场决定，相对于现行的标杆电价，可以进一步促进发电企业竞争和提高生产效率。

国家电网公司能源研究院副院长张玮、国家电网公司能源研究院战略研究所所长马莉认为，在目前电力供需较为宽松、煤价降低的情况下，拥有选择权的工业、商业电力用户，可与发电企业直接交易，从而降低用电成本，为电力用户带来改革红利。

吸引社会资本投资

允许各类社会资本进入售电领域和新增配电领域，将带来新的投资机会。未来发电企业、供水供热企业、燃气企业、节能服务企业、新能源企业等市场主体都可进入开展业务。而放开增量配电投资业务在一定程度上可以调动社会资本参与配网建设的积极性，增加了配电网建设资金来源。

相关人士表示，随着市场发展和用户需求变化，售电公司数量会逐渐增加，将会出现更多服务电力用户的新商业模式、新业务模式和新服务模式，也将提供更多的就业岗位。

探索建立电力期货、衍生品市场

在电力市场建设方面，文件提出，电力市场将由中长期市场和现货市场构成。中长期市场主要开展多年、年、季、月、周等日以上电能量交易和可中断负荷、调压等辅助服务交易。

现货市场主要开展日前、日内、实时电能量交易和备用、调频等辅助服务交易。条件成熟时，探索开展容量市场、电力期货和衍生品等交易。（来源：北京晨报）

三部委关于印发《配电变压器能效提升计划（2015～2017年）》

为贯彻《中华人民共和国节约能源法》，落实《重大节能技术与装备产业化工程实施方案》（发改环资〔2014〕2423号），加快高效配电变压器开发和推广应用，全面提升配电变压器能效水平，促进配电变压器产业结构升级，工业和信息化部、质检总局和发展改革委决定组织实施全国配电变压器能效提升计划。

一、实施配电变压器能效提升计划的必要性

配电变压器是指运行电压等级为6～35千伏、容量在6300千伏安及以下，直接向终端用户供电的电力变压器，广泛应用于工业、农业、城市社区等终端用能领域。截至2013年底，我国在网运行的配电变压器总台数约1530万台，总容量约48亿千伏安。其中，电网公司运行管理的配电变压器台数约860万台，其它企业运行管理的约670万台。

据统计，我国输配电损耗占全国发电量的6.6%左右，其中配电变压器损耗占到40%～50%。以2013年全国发电量5.32万亿千瓦时计算，全国配电变压器电能损耗约1700亿千瓦时，相当于三峡电站2013年全年发电量（约1000亿千瓦时）的1.7倍，电能损耗十分严重。

作为节能减排的重要措施，国际上很多国家都出台了配电变压器能效提升政策。美国早在1998年就发起“能效之星变压器计划”，欧盟在2005年实行了“配电变压器推广合作伙伴计划”，日本于2006年开始实施“变压器能效领跑者计划”。

通过制定实施配电变压器能效提升计划，加快高效配电变压器的推广应用，全面提升我国配电变压器运行能效水平，对降低配电变压器电能损耗，推动配电变压器产业发展，促进工业节能降耗具有重要意义。

二、总体思路、基本原则和主要目标

（一）总体思路

以企业为主体，以提升能效为目标，围绕配电变压器开发、生产、使用和回收等环节，加快推广、促进淘汰，逐步提升高效配电变压器在网运行比例；加强政策引导，强化标准规范，完善认证体系，严控市场准入，加大监督检查力度，建立激励与约束相结合的实施机制，全面提高配电变压器能效水平，推动配电变压器产业转型升级，促进节能降耗。

（二）基本原则

坚持存量调整与增量优化相结合。在生产端，严格执行能效标准，推动生产工艺升级换代，加强高效配电变压器供给能力；在用户端，依照年度推广计划，通过存量更新与增量提升相结合，扩大高效配电变压器运行比例。

坚持政策引导与市场规范相结合。加强宏观指导，运用财税、信贷等政策促进配电变压器产业转型升级，提高产品能效；加强监督检查，完善配电变压器检测、认证、评定等标准体系，健全配电变压器市场准入机制，规范配电变压器市场秩序。

（三）主要目标

到2017年底，初步完成高耗能配电变压器的升级改造，高效配电变压器在网运行比例提高14%；建成较为完善的配套体系和规范的市场秩序，当年新增量中高效配电变压器占比达到70%；预计到2017年，累计推广高效配电变压器6亿千伏安，实现年节电94亿千瓦时，相当于节约标准煤310万吨，减排二氧化碳810万吨。

三、主要任务

（一）扩大高效配电变压器应用比例

1. 加快高效配电变压器推广

充分利用财税政策引导市场需求。一是推动实施配电变压器能效领跑者制度，研究制定相关激励措施，加大高效配电变压器推广力度。结合《三相配电变压器能效限定值及能效等级》及其它相关标准，定期发布高效配电变压器产品和企业推荐目录，通过市场机制推动高效配电变压器使用。二是推动高耗能行业差别性电价政策，提升用能单位节能内生动力，提高企业购买高效配电变压器的积极性。三是鼓励各级地方政府制定实施差异化的高效配电变压器补贴政策，进一步带动高效配电变压器推广应用。

推动配电变压器生产转型。加强源头管理，禁止企业生产、销售达不到能效限定值要求的高耗能配电变压器。加强市场监督，强化配电变压器能效标识备案管理，确保新增高效配电变压器产品全部达到能效标准要求，引导现

有变压器制造企业逐步转型生产高效配电变压器。

到2017年底，累计实现推广高效配电变压器6亿千伏安。其中，新建增量推广不低于3.5亿千伏安。年度推广计划见表1。

表1 高效配电变压器分年度推广计划

单位：（万千伏安）

项目年份	能效1级	能效2级	小计
2015	500	13000	13500
2016	2000	18000	20000
2017	3500	23000	26500
合计	6000	54000	60000

2. 加快高耗能配电变压器淘汰

推动淘汰高耗能变压器。综合利用行政手段和市场机制，推动高耗能配电变压器逐步退出应用。一是依据相关标准，将达不到能效限定值要求的高耗能配电变压器类型纳入《高耗能落后机电设备（产品）淘汰目录（第四批）》。二是推动电网公司和工业企业开展在用配电变压器普查，对列入淘汰范围的高耗能配电变压器，制定淘汰计划并组织实施，并将其纳入万家企业节能低碳行动工作。

到2017年底，基本完成S9（1997年前投运）及以下型号高耗能配电变压器淘汰任务，年度淘汰计划见表2。同时，鼓励企业主动淘汰运行时间不到20年、但运行经济性差的S9系列配电变压器。

表2 高耗能配电变压器年度淘汰计划

淘汰型号系列	淘汰依据	年度淘汰计划			
		2015	2016	2017	合计
SJ、SJ1、SJ2、SJ3、SJ4、SJ5、SJL、SJL1、S、S1、SZ、SL、SLZ、SL1、SLZ1、SL7、S7及能耗值大于S7的其他型号	《高耗能落后机电设备(产品)淘汰目录(第一批)》	20%	40%	40%	100%
S8、SC（B）8、SG(B)8系列	《高耗能落后机电设备(产品)淘汰目录(第二批)》	20%	30%	50%	100%
S9系列(1997年前投运)	《高耗能落后机电设备(产品)淘汰目录（第四批)》(拟制定)	0%	30%	70%	100%

建立配电变压器回收管理体系。制定高耗能配电变压器回收拆解技术规范，支持在有条件地区建立规模化、规范化的回收基地，加强废旧材料再利用管理。

（二）提升高效配电变压器产业化能力

1. 解决配电变压器关键原材料问题

解决非晶合金带材和高性能硅钢片产能低与质量稳定性差的问题。支持国产非晶合金带材研发，重点解决非晶合金带材生产宽度受限、韧性一致性差、抗潮性弱等核心技术难题，提高非晶合金带材质量和产量。加快推动钢铁企业改进硅钢片制造工艺，提高高性能硅钢片产量与稳定性，重点支持国产高磁感取向钢生产和质量提升。

解决变压器用绝缘材料性能提升问题。支持变压器各类纸绝缘材料生产企业改进现有制作工艺，提升产品稳定性和品质。重点解决高性能、环保型植物绝缘油抗老化和量产问题，促进环保型植物绝缘油推广应用。

2. 解决配电变压器基础生产工艺问题

解决非晶合金铁心和立体卷铁心生产工艺问题。开展非晶合金铁心制造工艺研究，重点支持非晶合金铁心退火工序改进，降低变压器运行损耗和噪音，提升产品性能。加强立体卷铁心工装设备研发和绕组绕制工艺研究，提高设备自动化水平和生产效率，降低制造成本。

3. 加强配电变压器系统节能技术研究

开展新型高效配电变压器应用技术研究。加强高效配电变压器新技术、新结构、新材料应用研究，重点研究单相配电变压器、有载调容调压配电变压器、铝绕组配电变压器、高燃点植物绝缘油配电变压器的适用场合和技术可靠性。

开展无功补偿技术在配电变压器系统应用研究。充分发挥无功补偿技术与配电变压器节能技术的协同作用，开展新建配电网无功补偿配置规划系统研究，合理选择配电变压器容量，实现整个配电网系统的经济稳定运行。

开展配电变压器系统经济运行分析研究。工业企业根据配电变压器能效技术经济评价相关国家或行业标准，定期开展变压器经济运行分析和技术经济评价。在保证变压器安全运行和供电质量的前提下，开展经济运行研究，对多台变压器运行方式进行优化组合，使系统处于最佳运行区间。

4. 提升配电变压器产业持续创新能力

加强配电变压器基础共性技术研究。推动高效配电变压器研发机构和试验平台建设，开展配电变压器共性技术研究，提升基础研究、技术开发、试验验证等创新能力。鼓励制造企业开展高效配电变压器优化设计，推广应用计算机三维仿真设计系统，全方位改进配电变压器性能水平。

（三）完善高效配电变压器配套体系建设

1. 加快修、制订和完善相关标准与规范

加快修订配电变压器相关技术标准，制定涵盖多电压等级全容量配电变压器能效标准。完善配电变压器检测标准，明确检测要求、检测内容、检测方法及检测结果的判定方法，加快修订《电力变压器试验导则》（JB/T 501－2006）。推动制定配电变压器节能效果评定规范，明确评定依据、评定方法和评定内容。完善配电变压器认证规范，明确认证依据、认证适用范围、容量范围划分界限、认证所需材料。

2. 规范配电变压器检测与认证机构

加强对检测与认证机构监督管理。充分发挥检测和认证机构在规范配电变压器市场秩序方面的积极促进作用。培育一批技术能力强、管理规范的变压器检测和认证机构，进行统一管理，规范检测和认证工作，提高工作质量和效率，推动形成有利于高效配电变压器推广的市场环境。

3. 建立配电变压器全寿命周期评价体系

加快全寿命周期管理评价体系建设。引导用户以变压器全寿命周期的资产回报和效益为考核评价指标，将环境资源使用成本、资源循环利用成本、能源电力价格、运行管理和维护成本落实到成本评价体系中，以全寿命周期变压器资产管理为核心，建立涵盖电力缴费政策、采购政策、运行维护、替换更新决策和性能效率评估等内容的综合管理方法体系，引导变压器生产企业对产品全寿命周期下的材料、结构和性能进行优化设计，提升服务体系，促进产业各相关方共享高效变压器节能效益。

（四）开展高效配电变压器制造和应用示范

1. 开展高效配电变压器制造示范

在全国范围内选择合适区域建立3～5个高效配电变压器制造示范基地，推动技术创新的先行先试，形成以示范基地为核心的高效配电变压器制造产业集群，稳步推进新材料和新工艺应用，培育一批集聚效应强、技术力量雄厚的制造企业。

2. 开展高效配电变压器系统应用示范

选取典型城网、农网和重点工业企业开展配电变压器节能改造和系统优化，建立3～4个高效配电变压器系统应用示范，突出节能效果，发挥引领带动作用。

四、保障措施

（一）加强组织协调

加强组织领导，由工业和信息化部、质检总局和发展改革委以及国家电网公司、南方电网公司共同负责配电变压器能效提升计划的组织实施，建立协调推进机制，负责宣传、培训、技术推广等工作。省级工业主管部门负责本地区重点用能企业的配电变压器能效提升工作，鼓励制定相应的配电变压器能效提升实施方案。中央企业集团要起表率作用，将配电变压器能效提升作为节能减排目标任务考核的重点内容，加大资金投入力度。

（二）加强政策支持

充分利用现有财税优惠政策，支持配电变压器能效提升。发挥财政资金的引导作用，支持企业利用各级财政资金实施配电变压器节能改造，加快高耗能配电变压器淘汰更新，推动实施高效配电变压器产业化示范。发挥政府采购对高效配电变压器推广的引导作用，中央政府采购项目原则上应采用高效配电变压器，鼓励地方政府采购项目采用高效配电变压器。加强国际合作，利用有关国际组织和机构的资源和资金，支持基础能力建设。

（三）加强监督管理

一是工业和信息化部会同质检总局、发展改革委联合部署，组织省级工业主管部门会同质监部门对配电变压器生产企业执行能效标准和标识情况进行核查，对生产达不到能效限定值和与标识不一致的企业，下达限期整改通知书。对未按期整改或整改后仍不达标的企业，通报相关部门和金融机构，并向全社会公开曝光，各级财政和信贷资金不得支持该企业，用户不能采购其产品。二是加强对生产企业检测报告内容一致性、完整性、真实性审核，对伪造虚假报告和资质的企业以黑名单方式向全社会通告，特别要将结果通知到电力和工业企业以限制其投竞标资格。三是严格能评把控，新建高耗能项目配电变压器必须达到1级能效标准，改扩建高耗能项目应选用高效配电变压器。四是开展重点耗电企业高耗能配电变压器淘汰情况专项检查，对工作不力、未达年度淘汰目标的企业，明确整改时限，及时督促整改。

（四）推进合同能源管理

鼓励高效配电变压器生产企业成立节能服务公司或与专业节能服务公司合作，重点利用合同能源管理模式开展配电变压器能效提升项目。推动建立配电变压器能效提升产业联盟，鼓励专业节能服务公司、研究机构、制造企业、检测认证机构加强合作，加快高效配电变压器推广，支持节能服务产业发展。

（五）加强技术服务与宣传

推动建立配电变压器和配电网节能技术研究中心，支撑高效节能配电变压器与配电网综合节能技术研究、试验检测、节能效果评估、配电网节能技术评审及相关标准制定工作。依托相关机构，面向节能监察机构、重点用电企业开展配电变压器节能技术、政策、标准、规范培训。加强与国际标准化组织的合作，开展配电变压器能效对标和标准互认。充分利用通信网络、期刊、电视、广播等多种媒体宣传配电变压器能效提升工作，提高企业节能意识和节能内生动力。

光伏十三五规划启动　涉智能电网、新能源微网建设等七项内容

参与太阳能“十三五”规划编制的专家透露，在规划中将单独编制“十三五”专项规划，而且首次单独编制光伏五年发展规划，涉及配套电网建设和智能电网应用、新能源微网规划布局等七方面内容。该规划被要求起到承上启下作用，衔接“十四五”规划及2030年。国家发改委能源研究所可再生能源中心研究员时璟丽透露，光伏发电单独编制“十三五”专项规划尚属首次，在光伏“十三五”规划中，已启动的规划研究除了“十三五”期间光伏发电目标、任务和布局外，还涉及创新能源提升和成本下降路线、配套电网建设和智能电网应用、基地和重点地区建设布局、城镇分布式规划、新能源微网规划布局、制造行业规划布局、国际化战略等七方面内容。

在配套电网建设和智能电网应用上，将提出“十三五”期间保障光伏发电上网消纳、提高电网智能化水平的措施和建议。

长江证券分析员表示，目前国内电网还不能满足光伏发电产业的发展需求，我国的智能电网是以特高压电网为骨干网架、各级电网协调发展的坚强电网为基础，构建以信息化、自动化、数字化、互动化为特征的统一坚强智能化电网。特变电工、平高电气等上市公司在上述领域则处于龙头地位。

此外智能电网建设，太阳能光伏逆变也将是主要的市场机会，而太阳能光伏逆变设备对转换效率、使用寿命、实用温度范围及并网设备的更高要求，以及安全隔离技术，

也将催生并推动相应产业的发展。

新能源微网规划布局上，将提出在可再生能源发电基础较好、特别是光伏发电发展迅速、具备消纳条件的地区，建设新能源微电网工程，在西部偏远乡镇、东部离岸海岛及其它特定区域做好离网式新能源微电网示范工程建设的总体目标和项目布局。

据机构估算，国内智能微电网系统到2020年市场规模可达千亿元。而在“十二五”规划的30个微电网试点工程中，国家电网参与其中18个，其系统内的许继电器、国电南瑞等公司或集中受益。

中天科技在2014年4月也曾告称，公司将承担国家科技部863计划“孤岛型智能微电网关键技术研究与示范”的研究课题。

而在城镇光伏分布式发电规划上，“十三五”期间将系统研究钢铁、汽车、建材、航空航天、煤炭等重点行业的屋顶条件、电价水平和用能特性，提出在重点行业及大型企业建设分布式光伏发电的发展目标、建设布局和促进措施。

根据国家能源局发布的《关于做好太阳能发展“十三五”规划编制工作的通知》，各省级太阳能发展“十三五”规划也将就光伏发电编制专项规划，规划期为2016～2020年，发展目标展望到2030年。

智能电网的“互联网+”模式成新趋势

2015年3月25日，国务院总理李克强主持召开国务院常务会议，明确提出要顺应“互联网+”的发展趋势，以信息化与工业化深度融合为主线，重点发展新一代信息技术。而在能源领域，“互联网+”与智能电网的全面融合将进一步助推能源产业升级。2015年以来，智能电网多次被写入中国政府工作报告，“互联网+”计划的提出则为智能电网的发展提供了良好的突破口。

智能电网的“互联网+”模式成新趋势

对于全球范围内的互联网产业革命，德国政府称其为“工业4.0”，美国工业界称其为“工业互联网”，但其根源都与“互联网+”相同，是基于移动互联网、云计算、物联网、大数据等信息通信技术的创新商业模式在不同产业领域的重新整合与应用。

在电力能源领域，电力传输网络是覆盖广泛的能源基础设施，本身具备物理性的网状结构，与互联网泛在化的网络基础设施属性天然契合。“互联网+”作为电力工业转型升级的有效途径，为电力能源行业在发展理念、服务模式、技术应用等方面带来全新的视角，将引领智能电网发展成为具备“互联网+”特征的能源共享网络。

对此，国网能源研究院院长张运洲表示：“在全球能源互联网理念下，电网在发展定位上将逐步发生改变。电网的发展，应当在考虑本国能源供需、考虑多国区域能源供需、考虑跨洲际全球能源供需格局等多个范围中进行统筹研究，找出以全球能源互联网为发展方向、保障本国电力供应安全与经济性、适应本国经济社会增长需求的发展方式。”

随着电改方案的实施，电网垄断将进一步打破，符合条件的售电方不断涌现，大型企业、工厂、社区、家庭不断建设分布式电源，特高压输送的电量越来越大，新能源装机量、发电量越来越大，储能技术快速发展，配网自动化快速发展，新能源汽车充电桩不断并网……这对电网智能化、电网承载力、电网快速调度运行检修故障处理的要求越来越高，而储能技术、信息技术与微电网、智能电网的融合将有效解决此类问题。

在不久的未来，随着国家电力改革的逐步推进，智能电网相关技术的突破，智能变电站从建设到运行维护将会诞生一个统一的电力平台，所有的电力信息数据将在这个平台上实时交互。智能电网通过“互联网+”邂逅“电网”的方式，将成为“以云计算、物联网和大数据等为代表的新一代信息技术+传统电力行业”的产物，真正的坚强智能电网便会产生。

新电改方案落地 电网发展迎来重要契机

早在2013年，国家电网公司董事长刘振亚就提出“智能电网承载并推动第三次工业革命”的观点，指出未来的智能电网，是网架坚强、广泛互联、高度智能、开放互动的“能源互联网”。

当前，随着电改的逐步深入，区域性、全国性乃是全球性的能源互联互通网络也将随之逐步建设、完善。目前，能源互联网在我国仍处于发展初期，预计未来一段时间内，仍将以区域性模式进行试点建设。

此外，在“互联网+”背景下，企业将不断扩大业务范围，从光伏、储能、充电桩、新能源汽车领域中的一个领域切入到另外一个或几个领域，希望实现电能表、光伏发电、储能、新能源汽车等融合运作，实现储能技术与微电网一体化融合。

中央国务院发文推动
中国智能电网迎来发展新机遇

中共中央、国务院发布的《关于加快推进生态文明建设的意见》提到，加快核电、风电、太阳能光伏发电等新材料、新装备的研发和推广，推进生物质发电、生物质能源、沼气、地热、浅层地温能、海洋能等应用，发展分布式能源，建设智能电网，完善运行管理体系。大力发展节能与新能源汽车，提高创新能力和产业化水平，加强配套基础设施建设，加大推广普及力度。这表明我国智能电网建设再次被提到了新的高度。

智能电网发展令社会瞩目

《意见》提出了我国生态文明建设的主要目标，即到2020年，资源节约型和环境友好型社会建设取得重大进展，主体功能区布局基本形成，经济发展质量和效益显著提高，生态文明主流价值观在全社会得到推行，生态文明建设水平与全面建成小康社会目标相适应。

其中，单位国内生产总值二氧化碳排放强度比2005年下降40%～45%，能源消耗强度持续下降，非化石能源占一次能源消费比重达到15%左右；主要污染物排放总量继续减少，大气环境质量、重点流域和近岸海域水环境质量得到改善……为实现这一目标，《意见》提出要发展绿色产业，发展分布式能源，建设智能电网。

智能电网可极大提升电网接纳新能源的能力，实现大范围的资源配置，满足客户多样化的用电需求。为此，世界各国都加快建设智能电网以应对能源战略转型带来的挑战。为抢占电网技术的制高点，实现电网发展方式转变，支撑我国能源结构调整和利用效率提升，国网于2009年正式启动坚强智能电网建设。

经过近几年的建设、发展，国网已全面突破从发电到用电各技术领域的智能电网核心技术，推动我国电网技术在国际上实现由“跟随者”向“引领者”的转变，累计建成诸如国家风光储输示范工程等32类305项智能电网试点项目，在世界上建设规模最大、水平最高、速度最快、种类最全……尤其是2015年1月9日，国家电网公司组织申报的“国家电网智能电网创新工程”项目获得2014年度国家科学技术进步一等奖，标志着智能电网创新成果获得社会各界的高度认可。

同时，打造一个智能、高效、可靠的绿色电网，也是南方电网发展的总体目标。其中，智能旨在实现电网信息的标准化、一体化、全局化、感知化、智能化，开展电网全方位、全过程、全要素的监测、诊断，完善电网精当决策、精准控制、精细管理，支撑电网的高效、可靠运行。（来源：中国能源报）

国网发布2015年智能电网项目建设意见

2015年3月16日从国家电网公司获悉，为落实坚强智能电网全面建设阶段工作任务，稳步推进智能电网项目建设，国家电网公司发布2015年智能电网项目建设意见。

国网公司2015年将认真领会能源革命和创新驱动发展的深刻内涵，全面落实《国家电网公司2014~2020年电网智能化滚动规划》，按照2015年科技暨智能电网工作会上明确的工作方针，稳步推进智能电网推广项目建设，精心组织智能电网创新示范工程，巩固公司智能电网国际引领地位。

将稳步推进智能电网推广项目建设，组织开展智能电网调度控制系统、新能源功率预测及运行控制系统推广建设，完成36套地调系统升级改造，覆盖全部并网风电场和光伏电站；组织开展输变电设备状态监测系统和配电自动化系统推广建设，分别覆盖18万公里输电线路和76座城市；组织开展智能变电站建设，新建智能变电站1400座；组织开展用电信息采集系统建设，安装智能电能表6060万只，建成投运“三线一环”高速公路城际互联快充网络。

国网公司将精心组织智能电网创新示范工程，全面开展6类41项智能电网创新示范工程建设，着力打造一批国际领先的智能电网精品工程和亮点工程。这些工程包括：支持新能源开发工程、支撑分布式电源应用工程、促进便捷用电工程、推动电动汽车发展工程、服务智慧城市建设工程和提升电网智能化工程。

与此同时，国网将积极申报并承担国家863计划项目和科技支撑计划项目、国家战略性新兴产业项目、国家智能电网综合标准化试点项目、国际智能电网技术合作项目等国家有关部委立项的智能电网项目，加强协调组织，确保圆满完成年度建设任务。

国网公司还将持续开展智能电网技术研究和调研评价，集中攻关一批最新前沿技术，确保公司智能电网核心技术国际领先；研发突破部分实用化关键装备，不断转化应用智能电网技术成果；调研评价典型省级智能电网，客观衡量电网智能化水平。

国家电网公司要求相关部门、单位加强组织领导，争取政策支持，建立健全工作机制，确保2015年智能电网项目建设意见落到实处。

国家智慧城市标准体系有望3年内出台

2015年3月20日获悉，国家标准委已牵头成立国家智慧城市标准化协调推进组、总体组和专家咨询组，国家智慧城市标准体系有望未来3年内出台。随着多项宏观政策和技术标准的推进，意味着中国智慧城市的顶层政策部署已全面到位。

2014年3月，《国家新型城镇化规划（2014~2020年）》，在“开展试点示范”一章中指出，“继续推进创新城市、智慧城市、低碳城镇试点，深化中欧城镇化伙伴关系等现有合作平台，拓展与其它国家和国际组织的交流，开展多形式、多领域的务实合作。”

2014年8月，国家发改委、工信部等八部委联合印发了《关于促进智慧城市健康发展的指导意见》，指出到2020年，建成一批特色鲜明的智慧城市，聚集和辐射带动作用大幅增强，综合竞争优势明显提高，在保障和改善民生服务、创新社会管理、维护网络安全等方面取得显著成效。

2014年，作为智慧城市全面建设的一年，随着多项宏观政策和技术标准的推进，意味着中国智慧城市的顶层政策部署全面到位，也预示着中国智慧城市建设和发展的政策环境更加完善。

另一方面，标准体系在智慧城市建设中也起到非常关键的作用。据悉，2014年底，国家发改委、工信部、住建部等25个部委已建立智慧城市部际协调机制和工作小组，协调解决智慧城市建设过程中跨部门、跨领域的重大问题。

作为中国信息通信研究院智慧城市领域的负责人，中国信息通信研究院规划所高级工程师陈才透露，“目前，国家标准委已经牵头成立国家智慧城市标准化协调推进组、总体组和专家咨询组，国家智慧城市标准体系有望未来3年内出台。”

陈才介绍，“目前，中央各部委正牵头研究制订本领域智慧城市评价指标和评估体系，形成了以评估促建设、促管理、促改进的新思路和新做法，未来我国智慧城市有可能开展全国性综合评估，通过评估工作推进各地智慧城市建设落在实处。”

据统计，自2013年起智慧城市试点启动，目前约60%的地级及以上城市，超过200个城市开展了智慧城市建设，多个省份在全省范围内统筹推进智慧城市建设。其中，北京、河北、上海、江苏、浙江、福建、山东、河南、广东、陕西、宁夏等10个省（市）制定出台了省（市）级总体规划。部分省份提出构建智慧城市群落，如广东省提出打造“珠三角智慧城市群”，陕西省提出到 2017 年基本建成“关中智慧城市群”。

工信部公布的首批 68 个国家信息消费试点城市名单中，包括京津沪在内的大部分省市省会在列。其中，工信部和发改委确定北京、天津、上海、长株潭城市群等 39 个城市（城市群）为 2014 年度“宽带中国”示范城市（城市群）。此外，还有石家庄市、大连市、本溪市、延边朝鲜族自治州等 35 个城市及省直管县入选。

陈才指出，“各地智慧城市开始从最初对概念的追捧、对系统和平台建设的喧嚣，逐步进入更加强调体制机制创新和顶层设计，深化资源利用和共享协同、凸显为民惠企服务实效、创新建设运营模式的新阶段。”

据悉，2014 年，中欧双方共 30 个智慧城市合作取得了阶段性成果。“未来我国将进一步加大与周边国家和地区的智慧城市合作，着重在产业发展、标准制定、应用方案等方面，深化中日、中韩、中印智慧城市国际合作”，陈才透露。

河南出台十八条措施 力促智慧城市健康发展

近日，河南省政府办公厅印发《河南省促进智慧城市健康发展工作方案（2015 ~ 2017 年）》（以下简称《方案》），从开展信息惠民试点示范、深入实施“宽带中原”战略、加快推进智慧交通应用、推进智慧医院及网络医院建设、加快发展智慧旅游、推进智慧养老应用、大力发展电子商务等方面推出 18 条措施，加快推进河南智慧城市建设。

开展信息惠民试点示范

按照《方案》，河南省将制定并推动实施“互联网 +”行动实施方案，促进产业转型升级，培育发展新兴业态，提升公共服务和社会治理水平。制定河南省云计算大数据开放合作指导意见，培育壮大云计算大数据产业。实施大数据工程，加快全省统一的电子政务公共服务云平台建设，推动建立河南省政府数据服务网，促进政务数据开放共享。推动郑州、洛阳、济源信息惠民国家试点城市、郑州国家下一代互联网示范城市、国家物联网重大应用示范工程区域试点等示范工程加快建设。

深入实施“宽带中原”战略

《方案》提出，加快推进全光纤网络城市、第四代移动通信网络、公共场所高速无线接入网和下一代互联网建设，大幅提升网络访问速率，有效降低网络资费标准。积极开展“宽带中国”示范城市（城市群）和“宽带中原”示范县（市）创建工作。充分发挥郑州国家级互联网骨干直联点综合带动作用，建设郑州国际信息专用通道。推动中国联通中原数据基地、中国移动（河南）数据中心等项目加快建设，持续完善云计算、大数据基础设施。加快推进有线电视网络数字化和双向化改造。

推进城市规划建设管理信息化

根据《方案》，河南将加快郑州、济源等 12 个智慧城市试点建设，推进智慧城市绩效成果创建工作，带动其它城镇智慧化应用。整合住房城乡建设信息资源，建设城市信息公共数据库和公共信息服务平台，从家庭、社区、园区、新区、城镇单元功能智慧化入手，探索房地产、建筑业、市政公用事业等传统企业与互联网企业深度合作，推动智慧规划、智慧建造、智慧住房和智慧城乡基础设施等智慧应用。加快数字化城市管理系统建设，推进水务、地下空间、地下管网、绿色建筑等涉及民生、城市基础设施的数字化应用与智慧城市有机结合，全面提升城市品质。制定《智慧社区建设导则》，遴选一批基础条件好的社区开展智慧社区试点建设。

推进智慧养老应用

按照《方案》，河南省将建设河南省智慧养老云平台，建立健全全省老年人信息数据库、老年人健康档案动态库，为全省老年人提供呼叫救助、远程健康检测、健康管理等服务。完善“12349”居家养老服务信息平台，积极推进智能养老物联网应用示范工程、养老机构和社区居家养老服务信息惠民工程等建设。

此外，河南省还将建立河南省促进智慧城市健康发展部门协调工作机制，加强对各地智慧城市建设的指导和监督，促进智慧城市健康发展。

国家能源局发布《关于推进新能源微电网示范项目建设的指导意见》

2015 年 7 月 13 日，为加快推进新能源微电网示范工程建设，探索适应新能源发展的微电网技术及运营管理体制，国家能源局发布《关于推进新能源微电网示范项目建设的指导意见》（以下简称《意见》），对新能源微电网示范项目建设提出了具体要求。

《意见》指出，可再生能源发展“十二五”规划把新能源微电网作为可再生能源和分布式能源发展机制创新的重要方向。

近年来，有关研究机构和企业开展新能源微电网技术研究和应用探索，具备了建设新能源微电网示范工程的工作基础。

《意见》强调，新能源微电网代表了未来能源发展趋势，是贯彻落实习近平总书记关于能源生产和消费革命的重要措施，是推进能源发展及经营管理方式变革的重要载体，是“互联网 +”在能源领域的创新性应用，对推进节能减排和实现能源可持续发展具有重要意义。同时，新能源微电网是电网配售侧向社会主体放开的一种具体方式，符合电力体制改革的方向，可为新能源创造巨大发展空间。

《意见》明确，新能源微电网项目可依托已有配电网建设，也可结合新建配电网建设；可以是单个新能源微电网，也可以是某一区域内多个新能源微电网构成的微电网群。鼓励在新能源微电网建设中，按照能源互联网的理念，采用先进的互联网及信息技术，实现能源生产和使用的智能化匹配及协同运行，以新业态方式参与电力市场，形成高效清洁的能源利用新载体。

据了解，2015 年启动的新能源微电网示范项目，原则上每个省（区、市）可以申报 1 ~ 2 个试点项目，国家能源局将结合项目具体技术经济性会同国务院有关部门研究制定具体支持政策，鼓励各地区结合本地实际制定支持新能源微电网建设和运营的政策措施。

国家发展改革委发布《关于加快配电网建设改造的指导意见》

国家发改委2015年9月2日正式公布《关于加快配电网建设改造的指导意见》。意见提出，经过五年的努力，至2020年，中心城市（区）用户年均停电时间不超过1小时，综合电压合格率达到99.97%；城镇地区用户年均停电时间不超过10小时，综合电压合格率达到98.79%；乡村地区用户年均停电时间不超过24小时，综合电压合格率达到97%。

为此，意见提出了，着力提升配电网供应能力；规范住宅小区供电；优化网架结构；加强贫困及偏远地区供电；提高配电网装备水平；优化配电设备配置；提高配电网能效水平；开展综合管廊示范试点；加强配电自动化建设；构建智能互动服务体系；完善新能源和分布式电源接入体系；完善电价政策；发行配电网建设改造专项企业债券；鼓励社会资本参与配电网投资等27项重要任务。

其中，智能电网、电价改革成为两大亮点。

在智能电网方面，意见提出，开展智能互动信息体系顶层设计与建设，鼓励应用光纤等高效通信方式；综合应用云计算、网格计算、大数据挖掘等技术，实现海量数据的深层利用，全面支撑智能家庭、智能楼宇和智慧城市建设，推动全社会生产生活智慧化；同时，有序建设主动配电网、微电网，鼓励应用分布式多能源互补、发电功率预测等方式，提高分布式电源与配电网协调能力。

在电价改革方面，意见提出，结合输配电价改革，将配电网建设改造投资纳入电网企业有效资产，将运营成本计入准许成本，通过电价回收，保障合理收益；同时，意见表示，鼓励符合国家准入条件的配电网企业成立售电公司，采取多种方式通过电力市场购电，鼓励通过创新服务、加强管理、降低成本，构建主体多元、竞争有序的市场格局。

值得注意的是，8月底，国家能源局发布了《配电网建设改造行动计划（2015～2020年）》。行动计划明确，全面加快现代配电网建设，2015～2020年，配电网建设改造投资不低于2万亿元，其中2015年投资不低于3000亿元。

6项分布式能源行业标准于3月1日实施

由中国电科院主编的6项能源行业标准《分布式电源接入电网测试技术规范》、《分布式电源接入电网监控系统功能规范》、《分布式电源接入电网运行控制规范》、《分布式电源孤岛运行控制规范》、《电化学储能系统接入配电网技术规定》、《电化学储能系统接入配电网运行控制规范》获批发布，并于2015年3月1日实施。

能源行业标准NB/T 33011—2014分布式电源接入电网测试技术规范、NB/T 33010—2014分布式电源接入电网运行控制规范、NB/T 33013—2014分布式电源孤岛运行控制规范、NB/T 33012—2014分布式电源接入电网监控系统功能规范分别从分布式电源的并网检测项目及方法、并网/计划性孤岛运行控制应满足的要求以及并网监控系统应具备的功能等方面对并网分布式电源进行了相应的规范。

该系列标准的发布实施，对于规范分布式电源的有序并网、促进分布式电源的持续健康发展、保障分布式电源和电网的安全稳定运行具有重要意义。

能源行业标准NB/T 33015—2014电化学储能系统接入配电网技术规定、NB/T 33014—2014电化学储能系统接入配电网运行控制规范从确保并网电化学储能系统安全运行、充分发挥其平抑可再生能源发电波动等积极作用的角度，对接入配电网的电化学储能系统在并网条件、运行控制等方面进行了规定。

该系列标准的发布实施，可促进电化学储能系统科学、有序并网，发挥其在电网中削峰填谷、提供紧急功率支撑等方面的积极作用。

全国微电网与分布式电源并网标准化技术委员会获批筹建

从国标委网站获悉，国家标准委下发《关于筹建全国微电网与分布式电源并网标准化技术委员会的批复》（标委办综合〔2015〕151号）文件，正式批准筹建全国微电网与分布式电源并网标准化技术委员会，由中国电科院承担秘书处工作。这是国家电网公司在“十二五”期间申请并获批成立的第三个全国专业标准化技术委员会，且三个标委会的秘书处全部挂靠中国电科院。

全国微电网与分布式电源并网标准化技术委员会是在电力体制改革酝酿期间，在微电网和分布式电源领域亟需国家标准规范、统一，国际标准主导制定权竞争激烈的大背景下，由国家电网公司组织提起申请的。该标委会的批准筹建，将为微电网与分布式电源并网领域的标准化工作提供统一规划协调和顶层设计，有利于制定具备互操作性和开放性的微电网与分布式电源并网标准体系以及内容协调一致的具体标准，实现各相关领域和谐发展和互联互通。该标委会还将负责与国际电工委员会（IEC）电能供应系统方面技术委员会的国内技术对口工作。

该标委会成立后，将围绕微电网与分布式电源并网领域的国内及国际标准化开展工作，包括微电网及分布式电源并网领域国家标准体系的制修订、国家标准送审稿的审查、已发布国家标准的定期复审以及与国际电工委员会对口工作组的技术支撑和有关业务活动的参加组织工作等。（来源：中国电力科学研究院）

2015年储能市场及国内储能大事件

2015年是国家“十二五”收官之年，也为下一个五年的发展指明了方向。在2015年11月3日发布的《中共中央关于制定国民经济和社会发展第十三个五年规划的建议》的“坚持绿色发展，着力改善生态环境”部分提出了推进能源革命，加快能源技术创新，提高非化石能源比重，加快发展风能、太阳能，加强储能和智能电网建设，发展分布式能源，推行节能低碳电力调度，实施新能源汽车推广计划等重点工作。能源转型，能源消费革命势在必行。可再生能源的发展、分布式能源的推进、电动汽车的推广、储能系统的建设，无一不是激励储能产业发展的动力。蓄势待发，是2015年储能产业最突出的表现。

一、储能大时代序幕拉开，美、欧、日公布储能路线图

随着锂电池储能成本不断走低以及一些发达国家储能补贴政策落实，储能业正以迅雷不及掩耳之势发展。美国、日本、德国等国走在发展的前列，中国微电网储能补贴政策也酝酿出台，毫无疑问，储能大时代的序幕已经拉开。

2019 年美国储能将达 848 兆瓦

据 GTM 研究公司发布的《美国 2015 年能源储备市场回顾》显示，美国去年第四季度新增能源储备容量为 11.2 万千瓦，年度新增总容量达到了 22.1 万千瓦，取得了迄今最好的季度及年度业绩。

2015 年新增能源储备容量大于前两年的总和。受该季度高增长的推动，美国能源市场新增装机比 2014 年的 6.5 万千瓦增加了 243%。

福布斯网报道称，美国储能业正在蓬勃发展，不仅各州采取措施发展可再生能源，公用事业单位及消费者也开始投资太阳能，因而更便宜、更高效的储能电池将很快进入市场。特别是一些公用事业单位将成为储能市场的最大推动力。

“储能的快速增长与太阳能发展相似。”加州大学伯克利分校可再生能源及新能源实验室主任 Daniel Kammen 称，“结合市场需求的材料科学研究以及成本降低，可再生能源分配和储存可成为新常态。”

GTM 研究员 Ravi Manghani 表示：“各州颁布不同政策将敦促储能立法的出台，虽然我对此表示怀疑，但这种情况一定会发生。”显然，加州是美国储能的一个榜样，其目标是到 2020 年达 1.3 吉瓦；俄勒冈州虽然能源需求和排放量都小，但也在制订储能计划；就连不愿发展太阳能的阿拉巴马州也开始行动起来。

美国落基山研究所表示，未来 10 到 15 年，太阳电池板加蓄电池将成为美国很经济的电力组合。

美国首个储能项目始于 2009 年，并投资 1.85 亿美元资助 16 个示范项目，同时撬动了市场约 5.87 亿美元投资。美能源部 2011 年发布“战略计划”，明确将储能上升到战略层面，并通过政府直接投资、调整税收、支持技术创新等手段促进储能研发和应用。

2013 年下半年，美国和加拿大已开始小范围试水调峰储能市场。2014 年 4 月，美国能源部发布“4 年能源审查”，其主要内容是改善国家的能源基础设施，其中特别指出了“能源传输、存储和分配。”

CNESA 报告显示，美国 2015 年应用热点有两个，分别是分布式发电及微网和辅助服务。

欧日公布储能路线图

欧洲是仅次于美国的另一大储能市场。2015 年 9 月 4 日，日本松下宣布，将在欧洲销售家用电池，首先面向德国市场。而特斯拉已于 2015 年 5 月推出了一批专供企业和家庭使用的锂电池。

光伏组件制造商 RECSolarHoldings 副总裁卢克 · 格雷尔 2015 年 8 月曾表示，随着普通家庭购买家用电池储电，欧洲增长缓慢的太阳电池板市场可能于 2017 年开始复苏。

2009 年，欧盟委员会提出了《欧盟能源技术战略规划》，又于 2011 年发布了《低碳能源技术材料路线图》。路线图指出，蓄电是一项重要技术，可以提高欧洲电力系统的可管理性和灵活性。

英国于 2011 年发表了《英国储能的路径》，作为其技术路线图，2014 年开始推广智能电表；2020 年将推广微型发电和电动汽车，强制实施城市的低压网络；2030 年发展电动汽车与电网互动技术。

德国于 2012 年成立了储能协会（BVES），将颁布储能技术路线图作为首要任务。2013 年 5 月，正式出台光伏储能新政，针对小于 30 千瓦的光伏设施，规定给予新安装光伏发电同步建设的储能设施最高不超过 600 欧元/千瓦的补贴，既有光伏设施给予每千瓦最高不超过 660 欧元的补贴。

法国也将储能作为投资的主要方向。2011 年，由法国环境与能源控制署（ADEME）组织制定了《储能体系战略路线图》，目的是全面梳理储能面临的工业、技术、环境和社会问题，需要克服的技术、体制和社会经济障碍，更重要的是描绘出基于时间节点的优先研究主题，包括产业研究、示范、产业化实验及技术平台测试等不同阶段的需求。

日本早在 2008 年就提出了一个高性能的储能技术路线图。自福岛事故后，日本开始重点扶持储能行业，开展了许多项目降低储能成本，包括风电项目、车载电池、固定式储能电池、电池材料技术评价等。

2014 年 3 月，日本产经省发起了新一轮针对锂离子电池储能系统的补贴计划，共划拨 100 亿日元，给予消费者购买系统价格 2/3 的资金补贴。日本政府希望借此提高可再生能源占比，有效管理峰值负荷、提高电力稳定性。

中国储能市场也大有“赶超”之势。中国微电网电价及补贴方案目前处于征求意见稿讨论阶段，提出给予微网项目 70% 的系统补贴。若该政策落实将会激活中国储能业，甚至撬动全球储能市场。

二、2015 年储能市场

产业发展需要原动力，政策催生市场

从 2009 年美国政府通过 ARRA 法案以 1.85 亿美元的投资资助 16 个示范项目，撬动了市场上约 5.87 亿美元的资本助力储能示范，到加州规划 1.325GW 的储能安装量，美国储能技术产业化政策经历了从推动示范项目到制定发展规划再到提供一系列支持和补贴的发展过程。其中，加州的 AB2514 法案，和自发电激励计划（SGIP）分别从规划电力运营商对储能的应用和对分布式能源项目安装储能的补贴入手，利用行政手段和经济手段推动了储能的应用。

近期，加州的几家电力公司分别向加州公用事业委员会（CPUC）提交了各自的分布式发电发展计划，明晰了未来加州分布式发电及微电网事业的发展路线和思路。这是加州的电力公司按照 2013 年出台的 AB327 法案所做的分布式能源的规划工作。通过 AB327 法案的执行，加州政府希望加强分布式发电及微网与大电网的协同工作，使微网成为电力系统的一个重要部分，也为储能规模化地应用于微网奠定了基础。加州政府对储能的支持也为美国其它地区，

乃至全球其它国家推动储能发展提供了参照，同时也激励了全球储能市场的发展。加拿大、澳大利亚、日本、韩国等国家也不断推出政策和补贴措施，深化对储能产业的推动和支持。

表 1　近年不同地区对储能的支持政策

国家/地区	政策类别	主要内容
美国，俄勒冈州	储能发展规划	法案 2193-B，要求部分电力于 2020 年 1 月 1 日之前采购合格的储能系统，每家电力公司购买的储能系统的总容量都不应超过该公司 2014 年高峰负荷的 1%
加拿大，安大略省		长期能源规划，其中要求安大略省独立电力系统运营商到 2014 年低采购 50MW 的储能装机，应用于辅助服务，容量服务和保障偏远地区供电
澳大利亚，阿德莱德	设备投资补贴	给予阿德莱德商业、住宅、学校和社区用户安装“光伏 + 储能”系统最高 5000 澳元的补贴；给予电动汽车用户安装充电桩，每个最高 500 澳元的补贴
日本		基于锂离子电池的储能系统，共划拨 100 亿日元（约 9830 万美元），最高给予购买者购买系统价格的 2/3。家庭用户上限 100 万日元（9846 美元）；商业用户上限 1 亿日元（98.2 万美元）
韩国	项目补贴	针对中小型企业，或物理购买储能系统的企业，政府将承担其购买储能系统初始成本的 50%
美国，纽约州		减负荷计划。要求项目必须 2016 年 6 月 1 日前完成，每一系列项目至少减负荷 50kW。储能项目补贴 2600 美元/kW，电池储能项目补贴 2100 美元/kW，需求响应项目补贴 800 美元/kW。并且 500 ~ 1000kW 的项目补贴比标准补贴多 10%，大于 1000kW 的项目多 15%。单个项目的补贴上限 1000 万美金

经过了“十二五”五年时间的沉淀，我国相关政府部门对储能的重视程度不断增加，在“十三五”期间，储能被纳入能源局、科技部及地方政府的发展规划中，包括科技部“十三五规划”、能源局“能源科技创新十三五规划”等。今年 7 月，国家能源局《关于推进新能源微网示范项目的指导意见》出台后，激励了光储模式的成熟和发展；下一步随着细则的制定，含储能技术的微网有望得到政策和补贴的支持，这将助力储能技术更广泛、更有效地参与到新能源微网建设中。2015 年 3 月，《中共中央国务院关于进一步深化电力体制改革的若干意见》（简称电改 9 号文）正式出台，11 月底又发布了 6 个配套文件，随着新一轮电力体制改革的部署和深化，电力存储环节也将逐步加入到灵活、市场化的电力体系建设和运行中，多种储能技术应用前景广阔。

全球储能发展平稳，中国持续高速增长，在国际市场崭露头角

据 CNESA（中关村储能产业技术联盟）项目库不完全统计，预计到 2015 年 12 月底，全球累计运行的储能项目装机规模 144.8GW，其中抽水蓄能为 142.1GW；电化学储能项目 318 个，累计装机量（2000 ~ 2015 年）为 891MW。从 2010 年起，全球储能产业增速趋稳，年复合增长率（2010 ~ 2015 年）为 17%。在储电市场快速发展的同时，储热市场的热度也不断增加。据 CSP Today 统计与预测，到 2015 年底，全球光热发电装机规模为 5GW，其中投运的熔融盐储热项目装机量超过 1.3GW，另有超过 1.3GW 的储热项目正在部署中，主要分布在西班牙、南非、智利、中东、美国等地区。

据 CNESA 项目库不完全统计，预计到 2015 年底，中国储能市场的累计装机量（2000 ~ 2015 年）为 21.9GW，其中抽水蓄能为 21.8GW；电化学储能项目装机 106MW，占全球电化学储能项目装机总容量的 12%，与 2012 年的 4% 相比，有大幅提升。近五年，中国电化学储能市场的增速明显高于全球市场，年复合增长率（2010 ~ 2015 年）为 110%。

中国光热发电市场中熔融盐储热的应用热度也很高，但落实的项目有限。据光热发电网（CSPPLAZA）研究中心统计，截至 2015 年上半年，我国累计在建、规划中的光热发电项目近 40 个，总装机规模超过 3GW，并且绝大部分项目都配置了储能系统，储能时长 1 ~ 16 小时不等，但碍于电价政策，大部分项目的实际推进进度十分缓慢。今年 11 月，我国首批太阳能热发电示范项目启动，示范项目的总容量在 1GW 以内，申报电价集中在 1.18 元 ~ 1.25 元之间，能源局领导指出，并不是单纯要建设一批光热示范项目，重要的是要带动国产技术和设备的产业化，为后续产业化发展打下基础，实现 2020 年 1000 万千瓦的光热建设目标。最终的电价政策将在项目评审完成后制定出台。随着光热市场机制和价格体系的逐步形成，高温储热市场的发展将步入正轨。

截至 2015 年 12 月底，美国、日本和中国的电化学储能累计装机量位列全球前三名，占比分别为 44%、35% 和 12%。智利是唯一进入全球储能装机规模前十名的南美洲国家，德国则是欧洲储能装机比重最大的国家。国际市场中，锂离子电池和钠硫电池的装机比例接近，分别为 39% 和 38%；锂离子电池的增速较快。而在中国市场，锂离子电池装机份额最大，为 66%，其次是铅蓄电池和液流电池，比例分别为 15% 和 13%。目前，国内的磷酸铁锂电池、全钒液流电池、阀控铅酸及铅炭电池具有较强的国际竞争力。进一步提升电池转化效率、能量密度和循环寿命并保持国际领先性是各类主流技术的努力目标。

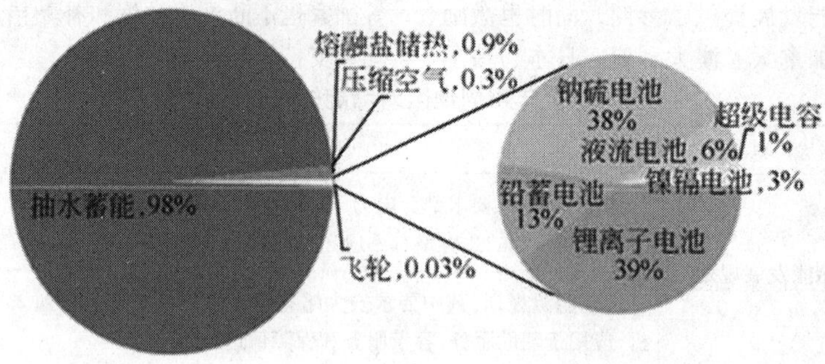

图1 全球储能项目累计装机规模（2000~2015）

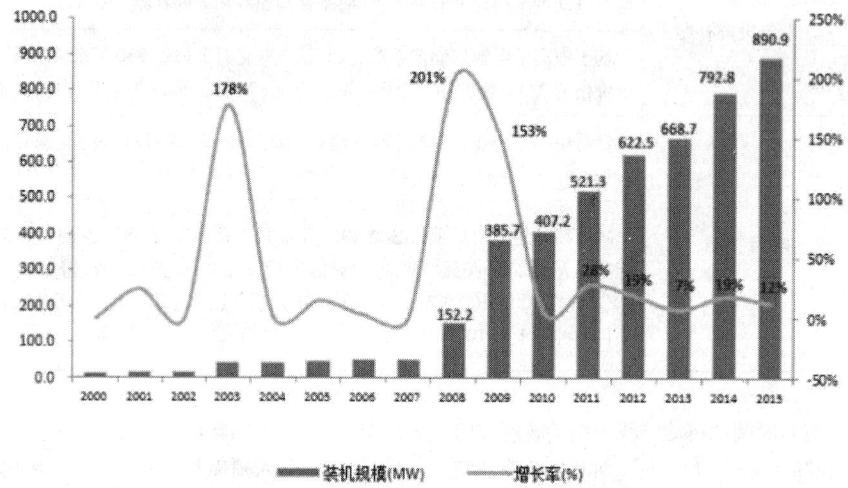

图2 全球电化学储能项目累计装机规模（2000~2015）

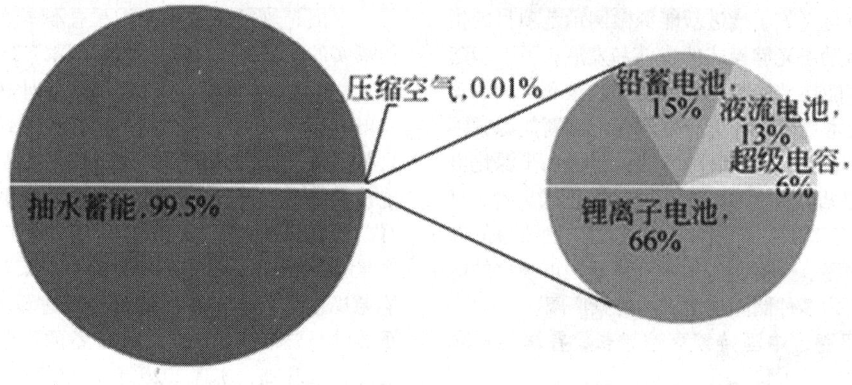

图3 中国储能项目累计装机规模（2000~2015）

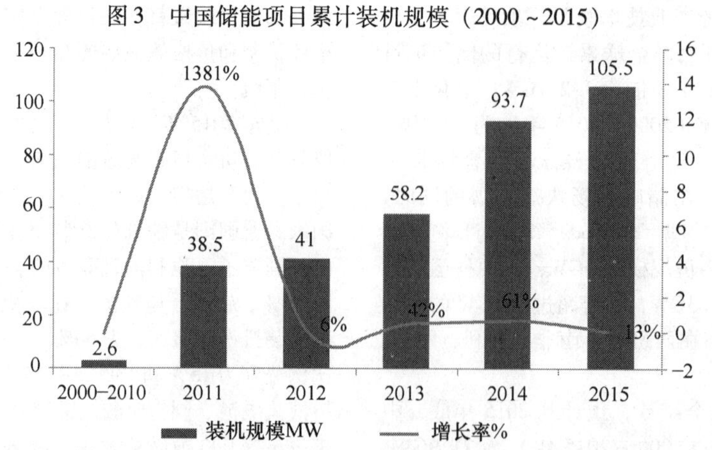

图4 中国电化学储能项目累计装机规模（2000~2015）

从全球厂商格局来看，钠硫电池技术厂商NGK依然占据榜首位置，锂电技术厂商表现抢眼，在全球装机前十名的厂商中占据五席，包括＊A123、比亚迪、Saft、LG Chem和三星SDI。国内厂商中，除了比亚迪依然占据装机第一的位置，其它主流技术厂商，包括南都电源、大连融科、中航锂电等也在快速发展。随着国际户用储能市场和调频市场的逐步启动，国内厂商也逐步向国际市场渗透。

2015储能的应用与发展模式创新层出不穷

光伏＋储能模式在全球多国落地2013年以来，储能越来越多地应用到可再生能源发电与微网项目中，在中国市场这一现象尤为突出。据CNESA不完全统计，分布式发电及微网领域的储能项目在我国全部储能项目中的占比从2013年的24%，提高到2015年的46%，究其原因，主要有四点：国家制定了非常积极的屋顶光伏发展计划并给予电价补贴；分布式项目从成本和技术特性两方面都更适合现阶段的储能技术参与；从国际经验看分布式能源发电的最终目标是自发自用，储能的应用必不可少；光储模式存在很多创新点和潜在盈利机会，是投融资机构最关注和乐于参与的领域。

据GTM/ESA报告，2014年美国用户侧储能只占全部储能项目的10%，但其增长速度将比电网侧和发电侧储能都快，有望在2019年占总装机的45%。电费管理（包括电量电费和容量电费）是储能在用户侧应用的重要因素。以美国加州为例，截至2014年底，在SGIP激励下开展的储能项目（包括规划、审批、在建和投运）总量达到1118个，容量为75MW。Solarcity的光储创新模式打开了储能在美国用户侧市场的应用之门，也使得其它国家的光伏和储能公司争相在本国打造光伏储能新模式，以期把市场需求、政策和金融整合起来，尽快实现光储项目的商业化应用。

近期德国的用户侧储能市场也变得十分活跃，在德国政府储能安装费补贴、免征营业税和银行低息贷款等政策支持下，户用储能的经济性变得十分明显。据预测，光伏＋储能系统将从2014年的10，000套上升至2015年的13，000套，2017年有望达到60，000套。澳大利亚和日本市场用户侧储能的发展也很快。

从应用广泛性和经济性角度看，我国光储模式的发展还有较大的努力空间。首先，我国的光伏发电要想成长为一个可持续发展的新能源产业，就必须完善政策和补贴措施、创新商业和融资模式。目前，国内主流分布式光伏商业模式仍然延续地面电站开发的模式，即项目业主自有资本金＋银行融资的模式，新的融资渠道拓展有限，尚未形成光伏资产和社会资本之间的对接，通过产业投资基金撬动项目开发的模式仍处于讨论阶段。另外，从储能参与光伏项目角度看，由于缺乏储能相关政策支持，且储能成本较高，使得合理配备储能的项目不具备盈利性，也缺乏收益点来吸引资本市场的投入。最后，用户侧储能的一些附加价值，例如，利用较大的峰谷差实现低存高卖的套利、通过参与需求响应获得额外收益等一时在我国市场也很难实现。

因此，包括提高峰谷电价差、储能安装补贴、储能电价补贴等在内的政策支持是光储项目建设的一个不可或缺的因素；同时也希望已经开启的新一轮电改会为储能产业的发展提供一个更灵活和市场化的电力应用平台，更多地实现储能作为一个快速响应电源的价值。储能技术的完善和成本降低也是一个重要的储能应用推动因素；电动汽车的发展，促进了动力电池的产业化生产，有利于降低成本；各种储能技术在电信、交通、采矿、物流等领域的发展也会有利于降低技术成本，提高技术指标。只有在国家补贴政策的框架下，技术厂商和金融机构应通力合作，充分利用自身的专业能力、资金实力和市场经验，才能引导和推动适合中国市场的光储模式的发展。

需求侧管理为储能带来新价值

储能技术的应用从来都不是孤立存在的，它的发展往往与可再生能源渗透率的提高、电力供应与消费效率的优化、低碳绿色生存环境的建立息息相关。化石能源匮乏、环境污染日益严重是全球面临的主要问题，作为经济高速发展国家，这些问题在中国尤为突出。2014年6月，习近平总书记提出要推动生产和消费革命，其中首要的便是“推动能源消费革命，抑制不合理的能源消费。坚决控制能源消费总量，有效地落实节能优先方针，把节能贯穿于经济社会发展的全过程和各领域”。电力需求侧管理作为降低能源消费量、提高能源使用效率的最有效手段之一，在需求侧的消费革命中会有很大的发展机会，前景不容忽视。

电力需求侧管理指的是政府通过政策措施、电价机制等引导用户采取能效措施、改变用电行为，从而达到降低高峰用电、提高供电效率、优化用电方式等目的。电力需求侧管理包括能效管理和负荷管理两个部分。能效管理指通过用户采用先进技术和高效设备，实行科学管理，提高终端用电效率，减少电量消耗，取得节约电量效益和减少污染排放的效益。负荷管理即电力需求响应，具体指电力用户在调度信号、激励机制的驱动下，在尖峰用电时段或者电网不稳定时，改善自己的用电方式，从而降低高峰用电、维护电网稳定。

其实需求侧管理或者电力需求响应并不是新生事物，美国是目前世界上需求响应开展较好的国家之一。美国市场上，需求响应主要分为基于价格机制的需求响应和基于激励机制的需求响应。基于价格机制的需求响应资源一般来自于居民用户，基于激励机制的需求响应资源一般来自于工商业用户。美国各电力公司根据自身特点，设置并提供了丰富多彩的需求响应项目供电力用户选择性参加，例如太平洋燃气与电力公司（PG&E）就设置了针对小型公司的需求响应项目：智能空调项目、家庭和商务区域联网项目；针对大中型公司的需求响应项目：商务刺激项目、集成方项目、补贴项目。

目前，这种方式也为国外的用户侧储能项目提供了增值机会，支持了一些储能系统集成商建立创新商业模式。在加州、纽约州等需求响应和用户侧储能业务发展较早的地区，已经有UPS、Shore Hotel、7-11等多家公司安装并应用储能系统，与＊Green Charge Network公司达成电力能效协议，通过Green Charge Network公司统一管理储能系统的充放电行为，参与需求响应，并获得相应补贴。通过聚集分布式资源参与加州需求响应市场来增加额外的收益也是

Stem公司提出的“储能即服务”模式中的一个重要应用。

三、2015年国内储能市场大新闻事件

立足于国内市场动态，并结合中关村储能产业技术联盟信息库与专家访谈内容，盘点2015年度国内储能市场的十大新闻事件。

1. 中国启动新一轮电力体制改革

2015年3月开始，中国沉寂多年的电力体制改革再次拉开序幕，短短的几个月时间，相继出台了多个配套文件，促进我国电力行业在发电、售电、用电等多个环节进行改革。

核心文件——《中共中央国务院关于进一步深化电力体制改革的若干意见》（以下简称《9号文》）确定的本次电力改革的要点是，管住中间，放开两头，开放配售电业务，放开竞争性环节电价，坚持市场化改革，形成多元化电力交易格局，开展需求侧管理和能效管理，提高可再生能源利用比例等。

此外，《意见》指出，深化电力体制改革的重点和路径是：在进一步完善政企分开、厂网分开、主辅分开的基础上，按照管住中间、放开两头的体制架构，有序放开输配以外的竞争性环节电价，有序向社会资本开放配售电业务，有序放开公益性和调节性以外的发用电计划；推进交易机构相对独立，规范运行；继续深化对区域电网建设和适合我国国情的输配体制研究；进一步强化政府监管，进一步强化电力统筹规划，进一步强化电力安全高效运行和可靠供应。

储能作为灵活的电力资源，已经被证明可以在电力系统的发输配用多个环节应用，但其应用推广一直存在着诸多瓶颈，除技术性能、成本因素外，在中国，缺乏相应的机制参与市场，也是储能发展缓慢的原因。新的电力体制改革，将开启我国多个电力市场，例如需求响应、辅助服务、分布式电源等，这些都将是储能大有作为的领域，储能在中国新一轮的电改期间及之后有望迎来良好的发展机遇。

2. 新能源微电网示范项目推进

2015年7月22日，能源局发布了《关于推进新能源微电网示范项目建设的指导意见》。该政策指出新能源微电网示范项目建设的目的是探索建立容纳高比例波动性可再生能源电力的发输（配）储用一体化的局域电力系统。

《意见》指出，示范项目的申报需由各地能源主管部门组织编制，原则上每个省（区、市）申报项目1~2个，具体的支持配套政策，能源局将和国务院相关部门研究决定。

在《意见》中，储能多次被重点提及，意味着储能作为微电网的关键技术，已经得到了重视。但《意见》中只表示“使新能源微电网在一定的政策支持下具有经济合理性”，并未具体明确储能型微电网的补贴细节。而由于微电网建设成本较高，在美国、日本等地发布的储能鼓励政策中，均包含峰谷电价、阶梯电价、调峰调频电价补贴等细则，因此进一步的微电网配套补贴政策还在期盼之中。

3. 工信部《锂离子电池行业规范条件》

为加强锂离子电池行业管理，引导产业转型升级，大力培育战略性新兴产业，推动锂离子电池产业健康发展，2015年8月，工信部出台了《锂离子电池行业规范条件》。规范指出，电池企业应满足以下条件：电池年产能不低于1亿瓦时；正极材料年产能不低于2000吨；负极材料年产能不低于2000吨；隔膜年产能不低于2000万平方米；电解液年产能不低于2000吨，电解质年产能不低于500吨。企业申报时，上一年实际产量不低于实际产能的50%。

此外，该规范还对产品质量作了规定。其中动力型电池分能量型和功率型，能量型单体电池能量密度≥120Wh/kg，电池组能量密度≥85Wh/kg，循环寿命≥1500次且容量保持率≥80%。功率型单体电池功率密度≥3000W/kg，电池组功率密度≥2100W/kg，循环寿命≥2000次且容量保持率≥80%。

与此前发布的征求意见稿相比，除聚合物单体电池和动力电池能量型电池组循环寿命略有提高外，其余要求都有所放宽。

但总体上，此次锂电池行业规范出台将给锂电池行业带来一次较大的行业洗牌，并将进一步规范锂电池生产标准。

4. 各地需求响应工作全面推动

2015年4月7日，发改委、财政部联合发布《关于完善电力应急机制做好电力需求侧管理城市综合试点工作的通知》，推进试点城市北京市、苏州市、唐山市、佛山市的需求侧管理试点工作。政策发布后，各试点城市的需求响应工作开始全面启动。

2015年7月30日上午10时至11时，佛山市首次启动需求响应，响应负荷目标定为4万千瓦，已经实现数据接入（平台）的33家企业及电能服务商参加了本次需求响应，并按照预先确定的响应策略进行了负荷削减，实际负荷削减量达到4.2万千瓦。

2015年7月30日下午14时至15时，苏州市首次启动需求响应，24家电力用户和5家负荷集成商参与响应，总计响应负荷23万千瓦。此前江苏省印发了《江苏省电力需求响应实施细则（试行）》，对原则与目标、实施内容、实施方式、组织运行保障等进行了明确规定。

2015年8月12日11时至12时，北京市首次启动需求响应，共有17家负荷集成商、74个用户参与，共削减负荷近7万千瓦。此外还试点了居民用户参与需求响应项目。

5. 熔融盐光热发电示范项目申报与评审

2015年9月30日，国家能源局正式下发《关于组织太阳能热发电示范项目建设的通知》，随通知一起下发的还有《太阳能光热发电示范项目实施方案编制要求》（以下简称《要求》）。通知要求，各省（区、市）能源主管部门应在10月底前将拟申报示范项目的申请报告上报国家能源局新能源司。此次预计将开展1GW太阳能热发电示范项目建设。

对技术和工程方案，《要求》仍以槽式导热油、塔式水工质、塔式熔盐三种主要技术路线分别提出了应上报的主要内容，其中需细化到该项目采用的是何种关键设备。

就储能来说，《通知》明确要求所有项目至少配置1小

时的储热设施。从目前申报的光热项目来看，储热小数在1~14个小时之间。假设最终开展光热项目，平均储热小时数为4小时，则2018年，我国将完成4GWh的储热装机。

6. 能源互联网研讨热潮

2015年，能源领域最火的话题应该就是“能源互联网”了。4月17日，国家能源局首次召开互联网工作会议。作为官方层面的首个能源互联网顶层设计，国家能源互联网行动计划主要着力点在分布式能源、微网、需求侧管理、合同能源管理、基于数据的服务等商业模式上。同时指出，能源互联网要以分布式能源、需求侧管理、节能为切入点，并构建国家、区域、省级、市级等四个层级的能源互联网平台。

在政府的引导下，能源互联网上下游的企业也都纷纷开展相关工作，配电二次设备上市公司如积成电子、国电南瑞、科陆电子等都在借助设备入口，通过大数据分析，从提供产品向服务转型；逆变器龙头公司阳光电源、科华恒盛则向储能领域拓展；特锐德、万马股份等纷纷布局电动汽车充电桩等。

民间组织对于能源互联网的研讨工作也开展得如火如荼。

2015年12月30日，由国家能源局指导，中关村储能产业技术联盟与新奥集团合作共同承办的“2015储能与能源互联网高层研讨会”在河北廊坊举办。清华大学能源互联网创新研究院和华北电力大学能源互联网研究中心作为本次会议的联合主办方，结合自身研究与出席会议的150多位学术和产业专家就储能如何支撑能源互联网建设展开深度研讨。此次闭门高层研讨立足当前储能和能源互联网产业发展共性需求，旨在帮助各相关参与方厘清储能在能源互联网中具体的参与机会和商业模式。

7. 银行资本开始介入储能产业

2015年6月26日下午，中关村储能产业技术联盟与北京银行股份有限公司中关村分行在北京东升凯莱酒店举行“同心同行·创新共赢”战略合作签约仪式，双方正式建立为期三年的战略合作伙伴关系。

未来三年，北京银行中关村分行计划为储能联盟及其会员企业提供十亿元人民币意向性授信，助力联盟会员企业发展。

此次合作，双方本着相互支持、实现双赢的原则，将“服务首都经济”作为共同目标，充分发挥各自领域的资源和运营优势，深度共享信息、职能、渠道等资源，将在（1）搭建对接机制和平台，推动银企合作；（2）提供综合金融服务，缓解融资难题；（3）加深与联盟内基金交流合作，实现互利共赢，三方面开展全方位、多层次、持续性的战略合作。

北京银行中关村分行未来将逐步与包括明物新源、开物投资、青域基金、以及联盟成员正在共同筹建的“储能联盟能源互联网股权众筹基金”在内的联盟相关基金建立业务合作及战略伙伴关系，通过定期走访、业务探讨会、人才交流、建立高层信息互通机制等方式加强双方协同作用。

8. 售电侧改革，输配电改革试点

2015年4月15日，国家发展改革委印发《关于贯彻中发［2015］9号文件精神加快推进输配电价改革的通知》（以下简称《通知》），部署扩大输配电价改革试点范围，加快推进输配电价改革。

《通知》指出，在深圳市、内蒙古西部率先开展输配电价改革试点的基础上，将安徽、湖北、宁夏、云南省（区）列入先期输配电价改革试点范围，按“准许成本加合理收益”原则单独核定输配电价。鼓励具备条件的其它地区开展改革试点。试点范围以外地区也要同步开展输配电价摸底测算工作，全面调查摸清电网输配电资产、成本和企业效益情况，初步测算输配电价水平，研究提出推进输配电价改革的工作思路。

由于售电业务上游承载发电、输配电、分布式等多维供给，下游承接工商业、居民、园区等多维度客户，是未来整个能源交易体系中的数据中心，售电市场放开将带来多样的用户服务需求（居民、工业、园区、节能低碳等），以及大量智能终端的接入需求（分布式能源、电动汽车、智能家居、储能设备等），目前许多企业已经瞄准这方面的市场机会。初步统计，自9号文发布以来的短短几个月内，已成立数十家售电公司。

未来储能作为输配领域中重要的一环，如何在此次改革中获得重视、应用和推广还有待进一步的探索。

9. 电动汽车及充电基础设施政策频出

与2014年相比，2015年国务院、发改委、工信部、财政部、国家能源局等部门先后出台的新能源汽车相关政策不再仅仅停留在扶持的层面，还引入了行业规范，对技术和企业门槛进行了设定，如《汽车动力蓄电池行业规范条件》、《锂离子电池行业规范条件》。

另外，2015年，电动汽车充电基础设施的推广仍然是重点。9月29日，国务院办公厅发布《关于加快电动汽车充电基础设施建设的指导意见》（以下简称《指导意见》），主要从建设力度要求、完善服务体系和强化支撑保证三个方面大力推进充电设施建设。10月9日，发改委、能源局、工信部和住建部联合发布《电动汽车充电基础设施发展指南（2015~2020年）》，设定了“到2020年，新增集中式充换电站超过1.2万座，分散式充电桩超过480万个，以满足全国500万辆电动汽车充电需求”的目标。

2015年，动力电池回收利用被提上国家议程。9月11日，国家发改委和工信部联合发布《电动汽车动力蓄电池回收利用技术政策（2015年版）》（征求意见稿），指导相关企业合理开展电动汽车动力蓄电池的生产及回收利用工作，建立上下游企业联动的动力蓄电池回收利用体系。

以上政策的发布，无疑将推动动力电池在电动汽车领域发展得更规范、更快速。而动力电池的发展也必将带动储能产品的技术突破与成本下降，进而推动储能在各领域的应用。

2015年风电关键词

继2014年风电产业全面回暖以来，2015年风电增长可谓强劲。虽然2015年全年的风电新增装机数据仍未最终公布，但业内预计，突破2000万千瓦应该问题不大。事实上，2015年对于风电行业最可喜的变化，并不是风电装机量的高速增长，而是从主管部门到业内企业将更多的精力和着力点放在解决行业顽疾，优化产业发展的问题上。这一从“量”到“质”的产业发展思路的转变，绘就的将是中国从“风电大国”到“风电强国”的演进道路。这一年，风头强劲的风电行业又有哪些关键词，本期带您逐一点击。

关键词1 一亿千瓦

2015年4月，国家能源局发布一季度全国风电并网运行情况显示，一季度，全国风电新增并网容量470万千瓦，到3月底，累计并网容量10107万千瓦，这正式标志着我国提前完成风电“十二五”并网装机一亿千瓦的规划目标。

一亿千瓦对于中国风电来说的确是个里程碑。风电在中国起步于30多年前，但真正进入跨越式发展阶段却是近十来年的事。十年前的2005年，我国全国并网风电装机容量仅为106万千瓦。2009年并网风电装机容量突破1000万千瓦。2012年一举突破5000万千瓦，取代美国成为世界第一风电装机大国。这十年来，我们培育了全球最大规模的风电市场，形成了较为完整的产业体系，诞生出一批初具竞争力的知名企业。

伴随风电产业高速发展，一系列问题也随之凸显：电网建设与风电产业发展极度不适，“弃风”问题越来越突出；风电布局不合理，分散式风电发展缓慢……伴随着这些问题，中国风电也一度从产业的巅峰坠入谷底，整个行业陷入寒冬。如今，经历十年高速发展，经历过高峰和低谷的中国风电产业又一次站在十字路口，从注重速度和规模向注重质量和效益转变。跨过一亿千瓦门槛的中国风电产业此时此刻更需要理性精神。

庆幸的是，主管部门与业内企业对产业现状有了较为清醒的认识并形成了普遍的共识。在2015北京国际风能大会上，决策层已经传达出这样的信息：“十三五”期间将淡化风电装机目标，着力稳中求进，保持政策稳定性，帮助风电行业通过技术进步降低成本，提升自身的竞争力。

关键词2 弃风限电

对于2015年来说，弃风限电这一现象既不是起点，也不是终点。但弃风限电给行业和企业带来的致命影响，让我们在这一年无法忽略它的存在。

我国弃风限电情况从2010年前后开始显现，2012年达到高峰，当年弃风电量达208亿千瓦时，弃风率约17%。2013年开始出现好转，弃风率降至11%，2014年上半年更进一步降至8.5%。而2015年上半年弃风率却大幅反弹，下半年在“三北”某些地区甚至有愈演愈烈之势。

可以说，这些年为了解决弃风限电问题进行了不少探索。比如，建立风电场风电功率预报机制；比如，鼓励多种方式的就近消纳；再比如，加强中南、沿海等地区分散式的风电开发。然而，这一系列举措未能根本改变弃风限电时好时坏的现状。

弃风限电折射出风电行业自身、风电和其它电源之间、风电和电网之间存在的诸多问题。弃风限电的背后则交织着复杂的各种因素。不可否认，目前导致弃风的一些根本性障碍并没有完全消除。但从更深的层次来看，风电消纳不仅是技术问题，更是利益分配问题。

在新一轮电改的背景下，如何建立风电等清洁能源优先发电制度；如何建立适应风电等可再生能源大规模发展、促进可再生能源消纳的市场机制值得期待。

关键词3 电价下调

风电上网标杆电价下调贯穿了2015年全年。上一次调价是2014年底，但其效应却是从2015年初显现出来。而这一次调价则是国家发改委12月22日正式发文明确的。

2014年底下调陆上风电上网标杆电价，将第一类、第二类、第三类资源区风电标杆上网电价每千瓦时下调2分钱，第四类资源区价格维持不变。而刚刚明确的新一轮调价方案则决定于2016年、2018年对陆上风电一类、二类、三类资源区分别降低2分钱、3分钱，四类资源区分别降低1分钱、2分钱。

2009年制定上网标杆电价之初，我国每千瓦风电造价超过1万元，而现在一些企业的装机成本只有6000元左右。除了成本下降等客观因素，陆上风电电价调整传达出更深层的意思是，合理引导风电投资，提升风电产业竞争力，这也体现了电价调整与产业战略调整的密切配合。可以说，下调电价既是风电行业技术进步的结果，反过来也将进一步倒逼风电行业的技术创新。

然而，上一轮电价下调引发了风电比较明显的“抢装”现象。此轮最新调价，则倾向于未来5年，如何逐步提升整个陆上风电的整体竞争力。明确今后较长时期的调价幅度，对于风电产业发展无疑是有益的。风电开发商包括整机商，这样就能知道每年的成本要降到什么程度，来适应当年的电价水平，从而有一个长远的规划。

关键词4 海上风电

按照规划，到2015年底，我国将建成500万千瓦海上风电，但实际上，我们只完成了1/10左右。现实和理想有着不小的差距。海上风电发展的滞后可以说是风电产业发展的痛点之一。

从技术方面讲，目前我国海上风电仍处于起步阶段，海上风电基本上还没有形成一套独立的设计方法和检测、安装、运行、维护体系，海上风电产业体系有待进一步健全。虽然国内诸多企业都在进行海上风电的技术储备，但并没有建立起与海上风电需求相匹配的核心技术能力和产业竞争实力。我国5兆瓦以上的大容量机组在制造方面还处于少量试运行阶段。

从管理方面讲，海上风电项目涉及审批部门多，因此界定各部门的权力范围、协调各部门之间的利益关系、规范各部门的审批是推进海上风电发展的一大难题。

而更重要的方面则在于经济性。陆上风电每千瓦造价约为7000~8000元，海上风电造价达到每千瓦16000元，是陆上风电造价的2倍，但海上风电的标杆电价并没有达到陆上风电电价的2倍，考虑到海上风电的经营风险更大，对于项目投资而言，目前海上风电的标杆电价水平的吸引力还不太大。

海上风电面临着挑战，也孕育着机遇。随着技术的成熟、相关管理制度和电价政策的完善，海上风电仍被业内看作是充满希望的“蓝海”。

关键词5　民企淘金

“十二五”风电第五批拟核准项目中，民营企业的项目容量占比已达到10.7%，超过地方国有企业和部分央企。这就像是个信号，宣告民营风电在2015年的崛起。

据预测，未来5年风电投资需求达1.12万亿元。然而，随着民营风电投资商比例上升，在给风电领域带来生机的同时，也遭遇着融资难题的困扰。

由于风电行业的特殊性，无论是风电设备制造还是风场建设都需要巨大的资金投入，国有电力企业凭借良好的背景而拥有强大的融资能力，形成良性循环。但民营企业由于自身在资金和技术上的不足，未来面临巨大的竞争压力，很多风电民营企业目前处境比较尴尬。

目前，建设一个10万千瓦的风电场，需投资大约7～7.5亿元，设备投入占一半略多，收回全部投资需要8年左右时间。风电虽然属国家鼓励发展的产业，但贷款期相对较短，而且缺乏优惠信贷政策支持，金融机构对风电项目的贷款一般要有第三方进行连带责任担保，使风电企业融资更加困难。

不可否认，风电融资难与风电行业自身存在的一些问题也密切相关。例如弃风限电、安全生产风险等，使得金融机构提高了对风电借贷的审核标准。与此同时，风电行业在开展第三方认证，以及和保险业务结合方面也都刚刚起步。这使得金融机构难以对风电行业的借贷风险进行把控。在这种状况下，民营风电希望获得融资，难度可想而知。

民营风电的融资难问题，让我们自然联想到光伏融资问题。作为民营资本活跃的光伏产业多年前就遭遇了融资难题，近年来在各方协作努力下，光伏融资难题正在逐步化解。光伏行业的成功经验能否可以让风电产业少走弯路？

关键词6　运维市场

从国内的华锐风电筹备建立专业的运维公司，到跨国巨头维斯塔斯收购北美最大风电运维服务公司，这一年，不少风电企业都把运维作为发力点。2015年，也因此成为不少风电企业从单纯制造向制造、运维、服务一体过渡的转型之年。

伴随我国风电历经多年高速增长，大批的风电机组正逐渐走出质保期，对于风电场投资者而言，如何有效地通过运维手段以提高风电场运营效益正变得越来越重要。风电后市场开始显现出风起云涌之势，有预测认为，到2020年风电服务市场累计总量可高达千亿元。

纵观国内风电运维服务市场，正呈现三足鼎立之势，一种是业主单位成立、专门负责服务的子公司，如协合运维；一种是隶属于整机制造商，如天源科创；还有一种是独立的第三方服务公司，如优利康达。

整体而言，目前的风电运维服务市场仍是“救火式”的故障修复，头痛医头、脚痛医脚；谁家配套的谁家修；缺乏规范、没有系统性的故障分析。但可以断言，今后几年，必将过渡到状态检修，即设备的健康管理阶段。通过技术监测系统收集各种参数，对这些参数进行大数据分析，最终诊断出风机的健康状况，并提前预判风机可能出现的问题。在此基础上，制定出有针对性的运维策略。

从另一方面来看，运维也不再仅仅是简单地维修和排故，而应是以实现单台风机和整个风电场的价值最大化为目标，通过搭建完整的体系，去提升整个风电场的效率。

目前来看，天源科创、中能联创等一批国内风电服务公司虽然抢占了先机，但或体量较小，或处于制造商的附属。不过，谁又敢说，这些处于襁褓中的运维服务企业，假以时日，不会成长为风电领域的下一个巨头呢？

国家能源局激发风电市场为“十三五”开好头

“这是国家能源局深入贯彻落实国务院简政放权和转变政府职能总体要求，通过简政放权进一步增强风电产业市场活力，对风电开发建设管理做出适当的优化调整。”国家可再生能源信息管理中心副主任郭雁珩认为，文件的发布是创新风电宏观管理方式、提升效能，促进风电有效利用的重要举措，高度体现了国家能源局贯彻国务院“把该放的放下去，该管的管起来”的简政放权精神，风电宏观管理稳步转向过程监管。

明确市场的引导地位

数据显示，截至2015年3月底，我国风电累计并网容量达到10107万千瓦，超过1亿千瓦大关，提前完成风电“十二五”规划目标。走过2011～2012年的产业发展低谷，我国风电产业已呈现出平稳上升和稳步发展的势头。随着中央、地方和企业在风电产业发展和建设运行方面的责任逐步明晰，对风电开发建设管理做出优化调整的条件已经成熟。

郭雁珩表示，“十二五”以来，为规范风电开发建设管理，协调风电项目与配套电网建设，促进可再生能源补助资金有效利用，国家能源局分批次下发了风电项目年度核准计划。截至目前，共发布了五批计划，累计规模已超过1.4亿千瓦。年度核准计划对于落实风电发展规划，规范风电开发秩序，优化风电区域布局起到了关键作用，得到了地方政府及开发企业的积极响应。

在此背景下，此次国家能源局对风电年度开发方案管理进行的调整，其目的是突出市场在风电年度开发方案编制中的主导作用。通知称，“全国年度开发方案包括各省（区、市）年度建设规模、布局、运行指标和有关管理要求。各省（区、市）年度开发方案根据本省（区、市）风电发展规划和全国年度开发方案的要求编制，包括项目清单、预计项目核准时间、预计项目投产时间、风电运行指标和对本地电网企业的管理要求。”

“从此次风电建设管理政策的调整来看，通知强调的年度开发方案管理与‘十二五’期间风电核准计划管理有了较为明显的变化，突出了国家不再下发项目清单和地方根据项目情况自主决定规模和项目的管理方式。”郭雁珩透露。

建立量化并网运行指标管理体系

通知将我国风电区域按弃风程度划为三类。其一，不存在弃风限电情况的区域：每年由能源主管部门根据风电建设情况和风电发展规划，自主提出本年度的开发建设规模。其二，出现弃风限电问题的区域：须对本地区风电开发建设和并网运行情况进行深入分析评估，提出保障风电并网运行的措施和预计风电运行指标。其三，弃风限电比例超过20%的地区不得安排新的建设项目，且须研究提出促进风电并网和消纳的技术方案。

郭雁珩表示，这意味各区域在提出年度建设规模时要对本地区风电年度的并网运行情况、弃风限电情况进行评估，预测年度的弃风限电比例和年平均利用小时数，作为国家对地方能源主管部门的建设和运行责任进行考核和监管的依据。

"这个文件根据弃风限电的情况对于我国各区域和省份的风电发展进行明确要求，从宏观上把握风电发展节奏。明确提出的弃风限电比例，将作为对地区风电开发监管考核的抓手，有利于促进电网企业和地方政府落实风电发展的责任。"中国风能协会秘书长秦海岩说。

明确责任主体 抑制投资冲动

据了解，文件要求，各省纳入年度开发计划的项目要求当年完成核准，核准完成率低于80%的地区不得安排新增建设规模。国家能源局对风电建设运行情况进行监测和考核，定期公布相关指标。地方能源主管部门和电网企业建立相应的信息统计和报送机制，及时反馈风电开发建设和并网运行的有关情况。

"简政放权不等于放弃管理，相反，为了促进行业的持续健康发展，国家宏观风电管理应该提出更明确的监管思路，对风电产业进行有效宏观管理，预防可能出现的一系列问题。此次文件的下发，体现了国家能源局促进风电可持续良性发展的初衷和决心。"秦海岩说。

"国家能源局负责年度规模编制以及年度监管，地方能源主管部门负责具体项目的资源配置、核准、建设和运行是'十三五'期间风电产业管理模式的创新，对于进一步简化流程，调动地方政府和企业发展风电的积极性，明确各责任主体，加强和完善事中事后监管具有重要意义，凸显了国家能源局激发市场活力，大力发展风电的决心，为风电'十三五'开局开了一个好头。"郭雁珩说。

风电等绿色产业获央行力挺 清洁能源领域迎政策性利好

2015年12月22日，中国人民银行发布〔2015〕第39号公告。公告称，为加快建设生态文明，引导金融机构服务绿色发展，推动经济结构转型升级和经济发展方式转变，支持金融机构发行绿色金融债券，募集资金用于支持绿色产业发展。

所谓绿色金融债券，是指金融机构法人（开发性银行、政策性银行、商业银行、企业集团财务公司及其他依法设立的金融机构）依法发行的、募集资金用于支持绿色产业并按约定还本付息的有价证券。

这份由中国金融学会绿色金融专业委员会编制的目录，将绿色债券支持项目划分为节能、污染防治、资源节约与循环利用、清洁交通、清洁能源、生态保护和适应气候变化等6个一级分类。在清洁能源发电下，风力发电、光伏发电、智能电网及能源互联网、分布式能源、太阳能热利用、水力发电、其他新能源利用均被列入。其中，太阳能光伏发电站、太阳能高温热发电站（不含分布式太阳能光伏发电系统）需满足限定条件，公告对多晶硅电池组件、单晶硅电池组件、高倍聚光光伏组件、硅基薄膜电池组件等的光电转化效率、衰减率等均作出明确规定。

"39号文"发布后，更多的光伏项目可能以基准利率上浮15%的成本获取贷款。相较于目前市场上常见的融资租赁模式，日后分布式光伏项目的融资，成本可降低20%~30%左右。

全国弃风限电进一步恶化 消纳不畅成风电瓶颈

全国弃风限电再度升级

据了解，我国弃风限电首现于2010年，弃风从零星现象快速扩散，成为行业顽疾。尤以2012年情况最为严重，当年全国弃风电量高达208亿千瓦时，几乎是2011年的两倍。此后经过一系列国家政策引导和行业主动调整，弃风现象有所缓解，2013年和2014年全国平均弃风率均在10%左右，并呈逐年下降之势。然而，2015年以来向好态势戛然而止。

弃风最为集中的"三北"地区正面临严峻考验。日前在甘肃实地了解到，2015年9月28日当天大风呼啸的情况下，甘肃某大型发电集团新能源公司限电比例创下惊人的79%，再次刷新历史最严重水平。当天，该企业损失电量1304万千瓦时，意味着直接浪费经济效益600万元。据了解，这家企业2015年下半年的限电比例逐月上升。截至2015年9月底，该企业甘肃风场的年累计限电比例已达43.3%，同比增幅超过25%，9月份的限电比例更是高达62.39%。截至9月底，该企业2015年以来弃风电量达9.3亿千瓦时，直接经济损失4.3亿元。

甘肃现象并非孤例。有统计数据显示，截至目前新疆风电的平均限电率已达31%，而4年前这个数字仅为8%左右。在中广核位于新疆的一座风场，相关负责人透露："前8月平均限电率已达46%，其中5月的限电率一度飙到68%。相当于每两台风机就有一台不能发电，而2014年限电率还不到25%。"

中节能风力发电新疆公司相关负责人表示，随着新疆地区在建项目的陆续投产使用，弃风限电的问题在5年内基本没办法改变，会是愈来愈严重的态势。

在我国风电的另外两个主战场华北和东北地区，情况同样不容乐观。以精细化管理著称的国字头风电运营商也在为高比例的限电焦虑。该公司蒙东呼伦贝尔地区2015年1至9月的限电比例已达50%。一位风电运营管理人员透露："更让我们担忧的是，进入四季度供暖期，为保证供热机组稳定运行，风电限电只会增加，不会减少。"与此同时，吉林限电比例为22.39%，河北张家口地区限电比例为16.91%，均在全国平均水平之上。

大规模的弃风对企业生产经营负面影响已多次上演。华能新能源相关负责人说："中海油前两年将甘肃玉门的风电资产全部转给了中广核，原因就在于弃风导致入不敷出。在这种情况下，西北风电大省各大风场几乎都要依靠政府补贴才能维持盈利。"

消纳不畅成风电发展最大瓶颈

相关资料显示，我国风电产业从无到有、由小到大，只用了不到10年时间，于2010年超越美国，成为全球风电装机规模最大的国家并延续至今。截至2015年6月，我国风电累计并网容量已达1.06亿千瓦，提前完成风电“十二五”规划目标，堪称世界级的发展业绩。但在井喷式大发展的同时，消纳不畅的问题如影随形，成为业内公认的制约风电发展的最大瓶颈。

事实上，大规模的风电消纳一直都是世界性难题，但我国弃风限电的成因更为复杂，特别是风资源与负荷错位分布引发的外送问题，以及与传统化石能源发电之间的不同步与不协调导致的调峰电源不足等问题，都在持续反作用于风电产业的健康发展，而在经济进入新常态后，这些问题均呈现出进一步恶化的趋势，甘肃风电的遭遇即为例证。风能资源极为丰富的甘肃素有“世界风库”之称，截至2015年6月底，全省风电装机已突破1100万千瓦，居全国第二，仅次于内蒙古。但受制于省内疲软的消纳能力，甘肃的风电消纳很大程度上依靠外送。

自2015年以来，受经济下行影响，西北五省电力总体过剩，各省均在积极争取外送份额，甘肃电网的外送电量需求也明显下降。官方统计数据显示，截至2015年8月底，甘肃外送电量仅为83.3亿千瓦时，同比降幅达17%。

在此背景下，西北网调于2014年9月将所有风电项目的调管权下放至省级电网，并对西北五省跨省联络线实施考核，超出计划的电量将以零电价结算。而在此之前，在电网安全允许的条件下，甘肃省的新能源电量可在西北五省范围内自由平衡、互为调峰。当地一家风场负责人表示：“由于甘肃新能源占比大，调峰能力不足，为减少和避免考核，甘肃省调践行的原则是尽可能压低新能源出力，极端情况下甚至将全省风电出力降为零。自从2014年实施联络线考核以来，风电出力一直在下滑，发三限七已成常态。可以预见，跨省联络线考核导致的电力电量平衡难题，将成为制约甘肃新能源送出与消纳的首要因素。”

“十三五”要重点解决弃风限电

2014年11月，国务院办公厅正式发布《能源发展战略行动计划（2014～2020年）》，明确指出要大力发展可再生能源，到2020年非化石能源占一次能源消费比重达到15%，届时风电的预期装机目标是两亿千瓦。按照目前的发展态势，实现这一目标并无压力，业界甚至预期风电“十三五”规划目标将上调至2.5亿至2.8亿千瓦。

但在消纳不力的背景下，国家能源局已在多个场合释放出淡化装机目标的政策导向，并将弃风限电列为“十三五”期间重点解决的问题。

国家能源局新能源和可再生能源司副处长李鹏日前在2015风能大会上再次强调，弃风限电是制约风电发展的主要因素之一，“十三五”不能有效解决这个问题，整个行业发展没有意义。

在此之前，风电业界一度将希望寄托在呼之欲出的可再生能源配额制之上。2015年上半年，内蒙古和湖北陆续出台了“地方版”可再生能源配额制政策，但已讨论近10年的国家层面的配额制始终犹抱琵琶半遮面。行业权威人士解释：“配额制迟迟无法出台，主要卡壳在涉及现实利益的具体指标分配上。”在这种情况下，不妨在西北等消纳问题典型的地区先行试点，将非水电可再生能源电力纳入配额制考核范围，明确西北各省可再生能源消纳的比例，从制度上保障可再生能源消纳，最终以点带面推动配额制落地。此外，国家发改委2015年10月19日刚刚下发了《关于开展可再生能源就近消纳试点的通知》，再次提出可再生能源全额保障性收购，电网公司也应主动作为，优化调度方式，积极加强区域内火电厂参与深度调峰，同时要适当提高750kV等线路断面稳定极限值，力争送出能力达到线路设计值。

一位西北新能源企业人士则建议，应取消西北电网跨省联络线考核机制，让新能源重新在西北电网范围内平衡和消纳，充分发挥跨省、跨区调峰能力，并建立跨省、跨区调峰的补偿机制。而在联络线考核短期改变无望、可再生能源配额制迟迟未出台的情况下，能够缓解甘肃等新能源富集区弃风的有效措施是自备电厂或西北区域内的公网电厂参与调峰，并尽快建立合理的补偿机制，研究关停部分公网火电厂并由新能源企业做出补偿的方案，从而解决电力电量严重供大于求的矛盾。国家层面也应加强协调，增加西北电网尤其是甘肃电网跨区外送的份额，让新能源电力在全国更广大的范围内消纳，在此过程中甘肃新能源可以与火电打捆外送，在电价方面形成优势。

业内专家认为，风电属于清洁能源，且项目建设周期短、见效快，在经济增长乏力的背景下，地方政府显然乐于推动这类项目大批量上马，以快速增加绿色GDP。在消纳不畅已成现实的情况下，风电的发展节奏理应有所控制，一味盲目上项目无异于饮鸩止渴，对整个行业有百害而无一利，最终形成投资浪费。专家建议，地方政府应制定相应规划，让新能源发展与整个电力系统发展相协调。

2015年风电新增装机量创新高
弃风限电加剧

2015年5月15日，国家能源局印发《关于进一步完善风电年度开发方案管理工作的通知》（以下简称《通知》）明确提出，弃风限电比例超过20%的地区不得安排新的建设项目，年度开发方案完成率低于80%的省（区、市），下一年度不安排新建项目。

据能源局统计，2015年风电新增装机容量达到3297万千瓦，再创历史新高，但风电弃风限电形势加剧，全年弃风电量339亿千瓦时，同比增加213亿千瓦时，平均弃风率达到15%。

数据显示，2015年，全年风电新增装机容量3297万千瓦，新增装机容量再创历史新高，累计并网装机容量达到1.29亿千瓦，占全部发电装机容量的8.6%。

2015年，风电发电量1863亿千瓦时，占全部发电量的3.3%。2015年，新增风电核准容量4300万千瓦，同比增加700万千瓦，累计核准容量2.16亿千瓦，累计核准在建容量8707万千瓦。全国风电平均利用小时数1728小时，同比下降172小时，利用小时数最高的地区是福建2658小时，利用小时数最低的地区是甘肃1184小时。

弃风较重的地区是内蒙古（弃风电量91亿千瓦时、弃风率18%）、甘肃（弃风电量82亿千瓦时、弃风率39%）、新疆（弃风电量71亿千瓦时、弃风率32%）、吉林（弃风电量27亿千瓦时、弃风率32%）。

大数据揭秘2015年风能资源利用小时

作为新能源，风能资源和太阳能资源是我国大力发展的资源。随着这些资源的不断开发利用，气象因素越来越突出，对此开展评估工作则显得更为重要。本文围绕2015年风能资源评估情况，分析结果、展望发展，以飨读者。

风速正常稍偏小 风能资源接近常年均值

“利用全国气象台站2004年至2015年地面观测资料，我们统计分析了2015年我国陆地10米高度的风速特征，全国地面10米高度年平均风速较近十年（2004年至2013年）均值偏小0.52%，属正常稍偏小年景。”中国气象局风能太阳能资源中心高级工程师周荣卫说，“风能资源呈现出分布不均，地区差异性大的特征，上海、江苏、山东、天津、浙江、北京等6省（市）年平均风速偏小5%以上，西藏、重庆明显偏大。”

据全国风能资源高分辨率数值模拟数据（2014）显示，全陆面70米高度年平均风速均值为5.6米/秒。周荣卫说：“2015年，我国平均风速大于5.0米/秒的分布区域进一步扩大，东部沿海大部分地区、山东大部、华东、华南、华中及西南等部分山区的平均风速也可达到5.0米/秒。”

从2015年全国陆地70米高度风功率密度图谱上获悉，2015年全国年平均风功率密度大值区主要分布在我国的三北地区、东部沿海地区以及青藏高原、云贵高原和华南山脊地区。年平均风功率密度超过300瓦/平方米的区域主要分布在三北地区、青藏高原和云南的山脊地区。

据周荣卫介绍，2015年与2014年相比，除了西藏、云南、上海、新疆、江苏5省（区、市）年平均风速和年平均风功率密度有不同程度减小外，其它省（区、市）有不同程度的增加，且多数省（区、市）年平均风速距平百分率增加超过1%，年平均风功率密度距平百分率增加超过3%。

从各省（区、市）发电量变化来看，多数地区与常年持平，上海、山东、黑龙江偏小1%以上，其中，上海偏小达到3.7%；而西藏、辽宁偏大1%以上。

冷空气偏弱、台风偏少是主因，风速是影响风能开发利用的重要因子，一个地区风资源的丰富程度直接跟当地常年的风速大小息息相关。

“冷空气频次偏少、强度偏弱是主要原因。”周荣卫说。

根据国家气候中心统计，2015年影响我国的冷空气共16次，比常年平均（2004年至2013年）偏少4.6次；其中寒潮和强冷空气比常年平均偏少2.0次，淮河以北地区寒潮和强冷空气偏少1.7次；淮河以南地区寒潮和强冷空气偏少0.3次。

风速对风能开发利用的影响显而易见，而台风则像是一把双刃剑，对风电场的影响利弊兼有，强度较弱的热带气旋以及其外围环流影响的区域，可以给风电场带来较长的“满发”时段（风力机以额定风速运转的时段），而对华南沿海一带的风电场来说，强度较强的台风可能给风电场带来极大破坏。2014年，“威马逊”正面袭击勇士风电场，给风电场带来毁灭性的影响。整个风电场几乎被吹倒，现场13台风机倒掉，另有5台风机完全损坏（叶片破裂、发电机掉落、机舱被揭开），无法运行。

2015年，在我国登陆的热带气旋共6个，分别是强台风“灿鸿”“苏迪罗”“杜鹃”和“彩虹”、台风“莲花”和强热带风暴“鲸鱼”。“与常年平均（7.2个）相比，2015年台风个数明显偏少，强度偏强。”周荣卫说。

此外，空气密度和温度也是影响风能开发的重要因子。以空气密度为例，如果一个地区风速很大，但是空气比较稀薄，那么风所蕴含的能量就会降低，也就是说风大但是风无力。温度对于风能发电组件来说至关重要。在低温地区，就需要特定的风能发电组件来工作，确保发电组件有很好的低温扩展性和适应性，从而保证低温地区风力利用达到预期效果。

风电产业发展需加强科学研究

随着我国风能资源利用的快速发展，气象服务的重要性逐渐显现出来。气象灾害直接影响风电设备安全，气象服务评估对风电场选址、风电机组选型、风电场安全运营都具有重要指导意义。因此，有必要研究气候变化背景下风速和极端风速的变化，进而探讨气候变化对风电场发电量的影响及对设备的危害。

“例如，在现行的风电场风能资源评估中，仅考虑30年气候平均状况和年际变率，未考虑年代际尺度的区域气候变化对风能资源和发电量的影响。”周荣卫坦言，“这需要完善风能资源评估规范和技术方法，在风机排布、风机选型和风险评估中充分考虑气候变化影响。”

此外，还要丰富、发展大气边界层科学理论和气候变化科学，提升对区域气候变化和大面积安装风力发电机组的综合/共同影响及其物理机制的科学认知，为风能资源的高效利用提供更有力的支持。

2015年中国新能源汽车产业现状与未来发展趋势

在国内汽车市场日趋饱和、增速萎缩的情况下，新能源汽车市场却逆市上扬，在市场需求的带动下，中国新能源汽车产业发展取得了明显成效，如果说2014年是中国新能源汽车发展的元年，2015年则是新能源汽车发展的爆发年。当前，我国新能源汽车发展的形势可以概括为四点：创新环境显著优化、市场化进程全面加速、技术创新显著提升、产业融合催生新生态。

2015年，在全球产量超过1万辆的10家新能源汽车生产企业中，比亚迪、北汽等4家国内企业位居其列。并且，一直被认为是行业发展瓶颈的电动汽车配套设施，不但建设进度加快，而且推出了创新的运营模式。总之，新能源汽车成果令人欣喜，水平提高，规模拓展，业态创新，产业融合，基础建设快，应用多样化。

一、2015年新能源汽车兴起的几个重要因素

1. 动力电池问题的解决

前几年，新能源汽车的动力电池是一个头痛的问题，一方面电池价格过高，另外一方面可供选择的类型比较少，基本是磷酸铁锂电池，而能解决电池产业链的汽车企业只有比亚迪一家，所以前几年是比亚迪的独角戏。

而近两年，随着美国特斯拉电动汽车进入中国市场，能量密度高、续航能力强的三元锂电池优势显现出来。不少厂家纷纷着手研发和应用三元材料，两种锂电池得到均衡发展。而上游的电池厂商也在疯狂投资，仅上半年上市公司在动力电池上的增量投资就达600亿元人民币。

三星附属企业三星SDI西安高新产业开发区的动力电池工厂开始投产，生产线涵盖了生产汽车动力电池单元与模块的全工艺流程，年产动力电池数量足够装配4万台新能源汽车。松下也决定投资4.12亿美元在中国大连建造一座汽车锂电池工厂，预计工厂将于2017年投产，新工厂每年生产的电池可以供20万辆电动汽车使用。

上游动力电池厂商的疯狂投资扩产，不仅降低了动力电池组的价格，也在技术上提供了支持。这让电动汽车开发的门槛大大降低，研发也更容易。而更为关键的是：动力电池价格的下降让电动汽车在政府补贴之后真正具有了市场竞争力。

2. 政府大力推动

由于对大气污染和国家石油安全等因素的考虑，党中央、国务院高度重视新能源汽车发展。习近平主席指出，“发展新能源汽车是我国汽车工业由大到强的必由之路。”李克强总理批示，“加快发展节能与新能源汽车，是促进汽车转型升级，抢占国际竞争制高点的紧迫任务，也是推动创新、推动绿色发展、培育新的经济增长点的重要举措。”2015年，政策对新能源汽车产业的支持力度空前。

2015年全年，国家与地方政府已经出台了20项相关的补贴标准和政策，全国已有17个省份公布了地方财政的补贴政策。

国家政策一览表

日期	内容
2月25日	科技部发布《国家重点研发计划新能源汽车重点专项实施方案（征求意见稿）》，计划到2020年，建立起完善的电动汽车动力系统科技体系和产业链
3月18日	交通部发布《关于加快推进新能源汽车在交通运输行业推广应用的实施意见》，意见指出要争取当地人民政府支持，对新能源汽车不限行、不限购
3月24日	工信部发布了《汽车动力蓄电池行业规范条件》。锂离子动力蓄电池单体企业年产能力不得低于2亿Wh，金属氢化物镍动力蓄电池单体企业年产能力不得低于1kWh时，超级电容器单体企业年产能力不得低于500Wh。系统企业年产能力不得低于10,000套或2亿Wh等等
4月29日	财政部、科技部、工业和信息化部和发展改革委联合公布《关于2016～2020年新能源汽车推广应用财政支持政策的通知》。2017～2020年除燃料电池汽车外其它车型补助标准适当退坡，其中：2017～2018年补助标准在2016年基础上下降20%，2019～2020年补助标准在2016年基础上下降40%
5月5日	财政部、科技部、工信部和发改委发出《关于开展新能源汽车推广应用城市考核工作的通知》，从5月15日至6月15日，对新能源汽车示范城市的推广应用工作进行考核
5月8日	工业和信息化部公布第四批《免征车辆购置税的新能源汽车车型目录》，此次目录共有330款新能源车型入选
5月14日	财政部、工信部、交通部联合下发了《关于完善城市公交车成品油价格补助政策加快新能源汽车推广应用的通知》，明确规定，现行城市公交车成品油价格补助中的涨价补助以2013年作基数，逐年调整，到2019年将减少60%。另外，城市公交车成品油价格补助中的涨价补助数额与新能源公交车推广数量挂钩
5月18日	财政部、国家税务总局、工业和信息化部发布《关于节约能源，使用新能源车船税优惠政策的通知》，对新能源车船免征车船税，对节能车船减半征收车船税
5月19日	国务院印发《中国制造2025》，提出将“节能与新能源汽车”作为重点发展领域
6月4日	发改委、工信部联合发布《新建纯电动乘用车企业管理规定》，自7月10日起，新建企业投资项目的投资总额和生产规模将不受《汽车产业发展政策》有关最低要求限制
7月13日	国家机关事务管理局、财政部、科技部、工业和信息化部、国家发展改革委联合公布了《政府机关及公共机构购买新能源汽车实施方案》，明确了政府机关和公共机构公务用车“新能源化”的时间表和路线图
9月9日	工信部发布第五批《免征车辆购置税的新能源汽车车型目录》，共有445款车型享受免征购置税政策优惠
9月23日	李克强总理在国务院常务会议上确定，新建住宅停车位建设或预留安装充电设施的比例应达到100%，大型公共建筑物、公共停车场不低于10%
10月9日	国务院办公厅印发《关于加快电动汽车充电基础设施建设的指导意见》，加快推进电动汽车充电基础设施建设工作。意见指出，到2020年，基本建成适度超前、车桩相随、智能高效的充电基础设施体系，满足超过500万辆电动汽车的充电需求
11月2日	新能源汽车产业未来十年发展路线图已经绘就，文件显示，到2025年，中国新能源汽车年销量将达到汽车市场需求总量的20%，自主新能源汽车市场份额达到80%以上

（续）

11月3日	交通运输部、财政部、工业和信息化部联合发布《新能源公交车推广应用考核办法（试行）》，2016～2020年，新能源公交车推广应用考核工作每年按程序进行一次
11月17日	发改委发布《电动汽车充电基础设施发展指南（2015～2020年）》，明确提出到2020年，全国将新增集中式充换电站1.2万座，分散式充电桩480万个，以满足全国500万辆电动汽车充电需求
11月25日	工信部官方网站发布《免征车辆购置税的新能源汽车车型目录》（第六批）文件
12月16日	财政部等五部委对"十三五"充电设施奖励政策公开征求意见，2020年大气污染治理重点省市奖励门槛7万辆，奖励标准1.26亿元，每增加6,000辆，增加奖励资金1,100万元，奖励资金最高封顶2亿元
12月28日	质检总局、国家标准委联合国家能源局、工信部、科技部等部门，在京发布新修订的电动汽车充电接口及通信协议5项国家标准，新标准将于明年1月1日起实施

新能源地方政策一览表

北京	国家和北京市1:1比例补助。国家和北京市财政补助总额最高不超过车辆销售价格的60% 北京新建居住区18%配建电动车停车位 《第4批新能源小客车生产企业及产品备案信息》：特斯拉、宝马电动汽车进入新能源汽车单独摇号目录 《新能源小客车生产企业及产品备案管理细则》对电动汽车生产企业建桩、质保等提出要求，并提出了退出机制 按照国家要求，将电动汽车充电服务费纳入定价目录 燃油车指标可以购买新能源车 新能源车摇号明年增至6万，压缩普通指标 取消新能源汽车摇号1.7万个新能源指标直接配置 北京市12月9日公布了《北京行动纲要》，提出北京将实施新能源智能汽车、集成电路等八大新产业生态专项 12月23日，北京市发布《北京市新能源小客车公用充电设施投资建设管理办法》，该办法指出，北京小区充电桩将与车位100%配建，收费鼓励快捷支付

（续）

上海	纯电动汽车补贴4万；插电式（含增程式）混合动力补贴3万 闵行区：拥有闵行户籍，或者在该区企业单位工作、交满2年以上社保的消费者可以享受2万元的闵行区政府补贴 嘉定区：嘉定区个人购买补贴1.5万元/辆的鼓励政策，而且还明确指出支持数量上不封顶 浦东区：浦东购买新能源汽车的消费者，在浦东新区工作交满2年以上社保，或者有浦东户籍者，可以再享受中央、上海以外的浦东新区政府补贴2万元/辆 将推新能源物流车、货运车，不符标准禁入市区
武汉	国家和武汉1:1比例补贴，国家和地方财政补助总额最高不超过车辆销售价格的60%
天津	天津将按照中央财政和地方财政1:1的比例对新能源汽车给予补贴
西安	生产企业需在市工业和信息化委员会备案才能申请补贴 国家补贴标准1:1的比例给予地方配套补贴，国家和地方补贴总额最高不超过车辆销售价格的60% 对个人购买新能源汽车的，首次机动车交通事故责任强制保险费用给予全额财政补贴。对个人购买新能源汽车给予10000元/辆财政补贴，用于自用充电设施安装和充电费用。对于直接或组织员工一次性购买新能源汽车超过10辆的法人单位，给予2000元/辆的财政补贴，专项用于单位自用充电设施建设。对报废"黄标车"、"老旧车"的单位和个人，更新购买新能源汽车的，在原享受报废财政补贴（按不同车型2000～6000元/辆不等）的基础上，再给予3000元/辆的财政补贴
福建	2014～2015年，省、市（平潭综合实验区）按照国家同期补贴标准1:1对新能源汽车推广应用予以配套补助。新能源非公交汽车在福州、漳州、泉州市辖区上牌的，配套补助资金由设区市承担40%；在三明、莆田、南平、龙岩、宁德市和平潭综合实验区辖区上牌的，配套补助资金由该区市（平潭综合实验区）承担30%
湖南	省内补贴按照国家补助标准1:1给予补贴（公务车除外），其中省市级承担补贴金额的30%，市州承担补贴金额的70%。公务车实行同级采购同级财政补贴的政策，具体补贴标准由各级人民政府确定，其中省市级公务车按照国家补助标准1:1给予补贴，中央财政和省市财政补贴总额不超过车辆销售价格的60%。混合动力公交客车由省财政按每辆5万元给予补贴。补贴范围为湖南省14个市州

（续）

广州	不实行退坡机制。广州市新能源汽车补贴不退坡，即按照2013年国家新能源补贴标准，对购买新能源汽车的消费者进行1∶1的配套补贴
惠州	财政补贴标准由省、市、县（区）三级财政按照中央财政2013年对新能源汽车推广应用补助标准1∶1进行配套，且不实行退坡机制 补贴资金由省、市和县（区）财政三级负担，除省补助外，其余资金由市、县（区）级财政按比例分担，其中：惠城区、仲恺高新区由市、区按现行财政分享比例分担，其它县（区）按市30%、县（区）70%比例分担
青岛	不实行退坡机制。纯电动乘用车、插电式混合动力（含增程式）乘用车，每辆按2013年国家补贴标准1∶1给予本市财政补助，且国家补贴和本市财政补助总额最高不超过车辆销售价格的60%。除此之外，纯电动客车、插电式混合动力客车、纯电动专用车、燃料电池车都是按照中央财政补助标准的20%本市财政补助。本市财政补助实行属地管理原则，由市级和区市财政分级负担
潍坊	按照国家和潍坊市1∶1的原则，补助总额（国家、省、市补助之和）不超过车辆核定销售价格的最高比例（40%～60%）确定补助标准
临沂	私家车、出租车、商贸物流配送车、环卫车等，市财政按中央财政补贴额的30%予以补贴；城市公交车（约130万元/台），扣除中央财政补贴50万元/台后，其余价款由市财政承担；城乡公交车（约60万元/台），扣除中央财政补贴30万元/台后，由相关县区财政每辆补贴10万元，剩余价款由市交运公司承担；公务用车扣除中央财政补贴3.5万元/台后，其余价款由同级财政承担
山西	对山西省列入国家《车辆生产企业与产品》公告目录的电动汽车、甲醇汽车、燃气汽车的生产企业，根据产品实现销售量情况，给予营销补助，降低消费者购车成本 补助标准为：2015年，电动客车50000元/辆，电动轿车20000元/辆，电动专用车10000元/辆；甲醇客车10000元/辆，甲醇重卡10000元/辆，甲醇轿车5000元/辆，甲醇多用途乘用车2000元/辆；燃气重卡10000元/辆，燃气轻（微）卡2000元/辆。2016～2017年，补助标准减半 自2016年1月1日起，对电动汽车，按照同期国家补贴资金1∶1的标准给予省级营销补助。2015年12月1日至2017年12月31日对山西省标注的甲醇重卡和燃气重卡新能源汽车在山西省境内减半征收高速公路车辆通行费

（续）

太原	在国家和省补贴的基础上，市财政对各类纯电动车辆购置补贴标准为：纯电动乘用车采取“固定标准”补贴，每辆补助2万元；燃油车换购纯电动车的，再给予3000元奖励。纯电动客车按与国家补贴1∶1执行，最高补贴额为每辆车50万元。邮政、物流等专用车辆按电池容量与国家补贴按1∶1执行，每辆车补贴总额不超过15万元。政府机关及公共机构购置纯电动乘用车（含机要通信用车）采购价格扣除财政补贴后不得超过18万元。纯电动公交车、纯电动环卫车等公共领域用车按照“差价补贴”，在国家补贴基础上，超出传统燃油、燃气车购置成本以上部分由市级财政全额补贴
甘肃	在国家财政补贴基础上，由省财政厅牵头制定省、市、县财政补贴办法，对甘肃省购买符合条件新能源汽车的消费者给予适当补贴。国家和省、市、县财政补贴总额最高不超过车辆销售价格的50%
江苏	10米以上纯电动客车补贴20万元/辆；6～10米纯电动客车按电池容量每千瓦时补贴1200元（最高不超过国家补贴标准的40%。对应用于城乡公交领域的6～8米纯电动客车补贴12万元/辆、8～10米纯电动客车补贴16万元/辆） 10米以上插电式混合动力客车（含增程式）补贴10万元/辆；纯电动专用车按电池容量每千瓦时补贴800元（最高不超过6万元）；纯电动乘用车轴距大于2.45米每辆补贴2.4万元、轴距小于2.45米每辆补贴1.8万元、轴距小于2.2米每辆补贴1万元；插电式混合动力乘用车（含增程式）每辆补贴1.4万元；燃料电池乘用车（5座及以下）每辆补贴7.2万元；燃料电池客车（9座及以上）每辆补贴18万元；10米以上超级电容、钛酸锂客车每辆补贴6万元 江苏省新能源汽车生产企业研发的新产品进入国家《节能与新能源汽车示范推广应用工程推荐车型目录》的，每款车型省财政给予50～80万元的一次性奖励 2013、2014年南通、苏州、常州市财政按照中央财政补贴标准的60%对购置新能源汽车进行补贴
南京	2013、2014年南京纯电动乘用车每辆补贴3.5万元；纯电动客车每辆补贴30万元；插电式混合动力（含增程式）乘用车每辆补贴2万元；插电式混合动力（含增程式）客车每辆补贴15万元；超级电容、钛酸锂快充纯电动客车每辆补贴9万元；纯电动专用车按电池容量每千瓦时补贴1200元、每辆最高补贴9万元；燃料电池车乘用车每辆补贴12万元；燃料电池商用车每辆补贴30万元

（续）

大连	地方财政一次性按与中央财政 0.8∶1 的比例给予配套补贴
宁波	按中央财政补贴资金 1∶1 比例的额度给予补助。除老三区外，其它县（市）区示范推广新能源汽车补助，可参照实行，补助资金由属地财政承担
绍兴	加大对新能源公交车的补贴力度，对公交企业新购使用的新能源公交车，由当地财政按一定比例予以补贴 新能源出租车（不包括分时租赁和团体长租的车辆）、纯电动专用车（主要是邮政、物流、环卫等）、燃料电池车，按照国家补助标准，给予 1∶1 的配套补助。国家和地方财政补助总额最高不超过车辆销售价格的 50%。纯电动乘用车给予 3 万元补助，插电式混合动力（含增程式）乘用车给予 2 万元补助。国家和地方财政补助总额最高不超过车辆销售价格的 50%
杭州	杭州要求新建住宅配建停车位应 100% 建设充电设施或预留建设安装条件，大型公共建筑物配建停车场、社会公共停车场建设充电设施或预留建设安装条件的车位比例不低于 10%，每 2000 辆电动汽车至少配套建设一座公共充电站
深圳	按照国家补贴标准，给予 1∶1 配套地方补贴，且不退坡。对个人、企业购买使用新能源乘用车，给予使用环节补贴，主要用于机动车交通事故责任强制保险费、路桥费、充电费、自用充电设施及安装费等补贴，标准如下：1. 纯电动乘用车：R≥250 每辆 2 万元；150≤R＜250 每辆 1.5 万元；R＜150 每辆 1 万元。2. 插电式混合动力（含增程式）乘用车：纯电 R≥50 每辆 1 万元 出租车运营企业购买使用纯电动出租车，除享受纯电动乘用车购车补贴和使用环节补贴外，对具有出租车营运牌照（或持授权书）的燃油出租车更新为纯电动出租车的，另外给予推广应用补贴 5.58 万元 10 月 13 日起取消电动汽车限购 名下已有 1 辆深圳登记的小汽车或已有 1 个有效指标的车主，将可以额外申请 1 个电动小汽车指标
中山	公交车（客车类）补贴 1∶0.5；出租车（乘用车类）补贴 1∶0.5；公务车（乘用车类）补贴 1∶0.4；私人乘用车补贴 1∶0.2；纯电动专用车（邮政、物流、环卫、工程）补贴 1∶0.4 燃料电池公交车、公务车、出租车、私人乘用车分别按照国家补贴标准的 50%、40%、50% 和 20% 给予补贴

（续）

重庆	符合本市财政补贴政策的新能源汽车，市级财政给予前 1000 辆新能源客车补贴 16 万元/辆，其它新能源汽车按照国家补贴标准 1∶1 给予补贴，中央和本市财政补助总额最高不超过补贴前车辆销售价格的 60%
海口	购买新能源汽车的本地消费者，按新能源汽车获得中央补贴资金的 60% 给予地方财政补贴，省市财政各补贴 30%
南昌	私人、租赁、公务、通勤等纯电动乘用车：R≥250 补贴 4.4 万元，150≤R＜250 补贴 3.6 万元，80≤R＜150 补贴 2.5 万元，插电式混合动力乘用车（含增程式，R≥50）补贴 2.4 万元。城市出租纯电动乘用车：R≥250 补贴 2 万元，150≤R＜250 补贴 1 万元，80≤R＜150 补贴 1 万元，插电式混合动力乘用车（含增程式，R≥50）补贴 1 万元。公交、客运、公务、通勤等纯电动客车：L≥10 补贴 15 万元，8≤L＜10 补贴 11 万元，6≤L＜8 补贴 8.5 万元，插电式混合动力客车（含增程式，L≥10）补贴 8 万元。纯电动专用车（按 30KWH 电池容量计算）补贴 4.2 万元
赣州	对在赣州市辖区内购买、注册登记并使用新能源汽车的单位和个人，以及验收合格的新能源汽车充电桩，市县配套资金参照省财政补助资金标准按照 1∶1 给予配套补助，配套资金由市财政、推广应用新能源汽车的县（市、区）财政各承担 50%
芜湖	纯电动乘用车：R≥250 补贴 1.5 万元，150≤R＜250 补贴 1.5 万元，80≤R＜150 补贴 1 万元。插电式混合动力乘用车（含增程式，R≥50）补贴 1 万元。纯电动客车、插电式混合动力客车按国家标准 1∶1 补贴
合肥	合肥对单位和个人购买使用纯电续驶里程大于 150 公里的电动乘用车，按照国家补助标准 1∶1 的比例给予地方配套补贴（含省、市两级资金），总额不超过车辆销售价的 60%。其它类型新能源汽车按国家补助标准的 20% 给予补贴
泸州	对符合条件的新能源汽车，市财政原则上按照中央财政补助标准给予 1∶1 配套的购车补助。中央财政按公示的补助标准足额补助后，加上市级补助的总额最高不超过车辆缴纳车辆购置税时计税价的 60%
贵州	新能源汽车不受摇号上牌、尾号限行等限制

（续）

新乡	对购置纯电动轿车和纯电动专用车（指邮政、物流专用车）的企业和个人，市财政和车辆销售所在地财政分别按照不低于中央财政补贴标准的70%、30%进行补贴，中央和地方财政补助总额最高不超过车辆销售价格的60%。如补助总额高于车辆销售价格60%，市财政和车辆销售所在地财政在补助时直接按车辆销售价格的60%扣除中央、省财政补助后同比例调减补助额
昆明	对在昆明市辖区内购买、注册登记和使用新能源汽车的单位和个人，市财政补贴参照国家财政补助资金标准按照1∶0.5给予配套补助
石家庄	河北省石家庄市政府出台《石家庄市加快新能源汽车发展和推广应用的实施意见》，对新能源公交车和公共服务领域用新能源汽车，在享受中央、省财政补贴的同时，市财政按照中央财政补贴标准1∶1的比例对购车用户给予补贴，中央财政和地方财政补贴总额不超过购车价款；其他领域用新能源汽车按照中央财政补贴标准1∶05的比例对购车用户给予补贴，中央财政和地方财政补贴总额不超过购车价格的60%
哈尔滨	12月21日，哈尔滨市新能源汽车推广应用和产业发展支持政策正式推出。购买使用新能源汽车，按照国补标准对纯电动汽车1∶1、插电式混合动力汽车1∶0.8的比例给予地方配套补贴，国家和地方补贴总额最高不超过车辆销售价格的60%

3. 真实市场的出现

在目前的技术条件下，除了可以两用的插电混合动力汽车，单纯的电动汽车满足家庭唯一用车需求有些困难。而目前中国的一线城市已经普及了家庭汽车，有了家庭第二辆，第三辆车的需求，这使得新能源汽车找到了它真正的市场。

在政策给力、产品价格下降的情况下，用户同样几万元钱要买家庭第二辆车，电动汽车相对于同价位的燃油车有了真正的竞争力。

二、2015年新能源汽车产业发展现状

根据工信部发布信息，2015年新能源汽车产销340471辆和331092辆，同比分别增长3.3倍和3.4倍。其中纯电动汽车产销254633辆和247482辆，同比增长4.2倍和4.5倍；插电式混合动力汽车产销85838辆和83610辆，同比增长1.9倍和1.8倍。

创新成为引领我国新能源汽车产业快速发展的原动力

2015年，我国新能源汽车政策呈现新的战略高度。《新能源汽车重点专项》明确了“十三五”战略目标，为未来5年技术创新指明了方向。同时，政策更具针对性，扶持领域更宽广，政策工具更多样化。为鼓励新能源公交车应用，连续出台了完善城市公交车成品油价格补贴政策、新能源公交车推广应用考核办法等；新补贴退坡和税费减免等财政政策与限行限购等非财政扶持政策相结合；扶持领域覆盖整车、动力电池、充电设施等领域，建立了从研发、生产到使用、监督等各方面较为完善的政策体系。

新能源汽车市场发展快速，技术显著进步。2015年，我国新能源汽车产销量达到37万多辆。自2009年启动新能源汽车“十城千辆”计划以来，到2015年我国累计生产新能源汽车49.7万辆。与此同时，核心技术取得显著进步，动力电池、关键材料国产化进程加速，成本显著降低，安全性和工艺技术持续改进。与2010年相比，动力电池能量密度提高将近一倍，成本降低50%。驱动电机系列产业化能力提升，向动力总成集成发展；芯片集成设计、电力电子系统集成技术取得新进展。

新能源汽车商业模式创新取得新亮点，基础设施建设进度加快。新能源汽车分时租赁模式和城市物流逐渐成为应用新方式，杭州微公交的分时租赁实现了“绿色分享”，租赁、快递、电网形成了新的商业合作伙伴关系。截至2015年底，全国建成充换电站3600多座，公用充电桩超过4.9万个。

新能源汽车已成全球汽车产业转型升级的焦点

截至2015年，全球新能源汽车累计销量超过150万辆。我国累计销量近50万辆，占全球30%，为世界节能减碳做出了重要贡献。历史证明，新技术的突破和加速应用，往往会引发新产业对旧产业的替代，在创造新的经济增长点、改善人民生活的同时，也会造成产业重组、产能淘汰、资本沉淀和产业洗牌。产业转型机遇稍纵即逝，需要我们加强研判，尽早部署新兴产业的关键技术和新产品研发，加速产业化进程，增强持续引领能力。

国家科技计划围绕创新链、产业链发展加快部署

经过国家科技计划三个五年的连续支持，从“十五”的863计划“电动汽车”重大科技专项到“十一五”的“节能与新能源汽车”重大项目，再到“十二五”的电动汽车科技发展专项，最终确立了纯电驱动的发展战略。我国新能源汽车产业坚持了“三纵三横”的研发布局，研发水平不断提升，研发体系逐步形成，研发内涵越来越深化。

我国国家科技计划体系正在进行深度改革，在原来“三纵三横”研发布局的基础下，向基础科学、基础设施和典型示范应用方向延伸，形成全链条部署和一体化实施的新体系。

我国一方面坚持基础科学、共性技术、动力系统、集成开发，全方位围绕产业链的发展，结合“互联网+”“中国制造2025”等创新机遇，构建能够吸纳国内外优势资源、聚集创新人才的专业化众创空间。其次，把握准智能化、网络化、电动化的发展新趋势。加快燃料电池汽车研发，率先实现燃料电池产业化。重构交通、互联网、制造业融合发展的新生态，创造出更多的商业模式和运营方式，更加便利于大众出行。此外，加快研究动力电池的回收再利用。尽快建立电池回收体系，构建产业链。制定出台车用动力电池回收利用的政策和法律法规，明确责任主体，建立监督监管制度。还有，开展广泛深入的国际研发

合作。共同研究未来发展、标准体系建设、回收利用体系，协同深入基础研究，为世界新能源汽车的发展做出更大贡献，推动中国新能源汽车走向世界。

三、2015 年新能源汽车产业暗礁

1. 技术水平还处于中低端

我国新能源汽车取得的成绩固然可喜，但短板也很明显，如关键核心技术原创性不够，特别是在动力电池、电驱动和燃料电池等方面，在基础技术和原理性研发方面需要加强，整车的集成能力以及安全性也有待提升。

现在全世界主要汽车生产国都在加快部署新能源汽车战略，推进技术研发和产业化。凭借较强的技术储备和创新能力，国外车企在新能源汽车技术研发方面发展势头迅猛，并已开始全面进入我国市场。

如果我国的汽车企业不在国家扶持期内尽快提高产品竞争力，等到市场完全开放，我们花费巨额补贴辛辛苦苦培养起来的市场就有可能拱手让人。

2. 补贴政策有待进一步完善

我国新能源商用车 2015 年销量增长与上年同比达到了 11 倍，新能源商用车全部销量中，80% 来自 6～8 米的中巴车，如此高的集中度与相关补贴政策直接相关。

按照《关于继续开展新能源汽车推广应用工作的通知》（2013～2015 年），车长在 6～8 米之间的纯电动中巴，可享受中央财政 30 万元/辆车的购置补贴，再加上各地力度不同的补贴，该车型累积享受的购车补贴甚至可以达到 60 万元/辆车。另外，《关于完善城市公交车成品油价格补助政策加快新能源汽车推广应用的通知》（财建［2015］159 号）提出，6～8 米纯电动公交车，可享受 4 万元/辆/年的运营补贴。有如此高额度的补贴，6～8 米中小型电动客车会订单暴增，几乎主流车企都推出了这一车型。

补贴的不合理之处在 2016 年会得到部分改善。在 2016 年开始实施的补贴退坡政策中，商用车就改变了此前单纯以长度作为标准的补贴方法，而增加了对单位载质量、能量、消耗量和纯电动续驶里程的考核。

相比政策的不够合理，对产业伤害更大的是骗补。虽然骗补的企业还是少数，但影响着实恶劣。2016 年初，财政部、工信部、科技部、发改委将联合组织专项检查，对查实的骗补问题依法依规严肃处理，并将建立失信企业黑名单制度，对各种骗补和寻租行为给予严厉打击。

3. 产量快速增长带来安全事故隐患

2015 年以来，全国有多起纯电动客车、混合动力客车发生自燃事故，有的还造成了人员伤亡，动力电池安全性问题需要重点关注。电动车起火，有些是在行驶过程中，有些是在充电时。10 米以上的公交大客车因为装备电池很多，是这类安全事故多发的车型。

出于安全考虑，动力电池的发展不宜一味求快，而应该把安全放在首位。但从 2014 年开始，随着我国新能源汽车产业进入高速发展期，电池投资高速增长。2015 年车企订单大量增加，电池供货吃紧，出现生产了就用的情况，缺乏有效的安全监控，将有很大可能导致 2016 年电动汽车事故概率的增加。

消除安全隐患根本上要靠技术来解决。比如，电池的热失控是机理复杂、危害严重的电动汽车热安全问题，它跟电池管理系统、单体电池热失控与材料体系的设计、成组电池热失控的扩展和电池系统设计等技术有关。同时，除了动力电池以外，还有比如电器老化、高压电器绝缘破坏、进水等等很多原因，以及充电站桩施工规范等问题。

2015 年 8 月 4 日，工信部发出《关于开展节能与新能源汽车推广应用安全隐患排查治理工作的通知》，要求在各节能与新能源汽车推广应用城市、节能与新能源汽车生产企业开展安全隐患排查治理工作。有关地方政府、汽车生产企业需要进行排查治理工作，并形成书面报告上报。

四、其它国家新能源汽车总体战略

从全球范围来看，新能源汽车产业还处于政策驱动向市场驱动的转化期，各国均制定了严厉的标准法规倒逼产业升级转型。在中国，史上最严的四阶段油耗法规已于 2016 年 1 月 1 日起实施；欧洲、美国、日本分别以每年 4.4%、4.5%、3.9% 加严油耗法规，倒逼汽车降低能耗，减少二氧化碳排放。

1. 美国

美国发展新能源汽车的战略经过数个阶段的调整，主要围绕“摆脱对石油严重依赖，推进再工业化”展开。前克林顿时期，美国政府对于未来主流能源发展趋势的判断仍不清晰，其汽车能源战略也比较保守和模糊，总体上略微偏重液化天然气、液化石油气和燃料乙醇，而对电动能源则持积极研发和小规模应用的态度。克林顿时期，一方面继续提高传统内燃机汽车的燃油经济性，另一方面进一步加快新能源的研发步伐。

受到“911”事件和 PNGV 进展并不顺利等的影响，小布什政府的汽车能源研发主要集中在乙醇等可再生能源、纯电动汽车电池能源和燃料电池氢能源。

奥巴马于 2010 年将新能源汽车提升到国家战略层面，2012 年美国启动电动汽车国家创新计划《EVeverywhere》，明确表示将以纯电动汽车作为新能源汽车产业的主攻方向，把充电式混合动力汽车作为短期发展的主力车型。其发展战略目标是针对不同类型的新能源汽车，从车辆数、价格、电池成本、电驱系统成本等方面提出目标值，如 2011 年 2 月，美国总统奥巴马提出新能源汽车发展目标：2015 年插电式混合动力汽车以及纯电动汽车保有量达 100 万辆。

2. 欧盟

欧盟是在实现新能源转换的框架下发展新能源汽车产业的，20 世纪 90 年代以来，欧盟开始调整能源产业政策，重点强调节约能源和可再生能源及生物燃料的应用；2008 年通过《关于发展新能源汽车的立法建议》，布局新能源汽车的发展道路，通过《欧盟交通道路电动化路线图》明确三大里程碑。

其中，德国制定了《德国联邦政府国家电动汽车发展规划》，其发展目标是：至 2020 年在德国上路的电动及混合动力汽车达 100 万辆，至 2030 年至少达到 600 万辆，至 2050 年电动交通网络覆盖全德城市区域。

3. 日本

日本发展新能源汽车是出于“能源安全与保持产业竞争优势的双重需求”。20世纪6、70年代在汽车产业赶超美国的时候，日本就提出电动汽车发展规划：20世纪末期主要提出新能源技术研发计划；进入21世纪之后，明确新能源汽车发展战略，2010年4月，日本经济产业省发布了《新一代汽车战略2010》，成为目前日本新能源汽车发展战略的主要指导纲领。

从不同类型车辆数量比重、电池性能及成本、充电站等方面提出战略目标值，如日本政府公布的《新一代汽车战略2010》中明确新一代汽车的发展目标：到2020年，“新一代汽车”的新车销量比例达50%，总保有量达到1350万辆；到2030年，这个比例要达到70%。

4. 韩国

韩国则是出于“保持汽车产业四强行列位置”发展新能源汽车产业，提出2015年在世界电动车市场占有率达到10%；2020年国内电动车普及率占小型车10%；到2015年生产120万辆新能源汽车、出口90万辆、国内市场占有率提高到21%的目标。

五、2016年新能源汽车产业发展趋势

1. 延续去年态势，产量有望翻倍，但后续增长还存在不确定性

2016年国家各项补贴政策与2015年基本一致，延续今年企业的扩张态势，预计2016年我国新能源汽车产量将超70万辆。但由于产业对政策的依赖性较大，虽然销量暴涨，但真正的市场化环境还未成形，未来我国新能源汽车产业仍有较大的不确定性。一方面我国消费层次的多元化为新能源汽车提供了较大的市场需求，潜在应用领域包括公交、出租、环卫、邮政、公务、生活小区、旅游用车、私人用车等，既存在以比亚迪腾势为代表的高端产品的发展空间，又存在以智能化、短途化为代表的电动汽车产品的发展空间，在三、四线城市及广大农村还有巨大的微型电动汽车需求；另一方面技术落后缺乏有竞争力产品，与传统车相比成本性能差距较大，新能源汽车市场环境尚未成熟等问题仍然比较严峻，随着2017年补贴开始退坡和一线城市刚需减少，产业增长将逐渐放缓，后续还存在较大的不确定性。

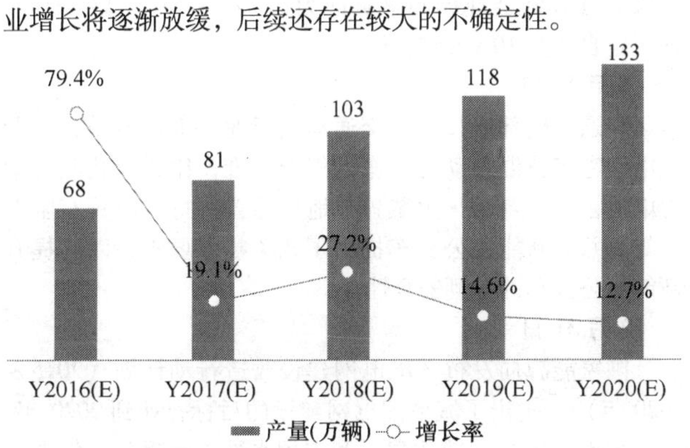

图2　2016~2020年中国新能源汽车产量预测（数据来自赛迪网）

2. 整车补贴逐步退坡，新能源汽车产业发展由政策驱动转向政策市场双驱动

四部委发布的《关于2016~2020年新能源汽车推广应用财政支持政策的通知》已明确指出除燃料电池汽车以外，新能源汽车补贴标准将逐步退坡，2017~2018年在2016年的基础上下调20%，2019~2020年下降40%，2020年以后补贴政策退出。补贴标准的逐渐退坡，将倒逼企业加快自主创新，通过技术升级和扩大规模降低成本，提升产品竞争力，向市场求发展。新能源汽车产业将形成以政策启动市场、市场带动技术、技术提升市场的良性循环，实现由政策驱动转向政策市场双驱动的转变。

3. 互联网企业的进入将打破现有的竞争格局，重塑汽车生态圈

在互联网快速发展的大背景下，互联网模式正渗入新能源汽车领域，互联网技术正重构汽车产业链上的制造、产品、销售、商业模式等各个环节，传统汽车产业链条逐渐向生态圈层方向发展，由“产业链”最终演变为“生态圈”。大的互联网集团进军整车领域，继google和苹果发布造车计划后，国内的互联网巨头BAT也先后宣布造车计划，乐视网也加入了智能电动汽车研发大军；一些互联网创业公司则主要通过创新商业模式、新兴充电技术和汽车大数据平台进入汽车生态圈，特锐德的汽车群充电系统、万邦集团众筹建桩模式、卡先锋分时租赁等新兴商业模式已经在局部地区得到初步验证。包括已经具备一定规模影响力的销售维修的O2O平台、垂直网站等，互联网+将带动汽车生态圈向更加多元化的方向发展。

4. 纯电动是主要技术方向，未来将呈现平台化、轻量化、智能化的特点

以纯电驱动为新能源汽车发展的主要战略取向，是我国汽车工业跨越发展的战略选择。“十三五”针对电动汽车产业提出“技术升级战略”，即“动力深度电动化、整车智能网联化、车身结构轻量化”，这“三化”融合将成为我国下一步科技攻关的重点。在动力系统上，动力电池成为科技攻关核心中的核心，急需新型电池问世以解决续驶里程焦虑问题；在车身上，纯电动汽车将呈现“轻量化”特点，车辆结构设计轻量化、轻量化材料及先进制造技术的应用将进一步推动纯电动汽车减重和节能；在车辆上，纯电动汽车呈现“智能化”特点，近期国际整车厂推出的纯电动车日趋智能化，均采用了全球定位、车载娱乐、手机互联等技术。未来，智能车联网、V2G、无线充电以及大数据等新技术将逐步应用到纯电动汽车上。

5. 充电设施建设成为重中之重，新型充电服务模式将引领产业发展

截至2015年底，我国已建成充换电站3600座，公共充电桩4.9万个，充电桩和新能源车保有量的比例明显偏低。充电设施仍是制约新能源汽车发展的一大问题，目前除北上广等一线城市以外，大部分二三线城市充电设施建设基本还处于止步状态。从财政部1月新发布的“十三五”新能源汽车充电基础设施奖补政策看，政府补贴将从单一的整车补贴向整车充电设施综合奖补，加快充电设施建设已成当务之急。随着国家对充电设施政策的完善，国网、南网等大型国企也加入了建设队伍，充电运营商通过超前建设、整体解决方案、与互联网云平台的结合，将有效推

动了新能源汽车的销售和应用。

六、2015 新能源汽车行业大事记（以时间轴做图片）

1 月 15 日

国内高速公路跨城际快充网络——京沪高速快充网络宣告全线贯通。京沪高速全程 1262 公里，国家电网公司在沿线建成 50 座快充站，平均单向每 50 公里一座。每座快充站规划建设 4 台 120 千瓦直流充电机、8 个充电桩，可同时为 8 辆电动汽车充电，30 分钟内充满（80% 电量）。

1 月 26 日

财政部和国家税务总局发布《关于对电池涂料征收消费税的通知》，自 2015 年 2 月 1 日起对电池、涂料征收消费税，在生产、委托加工和进口环节征收，适用税率均为 4%。对无汞原电池、金属氢化物镍蓄电池、锂原电池、锂离子蓄电池、太阳电池、燃料电池和全钒液流电池免征消费税。对施工状态下挥发性有机物含量低于 420 克/升（含）的涂料免征消费税。2015 年 12 月 31 日前对铅蓄电池缓征消费税；自 2016 年 1 月 1 日起，对铅蓄电池按 4% 税率征收消费税。

2 月 12 日

北京市电动汽车社会公用充电设施分布图正式发布，电动车车主可通过网站、手机 APP、微信等方式查找附近的充电设施。

2 月 16 日

科技部发布《国家重点研发计划新能源汽车重点专项实施方案（征求意见稿）》，计划到 2020 年，建立起完善的电动汽车动力系统科技体系和产业链，并对电动汽车涉及的核心技术，如动力电池的单体比能量、驱动电机技术水平等相关技术参数提出了具体目标。

3 月 10 日

中国首届新能源汽车充电设施建设城市论坛在常州举行，常州在全国“众筹建桩”方式，通过众筹方式在市内建设 1500 个充电桩，这种建桩方式在全国属率先。“众筹建桩”项目运营商是常州星星充电公司。

3 月 18 日

交通运输部正式发布《关于加快推进新能源汽车在交通运输行业推广应用的实施意见》，提出至 2020 年，新能源汽车在城市公交、出租汽车和城市物流配送等领域的总量达到 30 万辆。城市公交车、出租汽车运营权将优先授予新能源汽车，并向新能源汽车推广应用程度高的交通运输企业倾斜或成立专门的新能源汽车运输企业。

3 月 24 日

工信部公布《汽车动力蓄电池行业规范条件》，对相关电池企业提出了产能和技术等方面的要求。锂离子动力蓄电池单体企业年产能力不得低于 2 亿瓦时，金属氢化物镍动力蓄电池单体企业年产能力不得低于 1 千万瓦时，超级电容器单体企业年产能力不得低于 5 百万瓦时。系统企业年产能力不得低于 10000 套或 2 亿瓦时。

4 月 22 日

财政部等四部委发布《关于 2016～2020 年新能源汽车推广应用财政支持政策的通知》，新能源汽车各车型推广应用补贴标准有变，2017～2020 年补贴退坡幅度为每两年下降 20%。

5 月 7 日

财政部等四部委发布《关于节约能源使用新能源车船税优惠政策的通知》（财税〔2015〕51 号），规定即日起，对新能源车船免征车船税，对节能车船减半征收车船税。

5 月 11 日

财政部、工信部、交通部联合下发《关于完善城市公交车成品油价格补助政策加快新能源汽车推广应用的通知》，总体思路是在保持城市公交行业补贴总体水平相对稳定的前提下，调整优化财政补助支出结构，平衡传统燃油公交车和新能源公交车的使用成本，逐步形成新能源汽车的比较优势，促进新能源公交车替代更新传统燃油公交车。

5 月 19 日

国务院印发《中国制造 2025》，部署制造强国战略，“节能与新能源汽车”被列为重点发展领域，还提出了“掌握汽车低碳化、信息化、智能化核心技术，提升动力电池、驱动电机、高效内燃机、先进变速器、轻量化材料、智能控制等核心技术的工程化和产业化能力，形成从关键零部件到整车的完整工业体系和创新体系，推动自主品牌节能与新能源汽车同国际先进水平接轨”的目标。

5 月 22 日

工信部披露了《中国制造 2025》中节能与新能源汽车产业发展的 10 年战略目标，提出纯电动和插电式混合动力汽车、燃料电池汽车、节能汽车、智能互联汽车是国内未来重点发展的方向，并提出发展目标：到 2020 年，自主品牌纯电动和插电式新能源汽车年销量突破 100 万辆，在国内市场占 70% 以上；到 2025 年，与国际先进水平同步的新能源汽车年销量 300 万辆，在国内市场占 80% 以上。

6 月 2 日

发改委和工信部公布《新建纯电动乘用车企业管理规定》，新建企业可生产纯电动乘用车，不能生产任何以内燃机为驱动动力的汽车产品，新建企业需具备与项目投资相适应的自有资金规模和融资能力，且具有整车试制能力。该规定自 7 月 10 日起施行。

7 月 13 日

交通运输部通过批准交通运输行业标准修改单，加严纯电动客车及混合动力客车的安全标准，比如应装配有动力电池箱专用自动灭火装置，地板铺盖物材料应具有阻燃性等。并对新能源公交车提出了相关技术要求，以此提升新能源公交车的车辆安全性。

7 月 31 日

国家能源局发布《配电网建设改造行动计划（2015～2020 年）》，提出了城乡配电网建设的目标，如到 2020 年，中心城市（区）智能化建设和应用水平大幅提高，供电可靠率达到 99.99%，用户年均停电时间不超过 1 小时，供电质量达到国际先进水平。2015～2020 年将投入不低于 2 万亿元的资金实施这一计划。

8 月 4 日

工信部发出《关于开展节能与新能源汽车推广应用安

全隐患排查治理工作的通知》，称因近期个别地区出现纯电动客车、混合动力客车自燃事故，要在各节能与新能源汽车推广应用城市、节能与新能源汽车生产企业开展安全隐患排查治理工作。有关地方政府、汽车生产企业需要进行排查治理工作，并形成书面报告上报。

8月6日

工信部披露，上半年我国锂离子电池制造企业累计主营收入同比增长17.4%，实现利润总额同比增长72.8%，完成税金总额同比增长43.1%。锂电池行业利润的快速上升，与新能源汽车销售放量密切相关。

8月9日

深圳市交通运输委员会、深圳市发展和改革委员会发布《关于加强新能源汽车推广应用调整电动小汽车增量指标调控政策的通知》，对电动汽车的指标申请标准进一步放宽，已经拥有一辆车的人也可以申请1个电动小汽车增量指标。

8月28日

工信部审核通过《轻型汽车能源消耗量标识》等三项强制性国家标准。在完善原有汽、柴油汽车标识的基础上，首次规定了针对新能源车的能源消耗量标识方案，未来车企将需要对新能源车进行能源消耗标识。

9月11日

发改委和工信部研究制定的《电动汽车动力电池回收利用技术政策（2015年版）》（征求意见稿）公开征求意见。该政策制定的目的是指导相关企业合理开展电动汽车动力蓄电池的生产及回收利用工作，建立上下游企业联动的动力蓄电池回收利用体系。

9月29日

1. 北京发改委等部门联合发布《北京市示范应用新能源小客车生产企业及产品备案管理细则（2015年修订）》，对参与本市推广应用的新能源小客车生产企业及产品实施备案管理，同时建立企业及产品的退出机制。

2. 国务院总理李克强在北京主持召开国务院常务会议。会议确定支持新能源和小排量汽车发展措施，相关措施包括中国各地不得对新能源汽车实行限行、限购，已实行的应当取消等。

3. 国务院发布《关于加快电动汽车充电基础设施建设的指导意见》，提出到2020年，基本建成适度超前、车桩相随、智能高效的充电基础设施体系，为电动汽车充电基础设施建设指明方向。

9月30日

北京首次将进口电动车纳入新能源汽车产品备案目录，上榜车型为特斯拉、宝马i3电动汽车，此后在北京购买这两款车可以享受新能源汽车单独摇号的优惠。这意味着新能源优惠政策也将对外资品牌陆续放开，国内新能源汽车市场自主品牌车企将与外资品牌展开正面搏击。

10月9日

发改委等四部委印发《电动汽车充电基础设施发展指南（2015~2020年）》，明确了充电基础设施建设目标，到2020年，新增集中式充换电站超过1.2万座，分散式充电桩超过480万个，并提出了分区域、分场所充电设施建设目标，以满足全国500万辆电动汽车充电需求。

10月12日

工信部公示了第一批符合《汽车动力蓄电池行业规范条件》的企业及产品目录，此次公示的企业共有10家，涉及36个型号的动力电池产品。《条件》是工信部3月24日发布的，旨在促进动力蓄电池生产企业的技术进步和规模化、规范化发展。

10月22日

全国节能与新能源汽车产业发展推进工作座谈会在京召开，国务院总理李克强做出重要批示，国务院副总理马凯出席会议并讲话，他强调，要从供给和需求两方面发力，加快动力电池革命性突破，大力推进充电设施建设。

10月25日

北京市小客车指标调控管理办公室发布《关于2015年第5期小客车指标申请审核结果和指标配置工作有关事项的通告》，对外宣布：为落实国务院9月29日常务会议精神，进一步促进新能源汽车发展，本期示范应用新能源小客车指标向所有通过资格审核的申请人直接配置。

11月2日

国家制造强国建设战略咨询委员会透露，新能源汽车产业未来十年发展路线图已经绘就。到2025年，中国新能源汽车年销量将达到汽车市场需求总量的20%，自主新能源汽车市场份额达到80%以上。国家层面将形成产业间联动的新能源汽车自主创新发展规划，并推出持续可行的新能源汽车财税鼓励政策等。

11月12日

交通运输部、财政部、工信部联合发布《新能源公交车推广应用考核办法（试行）》，自2015年起至2019年，全国各省份均要逐步提升新增及更换的公交车中新能源公交的占比，并每年考核一次。

11月17日

工信部印发《产业关键共性技术发展指南（2015年）》。该指南共确定优先发展的产业关键共性技术205项，其中，锂离子电池及节能与新能源汽车相关技术在列。

12月7日

住建部发布《关于加强城市电动汽车充电设施规划建设工作的通知》，提出要形成使用者居住地基本充电设施为主体，城市公共建筑配建停车场、社会公共停车场、路内临时停车位附建公共充电设施为辅助，集中式充、换电站为补充，布局合理、适度超前、车桩相随、智能高效的充电设施体系。

12月7日

国家发改委下发通知，凡是电动车动力电池一律按照国标执行，2016年1月1日起，公安局经侦大队、工商局、技术监督局等几大执法部门联合监督，打击虚标电池现象，罚款金额10万到100万元不等。

12月9日

财政部发布公告，2016年1月1日起，我国将对进出口关税进行部分调整，方向是降低部分商品进口关税，比如钢坯等原材料，纯电动或混合动力汽车用电机控制器总成等商品。零部件进口关税降低后，新能源汽车制造成本将相应降低。

12 月 16 日

国家重点研发计划试点专项 2016 年度项目申报工作启动。“新能源汽车”试点专项在列，重点围绕动力电池与电池管理、电机驱动与电力电子、电动汽车智能化、燃料电池动力系统、插电/增程式混合动力系统和纯电动力系统筹 6 个创新链部署了 38 个重点研究任务。

12 月 17 日

财政部等五部门公示《关于“十三五”新能源汽车充电设施奖励政策及加强新能源汽车推广应用的通知（征求意见稿）》。新能源汽车推广数量达标地区可获中央财政奖金，并且奖励门槛逐年提高。

12 月 21 日

中机车辆技术服务中心发布《关于报送新能源汽车生产一致性监督专项检查工作负责人的通知》，开展新能源车辆生产一致性监督检查工作。

12 月 28 日

质检总局等四部门发布新修订的电动汽车充电接口及通信协议 5 项国家标准，新标准全面提升安全性与兼容性，2016 年 1 月 1 日起实施。统一后新国标与美国、欧洲、日本并列为世界 4 大直流充电接口标准。

12 月 28 日

工信部发布《锂离子电池行业规范公告管理暂行办法》，对从事锂电池行业的生产企业提出了经营管理等相应要求，进入公告名单的企业每年 3 月 31 日前提交上年度自查报告，同时递送纸质材料 1 份。该办法 2016 年 1 月 1 日起实施。

2015 全球电动汽车销量近 54 万 中国品牌占三成

根据欧洲电动汽车研究机构 EV Obsession 发布的数据显示，2015 年，全球插电式电动汽车销量接近 54 万辆，较之 2014 年增长 70%，2014 年增速为 50%。这一态势也表明，电动汽车越来越受到市场的欢迎。仅 2015 年第四季度，插电式电动汽车的销量就接近 20 万辆。当然，这些都与政府的利好政策相关。

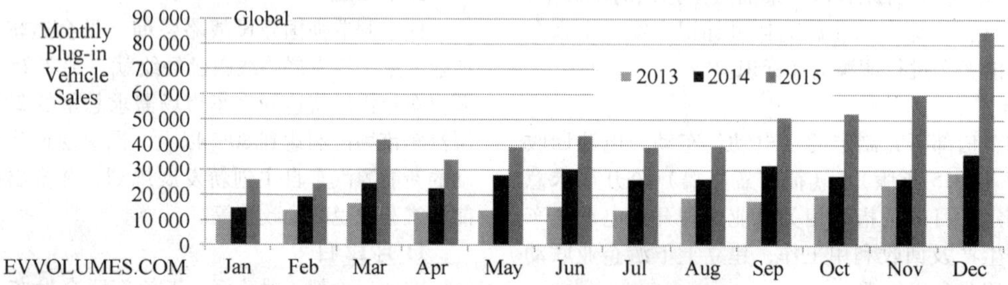

图 1 2013～2015 年全球电动汽车销量对比图

但是，从比例来看，插电式电动汽车占全球机动车的比例为 0.6%，不足 1%。2014 年 9 月，全球电动汽车累计销量突破 100 万辆。许多国家也纷纷设定了 2020 年低碳汽车销售目标，并推出了一系列鼓励政策。以此推算，预计到 2020 年，全球电动汽车销量累计将突破 700 万辆，所占乘用车的比例有望达到 7%。

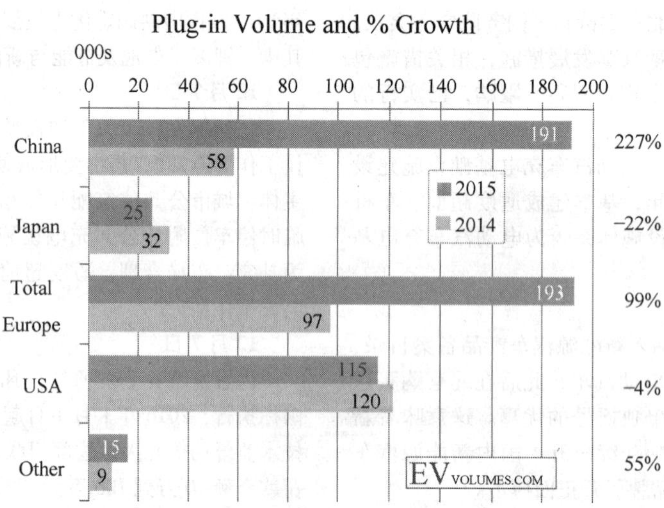

图 2 电动汽车销售市场区域增长对比图

从区域来看，2015 年欧洲和中国是最大的两个电动汽车销售市场。其中，欧洲市场销量较之 2014 年实现翻番，而中国更是增长了 2 倍以上，但是美国的销量下降 4%，日本的销量更是糟糕，降幅达到 2 成。

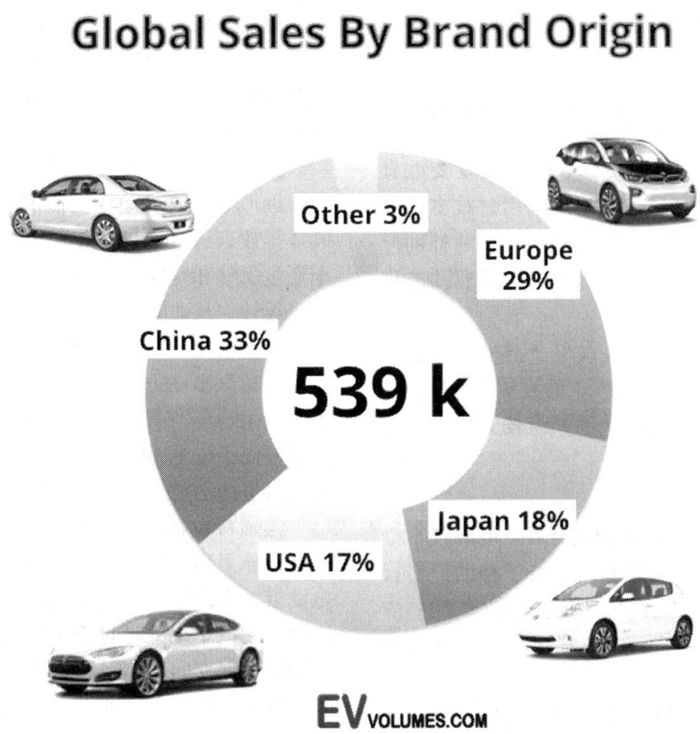

图 3　电动汽车品牌分布

从电动汽车品牌来看，2015 年，三分之一的电动汽车来自中国品牌，这比 2014 年的比例提高了 16 个百分点。其中，销量好的当属比亚迪，全年销量达到 3.19 万辆。欧洲地区受欢迎的电动汽车是 BMW i3，全年销量达到 2.565 万辆。值得注意的是，受到大众尾气事件的影响，欧洲品牌的电动汽车销量所占市场比例较之 2014 年下降了 10%。

日本的尼桑 Leaf 虽然还是当地最受欢迎的电动汽车品牌，但用户对它热情已经开始消退，2015 年，日本品牌的电动汽车占全球市场的销量比例开始下降。美国品牌的电动汽车占全球纯电动汽车销量的 17%。

工信部：2015 年重点扶持新能源汽车等七大产业

2015 年是“十二五”规划收官之年。从媒体的报道看，工信部 2015 年将着重扶持七大产业——包括智能化建设、互联网管理、钢铁落后产能淘汰、新能源车推广、军民融合、盐业改革、海洋工程等七大领域。这也意味着这七大领域的政策红包有望密集落地，市场相关概念也将持续掀起热潮。

一、智能制造将实施专项行动，国家引导重点投资。2015 年将实施智能制造试点等专项行动，组织实施智能机器人、增材制造等产业推进计划。以智能制造为主攻方向，以工业互联网和自主可控软硬件产品为重要支撑，以推广应用标准体系为主要抓手，以健全融合机制为重要保障，推进两化融合。

二、互联网产业指导文件有望年内出台，信息消费获提振。2015 年工信部将推动出台互联网行业管理和产业发展方面指导性文件，这将是互联网行业发展的一个重大政策。2015 年工信部将推出宽带中国 2015 专项行动，以作为 2014 年宽带中国行动的延续。另外，在全国范围内，还将推进三网融合，做好双向进入业务许可的受理审批。

三、钢铁业转型计划将出台，三方向迎商机。2015 年工信部将推动出台传统产业优化升级的政策措施，其中包括《钢铁工业转型升级计划（2015～2025）》。工信部此次推出钢铁产业转型计划，主要通过淘汰落后产能、高端材料设备升级、电子信息化三方面，对钢铁行业结构作进一步调整。

四、新能源车扶持将加大。2015 年将继续加大新能源车方面政策支持，主要包括建立统一的新能源汽车推广目录，出台纯电动乘用车生产企业准入管理规定。工信部此次关于新能源车方面的声明，旨在破除新能源车地方壁垒、新能源车准入标准两方面障碍。

五、军民融合，军工改革概念继续发酵。2015 年将继续推进军民融合深度发展专项行动，研究制定重要领域军民互动共享的措施意见。军民融合推行已久，但依旧存在问题，在 2015 年要加速军工改革，几方面壁垒必须突破，主要集中在军工企业改制、军工科研院所改制、军民融合统一管理、军工信息化共享。

六、盐业改革，破垄断传统企业受益。工信部表示，抓好盐业体制改革仍然是 2015 年工信部体改的重点。工信部或从四个方面推动盐业体制改革：一是取消食盐专营、许可经营制度后实行最严格的食品监管制度；二是健全食盐储备体系，确保食盐安全供应；三是加快盐业体制调整提升产业竞争力；四是健全法律法规，实施依法治盐。

七、2015 年海洋工程装备等行业规范标准将制定。配合国家建立海上丝绸之路方针指导，海工装备行业也将被推上关注焦点。明年将从三个方面推动海洋工程装备科研工作：一是获取工程与专项；二是健全特种作业装备；三是加强关键系统和设备。

政策支持力度加大　燃料电池汽车前景几何

财政部、科技部、工业和信息化部、国家发改委近日发布《关于2016～2020年新能源汽车推广应用财政支持政策的通知》，对纯电动汽车、插电式混合动力汽车的补助标准实施退坡机制，但对氢燃料电池汽车的补助标准并未进行下调，甚至个别车型还有所提高。

专家表示，四部委对氢燃料电池汽车个别车型补贴不降反升，反映国家对燃料电池汽车产业的发展特别重视，但国内氢燃料电池汽车与国际先进水平差距较大，应奋起直追。

政策始终青睐

《通知》提出，四部委在全国范围内开展新能源汽车推广应用工作，中央财政对购买新能源汽车给予补助，实行普惠制。根据通知，补助产品是纳入“新能源汽车推广应用工程推荐车型目录”的纯电动汽车、插电式混合动力汽车和燃料电池汽车。

值得关注的是，2017～2020年除燃料电池汽车外，其它车型补助标准适当退坡。其中，2017～2018年补助标准在2016年基础上下降20%，2019～2020年补助标准在2016年基础上下降40%。

“氢燃料电池汽车中增加了燃料电池轻型大中型客车、中重型货车的门类，补贴金额为30～50万元。同时，氢燃料电池各类汽车到2020年补贴不退坡，且补贴金额提升至2013年水平，这样的补贴力度体现了对先进技术的预判。”全国乘用车市场联席会秘书长崔东树认为，由于多方面原因，氢燃料电池乘用车尚未进入市场化导入期，为支持研发和生产，2016年补贴金额较2015年有所提升，且20万元的补贴金额将延续到2020年，将有利于我国氢燃料电池汽车的市场化导入。

据了解，我国一直非常重视对氢燃料电池汽车的研发和推广工作。早在2000年左右科技部就开始对国内氢燃料电池汽车基础技术的研发给予支持，2008年北京奥运会期间已有少量示范运行车辆投入使用。2012年，同济大学、清华大学、中科院大连物理化学研究所、上汽、一汽等发起成立了中国燃料电池汽车技术创新战略联盟。

政策方面，《节能与新能源汽车产业发展规划（2012～2020年）》提出，燃料电池汽车、车用氢能源产业与国际同步发展；2014年7月发布的《关于加快新能源汽车推广应用的指导意见》提出，通过国家科技计划，对新能源汽车储能系统、燃料电池、驱动系统、整车控制和信息系统、充电加注、试验检测等共性关键技术以及整车集成技术集中力量攻关，不断完善科技创新体系建设。

“无论是纯电动技术还是氢燃料电池技术，都是汽车行业未来发展的方向。但相比之下，氢燃料电池在解决污染排放和替代能源问题上更被看好。”崔东树表示，国内在氢燃料电池研发方面有优势的企业应借助国家政策的持续支持，加快氢燃料电池技术的研发与储备。

终极环保汽车

中国汽车工业协会副秘书长许艳华表示，氢燃料电池汽车零排放，且一次加氢续驶里程长，加氢时间短，是终极环保汽车。

据了解，与传统汽车相比，氢燃料电池汽车具有零排放或近似零排放，减少机油泄漏带来的水污染，减少温室气体排放，运行平稳、无噪声等诸多优点。氢燃料电池汽车通过氢气和空气中的氧气发生化学反应产生的电带动发动机运转，从而驱动汽车行驶。

与电动汽车利用已储存的电量驱动汽车行驶不同，氢燃料电池汽车一边发电一边行驶，在行驶过程中仅排出水，不会产生污染空气的有害气体。此外，氢气的能源密度是车载锂离子电池10倍，充一次氢气可以行驶更长距离，同时燃料电池的能量转换效率比内燃机高2～3倍。

氢燃料电池汽车不仅清洁，而且重量轻、加气快速。一辆续航里程400公里的燃料电池车，仅需50千瓦的燃料电池堆，大约加5公斤的氢气。同时，氢燃料电池还能解决纯电动汽车充电时间长的问题。在2015年4月举行的上海国际车展期间，丰田展出的氢燃料FV2概念车加氢3分钟可续航500公里，并且行驶时排放物只有水，实现了二氧化碳污染物零排放；上汽展示的第四代氢燃料950插电式混合动力轿车加氢3、5分钟，能行驶400公里，时速可达160公里。

市场化进程加快

“氢燃料电池汽车已具备一定的商业化条件，也就是说燃料电池堆和氢气罐两个关键总成部件已具备产业化基础。”许艳华表示，氢燃料电池汽车市场的启动须同时具备三个条件：车辆成本大大降低；市场因素（如高油价等）或政府政策为零排放车辆提供明显优惠；加氢网络建设足以满足燃料电池车辆日常的使用需求。

“虽然我国一直在积极进行氢燃料电池汽车的研发和推广工作，但近年来我国氢燃料电池汽车发展水平与国际先进水平的差距一直在拉大。”许艳华坦言，差距主要体现在，我国氢燃料电池总体上处于工程化开发阶段，功率特性、冷启动、可靠性等主要技术性能指标与世界标杆产品相比还有很大差距，关键技术领域所拥有的专利数量不多，技术标准未形成体系，成本居高不下，产品基本不具备商业化条件。

“差距拉大的主要原因是相比电动汽车，氢燃料电池汽车技术门槛高，需要巨额投入，而我国氢燃料电池技术和产业基础薄弱，资金和技术力量投入不足，技术链不完善，产业化能力较弱。除上汽外，大多数整车企业在氢燃料电池汽车方面没有开展实质性研发和产业化准备。此外，我国在催化剂、双极板等关键材料领域和高压储氢罐、空压机、氢循环泵等关键零部件领域基本不具备产业化能力，产业链尚未形成。”许艳华表示。

“虽然存在差距，但还有机会。”许艳华表示，从国内氢燃料电池汽车发展现状看，需要奋起直追才有可能保持与国际先进水平同步发展。首先，国家层面应进一步明确规划目标，要加大在氢燃料电池汽车发展方面的支持力度，鼓励有条件的企业积极参与，为产业化创造条件，推动建立和完善氢燃料电池汽车及相关技术标准体系，积极参与相关国际标准制定。其次，国内有能力的整车企业应把氢燃料电池汽车发展纳入规划，并切实加大投入，相关企业之间应加强在车辆技术、关键零部件供应商培育等方面的合作，加快工程化开发和产业化能力建设进程。第三，应加强国际合作和交流，力争以多种形式借助国际科研资源、产业资源尽快缩小差距，提高我国氢燃料电池汽车发展水平。第四，国内相关科研资源要向氢燃料电池汽车关键技术领域倾斜，强化基础研究，并会同整车、关键零部件企业加强工程化研究，集中攻克功率特性、寿命、冷启动、续驶里程、成本等难题。

专家表示，氢燃料电池汽车的发展核心在氢燃料电池技术。在国内的资金实力和技术集成水平与国际市场存在较大差距的情况下，可以超前布局燃料电池和储氢材料等核心环节。国内相关企业可以以全球市场为目标，通过技术引进和自主创新相结合的方式，加快我国氢燃料电池技术的发展与储备。

加快新能源汽车电池革命性突破将会带动电源行业

国务院总理李克强2015年2月24日主持召开国务院常务会议，确定进一步支持新能源汽车产业的措施，以结构优化推动绿色发展；在推动新能源汽车产业发展的同时，一些新能源汽车的配套设备厂家也将得到快速的发展机会。

会议指出，发展新能源汽车，推动产业迈向中高端，有利于保护和改善环境，是培育新动能的重要抓手、发展新经济的重要内容。近两年来，在国家政策引导和各方努力下，我国新能源汽车在研发推广、技术水平等方面取得明显成效，产销快速增长。下一步，要坚持市场导向和创新驱动，依托大众创业、万众创新，努力攻克核心技术，打破瓶颈制约，加速新能源汽车发展步伐。

一是加快实现动力电池革命性突破。推动大中小企业、高校、科研院所等组建协同攻关、开放共享的动力电池创新平台，在关键材料、电池系统等共性、基础技术研发上集中发力。中央财政采取以奖代补方式，根据动力电池性能、销量等指标对企业给予奖励。加大对动力电池数字化制造成套装备的支持。

二是加快充电基础设施建设。明确地方政府、业主、开发商、物业和电网企业等责权利，推动落实住宅小区和党政机关、企事业单位、机场景区及其它社会停车场等建设充电设施的要求。利用中央预算内投资和配电网专项金融债等支持各地充电设施建设，鼓励地方建立以充电量为基准的奖励补贴政策，减免充电服务费用。

三是扩大城市公交、出租车、环卫、物流等领域新能源汽车应用比例。中央国家机关、新能源汽车推广应用城市的政府部门及公共机构购买新能源汽车占当年配备更新车辆总量的比例，要提高到50%以上。

四是提升新能源汽车整车品质。完善准入标准，加强质量安全监管，发展新能源汽车+物联网，强化生产企业对新能源汽车的安全监控、动态检查，建立惩罚性赔偿和市场退出等机制。

五是完善财政补贴等扶持政策，督促落实不得对新能源汽车限行限购的要求，破除地方保护，打击“骗补”行为。建立合理投资回报机制，鼓励社会资本进入充电设施建设运营、整车租赁、电池回收利用等服务领域。国务院新能源汽车协调机制及其办公机构要履行好协调职责。

为积极响应国家的新政策，艾诺仪器作为电源行业的领导者，将为新能源汽车企业提供更加优质的电源产品（直流稳压电源，交流变频电源，程控电源），与新能源企业行业共创佳绩。（来源：山东艾诺仪器）

中国特色新能源车技术路线

2015年2月16日，科技部发布了《国家重点研发计划新能源汽车重点专项实施方案（征求意见稿）》。

意见稿提出，该方案的总体目标为，落实《节能与新能源汽车产业发展规划（2012～2020年）》；实施新能源汽车“纯电驱动”技术转型战略；完善电动汽车“三纵三横”技术体系和新能源汽车研发体系，升级新能源汽车动力系统技术平台；抓住新能源、新材料、信息化科技带来的新能源汽车新一轮技术变革机遇，超前研发下一代技术；到2020年，建立起完善的电动汽车动力系统科技体系和产业链。为2020年实现新能源汽车保有量达到500万辆提供技术支撑。

方案提出的具体目标为，轿车动力电池的单体比能量2015年底达到200瓦时/公斤，比2010年提高一倍；2020年达到300瓦时/公斤，总体水平保持在国际前三名以内；驱动电机技术水平保持国际先进，电机驱动控制器比功率2020年比2014年提高一倍，赶上国际先进水平；全面提升纯电动汽车电气化、轻量化、智能化、网联化水平，小型电动轿车技术水平达到国际先进、市场化推广达到国际领先；形成中国特色插电式电动汽车主流技术路线、处于世界领先地位的著名品牌和主打车型；燃料电池汽车技术取得突破，达到产业化要求，实现千辆级市场规模。

该方案的建议实施周期为2015～2020年。

工信部部长苗圩：让新能源汽车用户买得到车，充得上电

新能源汽车，称得上是2014年的“热词儿”，公众对于新能源车的购买热情也在升温。苗圩介绍，2014年，新能源汽车一共生产了84000辆，相当于过去5年生产总量的4倍，增长速度非常之快。2015年，随着已经出台的对于新能源购车用户减税让利政策的继续执行，以及企业的生产提速，相信会取得更大的成绩。

“现在制约新能源汽车发展的最大瓶颈，从过去的有车没车、车好用不好用，转变为用户对于充电设施的担忧。”苗圩讲到，2015年，工信部将加大对试点示范城市的充电基础设施的支持力度，也希望各试点示范城市政府加大充电设施的工作力度，使用户买得到车、充得上电。

国务院办公厅印发关于加快电动汽车充电基础设施建设的指导意见

2015年9月29日，国务院办公厅印发《关于加快电动

汽车充电基础设施建设的指导意见》（以下简称《意见》），部署加快推进电动汽车充电基础设施建设工作。

《意见》指出，大力推进充电基础设施建设，有利于解决电动汽车充电难题，是发展新能源汽车产业的重要保障，对于打造大众创业、万众创新和增加公共产品、公共服务"双引擎"，实现稳增长、调结构、惠民生具有重要意义。

《意见》明确，我国将以纯电驱动为新能源汽车发展的主要战略取向，按照统筹规划、科学布局，适度超前、有序建设，统一标准、通用开放，依托市场、创新机制的原则，力争到2020年基本建成适度超前、车桩相随、智能高效的充电基础设施体系，满足超过500万辆电动汽车的充电需求。

《意见》提出，要加强充电基础设施建设专项规划设计和指导。各地要将充电基础设施专项规划有关内容纳入城乡规划。原则上，新建住宅配建停车位、大型公共建筑物配建停车场、社会公共停车场建设或预留建设充电设施安装条件的车位比例分别为100%、10%、10%，每2000辆电动汽车至少配建一座公共充电站。

《意见》提出，要完善充电设施标准规范、建设充电智能服务平台、建立互联互通促进机制、做好配套电网接入服务、创新充电服务商业模式，加快制定、修订或完善有关标准规范，大力推进"互联网+充电基础设施"，促进电动汽车与智能电网间能量和信息的双向互动，组建国家电动汽车充电基础设施促进联盟，将充电基础设施配套电网建设与改造项目纳入各地配电网专项规划，鼓励充电服务企业创新建设充电基础设施商业合作模式。

《意见》要求，要强化充电基础设施建设的支撑保障，一要简化规划建设审批，既有停车位安装充电设施，无需办理建设用地规划许可证、建设工程规划许可证和施工许可证；二要加大补贴力度，加快制定"十三五"期间充电基础设施建设财政奖励办法，在产业发展初期通过中央基建投资资金给予适度支持；三要拓宽多元融资渠道，有效整合各类公共资源为社会资本参与充电基础设施建设运营创造条件；四要加大用地支持力度，将独立占地的集中式充换电站用地纳入公用设施营业网点用地范围，优先安排土地供应；五要加大业主委员会协调力度，制定全国统一的私人用户居住地充电基础设施建设管理示范文本；六要支持关键技术研发，依托示范项目，发挥企业创新主体作用，探索并推动关键技术及装备的研发；七要明确安全管理要求，建立安全管理体系、完善有关制度和标准。

根据《意见》，各地方政府将于2016年3月底前发布充电基础设施专项规划，制定出台充电基础设施建设运营管理办法。国家发展改革委、国家能源局将会同有关部门，加强部门协调配合，强化对各地的指导与监督。

发展改革委印发电动汽车充电基础设施发展指南

2015年10月9日国家发改委针对电动汽车充电基础设施建设发布指导性文件。

随着我国经济社会发展水平不断提高，汽车保有量持续攀升。大力发展电动汽车，能够加快燃油替代，减少汽车尾气排放，对保障能源安全、促进节能减排、防治大气污染、推动我国从汽车大国迈向汽车强国具有重要意义。

充电基础设施主要包括各类集中式充换电站和分散式充电桩，完善的充电基础设施体系是电动汽车普及的重要保障。进一步大力推进充电基础设施建设，是当前加快电动汽车推广应用的紧迫任务，也是推进能源消费革命的一项重要战略举措。

我国已基本建立充电基础设施标准体系，包括术语、动力电池箱、充电系统及设备、充换电接口、换电系统及设备、充/换电站及服务网络、建设与运行、附加设备等8个部分，约60项标准，在国际标准制定中的影响力逐步增强。支持政策陆续出台。国家不断加大对充电基础设施的政策支持力度，印发了《国务院办公厅关于加快新能源汽车推广应用的指导意见》（国办发〔2014〕35号），有关部门抓紧制定配套支持政策，已出台充电价格、财政奖励等文件，其它政策将陆续发布。一些省市地方政府也相继出台了充电基础设施财政补贴、充电服务指导价格等配套支持政策。

根据各应用领域电动汽车对充电基础设施的配置要求，经分类测算，2015~2020年需要新建公交车充换电站3848座，出租车充换电站2462座，环卫、物流等专用车充电站2438座，公务车与私家车用户专用充电桩430万个，城市公共充电站2397座，分散式公共充电桩50万个，城际快充站842座。在北京、天津、河北、辽宁、山东、上海、江苏、浙江、安徽、福建、广东、海南等电动汽车发展基础较好，雾霾治理任务较重，应用条件较优越的加快发展地区，预计到2020年，推广电动汽车规模将达到266万辆，需要新建充换电站7400座，充电桩250万个。

在山西、内蒙古、吉林、黑龙江、江西、河南、湖北、湖南、重庆、四川、贵州、云南、陕西、甘肃等示范推广地区，预计到2020年，推广电动汽车规模将达到223万辆，需要新建充换电站4300座，充电桩220万个。

在广西、西藏、青海、宁夏、新疆等尚未被纳入国家新能源汽车推广应用范围的积极促进地区，预计到2020年，推广电动汽车规模将达到11万辆，需要新建充换电站400座，充电桩10万个。

七部委发文鼓励社会参与建停车场按比例配建充电设施

国家发改委、财政部、国土资源部等七部委2015年8月3日下发《关于加强城市停车设施建设的指导意见》，要求充分调动社会资本积极性，加快推进停车设施建设，有效缓解停车供给不足。

《意见》明确了停车设施建设重点，以居住区、大型综合交通枢纽、城市轨道交通外围站点（P+R）、医院、学校、旅游景区等特殊地区为重点，在内部通过挖潜及改造建设停车设施，并在有条件的周边区域增建公共停车设施。鼓励建设停车楼、地下停车场、机械式立体停车库等集约化的停车设施，并按照一定比例配建电动汽车充电设施，与主体工程同步建设。

七部委在《意见》中提出要鼓励社会参与，一方面通过各种形式广泛吸引社会资本投资建设城市停车设施，大力推广政府和社会资本合作（PPP）模式；另一方面鼓励企事业单位、居民小区及个人利用自有土地、地上地下空间建设停车场，允许对外开放并取得相应收益。同时，要求各地降低停车设施建设运营主体和投资规模的准入标准。企业和个人均可申请投资建设公共停车场，原则上不对泊位数量做下限要求。

在盘活存量土地资源方面，《意见》提出，对企事业单位、居民小区、个人利用自有出让土地建设停车设施，规划部门要充分考虑停车需求的合理性，办理用地性质和容积率等规划调整手续。鼓励利用公共设施地上地下空间、人防工程等地下空间建设停车设施，增强土地的复合利用。相关部门分层办理规划和土地手续，投资建设主体依据相关规定取得停车设施的产权。

在创新投融资模式方面，《意见》提出，鼓励采用政府和社会资本合作（PPP）模式，政府投入公共资源产权，与社会资本共同开发建设，采用放弃一定时期的收益权等形式保障社会资本的收益；允许在不改变土地用途和使用权人的前提下将部分建筑面积用作便民商业服务设施，收益用于弥补停车设施建设和运营资金不足。

“我们力图通过示范区先行先试，率先打破制度藩篱，破解可再生能源发展的深层次矛盾，为可再生能源市场化发展和创新驱动发展探索新机制、新路径。”国家发展改革委高技术司副司长任志武说。

《意见》要求加强停车综合治理，各地同步完善停车场周边市政公用设施和停车引导设施；新建或改扩建公共停车场建成营业后，减少并逐步取消周边路内停车泊位，加强违法停车治理，保障公共停车场有效需求，提高收益水平；确保路内等政府停车资源委托经营的公开透明，将收入的一定比例专项用于停车场建设；严格监管停车服务和收费行为，严厉打击无照经营、随意圈地收费等违规经营行为。

充电桩电动汽车将互相兼容 全国建成充换电站3600座

2015年12月28日，国家质检总局、国家标准委发布新修订的有关电动汽车充电接口和通信协议的5项国家标准，有望在充电桩兼容方面，取得突破。新标准将于2016年1月1日起实施。

这5项标准分别是：《电动汽车传导充电系统 第1部分：一般要求》、《电动汽车传导充电用连接装置 第1部分：通用要求》、《电动汽车传导充电用连接装置 第2部分：交流充电接口》、《电动汽车传导充电用连接装置 第3部分：直流充电接口》、《电动汽车非车载传导式充电机与电池管理系统之间的通信协议》。

此次5项标准修订全面提升了充电的安全性和兼容性。在安全性方面，新标准增加了充电接口温度监控、电子锁、绝缘监测和泄放电路等功能，细化了直流充电车端接口安全防护措施，明确禁止不安全的充电模式应用，能够有效避免发生人员触电、设备燃烧等事故，保证充电时对电动汽车以及使用者的安全。

据悉，目前全国已建成充换电站3600座，公共充电桩4.9万个，较2014年底增加1.8万个，同比增速58%。

北京开展“路灯充电桩”改造试点 鼓励电动汽车发展

2015年1月11日，从北京市科委获悉，北京已开展“路灯充电桩”改造试点，通过路灯节能改造后节电容量支持电动汽车充电。“路灯+充电桩”模式有望解决限制电动汽车普及的充电难题。

北京市科委负责人介绍，目前，首批路灯充电桩改造试点已经展开，在位于昌平区京密北路上的88盏路灯从传统高压钠灯改造为LED灯，节省出的容量足够支撑十几辆纯电动汽车同时充电。此外，8个纯电动汽车慢充桩也开展试运行，常规充电时间为四五个小时。这些充电桩白天、晚上都可以充电，将有效缓解区域内电动出租车和私家车充电需求。据介绍，“节能路灯充电桩整体解决方案”把电动汽车充电桩和市政路灯节能改造相融合，并探索路灯充电桩的合同能源管理模式，力争将示范工程向更大范围推行，以解决长期以来限制电动汽车发展的瓶颈问题。

这位负责人表示，目前北京公用充电设施建设进展明显，正向初步在五环内建成5公里半径快速充电网络、日充电服务能力过万辆的目标推进。已经在新能源汽车4S店、P+R停车场、科技园区和高速路服务区等场所建成纯电动汽车充电桩。

工信部启动新能源汽车安全排查 动力电池市场或现洗牌潮

2014年以来，国内新能源汽车出现的一系列安全事件，引起了政府相关主管部门的关注。这对于处于快速上升阶段的动力电池行业来说，意味着市场门槛的进一步提升，以及由此带来的市场洗牌。

2015年8月7日工信部下发《关于开展节能与新能源汽车推广应用安全隐患排查治理工作的通知》，开展节能与新能源汽车推广应用安全隐患排查治理工作。通知表示，新能源汽车正处于产业化发展初期，也是产业发展的关键时期，新能源汽车推广应用的安全问题不仅涉及人民群众的生命财产安全，也关系到战略性新兴产业的发展大局。

通知要求，各示范城市一是要对自2009年以来推广应用的节能汽车、新能源汽车运行状况进行调查；二是要对充电基础设施是否健全进行调查；三是对公共领域推广应用的节能汽车、新能源汽车的安全运行监控系统进行调查；四是对节能汽车、新能源汽车停放及电池箱的存放场地及配套管理措施进行调查。

工信部印发《锂离子电池规范管理暂行办法》

2015年12月29日从工信部获悉，工信部印发《锂离子电池行业规范公告管理暂行办法》的通知，旨在为全面加强锂离子电池行业管理，推动锂离子电池产业持续健康发展。

办法还规定，公告企业出现下列情况之一时，需及时提出变更申请，经省级行业主管部门核实后，上报工业和信息化部：企业名称变化，企业合并、分立或兼并重组，企业产能产线发生较大变化，企业搬迁新址，其它重大变化。

办法强调，已经公告企业有下列情况之一的，省级行业主管部门责令其限期整改：①不能保持《规范条件》要求的；②填报资料有弄虚作假行为的；③拒绝接受监督检查的；④发生重大安全事故、重大环境污染事故的；⑤违反法律、法规和国家产业政策规定的。

2015 年无线充电技术与无线充电行业现状

无线充电代表着科技产业的一次重大转变。历史上，移动设备用户必须把设备插入充电器充电，无线充电技术使得给移动设备充电不再需要连线，只要把移动设备放到充电板上即可。

据 IHS 最近的一项消费者调查，在 2014 年，只有 36% 的消费者表示，他们已经听说过无线充电（Wireless Charging）技术。不过，在 2015 年过去 12 个月内，包括美国，英国和中国的消费者对无线充电技术的消费意识已增加了一倍，达 76%。

这是一个急速增长而利润丰厚的市场，据市场研究咨询公司 Marketsand-Markets 的报告，2014～2020 年全球无线充电市场将迎来飞速发展，期间年复合增长率将超过 60%。预计到 2020 年，无线充电市场收益将达到 137.8 亿美元。

无线充电 2015 年已被证明是一个突破性的一年，因为绝大多数消费者现在都开始意识到这一点。此种增长意识背后的一个关键因素是，三星（Samsung）、苹果（Apple）等中高阶产品制造商开始采用无线充电技术，以及公共部门对布建无线充电基础建设的认可度上扬所致。

一、六大无线充电技术

虽然无线充电技术在近年来被广泛关注，但至今仍未真正在消费电子领域普及。无线充电技术究竟发展到何种程度、未来又将如何？首先盘点一下六大无线充电技术：

1）无线充电联盟（WPC）：电磁感应方式，2008 年 12 月成立。

目前，WPC 在商业推广中的 QI 标准目前已有 172 家会员公司：德州仪器（TI）、飞利浦、飞思卡尔（Freescale）、东芝（Toshiba）、微软、松下、三星、索尼、高通（最后加入）等等。

无线充电联盟（WPC）共同制定的无线充电标准 Qi 采用的是电磁感应方式。但这技术还有比较多的缺陷，比如最大输出功率只有 5W，所以充电速度非常有局限。

从市场规模上，Qi 无疑是目前最为普及的，值得关注的是：Qi 的最新标准可实现 7～45 毫米的无线充电距离，算是一个小小的突破。

QI 标注采用的电磁感应技术的优缺点：优点是原理简单，制作容易；缺点是传输距离严重受限。

2）A4WP（无线能源联盟）：磁共振，2012 年 5 月成立。

由三星与高通创立的 A4WP（无线能源联盟）目前已有超过 40 个成员：三星、高通、博通、Gill Industries、Integrated Device Technology（IDT）、Intel 等等。

A4WP（无线能源联盟）的无线充电技术名为“Rezence”，采用磁共振（谐振感应，又名谐振耦合技术），虽然在一些电子消费展上偶尔露面，但仍未正式商用。

A4WP 采用的磁共振技术的优缺点：优点是传输距离长，效率高；缺点是电路调频不易。

3）PMA（电力联盟）：电磁感应方式。

由 Procter & Gamble 与 Powermat Technologies 共同创立的 PMA 已有超过 70 家的会员：包含了不少通信及手机制造商，如三星、Broadcom、宏达电、LG 及华为等等。

PMA（电力联盟）也是采用的电磁感应技术，比 WPC 要晚一些，PMA 的产品虽然可以在市场中找到，但为数不多，最大的商业活动是获得星巴克支持，在一些分店中推出了免费无线充电服务，但反响平平。另一方面它已经是北美地区覆盖速度最快的无线充电标准了，它的显著特征是更偏向于充电器件，像桌子、家具等等。

值得注意的是：A4WP 与 PMA 两大阵营宣布正式合并，未来二者将致力于整合磁共振和磁感应两项技术，以早日促进无线充电标准统一。

4）WiFi 无线充电：十米距离。

优点：随走随充，符合无线充电的理念；缺点：充电对象定位不易，浪费电量。

美国华盛顿大学已经成功地研发了利用 Wi-Fi 网络给硬件设备充电的技术，已经在大约十米的 Wi-Fi 覆盖距离内，成功给数码相机等设备充满电。未来有望给手机充电。

Wi-Fi 网络几乎随处可见，美国华盛顿大学研发团队的目的，就是利用 Wi-Fi 路由器充当无线充电设备，给智能手机等设备进行充电。这将比目前的无线充电技术更能解决用户现实问题。

该大学研发了一个所谓的“Wi-Fi 供电系统”。该系统主要包括两个组成部分，一个是 Wi-Fi 接入点（路由器），另外一个部分是定制的充电传感器。

该项目的研究人员唐拉（VamsiTalla）表示，安装在硬件设备上的充电传感器，目的是接收射频信号（RF）中的电能，并将其转化为直流电进行充电。

该团队专门研发了软件的解决方案，可以让 Wi-Fi 路由器成为一个供电电源，与此同时扮演传统路由器的数据传输角色。

需要指出的是，这种 Wi-Fi 充电技术，并不需要对传统的无线路由器进行更换，只需要部署软件等方案，提供充电功能之后，并不会对互联网接入的功能造成影响。

根据美国记者的报道，此前美国 Energous 公司已经推出了一种利用射频信号在空中提供电能的设备，这种设备在提供充电时，将无法再充当 Wi-Fi 路由器使用。

华盛顿大学的新技术，可以让 Wi-Fi 网络同时传输电能和数据。更准确地说，这种技术利用了 Wi-Fi 数据传输中的无线电波，来传输电能。

据报道，华盛顿大学的研究团队，寻找到了巧妙的解决方案，让 Wi-Fi 网络的数据传输和电能传输，互相不干扰。

“连线”网站评论指出，虽然目前的 Wi-Fi 充电技术，暂时还只能以“细水长流”而不是“如潮洪水”的方式给设备充电，但这仍然是一个了不起的成就。随着技术成熟，未来的手机和消费电子设备用户，或许可以将充电接口、充电线等概念遗忘，只需要利用 Wi-Fi 网络来充电。

5）超声波无线充电：有效范围接近 5 米。

优点：技术非常安全 ，接收器价格便宜、体积小，可以用于数据传输；缺点：最终的产品可能无法在价格、功率、速度和安全方面达到预期。

一家名叫 uBeam 的公司发明了一种全新的无线充电模式，可以利用超声波将电力隔空输送到 15 英尺（约合 4.6 米）外的地方。有了这样的产品，只要使用专用的无线充电套，你就可以在充电的同时拿着手机在屋里走动。

此技术是一名 25 岁的纽约女孩 Meredith Perry 想到的。uBeam 已获得 170 万美元的种子轮融资，其投资人包括 Yahoo CEO Marissa Mayer、Founders Fund 以及 Andreessen Horowitz 等。该公司已经申请了 18 项与无线充电和超声波有关的专利。

6）微软拟利用聚焦光线来充电。

微软研究院已经制定出了一个潜在的解决方案：AutoCharge。微软研究人员们描述 AutoCharge 是一种自动定位桌子上的智能手机，并为它们充电的技术。他们制造的原型充电器可以被安装在天花板上，有两个工作模块：一个监测模块，其采用的是微软的 Kinect 摄像头，可以扫描像智能手机样子的物体；另一个是充电模式，采用了 UltraFire CREE XM-L T6 来聚焦 LED 光线。

该 AutoCharge 系统采用了基于图像处理来监测和追踪桌上的智能手机，并自动为智能手机充电。充电器会不断地旋转，直到它检测到一个看起来像智能手机的物体，之后将使用太阳能发电技术所产生的光束为智能手机远程充电。换句话说，就是无需电线。

二、2015 年无线充电行业

对苹果公司采用无线充电技术，我们期盼已久，只不过没想到首先在 AppleWatch 上采用。不过这一次我们照例对苹果首次尝试的新技术报以遗憾，这项采用紧耦合感应充电技术的手表在设计时貌似是背离无线充电的初衷——让你在任何场合下都能使用到无线充电的同时，让你能够和其它设备共享充电设备。而 AppleWatch 必须一天一充，每次充电的时候必须完成——解下手表、装上充电装置、插上插座等系列操作。

苹果的智能手表充电底座并未暴露出充电接点，它采用了与 Mac 笔记本电脑类似的 Magsafe 磁吸式技术，透过磁吸的方式连接内建于智能手表中的感应线圈与充电线，相较于其它智能手表，苹果通过去除充电接口或者金属触点来保持了产品的完整性。看似这对无线充电整个行业的发展没促进作用，其实并非如此。

1. 苹果是催熟剂

可穿戴设备是一个利基市场，关于这方面的想象都已经展开，运动员都已经基本进场，但是让人遗憾的是，可穿戴设备由于续航的限制始终缺乏一款杀手级的应用。可穿戴设备对于庞大的智能终端设备规模来说无疑只是九牛一毛，其在规格上的限制使得电池不能够做大，他朝着智能化的方向发展，必定伴随着交互频率和能耗的增加，这是个无法避免的矛盾，尖锐程度甚于智能手机。智能手机随着屏幕的增加，机身也拥有着能放下更大电池的空余，而可穿戴设备现如今作为分担智能手机任务、强调便携性的角色时，对于解决续航要求的迫切性远甚于智能手机。而且，前面已经提到可穿戴设备的体量远不及智能手机，苹果的入场给这类设备打了一注强心剂。也让“怎么样让我们消费者手上的智能设备长期工作且不用每天一充”的问题推到了所有人的面前。无线充电巨大的通用性无疑是目前为止最好的解决方案。

Moto360 采用了 Qi 标准，充电体验无疑更出色，能够和 Nexus 系列手机共用同个充电器，但这还远远不够，我们需要的是在我们的办公环境下、餐饮过程中、行车环境中、在家庭生活中，即生活的大部分场景之下，我们的设备都能在我们的不刻意间得到充电，让充电习惯更加友好。由于现在主流的无线充电标准 Qi 需要对准线圈位置，充电距离也有所限制，显然对于可穿戴设备的充电要求还是无法满足，而运用磁共振原理的 A4WP 在功能上能够满足要求，但是今年才刚刚步入正轨，缺乏足够的使用尝试。这就形成了一片极富价值的技术空白，苹果的 AppleWatch 就如同是催熟剂，将极大地催生出各大标准技术的成熟壮大来满足新的需求。

2. 新技术蓬勃发展

近些年来，智能手机不断发展不断普及，极大地改变了我们的日常生活，智能手机也越来越成为我们生活中不可或缺的部分，我们在智能手机上能干的事情也越来越多，手机的性能越越来越强，不管手机变得多大，电池总会是限制其不断智能化的瓶颈。在电池革命距离我们遥遥无期的时候，我们更多的是需要无线充电来满足我们不断延长设备一次性使用的时长。无线充电技术给了我们一种可能，让我们抛弃掉线材，完全不用去考虑充电的问题。而无线充电领域目前尚无统一的标准，现有的三大标准 PMA，Qi，A4WP 都在试图成为全球通用的最终标准。相信所有深谙无线充电行业的人都不会陌生，就不一一赘述了。近些年来也涌现出不少令人兴奋的新技术。

美国 Witricity 公司为了完全解决实施无线充电时需要对手机摆放距离和摆放位置有要求的问题推出过采用磁共振的无线充电技术，它可以让手机离开充电器一段距离仍然保持充电状态，对位置要求也没那么严格，同时还可以同时为多款设备充电。在 CES2013 上，已试制了使用该公司磁场共振技术的多款无线供电产品。

无线充电器行业市场调查分析报告显示，无线充电技术研发公司 Energous 前不久介绍了一项叫作 WattUp 的无线充电技术，用户只需要将自己的智能设备加上特别的外部接收器或放在专用的保护套里，之后专门管理的应用程序可以检测在充电站发射装置 15 英尺（1in = 0.0254m）范围内是否存在无线充电设备，随后只要启动程序上的充电开关，该设备即可进行充电。更令人愉悦的是，该公司在上个月底已经宣布，该技术很快应用于海尔家用电器。

由两个宾夕法尼亚大学的毕业生 MeredithPerry 和 NoraDweck 成立了 uBeam 公司，uBeam 的思路则是利用超声波作为媒介。其过程是首先将充电器的电能转化为超声波，然后在另一头用设备捕捉这些超声波转换回电能，接收者再连接该设备实现充电，这如同 Wi-Fi 一般简单，为了支撑其商业化，这家初创公司在上个月底刚完成 1000 万美元的 A 轮融资。

3. 产业端逐渐打通，生态逐渐成形

相比于智能终端对采取无线充电技术的谨慎，产业链上游无疑表现出了积极的信号。

2105 年年初，PMA 联盟与 A4WP 签订了初步合作协议，将彼此接受对方的无线充电技术，这意味着基于两大标准的无线充电设备，均可兼容对方标准的手机，近期 PMA 联盟也正式宣布未来 PMA 将不再发展下一代的磁感应标准，而在磁共振方案亦将采行 A4WP 的标准。这意义足够巨大，PMA 目前支持者包括金霸王、星巴克、麦当劳和 AT&T 等，Powermat 截至去年中在美国大型机场、咖啡店、购物中心和体育场等地已经部署超过了 1500 个充电点。在欧洲，已与 Powermat 合并的 PowerKiss 已经在机场、酒店和咖啡店监督安装了 1000 多个充电点，并且在麦当劳部分欧洲餐厅已安装了无线充电点。而星巴克更是近日在旧金山湾区的 200 个店面设了无线充电站，如果这次试点反响不错，将会有十万个设备投放至全美，年内将进军欧洲和亚洲市场，时间上来看推广完成的时间不会超过明年二月。

而 A4WP 呢，去年 12 月推出面向消费市场的品牌"Rezence"，由于可以实现松耦合、一对多充电、可以做更薄的线圈、可以通过蓝牙通信等很多优势自诞生之初一直被看好，可由于技术、成本、安全认证的限制一直鲜有具体解决方案上市。不过 A4WP 在跨设备上步子迈得很大，其 Rezence 基本系统标准 1.2 版为了给可穿戴设备用户提供最友好的使用方式，支持设备可水平或垂直放在无线充电器上充电，在未来也会支持平板电脑和笔记本电脑上。这两种技术标准的兼容无疑将降低无线充电普及的难度。

作为占据市场主流地位的 WPC 自然也积极应对，于今年年中推出 Qi1.2 版本，正式纳入磁共振技术了，充电距离达到了 45 毫米，功率最大能支持 2000 瓦，Qi 充电器也开始能支持多个设备充电。

无线充电中一股不能忽视的力量是高通，他已经在今年 9 月举办的 2014 年首届电动方程式锦标赛赛场上秀了一把 Halo 无线充电技术，该技术成功运用到了领航车和医疗车上。在智能终端的无线充电领域，高通是 A4WP 的创始人，在 2013 年 9 月加入了 WPC，支持 Qi 标准，紧接着，10 月份，高通又宣布支持 PMA 标准。三种标准在技术发展过程中相互借鉴成熟，高通身在其中还是起了积极的作用。

殊途同归，三个标准最后要实现的愿景都趋于一致，就是实现越来越远的距离、支持越来越大的功率，技术各有优劣，这极大满足了现今智能设备的多样性。无线充电标准不统一一向是业界唱衰无线充电技术的重要理由，但目前看来似乎越来越站不住跟脚。

除了在标准上有所突破外，芯片端也是欣喜连连。今年 2 月，联发科推出全球首款支持多模兼容的无线充电解决方案 MT3188。之后各大晶片商陆续跟进，博通还提供全套的解决方案，包括行动无线连接技术和 WICED 平台开发的智慧型充电板，致力于建立一个健全、可交互操作的无线充电生态系统。高通也和其它无线充电芯片商合作积极开发整合磁感应和磁共振技术的多模无线充电的接收器和传送器芯片。另一家半导体巨头恩智浦在今年第四季度也会推出多模 Qi/A4WWP /PMA 的无线充电接收芯片。

2014 年无疑是无线充电迅猛发展的一年，而 2015 年是无线充电的爆发年，各大厂商逐渐打通了整条产业端。多模产品出现，既保留了不同标准应对不同设备不同生活场景的可能，又降低了普及的难度。业界有声音说这只是过渡方案，未来充电会统一标准，这或许不该成为我们抱迟疑态度的原因，按照此类说法，所有智能终端的接口都会统一，全球的插头都会统一规格，那真的等到猴年马月。这将会是很长的一段时间内保持常态，并且后期苹果的加入会让这个市场变得异常的有趣，每一种方案都能找到适合的存在方式，PMA 适合老旧设备、超薄设备、特殊材质设备、全新门类设备的无线充电改造，并拥有着出色的中央控制系统，A4WP 和 Qi 在技术的衍生方向上将趋于一致，将越来越多的设备囊括进来，距离会越来越远，而其余新技术也会逐渐在实用和商用中不断磨合，应用于新天地，展露出后来居上之姿。所以在多模技术的不断成熟情况下，标准的不统一更是为多样性奠定了基础，无线充电已经呈现出"星星之火"之势了。

三、无线技术发展必须要迈过的坎

1. 商业推广瓶颈

无线充电的便利是建立在你连贯持续的使用习惯和设备通用的基础上，办公、出行、居家，无缝地使用，多种设备之间通用，这就造成采购成本的高昂。如何转嫁消费者的使用成本，这需要交给市场先行者来发挥鲶鱼效应了。公共场合下布点是个突破口，这个是国外证明行之有效的突破口，但也只是突破口而已。怎么布，怎么维护，怎么运作，这都考验着无线充电厂商的操作能力。

首都机场目前在 3 号航站楼 C 座及 D 座所有登机口附近均配备了无线充电桩，也将逐步普及到其它航站楼。这种充电桩包括 8 个传统充电格、4 个无线充电格、2 个平板电脑专用充电格。旅客在使用时，自助设置密码后将手机锁闭在充电格内，取出时只需再次输入密码即可。如何和商家合作培养用户使用无线充电的习惯，才是整个行业面临解决的问题。

目前的商业推广存在一个问题，那就是手机上的接收器问题。要跑在市场的前头，不可必要的要在产品上有所妥协，比如第一款安卓手机 G1，在当时云计算尚未成为主流的时候，安卓将信息从电脑导到 G1 上的操作就已经是用户用手机与谷歌的云端同步，然后再把电脑也和谷歌云端同步的形式。到了现如今，这种无线传输的方式比用数据线方便太多了。

无线充电也是如此，多数的手机在使用无线充电需要加装接收器。接收器就多种多样了，三星比较取巧，拆开后壳，将无线贴片上的触点对准预留的接口，盖上后壳就能使用了。而其它接收器不可避免地要占用手机的充电接口。而带来的问题是，公共场所能很愉快地充电，而回到家中，又得换下接收器，改用线充，无线充电本是一种让人用起来不费力的优雅行为，这样反复折腾极容易破坏大众对这项新技术的好感。星巴克采用插环的形式，不用考虑适配不同机型，也解决了消费者充电难的问题，但由于PMA的小众，支持其他标准的手机仍需插上插环，同时，依旧需要拔进拔出，没有模拟出无线充电的使用场景，不能达到“忘记充电”的远景，只是为解决接收器问题的权宜之计。

真正的商业推广，需要强有力的理由去说服用户付出相当高的代价去购置几套无线充电器，来充分享受好处。这是无线充电推广过程中必须首先要迈过的坎。

其次，消费者心理问题。大部分人对无线充电概念的理解颇为遥远，充电过程类似Wi-Fi。当得知手机仍然要放在一个无线充电器上，同时这个无线充电器仍需通过USB线连接电源时，普遍流露出一种失望的情绪。过高的心理预期对新技术的推广有一定的副作用。同时，消费者对无线充电所带来的辐射也有疑虑。以Qi标准为例，无线充电工作在对人体无害的低频非电离频率，不需过多担心。正确的市场宣传必不可少。

最后，大众消费观的进步。简单的满足功能的实现已经不能适应越来越“挑剔”的消费者。而无线充电产品，基本都以功能实现为主，少有用心设计的。移动电源的色彩，智能手机的工艺材质已经证明了设计上的大胆追求，让人们更有欲望掏钱买单，设计在大众消费中的权重越来越突出，设计溢价也得到越来越多的人认可，无线充电器作为大众消费品，自然也需要出色的设计。

而我们也能看到令人欣喜的一面，随着产业端的生态逐渐成形，前景的逐渐明朗，越来越多的企业，尤其是创业公司，加入其中，用自己独特的经营模式普及无线充电，就如同当下的尚未定论但是蓬勃发展的免费Wi-Fi市场一样，但我们相信，无线充电，立足于庞大的设备技术，有着更广、更深的市场，也希望越来越多的创业者能够积极参与其中一起开拓。

2. 三大标准互不兼容

缺乏通用的标准影响着无线充电的市场应用

无线充电发展数年后没有被大规模应用，迟迟没有通用的技术标准也是重要原因。

	Wireless Power Consortium	PMA	A4WP
Member Companies	140+ members	80+ members	40+ members
Active Consortium	Yes	Yes	Yes*
Specification Published	Yes WPC1.1, public	Yes PMA1.1, members only	Yes V1.0, members only
Approved Tx Types	>20	In development	In development
Test Houses Established	9	In development	In development
Certified Products	160	In development	In development
IC Solution Available	Yes (~5 suppliers)	Two in development	None public
Production Coil Set Available	Yes	In progress	In progress
Regulatory Approvals	Yes	Yes	No
Infrastructure Play	U.S., Japan, Europe	U.S., Europe	None
Comments	Well established, products in market, wide design flexibility	Strong U.S. player, strong AT&T support, early stage	Strong push by Samsung and Qualcomm, active development ongoing

各个组织无线充电标准最初互不兼容

消费领域的主要无线充电标准包括WPC推广的Qi、A4WP和PMA三大标准，三者起初互不兼容，谁都试图成为全球通用的最终标准。先从市场规模上看，采用电磁感应的Qi标准目前普及率最高，使用成员包括微软、松下、三星、索尼、东芝等。A4WP和PMA在2015年初宣布合并，共同开发新型标准。英特尔的无线充电标准是A4WP，该标准采用磁共振原理来传输能量，可同时给多个设备充电，设备充电时的位置与角度选择也更具弹性，并且还可以透过一定厚度，从桌下为桌上的设备充电。业界认为，能够实现一对多充电、可以做出更薄线圈等技术优势，使基于磁共振原理的无线充电标准更被看好，投入商用的计划或在2016年初见到成果。

三个标准要实现的目标趋于一致：即实现越来越远的距离、支持越来越大的功率、充电越来越方便。未来无线充电成为手机标配几乎已成定局，只要在标准上达成一致，就可以解决各种充电器的标准之争和资源浪费问题。

整个行业希望看到类似Wi-Fi那样拥有超远传输距离、稳定性更好的无线充电技术，目前仍面临一些技术障碍以及通信信道的监管问题。所以，无线充电在短期内仍是消费电子领域的配角，发展壮大尚需时日。

PMA、A4WP合力攻打WPC

无线充电技术经过几年发展，形成了三大标准组织A4WP、PMA以及拥有Qi标准的WPC。为了争夺这一前景远大的技术，三大阵营打得不可开交，同时也展开了某种层次的合作。

2014年2月，A4WP和PMA两大阵营宣布，将相互兼容对方的无线充电技术标准。2015年初，两大阵营宣布合并，未来将致力整合磁共振和磁感应技术，打造更加统一的无线充电标准。

三大阵营中，A4WP采用非接触式充电的磁共振技术，WPC和PMA采用磁感应技术。其中WPC成立时间最早，成员也更多，目前大约有近200家成员。

相关分析称，无线充电市场将在2017年达到93亿美元。但这几年由于标准不统一、苹果公司态度暧昧等因素，实际发展远远逊于业界预期。两大标准组织宣布合并，将有助于推进这一市场的发展进程。

在这场技术标准大战中，到底是基于电磁感应原理的Qi标准会胜出，还是采用磁场共振技术的A4WP与PMA合并后的标准能笑到最后？分析人士表示这要看设备生产厂商与无线充电服务网点的选择。对于设备制造商来说，现在最为明智的应对方式，是开发出能够兼容各种技术标准的设备。

四、无线技术应用实例

1. 他们，已经迈出一步

三星——新型显示器“SE370”

三星推出了新型显示器“SE370”，这款产品的一大特点就是可以为移动设备无线充电。它兼容所有采用Qi无线充电标准的移动设备。SE370具备两种功能：显示内容和为智能手机充电。

使用过程中，用户可以将手机放在SE370的充电区域，基座上的LED灯亮起来即可开始自动充电。由于显示器是始终接通电源的，所以其会无时无刻放出电流以便为设备充电，用户无需再有一个专用区域，大幅提升了便利性。

不久前，三星发布了GalaxyNote5、GalaxyS6Edge+两款大屏旗舰手机，两机均支持无线充电技术。其旗下的智能穿戴设备Gear A，据闻也将支持无线充电功能。

宜家——家居产品系列

尽管宜家的主要经营范围是家居类产品，但这一点也不影响它从无线充电中发现商机。

宜家在北美及欧洲地区推出支持无线充电的家居产品系列，首批产品包括台灯、落地灯、床头柜等，支持三星Galaxy S系列、谷歌Nexus系列、微软Lumia 920等智能手机的无线充电，但暂不支持iPhone手机。

宜家无线充电采用了最为普遍的Qi标准，Qi是由全球首个推动无线充电技术的标准化组织——无线充电联盟（Wireless Power Consortium，WPC）推出的标准。

中兴通讯——无线充电微循环电动客车

从2009年就开始进行新能源汽车无线充电技术研发的中兴通讯，去年10月，在成都“西博会”上展示了与蜀都客车携手研发的无线充电微循环电动客车。

今年1月，中兴通讯与国家电网宣布在成都组建合资公司，为电动汽车提供无线充电服务，此后中兴通讯与东风汽车建设了中国第一条公交无线充电示范线。

其无线充电不需要另外建设充电桩，只用在车身下面安装一块车载电磁感应接收器，停车位上加上一个地面控制模块。

当公交车驶入改造过的停车位并停靠后，就能自动通过无线接入充电场的通信网络，建立起地面系统和车载市场的通信链路，并完成车辆鉴权和其它相关信息交换，充电位也可以通过有线或者无线的方式和云服务中心进行互联，前后仅需要几分钟。

据了解，中兴通讯将会在年内于50~100个城市的公共交通领域展开无线充电试验。

高通——Halo无线充电技术

结束不久的Formula E第一赛季上，用作安全车的宝马i8获得不少关注，车上装备所应用的就是Halo无线充电技术。

Halo的充电原理是，当汽车停在相应位置之后，地面充电板的接收线圈与电动车充电板的发射线圈处于同一个相同频率即可充电；如果汽车和充电板之间出现了异物，充电会自动停止。

高通此前与众多合作伙伴在伦敦展开了电动汽车无线充电现场试验，其中包括汽车制造商Renault汽车、Delta-Motorsport汽车运动公司，英国最大的微型出租汽车公司Addison Lee，以及电动汽车充电基础设施供应商Chargemaster，以加速无线电动车充电技术商用。

据悉，高通已为包括宝马i系列、日产聆风以及雷诺ZOE等车型安装了车载接收板和控制器，预计2016年投入成品生产。

WiTricity——磁场共振无线充电技术

WiTricity的技术已经应用在了丰田电动汽车和英特尔电脑上。

WiTricity由美国MIT助理教授MarinSoljacic博士发明。原理是通过磁场共振的方式来实现无线供电，最远距离达到了2.4米，可以同时为多个设备远距离充电，还可以穿透墙体、木头等障碍。

CEO AlexGruzen表示，目前WiTricity的技术已经趋于成熟阶段，在专注技术研发的基础上，接下来要做的是帮助类似苹果等厂商在智能家居方面的拓展。

WiTricity无线充电技术的一整套系统售价高达995美元，目前其在磁共振方面已经掌握了100多项专利。

事实上，基本上全部的汽车厂商都已经与他们签订了合作协议，将会把WiTricity的无线充电技术应用在自家的汽车上，这些汽车很可能会在2017年推出。

2. 他们，正在未雨绸缪

另一部分玩家，尽管产品还没有完全地推出市场、面向消费者，但是也已经做好充足的准备了。或许在不久的将来，它们将会颠覆我们的生活。

Google——感应式充电键盘

Google在2年前曾推出为Nexus产品设计的无线充电底盘。

最近又在美国申请了一项名为“感应式充电键盘”的专利，计划让Chromebooks笔记本能为智能手机提供无线充电。原理是通过在笔记本键盘中加入一个极小巧且易于更换的无线充电线圈，使之既能为手机充电，也可以接收信号为自身充电。

当然，目前这项技术还在研发之中。

而在2015年5月的I/O大会上，谷歌正式宣布支持USB Type-C标准。这意味着，那些运行Android M移动操作系统的智能手机可以变身“充电宝”，在使用双向USB Type-C线缆时，你可以迅速向朋友濒临关机的手机中“借”到部分电力。

这种“借电”形式的充电，或许也代表了未来的另一种可能。

微软——AutoCharge光束充电系统

今年年初，微软新发明的黑科技——AutoCharge 光束充电系统。AutoCharge 将图像识别装置和太阳能光束充电装置合二为一，系统会自动识别手机设备并通过光束对其进行远程无线充电。据悉，微软已经推出了 AutoCharge 的试验原型，仅需 0.3 秒即可自动识别手机，而其充电速度与现在的无线充电技术相差无几。

产品目前仍在研发阶段。

而在去年，微软正式加入了 Power Matters 联盟（PMA），与其它成员共同开发无线充电技术，未来将应用于多种设备上，包括平板机和智能手机。

Energous——WattUp 蓝牙无线路由器

12 年成立的 Energous 公司，希望推出 WattUp 无线充电路由器来实现无线充电。WattUp 内置蓝牙模组，发射器能够通过低功耗蓝牙与 4.5 米范围内兼容设备（比如手机、平板、灯泡等等）通信并定位，然后发射频率同 Wi-Fi 信号一致的集中射频信号，设备内部的接收器芯片在接收到信号后将其转化成直流电能。

这种发射器可以内置于电视、音箱等各种常用家电中。WattUp 新一代芯片的电量转化率为 70%。

WattUp 无线充电路由器还能优先为低电量的设备自动充电，在为指定设备充电到指定的电量比例时，可以自动为下一个优先顺序的设备充电。

Energous 在 2014 年底的时候与海尔签订了合作协议，WattsUp 技术将很快应用于海尔家用电器。

目前，Energous 公司已经将其无线充电技术授权给了一些合作公司，期望其技术在 2016 年早期上市，在接下来的半年中，Energous 会根据合作伙伴的产品需求来修改设计并制造相应的无线充电接收器和发射器。

英特尔——Rezence 充电技术研发

英特尔表示，目前正在进行 Rezence 技术（一种无线充电技术）的开发，到了明年这项技术将会陆续被集成到笔记本电脑、键盘、鼠标和其它周边设备中。英特尔表示将会从移动产品普及无线充电功能开始逐渐过渡到电脑等其它设备。

不久前，英特尔宣布以 167 亿美元收购 Altera 公司，而 Altera 所擅长的正是制造设计电信、无线电产品使用可编程处理器。

英特尔还表示从今年下半年开始，将大力布局 A4WP 无线充电、WiGig 无线数据传输和 WiDi 无线显示技术。

沃尔沃——公路充电系统

沃尔沃的构想是利用道路进行无线充电。

在瑞典，沃尔沃集团、瑞典电力公司 Alstom、瑞典能源局正在共同合作测试利用公路给电动汽车充电，通过将两个电源线铺设在公路上，电动车经过时便可获得电力供应。

这项技术的核心在于汽车得搭载集电器，集电器与公路上的电缆连接，利用直流电充电。汽车不必走在电缆的中央，但必须时速大于 60 公里。

丰田——电动车无线充电系统

去年，丰田汽车宣布电动车无线充电系统研发完成。该系统下，纯电动车（EV）或插电式混动车（PHV）充电时不再需要电线，只要在设置线圈的地面上停车便能实现充电。

丰田研发的无线充电系统的原理是，利用磁场共振，通过设置在地面上的线圈向车辆上的线圈输送电流。据悉，丰田普锐斯（PHV）利用此技术充电只需 90 分钟便能将电池全部充满，而且一次充电行程可达 26km。

现在该系统处于产品测试阶段。

Wi-Charge——红外光充电系统

Wi-Charge 是一家来自以色列的初创企业，他们研发了一种红外光充电系统，这套充电系统利用发射机将能量转化为红外光，借助电子设备上附带的接收机将红外光转化成电能，可供约 4.5 米范围内的设备充电。

其优势是只要在充电范围内，能够随时自动地为电子产品充电。但无法保证充电质量，会受电子设备数目的影响。而且一旦红外线光被阻断，充电即停止。

Wi-Charge 红外线充电就比较适合小型电子产品，如平板电脑，笔记本和手机。

公司称，其第一种智能家居产品将于 2016 年中期面世，这种智能家居发射机可以被插在墙上，售价在 50 美元到 100 美元之间。移动版红外光发射机最快可能要到 2017 年上半年面世。到 2018 年，可整合到电子设备中的红外光接收机才会出现。

uBeam——超声波无线充电

uBeam 的本质是超声波无线充电。其过程是先将电转化为声音，通过空气中的超声波发送到另一边设备上的接收器，接收后再将声音转换回电能，从而实现无线充电。

在去年的 AllThingsD 会议上，创始人 Meredith Perry 带去了 uBeam 的产品样品。

诸如 Starbucks、Virgin、Starwood hotels、Apple、Samsung 等大公司均对产品很有兴趣，也愿意高价购买，以对竞争对手造成垄断优势。

目前，产品仍然在完善中，公司计划在未来一年多推出两款产品，一款针对办公室和家用，另一款针对大型场馆如商场。

五、结束语

在未来五年内，随着无线充电技术、太阳能和风能技术的发展，能源自由将成为主流。这些传递能量的新方法虽各具优势，然而用取代根深蒂固的传统技术和基础设施需要时间，这对我们既是挑战，同时也是重要的机会。

我们相信，在未来，所有的消费电子产品都可以由无线供电设备提供电力，从而使用户完全从电网中解放出来。与 Wi-Fi 革命一样，电子产品的下一次革命是能源自由，我们已证明它是可实现的。

2015 年是无线充电技术突破年

市场研究机构 IHS 的最新报告指出，全球无线电源接收器与发射器市场可望在 2015 年成长到超过 17 亿美元的规模；其中无线电源接收器出货量在 2014 年达到 5,500 万个，到 2024 年将成长 40 倍，出货量超过 20 亿个。

IHS 估计，光是手机内的无线电源接收器在 2015 年出货量就会超过 1.2 亿个，三星（Samsung）的最新手机 Galaxy S6 与 S6 edge 是主要推手。而即将上市的苹果（Apple）智慧手表 Apple Watch 也将激励可穿戴装置用无线电源接收器出货量在 2015 年达到 2,000 万个。

“2015 年看来会是无线电源技术的突破年，” IHS 电源供应与无线电源市场研究经理 David Green 表示：“许多品牌大厂在 2015 年稍早发表的主要产品，都明确表示对无线充电功能的支援。首先是在 2015 年 3 月初世界行动通信大会（MWC）亮相的三星 Galaxy S6 与 S6 edge 智慧型手机，整合了 Qi 与 PMA 标准的紧密耦合电感式无线充电功能；其次则是同样在 3 月正式发表的 Apple Watch，则支援专属的紧密耦合电感式无线充电方案。”

“终端使用者不会在意他们的装置是使用哪一种技术或标准，他们只希望装置功能运作良好。” Green 表示：“磁共振无线充电解决方案显然能提供在空间自由度上的优势，但支援该技术的商业化产品却延迟上市，也让紧密耦合电感方案取得更多机会，包括在三星新款智慧型手机的双模无线电源接收器。”

IHS 预测，专用的紧密耦合无线电源方案，到 2019 年以前都不会被松散耦合解决方案所取代；不过支援一种以上的多模无线电源接收器估计在 2018 年将占据整体市场的 30%。许多半导体制造商已经展示了这类多模技术，包括能支援 Qi、PMA 与 Rezence 三种标准的三模无线充电解决方案。

长期来看，IHS 认为无线电源市场的产业营收规模到 2024 年之前，每一年可望有 150 亿美元的成长。“是否会有单一、长期发展的解决方案将在市场上胜出，还有待时间观察，但双模无线充电在短期看来会是最受欢迎的解决方案。” Green 表示：“除此之外，产业界都在观察 2015 年发表的新产品——包括英特尔（Intel）可能会推出的 Rezence 解决方案——这一年我们将持续看到无线电源产业出现有史以来最大的发展。”（来源：中国自动化网）

无线充电全解析 不温不火待统一标准

2015 年的巴展（MWC）上，只有一家手机厂商高调推出了无线充电技术，然而它很快就被其它手机厂商的技术掩盖了光芒。

2015 年，同样的剧情再次上演。

无线充电技术的问题在于：年复一年，它并没有在解决实际充电问题上取得我们预期的进展。

它本应是一个简单的东西：就像所有的非苹果智能手机已经统一了数据线一样，无线充电也应该有一个统一的技术标准，不论是移动电话、智能手表还是其它设备。然而，实际情况是，无线充电技术五年来已经被各种技术标准淹没。

Qi PK Airfuel

谈到无线充电标准，最有名的便是无线充电联盟推广的 Qi，在过去的两年里，它只出现在屈指可数的手机里。

一个棘手的问题是，它对位置要求十分严苛：智能手机必须在精确的位置上才能充上电。另一个问题是，它的使用场景十分有限，在我使用 Nexus 4 的两年里，我唯一用得上它的时候是把它放床头柜上浏览 Airbnb。

在 2015 年的巴展上，所有新发布的智能手机中，仅三星的 Galaxy S7 和 S7 Edge 支持 Qi 的标准，但它也同样支持 Powermat surfaces 充电技术。

就像百事与可口可乐、波音与空客之间的关系，Powermat 公司实际是第一个将无线充电技术投入市场的公司，但是未能得到主要手机厂商的支持。一波三折后，它从过去的“Rezence”成了如今的“AirFuel”。

虽然 AirFuel 目前没有应用到手机上，但理论上来说，它相比 Qi 有如下优势：它可以在几英寸的距离内为设备充电，比如，你的设备如果在桌下，它仍然能为桌上的手机充电。

AirFuel 还拥有更高的功率，它可以为笔记本电脑充电，虽然相比 Qi，它的充电效率为 75%。AirFuel 的主要支持者英特尔将在 2015 年晚些时候推出基于 AirFuel 标准的无线充电笔记本。

落地是关键

两种技术各有千秋，在你决定选用哪一个时得了解如下情况。不过更重要的是，你需要找到一块可充电的面板，在这一点上，Qi 完胜 AirFuel。

你可能在你的下一家沙发客上找不到 Qi，但你很可能在万豪酒店的大堂、下一辆汽车、麦当劳餐厅以及巴展上的很多展位上找到它。

不过，AirFuel 方面也表示，AirFuel 更易于安装，它对位置的要求更有弹性。

英特尔高级副总裁柯克·斯考根（Kirk Skaugen）在深圳 AirFuel 安装测试时表示，“工作人员在三到四个小时便完成了对店面的全部面板安装工作。”

作为先行者，它还有很多需要承担。不过另一方面，相比 Qi，AirFuel 的面板少得可怜。

集成设备公司 Device Technology 的技术产品营销总监劳伦斯表示，“现在一切都得兼容 Qi 的技术。这家位于加利福尼亚的公司已经出售了 7000 万组芯片。

不过，目前也有谣言称，苹果为解决智能手表充电问题，也可能进军无线充电领域。它可能会选择充电距离较远，但充电效率较低的技术。届时，一个完全不同于现有技术的标准又将诞生。

统一标准是唯一的解决之道

标准之争的尽头何在，没有人知道。一些公司仍然可以通过它赚钱。伦敦 Chargifi 公司（提供无线充电技术管理软件）的首席执行官丹·布来登表示，“我们认为，某项不可知的技术可能是最好的方法。”

谷歌手机设计工程师表示，两个标准增加了手机设计的复杂性，且需要更大的容积，需要针对每一项技术添加单独的无线充电线圈。比如，NEXUS 5 便比前辈更厚。

英特尔的 Skaugen 表示，“我们需要一种统一的解决方案，它就像 USB-C 电线一样可以适配任何一部设备。”

实用性电动汽车无线充电站面世

充电问题一直是制约电动汽车发展的主要瓶颈之一。欧盟委员会 2015 年 8 月 28 日发布公报说，欧盟研究人员开发出更加实用和高效的电动汽车无线充电方法，旨在增加电动汽车对用户的吸引力，帮助电动汽车生产商提高竞争力。

公报说，受欧盟资助的“快速充电”项目研究人员为电动汽车在停止状态充电设计了新的无线充电站，具有简单易用、易于维护等特点，并有清晰直观的提示，便于驾驶者为充电选好停车位置。此外，这种新型充电站还能与电动汽车之间交换充电数据，包括用户编码、供应商编码、充电持续时间和电量表信息。

研究人员表示，这种信息交换过程由置于电动汽车中的平板电脑控制，因此可简化驾驶者与充电站之间的直接交流。他们还在开发一种新的应用程序，能提示电动汽车驾驶者附近充电站的位置，并确保充电站和车辆之间能够通信。

此外，该项目研究人员还在开发汽车行进状态中的无线充电技术，希望能有助于显著增加电动汽车的行驶里程，并缩小车载能量存储系统的尺寸。目前，他们正试图提高感应电能传输模块的效率，这种模块可使电动汽车通过无线连接便利充电。

研究人员认为，如果能在道路沿线有规划地配备感应面板，为行进中的电动汽车充电，就有望延长电动汽车的行驶里程。

从2014年10月到2015年10月间，研究团队在法国北部城市杜埃对新型充电站进行试验性验证，并将在验证结束后评估无线充电的效率和可行性及其给电动汽车用户带来的好处和对电网的影响。（来源：科技日报）

重庆大学研发电动汽车无线充供电系统装置：公路铺线圈　电动车边跑边充电

电动汽车耗能低，但充电难、续航里程短成了大难题。2015年1月29日，从重庆大学获悉，该校建成国内无线电能传输技术国际联合研发中心。

历时12年，重庆大学自动化学院电力电子与控制工程研究所解决了电能传输最后一米的问题，成功研制出在国内具有领先地位的电动汽车无线充/供电系统装置。以后，小区只要安装一台该装置作为枢纽，便可为多台电动汽车进行Wi-Fi式的无线充电；行驶在装有无线供电系统的路面上，电动汽车可以边跑边充电。

2015年1月29日，重庆大学A区主教楼旁，一辆电动汽车停靠在马路边，只见路面上铺着红色地毯，地毯下方，铺设着线圈。连着线圈的终端，有个约两米高的密封大箱子。研究所戴欣教授介绍，这个看似像箱子的设备就是无线充/供电系统装置。插上电源，地毯上方的电动汽车，即便没有电池，也能运行。

戴欣表示，这项研究主要是利用了电磁感应原理，将线圈铺在水泥地面以下10厘米深处，当电动汽车在路面跑时，汽车像手机获取Wi-Fi信号一样，自动获取电能。

“此外，如果道路上装了无线供电系统，电动汽车可以一直行驶，这就解决了续航里程问题。”该研究团队成员周伟博士称，待技术成熟后，线圈导轨将分段铺设在普通公路和高速路下，届时但凡电动汽车行驶在这些路段上，系统装置将会自动地为汽车提供无线供电。燃油汽车就像在正常路段上行驶，完全不受影响。

“但是，电动汽车无线供电技术存在较多的技术难点，比如大区域的无线电能传输实现、无线供电系统与电动汽车之间的控制与通信等，要达到完全在市场上成熟应用仍需一段时间。”戴欣称。

据了解，这个由教授、博士、硕士组成的七十多人研发团队，现在的目标是推动该技术的应用。

目前，我市对新能源车进行补贴，新能源轿车最高可享受到中央和市级财政补助为该车售价的60%。随着国家和地方对新能源汽车的补贴力度加大，新能源汽车今后将会出现在更多的家庭中。

据了解，重庆市有200个交流充电桩，9座快速充电站，电动车能就近充电、续航，几乎是每个电动汽车车主的心愿。

更安全 Wi-Fi式充不漏电

戴欣介绍，目前电动汽车会到固定的充电桩充电，与现有充电桩是电缆充电方式相比，无线Wi-Fi式充电更安全。

“充电桩电缆会因老化、雨雪天气、充完电后忘记拔除接插件和不小心拉扯到连接电缆等引起漏电，从而引发安全事故。”戴欣表示，无线充电的线圈可以做到完全封闭绝缘，人完全接触不到，所以很安全，不会漏电。

很健康 人不会受到辐射

那Wi-Fi充电会带来辐射吗？

戴欣解释，线圈并不是一直处于供电状态，当汽车行驶经过，前后一定范围内才有感应。不管是行人还是车辆，不会受到辐射影响。

幅度大 跑偏40%也能充电

线圈铺在地面下，有固定的线圈轨道。

在实验室，了解到，电动汽车要在线圈轨道内运行才能行走。左右螃蟹式地走，跑得太偏，不会感应。

允许跑偏的宽度有多少？戴欣称，线圈轨道的宽度跟车辆底盘宽度差不多，允许横向跑偏40%。

缴电费 接收器反馈终端收费

假如在规定的路段地面下铺设线圈轨道，或者全覆盖，电动车驶过就进入Wi-Fi蹭电区域，那么问题来了，咋收费？

“这个倒不难。”戴欣称，如果真到了那一天，届时，每辆电动汽车上都有相应的接收器，接收器中会显示该汽车，在哪个地方原有多少电，在哪个位置充了多少电，再反馈给终端计价收费，车主甚至还可绑定银行卡，进行在线支付，“用不着像高速路口收费那样，专门排队缴费。”

更划算 跑百公里省48元

在价格上，电动汽车与燃油汽车相比每公里的花费低得多。以特斯拉Model S的60度电版本和比亚迪e6为例，两款电动汽车都是60度电的电池容量，大概都跑300公里，一度电约跑5公里左右。根据重庆电价计算，只需约12元左右，就能行驶一百公里。市场上常见的一辆排量1.6升的轿车，一般情况下百公里的油钱通常要60元左右。

国外公交站点已能Wi-Fi式充电

“在国外有的城市，公交站点已开始尝鲜。”目前，长安福特汽车有限公司技术中心工程师鄢珂介绍，公交车到站点，因为总要停靠，也借此机会充上电，为开到下一站积蓄能量。（来源：华龙网）

武汉大学无线电能传输技术研究团队成果将投入使用

2015年8月25日，由武汉大学无线电能传输技术研究团队所研发的高压无线电能传输装置突破了高压输电线路监测设备供电不稳的难题，目前该装置已通过专业检测，即将投入使用。

“荒漠、深山老林等地区，高压输电线路监测设备的供电总是不稳定。”武汉大学动力与机械学院周洪教授说，为解决这一问题，武汉大学无线电能研究团队将高压取电与无线电能传输技术相结合，研发了高压线路无线监测终端无线供电系统，从而解决传统的分布式能源供电不稳定的问题。2014年，该装置通过了专业检测，成为国际上首例针对无线电能传送装置应用到高压环境下的测试。目前，该设备计划9月份在中国南方电网广西电网公司和中国国际电网河北电力公司投入运行。

专家表示，随着无线电能传输效率的提高，基于高压无线电能传输装置，可进一步催生“超级变压器”的诞生。“像武汉市附近投资几十亿人民币的凤凰山变电站这样的超大型变电站便无需修建。”武汉大学动力与机械学院邓其军副教授介绍道。所谓“超级变压器”就是直接可将超高压、高压电转换到市民用电，无需按目前的逐级降压的模式进行供电。

“今后，公交车停靠在公交站，就可以自动充电。”邓其军副教授说，公交车、电动汽车等新能源交通工具无线充电也是目前研究的重点之一，运作原理就是利用电磁场把电能像信号一样发射到交通工具上，以实现自动充电，有点类似于Wi-Fi。电池充电不需再用电线，只需一个电能的发射装置和一个接收装置。

据了解，目前无线电能传输技术在能源交通、航空航天、移动通信、人体植入器件等各个方面都呈现出广阔的发展空间。（来源：光明网）

2015年12个月里LED照明行业“厮杀”大事件

LED照明行业在2015年的每个月都有大事件发生，LED企业在2015年到底在忙什么呢？上市、并购、价格战、辞职、拆分……成为LED行业发展的主流，下面具体看看2015年发生的“厮杀”大事件！

1月

木林森获IPO批文上市指日可待

关注指数：★★★★★

同步关注：

木林森的大局梦想的登陆者

木林森2014年年终晚会隆重举行

1月30日，中国证监会核准了24家企业的首发申请，木林森股份有限公司赫然在列。这意味着木林森在经过三年马拉松长跑后，上市有望一朝梦圆。此外，在1月24日的“木林森万人员工大会”上，木林森股份董事长孙清焕发表了重要讲话，全力备战2015。

大案纪要丨公安部出手打掉史上最大家族式制假售假团伙

关注指数：★★★★☆

同步关注：

雷士重拳“打假”，引发行业声援

雷士重拳打假！向山寨SayNo！

一场规模空前的打假行动拉开序幕，雷士照明联合维权打假办公室以法律为武器，以警企合作为依托，正式启动代号为“冬季暴风”的维权打假专项行动。

雷士照明官方关于吴长江事件的公开回应

关注指数：★★★★☆

同步关注：

吴长江或已被批捕涉嫌挪用资金

1月，关于雷士照明创始人吴长江因涉嫌挪用资金被捕一事，雷士照明向媒体发布公开声明。此前，据大众媒体报道，吴长江因涉嫌挪用资金罪，已于1月5日下午正式被广东省惠州市公安局移送至惠州市人民检察院提请批准逮捕。

对不起，我们出手晚了！

关注指数：★★★★

松伟照明在全国拉网严打侵权厂商，专门制定了一套可行的行动方案，组织调查摸底小组，详细周密地制定了“侦查”和“调查”计划，在较短时间里查获包括数家所谓大品牌企业在内的涉嫌侵权企业共107家。

2月

木林森今日敲钟开盘猛涨！

关注指数：★★★★★

同步关注：

4450万股丨木林森发布招股意向书

木林森：羊年争当“领头羊”，首个交易日“涨势”依旧

2月17日，木林森股份在深圳证券交易所中小板正式挂牌上市。据了解，木林森股份核定发行价为21.5元，上市开盘价为25.8元。挂牌首日正式发行后，半日内股价飙升至30.96元，半日涨幅达44%。

15家LED上市公司2014年业绩提前看

关注指数：★★★★★

勤上光电、珈伟股份、长方照明、利亚德等LED上市公司发布业绩预告。从多家LED上市公司发布的业绩预告中可以看出，盈利的企业仍占多数，只不过是有多有少而已。

1.4亿元丨勤上告诉你“何为实力”

关注指数：★★★★☆

春节前4场招商会，勤上光电共签约地级代理商和工程经销商88家，在山西、江苏、安徽和重庆四省市的地级市代理商的覆盖完成率近90%，签约总金额1.4亿元。

欧普马秀慧：唯有向内看的人终将觉醒

关注指数：★★★★

在中国管理报刊的专访中，马秀慧分享了创业经营路

上的智慧，并畅谈了优秀员工的 9 大特质与独创的 6 项领导力，同时回顾了在中欧国际工商学院就读时所受到的理念震撼。

飞利浦照明结盟小米智能照明成 LED“金矿”

关注指数：★★★★

欧普、飞利浦等 13 家照明企业 2015 年将在其智能灯泡中广泛应用小米的智能模块的消息引发业内关注。

预计 2 年进入快速发展期。

3 月

木林森股份上市答谢丨孙清焕：一如既往追求极致

关注指数：★★★★★

同步关注：

木林森被评为 2014 全球第 9 大 LED 企业

3 月 3 日，木林森照明第 10 届全国总代会暨新品发布会、木林森“金色伙伴”成长计划大会、“18 年青春正盛·梦想启航木林森”木林森 18 周年庆典暨股票上市答谢会在中山隆重举行。

33 亿美元丨飞利浦出售照明业务 80.1% 股份

关注指数：★★★★★☆

3 月 31 日，由金沙江创业投资与橡树投资等联合组成的基金“GoScaleCapital”宣布收购飞利浦旗下主营 LED 与汽车照明业务 Lumileds80.1% 的股份。此次交易价值约为 33 亿美元，有望成为 LED 有史以来最大资金收购交易。

4 月

炸开了锅丨飞利浦当真要加入行业“价格战”？

关注指数：★★★★★☆

同步关注：

炸开了锅第二季丨飞利浦“低价路线”能否实施？

飞利浦杭州发布新品：灯管价格将与木林森、佛山照明 PK？

4 月 20 日，飞利浦照明在杭州发布“明尚家族”新品。会上，飞利浦方表示，未来，飞利浦灯管的价格有可能会比佛山照明、木林森照明的灯管价格更低。

表现可圈可点丨木林森 2014 年年报披露

关注指数：★★★★★

4 月 22 日，备受行业瞩目的新晋上市公司木林森披露了其《2014 年年度报告》，报告期内，木林森实现营业收入 40.01 亿元，比上年同期增长 39.25%。

品牌宣传玩转“新意”丨看雷士、阳光、飞乐音响、鸿雁、嘉美

关注指数：★★★★☆

2015 年，在照明行业，雷士、阳光、飞乐音响、鸿雁、嘉美等的品牌宣传让我们眼前一亮，包括电影植入、电视广告、形象大使、体育营销、战略结盟等。

信念如磐丨国星、阳光、鸿雁、东方、嘉美、锦力

关注指数：★★★★☆

纵观照明行业那些走过 40 年以上发展历程的品牌，国星、阳光、鸿雁、东方、嘉美、锦力等正在用业绩、用行动、用知名度和美誉度等来诠释成功的真谛。

5 月

欧司朗推进重组通用照明光源业务拆分独立运营

关注指数：★★★★★☆

欧司朗宣布公司正在有序推进企业重组，欧司朗公司监事会上通过了授权审议通用照明光源业务拆分计划的决议，根据计划，通用照明光源业务将被拆分出来作为一家独立的企业进行运营。

36 家 LED 照明上市公司董事长 2014 年薪酬 PK

关注指数：★★★★★

经梳理了 36 家照明上市公司董事长的薪酬数据，参与此次调查的照明上市公司现任董事长 2014 年年薪总金额为 2602.17 万元，平均年薪约为 72 万元。

三安光电如何做到营收 45.8 亿元？

关注指数：★★★★☆

三安光电发布《2014 年业绩报告》，报告称，三安光电 2014 年实现营业收入 45.80 亿元，同比增长 22.71%；归属母公司净利润 14.62 亿元，同比增长 41.15%。

6 月

木林森、欧普、佛山照明等加入灯管价格“厮杀”大战

关注指数：★★★★★

同步关注：

一石激起千层浪丨这场“价格战”不简单

针对 LEDT8 灯管价格，佛山照明、欧普照明、木林森照明和飞利浦照明先后进行了价格调整，“灯管价格战”在火热的夏季，搏杀得异常凶猛。

江苏常州暴雨！各大灯具城受灾严重！

关注指数：★★★★

江苏常州从 6 月 23 日开始持续下雨，6 月 26 日晚间，此次暴雨突然“发力”，常州北部和主城区遭殃，常州地区多个灯具卖场受灾严重。

7 月

LEDT8 灯管“撕逼价格战”背后的“良性价值战”

关注指数：★★★★★☆

同步关注：

用“价格战”开战、以“价值战”收官

为什么价格差距就这么大呢？—列队细看 LED 产品材料和参数

2015 年年中，欧普照明、木林森、佛山照明等各大品牌的 LEDT8 灯管“价格战”激烈上演，“价格”随时刺激到每一位 LED 从业者的神经。

马秀慧：欧普照明风雨路

关注指数：★★★★

同步关注：

IPO 在即欧普照明销售营收与渠道网点揭秘

1996 年，欧普从一个 8 人“小作坊”起步，至 2015 年成为年收入近 39 亿元的跨国照明集团。创业初期艰辛，但马秀慧带着欧普一步一个脚印越走越远。

8 月

又现离职风潮丨3 个月 8 家企业 11 位高管请辞

关注指数：★★★★★

同步关注：

长方照明董事、副总经理辞职

8月1日，长方照明公告称，公司收到公司董事、副总经理邓子华和董事、副总经理邓子贤的书面辞职报告。事实是，8月份前后，已有8家上市公司11位高管先后请辞。

惨痛教训告诉我：LED产品真的是一分钱一分货！

关注指数：★★★★★☆

8月，欧司朗55000支T8灯管被召回，引起业界一片哗然。此前，美国消费品安全委员会、CREE等均因LED产品质量召回产品。结合终端市场，大照明撰文深刻讲述：LED产品“一分钱一分货”，文章引起了行业人士共鸣。

9月

欧司朗26.22亿元转让佛山照明股权

关注指数：★★★★★

9月9日，佛山照明发布公告称，收到该公司第一大股东欧司朗控股有限公司的控股股东OSRAMGmbH的通知：OSRAMGmbH已于2015年9月9日与广东省电子信息产业集团有限公司就转让欧司朗控股有限公司100%股份一事签署了股份买卖协议，作价26.22亿元将欧司朗控股有限公司100%股份转让给后者，交易完成后，广东省电子信息产业集团有限公司将成为佛山照明最大股东。

“李嘉诚撤资”关照明行业什么事?

关注指数：★★★★

李嘉诚9月公开回应：“我看好中国经济，我不会跑，也不愿跑。”行业人士认为，李嘉诚“撤资”主要涉及房地产行业，还可能对国内房地产、制造业等行业市场形成动荡。

10月

【独家】何勇：广晟为何选择了国星光电和佛山照明?

关注指数：★★★★★☆

同步关注：

王冬雷：“广晟哪天把我们买了，你们也不要奇怪。”

10月8日，广东省电子信息产业集团有限公司董事长、党委书记，国星光电董事长何勇接受大照明全平台独家专访，他解读“广晟为何选择国星光电和佛山照明”时表示，考虑到“全产业链完整布局”。

美的照明：我们为什么要搬去江西?

关注指数：★★★★★

10月21日，美的照明官微继推出《想静静都难，原来我这么重要!》平息更名清算风波后，再度推出《一般人我不告诉他——你所不知道的美的贵雅照明（制造篇）》一文，以回应行业对“美的搬去江西”等的诸多疑问。

美国反对中资收购飞利浦照明

关注指数：★★★★☆

北京时间10月26日晚路透社称，荷兰飞利浦集团称其将Lumileds照明部门以33亿美元售予中资财团的计划可能受阻，因为美国当局以“国家安全”为由反对这一交易。

11月

木林森决定参与竞购欧司朗部分照明业务

关注指数：★★★★★

木林森11月6日公告，为增强企业竞争力，优化整合行业资源，董事会同意公司参与竞购欧司朗部分照明业务资产，授权孙清焕代表公司洽谈收购事宜及签署相关文件。

“双十一”1217万元|品一再现“黑马”本色

关注指数：★★★★☆

同步关注：

1.218亿元|欧普摘下“双十一”照明家装“三连冠”

2015年“双十一”，谁值得我们期待？是它!

实时播报|截止11：20，欧普突破8000万元

11月11日，品一照明在天猫商城“双11”斩获1217万元，同比2014年大幅增长，创造了照明行业新的电商传奇。与此同时，欧普照明以1.218亿元完美收官，摘下“双11”照明家装“三连冠”。

与其抱怨市场，不如学学人家！|“灯人”汪顺波

关注指数：★★★★☆

同步关注：

皇嘉灯饰董事长汪利蓉：做灯如做人，灯品即人品

1991年，当时的语文老师汪顺波顶着家人的压力辞职前往珠海，开启“创业生涯”，历经一番摸爬滚打，取得今天成绩。与其抱怨市场，不如学学人家。在经营压力渐大的今天，关注“灯人”汪顺波，或许可以从中取经。

植物照明前景好|飞利浦、欧司朗、广明源、勤上都在抢

关注指数：★★★★

11月18日，广明源光科技股份有限公司旗下广东绿爱生物科技股份有限公司开业庆典在广明源工业园隆重举行。此前，勤上光电、飞利浦、GE、松下、欧司朗等国际品牌也在积极进军植物照明领域。

12月

交易完成|广晟正式成为佛山照明第一大股东

关注指数：★★★★★☆

同步关注：

佛山照明董事长潘杰等递交辞职报告

12月，伴随相关交易完成，广晟公司正式成为佛山照明第一大股东。随后，佛山照明董事会收到董事长潘杰等辞职报告。佛山照明进行内部调整，以迎接下一次腾飞。

是的，三雄极光准备上市啦……

关注指数：★★★★★☆

11月13日，广东三雄极光股份有限公司创业板首次公开发行招股书（申报稿2015年8月13日报送）在中国证监会网站预先披露。根据三雄极光招股书，公司拟公开发行新股7000万股，每股面值1元，发行后总股本28000万股。

上市这一年，木林森都做了啥?

关注指数：★★★★★

重磅来袭|飞乐音响收购国际品牌“喜万年”

关注指数：★★★★☆

12月11日，上海飞乐音响收购喜万年国际照明集团新闻发布会隆重举行。印度哈维尔公司董事长MR. ANILRAIGUPTA、喜万年国际照明集团执行总裁RAJIVGOEL、飞乐音响董事长蔡小庆等200余人出席会议。（来源：大照明）

LED照明行业整体市场向好 中小企业竞争加剧

未来5年，LED照明行业有望以年均8%的复合增长率快

速增长，市场前景看好。据报告测算，2015 年我国 LED 路灯市场规模约在 230 亿元，整体市场渗透率将超过 45%，市场空间巨大，未来两年将新增超过 3000 万盏 LED 路灯和隧道灯。未来五年，也将是我国 LED 户外照明产业大规模爆发期。

LED 灯（发光二极管）越来越多地应用于公共设施照明、商用照明及特殊领域照明领域，如医疗、农业等。2015 年上半年，全国发光二极管（LED）累计产量 1774.54 亿只，同比增长 37.33%。而据新的《2016～2021 年中国 LED 照明产业市场前瞻与投资战略规划分析报告》研究报告指出，2015 年 LED 照明市场规模将达到 257 亿美元，渗透率达 31%；2016 年则达到 305 亿美元，渗透率提升至 36%。而根据国家的有关规划，到“十三五”期末，80% 的照明领域要采用 LED 照明。

虽然 LED 照明市场仍将保持较快增长，渗透率也还有很大提升空间，但国内 LED 企业的境况却不容乐观。据国家统计局的统计数据，2015 年上半年，LED 企业处于亏损状态的高达 579 家，亏损比例达 22%，亏损总额达 12 亿元。原因是市场参与企业众多，普遍规模小，产品质量参差不齐，价格竞争过于激烈。

这是由于当前 LED 显示屏市场不景气加上产能过剩带来的生存压力，使得 LED 显示屏行业的竞争愈发惨烈，由最初的粗放竞争逐渐转向以资本、技术为代表的综合实力的竞争，从最初的增量竞争逐渐转变为存量竞争，这已经成为行业的共识。竞争之惨烈正严重地挤压着 LED 显示屏企业的生存空间。

行业间的竞争加剧，一方面加快了行业大发展，另一方面也促使企业优胜劣汰，加快了行业整合并购的步伐。（来源：前瞻网）

六大拦路虎，LED 驱动 IC 发展道路阻力重重

随着近几年 LED 照明行业爆发式的发展，LED 照明企业除了一如既往对灯具的稳定性提出要求以外，更面临来自产品成本与竞争力的压力。就驱动 IC 而言，未来驱动 IC 的主流方式将是更加集成化，简单化。

在许多电源驱动企业高层看来，驱动 IC 的技术已经达到一定的顶峰，拼技术拼价格已经占不到什么便宜，而应该转向提高产品附加值。这意味着由创新带动的新生力军被业内普遍看好。而在驱动 IC 迎来创新潮流的同时，新产品新设计又需要跨越哪些技术障碍，多位 LED 驱动电源 IC 知名企业精英为我们带来了独特的论点。

智能数字高压线性 IC 的先天优势和问题困扰

晟碟总经理陈亨由：

目前，智能数字高压线性 IC/DoB（Driver on Board）IC 因其简单的应用电路和外围配件，低生产成本，已被越来越多的 LED 领域所接受和应用，像家居照明，商业照明，工业照明等等都已广泛应用。因 IC 方案具有高压特性，需对整灯进行安全绝缘处理，目前的塑包铝，全导热塑及玻璃的广泛应用，解决了先前的瓶颈。

在智能应用上，线性 IC 有着先天的优势，不过在解决通讯模块供电上，目前还不理想，希望未来有更多低功耗的通信模块出现以及线性 IC 在供电上得以突破性的进展。

线性恒流 IC 进入普遍试水阶段，行业认识度低

昌捷光电总经理单晨：

目前，线性方案的应用已经有很多大企业开始试水，但真正能做好应用的全行业没有几家。主要的掣肘在于如下几点：

不是 IC 开发原厂很难真正了解 IC 特性；多段 IC 的复杂线路与外围配合绝大多数用户不懂其中玄机；这个领域算是一个全新应用，全行业没有几个真正行家，市场要被广泛接受还需要足够多的经验沉淀；配套资源还不够丰富，例如高压灯珠资料，适合线性方案散热的外壳资源，适合大批次贴片的压敏电阻目前价格过高，等等都是行业发展的典型掣肘。

更有甚者，部分 IC 开发公司只求目前短浅利益，只求便宜不去追求性能的稳定可靠，以至于很多用户认为，线性方案只是阻容降压方案的替代品，这是大错特错的理解。而今市面上很多代理公司为了追求短线利益，做出来的线性方案由于专业水平与应用经验上的缺乏，使用线性恒流 IC 所做出来的灯具不堪入目也不负责任，或因不考虑其安全性能，或因不考虑光电性能，或因不考虑散热，更不用说抗浪涌等级不够，某些生产细节把控不到位，导致生产时出现大批次不良品等等。

LED 驱动走向：线性恒流、数字智能

明微电子市场总监赵春波：

业界有评论称线性驱动芯片经过几代的改进设计，已经从当初的模拟电路芯片走向数模混合电路芯片，并且在向数字电路芯片发展。现在的高压线性驱动芯片的性能日趋完善，更加稳定。在深圳市明微电子股份有限公司市场总监赵春波看来，线性恒流是目前市场的热点，市场份额在逐渐增大，但是线性恒流宽电压、无频闪等难题，需要 IC 企业去解决。

除了线性恒流逐渐走入市场外，智能照明掀起热潮，随之而来的相应的 LED 智能照明驱动及控制系统设计也被业内看好。赵春波总监表示，智能照明是目前市场的热点，但是份额还不大，还不规范，没有统一的标准。随着智能家居、智慧城市、物联网等技术的发展，智能照明必将发展和普及，并带动驱动设计的新一轮发展。

线性 LED 驱动方案问题可根据不同应用减弱或者规避

华润矽威设计工程部总监尤勇：

线性 LED 驱动方案外围元器件简单，可实现 LED 灯去电感化、光电一体化、加工无人化，容易实现高 PF 低 THD，并且无 EMI 等问题，其竞争优势明显。

当然，线性 LED 驱动 IC 仍然有很多缺点，比如效率低造成的发热大，纹波大造成的频闪等。但这些问题可以根据不同的应用来减弱或规避。通过热调节功能，在驱动芯片过热时逐渐减小输出电流，从而控制输出功率和温升，使电源温度保持稳定，以提高系统的可靠性，当芯片温度持续过高时芯片关闭。对于频闪问题，低成本的解决方案是加大整流后的滤波电解电容；高端的应用，则可以采用开关电容填谷的控制方式，减小输出电流纹波，实现无频闪应用。同时，可以采用独特的多段电流控制技术，实现不同段 LED 随输入电压的改变而自动切换的功能，在整个

交流周期内增加 LED 的点亮时间，从而提高 LED 灯珠利用率，同时实现高功率因数和低谐波失真。总的来说，现在的线性 LED 驱动技术已取得了很大的进步，不再是原来让大家望而却步的不可靠方案，可以大胆使用。

线性 LED 驱动 IC 面临诸多掣肘

云杉光电科技产品总监李雪白：

交流直接驱动 LED 照明（线性恒流）的应用已经逐渐成熟，兼且具有低成本的价格优势，市场开始逐步接受，并且由于实现了与 LED 光源集成一体化，因此在一些中小功率特别是空间体积小的照明灯具等应用场合下得到广泛应用，比如灯管、筒灯、吸顶灯、泛光灯等。从未来 LED 照明的发展趋势看，小型化、集成化、模块化、标准化应该是 LED 行业发展的大方向，而这些正是交流直接驱动这种新技术应用的优势所在。

新技术的应用与推广总是会面临一些问题和困难，从技术发展方面看，主要存在以下问题，首先 LED 利用率低，这是因为交流直驱技术需要 LED 负载的最大承担电压要相当于输入的电源电压峰值（如 220V 交流输入的峰值电压是 311V），在电源电压幅度随时间变化时改变 LED 负载的数量，实现高功率因数的线性恒流驱动，因此交流直驱技术使用 LED 的数量会比开关电源恒流低压驱动的 LED 数量要多些；这需要市场提供高压 LED 灯珠，使 LED 数量可以保持不变，目前市场上已经有很多 LED 封装厂家提供 9V、18V、24V、36V、48V 等不同的高压灯珠，可以满足交流直驱对高压 LED 的需求。其次 LED 的光效会降低，并且存在 100Hz 频闪，这是因为线性恒流驱动大多采用无电解电容方案，当使用交变电流驱动 LED 时，流过 LED 的电流大小幅度的变化导致光效不等，一般来说随着电流增加光效会降低，因此总体平均光效会比用额定恒流驱动电流的光效要低 10% 左右。

从应用方面看，主要存在以下问题，首先与客户已有 LED 照明产品外壳的匹配度，需要改变外壳设计，甚至需要改模具。这是因为早期 LED 照明产品都是采用开关电源驱动，照明外壳的设计中考虑了电源腔体积和位置，使用交流直驱这种“去电源化”的新技术，不需要单独电源腔体，但是需要重新考虑电光源一体化后增加的散热问题，因此外观需要重新设计，但带来了显而易见的好处是，灯具更加简单时尚，具有科技感，形状设计自由灵活，能很好地表达设计师的一种意图。其次，与客户现有的 LED 连接结构不同，需要改变用户的使用习惯。现有的 LED 灯珠大多是低压大电流的串并联结构，而交流直接驱动技术要求 LED 串联级数很多，要与输入的电源电压峰值相当，因此 LED 数量变化大，这个问题的解决可以通过高压 LED 灯珠解决。最后，是有些客户对安规的担忧，会认为交流直接驱动是非隔离的结构，由于与市电直接连接，LED 的使用电压高不安全不可靠，这与客户的直观感受有关。其实交流直接驱动与目前市面上很多的非隔离拓扑结构的开关电源在安规上的要求是一样的（毕竟隔离的开关电源需要使用隔离变压器，会增加体积降低效率）。只要符合安规测试，能通过加强绝缘测试的都是安全的，这通常是靠结构来保证的，比如在灯壳问题上要做绝缘考量，在铝基板耐压上改进优化，使用灯具接地线等结构上进行改善。

控制成本与缩小尺寸潮流下，驱动 IC 供应商的最大挑战

富昌电子 LED 照明事业部全球技术总监 Patrick Durand：

降低 LED 驱动电路的成本并缩小尺寸是典型的设计目标，通常的方法是减少所需外部元件的数量。然而，这些目标大多与住宅应用相关，如 LED 灯泡和 LED 灯管。其它应用可能有不同的设计目标。例如，对于街道照明，终端用户可能要求路灯达到 5～10 年的寿命，因此驱动器效率和可靠性更加重要。提高驱动器效率不仅能够使灯具供应商实现更高的光源效率，而且驱动器效率越高，它的工作温度则越低，因此能够延长驱动器的寿命。

除了了解最新的驱动 IC 技术之外，了解终端应用和终端地域市场也很重要。例如，在美国，符合能源之星 2.0 版照明产品规格标准的灯具现在要求实现 2.5 kV 瞬态保护。在日本，对 LED 光源闪烁有严格的规定，可能会限制某些 LED 驱动器解决方案，特别是线性类型。因此，关注政府对各类市场的监管是一项重要的挑战，因为标准的变化速度几乎与 LED 技术的发展速度一样快，LED 驱动 IC 供应商必须确保其产品满足特定终端市场的需求。

但驱动 IC 供应商需要克服的最大挑战是，没有一种新技术或趋势能够适用于所有照明应用和市场。照明应用需求非常多样化。这意味着，驱动 IC 供应商必须花时间去研究每一个细分市场，了解其特定需求，以确定是否有值得投资开发新 IC 或技术的商业机会。

结语：LED 照明正面临着新一轮的行业调整，照明应用端对供应链整合和产品标准化的重视度越来越高，LED 驱动 IC 市场在 2015 年继续演化。随着 LED 应用产品的不断成熟，市场给 IC 设计行业带来了巨大机遇和挑战，无论是技术的成熟度还是产业延伸领域，以及行业生存状态，无疑都值得我们探讨和期待。（来源：阿拉丁新闻网）

三项 LED 照明标准通过标准审查

在 2015 年 12 月 28 日召开的全国照明电器标准化技术委员会电光源及其附件分技术委员会 2015 年年会暨国家标准审查会上，双端 LED 灯（替换直管形荧光灯）安全要求；双端 LED 灯（替换直管形荧光灯）性能要求和普通照明用 LED 模块性能要求等三项国家标准通过了标准审查。该三项标准的主要起草人介绍了标准的核心技术内容，并围绕公开征集到的百余项意见和建议进行了逐条讨论和修改。与会代表一致通过了该三项国家标准的技术文本。

70 余位委员及代表参加了本次会议，标委会秘书处刘倩主任向与会代表汇报了点光源及其附件分技术委员会 2015 年的工作总结和 2016 年的工作计划；电光源分技术委员会主任华树明介绍了分技术委员会的人员和组织变化情况，对原委员单位及代表人员的变化情况进行了说明，并就部分人员调整进行了通报。

会议还就正在制定或修订的 1 项国家标准以及 4 项行业标准进行了研讨，中国照明电器协会常务副秘书长王卓出席了会议并介绍了由中国照协牵头起草制定的《照明产品中添加氪－85 及钍 232 限制要求》行业标准的制定情况。

与会代表还在会后参观了横店得邦照明电器有限公司。（来源：中国 LED 网）

北理工副教授取得纳米晶白光 LED 研究重要进展

白光 LED 是新一代绿色固态照明技术。寻求高性能白光 LED 材料与技术具有十分重要的意义。半导体纳米晶，是一类新型发光材料，具有溶液化学法制备、容易分散、发射光谱可调、发光效率高等特点，有希望改变目前 LED 产业对稀土材料的依赖，突破国外专利壁垒，提升现有白光 LED 的性能。CuInS2 纳米晶是一类不含稀土和重金属元素的新型发光材料，具有尺寸小、波长可调、发光光谱宽、自吸收小、成本低等特点，在白光 LED 应用中具有明显优势。

材料学院钟海政副教授多年从事 CuInS2 和 CuInSe2 纳米晶的合成工作，在此类材料研究方面处于国际先进水平。在国家自然科学基金、科技部 973 等项目的支持下，他利用材料学院和校微纳技术中心的研究平台，系统研究其尺寸和组分依赖的光学性质，采用组合调控策略，获得光谱在 500～700nm 可调、绝对量子产率达 75% 的荧光纳米晶材料。在此基础上，搭建小试装置，突破了荧光纳米晶合成放大的瓶颈，实现了一次性百克量级纳米晶的制备，同时与国内外多个研究小组合作，拓展了其在发光、显示、探测等领域的应用。近期，钟海政副教授重点开发了基于 $CuInS_2$ 系列纳米晶荧光粉的白光 LED，利用红光和绿光纳米晶荧光粉制备了贴片和大功率型的白光 LED 器件（参见图 1a），器件显色指数 >90，最高流明效率接近 70lm/W，色温在 3000～11000K 之间可调，与国内外公司研发的其他 LED 技术相比，其显色指数和流明效率都处于先进水平，参见图 1b。目前，他正在开展纳米晶表面界面工程研究，寻找更加合适的封装基质，如使用寿命突破 1 万小时，可望满足照明和显示的应用要求，将具有广阔的市场价值。

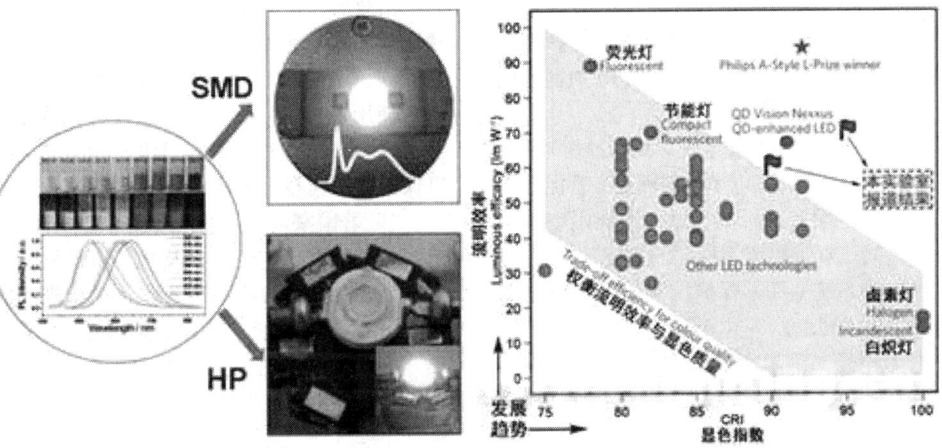

a)白光LED器件　　　　b)参数对比

图 a 北理工所制备的纳米晶荧光粉材料及所制备的白光 LED 器件；
图 b 北理工所制备纳米晶白光 LED 性能与文献中现有白光照明技术参数的对比，红旗所在点为北理工 2013 年报道数据，其它数据来自 Nature Photonics，2013，7，13-23 综述。

上述研究成果，已在包括 Advanced Functional Materials，ACS Nano，Journal of Physical Chemistry Letters，Nanoscale，Optics Express 等高水平期刊上发表 SCI 论文 11 篇，以上论文已被他人引用 200 多次，申请核心专利 4 项（授权 1 项），相关结果在国内外会议上做学术报告 10 余次，其中邀请报告 7 次。研究成果得到了国内外同行的初步认可，2012 年受 Journal of Physical Chemistry Letters 执行主编 Prashant Kamat 教授邀请撰写 Perspective 论文一篇，论文发表的同时 ACS 网站配发了视频采访，参见 http://pubs.acs.org/page/jpclcd/zou.html，论文发表后成为该期刊当月阅读最多的 20 篇论文之一。在刚刚结束的第十三届全国发光学学术会议上，钟海政副教授所做的"非稀土纳米晶荧光粉的精细调控及其 LED 应用"学术报告，获得第 6 届徐叙瑢发光学优秀青年学术论文二等奖。

国家标准委下达 2015 年 245 项国家标准（电气设备 33 项）制（修）订计划

2015 年 4 月 30 日，国家标准委批准下达 2015 年国家标准制（修）订计划 245 项，其中制定标准 144 项，修订标准 101 项，有 49 项国家标准将采用国际先进标准，旨在提升中国装备制造业水平、促进现代服务业健康发展，更好地稳增长、调结构、惠民生。

此次制（修）订计划围绕中国制造转型升级、推动中国装备走出去，下达相关标准 155 项。其中，特种作业机器人标准 2 项、电气设备标准 33 项、钢铁标准 7 项、有色金属标准 43 项。特别是在提升我国铁路装备制造国际竞争力方面，铁路牵引电气设备与系统等 5 项关键技术标准将全部采用国际先进标准，进一步引导企业积极采用新技术、新工艺、新设备、新材料。为了给互联网 + 时代的发展和物流产业高效便捷运作夯实基础，本次计划重点做好《无线宽带通信系统技术要求》、《商品条码 商品二维码》等一系列信息技术标准的制定。

在文化产业和旅游休闲方面，计划要求加快制定《移动终端动漫》、《户外广告设施技术规范》、《商贸休闲区服务规范》、《休闲露营地建设与服务规范》等 8 项重点标准，推动相关文化产业和旅游休闲业快速、健康发展。

在推进品牌建设方面，加快制定《区域品牌培育与建设指南》、《区域品牌价值评价》等 4 项重点标准，从提升区域品牌价值入手，完善品牌评价体系，建立完善品牌培育管理体系，制定并推广品牌培育评价准则，更好地支撑品牌建设。

在太阳能利用、光伏发电、电力输送等重点能源领域将制（修）订标准 42 项，既有《太阳能资源评估方法》等基础方法标准，也有 1000kV 以上交流输变电、光伏发电站功率控制系统技术规范等重要产品技术标准。让高效、清洁、安全的绿色能源改善人民生活品质，为经济社会持续健康发展提供新动力。在环境保护方面，还将制修订雾霾观测识别和预报预警、紫外线指数预报等相关环境标准 11 项，进一步提高环境监测能力。

中国电科院牵头 16 项国家标准获批立项

2015 年 1 月 19 日，从国家标准化管理委员会网站获悉，国家标准委下达了 2014 年第二批国家标准制（修）订计划，其中中国电科院作为第一起草单位承担 16 项国家标准制（修）订任务。

该批标准包括 5 项路灯控制管理系统系列标准、3 项电磁兼容系列标准、2 项铝合金电力电缆系列标准、智能电网居民用户自动需求响应终端系列标准、电力系统用串联电容器系列标准以及《高压直流换流站损耗的确定》、《高压直流输电术语》、《电力系统变频器保护技术规范》、《分布式电源并网继电保护技术规范》等共计 16 项国家标准，涵盖了电磁兼容、电力电子、继电保护、路灯控制等专业。其中《高压直流输电术语》等 6 项标准等同采用或修改采用 IEC 标准，将国际标准转换为我国标准，有效引进国际先进技术，促进我国技术水平提升。

国家能源局关于下达 2015 年能源领域行业标准制（修）订计划的通知

国家能源局 2015 年 7 月 28 日发布《关于下达 2015 年能源领域行业标准制订计划的通知》，共计 784 项，要求有关标准化技术委员会和标准起草单位抓紧完成。事实上，能源局每年都会针对能源领域各行业的标准进行更新，以符合行业发展、技术进步等的提升。

粗略统计，标准涵盖页岩气、石油勘探、石油天然气建设工程、油气管道、海上油气勘探及管道、分布式能源工程建设、电力系统、输配电设计、火力发电厂可研、太阳能热发电厂设计、水电大坝、特高压、生物质发电厂、配网自动化、煤矿、风电场、海上风电、压水堆核电厂，包括方法、工程建设、石油安全、产品设计。其中石油工程、核电、水电工程等领域标准的制定与修订最多。

技术归口单位包括能源行业页岩气标准化技术委员会、石油工业标准化技术委员会、全国天然气标准化技术委员会、能源行业火电和电网工程技术经济专业标准化技术委员会、能源行业发电设计标准化技术委员会、电力行业大坝安全监测标准化技术委员会、电力行业高压直流输电技术标准化技术委员会、中电联、中国煤炭建设协会、能源行业非粮生物质原料标准化技术委员会、能源行业风电标准化技术委员会、能源行业核电标准化技术委员会等。

标准起草单位包括中石油及下属油田、勘探、油田工程研究院，中石化及下属勘探工艺研究院、中海油服、中海油、国家电网下属公司、中国电力工程顾问集团、水电水利规划设计总院、中国核电工程有限公司、上海核工程研究设计院。

发改委发布 PPP 项目库 864 亿元能源大单静待民资进入

国家发改委 2015 年 5 月发布了 1043 个项目，总投资约为 1.97 万亿元。发改委有关负责人表示，将鼓励各类社会资本通过特许经营、政府购买服务、股权合作等多种方式参与建设及运营。据悉，项目范围涵盖水利设施、市政设施、交通设施、公共服务、资源环境等多个领域。

指政府和社会资本合作模式是在基础设施及公共服务领域建立的一种长期合作关系。通常模式是由社会资本承担设计、建设、运营、维护基础设施的大部分工作，并通过“使用者付费”及必要的“政府付费”获得合理投资回报；政府部门负责基础设施及公共服务价格和质量监管，以保证公共利益最大化。

“随着国家发改委万亿新设 PPP 项目库的启动，政府与市场关系的重新定位，以及公共服务领域的不断拓展，中国作为全球最大的新兴经济体将逐步进入吸引外资的新时代。”中国国际经济交流中心副研究员张茉楠表示。

据了解，在此次大名单项目中，能源项目共 138 个，涉及资金 864.5 亿人民币。项目包括 48 个供热及热电联产项目、42 个油气管网项目、30 个垃圾发电项目、14 个常规水电和抽水蓄能电站项目、3 个可再生能源发电项目以及 1 个充电桩项目。

从项目规模来看，新疆能源项目总投资 169.26 亿元排在首位，安徽、甘肃、青海分列次席。投资最大的项目是新疆阜康抽水蓄能电站，单项投资规模达到 70 亿元，总装机规模将达 120 万千瓦。

值得关注的是，2017 ~ 2020 年除燃料电池汽车外，其它车型补助标准适当退坡。其中，2017 ~ 2018 年补助标准在 2016 年基础上下降 20%，2019 ~ 2020 年补助标准在 2016 年基础上下降 40%。

在合作方式上，能源项目中政府和社会资本绝大多数都采用 BOT（建设—运营—转让）或 BOO（建设—拥有—运营）模式。此次明确采用 BOO 模式的项目共 33 个，主要分布在供热、油气管网、热电联产、垃圾发电等项目中，水电项目则全部采用 BOT 模式。

值得注意的是，尽管中国政府对 PPP 的热情空前高涨，但目前民间资本普遍持冷静观望态度。

“自 2014 年国务院印发《关于创新重点领域投融资机制鼓励社会投资的指导意见》以来，PPP 模式推进效果逐步显现，同时也存在签约率低、不具备实施条件等问题。”国家发改委投资司副司长罗国三表示，国家发展改革委为此印发了《关于进一步做好政府和社会资本合作项目推介工作的通知》，要求各地发展改革部门尽快搭建信息平台，及时做好PPP项目的推介工作。

张茉楠进一步解释称，“中国当前PPP市场也面临许多问题：一是缺乏成熟的管理者和有效的制度供给；二是国际成功实施的PPP项目顺周期特征较为明显，多数由企业主导，而中国的PPP更多是政府主导，逆周期的特征相对较强；三是某种程度上政府信用和规则缺失也是以往导致PPP项目失败的主要原因。”此外，项目的盈利情况、长期资金来源等方面都是社会资本担忧的问题。

对此，瑞穗证券亚洲公司首席经济学家沈建光表示，“点燃民间资本热情的关键是改革”。政府一方面要重视稳增长政策的推出，另一方面也要注意调结构与促改革的协调推进。更加重要的是，财税改革步入深水区之时，还需在政府职能转变、价格改革、国企改革与金融改革等方面做出制度安排和支持，“只有协调推进改革才能实现PPP吸引民间资本进入的初衷”。

“除了煤炭、核电外，其它能源领域的项目基本都已覆盖。”一位能源行业人士表示，“以往社会资本参与能源领域建设存在诸多障碍，此次发改委释放出明确的积极、支持信号。”

前沿技术出现：铜、锰也可以制作磁性材料

在元素周期表里面，锰、铁、钴、镍和铜5种金属元素排在一起，它们都属于化学性质相对比较活泼的金属，但活泼并不代表具有磁性。金属的磁性不仅是因为有不成对电子的存在，而且还需要这些电子之间相互作用。传统观点是，室温条件下只有铁、钴、镍具有磁性。

然而，这些观点即将打破。英国一项研究表明室温下铜、锰也将具有磁性。

他们在实验过程中发现铜和锰的薄膜可通过捕获金属与一层有机分子之间传输的电子而获得磁性。这种有机分子名为富勒烯，其结构是由60个碳原子相互连接形成的笼子状球体，这种结构既简单又稳定。

富勒烯是什么东西？为什么原本没有磁性的金属与此反应可以获得磁性呢？为此，中科院研究员季幼章表示，富勒烯是单质碳的同素异形体，与碳的其它同素异形体石墨、钻石一样，外表十分坚固。正常来说，富勒烯是分子状态，并不会发生化学反应。但在实验过程中却发现，碱金属掺杂的富勒烯具有金属行为，“权威说法是因为强电子相互作用等外力因素，导致它们之间产生电子对，从而具有金属行为。以此看来，铜、锰产生磁性应该跟它们之间电子对发生作用有关。”

那么，目前行业内是否有关于这方面的研究？

季幼章表示，虽然铜、锰与富勒烯进行反应而产生磁性这件事他并没有过多的了解，但富勒烯是一种超级纳米材料，在能源、化工、医疗和基础材料等各个方面都有非常广阔的前景。“这几年，随着科技发展的需求，行业内对这种新材料的研究多了很多。”

东莞市玛锐镨磁电科技有限公司是一家专门研究、制作软磁合金粉末的企业，该司厂务经理马荣平表示，这是一个很有前景的技术。“据我了解，目前国内没有这方面的研究。一定程度上，国外的技术研究还是领先于我们国内。”

同样专注于金属磁性粉末生产的江西艾特磁材有限公司市场主管李伟也表示出很大的兴趣，他甚至认为，这种铜、锰制作成的磁性材料未来有可能会普及，也将对现有磁材造成一定的冲击，“这缓解了当前只有铁、钴和镍制作磁性材料带来的局限，分流掉一些客户。”

不过，马荣平却并不如此认为。他认为，传统由铁、钴和镍制作磁性材料已经积累一定的用户，铜、锰适用于那些对精度要求很高的领域，如工业线圈。

铜、锰也能制作成磁性材料，那么将为行业带来哪些改变呢？

马荣平认为，除了扩大磁性材料粉末来源的选择外，这种技术也将为工业应用带来更多的惊喜改变，“可能未来会有更多的金属元素获得磁性，改变现在一些磁性材料存在的局限。”

确实如马荣平所言，领导这项技术的奥斯卡·塞斯佩德斯表示，他们团队将进一步研究如何将相关技术与合适的元素结合生产出新型磁性材料，从而促进新技术发展。我们也期待这种新技术可以为我们的工业应用带来更多的改变。（来源：电子变压器与电感网）

美合成可替代稀土的磁性纳米材料 有望降低生产中对稀土的依赖

美国弗吉尼亚联邦大学的一个研究小组宣称，他们合成出一种新型磁性材料，在磁性方面可媲美稀土制传统永磁材料，有望降低工业生产中对稀土资源的依赖。负责此项研究的弗吉尼亚联邦大学物理和人文学院教授希夫·卡纳说，该发现开辟了一条人工新材料赶超传统永磁材料的全新路径。相关论文发表在最新一期《应用物理学快报》上。

这种新材料由铁纳米颗粒以及具有磁性的钴和碳纳米颗粒构成，后两者的尺寸大约为5纳米左右。实验显示，这种材料在磁性方面完全能够媲美那些由稀土制成的、传统的永磁材料。此外，这种材料还能在516.85摄氏度的高温下存储信息，具有良好的耐热性和稳定性，并具备长程有序的特点，在数据存储应用领域也有潜在的应用价值。

稀土具有“工业维生素”的美誉，如今是极其重要的战略资源，在石油、化工、冶金、纺织等领域具有广泛的应用价值。特别是那些用稀土制成的永磁材料，对通信、电子以及汽车制造等行业而言更是必不可少。此外，随着绿色科技市场的出现和快速发展，纯电动以及混合电动汽车、直驱风力发电机动力系统和储能系统的市场越来越大，永磁材料及稀土资源的需求量也随之增加，资源短缺问题日益凸显。

论文共同作者、弗吉尼亚联邦大学博士后艾哈迈德·埃尔一詹蒂说，对解决稀土资源短缺而言这是一项重要的发现。该校纳米科学与纳米科技项目负责人埃弗雷特·卡彭特教授表示，这种新材料已经显示出了很多出色的特性，有些方面甚至超过了传统永磁材料。（来源：科技日报）

氮化镓替代硅的颠覆性半导体新技术能否成为主流技术

如何才能称得上是颠覆性的半导体技术？

日前，AlexLidow（前IRCEO，现EPC——Efficient Power Conversion的CEO）发表文章，讲述了比较新的氮化镓（GaN）技术，现将这篇文章翻译出来与大家共享。

用氮化镓替代硅

38年前AlexLidow刚从斯坦福博士毕业以后，接触到的第一个半导体项目就是开发一种新型的晶体管，性能要胜过当时主流的双极型晶体管。那时的晶体管大体上还是采用1947年Brattain、Bardeen和Shockley在贝尔实验室发明的晶体管工艺来生产（三人因为发明晶体管而获得1956年的诺贝尔物理学奖）。AlexLidow和他的同事TomHerman决心利用当时最先进的IC技术来开发新型晶体管，以打破这种30多年旧工艺的垄断。经过两人不懈的努力，以及整个开发团队的杰出贡献，最终他们发明了功率MOSFET（Alex和Tom将其命名为HEXFET）。MOSFET是一项真正的颠覆性技术，只用了大概15年的时间就取代了大部分双极型晶体管的市场份额。

这段经历使得AlexLidow认为，一项新半导体技术是否能够成为主流技术，主要决定于以下四点：

1）能否基于该技术产生重要的新型应用？

2）该技术是否容易使用？

3）对于客户来说，该技术是否在成本上极具优势？

4）该技术是否可靠？

在功率转换领域，氮化镓工艺能够取代硅工艺成为新一代主流技术吗？

能否基于该技术产生重要的新型应用？

氮化镓晶体管的开关速度比硅晶体管高，这将使得很多新型应用成为可能：

包络追踪：包络追踪（实时测量信号幅度）是一种电源管理技术，用于卫星、基站和手机上的射频功率放大器，（RFPA）可以利用包络追踪技术来提高其能源利用效率。信号调制时射频PA会需要不同的供电电压，包络追踪就是根据PA的需求提供相应的电压给PA。如果只采用一个固定电压给PA供电，那么为防止出现截止失真，RFPA就要工作在最大功率，包络追踪保证发射器工作在最合适的功率上，因此与固定电压供电模式相比，包络追踪更省电。氮化镓晶体管是现在唯一能在4GLTE基站实现包络追踪功能的晶体管。

无线充电：手机、游戏机、笔记本、平板，甚至是电动汽车都可以利用无线的方式来完成充电。A4WP刚刚批准了一种高频（6.78MHz）无线充电的标准，现在硅功率器件（功率MOSFET）还不能在这么高的频率上进行工作，利用IC和氮化镓晶体管或许是一种方案，因为氮化镓晶体管的开关速度足够快。

激光雷达（Light Distancing and Ranging，简称LiDAR）：激光雷达利用脉冲激光可以快速产生周围环境的三维影像，这项技术广泛用在地理测绘和无人驾驶汽车上。氮化镓晶体管的高开关速度保证了超高的分辨率和快速反应，可以使激光雷达的应用从测绘拓展到增强现实和真正的无人驾驶汽车上。

该技术是否容易使用？

EPC开发设计的氮化镓晶体管（eGaNFET）在使用方法上与功率MOSFET很像，所以有经验的电源系统工程师只需要很少的训练就可以使用。为了帮助设计工程师快速掌握氮化镓晶体管的使用方法，EPC在氮化镓器件的教育和推广上不遗余力。EPC现在已经发表了100多篇关于氮化镓的文章和演讲稿，2011年EPC出版了业界第一本氮化镓晶体管的教科书《氮化镓晶体管——高效功率转换器件》（英文版《GaN Transistors for Efficient Power Conversion》），这本书的第二版已于2015年出版。EPC与全球60多所大学进行合作，目的就是为了培育新一代熟练掌握氮化镓技术的电源设计工程师。

该技术是否在成本上极具优势？

EPC设计生产的氮化镓采用类似硅功率MOSFET的工艺，但工艺步骤比MOSFET少很多。此外，不像硅MOSFET，氮化镓晶体管不需要高成本的封装来保护自己。仅封装这一项，氮化镓晶体管就可以把制造成本降低一半，再加上高良率，EPC生产的氮化镓晶体管在成本上比相对应的硅功率晶体管（性能比氮化镓晶体管要差）低很多。现在氮化镓器件的成本已经足够低，何况设计师还可以利用氮化镓的性能优势来实现系统的低成本。

该技术是否可靠？

到今天为止，无论是在制造厂经历的几千万小时的压力测试，还是实际应用当中几百亿器件时（devicehour）的实测数据，都显示氮化镓技术已经满足商业应用的可靠性。

企业动态

台达获评中国外资企业100强十大责任企业

2015年11月1日，由国务院国资委新闻中心、中国社会科学院企业社会责任研究中心共同主办的“首届中国企业社会责任前沿论坛”在京举行，会上发布《企业社会责任蓝皮书（2015）》。台达集团在中国外资企业100强社会责任发展指数名列前10强，并位居包含央企、民企和外企的中国企业300强社会责任前50强，排名领先所有受评的台资企业。此外，台达在发展过程中坚持负责任运营，以身作则推动中国企业社会责任发展，特别受邀成为《分享责任2025北京宣言》的发起单位。

台达与中国三星、英特尔、LG中国等共同列名2015年中国外资企业十大责任企业。2015年外资企业100强的样本以《财富》杂志公布的2015年世界500强榜单为基础，按照全球营业收入选取前100家企业，剔除在中国没有经营业务的外资企业，再依据在中国经营业务的深度、影响力和品牌知名度进行增补，最终确定外资企业100强名单。

台达集团-中达电通董事总经理游文人代表参加论坛并领取《宣言》。他表示，过去5年台达单位产值用电量（每度电/百万美元）下降50%，并于2014年国际碳信息披露项目（Carbon Disclosure Project，CDP）年度评比获得最高等级A级评价，是大中华区入选气候绩效领导指数（Climate Performance Leadership Index，CPLI）的企业。面对下一个5年，台达积极响应CDP的Commit to Action企业减排活动，承诺2020年前单位产值用电量将再下降30%，贯彻“环保节能爱地球”的企业经营使命。台达中国区作为台达全球运营体系中最重要的生产、研发及销售的区域之一，将持续追求高标准公司治理、积极回馈社会、致力环保节能，与利益相关方共生共荣。

自2005年起，台达每年发布集团全球社会责任报告，并于2014年成立“台达中国区企业社会责任委员会”，于2015年9月发布《2014台达中国区企业社会责任报告》。台达针对中国区的第一份企业社会责任报告是参照中国社科院《中国企业社会责任报告编写指南（CASS-CSR3.0）》、国际标准化组织《ISO26000：社会责任指南（2010）》进行撰写，社科院企业社会责任研究中心按照《中国企业社会责任报告评级标准（2014）》，给予四星半的评级（最高等级为五星）。台达也是台资企业中第一家自主参加此报告评级的企业，是台资企业获得最高评级者。

中国社科院经济学部企业社会责任研究中心从2009年开始连续6年发布《企业社会责任蓝皮书》，跟踪中国企业社会责任发展的阶段性特征，推出国企100强、民企100强和外企100强社会责任发展指数，已经成为中国企业社会责任领域影响力大、权威性强的研究成果之一。

台达通信电源Golden Eagle荣获德国iF设计大奖

日前，台达的设计实力再度荣获国际肯定，通信电源Golden Eagle荣获德国iF设计大奖（iF Design Award 2016），此殊荣亦强化台达在国际的能见度及品牌形象。台达专为4G LTE无线小型基站而设计的单向电源转换模块Golden Eagle继荣获2015年德国红点产品设计奖之后，再度获得2016德国iF设计奖肯定，成为通信电源领域中，全球获得双项世界范围内设计大奖的产品。

台达通信电源事业部总经理黄彦文表示：“Golden Eagle简约时尚又功能完备的设计，内外兼备，完全颠覆了通信电源产品的既定形象。”Golden Eagle上市以来，已成功地吸引日本电信运营商NTT DOCOMO率先采用，其系列产品亦成功打入美国市场，将成为未来小型基站建置的优先选择。

台达的通信电源Golden Eagle运用持续创新的电力电子技术与自然冷却的散热管理，巧妙地将客户在应用上的需求融入产品设计，同时保有高达96%的能源转换效率、5.3W/in3的功率密度，可协助客户降低20%的能源损耗。由于机体防护等级达IP65，能适应各种不同环境的户外应用，让客户有效降低整体的维护及运营成本。内建式的电池管理模块可直接控管备用电池，提供客户应用更大的弹性。

台达长期以来不仅致力于产品的效能与功能提升，亦不断增进设计能力，成为全球工业设计奖项的常胜军。近一年来，台达在国际设计奖项中拿下数个德国红点产品设计奖、日本优秀设计奖（G-Mark）及德国iF设计大奖，获奖的设计除了视讯产品，也涵盖了移动电源、通信电源及电动车充电解决方案等不同领域的产品。

图 专为4G LTE无线小型基站而设计的单向电源转换模块Golden Eagle为通信电源领域中，在全球获得双项世界范围内设计大奖的产品

台达荣获2015中国自动化企业创新奖

2015年11月29日，从在武汉召开的2015中国自动化大会传来消息，台达集团夺得“2015中国自动化企业创新奖”年度大奖。中国自动化大会是由中国自动化学会组织召开的年度自动化领域高层次、具有重大影响力的全国性会议。“中国自动化企业创新奖”的设立，是为了表彰中国自动化领域具有突出创新能力、取得突出产业化成果及具有先进创新机制的企业，总结提炼中国自动化企业的创新理念和成功经验，提升中国自动化产业的整体创新水平，为中国自动化产业发展提供持久动力。

作为工业自动化领导品牌，台达集团自成立以来，高度重视创新研发工作，一直将创新作为不断向前发展的重要基石和动力。目前，台达在全球建立了60个研发中心，拥有7 000余名研发工程师从事技术创新工作；每年将集团营业额的5%~6%作为研发费用，在总部成立集团层级的新事业部，在各事业部下设新产品开发团队，开发新产品和系统解决方案。同时台达还长期与国际及国内知名学校进行产学研合作，推动开发出能满足客户需求的产品和解决方案。

台达逆变器打造上海申美2.3MW分布式屋顶光伏电站

工业园区在用电方面一直存在着用电量大、电费高以及限电影响等各个方面的问题。随着光伏创新技术及产品的不断涌现和国家光伏新政的逐步落实，很多工厂业主开始关注并用上了绿色能源。2015年10月，台达主打产品RPI-M50A组串式逆变器成功为上海中美饮料食品有限公司（以下简称：上海申美）的厂房打造2.3MW分布式屋顶光伏电站，并于2015年12月底顺利建成并网。这座光伏电站装机容量为2 300kW，年发电量约为260万度，除每年可以节约300万元电费外，更重要的是每年实现减排CO_2约为2 618t，节约标准煤1 007t，减少SO_2约为24t，减少粉尘排放量约为7t，环境效益明显，提升了企业环保形象。

上海申美是一家以灌装世界品牌——“可口可乐”及系列产品为主的中外合作大型饮料生产经营企业，公司坐落在上海浦东金桥出口加工区，占地面积为10万m^2。厂区内安装有世界先进的每分钟1 100罐的易拉罐生产线和每分钟500瓶以及800瓶的玻璃瓶生产线，每分钟100盒的利乐包生产线，月均用电高达3 845 776kW·h，可谓壮观。为改善用电量居高不下的现象及响应国家的号召，其2.3MW分布式光伏发电应用项目安装在自有的部分厂房屋顶。参照上海地区光照条件等环境因素，特选用台达新一代革命性的RPI-M50A组串式逆变器产品，它是全世界最小、重量最轻的50kW壁挂式安装的屋外形逆变器。采用无隔离变压器设计技术，最高效率达到98.6%；机体大小为（740mm×612mm×278mm），重量轻（70kG/台）；产品外形设计既人性化又非常智能：两边设有便于搬运的手握横条，底部设有底座及手握凹槽，安装时两人徒手抓住两侧横条即可搬运或直立于地面，便于快速安装，另外，产品内建直流串行接线箱功能/熔丝/防雷击突波保护器/交直流开关，不再需要汇流箱，给电站建设节约投资成本。200～1 000V的输入电压范围，2路MPPT设计，10路输入端子，起动电压低，系统可以大范围设计且每天发电时间更长，在阴雨天的时候，弱光发电特性效果就更明显，整体效率明显高于同行业水平；全铝一次成型IP65防护等级外壳，能满足在恶劣环境条件下使用；IP67等级散热风扇的起停及运行速度，完全受逆变器内部温度及输出负载情况智能控制，这既保证了逆变器内部温度受控，从而提高逆变器的发电效率及使用寿命，同时又保证了风扇的长寿命运行。产品维修采用整机更换方式，故障时使发电量损失最小；50kW一个发电单位，不至于给维护者带来麻烦。

台达为深罗高速公路打造智能交通监控大屏

伴随着2013年发布的《国家公路网规划》不断深入执行，由7条首都放射线、11条北南纵线和18条东西横线组成的国家高速公路的建设也不断推进，广袤而四通八达的高速公路增量也为智慧高速管理市场提供了新市场空间。

高速公路监控指挥中心系统主要包括道路视频监控系统、车辆运行系统、车流量监测系统、GIS信息系统和交通诱导信号系统等环节。其中，道路视频监控图像作为智能高速当中应用广、数据含量丰富的信息，也成为高速公路监控大数据应用中最重要的组成。

属于国家高速公路网路段的深罗高速公路，在建设过程中也引入了前沿的智慧高速综合管理平台，在其江门至罗定路段打造一套完善的道路视频监控系统，从而提高整个路段的通行能力及管理水平。

台达为深罗高速江罗段提供的大屏幕显控系统主要由55″3×8 LCD显示单元、VisionCON图像拼接控制器和VisionDWCS大屏幕系统控制管理软件等构成。监控指挥中心大屏直观、完整、准确且清晰地显示了江罗路段的路况信息，高速公路管理人员可以灵活控制在大屏幕上任意显示各种动态视频、计算机/工作站图文信息和应用系统图形，实现对高速公路运营情况动态监管，对突发事故及时响应，确保顺畅通行。

深罗高速江罗路段的这套道路综合监控系统，不仅可接入显示该路段实时路况，更可实现GIS电子地图、各种管理信息系统数据、各种历史数据图像以及实时气象信息等，很好地实现与深罗高速监控系统、指挥调度系统连接集成，使大屏幕显示系统成为数据信息集中查询、集中显示、功能完善和高效调度指挥的综合监控管理平台，为高速公路监控、调度和应急指挥提供实时精确的图像信息。所有信号通道和电源都冗余备份，保证系统持续不间断工作的要求，通过一键式快捷操控满足日常监控信号的模式化显示和自动切换，并可在紧急状态下调用应急预案显示模式，减轻监控人员工作强度、提高工作效率。

科华恒盛获得全国“两化融合管理体系评定证书”

日前，智慧电能领导者——厦门科华恒盛股份有限公司（以下简称“科华恒盛”）收到由工信部颁发的《两化融合管理体系评定证书》。据悉，科华恒盛已于2015年4月正式通过国家工业和信息化部两化融合管理体系评定，成为全国率先200家通过两化融合管理体系评定企业之一。

据了解，实施两化融合管理体系评定，是我国推动工业化和信息化深度结合、走新型工业化道路的重要举措。为推动这项工作，工信部于去年编制发布了《信息化和工业化融合管理体系要求（试行）》，并从全国遴选了502家企业作为两化融合管理体系贯标试点企业。2015年2月起，工信部又委托相关评定机构，对502家贯标试点企业开展合规性审查和专家复核工作，从中评定出了200家企业，最终科华恒盛成功入选上榜。

图 科华恒盛获得全国“两化融合管理体系评定证书”

作为中国电力电子行业的领导者之一，科华恒盛高度重视信息化建设，多年来，科华恒盛在“整体规划、建设有序、集中管控、分步实施”信息化建设总体策略指导下，以三化“信息化、表格化、可视化”的手段实现四化“标准化、规范化、流程化、自动化”的目标，按照五年信息化规划分步骤导入企业信息化系统，包括 ERP、SRM、CRM、eHR、MES、LMS 和 PLM 等业界先进的信息管理系统，结合两化融合与精益管理的理念，形成了具有科华恒盛特色精益生产系统 KPS。

科华恒盛将以此次两化融合管理体系认证为契机，持续打造与转型战略相匹配的信息化环境下的新型能力，不断提升产品、装备、生产、管理及服务的智能化水平和质量效益，同时，通过两化融合在技术上、商业模式上、资源利用上和企业影响力上建立创新的体系，将企业建设成为“装备一流、技术先进、系统可靠、队伍过硬、管理精细、安全高效”的集约化、机械化和信息化的生态型能源互联网企业。

厦门科华恒盛股份有限公司全资子公司获得《武器装备科研生产许可证》

厦门科华恒盛股份有限公司（以下简称“公司”）全资子公司漳州科华技术有限责任公司（以下简称“漳州科华技术”）已收到国家国防科技工业局颁发的《武器装备科研生产许可证》，取得具备从事证书所列武器装备科研生产活动的资格。

根据《武器装备质量管理条例》有关规定，武器装备科研生产实行许可证制度。凡申请承担武器装备科研生产任务的单位，须取得武器装备科研生产许可证后，方可承担武器装备科研生产任务。现在，漳州科华技术已经取得《武器装备科研生产许可证》，将对公司涉足军工业务领域、开拓军工市场奠定良好的基础。

此次《武器装备科研生产许可证》的取得目前不会对公司的业绩产生影响，公司未来进行军工市场的拓展仍存在较大的不确定性，请投资者理性投资，注意风险。

科华恒盛获“国家技术创新示范企业”认定

2015 年 11 月，国家工业和信息化部、财政部联合下发《关于公布 2015 年国家技术创新示范企业名单的通知》（工信部联科 2015412 号）。根据该通知，厦门科华恒盛股份有限公司（以下简称“公司”）被认定为“2015 年国家技术创新示范企业”。国家技术创新示范企业认定的基本标准要求企业具备核心竞争能力和领先地位、持续创新能力和研发投入、较强行业带动作用性和自主品牌、较强应用新技术能力、完善的知识产权管理体系和质量保证体系、较强的盈利能力和较高的管理水平，具有创新发展战略和创新文化。

公司被工信部和财政部联合认定为国家技术创新示范企业是对公司技术创新能力并具有创新示范作用的肯定。长期以来，公司始终坚持科技创新推动企业稳健发展，2014 年公司技术中心被国家发改委、国家科技部、国家财政部、国家税务总局和国家海关总署联合确认为“国家认定企业技术中心”；公司多次参与国家和行业标准的制定及国家科研项目的研发，在行业内具有较强的创新能力和技术竞争力，研发水平始终处于行业领先地位。

本次获得国家技术创新示范企业认定，对于提高企业创造力、提升品牌价值及增强综合竞争力具有重要的推进作用。公司将以此为契机，坚定推进创新驱动发展战略的实施，进一步强化企业技术创新体系建设，充分发挥行业的示范和引领带动作用，为企业可持续健康发展及行业技术进步做出积极贡献。

科华恒盛荣获第三届中国电源学会科技奖两项大奖

2015 年 11 月 7 日，在中国电源学会组织的第三届中国电源学会科学技术奖颁奖大会上，厦门科华恒盛股份有限公司《高电能质量节能型大功率不间断电源系统关键技术与产业化》和《太阳能光伏发电系统逆变器》两大项目分别荣获了本届中国电源学会科学技术奖暨科技进步特等奖和二等奖，对推动公司持续技术创新和产品应用具有重要的意义。

中国电源学会科学技术奖，由国家科技部批准设立，代表我国电源行业最高水平，在全国范围内进行评选的科技奖励，由中国电源学会组织评审并颁发。科华恒盛电源产品以其自主独特的技术思路和重大技术创新核心，凝聚了高效节能、智能管理、安全可靠、扩容能力强及管理专业化等多项优异性能。

科华恒盛技术中心负责人表示，科华恒盛电源产品自主研发的电源系统荣获电源行业科技奖项，是科华恒盛在技术研发领域持续投入积累、不断创新的成果。科华恒盛产品方案将继续致力于推动中国电力电子产业发展，助力各行业领域在“一带一路”、工业化与信息化建设和节能环保等事业发展建设。

目前，科华恒盛高电能质量节能型大功率不间断电源与太阳能光伏发电系统逆变器已经在金融、通信、交通、工业、政府与公共事业、数据中心、新能源等国内外高端用户广泛应用并获得充分认可。如今，科华恒盛产品方案已经服务于全球 80 多个国家和地区、为超过 20 多万的用户提供绿色电源保障。

科华恒盛获国内核级 UPS 鉴定 携重大技术成果挺进核电装备市场

科华恒盛日前宣布，其自主研制的核电厂 1E 级 K3 类 UPS 设备 FR-UK31 HD 系列设备获得中国机械工业联合会鉴定证书，成为该领域我国获此鉴定的企业，填补了国内在该技术领域的空白，且主要技术指标达到了国际同类产品先进水平。由于此前受制国外技术垄断，核电厂 1E 级 K3 类 UPS 设备一直依赖于进口，此次证书的颁发，不仅是我国核电厂控制系统保护电源发展史上具有里程碑意义的重大突破，同时再次证明科华恒盛在不间断电力保护技术领域具备强大的自主研发和质量保证方面的能力。通过本次鉴定，标志着我国核电厂控制系统不间断电力保护技术实现国产自主化，为促进我国自主核级 UPS 产品在核电领域的应用奠定了坚实的基础。

核级 UPS 设备是核电厂的重要控制系统保护电源，它的性能与可靠性等级，标志着一个国家在大型核电装备领域的先进化程度。为提高我国核电设备的配套能力、完善核电工程产业链、进一步推进核电项目的自主化进程，并长期发展其在国家核电中的应用，科华恒盛与中广核工程有限公司（简称“中广核”）联合研发了满足核电项目要求的核电厂 1E 级 K3 类 UPS 设备 FR－UK31 HD 系列设备。该核级 UPS 可应用于核岛内部控制中心保护，包括为反应堆控制保护及安全相关系统负荷供电；其设计、工艺、制造、安装及服务严格遵守国际核安全标准和中国国家核安全标准，且经过核安全严苛要求的环境试验、电磁兼容试验及可靠性试验。该产品基本包络 CPR1000、EPR、ACPR1000、AP1000 和华龙一号的技术路线的设备指标要求。

此次科华恒盛与中广核联合研发符合核电项目要求的 1E 级 K3 类 UPS 设备，获得鉴定证书，不仅符合国家发展需要，且对国家和企业具有重要意义。

目前，我国的核电装机容量占电力总装机容量的比例不足 2%，远低于 18% 的世界平均水平。根据我国的核电发展目标，到 2020 年我国的核电装机容量占 4%，到 2030 年核电装机容量占 10%，到 2050 年核电装机容量占 16%。同时，国家政策大力支持核电产业走出去，我国核电产业在国际市场已有广泛的影响力，具有潜在的巨大市场。因此，核电项目的发展前景非常广阔，核电设备产业链市场巨大。

按两台万千瓦的核电机组计算，1E 级 K3 类 UPS 设备价格约数千万人民币。加上在役电站设备的更换，到 2020 年，1E 级 K3 类 UPS 设备在中国的市场需求达数十亿元人民币，到 2050 年将达近百亿。因此，研发出具有高可靠性、满足核电项目要求的 1E 级 K3 类 UPS 设备具有广阔的应用市场前景。

作为领先的设备电力保护与节能一体化方案提供商，科华恒盛定位高端，以打造生态型能源互联网企业为目标，为各领域事业发展提供可靠的电源保障和优质服务。近年来，科华恒盛通过自主研发的高端电源产品方案在工业、交通、通信、金融、政府和国防等各行各业广泛应用。本次核级 UPS 鉴定证书的获得，丰富了科华恒盛高端电源的产品图谱，将使科华恒盛在未来的核电市场竞争中更具优势，并将为实现我国核电安全高效发展以及“走出去”战略实施奠定更坚实的技术基础。

图 核级 UPS 设备

科华恒盛节能产品中标中广核逆变器战略采购项目

日前，厦门科华恒盛股份有限公司（简称“科华恒盛”）成功中标中广核太阳能开发有限公司 2015 年第六次逆变器战略采购项目。据悉，本次招标总量 500MWp，分为 10 个包件，每个包件 50MW，招标型号为 500kW 集中式集装箱兆瓦房。其中，科华恒盛成功中标两个包件，共计 100 MW。此次项目中标，不仅对科华恒盛新能源逆变器的市场应用产生积极的推动作用，同时也表明其在专业技术、资质能力、售后服务能力和跨地域的供应、集散能力等方面受到客户的高度认可。

在光伏新能源领域，科华恒盛凭借其深厚的应用经验和自主技术研发实力，全力推出了多系列高品质、高性能的逆变器产品，并通过近几年的行业应用和市场开拓逐渐树立了较强的品牌影响力。如科华恒盛集装箱光伏逆变器，因其可靠高效的产品性能具有较好的客户应用基础。该产品采用典型的一站式集成化设计，系统内部集成逆变器、直流配电柜、数据采集箱和环境监测系统等，具有高可靠性、高数据传输、高转换效率和方便快速建设及管理维护。

作为中国领先的设备电力保护与节能一体化方案提供商，科华恒盛基于电力电子变换技术，在新能源、高端电源和数据中心等智慧电能业务拥有坚实的应用基础，为全球政企用户提供有竞争力的电能解决方案和服务。近年来，科华恒盛坚持“技术自主、品牌自有”的发展理念，对新能源业务领域持续进行研发投入，以客户需求和前沿技术驱动创新，在国家新能源政策支持下，全面进军新能源产业，开展本地化合作，发展光伏电站、充电桩以及微网、储能等领域，并取得良好成绩。目前，科华恒盛新能源产品方案已经广泛应用于北京、上海、广东、浙江、福建、河北、内蒙古、甘肃、宁夏、青海、四川、新疆并出口欧美、亚非拉等海外地区，助力全球节能减排事业建设发展。

阳光电源获得 SA8000 社会责任标准认证

2015 年 5 月，阳光电源顺利通过 SA8000 社会责任管理体系认证审核并取得认证证书，这既是对阳光电源多年来主动承担并践行企业社会责任的充分肯定，也标志着公司的产品和服务已达到并符合 SA8000 社会责任标准的各项要求。

SGS
Sungrow Power Supply Co., Ltd.
SA 8000:2008

图　阳光电源获得 SA8000 社会责任标准认证证书

自成立以来，阳光电源积极学习国际先进管理经验，并结合自身行业特点努力加以消化吸收，在行业内率先构建、实施了一套较为完整的管理体系，先后顺利通过 ISO9001 质量管理体系、ISO14001 环境管理体系、OHSAS18001 职业健康安全管理体系和 IECQ QC080000 有害物质过程管理体系等一系列质量规范体系的认证审核，积极贯彻推行 ISO9004 追求组织的持续成功和可持续发展模式。

近年来，为积极承担更多社会责任，更好地接轨国际市场，为国内外客户提供更加符合道德要求的产品与服务，阳光电源在行业率先引进并全面贯彻实施全球道德规范国际标准 SA8000 社会责任标准，严格落实企业社会责任。在追求产品质量、经济效益和环境效益的同时，不断改进员工工作环境、改善员工利益，已成功在安全卫生、工作时间、报酬与福利、职业健康等方面达到并超越了 SA8000 社会责任标准的各项要求，也得到了客户与认证机构的高度评价和充分认可。

以 SA8000 社会责任标准认证为契机，未来阳光电源将全面推行更加严格规范的管理体系，着眼于企业可持续发展，积极承担并践行更多企业社会责任，着力实现企业经济效益与社会效益的统一，致力于为客户提供更加优质的产品与服务，努力缔造受人尊敬的全球一流的新能源企业。

阳光电源总经理曹仁贤荣获安徽省重大科技成就奖

2015 年 2 月，安徽省政府发布 2014 年度安徽省科学技术奖励，授予阳光电源股份有限公司总经理曹仁贤 2014 年度“安徽省重大科技成就奖”，以表彰其在科学技术领域取得的重大成就和为新能源事业发展做出的突出贡献。

“安徽省重大科技成就奖”是安徽省人民政府设立的最高科学技术奖，每年授予人数不超过 2 名，仅授予在科技创新、科技成果转化和高新技术产业化中，创造巨大经济社会效益或者在当代科学技术前沿取得重大突破的领军人物。

“他专注于可再生能源发电领域和电力电子技术研究 20 多年，先后主持十五、十一五国家科技支撑计划科技项目 5 项和省部级科技计划项目多项。他带领团队研发出中国第一台具有自主知识产权的并网光伏逆变器，主持制定了 3 项国家标准，在国内率先解决了光伏、风力发电系统安全接入电网的关键技术，开发出多项行业领先的光伏逆变器成果，研发产品的性能水平与国际品牌相当，连续多年保持国内市场占有率第一，稳定占据着国内 30% 以上的市场份额，打破了国外产品对中国市场的垄断，使国际主流品牌相关产品价格大幅下降。”这是评奖机构对曹仁贤的获奖评价。

曹仁贤总经理此次荣膺“省重大科技成就奖”，是该奖项第一次授予安徽省新能源行业的企业家，不仅是对他个人的充分肯定和褒扬，也是对阳光电源科研团队近年在光伏、风能等新能源发电领域的科技创新及所取得的成果的充分认可。相信在曹仁贤总经理的带领下，阳光电源倡导的致力于为客户提供更清洁、更高效、更智能、更友好的设备和系统解决方案，必将在新能源和可再生能源的阳光大道上取得更多、更大的成就，为加快我国甚至全球的清洁能源利用，促进节能减排贡献自己的力量。

阳光电源检测中心通过 CNAS 实验室认可

日前，阳光电源股份有限公司检测中心顺利通过 CNAS

实验室认可审查，获得由中国合格评定国家认可委员会颁发的实验室认可证书。

该认可是 CNAS 对实验室能力给予的一种正式承认，经 CNAS 认可的实验室所出具的检测报告可以加盖“CNAS”签章以及国际互认标志，这类检测报告目前被全球 74 个经济体 89 个权威性机构所承认。CNAS 是我国目前权威的实验室评审机构，该项认可审核时间长、通过难度大。

阳光电源检测中心正式被授予国家实验室资质，允许使用“CNAS”认可标志，这标志着阳光电源检测中心已具备按相关标准开展有关检测服务的能力和资格，检测中心所出具的检测报告具有权威性和国际公信力，能够获得众多签署互认协议方国家和地区认可机构的承认，这为公司进一步开拓国内外市场奠定了基础，尤其对公司拓展海外市场、获得国外客户的认可有着积极的影响。

阳光电源历来高度重视产品质量控制与技术创新升级，获得认可后，公司将严格按照认可准则要求运行管理体系，坚定贯彻公司质量战略、质量方针，继续坚持贴近客户的持续创新和服务，不断提升企业整体竞争能力，为广大客户提供全球一流的可再生能源发电设备及系统解决方案。

阳光电源联手三星 SDI 正式注册成立储能装备合资公司　瞄准储能微网

2015 年 6 月，阳光电源股份有限公司联合三星 SDI 株式会社在合肥正式注册储能合资公司，从事电力用锂离子电池包、储能逆变器及储能系统的开发、生产和销售，共同开拓国内外电力储能市场。

图　阳光电源与三星 SDI 株式会社在韩国釜山签订合资合约

根据 2014 年 11 月 4 日阳光电源与三星 SDI 株式会社在韩国釜山签订的合资合约，双方将利用各自优势、强强联合，在未来几年投资 1.7 亿美元，携手开展电力储能相关产品的研制和生产，逐步扩大在中国乃至全球的市场份额，力争成为全球领先的储能产品及系统解决方案供应商。

随着清洁能源的大量使用，间歇性的太阳能、风能发电给常规的电网带来了挑战。储能系统可以解决自然能源发电的间歇性问题，使得其电能质量更加平滑，同时还可应用于电力调频、削峰填谷和微网发电等领域，市场前景广阔。

三星 SDI 是韩国三星集团旗下的核心成员之一，是全球锂离子电池业务的领导者，其锂电池业务多年来一直位居世界前列。

阳光电源主要从事光伏、风能、储能电源的研制、开发、生产，其光伏逆变器连续 10 多年稳居中国市场前列，储能产品也已经在多个示范项目中成功应用。

安徽省光伏扶贫 PPP 项目落地阳光电源　为岳西超 5 000 贫困户致富铺路

2015 年 10 月，2015 年岳西县光伏扶贫 PPP 项目正式开标并签约，阳光电源凭借在大规模光伏扶贫实施、技术和管理等方面强大竞争优势成功中标，项目总建设规模达 6.74 万 kW，通过“户 + 村”精准扶贫体系，帮扶 40 个村和 5 000 户家庭增收致富。这是安徽省通过省级公开招投标的光伏扶贫 PPP 项目，为后期安徽省乃至全国其他光伏扶贫工程规范市场运行、创新运营体制起到极大的示范作用。

近年来，安徽发展光伏发电亮点频现，特别是发轫于安徽的光伏扶贫项目，为全国创造了可复制、可推广的思路与经验。为进一步创新安徽省光伏电站建设规模指标配置方式，提升光伏电站的建设运营绩效水平，安徽省能源局积极探索推行政府与社会资本合作的 PPP 模式，通过规模公开招标方式，鼓励社会资本通过竞争性方式获得建设规模配置指标，吸引企业参与光伏扶贫。“光伏扶贫工程具有‘一次投资、多年收益、精准扶贫’的特点。”安徽省能源局总工程师钱立家说：“我们希望通过模式的创新，用公开、公平、公正的市场机制建立规范操作体系，在政府引导的基础上激发民间投资活力，择优选择有技术、有实力的光伏扶贫实施单位，确保光伏扶贫落到实处，实现贫困村和贫困户长期受益。”

岳西县是安徽省入选国家光伏扶贫 5 个试点县之一，集革命老区、纯山区及贫困地区于一体，一直是安徽省和大别山区贫困面最大、贫困程度最深的县之一。此次岳西光伏扶贫 PPP 项目共建设 5 000 个 3kW 户用扶贫光伏电站、建设 40 个 60kW 村级扶贫光伏电站、配置 5 万 kW 配套光伏电站建设指标，形成“户 + 村 + 地面电站”光伏电站体系，总建设规模为 6.74 万 kW。这将每年直接为每个贫困户增收超过 3 000 元、每个贫困村增收超过 6 万元，切实有效地帮助贫困地区加快脱贫致富步伐。

作为专注于新能源行业 18 年的龙头企业，阳光电源早在 2013 年就率先在合肥肥东县长临河镇开展光伏扶贫试点，开创了全国光伏扶贫先河。现如今，光伏扶贫也从合肥局地示范上升为国家战略在全国六省范围内试点，为积极响应政府政策，阳光电源更积极参与到全国光伏扶贫的浪潮中。

“光伏扶贫工程不仅是科学扶贫、精准扶贫的新途径，更是涉及千万贫困户的民生工程、德政工程。我们希望利用企业近 20 年在光伏领域的积累沉淀，通过可复制、可推广的光伏产业化扶贫道路，造福岳西以及其他贫困地区群众，增强贫困地区内生发展动力，帮助广大群众早日实现脱贫致富目标。”阳光电源副总裁张许成表示。

IHS 报告：阳光电源发货量蝉联 2014 中国光伏逆变器市场前列、全球第二

根据 IHS 发布的《2015 年光伏逆变器中国市场报告》，阳光电源蝉联 2014 年中国光伏逆变器市场前列。

根据报告，2014 年中国市场的光伏逆变器出货量有显著增长，较上一年提升近 18%，由于价格大幅下滑，市场销售额总量下滑，较上一年减少约 6%。在中国市场，阳光电源 2014 年光伏逆变器的销售额和出货量均保持前列。

“2014 年，我们在国内和海外市场都实现了高速增长，持续推出的创新产品和方案也进一步夯实了我们的技术优势。”阳光电源副总裁郑桂标说：“在日趋激烈和多样化的市场竞争中，我们也更清晰地认识到，诚恳务实、坚守责任，是企业长期生存和发展的基础，是企业赢得行业尊重和客户信任的根本所在。”

得益于近 20 年的逆变器技术创新和产业化发展经验，阳光电源在中国市场多年保持出货量和销售额领先，市场占有率超过 30%。截至 2014 年末，阳光电源逆变器全球累计应用超过 12GW。

国家能源局局长努尔·白克力调研阳光电源

2015 年 5 月 9 日，国家发改委副主任、国家能源局局长努尔·白克力率国家能源局综合司司长王思强、电力司司长韩水等一行来到阳光电源，就新能源开发利用和光伏扶贫工作进行专题调研考察。安徽省委常委、常务副省长詹夏来，省政府副秘书长李必方，省发改委主任张韶春、副主任刘健；合肥市委副书记、市长张庆军，市委常委、常务副市长韩冰等陪同考察。

努尔·白克力一行参观了阳光电源合肥研发中心及已经建成发电的屋顶分布式光伏电站，详细听取了公司总经理曹仁贤关于企业经营发展情况的汇报，对公司近年来在光伏、风力发电、储能等新能源业务领域所取得的一系列领先成绩及创新成果给予了充分肯定。他指出，“中国的新能源产业，从受制于人、没有核心技术，到不断创新、创造自己的品牌，以阳光电源为代表的科技创新型企业功不可没。光伏发电正是国家要加大力度重点发展的新能源产业之一，企业要抓住有利时机，大胆创新，力争取得更大发展。”

图　国家能源局局长努尔·白克力调研阳光电源

在随后的调研座谈中，他仔细听取了相关汇报，并表示，安徽省、合肥市在提升光伏产业研发能力、壮大产业规模等方面做了一系列有益而有效的探索工作，尤其是联合像阳光电源这样的优质新能源企业开展的分布式光伏及光伏扶贫工作，为全国范围内的生态文明建设工作提供了很好的、可供复制的思路，更加坚定了国家大力发展光伏产业的信心和决心。希望安徽省、合肥市及阳光电源等相关企业大胆创新探索，加快光伏产业发展步伐，为我国光伏等新能源产业发展不断做出更大贡献。

他强调，各级能源主管部门将高度关注市场的发展变化，加强政府与行业、政府与企业之间的沟通对接，尽快制定、出台更加有针对性、更加务实、更能体现产业发展需求的相关政策措施，不断增强我国光伏等新能源产业的国际竞争力，以持续推动我国能源清洁、高效、安全发展。

中国科协副主席陈章良调研阳光电源

2015 年 8 月 12 日，中国科协副主席、书记处书记陈章良一行，在安徽省委副秘书长汪莹纯，省政协常委周建强，省科协党组书记、常务副主席王洵等陪同下，就“大众创业、万众创新”等创新政策措施落实情况来到阳光电源进

行专题调研考察。

陈章良一行参观了阳光电源合肥研发中心及建成发电的屋顶 3MW 分布式光伏电站，详细听取了公司副总裁赵为博士关于企业科技创新、知识产权保护、经营发展以及国家相关科研支持政策落实情况的汇报，对公司近年来取得的一系列创新成果及发展成就给予了充分肯定。他指出："阳光电源多年来始终专注于电能变换技术领域，以务实、创新的科研态度来经营企业，并走到了国际新能源领域领军企业行列，着实为我国新能源产业的发展壮大做出了巨大贡献。"

图　中国科协副主席陈章良调研阳光电源

调研中，他勉励企业要继续坚定走创新驱动发展道路，进一步完善科研创新体系，提升创新能力和科研水平，强化知识产权的开发和保护工作，加大创新发展步伐。在不断取得更多发展成就的同时，企业还要充分发挥科技型领先企业的骨干作用，努力营造大众创业、万众创新的浓厚社会氛围，为我国科学技术事业发展和创新型国家建设不断做出新的更大贡献。

易事特升格为集团公司

易事特集团（股票代码：300376）创立于 1989 年，长期专注于 IDC 数据中心（含 UPS）、光伏发电站（含逆变器）和智能微网（含电力轨道交通、新能源车运营、充电桩）三大战略性新兴产业产品的研发、制造、销售和服务。历经 26 年的艰苦创业和睿智经营，现已发展成为国家火炬计划重点高新技术企业、能源互联网系统集成解决方案优秀上市公司，拥有全资或控股子公司近 50 家，全球设立 268 个客户中心，三大战略产业市场业务遍布全球 100 多个国家和地区。

据易事特集团董事长何思模教授介绍，升格集团公司是为了更有力地推动易事特三大战略产业的发展，突出公司集团化管理模式，扩大企业影响力，实现未来战略规划目标。升格集团公司也是易事特发展的一个新的起点、新的征程，集团公司将充分发挥整体协调功能，以集团化管理优化配置各项资源，以集团化经营增强公司整体创新能力，推动国家绿色新能源事业向更深层次发展，全力构建具有全球影响力的集团公司。

本次成功升格集团公司，这在易事特的发展史上绝对是最浓墨重彩的一笔，不仅标志着易事特将昂首迈进一个崭新的发展阶段，更奏响了易事特三大战略产业发展的新乐章。面对美好的未来，易事特集团将继续坚定秉承"国家、荣誉、诚信、创新"企业核心价值观，持续强化科技创新和自主品牌建设力度，紧密围绕三大战略性产业，立足中国，放眼全球，致力成为能源互联网系统集成解决方案优秀上市公司，为全球电源和新能源产业发展及民族品牌建设做出突出贡献。

易事特荣获第三届中国电源学会科技进步二等奖

2015 年 11 月 9 日，中国电源学会第二十一届学术年会在深圳圆满落下帷幕。易事特集团股份有限公司与中国人民解放军空军预警学院联合研发的"工业自动化设备无扰供电系统"荣获中国电源学会科技进步二等奖。集团副董事长徐海波博士应邀出席本次大会并代表公司领奖。

中国电源学会科学技术奖，是由国家科技部批准设立，代表我国电源行业高水平，在全国范围内进行评选的科技奖励，由中国电源学会组织评审并颁发。其中，技术进步奖是授予国内外首创的重大技术发明，技术思路独特，技术上有重大创新，技术指标达到国际领先水平，推动电源及相关领域的技术进步，并已产生显著的经济效益或者社会效益的个人或组织。易事特获奖项目"工业自动化设备无扰供电系统"，其整体技术达到国内领先，产品性能更是达到了国际先进水平。

据徐博介绍，该获奖项目旨在采用多脉冲整流、多重叠加逆变和基于信息融合的系统智能控制等技术，结合非线性分析、多变量及强耦合的控制理论和方法，解决工业自动化设备无扰供电问题。目前，这项技术所形成的产品已经产业化生产，并广泛应用于电源及太阳能光伏发电系统的工程项目中，形成了良好的社会效益与经济效益。

作为全球能源网系统解决方案供应商，易事特专注电源制造行业 26 年，始终坚持"技术创新、自主研发"的企业发展理念，围绕电力电子和新能源产业创新发展路线，组建起博士后科研工作站、院士工作站等六大高端科研平台和院士领衔的国际高端科技攻关团队，掌握行业领先的核心技术，形成了全球领先的技术优势与人才优势。易事特喜摘科技奖励，再次彰显出易事特公司强大的科研实力与创新能力，更是市场、协会及行业对易事特的认可与鼓励，易事特将继续发挥电源协会副会长单位的职责，力争为中国乃至全球电源产业发展及民族品牌建设做出更加突出的贡献。

易事特检测中心获 CNAS 认可

2015 年 6 月，易事特集团股份有限公司检测中心顺利通过专家评审，获得由该委员会颁发的《中国合格评定国家认可委员会实验室认可证书》，标志着易事特检测中心的权威性和公信力得到全球认可。

中国合格评定国家认可委员会（China National Accreditation Service for Conformity Assessment，英文简称"CNAS"）

是由国家认证认可监督管理委员会批准设立并授权的国家认可机构，统一负责对认证机构、实验室和检查机构等相关机构的认可工作。实验室认可是正式表明检测和校准实验室具备实施特定检测和校准工作能力的第三方证明。作为国际实验室认可组织（ILAC）和亚太实验室认可组织（APLAC）互认协议的成员，CNAS认可的检测结果已获得英、美、德、澳、日等41个国家55个权威性机构的承认。通过实验室认可极大地提高了社会各界和全球电源和新能源行业对易事特及其产品的认知度、信任度和美誉度，更提高了易事特在国际贸易中的出口通关能力和贸易机会。

长期以来，易事特始终坚持“技术创新、自主研发”的企业发展理念，逐步建立和完善整套质量安全检测体系，并投入巨资高标准、高起点地建设一座占地近千平方米的检测中心。在硬件建设方面，检测中心拥有国际先进的电波暗室、传导室、接收机、对数天线、人工电源网络、静电放电测试仪、雷击浪涌发生器和脉冲群发生器等进口精密仪器，技术含量高；在软件建设方面，易事特检测中心规范管理，制定了各种严格的检测中心管理条例，更重要的是，检测中心严格执行这些条例，采用严谨、科学的检测实验流程。目前，该检测中心可面向公司内外提供涵盖居住、商业和轻工业环境中工作的电气电子设备、信息技术设备、工业环境中工作的电气电子设备、不间断电源设备的关于辐射骚扰、交流电源端口传导骚扰、电源端子骚扰电压等方面的传导骚扰、辐射骚扰、ESD抗静电、雷击浪涌和脉冲群等多项专业测试项目。

本次成功获得CNAS认可证书，可以说是易事特发展历程中的一个重要里程碑，表明易事特检测中心不仅具备了国际先进的检测校准技术能力，而且作为第三方检测机构出具的试验数据也更具有威性和公信力。

中国合格评定国家认可委员会
实验室认可证书
（注册号：CNAS L7747）
兹证明：
广东易事特电源股份有限公司检测中心
广东省东莞市松山湖科技产业园区工业北路6号，523808
符合ISO/IEC 17025：2005《检测和校准实验室能力的通用要求》（CNAS-CL01《检测和校准实验室能力认可准则》）的要求，具备承担本证书附件所列检测服务的能力，予以认可。
获认可的能力范围见标有相同认可注册号的证书附件，证书附件是本证书组成部分。
签发日期：2015-06-11
有效期至：2018-06-10
初次认可：2015-06-11
中国合格评定国家认可委员会授权人
中国合格评定国家认可委员会（CNAS）经国家认证认可监督管理委员会（CNCA）授权，负责实施合格评定国家认可制度。CNAS是国际实验室认可合作组织（ILAC）和亚太实验室认可合作组织（APLAC）的多边互认协议成员。
No.CNAS AL 1　　0012733

图　中国合格评定国家认可委员会实验室认可证书中文版

易事特光伏逆变器荣获CQC“领跑者”认证，为行业树立新标杆

2015年11月2日，易事特自主研发的并网逆变器凭借高转换效率、领先的技术、过硬的品质顺利通过中国质量认证中心（英文缩写“CQC”）专业检测，荣获由CQC颁发的光伏发电产品“领跑者”认证证书，为光伏行业树立新标杆。

据悉，光伏发电产品“领跑者”认证是CQC根据国家能源局、工业和信息化部、国家认监委的要求实施，通过公正、严格和专业的第三方检测认证评价方法，围绕产品的效率、环境适应性及耐久性构建“领跑者”先进技术指标评价体系，遴选出“领跑者”先进技术产品。“领跑者”计划认证的实施旨在推动中国光伏产业在制造、技术、质量和应用水平的提升，引导光伏产业淘汰落后产能，逐步过渡走向优质产能，从而实现光伏发电产品市场准入标准的循环递进，引领我国先进光伏技术产品应用和产业升级，开创我国光伏产业可持续健康发展新格局。

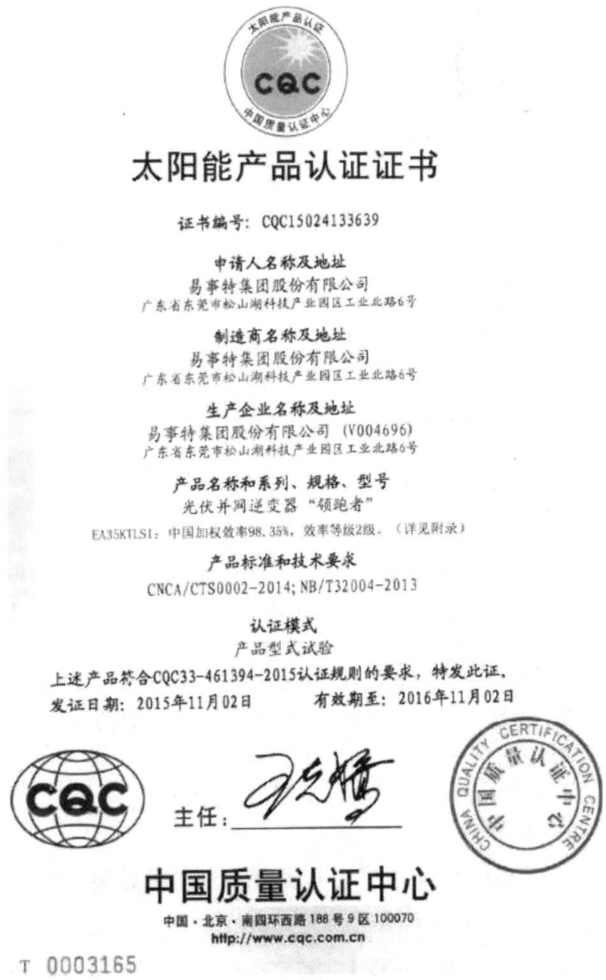
太阳能产品认证证书
证书编号：CQC15024133639
申请人名称及地址
易事特集团股份有限公司
广东省东莞市松山湖科技产业园区工业北路6号
制造商名称及地址
易事特集团股份有限公司
广东省东莞市松山湖科技产业园区工业北路6号
生产企业名称及地址
易事特集团股份有限公司（V004696）
广东省东莞市松山湖科技产业园区工业北路6号
产品名称和系列、规格、型号
光伏并网逆变器“领跑者”
EA35KTLSI：中国加权效率98.35%，效率等级2级。（详见附录）
产品标准和技术要求
CNCA/CTS0002-2014; NB/T32004-2013
认证模式
产品型式试验
上述产品符合CQC33-461394-2015认证规则的要求，特发此证。
发证日期：2015年11月02日　　有效期至：2016年11月02日
主任：
中国质量认证中心
中国·北京·南四环西路188号9区 100070
http://www.cqc.com.cn
T 0003165

图　易事特荣获由中国质量认证中心颁发的光伏发电产品“领跑者”认证证书

多年来，易事特一直致力于光伏发电设备的质量提升，不断提高产品效率、环境适应性及耐久性等指标，光伏产

品先后获得 CQC、CNAS、IAF、UL、TüV 及 ISC 等众多国内外权威认证，成为全球光伏产业的知名品牌。易事特自主研发的 EA30KTLSI、EA35KTLSI 和 EA500KTM 三款产品经 CQC 检测，最大转换效率、中国加权效率和平均动态 MPPT 效率均达到98%以上，达到了国家能源局“领跑者”计划对光伏发电产品加权效率 2 级要求，并获得光伏发电产品“领跑者”计划认证证书。此次授予证书是对易事特光伏发电设备领先技术和过硬品质的高度认可。

未来，易事特将继续引领光伏行业高技术标准，带动业内企业建立起技术优势意识，共同推动产业升级并促进整个光伏行业的良性竞争，助力“中国制造”引领世界先进水平。

易事特获评“2015 年广东省知识产权示范企业”

日前，从广东省知识产权局获悉，易事特集团股份有限公司（下称“易事特”）荣膺“2015 年广东省知识产权示范企业”殊荣，标志着易事特的知识产权工作又迈上一个新台阶。

据悉，本次申报工作采用窗口申报及网上申报相结合的方式进行，在地级以上市知识产权局审核的基础上，再由省知识产权局组织专家进行评审，省知识产权局根据专家组的评议意见，提出示范企业候选名单，提请省知识产权局办公会议讨论并确定入选名单，最后认定 20 家企业为“2015 年广东省知识产权示范企业”。

近年来，易事特始终坚持知识产权强企的发展理念，紧紧围绕产业转型升级和创新驱动发展的中心任务，深入实施知识产权战略，扎实推进知识产权创造、运用、保护、管理和服务各项工作，相继与中科院、清华大学、浙江大学、华南理工大学、南京航空航天大学、西南交通大学、合肥工业大学和空军预警学院等 20 多所国内外知名高校及科研机构开展广泛深入的技术合作与交流，着力构建与市场经济发展相适应的企业知识产权管理体系，努力促进科技创新成果转化为现实生产力。目前，易事特已先后获得 600 多项专利和软件著作权，掌握了 60 多项核心技术，获省、市知识产权优势企业各 1 次，“EAST 易事特”商标被认定为“中国驰名商标”，同时该商标在 100 多个国家和地区注册。

易事特荣膺广东省知识产权示范企业，不仅是对易事特自主知识产权的充分肯定，也增强了易事特坚定不移地走创新发展之路的信心。易事特将以此为契机，以研发创新增强产品的核心竞争力，争取将易事特打造成为具备国际竞争优势领军企业。

易事特荣获第十七届中国专利优秀奖

第十七届中国专利奖评选结果揭晓，易事特集团股份有限公司荣获中国专利优秀奖。易事特《基于自耦移相变压器和双六脉波整流的 UPS 电源》的发明专利成果填补了大功率及超大功率 UPS 行业的空白。

随着全球工业化和信息化的深度融合，工业领域对高品质的大功率 UPS 电源需求越来越旺盛，鉴于工频 UPS 电源具有对供电环境适应能力强、抗冲击负载能力强及可靠性高等优点，工频 UPS 电源在各领域中得到广泛应用。但传统大功率工频 UPS 输入侧整流导致电力谐波污染，存在体积大、重量重且成本高等问题。易事特该项获奖发明专利创造性地提出一种结构紧凑，抗干扰能力强，体积小，成本低，可有效降低电力谐波干扰的 UPS 电源技术方案，为大功率及超大功率工频 UPS 电源设计制造开辟出一条全新的产业技术路线。

易事特该项发明专利已广泛应用于大功率及超大功率 UPS 产品、工业直流电源系统、港口直流充电系统、大型电动汽车充电站、风力发电和大型储能系统等方面，有效地降低谐波污染，并产生显著的技术经济效益。

作为全球电源知名品牌，国内 UPS 行业领军企业，截至目前，易事特已获得 600 多项发明专利和软件著作权，掌握了 60 多项核心技术。未来，易事特将继续加大研发投入，持续提升创造、管理、保护和运用知识产权的能力，增强集团综合竞争力，为更快、更好地拓展全球市场提供强有力的支撑。

易事特参与制定国家行业标准《防孤岛试验装置技术规范》

从国家能源局获悉，由易事特集团股份有限公司等 17 家单位联合参与制定的国家行业标准《防孤岛试验装置技术规范》（NB/T42053—2015）于 2015 年 4 月 2 日正式发布，并于 2015 年 9 月 1 日正式实施。该标准规定了防孤岛试验装置的产品类型、技术要求及试验方法，适用于测试光伏发电、风力发电、储能和电动汽车充换电站等并网系统的防孤岛试验装置。

随着新能源行业的迅速发展，越来越多的并网发电系统接入电网，防孤岛试验是并网发电系统入网前常规测试项目，防孤岛试验检测装置的产品质量将直接影响并网发电系统入网保护测试的结果。由于目前没有相关标准规范，不利于测试装置长期规范发展，从而影响并网发电系统并网性能测试结果，对电网运行带来隐患。

该标准全面吸收了近年来国内外防孤岛试验装置技术的最新应用研究成果，为电力能源行业首发，填补了该行业标准的空白，为防孤岛试验装置的产品提供了规范，对电网稳定运行产生深远的影响。

作为中国电源学会副理事长单位、国家火炬计划重点高新技术企业、国内 UPS 电源大型研发制造基地、新能源骨干企业，易事特始终坚持“技术创新、自主研发”企业发展理念，依托雄厚的产业技术力量，组建起博士后科研工作站、院士工作站等六大高端科研平台和院士领衔的国际高端科技攻关团队，积极参与国家及行业标准的研究与制定工作。据统计，截至目前，易事特已先后参与制定、修订通信行业标准 YD/T1095—2008《通信用不间断电源 UPS》、机械行业标准 JB/T11142—2011《锂离子蓄电池充电设备通用要求》等 16 项国家标准、行业标准及军标，为规范行业和市场的秩序，推进全行业的健康、稳定发展发挥领军作用。

图　防孤岛实验检测装置

国家发改委领导到易事特调研

2015年11月13日，国家发改委高技术产业司领导会同广东省发改委高技术产业处领导一行莅临易事特就企业发展形势进行调研，并召开座谈会。东莞市发改委领导陪同调研，易事特董事长何思模热情接待了调研组。

座谈会上，何思模董事长对国家发改委的到来表示感谢，并简要介绍了易事特的发展历程及如何在逆势中越做越强。他说，2015年，易事特在全球经济下行的大环境下，凭借出色的研发能力、营销能力及管理能力，实现逆势大增长，前三季度销售收入高达25亿元，同比增长106%。但与此同时，易事特与众企也面临着土地成本高、融资利率高和税费负担重等问题，希望国家发改委能对企业发展继续给予支持与引导，加大创新研发补贴，降低各种税费，在融资优惠政策、土地优惠政策等方面给予更多的扶持，切实减轻企业负担，使企业在发展中积累优势，提升综合竞争力，促进企业健康发展。

调研组听取相关情况汇报后，就易事特在产品出口和海外销售、竞争对手、企业融资及企业负担等方面进行了重点深入交流，并关切询问易事特在走出国际市场中所需政府提供哪些帮助和服务。调研组表示，越是高科技企业，越贴近市场，越容易在国际市场中成功突围。易事特在发展中突出创新发展定位，起步早，标准高，技术硬，特色鲜明；同时能够根据自身特色，综合利用本地资源，影响力好，带动力强，值得广大企业学习借鉴。

国家发改委王翀主任充分肯定了易事特在创新研发及经营方面所取得的成绩。他说，易事特能在全球经济下行的巨大压力下实现逆势增长，非常难能可贵，希望易事特能进一步加大自主创新力度和管理能力，不断提高技术水平，在产品结构调整上狠下功夫，在出口方面采取有效措施，争取在国际上占有更大的市场份额。同时，他表示，感谢何思模董事长代表广大企业发声，国家发改委将根据企业提出的问题，尽快梳理，积极反馈，并制定有效措施，促进企业健康快速发展。

志成冠军多制式模块化UPS产品荣获中国专利优秀奖

志成冠军与华中科技大学共同合作研发的“一种多制式UPS电源及其实现方法”专利，被国家知识产权局授予第十六届中国专利优秀奖。继“大容量不间断电源”获得中国专利金奖后，又一次获得该项国家殊荣，成为UPS行业两度获此殊荣的单位。

中国专利奖是我国专利领域颁发的奖项，是我国颁布实施《国家知识产权战略纲要》以来的首次评奖，旨在鼓励和表彰为技术（设计）创新及经济社会发展做出突出贡献的专利权人和发明人。中国专利奖获奖项目由国务院有关部委、直属机构以及各地方知识产权局、各中央企业和中国科学院、中国工程院院士推荐，并经国家知识产权局初审、评审选出，在国际上具有较大影响。

志成冠军高度重视自主研发和知识产权工作，为提升公司自主创新能力，公司每年都在研发中将大量资金投入到研发项目中，同时积极制定并大力实施公司知识产权战略。公司在确保专利申请数量的同时，大力提升专利申请质量及发明专利占比。经过多年的努力，公司知识产权创造、应用、保护及管理意识和能力明显提高，公司专利授权量尤其是发明专利授权量也有了快速发展。

图　知识产权局授予志成冠军第十六届中国专利优秀奖

航嘉荣获“全国质量诚信标杆典型企业”称号

2015年，由中国质量检验协会主办的全国“质量月”

活动于9月在全国各地如火如荼地开展，国内上千家知名企业参与了此次“质量月”活动。航嘉作为PC电行业的领导品牌受邀参加此次活动，并荣获“全国质量诚信标杆典型企业”光荣称号。

由中国质量检验协会主办的“质量月”活动始于1978年，目前已经成为全国范围的，提升民众质量意识的年度群众性主题活动。2015年全国“质量月”活动是中国质量检验协会在国家质量监督检验检疫总局、中共中央宣传部和教育部等37个主办部门和单位指导下开展的，据了解，本次“质量月”活动以“迈向质量时代，建设质量强国”为主题，有众多质量诚信优秀典型企业参与。

作为国内PC电行业的领导品牌航嘉，自1995年成立以来，始终秉承诚信准则，为消费者提供优质的商品和服务。20年来，航嘉被国家、省、市政府部门评为“全国质量和服务诚信承诺优秀示范企业”、“全国质量诚信优秀典型企业”和“深圳市诚信企业”等多项荣誉称号。

产品是航嘉生存与发展的根本。打造良好品质和信誉的产品，是航嘉长期以来的坚持和追求，坚持对政府讲诚信，对社会讲诚信，对行业讲诚信，对消费者讲诚信是航嘉一直以来秉承的宗旨和原则。

此次大会上，能够获得大会主办方及众多媒体、企业代表的认可，荣获“全国质量诚信标杆典型企业”称号，正是航嘉多年来重视企业信誉和产品质量的最好体现。在“全员参与，持续改进，正确地提供满足顾客要求的产品”的道路上，航嘉将继续以过硬的产品质量，诚信的态度为广大消费者提供高品质的产品和服务。

图 航嘉荣获“全国质量诚信标杆典型企业”称号证书

航嘉发布高端游戏品牌MVPLAND

2015年8月1日，航嘉于2015China Joy现场发布高端游戏品牌——MVPLAND。MVPLAND：The LAND of the Most Victorious Player，是强玩家联盟。航嘉MVPLAND旨在打造高端游戏装备平台，整合、专属、卓越是MVPLAND游戏装备产品的共同属性。

航嘉企业机构副总裁刘茂起先生为本次发布会致辞，并与空中宏电总经理赖效纲先生共同宣布航嘉与空中网达成战略合作。

此次发布会，航嘉MVPLAND带来了三款全新金牌电源和一款游戏专用排插。三款电源依次是K350半模组金牌电源、K550全模组金牌电源和K650半模组金牌电源，功率分别为350W、550W和650W。均采用炫酷游戏外观设计，高散热性能蜂窝网状散热孔，主动PFC＋双管正激设计，为极客玩家提供整体解决方案。黑色银镍金属材质，防氧化防腐蚀，全面保护内部元器件。

航嘉罗文华董事长连任深圳市政协常委

中国人民政治协商会议广东省深圳市第六届委员会第一次会议于6月1日圆满落幕。航嘉企业机构董事长罗文华先生继担任深圳市第五届政协常委后，再次当选为深圳市第六届政协常委。

图　罗文华董事长

中央组织部领导莅临航嘉园区考察调研

2015年8月20日下午，中央组织部副部长陈向群一行莅临参观航嘉工业园，考察调研中浩工业城（航嘉）园区党建工作情况。深圳市委书记马兴瑞、市委常委郑轲、龙岗区委书记冯现学和航嘉执行总裁李建国等领导陪同考察。

座谈会上，陈向群部长非常感谢航嘉企业提供的党群活动阵地，便利于党群建设工作的开展，便利于企业党员队伍的交流，便利于与群众的密切联系；并希望以此为典范，在其他城市展开学习。一直以来，航嘉企业机构注重公司人才的培养，注重园区文化活动的建设。希望与街道、区委上级组织共同努力，密切党群联系，推进园区党群建设，营造快乐工作、享受生活的氛围，助力企业和谐发展。

图　中央组织部副部长陈向群（中），市委书记、常委马兴瑞（左五），郑轲（右二）

中兴通讯荣获2015年中国数据中心示范项目奖

日前，中兴通讯与广东联通联合打造的深圳坪山微模块数据中心获得CDCC（中国数据中心委员会）颁发的中国数据中心标准化示范项目优秀模块化部署数据中心奖。这是该项目继中国联通获得伦敦金融创新大奖之后的又一殊荣，充分肯定了中国联通、中兴通讯在数据中心基础设施建设方面的领先实力和卓越贡献。

深圳坪山微模块数据中心是由中兴通讯、广东联通联合承建的大型新一代微模块数据中心。本次工程面积共计14 340m^2。其中IT机房采用新一代微模块建设方式，60套微模块，共计近千个IT机柜，平均功率密度达到6.5kW，机柜密度为12VkW。采用先进水冷行间制冷、高压直流和市电直供等新的技术方案，是国内目前规模较大的采用微模块方式部署的数据中心之一。

中兴通讯承建的广东联通深圳坪山微模块数据中心的建设依据节能指标和绿色技术要求，综合考虑技术、业务发展和经济投资等方面的因素，降低数据中心空调制冷、供电系统的能耗，以满足数据中心PUE在合理的范围值内。

据中兴通讯云计算首席架构师赵培的介绍，该数据中心最大的亮点是大规模的微模块部署，从而体现出微模块数据中心的节能优势。本项目创新点是水冷机柜间行间空调的使用。相比于传统的机房专用精密空调，直观上是将制冷单元更靠近热源，从而实现了精确送风，改善了气流组织，提供了机柜末端的热交换效率，减少冷量的浪费，提高了机柜送风温度的同时实现了更高的冷冻水供水温度，从而改善了整个制冷系统的效率。中兴通讯副总裁陆平表示，该项目的成功实施也得益于中兴通讯和广东联通双方紧密的合作，广东联通更是在经营创新方面走在了各大运营商的前列，创新的合作模式也为双方未来的进一步合作打下坚实基础。

中兴通讯作为业界领先的通设备制造商和综合方案提供商，在数据中心领域拥有多年的成功经验。具备模块化、绿色节能、云计算和智能管理等特点，帮助客户从节能减排、快速交付、提升资源利用率、创新业务盈利能力及精细化运营几个方面来提升投资回报。在未来，随着用户场景的不同，数据中心需求也会进行相应的细分，以微模块为代表，具有配电、制冷、土建和IT设备等全方面全架构模块化特征的数据中心以其灵活性、快速部署和绿色节能等优点，必定成为用户青睐的方案，加快行业发展速度。中兴通讯将持续创新转型，立足管道，把控终端，拓展业务云，布局大数据，构建M-ICT核心竞争能力。

华南电源——佛山产业转型升级再添新平台

2015年12月7日，禅城区张槎街道发布华南创谷建设规划和计划，将在华南电源创新科技园的基础上，进一步扩容提质，建设一个体量达42万m^2的创新创业高地，跨界整合多方资源，为佛山打造中国制造业一线城市、传统产业转型升级典范城市提供助力。

据介绍，华南创谷位于佛山高新区华南电源创新科技园，首期整体规划总面积约12万m^2，核心启动区位于科技园总部大楼，面积约4万多m^2，外延区包括商业办公楼及产业化楼群，面积8万多m^2，而华南创谷二期将预留20万m^2物业。在未来，华南创谷体量将达到50万m^2，成为当前广东省之最。

在业态上，华南创谷将依托佛山强大的制造业基础，以孵化互联网+、高端装备和生物医药等三大产业为目标，成为传统产业转型升级的“大脑”，不断输出各种新创意、新产品。目前，张槎正在和来自香港、深圳等地的引领性项目洽谈。而为了支持“互联网+”的崛起，华南创谷还将依托周边厂房改造，建设一流的物流支持设施，就近解决电商企业的物流难题。

张槎街道办事处副主任、街道经济和科技促进局局长何永庆表示，到目前为止，华南电源创新科技园累计引入电源、电子类及其上下游产业的企业达60多家，其中不乏全国骨干企业。还配有大型购物广场、公租房等系列配套设施。

在此基础上，张槎街道正在进一步完善配套，计划引入餐饮配套、酒店服务、商业一条街、休闲公园、会议中心、路演中心和人才公寓等综合设施，全方位满足年轻创客的工作和生活需求。而为营造创业创新的生态圈，张槎正与国内外顶尖的企业进行洽谈，计划引入知名风投资本、金融企业、股权交易机构和平台运营商、商协会综合运营平台、“一门式”行政服务中心，为创业创新者提供“一条龙”服务。

“我们建设华南创谷是基于原有传统产业的转型升级的尝试。”张槎街道党工委书记胡安泉表示，制造业最终必须回归创意加平台的模式，张槎在现有基础上寻找新的经济增长点，必须找到一个源头，这个源头就是双创。

胡安泉表示，华南创谷将为创客在张槎创业发展打造良好的生态系统，为此，张槎会专门组建机构，为创客提供精准服务，最终打造一个有竞争力的产业体系，成为产城人融合的典范，助力佛山打造中国制造业一线城市。

佛山市委书记考察华南电源创新科技园企业——对支持民企发展更有底气、更有信心

2015年11月13日，佛山市委书记刘悦伦带队赴禅城开展产业调研，其中一站就是华南电源创新科技园。

上午十点，刘悦伦书记率副市长黄喜忠、禅城区委书记刘东豪、区长孔海文及政府随行领导一行抵达华南电源创新科技园区，参观考察园区企业新光宏锐电源设备有限公司，张槎街道党工委书记胡安泉、副主任何永庆陪同，新光宏锐公司董事长白维先生向来访客人介绍企业发展及自主创新情况。

新光宏锐致力于高品质电源设备的设计、制造和服务，其产品大多进入国际品牌在南方地区的集中采购序列。

华南电源创新科技园内，集合众多国内一流的电源生产公司，这些公司不仅在电源行业有所建树，还积极转型，一方面开发新产品，另一方面利用新能源、与互联网结合等方式，走出属于自己的创新道路。

刘悦伦在调研时表示："在新形势下，那些还停留在传统思维模式下，没有转型的企业正在发愁，而积极转型的企业和一些新业态则蓬勃发展。"刘书记的观点与华南电源创新科技园的努力方向及发展理念相一致，这也是新时代企业转型升级的必由之路。

最后，刘悦伦书记为禅城"打气"，希望禅城尽最大努力为企业做好服务，为全市创新驱动做出更大的贡献。

图　佛山电源行业协会会长、佛山市新光宏锐电源设备有限公司董事长白维先生为刘悦伦书记一行介绍公司的现状以及发展方向展望

汇川"IS系列高性能交流伺服驱动器"荣获广东省科学技术奖二等奖

根据《广东省科学技术奖励办法》规定，经广东省科学技术奖评审委员会评审、广东省科技厅审核，2015年2月广东省政府批准授予汇川"深圳市汇川技术股份有限公司IS系列高性能交流伺服驱动器"省科学技术奖二等奖。

《广东省科学技术奖励办法》旨在奖励在推动广东省科学技术进步活动中做出突出贡献的公民、组织，调动广大科技工作者的积极性和创造性，加速广东省科学技术进步和促进经济建设与社会发展。

汇川2015变频器重大新闻与重大事件

作为中国工业自动化行业的领军企业，汇川技术一直致力于变频器领域的精耕细作，在通用变频器、多机传动变频器和高压变频器等三个方向着力尤深，成绩斐然。

其中汇川技术Inoflex MD系列变频器，性能卓越、功能丰富、易用可靠且规格齐全。自2003年以来，汇川技术已为工业自动化各个领域提供了80余万台变频器，得到了客户的广泛认可。

多机传动变频器是汇川技术自主研发的新一代低压多机传动引领者，是面向金属制品、印刷包装、纺织印染、化纤塑料、小型造纸、船舶港机及输送带、测试台等需要复杂多点传动系统的高性能应用产品，兼具模块化、高性能、高安全、高防护、灵活扩展和强大易用的特点。

HD系列高压变频器，产品系列丰富，软硬件技术领先，满足通用领域、工艺应用领域、高端应用领域的不同需求，在钢铁、电力、煤矿和石化等行业得到广泛应用。其中HD9X系列高压变频器系统采用单元级联型拓扑结构，控制方式采用适合于高压异步/同步电机调速的无速度传感器定子磁链闭环矢量控制。该系列高压变频器可以应用在节能和工艺调速场合；节能效果显著，调速性能优异。该系列产品广泛应用于冶金、电力、石化、煤矿、水泥和市政等行业。2015年5月，汇川技术HD9X系列高压变频器荣获2015年度江苏省中小企业专精特新产品称号。

2015年，汇川技术变频器在前期的基础上再创新高，相继推出多款高性能变频器。其中在通用变频器领域推出高性能矢量多传变频器MD810，这款产品的出现打破了国外品牌长期以来的技术壁垒和产品垄断，为中国多点传动应用领域带来了新的活力。

MD810应用于装有多个传动点的工业控制系统中，由统一的整流装置以及多组逆变装置构成共直流母线驱动系统，可满足具有多个传动点的单体机械设备或连续生产线驱动要求。同时采用等高等深书本型模块设计，在最小空间内并排紧凑安装，提高了柜体利用率，使电控柜体积进一步缩小，达到节省空间和电控柜成本的双重作用。在现场总线方面，MD810不仅支持CANOPEN、MODBUS现场总线，还支持DP通信总线的选配，从而实现了现场无缝化的集成自动化系统，提高了多传系统的控制兼容性和快速性。

毋庸置疑，MD810系列变频器的推出为国内自动化领域带来了新的变革和创新，它利用新的技术诠释了未来多点传动发展的方向，以简洁的外观、高效的控制及快速的响应，为中国自动化产业升级贡献出了一份力量。

同时在小型自动化领域，汇川技术也一直致力于技术的改进和升级。在2015年推出的MD200系列迷你型变频器，主要应用于小功率低成本解决方案中，它具有体积小、功能全且稳定性高的综合优势，使得小型自动化机械应用更加高效节能，同时也具有极高的性价比，降低用户使用成本的同时提高了产品的工作效率。

在应用于特殊行业的产品领域，汇川技术相继推出空压机、纺织和起重等多个领域的行业专机，以行业应用的独特角度重新定义了变频器的使用，将很多功能及应用统一整合起来，提高了产品的适用性和专业性。

未来，汇川技术将继续着眼于行业领域，将多年来积攒的行业经验发挥于更多的行业专机中，以专业的角度去看待问题，争取为客户提供更优秀的专机产品及解决方案。

北京动力源被评为工业领域"AAAAA"级节能服务公司

2015年1月28日，由中国节能协会节能服务产业委员会（EMCA）主办的"2014节能服务产业年度峰会"在北京中国职工之家隆重召开。此峰会是节能服务行业一年一度的品牌盛会，有着节能服务产业"达沃斯论坛"的美誉。

在本次"年度峰会"上举办了盛大的颁奖典礼，全国上千家实力雄厚的节能服务公司参与评选，最终经过委员会的严格审核和层层筛选，北京动力源被评为工业领域“AAAAA”级节能服务公司（全国仅有北京动力源、北京神雾和上海宝钢等九家企业获此殊荣）。

与此同时，北京动力源凭借2014年节能领域的出色表现，一举斩获了“2014节能服务产业品牌企业”（此外，还有广州智光、天壕节能等15家企业也获此殊荣）、“2014合同能源管理优秀示范项目”和“EMCA优秀会员单位”等多个奖项。

图 动力源获得节能服务公司综合能力等级证书

另外，在本次峰会的展会现场，北京动力源倍受业内人士的高度关注，仅不足两天时间，莅展台进行技术、商务交流，来访客户达400余人，发放宣传彩页300余份。

本次评选活动是对动力源多年来的努力奋斗和坚持不懈的充分肯定和鼓舞，同时动力源人也将继续秉承“博大精深，朴实自然”的优良作风，认真回应习近平总书记提出的“积极推动我国能源生产和消费革命”号召，为节能减排事业做出更大的贡献。

柏克荣获“商务部AAA级信用企业”

守诚信发展之道，立企业生存之基；获诚信经营之誉，为发展动力加冕。日前，由中国中小企业协会主办的“商务部AAA信用企业授牌仪式”在广州大厦成功举行，佛山市柏克新能科技股份有限公司（以下简称“柏克”）应邀出席，获得“企业信用评价AAA级信用企业”证书，并成功通过审核成为中国中小企业协会信用管理中心会员单位。

中小企业信用等级评定，是在国家发改委、国家商务部和国家工信部等部委的指导和支持下，通过商务部信用工作办公室和国务院国资委行业协会批准，由中国中小企业协会信用管理中心具体实施的中小企业信用建设重点工作。

企业信用等级为“AAA级”，该类企业信用程度高，信用管理体系科学、规范，具有很好的社会责任感，履行相关合同的能力和意愿强，违约风险极小，发展前景广阔。在本批次信用企业等级评定中，佛山市柏克新能科技股份有限公司成功通过中国中小企业协会的信用状况评定，成为13家“AAA级信用企业”之一。

柏克自品牌创立，立志成为“广受尊重和信赖的电气企业”，始终坚守“合作、守信、专业”的价值观，以严格的道德规范、法律标准及企业标准要求企业行为，承担社会责任，并得到社会的尊重。先后获得“最受消费者信赖的机电企业”、“质量诚信放心单位”和“质量诚信企业”等荣誉资质，树立了良好的品牌形象。

图 柏克出席“商务部AAA信用企业授牌仪式”

柏克成功牵手中海油助力打造绿色节能数据中心能耗系统

日前，领先电能质量服务商——佛山市柏克新能科技股份有限公司（简称“柏克”），凭借优异的产品品质、高效完善的服务体系及领先行业的技术解决方案，成功牵手中海油，为中海油天津研发产业基地通信网络系统建设部署高效、节能型机房制冷系统应急电源方案，为机房空调系统应急电力安全保驾护航。

图　中海油天津研发产业基地

中海油天津研发产业基地项目，天津市第四批重大工业项目之一，该项目建成后，将成为我国最大的海上油田——渤海油田的海上石油生产指挥、勘探开发研究、海上作业支持和准备的主要基地，为中国海洋石油总公司（简称“中海油”）实现建设“海上大庆”目标提供有力支持和保障。

柏克机房制冷系统应急电源方案，是以降低机房制冷系统能耗，提高数据中心能源利用效率为根本，针对机房制冷系统如：机房空调、变容量压缩机和高效 EC 风机等设备的实际用电需求，基于柏克绿色节能型 EPS 电源为核心架构而打造的，具备极高可用性、稳定性的电源解决方案，并已成功应用于阿里巴巴 IDC 机房、上海外高桥万国数据中心机房、北京亦庄万国数据中心机房、上海移动数据中心机房和广州超算中心等大型数据中心的制冷系统应急供电，其稳定性、技术先进性备受用户认可。

此次，以柏克 132kV · A、100kV · A 节能型大功率 EPS 电源为核心的技术方案，成功进驻中海油天津研发产业基地，保障通信网络机房空调系统可靠的应急电力供应，助力打造节能、高效的数据中心能耗系统，充分满足用户对新一代数据中心绿色、节能的需求。

富华电子通过 QC080000 体系认证

2015 年 9 月，TUV 莱茵的审核组对东莞市石龙富华电子有限公司（UE Electronic）的 QC080000 有害物质过程管理体系进行了认证审核。经过审核专家的严格评审，于 2015 年 11 月，富华电子（UE Electronic）获得了 QC080000 体系认证证书。该体系认证有利于提升富华电子（UE Electronic）产品和服务质量、增强客户满意度与信任度，提升 UE 的竞争优势！

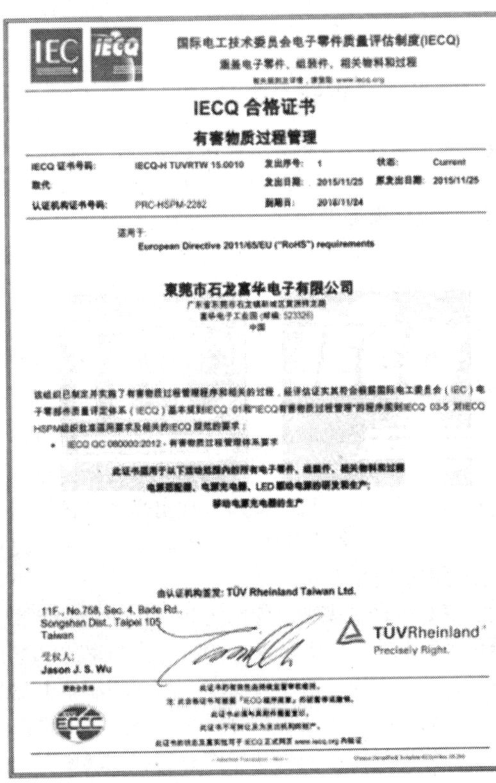

国际电工技术委员会电子零件质量评估制度(IECQ)

IECQ 合格证书

有害物质过程管理

IECQ 证书号码:	IECQ-H TUVRTW 15.0010	发出序号:	1	状态:	Current
取代		发出日期:	2015/11/25	原发出日期:	2015/11/25
认证机构证书号码:	PRC-HSPM-2282	到期日:	2018/11/24		

European Directive 2011/65/EU ("RoHS") requirements

東莞市石龙富华电子有限公司

TÜV Rheinland Taiwan Ltd.

11F., No.758, Sec. 4, Bade Rd.,
Songshan Dist., Taipei 105
Taiwan

Jason J. S. Wu

TÜVRheinland
Precisely Right.

图　富华电子获得了 QC080000 体系认证证书

富华电子“大功率LED智能驱动电源研制及产业化”项目通过验收

2015年7月16日，广东省科学技术厅在东莞市石龙富华电子有限公司（UE Electronic）主持召开了由东莞市石龙富华电子有限公司（UE Electronic）联合华南理工大学、东莞市德珀光电有限公司完成的广东省科技计划项目“大功率LED智能驱动电源研制及产业化”项目验收会。

东莞市石龙富华电子有限公司（UE Electronic）王学广总经理作为项目负责人向验收专家组作了项目研制工作报告和技术研究报告。验收专家组对验收材料、生产现场进行审阅和考察后，认为项目符合科技计划项目验收要求，并一致同意该项目通过验收。

本科技项目实现了大功率LED智能驱动电源长寿命、高效率、高功率密度、高功率因数、高精度和高可靠性等性能，广泛应用于路灯、隧道灯、球场和景观照明等照明系统。其关键技术的研究成果除了应用于LED驱动电源，也可以应用于通信、计算机和医疗等其他领域的电源装置，并且取得了良好的社会经济效益。

广东省科学技术厅的领导做了最后总结发言，希望东莞市石龙富华电子有限公司（UE Electronic）能够再接再厉，为广东省科技项目事业的发展贡献力量。

东莞市石龙富华电子有限公司（UE Electronic）“大功率LED智能驱动电源研制及产业化”科技项目验收通过，是对富华电子研发实力的肯定，未来富华电子除继续扩大生产外，还将进一步走自主创新、新产品开发和国内外市场拓展的道路，使LED驱动电源产品质量和市场占有率在国际上处于领先地位。

新光宏锐布局大功率UPS电源市场

近年来，随着UPS市场的越来越成熟，市场对UPS的要求也越来越高。客户不仅对UPS的硬件、性能等提高要求，而且要求厂商能够提供全方位的电源解决方案、线路安装、工程建议以及完善的售后服务保障。但由于市场上各个厂商在产品设计及技术上不尽相同，集中监控异常困难，使得客户在选择电源解决方案时无从下手。针对这一难题，新光宏锐重拳出击，率先抢占大功率UPS市场。

据新光宏锐负责人介绍，回顾UPS的发展历程，一直以来都是呈现出明显的市场投资拉动的特征。在2000年左右，中国的UPS市场进入到一个高速发展的新时期，这时大量的机房建设涌现，UPS采购呈现出高增长的态势。而近几年数据中心的建设迎来一个高峰期，这使得大功率UPS产品的需求明显提升。

大功率UPS产品表现出色也使2014年中国UPS市场的平均价格有所上升，主要原因是2014年大功率的UPS产品性能更好，另一方面，由于大功率产品在利润率上更具优势，因此各大厂商在产品销售时对大功率产品的推广力度加大，使部分市场需求向大功率产品转移。现阶段，大部分厂商的UPS产品均在大于20kV·A的细分市场上增长较为明显，新光宏锐的客制化服务深受市场上广大用户的青睐。

此外，大功率UPS产品往往会应用于用户的核心网络系统，因此对UPS的稳定性、可靠性、可管理性和可扩充性等方面均有着较高的要求。而且，由于应用环境特殊，用户在大功率产品的售前、售中、售后均会遇到诸多专业问题，这与中小功率UPS产品的销售模式有很大区别。因此，要求厂商不仅能够提供优秀的产品，而且要求具备很高的方案定制能力，以及专业、全面且及时的服务支持等，可以说，大功率UPS市场的博弈就是一场UPS厂商综合实力的较量。

新光宏锐作为国内知名UPS厂商，在前几年就开始对大功率UPS市场进行布局。2009年，新光宏锐成功组建了佛山市UPS电源与新能源工程技术研究开发中心，并与国内知名学术机构、高校建立产学研研究平台，每年持续不断地投入研究经费，实现技术创新，为大功率市场UPS提供强有力的技术支持。与此同时，新光宏锐在东北、华东和华中等全国各大片区以及大中城市建立了完善的服务体系，为用户提供了免费现场响应服务。

新光宏锐通过研发团队的创新、打造高效的营销团队和建设完善的服务体系三大板斧开拓大功率UPS市场，对未来的发展信心充满信心。

广州金升阳科技有限公司通过2015广东省工程技术研究中心认定

2015年10月22日，广东省科学技术厅公示了“关于认定2015年广东省工程技术研究中心的通知”，广州金升阳科技有限公司（以下简称“金升阳”）被认定为“广东省工业电源模块工程技术研究中心”。

“广东省工程技术研究中心”是广东省实施创新驱动发展战略和产业化结构优化升级的重大战略要求，对于企业的认定条件比较苛刻。原则上必须已建有市级工程中心，要具有较强的盈利能力和管理水平，其技术水平在同行业或本领域内需具有优势。金升阳凭借着领先的技术水平、优秀的技术创新能力、规范化的制度管理以及强大的科研成果转化能力获得专家及主管部门的一致认可。

自创立伊始，金升阳便一直在国内微功率电源领域扮演着行业“开拓者”和“领跑者”的角色，本着敢为人先的精神，历经17年的发展，成为国内集生产、研发和销售为一体的规模大、品种全的工业电源模块制造商。主导起草了《宽压输入稳压输出隔离型直流-直流模块电源》等行业标准，并获国家能源局批准实施。此外，金升阳高度重视技术创新和知识产权工作，截至2015年10月，已申请专利350余项，其中发明专利180余项，对支撑企业的核心竞争力起到积极的作用。

据悉，2015年的参评条件相较往年更为苛刻，此次金升阳被认定为工业电源模块工程技术研究中心，这不仅是对金升阳电源模块产品的肯定，更是对金升阳自主科研创新能力的认可，必将助力金升阳实现新的超越、新的腾飞。

金升阳AC-DC电源模块荣获第三届中国电源学会科学技术奖

金升阳AC-DC电源模块LN系列斩获第三届中国电源

学会科学技术奖——优秀产品创新奖。

中国电源学会科学技术奖（国科奖社证字第0220号）是经中华人民共和国科学技术部批准设立的，在国家科技奖励办公室正式备案，代表我国电源行业高水平的科技奖励活动。其中，“优秀产品创新奖”授予电源行业中，主要技术经济指标达到国际先进水平，在设计、工艺、材料、关键技术和系统集成等方面取得显著创新成果，对产业技术进步有较大促进作用的优秀创新产品。

金升阳LN系列AC-DC电源模块与其他传统的AC-DC电源最明显不同的是采用了高压陶瓷电容方案替代了传统的铝电解电容方案。我们知道，在现代电源技术中，无论是线性电源还是开关电源，铝电解电容都是必不可少的关键器件。然而，在行业内常规的AC-DC电源设计中，铝电解电容会给电源带来高低温条件下可靠性差、寿命短等问题。陶瓷电容具有更低的ESR和ESL，能降低因寄生参数而引起的损坏风险；同时，因陶瓷电容的电解质在高低温等极限条件下不易挥发、凝固，容量相对稳定，能长时间保持电容的电气特性，从而极大地提高了电源产品的高低温性能和长期使用的可靠性。

与采用传统铝电解电容方案的AC-DC电源模块相比，LN系列具有更稳定的高低温特性，在－40～＋70℃（此为批量使用的推荐温度范围，实验中测得最低工作温度可下探至－55℃）工作温度范围内无需考虑降额设计。常规AC-DC电源产品最多承诺2～3年的质保时间，而金升阳LN系列具有超长使用寿命，产品质量保证长达5年。除此之外，LN系列还可实现小体积内EMI裸机过CLASS B，雷击浪涌满足4级要求。

此次LN系列获得科学技术奖再次彰显出金升阳强大的科研实力和创新能力，更是市场、学会及行业对金升阳的认可和鼓励。金升阳将继续秉承“智慧创新”的理念，始终坚持技术领先的策略，为客户提供“智慧”的产品和服务。

华耀公司获安徽省专利优秀奖

日前，从安徽省知识产权局官方网站获悉，华耀公司一项“能够减小充电系数的铅酸电池充电机控制器及其控制方法”的发明专利入选安徽省第四届专利优秀奖，全省共有75家企业入选省级专利优秀奖，其中合肥市13家，华耀公司名列其中。

根据安徽省专利奖评奖办法，申报的专利须为发明专利，并通过产业化实施取得了突出的经济效益和社会效益，申报单位须拥有5件以上有效发明专利；本次申报的名为“能够减小充电系数的铅酸电池充电机控制器及其控制方法”的发明专利已成功应用在车载DC/DC转换器中，产品具备通用性、先进性和自身的优势，目前已批量供应南京金龙、安凯等大型新能源汽车企业，创造了一定的经济效益。此次奖励由公司组织申请、市知识产权局择优推荐、省知识产权局组织专家网络评审产生。

本次奖励不仅是对华耀公司专利质量的检验，也是省政府对华耀公司知识产权工作成效的肯定，以此鼓励公司广大研发人员发明创造出更多、更好符合政策，适应市场应用和科技发展的核心技术，及时申请知识产权保护、推进知识产权运用，加快将知识产权这一无形资产转化为有形收入。

华耀获“安徽省技术创新示范企业”认定

日前，省经信委、省财政厅联合印发《关于公布2014年安徽省技术创新示范企业认定名单的通知》，合肥华耀电子工业有限公司名列其中，为合肥市6家入选企业之一，这是安徽省首次认定省级技术创新示范企业。

根据最新发布的《安徽省技术创新示范企业认定管理办法（试行）》（皖经信科技〔2014〕130号），申报企业必须具有核心竞争能力和行业领先地位，要掌握企业发展的核心技术并具有自主知识产权，整体技术水平在同行业居于领先地位。积极主导或参与国际和国内、地方或行业技术标准的制定和修订工作。新产品、新技术（工艺）开发能力强，企业每年研发投入占年销售收入的3%以上，有健全的研发机构并与省内外大专院校、科研机构建立了长期稳定的合作关系。

多年来，华耀公司坚持走技术创新之路，搭建和利用各类技术创新平台，吸引优秀团队，注重核心技术的积累和成果转化激励，鼓励团队攻克新技术、研发新产品，积极寻求产学研合作，起草企业标准，申请专利保护，承担国家项目，从而服务市场需求、引领行业领先、树立华耀品牌。

华耀高效率高功率密度PFC电源获选合肥市科技进步奖

2015年10月，合肥市政府公布了2014年合肥市科学技术奖励项目，华耀公司组织申报的“ESF-150/200系列高效率高功率密度PFC电源”项目荣获合肥市科技进步二等奖，这是公司该款电源产品首次申报科技进步奖并顺利获评。

根据《合肥市科学技术奖励办法》规定，合肥市科技进步奖的申报评选为一年一次，由企业自主申报项目，合肥市科技局牵头组织异地初评（外省市科技部门组织当地专家网评）和本地会评，严格按综合评审结果依次排序选定。从历年评审看，项目成果有未做新产品或科技成果鉴定、有无自主发明专利、有无核心技术创新点、有未实现可观的经济收益及有无良好的市场前景，是评审的关键要素。2015年合肥市科技进步奖共收200多个项目参评，最后48个项目脱颖而出，其中一等奖6项，二等奖14项，三等奖28项。

“ESF-150/200系列高效率高功率密度PFC电源”是公司工业电源事业部于2012年立项开发，2013年形成技术平台，并衍生出新型开关电源、导轨电源等多类产品。两年来，项目在科技创新成果取得和成果转化市场应用上均表现不菲。2014年，该产品获安徽省新产品鉴定、安徽省科技成果认定，被评定为：项目技术上有创新，总体技术水平和主要技术经济指标居国内先进，在国内电源技术领域做出了较大贡献。

华耀项目再获中国电源学会科技进步奖

2015年11月，华耀"新型大功率多脉波隔离整流电源"项目荣获第三届中国电源学会科技进步奖技术开发类二等奖。公司总经理、副总经理和项目组代表应邀参加了中国电源学会学术年会及授奖仪式。

该项目产品开发应用以来，陆续取得了丰硕的创新成果。2014年，获安徽省新产品鉴定、安徽省科技成果认定、所级科技成果二等奖，拥有授权国防专利"一种雷达供电系统"及实用新型专利"直流漏电保护电路"和"基于RS485通信的电源监控模块"。2015年，项目再度通过全国电源专业领域资深专家严格评审，该项目突破各项关键技术难题，总体技术水平和主要技术经济指标居国内领先，取得了良好的社会、环境和经济效益，在国内电源技术领域做出了较大贡献。

中国电源学会是国家一级学会，也是目前国内电源行业全国性行业组织。中国电源学会科技进步奖是由国家批准，在全国范围内评选的科技奖励。

华耀新添8项企业标准

经过近10个月的筹备和编制，近期，由华耀公司各事业部申报的8项企业产品标准最终通过专家评审，在合肥市质量术监督局核定备案并正式发布实施。

"得标准者得天下"，为保障产品质量安全、统一产品技术要求，2014年7月份起，由华耀公司技术委员会牵头，各技术部门和品质管理部启动了企业产品标准的筹备和制订工作。因公司是首次组织，申报标准数量多，涵盖产品领域广，为提升标准质量，提高备案效率，在编制过程中邀请了电子行业标准专家对各标准负责人分别进行了两次集中培训，对电子文稿反复指导修订。

"企业标准是对企业范围内需要协调、统一的技术要求、管理要求和工作要求所制定的标准。企业生产的产品，必须按标准组织生产，按标准进行检验。"此次集中制订的8个企业标准，对产品的命名、要求、试验方法、检验规则、标志、包装、运输和贮存等方面进行了规范和统一。

附企业标准的名称和备案号。

1）军用地面三相AC/DC开关电源 Q/HY 01-2015；

2）18脉冲整流电源 Q/HY 02-2015；

3）工业平板开关电源 Q/HY 03-2015；

4）无频闪LED驱动电源 Q/HY 04-2015；

5）电动汽车用车载DC-DC变换器 Q/HY 05-2015；

6）18脉冲整流变压器 Q/HY 06-2015；

7）CBB84直流高压电容器 Q/HY 07-2015；

8）CBB92高压低电感脉冲电容器 Q/HY 08-2015。

华耀研发团队入选安徽省"115"产业创新团队

2015年，经省委组织部、省发改委和省科技厅等部门多轮评审，华耀公司联合38所合作申报的"大型独立用电设备绿色智能型供配电系统产业创新团队"成功入选安徽省"115"产业创新团队，这是落户38所的第二个省"115"产业创新团队。

省"115"产业创新团队建设工程，是在科技创新领先、具有明显行业竞争优势的各类企事业单位中，建设100个左右"产业创新团队"，选聘100名左右"创新团队带头人"和500名左右"带头人助理"，集中开展重点产业项目的科技攻关、新产品研发和科技成果转化工作，形成一批高水平研发成果，培养一批高层次创新型人才，有效提升重点产业的自主创新能力和整体技术水平。创新团队设立期内，省人才开发专项资金将按标准拨付团队岗位津贴，并接受主管部门的抽查和年度考核。

华耀公司"大型独立用电设备绿色智能型供配电系统产业创新团队"设立期限3年，团队设带头人1名，带头人助理5名。年初，团队已与公司签订了《工作合同书》，组织召开了项目启动会，明确了团队成员和职责分工，确定了建设期任务和考核目标，目前团队正按计划开展各项工作。

华耀顺利通过"装备承制单位"续审

2015年5月23~24日，华耀顺利通过了装备承制单位资格现场审核。此次审查在空军驻安徽地区军代室组织下，由总装备部统一安排，空军装备部组织，海军装备部协同参加，共同组成联合资格审查组一行，对华耀公司进行装备承制单位资格现场审查。

本次审查是继2010年公司首次通过资质审查的到期续审，主要是审查公司未来4年是否具备装备承制单位资质。审查囊括了公司的法人资格、专业技术资格、质量管理、财务资金状况、经营信誉、保密资格和军方提出的其他特殊要求七大方面，重点关注和评价公司自首次获得资质以来，在持证时间内，相关资质保持和技术能力进步以及管理水平提升的变化情况。

2015年5月23日上午9点，资格审查首次会议在公司第一会议室隆重召开，资格审查组、中国电科院38所所长、副所长，华耀公司董事长及公司领导出席会议。审查组对公司近几年的变化和发展给予充分的肯定。此次资格审查以GJB5713—2006《装备承制单位资格审查要求》、GJB9001B—2009《质量管理体系要求》、国家和军队有关法律法规、制度、标准和装备合同等为依据，对公司进行涉及法人资质、技术、质量、财务和经营信誉等七大方面37项内容进行全面审查。现场，审核组审查了《装备承制单位资格审查申请表》和相关证明材料，查阅了多份文件和记录，查看生产现场和实验室，并与多名专业技术人员和管理人员进行面谈。

会上审查组对华耀的技术、管理、生产和质量保障能力等方面给予高度评价。一致认为，华耀具备了申请承担任务相适应的法人资格、专业技术资格、质量管理水平、产品质量保证能力，资金规模、良好的经营信誉和保密资格等级等，审核组正式宣布公司顺利通过现场审查，具备武器装备承制单位资格，推荐继续保持装备承制单位资格。

"鸿宝"牌商标再次被评为"浙江出口名牌"

按照《浙江省商务厅关于开展2014年度"浙江出口名牌"认定工作的通知》（浙商务贸发〔2014〕104号）的要

求，公司自愿申报，乐清商务主管部门审核推荐，并征求省级及各地相关管理部门的意见，省商务厅按公平、公正、公开的原则，对2011年已到期的“浙江出口名牌”企业进行复核，鸿宝集团商标“HOSSONI鸿宝”通过复核，再次被评为“浙江出口名牌”，再次突显了鸿宝品牌的实力。

图　鸿宝集团商标被评为2014年度“浙江出口名牌”奖牌

鸿宝集团公司顺利通过安全生产标准化三级资质评审

为建立完善的安全生产管理制度，提升鸿宝集团公司安全生产管理人员水平，健全安全生产管理体系，逐步形成规范化的管理模式，公司于2015年8月起开展了三级安全生产标准化创建工作，并于2015年1月25日顺利通过了安全生产标准化评审，达到三级安全生产标准化要求。

保障安全生产是公司一切工作的基础。公司各部门一定会牢记自己的职责，时刻遵循“安全责任重于泰山”的原则，在今后的工作中，继续严抓安全生产工作的落实，持续建立健全安全生产标准化工作的长效机制。

华东微电子技术研究所混合集成电路及电子元器件检测实验室顺利通过国家和国防实验室认可

华东微电子技术研究所混合集成电路及电子元器件检测实验室获得国家实验室认可证书，并通过国防实验室认可，这标志着该实验已同时具备国家实验室、国防实验室和总装军用实验室三项资质，成为中国电科系统内和业界屈指可数的高端实验室。

经评审专家认定，华东微电子技术研究所混合集成电路及电子元器件实验室从接收试验件到出具试验报告的全过程受控，试验数据真实有效，试验操作规范，试验人员对标准理解准确，执行正确，技术能力和技术管理均符合实验室认可的技术要求，实验室认可体系健全，认可准则与各要素条款符合。

华东微电子技术研究所专业定位于混合微电子技术研究的国家一类军工研究所，承担了百余项国家重大和重点工程研制生产任务。作为研制生产的进出口关，混合集成电路及电子元器件检测实验室承担着科研项目鉴定检验和产品检验的工作。自成立以来，始终致力于混合集成电路和电子元器件检验试验能力的提升，目前实验室占地3 000多m^2，能够进行GJB548B，GJB 360A 、GJB150、GJB2438、GJB597及SJ20668-98相关混合集成电路与电子元器件标准规定的鉴定/生产试验和测试的全部试验内容，为各项军工科研生产任务、国家重点工程的顺利完成提供了坚实保证。华东微电子技术研究所混合集成电路与电子元器件检测实验室可面向军工行业进行检验和可靠性分析方面的技术交流，也可面向民品制造企业承接各项检验试验任务。借助一个平台，实现共享共创共赢。

华东微电子技术研究所零缺陷管理研究与改进项目通过验收

一直以来，国防科工局、总装备部都在倡导采用先进的质量管理方法来提升企业质量管理水平，集团公司积极推进各种先进质量管理方法的应用，华东微电子技术研究所也在不断探索更加适合自己的质量管理模式与方法工具。

2010年末，华东微电子技术研究所“十二五”发展战略初步明确了向空间产品迈进的战略性部署，对产品质量的需求日趋提高，同时航空、航天等大量用户不断提出更加苛刻的质量与可靠性要求，国防武器装备建设也对质量管理提出了更高的要求。经过了二十多年“七专”、军标线、GB/9001、GJB9001等各种质量管理体系建设，在质量管理上取得了丰硕成果，但是时至21世纪第二个十年，面对新形势、新要求，确实需要进一步在质量管理上取得突破。华东微电子技术研究所多年来对高质量的孜孜追求和良好表现得到了国防科工局以及集团公司的支持与肯定，最终确定由集团公司主导，将华东微电子技术研究所作为试点单位，开展零缺陷质量管理方法研究与实践，试图找到产品“零缺陷”实现路径、实施指南和具体方法。

项目开展以来，集团公司高度重视，成立推进小组定期检查、推进、指导，所领导高度重视，亲自参与、指导、部署、检查项目进展，全体员工积极参与其中，在全所范围形成了浓厚的零缺陷管理文化氛围。上下齐心，凝心聚力，在总结提炼多年质量工作经验教训和学习、研究先进质量管理理论方法的基础上，在深入推进零缺陷质量改进活动的实践中，立足系统观点，采用过程方法，提炼出新时期实现零缺陷质量竞争优势的方法——集成化预防型质量管理方法（IPQA）。

历时3年多，在集团公司零缺陷项目推进小组的指导下，在全所员工的共同努力下，零缺陷管理研究与改进项目顺利完成，于2014年3月通过科工局组织的项目审计，于2015年7月顺利通过科工局组织的项目验收。

通过以提升质量竞争力为核心的零缺陷质量管理实施，提高了全员的质量意识，实现了有效预防的高水平质量管理。在集团公司全系统内广泛宣传并持续推进“IPQA”零缺陷质量管理实践，集团公司多家单位先后来访并开展了零缺陷质量管理推进实施，取得了良好应用效果。

华东微电子技术研究所混合集成电路宇航高可靠生产线全面通过认证

宇航高可靠厚膜混合集成电路生产线贯标认证是华东微电子技术研究所质量工程项目之一。该项目经过生产线设计、工艺管理等技术人员和广大员工的积极攻关和奋勇拼搏，于2015年10月，通过了代表产品的QML鉴定检验，标志着华东微电子技术研究所顺利通过了厚膜宇航高可靠生产线的认证。

1. 宇航高可靠生产线的认证

按照宇航高可靠生产线的认证要求，该工程建立了宇高线文件体系，包括宇高线《质量保证大纲计划》、程序文件的运行与修订换版，宇高产品基线文件的建立与完善，宇高产品的PID文件、三层次技术文件、管理文件的不断完善，从体系上保证产品实现全过程的质量控制。按照GJB3014宇航线建立了SPC控制体系，完成了成膜、粘接、焊接、键合和密封的SPC控制规范，实现了全线的统计过程控制。2014年11月，通过了总装认证委专家组的现场审核，实现了生产线认证，在此基础上，开展了宇高二期代表品种攻关和认证，对以HSA3656A型隔离放大器为代表的厚膜信号类处理电路等高可靠混合集成电路进行K级认证。

2. 代表产品鉴定检验

第一期宇高贯标项目三个代表产品，经过全项目摸底试验，产品的电参数批内一致性、批间一致性、三温一致性以及寿命试验前后的一致性指标满足技术协议要求，产品通过了设计定型。2015年8月，三个代表产品交由电子元器件广州检测中心进行QML鉴定，按照总装认证委审核组批复的《鉴定试验方案》，鉴定检验包括A、B、C、D、E组试验，其中E组抗辐照试验包括总剂量试验和单粒子试验。各分组试验于10月底全部完成并通过考核。至此，总装项目规定的生产线认证和代表产品认证的实质性工作全部结束。华东微电子技术研究所的“H级厚膜混合集成电路生产线”升级为“宇高厚膜混合集成电路生产线”已成现实。

该认证通过，标志着华东微电子技术研究所的产品质量等级扩展到K级，生产线管理能力，基线能力、SPC控制体系以及产品质量在批内、批间等一致性指标方面都达到新的高度。

华东微电子技术研究所2015年度自主开发科研项目定型鉴定会顺利召开

2015年10月19日~20日，安徽省国防科学技术工业办公室在合肥市组织召开了“中国电科华东微电子技术研究所2015年度自主开发科研项目设计定型鉴定会”。这次会议全面总结了以“HHR28S105FS型抗辐照DC/DC变换器”为代表的37个项目所取得的成绩和经验，涵盖了华东微电子技术研究所厚膜DC/DC变换器、轴角转换器和小信号处理电路等多个专业领域。来自航天科技集团、航天科工集团、航空工业集团、兵器工业集团、中科院和中国电子科技集团公司等21家用户单位的代表参加了会议，空军驻合肥地区军代室军代表参加了会议。会议成立由总装混合集成电路专家、中国科技大学、合肥工业大学、安徽省电子产品监督检验所及相关用户专家组成的鉴定委员会。

所长李浪平在致辞中表示华东微电子技术研究所秉承“开放发展、创新发展、和谐发展”的理念，始终牢记军工电子国家队的使命，始终把满足客户需求、为客户提供优质产品作为企业责任，始终把科技创新作为企业可持续发展的原动力，紧跟行业发展趋势和市场需求，坚持自主立项、自主研发，为国家国防事业做出了积极贡献，同时对军代表的支持、用户的帮助、专家的指导和项目团队的辛勤劳动表示感谢。

此次提交设计定型的项目在抗辐照设计技术、安全可靠性设计技术和工艺制造技术等方面均有较大的提升，通过鉴定委员会开展的评审工作，以“HHR28S105FS型抗辐照DC/DC变换器”为代表的37个项目顺利通过定型鉴定。这些产品广泛应用于航天、航空、舰船和火炮等系统中，具有较高的技术水平，受到专家和用户的好评。参会代表对华东微电子技术研究所重视开拓市场，努力为用户研发质量可靠的产品，不断提升科技创新的能力表示钦佩。

茂硕电源再次获国家高新技术企业认定

茂硕电源科技股份有限公司原《高新技术企业证书》（有效期3年）即将到期，于日前再次通过国家高新技术企业认定，并收到了深圳市科技创新委员会、深圳市财政委员会、深圳市国家税务局和深圳市地方税务局联合颁发的

《高新技术企业证书》，证书编号：GR201544201516，国家高新技术企业资格有效期3年。

根据《中华人民共和国企业所得税法》以及国家对高新技术企业的相关税收政策，公司自2015年起连续3年，可享受企业所得税减按15%税率缴纳的优惠政策。

此次资质的取得，提高了企业核心竞争力，激发科技创新，发挥科技人才作用，提高技术公司科技研发及生产力度，为公司众多产业可持续发展打下良好健康的基础。

经过十年快速发展，茂硕始终坚持“绿色创新，高效节能”的环保理念，产业逐步延伸到移动储能、无线充电和智能硬件，并加大新能源应用领域的投入。

此次再获国家高新技术企业认定，茂硕人将继续全力以赴，致力于成为世界范围内的新能源解决方案提供商，为全球节能减碳贡献力量!

再布局新能源领域茂硕新能源10亿元投资光伏发电项目

2015年5月，茂硕电源旗下控股公司深圳茂硕新能源科技有限公司（以下简称“茂硕新能源”，公司持有其91.2377%股权比例）与宁夏回族自治区同心县人民政府签订了《投资合作协议》，茂硕新能源拟在同心县境内投资开发光伏发电项目，总投资10亿元，电站建设规模100MW，建设用地3 000亩，建设工期为2年（2015年~2016年）；其中2015年50MW、2016年50MW。

按照协议，同心县政府将及时划出适宜开发光伏电站项目的土地区域，为企业生产经营活动提供宽松的政策环境，协助茂硕新能源办理项目备案等相关事宜，保证茂硕新能源享受国家、自治区及市县的各项相关优惠政策、费用减免等。茂硕新能源自协议签订后，在同心县注册成立一级法人公司，负责项目的建设、运营及相关业务的开展。

众所周知，茂硕电源自2013年以来，积极响应政府号召，以立足发展主业为前提，全面拓展新能源领域。本次协议的签订有利于公司未来快速有效地拓展光伏发电业务，符合公司的发展需求和长远规划，有利于公司战略目标的实现。

茂硕投资新能源汽车领域加快互联网+时代步伐

互联网+是大势所趋，茂硕投资新能源充电行业新力军——深圳聚电网络科技有限公司（简称“聚电”），紧跟时代步伐，全面推进充电行业的互联网+创新步伐。聚电，是一家内生“互联网+”基因的智能硬件企业。从2014年起在全国铺设充电动汽车电点和充电站，并依托强大的互联网技术将这些充电点连成全方位立体网络，是为电动车主提供便捷充电服务的专业充电网络建设和服务运营商，也是国内为数不多的能够通过软件App实现一站式充电服务的企业。

聚电为国内研发出第一个能够通过手机App一站式解决所有充电相关问题的软件管理系统，通过手机App聚电桩，车主可以轻松实现充电桩的监控、查找、预约、充电、断电、付费结算及申请安装和服务求助等服务及即时沟通功能，且兼容微信、支付宝、银联和各个电力运营商的电力卡等多种手机支付方式。借助强大的移动互联网技术改造，聚电重新定义了充电桩这个传统的电力产品，使其成为一个能够实现与人、与手机及其他充电桩和移动服务终端互动的智能硬件。自此，聚电完成了充电领域的革新，使得电动汽车在中国发展的充电瓶颈有了一体化的智能解决捷径。其产品覆盖充电桩后台监控系统、桩主管理软件、聚电桩App和适配国标和欧美标准的充电桩，同时还有可以实现道路救援的智能充电车，完美解决车主的旅程焦虑和突发电量不足问题。

目前，聚电与合作伙伴共同建设了上海第一座民营光伏充电站，北京CBD地区充电站，充电服务遍布北京、上海、广州、深圳、沈阳、昆明和东莞多地，正在全国所有的城市发起充电桩众筹行动，聚集民间力量共同解决电动汽车充电基础设施不足的瓶颈，让更多的有识之士和合作伙伴参与到新能源汽车的发展中来。

茂硕电源科技股份有限公司是国家高新技术企业、国家十二五规划鼓励发展的节能减碳新能源企业。公司一直以来积极响应政府号召，以立足发展主业为前提，全面拓展新能源、互联网领域。当前茂硕电源已经发展成为致力于开关电源、LED照明智能驱动、高效智能光伏逆变器、大功率UPS、大功率变频电源、柔性印制电路板（FPC）、新能源汽车智能充电桩及移动储能设备等产品的研发、生产和销售的高效智能解决方案提供商。

创新是茂硕的主旋律，将创新技术转化生产力是茂硕的核心竞争力。茂硕凭借对互联网行业的深刻理解，通过技术与互联网应用相结合，将为用户提供高效、智能且安全的产品和系统解决方案，帮助客户实现低成本、低风险、快起步及高效率的信息化目标。

茂硕投资聚电网络科技，是顺应市场导向之举，也是互联网+时代的大势所趋；为推动茂硕在新能源互联网的发展、利用互联网和大数据为用户提供更好的服务起到重要的纽带作用，也将助推企业的转型升级和稳步成长。

自2015年初茂硕参股聚电后，聚电极大扩展了自身在电力自动化领域的纵深发展，实现了企业内部传统电力产品的安全稳定和互联网产业的软件智能服务的完美结合。茂硕与聚电携手，将利用光伏、储能和电动汽车等技术创造零耗能、零污染的绿色出行方式，持续为中国的新能源战略助力，为广大电动汽车车主的绿色出行提供充电基础，打造智慧城市的最优智慧交通基础设施合作伙伴。

赛耐比公司挂牌新三板

宁波赛耐比光电科技股份有限公司于2015年12月7日登陆新三板挂牌交易，股票代码834662，交易方式为协议转让。赛耐比主营业务为LED驱动电源的研发、生产、销售和服务。总股本为500.00万股，每股收益为3.46元。

科士达晋级2015全球新能源企业500强

2015年10月11日，由中国能源报社主办的“2015全球新能源企业500强发布会暨新能源发展高峰论坛”在人民日报社召开，国家能源局新能源司副司长梁志鹏、人民日报社副社长张建星和中国能源报社总编辑解树江出席本届论坛，与其他来自相关部委的领导、专家学者和工商界人士200余位代表一起，共同探讨全球新能源未来发展之路并一起见证评审结果揭晓。全球新能源企业500强评审委员会主席李庆文现场公布了来自37个国家和地区的入围企业，评审结果显示，在全球区域分布上，亚洲企业仍然居首，尤其是与前几年相比，中国企业在能源全产业链取得全面发展，2015年共入围168家企业，远多于排名第二的美国和第三的日本。其中，深圳科士达科技股份有限公司凭借企业近年来在能源领域的强劲增长表现和对行业发展突出贡献，成功入围本年度500强榜单。

作为新能源领域国家高新技术企业，科士达基于数据中心不间断电源系统、工业级不间断电源系统传统电能业务坚实基础，近年来大力拓展太阳能光伏发电逆变系统、新能源汽车充电系统，以及新能源储能系统等新能源业务领域，2013年公司获批组建广东省太阳能光伏发电工程技术研究中心，并成功进入中国光伏逆变器市场占有率行业三甲，充电桩率先实现出口日本高端市场，近年来在国家新能源政策支持下，公司新能源业务取得高速增长，已成为全球新能源行业极具发展潜力的高成长性企业之一。

“全球新能源企业500强”活动是由人民日报社旗下《中国能源报》携手中国能源经济研究院共同推出的针对新能源行业权威研究评价的大型公益性活动，迄今已成功举办四届。该活动通过深度把握全球新能源市场、深刻了解新能源产业发展，致力打造新能源企业竞争力和品牌影响力重要评价平台。作为该评选活动基础的《全球新能源企业500强研究》于2011年开始被列为国家能源局软科学课题，成为全球新能源行业中一项知名的行业评审活动。在本届论坛上，人民日报社副社长张建星表示，中国承诺到2020年非化石能源消费将占到一次能源消费的15%，并提出到2030年达到20%。在此过程中，各种新能源将扮演越来越重要的角色。在“一带一路”建设的带动下，一批优秀的中国新能源企业正加速走向海外，把清洁能源的优良产能、前沿科技和尖端装备带到全球，中国的新能源产业将越来越紧密地融入世界。

英威腾电源荣获“广东省守合同重信用企业”称号

2015年6月，在广东省市场价度管理局举办的守合同重信用评选活动中，英威腾电源以极强的综合实力获得“2014年广东省守合同重信用企业”称号。

据了解，“守合同重信用”是为推进企业社会责任，提升企业公信力，增强消费者信心，树立行业诚信标杆而开展的评选活动，在所有评比标准中，企业信用标准体系被摆在考核首位。获得“守合同重信用”称号的企业将接受市场管理部门的动态监管，接受社会公众监督，确保企业诚信履约、守法经营。

英威腾电源作为全球领先的电解决方案供应商及模块化UPS电源领导者，公司的综合实力已享誉国内外。公司对电源细分市场的洞察和需求的前瞻性把握，使得英威腾电源始终保持产品的创新性与灵活性；先进的集成产品开发管理、全面的产品研发测试与自动化信息化的作业生产保证了英威腾产品的高可靠与高性能；分布在全球各地的分支机构为用户提供解决方案、技术培训与服务支持的专业保障。

近年来，公司在海内外市场的反响日益加深，英威腾不间断电源产品已远销全球80多个国家和地区，产品应用范围也更为广阔，同时在众多中高端产品应用领域获得了可喜的成绩，并积攒了众多忠实粉丝，产品以优异的性能和超高的性价比得到获得了越来越多的市场认可！

图　英威腾获得2014年度“广东省守合同重信用企业”称号

英威腾电源“布局”数据中心“携手”河北迅捷

随着信息“大爆炸”时代的到来，各行业对数据中心依赖程度的日益加深，构建绿色数据中心，已经成为全行业的发展大趋势。2015年4月，全球领先的电源解决方案供应商——英威腾电源公司携机房整体解决方案，牵手河北迅捷机房，为用户打造高端可靠绿色节能数据中心。

据悉，该客户作为行业内以技术创新为标杆的IT公司，对数据中心的可靠性及实用性等提出了非常严格的要求！经过激烈的评比和角逐，英威腾电源公司凭借丰富的项目实施经验，以及周密的现场勘测，完备项目规划、实施和安装解决方案，加上公司极具竞争力的产品，最终以绝对的优势，获得客户的肯定！

据了解，英威腾电源公司本次为用户带来的是以公司最新电源产品RM600系列模块化UPS电源为主打的机房整体解决方案，并包括配电柜、蓄电池、服务器机架和精密空调等产品。然而，必须提到的是，该电源产品是目前业内具有传奇色彩UPS电源，集超大功率、智能化、高密度和模块化为一身。该产品单机最大容量为600kV·A，功率因数高达0.9，使用最先进32位DSP控制器，大大提升了产品的可靠性！同时，系统主机配置业内最大为10.4in彩色大触摸显示屏，功率模块增加了LCD显示屏，用户可实时监控功率模块信息，为用户带来无以伦比的增值感受！值得一提的是，从安装现场开始，客户就对公司产品赞不绝口，从钣金工艺、操作界面、产品结构，甚至是到铜排，都获得了客户的高度认可！

本项目的实施，再一次验证了英威腾公司在数据中心基础设施及整体解决方案领域的强大实力，树立了RM600模块化UPS电源产品传奇产品这一不可动摇的称号！也是英威腾公司在数据中心整体方案在重点行业的又一典型实施案例。

英威腾模块化UPS通过抗震烈度9级测试

2015年5月26日，深圳市英威腾电源有限公司模块化不间断电源顺利通过中国泰尔实验室通信设备抗震研究所的抗震检测，并获得了抗震检测中心颁发的可抗最高9烈度震级的检测报告及合格证书。这是英威腾模块化UPS继通过泰尔认证、CQC节能认证、CE认证和国家广播电影电视总局入网认证之后斩获的又一项权威认证。通过这项可抗最高9烈度震级严苛的震动测试，英威腾模块化UPS向外界再次证明其本身不仅具有优异的电气性能软实力，而且具有强健的“外骨骼”硬实力，英威腾模块化UPS的高可靠性真正做到内外兼修。

抗震是产品安全可靠性的一个重要支撑，而英威腾模块化UPS的9烈度抗震测试再次将产品的安全可信性推上一个新的台阶。在本次抗震测试中，英威腾模块化UPS机柜满配功率单元，带电在线进行可抗最高9烈度震级的震动测试。测试结果优异，充分证明了模块化UPS卓越的性能、极高的可靠性及优秀的产品品质。这也说明英威腾模块化UPS产品可以为用户有效防御未来50年内90%以上的地震危害，能够在地震等自然灾害发生后可靠地保障后端重要负载的电力供应，保障人民生命财产安全、及时有效地控制灾害损失。

英威腾RM系列秉承英威腾一贯的模块化UPS的设计理念，核心功率器件采用集成封装IGBT模块，而非一般厂商普遍采用的分立器件。相对于分立IGBT器件，集成封装IGBT模块具有更大的电流承载能力，更小的功耗，对于提高功率模块的效率与可靠性有着巨大的优势。同时集成封装IGBT模块内部集成的温度探头相比一般厂商采用的外接在散热器的方式能够为系统提供最为可靠的热保护。在工艺上集成IGBT模块方案更为简单可靠，避免了多个IGBT分立器件并联致使由于器件特性的分散性导致的短板效应引起的可靠性风险。英威腾模块化UPS特有的隔离风道设计方案，也使英威腾模块化UPS具有极高的环境适应性。英威腾将根据现场应用实际需求，结合自身技术平台，着力打造高可靠性、高性价比的工业级模块化UPS产品与解决方案，配合遍布国内外的销售与服务网络，英威腾未来必将在工业级UPS领域取得突破。

保定泰尔通信设备抗震研究所隶属于中国信息通信研究院，由泰尔系统实验室统一管理，是政府授权的信息产业通信设备抗震性能质量监督检验中心，是中国泰尔实验室质量管理体系的一部分。中国信息通信研究院为工业和信息化部直属科研事业单位，是国家在信息通信领域（ICT）最重要的支撑单位以及工业和信息化部综合政策领域主要依托单位。

助力“中国制造2025”，艾默生网络能源在行动

在新一轮工业革命大潮中，各国纷纷把发展先进制造业上升为国家战略。此前，在工业领域最热的话题无疑就是德国提出的“工业4.0”概念。这一战略计划旨在提升制造业的智能化水平，建立具有适应性、资源效率及人因工程学的智慧工厂。其实，德国工业4.0与中国工业化与信息化深度融合的战略不谋而合，德国工业4.0和中国国策有很大共鸣，这对中国来说是一个很好的机会，是中国制造业转型升级的重要机遇。

在2015年两会期间，李克强总理在政府工作报告中首次提出要实施“中国制造2025”，以推行数字化网络化智能化制造为主线，围绕创新驱动、智能转型、强化基础、绿色发展，加快制造业转型升级，力争到2025年从制造大国迈入制造强国行列。这一总体战略的提出和实施，势必促使中国传统工业制造领域迎来巨大的改变与效率提升，从而进入一个全新的工业时代。

从德国工业4.0概念的热议，到“中国制造2025”的提出，新一轮的工业革命强调“工业化”和“信息化”融合的重要性，其核心即高端装备智能化和生产体系智能化，因此，智能工厂在其中处于重要地位。在这个前提下，制造业在产品设计、生产和管理过程中针对自动化系统、智能化生产设备的需求无疑将大量增加，而保障这些高端系统、设备的安全运行就显得极为重要，而这就不能不涉及在工业生产中担当“守护神”角色的工业UPS系统的应

用。

实际上，工业 UPS 系统一直在工业领域，特别是制造业的发展中发挥着重要作用。电能是工业领域的主要能源，保障着整个工厂正常生产的顺利运行。随着各种高端、精密设备在制造业的大量应用，生产线对供电质量提出了越来越高的要求，不仅要求供电的连续性要得到可靠保障，而且对于电源的纯净度更是有着特殊要求。这就需要配置性能出色的工业级别的 UPS 系统，来满足生产过程对电力保障的特殊需求。

目前，在国内工业 UPS 市场中，艾默生网络能源经过长期以来的技术整合与市场拓展，已经在工业领域中塑造了强大的品牌影响力，并确立了市场主导地位。其基于领先的研发实力、技术优势和长期服务于工业领域积累的丰富经验，打造出了一系列高品质工业 UPS 产品和解决方案，为满足国内制造业转型升级中不断涌现的应用需求做好了充足的准备。艾默生网络能源研发的高品质工业 UPS 产品，充分考虑了工业应用场合的特殊性，采用先进的设计和高等级的元器件，并在产品功能设计和性能开发上进一步增强了产品的稳定性、适应性、可靠性、易用性以及防护等级，具有完全适应工业环境的优异特性。

Industry 系列工业用大功率 UPS 就是其中一款代表性产品，该系统不仅具备高可靠性、高可用性和智能化等特点，并且在环境适应性、带载能力及抗电网污染等方面同样具备较强的性能优势。而全球工业 UPS 领域的先锋 CHLORIDE 的并入，不仅更大提升了艾默生网络能源的技术研发实力，而且为工业用户提供了更多产品选择。CHLORIDE 系列 UPS、Charger 和 Inverter 等产品，沿袭了精益求精的设计风格，可以满足各种多样化的需要，也可以满足工业场合的特殊要求，一直在工业领域享有很高的知名度。

在拥有丰富产品系列的同时，艾默生网络能源整合优势资源，为工业用户打造了高可靠、高可用的工业动力整体解决方案。其工业动力整体解决方案涵盖了从电网到设备侧的所有动力产品，为用户提供了一站式、端到端的产品、技术支持，为工业用户核心业务的开展、降低生产成本、提升生产绩效提供了有力支撑。在具备丰富产品线和整体解决方案优势的基础上，艾默生网络能源特别关注到了制造业在转型升级中会不断涌现定制化需求的趋势，为此在定制化工业 UPS 方面也同样打造了强大优势，可以高效满足用户的个性化需求。

随着“中国制造 2025”战略的加速部署，给国内工业 UPS 市场的蓬勃发展注入新的动力，同时也为业界厂商带来了新的考验，需要在产品研发设计上紧贴制造业创新、智能、绿色的发展趋势，不断推出创新产品，来满足制造业在全新工业时代的特殊需求。这其中，艾默生网络能源将以不懈创新的精神与中国制造业比肩而行，以其长期的技术沉淀，结合精益求精的设计理念，助力制造业转型升级，为中国从制造大国迈入制造强国行列贡献自己的一份力量。

石家庄通合电子成功登陆创业板

2015 年 12 月 31 日，石家庄通合电子科技股份有限公司正式登陆 A 股市场。简称“通合科技”，股票代码 300491。成功上市是通合科技发展过程中的重要里程碑，也标志着通合科技的发展进入了新阶段。

通合科技致力于电力电子行业的技术创新、产品创新和管理创新，主要产品包括电动汽车车载电源及充换电站充电电源系统、电力操作电源模块和电力操作电源系统。通合电子首创的“谐振电压控制型功率变换器”技术使谐振式开关电源的全程软开关技术进入了产业化阶段，引领了行业技术潮流。

自成立以来，通合电子对技术研发持续高投入，组建了优秀的技术研发团队，拥有领先的高频开关电源研发技术，同时公司重视企业规范化和组织能力建设，把领先的技术转化为一系列优质产品，广泛应用于电动汽车、智能电网和新能源发电等多个领域，“通合科技”已成为行业知名品牌，获得了客户的高度认可，为公司下一步的发展奠定了扎实的基础。

登陆资本市场以后，通合科技将借助资本市场，以经济和社会效益为中心，以优质的产品和服务为依托，以资本运营为纽带，以科学管理为手段，将通合电子发展成为现代化大型企业，实现企业快速、持续、健康的发展。

芯朋微发布“六级能效开关电源及半桥驱动 IC 新品”

2015 年 5 月 7 日，无锡芯朋微电子股份有限公司“六级能效开关电源及半桥驱动新品发布会”在深圳马哥孛罗酒店召开。

会议上发布了芯朋微新产品——AC-DC 六级能效 IC 和 Half-Bridge 驱动 IC。

AC-DC 六级能效 IC：PN8366/68/69/70，此系列芯片内置高压启动、PFM + PWM + QR 模式、集成 700V 高雪崩能力智能 MOS、待机小于 30mW，轻松满足 5 ~ 15W 充电器六级能效要求。拥有六项设计专利特色：

1）集成 650 ~ 800V 高雪崩的智能功率 MOSFET（专利），电压、温升 De-rating 裕量充足。

2）集成两级高压启动 MOS 模块（专利），配合极低工作电流，满足待机功耗小于 30mW。

3）集成高压比例电流采样 MOS 电路（专利），防止 CS/FB 外接元件短路炸机。

4）采用自适应谷底开通（专利）和多模式 PFM + PWM + QR 技术提高平均效率。

5）采用逐级限频电路（专利），大幅改善 PSR 环路动态特性，EFT 满足 5kV。

6）采用多段栅驱动电路（专利），显著改善开关过冲特性，EMI 裕量更充裕。

Half-Bridge 驱动 IC——PN71XX，此系列芯片电流等级 200mA ~ 3A，拓扑从单相到三相，从普通栅极驱动到集成自举半桥。

包括华为、中兴、艾默生、伊顿、麦格米特、赛尔康、冠德、立德、睿德、茂硕、雅盛、明纬、欧陆通、英格尔、长城、美的、创维、格力、康佳、同洲、品胜、科陆、迈高和杰科等在内的 450 多位国内外电源、整机公司代表参加了此次盛会。作为国内领先的绿色功率芯片供应商，芯朋微带来了先进的电源及直流电机驱动解决方案，在场专家与工程师们进行了热切交流。

先控电气荣获“第三届中国电源学会-技术发明奖”

2015年11月7日，中国电源学会第二十一届学术年会在深圳隆重开幕，“第三届中国电源学会科学技术奖”的获奖单位与个人也在此次会议中揭晓。先控捷联电气股份有限公司（股票代码833426，简称：先控电气）作为获奖单位受邀出席，在中国电源学会科学技术奖颁奖大会上，先控电气《在线补偿式模块化UPS》项目荣获本届中国电源学会-技术发明奖。

中国电源学会科学技术奖（国科奖社证字第0220号）是于2011年1月经中华人民共和国科学技术部批准设立的，在国家科技奖励办公室正式备案，代表我国电源行业高水平的科技奖励活动，在全国范围内的电源行业进行评选，奖励在我国电源领域的科学研究、技术创新、新品开发及科技成果的推广和应用等方面做出突出贡献的单位和个人。

第三届中国电源学会科学技术奖于2015年4月正式启动，历经6个月时间，评审专家及评审委员会通过对格式审查、专家初审和评审委员会投票表决一系列审核过后，本着“尊重知识、尊重人才”的方针，确定了获奖名单。

先控电气获奖项目在线补偿式模块化UPS不间断电源系统，具有优异的性能，其整机效率大于98%，逆变电流谐波（THDI）小于3%，输入功率因数（PF）大于0.99，绿色节能；且带载能力强，峰电流峰值系数高于5:1，过载时间200%额定负载时可达1min；交流补偿式变换器承担的功率强度极小，仅有15%，其利用率极高。

先控在线补偿式模块化UPS具有的节能效果好，可靠性、稳定性高，扩展性强等优点，深受青睐，是当今UPS的发展方向，将引领UPS技术的新高峰。

目前，先控电源产品已经成功应用于IDC、通信、电力、石油化工、公安国防、工商税务、交通、医疗和广播电视等各个领域，并获得用户的充分认可与好评。先控电气在电源行业的贡献有目共睹，其自主创新，永攀科学技术高峰，加速了电源事业的发展。先控电源将继续以先进的技术、可靠的产品和优质的服务为广大用户保驾护航，将自身价值有机融入到行业应用中。

先控捷联电气股份有限公司股票在新三板成功挂牌上市

2015年8月6日，先控捷联电气股份有限公司（股票代码833426，简称：先控电气）取得《全国中小企业股份转让系统文件》（股转系统函［2015］4984号）关于同意先控捷联电气股份有限公司股票在全国中小企业股份转让系统挂牌的函，在新三板成功上市，正式登陆资本市场，成为证监会监管下的公众公司。这是先控发展历程中的一个重要里程碑，是一个新起点、新机遇、新挑战，这不仅为自身发展开拓了新的局面，也为上下游产业链，提供了“资本+科学+服务”的价值链平台。

先控捷联电气股份有限公司成立于2003年7月4日，注册资本为5 000万元，始终致力于电力电子类产品的研发、生产和推广，秉承“绝不模仿、唯有创新”的发展理念，创造行业领先的技术和产品，拥有完善的服务体系，完全实现工业化、标准化、专业化和规模化生产，拥有各项专利、著作权28项，并且参与起草了行业相关标准。

公司自主研发多种产品，目前主要包括各类UPS及相关产品，尤其在模块化UPS行业处于绝对技术和市场领先地位。公司依托长期以来在电力电子行业积累的功率变换及自动控制核心技术，发展完善了目前国内最先进的全系列新能源汽车充电桩产品，并积极拓展物联网技术功能、双向储能并网装置、锂电池成组应用及一体化数据机房等产品和领域，以满足各行业用户使用需求，实现“做好UPS电源行业，扩展数据中心产品，做强新能源汽车充电行业，成为新能源汽车核心部件供应商”的一体两翼战略发展目标。

浙江东睦科达磁电有限公司新厂房开工建设

2015年12月11日上午，浙江东睦科达磁电有限公司举行新厂房开工仪式，东睦科达新开工的厂房项目属浙江省战略性新兴产业鼓励发展类项目，获得了当地政府部门的广泛重视。

浙江东睦科达磁电有限公司新厂房位于浙江德清武康镇工业园区秋北区块，用地105亩，新增建筑面积10多万m^2，从国外引进可年产2万t高性能软磁金属磁粉芯的自动化、智能化和数据化的环保节能生产线。新厂房建成投产后，可以节约劳动力成本，提高全员劳动生产率，实行精细化管理，提升产品优良品质率，减少能源与原材料消耗，节约物料成本，降低能耗和污染，提升城市环境品质。

新工厂的开工建设是东睦科达成长路途中的一个里程碑，具有深远意义。未来，东睦科达将充分发挥已经积累的各项竞争优势，加大技术研发投入，积极创新，满足国内外市场客户不断增长的需求，努力使东睦科达发展成为全球领先的软磁金属磁粉芯制造商。

泛华恒兴通过国军标质量管理体系认证

作为测控行业优质的测试测量解决方案和成套检测设备供应商，泛华恒兴于2015年通过了国军标质量管理体系认证。这是泛华恒兴在民参军上取得的又一重大成就，同时也标志着泛华恒兴在质量管理体系水平上质的飞跃。

为了建立和更好地执行国军标质量管理体系，公司领导极为重视地组织全员学习国军标，使全体员工意识到执行国军标的重要意义，并投入了大量的人力、财力等资源。与此同时，在产品的全生命管理周期中，公司按照GJB9001B—2009标准的要求进行管理，保证了产品良好的品质。

较之ISO9000体系，泛华恒兴在国军标质量管理体系建立过程中，在产品的策划、设计和开发、生产和服务提供的全过程中提出了更高的要求。对于产品的实现，在初期的产品实现策划阶段，增加了产品标准化，“六性”——可靠性、维修性、保障性、测试性、安全性、环境适应性和技术状态管理等要求；在产品设计和开发阶段，特别强调了试制中的工艺评审、首件鉴定、质量评审等程序来保障产品质量，通过编制试验大纲、组织试验并对试验中发现的故障和缺陷采取有效措施来加强试验控制，从而提高产品的稳定与可靠性。通过国军标质量管理体系的建立、实施、保持和持续改进，使得泛华恒兴的产品质量、管理水平均实现了大幅提高和改进。

目前，泛华恒兴拥有三级保密资质认证，同时也是我军总装备部合格供应商，此次国军标质量管理体系认证的通过，使得泛华恒兴兼具了涉军的资格和能力，对于公司发展具有里程碑意义。

泛华恒兴推出高密度阵列信号模拟器

为了更有效地分析海洋噪声及混响，满足声音与振动测试领域大规模阵列仿真测试需求，北京泛华恒兴科技有限公司（简称：泛华恒兴）首次在行业内推出了单仪器内256通道同步动态信号仿真的阵列信号模拟器。针对大数据多通道信号仿真的需求，多个仪器可以并行使用。

泛华恒兴阵列信号模拟器通过实时仿真声呐系统的阵元信号，能在不同环境对不同目标进行仿真，适用于声音、水声和结构测试等领域，尤其是水声测试。该仪器拥有绝佳的灵活性，使用者可根据通道数的需求，灵活选择96通道和256通道两种配置。泛华恒兴阵列信号模拟器的应用大幅减少了湖试和海试的次数，在有效缩短声呐研制周期的同时，使实验室调试和检验更加简便，搭配泛华动态信号采集与信号生成套件使用更加稳定、高效。

泛华恒兴阵列信号模拟器单通道输出分辨率为24位，刷新率最高为204.8ksps，输出动态范围高达118dB，具备高精度同步与定时功能，通道间相位差小于0.1%，支持Windows、LabVIEW RT等操作系统。该仪器目前已成功应用于某水声测试仿真项目。

泛华测控正式成为NI白金级系统联盟商

受NI美国的邀请，泛华测控高层一行在董事长兼总经理左毅先生的带领下，于2015年8月4日~6日赴美参加了2015年NI WEEK。会上，NI正式宣布泛华测控成为NI铂金级系统联盟商，并享有该级别系统联盟商的所有优惠政策。

会后，双方高层对未来的合作模式展开了深入的讨论，为日后合作共赢奠定了长足发展的基础。在为期3天的会议中，泛华测控的高层也与世界各地的测试测量专家、学者、NI用户、系统联盟商以及代理商就虚拟仪器技术及其相关话题进行了讨论交流。

泛华测控表示，NI此举也将更加坚定泛华以行业为据点，以解决方案和部件级产品为目标的发展方向。

宝士达小功率电源模块进入电动汽车领域

宝士达公司积极开拓电源市场，进入新能源电动汽车领域，根据客户需求成功开发一款简单高效、量身定制并可靠的小功率电源模块。

该电源模块为DC-DC转换器，具有输入电压范围广、启动电压低、高效率及输出纹波小等特点。该产品采用标准1*1in尺寸设计，体积微小，采用插针式板载安装方式，输出功率达到6W，在户外低温恶劣环境中能够正常工作。

宝士达UPS成功入围国家税务总局国税系统政府采购电子平台项目

2015年10月，宝士达UPS不间断电源凭借优异的产品性能、完善的服务体系、雄厚的技术实力及良好的品牌知名度成功入围国家税务总局国税系统政府采购电子平台项目，再度领跑国家机关政府领域，为公司在政府行业的市场深入和广泛应用奠定了坚实基础。

宝士达UPS能获得国家税务总局项目组的青睐和认可，得益于宝士达UPS为该项目所提供的解决方案在可靠性、智能化与能效方面，都完全符合国家税务总局的应用标准，全面满足了项目需求。其中，解决方案中配置的HP900系列产品能满足电网环境和网络系统中对中小型UPS的精确性、可靠性和安全性等诸多方面要求；另外，先进的Epower系列UPS更是为大中型关键应用系统，如数据处理中心、通信系统和企业设备等提供稳定的电源环境和可靠的电源保护，满足用户对大功率UPS提出的高可靠性要求；此外，MP系列模块化UPS系统由多台独立的功率模块并联，在无主同步的条件下运行，实现了N+X并联冗余备份工作，大大提高了系统的整机可靠性，使系统的效率达到95%，同时，作为“绿色电源”解决方案，MP系列模块化更是倍受关键客户的青睐。

此次成功入围国税系统政府采购电子平台项目，不仅意味着中央政府和行业专家对宝士达的肯定，也是对宝士达企业实力、技术水平和完善售后服务的高度认可，更是对宝士达人的一个鼓励，夯实了宝士达品牌的市场地位，扩大了品牌知名度和美誉度。宝士达将以此为新起点，继续创新进取。

宝士达模块化UPS进驻北京市怀柔区广播电视中心、中国人民解放军第150中心医院

宝士达MP系列模块化UPS不间断电源系统，是以满足电力系统的更高要求而专门设计的高可靠性产品。该系统采用独创的在线式双变换结构，三进三出的运行方式；所有功率半导体器件均采用进口集成模块，大大提高了系统的可靠性。该电源系统由多台独立的功率模块并联，在无主同步的条件下运行，实现了N+X并联冗余备份工作，大大提高了系统的整机可靠性；系统各功率模块，可在线热插拔、更换，方便升级扩容，有效地提升了系统的稳定性和可靠性，同时降低了扩容成本。该电源系统具有完善的自我检测和保护功能、采用大屏幕带触模屏LCD、图形化操作界面、智能化的“人-机”对话菜单及远程监测监管功能。宝士达模块化UPS于2015年7月和9月先后进驻北京市怀柔区广播电视中心、中国人民解放军第150中心医院，成为宝士达模块化UPS产品在广播电视行业和医疗系

统核心网络数据中心的成功范例。

中国人民解放军第150中心医院坐落在素有九朝古都之称的河南省洛阳市，毗邻美丽而富有传奇故事的周山森林公园。展开床位1 000余张，设35个科室，是豫西地区专科中心较多，发展建设较快，医疗设备较精，综合实力很强，集临床、教学、科研和保健为一体的现代化综合性“三级甲等医院”。医院多次获得全国全军在优质服务、为军服务、科技工作、全面建设和先进医院等方面诸多殊荣。连续多年获得河南省和洛阳市“物价计量信得过单位”、“洛阳市十佳医院”，并多次在洛阳市医疗行风检查评比中获第一名。2000年来，又被国家卫生部评为“全国百佳医院”，被中华医院管理学会评为“全国百姓放心示范医院”。

2015年7月，宝士达模块化UPS产品中标150医院网络中心机房UPS系统项目，进驻中国人民解放军第150中心医院网络中心机房，为机房核心设备提供全面的、安全的、可靠的不间断电力保障，能够最大程度的满足现有数据中心机房关键负载设备的7×24h全天候不间断运行和未来扩建增容。

北京市怀柔区广播电视中心主要经营中央、市广播电视节目转播，新闻、专题等节目制作播出。高清播出系统是怀柔电视台新型全台网中的一个子系统，主要承担怀柔电视台两个频道HRTV-1、HRTV-2的节目代码管理、节目单编排及节目播出等工作，其中，HRTV-1为高标清同播频道，HRTV-2为高清播出频道。

2015年9月，宝士达模块化UPS产品中标北京市怀柔区广播电视中心高清全台网建设设备招标采购项目（HC-ZX—2015—019），为高清全台网机房核心设备提供全面的、安全的及可靠的不间断电力保障，能够最大程度的满足现有数据中心机房关键负载设备的7×24h全天候不间断运行和未来扩建增容。

成都金创立科技公司荣获国家高新技术企业

成都金创立科技公司本着对专业的执着，竭诚为科技界、实业界提供技术产品与服务，得到社会各界及政府认同，于2015年10月荣获国家高新技术企业。

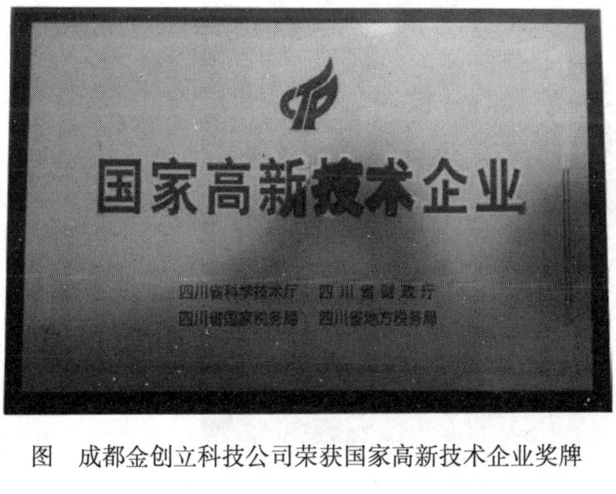

图　成都金创立科技公司荣获国家高新技术企业奖牌

奥冠集团首席专家默茨荣获“齐鲁友谊奖”

2015年11月26日，奥冠集团首席专家默茨先生从山东2万多名外国专家中脱颖而出，获得山东省政府颁发的2015年度“齐鲁友谊奖”荣誉称号。省委副书记、省长郭树清为默茨颁发了“齐鲁友谊奖”获奖证书和奖牌。

“齐鲁友谊奖”是山东省人民政府自1993年起设立，对全省经济建设和社会发展做出突出贡献的外国专家的奖项。

默茨先生是世界知名的电化学专家，在新能源电池制造领域颇有建树，先后获得30多项欧洲和国际专利，其发明的锂电池负极材料和大电流充放电技术在德国及国际上享有盛誉，填补了多项国际空白。他在奥冠集团工作期间，带领团队针对目前国内存在的锂电池容量低、大电流充放电性能差及稳定性差等问题，通过研发新材料和改进生产工艺，有效提高了电池的能量密度，延长了电池的循环使用寿命，增强了电池的安全性能，使奥冠集团的技术水平达到了国际一流水平，为中国的电动汽车和储能产业的发展做出了卓越贡献。

银利电气挂牌新三板

2015年12月9日，宁夏银利电气股份有限公司成功登陆新三板挂牌交易，股票代码：834654，公司简称：银利电气。交易方式为协议交易。总股本为3 000.00万股。多年来，公司本着“质量第一，客户至上”的经营理念，科学管理、不断创新、持续发展，为用户提供优质的产品和满意的服务。通过合作双赢、财富共享，实现更多人的财富梦，将银利电气打造成国内自主品牌No.1的企业。

可立克挂牌上市登陆深圳中小板

深圳可立克科技股份有限公司（股票简称：可立克）登上中国资本市场，在深圳证券交易所中小企业板成功上市。

可立克本次发行价格为7.58元，网上网下冻结资金合计1 994.03亿元，其中，网上申购冻结资金1 303.67亿元，网上中签率为0.22%，超额认购倍数为449倍。投资者的积极申购肯定了可立克行业领先的高技术水平和对可立克未来良好发展的信心。

可立克的专业源于它对产品专注。公司十分重视电源、磁性元件研发领域，并不断加大研发投入，公司设立了磁性元件研发中心和电源研发中心，建立了一支超过100人的研发队伍，加强技术创新，提升公司技术优势。

可立克正式登陆中国资本市场，不仅为资本市场再添一员生力军，同时这也是公司迅速壮大资本实力、进一步增强公司竞争优势和综合实力的良好契机。未来，可立克将走向更广阔的市场，对于科技创新的持续追求，高质量产品的一站式服务，电源产业的大力发展，可立克成为世界一流的电子零件设备制造商指日可待。

深圳市铂科新材料荣获“深圳知名品牌”称号

2016年1月25日，第二届“国际信誉品牌”暨第十三届“深圳知名品牌”评选结果公示结束，专业从事高端金属软磁材料研发和生产的国家高新技术企业——深圳市铂科新材料股份有限公司所持有的“POCO”品牌商标被正式评定为“深圳知名品牌”。深圳知名品牌前十二届共评选产生中国平安、华为、中集、迈瑞和迅雷等558个“深圳知名品牌”，仅占全市企业总数的千分之一。

深圳知名品牌是深圳工业总会按照深府［2003］64号文件委托工作事项的要求，与25个政府机构、69个行业协会、3个研究机构、12个专业机构和两大传媒集团共同搭建全国品牌建设平台，是指产品和服务质量达到国内同类先进水平、在当地同行业处于领先地位、品牌价值居行业前列、具有知名度、美誉度和影响力、经济及社会效益良好、具有较强市场竞争力、经合法注册企业拥有的品牌，极具含金量的荣誉称号。

本次第十三届“深圳知名品牌”培育评价活动于2015年4月28日启动，经历8个多月的申报、现场评审、社会公众投票、行业专家评价、品牌价值评估和评价委全体会议评审等层层筛选，深圳市铂科新材料股份有限公司以先进的技术、优异的品质和良好的口碑从评选中脱颖而出。铂科获得知名品牌称号，除了出众的品牌实力，广大客户对铂科磁材品牌的认可和支持也是一个极其重要的因素。

让电更纯净！深圳铂科秉承这一经营理念，自主研发的金属软磁系列产品广泛应用于电力输配电、绿色能源、智能制造、信息与安全、汽车电子、数码电器、轨道电气和航空航天等领域，赢得欧美ABB、POWER-ONE、伊顿、艾默生、日本田村、中国台湾台达、中国华为、中兴、比亚迪、阳光电源和格力等世界500强客户的认可，跻身全球铁硅系金属软磁粉芯领域的两大厂家之一。

本次荣获“深圳知名品牌”称号，不仅是对广大铂科人辛勤付出的认可，更是对以后开拓进取、自主研发的一种激励与鼓舞。铂科将全心全意致力于高端金属软磁材料的研发，以先进的技术和优质产品铸造行业一流品牌！

铂科新材料荣登第六届“中小企业诚信榜”

2015年12月10日，由深圳市中小企业信用融资担保集团有限公司（以下简称“深圳担保集团”）、深圳市中小企业发展促进会和深圳市中小企业公共服务联盟联合主办的第六届“中小企业诚信榜”揭榜授信仪式在前海特区馆国际会议中心举行。铂科新材料、铁汉生态和锐明视讯等148家企业荣登第六届“中小企业诚信榜”，捧走了由主办单位颁发的“诚信鼎”。平安银行深圳分行、中国银行深圳市分行和建设银行深圳市分行等9家银行荣获“诚信中小企业支持银行”的称号。

本次上榜的中小企业将获得深圳担保集团免抵押、免质押、免留置的担保授信，本届对上榜中小企业的授信额度达80亿元，被授信企业既涵盖了传统制造业，也涉及新材料、生物医药、新能源、信息产业和节能环保等新兴产业。中国中小企业协会会长李子彬、深圳市中小企业发展促进会会长王顺生等领导出席了颁奖授信典礼。市国资委副主任陈华，市场和质量监管委副主任吴红艳，市中小企业服务署署长顾宏伟，市财委、市科创委、市金融办相关负责人、33家合作银行、19家协会、担保机构负责人及数百家中小企业负责人共330余人参加了典礼。

深圳市委常委田夫率有关部门深入铂科调研

2015年12月11日，市委常委、市政府党组成员田夫率市发展改革委、市经贸信息、市科技创新委、市规划国土委、市人力资源和社会保障局等相关负责人深入铂科新材料开展调研。本次调研旨在提升深圳市企业核心竞争力，鼓励企业做大做强做优，进一步增强经济发展后劲，推动我市经济社会持续健康发展。铂科近年来发展势头突出，获得了市委市政府的关注。

本次调研活动由公司执行董事赵野全程陪同并做讲解，通过参观和讲解，田夫等领导对铂科创新能力及未来发展前景表示肯定，尤其是对公司在新材料及新能源领域做出的贡献表示赞赏，希望铂科继续加大自主创新，成为金属软磁材料行业的全球领先企业。

图　市常委田夫率有关部门深入铂科调研

另外，田夫还特别询问了铂科在生产经营、人才吸引、营商环境以及扶持政策落实中遇到的有关问题和困难，希望铂科能够更多了解并用足政府相关扶持政策，政府各部门将会认真研究给予解决落实，切实帮助铂科的创新发展，做大做强。

迪比科复审通过“国家高新技术企业”资格认定

2015年12月10日，深圳市科技创新委员会、深圳市财政委员会、深圳市国家税务局和深圳市地方税务局联合发布了“2015年深圳市第一批国家级高新技术企业获奖名单”，迪比科继2012年通过“国家高新技术企业”认定后，2015年通过“国家高新技术企业”复审。

说到“高新技术企业”，迪比科与其有着颇深的渊源。迪比科集团深耕电池行业十余年，重视科技创新与自主研发，旨在打造一个“有生命力的、持续发展的绿色、智能、生活高科技企业”。早在2007年，迪比科通过“深圳市高新技术企业”认定；2009年，迪比科斩获“国家高新技术企业”荣誉；2014年，迪比科“深圳市高新技术企业”资格通过复核；2015年6月，“国家高新技术企业”认定复审工作如期开展，迪比科顺利通过；2015年12月，发放“国家高新技术企业”资格证书。

“国家高新技术企业”资格认定每次有效期为3年，3年一过即需复审，复审认定条件与初审认定条件的严苛度无异，甚至复审难度还要高于初审难度。据悉，高新技术企业是集知识密集、技术密集为一体的经济实体，对促进企业科技创新、推动新兴产业发展、实现经济增长起到了尤为重要的作用。国家高新技术企业的审核认定工作对企业的核心自主知识产权、科技成果转化、研发组织管理水平和经历实力等各方面综合能力有严格要求，除了要考察企业整体经营情况之外，更看重对企业创新研发管理水平科学技术技术含量、科技成果转化能力等重要指标的考察。

迪比科能持续获得“高新技术企业”的殊荣，表明迪比科在一个又一个的3年里，始终重视科技创新与自主研发，重视企业核心知识产权，重视科技成果转化，这份荣誉，鞭策迪比科在下一个3年里，继续保持良好的科技创新、自主研发势头！

商宇公司荣获“高新技术企业”荣誉称号

依据科技部、财政部和国家税务总局《高新技术企业认定管理办法》、《高新技术企业认定管理工作指引》的规定，深圳市科创委、市财政委、市国税局和市地税局经组织专家评审，经过严格的层层审查，商宇公司凭借过硬的研发实力和创新能力，一举通过高新技术企业证书的认定。

高新技术企业的评定有严格的程序和条件；近年来，商宇公司始终以“开拓创新”的理念，不断通过市场调研、自主研发及工艺优化创新，为技术创新提供支撑的平台；不断健全完善科技进步激励机制，发挥技术人员的积极性；深化改革，加大产品研发和自主创新，使企业的产品开发、工艺装备等方面持续不断地改进。由于这次申报材料要求很严格、详细且内容繁多。在公司领导决策、协调及研发部、财务部等部门的配合下，分别对2011年～2015年的研发材料进行收集、归类、整理和申报，并顺利通过审评、公示等程序，最终获得了高新技术企业的荣誉称号。这一光荣称号的获得，标志了商宇公司在电源领域具备了较强的核心竞争力，更坚定了自主研发、自主创新，坚持中国创造的产业决心！

专注乃是成就一切的力量。商宇公司始终坚持“潜心电源事业，只为绿色地球”的企业理念和使命，迎着不间断电源产业的发展期，不断创新，不断超越，力争用一代人的时间，成为电源领域的全球最佳生产商！

商宇产品先后中标各大省市政府协议供货

在商宇公司产品中标浙江省协议供货不到1天时间，无独有偶，商宇产品又一次传出喜讯，再次中标江西省政府采购协议供货。这是商宇在政府领域UPS不间断电源采购中的又一成功案例，充分显现出商宇产品卓越的品质和强大的企业综合实力。同时，这也是商宇公司在2015年的最后一天给员工和股东交出的一份满意的成绩单，也给正在使用商宇产品的用户一个质量和服务的肯定。

据了解，政府机关的政务系统极为复杂，各级政府之间的信息化联系需要保持稳定持续，如任何一个环节出现问题都会造成不可挽回的损失。因此，政府机关对于维系这些管理和沟通环节的动力电源，有着极高的要求。商宇公司作为可靠的电源解决方案供应商，在UPS电源领域有着卓越的品质优势和完善的服务体系。为江西省各级机关单位、事业单位和社会团体提供多套高可靠、高性能的UPS电源产品及电源解决方案，确保江西省各级政府单位以及数据中心机房各项设备的正常、持续运作。最终，商宇凭借产品的高质量、高可靠性的特点以及商宇快捷的客户服务体系成功中标。

商宇公司可向用户提供自主研发的0.5kVA～800kVA的UPS电源、机房空调和免维护蓄电池等高可靠性的机房产品及机房电力、制冷等解决方案。可为江西省政府单位内网络数据中心机房的负载设备提供高质量的电源，确保机房的各项设备不受市电的故障导致的供电中断等不良因素的影响。全力为江西省政府单位网络数据中心机房系统的用电安全保驾护航！

深圳中电熊猫高功率新能源汽车智能充电模组

充电桩项目在我国尚属新兴行业，当下取代石油能源的新能源技术随着国家政策的不断开放和扶持，以及更多吸引社会资本的进入和整合，政府对于充电桩建设也实施了较大力度补贴。从长远来看，通过市场进一步推动新能源汽车生态系统的发展，以实现更多盈利。充电桩领域颇具“钱途”，对于想要抢占市场先机的社会资本也将形成较大吸引力。充电桩项目，随着各地对充电设施建设投入加大，充电装备市场即将迎来大爆发时期。据市场预计，2015年我国充电设施市场规模将达到200亿元，2016年为400亿元，到2020年将突破1 000亿元。

组织实施方式：①项目小组以总经理亲自挂帅，总工程师为项目研发负责人，配备有专职开发人员8人，主要由专业从事光电子技术、电力电子技术，光路结构技术以及其他相关技术人员来进行研究开发项目。②项目立项书，设计方案和开发计划书、设计和开发输出。③设计开发验证，样品确认。④产品投产评审、试产。⑤新产品鉴定报告、进行正常生产。

核心技术：①采用了零电压开关复合式全桥三电平变换器主电路，全桥三电平变换器可以工作在三电平模式和两电平模式，同时实现所有开关管的零电压开关，从而使变换器适应宽范围输入电压的要求，并保持较高的变换效率。由于开关管的电压应力只有输入电压的一半，使该变换器非常适合高压输入的场合。此外，全桥三电平变换器输出滤波电感比传统全桥变换器大大减小，副边整流二极管的电压应力得到了降低。由于变换器的输入电流纹波很小，输入滤波器也得到了减小，从而减小体积实现模块化的设计更加方便。②采用先进的数字电源技术（DSP），充电模组采用人机交互界面，充电可选择定电量、定时间、定金额和自动（充满为止）四种模式。通过两级 DSP 技术的应用，第一级 DSP 实现了 AC-DC 转换，将三相交流输入，由软件实时监测并调制 AC 输入侧的相关电气参数，完美解决交流高功率输入的 EMC 特性及 PFC 稳压。第二级 DSP 实现 DC-DC，融合了 LLC 谐振及全桥拓扑结构，输出 7.5kW、15kW 的充电功率。

创新点：①采用了零电压开关复合式全桥三电平变换器主电路，其输出电压范围宽，适合功率扩展，电压移植，一个充电桩可以给多个汽车充电，功率密度大，输出功率大，实现电动汽车充电器的 DSP 数字化高效高速控制，实现了大功率充电的充电系统体积小，重量轻。②完善的保护功能通过软硬件的配合，有效管理充电模组及用户端的充电桩。诸如：短路保护、输入缺项保护、输入过欠电压保护、输出过电压保护、过温保护、FAN 智能控制机故障报警、输出欠电压保护和 PFC 母线过压报警等多重必备和完善的保护功能。③快速充电，快速充电意味着充电时间要短、充电电流要大，这种模式下，在 30 ~ 40min 的时间里，要为电池组充电 50% ~ 70%，直流充电桩设备直接给电动汽车电池组充电。④智能模式（手动及自动模式）和通信功能，充电桩只需提供充电模组及相关通信接口，即可与后台监控软件进行通信，传递状态量、控制开关机和测量值等信息。在自动模式下，模组接受并执行后台监控软件下发的控制命令，完成远程通信、远程监测、远程控制和远程调整。手动模式下，模组面板显示当前相关状态及用户实时数据。

日本大客户访问中电熊猫展盛

2015 年 6 月，日本 OKI 集团电源公司佐藤总经理一行莅临中电熊猫展盛进行访问，期间达成了重要协议与合作意向！会后公司领导与来访的客人进行了合影留念，希望这次合作能大放光彩，事业如旭日东升！

图　日本 OKI 集团电源公司佐藤总经理一行莅临中电熊猫展盛进行访问

爱科赛博 PRE-A100 系列精密可编程电源新品亮相中国电源学会第二十一届年会

2015 年 11 月 6 日 ~9 日，两年一届的中国电源界大规模、高级别的综合性学术盛会——中国电源学会第二十一届学术年会在深圳隆重召开，参会代表达 1 200 人。爱科赛博参会代表团携 PRE-A100 系列精密可编程电源新品参展，并积极参与大会各环节交流分享。

爱科赛博精密可编程交流电源新品上市展示，优异的性能、完全自主知识产权核心技术、全新工业设计外形和完整的规格系列等，为业界提供了测试电源高端品牌“中国智造”新选择，引发业界极大的关注和好评。产品展示现场，前来咨询和沟通的客户、专家和同行络绎不绝，多家企业前来询价或表达出购买和体验意向。

大会期间，公司董事长白小青作为中国电源学会理事和电能质量专委会秘书长，参加了中国电源学会七届三次全体理事会议，汇报电能质量专委会工作成果，主持电能质量分会场报告，并作为中国电源学会代表参加了与美国电源制造商协会交流午餐会；技术中心总经理冯广义参加了中国电源学会青年工作委员会全体委员会议和标准化委员会工作会议；电源事业部产品经理巩帆在分会场宣读了《用于大功率光伏逆变器测试的1MVA电网模拟源》论文。爱科赛博参会代表们在大会各环节中的专业表现和分享，受到了业内专家和同行的认可与好评。

图　爱科赛博PRE-A100系列精密可编程电源亮相

爱科赛博从事特种电源业务近20年，是国内航空地面静变电源的标准制定者、加速器电源的领导者、精密可编程电源的先行者，目前已成为国内多领域、规模化的专业特种电源生产企业。

爱科赛博企业科协成立大会顺利召开

2015年5月14日下午，西安爱科赛博电气股份有限公司企业科协成立大会在三楼报告厅召开。西安市科学技术协会党组成员、副主席李义祥一行出席大会，李副主席宣读了西安市科学技术协会同意爱科赛博成立企业科协的批复，并发表讲话。西安市电源学会理事长侯振义教授到会祝贺。

图　西安市科协李副主席宣读批复并发表讲话

西安市电源学会电源技术提高培训班在爱科赛博开班

2015年5月9日，由西安市电源学会组织的“开关电源技术提高培训班”在西安爱科赛博电气股份有限公司报告厅正式开班。西安市电源行业90余名工程技术人员参加此次培训。

此次培训班针对3年以上工作经验的电源研发设计人员，提供一次系统的、专业的学习机会，旨在提高开关电源理论知识和设计能力。培训安排周六进行，共42课时，历时7周，由西安交通大学、西安电子科技大学和中电科20所等单位教授、专家授课。

此次培训是西安市电源学会第三次组织相关培训，爱科赛博均提供培训场地及保障服务。开班仪式上，西安市电源学会理事长侯振义教授、西安交通大学电气学院副院长杨旭教授、爱科赛博董事长白小青先后致辞，勉励学员认真学习、加强交流、学有所得。

图　培训授课现场

西安伟京获高新技术企业、陕西省著名商标、多项实用新型专利

近年来，随着微电子技术、电力电子技术、现代控制技术以及电机制造工艺水平的不断提高，用于伺服系统的伺服电动机控制迎来了新的发展机遇。伺服电动机控制已经广泛应用于飞行器姿态控制、雷达和各种军用武器随动系统以及各种自动化生产设备等领域中。

西安伟京电子制造有限公司自2008年开始致力于开关放大器和无刷直流电动机驱动器方面的研制，多年来已研制和生产了近50个型号的开关放大器产品和近20个型号的无刷直流电动机驱动器产品，由最初的低压小功率逐渐向高压大功率方向扩展产品，已经初步形成了驱动产品的系列化，并不断扩展与增加产品系列。经过十几年的发展，公司的技术研制能力、工艺组装技术和产品质量控制已获得多领域客户的认可和信赖。多款产品经专家组审核鉴定已达到国际同类产品先进水平。

目前，西安伟京的开关放大器产品最大电压/持续电流可达150V/40A，并具有研制600V/30A产品的技术能力与工艺条件；WSA03、WSA50、WSA51等多款产品可完全兼容国外同类产品，且具有更高的效率与更低的内部损耗，更优的电性能更有利于客户使用。与航天某研究所合作开发的某型开关放大器产品顺利通过专家组的评审和样机验收，产品技术参数与工艺组装能力以及质量控制获得专家组的一致好评。同时用户对另一型号的无刷直流电动机驱动器的研制也产生了浓厚的兴趣，并达成了合作意向。

无刷直流电动机驱动器产品最大电压/持续电流可达600V/30A，产品基本满足了客户需求。根据某型产品的基本原理，公司研制了具有自主知识产权的无刷电动机霍尔传感器解码电路，目前已应用至公司多款产品中，大大降低了产品的体积，进一步满足了产品小型化的需求，并提高了产品的可靠性。自主研制的无刷直流电动机驱动产品已达到业内较高的水平，部分产品已达业内领先水平。与业内其他产品相比较，伟京电子产品具有更高的效率、更低的内部损耗及更优良的导热性能。

根据市场需求，面对客户日益严苛的小型化、高效率以及高压大电流等要求的挑战，公司研发团队不断提高专业技术能力。设计上不断探寻新的思路，使用新的电路技术方案，解决高压情况下100%占空比驱动的技术难题，不断研制新的产品。

功夫不负有心人，通过不断地探索和努力，近年来，西安伟京获得了多项荣誉和认证：高新技术企业、陕西省著名商标和多项实用新型专利等。乘着国产化高可靠元器件需求增量的春风，西安伟京勇于进取，不断学习，继续提高工艺技术能力，不断完善质量管理体系，努力研制更具竞争力的产品，为祖国的国防军工建设贡献力量！

浙江省英飞特 LED 驱动技术研究院获批

2015 年 1 月 20 日，据浙江省科技厅消息：根据《浙江省企业研究院管理办法》精神，经各市、县（市、区）推荐、专家评审、会议讨论，省科技厅、省发改委和省经信委联合发文确定“浙江省英飞特 LED 驱动技术研究院”等为省级企业研究院。

新常态下转型发展的关键是创新，企业是创新的主体，行业领军企业更要担负起引领创新的时代重任，通过一系列的创新工作来培育和形成新的增长点，推动经济发展由要素驱动、投资驱动向创新驱动转变。新一轮产业变革正悄无声息的进行，作为 LED 驱动领域销售规模居全球前列的英飞特，更应有勇立创新发展潮头的决心，充分发挥在引领行业技术进步、实施创新驱动发展战略中的引导示范作用。

自成立以来，英飞特就着力打造创新平台，积极推动企业创新能力建设。2010 年杭州市企业技术中心、2011 年杭州市高新技术企业研发中心、2012 年浙江省高新技术企业研发中心、2013 年浙江省企业技术中心和 2015 年浙江省企业研究院，这一份份沉甸甸的荣誉是公司多年持续不断的努力的结果，也是社会各界对公司创新能力的普遍认可。

以此为契机，公司将依托研究院进一步加强自主创新，不断开发出具有市场前景和竞争力的新技术、新工艺、新产品，为公司持续发展提供技术支撑，为全球 LED 照明产业做出更大的贡献。

矛牌 600W 大功率 LED 高效率驱动电源研发成功

2016 年 3 月 2 日，浙江矛牌电子科技有限公司推出最新研发的 600W 大功率 LED 高效率驱动电源。此款 LED 高效率驱动电源是一款高性能防尘和防水型的 600W 高效率 LED 电源供应器，主电路采用交叉并联功率转换方案，交流输入电压高达 305V，具有主动式 PFC 功能、三合一调光功能。

主要用于室外路灯照明、LED 高顶棚照明、车位照明、LED 探照灯和 LED 工矿灯等设备当中。目前，此驱动电源已正式进入试产阶段。

特雷斯取得 TUV 认证

2015 年 4 月初，特雷斯迎来了 TUV 奥地利上海的实地认证，经过系统严格的实地考证，已于 7 月中旬顺利获得了 TUV 证书。

此次实地认证是受特雷斯国外客户委托，对特雷斯的生产厂区及办公大厦区域进行了系统、全面且详细的实地认证。在认证期间，TUV 审核员对公司的生产现场、办公区域及公司重要文件进行了严格且全面的审核，并给予了较高评价。

TUV 标志是欧洲专业电子元器件产品的一个安全认证标志，在欧洲得到了广泛的认可，而且在整机认证的过程中取得 TUV 标志的产品均可免检。

特雷斯生产的逆变器广泛应用于全球各国的风能及太阳能供电系统，主要产品有：并网逆变器、离网逆变器及太阳能水泵系统；公司业务覆盖全国各地，并有自主对外贸易进出口经营权，产品已经出口到美国、墨西哥、智利、澳大利亚、巴基斯坦、泰国、马来西亚及俄罗斯等 50 多个国家。

特雷斯获消防产品 CCC 证书

日前，特雷斯主营产品-EPS 消防应急电源，已顺利通过国家消防评定中心的相关审核及技术评定，现已批准颁发 CCC 认证证书。

中国国家强制性产品认证证书
CERTIFICATE FOR CHINA COMPULSORY PRODUCT CERTIFICATION

认证委托人：浙江特雷斯电子科技有限公司
产品名称：应急照明集中电源（消防应急灯具专用应急电源）
认证单元：TL-D-3KVA
内含：TL-D-3KVA（主型）
TL-D-1KVA
TL-D-2KVA
产品认证实施规则：CNCA-C18-01：2014
产品认证实施细则：CCCF-HZBJ-02
产品认证基本模式：型式试验＋企业质量保证能力和产品一致性检查＋获证后生产现场抽取样品检测或者检查
产品标准：GB 17945-2010
上述产品符合强制性产品认证实施规则 CNCA-C18-01：2014、强制性产品认证实施细则 CCCF-HZBJ-02 的要求，特发此证。
首次发证日期：2015-07-01
发（换）证日期：2015 年 07 月 01 日　有效期至：2020 年 06 月 30 日

本证书的有效性需依靠通过证后监督获得保持
本证书的相关信息可通过国家认监委网站 www.cnca.gov.cn 和中国消防产品信息网站 www.cccf.com.cn 查询

公安部消防产品合格评定中心

A 0024380

图　特雷斯电子获得消防产品 CCC 认证证书

深圳市开关电源关键技术企业重点实验室落户长城电源

2015年12月7日，深圳市科创委王立新处长带领专家团来长城电源参加深圳市开关电源关键技术企业重点实验室学术委员会第二次会议。会后王立新处长和中国长城计算机深圳股份有限公司副总裁于吉永先生为长城电源企业重点实验室举行了揭牌仪式。

图　深圳市科创委王立新处长带领专家团来长城电源参加深圳市开关电源关键技术企业重点实验室学术委员会第二次会议

国充充电科技2015年获得3项专利

2015年度，国充充电科技江苏股份有限公司成功获得了“双降压并网逆变器的过零畸变抑制方法”发明专利、交流充电桩外观设计专利、直流充电桩外观设计专利。

20年的坚持成就国充充电科技江苏股份有限公司的坚实。

21年高端电源生产研发经验成就了国充充电科技江苏股份有限公司踏实严谨的品质，国充充电科技江苏股份有限公司产品已通过ISO9001认证、军工保密认证和欧盟CE认证。

鼎充新能源技术有限公司，给你最满意的电动汽车充电解决方案。

国充充电科技江苏股份有限公司拥有完善的销售服务体系和专业化工程团队，为全国多家科研院校、电容器厂家、电动汽车充换电站、城市及轨道交通、绿色能源小区和各类停车场等提供整体解决方案，国充充电科技江苏股份有限公司是业内极安全的品牌，深受客户信赖。

云南省文山市政府企业考察上海鼎充新能源技术有限公司充电桩

2015年10月12日，云南省文山市政府由市委常委、常务副市长朱世新带队，到海考察企业寻求合作商机。首站选择国充充电科技江苏股份有限公司下属子公司上海鼎充新能源技术有限公司（以下简称“鼎充新能源”）。鼎充新能源董事长夏建中先生亲自接待了考察团的全体人员。

鼎充新能源就业发展形势、新能源产业的发展战略、与政府间的合作情况、公司产品及运营模式行了介绍，并展望了未来新能源汽车及其配套设施的行业发展远景。

文山市朱副市长表示，文山政府考察团的行程还将紧锣密鼓的持续进行，此行第一站已受益良多，将来必定会与鼎充新能源保持密切联系，积极寻求合作机会，顺应当代绿色可持续发展的新要求，与杰出企业共同推动新能源产业的进步和发展。

杭州奥能电源充电桩中标国家电网项目

2015 年 10 月 29 日，继安徽省、四川省中标之后，由国家电网公司公开招标的“国家电网公司 2015 年电源项目第五批招标采购（物资）（充电设备）”项目，经过与几十家实力雄厚的公司激烈竞标，杭州奥能电源再次成功中得该项目中包 6、包 27，中标金额 7 387 余万元（占所投标段总金额的 5.7%，排名第九）。

本次投标时间紧、任务重，自得到招标信息后，公司领导十分重视，针对项目精心布置投标工作，明确分工和责任，对投标文件、技术质量等都提出具体要求。杭州奥能电源认真研究招标文件，领会招标意图，制定了周密的工作计划、事前准备并精心组织实施。销售中心、设计标书组等部门相关人员迎难而上，团结一致，彻夜加班加点，高效率、高质量编制投标文件，并按期保质地交付招标方。最终，凭借公司良好的信誉、行业经验、强大技术实力以及优秀的方案、完善的质量进度保证体系、合理的报价赢得了招标单位的肯定，并顺利再次中标。

公司在众多的竞争者当中脱颖而出，顺利再次中标，这无疑是对公司的综合实力、技术水平的又一次肯定，也是客户对“奥能”品牌的认可，更是对“奥能”产品的认可。

此次成功中标离不开公司相关领导的正确决策和各部门人员的全力配合。项目中标对公司以后业务推广、拓宽市场具有重要意义，不仅展示了公司的实力，同时也展示了杭州奥能电源核心竞争力，为发展的蓝图上写下辉煌的一笔，也为杭州奥能电源今后的快速发展打下了坚实基础。

中恒中标国家电网公司、东南亚电信柬埔寨数据中心等项目

中恒一直专注于主营业务，围绕两大业务板块深耕细作，一是电力信息化板块，为电网企业、发电（含新能源）企业、工业企业的“自动化、信息化、智能化”建设与运营提供整体解决方案。二是电力电子产品制造板块，为客户提供通信电源系统、高压直流电源系统（HVDC）、电力操作电源系统和新能源电动汽车充换电系统等产品及电源一体化解决方案。

中恒始终以市场为导向，不断发掘客户的需求，坚持技术驱动，持续创新，不断为客户创造新的价值，为客户提供增值服务，是行业的领军企业。中恒于 2015 年 5 月和 8 月先后中标电网公司、东南亚电信柬埔寨数据中心及华润集团新一代数据中心等项目。

国家电网公司高速公路电动汽车充电设备招标项目，中标总金额 1 126.72 万。此次项目的中标，为公司电动汽车充电设备业务进一步的推广奠定了扎实的基础。

在中兴通讯针对东南亚电信柬埔寨数据中心高压直流电源的招标项目中，中恒成功中标，目前该项目设备已全部交付安装，并投入使用。该项目的成功落地，标志着中恒高压直流电源成功应用在国外的数据中心机房，意义重大。

2015 年 8 月，中标华润集团新一代数据中心 HVDC 招标采购项目，为华润集团数据中心业务提供绿色高效、安全可靠的不间断供电保障。

华润集团新一代数据中心规划总建筑面积约为 72 891.23m^2，数据中心运营业务涉及华润万家、华润银行等。

随着高压直流电源在数据中心行业认可度的逐步提高，中恒开始积极开拓海外市场，本次依托中兴通讯这个平台，中恒电气的高压直流电源产品首次走出国门，并得到了海外客户的认可，使中恒更有信心将中恒的高压直流电源产品走向世界。

联信四项新产品通过“安徽省 2015 年度新产品”认定

日前，安徽省经济和信息化委员会发布了《关于确认 2015 年安徽省新产品（第四批）的通知》，合肥联信电源有限公司自主研发的“ FEPS-5.5kW 消防动力应急电源”等四项新产品，荣获“2015 年安徽省新产品”证书。

联信公司是一家致力于应急电源（EPS）产品研发、生产与销售的科技型企业。本着领先的科学技术，联信研制开发了系列联信品牌消防应急电源产品，成为安徽省通过消防 3C 产品认证的品牌产品供应商。

至此，联信公司应急电源产品系列中已有 6 个产品荣获安徽省新产品证书；4 个产品荣获安徽科学技术研究成果证书；3 个产品荣获安徽省高新技术产品认定证书；1 个产品（5 000kg 应急电源产品）获得安徽省年度重点新产品证书。此次省新产品证书的取得，进一步提升了联信公司的核心竞争力，为企业的发展增加新的经济增长点。联信公司表示，将继续坚持自主创新，加大对产品研发的投入，不断推出新技术、新产品。

安利电源新厂房落成并投入使用

日前，安利电源新厂房落成并投入使用，新厂房坐落于广东省江门市新会今古洲经济开发区银海大道 6 号（广东省级高新技术开发区），占地十亩，建有现代化园林式主生产车间 2 200m^2，办公场地 1 000m^2，配套有产品研发实验中心、大功率负荷试验设备和电能质量分析测试设备等完善的研发和生产设备。

图　安利电源新厂房

坚力科技登陆新三板挂牌

江苏坚力电子科技股份有限公司于2015年9月30日登陆新三板挂牌交易，股票简称为坚力科技，股票代码为833701，交易方式为协议交易，总股本为1 666.67万股，每股收益为0.02元。公司创建于20世纪60年代，积累了60多年的专业制造经验，是一家集研发、生产、制造、销售和服务为一体的EMI/EMC电源滤波器制造企业。公司坐落于风景秀丽的江苏省常州市，地理位置优越，处于长三角经济圈内，物流四通八达。

公司产品涵盖0.5～2000A各种规格的单相、三相交直流电源滤波器以及屏蔽设施类滤波器，广泛用于各种仪器仪表、医疗设备、电力设备、通信电源、UPS、变频设备、电梯设备及轨道交通等。

先进的测试设备、严格的品质管理和完善的售后服务形成了坚力电子的独特优势。坚力产品畅销海内外，拥有国内外各领域优秀客户，如：华为、中兴、烽火通讯、南车、北车、通用、西门子、艾默生和合肥阳光等，深受广大客户的赞誉和信赖。

军用领域的指定配套厂家，国家重点工程——洲际火箭、电子方舱、运载火箭、考察船以及飞船系列等配套，并得到中央军委的嘉奖。

雷诺士自主研发隧道/船用/海岛型UPS在防护等级上获得IP55认证

随着我国山区高速公司建设的快速发展，隧道工程不断增多，如何更好地保障公路隧道的安全运营，一直是公路隧道设计和建设中需要考虑的首要问题。公路隧道是一个封闭的环境，运营条件较为特殊，通风、照明、消防和监控等配套设施是保障隧道安全运营的基础设备，这其中还包含一级负载中的特别重要负荷，因此为了这些设备提供安全可靠的供电系统是显得尤为重要，直接关系到隧道区域内的用电设备能否正常工作、车辆能否安全通行。针对高速公司推出隧道应用环境，推出防潮型隧道专用UPS供电解决方案。

理士国际承办首届铅酸蓄电池国际标准与技术发展论坛暨新能源汽车行业起停电池标准2015年峰会

2015年10月29日，由全国铅酸蓄电池标准化技术委员会主办，金湖县人民政府、理士国际技术有限公司承办的首届铅酸蓄电池国际标准与技术发展论坛暨新能源汽车行业起停电池标准2015年峰会，在南京国际会议大酒店隆重开幕。

江苏省人民政府副秘书长王志忠，金湖县委副书记、县长张志勇，金湖县委常委刘盛以及来自国内外蓄电池行业协会及新能源汽车厂家的领导和专家近200人出席本次会议。峰会重点就起停电池行业标准现状、国内外市场的要求和前景、汽车厂家的需求以及起停电池标准制定等内容进行了深入探讨和广泛交流。

全天科技电源实验室通过北美认证实验室评估认可

为适应市场需求，全天科技可编程直流电源通过CSA/UL认证，同时可编程直流电源实验室通过北美认证实验室评估认可，满足ISO/IEC17025：2005检测和校准实验室能力的通用要求，并获得证书。

该评估证明：全天科技的可编程直流电源实验室运行的管理体系（ISO9001中与实验室管理体系所覆盖检测和校准服务有关的所有要求），具有的技术能力，提供正确的技术结果这三个必备条件均已满足标准需求。虽然大部分实验室管理体系符合ISO9001的要求，但并不证明其实验室具有出具技术上有效数据和结果的能力。

决定实验室所进行的测试或者校准的正确性与可靠性的因素包括：人员、设施、环境条件、方法及其确认。

测试工程师通过技能资格培训，通过相关考核并取得证书，公司对此制定培训计划并定期开展以及记录。所有测试项目按照要求的环境条件进行，温升实验室与其它功能测试实验室分开，并且监控记录测试条件。

全天科技为确保以及验证研发产品质量，配备完善的硬件设施，包括：可编程交流电源、可编程直流电源、交流负载、直流负载、功率分析仪、示波器、恒温恒湿箱以及数据采集单元等。部分设备配有操作指导以及日常维护说明，计量设备实行定期校准。

全天科技可编程直流电源认证过程中，依据认证标准要求，在此实验室内进行如下测试项目：漏电流测试、接地阻抗测试、工作电压测试、输入输出性能测试、机械测试、温升测试、过载温升测试、单一故障测试、球压测试、绝缘耐压测试等，所有测试条件以及结果均符合认证要求。

全天科技携手SDA，开拓澳洲市场

为进一步开拓澳洲市场，渗入澳洲测试测量领域、教育、科研以及其它工业领域，2015年8月全天科技宣布和澳大利亚测试测量行业的领军企业Scientific Devices Australia（SDA）签下澳大利亚以及新西兰地区的可编程电源的经销商协议。

SDA，成立于1970年，专注于电子测试测量领域，产品覆盖范围广，有示波器、交流、直流电源和电力系统等。以其专业的产品知识以及良好的售后服务，时刻将客户服务置于首位，和客户维持长期、友好的合作关系，SDA目前在澳大利亚市场知名度很高，市场份额大。

SDA市场部经理Mark Lotter表示很期待和全天携手并行，共同开拓澳洲潜力市场。目前，全天科技携手SDA，已成功将市场推向澳大利亚工业测试领域，全天科技高品质的可编程直流电源获得了客户的高度认可，这将是SDA和全天科技进入澳大利亚工业测试领域的良好开端。

全天科技研发团队由博士、硕士和行业资深专家等100多人组成，并通过与国内外科研团队和各大重点院校保持长期的战略合作关系，从根本上保证产品和服务处于行业领先地位。全天科技以市场为导向，质量为立身之本，秉承“精益求精、追求卓越”的企业精神，“全天，24小时不间断服务”的服务理念，旨在为广大的工程师们带来最值得信赖的测试仪器。

全天科技光伏逆变器实现手机实时智能监控

科学技术的进步是为了更好地服务于人们的生活，就像互联网科技的发展给人们带来的便捷。随着光伏发电系统的普及，人们也需要一种可以随时随地了解发电信息的方式，实时监控就成了监控系统科技发展的一种趋势。全天科技作为一家高新技术企业，自然地顺应了新时期电站监控的这种需要。经过前期研发团队的精心筹划，近期，全天科技不但实现了互联网监控，还同步推出了强大的手机智能监控系统，可对太阳能并网系统实时发电信息进行监控。

只要在有网络的情况下，用户无需下载任何APP，不受手机系统限制，即可方便快捷地登录账户，即时查看光伏发电系统的实时运行情况、历史发电量数据及系统产生的环保效益等信息。此外，通过图表、数据的形式，该应用更为直观地显示系统实时发电数据，用户可以动态切换系统的历史发电量及对应的环保效益；通过柱状图以及折线图的方式，显示系统详细功率发电图以及查看历史的发电数据。实现跨时区，全世界范围内任何地方、任何时间的查看和异地办公。

以此手机监控系统，配合全天科技的并网逆变器，来实现对单台逆变器、多台逆变器以及整体光伏并网逆变器系统的各项参数进行记录和数据分析。

同时，全天科技的用户界面设计大方，简洁而人性化，拥有强大的数据展示、数据分析、数据归档功能以及完善的错误信息记录功能，能支持大并发，实现上千台逆变器数据同时传输，数据可自动刷新，是监控电站的最佳选择，强大的功能获得了全天科技用户的一致好评。

一直以来，全天科技以让人们生活便利，节约人类资源为使命。其自主研发的逆变器也因其值得信赖的质量和有竞争力的价格赢得国内外客户的追捧。无论现在还是未来，全天科技均在坚持不懈的追求和努力，让光伏系统和逆变器的系统效率、性价比和用户体验到达更高的水平，为电站业主、EPC提供优质的产品和解决方案以及最便捷的服务。

山东镭之源激光科技股份有限公司成功挂牌新三板

2015年9月30日，山东镭之源激光科技股份有限公司成功于金日成功挂牌新三板。股票代码：833611，为其发展奠定了坚实的基础。

山东镭之源激光科技股份有限公司于2001年在济南市解放路成立，是一家专业从事电源设备的开发、设计、生产和销售，并为客户提供技术咨询、培训、安装、维修等售前、售后服务的高新技术企业。

通过15年持续的研发投入，不断提升创新能力的同时，山东镭之源激光科技股份有限公司凭借在行业内领先地位和技术优势，积极参与各种学术研讨，申请并授权了多项专利，并先后获得ISO9001质量体系认证、欧盟国家CE认证等。

多年来，公司坚持“以客为主，甘当配角；竭诚服务，精益求精”的经营宗旨，视质量为生命，成为客户事业成功的助手。

泰开电源公司直流电源产品中标国网±800kV特高压直流输电工程

2015年1月，在国家电网公司特高压直流输电项目电源系统第二批货物招标中，泰开电源公司直流电源产品一举中得国网宁夏宁东－浙江绍兴±800kV特高压直流换流站的最大包，中标金额844万元，继750kV变电站后再次刷新了公司在国网电压等级的新纪录，此次中标标志着公司正式进入特高压直流换流站领域。此次中标为公司同类产品在电网输变电工程中应用推广又迈上一个更高的台阶，影响深远。

泰开电源公司充电桩产品成功在泰安公交西林站投入运营

2015年12月，泰开电源公司承建泰安公交西林站电动汽车充电站，成功完成泰安公交西林电动汽车充电站建设。

西林充电站含2台700V60kW充电桩，带动态分配功能，一机双枪。最多可同时为4辆电动公交车充电。充电站给27路线共24辆车充电，现已成功运营近两个月。

百纳德UPS北京地铁十号线电源改造项目

北京地铁十号线介绍分一、二两期，一期西起海淀区巴沟，沿元代土城径直向东，在芍药居和亮马桥之间转了90°的大弯，然后向南经东三环路直到劲松站。由西北至东南呈倒“L”形。再向西南方向延伸，经过松榆南路、分钟寺、铁匠营路和成寿寺路，最终与5号线交会于宋家庄站并进行换乘（二期规划）。一期在2008年7月19日下午2时正式通车。2008年以后开工向西再延伸一站地，到达蓝靛厂路。整条线路全长32.9km，共设车站28座。2013年下半年，10号线将连成环状，全线通车，成为继2号线之后的第二条环线地铁。2015年，百纳德UPS样品机器和众多竞争对手在同样特别的测试环境下力排众雄，后来北京地铁10号线数十个站点都更换为百纳德UPS。

青铜剑科技荣膺“2015德勤高科技高成长中国50强”和“2015德勤高科技高成长深圳20强”

经过4个月严格的选拔和评审，由世界四大会计事务所之一德勤（Deloitte）举办的“德勤高科技高成长中国50强、德勤高科技高成长深圳20强、德勤-华兴明日之星”评选结果于2015年11月5日揭晓，青铜剑科技同时加冕“2015德勤高科技高成长中国50强”和“2015德勤高科技高成长深圳20强”，公司董事长汪之涵博士应邀出席了颁奖典礼。

德勤高科技高成长评选项目系世界四大会计事务所之一的德勤主办的全球顶级成长企业评选活动，1995年起源于美国硅谷，历时20年，每年在美国、英国、日本、澳大利亚和中国等数十个国家同步举行，2005年进入中国，现已成功举行十届。该项目被国际主流财经媒体誉为“全球高成长企业的标杆”，历届榜单中涌现出苹果、谷歌、雅虎、Facebook、阿里巴巴、腾讯、百度和奇虎360等科技界领军企业。因企业入选时大多处于中早期成长阶段，该评选又被誉为“明日之星的摇篮”。

青铜剑科技作为国内先进的电力电子器件及解决方案供应商，因高速的业绩增长率此次同时荣获“2015德勤高科技高成长中国50强”和“2015德勤深圳高科技高成长20强”，也展现了其作为电力电子器件企业的巨大发展潜能。

深圳青铜剑科技股份有限公司创立大会暨第一次股东大会顺利召开

2015年8月1日，历经数月的筹备，深圳青铜剑科技股份有限公司创立大会暨第一次股东大会顺利召开，公司全体股东及代表、董事、监事、高管以及中介机构代表出席了大会。在本次股东大会及第一届董事会、监事会第一次会议上，参会人员审议并通过了各项议案。

随后，与会嘉宾们进行了发言，对深圳青铜剑科技股份有限公司的成立表示衷心的祝贺，并对公司的未来发展提出了中肯的建议与殷切的希望，各位股东在隆重而欢快的气氛下举行了股份公司的揭牌仪式。

股份公司创立大会的圆满结束，标志着青铜剑科技迈上了一个新的台阶，更意味着青铜剑科技将迎来新的契机和新的挑战！

青铜剑的今天离不开每一位青铜剑人的付出。“八月桂花飘满地，十里花香入城来”，愿青铜剑科技全体同仁继续发扬与时俱进、永争第一的青铜剑精神，愿青铜剑科技在新的起点上再创佳绩，勇攀高峰！

VAPEL荣获TÜV南德首张电源产品IEC 62368-1CB证书

2015年11月13日，TÜV南德意志集团协助深圳市核达中远通电源技术有限公司获得IEC 62368-1 CB证书，公布型号PAC150D1224-H成为TÜV SÜD首款通过IEC62368-1第二版评估的电源。

苏州电通“DTSPD T”系列防爆型电涌保护器研制成功

适用于风电、矿山和油田等有防爆要求的各类场合的电源线路及其设备的防爆型电涌保护器（防雷器）—DTSPD T系列产品，经过苏州市电通电力电子有限公司全体员工的共同努力，于2015年10月研制成功。

在达到使用寿命或承受暂时过电压（TOV）被击穿时，一般的防雷器经常会起火爆炸引发事故进一步扩大化，而本产品采用全金属外壳和独特的内部结构，可承受因内部电弧产生的极高压力，不破裂、不燃烧，且具有短路和开路两种可选的失效模式，真正实现防爆免维护。同时本产品具有理想的电压保护水平、10～200kA（8/20μs）和5～25kA（10/350μs）的通流能力，能够承受各种雷击电流、浪涌电流及其他过电压、过电流的冲击。本产品的研制成功，填补了国内同类产品在此技术领域的空白。

本产品执行国际IEC 62305-1、IEC 61400-24的安全标准，完全符合UL1449第三版的新安全标准。

苏州电通积极参与标准修订、规范行业应用

苏州市电通电力电子有限公司参与修订了国家行业标准《GB/T 3859.2—2003 半导体变流器通用要求和电网换相变流器第1-2部分：应用导则》，负责其中4.11“过电压保护”、以及资料性附录A“几种过电压保护措施”部分的撰写。在该标准的修订过程中，苏州电通注意到，随着电力电子设备的广泛应用，因过电压引起的事故增多，而长期以来对过电压保护又缺乏足够的重视，因此有必要在标准中增补过电压保护的相关内容。基于多年的实践经验和理论分析，公司董事长、总经理孙丹峰博士对过电压保护及保护措施作了全面概述，并具体提出了过电压保护措施的分类、选型和连接等建议，受到了编写组其他专家成员的一致认可，并被大力推广到整个行业之中，该标准现已正式颁布实施。

2013～2015年，公司董事长、总经理孙丹峰博士又以

中国标准化委员会专家身份应邀参与了国际电工委员会（IEC）关于标准TC40的修订工作，并作为召集人负责电压敏部分的标准修订和组织相关实验验证，为整个半导体陶瓷、电压敏行业及大功率变流电源过电压保护的良性发展做出了积极的贡献。

远方公司投资红相科技 加快远方科技产业平台布局

2015年4月13日，杭州远方光电信息股份有限公司与浙江红相科技股份有限公司签署了投资协议。由此，红相科技将成为远方在布局中的科技产业平台中的重要一员。远方公司董事长潘建根、红相科技实际控制人黄红友出席签字仪式。

浙江红相科技股份有限公司专注红外热像、紫外成像技术的创新和产业化，拥有光学设计、电子技术、图像算法、信息处理、精密机械、系统集成、远程遥控和测试技术等专业技术人才，为客户提供测温类红外热像仪、成像类红外热像仪和紫外成像仪等产品，并广泛应用于电力、国防、能源、视频监控、科研、工业、医疗、消防和汽车等领域。目前，红相科技已是国内知名的专业研发和生产非可见光成像系统的高新技术企业，具备完全自主知识产权的技术开发体系，并且拥有多项国家重点新产品和技术发明专利。其主导产品及核心技术在国内处于领先地位。

红相科技与远方公司在技术上同属于光电检测设备领域，其主要产品、技术及管理等与远方光电具有很好的互动和补充，符合远方科技产业平台的发展方向。本次增资后，远方公司将凭借自身在光电检测设备领域的优势和把产品做到极致的经验，在企业管理、技术管理、营销管理和产业整合等方面为红相科技提供全面支持，支持红相科技做大做强，向世界一流公司发展。本次远方公司以3 600万元增资红相科技，增资后占红相科技8%股份。

今后，远方公司将继续关注高端医疗器械、工业4.0、光电集成和智能检测等领域，进一步基于互联网布局远方科技产业平台，并期待相关企业在远方科技产业平台上实现互联互通，充分发挥平台资源整合和协同效应。

远方公司电磁兼容（EMC）检测实验室获得CNAS认可

2015年11月，中国合格评定国家认可委员会（CNAS）正式向远方公司颁发了电磁兼容（EMC）检测实验室认可证书，标志着远方公司在电磁兼容（EMC）方面的测试能力获得了国家认可。

远方公司拥有包括3m法半电波暗室和屏蔽室在内的完整的EMC测试平台，完全符合CISPR、IEC61000系列和GB12190等标准要求，主要设备均由远方公司自主研发和生产，能力验证和测量审核结果均获满意评价。

实验室测试项目涵盖EMI测试（传导骚扰、辐射骚扰、辐射磁感应电流、骚扰功率）、EMS测试（辐射抗扰度、传导抗扰度、静电放电抗扰度、浪涌（冲击）抗扰度、电快速群脉冲抗扰度、电压暂降和短时中断抗扰度），以及汽车电子抗扰度等，能够为信息技术设备、家用电器、电动工具、医疗电器设备和汽车电子组件等产品提供精准测试服务。

此外，本实验室还为客户提供静电放电发生器、脉冲群发生器、雷击浪涌发生器和周波跌落发生器等一系列EMC仪器的相关校准服务。

今后，远方公司在继续把电磁兼容EMC检测设备的研发制造和销售作为主营业务的同时，将充分发挥远方检测校准中心认可实验室的示范作用，致力于为广大客户提供更好的设备校准、高精度对比、检测认证和认可示范服务，全方位支持客户的检测校准能力建设。

第五篇　科研与成果

第三届中国电源学会科学技术奖获奖成果

特等奖

高电能质量节能型大功率不间断电源系统关键技术与产业化

高压高功率密度 IGBT 芯片研发及其应用

一等奖

强流氘氚聚变中子源加速器用 350kV 大功率高压直流开关电源

高效、高可靠性大功率 LED 驱动电源

一种新型大功率 NPT IGBT 芯片和模块的开发及产业化

中高压大功率脉冲电源系统关键技术开发及应用

南京青奥会优质电力园区多 DFACTS 设备优化配置与协调控制技术及应用

二等奖

太阳能光伏发电系统逆变器

3000W 高性能超级计算机电源

分布式光伏发电关键技术及应用研究

高可靠性大功率航天器电源关键技术与工程应用

在线补偿式模块化 UPS

移动用电设备无线电能灵活高效接入技术及装置

新型大功率多脉波隔离整流电源

工业自动化设备无扰供电系统

大功率砷化镓光导开关光电导调控机理研究

基于光导开关的全固态重复频率功率源研究

优秀产品创新奖

ZXDH880 D48305R5FNPB

高输入电压 230W LED 路灯智能驱动电源

高可靠性无电解 AC/DC 电源模块 LNxx-12Bxx 系列

绿色高效节能模块化不间断电源系统

杰出贡献奖

韩英铎

青年奖

胡家兵

汪之涵

张军明

2015 年度国家自然科学基金电源及相关专业立项项目清单

2015 年度国家火炬计划电源及相关产品立项项目清单

第三届中国电源学会科学技术奖获奖成果介绍

特等奖

高电能质量节能型大功率不间断电源系统关键技术与产业化

项目类别： 科技进步奖-技术开发类

完成单位： 1. 浙江大学

2. 厦门科华恒盛股份有限公司

完 成 人： 徐德鸿、陈四雄、董德智、陈敏、李睿、于玮、苏先进、何国锋、胡长生、王志东、黄詹江勇、林平、谌平平、陈文杰、李海津

项目介绍：

不间断电源系统能够为航空航天、大型数据中心、精密制造、金融行业、国防等重大工程或要害部门提供持续可靠的电能，防止电网故障导致重大经济损失和危害。长期以来，国产大功率不间断电源可靠性、电能质量、节能等指标落后于欧洲、美国、日本等发达国家，我国大功率不间断电源市场长期被国外公司所垄断。

本项目在国家自然科学基金、国家高技术产业发展项目计划、国家重点新产品计划等支持下，历时八年持续的探索，攻克了多项难题，研制出大功率不间断电源系列产品。取得如下创新性成果：

1）针对大功率不间断电源系统的应用特点，将两电平高频整流和三电平逆变结合，提出了一种混合型交直交高性价比 UPS 结构，达到 96.4% 的高变换效率，并实现系统成本优化的目标。

2）针对 UPS 强非线性负载下输出电能质量恶化的问题，提出了多谐波环控制的输出电压谐波抑制技术，大幅提升 UPS 对非线性负载的适应性。

3）针对传统同步方法存在电网的适应性差的问题，提出了输出电压相位反馈补偿同步技术，实现输出电压与电网的精确同步，提高了可靠性。

4）针对多台不间断电源并机时，电源特性的分散性造成部分不间断电源过载等问题，提出了一种基于虚拟阻抗的不间断电源并联均流控制技术，改善了并联系统的负载均衡性。

5）针对多机并联时，UPS 的逆变器输出直流分量相互耦合并形成直流环流问题，提出了逆变器中点电压直流分量独立控制技术，大幅度提高了并联系统的可靠性。

6）提出一种抗冲击负载的可靠动态切换时序技术，保证了负载供电的连续性。

本项目已有 6 项国家发明专利授权并获得实施。以臧克茂院士为主任的鉴定委员会认为项目成果整体达到国际先进水平，所提出的六项创新性技术居于国际领先水平。

项目成果已实现规模化应用，开发出大功率不间断电源系列产品 KR31/33 和 FR-UK31/33，近三年新增产值 11 亿元，新增利税 1.4 亿元。已经在全国工业、交通、金融、网络通信、航空航天等领域推广应用，并出口 74 个国家和地区。打破了国外对我国大功率不间断电源市场的垄断，促进了我国大功率不间断电源的技术进步和产业的发展。

特等奖

高压高功率密度 IGBT 芯片研发及其应用

项目类别： 技术发明奖

完成单位： 株洲南车时代电气股份有限公司

完 成 人： 刘国友、丁荣军、刘可安、覃荣震、黄建伟、罗海辉、彭勇殿、舒丽辉、李世平、张泉、吴煜东、黄蓉、潘昭海、吴义伯、忻兰苑

项目介绍：

“高压高功率密度 IGBT 芯片研发及其应用项目”属电力电子技术-电力电子器件领域，涉及先进功率半导体器件 IGBT 芯片的设计、工艺与应用等多种技术。

高功率密度 IGBT 具有更强的功率处理能力、能源利用效率更高，也能够支撑更广泛、更高端产业领域的发展。开发高功率密度 IGBT 的技术难题众多，最根本的矛盾是全面升级其性能参数的同时兼顾提高可靠性，解决该矛盾的关键是设计高性能元胞结构及其核心工艺技术，在满足性能提升的情况下突破可靠性瓶颈。

本项目基于南车 8 英寸（1in = 0.0254m）工艺平台，以高功率密度、低功耗和宽安全工作区为主要目标，制订 IGBT 元胞结构创新设计、关键工艺独立开发和工艺整合承上启下三位一体的技术方案。首创台面栅与 U 型槽结构，遏制发射极一侧寄生效应，大幅提高 IGBT 开关速度、拓宽其安全工作区；在发射极一侧首创空穴阻挡层及 JFET 区自对准注入技术，在集电极一侧创新引入局域少子寿命控制技术及超低集电区掺杂技术，分别控制电子与空穴注入效率，实现两极载流子协同控制，突破与解决了芯片功耗、开关速度与安全工作区之间的矛盾关系；首创“环 + 区 + 总线”的芯片正面耐压策略，提高芯片有效面积比例；首创集成定制化元胞栅电阻，突破传统粗放栅电阻布局缺陷，改善元胞均流效应；围绕上述技术，创新工艺整合设计，突破关键单项工艺，首次实现 8 英寸全流程薄片工艺流程。

目前，本项目申请发明专利 38 项，已授权发明专利 10 项，已授权实用新型专利 3 项，发表论文 26 篇。经过严苛的测试与应用考核，产品已在轨道交通领域大规模应用，累计装车超 1000 台（列）且安全运营数百万公里，支撑功率模块销售累计收入逾 35 亿元；并促使国外供应商的 IGBT 大幅降价，每年节约 20 余亿元进口 IGBT 的费用。此外，项目成果已快速推广应用到智能电网、新能源、工业变流、军工等领域，累计实现销售收入逾 3 亿元，对战略性新兴产业发展具有良好的支撑与推动作用。未来十年内高端 IGBT 需求预计将以 20% ~30% 速度增长。

一等奖
强流氘氚聚变中子源加速器用 350kV 大功率高压直流开关电源

项目类别： 科技进步奖-技术开发类

完成单位： 1. 中国科学院核能安全技术研究所
2. 西安兆福电子有限公司

完 成 人： 汪建业、吴宜灿、刘建立、宋勇、史鹏、王亮、刘超、蒋洁琼、惠晓辉、王金宝

项目介绍：

本项目属于大功率电力电子前沿研究内容，主要涉及应用于强流氘氚聚变中子发生器离子加速器的特种直流电源研制。

通过本项目研制的350kV/50kW 高压低纹波直流开关电源，应用于强流氘氚聚变中子发生器的离子加速器，对高性能指标特种电源技术的关键问题研究起到推进作用，同时作为与重大核聚变装置关联的高能系统，对核科学技术的发展进步做出了努力。本项目的主要贡献为一套大功率高压特种直流开关电源系统、10 余项论文专利、与核聚变装置关联的重要应用、显著的社会效应、潜在的重大经济价值。

本高压直流开关电源主要由高频逆变和高压部分两个主要环节组成。电源逆变采用软开关稳压电源技术，使用新型的 IGBT 功率器件作为功率开关将大大降低开关损耗，前极输入电网滤波器和平波电抗器及电容组成的滤波电路有效地降低了电源对电网的冲击也减小了直流母线上的纹波；高频变压器磁芯采用最新的超微晶材料用独特的高频高压绕制工艺制成；电流电压反馈信号采用特制的取样器，由直流高压端直接采样，保证电源高的稳压精度、电压调整率和高压测量精度；测量与控制系统采用双控制器冗余与自主切换的架构来设计测控系统，有效地改善 350kV 高压电源的高可用性与高安全性；采用高电压屏蔽处埋、高电压滤波处理以及高电压隔离处理等关键技术手段，设计并研制了一套多目标多参数的抗干扰系统，有效地提高了电源的电磁兼容性和抗辐照的性能。电源主要技术指标如下：输出正极性 0 ~ 350kV 连续可调的直流电压，输出电流 0 ~ 140mA 连续可调，功率达 50kW；线性调整率和负载调整率均小于 0.1%，输出电压纹波设计指标小于 0.1%，在实际测试时其纹波低达 0.08%。

强流氘中子发生器为先进核能技术、核技术应用以及国防和军工基础研究提供了重要平台。本项目研制的抗辐照、抗干扰高压电源为强流氘氚聚变中子发生器装置中的加速器提供能量加速氘离子，氘离子能量的增加直接来源于 350kV 高压电源的直流高压。

一等奖
高效、高可靠性大功率 LED 驱动电源

项目类别： 科技进步奖-技术开发类

完成单位： 英飞特电子（杭州）股份有限公司

完 成 人： 华桂潮、葛良安、吴新科、姜德来、姚晓莉、罗长春、徐迎春

项目介绍：

项目属于《国家重点支持高新技术领域》八、（三）4. 电力电子技术领域。项目针对当前业界普遍存在的户外大功率 LED 驱动电源效率和可靠性难以提升的技术瓶颈，公司从 2009 年 7 月开始对高效、高可靠性大功率 LED 驱动电源项目展开专项研究。项目采用自主研发的多谐振软开关变流器技术、同步整流驱动技术、宽负载下高功率因数技术、防雷击和浪涌保护设置技术等关键技术，并对产品工艺结构进行优化设计，选用世界一流的半导体器件，形成国际先进的提高驱动效率和可靠性综合技术解决方案，成功地开发了一种高效、高可靠性大功率 LED 驱动电源，填补了国内空白，与国外同类产品相比具有明显的技术优势。项目创新将五元件谐振变换技术应用与恒流驱动中，实现软开关显著降低开关损耗，提高功率密度；创新采用一种电流控制同步整流驱动电路技术，降低低压大电流输出时的二极管导通损耗；研发限制开机冲击电流的抑制电路，提高驱动电源在轻载下的功率因素，产品可靠性得到提升。

本项目共申请专利 15 项，其中美国发明 3 项，国内发明 12 项；截至 2015 年 7 月，共授权专利 13 项，其中美国发明专利 3 项，国内发明专利 10 项，经浙江火炬生产力促进中心组织鉴定为国际先进水平。

项目产品经国家电光源质量监督检验中心的检测，所测指标如下：

1）电源的效率：96%；

2）工作范围：170 ~ 264V；

3）功率因数：0.978；

4）高低温试验：电压 220V，频率 50Hz，低温 -40℃，高温 70℃。

项目产品具有高效率、高可靠性、低光衰、长寿命等功能特性，通过本项目的实施，大幅度提高了我国大功率 LED 驱动电源的性能和产品技术水平，解决了长期以来户外大功率 LED 驱动电源存在的可靠性低、寿命短、抗雷击能力弱的问题，对推动我国半导体照明产业健康快速发展具有十分重要的意义。项目产品从 2010 年开始销售并由客户运用到众多的重点工程中，获得国内外客户的良好评价，2010 年至 2014 年，项目产品累计销售收入为 50785 万元、新增净利润为 16386 万元、新增税收为 2485 万元，出口创汇为 4608 万美元。经济和社会效益显著。

一等奖
一种新型大功率 NPT IGBT 芯片和模块的开发及产业化

项目类别： 科技进步奖-技术开发类

完成单位： 江苏宏微科技股份有限公司

完 成 人： 张景超、戚丽娜、刘利峰、麻长胜、张敏、聂世义、刘清军、姚天保、严波、王晓宝、赵善麒

项目介绍：

电力电子技术是实现高效节能节材、改造传统产业并促进机电一体化的关键技术，它是弱电控制与强电运行之

间，信息技术与先进制造技术之间的桥梁，是我国国民经济的重要基础技术，是现代科学、工业和国防的重要支撑技术。

1. 电力电子器件是电力电子技术的核心和基础

IGBT 器件是电力电子器件中最重要的半导体器件，是电力电子装置和系统的 CPU。

本项目“一种新型大功率 NPTIGBT 芯片和模块的开发及产业化”，在 IGBT 器件研发方面取得了突出的技术创新，实现了大功率 NPTIGBT 芯片国产化，并成功研制了多种规格型号的 IGBT 器件，如 75～100A、1200～1700VIGBT 芯片；100A～400A、1200～1700VIGBT 模块；400A～600A、600VIGBT 模块等，打破了国外产品的技术垄断，填补了国内的空白。

2. 项目属电力电子领域，主要技术内容

1）研制成功具有正温度系数、高短路能力、高雪崩耐量和低功耗的 75～100A、1200～1700V 绝缘栅双极晶体管（IGBT）管芯。

a）高压终端和高雪崩耐量的设计和实现；

b）器件的通态压降和耐压的协调；

c）器件的通态压降和开关速度的协调；

d）大安全工作范围和高短路保护能力；

e）软关断特性和短拖尾电流；

f）薄片工艺。

2）研制成功高可靠性、低电感封装 100～400A、1200～1700V；400～600A、600VIGBT 模块。

a）管芯片焊接后，IGBT、FRD 管芯好坏的甄别；

b）模块内部芯片的无铅焊接；

c）减少模块热阻以提高模块的工作可靠性；

d）薄型封装。

3. 技术成果

本项目申请国家级专利 33 项，其中发明专利 18 项，实用新型专利 15 项；已授权专利 28 件，其中发明 13 件。

4. 促进行业科技进步作用

此次项目的产业化极大地推动我国电力电子产业的发展，并使江苏省在新型电力半导体器件的研发和生产方面走在全国的前列，可以系列化地填补国内空白，彻底摆脱我国电力电子装备依赖于国外进口模块的局面，同时也有助于相关产业形成具有自主知识产权的整机产品和装置系统，增强装备的竞争力，为振兴民族经济做出贡献。

该项目的实施使新型电力半导体器件国产化，将大大地减少了我国电力电子系统与装置对国外产品的依赖性，减少系统与装置的成本，增加具有自主知识产权的产品在国内外市场的竞争性。极大地推动我国电力电子产业的发展。

同时，有助于我国的节能减排工作的开展，推动我国传统产业的更新换代，减少工业污染，提高电能和其它资源的使用效率。

一等奖

中高压大功率脉冲电源系统关键技术开发及应用

项目类别： 科技进步奖-技术开发类

完成单位： 株洲变流技术国家工程研究中心有限公司

完 成 人： 吴强、张敏、陈洁莲、赵道德、陶洪亮、郭民、曹洋、潘燕、许汝波、何伯钧、甘幸

项目介绍：

中高压大功率脉冲电源在强磁场、可控核聚变、电磁弹射、定向能武器、核爆炸模拟等领域均有着重要的科学意义和应用价值，为国家重大科技基础研究、国防关键装备的研制提供了强有力的支撑，战略意义显著。

当前，能量密度高、瞬时能量吞吐大、稳定性要求高、电磁环境复杂等问题，一直是国内外脉冲电源研究领域的技术瓶颈，极大限制了该产业的工程化程度和长远健康发展。项目组基于“十一五”国家重大科技基础设施——国家脉冲强磁场中心实验装置的建设，充分发挥电力电子、高精度实时控制技术、电磁分析等技术优势，率先从系统拓扑、高压阀组技术、控制技术和试验技术等方面开展了研究和探索，取得了多项原创性技术创新。

本项目成果“中高压大功率脉冲电源系统”通过了湖南省科技成果鉴定，认定该成果具有多项原创性技术，核心技术达到国际领先水平。国际评估专家组组长、德国德累斯顿强磁场实验室主任约亨·沃斯尼察教授对脉冲强磁场实验装置给出国际评估意见“……在电源设计和磁体技术方面取得的成就已经位列世界领先”。项目成果已申请专利 20 余项，授权 10 项，其中发明专利 4 项，发表论文 10 余篇。

中高压大功率脉冲电源作为国家脉冲强磁场中心实验装置的核心装备，已成功助力该中心成为与美国、法国、德国脉冲强磁场实验室并列的世界四大强磁场科学研究中心之一，为我国在凝聚态物理、材料、磁学、化学、生命与医学等基础研究领域获取重大原始创新性成果提供了理想的研究平台。同时，产品技术成果已成功应用在中科院、中核工业、中国空气动力研究与发展中心等科研机构承担的国家重点、国防重大科技课题上，为国防航天材料研究、受控核聚变试验等国防关键装备领域的技术突破做出了重大贡献，打破了国外技术垄断，填补了国内技术空白。目前，该项目成果已实现产值近 2 亿，预期未来产值将超过 10 亿，同时将带动相关配套产业形成数十亿的产业效益，经济及社会效益显著。

一等奖

南京青奥会优质电力园区多 DFACTS 设备优化配置与协调控制技术及应用

项目类别： 科技进步奖-技术开发类

完成单位： 1. 江苏省电力公司电力科学研究院

2. 江苏省电力公司南京供电公司

3. 清华大学

4. 江苏省电力公司检修分公司

5. 江苏安方电力科技有限公司

完 成 人： 陈兵、许杏桃、史明明、李群、陈昊、罗珊珊、袁晓东、王徐延、刘建政、黄文静

项目介绍：

本项目面向多 DFACTS 设备的优质电力园区，从 DFACTS 设备的相互作用机理、运行策略、协调控制技术等方面开展技术攻关，研究成果成功在南京青奥会期间开展了工程示范应用，项目取得的创新成果有：

1）提出了含多 DFACTS 装置电力园区协调控制方案的分层组合式设计方法，开发了面向优质电力园区多 DFACTS 装置的协调控制系统，实现了南京青奥会优质供电园区工程示范应用。

2）提出了基于电压跌落等级划分与时序配合的 DVR 与 SSTS 协调控制方法，实现了 DVR 和 SSTS 的协调动作，保障对敏感负荷的持续高质量供电。

3）提出了量化分析 DFACTS 系统控制回路耦合特性与稳定性的 RGA-SVD 分析法，揭示了 DFACTS 设备间相互作用的内在机制，实现电气参数变化条件下的 DFACTS 装置最佳安装地点布局及最优的控制方式选择。

4）提出了一种用于谐振抑制和谐波补偿的 APF 新型控制策略，可同时实现抑制并联谐振和补偿非线性负载谐波的功能，消除了工程应用中 APF 与其它支路设备的易产生谐振的难题。

5）提出了基于 U-I 特性等效与外环控制不变特性的 DFCATS 装置精确模型等效简化方法，为含多 DFACTS 的大规模系统的电磁暂态仿真提供技术基础。

6）建成了覆盖青奥所有一级保电敏感用户的电能质量监测网，提出了基于时间序列异常挖掘的多指标分类分级电能质量预警算法，实时监测重要用户电能质量的动态变化。

项目研究发表学术论文 12 篇，申请发明专利 5 项，编写电力行业标准 1 项，获得软件著作权 1 项。项目成果在南京青奥会内部应用，实现了南京青奥会优质供电园区内多 DFACTS 设备优化配置与协调控制，提高了各 DFACTS 设备的运行效果，避免不同装置控制目标之间的冲突，确保了设备之间的相容性，保证了系统运行稳定可靠，为青奥期间“零差错、零闪动、零故障”的供电目标提供了技术支撑，取得了重大经济社会效益。

二等奖
太阳能光伏发电系统逆变器

项目类别： 科技进步奖-技术开发类

完成单位： 1. 漳州科华技术有限责任公司
2. 福州大学电气工程与自动化学院
3. 厦门科灿信息技术有限公司

完 成 人： 陈四雄、苏先进、曾春保、阮星、苏宁焕、蔡逢煌、林金水、曾奕彰、郑旺发

项目介绍：

“太阳能光伏发电系统逆变器”项目是漳州科华技术有限责任公司承担的福建省科技计划自然杰青项目，项目技术创新水平高，经专家评审认定，综合技术水平居国内领先水平，当前，项目已开发出功率范围在 1.5～1000kW 的光伏逆变器，涵盖离网逆变器、隔离型小功率并网逆变器、隔离型三相大功率并网逆变器、非隔离型单相中小功率并网逆变器、非隔离型三相大功率并网逆变器等 5 大类共计 60 多个型号产品，项目产品已通过国家金太阳认证、SAA 认证、CE 认证等，并批量投放市场，经济效益显著。

1. 项目主要技术内容

（1）完成产品研究

项目主要是以太阳能发电的高效率、安全可靠、并网应用为目标，研究内容主要包括逆变器的拓扑、最大功率跟踪方法、孤岛检测保护技术等。在主功率拓扑方面，项目组根据太阳能发电系统的应用和功率等级情况，研究出了隔离型单相中小功率并网逆变器、隔离型三相大功率并网逆变器、非隔离型单相中小功率并网逆变器、非隔离型三相大功率并网逆变器四种拓扑结构，同时，项目组采用了新型模糊技术、改进型空间矢量控制技术、最大功率点跟踪 MPPT，双重孤岛检测技术等，有效保证了产品高效、安全可靠。

（2）完成产品的可靠性认证并产业化。

2. 技术创新水平

根据福建省科技厅组织专家评审表明，该项目在新型模糊控制的太阳能最大功率跟踪技术、数字化双重自适应孤岛检测技术和改进型空间矢量控制技术等方面，技术创新突出。经漳州市查新机构查新表明，未查出通过判断电压空间矢量相位角在特定的区间内对三相占空比信号进行强制 0 或 1 修正并输出的描述，项目具有新颖性。

项目技术创新突出，拥有 19 项创新技术获得国家专利授权，其中发明专利 6 项，实用新型专利 2 项，外观专利 4 项，软件著作权 7 项，此外，项目组成员在国内知名刊物发表项目成果论文 11 篇。

3. 经济效益

项目产品通过了国内金太阳认证、国际 CE 认证、TUV 认证及 SAA 认证，产品质量稳定，性能优越，产品种类齐全，累计有 66 种型号产品。科华公司建有完善的销售、服务网络，公司成立了新能源拓展部，对项目产品进行市场开发，通过采展会、产品宣讲、网站推广、建设金太阳示范工程等多种推广手段相结合，目前项目产品的市场开发已取得了突出成绩，项目产品多次应用在省内太阳能光伏发电示范工程及光伏发电实验平台，客户反映良好，取得了良好的经济效益，根据财务统计，2014 年，漳州科华技术有限责任公司光伏逆变器销售收入达 8369 万元，新增利税约 1400 万元。预计 2015 年，项目产品产值可突破 1.5 亿元，新增利润 2500 万元。

二等奖
3000W 高性能超级计算机电源

项目类别： 科技进步奖-技术开发类

完成单位： 中国长城计算机深圳股份有限公司

完 成 人： 于吉永、黄昌宾、钟大兴、孙用刚、张俊生、李伟平、刘祖贵

项目介绍：

《3000W 高性能超级计算机电源》项目应国防科技大学"天河二号"超级计算机系统需求定制，为了实现核心零部件国产化，由中国长城计算机深圳股份有限公司立项研发。

该电源型号为 CDM3000，输出 +12V，250A；+5VSB，3A，额定功率 3000W。

技术特点有：

1. 高转换效率

CDM3000 在 20%，50%，100% 负载条件下，效率测试分别为 91.7%，94.51%，93.08%，达到 80PLUS 铂金牌能效标准，在同类规格电源中转换效率最高。

2. 高功率因素（PF 值）

CDM3000 该电源的功率因数在 20% 负载时可达 0.96 以上，在 50% ~100% 负载时可达 0.992 以上。

3. 低浪涌电流 <20A

通过自主的专利技术，该电源冷热机开机时的浪涌电流均小于 20A，远低于行业最大 40A 浪涌电流技术要求。彻底解决了常规服务器电源浪涌电流过大，在客户系统启动瞬间电流应力大及电力配置成本高的问题，同时可避免客户系统在热机状态下开机时，因浪涌电流过大造成整个系统空开跳闸的危险。

4. 可并机使用同时启机

双电源并联满载启机成功性能指标为长城独有，竞争对手均无法实现此项特殊功能，该技术既能满足工作时 OCP 为额定值的 110% ~130% 的要求，又能满足开机瞬间能承受 2 倍系统额定功率的需求，同样使用了自由专利技术。

5. 使用 I^2C/PMBus 数据通信

该项目基于 I^2C/PMBusV1.2 数据通信协议，实现了服务器电源由单纯的功率转换部件升级为智能化状态管理的重要部件，也是开关电源智能化发展中的一个技术进步。

该技术已成功应用于 3000W 高性能超级计算机电源，并提交了发明专利申请《一种电源自动校准装置及其校准方法》发明专利技术（专利申请号：201210137675.1）。

总结：

3000W 高性能超级计算机电源的诞生，填补了国内超级计算机电源领域的空白，打破了我国超级计算机电源长期依赖进口的尴尬局面。产品在与国际竞争对手、业内龙头美国凌骥电子的同型号产品的对比测试中，在转换效率、功率因数、均流精度、可靠性、浪涌电流等电源核心参数上全面领先于对手，获得了"天河二号"项目的高度认可。具有完全自主知识产权，应用了桥式整流、防浪涌电力装置、风扇温控、冗余电源满负载启机等多个企业自主研发的专利技术，性能处于国际先进水平。

二等奖

分布式光伏发电关键技术及应用研究

项目类别： 科技进步奖-技术开发类

完成单位： 1. 北方工业大学

2. 江西仪能新能源微电网协同创新有限公司

完 成 人： 周京华、陈亚爱、章小卫、张贵辰、李正熙、吕斌、刘志强

项目介绍：

分布式光伏发电属于电气工程科学技术领域，主要研究内容有：保持光伏并网逆变器不间断运行的低电压穿越控制策略、复杂光照条件下的光伏并网逆变器最大功率点跟踪控制策略、应用于改善电能质量的链式无功功率补偿策略、应用于分布式光伏发电的大容量储能充电技术、非理想电网电压情况下的 PWM 整流器控制技术、分布式光伏发电系统中的能量管理与综合控制技术、并网逆变器主回路结构及散热设计。所研制的 500kW 光伏并网逆变器各项技术指标达到国外同类产品水平，具有国内领先技术水平。该装置经国家电控配电设备质量监督检验中心、中检集团南方电子产品测试（深圳）有限公司检测，通过了 CQC 质量认证、鉴衡标准认证；经国网电力科学研究院国家能源太阳能发电研发（实验）中心检测，通过了低电压穿越认证。

本项目所获得的关键技术已成功应用于相关企业的工业化产品及多个分布式光伏发电示范工程中。项目产业化后，替代了某些进口产品，在国内形成很好的市场，促进了分布式光伏发电产业的发展，形成系列变换器的产业链，增加了就业机会，降低了能源消耗和有害气体排放，带来巨大的经济效益与社会效益。

二等奖

高可靠性大功率航天器电源关键技术与工程应用

项目类别： 科技进步奖-技术开发类

完成单位： 1. 北京卫星制造厂

2. 北京交通大学

3. 华南理工大学

完 成 人： 李虹、雷卫军、张波、陈永刚、丘东元、张国帅、郑岩、郑琼林、肖文勋、张桂东

项目介绍：

高可靠性大功率航天器电源关键技术与工程应用项目属于电力电子研究领域。所研究的高可靠性大功率航天器电源可广泛应用于卫星、飞船、空间站等航天器，可为航天器的地面和空间试验提供供电保障。由于航天器只能由太阳电池板和储能设备供电，工作环境极为特殊，并在可靠性方面有着极其苛刻的要求，因此为其供电的航天器电源必须经过特殊的设计和考虑。

受大功率器件选型的限制，我国航天用大功率航天器电源在可靠性、稳定性、低纹波、高效率、轻量化等方面受国外制约，自主研发的大功率航天器电源还无法满足航天器供电的严苛要求，迫切需要开展深入研究和攻关。

本项目经过多年的研究攻关，完成了高可靠性大功率航天器电源系统的研制。在高可靠性大功率航天器电源设计、大占空比磁隔离驱动电路设计、开关电源装置输出滤波电路设计、多模块并联电源装置及其协同控制模块、降

低开关损耗方法及装置、基于米勒平台的尖峰抑制技术、适用于大功率航天器电源集成电路的低压大电流电源等关键技术上取得了长足进展，在高可靠性大功率航天器电源的顺序分流调节模块非线性建模与稳定性分析方面取得了理论性突破。

本项目的顺利实施促进了高可靠性大功率航天器电源的发展，有利于开发出具有完全自主知识产权的高可靠性大功率航天器电源，提高了自主创新能力，获得了具有自主知识产权的关键技术。

本项目的研究成果在我国各类型卫星系统得到应用，经运行表明，总体水平达到了同类研究的国际先进水平，部分技术指标达到了当前国内外同类产品的领先水平，从而使我国大功率航天器电源的进入国际先进行列。已申请专利8项，其中获授权发明专利4项，获授权实用新型专利1项，发表论文20篇，其中SCI收录5篇，EI、ISTP收录论文7篇。

二等奖
在线补偿式模块化 UPS

项目类别：技术发明奖

完成单位：先控捷联电气股份有限公司

完 成 人：陈冀生、刘亚峰、王建廷、李世伟、张纯江、赵晓君

项目介绍：

以高频双向变换技术和串并联补偿电路结构为基础构成的在线补偿式UPS，代表着当前UPS电路技术的较高水平，它具备了双转换电路结构、高频机（输入IGBT整流）和高效功率补偿技术等所有优点。

模块化是当前UPS体系结构的最重要的也是最终的发展趋势，模块化UPS的应用把数据中心供电系统的可用性、设备容量利用率、系统效率、成本等重要性能都提高到了一个新的水平。

把以上两种技术结合起来，就形成了“在线补偿式模块化UPS”。

以高频双向变换技术和串并联补偿电路结构为基础构成的在线补偿式模块化UPS，保留了双变换式在线UPS全部高输出电性能指标，而克服了双变换式在线UPS输入污染电网和输出能力受局限的固有缺点，被业界称之为UPS较高电路技术水平的代表。

在线补偿式UPS采用电力调节装置中的串并联有源滤波技术，通过对在线式UPS电路的更新，达到保留双变换UPS的在线功能和高性能输出指标，又克服了其对输入污染和对输出能力有限这个缺点。这种电路结构的主要特点是：

逆变器在线工作，随时监控并参与对UPS输出电压的调整，这样可以使UPS输出高性能指标的交流电源；

采用电压补偿式调节原理，提高了UPS的输出能力和工作效率，全面提高了UPS的技术性能。

输入等效一个BUCK电路，输入功率因数高达0.99，输入谐波成分降到3%以下。

先控在线补偿式模块化UPS系统是先控捷联电气股份有限公司研制的模块化不间断电源产品。该产品容量为600kVA，功率模块为60kVA（分为两个模块单元，方便用户搬运、插拔等操作），用户可根据负载大小随意选择配置；任一功率模块均具有输入、输出和充电功率的平衡分配功能；所有功率模块共享电池组。

先控在线补偿式模块化UPS系统为模块式结构，由静态开关模块、监控模块和1到10个功率模块并联组成。监控模块、静态开关模块和功率模块均可在线热插拔。

产品为冗余可升级系统，N+X冗余，可根据用户需求进行在线升级扩容；采用无主从并联、多级分散式控制技术，无运行瓶颈、性能可靠。

该系统有很高的输入、输出指标，逆变电流谐波（THDI）小于3%，输入功率因数（PF）大于0.99，整机效率大于98%，是名副其实的节能环保的产品。

该产品有极强的带载能力，峰电流峰值系数高于5:1，过载时间200%额定负载时可达1min；交流补偿式变换器承担的功率强度极小，仅有15%；具有完善的电池管理功能，包括电池自放电功能、自动均浮充转换功能、温度补偿功能和自动均流功能。

高性能的在线补偿式模块化UPS配合功能强大的监控软件及全面的通信界面，适用于政府机关、军队、通信、电力、交通、广电、金融、税务、医疗、教育、科研、石化等关键行业数据中心机房，尤其适用于国防的应用。且因雷达、通信、航空航天各种信息及数据的重视程度非常高，对供电系统的可靠性、冗余性和系统性有着更高的要求，采用在线补偿式模块化UPS性能可完全满足。

由于在线补偿式模块化UPS具有电能可利用率高，带载能力强，节能效果更好及可靠性、稳定性极高、扩展性强等优点，深受用户的欢迎，是当今UPS的发展方向，将引领UPS电路技术进步的新方向。

二等奖
移动用电设备无线电能灵活高效接入技术及装置

项目类别：科技进步奖-技术开发类

完成单位：重庆大学

完 成 人：戴欣、孙跃、王智慧、唐春森、苏玉刚、叶兆虹、邹定东、张雷

项目介绍：

无线电能接入技术指借助于高频电磁场传输介质为载体，实现电能的无线传递（传送、传输）技术。该技术是当前电气工程领域最活跃的热点研究领域，其科学范畴属于电气工程和控制工程领域，涵盖电力电子技术、控制技术、信息技术、电磁物理学等学科领域，是当前国内外学术界和工业界探索的一个多学科强交叉的新兴研究领域，被国际工业界公认为对世界影响最大、最有可能取得重大突破的十大新兴技术之一。

长期以来，移动用电设备的电能接入方式皆是通过电缆连接（拖线）或滑动接触（滑轨和受电弓）等。典型的应用如有轨电车、地铁、行车、电梯等。然而，这种电能接入方式往往会带来接触火花、漏电、滑动磨损等问题。

另一方面，这种直接接触的接入方式也给用电设备的灵活性带来了极大的影响。项目组围绕这一问题，创新性提出一套灵活、高效的无线电能接入技术，使移动用电设备彻底摆脱电缆的束缚，从而获得更大的灵活性与安全性。

本项目所取得的创新性贡献包括：提出一种高效率、高功率密度电能变换模式及系统架构、构建了磁电综合系统建模、分析与优化控制理论体系、研发了一种空间无线电能灵活拾取模式、开发了一套无线电能接入工程化技术。

本项目在国家自然科学基金及国际合作项目资助下，获得授权发明专利26项，实用新型专利2项，受理发明专利20项，还获得软件著作权1项。在论文发表方面，共发表论文近120篇，其中SCI及EI收录90篇。自项目实施以来，创造的经济效益达9240万元，其中新增利润2548万元。

本项目所开发的高效多自由度无线电能传输技术，解决了我国交通、石油、航天、军事、家电、医疗等多个领域中关键瓶颈问题——移动用电设备的安全以及灵活的供电问题，对于我国“中国制造2025”战略规划的实施有着重要意义，具有良好的市场应用前景和推广应用价值，对于促进工程技术发展、学科前沿探索、经济增长与科技进步做出了重要的贡献。

二等奖

新型大功率多脉波隔离整流电源

项目类别：科技进步奖-技术开发类

完成单位：合肥华耀电子工业有限公司

完 成 人：汪邦照、尹华桥、王琦、郭翔、张池、赵艳、毛丽娜、胡俊杰、刘勇

项目介绍：

本项目隶属于电子信息领域，项目为地面雷达配套电源设备，是根据超大功率雷达供电系统要求而专门研制，为此供电系统的关键电能转换环节，并成功为兆瓦级雷达系统供电。它可广泛应用于工业、军工等对可靠性、供电功率要求较高的领域，如：冶金、雷达等场合。

本项目产品使用大功率隔离18脉波整流变压器，可以任意切换本地和远程控制，由单台终端集中管理。产品具有低谐波、低纹波、大功率、高功率因数；具有输入、输出、温度等参数实时检测功能；具有缺相、过电流、绝缘异常等多种故障检测功能。产品性能稳定、操作便捷。具有效率高、可靠性高等特点。总体技术达到国内领先水平。

本项目荣获3项专利授权、2项科技创新成果认定，项目团队被评定为“安徽省115产业创新团队”。项目成果顺利转化并成功应用于超大功率雷达供电系统中，具有军民两用的市场价值，市场前景广阔，经济效益和社会效益效益显著。

二等奖

工业自动化设备无扰供电系统

项目类别：科技进步奖-技术开发类

完成单位：1. 广东易事特电源股份有限公司
2. 中国人民解放军空军预警学院

完 成 人：徐海波、朱忠尼、汪家荣、刘德宝、亓迎川、陈元娣、宋庆国、唐朝阳、戴宝锋、陈建光

项目介绍：

伴随我国经济建设的飞速发展，大多数制造业正从初级加工型逐步转向技术型制造型，特别是近些年，诸多行业自动化设备被广泛应用，出现供不应求的局面。然而，鉴于国内大部分地区供电保障能力远达不到许多高端自动化设备的用电标准（电压、频率、谐波成分、噪声等、负载容量），导致许多自动化设备没能充分发挥出其应有的工作效能，严重情况下出现产品品质故障、因不能满足交货周期被动接受罚款、设备故障频繁，维修费用高。项目的实施旨在解决工业自动化设备无扰供电问题。本项目属于电力系统及其自动化研究领域内的技术成果，项目的实施旨在围绕工业自动化设备的安全可靠供电问题。

本项目主要围绕数字化、智能化“200kVA工业自动化设备无扰供电系统”的研制，重点进行多脉波整流、基于PR调节器的波形控制、混合叠加级联逆变、系统智能监控等关键技术的研究开发。并在该装置进行产业化工程应用研究的同时，项目研究取得了如下成果：1）18脉冲整流系统。系统采用外延式自耦变压器，形成9相输入电压，从而大大降低了系统损耗，降低了装置重量、体积和成本。整流系统效率达到95%以上。2）智能监控系统。系统对动力环境进行监控，并快速、准确地响应。高性能的监控系统是整个工业自动化设备无扰供电系统有效工作的基础和保障。3）开放的一体化通信系统。系统的所有子系统都连接到通信系统上，可以互相通信。一体化通信系统是系统良好扩展性的基础，是系统分布式智能控制的基础条件。

项目实施既可利用储能逆变发电系统的优良动态性能，在市电或内燃机发电供电过程中发生瞬变异常时，快速切换到逆变供电模式，从而避免这类干扰引起自动化设备运行故障。另外，该项目所取得的科研成果适用于微网发电、UPS等具有相近领域，具有重大的社会经济意义。

二等奖

大功率砷化镓光导开关光电导调控机理研究

项目类别：科技进步奖-基础研究类

完成单位：中国工程物理研究院流体物理研究所

完 成 人：袁建强、刘宏伟、谢卫平、姜苹、马勋、王凌云

项目介绍：

本项目针对大功率砷化镓光导开关在高功率固态脉冲电源中的实际应用，开展了光电导规律研究，观察到了非线性模式下大功率砷化镓光导开关从线性模式向非线性模式演变的光电导规律，获得了非线性模式下起始、锁定和恢复阶段开关电流在时间尺度上的特征；通过对电容初始储存的电荷和开关过程中在回路流过电荷的比较，验证了非线性模式下砷化镓光导开关的关断并非由于外电路能量耗尽，实现了光导开关新的调控方式；明确了不同形状光斑触发对开关性能的影响，提出了更有效率的激光触发方式，即调控激光光束实现具有更高能量密度且贯穿开关电

极的光斑触发。

本项目明确了外电路和触发光等参数对开关光电导的影响规律，研究结果丰富了对光导开关机理的认识，进一步深化了对砷化镓光导开关光电导规律的理解。基于本项目研究结果，大功率砷化镓光导开关作为关键器件被成功应用于重复频率固态脉冲电源的构建中，该固态脉冲电源已经用于流体动力学实验研究（全固态X光机）和生物医学研究（血液病原体灭活）。

二等奖

基于光导开关的全固态重复频率功率源研究

项目类别： 科技进步奖-技术开发类

完成单位： 中国工程物理研究院流体物理研究所

完 成 人： 马勋、李洪涛、邓建军、袁建强、刘宏伟、卫兵、韩文辉、黄宇鹏、王凌云、姜苹

项目介绍：

为了满足科学研究、工业领域对驱动电源提出的高重复频率、数十ns脉宽方波输出、高电压大功率技术要求，项目开展了基于光导开关的全固态重复频率功率源技术研究。研制了具有长脉宽电流输出能力的高电压大功率GaAs光导开关；设计了12级级联Blumlein型脉冲形成网络，将储能、脉冲形成一体化，结合GaAs光导开关实现高电压方波输出及小型化；采用激光均能分束光纤组成激光触发系统，实现光导开关同步触发和触发能量基本一致。研制的光导开关功率源输出电压220kV、峰值功率250MW、脉冲前沿16ns，脉冲宽度约65ns的方波脉冲，重复频率达到1kHz。

本项目基于光导开关实现了kHz重复频率数十ns脉宽高压脉冲输出，推动光导开关功率源向高峰值功率、更长输出脉宽和实用化方向发展，该特种电源已应用于闪光X光机技术领域，促进了我国全固态重复频率闪光X光机技术发展，为提高我国流体动力学实验X射线诊断能力提供技术支持。此外在高功率微波、固体激光器、加速器电源、脉冲电场生物医学应用等领域具有重要应用前景。

优秀产品创新奖

ZXDH880 D48305R5FNPB

完成单位： 中兴通讯股份有限公司

完 成 人： 晏文德、高晓光、张滨、吴曙松、张洋、刘飞云、黄建华、卢至锋、李克建、杨国科

项目介绍：

ZXDH880 D48305R5FNPB高效高功率密度DC/DC模块电源，应用于中兴通讯4G无线基站设备。中兴无线基站产品服务于中国移动、电信、联通等国内电信运营商，以及亚、欧、非洲等国外运营商客户，中兴通讯在全球赢得了170个LTE/EPC商用合同。

该模块电源完成35～60V输入，30V、5.5V双路稳压输出，额定输出功率880W，工业标准全砖封装（116.8mm×61mm×13.2mm），应用于无线信基站设备中，给射频功放及数字电路、射频部分供电。该模块电源转换效率高达96%，较目前业界主流产品整体效率提高两个点以上，典型工况下，较业界主流产品减少10W以上的损耗。

其中30V输出路可以进行15～32V大范围的电压调节，同时具备数字管理功能，能够方便地进行输出电压调整以及输出电压、电流、功率及关键器件温度的上报，方便系统进行有效的负载管理和节能减排的策略实施。

该电源竞争力指标高，已经在多个基站产品中共用，截止到15年5月底，累计发货超过200万台，发货量大，经济和社会效益显著，产品质量稳定，很好地支撑了4G网络的建设。

优秀产品创新奖

高输入电压230W LED路灯智能驱动电源

完成单位： 深圳可立克科技股份有限公司

完 成 人： 高煜、贺楼生

项目介绍：

该电源是可立克公司为美国某著名公司自主研发的输入电压范围为312～528Vac、50/60Hz，输出恒流电压范围是125～210Vdc，且0～10V调光的230W LED路灯电源。应用于商业和家居照明、面板灯，隧道灯，洗墙灯等。此LED驱动电源的特点是：输入电压高（额定输入电压范围是347～480Vac，输入工作电压范围在312～528Vac）；输出恒流范围宽（125～210Vdc），可以避免LED正向电压的改变而引起电流变动，同时使LED的亮度稳定；工作温度范围宽：－40℃～80℃，适用环境广，结构设计有防水、防潮、耐晒等性能；带MCU控制调光，可以根据需要灵活地设置不同的输出电流而无需更改硬件元器件参数；有输入欠电压，过电压，过温，短路保护等高可靠性功能。研制技术难度大，该项目方案电路包括输入电路，EMI电路，高压整流电路，高频变压器，PWM控制电路，过电压保护电路，次级整流电路，次级滤波电路，如需调光，可以搭配调光控制器。研发该产品的时候在国内还没有同类产品出现。该产品目前已批量生产超过七万多台，产生了较好的经济效益和社会效益。

优秀产品创新奖

高可靠性无电解AC/DC电源模块

LNxx-12Bxx系列

完成单位： 广州金升阳科技有限公司

完 成 人： 王保均、刘改

项目介绍：

在行业内常规的AC-DC电源设计中，铝电解电容会给电源带来高低温条件下可靠性差、寿命短等问题，该技术问题成为制约AC-DC模块电源发展的关键瓶颈之一。常规小功率反激电源中一般使用400V耐压的电解电容，但耐压大于250V，其低温一般只能工作到－25℃，即在－40℃的环境下，小功率反激式开关电源的使用变得棘手。虽然可以采用昂贵的红宝石电解电容，但这种电容由于研发时间短，上市时间也短，其品质有待市场检验，品种少，其产品在全球有专利保护，其它电解厂家生产困难，使采购变得困难。因此，AC-DC小功率产品无电解电容关键技术的研究为实现企业的转型升级、推动行业的技术发展有着极

为重要的意义。

本项目拟研究基于小容量陶瓷电容的填谷电路在 AC-DC 小功率反激开关电源产品中的应用，旨在解决其存在的 EMI 性能差和保护性能差两个关键问题，相关研究尚未有文献报道，研究水平处于国际先进水平。

本项目采用填谷电路作为滤波电路，不仅可以避免使用成本较高的 -40℃的电解电容，而且可以把最低工作温度进一步下探至 -55℃。同时，采用改良的填谷电路作为滤波电路，并吸收功率级的高频纹波电流。传统的填谷电路中的电容只在充电瞬间与并联放电时，参与吸收功率级的高频纹波电流，该项目在充电二极管两端并联一只能吸收高频纹波电流的电容，解决了这一问题，使得填谷电路可以用于高频开关电源。采用带保护功能的整流电路，利用必须采用的器件的其它固有特性，如压敏电阻的极间电容，以及 NTC 电阻的热态内阻，不仅构成雷击浪涌的吸收电路，而且构成正向、反向都是两级的滤波电路，有效地抑制了共模、差模信号，产品裸机 EMI 过 CLASS B、裸机抗浪涌过 4 级。采用陶瓷贴片电容作为低压输出端滤波电容，增加副边的直流内阻，降低对整流二极管、贴片电容的冲击电流，避免陶瓷贴片电容的压电效应损坏电容本体。

随着电子信息设备的小型化及智能化趋势，对高性能、高功率密度电源的需求日益增加。而且世界各国的相应行业标准随着技术的发展而不断提高，因此市场对高性能、高功率密度的开关电源方案需求一直十分旺盛。同时，随着信息、通信设备及智能化工业控制设备的不断发展，对这些智能设备的供电也都需要高性能、高功率密度的模块电源，以满足新的技术要求。因此，本项目所开发的技术为此类应用的一个共性技术，其可推广应用到多个产品领域，在仪器仪表行业、物联网、电力等行业有广泛的应用，具有广阔的市场前景。

优秀产品创新奖
绿色高效节能模块化不间断电源系统

完成单位：深圳市英威腾电源有限公司

完 成 人：徐辉、杨成林、刘兆燊

项目介绍：

本技术主要研究预期目标是实现系统容量为 10 ~ 900kVA 的模块化 UPS 不间断电源系统研发，单个功率模块功率分别为 10kVA/15kVA/20kVA/25kVA/30kVA，单机系统由多个功率模块并联，并且实现系统并联的绿色高效节能模块化不间断电源系统。在该系统里每个功率模块能独立并联工作，功率模块可以在线更换和扩展而不影响系统的正常工作。

产品采用在线式双变换和部件模块化全冗余设计，基于新一代全新双 DSP 全数字化控制，采用当前最先进的非主从（分散逻辑控制），为用户提供高可靠、超高效率、超高功率密度的 UPS。全面通过泰尔、节能、CE 等权威认证。

英威腾 RM 系列模块化 UPS 电源不断在国内及国际 UPS 不间断电源的招标活动中取胜，如 2013 年辽宁全运会、2013 年索契冬奥会、2014 年青奥会、某省级广电集团、北方云数据中心、国家电网、南方电网、中国移动、中国电信和广电总局项目等等，可见英威腾品牌已受到广大用户的信赖和垂青，同时，根据赛迪顾问《2014 年 ~ 2015 年中国模块化 UPS 市场研究年度报告》显示，我公司 RM 系列模块化 UPS 电源在中国市场销售额排名为第三名，公司成熟的研发、生产、工程、供应链、市场、销售、售前、售中、售后等资源，使得本项目产品快速实现产业化，并促进了整合行业的产业进步。

杰出贡献奖

韩英铎

清华大学教授

获奖人简介：

韩英铎教授长期从事电力系统自动化及电力电子技术在电力系统中应用领域的教学与科研工作，在电力系统的安全稳定控制、柔性交流输电技术等领域做出了多项重要贡献。发表论文 300 余篇，合著 3 部，指导博士、硕士研究生 90 余名。曾获国家科技进步奖及发明奖 4 项，国家教学成果特等奖 1 项。

韩英铎教授近 20 余年主要致力于柔性交/直流输电技术、电能质量控制技术及广域动态安全监测（WAMS）与控制等技术研究，现今这些均成为发展智能电网的关键技术。作为学术带头人他率领团队于 90 年代初在国内率先开展了基于可关断器件的高电压大容量新型静止无功补偿器（STATCOM）和电能质量控制研究并研制成功多项同时期行业标志性工业装置。①1994 年与河南省电力公司合作研究“±20MVar STATCOM”，2000 年在洛阳 500kV 变电站成功投运，使中国成为继日、美、德之后第四个可以自主研制兆乏级 STATCOM 装置的国家，打破了国外技术垄断，成果被评选为 2000 年全国高校十大科技成就之一，并获 2002 年国家科技进步二等奖；②2006 年又与上海电力公司及许继合作研制成功世界首台基于 IGCT 的链式 ±50MvarSTATCOM 在西郊变电站投运；③2011 年与南方电网公司及荣信合作研制成功世界单台容量最大的 ±200Mvar 并直挂 35kV 的 STATCOM 在东莞投入工业运行，获 2013 年中国电力科技进步一等奖；④团队参与中国电科院牵头完成的“灵活交流输电（可控串补）关键技术和推广应用”项目基础研究部分，获 2008 年国家科技进步一等奖（清华以单位获奖）；⑤与中国南方电网公司合作完成世界首例“基于广域信息闭环控制的多条直流自适应协调阻尼控制技术”研究并实施，取得了显著的经济效益和社会效益，获 2008 年度中国电力科学技术一等奖。⑥2013 年团队还承担并完成汕头南澳岛风电外送“±160kV，320MW”三端柔性直流输电工程的控制系统设计和工程实施，促进了我国柔性直流输电技术的发展。⑦团队完成多种用于工矿企业的电能质量治理装置，如 D-STATCOM（用户侧动态无功补偿装置），APF（有源滤波装置），DVR（动态电压恢复装置）等推动了我国用户侧节能和电能质量治理技术的发展。

韩英铎教授 90 年代初，在清华大学电机系倡议成立了“柔性交流输电技术研究所”，作为技术总负责人强调以国家重大需求为科研导向，依靠团队攻关，陆续完成上述多项具有战略性、前瞻性和行业标志性的项目，培养了一批

既能搞高电压大容量逆变装置研究、设计、调试、也能够深入现场解决实际问题的业务骨干和年轻学术带头人，也提高了相应学科博士、硕士研究生的培养质量。曾作为第2获奖人获1997年国家教学成果特等奖。

所领导的团队通过与许继、四方、荣信、思源清能、平高等多家电力电子装置制造厂家合作，联合攻关、辐射技术，输送人才，推动了相关企业的技术进步和行业的发展。

韩英铎教授于2007年前后，还曾配合汪槱生院士、钱照明教授等同行专家写报告给国务院领导，呼吁对功率电力电子行业新技术发展的重视和支持，得到有关政府部门的积极响应。

青年奖

胡家兵

华中科技大学教授

获奖人简介：

胡家兵，博士，教授、博士生导师，IEEE高级会员，国家优秀青年科学基金获得者，入选教育部新世纪优秀人才支持计划和湖北省楚天学者计划，分别于2004年和2009年于浙江大学电气工程学院获学士、博士学位，2007年11月至2008年11月在英国Strathclyde大学交流学习（公派联合培养），2009年10月至2011年8月在Sheffield-Siemens风电研发中心从事博士后研究，2011年9月加入华中科技大学，研究方向为大规模并网可再生能源发电装备及控制、柔性直流输电系统及控制、半导体化电力系统暂态分析与控制。负责完成1项国家自然科学基金青年科学基金项目（优秀结题）、主研完成国家自然科学基金面上项目1项、国家863项目2项、英国工程与自然科学基金（EPSRC）项目1项、Siemens Wind Power A/S项目1项。目前，负责国家自然科学基金优秀青年科学基金项目1项、青年-面上连续资助项目1项，参加国家重点基础研究发展计划（973计划）项目2项（青年973专题1项）、国家自然科学基金重大项目1项。已在国内外权威期刊和国际重要会议上发表论文70余篇（其中第一作者、通讯作者发表的论文被SC I检索24篇、EI检索13篇）、ESI高被引论文1篇，SCI-H因子为11，申请国家发明专利20余项、授权7项，出版专著1本、译著1本，获全国百篇优秀博士学位论文提名奖（2012）、中国机械工业科学技术二等奖1次（2013）、华中科技大学十佳青年教工（2014）。担任Journal of Zhejiang University Science-C（JZUS-C）编委（Editorial Board）、IEEE/IET/Elsevier等多个汇刊的审稿人。

青年奖

汪之涵

深圳青铜剑电力电子有限公司董事长

获奖人简介：

汪之涵，男，1982年2月出生，中国国籍，汉族，中国致公党党员。清华大学电气工程专业学士，英国剑桥大学电力电子专业硕士、博士，现任深圳青铜剑科技股份有限公司董事长、深圳英博科技产业培育有限公司董事长。

2012年入选中央海外高层次人才引进计划（“千人计划”）创业人才，2013年入选深圳市海外高层次人才引进计划（“孔雀计划”）A类人才，2014年荣获第五届“中国侨界贡献奖”和深圳市南山区青年创新创业“成长之星”。现为全国青联留学人员联谊会会员、中国电工技术学会电力电子学会理事、深圳市青联委员、深圳市欧美同学会副会长、深圳市青年科技人才协会副会长、深圳剑桥大学校友会秘书长、清华企业家协会会员。

为打破垄断，改变我国在IGBT驱动领域严重依赖进口的被动局面，汪之涵博士放弃了英国的优越生活和已经起步的公司，于2009年3月回国创办了深圳青铜剑电力电子科技有限公司（深圳青铜剑科技股份有限公司前身，以下简称“青铜剑科技”），青铜剑科技在汪之涵博士的带领下近几年发展迅速，得到了力合创投、涌铧投资等专业创投机构以及杨向阳、刘晓松等知名天使投资人的投资，目前已成为国内电力电子行业的知名企业，获得国家高新技术企业认定，2012年获评“中国留学人员创业园百家最具创业潜力企业”，2013年获评“中国清洁技术二十强”第三名。作为国内首家专注于大功率IGBT驱动的企业，青铜剑科技从成立之初就瞄准国际上最领先的竞争对手，从高端产品入手，占领技术和市场制高点，向电力电子行业的世界领先企业迈进。公司成功推出了多款产品，性能和价格均优于进口同类产品，已经应用于智能电网、工业节能、新能源发电、新能源汽车、轨道交通、国防军工等六大高端领域，有力地促进了中国电力电子行业的技术创新和应用。

汪之涵博士在电力电子方面造诣较深，其研究方向是先进电力电子元器件研究、电力电子装置控制技术研究。汪之涵博士作为公司研发带头人，率领团队坚持技术创新，取得了一系研发成果，全面掌握了先进电力电子器件产业化所涉及的核心技术，获得数十项国际和国内专利授权，并在国际著名学术期刊和会议上发表了一系列论文，得到了广泛关注。

汪之涵博士主持设计的多个项目先后获得教育部“春晖杯”中国留学人员创新创业大赛一等奖、国家人力资源和社会保障部“中国留学人员回国创业启动支持计划优秀项目”、科技部科技型中小企业创新基金、深圳市海外高层次人才创新创业专项资金（“孔雀计划”）、深圳市科技研发资金留学人员创业资助、深圳市新能源产业发展专项资金、南京市领军型科技创业人才引进计划（“321计划”）等一系列荣誉和奖励。

2014年联合剑桥大学科技创新领域的杰出院士与国内知名投资机构创立了深圳中英科技创新中心，致力于加强中英两国在科技研发、产业培育、创业投资等领域的交流与合作，推动创新性技术走向创新型企业。

青年奖

张军明

浙江大学教授

获奖人简介：

张军明，博士，教授，博士生导师。1996年毕业于浙江大学电机系，2000 年及 2004 年分别取得浙江大学电气工程专业工学硕士和工学博士学位，2004 年毕业留校任教。2010～2011 年为美国密歇根州立大学访问学者。主要研究方向为电源管理技术、电力电子系统集成理论以及电力电子先进变流技术。已发表 SCI/EI 收录论文 120 余篇，获得 19 项中国发明专利及 21 项美国发明专利。出版译著 1 本。

作为项目负责人主持 2 项国家自然科学基金项目、多项国防军工项目以及多国际合作项目。作为子课题负责人参加国家重大科技专项项目、国家科技支撑计划项目、863 子课题多项。多项科研成果已经被工业界广泛采用，包括智能型同步整流驱动技术、基于电容电荷平衡原理的多路输出自主均流方法等，社会经济效益显著。

作为主要成员获 2003 年教育部科技进步奖二等奖、2011 年、2012 年浙江省科学技术成果一等奖两项，2013 年中国电源学会科技进步一等奖，以及 2006 年全国百篇优秀博士论文提名奖。

主要社会兼职包括：IEEE 浙江支分会秘书长、中国电工技术学会电力电子专业技术委员会理事、浙江省电源学会理事、IEEE 工业电子学会可再生能源与系统技术委员会会员、IEEE IFEC（未来能源挑战赛）委员会委员，多个学科国际知名期刊审稿人、中国电工技术学会《电气技术》编委会委员等职务。

2015年度国家自然科学基金电源及相关专业立项项目清单

项目批准号	申请代码1	项目名称	项目负责人	依托单位	项目起止年月
11402135	A020306	柔性能量收集微器件电/热/力多场耦合下失效及寿命评估	马寅佶	清华大学	2015.01至2017.12
11404113	A040408	基于超导电路量子电动力学系统的非线性测量研究	崔巍	华南理工大学	2015.01至2017.12
11405022	A050610	射频辅助脉冲电源驱动同轴介质阻挡放电脱除NOx的数值模拟研究	王奇	大连理工大学	2015.01至2017.12
11405239	A050501	大电流高精度大动态范围脉冲电源关键技术研究	史春逢	中国科学院近代物理研究所	2015.01至2017.12
11464046	A040408	基于超导电路混合装置的量子信息处理的研究	计新	延边大学	2015.01至2018.12
11464048	A040203	通过等电子元素重掺杂提高半导体热电功率因子的理论计算研究	杨秀会	玉林师范学院	2015.01至2018.12
11474201	A040215	硅基同质异质结太阳电池物理与器件研究	沈文忠	上海交通大学	2015.01至2018.12
21401020	B010204	多酸半导体性质的化学调控及其光伏器件设计	孙志霞	东北师范大学	2015.01至2017.12
21403263	B030607	富锂锰基正极材料充放电过程中相变与电压衰减机理及调控	魏臻	中国科学院宁波材料技术与工程研究所	2015.01至2017.12
21461006	B0111	过渡金属双掺杂白光量子点的可控制备及LED应用	曾若生	桂林电子科技大学	2015.01至2018.12
21473241	B030604	锂离子电池高电压正极材料表面钝化膜的调控和性能研究	吴晓东	中国科学院苏州纳米技术与纳米仿生研究所	2015.01至2018.12
51402077	E020702	交流LED用红色荧光粉的制备及发光寿命调控机理的研究	余华	杭州电子科技大学	2015.01至2017.12
51402202	E0208	卷曲法构筑高性能单根硅微米管锂电池器件及其SEI膜的表征研究	晏成林	苏州大学	2015.01至2017.12
51402292	E021101	FeAs-122超导线带材临界电流及磁通动力学研究	董持衡	中国科学院电工研究所	2015.01至2017.12
51403066	E0309	利用瞬态光电压技术研究高效聚合物太阳电池载流子收集效率的研究	何志才	华南理工大学	2015.01至2017.12
51405090	E050901	高密度互连多层挠性电路板微导通孔钻削温度特性与控制	郑李娟	广东工业大学	2015.01至2017.12
51405122	E050203	DCT混合动力汽车换挡过程随机多时滞模型及控制策略的研究	鲍伟	合肥工业大学	2015.01至2017.12
51405137	E050203	混合动力汽车自适应巡航跟车预测控制方法	余开江	河南理工大学	2015.01至2017.12
51405213	E050303	四轮独立驱动电动汽车转矩协调与补偿网络化控制研究	王书举	辽宁工程技术大学	2015.01至2017.12
51405237	E050102	适用于跌倒检测的并联式六维加速度传感器基础理论研究	尤晶晶	南京林业大学	2015.01至2017.12
51405271	E050303	电动汽车驱动系统效率优化控制策略研究	黄万友	山东交通学院	2015.01至2017.12
51405362	E050102	面向大型相控阵雷达平面度控制的6自由度冗余驱动并联机器人研究	段学超	西安电子科技大学	2015.01至2017.12

（续）

项目批准号	申请代码1	项目名称	项目负责人	依托单位	项目起止年月
51405367	E050303	基于云模型和电池退化模型的插电式混合动力电动汽车能量管理策略研究	武小兰	西安建筑科技大学	2015.01至2017.12
51405374	E050302	电动汽车动力电池分数阶阻抗模型和健康状态估计的研究	徐俊	西安交通大学	2015.01至2017.12
51405417	E050303	面向多维振动试验系统的并联机构基础研究	程世利	盐城工学院	2015.01至2017.12
51407001	E070602	新型通用配电网静止同步补偿器拓扑及其控制策略研究	张茂松	安徽大学	2015.01至2017.12
51407014	E070402	柔性接地系统与配电网的交互影响机理及优化控制方法研究	王文	长沙理工大学	2015.01至2017.12
51407023	E070602	传感缺失条件下电力牵引变流器的动态参数辨识与控制技术研究	郭源博	大连理工大学	2015.01至2017.12
51407025	E070602	基于辅助功率环的链式混合储能系统功率解耦控制研究	蒋玮	东南大学	2015.01至2017.12
51407033	E0707	电磁感应式自触发快脉冲直线变压器驱动源研究	邱剑	复旦大学	2015.01至2017.12
51407037	E070401	电动汽车与电网双向互动下含风电场的动态经济调度研究	杨林峰	广西大学	2015.01至2017.12
51407039	E070401	基于电动汽车的电力备用服务商策略优化的实验经济学仿真研究	谢东亮	国网电力科学研究院	2015.01至2017.12
51407042	E070303	混合动力汽车用轴向磁通电气无级变速系统的研究	佟诚德	哈尔滨工业大学	2015.01至2017.12
51407043	E070602	主动配电网谐振生成机理与模态分析方法研究	武健	哈尔滨工业大学	2015.01至2017.12
51407044	E0706	大功率LED驱动系统单级对称多复合交直流变换器研究	王懿杰	哈尔滨工业大学	2015.01至2017.12
51407052	E070401	考虑风光发电与V2G随机性的配电系统电源规划研究	吴晨曦	杭州电子科技大学	2015.01至2017.12
51407053	E070602	智能数字式多级母线电压调制无电解电容LED驱动器关键技术研究	赵晨	杭州电子科技大学	2015.01至2017.12
51407067	E070403	含分布式电源配电网络在线故障定位研究	贾科	华北电力大学	2015.01至2017.12
51407070	E070401	多端柔性直流输电网络馈入的交直流电网可用输电能力评估	曹军	华北电力大学	2015.01至2017.12
51407071	E0704	大规模新能源并网系统概率1稳定的自适应控制策略研究	王彤	华北电力大学	2015.01至2017.12
51407075	E070101	换流变压器谐波磁场、流体场-温度场和瞬态电场耦合问题研究	刘刚	华北电力大学（保定）	2015.01至2017.12
51407078	E070403	基于故障跟踪估计器的高压直流输电系统故障诊断	颜秉勇	华东理工大学	2015.01至2017.12
51407079	E070402	交直流系统动态无功源荷失配机理与暂态电压稳定协调控制研究	朱林	华南理工大学	2015.01至2017.12
51407081	E070502	电力变压器遭受多次短路冲击后的累积效应研究	臧春艳	华中科技大学	2015.01至2017.12

（续）

项目批准号	申请代码1	项目名称	项目负责人	依托单位	项目起止年月
51407084	E070602	基于统一内模原理控制器的并网变流系统谐波控制技术研究	卢闻州	江南大学	2015.01 至 2017.12
51407085	E070602	定子双绕组异步风力发电机组并网运行控制机理研究	施凯	江苏大学	2015.01 至 2017.12
51407094	E070303	正弦磁链型高功率密度横向磁通永磁风力发电机研究	颜建虎	南京理工大学	2015.01 至 2017.12
51407104	E070402	基于次梯度优化的自治微电网分散协调控制方法研究	王凌云	三峡大学	2015.01 至 2017.12
51407108	E0703	新型摆式直驱高功率密度海洋波浪能磁阻发电机研究	王道涵	山东大学	2015.01 至 2017.12
51407112	E0707	基于多模块超导脉冲变压器的脉冲电源模式及其电磁特性研究	李海涛	山东理工大学	2015.01 至 2017.12
51407113	E070401	有源配电网故障后的供电恢复决策研究	李振坤	上海电力学院	2015.01 至 2017.12
51407115	E070403	多端柔性直流输电线路暂态保护原理研究	郑晓冬	上海交通大学	2015.01 至 2017.12
51407116	E070401	考虑群微网互动的配电网建模及自组织临界特性研究	韩蓓	上海交通大学	2015.01 至 2017.12
51407117	E070401	坚强智能电网背景下的电力系统均匀性评价与优化方法研究	孙伟卿	上海理工大学	2015.01 至 2017.12
51407118	E070602	电网连锁故障下双馈式风力发电机动态特性及鲁棒性增强穿越研究	王芸	深圳大学	2015.01 至 2017.12
51407121	E070502	重复脉冲电压对变频电机匝间绝缘破坏影响机理研究	王鹏	四川大学	2015.01 至 2017.12
51407122	E070602	基于准Z源变流器的串联模块集成式光伏并网系统关键技术研究	李媛	四川大学	2015.01 至 2017.12
51407128	E070401	计及运行条件的微电网可靠性评估策略研究	许旭锋	同济大学	2015.01 至 2017.12
51407131	E070503	基于多尺度均匀化理论的磁控并联电抗器场路耦合电磁暂态建模研究	陈绪轩	武汉科技大学	2015.01 至 2017.12
51407133	E070602	基于功率差额补偿控制的嵌入式光伏模块研究	王丰	西安交通大学	2015.01 至 2017.12
51407141	E070602	考虑基波频率耦合的交流分布式电源系统频域建模与稳定性分析研究	刘增	西安交通大学	2015.01 至 2017.12
51407152	E0712	基于可变电压混合电源的车载储能系统及其关键技术研究	任桂周	烟台大学	2015.01 至 2017.12
51407153	E0706	单相低压宽输入高可靠并网逆变器的研究	姚志垒	盐城工学院	2015.01 至 2017.12
51407159	E070602	复合电源与双三相电机集成系统控制策略研究	胡斯登	浙江大学	2015.01 至 2017.12
51407160	E070402	面向智能电网的广域阻尼控制（WADC）研究	戚军	浙江工业大学	2015.01 至 2017.12
51407164	E070401	基于超大规模集成电路（VLSI）的电磁暂态多时间尺度实时仿真计算研究	穆清	中国电力科学研究院	2015.01 至 2017.12
51407177	E070402	面向高效供电和多端相互支撑的交直流混联配电运行控制研究	邓卫	中国科学院电工研究所	2015.01 至 2017.12
51407179	E070101	基于动态耦合电感矩阵的高功率超大电流变流器瞬态电磁场研究	李金超	中国科学院合肥物质科学研究院	2015.01 至 2017.12

（续）

项目批准号	申请代码1	项目名称	项目负责人	依托单位	项目起止年月
51407184	E070602	四桥臂有源电力滤波器脉宽调制机理及电流预测控制研究	周娟	中国矿业大学	2015.01至2017.12
51407186	E070401	基于多准则分区的有源配电网双层式状态估计研究	杨德昌	中国农业大学	2015.01至2017.12
51407189	E070602	三相四线制静止式中频电源组网系统节点配置影响研究	朱俊杰	中国人民解放军海军工程大学	2015.01至2017.12
51407203	E070602	组合型升降压变换器的电流振荡机理及对策研究	毛鹏	南京信息工程大学	2015.01至2015.12
51422201	E0207	宽禁带半导体材料与光电器件	徐海阳	东北师范大学	2015.01至2017.12
51422703	E070403	主动配电网保护控制	李斌	天津大学	2015.01至2017.12
51428702	E070401	通信网络在环的大规模智能电网时滞稳定性分析和控制研究	蒋林	中国地质大学（武汉）	2015.01至2016.12
51429701	E0702	智能电网全景监测的巨磁电阻及隧穿磁阻电流传感器的性能调制及器件制备	王善祥	清华大学	2015.01至2018.12
51437001	E0702	电力变压器新型绝缘纸的制备及其对油纸绝缘老化特性和介电性能影响的研究	廖瑞金	重庆大学	2015.01至2019.12
51437005	E070602	分数阶电路系统谐振无线电能传输机理及关键问题研究	张波	华南理工大学	2015.01至2019.12
51447003	E0704	《现代电力系统与清洁能源学报》“电动汽车与电网互动”专刊	王青	国网电力科学研究院	2015.01至2015.12
51465011	E050303	基于滑移率优化分配的电动汽车再生制动自适应动态协调控制算法研究	张向文	桂林电子科技大学	2015.01至2018.12
51467005	E070602	两级式逆变器在线效率优化及相关问题研究	袁义生	华东交通大学	2015.01至2018.12
51467006	E070602	基于交流侧功率耦合的无电解电容微逆变器及其脉冲能量调制技术研究	章勇高	华东交通大学	2015.01至2018.12
51467009	E070402	含多逆变器的微电网系统网络化分层控制方法研究	吴丽珍	兰州理工大学	2015.01至2018.12
51467010	E070602	一种微源逆变器串联的微电网系统关键问题研究	王兴贵	兰州理工大学	2015.01至2018.12
51467012	E070401	采用三相模型的智能中低压配电网的评价与优化	王淳	南昌大学	2015.01至2018.12
51467017	E070602	谐波电流分频交错补偿方法的研究	韩伟	内蒙古民族大学	2015.01至2018.12
51472084	E0209	二氧化钛纳米粒子对变压器油耐水分劣化性的影响机制	吕玉珍	华北电力大学	2015.01至2018.12
51472239	E020701	晶界和孔洞对CdTe太阳能电池电流传导和性能影响的研究	李辉	中国科学院电工研究所	2015.01至2018.12
51477006	E0704	主动配电网系统对规模化电动汽车的互动式充放电控制研究	夏明超	北京交通大学	2015.01至2018.12
51477015	E070303	基于定子电磁振动与电流分析的永磁同步电机电气及失磁故障诊断方法研究	杨永明	重庆大学	2015.01至2018.12

（续）

项目批准号	申请代码1	项目名称	项目负责人	依托单位	项目起止年月
51477016	E0704	非理想电网条件下大容量混合风电场运行理论与柔性控制技术研究	姚骏	重庆大学	2015.01 至 2018.12
51477018	E070503	基于中性点 IGBT 柔性接地的配电网过电压自适应抑制	杨庆	重庆大学	2015.01 至 2018.12
51477019	E070601	计及疲劳累积效应的变流器功率器件寿命评估与预测研究	陈民铀	重庆大学	2015.01 至 2018.12
51477027	E0704	大规模风电柔直并网系统输电能力评估与源网协调研究	陈厚合	东北电力大学	2015.01 至 2018.12
51477030	E070602	新型模块化多电平固态变压器及在柔性微网中应用基础研究	赵剑锋	东南大学	2015.01 至 2018.12
51477033	E070602	提升弱电网光伏渗透极限关键技术研究	王卫	哈尔滨工业大学	2015.01 至 2018.12
51477034	E070602	模块化多电平换流器电容电压波动抑制技术研究	徐殿国	哈尔滨工业大学	2015.01 至 2018.12
51477040	E070102	基于盲源-变点分析的光伏微网变流器疲劳损伤随机过程特性与剩余寿命在线预测研究	唐圣学	河北工业大学	2015.01 至 2018.12
51477043	E070401	大规模储能电源参与电网快速调频的关键理论与技术研究	李欣然	湖南大学	2015.01 至 2018.12
51477051	E070502	高频电力变压器高频绝缘特性与强电-热效应耦合作用机理研究	李庆民	华北电力大学	2015.01 至 2018.12
51477052	E070502	直流电场下油纸绝缘界面电荷产生机制及影响因素的研究	齐波	华北电力大学	2015.01 至 2018.12
51477054	E070401	考虑变压器非线性高频特性的海上风电场内部过电压产生机理及暂态特征提取方法研究	唐文虎	华南理工大学	2015.01 至 2018.12
51477056	E070403	基于无线传感器网络的智能电网状态监测系统信息安全关键技术研究	何道敬	华东师范大学	2015.01 至 2018.12
51477057	E070403	含分布式电源配电网故障时空特征及保护新原理研究	王钢	华南理工大学	2015.01 至 2018.12
51477061	E070403	高压直流输电线路时空暂态拟合保护新原理	文明浩	华中科技大学	2015.01 至 2018.12
51477062	E0706	分布式发电系统中多逆变器并联并网控制技术研究	王学华	华中科技大学	2015.01 至 2018.12
51477067	E0712	电动汽车与可再生能源的时空耦合特性及能量调度和容量配置的协同进化方法	陈昌松	华中科技大学	2015.01 至 2018.12
51477076	E070602	输入串联型逆变器组合系统的关键技术研究	方天治	南京航空航天大学	2015.01 至 2018.12
51477077	E070602	高渗透率分布式发电系统中 LCL 滤波并网逆变器关键技术研究	谢少军	南京航空航天大学	2015.01 至 2018.12
51477078	E0704	基于多层多源信息的地区级智能电网短期负荷预测研究	张智晟	青岛大学	2015.01 至 2018.12
51477089	E0709	基于 MEMS 技术的直流合成电场传感器研究	余占清	清华大学	2015.01 至 2018.12
51477102	E070602	复杂Z源功率变换器理论及其在海上直流风电传输中的应用基础	朱淼	上海交通大学	2015.01 至 2018.12

（续）

项目批准号	申请代码1	项目名称	项目负责人	依托单位	项目起止年月
51477108	E070601	高性能氮化镓高压大功率电子器件研制	梁永齐	苏州工业园区新国大研究院	2015.01至2018.12
51477114	E0704	微电网高并行度实时仿真的若干关键问题研究	张炳达	天津大学	2015.01至2018.12
51477116	E070401	考虑分布式电源和多样性负荷主动特性的复杂配电系统动态随机规划模型与方法	刘洪	天津大学	2015.01至2018.12
51477122	E070401	高风电渗透率孤立电网的运行与控制方法研究	徐箭	武汉大学	2015.01至2018.12
51477131	E070403	柔性直流电网的继电保护与故障定位新原理研究	宋国兵	西安交通大学	2015.01至2018.12
51477138	E070601	大功率高集成度IGBT IPM关键技术研究	杨媛	西安理工大学	2015.01至2018.12
51477139	E070602	不平衡非线性负载下基于下垂控制的组合式三相逆变器并联技术	任碧莹	西安理工大学	2015.01至2018.12
51477142	E070302	基于同步开关技术的空载变压器励磁涌流和过电压抑制关键问题研究	方春恩	西华大学	2015.01至2018.12
51477148	E070602	基于直流母线接入的大功率模块化储能双向DC/DC变换器及功率流控制研究	张纯江	燕山大学	2015.01至2018.12
51477154	E070602	新型模组化高频DC/DC拓扑及其并联控制方法研究	吴新科	浙江大学	2015.01至2018.12
51477158	E070401	地电流注入磁控高抗的分相电磁暂态建模方法与动态激磁扰动特性研究	郑伟杰	中国电力科学研究院	2015.01至2018.12
51477165	E0710	面向长距离大容量直流输电的超导电缆及其制冷系统配置研究	戴少涛	中国科学院电工研究所	2015.01至2018.12
51477174	E070401	考虑功率预测的风电场有功功率预测控制策略研究	叶林	中国农业大学	2015.01至2018.12
51477180	E070602	考虑非线性和频变特征的舰船综合电力非正弦供电MW级中频变压器建模及损耗评估	肖飞	中国人民解放军海军工程大学	2015.01至2018.12
61401006	F012205	基于碳纳米管的极低开启电压二极管及其射频电路	丁力	北京大学	2015.01至2015.12
61401090	F011801	近阈值电源电压射频接收电路设计方法及电路实现研究	陈超	东南大学	2015.01至2017.12
61401134	F011803	忆阻系统动态电路特性研究	王晓媛	杭州电子科技大学	2015.01至2017.12
61401235	F010207	能量有效的认知无线电网络分布式MAC协议研究	张晶	南京邮电大学	2015.01至2017.12
61401277	F011805	压电动能收集电路极限俘能性能研究	梁俊睿	上海科技大学	2015.01至2017.12
61401296	F012005	氮化镓基微波毫米波功率器件新型建模方法研究	仲正	苏州工业园区新国大研究院	2015.01至2017.12
61401310	F010409	智能电网中ZigBee网络的实时拓扑优化和高效广播传输算法研究	穆嘉松	天津师范大学	2015.01至2017.12
61401338	F011105	无线传感器网络中功率受限的分布式矢量估计	刘向丽	西安电子科技大学	2015.01至2017.12
61402171	F020805	智能电网中面向信息-物理安全的虚假信息注入防护方法研究	关志涛	华北电力大学	2015.01至2017.12

（续）

项目批准号	申请代码1	项目名称	项目负责人	依托单位	项目起止年月
61402286	F020701	密码电路中组合逻辑的功耗分析与防护研究	郭筝	上海交通大学	2015.01至2017.12
61402356	F020805	智能电网高级量测体系中数据完整性攻击防御机制研究	蔺杰	西安交通大学	2015.01至2017.12
61402417	F020308	电力物联网中大型变压器健康状态在线监测关键技术研究	夏海霞	浙江理工大学	2015.01至2017.12
61403069	F030212	面向智能电网的邻域网信息传输优化控制技术研究	高静	东北大学	2015.01至2017.12
61403075	F030105	基于切换系统建模的微电网故障检测方法研究	李健	东北电力大学	2015.01至2017.12
61403099	F030101	双馈风电切换哈密顿系统建模与低电压穿越的能量成型控制研究	宋蕙慧	哈尔滨工业大学	2015.01至2017.12
61404006	F040805	具有低能耗和多阻态的金属氧化物电子突触器件的研究	高滨	北京大学	2015.01至2017.12
61404024	F040204	三维集成电路热可靠性快速分析与在线优化技术研究	王海	电子科技大学	2015.01至2017.12
61404025	F040202	片上动态电压缩放功率变换器环路补偿技术的研究与实现	甄少伟	电子科技大学	2015.01至2017.12
61404040	F040403	高压LDMOS的新结构和解析集约-等效电路模型研究	胡月	杭州电子科技大学	2015.01至2017.12
61404049	F040202	微功耗模拟开关电流连续小波变换综合理论与方法	李目	湖南科技大学	2015.01至2017.12
61404068	F040604	集成电路45nm ESD全芯片解决方案和22nm/20nm FinFET ESD基础研究	蔡小五	辽宁大学	2015.01至2017.12
61404105	F040204	三维集成电路热管理及TSV结构优化技术研究	王凤娟	西安理工大学	2015.01至2017.12
61404161	F040403	感性负载下MOS栅功率器件的动态雪崩失效机理及可靠性研究	陆江	中国科学院微电子研究所	2015.01至2017.12
61422103	F012005	功能融合微波器件的理论与电路	吴永乐	北京邮电大学	2015.01至2017.12
61422104	F012004	硅基毫米波集成电路设计	康凯	电子科技大学	2015.01至2017.12
61422106	F012005	微波电路与器件	章秀银	华南理工大学	2015.01至2017.12
61422509	F050408	新型太赫兹功能器件的基础研究	韩家广	天津大学	2015.01至2017.12
61428301	F030118	基于矩阵摄动理论的多源多载混合微电网稳定与优化控制研究	高文忠	东北大学	2015.01至2016.12
61428401	F0403	含In氮化物基超高速电子器件	邢惠丽	北京大学	2015.01至2016.12
61461055	F010405	工业级严格实时无线传感网在云南智能电网的关键技术研究	李琰	云南民族大学	2015.01至2018.12
61463037	F030115	逆变器约束优化及其高速在线算法的研究与应用	刘斌	南昌航空大学	2015.01至2018.12
61465004	F050210	基于耦合金属/电介质/金属纳米结构高激发效率电致表面等离子体激元源器件研究	肖功利	桂林电子科技大学	2015.01至2018.12
61471092	F012004	新型介质集成悬置线前端电路与系统	马凯学	电子科技大学	2015.01至2018.12
61471130	F010907	高频、高功率光生毫米波形成理论与方法研究	韩一石	广东工业大学	2015.01至2018.12

（续）

项目批准号	申请代码1	项目名称	项目负责人	依托单位	项目起止年月
61471238	F010902	时变组合电路交换网络相关技术研究	郭薇	上海交通大学	2015.01 至 2018.12
61471240	F012005	基于全波去嵌法的三维层叠结构射频元器件联合建模技术研究	金荣洪	上海交通大学	2015.01 至 2018.12
61472128	F020513	基于复杂网络理论的智能配电网脆弱性仿真分析与评估建模方法	彭敏放	湖南大学	2015.01 至 2018.12
61472402	F020802	多跳认知无线电网络动态信道接入问题研究	李忠诚	中国科学院计算技术研究所	2015.01 至 2018.12
61473145	F030114	重复控制和比例多谐振控制关系分析，控制器设计及逆变器应用	叶永强	南京航空航天大学	2015.01 至 2018.12
61473246	F030113	商空间粒计算理论在大电网环境经济调度的应用研究	李学平	燕山大学	2015.01 至 2018.12
61474028	F040601	三维连续集成集成电路关键工艺技术和机理研究	吴东平	复旦大学	2015.01 至 2018.12
61474042	F040104	单轴应变硅 MOSFET 栅极漏电流及 NBTI 效应诱发的器件退化机制与模型研究	李劲	湖南科技大学	2015.01 至 2018.12
61474044	F040202	40 纳米工艺 MOSFET 器件毫米波建模和低功耗电路设计	高建军	华东师范大学	2015.01 至 2018.12
61474089	F040205	基于三维光电混合集成电路的光 TSV 研究	张军琴	西安电子科技大学	2015.01 至 2018.12
61474102	F040602	基于图形化高能重离子注入的低衬底损耗硅基太赫兹集成电路关键技术研究	熊永忠	中国工程物理研究院电子工程研究所	2015.01 至 2018.12
61474113	F040403	Al 基栅介质在 SiC 基 MOS 器件中界面与电学特性研究	张峰	中国科学院半导体研究所	2015.01 至 2018.12
61474134	F040202	面向高带宽应用的高速串行接口电路关键技术研究	张锋	中国科学院微电子研究所	2015.01 至 2018.12
61474138	F040407	基于极化电荷补偿界面态钝化理论的 GaN 基功率开关可靠性及增强技术研究	黄森	中国科学院微电子研究所	2015.01 至 2018.12
71401054	G0109	节能减排下考虑大规模清洁能源发电的电源结构拟境演化机理研究	王建军	华北电力大学	2015.01 至 2017.12
71401125	G010301	未来智能电网情境下面向虚拟电厂逐利行为的信息融合管理	徐志宇	同济大学	2015.01 至 2017.12
71471058	G0106	消纳大规模间歇性可再生能源对智能电网脆弱性的影响研究	李彦斌	华北电力大学	2015.01 至 2018.12
71471061	G0107	智能电网环境下我国电力工业碳排放控制关键问题研究	孟明	华北电力大学（保定）	2015.01 至 2018.12
71471111	G0103	基于电动汽车的交通系统和电力系统的融合、均衡与优化	谢驰	上海交通大学	2015.01 至 2018.12
71473083	G0312	我国电动汽车充放电策略优化及协同机制研究	张兴平	华北电力大学	2015.01 至 2018.12
91421110	A040414	纳米超导单光子探测阵列器件的新技术与新方法研究	熊杰	电子科技大学	2015.01 至 2017.12
61420106006	F0509	新一代太赫兹功能器件的研究	张伟力	天津大学	2015.01 至 2019.12
71420107027	G0109	电动汽车与电力系统和交通系统的协调运作及决策	赖明勇	长沙理工大学	2015.01 至 2019.12

2015年度国家火炬计划电源及相关产品立项项目清单

序号	项目编号	项目名称	承担单位
1	2015GH010010	继电保护定值整定技术的智能电网产业化示范	北京中恒博瑞数字电力科技有限公司
2	2015GH010016	光伏电站智能云服务管理平台研究及产业化	北京金鸿泰科技有限公司
3	2015GH030392	半导体封装用新型键合材料产业示范项目	北京达博有色金属焊料有限责任公司
4	2015GH030394	高安全高能量密度镍钴锰酸锂正极材料	中信国安盟固利电源技术有限公司
5	2015GH030395	集成电路及半导体材料封装用金锡钎料产业化	北京有色金属与稀土应用研究所
6	2015GH040770	CSC-850E电能质量监测装置	北京四方继保自动化股份有限公司
7	2015GH040777	集成电路封装装备关键部件技术及整机产业化	北京中电科电子装备有限公司
8	2015GH051171	智能化风电场群运行监控系统产业化项目	北京天源科创风电技术有限责任公司
9	2015GH051172	能量功率型锂离子动力电池产业化项目	中信国安盟固利动力科技有限公司
10	2015GH051174	混合滤波补偿成套设备研发及产业化	北京英博电气股份有限公司
11	2015GH601562	第三代半导体联合创新创业孵化服务平台	北京国联万众半导体科技有限公司
12	2015GH051175	动力型高容量镍钴锰锂正极材料产业化项目	天津巴莫科技股份有限公司
13	2015GH051176	三元材料高能量密度动力电池开发及产业化	力神动力电池系统有限公司
14	2015GH051177	高效能动力电池集成产业化及共性技术研究	天津市沣文科技发展有限公司
15	2015GH051178	纯钒液流电池储能系统及商业化应用项目	天津滨海储能技术有限公司
16	2015GH611592	第三代半导体的多物理场分析检测云服务平台	中国电子科技集团公司第四十六研究所
17	2015GH010037	风机智能在线监测及诊断系统创新和产业化	保定市瑞高电气有限公司
18	2015GH051179	多栅线太阳能电池组件示范项目	光为绿色新能源股份有限公司
19	2015GH051180	2MW115超低风速智能型风电机组产业化	国电联合动力技术（保定）有限公司
20	2015GH051181	2MW-115超低风速风电叶片产业化	保定华翼风电叶片研究开发有限公司
21	2015GH051182	陶瓷厚膜LED电光源一体化技术研发及应用	山西光宇半导体照明股份有限公司
22	2015GH511342	电子产品“创客工厂”创业服务平台建设	山西三益华信创业服务有限公司
23	2015GH040794	10kV有载调容调压分接开关	辽宁金立电力电器有限公司
24	2015GH040797	核电站用大容量发电机变压器产业化项目	特变电工沈阳变压器集团有限公司
25	2015GH051188	超低温磷酸亚铁锂动力电池产业化	长春劲能锂电池科技有限公司
26	2015GH051189	电动汽车太阳能储能充电系统产业化	吉林新航能源有限公司
27	2015GH720301	吉林高新区电力电子科技创新平台	吉林高新区电力电子中心
28	2015GH040801	基于物联网技术节电智能型箱式变电站	大庆深博电气设备有限公司
29	2015GH061381	基于低低温除尘的电站环保岛技术产业化示范	上海电气电站环保工程有限公司
30	2015GH010046	通信电源用阻燃铝芯软电缆	中利科技集团股份有限公司
31	2015GH010048	新一代高灵敏度压电传感器	汉得利（常州）电子股份有限公司
32	2015GH010049	低开关损耗节能灯用晶体管芯片的产业化	江阴新顺微电子有限公司
33	2015GH010054	超精细无线电磁感应充电成套组件研发及产业	昆山联滔电子有限公司
34	2015GH010056	面向新能源的高可靠IGBT的研制	江苏中科君芯科技有限公司
35	2015GH010065	4寸高亮度GaN基LED芯片产业化项目	聚灿光电科技股份有限公司
36	2015GH010066	纳米复合陶瓷基板封装的LED灯具	泰州市华强照明器材有限公司
37	2015GH010069	新型智能热释电传感器控制芯片研发及应用	苏州华芯微电子股份有限公司
38	2015GH010072	绝缘栅双极型晶体管IGBT封装技术的研发	泰州海天半导体有限公司
39	2015GH010074	NTC热敏电阻器	句容市博远电子有限公司

（续）

序号	项目编号	项目名称	承担单位
40	2015GH010075	新能源电动汽车车载 DC-DC 电源	江苏兆能电子有限公司
41	2015GH010077	晶圆级封装技术的 MEMS 加速度计	美新半导体（无锡）有限公司
42	2015GH030497	大孔隙率超薄型锂离子电池隔膜的开发及产业	苏州捷力新能源材料有限公司
43	2015GH040804	550kV 气体绝缘金属封闭高压开关设备	现代重工（中国）电气有限公司
44	2015GH040805	方形锂电池全自动焊接卷绕智能装备产业化	无锡先导自动化设备股份有限公司
45	2015GH040816	LVBT-500W3 油浸倒立式电流互感器	江苏思源赫兹互感器有限公司
46	2015GH040817	铝镁合金披覆式多功能智能互感器	江苏科兴电器有限公司
47	2015GH040818	防窃电功能的高精度电流互感器	江苏靖江互感器厂有限公司
48	2015GH040820	高效高速大功率永磁电机	江苏航天动力机电有限公司
49	2015GH040856	LED 球形灯柔性智能装备生产线	昆山市佰奥自动化设备科技有限公司
50	2015GH040863	溯源电能质量监测终端	江苏中凌高科技股份有限公司
51	2015GH040866	智能集成中压交流真空断路器	江苏现代电力科技股份有限公司
52	2015GH040869	GW23B-550 隔离开关	江苏省如高高压电器有限公司
53	2015GH040875	DAPF 有源滤波器	江苏东源电器集团股份有限公司
54	2015GH040876	高效节能蓝宝石单晶炉直流开关电源的产业化	江苏东方四通科技股份有限公司
55	2015GH040880	风光发电应用万能式断路器	常熟开关制造有限公司（原常熟开关厂）
56	2015GH051191	高散热高光效嵌入式 LED 筒灯	江苏三显照明科技有限公司
57	2015GH051192	MW 级主动均衡复合型储能系统	江苏峰谷源储能技术研究院有限公司
58	2015GH051195	2MW 超低风速直驱永磁发电机研发及产业化	江苏南车电机有限公司
59	2015GH051197	大型海上风场风力发电塔产业化	中船澄西船舶修造有限公司
60	2015GH051198	耐辐射高阻燃太阳能光伏系统用特种电缆	扬州曙光电缆股份有限公司
61	2015GH051199	N 型双面电池及其双玻组件的研发与产业化	中利腾晖光伏科技有限公司
62	2015GH051200	能量功率型动力锂离子电池及管理系统产业化	江苏春兰清洁能源研究院有限公司
63	2015GH051201	单双层低谐波绕组超高效率三相异步电动机	江苏环球特种电机有限公司
64	2015GH051202	基于荷电态深循环技术的铅碳储能电池	江苏华富储能新技术股份有限公司
65	2015GH051203	新能源锂电池用超高纯碳酸亚乙烯酯的产业化	苏州华一新能源科技有限公司
66	2015GH051212	用于太阳能光热发电的熔盐热储能设备	江苏太阳宝新能源有限公司
67	2015GH051213	电动汽车快速充电一体机研发与产业化	江苏嘉钰新能源技术有限公司
68	2015GH051214	离并网一体型光伏储能逆变器研发及产业化	江苏固德威电源科技有限公司
69	2015GH051217	变压器用扰流片式散热器	常熟市友邦散热器有限责任公司
70	2015GH051220	采用远程监控系统的 LED 智能照明灯具	南通中铁华宇电气有限公司
71	2015GH051223	年产 500 万只高效环保型 LED 节能灯项目	连云港奇晴光电照明有限公司
72	2015GH051224	大功率高光效 LED 外延与芯片研发及产业化	华灿光电（苏州）有限公司
73	2015GH051226	低风速风电叶片性能测试台的研发及产业化	常州市华立液压润滑设备有限公司
74	2015GH051229	分布式发电/储能集成供电系统	江苏方程电力科技有限公司
75	2015GH051230	电油混合动力车用智能控制系统	江苏金丰机电有限公司
76	2015GH051232	分布式智能微电网连接系统	苏州快可光伏电子股份有限公司
77	2015GH051233	风电基础运输船	江苏韩通船舶重工有限公司
78	2015GH051235	YBX3 系列隔爆型三相异步电动机	江苏锡安达防爆股份有限公司
79	2015GH051236	高效低成本太阳能电池双玻组件产业化	江苏晨电太阳能光电科技有限公司

（续）

序号	项目编号	项目名称	承担单位
80	2015GH051237	高效节能电机多拓扑结构和材料协同优化	江苏微特利电机制造有限公司
81	2015GH051238	大容量长寿命汽车动力超级电池研发与产业化	浙江天能电池（江苏）有限公司
82	2015GH051239	基于能量回馈和智能控制的节能高速电梯	江苏通用电梯有限公司
83	2015GH051242	高效率 P 型晶体硅光伏电池	晶澳（扬州）太阳能科技有限公司
84	2015GH051243	海格新能源客车的产业化示范	金龙联合汽车工业（苏州）有限公司
85	2015GH051244	高效率低能耗 G6 多晶硅片	江苏美科硅能源有限公司
86	2015GH051245	电动汽车用磁通切换永磁电机及电控系统	扬州市新港电机有限公司
87	2015GH061396	智能化节能型扁袋除尘系统的研发与产业化	常州三思环保科技有限公司
88	2015GH531399	基于智能电气特色产业的共性技术研发平台	扬中智能电气研究院有限公司
89	2015GH531400	海安磁性材料特色产业基地检测服务平台建设	江苏鹰球集团有限公司
90	2015GH591541	等离子电源测试公共服务平台	扬州市神州科技有限公司
91	2015GH711300	无锡智能传感系统创新型产业集群	无锡国家高新技术产业开发区管理委员会
92	2015GH051247	分布式发电运行控制系统与并网终端设备	国电南瑞南京控制系统有限公司
93	2015GH010088	高性能光纤传输智能电能表	杭州西力电能表制造有限公司
94	2015GH010093	FPC 式快速响应扁平振动电机	金龙机电股份有限公司
95	2015GH010106	全配光自镇流 LED 灯产业化项目	浙江阳光照明电器集团股份有限公司
96	2015GH010107	数字化继电保护装置产业化项目	杭州继保南瑞电子科技有限公司
97	2015GH010114	年产 3600 吨高性能合金磁粉芯制粉产业化	横店集团东磁股份有限公司
98	2015GH040906	船舶用大容量蓄电池管理装置	浙江永宏电器有限公司
99	2015GH040952	NH42/SZ 双电源自动转换开关	浙江正泰机电电气有限公司
100	2015GH040966	智能交直流一体化电源产业化	浙江三辰电器有限公司
101	2015GH040982	移动物联网综合性智能家居控制系统	浙江比华丽电子科技有限公司
102	2015GH041000	双向可控断电保护按动开关	科都电气有限公司
103	2015GH041004	智能微机控制综合保护断路器	佳一电气有限公司
104	2015GH041011	输配电网设备一体式智能检测系统	杭州海兴电力科技股份有限公司
105	2015GH041015	光纤防越级跳闸矿用高压组合配电装置	八达电气有限公司
106	2015GH041016	动车牵引机用高压大电流直流接触器	安德利集团有限公司
107	2015GH041020	长寿命高散热 LED 防爆工作灯	浙江展豪科技有限公司
108	2015GH051248	大功率风力发电低电压穿越关键技术研究	浙江海得新能源有限公司
109	2015GH051250	50Ah 后备电源产业化	浙江兴海能源科技有限公司
110	2015GH051251	混合动力汽车锂离子启停电池产业化	浙江超威创元实业有限公司
111	2015GH051260	高性能电动乘用车用铅酸蓄电池	超威电源有限公司
112	2015GH051261	集散式双向均衡电动汽车交直流充电桩系统	杭州奥能电源设备股份有限公司
113	2015GH051264	新能源汽车空调风机智能控制研究及产业化	浙江毅力汽车空调有限公司
114	2015GH051266	新能源汽车用高比能锂离子电池产业化项目	浙江天能源科技有限公司
115	2015GH051267	民用电动三轮车用高性能动力电池产业化项目	天能电池集团有限公司
116	2015GH051268	面向商业建筑的能源优化管控系统	浙江汉爵科技有限公司
117	2015GH051269	高性能环保型储能备用电源电池产业化	浙江天能动力能源有限公司

（续）

序号	项目编号	项目名称	承担单位
118	2015GH051271	大直径超薄太阳能单晶硅片	浙江辉弘光电能源有限公司
119	2015GH051277	IK 型齿轮减速单相电容运行异步电动机	台邦电机工业集团有限公司
120	2015GH051279	模组式可伸缩大功率 LED 路灯及其产业化	台州市椒光照明有限公司
121	2015GH051280	年产 60 万 kW 高效节能电机产业化项目	浙江特种电机有限公司
122	2015GH010123	高性能可编程控制器 PLC	慈溪市力创软件科技有限公司
123	2015GH041028	IZW 口-12 智能户外高压交流真空短路器	日升集团有限公司
124	2015GH051283	高效大功率 LED 路灯产业化	宁波燎原灯具股份有限公司
125	2015GH030621	高性能永磁铁氧体器件产业化项目	中钢集团安徽天源科技股份有限公司
126	2015GH030622	基于“绿色”再制造的高性能稀土永磁材料	安徽大地熊新材料股份有限公司
127	2015GH030630	锂电池隔膜产业化关键技术研究与示范	界首市天鸿新材料股份有限公司
128	2015GH041044	大功率平台电站系统集成技术	安庆中船柴油机有限公司
129	2015GH041048	插电式混合动力城市客车研发及产业化	安徽安凯汽车股份有限公司
130	2015GH051285	互联网纯电动厢式运输车（物流车）项目	芜湖宝骐汽车制造有限公司
131	2015GH051286	合肥国轩高科电池材料生产基地建设	合肥国轩高科动力能源股份公司
132	2015GH051287	奇瑞 S15 电动轿车研发及产业化	奇瑞新能源汽车技术有限公司
133	2015GH051288	新能源汽车动力电池 PHM 系统研发及应用	芜湖赛宝信息产业技术研究院有限公司
134	2015GH051289	高性能铅碳电池	天能电池（芜湖）有限公司
135	2015GH010135	高效节能型高压直流不间断电源	漳州科华技术有限责任公司
136	2015GH041063	智能型消防应急电源监控系统	泉州市天龙电子科技有限公司
137	2015GH041066	新型隔离恒流电子、电感全兼容 LED 日光灯	福建思科通电子科技有限公司
138	2015GH041068	IE3 高效节能电机	福建福兴电机有限公司
139	2015GH051290	电动汽车用动力电池产业化示范项目	宁德时代新能源科技有限公司
140	2015GH051291	光电集成一体化 LED 灯产业化项目	立达信绿色照明股份有限公司
141	2015GH051292	插电式新能源汽车驱动总成的产业化	福建省福工动力技术有限公司
142	2015GH051293	基于物联网的智能 LED 隧道灯	富顺光电科技股份有限公司
143	2015GH051294	永磁伺服驱动电机	福建亚南电机有限公司
144	2015GH010150	芯片级封装的 LED 光源模组产业化示范项目	江西奥其斯科技有限公司
145	2015GH030637	锂电池新材料电池级四氧化三钴产业化示范	赣州腾远钴业有限公司 2 我上次
146	2015GH030640	锂电池专用电池级氢氧化锂制备及产业化应用	江西赣锋锂业股份有限公司
147	2015GH041070	W6-40～160 谐波励磁发电机	南昌康富电机技术有限公司
148	2015GH010152	新能源汽车充电及车载高压连接器	临沂市龙立电子有限公司
149	2015GH010162	LED 封装技术及应用产品研发与产业化	山东三晶照明科技有限公司
150	2015GH041098	500kV 智能变压器	山东达驰电气有限公司
151	2015GH051301	TJ7000BEVA 型节能环保电动汽车	山东唐骏欧铃汽车制造有限公司
152	2015GH051302	高压静止无功补偿装置高新技术产业化示范	山东泰开电力电子有限公司
153	2015GH051303	智能 LED 视频补光系统	山东海日峰电子科技有限公司
154	2015GH051304	大功率低热值生物质气发电技术与设备	淄博淄柴新能源有限公司
155	2015GH051309	太阳能高品质多晶硅片	山东大海新能源发展有限公司

（续）

序号	项目编号	项目名称	承担单位
156	2015GH051312	槽式太阳能光热发电高温集热管产业化	威海金太阳光热发电设备有限公司
157	2015GH051315	高效节能超高压电力变压器技术研究	卧龙电气烟台东源变压器有限公司
158	2015GH051318	槽式太阳能热发电关键技术研究	山东新帅克能源科技有限公司
159	2015GH051322	AG40155MR15A 高性能动力锂电池	山东奥冠新能源科技有限公司
160	2015GH051324	光伏发电并网逆变器与双向变流器产业化	山东奥太电气有限公司
161	2015GH051325	智能电网机网协调关键控制设备的产业化	山东鲁能控制工程有限公司
162	2015GH051327	DLCS-3000e 智能微电网管控系统	济南大陆机电股份有限公司
163	2015GH712100	智能微电网重点技术产品产业化	济南高新技术产业开发区管理委员会
164	2015GH041108	中压智能型开关设备产业化项目	河南森源电气股份有限公司
165	2015GH051328	轨道交通混合动力机车用锂离子电源系统	河南新太行电源有限公司
166	2015GH051330	高效率电动汽车智能充电模块产业化	洛阳嘉盛电源科技有限公司
167	2015GH051331	高阻方硅芯研发	河南协鑫光伏科技有限公司
168	2015GH010172	应用于智能电能表的开关电源模块产业化	武汉盛帆电子股份有限公司
169	2015GH051334	高性能动力电池组综合测试设备的产业化	湖北德普电气股份有限公司
170	2015GH051335	电动汽车智能充电机产业化	湖北追日电气股份有限公司
171	2015GH051336	电动汽车永磁同步电机驱动系统	襄阳宇清传动科技有限公司
172	2015GH051337	高能量比磷酸铁锂动力电池	湖北京远新能源科技有限公司
173	2015GH051338	电动乘用车大功率无线充电系统	中兴新能源汽车有限责任公司
174	2015GH010179	基于 6Lowpan 的照明智能管理系统研发	城光（湖南）节能环保服务股份有限公司
175	2015GH010180	分布式发电智能监控及光水互补技术研发应用	华自科技股份有限公司
176	2015GH030691	年产 3000 吨新能源汽车动力电池正极材料	湖南升华科技有限公司
177	2015GH041126	智能高频逆变节能隔爆型充电装置产业化	湘潭市电机车厂有限公司
178	2015GH041132	电子式高压互感器	株洲中车轨道交通装备有限公司
179	2015GH051340	电动汽车用高能量锂离子动力电池产业化项目	湖南丰源业翔晶科新能源股份有限公司
180	2015GH051341	750kV 有载调压自耦联络变压器	特变电工衡阳变压器有限公司
181	2015GH051343	绕线转子无刷双馈电机及其控制系统	威胜集团有限公司
182	2015GH051345	湖南科霸智能微网分布式新能源储能系统	湖南科霸汽车动力电池有限责任公司
183	2015GH030697	锂离子电池柔性封装材料的产业化技术开发	佛山佛塑科技集团股份有限公司
184	2015GH051346	高容量锂离子动力电池模组产业化	东莞市迈科新能源有限公司
185	2015GH041139	变电站雷电防护监测与管理系统	深圳市康普盾电子科技有限公司
186	2015GH051347	智慧能源管理平台产业化	深圳市康必达控制技术有限公司
187	2015GH051348	高性能铅碳电池项目	深圳市雄韬电源科技股份有限公司
188	2015GH051349	四象限高压变频器	希望森兰科技股份有限公司
189	2015GH051353	高性能锂金属聚合物电池关键技术开发及产业	路华能源科技（保山）有限公司
190	2015GH010210	高速光子集成芯片	西安奇芯光电科技有限公司
191	2015GH041150	新能源汽车用继电器批生产技术改造	宝鸡众力通用电器有限公司
192	2015GH051357	分布式光伏微网逆变器产业化示范	新疆希望电子有限公司
193	2015GH051364	家用变频电源微波炉关键技术研究及产业化	广东美的厨房电器制造有限公司
194	2015GH030764	无边框低成本太阳电池组件产业化示范项目	江西瑞晶太阳能科技有限公司
195	2015GH051367	110kV 立体卷铁心电力变压器生产项目	河北高晶电器设备有限公司

第六篇　电源发明专利

（2015年授权）

2015年中国电源发明专利分析

2015年授权电源发明专利清单

说明：清单所收录专利均为2015年获得授权的电源相关发明专利，按照专利申请人汉语拼音字母顺序为序。

2015年中国电源发明专利分析

一、概述

专利作为一种无形资产，具有巨大的商业价值，专利的质量与数量是电源企业创新能力和核心竞争能力的体现，是企业在电源行业身份及地位的象征。近年来，我国电源行业得到了长足的发展，企业创新能力不断提高，专利申请数量快速增长，本文希望通过对专利情况的分析，从一个侧面反映我国电源行业科技动态、市场走向和发展情况，为行业技术发展提供参考。

本文分析涉及的专利是指2015年内获得中国专利授权的电源相关发明专利，未包括实用新型专利以及外观设计专利。相关专利的搜集主要通过重要关键字检索、主要单位申请人等进行搜集，搜集来源为http：//www. soopat. com/。

据不完全统计，2015年获得授权的电源相关发明专利共计4922项。本篇分析报告对采集专利的申请和公开时间，申请地区，申请人，专利大类等进行了统计分析。

二、专利申请与公开时间分析

专利公开是发明专利申请审查的一个特有程序，目的在于让公众知道有人想要申请被公开的发明，从公开到授权之前，任何人都可以向专利局递交能够证明被公开专利申请不具备新颖性或创造性的材料。公开后的专利申请处于临时保护期，如果在公开日以后出现了侵权行为，那么可以依据专利法进行了处理。2015年授权电源发明专利年份见表1。

表1　2015年授权电源发明专利年份表

年份	申请专利数	公开专利数
2004年	4	
2005年	4	
2006年	6	
2007年	18	2
2008年	34	4
2009年	127	15
2010年	444	65
2011年	925	282
2012年	1584	1295
2013年	1577	2578
2014年	195	666
2015年	4	15

三、专利申请人所在地区分析

2015年授权专利中，专利的申请人所在地区为国内的专利3685个，占比74.87%，专利的申请人所在地区在国外的专利为1237个，占比25.13%。国内授权专利最多的省份为电源分布大省广东省，授权专利数为782，除内蒙古自治区和西藏自治区无授权电源专利外其它省分均获得专利授权，一定程度上说明我国电源行业的分布区域取得显著扩展。

从区域来看，申请人分布主要集中于华东（以江浙沪为代表）沿海地区、华南地区（以广东省为代表）、华北地区（以北京为代表），西南、港澳台、华中、东北、西北地区申请人占比远远落后于上述三个地区，说明我国电源行业创新主体力量仍在传统产业集中区域。2015年授权专利所在地区分布见表2。

表2　2015年授权专利所在地区（国内）分布表

地区	省份	专利数	地区专利数
华东	上海市	285	1252
	江苏省	471	
	浙江省	361	
	安徽省	126	
	江西省	9	
华南	广东省	782	857
	福建省	50	
	广西壮族自治区	24	
	海南省	1	
华北	北京市	458	752
	天津市	51	
	河北省	59	
	山东省	122	
	河南省	38	
	山西省	24	
	内蒙古自治区	0	
西南	四川省	151	220
	重庆市	49	
	贵州省	9	
	云南省	11	
	西藏自治区	0	
华中	湖北省	78	155
	湖南省	77	
东北	辽宁省	60	109
	吉林省	6	
	黑龙江省	43	
西北	陕西省	75	100
	甘肃省	4	
	宁夏回族自治区	8	
	青海省	1	
	新疆维吾尔自治区	12	

（续）

地区	省份	专利数	地区专利数
港澳台	香港	11	240
	澳门	1	
	台湾	228	

专利申请人所在地区分布如图1所示。

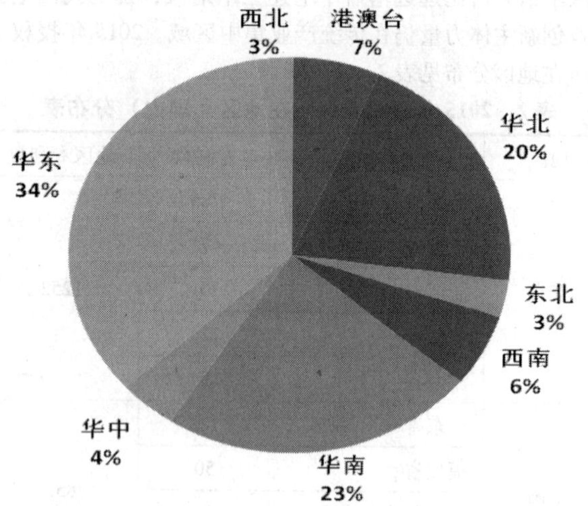

图1 专利申请人所在地区（国内）分布图

申请人地区为国外的授权专利中，前三位分别为日本、美国、德国，其中日本533项发明专利领先优势明显，反映出日本在中国市场的技术投入及保护意识。2015年授权专利地区分布见表3。

表3 2015年授权专利地区（国外）分布表

国 外	专利数
日本	533
美国	301
德国	107
韩国	101
瑞士	44
法国	40
荷兰	23
英国	14
奥地利	11
瑞典	10
意大利	8
巴巴多斯	6
丹麦	5
加拿大	5
芬兰	4
比利时	4
新加坡	3
以色列	3
挪威	3
澳大利亚	2
新西兰	2
泰国	2
爱尔兰	1
匈牙利	1
西班牙	1
亚美尼亚	1
巴西	1
开曼	1

2015年授权专利地区分布如图2所示。

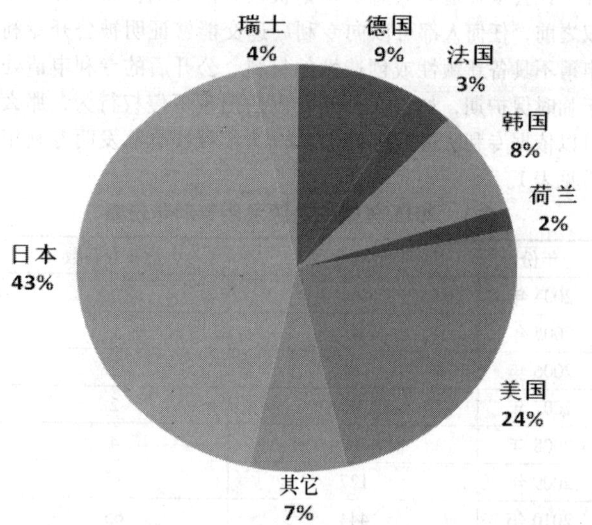

图2 2015年授权专利地区（国外）分布图

四、专利申请人类型分析

通过对专利申请人类型的分析，企业单独申请专利数量为3698项，占比75.13%，远远领先于其它类型单位，企业作为产品创新的主体力量作用显著。产学研联合申请专利共计213项，仅占总数4.3%，说明我国产学研合作机制仍有待加强，其中企业与科研院所合作申请专利明显多于企业与高校联合申请数量，企业与高校如何更加有效的合作，仍有待探索。

2015年授权专利申请人类型分布如图3所示。

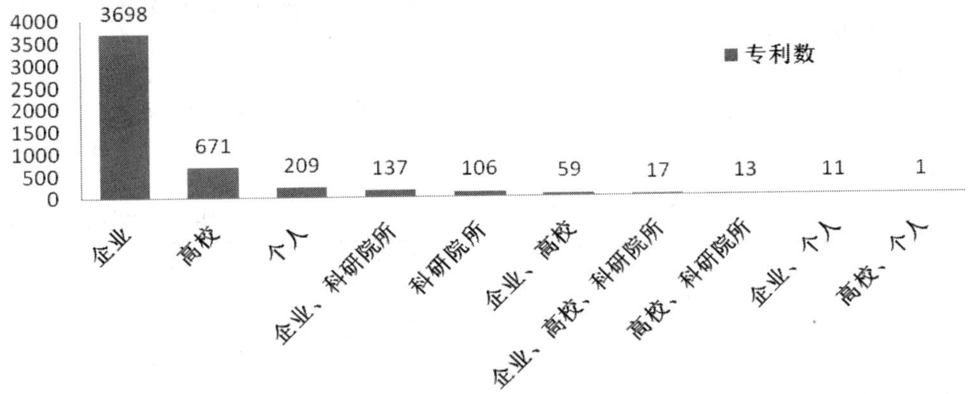

图3 2015年授权专利申请人类型分布图

企业、高校/科研院所、中国电源学会团体会员申请专利数量前十见表4、表5和表6。

表4 企业独立申请专利数量前十

申请人	专利数	类型
华为技术有限公司	54	企业
台达电子工业股份有限公司	52	企业
佳能株式会社	47	企业
深圳市英威腾电气股份有限公司	36	企业
成都芯源系统有限公司	34	企业
松下电器产业株式会社	31	企业
三菱电机株式会社	30	企业
丰田自动车株式会社	29	企业
深圳市华星光电技术有限公司	29	企业
通用电气公司	27	企业

表5 高校/科研院所独立申请专利数量前十

申请人	专利数	类型
东南大学	46	高校
电子科技大学	34	高校
南京航空航天大学	28	高校
浙江大学	28	高校
哈尔滨工业大学	26	高校
上海交通大学	24	高校
华南理工大学	20	高校
重庆大学	18	高校
中国科学院电工研究所	18	科研院所
清华大学	17	高校

表6 中国电源学会团体会员单位申请电源相关发明专利数前十

申请人	专利数	主要涉及
台达电子	83	连接器、变压器、太阳能、风能、充电设备

（续）

申请人	专利数	主要涉及
华为技术有限公司	54	逆变器、变频器、不间断电源
深圳市英威腾电气股份有限公司	36	逆变器、变频器
汇川技术	33	电动汽车、变频器、智能群控、光伏
阳光电源	29	逆变器
英飞特电子（杭州）股份有限公司	26	LED
广东易事特电源股份有限公司	24	UPS电源、逆变器
比亚迪股份有限公司	16	电动汽车、充电设备
昂宝电子（上海）有限公司	14	电源变换系统
中兴通讯股份有限公司	13	智能充电、电源管理、模块电源、通信电源

备注：

1. 台达电子包括：台达电子企业管理（上海）有限公司、台达电子工业股份有限公司、台达电子电源（东莞）有限公司
2. 阳光电源包括：阳光电源股份有限公司、阳光电源（上海）有限公司
3. 汇川技术包括：深圳市汇川技术股份有限公司、苏州汇川技术有限公司
4. 此表所列专利数为各单位2015年获得授权且与电源直接相关的发明专利数量，未包含与电源无关的专利。

五、专利大类分析

国际专利分类（International Patent Classification，缩写为IPC）是世界各国专利机构都采用的专利分类方法，按五级对专利进行分类包括部、大类、小类、主组、分组。电源发明专利在专利分类全部8个部中均有涉及，其中H

电学占比最高。在 120 个大类中，电源发明专利分布于其中 74 个大类，其中超过 50 个专利的大类有 10 个，其中 H02 类占比最大。随着社会电气化程度的不断提高，电源产品应用领域和场合将得到进一步的扩展。2015 年授权专利涵盖的部和专利所属类见表 7、表 8。

表 7 2015 授权专利涵盖的部

部	专利数
H. 电学	3691
G. 物理	822
B. 作业、运输	265
F. 机械工程、照明、加热、武器、爆破	57
C. 化学、冶金	35
A. 人类生活需要	28
E. 固定构造	16
D. 纺织和造纸	8

表 8 2015 授权专利所属大类（包含 50 个以上专利）

大类编号	大 类	专利数
H02	电力的发电、变电或配电	2575
H01	基本电气元件	598
G01	测量；测试	420
H05	其它类目不包括的电技术	360
G05	控制；调节	161
B60	一般车辆	157
G06	计算、推算、计数	101
H03	基本电子电路	86
H04	电通信技术	72
G09	教育、密码术、显示、广告、印鉴	66

六、专利关键字分析

通过大数据挖掘，对全部专利进行关键字分析，剔除一般意义词汇（如方法、装置、系统等）后，统计出关键字出现频率，表 9 列出了出现 50 次以上的重点关键字。

其中除电源、变压器、电路等基础关键词外，当前热门领域新能源相关内容（如：逆变器、光伏、并网、变流器、分布式、储能等）共计出现 1145 次，占据最大比重，获得专利较多的单位包括阳光电源股份有限公司、华为技术有限公司、东南大学等。

充电技术相关专利数量仍占据较大比重，其中也包括电动汽车用充电站/桩及无线充电相关内容。随着电动车辆市场的爆发，电动汽车相关领域（如：电动车辆、电动车、电动交通工具、电动客车、充电站、充电桩等）有大幅度增长，该关键词下获得专利较多的单位包括比亚迪股份有限公司，中国电力科学研究院，国家电网公司等。

近年来技术已日趋成熟的 LED 领域，专利数量也保持较高的专利获取量，说明 LED 领域的技术创新仍有较大较大潜力，申请专利数量较多企业包括深圳市华星光电技术有限公司、海洋王照明科技股份有限公司、四川新力光源股份有限公司、矽力杰半导体技术（杭州）有限公司等。

此外无线充电技术领域专利数量同样值得关注，奇瑞汽车股份有限公司、宁波志伦电子有限公司等单位在该领域获得较多专利。

表 9 2015 年电源发明专利关键字出现频率统计表

序号	关键字	出现次数	出现频率
1	电源	1615	32.35%
2	控制	1081	21.65%
3	充电	919	18.41%
	充电方法	116	
	充电装置	112	
	充电器	107	
	充电系统	89	
	充电控制	84	
	无线充电	71	
	充电电路	43	
	充电站	25	
	充电桩	22	
	充电设备	19	
	其它	302	
4	电路	910	18.23%
5	变压器	571	11.44%
6	逆变\ 逆变器	384	7.69%
7	光伏	345	6.91%
8	电池	340	6.81%
9	LED	326	6.53%
10	电动	207	4.15%
	电动汽车	96	
	电动车辆	57	
	电动车	31	
	电动交通工具	5	
	电动客车	3	
	其它	15	
11	并网	194	3.89%
12	开关电源	177	3.55%
13	模块	174	3.49%
14	发电	167	3.35%
15	控制电路	154	3.08%
16	智能	133	2.66%
17	车辆	127	2.54%
18	汽车	121	2.42%
19	无线	121	2.42%
	无线充电	71	
	无线电能传输	17	
	其它	33	

（续）

序号	关键字	出现次数	出现频率
20	控制器	103	2.06%
21	变流器	100	2.00%
22	三相	93	1.86%
23	变频	88	1.76%
24	滤波器	82	1.64%
25	电站	82	1.64%
26	电网	81	1.62%
27	恒流	80	1.60%
28	变频器	73	1.46%
29	电容	73	1.46%
30	功率因数	70	1.40%
31	脉冲	66	1.32%
32	交流	66	1.32%
33	储能	65	1.30%
34	大功率	63	1.26%
35	隔离	62	1.24%
36	集成	62	1.24%
37	蓄电池	58	1.16%
38	分布式	57	1.14%

（续）

序号	关键字	出现次数	出现频率
39	整流	57	1.14%
40	直流电源	56	1.12%
41	补偿	56	1.12%
42	同步	55	1.10%
43	绝缘	54	1.08%
44	谐振	52	1.04%
45	数字	51	1.02%
46	调光	50	1.00%

说明：表中关键词统计数量，为单独关键词出现次数，存在一项专利中包含多个关键词的情况。

七、总结

电源被广泛地应用于通信、金融、照明、信息、能源、家用电器、国防、科学研究等各行各业。随着节能环保、新一代信息技术、新能源、新能源汽车等战略性新兴产业的发展，更为电源产品的应用带来了巨大的发展空间。在充满竞争的环境下，电源企业普遍开始重视核心技术的创新，企业研发实力和快速反应能力有了显著提高，同时我们也应注意到在产学研合作领域目前仍存在较大问题，如何提高产学研合作效果，充分激发科研领域成果转化和技术合作能力需要在未来重点加以解决。

2015年授权电源发明专利清单

ID	标　　题	申请人	专利号	公开日
1	具有用于健康状态监视的参考电极的锂可再充电电池	A123系统公司	ZL200880115322.3	2010-10-06
2	干式变压器	ABB技术有限公司	ZL200880129248.0	2011-04-20
3	链式变换器、启动链式变换器的方法和静态补偿器系统	ABB技术有限公司	ZL200880131898.9	2011-10-05
4	模块化的电压源变换器	ABB技术有限公司	ZL200980157984.1	2012-02-08
5	具有改进的冷却系统的电力变压器	ABB技术有限公司	ZL200980157999.8	2012-02-08
6	转换器单元模块、包括该模块的电压源转换器系统以及用于控制该系统的方法	ABB技术有限公司	ZL200980161191.7	2012-05-30
7	变压器绕组和用于增强变压器绕组的方法	ABB技术有限公司	ZL201010536954.6	2011-05-11
8	带有非晶的芯部的功率变压器	ABB技术有限公司	ZL201080017086.9	2012-03-21
9	计算用于模块化多电平转换器的插入指数的方法和装置	ABB技术有限公司	ZL201080046819.1	2012-07-11
10	电压源转换器和用于其故障处理的方法	ABB技术有限公司	ZL201080065691.3	2012-12-19
11	基于单元的电压源转换器中的电容器放电	ABB技术有限公司	ZL201080069375.3	2013-05-29
12	多电平电压型变流器	ABB技术有限公司	ZL201080070547.9	2013-08-14
13	用于制造由非晶态金属制成的三角形变压器芯体的方法	ABB技术有限公司	ZL201110162140.5	2012-02-29
14	用于油浸变压器中的高压输出管路的固定架	ABB技术有限公司	ZL201110333121.4	2012-05-16
15	用于油浸变压器中的高压引出线的球盖	ABB技术有限公司	ZL201110335851.8	2012-05-16
16	用于三电平转换器的开关分支及其控制方法	ABB技术有限公司	ZL201110362369.3	2012-05-23
17	用于运行变换器电路的方法	ABB技术有限公司	ZL201110411369.8	2012-07-11
18	变换器系统以及用于操作这种变换器系统的方法	ABB技术有限公司	ZL201180036490.5	2013-04-10
19	利用变频器的风机中的失速检测	ABB技术有限公司	ZL201210091348.7	2012-10-17
20	用于对电动车辆的电池充电的系统、装置和方法	ABB有限公司	ZL201180022600.2	2013-02-06
21	用于运行变频器电路的方法及用于执行该方法的装置	ABB瑞士有限公司	ZL201010157246.1	2010-10-13
22	用于运行变换器电路的方法以及用于实施该方法的装置	ABB瑞士有限公司	ZL201080046865.1	2012-07-11
23	用于运行直接变换器电路的方法以及用于执行该方法的设备	ABB瑞士有限公司	ZL201080064152.8	2012-10-24
24	用于操作变换器电路的方法以及用于实施该方法的装置	ABB瑞士有限公司	ZL201110039160.3	2011-08-17
25	光伏系统	ABB研究有限公司	ZL200980151594.3	2011-11-23
26	改进型电压源转换器结构	ABB研究有限公司	ZL200980161806.6	2012-07-11
27	用于高压功率设备的直流电源	ABB研究有限公司	ZL200980162840.5	2012-09-05
28	具有AC和DC功率能力的混合配电变压器	ABB研究有限公司	ZL201080006857.4	2012-01-04
29	通用配电变压器	ABB研究有限公司	ZL201080032873.0	2012-11-28
30	具有隔板的变压器及其冷却方法	ABB研究有限公司	ZL201080061686.5	2012-09-26

（续）

ID	标　　题	申请人	专利号	公开日
31	一种有能力给电池充电的电站	ABB 研究有限公司	ZL201080066136. 2	2013-01-02
32	用于线性化变压器的方法和设备	ABB 研究有限公司	ZL201180065832. 6	2013-10-02
33	用于控制并网转换器的方法和设备	ABB 研究有限公司	ZL201310064316. 2	2013-09-11
34	用于移动电话、具有充电器的电气安装设备	ABB 股份公司	ZL201010197758. 0	2010-12-01
35	用于可移动音频和通信设备带充电器电气暗装式安装设备	ABB 股份公司	ZL201110022257. 3	2011-07-27
36	用于移动电话的具有充电装置和存放位置的电气安置装置	ABB 股份有限公司	ZL201010122794. 0	2010-09-01
37	一种电源开关切换机构	ASCO 电力技术公司	ZL201210083647. 6	2013-10-23
38	一种调光的 LED 灯驱动电路和方法	BCD 半导体制造有限公司	ZL201010273288. 1	2010-12-08
39	多电平逆变器	CE + T 公司	ZL201180017225. 2	2013-01-16
40	对硅表面进行制绒以形成用于光伏应用的黑硅的方法	D · J · 弗雷 E · 朱泽刘那斯	ZL201180030064. 0	2013-03-13
41	谐振变换器中的谐振电容器箝位电路	DET 国际控股有限公司	ZL201110109055. 2	2011-11-09
42	用于将开关模式逆变器连接到负载的互连件	E2V 技术（英国）有限公司	ZL201280006151. 7	2013-09-25
43	用于模块化驱动功率转换器的电路布置	ECPE 动力电子技术工程中心责任有限公司	ZL201180015781. 6	2012-12-19
44	金属空气电池充电装置、金属空气电池总成及包含其的金属空气电池充电系统	EMW 能源株式会社	ZL201080041310. 8	2012-06-20
45	具有高电流密度的薄型电源连接器	FCI 公司	ZL201080004545. X	2011-12-14
46	电池的充电装置及充电方法	FDK 株式会社	ZL201110238883. 6	2012-03-14
47	具有谐振跟踪电路的静电聚结器	FMC 技术股份有限公司	ZL200980143995. 4	2011-09-28
48	不间断电源和使不间断电源省电的方法	GE 医疗系统环球技术有限公司	ZL200910145313. 5	2010-12-01
49	带电活性聚合物电源和纳米光学显示的安全文件	IDIT 技术集团	ZL201080027154. X	2012-07-18
50	用于平衡蓄电池的电池单元的转换器	IFP 新能源公司	ZL201180057209. 6	2013-07-31
51	以脉宽周期控制来影响电源消耗的脉宽控制式直流-直流转换器	Intivation 股份有限公司	ZL200780052459. 4	2010-03-24
52	利用并联功率模块的通用输入电源	ITT 制造企业公司	ZL201080060026. 5	2012-09-19
53	用于充电用电池接头材料的铜合金条	JX 日矿日石金属株式会社	ZL201280013750. 1	2013-12-11
54	电源/转换器中分量值估计的方法和系统	L&L 建筑公司	ZL200980146425. 0	2012-01-25
55	电感耦合电源模块和电路	L&P 产权管理公司	ZL201010286806. 3	2011-04-20
56	太阳能光伏装置及其生产方法	LG 伊诺特有限公司	ZL201180042083. 5	2013-05-01
57	供电电源	LG 伊诺特有限公司	ZL201180066490. X	2013-10-09
58	用于 LED 的电源装置以及向 LED 供电的方法	LG 伊诺特有限公司	ZL201310271162. 4	2014-01-22
59	移动终端及其电源控制方法	LG 电子株式会社	ZL201010130297. 5	2011-03-30
60	自动清扫机的充电系统	LG 电子株式会社	ZL201080068401. 0	2013-04-17
61	电动汽车、立式充电器及其充电方法	LG 电子株式会社	ZL201180042695. 4	2013-05-08
62	移动设备的无线充电	LG 电子株式会社	ZL201210042914. 5	2013-01-16
63	具有电源和接地通孔的封装	LSI 公司	ZL200980122475. 5	2011-05-11
64	变频器中的输出电流失真补偿装置	LS 产电株式会社	ZL201110113891. 8	2011-11-09
65	充电/放电装置以及充电/放电方法	LS 产电株式会社	ZL201110192102. 4	2012-01-11

（续）

ID	标　　题	申请人	专利号	公开日
66	充电台、充电系统及其充电方法	LS 产电株式会社	ZL201210134690.0	2012-11-07
67	逆变器、逆变器通信系统及其通信方法	LS 产电株式会社	ZL201210181485.X	2012-12-12
68	用于控制中压变频器的装置和方法	LS 产电株式会社	ZL201210259532.8	2013-01-23
69	多级中压变频器中的移相变压器	LS 产电株式会社	ZL201210362466.7	2013-04-10
70	电动车充电器、含其的电动车充电系统及电动车充电方法	LS 产电株式会社	ZL201210365162.6	2013-04-10
71	用于电力线通信的闭塞滤波器	LS 产电株式会社	ZL201210555550.0	2013-06-19
72	用于检测逆变器中切换设备故障的装置和方法	LS 产电株式会社	ZL201210590451.6	2013-07-03
73	用于再生式中压变频器的控制装置	LS 产电株式会社	ZL201210592108.5	2013-07-03
74	使用于电动车辆充电器的 DC 链电容器放电的装置	LS 产电株式会社	ZL201310037512.0	2013-07-31
75	控制逆变器的方法	LS 产电株式会社	ZL201310041283.X	2013-08-14
76	用于电动车的逆变器-充电器组合设备及其方法	LS 产电株式会社	ZL201310274454.3	2013-12-04
77	蓄电池充电装置及其蓄电池充电方法	LS 产电株式会社	ZL201310295888.1	2014-02-12
78	用于估计逆变器中的 DC 环节电容器的电容值的装置	LS 产电株式会社	ZL201310321022.3	2014-02-12
79	与内置电缆式充电控制装置附接的附加通信设备及其操作方法	LS 产电株式会社	ZL201310336527.7	2014-01-15
80	旋转变压器	LTN 伺服技术有限责任公司	ZL201080017029.0	2012-03-28
81	包括至少五个 DC 电压的转换器设备和具有其的不间断电源	MGE UPS 系统公司	ZL201010539613.4	2011-05-11
82	转换器设备和装备有这样的设备的不间断电源	MGE UPS 系统公司	ZL201010539622.3	2011-05-11
83	转换器设备和装备有这样的设备的不间断电源	MGE UPS 系统公司	ZL201110032413.4	2011-08-10
84	转换器设备和装备有一个这样的设备的不间断电源	MGE UPS 系统公司	ZL201110104783.4	2011-11-09
85	便携式信息终端用充电台	NEC 平台株式会社	ZL201280049767.2	2014-06-04
86	集成变压器	NXP 股份有限公司	ZL201110119330.9	2011-11-09
87	依赖电源的干线欠电压保护	NXP 股份有限公司	ZL201110196764.9	2012-02-01
88	接合线变压器	NXP 股份有限公司	ZL201110433085.9	2012-07-04
89	具有可扩展性能的电源电路和用于操作该电源电路的方法	NXP 股份有限公司	ZL201210023598.7	2012-08-08
90	开关模式电源的控制器	NXP 股份有限公司	ZL201210089302.1	2012-10-17
91	下变频器	NXP 股份有限公司	ZL201210262498.X	2013-01-30
92	开关模式电源用的电路及其方法	NXP 股份有限公司	ZL201210280767.5	2013-03-06
93	电动车辆充电系统和方法	NXP 股份有限公司	ZL201210530838.2	2013-06-19
94	汽车便携式辅助电源装置	N 奈维解决方案株式会社	ZL201080006465.8	2011-12-28
95	用于充电电动交通工具的方法和装置	RWE 股份公司	ZL201080010668.4	2012-02-01
96	充电缆线锁定装置及缆线锁定方法	RWE 股份公司	ZL201080016236.4	2012-05-02
97	用于将电动车连接至充电站的充电电缆插头	RWE 股份公司	ZL201080033025.1	2012-05-30
98	用于电动交通工具的带有网络稳定化措施的充电站	RWE 股份公司	ZL201080035592.0	2012-06-13
99	可调节太阳能充电灯	S·卡撒诺斯	ZL201180058474.6	2013-10-30
100	用于无线熨斗的充电基部	SEB 公司	ZL201110316496.X	2012-07-04
101	用于无线熨斗的充电基部	SEB 公司	ZL201110316947.X	2012-07-04

（续）

ID	标　　题	申请人	专利号	公开日
102	电源	SKF 公司	ZL200980157948.5	2012-02-08
103	用于串联连接的电池组的自动充电均衡方法和装置	SK 新技术株式会社 韩国科学技术研究院	ZL200880111805.6	2010-09-08
104	发电系统和用于将电力馈送到三相电网的逆变器	SMA 太阳能技术股份公司	ZL201010129981.1	2010-09-15
105	用于三相馈电到电能供给网络中的光伏设备	SMA 太阳能技术股份公司	ZL201080007592.X	2012-05-09
106	具有两个不对称桥和一个使 DC 输入与 AC 输出去耦的空转通路的逆变器	SMA 太阳能技术股份公司	ZL201080013509.X	2012-02-29
107	用于监控光伏系统的装置和方法	SMA 太阳能技术股份公司	ZL201180035290.8	2013-03-27
108	用于运行逆变器的方法和控制装置	SMA 太阳能技术股份公司	ZL201180063951.8	2013-09-18
109	本地电源装置	SMA 太阳能技术股份公司	ZL201280006542.9	2013-09-25
110	自激式开关电源电路	SMK 株式会社	ZL201010124062.5	2011-05-04
111	DC-DC 变换器	SMK 株式会社	ZL201110163040.4	2011-12-14
112	自激式开关电源电路	SMK 株式会社	ZL201210061952.5	2012-10-10
113	应急电源装置	SSB 风系统两合公司	ZL201080026106.9	2012-05-16
114	开关电源过载保护方法及装置	TCL 王牌电器(惠州)有限公司	ZL201210470223.5	2013-03-20
115	自动识别非标配充电器及设置其充电电流的方法及系统	TCL 通讯(宁波)有限公司	ZL201210435441.5	2013-02-20
116	在移动终端的恒压充电过程中检测电池电量的方法和系统	TCL 通讯(宁波)有限公司	ZL201210435589.9	2013-02-27
117	一种控制移动终端充电时显示电池电量的方法及系统	TCL 通讯(宁波)有限公司	ZL201210557968.5	2013-04-10
118	移动终端及其在不同温度下充电的充电方法和充电系统	TCL 通讯(宁波)有限公司	ZL201210573322.6	2013-04-17
119	一种自动设置充电电流的充电方法及移动终端	TCL 通讯(宁波)有限公司	ZL201310213017.0	2013-08-28
120	充电控制装置及移动终端	TCL 通讯(宁波)有限公司	ZL201310317905.7	2013-11-20
121	一种充电系统及其充电控制方法	TCL 通讯(宁波)有限公司	ZL201310668722.X	2014-03-12
122	一种充电识别系统及其识别方法	TCL 通讯(宁波)有限公司	ZL201310668845.3	2014-03-12
123	移动终端的充电防盗保护方法和系统及移动终端	TCL 集团股份有限公司	ZL201010549289.4	2012-05-23
124	一种可识别电器类型的电源插座装置	TCL 集团股份有限公司	ZL201210220904.6	2013-10-30
125	电源装置和发光元件驱动装置	TDK 株式会社	ZL201210358597.8	2013-04-03
126	开关电源装置	TDK 株式会社	ZL201310051872.6	2013-08-21
127	电源	THX 有限公司	ZL201080043363.3	2012-07-04
128	用于对牵引用电池充电的方法	ZF 腓德烈斯哈芬股份公司	ZL201180058309.0	2013-08-14
129	电源管理系统	丁景信	ZL201210382991.5	2013-04-24
130	LLC 变换器同步整流方法及其装置	万仁春 刘钧 吴文江	ZL201210577710.1	2013-04-03
131	制备准谐振变换器的单片 IGBT 和二极管结构及方法	万国半导体股份有限公司	ZL201110436059.1	2012-07-11
132	具有电磁干扰滤波器的垂直瞬态电压抑制器	万国半导体股份有限公司	ZL201210073633.6	2012-08-01
133	带有集成高功率分立场效应晶体管和低压控制器的升压变换器	万国半导体股份有限公司	ZL201210073650.X	2012-07-25
134	电池电源管理系统	万国卡车知识产权有限公司	ZL201080065768.7	2012-12-19
135	充电装置和车辆设备	三一汽车制造有限公司	ZL201210237469.8	2012-10-10

（续）

ID	标　　题	申请人	专利号	公开日
136	一种变压器线圈绝缘结构及其制造方法	三变科技股份有限公司	ZL201310446861. 8	2013-12-25
137	无停电电源装置	三垦电气株式会社	ZL201110283146. 8	2012-05-02
138	恒流电源装置	三垦电气株式会社	ZL201110439551. 4	2012-07-04
139	LED 驱动装置以及 LED 照明装置	三垦电气株式会社	ZL201210016851. 6	2012-07-25
140	谐振转换器	三垦电气株式会社	ZL201210243469. 9	2013-01-16
141	开关电源装置	三垦电气株式会社	ZL201210248798. 2	2013-01-23
142	具有功率因数校正电路的电子镇流器	三多尼克爱特克两合股份有限公司	ZL200880021183. 8	2012-01-11
143	并网电力存储系统和控制并网电力存储系统的方法	三星 SDI 株式会社	ZL201010566980. 3	2011-06-08
144	电池包和对电池包充电的方法	三星 SDI 株式会社	ZL201010623422. 6	2011-06-29
145	可充电锂电池	三星 SDI 株式会社	ZL201110044200. 3	2011-11-30
146	用于可充电锂电池的负极活性材料及含其的可充电锂电池	三星 SDI 株式会社	ZL201110115055. 3	2011-11-16
147	用于可充电电池的电极板的干燥器及其控制方法	三星 SDI 株式会社	ZL201110125131. 9	2012-05-30
148	具有急速充电功能的电池组及其方法	三星 SDI 株式会社	ZL201110153228. 0	2012-01-11
149	正极活性材料、其制备方法及包括其的可充电锂电池	三星 SDI 株式会社	ZL201110158541. 3	2011-12-14
150	含添加剂的凝胶电解质和包括该电解质的可再充电锂电池	三星 SDI 株式会社	ZL201110186448. 3	2011-12-28
151	充放电器以及控制充放电器的充电的方法	三星 SDI 株式会社	ZL201110189324. 0	2012-10-17
152	用于充电和放电的装置	三星 SDI 株式会社	ZL201110240089. 5	2012-03-14
153	用于为二次电池充电的夹具和包括该夹具的充电装置	三星 SDI 株式会社	ZL201110284082. 3	2012-10-17
154	正极活性材料及其制造方法和可充电锂电池	三星 SDI 株式会社	ZL201110307828. 8	2012-05-30
155	可再充电电池充放电系统及其驱动方法	三星 SDI 株式会社	ZL201110314727. 3	2012-09-19
156	可再充电锂电池用负极活性材料及含其的可再充电锂电池	三星 SDI 株式会社	ZL201110335222. 5	2012-05-23
157	正极保护层组合物、含保护层的可再充电锂电池及其制法	三星 SDI 株式会社	ZL201110340853. 6	2012-07-11
158	可再充电电池	三星 SDI 株式会社 罗伯特-博世有限公司	ZL201010585749. 9	2011-06-08
159	可再充电电池	三星 SDI 株式会社 罗伯特-博世有限公司	ZL201110005259. 1	2011-07-20
160	可再充电电池	三星 SDI 株式会社 罗伯特-博世有限公司	ZL201110121683. 2	2012-08-01
161	可再充电电池	三星 SDI 株式会社 罗伯特-博世有限公司	ZL201110147040. 5	2011-12-14
162	可再充电电池	三星 SDI 株式会社 罗伯特-博世有限公司	ZL201110207662. 2	2012-06-06
163	可再充电电池、电池模块和可再充电电池的电极端子组件	三星 SDI 株式会社 罗伯特-博世有限公司	ZL201110215204. 3	2012-03-14
164	变压器及具有该变压器的液晶显示设备	三星显示有限公司	ZL201110043282. X	2011-10-05
165	有机发光显示装置及有机发光显示装置的电源供给方法	三星显示有限公司	ZL201110166661. 8	2012-03-14
166	控制电源的成像设备及其方法	三星电子株式会社	ZL200910128158. 6	2010-02-03
167	驱动电路、电源设备和包括其的电设备	三星电子株式会社	ZL201110113535. 6	2011-12-14
168	用于便携式终端的充电装置	三星电子株式会社	ZL201110162988. 8	2011-12-14

（续）

ID	标　　题	申请人	专利号	公开日
169	控制异常负载的高压电源	三星电子株式会社	ZL201110199332. 3	2011-12-14
170	无线电能及数据发送和接收系统	三星电子株式会社	ZL201110289577. 5	2012-07-11
171	LED 驱动装置	三星电子株式会社	ZL201110294875. 3	2012-05-30
172	用于电源供应单元的检测装置	三星电子株式会社	ZL201110416058. 0	2012-07-11
173	电源供应单元的制造系统和制造方法以及闪烁检测装置	三星电子株式会社	ZL201110439032. 8	2012-07-11
174	移动终端的无线充电方法及相应的移动终端	三星电子株式会社	ZL201180013565. 8	2012-11-21
175	谐振电能传输系统中的功率转换器和谐振电能传输设备	三星电子株式会社	ZL201180049174. 1	2013-06-12
176	开关模式电源装置及其驱动方法	三星电子株式会社	ZL201210277235. 6	2012-11-28
177	用于为电池组充电的装置和方法	三星电子株式会社	ZL201210444140. 9	2013-06-26
178	电源组模块	三星电机株式会社	ZL201110029232. 6	2012-07-04
179	平面变压器及具有该平面变压器的驱动器和显示装置	三星电机株式会社	ZL201110070457. 6	2012-07-11
180	升压变换器	三星电机株式会社	ZL201110265658. 1	2012-04-04
181	变压器和包括该变压器的平板显示装置	三星电机株式会社	ZL201110412218. 4	2012-07-11
182	功率模块封装	三星电机株式会社	ZL201210014751. X	2013-06-05
183	变压器及使用该变压器的显示装置	三星电机株式会社	ZL201210051970. 5	2013-01-02
184	变压器及使用该变压器的显示装置	三星电机株式会社	ZL201210160582. 0	2013-01-02
185	电源模块和具有该电源模块的多重供电装置	三星电机株式会社 韩国科学技术院	ZL201210297962. 9	2013-06-26
186	电池的可充放电电流运算方法和电源装置以及配备该电源装置的车辆	三洋电机株式会社	ZL201010546228. 2	2011-05-18
187	电动机控制装置、电动机驱动系统和逆变器控制装置	三洋电机株式会社	ZL201010583679. 3	2011-06-15
188	电源装置及具备该电源装置的车辆	三洋电机株式会社	ZL201110045469. 3	2011-08-24
189	车辆用的电源装置以及搭载该电源装置的车辆	三洋电机株式会社	ZL201110078405. 3	2011-09-28
190	二次电池的充电方法及电池组	三洋电机株式会社	ZL201110240986. 6	2012-03-21
191	电源装置及具备该电源装置的车辆	三洋电机株式会社	ZL201110434987. 4	2012-07-04
192	电源装置、具备该电源装置的车辆以及防尘壳体	三洋电机株式会社	ZL201110441961. 2	2012-07-04
193	电源装置	三洋电机株式会社	ZL201180008697. 1	2012-10-24
194	电池模块、电池系统、电动车辆、移动体、电力贮藏装置、电源装置及电气设备	三洋电机株式会社	ZL201180010782. 1	2012-11-07
195	电源装置	三洋电机株式会社	ZL201180030156. 9	2013-03-06
196	电源系统	三洋电机株式会社	ZL201180042017. 8	2013-05-01
197	充电设备、电力存储设备以及电源设备	三洋电机株式会社	ZL201180048667. 3	2013-06-12
198	车辆用的电源装置和具备该电源装置的车辆	三洋电机株式会社	ZL201210312819. 2	2013-03-20
199	车辆用的电源装置和具备该电源装置的车辆	三洋电机株式会社	ZL201210371664. X	2013-05-01
200	电源装置、具有该电源装置的车辆以及蓄电装置	三洋电机株式会社	ZL201210418882. 4	2013-06-05
201	车辆用的电源装置以及具备该电源装置的车辆	三洋电机株式会社	ZL201210421332. 8	2013-05-08
202	电源电路	三洋电机株式会社 三洋半导体株式会社	ZL201010623088. 4	2011-08-24
203	逆流防止电路以及电源切换装置	三美电机株式会社	ZL201010128665. 2	2010-09-08

（续）

ID	标　　题	申请人	专利号	公开日
204	照明器具的电源控制装置以及照明系统	三美电机株式会社	ZL201010623038.6	2011-11-30
205	电源控制用半导体集成电路以及绝缘型直流电源装置	三美电机株式会社	ZL201110043792.7	2011-08-24
206	电流限制电路以及电源电路	三美电机株式会社	ZL201110375004.4	2012-07-04
207	开关电源装置	三美电机株式会社	ZL201110440658.0	2012-07-11
208	升降压 DC-DC 转换器以及开关控制电路	三美电机株式会社	ZL201180007667.9	2012-10-17
209	升降压 DC-DC 转换器以及开关控制电路	三美电机株式会社	ZL201180007686.1	2012-10-17
210	绝缘型电源装置及照明装置	三美电机株式会社	ZL201180037465.9	2013-07-24
211	过电流检测电路、逆变器以及过电流检测电路的调整方法	三菱电机株式会社	ZL200880131012.0	2011-08-10
212	转换器电路、以及具备该转换器电路的电动机驱动控制装置、空气调节器、冰箱及感应加热烹饪器	三菱电机株式会社	ZL200980133751.8	2011-07-27
213	变压器	三菱电机株式会社	ZL200980160151.0	2012-05-16
214	逆变器系统以及逆变器	三菱电机株式会社	ZL200980160819.1	2012-05-23
215	变压器	三菱电机株式会社	ZL201080052488.2	2012-08-22
216	热固性树脂组合物、导热性乙阶片材及电源模块	三菱电机株式会社	ZL201080064596.1	2012-11-07
217	充电状态估计装置	三菱电机株式会社	ZL201080065769.1	2012-12-12
218	充电状态推定装置	三菱电机株式会社	ZL201080067268.7	2013-02-06
219	充电控制装置	三菱电机株式会社	ZL201080068442.X	2013-04-17
220	热泵装置、热泵系统和三相逆变器的控制方法	三菱电机株式会社	ZL201080068788.X	2013-06-12
221	热泵装置、热泵系统和三相逆变器的控制方法	三菱电机株式会社	ZL201080069552.8	2013-06-12
222	车辆用辅助电源装置	三菱电机株式会社	ZL201080070183.4	2013-07-10
223	功率模块	三菱电机株式会社	ZL201110220746.X	2012-03-14
224	充电显示装置	三菱电机株式会社	ZL201110222886.0	2012-04-18
225	半导体功率模块	三菱电机株式会社	ZL201110237469.3	2012-03-14
226	功率模块	三菱电机株式会社	ZL201110397860.X	2012-09-05
227	仪表用变换器	三菱电机株式会社	ZL201110444294.3	2012-10-31
228	逆变器一体型驱动模块及其制造方法	三菱电机株式会社	ZL201180007339.9	2012-10-10
229	电源装置及控制器	三菱电机株式会社	ZL201180011649.8	2012-11-14
230	开关电源装置	三菱电机株式会社	ZL201180064786.8	2013-09-11
231	车辆用电源系统	三菱电机株式会社	ZL201180065462.6	2013-09-18
232	充电引导装置及车载导航装置	三菱电机株式会社	ZL201180066032.6	2013-11-20
233	车辆用电源系统	三菱电机株式会社	ZL201180069563.0	2013-12-11
234	功率模块及功率模块向冷却器的固定方法	三菱电机株式会社	ZL201210098994.6	2012-10-17
235	电源监视装置	三菱电机株式会社	ZL201210116287.5	2013-05-15
236	电源管理装置、电源管理方法及电源管理系统	三菱电机株式会社	ZL201210262334.7	2013-05-15
237	电源装置	三菱电机株式会社	ZL201280003057.6	2014-01-22
238	逆变器系统及通信方法	三菱电机株式会社	ZL201280003381.8	2014-02-26
239	电源系统装置	三菱电机株式会社	ZL201280066065.5	2014-09-17
240	电源供给装置和视频显示装置	三菱电机株式会社	ZL201310193691.7	2013-12-25

（续）

ID	标 题	申请人	专利号	公开日
241	用于控制升压转换器的输出电压的方法和设备	三菱电机研发中心欧洲有限公司 三菱电机株式会社	ZL201080027943. 3	2012-11-28
242	用于获取使能电源特性的确定的信息的方法	三菱电机研发中心欧洲有限公司 三菱电机株式会社	ZL201080056568. 5	2012-09-12
243	带散热器的功率模块用基板的制造方法、带散热器的功率模块用基板及功率模块	三菱综合材料株式会社	ZL201080039784. 9	2012-06-13
244	功率模块用基板及功率模块	三菱综合材料株式会社	ZL201180008100. 3	2012-10-17
245	充电控制设备	三菱自动车工业株式会社	ZL201110324348. 2	2012-05-16
246	电动车辆的充电控制装置	三菱自动车工业株式会社	ZL201180065055. 5	2013-09-18
247	电力供给装置的起动电源确保结构	三菱自动车工业株式会社	ZL201210342970. 0	2013-04-10
248	充电状态预测装置、无架线交通系统及其充电方法	三菱重工业株式会社	ZL200780019887. 7	2009-06-10
249	变换器一体型电动压缩机	三菱重工业株式会社	ZL200980119145. 0	2011-05-04
250	电动车辆的充电装置	三菱重工业株式会社	ZL201280003137. 1	2013-06-05
251	机械式立体停车场的充电装置以及具有该装置的机械式立体停车场	三菱重工机电系统株式会社	ZL201280003906. 8	2013-11-06
252	纯电动汽车复合电源能量管理预测控制系统	三门峡速达交通节能科技股份有限公司	ZL201110332811. 8	2012-06-20
253	一种大功率太阳能三相并网逆变器	上方能源技术（杭州）有限公司	ZL201210198035. 1	2012-10-10
254	一种大功率变流设备功率模块组	上方能源技术（杭州）有限公司	ZL201210198048. 9	2012-10-10
255	锂离子电池直流备用电源的外部电源在位检测系统	上海中兴派能能源科技有限公司	ZL201110064887. 7	2012-09-19
256	应用于锂离子电池及锂离子电池组的充电管理系统	上海中兴派能能源科技有限公司	ZL201210104650. 1	2013-10-23
257	轮内电机及搭载该轮内电机的可外接充电式混合动力车辆	上海中科深江电动车辆有限公司	ZL201210078750. 1	2012-07-25
258	无发电机逆变器的串联式混合电驱动系统	上海中科深江电动车辆有限公司	ZL201310150774. 8	2013-08-07
259	基于蓝牙技术的电动车辆充电管理系统及方法	上海中科深江电动车辆有限公司	ZL201310273384. X	2013-09-11
260	一种无频闪的交流驱动 LED 光源调光系统和方法	上海亚明照明有限公司	ZL201310052758. 5	2013-05-22
261	一种开关调光 LED 驱动电路	上海亚明照明有限公司	ZL201310629194. 7	2014-03-26
262	交流 LED 驱动电路	上海亚明照明有限公司	ZL201310665276. 7	2014-03-05
263	高速电路系统中的电源分配网络	上海交通大学	ZL201110358806. 4	2012-06-27
264	一种基于多电平矩阵变频器的矿井提升机调速控制系统	上海交通大学	ZL201210028940. 2	2012-12-19
265	基于单相矩阵变换器的消弧线圈装置	上海交通大学	ZL201210103437. 9	2012-08-15
266	提高散热性能的壳式变压器	上海交通大学	ZL201210152665. 5	2012-09-19
267	一种中频非晶合金壳式变压器的散热方法	上海交通大学	ZL201210152671. 0	2012-09-19
268	基于局部电磁带隙结构的电源分配网络	上海交通大学	ZL201210417988. 2	2013-03-06
269	低附加电压零电压开关无桥功率因数校正器的调制方法	上海交通大学	ZL201210428412. 6	2013-03-27
270	无附加电压零电压开关储能半桥式逆变器及调制方法	上海交通大学	ZL201210429380. 1	2013-03-13
271	无附加电压零电压开关无桥功率因数校正器及调制方法	上海交通大学	ZL201210429575. 6	2013-03-13
272	无附加电压零电压开关储能桥式逆变器及调制方法	上海交通大学	ZL201210429583. 0	2013-03-27

（续）

ID	标　　题	申请人	专利号	公开日
273	基于双向 DC-DC 变换器的直流有源滤波器	上海交通大学	ZL201210461604. 7	2013-03-27
274	一种双级链式储能变流器控制方法	上海交通大学	ZL201210462225. X	2013-03-13
275	轨道式引导车自动充电装置	上海交通大学	ZL201210489450. 2	2013-04-03
276	电动汽车充放储一体化电站功率流动三级变流装置	上海交通大学	ZL201210514524. 3	2013-04-03
277	短时通电试验回路功率因数的面积峰值比测量方法	上海交通大学	ZL201310046835. 6	2013-07-03
278	一种含分布式电源并网的配电网快速供电恢复方法	上海交通大学	ZL201310048316. 3	2013-06-05
279	五电平逆变器	上海交通大学	ZL201310090983. 8	2013-07-24
280	一种集成门极换向晶闸管五电平功率模块	上海交通大学	ZL201310111504. 6	2013-07-24
281	一种变压器绕组模态参数识别方法	上海交通大学	ZL201310139465. 0	2013-08-28
282	一种应用于电池储能的双向隔离全桥变流器的控制方法	上海交通大学	ZL201310150773. 3	2013-08-14
283	直接网侧功率控制的单相功率因数校正器	上海交通大学	ZL201310179097. 2	2013-09-18
284	可变速抽水蓄能交流励磁发电电动机的同步并网控制方法	上海交通大学	ZL201310288879. X	2013-12-04
285	变速风机有功功率控制和转速控制方法	上海交通大学	ZL201310303392. 4	2013-11-20
286	基于经皮能量传输的无线体内充电系统	上海交通大学	ZL201310744192. 2	2014-03-26
287	基于主动机制的储能与光伏协调的配电网控制方法	上海交通大学 广东电网公司	ZL201310161429. 4	2013-09-04
288	双电源转换开关	上海人民企业集团温州电器有限公司	ZL201210088667. 2	2012-08-01
289	光伏逆变装置的冷却结构以及冷却方式	上海亿福新能源技术有限公司 章伟康	ZL201110458197. X	2013-07-03
290	一种光伏发电最大功率点跟踪的自调节控制方法	上海亿福新能源技术有限公司 章闻曦	ZL201110458180. 4	2013-07-03
291	基于对称多绕组变压器结构的串联电池组均衡电路及应用于该电路的控制方法	上海众联能创新能源科技有限公司	ZL201210144266. 4	2012-09-19
292	基于双侧电压信息的有源电力滤波器的控制方法	上海信元瑞电气有限公司	ZL201210282644. 5	2012-11-21
293	无需额外电源的自举驱动电路	上海儒竞电子科技有限公司	ZL201110401443. 8	2013-06-12
294	一种小功率光伏控制器输出短路的保护电路及其方法	上海先甲新能源科技有限公司	ZL201210239642. 8	2012-10-24
295	一种应用于电源管理单元的内部电源产生电路	上海凌阳科技有限公司	ZL201410345542. 2	2014-10-29
296	智能电源分配单元	上海前进电子器材有限公司 前进电子（苏州）有限公司	ZL201310041871. 3	2013-06-19
297	一种特殊环境用充电式载人洁净移动小车	上海千山远东制药机械有限公司	ZL201310327015. 4	2013-11-20
298	充电电池和包含其的移动终端	上海华勤通讯技术有限公司	ZL201210581421. 9	2013-04-24
299	混合动力汽车充电装置及充电方法	上海华普汽车有限公司 浙江吉利控股集团有限公司	ZL201110186024. 7	2013-01-09
300	模数转换器高低位耦合电容和单位电容的版图设计方法	上海华虹宏力半导体制造有限公司	ZL201110061740. 2	2011-06-15
301	电源电压检测电路及其控制方法	上海华虹宏力半导体制造有限公司	ZL201110434515. 9	2013-06-26
302	双界面卡的电源管理电路及方法	上海华虹集成电路有限责任公司	ZL201110024929. 4	2012-07-25
303	电源管理方法和电源管理系统	上海博泰悦臻电子设备制造有限公司	ZL201010572480. 0	2012-06-06
304	电源板测试方法和系统	上海博泰悦臻电子设备制造有限公司	ZL201110110134. 5	2012-10-31

（续）

ID	标　　题	申请人	专利号	公开日
305	卫星电测试用地面供电电源智能控制系统	上海卫星工程研究所	ZL201310148018.1	2013-09-04
306	LED 灯高频驱动器	上海君能能源科技有限公司	ZL201310021347.X	2013-05-15
307	一种电源模块的维修方法	上海唐盛信息科技有限公司	ZL201210195564.6	2014-01-01
308	一种随车充电控制装置及方法	上海埃士工业科技有限公司 上海汽车集团股份有限公司	ZL201310627707.0	2014-02-19
309	一种高频高压发生器三电平谐振变换器	上海埃斯凯变压器有限公司	ZL201310324057.2	2013-11-20
310	改进的二极管箝位式三电平逆变器过调制方法	上海大学	ZL201210571260.5	2013-04-17
311	带可控硅旁路调光电路的 LED 调光驱动系统	上海大学	ZL201310059174.0	2013-06-05
312	移动式蓄能电池电动汽车充电系统	上海大学	ZL201310099131.5	2013-06-12
313	混合动力汽车控制电池的充电方法	上海大郡动力控制技术有限公司	ZL201010116714.0	2011-09-21
314	电源纹波干扰测试方法及系统	上海天祥质量技术服务有限公司	ZL201110163308.4	2012-12-19
315	太阳能光伏电站基础钢桩	上海太阳能科技有限公司	ZL201210206363.1	2014-01-15
316	一种钛酸锂基化学电源	上海奥威科技开发有限公司	ZL201210557717.7	2013-04-17
317	基于多台有源电力滤波器并联运行的控制装置	上海安科瑞电气股份有限公司	ZL201110088556.7	2012-10-17
318	一种医疗隔离电源系统用的绝缘监测装置	上海安科瑞电气股份有限公司	ZL201110228989.8	2013-02-13
319	一种高精度松耦合多级电压输出的电源调配电路	上海宝信软件股份有限公司	ZL201210199526.8	2014-01-15
320	不同工况下变频风机变频器输出频率的测定方法	上海宝钢设备检修有限公司	ZL201110442952.5	2013-07-03
321	级联多电平光伏并网系统最大功率点跟踪的智能控制方法	上海工程技术大学 上海雷诺尔科技股份有限公司	ZL201210548712.8	2014-06-18
322	一种变压器器身	上海市电力公司	ZL200910054174.5	2011-01-05
323	一种变压器过负荷运行可行性自动判断方法	上海市电力公司 华东电力试验研究院有限公司 国家电网公司	ZL201210410842.5	2013-01-16
324	一种实现渗透分布式电源的配电网故障隔离和恢复方法	上海市电力公司 华东电力试验研究院有限公司 国家电网公司	ZL201210529130.5	2013-04-03
325	变压器调压开关分接头的驱动电机电流信号采集装置	上海市电力公司 厦门红相电力设备股份有限公司 国家电网公司	ZL201210525507.X	2013-04-03
326	一种拉马式应急电源车快速接入接头	上海市电力公司 国家电网公司	ZL201310026001.9	2013-05-01
327	一种储能并网系统一体化状态监测方法	上海市电力公司 国家电网公司 华东电力试验研究院有限公司	ZL201310077826.3	2013-06-19
328	一种无极性自动判断充电电路及充电器	上海广为美线电源电器有限公司	ZL201310631795.1	2014-02-26
329	一种自动识别电池电压档位的充电器	上海广为美线电源电器有限公司	ZL201310754120.6	2014-04-02
330	一种多段式智能充电方法	上海广为美线电源电器有限公司	ZL201410009105.3	2014-04-02
331	一种发电机交流续航应急电源	上海广为美线电源电器有限公司 上海广为电器工具有限公司 上海广为拓浦电源有限公司	ZL201210295670.1	2012-12-12
332	降低待机状态下充电器的能耗的方法、充电电路及充电器	上海携福电器有限公司	ZL201210200314.7	2012-10-17
333	用于光伏发电的单轴跟踪装置	上海摩昆新能源科技有限公司	ZL201310169387.9	2013-09-04
334	一种 DC-DC 电源芯片的外围电路	上海斐讯数据通信技术有限公司	ZL201210437912.6	2013-01-30
335	一种消除电源噪声的电路和方法	上海斐讯数据通信技术有限公司	ZL201210488634.7	2013-02-27
336	级联型高压变频器单元母线电压自均衡方法及其装置	上海新时达电气股份有限公司 上海辛格林纳新时达电机有限公司	ZL201210285613.5	2012-12-05

（续）

ID	标　　题	申请人	专利号	公开日
337	开关电源	上海新时达电气股份有限公司 上海辛格林纳新时达电机有限公司	ZL201210331309. X	2013-01-23
338	一种变频器实现飞车启动的方法及其变频器	上海新时达电气股份有限公司 上海辛格林纳新时达电机有限公司	ZL201210407404. 3	2013-01-09
339	一种转动惯量负载试验装置及其旋转工作电机的电源接线结构	上海新时达电气股份有限公司 上海辛格林纳新时达电机有限公司	ZL201210453110. 4	2013-02-06
340	开关电源控制器及开关电源	上海新进半导体制造有限公司	ZL201110409130. 7	2012-06-13
341	加快模拟加法器响应速度的方法、模拟加法器及变压器	上海新进半导体制造有限公司	ZL201210002200. 1	2012-09-05
342	一种高功率因数开关电源及其控制器和控制方法	上海新进半导体制造有限公司	ZL201210214383. 3	2012-10-10
343	一种 LED 驱动电路和 LED 的控制方法	上海新进半导体制造有限公司	ZL201210219812. 6	2012-10-17
344	改善开关电源系统输出特性的方法和电路	上海新进半导体制造有限公司	ZL201210241242. 0	2012-12-26
345	检测脉冲发生器、控制芯片以及开关电源	上海新进半导体制造有限公司	ZL201210282723. 6	2012-12-05
346	开关电源驱动电路、集成电路及开关电源	上海新进半导体制造有限公司	ZL201210313484. 6	2012-11-28
347	电感充电时间的控制电路、方法、芯片以及开关电源	上海新进半导体制造有限公司	ZL201210448777. 5	2013-02-13
348	针对变频电机的控制算法在逆变器的电路实现方法	上海晟矽微电子股份有限公司 北京大学软件与微电子学院无锡产学研合作教育基地	ZL201210195210. 1	2013-01-16
349	改进的折半查找算法在充电管理中的应用方法	上海晨兴希姆通电子科技有限公司	ZL201110247736. 5	2013-03-06
350	一种电池充电机柜对多个电池同时进行充电的方法	上海普天能源科技有限公司	ZL201310031940. 2	2013-04-24
351	一种浮地程控高压电源电路	上海普锐马电子有限公司	ZL201110233528. X	2013-02-20
352	一种电感电流全周期采样的 LED 驱动电路	上海晶丰明源半导体有限公司	ZL201310073418. 0	2013-06-26
353	一种 LED 驱动电源中的过压保护电路及 LED 驱动电源	上海晶丰明源半导体有限公司	ZL201310139467. X	2013-07-10
354	一种 LED 电流纹波消除驱动电路	上海晶丰明源半导体有限公司	ZL201310218482. 3	2013-08-28
355	一种可控硅调光 LED 驱动电路	上海晶丰明源半导体有限公司	ZL201310257527. 8	2013-09-25
356	最大亮度提升模块、可控硅调光 LED 驱动电路及系统	上海晶丰明源半导体有限公司	ZL201410046299. 4	2014-05-14
357	一种太阳能光伏发电用 PVB 树脂制备方法	上海晶棠安全玻璃技术应用研究中心	ZL201110443018. 5	2013-06-26
358	一种地面用光伏系统的电性能评价方法	上海晶澳太阳能科技有限公司	ZL201210586942. 3	2013-05-01
359	变压器油中气体在线监测装置的油路气体排空系统及方法	上海智光电力技术有限公司 广州智光电气股份有限公司	ZL201310080632. 9	2013-08-14
360	一种 LED 照明灯具用线性高压电源	上海欣丰电子有限公司	ZL201210518075. X	2013-02-27
361	LED 线性分段式电源	上海欣丰电子有限公司	ZL201210563845. 2	2013-04-24
362	一种电力配网箱式变压器环境参数在线监测系统	上海欧忆智能网络有限公司 上海市电力公司 武汉科技大学 国家电网公司	ZL201210577383. X	2013-05-15
363	直流高低压转换器的电压设定点的控制方法	上海汽车集团股份有限公司	ZL201010608076. 4	2012-07-04
364	直流高低压转换器的电压设定点的控制方法	上海汽车集团股份有限公司	ZL201010608087. 2	2012-07-11
365	直流高低压转换器的使能控制方法及输出电压控制方法	上海汽车集团股份有限公司	ZL201010620605. 2	2012-07-04
366	混合动力汽车智能充电控制及整车标定方法	上海汽车集团股份有限公司	ZL201010621422. 2	2012-07-04

（续）

ID	标　　题	申请人	专利号	公开日
367	混合动力充电车及其充电控制方法	上海汽车集团股份有限公司	ZL201110107182. 9	2012-10-31
368	电池步进式充电控制方法以及电池步进式充电装置	上海汽车集团股份有限公司	ZL201210226584. 5	2014-01-22
369	一种风光互补发电系统对外非接触充电装置	上海泰莱钢结构工程有限公司	ZL201110023853. 3	2012-07-25
370	LED 灯具电源板与光源板连接接插件	上海瀚唯科技有限公司	ZL201310135448. X	2013-07-10
371	三电平变换器中点电位平衡控制系统及方法	上海理工大学	ZL201310342514. 0	2013-12-04
372	用于分布式公交站台的储能式双向充电桩电路	上海瑞伯德智能系统科技有限公司	ZL201310744046. X	2014-04-09
373	一种用于变压器的熔断器密封连接座	上海瑞奇电气设备有限公司	ZL200910215663. 4	2011-06-29
374	可充电式按摩器	上海生生医用器材有限公司	ZL201110061526. 7	2012-09-19
375	两绕组变压器运行控制方法	上海申瑞继保电气有限公司	ZL201210236638. 6	2012-10-24
376	配电变压器的馈线最大负荷预估方法	上海申瑞继保电气有限公司	ZL201310106286. 7	2013-08-14
377	变压器油中单组分气体浓度修正方法	上海申瑞继保电气有限公司	ZL201310508142. 4	2014-02-19
378	变压器油中气体色谱峰面积计算方法	上海申瑞继保电气有限公司	ZL201410139244. 8	2014-07-16
379	太阳能光伏-温差自动控温联合发电装置	上海电力学院	ZL201210148436. 6	2012-08-22
380	一种串联输入并联输出的软开关交错直流变换器	上海电力学院	ZL201310032525. 9	2013-05-01
381	基于多目标调度模型的并网运行方式下微网能量控制方法	上海电力学院	ZL201310068253. 8	2013-06-12
382	一种区域高渗透率光伏储能系统及其能量管理方法	上海电力学院	ZL201310407598. 1	2013-12-11
383	一种含分布式电源的配电网故障后供电恢复的方法及系统	上海电力学院	ZL201310500931. 3	2014-01-22
384	通频型单相交流电源基波与谐波的快速检测与计算方法	上海电力学院 国网安徽省电力公司黄山供电公司 国家电网公司	ZL201210327841. 4	2012-12-26
385	巴士候车点太阳能发电手机充电装置及充电方法	上海电力设计院有限公司	ZL201410029831. 1	2014-04-16
386	一种电动汽车充电桩机械性能测试方法	上海电器科学研究所(集团)有限公司 上海电器科学研究院	ZL201310217470. 9	2013-09-18
387	基于带有变压器的倍压整流电力电子无源集成模块	上海电机学院	ZL201110436249. 3	2012-07-11
388	基于耦合电感的模块型光伏电力电子变换器	上海电机学院	ZL201110436250. 6	2012-07-11
389	可改善输出波形的变压器及其改善输出波形的方法	上海电机学院	ZL201210138227. 3	2012-08-15
390	一种光伏阵列最大功率跟踪方法及装置	上海电机学院	ZL201310689155. 6	2014-04-23
391	链式可变直流模拟源与高压储能变换器一体机及控制系统	上海电气集团股份有限公司	ZL201310327112. 3	2013-10-23
392	一种 H 桥电路的功率模块并联测试方法	上海电气集团股份有限公司	ZL201310403795. 6	2013-12-11
393	一种级联变流器直流侧自稳压方法	上海电气集团股份有限公司	ZL201310403816. 4	2013-12-11
394	分布式光伏并网发电与储能设备的控制方法	上海电科电器科技有限公司	ZL201110443009. 6	2013-06-26
395	自助智能充电系统的充电方法	上海畅聪新能源科技有限公司	ZL201010548751. 9	2012-05-23
396	磁路逆转式磁场电源及其应用	上海科斗电子科技有限公司	ZL201210042687. 6	2013-07-24
397	一种电源模块	上海科斗电子科技有限公司	ZL201210485121. 0	2013-03-20
398	一种通信基站的智能油电混合电源系统	上海科泰电源股份有限公司	ZL201310262590. 0	2013-09-18
399	一种空心阴极触持极电源自动切换电路	上海空间推进研究所	ZL201410097477. 6	2014-07-09
400	串联型顺序开关充电分流控制调节电路	上海空间电源研究所	ZL200910198507. 1	2011-05-11
401	一种锂离子蓄电池补充充电控制系统	上海空间电源研究所	ZL201210526611. 0	2013-04-10
402	一种卫星用电源自主休眠唤醒控制系统	上海空间电源研究所	ZL201310288643. 6	2013-10-02

（续）

ID	标　题	申请人	专利号	公开日
403	反激电源转换器的二次侧电路	上海立隆微电子有限公司	ZL200910056344. 3	2011-03-30
404	应用于驰返式转换器一次侧的输出电流感测装置及方法	上海立隆微电子有限公司	ZL200910198329. 2	2011-05-11
405	基于MODBUS协议的光伏电站远程智能监控通讯方法	上海纽恩新能源科技有限公司	ZL201410766256. 3	2015-03-25
406	一种简便型太阳能电动车充电器	上海绿圣能源科技有限公司	ZL201310113942. 6	2013-06-19
407	一种非晶变压器矩形线绕组及其制造方法	上海置信电气非晶有限公司 上海置信电气股份有限公司	ZL201310674485. 8	2014-03-26
408	一种新能源汽车车载光伏充电器电路及其控制方法	上海联孚新能源科技集团有限公司	ZL201310407741. 7	2013-12-11
409	一种用于电动车辆驱动控制的变换器装置	上海能能电动车辆有限公司	ZL201310323525. 4	2013-10-23
410	一种高精度分段可调电源	上海航空电器有限公司	ZL201110425873. 3	2013-06-19
411	充电电池的电压采样电路	上海艾为电子技术股份有限公司	ZL201310505167. 9	2014-01-22
412	电池的充电控制电路	上海艾为电子技术股份有限公司	ZL201310582607. 0	2014-02-19
413	电池的充电控制电路	上海艾为电子技术股份有限公司	ZL201310585746. 9	2014-02-12
414	充电芯片中的充电控制系统	上海艾为电子技术股份有限公司	ZL201310618043. 1	2014-02-26
415	用于寒冷工况下伺服控制器的辅助加热装置	上海英威腾工业技术有限公司	ZL201110181984. 4	2013-01-02
416	容积可调隔膜式脉动吸收蓄能器	上海英威腾工业技术有限公司	ZL201210083418. 4	2013-10-23
417	一种线性多通道LED恒流驱动电路	上海莱托思电子科技有限公司	ZL201310567453. 8	2014-02-12
418	一种LED开关恒流驱动电路	上海莱托思电子科技有限公司	ZL201310705124. 5	2014-03-19
419	功率因数校正恒流控制器及控制方法	上海莱狮半导体科技有限公司	ZL201210050229. 7	2013-09-11
420	一种断路器热记忆电路及其充电调节方法	上海诺雅克电气有限公司	ZL201210009077. 6	2012-07-11
421	一种D类音频功放静音充电电路	上海贝岭股份有限公司	ZL201310204898. X	2013-10-02
422	一种太阳能充电系统	上海迈极电子有限公司	ZL201010552138. 4	2012-05-30
423	半封闭式太阳能电动车电源装置	上海锐艺工业产品设计咨询有限公司	ZL201210233229. 0	2012-10-24
424	不间断供电式漏电试验综合保护系统	上海颐坤自动化控制设备有限公司	ZL201210326003. 5	2013-03-20
425	一种LED驱动电源电路、驱动电源和照明装置	上舜照明（中国）有限公司	ZL201080010933. 9	2012-10-24
426	一种电流检测电路及其控制电路和电源转换电路	上舜照明（中国）有限公司	ZL201180069340. 4	2013-12-25
427	变压器	东京零件工业股份有限公司	ZL201010226188. 3	2011-04-06
428	恒流源充电二极管放电的开关式互感值测量方法	东北农业大学	ZL201210269245. 5	2012-11-07
429	基于开关式激励源的差动变压器位移测量装置及其测量方法	东北农业大学	ZL201210574510. 0	2013-04-24
430	一种分布式新能源发电系统的低压并网检测装置及方法	东北大学	ZL201310229628. 4	2013-09-25
431	一种新能源发电系统并网智能检测报警装置及方法	东北大学	ZL201310314373. 1	2013-11-20
432	一种用于X射线管的负高压直流集成电源及其控制方法	东北大学	ZL201310379727. 0	2013-11-27
433	一种分布式混合新能源的发电与并网控制装置及方法	东北大学	ZL201310399030. X	2013-12-04
434	一种逆向求解的PWM逆变器及控制方法	东北大学 沈阳工业大学	ZL201310190466. 8	2013-09-04
435	抑制变压器直流偏磁的电容隔直流可控开断桥式电路	东北电力大学	ZL201310286167. 4	2013-10-23

（续）

ID	标 题	申请人	专利号	公开日
436	一种可调电阻法抑制变压器中性点直流电流的装置	东北电力科学研究院有限公司 南京南瑞集团公司 辽宁省电力有限公司电力科学研究院 国家电网公司	ZL201210183970.0	2012-10-03
437	一种笔记本电脑外置稳压电源与电线组合盒	东华大学	ZL201110434005.1	2012-07-04
438	一种独立或并网双模逆变器的控制电路及切换方法	东华大学 上海盟津光电科技有限公司	ZL201310014531.1	2013-05-01
439	一种小型低插损单尺度声表面波小波变换器件	东华大学 南通大学	ZL201210019947.8	2012-07-11
440	一种基于同步整流技术的开关磁阻电机控制方法	东南大学	ZL201210346211.1	2012-12-26
441	一种具有高负载调整率的快速瞬态响应 DC-DC 开关变换器	东南大学	ZL201210476509.4	2013-04-03
442	一种近场控制的油浸式非晶合金变压器的有源降噪系统	东南大学	ZL201210486706.4	2013-03-13
443	一种非隔离型单相光伏并网逆变器及其开关控制时序	东南大学	ZL201210536368.0	2013-04-17
444	一种滴漏式光伏发电装置	东南大学	ZL201210559216.2	2013-04-17
445	一种单逆变器双电机系统的控制方法	东南大学	ZL201210584914.8	2013-04-03
446	一种快速瞬态响应的数字功率因数变换器及其控制方法	东南大学	ZL201210589729.8	2013-05-01
447	一种快速瞬态响应的数字开关变换器及其控制方法	东南大学	ZL201210589750.8	2013-04-17
448	低电源电压 CMOS 恒定电压源电路	东南大学	ZL201210590969.X	2013-05-01
449	低电源电压下高转换增益无源混频器	东南大学	ZL201210591261.6	2013-05-01
450	低电源电压高共模抑制比运算放大器	东南大学	ZL201210591649.6	2013-04-10
451	一种交错并联反激驱动电源	东南大学	ZL201310016516.0	2013-04-17
452	一种准 Z 源逆变器	东南大学	ZL201310027995.6	2013-05-22
453	三电源环形行波超声波电机的正反转移相控制方法	东南大学	ZL201310039788.2	2013-05-15
454	一种变结构三电源空间调相行波超声波电机	东南大学	ZL201310040991.1	2013-06-19
455	三电源空间调相行波超声波电机正反转移相控制方法	东南大学	ZL201310041545.2	2013-06-05
456	浮栅驱动芯片中抑制高侧浮动电源低电平负过冲的电路	东南大学	ZL201310080254.4	2013-08-07
457	一种用于等离子体污水处理系统的高压脉冲电源	东南大学	ZL201310082889.8	2013-07-24
458	基于零序和负序电压注入的级联型并网逆变器直流侧平衡控制方法	东南大学	ZL201310101371.4	2013-07-24
459	一种零电流转换全桥型非隔离光伏并网逆变器	东南大学	ZL201310134383.7	2013-07-10
460	一种集群风电场有功功率控制方法	东南大学	ZL201310164592.6	2013-07-24
461	一种新型太阳能光伏与光热联合供电系统装置	东南大学	ZL201310168199.4	2013-09-11
462	一种电动汽车无线充电车位系统	东南大学	ZL201310194371.3	2013-08-28
463	一种输入串联输出并联组合变换器的均压控制方法	东南大学	ZL201310194819.1	2013-09-18
464	一种蓄电池无线充电最小接入装置	东南大学	ZL201310196214.6	2013-09-18
465	一种频率可调式无线电能传输装置	东南大学	ZL201310196231.X	2013-09-18
466	一种模块化多电平变换器的低频模式运行控制方法	东南大学	ZL201310234952.5	2013-10-02
467	一种单相并网变流器的矢量控制方法	东南大学	ZL201310279275.9	2013-10-23

（续）

ID	标题	申请人	专利号	公开日
468	一种可调整斜波补偿斜率的开关电源	东南大学	ZL201310280551.3	2014-01-15
469	一种二极管钳位型五电平逆变器矢量序列选择方法	东南大学	ZL201310281032.9	2013-11-27
470	一种高电源抑制比的带隙基准电压源	东南大学	ZL201310314616.1	2013-11-13
471	一种三角形连接的链式H桥直挂式逆变器相间直流侧电压平衡控制方法	东南大学	ZL201310355018.9	2013-11-20
472	具有自充电功能的串联补偿低电压穿越装置及控制方法	东南大学	ZL201310358434.4	2013-12-11
473	一种基于实时电价的插入式电动汽车充电控制方法	东南大学	ZL201310377142.5	2013-12-18
474	一种矿用隔离式本安LED驱动电源	东南大学	ZL201310392070.1	2013-12-04
475	一种二极管钳位型五电平逆变器高调制比均压方法	东南大学	ZL201310431044.5	2013-12-25
476	一种双零序电压注入的链式并网逆变器容错控制方法	东南大学	ZL201310479229.3	2014-01-01
477	一种基于谐波分析的级联逆变器H桥单元故障检测方法	东南大学	ZL201310480072.6	2014-01-22
478	一种高电源抑制比的纯MOS结构电压基准源	东南大学	ZL201310535118.X	2014-01-22
479	单电感双输出变换器中实现次级开关100%占空比输出的方法	东南大学	ZL201310560994.8	2014-02-05
480	一种多并联逆变器电机调速系统及其控制方法	东南大学	ZL201310593888.X	2014-02-05
481	一种可控混合电磁耦合滤波器	东南大学	ZL201310596666.3	2014-02-19
482	一种混合励磁同步电机功率因数控制方法	东南大学	ZL201310607967.1	2014-02-26
483	一种单电感四输出降压型开关电源的控制电路	东南大学	ZL201410001469.7	2014-03-26
484	原位样品杆中基片供电电源、光-电双功能基片及其制法	东南大学	ZL201410003661.X	2014-04-16
485	一种快速瞬态响应buck同步整流DC-DC变换器	东南大学	ZL201410003992.3	2014-04-02
486	一种基于光伏并网微逆变器的功率解耦控制方法	东南大学 国家电网公司 江苏省电力公司 江苏省电力公司电力经济技术研究院	ZL201310651367.5	2014-03-05
487	提高短时阴影下光伏模组抗失配能力的超级电容补偿方法	东南大学 江苏省电力公司南京供电公司 江苏省电力公司 国家电网公司	ZL201310106932.X	2013-07-10
488	一种二极管钳位型五电平逆变器均压控制方法	东南大学 深圳市英威腾电气股份有限公司	ZL201310305421.0	2014-01-15
489	隔离控制双极性高频高压脉冲电源电路	东文高压电源(天津)有限公司	ZL201310702569.8	2014-03-12
490	一种用于高压大功率调节系统的软充电电路及软充电方法	东方日立(成都)电控设备有限公司	ZL201210429221.1	2013-07-31
491	一种光伏并网逆变器母线电压二次纹波的抑制方法	东方日立(成都)电控设备有限公司	ZL201210496166.8	2013-07-31
492	改善双馈风力发电机组并网性能的方法	东方电气集团东方汽轮机有限公司	ZL201210589790.2	2013-05-08
493	一种双馈风力发电网侧变流器的控制系统及其控制方法	东方电气集团东方汽轮机有限公司 四川东方电气自动控制工程有限公司	ZL201310084597.8	2013-06-19
494	一种双馈风力发电变流器电网电压矢量角度检测算法	东方电气集团东方汽轮机有限公司 四川东方电气自动控制工程有限公司	ZL201310153005.3	2013-08-07
495	电源处理装置及其放电控制方法	东林科技股份有限公司	ZL201110306194.4	2013-04-17
496	功率转换系统及不间断供电电源系统	东芝三菱电机产业系统株式会社	ZL201080037033.3	2012-05-30
497	逆变器装置	东芝开利株式会社	ZL201210241741.X	2013-01-16

（续）

ID	标　　题	申请人	专利号	公开日
498	直流电源供电系统	东芝照明技术株式会社	ZL201080040292.1	2012-05-30
499	开关电源装置以及可调节电源系统	东芝照明技术株式会社	ZL201110273025.5	2012-04-11
500	开关电源装置以及照明装置	东芝照明技术株式会社	ZL201210074836.7	2012-10-03
501	照明用电源以及照明装置	东芝照明技术株式会社	ZL201210192043.5	2013-09-18
502	照明用电源以及照明器具	东芝照明技术株式会社	ZL201210224422.8	2013-09-11
503	电源装置及照明器具	东芝照明技术株式会社 株式会社东芝	ZL200980107918.3	2011-01-26
504	一种应用在交流LED驱动系统中的过压保护电路	东莞博用电子科技有限公司	ZL201310222496.2	2013-09-04
505	一种应用在交流LED驱动系统中的LED过温保护电路	东莞博用电子科技有限公司	ZL201310222498.1	2013-09-04
506	一种应用在交流LED驱动系统中的芯片过温保护电路	东莞博用电子科技有限公司	ZL201310222499.6	2013-09-04
507	无线充电的定位方法及装置	东莞宇龙通信科技有限公司 宇龙计算机通信科技（深圳）有限公司	ZL201210260843.6	2012-11-07
508	终端和终端的充电控制方法	东莞宇龙通信科技有限公司 宇龙计算机通信科技（深圳）有限公司	ZL201210315831.9	2012-11-28
509	终端和充电电流调节方法	东莞宇龙通信科技有限公司 宇龙计算机通信科技（深圳）有限公司	ZL201210319326.1	2012-12-26
510	终端和终端充电方法	东莞宇龙通信科技有限公司 宇龙计算机通信科技（深圳）有限公司	ZL201210321870.X	2012-11-28
511	一种用于无线充电远程控制的系统及其远程控制方法	东莞宇龙通信科技有限公司 宇龙计算机通信科技（深圳）有限公司	ZL201310096827.2	2013-07-24
512	防触电充电方法及带悬浮电压检测功能的检测转接器	东莞市东颂电子有限公司	ZL201310648795.2	2014-02-26
513	无线充电式移动电源及充放电方法	东莞市中恒浩机电科技有限公司	ZL201210228612.7	2012-10-17
514	高频电源变压器	东莞市俊知自动机械有限公司	ZL201210410494.1	2013-02-20
515	筒式上下轭结构三相隔离变压器	东莞市光华实业有限公司	ZL201210577393.3	2013-03-20
516	dv/dt变压器极性测试器及其测试方法	东莞市光华实业有限公司	ZL201210578299.X	2013-04-24
517	一种电源适配器自动测试装置	东莞市冠佳电子设备有限公司	ZL201210372816.8	2013-01-16
518	一种电源装置的网络控制系统	东莞市力与源电器设备有限公司	ZL201310096718.0	2013-07-10
519	一种正反换向脉冲电源的控制方法	东莞市力与源电器设备有限公司	ZL201310363790.5	2013-12-11
520	一种正反换向脉冲电源输出波形的控制方法	东莞市力与源电器设备有限公司	ZL201310363848.6	2013-12-11
521	一种锂离子二次电池的首次充电化成方法	东莞市力嘉电池有限公司	ZL201310089755.9	2013-06-12
522	一种DC电源接头自动焊接机	东莞市双力数控设备有限公司	ZL201210044813.1	2012-07-18
523	一种变压器夹框的输出收集方法	东莞市大忠电子有限公司	ZL201210372771.4	2013-01-16
524	基于比较器的限流限压锂电池充电电路	东莞市妙达电动工具制造有限公司	ZL201010620880.4	2012-07-11
525	一种生产电子变压器的全自动流水线	东莞市威元电子科技有限公司	ZL201310365426.2	2013-12-25
526	防水型电源插头及其制作方法	东莞市盛光电子有限公司	ZL201310022661.X	2013-05-08
527	一种直流电逆变自动跟踪并网装置	东莞市神牛电子科技有限公司	ZL201110374877.3	2012-06-20
528	一种非对称电容储能式AC-DC电源	东莞市神牛电子科技有限公司	ZL201210432614.8	2013-04-03
529	组合式高频变压器骨架	东莞市立敏达电子科技有限公司	ZL201310172191.5	2013-07-24
530	锂离子电池分步充电方法	东莞新能源科技有限公司 东莞新能源电子科技有限公司 宁德新能源科技有限公司	ZL201110141456.6	2012-12-05

（续）

ID	标　　题	申请人	专利号	公开日
531	一种供电系统及其电源保护电路	东莞钜威新能源有限公司	ZL201110335702.1	2013-05-08
532	万兆以太网络变压器及其制造方法	东莞铭普光磁股份有限公司	ZL201210304574.9	2012-11-14
533	适应性 LED 调光驱动电路	东贝光电科技股份有限公司	ZL201210585237.1	2014-07-02
534	用于电动专用电源车的电源分配管理系统及管理方法	东风小康汽车有限公司重庆分公司	ZL201310475665.3	2014-02-26
535	电动汽车太阳能充电器及其使用方法	东风小康汽车有限公司重庆分公司	ZL201310477339.6	2014-03-05
536	交流电源控制装置	中兴保全股份有限公司	ZL201210058593.8	2013-01-23
537	一种直流电源的均流方法和装置	中兴通讯股份有限公司	ZL200910179959.5	2010-03-10
538	智能充电方法和装置	中兴通讯股份有限公司	ZL200910205516.9	2010-04-14
539	一种 DC/DC 模块电源	中兴通讯股份有限公司	ZL201010215030.6	2010-10-20
540	LLC 串联谐振变换器及其驱动方法	中兴通讯股份有限公司	ZL201010238057.7	2010-11-24
541	一种滑模变结构控制 DC-DC 开关变换器的数字方法及系统	中兴通讯股份有限公司	ZL201010594517.X	2012-07-04
542	组合电源管理方法及装置	中兴通讯股份有限公司	ZL201110134486.4	2012-11-28
543	通信基站电源并联监控方法及通信基站电源系统	中兴通讯股份有限公司	ZL201110150097.0	2012-12-05
544	多可编程器件系统中电源保护方法及装置	中兴通讯股份有限公司	ZL201210079017.1	2012-09-12
545	充电电路及其控制方法与装置	中兴通讯股份有限公司	ZL201210161580.3	2012-10-03
546	一种基站电源监控及告警的装置和方法	中兴通讯股份有限公司	ZL201210355183.X	2013-01-09
547	终端的无线充电方法及装置	中兴通讯股份有限公司	ZL201210375998.4	2013-01-30
548	一种充电管理方法、装置和系统	中兴通讯股份有限公司	ZL201210466608.4	2013-03-06
549	充电方法、移动终端及适配器	中兴通讯股份有限公司	ZL201210547835.X	2013-04-24
550	一种便于维护的变频器	中冶南方（武汉）自动化有限公司	ZL201310620193.6	2014-03-26
551	电力供电系统中变压器数学模型的简化方法	中冶南方工程技术有限公司	ZL201210404935.7	2013-01-30
552	一种支承辊逆变电源差温淬火装置及热处理方法	中冶陕压重工设备有限公司	ZL201210523598.3	2013-04-03
553	一种改进光伏脉冲测试仪辐照度均匀性的测试装置及测试方法	中利腾晖光伏科技有限公司	ZL201310316202.2	2013-10-23
554	一种带新型电流转换器的谐波电流测试系统	中华人民共和国上海出入境检验检疫局	ZL201210422606.5	2013-01-23
555	电能表电源连接盒	中南仪表有限公司	ZL201310047469.6	2013-06-19
556	光伏柔性并网装置及控制方法	中南大学	ZL201210424978.1	2013-03-13
557	一种并联混合型有源电力滤波器及其控制方法	中南大学	ZL201310580977.0	2014-02-05
558	有源电力滤波器的输出滤波电路、滤波方法及设计方法	中南大学	ZL201410066430.3	2014-05-14
559	一种基于无线的光伏电站状态监测装置	中国东方电气集团有限公司	ZL201310510283.X	2014-02-05
560	直流电源输出保护电路	中国人民解放军 63963 部队 合肥同智机电控制技术股份有限公司	ZL201310021733.9	2013-04-24
561	作为多路同步磁开关的高电压可饱和脉冲变压器	中国人民解放军国防科学技术大学	ZL201210483436.1	2013-03-27
562	基于程控电源的太阳电池阵输出的模拟系统、方法	中国人民解放军国防科学技术大学	ZL201210486693.0	2013-02-13
563	基于 Z 源的双向 DC-DC 变换器的控制方法	中国人民解放军国防科学技术大学	ZL201510037888.0	2015-04-15
564	一种宽频防载波泄密安全电源插座	中国人民解放军总参谋部第五十五研究所	ZL201110336479.2	2012-06-20
565	可编程电池充电仪	中国人民解放军济南军区 72465 部队	ZL201310467684.1	2014-01-08
566	消磁副电源电流快速准确调整设备及调整方法	中国人民解放军海军工程大学	ZL201310070555.9	2013-07-10

（续）

ID	标 题	申请人	专利号	公开日
567	一种适用于并网逆变器的控制器及二次系统的供电方法	中国人民解放军海军工程大学 武汉新能源接入装备与技术研究院有限公司	ZL201310494771.6	2014-02-12
568	飞机地面空调电源动力综合保障设备	中国人民解放军空军济南航空四站装备修理厂	ZL201310474062.1	2014-09-10
569	一种软开关Boost拓扑电路	中国人民解放军重庆通信学院 国家电网公司 国网重庆市电力公司江北供电分公司	ZL201310590660.5	2014-02-19
570	开关电源输出过流保护装置	中国兵器工业集团第二一四研究所苏州研发中心	ZL201210270482.3	2012-11-07
571	基于LTCC多层基板工艺的电荷选通变换器电路	中国兵器工业集团第二一四研究所苏州研发中心	ZL201210387054.9	2013-02-13
572	自我控制完全断电的电源电子开关电路	中国兵器工业集团第二一四研究所苏州研发中心	ZL201210415531.8	2013-02-13
573	一种宽电源低压差稳压电路	中国北方发动机研究所(天津)	ZL201310417844.1	2013-12-25
574	功率模块和变流器	中国北车股份有限公司	ZL201110330531.3	2013-05-01
575	牵引变流器箱体及牵引变流器	中国北车股份有限公司	ZL201110375463.2	2013-06-05
576	牵引逆变器控制方法及装置	中国北车股份有限公司	ZL201110451528.7	2013-07-03
577	机车变流器的控制电路	中国北车股份有限公司	ZL201210003754.3	2013-07-10
578	充电机系统及轨道车辆	中国北车股份有限公司	ZL201210319466.9	2014-03-26
579	电力机车司机显示单元用电源	中国北车集团大连机车研究所有限公司	ZL201210563435.8	2013-04-03
580	用于电子功率模块冷却的水冷基板试验台的试验方法	中国北车集团大连机车研究所有限公司	ZL201210567922.1	2013-04-24
581	DC600V列车供电装置控制单元的供电电源	中国北车集团大连机车研究所有限公司	ZL201310322805.3	2013-11-06
582	一种判断远端变电站二次直流电源消失的方法	中国南方电网有限责任公司 南京南瑞继保电气有限公司	ZL201310526765.4	2014-10-01
583	一种输电线路在线监测设备的电源装置	中国南方电网有限责任公司超高压输电公司	ZL201210212037.1	2013-01-30
584	便携式太阳能电源系统	中国南方航空工业(集团)有限公司	ZL201110369987.0	2012-04-11
585	一种用于ZnO性能测试的可调高压方波脉冲电源	中国工程物理研究院流体物理研究所	ZL201310229261.6	2013-09-04
586	一种锥形绝缘层高压变压器绕组的制备方法	中国工程物理研究院电子工程研究所	ZL201310259392.9	2013-09-11
587	核电站提供应急动力电源的方法和移动式蓄电池蓄能系统	中国广核集团有限公司 大亚湾核电运营管理有限责任公司	ZL201210152055.5	2013-12-04
588	应用于装卸料机模拟机的旋转变压器信号仿真系统和方法	中国核电工程有限公司	ZL201310068798.9	2013-07-17
589	车底扫描电源控制器及其控制方法	中国民用航空总局第二研究所	ZL201310165733.6	2013-07-24
590	航空地面逆变电源特性测试系统及测控方法	中国民航大学	ZL201210575374.7	2013-04-24
591	煤矿井下防爆车辆电源开关自动控制装置	中国煤炭科工集团太原研究院 山西天地煤机装备有限公司	ZL201210508343.X	2013-04-10
592	一种电源避雷器自动报警装置和方法	中国电信股份有限公司	ZL201110032423.8	2012-07-11
593	特高压换流变压器隔震防落装置	中国电力工程顾问集团中南电力设计院有限公司	ZL201310120699.0	2013-06-26
594	光伏电站发电输出功率预测方法	中国电力科学研究院	ZL201110369757.4	2012-06-27

（续）

ID	标题	申请人	专利号	公开日
595	一种基于扫频短路特征的变压器绕组变形故障诊断方法	中国电力科学研究院	ZL201210470825.0	2013-03-27
596	一种基于介质响应特征的变压器油纸绝缘受潮诊断方法	中国电力科学研究院	ZL201210474348.5	2013-03-27
597	一种基于VSC并网光伏、储能电站的机电暂态建模方法	中国电力科学研究院 华北电力科学研究院有限责任公司	ZL201110328049.6	2012-03-21
598	用于电动汽车智能充电网络安全通信的量子密钥分配系统	中国电力科学研究院 国家电网公司	ZL201110214565.6	2011-12-14
599	一种重要电力用户应急电源配置方法	中国电力科学研究院 国家电网公司	ZL201110327836.9	2012-03-21
600	一种微电网并网与孤网自动无缝切换的控制方法	中国电力科学研究院 国家电网公司	ZL201210011880.3	2012-07-04
601	一种由电流互感器供电的直流电源	中国电力科学研究院 国家电网公司	ZL201210097460.1	2012-08-22
602	一种无弧有载调容调压配电变压器	中国电力科学研究院 国家电网公司	ZL201210101895.9	2012-08-29
603	一种具有自适应功能的节能变压器	中国电力科学研究院 国家电网公司	ZL201210158628.5	2012-10-03
604	一种光伏电站群区域功率预测方法	中国电力科学研究院 国家电网公司	ZL201210169776.7	2012-10-10
605	一种微电网分布式电源分层协调控制系统和方法	中国电力科学研究院 国家电网公司	ZL201210249714.7	2012-12-19
606	电动汽车交流充电桩连接装置控制导引测试仪及实现方法	中国电力科学研究院 国家电网公司	ZL201210290803.6	2013-01-09
607	基于SDP和V2GTP-EXI电动汽车自适应充电控制系统及其控制方法	中国电力科学研究院 国家电网公司	ZL201210291284.5	2012-12-19
608	一种变电站内变压器分接头位置的估计方法	中国电力科学研究院 国家电网公司	ZL201210296576.8	2013-01-16
609	基于光伏系统的用户侧分布式电源即插即用电源管理系统	中国电力科学研究院 国家电网公司	ZL201210326197.9	2013-01-16
610	一种非车载直流充电机与电动汽车通信的系统	中国电力科学研究院 国家电网公司	ZL201210338746.4	2013-01-16
611	一种交流充电装置与电动汽车通信的系统	中国电力科学研究院 国家电网公司	ZL201210364465.6	2013-02-06
612	一种基于同步脉冲输出电源的电子式互感器校验装置	中国电力科学研究院 国家电网公司	ZL201210396910.7	2013-02-13
613	一种基于多维度信息的变压器保护实现方法	中国电力科学研究院 国家电网公司	ZL201210422094.2	2013-02-27
614	一种用于间歇性电源高渗透电网规划的安全性评估方法	中国电力科学研究院 国家电网公司	ZL201210441763.0	2013-03-27
615	一种采用储能变流器实现被动离网无缝切换控制方法	中国电力科学研究院 国家电网公司	ZL201210469883.1	2013-04-03
616	基于蚁群算法的电池储能电站功率控制方法及其系统	中国电力科学研究院 国家电网公司 国网山东省电力公司青岛供电公司	ZL201210091211.1	2013-10-23
617	基于贪心策略的电池储能电站功率控制方法及其系统	中国电力科学研究院 国家电网公司 国网山东省电力公司青岛供电公司	ZL201210091331.1	2013-10-23
618	一种配电变压器更换的节能量测量与验证方法	中国电力科学研究院 国家电网公司 甘肃省电力公司	ZL201210254275.9	2013-02-06
619	光伏电站发电输出功率预测系统	中国电力科学研究院 宁夏回族自治区电力公司	ZL201110369766.3	2012-07-11
620	一种特高压1000kV降压220kV变压器	中国电力科学研究院 特变电工沈阳变压器集团有限公司	ZL201210115952.9	2012-09-19

（续）

ID	标　　题	申请人	专利号	公开日
621	脉冲电源的时序控制电路	中国电子科技集团公司第二十四研究所	ZL201310167974.4	2013-09-04
622	准谐振变换器同步整流电路	中国电子科技集团公司第二十四研究所	ZL201310206263.3	2013-09-04
623	应用于行波管程控高压电源的霍尔高压检测控制方法	中国电子科技集团公司第四十一研究所	ZL201110328225.6	2012-05-02
624	一种利用矢量网络分析仪实现内嵌本振变频器测试的方法	中国电子科技集团公司第四十一研究所	ZL201210154961.9	2012-09-19
625	电源阵列模拟器的并联均流型快速动态功率调整电路	中国电子科技集团公司第四十一研究所	ZL201310359749.0	2013-11-13
626	超高压汞灯的恒功率控制电路	中国电子科技集团公司第四十五研究所	ZL201110007393.5	2011-05-04
627	一种应用于半导体专用设备和光伏行业的砂浆站	中国电子科技集团公司第四十五研究所	ZL201110165269.1	2012-12-26
628	一种变压器油及其制备方法	中国石油化工股份有限公司	ZL201210419302.3	2013-01-30
629	中低温煤焦油加氢生产变压器油基础油的方法	中国石油化工股份有限公司 中国石油化工股份有限公司抚顺石油化工研究院	ZL201210433517.0	2014-05-14
630	并联高能量电容电火花加工脉冲电源	中国石油大学(华东)	ZL201210391990.7	2013-02-06
631	磷酸铁锂电池用24V充电器及其充电方法	中国石油大学(华东)	ZL201210534425.1	2013-04-10
632	一种组合式DC/AC变换器	中国石油大学(华东)	ZL201310092504.6	2013-06-05
633	电力变压器过热熔断保护装置	中国石油天然气股份有限公司 大庆油田有限责任公司	ZL201310193745.X	2013-08-21
634	一种矿用本安大功率LED驱动电源	中国矿业大学	ZL201210002047.2	2012-07-18
635	一种本安型大功率开关变换器输出短路保护方法	中国矿业大学	ZL201210064822.7	2012-07-11
636	T型五电平开关磁阻电机功率变换器	中国矿业大学	ZL201210280188.0	2013-02-06
637	一种四桥臂变流器空间矢量脉宽调制方法	中国矿业大学	ZL201210399478.7	2013-01-09
638	开关磁阻电机双开关功率变换器续流二极管故障诊断方法	中国矿业大学	ZL201310030343.8	2013-05-08
639	一种模块化多电平变换器的调制策略	中国矿业大学	ZL201310072543.X	2013-08-14
640	一种三电平变频器控制方法	中国矿业大学	ZL201310130205.7	2013-07-31
641	在线式矿用隔爆锂离子蓄电池不间断直流电源及控制方法	中国矿业大学	ZL201310256272.3	2013-09-18
642	开关磁阻电机功率变换器故障细节系数标准差诊断方法	中国矿业大学	ZL201310436418.2	2013-12-18
643	一种高效宽范围功率可调无线电能传输系统及控制方法	中国矿业大学	ZL201310565530.6	2014-02-05
644	一种抑制三相PWM变流器共模电压的简化调制算法	中国矿业大学	ZL201310593887.5	2014-02-12
645	串联输入串联输出全桥高频隔离双向DC/DC变换器	中国矿业大学(北京)	ZL201210212527.1	2012-10-10
646	大功率级联式二极管H桥单位功率因数整流器	中国矿业大学(北京)	ZL201310177775.1	2013-08-28
647	变耦合系数磁共振无线电能传输系统及方法	中国矿业大学(北京)	ZL201310401679.0	2013-11-27
648	一种压电变压器散热装置及压电变压器	中国科学技术大学	ZL201010575707.7	2011-06-15
649	高倍聚光光伏发电供热系统	中国科学技术大学	ZL201210450771.1	2013-03-06
650	一种光伏驱动的太阳能主动循环式热水系统	中国科学技术大学	ZL201410110268.0	2014-06-11

（续）

ID	标　题	申请人	专利号	公开日
651	由铅酸蓄电池单体与锂离子电池单体并联组成的复合电源	中国科学院上海微系统与信息技术研究所	ZL201210030481.1	2012-07-04
652	平衡-不平衡变压器	中国科学院上海微系统与信息技术研究所	ZL201310001072.3	2013-03-27
653	光谱补偿式太阳能光伏发电系统	中国科学院上海高等研究院	ZL201210315971.6	2014-03-26
654	用于高压脉冲电源的过电流抖动检测方法和保护电路	中国科学院光电研究院	ZL201110266284.5	2012-11-14
655	一种恒压/恒流自动转换的全固态激光器驱动电源装置	中国科学院半导体研究所	ZL201310363193.2	2013-11-27
656	LED 恒流 PWM 驱动电路及三基色 LED 混光驱动电路	中国科学院半导体研究所	ZL201410010264.5	2014-04-30
657	一种便携式高压直流稳压电源	中国科学院声学研究所	ZL201110451593.X	2013-07-03
658	一种金属/空气电池-氢氧燃料电池一体式组合电源	中国科学院大连化学物理研究所	ZL201210562567.9	2013-06-12
659	一种无间断供电方法及电源系统	中国科学院工程热物理研究所	ZL201310687337.X	2014-03-19
660	一种新型无间断供电方法及电源系统	中国科学院工程热物理研究所	ZL201310687415.6	2014-03-19
661	一种微电网用变流器的微电网组网控制方法	中国科学院广州能源研究所	ZL201310125672.0	2013-08-07
662	高压开关电源的隔离式电压电流检测控制电路	中国科学院微电子研究所	ZL201110299559.5	2013-04-03
663	具有精密功率检测器的射频电源	中国科学院微电子研究所	ZL201110389185.6	2013-06-05
664	一种跨导放大器、电阻、电感以及滤波器	中国科学院微电子研究所	ZL201210212644.8	2012-10-17
665	一种跨导放大器、电阻、电感以及滤波器	中国科学院微电子研究所	ZL201210212651.8	2012-10-10
666	一种工作于极低电源电压双模自动增益控制电路	中国科学院电子学研究所	ZL201110129392.8	2012-11-21
667	一种多模式降压型 DC-DC 转换器片内软启动电路	中国科学院电子学研究所	ZL201210118619.3	2013-10-30
668	电源芯片调制与开关宽度控制装置	中国科学院电子学研究所	ZL201210177081.3	2013-12-18
669	一种中高压无变压器结构统一电能质量控制器	中国科学院电工研究所	ZL201110452233.1	2012-05-02
670	一种无线电能传输系统及传输方法	中国科学院电工研究所	ZL201210320837.5	2013-01-09
671	模块化多电平变流器子模块测试装置和测试方法	中国科学院电工研究所	ZL201210472781.5	2013-04-03
672	三相四线并网电压源型 PWM 整流器电流参考值计算方法	中国科学院电工研究所	ZL201210550178.4	2013-04-03
673	模块化多电平变流器的控制方法	中国科学院电工研究所	ZL201310030575.3	2013-04-24
674	一种模块化多电平变流器三倍频注入控制方法	中国科学院电工研究所	ZL201310030603.1	2013-04-24
675	一种模块化多电平变流器环流控制方法	中国科学院电工研究所	ZL201310031168.4	2013-05-01
676	一种电动汽车无线充电装置及其输出控制方法	中国科学院电工研究所	ZL201310031207.0	2013-05-01
677	一种变压器局部放电超声源重建的定位方法及装置	中国科学院电工研究所	ZL201310060568.8	2013-06-12
678	一种带无线充电的电池管理系统	中国科学院电工研究所	ZL201310090557.4	2013-07-17
679	一种用于电气设备检测的无源供电电源	中国科学院电工研究所	ZL201310092894.7	2013-07-24
680	一种飞轮储能系统并网控制方法及其储能系统	中国科学院电工研究所	ZL201310195857.9	2013-09-04
681	一种重复频率高压微秒脉冲电源	中国科学院电工研究所	ZL201310241590.2	2013-10-02
682	一种单极性微秒脉冲高压电源	中国科学院电工研究所	ZL201310241715.1	2013-09-25
683	磁流体波浪能水下充电平台	中国科学院电工研究所	ZL201310242033.2	2013-10-02
684	一种三相微电网中双模式变流器的切换控制方法	中国科学院电工研究所	ZL201310284941.8	2013-10-09
685	一种并网逆变器并网点电压动态补偿控制方法	中国科学院电工研究所	ZL201310298868.X	2013-11-27
686	一种具有电压均衡能力的超级电容器组用充电电路	中国科学院电工研究所	ZL201310362179.0	2013-12-04

（续）

ID	标　　题	申请人	专利号	公开日
687	低杂波功率控制系统	中国科学院等离子体物理研究所	ZL201110388026.4	2012-06-27
688	一种用于大电流脉冲短路干式变压器副边三角形连接结构	中国科学院等离子体物理研究所	ZL201210096110.3	2012-08-08
689	基于大功率四象限变流器负载的SVC前馈反馈控制方法	中国科学院等离子体物理研究所	ZL201310040959.3	2013-06-05
690	中性束注入高压电源输出机械保护开关	中国科学院等离子体物理研究所	ZL201310100201.4	2013-07-24
691	一种太阳能聚光光伏模组	中国科学院苏州纳米技术与纳米仿生研究所	ZL201110456086.5	2012-07-04
692	应用于离子加速器治癌的数字电源同步系统及同步方法	中国科学院近代物理研究所	ZL201110258653.6	2012-05-09
693	数字脉冲电源同步定时触发系统	中国科学院近代物理研究所	ZL201210571715.3	2013-04-24
694	一种EMCCD的电子倍增驱动电源	中国科学院长春光学精密机械与物理研究所	ZL201210536402.4	2013-03-27
695	一种基于自耦变压器的EMCCD驱动电路	中国科学院长春光学精密机械与物理研究所	ZL201310037272.4	2013-05-15
696	电磁铁电源及其控制方法和数字控制器	中国科学院高能物理研究所	ZL201210458128.3	2013-03-20
697	谐振励磁电源的电流给定波形的控制方法	中国科学院高能物理研究所	ZL201210500285.6	2013-04-24
698	一种室内分布式系统一体化开关电源及其供电方法	中国移动通信集团甘肃有限公司	ZL201210278901.8	2014-02-12
699	一种柔性直流输电系统换流站滤波器的设计方法	中国能源建设集团广东省电力设计研究院有限公司	ZL201210487242.9	2013-04-03
700	一种换流站站用变压器高压侧辅助失灵保护的配置方法	中国能源建设集团广东省电力设计研究院有限公司	ZL201310013835.6	2013-09-25
701	太阳能光伏阵列的最大功率输出控制方法和系统	中国能源建设集团广东省电力设计研究院有限公司	ZL201310086147.2	2013-07-10
702	微电网并网运行控制方法和系统	中国能源建设集团广东省电力设计研究院有限公司	ZL201310140760.8	2013-07-17
703	一种基于分布式电源自组网策略的微电网供电恢复方法	中国能源建设集团广东省电力设计研究院有限公司	ZL201310357441.2	2013-11-20
704	变电站一体化电源通信用电装置	中国能源建设集团广东省电力设计研究院有限公司	ZL201410183201.X	2014-07-16
705	一种海岛型微电网的电源优化配置方法	中国能源建设集团广东省电力设计研究院有限公司 武汉大学	ZL201310351561.1	2013-11-27
706	一种通用的并网式光伏发电系统机电暂态模型	中国能源建设集团广东省电力设计研究院有限公司 清华大学	ZL201210328721.6	2012-12-26
707	一种隔离电源与MOSFET驱动及检测功能集成的模块	中国航天时代电子公司	ZL201210574689.X	2013-04-17
708	一种基于微控制器实现的固态功率控制器	中国航天时代电子公司	ZL201210593908.9	2013-05-08
709	一种耐环境金属全灌封结构的隔离变压器	中国航天时代电子公司	ZL201210593944.5	2013-04-17
710	一种变压器壳体灌胶装置及使用该装置灌胶的方法	中国航天时代电子公司	ZL201310692579.8	2014-04-02
711	光电探测设备的电源组件调试装置	中国航空工业集团公司洛阳电光设备研究所	ZL201210406738.9	2013-02-27

（续）

ID	标　　题	申请人	专利号	公开日
712	一种负载敏感液压变压器	中国船舶重工集团公司第七一九研究所	ZL201210352559.1	2013-01-16
713	一种中压大功率变频器水冷功率模块	中国船舶重工集团公司第七一二研究所	ZL201210523117.9	2013-04-10
714	微波功率模块中用于浮动灯丝调制器的变压器制作方法	中国船舶重工集团公司第七二三研究所	ZL201210413222.7	2013-09-25
715	用于微波功率模块的高压电源磁性组件一体化集成方法	中国船舶重工集团公司第七二三研究所	ZL201210413853.9	2013-05-01
716	一种胶浸纸电容式油—SF6 变压器套管	中国西电电气股份有限公司 中国电力科学研究院武汉分院	ZL201210282813.5	2012-11-28
717	一种安全可控的便携式电源及控制方法	中国计量学院	ZL201210095883.X	2012-07-25
718	一种移相电源装置和移相方法	中国计量学院	ZL201310379293.4	2013-11-27
719	一种太阳能铅酸蓄电池快速充电方法	中国计量学院	ZL201310526662.8	2014-02-05
720	中心圆形微环结构太赫兹偏振变换器	中国计量学院	ZL201310599640.4	2014-03-26
721	非对称功能可选错位平行耦合磁电可调微波滤波器及方法	中国计量学院	ZL201410004616.6	2014-04-02
722	基于无线能源传输的空间飞行器充电方法	中国运载火箭技术研究院	ZL201310526925.5	2014-02-19
723	用于轨道交通车辆的逆变器测试试验台和试验系统	中国铁道科学研究院机车车辆研究所 北京纵横机电技术开发公司	ZL201110302959.7	2012-05-02
724	一种功率因数校正电路、电源以及电子设备	中国长城计算机深圳股份有限公司	ZL201010602330.X	2012-07-04
725	一种计算机及其电源电路	中国长城计算机深圳股份有限公司	ZL201110210546.6	2013-01-30
726	一种电源自动校准装置及其校准方法	中国长城计算机深圳股份有限公司	ZL201210137675.1	2013-11-13
727	一种具有软启动特性的蓄电池充电测控技术	中国长江三峡集团公司	ZL201210239913.X	2012-11-07
728	一种用于监控光纤复合架空地线的免维护独立光伏系统	中天光伏技术有限公司	ZL201210544184.9	2013-04-17
729	电流校正数字模拟转换器	中山大学	ZL201110094543.0	2012-10-17
730	一种基于自适应预测的光伏系统最大功率点跟踪控制方法	中山大学	ZL201110135842.4	2012-11-28
731	直流充电器	中山市云创知识产权服务有限公司	ZL201110141109.3	2012-12-05
732	电源自动拨档装置	中山市云创知识产权服务有限公司	ZL201110429468.9	2013-06-26
733	一种 LED 灯用电源箱	中山市京港数码科技有限公司	ZL201210175099.X	2012-10-10
734	一种分流式 LED 调光驱动系统及其方法	中山市德源照明电器有限公司	ZL201310195261.9	2013-08-21
735	一种低电压大电流输出变压器	中山市誉鸿电力电子有限公司	ZL201210103055.6	2012-07-25
736	手动充电器	中山市雅西环保科技有限公司	ZL201410140395.5	2014-07-02
737	一种新型 LED 恒流驱动电路	中山市领航光电科技有限公司	ZL201310437044.6	2013-12-25
738	一种具有能源管理功能的检修电源箱	中工国际工程股份有限公司	ZL201310301239.8	2014-03-05
739	一种脉冲射频输出功率控制反应等离子体刻蚀的方法	中微半导体设备(上海)有限公司	ZL201210436971.1	2013-02-13
740	三维无线电源	中惠创智无线供电技术有限公司	ZL201210133262.6	2013-10-30
741	用于网络变压器检测机的分组装置	中江县凯讯电子有限公司	ZL201310466826.2	2014-01-15
742	百叶窗式低光污染建筑光伏一体发电装置	中海阳能源集团股份有限公司	ZL201110445086.5	2012-04-11
743	一种用于矿用电源的电池组管理系统及其管理方法	中煤电气有限公司	ZL201310322796.8	2013-11-13
744	多路隔离本质安全型电源输出故障识别方法	中煤科工集团重庆研究院有限公司	ZL201210309649.2	2012-12-19

（续）

ID	标　　题	申请人	专利号	公开日
745	一种矿用瓦斯管道不间断直流电源	中煤科工集团重庆研究院有限公司	ZL201310135627.3	2013-06-26
746	一种级联型变流器的保护方法	中电普瑞科技有限公司 中国电力科学研究院 上海市电力公司	ZL201110277586.2	2012-02-15
747	一种可调度型光伏储能并网发电系统及其工作方法	中电普瑞科技有限公司 中国电力科学研究院 国家电网公司	ZL201110364567.3	2012-06-27
748	多象限光伏储能、逆变一体化装置	中电普瑞科技有限公司 中国电力科学研究院 国家电网公司	ZL201110369296.0	2012-06-20
749	一种干式变压器多层箔式线圈端部密封工艺	中电电气（江苏）股份有限公司	ZL201210435397.8	2013-01-30
750	一种变频启动方法、变频启动装置以及蓄电池电源	中科恒源科技股份有限公司	ZL201210401759.1	2013-02-06
751	一种单电源正负逻辑转换电路	中科芯集成电路股份有限公司	ZL201210072713.X	2012-07-11
752	三相整流电路及其控制方法与控制装置	中联重科股份有限公司	ZL201210479160.X	2013-02-13
753	一种线性恒流驱动控制电路及其 LED 显示器	中航华东光电有限公司	ZL201110370903.5	2012-02-29
754	一种双级双向变流器及其控制方法	中船重工鹏力（南京）新能源科技有限公司	ZL201210334342.8	2012-12-26
755	一种用于锂电池保护的零伏充电电路及其工作方法	中船重工鹏力（南京）新能源科技有限公司	ZL201310301082.9	2013-11-06
756	一种逆变器防尘网的清洗设备	中节能太阳能鄯善有限公司	ZL201410079429.4	2014-06-04
757	以电容器及二次电池为电源的自行式输送系统	中西金属工业株式会社	ZL201110222999.0	2012-05-09
758	互补型太阳能控制器跟踪主用直流电源输出电压的方法	中达电通股份有限公司	ZL201210388386.9	2013-01-30
759	可微调输出及可移动的烤槽变压器	中铝国际技术发展有限公司	ZL201010579080.2	2012-07-04
760	电池保护级联系统的充电器检测装置	中颖电子股份有限公司	ZL201310101166.8	2013-07-24
761	变频器的空间矢量脉冲宽度调制的方法	中颖电子股份有限公司	ZL201310195471.8	2013-08-07
762	电源系统	丰田自动车株式会社	ZL200980159649.5	2012-10-17
763	电动车辆的电源系统、电动车辆以及电动车辆的电源系统的控制方法	丰田自动车株式会社	ZL200980159754.9	2012-11-28
764	电动车辆的充电控制装置	丰田自动车株式会社	ZL200980160059.4	2012-11-28
765	电池充电控制系统	丰田自动车株式会社	ZL201080061282.6	2012-10-03
766	电动车辆的电源系统及其控制方法	丰田自动车株式会社	ZL201080063487.8	2012-10-24
767	充电装置	丰田自动车株式会社	ZL201080067442.8	2013-02-20
768	电动车辆的电源装置及其控制方法以及电动车辆	丰田自动车株式会社	ZL201080069895.4	2013-07-03
769	电动车辆的电源系统及其控制方法以及电动车辆	丰田自动车株式会社	ZL201080070093.5	2013-07-17
770	车辆的充电装置	丰田自动车株式会社	ZL201080070219.9	2013-07-24
771	电动车辆的电源装置及其控制方法	丰田自动车株式会社	ZL201080070695.0	2013-08-21
772	电源系统、搭载其的车辆及蓄电装置的控制方法	丰田自动车株式会社	ZL201080070925.3	2013-09-04
773	车辆、充电系统以及车辆的控制方法	丰田自动车株式会社	ZL201180004755.3	2013-05-08
774	利用外部充电的车辆	丰田自动车株式会社	ZL201180011745.2	2013-05-08
775	具有自动定位的感应充电车辆	丰田自动车株式会社	ZL201180014127.3	2012-11-28
776	电动车辆的电源装置及其控制方法	丰田自动车株式会社	ZL201180018350.5	2013-01-02
777	电源系统以及装有电源系统的车辆	丰田自动车株式会社	ZL201180018478.1	2012-12-19
778	升压变换器的控制装置	丰田自动车株式会社	ZL201180018929.1	2013-01-02
779	斩波器电路的制造方法、斩波器电路、DC/DC 转换器、燃料电池系统和控制方法	丰田自动车株式会社	ZL201180021884.3	2013-01-16

（续）

ID	标　　题	申请人	专利号	公开日
780	电源装置	丰田自动车株式会社	ZL201180022015. 2	2013-01-09
781	用于电动车辆的充电装置	丰田自动车株式会社	ZL201180033087. 7	2013-03-20
782	充电系统	丰田自动车株式会社	ZL201180035079. 6	2013-03-27
783	包括要并联或串联连接的 DC 电源的 DC-DC 变换器	丰田自动车株式会社	ZL201180045702. 6	2013-06-05
784	电源系统和搭载该电源系统的车辆、以及电源系统的控制方法	丰田自动车株式会社	ZL201180069597. X	2013-12-11
785	车辆的电源系统	丰田自动车株式会社	ZL201180069741. X	2013-12-11
786	电动车辆的电源装置及其控制方法	丰田自动车株式会社	ZL201180070290. 1	2014-01-01
787	车辆的电源装置	丰田自动车株式会社	ZL201180070965. 2	2014-01-29
788	充电装置	丰田自动车株式会社	ZL201180071959. 9	2014-03-12
789	用于电池的充电控制设备和充电控制方法	丰田自动车株式会社	ZL201210164592. 1	2012-11-28
790	二次电池再利用方法、车辆驱动电源和车辆	丰田自动车株式会社	ZL201280057803. X	2014-07-30
791	带有用于执行软切换的辅助电路的 DC-DC 转换器	丰田自动车株式会社 三菱电机株式会社	ZL201180030112. 6	2013-02-27
792	开关电源电路及其控制方法	丰田自动车株式会社 伟世通环球技术有限公司	ZL201180013477. 8	2013-01-30
793	一种大型电力变压器的检修支架	临安市供电局 国家电网公司	ZL201310087987. 0	2013-06-26
794	一种海上风力发电用干式变压器装置	丹东欣泰电气股份有限公司	ZL201210367647. 9	2012-12-26
795	用于电动车辆的充电系统	丹尼尔·施奈德 托马斯·维克	ZL201080050222. 4	2012-10-03
796	在通电马达处的马达控制器中实现自举电源充电的方法以及使用该方法的马达控制器	丹福斯驱动器公司	ZL201180010032. 4	2013-04-10
797	单极性控制的三相二电平逆变器空间电压矢量调制算法	丽水学院	ZL201410029949. 4	2014-04-23
798	变频器装置以及该变频器装置的过电流保护方法	乐星产电(无锡)有限公司	ZL201210406271. 8	2013-05-01
799	过电流检测电路及具有该过电流检测电路的变频器装置	乐星产电(无锡)有限公司	ZL201210406978. 9	2013-05-01
800	高压变频器装置及其控制方法	乐星产电(无锡)有限公司	ZL201210408117. 4	2013-05-01
801	一种逆变器交流电压采样电路及包含该采样电路的逆变器	乐清市信达利实业有限公司	ZL201210246850. 0	2012-10-24
802	带网络变压器的双层网络接口及其制造方法	乐清市华信电子有限公司	ZL201210292569. 0	2012-11-28
803	适用于流水线式模拟数字转换器的双组开关电容电路	乐鑫信息科技(上海)有限公司	ZL201110226747. 5	2013-02-13
804	太阳能光伏光热屋顶系统	于勤勇	ZL201310022338. 2	2013-07-17
805	一种单相单级光伏逆变器最大功率点跟踪控制方法	于晶荣	ZL201210159199. 3	2012-09-19
806	一种光伏电站模型参数辨识方法	云南电力试验研究院(集团)有限公司电力研究院	ZL201210070180. 1	2012-07-18
807	一种评估变压器主绝缘老化程度的方法	云南电力试验研究院(集团)有限公司电力研究院	ZL201210243157. 8	2012-12-12
808	模块化组合式电源装置	五力机电科技(昆山)有限公司	ZL201310139155. 9	2013-08-07
809	备用电池充电电路	亚旭电子科技(江苏)有限公司 亚旭电脑股份有限公司	ZL201110306319. 3	2013-06-19
810	充电电流控制方法及充电系统	亚旭电子科技(江苏)有限公司 亚旭电脑股份有限公司	ZL201110354854. 6	2013-05-15

（续）

ID	标　　题	申请人	专利号	公开日
811	具有插座与插头的电源扩充结构及电源扩充装置	亚旭电子科技（江苏）有限公司 亚旭电脑股份有限公司	ZL201210121506.9	2013-10-30
812	针对具有多天线设备的功率控制	交互数字专利控股公司	ZL201080044440.7	2012-07-11
813	电源转换模块	产晶积体电路股份有限公司	ZL201110152136.0	2012-12-12
814	一种电源电路和显示装置	京东方科技集团股份有限公司 北京京东方光电科技有限公司	ZL201410194063.5	2014-08-20
815	一种驱动电路、驱动电源和显示装置	京东方科技集团股份有限公司 北京京东方显示技术有限公司	ZL201210102548.8	2012-09-19
816	一种 LED 灯驱动方法及系统	京东方科技集团股份有限公司 北京京东方显示技术有限公司	ZL201310156709.6	2013-07-24
817	光伏装置	京东方科技集团股份有限公司 北京京东方能源科技有限公司	ZL201210080762.8	2012-09-05
818	一种防逆流光伏并网发电系统	京东方科技集团股份有限公司 北京京东方能源科技有限公司	ZL201310286813.7	2013-10-09
819	一种逆变器及显示装置	京东方科技集团股份有限公司 合肥京东方光电科技有限公司	ZL201210525729.1	2013-04-17
820	图像形成装置、后处理装置以及电源单元	京瓷办公信息系统株式会社	ZL201110395956.2	2012-06-06
821	差动变压器式磁传感器	京瓷办公信息系统株式会社	ZL201210394897.1	2013-04-24
822	同轴谐振器及使用其的电介质滤波器、无线通信模块及无线通信设备	京瓷株式会社	ZL201080045391.9	2012-07-11
823	介电陶瓷及具备其的介质滤波器	京瓷株式会社	ZL201280019702.3	2014-01-01
824	电源控制模块	仁宝电脑工业股份有限公司	ZL201110222097.7	2012-05-23
825	充电控制方法	仁宝电脑工业股份有限公司	ZL201210352624.0	2013-04-24
826	一种变压器用分接开关的内齿轮操纵机构	任宏宇	ZL201310337040.0	2013-10-30
827	用于在焊接过程中测定焊接电缆电感的控制器、焊接电源和方法	伊利诺斯工具制品有限公司	ZL201080032871.1	2012-05-16
828	具有占空比数字控制器的焊接电源	伊利诺斯工具制品有限公司	ZL201080034197.0	2012-11-28
829	带调节的备用电源的焊接电源	伊利诺斯工具制品有限公司	ZL201180012511.X	2013-04-10
830	模块化直流电源	伊利诺斯工具制品有限公司	ZL201180029139.3	2013-02-27
831	基于多重化技术的光伏并网发电装置	伊戈尔电气股份有限公司	ZL201210106659.6	2012-07-25
832	用于在电器中提供零备用功率控制的设备	伊莱克斯家用产品公司	ZL201080052083.9	2012-08-15
833	用于外科器械和电池的电源控制装置	伊西康内外科公司	ZL201180044535.3	2013-05-08
834	通过使用由多个逆变器进行受控无功功率注入检测孤岛的方法和区域电力系统	伊顿公司	ZL201010621540.3	2011-08-31
835	用于改进电源装置以支持负载的控制方法及系统	伊顿制造（格拉斯哥）有限合伙莫尔日分支机构	ZL201110369952.7	2013-05-29
836	一种不间断电源拓扑	伊顿制造（格拉斯哥）有限合伙莫尔日分支机构	ZL201110459386.9	2013-07-03
837	带有改善启动性能的电压反馈电路的变压器电路	伊顿制造（格拉斯哥）有限合伙莫尔日分支机构	ZL201210016744.3	2013-07-24
838	在线式不间断电源拓扑	伊顿制造（格拉斯哥）有限合伙莫尔日分支机构	ZL201210352113.9	2014-03-26

（续）

ID	标　　题	申请人	专利号	公开日
839	循环变流器的前馈控制	伊顿工业公司	ZL201180032896. 6	2013-03-20
840	循环变流器的闭环控制	伊顿工业公司	ZL201180032913. 6	2013-03-06
841	具有分量分离的直接功率控制	伍德沃德肯彭有限公司	ZL200880131039. X	2011-08-10
842	具有充电功能的交流电动机驱动装置及其充电方法	伟肯（中国）电气传动有限公司	ZL201210327381. 5	2012-11-28
843	串接式充电装置及其充电方法	伦飞电脑实业股份有限公司	ZL201110462015. 6	2013-07-03
844	能够用于电池的并联充电和串联放电的充电触点列阵	伯克利·C·巴德格	ZL201080061522. 2	2012-10-03
845	电源瞬态响应改进	伯斯有限公司	ZL201180012283. 6	2012-11-21
846	电力线通信装置、具有通信功能的电源电路、电气设备、和控制及监测系统	住友电气工业株式会社 国立大学法人京都大学	ZL201080034453. 6	2012-08-22
847	充电连接器及其安装方法	住友电装株式会社	ZL201210020095. 4	2012-08-08
848	注射成形机及电源再生转换器	住友重机械工业株式会社	ZL201180030730. 0	2013-02-27
849	注射成型机及电源转换器的控制装置	住友重机械工业株式会社	ZL201210088430. 4	2012-10-17
850	起重机用混合式电源装置及起重机用混合式电源装置的控制方法	住友重机械工程服务株式会社	ZL201080026762. 9	2012-05-16
851	一种全绝缘变压器	何排枝	ZL201110030511. 4	2012-08-01
852	变压器原线圈输入振荡电流式发动机点火装置及实施方法	余兆辉	ZL201210274368. 8	2012-10-31
853	低成本高性能 LED 恒流驱动电路	余塘	ZL201210108817. 1	2012-08-01
854	一种 LED 驱动控制电路	余姚亿威电子科技有限公司	ZL201210510368. 3	2013-04-03
855	一种电动汽车充电插头的专用清洗机	余姚市惠美电器有限公司	ZL201410095304. 0	2014-07-16
856	一种非晶变压器翻转台	佛山市中研非晶科技股份有限公司	ZL201210486266. 2	2013-02-20
857	一种全包封装开关电源三极管的生产方法	佛山市南海区宏乾电子有限公司	ZL201010571610. 9	2011-06-15
858	一种 LED 功率电源定电压定电流电路	佛山市南海晶宇光电科技有限公司	ZL201210558354. 9	2013-05-01
859	原边反馈控制的开关电源线损补偿系统及方法	佛山市南海赛威科技技术有限公司	ZL201210316775. 0	2012-11-28
860	一种用于生产充电辊、显影辊、定影辊、供粉辊的切边机	佛山市埃申特科技有限公司	ZL201310283294. 9	2013-12-11
861	电子制冷型饮水机、冰吧酒柜专用的反激式开关电源	佛山市天汇龙电子有限公司	ZL201210244578. 2	2012-10-24
862	一种交流电源输出保护电路	佛山市柏克新能科技股份有限公司	ZL201210235734. 9	2012-11-07
863	大功率 UPS 的辅助电源	佛山市柏克新能科技股份有限公司	ZL201210294441. 8	2012-12-19
864	一种干式小体积高压整流变压器结构	佛山市科蓝环保科技股份有限公司	ZL201310658006. 3	2014-03-05
865	半导体器件测试系统的分段式双重保护型电源	佛山市联动科技实业有限公司	ZL201110445358. 1	2012-07-04
866	一种基于 GPS 定位的光伏追踪发电方法	佛山职业技术学院	ZL201310296971. 0	2013-10-16
867	转换器、开关电源和图像形成装置	佳能株式会社	ZL201010150768. 9	2010-09-29
868	电容型电气机械变换器	佳能株式会社	ZL201080026305. X	2012-05-16
869	用于电容式机电变换器的控制设备以及控制电容式机电变换器的方法	佳能株式会社	ZL201080055218. 7	2012-08-15
870	充电构件、处理盒和电子照相设备	佳能株式会社	ZL201080056833. X	2012-09-12
871	开关电源装置、电源系统和图像形成设备	佳能株式会社	ZL201110034731. 4	2011-08-10
872	充电装置	佳能株式会社	ZL201110057233. 1	2011-09-21

（续）

ID	标　　题	申请人	专利号	公开日
873	电源系统以及图像形成装置	佳能株式会社	ZL201110139345.1	2011-11-30
874	电流共振电源和图像形成装置	佳能株式会社	ZL201110143374.5	2011-11-30
875	开关电源和包括该开关电源的图像形成装置	佳能株式会社	ZL201110168074.2	2011-12-28
876	开关电源和具有该开关电源的图像形成设备	佳能株式会社	ZL201110168075.7	2011-12-28
877	DC/DC 转换器及电子装置	佳能株式会社	ZL201110185074.3	2012-01-11
878	电源电路和图像形成设备	佳能株式会社	ZL201110281859.0	2012-04-11
879	电源设备	佳能株式会社	ZL201110296152.7	2012-05-09
880	电气机械变换器及其制造方法	佳能株式会社	ZL201110310468.7	2012-07-11
881	电源电路及电源电路的控制方法	佳能株式会社	ZL201110332175.9	2012-07-04
882	开关电源装置和具有开关电源装置的图像形成装置	佳能株式会社	ZL201110389396.X	2012-05-30
883	开关电源装置和包含开关电源装置的图像形成装置	佳能株式会社	ZL201110390542.0	2012-06-06
884	充电构件和图像形成装置	佳能株式会社	ZL201110416432.7	2012-07-04
885	充电构件、其生产方法和电子照相设备	佳能株式会社	ZL201180034410.2	2013-03-27
886	电源电路	佳能株式会社	ZL201180034967.6	2013-03-27
887	充电构件及其生产方法	佳能株式会社	ZL201180039575.9	2013-04-24
888	充电构件	佳能株式会社	ZL201180040356.2	2013-05-01
889	充电构件和充电构件的生产方法	佳能株式会社	ZL201180042392.2	2013-05-08
890	充电构件及其制造方法	佳能株式会社	ZL201180046496.0	2013-05-29
891	充电构件、处理盒和电子照相设备	佳能株式会社	ZL201180046556.9	2013-05-29
892	充电构件、处理盒和电子照相设备	佳能株式会社	ZL201180046560.5	2013-05-29
893	充电构件、处理盒和电子照相设备	佳能株式会社	ZL201180046588.9	2013-06-12
894	充电构件及其生产方法	佳能株式会社	ZL201180047228.0	2013-05-29
895	充电构件、处理盒和电子照相设备	佳能株式会社	ZL201180048708.9	2013-06-12
896	充电构件、处理盒和电子照相设备	佳能株式会社	ZL201180048774.6	2013-06-12
897	充电构件	佳能株式会社	ZL201180049815.3	2013-06-12
898	开关电源以及具有开关电源的图像形成装置	佳能株式会社	ZL201210015487.1	2012-07-25
899	滤波器电路	佳能株式会社	ZL201210041317.0	2012-08-29
900	开关电源	佳能株式会社	ZL201210098096.0	2012-10-17
901	机电变换器和光声装置	佳能株式会社	ZL201210102975.6	2012-10-17
902	电气机械变换器及其制造方法	佳能株式会社	ZL201210114687.2	2012-10-24
903	电源设备和打印设备	佳能株式会社	ZL201210228371.6	2013-01-02
904	高压电源和图像形成装置	佳能株式会社	ZL201210338661.6	2013-03-27
905	电源装置和图像形成设备	佳能株式会社	ZL201210399086.0	2013-04-24
906	电源装置和包括该电源装置的图像形成装置	佳能株式会社	ZL201210425360.7	2013-05-08
907	电源设备和图像形成设备	佳能株式会社	ZL201210461695.4	2013-03-20
908	包括过零检测电路的电源以及图像形成设备	佳能株式会社	ZL201210534063.6	2013-06-19
909	充电构件、其生产方法、处理盒和电子照相设备	佳能株式会社	ZL201280009083.X	2013-10-30
910	充电构件、处理盒、电子照相设备和充电构件的生产方法	佳能株式会社	ZL201280020421.X	2014-01-08
911	充电构件、处理盒和电子照相设备	佳能株式会社	ZL201280020428.1	2014-01-08
912	充电构件、充电构件的制造方法和电子照相设备	佳能株式会社	ZL201280027487.1	2014-02-19

（续）

ID	标　　题	申请人	专利号	公开日
913	充电构件和电子照相设备	佳能株式会社	ZL201280038818.1	2014-04-16
914	用于废气系统中的部件的电源的装置	依米泰克排放技术有限公司	ZL201180044256.7	2013-05-22
915	一种壳式变压器引线夹持方法	保定保菱变压器有限公司	ZL201310433084.3	2014-01-15
916	一种高压粗细调有载调压电力变压器	保定保菱变压器有限公司	ZL201310433087.7	2014-01-15
917	旁柱调压线圈自平衡式变压器	保定天威保变电气股份有限公司	ZL201210565657.3	2013-04-24
918	变压器绝缘成型件周边损伤夹紧修复方法及专用夹紧装置	保定天威保变电气股份有限公司	ZL201210565852.6	2013-04-17
919	一种测量变压器铁心不同搭接形式损耗的方法	保定天威保变电气股份有限公司 国网智能电网研究院	ZL201310561754.X	2014-01-29
920	一种变压器夹件配装调节方法	保定天威电气设备结构有限公司	ZL201310564837.4	2014-02-12
921	用于变压器铁心叠积的磁力垫块	保定天威集团有限公司 保定天威集团特变电气有限公司	ZL201210436404.6	2013-03-06
922	一种132kV级36脉波传动整流变压器	保定天威集团特变电气有限公司	ZL201310270231.X	2013-09-04
923	二次绕组空载电压平衡度高的双器身串联式裂解变压器	保定天威集团特变电气有限公司	ZL201310270792.X	2013-09-11
924	一种变压器有载开关并联调压控制方法	保定天威集团特变电气有限公司	ZL201310271040.5	2013-09-04
925	一种变压器油箱顶部焊接用潜地可调支撑方法及装置	保定天威集团特变电气有限公司	ZL201410048935.7	2014-05-07
926	一种三相五柱式非晶合金变压器铁心结构及其制作方法	保定天威顺达变压器有限公司	ZL201210437493.6	2013-02-20
927	一种曲折型移相自耦变压器	保定天威顺达变压器有限公司	ZL201210437723.9	2013-02-20
928	一种变压器容量测试方法	保定市汇邦电气有限公司	ZL201210591951.1	2013-04-24
929	逆变器组件和逆变电源	保定红星高频设备有限公司	ZL201210411257.7	2013-02-13
930	交流驱动LED无闪烁方法及装置	俞文英	ZL201310139974.3	2013-07-24
931	电子书及其电源控制器及其电源控制方法	元太科技工业股份有限公司	ZL201010298628.6	2012-04-18
932	电源系统和图像形成设备	兄弟工业株式会社	ZL201110343432.9	2012-07-04
933	电动车辆充电及计费	充点公司	ZL201080062843.4	2012-10-17
934	电动车辆充电站主机可定义定价	充点公司	ZL201180007583.5	2012-11-14
935	具有改善的瞬变电流能力的增压DC/DC电压转换器	先进模拟科技公司	ZL200980138643.X	2011-08-31
936	功率因数修正升压转换器	光宝电子（广州）有限公司 光宝科技股份有限公司	ZL201110074460.5	2012-10-03
937	电源的动态加载	克里公司	ZL201180026029.1	2013-01-30
938	一种具有消防功能的电源插座	公安部天津消防研究所	ZL201110345990.9	2012-03-21
939	一种节能充电机	六盘水金星机电设备有限公司	ZL201210193765.2	2012-10-03
940	一种模拟车辆充电站的试验平台	冀北电力有限公司计量中心 国家电网公司	ZL201310011372.X	2013-05-29
941	无线数据同步的无线充电基座、显示设备及无线充电方法	冠捷投资有限公司	ZL201210004656.1	2013-07-10
942	直流转直流电源供应器	冠捷投资有限公司	ZL201210341830.1	2014-03-26
943	过电压保护电路、电源模块以及过电压保护方法	冠捷显示科技（厦门）有限公司	ZL201210252677.5	2012-10-24
944	一种应用于液晶显示产品高效率的反激式电源系统	冠捷显示科技（厦门）有限公司	ZL201210471951.8	2013-02-13

（续）

ID	标　　题	申请人	专利号	公开日
945	由运放或比较器控制的反激式同步整流电路及其反激式电源	冠捷显示科技(厦门)有限公司	ZL201310250938.4	2013-10-23
946	一种用于火力发电厂的变频总电源系统	冯伟忠	ZL201210006442.8	2012-07-11
947	一种变流器过压、过流故障报警保护电路	冶金自动化研究设计院	ZL201210436600.3	2013-03-27
948	一种冗余测温式全自动热处理电源控制系统	冶金自动化研究设计院	ZL201410106273.4	2014-06-04
949	一种大容量五电平变流器功率柜	冶金自动化研究设计院 北京金自天正智能控制股份有限公司	ZL201310117147.4	2013-06-26
950	用于使离线式LED驱动器变暗的方法和系统	凌力尔特公司	ZL201010216029.5	2011-02-09
951	热补偿电路及由多相DC/DC转换器执行的方法	凌力尔特公司	ZL201210166865.6	2012-12-05
952	具有分离的AC及DC电流感测路径的开关电源	凌力尔特公司	ZL201210237934.8	2013-01-16
953	PFM直流-直流变换器中对负载瞬态的加速响应	凌力尔特有限公司	ZL200910226338.8	2010-06-16
954	与电压无关的电源负载分配的方法和系统	凌力尔特有限公司	ZL200980153467.7	2011-12-07
955	电源端子及电源连接器	凡甲电子(苏州)有限公司 凡甲科技股份有限公司	ZL201110078716.X	2012-10-10
956	电源连接器	凡甲电子(苏州)有限公司 凡甲科技股份有限公司	ZL201110333706.6	2013-05-08
957	电源连接器	凡甲电子(苏州)有限公司 凡甲科技股份有限公司	ZL201210246317.4	2014-01-29
958	一种太阳能光伏瓦片	凤冈县黔北新能源有限责任公司	ZL201310325108.3	2013-11-13
959	电池组充电管理方法和装置、充电器和电池组管理系统	凹凸电子(武汉)有限公司	ZL201110051408.8	2012-08-29
960	光源驱动电路和用于控制LED光源的控制器	凹凸电子(武汉)有限公司	ZL201110356746.2	2012-09-19
961	电池充电系统及电池放电系统	凹凸电子(武汉)有限公司	ZL201210157291.6	2013-03-06
962	电源管理系统和电源管理方法	凹凸电子(武汉)有限公司	ZL201210507054.8	2013-06-19
963	控制LED光源的调光控制器、驱动电路和调光方法	凹凸电子(武汉)有限公司	ZL201310167081.X	2014-02-12
964	笔记本电脑电源智能电源线	刘举柱	ZL201210361005.8	2012-12-19
965	笔记本电脑电源适配器智能控制电路	刘举柱	ZL201210535153.7	2013-03-27
966	开关电源AC端上抗干扰电容零功耗释放电路	刘举柱	ZL201310188246.1	2013-08-28
967	两用电源适配器	刘俊旭	ZL201210526257.1	2013-03-13
968	利用荧光灯电子镇流器驱动的LED日光灯管和照明灯具	刘坚 邓树兴	ZL201410161823.2	2014-07-16
969	一种曲折移相调压变压器	刘建平	ZL201310622608.3	2014-04-02
970	一种电子转换器电路系统及控制方法	刘昇澔	ZL201310125895.7	2013-07-24
971	一种带有UPS的高压变频器	刘明日	ZL201210506995.X	2013-03-20
972	智能环保高压岸电电源系统	刘明日	ZL201310368742.5	2013-11-20
973	一种电子延时开关与LED恒流源合一的驱动器	刘胜泉	ZL201310279251.3	2013-10-02
974	电力试验的高精度串联谐振高压电源	刘闯	ZL201310408087.1	2013-11-27
975	一种聚光光伏太阳能装置	刘阳	ZL201110126946.9	2012-11-21
976	半导体器件及其制造方法以及电源装置	创世舫电子日本株式会社	ZL201110415537.0	2012-10-03
977	通用序列总线集线装置的动态电源管理系统及其方法	创惟科技股份有限公司	ZL201110226560.5	2013-01-09

（续）

ID	标　　题	申请人	专利号	公开日
978	电池充电器	创科电动工具科技有限公司	ZL200980144701. X	2011-10-05
979	用于电源的控制装置及系统	利亚德光电股份有限公司	ZL201210240563. 9	2012-10-24
980	一种变频器用无谐波整流装置	利思电气(上海)有限公司	ZL201210074142. 3	2013-09-25
981	用于电源配电系统的开关设备的马达操作器	利纳克有限公司	ZL200980137317. 7	2011-08-24
982	一种 UPS 电源的系统增益控制方法	力博特公司	ZL201010162238. 6	2011-10-12
983	多相直流对直流电源转换器	力智电子股份有限公司	ZL201210198963. 8	2013-02-13
984	直流对直流转换器及其电压转换方法	力智电子股份有限公司	ZL201210198967. 6	2013-01-30
985	电源转换器及其操作方法	力智电子股份有限公司	ZL201310063905. 9	2013-10-23
986	电源检测装置	力林科技股份有限公司	ZL201210233073. 6	2013-10-30
987	一种智能移动电源	加一联创电子科技有限公司	ZL201310125456. 6	2013-08-21
988	用于电动汽车的充电桩及其检测方法	北京 ABB 低压电器有限公司	ZL201180064618. 9	2014-05-14
989	一种直流电源输出阻抗测量装置及其测量方法	北京东方计量测试研究所	ZL201210337296. 7	2012-12-26
990	无触点充电设备及其充电方法、充电电池和充电器	北京中星微电子有限公司	ZL200910092136. 9	2010-01-27
991	一种交流-直流电源转换电路及其修调方法	北京中星微电子有限公司	ZL201010289025. X	2011-02-16
992	AC-DC 电源转换器及其环路补偿电路	北京中星微电子有限公司	ZL201010511943. 2	2012-05-09
993	具有在线监测功能的风力发电机变桨超级电容充电系统	北京亚安新能航天科技有限公司	ZL201410079645. 9	2014-05-07
994	一种减小三相 PWM 变流器共模电压的调制方法	北京交通大学	ZL201310108752. 5	2013-07-10
995	一种 H6 单相非隔离光伏并网逆变器及其调制方法	北京交通大学	ZL201410010489. 0	2014-04-23
996	一种显示装置及其充电方法	北京京东方光电科技有限公司	ZL201310150730. 5	2013-08-14
997	用于有源电力滤波器的自适应重复控制方法	北京京仪椿树整流器有限责任公司	ZL201210389971. 0	2013-01-16
998	一种逆变器	北京京仪绿能电力系统工程有限公司	ZL201210365695. 4	2013-01-02
999	应急电源发生器	北京京海宝山能源科技开发有限公司	ZL201210397959. 4	2013-02-06
1000	带有测温绕组的变压器及变压器温升在线测量的方法	北京众智同辉科技股份有限公司	ZL201110172393. 0	2012-12-26
1001	一种高铁防灾系统的电源管理装置	北京佳讯飞鸿电气股份有限公司	ZL201210184849. X	2012-09-26
1002	利用变压器绕组振动识别变压器励磁涌流的方法	北京信息科技大学	ZL201310033050. 5	2013-06-12
1003	一种脉冲光纤激光器声光调制器驱动电源	北京信息科技大学	ZL201310231352. 3	2013-09-11
1004	车用电磁式电源总开关	北京八大处奥博科技发展有限公司	ZL201210407216. 0	2013-02-27
1005	一种用于直流断路的脉宽调制电路	北京动力源科技股份有限公司	ZL201110240130. 9	2013-03-06
1006	一种故障检测方法、装置及电路	北京动力源科技股份有限公司	ZL201110259415. 7	2013-03-20
1007	一种三相变流拓扑电路及其控制方法、装置	北京动力源科技股份有限公司	ZL201110332427. 8	2013-05-08
1008	一种三相整流拓扑电路及其控制方法、装置	北京动力源科技股份有限公司	ZL201110335256. 4	2013-05-08
1009	一种太阳能极板对地绝缘阻抗的检测方法、装置及电路	北京动力源科技股份有限公司	ZL201110409699. 3	2013-06-19
1010	分布式光伏智能并网箱	北京北变微电网技术有限公司	ZL201310423544. 4	2014-01-22
1011	一种车载终端和车载终端的电源管理方法	北京北大千方科技有限公司	ZL201110415388. 8	2013-06-19
1012	储能变流器直流母线短路快速保护系统	北京华电天仁电力控制技术有限公司 国电新能源技术研究院	ZL201310151458. 2	2013-08-14
1013	自动调容配电变压器及其调容方法	北京博瑞莱智能科技集团有限公司	ZL201210229951. 7	2012-10-03
1014	一种变压器局部放电检测方法	北京博电新力电气股份有限公司	ZL201210270858. 0	2012-11-28

（续）

ID	标　　题	申请人	专利号	公开日
1015	一种应用于光伏充电系统的最大功率点跟踪的控制方法	北京吉阳技术股份有限公司	ZL201310308402.3	2014-01-22
1016	汽车电源控制器	北京启明精华新技术有限公司	ZL201210013219.6	2012-07-04
1017	植入式医疗仪器用具有调频调幅功能的经皮无线充电装置	北京品驰医疗设备有限公司 清华大学	ZL201310469961.2	2014-01-08
1018	基于储能变流器的微电网运行方式无缝切换方法	北京四方继保自动化股份有限公司 中国南方电网有限责任公司调峰调频发电公司	ZL201310586893.8	2014-02-05
1019	一种基于全桥模块化多电平变流器的直流融冰装置	北京四方继保自动化股份有限公司 贵州电网公司电网规划研究中心	ZL201210211925.1	2012-10-17
1020	一种电动汽车多口直流充电桩及其控制方法	北京国网普瑞特高压输电技术有限公司 国家电网公司	ZL201310234988.3	2013-09-25
1021	一种双路实时信号电源监测装置的控制方法	北京国铁路阳技术有限公司	ZL201310322543.0	2013-11-13
1022	多重RC触发电源钳位ESD保护电路	北京大学	ZL201210545910.9	2013-03-27
1023	防误触发型电源钳位ESD保护电路	北京大学	ZL201310007998.3	2013-05-01
1024	瞬态和直流同步触发型电源钳位ESD保护电路	北京大学	ZL201310169739.0	2013-08-14
1025	一种磁控高频接触式电子开关及应用该开关的变流器	北京天源科创风电技术有限责任公司	ZL201210521182.8	2013-05-01
1026	一种用于并网设备的三相交流电相序检测方法及其检测装置	北京天诚同创电气有限公司	ZL201210433753.2	2013-02-20
1027	一种用于并网设备的三相交流电相序检测方法及其检测装置	北京天诚同创电气有限公司	ZL201210434907.X	2013-02-27
1028	风力发电变流器制动回路检测方法	北京天诚同创电气有限公司	ZL201310162433.2	2013-09-04
1029	风力发电变流器直流母线的制动模块的控制系统和方法	北京天诚同创电气有限公司	ZL201310397795.X	2013-12-11
1030	一种应用于三相四线制并网变流器的三相电抗器	北京天诚同创电气有限公司 北京金风科创风电设备有限公司	ZL201210467602.9	2013-02-20
1031	一种利用全功率变流器对风力发电机加热的方法	北京天诚同创电气有限公司 北京金风科创风电设备有限公司	ZL201310027603.6	2013-05-15
1032	一种1.5V可充电锂电池及其制备方法	北京好风光储能技术有限公司 中国科学院电工研究所	ZL201310040818.1	2013-05-22
1033	一种光伏电站组件全自动智能清洁设备	北京安必信金属制品有限公司	ZL201310046119.8	2013-05-08
1034	一种监测变压器绝缘油质量的传感器系统	北京安赛博技术有限公司	ZL201110333072.4	2013-01-09
1035	一种新型交流脉冲电源装置	北京工业大学	ZL201210393657.X	2013-02-06
1036	一种双弧复合焊接电源装置	北京工业大学	ZL201310070720.0	2013-05-15
1037	自适应性变极性等离子弧焊电源	北京工业大学	ZL201310088763.1	2013-07-03
1038	一种双熔化极转移电弧复合焊接电源装置	北京工业大学	ZL201310098059.4	2013-07-10
1039	一种测量动力电池充电效率的方法	北京工业大学	ZL201310173354.1	2013-08-28
1040	一种具有能量保持回路的焊接电源装置及控制方法	北京工业大学	ZL201310303980.8	2013-12-04
1041	无人机直流调制电源OFDM发射机	北京市信息技术研究所	ZL201310088252.X	2013-07-31
1042	无人机直流调制电源漏极调制装置	北京市信息技术研究所	ZL201310088255.3	2013-07-24
1043	一种移动终端及其电源管理方法	北京市配天智慧云技术有限公司	ZL201110335496.4	2013-05-08

（续）

ID	标　　题	申请人	专利号	公开日
1044	一种基于通信用燃料电池备用电源系统	北京慧峰聚能科技有限公司	ZL201210538193.7	2013-05-01
1045	一种旋转变压器角度测量信号准确性判断方法	北京控制工程研究所	ZL201210252320.7	2012-12-12
1046	一种低噪声、高稳定度红外偏置电源	北京控制工程研究所	ZL201310464392.2	2014-01-08
1047	立体卷铁心变压器和电抗器夹件	北京新特电气有限公司	ZL201210080468.7	2012-07-18
1048	一种同步整流变换器	北京新雷能科技股份有限公司 深圳市雷能混合集成电路有限公司	ZL201210350195.3	2012-12-19
1049	一种滤波器阻抗补偿装置及一种滤波器	北京新雷能科技股份有限公司 深圳市雷能混合集成电路有限公司	ZL201210359278.9	2012-12-19
1050	一种IT设备双电源供电系统及方法	北京时空科技有限公司	ZL201310045615.1	2013-05-22
1051	一种IT设备双电源供电的电源负荷控制模块及方法	北京时空科技有限公司	ZL201310045647.1	2013-07-03
1052	一种三相光伏逆变器的相序识别方法	北京昆兰新能源技术有限公司	ZL201210074916.2	2012-07-25
1053	带电源使能的电磁式继电器控制装置	北京易艾斯德科技有限公司	ZL201210435066.4	2013-03-27
1054	一种精密数字电源	北京普源精电科技有限公司	ZL200910238517.3	2011-05-25
1055	一种恒压恒流电源及其过压、过流保护的自校准方法	北京普源精电科技有限公司	ZL200910238518.8	2011-05-25
1056	一种采用集成共模滤波器的开关电源负载端稳压电路	北京机械设备研究所	ZL201310077204.0	2013-06-19
1057	单相逆变器输入电压纹波调制补偿方法	北京汇能精电科技股份有限公司	ZL201310585848.0	2014-03-26
1058	一种双绕组驱动/隔离变压220VAC充电一体化装置	北京理工大学	ZL201210348096.1	2013-02-13
1059	基于变压器、液压泵和多联马达的混合动力车辆驱动装置	北京理工大学	ZL201310065366.2	2013-07-24
1060	一种激光-电能量转换器	北京理工大学	ZL201310197127.2	2013-10-02
1061	一种九宫格型激光-电能转换器	北京理工大学	ZL201310517926.3	2014-01-22
1062	侧微腔与金属-介质-金属波导耦合的电磁波多带滤波器	北京理工大学	ZL201310680425.7	2014-03-26
1063	一种提高双馈式变流器低电压穿越性能的方法	北京科诺伟业科技股份有限公司 保定科诺伟业控制设备有限公司	ZL201210593243.1	2013-05-01
1064	一种月球探测器星上电源系统可靠性测试装置	北京空间飞行器总体设计部	ZL201310128865.1	2013-08-07
1065	一种导航卫星电源系统自主管理仿真验证系统	北京空间飞行器总体设计部	ZL201310240827.5	2013-10-02
1066	航天器电源控制器母线电磁兼容性传导发射频域测试方法	北京空间飞行器总体设计部	ZL201310240871.6	2013-09-25
1067	恒压自充电能量供给设备及其制造方法	北京纳米能源与系统研究所	ZL201310444879.4	2014-05-07
1068	一种通讯电源用电池智能接入方法	北京联动天翼科技有限公司	ZL201010217641.4	2012-01-11
1069	一种数据中心分散式电源设备巡检监控系统及方法	北京联动天翼科技有限公司	ZL201210059859.0	2013-09-18
1070	基于离散非线性逆系统电压前馈的风电机组并网控制策略	北京能高自动化技术股份有限公司	ZL201110356907.8	2013-05-15
1071	永磁直驱风力发电机组轴系振荡滤波器设计方法	北京能高自动化技术股份有限公司	ZL201210220843.3	2014-01-15
1072	一种无线电能传输的可植入式左心室辅助系统	北京航天控制仪器研究所 泰达国际心血管病医院	ZL201310503652.2	2014-02-19
1073	高功率因数感应电动机直接功率控制系统	北京航空航天大学	ZL201210563119.0	2013-04-24
1074	一种基于CPCI总线设备板卡的热插拔电源管理装置	北京航空航天大学	ZL201310059477.2	2013-07-10

（续）

ID	标　题	申请人	专利号	公开日
1075	一种电动汽车非接触充电负载自适应匹配装置及控制方法	北京航空航天大学	ZL201310169237.8	2013-09-04
1076	感应式非接触充电定位对准装置及其定位方法	北京航空航天大学	ZL201310235088.0	2013-10-09
1077	感应式非接触充电位置对正装置及其方法	北京航空航天大学	ZL201310235139.X	2013-10-02
1078	一种超音频快变换直流脉冲等离子喷涂电源	北京航空航天大学	ZL201310238999.9	2013-10-16
1079	一种电动汽车用防电能盗窃非接触充电装置	北京航空航天大学	ZL201410068202.X	2014-05-28
1080	变压器低压侧出线引线装置	北京芳远新合电器技术有限公司 廊坊芳远新合电气有限公司 王建新 杨金飞	ZL201210061984.5	2012-07-11
1081	新能源一体化并网测试装置	北京荣华恒信开关技术有限公司	ZL201310198975.5	2013-09-04
1082	用于风电和光伏的并网测试装置及其测试方法	北京荣华恒信开关技术有限公司 国家电网公司 华北电力科学研究院有限责任公司	ZL201210574972.2	2013-04-24
1083	移动终端充电过程的处理方法及装置	北京金山安全软件有限公司 北京金山网络科技有限公司 贝壳网际（北京）安全技术有限公司 可牛网络技术（北京）有限公司	ZL201210552384.9	2013-03-27
1084	风电场并网点系统阻抗自动辨识及修正方法	北京金风科创风电设备有限公司	ZL201210355492.7	2013-01-09
1085	风电场电压自动控制系统中提高并网暂态稳定性的方法	北京金风科创风电设备有限公司	ZL201210356293.8	2013-01-09
1086	一种单电源供电抑制IGBT米勒电容效应的电路	北京阿启蒙技术有限公司	ZL201310652644.4	2014-03-26
1087	基于同步预充电开关投切电容器组的装置	北京馨容纵横科技发展有限公司	ZL201210468939.1	2013-02-13
1088	一种控制开关电源模块散热的装置及方法	北京鼎汉技术股份有限公司	ZL201210201723.9	2012-10-03
1089	一种逆变器故障检测装置	北京鼎汉技术股份有限公司	ZL201210203755.2	2012-10-03
1090	一种基于触摸控制的信号电源监控装置	北京鼎汉技术股份有限公司	ZL201210223236.2	2012-10-17
1091	开关稳压电源及其稳压方法	北大方正集团有限公司 北京大学 北京北大方正电子有限公司	ZL201010585627.X	2012-07-04
1092	控制功率转换器在低（零）电压条件穿越的方法，系统和软件	北方动力系统公司	ZL201180058940.0	2013-09-18
1093	一种电流舵型数模转换器电流源单元电路	北方工业大学	ZL201210572977.1	2013-04-03
1094	大功率光伏逆变器的低电压穿越控制方法	北方工业大学	ZL201310148905.9	2013-09-18
1095	电动汽车的充电桩装置	北汽福田汽车股份有限公司	ZL201110256211.8	2013-03-13
1096	电动汽车充电系统、方法及包括电动汽车充电系统的汽车	北汽福田汽车股份有限公司	ZL201110270599.7	2013-03-27
1097	用于检测整车电气系统的电源分配测试系统及方法	北汽福田汽车股份有限公司	ZL201110418490.3	2013-06-19
1098	变压器	北芝电机株式会社	ZL201080038088.6	2012-05-30
1099	应用超级电容的风机功率控制系统	北车风电有限公司	ZL201210123808.X	2012-11-14
1100	风力发电机组变桨系统的后备电源充电装置及充电方法	北车风电有限公司	ZL201210550112.5	2013-04-03
1101	分散型电源系统	北陆电力株式会社 富士电机株式会社	ZL201280011381.2	2013-12-04
1102	一种电源切换器	十堰恒进科技有限公司	ZL201210432510.7	2013-02-06
1103	一种用于感应淬火的变压器	十堰恒进科技有限公司	ZL201210453003.1	2013-03-13
1104	电荷泵变换器及其方法	半导体元件工业有限责任公司	ZL200880121976.7	2011-04-13
1105	多模式电池充电器	半导体元件工业有限责任公司	ZL200910208125.2	2010-06-16

（续）

ID	标　　题	申请人	专利号	公开日
1106	电源控制器和方法	半导体元件工业有限责任公司	ZL201010510289. 3	2011-05-11
1107	功率因数变换器和方法	半导体元件工业有限责任公司	ZL201010547471. 6	2011-06-22
1108	电源转换器和方法	半导体元件工业有限责任公司	ZL201010547481. X	2011-06-22
1109	电源电路	半导体元件工业有限责任公司	ZL201210093409. 3	2012-10-17
1110	充电控制电路	半导体元件工业有限责任公司	ZL201310142796. X	2013-10-30
1111	一种便携式太阳能手机充电器	华东师范大学	ZL201410087551. 6	2014-06-11
1112	变压器油流带电电荷密度的在线测量装置	华东电力试验研究院有限公司	ZL200910196801. 9	2011-04-27
1113	变压器应急备用适用性的判别方法	华东电力试验研究院有限公司	ZL201110025698. 9	2012-07-25
1114	一种移相变压器系统及其控制方法	华东电力试验研究院有限公司 南京南瑞继保电气有限公司	ZL201310354188. 5	2013-12-04
1115	一种双电源自动转换开关装置	华中科技大学	ZL201210292213. 7	2012-12-26
1116	一种单向直流配电网的双电源自动转换开关装置	华中科技大学	ZL201210293382. 2	2012-12-19
1117	一种功率双向流动的双电源自动转换开关装置	华中科技大学	ZL201210293383. 7	2012-12-26
1118	一种低延时分散磁开关压缩脉冲电源复位电路	华中科技大学	ZL201310034366. 6	2013-06-19
1119	一种对高压电容器充电的模糊控制方法及装置	华中科技大学	ZL201310328560. 5	2013-12-18
1120	一种模块化斩波式等离子切割电源控制方法及装置	华中科技大学	ZL201310350153. 4	2013-12-11
1121	一种大功率中频隔离变压器	华中科技大学	ZL201310418116. 2	2014-04-02
1122	基于模糊 PI 双向线性预测的光伏 MPPT 控制方法	华中科技大学	ZL201310698337. X	2014-04-09
1123	一种基于线性迭代的光伏 MPPT 控制方法	华中科技大学	ZL201410004123. 2	2014-05-07
1124	一种基于切线角的变步长光伏 MPPT 控制方法	华中科技大学	ZL201410008946. 2	2014-04-23
1125	一种基于膜计算的光伏发电最大功率跟踪方法及装置	华中科技大学	ZL201410286539. 8	2014-09-10
1126	多区域互联电网特高压联络线功率控制方法及控制器	华中科技大学 中国电力科学研究院 国家电网公司	ZL201310135945. X	2013-08-21
1127	电源选择装置和方法	华为技术有限公司	ZL201010244882. 8	2011-07-20
1128	一种电源协议管理方法、装置及其应用的电源系统	华为技术有限公司	ZL201010609170. 1	2011-07-20
1129	对具有多个网络接口的装置进行电源管理的系统和方法	华为技术有限公司	ZL201080006504. 4	2012-01-18
1130	一种逆变器拓扑电路、逆变方法和一种逆变器	华为技术有限公司	ZL201110314760. 6	2012-05-02
1131	不间断供电电源装置及其工作方法	华为技术有限公司	ZL201210018184. 5	2012-07-18
1132	同步整流控制电路、方法和变换器	华为技术有限公司	ZL201210024559. 9	2012-07-11
1133	变压器原边电压获取方法及装置	华为技术有限公司	ZL201210040691. 9	2012-07-04
1134	变压器原边电流获取方法及装置	华为技术有限公司	ZL201210040692. 3	2012-07-25
1135	一种三电平逆变器	华为技术有限公司	ZL201210121423. X	2012-09-19
1136	不间断电源、控制不间断电源的方法及控制装置	华为技术有限公司	ZL201210129054. 9	2012-09-19
1137	箝位保护电路、谐振电路及变换器	华为技术有限公司	ZL201210134596. 5	2012-10-03
1138	一种地址识别电路及其控制方法、电源系统	华为技术有限公司	ZL201210138482. 8	2012-10-03
1139	电源电流检测方法及电路	华为技术有限公司	ZL201210149905. 6	2012-09-19
1140	同步整流装置及同步整流电源	华为技术有限公司	ZL201210161781. 3	2012-10-03
1141	一种不间断电源电路及其控制方法	华为技术有限公司	ZL201210183920. 2	2012-10-03
1142	功率切换控制信号产生电路、双电源冗余供电系统及方法	华为技术有限公司	ZL201210213258. 0	2014-01-15

（续）

ID	标　　题	申请人	专利号	公开日
1143	变频器输出电压的检测方法及装置、变频器	华为技术有限公司	ZL201210217675. 2	2012-10-24
1144	变频器	华为技术有限公司	ZL201210222805. 1	2012-10-31
1145	逆变器控制方法、装置和逆变器	华为技术有限公司	ZL201210227609. 3	2012-10-31
1146	电网无功补偿方法、装置及并网逆变器	华为技术有限公司	ZL201210259515. 4	2012-11-21
1147	控制光伏发电装置的方法、设备及光伏发电系统	华为技术有限公司	ZL201210296410. 6	2012-12-05
1148	高频开关电源和高频电流检测方法	华为技术有限公司	ZL201210311640. 5	2013-01-30
1149	二极管中点箝位型三电平逆变器限流控制方法及相关电路	华为技术有限公司	ZL201210349131. 1	2013-01-09
1150	一种宽电压输入范围的逆变器输入级电路及逆变器	华为技术有限公司	ZL201210349231. 4	2013-01-09
1151	一种逆变器和供电设备	华为技术有限公司	ZL201210374373. 6	2013-01-30
1152	变换器的电流控制方法及装置、不间断电源	华为技术有限公司	ZL201210419625. 2	2013-02-06
1153	集成电源模块	华为技术有限公司	ZL201210442852. 7	2013-03-13
1154	功率因数校正电路以及电源电路	华为技术有限公司	ZL201210447344. 8	2013-02-13
1155	一种光伏发电的系统及其控制方法	华为技术有限公司	ZL201210455644. 0	2013-03-27
1156	一种逆变装置、方法以及逆变并网发电系统	华为技术有限公司	ZL201210476608. 2	2013-03-27
1157	一种五电平逆变器	华为技术有限公司	ZL201210485496. 7	2013-04-03
1158	一种光伏逆变器漏电流调节抑制方法及装置	华为技术有限公司	ZL201210486581. 5	2013-04-03
1159	一种数字电源控制器	华为技术有限公司	ZL201210516625. 4	2013-04-10
1160	电源测试工具	华为技术有限公司	ZL201210530213. 6	2013-03-20
1161	一种电压调节方法、预稳压电源电路及系统	华为技术有限公司	ZL201210535450. 1	2013-03-20
1162	一种金手指结构和具有该金手指结构的电源模块	华为技术有限公司	ZL201210583470. 6	2013-04-24
1163	用于无桥 PFC 转换器的保持时间电路和方法	华为技术有限公司	ZL201280002432. 5	2013-05-01
1164	一种逆变器输出限流保护方法及装置	华为技术有限公司	ZL201310031103. X	2013-05-01
1165	一种三相并网逆变器的单相孤岛的检测方法、设备和系统	华为技术有限公司	ZL201310052676. 0	2013-07-24
1166	启动逆变器的方法和装置	华为技术有限公司	ZL201310105294. X	2013-07-31
1167	开关电源和开关电源控制方法	华为技术有限公司	ZL201310116136. 4	2013-07-24
1168	一种逆变器和控制逆变器的方法	华为技术有限公司	ZL201310137220. 4	2013-08-07
1169	一种 DC-DC 变换器	华为技术有限公司	ZL201310140249. 8	2013-07-31
1170	N 相通信电源及调整其输出电流的方法	华为技术有限公司	ZL201310204321. 9	2013-09-25
1171	逆变电源保护电路及应用其的电路装置	华为技术有限公司	ZL201310249825. 2	2013-10-02
1172	逆变电源系统	华为技术有限公司	ZL201310253209. 4	2013-11-20
1173	一种单相逆变器和三相逆变器	华为技术有限公司	ZL201310254333. 2	2013-10-16
1174	充电装置	华为技术有限公司	ZL201310256067. 7	2013-10-09
1175	一种不间断电源电路	华为技术有限公司	ZL201310282409. 2	2013-10-23
1176	一种功率控制方法、功率控制电路和节能系统	华为技术有限公司	ZL201310378463. 7	2013-12-11
1177	电池在位检测方法、装置及充电系统	华为技术有限公司	ZL201310474452. 9	2014-01-29
1178	一种充电方法及装置	华为技术有限公司	ZL201310633643. 5	2014-02-26
1179	一种三桥臂拓扑电路及控制方法、不间断电源系统	华为技术有限公司	ZL201310674138. 5	2014-03-26
1180	数字均流方法和电源模块	华为技术有限公司	ZL201310705467. 1	2014-03-26
1181	一种电磁干扰滤波器，及制造方法	华为机器有限公司 福州大学	ZL201210157424. X	2012-10-03

（续）

ID	标　题	申请人	专利号	公开日
1182	集成网络接口转换装置的充电器	华为终端有限公司	ZL201110394924.0	2013-06-05
1183	手持机、USB 充电器及手持机识别 USB 充电器的方法	华为终端有限公司	ZL201180001373.5	2012-05-02
1184	一种充电方法及充电器	华为终端有限公司	ZL201210482514.6	2013-03-27
1185	充电方法、移动设备、充电设备与充电系统	华为终端有限公司	ZL201310018595.9	2013-05-15
1186	-48V 直流单系统双电源蓄电池联络装置及其切换方法	华信咨询设计研究院有限公司	ZL201310114511.1	2013-07-10
1187	一种微电网并网同步检测控制器及控制方法	华北水利水电大学	ZL201310430371.9	2014-01-08
1188	隧道电缆巡检机器人充电管理系统及方法	华北电力大学	ZL201210240420.8	2012-10-31
1189	一种微网中电动汽车充电站谐波检测法	华北电力大学	ZL201210289227.3	2012-12-26
1190	特高压调压变压器保护的等效瞬时电感涌流闭锁判别方法	华北电力大学	ZL201210344440.X	2013-01-16
1191	太阳能光伏与光热耦合型太阳能电池及其耦合发电方法	华北电力大学	ZL201210492244.7	2013-03-27
1192	一种逆变型新能源电源故障穿越的控制方法	华北电力大学	ZL201210586298.X	2013-04-03
1193	一种永磁直驱型风力发电系统网侧变流器的优化控制方法	华北电力大学	ZL201310038847.4	2013-04-24
1194	一种优化光伏充电站集成系统的方法及装置	华北电力大学	ZL201310064068.1	2013-07-03
1195	一种消除光伏并网充电系统中的谐波的方法及装置	华北电力大学	ZL201310064111.4	2013-07-03
1196	利用电池储能系统平滑光伏发电系统功率的方法	华北电力大学	ZL201310117984.7	2013-07-10
1197	一种电动出租车充电站有序充电系统及方法	华北电力大学	ZL201310264204.1	2013-10-02
1198	一种电动汽车快、慢速充电设施配置比例的计算方法	华北电力大学	ZL201410001487.5	2014-04-02
1199	电力变压器匝间绝缘表面气泡局部放电模拟实验平台及实验方法	华北电力大学 华北电力科学研究院有限责任公司 国家电网公司	ZL201310003778.3	2013-06-12
1200	一种电力变压器局部放电与产气速率关系研究实验平台及其测量方法	华北电力大学 华北电力科学研究院有限责任公司 国家电网公司	ZL201310004942.2	2013-05-08
1201	变压器局部放电定位系统及其定位方法	华北电力大学(保定)	ZL201210193893.7	2012-10-03
1202	绕组水冷气体绝缘变压器	华北电力大学(保定)	ZL201310152116.2	2013-07-17
1203	一种用于负荷增容的 UPQC 拓扑电路及控制调节方法	华北电力大学(保定)	ZL201310165245.5	2013-09-04
1204	基于负序电流注入的光伏并网逆变器孤岛检测方法	华北电力大学(保定)	ZL201310291637.6	2013-11-27
1205	一种并网型光伏发电微型逆变器及其控制方法	华北电力大学(保定)	ZL201310352484.1	2013-12-11
1206	一种并网不上网的小型光伏发电系统及控制方法	华北电力大学(保定)	ZL201310354391.2	2013-12-11
1207	变压器局部放电超声矢量阵列定位装置及其制造方法	华北电力大学(保定)	ZL201410414008.2	2014-11-19
1208	一种光伏电站辐照度预测值修正方法	华北电力大学(保定) 云南电力试验研究院(集团)有限公司电力研究院	ZL201310019097.6	2013-04-03
1209	一种光伏电源混合储能系统	华北电力大学(保定) 国家电网公司 国网新源张家口风光储示范电站有限公司	ZL201310147371.8	2013-08-07
1210	一种基于分布式电源的直流牵引供电系统	华北电力大学(保定) 国家电网公司 国网辽宁省电力有限公司经济技术研究院	ZL201310322813.8	2013-12-04

（续）

ID	标题	申请人	专利号	公开日
1211	三相光伏并网逆变器在电网电压不平衡时的控制方法	华北电力大学(保定) 国网河南省电力公司焦作供电公司	ZL201310748039.7	2014-04-09
1212	钳形抗干扰电流互感器及变压器铁芯接地电流测试系统	华北电力科学研究院有限责任公司 冀北电力有限公司秦皇岛电力公司 国家电网公司	ZL201310009580.6	2013-04-24
1213	光伏发电系统的性能检测系统	华北电力科学研究院有限责任公司 华北电网有限公司 国家电网公司	ZL201210001207.1	2013-07-10
1214	一种简易直流电源均流并联系统及其控制方法	华南理工大学	ZL201210125714.6	2012-08-22
1215	一种水冷型高频变压器及次级整流器	华南理工大学	ZL201210125718.4	2012-08-22
1216	基于DSP的并联式大功率脉冲MIG焊逆变电源系统	华南理工大学	ZL201210165028.1	2012-09-19
1217	一种电力变压器系统状态分析和维修决策判断方法	华南理工大学	ZL201210196906.6	2012-11-14
1218	数字化控制的低压直流电源能量回馈型电子负载升压系统	华南理工大学	ZL201210313643.2	2012-12-19
1219	含逆变型分布式电源配电网的对称故障分析方法	华南理工大学	ZL201210344134.6	2013-01-09
1220	一种用于超声波电源的锁相电路	华南理工大学	ZL201210541902.7	2013-04-17
1221	Buck变换器的基于恒定开关频率的混杂控制方法	华南理工大学	ZL201210545490.4	2013-06-26
1222	用于开关电源启动的辅助电源及其驱动方法	华南理工大学	ZL201210555053.0	2013-04-24
1223	一种基于形态学梯度的变压器励磁涌流识别方法	华南理工大学	ZL201210555129.X	2013-04-17
1224	一种动态电源管理策略选择方法及模块	华南理工大学	ZL201210557372.5	2013-05-08
1225	一种动态电源管理策略性能评估方法	华南理工大学	ZL201210557375.9	2013-05-08
1226	一种开关电源控制方式的切换电路及其控制方法	华南理工大学	ZL201310010602.0	2013-05-01
1227	一种基于DSP的有限双极性控制全桥电源模块并联电路	华南理工大学	ZL201310010603.5	2013-05-01
1228	一种基于磁电耦合抵消技术的宽阻带LTCC带通滤波器	华南理工大学	ZL201310096832.3	2013-07-03
1229	一种基于权重数学形态学的变压器励磁涌流识别方法	华南理工大学	ZL201310159424.8	2013-08-21
1230	一种宽增益sepic变换器	华南理工大学	ZL201310423167.4	2014-01-01
1231	电力电子变换器的能量平衡控制器及方法	华南理工大学	ZL201310485088.6	2014-01-29
1232	一种单相高增益无桥功率因数校正变换器	华南理工大学	ZL201310526728.3	2014-01-29
1233	LED驱动电源的输出滤波电路及LED驱动电源电路	华南理工大学	ZL201310597633.0	2014-03-19
1234	金刚石线锯直流电源测试系统	华晶精密制造有限公司	ZL201210354430.4	2013-01-16
1235	具有输出电压补偿的脉冲频率调制控制的开关电源电路	华润矽威科技(上海)有限公司	ZL201010543779.3	2012-05-23
1236	电压-电流转换器	华润矽威科技(上海)有限公司	ZL201210076607.9	2013-09-25
1237	开关电源及提高其输出电流线调整率的电路	华润矽威科技(上海)有限公司	ZL201210145396.X	2013-11-13
1238	开关电源及提高其输出电流调整率的电路	华润矽威科技(上海)有限公司	ZL201210145402.1	2013-11-13
1239	非隔离LED驱动系统及非隔离LED驱动恒流控制电路	华润矽威科技(上海)有限公司	ZL201210289133.6	2014-02-19
1240	电源控制方法与应用其的电子装置	华硕电脑股份有限公司	ZL201110236883.2	2012-11-28
1241	一种充电站充电计量方法	华立仪表集团股份有限公司	ZL201310032147.4	2013-06-12
1242	风电机组变桨系统后备电源的测试系统和测试方法	华锐风电科技(集团)股份有限公司	ZL201210013095.1	2013-07-17

（续）

ID	标题	申请人	专利号	公开日
1243	适用于双馈风力发电系统的混合变流设备及方法	华锐风电科技(集团)股份有限公司	ZL201210193582.0	2014-01-01
1244	风力发电机组并网点电压闪变检测方法及装置	华锐风电科技(集团)股份有限公司	ZL201210392477.X	2013-02-13
1245	用以低电压电源域进行充电的系统与方法	南亚科技股份有限公司	ZL201210438303.2	2013-10-30
1246	一种基于分数阶PI预测函数的逆变器控制方法	南京信息工程大学	ZL201310185692.7	2013-08-28
1247	分布式电源并网接口系统的控制方法	南京南瑞太阳能科技有限公司	ZL201310079079.7	2013-06-26
1248	三相并网光伏逆变器的发电状态控制方法	南京南瑞太阳能科技有限公司 国家电网公司 国网新源张家口风光储示范电站有限公司	ZL201310185720.5	2013-09-04
1249	一种柔性直流输电系统的换流器充电方法	南京南瑞继保电气有限公司 南京南瑞继保工程技术有限公司	ZL201210407183.X	2013-02-27
1250	发电机组主变压器低压侧母线单相接地保护方法	南京南瑞继保电气有限公司 南京南瑞继保工程技术有限公司	ZL201310007548.4	2013-06-26
1251	一种模块化多电平换流器的充电方法	南京南瑞继保电气有限公司 南京南瑞继保工程技术有限公司	ZL201310014548.7	2013-05-01
1252	备用电源自投联切负荷的方法	南京南瑞继保电气有限公司 金华电业局	ZL201110278614.2	2013-03-20
1253	基于预测调节性能和安全约束的新能源并网功率控制方法	南京南瑞集团公司 甘肃省电力公司 甘肃省电力公司风电技术中心	ZL201310174543.0	2014-04-30
1254	变压器涌流微分谐波检测方法	南京南电继保自动化有限公司	ZL201210327050.1	2012-11-28
1255	一种非隔离型逆变器及其控制方法	南京博兰得电子科技有限公司	ZL201110272759.1	2013-03-27
1256	一种功率因数变换装置的控制方法	南京博兰得电子科技有限公司	ZL201110286478.1	2013-04-03
1257	微电源控制器及实现并/离网控制的方法	南京因泰莱电器股份有限公司	ZL201310228130.6	2014-03-19
1258	基于可变开关频率的风力发电双馈变流器SVPWM的控制方法	南京国电南自风电自动化技术有限公司	ZL201210300823.7	2012-11-21
1259	一种阶数递增的并网变流器暂态网压前馈项低通滤波方法	南京国电南自风电自动化技术有限公司	ZL201210480000.7	2013-04-17
1260	用于升压型功率因数校正的电感电流过零检测电路	南京埃科孚电子科技有限公司	ZL201310391104.5	2013-11-27
1261	一种合成参考信号的变压器噪声有源控制方法	南京大学	ZL201110155043.3	2012-02-15
1262	一种氢燃料电池独立电源系统	南京大学 南京大学昆山创新研究院 昆山桑莱特新能源科技有限公司	ZL201110403625.9	2012-05-02
1263	感应电机直接转矩控制调速系统的节能变频器及构造法	南京工业大学	ZL201210378888.3	2013-01-16
1264	实现光伏并网微型逆变电源高效率和高可靠性的方法	南京工业大学	ZL201310156519.4	2013-07-24
1265	基于热管技术的CPC聚光光伏电热联产系统	南京工业大学	ZL201310386773.3	2013-12-11
1266	一种具有二次调频调压特性的逆变器下垂控制方法	南京工程学院	ZL201310517616.1	2014-01-08
1267	光伏并网逆变器直流侧噪声源内阻抗的提取电路及方法	南京师范大学	ZL201310022330.6	2013-05-08
1268	一种基于干簧管的启动、充电复合电路	南京康派电子有限公司	ZL201310102025.8	2013-06-12
1269	一种超低待机功耗电源的控制电路	南京微盟电子有限公司	ZL201310093554.6	2013-06-12
1270	电源启动电路	南京德朔实业有限公司	ZL201110318834.3	2013-04-24
1271	高速列车防滑阀电源控制电路	南京浦镇海泰制动设备有限公司	ZL201310185719.2	2013-08-07

（续）

ID	标　　题	申请人	专利号	公开日
1272	移动电子设备充电装置	南京物联传感技术有限公司	ZL201310534092. 7	2014-03-05
1273	电动车蓄电池充电过程监测装置	南京特能电子有限公司	ZL201310462010. 2	2014-01-22
1274	铅酸电池充电器快速便携式测试仪	南京特能电子有限公司	ZL201310462052. 6	2014-01-08
1275	一种智能数字充电监测表	南京特能电子有限公司	ZL201310584308. 0	2014-02-19
1276	电动汽车充电桩充电端口的安全防护装置	南京理工大学	ZL201310072470. 4	2013-06-19
1277	基于正激变换器的高频隔离式三电平逆变器	南京理工大学	ZL201310189221. 3	2013-08-21
1278	采用有源储能电容变换器的 AC/DC 变换器	南京理工大学	ZL201310302756. 7	2013-10-09
1279	PF 为 1 的长寿命 DCM Boost PFC 变换器	南京理工大学	ZL201310362018. 1	2013-11-27
1280	低输出电流峰均比的 CRM Flyback LED 驱动器	南京理工大学	ZL201410056250. 7	2014-05-21
1281	一种具有直流稳压输出功能的双级式三相四桥臂矩阵变换器	南京航空航天大学	ZL201210023900. 9	2012-12-19
1282	一种全桥三端口直流变换器及其控制方法	南京航空航天大学	ZL201210116197. 6	2012-08-01
1283	LCL 滤波并网逆变器单进网电流采样的电流控制方法	南京航空航天大学	ZL201210160219. 9	2012-10-03
1284	交错并联型双级式矩阵变换器的拓扑结构及其控制方法	南京航空航天大学	ZL201210282922. 7	2012-11-21
1285	磁组合式三相输入 AC/DC 全桥高频变换器	南京航空航天大学	ZL201210310697. 3	2012-12-19
1286	两级式逆变器中前级变换器二次谐波电流的抑制方法及其控制电路	南京航空航天大学	ZL201210328723. 5	2012-12-26
1287	光伏发电系统中高效隔离直流变换器系统	南京航空航天大学	ZL201210382327. 0	2013-01-30
1288	雷达发射机高压电源多参数融合实时健康预报方法	南京航空航天大学	ZL201210397480. 0	2013-02-13
1289	DC-DC 变换器健康评估指标与故障预测方法	南京航空航天大学	ZL201210397871. 2	2013-01-16
1290	基于分数阶小波变换的航空直流变换器在线故障组合预测方法	南京航空航天大学	ZL201210397873. 1	2013-01-09
1291	用于快速跟踪参考的直流变压器型多电平输出直流电源	南京航空航天大学	ZL201210566424. 5	2013-04-24
1292	一种多通道可调直流电源	南京航空航天大学	ZL201310063986. 2	2013-06-19
1293	高效率多路输出直直变换器及其控制方法	南京航空航天大学	ZL201310119223. 5	2013-08-14
1294	一种分布式 ISOP 逆变器及其输入均压输出同幅值控制方法	南京航空航天大学	ZL201310151144. 2	2013-08-28
1295	单级式隔离型三相双向 AC/DC 变换器及其控制方法	南京航空航天大学	ZL201310162162. 0	2013-08-28
1296	基于双级式矩阵变换器的起动/发电系统及其控制方法	南京航空航天大学	ZL201310209746. 9	2013-09-11
1297	一种双级式矩阵变换器-同步发电机系统的控制方法	南京航空航天大学	ZL201310209748. 8	2013-09-04
1298	基于多维压电传感器阵列和空间滤波器的损伤无波速成像定位方法	南京航空航天大学	ZL201310221994. 5	2013-09-25
1299	多支路两级式三相光伏并网逆变器的启动方法	南京航空航天大学	ZL201310226199. 5	2013-09-18
1300	一种高电压变比双向直流变换器的控制方法	南京航空航天大学	ZL201310242295. 9	2013-10-02
1301	基于双级矩阵变换器起动/发电系统的起动控制及死区补偿	南京航空航天大学	ZL201310243646. 8	2013-09-04

（续）

ID	标　　题	申请人	专利号	公开日
1302	一种软开关隔离型升压直流变换器及其控制方法	南京航空航天大学	ZL201310244328.3	2013-09-11
1303	消除采样计算延时的数字逆变电源实时控制系统与方法	南京航空航天大学	ZL201310278120.3	2013-10-09
1304	一种双级矩阵变换器的载波调制方法	南京航空航天大学	ZL201310309919.4	2013-12-04
1305	一种模块化 ISOS 逆变器系统	南京航空航天大学	ZL201310465658.5	2014-01-15
1306	提高 LCL 型并网逆变器对弱电网适应能力的控制方法	南京航空航天大学	ZL201410085448.8	2014-05-21
1307	一种优化分布式变换器系统效率的功率分配控制方法	南京航空航天大学	ZL201410109427.5	2014-07-02
1308	一种适用于差异性光伏单元串联电路的输出功率获取方法	南京航空航天大学	ZL201410405277.2	2014-11-12
1309	一种适用于弱电网接入条件下的并网逆变器混合阻尼自适应控制方法	南京航空航天大学 中天光伏技术有限公司	ZL201310423292.5	2014-01-29
1310	双降压并网逆变器的过零畸变抑制方法	南京航空航天大学 扬州双鸿电子有限公司	ZL201310405570.4	2013-12-25
1311	用于实现 MPPT 的宽温度补偿恒压式光伏发电系统	南京邮电大学	ZL201210385278.6	2013-02-13
1312	一种蓄电池并联充电的电路变换装置	南宁市圣鑫科技有限公司	ZL201210480290.5	2013-04-03
1313	一种带专用换流变压器直流融冰装置的设计方法	南方电网科学研究院有限责任公司	ZL201210018908.6	2012-07-18
1314	一种不带专用换流变压器直流融冰装置的设计方法	南方电网科学研究院有限责任公司	ZL201210019459.7	2012-07-11
1315	一种变压器状态综合指标评估系统	南方电网科学研究院有限责任公司	ZL201210322421.7	2013-01-02
1316	一种孤立微网分布式电源容量与布点优化方法	南方电网科学研究院有限责任公司	ZL201210371966.7	2013-02-13
1317	一种电动汽车多代理充电控制系统及方法	南方电网科学研究院有限责任公司	ZL201310301922.1	2013-11-20
1318	一种含分布式电源的配电网故障区域定位方法	南方电网科学研究院有限责任公司 华南理工大学	ZL201110388155.3	2012-04-18
1319	飞机电源系统控制和保护实验装置	南昌航空大学	ZL201310286384.3	2013-09-18
1320	层叠铁芯式主变压器的铁芯间短路故障检测方法	南车戚墅堰机车有限公司	ZL201310166250.8	2013-09-11
1321	一种用于悬浮控制系统的电源系统	南车株洲电力机车有限公司	ZL201210360629.8	2013-01-09
1322	适用于蓄电式地铁工程维护车的辅助变流柜电路	南车株洲电力机车有限公司	ZL201310029076.2	2013-05-01
1323	一种储能电源模组	南车株洲电力机车有限公司	ZL201310275457.9	2013-12-04
1324	一种用于储能式轨道交通车辆的地面充电站	南车株洲电力机车有限公司	ZL201310328621.8	2013-10-16
1325	一种储能电源的冷却控制方法、冷却控制装置及冷却系统	南车株洲电力机车有限公司	ZL201310384103.8	2013-12-18
1326	一种城轨车辆检修装置用静调电源柜	南车株洲电力机车有限公司	ZL201310610922.X	2014-02-05
1327	一种电力机车功率因数补偿控制方法及装置	南车株洲电力机车有限公司 西南交通大学	ZL200710035844.X	2009-04-01
1328	变流器主电路中同步信号相序判断方法与控制器	南车株洲电力机车研究所有限公司	ZL201210320463.7	2013-01-02
1329	一种两电平变流器的建模方法	南车株洲电力机车研究所有限公司	ZL201210410489.0	2013-02-13
1330	一种逆变器的控制方法及装置	南车株洲电力机车研究所有限公司	ZL201210444243.5	2013-01-30
1331	用于户外型光伏发电设备的柜体	南车株洲电力机车研究所有限公司	ZL201310174389.7	2013-09-04
1332	一种高压直流输电型并网光伏发电系统	南车株洲电力机车研究所有限公司	ZL201310254330.9	2013-10-23
1333	一种永磁同步电机旋转变压器的信号处理方法及系统	南车株洲电力机车研究所有限公司	ZL201410606672.7	2015-01-14
1334	变压器取样装置	南车株洲电机有限公司	ZL201210559052.3	2013-04-17

（续）

ID	标　　题	申请人	专利号	公开日
1335	列车辅助电源扩展供电电路及控制方法和设计方法	南车青岛四方机车车辆股份有限公司	ZL201210085718.6	2013-10-23
1336	一种电子蜡烛多层充电器	南通亚泰蜡业工艺品有限公司	ZL201410154871.9	2014-07-02
1337	一种智能型电瓶车在线安全充电系统	南通博士未来信息科技有限公司	ZL201310504369.1	2014-01-15
1338	具有充电功能的数字电视接收终端及其对终端充电的方法	南通同洲电子有限责任公司	ZL201210112690.0	2012-09-12
1339	一种基于系统边际发电成本的电动汽车充电方案优化方法	南通大学	ZL201310365531.6	2013-11-20
1340	一种变滤波系数的混合储能平滑风功率控制系统	南通河海大学海洋与近海工程研究院 河海大学	ZL201310060882.6	2013-07-17
1341	一种变换器控制电路	南通钰泰电子科技有限公司	ZL201110338746.X	2013-05-08
1342	一种锂电充电电路	南通钰泰电子科技有限公司	ZL201210115742.X	2013-10-30
1343	基于低频复合电磁超材料的无线电能传输装置	南阳防爆电气研究所有限公司	ZL201310252315.0	2013-10-02
1344	一种激发高频谐振电路的方法	博格华纳贝鲁系统有限公司	ZL201110258496.9	2012-07-11
1345	手持式可旋转地再充电的电子设备	博比·利·巴德齐斯齐克 科林·詹姆斯·麦克马斯特	ZL201180040836.9	2013-06-19
1346	阀门设备及其应用、相应的壳体或运输容器和电化学电源	卡尔·弗罗伊登伯格公司	ZL201110225300.6	2012-05-23
1347	将不可再充电手电筒转变为可再充电手电筒的方法	卡尔·赫尔曼·贝格尔	ZL201180017603.7	2013-01-09
1348	使用直流电的水下逆变器	卡梅伦国际有限公司	ZL201080010845.9	2012-02-01
1349	具有低功率模式的负载控制装置的多级电源	卢特龙电子公司	ZL201080010863.7	2012-02-01
1350	无电解电容辅助电源电路	卢金树 廖菲	ZL201210239411.7	2012-10-17
1351	一种带自动加热装置的油浸式变压器	卧龙电气集团股份有限公司 卧龙电气银川变压器有限公司	ZL201210179452.1	2012-09-19
1352	带六柱铁芯的大容量油浸式变压器	卧龙电气集团股份有限公司 卧龙电气集团浙江变压器有限公司	ZL201310207096.4	2013-08-21
1353	带最大功率点跟踪模块的光伏逆变器及其工作方法	卧龙电气集团股份有限公司 浙江卧龙新能源有限公司	ZL201310124032.8	2013-07-17
1354	一种基于无差拍控制方法的离网逆变器及其工作方法	卧龙电气集团股份有限公司 浙江卧龙新能源有限公司	ZL201310124072.2	2013-07-24
1355	一种带双向逆变器的微网系统及其工作方法	卧龙电气集团股份有限公司 浙江卧龙新能源有限公司	ZL201310124260.5	2013-06-26
1356	电源设备	厄比电子医学有限责任公司	ZL201210088036.0	2012-10-24
1357	光伏发电装置的故障诊断方法	原子能及能源替代委员会	ZL201080016790.2	2012-03-28
1358	一种高增益隔离型 DC-DC 变换器	厦门大学	ZL201310302150.3	2013-11-13
1359	一种多相谐振型桥式模块化多电平开关电容变换器	厦门大学	ZL201310687992.5	2014-03-05
1360	一种盒式多功能握力充电器	厦门大学	ZL201410123934.4	2014-06-11
1361	车用电源智能化管理系统及方法	厦门汉纳森汽车电子有限公司	ZL201210394513.6	2013-01-16
1362	通用于节能灯和 LED 灯的驱动 IC	厦门海莱照明有限公司	ZL201310025520.3	2013-05-29
1363	一体式太阳能充电键盘保护套的制作工艺及保护套	厦门炜迪电子科技有限公司	ZL201210583386.4	2013-04-24
1364	一种光伏充电器的两级变频控制方法	厦门科华恒盛股份有限公司	ZL201310555238.6	2014-02-26
1365	一种模块化系统的节能控制方法	厦门科华恒盛股份有限公司	ZL201310587517.0	2014-03-05

（续）

ID	标题	申请人	专利号	公开日
1366	用于开关电源的无级限流控制系统及其控制方法	厦门科华恒盛股份有限公司	ZL201410030273.0	2014-04-23
1367	带防逆流的光伏逆变器控制装置及其控制方法	厦门科华恒盛股份有限公司	ZL201410475739.8	2015-01-21
1368	采用电池对充方式的交直流快速充电桩	厦门绿沃电子科技有限公司	ZL201210496931.6	2013-03-06
1369	带开路保护的可控硅调光 LED 灯驱动器	厦门通士达照明有限公司	ZL201310140604.1	2013-09-11
1370	计算机电源的监控系统	友懋国际科技股份有限公司	ZL201110140709.8	2012-11-28
1371	电源管理系统与电源管理方法	友达光电股份有限公司	ZL201110329819.9	2012-03-21
1372	光伏装置	友达光电股份有限公司	ZL201210231656.5	2012-10-24
1373	可无线充电的显示器、其操作方法、以及可携式电子装置	友达光电股份有限公司	ZL201210337289.7	2013-01-16
1374	光伏板系统、光伏板固定装置及装设光伏板系统的方法	友达光电股份有限公司	ZL201210587393.1	2013-05-15
1375	警示系统及具有警示系统的光伏装置	友达光电股份有限公司	ZL201310557083.X	2014-02-05
1376	抑制线电极的消耗的线放电加工机的电源装置	发那科株式会社	ZL201210160723.9	2013-01-16
1377	具有 ΔΣ 调制型 AD 变换器的电动机控制装置	发那科株式会社	ZL201310132875.2	2013-10-30
1378	停电时降低控制电源的消耗电力的电动机控制装置	发那科株式会社	ZL201310256222.5	2014-01-15
1379	电池状态推断方法及电源系统	古河电气工业株式会社 古河 AS 株式会社	ZL201080030075.4	2012-07-11
1380	充电率推断方法、充电率推断装置及二次电池电源系统	古河电气工业株式会社 古河 AS 株式会社	ZL201180014445.X	2012-11-28
1381	充电接受极限判定装置以及充电接受极限判定方法	古河电气工业株式会社 古河 AS 株式会社	ZL201180044172.3	2013-05-22
1382	满充电检测装置以及满充电检测方法	古河电气工业株式会社 古河 AS 株式会社	ZL201180057759.8	2013-07-31
1383	充电控制装置以及充电控制方法	古河电气工业株式会社 古河 AS 株式会社	ZL201280003914.2	2013-08-07
1384	车载电源装置	古河电气工业株式会社 古河 AS 株式会社	ZL201280006870.9	2013-10-02
1385	波导管变换器、天线装置以及雷达装置	古野电气株式会社	ZL201110098863.3	2011-12-21
1386	近场通讯与无线充电共享感应模块的选择方法及选择电路	台湾东电化股份有限公司	ZL201110402614.9	2013-04-17
1387	电源转换器的数字控制	台湾积体电路制造股份有限公司	ZL200810175229.3	2009-09-23
1388	电荷泵的充电循环方案	台湾积体电路制造股份有限公司	ZL200910171808.5	2010-05-12
1389	带有校准电路的滞后功率变换器	台湾积体电路制造股份有限公司	ZL201110314822.3	2012-05-30
1390	在底部金属层下方带有电源轨的集成电路布局	台湾积体电路制造股份有限公司	ZL201210016630.9	2012-11-07
1391	电池充电器数字控制电路和方法	台湾积体电路制造股份有限公司	ZL201210020207.6	2012-08-01
1392	用于具有磁性元件的变压器的结构和方法	台湾积体电路制造股份有限公司	ZL201210103817.2	2013-07-03
1393	放电灯系统及其控制方法	台达电子企业管理（上海）有限公司	ZL201110201143.5	2013-01-23
1394	电池充电系统	台达电子企业管理（上海）有限公司	ZL201110214088.3	2013-01-30
1395	双馈式感应发电系统及其有源撬棍电路的自我测试方法	台达电子企业管理（上海）有限公司	ZL201110214889.X	2013-01-30
1396	气体放电灯寿终检测电路及其所适用的安定器	台达电子企业管理（上海）有限公司	ZL201110222105.8	2013-02-06
1397	放电灯的控制方法、装置及放电灯系统	台达电子企业管理（上海）有限公司	ZL201110227967.X	2013-02-13
1398	具有超速保护的风力发电系统及其操作方法	台达电子企业管理（上海）有限公司	ZL201110264283.7	2013-03-20
1399	一种在风电机组中用于检测撬棍电路的装置及其方法	台达电子企业管理（上海）有限公司	ZL201110285663.9	2013-04-03
1400	一种电容放电电路和功率转换器	台达电子企业管理（上海）有限公司	ZL201110289786.X	2013-04-03

（续）

ID	标　　题	申请人	专利号	公开日
1401	一种功率开关串联电路及其控制方法	台达电子企业管理(上海)有限公司	ZL201110294720. X	2013-04-10
1402	感应电机励磁参数的测量装置及方法	台达电子企业管理(上海)有限公司	ZL201110317304. 7	2013-04-24
1403	中压变频驱动系统与总谐波失真补偿控制方法	台达电子企业管理(上海)有限公司	ZL201110348824. 4	2013-04-03
1404	一种用于三相交流电网的锁相系统及其方法	台达电子企业管理(上海)有限公司	ZL201110355522. X	2013-05-15
1405	一种电压调节电路及其 LED 驱动装置	台达电子企业管理(上海)有限公司	ZL201110359055. 8	2013-05-15
1406	直流-直流转换器、电力变换器及其控制方法	台达电子企业管理(上海)有限公司	ZL201110393877. 8	2013-06-05
1407	直流-直流转换器、电力变换器及其控制方法	台达电子企业管理(上海)有限公司	ZL201110394250. 4	2013-06-05
1408	一种具有输入电压平衡电路的转换器电路及方法	台达电子企业管理(上海)有限公司	ZL201110409382. X	2013-06-19
1409	永磁电机电感参数测量装置及其方法	台达电子企业管理(上海)有限公司	ZL201110457049. 6	2013-07-03
1410	风电变流器结构及包含其的风力发电系统	台达电子企业管理(上海)有限公司	ZL201210014332. 6	2013-07-17
1411	电子安定器	台达电子企业管理(上海)有限公司	ZL201210016226. 1	2013-07-24
1412	多重化逆变器及有源电力滤波系统	台达电子企业管理(上海)有限公司	ZL201210053891. 8	2013-09-11
1413	多重化逆变器及有源电力滤波器	台达电子企业管理(上海)有限公司	ZL201210054349. 4	2013-09-11
1414	三相 AC-DC 变换电路、变换方法及其控制系统	台达电子企业管理(上海)有限公司	ZL201210065827. 1	2013-08-21
1415	一种 LED 驱动电路	台达电子企业管理(上海)有限公司	ZL201210179456. X	2012-10-24
1416	一种功率半导体开关串联电路及其控制方法	台达电子企业管理(上海)有限公司	ZL201210228865. 4	2013-04-10
1417	智能功率模块的封装结构	台达电子企业管理(上海)有限公司	ZL201310032634. 0	2013-06-05
1418	智能功率模块端子的连接结构	台达电子企业管理(上海)有限公司	ZL201310033666. 2	2013-05-01
1419	电源插座及具有该电源插座的电子装置	台达电子企业管理(上海)有限公司 台达电子工业股份有限公司 台达电子电源(东莞)有限公司	ZL201110436061. 9	2012-04-18
1420	将多根输出线材安装在电路板上的固定装置和方法	台达电子企业管理(上海)有限公司 台达电子电源(东莞)有限公司	ZL201110425390. 3	2012-07-25
1421	马达异常检测保护装置及其方法	台达电子工业股份有限公司	ZL200810184189. 9	2010-06-23
1422	在负载条件范围上高效操作的功率变换器系统	台达电子工业股份有限公司	ZL200980119178. 5	2011-05-04
1423	电源供应器以及具有多个电源供应器的供电系统	台达电子工业股份有限公司	ZL201010515566. X	2012-05-16
1424	电流检测装置及其方法与电流检测信号比较装置及其方法	台达电子工业股份有限公司	ZL201010527363. 2	2012-05-16
1425	具有单级转换器的电源供应器	台达电子工业股份有限公司	ZL201010528512. 7	2012-05-16
1426	谐振式转换器的调节增益方法及其装置	台达电子工业股份有限公司	ZL201010538316. 8	2012-05-23
1427	谐振式转换器及其重置方法与装置	台达电子工业股份有限公司	ZL201010538319. 1	2012-05-23
1428	旋转电机及其转子	台达电子工业股份有限公司	ZL201010590746. 4	2012-06-06
1429	直流电源转换模组、其控制方法、连接器及能量采集系统	台达电子工业股份有限公司	ZL201010623132. 1	2012-07-11
1430	可调整高度的变压器	台达电子工业股份有限公司	ZL201110021883. 0	2012-07-18
1431	区域电源管理单元及其所适用的电源管理系统	台达电子工业股份有限公司	ZL201110054083. 9	2011-09-21
1432	太阳能逆变器和太阳能逆变器的控制方法	台达电子工业股份有限公司	ZL201110065684. X	2012-09-19
1433	变频器及其感应电动机的转速搜寻装置	台达电子工业股份有限公司	ZL201110077358. 0	2012-09-26
1434	组合式变压器	台达电子工业股份有限公司	ZL201110078921. 6	2012-09-26
1435	电源测试控制电路、系统及方法	台达电子工业股份有限公司	ZL201110098600. 2	2012-10-17
1436	变压器	台达电子工业股份有限公司	ZL201110126395. 6	2012-11-14

（续）

ID	标　　题	申请人	专利号	公开日
1437	绕线架及具有该绕线架的磁性组件	台达电子工业股份有限公司	ZL201110128925.0	2012-11-14
1438	具有反馈补偿控制的通风装置及其操作方法	台达电子工业股份有限公司	ZL201110135142.5	2012-11-28
1439	一种电感器模块及其基座	台达电子工业股份有限公司	ZL201110160072.9	2012-12-19
1440	储能元件封装结构	台达电子工业股份有限公司	ZL201110175600.8	2013-01-02
1441	组合式绕线结构及磁性装置	台达电子工业股份有限公司	ZL201110203539.3	2013-01-16
1442	变压器与电感元件的组合结构及其形成方法	台达电子工业股份有限公司	ZL201110210239.8	2013-01-16
1443	具有死区开路补偿功能的驱动器	台达电子工业股份有限公司	ZL201110274911.X	2013-03-27
1444	并联式逆变驱动系统及其环流抑制装置与方法	台达电子工业股份有限公司	ZL201110275998.2	2013-03-27
1445	谐振电容调整元件及其所适用的电流预热型电子安定器	台达电子工业股份有限公司	ZL201110287911.3	2013-04-03
1446	电力系统及其电力控制方法和装置	台达电子工业股份有限公司	ZL201110306335.2	2013-04-17
1447	电源供应装置	台达电子工业股份有限公司	ZL201110322640.0	2013-04-10
1448	电源供应器	台达电子工业股份有限公司	ZL201110339349.4	2013-05-08
1449	具有最大功率点追踪的独立型太阳能转换系统及转换方法	台达电子工业股份有限公司	ZL201110373432.3	2013-06-05
1450	马达及其线圈结构	台达电子工业股份有限公司	ZL201110403611.7	2013-06-12
1451	步进电机的控制方法	台达电子工业股份有限公司	ZL201110415366.1	2013-06-19
1452	充电设备、智能运输工具充电系统及其操作方法	台达电子工业股份有限公司	ZL201110440280.4	2013-01-23
1453	风力发电系统及其控制方法	台达电子工业股份有限公司	ZL201110441807.5	2013-06-26
1454	滤波电抗级及应用该滤波电抗级的变频驱动系统	台达电子工业股份有限公司	ZL201210008662.4	2013-07-17
1455	插头可分离式的多向电源供应器	台达电子工业股份有限公司	ZL201210009413.7	2013-07-17
1456	磁性组件及其基座	台达电子工业股份有限公司	ZL201210022237.0	2013-08-14
1457	整合式电流传感装置	台达电子工业股份有限公司	ZL201210023350.0	2013-08-14
1458	连结器模块及马达	台达电子工业股份有限公司	ZL201210028498.3	2012-06-27
1459	电子装置的保护电路及保护方法	台达电子工业股份有限公司	ZL201210036713.4	2013-08-21
1460	极化转换元件组及包含该极化转换元件组的投影装置	台达电子工业股份有限公司	ZL201210041057.7	2013-09-11
1461	网络变压模块及其磁性元件	台达电子工业股份有限公司	ZL201210055547.2	2013-09-11
1462	一种功率电路、变流器结构及其风力发电系统	台达电子工业股份有限公司	ZL201210061985.X	2013-09-18
1463	电源转换装置	台达电子工业股份有限公司	ZL201210065754.6	2013-09-18
1464	变压器结构	台达电子工业股份有限公司	ZL201210082854.X	2013-10-23
1465	一种功率因数校正电路	台达电子工业股份有限公司	ZL201210092653.8	2013-10-23
1466	一种电能质量设备及其控制装置	台达电子工业股份有限公司	ZL201210222518.0	2014-01-15
1467	同步整流装置及其控制方法	台达电子工业股份有限公司	ZL201210268727.9	2014-02-12
1468	用于PFC电路的控制电路、控制方法及电源系统	台达电子工业股份有限公司	ZL201210284439.2	2012-12-26
1469	具防盗检测的充电系统	台达电子工业股份有限公司	ZL201210295870.7	2014-03-12
1470	用于三电平功率变换器的叠层母排结构以及功率变换器	台达电子工业股份有限公司	ZL201210403971.1	2013-01-16
1471	交换式电源转换电路及其所适用的电源供应器	台达电子工业股份有限公司	ZL201210482950.3	2013-03-20
1472	接线盒、太阳能电池以及在接线盒中安装汇流条的方法	台达电子工业股份有限公司	ZL201210516972.7	2014-06-11

（续）

ID	标　题	申请人	专利号	公开日
1473	不断电电源供应器	台达电子工业股份有限公司 郑博泰	ZL201110204782.7	2013-01-16
1474	开关电源输出电压的调节设备、调整方法及集成芯片	台达电子电源(东莞)有限公司	ZL201310292081.2	2013-09-25
1475	LED驱动电路和LED驱动芯片	叶军	ZL201180036396.X	2013-08-14
1476	一种带功率补偿的LED驱动芯片及电路	叶军	ZL201280002159.6	2013-06-12
1477	一种用于医疗设备的电源及供电方法	叶继伦	ZL201210041023.8	2013-09-11
1478	一种PWM整流器无电流冲击的并网控制方法	合康变频科技(武汉)有限公司	ZL201310168277.0	2013-09-25
1479	低压旁路取电的交流直接驱动LED的方法与集成电路	合肥云杉光电科技有限公司	ZL201310147248.6	2013-07-17
1480	一种简易LED显示模块测试电路	合肥华耀电子工业有限公司	ZL201210240956.X	2012-10-24
1481	一种新型故障保护自恢复电路	合肥华耀电子工业有限公司	ZL201210257041.X	2012-11-21
1482	一种太阳能光伏玻璃窗的制备方法	合肥嘉伟装饰工程有限责任公司	ZL201410029473.4	2014-05-21
1483	用于地震勘探仪器的电源工作站及其工作方法	合肥国为电子有限公司	ZL201310286571.1	2013-10-16
1484	开关电流融合负相微分器的多环反馈小波滤波器设计方法	合肥工业大学	ZL201210466371.X	2013-02-27
1485	大功率光伏充电系统及其主电路及其控制方法	合肥工业大学	ZL201210513743.X	2013-04-10
1486	复用型逆变器直流侧电压的二次脉动的抑制器与抑制方法	合肥工业大学	ZL201210559363.X	2013-03-20
1487	一种四桥臂并网的逆变器及用其就地补偿零序电流的方法	合肥工业大学	ZL201210567156.9	2013-03-20
1488	一种开关电流小波滤波器设计方法	合肥工业大学	ZL201310111167.0	2013-06-26
1489	开关电流小波滤波器电路状态空间优化方法	合肥工业大学	ZL201310146139.2	2013-07-31
1490	一种在线测量与预测开关电源电容器ESR值的方法	合肥工业大学	ZL201310156909.1	2013-08-07
1491	基于参数自适应Sandia频率偏移法的并网逆变器孤岛检测方法	合肥工业大学	ZL201310178361.0	2013-08-21
1492	混合箝位型五电平变流器及其控制方法	合肥工业大学	ZL201310196165.6	2013-08-21
1493	可故障在线检测和容错控制的旋转变压器数字转换器	合肥工业大学	ZL201310196674.9	2013-08-21
1494	基于重复控制和干扰观测器的并网逆变器组合控制方法	合肥工业大学	ZL201310239056.8	2013-10-02
1495	一种提高并网逆变器低载荷运行下电流质量的控制方法	合肥工业大学	ZL201310253133.5	2013-10-09
1496	一种基于电容电压的并网逆变器有源阻尼方法	合肥工业大学	ZL201310283314.2	2013-09-25
1497	一种基于状态观测器的并网逆变器控制方法	合肥工业大学	ZL201310284748.4	2013-10-09
1498	一种并网逆变器LLCL滤波器的参数设计方法	合肥工业大学	ZL201310306245.2	2013-11-27
1499	基于功率闭环扫描的光伏阵列多峰值最大功率点跟踪方法	合肥工业大学	ZL201410186475.4	2014-07-30
1500	全自动化的高效产品功能测试设备	合肥市航嘉电子技术有限公司	ZL201210191080.4	2012-10-17
1501	一种开关电源和具有其的冰箱	合肥美的电冰箱有限公司	ZL201310163658.X	2013-07-24
1502	开关电源的控制装置、方法及具有该装置的开关电源	合肥美的电冰箱有限公司 合肥华凌股份有限公司	ZL201210014340.0	2012-07-18

（续）

ID	标 题	申请人	专利号	公开日
1503	可充电电池和充电方法	吉列公司	ZL201210398058. 7	2013-03-27
1504	一种纯电动客车用主动控制式复合电源及其控制方法	吉林大学	ZL201310032596. 9	2013-05-01
1505	基于 FPGA 的多功能压电泵驱动电源	吉林大学	ZL201310239280. 7	2013-09-04
1506	一种用电源负载短路保护电路的多路输出电路	同方泰德国际科技（北京）有限公司	ZL201110058623. 0	2012-09-19
1507	一种基于固态变压器的光伏发电并网系统	同济大学	ZL201210021859. 1	2013-07-31
1508	旋转变压器位置测量系统及方法	同济大学	ZL201210215784. 0	2012-10-10
1509	一种基于谐波监测的变流器功率模块在线故障诊断方法	同济大学	ZL201310099893. 5	2013-07-31
1510	一种基于美特材料中电磁遂穿效应的非辐射无线电能传输系统	同济大学	ZL201310285150. 7	2013-11-27
1511	一种基于光伏物理模型的光伏发电故障诊断系统	同济大学	ZL201310419630. 8	2013-12-25
1512	能自动断电的充电装置	名硕电脑（苏州）有限公司 和硕联合科技股份有限公司	ZL201210259332. 2	2014-02-12
1513	客车空中充电气缸	向光 向瑜	ZL201210160032. 9	2012-09-12
1514	一种微电流启动的悬浮电源	向渝 曹希余	ZL201210105593. 9	2012-08-22
1515	自充电式感应水龙头装置	吕少永	ZL201210150214. 8	2012-09-12
1516	一种有限双极性控制的全桥逆变器	吕莹	ZL201310193181. X	2013-08-21
1517	具有接近零电流涟波的电力逆变及整流电路	吕锦山	ZL201210305947. 4	2013-12-04
1518	直流电源降压器电路	启东市爱普电器有限公司	ZL201310075292. 0	2013-06-12
1519	通用串行总线集线器及其电源管理方法	启碁科技股份有限公司	ZL201010576598. 0	2012-07-11
1520	一种集成电源以及控制部分的 LED 显示屏	吴小刚	ZL201310537608. 3	2014-01-29
1521	高效节材变压器	吴文武	ZL201210583033. 4	2013-07-17
1522	一种无夹件的变压器绕组及其绑扎方法	吴江变压器有限公司	ZL201210576223. 3	2013-04-17
1523	变压器绕组	吴江变压器有限公司	ZL201210576266. 1	2013-04-17
1524	一种安装太阳能光伏板组件的支架系统	吴连祥	ZL201210361338. 0	2013-01-16
1525	单自由度阳光补偿型光伏跟踪系统	周世勃	ZL201110302671. X	2013-04-10
1526	一种机动车搭火互充充电器	周挺巧	ZL201310636184. 6	2014-02-26
1527	一种太阳能电力并网自用多功能系统的构造	周锡卫	ZL201110228464. 4	2013-02-13
1528	一种基于自治共享节点系统的光伏微电网系统构造	周锡卫	ZL201210144023. 0	2013-11-13
1529	一种多母线户用光伏发电供电系统	周锡卫	ZL201210300392. 4	2014-03-12
1530	一种基于现有光伏控制器的应急直供离网光伏供电系统	周锡卫	ZL201210341210. 8	2014-03-26
1531	一种具有自启动功能的独立光伏供电系统	周锡卫	ZL201210341221. 6	2014-03-26
1532	基于用一逆变桥取代多个定子变频器制动电阻的能量回馈系统	周顺新	ZL201210337828. 7	2013-01-09
1533	油电混合电源系统及该电源系统的控制方法	哈尔滨光宇电源股份有限公司	ZL201310751121. 5	2014-03-19
1534	带备用切换的电动车充电系统及充电方法	哈尔滨冠拓电源设备有限公司	ZL201210510523. 1	2013-04-03
1535	基于 ΔΣ 调制原理的旋转变压器数字转换装置及方法	哈尔滨工业大学	ZL201210266219. 7	2012-10-24
1536	具有高容错能力的六相九桥臂逆变器	哈尔滨工业大学	ZL201310023072. 3	2013-05-01

（续）

ID	标　　题	申请人	专利号	公开日
1537	简化的五相三电平电压源逆变器的矢量控制方法	哈尔滨工业大学	ZL201310060127.8	2013-05-22
1538	一种适于光伏并网低电压穿越的三相锁相环方法	哈尔滨工业大学	ZL201310066043.5	2013-05-15
1539	智能无线充电吸尘器系统	哈尔滨工业大学	ZL201310090371.9	2013-06-12
1540	一种变量电液伺服液压变压器	哈尔滨工业大学	ZL201310106143.6	2013-06-26
1541	锂电池充电控制电路	哈尔滨工业大学	ZL201310108240.9	2013-06-12
1542	室内移动机器人非接触自主无线充电装置及方法	哈尔滨工业大学	ZL201310121146.7	2013-06-12
1543	双机械端口机电能量变换器	哈尔滨工业大学	ZL201310156934.X	2013-07-24
1544	模块化多电平变流器环流抑制方法	哈尔滨工业大学	ZL201310209354.2	2013-10-02
1545	电感不平衡条件下并网逆变器并联系统环流抑制方法	哈尔滨工业大学	ZL201310317024.5	2013-10-09
1546	LCL型滤波器的三相并网逆变器的电流谐波抑制方法	哈尔滨工业大学	ZL201310331996.X	2013-10-23
1547	模块化惯性储能脉冲电源	哈尔滨工业大学	ZL201310455612.5	2013-12-25
1548	基于H桥的四电平逆变器拓扑结构的载波调制方法	哈尔滨工业大学	ZL201310469744.3	2014-01-01
1549	单相不对称七电平逆变器输出电压过零点畸变的消除方法	哈尔滨工业大学	ZL201310520139.4	2014-01-22
1550	中高压同步电机自控变频软起动自动准同期并网控制方法	哈尔滨工业大学	ZL201310520320.5	2014-01-22
1551	双三电平在线拓扑可切换型逆变器	哈尔滨工业大学	ZL201310529852.5	2014-01-22
1552	二极管箝位型在线拓扑可切换逆变器	哈尔滨工业大学	ZL201310530517.7	2014-01-22
1553	一种拓扑可变型并网逆变器的控制方法	哈尔滨工业大学	ZL201310530520.9	2014-01-22
1554	用于并网电流滞环控制算法的开关周期固定控制方法	哈尔滨工业大学	ZL201310533135.X	2014-01-22
1555	直流微电网中光伏发电系统的比例积分准谐振控制方法	哈尔滨工业大学	ZL201310533255.X	2014-01-22
1556	带有冗余绕组的共励磁粗精耦合磁阻式旋转变压器	哈尔滨工业大学	ZL201310669414.9	2014-03-05
1557	基于模块化多电平变换器的并联有源滤波器及其控制方法	哈尔滨工业大学	ZL201310680140.3	2014-03-26
1558	具有可测性功能的开关电源及测试方法	哈尔滨工业大学	ZL201310738168.8	2014-04-02
1559	一种宽范围交流电压输入的Buck结构稳压电源	哈尔滨工业大学	ZL201410003378.7	2014-03-26
1560	一种基于双频点谐振腔的水下无线电能和信号传输系统	哈尔滨工业大学	ZL201410015970.9	2014-04-02
1561	一种模块化多电平换流器的子模块电容预充电方法	哈尔滨工业大学 台达电子企业管理(上海)有限公司	ZL201310626851.2	2014-02-19
1562	一种高升压倍数的直通物理分离型Z源逆变器	哈尔滨工业大学(威海)	ZL201210224628.0	2012-10-24
1563	一种超声振动调制双向窄脉宽微能脉冲电源	哈尔滨工业大学深圳研究生院	ZL201310318705.3	2013-11-20
1564	一种智能双直流电源无缝自动切换装置	哈尔滨工程大学	ZL201210181404.6	2012-09-26
1565	一种三相逆变器并联的有源环流抑制方法	哈尔滨工程大学	ZL201310123179.5	2013-07-24
1566	一种并联逆变器电源中的单模块无缝热投切控制方法	哈尔滨工程大学	ZL201310131915.1	2013-08-14
1567	一种与发电机在线并机的三相不间断应急电源及其不间断控制方法	哈尔滨工程大学	ZL201310149969.0	2013-08-21

（续）

ID	标　题	申请人	专利号	公开日
1568	超高频大功率感应加热电源	哈尔滨理工大学	ZL201310263216. 2	2013-09-18
1569	复合电源双电机电动客车动力系统控制方法、装置及该实现该方法的电动客车动力控制系统	哈尔滨理工大学	ZL201310572539. X	2014-01-29
1570	一种变压器线圈绕线机	哈尔滨电业局 国家电网公司	ZL201110208272. 7	2012-02-22
1571	基于 LCL 滤波器双定向坐标变换的三相 PWM 变换器控制方法	哈尔滨电机厂（镇江）有限责任公司	ZL201210404288. X	2013-02-27
1572	用于功率变换器的放大器系统	哈曼国际工业有限公司	ZL201210017988. 3	2012-07-25
1573	一种焊接电源与计算机之间进行数据通信的方法	唐山松下产业机器有限公司	ZL201210116783. 0	2012-09-12
1574	磁悬浮列车电源系统	唐山轨道客车有限责任公司	ZL201210566416. 0	2013-04-17
1575	蓄电池组充电及放电平衡的电路	唯电科技股份有限公司	ZL201210160303. 0	2013-01-16
1576	用于电力变压器绕组故障的诊断方法	嘉兴学院	ZL201210253185. 8	2012-11-21
1577	电子变压器全自动组装测试机	嘉兴市同信机电科技有限公司	ZL201210321089. 2	2013-01-16
1578	一种移动应急照明电源人机交互系统	嘉兴清源电气科技有限公司	ZL201210317902. 9	2013-01-02
1579	一种基于 Z 源逆变器的通用实验装置	嘉兴清源电气科技有限公司	ZL201210409305. 9	2013-01-23
1580	一种兆瓦级风电变流器抗电磁干扰系统	四川东方电气自动控制工程有限公司	ZL201210456133. 0	2013-03-06
1581	一种含分布式电源配电系统网络变结构优化方法	四川大学	ZL201210406616. X	2013-01-09
1582	电瓶充电器自动修复辅助装置	四川大学	ZL201410108349. 7	2014-05-28
1583	充电电路和具有该充电电路的充电器	四川川奇机电有限责任公司	ZL201310392229. X	2013-12-18
1584	充电电路和具有该充电电路的充电器以及充电系统	四川川奇机电有限责任公司	ZL201310393312. 9	2013-12-25
1585	一种多充电方式的路灯及其充电方法	四川川能农业开发有限公司	ZL201210241902. 5	2012-10-24
1586	一种 LED 灯色彩调节驱动器	四川新力光源股份有限公司	ZL201110272764. 2	2012-04-18
1587	交流电直接驱动的 LED 发光装置	四川新力光源股份有限公司	ZL201110457843. 0	2013-07-03
1588	交流电直接驱动的白光 LED 发光装置	四川新力光源股份有限公司	ZL201110459628. 4	2013-07-03
1589	交流电直接恒流驱动的白光 LED 发光装置	四川新力光源股份有限公司	ZL201210005714. 2	2013-07-10
1590	交流电直接恒流驱动的 LED 发光装置	四川新力光源股份有限公司	ZL201210005718. 0	2013-07-10
1591	交流电直接驱动 LED 模块的调光驱动电路	四川新力光源股份有限公司	ZL201210424253. 2	2013-01-23
1592	驱动 LED 模块的交流电整流电路及交流电整流方法	四川新力光源股份有限公司	ZL201310037178. 9	2013-06-12
1593	驱动 LED 模块的交流电整流电路及交流电整流方法	四川新力光源股份有限公司	ZL201310037188. 2	2013-06-12
1594	一种带电源保护的电路启动装置	四川爱特尔科技有限公司	ZL201210527096. 8	2013-04-10
1595	一种电力变压器辐射可听噪声计算方法	四川电力科学研究院 国家电网公司	ZL201310069534. 5	2013-06-26
1596	一种用于车载电子系统中计算机设备的电源管理装置	四川省绵阳西南自动化研究所	ZL201310038018. 6	2013-05-08
1597	一种智能控制的红外遥控智能节电待机系统用电源电路	四川省迪特尔电子有限公司	ZL201310158257. 5	2013-07-31
1598	一种大电流供电回路	四川英杰电气股份有限公司	ZL201310130765. 2	2013-06-26
1599	一种负载功率控制方法及晶闸管功率控制器	四川英杰电气股份有限公司	ZL201310286371. 6	2013-10-23
1600	一种负载电源的使用方法	四川英杰电气股份有限公司	ZL201310288090. 4	2013-09-18
1601	光伏逆变器的多峰值最大功率点追踪方法	四川英杰电气股份有限公司	ZL201410033831. 9	2014-04-23
1602	感应加热电源的输出控制系统及方法	四川英杰电气股份有限公司	ZL201410093179. X	2014-05-28
1603	可拆卸的电源柜防静电安全装置	四川蓝讯宝迩电子科技有限公司	ZL201310136421. 2	2013-07-17
1604	一种电源供电时序模拟发生装置及其控制方法	四川迪佳通电子有限公司	ZL201210363569. 5	2013-01-16

（续）

ID	标　　题	申请人	专利号	公开日
1605	光伏发电机太阳轨迹跟踪方法及系统	四川钟顺太阳能开发有限公司	ZL201310024307.0	2013-05-22
1606	车用电源延时开关装置及其控制方法	四川长虹电器股份有限公司	ZL201310102979.9	2013-08-07
1607	机载混合电源系统	四川长虹电源有限责任公司	ZL201210250553.3	2012-10-31
1608	一种立体卷铁心变压器绕线机	四川风发电气科技有限公司	ZL201310448720.X	2014-01-08
1609	用于多靶溅射系统的电源装置	因特瓦克公司	ZL201110132979.4	2011-11-16
1610	一种应急指示电源	国之光照明科技有限公司	ZL201310177506.5	2013-08-07
1611	发电电源装置	国产电机株式会社 廊坊科森电器有限公司	ZL200910004347.2	2010-08-18
1612	充电器	国基电子(上海)有限公司	ZL201210238134.8	2014-01-29
1613	电池充电装置及其充电方法	国基电子(上海)有限公司 鸿海精密工业股份有限公司	ZL201110052230.9	2012-09-05
1614	充电电路及具有该充电电路的电子装置	国基电子(上海)有限公司 鸿海精密工业股份有限公司	ZL201210170842.2	2013-12-18
1615	用于具有PWM调光控制的LED系统或其它负载的具有电感器预充电的驱动系统	国家半导体公司	ZL201110137756.7	2011-11-30
1616	用于多个发光二极管(LED)的小型且高效的驱动器	国家半导体公司	ZL201180022695.8	2013-01-16
1617	一种用于变压器的压力释放阀的校验方法及装置	国家电网公司 上海市电力公司	ZL201310108980.2	2013-09-04
1618	一种地埋式变压器的盖板防盗锁	国家电网公司 上海市电力公司	ZL201310256484.1	2013-09-11
1619	一种无功功率控制仿真装置	国家电网公司 上海市电力公司 华东电力试验研究院有限公司	ZL201310109205.9	2013-08-21
1620	一种不等容逆变器并联运行负荷分担的控制方法	国家电网公司 中国电力科学研究院	ZL201310153185.5	2013-09-04
1621	一种主动配电网分布式电源资源控制方法	国家电网公司 中国电力科学研究院	ZL201310170394.0	2013-09-11
1622	一种基于多种分布式电源的微网协调控制系统	国家电网公司 中国电力科学研究院	ZL201310195640.8	2013-09-25
1623	变压器油气色谱在线检测仿真系统及方法	国家电网公司 中国电力科学研究院	ZL201310433582.8	2014-01-15
1624	平抑风电并网功率波动的电池储能系统功率确定方法	国家电网公司 中国电力科学研究院	ZL201310446671.6	2014-01-01
1625	微电网并网向孤岛状态切换时的稳定控制方法	国家电网公司 中国电力科学研究院	ZL201310509652.3	2014-02-19
1626	一种风电场有功功率控制方法	国家电网公司 中国电力科学研究院 东南大学	ZL201310169740.3	2013-09-11
1627	一种直流电源测试高温超导电缆的系统及方法	国家电网公司 中国电力科学研究院 北京市电力公司	ZL201310195443.6	2013-09-25
1628	一种基于最小二乘法的光伏电站超短期功率预测方法	国家电网公司 中国电力科学研究院 国电云南电力有限公司	ZL201310219353.6	2013-11-13
1629	一种基于净空模型的光伏电站最大输出功率预测方法	国家电网公司 中国电力科学研究院 国网冀北电力有限公司 中电普瑞张北风电研究检测有限公司	ZL201310234998.7	2013-10-02
1630	一种分布式发电并网系统防孤岛保护系统及其保护方法	国家电网公司 中国电力科学研究院 国网安徽省电力公司	ZL201310039649.X	2013-05-29
1631	一种大功率变流器功率单元	国家电网公司 中国电力科学研究院 国网安徽省电力公司	ZL201310248445.7	2013-11-20
1632	光伏电站群有功功率协调控制方法	国家电网公司 中国电力科学研究院 国网安徽省电力公司	ZL201310485138.0	2014-01-29

（续）

ID	标　题	申请人	专利号	公开日
1633	基于时间场景准入分析的分布式电源最大渗透率评估方法	国家电网公司 中国电力科学研究院 国网江西省电力公司	ZL201310297943. 0	2013-10-09
1634	一种分布式光伏发电并网接口装置	国家电网公司 中国电力科学研究院 国网河南省电力公司	ZL201310527109. 6	2014-01-29
1635	一种用于平滑并网风光发电系统输出波动的储能配置方法	国家电网公司 中国电力科学研究院 国网福建省电力有限公司 国网福建省电力有限公司电力科学研究院	ZL201310435030. 0	2013-12-25
1636	一种光伏电站并网适应性测试方法	国家电网公司 中国电力科学研究院 国网青海省电力公司电力科学研究院	ZL201310059349. 8	2013-06-26
1637	一种适用于35kV配电化建设的三绕组变压器设计方法	国家电网公司 中国电力科学研究院 山东电力集团公司	ZL201310098418. 6	2013-09-18
1638	一种自适应负荷型配电变压器功能的实现方法	国家电网公司 中国电力科学研究院 山东电力集团公司	ZL201310263011. 4	2013-12-25
1639	一种光伏发电系统模型的建模方法	国家电网公司 中国电力科学研究院 江苏省电力公司	ZL201310044255. 3	2013-05-29
1640	一种混合储能系统平抑间歇式电源功率波动的控制方法	国家电网公司 中国电力科学研究院 河北省电力公司电力科学研究院	ZL201310091057. 2	2013-09-18
1641	电缆芯校对和变压器跳闸出口校对用指示器及校对方法	国家电网公司 冀北电力有限公司唐山供电公司	ZL201310111916. X	2013-06-19
1642	一种变压器核相仪及核相方法	国家电网公司 冀北电力有限公司唐山供电公司	ZL201310264322. 2	2013-10-09
1643	电缆仓出线变压器交流耐压试验装置	国家电网公司 北京市电力公司	ZL201210133147. 9	2013-10-30
1644	充电控制方法和装置	国家电网公司 北京市电力公司 北京中电普华信息技术有限公司	ZL201210376025. 2	2014-04-09
1645	风电和光电集中并网的无功电压优化控制方法	国家电网公司 华北电力大学 甘肃省电力公司	ZL201310136031. 5	2013-07-17
1646	大规模光伏阵列无水清洁系统	国家电网公司 华北电力科学研究院有限责任公司	ZL201410035804. 5	2014-05-07
1647	一种变压器匝间放电综合故障诊断方法及系统	国家电网公司 华北电力科学研究院有限责任公司 国网冀北电力有限公司电力科学研究院	ZL201310469783. 3	2014-02-12
1648	变压器绝缘套管温度在线监测系统	国家电网公司 南京南瑞集团公司 中国电力科学研究院 国网电力科学研究院武汉南瑞有限责任公司	ZL201410387794. 1	2014-11-26
1649	一种风电场集中并网地区的无功电压紧急控制方法	国家电网公司 南京南瑞集团公司 国电南瑞科技股份有限公司	ZL201310202134. 7	2013-08-14
1650	电动汽车直流充电机充电控制过程测试装置及其实现方法	国家电网公司 南京南瑞集团公司 国网山东省电力公司电力科学研究院	ZL201310340930. 7	2013-11-13
1651	分布式光伏发电系统低压反孤岛装置	国家电网公司 南京南瑞集团公司 江苏泰事达电气有限公司 南京南瑞太阳能科技有限公司	ZL201310057534. 3	2013-06-05

（续）

ID	标题	申请人	专利号	公开日
1652	一种电动汽车交直流组合充电控制系统及控制方法	国家电网公司 国电南瑞科技股份有限公司 安徽省电力公司 国网电力科学研究院	ZL201410036703. X	2014-04-30
1653	一种新型的磷酸铁锂电池充电管理方法	国家电网公司 国网冀北电力有限公司张家口供电公司 深圳市泰昂能源科技股份有限公司	ZL201110151048. 9	2012-12-12
1654	一种高压直流输电系统二次谐波滤波器及其参数设计方法	国家电网公司 国网北京经济技术研究院	ZL201410068733. 9	2014-05-14
1655	自动散热变压器	国家电网公司 国网四川省电力公司泸州供电公司	ZL201310327994. 3	2013-10-23
1656	基于DCS的发电厂保安电源切换方法	国家电网公司 国网天津市电力公司	ZL201310354724. 1	2013-12-04
1657	一种基于MAGA的光伏并网协调控制方法	国家电网公司 国网天津市电力公司	ZL201310384697. 2	2014-01-01
1658	一种备用电源自动投入装置	国家电网公司 国网天津市电力公司	ZL201310397538. 6	2013-12-18
1659	一种变电站光伏容量的确定方法	国家电网公司 国网天津市电力公司	ZL201310565909. 7	2014-02-05
1660	一种用于变压器绝缘油气相色谱分析的洗脱装置	国家电网公司 国网天津市电力公司	ZL201410397638. 3	2014-11-05
1661	变压器绝缘油气相色谱分析的油品前处理脱气方法	国家电网公司 国网天津市电力公司	ZL201410397706. 6	2014-11-05
1662	智能变电站电力变压器在线监测组网	国家电网公司 国网安徽省电力公司芜湖供电公司	ZL201310073809. 2	2013-07-10
1663	一种高频高压高功率密度变压器	国家电网公司 国网山东省电力公司济南供电公司	ZL201210350665. 6	2012-12-19
1664	一种变压器套管监测专用末屏下引结构	国家电网公司 国网山东省电力公司济南供电公司	ZL201310269132. X	2013-10-09
1665	移动式多功能检修电源箱	国家电网公司 国网山东省电力公司淄博供电公司	ZL201410095547. 4	2014-06-18
1666	基于小信号稳定分析的微电网逆变器下垂自动控制方法	国家电网公司 国网山东省电力公司电力科学研究院	ZL201310559711. 8	2014-01-29
1667	一种变压器绝缘油中糠醛组分的固相萃取方法	国家电网公司 国网山东省电力公司电力科学研究院	ZL201310618231. 4	2014-03-05
1668	含电动汽车充电设施的智能小区供电容量规划系统及方法	国家电网公司 国网山东省电力公司电力科学研究院 山东鲁能智能技术有限公司	ZL201210222492. X	2012-10-03
1669	用于公共小区的无线载波双网互补的充电桩及应用方法	国家电网公司 国网山东省电力公司电力科学研究院 山东鲁能智能技术有限公司	ZL201310518598. 9	2014-01-22
1670	可再生能源并网发电分析方法	国家电网公司 国网山东省电力公司经济技术研究院 华北电力大学	ZL201310303835. X	2013-11-13
1671	变压器夹件接地电流的三互感器在线监测装置	国家电网公司 国网山西省电力公司电力科学研究院	ZL201310532322. 6	2014-02-05
1672	三电流互感器监测下变压器夹件多点接地电流的控制方法	国家电网公司 国网山西省电力公司电力科学研究院	ZL201310532325. X	2014-02-05
1673	三电流互感器在线监测变压器夹件多点接地电流控制装置	国家电网公司 国网山西省电力公司电力科学研究院	ZL201310532326. 4	2014-02-05
1674	双电流互感器在线监测变压器夹件多点接地电流控制装置	国家电网公司 国网山西省电力公司电力科学研究院	ZL201310533313. 9	2014-02-05

（续）

ID	标　　题	申请人	专利号	公开日
1675	防脱线临时电源电缆小车	国家电网公司 国网山西省电力公司电力科学研究院	ZL201310550734. 2	2014-02-05
1676	一种小功率移动式微网并网检测系统	国家电网公司 国网技术学院 国网智能电网研究院 中电普瑞科技有限公司	ZL201310461912. 4	2014-01-01
1677	一种变压器铁芯振动噪声分析方法	国家电网公司 国网技术学院 山东大学	ZL201410709102. 0	2015-02-18
1678	一种基于功率预测方法的混合储能光伏发电系统	国家电网公司 国网智能电网研究院 中电普瑞科技有限公司	ZL201410003036. 5	2014-04-30
1679	一种基于双 UHF 传感器的局部放电源快速定位方法	国家电网公司 国网江西省电力科学研究院	ZL201410132542. 4	2014-07-09
1680	一种直流电源备自投装置	国家电网公司 国网河北省电力公司 国网河北省电力公司保定供电分公司	ZL201210474634. 1	2013-02-27
1681	一种适用于新能源并网发电系统的无功补偿装置	国家电网公司 国网河北省电力公司 国网河北省电力公司保定供电分公司 保定市尤耐特电气有限公司	ZL201410411159. 2	2014-11-05
1682	一种变压器顶盖升降装置	国家电网公司 国网河北省电力公司 国网河北省电力公司赞皇县供电分公司	ZL201310715731. X	2014-04-16
1683	一种 10kV 变压器台架施工定位工具	国家电网公司 国网河北省电力公司沧州供电分公司 国网河北省电力公司	ZL201210479723. 5	2013-03-20
1684	一种变压器台架整体安装设备	国家电网公司 国网河北省电力公司沧州供电分公司 国网河北省电力公司	ZL201210479742. 8	2013-03-20
1685	变压器出线打弯器	国家电网公司 国网河北省电力公司沧州供电分公司 国网河北省电力公司	ZL201310200629. 6	2013-09-11
1686	一种标准化变压器台架立杆扶正器	国家电网公司 国网河北省电力公司沧州供电分公司 国网河北省电力公司	ZL201310211458. 7	2013-08-21
1687	变压器呼吸器拆卸工具	国家电网公司 国网河北省电力公司沧州供电分公司 国网河北省电力公司	ZL201310249146. 5	2013-09-18
1688	通过一照明灯的电源开关控制其它照明灯的方法	国家电网公司 国网河南省电力公司南阳供电公司	ZL201210296586. 1	2013-10-23
1689	一种光伏直流微电网能量协调控制方法	国家电网公司 国网河南省电力公司南阳供电公司	ZL201310472197. 4	2014-01-29
1690	一种变压器吊装装置	国家电网公司 国网河南省电力公司新乡供电公司	ZL201310656185. 7	2014-02-26
1691	一种抗压、耐磨、耐腐蚀变压器密封环及其生产方法	国家电网公司 国网河南省电力公司漯河供电公司	ZL201310531451. 3	2014-03-12
1692	智能化变压器呼吸干燥装置	国家电网公司 国网河南省电力公司郑州供电公司 河南恩湃电力技术有限公司	ZL201210251364. 8	2012-10-17
1693	实现变压器连续干燥呼吸的方法	国家电网公司 国网河南省电力公司郑州供电公司 河南恩湃电力技术有限公司	ZL201210251733. 3	2012-10-17
1694	一种光伏发电站并网的闪变传递系数获取的方法及系统	国家电网公司 国网浙江杭州市余杭区供电公司 国网浙江省电力公司杭州供电公司 国网浙江省电力公司	ZL201410017981. 0	2014-04-02

（续）

ID	标　　题	申请人	专利号	公开日
1695	一种基于准实时同步信号的储能逆变器的联网控制方法	国家电网公司 国网浙江省电力公司 中国电力科学研究院 中国农业大学	ZL201310616925.4	2014-02-26
1696	一种电池组充电均衡控制电路	国家电网公司 国网浙江省电力公司 国网浙江省电力公司温州供电公司 深圳市泰昂能源科技股份有限公司	ZL201310163995.9	2013-07-31
1697	一种基于电-振动模型的电力变压器故障诊断方法	国家电网公司 国网浙江省电力公司台州供电公司 浙江大学 国网浙江温岭市供电公司	ZL201310047702.0	2013-06-12
1698	变压器呼吸器用硅胶填装装置	国家电网公司 国网浙江省电力公司湖州供电公司	ZL201410041122.5	2014-05-28
1699	一种用于电力通信网的电源监控系统	国家电网公司 国网浙江省电力公司湖州供电公司	ZL201410116881.3	2014-07-16
1700	并网型微网优化配置方法及装置	国家电网公司 国网浙江省电力公司电力科学研究院	ZL201410012565.1	2014-04-09
1701	一种大型电力变压器低频加热的实现方法	国家电网公司 国网湖北省电力公司电力科学研究院	ZL201410101817.8	2014-06-18
1702	基于方波调制的变压器低频加热频率的选择方法	国家电网公司 国网湖北省电力公司电力科学研究院	ZL201410584994.6	2015-02-04
1703	一种具备常见故障模拟功能的变压器	国家电网公司 国网湖北省电力公司电力科学研究院 国网电力科学研究院武汉南瑞有限责任公司	ZL201210200331.0	2012-10-03
1704	一种基于振动数据融合和图像识别的变压器故障诊断方法	国家电网公司 国网湖南省电力公司电力科学研究院 湖南省湘电试研技术有限公司	ZL201310457097.4	2014-01-08
1705	电动汽车充电服务系统及方法	国家电网公司 国网电力科学研究院 厦门亿力吉奥信息科技有限公司 浙江省电力公司	ZL201310113001.2	2013-08-21
1706	可监测在运变压器所受短路力的在线监测系统	国家电网公司 国网电力科学研究院武汉南瑞有限责任公司	ZL201310519930.3	2014-01-22
1707	带有无线远程放气装置的变压器瓦斯继电器	国家电网公司 国网福建省电力有限公司 国网福建省电力有限公司南平供电公司	ZL201310402695.1	2014-02-26
1708	一种电力 SF6 变压器带电智能补气装置及其补气方法	国家电网公司 国网福建省电力有限公司 国网福建省电力有限公司南平供电公司 国网福建省电力有限公司邵武市供电公司 林晓铭 林舒妍	ZL201410040604.9	2014-05-14
1709	一种测量油浸式电力变压器用绝缘纸中酸值的方法	国家电网公司 国网福建省电力有限公司 国网福建省电力有限公司电力科学研究院 华北电力大学	ZL201410209811.2	2014-07-30
1710	一种确定中低压配电网接纳分布式电源能力的方法及装置	国家电网公司 国网能源研究院 国网河北省电力公司 国网浙江省电力公司 国网山东省电力公司电力科学研究院	ZL201310351159.3	2013-11-20
1711	一种确定省级电网接纳分布式电源能力的方法及装置	国家电网公司 国网能源研究院 国网浙江省电力公司 国网河北省电力公司 国网山东省电力公司电力科学研究院	ZL201310351824.9	2013-11-20
1712	一种变压器扩容过程中变压器基础的改进方法	国家电网公司 国网辽宁省电力有限公司辽阳供电公司	ZL201410167492.3	2014-07-16

（续）

ID	标　　题	申请人	专利号	公开日
1713	基于混合 Weibull 分布的变压器绝缘热老化状态可靠性评估方法	国家电网公司 国网重庆市电力公司万州供电分公司	ZL201410245018.8	2014-08-13
1714	分析变压器油脱气针筒的辅助装置	国家电网公司 大庆电业局	ZL201310110535.X	2013-07-24
1715	多功能三相变压器 CT 回路测试仪	国家电网公司 天津市电力公司	ZL201310151312.8	2013-09-04
1716	变压器抗短路能力校核方法	国家电网公司 天津市电力公司	ZL201310176326.5	2013-08-28
1717	变压器绕组变形低电压阻抗现场测试方法	国家电网公司 天津市电力公司	ZL201310182233.3	2013-08-14
1718	一种专用于变压器绝缘油现场取样装置	国家电网公司 天津市电力公司	ZL201310216078.2	2013-10-02
1719	一种变压器专用密封取油样装置	国家电网公司 天津市电力公司	ZL201310223724.8	2013-09-11
1720	一种变压器绝缘油洁净取样装置	国家电网公司 天津市电力公司	ZL201310223731.8	2013-09-18
1721	一种变压器套管末屏引出管道固定方法、结构及固定支架	国家电网公司 山东电力集团公司济南供电公司	ZL201310269068.5	2013-09-25
1722	带有充电操控功能的电动汽车充电枪	国家电网公司 山东电力集团公司济南供电公司 山东鲁能智能技术有限公司	ZL201310319832.5	2013-12-04
1723	一种具有多输出功能的充电桩	国家电网公司 山东电力集团公司济南供电公司 山东鲁能智能技术有限公司	ZL201310320030.6	2013-12-04
1724	一种变电站巡检机器人电源系统及其充电方法	国家电网公司 山东电力集团公司电力科学研究院	ZL201310201496.4	2013-08-14
1725	一种变压器的直流偏磁故障模拟结构	国家电网公司 山西省电力公司 国网电力科学研究院武汉南瑞有限责任公司	ZL201310291732.6	2013-09-25
1726	一种变压器绕组幅向应力测量装置和测量方法	国家电网公司 山西省电力公司 国网电力科学研究院武汉南瑞有限责任公司	ZL201310317143.0	2013-11-13
1727	大型变压器在途氮气压力无线实时监控系统	国家电网公司 山西省电力公司大同供电分公司	ZL201210478574.0	2013-03-20
1728	一种油浸式变压器的保护装置	国家电网公司 江苏省电力公司 江苏省电力公司大丰市供电公司	ZL201310376486.4	2013-12-11
1729	防爆稳压电源	国家电网公司 江苏省电力公司 江苏省电力公司射阳县供电公司 射阳县电气实业有限公司	ZL201310357780.0	2013-12-18
1730	一种大吨位卧式变压器绕线机	国家电网公司 江苏省电力公司 江苏省电力公司建湖县供电公司	ZL201310335439.5	2013-12-11
1731	新型微机保护开关电源插件	国家电网公司 江苏省电力公司 江苏省电力公司无锡供电公司	ZL201310373814.5	2013-12-04
1732	一种三相电源的滤波器	国家电网公司 江苏省电力公司 江苏省电力公司滨海县供电公司 滨海强源电气实业有限公司	ZL201410126367.8	2014-08-13
1733	变压器油色谱分析标准油压力式保存装置及其方法	国家电网公司 江苏省电力公司 江苏省电力公司电力科学研究院	ZL201310511476.7	2014-02-05
1734	变压器油色谱分析采样装置及其方法	国家电网公司 江苏省电力公司 江苏省电力公司电力科学研究院	ZL201310511597.1	2014-02-05
1735	变压器油色谱分析标准油配制过程中平衡气等压转移装置及其方法	国家电网公司 江苏省电力公司 江苏省电力公司电力科学研究院	ZL201310511599.0	2014-02-05

（续）

ID	标　　题	申请人	专利号	公开日
1736	一种晶闸管控制变压器式可控电抗器优化控制方法	国家电网公司 江苏省电力公司 江苏省电力公司电力科学研究院 东南大学	ZL201310659680. 3	2014-03-26
1737	一种基于发电预测误差的光伏系统储能容量配置方法	国家电网公司 江苏省电力公司 江苏省电力公司电力科学研究院 东南大学 江西省电力科学研究院 江苏省电力公司宿迁供电公司	ZL201310432253. 1	2014-01-29
1738	一种抑制逆变器并联系统输出功率不平衡的方法	国家电网公司 江苏省电力公司 江苏省电力公司电力科学研究院 国电南瑞科技股份有限公司	ZL201510021474. 9	2015-04-29
1739	一种运行中电力变压器绝缘纸老化状态的评估方法	国家电网公司 江苏省电力公司 江苏省电力公司电力科学研究院 江苏省电力公司扬州供电公司	ZL201410314162. 2	2014-09-24
1740	配电变压器线圈材料的识别方法	国家电网公司 江苏省电力公司 江苏省电力公司苏州供电公司	ZL201310625424. 2	2014-02-26
1741	一种变压器智能仿真装置	国家电网公司 江苏省电力公司 江苏省电力公司连云港供电公司 江苏省电力公司职业技能训练基地	ZL201310296247. 8	2013-10-09
1742	一种变压器智能仿真系统	国家电网公司 江苏省电力公司 江苏省电力公司连云港供电公司 江苏省电力公司职业技能训练基地	ZL201310302602. 8	2013-11-13
1743	扩大内桥接线微机控制备用电源自动投入的解耦控制方法	国家电网公司 江苏省电力公司 江苏省电力公司镇江供电公司	ZL201310146712. X	2013-09-04
1744	220kV 电力变压器三维模型系统	国家电网公司 江苏省电力公司徐州供电公司 江苏省电力公司	ZL201310219233. 6	2013-09-04
1745	蓄电池全生命周期管理的直流电源系统	国家电网公司 江苏省电力公司徐州供电公司 江苏省电力公司 深圳市泰昂能源科技股份有限公司	ZL201310642583. 3	2014-02-26
1746	一种平抑光伏波动的储能系统控制方法	国家电网公司 江西省电力科学研究院	ZL201310395159. 3	2014-01-08
1747	基于比例变换器的电流互感器磁饱和裕度直接测量方法	国家电网公司 江西省电力科学研究院 江西科晨高新技术发展有限公司	ZL201310113636. 2	2013-08-07
1748	多功能充电平台	国家电网公司 河北省电力公司 邢台供电公司	ZL201310290685. 3	2013-09-25
1749	基于实时监测的电力变压器 LCAM 实时评估方法	国家电网公司 河南省电力公司电力科学研究院	ZL201310215896. 0	2013-09-18
1750	一种变压器油中糠醛自动取样装置和取样方法	国家电网公司 河南省电力公司电力科学研究院	ZL201310218811. 4	2013-09-25
1751	一种三相并联型有源电力滤波器的饱和切换控制方法	国家电网公司 济南大学 国网山东省电力公司菏泽供电公司	ZL201310182664. X	2013-08-14
1752	变压器直阻及有载开关参数测量装置	国家电网公司 浙江省电力公司 宁波市鄞州供电局 宁波电业局	ZL201310236725. 6	2013-09-25
1753	一种配电电源监控方法及装置	国家电网公司 浙江省电力公司 平阳电力有限责任公司 温州电力局	ZL201310210280. 4	2013-09-04

（续）

ID	标 题	申请人	专利号	公开日
1754	中压双电源组合电器	国家电网公司 浙江省电力公司 湖州电力局 国网浙江安吉县供电公司	ZL201210159847.5	2012-09-12
1755	一种大规模电动汽车充电负荷的分布式联合协调控制方法	国家电网公司 清华大学 国网安徽省电力公司 北京国网普瑞特高压输电技术有限公司	ZL201310407082.7	2013-12-18
1756	考虑电容器操作次数限制的主动配电网无功功率控制方法	国家电网公司 清华大学 国网辽宁省电力有限公司沈阳供电公司	ZL201310744994.3	2014-04-09
1757	一种交直流一体化电源总监控装置	国家电网公司 温县供电有限责任公司	ZL201310307778.2	2013-10-02
1758	直流断路器充电装置控制系统及其控制方法	国家电网公司 湖北省电力公司检修分公司 北京西能达科技有限公司	ZL201210550404.9	2013-04-03
1759	含风水火电系统的小机组临时启动并网方法	国家电网公司 甘肃省电力公司 甘肃省电力公司电力科学研究院	ZL201310412672.9	2013-12-11
1760	计及分布式电源特性的电网电压稳定连续潮流计算方法	国家电网公司 甘肃省电力公司 甘肃省电力公司电力经济技术研究院	ZL201310104350.8	2013-06-26
1761	变压器和电能表关系的梳理方法	国家电网公司 福建省电力有限公司 福建省电力有限公司电力科学研究院	ZL201310136555.4	2013-07-24
1762	变压器绕组的暂态电压测量系统与方法	国家电网公司 西安交通大学 中国电力科学研究院	ZL201310453268.6	2014-01-29
1763	光伏电站智能功率调节方法	国家电网公司 许继集团有限公司	ZL201310260240.0	2013-10-16
1764	基于换流器接口的微电网电源的控制方法及系统	国家电网公司 许继集团有限公司	ZL201310261136.3	2013-11-13
1765	一种风电场并网发电输出有功功率的控制方法	国家电网公司 许继集团有限公司 甘肃省电力公司 甘肃省电力公司风电技术中心 北京许继电气有限公司	ZL201310245374.5	2013-09-11
1766	光伏逆功率闭环控制系统及方法	国家电网公司 许继集团有限公司 许昌许继风电科技有限公司	ZL201310260220.3	2013-10-23
1767	一种油/气套管出线型变压器的测量方法	国家电网公司 辽宁省电力有限公司检修分公司	ZL201310246504.7	2013-10-02
1768	一种变压器智能检测排污装置	国家电网公司 辽宁省电力有限公司鞍山供电公司	ZL201310520174.6	2014-01-22
1769	一种评估变压器油纸绝缘老化状态的方法	国家电网公司 重庆市电力公司电力科学研究院	ZL201310206682.7	2013-09-04
1770	电力变压器有载调压开关及本体振动信号的分离方法	国家电网公司 陕西电力科学研究院	ZL201310182216.X	2013-09-18
1771	太阳能取电的组合储能不间断供电装置	国家电网公司 陕西电力科学研究院	ZL201310182470.X	2013-09-25
1772	一种利用酸液溶解法处理变压器油样品进行变压器油中微量金属元素含量的测定方法	国家电网公司 黑龙江省电力科学研究院	ZL201310337406.4	2013-10-23
1773	以升压脉冲为保障充电的中压应急电源	国彪电源集团有限公司	ZL201210041771.6	2012-08-01
1774	一体化充放电式中压系统应急电源	国彪电源集团有限公司	ZL201210041812.1	2012-08-01
1775	整流电路及RFID芯片	国民技术股份有限公司	ZL201110392379.1	2013-06-05
1776	一种高压变频器工频向变频无扰切换电路及其切换方法	国电南京自动化股份有限公司	ZL201210408254.8	2013-02-27
1777	一种基于高压变频器旁路的谐波无功补偿控制方法	国电南京自动化股份有限公司	ZL201210410037.2	2013-02-27

（续）

ID	标　　题	申请人	专利号	公开日
1778	并联型有源电力滤波器的准比例谐振控制方法	国电南京自动化股份有限公司	ZL201210460146.5	2013-02-13
1779	基于级联高压变频器负荷分配的并联控制实现方法	国电南京自动化股份有限公司	ZL201310411014.8	2013-12-18
1780	一种光伏电站多类型转向支架监视控制方法	国电南瑞南京控制系统有限公司	ZL201210506916.5	2013-04-03
1781	光伏电站有功功率控制方法	国电南瑞南京控制系统有限公司	ZL201310173384.2	2013-08-28
1782	一种电动汽车充电中脉冲调制信号的自适应控制方法	国电南瑞科技股份有限公司	ZL201310086885.7	2013-06-12
1783	基于PWM信号电平比较的充电枪连接状态判别电路	国电南瑞科技股份有限公司	ZL201310223582.5	2013-09-18
1784	一种微电网由并网向孤网无缝切换的方法	国电南瑞科技股份有限公司 冀北电力有限公司	ZL201210182310.0	2012-10-03
1785	基于区域协调的光伏电站并网电压控制方法	国电南瑞科技股份有限公司 国家电网公司 宁夏回族自治区电力公司	ZL201310273324.8	2013-11-20
1786	基于GOOSE的微电网并网转离网平滑切换智能控制方法	国电南瑞科技股份有限公司 国电南瑞南京控制系统有限公司	ZL201310544503.0	2014-02-26
1787	一种微电网平滑同期并网控制方法	国电南瑞科技股份有限公司 国电南瑞南京控制系统有限公司	ZL201410057243.9	2014-05-14
1788	微电网一键式并网转离网平滑切换控制方法	国电南瑞科技股份有限公司 国电南瑞南京控制系统有限公司	ZL201410061122.1	2014-05-14
1789	在线测量风电机组变流器性能指标的方法、系统和装置	国电联合动力技术有限公司	ZL201210265627.0	2012-12-12
1790	一种储能钠硫电池模块的主电源线引出结构	国网上海市电力公司 上海电气钠硫储能技术有限公司	ZL201310726230.1	2014-03-19
1791	一种油浸式变压器的动态增容方法	国网上海市电力公司 华东电力试验研究院有限公司	ZL201310697510.4	2014-05-07
1792	专用于对室外大型变压器的检修方法	国网四川省电力公司成都市新都供电分公司	ZL201410217282.0	2014-08-27
1793	双变压器系统中分裂运行向单台运行状态转换的控制方法	国网安徽省电力公司淮南供电公司	ZL201310632363.2	2014-02-19
1794	双变压器系统中并列运行向分裂运行状态转换的控制方法	国网安徽省电力公司淮南供电公司	ZL201310632406.7	2014-02-19
1795	双变压器系统中两个变压器单台运行状态转换的控制方法	国网安徽省电力公司淮南供电公司	ZL201310632918.3	2014-02-19
1796	双变压器系统中分裂运行向并列运行状态转换的控制方法	国网安徽省电力公司淮南供电公司	ZL201310632919.8	2014-02-26
1797	一种电动汽车充电桩的锁紧机构	国网山东省电力公司 国网山东省电力公司青岛供电公司 许继电气股份有限公司 许继电源有限公司	ZL201210166106.X	2012-09-19
1798	高压电源快速切换方法和快速切换高压开关	国网山东省电力公司滨州供电公司	ZL201110157083.1	2011-11-23
1799	变压器油转移系统	国网山东省电力公司青岛供电公司	ZL201310573450.5	2014-03-26
1800	变压器真空注油、检测系统	国网山东省电力公司青岛供电公司	ZL201310574281.7	2014-03-26
1801	一种双电源自动切换电路装置	国网山西省电力公司晋城供电公司 国家电网公司 卫斌鹏	ZL201310122968.7	2013-07-24

（续）

ID	标 题	申请人	专利号	公开日
1802	连续变压器	国网新疆电力公司塔城供电公司	ZL201310214250.0	2013-08-07
1803	一种MMC阀子模块的高位取能电源装置及其实现方法	国网智能电网研究院 中电普瑞电力工程有限公司 上海市电力公司 国家电网公司	ZL201210524647.5	2013-04-17
1804	一种新能源并网系统及其实现方法	国网智能电网研究院 国家电网公司	ZL201210338751.5	2013-01-30
1805	一种用于高压大容量电压源变流器的参数设计方法	国网智能电网研究院 国家电网公司	ZL201210512846.4	2013-04-17
1806	一种变压器绕组工作状态的在线监测方法	国网河南省电力公司电力科学研究院 上海交通大学	ZL201110275583.5	2013-03-27
1807	一体化智能电源监控方法	国网浙江台州市黄岩区供电公司 国家电网公司 国网浙江省电力公司台州供电公司	ZL201310586786.5	2014-02-19
1808	变压器绕组在线监测系统	国网浙江富阳市供电公司 国家电网公司 国网浙江省电力公司杭州供电公司	ZL201210590995.2	2013-07-24
1809	一种电池充电控制电路	国网浙江省电力公司丽水供电公司 国网浙江缙云县供电公司	ZL201210510763.1	2013-03-06
1810	一种变压器套管末屏信号引出装置	国网浙江省电力公司电力科学研究院 国家电网公司 杭州柯林电力设备有限公司	ZL201210551614.X	2013-04-17
1811	抽水蓄能机组静止变频器工况励磁系统启动控制方法	国网电力科学研究院 安徽响水涧抽水蓄能有限公司 国家电网公司 国网新源控股有限公司	ZL201110000002.7	2012-07-11
1812	换流变压器直流局部放电绝缘状态诊断方法及测量系统	国网电力科学研究院武汉南瑞有限责任公司 国家电网公司 四川电力科学研究院	ZL201210412071.3	2013-08-21
1813	一种智能配电变压器	国网电力科学研究院武汉南瑞有限责任公司 沈阳全密封变压器股份有限公司	ZL201210256266.3	2012-12-19
1814	移动变电站用光伏与超级电容交直流一体电源	国网辽宁省电力有限公司大连供电公司 国家电网公司	ZL201210200049.2	2014-01-15
1815	形成半导体膜以及包含该膜的光伏装置的方法	国际商业机器公司	ZL201080048458.4	2012-07-18
1816	对可编程电源线滤波器进行调谐	国际商业机器公司	ZL201080054545.0	2012-11-07
1817	为开关供电设备选择单个交流电源	国际商业机器公司	ZL201080058411.6	2012-09-19
1818	DC/DC升压转换器和LED驱动器	圣邦微电子(北京)股份有限公司	ZL201210227207.3	2012-10-17
1819	输出正负电压的电源系统	圣邦微电子(北京)股份有限公司	ZL201310066320.2	2013-06-26
1820	电源和通信控制器	地下系统公司	ZL201210212339.9	2012-10-17
1821	一种操作焊接电源的方法和焊接电源	埃萨布公司	ZL201180070605.2	2014-03-26
1822	磁控管电源	塞拉维申有限公司	ZL201180034521.3	2013-06-12
1823	不随电源变化的带隙参考系统	塞瑞斯逻辑公司	ZL201110043989.0	2011-11-09
1824	提高数模转换器高频特性的电流源及驱动电路	复旦大学	ZL201110208582.9	2012-01-25
1825	一种T字型三电平逆变器中控制退饱和检测保护电路的方法	复旦大学	ZL201210499056.7	2013-04-03
1826	一种电磁感应式自触发直线变压器驱动源	复旦大学	ZL201210549267.7	2013-03-27
1827	一种大功率宽电压输入的DC-DC变换器主电路	夏建中 吕德宽	ZL201210374898.X	2013-01-16
1828	LED驱动电路和LED照明装置	夏普株式会社	ZL201110386374.8	2012-07-11
1829	信号处理电路、逆变器电路、缓冲电路、驱动器电路、电平移位器、显示装置	夏普株式会社	ZL201180041593.0	2013-06-12

（续）

ID	标　　题	申请人	专利号	公开日
1830	信号处理电路、逆变器电路、缓冲电路、电平移位器、触发器、驱动电路、显示装置	夏普株式会社	ZL201180041694. 8	2013-05-01
1831	电源装置和照明装置	夏普株式会社	ZL201180048770. 8	2013-06-12
1832	LED 驱动电路、LED 照明灯具、LED 发光器以及 LED 照明系统	夏普株式会社	ZL201210057709. 6	2012-09-05
1833	开关电源装置	夏普株式会社	ZL201210134553. 7	2012-10-24
1834	用于高效太阳辐射收集的光伏系统及并入该系统的太阳能电池板	夏普株式会社	ZL201210160766. 7	2012-11-28
1835	电源电路及使用该电源电路的照明装置	夏普株式会社	ZL201210311940. 3	2013-03-13
1836	推挽电路、DC/DC 转换器、太阳能充电系统和移动体	夏普株式会社	ZL201210353489. 1	2013-04-03
1837	光伏发电模块和光伏发电模块阵列	夏普株式会社	ZL201210353873. 1	2013-04-03
1838	卫星广播接收机的低噪声变频器	夏普株式会社	ZL201210362838. 6	2013-04-03
1839	切换式电源装置和使用其的逆变器、转换器、空气调节器、太阳能控制器以及机动车	夏普株式会社	ZL201210368233. 8	2013-04-10
1840	LED 驱动电路及使用该 LED 驱动电路的 LED 照明灯具	夏普株式会社	ZL201210375715. 6	2013-05-15
1841	LED 驱动电路和 LED 照明单元	夏普株式会社	ZL201210493103. 7	2013-06-05
1842	充电控制装置、电视接收机以及充电控制方法	夏普株式会社	ZL201280020492. X	2014-01-08
1843	用于调节交通工具的电源的温度的方法	大众汽车有限公司	ZL201080057852. 4	2012-09-12
1844	已安装光伏串、子串及模块的有源和无源监视系统	大卫 · E · 克里茨	ZL201180040849. 6	2013-06-12
1845	智能充电架的数据收发模块	大同裕隆环保有限责任公司	ZL201310708810. 8	2014-04-02
1846	智能充电架的数据收发模组	大同裕隆环保有限责任公司	ZL201310708867. 8	2014-03-19
1847	数据采集、充电液晶显示为一体的智能采充模组	大同裕隆环保有限责任公司	ZL201310729648. 8	2014-03-19
1848	阻塞滤波器失谐故障的继电保护方法	大唐国际发电股份有限公司 南京南瑞继保电气有限公司	ZL201310032991. 7	2013-05-15
1849	具有低电压穿越电源装置的给粉机变频器控制系统	大唐鸡西热电有限责任公司	ZL201310253488. 4	2013-09-25
1850	一种励磁功率柜冷却电源控制系统	大唐黄岛发电有限责任公司	ZL201310683853. 5	2014-03-26
1851	多路输出自均流电源控制电路	大族激光科技产业集团股份有限公司	ZL201310007630. 7	2013-04-17
1852	可变磁阻式旋转变压器	大星电机株式会社	ZL201080066822. X	2013-01-30
1853	一种应用在汽车电机上的直流电源系统	大洋电机新动力科技有限公司	ZL201110286988. 9	2013-04-03
1854	智能充电器	大连大学	ZL201310648979. 9	2014-03-12
1855	一种液流电池初始充电方法及电路	大连尚能科技发展有限公司	ZL201310136608. 2	2013-08-21
1856	一种应用在全钒液流电池初始充电过程中的电路	大连尚能科技发展有限公司	ZL201310603967. 4	2014-02-19
1857	嵌入式设备主备用电源控制装置	大连楼兰科技股份有限公司	ZL201210127655. 6	2012-09-19
1858	船用光伏发电系统的最大功率点跟踪装置	大连海事大学	ZL201210069607. 6	2012-07-25
1859	一种应用 UC3907 的开关电源并联均流控制电路	大连海事大学	ZL201210514253. 1	2013-04-17
1860	一种 DC-DC 变换器死负载	大连海事大学	ZL201210554901. 6	2013-04-10
1861	用于抑制间接矩阵变换器输出端高频电磁干扰的控制系统	大连理工大学	ZL201310296486. 3	2013-10-09
1862	风力带动旋转式压电发电充电器	大连理工大学	ZL201310357008. 9	2013-12-04

（续）

ID	标　　题	申请人	专利号	公开日
1863	大功率高频高压整流变压器	大连碧海电子设备有限公司	ZL201310188860.8	2013-08-21
1864	弓网检测系统供电隔离变压器	大连第一互感器有限责任公司 中国铁道科学研究院基础设施检测研究所	ZL201110460063.1	2013-07-03
1865	一种全钒液流电池光伏充电系统及方法	大连融科储能技术发展有限公司	ZL201310177511.6	2013-08-14
1866	电动车充电器的恒流恒压控制集成电路	大连连顺电子有限公司 友顺科技股份有限公司 福建福顺微电子有限公司	ZL201210145810.7	2012-09-19
1867	变流器的控制方法以及控制装置	大金工业株式会社	ZL200980108970.0	2011-02-09
1868	滤波电路安装单元及电源单元	大金工业株式会社	ZL200980117594.1	2011-04-20
1869	开关电源电路	大金工业株式会社	ZL201080051217.5	2012-08-15
1870	开关电源电路	大金工业株式会社	ZL201180015520.4	2012-12-19
1871	开关电源电路的控制装置及热泵单元	大金工业株式会社	ZL201280043383.X	2014-05-07
1872	蓄能器的充电设备和用于使这种充电设备工作的方法	大陆汽车有限公司	ZL201080035567.2	2012-05-23
1873	车辆的车载电源以及用于车载电源的控制设备	大陆汽车有限公司	ZL201180002736.7	2012-05-23
1874	矿用本安型电源箱	天地（常州）自动化股份有限公司 中煤科工集团常州自动化研究院	ZL201310079409.2	2013-06-05
1875	一种电子设备、电源管理电路	天地融科技股份有限公司	ZL201210290862.3	2013-01-02
1876	三相变四相平衡变压器	天威云南变压器股份有限公司	ZL201210187692.6	2012-10-03
1877	一种变压器整体线圈内纸筒支撑方法	天威保变（秦皇岛）变压器有限公司	ZL201310719826.9	2014-03-26
1878	用于开关模式电源的高效率备用功率电路	天宝导航有限公司	ZL201110112716.7	2011-11-16
1879	智能型数字LED驱动控制器及照明监控系统	天宝电子（惠州）有限公司	ZL201210430136.7	2013-02-06
1880	一种TD-LTE手台充电电路	天津七一二通信广播有限公司	ZL201410260011.3	2014-09-10
1881	一种电器设备电源	天津三星电子有限公司 三星电子株式会社	ZL201210548507.1	2013-03-20
1882	无间断切换电源	天津中水有限公司	ZL201310148707.2	2013-07-10
1883	具有MPPT功能的便携式太阳能移动电源	天津中环创新科技有限公司	ZL201310640572.1	2014-02-26
1884	便携式太阳能笔记本移动电源	天津中环创新科技有限公司	ZL201310724885.5	2014-03-19
1885	可移动式变压器安装平台	天津中电华利电器科技集团有限公司	ZL201110298056.6	2012-04-25
1886	矿用隔爆变频器的快速放电及指示装置	天津华宁电子有限公司	ZL201310249136.1	2013-09-18
1887	充电变流保护器	天津博信汽车零部件有限公司	ZL201210426730.9	2013-03-27
1888	太阳能自动跟踪光伏发电驱动系统	天津城市建设学院	ZL201210538678.6	2013-04-24
1889	一种多分布式电源并网的主动式孤岛检测方法	天津大学	ZL201310006814.1	2013-04-24
1890	大摆幅输入的线性稳压电源电路	天津大学	ZL201310244866.2	2013-10-09
1891	一种可改善输入输出性能的矩阵变换器直接转矩控制方法	天津大学	ZL201310346990.X	2014-01-15
1892	一种电动汽车充电器	天津大学	ZL201310385697.4	2013-12-04
1893	电网电压不平衡下网侧变换器无差拍功率控制方法	天津大学	ZL201310456797.1	2014-01-15
1894	基于矢量影响表的NPC三电平变换器直接功率控制方法	天津大学	ZL201310576905.9	2014-02-19
1895	基于锥优化的配电网分布式电源最优接入容量确定方法	天津大学 广东电网公司佛山供电局	ZL201310335551.9	2013-11-20
1896	一种多晶硅打压用单相干式变流变压器及其调压方式	天津天能变压器有限公司	ZL201210163854.2	2012-09-12

（续）

ID	标题	申请人	专利号	公开日
1897	确保断路器和负荷开关的储能电机储能到位的直流电源	天津市三源电力设备制造有限公司	ZL201110077904.0	2011-08-17
1898	一种级联式移动电源测试装置	天津市中环电子计算机有限公司	ZL201310241286.8	2013-09-18
1899	一种双路电源故障检测系统	天津市松正电动汽车技术股份有限公司	ZL201210328498.5	2013-01-02
1900	输出大电流的电源有源滤波器	天津市海日电子有限公司	ZL201310232817.7	2013-09-11
1901	有载调容变压器节能控制方法	天津市电力公司 国家电网公司	ZL201010264565.2	2010-12-22
1902	一种用于充电器的触发脉冲输出电路	天津市畅和科技有限公司	ZL201410065234.4	2014-05-28
1903	一种基于电力电子开关的高压电源快切系统及其控制方法	天津理工大学	ZL201210316404.2	2012-12-19
1904	一种基于时延反馈的光伏系统变换器混沌抑制系统及其方法	天津理工大学	ZL201310463053.2	2014-01-15
1905	逆变器零电荷启动和停止电路	天津瑞拓电子科技开发有限公司	ZL201310335613.6	2013-10-23
1906	一种风电行业铅酸电池快速智能充电方法及装置	天津瑞源电气有限公司	ZL201310098373.2	2013-07-24
1907	一种变频器内部数据的压缩方法	天津瑞能电气有限公司	ZL201210543242.6	2013-04-10
1908	一种无锁相环的双馈发电机网侧变流器直接电压控制方法	天津瑞能电气有限公司	ZL201210544566.1	2013-08-21
1909	一种锂电池分布式充电均衡电路及其控制方法	天津谷泰科技有限公司	ZL201310349173.X	2013-12-11
1910	一种矿用隔爆型干式变压器故障在线诊断及预警方法	太原理工大学	ZL201110059480.5	2011-10-19
1911	一种基于IPM的开关磁阻电机通用功率变换器	太原理工大学	ZL201110282747.7	2012-01-25
1912	独立馈电的级联型高压变频器及其馈电方法	太原理工大学	ZL201210475791.4	2013-03-13
1913	基于液压变压器的液压挖掘机动臂回路及其控制方法	太原科技大学	ZL201310347449.0	2013-11-20
1914	带有功率控制的能量转换系统	太阳架技术公司	ZL200980155811.6	2011-12-28
1915	利用直流电源的分布式电能收集系统	太阳能安吉科技	ZL200780045351.2	2011-01-19
1916	切换式电容电路及流水线式模拟至数字转换器	奇景光电股份有限公司	ZL201110145583.3	2012-11-21
1917	一种电动汽车用带线束充电口总成插座的固定装置及方法	奇瑞新能源汽车技术有限公司	ZL201310339312.0	2013-12-11
1918	一种车载手机无线充电器的恒压供电装置	奇瑞汽车股份有限公司	ZL201210036910.6	2012-08-29
1919	一种卡板式无线供电电源	奇瑞汽车股份有限公司	ZL201210182298.3	2012-10-24
1920	光伏发电系统、其最大功率点跟踪方法和跟踪装置	奇瑞汽车股份有限公司	ZL201210251347.4	2012-12-05
1921	一种电动汽车的充电装置及其装配方法和充电方法	奇瑞汽车股份有限公司	ZL201210306494.7	2012-12-19
1922	一种车载无线充电装置	奇瑞汽车股份有限公司	ZL201210350198.7	2012-12-26
1923	一种车载充电器的保护电路	奇瑞汽车股份有限公司	ZL201310107211.0	2013-07-10
1924	通讯基站电源的远程监控系统和远程监控方法	奇瑞汽车股份有限公司	ZL201310180294.6	2013-08-28
1925	一种双向充电装置和系统	奇瑞汽车股份有限公司	ZL201310199098.3	2013-08-28
1926	一种功率因数校正电路	奇瑞汽车股份有限公司	ZL201310201455.5	2013-09-04
1927	一种对交错并联型功率因数校正装置进行控制的方法	奇瑞汽车股份有限公司	ZL201310276615.2	2013-12-11
1928	一种电动汽车充电的方法及系统	奇瑞汽车股份有限公司	ZL201310290353.5	2013-10-09
1929	一种无线充电的谐振发射电路及其控制方法	奇瑞汽车股份有限公司	ZL201310334490.4	2013-12-11

（续）

ID	标　　题	申请人	专利号	公开日
1930	一种用于车载手机无线充电器充电完成时的提示电路	奇瑞汽车股份有限公司	ZL201310467143.9	2014-02-05
1931	一种无线充电发射电路	奇瑞汽车股份有限公司	ZL201310576571.5	2014-02-26
1932	一种电流采样电路和无线充电发射电路	奇瑞汽车股份有限公司	ZL201310578021.7	2014-02-05
1933	一种笔记本充电器端子及其制造方法	奕东电子(常熟)有限公司	ZL201310000474.1	2013-04-17
1934	在光学传感器系统中提高光源电流的上升时间的高压电源	奥斯兰姆施尔凡尼亚公司	ZL201080014580.X	2012-03-14
1935	用于降压转换器的起动电路	奥斯兰姆施尔凡尼亚公司	ZL201280057120.4	2014-07-30
1936	手术器械用可充电储能器的耐高压加热的充电装置及相关方法	奥林匹斯冬季和 IBE 有限公司	ZL201080011894.4	2012-02-08
1937	胶囊型医疗装置用电源启动器	奥林巴斯医疗株式会社	ZL201080052224.7	2012-08-22
1938	电源电平升高的可编程逻辑器件存储器单元	奥特拉有限公司	ZL201110183540.4	2011-12-21
1939	具有次电源管理的电梯和建筑物电力系统	奥蒂斯电梯公司	ZL200880130810.1	2011-07-13
1940	带电驱动装置和电池的机动车及电池充电装置的运行方法	奥迪匈牙利汽车公司	ZL201110269246.5	2012-04-04
1941	用于节能电源的自动可变电源插座	奥迪欧沃克斯公司	ZL201080045237.1	2012-07-04
1942	给机动车电池充电的方法以及机动车	奥迪股份公司	ZL201180011606.X	2012-11-14
1943	外部充电情况下的热管理系统和充电管理系统的交互作用	奥迪股份公司	ZL201180024630.7	2013-04-10
1944	用于机动车高压电池的充电装置、充电系统和充电系统的运行方法	奥迪股份公司	ZL201280016052.7	2013-12-25
1945	股份组合式快速充电器	姚其良	ZL201010004764.X	2010-06-30
1946	电池充电器、电气系统和可充电电池充电方法	威伦斯技术公司	ZL201080017610.2	2012-04-04
1947	一种三相并网光伏逆变器的相序检测方法	威海广泰空港设备股份有限公司	ZL201210503802.5	2013-03-20
1948	具有电能回馈功能的交流 400Hz 中频电源测试系统	威海广泰空港设备股份有限公司	ZL201210503804.4	2013-05-08
1949	适应性通用串行总线充电方法及系统	威盛电子股份有限公司	ZL201110055586.8	2011-08-17
1950	多内核微处理器的共享电源的分布式管理	威盛电子股份有限公司	ZL201110435144.6	2012-06-27
1951	电子系统及其电源管理方法	威盛电子股份有限公司	ZL201210403293.9	2013-02-13
1952	充电装置及其充电方法	威盛电子股份有限公司	ZL201210523900.5	2013-04-03
1953	电源管理方法及应用该方法的电子系统	威盛电子股份有限公司	ZL201310003482.1	2013-05-01
1954	充电电池模块以及充电电池模块充电方法	威盛电子股份有限公司	ZL201310010019.X	2013-05-01
1955	Z 源逆变并联有源电力滤波器及其控制方法	威胜集团有限公司	ZL201310407163.7	2013-11-27
1956	电动车辆超快速更换电源系统	孙成胜	ZL201310189091.3	2013-08-14
1957	医疗护理用防脱落电源插座	孙梅	ZL201310186982.3	2013-08-14
1958	多功能焊接电源	孙照云	ZL201410392107.5	2014-11-19
1959	风电场故障状态下紧急功率控制策略	宁夏回族自治区电力设计院	ZL201310366284.1	2013-11-20
1960	便携式多功能应急抢修电源	宁夏电力公司信息通信分公司 国家电网公司	ZL201210488775.9	2013-02-20
1961	变压器绕组及铁芯振动信号的分离方法	宁夏电力公司电力科学研究院 国家电网公司	ZL201210385543.0	2013-02-06
1962	一种变压器绕组变形的检测方法	宁夏电力公司电力科学研究院 国家电网公司 西安交通大学	ZL201210479815.3	2013-02-27

（续）

ID	标　题	申请人	专利号	公开日
1963	一种基于双电极的冲击电压下变压器油中尖端放电的检测装置	宁夏电力公司电力科学研究院 西安交通大学 国家电网公司	ZL201210400692. X	2013-02-06
1964	油浸式高压隔离、脉冲变压器的制作方法及工艺	宁夏银利电器制造有限公司	ZL201310383035. 3	2013-12-04
1965	遂脉限流的光伏离网型正弦波逆变器	宁波中博电器有限公司	ZL201310115249. 2	2013-08-07
1966	小功率逆变器电路	宁波中博电器有限公司	ZL201310115911. 4	2013-07-31
1967	一种直流升压变频压缩机使用的直流升压电源	宁波中博电器有限公司	ZL201310135397. 0	2013-08-21
1968	一种 LED 开关电源及其控制方法	宁波凯耀电器制造有限公司	ZL201310421177. 4	2014-04-09
1969	一种太阳能光伏发电系统	宁波南方新能源科技有限公司	ZL201210374290. 7	2013-01-02
1970	电源外置式的可旋转 LED 双面日光灯	宁波同泰电气股份有限公司	ZL201210373259. 1	2013-01-30
1971	遇水快速断电的电源开关	宁波圣莱达电器股份有限公司	ZL201310245937. 0	2013-10-02
1972	一种快速自适应步长的光伏阵列最大功率点跟踪方法	宁波大学	ZL201310655203. X	2014-03-26
1973	一种光伏发电用组合式变压器	宁波天安（集团）股份有限公司	ZL201210061746. 4	2012-07-18
1974	用于光伏电站的监测系统	宁波天安智能电网工程技术有限公司	ZL201310170047. 8	2013-09-11
1975	车载充电器	宁波天瑞电器有限公司	ZL201310367697. 1	2013-12-18
1976	一种智能蓄电池充电器以及车辆启动系统	宁波市亿嘉汽车电器有限公司	ZL201210191421. 8	2012-09-26
1977	一种分体拆卸式光伏逆变器及其安装方法	宁波市子华电器有限公司	ZL201310028994. 3	2013-05-01
1978	一种混合式逆变器以及控制方法	宁波市子华电器有限公司	ZL201310660403. 4	2014-02-26
1979	一种用于 DC-DC 直流转换器的阻尼限流电路	宁波市子华电器有限公司	ZL201310747583. X	2014-04-02
1980	一种电池充电防反电路	宁波市安博新能源科技有限公司	ZL201410077927. 5	2014-05-21
1981	一种 LED 灯恒压恒流电源	宁波市爱使电器有限公司	ZL201210484429. 3	2013-02-27
1982	一种带有保护电路的电源盒	宁波市鄞州锦格电器有限公司	ZL201210178241. 6	2012-09-26
1983	一种新型无线充电装置	宁波志伦电子有限公司	ZL201410034178. 8	2014-07-09
1984	一种具有支架的无线充电装置	宁波志伦电子有限公司	ZL201410034203. 2	2014-07-23
1985	一种远程无线充电装置	宁波志伦电子有限公司	ZL201410034246. 0	2014-07-23
1986	一种无线充电装置	宁波志伦电子有限公司	ZL201410034371. 1	2014-07-09
1987	一种具有存储信息功能的无线充电装置	宁波志伦电子有限公司	ZL201410034423. 5	2014-05-07
1988	一种多功能无线充电装置	宁波志伦电子有限公司	ZL201410034433. 9	2014-05-07
1989	开关电源	宁波新尚智能电气有限公司	ZL201210548445. 4	2013-04-24
1990	一种具有延时保护功能的大功率 LED 照明灯电源	宁波普诚电子有限公司	ZL201310130629. 3	2013-08-07
1991	一种太阳能 LED 灯串驱动电路	宁波来和圣诞礼品有限公司	ZL201210500530. 3	2013-04-03
1992	脉冲变压器	宁波澳普网络通信设备有限公司 周尧达	ZL201210487825. 1	2013-03-20
1993	便携式电源	宁波瑞华电子塑料有限公司	ZL201310187311. 9	2013-12-18
1994	一种变压器有载分接开关吊装装置	宁波电业局 国家电网公司	ZL201210431193. 7	2013-02-06
1995	一种移动电源的自动老化检测装置	宁波科强电池有限公司	ZL201310062338. 5	2013-05-15
1996	一种设有背光图片显示的移动电源	宁波科强电池有限公司	ZL201310134592. 1	2013-07-10
1997	多功能手机移动电源装置	宁波维科电池有限公司	ZL201010115700. 7	2011-08-03
1998	基于自耦变压器的负载控制电路	宁波绿凯节能科技有限公司	ZL201310355505. 5	2013-12-04
1999	防水充电座	宁波腾隆户外用品有限公司	ZL201310030221. 9	2013-05-08
2000	锂电池充电放电的温度保护电路	宁波良业电器有限公司	ZL201010608822. X	2012-07-11
2001	一种利用 MOSFET 导通电阻的逆变器过载检测电路	宁波高新区日新科技有限公司	ZL201310213334. 2	2013-10-16

（续）

ID	标　　题	申请人	专利号	公开日
2002	利用MCU之EEPROM进行双频率逆变器过载点设定方法	宁波高新区日新科技有限公司	ZL201310217877.1	2013-10-02
2003	广用型USB充电器	宁远县硕宁电子有限公司	ZL201110265156.9	2013-03-27
2004	移动终端的无线充电方法及移动终端	宇龙计算机通信科技（深圳）有限公司	ZL201210161412.4	2013-12-04
2005	电源选择电路和充电器	宇龙计算机通信科技（深圳）有限公司	ZL201210248561.4	2012-11-07
2006	一种LED恒流驱动装置	安吉奇达照明有限公司	ZL201210178103.8	2012-10-17
2007	直流电源屏柜	安徽中安恒宇电气传动有限公司	ZL201310419724.5	2013-12-18
2008	一种变压器绕组用铜带的修边装置及其修边方法	安徽众源新材料股份有限公司	ZL201210191456.1	2012-10-17
2009	一种超高压变压器油及其生产工艺	安徽凯奥润滑油科技有限公司	ZL201310034562.3	2013-05-22
2010	隔离驱动电路	安徽动力源科技有限公司	ZL201210364947.1	2013-02-06
2011	一种负载熔丝检测装置及电源系统	安徽动力源科技有限公司	ZL201310071609.3	2013-07-10
2012	电池充放电电路	安徽动力源科技有限公司	ZL201310192070.7	2013-08-28
2013	一种移动电源电路	安徽天堂唯高塑业科技有限公司	ZL201210384488.3	2013-05-08
2014	一种环保填充电缆料及其制备方法	安徽天星光纤通信设备有限公司	ZL201310243211.3	2013-10-16
2015	太阳能光伏板方位角无源自动跟踪装置	安徽天柱绿色能源科技有限公司	ZL201310588204.7	2014-03-12
2016	一种电动汽车低压电池充电系统及其充电方法	安徽安凯汽车股份有限公司	ZL201310558620.2	2014-02-12
2017	一种三相高功率因数整流器的控制电路	安徽工业大学	ZL201310125163.8	2013-06-19
2018	一种太阳能光伏-光热-热电综合利用系统	安徽工业大学	ZL201310318600.8	2013-11-20
2019	常开型电源总开关装置及汽车负载短路的自动断电方法	安徽江淮汽车股份有限公司	ZL201210410244.8	2013-02-13
2020	常闭型电源总开关装置及汽车短路的自动断电方法	安徽江淮汽车股份有限公司	ZL201210410251.8	2013-01-30
2021	一种电动车的充电与电机控制模块	安徽江淮汽车股份有限公司	ZL201210441681.6	2013-02-13
2022	一种起动机电源线接线结构	安徽江淮汽车股份有限公司	ZL201310006385.8	2013-05-01
2023	一种集中式电池管理系统电池电源模块	安徽江淮汽车股份有限公司	ZL201310073549.9	2013-07-10
2024	一种动力电池包的电源管理方法	安徽江淮汽车股份有限公司	ZL201410050779.8	2014-05-07
2025	一种汽车电源总开关	安徽江淮汽车股份有限公司	ZL201410341875.8	2014-10-08
2026	一种双电源进线开关与母联开关互锁接线电路	安徽电力铜陵县供电有限责任公司 安徽省电力公司铜陵供电公司	ZL201310180966.3	2013-09-18
2027	一种用于变压器的钽基铁氧体磁芯材料	安徽皖宏电气设备有限公司	ZL201410285184.0	2014-09-24
2028	变压器经济运行在线判别方法	安徽省电力公司 安徽南瑞继远软件有限公司	ZL201210339670.7	2013-01-30
2029	一种变压器用丁腈/丙烯酸酯橡胶密封垫及其制备方法	安徽省科林电子有限公司	ZL201310398205.5	2014-03-26
2030	一种变压器用耐高湿绝缘护套料及其制备方法	安徽省科林电子有限公司	ZL201310399831.6	2014-01-15
2031	一种变压器铁芯绑扎的方法	安徽神虹变压器有限公司	ZL201210014232.3	2012-07-18
2032	一种双电源转换时间的检测装置	安徽鑫龙电器股份有限公司	ZL201310331861.3	2014-02-12
2033	一种用于光伏蜂窝组件模块的光伏接线盒	安徽长远绿色能源有限公司	ZL201210051482.4	2012-07-18
2034	光伏充电站	安泰科技股份有限公司	ZL201210303518.3	2012-11-14
2035	用于给太阳能电池层充电的系统和方法	安泰系统有限公司	ZL201280013849.1	2013-12-04
2036	一种机器人及其自动充电系统和方法	安科智慧城市技术（中国）有限公司	ZL201210544343.5	2013-04-24
2037	脉冲充电方法及装置	安科智慧城市技术（中国）有限公司	ZL201310254261.1	2013-09-18

（续）

ID	标　　题	申请人	专利号	公开日
2038	包含超级电容器的储能系统中电池的充电方法及系统	安科智慧城市技术（中国）有限公司	ZL201310257143.6	2013-09-18
2039	一种无线胶囊内窥镜及其电源控制方法	安翰光电技术（武汉）有限公司	ZL201310275948.3	2013-10-09
2040	电动汽车充电座	安费诺-泰姆斯（常州）通讯设备有限公司 上海大众汽车有限公司	ZL201210422618.8	2013-01-30
2041	实现零待机电流的电源管理装置	宋利军	ZL201310359100.9	2013-12-04
2042	变压器综合保护装置及其系统	宋红庆	ZL201310575055.0	2014-02-05
2043	一种节能电源一体式逆变焊机	宋艳霞	ZL201310387198.9	2013-12-04
2044	电源测量装置	宏正自动科技股份有限公司	ZL201010182637.9	2011-11-16
2045	适用于充电的电子系统和连接装置	宏碁股份有限公司	ZL201110223534.7	2013-02-06
2046	双显卡模块的电源控制方法及应用该方法的电脑装置	宏碁股份有限公司	ZL201110338348.8	2013-05-08
2047	电源适配器以及电源适配方法	宏碁股份有限公司	ZL201110433505.3	2013-06-26
2048	发光二极管光源的电源驱动电路与光源装置	宏齐科技股份有限公司	ZL201110251968.8	2013-03-06
2049	无外置 MOSFET 的恒流 LED 电源	宜兴市宏力灯杆灯具有限公司	ZL201110260213.4	2013-03-20
2050	多电平 DC/AC 转换器和 DC/AC 电压转换方法	宝威电源意大利股份公司	ZL201080066292.9	2013-02-06
2051	变压器测试工装	宝电电子（张家港）有限公司	ZL201210312192.0	2012-12-26
2052	变压器的浸油装置	宝电电子（张家港）有限公司	ZL201310046035.4	2013-05-29
2053	向旋转仪器不间断供应交流电的装置	宝钢轧辊科技有限责任公司	ZL201310261112.8	2013-09-18
2054	使用模/数转换器（ADC）的内部电容器及电压参考的电容式触摸感测	密克罗奇普技术公司	ZL201080004629.3	2011-12-14
2055	具有集成冷接点补偿及线性化的热电偶电动势电压/温度转换器	密克罗奇普技术公司	ZL201180012162.1	2012-11-14
2056	电动汽车充电的最大电力控制系统	寇地斯股份有限公司	ZL201110121074.7	2012-08-15
2057	电连接器和包括该电连接器的电源设备	富加宜汽车控股公司	ZL201180030626.1	2013-04-03
2058	电源连接器	富士康（昆山）电脑接插件有限公司 鸿海精密工业股份有限公司	ZL201110285719.0	2013-04-03
2059	汽车充电插头	富士康（昆山）电脑接插件有限公司 鸿海精密工业股份有限公司	ZL201110362749.7	2013-05-22
2060	导电辊、充电装置、处理盒和图像形成设备	富士施乐株式会社	ZL201010115417.4	2011-01-12
2061	清洁部件、充电装置、处理盒及图像形成装置	富士施乐株式会社	ZL201010556226.1	2011-07-20
2062	图像形成设备及其清洁部件、充电装置和处理盒	富士施乐株式会社	ZL201010593251.7	2011-12-28
2063	充电装置、充电装置的制造方法、处理盒和成像装置	富士施乐株式会社	ZL201110091162.7	2012-05-09
2064	功率变换器以及控制功率变换器的方法	富士电机株式会社	ZL201010116546.5	2010-08-04
2065	单元逆变器系统	富士电机株式会社	ZL201010290011.X	2011-05-04
2066	电力转换器	富士电机株式会社	ZL201110048643.X	2011-08-31
2067	变压器的冷却装置	富士电机株式会社	ZL201110230011.5	2012-03-21
2068	用于控制逆变器电路的逆变器控制电路以及分布式电源系统	富士电机株式会社	ZL201110300609.7	2012-05-16
2069	三相逆变器器件	富士电机株式会社	ZL201110443104.6	2012-07-04
2070	谐振开关电源设备	富士电机株式会社	ZL201180065052.1	2013-09-11

（续）

ID	标　　题	申请人	专利号	公开日
2071	箱式变压器盘和其起重搬运方法	富士电机株式会社	ZL201210024948.1	2012-08-08
2072	车辆间充电装置	富士电机株式会社	ZL201210058530.2	2012-09-19
2073	DC 电源系统	富士电机株式会社	ZL201210183689.7	2012-12-26
2074	逆变器的控制装置	富士电机株式会社	ZL201210273595.9	2013-02-06
2075	串联多重逆变器装置	富士电机株式会社	ZL201210385641.4	2013-04-17
2076	开关电源装置	富士电机株式会社	ZL201310009228.2	2013-09-18
2077	不间断电源装置和其使用方法及服务器系统	富士通株式会社	ZL201080066526.X	2013-01-02
2078	信息处理系统、不间断电源系统及处理分配控制方法	富士通株式会社	ZL201080068245.8	2013-04-03
2079	化合物半导体器件、其制造方法、电源器件和高频放大器	富士通株式会社	ZL201110251335.7	2012-03-21
2080	半导体器件及其制造方法和电源设备	富士通株式会社	ZL201110364823.9	2012-06-06
2081	半导体装置及其制造方法以及电源	富士通株式会社	ZL201210026467.4	2012-08-15
2082	半导体器件及其制造方法以及电源装置	富士通株式会社	ZL201210044579.2	2012-08-29
2083	电子装置和充电控制方法	富士通株式会社	ZL201210232389.3	2013-01-09
2084	电源板及电力测量系统	富士通株式会社 富士通电子零件有限公司	ZL201110034827.0	2011-08-31
2085	电源排插和功率测量方法	富士通株式会社 富士通电子零件有限公司	ZL201180066759.4	2013-10-02
2086	车辆用电源装置	富士重工业株式会社	ZL201110036642.3	2011-08-24
2087	充电系统、电动车辆以及充电器	富士重工业株式会社	ZL201210222030.8	2013-01-09
2088	充电系统及充电器	富士重工业株式会社	ZL201210453569.4	2013-05-29
2089	充电系统及电动车辆	富士重工业株式会社	ZL201210454460.2	2013-05-29
2090	电源插头及与该电源插头配合使用的电源插座	富泰华工业（深圳）有限公司 鸿海精密工业股份有限公司	ZL201110145731.1	2012-12-05
2091	电源插销结构	富泰华工业（深圳）有限公司 鸿海精密工业股份有限公司	ZL201110447066.1	2013-07-03
2092	光伏焊带厚度控制装置及其厚度控制方法	富科-思邦太阳能技术（太仓）有限公司	ZL201310197157.3	2013-08-28
2093	高功率感应式电源供应器及其中的双相解码的方法	富达通科技股份有限公司	ZL201110225532.1	2013-02-13
2094	电子装置的无线充电线圈结构	富达通科技股份有限公司	ZL201110237176.5	2013-03-06
2095	高功率感应式电源供应器中功率自动调节的方法	富达通科技股份有限公司	ZL201110237180.1	2013-03-06
2096	感应式电源供应器中计时同步型数据传输的方法	富达通科技股份有限公司	ZL201210092475.9	2013-10-23
2097	感应式电源供应器及其金属异物检知方法	富达通科技股份有限公司	ZL201210350600.1	2013-01-30
2098	用在感应式电源系统中的操作时钟同步调整方法	富达通科技股份有限公司	ZL201310128007.7	2013-10-23
2099	自动调节电压位准的方法、装置及其感应式电源供应器	富达通科技股份有限公司	ZL201310228302.X	2013-12-04
2100	电源切换电路、耳机分线、多线耳机供电装置和控制方法	小米科技有限责任公司	ZL201210448031.4	2013-04-17
2101	充电器、终端、控制器、系统和充电器识别方法	小米科技有限责任公司	ZL201210484406.2	2013-04-10
2102	充电组件、便携式电子设备及保护壳	小米科技有限责任公司	ZL201310436615.4	2014-01-22
2103	充电器、充电线、充电系统及充电方法	小米科技有限责任公司	ZL201310454831.1	2014-01-22
2104	电源供电方法、电源供电电路、电源及终端设备	小米科技有限责任公司	ZL201410019009.7	2014-04-30
2105	一种电动汽车充电装置以及为充电装置供电的道路	尚青	ZL201210000930.8	2012-05-09

（续）

ID	标　　题	申请人	专利号	公开日
2106	一种组合式便携太阳能电源	尤怀恩	ZL201210299898.8	2012-11-14
2107	在 Li 的可再充电电池中结合了高安全性和高功率之正极材料	尤米科尔公司	ZL201110242474.3	2012-03-21
2108	设置型充电系统	尼吉康株式会社	ZL201280003116.X	2013-06-05
2109	充电装置	尼吉康株式会社	ZL201280012979.3	2013-12-04
2110	用于变压器油的恒压振荡脱气装置	山东中惠仪器有限公司	ZL201410229231.X	2014-08-13
2111	开关电源过电压自动保护电路	山东五洲电气股份有限公司	ZL201310134796.5	2013-07-03
2112	太阳能光伏玻璃双面单层增透膜的溶胶液及制备方法和镀膜方法	山东力诺新材料有限公司	ZL201410227452.3	2014-08-13
2113	一种用于无源标签的电源转换效率自动调整的整流电路	山东华翼微电子技术股份有限公司	ZL201510095778.X	2015-05-13
2114	一种智能电网分布自给式光伏供电系统	山东圣阳电源股份有限公司	ZL201310136415.7	2013-07-10
2115	并联级联逆变器	山东大学	ZL201210135109.7	2012-09-12
2116	一种网络电动汽车充电桩	山东大学	ZL201210343665.3	2013-01-09
2117	一种配电网电动汽车充电桩联网调度系统	山东大学	ZL201210345076.9	2012-12-19
2118	一种模块化多电平变换器电容分组预充电的系统及方法	山东大学	ZL201210350682.X	2012-12-19
2119	一种低电压异步风力发电机组及其并网的动态模拟系统	山东大学	ZL201210535431.9	2013-04-03
2120	一种单相电压型变换器消除二次纹波电路	山东大学	ZL201210545899.6	2013-03-13
2121	一种模块化多电平矩阵变换器电容预充电系统及方法	山东大学	ZL201210562824.9	2013-03-20
2122	PWM 功率变换器模拟仿真电路及仿真方法	山东大学	ZL201310244587.6	2013-09-11
2123	办公用光伏直流供电系统及控制方法	山东大学	ZL201310547207.6	2014-01-29
2124	模块化多电平变换器电容电压自平衡电路	山东大学	ZL201310694315.6	2014-03-12
2125	分布式并网逆变系统全局同步脉宽调制系统及方法	山东大学	ZL201410073512.0	2014-06-04
2126	一种电源-电容串联型直流变换器	山东大学	ZL201410772667.3	2015-03-25
2127	一种光伏动力通风窗	山东建筑大学	ZL201410045610.3	2014-06-18
2128	中频感应加热电源用水电缆	山东彼岸电力科技有限公司	ZL201210588500.2	2013-04-10
2129	一种节能的逆变器试验电路与控制方法	山东新风光电子科技发展有限公司	ZL201310026247.6	2013-05-08
2130	一种可与固定电话连接的充电设备	山东比特电子工业有限公司	ZL201310145280.0	2013-07-24
2131	户用光伏发电系统	山东洁阳新能源有限公司	ZL201210238199.2	2012-11-14
2132	一种低成本三独立电源电动车用驱动系统	山东理工大学	ZL201310174947.X	2013-08-07
2133	停车场充电桩智能分时充电控制策略	山东申普交通科技有限公司	ZL201310054464.6	2013-05-15
2134	一种接地变压器保护动作的方法	山东电力工程咨询院有限公司	ZL201310237985.5	2013-10-02
2135	换流变压器阀侧升高座的安装方法	山东电力设备有限公司	ZL201210297859.4	2012-11-21
2136	特高压变压器高压中部出线定位装置及其定位方法	山东电力设备有限公司	ZL201210297940.2	2012-11-21
2137	一种基于小波包能量谱的分布式微网并网孤岛检测方法	山东电力集团公司临沂供电公司 临沂大学	ZL201110166184.5	2011-11-23
2138	变压器呼吸器在线监测仪及其工作方法	山东电力集团公司检修公司	ZL201310134061.2	2013-07-10
2139	一种基于贝叶斯网络的变压器故障诊断分析方法	山东电力集团公司济宁供电公司 国家电网公司	ZL201310090961.1	2013-07-10

（续）

ID	标　　题	申请人	专利号	公开日
2140	一种变电站直流电源系统用智能检测装置	山东电力集团公司烟台供电公司 国家电网公司	ZL201310054224. 6	2013-05-22
2141	大规模充电桩对小区配电系统影响分析决策系统及方法	山东电力集团公司电力科学研究院 国家电网公司	ZL201210224115. X	2012-10-03
2142	用于多风电场并网的信息采集方法	山东电力集团公司青岛供电公司	ZL201210320196. 3	2012-12-26
2143	一种电动汽车车载充电控制系统及其控制方法	山东省科学院自动化研究所	ZL201310347657. 0	2013-10-23
2144	一种自动行走装置柔性充电对接机构	山东省科学院自动化研究所	ZL201310406953. 3	2013-12-11
2145	外部电网故障时并网风电场的动态等值方法	山东科技大学	ZL201010576665. 9	2011-04-13
2146	并联多模块锂离子蓄电池电源的充电管理方法	山东科技大学	ZL201210385153. 3	2013-02-13
2147	一种基于混沌优化搜索的光伏阵列最大功率点跟踪方法	山东科技大学	ZL201410136584. 5	2014-08-20
2148	高压换流变压器绝缘端圈制作方法	山东达驰电气有限公司	ZL201210121690. 7	2012-08-08
2149	高压换流变压器线圈出头过渡连接装置及其制作方法	山东达驰电气有限公司	ZL201210121697. 9	2012-08-08
2150	一种变压器线圈曲折形导油系统	山东达驰电气有限公司	ZL201310065286. 7	2013-05-29
2151	一种变压器半真空注油装置及其工艺	山东达驰电气有限公司	ZL201310065291. 8	2013-05-29
2152	一种抗雷击电力变压器 Pt100 信号转换装置	山东达驰电气有限公司	ZL201310143594. 7	2013-08-07
2153	一种分裂变压器	山东达驰电气有限公司	ZL201310262935. 2	2013-10-02
2154	一种为蓄电池充电的大电流快速连接装置	山东金阳矿业集团有限公司	ZL201210499568. 3	2013-03-20
2155	多路输出协调控制电动汽车一体化充电机监控系统及方法	山东鲁能智能技术有限公司	ZL201310425890. 6	2013-12-25
2156	一种逆变器箱体的挂壁结构	山亿新能源股份有限公司	ZL201210381270. 2	2013-01-16
2157	一种直流输出不间断供电系统及其控制方法	山西太开电力科技有限公司	ZL201210290368. 7	2013-03-13
2158	双电源局扇集成控制系统	山西潞安环保能源开发股份有限公司	ZL201110200282. 6	2011-11-02
2159	有源中点箝位三电平逆变器调制方法	山西潞安环保能源开发股份有限公司 中国科学院电工研究所	ZL201310256954. 4	2013-11-20
2160	基于实际负荷的油浸式变压器冷却系统控制方法	山西省电力公司太原供电分公司 国网电力科学研究院武汉南瑞有限责任公司 国家电网公司	ZL201310034475. 8	2013-06-12
2161	一种变压器冷却系统控制方法	山西省电力公司太原供电分公司 国网电力科学研究院武汉南瑞有限责任公司 国家电网公司	ZL201310087667. 5	2013-09-11
2162	直流宽范围输入电源	山西科达自控股份有限公司	ZL201210542160. X	2013-04-10
2163	矿用中高压变频器循环冷却装置	山西科达自控股份有限公司	ZL201310394248. 6	2013-12-04
2164	充电装置	岩崎电气株式会社 东京整流器株式会社 株式会社 JPS	ZL200980158409. 3	2012-02-29
2165	百万千瓦级核电站 500kV 变压器的开罩检修方法	岭澳核电有限公司 广东核电合营有限公司 岭东核电有限公司 大亚湾核电运营管理有限责任公司 中国广东核电集团有限公司	ZL201110236442. 2	2012-02-22
2166	交流转直流电源电路	崇贸科技股份有限公司	ZL200610109717. 5	2007-02-07
2167	对电源供应器的电磁干扰滤波器放电的启动电路	崇贸科技股份有限公司	ZL201110056908. 0	2012-09-19

（续）

ID	标　　题	申请人	专利号	公开日
2168	控制功率转换器提供输出电压与电流调整的方法及电路	崇贸科技股份有限公司	ZL201110219561. 7	2011-12-21
2169	电源转换器的具有可调整功能回授端的控制电路及其方法	崇贸科技股份有限公司	ZL201110415486. 1	2012-05-02
2170	用于反馈信号输入及过温保护的电源供应控制器多功能端	崇贸科技股份有限公司	ZL201210032860. 4	2012-07-11
2171	用于取样功率转换器的变压器的反射电压的电路及其方法	崇贸科技股份有限公司	ZL201210033018. 2	2012-07-18
2172	返驰式功率转换器的切换控制器及其控制器与控制电路	崇贸科技股份有限公司	ZL201210074436. 6	2012-08-01
2173	用于控制功率变换器的方法及功率变换器	崇贸科技股份有限公司	ZL201210304166. 3	2013-04-03
2174	控制功率转换器的最大输出电流的控制电路及其方法	崇贸科技股份有限公司	ZL201210350223. 1	2013-01-30
2175	功率因子校正功率转换器的控制电路以及其控制方法	崇贸科技股份有限公司	ZL201210385708. 4	2013-01-30
2176	用于电源转换器的省能控制器及省能方法	崇贸科技股份有限公司	ZL201310087008. 1	2013-07-24
2177	功率转换器的取样电路	崇贸科技股份有限公司	ZL201310118487. 9	2013-08-07
2178	太阳能光伏接线盒	崔鹏	ZL201110378278. 9	2013-06-05
2179	智能充电器的多电压输出控制电路	崧顺电子（深圳）有限公司	ZL201310359527. 9	2013-12-11
2180	一种变频器综合测量仪	巢湖市金辉自控设备有限公司	ZL201310325342. 6	2013-11-27
2181	用于锂离子可充电电池组的阴极	巴斯夫欧洲公司	ZL201180031138. 2	2013-03-20
2182	可充电锂-硫电池电极用石墨烯-硫纳米复合材料	巴特尔纪念研究院	ZL201180048678. 1	2013-06-12
2183	可浸没干配电变压器	巴西西门子公司	ZL201080033708. 7	2012-05-16
2184	电力变压器油箱磁屏蔽安装装置	常州东芝变压器有限公司	ZL201310008958. 0	2013-05-01
2185	基于信号回声器区分逆变器噪音和直流电弧信号的方法	常州加伏沃新能源科技有限公司	ZL201210379390. 9	2013-02-06
2186	一种离网光伏发电系统中蓄电池电量监测装置	常州合天电力设备有限公司	ZL201210258928. 0	2012-11-07
2187	非固态电极的化学电源体系用隔膜及其制备方法	常州大学	ZL201210017487. 5	2013-01-02
2188	一种高效光伏焊带及其用途	常州大学	ZL201210094913. 5	2012-08-01
2189	一种多输出数显电源	常州大学	ZL201210579650. 7	2013-04-03
2190	一种可充电电池	常州大学	ZL201410173107. 6	2014-07-16
2191	家用型光伏离网电源	常州天合光能有限公司	ZL201310424686. 2	2014-01-01
2192	具有直流永磁无刷发电机的电动车自充电方法	常州好电源数码发电机制造有限公司	ZL201310124477. 6	2013-07-17
2193	一种适用于三相电源的欠压脱扣器	常州工学院	ZL201210224693. 3	2013-01-02
2194	一种充电电路及充电器	常州工学院	ZL201310428557. 0	2013-12-25
2195	用于超特高压变压器的环形绝缘板的生产工艺	常州市英中电气有限公司	ZL201210457402. 5	2013-02-27
2196	用于超特高压变压器的绝缘压环及其生产工艺	常州市英中电气有限公司	ZL201210458567. 4	2013-02-13
2197	一种多路恒流 LED 驱动电路及 LED 驱动芯片	常州洪荒谷电子科技有限公司	ZL201110421756. X	2013-06-19
2198	带 MOS 管切换和可复用 DC-DC 模块的 LED 驱动器	常州矽能电子科技有限公司	ZL201310186526. 9	2013-08-14
2199	具有可复用 AC-DC 变换器的 LED 储能驱动系统	常州矽能电子科技有限公司	ZL201310741847. 0	2014-04-09
2200	中性点不接地系统单相电源漏电检测电路	常州联力自动化科技有限公司	ZL201210536925. 9	2013-04-24

（续）

ID	标　　题	申请人	专利号	公开日
2201	一种适于追光的光伏发电装置及其工作方法	常州轻工职业技术学院	ZL201310197011. 9	2014-05-14
2202	一种电力变换器的拓扑结构及其控制方法	常州钜特工业科技有限公司	ZL201310304857. 8	2013-11-13
2203	单相半导体电力变换器的软开关拓扑结构	常州钜特工业科技有限公司	ZL201310345893. 9	2013-11-20
2204	一种电力变压器高压引线固定装置	常德国力变压器有限公司	ZL201310210465. 5	2013-08-14
2205	三相心式星型变压器	常效鹏	ZL201210215936. 7	2012-10-03
2206	一种干式变压器用低压线圈	常熟市常源变压器有限公司	ZL201210189464. 2	2012-10-10
2207	变压器与开关柜主母排的连接装置	常熟市常源变压器有限公司	ZL201210189465. 7	2012-10-10
2208	带散热器的变换器失电后的热记忆方法	常熟开关制造有限公司(原常熟开关厂)	ZL201210306896. 7	2013-04-03
2209	一种光伏发电系统的绝缘阻抗监测方法	常熟开关制造有限公司(原常熟开关厂)	ZL201210536696. 0	2013-04-17
2210	一种两级式光伏逆变器	常熟开关制造有限公司(原常熟开关厂)	ZL201310143942. 0	2013-07-10
2211	光伏并网逆变器的并网控制方法及光伏并网发电系统	常熟开关制造有限公司(原常熟开关厂)	ZL201310722815. 6	2014-04-16
2212	光伏充电控制器	常熟理工学院	ZL201310118325. 5	2013-07-24
2213	外围电路无需变压器辅助绕组的隔离式恒流 LED 驱动芯片	常熟银海集成电路有限公司	ZL201310320474. X	2013-10-09
2214	非隔离式 LED 驱动电路的负载采样电路	常熟银海集成电路有限公司	ZL201410001128. X	2014-04-30
2215	隔离式 LED 驱动电路的负载采样电路	常熟银海集成电路有限公司	ZL201410001404. 2	2014-04-30
2216	无线充电器设备和无线充电方法	平湖凌云信息科技有限公司	ZL201310465266. 9	2013-12-18
2217	变压器铁芯压模用固定装置	平湖市声佳电子有限公司	ZL201310166204. 8	2013-08-28
2218	变压器耐压测试夹具及测试方法	平湖新诚电子有限公司	ZL201310015188. 2	2013-05-08
2219	一种方便更换驱动电源的 LED 灯具	广东凯西欧照明有限公司	ZL201310634902. 6	2014-02-26
2220	一种充电桩专用线扭拉测试方法及测试机	广东奥美格传导科技股份有限公司	ZL201210467837. 8	2013-03-20
2221	一种电源模块的封装设计方法	广东威创视讯科技股份有限公司	ZL201310158988. X	2013-08-28
2222	基于 DVI 接口供电的电源保护装置	广东威创视讯科技股份有限公司	ZL201310268906. 7	2013-10-09
2223	一种 LED 显示屏驱动电路	广东威创视讯科技股份有限公司	ZL201310629925. 8	2014-02-19
2224	多电源并联供电装置	广东威创视讯科技股份有限公司	ZL201310707922. 1	2014-03-19
2225	一种模块化组合的电力变压器	广东岭先技术投资企业(有限合伙)	ZL201210326465. 7	2013-02-27
2226	变压器绕组之间的撑条结构	广东岭先技术投资企业(有限合伙)	ZL201210326479. 9	2013-03-13
2227	一种四维成型模具及采用该模具制造变压器铁芯的方法	广东岭先技术投资企业(有限合伙)	ZL201210326522. 1	2013-02-13
2228	制造变压器铁芯片模、片料的方法和片模、片料	广东岭先技术投资企业(有限合伙)	ZL201210326558. X	2013-02-13
2229	一种连接电动汽车与智能电网的储能充电电源装置	广东工业大学	ZL201110373618. 9	2012-06-13
2230	一种可编程交流电源数字平台及其控制方法	广东工业大学	ZL201310043025. 5	2013-07-17
2231	一种消除电源噪声的模数转换集成电路的处理方法和装置	广东希获微电子有限公司	ZL201210437338. 4	2013-03-27
2232	一种有载调容变压器低压出线结构	广东广特电气有限公司 广东电网公司清远清新供电局	ZL201310678954. 3	2014-03-12
2233	不间断备用电力系统	广东康菱动力科技有限公司	ZL201110051179. X	2011-06-29
2234	一种大容量动力磷酸铁锂电池化成方法	广东志成冠军集团有限公司	ZL201210468218. 0	2013-03-13
2235	一种大容量动力锂电池安全阀	广东志成冠军集团有限公司	ZL201210468220. 8	2013-03-13
2236	PECVD 镀膜装置及其射频电源与真空腔体的连接装置	广东志成冠军集团有限公司	ZL201210544019. 3	2013-04-03

（续）

ID	标 题	申请人	专利号	公开日
2237	一体化薄膜太阳能电池组件	广东志成冠军集团有限公司	ZL201210546285. X	2013-05-01
2238	一种高压直流电源绝缘监察装置	广东志成冠军集团有限公司	ZL201210585773. 1	2013-05-22
2239	一种电能质量综合控制电路	广东志成冠军集团有限公司	ZL201310753267. 3	2014-03-26
2240	实现运动能量回收发电的节能装置及其控制方法	广东志成冠军集团有限公司	ZL201410074675. 0	2014-05-28
2241	一种储能型的光伏供电系统并网的控制方法	广东志成冠军集团有限公司	ZL201410083756. 7	2014-06-04
2242	基于虚拟电阻的电流源型整流器及并网控制方法	广东志成冠军集团有限公司 华中科技大学	ZL201310005770. 0	2013-05-01
2243	一种实现逆变器并网/离网无缝切换的装置及方法	广东志成冠军集团有限公司 华中科技大学	ZL201310291787. 7	2013-11-20
2244	一种变压器生产工程的数据处理方法及系统	广东新昇电业科技股份有限公司	ZL201310031428. 8	2013-05-08
2245	一种照明用 LED 驱动器	广东新昇电业科技股份有限公司	ZL201310035654. 3	2013-05-08
2246	一种辅助电源的输入整流电路	广东易事特电源股份有限公司	ZL201010598798. 6	2012-07-04
2247	一种高频 UPS 的进风口	广东易事特电源股份有限公司	ZL201010611004. 5	2012-07-04
2248	一种用于光伏逆变器系统辅助电源的电路	广东易事特电源股份有限公司	ZL201210027111. 2	2012-07-11
2249	一种应用同步相量技术的动态输电线容量估计方法	广东易事特电源股份有限公司	ZL201210032464. 1	2012-07-11
2250	一种 UPS 充电模块装置及其控制方法	广东易事特电源股份有限公司	ZL201210267756. 3	2012-11-21
2251	一种太阳能逆变器、电池管理系统及太阳能供电系统	广东易事特电源股份有限公司	ZL201210359889. 3	2013-01-09
2252	一种防误报孤岛检测系统	广东易事特电源股份有限公司	ZL201210360159. 5	2013-01-02
2253	一种防止 UPS 或 EPS 主机 PCB 板凝露的方法和装置	广东易事特电源股份有限公司	ZL201210360246. 0	2013-01-09
2254	一种基于 SPI 的太阳能不间断电源系统	广东易事特电源股份有限公司	ZL201210360266. 8	2013-01-02
2255	一种自动收发控制 RS485 通信电路	广东易事特电源股份有限公司	ZL201210365328. 4	2013-01-09
2256	一种 UPS 蓄电池放电电路防继电器触点粘连的电路	广东易事特电源股份有限公司	ZL201210368877. 7	2013-01-09
2257	一种并网发电系统防逆流方法和装置	广东易事特电源股份有限公司	ZL201210369035. 3	2013-01-09
2258	一种电感的封装结构	广东易事特电源股份有限公司	ZL201210373440. 2	2013-01-09
2259	一种推挽变换器过流保护电路	广东易事特电源股份有限公司	ZL201210386191. 0	2013-01-09
2260	一种具有双母线充电电路的 UPS 电源	广东易事特电源股份有限公司	ZL201210386367. 2	2013-01-16
2261	工频线性电源预稳控制电路	广东易事特电源股份有限公司	ZL201210423352. 9	2013-03-27
2262	一种高可靠性的直流母线绝缘电阻检测方法	广东易事特电源股份有限公司	ZL201210423395. 7	2013-03-27
2263	一种低能耗的直流母线绝缘电阻检测电路及检测方法	广东易事特电源股份有限公司	ZL201210423438. 1	2013-03-27
2264	一种直流高压隔离采样电路	广东易事特电源股份有限公司	ZL201210423458. 9	2013-03-27
2265	用于并网发电系统的双向储能逆变器	广东易事特电源股份有限公司	ZL201210481588. 8	2013-03-06
2266	一种可设回差的 UPS 电池低压放电保护电路	广东易事特电源股份有限公司	ZL201210481627. 4	2013-03-06
2267	双路光伏逆变器对地绝缘电阻的无开关管检测系统及方法	广东易事特电源股份有限公司	ZL201210481636. 3	2013-03-13
2268	一种测试治具	广东易事特电源股份有限公司	ZL201310422871. 8	2013-12-25
2269	一种双输入智能供电的不间断电源系统	广东易事特电源股份有限公司	ZL201310512234. X	2014-01-29
2270	一种快速识别充电器类型的电路及其识别方法	广东欧珀移动通信有限公司	ZL201210084907. 1	2012-08-15
2271	一种快速充电方法	广东欧珀移动通信有限公司	ZL201210248354. 9	2012-11-07
2272	一种智能充电控制方法及装置	广东欧珀移动通信有限公司	ZL201210521077. 4	2013-04-10
2273	一种无线充电设备	广东欧珀移动通信有限公司	ZL201210534581. 8	2013-03-27

（续）

ID	标　　题	申请人	专利号	公开日
2274	一种移动终端充电方法及系统	广东欧珀移动通信有限公司	ZL201210541735.6	2013-04-10
2275	一种移动终端充电方法及系统	广东欧珀移动通信有限公司	ZL201310110571.6	2013-07-24
2276	电池充电方法、电池充电系统及移动终端	广东欧珀移动通信有限公司	ZL201310134793.1	2013-07-24
2277	调节移动终端充电电流的方法、装置及移动终端	广东欧珀移动通信有限公司	ZL201310746530.6	2014-03-26
2278	电子设备充电装置及其电源适配器	广东欧珀移动通信有限公司	ZL201410043062.0	2014-04-30
2279	电池充电装置及电池充电保护控制方法	广东欧珀移动通信有限公司	ZL201410043218.5	2014-04-30
2280	双电源进线负荷开关闭锁装置	广东正超电气有限公司	ZL201310355319.1	2013-12-11
2281	设备箱门与上游双电源断路器连锁控制机构	广东正超电气有限公司	ZL201310361371.8	2013-12-11
2282	可替换电源的LED光源装置	广东洲明节能科技有限公司 深圳市洲明科技股份有限公司	ZL201210193297.9	2012-10-03
2283	一种电池充电器转灯电路	广东瑞德智能科技股份有限公司	ZL201010250204.2	2011-02-09
2284	电动汽车充电设施标准设计	广东电网公司	ZL201210027102.3	2012-07-25
2285	油浸式主变压器的缺陷率检测方法	广东电网公司	ZL201210442887.0	2013-02-13
2286	高压大容量IEGT变流器全数字恒温水冷控制系统	广东电网公司东莞供电局 荣信电力电子股份有限公司	ZL201210270817.1	2013-01-09
2287	一种蓄电池充电机性能在线检测方法	广东电网公司中山供电局 杭州高特电子设备有限公司	ZL201010568576.X	2011-06-15
2288	变压器状态检修的决策方法及系统	广东电网公司佛山供电局	ZL201110460553.1	2012-06-27
2289	一种三相自耦变压器参数仿真方法及其系统	广东电网公司佛山供电局 华南理工大学	ZL201210002692.4	2012-06-27
2290	一种取能电源线圈气隙的调整方法	广东电网公司佛山供电局 华南理工大学	ZL201210303706.6	2012-12-19
2291	一种智能配电变压器负载试验方法及装置	广东电网公司江门供电局 国网电力科学研究院武汉南瑞有限责任公司	ZL201310024075.9	2013-05-22
2292	一种有载调容变压器铁轭绝缘件的制作工艺	广东电网公司清远清新供电局 广东广特电气有限公司	ZL201310678953.9	2014-03-12
2293	一种变压器维护方法及装置	广东电网公司电力科学研究院	ZL201110373301.5	2012-06-27
2294	变电站站用交直流一体化电源的智能在线监测预警方法	广东电网公司电力科学研究院	ZL201210504231.7	2013-04-03
2295	变压器绕组温控器热模拟装置温升特性现场试验的方法	广东电网公司电力科学研究院	ZL201310060960.2	2013-06-12
2296	有源电力滤波器电参数计算/液晶显示的系统及方法	广东电网公司电力科学研究院	ZL201310330330.2	2013-12-18
2297	变电站通信电源管理模块的监控系统和监控方法	广东电网公司电力科学研究院	ZL201310646304.0	2014-03-26
2298	主动配电网分布式电源的运行控制方法	广东电网公司电力科学研究院	ZL201410005854.9	2014-04-16
2299	含分布式电源及储能系统之配电网的定交换功率控制方法	广东电网公司电力科学研究院 上海交通大学	ZL201310193837.8	2013-09-18
2300	基于光伏发电的电能质量补偿控制装置与方法	广东电网公司电力科学研究院 上海交通大学	ZL201310567816.8	2014-02-26
2301	电子电力变压器	广东电网公司电力科学研究院 华中科技大学	ZL201310016540.4	2013-04-10
2302	一种基于MMC的UPQC充电启动方法	广东电网公司电力科学研究院 华北电力大学	ZL201210535849.X	2013-04-17

（续）

ID	标　　题	申请人	专利号	公开日
2303	利用界面电化学反应监测变压器油中糠醛含量的电化学监测仪器	广东电网公司电力科学研究院 华南理工大学	ZL201210567437.4	2013-05-01
2304	基于 STM32 的脉冲 MIG 焊电源系统	广东电网公司电力科学研究院 华南理工大学	ZL201310516396.0	2014-02-19
2305	串供变电站备用电源自投供电的方法与系统	广东电网公司电力调度控制中心	ZL201310754540.4	2014-04-02
2306	一种电力通信设备的电源风险预警方法	广东电网公司电力调度控制中心 华南理工大学	ZL201310040949.X	2013-06-19
2307	备自投装置的充电告警方法及告警装置	广东电网公司电力调度控制中心 南京南瑞集团公司	ZL201210539813.9	2013-04-24
2308	变压器套管监测系统数据有效性检测装置	广东电网有限责任公司电力科学研究院 西安交通大学	ZL201410809723.6	2015-04-08
2309	一种用于智能功率模块的电流采样电路	广东美的制冷设备有限公司	ZL201210201346.9	2012-10-24
2310	一种智能功率模块	广东美的制冷设备有限公司	ZL201310370916.1	2014-10-22
2311	智能功率模块及其制造方法	广东美的制冷设备有限公司 美的集团股份有限公司	ZL201310109971.5	2013-08-07
2312	一种超薄磁芯高频变压器及其生产工艺	广安市华蓥山领创电子有限公司	ZL201210163795.9	2012-09-19
2313	在过放电池充电时使电子设备立即开机的装置	广州三星通信技术研究有限公司 三星电子株式会社	ZL201210058130.1	2013-07-17
2314	一种变频器输出短路保护电路及保护方法	广州三晶电气有限公司	ZL201210541176.9	2013-04-03
2315	一种变频器 PCBA 测试系统及测试方法	广州三晶电气有限公司	ZL201310073388.3	2013-06-12
2316	一种三相光伏并网逆变器的单管焊接治具	广州三晶电气有限公司	ZL201410020224.9	2014-04-09
2317	稳压可调光 LED 驱动电源电路	广州东霖电子有限公司	ZL201310460524.4	2014-01-22
2318	不停电更换配电变压器的旁路作业车	广州供电局有限公司	ZL201210175498.6	2012-09-19
2319	变压器局部放电检测定位方法	广州供电局有限公司	ZL201210353417.7	2013-01-16
2320	电缆热循环试验调压电源测控装置	广州供电局有限公司	ZL201210372074.9	2013-01-16
2321	变压器温升试验的环境温度检测装置	广州供电局有限公司	ZL201210536953.0	2013-04-10
2322	变压器一体化综合检测装置	广州供电局有限公司	ZL201310094645.1	2013-07-10
2323	保供电电源装置	广州供电局有限公司 华南理工大学	ZL201210575847.3	2013-04-24
2324	驱动电源控制电路	广州凯盛电子科技有限公司	ZL201210250400.9	2012-10-17
2325	一种防止 LED 闪烁的 LED 驱动器	广州凯盛电子科技有限公司	ZL201310072087.9	2013-07-10
2326	一种电梯应急电源系统	广州力柏能源科技有限公司	ZL201210034520.5	2012-07-18
2327	一种带跳合闸电流测量的线路变压器保护装置	广州南方电力集团科技发展有限公司	ZL201210518545.2	2013-02-27
2328	一种并联输出的多功能焊接电源	广州友田机电设备有限公司	ZL201310061074.1	2013-06-05
2329	矿山机车变频器单机、双机自动切换运行装置及控制方法	广州市伟达力电器有限公司	ZL201310215272.9	2013-08-28
2330	变频方波间歇式智能充电器	广州市君盘实业有限公司	ZL201210295561.X	2012-12-19
2331	一种家庭用的光伏控制系统	广州市欧玛灯光设备有限公司	ZL201410205061.1	2014-07-23
2332	微电弧点焊电源及微电弧点焊方法	广州市精源电子设备有限公司 华南理工大学	ZL201310116700.2	2013-07-03
2333	用于 LED 照明的多模式调光及多路独立恒流驱动电路	广州市雷格斯光电科技有限公司	ZL201210584374.3	2013-05-01

（续）

ID	标题	申请人	专利号	公开日
2334	一种智能电源及利用该智能电源实现移动支付的方法	广州广电汇通金融服务有限公司 广州广电运通金融电子股份有限公司	ZL201310291722.2	2013-11-20
2335	基于可控硅整流的伺服智能电源控制电路及方法	广州数控设备有限公司	ZL201210584086.8	2013-04-03
2336	用于电源变换器的开关频率和峰值电流调节的系统和方法	广州昂宝电子有限公司	ZL201110144768.2	2012-11-28
2337	一种LED驱动芯片	广州晶锐信息技术有限公司	ZL201310309752.1	2013-10-16
2338	高压变频器智能旁路系统	广州智光电机有限公司 广州智光电气股份有限公司	ZL201110429995.X	2012-04-18
2339	高压变频器智能旁路系统	广州智光电机有限公司 广州智光电气股份有限公司	ZL201110430986.2	2012-04-18
2340	一种片上滤波器的调谐电路及调谐方法	广州润芯信息技术有限公司	ZL201210545245.3	2013-04-17
2341	一种岸电电源功率单元调试系统	广州港集团有限公司 江苏新航电气有限公司	ZL201410377824.0	2014-10-15
2342	一种用于驱动LED显示器的电路和方法	广州硅芯电子科技有限公司	ZL201210181889.9	2013-06-05
2343	变压器中性点直流电流管理监测系统	广州粤能信息技术有限公司	ZL201410398550.3	2014-12-03
2344	带有切换MOS管的开关电源电路	广州视源电子科技股份有限公司	ZL201210260707.7	2012-10-31
2345	可调式开关电源	广州视源电子科技股份有限公司	ZL201310050255.4	2013-05-01
2346	充电控制电路	广州视源电子科技股份有限公司	ZL201310628222.3	2014-03-19
2347	一种组合式可调变压器骨架及使用该骨架的变压器	广州金升阳科技有限公司	ZL201210338985.X	2013-01-09
2348	一种提升小型变压器制造加工效率的组合治具及方法	广州金升阳科技有限公司	ZL201310520633.0	2014-02-05
2349	一种电动车辆智能充电桩的充电控制方法	广西十方科技有限公司	ZL201310252371.4	2013-09-18
2350	一种智能电动车充电桩	广西十方科技有限公司	ZL201310252565.4	2013-09-18
2351	一种根据电网/电池实时载荷进行充电的智能充电桩	广西十方科技有限公司	ZL201310252689.2	2013-09-18
2352	一种可调输出电压的电动车智能充电桩	广西十方科技有限公司	ZL201310252747.1	2013-09-25
2353	一种电动车辆的智能充电桩及其充电控制方法	广西十方科技有限公司	ZL201310252764.5	2013-09-18
2354	自动追踪式智能管理光伏供电系统	广西南宁市智跑电子科技有限公司	ZL201210128263.1	2012-08-22
2355	一种立体卷铁芯树脂绝缘干式变压器绝缘筒的制作方法	广西南宝特电气制造有限公司	ZL201310576190.7	2014-03-05
2356	兼容多种编码器与旋转变压器接口的信号处理装置	广西大学	ZL201210120624.8	2012-08-01
2357	基于李雅普诺夫指数变化的光伏发电孤岛检测方法及装置	广西师范大学	ZL201310263073.5	2013-11-27
2358	一种单器身变压器	广西柳州特种变压器有限责任公司	ZL201210051532.9	2012-07-11
2359	一种交流变频器用隔离变压器	广西柳州特种变压器有限责任公司	ZL201310424109.3	2013-12-11
2360	光伏发电最大功率点跟踪方法及最大功率点跟踪控制器	广西电网公司 中国农业大学	ZL201310192358.4	2013-10-02
2361	一种基于遗传神经网络的光伏出力预测方法	广西电网公司电力科学研究所 天津大学	ZL201310686357.5	2014-05-21
2362	一种电动汽车充电控制导引系统及其控制方法	广西电网公司电力科学研究院	ZL201310056301.1	2013-05-08
2363	单相单级光伏逆变器的电流控制方法及电流控制系统	广西电网公司电力科学研究院 中南大学	ZL201210344009.5	2013-01-02

（续）

ID	标　　题	申请人	专利号	公开日
2364	一种变压器装配工艺仿真系统	广西电网公司电力科学研究院 国网电力科学研究院武汉南瑞有限责任公司	ZL201310323101.8	2013-11-27
2365	一种具备信息集成功能的并网逆变器	广西电网公司电力科学研究院 天津大学	ZL201210302907.4	2012-12-26
2366	服务器电源系统	广达电脑股份有限公司	ZL201210077621.0	2013-09-11
2367	电源转换系统	广达电脑股份有限公司	ZL201210309399.2	2014-02-12
2368	健康照护产品与其电源管理方法	广达电脑股份有限公司	ZL201210417516.7	2014-04-09
2369	大电能系统用断路器及该电源系统	庄嘉明	ZL200910259529.4	2011-06-22
2370	具连接缓冲结构的保险丝元件及具有该保险丝的电源模组	庄嘉明	ZL200910259532.6	2011-06-22
2371	摩托车电源智能控制器	庄景阳	ZL201310257147.4	2013-09-11
2372	笔记本电源智能管理器	庄景阳	ZL201310258944.4	2013-09-11
2373	多层变压器开关	库柏技术公司	ZL201080025160.1	2012-05-30
2374	一种变压器骨架的制造方法	应和平 陈红光	ZL201210492401.4	2013-04-24
2375	一种提高交叉调整率的反激式开关电源电路	康佳集团股份有限公司	ZL201110389967.X	2012-04-11
2376	电池的充电率估计装置	康奈可关精株式会社 学校法人庆应义塾	ZL201180065424.0	2013-09-25
2377	变压器测试机的测试方法	康舒电子(东莞)有限公司	ZL201210542459.5	2013-04-10
2378	电源供应器一次侧电路的功率检测方法及其功率检测电路	康舒科技股份有限公司	ZL201110148990.X	2012-12-05
2379	具电池快拆功能的电源供应器	康舒科技股份有限公司	ZL201110159117.0	2012-12-19
2380	功率因数控制电路及其控制方法	康舒科技股份有限公司	ZL201110213894.9	2013-01-30
2381	一种应用于三相变流器的滤波电路	廊坊英博电气有限公司 北京英博电气股份有限公司 北京英博新能源有限公司	ZL201310329714.2	2013-11-27
2382	降低太阳能光电池每瓦成本的太阳光伏装置	廖恒俊	ZL201010268159.3	2011-03-30
2383	后备电源系统	建筑电子与通信公司	ZL200680052389.8	2008-12-31
2384	改进的叉车用燃料电池电源系统	引峰新能源科技(上海)有限公司	ZL201210367662.3	2013-01-09
2385	小型化叉车用燃料电池电源系统	引峰新能源科技(上海)有限公司	ZL201210376327.X	2013-01-23
2386	叉车用燃料电池电源系统	引峰新能源科技(上海)有限公司	ZL201210376341.X	2013-01-16
2387	逆变器	弗罗纽斯国际有限公司	ZL201180025992.8	2013-02-06
2388	焊接电源的接口和用于其定义的方法	弗罗纽斯国际有限公司	ZL201280034928.0	2014-04-09
2389	焊接电源和用于其接口配置的方法	弗罗纽斯国际有限公司	ZL201280034939.9	2014-05-28
2390	高功率因数隔离降压型功率因数校正变换器	弗莱克斯电子有限责任公司	ZL200910141480.2	2009-11-25
2391	功率因数校正的效率改进	弗莱克斯电子有限责任公司	ZL200910163970.2	2010-01-13
2392	一种电源设备以及一种用于对电源设备进行调节的方法	弗莱克斯电子有限责任公司	ZL201110026279.7	2011-07-20
2393	部分填充混合物的电源单元和制造方法	弗里沃制造有限公司	ZL201110390870.0	2012-07-04
2394	一种波长选择性广角聚光光伏发电系统及其方法	张万钧 刘立涛 牛强	ZL201310010872.1	2013-05-01
2395	太阳能电源四推挽注锁功率合成无极灯组	张妙娟	ZL201310160065.8	2013-09-25
2396	太阳能电源注锁功率合成双黑光灯	张妙娟	ZL201310160077.0	2013-09-25
2397	太阳能电源注锁功率合成低压钠灯	张妙娟	ZL201310160078.5	2013-09-25
2398	一种离网太阳能光伏智能化小型供电系统	张家口凯瑞科技有限公司	ZL201310151979.8	2013-07-10
2399	一种单相工频变压器式充电设备	张家港市华为电子有限公司	ZL201310088908.8	2013-06-05

（续）

ID	标　　题	申请人	专利号	公开日
2400	一种三相工频变压器式充电设备	张家港市华为电子有限公司	ZL201310088916.2	2013-06-05
2401	一种新型的蓄电池化成电源电柜冷却系统	张家港市泓溢电源科技有限公司	ZL201210178156.X	2012-10-03
2402	一种自然能源不间断供电系统	张建洲	ZL201210564293.7	2013-05-01
2403	LED灯具调光驱动电源装置	张掖市华光太阳能有限公司	ZL201310333570.8	2013-10-16
2404	带安全回路的双电源定位装置、定位系统及工作方法	张智博	ZL201410028341.X	2014-04-16
2405	太阳能电源双半桥注锁功率合成卤素灯组	张根清	ZL201310159010.5	2013-09-25
2406	太阳能电源双半桥注锁功率合成荧光灯	张根清	ZL201310160031.9	2013-09-25
2407	太阳能电源双半桥注锁功率合成无极灯	张根清	ZL201310160032.3	2013-09-25
2408	太阳能电源双半桥注锁功率合成黑光灯	张根清	ZL201310160035.7	2013-09-25
2409	太阳能电源注锁功率合成调光无极灯	张根清	ZL201310160048.4	2013-09-25
2410	自适应基准恒流源LED驱动装置及方法	张洪为	ZL201410000611.6	2014-04-02
2411	一种可主动平衡中性点钳位电压的三电平三相电源变换装置	张翔	ZL201210233652.0	2012-10-31
2412	三相中性点钳位式PWM逆变器电压检测装置	张翔	ZL201210233653.5	2012-10-17
2413	电瓶车风能充电器	张芝仁	ZL201210135393.8	2012-08-22
2414	一种用于小功率风机的整流电路	徐剑雄	ZL201210318926.6	2012-12-19
2415	一种低残压电源防雷保护装置	徐大鹏	ZL201210579143.3	2013-04-10
2416	一种大功率三电平防爆变频器	徐州中矿大传动与自动化有限公司	ZL201210301721.7	2012-12-19
2417	一种组合式DC-DC变换器	徐州工业职业技术学院	ZL201210321351.3	2012-12-19
2418	局部阴影下光伏发电系统最大功率点跟踪方法	徐州工业职业技术学院	ZL201310717676.8	2014-04-02
2419	井下隔爆电源箱外断电装置和方法	徐州工程学院 徐州博轩自动化科技有限公司	ZL201410108697.4	2014-06-25
2420	一种电源插座安全锁	徐州新电高科电气有限公司	ZL201310205639.9	2013-08-28
2421	一种电源转换器	徐州新电高科电气有限公司	ZL201310257181.1	2013-10-09
2422	一种工频和变频电源的综合检测和用电保护装置	徐达	ZL201310133901.3	2013-07-17
2423	电动汽车主辅电源切换系统	微宏动力系统(湖州)有限公司	ZL201110223360.4	2013-02-06
2424	电池组充电方法	微宏动力系统(湖州)有限公司	ZL201210147287.1	2013-12-04
2425	低远场下的磁感应充电	微软公司	ZL201080015727.7	2012-02-29
2426	基于机架的无间断电源	微软技术许可有限责任公司	ZL201180028592.2	2013-02-06
2427	利用充电电池组供电的远红外磁脉冲软式分体治疗仪	德中利德(天津)生物技术有限公司	ZL201210573654.4	2013-04-17
2428	利用充电电池组供电的远红外磁脉冲软垫式治疗仪	德中利德(天津)生物技术有限公司	ZL201210573728.4	2013-04-17
2429	用于确定蓄电池充电状态的系统和方法	德克萨斯仪器股份有限公司	ZL200980119982.3	2011-05-18
2430	用于可缩放电源的高性能低压差分信号驱动器	德克萨斯仪器股份有限公司	ZL201080050127.4	2012-07-18
2431	电源管理DC-DC转换器以及用于感应能量收集器的方法	德克萨斯仪器股份有限公司	ZL201080065870.7	2012-12-19
2432	一种基于单片机的双电源转换控制电路	德力西电气有限公司	ZL201310321090.X	2013-12-18
2433	电子模块不断电电源供应电路及方法	德商倍福自动化有限公司	ZL201080015751.0	2012-10-17
2434	用于车辆电源的连接器装置和连接器组件	德尔福连接系统控股法国公司	ZL201180051742.1	2013-07-31
2435	功率变换器	德州仪器考克有限公司	ZL201180021828.X	2013-05-08

（续）

ID	标　　题	申请人	专利号	公开日
2436	电源电路	德昌电机(深圳)有限公司	ZL201110261784. X	2012-05-09
2437	一种可增强移动电源容量的方法	德清创诺尔新材料科技有限公司	ZL201310448877. 2	2014-01-01
2438	具有反极性保护的电源模块	快捷半导体(苏州)有限公司	ZL201110232161. X	2013-02-13
2439	升压功率变换器系统及升压方法	快捷半导体(苏州)有限公司 快捷半导体公司	ZL201210254762. 5	2013-01-30
2440	用于电压转换器的启动电路和方法以及电压转换器	快捷半导体(苏州)有限公司 快捷半导体公司	ZL201310098159. 7	2013-09-25
2441	用于切换模式电源的软启动控制技术	快捷半导体(苏州)有限公司 飞兆半导体公司	ZL201280000449. 7	2013-01-30
2442	调制电源扩展频谱	快捷半导体有限公司	ZL200910207695. X	2010-06-09
2443	对电源不敏感的电压电平转换器	快捷半导体有限公司	ZL200980140786. 4	2011-09-14
2444	功率因数校正电路及其驱动方法	快捷韩国半导体有限公司	ZL201010146451. 8	2010-10-27
2445	并联的大功率高压试验用变频电源	思源电气股份有限公司	ZL201210577079. 5	2013-03-20
2446	一种 UPS 电源的切换装置	恒动能源(深圳)有限公司	ZL201310530327. 5	2014-02-26
2447	一种使用工频电源作为动力的多功能钻机	恒天九五重工有限公司	ZL201310168926. 7	2013-09-04
2448	具有振动型测量变换器的测量系统	恩德斯 + 豪斯流量技术股份有限公司	ZL201080060117. 9	2012-09-19
2449	测量变换器的驱动电路及由该驱动电路形成的测量系统	恩德斯 + 豪斯流量技术股份有限公司	ZL201180019722. 6	2013-01-02
2450	用于识别重新部署的分布式电源组件的方法和设备	恩菲斯能源公司	ZL201080025325. 5	2012-05-23
2451	使分布式电源互连的方法和设备	恩菲斯能源公司	ZL201180010579. 4	2012-11-07
2452	用于调节功率转换器输入电压的方法和装置	恩菲斯能源公司	ZL201180026324. 7	2013-02-06
2453	改进的变压器	恩菲斯能源公司	ZL201180026722. 9	2013-02-06
2454	操作 DC-DC 变换器的方法	恩菲斯能源公司	ZL201180031815. 0	2013-03-06
2455	充电指示灯控制电路、控制方法及装置、充电设备	惠州 TCL 移动通信有限公司	ZL201110130787. X	2011-12-21
2456	电池充电自动测试方法及装置	惠州 TCL 移动通信有限公司	ZL201110176209. X	2011-11-23
2457	一种移动终端的充电系统	惠州 TCL 移动通信有限公司	ZL201210047590. 4	2012-07-18
2458	一种具有抑制瞬态电压功能的充电电路及其手机	惠州 TCL 移动通信有限公司	ZL201210053458. 4	2012-07-25
2459	手机及充电保护电路	惠州 TCL 移动通信有限公司	ZL201210073866. 6	2012-08-01
2460	移动终端充电时的指示灯控制方法及移动终端	惠州 TCL 移动通信有限公司	ZL201210220126. 0	2012-11-14
2461	一种检测移动设备在充电状态下电池电量的方法和系统	惠州 TCL 移动通信有限公司	ZL201210307415. 4	2012-12-19
2462	实现移动设备恒功率动态充电的方法、系统及移动设备	惠州 TCL 移动通信有限公司	ZL201210399922. 5	2013-01-30
2463	一种移动通讯终端以及用于保护移动通讯终端充电的电路	惠州 TCL 移动通信有限公司	ZL201210594058. 4	2013-04-03
2464	具有电池兼容功能的移动终端及电池使用、充电控制方法	惠州 TCL 移动通信有限公司	ZL201310053117. 1	2013-05-22
2465	一种具有多端口充电控制功能的移动终端	惠州 TCL 移动通信有限公司	ZL201310144667. 4	2013-07-24
2466	可对外充电的移动设备	惠州 TCL 移动通信有限公司	ZL201310231741. 6	2013-10-09
2467	用于 LED 驱动器的无损正向电压匹配网络	惠州元晖光电股份有限公司	ZL201310294875. 2	2013-12-04
2468	电池组剩余充电时间估算方法	惠州市亿能电子有限公司	ZL201210136153. X	2012-10-03

（续）

ID	标　　题	申请人	专利号	公开日
2469	一种纯电动汽车充电过程 SOC 修正方法	惠州市亿能电子有限公司	ZL201210365260. X	2013-01-30
2470	一种电池管理系统支持多种充电协议的方法	惠州市亿能电子有限公司	ZL201210523585. 6	2013-05-15
2471	一种电池管理系统的功率控制方法	惠州市亿能电子有限公司	ZL201210523609. 8	2013-05-15
2472	一种车载充电信息反馈无线充电器	惠州市华阳多媒体电子有限公司	ZL201410024159. 7	2014-05-14
2473	一种无线充电装置	惠州市吉瑞科技有限公司	ZL201180002811. X	2013-01-16
2474	一种汽车音响电源负载能力测试装置及其方法	惠州市德赛西威汽车电子股份有限公司	ZL201210217595. 7	2012-10-10
2475	一种汽车音响电源瞬变测试装置及其方法	惠州市德赛西威汽车电子股份有限公司	ZL201210217704. 5	2012-10-10
2476	用于利用并联电源对输入电流进行平衡的系统和方法	惠普发展公司，有限责任合伙企业	ZL201080066361. 6	2012-12-19
2477	用于服务器机柜的电源组件和用于安装服务器机柜用电源的方法	惠普开发有限公司	ZL200880128923. 8	2011-04-13
2478	在具有处理器和向处理器提供功率电压的电压转换器的系统中的功率管理	惠普开发有限公司	ZL200880131447. 5	2011-09-07
2479	电源电路	惠普开发有限公司	ZL200880132288. 0	2011-11-16
2480	具有用于改进的效率的可适配变压器匝数比的电功率转换系统	惠普开发有限公司	ZL200980158981. X	2012-04-11
2481	具有耦合电感的共模滤波器	意法半导体(图尔)公司	ZL201010165439. 1	2010-11-03
2482	多电平开关电源	意法半导体(图尔)公司	ZL201010599694. 7	2011-07-20
2483	用于电压内插 DAC 的粗数模转换器架构	意法半导体研发(上海)有限公司	ZL201010247802. 4	2012-03-14
2484	减少数模转换器电压内插放大器输入差分对的方法和装置	意法半导体研发(上海)有限公司	ZL201010282647. X	2012-04-04
2485	特别为电源电压低于 1V 的应用生成温度补偿电压基准的电路	意法半导体股份有限公司	ZL200910140925. 5	2009-12-30
2486	开关变换器的整流器的控制装置	意法半导体股份有限公司	ZL200910208483. 3	2010-06-09
2487	用于谐振转换器的控制设备	意法半导体股份有限公司	ZL201010572651. X	2011-05-04
2488	适于驱动开关谐振变换器的控制设备的振荡器的集成电路	意法半导体股份有限公司	ZL201010625246. X	2011-07-20
2489	用于谐振变换器的充电模式控制设备	意法半导体股份有限公司	ZL201010625253. X	2011-07-20
2490	在谐振转换器中防止硬开关的方法和电路	意法半导体股份有限公司	ZL201080021595. 9	2012-04-25
2491	具有多个变压比的集成变压器	意法爱立信(法国)有限公司 意法爱立信有限公司	ZL201080053684. 1	2012-10-03
2492	优化的开关模式电源	意法爱立信有限公司	ZL201180043253. 1	2013-05-29
2493	一种开关电源用变压器的生产方法	慈溪市国兴电子有限公司	ZL201310260886. 9	2013-09-18
2494	一种光伏接线盒自动拧螺母压端机	慈溪市宏晟机械设备有限公司	ZL201210548560. 1	2013-04-03
2495	一种一阶数字低通滤波方法、滤波器及电子设备	成都启臣微电子有限公司	ZL201210196928. 2	2012-10-03
2496	开关电源控制器的恒定电流高压启动电路	成都启臣微电子有限公司	ZL201210268596. 4	2012-10-31
2497	一种开关电源控制器及开关电源	成都启臣微电子有限公司	ZL201310024632. 7	2013-05-01
2498	一种 LED 恒流控制器及 LED 恒流驱动电路	成都启臣微电子有限公司	ZL201310027058. 0	2013-05-01
2499	电流型开关电源过功率保护电路	成都启臣微电子有限公司	ZL201310333468. 8	2013-10-23
2500	原边反馈电源变换器中动态响应加速电路	成都启臣微电子有限公司	ZL201310376479. 4	2013-12-11
2501	一种电源连接器	成都宝利根科技有限公司	ZL201310014949. 2	2013-04-24

（续）

ID	标题	申请人	专利号	公开日
2502	智能节能型消防应急灯具专用应急电源系统	成都富强电子电器科技有限公司	ZL201210329168.8	2012-12-12
2503	一种开关电源LED控制电路	成都岷创科技有限公司	ZL201310612768.X	2014-03-26
2504	负载调整补偿开关电源	成都岷创科技有限公司	ZL201310621626.X	2014-04-23
2505	一种行波管环形变压器及其制作方法	成都市亚丰电子技术有限责任公司	ZL201310015813.3	2013-04-10
2506	LED开关电源恒流驱动电路	成都成电硅海科技股份有限公司	ZL201310228671.9	2013-10-09
2507	卫星移动通信信关站调制器中数字下变频器的测试方法	成都林海电子有限责任公司	ZL201210233825.9	2014-01-22
2508	一种基于北斗的卫星移动终端数字下变频器测试方法	成都林海电子有限责任公司	ZL201210330379.3	2014-03-26
2509	一种VSAT卫星通信L波段上下变频器切换控制方法及装置	成都林海电子有限责任公司	ZL201210481019.3	2013-04-03
2510	一种VSAT卫星通信L波段下变频器控制方法	成都林海电子有限责任公司	ZL201210481061.5	2013-04-03
2511	一种VSAT卫星通信L波段上变频器控制方法	成都林海电子有限责任公司	ZL201210481137.4	2013-03-13
2512	对智能电源插座实施监控的系统及方法、智能电源插座	成都欣点科技有限公司	ZL201210568393.7	2013-04-24
2513	埋弧焊电源交直流方波控制器	成都焊研威达科技股份有限公司	ZL201310534181.1	2014-01-22
2514	一种LED高效恒流驱动电源	成都能元科技有限公司	ZL201210048850.X	2013-09-11
2515	电池充电电路以及对电池充电的方法	成都芯源系统有限公司	ZL200710198835.2	2008-08-06
2516	LED照明驱动电路和方法	成都芯源系统有限公司	ZL201010124649.6	2011-09-21
2517	开关电源控制器和操作开关电源的方法	成都芯源系统有限公司	ZL201110115892.6	2012-10-31
2518	一种PWM调光LED驱动器及其驱动方法	成都芯源系统有限公司	ZL201110155772.9	2011-10-19
2519	一种减小开关频率变化的电压变换器及其控制方法	成都芯源系统有限公司	ZL201210063663.9	2012-10-03
2520	开关变换器电路及其控制方法	成都芯源系统有限公司	ZL201210063748.7	2013-02-06
2521	开关变换器及其控制电路和控制方法	成都芯源系统有限公司	ZL201210084270.6	2012-07-25
2522	多芯片封装结构、变换器模块及封装方法	成都芯源系统有限公司	ZL201210107640.3	2012-10-03
2523	多相开关变换器及其控制器	成都芯源系统有限公司	ZL201210154898.9	2013-12-04
2524	具有过流保护功能的多相开关变换器及其控制方法	成都芯源系统有限公司	ZL201210250469.1	2012-10-24
2525	峰值电流信号产生电路，开关电源电路及其方法	成都芯源系统有限公司	ZL201210288345.2	2012-11-28
2526	控制电路、开关模式变换器及控制方法	成都芯源系统有限公司	ZL201210311563.3	2012-11-28
2527	控制电路、开关变换器及其控制方法	成都芯源系统有限公司	ZL201210374410.3	2013-01-23
2528	一种电池充电电路及其控制电路和控制方法	成都芯源系统有限公司	ZL201210501065.5	2013-02-27
2529	一种电池充电电路及其控制电路和控制方法	成都芯源系统有限公司	ZL201210504857.8	2013-02-27
2530	一种控制电路、开关变换器及其控制方法	成都芯源系统有限公司	ZL201210527709.8	2013-03-06
2531	多相开关变换器的数字控制器及数字控制方法	成都芯源系统有限公司	ZL201210535981.0	2013-02-27
2532	LED驱动系统	成都芯源系统有限公司	ZL201210554794.7	2013-04-17
2533	开关电源电路及其控制方法	成都芯源系统有限公司	ZL201210567095.6	2013-04-24
2534	控制电路、开关电源及其控制方法	成都芯源系统有限公司	ZL201210567105.6	2013-04-24
2535	开关变换器及其斜坡补偿电路	成都芯源系统有限公司	ZL201310061989.2	2013-05-08
2536	一种功率因数校正电路及其控制电路和控制方法	成都芯源系统有限公司	ZL201310091524.1	2013-06-12
2537	升降压变换器及其控制器和控制方法	成都芯源系统有限公司	ZL201310093795.0	2013-07-10
2538	LED电路及其驱动电路和驱动方法	成都芯源系统有限公司	ZL201310114129.0	2013-07-24

（续）

ID	标　　题	申请人	专利号	公开日
2539	LED 驱动电路系统，控制器及控制方法	成都芯源系统有限公司	ZL201310205083. 3	2013-08-28
2540	开关电源转换电路、充电电流源及其控制方法	成都芯源系统有限公司	ZL201310206341. X	2013-08-14
2541	多相开关模式电源及其控制电路和控制方法	成都芯源系统有限公司	ZL201310245650. 8	2013-09-04
2542	多相开关变换器及其控制器和控制方法	成都芯源系统有限公司	ZL201310268361. X	2013-09-11
2543	交流电压的峰值采样方法，电路及应用其的开关变换器	成都芯源系统有限公司	ZL201310289057. 3	2013-10-09
2544	开关电源及其空载控制电路和负载检测电路	成都芯源系统有限公司	ZL201310328636. 4	2013-11-20
2545	一种控制电路、开关变换器及其控制方法	成都芯源系统有限公司	ZL201310379257. 8	2013-11-27
2546	隔离式开关变换器及其控制方法	成都芯源系统有限公司	ZL201310471361. X	2014-01-01
2547	隔离式开关变换器及其控制器和控制方法	成都芯源系统有限公司	ZL201310475919. 1	2014-01-01
2548	一种双向开关电路、移动电源电路及其控制方法	成都芯源系统有限公司	ZL201310548446. 3	2014-01-29
2549	汽油喷施农药机电源控制系统	成都蒲江珂贤科技有限公司	ZL201310366718. 8	2013-11-13
2550	一种支持为其它移动设备充电的手机 USB 接口充电系统及其实现充电的方法	成都西可科技有限公司	ZL201310096884. 0	2013-06-26
2551	电源开关控制电路	成都锐奕信息技术有限公司	ZL201310210080. 9	2013-09-04
2552	变共模宽电源范围的高速比较器	成都锐成芯微科技有限责任公司	ZL201210579399. 4	2013-04-24
2553	具有多反馈环路的 LED 驱动器	戴乐格半导体公司	ZL200980125093. 8	2011-05-25
2554	具有支持多功能的引脚的功率变换器控制器 IC	戴乐格半导体公司	ZL201210470649. 0	2013-05-15
2555	用于超低负载与空载运行下的电源调节	戴乐格半导体公司	ZL201210478585. 9	2013-05-15
2556	用于开关功率变换器的 EMI 频率扩展方法	戴乐格半导体公司	ZL201210478596. 7	2013-05-22
2557	用于 LED 驱动器的功率变换器的预测控制	戴乐格半导体公司	ZL201210521671. 3	2013-07-03
2558	高性能自适应开关 LED 驱动器	戴乐格半导体公司	ZL201210543808. 5	2013-06-12
2559	复合式供电源	戴俊	ZL200810141959. 1	2009-01-14
2560	一种基于多个流量测量变换器的加油装置及其实现方法	托肯恒山科技(广州)有限公司	ZL201210584371. X	2013-03-27
2561	一种并联型有源电力滤波器	扬州华电电气有限公司	ZL201310324051. 5	2013-10-09
2562	一种镀锡软熔大功率中频加热电源的稳压方法	扬州博尔特电气技术有限公司	ZL201210445191. 3	2013-02-06
2563	电火花毛化系统高频脉冲电源	扬州博尔特电气技术有限公司	ZL201210573028. 5	2013-04-24
2564	单片集成多个声表面波滤波器间声电耦合的隔离方法	扬州大学	ZL201310235423. 7	2013-09-18
2565	一种适用于双电源自动转换开关的隔离挂锁装置	扬州新菱电器有限公司	ZL201310706364. 7	2014-04-09
2566	初级侧调节器集成控制电路、方法及开关电源	技领半导体(上海)有限公司 技领半导体股份有限公司	ZL201010611510. 4	2011-07-06
2567	多逻辑单元电源管理集成电路的电源管理逻辑单元	技领半导体(上海)有限公司 技领半导体股份有限公司	ZL201310131636. 5	2013-11-06
2568	多逻辑单元电源管理集成电路的电源管理逻辑单元	技领半导体(上海)有限公司 技领半导体股份有限公司	ZL201310132027. 1	2013-10-30
2569	一种可给手机充电的蓝牙耳机	抚州宏华实业有限公司	ZL201210310275. 6	2012-12-19
2570	双极电源控制器	拉塞尔·雅克	ZL200980109336. 9	2011-02-16
2571	充电装置	拉碧斯半导体株式会社	ZL201110263434. 7	2012-04-04
2572	充电控制系统以及充电控制装置	拉碧斯半导体株式会社	ZL201110290391. 1	2012-05-09

（续）

ID	标　　题	申请人	专利号	公开日
2573	计算机电源供应器的风扇转速控制方法及其装置	振华电脑有限公司	ZL201010622621.5	2012-07-11
2574	用于光伏发电的斜单轴自适应对日跟踪装置	振发盐城光伏设备制造有限公司	ZL201110224005.9	2012-03-07
2575	一种新型的离网/并网一体化太阳能发电系统与控制方法	振发能源集团有限公司	ZL201210036474.2	2012-07-04
2576	一种间歇无线充电通信装置及方法	捷普科技(上海)有限公司	ZL201210520997.4	2013-04-10
2577	用于电化学电源的温控系统	捷温有限责任公司	ZL201210519464.4	2013-06-19
2578	无线充电系统	捷通国际有限公司	ZL200980126437.7	2011-06-08
2579	具有装置功率符合性的无线充电系统	捷通国际有限公司	ZL201080010592.5	2012-02-01
2580	用于电动车辆的感应充电系统	捷通国际有限公司	ZL201180005434.5	2012-09-26
2581	用于对电池进行感应充电的系统和方法	捷通国际有限公司	ZL201310052276.X	2013-05-15
2582	用于混合动力挖掘机的回转电动机驱动的变换器控制方法	斗山英维高株式会社	ZL201080058558.5	2012-09-19
2583	用于控制电源的控制电路、电子设备及方法	斯班逊有限公司	ZL201110461257.3	2012-08-29
2584	用于管理和控制光伏板的系统	斯瑞·阿诺A·波什盖 阿明·威立格	ZL201180005956.5	2012-11-07
2585	电源线检测系统和电子接头	斯蒂芬·艾伦·莫顿	ZL201080028640.3	2012-11-28
2586	变压器高低压合绕线圈及其绕制方法	新华都特种电气股份有限公司	ZL201010606620.1	2012-07-11
2587	一种变压器辅助绕组	新华都特种电气股份有限公司	ZL201110123846.0	2012-11-14
2588	非晶合金立体卷铁心变压器的器身结构	新华都特种电气股份有限公司	ZL201210455377.7	2013-03-13
2589	电源管理电路及其中的高电压元件	新唐科技股份有限公司	ZL201110145865.3	2012-10-31
2590	隔离式开关电源	新电元工业株式会社	ZL201180004536.5	2012-09-12
2591	充电装置	新电元工业株式会社	ZL201180050377.2	2013-09-25
2592	蓄电池充电装置以及蓄电池充电方法	新电元工业株式会社	ZL201280003581.3	2014-04-16
2593	控制电路以及包含控制电路的交互电源	新电元工业株式会社	ZL201280015442.2	2013-12-18
2594	一种减小风电并网调度计划误差的控制方法	新疆大学 国家电网公司 辽宁省电力有限公司电力科学研究院	ZL201310182311.X	2013-12-04
2595	用于光伏并网发电的三相四桥臂逆变器及光伏并网发电系统	新疆新能源股份有限公司	ZL200910135384.7	2010-11-03
2596	一种太阳能点聚光光伏发电装置	新疆熠金能源科技有限公司	ZL201210125942.3	2012-08-15
2597	电源装置	新神户电机株式会社	ZL201080008214.3	2012-01-11
2598	移相变压器以及带有该移相变压器的电能传输装置	新能动力(北京)电气科技有限公司	ZL201110457739.1	2012-07-11
2599	初次级双反馈控制的返驰式电源转换器	新能微电子股份有限公司	ZL201110090569.8	2012-10-17
2600	一种机车侧导电轨电源切换系统	新誉集团有限公司 江苏常牵电机有限公司	ZL201310137479.9	2013-06-19
2601	一种轨道侧导电轨电源切换系统	新誉集团有限公司 江苏常牵电机有限公司	ZL201310137540.X	2013-07-10
2602	太阳能光伏发电系统用保险丝管座	施特格亚太投资有限公司 东莞市思普太阳能科技有限公司	ZL201210464164.0	2013-03-27
2603	一种自动转换开关电器的电源采样装置	施耐德万高(天津)电气设备有限公司	ZL201310747216.X	2014-03-26
2604	控制中性点钳位型逆变器的方法	施耐德东芝换流器欧洲公司	ZL201110083183.4	2011-10-12
2605	具有受控电流源的电力转换器	施耐德东芝换流器欧洲公司	ZL201110347615.8	2012-07-11
2606	具有受控电流源并且以单相模式连接的电力变换器	施耐德东芝换流器欧洲公司	ZL201110365129.9	2012-05-30
2607	包括例如差动保护功能等补充电功能的模块保护单元	施耐德电器工业公司	ZL200810184185.0	2009-06-24

(续)

ID	标　　题	申请人	专利号	公开日
2608	具有发光二极管的照明系统的电源设备和方法及照明组件	施耐德电器工业公司	ZL201110412976.6	2012-07-04
2609	分布式光伏系统的安全控制系统	施耐德电器工业公司	ZL201210201262.5	2012-12-19
2610	电源和数据中心控制	施耐德电气 IT 公司	ZL201080016514.6	2012-03-28
2611	电池充电方法及装置	施耐德电气 IT 公司	ZL201080030888.3	2012-05-23
2612	电压转换器	施耐德电气 IT 公司	ZL201080054699.X	2012-08-15
2613	不间断电源的维修进入点	施耐德电气 IT 公司	ZL201280018556.2	2013-12-25
2614	用于 UPS 的带有集成的充电器的双升压转换器	施耐德电气 IT 公司	ZL201280050541.4	2014-06-18
2615	被配置用以向不间断供电电源提供有选择的电能的输入和输出功率模块	施耐德电气公司	ZL201310376397.X	2014-01-22
2616	使用频率选择性接地的光伏双极到单极源电路转换器	施耐德电气太阳能逆变器美国股份有限公司	ZL201180035842.5	2013-04-03
2617	具有用于执行低电压穿越的控制的光伏逆变器	施耐德电气太阳能逆变器美国股份有限公司	ZL201180058938.3	2013-08-14
2618	智能电子装置内产生低 EMI 的开关电源	施耐德电气美国股份有限公司	ZL200980155090.9	2011-12-21
2619	组合接线器和电流变压器	施耐德电气美国股份有限公司	ZL201080052617.8	2012-08-15
2620	单相自驱动全桥同步整流	无线联电科技有限公司	ZL200980132098.3	2011-07-13
2621	一种输出受温度控制的直流电源	无锡三石电子有限公司	ZL201110114978.7	2011-09-14
2622	应用于光伏逆变器的预加热除湿方法	无锡上能新能源有限公司	ZL201310223988.3	2013-08-21
2623	一种电荷泵装置及使用该装置的电源管理电路	无锡中感微电子股份有限公司	ZL201310536182.X	2014-01-22
2624	AC-DC 电源转换器及其内的电流调制电路	无锡中星微电子有限公司	ZL201080060222.2	2012-12-12
2625	高效 LED 驱动电路	无锡中星微电子有限公司	ZL201210451290.2	2013-03-13
2626	一种电池保护电路及其充电功率开关控制信号产生电路	无锡中星微电子有限公司	ZL201210484658.5	2013-03-20
2627	一种电池保护电路的过充电压检测电路	无锡中星微电子有限公司	ZL201210500639.7	2013-04-03
2628	一种 LED 驱动电路	无锡中星微电子有限公司	ZL201310068470.7	2013-06-12
2629	一种多电源输入的低压差稳压器	无锡中星微电子有限公司	ZL201310149589.7	2013-07-24
2630	一种充电管理电路和系统	无锡中星微电子有限公司	ZL201310151746.8	2013-07-10
2631	一种可同时给移动电子设备供电及充电装置	无锡中星微电子有限公司	ZL201310443007.6	2014-02-05
2632	用于向自举电路提供电源的电路	无锡中星微电子有限公司	ZL201310516420.0	2014-01-22
2633	电流检测电路及充电电池	无锡中星微电子有限公司	ZL201310517940.3	2014-01-22
2634	一种电池快速充电电路	无锡中星微电子有限公司	ZL201310517982.7	2014-01-22
2635	光伏质量检测数据自动化处理系统	无锡中科苏惠自动化技术有限公司	ZL201310423882.8	2013-12-18
2636	采用数字 PWM 控制的恒流型 DC-DC 变换器与恒流型 LED 驱动 DC-DC 变换器	无锡创想华微科技有限公司	ZL201210142148.X	2012-09-12
2637	一种数字式电源的控制装置及方法	无锡创想华微科技有限公司	ZL201210153466.6	2012-09-26
2638	一种二次电池的充电装置	无锡华润上华半导体有限公司	ZL201210024001.0	2013-08-14
2639	一种自动调节带通滤波器增益的红外接收电路	无锡华润矽科微电子有限公司	ZL201010617872.4	2012-07-11
2640	一种可调光 LED 照明驱动电路	无锡华润矽科微电子有限公司 江阴苏阳电子股份有限公司	ZL201310225381.9	2013-08-21
2641	一种基于规则引擎的光伏电站监控方法	无锡南理工科技发展有限公司	ZL201110359045.4	2012-06-13

（续）

ID	标　　题	申请人	专利号	公开日
2642	太阳能光伏发电系统应用在净化空气的华表上的供电装置	无锡同春新能源科技有限公司	ZL201310107466.7	2013-06-19
2643	一种以风力发电为供电源的泔水桶	无锡同春新能源科技有限公司	ZL201310527424.9	2014-01-29
2644	一种以风光互补发电为供电源的泔水桶	无锡同春新能源科技有限公司	ZL201310527709.2	2014-02-05
2645	一种靠水体上层中气囊浮力支撑的太阳能光伏电站	无锡同春新能源科技有限公司	ZL201410205105.0	2014-07-23
2646	用于隔离放大器的变压器	无锡天和电子有限公司 中国运载火箭技术研究院	ZL201210335249.9	2013-01-02
2647	一种适用于AC切相调光的LED驱动电源	无锡安特源科技有限公司	ZL201310583185.9	2014-02-05
2648	电动自行车磁耦合谐振式无线充电器	无锡市产品质量监督检验中心	ZL201410002988.5	2014-05-07
2649	电阻焊变压器的次级绕组	无锡市南方电器制造有限公司	ZL201210559169.1	2013-03-20
2650	一种开关电源并联控制电路和方法	无锡市金赛德电子有限公司	ZL201210499097.6	2013-04-10
2651	一种本质安全型电源的电火花限制装置和方法	无锡市金赛德电子有限公司	ZL201210501536.2	2013-02-20
2652	大功率脉冲变压器	无锡希恩电气有限公司	ZL201110201651.3	2012-02-22
2653	节能的非晶铁芯变压器	无锡希恩电气有限公司	ZL201210142820.5	2012-08-01
2654	高压环保空气净化电源	无锡希恩电气有限公司	ZL201310335860.6	2013-10-23
2655	箱式高压直流电源	无锡希恩电气有限公司	ZL201310498789.3	2014-01-15
2656	一种电源动态路径管理电路	无锡必创传感科技有限公司	ZL201310004338.X	2013-05-01
2657	电流舵型数模转换器的高位电流源单元非平衡设计方法	无锡思泰迪半导体有限公司	ZL200910208204.3	2010-04-14
2658	提高DC-DC变换器轻载效率的方法及电路	无锡新硅微电子有限公司	ZL201210385366.6	2013-01-23
2659	变压器铁心测试绕线装置	无锡普天铁心股份有限公司	ZL201310026990.1	2013-05-08
2660	一种用于铁芯变压器的浸漆工装结构	无锡晶磊电子有限公司	ZL201310352905.0	2013-11-27
2661	一种电源无线控制系统及控制方法	无锡江南计算技术研究所	ZL201110110823.6	2012-10-31
2662	一种集群电源管理系统	无锡江南计算技术研究所	ZL201210379888.5	2013-02-13
2663	跟踪式太阳能光伏发电系统的自动校正系统及其实现方法	无锡泰克塞斯新能源科技有限公司	ZL201210031559.1	2012-07-11
2664	基于三维地磁传感器的跟踪式光伏发电系统及其实现方法	无锡泰克塞斯新能源科技有限公司	ZL201210031615.1	2012-07-04
2665	一种通用变流器产品的试验系统及方法	无锡清源电气科技有限公司	ZL201110319716.4	2012-08-01
2666	卸荷系统及应用该卸荷系统的模块化多电平风电变流器	无锡清源电气科技有限公司	ZL201210304261.3	2013-01-02
2667	一种开关电源模块	无锡爱睿芯电子有限公司	ZL201010268565.X	2012-03-14
2668	移动设备的护栏式充电装置	无锡知谷网络科技有限公司	ZL201310009187.7	2014-02-12
2669	移动设备及其充电方法	无锡知谷网络科技有限公司	ZL201310009334.0	2014-02-12
2670	无损耗单片集成电源选择电路	无锡紫芯集成电路系统有限公司	ZL201310736888.0	2014-03-26
2671	SF6气体绝缘变压器用绕组线-PET膜包铝组合导线	无锡统力电工有限公司	ZL201210434540.1	2013-02-06
2672	升压变换电路与太阳能逆变器及其控制方法	无锡联动太阳能科技有限公司	ZL201210003749.2	2012-05-02
2673	一种高升压电路、太阳能逆变器与太阳能电池系统	无锡联动太阳能科技有限公司	ZL201210135127.5	2012-08-15
2674	轨道小车自动停位充电装置	无锡艾森保自动化装备有限公司	ZL201310160139.8	2013-08-14
2675	一种能抑制电源噪声的低电压压控振荡器	无锡芯骋微电子有限公司	ZL201210047677.1	2012-12-26
2676	一种电池充电装置及方法	无锡金雨电子科技有限公司	ZL201210040402.5	2012-07-11

（续）

ID	标　　题	申请人	专利号	公开日
2677	微型智能光伏汇流箱	无锡隆玛科技股份有限公司	ZL201210341619. X	2012-12-12
2678	功率模块	日东电工株式会社	ZL201110034550. 1	2011-08-17
2679	二次电池模块的充电控制装置和方法	日产自动车株式会社	ZL201080026045. 6	2012-11-28
2680	车辆的电源失效时安全对策控制装置	日产自动车株式会社	ZL201180023108. 7	2013-01-16
2681	充电控制设备和充电控制方法	日产自动车株式会社	ZL201180024689. 6	2013-01-23
2682	电池充电装置和电池充电方法	日产自动车株式会社	ZL201180027338. 0	2013-02-27
2683	电池充电系统	日产自动车株式会社	ZL201180028377. 2	2013-02-13
2684	充电端口用盖的配设结构	日产自动车株式会社	ZL201180041318. 9	2013-05-01
2685	充电端口用盖及充电端口结构	日产自动车株式会社	ZL201180042518. 6	2013-05-01
2686	逆变器控制装置和逆变器控制方法	日产自动车株式会社	ZL201180045926. 7	2013-06-05
2687	电源电路切断装置	日产自动车株式会社	ZL201180056382. 4	2013-07-31
2688	电池充电控制装置	日产自动车株式会社	ZL201280002823. 7	2013-05-08
2689	车辆的充电控制装置	日产自动车株式会社	ZL201280002826. 0	2013-05-08
2690	充电设备和导通状态判断方法	日产自动车株式会社	ZL201280014177. 6	2013-12-04
2691	一种多电源进线开关柜	日升集团有限公司	ZL201310366891. 8	2013-11-27
2692	电池充电率的估计装置与电池充电率的估计方法	日本康奈可株式会社 学校法人庆应义塾	ZL201280048559. 0	2014-07-02
2693	电源电路	日本捲线工业株式会社	ZL201110055040. 2	2012-05-23
2694	直流电源系统和输出控制方法	日本电气株式会社	ZL201080015688. 0	2012-03-21
2695	同轴波导管变换器和脊波导管	日本电气株式会社	ZL201180065890. 9	2013-10-02
2696	不间断电源系统和控制电力供应的方法	日本电气株式会社	ZL201210548247. 8	2013-06-19
2697	充电器配置计划支持装置、充电器配置计划支持方法	日本电气株式会社	ZL201280007533. 1	2013-10-02
2698	快速充电系统、控制装置、控制蓄电量的方法以及程序	日本电气株式会社 昭和砚壳石油株式会社 日产自动车株式会社	ZL201180062213. 1	2013-10-16
2699	电源状态诊断方法及装置	日本精工株式会社	ZL201180000036. 4	2012-07-11
2700	电源模块及其制造方法	日立汽车系统株式会社	ZL201080063673. 1	2012-10-24
2701	功率模块、以及具备功率模块的电力变换装置	日立汽车系统株式会社	ZL201180015659. 9	2012-12-12
2702	逆变器装置	日立汽车系统株式会社	ZL201180017432. 8	2012-12-19
2703	功率模块和功率模块制造方法	日立汽车系统株式会社	ZL201180021058. 9	2013-01-02
2704	功率模块和使用它的电力变换装置	日立汽车系统株式会社	ZL201180031877. 1	2013-03-20
2705	功率半导体组件、功率模块、功率半导体组件的制造方法和功率模块的制造方法	日立汽车系统株式会社	ZL201180036516. 6	2013-04-24
2706	电流检测方法、使用该方法的逆变器装置和变换器装置	日立空调·家用电器株式会社	ZL201010260561. 7	2011-04-20
2707	系统互连逆变器装置和具有系统互连逆变器装置的分散型电源系统	日立空调·家用电器株式会社	ZL201180070774. 6	2014-01-22
2708	整流电路及采用整流电路的电动机驱动装置	日立空调·家用电器株式会社	ZL201310053239. 0	2013-10-30
2709	锂离子二次电池的充电方法	日立麦克赛尔株式会社	ZL201280002847. 2	2013-06-05
2710	一种用于三相桥式驱动的智能功率模块	日银 IMP 微电子有限公司	ZL201310143341. X	2013-09-04
2711	一种用于三相桥式驱动的智能功率模块	日银 IMP 微电子有限公司	ZL201310144478. 7	2013-09-04
2712	应用在 LED 驱动器的控制电路及方法	日隆电子股份有限公司	ZL201010146431. 0	2011-10-19

（续）

ID	标　题	申请人	专利号	公开日
2713	电压侦测器及交直流交换式电源转换器的保护装置	日隆电子股份有限公司	ZL201010148585.3	2011-10-19
2714	用于切换式电源供应器的抖频控制电路及方法	日隆电子股份有限公司	ZL201110050024.4	2012-09-05
2715	具有电平移位器的环路滤波器缓冲器	旭化成微电子株式会社	ZL201180022038.3	2013-01-16
2716	串联蓄电单元的平衡充电电路、串联蓄电单元的平衡充电方法	旭化成微电子株式会社	ZL201280003175.7	2013-06-12
2717	利用多模控制的准谐振系统和方法	昂宝电子（上海）有限公司	ZL200910047112.1	2010-09-08
2718	用于反激式电源变换器的动态阈值调节的系统和方法	昂宝电子（上海）有限公司	ZL201110034669.9	2012-08-01
2719	通过调节基极电流来驱动双极结型晶体管的系统和方法	昂宝电子（上海）有限公司	ZL201110171960.0	2012-12-26
2720	用于 LED 通道的电流匹配的系统和方法	昂宝电子（上海）有限公司	ZL201110224941.X	2013-02-06
2721	用于利用开关频率抖动减少电磁干扰的系统和方法	昂宝电子（上海）有限公司	ZL201110342023.7	2013-05-01
2722	用于各种操作模式中的恒流控制的 LED 照明系统和方法	昂宝电子（上海）有限公司	ZL201110376439.0	2013-05-15
2723	用于驱动发光二极管的信号同步的系统和方法	昂宝电子（上海）有限公司	ZL201110461570.7	2013-07-03
2724	用于恒压控制和恒流控制的系统和方法	昂宝电子（上海）有限公司	ZL201210099930.8	2013-10-23
2725	用于开关反激式电源变换系统的系统和方法	昂宝电子（上海）有限公司	ZL201210118202.7	2013-10-30
2726	用于向高强度气体放电灯提供功率的系统和方法	昂宝电子（上海）有限公司	ZL201210166683.9	2013-12-04
2727	用于增强电源变换系统的动态响应的系统和方法	昂宝电子（上海）有限公司	ZL201210236882.2	2012-11-14
2728	用于电源变换系统的电流控制的系统	昂宝电子（上海）有限公司	ZL201210258359.X	2012-11-21
2729	用于电源变换系统中的零电压开关的系统和方法	昂宝电子（上海）有限公司	ZL201310014860.6	2013-04-24
2730	通过调节开关过程来减少电磁干扰的系统和方法	昂宝电子（上海）有限公司	ZL201310053020.0	2013-05-15
2731	电源管理切换装置	昆明云内动力股份有限公司	ZL201310293824.8	2013-09-25
2732	一种光伏与有机郎肯循环耦合热电联供系统	昆明理工大学	ZL201210418286.6	2013-03-20
2733	一种中频弧焊电源可控整流的控制装置及方法	昆明理工大学	ZL201310619289.0	2014-06-04
2734	光伏汇流箱双模式自动触发防火保护装置	昆明绿电科技有限公司	ZL201210509487.7	2013-04-10
2735	安全智能的电动汽车充电装置及其控制方法	昆明能讯科技有限责任公司	ZL201310125232.5	2013-07-10
2736	一种智能充电管理方法和系统	昆明能讯科技有限责任公司	ZL201310274975.9	2013-11-27
2737	一种汽车智能开关的电源模块	昌辉汽车电气系统（安徽）有限公司	ZL201210585693.6	2013-05-01
2738	一种三相非晶合金干式接地变压器	明珠电气有限公司	ZL201310041013.9	2013-05-15
2739	用于电动车辆的电池充电装置	明知大学产学协力团	ZL201280018058.8	2014-01-22
2740	排队接入共享电源	易可公司	ZL201280019721.6	2014-01-22
2741	开关管分离式 LED 驱动电路结构	易美芯光（北京）科技有限公司	ZL201310486542.X	2014-02-05
2742	一种 LED 驱动浪涌电压保护电路及驱动电路	易美芯光（北京）科技有限公司	ZL201310713198.3	2014-04-16
2743	谐振电路和谐振 DC/DC 转换器	易达有限公司	ZL201080057823.8	2013-03-27
2744	谐振电路和谐振 DC/DC 转换器	易达有限公司	ZL201080057825.7	2012-12-05
2745	电源转换装置	星博电子股份有限公司	ZL201210108162.8	2013-09-11
2746	具控制开关的电源转换装置	星博电子股份有限公司	ZL201210262068.8	2013-10-23
2747	光伏面板及形成光伏面板的导电通道的方法	昱晶能源科技股份有限公司	ZL201110103089.0	2012-10-17
2748	电源控制装置及其方法、以及使用其的移动装置	晨星软件研发（深圳）有限公司 晨星半导体股份有限公司	ZL201010249814.0	2012-02-08

（续）

ID	标　题	申请人	专利号	公开日
2749	高压变压器	普利莫宗产品公司	ZL201110459288.5	2012-06-13
2750	一种电泳系统的电源装置	普瑞麦迪(北京)实验室技术有限公司	ZL201310133053.6	2013-07-10
2751	开关电源控制芯片以及开关电源控制系统	普缘芯半导体科技(上海)有限公司	ZL201310327496.9	2013-11-20
2752	电动自行车上的电源布置	普鲁莫维克股份公司	ZL201180016724.X	2013-01-09
2753	电源箝制静电放电防护电路	晶焱科技股份有限公司	ZL201210377767.7	2013-07-24
2754	服务器开关电源测试方法及服务器开关电源测试装置	曙光信息产业股份有限公司	ZL201110455876.1	2012-06-27
2755	一种冗余电源备份方法及冗余电源备份控制装置	曙光信息产业股份有限公司	ZL201110459019.9	2012-07-11
2756	信息诱导自助式多控群充智能充电服务器	曹松伟	ZL200910148576.1	2011-01-05
2757	信息诱导联网悬挂自助式智能快速充电服务器	曹松伟	ZL200910148579.5	2011-01-05
2758	一种配电变压器的监测拆卸装置及方法	曾奕	ZL201210564576.1	2013-04-03
2759	立柱式变压器	曾庆赣	ZL201210521127.9	2013-04-10
2760	油浸式变压器的散热方法及其散热器	曾庆赣	ZL201310457003.3	2014-01-08
2761	具有多个电容性和电感性电源的等离子处理反应器	朗姆研究公司	ZL200780005750.6	2009-10-14
2762	用于等离子蚀刻室的集成的电容性和电感性电源	朗姆研究公司	ZL200780006844.5	2009-05-06
2763	温控型 PWM 线性恒流 LED 驱动装置	木林森股份有限公司	ZL201210407171.7	2013-03-27
2764	一种光源电源一体化 LED 路灯模组	木林森股份有限公司	ZL201310655181.7	2014-03-26
2765	电源装置的启动方法	本田技研工业株式会社	ZL201080054188.8	2012-08-22
2766	电源装置	本田技研工业株式会社	ZL201110032752.2	2011-08-03
2767	电源电压保护装置以及电源电压保护方法	本田技研工业株式会社	ZL201110082538.8	2011-10-05
2768	电源装置	本田技研工业株式会社	ZL201110358248.1	2012-07-11
2769	非接触充电系统	本田技研工业株式会社	ZL201180012247.X	2012-11-14
2770	充电口结构和鞍乘型车辆	本田技研工业株式会社	ZL201180032017.X	2013-03-06
2771	充电器	本田技研工业株式会社	ZL201180041693.3	2013-05-01
2772	车辆充电系统	本田技研工业株式会社	ZL201180051129.X	2013-06-26
2773	跨骑型车辆用电源连接部收纳构造	本田技研工业株式会社	ZL201210022932.7	2012-08-29
2774	电动车辆的充电系统	本田技研工业株式会社	ZL201210070964.4	2012-10-24
2775	车辆用电源装置	本田技研工业株式会社	ZL201210093067.5	2012-12-12
2776	电源装置	本田技研工业株式会社	ZL201210110601.9	2012-10-31
2777	电动车辆的电源装置	本田技研工业株式会社	ZL201210424395.9	2013-05-15
2778	电动车辆的电源装置	本田技研工业株式会社	ZL201210425421.X	2013-05-15
2779	电动车辆的充电装置	本田技研工业株式会社	ZL201280056600.9	2014-07-30
2780	电动车辆的充电控制装置	本田技研工业株式会社	ZL201310092973.8	2013-10-23
2781	电动汽车公路行驶隐形电轨自动充电装置	朱幕松	ZL201310279856.2	2013-10-23
2782	具备高效电源的 LED 照明装置	李东源	ZL201180057575.1	2013-08-07
2783	LED 光源分区分段变换投入驱动控制方法及其控制电路	李云霄	ZL201210134214.9	2012-10-03
2784	电动车的行车和充电技术	李全瑞	ZL201210271444.X	2013-01-23
2785	DC-DC 升压电源输出电路	李冬	ZL201210225279.4	2012-11-07
2786	电力变压器智能管控装置	李华	ZL201310107152.7	2013-07-24
2787	一种具有充放电功能的太阳能光伏手表	李嘉睿	ZL201210405207.8	2013-01-30

（续）

ID	标　　题	申请人	专利号	公开日
2788	深放电零功耗太阳能光伏控制器	李培芳	ZL201010103101.3	2010-06-09
2789	评估车辆充电电路的系统和方法	李尔公司	ZL201110441327.9	2012-07-25
2790	双充电器系统	李尔公司	ZL201210009887.1	2012-07-18
2791	具有双电压功率因数校正的效率优化的功率转换器	李尔公司	ZL201210026069.2	2012-08-15
2792	用于交通工具充电的连接器组件	李尔公司	ZL201210182767.1	2012-12-19
2793	用于给车辆电路提供不间断电力的多级供电系统和方法'	李尔公司	ZL201210234449.5	2013-01-30
2794	用于对电动交通工具（EV）或混合动力电动交通工具（HEV）的电池充电的交通工具插孔	李尔公司	ZL201210302862.0	2013-03-06
2795	用于电动交通工具（EV）或混合动力交通工具（HEV）中的逆变器的热传导器	李尔公司	ZL201210539082.8	2013-07-03
2796	电动力汽车电源管理系统	李建国	ZL201010235572.X	2012-02-01
2797	用于仿真电源控制装置中的理想二极管的系统和方法	李持国际有限公司	ZL200880132501.8	2011-11-30
2798	采用锂离子电池构成的通用型充电电池及控制方法	李松	ZL201310436714.2	2014-01-01
2799	一种防水充电组件	李萌	ZL201310522850.3	2014-02-26
2800	适用于雪山区域的稳流型光伏电热水器	李誊	ZL201210391494.1	2013-05-08
2801	弧焊电源	李阳 陈毅丹	ZL201410020726.1	2014-04-02
2802	基于GSM的远程控制双电源自动转换开关系统	李飞	ZL201310290689.1	2013-10-16
2803	一种为电子产品提供无线充电功能的台灯	李鹏	ZL201110259880.0	2013-03-20
2804	一种无线电能传输系统及其实现方法	李鹏	ZL201310008281.0	2013-05-08
2805	输送车系统及其充电方法	村田机械株式会社	ZL201110205134.3	2012-03-14
2806	一种用单片机自动跟踪谐振频率的电磁加热电路	杨作峰	ZL201310208644.5	2013-09-18
2807	LED日光灯及用于LED日光灯的驱动电源器	杨永红	ZL201210286628.3	2012-12-12
2808	具辅助电源的燃烧及紧急启动操控系统	杨泰和	ZL201010196937.2	2010-12-29
2809	分离式辅助电源的燃烧及紧急起动系统	杨泰和	ZL201010201859.0	2010-12-29
2810	一种DC-DC模块电源	杨燕平	ZL201410349582.4	2014-11-05
2811	DC-DC模块电源机架结构	杨燕平	ZL201410349615.5	2014-10-15
2812	一种具有交流输入过压保护的开关电源装置	杭州中恒电气股份有限公司	ZL201110451970.X	2012-07-11
2813	一种数字电源控制电路、控制方法以及应用其的数字电源	杭州乐图光电科技有限公司	ZL201210151747.8	2012-09-19
2814	一种耐电压冲击保护电路以及应用其的开关电源	杭州乐图光电科技有限公司	ZL201310057418.1	2013-05-22
2815	一种延长VRLA电池使用寿命的脉冲充电方法	杭州信控科技有限公司	ZL201310149194.7	2013-07-31
2816	一种等离子切割电源的引导弧电流电路	杭州凯尔达电焊机有限公司	ZL201210020772.2	2012-07-11
2817	一种电源线防松脱装置	杭州华三通信技术有限公司	ZL201310429637.8	2013-12-25
2818	电源装置、存储设备及电源模块	杭州华为数字技术有限公司	ZL201310385827.4	2013-12-25
2819	LED驱动电路及包含该驱动电路的开关电源	杭州士兰微电子股份有限公司	ZL201110460184.6	2012-06-13
2820	高功率因数恒流驱动电路及恒流装置	杭州士兰微电子股份有限公司	ZL201210522668.3	2013-02-27
2821	开关电源及控制其恒定输出电流的控制器	杭州士兰微电子股份有限公司	ZL201210539607.8	2013-03-27
2822	开关电源的极限峰值电流检测电路	杭州士兰微电子股份有限公司	ZL201210580800.6	2013-04-10
2823	升降压开关电源及其控制器	杭州士兰微电子股份有限公司	ZL201210591445.2	2013-04-03

（续）

ID	标　题	申请人	专利号	公开日
2824	开关电源转换器及提高电荷泵充放电电流匹配度的电路	杭州士兰微电子股份有限公司	ZL201210594578.5	2013-04-24
2825	开关电源转换器及提高电荷泵充放电电流匹配度的电路	杭州士兰微电子股份有限公司	ZL201210595125.4	2013-03-27
2826	开关电源及其控制器	杭州士兰微电子股份有限公司	ZL201310033192.1	2013-04-17
2827	无辅助绕组供电的非隔离LED驱动电路	杭州士兰微电子股份有限公司	ZL201310046328.2	2013-05-01
2828	开关电源及实现恒定输出电流的开关电源控制器	杭州士兰微电子股份有限公司	ZL201310209810.3	2013-08-14
2829	开关电源及实现恒定输出电流的开关电源控制器	杭州士兰微电子股份有限公司	ZL201310209869.2	2013-08-21
2830	原边恒流控制的准单级高功率因数电路及装置	杭州士兰微电子股份有限公司	ZL201310234999.1	2013-08-28
2831	一种准单级高功率因数恒流电路及装置	杭州士兰微电子股份有限公司	ZL201310235023.6	2013-08-28
2832	无辅助绕组的原边控制LED驱动电路及其PFC恒流控制电路	杭州士兰微电子股份有限公司	ZL201310341321.3	2013-10-16
2833	跨导放大器及LED恒流驱动电路	杭州士兰微电子股份有限公司	ZL201310415096.3	2013-12-18
2834	跨导放大器及LED恒流驱动电路	杭州士兰微电子股份有限公司	ZL201310416834.6	2013-12-25
2835	非隔离实地带PFC的LED驱动电路及其控制器	杭州士兰微电子股份有限公司	ZL201310724005.4	2014-03-19
2836	开关电源及其控制器	杭州士兰微电子股份有限公司	ZL201310753078.6	2014-03-26
2837	多支路反馈充电器电路及充电方法	杭州士兰微电子股份有限公司	ZL201310754770.0	2014-04-02
2838	复合器件及开关电源	杭州士兰微电子股份有限公司	ZL201410158196.7	2014-07-16
2839	开关电源及其控制器	杭州士兰微电子股份有限公司	ZL201410161303.1	2014-06-25
2840	一种用于汽车空调控制器VFD显示屏的开关电源	杭州广安汽车电器有限公司	ZL201210207236.3	2012-11-21
2841	人工智能充电系统	杭州扬果科技有限公司	ZL201210379375.4	2013-03-20
2842	一种高功率因数变换器	杭州电子科技大学	ZL201210146349.7	2012-09-19
2843	一种超声波电源电流检测电路	杭州电子科技大学	ZL201210529377.7	2013-04-03
2844	一种小型大功率的多功能移动电源	杭州电子科技大学	ZL201310159854.X	2013-07-24
2845	一种具有充电宝和多用途LED功能的驱动电路	杭州电子科技大学	ZL201310177764.3	2013-09-04
2846	一种有源倍压整流电路	杭州电子科技大学	ZL201310191474.4	2013-08-28
2847	一种智能塑壳断路器自生电源控制方法	杭州电子科技大学	ZL201310229575.6	2013-09-11
2848	具有预检测功能的智能电源控制系统	杭州电子科技大学	ZL201310236375.3	2013-09-18
2849	直流加脉冲式的金属表面处理电源电路	杭州电子科技大学	ZL201310301466.0	2013-10-23
2850	直流加相控式的金属表面处理电源电路	杭州电子科技大学	ZL201310303924.4	2013-10-23
2851	交流用电系统功率因数的无扰动多级补偿电路	杭州电子科技大学	ZL201410040859.5	2014-04-30
2852	一种石墨炉法原子吸收电源模块	杭州纽蓝科技有限公司	ZL201310289575.5	2013-11-27
2853	一种开关电源及其控制电路和控制方法	杭州茂力半导体技术有限公司	ZL201310346923.8	2013-11-20
2854	一种自判定是否正常输出的汽车应急启动电源电路	杭州阳光工具有限公司	ZL201310528846.8	2014-02-05
2855	高效环保的LED高压线性恒流驱动电路	杭州鸿德照明科技有限公司	ZL201310094317.1	2013-10-02
2856	一种智能LED驱动器、智能LED灯及其调光方法	杭州鸿雁电器有限公司 杭州鸿雁东贝光电科技有限公司	ZL201210111964.4	2013-10-30
2857	电动车充电线组	松下电器产业株式会社	ZL200980133471.7	2011-07-20
2858	保护电路、电池组件以及充电系统	松下电器产业株式会社	ZL201080004081.2	2011-12-07
2859	直流电源装置和应用系统	松下电器产业株式会社	ZL201080016674.0	2012-03-28
2860	电力转换器和车辆照明装置、车辆前灯和车辆	松下电器产业株式会社	ZL201080030537.2	2012-05-23

（续）

ID	标　　题	申请人	专利号	公开日
2861	逆变器一体型电动压缩机	松下电器产业株式会社	ZL201080043312.0	2012-09-19
2862	变压器	松下电器产业株式会社	ZL201080065087.0	2012-11-14
2863	逆变器装置以及使用该逆变器装置的电气设备	松下电器产业株式会社	ZL201080065757.9	2012-12-19
2864	电源检测电路	松下电器产业株式会社	ZL201080067244.1	2013-02-13
2865	双向开关、交流二线式开关、开关电源电路以及双向开关的驱动方法	松下电器产业株式会社	ZL201110159275.6	2012-01-11
2866	压电型音响转换器	松下电器产业株式会社	ZL201180001797.1	2012-04-04
2867	供电装置和车辆充电系统	松下电器产业株式会社	ZL201180005886.3	2012-10-17
2868	车辆用电源装置	松下电器产业株式会社	ZL201180016059.4	2012-12-12
2869	碱性蓄电池的充放电控制方法以及电源系统	松下电器产业株式会社	ZL201180016817.2	2012-12-26
2870	整流电路装置	松下电器产业株式会社	ZL201180029459.9	2013-03-06
2871	光设备及包含该光设备的充电系统	松下电器产业株式会社	ZL201180032773.2	2013-03-13
2872	整流电路装置	松下电器产业株式会社	ZL201180033930.1	2013-03-27
2873	车辆用电源装置	松下电器产业株式会社	ZL201180037849.0	2013-04-17
2874	直流电源装置	松下电器产业株式会社	ZL201180056726.1	2013-07-31
2875	电动车充电站	松下电器产业株式会社	ZL201210154770.2	2012-11-21
2876	电源装置和包括该电源装置的灯及车辆	松下电器产业株式会社	ZL201210162576.9	2012-11-28
2877	充电控制装置	松下电器产业株式会社	ZL201210483623.X	2013-06-05
2878	变压器及电弧放电加工装置	松下电器产业株式会社	ZL201280002241.9	2013-04-17
2879	电源控制系统	松下电器产业株式会社	ZL201280004027.7	2013-08-14
2880	充电控制装置	松下电器产业株式会社	ZL201280010413.7	2013-11-20
2881	电源插座和连接装置	松下电器产业株式会社	ZL201280018073.2	2013-12-25
2882	电动车辆用充电装置	松下电器产业株式会社	ZL201280026112.3	2014-02-05
2883	电源装置以及点亮装置以及包括点亮装置的照明器材	松下电器产业株式会社	ZL201310053175.4	2013-08-14
2884	电力变换器及使用该电力变换器的照明装置	松下电器产业株式会社	ZL201310065168.6	2013-09-11
2885	半导体元件、半导体装置及电力变换器	松下电器产业株式会社	ZL201310093194.X	2013-07-24
2886	变换器控制装置	松下电器产业株式会社	ZL201310247561.7	2013-10-23
2887	电力变换装置及使用它的电池充电装置	松下电器产业株式会社	ZL201380001623.4	2014-02-19
2888	并网型供电系统	松下知识产权经营株式会社	ZL201080043158.7	2012-07-18
2889	电动车用充电站	松下知识产权经营株式会社	ZL201080045466.3	2012-07-11
2890	汽车用充电装置	松下知识产权经营株式会社	ZL201080056862.6	2012-09-05
2891	车辆用电源装置	松下知识产权经营株式会社	ZL201180015059.2	2012-12-05
2892	转换器电路	松下知识产权经营株式会社	ZL201180039261.9	2013-05-01
2893	充电器	松下知识产权经营株式会社	ZL201210333549.3	2013-03-27
2894	电动车辆用充电装置和电动车辆用充电系统	松下知识产权经营株式会社	ZL201210562552.2	2013-06-26
2895	备用电源装置	松下知识产权经营株式会社	ZL201380010620.7	2014-11-05
2896	焊接系统、丝驱动系统和对具有电源供应器自动配置的丝送进器切换电源的方法	林肯环球股份有限公司	ZL201080023981.1	2012-05-09
2897	用于焊机的辅助电源供应器	林肯环球股份有限公司	ZL201080039161.1	2012-05-30
2898	耦联到电流源电源上的 M2LC 系统	柯蒂斯-赖特机电公司	ZL201180045986.9	2013-05-22

（续）

ID	标 题	申请人	专利号	公开日
2899	光伏高效节能发电装置	柳州市京阳节能科技研发有限公司	ZL201210316177. 3	2012-12-26
2900	用于对电池组充电的系统和方法	株式会社 LG 化学	ZL201180028605. 6	2013-02-13
2901	线缆型可充电电池及其制造方法	株式会社 LG 化学	ZL201180053467. 7	2013-10-09
2902	电池充电装置	株式会社万都	ZL201210073128. 1	2012-09-26
2903	谐波调制的不连续电流模式功率因数校正变换器控制电路	株式会社万都	ZL201310100903. 2	2013-10-23
2904	充电/放电装置的电源装置以及充电/放电装置	株式会社三社电机制作所	ZL200910129080. X	2009-09-23
2905	用于组合电池芯和组合电池芯系统的充电方法	株式会社东芝	ZL200980106186. 6	2011-01-19
2906	充电控制装置以及充电控制系统	株式会社东芝	ZL201110067720. 6	2012-05-30
2907	DC-DC 变换器	株式会社东芝	ZL201110252388. 0	2012-04-04
2908	系统联合逆变器	株式会社东芝	ZL201180006038. 4	2012-10-03
2909	变压器的残留磁通量推定方法及残留磁通量推定装置	株式会社东芝	ZL201180031674. 2	2013-03-06
2910	开关电路以及 DC-DC 转换器	株式会社东芝	ZL201210055425. 3	2012-12-19
2911	半导体集成电路和 DC-DC 转换器	株式会社东芝	ZL201210055886. 0	2013-06-05
2912	充电/放电确定装置和方法	株式会社东芝	ZL201210085287. 3	2012-10-03
2913	用于同步电机及逆变器装置的无传感器控制装置	株式会社东芝	ZL201210384313. 2	2013-03-13
2914	电源电路以及磁共振成像装置	株式会社东芝 东芝医疗系统株式会社	ZL201310011808. 5	2013-07-17
2915	直流至三相交流的逆变器系统	株式会社丰田自动织机	ZL201110083680. 4	2011-10-05
2916	电源单元和电源	株式会社丰田自动织机	ZL201110319397. 7	2012-05-16
2917	旋转电机的逆变器设备和用于旋转电机的驱动方法	株式会社丰田自动织机	ZL201210057363. X	2012-09-19
2918	电机逆变器的控制方法和控制装置	株式会社丰田自动织机	ZL201210068477. 4	2012-09-26
2919	共振型非接触供电系统及在共振型非接触供电系统充电时调整匹配器的方法	株式会社丰田自动织机 丰田自动车株式会社	ZL201180023401. 3	2013-01-16
2920	脉冲调制高频功率控制方法以及脉冲调制高频电源装置	株式会社京三制作所	ZL201080026414. 1	2012-05-23
2921	控制功率因数的方法、控制无功功率的方法和控制器	株式会社京三制作所	ZL201210042177. 9	2012-08-29
2922	电流型逆变器装置以及电流型逆变器装置的控制方法	株式会社京三制作所	ZL201280018808. 1	2013-12-25
2923	电子设备及其充电方法以及无线通信装置	株式会社半导体能源研究所	ZL201210188715. 5	2012-10-03
2924	焊接电源	株式会社大亨	ZL201110060009. 8	2011-09-21
2925	电源装置	株式会社大亨	ZL201110060011. 5	2011-09-21
2926	电源装置	株式会社大亨	ZL201110060870. 4	2011-09-21
2927	变换器电源装置	株式会社大亨	ZL201110155358. 8	2011-12-28
2928	逆变电源装置	株式会社大亨	ZL201110170387. 1	2012-01-11
2929	电弧焊接方法、焊接电源装置及电弧焊接系统	株式会社大亨	ZL201110264750. 6	2012-04-04
2930	焊接用电源装置	株式会社大亨	ZL201110325357. 3	2012-05-16
2931	电弧加工用电源装置	株式会社大亨	ZL201110363285. 1	2012-07-04
2932	电源和电弧加工电源	株式会社大亨	ZL201110386189. 9	2012-06-06
2933	焊接用电源装置以及焊接机	株式会社大亨	ZL201210014766. 6	2012-08-01

（续）

ID	标　题	申请人	专利号	公开日
2934	焊接用电源装置以及焊接机	株式会社大亨	ZL201210019587.1	2012-08-01
2935	焊接用电源装置以及焊接机	株式会社大亨	ZL201210020045.6	2012-08-01
2936	LED电光板及其驱动方法	株式会社大韩电光	ZL201110051013.8	2012-02-01
2937	输出滤波器和具有该输出滤波器的电动机驱动系统	株式会社安川电机	ZL201080036574.4	2012-05-23
2938	变频器装置及变频器系统	株式会社安川电机	ZL201080038978.7	2012-07-11
2939	逆变器装置及其控制方法	株式会社安川电机	ZL201080065071.X	2012-11-14
2940	矩阵变换器的控制装置	株式会社安川电机	ZL201110041006.X	2011-08-24
2941	DC-AC电力转换器	株式会社安川电机	ZL201110111569.1	2011-12-28
2942	充电装置	株式会社安川电机	ZL201210015089.X	2012-07-18
2943	充电装置及操作器	株式会社安川电机	ZL201210015315.4	2012-08-01
2944	矩阵变流器	株式会社安川电机	ZL201210119176.X	2012-11-14
2945	电源再生整流器、马达驱动系统及电源再生处理方法	株式会社安川电机	ZL201210313852.7	2013-03-27
2946	电源再生装置和电力转换装置	株式会社安川电机	ZL201310136899.5	2013-10-30
2947	高频电源装置	株式会社岛津制作所	ZL201080070267.8	2013-07-24
2948	支架、具备支架的电源组装体、以及保持于支架的蓄电部件	株式会社岛野	ZL201210304157.4	2013-06-19
2949	PLC/电源混合装置以及具有通信功能的装置	株式会社巨晶片	ZL201180050664.3	2013-06-12
2950	电源装置	株式会社巨晶片	ZL201180055261.8	2013-07-10
2951	具有充电器的燃料电池系统	株式会社斗山 东洋工程建筑公司	ZL201080007605.3	2012-02-15
2952	电源转换开关	株式会社新爱知电机制作所	ZL201080031497.3	2012-12-05
2953	静态设备用卷绕铁芯、非晶变压器及变压器用线圈绕线架	株式会社日立产机系统	ZL200980131030.3	2011-07-06
2954	树脂模制线圈和使用它的模制变压器	株式会社日立产机系统	ZL201210019837.1	2012-07-25
2955	变压器及其卷绕铁芯的制造装置和制造方法	株式会社日立产机系统	ZL201310073090.2	2013-06-12
2956	谐振型充电装置以及使用了该谐振型充电装置的车辆	株式会社日立信息通信工程	ZL201110305163.7	2012-05-09
2957	双向DC-DC变换器和双向DC-DC变换器的控制方法	株式会社日立信息通信工程	ZL201210079786.1	2012-08-01
2958	电源装置及电源装置的控制方法	株式会社日立信息通信工程	ZL201210460326.3	2013-05-29
2959	双向DC-DC变换器及其控制方法	株式会社日立信息通信工程	ZL201310149394.2	2013-08-21
2960	绝缘电路基板和使用它的功率半导体装置或逆变器模块	株式会社日立制作所	ZL201080033856.9	2012-05-23
2961	AC-DC变换器及其控制方法	株式会社日立制作所	ZL201080060411.X	2012-09-26
2962	DC-DC变换器	株式会社日立制作所	ZL201080067480.3	2013-03-06
2963	电动汽车的充电控制方法、充电监视控制中心及车载导航装置	株式会社日立制作所	ZL201110240112.0	2012-03-14
2964	配电安装部件及使用配电安装部件的逆变器装置	株式会社日立制作所	ZL201180007510.6	2012-10-10
2965	气体绝缘设备用光变流器	株式会社日立制作所	ZL201180023324.1	2013-01-23
2966	蓄电池控制装置、充电站以及蓄电池控制方法	株式会社日立制作所	ZL201180037749.8	2013-04-17
2967	直流电源装置	株式会社日立制作所	ZL201210038728.4	2012-09-05

（续）

ID	标　题	申请人	专利号	公开日
2968	半导体功率模块	株式会社日立制作所	ZL201210240778.0	2013-01-16
2969	电力变换器控制装置及电力变换控制方法	株式会社日立制作所	ZL201210269606.6	2013-03-06
2970	电气设备用光变流器	株式会社日立制作所 东光电气株式会社	ZL201180038831.2	2013-05-15
2971	直流电源装置	株式会社日立制作所 日立水户工程技术股份有限公司	ZL201210158567.2	2012-11-28
2972	电池电源装置	株式会社日立制作所 日立汽车系统株式会社	ZL201010500120.X	2011-05-11
2973	电源电路及使用该电源电路的电动机驱动装置和冷冻设备	株式会社日立功率半导体	ZL201010589350.8	2011-06-15
2974	半导体功率模块和电力转换装置	株式会社日立功率半导体	ZL201110032685.4	2011-08-31
2975	用于电源装置的控制电路	株式会社日立功率半导体 日立空调·家用电器株式会社	ZL201210277447.4	2012-11-28
2976	电功率控制装置和电功率控制装置中的电功率计算方法	株式会社明电舍	ZL201080030403.0	2012-05-23
2977	绝缘型开关电源装置	株式会社村田制作所	ZL200980123343.4	2011-05-18
2978	车辆用电源装置	株式会社村田制作所	ZL200980140369.X	2011-09-07
2979	绝缘型开关电源装置	株式会社村田制作所	ZL201010105025.X	2010-07-28
2980	开关电源装置	株式会社村田制作所	ZL201010623057.9	2011-08-03
2981	开关电源装置	株式会社村田制作所	ZL201080016323.X	2012-03-28
2982	开关电源装置	株式会社村田制作所	ZL201080016526.9	2012-03-28
2983	高耦合度变压器、电子电路及电子设备	株式会社村田制作所	ZL201180006418.8	2012-10-03
2984	开关电源装置	株式会社村田制作所	ZL201180010397.7	2012-10-31
2985	开关电源装置	株式会社村田制作所	ZL201180012926.7	2012-11-21
2986	电源装置用驱动电路、电源装置用驱动集成电路及电源装置	株式会社村田制作所	ZL201180013414.2	2012-11-21
2987	开关电源装置	株式会社村田制作所	ZL201180014080.0	2012-11-21
2988	开关控制电路以及开关电源装置	株式会社村田制作所	ZL201180019375.7	2012-12-26
2989	开关控制电路及开关电源装置	株式会社村田制作所	ZL201180027942.3	2013-02-20
2990	开关控制电路及开关电源装置	株式会社村田制作所	ZL201180031872.9	2013-03-13
2991	DC-DC 变换器模块以及多层基板	株式会社村田制作所	ZL201180042371.0	2013-05-08
2992	开关电源电路	株式会社村田制作所	ZL201180057152.X	2013-07-31
2993	开关电源电路	株式会社村田制作所	ZL201180057893.8	2013-08-14
2994	开关电源电路	株式会社村田制作所	ZL201180066110.2	2013-09-25
2995	开关电源装置	株式会社村田制作所	ZL201210417849.X	2013-05-08
2996	开关电源装置	株式会社村田制作所	ZL201310230874.1	2014-01-15
2997	开关电源装置	株式会社村田制作所	ZL201310276392.X	2014-01-29
2998	二次电池的充电状态测定装置以及二次电池的充电状态测定方法	株式会社杰士汤浅国际	ZL201180005535.2	2012-09-26
2999	充电方法	株式会社杰士汤浅国际	ZL201180008269.9	2012-10-24
3000	线放电加工用的电源系统	株式会社沙迪克	ZL201180035502.2	2013-03-27
3001	直流电源装置	株式会社爱发科	ZL201180039583.3	2013-04-24

（续）

ID	标　　题	申请人	专利号	公开日
3002	测试装置用电源装置及利用它的测试装置	株式会社爱德万测试	ZL201210044676.1	2012-08-29
3003	用于电动工具的电源装置	株式会社牧田	ZL201180030906.2	2013-02-27
3004	用于充电器的异物去除结构	株式会社牧田	ZL201180042115.1	2013-05-01
3005	充电装置	株式会社牧田	ZL201180063048.1	2013-09-11
3006	充电式电动工具	株式会社牧田	ZL201210016463.8	2012-07-25
3007	充电式电动工具	株式会社牧田	ZL201310016447.3	2013-10-30
3008	充电装置	株式会社牧田	ZL201310238091.8	2014-03-12
3009	充电装置、具备该充电装置的处理卡盒以及成像装置	株式会社理光	ZL201110322747.5	2012-05-23
3010	机电转换器件及其制造方法及液滴排出头和液滴排出设备	株式会社理光	ZL201180054692.2	2013-07-17
3011	连接装置，充电装置，图像形成装置及处理卡盒	株式会社理光	ZL201210021278.8	2012-08-15
3012	电源模块以及包括其的图像形成设备	株式会社理光	ZL201210212189.1	2012-12-26
3013	充电装置，成像单元，以及图像形成装置	株式会社理光	ZL201210298707.6	2013-03-06
3014	电源电路	株式会社理光	ZL201210366318.2	2014-04-02
3015	光电变换器、图像读取装置以及图像读取方法	株式会社理光	ZL201210380116.3	2013-01-30
3016	电源装置和图像形成装置	株式会社理光	ZL201210579198.4	2013-07-03
3017	电功率转换器	株式会社电装	ZL201110139014.8	2011-11-23
3018	电力转换器、驱动设备以及电力转向设备	株式会社电装	ZL201110256234.9	2012-03-21
3019	电力转换器	株式会社电装	ZL201210262847.8	2013-01-30
3020	允许减小尺寸且以降低的成本制造的电力变换器	株式会社电装	ZL201210326560.7	2013-05-01
3021	电动车辆的充电控制系统	株式会社电装	ZL201210352154.8	2013-04-03
3022	具有排列成多个连续层的多个半导体模块的电力转换器	株式会社电装	ZL201210443841.0	2013-05-15
3023	电力转换器	株式会社电装	ZL201310059844.9	2013-09-18
3024	功率变换器	株式会社电装 丰田自动车株式会社	ZL201180007892.2	2012-10-17
3025	电力转换器	株式会社电装 丰田自动车株式会社	ZL201180023180.X	2013-01-16
3026	车载充电控制系统	株式会社电装 丰田自动车株式会社	ZL201210401077.0	2013-04-24
3027	电弧焊接装置、恒压特性焊接电源以及电弧焊接方法	株式会社神户制钢所	ZL201310524500.0	2014-05-14
3028	降压电源电路	株式会社索思未来	ZL201210510913.9	2013-06-26
3029	电源电路	株式会社索思未来	ZL201310142879.9	2013-10-30
3030	电源电路和半导体装置	株式会社索思未来	ZL201410054268.3	2014-09-24
3031	处理系统、处理装置及电源控制方法	株式会社自动网络技术研究所 住友电装株式会社 住友电气工业株式会社	ZL201180038689.1	2013-04-17
3032	电力机车牵引变压器次边阻容网络吸收器散热方法及装置	株洲中车电力机车配件有限公司	ZL201210437508.9	2013-02-20
3033	一种机车牵引变流器试验装置及其方法	株洲南车时代电气股份有限公司	ZL201110311367.1	2012-05-02
3034	一种同相供电变流器系统	株洲南车时代电气股份有限公司	ZL201210076211.4	2012-07-18
3035	一种机车开关电源多用户并行测试系统及其方法	株洲南车时代电气股份有限公司	ZL201210175489.7	2012-09-19
3036	一种高压IGBT变流器模块	株洲南车时代电气股份有限公司	ZL201210288915.8	2012-11-28

（续）

ID	标　　题	申请人	专利号	公开日
3037	一种变流器柜的电气性能测试系统及方法	株洲南车时代电气股份有限公司	ZL201210433798. X	2013-02-06
3038	一种直流融冰电源拓扑	株洲变流技术国家工程研究中心有限公司	ZL201210230071. 1	2012-10-31
3039	一种基于模块化多电平变流器柔性直流输电装置及其系统	株洲变流技术国家工程研究中心有限公司	ZL201210289069. 1	2012-11-14
3040	一种静止无功发生器变流器阀用取能装置	株洲变流技术国家工程研究中心有限公司	ZL201210401588. 2	2013-01-16
3041	一种多电压等级输出变频电源及其控制方法	株洲变流技术国家工程研究中心有限公司	ZL201210409517. 7	2013-04-03
3042	一种三旁通大功率整流电源及其控制方法	株洲变流技术国家工程研究中心有限公司	ZL201210409518. 1	2013-01-16
3043	用于为长脉冲磁体供电的电源耦合控制系统及方法	株洲变流技术国家工程研究中心有限公司	ZL201310270796. 8	2013-11-27
3044	并联单相H桥级联型有源电力滤波器控制装置及其方法	株洲变流技术国家工程研究中心有限公司	ZL201310404139. 8	2013-12-11
3045	电力机车变压器油泵接线板的制造方法	株洲市荣达铁路机电有限公司	ZL201410165005. X	2014-07-02
3046	一种高压大电流直流充电机	株洲市达能科技有限公司	ZL201110298302. 8	2012-07-25
3047	基于DSP的全数字化三相中频逆变器	核工业理化工程研究院	ZL201210357194. 1	2012-12-26
3048	中频变频器的交直流变换装置	核工业理化工程研究院	ZL201210357486. 5	2012-12-19
3049	一种电机连接转换器	核工业理化工程研究院	ZL201310126433. 7	2013-06-19
3050	一种大功率微波真空管钛泵电源系统	核工业西南物理研究院	ZL201210232806. 4	2014-01-22
3051	电子束熔敷设备逆变加速电源装置及其控制方法	桂林狮达机电技术工程有限公司	ZL201310046909. 6	2013-05-08
3052	使用交错预充电的阻性存储器的连续编程	桑迪士克3D有限责任公司	ZL200980139725. 6	2011-08-31
3053	与移动电源连接产生IT扩展功能的方法及便携式智能移动电源	梁强昭	ZL201310152997. 8	2013-08-14
3054	太阳能电源双全桥注锁功率合成霓虹灯	梅玉刚	ZL201310155741. 2	2013-10-02
3055	太阳能电源双全桥注锁功率合成荧光灯组	梅玉刚	ZL201310155743. 1	2013-10-02
3056	太阳能电源双全桥注锁功率合成卤素灯组	梅玉刚	ZL201310155744. 6	2013-10-16
3057	太阳能电源双半桥注锁功率合成高压钠灯	梅玉刚	ZL201310155745. 0	2013-10-02
3058	一种飞行器用电源网络	梅西耶-布加蒂-道提公司	ZL201010518049. 8	2011-05-04
3059	风能设备的变流器的操控电路和操控方法	森维安欧洲股份公司	ZL201180045928. 6	2013-07-10
3060	一种网络变压器用Mn-Zn高磁导率铁氧体及其制备方法	横店集团东磁股份有限公司	ZL201210016320. 7	2012-09-26
3061	汽车锂电池充电平衡方法以及平衡系统	欣旺达电子股份有限公司	ZL201010619959. 5	2012-07-11
3062	用于过电压保护的变压器的控制方法、变压器以及具有变压器的运行装置	欧司朗股份有限公司	ZL201080035643. X	2012-05-23
3063	用于驱动至少一个LED的电路装置	欧司朗股份有限公司	ZL201080042346. 8	2012-09-19
3064	LED发光装置和用于驱动LED发光装置的方法	欧司朗股份有限公司	ZL201180009320. 8	2012-10-24
3065	例如用于光源的电源装置	欧司朗股份有限公司	ZL201210004767. 2	2012-08-01
3066	电压转换器、电压转换方法、电力调整器、电力调整方法、太阳能发电系统以及管理装置	欧姆龙株式会社	ZL201180015813. 2	2012-12-12
3067	电源装置	欧姆龙汽车电子株式会社	ZL201310045483. 2	2013-08-14
3068	车辆用电源控制装置	欧姆龙汽车电子株式会社	ZL201310218330. 3	2014-01-15
3069	一种电池充电单元的充电方法、控制模块及电池充电单元	欧能有限公司	ZL201410015772. 2	2014-04-30
3070	一种充电设备和充电方法	歌尔声学股份有限公司	ZL201210339626. 6	2012-12-19

（续）

ID	标　　题	申请人	专利号	公开日
3071	蓝牙可控电源插座和蓝牙可控电源插座的实现方法	歌尔声学股份有限公司	ZL201210387184.2	2013-01-23
3072	一种6kV小容量非包封干式变压器高压线圈	正泰电气股份有限公司	ZL201210581855.9	2013-04-03
3073	一种电源均压均流装置及方法	武汉中原电子集团有限公司	ZL201310430133.8	2013-12-18
3074	一种移相软开关变换器的控制方法	武汉中原电子集团有限公司	ZL201310435891.9	2013-12-18
3075	基于电动汽车充电履历挖掘充电站的方法	武汉光庭信息技术有限公司	ZL201310135809.0	2013-07-17
3076	电力变压器局部放电电气定位方法	武汉利捷电子技术有限责任公司	ZL201310320882.5	2013-11-13
3077	一种具有电流模式频率补偿装置的降压型DC-DC变换器	武汉大学	ZL201110191269.9	2012-01-18
3078	一种LC耦合盘式线圈电力滤波器的设计方法	武汉大学	ZL201210334550.8	2012-12-12
3079	一种变步长调整的变压器噪声有源控制方法	武汉大学	ZL201310078114.3	2013-07-17
3080	一种并网模式微电网的电源优化配置的方法	武汉大学	ZL201310105339.3	2013-06-12
3081	一种新的拓扑结构电压源型逆变器及调节方法	武汉大学	ZL201310177393.9	2013-08-07
3082	一种随机序列相关的光伏孤岛状态的检测方法及装置	武汉大学	ZL201310201619.4	2013-08-14
3083	一种基于滤波器的高压交流系统谐波电压测量方法	武汉大学	ZL201310320314.5	2013-11-13
3084	改进型SEN变压器的拓扑结构及控制方法	武汉大学	ZL201310754788.0	2014-04-02
3085	高压线巡线机器人自主定位对接充电的控制装置及方法	武汉大学	ZL201410096600.2	2014-05-28
3086	一种电压线性上升的高压电源	武汉市康达电气有限公司	ZL201210087585.6	2012-08-08
3087	一种应用在APF系统的双电源供电装置及方法	武汉康籁电气有限公司	ZL201310636241.0	2014-02-19
3088	三合一共用模具环氧树脂浇注干式变压器的生产方法	武汉振源电气股份有限公司	ZL201310168006.5	2013-09-04
3089	无输出隔离变压器的三相逆变器并联控制方法	武汉新能源接入装备与技术研究院有限公司	ZL201310014841.3	2013-05-08
3090	一种工频三相三开关三电平功率因数校正电路及其控制方法	武汉永力电源技术有限公司	ZL201110390682.8	2012-06-13
3091	一种不隔离降压型直流-直流变换器	武汉永力电源技术有限公司	ZL201210176352.3	2013-12-18
3092	用于油浸变压器的光纤光栅测温传感器	武汉理工光科股份有限公司	ZL201310114776.1	2013-07-24
3093	用于油浸变压器的光纤光栅测温传感器的工艺方法	武汉理工光科股份有限公司	ZL201310114863.7	2013-08-07
3094	船用光伏发电并网实验平台	武汉理工大学	ZL201210131419.1	2012-09-19
3095	一种智能恒流驱动大功率LED的方法	武汉精立电子技术有限公司	ZL201310653436.6	2014-03-19
3096	一种光伏玻璃幕墙用玻璃的制备方法	武汉艾丽思新能源有限公司	ZL201210453366.5	2013-03-13
3097	一种基于旋转变压器的增量式编码器	武汉迈信电气技术有限公司	ZL201210252065.6	2012-12-12
3098	光伏电站太阳能电池板清洗系统	殷培星	ZL201310302087.3	2013-10-16
3099	电池组并联充电装置及其并联充电方法	比亚迪股份有限公司	ZL201010560569.5	2012-05-30
3100	用于三相或单相逆变器的直流分量控制方法及系统	比亚迪股份有限公司	ZL201010577832.1	2012-05-30
3101	用丁电动汽车的充电控制导引电路	比亚迪股份有限公司	ZL201010578954.2	2012-06-06
3102	一种电池充电设备	比亚迪股份有限公司	ZL201010589615.4	2012-06-06
3103	一种多节串联可充电电池的状态检测电路	比亚迪股份有限公司	ZL201110072183.4	2012-09-26
3104	一种绝缘检测电路、逆变器及其绝缘检测方法	比亚迪股份有限公司	ZL201110108833.6	2012-10-31
3105	一种开关电源的控制芯片和开关电源	比亚迪股份有限公司	ZL201110215457.0	2013-01-30

（续）

ID	标　　题	申请人	专利号	公开日
3106	一种车载充电控制装置及车辆	比亚迪股份有限公司	ZL201110282263.2	2013-04-03
3107	一种移动终端充电测试系统及方法	比亚迪股份有限公司	ZL201110299230.9	2013-04-10
3108	快速不间断电源系统及其控制方法	比亚迪股份有限公司	ZL201110456463.5	2013-07-03
3109	电动汽车的充电系统及具有其的电动汽车	比亚迪股份有限公司	ZL201210589854.9	2013-07-03
3110	电动汽车充电时的相序识别方法及相序识别装置	比亚迪股份有限公司	ZL201210591824.1	2013-07-03
3111	用于车辆充电与行驶的互锁方法	比亚迪股份有限公司	ZL201210591832.6	2013-07-03
3112	电动汽车与其交流充电通讯方法及充电桩	比亚迪股份有限公司	ZL201210591899.X	2013-07-03
3113	电动汽车及用于电动汽车的充电系统	比亚迪股份有限公司	ZL201210592162.X	2013-07-03
3114	电动汽车及其充电控制系统	比亚迪股份有限公司	ZL201210592262.2	2013-07-03
3115	用于低温环境的逆变器及光伏系统	永济新时速电机电器有限责任公司	ZL201010530865.0	2012-05-23
3116	辅助电源系统和电力机车	永济新时速电机电器有限责任公司	ZL201110377738.6	2013-06-05
3117	变流器冷却装置	永济新时速电机电器有限责任公司	ZL201110387960.4	2013-06-05
3118	牵引变流器	永济新时速电机电器有限责任公司	ZL201210091513.9	2013-10-23
3119	一种并网型光伏逆变器的谐波抑制方法	永济新时速电机电器有限责任公司	ZL201210313290.6	2013-01-02
3120	轨道检测车电源装置	永济新时速电机电器有限责任公司	ZL201310086967.1	2013-06-26
3121	一种拖网渔船电推进用变流器	永济新时速电机电器有限责任公司	ZL201310409725.1	2013-12-11
3122	用于切换式直流/直流转换器的芯片上软启动电路的方法	汉能科技股份有限公司	ZL201110294748.3	2012-07-11
3123	一种绿色智能数控LED驱动电源	江南大学	ZL201210408891.5	2013-05-08
3124	一种风力发电系统中变流器的一级故障诊断方法	江南大学	ZL201210517309.9	2013-04-03
3125	一种LED驱动电源及调光系统	江南大学	ZL201310068527.3	2013-06-19
3126	可再充电锂电池的负极活性材料及其制备方法以及包括它的可再充电锂电池	江原大学校产学协力团	ZL200980140356.2	2011-09-14
3127	蓄电池电源装置	江森自控帅福得先进能源动力系统有限责任公司	ZL201180038133.2	2013-04-10
3128	一种便携式独立高性能光伏移动系统及其使用方法	江苏万丰光伏有限公司 江苏万宇电能科技有限公司	ZL201410208367.2	2014-07-23
3129	一种TR组件调试仪电源控制电路	江苏万邦微电子有限公司	ZL201410210441.4	2014-08-06
3130	三电平中点钳位光伏逆变器特定谐波消除控制方法	江苏东润光伏科技有限公司	ZL201110327236.2	2013-05-01
3131	一种立体三角形卷铁芯变压器铁芯绕制心模	江苏中容科技有限公司	ZL201310238400.1	2013-09-04
3132	一种矿用隔爆型移动变电站用干式变压器	江苏中联电气股份有限公司	ZL201210590160.7	2013-07-17
3133	油浸式变压器的装配方法	江苏亨特集团华特电气有限公司	ZL201310332094.8	2013-10-09
3134	半圆形通信电源线用高效成缆装置	江苏亨通线缆科技有限公司	ZL201310217810.8	2013-10-16
3135	高功率光伏并网逆变器	江苏兆伏新能源有限公司	ZL201210339476.9	2013-01-16
3136	逆变拓扑电路的无功功率控制方法	江苏兆伏新能源有限公司	ZL201210564260.2	2013-04-17
3137	光伏并网逆变器的逆变控制方法	江苏兆伏新能源有限公司	ZL201310185708.4	2013-10-23
3138	单级式光伏逆变器的MPPT控制方法	江苏兆伏新能源有限公司	ZL201310576811.1	2014-03-12
3139	一种全桥整流线路中同步整流器的控制线路和方法	江苏兆能电子有限公司	ZL201110136376.1	2012-11-28
3140	一种快速识别风电并网系统发生次同步震荡的方法	江苏创航电气有限公司	ZL201210171775.6	2012-12-12
3141	等离子切割电源直接储能控制系统及其控制方法	江苏博大数控成套设备有限公司	ZL201310738374.9	2014-04-16
3142	交错并联等离子切割电源	江苏博大数控成套设备有限公司	ZL201310738563.6	2014-04-16

（续）

ID	标　题	申请人	专利号	公开日
3143	一种充电自适应限流系统	江苏博强新能源科技有限公司	ZL201410046593.5	2014-05-28
3144	一种基于 WSN 的光伏温室监控系统及构建方法	江苏大学	ZL201110089761.5	2011-12-07
3145	一种无蓄电池式昼夜光伏水泵系统	江苏大学	ZL201210426196.1	2013-02-20
3146	一种抑制二极管箝位式三电平逆变器直流侧中点电压波动的方法及其装置	江苏大学	ZL201210535860.6	2013-04-17
3147	一种毫米波宽边耦合集成变压器的高精度模型建立方法	江苏大学	ZL201310162821.0	2013-10-16
3148	一种交错并联反激式 LED 驱动电源及其 PFM 控制电路	江苏大学	ZL201310290398.2	2013-12-04
3149	一种用于有源电力滤波器的全程滑模变结构控制方法	江苏大学	ZL201310341938.5	2013-11-27
3150	一种中低频宽带陶瓷滤波器用压电陶瓷材料	江苏大学	ZL201310349044.0	2013-12-04
3151	一种基于特殊路面的车辆行进中无线充电装置	江苏大学	ZL201310684587.8	2014-04-02
3152	自适应滤波器功率分流控制的混合动力车复合电源及方法	江苏大学	ZL201410080123.0	2014-06-18
3153	ESI 离子源、用于其的可控高压直流电源	江苏天瑞仪器股份有限公司	ZL201110293776.3	2013-04-10
3154	功率模块电极端子及其焊接方法	江苏宏微科技股份有限公司	ZL201210315095.7	2012-11-28
3155	LED 灯驱动电路	江苏应能微电子有限公司	ZL201210140714.3	2012-10-03
3156	粉尘环境专用防爆电源装置	江苏快乐电源(涟水)有限公司	ZL201310029355.9	2013-05-01
3157	一种电容式变压器套管	江苏思源赫兹互感器有限公司	ZL201010291878.7	2012-04-11
3158	一种应用于电力系统中的逆变器控制电路	江苏方程电力科技有限公司	ZL201310049930.1	2013-05-22
3159	一种新型光伏并网逆变器绝缘检测电路及其检测方法	江苏旭源科技有限公司	ZL201210285681.1	2012-12-19
3160	基于耦合电感倍压结构的双输出母线型高增益变换器	江苏杰瑞科技集团有限责任公司	ZL201410030719.X	2014-05-07
3161	一种三相智能电能表用开关电源电路	江苏林洋电子股份有限公司	ZL201110190833.5	2011-11-09
3162	微网离网模式下基于逆变器提供无功支撑的方法	江苏海德森能源有限公司	ZL201310348147.5	2013-11-27
3163	医用电子直线加速器用栅控电子枪数字电源	江苏海明医疗器械有限公司 中国船舶重工集团公司第七二三研究所	ZL201310178914.2	2013-08-14
3164	总线式二氧化碳激光高频开关电源	江苏灵剑激光科技有限公司	ZL201210311364.2	2012-11-21
3165	一种充电机控制电路	江苏玖宇实业有限公司	ZL201310268040.X	2013-11-06
3166	一种富液式铅酸蓄电池温度补偿式充电方法	江苏玖宇实业有限公司	ZL201310573211.X	2014-02-05
3167	舱式光伏发电装置	江苏盎华光伏工程技术研究中心有限公司	ZL201210299796.6	2012-11-28
3168	一种高压变压器绕组的屏蔽环及其加工方法	江苏盛华电气有限公司	ZL201310062501.8	2013-05-01
3169	电力变压器绕组匝间短路故障诊断方法	江苏省电力公司南京供电公司 河海大学 国家电网公司 江苏省电力公司	ZL201210194262.7	2012-10-10
3170	电力变压器绕组故障模拟试验方法	江苏省电力公司南京供电公司 河海大学 国家电网公司 江苏省电力公司	ZL201210194725.X	2012-10-17
3171	变压器测温电阻装置及其防护罩	江苏省电力公司常州供电公司 江苏省电力公司 国家电网公司	ZL201210506222.1	2013-02-20
3172	备用电源自动投切装置智能校验系统	江苏省电力公司常州供电公司 江苏省电力公司 国家电网公司	ZL201310197034.X	2013-09-18

（续）

ID	标 题	申请人	专利号	公开日
3173	变压器吸湿器畅通测试装置	江苏省电力公司常州供电公司 江苏省电力公司 国家电网公司	ZL201310258536.9	2013-09-11
3174	园林景观型柱上变压器装置	江苏省电力公司张家港市供电公司 江苏省电力公司苏州供电公司 江苏省电力公司 国家电网公司	ZL201210523715.6	2013-03-27
3175	含分布式电源的配电网故障处理方法	江苏省电力公司扬州供电公司 国电南瑞科技股份有限公司 江苏省电力公司 国家电网公司	ZL201210410828.5	2013-02-06
3176	用于测试变压器单相短路阻抗的仪器	江苏省电力公司苏州供电公司 江苏省电力公司 国家电网公司	ZL201210330371.7	2012-12-26
3177	一种新型的高压侧感应取电电源装置	江苏省电力公司连云港供电公司 江苏省电力公司 国家电网公司 南京理工大学连云港研究院	ZL201210530476.7	2014-06-18
3178	切除变压器死区故障的继电保护方法	江苏省电力公司镇江供电公司 江苏省电力公司 国家电网公司	ZL201210453319.0	2013-03-27
3179	一种充电器及其控制方法	江苏科技大学	ZL201210175460.9	2012-09-26
3180	独立式光伏燃料电池电热联供能源系统容量配置方法	江苏科技大学	ZL201210469193.6	2013-03-20
3181	双级矩阵变换器驱动永磁同步电机的控制系统	江苏航天动力机电有限公司	ZL201410192276.4	2014-08-20
3182	一种全桥式逆变器驱动电路	江苏节高电子有限公司	ZL201310228883.7	2013-09-11
3183	一种自动工作装置的充电站系统	江苏苏美达科技产业有限公司	ZL201210272453.0	2012-11-28
3184	带储能管理和依负载功率而输出的光伏并网逆变器	江苏辉伦太阳能科技有限公司	ZL201210235738.7	2012-11-07
3185	一种630KVA变压器的高压线圈	江苏铭安电气有限公司	ZL201210555793.4	2013-03-27
3186	一种用于紧急电力供给电源的单相逆变器	江苏银佳企业集团有限公司	ZL201210279902.4	2012-11-07
3187	一种低纹波四开关升降压直流变换器及其控制方法	江苏集能易新能源技术有限公司	ZL201310281026.3	2013-10-02
3188	一种改进型H桥升降压直流变换器及其控制方法	江苏集能易新能源技术有限公司	ZL201310468089.X	2014-01-01
3189	一种逆变器	江苏高博智融科技有限公司	ZL201310222524.0	2013-09-25
3190	基于副边参考电流重构的光伏微逆变器、控制系统和方法	江西中能电气科技有限公司	ZL201310138509.8	2013-07-17
3191	一种基于神经网络专家系统的微逆变器故障检测方法	江西中能电气科技有限公司	ZL201310193527.6	2013-09-11
3192	三维立体卷铁心变压器铁心绕制机的硅钢片导向定位装置	江西大族能源科技股份有限公司	ZL201410054472.5	2014-05-14
3193	一种软开关DC-DC变换器	江西开昂新能源科技有限公司	ZL201110022411.7	2012-07-25
3194	测试设备供电电源转换电路	江西洪都航空工业集团有限责任公司	ZL201210528407.2	2013-04-10
3195	太阳能光伏接线盒	江阴万事兴技术有限公司	ZL201210398877.1	2013-01-30
3196	移动万能充电器	江阴泛函软件有限公司	ZL201310509332.8	2014-01-22
3197	同步整流器	汤姆逊许可证公司	ZL201210293006.3	2013-01-09
3198	用于切断车辆用电源的装置	沃尔沃建造设备控股(瑞典)有限公司	ZL201010524811.3	2011-05-18
3199	混合电动车辆的电池充电系统	沃尔沃拉斯特瓦格纳公司	ZL201080018622.7	2012-04-25
3200	转换器、用于其的方法及包括其的集成电路和电子装置	沃福森微电子股份有限公司	ZL201080042110.4	2012-06-13

（续）

ID	标 题	申请人	专利号	公开日
3201	变压器或电抗器的短路承受能力试验系统及其方法	沈阳变压器研究院股份有限公司	ZL201110061706.5	2012-09-19
3202	具有直流偏磁补偿能力的电力变压器及工作方法	沈阳工业大学	ZL201110394768.8	2012-06-27
3203	一种便携式微机充电保护装置及方法	沈阳工程学院	ZL201210294470.4	2013-01-23
3204	一种三相有载调容变压器	沈阳昊诚电气股份有限公司	ZL201210387489.3	2013-02-13
3205	变压器线圈绕制的拉紧装置	沈阳福林特种变压器有限公司	ZL201010534962.7	2012-05-23
3206	一种用于光伏微电网共网控制的系统暂态特征波检测方法	沈阳西东控制技术有限公司	ZL201110060918.1	2012-09-19
3207	一种线性可变差动变压器的解调装置及软解调方法	沈阳黎明航空发动机(集团)有限责任公司	ZL201210271167.2	2012-12-12
3208	具体用于工业车辆的充电连接器的车辆侧插座	沙尔特宝有限公司	ZL201310114393.4	2013-10-23
3209	具有延时断电功能的电动自行车充电装置	河北工业大学	ZL201310175977.2	2013-08-07
3210	一种具有自检测功能的干式变压器温度控制装置及其工作方法	河北工业大学	ZL201310534292.2	2014-01-22
3211	用于光伏并网逆变器的功率解耦电路	河北工业大学	ZL201310631131.5	2014-02-26
3212	三电源自动转换开关驱动操作机构	河北工业大学	ZL201410243654.7	2014-08-27
3213	一种并联开关控制的可变负载LED驱动电路	河北新华北集成电路有限公司	ZL201210351190.2	2013-01-02
3214	10kv智能能量平衡配电变压器	河北森蔚电气科技有限公司	ZL201310735473.1	2014-03-26
3215	不拆引线检测变压器绕组电容量及介质损耗的方法	河北省电力公司电力科学研究院 国家电网公司 河北省电力建设调整试验所	ZL201110051299.X	2011-07-27
3216	一种变压器故障严重程度的诊断方法	河北省电力公司电力科学研究院 国家电网公司 河北省电力建设调整试验所	ZL201210087193.X	2012-09-19
3217	基于小电流突变电力直流电源系统短路电流测试装置及方法	河北省电力建设调整试验所 国家电网公司 河北省电力公司电力科学研究院	ZL201210145172.9	2012-08-15
3218	变压器低压侧母排护套粘接胶的生产方法	河北硅谷化工有限公司	ZL201410292606.7	2014-09-24
3219	铅酸蓄电池超大电流尖峰脉冲充电控制方法	河北科技大学	ZL201410205681.5	2014-07-30
3220	变压器油取样模拟装置	河南中分仪器股份有限公司	ZL201210542097.X	2013-04-24
3221	基于混沌的小功率负载无线电能传输系统	河南天擎机电技术有限公司	ZL201210193809.1	2014-01-01
3222	双路互备非接触式心脏起搏器电源系统	河南工程学院	ZL201210422925.6	2013-01-30
3223	不平衡电压下光伏发电系统网侧变换器模型预测控制方法	河南师范大学	ZL201310575435.4	2014-02-19
3224	无辅助电源式电动机缺相保护装置	河南开启电力实业有限公司	ZL201210381697.2	2012-12-26
3225	均衡充电设备及控制方法	河南环宇赛尔新能源科技有限公司 河南省电力公司电力科学研究院 国家电网公司	ZL201310027607.4	2013-04-17
3226	一种利用微处理器控制电容器串并联转换的变压器	河南科技大学	ZL201210282833.2	2012-12-26
3227	多电平逆变器优化虚拟矢量中点电位平衡闭环控制系统	河南科技大学	ZL201310164567.8	2013-09-04
3228	基于VSVPWM的三电平逆变器中点电位补偿平衡控制策略	河南科技大学	ZL201310318134.3	2013-11-20
3229	一种跨平台不间断电源的远程控管方法及系统	河南英飞网络技术有限公司	ZL201110092143.6	2011-09-14
3230	基于环境温度的电动车用铅酸蓄电池的快速充电方法	河南超威电源有限公司	ZL201310319655.0	2013-11-27
3231	光伏发电系统多峰值最大功率点跟踪的谷值定界搜索方法	河海大学	ZL201110356567.9	2012-06-13

（续）

ID	标　题	申请人	专利号	公开日
3232	可实现光伏阵列重构的拓扑结构及最大功率点求解方法	河海大学	ZL201310182226.3	2013-10-16
3233	一种基于布谷鸟搜索算法的光伏阵列 MPPT 方法	河海大学	ZL201410094187.6	2014-06-25
3234	混合储能微网系统滤波器截止频率确定方法及输出功率控制方法	河海大学	ZL201410124542.X	2014-07-23
3235	基于模糊 PI 复合控制的有源滤波器电流自适应控制方法	河海大学常州校区	ZL201310047185.7	2013-05-01
3236	光伏电站远程监控的故障检测系统及检测方法	河海大学常州校区	ZL201310134530.0	2013-08-07
3237	超声电源的动态匹配装置及其方法	河海大学常州校区	ZL201310172937.2	2013-08-21
3238	基于实时最优效率的光伏电站优化控制系统及方法	河海大学常州校区	ZL201310200417.8	2013-08-28
3239	电源负载电压调整监控电路	河海大学常州校区	ZL201310407119.6	2014-01-01
3240	LED 光伏一体智能路灯系统	河海大学常州校区	ZL201310407988.9	2013-12-25
3241	水雾放电空气等离子体射流处理装置及其高压电源	河海大学常州校区	ZL201310408027.X	2014-01-01
3242	模型参考自适应模糊控制的有源电力滤波器控制方法	河海大学常州校区	ZL201310596260.5	2014-02-19
3243	有源电力滤波器的反演全局快速终端滑模控制方法	河海大学常州校区	ZL201410106361.4	2014-06-25
3244	一种隔离型 AC-DC 电源的输出电压控制方法及其电路	泉芯电子技术（深圳）有限公司	ZL201310503886.7	2014-03-12
3245	便携式气体发生装置和包括该装置的燃料电池电源	法国原子能委员会	ZL200810135799.X	2009-01-14
3246	电池组的充电均衡系统	法国原子能源和替代能源委员会	ZL201180012578.3	2012-11-21
3247	短路检测方法及实行该方法的电源模块	法雷奥热系统公司	ZL201080008075.4	2012-05-02
3248	用于供电和充电的组合电力设备	法雷奥电机控制系统公司	ZL200980145196.0	2011-10-12
3249	直流-直流电压变换器及其闭环控制方法和设备	法雷奥电机控制系统公司	ZL201110172613.X	2011-12-28
3250	装有电子故障管理部件的机动车辆的同步整流交流发电机	法雷奥电机设备公司	ZL201080039289.8	2012-05-30
3251	电源分配器	泛亚电子工业（无锡）有限公司	ZL201310510242.0	2014-01-22
3252	电源供应电路	泰商泰达电子公司	ZL201010541601.5	2012-05-23
3253	电源模块及其所适用的供电系统	泰商泰达电子公司	ZL201010603937.X	2012-07-11
3254	一种加工变压器绝缘端圈的阶梯错位叠压法	泰州新源电工器材有限公司	ZL201210188684.3	2012-09-19
3255	用于检测开路的电源和接地引脚的快速开路电路检测方法	泰拉丁公司	ZL200980144887.9	2011-10-05
3256	带有电源连接件的正交连接器系统	泰科电子公司	ZL201010263288.3	2011-01-19
3257	电磁角度传感器，特别地磁阻式旋转变压器	泰科电子比利时公司	ZL201080021241.4	2012-04-25
3258	光伏汇流箱	泰豪科技（深圳）电力技术有限公司	ZL201210428333.5	2013-03-20
3259	用于发电应用的低成本电流源变流器	洛克威尔自动控制技术股份有限公司	ZL201110178658.8	2012-10-03
3260	并行功率逆变器电机驱动系统	洛克威尔自动控制技术股份有限公司	ZL201110213048.7	2012-02-01
3261	具有集成电源总线分配器的可调自动化控制模块	洛克威尔自动控制技术股份有限公司	ZL201110245444.8	2012-07-18
3262	具有共模电压降低的功率转换器	洛克威尔自动控制技术股份有限公司	ZL201210028984.5	2012-08-15
3263	电力变换器及其集成 DC 扼流器	洛克威尔自动控制技术股份有限公司	ZL201310084658.0	2013-10-23
3264	具有流管理系统的可再充电金属-空气电池	流体公司	ZL201080042474.2	2012-07-04
3265	三相并联有源电力滤波器的空间矢量脉宽调制控制方法	济南大学	ZL201310425795.6	2013-12-18

（续）

ID	标　　题	申请人	专利号	公开日
3266	一种压电式手机充电器	济南大学	ZL201410298687. 1	2014-09-03
3267	手持式同轴单水路强迫水冷中频变压器	济南峻齐信息技术有限公司	ZL201310192792. 2	2013-08-14
3268	微电网风力发电机的并网离网一体装置及方法	济南德明电源设备有限公司	ZL201310425155. 5	2013-12-25
3269	一种变压器夹件的安装方法	济南西电特种变压器有限公司	ZL201210362597. 5	2013-01-09
3270	一种不间断供电 POE 装置	济南镭之源电气有限公司	ZL201210195803. 8	2012-10-03
3271	模组式变频器	济宁圣电电子有限公司	ZL201310030461. 9	2013-05-01
3272	逆变式埋弧焊电源双逆变器均流控制系统	济宁奥太电气有限公司	ZL201310291460. X	2013-09-25
3273	二极管中点钳位三电平逆变器的器件开路故障诊断电路	浙江万里学院	ZL201210424906. 7	2013-02-20
3274	一种远端通信基站的后备电源充放电控制电路	浙江南峰电气有限公司	ZL201310201400. 4	2013-08-14
3275	一种旋转变压器	浙江博望科技发展有限公司	ZL201180052996. 5	2013-07-24
3276	一种车辆蓄电池的充电控制系统	浙江吉利汽车研究院有限公司杭州分公司	ZL201210264982. 6	2012-11-14
3277	电动汽车充电安全装置	浙江吉利汽车研究院有限公司杭州分公司 浙江吉利汽车研究院有限公司 浙江吉利控股集团有限公司	ZL201210176697. 9	2012-09-19
3278	一种电动汽车无线充电系统	浙江吉利汽车研究院有限公司杭州分公司 浙江吉利汽车研究院有限公司 浙江吉利控股集团有限公司	ZL201310043965. 4	2013-05-15
3279	一种氙灯电源	浙江嘉科电子有限公司	ZL201310308134. 5	2013-10-09
3280	光伏逆变器的低电压穿越 LVRT 控制系统及方法	浙江埃菲生能源科技有限公司	ZL201210243012. 8	2012-10-24
3281	单级光伏逆变器稳定 MPPT 控制系统及方法	浙江埃菲生能源科技有限公司	ZL201210243296. 0	2012-10-10
3282	一种用于光伏并网逆变器零电压穿越的电网电压锁相方法	浙江埃菲生能源科技有限公司	ZL201410090093. 1	2014-05-28
3283	一种循环交叉整流的多个模块组合变换器	浙江大学	ZL201210000592. 8	2012-07-04
3284	种光伏系统中电池充电 SOC 检测方法	浙江大学	ZL201210174561. 4	2012-09-19
3285	一种磁屏蔽空心变压器耦合桥式固态限流器	浙江大学	ZL201210266746. 8	2012-10-24
3286	恒流源前置驱动下实现 LED 电压自适应 PWM 调光的电路	浙江大学	ZL201210324680. 3	2012-12-12
3287	一种实时监测信号强度的无线充电节点	浙江大学	ZL201210455900. 6	2013-02-20
3288	一种并网型风力机控制方法	浙江大学	ZL201310123785. 7	2013-09-04
3289	两次升压式的高压脉冲电源	浙江大学	ZL201310124227. 2	2013-06-26
3290	基于 555 定时器控制的高压脉冲电源	浙江大学	ZL201310124236. 1	2013-07-10
3291	漏电保护器检测系统的数字式电源装置	浙江大学	ZL201310144025. 4	2013-09-04
3292	一种油浸式电力变压器可载性指标的评估方法	浙江大学	ZL201310144552. 5	2013-08-14
3293	一种多模块逆变器有线并联数字控制方法	浙江大学	ZL201310146324. 1	2013-09-04
3294	基于 IGBT 串联的固体开关式高压脉冲电源	浙江大学	ZL201310170964. 6	2013-09-04
3295	一种混合逆变器开绕组永磁同步电机系统的控制方法	浙江大学	ZL201310193799. 6	2013-09-04
3296	一种基于开绕组结构的风力发电高压直流并网系统及其控制方法	浙江大学	ZL201310206474. 7	2013-09-04
3297	一种具有自动均压功能的 DC-DC 谐振变换器	浙江大学	ZL201310206558. 0	2013-09-11

（续）

ID	标　题	申请人	专利号	公开日
3298	一种不平衡及谐波电网下的并网逆变器控制方法	浙江大学	ZL201310232872.6	2013-09-25
3299	一种单相五电平逆变器	浙江大学	ZL201310232893.8	2013-09-25
3300	基于压电换能的无线网络传感器通信电源	浙江大学	ZL201310257390.6	2013-12-11
3301	一种谐振型电力电子变流器及变流器装置	浙江大学	ZL201310309952.7	2013-12-11
3302	一种基于 RMC 的 DFIG 直流并网发电系统及其磁链定向控制方法	浙江大学	ZL201310324951.X	2013-11-20
3303	一种高频升压隔离逆变器	浙江大学	ZL201310325137.X	2013-11-20
3304	一种基于 RMC 的 DFIG 直流并网发电系统及其转矩控制方法	浙江大学	ZL201310326185.0	2013-11-27
3305	一种 Boost 升压变换器的控制电路	浙江大学	ZL201310327214.5	2013-11-20
3306	高频交流侧串联实现紧调整输出的组合变流器的控制方法	浙江大学	ZL201310360447.5	2013-12-11
3307	用于分布式光伏阵列的 MPPT 控制方法及控制电路	浙江大学	ZL201310389103.7	2013-12-25
3308	一种 LED 驱动电路	浙江大学	ZL201310507264.1	2014-02-19
3309	一种 LED 灯串的恒流驱动系统	浙江大学	ZL201310590938.9	2014-03-26
3310	用于微小卫星电源系统的太阳能电池最大功率追踪装置及其控制方法	浙江大学	ZL201310692073.7	2014-04-23
3311	基于切换系统多步预测控制的三相电压型变流器控制方法	浙江大学 国家电网公司 华北电力科学研究院有限责任公司	ZL201310257303.7	2014-03-26
3312	一种基于 LCL 滤波器的光伏并网逆变器的控制方法	浙江大学 宁波成筑智能科技有限公司	ZL201310715043.3	2014-04-16
3313	一种逆变器的调制装置及方法	浙江大学 深圳科士达科技股份有限公司	ZL201310542145.X	2014-02-12
3314	一种 AC-DC 变换器的控制电路	浙江大学 苏州日月成科技有限公司	ZL201310232859.0	2013-09-18
3315	一种基于输出恒流的 AC-DC 隔离型变换器的数字控制器	浙江大学 苏州日月成科技有限公司	ZL201310325116.8	2013-11-20
3316	一种超白光伏玻璃减反膜的制备方法	浙江大学 镇江大成新能源有限公司	ZL201210586290.3	2013-04-17
3317	一种自适应 LED 驱动电源电路	浙江大学城市学院	ZL201310123615.9	2013-07-24
3318	三相电流型多电平逆变器拓扑结构	浙江大学宁波理工学院	ZL201310323646.9	2013-11-20
3319	三相电流型多电平变流器风力发电并网装置	浙江大学宁波理工学院	ZL201310323648.8	2013-11-20
3320	三相电流型多电平变流器光伏发电并网装置	浙江大学宁波理工学院	ZL201310323875.0	2013-11-20
3321	电动道路车辆电池充电方法	浙江天能电池(江苏)有限公司	ZL201310259355.8	2013-10-02
3322	电动道路车辆熟极板电池初充电方法	浙江天能电池(江苏)有限公司	ZL201310261932.7	2013-09-25
3323	一种同步整流装置	浙江宇视科技有限公司	ZL201210279473.0	2012-11-21
3324	一种液氮强冷变压器及其制冷方法	浙江宝威电气有限公司	ZL201310312188.9	2013-11-13
3325	变压器超导热管风冷换热器	浙江宝威电气有限公司	ZL201310387347.1	2013-12-11
3326	变压器真空超导热管热交换器	浙江宝威电气有限公司	ZL201310387417.3	2013-12-11
3327	具有超导热管冷却循环装置的变压器	浙江宝威电气有限公司	ZL201310576035.5	2014-02-19
3328	便携式充电电焊机	浙江容大电力工程有限公司 国网浙江富阳市供电公司	ZL201310019154.0	2013-06-05
3329	一种双电源切换开关	浙江寺崎电气有限公司	ZL201310442437.6	2013-12-25
3330	后馈式的 BJT 型自激式 Boost 变换器	浙江工业大学	ZL201210154247.X	2012-10-03
3331	主开关管驱动损耗小的 BJT 型自激式 Boost 变换器	浙江工业大学	ZL201210157788.8	2012-09-19

（续）

ID	标　　题	申请人	专利号	公开日
3332	交错并联反激光伏逆变装置	浙江工业大学	ZL201210329657.3	2013-01-02
3333	基于变电站典型日负荷曲线的风光直流微电网并网控制方法	浙江工业大学	ZL201210435093.1	2013-02-13
3334	参与调频服务的电动汽车充电时序确定与服务车辆选择方法	浙江工业大学	ZL201210443671.6	2013-02-20
3335	分段式正弦电流控制的高压LED灯珠驱动电源	浙江工业大学	ZL201310005795.0	2013-05-08
3336	分段式负正弦电流控制的高压LED灯珠驱动电源	浙江工业大学	ZL201310005889.8	2013-05-08
3337	分段式凹陷形电流控制的高压LED灯珠驱动电源	浙江工业大学	ZL201310006295.9	2013-05-08
3338	一种光伏阵列全局最大功率点跟踪方法	浙江工业大学	ZL201310353404.4	2013-12-25
3339	含三绕组耦合电感的光伏阵列MPPT接口电路	浙江工业大学	ZL201310381693.9	2014-01-15
3340	适用于光伏阵列的能馈式MPPT接口电路	浙江工业大学	ZL201310382247.X	2014-01-15
3341	含耦合电感的光伏阵列MPPT接口电路	浙江工业大学	ZL201310382509.2	2014-01-08
3342	一种含耦合电感的光伏阵列MPPT接口电路	浙江工业大学	ZL201310383091.7	2014-01-08
3343	一种基于正弦波母线的微网电源	浙江工业大学	ZL201310656373.X	2014-03-12
3344	一种电除尘器用脉冲电源装置	浙江工商大学	ZL201110163018.X	2011-12-21
3345	基于火车振动能量回收的手机充电用发电装置	浙江师范大学	ZL201210088281.1	2012-07-18
3346	一种便携式电动汽车智能充电机	浙江师范大学	ZL201310221194.3	2013-08-28
3347	折叠式插头及紧凑型电源转接座	浙江德力西国际电工有限公司	ZL201310055357.5	2013-06-12
3348	低功耗可控稳压电源电路	浙江德菱科技有限公司	ZL201210596912.0	2013-04-17
3349	一种光伏汇流箱直流电流调节试验装置	浙江方圆电气设备检测有限公司	ZL201310315627.1	2013-12-25
3350	锂电电池充电架锁紧机构	浙江时通电气制造有限公司 金华电业局 国家电网公司	ZL201210535609.X	2013-04-03
3351	太阳能移动电源	浙江明烁电子科技有限公司	ZL201310058213.5	2013-05-22
3352	直流到交流的并网电力转换系统	浙江昱能科技有限公司	ZL201310062485.2	2013-05-08
3353	带有接地卡簧的逆变器安装架及逆变器机壳	浙江昱能科技有限公司	ZL201310269775.4	2013-09-18
3354	变压器	浙江昱能科技有限公司	ZL201310528637.3	2014-01-22
3355	逆变器系统的电力线通信方法	浙江昱能科技有限公司	ZL201410212042.1	2014-07-30
3356	干式变压器线圈浇注模具及干式变压器线圈浇注方法	浙江江山源光电气有限公司	ZL201310650221.9	2014-02-26
3357	一种具有无线充电功能的净水器装置	浙江沁园水处理科技有限公司	ZL201410139949.X	2014-07-02
3358	电源线自动化输送设备	浙江海宁普赛自动化科技有限公司	ZL201310623007.4	2014-03-12
3359	一种应用于大功率逆变器中的IGBT模块并联保护电路	浙江海得新能源有限公司	ZL201310232087.0	2013-09-25
3360	一种分时多路恒流驱动LED灯	浙江海振电子科技有限公司	ZL201310096152.1	2013-06-26
3361	一种低频软脉冲充电电路和方法	浙江源创电子科技有限公司	ZL201110391651.4	2013-06-05
3362	一体式光伏电源	浙江环球光伏科技有限公司	ZL201310433397.9	2014-01-01
3363	电动汽车充电电池的智能更换系统	浙江瓯达科技有限公司	ZL201310208373.3	2013-09-18
3364	电动汽车充电电池智能更换流程	浙江瓯达科技有限公司	ZL201310211726.5	2013-09-25
3365	一种LED照明装置的驱动电路及驱动方法	浙江生辉照明有限公司	ZL201310131926.X	2013-09-18
3366	LED驱动调光电路	浙江生辉照明有限公司	ZL201310429592.4	2014-01-22
3367	变压器辐射型铁芯柱成型装置	浙江科升电力设备有限公司	ZL201310265346.X	2013-10-02

（续）

ID	标 题	申请人	专利号	公开日
3368	自来水水流并网发电装置	浙江科技学院	ZL201310294947.3	2013-10-09
3369	电池充电装置和电池充电方法	浙江绿源电动车有限公司	ZL201310030966.5	2013-05-01
3370	一种变压器箱体结构	浙江置电非晶电气有限公司	ZL201310227092.2	2013-10-02
3371	光源控制方法、装置及系统	浙江英飞特节能技术有限公司	ZL201110236192.2	2013-03-06
3372	一种控制电路以及开关电源	浙江英飞特节能技术有限公司	ZL201310119679.1	2013-06-19
3373	一种恒流防闪烁电路、方法及应用该电路的LED驱动器	浙江英飞特节能技术有限公司	ZL201310158588.9	2013-07-31
3374	一种智能LED驱动芯片	浙江萤尔光电科技有限公司	ZL201110088411.7	2011-09-14
3375	阀控密封铅酸蓄电池充电器及其充电方法	浙江迅捷电气科技有限公司	ZL201310659059.7	2014-03-05
3376	具有高散热性能的光伏接线盒	浙江鑫辉光伏科技有限公司	ZL201210535785.3	2013-04-03
3377	灌胶型光伏接线盒	浙江鑫辉光伏科技有限公司	ZL201310576639.X	2014-04-02
3378	一种自充电LED灯	浙江长兴金盛光电科技有限公司	ZL201310462104.X	2014-01-22
3379	一种实现电源冗余的系统及方法	浪潮(北京)电子信息产业有限公司	ZL201110430083.4	2012-06-27
3380	一种功率因数自适应控制方法	海信(山东)空调有限公司	ZL201210342275.4	2013-01-02
3381	交流电源断电检测方法及直流变频压缩机的断电保护方法	海信(山东)空调有限公司	ZL201210399716.4	2013-01-30
3382	一种逆变器电路的性能测试方法及测试装置	海信(山东)空调有限公司	ZL201210515448.8	2013-03-27
3383	一种三相电源的故障检测方法	海信(山东)空调有限公司	ZL201210582609.5	2013-04-10
3384	通用化的智能功率模块温控方法及变频设备	海信(山东)空调有限公司	ZL201310403019.6	2013-12-04
3385	半导体存储装置的位线预充电电压发生电路	海力士半导体有限公司	ZL201010216194.0	2011-07-13
3386	电源电路以及使用该电源电路的半导体存储电路	海力士半导体有限公司	ZL201010244666.3	2011-06-01
3387	光伏发电系统发电量预测方法和系统	海南汉能光伏有限公司	ZL201210301257.1	2012-12-05
3388	无线电能发射装置及无线充电系统	海尔集团公司 海尔集团技术研发中心	ZL201210102868.3	2012-07-25
3389	根据储能电源电能值自动计算洗衣次数的洗衣机及方法	海尔集团公司 青岛海尔洗衣机有限公司	ZL201010286072.9	2011-02-16
3390	连接有储能电源的洗衣机电源检测控制方法	海尔集团公司 青岛海尔洗衣机有限公司	ZL201010553166.8	2011-05-25
3391	基于智能电网的洗衣机电源检测控制方法	海尔集团公司 青岛海尔洗衣机有限公司	ZL201010601435.3	2011-04-27
3392	洗衣机电源检测控制方法	海尔集团公司 青岛海尔洗衣机有限公司	ZL201010601437.2	2011-09-07
3393	设备充电的控制方法和电器设备	海尔集团公司 青岛海尔电子有限公司	ZL201110111438.3	2012-01-18
3394	一种LED功率自适应驱动器	海林火地电气科技有限公司	ZL201310029696.6	2013-05-08
3395	一种LED驱动电路及LED灯具	海洋王(东莞)照明科技有限公司 海洋王照明科技股份有限公司 深圳市海洋王照明工程有限公司	ZL201210127212.7	2013-10-30
3396	一种光伏聚合物材料、其制备方法和应用	海洋王照明科技股份有限公司	ZL201080069692.5	2013-06-19
3397	一种LED驱动控制方法、系统及便携式LED发光装置	海洋王照明科技股份有限公司 深圳市海洋王照明工程有限公司	ZL200910110681.6	2010-05-26
3398	一种电源极性转换电路	海洋王照明科技股份有限公司 深圳市海洋王照明工程有限公司	ZL201010542418.7	2012-05-23
3399	一种LED调光驱动电路	海洋王照明科技股份有限公司 深圳市海洋王照明工程有限公司	ZL201010554920.X	2012-05-30
3400	一种降压型LED驱动电路	海洋王照明科技股份有限公司 深圳市海洋王照明工程有限公司	ZL201010606752.4	2012-07-11

（续）

ID	标　　题	申请人	专利号	公开日
3401	一种 LED 驱动短路保护电路	海洋王照明科技股份有限公司 深圳市海洋王照明工程有限公司	ZL201110046381.3	2012-08-29
3402	一种 LED 调光驱动电路	海洋王照明科技股份有限公司 深圳市海洋王照明工程有限公司	ZL201110046597.X	2012-08-29
3403	LED 驱动板恒流测试工装及其测试方法	海洋王照明科技股份有限公司 深圳市海洋王照明工程有限公司	ZL201110068153.6	2012-09-26
3404	一种可调光 LED 驱动电路及灯具	海洋王照明科技股份有限公司 深圳市海洋王照明工程有限公司	ZL201110075152.4	2012-10-03
3405	充电器过流测试电路及其测试方法	海洋王照明科技股份有限公司 深圳市海洋王照明工程有限公司	ZL201110079050.X	2012-10-10
3406	一种模块化的 LED 驱动电路	海洋王照明科技股份有限公司 深圳市海洋王照明工程有限公司	ZL201110080643.8	2012-10-17
3407	LED 驱动电路	海洋王照明科技股份有限公司 深圳市海洋王照明工程有限公司	ZL201110092617.7	2012-10-17
3408	一种 LED 恒流调光驱动电路装置	海洋王照明科技股份有限公司 深圳市海洋王照明工程有限公司	ZL201110111816.8	2012-10-31
3409	移动电源的固定装置	海洋王照明科技股份有限公司 深圳市海洋王照明工程有限公司	ZL201110118641.3	2012-11-14
3410	带短路保护的充电电路、充电器	海洋王照明科技股份有限公司 深圳市海洋王照明工程有限公司	ZL201110142824.9	2012-12-05
3411	带短路保护的充电电路、充电器	海洋王照明科技股份有限公司 深圳市海洋王照明工程有限公司	ZL201110142997.0	2012-12-05
3412	升压型 LED 恒流驱动电路	海洋王照明科技股份有限公司 深圳市海洋王照明工程有限公司	ZL201110159188.0	2012-12-19
3413	一种基于单片机的恒压电源电路及恒压电源装置	海洋王照明科技股份有限公司 深圳市海洋王照明工程有限公司	ZL201110162557.1	2012-12-19
3414	一种电源极性检测电路	海洋王照明科技股份有限公司 深圳市海洋王照明工程有限公司	ZL201110174917.X	2013-01-02
3415	一种过流保护采样电路、LED 驱动电路及 LED 灯具	海洋王照明科技股份有限公司 深圳市海洋王照明工程有限公司	ZL201110181033.7	2013-01-02
3416	一种蓄电池充电电路及 LED 灯具	海洋王照明科技股份有限公司 深圳市海洋王照明工程有限公司	ZL201110337494.9	2013-05-08
3417	一种智能充电电路及灯具	海洋王照明科技股份有限公司 深圳市海洋王照明工程有限公司	ZL201110338025.9	2013-05-08
3418	一种恒压限流充电电路及灯具	海洋王照明科技股份有限公司 深圳市海洋王照明工程有限公司	ZL201110344918.4	2013-05-08
3419	一种 LED 驱动电路及 LED 滑行道边灯	海洋王照明科技股份有限公司 深圳市海洋王照明工程有限公司	ZL201110369178.X	2013-05-29
3420	一种 LED 驱动电路及 LED 灯具	海洋王照明科技股份有限公司 深圳市海洋王照明工程有限公司	ZL201110439286.X	2013-06-26
3421	一种单路限流驱动双色 LED 电路及 LED 灯具	海洋王照明科技股份有限公司 深圳市海洋王照明工程有限公司	ZL201210045694.1	2013-09-11

（续）

ID	标题	申请人	专利号	公开日
3422	一种多路电源变换电路	海洋王照明科技股份有限公司 深圳市海洋王照明技术有限公司	ZL201010210282. X	2010-10-27
3423	具有充电功能的应急电源	海洋王照明科技股份有限公司 深圳市海洋王照明技术有限公司	ZL201110179782. 6	2013-01-02
3424	一种带延时功能LED驱动电路及LED灯具	海洋王照明科技股份有限公司 深圳市海洋王照明技术有限公司	ZL201110273106. 5	2013-03-27
3425	LED恒流驱动电路的过流保护电路	海洋王照明科技股份有限公司 深圳市海洋王照明技术有限公司	ZL201110293334. 9	2013-04-10
3426	充电口组件及灯具	海洋王照明科技股份有限公司 深圳市海洋王照明技术有限公司	ZL201110304865. 3	2013-04-10
3427	一种照明灯具及其二次电池的充电电路	海洋王照明科技股份有限公司 深圳市海洋王照明技术有限公司	ZL201110386494. 8	2013-06-05
3428	变压器线圈绕线模	海盐变压器有限公司	ZL201210409681. 8	2013-02-27
3429	一种印刷电路板上电源的布线方法和印刷电路板	海能达通信股份有限公司	ZL201210054797. 4	2012-07-18
3430	一种纹波电源装置及其提供带纹波的直流电压的方法	海能达通信股份有限公司	ZL201210326451. 5	2013-01-16
3431	一种立体卷铁心双分裂变压器的引线结构	海鸿电气有限公司	ZL201310267934. 7	2013-10-16
3432	一种太阳能反射聚光光伏系统及其反射聚光方法	涿州聚烨新能源技术有限公司	ZL201310351471. 2	2013-12-04
3433	增程式小型电动汽车用非对称混合电源装置的充电方法	淄博国利新电源科技有限公司	ZL201310186993. 1	2013-08-14
3434	防爆特殊型电源装置	淄博火炬能源有限责任公司	ZL201210280439. 5	2012-10-24
3435	通用型矿用LED灯驱动器	淮南市矿用电器设备有限责任公司 程佳平	ZL201310011174. 3	2013-04-03
3436	电源自动切换系统	淮南矿业（集团）有限责任公司	ZL201110431924. 3	2013-06-26
3437	一种全断电电动车充电器	淮安信息职业技术学院	ZL201310486225. 8	2014-01-15
3438	一种全断电电动车充电器转接装置	淮安信息职业技术学院	ZL201410147208. 6	2014-07-09
3439	电源板及其加工方法	深南电路有限公司	ZL201110248168. 0	2013-03-06
3440	输入电源的电压取样和关机电容放电电路	深圳TCL新技术有限公司	ZL201110028553. 4	2011-08-31
3441	LED驱动装置、灯条和背光装置	深圳TCL新技术有限公司	ZL201110163763. 4	2012-01-18
3442	LED驱动电路的性能检测电路	深圳TCL新技术有限公司	ZL201210225146. 7	2012-11-07
3443	升压拓扑电路	深圳TCL新技术有限公司	ZL201210319110. 5	2012-12-19
3444	LED驱动电路及液晶显示器	深圳TCL新技术有限公司	ZL201210364863. 8	2013-01-02
3445	LED背光驱动装置、方法和LED背光模组	深圳TCL新技术有限公司	ZL201210370408. 9	2013-01-16
3446	充电站售电管理系统	深圳供电局有限公司	ZL201210069855. 0	2012-07-25
3447	一种用于电动汽车充电站的一体化汇集方法及装置	深圳供电局有限公司	ZL201210091016. 9	2012-09-12
3448	智能变电站电源备自投切负荷试验装置	深圳供电局有限公司	ZL201210141211. 8	2012-08-08
3449	一种用于变压器中性点保护间隙动作的方法及装置	深圳供电局有限公司	ZL201310059960. 0	2013-06-05
3450	一种新能源并网联络线功率的平滑控制方法及装置	深圳供电局有限公司	ZL201310234708. 9	2013-09-25
3451	一种变压器制造工艺三维立体仿真培训系统及方法	深圳供电局有限公司 国网电力科学研究院武汉南瑞有限责任公司	ZL201310547565. 7	2014-02-19
3452	双模太阳能光伏发电系统	深圳先进储能材料国家工程研究中心有限公司	ZL201310387650. 1	2013-12-18

（续）

ID	标　　题	申请人	专利号	公开日
3453	电源智能记录系统及方法	深圳先进技术研究院	ZL200910239642.6	2011-07-06
3454	分布式电源并网运行监测装置及方法	深圳先进技术研究院	ZL200910239646.4	2011-07-06
3455	一种AGV自动充电方法及系统	深圳先进技术研究院	ZL201210562573.4	2013-04-03
3456	基于机器人的充电系统	深圳先进技术研究院	ZL201210572712.1	2013-05-01
3457	电源控制模块及光子智能锁	深圳光启创新技术有限公司	ZL201210317181.1	2014-03-26
3458	一种人工电磁材料及使用该材料的滤波器	深圳光启高等理工研究院	ZL201210052082.5	2012-07-25
3459	移动终端设备及其充电方法	深圳凯虹移动通信有限公司	ZL201210486710.0	2013-03-13
3460	一种光伏逆变器及其保护装置	深圳创动科技有限公司	ZL201210566320.4	2013-05-15
3461	一种双路升压光伏逆变器及其控制方法	深圳创动科技有限公司	ZL201210570597.4	2013-05-22
3462	一种三相三线制逆变器及其线相电压转换方法	深圳创动科技有限公司	ZL201210575679.8	2013-05-22
3463	电源板自动测试系统	深圳创维-RGB电子有限公司	ZL201210218570.9	2012-10-31
3464	一种液晶电视机及其电源电路	深圳创维-RGB电子有限公司	ZL201210464055.9	2013-03-13
3465	一种LED恒流驱动电路及液晶电视	深圳创维-RGB电子有限公司	ZL201210574781.6	2013-04-10
3466	一种多功能电焊机电源保护插座	深圳华意隆电气股份有限公司	ZL201210502519.0	2013-02-13
3467	应用在LED分段驱动电路中的LED布局方法	深圳博用科技有限公司	ZL201310222117.X	2013-09-04
3468	一种三电平变换中点平衡控制方法、装置及三电平变换器	深圳古瑞瓦特新能源股份有限公司	ZL201110378754.7	2013-06-05
3469	保鲜机电源控制电路、装置及其控制方法	深圳和而泰智能控制股份有限公司	ZL201210539396.8	2013-04-17
3470	电源控制装置及热水器	深圳和而泰智能控制股份有限公司	ZL201310019861.X	2013-05-01
3471	驱动电路及LED照明装置	深圳和而泰照明科技有限公司	ZL201210460571.4	2013-03-13
3472	移动电源类产品的一种新型电子开关电路及其控制流程	深圳嘉信高能源技术股份有限公司	ZL201110021366.3	2012-07-25
3473	DECT底座电源	深圳国威电子有限公司	ZL201310202598.8	2013-10-02
3474	基于相位调制器的可调谐光学变频器	深圳大学	ZL201110378743.9	2012-07-25
3475	智能充电方法及系统	深圳天珑无线科技有限公司	ZL201310450549.6	2013-12-25
3476	无线充电位置校准方法及电子设备	深圳天珑无线科技有限公司	ZL201310451347.3	2014-01-29
3477	一种核电站用充电监控系统及核电站用充电监控方法	深圳奥特迅电力设备股份有限公司 中广核工程有限公司	ZL201310481785.4	2014-01-08
3478	一种牵引蓄电池的充电方法	深圳威迈斯电源有限公司	ZL201310344125.1	2013-11-20
3479	调制解调器及电源节省方法	深圳富泰宏精密工业有限公司	ZL200910311699.2	2011-06-22
3480	基于NFC的无线充电控制方法及系统	深圳小木科技有限公司	ZL201310632714.X	2014-03-26
3481	带显示的移动电源	深圳市万拓电子技术有限公司	ZL201210236171.5	2012-10-17
3482	一种级联的以太网电源供电系统及其以太网供电方法	深圳市东微智能科技有限公司	ZL201210263179.0	2012-10-31
3483	一种单级PFC反激电源输入欠压保护线路	深圳市东方之星电源有限公司	ZL201310448854.1	2014-01-01
3484	一种LED恒流驱动芯片输入电路	深圳市中庆微科技开发有限公司	ZL201010218023.1	2010-12-29
3485	一种低电压的LED驱动芯片	深圳市中庆微科技开发有限公司	ZL201110138954.5	2011-12-21
3486	一种设有双电压电源电路的逆变焊机	深圳市中智投资有限公司	ZL201110137322.7	2012-11-28
3487	一种无线充电移动电源	深圳市中远航科技有限公司	ZL201310034465.4	2013-06-12
3488	一种无线充电电源	深圳市中远航科技有限公司	ZL201310082111.7	2013-07-17
3489	一种移动充电包	深圳市中远航科技有限公司	ZL201310101099.X	2013-07-24

（续）

ID	标　　题	申请人	专利号	公开日
3490	一种无线充电设备	深圳市中远航科技有限公司	ZL201310156410. 0	2013-09-04
3491	一种无线充电设备	深圳市中远航科技有限公司	ZL201310157848. 0	2013-08-28
3492	一种光伏并网发电系统的孤岛检测方法和检测装置	深圳市京泉华科技股份有限公司	ZL201310033557. 0	2013-05-08
3493	一种具有无线移动充电功能的装置及其无线充电方法	深圳市京泉华科技股份有限公司	ZL201310043838. 4	2013-05-15
3494	一种可编程 LED 驱动控制装置	深圳市众朝科技有限公司	ZL201310094827. 9	2013-07-24
3495	一种自助服务终端及其充电控制系统和方法	深圳市凯欣达信息技术股份有限公司	ZL201010555758. 3	2012-05-30
3496	一种卷轴式太阳能电池充电装置	深圳市创益科技发展有限公司	ZL201410135300. 0	2014-07-09
3497	功率模块电路、功率开关芯片、开关电源及其设计方法	深圳市力生美半导体器件有限公司	ZL201210346571. 1	2013-02-13
3498	一种 LED 背光驱动电路、背光模组及液晶显示装置	深圳市华星光电技术有限公司	ZL201210106668. 5	2012-09-12
3499	一种 LED 背光驱动电路、液晶显示装置和一种驱动方法	深圳市华星光电技术有限公司	ZL201210131423. 8	2012-08-15
3500	一种 LED 背光驱动电路、液晶显示装置及一种驱动方法	深圳市华星光电技术有限公司	ZL201210142061. 2	2012-08-08
3501	一种 LED 背光驱动电路、液晶显示装置及一种驱动电路	深圳市华星光电技术有限公司	ZL201210142204. X	2012-08-22
3502	一种 LED 背光驱动电路、背光模组及液晶显示装置	深圳市华星光电技术有限公司	ZL201210151814. 6	2012-09-19
3503	一种 LED 背光驱动电路和液晶显示装置、制造方法	深圳市华星光电技术有限公司	ZL201210207895. 7	2012-10-17
3504	一种 LED 背光驱动电路、背光模组和液晶显示装置	深圳市华星光电技术有限公司	ZL201210237007. 6	2012-10-24
3505	一种电源系统及其启动方法	深圳市华星光电技术有限公司	ZL201210356678. 4	2013-01-09
3506	解决恒流驱动芯片温度过高的方法及 LED 灯条驱动电路	深圳市华星光电技术有限公司	ZL201210457421. 8	2013-02-06
3507	实现 LED 灯条电流倍增的方法及其对应的驱动电路	深圳市华星光电技术有限公司	ZL201210457506. 6	2013-02-06
3508	背光驱动的直流升压拓扑电路	深圳市华星光电技术有限公司	ZL201210460615. 3	2013-03-27
3509	一种 LED 背光驱动电路、背光模组和液晶显示装置	深圳市华星光电技术有限公司	ZL201210501274. X	2013-03-06
3510	一种 LED 背光驱动电路、液晶显示装置和一种驱动方法	深圳市华星光电技术有限公司	ZL201210501289. 6	2013-03-13
3511	一种 LED 背光驱动电路和液晶显示装置	深圳市华星光电技术有限公司	ZL201210541244. 1	2013-04-24
3512	一种 LED 背光驱动电路和液晶显示装置	深圳市华星光电技术有限公司	ZL201210558874. X	2013-04-17
3513	LED 调光驱动装置及方法	深圳市华星光电技术有限公司	ZL201310019904. 4	2013-05-08
3514	LED 背光驱动电路	深圳市华星光电技术有限公司	ZL201310067046. 0	2013-06-12
3515	一种 LED 背光驱动电路、液晶显示装置和驱动电路	深圳市华星光电技术有限公司	ZL201310073555. 4	2013-06-19
3516	一种 LED 背光驱动电路、液晶显示装置和一种驱动方法	深圳市华星光电技术有限公司	ZL201310081767. 7	2013-06-05
3517	LED 背光驱动电路、背光模组、液晶显示装置	深圳市华星光电技术有限公司	ZL201310087555. X	2013-06-12
3518	一种 LED 背光驱动电路和液晶显示装置	深圳市华星光电技术有限公司	ZL201310106859. 6	2013-06-12
3519	一种 LED 背光驱动电路及其驱动方法和液晶显示模组	深圳市华星光电技术有限公司	ZL201310110134. 4	2013-07-03
3520	一种 LED 背光驱动电路、液晶显示装置和一种驱动方法	深圳市华星光电技术有限公司	ZL201310167075. 4	2013-09-11

（续）

ID	标　　题	申请人	专利号	公开日
3521	一种LED背光驱动电路及其驱动方法、液晶显示装置	深圳市华星光电技术有限公司	ZL201310167121.0	2013-09-11
3522	LED背光驱动电路、液晶显示装置和一种驱动方法	深圳市华星光电技术有限公司	ZL201310203881.2	2013-09-04
3523	一种LED背光驱动电路和背光驱动方法	深圳市华星光电技术有限公司	ZL201310242543.X	2013-09-11
3524	LED背光驱动电路以及液晶显示器	深圳市华星光电技术有限公司	ZL201310320369.6	2013-11-20
3525	一种LED背光驱动电路和液晶显示装置	深圳市华星光电技术有限公司	ZL201310454231.5	2014-01-08
3526	LED背光驱动电路以及液晶显示器	深圳市华星光电技术有限公司	ZL201310746757.0	2014-04-23
3527	一种带手机插入自动识别的后备电源控制系统	深圳市华芯邦科技有限公司	ZL201310322783.0	2013-10-23
3528	一种电力系统变压器综合监控系统	深圳市双合电气股份有限公司	ZL201210521492.X	2013-03-20
3529	电力变压器及供电系统	深圳市合兴加能科技有限公司	ZL201110163679.2	2012-12-19
3530	一种不间断电源	深圳市喻深鸿电气科技有限公司	ZL201310045514.4	2013-05-01
3531	一种不间断电源内的镍氢电池充放电电路	深圳市国耀电子科技有限公司 石家庄国耀电子科技有限公司	ZL201310324538.3	2013-10-23
3532	LED大屏幕显示装置及其驱动电路	深圳市大象视界科技有限公司	ZL201210255855.X	2012-11-07
3533	LED驱动方法及驱动电路	深圳市天微电子有限公司	ZL201210393775.0	2013-01-23
3534	开关电源转换器的软启动系统	深圳市天微电子有限公司	ZL201210563478.6	2013-04-24
3535	一种光伏扬水逆变器及其控制方法及光伏扬水系统	深圳市天源新能源有限公司	ZL201210370201.1	2014-03-12
3536	一种智能LED驱动电源	深圳市奇脉电子技术有限公司	ZL201210360868.3	2012-12-26
3537	一种充电器自动侦测和分配电流的方法	深圳市奥尼电子工业有限公司	ZL201210144729.7	2013-11-13
3538	一种用于小型变频器的单端反激式开关电源	深圳市安邦信电子有限公司	ZL201210523945.2	2013-03-13
3539	一种可充电电池过放保护电路	深圳市富满电子有限公司	ZL201210243308.X	2012-11-07
3540	具有零伏充电功能的可充电电池保护电路	深圳市富满电子有限公司	ZL201310073626.0	2013-06-26
3541	移动电源控制芯片及使用该芯片的移动电源	深圳市富满电子集团股份有限公司	ZL201310270705.0	2013-10-30
3542	LED恒流驱动电路	深圳市富鑫雅科技发展有限公司	ZL201280000621.9	2014-01-08
3543	智能显示器及其电源管理方法	深圳市彤兴电子有限公司	ZL201210295740.3	2012-11-28
3544	LED驱动芯片的整体调变控制方法及系统	深圳市明微电子股份有限公司	ZL201210024379.0	2013-08-14
3545	一种LED显示屏消隐控制电路及LED驱动芯片	深圳市明微电子股份有限公司	ZL201210045607.2	2012-07-18
3546	一种LED显示面板驱动方法、装置、显示系统及设备	深圳市明微电子股份有限公司	ZL201210179117.1	2012-10-10
3547	一种LED驱动电路及LED照明装置	深圳市明微电子股份有限公司	ZL201210213084.8	2012-10-10
3548	一种开关电源及其多阈值开关电路	深圳市明微电子股份有限公司	ZL201210413164.8	2013-02-06
3549	一种开关电源及其自适应多模式控制电路	深圳市明微电子股份有限公司	ZL201210551707.2	2013-04-03
3550	一种具有高功率因数的LED线性恒流驱动控制器	深圳市明微电子股份有限公司	ZL201310088331.0	2013-06-26
3551	一种具有宽输入电压范围的LED线性恒流驱动控制器	深圳市明微电子股份有限公司	ZL201310088782.4	2013-06-26
3552	一种恒流驱动控制器及LED恒流驱动电路	深圳市明微电子股份有限公司	ZL201310110018.2	2013-07-10
3553	一种具有高功率因数的恒流驱动控制电路及驱动装置	深圳市明微电子股份有限公司	ZL201310143367.4	2013-07-31
3554	开关电源控制器以及开关电源电路	深圳市明微电子股份有限公司	ZL201310148072.6	2013-07-24
3555	一种具有开路保护的高功率因数恒流控制电路	深圳市明微电子股份有限公司	ZL201310203866.8	2013-08-21

（续）

ID	标　　题	申请人	专利号	公开日
3556	一种开关电源驱动芯片及开关电源驱动电路	深圳市明微电子股份有限公司	ZL201310316363.1	2013-11-13
3557	一种编码器电源稳压电路及其稳压方法	深圳市易能电气技术有限公司	ZL201310276915.0	2013-09-25
3558	USB 智能充电器	深圳市显盈电子科技有限公司	ZL201210352018.9	2013-02-06
3559	分段式 LED 驱动装置及其驱动方法和 LED 照明装置	深圳市晟碟半导体有限公司	ZL201310143052.X	2013-07-17
3560	一种设置 LED 驱动电源输出参数的装置及方法	深圳市朗科智能电气股份有限公司	ZL201310641849.2	2014-03-12
3561	一种具有过流保护功能的桥式 LC 谐振电路	深圳市朗科电器有限公司	ZL201210183358.3	2012-10-03
3562	一种锂离子电池的充电方法	深圳市比克电池有限公司	ZL201010118133.0	2011-09-21
3563	LED 驱动电源及 LED 照明灯具	深圳市比格利电源科技有限公司	ZL201210182637.8	2012-10-24
3564	一种用于光伏逆变器的逆变柜	深圳市永联科技有限公司	ZL201210508938.5	2013-03-13
3565	电动车驱动器过压保护结构及电动车	深圳市汇川技术股份有限公司	ZL201010230301.5	2012-02-01
3566	电动汽车 DC/DC 控制器	深圳市汇川技术股份有限公司 苏州汇川技术有限公司	ZL201210065126.8	2013-07-17
3567	通用变频器转矩提升系统及方法	深圳市汇川技术股份有限公司 苏州汇川技术有限公司 苏州默纳克控制技术有限公司	ZL201210218567.7	2012-10-24
3568	基于电流模型的异步机磁通估计系统及方法	深圳市汇川技术股份有限公司 苏州汇川技术有限公司 苏州默纳克控制技术有限公司	ZL201210284835.5	2012-12-12
3569	变频器接线端子	深圳市汇川技术股份有限公司 苏州汇川技术有限公司 苏州默纳克控制技术有限公司	ZL201210392531.0	2013-02-06
3570	基于电流模型的异步机定子磁通估计系统及方法	深圳市汇川技术股份有限公司 苏州汇川技术有限公司 苏州默纳克控制技术有限公司	ZL201210499195.X	2013-03-20
3571	异步电机转子时间常数在线识别系统及方法	深圳市汇川技术股份有限公司 苏州汇川技术有限公司 苏州默纳克控制技术有限公司	ZL201210499243.5	2013-03-20
3572	基于磁通估计的转子时间常数在线辨识系统及方法	深圳市汇川技术股份有限公司 苏州汇川技术有限公司 苏州默纳克控制技术有限公司	ZL201210508614.1	2013-04-17
3573	基于功率计算的转差估计系统及方法	深圳市汇川技术股份有限公司 苏州汇川技术有限公司 苏州默纳克控制技术有限公司	ZL201210566543.0	2013-04-03
3574	三相并网逆变器	深圳市汇川技术股份有限公司 苏州汇川技术有限公司 苏州默纳克控制技术有限公司	ZL201310088203.6	2013-07-24
3575	低压电动车驱动控制电路	深圳市汇川技术股份有限公司 苏州汇川技术有限公司 苏州默纳克控制技术有限公司	ZL201310152727.7	2013-08-14
3576	异步电机转子磁场定向角度修正系统及方法	深圳市汇川技术股份有限公司 苏州汇川技术有限公司 苏州默纳克控制技术有限公司	ZL201310230909.1	2013-09-25
3577	异步电机定子电阻在线识别系统及方法	深圳市汇川技术股份有限公司 苏州汇川技术有限公司 苏州默纳克控制技术有限公司	ZL201310230926.5	2013-09-25
3578	汇流系统及提高光伏系统发电效率的方法	深圳市汇川技术股份有限公司 苏州汇川技术有限公司 苏州默纳克控制技术有限公司	ZL201310239348.1	2013-10-16
3579	永磁同步电机初始角度辨识系统及方法	深圳市汇川技术股份有限公司 苏州汇川技术有限公司 苏州默纳克控制技术有限公司	ZL201310309619.6	2013-11-20
3580	一种外部电源和电池供电的电源切换电路	深圳市汇顶科技股份有限公司	ZL201310286721.9	2013-09-25
3581	多功能充电接口、电源装置和充电方法	深圳市江波龙电子有限公司	ZL201210162234.7	2012-10-10

（续）

ID	标　　题	申请人	专利号	公开日
3582	移动电源放电电流检测方法及系统	深圳市沛城电子科技有限公司	ZL201210410051. 2	2013-03-06
3583	充电方法及装置	深圳市沛城电子科技有限公司	ZL201210450522. 2	2013-03-20
3584	大型电力变压器用温控器补偿装置	深圳市泰士特科技股份有限公司	ZL201210118248. 9	2013-10-30
3585	变电站电源系统馈线短路和过载的保护方法及其保护装置	深圳市泰昂能源科技股份有限公司	ZL201310166514. X	2013-07-24
3586	一种双电源分合闸驱动转换装置	深圳市泰永电气科技有限公司	ZL201210504769. 8	2013-03-20
3587	一种具有电源转换和巡检功能的消防控制系统	深圳市泰永电气科技有限公司	ZL201310071724. 0	2013-07-17
3588	变频器控制电机的方法和变频器	深圳市海浦蒙特科技有限公司	ZL201310133221. 1	2013-08-21
3589	一种变频器直流母线电容的充电控制方法及其实现电路	深圳市澳地特电气技术有限公司	ZL201110002935. X	2012-07-18
3590	基于文本语言的电源控制方法及装置	深圳市生波尔机电设备有限公司	ZL201310145190. 1	2013-09-04
3591	一种柜外顶置通讯电源机柜	深圳市生瑞科技有限公司	ZL201110152650. 4	2012-12-12
3592	判断有源电力滤波器系统稳定性的方法及系统	深圳市盛弘电气有限公司	ZL201210089499. 9	2012-07-25
3593	DCDC 变换器的控制方法和系统	深圳市盛弘电气有限公司	ZL201210592092. 8	2013-04-10
3594	LED 驱动恒流通道输出驱动器、级联系统及其驱动方法	深圳市磊芯半导体有限公司	ZL201210235196. 3	2012-10-17
3595	一种风电变流器低温启机方法	深圳市禾望电气股份有限公司	ZL201210039527. 6	2012-07-11
3596	一种变流器设备软启动装置及软启动方法	深圳市禾望电气股份有限公司	ZL201210284293. 1	2012-12-12
3597	一种带散热结构的变流器柜	深圳市禾望电气股份有限公司	ZL201310449503. 2	2014-01-01
3598	MPPT 控制器、功率跟踪装置、光伏发电及储能系统	深圳市禾望电气股份有限公司	ZL201310487417. 0	2014-01-22
3599	一种多串锂电池组的并联充电电路的并联充电方法	深圳市科列技术有限公司	ZL201310259240. 9	2013-09-25
3600	原边反馈 AC-DC 开关电源的阀值抖频控制系统和方法	深圳市稳先微电子有限公司	ZL201210211363. 0	2012-10-31
3601	一种原边反馈 AC-DC 开关电源的空载控制系统	深圳市稳先微电子有限公司	ZL201210211365. X	2012-10-31
3602	一种原边反馈 AC-DC 开关电源的抖频控制系统	深圳市稳先微电子有限公司	ZL201210211387. 6	2012-10-31
3603	用于 LED 驱动电路的电荷控制方法及装置、LED 驱动电路	深圳市绿源半导体技术有限公司	ZL201410189546. 6	2014-07-16
3604	LED 显示驱动交互显示装置及方法	深圳市绿源半导体技术有限公司 深圳市达明视讯科技开发有限公司	ZL201310290416. 7	2013-09-25
3605	低电压直流电源切换电路及其直流电源	深圳市翌日科技有限公司	ZL201310299784. 8	2013-09-25
3606	一种 LED 驱动电路	深圳市耐明光电有限公司	ZL201310205060. 2	2013-09-04
3607	一种网络设备的电源电路	深圳市腾讯计算机系统有限公司	ZL201210004729. 7	2013-07-10
3608	自适应防雷防浪涌控制电路	深圳市航嘉驰源电气股份有限公司	ZL201110033548. 2	2012-08-01
3609	交错式正激电路的整流滤波电路及交错式正激电路	深圳市航嘉驰源电气股份有限公司	ZL201210190633. 4	2012-12-12
3610	多士炉及其自动断电防卡死结构	深圳市航嘉驰源电气股份有限公司	ZL201210243543. 7	2012-12-19
3611	驱动变压器隔离自适应驱动电路	深圳市航嘉驰源电气股份有限公司	ZL201210499460. 4	2013-06-05
3612	一种三端口 DC-DC 变换器拓扑电路	深圳市航天新源科技有限公司	ZL201310137580. 4	2013-07-10
3613	一种隔离型 DC-DC 变换器拓扑电路	深圳市航天新源科技有限公司	ZL201310144593. 4	2013-07-17
3614	一种基于分离充电的电源控制器架构及控制方法	深圳市航天新源科技有限公司	ZL201310160150. 4	2013-08-07
3615	一种车载终端的充电保护装置和方法	深圳市航盛电子股份有限公司	ZL201210467286. 5	2013-02-13

（续）

ID	标　　题	申请人	专利号	公开日
3616	利用无线充电实现新能源汽车电池主动均衡的方法及系统	深圳市航盛电子股份有限公司	ZL201310115905. 9	2013-07-10
3617	动态线性控制 LED 驱动电路	深圳市芯飞凌半导体有限公司	ZL201310046424. 7	2013-05-15
3618	三电平逆变器窄脉冲消除及中点电压控制方法和装置	深圳市英威腾电气股份有限公司	ZL201110149495. 0	2012-07-11
3619	一种电池板对地阻抗检测电路及方法	深圳市英威腾电气股份有限公司	ZL201110378105. 7	2012-06-20
3620	散热机柜及电子设备	深圳市英威腾电气股份有限公司	ZL201110392383. 8	2012-06-27
3621	一种同步电机电感参数辨识方法及其实现系统	深圳市英威腾电气股份有限公司	ZL201180004211. 7	2012-10-31
3622	一种同步电机电感参数辨识方法及其实现系统	深圳市英威腾电气股份有限公司	ZL201180004212. 1	2012-10-03
3623	光伏逆变器的校正、驱动方法及装置	深圳市英威腾电气股份有限公司	ZL201180004260. 0	2013-03-27
3624	一种数据处理方法、数据处理装置和通信系统	深圳市英威腾电气股份有限公司	ZL201180045996. 2	2013-08-21
3625	光伏逆变器测试装置	深圳市英威腾电气股份有限公司	ZL201210004674. X	2013-07-10
3626	一种电子产品的测试方法、装置及系统	深圳市英威腾电气股份有限公司	ZL201210054921. 7	2012-08-15
3627	一种电子设备的液冷系统及机柜	深圳市英威腾电气股份有限公司	ZL201210182033. 3	2012-09-26
3628	一种功率半导体模块以及应用其的电力电子设备	深圳市英威腾电气股份有限公司	ZL201210200551. 3	2012-10-17
3629	一种变频器的控制单元	深圳市英威腾电气股份有限公司	ZL201210203162. 6	2012-10-17
3630	一种在电气传动装置上实现安全保护功能的方法和系统	深圳市英威腾电气股份有限公司	ZL201210220425. 4	2012-11-14
3631	电子设备制造方法	深圳市英威腾电气股份有限公司	ZL201210222317. 0	2012-10-24
3632	脉冲宽度调制控制方法及其装置	深圳市英威腾电气股份有限公司	ZL201210288257. 2	2012-12-12
3633	逆变电源系统及其信号传递方法	深圳市英威腾电气股份有限公司	ZL201210293434. 6	2012-12-12
3634	功率单元板及其开关管驱动方法	深圳市英威腾电气股份有限公司	ZL201210299082. 5	2012-12-12
3635	变频器系统及其故障处理方法	深圳市英威腾电气股份有限公司	ZL201210300531. 3	2012-12-19
3636	一种上电缓冲控制电路及其控制方法	深圳市英威腾电气股份有限公司	ZL201210312337. 7	2012-12-19
3637	绝缘栅双极型晶体管驱动保护电路	深圳市英威腾电气股份有限公司	ZL201210312339. 6	2012-11-28
3638	RS485 隔离通讯电路及其控制方法	深圳市英威腾电气股份有限公司	ZL201210315052. 9	2013-01-30
3639	基于串行外设协议的输入/输出扩展板及其信号处理方法	深圳市英威腾电气股份有限公司	ZL201210315108. 0	2013-01-30
3640	光伏并网逆变器并网启动方法	深圳市英威腾电气股份有限公司	ZL201210353347. 5	2013-01-23
3641	动态有源嵌位电路和电子设备	深圳市英威腾电气股份有限公司	ZL201210355236. 8	2013-01-02
3642	二极管箝位式三电平 IGBT 驱动保护电路和模块及其拓扑装置	深圳市英威腾电气股份有限公司	ZL201210387104. 3	2013-01-30
3643	芯片启动电路	深圳市英威腾电气股份有限公司	ZL201210417249. 3	2013-03-13
3644	谐波检测方法及相关装置	深圳市英威腾电气股份有限公司	ZL201280003068. 4	2014-01-29
3645	一种本质安全型电源电路及具有该电源电路的装置	深圳市英威腾电气股份有限公司	ZL201310027521. 1	2013-05-08
3646	提高并网电能质量的方法、装置及逆变器	深圳市英威腾电气股份有限公司	ZL201310073616. 7	2013-05-22
3647	一种三相电网缺相检测方法及电路	深圳市英威腾电气股份有限公司	ZL201310100808. 2	2013-07-10
3648	变频切换工频的方法、装置及变频器	深圳市英威腾电气股份有限公司	ZL201310145119. 3	2013-07-24
3649	一种组合式散热器	深圳市英威腾电气股份有限公司	ZL201310152910. 7	2013-08-28
3650	故障处理方法和变频器多机主从控制系统	深圳市英威腾电气股份有限公司	ZL201310157423. X	2013-08-28
3651	一种 BOOST 电感电流采样校正方法	深圳市英威腾电气股份有限公司	ZL201310410671. 0	2013-12-18

（续）

ID	标　　题	申请人	专利号	公开日
3652	一种变频器的制造方法	深圳市英威腾电气股份有限公司	ZL201310419484.9	2013-12-11
3653	一种功率单元及其制造方法	深圳市英威腾电气股份有限公司	ZL201310542572.8	2014-01-29
3654	开关电源能效智能控制电路及方法	深圳市茂宏电气有限公司	ZL201210259704.1	2012-11-14
3655	一种开关电源	深圳市蓝海华腾技术股份有限公司	ZL201110165641.9	2012-12-26
3656	一种便携式电子产品的充电装置	深圳市裕盛昌科技有限公司	ZL201310284176.X	2013-10-16
3657	压电充电式移动终端	深圳市豪恩声学股份有限公司	ZL201210164289.1	2012-10-10
3658	一种可无线式充电的胶囊内窥镜	深圳市资福技术有限公司	ZL201210441076.9	2013-03-13
3659	一种铅酸电池充电器及其充电方法	深圳市赛格导航科技股份有限公司	ZL201010576778.9	2012-07-04
3660	一种适用于移动电源的直流瓦时计	深圳市迪比科电子科技有限公司	ZL201310660985.6	2014-02-26
3661	ATM中高能效不间断高频开关电源	深圳市金威源科技股份有限公司	ZL201110446329.7	2013-07-03
3662	一种数字化电源并机均流方法及均流系统	深圳市金威源科技股份有限公司	ZL201210119497.X	2013-10-30
3663	用于电动汽车充电站监控系统中的通信方法及装置	深圳市金宏威技术有限责任公司	ZL201210027712.3	2013-03-06
3664	一种无线充电装置及相关方法	深圳市金溢科技股份有限公司	ZL201210375231.1	2013-03-13
3665	一种降低移动终端充电时发热量的系统及方法	深圳市金立通信设备有限公司	ZL201210351139.1	2013-06-19
3666	一种管理电池充电电路的方法及装置	深圳市金立通信设备有限公司	ZL201210551668.6	2013-04-17
3667	一种移动终端充电电压的控制方法及充电转换装置	深圳市金立通信设备有限公司	ZL201310106716.5	2013-07-31
3668	LED驱动电路输出电流的控制方法及系统	深圳市长运通光电技术有限公司	ZL201010606870.5	2012-07-11
3669	一种LED驱动芯片、LED灯具及其高压监测保护电路	深圳市长运通光电技术有限公司	ZL201110358965.4	2013-05-15
3670	具备自调节能力的混合电池电源系统及其制造方法	深圳市雄韬电源科技股份有限公司	ZL201110458898.3	2013-07-03
3671	一种隔离直流双向变换器	深圳市高斯宝电气技术有限公司	ZL201210002151.1	2012-07-11
3672	采用锂离子电池构成的通用型充电电池及控制方法	深圳市麦格松电气科技有限公司	ZL201310436748.1	2014-01-01
3673	一种电源的隔离转换电路	深圳开立生物医疗科技股份有限公司	ZL201310312682.5	2013-11-13
3674	一种有源钳位正激电源电路	深圳开立生物医疗科技股份有限公司	ZL201310414031.7	2013-12-11
3675	一种外置突发自动光功率控制电路	深圳新飞通光电子技术有限公司	ZL201010137977.X	2011-10-05
3676	光伏逆变器的对地阻抗检测电路及方法	深圳晶福源科技股份有限公司	ZL201310000640.8	2013-04-24
3677	充电控制电路及方法	深圳晶福源科技股份有限公司	ZL201310113732.7	2013-07-10
3678	光伏逆变器的MPPT控制方法	深圳晶福源科技股份有限公司	ZL201310124523.2	2013-08-07
3679	一种太阳能供电控制系统	深圳晶福源科技股份有限公司	ZL201310152681.9	2013-08-07
3680	一种防逆流光伏并网系统及其防止逆电流的方法	深圳晶福源科技股份有限公司	ZL201310169923.5	2013-08-14
3681	一种在线式高频UPS的逆变控制方法	深圳晶福源科技股份有限公司	ZL201310229822.2	2013-10-02
3682	一种光伏逆变器单路MPPT的测试方法	深圳晶福源科技股份有限公司	ZL201310277128.8	2013-09-25
3683	三相交流电源频率测量方法	深圳晶福源科技股份有限公司	ZL201310303046.6	2013-10-23
3684	一种LED开关电源及其多模式调光电路	深圳桑达国际电子器件有限公司	ZL201210551629.6	2013-04-17
3685	一种太阳能MPPT控制器及其N-BUCK变换器	深圳桑达国际电子器件有限公司	ZL201310012711.6	2013-05-01
3686	一种数据中心机房电源测试中辅助电源的取电与监控电路	深圳睿立方智能科技有限公司	ZL201310196612.8	2013-09-25
3687	控制光伏逆变器的并网功率恢复的方法及装置	深圳科士达科技股份有限公司	ZL201310097351.4	2013-06-12
3688	高效率的电动汽车电机电源控制和驱动电路	深圳红河马智能数字动力技术有限公司	ZL201310394251.8	2013-12-25
3689	电压电流可调的软开关LED电源	深圳美凯电子股份有限公司	ZL201110240407.8	2013-03-06
3690	一种柔性LED驱动器的数据转换方法及装置	深圳职业技术学院	ZL201210341531.8	2013-01-23

（续）

ID	标　　题	申请人	专利号	公开日
3691	一种光伏并网逆变器热保护方法及系统	深圳航天科技创新研究院	ZL201210588336. 5	2013-04-24
3692	基于三相多分裂变压器的CHB级联型光伏逆变电路	深圳航天科技创新研究院	ZL201210588995. 9	2013-04-17
3693	一种光伏并网逆变器低电压穿越辅助供电装置及方法	深圳航天科技创新研究院	ZL201310061604. 2	2013-06-05
3694	一种直流微电网多母线输出整流变换器装置及控制方法	深圳航天科技创新研究院	ZL201310095048. 0	2013-07-24
3695	一种电压过零检测电路及具有该检测电路的DC-DC转换器	深圳艾科创新微电子有限公司	ZL201010044464. 4	2011-07-20
3696	一种智能控制的锂电池充电器及充电控制方法	深圳茂硕电子科技有限公司	ZL201310399279. 0	2013-12-25
3697	一种光伏电站智能监控系统	深圳蓝波绿建集团股份有限公司	ZL201210309292. 8	2013-01-30
3698	一种智能汇流箱及其光伏系统	深圳蓝波绿建集团股份有限公司	ZL201210309295. 1	2013-01-09
3699	一种分布式独立光伏发电系统及发电方法	深圳蓝波绿建集团股份有限公司	ZL201210309575. 2	2013-01-09
3700	一种自适应调整充电速率的方法及除颤器	深圳迈瑞生物医疗电子股份有限公司	ZL201110454390. 6	2013-07-03
3701	电能表及其RC电源	深圳长城开发科技股份有限公司	ZL201110130318. 8	2012-11-21
3702	一种充电线圈组件	深圳顺络电子股份有限公司	ZL201210467676. 2	2013-02-27
3703	一种脉冲变压器及其制造方法	深圳顺络电子股份有限公司	ZL201310350438. 8	2013-12-25
3704	三电平半桥软开关直流变换电路和抑制中点漂移的方法	深圳麦格米特电气股份有限公司	ZL201110215487. 1	2011-11-23
3705	一种LED背光源驱动电路和实现软启动的方法	深圳麦格米特电气股份有限公司	ZL201210126891. 6	2012-09-19
3706	一种PCBA焊脚长度检测工具和检测方法	深圳麦格米特电气股份有限公司	ZL201210204772. 8	2012-10-10
3707	一种工业微波设备磁控管驱动电源	深圳麦格米特电气股份有限公司	ZL201210422810. 7	2013-02-06
3708	熔化电极电弧焊接熔滴缩颈检测方法	深圳麦格米特电气股份有限公司	ZL201410169832. 6	2014-08-06
3709	一种恒流恒压充电控制电路	深圳鼎信芯微电子有限公司	ZL201210453504. X	2013-03-13
3710	一种用于高速和高精度模数转换器的时钟产生电路	清华大学	ZL201110403146. 7	2012-06-27
3711	一种水溶液电解液可充电锌离子电池	清华大学	ZL201210380142. 6	2013-01-30
3712	一种换流器并网实验系统及其实验方法	清华大学	ZL201210406384. 8	2013-02-13
3713	一种计及交通信息与电网信息的电动汽车充电导航方法	清华大学	ZL201210553881. 0	2013-08-07
3714	一种电池充电方法	清华大学	ZL201310073300. 8	2013-06-05
3715	含分布式电源配电网潮流的分解协调方法	清华大学	ZL201310119804. 9	2013-09-18
3716	磁耦合谐振式无线电能传输装置	清华大学	ZL201310199644. 3	2013-09-04
3717	适用于大规模汽车有序充电的充电控制方法	清华大学	ZL201310204692. 7	2013-08-21
3718	车用动力电池组充电方法	清华大学	ZL201310217123. 6	2013-09-11
3719	三电极高频超短脉冲微细电解加工电源及其电解加工方法	清华大学	ZL201310244891. 0	2013-09-18
3720	电池的充电控制方法	清华大学	ZL201310316863. 5	2013-11-27
3721	应用于电火花放电加工的脉冲电源	清华大学	ZL201310348511. 8	2013-12-11
3722	高压纳秒脉冲电源装置	清华大学	ZL201310436461. 9	2013-12-25
3723	一种用于双主动全桥直流变换器的混合移相控制方法	清华大学	ZL201310467248. 4	2014-01-15

（续）

ID	标　　题	申请人	专利号	公开日
3724	一种基于单辆电动汽车充电预测的电动汽车实时充电方法	清华大学	ZL201310618439.6	2014-03-12
3725	一种实验室用变压器绝缘纸的制备方法及其系统	清华大学	ZL201410026395.2	2014-05-21
3726	一种适用于多负载传输的磁耦合谐振式无线电能传输装置	清华大学	ZL201410026742.1	2014-04-23
3727	兼顾电网安全和弃光最小的光伏电站有功自动控制方法	清华大学 国网青海省电力公司 国网青海省电力公司电力科学研究院	ZL201410277118.9	2014-09-10
3728	适用于多个充电站的电动汽车有序充电协调控制方法	清华大学 广东电网公司电力科学研究院	ZL201310204462.0	2013-09-04
3729	一种带短路保护的模块化多电平变流器变流模块电路	清华大学 张家港智电西威变流技术有限公司	ZL201310470755.3	2014-01-15
3730	分布式混合发电系统电源规划方法	清华大学 江西省电力科学研究院 国家电网公司	ZL201310498966.8	2014-02-26
3731	混合动力电源系统	清华大学 鸿富锦精密工业（深圳）有限公司	ZL201110181489.3	2013-01-02
3732	一种可充电的锌离子电池	清华大学深圳研究生院	ZL200910036704.3	2010-07-21
3733	便携式电子设备无线充电系统及负载检测方法	清华大学深圳研究生院 欣旺达电子股份有限公司	ZL201310437813.2	2013-12-25
3734	无线充电定位智能鞋	温岭市太平高级职业中学	ZL201310248516.3	2013-09-25
3735	一种无线充电手持式裂隙灯	温州医学院眼视光器械有限公司	ZL201210500332.7	2013-04-17
3736	一种高压大功率不间断供电装置	温州大学	ZL201310175625.7	2013-07-24
3737	一种兆瓦级并/离网变流器复合型滤波器	温州大学	ZL201310287808.8	2013-10-02
3738	一种兆瓦级三相变流器神经网络内模控制方法	温州大学	ZL201310290454.2	2013-10-23
3739	一种手枪焊机电源的整流滤波散热组件	温州市小港电气有限公司	ZL201310301790.2	2013-11-20
3740	硬盘电源电气参数监控装置	温州泓呈祥科技有限公司	ZL201010611259.1	2012-07-04
3741	一种变压器铁心自动垫片机器人装置	湖北三江航天红阳机电有限公司	ZL201310528281.3	2014-02-05
3742	一种高压变频器失电后电机重起动的控制方法	湖北三环发展股份有限公司	ZL201210550412.3	2013-03-27
3743	一种车载导航仪的充电装置和充电方法	湖北工业大学	ZL201310576295.2	2014-02-19
3744	一种多电极有源光电器件的高速宽范围高精度程控电源	湖北工业大学	ZL201410196248.X	2014-07-23
3745	超级电容充电装置	湖北汽车工业学院	ZL201310153159.2	2013-10-16
3746	一种LED无电解电容恒流电源	湖北湛青科技发展有限公司	ZL201310116308.8	2013-06-12
3747	换流变压器转换选择器动作产生的特征气体含量估算方法	湖北省电力公司电力科学研究院 国家电网公司	ZL201310015842.X	2013-05-01
3748	消除转换选择器因素的换流变压器状态判断方法	湖北省电力公司电力科学研究院 国家电网公司	ZL201310015982.7	2013-05-22
3749	变压器运行状态仿真监测系统	湖北省电力公司电力科学研究院 国网电力科学研究院武汉南瑞有限责任公司 国家电网公司	ZL201210413747.0	2013-03-06
3750	一种大型变压器组三相参数不一致运行的判断方法	湖北省电力公司电力科学研究院 武汉方源东力电力技术中心 国家电网公司	ZL201310078449.5	2013-07-17

（续）

ID	标　　题	申请人	专利号	公开日
3751	一种带功率因数补偿的大功率 LED 灯供电模块	湖南互联安高新技术节能工程有限公司	ZL201210427130. 4	2013-02-06
3752	一种可调节的无线充电线圈及其使用方法	湖南人文科技学院	ZL201310158325. 8	2013-08-14
3753	滤波型电力变压器集成系统及其实现方法	湖南华大电工高科技有限公司	ZL201210344060. 6	2012-12-12
3754	一种电动汽车用双向充电机内部主电气元件布置结构	湖南南车时代电动汽车股份有限公司	ZL201210352446. 1	2012-12-19
3755	一种压电陶瓷滤波器	湖南嘉业达电子有限公司	ZL201310094857. X	2013-07-03
3756	自动响应分时电价的电动汽车智能充电机	湖南大学	ZL201110086448. 6	2012-10-17
3757	一种光伏阵列拓扑结构、并网系统及控制方法	湖南大学	ZL201210519150. 4	2013-04-10
3758	一种具有新风换气功能的光伏遮阳装置	湖南大学	ZL201210527872. 4	2013-04-03
3759	三相高压级联型 AC-DC-AC 双向变换器及其控制方法	湖南大学	ZL201310121227. 7	2013-07-24
3760	一种三相电压源型 PWM 变流器的预测直接功率控制方法	湖南大学	ZL201310127851. 8	2013-09-25
3761	一种微电网多逆变器并联电压不平衡补偿方法	湖南大学	ZL201310308303. 5	2013-10-23
3762	一种三相四开关功率变流器的不平衡补偿控制方法	湖南大学	ZL201310392197. 3	2013-12-04
3763	一种单相 LCL 型并网逆变器谐波阻尼控制方法	湖南大学	ZL201310549546. 8	2014-02-05
3764	一种 MMC 型轻型直流输电系统的并网方法	湖南大学	ZL201410031891. 7	2014-05-14
3765	一种三相双模式逆变器的平滑切换控制方法	湖南大学	ZL201410190221. X	2014-07-16
3766	一种电池储能电源参与电网二次调频的协调控制方法及系统	湖南大学	ZL201410430948. 0	2014-12-10
3767	一种 LCL 型单相并网逆变器功率控制及有源阻尼优化方法	湖南大学 长沙博立电气有限公司	ZL201410133468. 8	2014-06-25
3768	基于后向最佳线性预测理论的微电网混合型电力滤波器谐波电流预测方法	湖南工业大学	ZL201210587102. 9	2013-04-24
3769	一种五孔电源插座	湖南深思电工实业有限公司	ZL201310151974. 5	2013-07-24
3770	一种电源控制开关	湖南深思电工实业有限公司	ZL201310152058. 3	2013-08-21
3771	基于核磁共振技术的变压器油老化状态参数的检测方法	湖南省电力公司检修公司 长沙理工大学 国家电网公司	ZL201310014376. 3	2013-05-08
3772	一种电源管理电路	湖南融和微电子有限公司	ZL201310050391. 3	2013-05-15
3773	一种并网型低温余热发电系统的控制装置	湖南齐力达电气科技有限公司	ZL201310745117. 8	2014-08-13
3774	IGBT 半桥逆变中频-超音频-高频感应加热电源	湘潭市南冶中频高新技术开发有限公司	ZL201410452223. 1	2015-02-11
3775	一种内外电极均为金属管的热电转换器件	溧阳市生产力促进中心	ZL201210470712. 0	2013-03-13
3776	一种热电转换器件	溧阳市生产力促进中心	ZL201210471840. 7	2013-03-13
3777	一种内外电极均为金属板的热电转换器件	溧阳市生产力促进中心	ZL201210472467. 7	2013-03-13
3778	PWM 斩波数控交流电源	滁州学院	ZL201310075330. 2	2013-05-22
3779	消除过零振荡的全桥逆变器 UPWM 控制方法	漳州科华技术有限责任公司	ZL201310192728. 4	2014-01-01
3780	一种高频链逆变器的软开关控制方法	漳州科华技术有限责任公司	ZL201310555137. 9	2014-04-02
3781	基于强制均充的 UPS 系统电池回路在线测试装置及方法	漳州科华技术有限责任公司	ZL201410602966. 2	2015-02-04
3782	一种 LED 驱动电路	潍坊晶兰电源技术有限公司	ZL201310249450. X	2013-10-09
3783	一种 LED 驱动控制电路	潍坊晶兰电源技术有限公司	ZL201310249451. 4	2013-10-09

（续）

ID	标　　题	申请人	专利号	公开日
3784	一种电源模组系统及失效模块电能补偿方法	潍柴动力股份有限公司	ZL201310048680. X	2013-06-26
3785	一种动力电池充电保护装置	潍柴动力股份有限公司	ZL201310199090. 7	2013-09-11
3786	LLC谐振变换器轻负载控制方法及装置	潘海铭 台州职业技术学院	ZL201310301554. 0	2013-09-25
3787	一种改善电能质量的单相并网装置	澳门大学	ZL201210509111. 6	2013-05-08
3788	一种方形塑胶电源外壳保护模的自动贴附装置及其方法	濠玮电子科技（惠州）有限公司	ZL201410605696. 0	2015-02-18
3789	一种LED驱动芯片LED短路的检测和保护电路及其方法	灿瑞半导体（上海）有限公司	ZL201310683335. 3	2014-03-12
3790	LED驱动芯片输出短路的检测保护电路及其方法	灿瑞半导体（上海）有限公司	ZL201310683370. 5	2014-03-12
3791	一种同步直流转换器的控制电路	炬芯（珠海）科技有限公司	ZL201210034622. 7	2013-08-21
3792	充电控制电路和充电装置以及充电控制方法和充电方法	炬芯（珠海）科技有限公司	ZL201210352290. 7	2014-03-26
3793	一种高强度IGBT大功率模块封装硅胶及其封装工艺	烟台德邦先进硅材料有限公司	ZL201410441512. 1	2014-12-03
3794	双向电池电压转换器	热之王公司	ZL201080043997. 9	2012-07-11
3795	双向电池电压转换器	热之王公司	ZL201080043999. 8	2012-07-11
3796	基于智能平台管理接口的通信基站电源监视和控制系统	烽火通信科技股份有限公司	ZL201310152852. 8	2013-09-04
3797	一种抑制多个开关电源拍频噪声的方法	烽火通信科技股份有限公司	ZL201310528727. 2	2014-01-29
3798	一种双输入全隔离集成变流器	燕山大学	ZL201210179727. 1	2012-10-10
3799	电感调节开关电容式无源箝位软开关高增益升压型变换器	燕山大学	ZL201210277648. 4	2012-12-19
3800	一种新型电压型多电平逆变器	燕山大学	ZL201210442266. 2	2013-03-13
3801	一种三相Z源中点钳位多电平光伏逆变器调制方法	燕山大学	ZL201210566582. 0	2013-04-17
3802	自举式双输入直流变换器	燕山大学	ZL201310011318. 5	2013-08-07
3803	微电网分布式电源逆变器的自适应功率解耦方法	燕山大学	ZL201310011726. 0	2013-06-12
3804	一种三相飞跨电容多电平光伏逆变器调制方法	燕山大学	ZL201310016731. 0	2013-05-01
3805	功率开关器件脉冲变压器隔离驱动电路	燕山大学	ZL201310298067. 3	2013-11-27
3806	逆变器装置	爱信艾达株式会社	ZL201280002609. 1	2013-05-01
3807	逆变器装置	爱信艾达株式会社	ZL201280002686. 7	2013-05-01
3808	电双滤波器结构	爱德万测试（新加坡）私人有限公司	ZL201080067110. X	2013-04-03
3809	电滤波器结构	爱德万测试公司	ZL201080067111. 4	2013-03-27
3810	一种利用隧道气压变化的电磁充电装置	爱德森（厦门）电子有限公司	ZL201310031583. X	2013-05-15
3811	非隔离型光伏并网逆变器及其控制方法	特变电工新疆新能源股份有限公司 特变电工西安电气科技有限公司	ZL201110098675. 0	2012-10-17
3812	逆变器的锁相控制系统及其锁相方法	特变电工新疆新能源股份有限公司 特变电工西安电气科技有限公司	ZL201110108506. 0	2012-10-31
3813	光伏阵列汇流箱	特变电工新疆新能源股份有限公司 特变电工西安电气科技有限公司	ZL201110162461. 5	2012-12-12
3814	一种光伏阵列汇流箱	特变电工新疆新能源股份有限公司 特变电工西安电气科技有限公司	ZL201210066897. 9	2012-07-25

（续）

ID	标　　题	申请人	专利号	公开日
3815	并联型多单元光伏并网逆变器系统的启停控制方法	特变电工新疆新能源股份有限公司 特变电工西安电气科技有限公司	ZL201310087037.8	2013-06-26
3816	一种具有主动功率解耦功能的光伏并网逆变器	特变电工新疆新能源股份有限公司 特变电工西安电气科技有限公司	ZL201410189850.0	2014-08-13
3817	单相超大容量强电流短路试验变压器	特变电工沈阳变压器集团有限公司	ZL201110184003.1	2013-01-02
3818	一种端出线变压器调压线圈上部端绝缘压紧结构	特变电工沈阳变压器集团有限公司	ZL201210484779.X	2013-04-10
3819	一种单相隔离整流变压器	特变电工股份有限公司	ZL201010563477.2	2012-05-30
3820	一种高阻抗组合式变压器	特变电工衡阳变压器有限公司	ZL201110000401.3	2012-07-04
3821	用于高能存储系统的点滴式充电器	特斯拉汽车公司	ZL201110111299.4	2011-10-19
3822	用于功率因数校正的方法和电路	特里多尼克有限两合公司	ZL201080032899.5	2012-05-23
3823	电动喷雾器太阳能充电器	王云国	ZL201310312365.3	2013-11-13
3824	薄膜型光伏充电装置	王伟明 国电科技环保集团股份有限公司	ZL201210433401.7	2013-02-20
3825	电源适配器	王奉瑾	ZL201210476773.8	2013-03-20
3826	一种变压器绕组片	王奉瑾 中山普润斯电源设备技术有限公司	ZL201210488738.8	2013-03-20
3827	一种层叠式变压器	王奉瑾 中山普润斯电源设备技术有限公司	ZL201210498728.2	2013-03-20
3828	一种夹层式变压器	王奉瑾 中山普润斯电源设备技术有限公司	ZL201210501441.0	2013-04-10
3829	超长寿命大电流 LED 驱动电源电路	王开	ZL201310067291.1	2013-05-15
3830	利用变频器制动电阻消耗电能的转换能量方法和装置	王文新 王远溪	ZL201210467814.7	2013-03-13
3831	一种电源变压器及其控制方法	王春生	ZL201310502431.3	2014-01-15
3832	太阳能无线充电装置	王洪军	ZL201310210422.7	2013-09-04
3833	一种恒流电荷泵 LED 驱动电路	王钦恒	ZL201110458966.6	2013-07-03
3834	分段式线性恒流的 LED 驱动电路	王钦恒	ZL201110458967.0	2013-07-03
3835	用于双电源转换开关的触头系统	环宇集团有限公司	ZL201210050000.3	2012-07-25
3836	双电源自动转换开关	环宇集团有限公司	ZL201210050014.5	2012-07-04
3837	用于双电源转换开关的联锁装置	环宇集团有限公司	ZL201210050095.9	2012-07-04
3838	电源切换电路及其电源切换方法	环旭电子股份有限公司 环鸿科技股份有限公司	ZL201110385142.0	2013-06-05
3839	控制混合电动车的电池充电水平的方法	现代自动车株式会社	ZL200710167433.6	2008-06-18
3840	对混合电动车的功率变换器的冷却进行控制的方法	现代自动车株式会社	ZL201010154443.8	2011-05-18
3841	用于控制混合动力车用 12V 辅助电池的充电电压的方法	现代自动车株式会社 起亚自动车株式会社	ZL201010546546.9	2011-06-08
3842	用于混合动力车的怠速充电的系统和方法	现代自动车株式会社 起亚自动车株式会社	ZL201010557071.3	2012-05-09
3843	一种链式有源电力滤波器链节单元旁路控制结构及方法	珠海万力达电气自动化有限公司	ZL201210565458.2	2013-04-10
3844	一种应用于光伏汇流箱中的灭弧装置和灭弧方法	珠海兴业绿色建筑科技有限公司 湖南兴业绿色能源科技有限公司 湖南兴业太阳能科技有限公司 珠海兴业新能源科技有限公司 珠海兴业光电科技有限公司 珠海兴业节能科技有限公司	ZL201310191738.6	2013-09-04
3845	并网发电系统孤岛检测及保护方法	珠海天兆新能源技术有限公司	ZL201210051447.2	2012-07-25

（续）

ID	标　题	申请人	专利号	公开日
3846	存储芯片及其充电方法	珠海天威技术开发有限公司	ZL201110382120. 9	2012-06-20
3847	电源门控电路	珠海市杰理科技有限公司	ZL201310098629. X	2013-08-14
3848	一种记忆电池的充电保护电路	珠海拓普智能电气股份有限公司	ZL201210358828. 5	2012-12-19
3849	变频器散热冷却系统及其控制方法和装置	珠海格力电器股份有限公司	ZL201110331519. 4	2013-05-08
3850	功率因数校正方法、电路以及开关电源	珠海格力电器股份有限公司	ZL201210223590. 5	2014-01-15
3851	PFC 电路的控制方法和装置与 PFC 电路及数字电源	珠海格力电器股份有限公司	ZL201210232953. 1	2014-01-22
3852	功率因数校正电路及其控制方法	珠海格力电器股份有限公司	ZL201210292817. 1	2014-02-19
3853	电力交直流电源串电微机监测保护装置	珠海瑞特电气设备有限公司	ZL201210364300. 9	2013-05-22
3854	一种基于铝电解电容和超级电容组合的电源系统	珠海许继电气有限公司 国家电网公司	ZL201310407055. X	2014-01-08
3855	基于配变高压侧信号校正的分布式电源孤岛检测方法	珠海许继电气有限公司 山东科技大学 国家电网公司	ZL201410066035. 5	2014-06-04
3856	一种配电终端宽输入电压电源	珠海许继芝电网自动化有限公司 珠海许继电气有限公司 国家电网公司	ZL201310288260. 9	2013-11-20
3857	电力转换器系统中的电流共享配置	瑞典爱立信有限公司	ZL200980158604. 6	2012-02-29
3858	开关模式电源中的电流测量	瑞典爱立信有限公司	ZL200980159733. 7	2012-05-16
3859	具有动态输入电流抑制的电源	瑞典爱立信有限公司	ZL201080030327. 3	2012-05-23
3860	用于开关模式电源的前馈数字控制单元及其方法	瑞典爱立信有限公司	ZL201080064825. X	2013-01-16
3861	压电发电充电系统以及应用该系统的电子设备	瑞声科技（南京）有限公司	ZL201310091583. 9	2013-07-10
3862	一种设备电源性能检测装置与检测方法	瑞斯康达科技发展股份有限公司	ZL201310053608. 6	2013-06-19
3863	具有电源管理功能的网络接口装置及其省电方法	瑞昱半导体股份有限公司	ZL200910001733. 6	2010-07-07
3864	电源切换方法与电路	瑞昱半导体股份有限公司	ZL201010569411. 4	2012-06-06
3865	单电感双输出电源转换器与其驱动方法	瑞昱半导体股份有限公司	ZL201110005072. 1	2012-10-03
3866	电源供应电路以及电源供应方法	瑞昱半导体股份有限公司	ZL201210044846. 6	2013-01-30
3867	多通道电源供应器及其电流均分控制方法	瑞昱半导体股份有限公司	ZL201210057553. 1	2012-11-21
3868	共享多绕组变压器的收发器	瑞昱半导体股份有限公司	ZL201210123973. 5	2013-10-30
3869	具有电源功率控制的激光传送装置及其方法	瑞昱半导体股份有限公司	ZL201310010808. 3	2013-07-17
3870	用于制备光伏晶片和磨料浆料的方法	瑞科斯太阳能源私人有限公司	ZL201180048763. 8	2013-07-10
3871	包括电源可控区域的半导体集成电路	瑞萨电子株式会社	ZL201010143330. 8	2010-09-22
3872	半导体器件和电源装置	瑞萨电子株式会社	ZL201110148910. 0	2011-11-30
3873	半导体装置、DC/DC 变换器和电源系统	瑞萨电子株式会社	ZL201210380138. X	2013-02-06
3874	旋转式电源开关	田明昌	ZL201210167317. 5	2012-09-19
3875	虚拟机环境中不中断网络连通性的电源管理方法和系统	甲骨文美国公司	ZL200980128632. 3	2011-06-22
3876	用于对电动车辆充电的方法和系统	电力消防栓有限责任公司	ZL201080043298. 4	2012-08-15
3877	用于开关电源的调光控制	电力集成公司	ZL201110099807. 1	2011-12-21
3878	用于检测隔离式功率转换器的输出电压的变化的装置和方法	电力集成公司	ZL201110107493. 5	2011-11-09
3879	调光器被禁止的 LED 驱动器	电力集成公司	ZL201110185106. X	2012-03-21
3880	改变电源控制器的开关频率和周期	电力集成公司	ZL201210266759. 5	2013-01-30
3881	用于电源控制电路的可变频率定时电路	电力集成公司	ZL201210268566. 3	2013-01-30
3882	具有最小总和多周期调制的电源控制器	电力集成公司	ZL201210359988. 1	2013-04-03

（续）

ID	标　题	申请人	专利号	公开日
3883	一种功率转换器及用于其中的集成电路控制器	电力集成公司	ZL201210371993. 4	2013-04-10
3884	用于控制功率变换器的最大输出功率的方法和设备	电力集成公司	ZL201310053532. 7	2013-06-12
3885	用于在电源中使用的泄放电路	电力集成公司	ZL201310136140. 7	2013-10-30
3886	一种降压式变换器控制装置	电子科技大学	ZL201210079127. 8	2012-08-01
3887	后备式交流电源智能无缝切换系统	电子科技大学	ZL201210240137. 5	2012-10-31
3888	一种开关电源电路	电子科技大学	ZL201210243125. 8	2012-12-05
3889	用于 BOOST 变换器中的脉宽控制电路	电子科技大学	ZL201210249559. 9	2012-11-21
3890	改善开关电源输出电压瞬态响应的控制电路	电子科技大学	ZL201210487369. 0	2013-02-27
3891	集成电路电源轨抗静电保护的触发电路结构	电子科技大学	ZL201310083007. X	2013-06-12
3892	具有负载最小能量消耗点追踪功能的降压式稳压电源	电子科技大学	ZL201310092217. 5	2013-07-10
3893	一种具有输入电压欠压锁定功能的开关电源	电子科技大学	ZL201310136113. X	2013-07-10
3894	一种用于分布式新能源并网的双向智能网关装置	电子科技大学	ZL201310145094. 7	2013-07-03
3895	恒流输出 BUCK 电源电路	电子科技大学	ZL201310210001. 4	2013-08-28
3896	一种电流模式控制的开关电源	电子科技大学	ZL201310262642. 4	2013-09-04
3897	一种有源功率因数校正控制器	电子科技大学	ZL201310281957. 3	2013-11-27
3898	不受电网波动影响的交流 LED 驱动电路	电子科技大学	ZL201310287963. X	2013-10-02
3899	一种自适应分段驱动 DC-DC 变换器	电子科技大学	ZL201310323222. 2	2013-11-20
3900	一种用于 Buck 变换器的环路补偿电路	电子科技大学	ZL201310366093. 5	2013-11-27
3901	用于集成式降压型 DC/DC 开关变换器的抗振铃电路	电子科技大学	ZL201310366740. 2	2013-12-04
3902	一种锂离子电池开关充电电路	电子科技大学	ZL201310369537. 0	2013-12-18
3903	基于谐波电压选择补偿的有源滤波器控制方法	电子科技大学	ZL201310389027. X	2013-12-04
3904	一种宽带幅度信号电源调制器及其调制方法	电子科技大学	ZL201310414742. 4	2013-12-18
3905	一种 DC-DC 变换器	电子科技大学	ZL201310420392. 2	2014-01-01
3906	数字锁相和频率跟踪的电磁感应加热电源控制器	电子科技大学	ZL201310441676. X	2014-01-08
3907	适用于双管软开关变换器的定导通时间模式反馈控制电路	电子科技大学	ZL201310442090. 5	2013-12-25
3908	三角形连接变流器电流瞬时序分量分解和重构方法	电子科技大学	ZL201310581340. 3	2014-02-19
3909	一种单相逆变器控制系统	电子科技大学	ZL201310730811. 2	2014-03-26
3910	一种有源电力滤波器谐波选择与容量限制控制方法	电子科技大学	ZL201310752716. 2	2014-03-26
3911	一种基于交流电供电的线性 LED 驱动电路	电子科技大学	ZL201410024201. 5	2014-04-02
3912	一种电动汽车充电站的调度方法	电子科技大学	ZL201410054133. 7	2014-06-11
3913	一种用于宽电源带隙基准源的启动电路	电子科技大学	ZL201410078344. 4	2014-05-21
3914	一种适用于并网逆变器的低电压穿越控制方法	电子科技大学	ZL201410097930. 3	2014-06-25
3915	一种基于全桥逆变电路的倍频感应加热电源	电子科技大学	ZL201410211212. 4	2014-08-06
3916	一种高电源抑制比低噪声的电压基准源	电子科技大学	ZL201410300317. 7	2014-09-10
3917	一种用于低电源电压的电流镜	电子科技大学	ZL201410315510. 8	2014-10-08
3918	一种具有高电源抑制比特性的低压差线性稳压器	电子科技大学	ZL201410359166. 2	2014-10-29
3919	一种具有高电源抑制比特性的低压差线性稳压器	电子科技大学	ZL201410453792. 8	2014-12-03

（续）

ID	标　　题	申请人	专利号	公开日
3920	一种抑制光伏并网逆变器最大功率点波动的控制方法	电子科技大学 深圳茂硕电源科技股份有限公司	ZL201210066946.9	2012-07-25
3921	具有电池充电保护功能的控制器	登丰微电子股份有限公司	ZL201010275197.1	2012-03-21
3922	谐振式转换电路及谐振控制器	登丰微电子股份有限公司	ZL201110446203.X	2013-05-15
3923	谐振式转换电路及谐振控制器	登丰微电子股份有限公司	ZL201110451256.0	2013-05-15
3924	双电源供应系统及双电源控制器	登丰微电子股份有限公司	ZL201210018796.4	2013-07-24
3925	一种多路电源并行输入处理方法	白远超	ZL201210252559.4	2012-10-24
3926	一种智能手持终端充电及软件更新方法及装置	百灵时代传媒集团有限公司	ZL201210552929.6	2013-03-20
3927	用于向 LED 阵列提供可变功率的驱动器	皇家飞利浦电子股份有限公司	ZL200810149743.X	2010-03-31
3928	感应充电器和充电方法	皇家飞利浦电子股份有限公司	ZL200980134768.5	2011-08-03
3929	发光光伏发生器以及用在光伏发生器中的波导	皇家飞利浦电子股份有限公司	ZL200980149696.1	2011-11-16
3930	谐振转换器	皇家飞利浦电子股份有限公司	ZL201080009439.0	2012-01-25
3931	用于向负载供应电力的电源、方法和计算机程序产品	皇家飞利浦电子股份有限公司	ZL201080014795.1	2012-05-30
3932	从多个电源供电的智能照明拼贴系统	皇家飞利浦电子股份有限公司	ZL201080023669.2	2012-05-09
3933	用于交变电流三极管调光器的具有 LED 的电源接口	皇家飞利浦电子股份有限公司	ZL201080027072.5	2012-11-28
3934	用于在心脏刺激装置中使用的非磁性高压充电系统	皇家飞利浦电子股份有限公司	ZL201080035322.X	2012-05-23
3935	LED 驱动器的调光	皇家飞利浦电子股份有限公司	ZL201080043834.0	2012-07-04
3936	用于零电压开关转换器的反馈电路	皇家飞利浦电子股份有限公司	ZL201080050287.9	2012-07-18
3937	梯度线圈电源和磁共振成像系统	皇家飞利浦电子股份有限公司	ZL201180029753.X	2013-02-27
3938	五阶式直流转交流电源电路	盈正豫顺电子股份有限公司	ZL201110267055.5	2013-03-27
3939	不平衡电网电压下风力发电机变换器直接功率的控制方法	盐城工学院	ZL201110384319.5	2013-05-29
3940	一种大功率 LED 恒流驱动电路	盐城工学院	ZL201310052775.9	2013-05-22
3941	高频交流方波输入-直流输出的功率变换器的控制方法	盐城工学院	ZL201310069981.0	2013-07-17
3942	基于导抗网络的双向直流变换器及其数字控制系统和方法	盐城工学院	ZL201310144108.3	2013-07-03
3943	一种三态直/直变换器及其控制方法	盐城工学院	ZL201310208080.5	2013-08-28
3944	原边单相桥-副边三相桥高频链逆变器及其数字控制系统和方法	盐城工学院	ZL201310217372.5	2013-08-21
3945	一种侧挂式双电源驱动轨道电车旋转装置	盐城海旭数控装备有限公司	ZL201110107777.4	2012-10-17
3946	一种单轨悬挂式双电源电动公交车	盐城海旭数控装备有限公司	ZL201110107778.9	2012-10-17
3947	利用光感差的光伏跟踪装置及基于网络的监控方法	盖剑刚	ZL201010011534.6	2010-07-14
3948	电源供应器	盛群半导体股份有限公司	ZL201110396548.9	2013-06-05
3949	电源变换器	盛飞	ZL201010208326.5	2011-12-28
3950	脉冲激光器射频电源的数字脉宽调制控制	相干公司	ZL201080046197.2	2012-09-12
3951	电源装置以及电池连接体	矢崎总业株式会社	ZL201080018969.1	2012-04-11
3952	汇流条模块以及包括该汇流条模块的电源单元	矢崎总业株式会社	ZL201080039790.4	2012-05-30
3953	电源电路切断装置	矢崎总业株式会社	ZL201180009677.6	2012-10-31
3954	安装在电动机壳中的逆变器端子块	矢崎总业株式会社	ZL201180012575.X	2012-11-21

（续）

ID	标题	申请人	专利号	公开日
3955	母线模块和具备该母线模块的电源装置	矢崎总业株式会社	ZL201180018791.5	2013-01-02
3956	用于非接地电源的绝缘状态检测电路	矢崎总业株式会社	ZL201180038856.2	2013-05-01
3957	不接地电源的绝缘状态的检测方法及其装置	矢崎总业株式会社	ZL201180039190.2	2013-04-24
3958	电源电路切断装置	矢崎总业株式会社	ZL201210054169.6	2012-09-05
3959	汇流排，包括汇流排的汇流排模块和包括汇流排模块的电源	矢崎总业株式会社	ZL201210073267.4	2012-09-26
3960	电源切断装置	矢崎总业株式会社	ZL201210301716.6	2013-05-01
3961	电源电路切断装置	矢崎总业株式会社	ZL201210335740.1	2013-03-27
3962	电源电路断路器	矢崎总业株式会社	ZL201210336750.7	2013-03-27
3963	电源电路切断装置	矢崎总业株式会社	ZL201210473043.2	2013-06-05
3964	用于电源电路切断装置的熔断器固定结构	矢崎总业株式会社	ZL201280003311.2	2013-07-24
3965	电源装置	矢崎总业株式会社	ZL201310196349.2	2013-12-04
3966	一种站用变压器控保装置	石家庄博发科技有限公司	ZL201410135378.2	2014-06-18
3967	一种变压器供电自动切换控制装置	石家庄博发科技有限公司	ZL201410135380.X	2014-06-18
3968	一种本安电源短路保护电路	石家庄迅能电子科技有限公司	ZL201310158184.X	2013-07-17
3969	电源供应器的短路保护装置	矽创电子股份有限公司	ZL201010110698.4	2010-06-02
3970	电源转换装置	矽创电子股份有限公司	ZL201010149642.X	2010-09-08
3971	功率转换器的功率因子修正电路	矽创电子股份有限公司	ZL201010299928.6	2011-01-19
3972	电压转换器	矽创电子股份有限公司	ZL201210241908.2	2012-10-24
3973	深沟槽背接触光伏太阳能电池	矽利康有限公司	ZL200980149558.3	2011-11-16
3974	一种高效率、低损耗的交直流电源电路及其控制方法	矽力杰半导体技术(杭州)有限公司	ZL201210282377.1	2012-11-28
3975	一种改进的补偿电路以及应用其的开关电源	矽力杰半导体技术(杭州)有限公司	ZL201210389831.3	2013-01-30
3976	一种自供电的源极驱动电路及应用其的开关电源	矽力杰半导体技术(杭州)有限公司	ZL201210435979.6	2013-03-13
3977	低噪声的多输出电源电路及其控制方法	矽力杰半导体技术(杭州)有限公司	ZL201210466966.5	2013-02-20
3978	一种开关电源控制器和控制方法	矽力杰半导体技术(杭州)有限公司	ZL201210535481.7	2013-04-24
3979	一种交流-直流功率变换器	矽力杰半导体技术(杭州)有限公司	ZL201210538817.5	2013-04-03
3980	一种自举电容掉电恢复电路及开关电源电路	矽力杰半导体技术(杭州)有限公司	ZL201210592511.8	2013-04-03
3981	一种集成开关电源控制器以及应用其的开关电源	矽力杰半导体技术(杭州)有限公司	ZL201310017681.8	2013-04-24
3982	一种升压型电池充电管理系统及其控制方法	矽力杰半导体技术(杭州)有限公司	ZL201310024894.3	2013-04-24
3983	一种改进的高效率LED驱动电路和驱动方法	矽力杰半导体技术(杭州)有限公司	ZL201310036240.2	2013-06-12
3984	一种高效率的LED驱动电路	矽力杰半导体技术(杭州)有限公司	ZL201310071933.5	2013-06-12
3985	一种交流-直流功率变换器	矽力杰半导体技术(杭州)有限公司	ZL201310079482.X	2013-06-19
3986	一种欠压保护电路、欠压保护方法及开关电源	矽力杰半导体技术(杭州)有限公司	ZL201310097865.X	2013-06-12
3987	可控硅调光电路、调光方法以及应用其的LED驱动器	矽力杰半导体技术(杭州)有限公司	ZL201310130073.8	2013-07-10
3988	电压传输损耗补偿电路、补偿方法、控制芯片及开关电源	矽力杰半导体技术(杭州)有限公司	ZL201310131758.4	2013-06-19
3989	AC/DC变换器控制电路以及应用其的AC/DC变换器	矽力杰半导体技术(杭州)有限公司	ZL201310138826.X	2013-07-24
3990	同步整流控制电路以及方法	矽力杰半导体技术(杭州)有限公司	ZL201310176316.1	2013-08-07

（续）

ID	标　　题	申请人	专利号	公开日
3991	可调光的LED驱动电路及其调光方法	矽力杰半导体技术(杭州)有限公司	ZL201310209489.9	2013-08-21
3992	隔离式电源电路及其控制信号传输电路及方法	矽力杰半导体技术(杭州)有限公司	ZL201310217185.7	2013-08-28
3993	一种消除LED频闪的电路、方法及LED驱动电路	矽力杰半导体技术(杭州)有限公司	ZL201310224533.3	2013-09-04
3994	斜率补偿和环路带宽自适应控制电路及应用其的开关电源	矽力杰半导体技术(杭州)有限公司	ZL201310265144.5	2013-10-09
3995	一种电容降压式LED驱动器及其电容降压式LED驱动方法	矽力杰半导体技术(杭州)有限公司	ZL201310395919.0	2013-12-11
3996	用于反激式开关电源的谐波控制方法及控制电路	矽力杰半导体技术(杭州)有限公司	ZL201310418554.9	2013-12-25
3997	用于交错并联式开关电源的控制电路及控制方法	矽力杰半导体技术(杭州)有限公司	ZL201310422771.5	2014-01-01
3998	脉冲式电流LED驱动电路	矽力杰半导体技术(杭州)有限公司	ZL201310534611.X	2014-01-22
3999	开关电源控制电路、开关电源及其控制方法	矽力杰半导体技术(杭州)有限公司	ZL201310706484.7	2014-03-26
4000	一种PWM调光控制方法、控制电路及应用其的LED驱动电路	矽力杰半导体技术(杭州)有限公司	ZL201310724930.7	2014-04-23
4001	一种CPCI电源装置及系统	研祥智能科技股份有限公司	ZL200910188536.X	2011-06-01
4002	一种输入过压保护电路及DC-DC电源转换装置	研祥智能科技股份有限公司	ZL200910190650.6	2011-04-27
4003	一种同时兼容ATX电源和AT电源的开机电路及计算机	研祥智能科技股份有限公司	ZL201010134792.3	2011-09-28
4004	用于液晶显示装置的电源供给电路	硅工厂股份有限公司	ZL201110021526.4	2012-03-14
4005	电源分配单元及利用单一IP控制多数电源分配单元的方法	硕天科技股份有限公司	ZL201110439007.X	2013-06-26
4006	市电并网型电源供应系统的控制方法	硕天科技股份有限公司	ZL201210007624.7	2013-07-17
4007	升压型电源转换装置	硕颉科技股份有限公司	ZL201010115746.9	2011-08-17
4008	一种基于电池片单元的太阳光伏能组件	碧辟普瑞太阳能有限公司	ZL201210173913.4	2012-11-14
4009	脉波调制充电方法及脉波调制充电装置	神基科技股份有限公司	ZL201110220085.0	2013-01-30
4010	可换插头式充电器	神讯电脑(昆山)有限公司	ZL200810235800.6	2010-06-16
4011	灯管脱落的逆变器保护电路	神讯电脑(昆山)有限公司	ZL201210328189.8	2014-03-26
4012	一种双功能LED驱动电路	神龙汽车有限公司	ZL201310581003.4	2014-02-05
4013	基于MOSFET管防逆流的光伏发电系统	福州东日信息技术有限公司	ZL201310472789.6	2014-01-01
4014	LED脉动驱动频率提升电路	福州凡普科技有限公司	ZL201210372297.5	2013-03-20
4015	等占空比LED脉动驱动电源电路	福州凡普科技有限公司	ZL201210377848.7	2013-01-30
4016	基于集成磁件的交错反激微功率并网逆变器	福州大学	ZL201210335156.6	2013-01-02
4017	一种无线电能传输磁耦合结构及其电路	福州大学	ZL201210463307.6	2013-02-27
4018	单级三相大升压比级联电压型准阻抗源逆变器	福州大学	ZL201210501960.7	2013-02-20
4019	单级单相大升压比串联电压型准阻抗源变换器	福州大学	ZL201210505477.6	2013-04-10
4020	一种分压式降压Cuk变换器电路	福州大学	ZL201210550572.8	2013-04-03
4021	双高电源电压输入下具有限流保护的低压差稳压电路	福州大学	ZL201310305161.7	2013-10-02
4022	一种可多方向级联的LED光立方驱动方法	福州大学	ZL201410064774.0	2014-05-14
4023	新型电源分配器	福州新创电气有限公司	ZL201310272758.6	2013-10-09
4024	一种串行控制电压细调电源的方法及电路	福州欣联达电子科技有限公司	ZL201310026447.1	2013-05-22
4025	一种高功率因数低畸变率大功率LED驱动电路	福建农林大学	ZL201210047042.1	2012-07-11

（续）

ID	标　　题	申请人	专利号	公开日
4026	假负载电路、液晶光源产生系统及电源转换装置	福建捷联电子有限公司	ZL201110392891.6	2012-07-11
4027	一种LED灯管驱动装置	福建捷联电子有限公司	ZL201210131854.4	2013-10-30
4028	一种由次级侧控制的半桥架构的LED驱动电路	福建捷联电子有限公司	ZL201210197812.0	2012-10-24
4029	一种反激式电源转换装置及应用该装置的液晶显示产品	福建捷联电子有限公司	ZL201210266190.2	2012-10-31
4030	一种具有功率因数校正功能的反激式电源	福建捷联电子有限公司	ZL201210377533.2	2013-02-13
4031	PFC的Vcc供电电压开启电路及应用其的开关电源	福建捷联电子有限公司	ZL201210446222.7	2013-02-06
4032	电子秤电源管理方法及装置	福建新大陆电脑股份有限公司	ZL201110431755.3	2012-07-11
4033	一种用于检验产品充电电路的模拟锂电池测试方法和电路	福建联迪商用设备有限公司	ZL201310236106.7	2013-10-09
4034	一种电源适配器的工作方法	福建钧石能源有限公司	ZL201210472694.X	2013-02-13
4035	一种带有无功补偿的中压调压变压器	福建阳谷智能技术有限公司	ZL201310594129.5	2014-02-26
4036	包括电池充电器的自动车辆	福特全球技术公司	ZL201010163600.1	2010-10-20
4037	一种电池充电器	福特全球技术公司	ZL201010163769.7	2010-10-20
4038	防止在电池充电期间车辆被开走的方法和系统	福特全球技术公司	ZL201010204020.2	2010-12-29
4039	改进的具有集成电池充电器的可变电压转换器	福特全球技术公司	ZL201110002849.9	2011-07-20
4040	防止电插头与电动车辆上的充电口之间脱离接合的系统	福特全球技术公司	ZL201110153469.5	2012-01-11
4041	充电插电式电动车辆中辅助电池的方法	福特全球技术公司	ZL201110236680.3	2012-03-21
4042	对车辆电池充电的系统和方法	福特全球技术公司	ZL201110442116.7	2012-07-11
4043	用于电动车辆充电连接器的锁定装置	福特全球技术公司	ZL201210377569.0	2013-04-10
4044	电动车辆的在被平拖时充电的部件	福特全球技术公司	ZL201310176575.4	2013-12-04
4045	对于便携式测试工具电源状态的协调	福禄克公司	ZL201010231475.3	2011-01-26
4046	高效率三电平单相逆变器	科勒公司	ZL201210466120.1	2013-06-26
4047	逆变器过电流判断方法及其装置	科博达技术有限公司 浙江科博达工业有限公司	ZL201310154791.9	2013-07-17
4048	充电装置及其充电方法	科沃斯机器人有限公司	ZL201110302357.1	2013-04-10
4049	用于屋顶光伏电力系统的小外形功率转换系统	科罗拉多州立大学董事会法人团体 陶氏环球技术有限责任公司	ZL201180027367.7	2013-03-27
4050	电源接口及使用该电源接口的LED灯	立达信绿色照明股份有限公司	ZL201210093692.X	2013-01-02
4051	LED无线智能驱动电路及采用该电路的LED灯	立达信绿色照明股份有限公司	ZL201210133615.2	2012-10-03
4052	混成式充电器及其控制电路和方法	立锜科技股份有限公司	ZL200910165452.4	2011-03-23
4053	升降压式电源转换器的控制电路及方法	立锜科技股份有限公司	ZL200910170689.1	2011-03-30
4054	具有精准平均电流的迟滞模式LED驱动器及方法	立锜科技股份有限公司	ZL200910208300.8	2011-05-04
4055	升降压式电源转换器的控制电路及方法	立锜科技股份有限公司	ZL200910209285.9	2011-05-11
4056	升降压式电源转换器及其控制方法	立锜科技股份有限公司	ZL200910212078.9	2011-05-11
4057	升降压电源转换器的锯齿波产生器及其方法	立锜科技股份有限公司	ZL200910212080.6	2011-05-11
4058	低电源电压的能隙参考电压产生器	立锜科技股份有限公司	ZL201010126976.5	2011-09-21
4059	校正一次侧回授驰返式电源模块的输出电压的装置及方法	立锜科技股份有限公司	ZL201010230066.1	2012-02-01

（续）

ID	标　　题	申请人	专利号	公开日
4060	固定工作时间切换式直流电源供应器及其控制电路及方法	立锜科技股份有限公司	ZL201010249607. 5	2012-03-14
4061	多相电源转换器的增强型相数控制电路及方法	立锜科技股份有限公司	ZL201110116816. 7	2012-10-24
4062	具有过电流保护的电源供应器及其控制电路与保护方法	立锜科技股份有限公司	ZL201110242597. 7	2013-03-06
4063	PFM 电源供应器的频率抖动控制电路及方法	立锜科技股份有限公司	ZL201110269698. 3	2013-03-06
4064	功率因数改善电路、方法及离线式转换器	立锜科技股份有限公司	ZL201110359621. 5	2013-05-08
4065	主动式功率因数校正电路及相关的控制器	立锜科技股份有限公司	ZL201110364956. 6	2013-05-22
4066	切换式电源供应器及其控制电路与控制方法	立锜科技股份有限公司	ZL201110410672. 6	2013-06-19
4067	避免电源转换器的输出电压产生过冲的控制电路	立锜科技股份有限公司	ZL201210001220. 7	2013-07-10
4068	电源转换器的控制装置及其控制方法	立锜科技股份有限公司	ZL201210062922. 6	2013-09-18
4069	电源转换器的控制装置及其控制方法	立锜科技股份有限公司	ZL201210067095. X	2013-09-18
4070	可改善 LED 装置的使用率的驱动电路及相关的定电流调节器	立锜科技股份有限公司	ZL201210112443. 0	2013-10-30
4071	切换式电源供应器及其控制电路与控制方法	立锜科技股份有限公司	ZL201210114235. 4	2013-10-30
4072	电源转换器、相关的控制电路及方法	立锜科技股份有限公司	ZL201210552402. 3	2014-06-18
4073	电源转换器、相关的控制电路及方法	立锜科技股份有限公司	ZL201210553550. 7	2014-06-18
4074	主动泄流电路、发光元件电源供应电路与 TRIAC 控制方法	立锜科技股份有限公司	ZL201210554985. 3	2013-07-03
4075	切换式电源供应器及其控制电路	立锜科技股份有限公司	ZL201210559135. 2	2013-07-03
4076	切换电源转换装置及其切换控制器与驱动方法	立锜科技股份有限公司	ZL201310043361. X	2014-07-09
4077	隔离式电源转换器电路及其控制方法	立锜科技股份有限公司	ZL201310044291. X	2013-08-21
4078	适用于能源管控系统的无线电能管理仪表	章志福	ZL201310165691. 6	2013-07-24
4079	变压器油中气体单柱一针进样色谱分析方法	章金谋 张政	ZL201210292142. 0	2012-11-21
4080	蓄电装置的充电控制方法以及放电控制方法	竹田佳史	ZL201080068235. 4	2013-07-03
4081	线性传动器的电源供应模块及其转换模块	第一传动科技股份有限公司	ZL201110461164. 0	2013-06-19
4082	具有改善的晶体取向的光伏装置	第一太阳能有限公司	ZL201080014178. 1	2012-02-29
4083	用于测量同步电机中旋转变压器的偏移角的装置与方法	米其林集团总公司 米其林研究和技术股份有限公司	ZL201180024998. 3	2013-01-30
4084	电路装置、电子设备以及电源电路	精工爱普生株式会社	ZL201110065674. 6	2011-09-21
4085	波长可变干涉滤波器、光学组件以及电子设备	精工爱普生株式会社	ZL201110433595. 6	2012-07-04
4086	充放电控制电路及充电式电源装置	精工电子有限公司	ZL201010272802. X	2011-04-06
4087	电源切换电路	精工电子有限公司	ZL201210057087. 7	2012-09-19
4088	电池组、电池充电器及电子设备	精工解决方案有限公司	ZL201210033009. 3	2012-08-08
4089	智能型电源控制系统	精联电子股份有限公司	ZL201110317406. 9	2013-04-17
4090	用于超声波换能器的多层声阻抗变换器	精量电子股份有限公司	ZL201080048974. 7	2012-07-18
4091	用于处理表示转换器输出电流的模拟确定的值的测量值信号的方法和执行该方法的装置	索尤若驱动有限及两合公司	ZL201080037646. 7	2012-05-30
4092	使具有蓄能器的车辆感应充电的装置以及充电站	索尤若驱动有限及两合公司	ZL201080055407. 4	2012-08-22
4093	混合电源系统	索尼公司	ZL201080040412. 8	2012-06-13
4094	二次电池充电方法	索尼公司	ZL201110100287. 1	2011-11-09

（续）

ID	标题	申请人	专利号	公开日
4095	蓄电池保护电路和混合电源设备	索尼公司	ZL201110138231.5	2011-11-30
4096	充电设备和充电控制方法	索尼公司	ZL201110189388.0	2012-01-11
4097	控制装置、控制方法和电源装置	索尼公司	ZL201110249818.3	2012-03-21
4098	信息处理装置和电源控制电路	索尼公司	ZL201180002129.0	2012-04-25
4099	电源	索尼公司	ZL201180002171.2	2012-05-02
4100	电池组、用于对电池组充电/放电的方法以及功耗装置	索尼公司	ZL201180049592.0	2013-06-19
4101	电源管理装置、电源装置及其位置检测方法和电源系统	索尼公司	ZL201210076630.8	2012-10-03
4102	控制器支承装置和控制器的充电系统	索尼计算机娱乐公司	ZL201180065995.4	2013-09-25
4103	运行逆变器的方法和逆变器	约翰内斯．海德汉博士有限公司	ZL201010274738.9	2011-04-27
4104	电源管理方法及相关装置	纬创资通股份有限公司	ZL201110148642.2	2012-11-21
4105	电子装置及其电源控制方法	纬创资通股份有限公司	ZL201110157147.8	2012-11-28
4106	兼具鼠标垫功能的变压器装置及其组合	纬创资通股份有限公司	ZL201110213168.7	2013-01-16
4107	电源切换系统、计算机系统及其重开机控制的方法	纬创资通股份有限公司	ZL201110232170.9	2013-01-30
4108	电源控制装置及处理系统	纬创资通股份有限公司	ZL201110358953.1	2013-05-08
4109	可传送数据的无线充电系统及数据传送方法	纬创资通股份有限公司	ZL201110409149.1	2013-05-29
4110	电子系统的电源功耗控制方法以及相关的电子系统	纬创资通股份有限公司	ZL201110415034.3	2013-06-05
4111	充电装置以及充电方法	纬创资通股份有限公司	ZL201210065953.7	2013-09-11
4112	电源开关模块、电压产生电路与电源控制方法	纬创资通股份有限公司	ZL201210087703.3	2013-09-25
4113	电池充电电路	纬创资通股份有限公司	ZL201210140068.0	2013-11-06
4114	电源转接器	纬创资通股份有限公司	ZL201210230048.2	2014-01-15
4115	间接矩阵变换器	纳博特斯克有限公司	ZL201180039052.4	2013-04-24
4116	一种全自动充电器的电瓶修复方法	纽福克斯光电科技(上海)有限公司	ZL201110349904.1	2012-09-19
4117	无辅助绕组方式实现集成电路供电的隔离式电源电路结构	绍兴光大芯业微电子有限公司	ZL201310016269.4	2013-04-17
4118	高功率因数发光二极管驱动电路结构	绍兴光大芯业微电子有限公司	ZL201310016297.6	2013-04-17
4119	开关电源中随负载变化实现曲率降频的频率调整控制电路	绍兴光大芯业微电子有限公司	ZL201310016299.5	2013-05-08
4120	原边控制的反激式开关电源控制电路结构	绍兴光大芯业微电子有限公司	ZL201310016316.5	2013-04-17
4121	LED驱动控制电路及其驱动电路结构	绍兴光大芯业微电子有限公司	ZL201310080178.7	2013-06-12
4122	水冷高频电源用冷却水集沙包	绍兴市承天电器有限公司	ZL201210391072.4	2013-01-16
4123	一种数字化变压器差动保护装置及其保护方法	绍兴电力局 国家电网公司	ZL201310032259.X	2013-05-01
4124	一种车载充电器	维尔斯电子(昆山)有限公司	ZL201410220996.7	2014-08-13
4125	用于风力涡轮发电机中的电力滤波器的监视以及电力滤波器失效的检测的系统和方法	维斯塔斯风力系统集团公司	ZL201010503751.7	2011-03-30
4126	在风电场中使用的能量储存系统的容量和充电状态的准确估计	维斯塔斯风力系统集团公司	ZL201280018555.8	2014-01-01
4127	一种高效的储能电站变流器数据采集的方法	网新创新研究开发有限公司	ZL201310050251.6	2013-06-05
4128	便携式电池充电和音频设备	罗伯特·博世工具公司	ZL201110388838.9	2012-11-21
4129	同步整流器的触发	罗伯特·博世有限公司	ZL200980137356.7	2011-08-24

（续）

ID	标　　题	申请人	专利号	公开日
4130	用于借助于磁通门传感器确定电池的充电状态的方法和设备	罗伯特·博世有限公司	ZL201080034135. X	2012-05-23
4131	DC/DC 变换器电路和电池系统	罗伯特·博世有限公司	ZL201080037979. X	2012-07-11
4132	用于电机的逆变器和用于运行电机用的逆变器的方法	罗伯特·博世有限公司	ZL201080042765. 1	2012-07-25
4133	用于控制电驱动的机动车的充电过程的授权的方法和装置	罗伯特·博世有限公司	ZL201080046414. 8	2012-07-04
4134	在同步整流器中避免甩负载过电压	罗伯特·博世有限公司	ZL201080052805. 0	2012-09-12
4135	在汽车中在通过逆变器触发的电机中识别故障的方法和用于监控电机运行的装置	罗伯特·博世有限公司	ZL201080058208. 9	2012-10-03
4136	用于在双电压车载电网中识别直流电压变换器的低压侧上的反极性的装置和方法	罗伯特·博世有限公司	ZL201080059581. 6	2012-10-10
4137	用于运行至少一个超声变换器的方法	罗伯特·博世有限公司	ZL201080060943. 3	2012-11-21
4138	受控的电压滤波器	罗伯特·博世有限公司	ZL201110417899. 3	2012-05-16
4139	用于运行谐振电路的调节装置的方法以及调节装置	罗伯特·博世有限公司	ZL201180030908. 1	2013-03-13
4140	用于使在机动车中具有至少三相电机的驱动设备运行的方法和用于逆变器的控制器	罗伯特·博世有限公司	ZL201180033025. 6	2013-03-06
4141	能量供给网络和用于为能量供给网络中的至少一个用作直流电压中间回路的储能器的储能器单元充电的方法	罗伯特·博世有限公司	ZL201180045052. 5	2013-05-15
4142	储能器的充电	罗伯特·博世有限公司	ZL201180067116. 1	2013-10-09
4143	抵消由传感器电路贡献的乱真力的用于换能器前端的使用单一放大器的线性电容-电压转换器	罗伯特·博世有限公司	ZL201280048384. 3	2014-06-04
4144	具有 DC/DC 转换器的蓄电池系统	罗伯特·博世有限公司 三星 SDI 株式会社	ZL201080050720. 9	2012-07-25
4145	一种用于确定蓄电池组充电状态的方法	罗伯特·博世有限公司 三星 SDI 株式会社	ZL201080057053. 7	2012-09-05
4146	一种用于均衡具有多个蓄电池单元的蓄电池的充电状态的方法以及相应的蓄电池管理系统和蓄电池	罗伯特·博世有限公司 三星 SDI 株式会社	ZL201180010942. 2	2012-11-14
4147	具有集成的脉冲逆变器的蓄电池	罗伯特·博世有限公司 三星 SDI 株式会社	ZL201180019269. 9	2012-12-26
4148	一种用于确定蓄电池的充电状态的方法	罗伯特·博世有限公司 三星 SDI 株式会社	ZL201180039472. 2	2013-05-22
4149	蓄电池单元电阻充电均衡方法及其控制的蓄电池和机动车	罗伯特·博世有限公司 三星 SDI 株式会社	ZL201310262741. 2	2013-10-23
4150	基于 DSP 与 FPGA 的高压变频器中性点偏移技术的控制装置	罗克韦尔自动化控制集成(哈尔滨)有限公司	ZL201010004619. 1	2011-10-12
4151	DC-DC 变流器	罗兰株式会社	ZL201010296949. 2	2011-04-27
4152	电源控制装置、电源系统和电子设备	罗姆股份有限公司	ZL201080029514. X	2012-05-23
4153	电源适配器、DC/DC 转换器的控制电路及设备侧连接器、DC/DC 转换器、利用其的电源装置以及电子设备	罗姆股份有限公司	ZL201080053537. 4	2012-09-12
4154	充电控制装置和负载驱动装置	罗姆股份有限公司	ZL201110068936. 4	2011-09-21
4155	开关电源的控制电路、控制方法和发光装置及电子设备	罗姆股份有限公司	ZL201110097253. 1	2011-11-09

（续）

ID	标　　题	申请人	专利号	公开日
4156	开关电源的控制电路和控制方法、发光装置及电子设备	罗姆股份有限公司	ZL201110102899.4	2011-11-09
4157	基准电压生成电路、电源装置、液晶显示装置	罗姆股份有限公司	ZL201110152233.X	2012-02-15
4158	电流模式同步整流 DC/DC 转换器	罗姆股份有限公司	ZL201110382060.0	2012-07-11
4159	充电电路和利用它的电子设备	罗姆股份有限公司	ZL201110384888.X	2012-07-11
4160	开关整流器电路以及使用其的电池充电器	罗姆股份有限公司	ZL201180055833.2	2013-09-11
4161	具有可拆卸电源的无线现场装置	罗斯蒙特公司	ZL201210063132.X	2013-01-09
4162	台式电脑主机电源开关辅助开关装置	罗杰	ZL201110454252.8	2012-07-11
4163	变压器节能运行装置	罗雁卿	ZL201410102094.3	2014-06-18
4164	一种正弦波车载逆变器的输出电压关断控制方法及电路	美固电子(深圳)有限公司	ZL201210029797.9	2013-08-14
4165	正弦波车载逆变器的逆变控制电路及正弦波车载逆变器	美固电子(深圳)有限公司	ZL201210030213.X	2013-08-14
4166	具有克服开关损耗的电路结构的数模转换器	美国亚德诺半导体公司	ZL200910164430.6	2010-12-22
4167	斜坡补偿电压生成电路及方法，开关调节器及电源	美国亚德诺半导体公司	ZL201110231706.5	2013-02-20
4168	功率转换器及相关电路	美国亚德诺半导体公司	ZL201110235730.6	2012-01-18
4169	远程管理式计算机系统的平稳带外电源控制方法和系统	美国博通公司	ZL201110448589.8	2012-09-26
4170	充电器外部电力装置增益采样	美国博通公司	ZL201210587009.8	2014-01-15
4171	用于光伏系统中过电压保护的系统和方法	美国国家半导体公司	ZL201080027440.6	2012-05-16
4172	具有感测复制回路的堆叠的电源监控器	美国国家半导体公司	ZL201180026925.8	2013-02-06
4173	具有动态阈值的磁滞降压变换器	美国思睿逻辑有限公司	ZL200980133008.2	2011-07-20
4174	具有电流感测变压器辅助电源的切换电源转换器	美国思睿逻辑有限公司	ZL201080029797.8	2012-06-13
4175	交流电源能量管理	美国电力转换有限公司	ZL200880021400.3	2010-06-30
4176	智能可扩展型电力逆变器	美国通控集团公司	ZL201080032110.6	2012-07-04
4177	微机电麦克风及其整合有滤波器的微机电麦克风芯片	美律电子(深圳)有限公司	ZL201110140299.7	2011-08-31
4178	产生 PWM 信号的电路和方法及 LED 驱动电路	美格纳半导体有限公司	ZL201110069205.1	2011-09-28
4179	PWM 信号产生电路和方法及其 LED 驱动电路	美格纳半导体有限公司	ZL201110372278.8	2012-05-23
4180	PWM 控制电路以及利用该电路的 LED 驱动电路	美格纳半导体有限公司	ZL201210038975.4	2012-08-22
4181	一种多负载的电源控制装置及控制方法	美的集团股份有限公司	ZL201210147666.0	2012-10-03
4182	谐振控制电路和电磁加热装置	美的集团股份有限公司 佛山市顺德区美的电热电器制造有限公司	ZL201310545663.7	2014-02-19
4183	一种多支路线性 LED 驱动器和驱动方法	美芯晟科技(北京)有限公司	ZL201310003943.5	2013-08-21
4184	一种导通时间可调的 LED 驱动器	美芯晟科技(北京)有限公司	ZL201310012957.3	2013-08-21
4185	一种非隔离型 LED 驱动电路及控制方法	美芯晟科技(北京)有限公司	ZL201310357321.2	2013-12-04
4186	交流-直流转换器中的恒流控制电路及电压产生器	美芯晟科技(北京)有限公司 美芯晟科技(苏州)有限公司	ZL201110332557.1	2013-05-08
4187	交流-直流转换器中的恒流控制电路	美芯晟科技(苏州)有限公司	ZL201110334624.3	2013-05-08
4188	高效 LED 驱动方法	美高森美公司	ZL201280018780.1	2013-12-25
4189	改变功率因数的方法	群光电能科技股份有限公司	ZL201210023922.5	2013-07-31

（续）

ID	标　　题	申请人	专利号	公开日
4190	清洁机器人的充电系统及其自动回站充电的方法及充电站	群耀光电科技(苏州)有限公司	ZL201310054230.1	2013-06-12
4191	无接点和接点兼用充电装置及其控制方法	翰林 POSTECH 株式会社	ZL201210191925.X	2013-01-02
4192	用于共享集成电路装置中的内部电源的方法和设备	考文森智财管理公司	ZL201180056159.X	2013-07-31
4193	混合动力汽车充电发动机	耿军 杨臻	ZL201110268778.7	2012-03-28
4194	集成电路、无线通信单元及电源供应方法	联发科技(新加坡)私人有限公司	ZL201210020707.X	2012-08-08
4195	多时隙的通讯系统中用以减少电源功率消耗的方法与装置	联发科技股份有限公司	ZL201110174348.9	2012-01-11
4196	电压转换器与电压转换方法	联发科技股份有限公司	ZL201210164606.X	2013-01-02
4197	集成电路变压器	联发科技股份有限公司	ZL201210227749.0	2013-01-09
4198	功率模块	联发科技股份有限公司	ZL201310122357.2	2013-10-30
4199	电源选择器、源极驱动器及其运作方法	联咏科技股份有限公司	ZL201210252756.6	2014-02-12
4200	一种计算机系统的电源管理方法及计算机系统	联想(北京)有限公司	ZL200910093822.8	2011-04-20
4201	计算机系统及其中央处理器的电源管理的方法	联想(北京)有限公司	ZL200910244446.8	2011-07-06
4202	一种电子设备及其充电控制方法	联想(北京)有限公司	ZL201010264437.8	2012-03-14
4203	一种计算机及其电源控制装置	联想(北京)有限公司	ZL201110135859.X	2012-11-28
4204	一种充电控制方法及电子设备	联想(北京)有限公司	ZL201110151085.X	2012-12-12
4205	终端设备及其内存单元的电源管理方法	联想(北京)有限公司	ZL201110187467.8	2013-01-09
4206	主板的电源连接模块、主板及其电子设备	联想(北京)有限公司	ZL201110217269.1	2013-01-30
4207	一种通过分层数据通信协议实现电源管理的方法	联想(北京)有限公司	ZL201110348729.4	2013-05-08
4208	一种电源选择方法及电路、电子设备	联想(北京)有限公司	ZL201110369853.9	2013-05-29
4209	一种充电方法及电子设备	联想(北京)有限公司	ZL201210033156.0	2013-08-14
4210	电池充电控制方法和装置	联想(北京)有限公司	ZL201210063858.3	2013-09-18
4211	一种充电电池及其充电控制方法和放电控制方法	联想(北京)有限公司	ZL201210064204.2	2013-09-18
4212	一种充电信息获取方法、系统和电子设备	联想(北京)有限公司	ZL201210216119.3	2014-01-15
4213	充电电池单元及其缺陷检测方法	联想(北京)有限公司	ZL201210246854.9	2014-01-29
4214	移动终端设备、充电器和充电系统	联想创新有限公司(香港)	ZL201080044399.3	2012-07-04
4215	电源系统	联想创新有限公司(香港)	ZL201210126998.0	2012-09-05
4216	电源系统	联想创新有限公司(香港)	ZL201210127000.9	2012-09-05
4217	电源系统	联想创新有限公司(香港)	ZL201210127006.6	2012-09-05
4218	一种离线式不间断电源系统	联正电子(深圳)有限公司	ZL201110265375.7	2013-03-27
4219	用于支持有源功率因数校正负载的控制方法及系统	联正电子(深圳)有限公司	ZL201110273125.8	2013-03-27
4220	一种隔离直流电源模块	聚信科技有限公司	ZL201210525495.0	2013-04-17
4221	等离子电源的锁频方法	聚光科技(杭州)股份有限公司	ZL201210597402.5	2013-06-12
4222	共铁心式功率因数校正谐振转换器	聚积科技股份有限公司	ZL201210236448.4	2014-01-15
4223	转换器的等效电阻值的控制方法与装置	聚积科技股份有限公司	ZL201210477309.0	2013-07-03
4224	一种用于电源管理系统的新型使能控制电路	聚辰半导体(上海)有限公司	ZL201210481082.7	2013-02-20
4225	开关电源变换器的电源电路	聚辰半导体(上海)有限公司	ZL201310011305.8	2013-04-03
4226	照明装置及其电源电压应用方法	聚鼎科技股份有限公司	ZL201310087295.6	2014-01-01
4227	单管谐振式软开关逆变电路	肖国选	ZL201310231675.2	2013-09-11
4228	电动车充电器模糊控制器	肖国选	ZL201310504338.6	2014-01-01

（续）

ID	标　　题	申请人	专利号	公开日
4229	弧边三角形移相变压器	胜利油田华滨福利机电有限责任公司 夏大洪	ZL201310083263. 9	2013-06-12
4230	LED 驱动装置及方法	胡军	ZL201310548033. 5	2014-02-12
4231	具有提高的电压调节精度的用于初级受控的开关电源的控制电路以及初级受控的开关电源	能源系统技术有限责任公司	ZL200880111267. 0	2011-10-12
4232	无线充电装置	致伸科技股份有限公司	ZL201210110757. 7	2013-10-30
4233	太阳能电池阵列模拟器适应光伏逆变器的控制方法	致茂电子（苏州）有限公司	ZL201210012007. 6	2013-07-10
4234	降低涌浪电流的电源测试电路及其方法	致茂电子（苏州）有限公司	ZL201210048710. 2	2013-09-11
4235	设有消振器及扭转振动阻尼器的液力转矩变换器	舍弗勒技术股份两合公司	ZL201080043336. 6	2012-09-19
4236	用于对电池进行充电的系统和方法	舒马克电器公司	ZL200480038570. 4	2007-04-18
4237	一种锂离子蓄电池组均衡充电控制系统	航天东方红卫星有限公司	ZL201210214223. 9	2012-10-24
4238	一种蓄电池两阶段电流充电的星载软件限流控制方法	航天东方红卫星有限公司	ZL201210431058. 2	2013-02-13
4239	一种太阳方阵模拟器电源框架系统	航天东方红卫星有限公司	ZL201310246966. 9	2013-10-09
4240	一种配网终端电源装置	航天科工深圳（集团）有限公司	ZL201210529418. 2	2013-04-10
4241	一种链式大功率降压直流变换器及其控制方法	航天长峰朝阳电源有限公司	ZL201310186631. 2	2013-08-21
4242	逻辑时序控制电路及并联充电串联放电的控制电路	艾何示	ZL201310162154. 6	2013-08-07
4243	具有功率提取器的多电源多负载系统	艾克斯兰能源技术公司	ZL200880010485. 5	2010-02-10
4244	用于具有并网负载的本地电源的功率输送管理	艾克斯兰能源技术公司	ZL201080015590. 5	2012-03-21
4245	禁止信号发生电路、集成电路及开关电源	艾尔瓦特集成电路科技（天津）有限公司	ZL201210524362. 1	2014-06-11
4246	一种静电除尘器用高压中频电源及其供电方法	艾尼科环保技术（安徽）有限公司	ZL201110315879. 5	2012-06-20
4247	包括 DC/DC 转换器的无变压器逆变器	艾思玛太阳能技术股份公司	ZL200980155066. 5	2011-12-21
4248	用于对逆变器装置的输出端的滤波电容器进行放电的方法和逆变器装置	艾思玛太阳能技术股份公司	ZL201080021359. 7	2012-04-25
4249	用于功率逆变器的防雷保护	艾思玛太阳能技术股份公司	ZL201110042980. 8	2011-08-24
4250	带有多馈机载供电装置的功率逆变器	艾思玛太阳能技术股份公司	ZL201180007866. X	2012-10-17
4251	带保护功能的开关电源电路	艾欧资讯有限公司	ZL201180039230. 3	2013-04-10
4252	带有整体的电连接的超声波成像转换器声学叠层	艾玛克公司	ZL201080040979. 5	2012-06-13
4253	变换器故障检测系统	艾里逊变速箱公司	ZL201080061547. 2	2012-10-03
4254	用于功率因数校正频率跟踪和参考产生的系统和方法	艾默生环境优化技术有限公司	ZL201080044559. 4	2012-07-11
4255	用于功率因数校正的系统和方法	艾默生环境优化技术有限公司	ZL201080044566. 4	2012-10-24
4256	功率因数校正系统、功率因数校正方法以及控制器	艾默生环境优化技术有限公司	ZL201080045539. 9	2012-07-04
4257	一种混合不间断电源系统	艾默生网络能源有限公司	ZL201110069283. 1	2011-10-05
4258	一种不间断电源	艾默生网络能源有限公司	ZL201110163827. 0	2012-12-19
4259	一种隐蔽防护锁以及具有该隐蔽防护锁的电源装置	艾默生网络能源有限公司	ZL201110176914. X	2013-01-02
4260	一种整流电路	艾默生网络能源有限公司	ZL201110178909. 2	2013-01-02
4261	风能发电设备的在线测试系统、装置及方法	艾默生网络能源有限公司	ZL201110302146. 8	2013-04-10
4262	一种超大电源系统及其监控方法和系统	艾默生网络能源系统北美公司	ZL201110448803. X	2013-07-03
4263	功率因数校正电路和开关电源模块、功率因数校正方法	艾默生网络能源系统北美公司	ZL201210227080. 5	2014-01-15

（续）

ID	标　　题	申请人	专利号	公开日
4264	高效率LED平衡驱动控制方法	艾默龙电子科技(嘉兴)有限公司	ZL200910194458.4	2011-07-27
4265	高变比脉冲变压器及其制造方法	芜湖国睿兆伏电子有限公司	ZL201410035275.9	2014-04-23
4266	一种新能源汽车用智能充电器及其控制方法	芜湖莫森泰克汽车科技有限公司 奇瑞汽车股份有限公司	ZL201010155994.6	2010-08-18
4267	电力变压器及其制造方法	芜湖金牛电气股份有限公司	ZL201210401671.X	2013-02-13
4268	电流模式直流转换器	芯传科技股份有限公司	ZL201110227338.7	2012-10-31
4269	具有Zn电极的可再充电电池以及制造所述电池的方法	苏伦·马蒂罗斯延 迪迪尔·吉尔奈特	ZL201080025676.6	2012-05-16
4270	并网逆变器测试设备及逆变器能量回灌模拟电网测试系统	苏州万可顶钇电源有限公司	ZL201210271727.4	2012-12-19
4271	数字可调双极性高压电源	苏州中傲信息技术有限公司	ZL201210371313.9	2013-02-06
4272	多电源输入装置	苏州佳世达电通有限公司 佳世达科技股份有限公司	ZL201210284601.0	2012-12-19
4273	充电电路	苏州佳世达电通有限公司 佳世达科技股份有限公司	ZL201310372847.8	2014-01-08
4274	电源恢复电压探测器	苏州兆芯半导体科技有限公司	ZL201210361417.1	2013-03-13
4275	电容充电设备	苏州六赫机械有限公司	ZL201410025029.5	2014-04-30
4276	高频低损耗开关电源变压器用高性能软磁体	苏州冠达磁业有限公司	ZL201410004276.7	2014-05-07
4277	用于DC-DC升压变换器的开关控制电路	苏州加古尔微电子科技有限公司	ZL201310313208.4	2013-10-23
4278	锂电池充电钻测试机	苏州劲翔电子科技有限公司	ZL201210414628.7	2013-02-13
4279	一种电容储能无变压器多功能电焊机	苏州华亚电讯设备有限公司	ZL201310014323.1	2013-05-22
4280	一种电池充电控制电路	苏州华启智能科技有限公司	ZL201210380463.6	2014-02-12
4281	建筑一体化用光伏电源管理模块接线盒	苏州同泰新能源科技有限公司	ZL201310039748.8	2013-05-01
4282	旋转变压器	苏州和鑫电气股份有限公司	ZL201210358049.5	2012-12-26
4283	一种产生多极场的可调式射频电源	苏州大学	ZL201310070998.8	2013-06-19
4284	一种MPPT计算策略及控制方法以及光伏阵列发电系统	苏州大学	ZL201310539251.2	2014-01-22
4285	无线充电系统及无线充电方法	苏州宝时得电动工具有限公司	ZL201010225012.6	2012-01-11
4286	充电站	苏州宝时得电动工具有限公司	ZL201010568707.4	2012-05-30
4287	割草机及对接充电系统	苏州宝时得电动工具有限公司	ZL201210011476.6	2013-02-20
4288	一种箱式变电站内的带风机油浸式变压器	苏州工业园区隆盛电器成套设备制造有限公司	ZL201110333215.1	2013-05-08
4289	一种太阳能补偿的电动车电池车载充电加热装置	苏州市奥杰汽车技术有限公司	ZL201310076111.6	2013-07-10
4290	一种用于光伏发电的基于液位驱动的主动追日系统	苏州市思玛特电力科技有限公司	ZL201210516472.3	2013-04-24
4291	采用电力载波组网技术的焊机电源控制系统	苏州市职业大学	ZL201310133131.2	2013-08-14
4292	一种太阳能光伏发电的新型控制电路及其控制方法	苏州市职业大学	ZL201310155860.8	2013-09-04
4293	一种便携式多功能小功率应急电源	苏州市职业大学	ZL201310248507.4	2013-09-25
4294	一种太阳能充电多级切换控制装置	苏州市职业大学	ZL201310258159.9	2013-10-02
4295	可恒压或恒流输出的直流电源	苏州市职业大学	ZL201410032376.0	2014-05-07
4296	电源柜配线安装组件	苏州市龙源电力科技股份有限公司	ZL201110209775.6	2013-01-30
4297	一种变压器	苏州康开电气有限公司	ZL201110243757.X	2012-02-22

（续）

ID	标　　题	申请人	专利号	公开日
4298	一种新能源汽车用充电系统	苏州快可光伏电子股份有限公司	ZL201310215058.3	2013-08-28
4299	一种基于原边反馈的恒流恒压式反激式变换器	苏州智浦芯联电子科技有限公司	ZL201310188933.3	2013-08-14
4300	高功率因数无频闪的LED驱动电路	苏州智浦芯联电子科技有限公司	ZL201410048087.X	2014-04-30
4301	变流器输出电流处理电路及方法	苏州汇川技术有限公司	ZL201310597267.9	2014-02-26
4302	一种永磁同步电机的电流谐波补偿系统及方法	苏州汇川技术有限公司 深圳市汇川技术股份有限公司	ZL201210061092.5	2012-07-25
4303	编码器信号转接装置及电机控制系统	苏州汇川技术有限公司 深圳市汇川技术股份有限公司 苏州默纳克控制技术有限公司	ZL201210320450.X	2012-12-19
4304	电梯安全回路故障定位系统、方法及定位模块	苏州汇川技术有限公司 苏州默纳克控制技术有限公司 深圳市汇川技术股份有限公司	ZL201210147423.7	2012-10-03
4305	变频器超载保护系统及方法	苏州汇川技术有限公司 苏州默纳克控制技术有限公司 深圳市汇川技术股份有限公司	ZL201210151882.2	2012-10-03
4306	永磁同步电机参数识别系统、方法及控制装置	苏州汇川技术有限公司 苏州默纳克控制技术有限公司 深圳市汇川技术股份有限公司	ZL201210509221.2	2013-04-24
4307	一种电动汽车的误换挡保护系统和方法	苏州汇川技术有限公司 苏州默纳克控制技术有限公司 深圳市汇川技术股份有限公司	ZL201310060303.8	2013-06-12
4308	串联型高压变频器及功率单元自主辨识方法	苏州汇川技术有限公司 苏州默纳克控制技术有限公司 深圳市汇川技术股份有限公司	ZL201310088426.2	2013-07-10
4309	伺服电机定子检测装置及工艺	苏州汇川技术有限公司 苏州默纳克控制技术有限公司 深圳市汇川技术股份有限公司	ZL201310108686.1	2013-07-10
4310	一种电动汽车防溜坡驱动控制器、系统及驱动控制方法	苏州汇川技术有限公司 苏州默纳克控制技术有限公司 深圳市汇川技术股份有限公司	ZL201310127899.9	2013-07-24
4311	变流器或变频器功率模块	苏州汇川技术有限公司 苏州默纳克控制技术有限公司 深圳市汇川技术股份有限公司	ZL201310158934.3	2013-08-28
4312	一种AC/DC转换开关电源输入线电压的采样电路	苏州瑞铬优电子科技有限公司	ZL201210073314.5	2012-08-01
4313	检测电源错误接线状况的电接线保护装置	苏州益而益电器制造有限公司	ZL201110269308.2	2013-03-27
4314	单轴联动跟踪太阳能充电车棚	苏州聚晟太阳能有限公司	ZL201310205452.9	2013-08-28
4315	车载充电机功率因数效率的控制方法	苏州舜唐新能源电控设备有限公司	ZL201210405837.5	2013-03-13
4316	一种超软光伏焊带的生产工艺	苏州赛历新材料科技有限公司	ZL201310000918.1	2013-04-24
4317	一种自动扶梯电源系统	苏州远志科技有限公司	ZL201210001671.0	2013-07-10
4318	一种太阳能户用系统用控制逆变器一体机测试设备	苏州高创特新能源发展有限公司	ZL201310115232.7	2013-08-07
4319	专用电梯控制系统、方法及电梯控制器	苏州默纳克控制技术有限公司 苏州汇川技术有限公司 深圳市汇川技术股份有限公司	ZL201110446666.6	2013-07-03
4320	电梯智能群控系统及方法	苏州默纳克控制技术有限公司 苏州汇川技术有限公司 深圳市汇川技术股份有限公司	ZL201210381192.6	2013-01-30
4321	变压器骨架的加工方法	苏玉锋	ZL200910034585.8	2011-04-06
4322	多电源供电装置	英业达股份有限公司	ZL201010556487.3	2012-05-23
4323	多个服务器的电源控制方法	英业达股份有限公司	ZL201010575240.6	2012-05-30
4324	面板模块及其电源输入接头的固定结构	英业达股份有限公司	ZL201110287915.1	2013-04-03
4325	具有一可调式电源开关的计算机及其电源效能调节方法	英业达股份有限公司	ZL201110329324.6	2013-04-24

（续）

ID	标 题	申请人	专利号	公开日
4326	一种太阳能光伏发电装置	英利能源（中国）有限公司	ZL201210174188.2	2012-09-19
4327	超导磁体的便携式磁体电源和从超导磁体去除能量的方法	英国西门子公司	ZL201010227984.9	2011-01-19
4328	使用电流变流体的触觉反馈装置	英派尔科技开发有限公司	ZL201180058828.7	2013-08-14
4329	基于差错的电源调节	英特尔公司	ZL200680021053.5	2008-06-11
4330	电池充电器槽	英特尔公司	ZL200780019659.X	2009-06-10
4331	冷交换负载自适应电源	英特尔公司	ZL201180061983.4	2013-08-28
4332	数字模拟转换器中用于校准电容补偿的校准电路和方法	英特尔移动通信有限公司	ZL201210005843.1	2012-07-18
4333	电流-电压转换器、接收器、提供电压信号的方法和接收信号的接收方法	英特尔移动通信有限责任公司	ZL201110462515.X	2012-07-11
4334	DC/DC转换器以及基于输入电压提供输出电压的方法	英特尔移动通信有限责任公司	ZL201210337614.X	2013-03-27
4335	具有改善的功率因数和减少的能量存储的升压转换器的前馈系统和方法	英特赛尔美国有限公司	ZL201210367154.5	2013-06-19
4336	带有调光器检测的LED驱动器系统	英特赛尔美国有限公司	ZL201210370108.0	2013-08-14
4337	供多相DC-DC转换器使用的超常失衡（WOB）电流校正	英特赛尔美国股份有限公司	ZL201010213415.9	2010-12-22
4338	LED驱动器的浪涌电流限流器	英特赛尔美国股份有限公司	ZL201010248650.X	2011-03-23
4339	多相非反相降压升压电压变换器	英特赛尔美国股份有限公司	ZL201110287432.1	2012-02-08
4340	具有自适应动态净空电压控制的LED驱动器	英特赛尔美国股份有限公司	ZL201110299725.1	2012-05-09
4341	用于开关转换器的主动电磁干扰减小的系统和方法	英特赛尔美国股份有限公司	ZL201110448906.6	2012-10-17
4342	分布式电源管理系统及适当地倾斜均流的方法	英特赛尔美国股份有限公司	ZL201310100811.4	2013-07-31
4343	变压器器件和用于制造变压器器件的方法	英飞凌科技奥地利有限公司	ZL201110367749.6	2012-05-30
4344	电源装置以及诊断电源装置的方法	英飞凌科技奥地利有限公司	ZL201110453420.1	2013-05-08
4345	用于控制开关式电源的系统和方法	英飞凌科技奥地利有限公司	ZL201210009475.8	2012-07-18
4346	谐振变换器	英飞凌科技奥地利有限公司	ZL201210157604.8	2012-11-21
4347	包括多级转换器的电路装置	英飞凌科技股份有限公司	ZL201110042692.2	2011-11-30
4348	多通道LED驱动器	英飞凌科技股份有限公司	ZL201110389591.2	2012-07-04
4349	DC-DC变换器的模式控制电路	英飞凌科技股份有限公司	ZL201210027838.0	2012-09-19
4350	功率因数校正电路	英飞凌科技股份有限公司	ZL201210106057.0	2012-10-17
4351	具有电荷平衡的电源系统	英飞凌科技股份有限公司	ZL201210266672.8	2013-01-30
4352	用于有效驱动大量LED的驱动电路	英飞凌科技股份有限公司	ZL201210309484.9	2013-03-06
4353	具有热致颜色漂移的补偿的LED驱动器	英飞凌科技股份有限公司	ZL201210366323.3	2013-04-03
4354	一种DC-DC变换电路	英飞特电子（杭州）股份有限公司	ZL201010213644.0	2011-12-28
4355	一种发光二极管恒流驱动电路的开路保护电路	英飞特电子（杭州）股份有限公司	ZL201010257482.0	2012-03-14
4356	一种均流电路	英飞特电子（杭州）股份有限公司	ZL201110029439.3	2012-08-01
4357	一种调整LED电流的电路	英飞特电子（杭州）股份有限公司	ZL201110083757.8	2012-10-24
4358	一种两线调光器及其控制方法	英飞特电子（杭州）股份有限公司	ZL201110099454.5	2012-10-24
4359	负载驱动电路	英飞特电子（杭州）股份有限公司	ZL201110159459.2	2012-12-19
4360	光源控制方法、装置及系统	英飞特电子（杭州）股份有限公司	ZL201110266456.9	2013-03-27

（续）

ID	标　　题	申请人	专利号	公开日
4361	具有功率因数校正的恒流控制电路及其功率因数校正电路	英飞特电子（杭州）股份有限公司	ZL201110289044. 7	2013-04-03
4362	斩波调光器、斩波调光系统及其驱动器	英飞特电子（杭州）股份有限公司	ZL201110321234. 2	2013-04-24
4363	一种 LED 驱动器	英飞特电子（杭州）股份有限公司	ZL201110337729. 4	2013-05-08
4364	一种 LED 光源的恒流驱动器	英飞特电子（杭州）股份有限公司	ZL201110338418. X	2013-05-08
4365	一种多路电流控制电路和控制方法	英飞特电子（杭州）股份有限公司	ZL201110349028. 2	2013-05-08
4366	一种适用于多路负载的均流电路	英飞特电子（杭州）股份有限公司	ZL201110350568. 2	2013-05-08
4367	一种调光控制电路	英飞特电子（杭州）股份有限公司	ZL201110350722. 6	2013-05-08
4368	负载驱动电路	英飞特电子（杭州）股份有限公司	ZL201110359252. X	2013-05-15
4369	PFC 电路、负载驱动电路及电流控制方法	英飞特电子（杭州）股份有限公司	ZL201110376136. 9	2013-06-05
4370	PFC 电路、负载驱动电路以及信号控制方法	英飞特电子（杭州）股份有限公司	ZL201110376593. 8	2013-06-05
4371	一种提高供电可靠性的电路	英飞特电子（杭州）股份有限公司	ZL201110425590. 9	2013-06-19
4372	一种适用于峰值电流控制的功率因数补偿电路	英飞特电子（杭州）股份有限公司	ZL201110430944. 9	2013-06-26
4373	一种调光装置的控制方法	英飞特电子（杭州）股份有限公司	ZL201210024349. X	2013-08-14
4374	一种同步开关的高压器件	英飞特电子（杭州）股份有限公司	ZL201210037159. 1	2013-08-21
4375	一种调光器、调光系统和调光方法	英飞特电子（杭州）股份有限公司	ZL201210280508. 2	2012-11-28
4376	一种调光方法	英飞特电子（杭州）股份有限公司	ZL201210281358. 7	2012-11-28
4377	一种 LED 光源的恒流驱动器及 LED 灯具	英飞特电子（杭州）股份有限公司	ZL201210324708. 3	2012-11-28
4378	一种降低电流源输出电流纹波的方法及电路	英飞特电子（杭州）股份有限公司	ZL201310053985. X	2013-07-10
4379	一种 LED 驱动电路	英飞特电子（杭州）股份有限公司	ZL201410032477. 8	2014-04-09
4380	增加充电锂电池单元中的能量密度	苹果公司	ZL201080036437. 0	2012-10-17
4381	电子装置、电源变换器及其操作方法	苹果公司	ZL201110101702. 5	2011-11-09
4382	具有用于使外部电源稳定的电流限制反馈控制环路修改的便携式电子设备电力管理器	苹果公司	ZL201180019011. 9	2012-12-19
4383	可构造电源开关单元和方法	苹果公司	ZL201180050202. 1	2013-06-19
4384	用于处理核的电源供应门控布置	苹果公司	ZL201210478451. 7	2013-04-17
4385	用于快速唤醒的电源开关加速方案	苹果公司	ZL201210517395. 3	2013-05-08
4386	一种磁集成的高效率升压电源	茂硕电源科技股份有限公司	ZL201210175588. 5	2012-09-26
4387	电子设备的充电系统和充电底座	荆涛	ZL201210364820. X	2014-03-26
4388	一种充电底座、充电底座对电子设备的充电方法及充电底座的供电装置	荆涛	ZL201310648492. 0	2014-03-12
4389	控制动力半导体器件构成串联阀组的电源装置	荣信电力电子股份有限公司	ZL201310284931. 4	2013-09-25
4390	IEGT 功率模块的直流取能电源	荣信电力电子股份有限公司 南方电网科学研究院有限责任公司	ZL201310689906. 4	2014-03-26
4391	用于基于光的皮肤病治疗装置的电源	莎责有限公司	ZL201080016909. 6	2012-03-28
4392	用于基于光的皮肤病治疗装置的电源	莎责有限公司	ZL201210074219. 7	2012-07-18
4393	用于基于光的皮肤病治疗装置的电源	莎责有限公司	ZL201210074656. 9	2012-07-25
4394	用于基于光的皮肤病治疗装置的电源	莎责有限公司	ZL201210074662. 4	2012-07-25
4395	用于基于光的皮肤病治疗装置的电源	莎责有限公司	ZL201210074673. 2	2012-07-25
4396	双启动电源系统	莫嘉林	ZL201310040918. 4	2013-05-22
4397	一种应急电源供应系统	莱芜钢铁集团有限公司	ZL201210336762. X	2012-12-26

（续）

ID	标　　题	申请人	专利号	公开日
4398	用于防止变压器爆炸的装置	菲利普·马尼耶	ZL201210229042.3	2012-11-07
4399	用于便携式气雾产生装置的电源系统	菲利普莫里斯生产公司	ZL201280069189.9	2014-10-15
4400	用于控制供电网络中的光伏设备的方法	菲尼克斯电气公司	ZL201180033411.5	2013-04-10
4401	用于将导体可拆卸地紧固到变压器壳体上的设备	菲尼克斯电气有限两合公司	ZL201080055607.X	2012-10-03
4402	高电压变压器	萨帕技术工业生产公司	ZL201080013698.0	2012-02-22
4403	用于电源组件的模块化电卡	萨甘安全防护公司	ZL200980152907.7	2011-11-30
4404	一种用于家用电梯变频器与马达的测试装置	蒂森克虏伯家用电梯(上海)有限公司	ZL201210439344.3	2013-04-03
4405	采用动变压器耦合供电的旋转扭矩传感器	蚌埠传感器系统工程有限公司	ZL201310151991.9	2013-08-28
4406	一种基于光伏效应检测光照强度的装置	蚌埠玻璃工业设计研究院 中国建材国际工程集团有限公司	ZL201310550362.3	2014-02-12
4407	适用于变电站直流电源的综合智能监控系统	衡水供电公司 国家电网公司 河北省电力公司	ZL201210443648.7	2013-02-13
4408	三相晶闸管恒流高压直流电源	襄阳九鼎昊天环保设备有限公司	ZL201410092216.5	2014-05-28
4409	不间断直流供电系统	西北工业大学	ZL201310180016.0	2013-08-21
4410	一种高精度硅微谐振式压力传感器接口电路	西北工业大学	ZL201310291280.1	2014-02-19
4411	一种基于Tesla变压器的重复频率脉冲串发生器	西北核技术研究所	ZL201210269127.4	2012-11-14
4412	用于Tesla型脉冲变压器的初级引线接口	西北核技术研究所	ZL201210288547.7	2013-02-13
4413	一种无角度运算SVPWM的方法及并网逆变系统	西华大学	ZL201310554843.1	2014-02-05
4414	开关变换器双缘恒定导通时间调制电压型控制方法	西南交通大学	ZL201310005129.7	2013-04-24
4415	开关变换器双缘恒定关断时间调制电压型控制方法及其装置	西南交通大学	ZL201310005181.2	2013-05-01
4416	一种电容充电用AC-DC串联谐振矩阵变换器控制装置的控制方法	西南交通大学	ZL201310012673.4	2013-05-01
4417	输出电容低ESR开关变换器双缘PFM调制电压型控制方法及其装置	西南交通大学	ZL201310022469.0	2013-05-08
4418	开关变换器双缘脉冲频率调制C型控制方法及其装置	西南交通大学	ZL201310022501.5	2013-05-15
4419	开关变换器双缘脉冲频率调制V2型控制方法及其装置	西南交通大学	ZL201310023426.4	2013-05-08
4420	连续工作模式开关电源的半滞环脉冲序列控制方法及其装置	西南交通大学	ZL201310104554.1	2013-08-07
4421	一种宽输入电压宽负载范围直直变换器控制方法及其装置	西南交通大学	ZL201310188962.X	2013-09-11
4422	非均衡管理光伏锂电储能模组节点组网通信与控制系统	西南交通大学	ZL201310206777.9	2013-09-25
4423	一种并联整合式Buck-Flyback功率因数校正PFC变换器拓扑	西南交通大学	ZL201310597600.6	2014-03-26
4424	一种配电变压器选址方法	西南大学	ZL201210178356.5	2012-10-10
4425	一种超声波液介无线电能传输系统	西南石油大学	ZL201310507105.1	2014-02-05
4426	一种电梯应急通话电源输出控制方法	西子奥的斯电梯有限公司	ZL201210562459.1	2013-06-05
4427	DC-DC转换器模式自动转换电路	西安三馀半导体有限公司	ZL201210470739.X	2013-03-13

（续）

ID	标　　题	申请人	专利号	公开日
4428	应用于同步升压型 DC-DC 转换器的短路保护电路	西安三馀半导体有限公司	ZL201210470791. 5	2013-03-27
4429	基于寄生升压电路的无变压器串联电压质量调节器及其控制方法	西安交通大学	ZL201210257751. 2	2012-11-07
4430	一种可平衡不对称负载的三相电力电子变压器	西安交通大学	ZL201210315989. 6	2012-12-12
4431	一种五电平二极管钳位型变换器电容电压平衡控制方法	西安交通大学	ZL201310132772. 6	2013-08-07
4432	用于相控整流电路中电抗器性能测试的电源及其测试方法	西安交通大学	ZL201310196456. 5	2013-09-18
4433	用于电力电子装置中电抗器性能测试的电源及其测试方法	西安交通大学	ZL201310196458. 4	2013-09-18
4434	IGCT 变换器/测试电路的直流侧电路及其钳位电容和钳位电阻的参数设计方法	西安交通大学	ZL201310277104. 2	2013-11-20
4435	一种电压型三电平中点钳位变流器载波调制方法	西安交通大学	ZL201310287332. 8	2013-11-20
4436	一种家用微网集成化并网装置	西安交通大学	ZL201310603331. X	2014-03-26
4437	一种高分辨率石油地震勘探仪电源电路设计方法	西安华朗物探科技有限公司	ZL201010596595. 3	2012-07-04
4438	应用于高压 DC-DC 转换器的自举充电电路	西安启芯微电子有限公司	ZL201210332656. 4	2013-01-09
4439	分布式发电机逆变器作为静止同步补偿器的应用	西安大略大学	ZL201080038759. 9	2012-08-15
4440	一种新型非浇注干式变压器高低压线圈套绕模具	西安天虹电气有限公司	ZL201310301901. X	2013-10-02
4441	一种自适应并网变流器三相软锁相环	西安奥特迅电力电子技术有限公司	ZL201210332665. 3	2013-01-09
4442	一种自适应并网变流器单相软锁相环	西安奥特迅电力电子技术有限公司 深圳奥特迅电力设备股份有限公司 西安交通大学	ZL201210364353. 0	2013-01-30
4443	应用于反激式电源的 X 电容放电控制装置	西安展芯微电子技术股份有限公司	ZL201210003248. 4	2013-07-10
4444	一种原边控制电源及其电压采样方法	西安展芯微电子技术股份有限公司	ZL201210049759. X	2013-09-11
4445	一种电流纹波可控的 LED 驱动电路	西安展芯微电子技术股份有限公司	ZL201210268714. 1	2014-02-12
4446	带指数校正调光功能的 LED 驱动电路	西安展芯微电子技术股份有限公司	ZL201210269208. 4	2014-02-12
4447	超微功耗 RC 积分测量电源电压方法	西安工业大学	ZL201210089195. 2	2012-08-01
4448	一种高可靠性电源	西安恒飞电子科技有限公司	ZL201110423449. 5	2013-06-19
4449	安全限流输出的多波形低压输入型电源转换器	西安智海电力科技有限公司	ZL201210514707. 5	2013-03-27
4450	自动极性识别定向电源转换电路	西安智海电力科技有限公司	ZL201210514773. 2	2013-04-03
4451	带有负载保护的无差别输出电源转换电路	西安智海电力科技有限公司	ZL201210517073. 9	2013-04-03
4452	安全限流输出的自动极性识别定向电源转换电路	西安智海电力科技有限公司	ZL201210517141. 1	2013-03-20
4453	输入电源无差别转换电路	西安智海电力科技有限公司	ZL201210517276. 8	2013-03-20
4454	交流接触器智能电源控制系统	西安润辉科技发展有限公司	ZL201310240456. 0	2013-09-04
4455	一种电力储能用大容量组合型变换器	西安理工大学	ZL201210156463. 8	2012-10-03
4456	一种两级式单相光伏并网发电控制方法	西安理工大学	ZL201310009315. 8	2013-05-08
4457	磁耦合谐振式无线电能传输相控电容调谐装置	西安理工大学	ZL201310065865. 1	2013-07-10
4458	三相电压型功率因数校正变换器的自适应控制方法	西安理工大学	ZL201310199758. 8	2013-09-11
4459	应用于多级式光伏并网发电系统的最大功率点追踪方法	西安理工大学	ZL201310362304. 8	2013-12-25
4460	抑制共模 EMI 的开关电源高频变压器辅助绕组设计方法	西安理工大学	ZL201310653510. 4	2014-04-02

（续）

ID	标　　题	申请人	专利号	公开日
4461	大功率集中式光伏并网发电协调控制系统及方法	西安理工大学	ZL201410088032.1	2014-07-02
4462	矿用直流转换本安电源的缓启动电路	西安电子科技大学	ZL201210255272.7	2012-11-14
4463	低电压微功耗电源开关及控制方法	西安电子科技大学	ZL201210260268.X	2012-11-28
4464	含有数字滤波功能的单电源电平移位电路	西安电子科技大学	ZL201210559143.7	2013-04-24
4465	应用于降压型DC-DC开关电源中的软启动电路	西安电子科技大学	ZL201210559144.1	2013-03-27
4466	应用于升压型DC-DC开关电源中的软启动电路	西安电子科技大学	ZL201210559862.9	2013-03-20
4467	有源功率因数校正电路	西安电子科技大学	ZL201210559966.X	2013-03-20
4468	用于原边反激式变换器的控制电路	西安电子科技大学	ZL201210560234.2	2013-04-24
4469	基于快行FIR滤波器的微型SAR数字下变频器设计方法	西安电子科技大学	ZL201310047053.4	2013-05-08
4470	应用于DC-DC转换器中的自适应导通时间产生电路	西安电子科技大学	ZL201310277893.X	2013-11-20
4471	用于DC-DC转换器轻负载跳脉冲模式的纹波减小电路	西安电子科技大学	ZL201310279873.6	2013-11-20
4472	光学偏振变换器及其制作方法	西安电子科技大学	ZL201310374450.2	2013-12-04
4473	用于稳压电源芯片的软启动电路	西安电子科技大学	ZL201310643899.4	2014-03-12
4474	基于功率分配控制的多路输出反激变换器设计方法	西安科技大学	ZL201410103195.2	2014-06-04
4475	一种柱上变压器的位置测量方法	西安科技大学	ZL201510039182.8	2015-04-29
4476	一种能够抑制低频噪声的电源	西安空间无线电技术研究所	ZL201210378109.X	2013-02-06
4477	用于燃气轮机滑油泵组试验的驱动电源频率设定方法	西安航空动力股份有限公司	ZL201310170228.0	2013-09-18
4478	一种永磁同步电机逆变器死区效应补偿方法及系统	西安航空学院	ZL201310090568.2	2013-06-05
4479	扫描LED显示屏驱动控制装置及方法	西安诺瓦电子科技有限公司	ZL201310647913.8	2014-04-23
4480	一种可调具体时间与功率的太阳能光伏控制装置	西安重装渭南光电科技有限公司	ZL201310392894.9	2013-12-25
4481	基于电感放电时间调制的降压LED驱动电路	西安铨芯电子有限公司	ZL201210543705.9	2013-04-03
4482	超结高压功率器件结构	西安龙腾新能源科技发展有限公司	ZL201210009184.9	2012-09-19
4483	检测太阳能电池板及电网侧绝缘电阻的逆变器及检测方法	西安龙腾新能源科技发展有限公司	ZL201210240041.9	2012-10-24
4484	一种超结MOSFET的制造方法	西安龙腾新能源科技发展有限公司	ZL201210292876.9	2013-02-13
4485	一种超结高压功率器件的制造方法	西安龙腾新能源科技发展有限公司	ZL201210292879.2	2013-01-16
4486	一种抑制输入输出电压波动的电路	西安龙腾新能源科技发展有限公司	ZL201310033373.4	2013-05-01
4487	一种抑制单相并网逆变器并网电流尖峰的方法	西安龙腾新能源科技发展有限公司	ZL201310366205.7	2013-11-27
4488	光伏逆变器在恒压源输入时的最大功率跟踪方法	西安龙腾新能源科技发展有限公司	ZL201310366727.7	2013-12-04
4489	光伏电池板曲线剧变后的输出功率恢复方法	西安龙腾新能源科技发展有限公司	ZL201410007302.1	2014-05-07
4490	自由增容移动电源	西诺控股集团有限公司	ZL201310602940.3	2014-04-02
4491	LED驱动电路	西铁城控股株式会社	ZL201180008053.2	2012-10-17
4492	在低输出频率下控制带有分布储能器的多相变换器的方法	西门子公司	ZL200880128051.5	2011-02-09
4493	一种并网逆变器	西门子公司	ZL200910215702.0	2011-07-06
4494	故障情况下用于实现带有分布储能器的多相变换器的冗余工作模式的控制方法	西门子公司	ZL200980129243.2	2011-06-22
4495	具有分布式制动电阻的变换器	西门子公司	ZL200980132291.7	2011-07-20

（续）

ID	标　　题	申请人	专利号	公开日
4496	产生指示变压器中线圈故障的故障信号的方法及保护设备	西门子公司	ZL200980138776. 7	2011-08-31
4497	电能并网系统以及电能传输系统和方法	西门子公司	ZL201010115367. X	2011-08-03
4498	用于在电动汽车与充电站之间通信的方法	西门子公司	ZL201080031585. 3	2012-07-11
4499	电压中间电路变换器的中间电路电容器的放电方法	西门子公司	ZL201080036658. 8	2012-05-23
4500	用于高压的变流器	西门子公司	ZL201080054532. 3	2012-08-15
4501	抑制变压器的涌流的方法和设备	西门子公司	ZL201080065713. 6	2012-12-19
4502	用于变换电功率的变换器设备和方法	西门子公司	ZL201110007413. 9	2011-07-20
4503	用于控制功率变换器中的功率变换的方法和控制系统	西门子公司	ZL201110007425. 1	2011-07-20
4504	一种蓄电池的充电方法和装置	西门子公司	ZL201110233983. X	2013-02-20
4505	用于开关、特别是低压断路器的脱扣单元的电源和开关	西门子公司	ZL201110249773. X	2012-03-21
4506	开关、特别是低压断路器和开关的电子脱扣单元的电源	西门子公司	ZL201110249812. 6	2012-03-21
4507	用于对车辆蓄电池进行有效充电的方法和装置	西门子公司	ZL201110265366. 8	2012-04-04
4508	用于海洋钻探船舶的电源系统及其控制方法	西门子公司	ZL201180018250. 2	2012-12-05
4509	车辆蓄电池充电的方法和控制单元	西门子公司	ZL201180034049. 3	2013-03-13
4510	在功率和频率上可缩放的逆变器	西门子公司	ZL201180039304. 3	2013-04-10
4511	用于非线性的、在时间上改变的负载的电源装置	西门子公司	ZL201180050720. 3	2013-07-10
4512	用于消除高压直流输电线故障的方法及通过高压直流输电线和变流器传输电流的装置	西门子公司	ZL201180066558. 4	2013-10-02
4513	用于控制功率转换器的DC链路电压的方法和系统	西门子公司	ZL201210032359. 8	2012-08-15
4514	使用单个变压器进行接地故障电路中断检测的方法和设备	西门子工业公司	ZL201080031579. 8	2012-05-16
4515	变流装置的电抗器的设计方法	西门子电气传动有限公司	ZL201110438051. 9	2013-06-26
4516	续航式光伏-镍氢-空气动力能源供电设备	许开鸿	ZL201010206071. 9	2011-12-14
4517	空气动力-光伏汽车	许开鸿	ZL201110083444. 2	2012-09-26
4518	一种风电变流器的CROWBAR电路的测试装置及测试方法	许继电气股份有限公司	ZL201310121251. 0	2013-07-24
4519	一种并网变流器软并网方法	许继电气股份有限公司 国家电网公司	ZL201110440741. 8	2013-02-06
4520	一种高压直流大电容充电装置及方法	许继电气股份有限公司 国家电网公司	ZL201210267289. 4	2012-11-21
4521	一种光伏电站防逆流方法	许继电气股份有限公司 国家电网公司	ZL201210303025. X	2012-12-19
4522	一种电炉变压器低压侧电流采集方法及继电保护装置	许继电气股份有限公司 宁夏回族自治区电力公司 许昌许继软件技术有限公司 国家电网公司	ZL201110296220. X	2012-05-02
4523	用于智能变电站的就地化变压器保护系统	许继电气股份有限公司 许昌许继软件技术有限公司 国家电网公司	ZL201110440705. 1	2013-02-06
4524	一种开关电源的上电冲击电流抑制方法	许继集团有限公司 河南许继仪表有限公司 国家电网公司 国网天津市电力公司	ZL201310121502. 5	2013-07-10
4525	一种光伏逆变器的运行控制方法	许继集团有限公司 西安许继电力电子技术有限公司	ZL201310438875. 5	2014-01-01

（续）

ID	标 题	申请人	专利号	公开日
4526	变压器套管组件、变压器套管安装工具及其安装方法	许继集团有限公司 许继变压器有限公司 国家电网公司	ZL201210329269.5	2012-11-28
4527	一种高压直流输电系统中自动功率控制方法	许继集团有限公司 许继电气股份有限公司	ZL201110438628.6	2013-02-06
4528	无线充电线圈过滤	诺基亚公司	ZL201080030445.4	2012-05-23
4529	基于整流器和逆变器的扭转模式阻尼系统和方法	诺沃皮尼奥内有限公司	ZL201180026935.1	2013-02-06
4530	电池单元转换器管理系统	谢子良	ZL201180010251.2	2013-02-27
4531	一种无刷线性旋转变压器	谭成忠	ZL201210355872.0	2013-02-13
4532	智能节能电源插座	谭朝云	ZL201110092667.5	2012-10-17
4533	互动式充电管理系统及其方法	财团法人工业技术研究院	ZL201110027581.4	2012-07-04
4534	互动式充电管理系统及其方法	财团法人工业技术研究院	ZL201110033682.2	2012-07-11
4535	电荷域滤波器及其方法	财团法人工业技术研究院	ZL201110447551.9	2013-05-22
4536	单回路充电装置以及单回路充电方法	财团法人工业技术研究院	ZL201210055502.5	2013-07-24
4537	具有元件充电模式静电放电防护的集成电路	财团法人工业技术研究院	ZL201210587481.1	2013-07-03
4538	隔离式电源管理系统与方法	财团法人工业技术研究院 优必克科技股份有限公司	ZL201110461219.8	2012-09-19
4539	应用于直流充电系统的多方通讯控制系统及充电方法	财团法人船舶暨海洋产业研发中心	ZL201210100180.1	2013-09-11
4540	基于网络采样可变比例制动系数的数字化变压器保护装置	贵州电力试验研究院	ZL201310287288.0	2013-10-23
4541	变压器油色谱全自动进样装置及操作方法	贵州电力试验研究院 凯里供电局	ZL201310379008.9	2013-11-27
4542	高效机电一体化发电机直流电源及制作方法	贵州航天林泉电机有限公司	ZL201110362836.2	2013-05-22
4543	智能小区电动汽车充电管理系统	贵阳供电局	ZL201310716624.9	2014-03-26
4544	用于过程控制系统中使用的集成总线控制器和电源设备	费希尔-罗斯蒙特系统公司	ZL201010569812.X	2011-06-01
4545	备用电源与服务器系统中的主板的直接连接	费斯布克公司	ZL201080033507.7	2012-05-23
4546	可调式转换器在调节变压器上的布置系统	赖茵豪森机械制造公司	ZL201080033631.3	2012-05-23
4547	在可调变压器上的具有极化开关的分接开关	赖茵豪森机械制造公司	ZL201080051650.9	2012-09-12
4548	电功率变压器的绕组温度的表示和显示	赖茵豪森机械制造公司	ZL201280034819.9	2014-04-02
4549	滤波器及具有该滤波器的电子设备	赛恩倍吉科技顾问(深圳)有限公司	ZL200910312743.1	2011-07-06
4550	电源分配器	赛恩倍吉科技顾问(深圳)有限公司	ZL201010130474.X	2011-09-28
4551	时序控制电路及具有该时序控制电路的前端总线电源	赛恩倍吉科技顾问(深圳)有限公司	ZL201010143787.9	2011-10-12
4552	充电电路	赛恩倍吉科技顾问(深圳)有限公司	ZL201110149079.0	2012-12-05
4553	太阳能光伏光热联用系统	赛维LDK太阳能高科技(南昌)有限公司	ZL201210434624.5	2013-03-06
4554	LED驱动电路	赤多尼科两合股份有限公司	ZL201080019793.1	2012-04-25
4555	LED驱动电路	赤多尼科两合股份有限公司	ZL201080024367.7	2012-05-09
4556	隔爆型对旋双风机双电源光电对接自动换机集控器	赵跃斌	ZL201210072429.2	2012-07-11
4557	一种蓄电池充电区自动灭火装置	超威电源有限公司	ZL201210586248.1	2013-04-17
4558	一种蓄电池分阶段式内化成充电工艺	超威电源有限公司	ZL201310286631.X	2013-11-20
4559	一种LED调光驱动电路	辉芒微电子(深圳)有限公司	ZL201310176350.9	2013-08-21
4560	恒流开关电源及其恒流控制装置	辉芒微电子(深圳)有限公司	ZL201310185814.2	2013-08-28

（续）

ID	标　　题	申请人	专利号	公开日
4561	一种线性恒流 LED 驱动电路及 LED 灯具	辉芒微电子（深圳）有限公司	ZL201310356095.6	2013-12-04
4562	一种线性开关恒流 LED 驱动电路及 LED 灯具	辉芒微电子（深圳）有限公司	ZL201310356131.9	2013-12-11
4563	一种控制峰值电流的线性开关恒流 LED 驱动电路	辉芒微电子（深圳）有限公司	ZL201310432949.4	2014-01-01
4564	一种 LED 驱动器	辉芒微电子（深圳）有限公司	ZL201310477363.X	2014-01-22
4565	LED 驱动电路	辉芒微电子（深圳）有限公司	ZL201310528655.1	2014-01-29
4566	氧化剂氧化精制工艺生产变压器油的方法	辽宁中旭石油化工有限公司	ZL201310137511.3	2013-08-07
4567	一种交流电驱动 LED 白光照明的 PFC 变换电路	辽宁中维高新技术有限公司	ZL201210129475.1	2012-09-19
4568	一种光伏玻璃合成器的加工方法	辽宁乐威科技发展有限公司	ZL201110451948.5	2012-07-11
4569	一种电力系统中锂电池储能式直流电源控制系统	辽宁凯信新能源技术有限公司	ZL201310053834.4	2013-05-22
4570	一种移动式光伏发电、低谷电锂电池储能控制系统	辽宁凯信新能源技术有限公司	ZL201310055018.7	2013-06-26
4571	一种网络智能多用途 EPS 应急电源	辽宁凯信新能源技术有限公司	ZL201310470686.6	2014-01-01
4572	太阳能光伏充放电控制器大电流检测系统	辽宁太阳能研究应用有限公司	ZL201310268368.1	2013-10-09
4573	一种基于模糊 Petri 网变压器故障诊断方法	辽宁省电力有限公司朝阳供电公司 许继电气股份有限公司 许昌许继软件技术有限公司	ZL201210132403.2	2012-09-19
4574	一种变压器故障图形预警的方法	辽宁省电力有限公司朝阳供电公司 许继电气股份有限公司 许昌许继软件技术有限公司 国家电网公司	ZL201310011450.6	2013-05-08
4575	智能电能表通信模块供电电源性能测量装置	辽宁省电力有限公司电力科学研究院 东北电力科学研究院有限公司 国家电网公司	ZL201210413825.7	2013-02-27
4576	变压器直流偏磁在线监测装置及其监测方法	辽宁省电力有限公司电力科学研究院 辽宁东科电力有限公司 国家电网公司	ZL201310093226.6	2013-07-10
4577	一种分布式电源接网控制器及控制方法	辽宁立德电力电子股份有限公司	ZL201410052613.X	2014-05-14
4578	板卡电源调试系统及调试方法	迈普通信技术股份有限公司	ZL201110350140.8	2012-05-02
4579	DC-DC 电源设备及其电流检测方法	迈普通信技术股份有限公司	ZL201310616031.5	2014-03-19
4580	反激式电路及减小反激式电路变压器漏感损耗的方法	迈象电子科技（上海）有限公司	ZL201210151451.6	2012-09-12
4581	利用开关排列及充放电的高效充电装置	运行能源株式会社	ZL201180007176.4	2013-01-09
4582	数字信号到自整角机/旋转变压器信号的转换方法	连云港杰瑞电子有限公司	ZL201210153880.7	2012-08-29
4583	非接触接收器、谐振电路以及可变电容元件	迪睿合电子材料有限公司	ZL200910168122.0	2010-03-03
4584	对于电源负载的限制	通力股份公司	ZL200880116956.0	2010-10-20
4585	控制器、电源供应器与控制方法	通嘉科技股份有限公司	ZL201010554671.4	2012-05-23
4586	电源控制器以及控制方法	通嘉科技股份有限公司	ZL201110232176.6	2013-02-27
4587	过电压防护的控制方法以及用于电源控制器的控制电路	通嘉科技股份有限公司	ZL201110257478.9	2013-03-13
4588	电源控制电路以及方法	通嘉科技股份有限公司	ZL201110314709.5	2012-07-11
4589	用以降低电源转换器的接触电流的控制电路及其操作方法	通嘉科技股份有限公司	ZL201310080037.5	2013-09-25
4590	线性马达充电的电动车辆	通用原子公司	ZL201080007753.5	2012-05-09
4591	用于增程电动车的充电通知	通用汽车有限责任公司	ZL201110201741.2	2012-03-14
4592	用于车辆的个性化充电管理	通用汽车有限责任公司 通用汽车环球科技运作有限责任公司	ZL201210419370.X	2013-05-08

（续）

ID	标　　题	申请人	专利号	公开日
4593	带控制器的充电电缆	通用汽车环球科技运作公司	ZL201010001449.1	2010-08-25
4594	用于电动车辆充电的系统和方法	通用汽车环球科技运作公司	ZL201010194259.6	2010-12-01
4595	蓄电池及氢燃料电池充电调节器	通用汽车环球科技运作有限责任公司	ZL201110036181.X	2011-09-21
4596	用于在马达减速期间控制变换器的车辆电气系统和方法	通用汽车环球科技运作有限责任公司	ZL201110164038.9	2012-01-25
4597	用于推进蓄电池的组合加热及预充电功能和硬件	通用汽车环球科技运作有限责任公司	ZL201110228250.7	2012-03-14
4598	氢存储系统中的所有压力变换器的标定	通用汽车环球科技运作有限责任公司	ZL201110271006.9	2012-04-04
4599	电动车辆充电线缆锁	通用汽车环球科技运作有限责任公司	ZL201110306012.3	2012-05-09
4600	用于可再充电能量存储系统组件的集成式热量和结构管理	通用汽车环球科技运作有限责任公司	ZL201110330848.7	2012-05-09
4601	降低电变换器中的谐波畸变的系统和方法	通用汽车环球科技运作有限责任公司	ZL201110349847.7	2012-07-04
4602	用于电动车辆的感应充电系统	通用汽车环球科技运作有限责任公司	ZL201210090558.4	2012-10-17
4603	利用置信度值来确定蓄电池的充电状态的系统和方法	通用汽车环球科技运作有限责任公司	ZL201210145306.7	2012-11-14
4604	填充变压器的一对芯部之间的气隙的系统和方法	通用汽车环球科技运作有限责任公司	ZL201210158944.2	2012-11-28
4605	使用电池阻抗响应的电池充电估算器	通用汽车环球科技运作有限责任公司	ZL201210163497.X	2012-11-28
4606	用于初始化充电系统的系统和方法	通用汽车环球科技运作有限责任公司	ZL201210175351.7	2012-12-05
4607	用再生制动系统加热催化转换器和给电气附件供电的方法	通用汽车环球科技运作有限责任公司	ZL201210184009.3	2012-12-12
4608	车辆可再充电能量存储系统的热调节	通用汽车环球科技运作有限责任公司	ZL201210187962.3	2012-12-12
4609	具有辅助充电线绳释放机构的电动车辆	通用汽车环球科技运作有限责任公司	ZL201210187975.0	2012-12-12
4610	车辆蓄电池及其充电方法	通用汽车环球科技运作有限责任公司	ZL201210260672.7	2013-01-30
4611	用于控制多相逆变器的方法、系统和设备	通用汽车环球科技运作有限责任公司	ZL201210293684.X	2013-03-06
4612	电化学器件以及可充电锂离子电池	通用汽车环球科技运作有限责任公司	ZL201210296448.3	2012-12-26
4613	充电系统的门控灯	通用汽车环球科技运作有限责任公司	ZL201210312125.9	2013-03-13
4614	预测在车辆逆变器功率模块中的晶体管温度以及相关的操作方法	通用汽车环球科技运作有限责任公司	ZL201210314418.0	2013-04-10
4615	降低可再充电电池的功率的方法	通用汽车环球科技运作有限责任公司	ZL201210599112.4	2013-08-21
4616	电动车充电减少设备和方法	通用汽车环球科技运作有限责任公司	ZL201310031274.2	2013-07-31
4617	用于电动车辆的充电线缆锁	通用汽车环球科技运作有限责任公司	ZL201310099089.7	2013-10-23
4618	用于触发系统的双电源脉冲发生器	通用电气公司	ZL200910002300.2	2010-03-10
4619	高效、多源光电逆变器	通用电气公司	ZL200910145253.7	2009-12-02
4620	LLC 变换器同步 FET 控制器及其操作方法	通用电气公司	ZL200910246828.4	2011-05-11
4621	放电灯的低成本紧凑尺寸单级高功率因数电路	通用电气公司	ZL200980141555.5	2011-09-14
4622	具有功率覆盖层的双侧冷却的功率模块	通用电气公司	ZL201010146956.4	2010-09-22
4623	高压变压器及含这种变压器的用于 X 射线管的电源	通用电气公司	ZL201010159593.8	2010-10-13
4624	用于功率模块的引导系统	通用电气公司	ZL201010248639.3	2011-03-23
4625	具有压电变压器的电源和用于功率转换的方法	通用电气公司	ZL201010273552.1	2011-04-06
4626	混合型风-太阳变换器	通用电气公司	ZL201010538501.7	2011-05-11
4627	无功功率控制系统及其控制方法	通用电气公司	ZL201010556539.7	2012-05-23
4628	多电平转换器操作	通用电气公司	ZL201010564691.X	2011-05-25

（续）

ID	标　　题	申请人	专利号	公开日
4629	可变限流器和操作非隔离电压变换器的方法	通用电气公司	ZL201110002467.6	2011-07-13
4630	控制配电变压器及其制造方法	通用电气公司	ZL201110093474.1	2011-10-05
4631	多电平转换器和确定多电平转换器的开关装置故障的方法	通用电气公司	ZL201110161372.9	2012-02-15
4632	用于多相电力转换器的控制的系统以及方法	通用电气公司	ZL201110190690.8	2011-12-28
4633	光伏逆变器系统及其在高开路电压的启动方法	通用电气公司	ZL201110224444.X	2012-02-08
4634	功率因数校正效能改进电路、使用该电路的变换器以及制造变换器的方法	通用电气公司	ZL201110239948.9	2012-01-25
4635	功率逆变器系统和以高直流电压启动该系统的方法	通用电气公司	ZL201110257782.3	2012-07-11
4636	利用主动式平衡的交错式 LLC 变换器	通用电气公司	ZL201110293979.2	2012-07-04
4637	能量转换系统及其操作方法、光伏发电系统	通用电气公司	ZL201110304917.7	2013-04-03
4638	LLC 转换器有源缓冲电路及其操作方法	通用电气公司	ZL201110317618.7	2012-07-04
4639	谐振电源、磁共振成像系统及控制方法	通用电气公司	ZL201110326627.2	2013-05-01
4640	用于对电动车辆充电的设备和方法	通用电气公司	ZL201110381828.2	2012-05-16
4641	从燃气涡轮的辅助隔室移除扭矩变换器和启动马达的方法	通用电气公司	ZL201210071604.6	2012-09-19
4642	多电平功率变换器及其制造方法和操作方法	通用电气公司	ZL201210146195.1	2013-01-02
4643	采用 LLC 变换器的功率变换器和操作功率变换器的方法	通用电气公司	ZL201210146207.0	2013-01-02
4644	风力发电机及在电网故障后将变压器连接到电网的方法	通用电气公司	ZL201210342075.9	2013-03-27
4645	受控于限制输出有功功率的规则、包括双馈电机和逆变器的传动链	通用电气能源能量变换技术有限公司	ZL201280017289.7	2014-02-26
4646	包括双馈电机和连接在 DC/AC 逆变器与电机转子之间的带阻滤波器的驱动链	通用电气能源能量变换技术有限公司	ZL201280017391.7	2014-01-29
4647	用于插电式混合动力电动车辆充电的层式高电流强度的包覆成型的多聚物连接器组件	通用电缆技术公司	ZL201210125082.3	2012-11-07
4648	具有通信能力的自适应感应电源	通达商业集团国际公司	ZL200910145439.2	2009-11-25
4649	整合便携式支架、电源和控制面板	通风系统公司	ZL201080034761.9	2012-08-01
4650	一种电源气液分离板加工装置及其加工方法	遵义宏港机械有限公司	ZL201210299686.X	2012-11-28
4651	一种电源座加工装置及加工方法	遵义宏港机械有限公司	ZL201210492972.8	2013-04-03
4652	一种电源分配板	遵义宏港机械有限公司	ZL201310437698.9	2013-12-25
4653	变频器低电压穿越电源	邯郸派瑞节能控制技术有限公司	ZL201410014438.5	2014-04-30
4654	复合开关电源	邱志锋	ZL201310329314.1	2013-11-27
4655	电源转换器脉宽调变控制电路及其控制方法	邱月美	ZL201110250707.4	2013-03-06
4656	驱动内置的半圆拼接式 LED 灯泡	邱民	ZL201210577124.7	2013-04-10
4657	微功耗 LED 照明电源	郁百超	ZL201310246367.7	2013-09-18
4658	微功耗动力电池通用充电机	郁百超	ZL201310311585.4	2013-10-09
4659	启动、充电装置	郑州佛光发电设备有限公司	ZL201210302295.9	2012-12-26
4660	混合动力客车用集成式电机控制及充电装置	郑州宇通客车股份有限公司	ZL201210336080.9	2013-01-30
4661	具有车载充电功能的双储能装置	郑州宇通客车股份有限公司	ZL201210368654.0	2013-01-23

（续）

ID	标　　题	申请人	专利号	公开日
4662	一种复合电源	郑州宇通客车股份有限公司	ZL201310038079.2	2013-05-01
4663	易拔式电源插头	郑州电力高等专科学校	ZL201310040514.5	2013-06-05
4664	一种桥式交流斩波功率变换器	郑州轻工业学院	ZL201410062842.X	2014-05-21
4665	无线电力充电系统	郑春吉	ZL201210151511.4	2012-11-14
4666	一种适于远程控制充电过程的设备及方法	郭春林	ZL201210056743.1	2012-09-12
4667	一种半导体直流光电变压器	郭磊	ZL201210326559.4	2012-12-19
4668	无线分布式电源老化测试监控方法和系统	醴陵恒茂电子科技有限公司	ZL201310308295.4	2013-10-23
4669	双通道 DC 输出防水恒流电源	重庆九亿光电仪器有限公司	ZL201310077392.7	2013-06-12
4670	一种自适应无线电能传输装置	重庆交通大学	ZL201310142648.8	2013-07-24
4671	基于电场感应的变压器绝缘油老化在线检测方法	重庆勤智科技有限公司	ZL201210569497.X	2013-03-27
4672	LED 驱动电源输入过压保护电路	重庆四联光电科技有限公司	ZL201310121888.X	2013-06-19
4673	一种基于电场耦合的无线电能传输系统	重庆大学	ZL201210358473.X	2013-01-16
4674	一种高增益升压型直流变换器	重庆大学	ZL201210534364.9	2013-03-13
4675	一种变结构双输入直流变换器	重庆大学	ZL201310018844.4	2013-04-17
4676	数字控制的恒功率 DC/DC 变换器	重庆大学	ZL201310063470.8	2013-06-26
4677	太阳能光伏电源输出功率的时序概率建模方法	重庆大学	ZL201310077949.7	2013-05-15
4678	多级单开关升压变换器	重庆大学	ZL201310238848.3	2013-10-09
4679	一种基于热能与振动能的复合式能量收集微电源电路	重庆大学	ZL201310243994.5	2013-10-02
4680	DC-DC buck 变换器高阶滑模控制方法	重庆大学	ZL201310316413.6	2013-10-30
4681	基于 Switch-Capacitor 网络的多输入升压变换器	重庆大学	ZL201310331477.3	2013-11-27
4682	基于极点配置的三相 LCL 型并网逆变器控制系统及方法	重庆大学	ZL201310449942.3	2013-12-25
4683	无锁相环节三相 LCL 型并网逆变器电流控制方法及系统	重庆大学	ZL201310450326.X	2013-12-25
4684	一种基于电网阻抗的大型光伏电站并网稳定性设计方法	重庆大学	ZL201310450339.7	2014-02-19
4685	一种电动汽车三相充电机谐波模型的建模方法	重庆大学	ZL201310533127.5	2014-01-22
4686	电网电压谐波下双馈感应风电系统抑制并网功率波动控制方法	重庆大学	ZL201310547482.8	2014-01-29
4687	一种电场耦合型无线电能传输系统的控制方法	重庆大学	ZL201310547499.3	2014-02-05
4688	电网电压不平衡下三相光伏发电系统的谐波电流抑制方法	重庆大学	ZL201310571529.4	2014-02-05
4689	并网型光伏电站无功电压控制方法及系统	重庆大学	ZL201310611959.4	2014-02-12
4690	基于滑模控制的逆变器输出电压稳态方法	重庆大学	ZL201410181303.8	2014-08-20
4691	一种基于多特征信息融合技术的变压器内绝缘老化诊断方法	重庆大学 重庆市电力公司电力科学研究院 国家电网公司	ZL201210497645.1	2013-03-20
4692	交流电源均流输入系统的信号采集装置及处理方法	重庆安谐新能源技术有限公司	ZL201210096812.1	2012-08-01
4693	一种电源管理电路	重庆川仪自动化股份有限公司	ZL201210579028.6	2013-05-08
4694	一种无线充电装置	重庆市电力公司电力科学研究院 国家电网公司	ZL201210323181.2	2012-12-12

（续）

ID	标 题	申请人	专利号	公开日
4695	免受开关电源干扰的车载 FM/AM 收音机及其抗扰方法	重庆徐港电子有限公司	ZL201310161016. 6	2013-08-14
4696	一种变压器专用线夹	重庆德普电气有限公司	ZL201210348645. 5	2012-12-26
4697	内燃机启动电源	重庆永通信息工程实业有限公司	ZL201210361365. 8	2013-01-16
4698	有源 RC 滤波器自动频率调谐电路	重庆西南集成电路设计有限责任公司	ZL201210487078. 1	2013-03-20
4699	实现 LED 恒流驱动器灰度等级可控的方法及恒流驱动器	重庆邮电大学	ZL201210215834. 5	2012-10-03
4700	一种分段式恒流恒压充电方法	重庆邮电大学	ZL201310340673. 7	2014-01-01
4701	一种电源管理驱动芯片及该芯片的应用电路	重庆邮电大学	ZL201310377608. 1	2013-11-27
4702	一种并联混合动力汽车的驱动充电控制方法	重庆长安汽车股份有限公司 重庆长安新能源汽车有限公司	ZL201110448005. 7	2012-06-27
4703	一种电动汽车充电系统及电动汽车	重庆长安汽车股份有限公司 重庆长安新能源汽车有限公司	ZL201210168832. 5	2012-10-03
4704	纯电动汽车动力电池的低温充电加热系统及加热方法	重庆长安汽车股份有限公司 重庆长安新能源汽车有限公司	ZL201310364692. 3	2013-12-04
4705	电动汽车整车控制器电源自保持系统	重庆长安汽车股份有限公司 重庆长安新能源汽车有限公司	ZL201310431380. X	2014-01-15
4706	一种电动汽车充电连接装置	重庆长安汽车股份有限公司 重庆长安新能源汽车有限公司	ZL201310619492. 8	2014-02-19
4707	一种电除尘用高频高压大功率电源	金华大维电子科技(大连)有限公司	ZL201310500902. 7	2014-01-29
4708	一种高频高压电源用散热系统	金华大维电子科技(大连)有限公司	ZL201310507603. 6	2014-02-05
4709	一种电除尘用高频脉冲功率电源	金华大维电子科技有限公司	ZL201310340611. 6	2013-11-20
4710	大功率 LED 万能特种电源	金尔富	ZL201210327397. 6	2013-03-06
4711	用于断开备用电源的插座装置及其控制方法	金昌镐	ZL201080040300. 2	2012-08-22
4712	电动汽车用无线充电系统及其充电方法	金玄珉	ZL201080058025. 7	2012-08-22
4713	太阳能光伏发电与太阳能平板集热互补集成系统及其控制方法	金陵科技学院	ZL201210546808. 0	2013-03-27
4714	一种介于直流发光元件与安定器间的电源转换装置	钜东应用工程股份有限公司 刘永诚	ZL201210484470. 0	2014-01-29
4715	一种准零功耗待机的电脑电源	钱和革	ZL200910152158. X	2011-01-26
4716	既有直供牵引变压器改为 AT 供电方式牵引变压器的结构	铁道第三勘察设计院集团有限公司	ZL201310141474. 3	2013-06-26
4717	车体后部的充电用部件安装结构	铃木株式会社	ZL201180019833. 7	2013-01-02
4718	电源装置的保护框架结构	铃木株式会社	ZL201180020652. 6	2013-01-02
4719	车辆充电器安装结构	铃木株式会社	ZL201180024141. 1	2013-01-23
4720	电源装置保护结构	铃木株式会社	ZL201180024321. X	2013-01-23
4721	充电连接器	铃木株式会社	ZL201180025775. 9	2013-02-06
4722	充电连接器	铃木株式会社	ZL201180042481. 7	2013-05-01
4723	电池温度调节系统和电池充电系统	铃木株式会社	ZL201210171831. 6	2012-12-05
4724	车载电源设备	铃木株式会社	ZL201210489134. 5	2013-07-17
4725	充电/放电控制设备	铃木株式会社	ZL201310000484. 5	2013-08-14
4726	一种变压器用环保型环氧树脂漆	铜陵三佳变压器有限责任公司	ZL201210534322. 5	2013-04-03

（续）

ID	标　　题	申请人	专利号	公开日
4727	一种用于变压器的钒基铁氧体磁芯材料	铜陵三佳变压器有限责任公司	ZL201410283397. X	2014-09-17
4728	一种用于变压器的稀土铁氧体磁芯材料	铜陵三佳变压器有限责任公司	ZL201410283974. 5	2014-09-17
4729	车载宽电源稳压板及航海电视机	铭薪电子（深圳）有限公司	ZL201210229716. X	2012-10-10
4730	臭氧发生器用大功率高频高压油浸式变压器	银川欣安瑞电气有限公司	ZL201210104795. 1	2012-07-25
4731	不断电电源线缆分检装置及方法	银川高新区负能科贸有限公司	ZL201310350530. 4	2013-11-20
4732	一种油浸式变压器的器身定位结构	镇江天力变压器有限公司	ZL201310171164. 6	2013-07-24
4733	一种静电除尘用高频高压变压器的设计方法	镇江天力变压器有限公司	ZL201310232699. X	2013-09-18
4734	地下式变压器低压引线密封结构	镇江天力变压器有限公司	ZL201310371716. 8	2013-11-27
4735	一种油浸式变压器低压接线头和导电杆的连接结构	镇江天力变压器有限公司	ZL201410134967. 9	2014-06-25
4736	一种水冷式蓄电池充电架	长兴鑫瑞复合材料有限公司	ZL201210447794. 7	2013-03-13
4737	变压器励磁涌流闭锁的方法	长园深瑞继保自动化有限公司	ZL201110454075. 3	2012-06-27
4738	多进线备用电源自动投入方法	长园深瑞继保自动化有限公司	ZL201310594411. 3	2014-02-19
4739	用于接有小电源的备自投装置系统及备自投方法	长园深瑞继保自动化有限公司	ZL201310642076. X	2014-03-05
4740	一种高效率的线性可调变压器	长城汽车股份有限公司	ZL201210317706. 1	2012-12-19
4741	一种汽车电源控制系统	长城汽车股份有限公司	ZL201310114225. 5	2013-07-10
4742	一种基于 PLC 控制的电动汽车电源管理系统及方法	长安大学	ZL201310393352. 3	2014-01-08
4743	一种数模混合调光的 LED 驱动电路	长安大学	ZL201410030379. 0	2014-05-21
4744	基于中频或高频变压器变压的风电场输电方法	长江勘测规划设计研究有限责任公司	ZL201310179720. 4	2013-09-18
4745	光伏发电单元发电效益最大化布置结构	长江勘测规划设计研究有限责任公司	ZL201410459008. 4	2015-02-18
4746	一种直流电源系统的主回路继电器状态检测装置及方法	长沙学院	ZL201210363197. 6	2013-01-09
4747	移动电源电池电量精确显示方法及装置	长沙市博巨兴电子科技有限公司	ZL201310302641. 8	2013-10-23
4748	智能防雷节电电源转换器	长沙融森高新技术开发有限公司	ZL201110127621. 2	2012-11-21
4749	太阳能电源双推注锁发光二极管 LED 阵列灯	阮小青	ZL201310155138. 4	2013-09-25
4750	太阳能电源双推注锁功率合成霓虹灯	阮小青	ZL201310155139. 9	2013-09-25
4751	太阳能电源双推注锁功率合成黑光灯	阮小青	ZL201310155140. 1	2013-09-25
4752	太阳能电源双推注锁功率合成低压钠灯	阮小青	ZL201310155141. 6	2013-09-25
4753	太阳能电源双推注锁功率合成高压钠灯	阮小青	ZL201310155144. X	2013-09-25
4754	太阳能电源双全桥注入锁相功率合成无极灯组	阮树成	ZL201310155146. 9	2013-09-25
4755	太阳能电源四全桥注锁功率合成霓虹灯	阮树成	ZL201310155428. 9	2013-09-25
4756	太阳能电源四全桥注锁发光二极管 LED 阵列灯	阮树成	ZL201310155429. 3	2013-09-25
4757	太阳能电源四全桥注锁功率合成高压钠灯	阮树成	ZL201310155430. 6	2013-09-25
4758	太阳能电源四全桥注入锁相功率合成金卤灯	阮树成	ZL201310155486. 1	2013-09-25
4759	直流低压电源注锁功率合成调光荧光灯	阮雪芬	ZL201310155872. 0	2013-10-02
4760	直流低压电源注锁功率合成双卤素灯	阮雪芬	ZL201310155873. 5	2013-10-09
4761	太阳能电源四推挽注锁功率合成卤素灯组	阮雪芬	ZL201310155874. X	2013-10-02
4762	太阳能电源四推挽注锁功率合成低压钠灯组	阮雪芬	ZL201310155875. 4	2013-10-02
4763	单级电源 LED 恒流驱动模拟电压调光电路	阳亮	ZL201310058174. 9	2013-06-12
4764	单相半桥三电平逆变电路及变换器	阳光电源（上海）有限公司	ZL201210224207. 8	2012-11-07
4765	单相半桥三电平电路及三电平变换器	阳光电源（上海）有限公司	ZL201210224237. 9	2012-11-07
4766	一种直流电源对地绝缘电阻检测电路及其检测方法	阳光电源（上海）有限公司	ZL201210324347. 2	2013-01-02

（续）

ID	标 题	申请人	专利号	公开日
4767	单相半桥三电平电路及逆变器	阳光电源（上海）有限公司 阳光电源股份有限公司	ZL201210223222.0	2012-11-14
4768	单相半桥三电平逆变电路及三电平变换器	阳光电源（上海）有限公司 阳光电源股份有限公司	ZL201210224210.X	2012-11-07
4769	一种电压变换器及其运行方法	阳光电源股份有限公司	ZL201110269870.5	2013-03-27
4770	最大功率点跟踪方法及系统	阳光电源股份有限公司	ZL201210048303.1	2013-09-11
4771	定子电阻在线辨识方法及装置	阳光电源股份有限公司	ZL201210071506.2	2012-07-25
4772	开关管单元及三电平逆变器及具有该逆变器的发电系统	阳光电源股份有限公司	ZL201210107486.X	2012-09-12
4773	逆变器电压前馈直流分量的抑制方法及逆变器的控制方法	阳光电源股份有限公司	ZL201210169269.3	2012-09-12
4774	一种双馈变流器不平衡电流协同控制装置及其控制方法	阳光电源股份有限公司	ZL201210253762.3	2012-10-24
4775	一种四电平逆变拓扑单元及四电平逆变器	阳光电源股份有限公司	ZL201210256513.X	2012-11-07
4776	一种五电平逆变拓扑单元及五电平逆变器	阳光电源股份有限公司	ZL201210266306.2	2012-11-07
4777	逆变单元及具有该逆变单元的五电平逆变器	阳光电源股份有限公司	ZL201210272586.8	2012-11-14
4778	一种光伏阵列对地绝缘阻抗检测方法及电路	阳光电源股份有限公司	ZL201210291005.5	2012-11-28
4779	一种对地绝缘阻抗检测方法、电路及具有该电路的设备	阳光电源股份有限公司	ZL201210318638.0	2012-11-28
4780	一种单相五电平逆变器	阳光电源股份有限公司	ZL201210328208.7	2012-12-26
4781	一种单相五电平逆变器	阳光电源股份有限公司	ZL201210330240.9	2012-12-26
4782	一种单相七电平逆变器	阳光电源股份有限公司	ZL201210420858.4	2013-01-16
4783	一种单相七电平逆变器	阳光电源股份有限公司	ZL201210421041.9	2013-01-16
4784	一种五电平逆变器	阳光电源股份有限公司	ZL201310095135.6	2013-06-26
4785	光伏发电系统及应用于该系统的电压补偿装置、变流器	阳光电源股份有限公司	ZL201310232014.1	2013-10-02
4786	一种网侧变流器控制方法和系统	阳光电源股份有限公司	ZL201310270378.9	2013-09-18
4787	一种多路并联的DC-DC变换器控制系统及方法	阳光电源股份有限公司	ZL201310311649.0	2013-10-09
4788	一种三相五电平变换器电容电位平衡控制方法及系统	阳光电源股份有限公司	ZL201310390724.7	2013-12-04
4789	一种三相四电平变换器电容电位平衡控制方法及系统	阳光电源股份有限公司	ZL201310391199.0	2013-12-11
4790	一种微型并网逆变器以及应用其的路灯控制系统	阳光电源股份有限公司	ZL201310518100.9	2014-01-22
4791	一种抑制电网谐波和幅值扰动的锁频控制方法及系统	阳光电源股份有限公司	ZL201410036310.9	2014-04-30
4792	具有集成的可充电电源的模块电缆	阿兰·L·波克拉斯	ZL201080024497.0	2012-05-16
4793	可再充电的电化学电池	阿勒沃研究股份公司	ZL201180009309.1	2012-10-17
4794	可再充电的电化学电池组电池	阿勒沃研究股份公司	ZL201180009322.7	2012-10-17
4795	蓄电池充电系统以及蓄电池充电方法	阿尔卑斯绿色器件株式会社	ZL201180032844.9	2013-03-06
4796	带无功功率补偿的变换器	阿尔斯通技术有限公司	ZL200980160796.4	2012-07-11
4797	具有主动故障电流限制的变换器	阿尔斯通技术有限公司	ZL200980161154.6	2012-07-04

（续）

ID	标　　题	申请人	专利号	公开日
4798	具有连接到中性点的零序移能电阻器的 HVDC 变换器	阿尔斯通技术有限公司	ZL201080068732. 4	2013-07-03
4799	模块化多电平变换器	阿尔斯通技术有限公司	ZL201080070958. 8	2013-09-04
4800	对 NPC VSC、特别是有源电源滤波器的控制方案的确定方法	阿尔斯通技术有限公司	ZL201210264077. 0	2012-11-28
4801	用于三相永磁电机的电源系统	阿尔斯通运输科技公司	ZL200910140243. 4	2010-01-13
4802	通过静态技术冷却的电功率转换器	阿尔斯通运输股份有限公司	ZL201010267337. 0	2011-04-06
4803	聚光光伏太阳能系统	阿文戈亚太阳能新技术股份有限公司	ZL201180019252. 3	2012-12-19
4804	用于监控电源的功率分析模块	阿斯科动力科技公司	ZL201210119294. 0	2013-03-06
4805	包括非接触式信号连接的变压器	阿特拉斯·科普柯工业技术公司	ZL201280032632. 5	2014-03-12
4806	光伏系统	阿特斯(中国)投资有限公司	ZL201180049448. 7	2013-07-03
4807	一种锂电池双向逆变储能电源装置	阿特斯(中国)投资有限公司 苏州阿特斯阳光电力科技有限公司	ZL201310092567. 1	2013-06-12
4808	具有丙烯酸背板的光伏打模块	阿科玛法国公司	ZL201080010842. 5	2012-03-07
4809	自驱动有源辅助网络的软开关全桥直流变换器	陈仲	ZL201110226471. 0	2013-02-13
4810	一种适用于混合级联七电平逆变器的类单极性调制方法	陈仲	ZL201310349515. 8	2013-11-20
4811	一种减小环流损耗的软开关全桥直流变换器	陈仲	ZL201310349556. 7	2013-12-11
4812	一种基于复合控制的混合级联七电平有源滤波器	陈仲	ZL201410025805. 1	2014-05-21
4813	一种基于电源信号削减式调制的控制方法和装置	陈幼珠	ZL201210252410. 6	2012-11-14
4814	一种锂聚合物电池跟踪充电的方法	陈思达	ZL201210582881. 3	2013-04-24
4815	一种家具电源引入装置	陈洪波	ZL201310505958. 1	2014-01-29
4816	用于实现可控硅调光和高功率因数的电路	陈畅	ZL201310391394. 3	2013-11-27
4817	电动汽车整车控制器电源电路	陈言平	ZL201310092551. 0	2014-09-24
4818	一种超级电容充电电路	陕西千山航空电子有限责任公司	ZL201210521285. 4	2013-04-10
4819	航空交流电源系统抗电磁干扰的方法	陕西航空电气有限责任公司	ZL201310534908. 6	2014-05-21
4820	汽车电源管理控制装置以及包括其的汽车	陕西重型汽车有限公司	ZL201210102225. 9	2013-10-23
4821	具有改进的前夹子的直接安装的光伏装置	陶氏环球技术有限责任公司	ZL201080047722. 2	2012-10-10
4822	具有改善附着性的直接安装光伏装置及其方法	陶氏环球技术有限责任公司	ZL201080047727. 5	2012-10-03
4823	具有注射模塑组件的建筑物一体化光伏装置	陶氏环球技术有限责任公司	ZL201080049998. 4	2012-07-18
4824	用于谐振转换器的保持时间延长电路和方法	雅达电子国际有限公司	ZL201110269650. 2	2013-03-13
4825	对功率转换器电容器的健康程度监控	雅达电子国际有限公司	ZL201110301842. 7	2012-05-09
4826	一种电压基准源替换方法及开关电源	雅达电源制品(深圳)有限公司	ZL201110255118. 5	2013-03-06
4827	一种移相全桥电路的同步整流开关管驱动方法及装置	雅达电源制品(深圳)有限公司	ZL201110299656. 4	2013-04-10
4828	电源控制电路	雅马哈株式会社	ZL201210188752. 6	2012-12-12
4829	应急电源	雷星亮	ZL201310004817. 1	2013-04-24
4830	电压逆变器和控制这种逆变器的方法	雷比诺电力系统	ZL201180029297. 9	2013-02-20
4831	可再充电的碱金属-空气电池	雷蒙特亚特特拉维夫大学有限公司	ZL201180027907. 1	2013-02-13
4832	公用事业互动逆变器系统体系结构以及其操作方法	雷诺士工业股份有限公司	ZL201010503464. 6	2011-05-11

（续）

ID	标 题	申请人	专利号	公开日
4833	可由电气干线系统再充电的电动机组件和专用连接外壳	雷诺股份公司	ZL201080030696. 2	2012-05-16
4834	用于对机动车电池进行再充电的设备及用于管理该设备的方法	雷诺股份公司	ZL201180043070. X	2013-05-08
4835	便于表面固着的底座及具有该底座的充电座	雷迪	ZL201310004070. X	2013-05-08
4836	铁芯和变压器	青岛云路新能源科技有限公司	ZL201210135307. 3	2012-08-15
4837	变压器或电抗器漆包线绕组制造设备及方法	青岛云路新能源科技有限公司	ZL201210561396. 8	2013-05-22
4838	变压器渗漏的现场带油密封材料及使用方法	青岛库邦新材料技术有限公司	ZL201410086158. 5	2014-06-25
4839	一种串行结构的多端快速充电装置	青岛易特优电子有限公司	ZL201310349222. X	2013-11-20
4840	蓝牙耳机充电盒及其充电方法	青岛歌尔声学科技有限公司	ZL201210575003. 9	2013-05-01
4841	LED 背光源驱动电路及使用其的液晶显示装置	青岛海信电器股份有限公司	ZL201310044680. 2	2013-05-15
4842	双路 LED 驱动电路及显示装置	青岛海信电器股份有限公司	ZL201310059531. 3	2013-06-19
4843	电容式触摸屏的标配充电器判别方法	青岛海信移动通信技术股份有限公司	ZL201310022988. 7	2013-05-08
4844	一种电源切换电路及具有所述电路的网络摄像机	青岛海信网络科技股份有限公司	ZL201110427861. 4	2012-06-13
4845	一种提高一体化电源系统可靠性的监控冗余备份方法	青岛海汇德电气有限公司	ZL201310710749. 0	2014-04-02
4846	电池充电器极性自适应系统	青岛紫光软件系统有限公司	ZL201210305376. 4	2014-03-12
4847	具有防雷击防浪涌功能的调压调流直流电源	青岛纳川电气科技有限公司	ZL201310404963. 3	2013-12-18
4848	无扰动不间断供电装置	青岛经济技术开发区创统科技发展有限公司	ZL201210307449. 3	2013-01-16
4849	一种智能电表用抗强磁异形变压器	青州鸿润电器科技有限公司	ZL201210396481. 3	2013-02-20
4850	一种用交流电直接驱动 LED 的电路	青海聚能达新能源开发有限公司	ZL201310099455. 9	2013-06-12
4851	非接触式充电的加热装置	韩国生产技术研究院	ZL201080022945. 3	2012-05-09
4852	锂可再充电蓄电池	韩国电子通信研究院	ZL201110462246. 7	2012-07-04
4853	带电源浪涌保护器信号线控制线路保护器的电磁屏蔽装置	韩磊	ZL201010109879. 5	2012-08-22
4854	一种多功能移动电源	顺昌泰科技(深圳)有限公司	ZL201110294994. 9	2013-04-03
4855	非并网多能源协同供电的电解铝系统的电力控制方法	顾为东	ZL201310312695. 2	2013-12-04
4856	非并网多能源协同供电的电解铝系统	顾为东	ZL201310312772. 4	2013-12-04
4857	单平面可任意旋转的外接电源供电显示装置	飞依诺科技(苏州)有限公司	ZL201210381862. 4	2013-01-23
4858	外围装置主机充电	飞兆半导体公司	ZL201080016317. 4	2012-03-21
4859	用于开关调节器的低电源噪声功率级设备	飞兆半导体公司	ZL201110310943. 0	2012-05-16
4860	用于对电路节点充电和放电的方法和电路	飞思卡尔半导体公司	ZL201080025282. 0	2012-05-16
4861	一种便携式移动电源	飞毛腿电子(深圳)有限公司	ZL201210250649. X	2014-02-12
4862	LED 驱动电路封装	首尔半导体株式会社	ZL201280006874. 7	2013-10-02
4863	LED 发光装置及其驱动方法	首尔半导体株式会社	ZL201280006928. X	2013-10-09
4864	变电站用交流电源系统	首瑞(北京)投资管理集团有限公司	ZL201110296993. 8	2013-04-10
4865	一种两相正交逆变器的电流复合控制方法	马伏军	ZL201310121649. 4	2013-06-19
4866	USB 专用充电器识别电路	马克西姆综合产品公司	ZL201010582534. 1	2011-05-11
4867	电源的集成开关式 DC-DC 转换器系统和方法	马克西姆综合产品公司	ZL201210096311. 3	2012-10-17

（续）

ID	标　　题	申请人	专利号	公开日
4868	具有多个电源和/或多个低功率模式的存储器	马维尔国际贸易有限公司	ZL201080046831. 2	2012-07-11
4869	启动电源	马维尔国际贸易有限公司	ZL201080049984. 2	2012-09-12
4870	针对电源管理的时钟开启策略	马维尔国际贸易有限公司	ZL201080051386. 9	2012-08-15
4871	用于基于 LED 的显示器的集成降压电源架构	马维尔国际贸易有限公司	ZL201080057587. X	2012-09-05
4872	可再充电电池组的功率管理电路	马维尔国际贸易有限公司	ZL201110006450. 8	2011-11-30
4873	平衡不平衡变换器和平衡不平衡变换器的操作方法	马维尔国际贸易有限公司	ZL201180061095. 2	2013-09-11
4874	车载电源的控制装置	马自达汽车株式会社	ZL201210541610. 3	2013-06-19
4875	车辆用电源装置及其控制方法	马自达汽车株式会社	ZL201310345511. 2	2014-03-26
4876	电动车辆的充电模块和充电式电池组合	高达能源科技股份有限公司	ZL201110263615. X	2012-10-17
4877	电动车辆的充电系统和电动车辆的充电方法	高达能源科技股份有限公司	ZL201110266053. 4	2012-10-17
4878	可拆卸模块化电池充电组合	高达能源科技股份有限公司	ZL201210248404. 3	2013-10-23
4879	用于无线充电系统的发射电力控制	高通股份有限公司	ZL200980117095. 2	2011-04-20
4880	用于无线充电的自适应电力控制	高通股份有限公司	ZL201080005299. X	2011-12-21
4881	用于对装置进行充电的无线电力	高通股份有限公司	ZL201080006893. 0	2012-01-04
4882	多维无线充电的相关系统及方法	高通股份有限公司	ZL201080007409. 6	2012-01-11
4883	来自可再生能量的无线电力充电系统与方法	高通股份有限公司	ZL201080007711. 1	2012-01-11
4884	用于可充电装置的无线电力传送	高通股份有限公司	ZL201080014755. 7	2012-03-07
4885	具有平衡 I/Q 变压器的接收器	高通股份有限公司	ZL201080020980. 1	2012-05-02
4886	基于电池充电器的服务搜索	高通股份有限公司	ZL201080024372. 8	2012-11-28
4887	用于对电池供电的装置进行无线充电的设备和方法	高通股份有限公司	ZL201080037085. 0	2012-06-13
4888	具有旋转天线的无线电力充电器	高通股份有限公司	ZL201080048220. 1	2012-08-08
4889	具有基于变压器的旁路模式的级联放大器	高通股份有限公司	ZL201080051049. X	2012-09-19
4890	用于移动计算设备的便携式电源设备	高通股份有限公司	ZL201080052070. 1	2012-08-15
4891	开关电池充电系统和方法	高通股份有限公司	ZL201210390832. X	2013-05-22
4892	电变压器组件	魁北克水电公司	ZL201080061454. X	2012-12-05
4893	升降压功率电流变换器输出电流检测与控制方案	魏其萃	ZL200910096641. 0	2009-08-19
4894	兼容可控硅调光器的 LED 驱动控制方法	魏其萃	ZL201310210774. 2	2013-12-04
4895	无频闪线性 LED 驱动模块及其工作方法	魏其萃	ZL201410140566. 4	2014-06-25
4896	一种手机电池转换器	魏玺	ZL201210374966. 2	2013-01-30
4897	一种应用于指针式电力仪表的电容降压式电源	鲁东大学	ZL201210017148. 7	2012-12-12
4898	用于可再充电蓄电池的氢氧化镍电极	鲍尔热尼系统公司	ZL201080018691. 8	2012-04-18
4899	用于可再充电锌蓄电池的涂糊的锌电极	鲍尔热尼系统公司	ZL201080022093. 8	2012-05-02
4900	可感应充电的电源组	鲍尔马特技术有限公司	ZL201080058327. 4	2013-03-13
4901	电源测试系统	鸿富锦精密工业（武汉）有限公司 鸿海精密工业股份有限公司	ZL201210026110. 6	2013-08-14
4902	电源调节电路及具有该电路的主板	鸿富锦精密工业（深圳）有限公司 鸿海精密工业股份有限公司	ZL201010252998. 6	2012-03-14
4903	电源管理装置	鸿富锦精密工业（深圳）有限公司 鸿海精密工业股份有限公司	ZL201110080362. 2	2012-10-17
4904	具有安全功能的充电座	鸿富锦精密工业（深圳）有限公司 鸿海精密工业股份有限公司	ZL201110139112. 1	2012-11-28

（续）

ID	标　　题	申请人	专利号	公开日
4905	充电装置	鸿富锦精密工业（深圳）有限公司 鸿海精密工业股份有限公司	ZL201210111968.2	2013-10-30
4906	充电导航装置、系统及充电导航方法	鸿富锦精密工业（深圳）有限公司 鸿海精密工业股份有限公司	ZL201210318006.4	2012-12-26
4907	变压器无线防盗报警装置	鹿泉市供电局 河北省电力公司 国家电网公司	ZL201210573337.2	2013-04-03
4908	可变输出射频消融电源	麦德托尼克消融前沿有限公司	ZL201180011643.0	2012-12-05
4909	电梯停电应急电源的自动定时检测方法及装置	黄一宸	ZL201310174007.0	2013-08-21
4910	随输入电压改变串并联结构的LED驱动装置及工作方法	黄世蔚	ZL201310110690.1	2013-06-19
4911	兼具平衡电力及补充能量作用的充电设施	黄德固	ZL200910062121.8	2010-11-24
4912	一种汽车动力电池的充电、调换、配制管理联网系统	黄瑛	ZL200910198815.4	2011-05-18
4913	中国移动电动汽车计费充电站系统和方法及相应装置	黄金富	ZL201010203851.8	2011-12-21
4914	用于具有热电模块的便携式电子设备的燃料电池电源	黑莓有限公司	ZL201110423963.9	2012-07-11
4915	基于风电场接入电网升压站并网点低电压穿越能力在线监测系统的监测方法	黑龙江省电力科学研究院 国家电网公司	ZL201210346764.7	2012-12-19
4916	基于风电场接入电网升压站并网点电能质量在线监测系统的监测方法	黑龙江省电力科学研究院 国家电网公司	ZL201210346841.9	2013-01-02
4917	用于光伏系统的电路保护装置	默森法国SB股份有限公司	ZL201080025979.8	2012-05-16
4918	安全稳固的电源插头插座系统	齐国成	ZL201310129635.7	2013-08-07
4919	包括电源及通信连接器的便携式电灯	齐德公司	ZL201210181077.4	2012-11-07
4920	二速温控电源开关	龙口中宇机械有限公司	ZL201210018783.7	2012-07-04
4921	三速温控电源开关	龙口中宇机械有限公司	ZL201210018804.5	2012-07-04
4922	一种适应于变压器低压侧的零序电压跳闸保护方法	龙滩水电开发有限公司 南京南瑞继保电气有限公司	ZL201310063021.3	2013-05-22

第七篇 电 源 标 准

2015 年终止标准（11）

2015 年新实施标准（100）

电工（52）

- 国家标准（14）
- 行业标准（27）
- 地方标准（11）

能源、核技术（13）

- 行业标准（12）
- 地方标准（1）

车辆（12）

- 国家标准（1）
- 行业标准（8）
- 地方标准（3）

电子元器件与信息技术（6）

- 行业标准（4）
- 地方标准（2）

工程建设（5）

- 行业标准（4）
- 地方标准（1）

冶金（4）

- 国家标准（4）

其它（8）

- 国家标准（1）
- 行业标准（5）
- 地方标准（2）

2015 年现行标准（660）

电工（247）

- 国家标准（97）
- 行业标准（95）
- 地方标准（55）

通信、广播（79）

- 国家标准（9）
- 行业标准（69）
- 地方标准（1）

能源、核技术（62）

- 国家标准（23）
- 行业标准（32）
- 地方标准（7）

电子元器件与信息技术（53）

- 国家标准（21）
- 行业标准（27）
- 地方标准（5）

车辆（29）

- 国家标准（13）
- 行业标准（7）
- 地方标准（9）

铁路（28）

- 国家标准（8）
- 行业标准（20）

仪器、仪表（21）

- 行业标准（20）
- 地方标准（1）

工程建设（20）

- 国家标准（4）
- 行业标准（13）
- 地方标准（3）

机械（15）

- 国家标准（5）
- 行业标准（9）
- 地方标准（1）

石油（14）

- 行业标准（14）

船舶（14）

- 国家标准（2）
- 行业标准（12）

综合（14）

- 国家标准（1）
- 行业标准（12）
- 地方标准（1）

冶金（14）

- 国家标准（13）
- 行业标准（1）

轻工、文化与生活用品（13）

- 国家标准（4）
- 行业标准（9）

矿业（11）

- 行业标准（11）

其它（26）

- 国家标准（5）
- 行业标准（19）
- 地方标准（2）

2015 年终止标准

电动汽车电能供给与保障技术规范 交流充电桩
标准编号： DB11/T 799-2014 **实施日期：** 2014-10-01
发布部门： 北京市质量技术监督局
替代情况： 无

电动汽车电能供给与保障技术规范 充电站
标准编号： DB11/Z 728-2010 **实施日期：** 2010-07-07
发布部门： 北京市质量技术监督局
替代情况： 无

电动汽车电能供给与保障技术规范 充电设施标志与设置
标准编号： DB11/Z 823-2011 **实施日期：** 2011-08-09
发布部门： 北京市质量技术监督局
替代情况： 无

灯的控制装置 第 11 部分：高频冷启动管形放电灯（霓红灯）用电子换流器和变频器的特殊要求
标准编号： GB 19510. 11-2004 **实施日期：** 2005-02-01
发布部门： 中华人民共和国国家质量监督检验检疫总局
中国国家标准化管理委员会
替代情况： 被 GB 19510. 210-2013 代替

变流变压器 第 1 部分：工业用变流变压器
标准编号： GB/T 18494. 1-2001 **实施日期：** 2002-06-01
发布部门： 中华人民共和国国家质量监督检验检疫总局
替代情况： 被 GB/T 18494. 1-2014 代替

普通照明用自镇流 LED 灯 性能要求
标准编号： GB/T 24908-2010 **实施日期：** 2011-02-01
发布部门： 中华人民共和国国家质量监督检验检疫总局
中国国家标准化管理委员会
替代情况： 被 GB/T 24908-2014 代替

直热式稳压型负温度系数热敏电阻器
标准编号： JB/T 9477. 3-1999 **实施日期：** 2000-01-01
发布部门： 国家机械工业局
替代情况： 被 JB/T 9477-2015 代替

电动汽车充电系统技术规范 第 2 部分：充电站及充电桩设计规范
标准编号： SZDB/Z 29. 2-2011 **实施日期：** 2011-7-1
发布部门： 深圳市市场监督管理局
替代情况： 被 SZDB/Z 29. 2-2015 代替

通信用高频开关电源系统
标准编号： YD/T 1058-2007 **实施日期：** 2007-12-01
发布部门： 中华人民共和国信息产业部
替代情况： 被 YD/T 1058-2015 代替

电报电源设备技术条件
标准编号： YD/T 512-1992 **实施日期：** 1992-12-01
发布部门： 中华人民共和国邮电部
替代情况： 无

通信电源设备型号命名方法
标准编号： YD/T 638. 3-1998 **实施日期：** 1999-04-01
发布部门： 中华人民共和国信息产业部
替代情况： 无

2015 年新实施标准

电工

国家标准

变压器、电抗器、电源装置及其组合的安全 第 10 部分：Ⅲ类手提钨丝灯用变压器和电源装置的特殊要求和试验
标准编号： GB 19212. 10-2014 **实施日期：** 2015-10-16
发布部门： 中华人民共和国国家质量监督检验检疫总局
中国国家标准化管理委员会
标准简介：
本部分适用于内部工作频率不超过 500Hz 的变压器和电源装置（线性）。本部分与 GB 19212. 17 开关型电源装置结合使用，也适用于内部工作频率超过 500Hz 的电源装置。当两项标准的要求不一致时，优先采用更严格的标准。

变压器、电抗器、电源装置及其组合的安全 第 21 部分：小型电抗器的特殊要求和试验
标准编号： GB 19212. 21-2014 **实施日期：** 2015-10-16
发布部门： 中华人民共和国国家质量监督检验检疫总局
中国国家标准化管理委员会
标准简介：
本部分适用于驻立式或移动式、单相或多相、空气冷却（自冷或风冷）、独立用或配套用通用电抗器，包括交流、预励磁和电流补偿电抗器。

灯的控制装置 第 2-10 部分：高频冷启动管形放电灯（霓虹灯）用电子换流器和变频器的特殊要求
标准编号： GB 19510. 210-2013 **实施日期：** 2015-07-01
发布部门： 中华人民共和国国家质量监督检验检疫总局
中国国家标准化管理委员会
标准简介：
GB19510 的本部分规定了高频工作的管形冷阴极放电灯用电子换流器和变频器的特殊要求，这种换流器和变频器用于信号设备和发光放电管装置，并可直接连接在 50Hz 或 60Hz、1 000V 以下的交流或 1 000V 直流的电源电压上工作，其输出电压为 1 000V ~ 10 000V。

变流变压器 第1部分：工业用变流变压器

标准编号： GB/T 18494.1-2014 **实施日期：** 2015-02-01

发布部门： 中华人民共和国国家质量监督检验检疫总局
中国国家标准化管理委员会

标准简介：

GB/T18494 的本部分规定了组装在半导体变流器设备内的电力变压器和电抗器的技术要求、设计和试验，本部分不适用于常规交流配电变压器。本部分适用于任何容量的电力变流器，典型应用有：电解用晶闸管整流器、电解用二极管整流器、大功率驱动用晶闸管整流器、废料熔炉用晶闸管整流器及变速驱动变频器用二极管整流器。本部分也适用于降压调压器或自耦变压器的调压单元。阀侧绕组的设备最高电压不超过40.5kV。本部分不适用于高压直流输电用变压器。虽然成套变流器设备标准（如GB/T3859或其它有关特殊应用场合的标准）可能包括变流变压器、辅助变压器和电抗器在内的整个设备的各种性能保证和试验方面的要求（如绝缘、损耗），但本部分仍适用于作为变流设备中的变压器本身的性能保证和试验要求。本部分所规定的保证值、运行和型式试验，既适用于作为变流设备中一个组件的变压器，也适用于变流设备用的单独订购的变压器。任何补充的保证值或特殊验证等均应在变压器订货合同中予以特别说明。本部分涉及的变流变压器可以是液浸式也可以是干式。除了要满足本部分规定外，对于液浸式变压器还应符合GB1094系列标准；对于干式变压器还应符合GB1094.11。注：在某些变流设备中可能使用标准设计的常规配电变压器，在使用中可能需要降低容量。此涉及对专门设计的装置的技术要求，本部分不作专门的规定。但可以从6.2中给出的公式以及按GB/T13499来计算常规变压器的容量降低值。本部分适用于同一个油箱中有一个或多个器身［如调压（自耦）变压器和一台（或两台）整流变压器］的变压器。也适用于带一个（或多个）饱和电抗器和（或）相间变压器的变压器。对于上文中未列出的其它组合形式，总损耗的确定和测量需由供需双方商定。本部分适用于Y结、D结和其它移相联结的变压器（如Z结、延边三角形联结、多边形联结等）。移相绕组可以设置在调压变压器或整流变压器中。

普通照明用非定向自镇流LED灯 性能要求

标准编号： GB/T 24908-2014 **实施日期：** 2015-08-01

发布部门： 中华人民共和国国家质量监督检验检疫总局
中国国家标准化管理委员会

标准简介：

本标准规定了普通照明用非定向自镇流LED灯的术语和定义、产品分类与命名、技术要求、试验方法和检验规则。本标准适用于在家庭和类似场合作为普通照明用、把稳定燃点部件集成为一体的非定向自镇流LED灯。适用范围如下：额定功率不大于60W；额定电压AC220V、频率50Hz；采用符合GB/T1406.1的螺口式灯头或符合GB/T1406.5的卡口式灯头。注：在本标准中出现的“灯”代表“普通照明用非定向自镇流LED灯”，除非特别指明是其它类型的灯。凡是符合本标准要求的灯，在额定电源电压的92%～106%或标称工作电压范围内，环境温度为-20～45℃之间的条件下应能启动并正常工作。

工业电热装置能耗分等 第32部分：电压型变频多台中频无心感应炉成套装置

标准编号： GB/T 30839.32-2014 **实施日期：** 2015-04-16

发布部门： 中华人民共和国国家质量监督检验检疫总局
中国国家标准化管理委员会

标准简介：

GB/T 30839 的本部分规定了电压型变频多台中频无心感应炉成套装置（以下简称成套装置）的能耗参数、能耗范围、单位电耗等级划分及其指标和测定方法。本部分适用于由电压型多路输出半导体变频装置（以下简称变装置）供电的，由工作频率高于工频50H，低于或等于1 000Hz，额定容量范围为1～60t的多台相同的中频无心感应熔炼炉（以下简称中频熔炼炉）组成的，用于熔炼铸铁和钢以及有色金属及其合金的成套装置。

1kV以上不超过35kV的通用变频调速设备 第1部分：技术条件

标准编号： GB/T 30843.1-2014 **实施日期：** 2015-01-22

发布部门： 中华人民共和国国家质量监督检验检疫总局
中国国家标准化管理委员会

标准简介：

GB/T 30843 的本部分规定了调速设备的分类、使用条件、技术要求、试验项目及标志、包装，运输与贮存。本部分适用于额定输入电压在交流1～35kV，额定输入频率为50Hz或60Hz，输出电压不超过35kV，输出频率小于120Hz的通用变频调速设备。

1kV以上不超过35kV的通用变频调速设备 第2部分：试验方法

标准编号： GB/T 30843.2-2014 **实施日期：** 2015-01-22

发布部门： 中华人民共和国国家质量监督检验检疫总局
中国国家标准化管理委员会

标准简介：

本部分规定了调速设备的试验方法。本部分适用于额定输入电压在交流1～35kV之间，额定输入频率为50Hz或60Hz，输出电压不超过35kV，输出频率小于120Hz的通用变频调速设备（以下简称调速设备）。

1kV及以下通用变频调速设备 第1部分：技术条件

标准编号： GB/T 30844.1-2014 **实施日期：** 2015-01-22

发布部门： 中华人民共和国国家质量监督检验检疫总局
中国国家标准化管理委员会

标准简介：

GB/T 30844 的本部分规定了调速设备的分类、使用条件、技术要求、试验项目及标志、包装、运输与贮存。本部分适用于额定输入电压为交流1kV等级及以下，额定输入频率为50Hz或60Hz，输出电压不超过1kV，输出频率小于 600Hz 的通用变频调速设备。

1kV 及以下通用变频调速设备 第 2 部分：试验方法

标准编号：GB/T 30844.2-2014 **实施日期：**2015-01-22

发布部门：中华人民共和国国家质量监督检验检疫总局
中国国家标准化管理委员会

标准简介：

GB/T 30844 的本部分规定了调速设备的试验方法。本部分适用于额定输入电压为交流 1kV 等级及以下，额定输入频率为 50Hz 或 60Hz，输出电压小于 1kV，输出频率小于 600Hz 的通用变频调速设备（以下简称调速设备）。

质子交换膜燃料电池备用电源系统安全

标准编号：GB/T 31036-2014 **实施日期：**2015-07-01

发布部门：中华人民共和国国家质量监督检验检疫总局
中国国家标准化管理委员会

标准简介：

本标准规定了质子交换膜燃料电池备用电源系统相关的术语和定义、安全要求和保护性措施、型式试验、例行试验以及标识、标签和包装等方面的内容。本标准适用于质子交换膜燃料电池备用电源系统（以下简称 PEMFC 备用电源系统），包括：提供交流电或直流电的 PEMFC 备用电源系统；使用氢气和空气作为反应气体的 PEMFC 备用电源系统。对安装场地的安全要求不在本标准中规定。

反射型自镇流 LED 灯规格分类

标准编号：GB/T 31111-2014 **实施日期：**2015-08-01

发布部门：中华人民共和国国家质量监督检验检疫总局
中国国家标准化管理委员会

标准简介：

本标准规定了用于替换 PAR 系列卤钨灯的反射型自镇流 LED 灯的规格分类。本标准适用于在家庭、商业和类似场合作为定向照明用，把稳定燃点部件集成为一体的反射型自镇流 LED 灯。适用范围如下：额定电压 AC220V50Hz；符合 GB/T1406.1、GB/T1406.2 或 GB/T1406.5 要求的灯头。注：在本标准中出现的“灯”代表“反射型自镇流 LED 灯”，除非特别指明是其它类型的灯。

普通照明用非定向自镇流 LED 灯规格分类

标准编号：GB/T 31112-2014 **实施日期：**2015-08-01

发布部门：中华人民共和国国家质量监督检验检疫总局
中国国家标准化管理委员会

标准简介：

本标准规定了普通照明用非定向自镇流 LED 灯的规格分类。本标准适用于在家庭和类似场合作为普通照明用、把稳定燃点部件集成为一体的非定向自镇流 LED 灯。适用范围如下：额定电压 AC220V 频率 50Hz；采用符合 GB/T 1406.1 的螺口式灯头或符合 GB/T 1406.5 的卡口式灯头。注：在本标准中出现的“灯”代表“普通照明用非定向自镇流 LED 灯”，除非特别指明是其它类的灯。

低压成套开关设备和控制设备 第 7 部分：特定应用的成套设备——如码头、露营地、市集广场、电动车辆充电站

标准编号：GB/T 7251.7-2015 **实施日期：**2015-12-01

发布部门：中华人民共和国国家质量监督检验检疫总局
中国国家标准化管理委员会

标准简介：

注 1：贯穿本部分中的术语 AMHS（见 3.1.101）、ACCS（见 3.1.102）、AMPS（见 3.1.103）、ACSEV（见 3.1.104）分别为拟用于码头和类似场所（AMHS）、露营地和类似场所（ACCS）、市集广场和其它类似外部公共场所（AMPS）、充电站（ACSEV）的低压成套开关设备和控制设备的缩写。术语成套设备用于指所有配电柜。GB7251 的本部分定义的成套设备特定要求如下：额定电压不超过交流 1 000V 或直流 1500V 的成套设备；带外壳的固定式或移动式成套设备；拟与发电、输电、配电和电能转换的设备以及控制电能消耗的设备所配套使用的成套设备；由一般人员操作的成套设备；拟安装和用于码头、露营地、市集广场和其它类似外部公共场所或类似场所的成套设备；拟用于电动车辆充电站的成套设备。注 2：拟用于电动车辆充电站的成套设备（ACSEV）设计整合了符合 IEC61851-1 的电动车辆传导充电系统的功能。本部分适用于那些一次性设计、制造和验证或完全标准化批量制造的所有成套设备。制造和/或组装可以由初始制造商以外的人进行（见 GB7251.1—2013 的 3.10.1）。本部分不适用于符合相关产品标准的独立器件和整装元件，如断路器、刀熔开关、电子设备等。注 3：当电气设备直接连接到公共低压供电系统，并配备有低压供应商的法定提供者的账单表时，基于国内规则的特定要求适用。本部分不适用于 IEC60670-24 中定义的家用和类似用途固定式电气装置的电器附件安装盒和外壳。

行业标准

电能质量标准源校准规范

标准编号：DL/T 1368-2014 **实施日期：**2015-03-01

发布部门：国家能源局

标准简介：

本标准规定了电能质量标准源（以下简称被校装置）的技术要求及校准方法等。本标准适用于额定频率 50Hz，输出电压不大于 1 000V，输出电流不大于 80A 的电能质量标准源和多功能标准源电能质量功能部分的校准。

直流电源系统绝缘监测装置技术条件

标准编号：DL/T 1392-2014 **实施日期：**2015-03-01

发布部门：国家能源局

标准简介：

本标准适用于电力系统发电厂、变电站和其它电力工程的直流电源系统中，具有接地故障自动检测、自动选线和自动报警功能的绝缘监测装置的设计、制造、选择、订货和试验。

YFP 系列（IP55）风机专用变频调速三相异步电动机技术条件（机座号 80～400）
标准编号： JB/T 12219-2015 **实施日期：** 2015-10-01
发布部门： 中华人民共和国工业和信息化部
标准简介：

本标准规定了 YFP 系列（IP55）风机专用变频调速三相异步电动机的型式、基本参数与尺寸、技术要求、检验规则以及标志、包装及保用期的要求。本标准适用于 YFP 系列风机专用变频调速三相异步电动机（机座号 80～400），电动机适用于拖动转矩、转速呈二次方关系变化的风机产品。凡属本系列电动机所派生的各种系列电动机也可参照执行。

YSP 系列（IP55）水泵专用变频调速三相异步电动机技术条件（机座号 80～355）
标准编号： JB/T 12220-2015 **实施日期：** 2015-10-01
发布部门： 中华人民共和国工业和信息化部
标准简介：

本标准规定了 YSP 系列（IP55）水泵专用变频调速三相异步电动机的型式、基本参数与尺寸，技术要求，检验规则，标志、包装及保用期的要求。本标准适用于 YSP 系列水泵专用变频调速三相异步电动机（机座号 80～355），电动机适用于拖动转矩、转速呈二次方关系变化的水泵产品。凡属本系列电动机所派生的各种系列电动机也可参照执行。

YYSP 系列（IP55）压缩机专用变频调速三相异步电动机技术条件（机座号 80～355）
标准编号： JB/T 12221-2015 **实施日期：** 2015-10-01
发布部门： 中华人民共和国工业和信息化部
标准简介：

本标准规定了 YYSP 系列（IP55）压缩机专用变频调速三相异步电动机（机座号 80～355）的型式、基本参数与尺寸、技术要求、检验规则、标志、包装及保用期的要求。本标准适用于 YYSP 系列（IP55）压缩机专用变频调速三相异步电动机。凡属本系列电动机所派生的各种电动机也可参照执行。

直流电源的回馈式老化测试方法
标准编号： JB/T 12239-2015 **实施日期：** 2015-10-01
发布部门： 中华人民共和国工业和信息化部
标准简介：

本标准规定了直流电源的回馈式老化测试方法的术语和定义、要求和测试方法。本标准适用于直流电源。本标准不适用于交流电源。

建筑室内用发光二极管（LED）照明灯具
标准编号： JG/T 467-2014 **实施日期：** 2015-05-01
发布部门： 中华人民共和国住房和城乡建设部
标准简介：

本标准规定了在建筑室内照明用发光二极管（LED）照明灯具的术语和定义、分类、要求、试验方法、检验规则、标识、包装、运输和贮存。本标准适用于以 LED 为光源的采用交流 220V/50Hz 电源供电的固定式通用灯具和嵌入式灯具。本标准不适用于一体化 LED 光源和应急特殊用途灯具。

公路 LED 照明灯具 第 1 部分：通则
标准编号： JT/T 939.1-2014 **实施日期：** 2015-04-05
发布部门： 中华人民共和国交通运输部
标准简介：

JT/T 939 的本部分规定了公路 LED 照明灯具组成、分类与型号、技术要求、试验方法、检验规则和标志、包装、运输和储存等。本部分适用于公路隧道、路段及桥梁、收费广场、服务区等场所使用的 LED 照明灯具，其它道路可参照使用。

公路 LED 照明灯具 第 2 部分：公路隧道 LED 照明灯具
标准编号： JT/T 939.2-2014 **实施日期：** 2015-04-05
发布部门： 中华人民共和国交通运输部
标准简介：

JT/T 939 的本部分规定了公路隧道 LED 照明灯具的组成、分类与型号、技术要求、试验方法、检验规则以及标志、包装、运输和储存。本部分适用于公路隧道 LED 照明灯具，其它隧道照明灯具可参照使用。

公路 LED 照明灯具 第 5 部分：照明控制器
标准编号： JT/T 939.5-2014 **实施日期：** 2015-04-05
发布部门： 中华人民共和国交通运输部
标准简介：

JT/T 939 的本部分规定了照明控制器的分类与组成、技术要求、试验方法、检验规则以及标志、包装、运输和储存。本标准适用于公路隧道 LED 照明控制和公路沿线路段 LED 照明控制，公路沿线服务区和收费站等 LED 照明控制。

电动汽车充电站初步设计内容深度规定
标准编号： NB/T 33022-2015 **实施日期：** 2015-09-01
发布部门： 国家能源局
标准简介：

本标准适用于新建的电动汽车充电站工程，不适用于电动汽车电车更换站、电池配送中心工程。

地方标准

户外照明用 LED 模块
标准编号： DB35/T 1465-2014 **实施日期：** 2015-02-02
发布部门： 福建省质量技术监督局
标准简介：

暂缺。

LED 高杆灯
标准编号： DB35/T 1466-2014 **实施日期：** 2015-02-02

发布部门：福建省质量技术监督局
标准简介：
暂缺。

LED 道路智能照明控制系统技术规范
标准编号：DB35/T 1494-2015 **实施日期**：2015-06-01
发布部门：福建省质量技术监督局
标准简介：
暂缺。

矿井照明用 LED 灯具技术规范
标准编号：DB35/T 1495-2015 **实施日期**：2015-06-01
发布部门：福建省质量技术监督局
标准简介：
暂缺。

公路隧道 LED 照明灯技术条件
标准编号：DB36/T 858-2015 **实施日期**：2015-12-01
发布部门：江西省质量技术监督局
标准简介：
暂缺。

带传感器的 LED 灯测试方法
标准编号：DB44/T 1488-2014 **实施日期**：2015-03-02
发布部门：广东省质量技术监督局
标准简介：
暂缺。

室内 LED 照明产品光舒适度通用技术要求
标准编号：DB44/T 1489-2014 **实施日期**：2015-03-02
发布部门：广东省质量技术监督局
标准简介：
暂缺。

带传感器的 LED 灯性能要求
标准编号：DB44/T 1490-2014 **实施日期**：2015-03-02
发布部门：广东省质量技术监督局
标准简介：
暂缺。

地铁场所用 LED 照明设计标准
标准编号：DB44/T 1620-2015 **实施日期**：2015-10-01
发布部门：广东省质量技术监督局
标准简介：
暂缺。

非自镇流 LED 管形灯
标准编号：DB44/T 1621-2015 **实施日期**：2015-10-01
发布部门：广东省质量技术监督局
标准简介：
暂缺。

地铁场所照明用 LED 灯应用技术规范
标准编号：DB44/T 1622-2015 **实施日期**：2015-10-01
发布部门：广东省质量技术监督局
标准简介：
暂缺。

LED 读写台灯
标准编号：DB44/T 1623-2015 **实施日期**：2015-10-01
发布部门：广东省质量技术监督局
标准简介：
暂缺。

LED 照明产品环境声明 Ⅲ型环境声明
标准编号：DB44/T 1624-2015 **实施日期**：2015-10-01
发布部门：广东省质量技术监督局
标准简介：
暂缺。

LED 照明产品环境声明 PCR 文件格式要求
标准编号：DB44/T 1625-2015 **实施日期**：2015-10-01
发布部门：广东省质量技术监督局
标准简介：
暂缺。

LED 照明产品环境声明 EPD 报告格式要求
标准编号：DB44/T 1626-2015 **实施日期**：2015-10-01
发布部门：广东省质量技术监督局
标准简介：
暂缺。

LED 照明产品能效要求
标准编号：DB44/T 1627-2015 **实施日期**：2015-10-01
发布部门：广东省质量技术监督局
标准简介：
暂缺。

LED 灯带
标准编号：DB44/T 1628-2015 **实施日期**：2015-10-01
发布部门：广东省质量技术监督局
标准简介：
暂缺。

电梯照明用 LED 灯应用技术规范
标准编号：DB44/T 1629-2015 **实施日期**：2015-10-01
发布部门：广东省质量技术监督局
标准简介：
暂缺。

LED 护栏灯
标准编号：DB44/T 1631-2015 **实施日期**：2015-10-01

发布部门：广东省质量技术监督局
标准简介：
暂缺。

道路照明用 LED 电源/控制装置 可靠性测试方法
标准编号：DB44/T 1632-2015 **实施日期：**2015-10-01
发布部门：广东省质量技术监督局
标准简介：
暂缺。

游泳池和类似场所用 LED 灯具
标准编号：DB44/T 1633-2015 **实施日期：**2015-10-01
发布部门：广东省质量技术监督局
标准简介：
暂缺。

地下停车场用 LED 灯具技术规范
标准编号：DB44/T 1634-2015 **实施日期：**2015-10-01
发布部门：广东省质量技术监督局
标准简介：
暂缺。

LED 地埋灯
标准编号：DB44/T 1636-2015 **实施日期：**2015-10-01
发布部门：广东省质量技术监督局
标准简介：
暂缺。

LED 照明模块热特性测量方法
标准编号：DB44/T 1637-2015 **实施日期：**2015-10-01
发布部门：广东省质量技术监督局
标准简介：
暂缺。

自镇流 LED 玉米灯
标准编号：DB44/T 1638-2015 **实施日期：**2015-10-01
发布部门：广东省质量技术监督局
标准简介：
暂缺。

USB 接口类移动电源 技术要求
标准编号：DB44/T 1662-2015 **实施日期：**2015-12-07
发布部门：广东省质量技术监督局
标准简介：
暂缺。

公路隧道 LED 照明设计规范
标准编号：DB61/T 938-2014 **实施日期：**2015-01-01
发布部门：陕西省质量技术监督局
标准简介：
暂缺。

能源、核技术

行业标准

电能质量评估技术导则 三相电压不平衡
标准编号：DL/T 1375-2014 **实施日期：**2015-03-01
发布部门：国家能源局
标准简介：
本标准规定了用户接入电力系统和公用电网的三相电压不平衡评估指标、方法、条件及流程。本标准适用于标称频率为 0Hz 的交流电力系统正常运行方式下，采用基波负序分量对公共连接点的三相电压不平衡进行评估。其它情况可参考执行。本标准不适用于瞬时和暂时的三相电压不平衡问题。

电力直流电源系统用测试设备通用技术条件 第 1 部分：蓄电池电压巡检仪
标准编号：DL/T 1397. 1-2014 **实施日期：**2015-03-01
发布部门：国家能源局
标准简介：
本部分规定了蓄电池电压巡检仪的基本技术要求和安全要求，以及检验方法、检验规则、标志、包装、运输、贮存等要求。本部分适用于变电站、换流站、发电厂及其它电力工程中，为直流电源设备配备的阀控式密封铅酸蓄电池组进行蓄电池单体监测的电压巡检仪以及包含这部分功能的在线监测装置的设计、制造、检验和使用。

电力直流电源系统用测试设备通用技术条件 第 2 部分：蓄电池容量放电测试仪
标准编号：DL/T 1397. 2-2014 **实施日期：**2015-03-01
发布部门：国家能源局
标准简介：
本部分规定了蓄电池容量放电测试仪的基本技术要求和安全要求。以及检验方法、检验规则、标志、包装、运输、贮存等要求。本部分适用于变电站、换流站、发电厂及其它电力工程中，为直流电源设备配备的蓄电池组容量进行现场检验以及相关检验的放电测试仪以及包含这部分功能的在线测试装置的设计、制造、检验和使用。本部分不适用采用逆变放电方式的产品。

电力直流电源系统用测试设备通用技术条件 第 3 部分：充电装置特性测试系统
标准编号：DL/T 1397. 3-2014 **实施日期：**2015-03-01
发布部门：国家能源局
标准简介：
本部分规定了充电装置特性测试系统的基本技术要求和安全要求，以及检验方法、检验规则、标志、包装、运输、贮存等要求。本部分适用于变电站、换流站、发电厂及其它电力工程中，为直流电源系统配备的充电装置进行出厂检验、型式检验以及现场检验的特性测试系统的设计、制造、检验和使用。对于未涵盖的电动汽车非车载传导式充电机的特性测试系统可参照使用。

电力直流电源系统用测试设备通用技术条件 第4部分：直流断路器动作特性测试系统

标准编号： DL/T 1397.4-2014 **实施日期：** 2015-03-01

发布部门： 国家能源局

标准简介：

本部分规定了直流断路器动作特性测试系统的基本技术要求和安全要求，以及检验方法、检验规则、标志、包装、运输、贮存等要求。本部分适用于变电站、换流站、发电厂及其它电力工程中，为直流电源系统安装、使用的直流断路器进行动作特性和级差配合测量或验证的测试系统的设计、制造、检验和使用。本部分适用于在试验室或安装现场进行设备验收和例行试验使用的产品。

电力直流电源系统用测试设备通用技术条件 第5部分：蓄电池内阻测试仪

标准编号： DL/T 1397.5-2014 **实施日期：** 2015-03-01

发布部门： 国家能源局

标准简介：

本部分规定了阀控式密封铅酸蓄电池内阻测试仪的基本技术要求和安全要求，以及检验方法、检验规则、标志、包装、运输、贮存等要求。本部分适用于变电站、换流站、发电厂及其它电力工程中，为直流电源设备配备的蓄电池组辅助诊断运行状态的蓄电池内阻测试仪以及包含这部分功能的在线测试装置的设计、制造、检验和使用。本部分适用于测量阀控式密封铅酸蓄电池的评估内阻。

电力直流电源系统用测试设备通用技术条件 第6部分：便携式接地巡测仪

标准编号： DL/T 1397.6-2014 **实施日期：** 2015-03-01

发布部门： 国家能源局

标准简介：

本部分规定了便携式接地巡测仪的基本技术要求和安全要求，以及检验方法、检验规则、标志、包装、运输、贮存等要求。本部分适用于变电站、换流站、发电厂及其它电力工程中，在直流电源系统为侦测、定位直流接地故障点使用的便携式接地巡测仪的设计、制造、检验和使用。

电力直流电源系统用测试设备通用技术条件 第7部分：蓄电池单体活化仪

标准编号： DL/T 1397.7-2014 **实施日期：** 2015-03-01

发布部门： 国家能源局

标准简介：

本部分规定了蓄电池单体活化仪的基本技术要求和安全要求，以及检验方法、检验规则、标志、包装、运输、贮存等要求。本部分适用于变电站、换流站、发电厂及其它电力工程中，为直流电源设备配备的蓄电池进行早期衰退诊疗的活化仪的设计、制造、检验和使用。

分布式电源接入电网运行控制规范

标准编号： NB/T 33010-2014 **实施日期：** 2015-03-01

发布部门： 国家能源局

标准简介：

本标准规定了分布式电源接入电网运行控制应遵循的技术要求。本标准适用于以同步发电机、感应发电机、变流器等形式接入35kV及以下电压等级电网的分布式电源。小水电、分散式风电与光伏发电系统的运行控制也可按照已有的国家或行业相关标准执行。

分布式电源接入电网测试技术规范

标准编号： NB/T 33011-2014 **实施日期：** 2015-03-01

发布部门： 国家能源局

标准简介：

本标准规定了分布式电源接入电网的接口测试内容及测试方法。本标准适用于以同步发电机、感应发电机、变流器等形式接入35kV及以下电压等级电网的新建、改建和扩建的分布式电源。小水电、分散式风电及光伏发电系统的接入电网测试也可按照已有的国家或行业相关标准执行。

分布式电源接入电网监控系统功能规范

标准编号： NB/T 33012-2014 **实施日期：** 2015-03-01

发布部门： 国家能源局

标准简介：

本标准规定了分布式电源接入电网监控系统的体系结构、监控主站、监控终端应具备的功能与技术指标等相关要求。本标准适用于以同步发电机、感应发电机、变流器等形式接入35kV及以下电压等级电网的新建、改建和扩建分布式电源。小水电、分散式风电及光伏发电系统的接入电网监控系统也可按照已有的国家或行业相关标准执行。

分布式电源孤岛运行控制规范

标准编号： NB/T 33013-2014 **实施日期：** 2015-03-01

发布部门： 国家能源局

标准简介：

本标准规定了计划孤岛运行状态下的分布式电源应满足的运行控制要求。本标准适用于以同步发电机、感应发电机、变流器等形式接入35kV及以下电压等级电网的分布式电源。

地方标准

太阳能光伏充电站技术要求

标准编号： DB44/T 1507-2014 **实施日期：** 2015-03-09

发布部门： 广东省质量技术监督局

标准简介：

暂缺。

车辆

国家标准

电动汽车 安全要求 第1部分：车载可充电储能系统(REESS)

标准编号：GB/T 18384.1-2015 **实施日期：**2015-10-01

发布部门：中华人民共和国国家质量监督检验检疫总局
中国国家标准化管理委员会

标准简介：

本部分规定了电动汽车B级电压驱动电路系统的车载可充电储能系统（REESS）的要求，从而确保车辆内部、外部人员以及车辆环境的安全。本部分适用于车载驱动系统的最大工作电压是B级电压的电动汽车。电动摩托车和电动轻便摩托车可参照执行。本部分不适用于非道路车辆，例如物料搬运车和叉车。本部分不适用于指导电动汽车的装配、维护和修理。机电飞轮（车辆）不在本部分范围内。

行业标准

移动式储能充电系统设计规范

标准编号：SZDB/Z 146-2015 **实施日期：**2015-09-01

发布部门：深圳市市场监督管理局

标准简介：

本标准规定了电动汽车用移动式储能充电系统的术语和定义、使用环境条件、总则、设计要求、安全防护等设计要求。本标准适用于锂离子电池组成的移动式储能充电系统。

电动汽车立体充电站设计施工规范

标准编号：SZDB/Z 148-2015 **实施日期：**2015-09-01

发布部门：深圳市市场监督管理局

标准简介：

本标准规定了立体充电站设计及施工应遵循的总则、基本规定、充电站布置、充电装置、供配电系统、土建和防雷、消防给水和灭火设施、施工及要求。本标准适用于电动汽车立体充电站的新建、扩建和改建工程的设计和施工工作。

电动汽车充电站运营服务规范

标准编号：SZDB/Z 149-2015 **实施日期：**2015-09-01

发布部门：深圳市市场监督管理局

标准简介：

本标准规定了电动汽车充电站运行与服务的术语和定义、基本要求、环境管理、人员要求、设备管理、安全管理、应急管理、记录、服务、评估与改进。本标准适用于有人值守的电动汽车充电站，集中建设的交流充电桩和直流充电桩可参照执行。

电动汽车无线充电系统

标准编号：SZDB/Z 150-2015 **实施日期：**2015-09-01

发布部门：深圳市市场监督管理局

标准简介：

本标准规定了地面设施与工作状况、地面设施电气安全等级要求、无线充电系统为确保安全性和正常工作所需的基本通信要求、无线充电系统为确保效率和正常工作所需的基本对位要求、安装连接要求、电气连接与绝缘特性和无线充电系统的特定EMC要求。本标准适用于交流标称电压最大值为660V、直流标称电压最大值为1 000V（根据GB 156）的电动汽车磁耦合无线充电系统。本标准不适用于行驶中动态无线充电。本标准不适用于维护相关的安全要求。本标准不适用于原有车载电气设备的EMC要求。

电动汽车充电系统技术规范 第10部分：150A三相交流充电接口

标准编号：SZDB/Z 29.10-2015 **实施日期：**2015-09-01

发布部门：深圳市市场监督管理局

标准简介：

本部分规定了电动汽车传导充电用150A三相交流充电接口的通用要求、功能定义、型式结构、参数和尺寸。本部分适用于连接方式C的电动汽车传导充电用的交流充电接口，其额定电压不超过440V，频率50Hz，额定电流不超过150A。充电模式和连接方式的定义参见GB/T 20234.1的附录A。

电动汽车充电系统技术规范 第11部分：150A三相交流充电通信协议

标准编号：SZDB/Z 29.11-2015 **实施日期：**2015-09-01

发布部门：深圳市市场监督管理局

标准简介：

本标准规定了交流充电桩与车辆充电控制装置之间基于控制器局域网（CAN）的通信物理层、数据链路层及应用层的定义。本标准适用于采用150A三相交流充电接口，交流充电桩与车辆充电控制装置之间的通信协议。

电动汽车充电系统技术规范 第2部分：充电站及充电桩设计规范

标准编号：SZDB/Z 29.2-2015 **实施日期：**2015-09-01

发布部门：深圳市市场监督管理局

标准简介：

本部分规定了深圳市电动汽车充电站及充电桩设计应遵循的电能质量、电气照明、防雷、接地和检测、电气测量和计量、监控系统、充电站安全防护的设计等要求。本部分适用于深圳市电动汽车充电站及充电桩新建、扩建和改建工程的设计和建设工作。本部分不适用于电动汽车无线充电站的设计和建设。

电动汽车充电系统技术规范 第5部分：交流充电桩

标准编号：SZDB/Z 29.5-2015 **实施日期：**2015-09-01

发布部门：深圳市市场监督管理局

标准简介：

本部分规定了电动汽车用交流充电桩的使用条件、技术要求、试验方法、标志、包装和储存等要求。本部分适用于深圳地区各有关单位电动汽车配套充电设施建设与改造工程的交流充电桩的选型、配置与检验。本部分不适用于简易型充电桩。

地方标准

电动汽车充电设备用直流电能表

标准编号： DB44/T 1466-2014 **实施日期：** 2015-03-02

发布部门： 广东省质量技术监督局

标准简介：

暂缺。

电动汽车直流充电机检验规范

标准编号： DB44/T 1467-2014 **实施日期：** 2015-03-02

发布部门： 广东省质量技术监督局

标准简介：

暂缺。

电动汽车三相交流充电接口通用要求

标准编号： DB44/T 1469-2014 **实施日期：** 2015-03-02

发布部门： 广东省质量技术监督局

标准简介：

暂缺。

电子元器件与信息技术

行业标准

液晶显示用背光组件 第3-1部分：便携式显示用LED背光组件空白详细规范

标准编号： SJ/T 11460. 3. 1-2014 **实施日期：** 2015-04-01

发布部门： 中华人民共和国工业和信息化部

标准简介：

本标准规定了便携式显示用LED背光组件的技术要求、质量评定程序、检验和试验方法、包装、运输和储存的空白详细要求。本标准适用于便携式显示用LED背光组件。

LED型号命名规则

标准编号： SJ/T 11485-2015 **实施日期：** 2015-10-01

发布部门： 中华人民共和国工业和信息化部

标准简介：

该标准是半导体发光二极管系列产品的基础标准之一，为新制定的标准，主要内容是规范LED产品型号命名，分单色光LED和白光LED两类分别进行型号命名，定义了型号命名规则中各部分的符号、定义、范围等。

小功率LED芯片技术规范

标准编号： SJ/T 11486-2015 **实施日期：** 2015-10-01

发布部门： 中华人民共和国工业和信息化部

标准简介：

本标准规定了小功率半导体发光二极管芯片（以下简称芯片）的技术要求、检验方法、检验规则和标志、包装、运输和储存。本标准适用于可见光芯片，紫外发射二极管芯片和红外发射二极管芯片可参照执行。

信息技术 开关型电源适配器通用规范

标准编号： SJ/T 11530-2015 **实施日期：** 2015-10-01

发布部门： 中华人民共和国工业和信息化部

标准简介：

本标准规定了开关型电源适配器（简称电源适配器）的术语和定义、要求、测验方法、质量评定程序、标志、包装、运输、贮存等。本标准适用于信息技术设备用交流-直流输出的开关型电源适配器，如：计算机及外围设备、电子书、数字照（摄）相机等设备用开关型电源适配器，其它电源适配器也可参照本标准。

地方标准

有机发光二极管（OLED）显示器通用技术条件

标准编号： DB44/T 1677-2015 **实施日期：** 2015-12-07

发布部门： 广东省质量技术监督局

标准简介：

暂缺。

有机发光二极管（OLED）显示器测量方法

标准编号： DB44/T 1678-2015 **实施日期：** 2015-12-07

发布部门： 广东省质量技术监督局

标准简介：

暂缺。

工程建设

行业标准

数字集成全变频控制恒压供水设备应用技术规程

标准编号： CECS 393-2015 **实施日期：** 2015-05-01

发布部门： 中国工程建设标准化协会

标准简介：

本规程适用于新建、扩建和改建的民用与工业建筑生活用水二次供水工程中采用数字集成全变频控制恒压供水设备的系统设计、施工安装、调试验收和维护管理。建筑空调循环水、建筑中水、城乡供水、工矿企业生产用水等工程当采用数字集成全变频控制恒压供水设备时，根据需要也可按本规程执行。

电力工程直流电源系统设计技术规程

标准编号： DL/T 5044-2014 **实施日期：** 2015-03-01

发布部门： 国家能源局

标准简介：

本标准适用于单机容量为1 000MW级及以下发电厂和1 000kV及以下变电站、串补站和直流换流站的新建、扩建和改建工程直流电源系统设计。发电厂包括燃煤发电厂、燃油发电厂、燃气发电厂和生物质发电厂，也包括可再生能源电厂和核电厂常规部分。本标准不适用于通信专用直流电源系统。

电力工程交流不间断电源系统设计技术规程

标准编号： DL/T 5491-2014 **实施日期：** 2015-03-01

发布部门： 国家能源局

标准简介：

本标准适用于发电机容量为 1 000MW 级及以下新建或扩建火力发电厂、1 000kV 及以下变电站、换流站的交流不间断电源系统设计，也适用于压水堆核电厂常规部分交流不间断电系统设计。本标准不适用于发电厂应急照明专用交流不间断电源系统设计。

建筑光伏系统 无逆流并网逆变装置

标准编号： JG/T 466-2015 **实施日期：** 2015-07-01

发布部门： 中华人民共和国住房和城乡建设部

标准简介：

本标准规定了无逆流并网逆变装置的术语、分类和标记、一般规定、技术要求、试验方法、检验规则、标志、包装、运输和贮存。本标准适用于光伏系统无逆流并网接入公共电网低压用户侧的逆变装置产品开发和生产，也适用于工业与民用建筑光伏发电系统的应用。

地方标准

公路隧道 LED 照明设计规范

标准编号： DB36/T 857-2015 **实施日期：** 2015-12-01

发布部门： 江西省质量技术监督局

标准简介：

暂缺。

冶金

国家标准

氮化物 LED 外延片内量子效率测试方法

标准编号： GB/T 30655-2014 **实施日期：** 2015-09-01

发布部门： 中华人民共和国国家质量监督检验检疫总局
中国国家标准化管理委员会

标准简介：

本标准规定了Ⅲ-Ⅴ族氮化物 LED 外延片内量子效率的测试方法。本标准适用于基于Ⅲ-Ⅴ族氮化物的量子阱 LED 内量子效率的测试。

LED 发光用氮化镓基外延片

标准编号： GB/T 30854-2014 **实施日期：** 2015-04-01

发布部门： 中华人民共和国国家质量监督检验检疫总局
中国国家标准化管理委员会

标准简介：

本标准规定了 LED 发光用氮化镓基外延片（以下简称外延片）的要求、检验方法和规则以及标志、包装、运输、储存、质量证明书与订货单（或合同）内容。本标准适用于 LED 发光用氮化镓基外延片。

LED 外延芯片用磷化镓衬底

标准编号： GB/T 30855-2014 **实施日期：** 2015-04-01

发布部门： 中华人民共和国国家质量监督检验检疫总局
中国国家标准化管理委员会

标准简介：

本标准规定了 LED 外延芯片用磷化镓单晶衬底片（以下简称衬底）的要求、检验方法以及标志、包装、运输、储存、质量证明书与订货单（或合同）内容。本标准适用于 LED 外延芯片的磷化镓单晶衬底。

LED 外延芯片用砷化镓衬底

标准编号： GB/T 30856-2014 **实施日期：** 2015-04-01

发布部门： 中华人民共和国国家质量监督检验检疫总局
中国国家标准化管理委员会

标准简介：

本标准规定了 LED 外延芯片用砷化镓单晶衬底片（以下简称衬底）的要求、检验方法和规则以及标志、包装、运输、储存、质量证明书与订货单（或合同）内容。本标准适用于 LED 外延芯片用的砷化镓单晶衬底。

其它

国家标准

LED 主动发光道路交通标志

标准编号： GB/T 31446-2015 **实施日期：** 2015-08-01

发布部门： 中华人民共和国国家质量监督检验检疫总局
中国国家标准化管理委员会

标准简介：

本标准规定了 LED 主动发光道路交通标志（简称发光标志）产品的分类及组成、技术要求、试验方法、检验规则及标识、包装、运输与贮存。本标准适用于采用电网或太阳能供电的 LED 主动发光道路交通标志，其它发光标志可参照使用。

行业标准

电除尘用晶闸管控制高压电源

标准编号： JB/T 9688-2015 **实施日期：** 2015-10-01

发布部门： 中华人民共和国工业和信息化部

标准简介：

本标准规定了电除尘用工频、单相、晶闸管移相调压控制高压电源的型谱、技术要求。本标准规定了电除尘用工频、单相、晶闸管移相调压控制高压电源，不适用其它半导体电力变流器。

小功率 LED 单管校准规范

标准编号： JJF 1501-2015 **实施日期：** 2015-04-30

发布部门： 国家质量监督检验检疫总局

标准简介：

本规范适用于供电电流为 20mA 的直插式单颗发光二

极管的光度和颜色参数的校准，其它功率的单颗 LED 可参照本校准规范执行。

便携式牵引变电所电能质量检测装置
标准编号： TB/T 3328-2015 **实施日期：** 2015-11-01
发布部门： 国家铁路局
标准简介：
暂缺。

通信用高频开关电源系统
标准编号： YD/T 1058-2015 **实施日期：** 2015-07-01
发布部门： 中华人民共和国工业和信息化部
标准简介：
本标准规定了通信用高频开关电源系统的组成、系列、要求、试验方法、检验规则、标志、包装、运输和贮存。本标准适用于直流输出电压标称值为 −48V（24V）的通信用高频开关电源系统。

通信局（站）电源、空调及环境集中监控管理系统 第 6 部分：图像集中监控系统
标准编号： YD/T 1363.6-2015 **实施日期：** 2015-07-01
发布部门： 中华人民共和国工业和信息化部
标准简介：
本部分规定了通信局（站）电源、空调及环境集中监控管理系统中图像集中监控系统的系统结构、系统组成、系统管理、硬件配置、软件功能和系统维护等要求。本部分适用于通信局（站）单独设置的图像集中监控系统及以此为基础构成的不同规模的监控系统网络。

地方标准

变频调速窄轨架线式工矿电机车
标准编号： DB43/T 974-2014 **实施日期：** 2015-01-22
发布部门： 湖南省质量技术监督局
标准简介：
暂缺。

变频调速防爆特殊型蓄电池式电机车
标准编号： DB43/T 975-2014 **实施日期：** 2015-01-22
发布部门： 湖南省质量技术监督局
标准简介：
暂缺。

2015 年现行标准

电工

国家标准

聚烯烃绝缘铝-聚烯烃粘结护套高频农村通信电缆 铜芯非填充电缆
标准编号： GB 11326.2-1989 **实施日期：** 1990-03-01
发布部门： 信息产业部（通信）
标准简介：
本标准适用于铜芯，实心型、泡沫型、泡沫皮型或绳管型聚烯烃绝缘，非填充，铝-聚烯烃粘结护套高频对称农村通信电缆。主要应用于本地网中。传输最高频率 123kHz，156kH：或 252kHz，电缆系列除应符合本标准的规定外，还应符合 GB11326.1-89K 聚烯烃绝缘铝-聚烯烃粘结护套高频农村通信电缆一般规定》的要求。电缆用于架空敷设，使用环境温度为 −20 ~ +60℃；敷设温度一般不低于 −5℃。

聚烯烃绝缘铝-聚烯烃粘结护套高频农村通信电缆 铜芯填充电缆
标准编号： GB 11326.4-1989 **实施日期：** 1990-03-01
发布部门： 信息产业部（通信）
标准简介：
本标准适用于铜芯，实心型或泡沫皮型聚烯烃绝缘，填充式，铝-聚烯烃粘结护套高频对称农村通信电缆。主要应用于本地网中。传输最高频率 123kHz、156kHz 或 252kHz。

灯具用电源导轨系统
标准编号： GB 13961-2008 **实施日期：** 2009-09-01
发布部门： 中华人民共和国国家质量监督检验检疫总局
中国国家标准化管理委员会
标准简介：
本标准适用于包括用二极或多极导体将灯具连接到电源的导轨系统，导轨系统可以提供灯具的机械支承。本标准适用于设计成普通室内使用的导轨系统，导轨安装在或嵌装在或悬吊在墙上和天花板上。

家用和类似用途的不带过电流保护的剩余电流动作断路器（RCCB）第 21 部分：一般规则对动作功能与电源电压无关的 RCCB 的适用性
标准编号： GB 16916.21-2008 **实施日期：** 2009-06-01
发布部门： 中华人民共和国国家质量监督检验检疫总局
中国国家标准化管理委员会
标准简介：
本部分等同采用 IEC 61008-2-1：1990《家用和类似用途的不带过电流保护的剩余电流动作断路器（RCCB）第 2.1 部分：一般规则对动作功能与电源电压无关的 RCCB 的适用性》。本部分使用时应和 GB 16916.1-2003《家用和类似用途的不带过电流保护的剩余电流动作断路器（RCCB）第 1 部分：一般规则》一起使用。本部分是对 GB 16916.21-1997 的修订。本部分适用于交流额定电压不超过 440V，额定电流不超过 125A 的主要用于防电击保护的动作功能与电源电压无关的家用和类似用途的不带过电流保护的剩余电流动作断路器（RCCB）。

家用和类似用途的不带过电流保护的剩余电流动作断路器（RCCB）第 22 部分：一般规则对动作功能与电源电压有关的 RCCB 的适用性
标准编号： GB 16916.22-2008 **实施日期：** 2009-06-01

发布部门： 中华人民共和国国家质量监督检验检疫总局
中国国家标准化管理委员会

标准简介：

本部分适用于交流额定电压不超过440V，额定电流不超过125A的主要用于防电击保护的动作功能与电源电压有关的家用和类似用途的不带过电流保护的剩余电流动作断路器（RCCB）。

家用和类似用途的带过电流保护的剩余 电流动作断路器（RCBO） 第21部分：一般规则对动作功能与电源电压无关的RCBO的适用性

标准编号： GB 16917.21-2008　**实施日期：** 2009-06-01

发布部门： 中华人民共和国国家质量监督检验检疫总局
中国国家标准化管理委员会

标准简介：

本部分适用于交流50Hz或60Hz，额定电压不超过440V，额定电流不超过125A，额定短路能力不超过25 000A的动作功能与电源电压无关的家用和类似用途的带过电流保护的剩余电流动作断路器（RCBO）。

家用和类似用途的带过电流保护的剩余 电流动作断路器（RCBO） 第22部分：一般规则对动作功能与电源电压有关的RCBO的适用性

标准编号： GB 16917.22-2008　**实施日期：** 2009-06-01

发布部门： 中华人民共和国国家质量监督检验检疫总局
中国国家标准化管理委员会

标准简介：

本部分适用于交流50Hz或60Hz，额定电压不超过440V，额定电流不超过125A，额定短路能力不超过25 000A的动作功能与电源电压有关的家用和类似用途的带过电流保护的剩余电流动作断路器（RCBO）。

家用和类似用途固定式电气装置的电器附件安装盒和外壳 第24部分：住宅保护装置和类似电源功耗装置的外壳的特殊要求

标准编号： GB 17466.24-2008　**实施日期：** 2010-02-01

发布部门： 中华人民共和国国家质量监督检验检疫总局
中国国家标准化管理委员会

标准简介：

GB 17466的本部分适用于预期使用的额定电压不超过400V，输入总负载电流不超过125A，家用和类似用途固定式电气装置的电器附件的空壳体和其部件，在正常使用中的最大功耗容量由制造商声明。

电气设备电源特性的标记 安全要求

标准编号： GB 17285-2009　**实施日期：** 2010-02-01

发布部门： 中华人民共和国国家质量监督检验检疫总局
中国国家标准化管理委员会

标准简介：

本标准规定了标记电气设备（见注1）电源额定值及其它相关特性的最低要求（见注2）和一般规则，以正确而安全地选择和安装与任一供电电源相连的电气设备。本标准的目的是：为标记与任意电源系统的有关特性，如电压、电流、频率及功率，提供一般要求；为各类产品标准提供标记产品电气额定值的统一方法。各有关产品标准在对与任一供电电源相连接的电气设备、附件及元件的额定值规定标记的最低要求时，可一般性地应用本基础安全标准。各有关产品标准对供电特性的标记可规定一些补充要求。

电力变压器、电源、电抗器和类似产品的安全　第1部分：通用要求和试验

标准编号： GB 19212.1-2008　**实施日期：** 2009-06-01

发布部门： 中华人民共和国国家质量监督检验检疫总局
中国国家标准化管理委员会

标准简介：

本部分规定了电力变压器、电源、电抗器和类似产品的安全方面的要求，如电气、温度和机械等方面的安全要求。

电力变压器、电源、电抗器和类似产品的安全　第3部分：控制变压器和内装控制变压器的电源的特殊要求和试验

标准编号： GB 19212.3-2012　**实施日期：** 2013-05-01

发布部门： 中华人民共和国国家质量监督检验检疫总局
中国国家标准化管理委员会

标准简介：

GB19212的本部分规定了控制变压器和内装控制变压器的电源的安全规定，例如关于电气、温度和机械方面的安全规定。本部分适用于控制变压器和内装控制变压器及电子线路的电源。本部分不适用于预定要与变压器和电源的输入和输出端子或输出插座连接的外部电路及其元器件。本部分不适用于IEC60076-11所包括的变压器。本部分适用于驻立式或移动式、单相或多相、空气冷却（自冷或风冷）、独立或配套用控制变压器和内装控制变压器的电源，其额定电源电压不超过交流1 000V，额定电源频率和内部运行频率不超过500Hz。

电力变压器、电源装置和类似产品的安全　第4部分：燃气和燃油燃烧器点火变压器的特殊要求

标准编号： GB 19212.4-2005　**实施日期：** 2006-08-01

发布部门： 中华人民共和国国家质量监督检验检疫总局 中国国家标准化管理委员会

标准简介：

本部分规定了变压器各个方面（例如：电气、温度和机械方面）的安全要求。本部分适用于固定式、单相、空气冷却（自然冷却或强制冷却）、配套用（内装式或非内装式）燃气和燃油燃烧器点火系统用的变压器，其额定电源电压不超过交流1 000V、额定频率不超过500Hz，额定输出电流不超过交流500mA。空载输出电压和额定输出电压不应超过交流15 000V。本部分适用于按安装规程或设备规范，不要求电路之间采用双重绝缘或加强绝缘的变压器。本部分适用于干式变压器。其绕组可以是密封或非密封的。

本部分适用于包含有电子电路的变压器。本部分小适用于拟接到变压器输入端子和输出端子或插座的外部电路及其器件。

电源电压为 1 100V 及以下的变压器、电抗器、电源装置和类似产品的安全 第 5 部分：隔离变压器和内装隔离变压器的电源装置的特殊要求和试验

标准编号： GB 19212.5-2011 **实施日期：** 2012-05-01

发布部门： 中华人民共和国国家质量监督检验检疫总局
中国国家标准化管理委员会

标准简介：

GB19212.1—2008 的该章用下列内容代替：本部分规定了一般用途隔离变压器和内装一般用途隔离变压器的电源装置的安全方面的要求。带有电子电路的变压器也包括在本部分中。本部分适用于驻立式或移动式、单相或多相、空气冷却（自冷或风冷）、独立用和配套用的干式变压器。其绕组可以是包封式或非包封式。额定电源电压不超过交流 1 100V，额定频率及内部运行频率不超过 500Hz。额定输出不超过：对单相变压器，25kV · A；对多相变压器，40kV · A。如果采购方和制造方另有协议时，本部分也适用于对额定输出不限制的变压器。本部分不适用于预定要与变压器的输入和输出端子连接的外部电路及其元器件。本部分适用于在安装规程或设备规范中要求电路间的绝缘为双重绝缘或加强绝缘的变压器。

变压器、电抗器、电源装置及其组合的安全 第 6 部分：剃须刀用变压器、剃须刀用电源装置及剃须刀供电装置的特殊要求和试验

标准编号： GB 19212.6-2013 **实施日期：** 2014-11-14

发布部门： 中华人民共和国国家质量监督检验检疫总局
中国国家标准化管理委员会

标准简介：

GB19212.1—2008 的该章用下列内容代替：GB19212 的本部分规定了剃须刀用变压器、内装剃须刀用变压器的电源装置和剃须刀供电装置的安全要求。带有电子电路的剃须刀用变压器也包括在本部分中。注 1：安全要求包括电气、温度、机械和化学方面。除非另有规定，以下“变压器”包括剃须刀用变压器、内装剃须刀用变压器的电源装置和剃须刀供电装置。本部分适用于驻立式、单相空气冷却（自冷或风冷）、独立用或配套用的干式变压器。其绕组可以是包封式或非包封式。本部分适用于内部工作频率不超过 500Hz 的变压器和电源（线性）。本部分也适用于内部工作频率超过 500Hz 的电源，应与 GB19212.17 结合使用。当两项标准要求产生矛盾时，优先采用最严格的标准。

电源电压为 1 100V 及以下的变压器、电抗器、电源装置和类似产品的安全 第 7 部分：安全隔离变压器和内装安全隔离变压器的电源装置的特殊要求和试验

标准编号： GB 19212.7-2012 **实施日期：** 2013-05-01

发布部门： 中华人民共和国国家质量监督检验检疫总局
中国国家标准化管理委员会

标准简介：

GB19212 的本部分规定了一般用途安全隔离变压器和内装一般用途安全隔离变压器的电源装置的安全方面的要求。带有电子电路的变压器也包括在本部分中。本部分适用于驻立式或移动式、单相或多相、空气冷却（自冷或风冷），独立用和配套用的干式变压器。其绕组可以是包封式或非包封式。

电力变压器、电源、电抗器和类似产品的安全 第 8 部分：玩具用变压器和电源的特殊要求和试验

标准编号： GB 19212.8-2012 **实施日期：** 2013-05-01

发布部门： 中华人民共和国国家质量监督检验检疫总局
中国国家标准化管理委员会

标准简介：

GB 19212 的本部分规定了玩具用变压器和电源的安全规定，例如关于电气、温度和机械方面的安全规定。本部分适用于玩具用变压器和内装玩具用变压器及电子线路的电源。本部分不适用于预定要与变压器和电源的输入和输出端子或输出插座连接的外部电路及其元器件。本部分适用于驻立式或移动式、单相、空气冷却（自冷或风冷）玩具用变压器和内装玩具用变压器的电源，其额定电源电压不超过交流 250V，额定电源频率和内部运行频率不超过 500Hz，额定输出不超过 200VA，额定输出电流不超过10A。本部分适用于独立变压器和特殊用途变压器。本部分适用于干式玩具用变压器，其绕组可以是包封式或非包封式。本部分通常不考虑儿童摆弄玩具用变压器和内装玩具用变压器的电源时的专门安全问题。

电力变压器、电源装置和类似产品的安全 第 9 部分：电铃和电钟变压器的特殊要求

标准编号： GB 19212.9-2007 **实施日期：** 2008-04-01

发布部门： 中华人民共和国国家质量监督检验检疫总局
中国国家标准化管理委员会

标准简介：

本部分规定了变压器各个方面的安全要求。本部分适用于固定式、单相、空气冷却、独立或配套用供电铃和电钟用的安全隔离变压器。

电力变压器、电源装置和类似产品的安全 第 13 部分：恒压变压器的特殊要求

标准编号： GB 19212.13-2005 **实施日期：** 2006-08-01

发布部门： 中华人民共和国国家质量监督检验检疫总局 中国国家标准化管理委员会

标准简介：

本部分规定了变压器各个方面（例如：电气、温度和机械方面）的安全要求。本部分适用于驻立式或移动式、单相或多相、空气冷却（自然冷却或强制冷却）、配套用或独立的：恒压白耦变压器；恒压分离变压器；恒压隔离变压器；恒压安伞隔离变压器。

电力变压器、电源装置和类似产品的安全 第16部分：医疗场所供电用隔离变压器的特殊要求

标准编号： GB 19212.16-2005 **实施日期：** 2006-08-01

发布部门： 中华人民共和国国家质量监督检验检疫总局 中国国家标准化管理委员会

标准简介：

本部分规定了变压器各个方面（例如：电气、温度和机械方面）的安全要求。本部分适用于驻立式、单相或多相、空气冷却（自然冷却或强制冷却）的组别Ⅱ医疗场所供电用隔离变压器。它与IT电源系统固定导线呈永久性连接，其额定电源电压不超过交流1 000V、额定频率不超过500Hz，额定输出不应小于3kV·A且不应超过10kV·A。

电源电压为1 100V及以下的变压器、电抗器、电源装置和类似产品的安全 第14部分：自耦变压器和内装自耦变压器的电源装置的特殊要求和试验

标准编号： GB 19212.14-2012 **实施日期：** 2013-05-01

发布部门： 中华人民共和国国家质量监督检验检疫总局 中国国家标准化管理委员会

标准简介：

GB19212.1—2008的该章用下列内容代替：本部分规定了一般用途自耦变压器和内装一般用途自耦变压器的电源装置的安全方面的要求。带有电子电路的变压器也包括在本部分中。除非另有规定，以下“变压器”包括一般用途自耦变压器和内装一般用途自耦变压器的电源装置。本部分适用于驻立式或移动式、单相或多相、空气冷却（自冷却或风冷）独立用和配套用的干式变压器。绕组可以是包封式的或非包封式的。

电源电压为1 100V及以下的变压器、电抗器、电源装置和类似产品的安全 第17部分：开关型电源装置和开关型电源装标准编号： GB 19212.17-2013 **实施日期：** 2014-11-14

发布部门： 中华人民共和国国家质量监督检验检疫总局 中国国家标准化管理委员会

标准简介：

GB19212.1—2008的该章用下列内容来代替：本部分规定了开关型电源装置和开关型电源装置用变压器的安全方面的要求。带有电子电路的变压器也包括在本部分中。注1：包括电气、温度和机械方面的安全。本部分适用于：①内装安全隔离变压器，提供符合IEC61140和IEC60364-4-41规定的交流或直流SELV、PELV或FELV输出电压或其中的某种组合的输出电压，用于家用和其它消费类产品的开关型电源装置，但IEC60065、IEC61347系列、IEC61204-7和IEC60950-1包含的产品除外。②最高输出电压不超过交流1 000V或无纹波直流1 414V、用于家用和其它消费类产品的开关型电源装置，但在①中包含的产品和IEC60065、IEC61347系列、IEC61204-7和IEC60950-1包含的产品除外。③本部分可用于开关型电源装置内使用的变压器（见附录BB)。本部分包含的安全要求用于：对应于IEC61558-2-1的一般用途分离SMPS；对应于IEC61558-2-4的一般用途隔离SMPS；对应于IEC61558-2-6的一般用途安全隔离SMPS；对应于IEC61558-2-13的一般用途自耦SMPS。对应于IEC61558系列其它第2部分的特定应用的SMPS，其相应第2部分的必需的要求适用。此外，本部分列出的要求也适用。如果这两个要求有冲突，优先考虑最严酷的要求。注2：由于内部变压器的最高额定电源电压为1 000V，因为整流方式的原因，开关型电源最高额定电源电压可能低一些。本部分包含驻立式或移动式、单相或多相、空气冷却（自然冷却或强制冷却）、独立用或配套用开关型电源装置，其额定电源电压不超过交流1 100V，额定电源频率不超过500Hz，额定内部运行频率超过500Hz，但不超过100MHz，额定输出不超过1kV·A或1kW，内装包封绕组或非包封绕组的干式变压器。本部分附录BB所包括的开关型电源装置的配套用变压器，其额定输出不应超过：对单相变压器，为25kV·A；对多相变压器，为40kV·A。注3：对更高的频率需要附加要求，但本部分可以作为导则使用。开关型电源装置的空载输出电压或额定输出电压不应超过：当使用分离变压器或自耦变压器时，为交流1 000V或无纹波直流1 415V；当使用隔离变压器时，为交流500V或无纹波直流708V；当使用安全隔离变压器时，为交流50V或无纹波直流120V。

电力变压器、电源装置和类似产品的安全 第20部分：干扰衰减变压器的特殊要求

标准编号： GB 19212.20-2008 **实施日期：** 2009-01-01

发布部门： 中华人民共和国国家质量监督检验检疫总局 中国国家标准化管理委员会

标准简介：

GB19212的本部分的全部技术内容为强制性。GB19212《电力变压器、电源装置和类似产品的安全》目前拟分为24个部分，本部分为GB19212的第20部分。本部分是在GB19212.1—2003的基础上制定的，需与GB19212.1—2003配合使用。本部分根据IEC61558-2-19：2000重新起草。本部分规定了各个方面的安全要求。本部分适用于驻立式或移动式、单相或多相、空气冷却、独立或配套用的隔离或安全隔离变压器，其额定电源电压不超过交流1 000V，额定频率不超过500Hz，额定输出不超过10kV·A。

电力变压器、电源、电抗器和类似产品的安全 第2部分：一般用途分离变压器和内装分离变压器的电源的特殊要求和试验

标准编号： GB 19212.2-2012 **实施日期：** 2013-05-01

发布部门： 中华人民共和国国家质量监督检验检疫总局 中国国家标准化管理委员会

标准简介：

GB19212.1—2008的该章用下列内容代替：GB19212的本部分规定了一般用途分离变压器和内装分离变压器的电源的安全规定，例如关于电气、温度和机械方面的安全规定。本部分适用于分离变压器和内装分离变压器及电子线路的电源。本部分不适用于预定要与变压器和电源的输入和输出端子或输出插座连接的外部电路及其元器件。本部分不适用于IEC60076-11所包括的变压器。本部分适用于驻立式或移动式、单相或多相、空气冷却（自冷或风冷）、独立或配套用分离变压器和内装分离变压器的电源，其额定电源电压不超过交流 1 000V，额定电源频率和内部运行频率不超过 500Hz。额定输出不超过：对单相分离变压器和内装分离变压器的单相电源，为 1kV · A；对多相分离变压器和内装分离变压器的多相电源，为 5kV · A。如果采购方和制造方另有协议时，则本部分也适用于对额定输出不限制的分离变压器和内装分离变压器的电源。本部分适用于干式变压器，其绕组可以是包封式或非包封式。空载输出电压或额定输出电压不超过交流 1 000V 或无纹波直流 1 415V。对独立的分离变压器和内装分离变压器的独立的电源，其空载输出电压和/或额定输出电压不低于交流 50V 或无纹波直流 120V。

电力变压器、电源装置和类似产品的安全 第 24 部分：建筑工地用变压器的特殊要求

标准编号：GB 19212. 24-2005 **实施日期：**2006-08-01

发布部门：中华人民共和国国家质量监督检验检疫总局 中国国家标准化管理委员会

标准简介：

本部分规定了变压器各个方面（例如：电气、温度和机械方面）的安全要求。本部分适用于驻立式或移动式、单相或多相、窄气冷却（自然冷却或强制冷却）、配套或独立、建筑工地用的隔离或安全隔离变压器，其额定电源电压不超过交流 1 000V、额定频率不超过 500Hz。额定输出不应超过：25kV · A，对单相变压器；40kV · A，对多相变压器。建筑工地用隔离变压器的空载输出电压和额定输出电压超过交流 50V 但不超过交流 250V。建筑工地用安全隔离变压器的空载输出电压和额定输出电压不超过交流 50V。按安装规程或设备规范，建筑工地用变压器用于要求保护的场合。当变压器装入如 GB 7251. 4—1998 中规定的建筑工地用低压成套开关设备和控制设备中时，GB 7251. 4—1998 的附加要求也适用于成套设备。本部分适用于干式变压器。其绕组可以是密封或非密封的。本部分适用于包含有电子电路的变压器。本部分不适用于拟接到变压器输入端子和输出端子或插座的外部电路及其器件。

灯的控制装置 第 14 部分：LED 模块用直流或交流电子控制装置的特殊要求

标准编号：GB 19510. 14-2009 **实施日期：**2010-12-01

发布部门：中华人民共和国国家质量监督检验检疫总局
中国国家标准化管理委员会

标准简介：

GB19510 的本部分规定了使用 250V 以下直流电源和 1 000V以下、50Hz 或 60Hz 交流电源的 LED 模块用电子控制装置的特殊安全要求，该电子控制装置的输出频率不同于电源频率。本部分中规定的 LED 模块控制装置是设计在安全特低电压或等效安全特低电压或更高的电压下能够为 LED 模块提供恒定的电压或电流的控制装置。非纯电压源和电流源类型控制装置也包括在本部分之内。适用于本部分的 GB19510. 1-2009 的附录和所使用的名词灯也理解为包含 LED 模块。

杂类灯座 第 2-2 部分：LED 模块用连接器的特殊要求

标准编号：GB 19651. 3-2008 **实施日期：**2010-04-01

发布部门：中华人民共和国国家质量监督检验检疫总局
中国国家标准化管理委员会

标准简介：

本部分适用于杂类内置式连接件（包括 LED 模块（模块）内部连接用连接件），该连接件和基于 LED 模块的 PCB（印制电路板）一起使用。

普通照明用 LED 模块 安全要求

标准编号：GB 24819-2009 **实施日期：**2010-11-01

发布部门：中华人民共和国国家质量监督检验检疫总局
中国国家标准化管理委员会

标准简介：

本标准规定了普通照明用发光二极管（LED）模块的一般要求和安全要求：在恒定电压、恒定电流或恒定功率下工作的不带整体式控制装置的 LED 模块；采用 250V 以下直流或 1 000V 以下 50Hz 或 60Hz 交流电源的自镇流 LED 模块。

普通照明用 50V 以上自镇流 LED 灯 安全要求

标准编号：GB 24906-2010 **实施日期：**2011-02-01

发布部门：中华人民共和国国家质量监督检验检疫总局
中国国家标准化管理委员会

标准简介：

本标准规定了在家庭和类似场合作为普通照明用的、把稳定燃点部件集成为一体的 LED 灯（自镇流 LED 灯）。本标准对该种灯规定了安全和互换性要求，以及试验方法和检验其是否合格的条件。本标准适用于如下范围：额定功率 60W 以下；额定电压大于 50V 且小于或等于 250V；灯头符合表 1 要求。本标准的要求只涉及型式试验。关于全部产品的检验和批量产品的检验方法将在 GB24819-2009 的附录 C 中定义。

灯具 第 2-12 部分：特殊要求 电源插座安装的夜灯

标准编号：GB 7000. 212-2008 **实施日期：**2010-02-01

发布部门：中华人民共和国国家质量监督检验检疫总局
中国国家标准化管理委员会

标准简介：

本部分规定了使用电光源、电源电压不超过交流 250V50/60Hz 电源插座安装的夜灯的要求。本部分应与 GB 7000. 1 一起使用。

不间断电源设备 第 1-1 部分：操作人员触及区使用的 UPS 的一般规定和安全要求

标准编号：GB 7260. 1-2008 **实施日期：**2009-04-01

发布部门：中华人民共和国国家质量监督检验检疫总局
中国国家标准化管理委员会

标准简介：

GB 7260《不间断电源设备（UPS）》分为3个部分，本部分为GB 7260的第1-1部分。本部分是首次发布。本部分适用于直流环节具有储能装置的电子式不间断电源设备。本部分包括的不间断电源设备（UPS）的主要功能是保证交流电源输出的连续性。UPS也可使电源保持规定的特性，从而提高电源质量。本部分适用于预定安装在操作人员触及区内、用于低压配电系统的移动式、驻立式、固定式或嵌装式的UPS。本部分规定了保证操作人员和可能触及设备的外行人员安全的要求。当特别说明时，也适用于维修人员。

不间断电源设备(UPS)　第2部分:电磁兼容性(EMC)要求

标准编号： GB 7260.2-2009　**实施日期：** 2010-02-01

发布部门： 中华人民共和国国家质量监督检验检疫总局
中国国家标准化管理委员会

标准简介：

《不间断电源设备（UPS）》的本部分适用于安装在下述场所的UPS：单台UPS或由数台UPS互连与相关控制器/开关装置构成单一电源组成的UPS系统；连接至工业、住宅、商业和轻工业的低压供电系统的任何操作者可触及区或独立电气场所。本部分拟作为下述定义的C1类、C2类和C3类产品在投放市场前进行EMC合格评定的产品标准。本部分考虑了UPS的物理尺寸和功率额定值范围涉及的不同的试验条件。本部分不覆盖特殊安装环境，也未考虑UPS故障情况。本部分不覆盖直流供电的电子镇流器或基于旋转式机组的UPS。本部分规定了：EMC要求；试验方法；最低性能的电平。

不间断电源设备 第1-2部分：限制触及区使用的UPS的一般规定和安全要求

标准编号： GB 7260.4-2008　**实施日期：** 2009-04-01

发布部门： 中华人民共和国国家质量监督检验检疫总局
中国国家标准化管理委员会

标准简介：

GB 7260《不间断电源设备（UPS）》分为3个部分，本部分为GB 7260的第1-2部分。本部分的全部技术内容为强制性。本部分是首次发布。本部分适用于直流环节具有储能装置的电子式不间断电源设备。本部分包括的不间断电源设备（UPS）的主要功能是保证交流电源输出的连续性。UPS也可使电源保持规定的特性，从而提高电源质量。本部分适用于预定安装在限制触及区内、用于低压配电系统的移动式、驻立式、固定式或嵌装式UPS。本部分规定了保证维修人员安全的要求。

电热装置基本技术条件 第32部分：电压型变频多台中频无心感应炉成套装置

标准编号： GB/T 10067.32-2013　**实施日期：** 2013-12-02

发布部门： 中华人民共和国国家质量监督检验检疫总局
中国国家标准化管理委员会

标准简介：

GB/T10067的本部分规定了电压型变频多台中频无心感应炉成套装置的产品分类、技术要求、试验方法、检验规则、标志、包装、运输、贮存以及订购和供货。本部分适用于由电压型多路输出半导体变频装置供电的，由工作频率高于工频50Hz，低于或等于10 000Hz，额定容量范围为0.1～120t的多台相同的中频无心感应熔炼炉组成的，用于熔炼黑色和有色金属及其合金的成套装置。本部分也适用于由不同中频无心感应熔炼炉组成的上述成套装置。

半导体变流器与供电系统的兼容及干扰防护导则

标准编号： GB/T 10236-2006　**实施日期：** 2007-04-01

发布部门： 中华人民共和国国家质量监督检验检疫总局
中国国家标准化管理委员会

标准简介：

本标准规定了半导体变流器与供电系统兼容问题，并提供相互干扰的处理原则和方法。本标准是GB/T 3859在半导体变流器与供电系统兼容方面的补充。本标准适用于电网换相半导体变流器，其它类型的半导体变流器可以参考使用。

电能质量 供电电压偏差

标准编号： GB/T 12325-2008　**实施日期：** 2009-05-01

发布部门： 中华人民共和国国家质量监督检验检疫总局
中国国家标准化管理委员会

标准简介：

本标准代替GB/T 12325-2003《电能质量　供电电压允许偏差》。本标准规定了电网供电电压偏差的限值、测量和合格率统计。本标准适用于交流50Hz电力系统在正常运行条件下供电电压对系统标称电压的偏差。本标准与GB/T 12325-2003相比主要变化如下：标准名称改为《电能质量　供电电压偏差》；为便于理解和实施，前3个术语与GB 156协调一致（见3.1～3.3），修改了“电压偏差”的定义（见3.4），增加了“电压合格率”术语（见3.5）；增加20kV电压等级的电压偏差限值（见4.2）；正文增加“供电电压偏差的测量”，以增强标准的可操作性；增加了“附录A　电压合格率统计”、“附录B　电网电压监测及地区电网电压合格率的统计”。

调速电气传动系统　第2部分：一般要求低压交流变频电气传动系统额定值的规定

标准编号： GB/T 12668.2-2002　**实施日期：** 2003-04-01

发布部门： 中华人民共和国国家质量监督检验检疫总局

标准简介：

GB/T 12668的本部分适用于一般用途的交流调速传动系统，该系统包括电力交流器、控制设备和一台或数台电动机。不适用于牵引传动和电动车辆传动。本部分适用于连接交流电源电压1kV以下、50Hz或60Hz，负载侧频率达600Hz的电气传动系统（PDS）。IEC 61800-3中包括了电磁兼容性（EMC）特性。本部分给出了变流器的特性及其与整个交流传动系统的关系。同时说明了关于变流器额定值、正常使用条件、过载情况、浪涌承受能力、稳定性、保护、交流电源接地和试验等性能的要求。此外，本标准还论述了诸如控制方案、诊断和拓扑的应用指南。本部分的意图是通过PDS的性能来定义整个交流PDS，而不是依据各个子系统功能单来定义。

半导体变流串级调速装置总技术条件

标准编号：GB/T 12669-2012 **实施日期：**2012-11-01

发布部门：中华人民共和国国家质量监督检验检疫总局
中国国家标准化管理委员会

标准简介：

本标准规定了半导体变流串级调速装置的术语和定义、技术要求、试验、标志、包装、运输和贮存。本标准适用于利用半导体电力变流器调节交流绕线转子感应电动机、内馈混极式无刷交流电动机和混极式无刷双馈交流电动机速度的串级调速装置。

半导体变流器 电气试验方法

标准编号：GB/T 13422-2013 **实施日期：**2013-12-02

发布部门：中华人民共和国国家质量监督检验检疫总局
中国国家标准化管理委员会

标准简介：

本标准规定了半导体变流器的一般电气试验方法。本标准适用于各种普通变流器，包括整流器、逆变器、兼有整流和逆变两种运行方式的变流器以及各种电力电子开关。专用变流器也可参照使用。本标准不适用于机动车用变流器和航空电器用机载变流器。

量度继电器和保护装置 第11部分：辅助电源端口电压暂降、短时中断、电压变化和纹波

标准编号：GB/T 14598. 11-2011 **实施日期：**2011-12-01

发布部门：中华人民共和国国家质量监督检验检疫总局
中国国家标准化管理委员会

标准简介：

本部分规定了对电力系统保护所用的量度继电器和保护装置，包括与这些装置一起使用的控制、监视和过程接口设备的交流和直流电源的一般要求。本部分基于：● IEC61000-4-11 交流电压暂降、短时中断、电压变化；● IEC61000-4-17 电压纹波；● IEC61000-4-29 直流电压暂降、短时中断、电压变化。试验的目的是验证被试装置在被激励并受到由诸如电压暂降、短时中断、电压变化和纹波时能否正确工作。本部分的各项要求适用于新的量度继电器和保护装置，所规定的所有试验仅为型式试验。本部分的目的是规定：● 所用术语的定义；● 试验严酷等级；● 试验设备；● 试验配置；● 试验程序；● 验收准则；● 试验报告。

电能质量 三相电压不平衡

标准编号：GB/T 15543-2008 **实施日期：**2009-05-01

发布部门：中华人民共和国国家质量监督检验检疫总局
中国国家标准化管理委员会

标准简介：

本标准规定了三相电压不平衡的限值、计算、测量和取值方法。本标准适用于标称频率为50Hz的交流电力系统正常运行方式下由于负序基波分量引起的公共连接点的电压不平衡及低压系统由于零序基波分量而引起的公共连接点的电压不平衡。瞬时和暂时的不平衡问题不适用于本标准。

阀器件堆、装置和电力变流设备的端子标记

标准编号：GB/T 16859-1997 **实施日期：**1998-03-01

发布部门：国家技术监督局

标准简介：

本标准适用于阀器件堆、装置及由工厂组装的整体变流设备的主电路的端子标记。端子标记是针对由半导体阀器件构成的堆、装置及设备的。

低压直流电源设备的性能特性

标准编号：GB/T 17478-2004 **实施日期：**2005-02-01

发布部门：中华人民共和国国家质量监督检验检疫总局
中国国家标准化管理委员会

标准简介：

本标准规定了输出直流电压在250V以下，功率小于30kW，由600V以下交流或直流源电压供电的低压电源设备（包括开关型）确定技术要求的方法。该电源在Ⅰ类设备中使用，或者在有足够电气、机械保护条件下独立运行。本标准适用于有任何输出路数，由交流或直流供电的所有类型的电源以及为其它未知应用定制的产品。对于那些作为已有专门产品标准的设备的一部分而开发的电源，这些专门产品标准同样适用于这类电源；尤其当产品标准不足以覆盖这些电源的某些性能特性时，补充采用本标准可作为一种有用的选择。本标准允许规定满足特定用途的电源设备所需的性能水平的技术参数，建立与该类设备有关的基本定义，并确定具体的技术要求。这些使制造商及用户能够根据规定的技术要求，选择和确定其电源设备的适用范围。

半导体变流器 第6部分：使用熔断器保护半导体变流器防止过电流的应用导则

标准编号：GB/T 17950-2000 **实施日期：**2000-08-01

发布部门：中华人民共和国国家质量监督检验检疫总局

标准简介：

本标准作为应用导则，适用于带有熔断器的半导体变流器，熔断器用来保护构成变流器主臂的半导体。本标准限于单拍或双拍联结的电网换相变流器，也适用于满足GB/T13539. 1和GB13539. 4要求的熔断器。适当时，本标准的通用条款也对第2章引用标准GB/T3859和IEC1287-1所包括的变流器给出了指导。

变流变压器 第2部分：高压直流输电用换流变压器

标准编号：GB/T 18494. 2-2007 **实施日期：**2007-08-01

发布部门：中华人民共和国国家质量监督检验检疫总局
中国国家标准化管理委员会

标准简介：

GB/T 18494 的本部分适用于具有两个、三个或多个绕组的高压直流输电用三相和单相油浸式换流变压器。

变流变压器　第 3 部分：应用导则

标准编号： GB/T 18494. 3-2012　**实施日期：** 2012-11-01

发布部门： 中华人民共和国国家质量监督检验检疫总局
中国国家标准化管理委员会

标准简介：

GB/T18494 由三部分组成：第 1 部分适用于一般“工业”用的变流变压器（如：制铜、铝熔炼和某些气体电解）；第 2 部分适用于高压直流输电用的换流变压器；第 3 部分即本应用导则，适用于 0. 2 ~ 0. 12 节所涉及的内容。GB/T18494. 1 适用于“工业”用变流变压器，适用于铝熔炼、铜精炼及生产某些气体的电源变压器，也适用于轧钢机和船舶驱动系统。第 1 部分不适用于安装在电机车上的牵引用电力拖动装置，但仍适用于固定式牵引系统中的变流器应用装置。此外，对于范围广泛的较小容量的变流器，本部分及第 1 部分均同样适用。GB/T18494. 2 适用于高压直流（HVDC）输电用的换流变压器。高压直流输电系统有两种类型：一种为“背靠背”型，另一种为“输电”型。在这两种系统中运行的变压器，其运行和评估是包括在 GB/T18494. 2 内。

灯用附件钨丝灯用直流/交流电子降压转换器性能要求

标准编号： GB/T 19654-2005　**实施日期：** 2005-08-01

发布部门： 中华人民共和国国家质量监督检验检疫总局
中国国家标准化管理委员会

标准简介：

本标准规定了使用 250V 以下直流电源和 50Hz 或 60Hz，1 000V 以下交流电源，其工作频率不同于电源频率的电子降压转换器的性能要求，此种转换器应与 IEC 30657 所规定的卤钨灯及其它钨丝灯一起使用。

电力工程直流电源设备通用技术条件及安全要求

标准编号： GB/T 19826-2014　**实施日期：** 2014-10-28

发布部门： 中华人民共和国国家质量监督检验检疫总局
中国国家标准化管理委员会

标准简介：

本标准规定了电力工程用直流电源设备、一体化电源设备的通用技术条件和安全要求，以及试验方法、检验规则、标志、包装、运输和贮存等方面的要求。本标准适用于电力工程中的直流、一体化电源设备，并作为产品设计、制造、检验和使用的依据。对于未涵盖的其它电源设备可参照使用。

质子交换膜燃料电池　第 3 部分：质子交换膜测试方法

标准编号： GB/T 20042. 3-2009　**实施日期：** 2009-11-01

发布部门： 中华人民共和国国家质量监督检验检疫总局
中国国家标准化管理委员会

标准简介：

GB/T 20042 的本部分规定了质子交换膜燃料电池用质子交换膜测试方法的术语和定义、厚度均匀性测试、质子传导率测试、离子交换当量测试、透气率测试、拉伸性能测试、溶胀率测试和吸水率测试等。本部分适用于各种类型的质子交换膜。

质子交换膜燃料电池　第 4 部分：电催化剂测试方法

标准编号： GB/T 20042. 4-2009　**实施日期：** 2009-11-01

发布部门： 中华人民共和国国家质量监督检验检疫总局
中国国家标准化管理委员会

标准简介：

GB/T 20042 的本部分规定了质子交换膜燃料电池电催化剂测试方法的术语和定义、铂含量测试、电化学活性面积测试、比表面积、孔容、孔径分布测试、形貌及粒径分布测试、晶体结构测试、催化剂堆密度测试以及单电池极化曲线测试等。本部分适用于各种类型的质子交换膜燃料电池铂基（Pt 基）电催化剂。

质子交换膜燃料电池　第 5 部分：膜电极测试方法

标准编号： GB/T 20042. 5-2009　**实施日期：** 2009-11-01

发布部门： 中华人民共和国国家质量监督检验检疫总局
中国国家标准化管理委员会

标准简介：

GB/T20042 的本部分规定了质子交换膜燃料电池膜电极（MEA）测试方法的术语和定义、厚度均匀性测试、Pt 担载量测试、单电池极化曲线测试、透氢电流密度测试、活化极化过电位与欧姆极化过电位测试、电化学活性面积测试。本部分适用于各种类型的质子交换膜燃料电池。

普通电源或整流电源供电直流电机的特殊试验方法

标准编号： GB/T 20114-2006　**实施日期：** 2006-06-01

发布部门： 中华人民共和国国家质量监督检验检疫总局
中国国家标准化管理委员会

标准简介：

本标准适用于额定输出 1kW 及以上的普通电源或整流电源供电的直流电机，但其它 IEC 标准所涵盖的电机除外，如 IEC 60349。本标准的目的是制定用于测试普通电源或整流电源供电的直流电机特性参量的试验方法。本标准所描述的任一项或全部试验项目都不应理解为对任何指定电机都要求执行。特定试验应依据制造商和用户之间的协议进行。

变频器供电的笼型感应电动机应用导则

标准编号： GB/T 20161-2008　**实施日期：** 2009-10-01

发布部门： 中华人民共和国国家质量监督检验检疫总局
中国国家标准化管理委员会

标准简介：

本标准仅涉及间接型变频器。此类变频器包括带中间回路的外施直流电流的变频器（电流型变频器）和外施直流电压的变频器（电压型变频器），或为方波型或为脉冲控制型，没有限制脉冲的数量、宽度或脉冲频率。本标准适用于 GB/T 21210-2007 规定范围内的笼型感应电动机由变频器供电时在速度设定范围内的稳态运行，不包括起动或瞬态现象。

变频器供电笼型感应电动机设计和性能导则

标准编号： GB/T 21209-2007 **实施日期：** 2008-05-01

发布部门： 中华人民共和国国家质量监督检验检疫总局、中国国家标准化管理委员会

标准简介：

本标准描述了 1 000V 及以下电压源型变频器供电专用多相笼型感应电动机的性能特征和设计特点。本标准还规定了作为电气传动系统一部分的电动机和变频器之间的接口参数和相互作用，包括安装指南。

逆变应急电源

标准编号： GB/T 21225-2007 **实施日期：** 2008-05-20

发布部门： 中华人民共和国国家质量监督检验检疫总局 中国国家标准化管理委员会

标准简介：

本标准规定了逆变应急电源的定义，产品分类和特征参数，技术要求，试验方法，检验规则及标志、包装、运输和贮存。本标准适用于一般工业、民用等场所在应急状态向照明、动力等及其混合负载提供交流电能的 EPS。

半导体变流器 变流联结的标识代号

标准编号： GB/T 21226-2007 **实施日期：** 2008-05-20

发布部门： 中华人民共和国国家质量监督检验检疫总局 中国国家标准化管理委员会

标准简介：

本标准规定的仅仅是最主要和最常用的、由阀器件构成的变流联结，并可用于作为堆和装置整个额定值代号的一部分。适用于 GB/T 3859 所包括的变流器设备的二极管、变流器装置的变流联结。

变压器、电抗器、电源装置及其组合的安全 电磁兼容（EMC）要求

标准编号： GB/T 21419-2013 **实施日期：** 2013-12-02

发布部门： 中华人民共和国国家质量监督检验检疫总局 中国国家标准化管理委员会

标准简介：

本标准规定了频率范围为 0 ~ 400GHz 的发射与抗扰度的电磁兼容要求。没有规定限值的频段无需进行测试。本标准适用于 GB19212 系列标准所包括的变压器、电抗器、电源装置及其组合。对于做成随同电器或电气设备一起供给的或者与电器或电气设备配套使用的变压器、电抗器、电源装置及其组合，应满足适用于该电器或电气设备的相关 EMC 标准要求。但是对于这些配套用变压器、电抗器、电源装置及其组合，在其装入电器或电气设备之前的单独试验，本标准可作为导则使用。本标准仅涉及性能。变压器、电抗器及电源装置的其它运行情况（例如，为了试验目的，在电路中模拟故障或由于电磁现象对功能安全性的影响，或对暴露在电磁场中人的评估）不在本标准中考虑。

低压直流电源 第 3 部分：电磁兼容性（EMC）

标准编号： GB/T 21560. 3-2008 **实施日期：** 2008-11-01

发布部门： 中华人民共和国国家质量监督检验检疫总局 中国国家标准化管理委员会

标准简介：

本部分为首次发布。GB21560《低压直流电源》分为 7 个部分，本部分为 GB21560 的第 3 部分。本部分规定了功率等级不超过 30kW、交流输入或直流输入电压不超过 660V、直流输出电压不超过 250V 的各种电源装置的电磁兼容性要求。本部分适用于作为具有直接功能的单而开发的电源装置。本部分与 IEC612040-3：2000 相比，存在如下技术性差异：根据我国标准，本部分第 1 章将输入电源电压范围上限从 IEC61204-3 规定的不超过 600V 改为不超过 660V，输出电压范围上限则从 IEC61204-3 规定的不超过 200V 改为不超过 250V。

低压直流电源 第 6 部分：评定低压直流电源性能的要求

标准编号： GB/T 21560. 6-2008 **实施日期：** 2008-11-01

发布部门： 中华人民共和国国家质量监督检验检疫总局 中国国家标准化管理委员会

标准简介：

本部分为首次发布。GB/T21560《低压直流电源》分为 7 个部分，本部分为 GB/T21560 的第 6 部分。本部分适用于一般用途电源。这些电源进行交流到直流或直流到直流的变换。输入特性，本部分适用于额定值 660V 及以下的所有交流或直流电源。输出特性，本部分仅适用于直流电压低于 250V，且功率 2. 5kW 及以下的电源。本部分与 IEC612040-6：2000 相比，存在如下技术性差异：根据我国标准，本部分第 1 章将输入电源电压范围上限从 IEC61204-6 规定的不超过 600V 改为不超过 660V，输出电压范围上限则从 IEC61204-6 规定的不超过 200V 改为不超过 250V。

变频调速专用三相异步电动机绝缘规范

标准编号： GB/T 21707-2008 **实施日期：** 2008-12-01

发布部门： 中华人民共和国国家质量监督检验检疫总局 中国国家标准化管理委员会

标准简介：

本标准为首次制订。本标准的制定参照了 IEC62068-1. Ed. 1、IEC60034-25 和 IEC60034-18-41。本标准中规定了由变频调速专用三相异步电动机的绝缘结构规范。本标准适用于电压等级为 1 140V 及以下采用散绕组的变频调速专用三相异步电动机。

YGP 系列辊道用变频调速三相异步电动机技术条件

标准编号： GB/T 21969-2008 **实施日期：** 2009-03-01

发布部门： 中华人民共和国国家质量监督检验检疫总局 中国国家标准化管理委员会

标准简介：

本标准规定了 YGP 系列辊道用变频调速三相异步电动

机的型式、基本参数与尺寸、技术要求、检验规则、试验方法以及标志、包装及保用期的要求。本标准适用于各种辊道用变频调速三相异步电动机。凡属本系列电动机所派生的各种系列电动机均可参照执行。

起重及冶金用变频调速三相异步电动机技术条件 第1部分：YZP系列起重及冶金用变频调速三相异步电动机

标准编号： GB/T 21972.1-2008 **实施日期：** 2009-03-01

发布部门： 中华人民共和国国家质量监督检验检疫总局
中国国家标准化管理委员会

标准简介：

GB/T21972的本部分规定了YZP系列起重及冶金用变频调速三相异步电动机的型式、基本参数与尺寸、技术要求、检验规则、试验方法以及标志、包装及保用期的要求。本部分适用于变频器供电的各种起重机械及冶金辅助设备电力传动用三相异步电动机，凡属本系列电动机所派生的各种系列电动机均可参照执行。

起重及冶金用变频调速三相异步电动机技术条件 第2部分：YZP系列起重及冶金用变频调速三相异步电动机（轴流风机冷却）

标准编号： GB/T 21972.2-2012 **实施日期：** 2013-06-01

发布部门： 中华人民共和国国家质量监督检验检疫总局
中国国家标准化管理委员会

标准简介：

本部分规定了YZP系列起重及冶金用变频调速三相异步电动机（轴流风机冷却）的型式、基本参数与尺寸，技术要求，检验规则，试验方法以及标志、包装及保用期的要求。本部分适用于变频器供电的各种起重机械及冶金辅助设备电力传动用轴流风机冷却型三相异步电动机（以下简称电动机）。

起重及冶金用变频调速三相异步电动机技术条件 第3部分：YZP系列起重及冶金用变频调速三相异步电动机（离心风机冷却）

标准编号： GB/T 21972.3-2013 **实施日期：** 2014-05-10

发布部门： 中华人民共和国国家质量监督检验检疫总局
中国国家标准化管理委员会

标准简介：

GB/T21972的本部分规定了YZP系列起重及冶金用变频调速三相异步电动机（离心风机冷却）的型式、基本参数与尺寸，技术要求，检验规则，试验方法，标志、包装及保用期的要求。本部分适用于变频器供电的各种起重机械及冶金辅助设备电力传动用离心风机冷却型三相异步电动机（以下简称电动机）。

变频器供电三相笼型感应电动机试验方法

标准编号： GB/T 22670-2008 **实施日期：** 2009-11-01

发布部门： 中华人民共和国国家质量监督检验检疫总局
中国国家标准化管理委员会

标准简介：

本标准规定了变频器供电三相笼型感应电动机试验方法。本标准适用于变频器供电的三相笼型感应电动机。本标准不适用于牵引电机。

变频电机用G系列冷却风机技术规范

标准编号： GB/T 22712-2008 **实施日期：** 2009-10-01

发布部门： 中华人民共和国国家质量监督检验检疫总局
中国国家标准化管理委员会

标准简介：

随着变频电机应用的日益广泛，冷却风机作为变频电机的配件，市场也日趋增大，且规格品种繁多，迫切需要制定一个《变频电机用G系列冷却风机技术规范》规范市场，以利于国民经济的发展。由于目前市场上变频电机品种繁多，性能指标和安装尺寸有较大的不同，在本标准中难以统一，所以本标准以YVF2（IP54）变频调速专用变频电机三相异步电动机所配用的G系列冷却风机作为基本系列。其它的变频调速专用三相异步电动机可参照本标准选用冷风机。凡属该风机所派生的各种风机也可参照执行。本标准为首次发布。本标准规定了变频器供电的YVF2（IP54）变频调速专用三相异步电动机用G系列冷却风机的型式、基本参数与尺寸，技术要求，检验规则，标志、包装及保用期的要求。本标准适用于变频器供电的YVF2（IP54）变频调速专用三相异步电动机用G系列冷却风机（轴流式），由变频器供电的其它系列的变频调速专用三相异步电动机也可参照此标准选用风机。凡属该风机所派生的各种风机也可参照执行。

旋转电机 电压型变频器供电的旋转电机 Ⅰ型电气绝缘结构的鉴别和型式试验

标准编号： GB/T 22720.1-2008 **实施日期：** 2009-10-01

发布部门： 中华人民共和国国家质量监督检验检疫总局
中国国家标准化管理委员会

标准简介：

《电压型变频器供电的旋转电机电气绝缘结构》分为两个部分，本部分为GB/T 22720的第1部分。本部分为首次发布。GB/T 22720的本部分规定脉宽调制变频器供电的定子/转子绕组绝缘结构的评估标准。本部分适用于变频器供电的单相或多相交流电机定子/转子绕组绝缘结构。本部分阐述了用典型试样或完整电机进行的鉴别或/型式试验，以验证与电压型变频器的匹配程度。本部分不适用于：仅由变频器起动的旋转电机；额定电压有效值≤300V的旋转电机；牵引电气设备和结构。

电能质量 公用电网间谐波

标准编号： GB/T 24337-2009 **实施日期：** 2010-06-01

发布部门： 中华人民共和国国家质量监督检验检疫总局
中国国家标准化管理委员会

标准简介：

本标准规定了公用电网谐波电压的允许阻值及测量取值方法。本标准适用于交流额定频率为50Hz，标称电压220kV及以下的公用电网。

变频器供电同步电动机设计与应用指南

标准编号： GB/T 24625-2009 **实施日期：** 2010-04-01

发布部门： 中华人民共和国国家质量监督检验检疫总局
中国国家标准化管理委员会

标准简介：

本标准规定了变频器供电的三相或多相同步电动机定额、结构型式、性能要求、冷却方式、试验方法及验收规则，同时包含对变频器的要求。本标准适用于变频电源驱动的同步电动机。本标准未规定者，均应符合 GB755 中的有关规定。

普通照明用 LED 模块 性能要求

标准编号： GB/T 24823-2009 **实施日期：** 2010-05-01

发布部门： 中华人民共和国国家质量监督检验检疫总局
中国国家标准化管理委员会

标准简介：

本标准规定了普通照明用 LED 模块的分类、技术要求、试验方法、检验规则、标志、包装、运输、贮存等。其模块形式有各种发光单件方式（例如对称、非对称、矩形、椭圆）及组合方式。其 LED 可安装在平 面上，也可安装在曲面上。本标准适用于在恒定电压、恒定电流或恒定功率下工作的、不带整体式控制装置的 LED 模块及采用 250V 以下直流或 1 000V 以下 50Hz 或 60Hz 交流电源的自镇流 LED 模块。注 1：不带整体式控制装置的 LED 模块简称为“LED 模块”，不带整体式控制装置的 LED 模块及自镇流 LED 模块 统称为“模块”。注 2：本标准中的“镇流”术语泛指变压、限流或稳流，这与气体放电光源正常工作所需的“镇流”含义有所不同。

普通照明用 LED 模块测试方法

标准编号： GB/T 24824-2009 **实施日期：** 2010-05-01

发布部门： 中华人民共和国国家质量监督检验检疫总局
中国国家标准化管理委员会

标准简介：

本标准规定了普通照明用 LED 模块的基本性能的测量方法。本标准适用于功率大于或等于 1W，在恒定电压、恒定电流或恒定功率下稳定工作的、外置控制的 LED 模块；以及采用直流 250V 以下或交流 50Hz 或 60Hz、1 000V 以下电源供电的稳定工作的自镇流 LED 模块。非本标准范围内的 LED 产品，如有需要，也可以参考本标准。

LED 模块用直流或交流电子控制装置 性能要求

标准编号： GB/T 24825-2009 **实施日期：** 2010-05-01

发布部门： 中华人民共和国国家质量监督检验检疫总局
中国国家标准化管理委员会

标准简介：

本标准规定了使用 250V 以下直流电源和 50Hz 或 60Hz、1 000V 以下交流电压，其工作频率不同于电源频率的电子控制装置的性能要求，此控制装置与 GB24819 所规定的 LED 模块一起工作。本标准规定的 LED 控制装置设计提供恒定电压和电流。不符合纯电压和电流类型不被排除本标准之外。

普通照明用 LED 和 LED 模块术语和定义

标准编号： GB/T 24826-2009 **实施日期：** 2010-05-01

发布部门： 中华人民共和国国家质量监督检验检疫总局
中国国家标准化管理委员会

标准简介：

本标准规定了普通照明用 LED 和 LED 模块及相关的术语和定义。本标准适用于编写有关普通照明用 LED 的各类标准及其有关的技术文献。

道路照明用 LED 灯 性能要求

标准编号： GB/T 24907-2010 **实施日期：** 2011-02-01

发布部门： 中华人民共和国国家质量监督检验检疫总局
中国国家标准化管理委员会

标准简介：

本标准规定了道路照明用 LED 灯的术语和定义、分类与命名、技术要求、试验方法、检验规则、标志、包装、运输和贮存。本标准适用于集 LED 器件及其控制驱动电路和灯具于一体、采用交流 220V/50Hz 电源供电的道路照明用 LED 灯（符合本标准的灯，在额定电源电压的 92% ~ 106% 以及 -30℃ ~45℃范围内，应能正常启动和燃点）。

装饰照明用 LED 灯

标准编号： GB/T 24909-2010 **实施日期：** 2011-02-01

发布部门： 中华人民共和国国家质量监督检验检疫总局
中国国家标准化管理委员会

标准简介：

本标准规定了额定电源电压 250V 以下频率为 50Hz 交流或直流的装饰照明用 LED 灯的产品分类、技术要求、检验规则、标志、包装运输和贮存的要求。本标准适用于由 LED 及相关附件组成的灯。该产品适用于室内或室外装饰照明。

电动汽车非车载传导式充电机与电池管理系统之间的通信协议

标准编号： GB/T 27930-2015 **实施日期：** 2016-01-01

发布部门： 中华人民共和国国家质量监督检验检疫总局
中国国家标准化管理委员会

标准简介：

本标准规定了电动汽车非车载传导式充电机与电池管理系统之间基于控制器局域网（Control Area Network，以下简称 CAN）的通信物理层、数据链路层及应用层的定义。本标准适用于采用 GB/T 18487. 1 规定的充电模式 4 的充电机与 BMS 之间的通信，也适用于充电机与具有充电控制功能的车辆控制单元之间的通信。

往复式内燃机驱动的交流发电机组 第 11 部分：旋转不间断电源 性能要求和试验方法

标准编号： GB/T 2820. 11-2012 **实施日期：** 2013-02-01

发布部门：中华人民共和国国家质量监督检验检疫总局
中国国家标准化管理委员会

标准简介：

GB/T2820 的本部分规定了由机械和电气旋转设备组合而成的旋转不间断电源（UPS）的性能要求和试验方法。本部分适用的电源，主要为用户提供不间断交流电。当无市电输入运行时，输入能量由储存的能量或者往复式内燃机提供，由一台或多台旋转电机输出电能。本部分适用的交流电源，主要为固定陆用和船用设施提供不间断电能。不包括为航空、陆上车辆和机车供电的电源。也不包括通过静态变换产生输出电能的电源。本部分对使用旋转 UPS 改善交流供电品质、实现电压和/或电流变换及削减峰值等情况进行了描述。对于某些特殊用途（例如医院、近海岸、非固定应用、高层建筑及核设施等），可能需要附加一些其它的要求，本部分的规定应作为基础。

煤矿通风机用隔爆兼本质安全型变频调速控制器

标准编号：GB/T 28556-2012　**实施日期：**2012-11-01

发布部门：中华人民共和国国家质量监督检验检疫总局
中国国家标准化管理委员会

标准简介：

本标准规定了Ⅰ类煤矿通风机用隔爆兼本质安全型变频调速控制器的术语和定义、型式和基本参数、技术要求、试验方法、检验规则以及标志、包装、运输、贮存等要求。本标准适用于Ⅰ类煤矿通风机用隔爆兼本质安全型变频调速控制器。

YVF 系列变频调速高压三相异步电动机技术条件（机座号 355～630）

标准编号：GB/T 28562-2012　**实施日期：**2012-11-01

发布部门：中华人民共和国国家质量监督检验检疫总局
中国国家标准化管理委员会

标准简介：

本标准规定了 YVF 系列变频调速高压三相异步电动机的型式、基本参数与尺寸、技术要求、检验规则、试验方法，以及标志、包装及保用期的要求。本标准适用于由变频器供电的、变频调速运行的高压笼型三相异步电动机，机座号 355～630，电动机适用于拖动一般用途的恒转矩和二次方转矩特性的负载。

电动汽车交流充电桩电能计量

标准编号：GB/T 28569-2012　**实施日期：**2012-11-01

发布部门：中华人民共和国国家质量监督检验检疫总局
中国国家标准化管理委员会

标准简介：

本标准规定了电动汽车交流充电桩电能计量的技术要求及电能计量装置的配置安装要求、试验方法和检验规则。本标准适用于交流充电桩的电能计量。

LED 筒灯性能测量方法

标准编号：GB/T 29293-2012　**实施日期：**2013-09-01

发布部门：中华人民共和国国家质量监督检验检疫总局
中国国家标准化管理委员会

标准简介：

本标准规定了以 LED 为光源、电源电压不超过 250V 的一般照明用 LED 筒灯性能的测量方法。本标准适用于使用一体化 LED 模块、半一体化 LED 模块、非一体化 LED 模块、半一体化 LED 灯或非一体化 LED 灯的筒灯。本标准不适用于使用一体化 LED 灯的筒灯。本标准与 GB/T29294—2012 一起使用。

LED 筒灯性能要求

标准编号：GB/T 29294-2012　**实施日期：**2013-09-01

发布部门：中华人民共和国国家质量监督检验检疫总局
中国国家标准化管理委员会

标准简介：

本标准规定了以 LED 为光源、电源电压不超过 250V 的一般照明用 LED 筒灯的性能要求。本标准不包括使用一体化 LED 灯的筒灯。

反射型自镇流 LED 灯性能测试方法

标准编号：GB/T 29295-2012　**实施日期：**2013-09-01

发布部门：中华人民共和国国家质量监督检验检疫总局
中国国家标准化管理委员会

标准简介：

本标准规定了反射型自镇流 LED 灯性能参数的测试方法，其中包括适用工作条件测试、光电参数 测试、老炼和寿命试验相关指标测试等测试方法。本标准适用于外形类似反射型卤钨灯的，在家庭、商业和类似场合作为普通照明、局部照明或定位照明用的，把稳定燃点部件集成为一体的 LED 灯。适用范围如下：额定电压 AC220V 频率 50Hz；符合 GU10、B22、E14 或 E27 灯头要求；PAR16、PAR20、PAR30、PAR38 系列 LED 灯。注 1：PAR××（PAR××代表 PAR16、PAR20、PAR30、PAR38）系列灯对应直径尺寸为××/8in1）。注 2：在本标准中出现的"灯"代表"反射型自镇流 LED 灯"，除非有特别指明是其它类型的灯。

反射型自镇流 LED 灯 性能要求

标准编号：GB/T 29296-2012　**实施日期：**2013-09-01

发布部门：中华人民共和国国家质量监督检验检疫总局
中国国家标准化管理委员会

标准简介：

本标准规定了反射型自镇流 LED 灯的术语和定义、产品分类和命名、技术要求、试验方法、检验规则、标志、包装、运输和贮存。本标准适用于外形类似反射型卤钨灯的、在家庭、商业和类似场合作为普通照明、局部照明或定位照明用的、把稳定燃点部件集成为一体的 LED 灯。适用范围如下：额定电压 AC220V 频率 50Hz；符合 GU10、B22、E14 或 E27 灯头要求；PAR16、PAR20、PAR30、PAR38 系列 LED 灯。注 1：PARxx 系列灯对应直径尺寸为 xx/8in1）。注 2：本标准中出现的"灯"代表"反射型自镇流 LED 灯”，除非有特别指明是其它类型的灯。

数字可寻址照明接口 第 205 部分：控制装置的特殊要求 白炽灯电源电压控制器（设备类型 4）

标准编号： GB/T 30104.205-2013 **实施日期：** 2014-11-01

发布部门： 中华人民共和国国家质量监督检验检疫总局
中国国家标准化管理委员会

标准简介：

GB/T30104 的本部分规定了与白炽灯相关的、电子控制装置的数字信号控制协议和测试程序。

数字可寻址照明接口 第 207 部分：控制装置的特殊要求 LED 模块（设备类型 6）

标准编号： GB/T 30104.207-2013 **实施日期：** 2014-11-01

发布部门： 中华人民共和国国家质量监督检验检疫总局
中国国家标准化管理委员会

标准简介：

GB/T30104 的本部分规定了与 LED 模块相关的，使用交流/直流电源供电的电子控制装置的数字信号控制协议和测试程序。

电能质量 电压暂降与短时中断

标准编号： GB/T 30137-2013 **实施日期：** 2014-05-10

发布部门： 中华人民共和国国家质量监督检验检疫总局
中国国家标准化管理委员会

标准简介：

本标准规定了电压暂降与短时中断的指标及测试、统计和评估方法。本标准适用于交流 50Hz 电力系统。

YZP-H 系列船用起重用变频调速三相异步电动机技术条件

标准编号： GB/T 30144-2013 **实施日期：** 2014-05-10

发布部门： 中华人民共和国国家质量监督检验检疫总局
中国国家标准化管理委员会

标准简介：

本标准规定了 YZP-H 系列船用起重用变频调速三相异步电动机的型式、基本参数与尺寸，技术要求，检验规则，试验方法以及标志、包装及保用期的要求。本标准适用于 YZP-H 系列船用起重用变频调速三相异步电动机（以下简称电动机）。

YZP 系列起重及冶金用变频调速三相异步电动机技术条件（机座号 450～500）

标准编号： GB/T 30145-2013 **实施日期：** 2014-05-10

发布部门： 中华人民共和国国家质量监督检验检疫总局
中国国家标准化管理委员会

标准简介：

本标准规定了 YZP 系列起重及冶金用变频调速三相异步电动机的型式、基本参数与尺寸、技术要求、检验规则、试验方法、标志、包装及保用期的要求。本标准适用于变频器供电的各种起重机械及冶金辅助设备电力传动用三相异步电动机（以下简称电动机）。

嵌入式 LED 灯具性能要求

标准编号： GB/T 30413-2013 **实施日期：** 2014-12-01

发布部门： 中华人民共和国国家质量监督检验检疫总局
中国国家标准化管理委员会

标准简介：

本标准规定了以 LED 为光源、电源电压不超过 250V 的室内一般照明用嵌入式灯具的性能要求。本标准适用于使用一体化 LED 模块、半一体化 LED 模块、非一体化 LED 模块、半一体化 LED 灯或非一体化 LED 灯的灯具。本标准不适用于使用一体化 LED 灯的灯具。本标准不适用于嵌入式 LED 筒灯。

带充电装置的可移式灯具

标准编号： GB/T 31728-2015 **实施日期：** 2016-01-01

发布部门： 中华人民共和国国家质量监督检验检疫总局
中国国家标准化管理委员会

标准简介：

本标准规定了使用电光源、电源电压不超过 250V、带有充电装置的可移式灯具的安全要求。本标准适用于家用和类似用途的带充电装置的可移式灯具。本标准不适用于蓄电池可徒手拆卸的灯具，以及：打算提供应急照明的灯具；打算用在特殊场所的灯具，如存在腐蚀性和爆炸性气体（灰尘、蒸气或煤气）的地方；用太阳能充电装置充电的灯具。

半导体变流器 通用要求和电网换相变流器 第 1-1 部分：基本要求规范

标准编号： GB/T 3859.1-2013 **实施日期：** 2013-12-02

发布部门： 中华人民共和国国家质量监督检验检疫总局
中国国家标准化管理委员会

标准简介：

GBT3859 的本部分规定了使用可控和（或）不可控电子阀器件的所有半导体电力变流器和半导体电力开关的性能。电子阀器件主要有半导体器件，包括不可控器件（即整流二极管）和可控器件（即各种晶闸管和功率晶体管）。可控器件可反向阻断或反向导通，可借助电流、电压或光控制。假设非双稳器件在开关状态下工作。本部分主要从总体上规定对变流器的基本要求，以及适用于把交流电变换为直流电或把直流电变换为交流电的电网换相变流器的要求。假如其它类型的电力电子变流器尚无产品标准，本部分的内容也适用。这些特定的要求适用于进行功率变换、换相（例如：半导体自换相变流器）或特殊用途（例如：直流电 动机传动用半导体变流器）的半导体电力变流器，或已知特性的组合（例如：电传动机车车辆用直接直流变流器）。本部分适用于未被专用产品标准涵盖或特殊性能未被专用产品标准涵盖的所有电力变流器。电力变流器的专用产品标准应参考本部分。注 1：本部分不试图定义 EMC 要求。本部分涵盖了所有现象，因而给出在其范围适用的专用标准。注 2：有关变流变压器的规定见 GB/T3859.3 或 GB/T18494.1。

半导体变流器 通用要求和电网换相变流器 第1-2部分：应用导则

标准编号： GB/T 3859. 2-2013 **实施日期：** 2013-12-02

发布部门： 中华人民共和国国家质量监督检验检疫总局
中国国家标准化管理委员会

标准简介：

本部分给出GB/T3859. 1涵盖的基本要求规范在不同情况下的应用导则，以使GB/T3859. 1中的规定以可控的形态适应于特殊应用。为便于使用GB/T3859. 1，在技术关键点处给出了背景信息。本部分主要涵盖电网换相变流器。就现行标准不可能提供必要的资料而言，本部分本身不是规范（除非涉及某些辅助部件）。

半导体变流器 通用要求和电网换相变流器 第1-3部分：变压器和电抗器

标准编号： GB/T 3859. 3-2013 **实施日期：** 2013-12-02

发布部门： 中华人民共和国国家质量监督检验检疫总局
中国国家标准化管理委员会

标准简介：

GB/T3859的本部分规定了变流变压器不同于通用电力变压器的特性。应注意到，整流变压器运行时，通常流通着非正弦波电流。在单拍联结中，每个阀侧绕组的电流均含有直流分量，在设计和试验时应特别注意。在某些情况下，外部短路和元件故障会产生异常的应力，因而有必要进行特殊设计。一些类型的变压器正常运行时的电压波形是非正弦波。其铁心损耗以具有与运行时的电压半周期算术平均值和基波频率相等的正弦波电压确定。本部分适用于与GB/T3859. 1中规定的电力变流设备配套使用的变流变压器和电抗器。在其它各方面，如果国家标准《电力变压器》与本部分不矛盾，其规定的规则也适用于变流变压器。

半导体变流器 包括直接直流变流器的半导体自换相变流器

标准编号： GB/T 3859. 4-2004 **实施日期：** 2004-12-02

发布部门： 中华人民共和国国家质量监督检验检疫总局
中国国家标准化管理委员会

标准简介：

本部分适用于电力变流器中至少有一部分是自换相型的所用类型半导体自换相变流器。例如：交流变流器、间接直流变流器、直接直流变流器。GB/T3859. 1中的要求，只要不与本部分相矛盾，也同样适用于自换相变流器。对于某些特殊应用，如不间断电源设备（UPS），交、直流调速传动和电气牵引设备，可使用另外的标准。

不间断电源设备（UPS） 第3部分：确定性能的方法和试验要求

标准编号： GB/T 7260. 3-2003 **实施日期：** 2003-08-01

发布部门： 中华人民共和国国家质量监督检验检疫总局

标准简介：

本标准修改采用IEC 62040-3：1999，本标准规定了确定不间断电源设备（UPS）性能的方法和试验要求。本标准为UPS的基础标准，所有UPS产品符合其规定，其它UPS相关标准亦应以本标准的规定为准。

低压交流电源（不高于1 000V）中的浪涌特性

标准编号： GB/Z 21713-2008 **实施日期：** 2008-11-01

发布部门： 中华人民共和国国家质量监督检验检疫总局
中国国家标准化管理委员会

标准简介：

本指导性技术文件为首次发布。本指导性技术文件描述低压交流电源中的浪涌电压、浪涌电流环境，不包括其它的电能质量问题。标准中所考虑的浪涌持续时间不超过半个工频周期，这些浪涌可以是周期性的，也可以是随机事件，可以出现在相线、零线以及地线之间。

旋转电机 电压型变频器供电的旋转电机耐局部放电电气绝缘结构（Ⅱ型）的鉴别和认可试验

标准编号： GB/Z 22720. 2-2013 **实施日期：** 2014-05-10

发布部门： 中华人民共和国国家质量监督检验检疫总局
中国国家标准化管理委员会

标准简介：

GB22720的本部分规定了由产生重复冲击电压的脉宽调制（PWM）变频器供电并在运行期间承受局部放电的单相或多相交流电机定子/转子绕组绝缘结构的评估标准。本部分适用于电压型变频器供电下典型试样的鉴别和认可试验。本部分不适用于：仅在起动时使用变频器的旋转电机；牵引用电气设备和结构。

行业标准

锂离子蓄电池汽车应急启动电源

标准编号： CAB 1022-2014 **实施日期：** 2014-12-31

发布部门： 中华人民共和国国家质量监督检验检疫总局
中国国家标准化管理委员会

标准简介：

本标准规定了设备互连用单模光纤（C类单模光纤）的几何、光学、传输、机械、环境性能的要求和测量方法。本标准适用于光通信系统中设备内部或设备之间连接用的单模光纤。

水景用发光二极管（LED）灯

标准编号： CJ/T 361-2011 **实施日期：** 2011-08-01

发布部门： 中华人民共和国住房和城乡建设部

标准简介：

本标准规定了水景用发光二极管灯的术语和定义、缩略语、要求、试验方法、检验规则、标志、包装、运输和贮存。本标准适用于水景、音乐喷泉、瀑布等场所使用的发光二极管灯。不适用于游泳池、浴室等与人体直接接触的场所。

LED路灯

标准编号： CJ/T 420-2013 **实施日期：** 2013-06-01

发布部门：中华人民共和国住房和城乡建设部
标准简介：

本标准规定了 LED 路灯的要求、试验方法、检验规则、标志、包装、运输和贮存等。本标准适用于道路和街路照明的 LED 灯具。

不间断电源节能产品认证技术要求

标准编号：CSC/T 43-2006 **实施日期**：2006-02-28
标准简介：

本技术要求规定了不间断电源（UPS）的节能产品认证技术要求和试验方法。本技术要求适用的 UPS 电源为在线式不间断电源。本技术要求不适用于后备式不间断电源、在线互动式不间断电源以及由发电设备组成的不间断电源系统。

电厂厂用电源快速切换装置通用技术条件

标准编号：DL/T 1073-2007 **实施日期**：2008-06-01
发布部门：中华人民共和国国家发展和改革委员会
标准简介：

本标准规定了电厂厂用电源快速切换装置（以下简称装置）的基本技术要求、技术参数、试验方法、检验规则、标志、包装、运输及储存。本标准适用于发电厂数字式厂用电源快速切换装置，作为该装置的设计、生产、试验和应用的依据。

电能质量术语

标准编号：DL/T 1194-2012 **实施日期**：2012-12-01
发布部门：国家能源局
标准简介：

本标准规定了与电能质量有关的基本名词、术语及定义。本标准适用于电力行业电能质量技术和管理的有关领域。

电力系统电能质量技术管理规定

标准编号：DL/T 1198-2013 **实施日期**：2013-08-01
发布部门：国家能源局
标准简介：

本标准规定了电力系统电能质量技术管理的内容、流程和方法。本标准适用于标称频率为 50Hz 的交流电力系统。

电能质量评估技术导则 供电电压偏差

标准编号：DL/T 1208-2013 **实施日期**：2013-08-01
发布部门：国家能源局
标准简介：

本标准规定了供电系统和电力用户接入电网的供电电压偏差评估指标、评估流程和方法。本标准适用于交流 50Hz 电力系统在正常运行条件下供电电压对系统标称电压的偏差评估。输电系统的电压偏差评估可参照本标准。

电力通信站光伏电源系统技术要求

标准编号：DL/T 1336-2014 **实施日期**：2014-08-01
发布部门：国家能源局
标准简介：

本标准适用于新建、改建和扩建电力通信站光伏电源系统的工程设计与建设。

工商业电力用户应急电源配置技术导则

标准编号：DL/T 268-2012 **实施日期**：2012-07-01
发布部门：国家能源局
标准简介：

本标准规定了工商业电力用户应急电源配置原则和技术要求。本标准适用于对供电连续性要求高，断电可能会造成人身安全、经济损失及社会影响的工商业电力用户应急电源配置。

低压变频调速装置技术条件

标准编号：DL/T 339-2010 **实施日期**：2011-05-01
发布部门：国家能源局
标准简介：

本标准规定了低压变频调速装置的技术要求、试验方法、检验规则及标志、包装、运输、贮存、运行与维护。本标准适用于 660V 及以下电压，50Hz/60Hz 三相交流电源供电的变频调速装置。

继电保护及控制装置电源模块（模件）技术条件

标准编号：DL/T 527-2013 **实施日期**：2014-04-01
发布部门：国家能源局
标准简介：

本标准适用于继电保护及控制装置的使用的电源模块或模件，作为产品设计、制造、试验和选用的依据。

发电厂、变电站电子信息系统 220/380V 电源电涌保护配置、安装及验收规程

标准编号：DL/T 5408-2009 **实施日期**：2009-12-01
发布部门：国家能源局
标准简介：

本规程规定了发电厂、变电站（含箱式变电站）电子信息系统 220/380V 电源电涌保护器的选择、配置原则。本规程适用于发电厂、变电站（含箱式变电站）电子信息系统 220/380V 电源电涌保护器的选择、配置、安装及验收。

火电厂风机水泵用高压变频器

标准编号：DL/T 994-2006 **实施日期**：2006-10-01
标准简介：

本标准根据《国家发展改革委办公厅关于下达 2004 年行业标准项目补充计划的通知》（发改办公业［2003］873 号文）的要求制定的。风机水泵类等采用变频率调速技术实现节能运行是我国节能的一项重点推广技术。火电厂风机水泵用电动机多为 6kV 及以上高压大功率电动机，国内外厂家生产的高压变频器已在我国火电厂开始投入运行。

由于火电厂生产流程、操作规则以及环境要求均具有一定的特殊性，有必要对电力行业用高压变频器的生产、技术要求和试验内容等进行相应的规定。

工业电池用充电设备

标准编号： JB/T 10095-2010　**实施日期：** 2010-07-01

发布部门： 中华人民共和国工业和信息化部

标准简介：

本标准规定了工业电池用充电设备的术语、定义、基本参数、技术要求、检验和试验、标志、包装、运输和贮存等内容。本标准适用于直流功率 1kW 以上、直流电压等级 1 000V 以下，被充电电池可以是铅酸蓄电池，也可以是锂电池或者其它具有相同特性的蓄电池，为电动搬运车、电动汽车、蓄电池化成和类似设备提供动力的电池充电的设备。电力工程及邮电、通信用电池的充电、浮充电用整流设备也可参照使用。合适时，该设备也可作为一般工业用直流电源。本标准不适用于码头、船坞和其它海上用途的电池充电，家用电器和应急照明用电池充电，也不适用于消防泵和消防车的电池充电。本标准中的快速充电设备不适用于铅酸贫液蓄电池的充电。

小功率电流电压变换器 通用技术条件

标准编号： JB/T 10635-2006　**实施日期：** 2007-04-01

发布部门： 国家发展和改革委员会

标准简介：

本标准规定了小功率电流电压变换器的技术要求、试验方法、检验规则、标志、包装、运输、贮存、供货的成套性及质量保证等。本标准适用于电力系统继电保护及自动化装置中使用的小功率电流电压变换器。本标准适用于感应式的电流—电流、电流—电压及电压—电压变换器，其它类型的小功率电流电压变换器可参考采用。

低压有源电力滤波装置

标准编号： JB/T 11067-2011　**实施日期：** 2012-04-01

发布部门： 中华人民共和国工业和信息化部

标准简介：

本标准规定了低压有源电力滤波装置的术语和定义、技术要求、试验方法、检验规则、标志、包装、运输、贮存等要求。本标准适用于 50Hz，额定工作电压不超过 1 000V的低压配电系统，采用三相三线电压源型逆变器结构的并联型滤波装置。

锂离子蓄电池总成接口和通信协议

标准编号： JB/T 11138-2011　**实施日期：** 2011-08-01

发布部门： 中华人民共和国工业和信息化部

标准简介：

本标准规定了锂离子蓄电池总成的接口和协议、通信协议、数据格式及充电设备与锂离子蓄电池总成的工作状态转换。本标准也适用于组成锂离子蓄电池总成的锂离子蓄电池模块的接口和通信协议。

锂离子蓄电池充电设备通用要求

标准编号： JB/T 11142-2011　**实施日期：** 2011-08-01

发布部门： 中华人民共和国工业和信息化部

标准简介：

本标准规定了锂离子蓄电池充电设备的术语和定义、型号和基本参数、技术要求、试验、标志、包装、运输和贮存。本标准适用于由大于或等于 6A · h 的锂离子蓄电池组成的锂离子蓄电池模块或锂离子蓄电池总成的充电设备，也可用于镍基蓄电池及铅酸蓄电池模块和总成的充电设备，以及采用电缆与蓄电池模块或总成连接，交流额定电压不超过 660V、直流额定电压不超过 1 000V 的充电设备。

锂离子蓄电池充电设备接口和通信协议

标准编号： JB/T 11143-2011　**实施日期：** 2011-08-01

发布部门： 中华人民共和国工业和信息化部

标准简介：

本标准规定了锂离子蓄电池充电设备接口和通信协议的术语和定义、拓扑结构和接口、通信协议、数据格式和状态转换。本标准适用于由大于或等于 6A. h 的锂离子蓄电池组成的锂离子蓄电池模块或锂离子蓄电池总成的充电设备，也可用于镍基蓄电池及铅酸蓄电池模块和总成的充电设备以及采用电缆与蓄电池模块或总成连接，交流额定电压不超过 660V、直流额定电压不超过 1 000V 的充电设备。

隔爆型变频调速三相异步电动机技术条件　第 1 部分：YBBP 系列隔爆型变频调速三相异步电动机（机座号 80 ~ 355）

标准编号： JB/T 11201. 1-2011　**实施日期：** 2012-04-01

发布部门： 中华人民共和国工业和信息化部

标准简介：

本标准规定了 YBBP 系列隔爆型变频调速三相异步电动机的型式、基本参数与尺寸、技术要求、试验方法与检验规则及标志、包装的要求。本标准适用于 YBBP 系列隔爆型变频调速三相异步电动机（机座号 80 ~ 355）。凡属本系列电动机派生的其它要求的电动机也可参照本标准执行。

YZP 系列起重及冶金用变频调速三相异步电动机（离心风机冷却）**技术条件**

标准编号： JB/T 11628-2013　**实施日期：** 2014-07-01

发布部门： 中华人民共和国工业和信息化部

标准简介：

本标准规定了 YZP 系列起重及冶金用变频调速三相异步电动机（离心风机冷却）的型式、基本参数与尺寸、技术要求、检验规则、试验方法、标志、包装及保用期的要求。本标准适用于变频器供电的各种起重机械及冶金辅助设备电力传动用离心风机冷却型三相异步电动机。

YZPE 系列起重及冶金用电磁制动变频调速三相异步电动机技术条件

标准编号： JB/T 11629-2013　**实施日期：** 2014-07-01

发布部门： 中华人民共和国工业和信息化部

标准简介：

本标准规定了 YZPE 系列起重及冶金用电磁制动变频调速三相异步电动机的型式、基本参数与尺寸、技术要求、检验规则、试验方法、标志、包装及保用期的要求。本标准适用于变频器供电的各种起重机械及冶金辅助设备电力传动用电磁制动三相异步电动机。

变频调速带式输送机系统能效测试及节能量计算方法

标准编号： JB/T 11704-2013 **实施日期：** 2014-03-01

发布部门： 中华人民共和国工业和信息化部

标准简介：

本标准规定了变频调速带式输送机系统能效测试现场条件、项目及仪表要求、测试方法、系统运行效率的计算方法、调速节能及节能量计算的原则、节能量计算方法。本标准适用于输送煤炭、散粮、矿石、化肥等物料的变频调速带式输送机系统。

YVF3 系列（IP55）变频调速三相异步电动机技术条件（机座号 355～450）

标准编号： JB/T 11710-2013 **实施日期：** 2014-07-01

发布部门： 中华人民共和国工业和信息化部

标准简介：

本标准规定了 YVF3 系列（IP55）变频调速三相异步电动机（机座号 355～450）的型式、基本参数与尺寸、技术要求、检验规则、标志、包装及保用期的要求。本标准适用于 YVF3 系列（IP55）变频调速低压笼型三相异步电动机（机座号 355～450）。凡属本系列电动机所派生的各种电动机也可参照执行。

电袋复合除尘器用高压电源

标准编号： JB/T 12533-2015 **实施日期：** 2016-03-01

发布部门： 中华人民共和国工业和信息化部

标准简介：

本标准规定了电袋复合除尘器用高压电源的型号与型谱、设计选型、要求、试验方法、检验规则、标志、使用说明书、包装、运输和贮存、调试运行维护。本标准适用于电力、建材、冶金、化工、轻工等行业烟尘治理的电袋复合除尘器用高压电源。

半导体电力变流器 型号编制方法

标准编号： JB/T 1505-1975 **实施日期：** 1975-07-01

发布部门： 中华人民共和国机械工业部

标准简介：

本标准适用于符合 7B 种电力变疏器产品。

感应加热用变频机组电控设备

标准编号： JB/T 4086-1997 **实施日期：** 1998-02-01

发布部门： 湘潭牵引电气设备研究所

标准简介：

JB/T 4086-1997 本标准是根据中频电热待业研究、设计、制造和使用的实际需要，对 JB 4086-85 进行的修订。本标准规定了变频机组供电的中频感应加热用电控设备的要求，试验方法，抽样与检验，标志、包装、运输与贮存。本标准适用于变频机组供电的中频感应熔炼、透热、淬火、烧结、焊接等工况的电控设备。其频率范围为高于工频 50（60）Hz，低于或等于 10 000Hz。

真空管式高频感应加热电源装置

标准编号： JB/T 5267-1991 **实施日期：** 1992-07-01

发布部门： 全国工业电热设备标准化技术委员会

标准简介：

本标准规定了对真空管式高频感应加热电源装置的各项要求，包括产品分类、技术要求、试验方法、检验规则、等级划分、标志、包装、运输、贮存、订购和供货等。本标准适用于真空管式高频感应加热电源装置，该装置可作为表面与局部加热淬火、透热、熔炼和焊接等高频感应加热设备的电源。

电力变流器用水冷却设备

标准编号： JB/T 5833-2013 **实施日期：** 2013-09-01

发布部门： 中华人民共和国工业和信息化部

标准简介：

本标准规定了电力变流器用水冷却设备的术语和定义、产品型号及分类、技术要求、试验方法、检验规则以及标志、包装、运输、贮存要求。本标准适用于热转移媒质为去离子水的电力变流器冷却设备，也适用于对热转移媒质为去离子水的其它电气设备的冷却设备。用于直流输电工程的冷却设备也可参照使用。

旋转牵引电机基本技术条件 第 1 部分：除电子变流器供电的交流电动机之外的电机

标准编号： JB/T 6480.1-2013 **实施日期：** 2014-07-01

发布部门： 中华人民共和国工业和信息化部

标准简介：

本部分规定了电力传动的非干线轨道机车车辆和非公路车辆上，除电子变流器供电的交流电动机之外的旋转牵引电机的技术要求。本部分适用于安装在由电力传动机车车辆牵引的拖车上的电机。本部分不适用于由蓄电池供电的工业用电动车辆（搬运车、叉车、工厂运货车等）用的电机，也不适用于各种车辆上的微型电机，如刮雨器电动机等。

YVF2 系列（IP54）变频调速专用三相异步电动机技术条件（机座号 80～355）

标准编号： JB/T 7118-2014 **实施日期：** 2014-10-01

发布部门： 中华人民共和国工业和信息化部

标准简介：

本标准规定了 YVF2 系列（IP54）变频调速专用三相异步电动机的型式、基本参数与尺寸、技术要求、检验规则以及标志、包装及保用期的要求。本标准适用于 YVF2 系列（IP54）变频调速专用三相异步电动机（机座号 80～355）。凡属本系列电动机所派生的各种系列电动机也可参照执行。

煤矿蓄电池式电机车用防爆特殊型电源装置

标准编号： JB/T 7568-1994 **实施日期：** 1995-06-01

发布部门： 中华人民共和国机械工业部

标准简介：

本标准规定了煤矿蓄电池式电机车用防爆特殊型电源装置（以下简称电源装置）的规格参数、技术要求、试验方法、检验规则等。本标准适用于有沼气或煤尘爆炸危险的井下煤矿铅酸蓄电池式电机车用电源装置。

船用充电发电装置 技术条件

标准编号： JB/T 7596-2010 **实施日期：** 2010-07-01

发布部门： 中华人民共和国工业和信息化部

标准简介：

本标准规定了船用充电发电装置的分类、型式和基本参数、试验方法、检验规则、标志及包装储运等。本标准适用于额定功率为 1.2 ~18 kW，由柴油机驱动，对蓄电池充电及其它电阻性负荷供电的船用充电发电装置。

补偿式交流稳压器

标准编号： JB/T 7620-1994 **实施日期：** 1995-06-01

发布部门： 中华人民共和国机械工业部

标准简介：

本标准规定了补偿式交流稳压器（以下简称稳压器）的型号、基本参数、技术要求、试验方法和检验规则。本标准适用于补偿变压器和调压变压器及其控制电路构成的干式交流稳压器。

煤矿防爆特殊型电源装置用铅酸蓄电池

标准编号： JB/T 8200-2010 **实施日期：** 2010-07-01

发布部门： 中华人民共和国工业和信息化部

标准简介：

本标准规定了防爆特殊型电源装置用铅酸蓄电池的产品品种和规格、技术要求、试验方法、检验规则、标志、包装、运输和贮存。本适用于煤矿蓄电池式电力机车用防爆特殊型电源装置中的铅酸蓄电池的检验之用。

电热器具用电源开关

标准编号： JB/T 8440-1996 **实施日期：** 1997-01-01

发布部门： 中华人民共和国机械工业部

标准简介：

本标准规定了电热器具用电源开关的分类、基本要求、试验方法、检验规则、包装、贮存等技术规范。本标准适用于供家用和类似用途电阻性发热源的电热器具使用的由手、脚或其它人体动作驱动的电源开关，开关极定电压不超过 440V，额定电流不超过 63A. 本标准不适用于与电自动控制器结合成一体的组合开关。

电力变流变压器

标准编号： JB/T 8636-1997 **实施日期：** 1998-01-01

发布部门： 沈阳变压器研究所

标准简介：

JB/T 8636-1997 本标准是对 JB 2530-79《电力变流变压器》的修订。其技术性能参数有如下变化：①有关型谱和技术要求详细内容均引相应标准，不重复叙述。②删除了“型式容量”章节。③提出基波电压、基波电流等新概念。④对温升试验提出了限值和要求，规定了试验等效电流计算公式，规定了试验方法。本标准规定了网侧系统标称电压 220kV 及以下的油浸式、干式电力变流变压器（以下简称变压器）的参数据，试验和试验方法，标志、包装等通用技术要求。本标准适用于半导体电力变流器中的变压器，包括内附的平衡电抗器、饱和电抗器等。本标准不适用于高压直流输变电用的变压器和单查牵引变压器。本标准只对变压器的通用部分提出要求，各类型的变压器应根据其自身的特点，在本标准的基础上编制相应标准籍以对特殊部分作出补充规定。注：对采用其它冷却介质的变压器，可参照采用本标准。本标准于 1997 年 9 月 5 日首次发布。

中频感应加热用半导体变频装置

标准编号： JB/T 8669-1997 **实施日期：** 1998-02-01

发布部门： 湘潭牵引电气设备研究所

标准简介：

JB/T 8699-1997 本标准是对 ZB K46 001-87 进行的修订。本标准规定了感应加热用半导体变频装置的技术要求，检验，标志、包装、运输与贮存。本标准适用于以半导体器件（晶闸管或功率晶体管）所构成的感应加热用半导体变频装置。其频率范围为 50 ~ 10 000Hz。对 10 000Hz 以上的感应加热用半导体变频装置亦可参照采用。

调压器 第 6 部分：感应稳压器

标准编号： JB/T 8749. 6-2014 **实施日期：** 2014-10-01

发布部门： 中华人民共和国工业和信息化部

标准简介：

本部分规定了感应稳压器的术语和定义、产品型号、冷却方式、产品规格、性能参数、使用条件、技术要求、试验、标志、包装、运输、贮存和随机技术文件等。本部分适用于电压等级为 10kV 及以下、额定频率为 50Hz、连续工作、无级调节的干式自冷和油浸式自冷感应稳压器。额定容量或电压规格未列入本部分的感应稳压器，可参照使用本部分的有关条款。

调压器 第 7 部分：接触稳压器

标准编号： JB/T 8749. 7-2014 **实施日期：** 2014-10-01

发布部门： 中华人民共和国工业和信息化部

标准简介：

本部分规定了接触稳压器的术语和定义、产品型号、冷却方式、产品规格、性能参数、使用条件、技术要求、试验、标志、包装、运输、贮存和随机技术文件等。本部分适用于电压等级为 500V 及以下、额定频率为 50Hz、连续工作、无级调节的干式自冷接触稳压器（环形铁心）。额定容量或电压规格未列入本部分的接触稳压器，可参照使用本部分的有关条款。

调压器 第8部分：柱式稳压器

标准编号： JB/T 8749.8-2014 **实施日期：** 2014-10-01

发布部门： 中华人民共和国工业和信息化部

标准简介：

本部分规定了柱式稳压器的术语和定义、产品型号、冷却方式、产品规格、性能参数、使用条件、技术要求、试验、标志、包装、运输、贮存和随机技术文件等。本部分适用于电压等级为500V及以下、额定频率为50Hz、连续工作、无级调节的干式自冷和油浸式自冷柱式稳压器（柱式铁心）。额定容量或电压规格未列入本部分的柱式稳压器，可参照使用本部分的有关条款。

电热器具用电源开关

标准编号： JB/T 8840-2013 **实施日期：** 2013-09-01

发布部门： 中华人民共和国工业和信息化部

标准简介：

本标准主要规定了家用和类似用途电热器具用电源开关的分类、安全与性能的基本要求及相应的试验方法和检验规则。本标准适用于供家用和类似用途电阻性发热源的电热器具使用的，由手、脚或其它人体动作驱动的电源开关，开关额定电压不超过480V，额定电流不大于63 A。与电自动控制器组合的开关，也可参照本标准规定。

电控设备用低压直流电源

标准编号： JB/T 8948-1999 **实施日期：** 2000-01-01

发布部门： 国家机械工业局

标准简介：

本标准规定了电控设备用低压直流电源的产品型号、技术要求、试验方法、检验规则、产品包装、运输及贮存的要求等。本标准适用于额定频率为50Hz或60Hz、400Hz。额定电压不超过1 000V及额定电压为直流不超过400V供电的、输出额定直流电压不超过400V，额定功率不大于30kW的低压开关成套设备及电气传动控制设备用的低压直流电源（以下简称电控用直流电源）。本标准适用于自成一体的组件（单元）。本标准不适用于充电、浮充电整流器（直流电源）。

三相交流稳频稳压电源机组及系统技术条件

标准编号： JB/T 8982-2011 **实施日期：** 2012-04-01

发布部门： 中华人民共和国工业和信息化部

标准简介：

本标准规定了三相交流稳频稳压电源机组及系统的基本参数、技术要求、试验方法、检验规则以及标志、包装等。本标准适用于电动机拖动的同步发电机组及其稳频稳压装置的整套系统。电源系统作为小型三相交流电机及其它电器试验用的低波动率、宽调节范围的电源设备，也可作为符合本标准技术指标的其它用电器的电源设备，或作为变频电源设备。

电动工具电源线护套

标准编号： JB/T 9605-2013 **实施日期：** 2014-07-01

发布部门： 中华人民共和国工业和信息化部

标准简介：

本标准规定了电动工具电源线护套的型式与联接尺寸、技术要求、试验方法、检验规则。本标准适用于电动工具电源线进线处保护用的独立护套。

电动工具用变频机组

标准编号： JB/T 9607-2013 **实施日期：** 2014-07-01

发布部门： 中华人民共和国工业和信息化部

标准简介：

本标准规定了电动工具用同轴旋转式变频机组的基本参数、型式、技术要求、试验方法和检验规则。本标准适用于将三相50Hz交流电能转换为三相150Hz、200Hz、300Hz、400Hz交流电能的同轴旋转式变频机组。

集中式蓄电池应急电源装置

标准编号： JG/T 371-2012 **实施日期：** 2012-08-01

发布部门： 中华人民共和国住房和城乡建设部

标准简介：

本标准规定了集中式蓄电池应急电源装置的术语和定义、分类、代号和标记、一般要求、要求、试验方法、检验规则、标志和铭牌、包装、运输和贮存。本标准适用于一般工业与民用建筑中，输出交流单相或三相工频正弦波，额定电压不超过1 000V，额定输出功率0.5kV·A～400kV·A的集中式蓄电池应急电源装置（以下简称装置）。

电动汽车充电机（桩）

标准编号： JJG（粤）015-2011 **实施日期：** 2011-12-30

发布部门： 广东省质量技术监督局

标准简介：

本规程适用于电动汽车非车载充电机和交流充电桩电能计量性能的现场首次检定、后续检定和使用中的检查。

整体式LED路灯的测量方法

标准编号： LB/T 001-2009 **实施日期：** 2009-09-01

发布部门： 国家半导体照明工程研发及产业联盟

标准简介：

本推荐技术规范规定了整体式LED路灯基本性能的测量方法。本推荐性技术规范适用于交流50Hz/220V电源供电的并在内置控制器（自镇流）或外置控制器驱动下稳定工作的用于道路和街路照明的整体式LED路灯。超出推荐性本推荐性技术规范范围的LED路灯或类似产品的测量可参考本推荐性技术规范。

矿灯充电架

标准编号： MT 68-2002 **实施日期：** 2002-09-01

发布部门： 国家经济贸易委员会

标准简介：

本标准第4章第4.3.8条、第4.4.2条、第4.4.5条为强制性的，其余为推荐性的。本标准是根据矿灯制造技术、矿灯充电控制技术的不断发展，对 MT/T 68-1992《自动电压控制型 酸性矿灯充电架通用技术条件》和 MT 129-1985（碱性矿灯充电架通用技术条件》进行修订的。本标准将各类矿灯（酸性、碱性）充电架归人，标准名称相应改为《矿灯充电架》，提高了标准的适用性．在 MT/T 68-1992 和 MT 129-1985 的基础上增加了产品型号编制方法、湿热性能试验、充电指示器的防尘抗静电试验。

矿灯用 LED 及 LED 光源组技术条件

标准编号： MT/T 1092-2008 **实施日期：** 2010-07-01

发布部门： 国家安全生产监督管理总局

标准简介：

本标准规定了矿灯用 LED 及 LED 光源组的术语和定义、符号、要求、试验方法、检验规则及标志、运输和贮存。本标准适用于矿灯用 LED 及 LED 光源组。

煤矿铅酸蓄电池防爆特殊型电源装置

标准编号： MT/T 334-2008 **实施日期：** 2009-01-01

发布部门： 国家安全生产监督管理总局

标准简介：

本标准规定了煤矿铅酸蓄电池防爆特殊型电源装置的产品分类、要求、试验、方法、检验规则、标志、包装、运输和贮存。本标准适用于在具有甲烷或煤尘爆炸危险的煤矿井下使用的电源装置。

煤矿电机车电源装置用隔爆型插销连接器

标准编号： MT/T 875-2000 **实施日期：** 2001-05-01

发布部门： 国家煤炭工业局

标准简介：

本标准规定了煤矿电机车电源装置用隔爆插销连接器的产品分类与基本参数、技术要求、试验方法、检验规则、标志、包装、运输和贮存。本标准适用于煤矿电机车电源装置用隔爆插销连接器（以下简称插销连接器）。

双馈风力发电机变流器制造技术规范

标准编号： NB/T 31014-2011 **实施日期：** 2011-11-01

发布部门： 国家能源局

标准简介：

本标准规定了双馈风力发电机变流器的术语和定义、技术要求、试验方法、检验规则及其产品的相关信息等。本标准适用于连接双馈风力发电机转子绕组的电压源型变流器。

永磁风力发电机变流器制造技术规范

标准编号： NB/T 31015-2011 **实施日期：** 2011-11-01

发布部门： 国家能源局

标准简介：

本标准规定了永磁风力发电机变流器的术语和定义、技术要求、试验方法、检验规则及其产品的相关信息等。本标准适用于连接永磁风力发电机定子绕组的电压源型变流器。

海上双馈风力发电机变流器

标准编号： NB/T 31041-2012 **实施日期：** 2013-03-01

发布部门： 国家能源局

标准简介：

本标准规定了海上双馈风力发电机变流器（以下简称变流器）的术语和定义、技术要求、试验方法、检验规则及其产品的相关信息等。本标准适用于安装在海上风场连接双馈风力发电机转子绕组的电压源型变流器。

海上永磁风力发电机变流器

标准编号： NB/T 31042-2012 **实施日期：** 2013-03-01

发布部门： 国家能源局

标准简介：

本标准规定了海上永磁风力发电机变流器（以下简称变流器）的术语和定义、技术要求、试验方法、检验规则及其产品的相关信息等。本标准适用于安装在海上风电场连接永磁风力发电机定子绕组的电压源型变流器。

永磁风力发电机-变流器组技术规范

标准编号： NB/T 31044-2012 **实施日期：** 2013-03-01

发布部门： 国家能源局

标准简介：

本标准规定了永磁风力发电机（以下简称发电机）-变流器组的相关术语及定义、技术要求、试验方法等。本标准适用于永磁风力发电机-变流器组（以下简称发变组）。对特殊要求，可由用户与制造商协商。

光伏发电并网逆变器技术规范

标准编号： NB/T 32004-2013 **实施日期：** 2013-08-01

发布部门： 国家能源局

标准简介：

本标准规定了光伏（PV）并网系统所使用逆变器的产品类型、技术要求及试验方法。本标准适用于连接到 PV 源电路电压不超过直流 1500V，交流输出电压不超过 1 000V 的并网逆变器。本标准按照 GB/T 1. 1-2009《标准化工作准则 第 1 部分：标准的结构和编写》给出的规则起草。本标准由国家能源局提出。本标准由中国电器工业协会归口。

电动汽车非车载传导式充电机技术条件

标准编号： NB/T 33001-2010 **实施日期：** 2010-10-01

发布部门： 国家能源局

标准简介：

本标准规定了电动汽车用非车载传导式充电机（以下简称充电机）的基本构成、功能要求、技术要求、试验方法、检验规则及标识。本标准适用于采用传导式充电方式的电动汽车用非车载充电机。

电动汽车交流充电桩技术条件

标准编号： NB/T 33002-2010 **实施日期：** 2010-10-01

发布部门：国家能源局
标准简介：

本标准规定了电动汽车交流充电桩（以下简称充电桩）基本构成、功能要求、技术要求、试验项目产品资料等方面的要求。本标准适用于采用传导式充电的充电桩选型、配置和检验。

电动汽车非车载充电机监控单元与电池管理系统通信协议
标准编号：NB/T 33003-2010 **实施日期：**2010-10-01
发布部门：国家能源局
标准简介：

本规范规定了电动汽车非车载充电机监控单元与电池管理系统（Battery Management System，简称 BMS）之间的通信协议。本规范适用于采用传导式充电方式的电动汽车用非车载充电机。

电动汽车充电站及电池更换站监控系统技术规范
标准编号：NB/T 33005-2013 **实施日期：**2014-04-01
发布部门：国家能源局
标准简介：

本规范规定了电动汽车充电站及电池更换站监控系统构成、功能要求及技术指标。本规范适用于电动汽车充电站及电池更换站监控系统（以下简称监控系统）。

电动汽车充电站/电池更换站监控系统与充换电设备通信协议
标准编号：NB/T 33007-2013 **实施日期：**2014-04-01
发布部门：国家能源局
标准简介：

本标准规定了电动汽车充电站/电池更换站内监控系统与充换电设备通信的接口和报文规范。本标准适用于电动汽车充电站和电池更换站监控系统。

电动汽车充电设备检验试验规范 第1部分：非车载充电机
标准编号：NB/T 33008.1-2013 **实施日期：**2014-04-01
发布部门：国家能源局
标准简介：

本标准规定了电动汽车非车载充电机（以下简称充电机）试验条件、检验仪器、检验规则、检验项目、试验方法。本标准适用于充电机型式试验、出厂检验、到货验收等。

电动汽车充电设备检验试验规范 第2部分：交流充电桩
标准编号：NB/T 33008.2-2013 **实施日期：**2014-04-01
发布部门：国家能源局
标准简介：

本标准规定了电动汽车交流充电桩（以下简称交流充电桩）试验条件、检验仪器、检验规则、检验项目、试验方法。本标准适用于交流充电桩型式试验、出厂检验、到货验收等。

电能质量现象分类
标准编号：NB/T 41004-2014 **实施日期：**2014-08-01
发布部门：国家能源局
标准简介：

本标准适用于标称频率为 50Hz 的电力系统。

电能质量控制设备通用技术要求
标准编号：NB/T 41005-2014 **实施日期：**2014-08-01
发布部门：国家能源局
标准简介：

本标准规定了电能质量控制设备的使用环境、功能特性、试验、包装和储运要求等。本标准适用于主要用于控制和改善电能质量的设备。

高压变频调速用干式变流变压器
标准编号：NB/T 42021-2013 **实施日期：**2014-04-01
发布部门：国家能源局
标准简介：

本标准适用于高压变频调速系统输入侧用的三相干式变流变压器，其网侧绕组的电压等级一般为 3～35kV，阀侧单个绕组的电压一般不超过 2.5kV。

高压变频调速用油浸式变流变压器
标准编号：NB/T 42022-2013 **实施日期：**2014-04-01
发布部门：国家能源局
标准简介：

本标准适用于高压变压频调速系统输入侧用的三相油浸式变流变压器其网侧绕组的电压等级一般为 3～35kV，阀侧单个绕组的电压一般不超过 2.5kV。

宽压输入稳压输出隔离型直流-直流模块电源
标准编号：NB/T 42039-2014 **实施日期：**2014-11-01
发布部门：国家能源局
标准简介：

本标准规定了宽压输入稳压输出隔离型直流-直流模块电源的术语和定义、规格、技术要求、试验方法、检验规则、标志、包装、运输与贮存等。本标准适用于宽压输入稳压输出隔离型直流-直流模块电源。

电源插座安装的夜灯
标准编号：QB 2908-2007 **实施日期：**2008-06-01
发布部门：中华人民共和国国家发展和改革委员会
标准简介：

本标准规定了使用电光源、电源电压不超过 250Vac50/60Hz 的电源插座安装的夜灯的要求。本标准应与 GB 7000.1 一起使用。

灯用附件 高频冷启动管形放电灯（霓虹灯）用电子换流器和变频器性能要求
标准编号：QB/T 2986-2008 **实施日期：**2008-12-01

发布部门：中华人民共和国国家发展和改革委员会
标准简介：

本标准规定了高频冷启动管形放电灯（霓虹灯）用电子换流器和变频器的性能要求。电源包括 50Hz/60Hz、1 000V以下的交流电源或者 1 000V 以下的直流电源。此类换流器和变频器是一种装有触发和稳定部件的转换器，这种转换器能在直流与电源频率不同的频率下使霓虹灯工作。与转换器匹配的霓虹灯是辉光放电灯管，本标准不包括弧光放电的低气压荧光灯用电子镇流器。

彩色双端荧光灯

标准编号：QB/T 4059-2010 **实施日期：**2010-10-01
发布部门：中华人民共和国工业和信息化部
标准简介：

本标准规定了低气压汞蒸气放电彩色荧光灯的要求、试验方法和检验规则。本标准适用于根据使用各类彩色荧光粉而设计的具有预热式阴极的灯、采用交流电源频率带启动器工作的及采用高频工作的预热阴极灯、采用高频（电源）工作的预热阴极灯。

ZR6 型碱性锌-羟基氧化镍电池

标准编号：QB/T 4080-2010 **实施日期：**2011-03-01
发布部门：中华人民共和国工业和信息化部
标准简介：

本标准规定了 ZR6 型碱性锌-羟基氧化镍的电池的定义、型号命名、技术要求、检验方法、检验规则、标志、包装、运输和贮存。本标准适用于供数码相机、便携式音视频产品、电子器具、仪器仪表等电器具作电源的 ZR6 型碱性锌-羟基氧化镍电池的生产、检测和验收。

风光互补供电的 LED 道路和街路照明装置

标准编号：QB/T 4146-2010 **实施日期：**2011-04-01
发布部门：工业和信息化部
标准简介：

本标准规定了采用风能和太阳能互补发电、蓄电池储能供电、以 LED 为光源的道路和街路照明装置的安全和性能要求。本标准适用于离网型、以风光互补供电的照明装置。

无线双工移动通信系统 中心台发射机电源通用规范

标准编号：SJ 20504-1995 **实施日期：**1995-12-01
发布部门：中华人民共和国电子工业部
标准简介：

本规范规定了无线双工移动通信系统中心台发射机电源（以下简称中心台发射机电源）的要求、质量保证规定、交货准备和说明事项。本规范适用无线双工移动通信系统中心台发射机电源。

军用电子设备电源模块灌封工艺规程

标准编号：SJ 20596-1996 **实施日期：**1997-01-01
标准简介：

本规程规了军用抗恶劣环境电子设备中，电源模块绝缘，导热灌封工艺的材料、工艺、设备、环境要求等内容。本规程适用于军用电子设备电源模块，也适用于电子设备中高发热部件、器件的绝缘导热灌封和整机绝缘导热灌封。

军用装备直流供电电源总规范

标准编号：SJ 20825-2002 **实施日期：**2003-03-01
标准简介：

本规范规定了军用装备直流供电电源总规范的技术要求、质量保证规定和交货准备等，对特殊电源的详细要求应在产品规范中规定。本规范适用于军用装备常用的直流供电电源，是该类电源产品研制、设计、生产和验收的主要技术依据，也是制定相关电源产品规定和其它技术文件应遵循的原则和基础。

镉镍密封碱性蓄电池充电器总规范

标准编号：SJ/T 10289-1991 **实施日期：**1992-01-01
发布部门：国家机械电子工业部
标准简介：

本标准规定了各种包装密封碱性蓄电池用充电器的一般技术要求、试验方法、检验规则和标志、包装、运输、贮存。本标准适用于交流电源供电的齐种锅镍密封碱性蓄电池用充电器。本标准不适用于作为一个部件安装在其它设备内的充电器。专为工业包装设计的充电器。

方形密封镉镍可充电单体蓄电池

标准编号：SJ/T 10621-1995 **实施日期：**1995-10-01
发布部门：中华人民共和国电子工业部
标准简介：

本标准规定了方形密封镉镍可充电单体蓄电池的试验和要求。

单相 R 型铁心电源变压器

标准编号：SJ/T 11245-2001 **实施日期：**2002-05-01
标准简介：

本标准规定了 R 型铁心电源变压器的技术要求、检验规则及标志、包装、运输贮存等要求。本标准适用于工作电压不高于 500V、电源频率为 1 000Hz 以下、重量不大于 12kg 的电子设备用干式 R 型铁心电源变压器。

直流稳定电源通用规范

标准编号：SJ/T 11432-2012 **实施日期：**2012-06-01
发布部门：中华人民共和国工业和信息化部
标准简介：

本标准适用于从交流或直流源取得电能，提供直流输出功率的稳定电源，规定了直流稳定电源的术语、性能要求、电磁兼容性要求以及除电磁兼容性以外的试验等。

电源用磁性氧化物磁心（EC 磁心）的尺寸

标准编号：SJ/T 2743-2013 **实施日期：**2013-12-01

发布部门：中华人民共和国工业和信息化部

标准简介：

本标准规定了磁性氧化物制成的适用于高磁通密度的优选系列 EC 型磁心在机械互换性方面的主要尺寸和用于该类磁心的线圈骨架的基本尺寸以及计算这类磁心所用的有效参数值。这个系列的磁心明确规定用于电源变压器。

刷镀电源完好要求和检查评定方法

标准编号：SJ/T 31056-1994 **实施日期**：1997-01-01

标准简介：

本标准规定了刷镀（涂镀）电源的完好要求和检查、评定方法。本标准适用于 TD 类刷镀（涂镀）电源，其它类型的刷镀电源亦可参照本标准执行。

铁氧体磁心的尺寸 第 13 部分：电源用 PQ 型磁心

标准编号：SJ/T 3172. 13-2013 **实施日期**：2013-12-01

发布部门：中华人民共和国工业和信息化部

标准简介：

本标准规定了用铁氧体制成的 PQ 磁心及低矮型 PQI 磁心在机械互换性方面的主要尺寸，以及在间距为 2. 54 mm 印制电路板网格上与磁心底部轮廓有关的线圈骨架末端插针位置。

进出口电力变压器、电源、电抗器和类似产品检验规程 通用要求

标准编号：SN/T 0811-2012 **实施日期**：2013-05-01

发布部门：国家质量监督检验检疫总局

标准简介：

本标准规定了进出口电力变压器、电源、电抗器和类似产。本标准包括了下列类型的干式变压器、电源（包括开关型电源）和电抗器，其绕组可以是包封式或非包封式。

进出口电力系统直流电源设备检验规程

标准编号：SN/T 1412-2004 **实施日期**：2004-12-01

发布部门：中华人民共和国国家质量监督检验检疫总局

标准简介：

本标准规定了进出口电力系统直流电源设备的抽样、检验及检验结果的判定。本标准适用于电力系统中直流电源设备。该设备用于电力系统发电厂、变电站等电气设备、安全自动监控装置和通信电路中的直流电源系统，是作为控制、信号、通信、保护及直流事故照明、动力装置等的直流电源设备。本标准也适用于其它行业，如冶金、化工、铁路等系统中厂内变电站等的直流电源设备。

进出口照明器具检验规程 第 1 部分：LED 光源

标准编号：SN/T 3325. 1-2012 **实施日期**：2013-07-01

发布部门：中华人民共和国国家质量监督检验检疫总局

标准简介：

SN/T 3325 的本部分规定了进出口 LED 光源的抽样、检验及结果判定。本部分适用于普通照明用 LED 光源的进出口检验。LED 光源包括以下产品：①单一的 LED 灯泡。②封装于 PCB 板的 LED 阵列。③除了以一个或多个 LED 作为光源发光外还包括光学、机械、电子。

进出口照明器具检验规程 第 2 部分：普通照明用 LED 模块

标准编号：SN/T 3325. 2-2013 **实施日期**：2014-03-01

发布部门：中华人民共和国国家质量监督检验检疫总局

标准简介：

SN/T 3325 的本部分规定了进出口普通照明用 LED 模块的要求、抽样、检验及判定。本部分适用于在恒定电压、恒定电流或恒定功率下工作的不带整体式控制装置的 LED 模块，以及采用 250V 以下直流或 1 000V 以下 50Hz 或 60Hz 交流电源的自镇流 LED 模块。

进出口照明器具检验规程 第 3 部分：自镇流 LED 灯

标准编号：SN/T 3325. 3-2013 **实施日期**：2014-06-01

发布部门：中华人民共和国国家质量监督检验检疫总局

标准简介：

SN/T3325 的本部分规定了进出口自镇流 LED 灯的抽样、检验及判定。本部分适用于如下范围的普通照明用自镇流 LED 灯：①额定功率 60W 以下。② 额定电压大于 50V 且小于或等于 250V。③灯头规格为 B15d、B22d、E11、E12、E14、E17、E26、E27、GU10、GZ10、GX53。

进出口照明器具检验技术要求 第 5 部分：LED 灯的能效

标准编号：SN/T 3326. 5-2013 **实施日期**：2014-06-01

发布部门：中华人民共和国国家质量监督检验检疫总局

标准简介：

SN/T 3326 的本部分规定了进出口 LED 灯的能效要求、检验方法及结果判定。本部分适用于家庭和类似场所作为普通照明用的 LED 灯。在中国，适用范围如下：额定电压 AC/DC 250V 及以下；额定功率 60W 以下。

电气化铁道用中倍率镉镍蓄电池直流电源装置

标准编号：TB/T 2892-1998 **实施日期**：1998-09-01

发布部门：中华人民共和国铁道部

标准简介：

本标准规定了电气化铁道用中倍率镉镍蓄电磁直流电源装置的使用环境条件，技术要求、结构、试验方法及检验规则及铭牌标字、包装、运输、贮存的要求。本标准适用于电气化铁道的牵引变电所、开闭所、电力系统 110kV 以下的变电站、工矿企业配电装置和其它自动化铁道的牵引变电所、开闭所。电力系统 110kV 以下的变电站、工矿企业配电装置和其它自动化装置的户内式直流电源装置。

移动通信手持机锂电池及充电器的安全要求和试验方法

标准编号：YD 1268-2003 **实施日期**：2003-06-05

发布部门：中华人民共和国信息产业部

标准简介：

本标准规定了移动通信手持机锂电池的安全性能要求，

包括正常使用及可能发生误操作时的安全性要求和试验方法。本标准适用于移动通信手持机锂电池（以下简称电池）和锂电池芯（以下简称电池芯）。本部分规定了移动通信手持机锂电池充电器的安全特性的技术要求，并规定了相应的试验方法。本部分适用于移动通信手持机锂电池充电器（以下简称充电器）。

地方标准

电动自行车用锂离子蓄电池组和充电器通用技术条件
标准编号：DB12/T 246-2012 **实施日期：**2013-02-15
发布部门：天津市质量技术监督局
标准简介：
本标准规定了电动自行车用锂离子电池组及充电器的术语、命名、要求、试验方法、检验规则及标志、包装、运输、贮存。本标准适用于电动自行车用锂离子电池组（以下简称电池组）及其所用充电器。

LED 密排管测试方法
标准编号：DB12/T 413-2009 **实施日期：**2009-12-01
发布部门：天津市质量技术监督局
标准简介：
天津市地方标准，本标准适用于额定电压 250V 以下的、户内和户外广告牌匾及建筑物装饰等类似场所使用的照明装饰 LED 密排管。

蓄电池智能快速充电机
标准编号：DB13/T 1464-2011 **实施日期：**2011-11-30
发布部门：河北省质量技术监督局
标准简介：
暂缺。

LED 系列户外灯具
标准编号：DB21/T 2135-2013 **实施日期：**2013-07-25
发布部门：辽宁省质量技术监督局
标准简介：
暂缺。

普通照明用 LED 系列室内灯具
标准编号：DB21/T 2136-2014 **实施日期：**2014-05-07
发布部门：辽宁省质量技术监督局
标准简介：
暂缺。

LED 道路照明产品寒地安装与验收要求
标准编号：DB23/T 1442-2011 **实施日期：**2011-04-03
发布部门：黑龙江省质量技术监督局
标准简介：
暂缺。

高速公路隧道 LED 照明灯具
标准编号：DB34/T 1543-2011 **实施日期：**2011-12-15
发布部门：安徽省质量技术监督局
标准简介：
本标准规定了 LED 隧道灯的术语和定义、分类、技术要求、试验方法、检验规则、标志、包装、运输和贮存。本标准用于 50Hz/220V 交流电源供电，或 24～110V 范围的直流供电 LED 隧道灯。LED 光源在外置式电源转换器驱动下稳定工作，应用于隧道内功能照明的 LED 隧道灯。

额定电压 6kV 到 35kV 变频器用电力电缆
标准编号：DB34/T 1903-2013 **实施日期：**2013-07-27
发布部门：安徽省质量技术监督局
标准简介：
本标准规定了额定电压 6～35kV 变频器用电力电缆的型号和产品表示方法、技术要求、成品电缆、试验方法和检验规则、交货长度和包装、运输和贮存。本标准适用于额定电压 3.6/6kV 到 26/35kV 变频器用电力电缆（以下简称变频电缆）。

分散式电动汽车充电桩（群）工程验收规范
标准编号：DB34/T 2191-2014 **实施日期：**2014-12-25
发布部门：安徽省质量技术监督局
标准简介：
暂缺。

手摇自发电且可充电便携式灯具
标准编号：DB35/T 1000-2010 **实施日期：**2010-06-10
发布部门：福建省质量技术监督局
标准简介：
本标准规定了手摇自发电且可充电便携式灯具的型号和代号、技术要求、试验方法、检验规则及标志、包装、运输、贮存等。本标准适用于采用 LED 光源，并配置可充电电池及适配器的手摇自发电且可充电便携式灯具。

大功率 LED 路灯
标准编号：DB35/T 1296-2012 **实施日期：**2013-02-01
发布部门：福建省质量技术监督局
标准简介：
本标准规定了大功率 LED 路灯（以下简称灯具）的术语和定义、技术要求、试验方法、检验规则、标志、包装、使用说明、存储和运输。本标准适用于以 LED 为光源，功率大于 75W 的用于快速路、主干道和次干道等道路照明的大功率道路照明灯具。此类灯具的特点是必须进行光学配光和热管理。

LED 室内照明产品总要求
标准编号：DB35/T 1303-2012 **实施日期：**2013-03-01
发布部门：福建省质量技术监督局
标准简介：
本标准规定了室内照明用 LED 灯和 LED 灯具的术语和定义、产品分类、技术要求、试验方法、验收规则、包装、储存和运输。本标准适用于以 LED 为光源的工作电压不超过 AC 250V 的室内照明用的 LED 灯和 LED 灯具（以下简称产品）。

LED 道路照明驱动电源

标准编号：DB35/T 1305-2012 **实施日期：**2013-03-01

发布部门：福建省质量技术监督局

标准简介：

本标准规定了 LED 道路照明驱动电源的术语和定义、技术要求、试验方法、检验规则、标志、包装、使用说明、存储和运输。本标准适用于 LED 道路照明灯具的驱动电源。隧道、庭院、停车场等公共场所的 LED 照明灯具用驱动电源（功率 20W 及以上）也可参照执行。

LED 手电筒

标准编号：DB35/T 1306-2012 **实施日期：**2013-03-01

发布部门：福建省质量技术监督局

标准简介：

本标准规定了 LED（发光二极管）手电筒（以下简称手电筒）的术语与定义、技术要求、试验方法、检验规则、标志、包装、存储和运输。本标准适用于以一个或多个 LED 为光源的金属或非金属外壳的手电筒。本标准不适用于充电、防爆等特殊用途手电筒。

公路隧道照明用 LED 灯具

标准编号：DB35/T 1307-2012 **实施日期：**2013-03-01

发布部门：福建省质量技术监督局

标准简介：

本标准规定了高速公路隧道照明用的 LED 灯具（以下简称 LED 隧道灯）的工作环境、技术要求、试验方法、检验规则、标志、包装和贮运。本标准适用于工作电源电压不超过 1 000V、频率为 50Hz 或 60Hz 交流电源的公路隧道照明用 LED 灯具。用于其它隧道场所照明的 LED 灯具也可参照使用。

室内照明用白光 LED 球泡灯

标准编号：DB35/T 1402-2013 **实施日期：**2014-03-10

发布部门：福建省质量技术监督局

标准简介：

本标准规定了室内普通照明用白光 LED 球泡灯（以下简称 LED 球泡灯）的术语和定义、分类与型号命名方法、技术要求、试验方法、产品检验规则及标志、包装、运输与贮存。本标准适用于螺口式灯头，由交流频率 50Hz，电压 220V 电源供电，额定功率 60W 以下的，用于室内普通照明的白光 LED 球泡灯。其它类型的 LED 球泡灯可以参照使用。

照明用多芯片集成封装 LED 筒灯

标准编号：DB35/T 1403-2013 **实施日期：**2014-03-10

发布部门：福建省质量技术监督局

标准简介：

本标准规定了照明用多芯片集成封装 LED 筒灯（以下简称 LED 筒灯）的术语和定义、分类与型号、技术要求、试验方法、检验规则及标志、包装、运输、贮存和安装使用说明。本标准适用于额定电源电压 250V 以下，频率为 50Hz，由采用多芯片集成封装 LED 光源模块、控制装置、连接器、灯体等组成的照明用 LED 筒灯，或自带驱动装置 LED 筒灯，或驱动装置分离式 LED 筒灯。

室内照明用 LED 平板灯具技术规范

标准编号：DB35/T 1416-2014 **实施日期：**2014-06-05

发布部门：福建省质量技术监督局

标准简介：

暂缺。

LED（发光二极管）路灯

标准编号：DB36/T 579-2010 **实施日期：**2010-10-01

发布部门：江西省质量技术监督局

标准简介：

暂缺。

室内照明 LED 球泡灯

标准编号：DB36/T 580-2010 **实施日期：**2010-11-01

发布部门：江西省质量技术监督局

标准简介：

暂缺。

室内照明 LED 管形灯

标准编号：DB36/T 581-2010 **实施日期：**2010-11-01

发布部门：江西省质量技术监督局

标准简介：

暂缺。

太阳能 LED 路灯

标准编号：DB36/T 653-2012 **实施日期：**2012-06-01

发布部门：江西省质量技术监督局

标准简介：

暂缺。

室内照明 LED 面板灯

标准编号：DB36/T 654-2012 **实施日期：**2012-06-01

发布部门：江西省质量技术监督局

标准简介：

暂缺。

室内照明 LED 筒灯

标准编号：DB36/T 740-2013 **实施日期：**2014-02-01

发布部门：江西省质量技术监督局

标准简介：

暂缺。

反射型自镇流 LED 灯

标准编号：DB36/T 741-2013 **实施日期：**2014-02-01

发布部门：江西省质量技术监督局

标准简介：

暂缺。

太阳能 LED 灯具通用技术条件

标准编号： DB37/T 1181-2009　**实施日期：** 2009-03-01

发布部门： 山东省质量技术监督局

标准简介：

暂缺。

额定电压 8.7/15kV 及以下变频器用电力电缆通用技术要求

标准编号： DB37/T 2728-2015　**实施日期：** 2016-01-14

发布部门： 山东省质量技术监督局

标准简介：

暂缺。

变频变压电源通用技术条件

标准编号： DB37/T 727-2007　**实施日期：** 2007-12-01

标准简介：

暂缺。

微显示投影用 LED 光源

标准编号： DB41/T 848-2013　**实施日期：** 2014-02-25

发布部门： 河南省质量技术监督局

标准简介：

暂缺。

LED 道路照明灯具

标准编号： DB42/T 566-2009　**实施日期：** 2009-10-24

发布部门： 湖北省质量技术监督局

标准简介：

暂缺。

电机变频调速装置节电量证价方法

标准编号： DB43/T 461-2009　**实施日期：** 2009-08-01

发布部门： 湖南省质量技术监督局

标准简介：

暂缺。

LED 路灯

标准编号： DB43/T 672-2014　**实施日期：** 2014-12-01

发布部门： 湖南省质量技术监督局

标准简介：

本标准规定了 LED 路灯的相关术语、分类与命名要求、技术要求、试验方法、检验规则以及标志、使用说明书、包装、运输和贮存的要求等。本标准适用于使用电源电压不超过 1 000V 的以 LED（发光二极管）为光源，总功率不超过 400W 的道路、街路、隧道照明用灯具的设计、生产及使用。

LED 筒灯

标准编号： DB43/T 680-2012　**实施日期：** 2012-06-08

发布部门： 湖南省质量技术监督局

标准简介：

暂缺。

LED 日光灯

标准编号： DB43/T 681-2012　**实施日期：** 2012-06-08

发布部门： 湖南省质量技术监督局

标准简介：

暂缺。

双端自镇流 LED 管型灯

标准编号： DB44/T 1042-2012　**实施日期：** 2012-10-15

发布部门： 广东省质量技术监督局

标准简介：

本标准规定了双端自镇流 LED 管形灯的术语和定义、分类与命名、技术要求、试验方法、检验规则、标志、包装、运输和贮存。本标准适用于额定电压 250V 以下，室内照明领域用双端自镇流 LED 管形灯（以下简称灯）。本标准不适用于可以控制调光的灯。

LED 投光灯

标准编号： DB44/T 1161-2013　**实施日期：** 2014-11-24

发布部门： 广东省质量技术监督局

标准简介：

本标准规定了 LED 投光灯的术语和定义、结构、分类与命名、技术要求、试验方法、检验规则、标志、包装、合格证、使用说明书、运输和贮存。本标准适用于 250V 以下直流电源或 1 000V 以下交流供电以 LED 为光源的用于投光照明（泛光照明）的投光设备，将光线投射到整个面或场所，使得受照面的照度远大于其周围环境照度的建筑装饰照明、广告牌照明、绿化景观照明、商业空间等室内外照明装饰领域（不包含水底照明）用 LED 投光灯。可调控型 LED 投光灯可参照本标准。

LED 路灯、隧道灯用驱动电源 电气性能要求

标准编号： DB44/T 1217-2013　**实施日期：** 2014-03-06

发布部门： 广东省质量技术监督局

标准简介：

本标准适用于线路总功率不大于 400W 的 LED 路灯、隧道灯用恒压和恒流驱动电源。

道路照明用 LED 电源/控制装置性能要求

标准编号： DB44/T 1329-2014　**实施日期：** 2014-07-18

发布部门： 广东省质量技术监督局

标准简介：

暂缺。

普通照明用 LED 控制装置性能要求

标准编号： DB44/T 1330-2014　**实施日期：** 2014-07-18

发布部门： 广东省质量技术监督局

标准简介：

暂缺。

LED 射灯
标准编号：DB44/T 1331-2014 **实施日期：**2014-07-18
发布部门：广东省质量技术监督局
标准简介：
暂缺。

LED 平板灯
标准编号：DB44/T 1332-2014 **实施日期：**2014-07-18
发布部门：广东省质量技术监督局
标准简介：
暂缺。

充电式 LED 手电筒
标准编号：DB44/T 1334-2014 **实施日期：**2014-07-18
发布部门：广东省质量技术监督局
标准简介：
暂缺。

LED 医用 X 线胶片观察灯
标准编号：DB44/T 1335-2014 **实施日期：**2014-07-18
发布部门：广东省质量技术监督局
标准简介：
暂缺。

电梯照明用 LED 照明设计标准
标准编号：DB44/T 1336-2014 **实施日期：**2014-07-18
发布部门：广东省质量技术监督局
标准简介：
暂缺。

汽车库 LED 照明设计标准
标准编号：DB44/T 1337-2014 **实施日期：**2014-07-18
发布部门：广东省质量技术监督局
标准简介：
暂缺。

汽车隧道 LED 照明设计标准
标准编号：DB44/T 1338-2014 **实施日期：**2014-07-18
发布部门：广东省质量技术监督局
标准简介：
暂缺。

可移式 LED 灯具
标准编号：DB44/T 1339-2014 **实施日期：**2014-07-18
发布部门：广东省质量技术监督局
标准简介：
暂缺。

集中供电式道路照明用 LED 模块的电气接口规范
标准编号：DB44/T 1395-2014 **实施日期：**2014-11-14
发布部门：广东省质量技术监督局
标准简介：
暂缺。

LED 路灯
标准编号：DB44/T 609-2009 **实施日期：**2009-07-01
发布部门：广东省质量技术监督局
标准简介：
暂缺。

转子侧变频调速节能装置通用技术规范
标准编号：DB44/T 747-2010 **实施日期：**2010-07-14
发布部门：广东省质量技术监督局
标准简介：
本标准规定了转子侧变频调速节能装置通用技术规范的技术要求、试验方法、检验规则、标志、包装、运输等。本标准适用于研制和使用的交流电动机变频调速节能系统中的转子侧变频调速装置。

LED 灯泡通用接口
标准编号：DB52/T 791-2013 **实施日期：**2013-02-05
发布部门：贵州省质量技术监督局
标准简介：
暂缺。

高原型高压变频装置
标准编号：DB53/T 495-2013 **实施日期：**2013-10-01
发布部门：云南省质量技术监督局
标准简介：
本标准规定了高原型高压变频装置（以下简称装置）的型号、技术要求、试验方法、检验规则及标志、包装、运输和贮存。本标准适用于额定输入电压范围为交流 3～10kV，输出电压范围为交流 0～1.1 倍额定输入电压，额定输入频率为 50Hz，输出频率为 5～60Hz，使用海拔为 2 000m及以下地区的变频装置，主要用于风机、水泵类变压力变流量负载或类似交流负载。

公路隧道照明用 LED 灯具通用技术条件
标准编号：DB61/T 549-2012 **实施日期：**2012-05-10
发布部门：陕西省质量技术监督局
标准简介：
本标准适用于公路隧道照明用 LED 灯具（以下简称 LED 隧道灯）的设计、生产、施工及验收。

LED 隔爆型防爆灯
标准编号：DB65/T 3371-2012 **实施日期：**2012-02-20
发布部门：新疆维吾尔自治区质量技术监督局
标准简介：
暂缺。

光伏并网逆变器技术规范

标准编号： DB65/T 3463-2013 **实施日期：** 2013-02-01

发布部门： 新疆维吾尔自治区质量技术监督局

标准简介：

暂缺。

通信、广播

国家标准

卫星通信地球站无线电设备测量方法 第二部分：分系统测量 第四节：上变频器和下变频器

标准编号： GB/T 11299.8-1989 **实施日期：** 1990-01-01

发布部门： 中华人民共和国电子工业部

标准简介：

本标准规定了卫星通信地球站发射机和接收机内上、下变频器电性能的测量适用于本系列标准 GB11299.1《卫星通信地球站无线电设备测量方法》“总则”图 1 所示的分系统。

电视和声音信号的电缆分配系统设备与部件 第 9 部分：电源设备通用规范

标准编号： GB/T 11318.9-1996 **实施日期：** 1997-05-01

发布部门： 国家广播电影电视总局

标准简介：

本标准规定了 5～1750MHz 电视和声音信号的电缆分配系统中电源设备（以下简称部件）的产品分类、要求、试验方法、检验规则以及标志、包装、运输和贮存等。本标准适用于 5～1 750MHz 电视和声音信号的电缆分配系统中的电源设备。

移动通信电源技术要求和试验方法

标准编号： GB/T 13722-2013 **实施日期：** 2014-08-15

发布部门： 中华人民共和国国家质量监督检验检疫总局
中国国家标准化管理委员会

标准简介：

本标准规定了移动通信电源的技术要求和试验方法。本标准适用于供地面、内河或沿海作移动业务使用的，其额定输出电压为 48V 及以下的直流稳压电源。

Ku 频段卫星电视地球接收站通用规范

标准编号： GB/T 16954-1997 **实施日期：** 1998-05-01

发布部门： 国家技术监督局

标准简介：

本标准规定了 Ku 频段卫星电视地球接收站的要求、试验方法、检验规则、标志、包装、运输和贮存等。本标准适用于传输彩色电视制式 PAL-D 制的 Ku 频段卫星电视地球接收站。

视听设备和系统 标牌-电源标志

标准编号： GB/T 18122-2000 **实施日期：** 2000-10-01

发布部门： 中华人民共和国国家质量监督检验检疫总局

标准简介：

本标准适用于音频、视频、电视和视听工程领域的电子设备及系统，特别是对使用人员无需进行技术培训的设备。本标准仅适用于使用不超过单相 250V 交流电压或不超过 50V 的直流电压、通过插头和插座连接电源的设备。

移动通信手持机用锂离子电源充电器

标准编号： GB/T 21544-2008 **实施日期：** 2008-11-01

发布部门： 中华人民共和国国家质量监督检验检疫总局、
国家标准化管理委员会

标准简介：

本标准规定了移动通信手持用锂离子电源充电器的要求、试验方法、检验规则和标志、包装、储存、运输。本标准适用于移动通信手持机用锂离子电源的充电器。

接入网设备与远端模块电源系统的综合再利用

标准编号： GB/T 26260-2010 **实施日期：** 2011-06-01

发布部门： 中华人民共和国国家质量监督检验检疫总局
中国国家标准化管理委员会

标准简介：

本标准规定了接入网设备与远端模块电源系统进行综合再利用的技术要求、试验方法及判定与原则。本标准适用于接入网设备与远端模块等配套电源系统的综合再利用。

通信用风能电源系统

标准编号： GB/T 26263-2010 **实施日期：** 2011-06-01

发布部门： 中华人民共和国国家质量监督检验检疫总局
中国国家标准化管理委员会

标准简介：

本标准规定了通信用风能电源系统的定义、组成、要求、试验方法、检验规则和包装储运。本标准适用于向通信设备供电的风能发电系统或混合发电系统，不适用于向电网送电的风能发电系统和柴油发电机组等发电装置。

通信用太阳能电源系统

标准编号： GB/T 26264-2010 **实施日期：** 2011-06-01

发布部门： 中华人民共和国国家质量监督检验检疫总局
中国国家标准化管理委员会

标准简介：

本标准规定了通信用太阳能电源系统的定义、组成、要求、试验方法、检验规则和包装储运。本标准适用于向通信设备供电的离网型光伏发电系统或混合发电系统，不适用于向电网送电的光伏发电系统和柴油发电机组等发电装置。

行业标准

有线电视系统接收机变换器入网技术条件和测量方法

标准编号： GY/T 125-1995 **实施日期：** 1996-01-01

发布部门： 广播电影电视部

标准简介：

本标准规定了有线电视接收机变换器（以下简称变换器）的性能参数要求和测量方法，对于能确保同样测量准确度的任何等效测量方法也可以应用。有争议时，应以本标准为准。本标准适用于入网的有线电视接收机变换器电性能参数的检测，并作为入网评价的技术依据。

多路微波分配系统（MMDS）下变频器技术要求和测量方法

标准编号： GY/T 173-2001 **实施日期：** 2001-10-01

发布部门： 国家广播电影电视总局

标准简介：

本标准规定了采用多路微波分配方式、工作在 2 500～2 700MHz 频率范围内的广播电视系统用 MMDS 下变频器的技术要求和测量方法。对于能够确保同样测量不确定度的任何等效测量方法也可以采用。有争议时，应以本标准为准。

卫星直播系统一体化下变频器技术要求和测量方法

标准编号： GY/T 232-2011 **实施日期：** 2011-10-11

发布部门： 国家广播电影电视总局

标准简介：

本标准规定了卫星直播系统一体化下变频器的技术要求和测量方法。对于能够确保同样测量不确定度的任何等效测量方法也可采用。有争议时，应以本标准为准。本标准适用于广播电视卫星直播系统一体化下变频器的研发、生产、使用和运行维护。

低压电源线和信号线上短持续时间瞬变信号的测量方法 导则

标准编号： SJ/Z 9032-1987 **实施日期：** 1987-10-19

标准简介：

本文件意在给出低压电源线和信号线上短持续时间瞬变信号测量方法的指导性规范。

移动通信手持机锂电池充电器的安全要求和试验方法

标准编号： YD 1268. 2-2003 **实施日期：** 2003-06-05

发布部门： 中华人民共和国信息产业部

标准简介：

本部分规定了移动通信手持机锂电池充电器的安全特性的技术要求，并规定了相应的试验方法。本部分适用于移动通信手持机锂电池充电器（以下简称充电器）。

通信用电源设备抗地震性能检测规范

标准编号： YD 5096-2005 **实施日期：** 2006-10-01

标准简介：

本规范规定了通信用高频开关电源设备、通信用阀控式密封铅酸蓄电池设备、通信用不间断电源设备抗地震性能检测的技术性能检测项目、指标要求、检测方法和评估方法。本规范适用于进入抗震设防烈度为 7～9 度地区的通信用高频开关电源设备、通信用阀控式密封铅酸蓄电池设备、通信用不间断电源设备（UPS）的抗地震通信技术性能的考核和评定，其它类型开关电源设备、蓄电池设备及不间断电源设备可参照本规范执行。

通信局（站）电源系统总技术要求

标准编号： YD/T 1051-2010 **实施日期：** 2011-01-01

发布部门： 工业和信息化部

标准简介：

本标准规定了通信局（站）电源系统的结构形式、交流供电系统、直流供电系统、防雷接地、主要电源设备技术性能要求和电源系统的监控、环境条件等要求。

通信用太阳能供电组合电源

标准编号： YD/T 1073-2000 **实施日期：** 2000-09-01

发布部门： 中华人民共和国信息产业部

标准简介：

本标准规定了通信用太阳能供电组合电源（以下简称组合电源）的要求、试验方法、检验规则和标志、包装、运输、贮存。本标准适用于以太阳能光伏电池做主供电源，由交流配电单、直流配电单、整流器、监控器和太阳能光伏电池电压稳定装置等构成的向通信设备供电的组合电源设备。本标准不包含对太阳能光伏电池的要求。

通信用交流稳压器

标准编号： YD/T 1074-2000 **实施日期：** 2000-09-01

发布部门： 中华人民共和国信息产业部

标准简介：

本标准规定了通信用交流稳压器（以下简称稳压器）的要求、试验方法、检验规则和标志、包装、运输、贮存。本标准适用于由补偿变压器和接触调压器以及低压电器和电子器件组成的向通信设备供电的干式交流稳压器。

通信用不间断电源（UPS）

标准编号： YD/T 1095-2008 **实施日期：** 2008-11-01

发布部门： 工业和信息化部

标准简介：

本标准规定了通信用在线式、互动式与后备式静止型不间断电源（UPS）的技术要求、试验方法、检验规则和标志、包装、运输、贮存。本标准适用通信用在线式、互动式与后备式输出电压为正弦波的静止型不间断电源。

通信用开关电源系统监控技术要求和试验方法

标准编号： YD/T 1104-2001 **实施日期：** 2001-03-21

发布部门： 中华人民共和国信息产业部

标准简介：

本标准规定了通信用开关电源系统监控模块的监控内容、技术要求、通信协议、试验方法等。本标准适用于各类通信局（站）单独设置的通信用开关电源系统监控模块及以此为基础构成的不同规模的监控系统网络。微波、光缆、移动通信等通信局（站）中纳入通信设备监控系统的通信智能电源监控可参照本标准有关部分执行。

通信电源用阻燃耐火软电缆

标准编号： YD/T 1173-2010 **实施日期：** 2011-01-01

发布部门： 工业和信息化部

标准简介：

本标准规定了通信电源用阻燃耐火软电缆的分类与命名、要求、试验方法、检验规则、标志、包装、运输及贮存。

接入网电源技术要求

标准编号： YD/T 1184-2002 **实施日期：** 2002-02-01

发布部门： 中华人民共和国信息产业部

标准简介：

本标准规定了接入网电源的技术要求。本标准适用于接入网用户端网络单及以下的交换和业务终端设备的电源设备和系统。

无触点补偿式交流稳压器

标准编号： YD/T 1270-2003 **实施日期：** 2003-06-05

发布部门： 中华人民共和国信息产业部

标准简介：

本标准规定了无触点补偿式交流稳压器的技术要求、试验方法、检验规则和标志、包装、运输、贮存。本标准适用于采用低压电器及电子器件组成的无触点补偿式交流稳压器。

无触点感应式交流稳压器

标准编号： YD/T 1325-2004 **实施日期：** 2005-03-01

发布部门： 中华人民共和国信息产业部

标准简介：

本标准规定了无触点感应式交流稳压器（以下简称稳压器）的定义、分类与命名、技术要求、试验方法、检验规则、标志、包装、运输和贮存。本标准适用于交流电压为500V以下稳压器。

通信局（站）电源、空调及环境集中监控管理系统第1部分：系统技术要求

标准编号： YD/T 1363.1-2014 **实施日期：** 2014-10-14

发布部门： 中华人民共和国工业和信息化部

标准简介：

本部分规定了通信局（站）电源、空调及环境集中监控管理系统的系统组成、监控内容、系统管理、硬件配置、软件功能、系统维护等要求。本部分技术要求适用于通信局（站）单独设置的通信电源、空调及环境集中监控管理系统以及在此基础上构成的不同规模的监控系统网络。采用通信网元提供的干接点传输进行监控系统组网时，除传输组网方式外，其它功能应遵循本部分规定。

通信局（站）电源、空调及环境集中监控管理系统 第2部分：互联协议

标准编号： YD/T 1363.2-2014 **实施日期：** 2014-10-14

发布部门： 中华人民共和国工业和信息化部

标准简介：

本部分规定了通信局（站）电源、空调及环境集中监控管理系统（以下简称监控系统）的互联通信协议接口。本部分适用于通信局（站）电源、空调及环境集中监控管理系统不同厂家监控中心之间的互联接口协议。

通信局（站）电源、空调及环境集中监控管理系统 第3部分：前端智能设备协议

标准编号： YD/T 1363.3-2014 **实施日期：** 2014-10-14

发布部门： 中华人民共和国工业和信息化部

标准简介：

本部分规定了通信局（站）内为实现集中监控而使用的电源、空调等设备在设计、制造中应遵循的通信协议，同时规定了通信局（站）电源、空调及环境集中监控管理系统中监控模块和监控单元之间的通信协议。本部分适用于各类通信局（站）电源、空调及环境集中监控系统和在此基础上构成的不同规模的监控系统。

通信局（站）电源、空调及环境集中监控管理系统 第4部分：测试方法

标准编号： YD/T 1363.4-2014 **实施日期：** 2014-10-14

发布部门： 中华人民共和国工业和信息化部

标准简介：

本部分规定了通信局（站）电源、空调及环境集中监控管理系统的测试方法。本部分适用于各类通信局（站）单独设置的通信电源、空调及环境集中监控管理系统以及在此基础上构成的不同规模监控系统的测试。

通信局（站）电源、空调及环境集中监控管理系统 第5部分：门禁集中监控系统

标准编号： YD/T 1363.5-2014 **实施日期：** 2014-10-14

发布部门： 中华人民共和国工业和信息化部

标准简介：

本部分规定了通信局（站）电源、空调及环境集中监控管理系统中门禁集中监控系统的系统组成、监控内容、系统管理、硬件配置、软件功能和系统维护等要求。本部分适用于通信局（站）单独设置的门禁集中监控系统及以此为基础构成的不同规模的门禁集中监控系统网络。

通信用直流一直流模块电源

标准编号： YD/T 1376-2005 **实施日期：** 2005-12-01

发布部门： 中华人民共和国信息产业部

标准简介：

本标准规定了通信用直流一直流模块电源（以下简称模块电源）的要求、试验方法、检验规则和包装贮存。本标准适用于非独立使用、板上安装的通信用直流一直流模块电源。

室外型通信电源系统

标准编号： YD/T 1436-2014 **实施日期：** 2014-10-14

发布部门： 中华人民共和国工业和信息化部

标准简介：

本标准规定了室外型通信电源系统的定义、分类、技术要求、防雷要求、环境适应性要求、试验方法、检验规则以及标志、包装、运输和贮存。本标准适用于放置在室外固定地点的，由高频开关电源、不间断电源（UPS）、蓄电池、配电装置、温度调节装置和机柜组成的通信电源系统。本标准不适用于室外型柴油发电机组、车船载移动电源系统及利用自然环境能量发电的电源系统。

移动通信终端电源适配器及充电/数据接口技术要求和测试方法

标准编号： YD/T 1591-2009 **实施日期：** 2010-01-01
发布部门： 工业和信息化部
标准简介：

本标准规定了移动通信终端充电/数据接口、交流电源适配器及线缆的技术要求和测试方法，包括所涉及的物理特性、电气特性、安全特性、电磁兼容性、环境适应性和识别标识等。本标准适用于采用有线供电方式的终端、交流电源适配器及其连接线缆；不适用于需要特殊供电和应用的移动终端，如仅用于企业、行业的特殊移动设备等。其它便携式或家用小型电子设备的供电或充电也可以参照使用。

通信设备用直流远供电源系统

标准编号： YD/T 1817-2008 **实施日期：** 2008-11-01
发布部门： 工业和信息化部
标准简介：

本标准规定了通信设备用直流远供电源系统的定义、分类、要求、测试方法，及设备的标志、包装、运输和存储。本标准适用于通过通信线缆进行直流电能远距离传送和接收的供电系统。本标准不适用于 TNV 电路的远供系统。

数据通信用电源系统

标准编号： YD/T 1818-2008 **实施日期：** 2008-11-01
发布部门： 工业和信息化部
标准简介：

本标准规定了数据通信用电源系统的定义、分类、系统组成、技术及系统配置要求。本标准适用于数据通信机房电源系统及进入数据通信机房的各类数据通信设备的电源系统。

通信局（站）电源系统维护技术要求 第 1 部分：总则

标准编号： YD/T 1970.1-2009 **实施日期：** 2009-09-01
发布部门： 工业和信息化部
标准简介：

本部分规定了通信局（站）电源系统结构组成、维护原则、维护技术目标、主要设备的有效使用年限和能用检测方法。本部分适用于通信局（站）中的高、低压变配电系统、直流系统、交流不间断电源 UPS 系统、逆变系统、发电机组系统、接地系统、动力环境监控系统、光伏与风力发电系统、蓄电池等系统设备。

通信局（站）电源系统维护技术要求 第 2 部分：高低压变配电系统

标准编号： YD/T 1970.2-2010 **实施日期：** 2011-01-01
发布部门： 工业和信息化部
标准简介：

本部分规定了通信局（站）高低压变配电系统的使用条件、维护项目、周期、指标要求和检测方法。

通信局（站）电源系统维护技术要求 第 3 部分：直流系统

标准编号： YD/T 1970.3-2010 **实施日期：** 2011-01-01
发布部门： 工业和信息化部
标准简介：

本部分规定了通信局（站）直流系统的使用条件、维护项目、周期、指标要求和检测方法。

通信局（站）电源系统维护技术要求 第 4 部分：不间断电源（UPS）系统

标准编号： YD/T 1970.4-2009 **实施日期：** 2009-09-01
发布部门： 工业和信息化部
标准简介：

本部分规定了不间断电源-UPS 系统的使用条件、维护和现场验收项目、周期、指标要求及检测方法。本部分适用于通信局（站）中 UPS 系统。

通信局（站）电源系统维护技术要求 第 6 部分：发电机组系统

标准编号： YD/T 1970.6-2009 **实施日期：** 2009-09-01
发布部门： 工业和信息化部
标准简介：

本部分规定了通信局（站）发电机组系统的使用条件、维护项目、周期、指标要求和检测方法。本部分适用于通信局（站）发电机组系统中的发电机设备、机组控制屏、转换设备、配电设备、启动系统、通风排烟系统、燃油系统等设备。

通信局（站）电源系统维护技术要求 第 9 部分：光伏及风力发电系统

标准编号： YD/T 1970.9-2014 **实施日期：** 2014-10-14
发布部门： 中华人民共和国工业和信息化部
标准简介：

本部分规定了通信局（站）用光伏及风力发电系统的使用条件、维护项目及要求、维护周期、技术指标和检测方法。本部分适用于通信局（站）用光伏发电系统、风力发电系统及风/光互补发电系统的维护与管理。

通信局（站）电源系统维护技术要求 第 10 部分：阀控式密封铅酸蓄电池

标准编号： YD/T 1970.10-2009 **实施日期：** 2009-09-01

发布部门：工业和信息化部

标准简介：

本部分规定了通信局（站）用阀控式密封蓄电池使用条件、维护项目、周期、指标要求和检测方法。本部分规定了通信局（站）中直流系统、交流不间断电源 UPS 系统、逆变系统、发电机组系统、光伏与风力发电系统等供电系统所配置的铅酸蓄电池。

通信用应急电源（EPS）

标准编号：YD/T 2062-2009 **实施日期：**2010-01-01

发布部门：工业和信息化部

标准简介：

本标准规定了通信用应急电源（EPS）（以下简称 EPS 设备）的定义、分类、要求、试验方法、检验规则及标志、包装、运输、贮存。本标准适用于输出容量为 0.5～10kV·A，应用于微机站、直放站等场所的 EPS 设备。

通信设备用电源分配单元（PDU）

标准编号：YD/T 2063-2009 **实施日期：**2010-01-01

发布部门：工业和信息化部

标准简介：

本标准规定了通信设备机柜内部使用的交流电源分配单元的定义、分类和规格、要求、试验方法、检验规则及标志、包装、运输、贮存等。本标准适用于局站通信设备用电源分配单元（简称 PDU）。

通信用模块化不间断电源

标准编号：YD/T 2165-2010 **实施日期：**2011-01-01

发布部门：工业和信息化部

标准简介：

本标准规定了通信用模块化不间断电源的术语和定义、要求、试验方法、检验规则和标志、包装、运输、贮存等。

无线射频拉远单元（RRU）用线缆 第 2 部分：电源线

标准编号：YD/T 2289.2-2011 **实施日期：**2011-06-01

发布部门：中华人民共和国工业和信息化部

标准简介：

本部分规定了无线射频拉远单元（RRU）用电源线的分类与命名、要求、试验方法、检验规则、标志、包装、运输及贮存。本部分适用于交流额定电压为 600/1 000V 的通信局（站）无线射频拉远单元（RRU）用电源线。

移动通信终端车载直流电源适配器及接口技术要求和测试方法

标准编号：YD/T 2306-2011 **实施日期：**2011-06-01

发布部门：中华人民共和国工业和信息化部

标准简介：

本标准规定了移动通信终端车载直流电源适配器及接口的技术要求和测试方法，包括车载直流电源适配器及其接口的物理特性、电气特性、安全特性、电磁兼容性、环境适应性等。本标准适用于在供电系统为直流 12V 或 24V，具有点烟器接口的车辆环境内使用的为移动通信终端供电的电源适配器。

通信用铜包铝电源线

标准编号：YD/T 2320-2011 **实施日期：**2011-06-01

发布部门：中华人民共和国工业和信息化部

标准简介：

本标准规定了交流额定电压 600/1 000V 及以下通信用铜包铝电源线的分类与命名、要求、试验方法、检验规则、标志、包装、运输和贮存。本标准适用于通信局（站）、建筑物等电源输、配电系统中的通信用铜包铝电源线。

通信用变换稳压型太阳能电源控制器技术要求和试验方法

标准编号：YD/T 2321-2011 **实施日期：**2011-06-01

发布部门：中华人民共和国工业和信息化部

标准简介：

本标准规定了通信用变换稳压型太阳能电源控制器的定义、分类、要求、试验方法、检验规则、标志、包装、运输、贮存等。本标准适用于采用 DC/DC 变换稳压控制技术的太阳能电源控制器，不适用于并网太阳能电源控制器。

数据设备用交流电源分配列柜

标准编号：YD/T 2322-2011 **实施日期：**2011-06-01

发布部门：中华人民共和国工业和信息化部

标准简介：

本标准规定了数据设备用交流电源分配列柜的系统结构、电源配置、监控测量、防雷与接地等方面的性能要求和技术指标，以及定义、分类、命名、试验方法、检验规则和标志、包装、运输和贮存。本标准适用于数据设备用网络机柜配套使用的交流电源分配列柜，与其它设备配套使用的电源配电柜、交流电源列柜以及直流电源列柜也可参照执行。

通信电源用光伏电缆

标准编号：YD/T 2337-2011 **实施日期：**2012-02-01

发布部门：中华人民共和国工业和信息化部

标准简介：

本标准规定了太阳能通信电源用光伏电缆的要求、试验方法、检验规则、标志、包装、运输和贮存。本标准适用于连接太阳能通信电源光伏组件之间、电池阵列之间及阵列与光伏逆变器直流端之间直流额定电压为 1.8kV、交流额定电压 U_0/U 为 0.6/1kV 的电缆。

通信用电源线端子

标准编号：YD/T 2345-2011 **实施日期：**2012-02-01

发布部门：中华人民共和国工业和信息化部

标准简介：

本标准规定了额定电压 600/1 000V 及以下通信用电源线端子的分类与命名、要求、试验方法、检验规则、标志、包装、运输和贮存。本标准适用于额定电压 600/1 000V 及以下通信用电源线导体用过渡接线端子。

通信电源和机房环境节能技术指南 第1部分：总则
标准编号：YD/T 2435.1-2012 **实施日期：**2013-03-01
发布部门：中华人民共和国工业和信息化部
标准简介：

本标准规定了通信电源和机房环境节能总体要求。本标准适用于通信电源和机房环境的节能。

通信电源和机房环境节能技术指南 第3部分：电源设备能效分级
标准编号：YD/T 2435.3-2012 **实施日期：**2013-03-01
发布部门：中华人民共和国工业和信息化部
标准简介：

本标准规定了通信电源设备的能效分级和试验方法。本标准适用于通信电源设备。

通信电源和机房环境节能技术指南 第4部分：空调能效分级
标准编号：YD/T 2435.4-2012 **实施日期：**2013-03-01
发布部门：中华人民共和国工业和信息化部
标准简介：

本标准规定了通信用空调设备的能效分级原则、空调设备的能效比限值、能效等级指标、试验方法、检验规则、能效等级标志等。本标准适用于通信用空调设备。不适用于各类变频空调机。

卫星通信地球站设备 上下变频器技术要求
标准编号：YD/T 2474-2013 **实施日期：**2013-06-01
发布部门：中华人民共和国工业和信息化部
标准简介：

本标准规定了卫星通信地球站设备上下变频器的技术要求，包括环境条件、电气性能、机械结构、安全要求、电磁兼容等内容。本标准适用于工作在C波段、Ku波段及Ka波段的上下变频器。

卫星通信地球站设备 低噪声变频放大器技术要求
标准编号：YD/T 2475-2013 **实施日期：**2013-06-01
发布部门：工业和信息化部
标准简介：

本标准规定了卫星通信地球站设备低噪声变频放大器技术要求，包括环境条件、电气性能、机械结构、安全要求、电磁兼容等内容。本标准适用于工作在C波段、Ku波段及Ka波段的低噪声变频放大器（LNB）等同类产品。

卫星通信地球站设备 高功率变频放大器技术要求
标准编号：YD/T 2476-2013 **实施日期：**2013-06-01
发布部门：中华人民共和国工业和信息化部
标准简介：

本标准规定了卫星通信地球站设备高功率变频放大器技术要求，包括环境条件、电气性能、机械结构、安全要求、电磁兼容等内容。本标准适用于工作在C波段、Ku波段及Ka波段的高功率变频放大器。

无线电源设备电磁兼容性要求和测量方法
标准编号：YD/T 2654-2013 **实施日期：**2014-01-01
发布部门：中华人民共和国工业和信息化部
标准简介：

本标准规定了无线电源设备的电磁兼容性（EMC）要求，包括限值、性能判据和测量方法等。本标准适用于各种无线电源设备。

基于240V/336V直流供电的通信设备电源输入接口技术要求与试验方法
标准编号：YD/T 2656-2013 **实施日期：**2014-01-01
发布部门：中华人民共和国工业和信息化部
标准简介：

本标准规定了基于240V/336V直流供电的通信设备电源输入接口技术要求、试验方法与检验规则。本标准适用于基于240V/336V直流供电的通信设备电源输入接口。

通信电源用交联聚烯烃绝缘电缆
标准编号：YD/T 2761-2014 **实施日期：**2014-10-14
发布部门：中华人民共和国工业和信息化部
标准简介：

本标准规定了通信电源用交联聚烯烃绝缘电缆的产品标记、要求、试验方法、检验规则、包装、运输和贮存。本标准适用于通信枢纽、通信局站、数据中心及通信设备内部电源配电系统用、额定电压为600V/1 000V及以下的通信电源用无卤低烟交联聚烯烃绝缘电缆。

微波无人值守电源技术要求
标准编号：YD/T 501-2000 **实施日期：**2000-03-31
发布部门：中华人民共和国信息产业部
标准简介：

本标准规定了微波无人值守站电源系统及设备的技术要求。本标准适用于无人值守站电源系统设计、设备选型等。

通信电源设备安装工程设计规范
标准编号：YD/T 5040-2005 **实施日期：**2006-10-01
发布部门：中华人民共和国信息产业部
标准简介：

本规范适用于新建通信电源设备安装工程。扩建和改建工程可参照执行。

通信用逆变设备
标准编号：YD/T 777-2006 **实施日期：**2006-10-01
发布部门：中华人民共和国信息产业部
标准简介：

本标准规定了通信用直流—交流正弦波逆变设备（以下简称逆变设备）为适应通信设备的特殊要求所必须具备

的技术条件，试验方法和检验规则。本标准适用于向通信设备供电的正弦波逆变设备。

数字微波传输系统中所用设备的测量方法 第3部分：卫星通信地球站的测量 第5节：上/下变频器

标准编号： YD/T 828.35-1996 **实施日期：** 1996-03-12

发布部门： 中华人民共和国邮电部

标准简介：

本标准规定在数字调制情况下，卫星通信地球站发信机和收信机中所用的上变频器和下变频器电气特性的测量方法。

传输设备用电源分配列柜

标准编号： YD/T 939-2014 **实施日期：** 2014-10-14

发布部门： 中华人民共和国工业和信息化部

标准简介：

本标准规定了传输设备用电源分配列柜（以下简称配电列柜）和电源分配单元的术语和定义、分类与命名、要求、试验方法、检验规则、标志、包装、运输和贮存。本标准适用于传输设备配套使用的配电列柜和配电单元，与其它设备配套使用的配电列柜和配电单元也可参照使用。

通信电源设备的防雷技术要求和测试方法

标准编号： YD/T 944-2007 **实施日期：** 2007-12-01

发布部门： 中华人民共和国信息产业部

标准简介：

本标准规定了通信电源防雷的定义、分类、技术要求、试验方法及检验规则。本标准适用于通信局（站）用交流配电设备、油机控制系统、通信用交流不间断电源设备、通信半导体整体设备和通信用高频开关整流设备。

通信电源设备电磁兼容性要求及测量方法

标准编号： YD/T 983-2013 **实施日期：** 2013-06-01

发布部门： 中华人民共和国工业和信息化部

标准简介：

本标准规定了通信电源设备（简称TPE，不包括发电机和电池）的电磁兼容性要求，包括限值、性能判据和测量方法等。本标准适用于电信交换设备、电信传输设备、电信终端设备及无线通信设备的供电电源设备。

移动通信手持机用锂离子电源及充电器 锂离子电源

标准编号： YD/T 998.1-1999 **实施日期：** 1999-06-01

发布部门： 中华人民共和国信息产业部

标准简介：

本标准规定了移动通信手持机用锂离子电源的技术要求、试验方法、检验规则及包装、标志、贮存、运输。本标准适用于移动通信手持机用锂离子电源，用于其它用途的锂离子电源也可参考使用。

移动通信手持机用锂离子电源及充电器 充电器

标准编号： YD/T 998.2-1999 **实施日期：** 1999-06-01

发布部门： 中华人民共和国信息产业部

标准简介：

本标准规定了移动通信手持机用锂离子电源充电器的技术要求、试验方法、检验规则和标志、包装、贮存、运输。本标准适用于移动通信手持机用锂离子电源的专用充电器。其它对锂离子电源充电的充电器也可参照使用。

移动通信手持机用锂离子电源及充电器

标准编号： YD/T 998-1999 **实施日期：** 1999-07-01

发布部门： 中华人民共和国信息产业部

标准简介：

本标准规定了移动通信手持机用锂离子电源的技术要求、试验方法、检验规则及包装、标志、贮存、运输。本标准适用于移动通信手持机用锂离子电源，用于其它用途的锂离子电源也可参考使用。

通信电源和机房环境节能技术指南 第1部分：总则

标准编号： YDB 071.1-2011 **实施日期：** 2011-08-05

发布部门： 中国通信标准化协会

标准简介：

本部分规定了通信电源和机房环境节能总体要求，包括：节能原则、通信电源节能要求、空调节能要求和通信机房环境节能要求。

通信电源和机房环境节能技术指南 第2部分：应用条件

标准编号： YDB 071.2-2012 **实施日期：** 2012-03-25

发布部门： 中国通信标准化协会

标准简介：

本部分规定了通信电源和机房环境的节能原则、各项节能技术的定义、基本原理、技术特性与应用条件。本部分适用于通信电源和机房环境节能。

通信电源和机房环境节能技术指南 第3部分：电源设备能效分级

标准编号： YDB 071.3-2011 **实施日期：** 2011-08-05

发布部门： 中国通信标准化协会

标准简介：

本部分规定了通信电源设备的能效分级和试验方法。

通信电源和机房环境节能技术指南 第4部分：空调能效分级

标准编号： YDB 071.4-2011 **实施日期：** 2011-08-05

发布部门： 中国通信标准化协会

标准简介：

本部分规定了通信用空调设备的能效分级原则、空调设备的能效比限值、能效等级指标、试验方法、检验规则、能效等级标志等。

通信电源及机房环境节能技术指南 第5部分：气流组织

标准编号： YDB 071.5-2012 **实施日期：** 2012-09-07

发布部门：中国通信标准化协会

标准简介：

本部分规定了通信机房的气流组织基本原则和要求。本部分适用于新建的需要安装大型专用空调设备并提供适宜工作环境的通信及IT设备机房，也适用于现有机房的改造及扩建。本部分不适用于超高密度机房（>10kV·A/柜）。

电信终端设备用电源适配器的节能分级

标准编号：YDB 126-2013 **实施日期**：2013-03-06

发布部门：中国通信标准化协会

标准简介：

本标准规定了电信终端设备用的外接电源适配器的节能限值和节能分级的要求以及测试方法。该类电源适配器主要针对将交流电网转为固定的、单路低压直流或低压交流的外部电源适配器。本标准适用于额定输出功率不大于250W的电源适配器。本标准不适用于直流-直流转换的电源适配器。

邮电通信电源设备安装设计规范

标准编号：YDJ 1-1989 **实施日期**：1990-01-01

发布部门：中华人民共和国邮电部

标准简介：

本规范适用于电信枢纽、综合通信局站、市话局、卫星通信、地球站、移动通信基站，电（光）缆干线有人站、微波站和大中型天线电台等的新建和扩建工程。改建工程可视具体情况参照执行。

通信电源设备安装工程施工及验收技术规范

标准编号：YDJ 31-1983 **实施日期**：1984-07-01

发布部门：中华人民共和国邮电部

标准简介：

本规范是通过电源设备安装工程施工质量检查、随工检验和竣工验收等工作的技术依据，适用于新建和扩建工程。改建工程和无线电台的工程可视具体情况参照执行。电力变压器、调压器、油浸电力电缆及高压配电设备的安装方式和标准应按《电气装置安装工程施工及验收规范》的有关规定办理（有关绝缘电阻值参见附录一）。

地方标准

便携式移动电源

标准编号：DB35/T 1314-2013 **实施日期**：2013-05-20

发布部门：福建省质量技术监督局

标准简介：

本标准规定了手机、笔记本电脑、数码相机等便携式移动电源（以下简称移动电源）的术语和定义、技术要求、测试方法、检验规则以及标志、使用说明、包装、运输、贮存。本标准适用于输入电压不超过250V，输出电压不超过36V，输出电流不超过5A的移动电源。

能源、核技术

国家标准

单路输出式交流－直流和交流－交流外部电源能效限定值及节能评价值

标准编号：GB 20943-2013 **实施日期**：2014-09-01

发布部门：中华人民共和国国家质量监督检验检疫总局
中国国家标准化管理委员会

标准简介：

本标准规定了在220V、50Hz供电条件下将交流电压转换为固定的、单路低压直流（不大于36V）或低压交流（不大于36V）输出电压的外部电源（以下简称：产品）能效限定值、节能评价值、试验方法和检验规则。本标准适用于额定输出功率不大于250W的产品。本标准不适用于直流-直流的电源，也不适用于给工业用设备、医疗器械等供电的特殊用途的产品。

普通照明用非定向自镇流LED灯能效限定值及能效等级

标准编号：GB 30255-2013 **实施日期**：2014-09-01

发布部门：中华人民共和国国家质量监督检验检疫总局
中国国家标准化管理委员会

标准简介：

本标准规定了普通照明用非定向自镇流LED灯的能效等级、能效限定值、节能评价值和试验方法。本标准适用于额定功率为2～60W，额定电压为220V、频率为50Hz的不具有外加光学透镜的普通照明用非定向自镇流LED灯。

核辐射探测器用直流稳压电源

标准编号：GB/T 10261-2008 **实施日期**：2009-04-01

发布部门：中华人民共和国国家质量监督检验检疫总局
中国国家标准化管理委员会

标准简介：

本标准于1988年12月第一次发布。本标准代替GB/T 10261-1988《核仪器用高、低压直流稳压电源测试方法》。本标准规定了核辐射探测器用直流高压稳压电源的产品分类、要求、试验方法、检验规则以及标志、包装、运输和贮存。本标准适用于由交流或直流供电的室内核辐射探测器用直流高压稳压电源。本标准与GB/T 10261-1988相比主要变化如下：增加前言；引用新的规范性文件；增加“遥控控制率”等术语；增加技术要求、检验规则等产品标准的内容；增加资料性附录A，内容是核仪器用直流稳压电源的特定测试方法。

时（间）-幅（度）变换器测试方法

标准编号：GB/T 12129-1989 **实施日期**：1990-07-01

发布部门：国家技术监督局

标准简介：

本标准规定了时（间）-幅（度）变换器主要参数的测试方法，并给出了与其基本特性有关的术语。本标准适用于时幅变换器的测试，TAC与多道幅度分析器（MCA）连接可以测量时间间隔。

电能质量 电压波动和闪变

标准编号：GB/T 12326-2008 **实施日期：**2009-05-01

发布部门：国家标准化管理委员会

标准简介：

本标准代替GB 12326-2000《电能质量 电压波动和闪变》。本标准规定了电压波动和闪变的限值及测试、计算和评估方法。本标准适用于交流50Hz电力系统正常运行方式下，由波动负载引起的公共连接点电压的快速变动及由此可能引起人对灯光闪烁明显感觉的场合。

核电厂优先电源

标准编号：GB/T 13177-2008 **实施日期：**2009-08-01

发布部门：中华人民共和国国家质量监督检验检疫总局
中国国家标准化管理委员会

标准简介：

本标准代替GB/T 13177-2000《核电厂优先电源》。本标准规定了核电厂优先电源（PPS）和优先电源与安全级（1E级）电力系统、开关站、输电系统以及替代交流电源（AAC）接口的设计准则。本标准适用于核电厂优先电源。本标准与GB/T 13177-2000相比主要有以下变化：修改了4.4、5.1.2、5.1.4.1、5.3.3.3、5.3.4.4、6.3.2、7.2的部分内容。

电能质量 公用电网谐波

标准编号：GB/T 14549-1993 **实施日期：**1994-03-01

发布部门：国家技术监督局

标准简介：

本标准规定了公用电网谐波的允许值及其测试方法。本标准适用于交流额定频率为50Hz，标称电压110kV及以下的公用电网。本标准不适用于暂态现象和短时间谐波。

远动设备及系统 第2部分：工作条件 第1篇：电源和电磁兼容性

标准编号：GB/T 15153.1-1998 **实施日期：**1999-06-01

发布部门：国家质量技术监督局

标准简介：

本标准适用于对地理上广布的生产过程进行监视和控制，并以串行编码方式进行数据传输的远动设备及系统。本标准也可供远方保护设备及系统，以及支持配电自动化系统的配电线载波系统参考采用。

核电厂安全级静止式充电装置及逆变装置的质量鉴定

标准编号：GB/T 15473-2011 **实施日期：**2012-06-01

发布部门：中华人民共和国国家质量监督检验检疫总局
中国国家标准化管理委员会

标准简介：

本标准规定了安装在核电厂安全壳外的安全级静止式充电装置及逆变装置的质量鉴定方法，以保证其在规定的工作条件下能执行预定的功能。本标准不适用于指导充电装置及逆变装置在电厂电力系统中的应用，也不规定这些装置的具体性能要求。

电能质量 电力系统频率偏差

标准编号：GB/T 15945-2008 **实施日期：**2009-05-01

发布部门：中华人民共和国国家质量监督检验检疫总局
中国国家标准化管理委员会

标准简介：

本标准规定了标称频率为50Hz的电力系统频率偏差限值、测量及合格率的统计方法。本标准不适用于电气设备的频率偏差限值。

电能质量 暂时过电压和瞬态过电压

标准编号：GB/T 18481-2001 **实施日期：**2002-04-01

发布部门：中华人民共和国国家质量监督检验检疫总局

标准简介：

本标准规定了交流电力系统中作用于电气设备的暂时过电压和瞬态过电压要求、电气设备的绝缘水平，以及过电压保护方法。当涉及过电压方面电能质量问题时，应根据本标准的规定，结合电网、设备特点和使用环境参照相关的专业标准执行。本标准不适用于因静电、触及高压系统以及稳态波形畸变（谐波）引起的过电压。

家用太阳能光伏电源系统技术条件和试验方法

标准编号：GB/T 19064-2003 **实施日期：**2003-09-01

发布部门：中华人民共和国国家质量监督检验检疫总局

标准简介：

本标准规定了定义、分类与命名、技术要求、文件要求、试验方法、检验规则以及标志、包装。本标准适用于太阳能电池方阵、蓄电池组、充放电控制器、逆变器及用电器等组成的家用太阳能光伏电源系统。

电能质量监测设备通用要求

标准编号：GB/T 19862-2005 **实施日期：**2006-04-01

发布部门：中华人民共和国国家质量监督检验检疫总局
中国国家标准化管理委员会

标准简介：

本标准规定了电能质量监测设备的通用要求。本标准适用于户内使用的、对交流电力系统及其设备进行电能质量监视测量的下述设备：固定式监测设备；便携式监测设备。

风力发电机组 电能质量测量和评估方法

标准编号：GB/T 20320-2013 **实施日期：**2014-10-01

发布部门：国家质量监督检验检疫总局、国家标准化管理委员会

标准简介：

本标准规定了风力发电机组电能质量特性参数的定义、测量程序和评估方法。内容包括：对并网型风力发电机组电能质量特性参数的定义和定量描述；量化特性参数的测

量程序；电能质量符合性评估程序，包括评估安装在某一场地，可能为机群中某型风力发电机组的电能质量。

离网型风能、太阳能发电系统用逆变器 第1部分：技术条件
标准编号：GB/T 20321.1-2006 **实施日期**：2007-01-01
发布部门：中国国家标准化管理委员会
标准简介：

本部分规定了离网型风能、太阳能发电系统用逆变器的术语、基本参数及型号编制、技术要求、试验方法、检验规则和标志、包装、运输及贮存等内容。

离网型风能、太阳能发电系统用逆变器 第2部分：试验方法
标准编号：GB/T 20321.2-2006 **实施日期**：2007-01-01
发布部门：中国国家标准化管理委员会
标准简介：

本部分规定了离网型风能、太阳能发电系统用逆变器工作性能的试验条件、试验内容和试验方法。本标准适用于离网型风能、太阳能发电系统用逆变器（以下简称逆变器）的工作性能试验。

风机、泵类负载变频调速节电传动系统及其应用技术条件
标准编号：GB/T 21056-2007 **实施日期**：2008-02-01
发布部门：中华人民共和国国家质量监督检验检疫总局
中国国家标准化管理委员会
标准简介：

本标准规定了风机、泵类负载变频调速节电传动系统的应用条件、技术要求、试验方法及判别与评价。本标准适用于660V及以下电压，50Hz三相交流电源供电，电动机额定功率315kW及以下的风机、泵类负载变频调速节电传动系统。

风力发电机组 全功率变流器 第1部分：技术条件
标准编号：GB/T 25387.1-2010 **实施日期**：2011-03-01
发布部门：中华人民共和国国家质量监督检验检疫总局
中国国家标准化管理委员会
标准简介：

本部分规定了风力发电机组全功率交直交电压型变流器的相关术语和定义、通用要求、试验方法、检验规则等。本部分适用于风力发电机组全功率交直交电压型变流器。

风力发电机组 全功率变流器 第2部分：试验方法
标准编号：GB/T 25387.2-2010 **实施日期**：2011-03-01
发布部门：中华人民共和国国家质量监督检验检疫总局
中国国家标准化管理委员会
标准简介：

本部分规定了风力发电机组全功率交直交电压型变流器的试验条件和试验方法。本部分适用于风力发电机组用全功率交直交电压型变流器的试验和检验。

风力发电机组 双馈式变流器 第1部分：技术条件
标准编号：GB/T 25388.1-2010 **实施日期**：2011-03-01
发布部门：中华人民共和国国家质量监督检验检疫总局
中国国家标准化管理委员会
标准简介：

GB/T25388的本部分规定了双馈式变速恒频风力发电机组交直交电压型变流器的相关术语和定义、通用技术要求、试验方法、检验规则及其产品的相关信息等。本部分适用于双馈式变速恒频风力发电机组交直交电压型变流器，即双馈式变流器。

风力发电机组 双馈式变流器 第2部分：试验方法
标准编号：GB/T 25388.2-2010 **实施日期**：2011-03-01
发布部门：中华人民共和国国家质量监督检验检疫总局
中国国家标准化管理委员会
标准简介：

GB/T25388的本部分规定了双馈式风力发电机组交直交电压型变流器工作性能的试验条件、试验内容和试验方法。本部分适用于双馈式风力发电机组交直交电压型变流器性能试验。

并网光伏发电专用逆变器技术要求和试验方法
标准编号：GB/T 30427-2013 **实施日期**：2014-08-15
发布部门：中华人民共和国国家质量监督检验检疫总局
中国国家标准化管理委员会
标准简介：

本标准规定了并网光伏发电专用逆变器的术语和定义、产品分类、技术要求、试验方法、检验规则及标志、包装、运输和贮存等。本标准适用于交流输出端电压不超过0.4kV的并网光伏发电专用逆变器。

重要电力用户供电电源及自备应急电源配置技术规范
标准编号：GB/Z 29328-2012 **实施日期**：2013-06-01
发布部门：中华人民共和国国家质量监督检验检疫总局
中国国家标准化管理委员会
标准简介：

本指导性技术文件规定了重要电力用户的界定和分级、供电电源和自备应急电源的配置原则和主要技术条件。本指导性技术文件适用于重要电力用户的供电电源及自备应急电源的配置。其它电力用户的供电电源和自备应急电源配置可参照执行。

行业标准

电能质量技术监督规程
标准编号：DL/T 1053-2007 **实施日期**：2007-12-01
发布部门：中华人民共和国国家发展和改革委员会
标准简介：

本标准规定了公用电网电能质量技术监督的任务、方法和技术管理内容。本标准适用于电网企业、并网运行的发电企业、电力用户以及相关的规划设计、建设施工、试验调试、科研开发和管理部门单位和电能质量技术监督。

电力用直流和交流一体化不间断电源设备
标准编号：DL/T 1074-2007 **实施日期**：2008-06-01
发布部门：中华人民共和国国家发展和改革委员会
标准简介：

本标准规定了电力用直流和交流一体化不间断电源设备（以下简称一体化电源设备）的型号和额定值、技术要求、检验规则和试验方法、标志、包装、运输和储存等的要求。本标准适用于发电厂、变（配）电所和其它电力工程直流和交流一体化不间断电源设备的设计、制造、选择、订货和试验。也适用于电力用交流不间断电源（以下简称UPS）、电力用逆变电源（以下简称 INV）、小型变电站的通信用直流变换电源（以下简称 DC/DC）的设计、制造、选择、订货和试验。

火电厂高压变频器运行与维护规范
标准编号：DL/T 1195-2012 **实施日期**：2012-12-01
发布部门：国家能源局
标准简介：

本标准规定了火电厂高压变频器成套设备的基本要求、使用条件、运行与维护方法。本标准适用于火电厂高压变频器成套设备的运行和维护。本标准中高压变频器的额定输入频率为50Hz，额定输入电压为1～10kV，输出电压为交流0～10kV。

电能质量监测装置技术规范
标准编号：DL/T 1227-2013 **实施日期**：2013-08-01
发布部门：国家能源局
标准简介：

本标准规定了电能质量监测装置的基本技术要求、试验方法、检验规则及对标志、包装、运输、储存的要求。本标准适用于固定安装在现场的电能质量监测装置，其它具有类似功能的装置可参照本标准执行。

电能质量监测装置运行规程
标准编号：DL/T 1228-2013 **实施日期**：2013-08-01
发布部门：国家能源局
标准简介：

本标准规定了电能质量监测装置的安装、投运、使用、维护、检定、巡检、通信和异常处理的基本要求。本标准适用于各级电网中发、供电单位及电力用户的电能质量监测装置。

电能质量监测系统技术规范
标准编号：DL/T 1297-2013 **实施日期**：2014-04-01
发布部门：国家能源局
标准简介：

本标准规定了电能质量监测系统的组成、性能要求、功能要求和测试方法。本标准适用于公用电网电能质量监测系统，其它类型电网可参照执行。

基于DL/T860的变电站低压电源设备通信接口
标准编号：DL/T 329-2010 **实施日期**：2011-05-01
发布部门：国家能源局
标准简介：

本标准适用于变电站低压电源设备之间及与变电站其它部分进行通信的智能电子设备的设计、制造和试验要求。变电站用各种电源设备的技术要求已在 DL/T 5044、DL/T 1074、DL/T 459 和 DL/T 856 等标准中明确，这些标准加上本标准所增补的技术要求广泛适用。

电力系统直流电源柜订货技术条件
标准编号：DL/T 459-2000 **实施日期**：2001-01-01
发布部门：中华人民共和国国家经济贸易委员会
标准简介：

本标准是根据我国电力工业的发展现状，对 DL/T459—1992《镉镍蓄电池直流屏（柜）订货技术条件》进行修订。修订后的标准名称为《电力系统直流电源柜订货技术条件》。本标准在对 DL/T4S9—1992 修订时，保留了仍适用电力系统直流电源柜要求的内容，修改了部分条款。因新技术、新件。新装置的引入，根据它们的特性，增加了新的内容。增加内容如下：①阀控式密封铅酸蓄电池的技术要求及试验。②高频开关电源充电浮充电装置的技术要求及试验。③微机控制器的技术要求及自动转换程序试验。④抗高频干扰试验。⑤静电放电干扰度试验。⑥谐波测量测试。⑦三遥功能试验。

备用电源自动投入装置技术条件
标准编号：DL/T 526-2013 **实施日期**：2014-04-01
发布部门：国家能源局
标准简介：

本规范适用于锅炉主蒸汽压力不低于3.8MPa（表压）的火力发电机组的水汽化学监督。

电力系统用蓄电池直流电源装置运行与维护技术规程
标准编号：DL/T 724-2000 **实施日期**：2001-01-01
发布部门：中华人民共和国国家经济贸易委员会
标准简介：

本标准规定了电力系统用蓄电池直流电源装置（包括蓄电池、充电装置、微机监控器）运行与维护的技术要求和技术参数，适用于电力系统各部门直流电源的运行和维护。

电力用直流电源监控装置
标准编号：DL/T 856-2004 **实施日期**：2004-06-01
发布部门：中华人民共和国国家发展和改革委员会
标准简介：

本标准规定了电力用直流电源监控装置的使用条件、术语和定义、基本功能要求、电气与安全性能要求、设计和结构、检验规则和试验方法、标志、包装和贮运。本标准适用于电力用直流电源监控装置（以下简称监控装置）的设计、生产、选择、订货和试验。

发电厂、变电所蓄电池用整流逆变设备技术条件
标准编号：DL/T 857-2004 **实施日期：**2004-06-01
发布部门：中华人民共和国国家发展和改革委员会
标准简介：

本标准规定了发电厂、变电所蓄电池用整流逆变设备（以下简称整流逆变设备）的技术要求、试验方法、包装及贮运条件。本标准适用于直流电源系统中的蓄电池用整流逆变设备的试验、选择和订货。

核电厂不间断电源系统蓄电池组
标准编号：NB/T 20062-2012 **实施日期：**2012-04-06
发布部门：国家能源局
标准简介：

本标准规定了核电厂不间断电源系统蓄电池组的选择、安装设计、安装、维护和试验的方法，并给出了 UPS 蓄电池充电、整流装置与蓄电池设备选型之间的关系。本标准适用于核电厂 UPS 系统蓄电池组的选型、安装 、维护和试验。本标准不适用于 UPS 元器件的设计，也不适用于直流输出整流装置的后备蓄电池。

压水堆核电厂棒电源系统安装技术规程
标准编号：NB/T 20114-2012 **实施日期：**2012-04-06
发布部门：国家能源局
标准简介：

本标准规定了压水堆核电厂建造期棒电源系统安装及检查的基本要求。本标准适用于压水堆核电厂建造期棒电源系统的电动发电机组的安装、电气电气盘柜的安装、电缆敷设与端接。

核电厂仪表和控制设备可靠性及老化检测 第 3 部分：电源
标准编号：NB/T 20197. 3-2014 **实施日期：**2014-11-01
发布部门：国家能源局
标准简介：

本部分规定了核电厂仪表和控制系统使用电源（为仪表和控制设备提供稳定交流或直流电能的转换装置）的特性参数、可靠性及老化检测方法。本部分适用于核电厂仪表和控制系统设备电源，不适用于不间断电源。

核电厂安全级充电器鉴定规程
标准编号：NB/T 20210-2013 **实施日期：**2013-10-01
发布部门：国家能源局
标准简介：

本标准规定了核电厂安全级相控型充电器鉴定所采用的试验项目、试验条件、试验方法和验收准则。本标准适用于核电厂安全壳外和缓环境区内安装的相控型充电器的质量鉴定。

风电场电能质量测试方法
标准编号：NB/T 31005-2011 **实施日期：**2011-11-01
发布部门：国家能源局
标准简介：

本标准规定了风电场电能质量测试的基本要求、测试项目、测试设备、测试方法和测试结果的评价。本标准适用于通过 110（66）kV 及以上电压等级线路接入电网的装机容量大于 40MW 的风电场。其它的风电场，可以参照执行。

光伏发电站电能质量检测技术规程
标准编号：NB/T 32006-2013 **实施日期：**2014-04-01
发布部门：国家能源局
标准简介：

本标准规定了光伏发电站电能质量的检测条件、检测设备和检测方法。本标准适用于通过 35kV 及以上电压等级并网，以及通过 10kV 电压等级与公共电网连接的新建、扩建和改造的光伏发电站。

光伏发电站逆变器电能质量检测技术规程
标准编号：NB/T 32008-2013 **实施日期：**2014-04-01
发布部门：国家能源局
标准简介：

本标准规定了光伏发电站逆变器交流侧电能质量的检测条件、检测设备和检测方法等。本标准适用于并网型光伏逆变器，不适用于离网型光伏逆变器。

光伏发电站逆变器电压与频率响应检测技术规程
标准编号：NB/T 32009-2013 **实施日期：**2014-04-01
发布部门：国家能源局
标准简介：

本标准规定了光伏发电站逆变器接入电网运行电压与频率响应的检测条件、检测设备和检测方法等。本标准适用于并网型光伏逆变器，不适用于离网型光伏逆变器。本标准规定了光伏发电站逆变器接入电网运行电压与频率响应的检测条件、检测设备和检测方法等。本标准适用于并网型光伏逆变器，不适用于离网型光伏逆变器。

光伏发电站逆变器防孤岛效应检测技术规程
标准编号：NB/T 32010-2013 **实施日期：**2014-04-01
发布部门：国家能源局
标准简介：

本标准规定了光伏发电站逆变器孤岛防护措施有效性的检测条件、检测设备和检测方法。本标准适用于通过 380V 电压等级接入电网，以及通过 10（6）kV 电压等级接入用户侧的新建、改建和扩建的光伏发电系统所配的光伏逆变器。

分布式电源接入配电网技术规定
标准编号：NB/T 32015-2013 **实施日期：**2014-04-01
发布部门：国家能源局

标准简介：

本标准适用于通过35kV及以下电压等级接入电网的新建、改建和扩建分布式电源。

便携式太阳能光伏电源

标准编号： NB/T 32020-2014 **实施日期：** 2014-11-01

发布部门： 国家能源局

标准简介：

本标准规定了便携式太阳能光伏电源及其部件的，分类与配置，技术要求，试验方法，检验规则，标志和使用说明书，包装、运输和贮存等。本标准适用于峰值功率小于1 000W的可移动太阳电池组件组成的便携式太阳能光伏电源。

分布式电源接入电网技术规定

标准编号： Q/GDW 480-2010 **实施日期：** 2010-08-24

发布部门： 国家电网公司

标准简介：

本标准规定了新建和扩建分布式电源接入电网运行应遵循的一般原则和技术要求，改建分布式电源、分布式自备电源可参照本标准执行。

分布式电源接入配电网测试技术规范

标准编号： Q/GDW 666-2011 **实施日期：** 2011-11-14

发布部门： 国家电网公司

标准简介：

本标准适用于国家电网公司经营区域以内同步电机、感应电机、交流器形式接入10kV及以下电压等级配电网的分布式电源。

分布式电源接入配电网运行控制规范

标准编号： Q/GDW 667-2011 **实施日期：** 2011-11-14

发布部门： 国家电网公司

标准简介：

国家电网公司生产技术部组织编写了《分布式电源接入配电网运行控制规范》。本标准是国家电网公司智能电网配电环节系列标准之一，是智能电网标准体系的重要组成部分。

分布式电源接入配电网监控系统功能规范

标准编号： Q/GDW 677-2011 **实施日期：** 2011-11-14

发布部门： 国家电网公司

标准简介：

本标准规定了矿用本质安全输出直流电源的产品分类、技术要求、试验方法、检验规则、标志、包装、运输和贮存。本标准适用于矿用本质安全输出直流电源（以下简称直流电源）。

机载火控雷达低压开关电源通用规范

标准编号： SJ 20351-1993 **实施日期：** 1993-07-01

标准简介：

本规范规定了机载火控雷达低压开关电源的通用要求、质量保证规定以及交货准备要求。本标准适用于机载火控雷达低压开关电源，也可适用于其它机载电子设备的低压开关电源。本规范是制订电源产品规范的基本依据。

低压直流电源通用规范

标准编号： SJ 20365-1993 **实施日期：** 1993-07-01

发布部门： 中华人民共和国电子工业部

标准简介：

本规范规定了低压直流电源的通用技术要求、质量保证规定以及交货准备要求。本规范适用于军用电子设备的低压直流稳压电源（以下简称电源）。本规范是制定各种特定电源产品规范的依据。

2CW50～149型硅半导体稳压二极管

标准编号： SJ 909-74 **实施日期：** 1975-10-01

标准简介：

本标准适用于0.25～3W的《2CW50～149型》硅半导体稳压二极管。

3DW50～202型硅半导体稳压二极管

标准编号： SJ 910-74 **实施日期：** 1975-10-01

标准简介：

该产品用于电气设备的稳压电路中，亦可用于其它无线电线路中。

2DW230～236型硅平面温度补偿稳压二极管

标准编号： SJ 911-74 **实施日期：** 1975-10-01

标准简介：

该产品用于精密稳压电路中。

地方标准

电能质量监测装置技术规范

标准编号： DB32/T 1841-2011 **实施日期：** 2011-08-20

发布部门： 江苏省质量技术监督局

标准简介：

暂缺。

太阳能光伏移动充电系统技术要求

标准编号： DB35/T 1090-2011 **实施日期：** 2011-02-20

发布部门： 福建省质量技术监督局

标准简介：

本标准规定了太阳能光伏移动充电系统的术语和定义、分类与命名、要求、试验方法、检验规则、标志和使用说明书、包装、运输、贮存。本标准适用于由太阳电池组件、内置蓄电池、充放电控制器、输出控制电路、电路保护等组成的离网型、可移动的太阳能光伏移动充电系统（以下简称充电系统）。该系统主要用于山区、野外作业等缺乏正常供电的场所为手机、电脑及其它设备的蓄电池进行充电。

逆变式弧焊电源能效评价
标准编号：DB37/T 1373-2009　**实施日期：**2010-01-01
发布部门：山东省质量技术监督局
标准简介：
暂缺。

冲击性、非线性负载接入电网电能质量技术管理规范
标准编号：DB42/T 718-2011　**实施日期：**2011-06-01
发布部门：湖北省质量技术监督局
标准简介：
暂缺。

并网型光伏逆变器技术条件
标准编号：DB42/T 862-2012　**实施日期：**2013-04-24
发布部门：湖北省质量技术监督局
标准简介：
暂缺。

户外太阳光伏电源照明系统技术要求和试验方法
标准编号：DB63/T 811-2009　**实施日期：**2009-08-01
发布部门：青海省质量技术监督局
标准简介：
暂缺。

分布式光伏逆变器技术条件
标准编号：DB65/T 3568-2014　**实施日期：**2014-02-10
发布部门：新疆维吾尔自治区质量技术监督局
标准简介：
暂缺。

电子元器件与信息技术

国家标准

调频、电视广播接收机用300Ω/75Ω平衡—不平衡阻抗变换器
标准编号：GB 8977-1988　**实施日期：**1989-01-01
发布部门：中华人民共和国电子工业部
标准简介：
本标准适用于300Ω平衡输入端与75Ω不平衡输出端的阻抗变换器。该产品供黑白、彩色电视接收机及调频广播接收机用。

通信用电感器和变压器磁芯 第四部分：分规范 电源变压器和扼流圈用磁性 氧化物磁芯
标准编号：GB 9628-1988　**实施日期：**1989-02-01
发布部门：中华人民共和国电子工业部
标准简介：
本分规范规定了有质量评定的磁性氧化物磁芯的性能、额定值及检验要求。

通信用电感器和变压器磁芯 第四部分：空白详细规范
标准编号：GB 9629-1988　**实施日期：**1989-02-01
发布部门：中华人民共和国电子工业部
标准简介：
本规范规定了评定水平为A的电源变压器和扼流圈用磁性氧化物磁芯的额定值、性能、检验要求和补充资料。

气体激光器电源系列
标准编号：GB/T 12083-2012　**实施日期：**2013-02-15
发布部门：中华人民共和国国家质量监督检验检疫总局
中国国家标准化管理委员会
标准简介：
本标准规定了连续工作状态的气体激光器电源输出电压和输出电流值的系列、调节范围和允许的波动范围，同时规定了输出电压和输出电流之间的允许配伍。本标准适用于连续工作状态的气体激光器的固定的和可调节的直流电流源和直流电压。

微小型计算机系统设备用开关电源通用规范
标准编号：GB/T 14714-2008　**实施日期：**2008-12-01
发布部门：国家标准化管理委员会
标准简介：
本标准规定了微小型计算机系统设备用开关电源的技术要求、试验方法、检验规则、标志、包装、运输、贮存等。本标准适用于微小型计算机系统设备用开关电源，是制定产品标准的依据。本标准代替GB/T 14714-1993《微小型计算机系统设备用开关电源通用技术条件》。本标准与GB/T 14714-1993的主要区别如下：标准名称修改为“微小型计算机系统设备用开关电源通用规范”；表1中关于电压分类，电压分类增加3.3V和负电压，取消24V，将大于60V的电压并入“其它”；将“最小调节范围”修改为“稳压范围”；其它各项指标也作了部分修订；增加电源适应能力的要求；电磁兼容增加抗扰度限值和谐波电流限值的要求；可靠性要求由3 000h更改为4 000h；主要性能试验增加测试电流计算方法，确定了额定负载的计算方法，并在相关的试验中作了修订。

信息技术设备用不间断电源通用技术条件
标准编号：GB/T 14715-1993　**实施日期：**1994-06-01
发布部门：国家技术监督局
标准简介：
本标准规定了信息技术设备用不间断电源通用技术条件。本标准适用于信息技术设备用不间断电源，其它场合使用的不间断电源可参照本标准，本标准是制定型号产品标准的依据。

电子和通信设备用变压器和电感器　第3部分：按能力批准程序评定质量的电源变压器分规范
标准编号：GB/T 14860.3-2012　**实施日期：**2013-06-01
发布部门：中华人民共和国国家质量监督检验检疫总局
中国国家标准化管理委员会

标准简介：

GB/T14860 的本部分规定了按 GB/T14860. 1—2012 规定的能力批准程序放行的电源变压器详细规范编制方法。本部分包括空白详细规范（BDS）。空白详细规范规定了格式并指出了适合于这类元件的试验；而最终选择列入检查一览表的试验是由该规范的编写者决定的。此规范还规定了相应的额定值和特性。本部分规定的元器件与基频基本对称波形下的最大传输功率有关。

电子和通信设备用变压器和电感器　第 4 部分：按能力批准程序评定质量的开关电源变压器分规范

标准编号： GB/T 14860. 4-2012　**实施日期：** 2013-06-01

发布部门： 中华人民共和国国家质量监督检验检疫总局
中国国家标准化管理委员会

标准简介：

GB/T14860 的本部分规定了按 GB/T14860. 1—2012 规定的能力批准程序放行的开关电源变压器详细规范编制方法。本部分包括空白详细规范（BDS），空白详细规范规定了格式并指出了适合于这类元件的试验；而最终选择列入检查一览表的试验是由该规范的编写者决定。此规范还规定了相应的额定值和特性。本部分规定的元件与工作在开关状态的半导体器件连在一起用以传输功率，其输入波形为正弦或非正弦、对称或非对称的波形。

电子设备用电源变压器和滤波扼流圈总技术条件

标准编号： GB/T 15290-2012　**实施日期：** 2013-02-15

发布部门： 中华人民共和国国家质量监督检验检疫总局
中国国家标准化管理委员会

标准简介：

本标准规定了电子设备用电源变压器、滤波扼流圈的技术要求、试验方法、检验规则及标志、包装、运输、贮存。本标准适用于工作电压不高于 5 000V、电源频率不高于 1 050Hz、重量不大于 70kg 的电子设备用干式电源变压器、滤波扼流圈。

半导体设备电源接口

标准编号： GB/T 15872-2013　**实施日期：** 2014-05-15

发布部门： 中华人民共和国国家质量监督检验检疫总局
中国国家标准化管理委员会

标准简介：

本标准规定了半导体设备电源接口的供电类别，选择电器附件、导线和电缆的要求等。本标准适用于半导体设备的电源接口。

通信用电源设备通用试验方法

标准编号： GB/T 16821-2007　**实施日期：** 2007-09-01

发布部门： 中华人民共和国国家质量监督检验检疫总局
中国国家标准化管理委员会

标准简介：

本标准规定了通信用电源设备通用试验项目试验的一般规定：试验用仪器仪表设备及要求、试验部位、试验条件和方法、计算方法。本标准适用于通信用的整流器、高频开关组合电源、直流-直流变换设备、逆变设备、配电设备等。

半导体器件 集成电路 第 2-11 部分：数字集成电路 单电源集成电路电可擦可编程只读存储器 空白详细规范

标准编号： GB/T 17574. 11-2006　**实施日期：** 2007-05-01

发布部门： 中华人民共和国国家质量监督检验检疫总局
中国国家标准化管理委员会

标准简介：

本空白详细规范是半导体器件的一系列空白详细规范之一，本规范等同采用 IEC 60748-2-11：1999《半导体器件 集成电路 第 2-11 部分：数字集成电路 单电源集成电路电可擦可编程只读存储器 空白详细规范》英文版。

电磁兼容 试验和测量技术 交流电源端口谐波、谐间波及电网信号的低频抗扰度试验

标准编号： GB/T 17626. 13-2006　**实施日期：** 2007-07-01

发布部门： 中华人民共和国国家质量监督检验检疫总局
中国国家标准化管理委员会

标准简介：

GB/T17626 的本部分规定了低压电网中每相额定电流小于等于 16A 的电气和电子设备对骚扰频率高至 2kHz 的谐波、谐间波的抗扰度试验方法，并提出了基本试验等级的范围。

电磁兼容 试验和测量技术 直流电源输入端口纹波抗扰度试验

标准编号： GB/T 17626. 17-2005　**实施日期：** 2005-12-01

发布部门： 中华人民共和国国家质量监督检验检疫总局
中国国家标准化管理委员会

标准简介：

本部分规定了电气和电子设备的直流电源输入端口的纹波抗扰度试验方法。本部分适用于由外部整流系统或正在充电的蓄电池供电的设备的低压直流电源端口。本部分的目的是建立一个通用的和可重现的基准，以在试验室条件下对电力和电子设备进行来自于如整流系统和/或蓄电池充电时叠加在直流电源上的纹波电压的抗扰度试验。本部分规定了：试验电压的波形；试验等级范围；试验发生器；试验配置；试验程序。

电磁兼容 试验和测量技术 直流电源输入端口电压暂降、短时中断和电压变化的抗扰度试验

标准编号： GB/T 17626. 29-2006　**实施日期：** 2007-09-01

发布部门： 中华人民共和国国家质量监督检验检疫总局
中国国家标准化管理委员会

标准简介：

GB/T17626 的本部分规定了在电气和电子设备的直流电源输入端口对电压暂降、短时中断和电压变化的抗扰度试验方法。

电磁兼容 试验和测量技术 电能质量测量方法

标准编号： GB/T 17626. 30-2012　**实施日期：** 2013-02-01

发布部门： 中华人民共和国国家质量监督检验检疫总局
中国国家标准化管理委员会

标准简介：

GB/T17626 的本部分规定了 50Hz 交流供电系统中电能质量参数测量方法及测量结果的解释。各有关参数的测量方法均采用能提供可靠的、可重复结果的术语描述，但不涉及测量方法的实现手段。本部分涉及的是现场测量方法。本部分适用于所指的参数测量仅限电力系统中能处理的电压现象。本部分涉及的电能质量参数是指电网频率、供电电压幅值、闪烁、供电电压暂降和暂升、电压中断、瞬态电压、供电电压不平衡、电压谐波和间谐波、供电电压中的载波信号以及快速电压变化。根据测量目的的不同，可能需要对上述全部参数或部分参数进行测量。注 1：有关电流的参数信息见 A. 3 和 A. 6。本部分仅提供测量方法以及相应的性能要求，并不设置阈值。供电系统和仪器之间传感器的作用众所周知，因此在本部分中没有详细叙述，仅对带电电路安装监测器的注意事项作出规定。注 2：可在 IEC61557-12 中查询关于传感器作用的说明。

电磁兼容 试验和测量技术

标准编号： GB/T 17626. 34-2012　**实施日期：** 2012-09-01

发布部门： 中华人民共和国国家质量监督检验检疫总局
中国国家标准化管理委员会

标准简介：

本部分规定了与低压供电网连接的电气和电子设备对电压暂降、短时中断和电压变化抗扰度试验方法和优选的试验等级范围。本部分适用于主电源每相额定电流超过 16A 的电气和电子设备（每相额定电流超过 200A 的电气和电子设备的指南见附录 E）。本部分适用于安装在居民区和工业区连接到 50Hz 或者 60Hz 交流网络的可能发生电压暂降和短时中断的单相和三相设备。本部分不适用于连接到 400Hz 交流网络的电气和电子设备。与这些网络连接的设备的试验将在以后的标准中涉及。

电子设备用固定电容器 第 14-1 部分：空白详细规范 抑制电源电磁干扰用固定电容器 评定水平 D

标准编号： GB/T 6346. 1401-2015　**实施日期：** 2016-03-01

发布部门： 中华人民共和国国家质量监督检验检疫总局
中国国家标准化管理委员会

标准简介：

空白详细规范 空白详细规范是分规范的一种补充文件，它包括对详细规范的格式、编排和最少内容的要求。在制定详细规范时应考虑分规范 1. 4 的内容。详细规范和电容器的识别 详细规范首页括号中的数字表明在对应的位置应填写下列内容：①授权起草本详细规范的组织：IEC 或国家标准机构。②IEC 或国家标准的详细规范编号、发布日期以及国家体制需要的其它内容。③IEC 或国家标准的总规范编号及其版本号。④IEC 或国家标准的空白详细规范编号。

电子设备用固定电容器 第 14 部分：分规范 抑制电源电磁干扰用固定电容器

标准编号： GB/T 6346. 14-2015　**实施日期：** 2016-03-01

发布部门： 中华人民共和国国家质量监督检验检疫总局
中国国家标准化管理委员会

标准简介：

本部分为电子设备用固定电容器第 14 部分的分规范，适用于抑制电源电磁干扰用固定电容器和电阻器-电容器的组件。

STZ3 型电子测量仪器用电源连接器

标准编号： GB/T 9393-2012　**实施日期：** 2013-06-01

发布部门： 中华人民共和国国家质量监督检验检疫总局
中国国家标准化管理委员会

标准简介：

本标准规定了 STZ3 型电子测量仪器用单相两极带接地电源连接器（以下简称连接器）的技术要求、试验方法和包装、标志、运输、贮存要求等。本标准适用于电子测量仪器及类似用途的计算机、办公电器所使用的电源连接器。

电磁兼容 环境 工业设备电源低频传导骚扰发射水平的评估

标准编号： GB/Z 18039. 2-2000　**实施日期：** 2000-12-01

发布部门： 中华人民共和国国家质量监督检验检疫总局

标准简介：

本指导性技术文件推荐了评估工业环境中安装在非公用电网中的装置、设备和系统发射所产生的骚扰水平的程序，并只限于供电电源中的低频传导骚扰。

行业标准

CKM-198 型系列捷变频磁控管详细规范

标准编号： SJ 20480/1-1996　**实施日期：** 1997-01-01

发布部门： 中华人民共和国电子工业部

标准简介：

本规范规定了 CKM-198 型系列捷变频磁控管的详细要求。本规范适用于 CKM-198 型系列捷变频磁控管（以下简称磁控管）。

CKM-709、709A 型捷变频脉冲磁控管详细规范

标准编号： SJ 20480/6-1998　**实施日期：** 1998-05-01

发布部门： 中华人民共和国电子工业部

标准简介：

本规范规定了 CKM-709、709A 型捷变频脉冲磁控管的性能要求、质量保证、交货准备等的详细要求。本规范适用于 CKM-709、709A 型磁控管（以下简称磁控管）。

混合集成电路 DC/DC 变换器测试方法

标准编号： SJ 20646-1997　**实施日期：** 1997-10-01

标准简介：

本标准规定了混合集成电路 DC/DC（直流/直流）变换器的主要性能参数的测试方法。本标准适用于各类军用电子设备中混合集成电路 DC/DC 变换器的参数测试。

混合集成电路系列与品种 DC/AC 变换器系列的品种

标准编号： SJ 20759-1999

实施日期： 1999-12-01

发布部门： 中华人民共和国信息产业部

标准简介：

本标准规定了输入电压为 28V 的脉宽调制式厚膜混合集成 DC/DC 变换器系列及其品种，并给出了每一品种的主要电参数、外形图、引出端系列的主要方式以及选择和应用导则。本指南适用于 DC/DC 变换器生产、研制、开发时系列和品种的选择，也适用于电子设备在设计和制造时对 DC/DC 变换器的选型。

400Hz 静止变频电源通用规范

标准编号： SJ 20915-2004

实施日期： 2004-12-30

标准简介：

本规范适用于电子装备所使用的各种静止变频电源，是产品研制、生产和验收的主要技术依据，也是制定相关产品规范和其它技术文件应遵循的原则和基础。

微波电路变频测试方法

标准编号： SJ 20938-2005

实施日期： 2006-06-01

标准简介：

本标准规定了微波电路上变频器、下变频器电参数的测试方法。

VYJ9S 系列野战电源电缆规范

标准编号： SJ 20988-2008

实施日期： 2008-06-30

标准简介：

本规范规定了 VYJ9S 系列野战电源电缆的要求、质量保证规定和交货准备等。本规范适用于 VYJ9S 系列野战电源电缆（以下简称电缆）的研制、生产、订货和验收。

半导体光电子器件 GF1121 型 LED 指示灯详细规范

标准编号： SJ 50033/147-2000

实施日期： 2000-10-20

发布部门： 中华人民共和国信息产业部

标准简介：

本规范规定了 GF1121 型固态指示灯（以下简称器件）的详细要求。本规范适用于器件的研制、生产和采购。

LC410-9005-E-E-1E-B-3、LC410-9007-H-E-1E-B-3 型电源滤波器详细规范

标准编号： SJ 51518/1-2004

实施日期： 2004-12-01

标准简介：

本规范规定了 LC410-9005-E-E-1E-B-3、LC410-9007-H-E-1E-B-3 型电源滤波器（以下简称产品）的详细要求。

GS1113 型 LED 红色数码管详细规范

标准编号： SJ 52146/1-1996

实施日期： 1997-01-01

发布部门： 中华人民共和国电子工业部

标准简介：

本标准适用于军用 GS1113 型 LED 红色数码管（以下简称器件）的研制、生产和采购。

混合集成电路 HMSF-600 型电源滤波器详细规范

标准编号： SJ 52438. 10-2001

实施日期： 2002-01-01

发布部门： 中华人民共和国信息产业部

标准简介：

本规范规定了混合集成电路 HMSF-600 型电源滤波器（以下简称电路）的详细要求。该电路的质量保证等级为 H 级和 H1 级。本规范适用于电路的研制、生产和采购。

混合集成电路 HDCD2812D15 型 DC/DC 变换器详细规范

标准编号： SJ 52438. 9-2001

实施日期： 2002-01-01

发布部门： 中华人民共和国信息产业部

标准简介：

本规范规定了混合集成电路 HDA2812D15 型 DC/DC 变换器（以下简称电路）的详细要求。该电路的质量保证等级为 H 和 HI 级。本规范适用与电路的研制、生产和采购。

混合集成电路 HMSF-600 型电源滤波器详细规范

标准编号： SJ 52438/10-2001

实施日期： 2002-01-01

发布部门： 中华人民共和国信息产业部

标准简介：

本规范规定了混合集成电路 HMSF-600 型电源滤波器的详细要求。该电路的质量保证等级为 H 级和 H1 级。本规范适用于电路的研制、生产和采购。

混合集成电路 HDC28D15/1000 型 DC/DC 变换器详细规范

标准编号： SJ 52438/1-1997

实施日期： 1997-10-01

发布部门： 中华人民共和国电子工业部

标准简介：

本标准规定了混合集成电路 HDC28D15/1000 型 DC/DC 变换器（以下简称电路）的详细要求。本标准适用于电路的研制、生产和采购。

混合集成电路 HDC28S5/1000 型 DC/DC 变换器详细规范

标准编号： SJ 52438/2-1997

实施日期：1997-10-01
发布部门：中华人民共和国电子工业部
标准简介：

本标准规定了混合集成电路 HDC28S5/1000 型 DC/DC 变换器（以下简称电路）的详细要求。本标准适用于电路的研制、生产和采购。

混合集成电路 B—DTV3 温度—电压变换器详细规范
标准编号：SJ 52438/4-1997
实施日期：1997-10-01
发布部门：中华人民共和国电子工业部
标准简介：

本标准规定了混合集成电路 B—DTV3 温度—电压变换器（以下简称电路）的详细要求。本标准适用于电路的研制、生产和采购。

混合集成电路 HDCD2815S15 型 DC/DC 变换器详细规范
标准编号：SJ 52438/6-2000
实施日期：2000-10-20
发布部门：中华人民共和国信息产业部
标准简介：

本标准规定了混合集成电路 HDCD2815S15 型 DC/DC 变换器（以下简称电路）的详细要求。本标准适用于电路的研制、生产和采购。

混合集成电路 HDCD2812D15 型 DC/DC 变换器详细规范
标准编号：SJ 52438/9-2001
实施日期：2002-01-01
发布部门：中华人民共和国信息产业部
标准简介：

本规范规定了混合集成电路 HDCD2812D15 型 DC/DC 变换器的详细要求。该电路的质量保证等级为 H 级和 H1 级。本规范适用于电路的研制、生产和采购。

LED 显示屏通用规范
标准编号：SJ/T 11141-2012
实施日期：2012-06-01
发布部门：中华人民共和国工业和信息化部
标准简介：

本标准规定了 LED 显示屏的术语和定义、分类、技术要求、检验方法、检验规则，以及标志、包装、运输和贮存要求，适用于 LED 显示屏产品。本标准是我国自主制定的电子行业标准。

发光二极管（LED）显示屏测试方法
标准编号：SJ/T 11281-2007
实施日期：2008-01-20
发布部门：中华人民共和国信息产业部
标准简介：

本标准规定了发光二极管（LED）显示屏的机械、光学、电学等主要技术性能指标的分级和测试方法。本标准适用于各类发光二极管（LED）显示屏（以下简称显示屏）的测试。

CS42 型电源用矩形电连接器规范
标准编号：SJ/T 11323-2006
实施日期：2006-02-01
标准简介：

本规范规定了 CS42 型电源用矩形电连接器的型号命名、技术要求、质量评定程序、标志、包装、运输和贮存等要求。本规范适用于 CS42 型电源用矩形电连接器。

体育场馆用 LED 显示屏规范
标准编号：SJ/T 11406-2009
实施日期：2010-01-01
发布部门：中华人民共和国工业和信息化部
标准简介：

主要规定了体育场馆用 LED 显示屏的定义、分类与分档、技术要求、试验方法、检验规则以及标志、包装、运输、贮存要求等内容。适用于体育场馆用 LED 显示屏的设计、制造、质量检验、安装和验收。

液晶显示背光组件用 LED 性能规范
标准编号：SJ/T 11458-2013
实施日期：2013-12-01
发布部门：中华人民共和国工业和信息化部
标准简介：

本标准规定了液晶显示背光组件用 LED（发光二极管）的术语和定义、分类、性能要求、检验方法和检验规则的相关内容。

液晶显示用背光组件　第 3-2 部分：显示器用 LED 背光组件空白详细规范
标准编号：SJ/T 11460. 3. 2-2013
实施日期：2013-12-01
发布部门：中华人民共和国工业和信息化部
标准简介：

本部分规定了显示器用 LED 背光组件的技术要求，以及质量评定程序、检验和试验方法、包装、运输和储存的空白详细要求。

电子电源术语及定义
标准编号：SJ/T 1670-2001
实施日期：2002-01-01
标准简介：

本标准规定了电子电源常用名词术语的定义。本标准适用于电子电源专业范围内制定各种标准、编制各类技术文件，也适用于科研、科学等方面。

交流电容器老化电源完好要求和检查评定方法
标准编号：SJ/T 31381-1994
实施日期：1994-06-01

发布部门： 中华人民共和国电子工业部

标准简介：

本标准规定了交流电容器老化电源的完好要求和检查、评定方法。本标准适用于P80-1/ HM型和P80-4/HM型交流电容器老化电源，类似型式的交流电容器老化电源亦可参照执行。

进出口信息技术设备检验技术要求 第3部分：外部电源的能效

标准编号： SN/T 3324. 3-2012

实施日期： 2013-07-01

发布部门： 中华人民共和国国家质量监督检验检疫总局

标准简介：

SN/T 3324的本部分规定了进出口外部电源的能效的要求、检验及结果判定的方法。本部分适用于进出口或出口到欧盟、美国或其它国家（地区）的外部电源。

地方标准

LED显示屏

标准编号： DB35/T 1304-2012

实施日期： 2013-03-01

发布部门： 福建省质量技术监督局

标准简介：

本标准规定了LED显示屏（以下简称显示屏）的术语和定义、产品分类及型号、技术要求、试验方法、检验规则及标志、包装、运输、贮存等要求。本标准适用于LED显示屏产品。

LED显示屏现场测量方法

标准编号： DB35/T 1369-2013

实施日期： 2014-03-01

发布部门： 福建省质量技术监督局

标准简介：

本标准规定了LED显示屏的电学和光学特性的现场测量方法。本标准适用于户外及室内场所安装的发光二极管（LED）显示屏的现场测量。

车载LED显示屏通用技术规范

标准编号： DB35/T 1373-2013

实施日期： 2014-03-01

发布部门： 福建省质量技术监督局

标准简介：

本标准规定了车载LED显示屏的产品分类、技术要求、试验方法、检验规则及标志、包装、运输、贮存、使用说明书等要求。本标准适用于安装在汽车、火车、轮船等运动载体上的LED显示屏（以下简称为显示屏）。

LED背光源测试方法

标准编号： DB35/T 969-2009

实施日期： 2010-01-30

发布部门： 福建省质量技术监督局

标准简介：

本标准规定了LED背光源（以下简称背光源）的术语和定义及各项主要性能的测试方法。本标准适用于尺寸规格不大于400mm的背光源的测试。

智能变频电磁感应加热节能设备通用技术条件

标准编号： DB37/T 2313-2013

实施日期： 2013-05-01

发布部门： 山东省质量技术监督局

标准简介：

本标准规定了智能变频电磁感应加热节能设备的术语和定义，产品分类，要求，试验方法，检验规则，标志、包装、运输、贮存。本标准适用于整体加热、表面加热、局部加热等所用智能变频电磁感应加热节能设备。

车辆

国家标准

汽车用LED前照灯

标准编号： GB 25991-2010

实施日期： 2012-01-01

发布部门： 国家质量监督检验检疫总局 国家标准化管理委员会

标准简介：

本标准规定了汽车用LED光源/模块或含有LED光源/模块的前照灯配光性能、光色、温度循环等试验方法和检验规则等。本标准适用于M、N类汽车使用的LED前照灯或主要由LED光源或LED模块形成远光或近光的LED前照灯。

电动汽车传导充电系统 第1部分：通用要求

标准编号： GB/T 18487. 1-2015

实施日期： 2016-01-01

发布部门： 中华人民共和国国家质量监督检验检疫总局 中国国家标准化管理委员会

标准简介：

GB/T 18487的本部分规定了电动汽车传导充电系统分类、通用要求、通信、电击防护、电动汽车和供电设备之间的连接、车辆接口和供电接口的特殊要求、供电设备结构要求、性能要求、过载保护和短路保护、急停、使用条件、维修和标识及说明。本部分适用于为电动汽车非车载传导充电的电动汽车供电设备，包括交流充电桩、非车载充电机、电动汽车充电用连接装置等，其供电电源额定电压最大值为AC 1 000V或DC 1 500V，额定输出电压最大值为AC 1 000V或DC 1 500V。

电动车辆传导充电系统 电动车辆与交流/直流电源的连接要求

标准编号： GB/T 18487. 2-2001

实施日期： 2002-05-01

发布部门： 中华人民共和国国家质量监督检验检疫总局

标准简介：

本标准连同 GB/T 18487.1 给出了电动车辆与交流或支流电源的连接要求。当电动车辆与供电电网连接时，根据 GB 156-1993，交流电压最大值为 660V，支流电压最大值为 1 000V。本标准不涉及Ⅱ类车辆。本标准不覆盖保养维修方面的所有安全事项。本标准不适用于无轨电车、铁路机车、工业卡车和原设计为非道路用的车辆。

电动车辆传导充电系统 电动车辆交流/直流充电机（站）

标准编号： GB/T 18487.3-2001

实施日期： 2002-05-01

发布部门： 中华人民共和国国家质量监督检验检疫总局

标准简介：

本标准与 GB/T 18487.1 结合，给出传导连接到电动车辆的交流/直流充电机（站）的具体要求。对于交流充电站，本标准不包括不具有充电控制功能的盒式装置，它配有给电动车辆提供能源的插座。

电动汽车传导充电用连接装置 第 1 部分：通用要求

标准编号： GB/T 20234.1-2015

实施日期： 2016-01-01

发布部门： 中华人民共和国国家质量监督检验检疫总局
中国国家标准化管理委员会

标准简介：

GB/T 20234 的本部分规定了电动汽车传导充电用连接装置的定义、要求、试验方法和检验规则。本部分适用于电动汽车传导式充电用的充电连接装置，其：交流额定电压不超过 690V，频率 50Hz，额定电流不超过 250A；直流额定电压不超过 1 000V，额定电流不超过 400A。如果充电连接装置的供电接口使用了符合 GB 2099.1 和 GB 1002 的标准化插头插座，则本部分不适用于这些插头插座。注：本部分中的车辆是指可外接充电的电动汽车。

电动汽车传导充电用连接装置 第 2 部分：交流充电接口

标准编号： GB/T 20234.2-2015

实施日期： 2016-01-01

发布部门： 中华人民共和国国家质量监督检验检疫总局
中国国家标准化管理委员会

标准简介：

GB/T 20234 的本部分规定了电动汽车传导充电用交流充电接口的通用要求、功能定义、型式结构、参数和尺寸。本部分适用于电动汽车传导充电用的交流充电接口，其额定电压不超过 440V（AC），频率 50Hz，额定电流不超过 63A（AC）。注：如果交流充电接口的供电接口使用了符合 GB2099.1 和 GB1002 的标准化插头插座，则本部分不适用于这些插头插座。

电动汽车传导充电用连接装置 第 3 部分：直流充电接口

标准编号： GB/T 20234.3-2015

实施日期： 2016-01-01

发布部门： 中华人民共和国国家质量监督检验检疫总局
中国国家标准化管理委员会

标准简介：

GB/T 20234 的本部分规定了电动汽车传导充电用直流充电接口的通用要求、功能定义、型式结构、参数和尺寸。本部分适用于充电模式 4 及连接方式 C 的车辆接口，其额定电压不超过 1 000V（DC）、额定电流不超过 250A（DC）。

道路车辆 由传导和耦合引起的电骚扰 第 2 部分：沿电源线的电瞬态传导

标准编号： GB/T 21437.2-2008

实施日期： 2008-09-01

发布部门： 中华人民共和国国家质量监督检验检疫总局
中国国家标准化管理委员会

标准简介：

本部分规定了安装在乘用车及 12V 电气系统的轻型商用车或 24V 电气系统的商用车上设备的传导电瞬态电磁兼容性测试的台架试验，包括瞬态注入和测量。本部分还规定了瞬态抗扰性失效模式严重程度分类。本部分适用于各种动力系统（例如火花点火发动机或柴油发动机，或电动机）的道路车辆。

道路车辆 由传导和耦合引起的电骚扰

标准编号： GB/T 21437.3-2012

实施日期： 2013-06-01

发布部门： 中华人民共和国国家质量监督检验检疫总局
中国国家标准化管理委员会

标准简介：

GB/T 21437 的本部分建立了一种台架试验方法，用以评价被测装置（DUTs）对耦合到非电源线路的电瞬态发射的抗干扰性能。试验瞬态脉冲模拟快速电瞬态骚扰和慢速电瞬态骚扰，例如感性负载切换、继电器触点跳起等引起的瞬态骚扰。本部分提供了三种试验方法：容性耦合钳（CCC）方法；直接电容器耦合（DCC）方法；感性耦合钳（ICC）方法。注：三种试验方法的适用性见表 1。慢速电瞬态试验和快速电瞬态试验仅需选择一种方法。本部分适用于标称电压 12V、24V 或 42V 电气系统的道路车辆。对于瞬态抗扰性，附录 B 提供了推荐的试验严酷等级，与在 GB/T 21437.1 中描述的功能特性状态分类（FPSC1）原理相一致。

电动汽车 DC/DC 变换器

标准编号： GB/T 24347-2009

实施日期： 2010-02-01

发布部门： 中华人民共和国国家质量监督检验检疫总局
中国国家标准化管理委员会

标准简介：

本标准规定了电动汽车 DC/DC 变换器的要求、试验方法、检验规则、标志、包装、运输、贮存等。本标准适用于电动汽车动力电源系统用 DC/DC 变换器。附件和控制系统低压（12V、24V）电源系统使用的 DC/DC 变换器可参照本标准相关内容。本标准中涉及的 DC/DC 变换器的功率等级为千瓦级（1～200kW）；不包括模块式小功率 DC/DC 变换器。

电动汽车充换电设施电能质量技术要求

标准编号： GB/T 29316-2012

实施日期： 2013-06-01

发布部门： 中华人民共和国国家质量监督检验检疫总局
中国国家标准化管理委员会

标准简介：

本标准规定了电动汽车充换电设施电能质量相关标准及检测的要求。本标准适用于电动汽车充换电设施，包括交流充电桩，充、换电站。

电动汽车非车载充电机电能计量

标准编号： GB/T 29318-2012

实施日期： 2013-06-01

发布部门： 中华人民共和国国家质量监督检验检疫总局
中国国家标准化管理委员会

标准简介：

本标准规定了电动汽车非车载充电机（以下简称充电机）计量用直流电能计量装置的配置安装要求、技术要求、试验方法和检验规则，规定了充电机计量技术要求。本标准适用于充电机的电能计量。

电动汽车充电站通用要求

标准编号： GB/T 29781-2013

实施日期： 2014-02-01

发布部门： 中华人民共和国国家质量监督检验检疫总局
中国国家标准化管理委员会

标准简介：

本标准规定了电动汽车充电站（以下简称充电站）的选址原则、供电系统、充电系统、监控系统、电能计量、行车道、停车位、安全要求、标志和标识。本标准适用于采用整车充电方式为电动汽车动力蓄电池进行传导式充电的充电站。

行业标准

汽车用电源总开关技术条件

标准编号： QC/T 427-2013

实施日期： 2013-09-01

发布部门： 中华人民共和国工业和信息化部

标准简介：

本标准规定了汽车用电源总开关的定义、要求、试验方法、检验规则、标志、包装、运输及贮存。本标准适用于额定电压 12V、24V 的汽车用机械式、电磁式电源总开关。

超级电容电动城市客车

标准编号： QC/T 838-2010

实施日期： 2011-03-01

发布部门： 中华人民共和国工业和信息化部

标准简介：

本标准规定了超级电容电动城市客车的术语和定义、型号、要求、试验方法、检验规则、标志、运输和保管。本标准适用于采用超级电容器作为动力电源或以超级电容器作为主要动力电源的各种电动城市客车。

电动汽车传导式充电接口

标准编号： QC/T 841-2010

实施日期： 2011-03-01

发布部门： 中华人民共和国工业和信息化部

标准简介：

本标准规定了电动汽车传导式充电接口的术语与定义、技术参数、充电模式、分类及功能定义、结构尺寸、性能要求、试验方法和检验规则。该标准规定了两种充电接口，一种是为车载充电机提供交流电能的接口，另一种是为电动汽车提供直流电能的接口。本标准适用于交流额定电压为 220V 和直流额定电压不超过 750V 的电动汽车用传导式充电接口。

电动汽车电池管理系统与非车载充电机之间的通信协议

标准编号： QC/T 842-2010

实施日期： 2011-03-01

发布部门： 中华人民共和国工业和信息化部

标准简介：

本标准规定了电动汽车电池管理系统（简称 BMS）与非车载充电机（简称充电机）之间的通信协议。本标准适用于电动汽车非车载充电。该标准的 CAN 标识符为 29 位，通信波特率为 250kbit/s，但该标准不限于 29 位标识符和 250kbit/s 通信波特率，如使用其它格式，可参照该标准制定其 CAN 标识符。标准数据传输采用低位先发送的格式。

电动汽车用传导式车载充电机

标准编号： QC/T 895-2011

实施日期： 2012-07-01

发布部门： 中华人民共和国工业和信息化部

标准简介：

本标准规定了电动汽车传导式车载充电机的基本构成、参数、功能、要求、试验方法、包装、储运方法及标志与标识。本标准适用于纯电动汽车及可外接充电式混合动力电动汽车的车载充电机。

电源车

标准编号： QC/T 911-2013

实施日期： 2013-09-01

发布部门： 中华人民共和国工业和信息化部

标准简介：

本标准规定了电源车的术语和定义、技术要求、试验方法、检验规则、标志、包装、运输和贮存。本标准适用于采用定型汽车底盘改装的，装备有 8～1 250kW、额定电压为 400V 的工频三相交流柴油发电机组的电源车。其它燃料发电机组以及中频或双频的柴油发电机组式电源车可以参考此标准。

电动汽车无线充电系统 第10部分：充电站

标准编号： SZDB/Z 150.10-2015

实施日期： 2016-02-01

发布部门： 深圳市市场监督管理局

标准简介：

本标准规定了电动汽车无线充电系统充电站的供电系统、充电位、监控系统、电能计量、通信系统、防护要求。本标准适用于电动汽车无线充电系统的充电站和充电位设计和建设工作。

地方标准

新能源汽车及充电设施公共数据采集技术规范

标准编号： DB31/T 845-2014

实施日期： 2014-12-01

发布部门： 上海市质量技术监督局

标准简介：

本标准规定了电动汽车远程服务与管理系统综合服务和管理平台（简称综合平台）与企业服务与管理平台（简称企业平台）之间数据交换的技术要求，包括的通信协议结构、数据包结构和定义、数据单元格式和定义、数据信息采集间隔等内容。本标准适用于电动汽车远程服务与管理系统综合平台与企业平台之间的数据交换。

电动汽车非车载充电设备

标准编号： DB34/T 2043-2014

实施日期： 2014-03-17

发布部门： 安徽省质量技术监督局

标准简介：

本标准规定了电动汽车非车载充电设备的术语和定义、环境要求、要求、检验方法、检验规则、标志、包装、运输、贮存。本标准适用于电动汽车非车载充电设备的设计、制造、验收和使用。

普通照明用LED灯具（固定式、可移式、嵌入式）

标准编号： DB35/T 810-2008

实施日期： 2008-07-10

发布部门： 福建省质量技术监督局

标准简介：

本标准规定了普通照明用LED灯具的型号与代号、技术要求、试验方法、检验规则、标志、包装、使用说明、贮存和运输。本标准适用于以LED为光源的工作电压不超过250V的普通照明灯具，如吸顶灯、吊灯、壁灯、台灯、落地灯、筒灯、射灯等。

景观装饰用LED灯具

标准编号： DB35/T 811-2008

实施日期： 2008-07-10

发布部门： 福建省质量技术监督局

标准简介：

本标准规定了景观装饰用LED灯具的型号与代号、技术要求、试验方法、检验规则、标志、包装、使用说明、贮存和运输。本标准适用于景观装饰用LED灯具，主要包括：①用来勾勒建筑或是其它物的外观的护栏灯、数码管、线条灯等。②像素灯。③埋地灯。④水底灯。⑤异型灯，包括用于庭院、街道、公园、休闲广场、商场的宣传广告、招牌、标语等灯。⑥洗墙灯。

投光照明用LED灯具

标准编号： DB35/T 812-2008

实施日期： 2008-07-10

发布部门： 福建省质量技术监督局

标准简介：

本标准规定了投光照明用LED灯具的型号与代号、技术要求、试验方法、检验规则、标志、包装、使用说明、贮存和运输。本标准适用于以LED为光源的工作电压不超过250V的投光照明用灯具，主要包括：①投光灯。②泛光灯。

道路照明用LED灯具

标准编号： DB35/T 813-2008

实施日期： 2008-07-10

发布部门： 福建省质量技术监督局

标准简介：

本标准规定了道路照明用LED灯具的型号与代号、技术要求、试验方法、检验规则、标志、包装、使用说明、贮存和运输。本标准适用于道路照明用LED灯具，主要包括：①道路、街路、庭园场所及其它室外公共场所照明的灯具。②隧道照明灯具。

起动充电机通用技术条件

标准编号： DB37/T 1374-2009

实施日期： 2010-01-01

发布部门： 山东省质量技术监督局

标准简介：

暂缺。

电动汽车充电站安全要求

标准编号： DB44/T 1188-2013

实施日期： 2013-12-16

发布部门： 广东省质量技术监督局

标准简介：

暂缺。

电动汽车用充电设备谐波干扰限值和检测方法

标准编号： DB44/T 1192-2013

实施日期： 2013-12-16

发布部门： 广东省质量技术监督局

标准简介：

暂缺。

铁路

国家标准

轨道交通 机车车辆 组合试验 第1部分：逆变器供电的交流电动机及其控制系统的组合试验

标准编号： GB/T 25117.1-2010

实施日期： 2011-02-01

发布部门： 中华人民共和国国家质量监督检验检疫总局
中国国家标准化管理委员会

标准简介：

GB/T 25117 的本部分适用于机车车辆上电动机、逆变器及其控制系统所构成的组合系统，其目的是规定：机车车辆逆变器、交流电动机和相关控制系统所组成的电传动系统的性能特性；验证这些性能特性的试验方法。验证这些性能特性的试验方法。组合系统分为以下两种类型：①由逆变器供电的交流电动机（主要是辅助电动机，例如冷却通风电动机），其机械输出（转矩、转 速）和逆变器之间无任何控制，可视为电动机通过汇流排（变频变压或定频定压）供电工作。②在机械输出和逆变器之间存在受控的（并联或非并联）交流电动机。

轨道交通 机车车辆 组合试验 第3部分：间接变流器供电的交流电动机及其控制系统的组合试验

标准编号： GB/T 25117.3-2010

实施日期： 2011-02-01

发布部门： 中华人民共和国国家质量监督检验检疫总局
中国国家标准化管理委员会

标准简介：

GB/T 25117 的本部分适用于机车车辆上电动机、间接变流器及其控制系统所构成的组合系统，其目的是规定：机车车辆变流器、交流电动机及其控制系统所构成的电传动系统的性能特性；验证这些性能特性的试验方法。

轨道交通 机车车辆用电力变流器 第1部分：特性和试验方法

标准编号： GB/T 25122.1-2010

实施日期： 2011-02-01

发布部门： 中华人民共和国国家质量监督检验检疫总局
中国国家标准化管理委员会

标准简介：

GB/T25122 的本部分规定了机车车辆用电力电子变流器的术语和定义、使用条件、一般特性和试验方法。本部分适用于为机车车辆（电力机车、内燃机车、动车、客车及拖车等）牵引电路与辅助电路供电的电力电子变流器。本部分也适用于其它牵引机车车辆（例如有轨电车、地铁、城市轨道交通车辆）的电力电子变流器。本部分适用于完整的变流器机组及其配置，包括：半导体器件组件；集成冷却系统；中间直流环节的部件，包括与直流环节相连的滤波器；半导体驱动单元（SDU）及有关传感器；保护电路。本部分不适用于为半导体驱动单元（SDU）提供电气控制电源和变流器工作有关的其它设备（如传感器）供电的变流器。

轨道交通 机车车辆用电力变流器 第2部分：补充技术资料

标准编号： GB/T 25122.2-2010

实施日期： 2011-02-01

发布部门： 中华人民共和国国家质量监督检验检疫总局
中国国家标准化管理委员会

标准简介：

GB/T 25122 的本部分说明了机车车辆电力电子变流器（例如外部换相整流器、自换相整流器、斩波器和逆变器）的基本电路结构、控制方法、工作方式和性能。本部分列出了典型的图表和例子进行论述，但并没有论述变流器的所有方面。本部分是 GB/T 25122.1—2010 的补充技术资料。

电力牵引 轨道机车车辆和公路车辆用旋转电机

标准编号： GB/T 25123.1-2010

实施日期： 2011-02-01

发布部门： 中华人民共和国国家质量监督检验检疫总局
中国国家标准化管理委员会

标准简介：

GB/T25123 的本部分规定了电力传动的轨道机车车辆和公路车辆上，除电子变流器供电的交流电动机之外的旋转电机。这些机车车辆可从外部电源或内部电源获得动力。本部分的目的是通过试验确认电机的性能，并为评定电机对某一规定负载的适应性以及与其它电机进行比较提供依据。

电力牵引 轨道机车车辆和公路车辆用旋转电机 第2部分：电子变流器供电的交流电动机

标准编号： GB/T 25123.2-2010

实施日期： 2011-02-01

发布部门： 中华人民共和国国家质量监督检验检疫总局
中国国家标准化管理委员会

标准简介：

GB/T25123 的本部分适用于驱动轨道机车车辆和公路车辆的由电子变流器供电的交流电动机。本部分为通过试验确定电动机的性能并评定该电动机对某一规定工作制的适应性以及与其它电动机进行比较提供依据。

电力牵引 轨道机车车辆和公路车辆用旋转电机 第3部分：用损耗总和法确定变流器供电的交流电动机的总损耗

标准编号： GB/T 25123.3-2011

实施日期： 2012-06-01

发布部门： 中华人民共和国国家质量监督检验检疫总局
中国国家标准化管理委员会

标准简介：

GB/T25123 的本部分适用于符合 GB/T25123.2 的电动机。变流器供电的电动机的总损耗可用损耗总和法来确定，这些损耗由负载试验和空载试验得到。总输入功率等于基波频率的输入功率和其它所有频率的输入功率之和。实际上，其它所有频率的输入功率包括了由变流器电源中电压和电流谐波所产生的损耗，它可以通过采用适当的测量仪表，测量电动机负载状态时的总输入功率和基波频率的输入功率来求得。由于基波频率所产生的损耗不能直接测量，因此需通过测量基波频率的负载电流和基波频率的空载输入功率来求得。

电力机车、电力动车组主变流器用水散热器
标准编号：GB/T 25331-2010
实施日期：2011-03-01
发布部门：中华人民共和国国家质量监督检验检疫总局
中国国家标准化管理委员会
标准简介：

本标准规定了电力机车、电力动车组主变流器用水散热器的技术要求、试验方法、检验规则以及标志、包装、贮存等要求。本标准适用于电力机车、电力动车组主变流器用新造水散热器的设计、制造和验收。

行业标准

煤矿蓄电池电机车用隔爆型充电机
标准编号：MT 1093-2008
实施日期：2010-07-01
发布部门：国家安全生产监督管理总局
标准简介：

本标准规定了煤矿蓄电池电机车用隔爆型充电机的产品分类、要求、试验方法、检验规则、标志、包装、运输和贮存。本标准适用于煤矿蓄电池电机车用隔爆型充电机（以下简称充电机）。

机车用直流开关电源柜
标准编号：TB/T 1395-2011
实施日期：2013-01-01
发布部门：中华人民共和国铁道部
标准简介：

本标准规定了机车用直流开关电源柜的技术条件、试验方法及验收规则等。本标准适用于机车用直流开关电源柜，也可作为客车和动车组直流开关电源柜的参考。

铁路信号电源屏　第 1 部分：总则
标准编号：TB/T 1528. 1-2002
实施日期：2003-02-01
发布部门：中华人民共和国铁道部
标准简介：

本部分规定了铁路信号电源屏（以下简称电源屏）的术语和定义、产品分类、技术要求、检验规则、标志、包装、运输、贮存等。本部分适用于铁路信号继电联锁、计算机联锁、驼峰信号、25Hz 相敏轨道电路、区间自动闭塞等设备的供电电源设备。

铁路信号电源屏　第 2 部分：试验方法
标准编号：TB/T 1528. 2-2005
实施日期：2005-12-01
标准简介：

本部分规定了铁路信号电源屏（以下简称受试设备）的术语和定义、试验要求和试验方法等。本部分适用于铁路继电联锁信号电源屏、计算机联锁信号电源屏、驼峰信号电源屏、区间信号电源屏、25Hz 信号电源屏等受试设备。但各类受试设备需要进行的试验项目和技术指标应在各自技术标准的检验规则中作出规定。

铁路信号电源屏　第 3 部分：继电联锁信号电源屏
标准编号：TB/T 1528. 3-2002
实施日期：2003-02-01
发布部门：中华人民共和国铁道部
标准简介：

本部分规定了继电联锁电源的术语和定义、产品分类、技术要求、检验规则、标志、包装、运输、贮存等。本部分适用于继电联锁信号设备的供电电源设备。

铁路信号电源屏　第 4 部分：计算机联锁信号电源屏
标准编号：TB/T 1528. 4-2002
实施日期：2003-02-01
发布部门：中华人民共和国铁道部
标准简介：

本部分规定了计算机联锁信号电源屏的术语和定义、产品分类、技术要求、检验规则、标志、包装、运输、贮存等。本标准适用于计算机联锁信号设备的供电电源设备。

铁路信号电源屏　第 5 部分：驼峰信号电源屏
标准编号：TB/T 1528. 5-2005
实施日期：2005-12-01
标准简介：

本部分规定了驼峰信号电源屏（以下简称电源屏）的术语和定义、产品分类、技术要求、检验规则、标志、包装、运输、贮存等。本部分适用于驼峰信号设备的供电电源设备。

铁路信号电源屏　第 6 部分：区间信号电源屏
标准编号：TB/T 1528. 6-2002
实施日期：2003-02-01
发布部门：中华人民共和国铁道部
标准简介：

本部分规定了区间信号电源屏的术语和定义、产品分类、技术要求、检验规则、标志、包装、运输、贮存等。本部分适用于区间信号设备的供电电源设备。

铁路信号电源屏　第 7 部分：25Hz 信号电源屏
标准编号：TB/T 1528. 7-2002
实施日期：2003-02-01
发布部门：中华人民共和国铁道部
标准简介：

本标准规定了25Hz信号电源屏的术语和定义、产品分类、技术要求、检验规则、标志、包装、运输、贮存等。本标准适用于25Hz信号设备的供电电源设备。

铁路中间站通信电源设备技术条件

标准编号： TB/T 2169-2002

实施日期： 2002-07-01

发布部门： 中华人民共和国铁道部

标准简介：

本标准规定了铁路中间站用通信电源设备及铁路通信站用组合电源设备的通用技术要求。本标准适用于交流称称电压为220V/3 800V、标准频率为50Hz，交流输出电流不大于100A，直流额定电压为－48V、直流输出电流不大于200A，以低压电器和电子器件组成的铁路中间站电源柜。本标准可作为“铁路中间站电源柜”及“铁路通信站组合电源柜”产品设计、制造、采购、使用及质量检验的依据。

铁路450MHz机车电台电源技术要求和试验方法

标准编号： TB/T 2677-1995

实施日期： 1996-10-01

标准简介：

本标准规定了铁路450MHz机车电台电源的适用范围、基本新能、技术要求及试验方法。本标准适用于铁路450MHz机车电台电源的产品设计、生产及检验。

铁路450MHz车站电台电源技术要求和试验方法

标准编号： TB/T 2678-1995

实施日期： 1996-10-01

标准简介：

本标准规定了铁路450MHz车站电台电源的适用范围、基本新能、技术要求及试验方法。本标准适用于铁路450MHz列车无线调度通信设备车站电台电源的产品设计、生产及检验。

铁道客车车厢用灯　第2部分：卧铺车厢用LED床头阅读灯

标准编号： TB/T 3085. 2-2003

实施日期： 2004-04-01

发布部门： 中华人民共和国铁道部

标准简介：

本部分规定了LED系列床头阅读灯（以下简称阅读灯）的技术要求、试验方法、检验规则、标志、包装、运输、贮存等。本部分适用于铁道客车卧铺车厢用LED系列床头阅读灯。

铁路应用　机车车辆　逆变器供电的交流电动机及其控制系统的综合试验

标准编号： TB/T 3117-2005

实施日期： 2005-12-01

发布部门： 中华人民共和国铁道部

标准简介：

本标准规定了机车车辆逆变器、交流电动机和相关控制系统所组成的电传动系统的性能、特性和用试验来检验其性能、特性的方法。本标准适用于机车车辆上电动机、逆变器及其控制的组合系统。

机车空调电源

标准编号： TB/T 3141-2006

实施日期： 2007-05-01

标准简介：

本标准规定了电力机车和内燃机车用空调电源的技术要求、试验方法及验收规则等。本标准适用于电力机车和内燃机车上的机车空调电源。

交-直传动电力机车电力变流器动态负荷试验台技术条件

标准编号： TB/T 3186-2007

实施日期： 2008-05-01

标准简介：

本标准规定了交-直传动电力机车电力变流器动态负荷试验台的技术要求、试验方法、检验规则、包装、标志及贮存等。本标准适用于交-直传动电力机车电力变流器试验用动态负荷试验台。

电力机车控制电源柜试验台

标准编号： TB/T 3214-2009

实施日期： 2010-05-01

发布部门： 中华人民共和国铁道部

标准简介：

本标准规定了电力机车控制电源柜试验台的技术要求、试验方法、检验规则、标志、包装、运输和贮存等。本标准适用于直流110V机车控制电源柜试验用试验台。

电力机车辅助变流器

标准编号： TB/T 3215-2009

实施日期： 2010-05-01

发布部门： 中华人民共和国铁道部

标准简介：

本标准规定了交-直传动电力机车辅助变流器的使用条件、特性、技术要求、试验项目、试验方法及检验规则等。本标准适用于交-直传动电力机车上使用的辅助变流器。

LED铁路信号机构通用技术条件

标准编号： TB/T 3242-2010

实施日期： 2011-04-01

发布部门： 中华人民共和国铁道部

标准简介：

本标准规定了LED铁路信号机构（以下简称机构）的产品型号、产品分类、技术要求、试验方法、检验规则及标志、包装、运输、贮存。本标准适用于机构的设计、制造、检验和维修。

机车车辆电气设备供电地面电源

标准编号：TB/T 3331-2013

实施日期：2013-09-01

发布部门：中华人民共和国铁道部

标准简介：

本标准规定了机车车辆电气设备供电地面电源的环境条件、系统组成、技术要求、检验方法、检验规则、标志、包装、运输和贮存。本标准适用于铁道机车车辆在检修、检查、整备及存车时，对其辅助电气系统进行供电的地面电源，不包括对机车车辆的主牵引系统进行供电的地面电源。

仪器、仪表

行业标准

电影放映用整流器

标准编号：JB/T 11090-2011

实施日期：2012-04-01

发布部门：中华人民共和国工业和信息化部

标准简介：

本标准规定了电影放映用整流器的术语和定义、型号规格与基本参数、技术要求、试验方法、检验规则及标志、包装、运输、贮存。本标准适用于晶闸管整流式和开关电源式的负载为高压短弧氙灯的电影放映用整流器。

无损检测仪器　工业软 X 射线探伤机

标准编号：JB/T 11234-2011

实施日期：2012-04-01

发布部门：中华人民共和国工业和信息化部

标准简介：

本标准规定了软 X 射线探伤机的主参数系列、型号编制方法、技术要求、试验方法和检验规则等。本标准适用于采用铍窗外封接的软 X 射线管，管电压为 10～100kV，额定电源电压为 220V，频率为 50Hz 完全防电击软 X 射线探伤机。

无损检测仪器　工业 X 射线探伤机　通用技术条件

标准编号：JB/T 11278-2012

实施日期：2012-11-01

发布部门：中华人民共和国工业和信息化部

标准简介：

本标准规定了工业 X 射线探伤机通用技术要求、检查与试验方法。本标准适用于额定电源电压为交流 220V、380V 或 220V/380V，频率为 50Hz 的工业 X 射线探伤机。

磁放大式电子交流稳压器可靠性要求与考核方法

标准编号：JB/T 5409-1991

实施日期：1992-07-01

发布部门：中华人民共和国机械电子工业部

标准简介：

本标准规定了单相工频输入和输出的电子控制磁放大调整形式电子交流稳压器的可靠性要求与考核方法。本标准适用于 ZBN25001《磁放大式电子交流稳压器》的规定范围，并假设相邻失效时间的统计分布规律。

无损检测仪器　工业 X 射线探伤机电气通用技术条件

标准编号：JB/T 6221-2012

实施日期：2012-11-01

发布部门：中华人民共和国工业和信息化部

标准简介：

本标准规定了工业 X 射线探伤机电气系统通用技术要求、检查与试验。本标准适用于额定电源电压为交流 220V、380V 或 220V/380V，频率为 50Hz 的工业 X 射线探伤机的电气系统。

工业自动化仪表通用试验方法　第 2 部分：电源电压频率变化抗扰度试验

标准编号：JB/T 6239. 2-2007

实施日期：2008-03-01

发布部门：中华人民共和国国家发展和改革委员会

标准简介：

JB/T 6239 的本部分规定了工业自动化仪表电源电压频率变化抗扰度试验的试验方法，包括试验设备、试验配置、试验程序及试验结果和试验报告。本部分适用于工业自动化仪表电源电压频率变化抗扰度的性能评定。

工业自动化仪表通用试验方法　第 3 部分：电源电压低降抗扰度试验

标准编号：JB/T 6239. 3-2007

实施日期：2008-03-01

发布部门：中华人民共和国国家发展和改革委员会

标准简介：

JB/T 6239 的本部分规定了工业自动化仪表电源电压低降抗扰度试验的试验方法，包括试验设备、试验配置、试验程序及试验结果和试验报告。本部分适用于交流或直流供电的工业电动化仪表电源电压低降抗扰度的性能评定。

工业自动化仪表通用试验方法　第 4 部分：电源短时中断抗扰度试验

标准编号：JB/T 6239. 4-2007

实施日期：2008-03-01

发布部门：中华人民共和国国家发展和改革委员会

标准简介：

JB/T 6239 的本部分规定工业自动化仪表电源短时中断抗扰度试验的试验方法、包括试验设备、试验配置、试验程序及试验结果和试验报告。本部分适用于工业自动化仪表电源短时中断抗扰度的性能评定。

工业自动化仪表通用试验方法　第 5 部分：电源快速瞬变单脉冲抗扰度试验

标准编号：JB/T 6239. 5-2007

实施日期：2008-03-01

发布部门：中华人民共和国国家发展和改革委员会
标准简介：

JB/T 6239 的本部分规定了工业自动化仪表电源快速瞬变单脉冲抗扰度试验的试验方法，包括试验设备、试验配置、试验程序及试验结果和试验报告。本部分适用于交流或直流供电的工业自动化仪表电源快速瞬变单脉冲抗扰度的性能评定。本部分不包括直接参与或不参与过程测量、信号传输和控制的端口及功能接地端口试验，也不适用于连接电池或再充电时必须从装置上拆下的可充电电池输入端口。

测量用交流稳压电源装置
标准编号：JB/T 6786-1993
实施日期：1994-01-01
发布部门：中华人民共和国机械电子工业部
标准简介：

本标准规定了测量用交流稳压电源装置（以下简称装置）的技术要求、试验方法、检验规则及包装等。本标准适用于在电测量时能提供交流电压校准值的装置。也适用于这些装置的附件。

交流输出稳定电源
标准编号：JB/T 7397-1994
实施日期：1995-05-01
发布部门：中华人民共和国机械工业部
标准简介：

本标准规定了交流输出稳定电源的术语、技术性能和试验方法等。

工业自动化仪表用电源电压
标准编号：JB/T 8207-1999
实施日期：2000-01-01
发布部门：国家机械工业局
标准简介：

本标准规定了由外界供电的工业自动化仪表的交流电源电压、频率和直流电源电压的公称值。本标准适用于工业自动化仪表。电源电压和频率的允差由 JB/T 9237.2-1999 工业自动化仪表工作条件动力》规定。

磁放大式电子交流稳压器
标准编号：JB/T 9299-1999
实施日期：2000-01-01
发布部门：国家机械工业局
标准简介：

本标准适用于单相工频输入和输出的电子控制磁放大调整形式的电子交流稳压器。本标准不包括测量用交流稳压电源（校准源）。本标准是属电源设计、生产、质量检验和使用的共同技术依据，也是制订符合本标准范围的产品企业标准的依据，相应产品企业标准的规定要求不应低于标准的要求。

电子设备用稳压变压器总技术条件
标准编号：SJ 2605-1985
实施日期：1986-07-01
标准简介：

本标准适用于电子设备及其类似产品中使用的单相铁磁谐振式交流稳压变压器。该稳压变压器任一绕组的工作电压不高于 5kV，电源频率为 50Hz。稳压变压器的容量不大于 3kV·A。本标准所规定的各项技术要求是按稳压变压器在电阻性负载工作时的数据确定的。当稳压变压器的负载呈感性或容性时，应采用模拟负载电路测试稳压变压器的各项技术指标。

雷达用高压充电电感通用技术条件（可供认证用）
标准编号：SJ 2697-1986
实施日期：1987-01-01
标准简介：

本标准适用于雷达发射机和其它类似设备中带有铁心的充电电感（Charging Inductor，简称 CI）。其充电电压为 1～50kV，重量在数公斤至数百公斤之间。

400Hz 三相 E 型铁心电源变压器典型计算
标准编号：SJ/Z 1758-1981
实施日期：1981-10-01
标准简介：

暂缺。

单相 50HzC 型铁心电源变压器和滤波阻流圈典型计算
标准编号：SJ/Z 1762-1981
实施日期：1981-10-01
标准简介：

本指导性技术文件规定了单相电源变压器和平滑滤波阻流圈的典型计算方法。适用 SJ 126-77 铁心制成的电源变压器和滤波阻流圈。

50Hz 三相 E 型铁心电源变压器典型计算
标准编号：SJ/Z 1763-1981
实施日期：1981-10-01
标准简介：

暂缺。

单相 C 型铁心电源变压器和滤波阻流圈典型计算
标准编号：SJ/Z 2165-1982
实施日期：1983-01-01
标准简介：

本指导性技术文件规定了电子设备用电源变压器和滤波阻流圈典型计算方法。适用于由 SJ 103-77 铁心制成的电源变压器和滤波阻流圈，其电源频率分别为 50Hz 和 400Hz。

GE、GEB 型铁心单相 50Hz 电源变压器典型计算
标准编号：SJ/Z 2556-1984

实施日期：1985-10-01

标准简介：

暂缺。

地方标准

变频电量测量仪器 测量用变送器

标准编号：DB43/T 879.1-2014

实施日期：2014-08-06

发布部门：湖南省质量技术监督局

标准简介：

本标准规定了变频电量输入、模拟量或数字量输出的测量用变频电量变送器的术语、使用条件、额定值、技术要求、试验方法、检验规则、标志、检验合格证及包装。本标准适用于将变频电量转换成方便二次设备使用的、包含一次变频电量在变送器带宽范围内的全部特征信息的模拟信号或数字编码信号的变送器；其输入量标称基波频率在0～1.5kHz之间、电压在35kV以下、电流在7kA以内的测量用变送器。

工程建设

国家标准

电气装置安装工程　电力变流设备施工及验收规范

标准编号：GB 50255-2014

实施日期：2014-10-01

发布部门：中华人民共和国住房和城乡建设部

标准简介：

本规范由住房和城乡建设部第320号公告发布，自2014年10月1日实施。本规范共7章，主要内容包括：总则、术语、基本规定、电力变流设备的安装、冷却系统的安装、电力变流设备的试验、工程交接验收。本规范适用于除电力系统高压直流输电和柔性交流输电以外的电力变流设备的施工、调试及验收。

电动汽车充电站设计规范

标准编号：GB 50966-2014

实施日期：2014-10-01

发布部门：中华人民共和国住房和城乡建设部

标准简介：

本规范共12章和1个附录，主要内容包括：总则，术语和符号，规模及站址选择，总平面布置，充电系统，供配电系统，电能质量，计量系统，监控及通信系统，土建，消防给水和灭火设施，节能与环保等。本规范适用于采用整车充电模式的电动汽车充电站的设计。适合广大设计、施工、科研、学校等单位有关人员。

LED室内照明应用技术要求

标准编号：GB/T 31831-2015

实施日期：2016-01-01

发布部门：中华人民共和国国家质量监督检验检疫总局
中国国家标准化管理委员会

标准简介：

本标准规定了建筑室内照明用LED光源和LED灯具的术语和定义、一般要求、规格分类要求、性能要求及控制要求。本标准适用于建筑室内照明用LED光源和LED灯具及应用。

LED城市道路照明应用技术要求

标准编号：GB/T 31832-2015

实施日期：2016-01-01

发布部门：中华人民共和国国家质量监督检验检疫总局
中国国家标准化管理委员会

标准简介：

本标准规定了城市道路（含城市隧道）照明用LED灯具的术语和定义、一般要求、分类及性能要求。本标准适用于城市道路（含城市隧道）照明用LED灯具及应用。

行业标准

建筑物低压电源电涌保护器选用、安装、验收及维护规程（附条文说明）

标准编号：CECS 174-2004

实施日期：2005-06-01

发布部门：中国工程建设标准化协会

标准简介：

本规程是为了更好地限制雷电电涌，保证雷电建筑物内低压电源系统和与其连接的电气、电子设备的安全，规范电涌保护措施而制定的。

电能质量测试分析仪检定规程

标准编号：DL/T 1028-2006

实施日期：2007-05-01

发布部门：中华人民共和国国家发展和改革委员会

标准简介：

本标准规定了电能质量测试分析仪的技术要求及检定方法等。本标准适用于新生产和使用中的电能质量测试分析仪和多功能测量仪器的电能质量测量功能部分的检定。本标准也适用于电压检测仪测量误差的检定。本标准不适用于暂态谐波的检定。

抽水蓄能机组静止变频装置运行规程

标准编号：DL/T 1302-2013

实施日期：2014-04-01

发布部门：国家能源局

标准简介：

本标准规定了抽水蓄能机组静止变频装置运行技术条件、运行操作、巡视检查、运行监视、运行分析、不正常运行和故障处理等要求。本标准适用于抽水蓄能机组抽水方向起动的静止变频装置。

电气装置安装工程　质量检验及评定规程　第13部分：电力变流设备施工质量检验

标准编号：DL/T 5161.13-2002

实施日期：2002-12-01

发布部门：中华人民共和国国家经济贸易委员会

标准简介：

本章适用于需要安装基础的整流逆变类盘、蓄电池柜、稳压器柜、隔离变压器等的基础安装。

火力发电厂热工电源及气源系统设计技术规程

标准编号：DL/T 5455-2012

实施日期：2012-12-01

发布部门：国家能源局

标准简介：

本标准由国家能源局2012年公告第6号批准发布，自2012年12月1日起施行。本标准适用于汽轮发电机组容量为125MW级至1 000MW级机组的凝汽式火力发电厂和50MW级及以上供热式机组的热电厂仪表与控制电源系统及气源系统的设计。

LED车道控制标志

标准编号：JT/T 597-2004

实施日期：2005-02-01

发布部门：中华人民共和国交通部

标准简介：

本标准规定了LED车道控制标志产品（以下简称标志）的组成与分类、技术要求、试验方法、检验规则以及标识、包装、运输与贮存等内容。本标准适用于公路上LED车道控制标志，其它道路可参照使用。

高速公路监控设施通信规程 第3部分：LED可变信息标志

标准编号：JT/T 606.3-2004

实施日期：2005-02-01

发布部门：中华人民共和国交通部

标准简介：

JT/T606的本部分规定了LED可变信息标志的通信规程，并给出了通信过程中采用的数据格式。本部分适用于高速公路监控系统中的上位机与安装于路侧的LED可变信息标志之间的数据通信过程。

铁路通信电源设计规范（附条文说明）

标准编号：TB 10072-2000

实施日期：2001-04-01

发布部门：中华人民共和国铁道部

标准简介：

本规范适用于铁路通信站、中间站通信机械室等固定站的新建、改建铁路通信电源设计。

体育场馆设备使用要求及检验方法 第1部分：LED显示屏

标准编号：TY/T 1001.1-2005

实施日期：2005-12-01

发布部门：中华人民共和国国家体育总局

标准简介：

TY/T 1001的本部分规定了体育场馆用LED显示屏的定义、分类、使用要求、检验方法及合格判定规则。本部分适用于田径场综合体育馆、游泳馆、跳水馆的LET显示屏。其它体育场馆可参考执行。本部分不包括计时记分系统内的显示屏和场馆内引导方向的显示屏。

冶金低压变频传动成套设备规范

标准编号：YB/T 4389-2013

实施日期：2014-03-01

发布部门：中华人民共和国工业和信息化部

标准简介：

编制本标准的目的是为冶金低压变频传动成套设备规定术语和符号，并阐明其使用条件、成套设备的分类、电气参数、技术要求、检验规则、标志及使用说明书、包装运输及贮存等。本标准的适用范围为额定电压交流不超过1 000V、额定频率不超过1 000Hz、额定直流电压不超过1 500V的冶金低压变频传动成套设备。

通信电源设备安装工程验收规范

标准编号：YD 5079-2005

实施日期：2006-10-01

发布部门：中华人民共和国信息产业部

标准简介：

本规范是通信电源设备安装工程施工质量检查、随工检验和工程竣工验收等工作的技术依据，适用于新建工程。对于改建、扩建工程可参照执行。

通信电源集中监控系统工程设计规范

标准编号：YD/T 5027-2005

实施日期：2006-10-01

发布部门：中华人民共和国信息产业部

标准简介：

本规范适用于新建的通信电源集中监控系统（以下简称监控系统）的工程设计。改扩建工程可参照执行。

通信电源集中监控系统工程验收规范

标准编号：YD/T 5058-2005

实施日期：2006-10-01

发布部门：中华人民共和国信息产业部

标准简介：

本规范是通信电源集中监控系统工程施工质量检查、工程初验、工程试运行和工程终验的依据。本规范适用于新建的通信电源集中监控系统工程，对于改建、扩建工程验收可参照本规范执行。

地方标准

LED照明工程安装与质量验收规程

标准编号：DB21/T 2205-2013

实施日期：2014-01-12

发布部门：辽宁省质量技术监督局

标准简介：

暂缺。

采用 LED 技术的照明工程施工与验收规范　第 1 部分：施工规范

标准编号：DB31/T 468. 1-2009

实施日期：2009-05-01

发布部门：上海市质量技术监督局

标准简介：

暂缺。

采用 LED 技术的照明工程施工与验收规范　第 2 部分：验收规范

标准编号：DB31/T 468. 2-2009

实施日期：2009-05-01

发布部门：上海市质量技术监督局

标准简介：

暂缺。

机械

国家标准

弧焊电源　防触电装置

标准编号：GB 10235-2012

实施日期：2013-12-01

发布部门：中华人民共和国国家质量监督检验检疫总局
中国国家标准化管理委员会

标准简介：

本标准规定了弧焊电源防触电装置的产品型式、基本参数、结构及安全要求、检验方法、检验规则和铭牌信息等。本标准适用于 GB15579. 1 所规定的各种类型的弧焊电源用的防触电装置（以下简称装置）。

弧焊设备　第 1 部分：焊接电源

标准编号：GB 15579. 1-2013

实施日期：2014-08-07

发布部门：中华人民共和国国家质量监督检验检疫总局
中国国家标准化管理委员会

标准简介：

GB15579 的本部分规定了弧焊电源以及等离子切割系统的安全要求和性能要求。本部分适用于为工业和专业用途而设计的由不超过 IEC60038 中表 1 规定的电压供电或由机械设备驱动的弧焊和类似工艺所用的电源。本部分不适用于主要为非专业人员使用的限制负载的手工电弧焊电源。本部分不适用于正处于维护保养周期内或维修后的焊接电源的检测。

弧焊设备　第 6 部分：限制负载的手工金属弧焊电源

标准编号：GB 15579. 6-2008

实施日期：2009-06-01

发布部门：中华人民共和国国家质量监督检验检疫总局
中国国家标准化管理委员会

标准简介：

本标准为条文强制性标准。《弧焊设备》涉及的范围为电弧焊机及其辅机具，预计结构是分为 12 个部分，本部分为《弧焊设备》的第 6 部分。本部分等同采用 IEC 60974-6：2003《弧焊设备 第 6 部分：限制负载的手工金属弧焊电源》。本部分规定了额定最大焊接电流不超过 160A 的弧焊电源的结构安全要求和性能要求，适用于带热切断装置的、限制负载的手工金属弧焊电源。这些弧焊电源主要由非专业人员使用。本部分不适用于：旋转式弧焊电源；带遥控的弧焊电源；变频式的弧焊电源。本部分与 IEC 60974-6：2003 的差异：取消了国际标准的前言；在 3. 3 的 E 43R 后面增加我国对应的焊条型号 E 4303。

起重机械用电动机能效测试方法　第 1 部分：YZP 系列变频调速三相异步电动机

标准编号：GB/T 29562. 1-2013

实施日期：2014-01-01

发布部门：中华人民共和国国家质量监督检验检疫总局
中国国家标准化管理委员会

标准简介：

GB/T29562 的本部分规定了 YZP 系列起重及冶金用变频调速三相异步电动机的能效测试方法。本部分适用于 YZP 系列起重及冶金用变频调速三相异步电动机，凡属本系列电动机所派生的各种系列电动机均可参照执行。

液力变矩器　性能试验方法

标准编号：GB/T 7680-2005

实施日期：2006-01-01

发布部门：中华人民共和国国家质量监督检验检验总局
中国国家标准化管理委员会

标准简介：

本标准规定了液力变矩器在台架上测定性能的试验条件、方法和数据处理方法。本标准适用于各种液力变矩器的性能试验。液力机械变矩器应参照执行。

行业标准

环境保护产品技术要求　电除尘器高压整流电源

标准编号：HJ/T 320-2006

实施日期：2007-02-01

发布部门：国家保护总局

标准简介：

本标准适用于高压静电除尘器的整流电源（以下简整流电源），也适用于除雾、除焦油及其它环境保护用途的高压整流电源。

一般用变频喷油螺杆空气压缩机

标准编号：JB/T 10972-2010

实施日期：2010-07-01

发布部门：中华人民共和国工业和信息化部

标准简介：

本标准规定了一般用变频喷油螺杆空气压缩机的术语和定义、基本参数、要求、试验方法、检验规则、标志、包装及贮存。本标准适用于驱动电动机功率为（2.2～315）kW、额定排气压力为0.7（0.8）MPa、1.0MPa和1.25MPa的一般用固定的风冷和水冷变频螺杆空压机。

电除尘用恒流高压直流电源
标准编号： JB/T 11074-2011
实施日期： 2011-08-01
发布部门： 中华人民共和国工业和信息化部
标准简介：
本标准规定了电除尘用工频恒流高压直流电源的型谱、技术要求、试验方法、检验规则、标志、包装、运输和贮存。本标准适用于电除尘用工频恒流高压直流电源。

电除尘用三相高压整流电源
标准编号： JB/T 11395-2013
实施日期： 2013-09-01
发布部门： 中华人民共和国工业和信息化部
标准简介：
本标准规定了电除尘用工频、晶闸管移相调压控制三相高压整流电源的产品型号、性能参数、技术要求、试验分类及项目、试验方法、标志、包装、运输及贮存。本标准适用于电除尘用三相高压整流电源。

空气压缩机用低压变频器
标准编号： JB/T 11420-2013
实施日期： 2013-09-01
发布部门： 中华人民共和国工业和信息化部
标准简介：
本标准规定了空气压缩机用低压变频器的技术特性、制造、安全要求、试验方法、检验规则及标志、包装、运输和贮存等。本标准适用于驱动功率为2.2～315kW的空气压缩机用低压变频器。

电火花加工机床可靠性试验规范 第1部分：脉冲电源
标准编号： JB/T 6559.1-2006
实施日期： 2007-05-01
发布部门： 国家发展和改革委员会
标准简介：
本部分适用于电火花加工机床脉冲电源的可靠性测定试验。

等离子喷焊电源
标准编号： JB/T 9192-1999
实施日期： 2000-01-01
标准简介：
本标准规定了等离子喷焊电源的技术性能要求及使用条件。本标准适用于与等离子喷焊设备配套的专用硅整流弧焊电源，也适用于将整流弧焊机经改制后用作等离子喷焊的电源。其它类型的整流弧焊机，凡用于等离子喷焊的，亦应参照使用。

彩色电视机广播接收机用电源开关空白详细规范
标准编号： SJ 3130-1988
实施日期： 1988-10-01
发布部门： 中华人民共和国机械电子工业部
标准简介：
适用于本规范规定的彩色电视广播接收机用电源开关（以下间电源开关）的全部要求由本规范和SJ 3129《彩色电视广播接收机用电源开关总规范》组成。

彩色电视广播接收机用KDC-A01型按钮式电源开关详细规范
标准编号： SJ 3131-1988
实施日期： 1988-10-01
发布部门： 中华人民共和国电子工业部
标准简介：
适用于本规范的开关的全部要求由本详细规范和SJ 3129《彩色电视广播接收机用电源开关总规范》组成。

地方标准

变频调速节能改造技术规范
标准编号： DB37/T 1107-2008
实施日期： 2009-01-15
发布部门： 山东省质量技术监督局
标准简介：
暂缺。

石油

行业标准

电子设备用低压直流稳压电源系列
标准编号： SJ 1500-79
实施日期： 1979-10-01
标准简介：
本标准规定了电子设备用48V以下的低压直流稳压电源系列。

半导体集成电路JW117、JW117M、JW117L型三端可调正输出稳压器详细规范
标准编号： SJ 20297-1993
实施日期： 1993-07-01
发布部门： 中华人民共和国电子工业部
标准简介：
本规范规定了半导体集成电路JW117、JW117M、JW117L型三端可调正输出稳压器（以下简称器件）的详细要求。本规范适用于器件的研制生产和采购。

半导体集成电路JW1930-12、JW1930-15、JW1932-5型三端低压差固定正输出稳压器详细规范
标准编号： SJ 20302-1993

实施日期： 1993-07-01
发布部门： 中华人民共和国电子工业部
标准简介：

本规范规定了半导体集成电路 JW1930-12、JW1930-15、JW132-5 型三端低压差固定正输出稳压器（以下简称器件）的详细要求。本规范适用于器件的研制生产和采购。

半导体集成电路 JW7905、JW79M05 等型三端固定负输出稳压器详细规范

标准编号： SJ 20304-1993
实施日期： 1993-07-01
发布部门： 中华人民共和国信息产业部
标准简介：

本规范规定了硅单片 JW7905、JW7906、JW7909、JW7912、JW7915、JW7918、JW7924、JW79M05、JW79M06、JW79M12、JW79M15、JW79M18、JW79M24 型三端固定负输出稳压器（以下简称器件）的详细要求。本规范适用于器件的研制生产和采购。

半导体集成电路 JW723 型多端可调精密稳压器详细规范

标准编号： SJ 20305-1993
实施日期： 1993-07-01
发布部门： 中华人民共和国电子工业部
标准简介：

本规范规定了硅单片 JW723 型多端可调精度稳压器（以下简称器件）的详细要求。本规范适用于器件的研制生产和采购。

彩色电视广播接收机用 KDC-A02 型按钮式电源开关详细规范

标准编号： SJ 3132-1988
实施日期： 1988-10-01
发布部门： 中华人民共和国电子工业部
标准简介：

适用于本规范的电源开关的全部要求由本详细规范和 SJ 3129《彩色电视广播接收机用电源开关总规范》组成。

彩色电视广播接收机用 KDC-A03 型按钮式电源开关详细规范

标准编号： SJ 3133-1988
实施日期： 1988-10-01
发布部门： 中华人民共和国电子工业部
标准简介：

适用于本规范的电源开关的全部要求同本详细规范和 SJ 3129《彩色电视广播接收机用电源开关总规范》组成。

彩色电视广播接收机用 KDC-A04 型按钮式电源开关详细规范

标准编号： SJ 3134-1988
实施日期： 1988-10-01
发布部门： 中华人民共和国电子工业部
标准简介：

适用于本规范的电源开关的全部要求由本详细规范和 SJ 3129《彩色电视广播接收机用电源开关总规范》组成。

抗干扰型交流稳压电源通用技术条件

标准编号： SJ/T 10541-1994
实施日期： 1994-12-01
发布部门： 中华人民共和国电子工业部
标准简介：

本标准规定了具有抗干扰功能的交流稳压电源的术语、技术要求、试验方法、检验规则以及标志、包装、运输、贮存等。本标准是抗干扰型交流稳压电源设计、生产、质量检验和使用的共同技术依据，也是制定本类产品标准的依据。本标准适宜和于单相或多相工频输入、单相或多相工频输出的抗干扰型交流稳压电源（以下简称电源）。本标准不适用于测量用交流校准仪。

抗干扰型交流稳压电源测试方法

标准编号： SJ/T 10542-1994
实施日期： 1994-12-01
发布部门： 中华人民共和国电子工业部
标准简介：

本标准规定了抗干扰型交流稳压电源的稳态性能、动态性能、抗干扰性能的测试方法。本标准适用于和于单相或多相工频输入、单相或多相工频输出的抗干扰型交流稳压电源（以下简称电源）的性能测试。

变频变压电源通用规范

标准编号： SJ/T 10691-1996
实施日期： 1996-11-01
发布部门： 中华人民共和国电子工业部
标准简介：

本规范规定了变频变压电源（以下简称电源）的要求、试验方法、检验规则和标志、包装、运输、贮存要求。本规范适用于电子设备进行电源频率与电压试验用的变频变压电源；亦适用于进行电磁兼容性试验的各种专用和通用的变频变压电源。

调频、电视广播接收起用 300Ω/75Ω 平衡—不平衡阻抗变换器质量分等标准

标准编号： SJ/T 9562. 7-1993
实施日期： 1994-01-01
标准简介：

暂缺。

测量用稳定电源装置

标准编号： SJ/Z 9035-1987
实施日期： 1987-10-19
发布部门： 中华人民共和国电子工业部
标准简介：

本推荐标准适用于以下装置：稳定的电源装置，提供

电气测量用的电压与电流的校准值。与该装置连用的附件。

变频调速拖动装置节能测试方法与评价指标

标准编号： SY/T 6834-2011

实施日期： 2011-10-01

发布部门： 原子能出版社

标准简介：

本标准规定了变频调速拖动装置运行效率、功率因数及谐波含量的测试方法与评价指标。本标准适用于交流电源电压 10（6）kV 及以下、输入频率为 50Hz、输出频率小于或等于 50Hz 的变频调速拖动装置的节能测试和评价；输出频率大于 50Hz 的变频调速拖动装置的节能测试和评价可参照使用。

船舶

国家标准

船用半导体变流器通用技术条件

标准编号： GB/T 14548-1993

实施日期： 1994-02-01

发布部门： 国家技术监督局

标准简介：

本标准规定了船用半导体变流器的技术要求、试验方法和检验规则等。本标准适用于半导体整流二极管、各种类型的晶闸管以及其它电力电子器件所构件的船用静止变流器。

船舶电气设备　设备　半导体变流器

标准编号： GB/T 22193-2008

实施日期： 2009-04-01

发布部门： 中华人民共和国国家质量监督检验检疫总局
中国国家标准化管理委员会

标准简介：

本标准适用于使用如二极管、反向阻塞三端晶闸管等半导体整流件的船用静止变流器。变流可以是交流变直流、直流变交流、直流变直流、以及交流变交流。

行业标准

舰用电源汇流排自动转换装置通用规范

标准编号： CB 1264-1995

实施日期： 1996-04-01

标准简介：

本规范规定了舰用电源汇流排自动转换装置的要求、质量保证规定和交货准备等内容。本规范适用于舰艇交流 50Hz、380V（或 60Hz、440V）电力系统中的电源转换装置。

舰用直流不间断电源规范

标准编号： CB 1290-1996

实施日期： 1997-04-01

标准简介：

本规范规定了舰用直流不间断电源的技术要求，质量保证规定和交货准备等内容。本规范适用于舰船用交流 380V、50Hz 电力系统转换为低压直流电力系统的不间断电源的设计、制造和验收。

鱼雷电源组件规范

标准编号： CB 1332-1998

实施日期： 1998-08-01

标准简介：

本规范规定了鱼雷电源组件的技术要求、质量保证规定和交货准备等。本规范适用于各型鱼雷电源组件的设计、生产和使用。

电源防护滤波器

标准编号： CB 3018-1977

实施日期： 1978-06-01

标准简介：

本标准规定的电源防护滤波器，用于直流和交流（50Hz）电网中，抑制 0.15 ~ 175MHz 频率范围内的工业无线电干扰。

电源防护滤波器

标准编号： CB * 3018-77

实施日期： 1978-06-01

标准简介：

本标准规定的电源防护滤波器，用于直流和交流（50Hz）电网中，抑制 0.15 ~ 175MHz 频率范围内的工业无线电干扰。

船用电源插座箱

标准编号： CB/T 3091-1994

实施日期： 1995-08-01

发布部门： 中国船舶工业总公司

标准简介：

本标准规定了船用电源插座箱的产品分类、技术要求、试验方法、检验规则等内容。本标准适用于插座额定电流不超过 10A，额定电压不超过 AC250V，频率为 50Hz 或 60Hz 的插座箱。

水声设备用低压直流稳压电源

标准编号： CB/T 4320-2013

实施日期： 2013-12-01

发布部门： 工业和信息化部

标准简介：

本标准规定了水声设备用低压直流稳压电源的要求、检验方法、检验规则及包装、运输和贮存。本标准适用于船用水声设备低压直流稳压电源的设计、生产、试验和验收。

额定电压 0.6/1kV 及 1.8/3 kV 船舶和近海设施变频传动用电力电缆

标准编号：CB/T 4396-2014

实施日期：2014-10-01

发布部门：中华人民共和国工业和信息化部

标准简介：

本标准规定了额定电压 0.6/1kV 和 1.8/3kV 交联聚乙烯或乙丙橡皮绝缘（3+3E 型）无卤阻燃船舶和近海设施变频传动用电力电缆的型号、规格、材料、技术要求、试验方法与标志等。本标准适用于具有无卤阻燃特性要求的船舶和近海设施中变频器与电动机之间的连接电缆。

额定电压 6kV（U_m = 7.2kV）至 30kV（U_m = 36kV）船舶和近海设施变频传动用电力电缆

标准编号：CB/T 4405-2014

实施日期：2014-10-01

发布部门：中华人民共和国工业和信息化部

标准简介：

本标准规定了额定电压为 3.6/6（7.2）kV、6/10（12）kV、8.7/15（17.5）kV、12/20（24）kV 和 18/30（36）kV 的船舶和近海设施变频传动用电力电缆的术语和定义、规格和标记、要求、试验和检验、标志、包装、运输和贮存等。本标准适用于额定电压 3.6/6（7.2）kV、6/10（12）kV、8.7/15（17.5）kV、12/20（24）kV 和 18/30（36）kV 船舶和近海设施变频传动用电力电缆的设计、生产和检验。

舰船扩声系统电源通用规范

标准编号：SJ 20576-1996

实施日期：1997-01-01

标准简介：

本规范规定了舰船扩声系统电源的要求、质量保证规定和交货准备等。本规范适用于舰船扩声系统用低压直流稳压电源，本规范是制定电源产品规范的依据。

舰船电子设备不间断电源通用规范

标准编号：SJ 20735-1999

实施日期：1999-12-01

发布部门：中华人民共和国信息产业部

标准简介：

本规范规定了舰船电子设备不间断电源的要求、质量保证规定和交货准备等。本规范适用于舰船电子设备用各类不间断电源。本规范是制定不间断电源（以下简称电源）产品规范的依据。

舰船电子设备直流稳压电源通用规范

标准编号：SJ 20736-1999

实施日期：1999-12-01

发布部门：中华人民共和国信息产业部

标准简介：

本规范规定了直流稳压电源的要求、质量保证规定和交货准备等。本规范适用于舰船电子设备用直流稳压电源（以下简称电源），本规范是制定电源产品规范的依据。

综合

国家标准

包装　运输包装件基本试验　第 10 部分：正弦变频振动试验方法

标准编号：GB/T 4857.10-2005

实施日期：2005-11-01

发布部门：中华人民共和国国家质量监督检验检疫总局
　　　　　中国国家标准化管理委员会

标准简介：

GB/T 4857 的本部分规定了对运输包装件和单货物进行正弦变频振动试验时所采用试验设备的主要性能要求、试验程序及试验报告的内容。本部分适用于评定运输包装件和单货物在正弦变频振动或共振情况下的强度及包装对内装物的保护能力。它既可作为单项实验，也可以作为一系列试验的组成部分。

行业标准

电源车

标准编号：GA 1042-2013

实施日期：2013-04-01

发布部门：中华人民共和国公安部

标准简介：

本标准规定了电源车的术语和定义、分类和代号、技术要求、试验方法、检验规则、标志、运输与贮存。本标准适用于汽车整车或二类底盘改装的输出工频（50Hz）三相交流电的电源车。

磁耦合直流电流测量变换器校准规范

标准编号：JJF 1047-1994

实施日期：1994-08-01

发布部门：国家技术监督局

标准简介：

本规范为推荐指导性校准技术文件，适用于新制造、使用中和修理后的测量用磁耦合直流电流测量变换器的校准。控制用磁耦合直流电流测量变换器的校准可参照使用。

ПАП-33 型电源故障传感器校验仪检定规程（试行）

标准编号：JJG（民航）012-1995

实施日期：2002-05-01

标准简介：

本标准适用于使用中和修理后的 ПАП-33 型电源故障传感器校验仪的检定。

BJ2912（QE7）型稳压二极管测试仪（试行）

标准编号：JJG（电子）04013-1988

实施日期：1996-04-01

标准简介：

本规程适用于 BJ2912（QE7）型稳压二极管测试仪的

检定。

PDW-1 型稳压二极管快速筛选仪试行检定规程

标准编号：JJG（电子）04051-1995

实施日期：2004-07-01

标准简介：

本规程适用于 PDW-1 型稳定二极管快速筛选仪的检定。

直流标准电源检定规程

标准编号：JJG（航天）5-1984

实施日期：1999-08-31

标准简介：

暂缺。

直流稳压电源检定规程

标准编号：JJG（航天）6-1999

实施日期：1999-08-31

发布部门：中国航天工业总公司

标准简介：

本检定规程规定了直流稳压电源的技术要求、检定条件、检定项目、检定方法、检定结果的处理和检定周期。

充气稳压管总规范

标准编号：SJ 20484-1995

实施日期：1995-12-01

标准简介：

本规范规定了军用充气稳压管的一般要求、质量保证规定、交货准备及有关规则。本规范适用于在军事装备中用稳定电压和基准电压用的稳压管。

WY-2P 型辉光放电稳压管

标准编号：SJ 871-74

实施日期：1975-03-01

标准简介：

本标准适用于 WY-2P 型辉光放点稳压管，主要做稳压用。

WY-3P 型辉光放电稳压管

标准编号：SJ 872-74

实施日期：1975-03-01

标准简介：

本标准适用于 WY-3P 型辉光放点稳压管，主要做稳压用。

WY-4P 型辉光放电稳压管

标准编号：SJ 873-74

实施日期：1975-03-01

标准简介：

本标准适用于 WY-4P 型辉光放点稳压管，主要做稳压用。

电子管电性能的测试

标准编号：SJ/Z 9010. 12-1987

实施日期：1987-09-14

发布部门：中华人民共和国电子工业部

标准简介：

本文件是以测试电极电阻、跨导、放大因数、变频电阻和变频跨导的现行实践为基础的。它并不作为标准性质的推荐文件，因为如果要以这些原理为基础的测试结果必须在限定的公差以内进行比较，对测试方法则需要有更加详细的说明。

地方标准

公共场所发光二极管（LED）显示屏最大可视亮度限值和测量方法

标准编号：DB31/T 708-2013

实施日期：2013-09-01

发布部门：上海市质量技术监督局

标准简介：

暂缺。

冶金

国家标准

可充电电池用冲孔镀镍钢带

标准编号：GB/T 20253-2006

实施日期：2006-10-01

发布部门：中华人民共和国国家质量监督检验检疫总局
中国国家标准化管理委员会

标准简介：

本标准规定了可充电电池用冲孔镀镍钢带的要求，实验方法，检验规则，标志，包装，运输，储存及合同内容。本标准适用于金属氢化物-镍、镉-镍、锌-镍碱性可充电电池正极、负极骨架材料所使用的冲孔镀镍钢带。

白光 LED 灯用稀土黄色荧光粉试验方法　第 1 部分：光谱性能的测定

标准编号：GB/T 23595. 1-2009

实施日期：2010-02-01

发布部门：中华人民共和国国家质量监督检验检疫总局
中国国家标准化管理委员会

标准简介：

本部分规定了 440～480nm 蓝光激发白光 LED 灯用稀土黄色荧光粉光谱性能的测定方法。本部分适用于 440～480nm 蓝光激发白光 LED 灯用稀土黄色荧光粉光谱性能的测定。

白光 LED 灯用稀土黄色荧光粉试验方法　第 2 部分：相对亮度的测定

标准编号：GB/T 23595. 2-2009

实施日期：2010-02-01

发布部门：中华人民共和国国家质量监督检验检疫总局

中国国家标准化管理委员会

标准简介：

本部分规定了440～480nm蓝光激发白光LED灯用稀土黄色荧光粉相对亮度的测定方法。本部分适用于440～480nm蓝光激发白光LED灯用稀土黄色荧光粉相对亮度的测定。

白光LED灯用稀土黄色荧光粉试验方法 第3部分：色品坐标的测定

标准编号：GB/T 23595.3-2009

实施日期：2010-02-01

发布部门：中华人民共和国国家质量监督检验检疫总局
中国国家标准化管理委员会

标准简介：

本部分规定了440～480nm蓝光激发稀土黄色荧光粉色品坐标的测定方法。本部分适用于440～480nm蓝光激发稀土黄色荧光粉色品坐标的测定。

白光LED灯用稀土黄色荧光粉试验方法 第4部分：热稳定性的测定

标准编号：GB/T 23595.4-2009

实施日期：2010-02-01

发布部门：中华人民共和国国家质量监督检验检疫总局
中国国家标准化管理委员会

标准简介：

本部分规定了440～480nm蓝光激发白光LED灯用稀土黄色荧光粉热稳定性的测定方法。本部分适用于440～480nm蓝光激发白光LED灯用稀土黄色荧光粉热稳定性的测定。

白光LED灯用稀土黄色荧光粉试验方法 第5部分：pH值的测定

标准编号：GB/T 23595.5-2009

实施日期：2010-02-01

发布部门：中华人民共和国国家质量监督检验检疫总局
中国国家标准化管理委员会

标准简介：

本部分规定了440～480nm蓝光激发白光LED灯用稀土黄色荧光粉pH值的测定方法。本部分适用于440～480nm蓝光激发白光LED灯用稀土黄色荧光粉pH值的测定。测定范围：pH0～pH14。

白光LED灯用稀土黄色荧光粉试验方法 第6部分：电导率的测定

标准编号：GB/T 23595.6-2009

实施日期：2010-02-01

发布部门：中华人民共和国国家质量监督检验检疫总局
中国国家标准化管理委员会

标准简介：

本部分规定了440～480nm蓝光激发白光LED灯用稀土黄色荧光粉电导率的测定方法。本部分适用于440～480nm蓝光激发白光LED灯用稀土黄色荧光粉电导率的测定。测定范围：0～100μS/cm。

白光LED灯用稀土黄色荧光粉试验方法 第7部分：热猝灭性的测定

标准编号：GB/T 23595.7-2010

实施日期：2011-05-01

发布部门：中华人民共和国国家质量监督检验检疫总局
中国国家标准化管理委员会

标准简介：

GB/T 23595的本部分规定了440～480nm蓝光激发白光LED灯用稀土黄色荧光粉热猝灭性的测定方法。本部分适用于440～480nm蓝光激发白光LED灯用稀土黄色荧光粉热猝灭性的测定。

白光LED灯用稀土黄色荧光粉

标准编号：GB/T 24982-2010

实施日期：2011-05-01

发布部门：中华人民共和国国家质量监督检验检疫总局
中国国家标准化管理委员会

标准简介：

本标准规定了白光LED灯用稀土黄色荧光粉的要求、试验方法、检验规则及标志、包装、运输、贮存。本标准适用于经高温反应制得的铝酸盐及相关体系的荧光粉，该荧光粉在440～480nm蓝光激发下发出黄光，黄光与激发源蓝光形成白光，主要用于由蓝光LED芯片激发的白光LED灯。

充电电池废料废件

标准编号：GB/T 26932-2011

实施日期：2012-05-01

发布部门：中华人民共和国国家质量监督检验检疫总局
中国国家标准化管理委员会

标准简介：

本标准规定了充电电池废料废件的分类、要求、试验方法、检验规则、包装、标志、运输、贮存及合同（或订货单）等。本标准适用于各生产工序、使用过程及流通领域产生的充电电池废料废件。

LED用稀土氮化物红色荧光粉

标准编号：GB/T 30075-2013

实施日期：2014-09-01

发布部门：中华人民共和国国家质量监督检验检疫总局
中国国家标准化管理委员会

标准简介：

本标准规定了LED用稀土氮化物红色荧光粉的产品分类、要求、试验方法、检验规则及标志、包装、运输、贮存及质量证明书。本标准适用于经高温反应制得的Eu2+激活的氮化物红色荧光粉，其在300～550nm激发下发出红光，主要用于紫外或蓝光LED芯片激发的LED发光器件。

LED用稀土硅酸盐荧光粉

标准编号： GB/T 30076-2013

实施日期： 2014-09-01

发布部门： 中华人民共和国国家质量监督检验检疫总局
中国国家标准化管理委员会

标准简介：

本标准规定了LED用稀土硅酸盐荧光粉的要求、试验方法、检验规则及标志、包装、运输、贮存及质量证明书。本标准适用于经高温反应制得的稀土硅酸盐体系荧光粉，该体系荧光粉在250~500nm的紫外光、蓝光激发下发出绿光、黄绿光、黄光、橙色光，与440~500nm的蓝光激发光源能够复合出各种色温的白光，主要用于紫外或蓝光LED芯片激发的LED灯。

LED用稀土硅酸盐荧光粉试验方法

标准编号： GB/T 30454-2013

实施日期： 2014-10-01

发布部门： 中华人民共和国国家质量监督检验检疫总局
中国国家标准化管理委员会

标准简介：

本标准规定了LED用稀土硅酸盐荧光粉的相对亮度、光谱性能、色品坐标及热稳定性的测定方法。本标准适用于LED用稀土硅酸盐荧光粉的相对亮度、光谱性能、色品坐标及热稳定性的测定。

行业标准

可充电电池用镀镍壳

标准编号： YS/T 877-2013

实施日期： 2013-09-01

发布部门： 中华人民共和国工业和信息化部

标准简介：

本标准规定了可充电电池用镀镍壳的要求、试验方法、检验规则、标志、包装、运输、贮存、质量证明书和合同（或订货单）内容。本标准适用于各种镍-氢（镍-镉）、碱性锌-锰、锂离子电池的圆柱形后镀镍钢壳的生产、检验和验收。

轻工、文化与生活用品

国家标准

家用和类似用途电器的安全　电池充电器的特殊要求

标准编号： GB 4706.18-2014

实施日期： 2016-01-01

发布部门： 中华人民共和国国家质量监督检验检疫总局
中国国家标准化管理委员会

标准简介：

GB4706的本部分涉及的是输出为安全特低电压且额定电压不超过250V的家用和类似用途电池充电器的安全。不作为一般家用但对公众仍可以构成危险源的电池充电器，打算在车库、商店、轻工部门及农场使用的电池充电器，在本部分的范围内。就实际而言，本部分涉及在住宅内和住宅周围所有人员遇到的而由器具所表现出来的共同危险。但是，本部分一般不考虑：以下人群（包括儿童）身体、感官或心智等能力有缺陷；或缺乏必要经验和知识以导致他们在无监督或指导的情况下无法安全的使用器具；幼儿拿器具玩耍的情况。

轮椅车　第21部分：电动轮椅车、电动代步车和电池充电器的电磁兼容性要求和测试方法

标准编号： GB/T 18029.21-2012

实施日期： 2013-02-01

发布部门： 中华人民共和国国家质量监督检验检疫总局
中国国家标准化管理委员会

标准简介：

GB/T18029的本部分规定了最大速度不超过15km/h残疾人用室内和（或）室外型电动轮椅车和电动代步车电磁辐射和电磁抗扰度的要求和测试方法。GB/T18029的本部分也适用于外接电驱动助力套件的手动轮椅车，不适用于能乘载1人以上的交通工具。GB/T18029的本部分也规定了与电动轮椅车和电动代步车一起使用的电池充电器的电磁兼容性要求和测试方法。为便于通过试验结果进行性能比较，对于可调轮椅车和代步车，给出了参考配置。

体育场馆LED显示屏使用要求及检验方法

标准编号： GB/T 29458-2012

实施日期： 2013-05-01

发布部门： 中华人民共和国国家质量监督检验检疫总局
中国国家标准化管理委员会

标准简介：

本标准按照GB/T1.1—2009给出的规则起草。本标准主要参考了国际游泳运动联合会、国际田径运动联合会和国际篮球运动联合会等国际单项运动组织的竞赛规则、相关技术文件对显示屏的要求。

家用和类似用途变频控制器　术语

标准编号： GB/T 29486-2013

实施日期： 2013-07-01

发布部门： 中华人民共和国国家质量监督检验检疫总局
中国国家标准化管理委员会

标准简介：

本标准界定了家用和类似用途变频控制器的术语和定义。本标准适用于额定电压不超过690V、额定电流不超过63A的家用和类似用途变频控制器。一般来说，本标准适用于家用和类似用途的电器中的或随这些电器一起使用的变频控制器，变频控制器可以是独立的组件，亦可以是独立控制系统的一部分，但变频控制器本身必须通过逆变单元来实现电机调速功能。

行业标准

激光打印机充电辊　技术条件

标准编号： JB/T 10741-2007

实施日期： 2007-11-01

发布部门：中华人民共和国国家发展和改革委员会
标准简介：

本标准规定了激光打印机充电辊的分类、技术要求、试验方法、检验规则及标志、包装、运输和贮存等。本标准适用于个人和办公用激光打印机、普通纸传真机、激光多功能一体机用接触带电方式的充电辊。

直流高压电源
标准编号：JY 16-1988
实施日期：1994-06-01
标准简介：

暂缺。

实验室设备 电源系统
标准编号：JY/T 0374-2004
实施日期：2005-04-01
发布部门：中华人民共和国教育部
标准简介：

本标准规定了学校实验室设备电源系统（简称电源系统）的分类与命名、要求、试验方法、检验规则、标志、标签、使用证明书、包装、运输、贮存。本标准适用于小学实验室中固定在实验台（桌）上教师可控制的电源系统，不适用于中小学实验室中独立使用的电源。

电动自行车用蓄电池及充电器 第1部分：密封铅酸蓄电池及充电器
标准编号：QB/T 2947.1-2008
实施日期：2008-07-01
发布部门：中华人民共和国国家发展和改革委员会
标准简介：

本部分规定了电动自行车用蓄电池及充电器的术语、代号、要求、试验方法、检验规则及标志、包装、运输和贮存。本部分适用于 GB 17761《电动自行车通用技术条件》中规定的电动自行车用蓄电池以及其用充电器。

电动自行车用蓄电池及充电器 第2部分：金属氢化物镍蓄电池及充电器
标准编号：QB/T 2947.2-2008
实施日期：2008-07-01
发布部门：中华人民共和国国家发展和改革委员会
标准简介：

本部分规定了电动自行车用金属氢化物镍蓄电池及充电器的术语和定义、型号命名、要求、试验方法、检验规则及标志、包装、运输和贮存。本部分适用于 GB 17761《电动自行车通用技术条件》中规定的电动自行车用金属氢化物镍蓄电池组以及其所用充电器。

电动自行车用蓄电池及充电器 第3部分：锂离子蓄电池及充电器
标准编号：QB/T 2947.3-2008
实施日期：2008-07-01
发布部门：中华人民共和国国家发展和改革委员会
标准简介：

本部分规定了电动自行车用锂离子蓄电池及充电器的术语和定义、型号命名、要求、试验方法、检验规则及标志、包装、运输和贮存。本部分适用于 GB 17761《电动自行车通用技术条件》中规定的电动自行车用锂离子蓄电池组及其所用充电器。

服装机械 直刀式数控裁剪机 第1部分：通用技术条件
标准编号：QB/T 4294.1-2012
实施日期：2012-11-01
发布部门：中华人民共和国工业和信息化部
标准简介：

本标准规定了直刀式数控裁剪机的设计、制造、使用的基本要求，内容包括：术语与定义、产品分类、要求、试验方法、检验规则、产品交付。本标准适用于输入供电电源交流额定电压单相220V或者三相380V的工业用数控裁剪机，适用于纺织布、无纺布、人造革、纸张、玻璃纤维、碳纤维制品等织物类材料的裁剪。

电鸣乐器电源适配器通用技术条件
标准编号：QB/T 4491-2013
实施日期：2013-12-01
发布部门：工业和信息化部
标准简介：

本标准规定了电鸣乐器电源适配器的术语和定义、分类、要求、测试方法、检验规则及标志、包装、运输、贮存。本标准适用于电鸣乐器用电源适配器。

空调器室内外机电源连接线技术要求
标准编号：QB/T 4677-2014
实施日期：2014-11-01
发布部门：中华人民共和国工业和信息化部
标准简介：

本标准规定了空气调节器室内外机电源连接线的术语和定义、型号与规格、标志、绝缘线芯识别、外观要求、电缆结构及性能要求、试验、验收规则、包装、运输和贮存。本标准适用于额定电压450/750V及以下空调器用电源连接橡套软电缆。

矿业

行业标准

直流充电法技术规程
标准编号：DZ/T 0186-1997
实施日期：1998-01-15
发布部门：中华人民共和国地质矿产部
标准简介：

本标准适用于金属、非金属、能源矿产勘查中的充电法勘查，其中的技术规则也适用于水文、工程、环境、灾害等地质问题的充电法勘查。

矿用变频调速装置
标准编号：MT 1099-2009
实施日期：2010-07-01
发布部门：国家安全生产监督管理总局
标准简介：

本标准规定了煤矿具有爆炸性危险气体环境用变频调速装置（以下简称变频调速装置）的型式、规格、试验方法、检验规则、标志、包装和储运。本标准适用于 1 140V 及以下煤矿用变频调速装置。

采煤机变频调速装置用 YBVF 系列行走电动机 技术条件
标准编号：MT/T 1040-2007
实施日期：2008-01-01
发布部门：国家安全生产监督管理总局
标准简介：

本标准规定了采煤机变频调速装置用 YBVF 系列行走电动机的型式和基本参数、要求、试验方法、检验规则、标志、包装和贮运。本标准适用于采煤机变频调速装置用 YBVF 系列行走电动机。凡属本系列电动机所派生的其他电动机也可参照执行。

采煤机电气调速装置技术条件 第 2 部分：变频调速装置
标准编号：MT/T 1041. 2-2008
实施日期：2009-01-01
发布部门：国家安全生产监督管理总局
标准简介：

MT/T1041 的本部分规定了采煤机行走部变频调速装置的要求、试验方法、检验规则、标志。本部分适用于采煤机行走部变频调速装置（以下简称变频调速装置）。

采煤机电气调速装置技术条件 第 2 部分：变频调速装置
标准编号：MT/T 1041. 3-2007
实施日期：2008-11-19
标准简介：

本部分规定了采煤机行走部电磁调速装置的要求、试验方法、检验规则、标志。

矿用本质安全输出直流电源
标准编号：MT/T 1078-2007
实施日期：2008-11-19
标准简介：

暂缺。

矿用本质安全输出直流电源
标准编号：MT/T 1078-2008
实施日期：2010-01-01
发布部门：国家安全生产监督管理总局
标准简介：

本标准规定了矿用本质安全输出直流电源的产品分类、技术要求、试验方法、检验规则、标志、包装、运输和贮存。本标准适用于矿用安全输出直流电源。

煤矿用直流稳压电源
标准编号：MT/T 408-1995
实施日期：1995-10-01
发布部门：中华人民共和国煤炭工业部
标准简介：

本标准规定了煤矿用直流稳压电源的产品分类、技术要求、试验方法、检验规则、标志、包装、运输和贮存。本标准适用于单相交流供电，额定输出电压 60V 以下的煤矿用直流稳压电源（以下简称稳压电源）。

矿灯充电架型号编制方法
标准编号：MT/T 455-2006
实施日期：2006-12-01
发布部门：中华人民共和国国家发展改革委员会
标准简介：

本标准规定了矿灯充电架型号的编制原则、型号的组成和排列方式、编制方法和管理及申报办法。本标准适用于煤矿地面室内用的充电架，不适用于单个矿灯充电器。

矿用直流电源变换器
标准编号：MT/T 863-2000
实施日期：2000-05-01
发布部门：国家煤炭工业局
标准简介：

本标准规定了煤矿架线电机车车灯，电笛及通信信号用直接电源变换器的分类与型号、技术要求、试验方法、检验规则、标志、包装、运输和贮存。本标准适用于直接。

电源中减小电磁干扰的设计指南
标准编号：SJ 20156-1992
实施日期：1993-05-01
发布部门：中国电子工业总公司
标准简介：

本指导性技术文件规定了抑制电源传导干扰和辐射干扰的方法。本指导性技术文件适用于电源的电磁兼容性设计，旨在降低电源的传导和辐射干扰。

其它

国家标准

高速公路 LED 可变限速标志
标准编号：GB 23826-2009
实施日期：2009-12-21
发布部门：中华人民共和国国家质量监督检验检疫总局
中国国家标准化管理委员会
标准简介：

本标准规定了发光二极管（LED）可变限速标志的分类与组成、技术要求、试验方法、检验规则和标识、包装、运输、贮存。本标准适用于高速公路以 LED 为发光单元的可变限速标志，其他道路可参照使用。

消防设备电源监控系统

标准编号：GB 28184-2011

实施日期：2012-08-01

发布部门：中华人民共和国国家质量监督检验检疫总局
中国国家标准化管理委员会

标准简介：

本标准规定了消防设备电源监控系统的术语和定义、要求、试验方法、检验规则、标志和使用说明书。本标准适用于在一般工业与民用建筑中安装使用的消防设备电源监控系统，其他环境中安装的消防设备电源监控系统亦可参照本标准。

建筑物电气装置　第7-712部分：特殊装置或场所的要求　太阳能光伏（PV）电源供电系统

标准编号：GB/T 16895. 32-2008

实施日期：2010-02-01

发布部门：国家标准化管理委员会

标准简介：

GB/T 16895的本部分的特殊要求适用于光伏（PV）电源供电系统（包括带交流模块的系统）。注1：光伏（PV）设备的标准，正由TC82制定。注2：单独运行的光伏（PV）电源供电系统的要求，尚在研究中。

渔船电子设备电源的技术要求

标准编号：GB/T 3594-2007

实施日期：2008-03-01

发布部门：农业部

标准简介：

本标准规定了渔船电子设备电源设计的基本技术要求。本标准适用于各种作业方式渔船上安装的电子设备，如各种无线电通信设备、无线电导航设备、电子助渔仪器、船内通讯及报警系统、自动控制设备及电源变换装置等。

高速公路LED可变信息标志

标准编号：GB/T 23828-2009

实施日期：2009-07-01

发布部门：中华人民共和国国家质量监督检验检疫总局
中国国家标准化管理委员会

标准简介：

本标准规定了发光二极管（LED）可变信息标志的分类与组成、技术要求、试验方法、检验规则和标识、包装、运输、贮存。本标准适用于高速公路以LED为发光单元的可变信息标志，其他道路可参照使用。

行业标准

燃气燃烧器具使用交流电源的安全通用要求

标准编号：CJ 3062-1996

实施日期：1997-05-01

发布部门：中华人民共和国建设部

标准简介：

本标准规定的是以液化石油气、天然气、人工煤气为燃料的燃具。在使用电压不超过250V单向交流电源驱动或控制时，有关电气安全的通用要求。

微机控制变频调速给水设备

标准编号：CJ/T 352-2010

实施日期：2011-05-01

发布部门：中华人民共和国住房和城乡建设部

标准简介：

本标准规定了微机控制变频调速给水设备的术语和定义、分类和型号、工作条件、要求、试验方法、检验规则、标志、包装、运输和贮存。本标准适用于工作压力不大于2. 5MPa、水温不大于80℃的生活、生产给水系统用微机控制变频调速给水设备。本标准不适用于采用变频电机或水泵集成变频器及消防给水设备。

LED道路交通诱导可变信息标志

标准编号：GA/T 484-2010

实施日期：2011-03-01

发布部门：中华人民共和国公安部

标准简介：

本标准规定了LED道路交通诱导可变信息标志的分类、命名、技术要求、试验方法、检验规则、标识、包装、运输与贮存。本标准适用于道路交通诱导可变标志的设计、制造和验收。

环境保护产品技术要求　电除尘器低压控制电源

标准编号：HJ/T 321-2006

实施日期：2007-02-01

发布部门：国家环境保护总局

标准简介：

本标准适用于电除尘器所配套的低压控制电流。

变频式风选机

标准编号：JB/T 20052-2005

实施日期：2005-08-01

发布部门：中华人民共和国国家发展和改革委员会

标准简介：

本标准规定了变频式风选机的术语和定义、分类和标记、要求、试验方法、检验规则和标记、使用说明书、包装、运输与贮存。

船用通信导航设备的安装、使用、维护、修理技术要求　第11部分：蓄电池与充电设备

标准编号：JT/T 680. 11-2007

实施日期：2007-08-01

标准简介：

本部分规定了船舶电台的蓄电池和充电设备的安装、使用、维护、修理技术要求。本部分适用于JT/T 680. 1所规定的范围。

LED 发光强度测试仪
标准编号： JT/T 832-2012
实施日期： 2013-02-01
发布部门： 交通运输部
标准简介：
本标准规定了 LED 发光强度测试仪的术语和定义、结构与定义、技术要求、试验方法、检验规则以及标志、包装、运输和储存。本标准适用于单管 LED 器件发光强度测试仪产品。

民用航空器维修标准　地面维修设施 第 7 部分：电瓶充电修理作业场所
标准编号： MH/T 3012. 7-2008
实施日期： 2009-02-01
发布部门： 中国民用航空局
标准简介：
MH/T 3012 的本部分规定了民用航空器（以下简称航空器）电瓶维修及充电厂房设施、设备的安全技术要求。本部分适用于航空器电瓶充电修理作业场所的建设和维护。

飞机地面静变电源
标准编号： MH/T 6018-2014
实施日期： 2014-12-01
发布部门： 中国民用航空局
标准简介：
暂缺。

飞机地面电源机组
标准编号： MH/T 6019-2014
实施日期： 2014-12-01
发布部门： 中国民用航空局
标准简介：
暂缺。

电源装置维护检修规程
标准编号： SHS 06006-2004
实施日期： 2004-06-21
标准简介：
本规程规定了直流电源装置、电解用大功率可控硅整流装置、UPS 装置及酸（碱）性蓄电池维护检修周期、项目、质量标准、定期检查项目要求、常用故障与处理方法、交接程序与验收要求。本规程适用于石化企业生产装置内使用的计算机、仪表、事故供电的 UPS 和直流系统中的直流电源装置；固定酸（碱）性蓄电池、免维护酸性电池及电解用大功率可控整流装置的维护及检修。

LG2 型行电源滤波电感器详细规范
标准编号： SJ 20096-1992
实施日期： 1993-05-01
发布部门： 中国电子工业总公司
标准简介：
本规范规定的 LG2 型行电源滤波电感器，其全部要法语由本规范和 SJ 20037-92《射频固定和可变电感器总规范》作出规定。本规范适用于机敏雷达光栅显示器及同类显示器行电源滤波用 LG2 型电感器。

通道级电源控制接口
标准编号： SJ 20153-1992
实施日期： 1993-05-01
发布部门： 中国电子工业总公司
标准简介：
本标准规定了设计生产的设备在电源时序和控制方面能兼容的电源控制接口，其中包括电源控制口线和可选的紧急断电特检的定义和描述，本标准适用于军用计算机与外围设备。

机载雷达用栅控行波管组合高压电源通用规范
标准编号： SJ 20396-1994
实施日期： 1994-12-01
标准简介：
本规范规定了机载雷达用栅控行波管组合高压电源（以下简称高压电源）的通用要求、质量保证规定以及交货准备要求。本规范适用于机载雷达栅控行波管组合高压电压，其他机载电子设备的组合高压电源也可参照采用。本规范是制定高压电源产品规范的基本依据。

机载雷达用栅控行波管钛泵电源通用规范
标准编号： SJ 20398-1994
实施日期： 1994-12-01
标准简介：
本规范规定了记载雷达用栅控行波管钛泵电源的通用技术要求、质量保证规定及交货准备要求。本规范适用于机载雷达用栅控行波管钛泵电源（以下简称电源），其他机载电子设备的行波管钛泵电源也可参照采用。本规范是制定机载雷达用栅控行波管钛泵电源产品规范的基本依据。

机载电源变换设备通用规范
标准编号： SJ 20799-2001
实施日期： 2002-01-01
标准简介：
本规范规定了机载电源变换设备的要求、质量保证规定和交货准备等要求。本规范适用于机载电子设备用 AC-DC、DC-DC 和 DC-AC 电源变换设备。

程控电话交换机电源通用技术条件
标准编号： SJ/T 10693-1996
实施日期： 1996-11-01
发布部门： 中华人民共和国电子工业部
标准简介：
本标准规定了程控电话交换机电源系统的技术要求、试验方法、检验规则及标志、包装、运输、贮存等。本标准适用于各类程控电话交换机的基础电源系统和设备（以下简称电源设备）。

无线电和电视设备用跨电源线、天线耦合和旁路电容器

标准编号：SJ/Z 9041-1987

实施日期：1987-10-20

标准简介：

1.1 本技术要求适用于工作在85℃，125V 和 250V 额定电压，50～60Hz 电路中均无线电路总无线电、电视接收以及类似应用设备用的电容器，这些设备由于电容器的击穿可能会造成失火、触电或人身伤害的危险。1.2 本技术要求也适用于工作在85℃，125V 和 250V 额定电压，50～60Hz 电路中的无线电、电视接收以及类似应用设备用的双重保护电容器，这些设备由于电容器的击穿可能会造成失火、触电或人身伤害危险。

牙科·光固化机 第2部分：发光二极管（LED）灯

标准编号：YY 0055.2-2009

实施日期：2010-12-01

发布部门：国家食品药品监督管理局

标准简介：

YY0055 的本部分规定了以蓝光波长的发光二极管为光源，在牙科临床用于对以聚合物为基底的修复材料进行照射使之固化的光固化机（以下简称 LED 光固化机）的要求和试验方法。本部分不适用于牙科技工室使用的，用于间接修复物、牙片、义齿和其他口腔科应用的 LED 光固化机。当本部分有规定时，本部分优先于 GB9706.1-2007。

地方标准

道路灯 LED 模块互换规范

标准编号：DB51/T 1794-2014

实施日期：2014-08-01

发布部门：四川省质量技术监督局

标准简介：

暂缺。

微灌用自动稳压器

标准编号：DB65/T 3054-2010

实施日期：2010-03-01

发布部门：新疆维吾尔自治区质量技术监督局

标准简介：

暂缺。

第八篇　电源相关科研团队简介

（按团队名称汉语拼音字母顺序排列）

安徽大学-工业节电与电能质量控制省级协同创新中心

地址： 安徽省合肥市九龙路111号，安徽大学磬苑校区理工B座
邮编： 230601
电话： 0551-63861862
传真： 0551-63861862
网址： http：//www3. ahu. edu. cn/jdcx/
团队人数： 127
团队带头人： 王群京
主要成员： 李国丽、郑常宝、赵吉文、胡存刚、陈权
研究方向： 高节能电机及其控制、电力电子装置、电能质量检测与治理
团队简介：

工业节电与电能质量控制协同创新中心（以下简称"中心"）是安徽大学牵头，联合东南大学、安徽省电力公司、马钢（集团）控股有限公司、安徽皖南电机股份有限公司和合肥通用机械研究院等作为核心共建单位，由共同致力于提升科技创新能力和拔尖创新人才培养能力、服务和引领工业节电与电能质量控制领域技术创新、应用和推广的高等院校、科研院所、企业和国际创新机构等单位联合组建的非法人实体组织。

中心的宗旨是：面向制约区域可持续发展的节能和能源安全等重大问题，本着"优势互补，深度融合，协同创新，利益共享，对外开放，支撑发展"的原则，在安徽省能源局指导下，基于长期项目和人才合作，依托安徽大学和东南大学国家重点学科和平台，以安徽电力、马钢和皖南电机等重点企业及其技术中心为工程化示范和产业化基地，改革协同创新模式和机制，联合共建"工业节电与电能质量控制协同创新中心"，在工业节电和用电质量及安全等重点领域，搭建高技术研发平台、技术转移平台、公共技术服务平台、科技型企业孵化平台和高层次人才培养平台，建成服务全省，辐射周边，在国内具有较大影响的公共协同创新中心，通过政产学研合作机制，整合各类资源，开展联合技术创新，推动高耗能传统产业技术升级，提高能源、钢铁等支柱产业经济和社会效益，孵化和催生节电产品战略性新兴产业，促进区域经济社会可持续发展。

通过中心实现政产学研实质性联合，发挥政府职能部门主导作用，建立高等院校与企业间的产学研合作对口支援关系，实现能力互补和研发风险的分担；融合高校和企业各自的人才优势、技术优势，集聚和培养一批高层次技术人才；面向产业，建立产学研结合的公共科技创新平台，形成一批在国内具有一流水平的产学研开发基地和产业化基地，加快学校科学技术向企业转移；承担和实施一批国家和省级重大科技项目，不断缩短企业产品技术研发周期，提升产业创新水平，加快相关产业的科技进步；攻克一批制约产业发展的工业节能和用电安全共性关键技术，形成具有国际竞争力的自主品牌、自主知识产权，形成系列化的国家、行业以及地方标准；通过中心的技术辐射、产品辐射和服务辐射功能，为行业单位和用户提供多层面，专业化的服务。

在研项目：

国家级及省部级科研项目清单

项　目　名　称	编号	项目类别
1. 基于多支持向量机和重心邻域估计的永磁直线电机空间谐波抑制研究	(51277002)	国家自然科学基金
2. 矿山用大型主排水泵电机系统节能技术的研究与应用	(2013BAF01B01)	国家科技支撑课题
3. 大型机电装备绿色节能技术研究与应用——大型流体机械节能技术研究与应用	(2013BAF01B02)	国家科技支撑课题
4. 公共机构节能关键技术研发及示范——暖通综合节能技术	(2012BAA13B01)	国家科技支撑课题
5. 燃烧过程多光谱分析仪器的开发与应用——燃烧过程多光谱分析仪信息综合平台研发	(2012YQ220119)	国家重大科学仪器设备开发专项
6. 脉冲随机系统的稳定性、随机镇定及其在神经网络中的应用研究	(11301004)	国家自然科学基金
7. 基于GPU的directionlets域SAR图像相干斑噪声抑制并行算法研究	(61370110)	国家自然科学基金
8. 有源中点箝位型变换器SHEPWM控制策略的优化研究	(51307002)	国家自然科学基金
9. 基于虚拟样机建模的永磁球形电机自适应反演协同控制研究	(51307001)	国家自然科学基金
10. 基于多信息局部相关模型的视频标注研究	(61300056)	国家自然科学基金
11. 移动云计算环境下软件跨平台运行与安全机制关键技术研究	(61300169)	国家自然科学基金
12. 基于面部结构特征先验信息的人脸特征点深度值估计方法研究	(61370109)	国家自然科学基金
13. 多窗实值离散Gabor展开与变换理论及快速算法	(61372137)	国家自然科学基金
14. 极短沟道MOST的二维器件模型与电路模拟器器件模型统一建模的研究	(61376098)	国家自然科学基金
15. 基于第一性原理的阻变存储器存储机理和优化方案的研究	(61376106)	国家自然科学基金
16. 全息视频显示的LCOS原理研究	(61377006)	国家自然科学基金

（续）

项 目 名 称	编号	项目类别
17. 不确定环境下基于风险态度和偏好关系相容性的群决策模型及其在供应商选择中的应用	(71301001)	国家自然科学基金
18. 基于多辛算法的金属材料电磁场超强透射机理研究	(51477001)	国家自然科学基金
19. 序关系描述下的多源遥感图像配准算法研究	(61401001)	国家自然科学基金
20. 基于EOG的人体行为识别算法及其应用研究	(61401002)	国家自然科学基金
21. 基于跨媒体随机点积图模型的网络图像事件分析研究	(61402002)	国家自然科学基金
22. 基于线性贝叶斯MAP估计和稀疏表达模型的图像插值算法研究	(61402003)	国家自然科学基金
23. SAR图像配准中仿射不变特征提取和变换参数估计算法研究及快速实现	(61402004)	国家自然科学基金
24. 多维多粒度粗糙集模型和算法研究	(61402005)	国家自然科学基金
25. 面向网状结构数据的粒化方法、模型及其应用研究	(61402006)	国家自然科学基金
26. 基于经验软件工程方法的云计算工作流系统设计的研究	(61402007)	国家自然科学基金
27. 辛时域离散伽略金算法及其在典型微纳结构电磁仿真中的应用	(61471001)	国家自然科学基金
28. 基于车辆身份的VANET安全机制及其系统评估方法研究	(61472001)	国家自然科学基金
29. 基于多模态视觉模型的行为事件分析研究与应用	(61472002)	国家自然科学基金
30. 基于分布多极磁场模型的三自由度永磁球形电动机位置检测研究	(51407002)	国家自然科学基金
31. 新型通用配电网静止同步补偿器拓扑及其控制策略研究	(51407001)	国家自然科学基金
32. 基于多普勒调制复合字典匹配分解与重构的列车轴承声信号调理研究	(51505001)	国家自然科学基金
33. 基于切换系统理论的机电伺服转台多工况优化控制	(51507001)	国家自然科学基金
34. 电动汽车驱动与制动一体化混合能量源系统研究	(51507002)	国家自然科学基金
35. 基于栅栏图像SVD相位相关算法的直线电机动子位置超精密测量研究	(51577001)	国家自然科学基金
36. 基于随机相位调制的自然场景压缩成像方法与实现研究	(61501001)	国家自然科学基金
37. 极化码串行抵消解码算法误码特性研究	(61501002)	国家自然科学基金
38. 有向图谱理论在图像匹配中应用研究	(61501003)	国家自然科学基金
39. 基于矩量法与渐近波形估计技术的动态海面宽带电磁散射特性研究	(61501004)	国家自然科学基金
40. 基于多目标优化的约束模式挖掘方法研究	(61502001)	国家自然科学基金
41. 基于形状信息和结果反馈的多图谱图像分割方法	(61502002)	国家自然科学基金
42. 基于概率超图直推式学习的交互式图像检索方法研究	(61502003)	国家自然科学基金
43. 分子层次上肺癌子型标记物识别的计算模型研究	(61502004)	国家自然科学基金
44. 基于图像前景关联的协同抠图技术研究	(61502005)	国家自然科学基金
45. 通用时序逻辑表达下的视频时空行为理解研究与应用	(61502006)	国家自然科学基金
46. 适用于可逆信息隐藏算法的图像质量评价标准研究	(61502007)	国家自然科学基金
47. SPN型分组密码的新型代数分析方法研究	(61502008)	国家自然科学基金
48. 基于图像灰度熵分解的密文图像高载荷可逆信息隐藏	(61502009)	国家自然科学基金
49. 开放式云平台中基于跨域用户的数据隐私保护技术	(61572001)	国家自然科学基金
50. 基于局部中层特征的密集场景视频分析研究	(61572029)	国家自然科学基金
51. 大规模有向网络的拉普拉斯嵌入、聚类和半监督学习	(61572030)	国家自然科学基金
52. 密码学安全且实际有效的动态频谱拍卖机制研究	(61572031)	国家自然科学基金
53. 复杂事件设计下分布式事件触发协调控制方法研究	(61573021)	国家自然科学基金
54. 电网间谐波、谐波分析新方法研究	(2.01234E+13)	教育部博士点基金
55. 安徽省高节能电机高技术研究实验室建设	(2013020405)	安徽省自主创新项目

（续）

项　目　名　称	编号	项目类别
56. 新型矿用绞车机电一体化设计	(6061343)	安徽省教育厅重点项目
57. 基于新型拓扑及其控制的 NPC 多电平变流器功率器件损耗不均的解决方案研究	(KJ2013A011)	安徽省教育厅
58. 三自由度永磁球形电机伺服控制系统的研发	(KJ2013A012)	安徽省教育厅
59. 设备状态流形特征表示与诊断研究	(KJ2013A010)	安徽省教育厅
60. 智能消防侦察机器人的研制	(1401b042010)	安徽省科技强警项目
61. 中点箝位型多电平变流器功率器件损耗均衡控制研究	(1308085ME81)	安徽省自然科学基金
62. 公安机关大数据管理平台及智能搜索引擎的研发	(1301b042003)	安徽省科技攻关项目
63. 多自由度永磁球形电动机结构优化及位置检测研究	(1308085QE82)	安徽省自然科学基金
64. 陶瓷义齿复杂型面高效磨削加工关键技术研究	(1308085QE93)	安徽省自然科学基金
65. 汽车车桥零件的高效加工技术	(1301022079)	安徽省科技攻关项目
66. 切削刀具的仿生设计及减阻机理的研究	(1308085ME63)	安徽省自然科学基金
67. 谐波对电网设备影响研究及技术经济评价		河北省电力研究院
68. 青年骨干教师项目-电动汽车电驱及储能系统研究		安徽大学
69. 非线性随机振动压电能量回收方法研究	(1408085ME81)	安徽省自然科学基金
70. 基于超级电容的电动汽车用高效混合能量源系统研究	(1508085QE98)	安徽省自然科学基金
71. 基于电压模型的感应电机无速度传感器矢量控制的全状态稳定性研究	(1408085QKL99)	安徽省自然科学基金

中心近三年横向课题项目清单

项　目　名　称	产学研合作单位	负责人
1. 光伏逆变器系列产品的研发	安泰科技	王群京
2. 离网光伏发电控制逆变器的研发	安泰科技	胡存刚
3. 有源中点钳位型光伏变流器的研发	江苏东润光伏科技有限公司	胡存刚
4. 土壤理化性质数据采集与分析系统的研发	农业部南京农业机械化研究所	胡存刚
5. 履带式机器人在安徽电网中应用的可行性研究	安徽省电科院	李国丽
6. iHev 混合动力汽车驱动电机设计	安徽江淮汽车有限公司	王群京
7. 微电网系统关键技术研究与示范	安徽安泰科技股份	王群京
8. 变压器电抗器火灾案例及消防机器人	安徽省电科院	李国丽
9. 矿用 SVG 控制驱动系统及装置的研发	淮南万泰集团	王群京
10. 100kW 电动大巴控制器无速度传感器矢量控制软件开发	合肥阳光电源有限公司	漆星
11. 感应电机通风冷却模型设计	中国船舶重工集团公司第七一二研究所	张茂松
12. 异型螺栓加工工艺技术研究 2	宁波浩渤工贸有限公司	李桂华
13. 电视视频检测系统	安徽科大讯飞信息科技股份有限公司	李腾
14. 光伏微电网建模与仿真技术研究项目	安徽省电科院	王群京
15. APF 装置、SVG 控制及驱动系统、电能质量监测专家系统（第一阶段）的研发	安徽合凯电力保护设备有限公司	王群京
16. 钢铁企业薄板生产线电压凹陷治理装置研发	安徽合凯电力保护设备有限公司	郑常宝
17. 宝钢直属厂部主干网电能质量状态分析与研究	上海宝钢安大电能质量有限公司	朱明星
18. 谐波对电网设备影响研究及技术经济评价	国网河北省电力公司电力科学研究院	朱明星
19. 城市地铁注入配网谐波测量分析及接入系统方案评估	河北电力研究院	朱明星
20. 连云港旗台作业区散货泊位电网无功补偿及电动机节电运行方法研究	交通运输部水运科学研究所	朱明星

（续）

项 目 名 称	产学研合作单位	负责人
21. 马钢511BDS、31BDS 35kV供配电系统和电炉设备节电运行技术研究与应用	马鞍山钢铁股份有限公司	朱明星
22. 具有储能装置的分布式光伏发电系统关键技术研究	安徽合凯电力保护设备有限公司	王群京
23. 100A有源电力滤波器的研发（合肥市节能院奖励）	合肥市科技局	王群京
24. 光伏微电网关键技术研究与示范应用	安徽安泰科技股份	王群京
25. 储能型双向变流器的研发	安徽贵博新能有限公司	胡存刚
26. 电动汽车用高效电机电驱及制动回收系统关键技术研究	南京研旭电气科技有限公司	丁石川
27. 便携式电能质量测试仪器研发	安徽节源节能科技有限公司	朱明星
28. 山江重工电弧炉干扰发生量及解决方案研究	湖北山江重工有限公司	朱明星
29. 合肥金太阳通威子站光伏并网电能质量问题及解决方案研究	赛维LDK光伏科技（合肥）工程有限公司	朱明星
30. IPQ-1电能质量便携式测试仪器研发	上海勤礼信息技术有限公司	朱明星
31. 配电网电能质量测试与评估技术服务项目	上海柴油机股份有限公司	朱明星
32. 城市地铁注入配网谐波测量分析及接入系统方案评估	河北电力研究院	朱明星

科研成果：

SCI、EI收录成果清单

成 果 名 称	发表时间	收录
1. Depth Estimation of Face Images Using the Nonlinear Least-Squares Model	2013	SCI
2. Directionlet-based denoising of SAR images using a Cauchy model	2013	SCI
3. A multiscale products technique for denoising of DNA capillary electrophoresis signals	2013	SCI
4. SAR Image Despeckling with Adaptive Multiscale Products Based on Directionlet Transform,	2013	SCI
5. Virtual neighbor based connectivity preserving of multi-agent systems with bounded control inputs in the presence of unreliable communication links	2013	SCI
6. Distributed event-triggered control of multi-agent systems with combinational measurements	2013	SCI
7. Face recognition with multi-resolution spectral feature images	2013	SCI
8. Resilient L2-L∞ Filtering of Uncertain Markovian Jumping Systems within the Finite-Time Interval	2013	SCI
9. Robust finite-time estimation of Markovian jumping systems with bounded transition probabilities	2013	SCI
10. Nonnegative Signal Decomposition with Supervision	2013	SCI
11. A Novel Symplectic Multi-Resolution Time-Domain Scheme for Electromagnetic Simulations	2013	SCI
12. Finite-time boundedness of uncertain time-delayed neural network with Markovian jumping parameters	2013	SCI
13. Output regulation of a class of continuous-time Markovian jumping systems	2013	SCI
14. L2 - L∞ fuzzy control for Markov jump systems with neutral time-delays	2013	SCI
15. Laddered Multilevel DC/AC Inverters used in Solar Panel Energy Systems	2013	SCI
16. Hybrid Split-Capacitors and Split-Inductors Applied in Positive Output Super-Lift Luo-Converters	2013	SCI
17. Low-Rank Affinity Based Local-Driven Multilabel Propagation	2013	SCI
18. A detection method for bearing faults using null space pursuit and S transform	2014	SCI
19. Directionlet-based method using the Gaussian mixture prior for SAR image despeckling	2014	SCI
20. A Novel Image Denoising Algorithm Using Linear Bayyesian MAP Estimation Based on Sparse Representation	2014	SCI
21. A denoising method based on null space pursuit for infrared spectrum	2014	SCI
22. A high quality single-image super-resolution algorithm based on linear Bayesian MAP estimation with sparsity prior	2014	SCI

（续）

成　果　名　称	发表时间	收录
23. Classification of gait rhythm signals between patients with neuro-degenerative diseases and normal subjects: Experiments with statistical features and different classification models	2014	SCI
24. A portable embedded drug precursor gas detection and identification device based on cataluminescence-based sensor array	2014	SCI
25. Optimal finite-time passive controller design for uncertain nonlinear Markovian jumping systems,	2014	SCI
26. Robust Control, Optimization, and Applications to Markovian Jumping Systems	2014	SCI
27. Suboptimal Event-Triggered Consensus of Multiagent Systems	2014	SCI
28. Gene differential coexpression analysis based on biweight correlation and maximum clique	2014	SCI
29. Unbiased estimation of Markov jump systems with distributed delays	2014	SCI
30. Stochastic Systems: Modeling, Optimization and Applications	2014	SCI
31. A cataluminescence sensor system for diethyl ether based on CdO nanostructure	2014	SCI
32. Feature extraction for identification of drug and explosive concealed by body packing based on positive matrix factorization	2014	SCI
33. Microarray data classification using the spectral-feature-based TLS ensemble algorithm	2014	SCI
34. Application of BW-ELM model on traffic sign recognition	2014	SCI
35. Super-Lift Boost Converters	2014	SCI
36. Optimum Design of the Precise Surface Plate Based on Thermal Deformation Experiment and FEA	2014	SCI
37. Almost asymptotic regulation of Markovian jumping linear systems in discrete-time	2014	SCI
38. Fault estimation for T-S fuzzy Markovian jumping systems based on the adaptive observer	2014	SCI
39. On-line Fault Diagnosis of Main Reducer based on the Noise Characteristic Parameters	2013	EI
40. 光伏发电并网系统的仿真建模及对配电网电压稳定性影响	2013	EI
41. Selective Harmonic Elimination PWM Method Applied to Three-level Photovoltaic NPC Inverter	2013	EI
42. Design and Analysis of Permanent Magnetic Spherical Motor with Cylindrical Poles	2013	EI
43. Structural Optimization of Double-secondary PMSLM Based on Spatial Harmnic Suppression	2013	EI
44. Design and Performance Analysis of Small Denture Machining Equipment	2013	EI
45. Design of a 5-Axis CNC Machine Tool Applied to Dental Restoration	2013	EI
46. Simulation model of photovoltaic generation grid-connected system and its impacts on voltage stability in distribution grid	2013	EI
47. The Design of Motor Multi- Objective Inverse Optimization System based on Genetic Algorithm	2013	EI
48. Adaptive Output Feedback Control for Permanent Magnet Spherical Motor by Fuzzy	2013	EI
49. Design and Analysis of Permanent Magnet Spherical Motor with Cylindrical Poles	2013	EI
50. 基于图像求逆相位相关算法检测电机转子位置	2013	EI
51. 直线电机动子位置检测的图像亚像素测量算法	2013	EI
52. 一种新型基于直流电容局部充电的升压型多电平逆变器	2013	EI
53. 飞秒激光全息并行加工中的多焦点均一性	2013	EI
54. Gravity Neighborhood Estimation Algorithm Based for Cylinder Linear	2013	EI
55. 基于太阳跟踪的自动光谱采集系统研制	2013	EI
56. Recognition Algorithm For Plant Leaves Based On Adaptive Supervised Locally Linear Embedding	2013	EI
57. Online Measurement on Flatness and its Uncertainty of Small Work-piece	2013	EI
58. A Novel Ensemble Algorithm for Tumor Classification	2013	EI
59. A Mass Spectra-Based Compound-Identification Approach with a Reduced Reference Library	2013	EI

（续）

成果名称	发表时间	收录
60. 基于监督局部线性嵌入算法的玉米田间杂草识别	2013	EI
61. Event-triggered control of multi-agent systems with suboptimal triggering	2013	EI
62. Inferring transcriptional modules from microarray and chip-chip data using penalized matrix decomposition	2013	EI
63. Improved Predictive Functional Control for Induction Motor Drive System	2013	EI
64. Research of Plant-Leaves Classification Algorithm based on Supervised LLE	2013	EI
65. Speech Stream Detection for Noisy Environments Based on Empirical Mode Decomposition	2013	EI
66. Efficient Search with Multi-Modality for Video Commercial	2013	EI
67. Camera based cross devices manipulating with augmented reality	2013	EI
68. Investigation on Best Switching Angles to Obtain Lowest THD for Multilevel DC/AC Inverters	2013	EI
69. Immune Genetic Programming and it's application in bioprocess modeling	2013	EI
70. Research of dynamic compensation method based on Hammerstein model for Wiener model sensor	2013	EI
71. Prediction of cytochrome P450 inhibition using ensemble of extreme learning machine	2013	EI
72. Laplacian transformation for average consensus of directed multi-agent networks	2013	EI
73. Dynamic Multiple Spectral Similarity Measures for Compound Identification	2013	EI
74. CMM Measurement Error Model Based on High-order Lagrange Interpolation	2013	EI
75. 基于有限时间的一类不确定 Lipschitz 非线性系统无源滤波	2013	EI
76. Design and Set up of Optical System for Holographic Femtosecond Laser Processing	2013	EI
77. 一种改进的大尺度高光谱流形降维算法	2013	EI
78. Theory of Lamb Wave Transducers and Their Applications for Gas and Liquid Sensing	2014	EI
79. Electro-Thermal Loss Analysis of The 3L-ANPC Converters	2014	EI
80. Surface roughness prediction and experimental analysis in a grinding the material of zirconia used by dental restoration	2014	EI
81. 纯相位菲涅尔全息图的反馈迭代算法及其硅基液晶显示	2014	EI
82. 飞秒激光加工中折射率失配引起的像差问题及其矫正	2014	EI
83. Bionic Joint Surface Shape's Influence on Coating Tool's Bonding Strength between Coating and Substrate.	2014	EI
84. Analyze and Improve Lifetime in 3L-NPC Inverter from Power Cycle and Thermal Balance	2014	EI
85. A SVPWM Based on Fluctuate Capacitor Voltage in 3L-NPC Back-to-Back Converter Applied to Wind Energy	2014	EI
86. Adaptive Tracking Control using Partitioned RBFNN in Permanent Magnet Spherical Motor System	2014	EI
87. Dynamic Modeling, Characteristic Analysis and Co-simulation of the Permanent-Magnet Spherical Actuator	2014	EI
88. Adaptive Fuzzy Decoupling Control for Permanent Magnet Spherical Motor Dynamic System	2014	EI
89. Analysis of frequency inverter loss under 3 different PWM modulation methods	2014	EI
90. Three-phase PV Inverter Based on Segmentation Fuzzy PID Control	2014	EI
91. Research on a Photovoltaic System of MPPT Hysteresis Control based on Adaptive FIR Filter	2014	EI
92. Research of Orientation Detection Method for Spherical Motor and Effect on PD Control System Based on Machine Vision	2014	EI
93. Research of hybrid PV inverter with energy storage function	2014	EI
94. An enhanced method based on wavelet for power quality compression	2014	EI
95. Solar controller driving 50W LED	2014	EI
96. Implementation of a cascade D-STATCOM under unbalanced conditions	2014	EI
97. Evolutionary identification algorithm for Hammerstein system and its convergence analysis	2014	EI

（续）

成 果 名 称	发表时间	收录
98. Design of the nonlinear Predictive Functional Controller for turntable servo system	2014	EI
99. Image interpolation based on fractal method in contourlet domain	2014	EI
100. Leakage Field Computational Analysis of Closed Slot Motor Based on Ansoft	2014	EI
101. Voltage Differential Feedback Control for Three-phase PV Inverter Based on Repetitive Control	2014	EI
102. Rotor Orientation Detection Method of Spherical Motor Based on Single 2-DOF Optical Sensor	2014	EI
103. Adaptive Fuzzy Tracking Control Based on Backstepping for Permanent Magnet Spherical Motor	2014	EI
104. Identification of switched Hammerstein model of radar antenna servo system using the RLS-PSO algorithm	2014	EI
105. 组合核函数多支持向量机的直线电机建模	2014	EI
106. 影响电容式电压互感器谐波传递特性的关键参数	2014	EI
107. 基于参考阻抗法的多不平衡源责任分摊定量评估	2014	EI

行业标准

标准号	名 称	编制单位	发表年
1. JB/T 11315—2013	工业缝纫机用交流永磁同步电动机技术条件	全国小功率电机标准化委员会	2013 年
2. JB/T XXXXX—201X	推杆用电动机通用技术条件	全国小功率电机标准化委员会（进行中）	
3. JB/T XXXXX—201X	小功率齿轮减速异步电动机	全国小功率电机标准化委员会（进行中）	
4. JB/T 11707—2013	《YE2 系列（IP55）高效率三相异步电动机技术条件（机座号 80-355）》	安徽省电机产品标准化技术委员会	2013 年
5. JB/T 11708—2013	《YFE2 系列（IP55）风机专用高效率三相异步电动机技术条件（机座号 80-400）》	安徽省电机产品标准化技术委员会	2013 年
6. JB/T 11709—2013	《YSE2 系列（IP55）水泵专用高效率三相异步电动机技术条件（机座号 80-355）》	安徽省电机产品标准化技术委员会	2013 年
7. JB/T 11280—2013	《YX 系列高效率高压三相异步电动机技术条件（机座号 355-630）》	安徽省电机产品标准化技术委员会	2013 年
8. JB/T 5879—2013	《YSB 系列三相机床冷却电泵》	全国旋转电机标准化技术委员会	2013 年
9. JB/T 6741—2013	《YSD 系列变极双速三相异步电动机》	全国旋转电机标准化技术委员会	2013 年
10. JB/T 10445—2014	《YR 系列 10kV 绕线转子三相异步电动机技术条件（机座号 400-630）》	安徽省电机产品标准化技术委员会	2014 年
11. JB/T 10446—2014	《Y、YX 系列 10kV 三相异步电动机技术条件及能效分级（机座号 400-630）》	安徽省电机产品标准化技术委员会	2014 年
12. JB/T XXXXX—201X	《小功率单相串励电动机通用技术条件》	全国旋转电机标准化技术委员会（进行中）	
13. JB/T 9542—201X	《双值电容异步电动机通用技术条件》	全国旋转电机标准化技术委员会（进行中）	

企业标准与规范

标准号	名 称	编 制 单 位
1. DB34/T 1879—2013	《YP2 系列宽频三相异步电动机技术条件（机座号 63 ~ 355）》	安徽省电机产品标准化技术委员会（2013 年）

（续）

标准号	名　称	编　制　单　位
2. DB34/T 1878—2013	《YLV 系列低压大功率三相异步电动机技术条件（机座号 400 ~ 450）》	安徽省电机产品标准化技术委员会（2013 年）
3. DB34/T 1880—2013	《YXVF 系列高效率变频调速三相异步电动机技术条件（机座号 80 ~ 355）》	安徽省电机产品标准化技术委员会（2013 年）
4.	智能过电压综合抑制装置企业标准	企业产品标准信息公共服务平台（2014 年）
5.	自适应小电流选线装置企业标准	企业产品标准信息公共服务平台（2014 年）
6.	无线接点测温装置企业标准	企业产品标准信息公共服务平台（2014 年）
7.	智能低压快切换装置企业标准（智能低压快速切换装置）	企业产品标准信息公共服务平台（2014 年）
8.	电能质量治理装置验收技术规范	安徽省电能质量专业标准化技术委员会（进行中）
9. Q/HK 02—2015	《消弧及过电压保护装置》	企业产品标准信息公共服务平台（2015 年）
10. Q/HK 03—2015	《开关消弧装置》	企业产品标准信息公共服务平台（2015 年）
11. Q/HK 04—2015	《电网智能专家测控装置》	企业产品标准信息公共服务平台（2015 年）
12. Q/HK 05—2015	《高压限流熔断器组合保护装置企业标准》	企业产品标准信息公共服务平台（2015 年）

新　产　品

名　称	制　造　单　位
1. YXEJ 系列高效率电磁制动三相异步电动机（机座号 80 ~ 315）	安徽皖南电机股份有限公司（2014 年）
2. YFB 系列粉尘防爆型三相异步电动机（机座号 80 ~ 355）	安徽皖南电机股份有限公司（2014 年）
3. YYB 系列油泵专用三相异步电动机（机座号 90 ~ 280）	安徽皖南电机股份有限公司（2014 年）
4. YBBP 系列隔爆型变频调速三相异步电动机（机座号 80 ~ 355）	安徽皖南电机股份有限公司（2013 年）
5. YE3 系列（IP55）超高效率三相异步电动机（机座号 80 ~ 355）	安徽皖南电机股份有限公司（2013 年）
6. YXVF 系列高效率变频调速三相异步电动机（机座号 80 ~ 355）	安徽皖南电机股份有限公司（2013 年）
7. SHK-BOD 自脱离大容量组合式过电压保护器	安徽国科电力设备有限公司（2013 年）
8. SHK-JDZ 电网故障智能专家测控装置	安徽国科电力设备有限公司（2013 年）

专　　利

名　称	类型	专利号	获批时间	发明人
1. 一种商用车后桥装配线有轨小车定位机构	中国	ZL201110299409. 4[P]	2013	谢峰，赵吉文，魏瑞，杨智能，邵世超
2. 易于集成制造的高性能微型电磁式振动能量采集器	中国	ZL201010248136. 6	2013	王佩红，刘慧，杨卓青
3. 便携式采集读数摄像机	中国	ZL201110245908. 5[P]	2013	程鸿，吴海燕，韦穗，张成，沈川
4. 高精度编码器和角度传感器的制备方法	中国	ZL201110141385. X	2013	王磊，蔡柯，岳廷
5. 一种稀土永磁铁氧体材料及其制备方法	中国	ZL201110153849. 9	2013	刘先松，尹萍，冯双久
6. 一种小功率电动机的定子拆卸工装	中国	ZL201110274374. 9	2013	姚春龙，王群京，李国丽，赵志伟，徐卫，王超，尹丽
7. 一种离合器电动机的摩擦片组件	中国	ZL201110079462. 3	2013	姚春龙，王群京，赵志伟，徐卫，王超

（续）

名　　称	类型	专利号	获批时间	发明人
8. 一种基于光纤的磁镊探针	中国	ZL201110220889. 0	2014	徐峰，俞本立，曹志刚，朱军，吕卫卫，冯飞，武为江
9. 一种单端操作的亚阈值存储单元电路	中国	ZL201210036104. 9	2014	吴秀龙，柏娜，谭守标，李正平，孟坚，陈军宁，徐超，代月花，龚展立
10. 一种高速低功耗自关断位线灵敏放大器	中国	ZL201210035924. 6	2014	陈军宁，柏娜，吴秀龙，谭守标，李正平，孟坚，徐太龙，蔺智挺，余群龄
11. 一种 SRAM 位线漏电流补偿电路	中国	ZL201210052508. 7	2014	谭守标，吴秀龙，柏娜，李正平，孟坚，陈军宁，徐超，高珊，李瑞兴
12. 一种红外触摸屏	中国	ZL201210177155. 3	2015	郭星，吴建国，刘正义，周济人，吴璠，吴海辉，李炜
13. 多磁极各向异性永磁磁环的制备方法	中国	ZL201210287288. 6	2014	刘先松，高尚，冯双久，金大利，王超，姜坤良，徐娟娟
14. 一种基于光转换的井下无线对讲通信系统	中国	CN201210124916. 9	2014	胡艳军，许耀华，陈全
15. 一种便于通信的可编程逻辑控制器	中国	CN201410084138. 4	2014	王守谦，李晓辉
16. 基于遥感影像优化 PROSAIL 模型参数的叶面积指数和叶绿素含量的反演方法	中国	ZL201210367345. 1	2015	梁栋，黄文江，黄林生，关青松，张东彦，胡根生
17. 一种基于非线性切换系统的伺服转台建模方法	中国	201310633750. 8	2013	张倩，王群京，叶超，李国丽
18. 一种基于非线性切换系统的伺服转台控制器	中国	201310633749. 5	2013	张倩，王群京，叶超，李国丽
19. 一种电流滞环逆变器控制方法	中国	201310686857. 9	2013	胡存刚
20. 一种可旋转的机器手爪	中国	201310140626. 8	2013	李国丽，王群京，刘国华，许家紫
21. 多个电动推杆驱动的机械臂	中国	201310110923. 8	2013	李国丽，王群京，刘国华，许家紫
22. 一种基于 PLC 的工厂智能照明系统	中国	201410395825. 8	2014	张倩，李国丽，张悦，张木银
23. 基于动态摩擦补偿的永磁球形电机转子自适应控制系统	中国	201410035175. 6	2014	过希文，王群京，文彦，钱喆，周睿，赵双双，赵元，尹雅芹
24. 三电平变换器 SHEPWM 与 SVPWM 平滑切换的混合调制方法	中国	201410069842. 2	2014	胡存刚，魏中原
25. 三电平逆变器 SHEPWM 调制方法	中国	201410275780	2014	陈权，王群京，李国丽，胡存刚，秦昌伟，程龙
26. 一种多电平空间矢量调制方法	中国	201410797117. 7	2014	胡存刚，魏中原，陈权
27. 五电平 ANPC 变换器悬浮电容电压控制方法	中国	201410810131. 6	2014	胡存刚，胡军，魏中原，张云雷
28. 一种具有短脉冲补偿功能的 MOSFET 驱动器	中国	201410811361. 4	2014	胡存刚
29. 一种具有短脉冲抑制功能的 MOSFET 驱动器	中国	201410810120. 8	2014	胡存刚
30. 多边界条件下钢包精炼变压器容量及参数的确定方法	中国	201410355114. 5	2014	朱明星等

（续）

名 称	类型	专利号	获批时间	发明人
31. 一种三相三线制不平衡系统等效负荷线阻抗的计算方法	中国	201410424514. X	2014	朱明星等
32. 一种基于磁控电抗器（MCR）的电压暂降发生装置	中国	201510192026. 5	2015	朱明星等
33. 基于并网点特征谐波电压测量的分布式电源孤岛检测方法	中国	201510219972. 4	2015	朱明星等
34. 一种小功率电动机滑套加工装置	实用新型	ZL201320070617. 1	2013	王群京，李国丽，徐卫，姚春龙，赵志伟，芮云萍，程小伟，叶秀玲，韩余华
35. 一种防误触架空线的报警系统	实用新型	ZL201320063912. 4	2013	刘政怡，魏赛，吴建国，郭星，李炜
36. 一种可旋转的机器手爪	实用新型	ZL201320206801. 4	2013	李国丽，王群京，刘国华，许家紫
37. 一种机器手爪	实用新型	ZL201320205656. 8	2013	李国丽，王群京，刘国华，许家紫
38. 机器手爪的行走底座	实用新型	ZL201320205650. 0	2013	李国丽，王群京，刘国华，许家紫
39. 新型电机用离心风扇	实用新型	ZL201220399967. 8	2013	郭家荣，文明，赵时生，章新启，李玮，严杰
40. 新型电机机座	实用新型	ZL201220400031. 2	2013	查冬英，赵时生，郭家荣，沈雅丽，王慧，裴孝龙
41. 新型电机铝机座	实用新型	ZL201220399708. 5	2013	徐燕，康希武，沈雅丽，赵时生，李志平，郭家荣
42. 异步电动机	实用新型	ZL201220698619. 0	2013	陈学锋，张利兵，许锋，唐国英，王慧
43. 三相异步电动机定、转子结构	实用新型	ZL201220698620. 3	2013	许锋，陈学锋，张利兵，章新启，李玮
44. 三相异步电动机	实用新型	ZL201220698806. 9	2013	张利兵，陈学锋，许峰，吴丹，郭耀东
45. 一种自驱动卡盘夹紧机构	实用新型	ZL201320467594. 8	2013	陈学锋，徐红华，张忠根，郭耀东，鲁鹏飞
46. 一种自驱动卡盘双刀架的端盖加工机构	实用新型	ZL201310331833. 1	2013	孙跃，许权，蒋小兵，陈虎生，方新耀
47. 一种基于 PLC 的工厂智能照明系统	实用新型	ZL201410395825. 8	2014	张倩，李国丽，张悦，张木银
48. 一种无线现场手持数字电缆检测系统	实用新型	CN201420356394. X	2014	张红伟，蒋光明，李如意，张公泉，邹明荃
49. 矿用运载小车位置读取装置及其应用	实用新型	CN201420352386. 8	2014	谢峰，雷小宝，张坤坤，江宏亮，李辉
50. 一种新型液晶显示器支架	实用新型	CN201420223419. 9	2014	李双东，莫道宏，袁光辉
51. 一种投影仪吊箱	实用新型	CN201420223416. 5	2014	李双东，莫道宏，袁光辉
52. 二维码标签保护装置	实用新型	CN201420055696. 3	2014	张东彦，赵晋陵，黄林生，梁栋，廖同庆，黄文江
53. 基于单总线转换器的粮仓储粮料位检测装置	实用新型	CN201420074471. 2	2014	张红伟，黄志华，谢宝林，陈天宇，李晓辉

（续）

名　　称	类型	专利号	获批时间	发明人
54. 窄线宽激光器线宽高精度测量系统	实用新型	CN201320869272.6	2014	吕亮，张文华，杜正婷，向荣，杨波，吴爽，邓涵元，赵力杰，曹志刚，刘宇，俞本立
55. 一种基于无线通信的室内空气质量监控系统	实用新型	CN201420053512.X	2014	王守谦，李晓辉
56. 输电线路大风灾害在线预警装置的无线数据采集电路	实用新型	CN201420096797.5	2014	李伟，范明豪，程登峰，费婷婷，杨可军，周保亮，孙登第，阮瑞
57. 一种太阳能汽车的智能控制系统	实用新型	CN201420104725.0	2014	陈晓宁，欧长江，吴飞，何红燕，张坛，刘洋，董宏廷
58. 一种电动车电源管理系统	实用新型	CN201420105207.0	2014	陈晓宁，欧长江，吴飞，何红燕，张坛，刘洋，董宏廷
59. 一种基于磁控电抗器的电渣炉不平衡配电系统的治理装置	实用新型	CN201420488310.8	2014	陈列，朱明星，摆国睿，王群京，孙贺，龚光华，武胜奎，高红艳，赵海东
60. 一种小功率电动机的定子冲片结构	实用新型	ZL201520245053.X	2015	徐卫，王群京，姚春龙，赵志伟，李国丽

所获荣誉

名　　称	获奖等级
1. 特高压与新能源背景下的安徽电网安全经济运行关键技术研究(2014 年度)	安徽省科技进步一等奖
2. 电动机智能逆向多目标优化技术及其应用(2013 年度)	安徽省科技进步二等奖
3. 绝缘电气设备中 SF_6 气体的分解产物与其故障关系的研究及应用(2013 年度)	安徽省科技进步二等奖
4. 基于多参数监测的电力节能减排优化管控系统(2013 年度)	国家环境保护科学技术三等奖
5. 基于净化处理技术的 SF_6 温室气体减排措施研究及推广应用(2013 年度)	国家环境保护科学技术三等奖
6. 变电站接地网腐蚀预测方法与防腐技术应用研究(2013 年度)	安徽省科技进步三等奖
7. 皖电东送淮南至上海特高压交流输电示范工程(2014 年度)	国家电网公司科学技术进步特等奖
8. 安徽省“合芜蚌创新人才奖”(王群京)(2013 年度)	安徽省人民政府
9. 全国优秀科技工作者(王群京)(2013 年度)	中国科协
10. 安徽青年科技奖(胡存刚)(2013 年度)	省级
11. 安徽省教学名师(李国丽)(2013 年度)	省级
12. 宝钢优秀教师奖(李国丽)(2014 年度)	省部级
13. 城市轨道交通接入配电网关键问题研究与应用(2014 年度)	国网河北省电力公司

安徽工业大学-优秀创新团队

地址：安徽省马鞍山市湖东路 29 号
邮编：243000
电话：0555-2316595
团队人数：8
团队带头人：刘晓东
主要成员：葛芦生，陈乐柱，郑诗程，方炜，胡雪峰，刘宿城，杨云虎
研究方向：电力电子功率变换技术
团队简介：

本团队包括教授 6 人，副教授 1 人，讲师 1 人，其中 7 人具有博士学位，涉及电力电子、高电压技术、电力系统和控制理论工程等多个相关学科。围绕着“电力电子功率变换技术”核心研究方向，主要从事以下方面的研究：1）数字开关电源开发和应用；2）新能源发电及智能微电网技术的研究；3）特种电源及其应用。本团队已获得国家自然科学基金 7 项，国家外专局项目 1 项目，安徽省科技攻关项目 1 项，安徽省自然科学基金 1 项，安徽省教育厅基金项目 1 项，马鞍山市科技局项目 1 项，申请国家专利 6 项，发表论文 30 余篇。与此同时，基于在开关电源和新能源变

换等技术方面积累的较为丰富的理论和实践经验，团队成员积极地将部分先进的研究成果向应用领域转化，扩大了电力电子功率变换技术在国民经济领域的应用范围，促进了地方经济的发展。

在研项目：

名　称	类别	项目号	经费	负责人
1. 基于 OFDM 的 DC-DC 并联系统无线网络控制技术研究	国家自然科学基金	50877001	80 万元	葛芦生教授
2. 集光伏准并网的混合电池储能拓扑优化及其稳定运行理论研究	国家自然科学基金	51577002	60 万	胡雪峰教授
3. 随机跳变-切换系统有限时间补偿控制	国家自然科学基金	61304066	20 万元	刘晓东教授排名第二
4. 电力电子系统大信号频域近似解析方法研究	国家自然科学基金	51407003	26 万	刘宿城博士
5. 西门子 PLC 传动控制系统基础软件开发与应用	企业课题	RD13206002	15.6 万	刘晓东教授

科研成果：

科 研 项 目

名　称	类别	项目号	经费	负责人
1. 超低压大电流开关功率变换器动态性能关键技术的研究	国家自然科学基金	50877001	2009.1-2011.12 32 万	刘晓东教授
2. 脉冲阻塞式斩波控制交交变频原理探索	国家自然科学基金	50707003	2008.1-2010.12 22 万	郑诗程教授
3. 直流微电网的暂态特性分析及其控制策略研究	国家自然科学基金	51277001	2013.1-2016.12 26 万元	方炜教授
4. 电动汽车大功率快速充电技术研究	国家外专局项目	W20123400001	2013.1-2013.12 4 万元	刘晓东教授
5. 家庭太阳能光伏电源的应用开发	省科技厅十五攻关项目	6022010		郑诗程教授
6. 光伏发电系统的柔性控制策略研究	安徽省教育厅优秀青年基金项目	2006jql086zd		郑诗程副教授
7. DC/DC 功率变换器混杂切换特性分析与研究	安徽省自然科学基金	1308085ME66	2013.7-2015.7 5 万元	方炜教授
8. 单相太阳能光伏并网发电用系列逆变器研究及其产业化	马鞍山市科技局		2013.01-2014.12 10 万元	郑诗程教授
9. 低压 SVG 装置研发	企业课题		2012.01-2013.12 10 万元	郑诗程教授
10. 风光互补型逆变器的研发	企业课题		2012.01-2013.12 10 万元	郑诗程教授

科研论文：

1. 杨云虎. 唐世庆. 朱文杰等. 单相 PWM 整流器的输入电流 H_ ∞ 重复控制方案[J]，电机与控制学报，2016，20(2)：21-28。

2. 胡雪峰，王琳，代国瑞等. 单开关高增益 Boost-Sepic 集成变换器[J]，中国电机工程学报. 2015，35(8)：2018-2025。

3. 刘晓东，胡勇，方炜，刘雁飞. 直流微电网节点阻抗特性与系统稳定性分析[J]，电网技术，2015，39(12)：3463～3469。

4. 方炜，刘晓东，刘宿城，刘雁飞. 基于分段仿射模型的 DC/DC 变换器预测控制研究[J]，电子科技大学学报，2015，44(3)：381～386。

5. 王智，方炜，刘晓东. 基于单周期控制的三相三开关 PFC 整流器的分析和设计[J]，电工电能新技术，2015，34(1)：52-56。

6. W. Fang，X. D. Liu，S. C. Liu，Y. F. Liu，A Digital Parallel Current-Mode Control Algorithm for DC-DC Converters[J]，IEEE Transactions on Industrial Informatics，2014，10(4)：2146～2153。

7. 刘宿城，周雒维，卢伟国．通过小信号环路估计DC/DC开关变换器的大信号稳定区域[J]，电工技术学报，2014，29(4)：63～69。

8. 刘晓东，葛玲，方炜，刘雁飞．Buck-Boost变换器线性与非线性复合控制[J]，电机与控制学报，2014，18(11)：106-111。

9. W. Fang，X. D. Liu，Y. F. Liu，Optimal Control Strategy for Buck Converter Under Successive Load Current Change [J]，Transactions of Nanjing University of Aeronautics & Astronautics，2014，31(5)：530-537。

10. 刘晓东，李飞，方炜，吴静，刘雁飞．直流微网中双向直流变换器的控制[J]，电源学报，2014，(5)：40-44。

11. 方炜，张辉，刘晓东．无刷直流电动机双闭环控制系统的设计[J]，电源学报，2014，(2)：35-42。

12. 王智，方炜，刘晓东．数字控制的单周期PFC整流器的设计与分析[J]，中国电机工程学报，2014，34(21)：3423-3431。

13. 胡雪峰，戴国瑞，龚春英等．一种高增益低开关应力改进交错型Boost变换器[J]，电工技术学报，2014，29(12)：80-87。

14. 胡雪峰，龚春英，陈杰等．一种高增益交错耦合电感直流变换器[J]，中国电机工程学报，2014，34(3)：380-386。

15. W. Fang，X. D. Liu，Y. F. Liu. A New Digital Control Algorithm for Dual -Transistor Forward Converter [J]，IEEE Transactions on Industrial Informatics，2013，9(4)：2074-2081。

16. Liu Sucheng *，Zhou Luowei，Lu Weiguo. Simple analytical approach to predict large-signal stability region of a closed-loop boost DC-DC converter[J]. IET Power Electronics，2013，6(3)：488-494。

17. 韩莉，刘晓东，方炜．并行电流模式控制的SR-Buck变换器的数字控制与实现[J]，电源学报，2013，(2)：12-17。

18. 刘晓东，姜婷婷，方炜．DC/DC变换器并联均流技术[J]. 安徽工业大学学报(自然科学版)，2013，30(01)：54-59。

19. 方炜，王青，刘晓东．DC/DC变换器的PWA模型及预测控制[J]，电子技术应用，2013，39(2)：52-55。

20. 方炜，邱亚杰，刘晓东，刘雁飞．基于电容电荷平衡的Boost型变换器控制研究[J]，电子科技大学学报，2013，42(2)：244-247。

21. 方炜，刘晓东，刘雁飞．双管正激变换器的电荷平衡控制算法研究[J]，重庆大学学报，2013，36(5)：70-74。

22. Liu Sucheng，Zhou Luowei，Lu Weiguo. Li Anxin. Analysis of near-field magnetic resonant energy coupling for high power Light-emitting diode illumination [J]. International Journal for Computation and Mathematics in Electrical and Electronic Engineering，2012，31(4)：1246-1258。

23. 胡雪峰，韦徵，陈轶涵等．LCL滤波并网逆变器的控制策略[J]，中国电机工程学报，2012，32(27)：142-148。

24. 胡雪峰，龚春英．具有高增益的双相直流变换器设计[J]，高电压技术，2012，38(3)：737-742。

25. 胡雪峰，龚春英，陈新等．三相T型滤波并网逆变电源的网侧电流直接控制技术[J]，电工技术学报，2012，27(1)：9-16。

26. 刘晓东，姜婷婷，方炜．DC/DC变换器平均电流自动均流并联控制的研究[J]，电子技术应用，2012. 38(12)：60-63。

27. 郑诗程，邓荣军，陈玲．基于脉冲阻塞原理的波头连续型三相交-交变频系统研究[J]，电工技术学报，2012，27(5)：149-155。

28. Liu Sucheng，Zhou Luowei，Liu Xiaodong，Lu Weiguo. Design and analysis of a high efficiency linear power amplifier[J]. International Journal of Electronics，2011，98(10)：1421-1432。

29. 胡雪峰，龚春英．光伏并网逆变器的直接预测控制策略及其DSP实现[J]，电工技术学报，2011，26(1)：102-106。

30. 郑诗程，陈玲；曹小虎．基于脉冲阻塞原理的三相AC/AC系统等脉宽斩波控制[J]，电力自动化设备，2011，31(3)：62-70。

31. 刘晓东，罗标，方炜，刘雁飞．Buck变换器负载连续跳变动态特性分析与控制，电源学报[J]，2011，(3)：11-19。

32. 刘晓东，邱亚杰，方炜等．Boost变换器电容电荷平衡动态最优控制[J]，电力自动化设备，2011，31(5)：63-66。

33. X. D. Liu，J. Wu，S. C. Liu，W. Fang，Y. F. Liu. A Current Control Strategy of Three-phase Grid-connected Inverter with LCL Filter Based on One-cycle Control[C]，2014 17th International Conference on Electrical Machines and Systems (ICEMS)，2014，939-943。

34. R. Xu，W. Fang，X. D. Liu，Y. Liu，Y. Hu，Y. F. Liu. Design and Experimental Verification of On-board Charger for Electric Vehicle[C]，2014 IEEE International Power Electronics and Application Conference and Exposition(IEEE PEAC2014)，2014，1-6。

35. X. D. Liu，L. Han，W. Fang，Y. F. Liu. Modeling and Design of SR-Buck Converter with Parallel Current Mode Control Method[C]，IEEE Conference on Industrial Electronics and Applications，(ICIEA'2013)，1221-1226。

36. W. Fang，Z. Wang，X. D. Liu，Y. F. Liu. A Novel One-cycle Control Strategy for Three-Phase Power Converter [C]，IEEE Conference on Industrial Electronics and Applications(ICIEA'2013)，544-548。

37. Xiao-Dong. Liu，Ling Ge，Wei Fang，Yan-Fei. Liu. An Algorithm for Buck-Boost Converter Based On the Principle of Capacitor Charge Balance[C]，Industrial Electron-

ics and Applications(ICIEA), 2011 6th IEEE Conference, 21-23 June 2011: 1365-1369。

38. Xiao-Dong. Liu, Ping Nie, Wei Fang、The Digital Control for Two-Transistor Forward Converter Based on Capacitor Charge Balance [C], Industrial Electronics and Applications (ICIEA), 2011 6th IEEE Conference, 21-23 June 2011: 1588-1592。

发明专利：

(1) 方炜、王智、刘晓东. 一种三相高功率因数整流器的控制电路及其控制方法：中国 ZL 201320180648.2 [P]. 2013-9.

(2) 陈宗祥，葛芦生，何胜方等. 新型低端 MOSFET/IGBT 负压箝位驱动电路及其控制方法：中国 CN201210176271 [P].

(3) 葛芦生，陈宗祥，何胜方等. 单相光伏并网发电系统功率解耦电路及其控制方法：中国 CN201210142055 [P].

(4) 刘晓东，方炜，刘雁飞. 一种双管正激功率变换器的控制电路及其控制方法：ZL 201110458878.6 [P]. 2013-9.

(5) 刘雁飞，葛芦生. 电流源 MOSFET 驱动芯片. 中国，CN201010502449。

北京交通大学-电力电子与电力牵引研究所团队

地址： 北京市海淀区上园村 3 号北京交通大学电气工程楼 602

邮编： 100044

电话： 010-51687064

传真： 010-54684029

网址： http://ee.bjtu.edu.cn/xisuo/dianlidianzisuo.php

团队人数： 18

团队带头人： 郑琼林，游小杰

主要成员： 郑琼林，游小杰，杨中平，林飞，孙湖，郝瑞祥，贺明智，王琛琛，李虹，李艳，刘建强，郭希铮，黄先进，王剑，杨晓峰，周明磊

研究方向： 轨道交通牵引供电与传动控制（高速列车、重载列车和城轨列车），特种电源（工业、军工），电力电子技术在电力系统中应用，光伏发电并网与控制，高性能低损耗电力电子系统，宽禁带器件应用，能源互联网

团队简介：

北京交通大学电力电子与电力牵引研究所（简称电力电子研究所）成立于 2004 年，主要从事电力电子和电力牵引领域的研究工作，是电力牵引教育部工程研究中心的依托单位。所在的电力电子学科为北京市重点学科。北京交通大学是台达电力电子科教基金资助的十所高校之一，中国高校电力电子学术年会四个发起单位之一。北京交通大学电力电子研究所团队有教授 3 人，副教授 10 人，讲师 3 人，博士生和硕士生 130 余人。近年来发表学术论文 200 余篇，其中 SCI 论文 30 余篇，EI 论文 100 余篇。出版科技专著 9 部，已授权发明专利 30 余项，获软件著作权 20 余项。获省部级科技进步奖二等奖和三等奖各 1 项，培养优秀硕士/博士毕业生和荣获国家级奖学金学生 20 余人次。

近年来研究所围绕高速列车牵引传动与控制、重载列车牵引传动与控制、特种工业电源、特种军用电源、宽禁带器件应用、光伏发电并网与控制、柔性直流输电技术、电能质量控制技术和能源互联网等领域开展研究工作，研制出多个系列电能变换与节能装备，并成功实现了产业化。研究所自成立以来，承担并完成了许多国家科技支撑项目、国家自然科学基金项目、“863”项目、铁道部项目、国防科技项目、台达科教基金项目和企业横向课题等许多科研项目，在这些项目中，研究所在国内率先研制成功了交流传动互馈试验台，可用于大功率牵引电机及其它电机的控制、试验和测试等；建设了国内先进的电力牵引综合实验平台，并在该平台上开发了大功率电力机车牵引传动控制系统；完成了国内最大功率的航天试验用电源，特种军用电源，大功率电解、电镀等工业电源的研制。

北京交通大学电力电子研究所与许多科研机构和公司建立了长期的密切合作关系。与 SVC 制造商荣信电力电子股份有限公司签署协议共建电力牵引教育部工程研究中心；与中国中车股份有限公司、北京卫星制造厂等单位签署了产学研战略联盟协议；与北京京仪椿树整流器有限责任公司签署了共建电力电子联合实验室的协议；此外，还与北京京仪绿能电力系统工程公司、北京敬业电工集团等十余家知名企业建立了产学研合作关系，为企业的核心技术研发提供技术支持，同时也获得了研究所发展所需要的资金支持，并为研究生的培养提供了实践基地。

在研项目：

名 称	类 别	项目号
1. 基于扩展描述函数与 Floquet 理论的功率变换器级联系统建模和稳定性分析	国家自然科学基金面上项目	51577010
2. 轨道交通无变压器牵引传动系统控制策略研究	国家自然科学基金青年科学基金项目	51507009
3. 高速列车运行性能综合影响因素研究	科技部“973”项目	2011CB7111006
4. 高速列车电气系统仿真平台	科技部科技支撑项目	2009BAG12A01-F01-2
5. 大功率电力机车辅助变流器 IGBT 驱动电路研制	北京市科委项目	Z141100003114011
6. 北京市支持中央高校共建项目——城市轨道交通北京实验室	北京教委项目	
7. 轨道交通能馈式牵引变流器的混沌控制宽频带电磁干扰抑制方法研究	北京市自然科学基金面上项目	3142015

（续）

名　　称	类　　别	项目号
8. 基于车地一体化的轨道交通新能源牵引控制技术研	中央高校基本科研业务费	2015JBC026
9. 逆导型（RC）IGBT 模块在牵引变流器中应用的研究	国际合作项目 日本东芝公司	
10. 新型电力机车辅助变流器系统	国际合作项目 日本东芝公司	
11. 基于逆阻型 IGBT 模块组成的 T 型三电平逆变电路Ⅱ期	国际合作项目 日本富士电机公司	
12. * * * 武器系统驱动电源	军工项目 兵器装备集团	
13. 轨道交通用交流永磁同步电机驱动器研发	军工项目 北京航天奥详通风科技有限公司	
14. 产学研战略联盟持续推进协议	企业项目 北车大连电力牵引研发中心有限公司	
15. 电力电子牵引变压器性能计算分析	企业项目 中车唐山机车车辆有限公司，	
16. CRH380CL 动车组牵引系统研究与跟踪	企业项目 中车长春轨道客车股份有限公司	
17. 轨道车辆牵引传动和列车网络控制技术研究（二期）	企业项目 中车唐山机车车辆有限公司	
18. 现代有轨电车混合储能系统样机研究	企业项目 中车青岛四方车辆研究所有限公司	
19. 高能效电力牵引动力包技术方案研究	企业项目 中车青岛四方车辆研究所有限公司	
20. 轨道交通永磁同步电机高性能控制策略研究	企业项目 中车青岛四方车辆研究所有限公司	
21. 城轨交通永磁同步牵引传动控制系统研发	企业项目 中车青岛四方机车车辆股份有限公司	
22. 牵引传动系统直流电压脉动抑制技术	永济新时速电机电器有限责任公司	
23. 碳化硅器件模型仿真数据库测试及碳化硅功率器件变流器控制电路测试	企业项目 国网智研院	

科研成果：

1. 主要论著

（1）郑琼林，赵佳，樊嘉峰．直线电机轮轨交通牵引传动系统［M］．中国科学技术出版社，2010 年．

（2）郑琼林，耿文等．电力电子电路精选常用元器件·实用电路·设计实例［M］．北京：电子工业出版社，1996 年．

（3）杨中平．新干线纵横谈-日本高速铁路技术［M］．2 版．北京：中国铁道出版社，2012 年．

（4）杨中平．漫话高速列车［M］．北京：中国铁道出版社，2012．

（5）林飞，杜欣等．电力电子应用技术的 MATLAB 仿真［M］．北京：中国电力出版社，2009．

（6）魏庆朝，龙许友，蔡昌俊，郑琼林，柳拥军．直线电机轮轨交通概论［M］．北京：中国科学技术出版社，2010．

2. 主要期刊论文

（1）Li，Hong，Liu，Yongdi，Lu，Jinhu，Zheng，Trillion Q.，Yu，Xinghuo. Suppressing EMI in Power Converters via Chaotic SPWM Control Based on Spectrum Analysis Approach［J］. IEEE Transactions on Industrial Electronics，2014，61（11）：6128 ~ 6137。（SCI）

（2）Wang，Chenchen，Li，Yongdong. Analysis and Calculation of Zero-Sequence Voltage Considering Neutral-Point Potential Balancing in Three-Level NPC Converters, IEEE Transactions on Industrial Electronics, 2010, 57 (7): 2262 ~ 2271。(SCI)

(3) Jia, Pengyu, Zheng, Trillion Q., Li, Yan. Parameter Design of Damping Networks for the Superbuck Converter [J], IEEE Transactions on Power Electronics, 2013, 28 (8): 3845 ~ 3859。(SCI)

(4) Hong Li, Zhong Li, Wolfgang A. Halang, Fenlan Wang, Nanlin Tan. Design of Analogue Chaotic PWM for EMI Suppression, IEEE Transactions on Electromagnetic Compatibility, 2010, 52 (4): 1001 ~ 1007。(SCI)

(5) Huan Xia, Huaixin Chen, Zhongping Yang, Fei Lin, Bin Wang. Optimal Energy Management, Location and Size for Stationary Energy Storage System in a Metro Line Based on Genetic Algorithm [J], Energies, 2015, 8 (10): 11618 ~ 11640。(SCI)

(6) Yan Li, Pengyu Jia, Zheng T. Q. Active damping method to reduce the output impedance of the DC - DC converters. IET Power Electronics. 2015, 8 (1): 88 ~ 95。(SCI)

(7) Fang Li, Xiaojie You, Yan Li. Control loop design of sequential switching shunt regulator considering the influence of double section functioning, IET power electronics, IET Power Electronics. 2014, 7 (4): 998 ~ 1007。(SCI)

(8) Li, Yan, Chen, Qian, Zheng, Trillion Q.. Method for improving the audio susceptibility and input impedance of stacked boost converters, IET Power Electronics [J], 2014, 7 (10): 2486 ~ 2495。(SCI)

(9) Li, Yan, Jia, Pengyu, Zheng, Trillion Q., Research on input-voltage feedforward control for high-order converter topologies [J], IET Power Electronics, 2014, 7 (11): 2778 ~ 2790。(SCI)

(10) Wang J, Yang Z, Lin F, et al. Harmonic Loss Analysis of the Traction Transformer of High-Speed Trains Considering Pantograph-OCS Electrical Contact Properties [J]. Energies, 2013, 6 (11): 5826 ~ 5846。(SCI)

(11) Wang B, Yang Z P, Lin F, et al. An improved genetic algorithm for optimal stationary energy storage system locating and sizing [J]. Energies, 2014, 7 (10): 6434 ~ 6458。(SCI)

(12) Yan Li, Trillion Q. Zheng, Yajing Zhang, Meiting Cui, Loss Analysis and Soft-Switching Behavior of Flyback-Forward High Gain DC/DC Converter with GaN FET, Journal of Power Electronics, 2016, 16 (1): 84 ~ 92。(SCI)

(13) Liang, Mei, Zheng, Trillion Q., Li, Yan, An Improved Analytical Model for Predicting the Switching Performance of SiC MOSFETs [J], Journal of Power Electronics, 2016, 16 (1): 374 ~ 387。(SCI)

(14) Li, Yan, Zheng, Trillion Q., Chen, Qian. Research on High Efficiency Non-Isolated Push-Pull Converters with Continuous Current in Solar-Battery Systems [J], Journal of Power Electronics, 2014, 14 (3): 432 ~ 443。(SCI)

(15) Chen, Qian, Zheng, Trillion Q., Li, Yan, Shao, Tiancong. The Effect of Transformer Leakage Inductance on the Steady State Performance of Push-pull based Converter with Continuous Current [J], Journal of Power Electronics, 2013, 13 (3): 349 ~ 361。(SCI)

(16) Li, Yan, Zheng, Trillion Q., Zhao, Chuang, Chen, Jiayao. Modeling and Regulator Design for Three-Input Power Systems with Decoupling Control [J], Journal of Power Electronics, 2012, 12 (6): 912-924。(SCI)

(17) XiZheng Guo, Xiaojie You. Design Method for the LCL Filters of Three-phase Voltage Source PWM Rectifiers, Journal of Power Electronics, 2012, 12 (4): 559 ~ 566。(SCI)

(18) Gao, Jilei, Zheng, Trillion Q., Lin, Fei. Improved Deadbeat Current Controller with a Repetitive-Control-Based Observer for PWM Rectifiers [J], Journal of Power Electronics, 2011, 11 (1): 64 ~ 73。(SCI)

(19) MingLei Zhou, Xiaojie You, Chenchen Wang. The influence of mistuned motor parameters on vector control performance and on line slip frequency correction strategy for induction machine operated under one-pulse PWM mode, IEEJ Transactions on Electrical and Electronic Engineering, 2014, 9 (6): 675 ~ 684。(SCI)

(20) Zhao, J., Zheng, T. Q., Zhang, W., Fang, J., Liu, Y. M.. Influence analysis of structural parameters on electromagnetic properties of HTS linear induction motor [J], Physica C- Superconductivity and Its Applications, 2011, 471 (21-22): 1474 ~ 1478。(SCI)

(21) Hong Li, Zhong Li, Fei Lin, Bo Zhang. Suppressing Harmonics in Four-Quadrant AC-DC Converters with Chaotic SPWM Control, International Journal of Circuit Theory and Applications (IJCTA), 2014, 2 (4): 331 ~ 342。(SCI)

(22) Hong Li, Fei Lin, Zhong Li, Xiaojie You, Trillion Zheng, Bo Zhang. The Application of CPWM Control for EMI Suppression, The international journal for computation and mathematics in electrical and electronic engineering (COMPEL), 2013, 32 (3): 750 ~ 762。(SCI)

(23) Hong Li, Zhong Li, Bo Zhang, Qionglin Zheng, Wolfgang Halang. The stability of a chaotic PWM boost converter, International Journal of Circuit Theory and Applications (IJCTA), 2011, 39 (5): 451 ~ 460。(SCI)

(24) Hu T, Lin F, Yang Z, et al. A novel flux-weakening control strategy for permanent magnet synchronous motor [J]. International Journal of Materials & Product Technology, 2012, 45 (1-4): 239 ~ 248。(SCI)

(25) Chang F, Yang Z, Wang Y, et al. Fault Characteristics and Control Strategies of Multi-terminal High Voltage Direct Current Transmission Based on Modular Multilevel Converter [J]. Mathematical Problems in Engineering, 2015, 2015 (10): 1 ~ 11。(SCI)

(26) 杨晓峰，林智钦，郑琼林，游小杰. 模块组合多

电平变换器的方波脉冲循环调制策略［J］. 中国电机工程学报，2013，33（9）：42～47。（EI）

（27）陈骞，郑琼林，李艳，单电感电流连续型推挽类拓扑的推衍和特性研究［J］. 中国电机工程学报，2012，33（6）：85～92。（EI）

（28）杨晓峰，林智钦，郑琼林，游小杰. 一种新型四象限混合型模块组合多电平变换器［J］. 中国电机工程学报，2013，33（12）：107～113。（EI）

（29）黄先进，郝瑞祥，张立伟，孙湖，郑琼林. 液气循环压缩空气储能系统建模与压缩效率优化控制［J］，中国电机工程学报，2014，34（13）：2047～2054。（EI）

（30）杨晓峰，林智钦，郑琼林，游小杰. 模块组合多电平变换器的研究综述［J］. 中国电机工程学报，2013，33（6）：1-15。（EI）

（31）杨晓峰，郑琼林. 基于MMC环流模型的通用环流抑制策略［J］. 中国电机工程学报，2012，32（18）：59～65。（EI检索）

（32）周明磊，游小杰，王琛琛，王剑，李强. 电流谐波最小PWM开关角的计算及谐波特性分析［J］. 中国电机工程学报，2014，34（15）：2362～2370。（EI）

（33）杨晓峰，王晓鹏，范文宝，郑琼林. 模块组合多电平变换器的环流模型［J］. 电工技术学报，2011，26（5）：21～27。（EI）

（34）杨晓峰，范文宝，王晓鹏，郑琼林. 基于模块组合多电平变换器的STATCOM及其控制［J］. 电工技术学报，2011，26（8）：7～13。（EI）

（35）王蓓蓓，郑琼林，张捷频，李艳. 无源无损软开关中压控可变电容的研究［J］. 电工技术学报，2015，30（9）：79～86。（EI）

（36）贾鹏宇，李艳，郑琼林. 电压型级联系统中减小源变换器输出阻抗的有源阻尼控制方法［J］. 电工技术学报，2015，30（8）：71～82。（EI）

（37）贾鹏宇，郑琼林，李艳，王蓓蓓. 级联系统中Buck充电调节器前馈控制方法，电工技术学报［J］. 2014，29（10）：134～140.（EI）

（38）张雅静，郑琼林，马亮，卢远宏. 采用双环控制的光伏并网逆变器低电压穿越［J］. 电工技术学报，2013，28（12）：136～141.（EI）

（39）陈骞，郑琼林，李艳，贾鹏宇，郑岩，万成安. 一种高效率蓄电池放电调节器的优化设计与损耗分析［J］. 电工技术学报，2013，28（8）：224～232.（EI）

（40）李艳，郑琼林，陈嘉垚，赵闯. 带解耦控制的三输入直流变换器建模及调节器设计［J］. 电工技术学报，2013，28（4）：109～118.（EI）

（41）方晓春，胡太元，林飞，杨中平. 基于交直轴电流耦合的单电流调节器永磁同步电机弱磁控制［J］. 电工技术学报，2015，30（2）：140～147.（EI）

（42）方晓春，原佳亮，赵冬，林飞，杨中平. 基于永磁同步电机定子磁链轨迹跟踪的中间60°同步调制动态性能优化［J］. 电工技术学报，2015，30（10）：108～114.（EI）

（43）范文进-Pham Van Tien，郑琼林，杨中平，林飞，宋文胜. 基于连续型定子磁链轨迹的异步牵引电机低转矩脉动控制算法［J］. 电工技术学报，2015，30（12）：228～236.（EI）

（44）赵坤，王椹榕，王德伟，杨中平，游小杰. 车载超级电容储能系统间接电流控制策略［J］. 电工技术学报，2011，26（9）：124～129.（EI）

（45）王琛琛，齐龙，苟立峰，周明磊. 基于无速度传感器的异步电机并联加权矢量控制［J］. 电工技术学报，2015，30（10）：131～137.（EI）

（46）王琛琛，管勃. 一种兼顾二极管钳位型三电平变换器中点电位平衡的窄脉冲处理方法［J］. 电工技术学报，2015，30（19）：136～143.（EI）

（47）王琛琛，张灿，游小杰. 基于双调制波的中点电压平衡算法［J］. 电工技术学报，2012，27（3）：164～170.（EI）

（48）王琛琛，周明磊，游小杰. 大功率交流电力机车脉宽调制方法［J］. 电工技术学报，2012，27（2）：173～178.（EI）

（49）王琛琛，李永东. 多电平变换器拓扑关系及新型拓扑［J］. 电工技术学报，2011，26（1）：92～99.

（50）齐丽英，王琛琛，周明磊，王剑. 一种异步电机的电流环解耦控制方法［J］. 电工技术学报，2014，29（5）：174～180.（EI）

（51）周明磊，游小杰，王琛琛，李强. 特定次谐波消除调制方式的谐波特性分析［J］. 电工技术学报，2013，28（9）：11～20.（EI）

（52）周明磊，游小杰，王琛琛. 方波工况下基于q轴电流误差的异步电机转子磁场定向误差校正策略［J］. 中国电机工程学报，2012，32（33）：98～104.（EI）

（53）周明磊，游小杰，王琛琛. 电力机车牵引传动系统矢量控制［J］. 电工技术学报，2011，26（9）：110～115.（EI）

（54）杨晓峰，郑琼林，林智钦，薛尧，王志冰，姚良忠，陈博伟. 用于直流电网的大容量DC/DC变换器研究综述［J］. 电网技术，2016，40（3）：670～677.（EI）

（55）杨晓峰，郑琼林，薛尧，林智钦，陈博伟. 模块化多电平换流器的拓扑和工业应用综述［J］. 电网技术，2016，40（1）：1～10.（EI）

（56）李艳，郑琼林，周蕾，周兴. 光伏发电系统中嵌入式滤波直流电路的应用研究［J］. 太阳能学报，2013，34（5）：780～786.（EI）

（57）顾赟，杨中平. 牵引直线感应电机推力优化控制的研究［J］. 铁道学报，2011，33（4）：46～52.（EI）

（58）杨中平，刘建强，孙湖，郑琼林. 直线感应牵引电机互馈试验台控制策略研究［J］. 铁道学报，2009，31（3）：36～42.（EI）

3. 主要发明专利

（1）郑琼林，游小杰，林飞，等. 磁浮列车长定子段换步方法：中国，ZL 200510011878.6［P］. 2007-01.

（2）郑琼林，杨晓峰，贺明智，等. 牵引供电高压综合补偿装置的直接挂网方式：中国，ZL 200810238811. X [P]. 2010-12.

(3) 郑琼林，杨晓峰，贺明智，等. 基于高压综合补偿装置实现同相牵引供电的直接挂网装置，中国，ZL 200810238810. 5 [P]. 2010-11.

(4) 郑琼林，杨晓峰，贺明智，等. 牵引供电直挂式高压综合补偿装置，中国，ZL 200810226792. 9 [P]. 2010-10.

(5) 郑琼林，杨晓峰，贺明智，等. 模块组合型牵引供电网电能质量调节系统，中国，ZL 200910087469. 2 [P]. 2011-2.

(6) 郑琼林，杨晓峰，黄先进，等. 牵引供电用单相模块组合型有源电力滤波器，中国，ZL 200910087470. 5 [P]. 2010-12.

(7) 杨晓峰，郑琼林，游小杰，等. 一种基于级联结构的模块化动态电压调节系统，中国，ZL201210232759. 3 [P]. 2014-12.

(8) 郑琼林，王蓓蓓，邵天骢，张捷频，等. 具有能量有源回馈吸收回路的变换器桥臂电路及变换器，北京，ZL201310513213. X [P]. 2014-1-8.

(9) 郑琼林，邵天骢，韩娜，李艳，张立伟，游小杰，等. 零电流软开关变换器，北京，ZL201310320356. 9 [P]. 2013-11-27.

(10) 李虹，刘永迪，郑琼林，游小杰，王博宇，王琛琛，林飞，孙湖，王诗烜. 基于傅里叶级数的锯齿载波混沌 SPWM 频谱分析方法，中国，201310156794. 6 [P]. 2016-2-17.

(11) 郝瑞祥，杜东苓，李虹，郑琼林，孙湖，游小杰. 一种 H6 单相非隔离光伏并网逆变器及其调制方法，中国，201410010489. 0 [P]. 2015-12-2.

(12) 郑琼林，马浩宇，冉旺，杜玉亮，黄先进，刘建强. 一种位置检测方法和位置传感器，北京，ZL201410023729. 0 [P]. 2014-4-30.

所获荣誉：

(1) 郑琼林，北京市优秀教师奖，1997 年。

(2) 郑琼林，铁道部青年科技拔尖人才，1998 年。

(3) 郑琼林，铁道部科技进步奖，1999 年。

(4) 郑琼林，詹天佑铁道科技青年奖，铁道部，2005 年。

(5) 郑琼林，中达学者，台达环境与教育基金会，2007 年。

(6) 杨中平，詹天佑铁道科技青年奖，铁道部，2011 年。

(7) 贺明智，郑琼林，游小杰，郝瑞祥等，高频直流制备多晶的兆瓦级电气系统，北京市科学技术二等奖，2012 年。

(8) 郭希铮，中国北车年度科技成果奖一等奖，2012 年。

(9) 贺明智，郑琼林，游小杰等，智能型工业用大功率开关电源终端系统，北京市科学技术三等奖，2014 年。

(10) 贺明智，北京市劳动模范，2015 年。

(11) 杨中平，教育部科技进步奖——科普二等奖，教育部，2016 年。

重庆大学-电磁场效应、测量和电磁成像研究团队

地址：重庆市沙坪坝区沙正街 174 号重庆大学
邮编：400044
电话：023-65105242
传真：023-65105242

团队人数：9

团队带头人：何为

主要成员：熊兰，杨帆，张占龙，徐征，王平，肖冬萍，毛玉星，汪金刚，刘坤

研究方向：电磁场测量与成像

在研项目：

(1) 血流动力—血管偶联损伤机制在高血压脑出血发病中的作用及豆纹动脉破裂特异性影像学预警征象研究，何为，科技部国家基础研究规划项目（973 计划），经费 400 万。

(2) 开放式电阻抗成像原理和技术研究，何为，科技部国家高技术研究发展计划（863 计划），经费 261 万。

(3) 电阻抗成像关键技术及装置研究，何为，科技部国际科技合作项目，经费 315 万。

(4) 基于低场核磁共振原理的硅橡胶复合绝缘子伞裙老化无损测量方法，徐征，国家自然科学基金面上项目，经费 82 万。

(5) 低场单边核磁共振原理和浅层皮肤成像临床试验应用研究，何为，国家自然科学基金面上项目，经费 80 万。

(6) 生物组织磁感应测量应用技术开发，徐征，科技部其他科技计划项目，经费 150 万。

(7) 智能电网物联网平台课题研究，毛玉星，其它部门科技计划项目，经费 90 万。

(8) 车载 FlexRay 总线技术的研究与应用开发，王平，重庆市科技计划项目应用开发计划一般项目，经费 60 万。

(9) 联合开发电动汽车用一体化电机及其驱动系统，刘和平，横向科技项目，经费 150 万。

(10) 便携式高压杆塔接地电阻在线监测预警系统，张占龙，横向科技项目，经费 67 万。

科研成果：

(1) 何为. Inverse Application of Charge Simulation Method in Detecting faulty Ceramic Insulators and Processing Influence from Tower" [J]. IEEE Transactions on Magnetics, 2006, 42(4): 723 ~ 726.（SCI：000236675200056）。

(2) 杨帆，Calculation of Ionized Field of HVDC Transmission Lines by the Meshless Method [J]. IEEE Transactions on Magnetics, 2014。

(3) 张占龙. Super-fast multipole method for power frequency electric field in substations [J]. COMPEL-THE INTERNATIONAL JOURNAL FOR COMPUTATION AND MATHEMATICS IN ELECTRICAL AND ELECTRONIC ENGINEER-

ING, 2014.（SCI：000332135500043）。

（4）熊兰. Experimental study on calcium carbonate precipitation using electromagnetic field treatment［J］. WATER SCIENCE AND TECHNOLOGY（SCI：000321336200018）。

（5）张占龙. Optimization Design and Research Character of the Passive Electric Field Sensor［J］. IEEE SENSORS JOURNAL, 2014.（SCI：000328692800011）。

（6）徐征. A Portable NMR Sensor Used for Assessing the Aging Status of Silicone Rubber Insulator［J］. APPLIED MAGNETIC RESONANCE（SCI：000327402000006）。

（7）杨帆. Investigation on characteristics of argon corona discharge under atmospheric pressure［J］. INDIAN JOURNAL OF PHYSICS（SCI：000316357200014）。

（8）汪金刚. Research on Dust Concentration Measurement Technique and Experiment Based on Charge Induction［J］. MEASUREMENT TECHNOLOGY AND ENGINEERING RESEARCHES IN INDUSTRY（SCI：000329080300069）。

（9）毛玉星. Extraction of affine invariant features for shape recognition based on ant colony optimization［J］. JOURNAL OF SYSTEMS ENGINEERING AND ELECTRONICS（SCI：000298353800018）。

（10）刘坤. Development and Application of a Novel Ion Focus Device under Ambient Conditions［J］. CHINESE JOURNAL OF ANALYTICAL CHEMISTRY（SCI：000318745100025）。

所获荣誉：

（1）余成波，杨永明，陈学军，陶红艳，杨佳，汪金刚，杨如民，黄丛虎，金纯，2012-J-2-42-D02 基于网络环境的发电设备在线监测技术研究及应用。重庆市科学技术奖科技进步二等奖。

（2）电力系统变电站内电磁环境测量分析系统研究与应用，电力系统变电站内电磁环境测量分析系统研究与应用。贵州省科技进步三等奖。

（3）动脉硬化测量系统，与四川宇峰科技发展有限公司合作，获得国家重点新产品称号。

（4）无创脑水肿动态监护仪，与重庆博恩富克医疗设备有限公司合作，获得重庆市重点新产品称号。

重庆大学-高功率脉冲电源研究组

地址：重庆市沙坪坝区沙正街174号重庆大学A区电气工程学院高压系

邮编：400044

电话：023-65111795

传真：023-65102442

团队人数：28

团队带头人：姚陈果

主要成员：米彦，李成祥

研究方向：全固态微秒/纳秒/皮秒脉冲的产生与测控技术，脉冲电场的生物医学应用，输配电设备绝缘在线监测与故障诊断技术

团队简介：

重庆大学高功率脉冲电源研究组成立于20世纪90年代末，依托于重庆大学输配电装备及系统安全与新技术国家重点实验室，一直从事高功率脉冲电场/磁场的产生与测控技术及其在输配电设备绝缘在线监测和生物电磁学方面的应用研究。研究组的相关研究成果在IEEE Trans.、《中国电机工程学报》等国内外高水平期刊上发表论文80余篇，被SCI收录30余篇；授权发明专利20余项，其中一项以1 000万元实现成果转让；培养研究生30余名。研究组在生物电磁学方面的应用研究形成了较鲜明的特色，在国内外具有一定的学术影响力。

在研项目：

（1）基于脉冲在线注入的变压器绕组变形特性无损监测与故障识别及预警方法的基础研究，国家自然科学基金项目，2014-2017。

（2）基于微秒脉冲调制高频纳秒脉冲电场诱导凋亡并激发不可逆电穿孔效应治疗肿瘤的基础研究，国家自然科学基金项目，2015-2018。

（3）基于神经元动作电位调控的皮秒脉冲电场无创聚焦治疗癫痫技术的基础研究，国家自然科学基金项目，2014-2016。

（4）高频复合脉冲生物电学基础及应用，重庆市杰出青年科学基金，2015-2018。

（5）基于微分环非接触式测量的光电耦合式雷电反击绕击监测识别系统研究，重庆市电力公司万州供电局科技项目，2016-2017。

（6）特高压直流换流阀全景巡检与状态监测关键技术研究，国家电网公司总部科技项目，2016-2017。

（7）基于高强度电磁脉冲的变电站接地网焊接新技术研究，国家电网公司基建部科技项目，2016。

（8）城市电网工频电磁环境仿真、测评及防护对策研究，深圳供电局有限公司，2015-2016。

科研成果：

（1）中压配电网内外过电压在线监测系统及方法研究，2004年教育部提名国家科技进步二等奖。

（2）配电网内外过电压在线监测技术及装置研究，2004年重庆市科技进步二等奖。

重庆大学-无线电能传输技术研究所

地址：重庆市沙坪坝区沙正街重庆大学自动化学院

邮编：400044

电话：13508368896

网址：http：//www. wptchina. com. cn/

团队人数：8

团队带头人：孙跃

主要成员：孙跃，苏玉刚，戴欣，王智慧，唐春森，叶兆虹，余嘉，朱婉婷

研究方向：无线电能传输系统关键技术与实现

团队简介：

重庆大学无线电能传输技术研究所（WPTCQU）前身

为重庆大学电力电子与控制工程研究所，成立于2005年。专业从事无线电能传输技术及系统的理论研究、技术开发与工程实现。

研究所核心研发团队教授3人，副教授3人，中职2人。固定合作研究与技术开发人员5人，外聘国际高级专家3人。研究所招收和培养全日制硕士研究生、博士研究生和在职工程硕士研究。在校全日制研究生60余人。

研究所紧密围绕无线电能传输技术，从事应用基础理论、技术开发与推广工作。先后承担国家863计划项目、国家自然科学基金项目和重庆市政府计划项目共20项。承担企业委托和合作研发重要科技开发项目50余项。累计科研和科技项目经费3000余万元。

先后获得国家教育部、重庆市、中国电源学会和中国仪器仪表学会科学技术奖5项。在国际国内重要刊物上发表高水平论文300余篇，其中SCI、EI核心检索150余篇。受理与授权国家发明专利近60余项。

研究所拥有“无线电能传输技术国际联合研究中心”“中国—新西兰无线电能传输技术国际联合研究中心”“无线电能传输技术重庆市工程研究中心”“重庆市无线电能传输技术工程实验室”。

研究所拥有各类无线电能传输技术试验平台、先进测试/分析仪器，具有良好的科学研究软/硬环境，为全方位培养研究生的科学研究、技术开发与工程实践等科技能力和人文素质提供良好的工作条件。

在研项目：

（1）自组织无线电能传输网关键技术研究，国家自然科学基金面上项目。

（2）基于电场耦合无线电能传输关键技术研究，国家自然科学基金项目。

（3）公共线携能通信系统关键技术研究，国家863项目二级子课题。

（4）面向智能电网的无线电能传输关键技术研究，校企合作项目（700万元）。

（5）大功率无线电能传输系统效率最优控制策略研究，国家自然科学基金面上项目。

科研成果：

（1）重庆市科技进步二等奖：“非接触电能传输技术及装置”，2009年。

（2）中国仪器仪表学会科技创新奖（团队奖），2010年度。

（3）教育部高等学校科学研究优秀成果奖二等奖：高效多自由度无线电能传输技术及装置，2013年。

（4）重庆市技术发明二等奖：新型高性能无线电能传输技术及应用。

所获荣誉：

（1）重庆市科学技术奖2次。

（2）中国仪器仪表学会科技创新奖（团队奖）1次。

（3）教育部高等学校科学研究优秀成果奖1次。

重庆大学-系能源电力系统安全分析与控制团队

地址：重庆市沙坪坝区沙正街174号重庆大学电气工程学院

邮编：400044

电话：13638301298

传真：023-65112740

团队人数：6

团队带头人：熊小伏

主要成员：卢继平（教授），雍静（教授），周念成（教授），姚俊（教授），欧阳金鑫（副教授），王强钢（讲师）

研究方向：电力系统保护与控制，电能质量分析与治理

团队简介：

本研究团队主要围绕智能电网从事相关基础理论及应用研究，立足于风力发电、光伏发电等新能源以及微电网、智能变电站等新技术的研究前沿，致力于智能电网的安全分析技术、防护技术以及智能控制技术的研究。在新能源并网故障分析与保护控制、智能变电站运行安全技术与计量、电力系统风险评估与气象灾害预警等研究领域积累了较强的技术基础。

在研项目：

（1）国家自然科学基金面上项目，微网黑启动恢复的关键控制技术及优化决策系统研究，2013-2016。

（2）国家自然科学基金面上项目，非理想电网条件下大电容混合风电场运行理论与柔性控制技术研究，2015-2018。

（3）国家自然科学基金面上项目，主动配电网短路电流水平在线估计及管理策略，2016-2019。

（4）国家能源局特高压交流课题研究项目，特高压短路电流研究，2015-2016。

（5）国家自然科学基金（青年基金）项目，大规模双馈式风电机组群暂态等值建模方法研究，2014-2016。

科研成果：

2012年以来团队承担或已完成国家及省部级项目10余项，已发表SCI论文30余篇、EI论文80余篇，获得发明专利40余项。

所获荣誉：

（1）获教育部提名国家科学技术奖-自然科学二等奖，2005。

（2）南方电网公司科学技术奖一等奖，2009。

（3）重庆市科技进步一等奖，2015。

重庆大学-新型电力电子器件封装集成及应用团队

地址：重庆市沙坪坝区沙正街174号重庆大学电气工程学院

邮编：400044

电话：13883801036

团队人数：10

团队带头人：冉立

主要成员：李辉，周林，曾正，陈民铀，徐盛友

研究方向：电力电子器件可靠性及状态监测；碳化硅SiC

器件封装和定制化设计；新型电力电子系统集成及应用

团队简介：

团队由10名教师组成，其中团队负责人为国家“千人计划”人才，教育部“长江学者”冉立教授。团队成员结构合理且研究方向涉及器件、变流器及新能源电力系统的应用，团队成员几乎都有海外留学或在著名国际企业工作的经历，且团队成员之间具有长期协作和合作的基础。本团队一直从事电力电子技术及其在新能源电力系统应用研究，在电力电子器件可靠性以及新能源发电系统的状态监测与运行控制方面有着坚实的研究基础。

团队建有中英碳化硅电力电子技术联合实验室，以新型电力电子器件及其系统应用的安全可靠性为研究方向，以提高综合效益包括系统安全和可靠性为目标，研究新一代电力电子装备（包括用电设备），并且追求全新的集器件和变流器系统一体化的技术，开展新型电力电子器件封装集成及应用的研究。

在研项目：

（1）973子课题：智能电网中大规模新能源电力安全高效利用基础研究/新能源电力设备安全评估，2012CB215205。

（2）科技部中丹国际合作项目，高效和可靠风力发电系统关键技术合作研究。

（3）科技部中英国际合作项目，高可靠性新能源并网系统关键技术及可靠性评估研究。

（4）国家自然基金面上项目，风电变流器热应力疲劳寿命评估及控制策略研究。

（5）国家自然基金面上项目，计及疲劳累积效应的变流器功率器件寿命评估与预测研究。

（6）国家自然基金面上项目，大型光伏并网系统谐振机理及抑制策略研究。

科研成果：

（1）在电力电子器件可靠性方面，揭示了电力电子功率半导体器件老化的渐变过程机理，提出了通过动态建模方法研究了器件初、中期状态的微弱特征与系统工作点随机变化的影响，研究了电力电子器件的状态监测方法，并通过英国政府机构KTP（Knowledge Transfer Partnership）计划，与企业共同投资约25万英镑实现了技术产品化。两次获美国IEEE工业应用协会年度最佳论文奖。

（2）在新能源发电系统方面，尤其在风力发电状态监测与控制方面，团队负责人开创性地提出并实现了全新的电机和电力电子换流器设计概念，较早提出了机、网侧变流器协调控制的风电机组故障穿越策略，研究了风电机组关键部件状态监测、故障诊断和健康状态评估的新方法。获省部级二等奖1项，近三年发表学术论文60多篇，其中SCI论文达20多篇。

重庆大学-周雒维教授团队

地址： 重庆市沙坪坝区沙正街174号重庆大学A区6教6221-3

邮编： 400044

电话： 023-65102287

传真： 023-65102287

团队人数： 老师5人，学生44人

团队带头人： 周雒维

主要成员： 周雒维，杜雄，罗全明，卢伟国，孙鹏菊

研究方向： 功率变流器的可靠性研究；电力电子系统分析、建模及智能控制；电力电子电路拓扑结构及控制算法的研究；半导体照明驱动电源及系统研究；光伏直流微网系统研究；电动汽车与电网互动技术研究；电能质量测量与控制。

团队简介：

团队从20世纪80年代就开始从事电力电子技术理论和应用研究，承担了国家自然科学基金、重庆市自然科学基金、教育部春晖计划和教育部博士点科研基金等项目。进行了有源电力滤波器（APF）、人工神经网络在电力谐波监测和控制和功率因数校正（PFC）技术等方面的研究，先后提出了有源电力滤波器谐波电流检测和控制新方法、基于神经网络的自适应谐波电流检测方法、单周控制有源滤波器、直流侧APF和双频变换器等方法和思路。其中，双频变换器的研究构想为团队首创，在国内外共发表了近20篇高水平论文；功率因数校正研究方面，团队首次将APF技术应用到直流侧，并取得了良好的效果，获得了中国高校自然科学二等奖和重庆市电力科学技术奖，并发表国内外高水平论文近30篇。团队在功率因数校正方面也取得了一定的研究成果，先后承担了国家自然科学基金2项、重庆市自然科学基金1项，在国内外发表高水平论文十余篇。目前，团队依然奋斗在电力电子学科研究的第一线，承担了多个研究项目，如国家科学基金重点项目可再生能源发电中功率变流器的可靠性研究等。

近十年来，课题组培养了一大批优秀的博士、硕士研究生，如杜雄（全国百篇优博获得者）、卢伟国（全国百篇优博提名）、孙鹏菊（重庆市优博）和杜茗茗（重庆市优硕）等，这些博士后来都成长成为实验室的骨干力量。

在研项目：

（1）可再生能源发电中功率变流器的可靠性研究，国家自然科学基金重点项目，2012/1/1-2016/12/31。

（2）基于热网络参数辨识的变流器热疲劳老化健康状态评估，国家自然科学基金面上项目，2016/1/1-2019/12/31。

（3）开关功率变换器的大信号稳定控制策略研究，国家自然科学基金面上项目，2014/1/1-2017/12/31。

（4）高效高可靠两级多路无源恒流LED驱动电源研究，国家自然科学基金面上项目，2016/1/1-2019/12/31。

（5）柔性直流换流器在大扰动工况下的控制特性研究，横向项目，2015/1/1-2017/12/31。

科研成果：

1. 获奖和专利

（1）中国高校自然科学一等奖电力电子变换器控制新方法的研究，周雒维，杜雄，罗全明，周林，2007年12月。

（2）中国高校自然科学二等奖有源电力滤波器谐波电流检测和控制技术研究，吴宁，周雒维，王群，谢品芳，苏向丰，2001 年 2 月。

（3）教育部，中国高校优秀骨干教师奖，2002 年 12 月。

（4）教育部科技进步三等奖，电网电流波形畸变有源补偿系统研究，侯振程，罗世国，周雒维，李再华，1997 年 12 月。

（5）美国发明专利（US Patent No. 6，249，108）‘Unified Constant-frequency Integration reset control of single phase active power filters’ K. Smedley，Luowei Zhou，June，2001。

（6）周雒维，付志红，苏向丰。具有上升沿提升能力的电流脉冲下降沿线性可调的控制方法及装置：中国，200410081518.9［P］. 授权公告日：2007.9.12，申请日：2004-12-14。

（7）周林，蒋建文，周雒维。统一恒频控制三相四线制有源电力滤波器控制方法：中国，200410022095.3［P］. 授权公告日：2008.5.7，申请日：2004.3.18。

（8）付志红，苏向丰，周雒维。感性负载的脉冲电流下降沿线性可调装置：中国，200420105625.6［P］. 授权公告日：2006.5.17，申请日：2004.12.14。

2. 代表性论文

（1）Luowei Zhou，Zicheng Li. A novel active power filter based on the least compensation current control method［J］. IEEE Trans. Power Electron，2000，15（4）：655～659。

（2）Luowei Zhou，Smedley KM. Unified. constant-frequency integration control of active power filters［C］. Applied Power Electronics Conference and Exposition，Fifteenth Annual IEEE，2000，1：406-412。

（3）Smedley KM，Luowei Zhou. Unified constant-frequency integration control of active power filters［J］. IEEE Trans. Power Electron，2001，16（3）：428～436。

（4）Xiong Du，Luowei Zhou，Heng-Ming Tai. Double-Frequency Buck Converter［J］. IEEE TRANSACTIONS ON INDUSTRIAL ELECTRONICS，2009，56（5）：1690-1698。

（5）Ruzbehani M，Luowei Zhou，Mirzaei N. Improvement of One-Cycle Controller Response with a Current Mode Controller［J］. JOURNAL OF POWER ELECTRONICS，2010，10（1）：21-26。

（6）Ruzbehani M，Luowei Zhou，Wang MY. Bifurcation diagram features of a dc-dc converter under current-mode control［J］. CHAOS SOLITONS & FRACTALS，2006，28（1）：205-212。

（7）Lu Weiguo，Zhou Luowei，LuoQuanming，Wu Junke. Non-invasive chaos control of DC-DC converter and its optimization［J］. International Journal of Circuit Theory and Applications. 2011，39：159～174。

（8）Quanming Luo，Shubo Zhi，Can Zou，Weiguo Lu，Luowei Zhou. An LED Driver With Dynamic High-Frequency Sinusoidal Bus Voltage Regulation for Multistring Applications［J］. IEEE Transactions on Power Electronics，2014，29（1）：491～500。

（9）Pengju Sun，Luowei Zhou，Keyue Ma Smedley. A Reconfigurable Structure DC-DC Converter With WideOutput Range and Constant Peak Power［J］. IEEE Transactions on Power Electronics，2011，26（10）：2925～2935。

（10）Weiguo Lu，Shuang Lang，Luowei Zhou，Herbert Ho-Ching Iu，Tyrone Fernando. Improvement of Stability and Power Factor in PCM Controlled Boost PFC Converter With Hybrid Dynamic Compensation［J］. IEEE Transactions on Circuits and Systems I：Regular Papers，2015，62（1）：320～328。

（11）Sucheng Liu，Luowei Zhou，Weiguo Lu，Simple analytical approach to predict large-signal stability region of a closed-loop boost DC-DC converter［J］. IET Power Electronics，2013.6（3）：488-494。

（12）Xiong Du，Luowei Zhou，Hao Lu，Heng-Ming Tai，DC Link Active Power Filter for Three-Phase Diode Rectifier［J］. IEEE Transactions on Industrial Electronics，2012，59（3）：1430～1442。

所获荣誉：

（1）中国高校自然科学一等奖，“电力电子变换器控制新方法的研究”。

（2）中国高校自然科学二等奖，“有源电力滤波器谐波电流检测和控制技术研究”。

（3）教育部科技进步三等奖，“电网电流波形畸变有源补偿系统研究”。

（4）重庆市自然科学三等奖，“电力谐波监测与控制新方法研究”。

（5）重庆市电力科学技术奖，“有源电力滤波新方法的研究”。

大连理工大学-特种电源团队

地址：辽宁省大连市高新园区凌工路 2 号大连理工大学电气工程学院

邮编：116024

电话：13889626136

传真：0411-84706489

团队人数：10

团队带头人：李国锋

主要成员：李国锋，王宁会，王志强，戚栋，杨振强

研究方向：高压脉冲电源、高精度直流高压电源、交流/直流电弧炉供电系统

团队简介：

大连理工大学特种电源团队多年来从事脉冲功率技术、电磁兼容技术、无损检测与探伤技术、新型电源技术、大功率电弧冶炼装置及控制系统、电磁场理论和应用技术研究工作，研究成果成功应用于材料冶金、资源环境、海军舰船维修保障等领域，取得了良好的社会经济意义和国防意义。该团队重视与国内外电气、化工和材料领域主要研究单位的合作，注重学科交叉、融合，已经形成了高等院

校、科研院所及有色金属企业的产-学-研联合体，有利于基础研究成果直接转化为企业的创新技术。先后承担了和正在承担国家高技术研究发展计划（863 计划）新材料技术领域“新型平板显示技术”重大专项“PDP 用 MgO 晶体材料技术研究及产业化”；国家高技术研究发展计划（863 计划）资源环境技术领域“低品位菱镁矿高效制备电熔镁砂的节能减排技术与装备”专题项目“菱镁矿高效制备电熔镁节能减排技术与装备”；国家国际科技合作专项项目“菱镁矿绿色生产电熔镁关键技术及装备合作研究”。在低温等离子体发生器、电弧热等离子体、电弧射流等离子体、等离子体材料改性、超大功率装备检测及控制等方面，具备较强的技术力量和扎实的理论基础。

在研项目：

国家国际科技合作专项，2014DFR50880，菱镁矿绿色生产电熔镁关键技术及装备合作研究，2014/04-2017/04。

科研成果：

（1）王志强，唐瑶，李国锋，刘志刚，一种超低频高压电源：中国，ZL201110405447.3［P］. 2013-08-23.

（2）李国锋，王志强，王宁会，王进君，王翠华，李思国，任泽成，一种制备微细导电纤维的方法，中国，ZL200810010667.4［P］. 2010-06-02.

（3）李国锋，王志强，王宁会，王进君，王翠华，李思国，一种控制微细粒子聚集形态的方法：中国，ZL200810010668.9［P］. 2010-02-17.

大连理工大学-压电俘能、换能的研究团队

地址：辽宁省大连市甘井子区凌工路 2 号大连理工大学大黑楼 A 座 422

邮编：116023

电话：0411-8470009-3422

团队人数：12

团队带头人：董维杰

主要成员：董维杰，白凤仙，孙建忠

研究方向：基于压电材料的振动能量的研究

团队简介：

主要研究领域为机电系统测量与控制、功能材料传感器与执行器。

在研项目：

国家自然科学基金（No. 61340052）

科研成果：

近五年的科研成果

（1）白凤仙，马桂帅，董维杰，孙建忠. 悬臂梁压电振动能量收集系统输出功率的优化研究［J］. 电子学报，2014，42（5）：883～889.（EI 检索号：20142917947034）。

（2）Guan Lijuan，Bai fengxian，Dong weijie. Design and tcsting of wind energy harvester based on PVDF. Key Engineering Materials Vol. 613（2014）pp 185-192©（2014）Trans Tech Publications，Switzerland doi：10.4028/www.scientific.net/KEM.613.185。

（3）白凤仙，包华宇，董维杰，夏书峰. 压电振动能量收集系统中二极管整流电路的 RC 等效模型分析［J］. 电源学报，2014，(3)：22～26.

（4）白凤仙，董维杰，闰朋超. 基于 FPGA 的压电变压器相位控制的设计与研究［J］. 压电与声光，2013，35（5）：676～680.（EI Page one）。

（5）马桂帅，白凤仙，董维杰. 自供电同步开关电感阻尼电路功率特性分析［J］. 电源学报，2012，（5）：37～41.

（6）白凤仙，董维杰，闰朋超. 基于频率特性的 Rosen 压电变压器参数的仿真测量和分析［J］. 电源学报，2011，(3)：1-6。

（7）党永，董维杰，白凤仙. 压电叠堆连接方式及低频发电特点的研究［J］. 电源学报，2011，(4)：56-61。

（8）白凤仙，董维杰，包华宇，孙建忠. 阵列式压电俘能拓宽频带的研究［J］. 压电与声光.

电子科技大学-国家 863 计划强辐射重点实验室

地址：四川省成都市建设北路二段四号电子科技大学沙河校区逸夫楼 416

邮编：610054

电话：028-83202136

团队人数：25

团队带头人：李天明

主要成员：李天明，李浩，汪海洋，周翼鸿，胡标，吴泽威

研究方向：强激光与高功率微波、射频电路和天线等

团队简介：

国家 863 计划强辐射重点实验室由中国工程物理研究院和电子科技大学共同承建。实验室电子科大分部成立于 1996 年，2006 年，根据学科发展的需要经学校和强辐射实验室总部批准，又成立了太赫兹研究中心。

在研项目：

（1）9.4GHz 回旋波整流器研究。

（2）医用磁控管研究。

（3）双频阵列天线设计。

科研成果：

成功研制多种磁控管，完成了 1.5GW 功率容量多模馈源的方案设计、加工和测试，并在协作单位的 HPM 发射机上得到应用，同时设计了大口径天线口面场光调制散射测试系统，有效地解决了高功率微波的近场测试的难题。开发出了 2.5 维粒子模拟软件 CHIPIC2D1.0/2.0/3.0 版及 3 维粒子模拟软件 CHIPIC3D 演示版。

所获荣誉：

研制成功国内第一只相对论返波管，第一只相对论 Orotron，第一只相对论磁控管和世界上第一只永磁包装相对论磁控管。

东南大学-江苏电机与电力电子联盟

地址：江苏省南京市玄武区四牌楼 2 号东南大学动力楼

邮编：210096

电话：025-83794152
传真：025-83791696
网址：http：//www. jempel. org/
团队人数：143
团队带头人：程明
主要成员：程明（教授），花为（教授），张建忠（研究员），樊英（副教授），王政（副教授），王伟（讲师）
研究方向：电机与电力电子、电机驱动及应用、新能源发电、电动汽车和轨道交通等领域
团队简介：

江苏电机与电力电子联盟（Jiangsu Electrical Machines & Power Electronics League，简称JEMPEL）是由国内电机与控制学科领域首位IEEE Fellow、著名电机与控制专家、东南大学特聘教授程明博士领衔，东南大学电气工程学院六名专任教师为核心，多名长江学者、千人计划等专家为支撑，50余名博士后和博士、硕士研究生为骨干的科研团队，研究领域涵盖电机与电力电子及其在新能源发电、电动汽车、轨道交通和伺服系统等领域的应用。

JEMPEL在电机与电力电子及其在新能源发电、电动汽车、轨道交通和伺服系统等领域的应用技术方面，开展了长期的研究，积累了丰富的成果。先后承担了国家973计划、863计划、国家自然科学基金重点项目、国家自然科学基金重大国际合作研究项目等各类课题90余项；共发表论文370余篇，其中SCI收录140余篇；申请中国发明专利100余件，已获授权发明专利60多件。

JEMPEL以培养电机与控制领域高水平人才为己任，以高水平科学研究促进高层次人才培养，始终践行东南大学“止于至善”的人才培养理念，先后为社会培养了近百位电机与控制领域英才，其中包括一名IEEE Fellow，两名国家优秀青年基金获得者，两位全国优秀博士学位论文提名奖获得者，四位江苏省优秀博士学位论文获得者。

JEMPEL以国际化作为加强人才培养和促进科学研究的重要推手，全体教师均有至少一年以上的海外留学经历，博士研究生大部分具有一年以上的海外联合培养经历。迄今为止，先后与美国、加拿大、英国、法国、意大利和丹麦等国的知名高校开展项目合作或联合人才培养。此外，JEMPEL成员活跃于国内外的各种学术交流活动，追踪国际学术前沿动态，与国内外同行分享科研成果和经验。

为了及时交流电机与电力电子领域的最新科研成果，促进产学研合作，同时为毕业研究生与企业对接提供平台，JEMPEL建立了自己的会员体系，JEMPEL殷切期盼与联盟有过合作关系或者有合作意向、有志于电机与电力电子技术进步的创新企业加入联盟，与JEMPEL共创新型电机及其控制技术的美好未来。

在研项目：

名　　称	项目类别
1. 高可靠性电机系统的设计与容错控制	国家973计划
2. 电气无级变速双功率流风力发电机组关键技术研究	国家863计划
3. 定子永磁型风力发电系统关键基础问题	国家自然科学基金重点项目
4. 新型双定子无刷双馈风力发电系统及其控制	国家自然科学基金重大国际合作研究项目
5. 新能源汽车用新型电机系统	国家自然科学基金优秀青年科学基金
6. 基于双定子多相复合永磁电机的高速电梯牵引驱动系统	国家自然科学基金面上项目
7. 基于永磁场调制的无刷双馈风力发电机及其系统研究	国家自然科学基金面上项目
8. 电动汽车高可靠开绕组混合励磁机驱系统容错运行关键技术研究	自然科学基金面上项目

科研成果：

专利（部分，2015年度）

名　　称	发明人	专利号	申请日	授权日
1. 一种单逆变器双电机系统的控制方法	程明　王伟　张邦富　王亚	201210584914. 8	2012. 12. 28	2015. 05. 06
2. 永磁同步电机容错型牵引模块及其控制方法	程明　王伟　张邦富　王亚	201310211092. 3	2013. 05. 29	2015. 06. 03
3. 基于电流信号的风电机组的叶片不平衡故障诊断方法	张建忠　杭俊　程明　朱瑛	201210396295. X	2012. 10. 17	2015. 06. 03
4. 一种直线电机抱闸装置	张建忠　汪仁杰　吴串国　饶坤　蒋新苗	201310443867. X	2013. 09. 26	2015. 11. 18
5. 一种永磁同步电机匝间短路故障诊断的方法	张建忠　杭俊　程明	201310424228. 9	2013. 09. 17	2015. 11. 18
6. 一种快速调磁的永磁涡流调速器	张建忠　汪仁杰　程明	201310542565. 8	2013. 10. 25	2015. 11. 18
7. 一种电磁转矩补偿实现最大风能快速平稳跟踪的控制方法	樊英　夏子朋　张丽　顾玲玲	201310478739. 9	2013. 10. 14	2015. 7. 15

（续）

名　　称	发明人	专利号	申请日	授权日
8. 一种混合式电流源型能量传输与驱动设备	王政　程明　邹志翔	ZL201210545093.7	2012.12.14	2015.9.16
9. 一种复合式磁通切换电机	花为　张淦　程明	ZL201210274466.1	2012.8.3	2015.2.18
10. 一种模块化转子的定子表面贴装式双凸极永磁电机	花为　张淦　程明	ZL2013101199 39.5	2013.4.8	2015.3.18
11. 一种双速绕组开关磁阻电机	花为　华浩　吴中泽　程明	ZL201310036804.2	2013.1.30	2015.6.3
12. 混合动力汽车用电子无级调速系统	花为　华浩　柯海波　程明	ZL201210346044.0	2012.9.18	2015.7.29
13. 一种四极式无轴承开关磁阻电机	花为　华浩　鹿泉峰　程明	ZL201310168356.1	2013.5.6	2015.10.7

期刊论文（部分，2015年度）：

（1）Qingsong Wang，Ming Cheng，Zhe Chen，and Zheng Wang. Steady-state analysis of electric springs with a novel δ control［J］，IEEE Transactions on Power Electronics，vol. 30，no. 12，pp. 7159～7169，Dec. 2015.

（2）Cao Ruiwu，Cheng Ming，Zhang Bangfu. Speed control of complementary and modular linear flux- switching permanent magnet motor［J］. IEEE Transactions on Industrial Electronics，vol. 62，no. 7，pp. 4056～4064.

（3）Sun Le，Cheng Ming，and Jia Hongyun. Analysis of a novel magnetic-geared dual-rotor motor with complementary structure［J］. IEEE Transactions on Industrial Electronics，vol. 62，no. 11，pp. 6737～6747，Nov. 2015.

（4）Jun Hang，Jianzhong Zhang，Ming Cheng. Online inter-turn fault diagnosis of permanent magnet synchronous machine using zero sequence components［J］. IEEE Transactions on Power Electronics，vol. 30，no. 12，pp. 6731 ～ 6741，2015.

（5）Zheng Wang，Jian Chen，Ming Cheng，and Yang Zheng. Fault-Tolerant Control of Paralleled-Voltage-Source-Inverter-Fed PMSM Drives［J］. IEEE Transactions on Industrial Electronics，vol. 62，no. 8，pp. 4749～4760，Aug. 2015.

（6）Wei Hua，Gan Zhang，and Ming Cheng. Flux-regulation theories and principles of hybrid-excited flux-switching machines［J］. IEEE Transactions on Industrial Electronics，vol. 62，no. 9，pp. 5359-5369，2015.

（7）Gan Zhang，Wei Hua，Ming Cheng，and Kai Wang. Investigation of an improved hybrid-excitation flux switching brushless machine for HEV/EV applications［J］. IEEE Transactions on Industry Applications，vol. 51，no. 5，pp. 3791～3799，2015.

（8）Ying Fan，Li Zhang，Ming Cheng，and K. T. Chau. Sensorless SVPWM-FADTC of a New Flux- Modulated Permanent-Magnet Wheel Motor Based on a Wide-Speed Sliding Mode Observer［J］. IEEE Transactions on Industrial Electronics，vol. 62，no. 5，pp. 3143-3151，May. 2015.

（9）Gan Zhang，Wei Hua，and Ming Cheng. Design and Comparison of Two Six- Phase Hybrid-Excited Flux-Switching Machines for EV/HEV Applications［J］. IEEE Transactions on Industrial Electronics，in press（DOI：10.1109/TIE.2015.2447501）.

（10）Lingyun Shao，Wei Hua，and Ming Cheng. Mathematical Modeling of a Twelve- Phase Flux-Switching Permanent Magnet Machine for Wind Power Generation［J］. IEEE Transactions on Industrial Electronics，in press（DOI：10.1109/TIE.2015.2461514）.

（11）Jia Hongyun，Wang Jianan，Cheng Ming，Hua Wei，Fei Shuming. Mathematical model of radial suspending force for a new stator-permanent magnet bearingless machine［J］. IEEE Transactions on Magnetics，Nov. 2015，51（11）：8205104.

（12）Feng Li，Wei Hua，and Ming Cheng. Nine-phase flux-switching permanent magnet brushless machine for low speed and high torque applications［J］. IEEE Transactions on Magnetics，2015，51（3）：8700204.

（13）Sa Zhu，Ming Cheng，Wei Hua，Xiuhua Cai，and Minghao Tong，Finite Element Analysis of Flux-Switching PM Machine Considering Oversaturation and Irreversible Demagnetization［J］，IEEE Transactions on Magnetics，vol. 51，no. 11，pp. 1-4，Nov. 2015.

（14）Zhang Bangfu，Cheng Ming，Wang Jiabing，Zhu Sa. Optimization and analysis of a yokeless linear flux-switching permanent magnet machine with high thrust density［J］. IEEE Transactions on Magnetics，Nov. 2015，51（11）：8204804.

（15）Wei Hua，Gan Zhang，and Ming Cheng. Investigation and design of a high power flux-switching permanent magnet machine for hybrid electric vehicles［J］. IEEE Transactions on Magnetics，2015，51（3）：8201805.

（16）Li Xiangling，Chau K. T.，Cheng Ming. Comparative analysis and experimental verification of an effective permanent-magnet vernier machine［J］. IEEE Transactions on Magnetics，Vol. 51，No. 7，8203009，July. 2015.

（17）Li Zhang，Ying Fan，Chenxue Li，and Chunhua Liu. Design and Analysis of a New Six-Phase Fault-Tolerant Hybrid-Excitation Motor for Electric Vehicles［J］. IEEE Transactions on Magnetics，vol. 51，no. 11，Nov. 2015.

（18）Wei Hua，Peng Su，Ming Shi，Guishu Zhao，and Ming Cheng. The influence of magnetizations on bipolar stator surface-mounted permanent magnet machines [J]. IEEE Transactions on Magnetics, vol. 51, no. 3, pp. 8201904, 2015.

(19) Qingsong Wang, Ming Cheng, and Bing Zhang. An improved topology for the current fed parallel resonant half bridge circuits used in fluorescent lamp electronic ballasts [J]. Journal of Power Electronics, vol. 15, no. 2, pp. 567-575, March 2015.

(20) Cheng Ming, Sun Le, Giuseppe Buja, and Song Lihua. Advanced electrical machines and machine-based systems for electric and hybrid vehicles. Energies, vol. 8, no. 9, pp. 9541 ~ 9564, Sep. 2015.

(21) Yu Feng, Cheng Ming, Chau K. T., Li Feng. Control and performance evaluation of multiphase FSPM motor in low-speed region for hybrid electric vehicles [J]. Energies, vol. 8, no. 9, pp. 10335-10353, Sep. 2015.

(22) Ying Fan, Weixia Zhu, Zhongbing Xue, Li Zhang, and Zhixiang Zou. A multi-Function Converting Technique for Vehicle-to-Grid [J]. Energies, vol. 8, no. 8, pp. 7638 ~ 7653, 2015.

(23) 程明，王青松，张建忠. 电力弹簧理论分析与控制器设计 [J]. 中国电机工程学报, vol. 35, no. 10, pp. 2436 ~ 2444, 2015.

(24) 李祥林，程明，邹国棠. 聚磁式场调制永磁风力发电机输出特性改善的研究 [J]. 中国电机工程学报, vol. 35, no. 16, pp. 4198 ~ 4206, 2015.

(25) 朱瑛，程明，花为，张邦富，王伟. 基于滑模变结构模型参考自适应的电气无级变速器无传感器控制 [J]. 电工技术学报, vol. 30, no. 2, pp. 64 ~ 72, 2015.

(26) 徐帅，张建忠. 多电平电压源型逆变器的容错技术综述 [J]. 电工技术学报, vol. 30, no. 21, pp. 39-50, 2015.

(27) 张建忠，姜永将. 基于等效热网络法的定频双转子永磁风力发电机的热分析 [J]. 电工技术学报, vol. 30, no. 2, pp. 87-97, 2015.

(28) 张兵，王政，储凯，程明. NPC 型三电平逆变器容错控制模式下的母线电容电压波动分析及其抑制 [J]. 电工技术学报, vol. 30, no. 7, pp. 52 ~ 61, 2015.

所获荣誉:

(1) 国家自然科学一等奖，程明，定子励磁型无刷电机及控制系统基础理论与关键技术研究。

(2) 中国机械工业科学技术一等奖，定子励磁型无刷电机系统关键技术及应用。

(3) 程明教授被授予 IEEE Fellow。

(4) 2015 年度 IAS 年会一等奖。

(5) 成员多次获得 ICEMS 会议最佳论文奖。

(6) 两位国家优秀青年基金获得者。

(7) 两位全国优秀博士学位论文提名奖获得者。

(8) 五位江苏省优秀博士学位论文获得者。

福州大学-功率变换与电磁技术研发团队

地址: 福建省福州市闽侯县上街镇学园路 2 号福州大学电气工程与自动化学院

邮编: 350116

电话: 0591-22866583

团队人数: 40 多人

团队带头人: 陈为

主要成员: 陈为，毛行奎，董纪清，陈庆彬，林苏斌，汪晶慧，张丽萍，谢文燕

研究方向: 开关电源高频电磁技术、超高频（百兆赫兹）薄膜电感、传导 EMI 预测诊断与抑制、无线电能传输技术、磁性元件高频损耗、磁性元件磁集成和平面磁性元件

团队简介:

福州大学功率变换与电磁技术研发团队将电磁技术与电力电子功率变换技术结合，在国家级、省部级项目下，在国内率先开拓了电力电子高频磁技术的研究方向，十多年来持续开展了大量和系统的基础和应用基础研究以及与企业界的广泛技术合作，内容涉及与电力电子、电力系统和电器等领域相关的电磁技术的各个方面，获得国内外学术界和工业界广泛认可，建立了年富力强的研发团队和先进仪器设备的实验室。现有高级职称教师 5 人，中级 2 人，实验员 1 人，在学博士生 6 人，硕士生 30 多人。

研究团队目前以开关电源高频电磁技术、超高频（百兆赫兹）薄膜电感、传导 EMI 预测诊断与抑制、无线电能传输技术、磁性元件高频损耗、磁性元件磁集成和平面磁性元件等为研究方向，涵盖了开关电源中电磁技术的各个方面。在研究广度和深度上都处于国内外领先水平。

在研项目:

(1) 谐振式无线电能传输磁耦合系统关键技术研究 (2015-2017)，国家自然科学基金（青年）。

(2) 功率变换器磁元件磁芯损耗关键技术研究 (2013-2016)，国家自然科学基金。

(3) 微功率光伏逆变器集成化平面化高频磁技术研究 (2013-2015)，国家自然科学基金（青年）。

(4) 功率变换器磁元件电磁兼容磁电综合模型研究 (2013-2016)，国家教育部博士点专项基金。

(5) 不同频率叠加励磁下的磁芯损耗测量与模型研究 (2015-2018)，福建省自然科学基金。

(6) 功率变换器 EMI 高频段特性及其控制技术研究 (2014-2016)，福建省自然科学基金。

(7) 高压直流输电换流阀用饱和电抗器磁芯损耗测量与模型研究 (2016-2019)，福建省自然科学基金。

科研成果:

本研究团队以开关电源中的电磁技术为研究对象，深入研究其内在机理及应用，获得多项国家级、省部级基金项目的支持，并与多家国内外企业进行产学研合作，将研究成果应用于实际产品中，获到业内高度评价。

(1) 研究团队承担国家自然科学基金 5 项，高等学校博士学科点专项科研基金 1 项，福建省自然科学基金 7 项，福建省高校杰出青年人才基金 1 项，福建省青年人才创新基金 1 项等。

（2）与国内外著名企业合作，包括华为、艾默生、伊顿、台达、美的、山特、田村、青岛云路、欧姆龙和天宇等，已承担横向项目20多项，到校总经费达500多万元。2014年8月获得华为技术有限公司2011实验室颁发的最佳合作团队称号。

（3）团队已发表了包括IEEE学刊、中国电机工程学报、电工技术学报等高级别刊物以及IEEE国际学术会议等论文100多篇，申请了24项专利。

（4）承担了IEC国际标准和国内标准的制定工作。

所获荣誉：

本研究团队在长期的研究工作中获得了各科研院校和企业的广泛认可。团队所获荣誉如下：

（1）团队负责人陈为教授连续两届当选中国电源学会（全国一级学会）常务理事，磁技术专委会主任委员。

（2）团队负责人陈为教授作为IEC/TC51/WG9中国工作组负责人，负责IEC国际标准的制定工作。

（3）中国电源学会的磁技术专委会挂靠福州大学电气工程与自动化学院，并在我院建立了中国电源学会电力电子磁元件技术培训基地。

（4）与华为技术有限公司的长期合作中获“华为技术有限公司最佳合作伙伴奖”。

（5）所培养博士研究生中获得卢嘉锡优秀博士生奖1次，硕士研究生获国家奖学金3次。

（6）研究生获得全国研究生电子设计竞赛1等奖1次，2等奖3次，本科生获全国大学生电子设计竞赛全国一等奖1项，二等奖5项，省一等奖7项。

（7）获中国电源学会年会优秀论文奖1次，获中国功率变换器磁元件联合学术年会优秀论文奖4次。

福州大学-智能控制技术与嵌入式系统团队

地址：福建省福州市大学新区学园路2号福州大学电气学院

邮编：350116

传真：0591-22866581

团队人数：9

团队带头人：王武

主要成员：蔡逢煌，林琼斌，柴琴琴

研究方向：新能源的控制技术，嵌入式技术开发

团队简介：

专注于研究智能控制、嵌入式软硬件协同设计、信号处理技术、嵌入式计算机系统等。主要开展了先进控制理论与控制算法及其在工程中的应用研究，优化控制技术理论及其在复杂工业过程的应用技术研究，网络化系统控制技术及网络安全运行研究，人工智能在生物信息系统的应用研究，电力电子系统建模、算法分析以及数字化实现的应用研究。

团队负责人为王武博士、教授。形成了结构合理、多学科交叉的科研教学团队，其中高级职称2人，博士5人。团队成员依托福建省医疗器械与医药技术重点实验室和福州大学-厦门科华恒盛股份有限公司联合实验站，目前培养了研究生30余人。多年来完成了5项国家自然科学基金项目和数项省部级科学研究项目，在学术会议与期刊上发表160多篇研究论文，获得福建省科学进步奖三等奖3项。并将学科研究成果引入教学领域和生产领域，促进产、学、研相辅相成，互相促进。团队目前承担省自然科学基金项目2项和企业合作项目4项。在嵌入式系统研究方面，与国际多家知名企业建立了联合实验室：福州大学-freescale嵌入式系统设计及应用实验室、福州大学-英飞凌嵌入式技术共建实验室和福州大学-TI嵌入式技术共建实验室。

在研项目：

企业创新项目：

基于新型拓扑与控制技术的电力电子变换装置研制（2014/3-2016/6）。

科研成果：

2013年获得了福建省科技进步三等奖，太阳能光伏发电系统逆变器。

广西大学-电力电子系统的分析与控制团队

地址：广西壮族自治区南宁市大学路100号广西大学电气工程学院

邮编：530004

电话：13878809870

团队人数：6

团队带头人：陆益民

主要成员：陈延明，李国进，黄洪全，黄良玉，陈苏

研究方向：电力电子系统的非线性分析与控制，工业特种电源开发，电气精密测量技术

团队简介：

广西大学电气工程学院电力电子系统分析与控制研究团队共有6名教师，其中教授3人，副教授2人，讲师1人。本研究团队一直致力于电力电子系统基础理论及其应用技术的研究。近年来围绕电力电子系统的拓扑结构、稳定性分析和控制方法、工业特种电源开发和电气精密测量技术等方面开展了大量的研究工作，并取得了一系列的研究成果。本团队已完成2项国家自然基金项目、1项国家科技型中小企业技术创新基金项目以及多项省部级科研项目和企业横向项目。研制了医用X射线机电源、通信电源、焊接电源、冲击接地电阻、电气设备介质损耗测量装置和无功补偿装置快速复合继电器等电力电子装置。在International Journal of Bifurcation and Chaos、《中国电机工程学报》《电工技术学报》《控制理论与应用》《机械工程学报》等学术刊物和IEEE等重要国际会议发表论文60多篇，获得国家专利授权多项。

在研项目：

（1）基于微电网阻抗在线辨识的并网逆变器增益调度自适应控制（51567004），国家自然科学基金项目、2016.01-2019. 12。

（2）忆阻单神经元自适应PID控制器的研究及其应用（2014GXNSFAA118383），广西自然科学基金、2014. 06. 01-2017. 05。

（3）单相功率因数校正电路带恒功率负载的微分平坦建模与控制（2014GXNSFAA118380），广西自然科学基金，2014. 06. 01-2017. 05。

（4）恒功率负载 DC/DC 变换器的稳定性分析与控制（A0306），广西电力系统最优化与节能技术重点实验室自主研究课题，015. 01-2017. 12。

科研成果：

（1）Lu，Yi Min，Huang，Xian Feng、He，Shaobin、Wang，Dongdong、Zhang，Bo，Memristor based van der Pol oscillation circuit，International Journal of Bifurcation and Chaos，24（12），pp 1450154. 1-15，2014/12/1。

（2）马海龙，于田芬，陈延明等．基于恒导通时间控制的自驱动 PFC 的研制［J］．电源技术，2015. 12，39（12）。

（3）苏琦、陆益民、黄险峰，电压反馈型 BOOST 变换器闭环控制系统的分岔及混沌［J］．广西大学学报：自然科学版，2015，（5）：1192～1200。

（4）于田芬，韦熹，王飞，陈延明等．改进型数字无桥 PFC 变换器的研制［J］．制造业自动化，2015，37（12）：145～147。

（5）李国进，董第永，陈双．磷酸铁锂电池的 SOC 预测［J］．计算机仿真，2015，32（3）：163～168。

（6）王东东、陆益民、张波，IFOC 感应电动机分岔混沌的单双时滞反馈控制［J］．电机与控制学报，（10），2014，55～59。

（7）陈延明，王会雄，王振民等．一种全桥 LLC 软开关焊接电源［J］．焊接学报，2014（5）：9～12。

（8）张峰，王婷，熊建荣，陈延明等．恒定导通时间控制的交错式功率因数校正电路［J］．广西大学学报：自然科学版，2014，39（6）：1278～1284。

（9）陈延明，杨美珍，王振民，李国进等．一种半桥 LLC 谐振软开关焊接电源［J］．焊接学报，2013，12：（5）。

（10）梁伟健，黄洪全．基于有功功率的小电流接地选线注入法的研究［J］．自动化与仪器仪表，2012，（1）：19～21。

（11）莫里克，黄洪全，李国进，陈延明等．一种单相弧焊逆变器的功率因数校正电路［J］．广西大学学报：自然科学版，2012，37（2）：366～370。

（12）杨达亮，卢子广，杭乃善，李国进等．三相电压型 PWM 整流器准定频直接功率控制［J］．中国电机工程学报，2011，31（27）：66～73。

（13）陈延明，陈辉华，张成等．一种峰值电流控制的全桥软开关弧焊逆变器［J］．焊接学报，2011，32（5）。

（14）张城，莫里克，张盼，陈延明等．一种非线性载波控制的功率因数变换电路［J］．电力电子技术，2011，45（11）：89-91。

（15）李国进，易丐，林瑜．仿人机器人的一种双向动力学建模方法［J］．广西大学学报：自然科学版，2011，36（6）：1009～1015。

（16）黄良玉，韦以明，陈凤翔，莫少莹．含参数扰动 Liu 混沌系统的反步设计自适应控制研究［J］，广西大学学报：自然科学版，2010，35（6）：1057～1062。

（17）陈延明，王娟，武江峰等．一种改进的零电压零电流倍流整流变换器［J］．电工技术学报，2009，24（12）：82-87。

（18）陆益民，张波，尹丽云．DC/DC 变换器的切换仿射线性系统模型及控制［J］．中国电机工程学报，2008，28（15）：16～22. EI（082611336989）。

（19）陆益民，张波，毛宗源．混沌 SPWM 原理及其谐波抑制特性分析［J］．机械工程学报，2006，42（1）：126-129. EI（06139783778）。

（20）陆益民，毛宗源，张波．感应电动机间接磁场定向控制系统振荡的功率谱分析［J］．机械工程学报，2004，40（12）：5-9. EI（05058822201）。

（21）陆益民，毛宗源，张波．基于免疫算法的混沌多模型控制策略［J］．控制理论与应用，2004，21（1）：30-34. EI（04328306731）。

（22）Lu，YiMin、Chen，Ming、Huang，Xian Feng，Synchronizing chaos in memristor based van der Pol oscillation circuits，2014 IEEE International Power Electronics and Application Conference and Exposition（IEEE PEAC'2014），2014/11/5-2014/11/8，pp 1154-1158，2014/11/5。

（23）Lu，Yi Min、Huang，Xian Feng、Wang，Juan Ping、Zhu，Z. Q.，Motion control in a free piston energy converter based on a neural adaptive PID decoupling controller，9th International Symposium on Linear Drives for Industry Applications，LDIA 2013，2013/7/7-2013/7/10，pp 454-460，Hangzhou，China，2013。

（24）陆益民，金麒麟，黄险峰，忆容器的实现电路．中国，ZL 2014 2 00772906. 0［P］. 2015-5-13。

（25）陆益民，朱志勇，黄险峰．一种基于忆阻器的 Duffing-van der Pol 振荡电路．中国，ZL 2013 2 0856113. 2［P］，2014-7-23。

（26）陆益民，陈茗，黄险峰．一种基于忆阻器的自适应 PD 控制器电路．中国，ZL 2013 2 0856144. 8［P］，2014-8-13。

（27）陆益民，梁倩倩，黄险峰．一种基于忆阻器的单神经元 PID 控制器电路，中国，ZL 2014 2 0187516. 7［P］. 2014-10-29。

（28）李国进，陈延明，廖云峰，欧玉平，吴兰坤，徐兴科，胡丹．中国，一种基于零电压过度软开关的 X 射线机功率因数校正电路：中国，ZL 2013 2 0666907. 2［P］. 2014-4-02。

（29）李国进，陈延明，廖云峰，赵风波，谢永恒，简坤兴．一种基于无源无损吸收电路的 X 射线机功率因数校正电路．中国，ZL 2013 2 0666910. 4［P］. 2014-4-02.

（30）李国进，陈延明，廖云峰，滕寿宇，马培威，潘英昂，杨欧．一种 X 射线机的有源功率因数校正电路，中国，ZL 2013 2 0666908. 7［P］. 2014-4-02。

所获荣誉：

（1）2011 年获第十一届广西青年科技奖。

（2）2008 年获广西高校优秀人才资助计划资助。

（3）2004 年广西专家百人团第一批聘请专家。

（4）2012 年获第六届中国高校电力电子及电力传动学术年会优秀论文奖。

（5）2013 年获全国自动化教育学术年会优秀论文奖。

国网江苏省电力公司电力科学研究院-电能质量监测与治理技术研究团队

地址：江苏省南京市江宁区帕威尔路 1 号
邮编：211103
电话：025-68686380
传真：025-68686000
团队人数：15
团队带头人：袁晓冬
主要成员：陈兵，史明明，罗珊珊，李强，柳丹，朱卫平
研究方向：电网海量电能质量数据分析与高级应用技术，面向优质电力园区的定制电力技术，新能源、储能及微电网技术研究及应用

团队简介：

江苏省电力公司电力科学研究院电能质量监测与治理技术研究团队建成了国内规模最大、功能最全的省级电能质量监测网，覆盖了 1365 个监测点，覆盖了大型污染源负荷、电气化铁路和新能源发电企业等非线性用户，具有谐波、间谐波、电压不平衡度、电压偏差、频率偏差和电压波动和闪变的实时在线监测分析功能，具备电能质量综合评估、指标异常预警等功能，为省公司运维检修部生产管理提供有力支撑。

实验室自主研发了电能质量在线监测终端和电压监测仪的一键式检测系统，可实现电能质量在线监测设备功能、精度和通信协议的完整检验，为省公司物质招标检测把好入网关。

实验室还承担了省内变电站的普测评价、新能源发电企业的技术监督和污染源用户电能质量问题治理分析工作，其中电能质量现场测试、动态无功补偿现场试验和低电压穿越检测项目已获得中国合格评定国家认可委员会（CNAS）的认证。

近年来，实验室积极开展电力电子技术在电网中的应用研究，承担了优质电力园区的设计开发、高压直流输电换流阀、统一潮流控制器 MMC 换流阀的研究工作。相关研究成果获得省部级科技进步奖 7 项、省公司科技进步奖 11 项，申请发明专利 36 项，软件著作权 7 项，发表学术论文 58 篇，制定国家、行业和国网标准 22 项。

在研项目：

（1）国网项目-电能质量大数据分析关键技术研究及应用。

（2）国网项目-电能质量扰动传播及预警系统研究。

（3）国网项目-高压碳化硅器件高温氧化工艺技术研究。

（4）国网项目-典型用电负荷电能质量发射特性研究。

（5）国网项目-基于物联网的配电网状态感知和分析研究。

（6）国网项目-分布式新能源并网检测与运维管理技术研究与应。

（7）国网项目-多源分布式新能源发电直流供电运行控制技术研究与应用。

（8）省公司项目-分布式新能源电能质量主动调节技术研究。

（9）省公司项目-电压暂降对电力敏感用户影响分析及综合防治技术研究。

科研成果：

（1）江苏沿海大规模风电接入电网技术及工程应用研究，省政府三等奖，2012 年。

（2）冲击性负荷与新能源集中接入地区电能质量评估预警技术研究，电力安全生产成果三等奖，2012 年。

（3）冲击性负荷与新能源集中接入地区电能质量评估预警技术研究，省公司一等奖，2012 年。

（4）江苏电网无功补偿优化配置研究，省公司一等奖，2012 年。

（5）大规模高铁牵引负荷友好接入电网技术及应用，省政府三等奖，2013 年。

（6）大规模高铁牵引负荷友好接入电网技术及应用，电工技术学会二等奖，2013 年。

（7）电气化铁路对江苏电网运行影响的测试研究和应对措施分析，省公司一等奖，2013 年。

（8）江苏沿海大规模风电并网关键技术研究及其示范应用，省公司一等奖，2013 年。

（9）沿海大规模风电并网检测与安全运行关键技术研究及应用，电力建设一等奖，2014 年。

（10）电能质量高级分析关键技术研究及应用，国家电网公司科学技术进步奖二等奖，2015 年。

（11）南京青奥会优质电力园区多 DFACTS 设备优化配置与协调控制技术及应用，第三届中国电源学会科学技术奖一等奖，2015 年。

（12）沿海大规模风电并网检测与安全运行关键技术及应用，省公司一等奖，2015 年。

（13）城市配电网高密度区域供电关键技术研究及应用，电力建设科技进步奖二等奖，2015 年。

（14）适用于多场景微电网的设计、运行控制与检测关键技术研究与应用，电力建设科技进步奖三等奖，2015 年。

（15）分布式储能提高城市负荷中心供电质量的关键技术研究及应用示范，电力建设科技进步奖三等奖，2015 年。

（16）适用于多场景微电网的设计、运行控制与检测关键技术研究与应用，国家电网公司科学技术进步奖二等奖，2015 年。

（17）适用于多场景微电网的设计、运行控制与检测关键技术研究与应用，省公司一等奖，2015 年。

（18）分布式储能提高城市负荷中心供电质量的关键技术研究及应用示范，省公司二等奖，2015 年。

（19）多种可再生能源优化互补的海岛微电网规划建设技术研究与应用，江苏省经研体科技进步奖一等奖，2015 年。

（20）多种可再生能源优化互补的海岛微电网规划建设

技术研究与应用，国网经研体系科学技术进步奖先进技术推广应用类三等奖，2015年。

所获荣誉：

（1）江苏省电力公司电力科学研究院先进集体（2013年）。

（2）江苏省电力公司安全生产先进集体（2014年）。

（3）江苏省电力公司电力科学研究院标兵专业室（2014年）。

（4）江苏省工人先锋号（2014年）。

（5）江苏省电力公司电力科学研究院标兵专业室（2015年）。

（6）中国质量协会全国五星级现场管理班组（2014年）。

（7）袁晓冬劳模创新工作室（2015年）。

（8）江苏省电力公司电力科学研究院文明部室（2015年）。

哈尔滨工业大学-电能变换与控制研究所

地址：黑龙江省哈尔滨市南岗区西大直街92号

邮编：150001

电话：0451-86412811

传真：0451-86412811

网址：http：//pe. hit. edu. cn

团队人数：17

团队带头人：李浩昱

主要成员：杨世彦，王卫，贲洪奇，邹继明，郑雪梅，杨威，刘晓芳，刘桂花，刘鸿鹏等

研究方向：电力电子系统数字控制技术，特种电源理论及应用，极端环境电力电子技术，新能源并网逆变及稳定性研究，交/直流微电网技术，电能存储系统高效变换

团队简介：

哈尔滨工业大学电能变换与控制研究所主要围绕可再生能源发电、分布式能源与微网系统以及特种电能变换等领域，在电路拓扑、控制方法和工程应用等方面开展科学研究。经过30多年在该方向上几代人的积淀，目前在人才培养、研究应用等方面均取得一定的成就，并保持平稳、持续的发展趋势。近年来积极与美、英、日等国外国内高校开展学术交流，与相关研究机构及科研人员建立了良好的学术合作关系。此外，研究所与国内外诸如国际整流器、艾默生、台达电子和华为等相关企业，国家电网、航天科技和中航工业等所属研究院所均保持良好的科研合作关系，同时每年向其输送大量的本、硕和博士毕业生，实现了优势互补、可持续发展的产、学、研一体合作模式。

电能变换与控制研究所科研团队现有专职教师17人，包括教授7人、副教授7人，讲师3人，其中国家级教学名师1人，博士生导师5人。累计毕业博士、硕士研究生近300人，目前在读研究生50余人，本科生60余人。团队教师获国家级和省部级教学、科研成果奖10项，出版专著、教材10部，发表SCI/EI科研论文300余篇，拥有国家发明专利30余项。目前，在研国家自然科学基金7项，其它企业合作科研项目5项，年平均科研经费300余万元，为本单位持续深入的科学研究提供充足的资金支持。

在研项目：

国家自然科学基金（在研）：

（1）故障下双馈风力发电系统无源性暂态建模及其运行过程中的全阶无抖振滑膜控制研究（51577039）。

（2）提升弱电网光复渗透极限关键技术研究（514770033）。

（3）基于辅助环节的三相全桥单级PFC及其在电网不平衡时的运行机理与控制方法研究（51377036）。

（4）弱电网暂态下光伏并网发电系统多目标协同控制研究（51307033）。

（5）高性能中频多脉波变压整流技术研究（51307034）。

（6）串联储能电源高效均衡系统结构及控制策略研究（51207034）。

（7）非隔离型Z源光伏并网逆变系统关键技术的研究（51207032）。

其它（在研）：

（1）基于电压型控制的交流微网运行模式无缝切换技术研究，光宝基金项目（PRC20151382）。

（2）WH-30型双极性微弧氧化脉冲电源系统研制，横向课题。

（3）车载充电电源技术的研究，横向课题。

（4）直流侧谐波注入四象限电流源HVDC应用研究，横向项目。

（5）分布式电源接入对黑龙江配电网影响的综合评估研究，横向项目。

科研成果：

专著：

（1）串联储能电源能量变换与均衡技术（哈尔滨工业大学出版社）。

（2）开关电源中的有源功率因数校正技术（机械工业出版社）。

专利：

（1）串联储能电源三单体直接均衡器，ZL200810063915. 1。

（2）串联电池组多单体直接均衡器，ZL201310653378. 7。

（3）交流电源自动转换装置，201510474960. 6。

（4）双反星形整流系统的直流侧谐波抑制系统与方法，201210589605. X。

（5）双反星形晶闸管整流系统的直流侧谐波抑制系统与方法，201310229494. 6。

（6）基于交错并联Boost型APFC电路的12脉波整流系统的直流侧谐波抑制系统及方法，201310625795. 0 。

（7）多脉波整流系统的直流侧回收式谐波抑制系统及方法，ZL201010299733. 1。

（8）微弧氧化负载阻抗谱在线测试方法及实现该方法在线测试系统，ZL20121008026. 0。

(9) 模块化组合直流变换器输入均压控制方法，201510400564.9。

(10) 独立输出直流变换器的串联输入均压控制方法，201510400509.X。

(11) 用于微弧氧化的高频大功率多波形电源，ZL 03 1 32601.3。

(12) 变压器原边电压箝位三相单级桥式高功率因数AC/DC变换器，200810064307.2。

(13) 无源箝位单相单级桥式功率因数校正变换器及其控制方法，200910071727.8。

(14) 适用于电流源型隔离全桥升压类拓扑的无源无损缓冲电路，201010116880.0。

(15) 三相单级功率因数校正电路起动与磁复位方法及实现电路，201010118070.9。

已完成科研项目：

国家自然科学基金（完成）：

(1) 多脉波整流系统直流侧谐波抑制方法研究(51107019)。

(2) 光伏并网发电系统与电网间阻抗匹配关系及系统稳定性研究（51077017)。

(3) 基于牵引器运行信息的水平井套管状态特征提取与识别方法研究（51074056)。

(4) 微弧氧化电源负载特性与脉冲能量作用效能的研究（50977018)。

(5) 三单体组合电流型全桥单级 PFC 及其磁件集成方法与设计理论研究（51107017)。

国家“863”高科技项目：

(1) 水平井测试用牵引机器人。

(2) 多波形微弧氧化脉冲电源研制。

(3) 解放牌混合动力城市客车电机驱动及控制系统。

台达基金项目（完成)：

(1) 串联储能电源高效均衡系统的研究。

(2) 高渗透率光伏发电系统并入弱电网关键技术。

(3) 基于动力电池参数辨识的充电系统自适应控制方法研究。

(4) 一种三相软开关高功率因数 AC/DC 功率变换技术的研究。

其它（完成)：

(1) 微弧氧化用宽范围调节系列脉冲电源。

(2) 多波形系列脉冲电镀电源。

(3) 15000A 高频大功率稀土电解电源。

(4) 反激式微弧氧化电流脉冲电源。

(5) 超级电容及电动汽车关键技术。

(6) 微弧氧化脉冲功率电源及相关技术。

(7) 30kW 并联组合式脉冲能量控制电源。

(8) DDZ-150 中频多波形脉冲电镀电源。

(9) DDL-200 低频多波形脉冲电镀电源。

(10) 15kW 充电机用三相有源功率因数校正电源研发。

(11) 多功能阳极氧化电源研制。

(12) WH-30 型微弧氧化专用脉冲电源。

(13) 电镀金脉冲电源及检测控制系统。

(14) 电镀金用精密恒流脉冲电源。

(15) WH-140 型微弧氧化用双向不对称大功率脉冲电源研制。

(16) WH-10 型微弧氧化脉冲电源。

(17) 高频大功率稀土电解电源研制。

所获荣誉：

(1) 阀金属表面原位生长功能陶瓷模层的结构设计与机理研究，2007 年黑龙江省科学技术奖（自然类）二等奖。

(2) 超级电容电动汽车及关键技术，2015 年黑龙江省科学技术奖发明一等奖。

哈尔滨工业大学-模块化多电平变换器及多端直流输电团队

地址： 黑龙江省哈尔滨市南岗区西大直街 92 号哈尔滨工业大学电机楼 10018

邮编： 150001

电话： 0451-86418442

传真： 0451-86413420

网址： http：//hitee. hit. edu. cn/

团队人数： 12

团队带头人： 徐殿国

主要成员： 杨荣峰，张学广，武健，李彬彬，于燕南，刘瑜超，刘怀远，周少泽，石邵磊，张毅，王倩楠等

研究方向： 模块化多电平拓扑、模拟、控制与应用，多端直流输电，电网稳定性

团队简介：

隶属于哈尔滨工业大学电气工程及自动化学院，电力电子与电力传动专业，建立了一支以教授、博士研究生为主的高水平专业研究团队，获得政府与企业多项资助。与国内企业如哈尔滨同为电气股份有限公司开展了级联型中压无功补偿装置研究，同上海新时达开展了中压电机驱动的级联变频器研究，形成了产学研用四位一体战略联盟，解决了多项企业技术难题。

在研项目：

自然科学基金：

(1) 基于电压源型换流器的风电场多端直流输电系统关键技术研究。

(2) 模块化多电平换流器电容电压波动抑制技术研究。

科研成果：

发表 SCI 文章多篇，专利多项。

(1) LiBinbin, Yang Rongfeng, Xu Dianguo. Analysis of the phase-shifted carrier。

modulation for modular multilevel converters [J]. IEEE Transactions on Power Electronics. 2015, 30: 297。

(2) LiBinbin, Shi Shaolei, Wang Bo, Wang Gaolin, Wang Wei, Xu Dianguo, Fault Diagnosis and Tolerant Control of Single IGBT Open-Circuit Failure in Modular Multilevel Converters [J]. IEEE Transaction on Power Electronics. 30 (4),

APR 2016，3165-3176，SCI 000365953100042。

（3）LiBinbin，Yi Zhang，Gaolin Wang，Dianguo Xu. Modulation，Harmonic Analysis，and Balancing Control for a New Modular Multilevel Converter［J］. Journal Power Electronics（JPE），2016，16（1）：163 ~ 172.（EI：20160501862242，SCI：000368383100018）。

（4）Xu Rong，Yu Yong，YangRongfeng，Wang Gaolin，Xu Dianguo，Li Binbin，Sui Shunke. A novel control method for transformerless H-Bridge cascaded STATCOM with star configuration，IEEE Transactions on Power Electronics，v. 30，n. 3，p 1189-1202，March 2015。

（5）杨荣峰，陈荷，随顺科，于泳，徐殿国，王高林. 级联无功补偿装置的电容电压平衡控制方法；中国，201310150847. 3［P］2014-12-31。

哈尔滨工业大学-先进电驱动技术创新团队

地址：黑龙江省哈尔滨市南岗区一匡街2号，哈尔滨工业大学科学园2C栋

邮编：150080

电话：0451-86403086

传真：0451-86403086

团队人数：5

团队带头人：郑萍

主要成员：刘勇，佟诚德，白金刚，隋义

研究方向：永磁电机系统，新能源汽车

团队简介：

团队依托于哈尔滨工业大学电磁与电子技术研究所。团队有教师5人，博硕士研究生20余人。教师中有教授2人，副教授1人，讲师2人，所有教师均具有博士学位。团队带头人郑萍教授获国家杰出青年基金，教育部长江学者特聘教授，并入选科技部创新人才推进计划；团队青年教师佟诚德人选哈尔滨工业大学“青年拔尖人才”选聘计划，并破格晋升为副教授。团队指导的博硕士研究生成绩突出，获国家、省、校级奖励及荣誉称号50多项，其中获全国优秀博士学位论文提名奖1人，教育部“博士研究生学术新人奖”1人，黑龙江省优秀硕士学位论文4人，黑龙江省优秀博士毕业生4人，黑龙江省优秀硕士毕业生7人，哈尔滨工业大学研究生“十佳英才”3人。毕业的研究生有国外博士后、国内985院校教师、企业和科研院所的部门主管及研发骨干。

在研项目：

（1）国家杰出青年科学基金，51325701，新型特种电机的理论及工程应用技术，2014/01-2017/12。

（2）国家自然科学基金面上项目，51377033，圆筒型错齿结构横向磁通永磁直线发电机系统的研究，2014/01-2017/12。

（3）国家自然科学基金面上项目，51377030，磁场调制型无刷双转子能量转换器的研究，2014/01-2017/12。

（4）国家自然科学基金青年基金，51407042，混合动力汽车用轴向磁通电气变速系统的研究，2015/01-2017/12。

科研成果：

（1）团队近年来承担重要科研项目20余项，其中国家863计划项目2项，国家杰出青年科学基金项目1项，国家自然科学基金面上项目5项，国家自然科学基金青年基金项目1项等。

（2）共发表学术论文180余篇，其中SCI检索50篇，EI检索125篇。

（3）申请中国发明专利58项，已获授权39项，其中有1项获全国发明展览会银奖。

所获荣誉：

（1）郑萍，国家杰出青年科学基金，2013年。

（2）郑萍，长江学者“特聘教授”，2014年。

（3）郑萍，科技部创新人才推进计划“中青年科技创新领军人才”，2014年。

（4）郑萍，第十一届中国青年科技奖，2010年。

（5）郑萍（排名4），国家技术发明二等奖，2007年。

（6）郑萍（排名2），天津市科技进步一等奖，2013年。

（7）郑萍（排名1），黑龙江省自然科学二等奖，2010年。

（8）郑萍，全国优秀博士学位论文提名奖指导教师，2012年。

（9）刘勇（排名5），天津市科技进步一等奖，2013年。

（10）刘勇（排名3），天津市科技进步二等奖，2014年。

（11）佟诚德（排名10），天津市科技进步一等奖，2013年。

（12）佟诚德，黑龙江省第三届“知识产权杯”高校发明创新竞赛优秀指导教师，2015年。

（13）佟诚德，教育部博士研究生学术新人奖，2011年。

（14）白金刚，ICEM2014最佳论文奖，XXIth International Conference on Electrical Machines（电机领域三大国际会议之一），2014年。

（15）隋义，黑龙江省第三届“知识产权杯”高校发明创新竞赛一等奖，2015年。

哈尔滨工业大学（威海）-可再生能源及微电网创新团队

地址：山东省威海市文化西路2号哈尔滨工业大学（威海）信息与电气工程学院

邮编：264209

电话：18963172108

传真：0631-5687208

网址：http：//homepage. hit. edu. cn

团队人数：7

团队带头人：曲延滨

主要成员：宋蕙惠，孟凡刚，李军远，吴世华，杜海，张扬

研究方向： 风力发电、光伏发电控制技术，微电网控制技术，控制理论及应用，电力电子与电力传动

团队简介：

可再生能源及微电网创新团队由 1 名教授，2 名副教授，4 名讲师组成。

已承担了国家自然科学基金面上项目 1 项，国家自然科学基金国际合作交流项目 1 项，国家自然科学基金青年基金 2 项，山东省自然基金 2 项，山东省中青年科学家基金 1 项，山东省科技攻关项目 2 项。

在研项目：

（1）微网储能系统的能量成型协调控制策略研究，中韩国际合作交流项目，国家自然科学基金，6151101019。

（2）双馈风电切换哈密顿系统建模与低电压穿越的能量成型控制研究，国家自然科学基金，61403099。

（3）吊舱推进系统操控技术及永磁同步电机技术研究，工信部联装［2013］411 号，国家工信部高技术船舶科研项目。

科研成果：

（1）Huihui Song，Yanbin Qu. Energy-based excitation control of doubly-fed induction wind generator for optimum wind energy capture，Wind energy，201206，Vol. 16 P645-659。

（2）H. Su，Y. B. Qu. A model of feedback control system on network and its stability analysis；Commun Nonlinear Sci Numer Simulat. 201211，Vol. 18（7）p1822-1831。

（3）Wenxue Li，Huihui Song，Qu Yanbin. Global exponential stability for stochastic coupled systems on networks with Markovian switching. Systems & Control Letters，201306，Vol. 62（6）P 468-474。

（4）Huihui SONG，Yanbin QU. Energy-based modeling and control for grid-side converter of doubly fed wind generator；控制理论与应用（英文版），201211，Vol. 10（4）P435-P440。

（5）双馈感应风力发电系统基于能量的机网侧联合控制算法，ZL201010160383. 0. 。

所获荣誉：

（1）埃尼奖可再生能源领域正式提名奖，2013 年度。

（2）山东高等学校优秀科研成果奖，三等奖，2013 年。

（3）山东省优秀研究生指导教师，2012 年。

合肥工业大学-阳光电源联合实验室

地址： 安徽省合肥市屯溪路 193 号合肥工业大学电气与自动化工程学院

邮编： 230009

电话： 13605601932

团队人数： 90

团队带头人： 张兴

主要成员： 马铭遥（教授，安徽省百人计划，海外引进），杨淑英（副教授），谢震（副教授）、王付胜（副教授），王佳宁（副教授，海外引进），刘芳（讲师、博士），李飞（讲师、博士）

研究方向： 光伏并网逆变器技术，风电变流器及其控制，微网逆变器及储能技术，电动汽车电驱动技术

团队简介：

自 1998 年以来，以张兴教授为核心的科研团队以太阳能、风力并网发电技术为主攻方向，依托电力电子与电力传动国家重点学科和教育部光伏工程研究中心，专心致力于我国逆变器龙头企业阳光电源的产学研合作，在太阳能光伏并网、风电变流器、微网逆变器及储能控制以及电动汽车电驱动等技术研究方面取得了丰硕的科研成果，并且为包括阳光电源在内的新能源电源企业输送了一批包括博士、硕士在内的高素质人才，取得了良好的社会经济效益。

目前团队有研究生和博士共 82 人。研究生导师 8 人，其中：教授 2 人，副教授 4 人，讲师 2 人。教授中：中达学者 1 人，安徽省百人计划 1 人。团队中海外引进人才 2 人，留学基金委海外联合培养博士 2 人。

团队具备先进的实验室条件，拥有光伏并网、风力发电变流器和微电网及储能实验室，并在阳光电源联合建立了 5 个独立产学研平台，为研究成果的产业化提供了必要的研究实验条件。

在研项目：

（1）7MW 级风电变流器及控制系统产业化关键技术研发（2012BAA01B04），科技部“十二五”科技支撑计划（2012～2016）。

（2）多逆变器并网系统谐振机理及抑制策略的研究（51277051），自然基金面上项目（2013～2016）。

（3）三电平模块化光伏并网系统的配置和控制研究（2013JYBS0636），教育部博士点基金（2014～2016）。

（4）大型机械能-电能转换回收利用关键技术研究及示范（2014BAA04B02），科技部科技支撑计划（2014～2016）。

（5）永磁同步电机转矩跟踪控制及参数辨识技术的研究，阳光电源股份有限公司产学研项目（2014～2016）。

（6）基于多种分布式能源的虚拟同步机控制技术研究，阳光电源股份有限公司产学研项目（2015～2017）。

（7）光伏微电网关键技术研究及逆变设备研制（2015AA050607），国家 863 计划（2015～2018）。

（8）双馈风力发电机高电压穿越关键技术研究（51277050），自然基金面上项目（2013～2016）。

（9）基于多电平冗余工作特性的 IGBT 功率模块在线健康状态监测（JZ2015GJQN0328），国家自然科学青年科学基金（2016～2018）。

（10）电动汽车用开关磁阻电机转矩脉动抑制优化控制策略研究及实现（W2015JSKF0524），横向项目（2016～2017）。

（11）电动汽车用磁阻电机优化驱动控制策略研究（W2014JSKF0686），横向项目（2015～2016）。

科研成果：

（1）光伏并网逆变器研究及其系列产品：在光伏并网逆变器相关技术研究中，在科技部“十五”科技攻关等多项课题的支持下去，完成了多项核心技术的研究，包括：

光伏并网逆变器系列产品、光伏模组与并联技术、光伏系统的低电压穿越技术和光伏系统的优化设计等。与阳光电源合作研发的光伏并网系列产品已成功参与北京奥运鸟巢、上海世博会以及其它国内外大型并网发电项目。

（2）MW级风电变流器产品（2~3MW）："十一五"期间，团队与阳光电源联合承担并合作完成了两项"十一五"国家科技支撑计划项目——1.5MW以上直驱式风电机组控制系统及变流器的研制与产业化（2006BAA01A20）、1.5MW以上双馈式风电机组控制系统及变流器的研制与产业化（2006BAA01A18），项目按期顺利验收，该项目于2008年实现了产业化，目前已装备了40多个商业风场。

（3）中压三电平永磁全功率变流器（5~7MW）："十二五"期间，团队与阳光电源联合承担了"十二五"国家科技支撑计划项目——7MW级风电变流器及控制系统产业化关键技术研发（2012BAA01B04），该项目采用中压三电平永磁全功率变流器设计，试验样机于2016年1月通过了湘电风能的技术实验测试。

（4）基于虚拟同步机（VSG）控制的微网逆变器：该项目成果于2014年10月成功应用于海拔4 800m的西藏措勤微电网项目，采用了团队与阳光电源联合研制的基于虚拟同步发电机（VSG）技术的2台500kV·A微电网逆变器，既实现了2台500kV·A VSG与2台30kV·A风机、500kV·A的光伏风电、300kV·A柴油发电机并联组成的"风-光-储-柴联合发电微电网"独立向措勤县城供电的目标，又实现了"风-光-储-柴联合发电微电网"与措勤县960kV·A水电站联合向县城供电的目标，真正地实现了措勤县城高品质微电网供电的目标。

（5）电动车用电机控制器：以100kW电动大巴用异步电机控制器性能提升项目、60kW永磁电机控制器开发项目为起点，团队与阳光电源共同合作，针对电机控制中的参数辨识、弱磁运行等核心问题开展研究，有效提升了车辆续航里程和司机驾驶体验，同时根据市场需要相继推出不同功率等级电机控制器，针对开关磁阻电机在电动车中的应用开展了积极的预研。

河北工业大学-电器元件可靠性团队

地址：天津市红桥区丁字沽河北工业大学电气工程学院
邮编：300130
电话：022-60204360
传真：022-26549256
团队人数：8
团队带头人：李志刚
主要成员：李玲玲，姚芳，唐圣学，黄凯
研究方向：寿命预测，失效分析，新能源可靠性
在研项目：

1. 国家科技支撑计划

（1）太阳光伏系统户外试验场技术研发与示范；课题：多种光伏系统户外测试技术研究。

（2）支撑地方优势产业的制造业信息化综合集成应用示范；课题：面向河北省支柱产业的制造业信息化综合集成应用示范。

2. 国家自然科学基金

（1）分布式发电系统中电热疲劳器件的健康状态估计及其剩余寿命预测。

（2）严苛工作环境下绝缘栅双极性晶体管的可靠性及寿命预测。

（3）基于盲源变点分析的光伏微网变流器疲劳损伤随机过程特性与剩余寿命在线预测研究。

3. 高校博士点项目

分布式发电机组中功率器件在线工作温热云分析模型及失效预测。

4. 河北省、天津市科技支撑、自然基金项目若干

湖南大学-电动汽车先进驱动系统及控制团队

地址：湖南省长沙市岳麓区麓山南路湖南大学电气与信息工程学院
邮编：410082
网 址：http://eeit.hnu.edu.cn/index.php/dee/dee-lecturer/835-150107221
团队人数：10
团队带头人：刘平
主要成员：刘平，姜燕，卢继武，李慧敏，樊鹏，陈叶宇，孙千志等
研究方向：电动汽车高性能变换器系统及电机驱动控制
团队简介：

团队研究方向为电动汽车高性能变换器系统及电机驱动控制。研究方向涉及电动汽车、电力电子、电机控制等。主要内容包括：电动汽车动力总成系统级匹配优化与建模仿真、电动汽车用高密度新型电力电子变换器及数字控制、电机状态估计与无传感器牵引控制、电动汽车驱动系统的主动热管理等。

团队负责人刘平博士，2005年本科、2008年硕士和2013年博士皆毕业于重庆大学电气工程学院国家重点实验室，2012年为香港理工大学研究助理，2013~2014年在加拿大Mcmaster大学MacAuto研究中心从事加拿大自然科学与工程研究基金项目"下一代卓越效率与性能的电气化车辆动力总成"的博士后研究。2014年11月回国就职于湖南大学电气与信息工程学院。目前，团队成员中有副教授2名，博士2名，助理教授1名，硕士生3名，兼职科研人员2名，以及本科生若干。

在研项目：

（1）国家自然科学基金项目：电热约束下电动汽车准Z源逆变器驱动系统的优化控制研究。

（2）国家自然科学基金项目：分布式驱动的增程式电动汽车运行模式优化与整车协调控制研究。

（3）湖南大学青年教师成长计划项目：电动汽车驱动系统的实时热状态观测。

科研成果：

发表SCI和EI论文20余篇，发明专利6项，合著教材1本。共参与或主持电动汽车驱动相关的纵横向及国际课题

近10项。

（1）参与加拿大科技部、加拿大自然科学与工程研究基金与美国Chrysler公司资助项目：下一代卓越效率与性能的电气化车辆动力总成（合作导师Ali Emadi教授，IEEE Fellow，Canada Excellence Research Chair（CERC）in Hybrid Powertrain，国际混合动力汽车传动系统专家，IEEE Transactions on Transportation Electrification创办人和主编，IEEE车辆应用技术学报、IEEE电力电子学报和IEEE工业电子学学报等副编辑）。

（2）参与企业项目：低压纯电动车动力总成开发以及多目标优化的异步电机牵引控制。

（3）参与863子项：50kW纯电动轿车一体化电机及其驱动系统研究。

（4）主持中央高校科研项目：基于双向Z源逆变器的电动汽车驱动系统与控制策略。

（5）主持某研究所项目：100kW BLDC无位置传感器驱动系统及数字控制。

（6）参与香港创新科技署项目：50kW采用谐振拓扑的独立快速电动汽车充电机。

（7）Magne. P，Ping Liu，Bilgin. B.，Emadi，A. Investigation of impact of number of phases in interleaved dc-dc boost converter，Transportation Electrification Conference and Expo（ITEC）［J］. IEEE，vol.，no.，pp. 1，6，Dearborn，MI，14-17 June 2015。

（8）刘平．电动汽车双向准Z源逆变器系统及控制研究，重庆大学，博士学位论文，2013。

（9）Liu，HePing，Ping Liu，et al. Design and digital implementation of voltage and current mode control for the quasi-Z-source converters［J］. IET Power Electronics，2013，6（5）：990～998。

（10）Ping Liu，Heping Liu. Permanent-magnet synchronous motor drive system for electric vehicles using bidirectional Z-source inverter［J］. IET Electrical Systems in Transportation，2012，2（4）：178～185。

湖南大学-工业高效电能变换与电能质量控制理论与新技术研究团队

地址：湖南省长沙市岳麓区麓山南路湖南大学电气与信息工程学院

邮编：410082

电话：13908460566

传真：0731-88823700

网址：http：//www. hnu. edu. cn

团队人数：10

团队带头人：罗安

主要成员：沈征（教授、千人计划），王俊（青年千人），涂春鸣（教授），帅智康（教授），欧阳红林（教授），荣飞（副教授），程苗苗（讲师），陈燕东（讲师），马伏军（讲师）

研究方向：大功率冶金特种电源系统，大功率电力电子器件，配电网电能质量控制，新能源分布式发电，微电网控制，企业综合电气节能

团队简介：

本团队依托于湖南大学国家电能变换与工程技术研究中心，长期从事大功率冶金特种电源、大功率电力电子器件、电能质量控制、分布式发电和微电网控制等高效电能变换与节能控制领域的科学研究与工程应用。20多年来，团队硕果累累，本团队提出的高效电力电子变换装置及其控制技术，为推动我国大功率电磁搅拌、电磁加热、大电流电解和电能质量控制等电能变换与节能装备的发展起到了重要作用。克服了大功率电能变换与高效电能质量控制领域技术及装备的关键工程技术难题，经济社会效益显著，推动了该领域的科技进步。

在研项目：

（1）国家自然科学基金重点项目，微网多逆变器并联及电能质量控制方法研究。

（2）国家自然科学基金面上项目，含微源的典型用电负荷电能质量发射特性研究。

（3）国家863研究发展计划，大型光伏电站并网关键技术研究。

（4）国家自然科学基金面上项目，新型电能质量调节与故障限流复合系统关键技术研究。

（5）国家自然科学基金面上项目，微网多逆变器并联谐振与环流抑制理论研究。

（6）国家自然科学基金面上项目，整晶圆特大容量IGBT器件研究。

（7）国家自然科学基金青年项目，智能电网中宽频域谐波及其串并联谐振问题与对策研究。

（8）国家自然科学基金青年项目，多源微网暂态谐波特性分析与全局最优抑制。

（9）国家自然科学基金青年项目，笼型异步发电机系统电压与频率稳定控制的新方法研究。

科研成果：

（1）2014年度国家技术发明二等奖，冶金特种大功率电源系统关键技术与装备及其应用。

（2）2010年度国家科技进步二等奖，大型企业综合电气节能关键技术及应用。

（3）2006年度国家科技进步二等奖，电能质量先进控制方法及工程应用。

（4）2014年度中国专利金奖，两相逆变电源系统及其综合控制方法。

（5）2013节能中国十大应用技术，冶金用大功率特种电源拓扑与先进控制技术。

（6）2012年度湖南省技术发明一等奖，电力电子混合和混杂系统先进控制方法及应用。

（7）2009年度中国专利奖优秀奖，注入式混合型有源电力滤波器的复合控制方法。

（8）2009年度中国发明协会第五届“发明创业奖”特等奖。

（9）2007年度湖南省科技进步一等奖，输配电关键技术与装备及其工程应用。

（10）2007年度机械工业科学技术一等奖，电网新型节能技术与系列装备及其工程应用。

（11）2005年度机械工业协会科技进步一等奖，输配电谐波治理和无功补偿新技术新装备研制及工程应用。

近年来，本研究团队在大功率冶金特种电源系统、大功率电力电子器件、先进电能质量控制、新能源发电和微电网控制等领域发表IEEE、IET等国内外学术论文300余篇，其中SCI收录50余篇，获美国发明专利12项，中国发明专利80余项，实用新型专利30余项。

所获荣誉：

团队学术带头人罗安教授是中国工程院院士，沈征教授是IEEE Fellow，2010年，团队入选教育部“长江学者和创新团队”。

（1）2015年，罗安教授，何梁何利基金奖的科学与技术进步奖。

（2）2015年，罗安教授，中达学者称号。

（3）2015年，罗安教授湖南省劳动模范。

（4）2014年，帅智康教授，全国优秀博士学位论文。

（5）2013年，罗安教授，全国优秀科技工作者。

（6）2013年，罗安教授，湖南光召科技奖。

（7）2006年，沈征教授，IEEE电力电子期刊年度最佳论文奖。

（8）2003年，沈征教授，美国国家科学基金（NSF）杰出青年科学基金奖（CAREER Award）。

（9）2003年，沈征教授，IEEE汽车电子期刊年度最佳论文奖。

华北电力大学-先进输电技术团队

地址：北京市昌平区北农路2号华北电力大学教五楼D204

邮编：102206

电话：010-61773733

传真：010-61773844

团队人数：8

团队带头人：崔翔

主要成员：崔翔，李琳，卢铁兵，张卫东，赵志斌，齐磊，焦重庆，卞星明

研究方向：先进输电技术，大功率电力电子器件，电力系统电磁兼容

团队简介：

研究团队隶属新能源电力系统国家重点实验室（华北电力大学），长期从事先进输电技术研究。主要研究领域包括电磁场理论及其应用，电磁环境与电磁兼容，特高压交直流输电技术与装备，高电压大容量电力电子装备，高电压大功率电力电子器件等。

在研项目：

1. 主持“973”项目课题

交直流特高压线路无线电干扰和可听噪声产生机理及本征特性（2011CB209402）。

2. 参与“863”项目

（1）电网潮流控制技术及装置研发（2012AA050401）。

（2）±1100kV直流换流阀样机研制（2012AA052701）。

（3）柔性直流供电关键技术研究（2013AA050105）。

3. 主持国家自然基金重点项目

复杂环境下特高压直流输电线路的离子流和合成电场特性的研究（51037001）。

4. 主持国家自然基金面上和青年项目

（1）特高压可控并联电抗器基础理论与关键技术研究（51277064）。

（2）交直流并行导线电晕引起的无线电干扰的产生机理及分析模型研究（51177041）。

（3）高压大电流IGBT模块内部多物理场分析与拓扑优化研究（51477048）。

（4）高压柔性直流换流阀系统的动态电磁特性研究（51277065）。

（5）材料电磁屏蔽效能测试的屏蔽室法的尺寸效应、位置效应和本征特性（51307055）。

（6）污秽环境下导线表面状态的变化机理与应用研究（51377096）。

科研成果：

（1）揭示了不同分裂导线周围空间离子流瓣形分布规律以及直流输电线路存在建筑物和有人员活动的离子流场分布规律，提出了基于上流有限元法的三维离子流场的计算方法，提出了基于有限元和有体积法的混合电场时域计算方法，获得了工频电场对直流电晕放电的影响规律。研究成果应用于国家电网公司、南方电网公司特高压直流输电线路的工程设计，取得了良好的社会和经济效益。

（2）围绕特高压直流输电换流阀、柔性直流输电换流阀、高压直流断路器和DC-DC变换器研制中的关键电磁问题，开展基础理论与关键技术研究。与国网智能电网研究院长期合作，在换流阀系统的宽频建模、瞬态电气均衡、电磁场与其他物理场分析、结构优化设计等方面开展了大量研究工作，成果直接应用于我国±800kV、±1 100kV特高压直流换流阀以及±320kV柔性直流换流阀的自主研制。在高压高频电力变压器电磁与绝缘设计、损耗特性及温升分析、宽频建模及外特性分析等方面开展了大量的前期研究，为大容量高压高频电力变压器研制奠定了基础。

（3）围绕大功率压接型IGBT和焊接性SiC MOSFET封装中的并联芯片的均流控制、电、热、磁和机械应力等多物理场分析与结构优化、驱动与封装一体化的电磁兼容问题及封装中的绝缘体系开展研究，为国产化高压大功率压接型IGBT的研制奠定基础。

所获荣誉：

（1）±800kV特高压直流输电换流阀研制及应用，2014年度北京市科学技术奖一等奖。

（2）电网雷击防护关键技术与工程应用，2014年度中国电力科学技术进步奖一等奖。

（3）特高压串补关键技术研究、装置研制及工程应用，2014年度中国电力科学技术奖一等奖。

（4）±800kV特高压直流输电技术开发、装备研制及工程应用，2013年度中国电力科学技术进步奖一等奖。

（5）±800kV超大容量特高压直流输电关键技术、设

备研制和工程应用，2013年度中国电力科学技术奖一等奖。

华北电力大学-直流输电研究团队

地址：北京市昌平区北农路2号华北电力大学
邮编：102206
电话：010-61773744
网址：http://www.vsc-hvdc.com/
团队人数：4
团队带头人：赵成勇
主要成员：郭春义，许建中，张建坡
研究方向：传统直流，柔性直流，混合直流
团队简介：

全部科研项目围绕直流输电，已结题项目30余项，在研横向课题15项。

在研项目：

（1）国家863计划课题，柔性直流供电关键技术研究。

（2）国家自然科学基金，利用STATCOM提高HVDC运行可靠性机理研究。

科研成果：

发表SCI检索论文20余篇，EI检索论文200余篇。

华东师范大学-微纳机电系统课题组

地址：上海市东川路500号华东师范大学信息楼
邮编：200241
电话：021-54345160
传真：021-54345119
团队人数：15
团队带头人：王连卫
主要成员：王连卫，徐少辉，朱一平，熊大元
研究方向：锂离子电池，超级电容器，电化学传感器
团队简介：

团队目前主要从事微细加工用于新型高效微型储能装置。例如开展基于硅微通道板的三维锂离子电池研究，基于微通道道板结构，发展出宏孔导电网络，开展纳米氧化物/纳米石墨烯/宏孔大点网络为电极的大体积比容量的超级电容器研究。

在研项目：

因2016年正好处于旧项目结题，新项目申请，暂无能源类在研项目。

科研成果：

已在国外SCI杂志（如J. Mater. Chem. A等）发表论文逾20篇。

华南理工大学-电力电子系统分析与控制团队

地址：广东省广州市天河区五山路381号华南理工大学30号楼宏生科技楼
邮编：510640
电话：020-87111764
传真：020-87111764
团队人数：60
团队带头人：张波
主要成员：丘东元，陈艳峰，杜贵平，肖文勋，王学梅，谢帆，张玉秋
研究方向：电力电子分析与控制，电力电子系统与装置，电力电子技术在智能电网中的应用，无线电能传输，电机与节能系统，工业电源装置及其工程可靠性等
团队简介：

本团队成立20多年，专注于电力电子分析与控制、电力电子系统与装置、电力电子技术在智能电网中的应用、无线电能传输、电机与节能系统、工业电源装置及其工程可靠性等领域的研究，是国内外电力电子非线性分析和控制，以及无线电能传输方向的最主要的团队之一。先后主持过1项国家科技支撑计划项目、1项国家863计划项目、2项国家自然科学基金重点项目、13项国家自然科学基金与青年项目、2项广东省战略性新兴产业项目、2项广东省自然科学基金重点项目和6项广东省自然科学基金项目等省部级科研项目30余项，以及南方电网、国家电网等企业项目40多项。申请发明专利150余项，其中授权美国专利1项、授权中国发明专利40余项。在国内外刊物上发表论文390多篇，其中SCI收录60余篇，EI收录200余篇。在国际著名出版社Wiley出版英文专著2部。获国家技术发明奖二等奖1项，以及中国专利奖、教育部和广东省科技奖等省部级奖10项。

在研项目：

（1）国家自然基金重点项目，电力电子系统非线性分析与控制方法研究（2009）。

（2）国家自然基金项目：

1）数字控制的开关功率变换器的建模、稳定性分析及其应用的研究（2010）。

2）电力电子变换器非线性行为的布尔自动机描述及分析方法（2011）。

3）电-磁-热-流多物理场作用下电力电子装置机械结构的破坏机理（2011）。

4）智能电网潮流多解性对接口变换器的影响及研究（2012）。

（3）广东省战略性新兴产业专项资金LED产业项目，大功率LED智能驱动电源研制及产业化（2011）。

（4）广东省自然科学基金项目，基于忆阻器动力学特性的新型电力电子软开关技术（2011）。

科研成果：

（1）申请发明专利150余项，其中授权美国专利1项，授权中国发明专利40余项。

（2）在国内外刊物上发表论文390多篇，其中SCI收录60余篇、EI收录200余篇。

（3）在国际著名出版社Wiley出版世界专著Sneak Circuit of Power Electronics Converter与Chaos Analysis and Chaotic EMI Suppression of DC-DC Converters，以及出版国内专著2部。

（4）研制的100kA大容量高性能特种工业电源、大功率LED集中直流供电系统、高品质医疗电源、高压电网无

线取电装置、2MVar /10kV 高压动态无功补偿装置、低压动态无功补偿装置、10kV 变电站电能质量检测装置和三相大功率 UPS 等产品已投入使用或产业化。医疗电源、LED 集中直流供电和大容量高性能特种工业电源等技术通过广东省科技厅和中国机械工业联合会的科技成果鉴定，核心技术达到国际领先或国际先进水平。

所获荣誉：

获国家技术发明奖二等奖 1 项，中国专利奖优秀奖 1 项，广东专利奖优秀奖 2 项，以及教育部、广东省、中国电源学会等省部级科技二等奖以上奖励 7 项。获得“电工行业—正泰科技奖”科技创新奖、中达学者荣誉称号。

华中科技大学-半导体化电力系统研究中心

地址：湖北省武汉市珞喻路 1037 号华中科技大学电气学院
邮编：430074
电话：027-87558627
传真：027-87558627
网址：http://csps.seee.hust.edu.cn/

团队人数：50 ~ 60

团队带头人：袁小明教授

主要成员：袁小明（教授），胡家兵（教授），占萌（教授）

研究方向：大规模风力发电复杂电力系统分析与控制，柔性直流输电技术等

团队简介：

华中科技大学电气与电子工程学院袁小明教授领导建立的实验室成立于 2011 年 9 月。实验室主要的研究方向是大规模风力发电复杂电力系统分析与控制，研究内容包括：风力发电接入电力系统的独特性，风电电力系统的复杂性，风力发电控制系统的稳定性以及大规模风电的可预测性。

因电力电子变流器在负载端（储能装置）、发电端（可再生能源）及输电线路（高压直流输电）的大量应用，传统电力系统正经历大的历史变革：即需要考虑电力电子化或者说是半导体化电力系统的运行与控制。基于此，实验室从早期的可再生能源与电力系统研究中心（Center for Renewable Energy and Power System）更名为：半导体化电力系统研究中心（Center for Semiconducting Power System）。

目前，实验室专任教师从早期的 2 名发展为 4 名：袁小明教授、胡家兵教授、占萌教授和张喜成工程师。研究生也从早期的 20 名发展到现今约 50 名。在袁小明教授的带领下，课题组先后主持 973 项目（大规模风力发电并网基础科学问题研究），承担国家电网项目（风机建模及大规模风电对电力系统低频振荡影响的机理分析）、国家自然科学基金重大项目（随机——确定性耦合电力系统动态稳定控制的理论与方法）和科技支撑计划（风光储输示范工程关键技术研究）等。

21 世纪，是能源、信息、材料及生命科学的时代。课题组本着着眼能源，放眼世界，引领潮流的目标前进，欢迎各位有志青年加入，一起探索新变革。

在研项目：

（1）973 项目，大规模风力发电并网基础科学问题研究。

（2）国家自然科学基金重大项目，随机-确定性耦合电力系统动态稳定控制的理论及方法。

（3）青年 973 项目，柔性直流输电换流器安全运行裕度的基础研究。

（4）国家电网项目，风机建模及大规模风电对电力系统低频振荡影响的机理分析。

（5）科技支撑计划，风光储输示范工程关键技术研究。

等等

科研成果：

近年国际会议论文：

（1）Impact of the Voltage Feed-Forward and Current Decoupling on VSC Current Control Stability in Weak Grid Based on Complex Variables，Energy Conversion Congress and Exposition（ECCE），2015 IEEE。

（2）DFIG-based Wind Turbines With Virtual Synchronous Control：Inertia Support in Weak Grid，Power & Energy Society General Meeting，2015 IEEE。

（3）Amplitude-Phase-Locked Loop Estimator of Three-Phase Grid Voltage Vector，Power & Energy Society General Meeting，2015 IEEE。

（4）Wind Power Transmission through LCC-HVDC with Wind Turbine Inertial and Primary Frequency Supports，Power & Energy Society General Meeting，2015 IEEE。

（5）Inertial Control Methods of Variable-Speed Wind Turbine：Comparative Studies，Power & Energy Society General Meeting，2015 IEEE。

（6）Stability of DC-Link Voltage Affected by Phase-Locked Loop for DFIG-Based Wind Turbine Connected to a Weak AC System，Electrical Machines and Systems（ICEMS），2014 17th International Conference on。

（7）A Novel Inertial Control Strategy for Full-Capacity Wind Turbine with PLL by Optimizing Internal Potential Response，Electrical Machines and Systems（ICEMS），2014 17th International Conference on。

（8）Dynamic Compensating Strategy and En-stabilizing Compensator to Enhance the Stability of Wind Farms Integrated into Weak Grid，Electrical Machines and Systems（ICEMS），2014 17th International Conference on。

（9）Synchronizing Stability of DFIG-based Wind Turbines Attached to Weak AC Grid，Electrical Machines and Systems（ICEMS），2014 17th International Conference on。

（10）Stability of DC-link Voltage as Affected by Phase Locked Loop in VSC When Attached to Weak Grid，PES General Meeting | Conference & Exposition，2014 IEEE。

（11）Providing Inertial Support from Wind Turbines by Adjusting Phase-Locked Loop Response，PES General Meeting | Conference & Exposition，2014 IEEE。

（12）Effect of Reactive Power Control on Stability of DC-Link Voltage Control in VSC Connected to Weak Grid，PES

General Meeting | Conference & Exposition，2014 IEEE。

近年国际期刊论文：

（1）DC-Bus Voltage Control Stability Affected by AC-Bus Voltage Control in VSCs Connected to Weak AC Grids，IEEE Journal of Emerging and Selected Topics in Power Electronics（Volume：PP，Issue：99）。

（2）Voltage Dynamics of Current Control Time Scale in a VSC-Connected Weak Grid，IEEE Transactions on Power Systems（Volume：PP，Issue：99）。

（3）On Inertial Dynamics of Virtual-Synchronous-Controlled DFIG-based Wind Turbines。

（4）Modeling of grid-connected DFIG-based wind turbines for DC-link voltage stability analysis。

（5）Modeling of VSC Connected to Weak Grid for Stability Analysis of DC-Link Voltage Control。

（6）Virtual Synchronous Control for Grid-Connected DFIG-Based Wind Turbines. Emerging and Selected Topics in Power Electronics。

近年国内期刊论文：

（1）大规模风电并网基本问题框架［J］．电力科学技术学报，2012，27（01）：16～18。

（2）储能技术在解决大规模风电并网问题中的应用前景分析［J］．电力系统自动化，2013，37（1）：14～18。

所获荣誉：

近年发明专利：

（1）一种用于风力发电系统的直流电压控制单元及方法。

（2）一种由直流电压生成变换器内频的同步控制方法及系统。

（3）一种基于自频率同步的电压矢量稳定器及控制方法。

（4）基于功率平衡的双馈感应发电机内频率同步方法及装置。

（5）一种基于交叉耦合的多频带锁相方法及系统。

（6）基于锁相环的电压矢量稳定器及其控制方法。

华中科技大学-电气学院高电压工程系高电压与脉冲功率技术研究团队

地址：湖北省武汉市珞喻路1037号华中科技大学电气学院高压楼

邮编：430074

电话：027-87544242

传真：027-87559349

网址：http：//www. husthv. com/

团队人数：30

团队带头人：林福昌

主要成员：戴玲，李化，李黎，张钦，刘毅，王燕，黄汉深

研究方向：脉冲功率器件及其可靠性评估，脉冲功率电源，电力系统过电压，绝缘在线监测，电力设备故障诊断，气体放电等

团队简介：

华中科技大学电气学院高电压工程系脉冲功率与高电压新技术研究组是一支具有高度团结拼搏精神，踏实肯干的研究团队。现有教师8人，其中教授1人，副教授3人，讲师1人，工程技术人员3人。现有博士研究生、硕士研究生30余人。研究组承担国家自然科学基金项目，国家863计划，国防预研项目，教育部新世纪优秀人才支持计划，参与了多项国家大科学工程的工作，完成了大量横向开发课题。

课题组主要研究方向为：脉冲功率技术、高电压与绝缘技术，高电压新技术。

在脉冲功率方向，研究内容包括脉冲功率电源集成技术，高储能密度脉冲电容器技术，高功率、大通流开关技术，高精度控制与测量技术等；在高电压与绝缘技术方面，研究内容包括：外绝缘积污特性，变压器状态评估与诊断方法，电缆绝缘状态评估与检测方法，新型直流滤波和交流高压干式电容器技术，电力系统过电压与绝缘配合等；在高电压新技术方面，积极拓展脉冲功率技术在石油勘探、高压大容量直流断路器，高集成度、高可靠性柔性直流换流阀，新型可控串联补偿快速开关方面的研究。

研究成果获教育部科学技术进步奖一等奖一项，发表SCI、EI收录论文百余篇，获得中国国家发明专利和软件著作权十余项。

在研项目：

（1）氙灯可靠性考核平台电源模块改造。

（2）雾霾闪络机理研究。

（3）真空触发开关技术方案和样机。

（4）智能开断技术研究及产品研制。

（5）电容式电压互感器冲击响应特性试验研究。

（6）过电压仿真平台。

（7）电磁发射用脉冲电源研究。

（8）液电脉冲及等离子体。

（9）纳秒脉冲气体放电。

科研成果：

（1）神光III装置。

（2）电缆绝缘状况在线诊断评估装置。

（3）重频纳秒脉冲源。

（4）电力变压器绕组诊断技术。

（5）过电压仿真软件。

（6）高寿命电容器。

（7）中压真空触发开关。

所获荣誉：

（1）获2015年湖北省技术发明二等奖。

（2）获2009年教育部科技进步一等奖。

华中科技大学-康勇教授团队

地址：湖北省武汉市珞喻路1037号华中科技大学

邮编：430074

电话：13607136896

团队人数： 10

团队带头人： 康勇

主要成员： 陈坚，康勇，彭力，戴珂，张宇，裴雪军，邹旭东，林新春，陈宇，陈材

研究方向： 电力电子与电力传动

团队简介：

该团队由陈坚教授创建，自70年代开始研制船用电力电子装置，现组长为康勇教授，组员9人。多年来，已研制船用电力电子装置500余台套，为国防工业做出了巨大贡献。与10余家电源企业建立了合作关系，研制过多种电源产品，曾荣获多项省部级奖励。

在研项目：

（1）国家自然科学基金6项。

（2）台达基金重大项目1项。

（3）企业合作项目2项。

（4）各类国防军工项目20余项。

科研成果：

（1）发表SCI收录的学术论文35篇。

（2）获授权发明专利20余项。

所获荣誉：

（1）国防科学技术三等奖1项。

（2）广东省科学技术二等奖2项。

（3）中国机械工业科学技术二等奖2项。

（4）中国电源学会科学技术奖1项。

（5）日内瓦国际发明博览会银奖1项。

（6）中国产学研合作创新个人奖1项。

（7）康勇教授获“中达学者”称号。

华中科技大学-先进电机技术研究中心

地址： 湖北省武汉市洪山区珞喻路1037号华中科技大学

邮编： 430074

电话： 027-87556914

团队人数： 50

团队带头人： 曲荣海

主要成员： 曲荣海（教授），蒋栋（教授），李健（研究员），李大伟（讲师）

研究方向： 新型电机设计、驱动控制以及电力电子

团队简介：

创新电机技术研究中心（以下简称“中心”）依托华中科技大学电气与电子工程学院、强电磁工程与新技术国家重点实验室和新型电机技术国家地方共建联合工程研究中心，成立于2011年9月。中心由两位中国工程院院士和两位美国工程院院士作为顾问，国家“千人计划”特聘专家担任主任，研究团队由一批充满活力，拥有海内外科研背景的中青年专家、博士后、博士硕士研究生组成。团队成立至今发展迅速，目前已有50多名研究人员，其中国家“千人计划”特聘专家1名，青年“千人计划”专家1名，湖北省“百人计划”专家2名，博士后3名。

在研项目：

（1）“千人计划”专项基金（3项）。

（2）国家科技支撑计划（1项）。

（3）科技重大专项（2项）。

（4）863计划（1项）。

（5）国家强基工程项目（1项）。

（6）国家自然科学基金（5项，包括“重点项目”“国际合作与交流项目”各1项）。

（7）教育部“创新团队”（1项）。

（8）湖北省科技支撑计划（1项）等。

科研成果：

（1）中心成立以来在电机相关领域发表SCI/EI论文130余篇，申请发明/实用新型专利30余项。

（2）中心成员积极参与国际学术交流活动，近三年来参加国际权威学术会议40余人次，组织或参与组织国际会议10余人次，并邀请国内外著名专家来访20余人次。中心的相关研究成果不断应用于风力发电、电动汽车、高档数控机床、高铁牵引、石油和天然气等行业，正逐渐为企业创造良好的经济效益。

吉林大学-地学仪器特种电源研究团队

地址： 吉林省长春市西民主大街938号

邮编： 130026

电话： 0431-88502473

传真： 0431-88502382

网址： http：//ciee. jlu. edu. cn/

团队人数： 4

团队带头人： 于生宝

主要成员： 李刚，周逢道，王世隆

研究方向： 地球物理仪器中的电源技术

团队简介：

吉林大学仪器科学与电气工程学院地学仪器特种电源研究团队。承担国家科技支撑计划重点项目课题、国家高技术研究发展计划（863计划）重大项目课题和国土资源部公益性行业科研专项课题等国家、省部级项目，研究经费1000多万元。在地学仪器研究方向取得多项有创新的研究成果。曾获得国家科技发明奖2项、教育部科技发明一等奖1项，教育部科技进步二等奖2项，吉林省科技进步一等奖1项，二等奖1项。在国内外发表学术论文40多篇，授权国家发明专利5项。

在研项目：

（1）国家“863项目”课题，直升机吊舱时间域航空电磁勘查发射接收系统。

（2）吉林省科技攻关项目，时间域半航空电磁探测系统研究。

（3）国家“863项目”课题，海洋可控源电磁勘察甲板监控系统硬件研制。

（4）国家自然科学基金项目，基于矩阵变换器的电磁发射系统关键技术研究。

科研成果：

（1）研制我国第一台电磁驱动可控震源。

（2）研制了地面瞬变电磁探测系统，国内40多家单位

采用。

（3）研制了国内第一套吊舱式直升机时间域航空电磁探测系统。

（4）研制了国内第一套大功率地空电磁探测系统。

所获荣誉：

（1）2014 年，“地、空协同时频电磁探地系统关键技术及应用”国家科技发明二等奖。

（2）2010 年，“地下水核磁共振探测与波场联合成像关键技术”获国家科技发明奖。

（3）2013 年，“地、空协同电磁探测关键技术及应用”获教育部科技发明一等奖。

（4）2007 年，浅层全程瞬变电磁探测仪器及应用，教育部科学技术进步二等奖。

江南大学-新能源技术与智能装备研究所

地址：江苏省无锡市滨湖区江南大学物联网学院

邮编：214122

电话：15961809365

团队人数：22

团队带头人：颜文旭

主要成员：颜文旭，惠晶，方益民，吴雷，樊启高，许德智，卢闻洲，沈锦飞，肖有文，硕士研究生

研究方向：智能电网技术，电能质量控制，新能源技术（风，光伏，燃料电池），特种电机控制，电力电子技术

团队简介：

江南大学新能源技术与智能装备研究团队在负责人颜文旭教授的带领下。负责科研项目约 25 项，包括多个国家自然科学基金项目、省部级资助项目等；团队培养毕业研究生约 50 名，目前在读硕士生 20 余名。

在研项目：

目前，在研项目 10 余项，其中国家级和部级课题 6 项，横向课题 10 余项，年均经费 200 万元以上。

（1）电磁共振式无线电能传输充电装置开发。

（2）基于机器视觉的复合涂层织造产品智能检测与包装集成系统研发。

（3）基于统一内模原理控制器的并网变流系统谐波控制技术研究。

（4）网络控制系统基于量化反馈方法的优化与稳定性研究。

（5）主/被动轮臂混合机构救援机器人主动地形自适应控制基础研究。

（6）大宗粮食（食品）射频杀虫（菌）关键技术与装备研究。

科研成果：

团队近三年发表学术 70 余篇，其中 SCI 检索近 20 篇，EI 检索 40 余篇。申请授权专利近 20 项，已授权 10 项。

（1）30kW 无线电能传输技术。

（2）80kW 无线电能传输技术。

（3）电网谐波分析与功率因数校正控制及电力系统无功功率动态软开关补偿技术。

（4）400kW/50kHz 高频感应加热电源。

（5）10kV 高压电机智能化软启动器。

（6）钢丝无铅等温热处理生产线自动控制系统。

（7）10kV 高压固态软起动器。

（8）大功率高压脉冲电场发生器技术。

（9）大宗食品杀菌杀虫射频连续处理装备。

（10）三电平变换器三相 PWM 整流器控制 200kV · A 直驱式永磁电机驱动控制系统。

（11）电动公交车 120kW 永磁无刷直流电机驱动系统。

（12）永磁同步电机无位置传感器静止定位、重载启动及低速重载控制技术。

所获荣誉：

（1）团队近三年获得市厅级以上奖项 7 项。

（2）高效能驱动系统共性关键技术及其应用，教育部科技进步奖一等奖。

辽宁工程技术大学-电力电子技术及其磁集成技术研究团队

地址：辽宁省葫芦岛市兴城市辽宁工程技术大学电控学院

邮编：125100

电话：13314091005

团队人数：40

团队带头人：杨玉岗

主要成员：杨玉岗，李洪珠，荣德生，郭瑞，闫孝姮，刘春喜，王继强，韩占岭，马玉芳，罗林

研究方向：电力电子变换器及其磁集成技术，双向 DC/DC 变换器，无线电能传输，矿用隔爆兼本质安全型交流电机软起动器，矿用挖掘机变频改造技术，电磁调速电动机，开关磁阻电机和高速电机

团队简介：

辽宁工程技术大学电力电子技术及其磁集成技术研究团队有教授 2 人，副教授 3 人，讲师 4 人，助教 1 人，在读研究生 30 余人，其中具有博士学位人员 5 人，具有硕士学位人员 5 人。本团队主要从事电力电子与电力传动领域的研究工作，包括电力电子变换器及其磁集成技术、双向 DC/DC 变换器、无线电能传输技术、矿用隔爆兼本质安全型交流电机软起动器、矿用挖掘机变频改造技术、电磁调速电动机、开关磁阻电机和高速电机等研究方向。本团队已承担国家自然科学基金项目 4 项，承担省部级科研项目和企业委托项目 10 余项，出版著作 2 部，发表论文 100 余篇，获得国家专利 10 余项，获得省市级科技奖励 10 余项，部分研究成果在相关企业得到推广和应用，取得良好的经济和社会效益。本团队已培养硕士研究生 100 余人，其中考取国家 985 高校博士 4 人，获得国家奖学金 10 人，获得辽宁省优秀硕士学位论文 2 人，获得校级优秀硕士学位论文 10 余人，获得辽宁省优秀毕业生 6 人，获得校级优秀毕业生 10 余人。毕业研究生大多就职于京、津、沪、深、杭州、沈阳、大连、青岛和合肥等地高校及知名企业，从事

电气工程领域的技术工作。

在研项目：

（1）新能源发电系统用交错并联磁集成双向LLC谐振变换器的研究，国家自然科学基金项目。

（2）双向DC/DC变换器的交错并联磁集成理论与控制方法，国家自然科学基金项目。

（3）交错并联磁集成双向LLC谐振变换器的研究，辽宁省教育厅重点实验室基础研究项目。

科研成果：

承担国家和省部级科研项目10余项，出版著作2部。在国际IEEE期刊、国际IEEE会议和国内核心期刊《中国电机工程学报》《电工技术学报》等刊物上发表论文100余篇，其中SCI和EI收录论文50余篇。获得授权发明专利2项，获得实用新型专利10余项，申请发明专利10项。获得辽宁省科学技术奖和辽宁省自然科学学术成果奖等奖励10余项。

所获荣誉：

团队成员获得辽宁省百千万人才2人，获得辽宁省优秀硕士学位论文2人，获得校级优秀硕士学位论文10余人，获得辽宁省优秀毕业生6人，获得校级优秀毕业生10余人，获得国家奖学金10人。

南昌大学-信息工程学院能源互联网研究团队

地址：江西省南昌市学府大道999号南昌大学自动化系

邮编：330031

电话：13870809767

传真：0791-83969681

网址：http://ies.ncu.edu.cn/

团队人数：6

团队带头人：余运俊

主要成员：余运俊（副教授），万晓凤（教授），王淳（教授），杨胡萍（教授），聂晓华（副教授），夏永洪（副教授），博士生，硕士生

研究方向：光伏发电智能控制，能源路由器，低碳电力，电力电子装置及其数字控制，包括：电能质量控制设备，如APF、UPQC、SVC和dSTATCOM，新能源与分布式发电并网、组网及储能技术，PEBB（系统集成）技术应用及高可靠性、模块化技术，新型电机及控制系统。

团队简介：

南昌大学能源互联网研究团队。团队成员包括3名教授，3名副教授，博士研究生和硕士研究生40多名。目前，团队在研科研项目约20项，包括多个重大项目、国家自然科学基金项目和国际科技合作项目等。团队已培养毕业研究生50多名

在研项目：

（1）科技部国际科技合作项目1项。

（2）国家自然科学基金5项。

（3）江西省自然科学基金5项。

（4）企业合作项目6项。

科研成果：

近年发表学术论文100余篇，申请专利20项，包括：

（1）新能源汽车电源控制系统。

（2）配电网故障诊断系统。

（3）配电网智能优化控制系统。

（4）光伏发电最大功率跟踪控制。

（5）双向DC-DC电路及其控制。

（6）新型小型水利发电机及其群组控制。

所获荣誉：

省部级科技进步奖4项，包括江西省科技进步二等奖3项，中国有色金属工业科技进步二等奖1项。

南京航空航天大学-高频新能源团队

地址：江苏省南京市江宁区将军大道29号南京航空航天大学

邮编：211110

团队人数：14

团队带头人：张之梁

主要成员：任小永，邹学文，周嫄，桂涵东，王栋，顾冬杰，吴亚奇，程祥，胡栋栋，杨阳，徐智巍，许可，董舟

研究方向：高频变换器，新能源

在研项目：

（1）国家自然科学基金面上项目，项目主持，基于恢复效应的分布式微模块自重组电池储能系统与控制，2016/01-2019/12，在研。

（2）国家自然科学基金面上项目，51377077，超高频（30～300MHz）功率变换与系统集成，2014/01-2017/12，在研。

等

科研成果：

（1）Zhiliang Zhang, Y. Y. Cai, Y. Zhang and Y. F. Liu. A distributed architecture based on micro-bank modules with self-reconfiguration control to improve the energy efficiency in the battery energy storage system, IEEE Trans. Power Electron., accepted。

（2）Zhiliang Zhang, J. Y Lin, Y. Zhou and X. Ren. Analysis and decoupling design of a 30 MHz resonant SEPIC converter, IEEE Trans. Power Electron., accepted。

（3）Zhiliang Zhang, F. F. Li and Y. F. Liu. A high-frequency dual-channel isolated resonant gate driver with low gate drive loss for ZVS full-bridge converters, IEEE Trans. Power Electron., Vol. 29, No. 6, June 2014, pp. 3077-3090。

等

南京航空航天大学-国家国防科工局“航空电源技术”国防科技创新团队、“新能源发电与电能变换”江苏省高校优秀科技创新团队

地址：江苏省南京市江宁区将军大道29号南京航空航天大学自动化学院

邮编： 211106
电话： 13611590061
传真： 025-84892368
团队人数： 25
团队带头人： 周波
主要成员： 邢岩，谢少军，龚春英，王慧贞，黄文新，刘闯，王莉，张卓然，张方华，肖岚等
研究方向： 航空电源系统，新能源发电与电能变换技术，电机及其控制技术
团队简介：

本团队现有人员25人，其中具有工学博士学位25人，教授（含研究员）12人，副教授12人，讲师1人。团队重点研究航空电源系统，新能源发电与电能变换技术，电机及其控制技术，近年来主持国家、省部级科研项目及横向科研课题数十项，获国家技术发明二等奖、日内瓦国际发明展金奖及国防技术发明一等奖各1项，省部级二等奖、三等奖多项；每年获授权发明专利20多件，每年100多篇论文被国际三大检索收录。团队成员共有15人次进入国家、省部级人才计划，其中包括：国家“万人计划”青年拔尖人才1人，教育部新世纪优秀人才支持计划1人，“511”国防科技人才计划1人，江苏省“333”工程培养对象第二层次1人、第三层次5人，江苏省“六大人才高峰”高层次人才3人，江苏省青蓝工程（学术带头人）3人；12人次获得国家、省部级荣誉称号，其中包括：全国模范教师、享受国家政府特殊津贴专家、全国优秀科技工作者、国防科技工业百名优秀博士/硕士、江苏省优秀（先进）科技工作者、江苏省有突出贡献中青年专家和江苏省十大杰出专利发明人等。研究团队继2008年被评为国家国防科工局“航空电源技术”国防科技创新团队后，2011年又被评为江苏省高校优秀科技创新团队。

在研项目：

主持国家自然科学基金15项，江苏省杰出青年基金、江苏省自然科学基金、高等学校博士学科点专项科研基金、江苏省科技成果转化专项资金项目、江苏省科技支撑计划（工业部分）、江苏省产学研前瞻性联合研究项目、总装备部探索研究子项目、霍英东教育基金会基础性研究课题和大型客机电源系统科技攻关项目等十多项，主持横向课题数十项。

科研成果：

（1）2009年，双凸极电机及其起动发电系统，国家技术发明二等奖。

（2）2008年，电励磁双凸极发电机与起动发电系统，国防技术发明一等奖。

（3）2011年，A Novel Doubly Salient Brushless DC Machine and its Control Technology，第39届日内瓦国际发明展金奖。

（4）2001年，3kV · A高频软开关单相/三相静止变流器研制，国防科学技术二等奖。

（5）2006年，航空静止变流器的研制，国防科学技术进步奖二等奖。

（6）2008年，高速开关磁阻电机的关键技术，国防科技进步二等奖。

（7）2008年，基于燃料电池输入的独立/并网双模式运行静止变流器技术研究，国防科学技术二等奖。

（8）2011年，航空静止变流技术，国防技术发明奖二等奖。

（9）2012年，航空电源变换技术，教育部技术发明二等奖。

（10）2014年，飞机应急发电系统切向磁钢永磁同步电机，国防技术发明二等奖。

（11）2000年，1kV · A高频软开关三相变流器研制，国防科学技术三等奖，江苏省科技进步三等奖。

（12）2004年，28V/1kV · A/36V/400Hz航空静止变流器的研制，国防科学技术进步奖三等奖。

（13）2007年，3kV · A高压直流输入三相静止变流器及其冗余并联技术研究，国防科学技术三等奖。

所获荣誉：

（1）全国模范教师，周波。

（2）享受国家政府特殊津贴，周波。

（3）全国优秀科技工作者，周波。

（4）江苏省十大杰出专利发明人，王慧贞。

（5）江苏省有突出贡献中青年专家，周波。

（6）江苏省优秀科技工作者，周波。

（7）江苏省先进科技工作者，谢少军。

（8）江苏省优秀教育工作者，周波。

（9）国防科技工业百名优秀博士/硕士，周波。

（10）江苏省优秀青年骨干教师，邢岩，肖岚，谢少军。

（11）南京青年科技之星，刘闯。

（12）中国航空学会青年科技奖，张卓然。

南京航空航天大学-航空电力系统及电能变换团队

地址： 江苏省南京市江宁区胜太西路169号
邮编： 211106
团队人数： 10
团队带头人： 杨善水
主要成员： 杨善水，戴泽华，王丹阳，吴静波，刘力，唐彬鑫
研究方向： 飞机供配电系统，电能管理等
团队简介：

本团队属于南京航空航天大学自动化学院电气工程系，主要研究方向为航空供配电系统及飞机电能管理领域，导师理论水平扎实、工程经验丰富，团队成员对科研工作充满热情，勤奋好学，团队意识突出。本团队与中国商飞、中航工业115所、609所和105所等合作紧密，完成了多个研究任务，在航空供配电研究方面经验丰富。

在研项目：

配电系统半物理实验平台。

科研成果：

（1）混合电网数字仿真软件平台：针对大型客机的电网结构及供配电系统，搭建了混合电网数字仿真软件平台，

作为电源系统设计的工具，实现对关键技术演示验证和系统性能的初步分析，进一步明确电源系统技术要求，提高对供应商技术产品的集成和验证能力。

（2）自动配电物理验证平与集成技术研究：通过自动配电物理验证平台建设与集成技术研究，实现混合电源系统数字仿真性能的验证和优化，完成自动配电系统、配电网电弧故障监测和电网保护功能的演示验证。完成对电源系统初步概念方案进行评估，完成某型客机电源系统概念方案。通过高功率密度自动配电技术半物理实验平台，进一步明确电源系统技术要求。

南京航空航天大学-模块电源实验组

地址：江苏省南京市江宁区将军大道29号南京航空航天大学

邮编：211100

电话：025-84896662

传真：025-84896662

网址：http：//ruanxb. nuaa. edu. cn/

团队人数：7

团队带头人：阮新波

主要成员：陈乾宏，金科，张之梁，刘福鑫，方天治，任小永

研究方向：电力电子系统集成，包络线电源跟踪，超高频电力电子变换技术，无频闪无电解电容LED驱动电源，并网型逆变器，开关电源传导电磁干扰的建模与抑制

团队简介：

本团队现有教师7名，其中教育部长江学者特聘教授1人，国家杰出青年基金获得者1人，江苏省“333高层次人才培养工程”中青年科学技术带头人1人，江苏省“青蓝工程”中青年学术带头人1人，教授4人，副教授3人。近年来，主持国家科技重大专项项目及课题、国家杰出青年基金、国家自然科学重点基金、“863”高技术课题和国家自然科学基金等科技项目10余项，并承担多项部省级科技项目。在阮新波教授的带领下，本团队已建设成为研究特色鲜明，研究方向明确，研究成果突出，教学水平优良，科研条件良好，管理制度健全的优秀科研团体。

在研项目：

（1）电力电子变换技术，国家杰出青年科学基金，2016年1月～2020年12月。

（2）现代移动通信系统中高效率高跟踪带宽包络线跟踪电源研究，国家自然科学基金面上项目，2016～2019年。

（3）基于恢复效应的分布式微模块自重组电池储能系统与控制，国家自然科学基金面上项目，2016～2019年。

（4）输入串联型逆变器组合系统的关键技术研究，国家自然科学基金面上项目，2015～2018年12月。

（5）激光远程能量传输系统关键技术研究，国家自然科学基金面上项目，2014～2017年。

（6）基于GaN功率晶体管的高功率密度分布式电源系统的研究，国家自然科学基金面上项目，2014～2017年。

（7）超高频（30～300MHz）功率变换与系统集成，国家自然科学基金面上项目，2014～2017年。

（8）直流变换器级联系统稳定性研究，国家自然科学基金面上项目，2013～2016年。

（9）远程激光充电系统研究（BK20130036），江苏省自然科学基金杰出青年基金，2014～2016年。

科研成果：

（1）高效率高功率密度高可靠性电力电子变换若干关键基础理论获2014年度教育部高等学校科学研究优秀成果奖（科学技术）自然科学奖一等奖。

（2）高功率密度低电压调整率多路输出模块电源，2012年12月通过国防科工局组织的鉴定，2013年度中国电源学会科技进步奖二等奖。

（3）15kW相控阵雷达电源，2001年12月通过国防科工委组织的鉴定，并获2002年国防科学技术二等奖。

（4）基于高压输入直流电源模块的电源系统，2007年12月通过国防科工委组织的鉴定，并获2008年国防科学技术进步三等奖。

（5）3kV·A高压直流输入三相静止变流器及其冗余并联运行，2006年12月通过国防科工委组织的鉴定，并获2007年国防科学技术进步三等奖。

（6）20A/48V软开关高频开关通信电源，1997年12月通过中国航空工业总公司组织的部级鉴定，并获得1998年度中国航空工业总公司（部级）科学技术进步奖三等奖。

（7）28.5V/100A高频软开关电子变压整流器，1999年12月通过中国航空工业总公司组织的部级鉴定，并获2000年江苏省国防科技进步奖一等奖。

所获荣誉：

（1）2015年当选IEEE Fellow。

（2）2015年被评为国家杰出青年科学基金获得者。

（3）2014年被评为国家科技部“创新人才推进计划”中青年科技创新领军人才。

（4）2012年被评为享受国务院特殊津贴专家。

（5）2007年被评为教育部长江学者特聘教授。

（6）2004年度入选教育部新世纪优秀人才支持计划。

（7）2011年被评为江苏省“333高层次人才培养工程”第二层次培养对象人选。

（8）2007年被评为江苏省“333高层次人才培养工程”首批中青年科学技术带头人。

（9）2002年被评为江苏省“333新世纪科学技术带头人培养工程”第三层次培养对象。

（10）2002年被评为江苏省高校“青蓝工程”第二期计划中青年学术带头人培养人选。

（11）2003年被评为“中达学者”。

（12）2014年入选Elesevier中国高被引作者榜单。

（13）2012年被IEEE Transactions on Industrial Electronics授予杰出贡献奖。

（14）2011年被授予江苏省第三期“333工程”突出贡献奖。

（15）2007年荣获第九届中国航空学会青年科技奖。

（16）2007年被评为江苏省新长征突击手标兵。

（17）2006年被评为江苏省十大优秀专利发明人。

（18）2001年江苏省人民政府授予“九五”产学研先进个人。

南京理工大学-自动化学院先进电源与储能技术研究所

地址：江苏省南京市孝陵卫街200号南京理工大学自动化学院

邮编：210094

电话：025-84315468-7083

团队人数：10

团队带头人：李磊

主要成员：李磊，李强，胡文斌，江宁强，戚志东，姚凯，颜建虎，杨飞，季振东，姚佳

研究方向：

（1）现代电力系统分析、运行与控制研究。本研究方向主要研究集中在含柔性交流输电系统、新能源并网的电力系统稳定性分析的理论和方法，稳定控制的理论及其实现。

（2）新型永磁电机设计及其系统控制研究。本研究方向针对目前现有的永磁风力发电机存在的问题以及特定的使用环境，从发电机的拓扑结构出发，研究不同结构与永磁材料对电机性能的影响，拓展永磁风力发电机的应用范围；结合电机的结构特点，对电机控制方法与控制策略展开研究。

（3）电力电子变换器理论及应用研究。本研究方向主要包括单相/三相功率因数校正变换器、DC-DC变换器（模块电源、小信号建模）、新能源并网逆变器、电动汽车充电桩技术、电力电子变压器、多电平变换器、矩阵变换器、电磁干扰和电磁兼容等方面的研究。

（4）轨道交通电气自动化技术应用研究。本研究方向主要集中在轨道交通电气牵引全过程建模、仿真与优化、轨道交通节能、轨道交通运营优化及装备等方面，已产生了很好的经济和社会效益。

团队简介：

本团队近5年来完成和参与了20余项纵向科研项目和数十项横向科研项目，科学研究水平不断提高，多项研究成果达到国际先进、国内领先水平。在IEEE Transactions on Industrial Electronics、IEEE Transactions on Power Electronics、Renewable Energy、IEEE Transactions on Power System、IEEE APEC、ECCE、IECON、《中国电机工程学报》《电工技术学报》等国内外重要期刊、会议上发表高质量的学术论文100余篇。出版了《多电平交-交直接变换技术及其应用》学术专著。已申请中国发明专利和实用新型专利数十项。团队成员获得江苏省科技进步一等奖和国防科技进步二等奖等多项奖励。多名教师担任国家自然科学基金、江苏省自然科学基金等项目的评审专家和IEEE Transactions on Industrial Electronics、IEEE Transactions on Power Electronics、IEEE ECCE、IEEE IECON、《中国电机工程学报》《电工技术学报》等国内外专业顶级期刊和会议的特邀审稿专家。

本团队与国内外相关高校、学术组织和知名公司均建立了广泛的联系。2009年，与德国柏林工业大学、德国轨道技术研究院联合成立了“中德轨道交通研究院”，致力于轨道交通电气自动化方向的科学研究。本团队与南瑞集团、国网电科院、国电南瑞科技、南车集团、南京地铁、华为、中兴、台达、艾默生和通用电气等知名公司保持着良好的交流与合作关系。

在研项目：

（1）江宁强，国家自然科学基金项目，含换流器电力系统双时标直接法暂态稳定分析，2016-2019，54万。

（2）戚志东，国家自然科学基金项目，负载扰动下燃料电池动态特性的分数阶建模与控制研究，2014-2017，78万。

（3）李磊，国家自然科学基金项目，高频环节多电平交流直接变换器原理研究，2011-2015，56万。

（4）颜建虎，国家自然科学基金项目，正弦磁链型高功率密度横向磁通永磁风力发电机研究，2015-2018，27万。

（5）姚凯，国家自然科学基金项目，单相Boost PFC变换器中电解电容的参数在线监测及寿命延长机理研究，2014-2016，25万。

科研成果：

SCI期刊论文：

（1）Lei Li，Qinglong Zhong. Novel zeta mode three-level ac direct converter［J］. IEEE Transactions on Industrial Electronics，2012，59（2）：897 ~ 903. Lei Li，Dongcai Tang. Cascade three-level ac-ac direct converter［J］. IEEE Transactions on Industrial Electronics，2012，59（1）：27 ~ 34。

（2）Kai Yao，Xinbo Ruan，Xiaojing Mao，Zhihong Ye. Variable-duty-cycle control to achieve high input power factor for DCM Boost PFC converter［J］. IEEE Transactions on Industrial Electronics，2011，58（5）：1856-1865。

（3）Kai Yao，Qingsai Meng，Yuming Bo，Wenbin Hu. Three-phase single-switch DCM boost PFC converter with optimum utilization control of switching cycles［J］. IEEE Transactions on Industrial Electronics，early access。

（4）Kai Yao，Wenbin Hu，Qiang Li，Jianguo Lyu. A novel control scheme of DCM Boost PFC Converter［J］. IEEE Transactions on Power Electronics，2015，30（10）：5605-5615。

（5）Kai Yao，Weijie Tang，Wenbin Hu，Jianguo Lyu. A current-sensor-less online ESR and C identification method for output capacitor of buck converter［J］. IEEE Transactions on Power Electronics，2015，30（12）：6993-7005。

（6）Kai Yao，Weijie Tang，Xiaopeng Bi，Jianguo Lyu. An online monitoring scheme of DC-Link capacitor’s ESR and C for boost PFC converter［J］. IEEE Transactions on Power Electronics，accepted。

（7）Kai Yao，Xincheng Hu，Qiang Li，Minghui Yin. A novel control to achieve optimal reduction of the E-Cap’s ripple current for discontinuous conduction mode boost PFC converter [J]. IEEE Transactions on Power Electronics, early access, DOI: 10.1109/TPEL.2015.2475358。

(8) Jia Yao, Alexander Abramovitz, Keyue Ma Smedley. Analysis and design of charge pump assisted high step-up tapped inductor SEPIC converter with an "inductor-less" regenerative snubber [J]. IEEE Transactions on Power Electronics, 2015, 30 (10): 5565-5580。

(9) Jia Yao, Alexander Abramovitz, Keyue Ma Smedley. Steep gain bi-directional converter with a regenerative snubber [J]. IEEE Transactions on Power Electronics, 2015, 30 (12): 6845-6856。

(10) Fei Yang, Xinbo Ruan, Qing Ji and Zhihong Ye, Input Differential-Mode EMI of CRM Boost PFC Converter [J]. IEEE Transactions Power Electronics, 28 (3), pp: 1177 - 1188, 2013。

(11) Kai Yao, Xinbo Ruan, Xiaojing Mao, Zhihong Ye. Reducing storage capacitor of a DCM Boost PFC converter [J]. IEEE Transactions on Power Electronics, 2012, 27 (1): 151-160。

(12) Lei Li, Jundong Yang, Qinglong Zhong. Novel family of single-stage three-level AC choppers [J]. IEEE Transactions on Power Electronics, 2011, 26 (2): 504-511。

(13) Fei Yang, Xinbo Ruan, Yang Yang and Zhihong Ye. Interleaved Critical Current Mode Boost PFC Converter with Coupled Inductor [J]. IEEE Transactions Power Electronics, 2011, 26 (9): 2404-2413。

(14) Jianhu Yan, Heyun Lin, Yi Feng, and Z. Q. Zhu. Control of a grid-connected direct-drive wind energy conversion system [J]. Renewable Energy, 2014, 66: 371-380。

(15) Ningqiang Jiang, Hsiao-Dong Chiang. Damping torques of multi-machine power systems during transient behaviors [J]. IEEE Transactions on Power Systems, 2014, 29 (3): 1186-1193。

(16) Ningqiang Jiang, Hsiao-Dong Chiang. Energy function for power system with detailed DC model-construction and analysis [J]. IEEE Transactions on Power Systems, 2013, 28 (4): 3756-3764。

(17) Ningqiang Jiang, Hsiao-Dong Chiang. Numerical investigation on the damping property of power system in transient behavior [J]. IEEE Transactions on Power Systems, 2013, 28 (3): 2986-2993。

(18) Jun Qian, Fei Yang, Jun Wang, Lauwers Bert, and Dominiek Reynaerts. Material removal mechanism in low-energy micro-EDM process [J]. CIRP Annals-Manufacturing Technology, 2015, 64 (1): 225-228。

(19) Jia Yao, Alexander Abramovitz, Yu Wang, Hongjie Weng, Jianfeng Zhao. Safe-triggering-region control scheme for suppressing cross current in static transfer switch [J]. Electric Power Systems Research, 2015, 125: 245-253。

(20) Jianhu Yan, Heyun Lin, Yi Feng, Xun Guo, Yunkai Huang and Z. Q. Improved sliding mode model reference adaptive system speed observer for Zhu. Fuzzy control of direct-drive permanent magnet synchronous generator wind power generation system [J]. IET Renewable Power Generation, 2013, 7 (1): 28-35。

(21) Jianhu Yan, Heyun Lin, Yi Feng, Z. Q. Zhu, Ping Jin, and Yujing Guo. Cogging torque optimization of flux-switching transverse flux permanent magnet machine [J]. IEEE Transactions on Magnetics, 2013, 49 (5): 2169-2172。

(22) Kai Yao, Xinbo Ruan, Chi Zou, Zhihong Ye. Three-phase single-switch boost power factor correction converter with high input power factor [J]. IET Power Electronics, 2012, 58 (7): 1095-1103。

(23) Zhendong Ji, Jianfeng Zhao, Yichao Sun. Fault-tolerant control of cascaded H-Bridge converters using double zero-sequence voltage injection and DC voltage optimization [J]. Journal of Power Electronics, 2014, 14 (5): 946-956。

主要授权专利:

(1) 李磊, 徐烨, 韦余娟. 基于正激变换器的高频隔离式三电平逆变器: 中国, ZL201310189221.3 [P]. 2015。

(2) 姚凯, 阮新波. 采用有源储能电容变换器的 AC/DC 变换器: 中国, ZL201310302756.7 [P]. 2015。

(3) 姚凯, 毕晓鹏, 吕建国, 付晓勇, 孟庆赛. 低输出电流峰均比的 CRM Flyback LED 驱动器: 中国, ZL201410056250.7 [P], 2015。

(4) 姚凯, 阮新波, 胡文斌, 吕建国, 李强. PF 为 1 的长寿命 DCM Boost PFC 变换器: 中国, ZL201310362018.1 [P]. 2015。

(5) 戚志东, 彭富明, 徐胜元, 单梁, 刘猛, 张旭. 质子交换膜燃料电池测控平台: 中国, ZL201310112315.0 [P]. 2014。

(6) 李磊, 胥佳梅, 项泽宇, 柳成, 赵卫. 基于推挽变换器的高频隔离式三电平逆变器: 中国, ZL201420139039.7 [P]. 2014。

(7) 李磊, 胥佳梅, 项泽宇, 柳成, 潘敏. 高频隔离型升压式三电平逆变器: 中国, ZL201420268611.X [P]. 2014。

(8) 李磊, 项泽宇, 胥佳梅, 柳成, 赵卫. 一种高频隔离式五电平逆变器: 中国, ZL201420139037.8 [P]. 2014。

(9) 李磊, 项泽宇, 赵卫, 胥佳梅, 柳成. 反激高频隔离式三电平逆变器: 中国, ZL201420318039.3 [P]. 2014。

(10) 胡文斌, 王勇博, 姚凯, 吕建国, 哈进兵, 李培伟, 吴超飞, 余良辉. 基于粒子群算法的轨道交通牵引功率平衡运行图设计方法: 中国, ZL201110419990 [P]. 2013。

(11) 胡文斌, 王勇博, 姚凯, 吕建国, 哈进兵. 一种基于遗传算法的城市轨道交通节能运行图设计方法: 中国, ZL201110311427.X [P]. 2013。

(12) 李磊, 徐正宏, 赵勤, 胡伟, 朱玲, 吴奇, 高伟，曹宏林．基于反激变换器的高频隔离式交-交型三电平交-交变换器：中国，ZL200910232474.8［P］，2013。

（13）李磊，徐正宏，朱玲，胡伟，赵勤，高伟，吴奇，曹宏林．基于Cuk变换器的高频隔离式三电平直-直变换器：中国，ZL200910035881.X［P］．2013。

（14）季振东，赵剑锋，刘巍，孙毅超，朱泽安．一种三角形连接的链式H桥直挂式逆变器相间直流侧电压平衡控制方法：中国，ZL201310355018.9［P］．2015。

（15）季振东，赵剑锋，朱泽安，刘巍，孙毅超，姚晓君．一种双零序电压注入的链式并网逆变器容错控制方法：中国，ZL201310479229.3［P］．2015。

（16）季振东，赵剑锋，刘巍，孙毅超，朱泽安．一种基于谐波分析的级联逆变器H桥单元故障检测方法：中国，ZL 201310480072.6［P］．2014。

（17）李磊，朱玲，胡伟，赵勤．基于Cuk变换器的高频隔离式三电平交-交变换器：中国，ZL200910035052.1［P］．2012。

（18）李磊，唐栋材，杨开明，仲庆龙，杨君东，韦徵．组合式三电平交-交变换器：中国，ZL200810196191.8［P］．2012。

（19）姚凯，阮新波，冒小晶．高功率因数DCM Boost PFC变换器，中国，ZL201010017289.X［P］．2012。

（20）林鹤云，颜建虎，冯奕．磁通切换型聚磁式横向磁通永磁风力发电机：中国，ZL201010100924.0［P］．2012。

（21）林鹤云，颜建虎，冯奕．磁通切换型横向磁通永磁风力发电机：中国，ZL200910026058.2［P］．2011。

（22）林鹤云，颜建虎，冯奕．磁通切换型混合励磁横向磁通永磁风力发电机：中国，ZL200910026057.2［P］．2011。

（23）赵剑锋，季振东，翟广平，蒋本洲，冯祖康，于鹏，孙毅超，王梦蔚，李修飞．一种基于容错设计的大功率电力电子变压器：中国，ZL201010603538.3［P］．2011。

（24）赵剑锋，季振东，刘巍，孙毅超．基于零序和负序电压注入的级联型并网逆变器直流侧平衡控制方法：中国，ZL 201310101371.4［P］．2013。

（25）赵剑锋，姚佳．一种具有故障环流抑制作用的固态开关切换控制方法：中国，ZL201210083841.4［P］．2012。

（26）赵剑锋，姚佳，王梦蔚．一种基于级联型变流器的多功能快速开关装置：中国，ZL 201110341235.3［P］．2012。

主要出版专著：

李磊．多电平交-交直接变换技术及其应用［M］．北京：科学出版社，2015.12

主要的软件著作权：

（1）胡文斌．Tsim电气牵引系统参数测试、封装和自动建模综合输入软件，登记号：2011SR14653。

（2）胡文斌．Tsim电气牵引系统应力与功耗散热仿真分析软件，登记号：2011SRO14650。

（3）胡文斌．Tsim轨道电气供电系统仿真分析软件，登记号：2011SR015213。

所获荣誉：

（1）李磊，2004年，高频交流环节AC-AC变换器研究，江苏省科学技术进步一等奖，排名第3，证书编号：01-018-3。

（2）李磊，2004年，高频交流环节AC/AC变换器研究，国防科学技术三等奖，排名第2，证书编号：2004GFJ3376-2。

（3）阮新波，陈武，金科，刘福鑫，顾琳琳，王蓓蓓，姚凯，陈乾宏，严仰光．高效率高功率密度高可靠性电力电子变换若干关键基础理论，教育部自然科学一等奖，2014-034，2015。

（4）阮新波，任小永，温振霖，姚凯．高功率密度低电压调整率多路输出模块电源，中国电源学会科技进步二等奖，CPS2013007-4，2013。

（5）徐龙祥，姚凯，谢振宇，周瑾，金超武，朱小春，张小雷，王军，崔东辉．片状无轴承永磁电机机理研究，国防科学技术三等奖，2006GFJ3403-2，2006。

清华大学-电机系可再生能源与微电网课题组

地址：北京市海淀区清华大学电机系西主楼3-310

邮编：100084

电话：010-62796934

传真：010-62783057

团队人数：10

团队带头人：孙凯

主要成员：黄立培，郭志强，冯伟，牟树君

研究方向：可再生能源发电系统，微电网，主动配电网中的电力电子技术

团队简介：

课题组针对新能源发电和微电网系统中的电力电子理论与技术，已开展了多年系统深入的研究工作，取得了一批重要的创新性成果，开发并掌握了大量的核心技术，研制了多种具有完全自主知识产权的新型电力电子变换器（模块化T型三电平光伏并网逆变器、低漏电流非隔离单相光伏并网逆变器、交直流混合微电网接口变换器和多电平储能变换器等）。近年来承担了包括国家自然科学基金、国家863计划、国家国际科技合作专项、电力系统国家重点实验室课题和台达电力电子科教发展计划在内的20余研究课题，并与国内外企业开展了全方位的合作，已将部分研究成果成功转化为了工业应用。

在研项目：

（1）2016.01～2019.12，国家自然科学基金面上项目，面向中压直流配电网的大容量新能源发电接入系统组成机理和运行控制研究（51577102）。

（2）2015.01～2017.12，国家高技术研究发展计划（863计划），光伏微电网双向变流器研制及关键技术研究（2015AA050606）。

科研成果：

（1）光伏发电系统电力电子技术研究。本课题组自

2008 年开始针对光伏发电系统中的电力电子变换器开展了大量的研究工作，先后承担了国家自然科学基金（51577102）、国家 863 计划（2015AA050606）、台达电力电子科教发展计划（DREG2010007）等多项课题，并与多家国内外企业开展了合作研发，取得了一系列重要成果：

1）模块化 T 型三电平光伏并网逆变器及效率优化策略（采用模块化并联结构，效率可达 98%，可靠性高，已实现产品化）。

2）混合级联光伏并网逆变器（最高效率可达 98.3%）。

3）基于直流母线信号化的模块化光伏-储能并网发电系统（无需模块间通信，高可靠性，低成本，控制与保护功能完善）。

4）基于 H6 拓扑的低漏电流单相光伏并网逆变器。上述研究工作为本申请项目中研究新型多端口变换器拓扑积累了宝贵的经验。

（2）微电网系统电力电子技术研究。本课题组自 2011 年开始在国家自然科学基金项目（51177083）、国家国际科技合作专项（2014DFG62610），清华大学、丹麦奥尔堡大学、上海太阳能科技有限公司和丹麦卡斯特鲁普公司共同承担）的资助下，针对交流微电网和交直流混合微电网系统中的电力电子变换器拓扑、机理、控制、保护以及装置研发开展了大量的工作，取得了一系列重要成果。

1）适用于交直流混合微电网接口变换器的分层控制系统。

2）基于改进下垂控制的直流侧微电网负荷功率分配方法。

3）交直流混合微电网中考虑分布式储能系统剩余容量的优化充放电控制。

4）基于全 SiC 器件的交直流母线间接口变换器。上述成果（特别是与交直流微电网相关的研究工作）为本申请项目中研究光伏-电动汽车充电站的直流供电系统建立了良好的理论和技术基础，提供了重要的研究依据。

所获荣誉：

（1）团队负责人孙凯获 2013 年中达青年学者奖。

（2）2013 年中国电工技术学会科学技术一等奖。

（3）2014 年国际电机与系统会议（ICEMS2014）Best Paper Award。

（4）2014 年中国百篇最具影响优秀国内学术论文。

清华大学-电力电子与电机控制研究室

地址：电力电子与电机控制研究室

邮编：100084

电话：020-62782296

团队人数：7

团队带头人：李永东，肖曦

主要成员：李永东，肖曦，孙凯，姜新建，郑泽东，许烈，王奎

研究方向：大容量多电平电力电子变换装置，高性能电机控制系统，可再生能源发电设备等

团队简介：

李永东，清华大学电机系教授，博士生导师。曾任“电力系统”国家重点实验室副主任兼电力电子分室主任，清华大学研究生院培养处副处长，国际交流与合作委员会委员，新疆大学电气学院院长。现任清华大学电力电子工程研究中心副主任，IEEE IAS Beijing Chapter Chairman，中国电工技术学会高级会员，电力电子学会副理事长，中国电工技术学会电控装置及系统专委会副主任委员，中国自动化学会电气自动化专委会副主任委员，学术委员会主任。主要研究方向为大容量电力电子变换器及其在调速节能领域的应用，交流电机的全数字化控制及其在数控机床、高铁电力牵引和舰船电力推进中的应用，新能源发电等。出版第一作者专著 3 部，发表论文 300 多篇，其中 SCI 收录 10 余篇，EI 收录 100 余篇。担任 Journal of Electrical Engineering 和 ELECTROMOTION 等国际刊物编委，PCIM Asia 会议国际指导委员会委员。所指导的研究生中 2 人获国家奖学金，2 人获清华大学优秀博士毕业生，1 人获清华大学优秀博士论文，多人担任高校教授、博士生导师，重点企业、民企和外企总工程师、负责人。

肖曦，清华大学电机系教授，博士生导师。现任清华大学电机系副系主任、学位委员会委员。主要从事高性能伺服电机控制、机器人驱动控制技术、海浪发电技术、电力储能与微电网技术等教学和研究工作。为中国电源学会理事、北京电力电子学会理事和第三届高等学校机电类学科教学委员会委员等。近年来主持科技部“863”计划、国家自然科学基金等相关科研项目 20 余项，发表学术论文 100 余篇，其中 SCI 检索 10 余篇，EI 检索论文 70 余篇，授权或申请发明专利 20 余项，出版学术著作 2 部。曾获教育部新世纪优秀人才计划、中达青年学者奖、正泰电工行业科技成就奖、中国电工技术学会技术发明一等奖和北京市科技进步三等奖等荣誉与奖励。

孙凯，清华大学电机系副教授。2013 年获“中达青年学者奖”。目前主要从事电力电子与电力传动学科的教学和研究工作，研究兴趣包括新能源发电电力电子技术、微电网系统和新型功率器件应用技术等。

郑泽东，清华大学电机系副教授。现任清华大学电机系党委副书记。目前，主要从事高性能交流电机控制、电力电子变压器、多电平电力电子变换器、机车牵引与船舶推进等方面的教学和研究工作。

在研项目：

（1）国家自然科学基金面上项目，电容箝位多电平矩阵变换器拓扑理论及控制系统研究，（51277108）。

（2）国家自然科学基金面上项目，考虑挠性变惯量负载特性的永磁电机控制技术研究，（51577095）。

（3）国家自然科学基金面上项目，面向中压直流配电网的大容量新能源发电接入系统组成机理和运行控制研究，（51577102）。

（4）国家自然科学基金青年基金，采用混合级联多电平变换器的新型储能充放电控制研究，（51107066）。

（5）国家自然科学基金青年基金，新型有源中点箝位型多电平变换器拓扑结构及控制策略研究（51407101）。

（6）国家自然科学基金青年基金，电动汽车高功率密度变换器拓扑、控制与能量管理研究，（51307095）。

（7）国家高技术研究发展计划（863 计划），微网群高效可靠运行关键技术及示范，（2012AA050217）。

（8）国家高技术研究发展计划（863 计划），光伏微电网双向变流器研制及关键技术研究，（2015AA050606）。

（9）教育部新世纪优秀人才支持计划，永磁同步电机高性能伺服控制技术研究，（NCET-13-0333）。

（10）中英合作交流项目-国家自然科学基金委员会（NSFC）与诺丁汉大学，电容箝位多电平矩阵变换器拓扑理论及控制系统研究，（51277108）。

（11）北京市自然科学基金项目，级联多电平矩阵变换器控制理论及应用，（4142026）。

（12）北京市自然科学基金项目，基于 SiC 器件的多电平变换器拓扑理论及应用关键技术研究，（4154075）。

科研成果：

大容量电力电子变换器及其在调速节能领域的应用，交流电机的全数字化高性能控制及其在数控机床、机器人、高铁电力牵引和舰船电力推进中的应用，新能源发电等方面开展了长期深入的研究。主持国家自然基金项目、国家 863 项目和支撑计划等纵向项目近 20 项，与英、法、美、日和韩等国际研究机构与企业开展合作交流项目 10 余项，其它横向及军工项目几十项。完成我国首台工业化高压大容量变频器的研制和生产，推广后产生巨大经济和社会效益。高性能伺服电机控制系统经产业化转让获得了大量应用，获中国电工技术学会技术发明一等奖 1 项。大功率风电机组研制和示范项目获中国机械工程学会特等奖 1 项。

所获荣誉：

（1）2015 年广西电网公司专利一等奖。

（2）2014 年中国机械工业联合会与中国机械工程学会科学技术奖特等奖。

（3）2014 年电工行业正泰科技成就奖。

（4）2014 年国际电机与系统会议（ICEMS2014）Best Paper Award。

（5）2013 年中国电工技术学会技术发明一等奖。

（6）2013 年教育部新世纪优秀人才。

（7）2013 年北京高校青年英才计划。

（8）2012 年清华大学实验技术成果一等奖。

清华大学-电力电子与电力传动研究团队

地址：北京市海淀区清华大学西主楼 2-302

邮编：100084

电话：010-62772450

团队人数：30

团队带头人：李永东

主要成员：郑泽东，干奎，许烈，王善铭

研究方向：电力电子变换器，高性能电机控制，电气化交通

团队简介：

课题组主要从事大容量电力电子变换器、高性能交流电机控制等方面的研究，主要面向轨道交通、船舶推进、电动汽车、多电飞机、大容量工业自动化控制和新能源发电等领域。团队隶属于清华大学电机系和电力系统国家重点实验室，多年来一直坚持理论与工程应用相结合的研究思路，在大容量电力电子变换器、高性能异步电机和永磁同步电机调速及风力发电等领域是国内的开拓者，技术水平保持在国际先进水平。承担了 863、科技支撑计划和国家自然基金等多项国家课题，与国内外企业开展了密切的合作，成果转化多项。团队成员梯次配置合理，有雄厚的研究基础和科研实力，目前正在承担多项企业和国家课题的研究工作。

在研项目：

企业课题：

（1）船舶综合电力模拟系统。

（2）机车牵引控制器研发。

（3）电力电子变压器技术研究。

（4）HT110 电力驱动控制器技术开发。

（5）电容箝位多电平矩阵变换器拓扑理论及控制系统研究。

（6）AC/AC 型模块化多电平变换器拓扑研究。

（7）大型民机起动发电系统半物理仿真平台建设。

（8）电力电子技术与新器件在通信领域的应用研究。

（9）大型民机多电电气系统实时仿真平台建设。

（10）交直流混合输入多电平车载控制器与层叠式电池能量管理系统研究。

（11）基于 SF_6 负荷开关的配网自动化改造与优化设计。

（12）基于微逆与 HFT 系统的高功率密度、高可靠性大功率空间电源系统控制与能量管理研究。

（13）现代储能式有轨电车牵引供电系统仿真分析。

（14）轨道交通用再生电能回馈系统开发（湖南恒信电气有限公司）。

国家自然基金：

电容箝位多电平矩阵变换器拓扑理论及控制研究（国家自然基金委）。

北京市自然基金：

（1）级联多电平矩阵变换器控制理论及应用关键技术研究。

（2）采用电力电子变压器的能量路由器关键技术研究。

教育部课题：

（1）电动汽车高功率密度变换器拓扑、控制与能量管理系统研究。

（2）舰船推进多相电机高冗余度低噪声控制研究。

海外合作项目：

（1）新拓扑结构中压变频器原理样机的研究。

（2）新型五电平有源中点箝位型变换器拓扑及控制策略研究。

科研成果：

主要从事高性能电能转换、高压大容量控制系统和新能源等方面的研究工作。

（1）对异步电机直接转矩控制的全数字化实现进行了

深入研究，并针对此种控制方法在低速时性能下降及数字化控制带来的问题进行了全面的改进。在国际上首次提出虚拟合成矢量磁通控制法及转矩预测控制法，大大改善了系统的低速性能，在第七、九届全国电气自动化年会上获优秀论文奖。

（2）无电网污染高压大功率级联型多电平变频器已投入批量生产，在国内市场占有较大份额（60%），打破了国外大公司在该领域的垄断地位。在此基础上，近年来又开展了多项关于城市轨道交通牵引系统和军用船舰推进系统等高压大容量逆变器的研究。

（3）对风力发电用双馈异步电机矢量控制系统进行了深入的研究，和兰州电机有限责任公司合作研制成功兆瓦级变速恒频双馈异步风力发电机组的控制系统，此项技术成果已通过鉴定。

（4）对异步电机矢量控制系统的磁通观测、参数辨识和速度辨识进行了深入的探讨，研究结果在国内外学术会议上发表论文多篇，其中两篇获优秀论文奖。

（5）完成永磁同步电机全数字化控制，已转让技术，并投入小批量生产。目前，在空调、冰箱压缩机及工业缝纫机等项目中应用该技术。

（6）完成了一种全数字化控制混合型电力滤波器及其控制策略的研究，针对电压不对称和非线性负载的情况，提出了一种全数字化控制方案，并制造了试验样机，通过了验收。

（7）多次主讲清华大学研究生学位课《现代电力电子学》、本科专业课《电机控制系统》和《电力电子系统微机控制》。

所获荣誉：

大功率风电机组研制与示范，中国机械工业科学技术奖特等奖，2014.10，中国机械工程学会

清华大学-新能源与节能控制研究中心

地址：北京市海淀区清华大学自动化系
邮编：100084
电话：010-62792512
团队人数：20
团队带头人：杨耕
主要成员：耿华，李旭春
研究方向：可再生能源发电系统及其控制技术，微网能量管理及控制技术，储能系统状态监测及应用技术，电力电子技术与电机驱动系统

团队简介：

清华大学自动化系新能源与节能控制研究中心正式成立于2010年，包括高性能电力系统实时仿真实验室、故障诊断实验室和电力电子实验室。在可再生能源发电系统的故障诊断和控制技术、生态环境的检测与控制技术、蓄电储能的控制技术和电力电子技术与电机驱动系统等多个方向开展研究工作。自2010年以来，中心先后承担了包括863计划、国家自然科学基金、国家自然科学基金中英重大国际合作和中美清洁能源合作项目等在内的几十项国家级科研项目，与国际知名跨国企业，如德国Semikron公司、美国罗克韦尔自动化公司、倍加福公司、NEC公司和欧姆龙公司分别建立了联合实验室。

在研项目：

（1）风电场并网与传输关键技术，国家自然科学基金项目。

（2）风力发电机组控制系统的关键技术，国家自然科学基金项目。

（3）微网能量管理及控制技术，863计划项目、国际合作项目。

（4）智能型电储能装置，自主科研项目。

（5）大功率直流压缩机驱动系统，校企合作项目。

（6）专用变频器及特殊电源装置，校企合作项目。

（7）电能质量治理及FACTS装置，校企合作项目。

科研成果：

先后承担或参与了包括863计划、国家自然科学基金重点项目、中英重大国际合作和中美清洁能源合作项目等在内的国家级科研项目20余项，在国内外权威期刊、会议发表研究论文100余篇，获得授权发明专利10余项。相关成果，如MW级风电变流器、中低压有源电力滤波器和中低压STATCOM已通过产学研合作得到大规模推广应用。

上海大学-新能源电驱动团队

地址：上海市静安区延长路140号自动化楼
邮编：200072
电话：021-56331562
团队人数：18
团队带头人：徐国卿
主要成员：徐国卿，罗建，黄苏融，阮毅，张琪，高艳霞，陈息坤，汪飞，宋文祥，邵定国，高瑾，杨影，代颖，吴春华，王爽，赵剑飞，仇志坚，石坚
研究方向：新能源汽车电驱动关键技术研究

团队简介：

徐国卿教授，我校电力电子与电力传动学科带头人，上海大学电机控制研究所所长，为学科方向带头人之一。

罗建教授，国家“千人计划”创新型人才、中科院“百人计划”，为学科方向带头人之一。

黄苏融教授，国务院特殊津贴专家，台达学者，上海大学新能源电驱队团队创始人，为学科方向带头人之一。

上海大学新能源汽车电驱动团队在科研、社会服务能力以及团队影响力等方面，硕果累累。承担国家“十五”、“十一五”和“十二五”期间新能源汽车国家863项目课题十几项；开发的新能源汽车电驱动系统和相关核心专利技术，成功应用于产业化；团队成员拥有8项国际PCT和美国专利、25项中国发明专利，发表论文300余篇（SCI60余篇，国际一区期刊发表10余篇，EI240余篇）。

在新能源汽车电力电子与智能控制研究方向，开展前瞻性研究并取得创新性成果。在基于电驱系统参数的电动汽车打滑与稳定性快速检测方法、车辆滑移率-转矩双闭环运动控制结构与控制方法、车辆能源-运动-驱动三闭环系统

控制结构和混合动力能量管理实时优化方法等方面的研究处于国际先进或领先水平。开发的电驱动系统技术实现产业化，发明的凸台母排及功率组件专利技术被广泛应用于产业，研制的混合动力整车控制器实现产业化。

团队建立了电动力的多物理域性能评价分析-多回路参数匹配-多层面协同控制的仿真与实验平台，聚焦新能源汽车电驱动系统及其功能部件的基础核心与前沿关键技术，面向产业发展需求，通过与GE、Ford等国际著名企业的合作，深化新能源汽车电机基础理论与前沿技术研究，持续与国内知名企业（上海电气、上海电驱动和南车时代等）开展产学研用合作，提升行业影响力。

在高品质能量变换与智能电网研究方向，开发的高能效LED照明核心技术应用于产业化，智能电网调控理论及实施方法的研究处于国内先进行列。

团队建立智能电网仿真与实验平台，聚焦分布式新能源发电、智能电网的关键科学问题和工程技术难题，深度研究分布式发电接入控制、高品质能量变换技术、多微电网调控技术和智能用电与柔性负载技术等，提升团队创新能力和人才培养质量。

在人才培养与教学方面，努力提高研究生教学与科研质量，培育并奖励研究生优秀学位论文，鼓励研究生积极参加海外学术交流、国际会议和国际竞赛等。在已有上海市精品课程的基础上，加强教学团队与国家级教材建设，冲击国家级精品课程。

在研项目：

（1）电动车电机驱动系统电磁兼容设计技术与应用，国家科技支撑计划课题。

（2）高动态响应工业机器人伺服系统关键问题研究，教育部博士后基金。

（3）工业机器人伺服电机及产业化关键技术，经信委—产学研专项。

（4）用于中大型工业机器人伺服驱动系统的研究及应用验证，上海市科委攻关项目。

（5）高性价比混合动力机电耦合系统开发及产业化，2015年国家科技支撑计划项目。

（6）异步电动机低开关频率的模型预测优化控制研究，国家自然科学面上基金项目。

（7）新能源车用低成本永磁磁阻电机关键技术研发及产业化，上海市战略性新兴产业项目。

（8）高效智能动力包研制及产业化，上海市经信委重大技术装备研制项目。

（9）新能源轿车电动力总成及产业化，上海市吸收创新项目。

（10）高速大功率风扇无传感器驱动研究，横向项目。

（11）含电动汽车与可再生能源的电力系统安全风险评估与优化调度研究，上海市自然科学基金。

（12）引入智能机器人的温室作物生长专家系统研发及应用示范，上海市科委重点项目。

（13）电动汽车车载充电机．企业横向项目。

科研成果：

（1）863重大项目，电机系统关键共性技术与评价体系研究。

（2）863重大项目，轮边电驱动系统关键零部件及其底盘应用技术研究。

（3）863重大项目，商用车电驱动系统全产业链开发。

（4）863重大项目，乘用车电驱动系统全产业链开发。

（5）2015年国家科技支撑计划项目，高性价比混合动力机电耦合系统开发及产业化。

（6）863节能与新能源汽车重大课题，车用高性价比永磁驱动电机及其控制系统规模产业化技术攻关。

（7）上海市科委攻关，电动汽车用永磁磁阻同步电机的高效率轻量小型化设计与制造技术研究。

（8）上海市经信委，电动车辆用高密度永磁电机及其控制系统产品关键技术与应用。

（9）上海市科研-科委，高效率低成本新能源汽车电机产品的开发与技术研究。

（10）863项目，轮毂电机分布式驱动系统及纯电动集成底盘微型车辆。

（11）上海市吸收创新项目，新能源轿车电动力总成及产业化。

（12）上海市战略性新兴产业项目，新能源车用低成本永磁磁阻电机关键技术研发及产业化。

（13）横向，升压电机系统与电励磁同步电机技术研究。

（14）横向，电工钢应力对电机性能影响仿真试验。

（15）横向，电工钢磁特性改进。

（16）深港合作项目，Plug-in混合动力码头车关键技术研究与应用。

（17）香港创新科技基金，微混电动汽车动力系统开发。

（18）香港创新科技基金基于无线通信的车辆安全增强系统。

（19）面向互联网+的电动汽车智能控制与管理平台。

所获荣誉：

（1）上海大学新能源电驱动团队自1996年以来，已完成20余项国家级（自然科学基金、863和国家科技支撑计划）重点项目课题。

（2）完成美国威斯康星大学、福特汽车、通用汽车、通用电气、美国TIMKEN公司和西门子公司委托的国际合作项目。

（3）配合上海电驱动、上海安乃达、上海大郡、南车时代、一汽、东风、长安汽车和上海磁浮交通等企业设计开发电动汽车、轨道交通和磁悬浮交通用驱动电机。

（4）为多家企业设计开发永磁伺服电动机系统。

（5）获得省部级科技一等、三等奖各一项，2010年获上海市科技进步一等奖，2011年获中国国际工业博览会银奖。

上海海事大学-电力传动与控制团队

地址：上海市浦东新区海港大道1550号

邮编：201306

网址：http://www.shmtu.edu.cn/
团队人数：12
团队带头人：汤天浩
主要成员：Benbouzid，汪懿德，谢卫，陆凯元，王天真，韩金刚，姚刚，王润新，Nicolas，陈昊，彭越
研究方向：船舶电力系统及其控制，新能源及其电力电子装置，港航设备自动检测、故障诊断与容错控制
团队简介：

团队以港口、船舶等航运系统及海洋开发等领域的电气工程技术应用为特色，重点研究船舶电力系统及其控制，新能源及其电力电子装置，港航设备故障诊断与容错控制。近年来发表学术论文100余篇，其中SCI/EI检索论文80余篇。获得国家级和省部级项目20余项。

在研项目：

（1）国家自然科学基金项目（61503242），面向一类非正弦波永磁同步电机的建模与控制方法的研究。

（2）国家自然科学基金项目（51477094），新型双功率流变磁力丝杠波浪发电机系统的研究。

（3）国家自然科学基金（61304186），一类混合动力船舶电力推进系统能量优化管理与控制策略研究。

（4）中华人民共和国交通运输部项目（2014329810360），大功率港口岸电电源谐波检测与抑制技术研究。

（5）上海市自然科学基金面上项目（15ZR1419800），主从式多电平变换器变直流电压比有限状态模型预测控制研究。

科研成果：

（1）Wang Tianzhen，Xu Hao，HanJingang，et al. Cascaded H-Bridge Multilevel Inverter System Fault Diagnosis Using a PCA and Multi-class Relevance Vector Machine Approach［J］. IEEE Transactions on Power Electronics，2015，30（12）：1-12.（SCI）。

（2）Hao Chen，et al. Modeling and Vector Control of Marine Current Energy Conversion System Based on Doubly Salient Permanent Magnet Generator［J］. IEEE trans. sustainable energy，2015，7（1）：1-10（SCI）。

（3）Jingang Han，Jean-Frederic Charpentier and Tianhao Tang. An Energy Management System of Fuel Cell/Battery Hybrid Boat［J］. Energies 2014，7，2799-2820.（SCI）。

（4）Mohamed Benbouzid，BriceBeltran，YassineAmirat，GangYao，JingangHan，Hervé Mangel. Second-order sliding mode control for DFIG-based wind turbines fault ride-through capability enhancement［J］. ISA transactions，May 2014，53（3）：827-833（SCI）。

（5）Weimin Wu，Yuanbin He，Tianhao Tang，Frede Blaabjerg. A new design method for the passive damped LCL and LLCL filter-based single-phase grid-tied inverter［J］. IEEE Transactions on Industrial Electronics，60（10），pp 4339-4350，2013.（SCI）。

（6）Zhibin Zhou，FranckScuiller，J. F. Charpentier;，Mohamed EH Benbouzid，Tianhao Tang. Power smoothing control in a grid-connected marine current turbine system for compensating swell effect［J］. IEEE Transactions on Sustainable Energy，4（3），pp 816～826，2013.（SCI）。

（7）Zhibin Zhou，M. E. H. Benbouzid，J. F. Charpentier，F. Scuiller and Tianhao Tang，A review of energy storage technologies for marine current energy systems［J］. Renewable & Sustainable Energy Reviews，vol. 18，pp390～400，February 2013.（SCI）。

（8）专著，汤天浩等. 船舶电力推进系统［M］. 机械工业出版社，2015。

（9）汤天浩，压电磁场调制器：中国，ZL200710042683.7，2012-1-30。

（10）汤天浩等. 船舶电力系统［M］. 机械工业出版社，2014。

（11）译著，谢卫等. 非常规电机［M］. 机械工业出版社，2015。

所获荣誉：

（1）上海市千人2两名，上海市海外名师1名，上海东方学者1名。

（2）复杂电子设备智能综合故障诊断技术及应用，2008年上海科技进步奖二等奖。

（3）散货港口自动化运输系统容错控制，2004年上海科技进步奖三等奖。

（4）法国国家棕榈教育骑士勋章。

（5）上海市育才奖，2009，2014。

上海交通大学-风力发电研究中心

地址：上海市闵行区东川路800号上海交通大学智能电网大楼523室
邮编：200240
电话：021-34207001
传真：021-34207001
团队人数：9
团队带头人：蔡旭
主要成员：朱淼，李睿，谢宝昌，高强，张建文，曹云峰，郑毅，施刚
研究方向：风力发电系统，风力发电交直流输电，大容量储能
团队简介：

上海交通大学风力发电研究中心致力于风力发电、直流输电以及储能技术的科研和教学工作，主要从事风电机组电气控制系统、大规模风电交直流并网以及大容量电池储能接入技术研究。

与上海电气联合研发了1.25MW、2MW和3.6MW双馈风电变流器、整机控制器以及2MW风机电动变桨控制系统并实现了产业化（上海电气集团）；研究了模块智能化风电变流器关键技术并应用于3MW全功率风电变流器中。提出了电网友好型风电场的架构及指标体系，机组及风场的动态控制模型，风储联合发电策略，成果得到示范应用。形

成了面向复杂电力电子控制应用的控制器平台、面向机电系统控制的监控平台和风电机组气动-机-电实时联合仿真系统。

团队研制的大容量电池储能系统的高压直挂接入装备已通过国家863验收，研究了面向微电网的电池储能系统关键技术，对储能系统如何提高风电接入能力进行了研究。

在风电机组及风电场的动态建模技术方面，基于Power Factory和PSCAD，针对国内主要厂商的机组建立了动态镜像模型，为含有大型风电场的电网仿真奠定了基础，研究了大规模电网友好型风电场关键技术以及多风电场集群控制系统。

对海上风电直流网采用直流汇聚传输进行了系统分析和经济评估，取得了一系列理论成果，针对直流网的关键装备DC-DC变换器作了系统的理论研究及试验样机开发。

团队与国内外学术机构长期保持学术沟通，承接并完成国家级、省部级研究项目及国内外企业委托项目，取得了一系列论文及专利成果。

在研项目：

（1）崇明岛智能电网总体技术方案和可持续发展模式研究，国家科技支撑计划。

（2）带有DC/DC直流电压变换的大型新能源多端直流接入系统，中英联合研究国家自然科学基金。

（3）海上风电场送电系统与并网关键技术研究及应用，国家863项目。

（4）复杂Z源功率变换器理论及其在海上直流风电传输中的应用基础，国家自然科学基金。

（5）基于电热暂态特性的大功率风电变流器状态控制机制，国家自然科学基金。

（6）复合级联多电平电池储能功率转换系统研究，国家自然科学基金。

（7）用于海上风电场电力传输的轻型直流输电VSC-HVDC基础技术研究，上海市科委项目。

（8）海上风电场直流网络的拓扑优化与运行控制及直流组网关键设备样机研制，国网重大课题。

（9）考虑资源时空特性的大型新能源发电基地功率控制技术研究，国网重大课题。

（10）崇明岛智能电网总体设计方案，国网重大课题。

科研成果：

（1）上海交通大学风力发电研究中心承接20多项国家863项目、国家自然科学基金项目，30多项上海市科委项目，100多项企业重大项目。与上海电气合作研制的风电变流器，风电整机控制器，风电变桨控制系统已在上海电气实现产业化，产生重大的社会效益和经济效益。为华锐风电研制的3MW感应电机全功率变流器已在位于盐城的国家能源海上风电技术装备研发中心试验平台使用。开发的风场动态聚合模型、风电机组动态模型已用于我国第一个千万风电基地-甘肃酒泉基地的风电场光伏电站集群控制系统，并于2015年通过863项目验收。与甘肃风电中心联合研发的风电变流器直接耦合超级电容储能的3M风电机组已在国内第一个电网友好型风电场-酒泉鲁能风场投入试运行，并通过了863项目验收。与上海电力公司合作的支持风电分散接入的2MW储能装置及其风储联合发电系统已在崇明岛东滩风电场成功运行。完成了基于Bladed-RTDS的气动-机-电多工具联合实时风电机组仿真平台。

（2）团队在国内外高水平期刊发表论文EI（SCI）论文300多篇。

（3）团队申请授权的发明专利30多项。

所获荣誉：

（1）李睿副教授获IEEE电力电子协会年度期刊最佳论文奖二等奖。

（2）朱淼特别研究员及其法籍留学生获得IEEE ICIEA 2015最佳论文提名奖。

（3）蔡旭教授的博士生常怡然获得第一届直流输电与电力电子创新杯大赛1等奖。

四川大学-高频高精度电力电子变换技术及其应用团队

地址：四川省成都市一环路南一段24号四川大学电气信息学院

邮编：610065

电话：028-85469866

传真：028-85400976

团队人数：30

团队带头人：张代润

主要成员：赵莉华，李媛，佃松宜，刘宜成，肖勇，段述江，吴坚

研究方向：高频射频开关电源技术，高精度电力电子变换技术，新型电力电子基础理论，新型电力电子研究技术，新型电力电子控制技术

团队简介：

本研究团队主要有教师、研究生组成，致力于高频射频开关技术和高精度电力电子变换技术的基础理论、研究技术、控制技术等方面的研究、开发和应用工作。

在研项目：

（1）高频开关电源研究。

（2）有源电力滤波器研究。

（3）动态无功补偿研究。

（4）光伏发电逆变器研究。

（5）风力发电逆变器研究。

（6）特种开关电源研究。

科研成果：

（1）有源电力滤波器及其应用。

（2）动态无功补偿方案及应用。

（3）光伏发电逆变器及应用。

所获荣誉：

获2004年“中联重科杯”华夏建设科学技术二等奖。

天津大学-信息处理与电学成像实验室

地址：天津市南开区卫津路92号天津大学26楼E区415

邮编：300072

电话：022-27405724

团队人数：20

团队带头人：王化祥，岳士弘

主要成员：王化祥，岳士弘，崔自强

研究方向：传感器技术及信息处理，过程参数检测与控制系统，电学成像技术，模式识别与智能系统，信息融合

团队简介：

团队现有教授、博士生导师2人，硕士生导师1人，在读博士研究生6人，在读硕士研究生12人。团队拥有优良的硬件平台和具有竞争性的科研条件，依托检测技术与自动化装置（国家重点学科）和模式识别与智能系统两个学科进行研究生培养和科学研究，先后培养博士和硕士研究生100多人，主持完成了多项科研项目，其中包括，国家自然科学基金、国家自然科学重点基金项目、国家高技术研究（863）项目、教育部回国留学人员基金、天津市自然科学基金重点项目以及合作研究项目。

在研项目：

国家自然科学基金面上项目，61573251，肺癌诊断与监护的电学层析成像技术，2016/01-2019/12，66万，在研。

科研成果：

代表性学术论文：

(1) Benyuan Sun, Shihong Yue, Ziqiang Cui, Huaxiang Wang. A new linear back projection algorithm to electrical tomography based on measuring data decomposition [J]. Measurement Science and Technology, 2015, 26 (12): 125402~125412。

(2) Ziqiang Cui, Huaxiang Wang, Wuliang Yin, Wuqiang Yang. Impulsive noise reduction in digital phase-sensitive demodulation by nonlinear filtering [J]. Measurement Science & Technology, 2015, 26 (7): 075-401。

(3) Ziqiang Cui, Chengyi Yang, Benyuan Sun, Huaxiang Wang、Liquid film thickness estimation using electrical capacitance tomography [J]. Measurement Science Review, 2014, 14 (1): 8~15。

(4) Shihong Yue, Penglong Wang, JeenShing Wang, Ti Huang、Extension of the gap statistics index to fuzzy clustering [J]. Soft Computing, 2013, 17 (10): 1833~1846。

(5) Shihong Yue, Teresa Wu, Jian Pan, Huaxiang Wang、Fuzzy clustering based ET image fusion [J]. Information Fusion, 2013, 14 (4): 487~497。

(6) Shihong Yue, Teresa Wu, Lijun Cui, Huaxiang Wang. Clustering mechanism for electric tomography imaging [J]. Science China Information Sciences, 2012, 55 (12): 2849~2864。

(7) Shihong Yue, Boyang He, Jeen-ShingWang, and Zhiqiang Zuo、Design and application of an information fusion control system [J]. Transactions of the Institute of Measurement and Control, 2013, 35 (5): 630~636。

(8) Qian Xue, Huaxiang Wang, Chengyi Yang, Ziqiang Cui. Dynamical lag correlation exponent based method for gas-solid flow velocity measurement using twin-plane electrical capacitance tomography [J]. Measurement Science and Technology, 2012, 23 (8): 085301。

(9) Qian Xue, Huaxiang Wang, Chengyi Yang, Ziqiang Cui. Dynamical lag correlation exponent based method for gas-solid flow velocity measurement using twin-plane electrical capacitance tomography [J]. Measurement Science and Technology, 2012, 23 (8): 085301。

(10) Qi Wang, Huaxiang Wang. Two-phase flow regime identification based on cross-entropy and information extension methods for computerized tomography (CT) [J]. IEEE Transactions on Instrumentation and Measurement, 2011, 60 (2): 488~495。

(11) Qi Wang, Huaxiang Wang. A modified conjugate gradient method based on theTikhonov system for computerized tomography (CT) [J]. ISA Transactions, 2011, 50 (2): 256-261。

(12) Qi Wang, Huaxiang Wang, Shan Xin. Suitability of an MRMCE (multi-resolution minimum cross entropy) algorithm for online monitoring of a two-phase flow [J]. Measurement Science and Technology, 2011, 22 (10): 104010。

(13) Qian Xue, Huaxiang Wang. A local reconstruction method for low-energy gamma-ray computed tomography system [J]. Journal of instrumentation, 2011, 6: 1~12。

(14) Ziqiang Cui, Huaxiang Wang, Zengqiang Chen, Yanbin Xu, Wuqiang Yang. A high-performance digital system for electrical capacitance tomography [J]. Measurement Science & Technology, 2011, 22 (5): 354~357。

(15) Ziqiang Cui, Huaxiang Wang, Zengqiang Chen, Wuqiang Yang. Image reconstruction for field-focusing capacitance imaging [J]. Measurement Science and Technology, 2011, 22 (3): 35501~35509。

(16) Shihong Yue, Teresa Wu, Zhiqing Liu, Xian Zhao. Fused Multi-Characteristic Validity Index: An application to reconstructed image evaluation in electrical tomography [J]. International Journal of Computational Intelligence Systems, 2011, 4 (5): 1052~1061。

(17) Shihong Yue, Jeen-Shing Wang, Teresa Wu, Huaxiang Wang. A new separation measure for improving the effectiveness of validity indices [J]. Information Sciences 180 (5) (2010) 748~764。

(18) Shihong Yue, Jeenshing Wang, Tao Gao & Huaxiang Wang. An unsupervised grid-based approach for clustering analysis [J]. 2010, 53 (7): 1~13。

(19) Shihong Yue, Wei Chen, Jin Wang, and Huaxiang Wang. On the Approximation of Fuzzy System, International Journal of Distributed Sensor Networks, 5: 52, 2009。

(20) Shihong Yue, Jin Wang, Beibei Li, and Huaxiang Wang. Using Dempster-Shafer Evidence Theory andChoquet Integral for Image Segmentation in Gas-Liquid Two-Phase Flow [J]. International Journal of Distributed Sensor Networks, 5:

52, 2009。

(21) Huaxiang Wang, Lifeng Zhang. Identification of two-phase flow regimes based on support vector machine and electrical capacitance tomography [J]. Meas. Sci. Technol., 2009, 20 (11): 114007。

(22) Shihong Yue, Miaomiao Wei, Jeen-Shing Wang, Huaxiang Wang. A general grid-clustering approach [J]. Pattern Recognition Letters, 2008, 29 (9): 1372~1384.

(23) Cao Z, Wang H, Yang W, et al. A calculable sensor for electrical impedance tomography [J]. Sensors and Actuators A: Physical, 2007, 140 (2): 156~161。

(24) Huaxiang Wang, Lei Tang, Zhang Cao. An image reconstruction algorithm based on total variation with adaptive mesh refinement for ECT [J]. Flow Measurement and Instrumentation, 2007, 18 (5-6): 262~267。

(25) Huaxiang Wang, Chao Wang, Wuliang Yin. Optimum design of the structure of the electrode for a medical EIT system [J]. Meas. Sci. Technol., 2001, 12: 1020~1023。

(26) Wang, Huaxiang, Yin, Wuliang. Study of the detection mechanism and the reconstruction algorithm for multiphase interface level measurement Measurement Science & Technology [J]. v 8, n 11, Nov, 1997, p 1289~1294。

(27) Wang, HuaXiang; Yang, W. Q.. Beck, M. S. Optimum design of segmented capacitance sensing array for multi-phase interface measurement Measurement Science & Technology, v7, n1, Jan, 1996, p 79。

(28) Wang, Huaxiang, Xu, Tinxian; Zhang, Shuying; Lu. Tianlin Multi-channel temperature and humidity monitor Measurement Science & Technology, v 4, n 2, Feb, 1993, p 164~169。

主要学术会议:

(1) Fan W., Wang H., Cui Z.. Damage detection of CFRP composites using open electrical impedance tomography, Instrumentation and Measurement Technology Conference (I2MTC), 2015 IEEE International. IEEE, 2015: 1377-1381, Pisa, Italy, 2015.5.11-2.15.5.14。

(2) Cui Z., Wang H., Yin W., Yang W.. Flow velocity measurement by cross-correlation with tailored modulation, IEEE International Instrumentation and Measurement Technology Conference (I2MTC), 2015: 1906-1909, Pisa, Italy, 2015.5.11-2.15.5.14。

(3) Wang Q., Sun K., Wang J., Zhang R., Wang H.. Reconstruction of EIT images via patch based sparse representation over learned dictionaries, Instrumentation and Measurement Technology Conference (I2MTC), 2015 IEEE International. IEEE, 2015: 2044-2048, Pisa, Italy, 2015.5.11-2.15.5.14。

(4) Cui Z., Wang H., Yang C., Xu Y.. Estimation of in-tube oil film thickness using electrical capacitance tomography, IEEE International Instrumentation and Measurement Technology Conference (I2MTC), 2013: 1-4, Minneapolis, America, 2013.5.6-2013.5.9。

(5) Cui Z., Wang H., Yang C., Xu Y., Zhang D.. Geng Y., Application of a digital ECT system for measurements of dense-phase gas-solid flows, IEEE International Instrumentation and Measurement Technology Conference (I2MTC), 2012: 2410-2413, Graz, Austria, 2012.5.13-2012.5.16。

(6) Yang C., Wang H., Cui Z.. Application of electrical resistance tomography in bubble columns for volume fraction measurement, Instrumentation and Measurement Technology Conference (I2MTC), 2012 IEEE International. IEEE, 2012: 1199-1203, Graz, Austria, 2012.5.13-2012.5.16。

(7) Wang Q., Wang H.. Image reconstruction based on expectation maximization method for electrical impedance tomography (EIT), Imaging Systems and Techniques (IST), 2011 IEEE International Conference on. IEEE, 2011: 50-54, Penang, Malaysia, 2011.5.17-2011.5.18。

(8) Sun Q., Wang H.. Mesh Wire Tomography combined with a modified sensitivity map, 2011 IEEE International Conference on Imaging Systems and Techniques, 2011: 74-78, Penang, Malaysia, 2011.5.17-2011.5.18。

(9) Fan W., Wang H.. An image reconstruction algorithm based on preconditioned LSQR for 3D EIT, Instrumentation and Measurement Technology Conference (I2MTC), 2011 IEEE. IEEE, 2011: 1-6, Hangzhou, P. R. China, 2011.5.10-2011.5.12。

已授权发明专利:

(1) 王化祥, 王琦, 崔自强. 高精度 ECT 智能传感器: 中国, ZL201010261469.2 [P]. 2013-06-26.

(2) 岳士弘, 崔自强, 何伯阳, 陈荔. 内置旋转电极的电阻层析数据采集传感器: 中国, ZL 201110168841.X [P]. 2013-01-23。

(3) 王化祥, 曹章. 一种两相流分相含率电导式传感器及其结构参数优化方法: 中国, ZL200810153742.2 [P]. 2012-02-22.

(4) 王化祥, 曹章. 非接触式电阻抗传感器及基于该传感器的图像重建方法: 中国, ZL200810052417.7 [P]. 2011-03-23.

(5) 王化祥, 何永勃, 张新廷. ERT/ECT 双模态成像系统复合阵列传感器: 中国, ZL2005101225874 [P]. 2008-01-16.

专著:

(1) 王化祥. 电学层析成像 [M]. 北京: 科学出版社, 2013.

(2) 王化祥. 自动检测技术 [M]. 北京: 北京工业出版社, 2009.

(3) 王化祥. 现代传感技术及应用 [M]. 北京: 化学工业出版社, 2008.

(4) 王化祥. 张淑英, 传感器原理及应用 [M]. 天津: 天津大学出版社, 2007.

(5) 王化祥. 史道济, 仪表可靠性基础 [M]. 天津: 天津大学出版社, 292 千字, 1994。

团队主持完成科研项目：

（1）国家自然科学基金，61774014，电学层析聚类成像技术，2012/01-2015/12，62 万元，已结题，主持。

（2）国家自然科学基金青年基金项目，60121350，场聚焦电容/电阻成像方法研究，2012/01-2015/12，24 万元，已结题，主持。

（3）国家自然科学基金重大国际合作项目，60820106002，基于 ECT/ERT 双模电学成像技术多相管流测量研究，2009/01-2011/12，60 万元，已结题，主持。

（4）国家自然科学基金，60772080，多源异构智能控制系统的机理与方法研究，2008/01-2010/12，25 万元，已结题，主持。

（5）天津市自然科学基金，08JCYBJC13800，多相流图像重构的关键技术研究，2008/04-2010/12，10 万元，已结题，主持。

（6）国家自然科学重点基金项目，60532020，多模态过程成像关键技术研究，2006/01-2009/12，180 万元，已结题，主持。

（7）国家自然科学基金面上项目，60472077，基于双模成像技术的两相管流检测机理与数据融合研究，2005/01-2007/12，27 万元，已结题，主持。

（8）国家自然科学基金，39870827，人体区域电阻抗层析成像技术的研究，1999/01-2001/12，10 万元，已结题，主持。

所获荣誉：

（1）气固两相流动过程在线监测技术与应用，中国仪器仪表学会，科学技术奖，一等奖，2014。

（2）基于电学成像技术多相流测量研究，教育部科技发展中心，高校科研优秀成果奖自然科学奖，二等奖，2010。

（3）天津市科技进步二等奖一项。

（4）教育部科技进步三等奖一项。

（5）中国人民解放军科技进步三等奖一项。

（6）河南省科技进步三等奖一项。

（7）博士生一人获评为天津市优秀博士论文。

天津大学-自动化学院电力电子与电力传动课题组

地址：天津市南开区卫津路 92 号天津大学自动化学院

邮编：300072

电话：13602064036

团队人数：11

团队带头人：王萍

主要成员：博士生：贝太周，张志强，王慧慧，陈博，王耕籍，硕士生：石记龙，戚银，张博文，周磊，赵晨栋

研究方向：分布式新能源发电及电能质量控制，分布式光伏并网系统运行与控制，直流微电网

团队简介：

在人员结构层次上，该团队现含有 1 名科研学术带头人（教授职称）、5 名博士研究生以及 5 名硕士研究生，目前主要从事直流微电网、分布式新能源并网发电及电能质量方面的相关研究。在团队带头人的领导和影响下，团队成员始终以锐意进取的科研情怀，求真务实的首创理念，勤勉互助，精诚协作，继往开来，不断取得丰硕的科研成果。

在研项目：

高等学校博士学科点专项科研基金项目（项目编号：20120032110070）。

科研成果：

自 2012 年以来，发表学术论文多篇，其中代表性著作有：SCI 收录 4 篇，EI 收录 14 篇，中文核心（非 EI）4 篇，申请专利 4 项，其中包括发明专利 3 项，实用新型专利 1 项。

发表学术论文：

（1）Bei Taizhou，Wang Ping. Robust frequency locked loop algorithm for grid synchronization of single-phase applications under distorted grid conditions，IET Generation，Transmission & Distribution，已录用，SCI。

（2）Bei Taizhou，Wang Ping，Yang Liu，Zhou Zhe. Dynamic sliding mode evolution PWM controller for a novel high-gain Interleaved DC-DC converter in PV system，Journal of Applied Mathematics，2014，SCI。

（3）Wang Wei，Wang Ping，Bei Taizhou，Cai Mengmeng. DC Injection control for grid-connected single-phase inverters based on virtual capacitor，Journal of Power Electronics，2015，15（5）：1338-1347，SCI。

（4）Xue Li-Kun，Wang Ping，Wang Yi-Feng，Bei Tai-Zhou. Yan Hai-Yun. A four-phase high voltage conversion ratio bidirectional DC-DC converter for battery applications，Energies，2015，8（7）：6399-6426，SCI。

（5）贝太周，王萍，蔡蒙蒙．注入三次谐波扰动的分布式光伏并网逆变器孤岛检测技术［J］．电工技术学报，2015，30（7）：44～51．EI。

（6）王萍，王尉，贝太周，李楠．数字控制对并网逆变器的影响及抑制方法［J］．天津大学学报（自然科学与工程技术版），已录用．EI。

（7）亓才，王萍，贝太周，王慧慧，李楠．无需虚拟正交量的单相并网逆变器矢量控制［J］．电网技术，2015，39（12）：3470～3476．EI。

（8）王萍，蔡蒙蒙，王尉．基于自适应陷波滤波器的有源阻尼控制方法［J］．电机与控制学报，2015，19（9）：108-116．EI。

（9）王慧慧，王萍．基于改进数学形态学与 S 变换的暂态电能质量扰动检测［J］．天津大学学报（自然科学与工程技术版），已录用．EI。

（10）Bei Taizhou，Wang Ping，Wang Wei. Modeling and simulation of single-phase photovoltaic grid-connected inverter，Proceedings of 5th International Conference on Power Electronics Systems and Applications，PESA 2013，EI。

（11）Wang Huihui，Wang Ping. Comparison of detection methods for power quality in micro-grid，Proceedings of 6th International Conference on Power Electronics Systems and Applications, PESA 2015, EI。

(12) Ping Wang, Mengmeng Cai. Adaptive notch filter based active damping control for grid-connected inverter, 3rd International Symposium on Electrical & Electronics Engineering, EEESYM 2014, EI。

(13) Ping Wang, Zhe Zhou, Mengmeng Cai, Jingbin Zhang. An improved multistage variable-step MPPT algorithm for photovoltaic system, Applied Mechanics and Material, 2013, EI。

(14) Wang Ping, Guo Lin, Zhou Zhe, Chen Liuye. Switch-mode AC stabilized voltage supply based on PR controller, Proceedings of 5th International Conference on Power Electronics Systems and Applications, PESA 2013, EI。

(15) Wang Ping, Liu Can, Guo Lin. Modeling and simulation of full-bridge series resonant converter based on generalized state space averaging, Applied Mechanics and Materials, 2013, EI。

(16) Wang Wei, Wang Ping. A Novel Power Decoupling Technique for Single-Phase Photovoltaic Grid-Connected Inverter, Proceedings of 5th International Conference on Power Electronics Systems and Applications, PESA 2013, EI。

(17) Ping Wang, Liu Yang. Parameter Optimization of Virtual Impedance for Parallel Inverter, Advanced Materials Research, 2014, EI。

(18) Qiliang Zhang, Ping Wang, Liu Yang. Research of compensated AC regulated power supply in electric power systems based on a high-frequency isolated transformer, Advanced Materials Research, 2013, EI。

(19) 周哲，王萍，薛利坤，杨柳，王尉. 高增益开关电容光伏微型逆变器［J］. 电工电能新技术，2015，34(6)：64-69，(中文核心)。

(20) 刘灿，王萍. 基于扩展描述函数法的直流变换器小信号建模与仿真［J］. 科学技术与工程，2013，13(33)：9960～9965.（中文核心）。

(21) 王尉，王萍，曹艳侠，亓才. 光伏并网功率调节系统的仿真研究［J］. 计算机仿真，2015，32(06)：120～124，406.（中文核心）。

(22) 闫海云，王萍，薛利坤，韩富强，亓才. 级联非隔离光伏发电系统漏电流抑制方法［J］. 电气传动，已录用.（中文核心）。

申请专利：

(1) 王萍，贝太周，石记龙，戚银. 一种具有预滤波功能的单相频率自适应同步锁相系统：发明专利，专利申请号：201510309663.6。

(2) 王萍，贝太周. 一种基于相位扰动的分布式并网逆变器孤岛检测系统：发明专利：专利申请号：201510565709.0。

(3) 王萍，张云，石记龙. 光伏发电用宽范围输入型升降压三电平直流变换器：发明专利，已申请。

(4) 王萍，周哲，王尉，梁富军，郭琳. 直流母线电容优化的微型光伏并网逆变器：实用新型，专利申请号：201320452490.X。

所获荣誉：

曾获天津市南开区青年博士团暨天津市高校大学生科技作品竞赛二等奖（DSP应用技术类）。

同济大学-电力电子可靠性研究组

地址：上海市曹安公路4800号同济大学电气工程系

邮编：201804

电话：15909393698

团队人数：9

团队带头人：向大为

主要成员：向大为，许哲雄，李巍

研究方向：电力电子状态监测与故障诊断技术，新能源发电，电机运行与控制

团队简介：

本课题组以提高电力电子系统运行可靠性为目标，研究相关监测、诊断、控制以及测试新技术。

在研项目：

(1) 2016.1～2016.12，电力电子高可靠性关键技术及其产业化，中央高校基础人才计划。

(2) 2016.3～2017.6，变流器功率模块IGBT结温在线测量技术研究，英飞凌（中国）公司。

(3) 2015.1～2016.6，光伏逆变器零电压穿越控制技术咨询，武汉武新科技股份有限公司。

科研成果：

论文

(1) 刘也可，向大为，袁逸超，钱金子阳. PWM变流器现场双脉冲测试方法研究［J］. 新型工业化，2015，16～20. 5(10).

(2) 王传东，向大为，王腾. 双馈风机转子侧变流器电热分析［J］. 新型工业化，2015，5(10)：21～26。

(3) 王腾，向大为，刘也可. 光伏发电系统低电压穿越现场测试方法研究，第21届中国电源学会年会，2015.11。

(4) 王传东，向大为，刘也可. 双馈风机转子侧变流器开关频率动态优化技术，第21届中国电源学会年会，2015.11。

(5) Xiang D., Ran L., Tavner P., Yang S., Bryant A. and Mawby P., Condition Monitoring Power Module Solder Fatigue Using Inverter Harmonic Identification［J］. IEEE Transaction on Power Electronics, 2012, 27(1): 235-247.

(6) Xiang D., Ran L., Tavner P., Yang S., Bryant A. and Mawby P., Monitoring Solder Fatigue in a Power Module Using Case-Above-Ambient Temperature Rise［J］. IEEE Transaction on Industry Applications, 2011, 47(6): 3019～3031。

(7) Bryant A., Yang S., Mawby P., Xiang D., Ran L. and Tavner P., Investigation into IGBT dV/dt during Turn-Off and its Temperature Dependence［J］. IEEE Transaction on Power Electronics, 2011, 26(10): 2578～2591。

(8) Ran L., Xiang D. and Kirtley Jr. J. L. Analysis of

Electromechanical Interactions in a Flywheel System with a Doubly-Fed Induction Machine [J]. IEEE Transaction on Industry Applications, 2011, 47 (3): 1498~1506。

(9) Yang S., Bryant A., Mawby P., Xiang D., Ran L. and Tavner P.. An Industry-Based Survey of Reliability in Power Electronic Converters [J]. IEEE Transaction on Industry Applications, 2011, 47 (3): 1441~1451。

(10) Yang S., Xiang D., Bryant A., Mawby P., Ran L. and Tavner P.. Condition Monitoring for Device Reliability in Power Electronic Converters-A Review [J]. IEEE Transaction on Power Electronics, 2010, 25 (11): 2734~2752。

专利

(1) 向大为，刘也可，袁逸超. 一种变流器IGBT功率模块现场双脉冲测试系统及方法：中国，201510900434.1 [P]. 2015-12-08。

(2) 向大为，袁逸超. 一种变流器中功率二极管结温测量的系统与方法：中国，201510527128.8 [P]. 2015-8-26。

(3) 向大为，韩旭. 一种基于谐振原理的变流器电容容量现场检测方法：中国，201510387200.1 [P]. 2015-7-6。

(4) 向大为，王腾，刘也可. 一种光伏发电的低电压穿越测试系统及方法：中国，201510279545.5 [P]. 2015-5-28。

(5) 向大为，王传东：一种双馈风电变流器开关频率的优化方法及系统：中国，201510136652.2 [P]. 2015-3-27。

(6) 向大为，王腾. 一种Boost变流器的风电机组低电压穿越测试系统及方法：中国，201510096464.1 [P]. 2015-3-4。

(7) 向大为，王腾. 一种全功率变流器风电机组低电压穿越测试系统及方法：中国，201410448425.9 [P]. 2014-9-5。

(8) 向大为，王腾. 一种电气测试系统中的变流器并联方法：中国，201410448440.3 [P]. 2014-9-5。

(9) 向大为，一种基于谐波监测的变流器功率模块在线故障诊断方法：中国，201310099893.5 [P]. 2015-11-11。

武汉大学-大功率电力电子研究中心

地址： 湖北省武汉市武昌区武汉大学电气工程学院

邮编： 430072

电话： 027-68775879

传真： 027-68775879

网址： http://cgpes.whu.edu.cn/

团队人数： 42

团队带头人： 查晓明

主要成员： 查晓明（教授），孙建军（副教授），刘飞（副教授），黄萌（博士），秦亮（博士），宫金武（博士），李尚盛（博士），刘懿（博士），杨泽洲（博士），刘文君（博士）

研究方向： 电力电子功率变换及系统，智能电网及新能源发电中的电力电子技术应用，大功率电力电子系统及微电网的分析与控制，电能质量分析与控制，高压大功率电机的变频调速技术，电力电子可靠性，电力电子系统非线性。

团队简介：

本研究中心团队以“大功率电力电子技术”课题组为研究主体，依托于武汉大学电气工程学院和国内大功率电力电子研究领域（清华大学、浙江大学、华中科技大学、西安交通大学、哈尔滨工业大学、华北电力大学、湖南大学和合肥工业大学）的专家学者进行广泛技术交流与合作，同时与国外知名高校如美国密歇根州立大学彭方正教授、俄亥俄州立大学王瑾教授团队在学术交流和人才培养方面进行深度合作，不断探寻大功率电力电子技术研究领域的最新科研动态和技术前沿。本团队在查晓明教授的带领下已发展成为一个拥有2名副教授、3名讲师、10余名博士研究生和20余名硕士研究生的人员结构合理，分工明确，目标统一的科研团队。

团队成立以来始终坚持“基础理论研究与工程应用实践并重”的原则，紧跟电力科技领域的大功率电力电子技术前沿，充分发挥自身优势，合理运用武汉大学丰富的科研与教学资源，与国家电网公司、南方电网公司等国内多家企业保持良好和持久的合作关系，在大功率电力电子变换装置及其应用系统等领域取得了良好的成绩。在此基础上，本团队力争成为国内大功率电力电子领域一流的创新团队。

在研项目：

国家自然科学基金项目：

(1) 国家自然科学基金面上项目（51177113），基于微分几何同调的微电网等值建模理论与模型降阶方法。

(2) 国家自然科学基金青年项目（51107091），一种基于部分单元能量回馈的级联多电平逆变器研究。

(3) 国家自然科学基金面上项目（51277137），微电网逆变器交互作用分析及建模方法研究。

(4) 国家自然科学基金青年项目（51207115），基于脉冲微分动力系统理论的风电功率预测的极大误差评估方法研究。

(5) 国家自然科学基金青年项目（51307126），一种新型级联多电平变换器的高压大功率电机准矢量控制方法。

(6) 国家自然科学基金面上项目（51577137），多端口级联型中高压大功率变换器及功率平衡控制策略研究。

(7) 国家自然科学基金青年项目（51507118），新能源发电并网变流器故障穿越能力的多时间尺度评估方法研究。

国防项目：

(8) 国防973项目专题1项，独立电力系统能量管理与运行安全研究的国防973项目专题，2015年。

(9) 国防973项目专题1项，舰船综合电力网络结构理论研究的国防973项目专题，2007年。

其他项目：

(10) 湖北省科技支撑计划（研发与示范）

(2015BAA109)，户用即插即用式光伏-储能并网发电系统。

（11）湖北省自然科学基金一般项目（2011CDB263），基于部分单元能量回馈的级联多电平变换器研究。

（12）2012年湖北省科技攻关计划项目，220V直流微电网多样性配电平台产业化研究。

（13）国家自然科学基金重大项目课题（51190102），大规模风电场多时空尺度聚合建模理论和方法（参与）。

（14）科技部973项目课题1项（2012CB215101），大规模高集中度风电场出力多时空尺度爬坡特征分析、预测与控制（参与）。

（15）国网河南省电力公司电力科学研究院，电能质量治理设备检测平台开发。

（16）广州供电局有限公司，数字物理混合仿真系统研发（用户侧电能质量问题及治理机理研究与仿真展示）。

（17）国网湖北省电力公司电力科学研究院，一次调频对区域电网安全稳定性影响及其参数自适应化。

（18）国网湖北省电力公司电力科学研究院，清洁能源与智能用电协调控制（智能发供用微电网管理系统研制。

科研成果：

已授权专利

（1）一种多并网逆变器系统的动态等值方法 2015.02.28。

（2）用于提高LCL并网逆变器稳定性的控制方法 2015.04.27。

（3）一种电压暂降过渡过程模拟装置及方法 2015.05.22。

（4）一种基于四象限电力电子变流器的电机模拟装置及方法 2015.05.22。

（5）硬件在环仿真装置 2014.08.28。

（6）一种380V电压等级的APF的检测平台 2015.03.16。

（7）一种10kV电压等级的STATCOM检测平台 2015.03.16。

（8）一种直流微网的固态电子开关的短路保护电路及保护方法 2014.05.28。

（9）硬件在环仿真方法和系统 2014.08.28。

（10）基于虚拟阻抗的多并网逆变器系统全局谐振抑制装置及方法 2015.05.28。

（11）一种10kV电压等级的STATCOM检测平台及检测方法 2015.03.16。

（12）一种380V电压等级的APF的检测平台及检测方法 2015.03.16。

（13）一种应用于双向变换器的电压、电流双环控制的优化方法 2015.05.22。

（14）一种级联多电平变流器直压传感器失灵预警方法 2015.05.20。

（15）基丁有源降阶法的LLCL并网逆变器及电流控制方法 2015.05.22。

（16）LCL与多LC支路相结合的并网逆变器及电流控制方法 2015.05.22。

（17）一种电能质量及节能设备的综合实验方法。

（18）一种在线检测IGBT器件短路和开路故障的方法及控制器。

（19）一种单元串联式高压变频器的控制方法。

（20）一种单元串联高压变频器的单元旁路装置及控制方法。

（21）一种电能质量及节能设备的综合实验平台。

（22）一种配电网调容装置。

（23）中压系统感性动态无功调节装。

（24）一种三相四线制系统动态无功发生器电路。

（25）一种新型高压变频器低能耗负载试验方法。

（26）一种无功电能的计量方法。

（27）基于α-β电流分量直接注入的高压变频调速方法及其装置。

（28）中性线谐波电流治理装置及其控制方法。

（29）基于α-β电流分量直接注入的有源电力滤波方法及其装置。

（30）复杂电力系统谐波、无功和负序综合治理的方法及装置。

已发表论文

（1）Jinwu Gong，Lan Xiong，Fei Liu，Xiaoming Zha. A Regenerative Cascaded Multilevel Converter Adopting Active Front Ends Only in Part of Cells [J]. IEEE IEEE Transactions on Industrial Applications，2015，1754-1762。

（2）Xiaoming Zha，Lan Xiong，Jinwu Gong and Fei Liu. Cascaded multilevel converter for medium-voltage motor drive capable of regenerating with part of cells [J]. IET Power Electronics，2014，7（5）：1313～1320。

（3）Jianjun Sun，Jinwu Gong，Baifeng Chen and Xiaoming Zha. Analysis and design of repetitive controller based on regeneration spectrum and sensitivity functioning active power filter system [J]. IET Power Electronics，doi：10.1049/iet-pel.2013.0614。

（4）M. Huang，C. K. Tse，S. C. Wong，C. Wan and X. Ruan. Low-frequency Hopf bifurcation and its effects on stability margin in three-phase PFC power supplies connected to non-ideal power grid [J]. IEEE Transactions on Circuits and Systems I-Regular Papers，2013，60（12），3328～3340。

（5）M. Huang，S. C. Wong，C. K. Tse and X. Ruan. Catastrophic bifurcation in three-phase voltage-source converters [J]. IEEE Transactions on Circuits and Systems I - Regular Papers，2013，60（4）：1062～1071.

（6）C. Wan，M. Huang，C. K. Tse，and X. Ruan. Effects of interaction of power converters coupled via power grid：a design-oriented study [J]. IEEE Transactions on Power Electronics，2015，30（7）：3589～3600.

（7）C. Wan，M. Huang，C. K. Tse，S. C. Wong and X. Ruan. Nonlinear behavior and instability in three-phase boost rectifier connected to non-ideal power grid with interacting load [J]. IEEE Transactions on Power Electronics，2013，28（7）：3255～3265. July

（8）C. Wan，M. Huang，C. K. Tse，S. C. Wong and X.

Ruan. Irreversible bifurcation phenomenon in power-grid connected converter systems [J]. International Journal of Bifurcation and Chaos, 2012, 22 (6): 1250155-1 - 8.

(9) 查晓明，孙建军，陈允平．并联型有源电力滤波器的重复学习 Boost 变换控制策略 [J]．电工技术学报，2005，(20) 2：56~62.

(10) 查晓明，张扬，孙建军，樊友平．基于微分同调和混沌分析的集成三相变流电路的降阶方法 [J]．物理学报，2012，62 (2)．020505.1-020505.9。

(11) 张扬，查晓明，刘亚琦，张鲲，熊一，樊友平．基于非线性振荡和混沌分析的单相 AC-DC 变流电路的摄动解析 [J]．物理学报，2012，61 (21)．210508.1-210508.9 (SCI)。

(12) 查晓明，张扬，成燕，樊友平．用于简化微电网结构的微分几何广义同调方法 [J]．电工技术学报，2012，27 (1)．020505.1-020505.9。

(13) 查晓明，张茂松，孙建军．链式 D-STATCOM 建模及其状态反馈精确线性化解耦控制 [J]．中国电机工程学报，2010，30 (28)．107~113。

(14) 张茂松，查晓明，孙建军等．链式 D-STATCOM 的无源性控制 [J]．中国电机工程学报，2010，31 (15)．33~39。

(15) 查晓明，石峰，宫金武孙建军．有源电力滤波器的频域能量变换模型及其应用 [J]．中国电机工程学报，2009. 29 (4)．84~90。

所获荣誉：

(1) 2013 年湖北省科技进步二等奖。

(2) 2013 年国家电网公司科技进步三等奖。

(3) 2010 年军队科技进步奖一等奖。

(4) 国家科技部“十一五”科技计划执行优秀团队奖。

(5) 2007 年武汉市科技进步奖三等奖。

(6) 2005 年湖北省科技发明二等奖。

(7) 2005 年中国电力科学技术进步三等奖。

(8) 2015 年电源学会年会优秀论文：

1) 电网故障下三相电压源型变换器瞬态响应分析。彭宇，黄萌，查晓明。

2) 面向可靠性的 buck 输出侧 LC 滤波器设计。刘懿，黄萌，王怀，查晓明，宫金武，孙建军。

(9) 2015 年中国高校电力电子与电力传动学术年会优秀论文：

部分单元能量回馈变流器输出高频谐波消除方法研究，杨泽洲，李尚盛，宫金武，刘飞。

武汉理工大学-夏泽中团队

地址：湖北省武汉市洪山区珞狮路 205 号

邮编：430070

电话：18771025810

团队人数：13

团队带头人：夏泽中

主要成员：张婷，苏宏扬，唐智，唐虎，纪晓泳，王振，郭秋云

研究方向：DC-DC 变换器，DC-AC 变换器，AC-DC 变换器

团队简介：

这是一个年轻有活力的团队，每个人都对电力电子有着浓厚的兴趣，大家都在探索中不断成长。

在研项目：

(1) 单相并网逆变器的研究。

(2) FB-ZVS 变换器的研究。

(3) 交错并联 PFC 的研究。

科研成果：

(1) 基于 3kW 单相并网逆变器平台，发表论文 Research on Single Phase Gird Connected Inverter Based on One-cycle Current Control (已录用，EI)；目前正在同一硬件平台上，调试 PWM 整流器，以实现能量的双向流动。

(2) 设计的 3kW FB_ ZVS 变换器样机，完成 400~600V (太阳能光伏板) 输入到 54V (电池) 输出的转换，能够对微电网中的电池储能系统进行高效充电。

武汉理工大学-自动控制实验室

地址：湖北省武汉市洪山区珞狮路 205 号武汉理工大学马房山校区东院自动化学院实验楼

邮编：430070

电话：15827553507

团队人数：43

团队带头人：苏义鑫

主要成员：苏义鑫，张丹红，谌刚，姜文，顾文磊，朱敏达，金铸浩，左立刚，夏慧雯等

研究方向：网络通信，嵌入式控制，电机运行与控制

团队简介：

团队有 40 几人，主要包括几位导师、在读研究生和在读博士，主要研究方向包括：神经网络算法与应用，风力发电并网运行与控制，永磁同步电机运行与控制等。

在研项目：

(1) 核电厂核辐射检测与火灾故障报警。

(2) 异步电机无速度传感器控制。

科研成果：

科研项目：

(1) 双向 DC/DC 变换器设计。

(2) 基于 DSP28035 的永磁同步电机伺服系统的设计。

(3) 核电厂 DCS 系统。

发表文章：

(1) 用于风电功率预测的 RPCL 优化神经网络模型。

(2) 基于矢量控制的步进电机细分驱动技术。

(3) 时滞系统的二自由度 IMC-PID 控制研究。

所获荣誉：

武汉理工大学自动化学院“优秀实验团队”。

西安电子科技大学-电路与系统供电中的电源设计与噪声分析团队

地址： 陕西省西安市太白南路 2 号西安电子科技大学电路 CAD 研究所 376 信箱

邮编： 710071

电话： 029-88203008

传真： 029-88203007

网址： http：//seeweb. 710071. net/iecad/index. asp

团队人数： 20

团队带头人： 李玉山

主要成员： 初秀琴，刘洋，路建民，李先锐，史凌峰，代国定，王君

研究方向： 电源完整性分析与电源分配网络设计，EBG 结构，DC-DC 稳压源芯片设计

团队简介：

负责人李玉山，教授/博士生导师，教育部超高速电路设计与电磁兼容重点实验室学术委员会副主任。

初秀琴，副教授/硕士生导师，电路 CAD 研究所常务副主任、教育部超高速电路设计与电磁兼容重点实验室副主任。

史凌峰，教授/电路与系统学科博士生导师。

代国定，副教授/硕士生导师。

刘洋，副教授/硕士生导师。

李先锐，副教授/硕士生导师。

路建民，讲师。

王君，博士生。

在研项目：

（1）高速高密度互连封装的电源完整性可靠性分析。

（2）电源完整性前仿真工具优化。

（3）电源完整性分析。

科研成果：

（1）李玉山，张木水，等译. 芯片及系统中的电源完整性建模与设计［M］. 电子工业出版社，2009.（原著，M. Swaminathan，E. Enginet，Power Integrity Modeling and Design for Semiconductors and Systems，Prentice Hall，2007）。

（2）李玉山，刘洋，等译. 信号完整性与电源完整性分析［M］. 电子工业出版社，2015（原著 Eric Bogatin. Signal and Power Integrity-Simplified. Prentice Hall，2010）。

（3）XDJF04 稳压电路，2002 年 3 月获国家知识产权局颁发集成电路布图登记证书，BS. 025000403。

所获荣誉：

（1）全国百篇优秀博士学位论文 2012 年提名奖（博士生张木水，导师李玉山，高速电路电源分配网络设计与电源完整性分析）。

（2）华为技术有限公司优秀技术合作项目奖（创新研究计划项目 <2011. 1 ~ 2013. 1 >：电源完整性分析，李玉山）。2013 年 11 月。

西安交通大学-电力电子与新能源技术研究中心

地址： 陕西省西安市咸宁西路 28 号交大电气学院

邮编： 710049

电话： 029-82667858

传真： 029-82665223

网址： http：//www. perec. xjtu. edu. cn/

团队人数： 16

团队带头人： 刘进军

主要成员： 杨旭，卓放，裴云庆，肖国春，王跃，王来利，甘永梅，贾要勤，何英杰，张笑天，雷万钧，王丰，刘增，易皓，张岩

研究方向： 电力电子技术在电能质量控制、输配电系统中的应用，电力电子技术在新能源发电及新型电能系统中的应用，开关电源与特种电源技术，电力传动及运动控制技术；电力电子集成封装技术

团队简介：

本团队学术带头人刘进军教授大学就读于西安交通大学电气工程系，于 1992 年和 1997 年先后获得工学学士学位和工学博士学位，随即留校在电气工程学院任教至今。1999 年 12 月 ~ 2002 年 2 月，在美国弗吉尼亚理工大学电力电子系统研究中心做博士后访问研究。2002 年 8 月晋升教授，2005 ~ 2010 年兼任电气工程学院副院长，2009 年 4 月 ~ 2015 年 1 月兼任西安交通大学教务处处长。2014 年获聘教育部长江学者特聘教授。2015 年入选西安交通大学首批“领军学者”。现为 IEEE 电力电子学会副主席、学报副编辑，中国电工技术学会电力电子学会副理事长，中国电源学会副理事长，中国电机工程学会直流输电与电力电子专业委员会委员，教育部全国电气类专业教学指导委员会副主任委员。

团队共有教师 16 人，其中长江学者 1 人，中组部“青年千人计划”入选者 1 人，教育部新世纪优秀人才计划入选者 3 人，教授 7 人。主要从事电力电子技术的应用基础研究，研究方向涵盖了电力电子技术的各个方面，部分教师还涉及计算机控制网络与微机控制技术。本团队是国内电力电子技术领域研究水平居于领先地位的团队之一，也有广泛的国际交流与合作，形成了重要的国际影响。

在研项目：

近年来主要在研项目：

（1）多变流器电能系统协调控制及稳定性基础理论与关键技术。

（2）基于分布式多变流器的微网控制方法与系统稳定性研究。

（3）基于大信号模型的高精度波形控制策略的研究。

（4）基于神经网络的微电网阻抗测量关键技术研究。

（5）静止同步发电机（SSG）技术及应用前期研究。

（6）多变流器电能系统协调控制及稳定性基础理论与关键技术。

（7）五电平高频直流变换装置技术。

（8）GaN 功率器件集成技术研究。

（9）电力电子系统与集成技术。

（10）天广直流换流阀寿命评估项目可行性研究报。

（11）柔性直流输电相关技术研究。

（12）有源电力滤波器与并联电容器混合补偿系统的控制方法。

（13）有源电力滤波器技术开发协议。

（14）微电网能量管理及控制保护系统。

（15）三相380V/300A 静止无功发生器（SVG）技术。

（16）智能化电能质量治理模块与闭环控制系统的研发。

（17）崇明微网联合优化配置及运行控制策略研究。

（18）分布式光伏能效建模与评价研究和开发。

（19）专利：一种微型电网用多功能动态无功补偿装置及其控制方法。

（20）一种基于混合电力滤波器的抑制振荡的控制方法。

（21）电动汽车充（放）电机与电网双向互通技术研究。

（22）400V HVDC 均流合路技术。

（23）集成滤波器关键技术研究。

（24）1 000kW 光伏并网逆变器与储能发电控制器。

（25）光伏并网关键控制技术研究与应用。

（26）间歇式能源发电系统抑制电网低频振荡的关键技术研究。

科研成果：

十几年来，本群体先后承担了10余项国家自然科学基金项目（其中重点项目3项），国家科技支撑计划重点项目课题3项，国家863项目5项，国家973项目子项目3项，国家级或者部级科研项目20项，其研究成果出版著作10余部。

近5年来发表论文200余篇，其中SCI收录论文约100余篇，EI收录论文约200篇，获得中国及美国发明专利近20项，获国家科技进步奖2项（2011年、2015年）、省部级奖多项。

所获荣誉：

（1）低纹波高稳定电源控制技术，2011年获陕西省科学技术二等奖。

（2）供用电系统谐波的有源抑制技术及应用，2011年获国家科学技术进步二等奖。

（3）电力电子功率模块的封装工艺和集成技术的研究，2011年获西安市科学技术进步一等奖。

（4）微型电网的系统结构、控制技术、关键装备及其集成化研究，2012年获陕西省科学技术一等奖。

（5）在国际化与信息化背景下紧密跟踪学科发展的电力电子技术课程教学改革与实践，2013年获陕西省教学成果特等奖。

（6）大功率特种电源的多时间尺度精确控制技术及其系列产品开发，2015年获国家科学技术进步二等奖。

西安理工大学-电力电子技术与特种电源装备研究团队

地址：陕西省西安市金花南路5号西安理工大学110信箱

邮编：710048

电话：029-82312013

传真：029-82312663

团队人数：14

团队带头人：孙向东

主要成员：孙强，尹忠刚，任碧莹，张琦，宋卫章，李金刚，李洁，安少亮，徐艳平，王建渊，陈桂涛，伍文俊，杨惠

研究方向：现代交流调速技术，新能源发电与微电网控制技术，特种开关电源技术等

团队简介：

研究团队主要由14人组成，其中教授3人，副教授7人。11人具有博士学位，5人具有国外留学或进修经历。主要从事现代交流调速技术、新能源发电与微电网控制技术以及特种开关电源技术等三个研究方向。现代交流调速技术主要研究交流异步电机、永磁同步电机等速度控制、转矩控制以及位置控制等。新能源发电与微电网控制技术主要涉及光伏发电技术、蓄电池、飞轮和超级电容器等储能技术、微电网电压频率控制技术等。特种开关电源技术主要研究铝镁合金等轻金属微弧氧化电源控制技术、磁控溅射电源技术、电磁搅拌电源技术和感应加热电源技术等。

在研项目：

（1）国家自然科学基金面上项目，多台T型三电平逆变器并联的大功率光伏并网逆变器控制技术研究，51577155，孙向东。

（2）国家自然科学基金面上项目，不平衡非线性负载下基于下垂控制的组合式三相逆变器并联技术，51477139，任碧莹。

（3）国家自然科学基金青年基金项目，基于交互式多模型的交流电动机无速度传感器控制抗差机理与控制方法研究，51307139，尹忠刚。

（4）国家自然科学基金青年基金项目，双级矩阵变换器高抗扰性解耦控制，51307138，宋卫章。

（5）国家自然科学基金青年基金项目，51507137，安少亮。

（6）西安交通大学电力设备电气绝缘国家重点实验室开放课题，基于IMM的交流电动机无速度传感器控制自适应抗差机理与控制方法研究，EIPE13206，尹忠刚。

（7）西安交通大学电力设备电气绝缘国家重点实验室开放课题，VIENNA整流器鲁棒抗扰控制研究，EIPE14207，宋卫章。

（8）西北农林科技大学国家重点实验室开放课题，多通道坡面—坡沟流场流速水流自动测定仪研究，王建渊。

（9）教育部高等学校博士点专项基金（新教师类），交流电动机转速辨识策略自适应抗差机理与控制方法研究，20126118120010，尹忠刚。

（10）教育部高等学校博士点专项基金（新教师类），Z-源矩阵变换器工作机理及非最小相位控制研究，20126118120009，宋卫章。

科研成果：

近年来，“铝镁合金微弧氧化处理系列设备”获国家科技进步二等奖。2015年获得中国产学研合作创新成果二等奖1项。近10年来，获得陕西省科技一等奖1项、三等奖1项，获得陕西省教育厅科技进步二等奖2项，获得新疆建

设兵团科技进步三等奖1项，新疆建设兵团十二师科技进步一等奖1项和三等奖1项，天水市科技进步二等奖1项。

主持或主要参与国家"十五"攻关重大专项、科技部西部专项和国家863计划等5项；主持完成或在研国家自然科学基金面上项目2项、青年基金项目5项和教育部高等学校博士点专项基金2项。主持或主要参与教育部重点科研计划、公安部重大科研攻关计划等计划项目3项；主持完成或在研陕西省工业攻关项目及协同创新项目4项，陕西省自然科学基金项目7项，陕西省教育厅专项科研基金及产业化项目20项，西安市科技支撑计划项目5项。主持完成美国波音公司、博世力士乐电力传动有限公司、一汽、二汽东风、重庆长安、富士康、比亚迪企业集团、中科院近代物理研究所和永济电气集团等横向课题80余项。

出版专著1部，发表论文130余篇，其中在IEEE Transactions on Industrial Electronics、IEEE Transactions on Industrial Applications 和 IEEE Transactions on Industrial Informatics 等期刊上发表SCI检索论文13篇，在中国电机工程学报、电工技术学报等期刊上发表EI检索论文30余篇，获得发明专利授权21项。

所获荣誉：

获得陕西省优秀教学成果一等奖1项，"电力电子技术"获批陕西省精品课程；获批陕西省教学团队。

西南交通大学-高功率微波技术实验室

地址：四川省成都市二环路北一段111号
邮编：610031
电话：028-87601752
传真：028-87603134

团队人数：20

团队带头人：刘庆想

主要成员：刘庆想，李相强，张健穹，王庆峰，张政权，王邦继等

研究方向：电能变换与控制，高功率微波天线，脉冲功率技术，高功率微波器件，电机驱动与控制

团队简介：

高功率微波技术实验室成立于2003年，实验室瞄准国家重大战略需求，主要从事高功率微波技术及其相关领域的研究工作。实验室以"尽职尽责、团结和谐，挖掘每个人的潜能，创造更大价值，服务于社会"为理念，本着"想别人所不想的，做别人所不能做的"的信念，近5年来，承担了20余项国家863计划项目以及10余项横向项目，年科研经费突破1000万元，形成了一支团结和谐，勤于钻研，勇于创新的年轻科研团队。在研究过程中，实验室重视开展创新性的研究，目前已在电能变换与控制技术、电机控制技术和高功率微波辐射技术等方面取得了多项研究成果，并在新能源汽车、工业控制系统与机器人、微波天线与波导元器件、脉冲功率系统及微波源和高储能密度薄膜电容器技术等方向积累了深厚的技术储备。

在研项目：

（1）国家863项目，×××天线关键技术和实验研究。

（2）国家863项目，×××波束控制系统关键技术和实验研究。

（3）国家863项目，×××电源关键技术和实验研究。

（4）横向项目，高密度电容充电电源研制。

（5）横向项目，红外成像镜头控制系统研制。

科研成果：

已累计承担国家级项目20余项，获得国家发明专利20余项、发表论文100余篇。

所获荣誉：

2013年、2014年获得省部级科技进步二等奖。

厦门大学-微电网课题组

地址：福建省厦门市翔安区新店镇厦门大学能源学院和木楼A111
邮编：361102
电话：15960221861

团队人数：6

团队带头人：孟超

主要成员：孙纯鹏，杨贇，纪承承，魏闻，陈颖

研究方向：直流微电网及其控制策略，能源互联网与园区能源规划，不间断电源设备，电能质量治理与装备

团队简介：

厦门大学微电网研究团队主要致力于直流微电网系统建模、控制策略分析及其工程产业化。在此基础上，团队积极延伸研究领域，正在配合国内某大型能源集团共同向国家能源局申请某大型科技园区能源互联网示范项目，并作为主要参与人及子课题负责人参与其中。电力电子变换器是能源互联网和微电网的核心设备，在该研究领域，团队先后开展了高性能大功率不间断电源、有源电力滤波器、静止无功补偿器和双向AC/DC变换器等技术和设备的研究，并取得了一些成果，部分研究成果已经实现产业化。

在研项目：

纵向课题：

（1）福建省重大产学研专项，核电站用不间断电源的研究，主持。

（2）厦门市重点产学研项目，有源滤波与无功补偿关键技术研究及产业化，主持。

（3）福建省经贸委重点项目，太阳能建筑一体化微电网智能能源管理系统开发，主要参与人企业委托研究课题。

（4）某大型科技园区能源互联网示范项目，主要参与人及子课题负责人。

（5）直流微电网关键技术开发，主要参与人及子课题负责人。

（6）小型建筑用直流微电网示范工程，主持。

（7）数字化不间断电源的研究，主持。

（8）有源滤波与无功补偿关键技术研究，主持。

科研成果：

（1）Fengyan Zhang，Yun Yang，Chao Meng *. Power management strategy research for DCmicrogrid with hybrid storage system. DC Microgrids (ICDCM), 2015 IEEE First International Conference on, pp: 62-68。

(2) Fengyan Zhang, Wen Wei, Chao Meng *. Control strategy of electric charging station with V2G function based on DC micro-grid. DCMicrogrids (ICDCM), 2015 IEEE First International Conference on, pp: 222-227。

(3) Chao Meng, Yongqiang Hong. A novel passive control strategy for transformerless shunt hybrid active power filter, Automation of electric power systems, 37 (7): 108-112, 2013。

(4) Chao Meng, Yongqiang Hong. A novel control strategy for three-phase shunt active power filter using a Lyapunov function, IEEE 7th international power electronics and motion control conference-ECCE Asia, 2754-2759, 2012。

(5) Jiakun Zheng, Chao Meng, Yongqiang Hong. The study of transformerless shunt hybrid active power filter compensation for unbalanced load, IEEE 7th international power electronics and motion control conference-ECCE Asia, 2849-2853, 2012。

另有专利若干。

燕山大学-可再生能源系统控制团队

地址： 河北省秦皇岛市海港区河北大街西段438号燕山大学电气工程学院

邮编： 061001

团队人数： 教师6人，学生若干

团队带头人： 张纯江

主要成员： 李珍国，阚志忠，王晓寰，郭忠南，董杰

研究方向： 逆变器并网控制，微电网运行控制，风力发电

团队简介：

团队成立于2005年，由张纯江教授为带头人，由李珍国副教授、阚志忠副教授、王晓寰副教授、郭忠南讲师和董杰讲师为主要成员，开展可再生能源系统控制相关研究。已经完成国家基金项目4项，河北省基金项目2项，在研的国家基金1项，省级项目3项，建立风力双馈、直驱发电平台两个，光伏发电平台1个，逆变器并网平台1个，开关磁阻电机运行平台1个。发表论文70余篇，申请专利4项，培养博士生5名，研究生近百余名。

在研项目：

(1) 基于直流母线接入的大功率模块化储能双向DC/DC变换器及功率流控制研究，国家自然科学基金项目，2015-2018。

(2) 河北省教育厅科学研究计划河北省高等学校自然科学研究青年基金项目，基于下垂特性的低压微电网孤岛检测方法研究，QN2014183 2014.6-2017.6。

(3) 河北省教育厅科学研究计划河北省高等学校自然科学研究重点项目，风光互补微电网中即插即用逆变器及控制研究，ZH2012053。

(4) 河北省自然科学基金面上项目，基于微电网运行的分布式光伏逆变器关键技术研究，E2013203380。

科研成果：

(1) 张纯江，董杰，刘君，贲冰．蓄电池与超级电容混合储能的控制策略［J］．电工技术学报，2014，29（4）：334～340。

(2) 张纯江，王勇，杨海军，柴秀慧．电网电压不平衡条件下双馈风力发电机转矩脉动抑制研究［J］．太阳能学报，2013，34（6）：924～932。

(3) 王晓寰，张纯江．分布式发电系统无缝切换控制策略［J］．电工技术学报，2012，27（2）：217～222。

(4) 张纯江，王晓寰，薛海芬，阚志忠，邬伟扬．微电网中三相逆变器类功率下垂控制和并联系统小信号建模与分析［J］．电工技术学报，2012，27（1）：32～39。

(5) 李珍国，王江浩，高雪飞，方一鸣．一种合成电流控制的无刷直流电机转矩脉动抑制系统［J］．中国电机工程学报，2015，21：5592～5599。

(6) 李珍国，周生海，王江浩，方一鸣．无刷直流电动机双闭环调速系统的转矩脉动抑制研究［J］．电工技术学报，2015，15：156～163。

专利：一种基于电流控制的无刷直流电机瞬时转矩控制方法，ZL201210237086.0，2014.10。

浙江大学-GTO实验室

地址： 浙江省杭州市西湖区浙江大学玉泉校区应电楼103

邮编： 310012

电话： 0571-87951950

团队人数： 21

团队带头人： 吕征宇，姚文熙

主要成员： 靳晓光，胡进，黄龙，刘威，虞汉阳，陈发毅，王斌斌，黄羽西，谢良等

研究方向： 电力电子系统集成，电力电子功率变换及其控制技术，变模态柔性变流器，电机控制

团队简介：

团队属于浙江大学电气工程学院电力电子技术研究所，主要由1名教授、1名副教授，及博士研究生和硕士研究生组成。主要研究方向为电力电子系统集成，电力电子功率变换及其控制技术，变模态柔性变流器，电机控制等。

在研项目：

(1) 变模态柔性变流器。

(2) 高效率变模态无桥PFC变换器。

(3) 电动汽车充电桩研发。

(4) 三相并网逆变器控制。

(5) 电机控制。

(6) 三相Vienna变换器控制。

科研成果：

(1) 近年来在国内外发表学术论文300余篇，其中被SCI、EI和ISTP收录100余篇。申请和授权的中国发明专利30余项。获得省部级科研成果4项，其中一等奖一项，二等奖两项。

(2) 2001、2003年分别获得台达电力电子科教发展基金会“有源电力滤波器问题研究”、“通用电力电子装置数字式控制开发平台”优秀项目奖。

（3）有源电力滤波器及电磁兼容研究，获2001年浙江省教育厅科研成果一等奖。

（4）多电平变换器拓扑理论、控制技术和容错方法的研究，列入教育部2002年科技成果获（主要成员）。

（5）电力系统短路限流技术研究，获2006浙江省教育厅科技成果二等奖（主要成员）。

（6）多电平变换器电路拓扑控制技术与容错方法的研究，获得2009年浙江省科技一等奖（主要成员）。

所获荣誉：

（1）2001年获得台达电力电子科教发展基金会，有源电力滤波器问题研究，优秀项目奖。

（2）2001年，有源电力滤波器及电磁兼容研究，获浙江省教育厅科研成果一等奖。

（3）2002，电力电子装置电磁干扰及控制对策研究，项目获教育部科技成果二等奖。

（4）2003年获得台达电力电子科教发展基金会，通用电力电子装置数字式控制开发平台，优秀项目奖。

（5）电力系统短路限流技术研究，获2006浙江省教育厅科技成果二等奖（主要成员）。

（6）多电平变换器电路拓扑控制技术与容错方法的研究，获得2009年浙江省科技一等奖（主要成员）。

浙江大学-陈国柱教授团队

地址：浙江省杭州市西湖区浙大路38号浙江大学玉泉校区电气工程学院

邮编：310027

电话：13958133125

团队人数：25

团队带头人：陈国柱

主要成员：陈国柱教授，博士生，硕士生

研究方向：电力电子装置及其数字控制，包括：电能质量控制及节能电气装备，如APF、UPQC、SVC、dSTATCOM及dFACTS，新能源与分布式发电并网、组网及储能技术，PEBB（系统集成）技术应用及高可靠性、模块化技术，特种电力电子变换电源

团队简介：

浙江大学电力电子与电力传动学科（国家重点）研究团队。导师陈国柱教授，博士生导师，留美博士后，兼任中国能源学会副理事长、江苏省风力机高技术设计重点实验室学术委员会委员，浙江省电源学会理事，江苏省电力电器产业技术创新战略联盟技术委员会委员。是中国“教育部新世纪优秀人才”（2006）、浙江省重点“新能源电力电子技术创新团队核心成员（2010）”“南太湖科技精英计划人才”（2012）、浙江省“千人计划”人才（2013）。负责科研项目约25项，包括多个重大项目、国家自然科学基金项目和国际资助项目等；培养毕业研究生约40名，目前在读硕士生10名，博士生13名，留学生2名，合作博士后1名。

在研项目：

（1）基于PSI的电力电子线路可靠性及电磁兼容（EMC）技术。

（2）中压动态无功补偿（DSTATCOM）及电力有源滤波（APF）技术产业化开发。

（3）海上风力发电并网变流器设计关键技术。

（4）储能装置系统与控制策略。

（5）节能电气设备技术与应用。

（6）智能电力仪表设计及应用。

科研成果：

（1）中低压动态无功补偿DSTACOM成套装置及技术。

（2）三相/三线及四线制模块化电力有源滤波（APF）技术。

（3）690V/3.3kV大功率（2～6MW）风力发电并网变流器。

（4）混合储能技术。

（5）电铁制动储能节能技术。

（6）中低压电动机保护器、中低压多功能电力仪表。

发表科技论文200余篇、授权和申请发明专利23项

所获荣誉：

获科技成果奖励9项，其中包括：

（1）中国教育部科技进步二等奖。

（2）浙江省科技进步一等奖。

（3）浙江省教委科研成果一等奖。

浙江大学-电力电子技术研究所徐德鸿教授团队

地址：浙江省杭州市西湖区浙大路38号浙江大学玉泉校区应电楼105室

邮编：310027

电话：0571-87953103

传真：0571-87951797

团队人数：27

团队带头人：徐德鸿

主要成员：徐德鸿，陈敏，胡长生，林平，谌平平，杜成瑞，董德智，张文平，何宁，李海津，陈烨楠，严成，施科研，朱晔，贾晓宇，朱楠，马杰，王昊，王晔，胡锐，王小军，刘超，朱应峰，叶正煜，刘亚光，邱富君，吴俊雄

研究方向：高效率不间断电源，新能源和电动汽车用电力电子变换器，高可靠性多能源储能系统，功率半导体器件封装及应用

团队简介：

本科研团队的带头人徐德鸿教授是IEEE fellow，中国电源学会理事长，浙江大学电力电子技术研究所所长，长期从事电力电子领域科学研究和产品开发。团队在新能源发电用电力电子装置、大功率不间断电源、高效率高可靠性功率变换器设计等研究方向均有丰富的研究和实践经验。欢迎广大高校和企业与我们合作研究，共同学习。

在研项目：

（1）多能源储能系统协同控制，国家自然科学基金重点项目。

（2）燃料电池不间断电源容错技术，国家自然科学基金。

（3）大功率T型三电平智能功率模块研制，国家自然科学基金。

（4）高效率不间断电源，企业合作项目。

（5）500kW 大功率T型三电平光伏逆变器，企业合作项目。

（6）高电压双输入光伏逆变器，企业合作项目。

（7）复合有源箝位软开关光伏逆变器，企业合作项目。

（8）电动汽车用逆变器、充电桩、车载充电器，企业合作项目。

（9）SiC 功率器件封装研究，自研项目。

（10）EMI 滤波器集成，自研项目。

科研成果：

近几年发表的 SCI 论文：

（1）Dehong Xu，Haijin Li，Ye Zhu，Keyan Shi，Changsheng Hu. High-surety Microgrid：Super Uninterruptable Power Supply with Multiple Renewable Energy Sources［J］. ELECTRIC POWER COMPONENTS AND SYSTEMS，2015，43（8-10）：839～853。

（2）Guofeng He；Dehong Xu；Min Chen. A Novel Control Strategy of Suppressing DC Current Injection to the Grid for Single-Phase PV Inverter［J］. IEEE Transactions on Power Electronics，2015，30（3）：1266～1274。

（3）Wenping Zhang，Dehong Xu，Prasad N. Enjeti，Haijin Li，Joshua T. Hawke，Harish S. Krishnamoorthy. Survey on Fault-Tolerant Techniques for Power Electronic Converters［J］. IEEE Transactions on Power Electronics，2014，29（12）：6319～6331。

（4）Cheng Deng，Dehong Xu，Pingping Chen，Changsheng Hu，Wenping Zhang，Zhiwei Wen，Xiaofeng Wu. Integration of Both EMI Filter and Boost Inductor for 1-kW PFC Converter［J］. IEEE Transactions on Power Electronics，2014，29（11）：5823～5834。

（5）Cheng Deng，Min Chen，Pingping Chen，Changsheng Hu，Wenping Zhang，Dehong Xu. A PFC Converter With Novel Integration of Both the EMI Filter and Boost Inductor［J］. IEEE Transactions on Power Electronics，2014，29（9）：4485～4489。

（6）Ye Zhu，Dehong Xu，Ning He，Jie Ma，Jun Zhang，Yangfan Zhang，Guoqiao Shen，Changsheng Hu. A Novel RPV（Reactive-Power-Variation）Antiislanding Method Based on Adapted Reactive Power Perturbation［J］. IEEE Transactions on Power Electronics，2013，28（11）：4998～5012。

（7）Guofeng He，Min Chen，Wei Yu，Ning He，Dehong Xu. Design and Analysis of Multiloop Controllers With DC Suppression Loop for Paralleled UPS Inverter System［J］. IEEE Transactions on Industrial Electronics，2014，61（12）：6494～6506。

（8）Yenan Chen，Dehong Xu，Jiangbei Xi，Guangcheng Hu，Chengrui Du，Yawen Li，Min Chen. A ZVS Grid-Connected Full-Bridge Inverter with a Novel ZVS SPWM Scheme［J］. IEEE Transactions on Power Electronics（已收录）

（9）Chengrui Du，W. G. Hurley，Dehong Xu. Design Methodology of Resonant Inductor in a ZVS Inverter［J］. IEEE Journal of Emerging and Selected Topics in Power Electronics（已收录）。

近几年获得授权的发明专利：

（1）徐德鸿，邓成，胡长生，温志伟. 一种功率因数校正电路的无源元件集成装置：中国，ZL201210439993.3［P］. 2014-10-08。

（2）徐德鸿，陈烨楠，杜成瑞，胡光铖，延汇文. 一种单相逆变器的调制方法. 中国，ZL201210418400.5［P］. 2014-08-06。

所获荣誉：

（1）面向电网谐波污染治理与电能质量优化的电力电子关键技术及工程化应用，浙江省科学技术奖一等奖，2012年。

（2）高电能质量节能型大功率不间断电源系统关键技术与产业化，中国电源学会科技进步奖特等奖，2015年9月。

浙江大学-何湘宁教授研究团队

地址：浙江省杭州市西湖区浙大路38号浙江大学电气工程学院

邮编：310027

团队人数：47

团队带头人：何湘宁

主要成员：石健将，邓焰，吴建德，李武华，胡斯登

研究方向：电力电子技术及其工业应用，包括大功率变换器与智能控制系统，特种电源及其网络化系统，电力电子器件、电路和系统的建模、仿真和测试等

团队简介：

SEEEDS（Sustainable & Efficient Electric Energy Delivery Systems）团队依托于浙江大学电力电子技术国家专业实验室。目前，团队拥有教授3名，副教授3名。主要研究方向包括电力电子技术及其工业应用，包括大功率变换器与智能控制系统，特种电源及其网络化系统，电力电子器件、电路和系统的建模、仿真和测试等。与美国通用电气、日本富士电机、台达、中国电科院、上海电气等公司及研究机构保持密切的交流合作。

在研项目：

（1）国家自然科学基金重大项目课题，多时间尺度下大容量电力电子混杂系统运行匹配规律研究，项目批准号51490682，2015.1～2019.12。

（2）国家自然科学基金，中英国际合作项目，电动汽车与智能电网的接口及网络交互，项目批准号：51361130150，2013.7～2016.06。

（3）国家自然科学基金，基于功率开关变换电路理论

的能量/信号复合传输方法和系统研究，编号61174157。

（4）浙江省自然科学基金杰出青年基金项目，即插即用型新能源直流微网运行控制的基础研究，项目编号LR16E070001，2016.1～2019.12。

（5）科技部973青年科学家专题，柔性直流输电换流器安全运行裕度的基础研究，项目编号2014CB247400，2013.8～2018.7。

（6）国家自然科学基金青年-面上连续资助项目，新一代高性能直流型光伏集成发电模块系统研究，项目批准号51277195，2013.1～2016.12。

（7）国家自然科学基金面上项目，非隔离型分布式光伏发电系统对地共模漏电流抑制机理研究，项目批准号51377112，2014.1～2017.12。

科研成果：

在多电平功率变换器基础与应用研究，仿生学意义下的电力电子系统分布式结构，可再生能源功率变换系统与控制等方面取得创新性成果。同时在电力电子技术应用于有机材料处理工程、环境保护工程领域开展交叉学科方向的研究，并实现了产业化。国内外发表论文360余篇，250多篇被SCI和（或）EI所收录。授权国家发明专利32项。

所获荣誉：

获国家技术发明二等奖1项，省部级科学技术成果一等奖3项。

浙江大学-马皓教授团队

地址：浙江省杭州市西湖区浙江大学玉泉校区电气工程学院

邮编：310027

团队人数：22

团队带头人：马皓

主要成员：马皓教授，白志红副教授，博士生，硕士生

研究方向：电力电子技术及其应用，电力电子先进控制技术，电力电子系统故障诊断理论和方法，新型高效功率变换拓扑与控制技术，电力电子系统网络控制技术，逆变器无线并联技术，电能非接触传输技术，电动汽车中电力电子技术等

团队简介：

本团队属于浙江大学电力电子与电力传动学科（国家重点学科）研究团队，浙江省重点科技创新团队。带头人马皓教授，现任浙江大学电气工程学院副院长；浙江省科协委员；中国电源学会常务理事，学术工作委员会主任，直流电源专业委员会副主任，无线电能传输技术及装置专业委员会副主任，浙江省电源学会副理事长、秘书长。团队完成科研项目50余项，包括国家自然科学基金项目、国家高技术研究发展计划（863计划）项目、国际合作项目和企业合作项目等。培养毕业研究生63名，目前在读硕士生10名，博士生9名，合作博士后1名。

在研项目：

（1）基于三维磁场分析方法的电动中的网络控制技术研究。

（2）多能源储能系统的故障诊断和容错技术。

（3）基于国产IGBT智能功率模块的并联技术研究。

（4）特殊环境中高效率高功率密度直流-直流变换器研究。

（5）混合能源分布式逆变器并网系统。

科研成果：

（1）电力电子系统故障诊断理论和应用。

（2）新型软开关功率变换拓扑及其应用。

（3）新型高效率照明驱动电源及其控制技术研究与应用。

（4）新一代汽车无汞HID电子镇流器。

（5）单相或三相逆变器并联系统的无线并联技术。

（6）电力电子系统的网络控制技术。

发表学术论文200余篇，授权和申请发明专利24项。

所获荣誉：

（1）浙江省科技进步一等奖1项。

（2）浙江省科技进步奖二等奖1项。

（3）教育部提名国家科学技术奖自然科学奖二等奖1项。

（4）教育部科技进步二等奖1项。

（5）上海市科技进步奖三等奖1项。

（6）国家级教学成果奖二等奖1项。

（7）浙江省教学成果奖一等奖1项。

汽车感应耦合式非接触电能传输系统研究

浙江大学-微纳电子所韩雁教授团队

地址：浙江省杭州市西湖区浙大路38号浙江大学玉泉校区信电学院微电子楼

邮编：310027

电话：0571-87953116

传真：0571-87953116

网址：www.isee.zju.edu.cn/IC

团队人数：15

团队带头人：韩雁

主要成员：韩雁，张世峰，韩晓霞

研究方向：集成电路与功率器件设计

团队简介：

团队共有教授1名，副教授1名，讲师1名，专职科研岗教师1名，博士生5名，硕士生6名。

在研项目：

（1）国家自然科学基金面上项目，61274035，纳米工艺下面向参数成品率增强的电路设计方法研究，2013/01-2016/12。

（2）企业委托开发项目，交流接触器节能芯片ZDLX-1H应用开发，2016.3.16-2019.3.15。

（3）企业委托开发项目，铁路轨旁电子单元LEU的开发，2014.9.1-2016.3.31。

（4）企业委托开发项目，先进电磁技术，2015.11-2017.11。

科研成果：

（1）承担并完成国家 863 IC 设计专项、国家核高基重大专项、国家基金面上项目、教育部博士点基金、浙江省科技重大专项、省自然基金、省部级政府招标项目、海外合作项目、企业委托重大横向和普通研发项目共计 60 多项科研项目。

（2）近五年内共出版论著五部，发表 SCI 论文 26 篇（其中 1 篇发表在 JSSC，3 篇发表在 EDL），获授权发明专利 50 余项（含日本授权专利 1 项，美国公告专利 1 项，欧洲申请专利 1 项）。应 InTech 出版社之邀为其新书撰写的 Chapter 10，因提出了 On Chip ESD 防护器件"有效性、鲁棒性、敏捷性、透明性"的定量判定方法，受到国际同行的广泛关注，出版三年内被各国学者下载 7 000 多次。还曾因发表文章揭示了 JEDEC 国际标准在 IC ESD 测试方法上存在的漏洞，被美国科学网站报道为 New Funding on Science。

（3）新近研制出一款基于国内 40nm CMOS 工艺的 60GHz 锁相环射频芯片，技术国际先进，国内领先。完成了浙江省重大科技专项 1 700V IGBT 的研发与产业化项目。

浙江大学-智能电网柔性控制技术与装备研发团队

地址：浙江省杭州市西湖区浙大路 38 号

邮编：310027

电话：0571-87951541

团队人数：50

团队带头人：江道灼

主要成员：甘德强，赵荣祥，梁一桥，文福拴，李海翔，丘文千，江全元，郭创新，周浩

研究方向：交直流电力系统运行与控制，柔性输配电控制技术与装备

团队简介：

团队由浙江大学牵头，合作单位为浙江省电力公司（含其下属企业）、浙江省电力设计院。团队规模约 50 人，拥有副高职以上技术职称人数约占 57%；核心成员 10 人，其中中科院院士 1 人，教育部"新世纪优秀人才支持计划"入选者 3 人，浙江大学求是特聘教授 1 人。

团队依托浙江大学电气工程国家一级重点学科（涵盖电力系统及其自动化、电力电子技术、电机与电器 3 个国家二级重点学科）、电力电子应用技术国家工程研究中心和电力电子技术国家专业实验室，汇集了浙江省乃至全国一流的业界专家，且团队成员有着长期紧密的合作历史和合作基础。团队注重"产学研"结合，并紧密围绕分布式发电与并网技术、特高压交直流输电技术、智能电网技术等国际和我国电力行业最新发展趋势，针对浙江省重大需求开展创新性研究，为浙江省电力工业的现代化改造与发展提供基础理论和核心技术支撑。

在研项目：

（1）固态短路限流技术及装置研发（863）。

（2）直流断路器关键技术研究（863）。

（3）电动汽车与智能电网的接口及网络交互（国家基金中英合作项目）。

（4）统一潮流控制器 UPFC 在含分布式电源智能配电网关键技术研究及工程应用。

科研成果：

（1）共发表科研论文 70 余篇，其实 SCI/EI 近 50 篇。

（2）获得省部级科技奖 4 项。

（3）申请专利 30 余项，其中发明专利 7 项。

（4）团队培养及引进了一批高层次科研人员，引进海外优秀人才 1 人、培养国家级和省部级优秀人才 3 名、多位项目成员完成职务晋升，同时培养了一批较高理论和专业素质的研究生。

所获荣誉：

（1）500kV 直流融冰兼动态无功补偿系统研制与工程试点，浙江省电力科学技术二等奖（浙江大学）。

（2）无功电压及优化辅助决策系统开发及应用，福建省科学技术进步奖三等奖（浙江大学）。

（3）500kV 直流融冰兼动态无功补偿系统研制与工程试点，浙江电力科学技术一等奖（江道灼）。

（4）500kV 直流融冰兼动态无功补偿系统研制与工程试点，浙江电力科学技术一等奖（浙江大学）。

（5）500kV 直流融冰兼动态无功补偿系统研制与工程试点，浙江省电力公司科学技术进步特等奖（江道灼）。

（6）500kV 直流融冰兼动态无功补偿系统研制与工程试点，浙江省电力公司科学技术进步特等奖（浙江大学）。

（7）PES2013 最佳论文奖。

（8）WeGet2014 最佳论文奖等。

中国矿业大学-电力电子与矿山监控研究所

地址：江苏省徐州市大学路 1 号中国矿业大学

邮编：221116

电话：0516-83590819

团队人数：10

团队带头人：伍小杰

主要成员：原熙博，戴鹏，周娟，夏晨阳，张同庄，宗伟林，于月森，耿乙文，王颖杰

研究方向：电机与控制，有源电力滤波器，无线电能传输，本安防爆电器，光伏并网发电，无功补偿与谐波治理，矿井无线通信等

团队简介：

中国矿业大学电力电子与矿山监控研究所团队主要从事电力电子、电力传动与电控、矿井电气自动化及通信方面的研究。目前，团队成员 10 人，其中教授 4 人，副教授 5 人，讲师 1 人，团队目前有 10 名博士，90 多名硕士，科研实力强劲。

在研项目：

（1）国家高技术研究发展计划（863 计划）资助项目子课题，超大容量电力电子变换装备 VME 总线控制实验研发平台。

（2）国家自然科学基金面上项目，非理想接入条件三相变换器并网适应性分析及优化控制研究。

（3）国家自然科学基金青年基金，自配置非对称无线蜂窝网供电机制及关键技术研究。

（4）国家自然科学基金青年项目，四桥臂有源电力滤波器脉宽调制机理及电流预测控制研究。

（5）截止型 EC 电路短路火花放电机理及关键技术研究。

（6）江苏省自然科学基金青年基金，自由高效无线平面供电网关键技术研究。

（7）高等学校博士学科点专项科研基金，弱电网及直流侧大扰动条件下变换器并网稳定机理研究。

（8）江苏省科技厅产学研前瞻性联合研究项目，基于 OpenCV 主板插件装配自动检测技术的研究。

科研成果：

中国矿业大学电力电子与矿山监控研究所团队目前共计获得过国家 863 项目，国家自然科学基金项目及各类省部级项目近 20 项，承担企业委托项目近 50 项，累计经费超过 1 亿元。团队发表论文 200 余篇，其中 SCI/EI 检索论文 100 余篇，授权发明专利近 40 项，获得各类人才称号 5 项，出版专著 5 本，获奖 15 项。

所获荣誉：

（1）大型矿井提升系统传动控制理论与关键技术研究，中华人民共和国教育部，科技进步，国家一等奖，2013。

（2）超大容量高精度电解铝全数字电源系统与设备，中华人民共和国教育部，科技进步，国家二等奖，2011。

（3）获得煤炭协会科技奖二等奖 2 项、三等奖 8 项。

（4）团队获得中国矿业大学电力电子优秀创新团队。

中国矿业大学-信电学院 505 实验室

地址：江苏省徐州市泉山区中国矿业大学文昌校区 505 室

邮编：221000

团队人数：22

团队带头人：周娟

主要成员：魏琛（博士），郑婉玉（硕士），甄远伟（硕士），刘刚（硕士），王超（硕士），宋振浩（硕士），董浩（硕士）等

研究方向：电能质量控制

团队简介：

主要针对基于三相三线制及三相四线制有源电力滤波器的谐波检测方法、调制方法及电流控制策略算法进行理论研究，提出改进方法，进行 MATLAB 仿真验证，并搭建实验平台编写 DSP 程序进行实验验证。

在研项目：

四桥臂有源电力滤波器脉宽调制机理及电流预测控制研究。

科研成果：

软件著作权：

电容极性检测软件 v2.3.3，2014SR017789。

发明专利：

（1）基于 gh 坐标系的三电平变流器空间矢量调制方案，CN201410151453.4（实审）。

（2）一种基于 H 桥级联型 STATCOM 改进的软启动方法，CN201410331424.6（实审）。

（3）一种直流侧电压自适应调节的 APF 电流预测控制算法，CN201510310192.0（实审）。

中国矿业大学（北京）-大功率电力电子应用技术研究团队

地址：北京市海淀区学院路丁 11 号中国矿业大学（北京）逸夫实验楼 701

邮编：100083

电话：010-62331257

传真：010-62331257

网址：http://jdxy.cumtb.owvlab.net/virexp/

团队人数：10

团队带头人：王聪

主要成员：程红（教授），卢其威（副教授），邹甲（工程师）

研究方向：大功率电力电子应用技术，大功率电力电子传动控制技术，电力电子技术在煤矿中的应用

团队简介：

本科研团队所在实验室依托中国矿业大学（北京）电力电子与电力传动国家级重点学科及北京市电气工程实验教学示范中心的科研优势，先后得到国家“211 工程”、国家普通高校修购专项以及基于校企联合实验室的国际知名公司大学计划等多项建设项目的投入和资助，已具有完善的从事电力电子相关领域科学研究的实验条件和设备。同时自主研制了光伏并网发电系统实验平台，100kW 三电平静止无功发生器实验系统用于后续研究。另外，本课题组多年从事电力电子与电力传动技术和理论的教学与研究，取得了一系列高水平的学术成果，使得课题组具备从事电力电子相关研究的能力与经验。

在研项目：

（1）横向项目，游梁式气井抽水机直流微网供电系统关键技术研究。

（2）纵向项目，国家自然基金，新一代高频隔离级联式中高压变频器关键技术研究，5157070726。

（3）纵向项目，中央高校基本科研业务费项目，基于级联逆变器光伏高压并网系统的研究，2009KJ02。

（4）纵向项目，中央高校基本科研业务费项目，无工频变压器级联式多电平整流器关键技术研究，2010YJ03。

科研成果：

本科研团队长期以来一直从事电力电子与电力传动方面的教学与科研工作。先后承担过多项与高频电力电子变换技术和大功率电力传动技术相关的科研课题，如：国家经贸委科技发展项目，煤矿井下电机车交流调速系统的研究（1996～1999 年）。煤炭科学基金项目，人工神经元网络在交流调速系统中的应用（1995～1998 年）。微机控制多能源无人值守通信电源系统（1996～1999 年），智能化电力操作电源系统（1999～2002 年），新型串并联 UPS 和 EPS 系统的研制（2003～2004 年），大功率机车充电电源的研制（2003～2004 年），煤矿直流架线电源漏电保护技术及装置的研究（2005～2006 年），开关型本安电源的开发

与研制（2006～2007年），矿用三电平背靠背式大功率变频器系统研究（2007～2009年），煤矿井下局部通风机应急电源的研究（2009～2011年）等。国家自然科学基金面上项目，无工频变压器级联式多电平变换器关键技术研究（2010～2013年）。北京市教委资助项目，基于三电平660/1 140V矿用隔爆型SVG的研制（2013～2014年）。

所获荣誉：

本科研团队近年来获得的省部级奖项：

（1）1997年度北京市科技进步二等奖。

（2）1998年度北京市科技进步三等奖。

（3）1999年度江苏省科技进步二等奖。

（4）2008年度河北省科学技术奖三等奖。

（5）2008年度中国煤炭工业协会科学技术奖三等奖。

（6）2010年度中国有色金属工业科学技术奖三等奖。

（7）2009年国家安全生产科技成果奖二等奖。

（8）2011年度中国煤炭工业协会科学技术奖二等奖。

（9）2009年河北省科技进步奖三等奖。

（10）2013年度中国煤炭工业协会科学技术奖三等奖。

中国人民解放军海军工程大学-电力集成创新团队

地址：湖北省武汉市解放大道717号

邮编：430033

电话：027-65461951

传真：027-83648171

团队人数：88

团队带头人：马伟明

主要成员：肖飞，王东，付立军，鲁军勇，汪光森，赵治华，聂子玲，张磊，孟进，李卫超，马凡，刘德志

研究方向：电力集成，电力电子，电力系统，电磁兼容，电磁发射

团队简介：

1. 团队建设与发展情况

海军工程大学电力集成创新团队起源于1986年组建的多相电机课题组，在舰船电气领域著名专家张盖凡教授带领下，马伟明、刘德志等年轻骨干在国内率先开始了多相电机运行性能的研究，为团队后续技术创新奠定了较好的理论基础。

1992年，马伟明教授领衔组建了以现有骨干成员为主的创新团队，开创了以舰船综合电力系统技术为代表的电气学科领域新发展。1997年成立电力电子技术研究所，2003年建成舰船综合电力技术国防科技重点实验室，创造性地提出了“电力集成”技术思想，在舰船综合电力和电磁发射两大技术领域完成了一系列应用基础理论研究、关键技术攻关、重大装备及系统研制任务，取得了革命性的技术突破，走出了一条独具特色的创新跨越发展之路。

目前，团队拥有固定研究人员88人，其中具有高级技术职称人员46人，具有博士研究生学历78人，平均年龄34.9岁。团队成员来自国内外20余所知名高校，构成涵盖以电气工程为主及强相关的6个一级学科。

近30年的发展历程中，团队形成了“崇尚科学、追求卓越、敢于担当、勇于超越”的团队精神和“宽松、民主、开放、和谐”的团队文化，在世界科技前沿领域开展创新性研究。团队坚持协同创新，积极联合优势科研院所和企业，组建国家队，以“大联合”催生“大成果”。团队培养了工程院院士1人，百千万人才工程4人，十佳全国优秀科技工作者1人，求是奖4人，何梁何利科技进步奖1人，何梁何利科技成就奖1人，中青年有突出贡献专家4人，新世纪优秀人才支持计划2人，军队领军人才培养对象2人、拔尖人才培养对象5人，973首席专家3人，国家自然科学基金优秀青年基金获得者3人，全国优秀博士学位论文2篇，荣立一等功2人次，二等功18人次，三等功39人次，集体一等功1次。连续两期获国家自然科学基金委创新研究群体基金资助，2008年获中国人民解放军科技创新群体奖，2011年被评为全军人才建设先进单位、总装备部2006～2010年装备预先研究先进集体，并获国家科技部“十一五”国家科技计划执行优秀团队奖，2015年获海军授予马伟明创新强军模范团队荣誉称号。

2. 研究方向和创新水平

面对我国舰船动力、电磁发射领域长期落后国外的局面，团队创造性地提出了“电力集成”的技术思想，自主设计、研制了三代集成度不断提高的新型舰船发供电系统，实现了从集成创新到自主原始创新的重大跨越，确立了我国舰船集成发供电技术方向的国际领先地位；将“电力集成”技术思想拓展至舰船综合电力和电磁发射两个技术方向，在国际上率先提出舰船中压直流综合电力技术路线，成功研制舰船中压直流综合电力试验系统，使我国成为世界上首个拥有舰船中压直流综合电力技术的国家，总体性能领先国外十年左右，引领了国际舰船综合电力技术的发展；攻克了多型电磁发射系统的全部关键技术，推进了我国传统化学能武器项电磁能发射的变革。

团队获得国家科技进步奖（创新团队）1项，国家科技进步一、二等奖各2项，国家技术发明三等奖2项，军队科技进步一等奖15项、二等奖9项，授权发明专利78项，软件著作权3项，出版专著5部，发表SCI/EI论文550余篇。

3. 社会贡献和业界评价

团队在舰船综合电力、电磁发射两大技术领域引领了行业的发展。研制的三代发供电系统改变了我国舰艇核心动力系统长期落后的局面；研制的综合电力系统主要成果已应用于各型舰船，显著提升了我军舰艇装备的综合作战能力。

在军民融合方面，团队牵头成立“国家能源新能源接入设备研发（实验）中心”，成为首个落户军队的国家级新能源研发基地；研制的风光柴储一体化智能电站，显著增强了岛礁供电的保障能力；推广应用的兆瓦级风力发电变频装置，打破了西方发达国家对该技术的垄断，产生了巨大的经济和社会效益。

在研项目：

国家自然科学基金：

（1）电力电子器件及其组合混杂系统多时间尺度的动

力学表征（重大项目）。

（2）大容量高效集成飞轮储能关键技术基础研究（重点项目）。

（3）大功率IGBT状态监测与可靠性在线评估（面上项目）。

（4）舰船综合电力系统自愈及其支撑技术的理论与方法研究（面上项目）。

（5）复杂机电系统分布式实时仿真平台关键技术研究（面上项目）。

（6）考虑非线性和频变特征的舰船综合电力非正弦供电WM级中频变压器建模及损耗评估（面上项目）。

（7）大容量集成式储能脉冲发电机的关键技术研究（青年基金）。

（8）导轨式电磁发射用新型混合储能技术研究（青年基金）。

（9）三相四线制静止式中频电源组网系统节点配置影响研究（青年基金）。

（10）考虑IGBT并联的大容量脉冲工作式逆变器关键技术研究（青年基金）。

（11）IGBT芯片疲劳失效机理及其健康状态监测方法研究（青年基金）。

国家973：

（12）远距离大规模风电的有功/无功功率控制与电力系统频率及电压稳定（973子课题）。

（13）大功率全控型电力电子器件失效机理及尽限应用（973课题）。

国防973：

（14）舰船综合电力系统运行与能量调度基础研究（973项目）。

军队科研项目：

（15）中压整流发电机研制（军队项目）。

（16）变频调速装置关键制造工艺研究与样机制造（军队项目）。

（17）低压供配电设备关键技术研究及研制（军队项目）。

（18）双输出XX中频静止电源科研样机研制（军队项目）。

（19）聚涡旋风力发电系统应用研究（军队项目）。

（20）综合电力系统平台管理技术研究（军队项目）。

科研成果：

（1）舰船新型供电系统研制国家科学技术进步一等奖（马伟明等，2000年）。

（2）交直流集成式双绕组发电机系统研制国家科学技术进步一等奖（马伟明等，2010年）。

（3）新型高速感应发电机系统研制国家科学技术进步二等奖（王东等，2014年）。

（4）静止式主变流装置研制国家科学技术进步二等奖（汪光森等，2013年）。

（5）带稳定绕组和稳定装置的十二相充电发电机国家技术发明三等奖（马伟明等，1996年）。

（6）发电机整流系统故障实时诊断装置国家技术发明三等奖（马伟明等，1997年）。

（7）舰船综合电力系统电网结构理论研究军队科技进步一等奖（付立军等，2011年）。

（8）新型静止式中频电源研制军队科技进步一等奖（聂子玲等，2013年）。

（9）MW级推进变频器研制军队科技进步一等奖（孙驰等，2014年）。

（10）舰船综合电力直流区域变配电分系统研制军队科技进步一等奖（肖飞等，2015年）。

（11）舰船综合电力全系统研制军队科技进步一等奖（付立军等，2015年）。

（12）小型风力太阳能一体式发电站军队科技进步二等奖（吴振兴等，2014年）。

（13）车用交流感应电机牵引逆变器全国发明展览会金奖（聂子玲等，2007年）。

（14）2MW永磁直驱式风力发电系统变流器全国发明展览会金奖（肖飞等，2010年）、国家能源科技进步三等奖（肖飞等，2011年）。

所获荣誉：

（1）2012年，荣立集体一等功。

（2）2008年获中国人民解放军科技创新群体奖。

（3）2011年被评为全军人才建设先进单位、总装备部2006～2010年装备预先研究先进群体，并获国家科技部“十一五”国家科技计划执行优秀团队奖。

（4）2015年海军授予马伟明创新强军模范团队荣誉称号。

（5）2015年国家科学技术进步奖（创新团队）。

中山大学-第三代半导体GaN电力电子材料与器件研究团队

地址：广东省广州市海珠区新港西路135号中山大学

邮编：510275

电话：020-39943836

传真：020-84037549

团队人数：52

团队带头人：刘扬

主要成员：张佰君，江灏，黄丰，付青，黄智恒，王自鑫，陈辉，陈鸣，杜晓荣，郭建平，粟涛，胡杰峰

研究方向：宽禁带半导体GaN基电力电子材料与器件

团队简介：

本团队的研究工作主要依托于中山大学光电材料与技术国家重点实验室下属的宽禁带半导体GaN材料与器件研发平台、电力电子及控制技术研究所。研发团队主要成员均来自于该领域国内外的先端研究院所，集中了一批GaN电力电子领域内的知名专家和学者，共同打造一支校企强强联合的国际化研究开发团队（52人），其中教授9名、副教授6名、高级工程师7名、讲师3名、研究员1名，博士研究生29人，硕士研究生8人及工程技术人员若干。科研团队的学科背景涵盖凝聚态物理、材料物理、化学、微电子学与固体电子学和电力电子学等多个方面。每年还有

大批客座研究人员到实验室开展科研工作。

本团队是国内首批开展第三代半导体 GaN 功率电子材料与器件研究的科研团队之一，早在2006年他们就开始组建研发平台，团队核心成员均来自于国际著名的 Si 衬底异质外延研究机构——日本名古屋工业大学极微器件系统研究中心，主要定位于 GaN 功率电子材料、器件制备及其产业化关键技术的研发。本团队有别于国内其他研究单位的主要特点是，同时关注 GaN 的材料和器件两个方面，从器件研究引导材料开发，而材料质量的改进有利于器件性能的提升。经过多年积累，该平台拥有世界一流，功能完备的从材料外延、芯片制备、器件封装及分析表征的仪器设备，可以完成 GaN 电力电子器件全链条技术的开发。近年在 GaN 电力电子材料与器件制造方面取得了重要进展，并于2014年末被广东省科技厅认证为“广东省第三代半导体 GaN 电力电子材料与器件工程技术研究中心”。

在研项目：

本团队目前主持各类在研科研项目30余项，包括“973 计划”项目、“863 计划”项目、国家基金重点项目、国家自然基金项目、国家杰出青年科学基金项目、广东省应用型科技研发专项资金项目、广东省科技计划项目、广东省自然科学基金研究团队项目、广东省协同创新与平台环境建设项目和广州市科技计划项目等国家级省部级项目多项，科研经费达6 000多万元。

科研成果：

本团队以 GaN 电力电子技术为主攻方向，瞄准国际最新科学前沿和关键科学技术问题，从事宽禁带化合物半导体材料外延生长，高性能 GaN 基电力电子器件研发制备以及新技术的开拓研究。在 GaN 基电力电子材料外延和器件制备方面均取得了一系列国际先进的科研成果。本团队通过积极推动与传统集成电路企业的产学研合作，形成了强强联合的有效机制，加快了产业化进程的步伐。在材料、器件、封装和系统集成技术等关键技术领域申请50余项国内发明专利，取得具有自主知识产权的创新性研究成果5项以上，在国内外具有重要影响的刊物上发表论文100余篇。

在宽禁带半导体 GaN 基材料外延方面，中山大学通过采用多种应力缓冲层技术有效解决 Si 衬底 GaN 外延层翘曲与龟裂问题。全面掌握 Si 衬底上高耐压，高电导，高质量 GaN 外延生长技术，材料耐压达1 500V 以上，晶片翘曲度小于50微米，材料质量达到器件制备级水平，目前该技术已经达到国际先进水平。基于中山大学 2in 和 4in Si 衬底 GaN 基电力电子材料外延技术，与国内 GaN 材料生产企业合作开发出了运用于 GaN 电力电子功率器件制备的 6in GaN-On-Silicon 材料外延技术。

在 GaN 基电力电子器件制备方面，中山大学在国际公认的科技难点——常关型（Normally-off）GaN 基异质结构（HFET）场效应晶体管的研究方面有了重大进展，实现高性能增强型 GaN 开关器件的制备。该技术具有自主知识产权（ZL200910036617.8），填补了国内空白，有效地克服了欧美的专利技术的不足之处，提高器件阈值电压的稳定性、可控性和均匀性，器件结果达到世界先进水平，相关成果被知名杂志 Semiconductor Today 转载报道。

在 GaN 基电力电子器件产业化方面，自2013年起中山大学与国内集成电路龙头企业合作进行 Si 衬底 GaN 基电力电子器件的 CMOS 兼容工艺研发，在企业自有生产线上，利用6in 硅基氮化镓外延片完成了氮化镓功率器件流片，器件性能基本达到实验室开发器件的水平，目前正在开发常关型 GaN 基电力电子器件的产业化工艺技术。

所获荣誉：

基于本团队在 GaN 电力电子材料与器件制造方面取得的重要进展，于2014年末被广东省科学技术厅认证为“广东省第三代半导体 GaN 电力电子材料与器件工程技术研究中心”。该中心目前承担着国家863项目、科技部国际合作项目和广东省科技计划项目多项，该中心的宗旨是通过与国内龙头集成电路企业及 GaN 材料外延企业合作，共同推动 GaN 电力电子器件的国内产业化进程。

第九篇　主要电源企业简介

（同类企业按单位名称汉语拼音字母顺序排列）

副理事长单位

1. 佛山市禅城区华南电源创新科技园投资管理有限公司
2. 广东志成冠军集团有限公司
3. 深圳市航嘉驰源电气股份有限公司
4. 台达电子企业管理（上海）有限公司
5. 厦门科华恒盛股份有限公司
6. 阳光电源股份有限公司
7. 易事特集团股份有限公司
8. 中兴通讯股份有限公司能源产品部

常务理事单位

9. 安泰科技股份有限公司非晶金属事业部
10. 北京动力源科技股份有限公司
11. 北京中大科慧科技发展有限公司
12. 东莞市石龙富华电子有限公司
13. 佛山市柏克新能科技股份有限公司
14. 佛山市新光宏锐电源设备有限公司
15. 广东新昇电业科技股份有限公司
16. 广州金升阳科技有限公司
17. 合肥华耀电子工业有限公司
18. 鸿宝电气集团股份有限公司
19. 华东微电子技术研究所
20. 茂硕电源科技股份有限公司
21. 宁波赛耐比光电有限公司
22. 深圳华德电子有限公司
23. 深圳科士达科技股份有限公司
24. 深圳市英威腾电源有限公司
25. 石家庄通合电子科技股份有限公司
26. 温州大学
27. 温州现代集团有限公司
28. 无锡芯朋微电子股份有限公司
29. 先控捷联电气股份有限公司
30. 浙江东睦科达磁电有限公司

理事单位

31. 宝士达网络能源（深圳）有限公司
32. 北京创四方电子股份有限公司
33. 北京泛华恒兴科技有限公司
34. 北京落木源电子技术有限公司
35. 北京伟仕天成科技有限公司
36. 成都金创立科技有限责任公司
37. 重庆荣凯川仪仪表有限公司
38. 广东寰宇电子科技股份有限公司
39. 广东意壳电子科技有限公司
40. 杭州飞仕得科技有限公司
41. 合肥博微田村电气有限公司
42. 河北奥冠电源有限责任公司
43. 南通新三能电子有限公司
44. 宁夏银利电气股份有限公司
45. 赛尔康技术（深圳）有限公司
46. 陕西柯蓝电子有限公司
47. 上海超群无损检测设备有限责任公司
48. 深圳晶福源科技股份有限公司
49. 深圳可立克科技股份有限公司
50. 深圳市铂科新材料股份有限公司
51. 深圳市迪比科电子科技有限公司
52. 深圳市汇川技术股份有限公司
53. 深圳市京泉华科技股份有限公司
54. 深圳市科瑞爱特科技开发有限公司
55. 深圳市商宇电子科技有限公司
56. 深圳市智胜新电子技术有限公司
57. 深圳市中电熊猫展盛科技有限公司
58. 四川长虹欣锐科技有限公司
59. 苏州东山精密制造股份有限公司
60. 天长市中德电子有限公司
61. 田村（中国）企业管理有限公司
62. 无锡新洁能股份有限公司
63. 西安爱科赛博电气股份有限公司
64. 西安龙腾新能源科技发展有限公司
65. 西安伟京电子制造有限公司
66. 厦门市爱维达电子有限公司
67. 英飞凌科技（中国）有限公司
68. 英飞特电子（杭州）股份有限公司
69. 浙江矛牌电子科技有限公司
70. 浙江特雷斯电子科技有限公司
71. 浙江榆阳电子有限公司
72. 中国长城计算机深圳股份有限公司

会员单位

广东省

73. TÜV 南德意志集团
74. 潮州市金刚眼电子有限公司
75. 东莞宏强电子有限公司
76. 东莞华兴电器有限公司

77. 东莞立德电子有限公司
78. 东莞市金河田实业有限公司
79. 东莞市锐源仪器股份有限公司
80. 东莞市天楠光电科技有限公司
81. 东莞市友美电源设备有限公司
82. 佛山市宝星科技发展有限公司
83. 佛山市迪智电源有限公司
84. 佛山市哥迪电子有限公司
85. 佛山市汉毅电子技术有限公司
86. 佛山市凯拓电源设备有限公司
87. 佛山市力迅电子有限公司
88. 佛山市南海区平洲广日电子机械有限公司
89. 佛山市南海赛威科技技术有限公司
90. 佛山市顺德区冠宇达电源有限公司
91. 佛山市顺德区扬洋电子有限公司
92. 佛山市众盈电子有限公司
93. 广东创电科技有限公司
94. 广东大比特资讯广告发展有限公司
95. 广东丰明电子科技有限公司
96. 广东和昌电业集团有限公司
97. 广东金华达电子有限公司
98. 广东乐科电力电子有限公司
99. 广东省佛山科星电子有限公司
100. 广东顺德三扬科技股份有限公司
101. 广州安的电子技术有限公司
102. 广州东芝白云菱机电力电子有限公司
103. 广州广日电气设备有限公司
104. 广州汉铭通信科技有限公司
105. 广州华工科技开发有限公司
106. 广州健特电子有限公司
107. 广州科欣仪器有限公司
108. 广州市白云化工实业有限公司
109. 广州市宝力达电气材料有限公司
110. 广州市昌菱电气有限公司
111. 广州市华德电子电器设备有限公司
112. 广州市锦路电气设备有限公司
113. 广州市力索能电子有限公司
114. 广州市凝智科技有限公司
115. 广州市维能达软件科技有限公司
116. 广州市先锋电镀设备制造有限公司
117. 广州市昱诚电子技术有限公司
118. 海丰县中联电子厂有限公司
119. 惠州 TCL 王牌高频电子有限公司
120. 江门市安利电源工程有限公司
121. 理士国际技术有限公司
122. 山特电子（深圳）有限公司
123. 汕头华汕电子器件有限公司
124. 深圳安固电子科技有限公司
125. 深圳奥特迅电力设备股份有限公司
126. 深圳辰达行电子有限公司
127. 深圳古瑞瓦特新能源股份有限公司
128. 深圳华意隆电气股份有限公司
129. 深圳蓝信电气有限公司
130. 深圳麦格米特电气股份有限公司
131. 深圳欧陆通电子有限公司
132. 深圳青铜剑科技股份有限公司
133. 深圳市桑达国际电源科技有限公司
134. 深圳市爱维达新能源科技有限公司
135. 深圳市安科讯实业有限公司
136. 深圳市安托山技术有限公司
137. 深圳市倍通检测股份有限公司
138. 深圳市比亚迪锂电池有限公司
139. 深圳市创容新能源有限公司
140. 深圳市东辰科技有限公司
141. 深圳市飞尼奥科技有限公司
142. 深圳市港特科技有限公司
143. 深圳市皓文电子有限公司
144. 深圳市核达中远通电源技术有限公司
145. 深圳市坚力坚实业有限公司
146. 深圳市捷益达电子有限公司
147. 深圳市金顺怡电子有限公司
148. 深圳市金威源科技股份有限公司
149. 深圳市金元电子技术有限公司
150. 深圳市巨鼎电子有限公司
151. 深圳市科陆电源技术有限公司
152. 深圳市库马克新技术股份有限公司
153. 深圳市华天启科技有限公司
154. 深圳市南方默顿电子有限公司
155. 深圳市帕瓦科技有限公司
156. 深圳市鹏源电子有限公司
157. 深圳市锐能微科技有限公司
158. 深圳市瑞必达科技有限公司
159. 深圳市瑞晶实业有限公司
160. 深圳市三和电力科技有限公司
161. 深圳市实润科技有限公司
162. 深圳市思凡贝特科技有限公司
163. 深圳市威日科技有限公司
164. 深圳市西格玛泰变压器有限公司
165. 深圳市希顺有机硅科技有限公司
166. 深圳欣锐科技股份有限公司
167. 深圳市新能力科技有限公司
168. 深圳市兴龙辉科技有限公司
169. 深圳市雄韬电源科技股份有限公司
170. 深圳市英可瑞科技开发有限公司
171. 深圳市粤嘉鸿电子有限公司
172. 深圳市正能实业有限公司
173. 深圳市中科源电子有限公司
174. 深圳市中兴昆腾有限公司
175. 深圳市卓越至高电子有限公司
176. 拓哲（广州）电子科技有限公司
177. 协丰万佳科技（深圳）有限公司
178. 伊戈尔电气股份有限公司

179. 亿曼丰科技（深圳）有限公司
180. 中山市横栏镇阿瑞斯电子厂
181. 中山市万科电子有限公司
182. 珠海金电电源工业有限公司
183. 珠海科达信电子科技有限公司
184. 珠海山特电子有限公司
185. 珠海泰坦科技股份有限公司
186. 专顺电机（惠州）有限公司

北京市

187. 北京博电新力电气股份有限公司
188. 北京大华无线电仪器厂
189. 北京航天星瑞电子科技有限公司
190. 北京航星力源科技有限公司
191. 北京恒电电源设备有限公司
192. 北京汇众电源设备厂
193. 北京机械设备研究所
194. 北京京仪椿树整流器有限责任公司
195. 北京纽绅埔科技有限公司
196. 北京普罗斯托国际电气有限公司
197. 北京群菱能源科技有限公司
198. 北京韶光科技有限公司
199. 北京索英电气技术有限公司
200. 北京天创汇智科技有限公司
201. 北京通力盛达节能设备股份有限公司
202. 北京维通利电气有限公司
203. 北京新雷能科技股份有限公司
204. 北京亚澳博信通信技术有限公司
205. 北京银星通达科技开发有限责任公司
206. 北京英博电气股份有限公司
207. 北京宇翔电子有限公司
208. 北京中天汇科电子技术有限责任公司
209. 海瑞弗机房设备（北京）有限公司
210. 能科节能技术股份有限公司
211. 派沃力德（北京）电子科技有限公司
212. 伊顿电源（上海）有限公司
213. 中科航达科技发展（北京）有限公司

江苏省

214. 艾普斯电源（苏州）有限公司
215. 安伏（苏州）电子有限公司
216. 常州东华电力电子有限公司
217. 常州瑞华电力电子器件有限公司
218. 常州市超顺电子技术有限公司
219. 常州市创联电源有限公司
220. 常州市武进红光无线电有限公司
221. 国充充电科技江苏股份有限公司
222. 江苏爱克赛电气制造有限公司
223. 江苏禾力清能电气有限公司
224. 江苏坚力电子科技股份有限公司
225. 金海新源电气江苏有限公司
226. 昆山渝科电子科技有限公司
227. 雷诺士（常州）电子有限公司
228. 溧阳市华元电源设备厂
229. 南京时恒电子科技有限公司
230. 苏州美恩斯电子科技有限公司
231. 苏州能讯高能半导体有限公司
232. 苏州市电通电力电子有限公司
233. 苏州市申浦电源设备厂
234. 苏州台智源电子有限公司
235. 太仓电威光电有限公司
236. 无锡东电化兰达电子有限公司
237. 扬州凯普电子有限公司
238. 越峰电子（昆山）有限公司
239. 张家港市电源设备厂

上海市

240. 昂宝电子（上海）有限公司
241. 美尔森电气保护系统（上海）有限公司
242. 上海百纳德电子信息有限公司
243. 上海德创电器电子有限公司
244. 上海豪远电子有限公司
245. 上海厚国电气有限公司
246. 上海华翌电气有限公司
247. 上海吉电电子技术有限公司
248. 上海科梁信息工程股份有限公司
249. 上海科泰电源股份有限公司
250. 上海雷诺尔科技股份有限公司
251. 上海全力电器有限公司
252. 上海泰可金属制品有限公司
253. 上海稳利达科技股份有限公司
254. 上海稳压器厂
255. 上海新康电器制造有限公司
256. 上海阳顿电气制造有限公司
257. 上海鹰峰电子科技有限公司
258. 上海灼日精细化工有限公司
259. 上海作永电气有限公司
260. 晟朗（上海）电力电子有限公司
261. 时冠电气（上海）有限公司
262. 中达电通股份有限公司

浙江省

263. 杭州奥能电力设备制造有限公司
264. 杭州奥能电源设备股份有限公司
265. 杭州易泰达科技有限公司
266. 杭州远方仪器有限公司
267. 杭州中恒电气股份有限公司
268. 康舒电子（东莞）有限公司杭州分公司
269. 乐清市永茂电源有限公司
270. 宁波中车时代传感技术有限公司
271. 三科电器集团有限公司
272. 温州华高电气有限公司
273. 浙江创力电子股份有限公司
274. 浙江海利普电子科技有限公司

275. 浙江宏胜光电科技有限公司
276. 浙江省海宁市海整整流器有限公司
277. 浙江腾腾电气有限公司
278. 浙江西奥根电气有限公司
279. 浙江宇光照明科技有限公司
280. 浙江正泰电源电器有限公司

山东省

281. 海湾电子（山东）有限公司
282. 济南朗瑞电气有限公司
283. 临沂昱通新能源科技有限公司
284. 青岛航天半导体研究所有限公司
285. 青岛晶鑫伟业高磁材料科技有限公司
286. 青岛威控电气有限公司
287. 青岛云路新能源科技有限公司
288. 山东镭之源激光科技股份有限公司
289. 山东山大华天科技集团股份有限公司
290. 山东圣阳电源股份有限公司
291. 山东泰开电源有限公司
292. 山东新风光电子科技发展有限公司
293. 威海文隆电池有限公司

湖北省

294. 空军预警学院电子技术研究所
295. 武汉泓承科技有限公司
296. 武汉瑞源电力设备有限公司
297. 武汉泰可电气股份有限公司
298. 武汉新瑞科电气技术有限公司
299. 武汉永力科技股份有限公司
300. 武汉中磁浩源科技有限公司

四川省

301. 成都普斯特电气有限责任公司
302. 成都顺通电气有限公司
303. 四川厚天科技股份有限公司
304. 四川省科学城帝威电气有限公司
305. 四川斯维奇电气科技有限公司
306. 四川依米康环境科技股份有限公司
307. 四川英杰电气股份有限公司

安徽省

308. 安徽明瑞智能科技股份有限公司
309. 安徽首文高新材料有限公司
310. 合肥科威尔电源系统有限公司
311. 合肥联信电源有限公司
312. 合肥通用电子技术研究所
313. 中国科学院等离子体物理研究所

河北省

314. 保定科诺沃机械有限公司
315. 河北汇能欣源电子技术有限公司
316. 河北远大电子有限公司
317. 任丘市先导科技电子有限公司
318. 唐山尚新融大电子产品有限公司

天津市

319. 天津市华明合兴机电设备有限公司
320. 天津市津铝工贸有限公司
321. 天津市九荣鑫电源技术有限公司
322. 天津市鲲鹏电子有限公司
323. 天津市蓝丝莱电子科技有限公司

福建省

324. 福建联晟捷电子科技有限公司
325. 福建省瑞盛电力科技有限公司
326. 福州福光电子有限公司
327. 厦门埃尔华进出口有限公司
328. 厦门蓝溪科技有限公司
329. 厦门兴厦控恒昌自动化有限公司

湖南省

330. 湖南长沙阳环科技实业有限公司
331. 湖南东方万象科技有限公司
332. 湖南丰日电源电气股份有限公司
333. 湖南科明电源有限公司
334. 湘潭市华鑫电子科技有限公司

甘肃省

335. 兰州精新电源设备有限公司
336. 天水七四九电子有限公司
337. 中国科学院近代物理研究所

河南省

338. 洛阳隆盛科技有限责任公司
339. 许继电源有限公司

陕西省

340. 陕西长岭光伏电气有限公司
341. 陕西赛雷博瑞新能源科技有限公司

辽宁省

342. 大连工大麦尔斯动信息技术研究院有限公司
343. 航天长峰朝阳电源有限公司

其它

344. 重庆汇韬电气有限公司
345. 桂林斯壮微电子有限责任公司
346. 贵州航天林泉电机有限公司
347. 光宇国际集团科技有限公司
348. 南昌大学教授电气制造厂
349. 勤发电子股份有限公司
350. 北京星原丰泰电子技术股份有限公司
351. 常州诚联电源股份有限公司
352. 杭州祥博电气有限公司
353. 全天自动化能源科技（东莞）有限公司
354. 上海谷登电源设备有限公司
355. 上海诺易电器有限公司
356. 上海潘登新电源有限公司
357. 上海熙顺电气有限公司
358. 深圳市普德新星电源技术有限公司
359. 深圳市盛弘电气有限公司

360. 深圳市颖发电子有限公司
361. 苏州康开电气有限公司

会员企业按主要产品索引

UPS 电源(93)
新能源电源(光伏逆变器、风力变流器等)(92)
通用开关电源(82)
通信电源(71)
照明电源、LED 驱动电源(68)
模块电源(55)
稳压电源(器)(52)
EPS 电源(50)
其它(47)
特种电源(42)
变频电源(器)(36)
直流屏、电力操作电源(34)
蓄电池(34)
电子变压器(33)
功率器件(24)
电抗器(20)
电焊机、充电机、电镀电源(19)
电源配套设备(自动化设备、SMT 设备、绕线)(18)
半导体集成电路(17)
电源测试设备(16)
电容器(16)
磁性元件/材料(15)
PC、服务器电源(13)
滤波器(12)
电感器(8)
电阻器(7)
机壳、机柜(4)
胶(3)
绝缘材料(3)
风扇、风机等散热设备(2)

副理事长单位

佛山市禅城区华南电源创新科技园投资管理有限公司

地址：广东省佛山市禅城区张槎一路127号1座3层
邮编：528000
电话：0757-82580666 82208102
传真：0757-82503337
邮箱：495620638@qq.com
网址：www.hndy.gd.cn

简介：

精细、集约化的电源产业综合体

华南电源创新科技园大力发展开关电源、逆变器、UPS、EPS等电源电子产业，打造现代电源及节能技术科技园区的标杆，推动电源产业精细化、集约化、国际化，建设集产品研发、生产、检测、展示、交易、人才培训、孵化中心等于一体的电源产业创新基地，成为汇集金融、科技、项目、商务会展等多位一体的电源产业综合体。

优质信誉的电源专业园区

“中国率先创建电源创业主题园区”；“全国现代电源（不间断电源）产业知名品牌创建示范区”；“国家现代电源高新技术产业化基地培育单位”；“中国电源学会副理事长单位”；“中国电源学会现代电源产业基地”；“佛山中德工业服务区生产基地”；“禅城区低碳试点园区”。

五大平台提供一体化专业服务

园区已引入科技服务平台、金融服务平台、人才服务平台、招商服务平台、园区合作平台五大平台，为入园企业提供技术升级、人才培养、金融支持、政策引导扶持、合作交流等一体化专业服务。

都市里配套设施至齐全的厂房

华南电源创新科技园大力打造、扶持、发展电源电子类产业，以都市型厂房为核心，以总部大楼和商业办公楼为服务载体，配备了会议办公、展厅、会展中心、培训中心、商会协会办公区、银行、自助服务中心、回廊书吧、中西餐厅、酒店、车位、人才公寓、员工饭堂、图书馆、超市、运动及休闲等配套设施。

活性商务、产业空间

华南电源创新科技园是区域内规模较大的主题园区，总占地面积约330亩，建成后总建筑面积达42.6万平方米，分核心区及外延区两部分进行打造。

总部大楼定位为兼具电源企业总部办公、园区服务平台及产业商务配套的功能，目前部分主力商业及区域内的电商龙头开始陆续进驻，包括四星级标准精品酒店、五星级豪华多功能影院、港台餐饮白领餐厅、商协会平台、互联网+电商企业，创客、创新孵化器等，签约面积超过2.3万平方米。

2#商业办公楼，建筑面积约3.3万平方米，分为南塔（7层）和北塔（9层），首二层为商业旺铺，三层以上为商务办公，200~3000m^2 活性商务空间自由组合。

园区都市型厂房，户型为方正的1300m^2 和2000m^2 空间，拥有独立产权，可租、可售、可按揭，五大服务平台促进产业发展，百强龙头企业率先抢驻。

上市企业与骨干企业的选择

华南电源创新科技园的企业总数已经达到202家，累计入园的电源、电子类及其上下游产业的企业达90多家，占园区总企业数的46.5%，其中2015年新增入园企业达45家，包括厦门科华、湖南科力远两家上市企业，佛山电源行业协会中的骨干企业（柏克、新光宏锐、众盈、欧立、飞星、朗博等）。

2#商业办公楼：

广东志成冠军集团有限公司

地址：东莞市塘厦镇田心工业区
邮编：523718
电话：0769-87725486
传真：0769-87927259
邮箱：tc60-sc3@ zhicheng-champion. com
网址：www. zhicheng-champion. com

简介：

广东志成冠军集团有限公司（简称志成冠军集团）位于毗邻深圳特区的东莞市塘厦镇，是一家集科、工、贸、投资于一体的国家火炬计划重点高新技术企业，始创于1992年8月，注册资金壹亿元人民币，占地15万平方米，自有资产逾6亿元。

公司设有3个研发机构，4个生产厂区，32个分公司办事处，有员工700余名，其中各类专业人才300多名。技术上以国内多所著名高校为依托，致力从事于电子信息、光机电一体化、能源与高效节能、软件四大高新技术领域的自主创新，研发、生产、销售不间断电源（UPS）、逆变电源（INV）、应急电源（EPS）、高压直流电源、电动汽车充电站及管理系统、太阳能光伏并网发电系统、新型阀控密封式免维护铅酸蓄电池、嵌入式多媒体软件、网络安防监控系统等，广泛应用于上层建筑和经济基础的各个领域，覆盖国内和40多个国家与地区市场，是广东省20家装备制造业重点企业之一。

近年来，公司的不间断电源产品成功地应用于武警部队、西昌卫星发射基地、北京地铁工程、北京奥运新闻中心和奥运鸟巢场馆、世博会、第21届世界大学生运动会、第十届全国运动会、广州亚运会场馆、广州超级计算中心等重大项目。安防产品在东莞市的科技强警工程和广东省公安厅交通管理系统的车载移动报警设备招标中相继中标。

公司通过自主创新，构建和完善了以企业为主体、市场为导向、产学研相结合的技术创新体系，并成功地组建了“广东省企业技术中心”、“广东省大功率不间断电源工程研究开发中心”、“博士后科研工作站”，先后填补了国家10项产品空白，其中有9项产品被列入国家火炬计划和国家重点新产品，并率先将国内电源产品的生产规模化，将设计、生产、经营及售后服务等各个环节逐步进行专业化的改革和优化，在提升产品质量的同时，又以合理的价格定位开拓出更大的市场空间，为持续健康发展奠定了坚实的基础。在短短的几年间，作为国内电源研发制造的领军企业，以非凡的业绩赢来了数不胜数的荣誉。

公司先后被认定为“国家高新技术企业”、“国家火炬计划重点高新技术企业”、“国家创新型试点企业”、率先29家“广东省创新型企业”、50家“广东省装备制造业骨干企业”、“广东省百强民营企业”及4A级“标准化良好行为企业”等。2000年获得国家广播电影电视总局“广播电视入网设备器材认定”和中国人民解放军参谋部“国际通信设备器材进网许可证”，此外，产品还获得了欧盟的CE、美国的UL和FCC，德国的TüV、澳洲的AS/NZS等国际认证，并拥有近百项专利及软件著作权。

公司大力推广品牌战略。为了培育属于自己的品牌，公司提出了“质量第一，信誉为本”的质量方针，在国内同行业中率先通过了ISO9001质量管理体系认证和ISO14001环境管理体系认证。连续7年被广东省工商行政管理局评定为“守合同重信用”企业，不间断电源、EPS应急电源、蓄电池产品被评为“广东省名牌产品”，企业注册商标被评为“广东省著名商标”，2010年又被国家工商总局商标局认定为“中国驰名商标”。

发展历程

2014年　集团公司通过ISO18001职业健康安全管理体系及GJB9001B武器装备质量管理体系认证。

2013年　获得武器装备科研生产许可证。

2012年　集团公司注册资本由5000万元增至1亿元；企业被评为“广东省知识产权示范企业”。

2011年　获批成为三级军工保密资格单位。

2010年　企业注册商标被评为“中国驰名商标”；企业被评选为“国家创新型试点企业”。

2009年　企业再次被授予“国家火炬计划重点高新技术企业”称号；企业被评为50家“广东省装备制造业骨干企业”之一；企业被授予“广东省先进企业”称号。

2008年　发明专利大功率不间断电源荣获“中国专利金奖”；企业被任命为“全国电力电子学标准化技术委员会不间断电源分技术委员会”承担单位；企业评为AAAA级“标准化良好行为企业”；志成冠军博士后科研工作站成立。

2007年　不间断电源产品通过“中国节能产品”认证；安防视频监控联网系统平台被评为“国家火炬计划项目”；公司被评为“广东省优秀企业”。

2006年　企业通过ISO10012计量保证体系论证；被评为“广东省知识产权优势企业”。

2005年　企业通过ISO14001环境管理体系认证；高频模块化不间断电源被认定为“国家重点新产品”；企业注册商标被评为“广东省著名商标”。

2004年　公司被评为“广东省优秀高新技术企业”、“中国优秀民营科技企业”；被认定为“广东省装备制造业重点企业”；不间断电源被评为“广东省名牌产品”；注册商标率先被评为“广东省著名商标”。

2003年　被认定为“国家重点高新技术企业”；在线式三相大容量不间断电源被评为“国家优秀火炬计划项目”；公司先后被评为“广东省百强民营企业”、“广东省优秀民营企业”、“广东省采用国际标准先进企业”。

2002年　不间断电源N+1并联系统被认定为“国家重点新产品”；被评为“广东省优秀民营企业”。

主要产品介绍：

多制式模块化 EPS 应急电源

输入特性：AC380V ±10%；

输出特性：AC220/380V ±2%；

转换效率：≥92%；

认证标准：GB17945-2010；

输入频率：50Hz ±5%

市电供电转应急供电切换时间：≤10ms；

输出波形为标准正弦波，正弦波失真度：≤3%。

企业高层采访：

被采访人：李民英 总工程师

▶请您介绍一下 2015 年公司的发展情况？

公司在 2015 年度，在技术上继续与华中科技大学等国内著名高校合作，在产品方向继续以不间断电源（UPS）、逆变电源（INV）、应急电源（EPS）、储能电站装置、高压直流电源、电动汽车充电桩、BMS 管理系统、太阳能光伏并网发电系统、新型阀控密封式免维护铅酸蓄电池、磷酸铁锂钒电池等先进电源产品及配套产品为重点。

在 2015 年公司积极布局电源市场的新方向、新领域，进军新能源电动汽车市场等新兴市场领域，通过自主创新成功推出了电动汽车直流充电桩，电动汽车 BMS 电池管理系统，以及模块化 EPS 等新产品，并通过了东莞市科技成果鉴定。

在知识产权领域，公司在 2015 年再获丰收，公司与华中科技大学共同合作研发的“一种多制式 UPS 电源及其实现方法”专利，被国家知识产权局授予第十六届中国专利优秀奖。继“大容量不间断电源”获得中国专利金奖后，又一次获得该项国家殊荣，成为 UPS 行业两度获此殊荣的单位。

2015 年公司在市场开拓方面也不断加强，成功中标中国移动 UPS 集采项目，成功中标江苏省电力公司南京供电公司南京电动汽车用动力电池等重大项目。既在传统的 UPS 产品领域赢得行业重要客户大单，又在电动汽车新兴行业领域取得了市场突破。

总体而言，公司在 2015 年保持稳定的发展态势，为后续、长远的可持续发展奠定了坚实的基础。

▶公司当前的竞争核心优势是什么？

决策成熟；组织可靠；员工稳定；品牌效应；创新发展；质量至上。

▶2015 年公司产品进入了那些目标市场？对于主要业务领域的定位是哪方面？取得了什么样的成果？未来会考虑增加那些目标市场？

2015 年公司的市场仍然以传统的 UPS、EPS 电源，高压直流电源为主，同时下大力气开拓电动汽车行业这一新兴市场领域。

2015 年公司在主营的传统 UPS、EPS 产品业务领域，以移动等行业大客户为主要目标市场，成功中标中国移动 2016 至 2017 年 UPS 集采项目。

在新兴的电动汽车领域，公司成功中标江苏省电力公司南京供电公司南京电动汽车用动力电池项目。

2015 年公司在传统业务和新兴业务领域的市场开拓方面均取得了大的突破。在后续将加强对现有市场和行业客户的维护和巩固，同时积极布局扩张新能源汽车市场，重点进军电动汽车充电桩，汽车电池 BMS 管理系统等产品市场。

▶2015 年哪些热点对您有比较大的触动，对公司的后续发展可能产生什么样的影响？

2015 年是电源行业不平凡的一年，我最大的感触是电源行业的洗牌在加剧，跨界在加剧，竞争在加剧，而互联网 + 正在对行业形成新的推动力，电源行业和互联网结合值得我们研究。逆水行舟不进则退，对于我们公司，除了努力拼搏，再无其它捷径，后续公司会进一步关注行业发展趋势，加大技术研发投入和品质管理，用先进的技术和实在的产品品质来确保在电源行业的地位。

▶您对整个电源行业的发展态势有什么看法？公司采取了怎样的应对措施？

电源行业正在翻开新的篇章，以新能源为代表的电动汽车行业的迅猛成长正在拉动电源行业的新一轮成长，也引发了电源行业抢占新能源产品制高点的新一轮军备竞赛。同时，互联网 + 战略正在对各行各业产生深远的影响，这也是我们不得不着重关注的地方。我们公司将全力投入对新能源领域电源产品的技术研发，以抢占市场和技术的制高点，同时也会时刻关注并研究互联网行业和电源行业融合的方式方法。

深圳市航嘉驰源电气股份有限公司

Huntkey 航嘉

地址： 广东省深圳市龙岗区坂田坂雪大道航嘉工业园

邮编： 518129

电话： 0755-89606666

传真： 0755-89606333

邮箱： secy@ huntkey. net

网址： www. huntkey. com

简介：

航嘉企业机构（Huntkey）总部位于深圳，设有深圳市航嘉驰源电气股份有限公司、河源湧嘉实业有限公司、航嘉电器（合肥）有限公司、嘉源锐信软件公司等主导企业，产品服务涉及电源、电脑、家电、通信、消费电子、LED、管理软件等多个领域。目前，拥有11万平方米的航嘉（深圳）工业园、38万平方米的航嘉（河源）工业园及50万平方米的航嘉（合肥）科技园，是中国规模领先的PC电源、家电配套生产基地。

深圳市航嘉驰源电气股份有限公司公司创立于1995年，是国家高新技术企业，是中国规模领先电源制造基地。航嘉20年来致力于电源供应器和电源系统的产品设计、研发、生产和销售，是国际电源制造商协会（PSMA）会员、中国电源行业学会（CPSS）副理事长单位、深圳市高新技术产业协会副会长单位、深圳首届优秀民营企业。经过多年的发展，航嘉取得了业界非凡成就。目前“航嘉”品牌已成为电源行业具有竞争实力的品牌，其中电脑电源国内市场占有率稳居领先地位。主要客户有联想、戴尔、惠普、华为等企业。

此外航嘉成立至今一路前行，创电力、电子行业多项中国领先地位的辉煌成就。其精心打造的高水平研发团队，致力于创造更安全、更可靠、更耐用的电工产品。航嘉电源转换器（俗称电源插座或排插），以USB外观为代表的多项设计获得国家专利。航嘉电工产品以其可靠的品质，独特的造型和功能设计，使得产品远销海内外，已成功进驻各大商超及电商平台，成为安全家居的必备品。

河源湧嘉实业有限公司坐落于粤东北交通重镇——河源市源城区龙岭工业区航嘉（河源）工业园，公司立足于电脑机箱及小家电产品的研发、设计、生产和销售，产品涉及五金、塑胶、电子装配、变压器、线材、风扇和小家电产品。公司主要客户为联想、海尔、华为、富士康等知名企业，产品获多项国家专利。

航嘉电器（合肥）有限公司位于航嘉（合肥）科技园。航嘉（合肥）科技园落户于国家合肥经济技术开发区，坐落在南艳湖畔，占地面积500余亩。航嘉电器（合肥）有限公司专注于家电及其配套产品领域，主要客户为海尔、格力等国内家电厂商。公司以为家电领域提供智能控制模块、结构模块解决方案为核心业务。公司在智能控制模块方面成立了3间模块解决方案联合开发实验室、3间核心部件联合研究室；在结构模块方面成立了2间模块解决方案联合开发实验室、2间核心材料联合分析室。同时在SMT、电子装配、变压器、线束、五金、注塑等方面形成了规模化制造能力。

发展历程：

2015年

航嘉荣获联想客户QBR第一名和JQE金质奖

航嘉荣获“全国质量诚信标杆典型企业”称号

首次入选中国电子信息百强企业

航嘉荣获“2014年度质量事业贡献奖”

航嘉三项电源标准获国家行业标准立项

航嘉获“广东省全国名牌”荣誉称号

2014年

总裁罗文华先生获“中国（行业）品牌十大创新人物”荣誉称号

获联想“钻石供应商奖”

总裁罗文华先生获“2013安徽年度经济人物”荣誉称号

航嘉笔记本适配器荣膺“广东省名牌产品”称号

2013年

获联想（Lenovo）“Perfect Quality Award”品质奖

获华为“核心供应商”奖

获“全国质量和服务诚信承诺优秀示范企业”荣誉称号

2012年

获深圳市技术中心企业

获联想“钻石供应商奖”

获华为“品质管理”奖

2011年

获DSG品质改善奖

获联想“Perfect Quality Award”品质奖

2010年

获联想“Perfect Quality Award”品质奖

获深圳市全面质量管理30周年优秀企业

合肥市嘉富精密工业有限公司成立

嘉源锐信软件公司成立

获国家高新技术企业

2009年

“Huntkey航嘉”被中国工商局授予“中国驰名商标”

获深圳市“优秀外地来深建设者之家”称号

航嘉（河源）工业园一期工程完工

航嘉电器（合肥）有限公司成立

获华为“优秀合作供应商”奖

2008年

总裁罗文华先生担任北京奥运圣火传递拉萨站火炬手

通过国际劳工组织OHSAS18001：2001职业健康安全认证

通过国际电工委员会QC080000有害物质管理认证

主要产品介绍：

MVPLAND K650

MVPLAND K650采用黑色磨砂外壳，通过80PLUS金牌认证，最高转化效率可达92%。产品适用于100～240V全网电路，配备了I/O开关。

采用LLC谐振电路结构，主动式PFC，额定功率650W，单路54A的12V输出能力，14cm液压智能风扇可以侦测温度变化，调节转速，让散热和噪声达到最佳平衡。

航嘉MVPLAND K650采用半模组化设计，线材全部采用蛇皮网管包裹，长度充裕，支持背部走线。

台达电子企业管理（上海）有限公司

地址：上海市浦东新区民雨路182号
邮编：201209
电话：021-58635678
传真：021-68723996
邮箱：sophia. zhou@ deltaww. com. cn
网址：www. deltaww. com

简介：

台达集团创立于1971年，为电源管理与散热管理解决方案的领导厂商，并在多项产品领域居世界重要地位。面对日益严重的气候变迁议题，台达秉持“环保 节能 爱地球”的经营使命，运用电源设计与管理的基础，整合全球资源与创新研发，深耕三大业务范畴，包含“电源及元器件”、“能源管理”与“智能绿生活”。

基于对环境保护的承诺，台达不断提高电源产品的转换效率，并成为全球电源及可再生能源整合方案的领导者。目前，产品转换效率都已达90%以上，其中先进的通信电源效率超过97%，光伏逆变器效率高达98.7%。我们坚信，发展环保节能产品，对台达的业务成长与环境保护的实践均具有正面助益。

2010至2013年间，台达在高效节能产品与解决方案的整体节能方面成果卓著，共为客户节省了119亿度电，相当于638万吨二氧化碳排放量。在众多的节能产品中，台达亦研发出全球符合“80 PLUS”钛金级服务器电源，效率高达96%。提供环保、洁净与更具能源效率的解决方案，是台达企业发展的愿景，台达期待藉由世界的电力电子核心技术与能力，让未来更美好。台达持续通过多元方式应对不断变化的世界，并积极落实品牌承诺：“Smarter，Greener，Together”，这不只象征了台达对自身的要求，也代表对股东、客户与员工的承诺。“Smarter”代表台达在电源效率与可再生能源的核心技术能力，“Greener”则是台达创立以来所坚持的“环保、节能、爱地球”的企业经营使命，“Together”是台达的经营哲学，即与客户建立长期伙伴关系。我们深信技术与合作的重要性，藉由领先的技术与客户合作，持续创造高效率、可靠的电源及元器件产品、工业自动化、能源管理系统以及消费性商品，为工业客户与消费者提供多元的产品与服务。

台达集团的运营网点遍布全球，在中国大陆、中国台湾、美国、泰国、新加坡、日本、墨西哥、印度、巴西及欧洲等地设有研发中心和生产基地。

近年来，台达陆续荣获多项国际荣耀与肯定。自2011年起，台达连续三年入选道琼斯可持续发展指数（Dow Jones Sustainability Indexes）之世界指数；2011～2013年连续三年入选“台湾二十大国际品牌”；2010～2013年连续四年荣登《中国绿色公司》百强榜民营企业五十强；2012～2013年蝉联《第一财经》中国企业社会责任榜“杰出企业奖”；入选中国社科院“2013企业社会责任”外企百强前十强等。

台达电子企业管理（上海）有限公司是台达集团的全资子公司，主要从事电能有效利用和计算机、信息、通信、网络、机电、光电、汽车电子领域，以及太阳能、风能等绿色能源的研究开发和技术支持，配合集团整体策略，运用电源设计与管理的基础，结合相关领域创新技术及软硬件开发，深耕三大业务范畴，使台达逐步从产品制造商转型成为整体节能解决方案的提供商。

主要产品介绍：

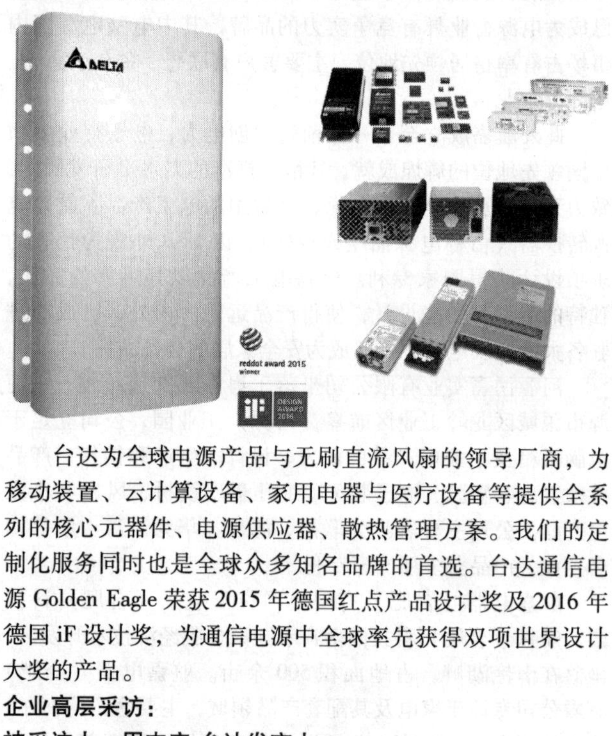

台达为全球电源产品与无刷直流风扇的领导厂商，为移动装置、云计算设备、家用电器与医疗设备等提供全系列的核心元器件、电源供应器、散热管理方案。我们的定制化服务同时也是全球众多知名品牌的首选。台达通信电源Golden Eagle荣获2015年德国红点产品设计奖及2016年德国iF设计奖，为通信电源中全球率先获得双项世界设计大奖的产品。

企业高层采访：

被采访人：周志宏 台达发言人

▶请您介绍一下2015年公司的发展情况？

台达为电源管理与散热解决方案的领导厂商，并在多项产品领域居世界重要地位。近年来，台达业绩持续增长，财务表现亦逐年迭创佳绩，2015年集团总营收达75.77亿美金。同时，台达积极发展品牌，持续提供高效率且可靠的节能整体解决方案。台达运营网点遍布全球，在中国大陆、中国台湾地区、美国、泰国、日本、新加坡、墨西哥、印度、巴西及欧洲等地设有研发中心和生产基地。

台达将企业社会责任与公司经营策略与日常运营结合在一起，过去5年台达单位产值用电量下降50%，高效节能产品与解决方案已协助客户节省148亿度电，相当减少790万吨的二氧化碳排放。面对下一个5年，台达积极响应CDP（国际碳信息披露计划）的Commit to Action（企业承诺减排行动），承诺2020年前，扩大节电范围至厂区、建筑物及数据中心，将单位产值用电量再下降30%。

此外，气候变迁与全球暖化是所有产业必须面对的生存问题。台达相当关注此项议题，积极参与2015年于巴黎举办的联合国气候变迁大会（COP 21），并规划“前进巴黎”系列活动，以多场周边会议及“Delta21 @ COP21”绿建筑展览，与世界各国代表分享台达长期耕耘的绿建筑及节能减碳成果。

台达可持续经营的成效也再获国际肯定，从竞争激烈的全球45家领先电子设备、仪器及元器件企业中脱颖而出，连续第五年入选道琼斯可持续发展指数（Dow Jones Sustainability Indexes，DJSI）的“世界指数”（DJSI World），且总体评分跃居全球电子设备行业之首。

▶公司当前的竞争核心优势是什么？

凭借着40余年的电力电子核心技术与领先地位，台达深耕“电源及元器件”、“能源管理”及“智能绿生活”三大业务范畴。

每年投入集团总营收的5%～6%作为研发预算。全球研发人员超过7，000名，在中国大陆有23个研发中心，超过3，000名研发工程师。

台达持续通过多元方式顺应变动的世界，并积极落实品牌承诺——“Smarter，Greener，Together”，并实践“环保、节能、爱地球”的企业经营使命，持续强化创新与研发能量，创造长久的永续竞争力，并运用全球布局优势，协同整合，达到相加相乘的效果。

每年固定举办世界级的技术交流研讨会与电力电子相关的研讨会。

与国际学术/研究机构合作，也开展高校合作，台达在大陆与高校共建实验室、合作办班、对接学校的电机人才培养、设立博士后工作站，也开展卓越工程师计划、高校科研合作等。

以台达（上海）研发中心为例：

自2003年成立以来，积极招揽及培育众多大陆名校毕业的研发人才。

发展博士后工作站及校企合作之培养基地。具有博士后工作站资格，并积极与多所学校，如浙江大学、清华大学等签署实习与培养基地协议，并被授予浙江大学国家工程实践教育中心，以吸引更多高端研发人才开展工作交流。

▶2015年公司产品进入了哪些目标市场？对于主要业务领域的定位是哪方面？取得了什么样的成果？未来会考虑增加那些目标市场？

除了持续有机成长外，台达也同步投入开发新市场，生医与医疗器材产业为其中之一。台达积极布局生医产业，并于2015年投资环瑞医投公司。

台达将持续创新，发展绿能、节能科技，耕耘具潜力的领域。台达未来5～10年将以工业自动化、智能楼宇、大电力（储能电池）为发展重点，且持续以并购带动成长，未来也会通过投资的方式，跨入生技、物联网等相关领域，壮大成长动能。这三大领域将是未来5～10年的发展重点。

▶2015年哪些热点对您有比较大的触动，对公司的后续发展可能产生什么样的影响？

因“十三五规划”、“中国制造2025”、“一带一路”等发展战略，台达会持续发展绿能科技，耕耘创新、节能科技并具潜力的领域，并持续投入研发费用，开发产品。

2015年是中国从制造大国迈向制造强国的加速点，各项宏观政策奠定了“智能制造”的发展方向；在大数据、机器人、物联网、云计算、网络安全、知识工作自动化、虚拟现实等工业化与信息化新技术的推动下，智能化制造浪潮已拉开序幕。为了成功实现运营升级，台达将更进一步深化“智能、节能、效能”的绿色行动。

▶您对整个电源行业的发展态势有什么看法？公司采取了怎样的应对措施？

全球PC产业持续下滑，台达除了对现有市场维持有机成长外，更将通过并购与发展整合方案，扩大业务范围与规模。

10年后将是物联网（IoT）的世界，这将改变我们熟悉的制造业生态，IoT与台达未来5～10年要做的东西息息相关，包括大数据、数据分析等，都是将来的趋势。

“大电源”趋势：在通信、轨道交通与再生能源市场上，对大瓦数的电源需求强，台达与三菱做技转的锂电池，将在明年（2017年）初量产，这些新电池将应用在巴士和电厂中。

厦门科华恒盛股份有限公司

地址：福建省厦门火炬高新区火炬园马垄路457号

邮编：361000

电话：0592-5160516

传真：0592-5162166

邮箱：fuwenlin@ kehua. com

网址：www. kehua. com. cn

简介：

厦门科华恒盛股份有限公司（以下简称“科华恒盛”）前身创立于1988年，2010年深圳A股上市（股票代码：002335），专注于电力电子设备研发、制造28年，是行业率先“国家认定企业技术中心”、“重点国家火炬计划项目”承担者、“国家重点高新技术企业”、“国家技术创新示范企业”和全国率先“两化融合管理体系”评定企业。公司拥有高端电源、新能源、数据中心三大产品方案体系，产品应用于金融、工业、交通、通信、政府、国防、教育、医疗、电力、新能源、数据中心等行业，服务于全球80多个国家和地区，20多万用户，致力于打造生态型能源互联网企业。

科华恒盛始终坚持“技术自主、品牌自有”的发展理念，自主培养的三名国务院特殊津贴专家领衔500多人的研发团队。科华恒盛专注于电源技术，致力于动力创新，先后承担国家、省部火炬计划，国家重点新产品计划，863计划等30余个项目，参与了40多项国家和行业标准的制定，获得国家专利、软件著作权等知识产权200余项。

科华恒盛电源产品及解决方案广泛应用于工业、交通、金融、通信、政府、新能源、数据中心等领域，成功入围人行、中行、建行、农行、中国人寿、国税总局、中国电信、中国联通、中国铁通、中央国家机关等UPS设备选型，获军队装备物资采购、中国石油天然气管道、蓝星化工集团等供应商资格，并与国内外知名企业建立了战略合作伙伴关系。众多重要工程都选择KELONG®，如南京青奥、奥运鸟巢、上海世博、三峡枢纽、金税工程、首都机场、广电总局、中海石油钻井平台、上海商飞、埃塞俄比亚铁路等。

科华恒盛一直保持着高速的业绩增长，主营业务连续17年位居国产品牌前列。赛迪顾问发布报告显示：2014年，科华恒盛主营业务在所有国内外品牌中排名第四，位居国产品牌前列；20kVA以上大功率UPS在所有国内外品牌中排名第四，位居国产品牌前列，领跑中国本土电源产业。

科华恒盛在全国建立9大技术服务中心，50余个直属服务网点，300余位技术工程师组成专业服务团队。新型的3A服务，从传统的应急维修转变为以预防为主的维护和主动服务模式，厂商级服务模式给科华恒盛带来了“用户满意方案/品牌奖”、“中国高效能数据中心优秀品牌奖”、“UPS服务满意金奖”等殊荣。

主要产品介绍：

KELONG® MR33系列模块化三进三出UPS

KELONG® MR33系列模块化三进三出UPS采用先进的三电平逆变技术，从整机到部件的冗余设计更加完善可靠，数字化技术全互联，具有高效率、高功率密度、易于扩展、按需扩容和占地面积小等优点，为负载提供安全、稳定、纯净的绿色电源。

企业高层采访：

被采访人：陈成辉 董事长、总裁

▶请您介绍一下2015年公司的发展情况？

科华恒盛专注于电力电子技术28年，拥有强大的技术实力积累、领先的制造工艺和丰富的应用基础，我们进行转型升级，培养企业核心竞争力。一是从产品制造转向以方案和技术服务为主导，立足打造整体解决方案；二是调整人才结构，加大人才培养和培训；三是对管理理念和企业文化进行调整。

刚刚过去的2015年，科华恒盛转型稳步推进，营销变革持续深化，业务领域不断开拓，组织建设逐步完善，资本运作有效开展，品牌认可广泛提高，经营效益日渐显著。这一年，我们获得了工信部和财政部联合认定的“技术创新示范企业”，成功入选行业内“国家技术中心”，获得了工信部认定的“国家两化融合示范企业”，荣膺“2014年度智慧城市技术创新奖”、“武器装备质量管理体系认证证书”等多项殊荣。

过去的一年，科华恒盛积极贯彻“智慧电能”战略，聚焦高端电源、数据中心和新能源三大业务板块，努力实现从“产品”向“产品+方案+平台”的综合业务全方位转型，在三大业务领域取得了突破性发展。

▶公司当前的竞争核心优势是什么？

在信息化和工业化融合发展的时代，科华恒盛将借助国家致力云计算、大数据及产业结构调整的东风，加快转型升级，以期形成创新发展的格局。

首先，掌握核心技术，加大研发力度，保证在行业领域的技术领先地位；其次，加大在国内外的品牌推广力度，增加定制化电源，把单一产品做成整体解决方案，增强整体服务能力；第三，创新商业模式和合作方式，进行资金、运营全方位的合作，完成由电源制造商向电气设备商、系统集成商转变。不光是巩固UPS的品牌地位，更要把UPS的技术优势拓展到数据中心和新能源领域，成为电力保护及节能一体化方案提供商，为国家信息化和工业化建设提供绿色动力支持。

公司坚持技术自主创新，提供差异化、按需定制、快速交付的一体化整体解决方案，抓好营销改革契机，实现转型跨越。主要是以下几个方面：

1）坚持自主创新，保持国内领先的技术优势；

2）重视客户资源挖掘和管理，具有良好的客户黏性，我们拥有多年的行业服务经验和品牌积累优势，3A服务能够做到快速及时响应客户服务需求；

3）高度集成化解决方案，产品在同等性能条件下，与国外厂商相比具有价格优势。影响竞争的主要变化包括品牌国际影响力的传播、公司转型改革成效、生态能源与互联网云平台建设。

▶2015年公司产品进入了哪些目标市场？对于主要业务领域的定位是哪方面？取得了什么样的成果？未来会考虑增加那些目标市场？

目前，科华恒盛已形成高端电源、数据中心、新能源三大产品体系。其中，科华恒盛品牌的高端大功率UPS成为国内可以和国际品牌抗衡的品牌。根据最新赛迪报告显示，2015年，科华恒盛主营业务在所有国内外品牌中位列第四，居国产品牌前列。科华恒盛取得的可喜成绩具体表现在以下几个方面：

首先，在高端电源领域打开了更大的市场空间。我们取得军工资质，顺利进军军工市场，并获得大量订单；同时，我们还挺进核电装备市场，填补国内核岛级UPS技术空白；我们成功中标深圳大铲湾船舶岸电建设项目，为客户提供整套岸电电源解决方案；在金融领域，我们抓住国产化替代的市场机遇，现在已经从电源设备延伸到电源系统，包括监控、组网、节能系统，这个延伸给我们带来了巨大的发展空间；在交通领域，科华恒盛产品及解决方案大量应用于高速公路、隧道、地铁、轻轨、铁路、民用机场等对安全性、稳定性和对环境适应性要求高的用电环境。目前，科华恒盛交通系统高可靠电源解决方案已成功应用于北京、天津、黑龙江、甘肃、宁夏、河南、广西、广东、贵州、湖南、福建等地大型交通项目排风、监控、监视、信号及隧道照明等工程端的建设。在高端电源领域，作为民族第一品牌，我们拥有无可比拟的优势。

其次，科华恒盛加快了数据中心业务在北、上、广的战略布局，为公司的业绩增长注入强劲动力。科华恒盛云动力生态节能型数据中心解决方案，采用国内领先的环保节能技术，以绿色节能和数据安全两个方面为突破口。同时，数据中心业务领域给我们带来了一种新的运营模式，就是我们自己建设、自己运营数据中心。科华恒盛积极寻求战略合作，成功牵手 BAT、浪潮云服务等企业；参与新型节能数据中心标准的建立，构建云计算产业链生态。

第三，在新能源领域，科华恒盛大力发展太阳能光伏发电、新能源汽车充电系统，以及储能、微网等新能源业务领域，并取得一定成绩。公司定增投资运营光伏电站，实现光伏电站业务快速布局；携手张家口市政府打造智慧能源云平台，助力张家口举办零碳冬奥会；中标民航“油改电”新能源汽车充电运营系统，拓展充电系统新应用。我们的新能源板块随着光伏电站的大规模运用，将有上百亿地面电站建设的市场空间，既可以承接工程为他人建设一系列的电站，也可以自建电站。

在未来几年内，科华恒盛的业务发展规模将会有一个飞跃性的发展。

阳光电源股份有限公司

地址：安徽省合肥市高新区习友路 1699 号

邮编：230088

电话：18656356525

传真：0551-65327800

邮箱：fangh@ sungrowpower. com

网址：www. sungrowpower. com

简介：

阳光电源股份有限公司（股票代码：300274）是一家专注于太阳能、风能、储能等新能源电源设备的研发、生产、销售和服务的国家重点高新技术企业。主要产品有光伏逆变器、风能变流器、储能系统、电动车电机控制器，并致力于提供全球一流的光伏电站解决方案。

自 1997 年成立以来，公司始终专注于新能源发电领域，坚持以市场需求为导向、以技术创新作为企业发展的动力源，培育了一支研发经验丰富、自主创新能力较强的专业研发队伍；先后承担了近 20 项国家重大科技计划项目，主持起草了多项国家标准，是行业内为数很少的掌握多项自主核心技术的企业之一。

光伏逆变器销售连续多年位居国内市场前列，先后通过 TÜV、CE、Enel-GUIDA、AS4777、CEC、CSA、VDE 等多项国际权威认证与测试，已批量销往德国、意大利、澳大利亚、美国、日本等 50 多个国家。全球权威机构 IHS 的研究报告显示，阳光电源逆变器出货量连续三年居全球第二。截至 2015 年上半年，公司在全球市场已累计实现逆变器装机超过 1700 万千瓦。

公司先后荣获“国家重点新产品”、“中国驰名商标”、中国新能源企业 30 强、全球新能源企业 500 强、国家“守合同重信用”企业、是国家博士后科研工作站设站企业、国家高技术产业化示范基地、国家认定企业技术中心、《福布斯》“中国发展潜力企业”等，综合实力跻身全球新能源发电行业第一方阵。

未来，阳光电源将秉承“致力于清洁高效，让更多人享用绿色电力”的发展使命，立足新能源装备业务，加快光伏发电系统集成业务发展，创新拓展新能源发电与电力电子技术紧密结合的新业务，不断贴近客户需求，积极参与全球竞争，努力将公司打造成为受人尊敬的全球一流企业。

主要产品介绍：

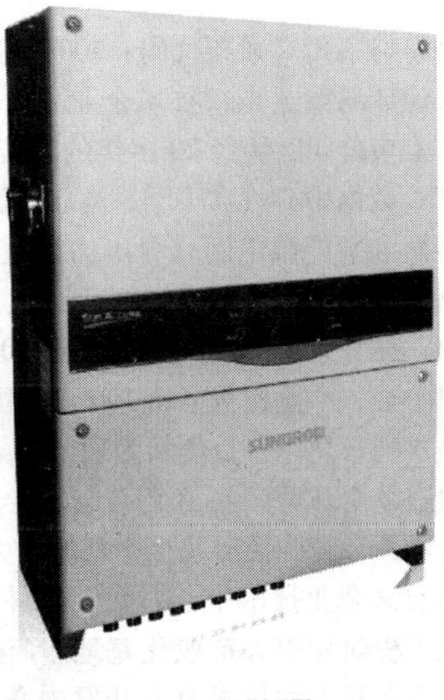

SG50KTL

SG1000TS

阳光电源 SunAccess 系列光伏逆变器包括组串式和集中式，涵盖 3～2500kW 功率范围，转换效率全线突破 99%，全面满足各种类型光伏组件和电网并网要求，广泛应用于德国、意大利、西班牙、美国、澳大利亚等 50 多个个国家和地区，是全球市场占有率领先的亚洲品牌。在中国，阳光电源凭借绝对领先的技术优势和市场优势连续 10 多年位居前列。

此外应系统建设、监控运维等不同的客户需求，阳光电源还提供电站运维监控软件，以及汇流箱、配电柜等光伏电站相关配件。

企业高层采访：

被采访人：赵为 副总裁

▶请您介绍一下 2015 年公司的发展情况？

得益于中国光伏市场大幅增长及海外市场的稳定提升，阳光电源 2015 年全球光伏逆变器发货量 8.2GW，其中国内发货量为 7.03GW，海外发货量为 1.17GW，首次超越连续多年排名全球发货量领先的 SMA，问鼎全球前列的宝座。2015 年公司品牌的海外形象持续稳步提升，再次被全球用户评为全球受欢迎的中国光伏逆变器品牌。

随着能源互联网进程的推广，储能技术、“互联网＋”等技术的不断进步，光伏系统需要加强与各种新技术的融合，多维度提升系统的品质。正是基于这样的考虑，2015 年我们也向市场推出了很多储能系统、光伏运维管理平台的研发成果，进一步加强对各种前沿技术及应用的市场导入。

▶公司当前的竞争核心优势是什么？

阳光电源在近 20 年的发展过程中，始终聚焦在电力电子技术的自主创新及新能源领域的应用上，专注核心技术，坚持技术创新。

公司具有完善的知识产权管理体系，高度重视知识产权的建设和积累工作。截至 2015 年底，公司已申请专利达 700 余项，已获得专利 400 余项，超过 80% 的专利在产品中得到应用。

公司每年投入巨资从事研发，研发人员占公司总人数的 35% 以上，以硕士和博士为主，核心人员均有 10 年以上的逆变器领域研发经验。早在 2009 年我们引入了规范的集成产品开发（IPD）研发管理体系，以满足客户需求和行业技术领先为目的进行前瞻性产品规划和技术规划。

阳光电源品牌享誉海内外，具有强大的品牌影响力，连续两年被评为全球受欢迎的中国光伏逆变器品牌。

▶2015 年哪些热点对您有比较大的触动，对公司的后续发展可能产生什么样的影响？

能源互联网

在逐步迈入大数据时代的背景下，如何利用好互联网平台，是各行各业亟需解决的难题，应运而生的“互联网＋”和“互联网＋能源”概念也就成为非常火热的话题。

阳光电源十分看重这股互联网浪潮所带来的契机，为谋变“互联网＋”，在 2015 年 3 月携手阿里云发布智慧光伏云 iSolarCloud——电站运维管理平台，成为第一批“互联网＋光伏”的践行者。通过云端大数据分析平台，应用现代化通信及智能化软、硬件技术，帮助用户实现旗下所有光伏电站透明化管理、自动化运维、智能化诊断和辅助决策等核心功能，将互联网技术与光伏行业很好地结合起来。

新电改方案

方案的核心内容是确立电网企业新的盈利模式，不再以上网及销售电价差作为收入来源，而是按照政府核定的输配电价收取过网费。同时，放开配电侧和售电侧的增量部分，允许民间资本进入，方案将不拆分电网，调度也不独立。

方案出台后，阳光电源就在分布式项目中大胆尝试，创新“择优选择屋顶业主＋就近售电”相结合的运营模式，与一般屋顶光伏电站所发电量自发自用不同，这类项目建成后采用就近售电的创新模式，例如我公司建设的合肥安得物流屋顶光伏电站，建成后所发出的优质绿色电力就近供给合肥恩斯克公司使用，为恩斯克的绿色制造提供清洁动力。

售电侧放开使得发电企业可以通过降低生产成本、提高生产效率的方式，为客户提供更优质低价的电力，争取更多的发电量和收入利润，工商业电力用户拥有向不同的市场主体购电的选择权，增强了购电时的议价能力，这将大大降低工业用户的用电成本，权益可以得到更好保障。此次阳光电源针对安得物流光伏电站“就近售电”运营模式的创新，无疑将为中国电力市场的改革发展提供良好的范本，而阳光电源也将在新电改的大方针下尝试更多新的运营模式。

易事特集团股份有限公司

EAST®易事特

地址：广东省东莞市松山湖工业园区工业北路 6 号

邮编：523808

电话：0769-22897777

传真：0769-87882853

邮箱：info@ eastups. com

网址：www. eastups. com

简介：

易事特集团（股票代码：300376）创立于 1989 年，是国家火炬计划重点高新技术企业、能源网系统集成解决方案优秀上市公司，历经 20 多年的艰苦创业和睿智经营，致力于 IDC 数据中心（含 UPS、高压直流）、光伏发电站（含逆变器）和智能微电网（含电力轨道交通、新能源车及充电桩）三大战略性新兴产业，现已发展成为行业领域的龙头企业，拥有全资或控股子公司近 50 家，在全球设立 268 个客户中心，产业覆盖全球 100 多个国家和地区。

易事特长期以科技创新为理念、人才引进培育为己任，先后引进以全球著名轨道交通电气专家钱清泉院士和全球著名新能源专家张榴晨院士率领的强大科技攻关研发团队，组建起国家企业技术中心、博士后科研工作站、教育部光伏系统工程研究中心产业化基地、广东省院士专家企业工作站、广东省工程技术研究开发中心、广东省分布式发电电气工程技术中心六大高端科研平台。截至目前，易事特现有研发人才600多人。为更好地形成强大的研究、开发、生产一体化的先进系统，易事特先后与清华大学、浙江大学、华中科技大学、华南理工大学、西南交通大学、暨南大学、合肥工业大学等全国20多所高校建立起长期的战略合作关系。易事特凭借上述综合优势，先后获得国家火炬计划重点高新技术企业、国家知识产权优势企业、国家专利优秀奖、广东省政府质量奖、广东省创新型企业、广东省自主创新100强企业、东莞市工业龙头企业等众多荣誉，并拥有专利累计600多项，经权威机构评定易事特品牌价值106.69亿元。作为国内UPS行业的龙头企业，易事特积极参与国家及行业标准的研究与制定工程。截至目前，集团共参与起草国家、行业、军用标准累计17项，为推进行业健康、稳定发展发挥领军作用。

长期以来，党和国家领导人、各地方政府领导人都一直非常关心易事特发展工作，先后莅临易事特视察，给予易事特发展工作重要指导和支持。国家副主席李源潮，国务院副总理刘延东，国务院副总理汪洋，北京市委书记郭金龙，广东省委书记胡春华，前党和国家领导人贾庆林、李长春、成思危，全国人大常委会副委员长、民建中央主席陈昌智，全国政协副主席马培华，广西壮族自治区党委书记彭清华，青海省委书记骆惠宁，江西省委书记强卫，甘肃省委书记王三运，广东省省长朱小丹等党政领导先后莅临易事特考察和指导。

继往开来，易事特将坚定秉承“国家、荣誉、诚信、创新”的核心价值观和“技术创新、自主品牌”发展理念，胸怀“百年东方，百年品牌”愿景，持续打造强化科技创新和自主品牌建设，紧密围绕三大战略性产业，立足全球，放眼世界，力争在2025年前实现千亿市值的宏伟目标，打造成为全球能源网系统集成解决方案的优秀上市公司，为全球电源和新能源产业发展做出卓越贡献。

主要产品介绍：

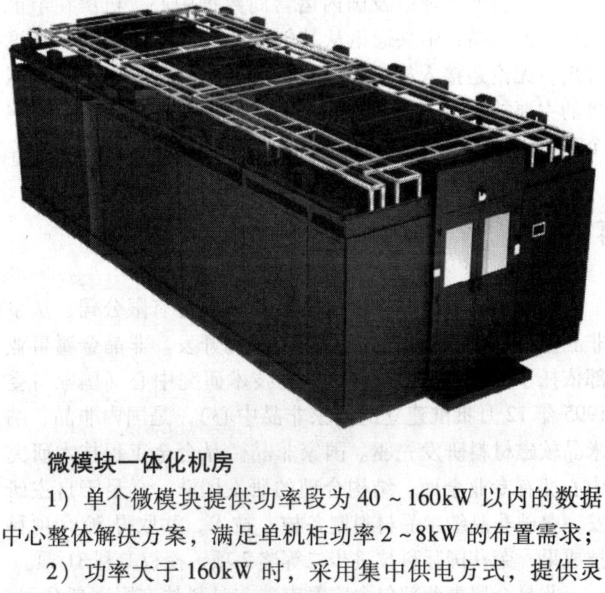

微模块一体化机房

1）单个微模块提供功率段为40～160kW以内的数据中心整体解决方案，满足单机柜功率2～8kW的布置需求；

2）功率大于160kW时，采用集中供电方式，提供灵活的封闭冷通道气流遏制解决方案；

3）用户可根据功率及机柜数量，快速选择基础模块，随意增配或者减配扩展模块数量及类型，方案配置更具灵活性；

4）用户可根据气流组织设计，选择配置完整性较强的微模块解决方案，也可以选择无框架结构灵活性较强的封闭冷通道解决方案；

5）工厂预制，现场快速拼装，为数据中心的快速部署、模块化扩容、标准化建设提供保证，机房整体交付，建设周期短。

企业高层采访：

被采访人：何思模 董事长

▶请您介绍一下2015年公司的发展情况？

2015年，公司实现营业收入36.8亿元，较上年同期增长87.01%。公司加大了光伏系统集成业务的拓展力度，光伏系统集成产品较上年同期增长138.67%，取得了较好收益。随着公司加强新能源汽车及充电设施、设备业务的推广，该业务实现收入9520万元，上年同期该业务收入为217.46万元，增长4277.88%；公司高端电源装备、数据中心产品也比上年同期略有上升，同比增长13.81%。

2015年，易事特市值从去年的60亿元增长至140亿元，市值翻了一番又三分之一。本年度，公司建成国家企业技术中心，并荣获“中国卓越价值管理上市公司”、“中国专利优秀奖”、“国家知识产权优势企业”等一大批荣誉称号。

▶公司当前的竞争核心优势是什么？

只有不断提出新技术、新产品，才能快速占领市场。近年来，易事特率先成立了行业内博士后科研工作站和院士专家企业工作站等6大科研平台，开始潜心于科研，走科技创新研发之路，每年投入的科研经费占总销售额的5%以上。

▶2015年公司产品进入了哪些目标市场？对于主要业务领域的定位是哪方面？取得了什么样的成果？未来会考虑增加那些目标市场？

2015年，易事特紧紧围绕IDC数据中心（含UPS）、光伏发电站（含逆变器）和智能微网（含电力轨道交通、新能源车运营、充电桩）三大战略性新兴产业，不断提升产品质量，持续为“易事特”驰名商标加分。我们的定位是“做能源网集成系统解决方案优势上市公司”，今后将着力打造以客户为中心，从卖产品向卖方案转变，为客户量身定做优质的系统集成解决方案。

中兴通讯股份有限公司能源产品部

ZTE

未来，不等待

地址：广东省深圳市南山区西丽留仙大道中兴通讯工业园

邮编：518055

电话：0755-26770000

传真：0755-26771999

网址：www.zte.com.cn

简介：

中兴通讯是全球领先的综合通信解决方案提供商。公司通过为全球160多个国家和地区的电信运营商和企业网客户提供创新技术与产品解决方案，让全世界用户享有语音、数据、多媒体、无线宽带等全方位沟通。公司成立于1985年，在香港和深圳两地上市，是中国通信设备上市公司。

中兴通讯拥有通信界完整的、端到端的产品线和融合解决方案，通过全系列的无线、有线、业务、终端产品和专业通信服务，灵活满足全球不同运营商和企业网客户的差异化需求及快速创新的追求。

中兴通讯能源产品部已成为通信能源全球市场成功的中国企业和具有全球服务能力的综合动力解决方案提供商。中兴通讯能源产品部以“绿色能源专家，最佳合作伙伴”为目标，持续围绕市场与客户需求进行创新，为客户提供具有竞争力的能源产品和解决方案。目前，中兴通讯能源产品在中国移动、中国电信、中国联通、Telefonica、Telenor、AM、MTN、Bharti、Teliasonera、ET、T-Mobile（USA）等大运营商中有广泛大量的应用；可再生能源在52个国家为超过75个运营商及其它行业市场客户服务。中兴通讯能源及POWER类产品在国内电力、铁路、交通、金融等，国际铁路、安全网、农网、教育等领域有广泛应用，同时努力拓展盈利空间，持续盈利。

主要产品介绍：

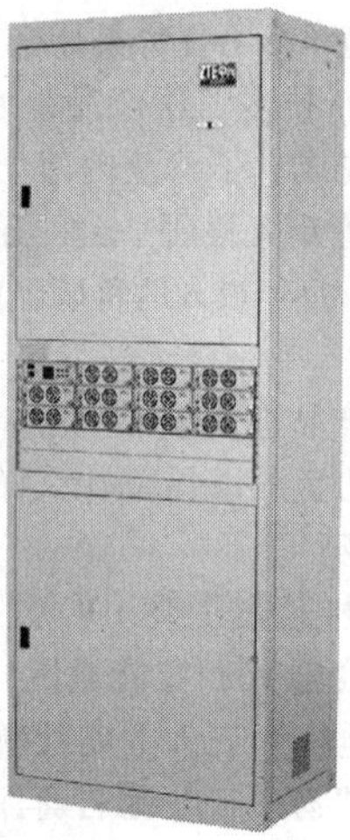

PowerMaster 解决方案

中兴通讯对通信网络的基站混合能源供电控制与管理的一体化综合解决方案，主要包括供电的功率转化控制、多种能源混合供电控制、储能系统的充放电控制。

企业高层采访：

被采访人：胡先红 产品总工

▶请您介绍一下2015年公司的发展情况？

无论是国际还是国内运营商，都在基站电源的升级上投入了更大的关注。在中兴通讯看来，未来基站电源的发展趋势主要体现在以下3个方面：一是通信基站设备从2G、3G发展到4G，基站电源需要满足更多新的应用场景需求，如室外天台应用、室外抱杆应用、室内壁挂应用、拉远应用等；二是基站电源需符合节能减排的需求，除了电源本身具备绿色节能的特性，还需要引入可再生能源系统，如太阳能、风能等供电系统；三是电源产品生命周期拥有成本（TCO）要达到最优，即初期的设备采购成本和后期的运行维护费用后的最优化。

根据基站电源的未来发展，中兴通讯已开展了比较深入的研究，逐步推出了相应的产品和方案，如Mini机房产品、全系列室外基站电源系统、3G室内分布基站电源系统、风/光/市电/油机综合一体化电源系统等，并在不断推出符合发展趋势的新产品、新方案。

▶2015年公司产品进入了哪些目标市场？对于主要业务领域的定位是哪方面？取得了什么样的成果？未来会考虑增加那些目标市场？

根据基站电源的未来发展，中兴通讯已开展了比较深入的研究，逐步推出了相应的产品和方案，如Mini机房产品、全系列室外基站电源系统、3G室内分布基站电源系统、风/光/市电/油机综合一体化电源系统等，并在不断推出符合发展趋势的新产品、新方案。

▶2015年哪些热点对您有比较大的触动，对公司的后续发展可能产生什么样的影响？

针对目前全球以及国内运营商数据中心、机房在节能减排上的举措，中兴通讯从其创造性的“能效矩阵”角度提出，无论是接入机房、核心机房还是数据中心，节能减排的主要技术都是在能量的产生、转换、传送和消耗这4个环节进行方案优化的，且每一环节均需要综合考虑。

常务理事单位

安泰科技股份有限公司非晶金属事业部

AT&M
安泰科技

地址：北京市海淀区永丰产业基地永澄北路10号B区
邮编：100094
电话：010-58712643
传真：010-58712642
邮箱：zhaole@ atmcn. com
网址：www. atmcn. com www. atm-amorphous. com
简介：

非晶金属事业部隶属于安泰科技股份有限公司，从事非晶金属材料及制品的产业化及研究开发。非晶金属事业部依托于国家非晶微晶合金工程技术研究中心（国家科委1995年12月批准建立的国家非晶中心），是国内非晶、纳米晶软磁材料研发先驱。国家非晶微晶合金工程技术研究中心拥有专业全面、结构合理的研发团队，立足于自主研发，突破非晶纳米晶材料制备核心技术，共取得50余项科技成果，荣获国际科技进步二等奖2项，授权专利31项。

非晶金属事业部包含安泰南瑞非晶科技有限责任公司、非晶制品分公司、上海安泰至高非晶金属有限公司以及非晶材料研究所，分别在北京、河北、天津、上海建有生产基地，是世界三大非晶、纳米晶软磁材料供应商之一。

非晶金属事业部主要产品为非晶、纳米晶带材及制品。铁心制品及磁性器件，广泛应用于输配电、电力电气、工业电源、新能源、消费电子、航空航天、交通等领域，为客户提供先进的节能材料及解决方案。

主要产品介绍：

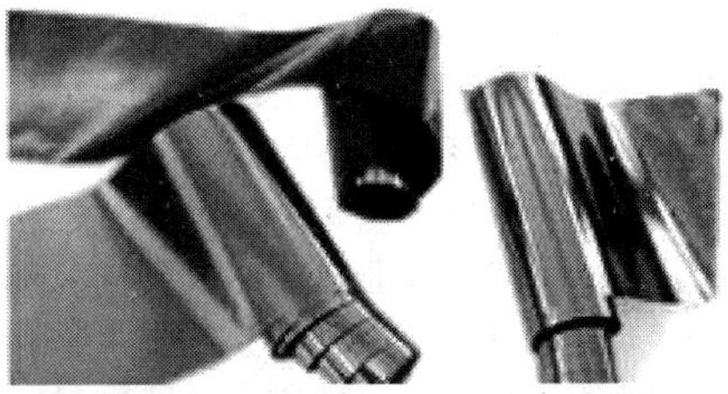

Antaimo®非晶带材

Antainano®功率变压器铁心

Antainano®共模电感及铁心

Antaimo®电抗器及 natainano®滤波器

非晶、纳米晶制品

非晶、纳米晶带材及制品具有高饱和磁感应强度，可有效缩小变压器体积；具有高导磁率、低矫顽力，可提高变压器效率、减小激磁功率、降低铜损；具有低损耗，可降低变压器的温升；具有优良的温度稳定性，可在 -55 ~ 130℃长期工作；具有优异的性能价格比。

非晶、纳米晶制品广泛应用于输配电、电力电气、工业电源、新能源、消费电子、交通、医疗等领域。

北京动力源科技股份有限公司

动力源

地址：北京丰台科技园区星火路8号

邮编：100070

电话：010-83682266

网址：www. dpc. com

简介：

北京动力源科技股份有限公司是一家致力于电力电子技术及其相关产品的研发、制造、销售和服务的高科技上市公司（股票代码：600405）。是国内电源行业率先上市企业，是国家人力资源和社会保障部授权的能源审计师和能源管理培训单位，也是国家发改委批准并第一批公布、面向全社会的节能服务公司之一。

公司总部坐落于北京中关村科技园丰台园区，旗下拥有全资子公司北京迪赛奇正科技有限公司、安徽动力源科技有限公司、深圳动力聚能科技有限公司及控股子公司北京科耐特科技有限公司。

动力源获得科技部、中科院、北京市政府联合颁发的“百强创新企业”称号；国家五部委联合颁发的“国家重点新产品”称号；北京市“诚信纳税企业”“守信企业”称号；中关村企业信用促进会优秀会员称号；中国技术监督情报协会通信电源类“全国用户产品质量满意、售后服务满意十佳企业”；中国电源行业“诚信企业”、“中国电信行业通信工程优秀服务商”等称号。

动力源是中国电源产业技术创新联盟会员单位；中国电源学会常务理事单位；全国高科技健康产业空气净化专业委员会会员；中国电子学会洁净技术分会、中国制冷空调工业协会洁净技术委员会会员；中国节能协会节能服务产业委员会会员。获得北京市工业促进局授予的“北京市技术中心”的称号。

动力源目前拥有 3 处生产基地和多条生产流水线，在 30 个省市设有办事处，形成了遍布全国的营销和服务网络及时、全面地为客户提供技术支持和培训、远程技术诊断、物流配送、现场技术服务和工程建设等。公司在全国建立了一个一级备件储备库和 30 余个二级备件储备库，24 小时的服务热线保障了公司与客户的信息沟通。

经过十几年的发展，动力源已经形成直流电源、交流电源、高效模块电源、低压配电产品、逆变电源、应急电源、动力环境监控系统、机房新风及热交换系统、高压变频器、空气净化机、新能源储能设备、农村饮用水处理及粮储设备、太阳能光伏逆变系统等近百种产品，拥有全部产品的知识产权；公司的各类产品遍布全国 30 多个省、市、自治区和欧美及东南亚市场，产品广泛应用在中国移动、中国电信、中国联通等国家公网以及石油石化、军队、公安、铁路、交通、地铁、水利电力、冶金矿山、建材水泥、石油石化等行业专网上。同时，动力源每年投入超过年营业额 5% 的资金，对研发项目给予全方位的支持，一批电力电子业界精英的技术骨干保障了强大的电力电子技术及其相关产品的研发实力。

主要产品介绍：

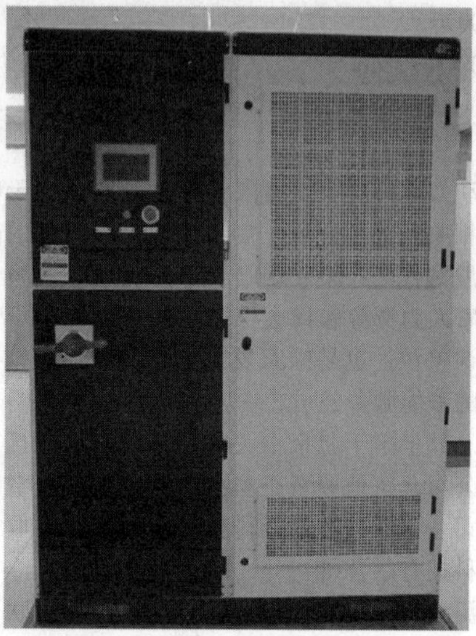

GPS（D）系列光伏逆变器

北京动力源（DPC）应用现代电力电子技术、电力并网技术和计算机控制技术等科研成果，依据市场需求自主研发光伏系列化产品，可提供GPS（D）系列光伏逆变器、光伏组件优化器和汇流箱等及服务。

我公司光伏系统特点包括：

1）性能优异的大功率点（MPPT）跟踪，确保逆变器效率最大化；

2）三相电网无功调节功能，在额定有功功率下功率因数超前0.95～滞后0.95范围内动态可调；

3）标准配置绝缘监视功能，对光伏组件状态进行实时监视；

4）完善的保护功能，过/欠电压、过/欠频、过电流、过载、短路、防反放电及孤岛等保护功能；

5）多种通信接口，实现远程监控和数据归档；

6）本地彩色液晶屏，图形化人机界面，操作方便；

7）故障记录功能，方便查询；

8）功率单元模块化设计，便于维护。

企业高层采访：

被采访人：严友松 总经理

▶请您介绍一下2015年公司的发展情况？

2015年动力源获得了科技部、中科院、北京市政府联合颁发的“百强创新企业”称号；国家五部委联合颁发的“国家重点新产品”称号；北京市“诚信纳税企业”“守信企业”称号；中关村企业信用促进会优秀会员称号；中国技术监督情报协会通信电源类“全国用户产品质量满意、售后服务满意十佳企业”；中国电源行业“诚信企业”、“中国电信行业通信工程优秀服务商”等称号。

2015年5月我公司受邀参加了盘古天地集团在深圳组织的客户答谢会。我公司自2014年4月成为盘古天地集团的战略合作伙伴以来，已获得高压直流等设备独家供货合同920余万元，通过施耐德等合作伙伴间接获得订单近300万元。

2015年9月我公司精彩亮相在北京中国国际展览中心拉开帷幕的“2015年中国国际信息通信展览会”。展会开展的第一天便接待了来自铁塔、移动、联通、电信等客户的来访。并与华为、阿里巴巴、中兴等知名企业同台竞技展现动力源公司风采，作为铁塔公司主设备的供应商，展台访客络绎不绝。10月份我公司凭借自身实力，应邀加入中国汽车研究中心的电动汽车充电系统测评联盟组。12月份我公司凭借骄人业绩获得“2015年度全国节能服务公司百强榜”第7名。此项殊荣是对动力源快速发展并为中国节能环保事业做出贡献的嘉奖与肯定。

▶公司当前的竞争核心优势是什么？

动力源有别于其它国内公司，作为国内电力电子行业第一家上市公司，各相关专业口径的主要技术人员均有逾10年的工作经历，积累了大量的开发、实践经验与行业经验，能够准确地了解目标客户的需求，且具有技术的前瞻性。

动力源目前拥有3处生产基地和多条生产流水线，装备有国内领先的印制板贴装设备、波峰焊设备、测试设备及产品试验设备，严格的产品质量控制和精湛的工艺设计打造出令广大用户满意的动力源系列产品。

动力源在全国30个省市设有办事处，形成了遍布全国的营销和服务网络。拥有200多人的专业服务保障团队，通过现代化信息手段（视频系统的应用）及时、全面地为客户提供技术支持和培训、远程技术诊断、物流配送、现场技术服务和工程建设等，公司在全国建立了一个一级备件储备库和30余个二级备件储备库，24小时的服务热线保障了公司与客户的信息沟通。

动力源产品已成功地进入欧美及东南亚市场。出口业务占到公司年营业收入的10%以上，公司建立起了海外营销网络，国际业务已经走上快速发展的轨道。

经过十几年的发展，动力源已经形成直流电源、交流电源、高效模块电源、低压配电产品、逆变电源、应急电源、动力环境监控系统、机房新风及热交换系统、高压变频器、空气净化机、新能源储能设备、农村饮用水处理及粮储设备、太阳能光伏逆变系统等近百种产品，所有产品均享有自主知识产权，其中我们在直流技术的理解和使用上已经处于世界领先地位；在品牌上从名不见经传发展成为在国家重点工程上多次中标的知名企业。

公司在已有电力电子方面技术积累的基础上，将产品开发、市场拓展触角伸及新能源汽车及其核心部件领域，开展动力电池和充电设备的研制与市场拓展。

动力源拥有全资子公司北京迪赛奇正科技有限公司、安徽动力源科技有限公司、深圳动力聚能科技有限公司及控股子公司北京科耐特科技有限公司。

▶2015年公司产品进入了哪些目标市场？对于主要业务领域的定位是哪方面？取得了什么样的成果？未来会考虑增加那些目标市场？

2015年动力源成功进入了中国铁塔商务平台，并在光伏产品和电动汽车充电桩行业也得了长足进步。未来三年我公司将在光伏等新能源发电领域加大投入力度，力争通过两年的时间实现产业化并成为公司新的经济增长点。进一步完善50kW光伏逆变技术，做好市场推广与宣传工作。研制开发大容量的光伏逆变器（如500kW）技术，并实现产品化。公司积极推广光伏新能源发电的整体解决方案，研究和发展具有前景的新技术，力争成为新能源的技术领先企业。

充分发挥公司在通信电源和消费类电池领域多年技术优势和经验积累，开展电动汽车用动力电池组的研制与生产，预计在1～2年开发出具有核心竞争优势的动力电池组产品，成为公司未来的利润增长点。

公司将开展高能量、功率密度和高安全性能动力电池组的研制与推广，采用最新的材料和技术研制高水平的电芯和热管理系统，并运用全新的理念开发高效的电池管理系统，将在2016年年底实现产品定型并向客户交付。

伴随着我国新能源电动汽车的快速发展，根据国家制定的相关标准，公司自主研发生产了电动车充电站设备暨充电柜、充电桩和充电监控系统、动力电池及储能电池管理系统等系列产品，以满足社会对绿色能源的需求，为我国可持续发展的长远目标做贡献。

北京中大科慧科技发展有限公司

IDP® Internet Data Power
中大科慧

地址：北京市海淀区东北旺南路29号首农蓝海中心C座5层中大科慧

邮编：100094

电话：010-82484848

传真：010-82484848-8006

邮箱：zdkh@ zdkh. net

网址：www. zdkh. net

简介：

北京中大科慧科技发展有限公司成立于2000年，是专业从事数据中心领域技术研究的国家高新技术企业，为中国电子工程协会会员、中国电源协会常务理事单位、国家“十二五”规划型研单位，是国内数据中心领域电能质量管理设备供应商，信息安全服务商以及IT运维管理解决方案提供商，是IDP数据中心管控系统开拓者。

技术研发中心：国内为中科北邮，河北科技师范学院，为公司产品技术创建了良好的技术平台和保障。

公司在十余年的发展中，一直关注金融行业的技术安全，致力于数据中心的综合安全运营。在发展过程中，全面研发并成功应用的技术与设备有：

IDP数据中心动力管控系统——Internet Date Power，是一款为保障数据中心动力安全管理为核心技术的设备，通过对支撑数据中心运行的动力电源的全面监控与治理，在运用数据挖掘分析等技术上，实现从多因素监控、全程控制，转化为及时的触发信号，实现及时、全范围的动态治理，营造动力源的安全、稳定环境，确保关键线路、关键设备以及系统的可靠运行。

数据中心动力系统安全检测技术，是中大科慧公司独有的技术创新。根据动力环境的运行特征和数据，实现对数据中心系统运行的实时情况评估，以确诊数据中心系统运行的现状，并提供专业的检测报告，确保数据中心能有效保障其系统的持续平衡运行。

移动数据中心、移动银行、移动电源车、数据中心机房验收、分析、评估、检测服务是公司集目前公司的核心技术和力量，全面系统设计，服务于金融行业的技术空白缺项产品，以全方位实现银行服务社会经济的无所不在、无所不能的服务标准。

公司产品及方案已通过中国科学院、中国科学技术研究院、中国计量科学研究院、中国电力科学研究院等多家权威机构检验认证，拥有多项国家专利技术和软件著作权，为各行业的数据中心安全与运行发挥着重要的作用。为金融、政府、通信、能源、医疗等行业客户合作奠定了坚实的基础。

目前，公司在行业内拥有着极高的口碑，且是国家电源学会、国家质量协会的常务理事单位，也获得中关村管委会“信誉双百企业”等多项荣誉称号。继往开来，公司将在国家相关政策的指引下，在国家相关部门的领导下，为金融系统乃至所有的数据中心提供更加优质、全面的服务。

主要产品介绍：

IDP数据中心动力管控系统

IDP数据中心管理系统，可实时监测数据中心动力设施的运行情况及供电环节的电能质量参数，分析各动力设施及电能质量中存在的问题，评估数据中心被监测设备的安全运行情况，是融合了数据中心动力设施管理与和电能质量治理的一套完整系统。该系统可对数据中心动力系统各子系统进行集中管控，为数据中心整体运行安全提供可靠保障。

企业高层采访：

被采访人：赵希峰 董事长

东莞市石龙富华电子有限公司

UE Electronic®

地址：广东省东莞市石龙镇新城区黄州祥龙路富华电子工业园

邮编：523326

电话： 0769-86022222
传真： 0769-86023333
邮箱： fuhua@ fuhua-cn. com
网址： www. fuhua-cn. com
简介：

东莞市石龙富华电子有限公司（品牌：UE Electronic），始创于1989年，主营全球医疗电源、I. T. E. 电源、LED驱动电源及消费类电源，是国家高新技术企业、中国电子行业知名品牌、国家火炬计划产业化示范项目企业，是世界500强及国内外知名电子企业首选的全球电源供应商。

UE Electronic拥有业界一流的工程研发中心、省级企业技术中心，并与华南理工大学等知名院校战略合作，累计获得发明专利21项、实用新型及外观专利79项，完成国家、省市科成果20多项；拥有先进的全球化绿色制造体系与全面质量管理体系，月出货量可达1200万台以上。

在营销方面，UE Electronic创新运用"客户品牌定制+品牌运营代理"双核营销模式，先后与飞利浦、欧司朗、西门子、松下电器、华为、中兴、诺基亚朗讯、创维、康佳、长虹等国内外知名企业成为战略合作伙伴。销售网络遍布亚洲、欧洲、美洲、中东及新兴市场，市场占有率、品牌知名度均居业界前列。

UE Electronic的愿景：成为世界最具竞争力的电源供应商！

UE Electronic的使命：为客户提供更多的增值服务！

UE Electronic因你而变！

主要产品介绍：

UE Electronic医疗电源

UE Electronic医疗电源功率涵盖5～240W，符合国际医疗产品安规及EMC要求——2MOPP标准及最新UL医疗认证第三版标准，并符合国际六级能源之星标准，并通过UL、CSA、TUV-GS、CE、BEAB、C-TICK、PSE-JET、K-MARK、TLC、CCC、IRAM、CB、EMC、FCC及可靠度评定等各种认证，得到了业界同行与客户的高度认可。有桌面式、插墙式以及可换插头等多种款式。

企业高层采访：

被采访人：李涛 营销总经理

▶请您介绍一下2015年公司的发展情况？

公司在2015年取得了稳步发展，销量同比增长32.6%，市场知名度、美誉度位居业界前列。此外，在网络通信电源、医疗电源领域，公司加大了科研投放，并取得了明显的成效。

▶公司当前的竞争核心优势是什么？

目前，公司的核心竞争优势主要体现在：

1）成立于1989年，27年的行业沉淀，使得富华电子（UE Electronic）沉淀了丰富的技术积累、行业积累，有国内外拥有较高的知名度与美誉度；

2）富华电子（UE Electronic）是品质与技术性企业，在电源技术创新与产品创新方面，拥有强大的研发团队与先进的实验室，一直走在创新的前沿；

3）已完成国际化绿色制造体系升级与全面质量管理体系升级，不良率低于1%，月均产能可达1200万台以上；

4）拥有一流的营销团队，完善的品质服务体系与客户服务体系。

▶2015年公司产品进入了哪些目标市场？对于主要业务领域的定位是哪方面？取得了什么样的成果？未来会考虑增加那些目标市场？

目前，公司以电源适配器为主，主营业务涵盖广播电视网络通信电源、医疗电源、LED驱动电源、消费类电源，取得了不错的市场占有率。将来会进一步考虑新能源、战略性新兴电子产业电源产业市场。

佛山市柏克新能科技股份有限公司

BAYKEE 智领全球产业源动力

地址： 广东省佛山市禅城区张槎一路115号华南电源创新科技产业园4座
邮编： 528051
电话： 0757-82207158
传真： 0757-82207159
邮箱： baykee@ baykee. net
网址： www. baykee. net
简介：

佛山市柏克新能科技股份有限公司（简称"柏克"）是中国电源行业内成长性较快的公司。柏克成立于2007年，于2011年完成股份制改造，注册资本6000万元，是中国民族品牌中具有数据中心IT设施基础解决方案和各类大功率电源研发与制造能力的国家高新技术企业之一。

柏克以研发和生产销售数据中心IT基础设施系统解决方案，以及电气系统应用中的中大功率不间断电源、应急电源、风力发电专用电源及光伏发电系统、充电桩和各行业技术定制专用电源等产品为主，为高端用户提供优质服务及电源保证，目前是国家政府、大型企业集团、各重要行业配套供应厂商，如武广高铁全线、京沪高铁全线、广州亚运会80%场馆、上海世博会法国馆、广州电视塔、阳江核电站、广州白云机场、海南文昌卫星发射基地、粤赣高速、中国大飞机项目、海工、719、701、中国兵器等研发项目及国内其它诸多重大工程，成功地服务于高铁、军队与公共安全、IDC数据中心、市政、石油和天然气、电力、银行、通信等诸多领域。

公司拥有9件发明创造专利、33件实用新型专利和13件软件著作权，荣获2012年度广东省专利奖和广东省知识产权优势企业，在此基础上，积极参与住房与城乡建设部组织的集中式 EPS 应急电源行业标准及铁道总公司信号电源屏行业标准等 6 项行业标准的编制工作。

柏克被纳入中华人民共和国财政部节能产品采购清单，是中国人民解放军总参谋部设备器材入网企业，通过了 ISO9001 质量管理体系认证、ISO14001 环境管理体系认证、OHSAS18000 职业健康安全卫生认证，因助力某飞机研发被授予航天荣誉证书，此外，还获得了 2010 年亚运会广东省建筑电气推荐产品、中国政府采购优选品牌等诸多荣誉。

柏克下设广州花都生产基地及佛山华南电源创新科技园生产基地，在全国建设了 80 余家营销网点，售后服务网络全面覆盖到全国主要省市，能以行业快捷的本地化服务，较快地解决客户的后顾之忧。

主要产品介绍：

柏克智能 3.0 + 模块化 UPS

柏克是业内同时兼备直挂母线与电池可调技术的公司，整合了当今 9 项先进技术，针对当今实际供电需要而研发设计的高性价比、灵活、可靠及可用的 BKH-M 系列模块化 UPS 产品，以适应日趋敏感的投资回报率、能源消耗成本、远程智能管理及效能等要求。

全面提升系统可靠性的专业设计

N + X 并联冗余模块化设计，MTBF（平均无故障时间）高达 100 万小时以上；

虚拟阻抗并联技术：保证功率模块稳定可靠地并联运行；

采用“无主从分散逻辑控制”，整机无任何单点故障；

两种逆变模式可同时工作不降额。

节能降耗的绿色电源设计

APFC 整流技术：实现输入电流功率因数接近 1 的同时，避免后期谐波治理成本；

优化三电平逆变技术大幅度减小 UPS 工作能耗；

智能风扇冷却系统有效节能。

全数字控制的智能化设计

高效的 DSP + CPLD 运算、控制、管理系统，保证了产品的一致性和可靠性；

智能监控满足各种监控需求；

智能电池充电管理，4 段式充电，有效延长电池使用期 30%。

安全便捷的易运维设计

LCD 触摸屏显示；

热插拔技术实现在线不断电更换所有模块；

EPO 功能实现远程紧急关机功能。

企业高层采访：

被采访人：叶德智 董事长

▶请您介绍一下 2015 年公司的发展情况？

柏克通过不断创新，持续升级业务结构，实现了企业多年的高速增长，成立 9 年来，年平均增长率超过 30%。柏克 2015 年同比 2014 年，年产值增长了 36%，渠道业务同比增长 20%。行业市场业务铁路同比增长 487%，工民建同比增长 300%，柏克行业市场营销模式逐步成熟，在企业运营管理和研发上，柏克完成研发团队引进和产品全面升级，企业 VI 系统与 PI 系统全面升级。

▶公司当前的竞争核心优势是什么？

紧贴市场需求的创新能力，不断升级业务结构，实现企业可持续发展，是柏克多年来保持高速发展的核心要素。

柏克保持创新能力的方式主要有：一是保持包容开放的企业文化；二是不断培养和引进创新人才；三是良好的创新机制；四是科研平台建设。

2015 年在国家战略一带一路战略、互联网 + 战略、军队改革推动军民融合力度等政策的指导下，柏克通过技术创新，不断实现业务结构升级。

柏克的业务包括了供电系统、新能源及网络能源等三大板块。其中，UPS 电源、EPS 电源、制冷供电是柏克的传统优势业务。模块化机房、充电桩、光伏逆变器、风力变桨系统、疏散指示系统及 ADF 等产品是柏克业务结构升级后的创新型产品，构成了柏克当前及未来几年新的销售增长点。

▶2015 年公司产品进入了哪些目标市场？对于主要业务领域的定位是哪方面？取得了什么样的成果？未来会考虑增加那些目标市场？

2015 年在行业的分布上我们也做了一些调整，比如我们过去从事一些市政工程建设，尤其是楼场馆所，运动会场馆、博物馆、展览馆，现在这两年国家这些项目在逐渐减少，但是一带一路、交通、高速、机场、高铁等国家投入的非常集中、非常大，这些行业都会用到电源，所以我们就把市场拓展的重心向这些行业转移，也取得了很好的成绩，中国大部分高铁项目的应急电源都是由我公司提供的；同时在新能源领域、太阳能、光伏发电及风力发电，我们也做了很多工作，做了很多好的产品，市场收获也是比较大的；国家国防建设这几年的力度也非常大，毫无疑问会带来很多新的机遇；这些都是企业的增长点。

▶2015 年哪些热点对您有比较大的触动，对公司的后续发展可能产生什么样的影响？

现在政府大力推动新能源战略升级，无论是太阳能、光伏发电、风力发电还是新能源汽车，都带来了很多新的机会，柏克近年来在太阳能发电和风力发电实施了很多项目，同时充电桩也正在生产。

▶您对整个电源行业的发展态势有什么看法？公司采取了怎样的应对措施？

结合柏克近10年发展历程，我们一直致力通过技术创新、产业升级来提升柏克品牌，扩大品牌效应，走出了一条自主创新之路，契合国家提倡的从传统制造向‘中国智造’转变，从而推动柏克跨越式发展。柏克品牌由产品质量、产品技术和产品服务三大要素组成，其中质量一直是企业发展的生命，技术是赢得市场的核心，服务是信息转为合同的支撑。柏克一是加快推进自主创新，并且要求在观念上要创新，别人没有想到的，柏克要想到并研发；别人没有的产品，柏克已经研发出台；别人有的产品，柏克要比它更先进。二是要处理好三个关系。即把握和处理好开发成果与快速转为商品产生效益的关系；把握和处理好发挥自身研发力量与借助外部资源的关系；把握和处理好产品研发与知识产权保护的关系。正是基于此，柏克这些年一直处在技术创新前沿，智制不是换一个工人、技术那么简单，不仅是生产的自动化、效果高就行，首先是通过正确的方向目标，引导企业发展，其次才是企业人才战略、技术创新、制造高效、品牌战略等策略的有效执行，这些年我们一直在向智制努力。

佛山市新光宏锐电源设备有限公司

金武士
KINGCHEVALIER

地址： 广东省佛山市国家高新技术开发区禅城园区张槎街道塱沙路塱宝工业园西区三路8号3楼

邮编： 528000

电话： 0757-82236302

传真： 0757-82305809

邮箱： sun@ sunshineups. com

网址： www. sunshineups. cm

简介：

佛山市新光宏锐电源设备有限公司成立于2002年，制造基地设于广东省佛山市高新区禅城园区，系国家高新技术企业。新光宏锐一直致力于电源产品的设计、制造、销售和服务，为用户提供全面的电源解决方案。

10多年来，新光宏锐生产的“金武士”电源系列产品为国内众多行业和用户提供了优质服务，产品线齐全。新光宏锐还着力打造核心供应链，变压器、电池等关键部件自行研发和生产，为“金武士”产品量身定做，确保产品质量精益求精。同时新光宏锐还招贤纳士，打造高效的管理团队、销售团队和研发团队，为公司的健康运营保驾护航。努力跻身于电源行业的第一方队，为客户提供最佳服务是新光宏锐孜孜以求的企业梦。

新光宏锐秉承“有品质才有市场，有创新才有永续经营”的品质政策，赢得了客户的认可，公司已通过ISO9001、ISO14001认证，并引入先进的信息化管理系统，达到高效管理的目的。

新光宏锐坚信只有不断地创新，才能使企业持续健康地发展，才能长久地服务客户，实现共赢。公司研发团队实力雄厚，每年都会投入大量经费用于新产品的开发，2009年“佛山市UPS电源与新能源工程技术研究开发中心”在新光宏锐成立。在不断充实自己研发实力的同时，新光宏锐也与国内外院校及科研机构开展了行业前沿的技术开发与合作。

新光宏锐研发成果丰硕，先后取得多项国家授权专利，有计算机软件著作权、广东省自主创新产品及广东省高新技术产品认定，顺利地完成了产品技术研究成果的转型。“REINFORCEMENT”技术作为新光宏锐的技术核心，应用于新光宏锐的自主研发产品，以其独特性和差异性在业界独树一帜。产品逐步通过中国节能认证、CE认证、TUV认证、泰尔认证等专业认证。

2009年公司被认定为国家高新科技企业、广东省民营科技企业；2012年公司当选为佛山市电源行业协会会长单位、佛山市禅城区高新区商会会长单位、中国电源学会常务理事单位。

主要产品介绍：

金武士高频三进三出ST33 60-80K

随着公司的不断发展，公司研发技术能力日渐成熟及丰富。

产品的竞争日益激烈，大功率系列UPS向高频化发展势在必行。

现有市面上工频机体积大、成本高、效率低、污染严重、使用成本高。

新产品开发有助于丰富公司产品，符合公司销售和客户的需求。

用新型材料设计PFC及INV电感，功率电感体积更小、损耗更小，有效提升整机效率，起到节能环保的作用。

PFC及INV均采用软件限流加硬件限流，系统具有双重电流保护措施，有效提高系统的可靠性及安全性。

采用模块化IGBT作为PFC及INV的主功率开关器件，稳定性更高。

采用双DSP控制技术，减少外围的控制IC，提高控制系统的稳定性。

采用具有公司专利技术的LCD触摸屏显示，显示美观、操作方便。

广东新昇电业科技股份有限公司

地址： 广东省佛山市三水区乐平工业园创新大道东5号
邮编： 528137
电话： 0757-87362222
传真： 0757-87362828
邮箱： 2668495124@ qq. com
网址： www. fsnre. net

简介：

广东新昇电业科技股份有限公司创建于1994年11月8日，现坐落于佛山市三水工业园。公司厂房面积82700平方米，现有员工1000多人。公司主要产品有各类变压器、逆变器、电子变压器、LED驱动及灯饰灯具等。

2006年公司被评为广东省优秀企业；2008年又被评为广东省民营科技企业；2009年12月，公司获得“高新技术企业”称号，2012年通过复审；2010年5月，公司的测试中心获得了中国合格评定国家认可委员会颁发的实验室认可证书；2010年6月，公司获广东省科技厅、发改委、经信委等政府部门批准组建广东省绿色电子照明工程技术研究开发中心。为了全面提升企业管理水平，适应市场的需要，促进公司生产经营全面与国际接轨，公司先后通过了ISO9001：2008质量管理体系、ISO14001：2004环境管理体系认证及GB/T28001：2001职业健康安全管理体系；产品通过了CQC、3C、TUV、VDE、UL、SGS、CE等国内外权威机构的安全认证。公司品牌“NRE”在国内外业界享有很高的声誉，已经申请欧盟、美国等国际商标注册。

2008~2013年，公司连续6年成为佛山市超1000万元的纳税企业。未来，公司将继续追求提高技术与注重细节的品质管理原则，保持并扩大在业界的领先地位，为国家和社会做出应有的贡献。

主要产品介绍：

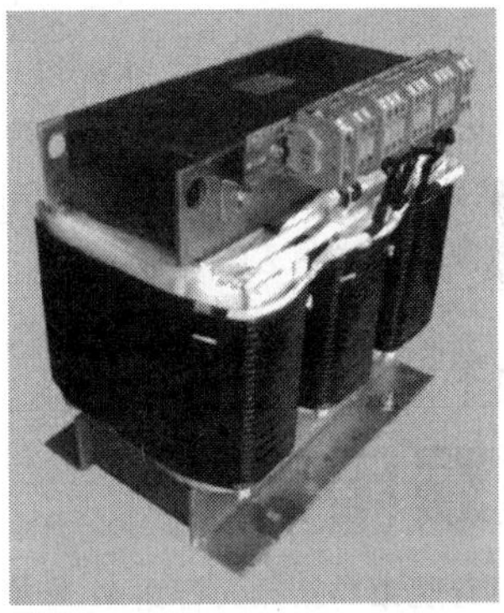

公司通过自主创新，成功开发出环形变压器、EI变压器、电子变压器、LED驱动器、逆变变压器、LED灯饰等6大类几十款产品，主要用于家用电器、专业舞台灯光音响、稳压电源及新能源领域等，公司的太阳能逆变变压器、直流电子变压器、新型节能灯产品获得了广东省高新技术产品认定。

广州金升阳科技有限公司

MORNSUN®

地址： 广州市萝岗区科学城科学大道中科汇发展中心科汇一街5号
邮编： 510663
电话： 020-38601850
传真： 020-38601272
邮箱： market300@ mornsun. cn
网址： www. mornsun. cn

简介：

金升阳是电源解决方案厂商，国家高新技术企业，致力于为工业、能源、电力、交通和医疗等行业客户提供完整的电源解决方案，帮助客户提高生产效率和能源效率，同时降低对环境的不良影响。

金升阳成立于1998年7月，注册资本达2亿元，拥有1000多名员工和超过10万平方米的办公及研发生产基地，金升阳已成为国内集研发、生产、销售一体，规模位居模块电源制造商前列。目前，金升阳已启动集团化运作，并拥有金升阳美国全资子公司、怀化子公司、黄埔分公司等下属机构。

金升阳人以稳健和踏实的经营作风，坚韧不拔、不屈不挠的开拓精神，图创百年企业之大策。金升阳矢志于磁电隔离技术和电源产品的研究与应用，创造了高品质的AC-DC电源模块、DC-DC电源模块、隔离变送器、IGBT驱动器、LED驱动器等系列产品，其中多个产品系列已经顺利通过了UL、CE等认证。与此同时金升阳公司在行业内率先通过了ISO9001：2008质量管理体系认证、ISO14001环境管理体系认证、OHSAS18001职业健康安全管理体系认证、TS16949汽车电子质量管理体系，并严格按照体系要求进行管理的改进和提升。

金升阳的成长是一个不断自我超越的历程。回首过去，金升阳踏着快速、稳健的步伐，以领先的技术实力为起点，以持续的创新为发展动力，成为立足于全球化工业电源市场的高科技企业。时至今日，金升阳已申请专利350余项，其中发明专利180余项。目前，金升阳产品已远销世界各地，并获得了包括GE、SIEMENS、Honeywell、艾默生等在内的众多行业领袖企业的赞誉。

主要产品介绍：

经济型非隔离 DC-DC 电源模块 K78-R3 系列

第三代经济型非隔离 K78-R3 系列 DC-DC 稳压电源模块，具有开板式 SIP 封装和传统灌封式 SIP 封装可选，不仅兼容传统的线性稳压器，与市场上同类产品相比，还更具性价比。

K78-R3 系列输入电压高至 36V，空载输入电流低至 0.2mA，还具有纹波噪声低，短路保护等特性，其效率高达 95%，无需外加散热片，特别适合应用于对温升敏感的煤矿、电力监测及高端仪表等行业。

合肥华耀电子工业有限公司

华耀电源

地址：安徽省合肥市高新区天智路 41 号华电大厦
邮编：230088
电话：0551-68165111
传真：0551-65324417-0
邮箱：sales@ ecu. com. cn
网址：www. ecu. com. cn

简介：

合肥华耀电子工业有限公司于 1992 年由中国电子科技集团第三十八研究所全资创办，专注于军用和民用电源类产品的研发、生产和销售。早在 1996 年就通过 ISO 质量认证、军方质量体系认证。凭借扎实的发展，现在的华耀已是国家高新技术企业、国家企业技术中心、安徽省智能供电工程技术研究中心、安徽省产学研示范企业、安徽省技术创新示范企业、安徽省自主创新品牌示范企业、合肥市电源电子工程技术中心。

华耀拥有合肥、上海两大研发基地，相继成立院士工作站和博士后工作站，与南京航空航天大学、中科院等多所高校、科研机构紧密合作，拥有强大的研发及生产能力，标准化生产厂房，标准化作业流程和物料管理体系，具有国家第三方监测资格的实验室。20 多年的不懈努力，华耀积累了丰富的电源行业经验，所生产的电源产品广泛应用于工业控制、国防安全、LED 照明、新能源汽车、医疗、轨道交通等领域，产品销往美国、欧洲、澳洲等世界各地，并与多个世界 500 强公司结成优质合作伙伴关系，品牌和产品在业内具有较高的知名度和美誉度。

未来，华耀将一如既往地秉承“协作、创造、卓越”的核心价值观致力于打造国际化专业电源品牌和成为国际能源电子专家。

合肥华耀电子工业有限公司是国内率先提供机载预警雷达批产电源的公司，国内率先提供高空系留气球供配电系统的公司，国内率先提供大型运输机襟缝翼控制电源的公司，国内率先提供小型高频医用高压发生器的公司，以及国内率先提供受控核聚变（EAST）辅助加热系统兆瓦级电源（PSM）的公司。

主要产品介绍：

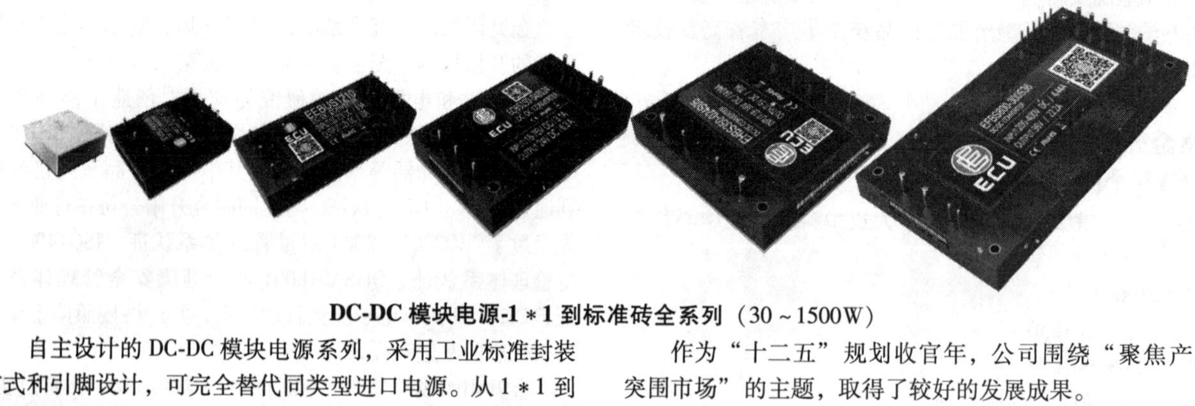

DC-DC 模块电源-1 * 1 到标准砖全系列（30 ~ 1500W）

自主设计的 DC-DC 模块电源系列，采用工业标准封装方式和引脚设计，可完全替代同类型进口电源。从 1 * 1 到标准砖全系列（标准砖为 1/16 砖到全砖），功率为 30 ~ 1500W，其产品性能、品质和可靠性均达到业界先进水平。

我们能够为分布式供电架构提供标准的解决方案，可以满足各式各样直流电压转换和直流电源的需求，还可根据客户特殊要求迅速提供各种定制方案，为客户提供高效、贴心的服务。

企业高层采访：

被采访人：周伟 副总经理

▶请您介绍一下 2015 年公司的发展情况？

作为“十二五”规划收官年，公司围绕“聚焦产品，突围市场”的主题，取得了较好的发展成果。

1）市场突围初显成效，产品聚焦，行业细分市场聚焦，客户群聚焦，公司已在多个目标行业拥有数十个年收入过百万的优质客户。

2）技术创新平台迈入国家队，成为国家技术中心分中心。承担工信部产业振兴和技术改造专项项目、安徽省科技攻关项目等，荣获中国电源学会科技进步奖二等奖。

3）运营能力改善提升，申设具有 UL/CSA/CE/CCC 目击实验能力的国家第三方检测资格实验室；整合生产资源，推广精益生产，保障产品的及时交付。另外，优化供应链、降低成本、财务回款风险等能力都有提升。

▶公司当前的竞争核心优势是什么？

华耀目前最大的优势是可参与客户前期开发，快速响应标准产品平台上的快速改制需求。这个核心竞争力来源于三个方面，即研发平台与技术力量的支撑，电源开发效率和技术敏感的能力，以及较完善生产保障、品质控制等运营能力。

▶2015 年公司产品进入了哪些目标市场？对于主要业务领域的定位是哪方面？取得了什么样的成果？未来会考虑增加未来会考虑增加哪些目标市场？

公共安全、医疗设备、电梯、高端工控等。未来考虑轨道交通、电动汽车等细分市场。

鸿宝电气集团股份有限公司

HOSSONI 鸿宝®

地址：浙江省乐清市象阳工业区

邮编：325619

电话：0577-62762615

传真：0577-62777738

邮箱：hongbaohui@ 163. com

网址：www. hossoni. com

简介：

鸿宝电气集团股份有限公司是电源领域专业从事研发、制造、销售、信息及服务为一体化的大型高新技术企业。公司拥有 16 家专业分公司，300 多家专业协作厂，并在全国各地设有 500 余家销售公司和特约经销处。在国外设有 10 多家分公司和 50 多家销售代理。主要生产的产品有稳压电源、EPS、UPS 电源、风力发电机、风光互补并网逆变系统、光伏供电系统、光伏控制器、LED 路灯、蓄电池、变频器、软起动器、充电器、逆变器、变压器、断路器、建筑电气等 50 多个系列 ，3000 多个品种的电源产品。是中国电源行业“龙头”企业之一。

鸿宝电气集团股份有限公司是中国电源学会常务理事单位，公司在同行业中率先通过 ISO9001 质量管理体系、ISO14001 环境管理体系认证、OHSAS18001 职业健康安全管理体系认证。所生产的产品先后获得国际 CE、CB、SEMKO、SASO 质量认证以及国内 CCC、CQC、信息产业部 TLC 等质量认证。产品连续被省 、市评为“质量连续稳定产品”、“质量信得过产品”，“鸿宝”牌商标被评为“中国驰名商标”、“浙江出口名牌产品”，“鸿宝”牌 UPS 不间断电源荣获“产品质量国家免检”等多项荣誉。成为品质保证和优质服务体系的象征 ，在国内外赢得广泛的信誉和褒奖 。多年来 ，公司连续被省、市人民政府评定为明星企业、出口创汇十强企业 、重合同守信用企业 、银行 AAA 信用业 、百强纳税大户和质量管理先进企业。

一个对电源技术富有前瞻性理解，以完善的工艺和对产品质量的孜孜追求，不断推出各种优质产品的电源企业；一个致力于满足用户不断变化的需求，致力于服务用户、社会、员工，创造共赢价值，享有国内、国际市场良好形象的电源企业；始终坚持“以科技求发展，以质量求效益”，技术、制度、管理创新体系日臻完善的高科技数字化新鸿宝，正在跨越式发展的道路上向世界名牌挺进，逐步成为一个管理科学、技术先进、规模宏大、效益颇高的现代化名牌企业。

主要产品介绍：

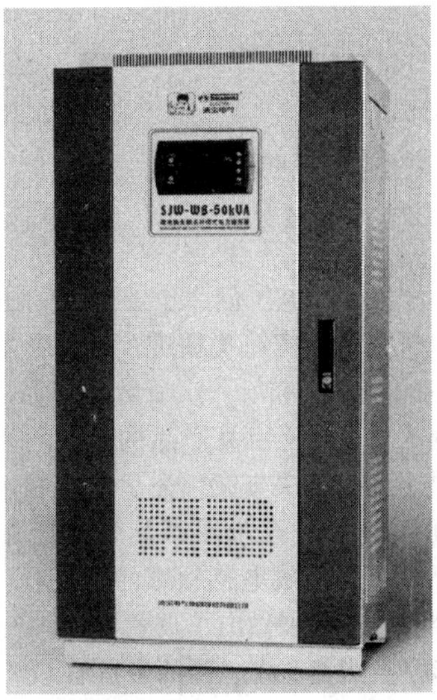

SJW 系列微电脑无触点补偿式电力稳压器

产品介绍：本产品采用高速 DSP 芯片为控制核心，利用计量控制、快速交流采样、有效值校正、电流过零切换和快速补偿稳压等技术，将智能仪表、快速稳压和故障诊断结合在一起，实现了无触点控制，使产品精密、安全高效、节能环保。

广泛应用于金属加工、生产流水线、电梯、医疗器械、刺绣轻纺、广播电视及大楼照明等需要稳定电压的用电环境中。

企业高层采访：

被采访人：王丽慧 监事长

▶请您介绍一下 2015 年公司的发展情况？

2015 年，我国发展面临着国际国内复杂严峻的环境，鸿宝集团在董事会的正确领导下，全体员工共同努力，管理人员科学管理，我公司在逆境中稳步前进，品牌知名度有了更大的提高，新产品开发和市场投入进一步扩大，内部管理进一步完善，公司的整体销售也保持着一个平稳发展的趋势。

▶公司当前的竞争核心优势是什么？

我公司的竞争核心优势是：拥有数十名高端技术人才组成的研发团队，该团队致力于新产品的研究和开发，以及对老产品的技术改造。因此，公司所生产的产品无论在技术、性能、工艺等方面都属于行业领先。

▶2015 年哪些热点对您有比较大的触动，对公司的后续发展可能产生什么样的影响？

现在是一个信息化的时代，网络营销作为当前最为热门的营销模式，已经占据了营销市场的半壁江山，我们正在尽快加入这个市场紧跟时代趋势，进行线上、线下同步衔接。如果能够站在信息化时代的前缘，做好网络销售，那么这对公司的销售及后续发展会发挥重要作用。

华东微电子技术研究所

地址：安徽省合肥市蜀山区高新合欢路 19 号
邮编：230088
电话：0551-65743712
传真：0551-63637579
邮箱：info@ cetc43. com. cn
网址：www. cetc43. com. cn

简介：

华东微电子技术研究所创建于 1968 年，是我国最早从事微电子技术研究的国家一类研究所，也是我国唯一定位于混合微电子的专业研究所。该所数十年如一日，致力于混合集成电路（HIC）及相关产品的研制与生产，为电子信息系统提供小型化解决方案，先后主持制定了《混合集成电路通用规范》等 30 余项国家及行业通用规范和标准，已成为我国高端混合集成电路领域的领军者，为推动国内混合集成电路行业的发展做出了贡献。

该所坐落于合肥市，东、西两区占地 170 亩。“高水平管理人才、高层次科技人才、高技能制造人才、高素质市场人才”四支人才队伍不断壮大，其中专业技术占员工总数的 43%；经营管理人员占员工总数的 9%；市场营销人员占员工总数的 6%；技能操作人员占员工总数的 42%。拥有一支由集团公司首席专家、高级专家、专家及 43 所等组成的科技领军专家队伍，形成了强大的人才支撑。

2003 年 8 月通过国家二级保密资格认证；2004 年 8 月通过军工电子装备生产许可证审查；2008 年 10 月通过武器装备承制资格审查；2009 年 1 月通过职业健康安全与环境管理体系认证；拥有国家、国防、总装认证的混合集成电路与电子元器件检测实验室，设有 EDA 设计、质量检测、技术情报和标准化等 4 个中心，是我国专业设置最为齐全的混合集成电路专业研究所。长期承担中国电子学会元件分会混合集成电路技术部主任单位、国内混合集成电路行业协会副理事长单位、国内混合集成电路专业情报网网长单位、中国电源学会常务理事长单位、GJB2438《混合集成电路通用规范》及 GB/T8976《膜集成电路和混合膜集成电路总规范》起草单位。

华东微电子技术研究所长期致力于系统、装备和整机的小型化需求，在混合微电子及相关技术领域为国防事业积极贡献。经过 40 多年发展，已拥有厚膜混合集成、薄膜混合集成、低温共烧陶瓷（LTCC）、表面安装（SMT）、金属外壳、电子窑炉、AlN 材料、电子浆料等生产线，在混合集成电路及微组装技术领域具有明显的综合优势并引领国家行业发展，是国内军工市场中 DC-DC 电源、功率驱动电路、金属外壳、LTCC/AlN 基板等产品的最大供应商之一。产品广泛应用于航空、航天、船舶、电子、通信、雷达、兵器等高可靠电子设备及工业领域。在“长征”系列火箭、“神舟”系列飞船、“天宫”飞行器、“飞天”宇航服等百余项国家重点工程研制生产任务中，部分产品和技术已接近或达到国际先进水平，并荣获百余项省部级以上科技奖项。

“十三五”期间，将秉承“创新发展、开放发展、和谐发展”理念，加强科技创新步伐，培育发展新型产业，实现“强人才、强科技、强产业、强经济”目标，为我国高新技术持续发展做出贡献。

主要产品介绍：

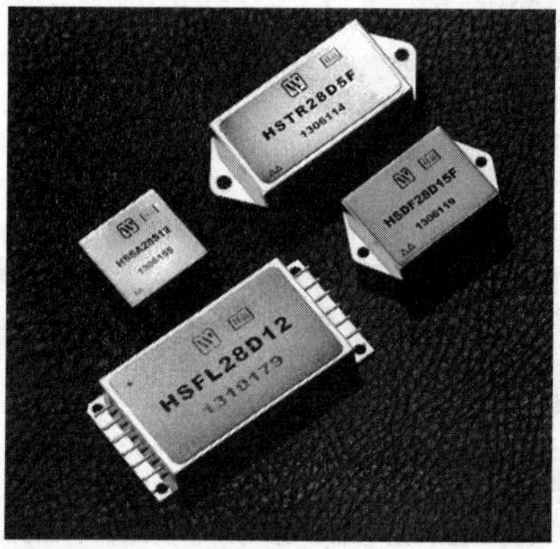

抗浪涌 DC/DC 变换器系列产品

抗浪涌 DC/DC 变换器现有输出功率为 6W、20W、40W、65W 四大系列的厚膜混合集成抗浪涌电源产品。全系列产品主要采用单端反激式电路拓扑，外形结构采用双列直插及扁平式金属全密封。输入电压范围为 15 ~ 50V，并可承受 80V/1s 的浪涌电压，产品的启动电流小。前端抗浪涌模块，产品体积小、输出功率大，可同时承受 80V/50ms、8V/50ms 的浪涌电压。

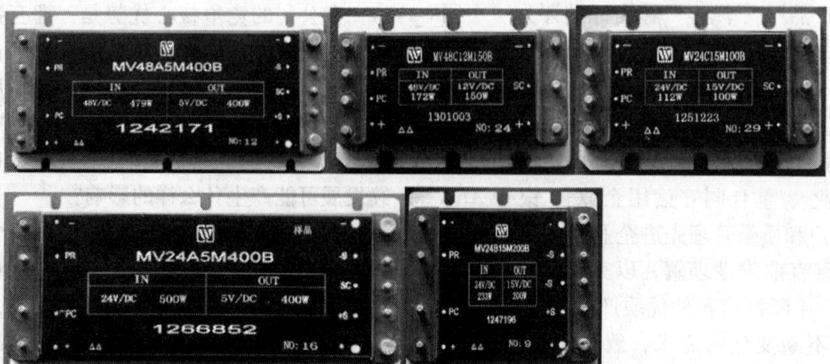

MV24 和 MV48 系列 DC/DC 变换器

MV24 和 MV48 系列 DC/DC 变换器采用软开关拓扑结构，变频调制，工作频率高达 1MHz；具有 1/4 砖、半砖、全砖三种封装外形，与国外同类产品引脚兼容。系列产品输出功率 75 ~ 500W，，效率高达 83 ~ 90%。具有输入过、欠电压封锁，输出过电压保护，输出过电流、短路保护功能，输入—输出隔离 3000Vac。产品广泛适用于航空、航天、船舶、兵器、雷达、铁路等军民用高可靠电子系统。产品设计与制造完全满足 SJ20668-1998《微电路模块总规范》和产品详细规范的要求。

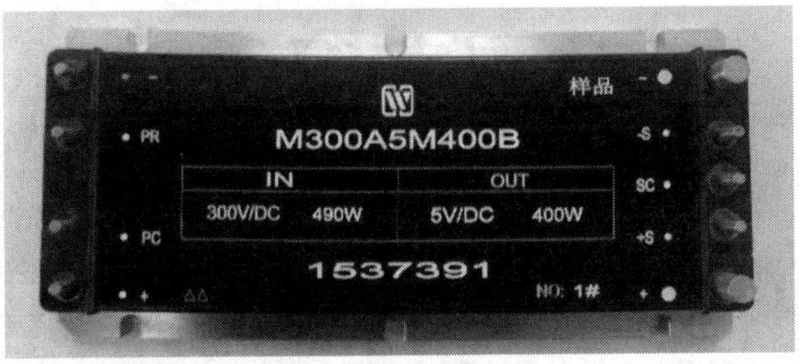

全砖 M300A 系列 DC/DC 变换器

全砖 M300A 系列 DC/DC 变换化器采用 LLC 谐振软开关技术，BUCK 加 LLC 结构。电路由 BUCK 加 LLC 控制、主功率、变压器、次级整流部分及反馈电路等部分组成。该系列产品为模块式电路结构，采用 PCB 表面组装工艺，内部采用导热材料灌封，铝底板散热。外形与国外的同类产品完全兼容，并做到引脚互换。该系列产品广泛适用于航空、航天等高可靠电子系统。产品的设计和制造完全满足 SJ20668-1998《微电路模 块总规范》和产品详细规范要求。

茂硕电源科技股份有限公司

MOSO® 茂硕电源

股票代码：002660

地址：深圳市南山区西丽茂硕科技园

邮编：518108

电话：0755-27657008

传真：0755-27657908

邮箱：hao. chen@ mosopower. com

网址：www. mosopower. com

简介：

茂硕电源科技股份有限公司（简称“茂硕电源”，股票代码：002660）是国家高新技术企业，是国家十二五规划鼓励发展的节能减碳新能源企业，也是国内有相当影响力的电源制造企业。公司自 2006 年成立以来，经过几年的快速发展，得到多家世界 500 强公司的认可，并与其结成战略合作伙伴关系。

技术和品质是茂硕电源的核心优势。茂硕电源与全国多所重点高校进行多项产学研合作，投入大量研发资金，建立了具有超强研发能力的茂硕电源技术研究院；同时还拥有行业内先进的可靠性安规实验室，采用全自动电脑测试仪等先进生产和检验设备，已开发出多款具有世界领先水平的高效率开关电源和 LED 智能驱动。短短几年间，茂硕电源已取得近 200 项国家专利。

茂硕电源集产品研发、制造、销售及服务于一体，已在美国、日本、韩国、新加坡、欧洲、中国香港、中国台湾设有分公司或办事处，能够为国内外客户提供迅捷的专业服务。优秀的人才、先进的技术、科学的管理，以及务实、进取的创业精神使得茂硕电源能够持续处于行业领先地位，是茂硕电源真正的核心竞争力。茂硕电源产品已涵盖机顶盒、ADSL、手机、平板电脑、医疗、电动工具、电梯及 LED 室内、外照明产品驱动等多种领域。公司愿与各界客商携手共进、互利共赢、共同发展，为全球的节能减碳事业出一份绵薄之力！

主要产品介绍：

E6 系列 LED 驱动电源

E6 系列 LED 驱动电源，创新的限功率恒流技术，覆盖同功率级产品。较强的通用性，可降低用户因同功率段灯珠串并联方式不同带来的电源选型困难。四合一调光方式，0 ~ 10V、PWM、电阻、时控四种调光方式一体化，调光信号幅值 5V/10V 可选，并可设置反向逻辑。交互式编程界面，用户可通过交互式编程界面自定义输出，可自设置最多 5 个调光时段及对应电流值。独创微距红外遥控，微距遥控器操作简便，粗调 + 微调可实现输出规格的精准自设置。防护等级 IP67，已取得 TUV 出具的 IP67 报告。防浪涌等级达到差模 5kV、共模 10kV，行业领先。睿动系列电源已取得 Nemko 出具的 10kV 浪涌报告。睿动系列电源已取得 CCC、CE、CB、UL、ENEC 认证，即将取得 BIS 认证。

企业高层采访：

被采访人：丁华总经理

▶请您介绍一下 2015 年公司的发展情况？

2015 年受经济大环境影响整个 LED 驱动行业发展并不理想，公司也面临了较多的困难，但是我们经受住了考验，通过增加研发投入、加强技术创新，推出了更多高性价比的产品；通过优化管理体系，形成了精英管理模式；通过业务布局，巩固了国内市场，开拓了国际市场。总的来说，2015 年公司达成了发展目标，并未 2016 年的规划打下了良好基础。

▶公司当前的竞争核心优势是什么？

最大的核心优势在于拥有非常强大的研发团队、完善的销售渠道、高可靠的平台化系列产品是及多年在行业里所积累的品牌影响力。

▶2015 年公司产品进入了哪些目标市场？对于主要业务领域的定位是哪方面？取得了什么样的成果？未来会考虑增加哪些目标市场？

茂硕的目标主要是欧美及中国大陆市场，为扩大公司的影响力，发达地区、东南亚及北美洲也将是我们要拓展的目标市场。

▶2015 年哪些热点对您有比较大的触动，对公司的后续发展可能产生什么样的影响？

政府对新能源产业的重视以及“互联网 +”“一路一带”概念的提出将对公司的产业发展方向及目标市场产生积极的影响，公司将保持与政府、行业指导同步，顺应产业发展大势。

▶您对整个电源行业的发展态势有什么看法？公司采取了怎样的应对措施？

我认为目前 LED 电源行业的发展主要有以下三个方面问题：

1）技术与创新，LED 驱动技术发展至今日益成熟，新的技术方向在哪里，创新该往哪创，市场是否买单，考验整个 LED 驱动行业。

2）成本与利润，企业之间恶性“价格战”，使 LED 驱动产品价格不断下降，成本居高不下，利润空间被进一步压缩。

3）产品与需求，同质化竞争严重，产品性能、品质与市场需求不符。

茂硕的应对措施：

1）坚持走精品电源路线，通过技术进步和降低非原材料成本来提高电源的性价比。价格战不是一个行业健康的发展方式，客户要的永远是价值而不是价格。

2）紧跟市场发展趋势，务实的创新，以满足客户实际需求为出发点和落脚点。LED 驱动技术发展迅速，但再好的技术也需要经受客户的检验才能最终得到市场认可。

3）经营品牌与服务，开展针对性的推广活动，扩大自己在消费市场的知名度，形成品牌美誉度和影响力。

宁波赛耐比光电有限公司

Snappy

地址：宁波市高新区科达路 56 号
邮编：315000
电话：0574-26266222
传真：0574-27902805
邮箱：tuciyi@ snappy. cn
网址：www. snappy. cn

简介：

SNAPPY，一个平均年龄只有 35 岁的管理团队，积极的、向上的、团结的、合作的，这就是我们！

我们拥有一支创新型的技术团队，LED 驱动和 LED 灯具设计是我们的技术核心竞争力。我们企业的核心竞争力是拥有完整的现代的管理经验，和不断推出的新产品，我们的合作伙伴为 GE、OSRAM 等知名企业。

我们企业的精神口号是：为美好生活而快乐工作着，为绿色光明而努力奋斗着！

主要产品介绍：

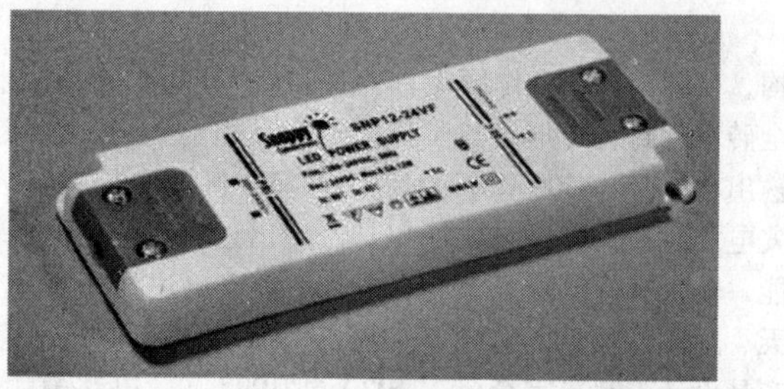

12w-24VF

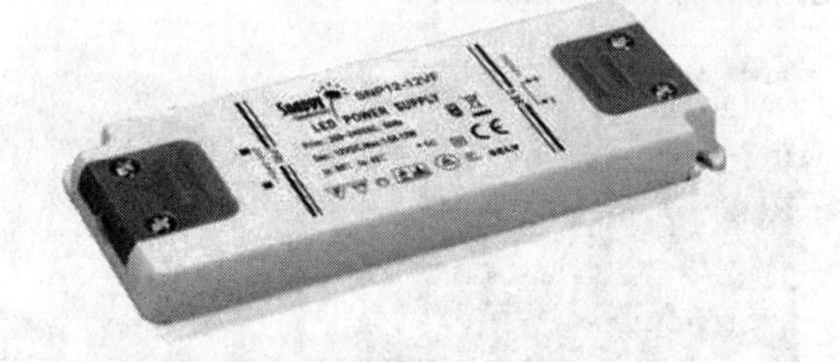

SNP12-12VF

我司专业生产 LED 驱动电源，该产品涵盖 6～200W、室内及室外，同时还拥有 IP67、IP44 等防水电源。产品广泛应用于商业、家居等领域。现阶段我公司通过了 TUV、CUL、SAA、PSE 、KC 等认证。产品远销欧美市场，销售近十年来受到广大用户的肯定和赞赏。

深圳华德电子有限公司

WATT

地址：广东省深圳市蛇口兴华大厦五栋 A 座 6 楼
邮编：518066
电话：0755-26693168
传真：0755-26693918
邮箱：wangg@ watt. com. cn
网址：www. watt. com. cn

简介：

深圳华德电子有限公司建立于 1987 年，是随经济特区共同发展成长的专业电源技术公司。

公司注重高端电源产品及技术的开发研究，已有成规模的电源产品，涵盖了数据通信、医疗设备、工业设备、测量仪器、汽车及工程机械动力控制系统、高端计算机及服务器、民用航空飞行器等领域。

在不断发展和完善产品研发及销售平台的基础上，公司积极地引进国内外先进技术和专利技术，采取自主设计、定制、合作开发等灵活的方式，为全球的客户提供解决方案、高可靠产品及优质服务。

公司不断强化企业的现代化管理水准和体系建设，重视人才、重视质量。以自动化的生产能力和先进的生产工艺使产品品质得到有效的保证。

主要产品介绍：

WP2162R 系列 PCB 敞开型单通道电源模块

尺寸 2″×4″×1.3″（51×101×33cm）；
输入电压 90～264V/47～64Hz；
额定输出功率 160W；
直流输出电压 12V、24V、48V 可选；
另附 12V/1A 风扇通道；
整机效率大于 90%；
具有输出过电流和过电压保护；
安规符合 IEC60601/IEC60950；
EMC 传导符合 EN55022ClassB。

WP3362R 系列 PCB 敞开型单通道电源模块

尺寸 3″×5″×1.3″（76×127×33cm）；
输入电压 90～264V/47～64Hz；
额定输出功率 360W；
直流输出电压 12V、24V、48V 可选；
另附 12V/1A 风扇通道；
整机效率大于 90%；
具有输出过电流和过电压保护；
安规符合 IEC60601/IEC60950；
EMC 传导符合 EN55022 ClassB。

深圳科士达科技股份有限公司

KSTAR 科士达

地址：广东省深圳市南山区高新中区科技中二路软件园 1 栋 4 楼
邮编：518057
电话：0755-86169858
传真：0755-86168482
邮箱：chenglc@ kstar. com. cn
网址：www. kstar. com. cn

简介：

【综合介绍】

深圳科士达科技股份有限公司（股票代码：002518）成立于 1993 年，国家火炬计划重点高新技术企业，中国大陆本土 UPS 产业领导者、数据中心关键基础设施整体解决方案提供商、中国领先的太阳能光伏逆变器系统解决方案提供商，致力于数据中心关键基础设施产品线（UPS、精密空调、精密配电、蓄电池、网络服务器机柜、动力环境监控等）和太阳能光伏发电系统产品（光伏逆变器、智能汇流箱、防逆流箱、直流配电柜、太阳能深循环蓄电池、监控等）的研发、制造及一体化解决方案应用，为包括中国在内的全球 90 多个国家和地区提供优质产品及全方位服务，以创新动力不断引领行业发展。

【市场业绩】

根据中国电子信息产业发展研究院赛迪顾问（CCID）统计，2000 年起科士达国内 UPS 销量市场占有率稳居国产品牌前列。

根据国家商务部研究院快睿咨询（ChinaQuery）《中国 UPS 配套铅酸电池产品市场报告》统计，科士达在中国 UPS 配套阀控式密封铅酸蓄电池市场上，市场占有率居本土品牌前列。

科士达是中央国家机关、国家教育部、国家税务总局、国家气象总局、国家广电总局、国家海关总署、解放军总参、中国电信、中国移动、中国联通、中国石化、中国石油、中国银行、中国工商银行、中国农业银行、中国建设银行、中国人寿等众多大型行业机构产品选型入围供应商。为国家三峡工程、青藏铁路、西气东输工程、2008 年北京奥运会、2010 年上海世博会等在内的一大批国家重点工程提供高可靠电力保护，全力护航中国信息化建设事业。

【资质认证】

科士达公司通过 ISO9001 国际质量体系认证、ISO14001 国际环境体系认证、OHSAS18001 职业健康安全管理体系认证、IECQ QC080000 有害物质过程管理体系认证。产品取得泰尔认证、CCC 认证、节能认证、生产许可证、欧洲 CE 认证、美国 UL 认证、TUV 认证、澳洲 SAA 认证、意大利 ENEL、英国 G83/1、法国 BV 认证、金太阳认证、国家电网零地电压穿越认证等多项国内外产品质量/安规认证，是业内认证齐全的全线产品供应商之一。

【服务体系】

科士达在业内率先建立起"全国客户服务中心—大区技术支持中心—省区服务中心—地市服务站"为架构的覆盖广泛、布局合理、贴近用户的多级服务体系，可为用户提供基于快速响应特性的全方位现场和远程技术服务，在全国性区域分布的行业系统大型重点工程服务方面，拥有丰富成熟经验，确保用户关键应用系统可靠运行。

【研发与创新】

科士达公司自成立以来，始终坚持"市场导向＋技术驱动"的技术开发方向，于 2000 年在原有技术开发部基础上组建了科士达研发中心，目前研发中心有 300 余位专业研发技术工程师，拥有业界领先的专业实验室，已取得 100

多项国家专利（其中核心技术发明专利30余项），参与20多项国家和行业标准起草/参与修订，是国内电源和数据中心关键基础设施行业标杆性企业级研发中心。

【发展规划】

自2005年起，科士达开始在全球92个主要国家和地区注册KSTAR商标，不断加大海外营销服务网络建设力度，加速布局全球营销网络体系，致力通过技术创新和品牌全球化运营，迈进全球领先的数据中心关键基础设施和新能源电力转换领域产业链领先供应商之列，成长为电力电子行业领域具有全球产业影响力的企业。

主要产品介绍：

科士达光伏逆变器产品线

科士达数据中心关键基础设施产品线

深圳市英威腾电源有限公司

invt

地址：深圳市南山区北环路猫头山高发工业区高发1号厂房5层东

邮编：518055

电话：0755-26784847

传真：0755-26782664

邮箱：shangyating@ invt. com. cn

网址：www. invt-power. com. cn

简介：

深圳市英威腾电源有限公司是深圳市英威腾电气股份有限公司（股票代码：002334）的子公司，国家高新技术企业，专注于模块化UPS与数据中心关键基础设施一体化解决方案研发生产与应用，向全球客户提供高可靠、高品质的产品解决方案与全方位的优质服务。公司凭借专业的研发团队、先进的产品性能、高效的服务团队、一流的生产规模等综合优势，始终处于业界的领先地位。

公司专注于数据中心关键基础设施产品线（高端模块化UPS、智能UPS、精密空调、精密智能配电、蓄电池、智能监控、微模块数据中心等），拥有产品的核心技术与900多项知识产权专利，产品以高可靠性、高性价比赢得了广大客户的一致赞誉，产品广泛应用于政府、金融、通信、教育、交通、气象、广播电视、工商税务、医疗卫生、能源电力等各个领域及全球80多个国家和地区。

快速为客户提供全方位、专业的解决方案是公司的经营宗旨，持续创新是公司追求的目标。不断推出的具有竞争力的解决方案和优质服务满足了各行业用户对于数据中心基础设施供电系统高可靠性和绿色智能化的需求。我们将致力于通过技术创新和品牌全球化运营，成长为数据中心基础设施电源及电力电子相关领域受人尊敬的企业。

企业愿景

成为全球领先、受人尊敬的工业自动化和能源电力领域的产品和服务提供者。

企业价值

诚信：始终以诚信的心态面对所有的人。

创新：我们不断求索行业技术的发展趋势，不断创新产品为客户带来更大的价值。

坚持：不论商业环境如何快速多变，我们始终坚持对客户、合作伙伴、员工的承诺。

互信：我们致力于与所有的客户达成互信的原则，所有员工的互信亦是企业发展的源动力。

企业使命

引领电源及电力电子领域科技发展，为创造更可靠、高效、节能的产品而不懈努力。

主要产品介绍：

RM系列模块化UPS

功率范围：10～900kVA（N+X模块化）

工作方式：三进三出在线双变换

RM系列模块化UPS电源是业界领先的全数字化电源产品，集中了单进电子与自动控制领域先进的技术成果，拥有10项专利，使得关键设备的供电可靠性、可用性、可维护性得到了突破性的提高。

RM系列模块化UPS电源结合了传统塔式机型的技术特点与现代机房模块化的需求，在实现模块化设计的同时，保证了系统的高可靠性。此系列产品各项性能指标均达到国际领先水平，拥有高性价比，是各行业高可靠供电需求的满意选择。

RM系列产品提供各种规格功率模块以及机柜系统，用户可根据负载需求进行灵活配置。广泛应用于政府、金融、通信、教育、交通、气象、广播电视、工商税务、医疗卫生、能源电力等各个行业领域。

产品特点

功率模块：10kVA/15kVA/20kVA/25/30kVA/40kVA/

50kVA；

机柜种类：2模块机柜/3模块机柜/4模块机柜/6模块机柜/10模块机柜/20模块机柜；

超高输入输出功率因素 kVA = kW（pf = 1）；

智能休眠、自老化测试功能、高效节能、绿色环保，整机效率高达96%；

监控旁路模块，功率模块支持在热插拔，维护“零门槛”；

“黑匣子”故障录波记忆功能；

功率模块采用独特的隔离风道散热设计；

超强的负载适应性，超强的过载与短路能力；

灵活的电池配置，32～44节可调；

友好的人机界面，配置10.4/7/5.7寸彩色液晶触摸屏与控制键盘，信息量丰富，操作简便。

企业高层采访：

被采访人：徐辉 副总经理

►请您介绍一下2015年公司的发展情况？

2015年公司业绩仍旧持续上升，产品方面公司研发了许多极具市场竞争力的产品，其中必须提到的是50kVAg功率模块，对应系统产品单机容量可达500kVA。市场开拓方面，国内市场上开拓了许多重点行业，国外市场公司产品已远销到全世界80多个国家和地区。

►公司当前的竞争核心优势是什么？

公司将在一如既往保持我们研发核心竞争力优势的基础上，开始整合各部门资源，全力支撑市场。包括建立公平公正和健康有序的渠道政策，增强客户体验感和认同感的客户中心政策，务实稳健高效和分级管理的商务政策，专业高效的售前政策，及时高效本地化的售后服务政策，专业并定制化的产品设计政策。

►2015年公司产品进入了哪些目标市场？对于主要业务领域的定位是哪方面？取得了什么样的成果？未来会考虑增加那些目标市场？

公司将从UPS设备厂商全面转型为数据中心关键基础设施一体化解决方法提供商。我们整合公司研发优势，新增加产品线或新增机型如下：

1）供配电系统产品线：新推出RMX第二代模块化全系列UPS，涵盖10～600kVA，功率范围大；新推出第二代HT33X全系列UPS，性能更高，价格更有竞争力；新推出全新LT33工频系列UPS；

2）基础设施产品线：推出腾智一体化数据中心，集成了机柜、供配电、制冷、监控和布线等所有系统；

3）弱电管理系统产品线：推出动力环境集中监控产品；

4）环境调节系统产品线：推出全功率段智能精密空调。

石家庄通合电子科技股份有限公司

TonHe　通合电子

地址：石家庄高新区湘江道319号天山科技园12号楼

邮编：050035

电话：0311-86967416

传真：0311-86080936

邮箱：thdz@sjzthdz.com

网址：www.sjzthdz.com

简介：

石家庄通合电子科技股份有限公司（以下简称通合电子）位于中国近代电力电子产业发源地之一的石家庄市，毗邻京津地区，是环渤海经济圈中重要城市之一。公司成立于1998年，现有员工500多人，是一家极具发展潜力的智力密集型和知识密集型高新技术企业。总建筑面积4万多平方米新厂区目前正在建设中。公司于2015年12月31日在深交所创业板成功上市（简称“通合科技”，股票代码：300491）。

通合电子是一家致力于电力电子技术创新，以高频开关电源及相关电子产品研发、生产、销售、服务于一体，为客户提供系统能源解决方案的高新技术企业。历经十余年的快速发展，公司已开发出了8大系列100多种高新技术产品，涉及电力、高速列车、冶金、军事工业、船舶、广播电视、应急电源、新能源汽车充换电及车载充电电源等多个领域，销售网络遍及全国20多个省市自治区，产品远销海外。领先的技术优势、可靠的质量保证和卓越的服务品质得到了国内外客户的一致好评。

作为一家秉持“技术立企”的创新型企业，公司技术力量雄厚，拥有百人的专业研发团队。通合电子一直专注于前沿技术发展平台，公司在功率变换技术领域拥有多项国家专利技术，特别是“谐振电压控制型功率变换器”技术被中国电源协会名誉理事长、清华大学教授蔡宣三和赵良炳等著名专家评为国际先进水平，是国内率先实现功率变换全程软开关的电力电子企业。

近几年，公司的产品在电力等传统领域继续保持良好的发展势头；在国家扶持的新能源汽车领域里发展势头迅猛，电动汽车充换电电源、电动汽车车载电源的市场占有率稳步提高。同时公司还加强了新能源领域光伏发电、电机控制器等产品的研制和开发。

主要产品介绍：

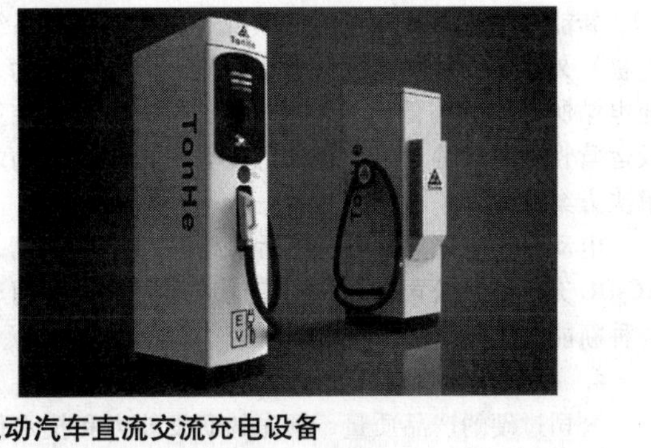

电动汽车直流交流充电设备

公司主要有3条产品线，包括电力产品线：主要产品为直流操作电源以及一体化电源系统和直流电源系统；电动汽车充电设施产品线：主要产品为电动汽车直流交流充电设备、充电站监控系统和运营系统；车载电气产品线：主要产品为电动汽车车载充电机、车载DC/DC产品。

企业高层采访：

被采访人：马晓峰 董事长

▶请您介绍一下2015年公司的发展情况？

2015年，公司把握新能源汽车行业快速发展的机遇，取得了良好业绩。2015年，公司实现营业总收入18547.15万元，较上年同期增长23.65%；实现营业利润3445.96万元，较上年同期增长7.88%；实现利润总额4687.50万元，较上年同期增长13.79%；实现归属于上市公司股东的净利润4273.70万元，较上年同期增长14.73%；其中，新能源方向充换电站充电电源系统（充电桩）及电动汽车车载电源销售收入占营业收入的比重为57.15%，较上年同期增长183.78%。

▶公司当前的竞争核心优势是什么？

1. 技术研发优势

公司自成立以来坚持“技术立企”的发展路线，致力于电力电子技术创新，在多年研发投入的基础上，通过自主创新，实现了谐振式功率变换主拓扑的全程软开关，大幅提升了产品的转换效率、功率密度和可靠性。并成功地将软开关技术应用于逆变电路，解决了原有的DC-AC逆变电路主拓扑以硬开关方式工作的不足，实现了逆变电路高频功率变换的软开关。公司累计获得专利44项、软件著作权25项。

2. 管理优势

公司各产品线采取项目管理运作模式，有效整合技术研发、营销及其它相关资源，对市场需求把握准确、反应迅速。市场开发与技术研发相结合，对市场需求及趋势进行分析以确立研发方向，并建立基础技术平台；产品管理与工程技术相结合，打造满足市场需求的产品平台；产品生产与销售相结合，实现产品量产及市场覆盖。公司具有成熟的营销体系和客户服务体系，促进了公司销售规模的持续增长，有效增强了公司品牌知名度与美誉度。

3. 产品优势

公司核心技术保证了产品的高效率、高可靠性、低成本，为客户提供了高性价比的产品。电动汽车充电电源系统（充电桩）由功率变换模块、监控模块、整机系统构成，公司产品规格齐全，覆盖了新能源乘用车、新能源商用客车、新能源物流车等充电电源领域。除充电电源系统（充电桩）外，公司还具备完整解决方案设计交付能力，包括充电站所必需的高低压配电系统、充电系统、监控系统以及运营管理系统等，能为各种行业客户提供完整的端到端解决方案。

电动汽车车载电气系统包括车载DC-DC转换器、车载AC-DC充电器，公司产品已经广泛应用于各大商用车企的各种新能源车辆。

4. 品牌和客户优势

公司过硬的产品质量、领先的研发能力和技术优势为公司赢得了良好口碑，公司拥有超过600家客户，其中包括业内知名电力设备厂商及多家大型整车制造商。公司为“国家电网上海高科充电站”、“国家电网湖北襄阳停堡场充电站”、“国家电网成都红旗充电站”、“国家电网成都槐树店充电站”、“国家电网成都龙泉充电站”、“国家电网宁夏丰登充换电站”、“上海嘉定叶城路换电站”、“赣州章江新区换电站”、“国家电网高速路快充站”、“成都雅骏物流车成都充电项目”、“保定市唐县伟峰城乡公交客运充电站”、“邯郸市鸡泽县城乡公交客运充电站”、“邯郸赵王集团欢乐谷充电站”等项目建设提供了充电电源系统（充电桩）及相关产品。2015年12月，公司中标邢台市公共交通总公司公交充电站建设项目，中标金额为1912万元，项目已陆续投入建设和试运营。“通合电子”已成为行业知名品牌，获得了客户高度认可，为公司进一步发展奠定了坚实的品牌基础。

5. 成本优势

谐振软开关技术与其它技术模式相比具有转换效率高、电路简洁、电磁干扰低等优势，公司独有的“谐振电压控制型功率变换器”技术使公司产品功率密度更高、体积更小、重量更轻，有效提升了器件的利用率，大幅降低了原材料的耗用量。同时公司运用独特的技术工艺，对不同类型、不同等级的电源产品进行标准化设计、模块化生产，从而提高了通用器件的使用率和采购规模，降低了产品原材料的采购价格。公司采用“双品牌、双供方”的供应商管理策略，全面推行“标准成本”的管理措施，有效降低了产品成本。

▶2015年哪些热点对您有比较大的触动，对公司的后续发展可能产生什么样的影响？

2015年与公司发展相关的主要热点为国家政策对新能源汽车行业的大力扶持。如2015年10月9日，《国务院办公厅关于加快电动汽车充电基础设施建设的指导意见》指出：到2020年，基本建成适度超前、车桩相随、智能高效的充电基础设施体系，满足超过500万辆电动汽车的充电需求；建立较完善的标准规范和市场监管体系，形成统一开放、竞争有序的充电服务市场；形成可持续发展的“互联网+充电基础设施”产业生态体系，在科技和商业创新上取得突破，培育一批具有国际竞争力的充电服务企业。

2015年11月17日，国家发改委、能源局等四部委联合下发《电动汽车充电基础设施发展指南（2015~2020年）》。作为上述《指导意见》的配套文件，该《指南》对“十三五”期间电动汽车充电桩、充电站的发展给出了明确的指标：2015~2020年将新建包括私人专用充电桩和公共充电桩在内的充电桩480万个，新建公用、公交、出租、环卫、物流在内的充换电站共计1.2万座，对国内各地区按照推广程度的不同分加快发展、示范推广和积极促进三个区域制定目标。建设目标为满足500万辆各类电动汽车的充电需求。相关的政策扶持会对公司的后续发展起到积极的推动作用。

温州大学

地址：温州市茶山高教园区温州大学南校区

邮编：325035

电话： 0577-86598000
邮箱： wzdx@ wzu. edu. cn
网址： www. wzu. edu. cn

简介：

温州大学简介

温州大学是一所地方综合性大学，办学历史可追溯到温州近代著名爱国爱乡人士黄溯初先生于1933年创办的温州师范学校，文化底蕴深厚，有着优良的办学传统。

学校位于浙江省南部美丽的沿海城市温州。学校占地总面积2352亩，分茶山校区和学院路校区。茶山主校区位于温州高教园内，南眺罗山群峰，北蕴三垟湿地，山水灵秀与翰墨书香相得益彰，是莘莘学子修身治学的绝佳所在。

学校校舍面积114.6万平方米，教学科研仪器设备总值4.37亿元，馆藏纸质图书259.8万册，电子图书约162.2万册，各类中外文电子期刊和资料数据库50个。

学校本部下设17个学院，现有全日制在校生14652人，各类成人继续教育学生10974人；教职工1755人，其中专任教师1069人。专任教师中，具有正高职称教师168人、副高职称教师363人。教师中具有博士学位336人，硕士和博士生导师310人，有国家、省、市级各类人才工程人选者515人，拥有"万人计划"百千万工程领军人才（1人）、"长江学者"特聘教授（1人）、国家杰出青年基金获得者（2人）、国家"有突出贡献中青年专家"人选（1人）、"国家百千万人才工程"人选（4人）、教育部"新世纪人才支持（培养）计划"人选（2人）、享受国务院政府特殊津贴专家（9人）、浙江省特级专家（2人）、浙江省"千人计划"人选（12人）、"钱江学者"特聘教授（5人）、浙江省教学名师（5人）、浙江省21个产业集群首席专家（3人）、浙江省突出贡献科技人才（2人）、浙江省"151人才工程"重点层次人选（3人）等一批高层次人才。举办2个独立学院，其中瓯江学院开设43个本科专业，全日制在校生7500余人，城市学院开设23个本科专业和5个专科专业，全日制在校生8300余人，拥有一支相对独立的教师队伍。

学校现有6个一级学科硕士点，40个二级学科硕士点，有教育硕士、工程硕士2个硕士专业学位门类（覆盖20个招生领域）。化学一级学科为浙江省重中之重学科，马克思主义中国化研究、民俗学、应用经济学、文艺学、应用数学、凝聚态物理、生态学、电气工程、防灾减灾工程及防护工程等9个学科为浙江省重点学科，环境与资源保护法学和机械制造及其自动化为温州市重点学科。举办55个本科专业，涵盖了文学、理学、工学、法学、教育学、经济学、历史学、管理学、艺术学等学科门类，拥有2个国家级特色专业建设点、1个国家级专业综合改革试点、5个教育部卓越工程师教育培养计划试点专业，24个省级重点（建设）和优势、特色（国际化）专业；10门国家级精品课程和精品资源共享课程、33门省级精品课程，6部国家级规划教材、30部省级重点教材，1个国家级虚拟仿真实验教学中心，1个国家级大学生校外实践教育基地，8个省级实验教学示范中心（建设点），4个省级教学团队。

学校牢固树立人才培养质量是办学生命线的观念，坚持教学工作的中心地位，坚持教学、科研协调发展。致力于培养"重实践、强创新、能创业、懂管理、敢担当"的高素质应用型人才，建立以素质教育为主线、通识教育与专业教育有机结合的人才培养机制；积极融合地方元素，不断创新人才培养模式，全面加强大学生的创新、创业教育；积极开展教学质量工程建设，不断提高本科教学质量与水平，在2008年教育部本科教学工作水平评估中获得"优秀"等级。学校被确立为国家创业型人才培养温州模式创新实验区、全国创业教育示范院校、国家级"大学生创新创业训练计划"高校、教育部"卓越工程师教育培养计划"试点高校和浙江省教师教育基地。"创业教育"和"教师教育"已成为学校办学的两大特色。获得国家教学成果一等奖1项、二等奖1项，浙江省教学成果一等奖7项、二等奖12项。"十二五"以来，学生参加各类竞赛获得国际奖项21项、国家奖项321项、省奖项1178项。

学校始终以服务地方经济社会发展为己任，坚持科研发展必须"顶天立地"的方针，坚持基础研究与应用研究并举，坚持人文社会科学、自然科学和工程技术研究并重，科研水平和服务地方能力不断提升。学校设有111个科研机构、26个实验室（中心）；建有1个浙江省"2011协同创新中心"、2个浙江省行业（区域）科技创新服务平台、6个浙江省重点实验室、1个浙江省工程实验室、1个浙江省国际科技合作基地、2个中国机械工业联合会工程研究中心（实验室）、11个温州市重点实验室和工程技术研究中心（行业技术研究中心），1个浙江省哲学社会科学重点研究基地、1个浙江省非物质文化研究基地；拥有4个浙江省重点创新团队和3个浙江省高校创新团队。近五年来，主持承担了国家科技重大专项项目1项、国家社科基金重大项目3项、国家杰出青年基金项目2项、国家自然科学基金重点项目2项、国家社科基金重点项目6项、国家973计划课题2项等国家科研项目266项，省部项目669项；科研成果获得国家科技进步二等奖1项（主持人、第3单位）、教育部高等学校科学研究优秀成果奖（科学技术）二等奖3项、教育部高等学校科学研究优秀成果奖（人文社会科学）三等奖3项、浙江省自然科学一等奖1项、浙江省科学技术一等奖2项、浙江省哲学社会科学优秀成果一等奖4项等省部级以上科研成果奖励47项。

学校积极拓展对外合作交流领域，不断探索国际化办学之路，已与美国、英国、加拿大、澳大利亚、意大利、德国、日本、韩国、泰国、新加坡等国家及台湾地区的58个高等院校、科研机构建立了良好的合作交流关系，与泰国东方大学合作举办孔子学院，与美国肯恩大学合作举办温州肯恩大学，与丹麦哥本哈根商学院合作举办市场营销本科专业，与台湾中华大学合作举办电子信息工程本科专业。学校每年接收外国留学生、进修生近300人次，是全国华文教育基地，获得港澳台侨学生联合招生资格，是中国政府奖学金委托培养院校。

学校弘扬"厚培德本、深濬智源"的优良传统，秉承"求学问是、敢为人先"的校训精神，遵循"以人为本、质量立校、服务地方、特色取胜、追求卓越"的办学理念，立足温州、服务浙江、面向全国，努力建设具有鲜明地域特色、国内知名的教学研究型大学，成为省内外有影响的应用型创新创业人才培养基地、基础教育师资培养和区域内高端人才集聚培养中心、科技创新研发服务中心、先进文化培育发展中心。

温州大学物理与电子信息工程学院简介

温州大学物理与电子信息工程学院源于1977年设置的物理系。现有物理学系、电气工程系、电子科学与技术系、信息与通信工程系、计算机科学与技术系、网络工程系以及院实验中心。教职工155人，其中专任教师103人，教授26人、副教授39人、博士53人，高级职称比例为63%，博士学位比例为51% 。浙江省“千人计划”人才3人，入选浙江省“新世纪151人才工程”、浙江省高校中青年学科带头人等各类人才工程40余人。在校研究生112人，本科生1516人。

学院学科涵盖电气工程、物理学、计算机科学与技术、电子科学与技术、信息与通信工程系等5个一级学科。其中，电气工程是浙江省重点学科和校重中之重学科，凝聚态物理是浙江省重点学科，物理学是校重点学科。学院拥有计算机科学与技术一级学科硕士点、凝聚态物理和理论物理二级学科硕士点以及电气装备信息化硕士点。建有机械工业用户侧光伏微网工程中心、电气数字化设计技术浙江省工程实验室、浙江省低压电器智能技术重点实验室、浙江省低压电器技术创新服务平台、浙江省温州激光与光电产业技术创新服务平台光电能源服务中心、温州市新能源微电网工程技术研究中心等部省市级科研平台。此外，学院还建有浙江省智能电网低压电器技术重点科技创新团队，浙江省低压电器产业技术创新战略联盟秘书处也挂靠在我院。

学院设有物理学、电子信息科学与技术、电子信息工程、通信工程、电气工程及其自动化、计算机科学与技术、网络工程、信息管理与信息系统等8个本科专业。其中物理学为国家特色专业；网络工程专业为“十二五”教育部本科专业综合改革试点专业；网络工程、电气工程及其自动化2个专业为教育部卓越工程师教育培养计划专业，电子信息科学与技术为浙江省重点建设专业；物理学、网络工程2个专业为浙江省“十二五”优势专业建设项目。拥有浙江省物理实验教学示范中心、浙江省计算机实验教学示范中心（建设点）、温州市电子信息实验教学示范中心等教学实验平台，实验设备总值近亿元。

近年来，学院教师承担国家自然科学基金重点项目、国家973计划子项目等省部级项目50余项，在国内外学术期刊上发表论文600余篇，其中被国际权威检索机构SCE、EI、ISTP等收录论文近400余篇，获得教育部和省部一等奖1项，二等奖4项。学生在学科竞赛中获得各类省以上奖项150余项，其中国家10余项，国家学会40余项；获得省大学生技创新项目40余项，校200余项。

温州现代集团有限公司

MODERN®
电能质量优化专家

地址：浙江省温州市鹿城区金丝桥路20号
邮编：325000
电话：0577-88823874
传真：0577-88845711
邮箱：joexzz@126.com
网址：www.wzmodern.com

简介：

温州现代集团有限公司坐落于中国民营经济发源地——温州，是由原创办于1979年的温州市精密电子仪器厂经公司化改制，在1994年组建成立了温州现代集团有限公司，下辖温州现代电力成套设备有限公司、温州现代电器制造有限公司、上海华陶电器有限公司、苏州现代电工仪器有限公司等几个全资分公司。

公司是电能质量产品（谐波治理/滤波补偿装置、稳压（节电）电源/变频电源、电抗器、CVT抗干扰电源、零线电流消除器等电能质量综合治理产品）、电源测试设备（调压器、测试台电源）和干式变压器的开发、设计和生产制造专业厂家，JB/T7620-1994标准起草单位之一，通过ISO 9001：2008质量体系认证、信息产业部通信设备进网许可认证，是美国通用电气（GE）公司中国地区稳压电源的供应商，美国EMERSON公司和上海三菱电梯稳压电源OEM商，航天科技集团环境试验认证，军用抗干扰电源定点生产厂家，是浙江省区外高新技术企业。

公司产品已广泛应用于冶金、通信、国防军工、医疗设备、大型数据中心、精密仪器、实验室、广播电视、楼宇电梯、数控机床、生产流水线、交通设施、金融、教育、工矿企业等国民经济各个领域。

产品已覆盖欧洲、北美、澳洲等发达国家及东南亚、拉丁美洲、非洲和中东等发展中国家。公司始终如一地致力于坚持可靠的产品质量和提高用户满意度，所提供的优质设备和完善的售后服务得到了用户的一致好评。

主要产品介绍：

LBJ滤波节电柜

针对直流轧机和中频炉等产生大量谐波，污染电网的设备。本公司专业生产滤波节电柜 既可提高功率因数，又能抑制谐波，使系统运行稳定，节能效果明显。

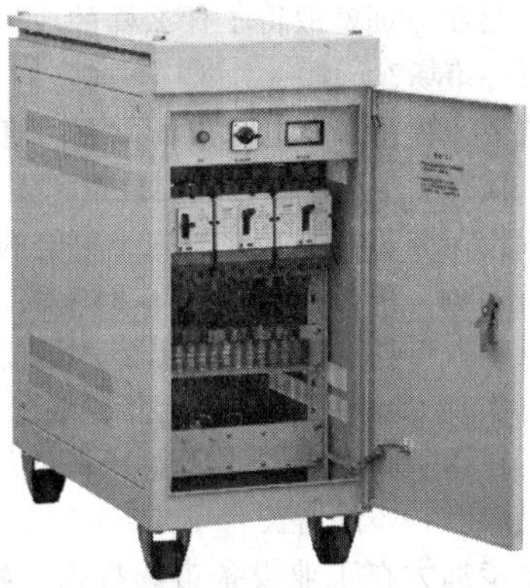

DFC-CW 零线电流消除器

大型场所由于大量使用节能照明灯具、计算机、变频空调、UPS、EPS 等负荷，在节能的同时会产生大量的三次谐波，本公司开发生产的零线电流消除器是解决各行业电气设备在零线电流过大引起的设备故障和安全隐患的高科技产品。

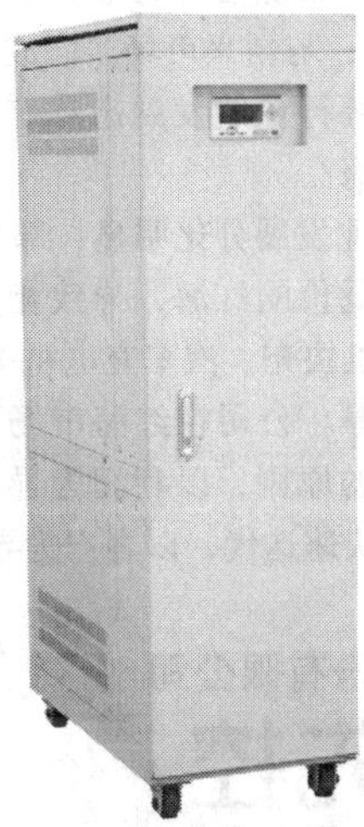

SJD-Z 智能化照明稳压节电柜

本公司开发生产的新型智能化照明稳压节电柜是根据照明的特性而设计的理想节电产品，大大地减少了照明系统的维护费用。节电率均达 15% ~25% 以上，节电效果显著，一次投资长期受益。

TJA 抗干扰电源——CVT

TJA 抗干扰电源——CVT 集隔离变压器、双向滤波器、宽范围稳压器优点于一体，输入输出隔离，对电网中的 3 ~ 13 次谐波、浪涌冲击、尖峰脉冲、雷击等干扰具有良好的抗干扰能力。目前，已广泛应用于航天、航空、核工业、铁路、医院、金融、证券、军工、通信、公安、工矿等需要更高可靠性电源的场合，特别适合与电网谐波污染严重的配电线路中的仪器设备配套使用。

本系列电源产品质量通过航天科技集团（原航天部）检测及产品环境试验，为军用定点专配电源。

无锡芯朋微电子股份有限公司

芯朋微电子
Chipown
高性能电源芯片供应商

地址：江苏无锡新区龙山路旺庄科技创业中心 C 栋 13 层
邮编：214028
电话：0510-85217718
传真：0510-85217728
邮箱：market@ chipown. com. cn
网址：www. chipown. com

简介：

无锡芯朋微电子股份有限公司（Chipown）是一家专业从事模拟及数模混合集成电路设计的高科技创新企业，总部位于江苏省无锡市高新技术开发区内，并在苏州和香港设有研发中心、在深圳设有销售服务支持中心，在厦门、中山、顺德和南京设立了办事处。公司成立于 2005 年，专注于开发绿色电源管理和驱动芯片，为客户提供高效能、低功耗、品质稳定的集成电路产品，同时提供一站式的应用解决方案和现场技术支持服务，使客户的系统性能优异、灵活可靠，并具有成本竞争力。公司已于 2014 年 1 月成功登陆“全国中小企业股份转让系统”，成为挂牌公众公司（简称“芯朋微”，股票代码：430512）。

公司具有国内领先的研发实力，特别在高低压集成半导体技术方面更是拥有业内一流的研发团队。公司在国内率先开发成功并量产了单片 700V 高低压集成开关电源芯片、200V SOI MOS/LIGBT 集成芯片、100V CMOS/LDMOS 集成芯片等产品，均获得国家/省部科技奖励和国家重点新产品认定。公司拥有国家博士后企业工作站和由中国工程院院士领衔的江苏省功率集成电路工程技术中心。公司研发团队中约 70% 的工程师拥有硕士及以上学位，并有两名江苏省产业教授和多名博士主持项目的开发。公司建立了科技创新和知识产权管理的规范体系，在电路设计、半导体器件及工艺设计、可靠性设计、器件模型提取等方面积累了众多核心技术，拥有 60 余项国际、国内发明专利，2012 年取得“江苏省知识产权管理规范化示范单位”荣誉称号。

公司是国家工信部认定的集成电路设计企业、科技部认定的高新技术企业，“中国电源学会”常务理事单位，江苏省民营科技企业，江苏省创新型企业，承担并完成了多项国家的科研开发任务项目，得到各级政府的嘉奖和支持，并在各类行业评比中多次获得奖项。

公司具有完备的ISO9001质量体系，主要产品包括AC-DC、DC-DC、LED Driver、Motor Driver、Charger、MOSFET等，广泛应用于个人电脑及周边产品、移动电话、个人数字终端、家电产品、平板显示系统等领域，目前公司已发展成为国内家电行业、手持设备行业电源类芯片的领先供应商，是家用电器类国家标准起草工作组成员。

“进取、承诺、和谐”是芯朋的企业文化，为员工提供精彩的发展空间，为客户提供精良的产品服务，我们真诚期待与您携手共赢未来。

主要产品介绍：

高集成QR-PSR AC-DC芯片—PN836X系列

PN836X系列由准谐振多模式PSR控制器及高压智能功率MOSFET组成，专用于高可靠、六级能效、极简外围的充电器、适配器及内置电源，输出功率为5～12W，SOP7/DIP8封装；内置输入电压补偿，无需额外环路补偿电容，可编程输出线电压补偿；全电压范围±3%的CC/CV精度；齐备的智能保护功能，包括OTP、OLP、OCP、OVP、UVLO、所有外围元件加工的开短路保护、输出开短路保护等。

企业高层采访：

被采访人：易扬波 董事副总

▶请您介绍一下2015年公司的发展情况？

2015年芯朋微电子持续在智慧家电、移动数码、标准电源、LED照明四大主力市场布局深耕，以市场引领产品开发、以效果调整资源配置，取得了良好的效果。同时成立了香港研发中心，引进了多位资深的国际设计人才。

公司2015年总体销售额达到1.85亿元，发展速度相比2014年有了较明显的提升。

▶公司当前的竞争核心优势是什么？

芯朋微电子核心竞争优势是高低压集成智能功率器件技术，以第三代PSR芯片产品为例，其卓越性能得益于六大专利技术。

1）高压启动技术：可实现200ms快速启动、30mW待机功耗；

2）自适应谷底开通技术：降低功率管温度，提高转换效率，SOP可实现12W电源应用；

3）高雪崩能力智能高压MOS：典型耐压700V，抗电网冲击能力强，尤其适合印度市场应用；

4）集成高压电流采样管：精确采样功率管电流，可实现CS电阻异常短路保护；

5）逐级限频控制技术：改善动态，满足5kV以上等级EFT测试；

6）软驱动技术：减缓开关速度，提高EMC裕量。

▶2015年公司产品进入了哪些目标市场？对于主要业务领域的定位是哪方面？取得了什么样的成果？未来会考虑增加哪些目标市场？

芯朋微电子在智慧家电电源市场方面，随着业内BOM最精简的新一代家电专用电源芯片的上量，实现9500万颗芯片出货，成长32%，特别是在国内小家电的电源芯片市占率继续保持前列，部分品类达到了85%的市场占有率；标准电源市场是去年亮点，公司推出了六级能效全系列开关电源芯片，实现6500万颗芯片出货，成长超过181%；LED电源市场在竞争极为激烈的环境下，聚焦中高端优质客户，全年仍取得19%的增长。

未来将逐步加大在工业设备市场投入，如智能电表、直流电机等。

▶2015年哪些热点对您有比较大的触动，对公司的后续发展可能产生什么样的影响？

2015年海外市场对电器能效的要求日益严苛，而且对于各类新兴的智能设备和IoT设备的电源提出了新的要求，公司未来将紧密跟踪智能硬件行业，提前研发储备的新一代智能电源IC技术，与新兴市场共同成长。

▶您对整个电源行业的发展态势有什么看法？公司采取了怎样的应对措施？

2015年电源行业发展分化明显，部分门类如LED照明电源快速杀入低质低价的红海，导致相关公司净利大幅下滑。部分门类如手机快充、汽车充电桩等发展态势很不错，成长迅速且利润丰厚。公司在红海市场聚焦服务中高端需求，继续品质优先的原则，以利润为导向稳健发展。在蓝海市场加大投入、快速迭代，以客户为导向积极推出新品。

先控捷联电气股份有限公司

地址： 石家庄高新区湘江道319号第14、15幢
邮编： 050035
电话： 0311-85903698
传真： 0311-85903718
邮箱： Dongmei. li@ scupower. com
网址： www. scupower. com

简介：

先控捷联电气股份有限公司（简称“先控电气”，股票代码：833426）是全球领先的电力电子类产品的设计和制造公司之一，我们始终致力于电力电子类产品的研发、生产和推广。先控电气主要为数据中心领域、新能源充电领域和绿色储能这三大业务领域提供完整的解决方案。

公司总部位于河北省石家庄市，负责产品生产与制造；研发中心位于广东深圳，负责新产品的研发；并在全国设立了27个办事处，负责全国的销售、工程和售前售后服务。公司下设4个全资子公司，分别位于北京、上海、香港和欧洲荷兰，并已成为Newfloor架空地板在中国地区的总代理公司。

公司秉承“专注、专业、卓越”的发展理念，完全实

现了生产工业化、标准化、专业化和模块化，并通过了ISO9001、ISO14001、OHSAS18001等资质认证。先进的生产工艺在进一步保证产品交货周期的同时更大大提升了产品品质。目前，公司拥有各项商标、专利和产品著作权共计100多项，先控电气还参与并起草了相关行业标准的制定。拥有中国电源学会常务理事、中国通信标准化协会会员等众多头衔，并且连续多年都被评为10强企业、科学技术创新奖等。

因为专注，所以专业。先控电气始终保持技术的前瞻性，积极拓展新能源行业和绿色储能行业，开启了产品在创新、绿色、节能、环保、融合、创收的新里程碑。目前，数据中心产品主要包括各类UPS供电系统、配电系统、电池柜、服务器机柜、架空地板，除了数据中心产品外，还包括户外直流充电桩、交流充电桩、交直流一体充电桩、车载充电机、微型数据中心、锂电池成组、BMS管理单元、储能式UPS等多种产品系列。

先控电气产品多次入围各级政府单位，涉及国家重点项目、数据中心、电力、军事工业、轨道交通、金融、通信、能源、电动汽车充电行业等多个领域，产品覆盖全球50多个国家和地区。先控电气坚持在全球范围内贯彻可持续发展理念，实现社会、环境及利益相关者的和谐共生，为社会造福。

作为行业的领跑者，数十年来，先控不仅致力于电力电子类产品的研发、生产、销售和服务，同时也在公益事业方面身体力行，始终以强烈的社会责任感和使命感服务社会、感恩社会，积极参与教育、救助、扶贫等社会公益事业的发展。

主要产品介绍：

CMS系列大容量模块化UPS不间断电源

CMS系列工业级模块化UPS电源，是先控电源遵循“节能、绿色、环保”的新概念而推向市场的一款高端模块化UPS产品，其不仅包含了传统UPS的整流、滤波、充电、逆变器的装置，还具备智能型的电源保护功能，并且采用了平均电流控制整流技术、顺位主从同步控制技术、多级分散式控制技术和三阶正弦波逆变等多项新概念技术，在大幅提高设备的可用性、可靠性的基础上降低了设备的投资、运营、维护成本。

产品特点：

1）系统容量有50kVA、100kVA、150kVA、250kVA、350kVA、500kVA、800kVA多个系列，功率模块为10kVA、25kVA、50kVA、三个功率范围，用户可根据负载大小随意选择；

2）系统为模块式结构，由静态开关模块、监控模块和N个功率模块并联组成，模块N+X冗余，根据用户需求进行在线升级扩容；

3）最多可四套系统并机使用，满足N+1、2N、Δ2N多种供电方案要求；

4）监控模块、静态开关模块和功率模块均可在线热插拔；

5）系统可随需设定为1/1、1/3、3/1或3/3的进出线方式；

6）采用无主从并联、多级分散式控制技术，无运行瓶颈、性能可靠；

7）所有功率模块共享电池组；

8）具有完善的电池管理功能：电池自放电功能、自动均浮充转换功能、温度补偿功能、自动均流功能；

9）任一功率模块均具有输入、输出和充电功率的平衡分配功能；

10）整机效率大于95%（AC-AC），逆变效率大于98%（DC-AC），输入电流谐波（THDI）小于3%，输入功率因数（PF）大于0.99；

11）交流输入采用连续电流模式（CCM）运行，减少对电网干扰（RFI/EMI）；

12）符合行业规范要求的外形结构，设备体积小，重量轻，可满足普通楼宇承重要求；

13）可选配输入、输出K值隔离变压器；

14）手动维修开关、RS232、RS485/RS422通信接口、远程监控软件均为标准配置。可选配TCP/IP扩展卡、防雷模块及输入输出开关。

产品优势：

先控电气在模块化UPS产业中，形成单台模块容量为10kVA、25kVA、50kVA三种模块组成不同容量段的UPS系统，将产品标准化，其中50kVA的模块是业内功率密度最大、单台模块容量最大的产品。先控已然了解UPS行业发展趋势必将是模块化UPS取代传统UPS，先控电气模块化UPS的技术和产品发展与整个UPS行业发展相辅相成，先控在一定程度上推动了行业发展，行业发展又加快了先控的模块化技术和产品的发展。

企业高层采访：

被采访人：陈冀生 总裁

▶请您介绍一下2015年公司的发展情况？

随着公司规模和社会影响力的扩大，先控电气在坐稳“模块化UPS电源行业”绝对领先地位的基础上，依托先进的技术优势与业务创新模式，积极拓展新能源充电业务，这是公司产品在创新、绿色、节能、环保、融合创收方面新的里程碑。

先控电气自2014年涉入电动汽车充电设施领域，自主研发了目前国内先进的全系列新能源汽车充电桩产品，包括一体化直流充电桩、交流充电桩、自动车库充电系统、车载充电机以及一体化新能源充电站等，为电动汽车充电、检测及维护提供全方位的解决方案。2015年，先控电气加入中国电动汽车联盟，同时参加电力行业及各地市的充电设施投标，并采取与中国特锐德、科泰等企业合作等方式推广产品，市场效果显著，收获业界一致好评。

▶公司当前的竞争核心优势是什么?

先控电气在模块化 UPS 产业中，形成单台模块容量为 10kVA、25kVA、50kVA 三种模块组成不同容量段的 UPS 系统，将产品标准化，其中 50kVA 的模块是业内功率密度最大、单台模块容量最大的产品。先控电气以模块化 UPS 电源为电源行业的核心竞争力产品，保持市场占有率前列，巩固模块化 UPS 的领先地位。

依托长期以来在电力电子行业积累的功率变换及自动控制核心技术，先控电气发展完善了目前国内先进的全系列新能源充电产品及储能产品，形成了数据中心机房产品、充电设备、储能设备 3 大产品体系，为数据中心、新能源充电和绿色储能这三大业务领域提供完整的解决方案。

▶2015 年哪些热点对您有比较大的触动，对公司的后续发展可能产生什么样的影响?

我国充电桩市场可想像的空间巨大，然而在盈利模式上仍有问题。目前，充电设施企业安装充电桩基本基于两个方面：一是市场布局，二是政策鼓励。然而，由于电动汽车数量少、充电设施标准不统一等问题，70% ~80% 的充电设施无法实现盈利。先控电气抓住这一行业痛点，将在 2016 年推出重磅充电产品，使充电桩即使没有电动汽车充电，也可以收回成本。该产品推出后，将开启充电设施盈利新模式，或将颠覆整个电动汽车充电设备领域。

▶您对整个电源行业的发展态势有什么看法? 公司采取了怎样的应对措施?

电源行业的发展态势：

模块化 UPS 凭借模块热插拔易扩容、易维护及可靠性高等特点已经在市场上获得充分认可，在缩短维护时间、降低维护难度及节约人力成本等方面具有不可替代的优势。从近几年的模块化 UPS 全球年销售额来看，模块化 UPS 份额逐年上升，年均增长率超过 6%，未来两年的预测增长率更将超过 10%。随着用户对供电系统的灵活性、可用性等要求的进一步提高，模块化 UPS 全面取代高频塔式 UPS 将成为现实。

在 UPS 行业的策略及目标：

1）巩固模块化 UPS 的绝对领先地位。先控电气在模块化 UPS 产业中，形成单台模块容量为 10kVA、25kVA、50kVA 三种模块组成不同容量段的 UPS 系统，将产品标准化，其中 50kVA 的模块是业内功率密度最大、单台模块容量最大的产品。先控已然了解 UPS 行业发展趋势必将是模块化 UPS 取代传统 UPS，先控电气模块化 UPS 的技术和产品发展与整个 UPS 行业发展相辅相成，先控在一定程度上推动了行业发展，行业发展又加快了先控的模块化技术和产品的发展。

2）创新策略。根据市场的变化趋势，加大新产品的开发力度，2016 年底，先控电气补偿式模块化 UPS 即将问世，该产品的整机效率大于 98%，远远高于目前的在线式模块化 UPS，完成了技术上的突破。先控电气把开拓市场同开发新技术、新产品、新产业结合起来，创造和引领市场，不断提高产品的科技含量。

浙江东睦科达磁电有限公司

地址：浙江省德清县武康镇曲园北路 525 号
邮编：313200
电话：0572-8380103
传真：0572-8085880
邮箱：info@ kdm-mag. com
网址：www. kdm-mag. com

简介：

浙江东睦科达磁电有限公司（简称“东睦科达”）是一家致力于磁粉芯研发、生产和销售的新技术企业，隶属于上市公司——东睦新材料集团股份有限公司（简称“东睦”，股票代码：600114），为东睦的控股子公司。公司主营业务包括合金粉末、铁粉芯、合金磁粉芯。

浙江东睦科达磁电有限公司是国家高新技术企业，建有省级磁性材料高新技术研发中心和省级企业技术中心，拥有雄厚的技术力量和管理团队，在不断引进国内外先进技术的同时坚持自主研发及推广。

未来，浙江东睦科达磁电有限公司将建成可年产 2 万吨高性能软磁金属磁粉芯的自动化生产线，并将继续秉持“以质量为本，以科技取胜，求持续发展，使客户满意”的经营理念，使我们的产品和服务不断完善，以满足客户的需求。

主要产品介绍：

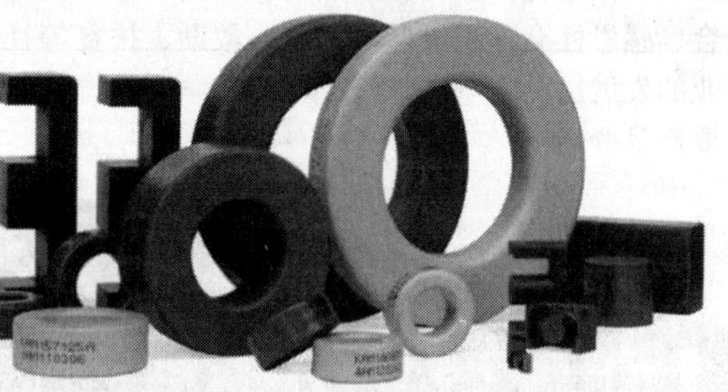

纳米复合磁粉芯

纳米复合磁粉芯的饱和磁感应强度值为 13000 高斯，磁导率为 26 ~ 125μ。其特点是损耗低、DC 偏置能力好、无噪声。纳米复合磁粉芯有 KAM 和 KAH 两个系列，KAM 的损耗与铁镍钼磁粉芯接近，而 KAH 是替代高磁通铁镍磁粉芯的低成本选择。纳米复合磁粉芯是非晶粉末磁粉芯的理想替代者，能有效地解决非晶粉末磁芯噪声及温度稳定性差的问题。

企业高层采访：

被采访人：戚威伦 市场拓展部经理

▶请您介绍一下 2015 年公司的发展情况?

2015 年，面对极为错综复杂的国内外形势，浙江东睦科达磁电有限公司处于稳中有进、稳中向好的发展态势。浙江东睦科达磁电有限公司技术储备足，通过对市场的不断开拓，品牌效应正逐步形成。

▶公司当前的竞争核心优势是什么?

有自己的粉末工厂，能生产出优质的合金粉末。磁芯产品类型齐全，能满足客户各种需求，且性价比高。拥有雄厚的研发团队，能自主研发高性能、低损耗的产品。

▶2015 年哪些热点对您有比较大的触动，对公司的后续发展可能产生什么样的影响？

为了促进产业发展，国家能源局制定的《电动汽车充电基础设施建设规划》与《充电基础设施建设指导意见》草案中明确提出，到2020年国内充换电站数量达到1.2万个，充电桩达到450万个。浙江东睦科达磁电有限公司在后续发展中将不断加强对新能源和充电桩市场的开拓力度。

理 事 单 位

宝士达网络能源（深圳）有限公司

POWERSTAR®宝士达 network power systems

地址：深圳市光明新区公明汉海达高新科技园 C 栋 8 楼
邮编：518106
电话：0755-36697808
传真：0755-86272562
邮箱：info@ powerstarups. com
网址：www. powerstarups. com

简介：

宝士达公司成立于2002年，公司经营的UPS电源容量从500VA～1200 kVA，分为HR、HP、GP、HPOWER、EPOWER、SPOWER、MP、MT等多种系列，可实现单机运行、冗余并联、多机并联、模块化系统等，在UPS市场中，其经营的UPS品种全、功率大、并机数量多，从而能够满足各方面用户的需求。

宝士达公司坚持高技术与高可靠性并重的原则，始终倡导引入绿色节能环保理念来开发未来的UPS产品，同时不断致力于降低UPS的生产成本，减轻用户的支付压力，并推出新一代工业级模块化UPS，更好贴近和服务市场，使其生产的UPS电源在UPS市场中占有重要份额，目前推出市场的产品广泛应用于电信、移动、金融、证券、广电、公安、医疗、电力、交通、铁路、国防、电子政务、电子商务、科研院所等领域，为用户信息系统提供一个安全、可靠、高效的电源环境。

宝士达公司始终把为用户提供优质、迅捷的服务作为一种不懈的追求，并以其完善的技术服务网络系统，快速响应来自于用户的售后服务需求，为用户提升价值。

创新是宝士达发展的不竭动力，“绿色、节能、环保”是宝士达永恒的追求目标。让科技引领宝士达可持续发展，为各行业提供高可靠的电源系统解决方案。

主要产品介绍：

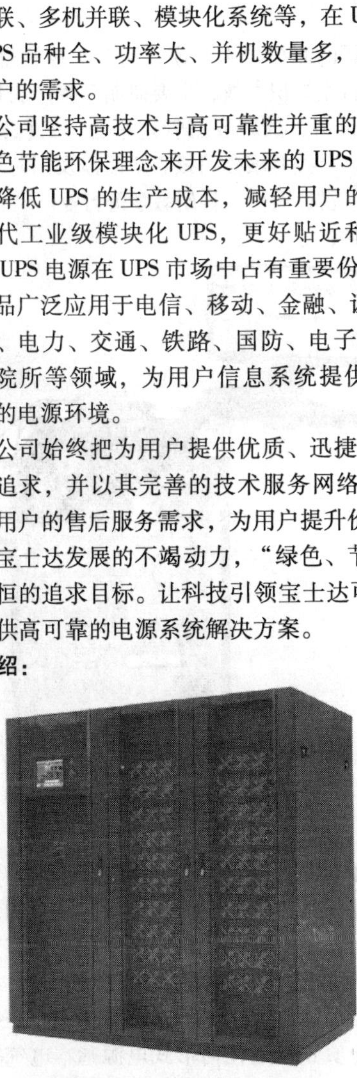

数据中心 MP 系列

宝士达MP系列模块化UPS不间断电源系统，是为满足电力系统的更高要求而设计的高可靠性产品。该系统采用独创的在线式双变换结构，三进三出的运行方式；所有功率半导体器件均采用进口集成模块，大大提高了系统的可靠性。

北京创四方电子股份有限公司

TransFar® BingZi®

地址：北京市朝阳区酒仙桥北路甲 10 号院 201 号楼 303
邮编：100015
电话：010-57589069
传真：010-57589168
邮箱：liup@ bingzi. com
网址：www. bingzi. com

简介：

北京创四方电子股份有限公司是一家专业致力于各类小型精密电磁器件、精密电量传感器及新能源电抗器、特种变压器和AC-DC、DC-DC模块电源的高新技术企业，公司总部位于北京市朝阳区中关村电子城IT产业园，集开发、生产和销售及配套为一体，拥有“BingZi 兵字”和“TransFar 创四方”两大自有品牌，产品覆盖全国并远销海外。拥有占地面积60余亩，建筑面积16000平方米的福建生产基地。公司系中国电源学会理事单位，北京电源行业协会常务理事单位，中国电子质量管理协会单位会员，北京福建企业总商会常务副会长单位，ISO9001-2008质量体系认证单位，中国电子行业用户满意企业、用户满意产品单位。

经过多年的发展，公司汇聚了一批高素质的专业技术人才，在各类产品上都能实现有针对性的专业性设计和高品质制造。所有产品都具有结构布局合理、隔离耐压高、散热好、环境适应能力强等显著优点，可广泛应用于工业控制系统、电力电子装置、光伏发电、高铁机车、电力系统、智能仪器仪表、通用电器设备等不同行业复杂的使用环境中。

我公司的设计将以市场需求为导向，不断创新，关注客户并努力为客户创造价值，与业界同仁携手并进，共同为电子元器件市场和电力电子行业的繁荣与发展做出应有的贡献。

愿景：

让电与磁的结合更完美。

使命：

让自动化更节能、更安全、更高效。

核心价值观：

专业、专注；勤勉、务实；品质、安全；共赢、成长。

公司宗旨：

“创造一流，四海皆知，方显卓越”。

质量方针：

提供优质产品，满足顾客不断增长和变化的需求，实现市场领先和利润增长的目标，从而体现“创造一流，四海皆知，方显卓越”的企业宗旨。

公司文化：

“敬业、实干”，“平等、尊重及团队精神”。

公司目标：

“以新颖的设计思想，独到的经营理念和卓有成效的管理为基础，立足创新，实现市场领先和利润增长。”

主要产品介绍：

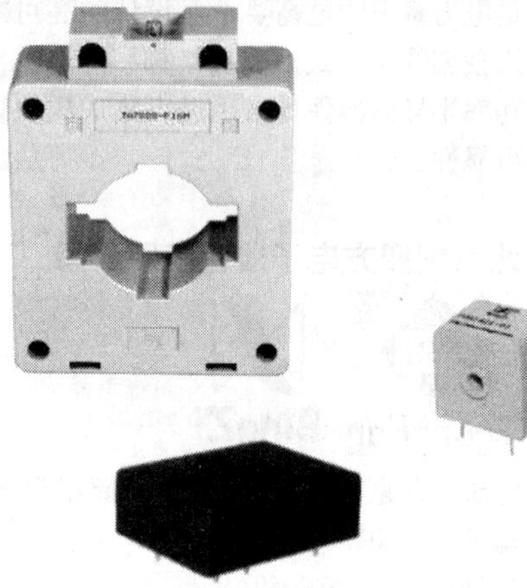

小型电磁元器件

北京创四方电子股份有限公司致力于小型电磁元器件的研发和生产，销售自产产品。公司自 1992 年成立之初，立足于将进口仪器仪表国产化，国产仪器仪表小型化，为行业客户提供体积小巧、安装方便、性能优异、使用安全的小型电磁元器件。经过多年的发展，不仅实现了这一目标，产品品种也不断增长，从最初单一的小型密封变压器，到小型精密互感器，到今天的电量传感器，同时进军小型电源器件的研发生产。公司的各类产品不仅使客户满意，也得到了行业的认可，曾经被评为电子行业知名品牌。

北京泛华恒兴科技有限公司

地址：北京市海淀区西小口路 66 号东升科技园 A-4 楼

邮编：100192

电话：010-82156688

传真：010-82156006

邮箱：Ting. zhu@ pansino. com. cn

网址：www. pansino-solutions. com

简介：

作为国内领先的测控领域高科技企业，北京泛华致力于发展专业测控技术，为各行业用户提供高品质的测试测量解决方案和成套的检测设备。公司成立以来，始终坚持“以专业技术为立身之本，诚信服务为承诺，卓越品质为追求，精益求精为精神”，综合实力明显提高，从 1997 年公司成立至今，员工总人数超过 200 人，并实现了利税连年快速增长。

北京泛华恒兴科技有限公司在众多关键领域拥有一批具备行业背景的测控技术专家，拥有丰富的测试测量工程经验和多项自主知识产权，主要研制和生产装备保障设备、自动化测试设备、试验数据管理平台、工程教育产品等。北京泛华恒兴科技有限公司核心产品涉及国防军工、电子、汽车、能源、雷达通信、科研教学等行业。

主要产品介绍：

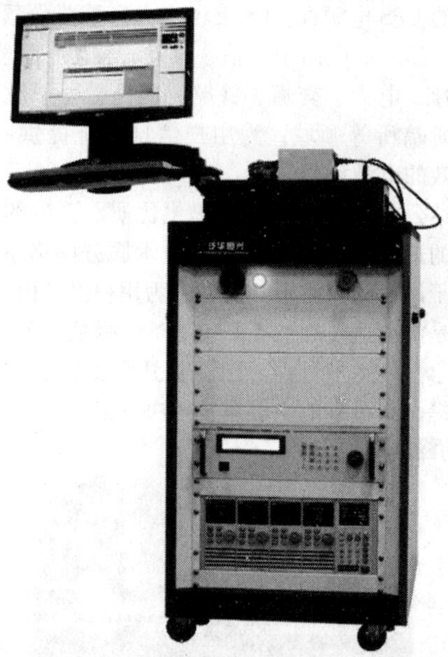

电源自动化测试台

北京泛华恒兴科技有限公司电源自动化测试台是专业的供应器系统，模块硬件架构能够提供灵活多变的硬件组合，如可程控交流/直流电源供应器、电子负载、数字电表、示波器、时序/杂讯分析仪和短路及过电压保护测试器等，在硬件上真正满足任何形式电源基本电气功能的测试要求；系统具备测试仪器的自动控制、参数配置等，配套应用程序可以自定义编辑的测试序列、显示方式、测试顺序、报表生成规范等，能够高效、灵活地实现产线测试。轻松实现各种电源供应器的基本电气功能的测试。

北京落木源电子技术有限公司

落木源 IGBT驱动领域专家

地址： 北京市西城区教场口街一号6号楼一层
邮编： 100120
电话： 010-51653700
传真： 010-51653700-880
邮箱： pwrdriver@ pwrdriver. com
网址： www. pwrdriver. com

简介：

北京落木源电子技术有限公司是国内很早从事IGBT驱动技术开发的公司，公司技术底蕴深厚，独立创新的发明专利技术始于1995年，目前拥有多项核心技术。

随着电力电子技术的发展，公司的产品不断向高电压、大电流、高频率、高效率等方向发展。目前，生产的新产品系列包括6500V超高压IGBT驱动板、3600A超大功率IGBT驱动板、2MHz高频MOSFET驱动芯片等。产品应用在高压变频器、风力发电变流器、逆变焊机、电动汽车、电力机车、感应加热、电力系统、电能质量改善等高端领域，同时也在通信、冶金化工、医疗器械、家电设备等工业领域有大量应用。目前，公司在全球有数千家客户，客户数量更以每年30%以上速度增长，是优秀的IGBT/MOSFET驱动技术解决方案供应商。

主要产品介绍：

IGBT驱动器

北京落木源电子技术有限公司IGBT隔离驱动器系列产品有驱动IC、驱动板等多种规格，采用公司专利的短路过电流保护技术，隔离耐压最高可达到20kV，输出电流可达40A，可以驱动25~3600A、600~6500V全系列IGBT模块，支持1~7路模块的连接，具有高可靠性、最大兼容性、易调试等优点。

北京伟仕天成科技有限公司

Wispower® 伟仕电源

地址： 北京市昌平区回龙观龙祥制版集团工业园2号院3号楼2层
邮编： 102208
电话： 010-52568861
传真： 010-52568861-804
邮箱： zws@ wispower. com
网址： www. wispower. com

简介：

北京伟仕天成科技有限公司是一家专业的模块化开关电源供应商。

公司主要设计、制造AC-DC、DC-DC、DC-AC模块化开关电源变换器。公司凝聚了一批专业人才，拥有多年从事电力电子开发经验的工程师，采用成熟电路和工艺。所用器件经过长期大批量验证，经过严格的过程控制。产品在技术及品质上具备较强的竞争优势，广泛应用于邮电通信设备、基站及用户电源系统、监控系统、铁路信号、电力系统、医疗设备、仪器仪表、工业自动化控制及航空航天、军工等领域。

公司具备正规的生产场地及设施，采用自动化的生产、测试、老化设备，与同行相比具有一定优势。我们高度重视质量体系的建设，坚决贯彻执行ISO9001：2008和GJB 9001B-2009质量体系标准，脚踏实地、实事求是地按照质量体系要求执行，公司的每位员工深入理解并学习贯彻质量意识。

我们的产品工程师可以在您产品的研发阶段提供解决方案与支持，并为用户提供产品应用线路和印制线路板设计，我们追求最短的设计周期和制造优质的产品。我们的常规品同全球著名的电源供应商有很好的兼容性，并且针对不同领域的客户提供相应的产品方案。我们接受客户的定制产品，在确保可靠性的同时，向客户提供最低总成本的产品和服务。

我们愿与您分享我们已有的成熟产品、多年的业界经验，我们珍视与您的每一次合作，希望和您共同创造进步的机会。

主要产品介绍：

WCHA300系列新型便装一体化电源

WCHA300系列新型便装一体化电源是一个完整的封闭式开关电源。它具备可靠性和安全性高、体积小、功率密度大、电压精度高等特点。电源内部集成各种保护功能电路，满足各种客户特殊需求。此系列产品输入电压宽，适应各种恶劣工作环境，散热方式灵活，尤其适合通信、导航、车载等相关军用领域。

成都金创立科技有限责任公司

地址：四川省成都市新都区班竹园镇鸦雀口社区
邮编：610506
电话：028-83988111 13658068539
传真：028-83989066
邮箱：jcl. cdjcl@ 163. com
网址：www. cdjcl. com

简介：

成都金创立科技有限责任公司是一家以等离子技术产业化推广为目标的高科技公司。公司依托大型科研院校和控股企业，科研开发能力强，技术积累深厚。通过几年的努力，全面掌握了“等离子体发生器技术”及大功率脉冲电源技术。在环保领域实施“电弧等离子体技术应用开发”为专项的高科技项目，高压静电除尘专用电源及控制技术，在材料表面改性领域实施真空镀膜电源技术、等离子表面处理专用电源技术，形成了一定的研发能力和生产能力。

公司现有环保、物理、材料、机械、真空、电气、电子等学科各类技术人员多人，是专业从事低温等离子体技术应用、材料表面改性处理技术设备、大功率开关电源和专用脉冲电源研究生产型高科技企业。

公司成功开发生产大功率开关电源和专用脉冲电源、高压电源、工业生产用微弧氧化设备、等离子抛光技术和成套表面处理设备。可根据用户对材料表面处理的需求，提供整套解决方案或研制非标设备。

公司遵从平等互利、友好合作、坚持服务至上、信誉第一的宗旨，竭诚为科技界、实业界提供技术产品和各种形式的技术服务和合作。

主要产品介绍：

等离子体电源及发生器系统

1）发生器寿命较长，单个电极可达300h；
2）效率较高，属于多阳极结构；
3）安装方便，可根据用户需求调节安装尺寸；
4）电源采用全逆变设计；
5）电源的效率高，可达90%；
6）电源体积小，对电网干扰较小，功率因数较高0.95左右；

技术参数：

1）多种输出功率可供选择：30kW、50 kW、70kW、100kW、120kW、150kW、200kW、250kW；
2）空载电压：100 ~650V；
3）工作电压：150 ~450V；
4）稳流输出方式，稳定度小于1%；
5）高频引弧，自动转弧；
6）全数字控制和模拟控制（由用户选择）。

重庆荣凯川仪仪表有限公司

地址：重庆市北碚区澄江桐林村1号
邮编：400701
电话：023-68226587
传真：023-68221017
邮箱：rkcy21@ 163. com
网址：www. rongkai. com. cn

简介：

重庆荣凯川仪仪表有限公司（简称“荣凯川仪”）是中国四联、重庆川仪旗下的电源科技公司，是一家专业从事电力电子领域产品的生产、销售、研发为一体的高新技术企业。公司现已通过ISO9001国际质量体系认证，建立了一套完整的质量监控体系。产品通过国家高新技术产品鉴定，并获得欧盟CE认证、TLC认证、英国NQA质量认证、中国计量中心EMC认证等。

荣凯川仪从事电源产品的研发、设计及生产制造已有40多年的历史，公司从20世纪70年代初开发出国内第一台晶闸管逆变器到90年代引进美国先进电源技术，通过不断消化、吸收、改进，于国内率先推出工业型UPS不间断电源及其系统。进入21世纪后，公司产品经全面智能化升级改造，现已成为国内智能化交直流不间断电源系统领军企业。

荣凯川仪拥有一支有多年从事国内外工业电源研究的技术精英，拥有一批先进的高精尖加工检测设备和先进的自动化流水线和成套产品生产线。目前，公司具备为年产600万吨钢铁项目、1200MW机组、60万吨合成氨，80万吨乙烯、年产300万吨水泥生产线等大型工程提供UPS电源产品的配套能力。先后向北京地铁、重庆地铁、成都地铁、广州地铁、深圳地铁等国内重点工程提供UPS电源装置数万套。在占有国内市场的同时，公司积极拓展海外市场，为印尼、巴西、越南、缅甸等国家重点建设项目提供UPS电源配套产品，奠定了公司在国内外工业制造行业及轨道交通领域电源产品应用市场的主导地位。

面向未来，荣凯川仪将秉承“诚信、品质、人本、创新”的经营理念，以产业报国，造福员工的经营宗旨，以永不间断的创新精神，向“国内绿色、节能、环保电源整体方案提供商”而迈进！

主要产品介绍：

工业型UPS

工业型EPS

触摸式直流屏

轨道交通专用
安全门/屏蔽门电源系统

UPAD智能型
交直流不间断电源系统

电力一体化电源系统

荣凯川仪工业电源是针对工业现场，如恶劣的现场环境（粉尘、高温）、受设备起停影响带来的电网波动及电力谐波、负载多样化等特点设计的工业专用电源，产品所有元器件均采用工业级器件，大大提高了产品的可靠性和稳定性，产品主要有工业 UPS、工业 EPS、UPAD 智能型交直流不间断电源系统、轨道交通专用电源系统、触摸式直流屏、电力一体化电源系统等，是工业负载优选的电源方案之一。

广东寰宇电子科技股份有限公司

地址：广州市南沙区东涌镇马克村（厂房）自编号 202

邮编：511475

电话：020-34835888

传真：020-84744966

邮箱：gzhuanyu@ vip. 163. com

网址：www. gzhuanyu. cn

简介：

广东寰宇电子科技股份有限公司是一家从事研发、生产、销售电梯控制信息技术的民营高新技术企业，也是“国家火炬计划重点高新技术企业”。主要产品有电梯应急救援装置、松闸电源、应急电源、五方对讲、防电扶梯逆转保护系统、带能量反馈的一体化电梯控制系统等 10 多个电梯配套产品，并为行业一线品牌的多家电梯厂商提供优质的产品配套服务。

广东意壳电子科技有限公司

EACO

地址：广东省佛山市顺德区容桂容里天富来国际工业城三期四座 401

邮编：528305

电话：0757-22301650

传真：0757-22301658

邮箱：ren. tong@ eaco. com

网址：www. eaco. com

简介：

EACO 专注于电力电子电容，一直走在工业应用金属化薄膜电容器领域的最前沿，专注于电力电子电容器的设计与制造。2007 年起，中国大陆市场已是 EACO 定位的主要市场，在中国大陆投资开设了工厂，投入了更多的技术和销售支持，与中国的电力电子行业共同进步。

EACO 电容的标准品涵盖了广泛的系列、强大的开发设计能力、快速的交货方式、具有竞争力的价格，为电力电子行业的产品设计工程师提供灵活、多方面的薄膜电容解决方案 。主要应用领域有智能电网、新能源行业（太阳能/风力发电并网变流器）、新能源汽车（纯电动汽车/混合动力汽车控制器）、高频开关电源、变频器、UPS/EPS、感应加热电源、逆变电源等。

主要产品介绍：

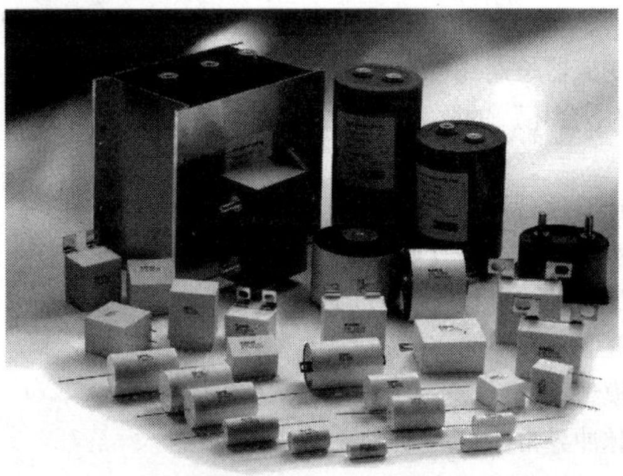

EACO 的整个产品系列分为 DC-LINK 电容、IGBT 保护电容（Snubber）、交流滤波电容（AC _ Filter）和其它场合使用的电容（General Application Series）四大类。EACO 电容具有同容量体积小、稳定性强、寿命长的特点，能适合各种 DC-AC 滤波、DC-Link（直流链支撑）、功率开关器件的缓冲线路、电压钳位、大电流耦合隔直、高频谐振、纹

波吸收、高脉冲、储能等线路。

杭州飞仕得科技有限公司

Firstack 飞仕得科技

地址：杭州市北部软件园祥兴路 100 号 2 号楼
邮编：310011
电话：0571-88171615
传真：0571-88173973
邮箱：sales01@ firstack. com
网址：www. firstack. com

简介：

杭州飞仕得科技有限公司（Firstack）是 IGBT 智能驱动器领域的全球技术与市场领导者。作为全球率先将智能驱动引入到新能源发电领域的企业，Firstack 致力于通过数字化技术实现变流器全状态监控与保护，提升变流器长期运行可靠性，助力风场、光伏电站大数据化管理。凭借数字化带来的高可靠性，高性能优势，Firstack 已成功将智能驱动应用于军工、电力系统、轨道交通等高可靠性领域。

Firstack 驱动器新能源的装机容量已经突破 15GW，居国内市场前列，是目前国内军工驱动、轨交驱动的供应商，其中典型的成功应用案例有亚洲海上风场——东海大桥风场；目前世界海拔最高的风电项目——那曲风电场；国内多个矿井——沙溪铜矿和平禹一矿；国内 1500V 光伏电站——格尔木光伏电站；国内轨交应用——武汉有轨电车。

Firstack 公司坐落于杭州市北部软件园，拥有多项独立自主的知识产权，获得多项科技成果，其数字智能型 IGBT 驱动器经省专家鉴定国内技术领先，该项目获得省科技进步奖和优秀科技成果等荣誉。Firstack 公司被评为国家双软企业、科技型中小企业、高新技术企业、特色潜力企业、第三届中国创新创业大赛新能源及节能环保领域十强企业，已经通过国家 ISO9001 认证。

主要产品介绍：

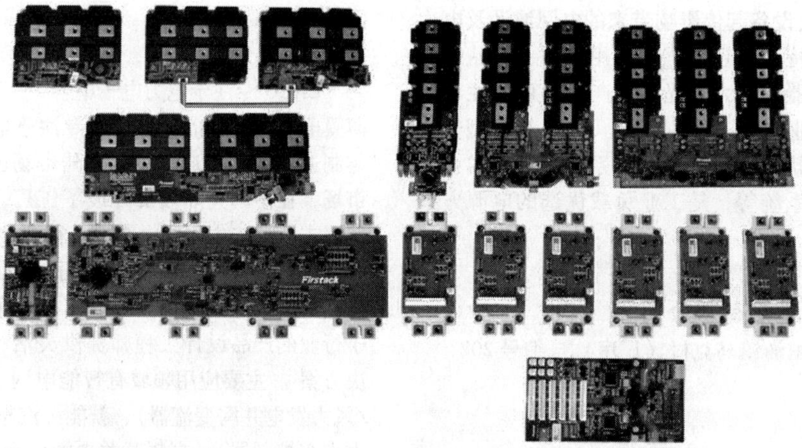

IGBT 智能驱动器集成了皮实的硬件电路和智能故障管理算法，实现了“不会坏”的驱动，“会交流”的驱动，助力变流器长期高可靠运行与大数据化管理。

“不会坏”的驱动器，可承受 GE、副边电源长时间短路；

智能故障管理系统；

数控高级动态有源钳位；

门极动态可控开关；

di/dt 保护；

模组加密；

脉冲异常保护。

合肥博微田村电气有限公司

CETC 38所 | 博微电气
磁性元件 创新引领
Magnetic component Leading innovation
共同参与/共同思考/共同成就/共同分享

地址：合肥高新区天智路 41 号
邮编：230088
电话：0551-62724766
传真：0551-65323118
邮箱：lql@ ecthf. com
网址：www. ecthf. com

简介：

合肥博微田村电气有限公司是中国电子科技集团第三十八所和日本田村株式会社共同成立的高新技术企业，2000 年成立，2014 年销售 6 亿人民币，拥有 1000 名员工，专业研发、设计和生产各种变压器、电抗器、EMI 滤波器、智能配电单元，主要应用于太阳能、风力发电设备、医疗器械设备、工业自动化设备以及家用电器等行业。公司通过了 ISO9001：2000、ISO14001 认证，同时取得了 CB、德国莱茵 TUV、美国 UL 及欧盟的 CE 等多国的安全认证及 EMC 认证。

主要产品介绍：

公司自主研发了高频双转换在线式 UPS 全系列产品。产品基于 DSP 技术、自动控制技术、电力电子技术及半导体应用技术，产品的可靠性和适用性均居于世界前列。

产品取得了泰尔证书，成功应用于公共安全、政府、军队、金融、通信、电力、交通等行业，为用户提供安全可靠、无污染的电力保障和一体化配电解决方案。

河北奥冠电源有限责任公司

aoguan

地址：河北省衡水市故城县衡德工业园
邮编：253800
电话：400-807-8811
传真：0534-2469588
邮箱：aoguan@ 126. com
网址：www. aoguan. com

简介：

奥冠集团是一家集胶体电池和锂电池研发、生产、销售、服务于一体的高科技集团企业。下设河北奥冠电源有限责任公司和山东奥冠新能源科技有限公司，集团成立于 1987 年，位于冀鲁交界处的河北省故城县衡德工业园，山东奥冠位于山东德州经济技术开发区东方红路东首，高铁站西侧。

公司主打产品为电动汽车用、太阳能风能发电用、电动助力车用、固定阀控密封式等用途的动力型、储能型胶体电池和锂电池，包括 5 大类 100 多个品种和规格。广泛应用于动力能源、新能源储能、通信、电力等领域。

公司引进德国胶体技术和自动化生产设备，并进行了升级改进，使技术更加先进，电池性能更加稳定、可靠。

公司为中国电源学会长期会员、中国电源学会理事、中国电器工业协会会员、中国化学与物理电源行业协会会员。先后通过了 ISO9001 质量管理体系、ISO14001 环境管理体系和 OHSAS18001 职业健康安全管理体系认证，产品获得了欧盟 CE 认证、泰尔认证、金太阳认证及北方车辆研究所权威认证。

公司始终坚持“科技兴企，人才强企”发展战略，与德国艾诺斯电池公司、华南师范大学、山东大学及多家科研院所建立了长期的产学研合作关系，通过共建平台、项目合作研发和人才培养等形式，大大提高了公司技术研发实力。先后获得“国家高新技术企业”、“河北省著名商标”、“河北科技型中小企业”、“河北中小企业名牌产品”、“省消费者满意单位”等荣誉称号。获得省市级科技成果鉴定 5 项、国家专利 8 项。

我们以为客户提供专业化、现场化、主动化、超值化服务为宗旨，满足客户现实和潜在需求，努力与客户结成战略合作伙伴关系，实现合作共赢。公司销售网络覆盖全国，并出口美国、韩国、东南亚国家。

未来，我们将致力于新能源电池研发、可再生能源的开发和循环经济的推进，从传统的蓄电池供应商向新能源系统解决方案提供商全速升级，开启人类绿色能源开发、利用新纪元。

主要产品介绍：

电动车电池　电动汽车电池　光伏储能电池　备用电源电池

胶体电池

采用德国进口的 Gel 胶体材料，以及自主研发的外导包封式蓄电池极板、防水端子和防水蓄电池专利技术、无镉内化成技术、真空反流灌胶技术等，确保了电池的大容量、高耐寒、强动力和长寿命。

锂电池

采用 LiFePO4 正极材料和石墨烯负极复合材料为原料，自主研发的新型高效导电剂、变间距极耳激光成型技术、双防爆阀设计，大大提高了电池的安全性，同时具有容量大、动力强劲等特点。

南通新三能电子有限公司

THREECON
新三能电子 SUNION ELECTRONIC

地址：江苏省南通市通州区兴仁工业园区
邮编：226371
电话：0513-86562925
传真：0513-86561788
邮箱：yb@ sunion. cc
网址：www. sunion. cc

简介：

南通新三能电子有限公司成立于1995年，是专业从事电容器研发、制造和销售的国家高新技术企业，也是东南大学产学研合作伙伴，合作开发了多项用于工业电源、新能源领域及绿色节能照明专用的电容器。

我公司产品应用领域广泛、门类齐全、性能优异、质量可靠。目前“Threecon”品牌共分为两大系列产品，分别是用于电力电子领域的薄膜电容器和用于节能照明、工业控制等领域的电解电容器，均已形成相当规模。主要为工业变频器、电能质量、UPS电源、光伏风能、轨道交通、通信电源、电力机车、电梯、逆变电焊机、LED照明、CFL照明等提供配套服务。

优质的品质和令人满意的服务使我公司成功通过OSRAM、PHILIPS、GE等国际著名跨国公司的供应商认证，成为全球供应链采购合格供方。我公司还成为中国电源学会的理事单位和中国工业电器协会的会员单位，产品被授予质量可信产品等荣誉称号，公司严格实行ISO9001质量保证体系、ISO14000环境保证体系和QC080000有害物质控制体系，完全符合RoHS环保标准、CE欧盟电工委员会安全标准，公司获得了“国家科技部创新基金”，拥有自主知识产权和多项发明专利。获得“江苏省电容器工程技术研发中心”的光荣称号。

我们的目标是成为国内外工业控制、新能源产业及绿色节能照明专用电容器的首选品牌。

主要产品介绍：

CD13A型超高压铝电解电容器

CD13A型超高压铝电解电容器，其主要目的是为了适应大功率开关电源，逆变器等市场的需求，其工作电压可达到750V，主要技术经济指标如下：

1）使用温度范围（℃）：-40～+85℃；额定电压范围（V）：DC600～750V；标称电容量允许偏差：±20%（客户选用或提供）；漏电流：I≦0.01CV或者5mA中任意一个较小者（5min）20℃；

2）标称容量：820～10000；耐久性：85℃ 2000h；

3）容量变化率：在初期值上的±20%以内；

4）损耗角正切值：不大于规定值的200%；

5）漏电流：小于规定值2倍；高温存储：85℃，1000小时，试验后恢复24h以上。施加额定电压30min后测试满足初期规定值。

宁夏银利电气股份有限公司

地址：宁夏回族自治区银川（国家）经济开发区光明路45号
邮编：750000
电话：0951-5045200
传真：0951-5019240
邮箱：hr@ yinli. com. cn
网址：www. yinli. com. cn

简介：

宁夏银利电气股份有限公司成立于1992年，现位于银川国家经济开发区，注册资本2000万元，占地面积2万多平方米，员工人数166人，是国家高新技术企业。公司已建立健全了科学完善的综合管理QES体系，并于2012年取得了轨道交通国际质量IRIS认证，2014年通过了国际焊接认证EN15085CL4。

公司拥有国家专利16项，拥有多台全套先进的变压器、电感的生产和检测设备，拥有线绕、箔绕和VPI真空压力浸漆等先进的专业生产设备，拥有雄厚的技术研发基础及强大的科学生产能力，拥有具备国家权威检验认可资质的“国家联合地方工程实验室”。

公司自主研发设计生产的产品品种丰富、系列健全，涵盖面广。自1999年起，公司先后涉足于轨道交通、新能源、电能质量、航天航空、船电等行业，并在技术条件要求苛刻的新兴工业环境中不断地取得经验、获得成果、赢得声誉。为国内外诸多客户提供质量有保障的产品，及时完善的售后服务。

宁夏银利电气股份有限公司始终检查以市场为导向，以客户为中心，2008年全资注册深圳银利电器制造有限公司，并于2012年分别在北京、上海、武汉、深圳等地分别成立华北、华东、华中、华南办事处。在全国范围内围绕着有价值的客户群，建立并发展互惠互利的良好合作关系。

主要产品介绍：

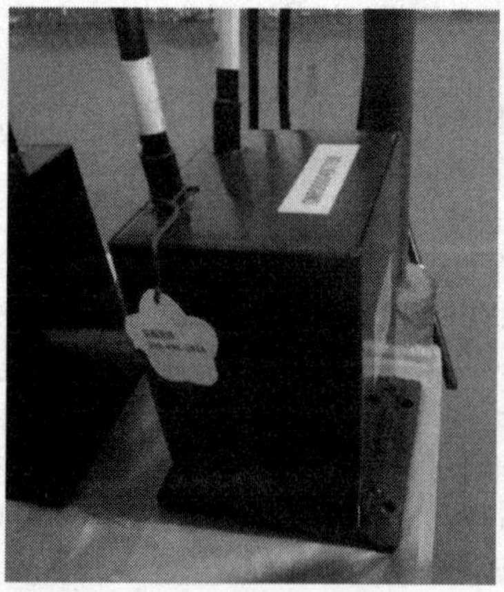

高频谐振电感

性能特点：

1）适合在各种湿度、各种环境条件下正常工作，可满足 IP65 及以上防护等级要求；

2）可在-40℃持续低温环境中正常运行；

3）绝缘性能高，可在各种海拔下正常运行；

4）抗冲击振动能力强，可满足各类机车试验严酷等级和频率范围要求；

5）拥有良好的散热性且噪声低。

赛尔康技术（深圳）有限公司

Salcomp
POWERING THE MOBILE WORLD

地址： 广东省深圳市宝安区沙井镇新桥芙蓉工业区赛尔康大道赛尔康技术（深圳）有限公司

邮编： 518125

电话： 0755-27255111

传真： 0755-27255255

邮箱： East. cao@ salcomp. com

网址： www. salcomp. com

简介：

赛尔康技术（深圳）有限公司是一家芬兰独资企业，成立于 1975 年，公司总部位于芬兰。赛尔康技术（深圳）有限公司在全球各地设有销售中心，在芬兰、深圳和台北设有研发中心，在中国、巴西和印度设有生产基地。

赛尔康技术（深圳）有限公司致力于开发和提供具有创新和绿色环保的手机电源适配器产品及其它电源方案。赛尔康在全球手机电源适配器行业处于世界领先地位，公司年度总业绩达到 6.8 亿美元，主要客户涵盖了排名世界前列的手机制造商。赛尔康自主研发的电源产品适用于各类手机（包括智能手机）、无绳电话、蓝牙耳机、平板电脑、数码相框、路由器、机顶盒、POS 机、笔记本电脑等。

赛尔康技术（深圳）有限公司位于深圳市宝安区沙井芙蓉工业区，是国家评定的“高新技术企业”，同时赛尔康深圳的研发中心是深圳市评定的“企业技术中心”。赛尔康深圳现有 6000 多名员工，主要从事销售、研发和制造工作。

主要产品介绍：

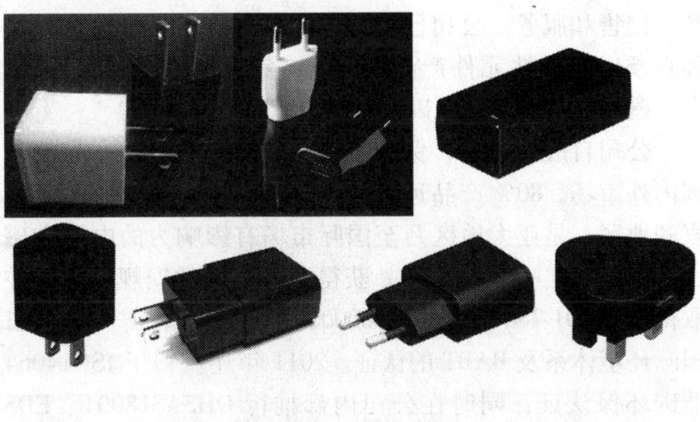

赛尔康技术（深圳）有限公司的产品主要包括各功率范围的手机电源适配器和充电器，适用于各种移动式和家用消费类产品。产品主要特征为节能、效率高、待机功耗低、产品体积小、质量优良、可靠性高、符合各国目前有效和即将生效的能源规范。

以下为赛尔康技术（深圳）有限公司主要产品类别和功率等级：

1）手机充电器：5V/500mA ~ 5V/850mA，5V/1A，5V/1.2A；

2）平板电脑充电器：5V/2A，5V/2.4A，5V/3A；

3）路由器、机顶盒适配器：12V/1A，12V/1.5A，12V/2A，12V/2.5A，12V/3A，12V/4A，12V/5A；

4）笔记本电脑适配器：19V/2.1A（40W），19V/3.42A（65W），19V/4.74A（90W）。

陕西柯蓝电子有限公司

CRIANE 柯蓝电子

地址： 西安市高新区草堂科技产业基地秦岭大道西 2 号科技企业加速器 11 号楼 3C

邮编： 710075

电话： 029-65659350

传真： 029-65659354

邮箱： Lu huan@ xaguanggu. com

网址： www. criane. com

简介：

陕西柯蓝电子有限公司成立于 2003 年 12 月，是一家专业从事通信测试维护系列设备的设计、开发、生产、销售、维修和技术服务的公司。公司现位于西安高新技术产业开发区草堂科技产业基地秦岭大道西 2 号科技企业加速器 11 栋楼 3C。公司注册资金为 1000 万元。

公司产品主要包括通信用蓄电池测试维护类仪表、光纤通信测试维护类仪器仪表、后备电源油机测试维护设备、集中化智能化的监测系统等，并具有完全自主产权。公司是一家拥有核心技术、前沿技术、管理正规、质量可靠、信誉良好的国内规模较大、品种较齐全的通信设备智能检测、信号传输、光缆测量设备行业的领先企业。

公司对售出产品一律实行半年内包换新机，五年内免费维修，终身技术服务等政策。柯蓝电子产品已经在全国各电信运营商、电力系统、通信专网、石油煤炭、金融系统、交通系统、公安系统及大型工矿企业、全军各军区、各兵种等行业领域广泛应用。

相信通过我们的创新和努力，将更好地为用户提供更优质的产品、先进的技术和全面的服务！

主要产品介绍：

CR-AG 系列蓄电池放电测试仪

CR-AG 系列蓄电池放电测试仪是针对市场需求而推出的一款同时具备蓄电池容量快速测试、在线监测及放电测试三大功能于一体的蓄电池测试产品。该产品广泛应用于通信及电力行业，是专业的、值得信赖的蓄电池维护设备。

上海超群无损检测设备有限责任公司

地址：上海市松江区九亭镇松江高科技园区洋河浜路188号
邮编：201615
电话：021-37633088
传真：021-37633078
邮箱：sales@ sandt. com. cn
网址：www. sandt. com. cn

简介：

上海超群无损检测设备有限责任公司是国内外具有领先地位的专业X光设备制造商，在X光领域有超过50年的经验。本公司与电源相关的技术产品为高压电源（30～450kV）。

本公司专业设计、制造的主要产品包括X光实时成像系统、X光实时线扫描系统、高精度高稳度高频X射线源、专用中高频X射线源、X射线管、气绝缘便携式X射线探伤机、油绝缘移动式X射线探伤机、移动式金属陶瓷管X射线探伤机、工业用电子源等。

产品应用和销售的领域涵盖航空航天、兵器工业、安全检查、骑车摩托车、铸件、医疗卫生、印刷、压力容器管道耐火材料等行业。本公司多数产品远销欧美市场，并在某些领域领先欧美竞争对手，获得好评。

深圳晶福源科技股份有限公司

地址：深圳市南山区西丽南岗第二工业区第十二栋5楼
邮编：518360
电话：0755-26632536
传真：0755-26505986
邮箱：support@ jfy-tech. com
网址：www. jfy-tech. com

简介：

深圳市晶福源电子技术有限公司创建于2003年，总部坐落于深圳特区，拥有16000平方米的标准生产厂房和先进的研发实验室，是国家认定的高新技术企业，ISO9001：2008国际质量体系认证通过企业。晶福源以10年的专业电源产品设计、生产经验向客户提供中高端电源产品与一体化电源系统解决方案，产品包括系列齐全的太阳能并网逆变器、UPS不间断电源、通信电源、太阳能离网混合动力电源等，产品出口至包括北美和欧盟在内50多个国家和地区。其稳定的表现和优异的性能得到用户的普遍认可。

主要产品介绍：

晶福源产品主要包括光伏并网逆变器、光伏配套设备、太阳能离网控制逆变电源、UPS电源、EPS应急电源、通信电源和模块电源6大类100多个产品。

产品种类齐全、性能优异、稳定可靠，并通过多项国际权威的认证测试，已批量销往德国、意大利、法国、比利时、澳大利亚、美国、加拿大等30多个国家。

深圳可立克科技股份有限公司

地址：广东省深圳市宝安区福永街道桥头社区正中工业厂区7栋
邮编：518103
电话：0755-29918540
传真：0755-29918005
邮箱：licheng@ clicktec. net
网址：www. clickele. com

简介：

深圳可立克科技股份有限公司（下称可立克）成立于2004年，是一家在电源和磁性元件领域内具有高增长性的高新技术企业，专业从事LED照明电源、动力电池充电器、通信电源、适配器、磁性元件等产品的研发设计、生产、销售和服务。公司已拥有数十条电源产品制造生产线和百条以上磁性元件产品生产线，年产电源3500万只以上、磁性器件1.6亿只以上的生产能力。

公司自成立以来，保持了快速发展的态势。产品畅销国内外市场，80%产品远销欧美、澳洲、南美及亚洲等国家和地区，是亚太地区乃至国际市场有影响力的电源和磁性元件厂商之一。公司产品获得全球各国的安规认证，并取得ISO9001 TS16949、QC080000国际质量体系、ISO14001国际环境体系及BABT的认证。2011年还获得了ISO14064低碳环保认证，同时在公司内部推行OHSAS18001、EDS系统、MES系统、集成产品开发（IPD）管理及EICC准则。

在技术研发和工艺工程方面，公司紧跟行业技术前沿，坚持自主创新，兼收并蓄，不断引进吸收先进技术和设计理念，现拥有100多人的研发队伍，拥有一整套现代化的电源验证和检测实验室（如 EMI，EMS，HALT 等）；研发中心已成为市级技术中心，每年获得多项专利。公司于 2010 年已获得广东省著名商标企业，品牌价值在不断提升。

公司经过近 5 年的快速发展，在 2015 年 12 月成为深圳上市公司。

主要产品介绍：

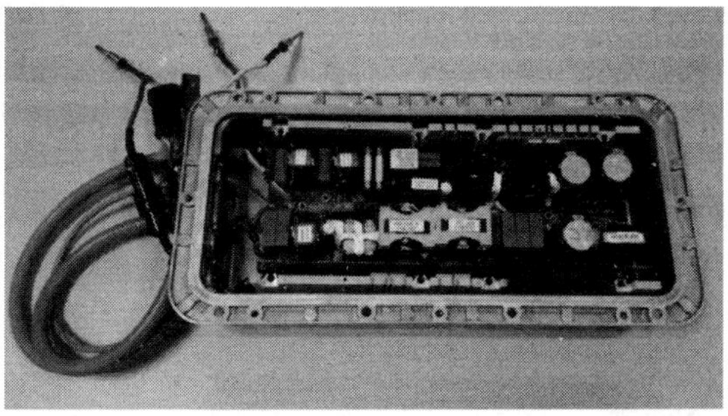

新能源车载充电模块

新能源车载充电模块应用于电动车充电，具有高效率、低成本、高可靠性等特点。支持宽范围电压输入，并具有完备的保护功能（输出短路保护、过电流保护、过电压保护、过温保护等），符合信息技术设备安全标准要求。

产品特点：

1）支持 AC100 ~ 250V 宽范围电压输入；
2）带 PFC 功能，PF > 0.96；
3）高效（效率达 89%）；
4）雷击指标：差模 6kV/2Ω，共模 6kV/2Ω；
5）全日系电解电容；
6）高可靠性，MTBF > 250，000 小时；
7）长寿命（ > 10 年，25℃）。

深圳市铂科新材料股份有限公司

POCO

地址： 广东省深圳市南山区科技园北区朗山路 28 号 2 栋 3 楼
邮编： 518027
电话： 0755-26654881
传真： 0755-29574277
邮箱： sales@ pocomagnetic. com
网址： www. pocomagnetic. com
简介：

深圳市铂科新材料股份有限公司于 2004 年在中国开始粉体的研发试验，2007 年成功开发出铁硅气雾化粉末。至此，公司完全掌握了铁硅、铁硅铝从粉体研发制造，粉体绝缘到粉体成型的整个金属磁粉芯的完整供应体系、核心技术及所有知识产权。公司将掌握的金属磁粉芯的核心技术与应用相结合，为客户提供从粉芯的生产、销售，到解决方案的设计、特种电感器件的供应，完成建立以服务客户为中心的一站式粉芯服务的完整平台，全面为客户解决成本、效率、空间的优化问题。

为了更好地服务于客户，于 2009 年 9 月在深圳成立深圳市铂科磁材有限公司（即铂科新材料股份有限公司），集研发、销售和服务于一体。公司凭借其雄厚的研发能力、快速制样能力、快速交货能力和稳定的品质性能赢得了海内外客户的高度评价。目前，传统开关电源、网络能源电源、UPS 电源、太阳能、风能等新能源领域广泛采用我公司产品。其中大多客户是世界 500 强企业，或者是上述各领域内的知名公司。

为了配合客户订单的快速增长，公司于 2010 年在惠州全资成立惠州铂科磁材有限公司，将其作为公司磁粉芯的生产基地。惠州铂科磁材有限公司拥有独立的工业园区，占地面积 120 亩，坐落于珠三角产业转移园的中心位置，是惠东县政府第一批引入产业转移园区的高科技公司。目前，惠州铂科磁材有限公司建筑面积 10 000 余平方米，现正准备第二期的扩产计划，为客户的产能扩充和快速交货提供更有力的保障。

主要产品介绍：

NPH 系列磁芯

NPH 系列磁芯是深圳市铂科新材料股份有限公司研发的新一代铁硅系列磁芯。具有超低损耗，优秀的直流偏置，适用于光伏逆变器、服务器电源、UPS、新能源汽车等领域。磁芯外径从 0.9in（1in = 0.0254m）到 5.25in，磁导率有 26μ、60μ 等，可满足工程师的需求。

深圳市迪比科电子科技有限公司

DBK®
Electronics technology

地址： 深圳市龙华新区龙华街道华联社区龙观路北侧迪比科工业园
邮编： 518109
电话： 0755-61569366
传真： 0755-61569399
邮箱： jituan@ dbk. com. hk
网址： www. dbk. com. hk
简介：

深圳市迪比科电子科技有限公司成立于 2004 年 8 月，注册资金人民币 5000 万元，是一家集研发、生产、销售、自主品牌运营于一体的高新科技企业。迪比科以“成为一个具有生命力的、持续发展的绿色智能生活高科技企业”为愿景，在十年时间里，践行“高效率、快领先”的竞争策略，实现了从行业中二级市场向一级市场的战略转移，产品品质从中、下游水平跃居行业领先地位。成立至今，公司始终秉持“人人都是人才，人人都可成才，爱才惜才用好人才”的理念，凝聚了一批志同道合的高素质人才，他们以不断的创新和勤勉的努力开拓出了一条具有迪比科特色的“以电池及电源上下游产品为核心、以配件为辅”的全配件产业化道路，形成了以聚合物电芯系列、消费类电池系列、电源系列、动力储能系列、摄影光学系列及智能生活与可穿戴设备系列这六大系列，总计5 000多款产品，获得超过180项专利技术（含已授权，不含正在申请的）。现量产的六大类产品中，约千余个产品获得CE、UL、CCC等十余种国际认证证书及PSE/VCCI/QI等协会标准的认定或认可。2007年引入ISO质量体系的理念后，公司于2009年先后通过ISO9001、ISO14001的认证，于2007年和2009年被授予“深圳市高新技术企业”和“国家高新技术企业”的荣誉称号，于2015年荣获“深圳市知名品牌”称号。更获得CNAS认证资质实验室的检测及验证流程。且公司产品在批量生产中从上游工模注塑、SMT贴片、后焊、组装、检测及包装等全流程严格把关产品品质，质量信得过。长路漫漫，迪比科将“优质严谨、至诚守信、团结奋进、务实创新、感恩共赢”放在心里，用每一个脚印去实践每一个理念。

主要产品介绍：

深圳市迪比科电子科技有限公司六大产品系列

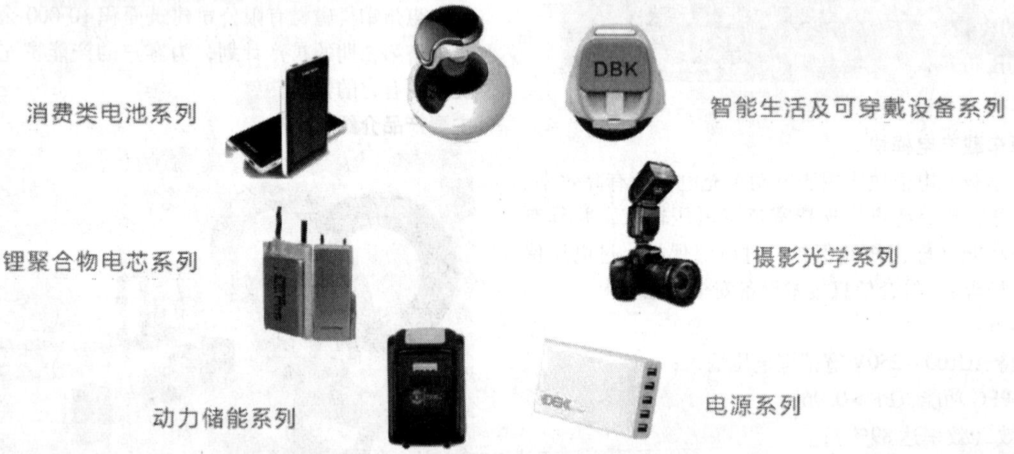

深圳市汇川技术股份有限公司

Inovance

地址：广东省深圳市宝安区宝城70区留仙二路鸿威工业区E栋

邮编：518101

电话：0755-29799595

传真：0755-29619897

邮箱：hunian hua@ inovance. cn

网址：www. inovance. cn

简介：

深圳市汇川技术股份有限公司专注于工业自动化控制产品的研发、生产和销售，定位服务于中高端设备制造商，以拥有自主知识产权的工业自动化控制技术为基础，以快速为客户提供个性化的解决方案为主要经营模式，实现企业价值与客户价值共同成长。

公司专门从事工业自动化控制产品的研发、生产和销售。主要产品有低压变频器、高压变频器、一体化及专机、伺服系统、PLC、HMI、永磁同步电动机、电动汽车电机控制器、轨道交通牵引系统等；重点布局智能制造、新能源、工业互联网三大领域，产品广泛应用于电梯、起重、机床、金属制品、电线电缆、塑胶、印刷包装、纺织化纤、建材、冶金、煤矿、市政、汽车、轨道交通等行业。公司在低压变频器市场的占有率在国产品牌厂商中名列前茅，其中一体化及专机产品在多个细分行业处于业内领先地位。

公司是国家高新技术企业，掌握了高性能矢量变频技术、PLC技术、伺服技术和永磁同步电机等核心平台技术。截至2015年6月30日，公司拥有已获证书的专利360项，其中发明专利46项，实用新型专利263项，外观专利51项。公司已向国家知识产权局申报，2015年新增发明专利15项，新增实用新型专利34项，新增外观专利2项。公司已向国家知识产权局申报，但尚未获得证书的专利申请257项，其中发明专利申请233项，实用新型专利申请21项，外观专利申请3项。公司及其控股子公司共取得96项软件著作权。

2015年公司的销售收入27.7亿元，净利润为8.09亿元。截至2015年6月30日，公司有员工3420人，其中专门从事研究开发的人员有733人，占员工总数的21.43%。

经过14年的发展，公司已成为国内工业自动化控制领域的领军企业，在销售收入、盈利水平、技术创新等方面均处于国内行业领先水平。

为了持续提升产能，促进公司可持续发展，2013年7月4日，苏州汇川二期工程开工建设。苏州汇川二期厂房总投资6亿元，总占地面积200亩，总建筑面积30万平方米，二期厂房建设含生产车间、研发大楼、客户接待中心等项目，其中生产车间自开始建设至正式竣工历时两年，于2015年9月17日正式投产。苏州汇川二期厂房生产车间投产，满足了汇川未来发展对场地的需求，极大地提升了公司的产能，有助于促进公司可持续发展，助力汇川二次腾飞!

主要产品介绍:

IMC100R 机器人控制器

IMC100R 机器人控制器是汇川技术自主研发的一款带有逻辑控制的工业机器人高端控制器。作为工业机器人运动及现场工艺的载体，IMC100R 好比一个高度智能的中央大脑，具备其它产品无可比拟的优越性能。

可实现对机器人运动的高动态响应及高精准控制；灵活扩展性强，打破单一机器人控制器的局限，支持二次开发；摇杆示教，图形化编程，内置专用工艺指令，简单易用；提供完备的安全解决方案，确保全程安全运行。

可广泛适用于焊接、机床上下料、3C 制造、打磨抛光、码垛等行业应用。

深圳市京泉华科技股份有限公司

JQH

地址: 广东省深圳市龙华新区观澜街道陂头吓社区新圩龙工业区 1 号京泉华工业园

邮编: 518110

电话: 0755-27040111

传真: 0755-27040555

邮箱: everrise@ everrise. net

网址: www. jqh. cc

简介:

深圳市京泉华科技股份有限公司成立于 1996 年 6 月，注册资本 6000 万元。公司总部位于深圳市龙华新区观澜街道陂头吓社区新圩龙 1 号京泉华工业园。公司专注于电子元器件行业，主要从事磁性元器件、电源及特种变压器的研发、生产和销售业务。同时，还为客户提供上述产品的 ODM 服务和专用产品的开发、研制及配套服务。公司主要产品包括高频变压器、低频变压器、适配器电源、裸板电源、光伏逆变电源、数字电源、三相变压器、特种电抗器等。公司的产品广泛应用于家用电器、消费电子、UPS 电源应用、LED 照明、通信、光伏发电等领域，主要客户包括施耐德集团、GE 集团、ABB 集团、格力集团、华为等国内外知名企业。

公司以磁性元器件生产为基础，以电源及特种变压器同步开发为特色，形成了可靠性高、质量稳定、技术先进、应用领域广泛、规格品种齐全的产品线。随着技术水平和综合实力的不断提高，已建立了较为成熟的研发和销售团队，积累了丰富的开发、设计、生产和销售的经验，并在技术研发能力、产品质量、优质的客户资源、TPM 管理及持续优化创新和快速市场反应等方面拥有较大优势，目前已发展成为国内磁性元器件和电源行业具有领先竞争优势和品牌影响力的专业供应商。

公司经过多年的发展，不断开拓、锐意进取，目前已发展成为一家专业从事磁性元器件、电源及特种变压器研发、生产及销售的国家高新技术企业。公司是中国电子元件行业百强企业，中国电子元件行业协会会员单位，中国电源学会会员、理事单位。公司先后被评定为“深圳市高新技术企业”、“深圳市宝安区开放性研究开发基地”、“深圳市市级研究开发中心（技术中心类）”等，并多次承担国家、省、市的研究开发项目。公司品牌被广东省工商行政管理局评定为“广东省著名商标”。

主要产品介绍:

公司主要产品分为三大类别：

1）电源类包括 LED Driver、SMPS Series、Battery Charger、Adaptor Series 以及超薄 LED 驱动 Max120W、无线充电器、动力电池管理、微型逆变器等新产品；

2）磁性器件类包括高频变压器、低频变压器、电感、滤波器、互感器以及立绕共模电感、三相立绕共模电感、非晶类电抗器等新产品；

3）特种变压器类包括三相变压器、三相电抗器、立绕电抗器以及硅钢、铁硅混合电抗器、铝线立绕电抗器、方形立绕电抗器等新产品。

深圳市科瑞爱特科技开发有限公司

地址：深圳市宝安区西乡镇固戍南昌健裕第二工业区 B 栋
邮编：215107
电话：0755-23013399
传真：0755-26522816
邮箱：szcreate@163. com
网址：www. szcreate. com

简介：

深圳市科瑞爱特科技开发有限公司是一家专业从事电源类产品研发、生产、销售的厂商。目前主导产品有逆变器、通信电源、直流变换器和 UPS 这四大类，产品广泛应用于大中型电厂、变电站、冶金、石化、纺织、铁路、交通、金融、移动、联通等各个领域。

公司是中国电源协会理事单位、武汉大学电子信息学院产学研基地和武汉大学学生社会实践基地、深圳市中小企业合作促进会常务理事单位、深圳市高新技术企业、深圳市双软企业。研发的新产品已获得软件著作权 4 项，专利 4 个。

公司坚持以“绿色环保、节能高效、低功耗、新技术”为发展方向。拥有精湛的研发队伍，先进的检测设备，完善的品质管理体制和良好的售后服务。并导入 ISO9001 质量管理体系和 ISO14000 环境管理体系。

主要产品介绍：

在线式纯正弦波高频逆变器

应用范围：从电脑设备、通信系统、电力自动化控制设备到无人值守的变电站、发电厂及铁路都可以使用。

特征：

1）纯在线设计，交流失电压后零时间切换至直流系统逆变供电，保证输出无缝切换，确保重要设备安全运行；

2）特有的交、直流输入输出三方隔离设计理念完全符合电力系统对接入直流系统设备的隔离要求；

3）具备智能型无人值守功能，若发生市电与直流系统同时失电压而造成设备停机，则当市电或直流系统任一回路恢复供电时起动，满足无人值守的要求；

4）拥有单片机的完善检测和保护功能，以及采用先进的逐一脉冲过流检测的逆变技术，使整机具有抗干扰能力强、稳频稳压精度高、失真度小、效率高、具有强大的通信远程管理功能；

5）标准 19″机架式结构设计，满足通信、电力系统柜内安装需求。

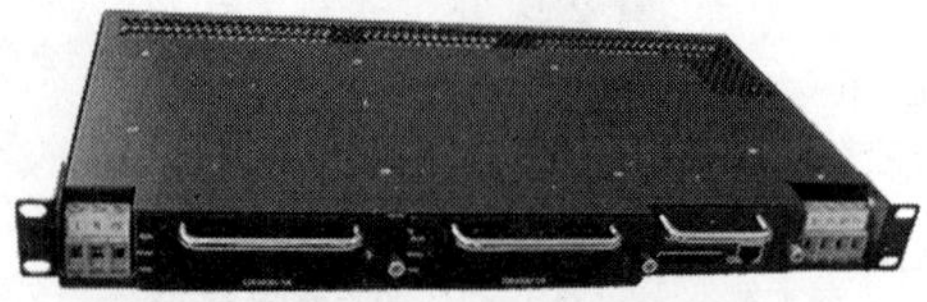

1U

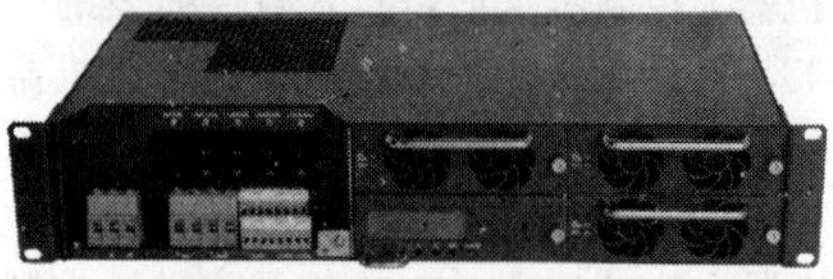

2U

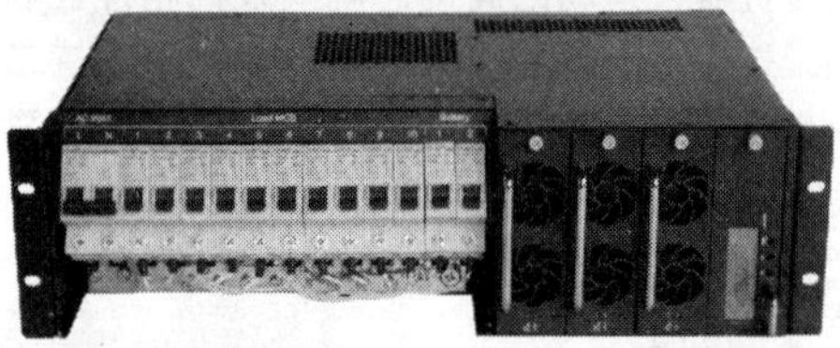

3U

-48V 嵌入式通信电源系统

特征：

1）整流模块采用有源功率因数补偿技术，功率因数值达 0.99；

2）交流输入电压正常工作范围宽至 90～290V；

3）整流模块采用全桥软开关技术，效率最高可达 92% 以上；

4）完善的电池管理，有负载下电和电池低电压保护（LVLD + LVBD）及二次下电功能，能实现温度补偿、自动均浮充控制、自动调压、电池容量计算、在线电池测试等功能；

5）整流模块采用无损伤热插拔技术，即插即用，更换时间小于 1min。

应用范围：小型程控交换机、接入网、传输设备、移动通信、卫星通信地面站、微波通信供电。

深圳市商宇电子科技有限公司

地址：深圳市宝安区石岩街道北大方正科技园 A7-1 楼
邮编：518108
电话：0755-23320458
传真：0755-23321358
邮箱：2851792765@qq. com

网址：www. shangyuj. com

简介：

深圳市商宇科技股份有限公司是一家专业从事不间断电源（UPS）开发、生产及经营的国际性厂商。生产基地设在广东深圳，工厂占地规模庞大，产品范围从后备机0.5kVA到单机在线式800kVA不间断电源系统，满足不同行业用户的用电需求。

作为中国市场上的知名UPS厂商，行业内的领军品牌，商宇科技股份有限公司已经通过ISO9000国际标准认证、ISO4000环境管理体系认证和ISO18001职业健康体系认证，并率先在行业内通过了泰尔认证、节能认证、CE认证、CCC认证、国家广电总局认证等多项行业认证。

不断创新的技术是商宇追求的目标。设立于深圳的电源研发中心拥有世界一流的研发条件，拥有大量研发人员，其中80%具有本科以上学历，10%具有高级技术职称。强大的研发能力保证了商宇产品的先进性和创新性，并能持续不断推出更具市场竞争力的机种，满足用户对UPS高可靠性和高智能化的需求。

规范高效的服务是商宇的核心竞争力。商宇一直把建立规范化的服务体系，为客户提供及时、高效的技术支持保障作为重点，设立客户服务中心，全国分布分公司和办事处，配备通过专业培训的技术工程师，时刻准备响应客户的需求。

商宇公司在国内市场多年，凭借雄厚的技术研发实力，可靠的产品品质，完备、快捷、高效的售后服务体系，得到了国内各行业用户的一致肯定，产品已广泛应用于政府、金融、电信、电力、交通、科研院所、制造业及军队等行业，目前已通过多方检验，在政府行业，商宇获得了北京、山东、浙江、广西、江西、四川、山西、安徽芜湖、河南等省市政府采购协议供货平台资格，并且在国税系统、广电系统等获得协议供货资格，同时已获得淘宝旗下的菜鸟网络、百世汇通等互联网相关企业的协议供货资格。数以千万的用户正在依靠商宇UPS为其提供安全、绿色、可靠的电源环境。

深圳市智胜新电子技术有限公司

ZEASSET ELECTRONIC TECHNOLOGY

地址：广东省深圳市宝安区西乡固戍航城大道安乐工业区B1栋

邮编：518026

电话：0755-83526100

传真：0755-83526199

邮箱：zeasset@ zeasset. com

网址：www. zeasset. com

简介：

深圳市智胜新电子技术有限公司成立于2004年。企业系工业控制领域的铝电解电容器和超级电容器研发、生产与销售为一体的科技企业。本企业先后荣获“深圳市高新技术企业”和“国家高新技术企业”称号，并获得深圳市政府“民营成长工程计划企业”称号。

企业设有研发中心，研发工程师占企业总人数的25%，平均具有15年研发工作经验。企业拥有包括发明专利、实用新型专利及软件著作权共20项；同时承接深圳市科创委2013年新能源用铝电解电容器关键技术的研发项目，并获得深圳市中小企业服务中心的项目支持。

企业引进欧美、日本、中国台湾等国家和地区的先进生产设备，配备齐全与精密的检测和试验设备；通过了ISO9001质量管理体系和ISO14001环境管理体系的权威认证，所有产品均满足RoHS和SGS环保认证标准；同时结合企业7S系统的工作落实，在管理环节、制造环节、服务环节等诸多方面实现了标准化、数据化、制度化，确保产品品质的保障。

企业除了以中国大陆为主要销售市场外，已先后与欧美、亚洲很多厂商保持着长期与良好的合作关系，获得了客商的一致好评。

主要产品介绍：

铝电解电容器及超级电容器

● 大型铝电解电容器（螺栓型、焊针型）

应用领域：新能源设备、变频器、伺服驱动、光伏逆变器、通信电源、UPS、医疗设备、电焊机、变频家电，以及电动汽车、电力机车及新能源（太阳能、风能）等众多领域，并广泛用于开关电源等军工及民用产品。

● 超级电容器（螺栓型、焊针型、引线型）

应用领域：新能源设备（太阳能、风能等）、电动汽车、电力机车，变频器、能量回收装置设备、通信电源及军工设备。

深圳市中电熊猫展盛科技有限公司

展盛科技 JENSIN TECHNOLOGY

www.jensin.cn

地址：广东省深圳市坪山新区大工业区青兰二路6号兰亭科技工业园C栋3-4楼

邮编：518118

电话：0755-86238746

传真：0755-86238829

邮箱：webmaster@ jensin. cn

网址：www. jensin. cn

简介：

深圳市中电熊猫展盛科技有限公司是一家集研发、生产、销售为一体的高新技术企业，经过十几年的积淀升腾，始终致力于提供办公类电源、金融设备类电源、动力电池智能充电电源及LED照明与电视电源四大领域的优质产品。尤其是大功率锂电池智能充电技术和高性能、高可靠性、高稳定性金融类电源产品，成为公司得以快速发展的基石。凭借在设备、管理、创新等环节的综合竞争优势，展盛现已成为办公设备和金融类产品开关电源领域的领跑者。

多年来，展盛科技充分利用丰富资源，积极开拓国内、外市场，产品70%以上销往日本、欧美等国家。依托强大的研发实力、过硬的产品质量和完善的售后服务，赢得了广大客户的一致认可。

立足更高，追求更好，展盛将秉承“持续改进，品质再超越；关注顾客，满意常在心”的宗旨，为客户创造价值和成功，做您身边最坚实有力的合作伙伴。

主要产品介绍：

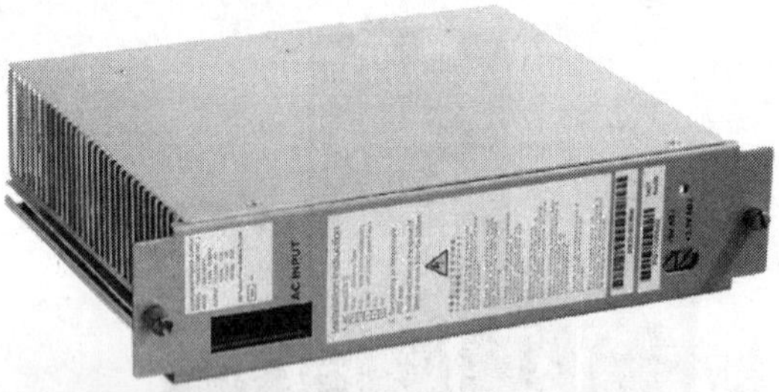

工业机器人智能驱动电源

输入：AC100～240V

输出V/A：DC1：3.3V、DC2：5V、DC3：12V、DC4：24V

尺寸：L（234mm）×W（220mm）×H（61mm）

IT Safety Approval

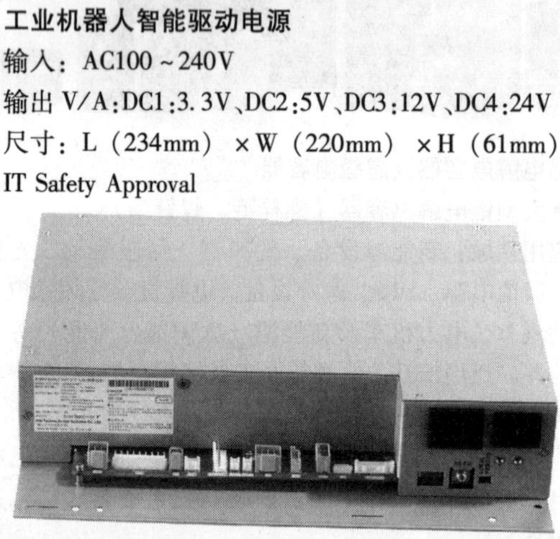

金融ATM超薄型一体化电源

输入：AC100～240V

输出V/A：DC1：24Vcu、DC2：24Vio、AC OUT：AC100～240V/3A

尺寸：L(345mm)×W(285mm)×H(70mm)

CCC\ CB Safety Approvals

四川长虹欣锐科技有限公司

CHANGHONG长虹

地址：四川省绵阳市高新区绵兴东路35号

邮编：621000

电话：0816-2416807

传真：0816-2417198

邮箱：Liusong. yang@ changhong. com

网址：www. changhong-sinew. com

简介：

四川长虹欣锐科技有限公司始建于2007年6月，注册资本1.5亿元人民币，属四川长虹电子集团旗下全资控股子公司。公司主要从事标准开关电源、平板电视电源、冰箱电控板、冰箱变频板及一体板、空调电控板、适配器、办公设备电源、投影仪电源、工业特种电源、LED驱动/照明电源、各类定制电源、逆变器、变频器等电源产品的研发、生产、销售和服务。

公司位于广元市经济技术开发区长虹工业园内，园区占地20万平方米，按照分期推进的建设规划，目前拥有电源生产线16条，年生产能力600万台（套）。

传承长虹50年军工品质、用户至上的优良传统，公司通过内引外联，先后与日本Sanken、Renesas，美国Fairchild、Onsemi、TI、O2、Microsemi和四川大学等企业和高校建立了长期技术合作关系，并与美国Fairchild、Onsemi和日本Sanken公司建立了联合实验室。同时，按照“全面质保，客户信赖”的要求，公司从市场规划、设计开发、生产制造、品质检测到售后服务都建立了完善的质量管理体系。截至目前，公司拥有国家发明专利12项。凭借强大的综合实力，公司通过了ISO9001、ISO14001体系认证，被授予国家高新技术企业和四川省知识产权试点企业等称号。

主要产品介绍：

冰箱变频电控一体模块

冰箱的变频化趋势发展愈演愈烈，目前市场上所有变频冰箱均采用变频器、电控板独立控制的方式，长虹欣锐研发的变频电控一体模块解决了分开控制的安装、控制等方面的难题，真正实现了冰箱的解放。目前，该系列控制模块已经实现批量供货100万台以上。

苏州东山精密制造股份有限公司

DSBJ

地址：江苏省苏州市吴中区东山镇石鹤山路8号

邮编：215107

电话：0512-68582079
传真：0512-66302205
邮箱：jacky. zou@ sz-dsbj. com
网址：www. sz-dsbj. com

简介：

公司成立于1998年，位于苏州市吴中区，注册资本19200万元。2011年总资产194986万元、销售收入117944万元、入库税收总额3800万元、净利润6347万元。公司为高新技术企业，拥有市级企业技术中心，已获得专利2项，已受理的专利申请12项。2011年，公司对研发的投入经费占销售的比例为3.72%。

目前，公司主营业务为通信与LED背光及LED照明项目，其中通信项目客户是华为、爱立信等国际知名公司；在国内，公司生产的直下式LED背光产品居同行前列；LED照明品牌为东山照明。

公司连续多年获得资信等级AA级，被苏州银行业协会定为信贷诚信企业。先后荣获江苏省技术改造先进企业、江苏省十佳民营企业、苏州市科技创新示范企业、优秀民营创新型企业、苏州市吴中区劳动关系和谐企业等称号。2010年6月获得江苏省《高新技术企业》证书，近年来有3项自主创新产品被认定为江苏省高新技术产品。2010年4月公司股票在深交所挂牌上市，股票代码为002384。

主要产品介绍：

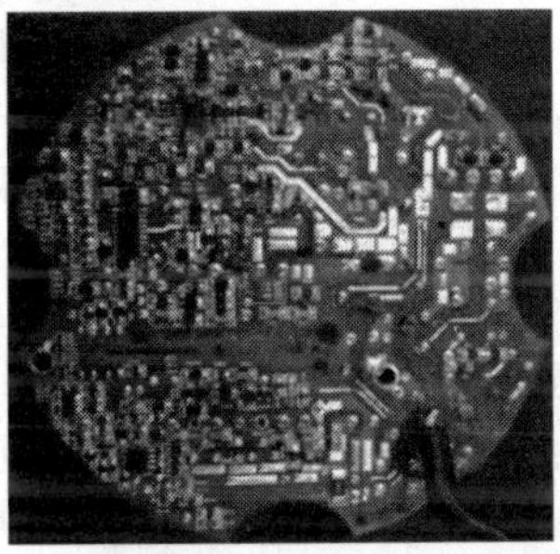

LED驱动电源

该产品用于100～200W工矿灯（LED），其特点为全电压、高效率、高可靠性，并通过了CCC、UL、TUV认证。

天长市中德电子有限公司

地址：安徽省天长市天冶路98号
邮编：239300
电话：0550-7304948
传真：0550-7306809
邮箱：zdec@ zdec. cn
网址：www. zdec. cn

简介：

天长市中德电子有限公司成立于2005年1月。公司通过专业化的研发、设计、生产组织体系及以客户为中心的营销服务体系，致力于为客户提供优质的软磁产品及系统整体解决方案。

公司所有制性质为民营有限责任公司，注册资本7886万元。公司顺应新材料、新能源领域发展趋势，谨遵"实业回馈社会"的企业愿景，牢记对顾客、员工、社会的责任，目前已成为国内软磁行业前十名的企业。

公司位于安徽省天长市天冶路98号，公司生产厂地34000平方米，研发试验室2000平方米，试验检测设备50多台套。通过ISO9001：2008质量体系认证。2013年7月被认定为国家高新技术企业；2013年被评为天长市“三十强企业”；2013年10月被认定为滁州市技术中心企业；2014年10月被认定为滁州市创新型企业、两化融合企业；2014年12月公司注册商标“盛德”字母图形商标，被安徽省工商局评为“安徽省著名商标”。

主要产品介绍：

软磁铁氧体磁芯

本公司产品广泛应用于太阳能产品，占30%，在太阳能产品方面我司主要服务于厦门汇科，深圳可立克等公司；焊接设备占15%，主要服务于深圳瑞羚、上海威特力、上海沪工等。电源设备占35%，主要服务于台达电子、台湾高效。其他20%主要是服务于家用电器，照明，汽车电子等领域。公司主产品有多种材料牌号铁氧体粉体和众多品种规格磁芯。

田村（中国）企业管理有限公司

地址：上海市淮海中路527号锦江国际购物中心A座13楼
邮编：200020
电话：021-63879388
传真：021-63879268
邮箱：sales. shanghai@ tamura-ss. co. jp tech. support@ tamura-ss. co. jp
网址：tamurash. com

简介：

田村（中国）企业管理有限公司成立于2003年（原“田村电子（上海）有限公司”），是日本田村集团海外最重要的产品研发和市场营销基地，现有员工近百名，其中研发中心员工占人数一半以上。

田村（中国）企业管理有限公司研发中心成立于2006年，主要从事高频开关电源、电感变压器等电子元器件的研发及市场开拓。主要客户遍及全球国际性知名企业，如三菱电机、Sony、丰田、欧姆龙、施耐德、牧田、FANUC、珠海格力等。根据田村集团的战略定位，上海研发中心与日本技术总部具有同等技术研发资质，是日系公司在中国展开高水平技术研发的少数公司之一；特别是通过不断的技术创新，上海技术研发中心正逐步成为国际新能源电源磁元件技术领域研发的开创者和领导者。

公司具有完善的职业培训制度，坚持严谨、规范、高效的技术研发作风，通过严格的OJT开发实战训练，给本地员工提供与国际著名企业的世界一流研发队伍进行定期交流的技术平台。

田村集团的母公司——日本田村制作所是一家拥有90年历史，早于20世纪70年代在东京证券交易所上市的机电制造业国际性公司，田村集团在中国主要从事电子材料、电子元件、电路板焊接设备等业务，目前在台湾、香港、深圳、惠州、东莞、上海、苏州、常熟、合肥、北京等地区和城市分别设立了大型生产基地、营业部、办事处及上海和台北两个研发机构。

主要产品介绍：

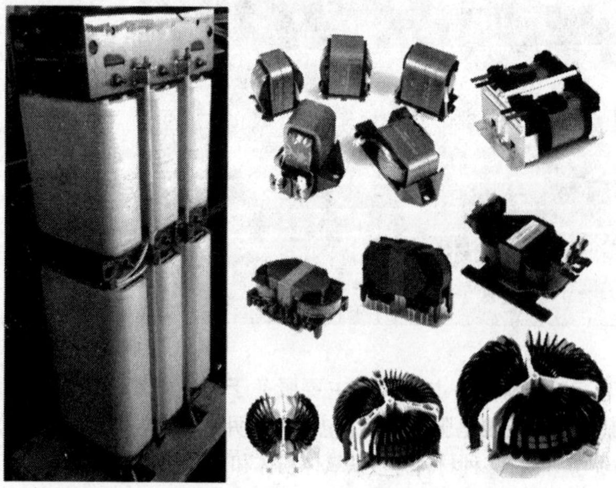

主要产品覆盖全部功率等级的PV光伏逆变器、变频空调、UPS、服务器电源等各种Boost电感、PFC电感、逆变滤波电感、EMC共模扼流圈等。通过对磁材料、磁元件技术的不断创新、形成了领先世界的独特的磁集成技术、混合磁路技术、L-I Trimming技术、电磁静音技术、Spike Blocker®技术等一系列磁元件设计技术。

无锡新洁能股份有限公司

地址：江苏省无锡市高浪东路999号
邮编：214131
电话：0510-85628539
传真：0510-85629718
邮箱：zhuyz@ ncepower. com
网址：www. ncepower. com

简介：

无锡新洁能专业从事各种大功率半导体器件与功率集成器件的设计、生产和销售，是中国大功率半导体器件的领航设计与销售企业。目前（20~250V）大功率Trench-MOS器件、（75~150V）Super-Trench-MOS器件、（600~900V）SJ-MOS器件、（1200~1350V）IGBT已量产与销售，并获得多项国家和国际专利。公司产品已获得多家国际知名公司的认证和大批量使用。公司成功的秘诀是利用自身能融会贯通器件与工艺设计的技术优势，专注于与国际领先的8英寸芯片代工厂、封装与测试代工厂的紧密合作，通过保证产品在生产和测试过程中的参数质量控制，确保大批量生产中，产品的持续优质和稳定供货。

公司在功率MOS器件研发能力和实力排在同行前列，功率MOS器件品种最齐全、代工生产量（按8英寸晶圆统计）大的设计公司，同时也是国内率先研发成功并上量销售超结MOSFET（SJ-MOSFET）的设计公司，采用双栅结构的Super-Trench-MOS器件，其开关特性优异。公司是江苏省重点支持的半导体大功率器件设计高新技术企业。目标是成为全球客户最具价值的功率半导体器件与服务供应商。

产品注重发展大功率器件、功率模块和集成器件；性能与可靠性超越同行；应用偏向高端；注重品牌和信誉。

公司在中国大陆、中国香港分别建立了设计与运营中心、销售公司。

公司以诚信对待、忠诚服务一路相伴走来的所有客户和合作者为理念，致力于建立合作共赢的长期协作关系。

主要产品介绍：

新洁能全系列MOSFET

作为领先的功率MOSFET分立器件设计与供应商，新洁能致力于推广性能卓越、质量稳定并且具有价格竞争力的全系列 MOSFET 产品。目前（20～250V）大功率 Trench-MOS 器件、（75～150V）Super-Trench-MOS 器件、（600～900V）SJ-MOS 器件、(1200～1350V) IGBT 已量产与销售，并获得多项国家和国际专利，产品广泛应用于各类锂电池保护模块，电动两轮车、三轮车交通工具控制器，DC/AC 电源的同步整流，直流电动机驱动，液晶、等离子电视，LED 照明，适配器，电磁加热，逆变器等众多领域。

西安爱科赛博电气股份有限公司

地址：西安市高新区信息大道 12 号
邮编：710119
电话：029-88887953
传真：029-85692080
邮箱：sales@ cnaction. com
网址：www. cnaction. com

简介：

西安爱科赛博电气股份有限公司成立于 1996 年，是专业从事高性能电力电子电能变换和控制的高科技企业。位于西安高新区，占地面积 20 亩，厂房面积为 18000 平方米，员工人数为 400 人。2012 年成立全资子公司苏州爱科博瑞电源技术有限责任公司。

公司是国家高新技术企业，是国家火炬计划重点高新技术企业，公司技术中心先后被认定为西安市企业技术中心、陕西省企业技术中心和陕西省电能质量工程研究中心；公司先后通过了 GJB9001B—2009 质量体系、三级保密资格单位、武器装备科研生产许可、武器装备承制单位资格等军工产品资质的认证。

专注于电力电子，提升电能价值。爱科赛博专注于电力电子电能变换和控制领域，主要为用户提供高性能特种电源和新型电能质量控制设备和解决方案。布局新能源电能变换设备，产品主要应用于航空军工、特种工业、精密装备和电力新能源四大领域，是国内相关领域领先的设备制造商和解决方案提供商之一。

公司以技术研发作为生存发展之本，研发实力是公司核心竞争力。目前，掌握电力电子功率变换和控制领域相关的自主知识产权和核心技术，共取得和获受理专利 48 项，其中发明专利 20 项，参与国家和行业标准制定 8 项，获得包括两项国家科技进步二等奖在内的多项技术奖励和成果，技术水平国内领先、国际先进。公司采用业内领先的 IPD 全流程全要素的集成产品开发管理方式，坚持产学研相结合，与西安交通大学等高等院校积极开展合作，积累了比较丰富的产学研管理经验，取得众多技术成果。

公司始终秉承“洁净电能、绿色地球”的使命，加速技术创新和应用拓展，为客户持续提供创新产品和解决方案，创建一流品牌，使“中国智造、走向世界”。

主要产品介绍：

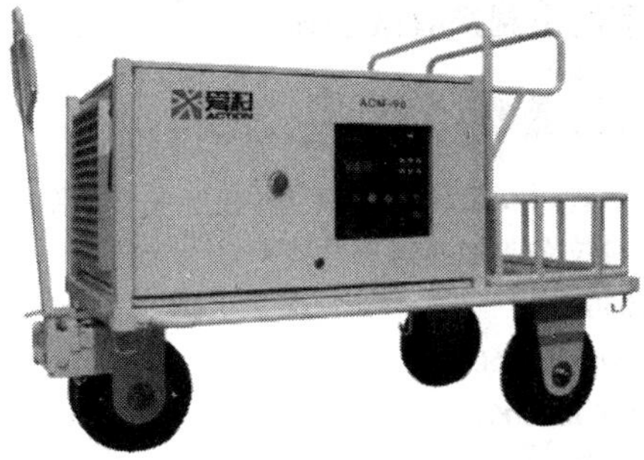

民航电源（拖车式）

爱科赛博自主知识产权研制的特种电源产品主要包括航空军工电源、工业特种电源及精密电源三类。主要产品有航空地面静变电源、武器装备电源、武器装置保障电源、工业特种变频电源、工业大功率直流电源、加速器电源、可编程测试电源和大功率新能源测试模拟电源等，应用于航空军工、特种工业和精密装备领域。

西安龙腾新能源科技发展有限公司

地址：陕西省西安市凤城十二路 1 号出口加工区
邮编：710021
电话：029-86658666
传真：029-86658666-5555
邮箱：info@ lonten. cc
网址：www. lonten. cc

简介：

西安龙腾新能源科技发展有限公司是一家致力于新型功率半导体器件、光伏逆变器与高性能电源的研发、生产、销售及服务的高新技术企业。

公司位于西安出口加工区，由一批在半导体、电力电子、太阳能光伏等相关行业的资深从业人员创立。管理团队由具备国际化视野及上市公司管理背景的专业化人员组成。公司将技术创新视为企业发展的核心竞争力，建有国内一流水准的研发中心及试验室。

公司推出的 600V/650V/700V 高压超结场效应管（Super Junction MOSFET）系列产品具有高能效、高可靠性及高性价比的优点，已在充电器、TV 电源、PC 及服务器电源、LED 照明系统等多个领域得到应用。

公司的长期发展目标是成为全球功率半导体器件重要供应商与光伏逆变器重要厂商。

主要产品介绍：

LONTEN™超结 MOSFET 基于先进的沟槽工艺，是新一代高压超结 MOSFET 产品。与传统 MOSFET 相比，产品的导通电阻大大降低，兼具低 $R_{DS(on)}$ 和低总栅极电荷。通过利用先进的制造技术及精确的工艺控制，LONTEN™ 超结 MOSFET 产品具有优越的开关特性和可靠性，具有更好的品质因数（Figure of Merit，FOM），产品 100% 经过 UIS 雪崩能力测试，符合绿色环保产品相关规定。

西安伟京电子制造有限公司

Weiking 伟京

地址：陕西省西安市高新区草堂科技产业基地秦岭大道西 2 号科技企业加速器 9 号楼 1C

邮编：710304

电话：029-65660060

传真：029-65660061

邮箱：sales@ weiking. com

网址：www. weiking. com

简介：

西安伟京电子制造有限公司于 2004 年成立，是一家集电源模块和厚膜混合集成电路类产品研发、生产、销售和服务为一体的高新技术企业，现已形成了通用 DC-DC 电源模块、高电压输出 DC-DC 电源模块、低纹波输出 DC-DC 电源模块、线性稳压器、开关稳压器、电源滤波器、预稳压模块、保持模块、线性放大器、开关放大器及无刷马达驱动器等产品系列，能够为客户提供小功率军用直流变换的全套解决方案和直流无刷电机驱动解决方案。产品广泛应用于航天、航空、兵器、船舶等军工领域。

主要产品介绍：

WK3028512T-15M 系列 DC-DC 电源模块

WK3028512T-15M 系列 DC-DC 电源模块采用混合集成工艺、浅腔式双列直插式金属全密封结构，是航空、航天、军用电子等高可靠应用领域的理想选择。三路输出电压分别为 5V& ± 12V、5V& ± 15V，15V& ± 5V，输出功率为 15W。额定输入电压为 DC28V，允许输入电压为 DC16 ~ 40V。工作频率约为 430kHz。具有同步、外部禁止、短路保护等功能。

厦门市爱维达电子有限公司

绿色电源专家 EVADA

地址：厦门市海沧新阳工业区霞阳路 39 号

邮编：361026

电话：0592-8105999

传真：0592-5746808

邮箱：market@ evadaups. com

网址：www. evadaups. com

简介：

厦门市爱维达电子有限公司总部位于福建省厦门市，是一家提供全面电源解决方案及电源保护产品的设计、开发、生产和销售的高科技公司。主要产品有 UPS 电源、太阳能、风能、光伏逆变器、LED 驱动电源、通信电源、氢燃料电池逆变器等，产品功率容量从 0. 5 ~ 6400kVA。

公司已获得“厦门市著名商标”、“福建省著名商标”、“中国 UPS 电源十强企业”、“中国通信市场有影响力行业品牌”、“2010 年中国行业信息化值得信赖品牌”等称号，并且已连续 6 年被评为厦门市成长型中小企业和纳税大户。

已通过了 ISO9001 质量管理体系认证和 ISO14001 环境管理认证及 ISO18000 职业健康安全管理体系。爱维达公司现有厂房面积 10000m^2，现有员工 175 人，研究开发人员 36 人。

公司在北京、天津、沈阳、乌鲁木齐、西安、西宁、兰州、济南、太原、武汉、长沙、郑州、杭州、南京、南昌、福州、广州、南宁、成都、重庆、昆明、海口等二十五个城市设有驻外分公司或办事处，组成了全国营销、服务网络。

主要产品介绍：

HW 系列基站专用电源 1 ~ 6kVA

本产品是专为通信、电力、铁路、机场、国防等部门设计的户外型 UPS，可彻底消除电网的冲击、浪涌、陷落及干扰等对通信设备造成的不良影响。采用独特的反灌杂音抑制技术，利用 DC-AC 和 AC-DC 双变换技术及在线式双变换技术，提供极低失真正弦波输出。电池组逆变为 AC220V 正弦波时，不会影响其它通信设备运行，是通信设备最为理想的“保护神”。

英飞凌科技（中国）有限公司

infineon 英飞凌

地址：上海市浦东新区松涛路 647 弄 7-8 号

邮编：201203

电话：021-61019100

传真：021-61649802

网址：www. infineon. com

简介：

关于英飞凌

总部位于德国纽必堡的英飞凌科技股份公司，为现代社会的三大科技挑战领域——高能效、移动性和安全性提供半导体和系统解决方案。2012 财年（截至 9 月 30 日），公司实现销售额 39 亿欧元，在全球拥有约 26，700 名雇员。英飞凌科技公司的业务遍及全球，在美国苗必达、亚太地区的新加坡和日本东京等地拥有分支机构。英飞凌公司目前在法兰克福股票交易所（股票代码 IFX）和美国柜台交易市场（OTCQX）International Premier（股票代码 IFNNY）挂牌上市。更多信息可在以下网站找到：www. infineon. com 。

英飞凌在中国

英飞凌科技股份公司于 1995 年正式进入中国市场。自 1996 年在无锡建立第一家企业以来，英飞凌的业务取得非常迅速的增长，在中国拥有 1300 多名员工，已经成为英飞凌亚太乃至全球业务发展的重要推动力。英飞凌在中国建立了涵盖研发、生产、销售、市场、技术支持等在内的完整产业链，并在销售、技术研发、人才培养等方面与国内领先的企业、高等院校开展了深入的合作。

主要产品介绍：

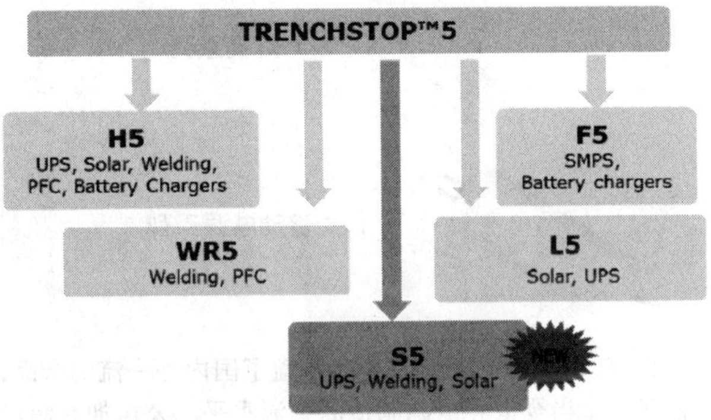

TRENCHSTOP™5 S5 用于硬开关的软关断型 IGBT

英飞凌的 S5 系列基于超薄晶圆沟槽栅场终止技术 TRENCHSTOP™5 的 IGBT 新系列，专门针对开关频率在 10 ~ 40kHz 的工业设备的交流/直流功率变换而开发，包括光伏逆变器，不间断电源和逆变焊机等。

新的器件特性令人耳目一新，恰到好处的正温度系数，在满足便于并联条件下，也确保在 175℃下，器件的典型饱和电压 V CE（sat）为 1. 60 V，从而保证高功率密度系统在高温下的能效。

S5 系列器件能够满足系统实现不低于 98% 的光伏系统效率，新产品系列更加坚固耐用，质量更好，可帮助用户将设备寿命延长至 20 年。总体而言，新推出的 IGBT 产品系列可以提高客户产品的能效，以及其价格竞争力和耐用性。

英飞特电子（杭州）股份有限公司

INVENTRONICS
英飞特电子

地址： 杭州市滨江区六和路 368 号海创基地北区三楼
邮编： 310053
电话： 0571-56565800
传真： 0570-86601139
邮箱： lilizeng@ inventronics-co. com
网址： www. inventronics-co. com

简介：

英飞特电子（杭州）股份有限公司由国家“千人计划”人选者华桂潮博士于 2007 年创建，注册资金 9900 万元，是一家从事 LED 驱动电源的研发、生产、销售和技术服务于一体的国家火炬计划重点高新技术企业。目前，公司已研究开发覆盖 5 ~ 300W 各功率等级的全系 LED 驱动电源产品，被广泛应用于 LED 路灯、隧道灯、商业照明、景观照明和室内照明等领域。

英飞特电子最早于 2009 年建成美国 UL 授权的目击实验室，2014 年升级为 CTDP 安规实验室。同时又建立德国 TUV 目击安规实验室和国际电工委员会（IEC）授权的 CB 目击安规实验室，除此之外，公司 LED 驱动电源已通过包括 UL、TUV、CB、CE、CCC、KC、KS、FCC、PSE、EAC、GS、ROHS、SAA、C-TICK 等全球各地认证，产品品质在全球同行企业中具有较大的优势，行销区域涵盖中国、北美、欧洲、日韩、南美、东南亚、中东等全球 50 多个国家和地区。

凭借自身卓越的创新意识及业内领先的技术能力，公司已获得国家火炬计划重点高新技术企业、国家知识产权优势企业、国家专利运营试点企业、中国半导体照明行业“最具创新力企业”、浙江省创新型试点企业、浙江名牌产品、浙江省著名商标。英飞特 LED 驱动电源分别获浙江省科学技术奖二等奖、浙江省优秀工业新产品（新技术）一等奖、中国电源学会科学技术一等奖。

主要产品介绍：

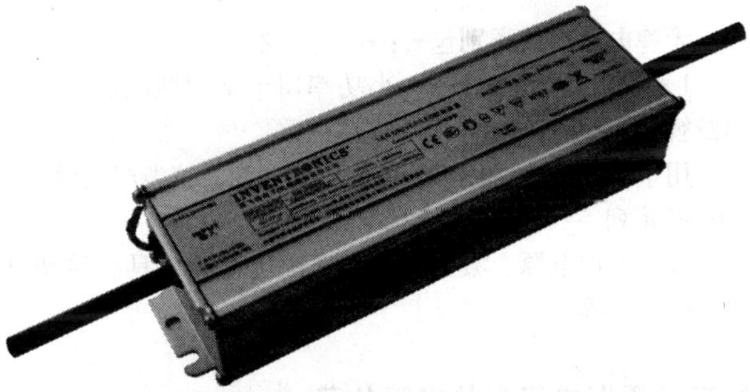

高效高可靠 LED 驱动电源

高效高可靠 LED 驱动电源产品经过各项严格的试验，如浸水试验，要求产品符合 IT67 标准；高低温试验（零下 30 ~ 70℃），要求产品能够适应全球各地的气候与环境；DTV 设计验证及寿命测试；安规实验等。并通过国家电光源质量监督检验中心的检测，通过 CE、UL、TUV、CQC 等产品认证。具有高效率、高可靠性、低光衰、长寿命等功能特性。

浙江矛牌电子科技有限公司

spearpower

地址： 浙江省丽水市水阁工业区成大街 10 号

邮编： 323000
电话： 0578-2553355
传真： 0578-2553355
邮箱： jmli@ spearpower. com
网址： www. spearpower. com

简介：

浙江矛牌电子科技有限公司是一家以LED驱动电源、激光电源、开关电源和智能控制产品为主，集研发、生产、销售为一体的新兴绿色环保节能高新技术企业。公司拥有一支对LED驱动电源、激光电源、开关电源、工业和医疗电源、健身控制板等有多年设计和管理经验的资深团队，还拥有多条配备先进的生产流水线。严格贯彻ISO9001/ISO14000国际管理体系，全面导入6S管理理念及先进的可靠性智能测试系统，使公司品牌知名度和产品品质均得到了客户的高度评价及业界的充分肯定。产品广泛应用于健身器材、民用、工业、医疗、通信、安防、照明、电力电子等领域。

公司的所有产品均已通过中国质量认证中心的CQC、CCC国内系列认证，还通过了GS/VDE、UL、CUL、CE、CB、PSE、SAA、KC、BSMI、PSB、巴西等国际安规认证及能效认证。本公司所有产品均符合ROSH、REACH、PAHS等国际环保指令，产品远销国内外多个国家和地区。

公司在杭州、广东、上海等地设有驻外分公司或办事处。公司研发中心于2015年6月取得TUV-TMP实验室资质，具有CB认证权限，拥有厂房面积51亩。公司引进了先进的生产设备，包括5台韩国三星的大型高速SMT设备，8台无铅波峰焊接机，40台注塑成型机，5台AI自动插件机等，同时在生产线上配有国内外极为先进的全套综合自动化测试设备。

主要产品介绍：

通用开关电源系列

激光电源系列

灯具系列

工控电源系列

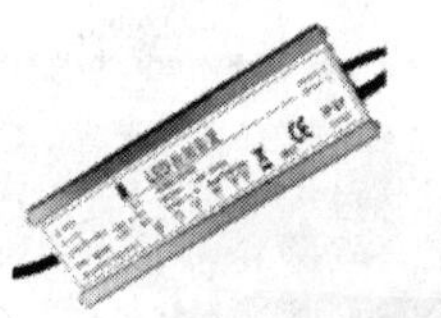
LED驱动电源系列

矛牌电子产品类别包括：

1～600W区间大、中、小功率用于室内照明、户外照明及智能控制等领域的LED驱动电源。

用于小家电、通信等领域的开关电源，该类产品涵盖5～60W系列。

以及工控电源、激光电源、医疗电源、灯具、移动电源、控制板等。

浙江特雷斯电子科技有限公司

地址： 浙江温州市乐清柳市镇排岩头工业
邮编： 325604
电话： 0577-61677775
传真： 0577-62715225
邮箱： tresstech@ tresstech. cn
网址： www. tress-power. com

简介：

特雷斯专业从事新能源、电源领域科研、开发、生产、信息及服务一体化的高新技术企业。公司经过不懈努力，以品种全、质量高、服务优为广大客户所认可，多次获得市政府"优秀企业"、"先进企业"、"诚信民营企业"等光荣称号。

目前，公司研发的产品基本涵盖了国内外一流的产品，它们代表了当今世界电源制造的一流水平。公司拥有海归博士后、博士领衔的研发团队组成的产品研发中心，并坚持以科技为先导，与各大高校保持长期、良好的研发合作，以引进吸收国际先进技术，建立严格的质量控制体系。在上海、湖北分别建立研发设计中心。

公司以代理分销的经营方式，以多层次、多方式开展"决战终端"的战略。特雷斯以优良的产品品质、完善的服务体系、高效的广告策划、快捷的物流保障，赢得了越来越多的用户对特雷斯产品的支持和信赖。

主要产品介绍：

EPS应急电源、EPS专用逆变器、EPS专用变压器、太阳能/风能并网逆变器、纯正弦波逆变器等。

浙江榆阳电子有限公司

地址： 浙江省桐乡市同德路656号
邮编： 314500
电话： 0573-89817002
传真： 0573-89817000

邮箱： amberwang@ acepower. com. cn

网址： www. linkpower. net. cn

简介：

杭州池阳电子是一家专业从事电源适配器、LED 驱动及照明产品研发、生产、销售及提供技术服务的整体方案供应商。公司于 2013 年创建 LED 照明产品品牌——“菜鸟”。

公司 LED 照明产品坚持自主创新，力求通过新技术的成熟应用推动高效节能、绿色环保照明产品的快速发展。以向客户提供节能、环保、经济、安全、便捷的综合照明解决方案，为用户提供全方位专业服务。公司高亮度半导体照明产品已涵盖专业 LED 工厂照明、办公照明及户外照明等应用领域。

公司拥有一支配备精良的高素质研发队伍，研发人员由专业电源适配器设计师、LED 驱动研发工程师、光学设计工程师及工业设计工程师组成。研发队伍具备快速开发优质、性价比高的电源驱动、LED 照明产品的能力。

公司视产品品质为企业的生命，产品从原材料、制作过程至最终产品的检验均经过严格的监控和检测，以确保提供给客户高品质、高性能的产品。

主要产品介绍：

电暖被

无线遥控直流电暖被，与传统电热毯的显著区别是低压更安全，被体发热线触摸不到，产品可铺可盖多用途，尺寸多样化。

中国长城计算机深圳股份有限公司

Great Wall 长城电源　中国航天事业合作伙伴 A COOPERATIVE PARTNER OF CHINA SPACE

地址： 深圳市南山区科技园长城计算机大厦

邮编： 518058

电话： 0755-26639997

传真： 0755-29519395

邮箱： yaokw@ greatwall. com. cn

网址： www. greatwall. cn

简介：

中国长城计算机深圳股份有限公司成立于 1986 年，注册资本 13.2 亿元，1997 年在深交所上市（简称“长城电脑”，股票代码：000066），是中国电子信息产业集团有限公司通过长城科技股份有限公司控股的骨干企业。公司在深圳市南山区、宝安区、龙岗区、广西北海市建有自己的研发、生产基地，总面积达 128 万平方米，拥有员工达 3 万余人。

公司业务涵盖“计算机整机及关键零部件、信息安全与自主可控产品、云计算及数据存储系统、新兴能源”等，在全球显示器研发制造商排名前列、全球第三大液晶电视研发制造商、国内计算机电源研发制造商排名前列、国内领先的云计算解决方案提供商和服务商。

在电源领域，公司自 1989 年开始从事开关电源的生产制造。经过 20 余年的积累沉淀，目前全系列产品通过 CCC 认证，并在国内电源行业中率先通过了 ISO9001 质量体系认证，荣获节能证书，同时长城电源也是中国电源国家标准的主要起草单位。长城电源凭借优良的产品质量、贴心的服务深受广大消费者的青睐，牢牢占据国内近 35% 的市场份额，多年来一直稳居国内电源品牌前列。其产品已被方正、清华同方、清华紫光、海尔、神舟、浪潮、曙光、联想等国内外著名品牌计算机所选用，产品远销欧美、日韩等国家和地区。

主要产品介绍：

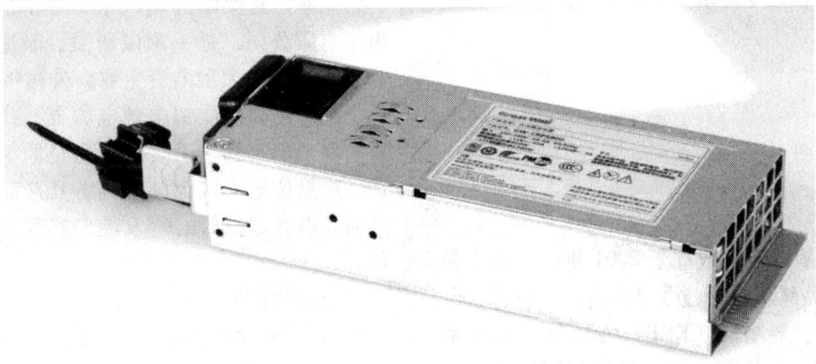

GW-CRPS800

电源模块参照 Intel CRPS 规范设计；支持 N+1 智能冗余、热插拔功能；80Plus 铂金效率；尺寸小，185mm * 73.5mm * 40mm；支持 I^2C/PMBus1.2 通信功能，同时支持客户自定义功能需求。

会 员 单 位

广东省

TÜV 南德意志集团

地址： 广东省深圳市南山区南头关口二路智恒战略新兴产业园 12&13 栋
邮编： 518052
电话： 0755-33323274
传真： 0755-88285299
邮箱： esther. yao@ tuv-sud. cn
网址： www. tuv-sud. cn
简介：

TÜV 南德意志集团在 150 年前诞生于德国，是业内领先的技术服务公司，为您提供资讯、检验、测试、专家指导、认证和培训服务。集团有 23 000 多名员工遍及全球 800 多个办事处，着力为您提供技术、体系和实际运作中的优化服务。

TÜV 南德意志集团大中华区的总部设在上海，其主要分公司分布在北京、广州、深圳、香港和台北，以及超过 40 个贯穿整个区域的分支机构及办事处。TÜV 南德意志集团大中华区拥有约 3，000 多名专注于各个领域的专家和训练有素的工作人员。截至目前为止，TÜV 南德意志集团大中华区已与超过 20 000 家公司有过合作，包括政府机构、中小型企业和跨国公司。

潮州市金刚眼电子有限公司

地址： 广东省潮州市湘桥区浮陇山工业区 24 号
邮编： 521000
电话： 0768-2206660
传真： 0768-2201292
邮箱： jgykj888@ 163. com
网址： www. jgykj. com
简介：

潮州市金刚眼电子有限公司成立于 2001 年，公司主营品牌：金刚眼和 KKE 品牌。并通过了 3C 认证、CE 认证、FCC 认证和 RoSH 认证。金刚眼（KKE）专业从事监控摄像机电源、电源适配器、LED 灯电源、视频分配器及监控周边器材的研发、生产、销售和 OEM、ODM 服务的高科技制造商。

金刚眼（KKE）以“品质第一、诚信为本、服务至上、不断创新、共创双赢”为经营理念。我们拥有高素质的研发队伍，创新能力强，具备完善的质量保证体系，拥有一支岗位技能精、质量意识强、纪律性好的生产队伍，为生产高品质的产品打下良好的基础。

经过十多年来的发展，我们积累了丰富的开发经验和扎实的质量基础，如今拥有厂房总面积约 10 000m^2 的生产基地。目前，公司产品拥有 280 个品种。

此外，公司拥有 280 名的生产工人，高级工程师 3 名、35 台自动绕线机、2 台大型精密的全自动贴片机和 1 台全自动波峰焊焊锡机。如今，公司日产量每天达到 25 000 个以上的电源、5 000 台以上的视频分配器等产品。

客户是企业的“上帝”，金刚眼人承诺售后及时和准确，金刚眼人有信心为客户提供优质、优价的产品。金刚眼（KKE）产品已被广泛地应用于各行各业中，在国内市场和国际市场的份额不断增加，包括广东、沈阳、上海、昆明、成都、西安、乌鲁木齐和其它地区。公司不断扩大国际市场，稳步在中东、东南亚、东欧、北美和其它地区等发展。公司的产品深受客户的好评。

东莞宏强电子有限公司

地址： 广东省东莞市南城区宏远路 22 号
邮编： 523087
电话： 0769-22414096
传真： 0769-22414097
邮箱： sj _ zhang@ decon. com. cn
网址： www. decon. com. cn
简介：

广东宏远集团公司电子事业部成员单位——东莞宏强电子有限公司，是一家以研发、制造和销售铝电解电容器为主营业务的大型港资企业，公司年产 12 亿只各种型号的电子装置用高品质铝电解电容器；扬州宏远电子有限公司及新疆西部宏远电子有限公司是原材料化成铝箔的生产基地，产量位居中国大陆前列，其产品也供应其它电容器生产商，电容器材料的研发能力实现了产品的高品质和高可信。

公司的优势：

1）多元化且完整的产品线，覆盖了所有形式和型号的铝电解电容器，垂直整合的营运模式使产品更具竞争优势。

2）中国高分子化学专家主管研发工作，品质技术主管拥有逾 40 年电容器制造的理论和经验，长期与国内专科学院开展合作和交流，通过 ISO9001 和 IECQ 认证，整个运作流程导入 ERP 管理。

3）全面采用符合 RoHS 规范的材料，通过 ISO14001 认证成为绿色企业，为创造美好的生活环境贡献一分力量。

4）新产品试制时间为 3 ~ 5 天，正常交货时间为 7 ~ 15 天，迅速响应的全方位客户服务充分体现了以客为尊的服务理念。

真诚希望能与客户携手合作，提升产业竞争力，共创美好前景。

东莞华兴电器有限公司

地址：广东省东莞市清溪镇三中金龙工业区
邮编：523651
电话：0769-82995698
传真：0769-82995693
邮箱：info@ wahhing. com. hk
网址：www. wahhing. com. hk

简介：

东莞华兴电器有限公司创建于 1997 年，位于中国发达的制造业基地——广东省东莞市清溪镇，占地面积 110 000m^2，现有员工 1 500 余人。

本公司是一家专业从事电源变压器、电源转换器、环形变压器、灌注型变压器、开关电源和充电器等产品，自主研发、制造和销售的大型港资企业。公司在东莞、深圳、厦门和香港建有多家 生产和销售基地，奉行国际化的品牌战略，客户均为世界著名电器制造商，如：CASIO、PHILIPS、SONY、iRobot、THOMSON、PANASONIC、OMRON 和 SAMSUNG 等。

东莞立德电子有限公司

地址：广东省东莞市塘厦镇第一工业区
邮编：523710
电话：0769-87937117
邮箱：galen. yu@ l-e-i. com
网址：www. lei. com. tw

简介：

东莞立德电子有限公司位于东莞市塘厦镇第一工业区，公司注册资本：港币 8050 万元，员工总人数近 4 000 人。总公司于 2002 年 12 月于台北交易所正式公开上市，全球事业处分布在 10 个不同的地点遍及 6 个国家和地区。东莞立德电子有限公司主要生产和销售变压器、三相变压器、整流器、充电器、电源供应器、半导体、元器件专用材料（多层线路板）、新型电子元器件（电力电子器件：电子安定器，不间断电源）、锂离子电池、数字放声设备（激光唱机）、宽带接入网通信系统设备（网络卡）、交换设备（交换机）、高端路由器（路由器）、数字音/视频编译码设备、电子专用设备（电源供应器，电磁锁）和三相变压器等各类电子元器件系列产品。

东莞市金河田实业有限公司

地址：广东省东莞市厚街镇科技工业城
邮编：523943
电话：0769-85585691-8012
传真：0769-85587456-8012
邮箱：iso@ goldenfield. com. cn
网址：www. goldenfield. com. cn

简介：

东莞市金河田实业有限公司成立于 1993 年，是一家集研发、生产、销售和服务于一体的民营高新技术企业。主要产品有电脑机箱、开关电源、多媒体有源音箱、键盘和鼠标等，是国内主要的“电脑周边设备专业制造商”之一。

金河田是国家高新技术企业，是中国优秀民营科技企业、广东省民营科技企业、广东省知识产权优势企业、广东省创新型试点企业和东莞市工业龙头企业等。金河田公司自主品牌“金河田”商标是中国驰名商标和广东省著名商标；金河田主导产品电脑机箱、开关电源和多媒体有源音箱均为广东省名牌产品。

金河田产品销售和服务网点已覆盖全国各大中城市，并进入了韩国、印度、俄罗斯、阿联酋、德国、巴西和澳大利亚等 40 多个国家和地区。

东莞市锐源仪器股份有限公司

地址：广东省东莞松山湖高新技术产业开发区松科院 9 号楼 216 室
邮编：523808
电话：0769-22761001
传真：0769-22761006
邮箱：sales@ dectech. cn
网址：www. dectech. cn

简介：

东莞市锐源仪器股份有限公司成立于 2000 年，多年以来以“厚德创新，自强不息”为宗旨，以强大的技术力量为依托，专业从事 FRIENDS / DECTECH 品牌测试系统与电子仪器的研发、设计、生产、销售、服务及钣金的设计生产（仪器机箱、标准机柜（19″），以及世界品牌仪器的代理与服务。公司自成立以来，已向国内企业客户提供了大量的测试解决方案。服务代表性企业客户有台达电子、光宝集团、康舒电子、三星电子、比亚迪、TCL 集团、康佳电子、LG 电子和中兴通讯等。公司的合作伙伴遍布全球，与世界著名品牌仪器厂商如泰克、华仪、太平洋、日置和安捷伦等有着长期战略合作伙伴关系。公司不仅有电子测量仪器的销售与服务上的长期优势，同时公司的自动测试系统在电源行业的测试领域中，还为用户提供了比较完善的测试解决方案。

东莞市天楠光电科技有限公司

地址：广东省东莞市东城区上桥桥浪路88号
邮编：523000
电话：0769-22261313
传真：0769-22451899
邮箱：hurz@ quanzhong. com
网址：www. tn-dz. com/home. asp

简介：

东莞市天楠光电科技有限公司，成立于2008年7月，注册资本2 800万元。公司位于东莞市松山湖国家高新技术产业园区，主要从事高、精、尖智能升降设备的研发、生产及销售。

公司作为广东省民营科技企业，秉承“企业为主体、市场为导向、产学研结合”的经营理念，与清华大学、东莞电子科技大学电子信息工程研究院合作，进行产学研技术联合攻关，率先研发了国内军警民多用途智能机器人。它是一种能负载人或重物沿着绳索快速可控运动的便携式特种升降设备。以15kg自重，可提升220kg人员或物品沿绳索自由升降。2011年被认定为广东省高新科技产品，被广东省科技厅列为省重点产学研项目之一，荣获了多项国家技术发明专利，通过了国家消防装备质量监督检测中心的认证，是目前国内一款不受时间、空间和动力等因素限制的便携式升降设备。可广泛适用于高楼救助、矿井救援、野外救援、海上救助、直升机悬降、电力网架及桥梁检测维修等诸多领域。

未来公司将以技术研发为基础，以产品产业化为目标，推动我国特种装备向智能化和高端化发展。

东莞市友美电源设备有限公司

地址：广东省东莞市寮步镇凫山村长富工业区兴山路27号
邮编：523401
电话：0769-88953166
传真：0769-83239410
邮箱：hsk@ woomijn. com
网址：www. woomijn. com

简介：

东莞市友美电源设备有限公司是专业从事电源及节能设备研发、制造和销售的综合型高科技企业。公司已通过ISO9001: 2000国际质量体系认证，是中国电源学会会员单位、中国节能协会理事单位。公司系列产品在国内、国际上获得了多项专利和中国节能产品认证（CSC认证）。公司自主研发的数控式路灯节能控制系统荣获广东省科技进步一等奖，并被授予“广东省高新技术企业”称号。

在ISO9001: 2000国际质量体系认证的保障下，本公司凭借丰富的经验及精湛的技术制造的AVR数控式稳压器、智慧型SBW稳压器、变压器、全数字化UPS不间断电源、DC直流开关电源、线性电源和调压器等特种电源产品一直深受广大客户的青睐。

友美电源设备有限公司的产品已被国防科研单位指定为供应厂家。在市政、金融、医疗、铁路、邮电和广播电视等需要高品质电源的领域都有相当好的口碑，并多次获得政府部门颁发的嘉奖。

友美人的奋斗目标：制造中国电源、节能行业领先品牌。

友美人的企业宗旨：诚信、创新、服务、共赢。

佛山市宝星科技发展有限公司

地址：广东省佛山市南海区罗村联和工业西二区石碣朗大道1号
邮编：528000
电话：0757-81285481
传真：0757-81285480
邮箱：info@ prostar-cn. com
网址：www. prostar-cn. com

简介：

佛山市宝星科技发展有限公司主要从事不间断电源（UPS）、消防应急电源（EPS）、专用逆变器、蓄电池等电源产品以及太阳能光伏发电系统，风力发电系统等可再生能源发电产品的专业设计、研发和制造。公司自主运营并全权负责Prostar全球业务的推广和服务。经过十多年的市场开拓，佛山宝星科技发展有限公司业务迅速发展，销售、物流和服务等机构日益完善。凭借雄厚的技术研发实力，可靠的产品品质，完备、快捷及高效的售后服务，得到了国内各行业用户的一致肯定和好评，产品广泛应用在中国的政府、金融、电信、电力、财税和制造等系统。2008年北京奥运会，Prostar UPS系统相继中标北京老山自行车场馆、五棵松篮球场馆、奥林匹克公园网球中心等奥运场馆项目，以优质、可靠的电力安全保护系统为北京奥运会保驾护航。佛山市宝星科技发展有限公司本着“以专业诚恳的态度，造世界一流品质”目标为己任，坚持不断地学习和勇于创新的精神，勇攀事业新高峰。

佛山市迪智电源有限公司

地址：广东省佛山市顺德区容桂容里天富来国际工业城二期4座702
邮编：528306
电话：0757-26123605
传真：0757-22905246

邮箱： dss@ dss-power. com dsspower@ 163. com

网址： www. dss-power. com www. dsspower. com. cn

简介：

佛山市迪智电源有限公司是一家专业从事 AC/DC、DC/DC 系列开关电源研究、开发和制造的高新技术企业，公司位于广东省佛山市顺德区，公司面积3 000多 m^2，拥有有专业的研发队伍，有多年的设计研发、生产和销售经验，可以灵活高效地根据客户的要求为客户提供全面的电源解决方案，公司产品类型包括电源适配器、各种电池充电器、标准化工业电源、RO 纯水机变压器、LED 防水、防雨、LED 灯条电源和裸版型电源灯等，所有产品经过全电脑测试，100%满负载老化，广泛应用于显示屏、净水器、RO 纯水机、空气净化器、空气雾化器、香薰机、邮电、通信、电力、仪器仪表、半导体制冷制热、医疗设备、监控系统及铁路信号等领域。

公司推行“8S”管理，以“质量求生存、效率求发展”为宗旨，“科技领先、品质至上”为指导的方针，率先通过了 ISO9001 国际质量认证体系，八大系列产品通过3C、CE、CB、GS、TUV、PS 和 SAE 等认证，部分产品正在申请 UL 的认证。

公司在北京、上海和杭州等全国各大中城市建立了几十个销售网点，建立了完善的质量跟踪与售后服务体系，能快捷、周到地为客户提供全方位的服务。公司总部以及各销售网点保持一定量的标准产品库存，能及时地满足客户的需要。公司的工程师在了解客户的需求后，能够迅速提出相应的电源解决方案，为客户定制出特殊规格的电源。

佛山市哥迪电子有限公司

地址： 广东省佛山市禅城区江湾二路34号

邮编： 528000

电话： 0757-82724179

传真： 0757-82721428

邮箱： market02@ gedi-lighting. com

网址： www. gedi-lighting. com

简介：

佛山市哥迪电子有限公司是一家专门从事照明产品研发、生产和销售的综合性合资企业。公司创办于1987年，是率先进入照明行业的企业之一。

公司一直信奉“以质量求生存，以信誉求发展，以管理求效益”的管理理念。在充分引进吸收国内外先进技术的基础上，公司不断与国内多个科研机构交流合作，使技术更成熟，产品更稳定。产品全部采用高品质原辅材料，采用先进的生产设备、检测设备及仪器，保证了前期研发的准确性和先进性。以严格的生产管理体系为保障，使产品质量达到了国际先进水平。

公司质量管理体系顺利通过了 TUV 德国莱茵公司的 ISO9000：2001 认证，关键产品取得了 VDE、UL、CUL、GS、SAA、TUV、CE 和 EMC 等各种认证。

20年风雨兼程，公司一路走来，以诚立商，在竞争日益激烈的电子市场立于不败之地。今后，公司将以更高的效率研发新产品，以更大的诚意谋求与海内外客户的合作。

佛山市汉毅电子技术有限公司

地址： 广东省佛山市禅城区岭南大道北131号碧桂园城市花园南区3座28楼

邮编： 528000

电话： 0757-63223916

传真： 0757-83835018

邮箱： hanny@ hanny. com. cn

网址： www. hanny. com. cn

简介：

佛山市汉毅电脑设备有限公司，创建于1997年，现有生产基地5处，分别位于佛山市禅城区、佛山市顺德区陈村镇、佛山市顺德区伦教镇、东莞市长安镇和江西省南昌市。现有员工1 000余人；

公司主导产品为开关电源，开关电源年产量为2 000万件。

公司拥有高速插件机8台。一个电磁干扰测量室。拥有波峰焊机、红外线温度测试仪、RoHS 光谱扫描仪、耐压测试仪、电参数测量仪、高频示波器、漏电流测试仪、晶体管多功能筛选仪和数字电桥等一大批电子电气测量设备。

公司产品全部为自主研发，拥有自有知识产权，拥有发明专利、实用新型专利30余件。

公司产品主要用于电子制冷饮水机、净水机、电子冰箱、超声波雾化器和数字音响等领域。

公司主要客户有美的水家电、沁园水处理和安吉尔等。产品同时出口到德国、荷兰、美国和日本等发达国家。

公司自1999年以来，一直是美的优秀供应商，同时多次获得沁园优秀供应商、质量优胜奖、安吉尔优秀供应商和质量优胜奖等荣誉。

佛山市凯拓电源设备有限公司

地址： 广东省佛山市禅城区张槎街道大富村大南中街工业楼东座5楼

邮编： 528000

电话： 0757-82662728

传真： 0757-82662727

邮箱： info@ kaitop. com

网址： www. kaitop. com

简介：

佛山市凯拓电源设备有限公司是美国、中国台湾和大陆三方合作的专业设计、制造不间断电源（UPS）和全密封免维护电池的公司，全权负责大陆地区的业务推广和服务。公司主要产品有在线式 UPS、电力/通信专用逆变电源、应急电源 EPS、开关电源和蓄电池，功率容量 2～400kVA。采用当今世界上先进的 IGBT 和 DSP 技术，与高性能 CPU 芯片和智慧型、远程监控管理软件完美结合，为广大客户提供高品质的电力保障，满足了不同顾客的需求。

佛山市凯拓电源设备有限公司拥有众多经验丰富的工程技术人员，全员经过专业技术培训和考核。公司通过国际 ISO9001 国际认证联盟 Iqnet（世界 30 多个成员国）认证，严格、细致的品质管理，给予客户极大的信心。多年来，产品不断出口到欧美、中东和东南亚等地区。佛山市凯拓电源设备有限公司的 UPS 电源已广泛应用于机关、公安、交警、广电、税务、医院、金融、证券、邮政、电信、移动、电力、石化、机场、铁路、高速公路及其它大型工矿企业。

“技术巩固、技术创新、服务至上、价格合理”是我们与客户合作的基础，也是我们对客户的郑重承诺。我们将不断通过技术创新，给更多的用户创造高科技带来的效益，为电源事业做出应有的贡献。

佛山市力迅电子有限公司

Netion®

地址：广东省佛山市三水区范湖工业园
邮编：528138
电话：0757-87360282
传真：0757-87360189
网址：www. netion. com. cn
简介：

力迅电子有限公司成立于 2001 年，公司位于佛山市三水区乐平镇范湖工业区，总资产 5 500 多万元。是专注于电源、电子电力及新能源电力转换领域的高新技术企业。主营业务是为全球用户提供高端的电源、电子电力产品和全套电源及电力转换系统集成解决方案，产品涵盖全系列不间断电源（UPS），各种逆变电源、专用电源、蓄电池、机房监控系统、机房温控系统和机房配电系统等。

公司已经通过 ISO9001 国际质量体系认证、ISO14001 国际环境体系认证和 OHSAS18001 职业健康安全管理体系认证，多个系列产品荣获中国泰尔认证、欧洲 CE 认证、ROHS 认证、美国 UL 认证和 FCC 认证，取得了国内多个行业入围进网许可。

公司拥有覆盖全国的营销网络和专业团队，产品已在以下政府机构和大型行业成功中标、入围或采用。同时公司承接某些国际知名品牌的 OEM/ODM 制任务，产品畅销欧洲、美洲、东南亚、中东和非洲等世界各地。

公司秉承“领先的技术，钻石的品质，心级的服务”的理念，以“创新不断，动力无限”的专业精神，致力成为全球用户心目中可信赖的“世界领先的电源专家”。

佛山市南海区平洲广日电子机械有限公司

GRJGRXJ
廣日電子機械

地址：广东省佛山市南海区平洲夏西工业区一路 3 号
邮编：528251
电话：0757-87691200
传真：0757-86791244
邮箱：windingchina@ 126. com
网址：www. windingchina. com
简介：

广日电子机械有限公司是中国环形绕线机械制造商之一。专业生产环形变压器绕线机、环形电感线圈绕线机、稳压器、调压器专用绕线机、矩形绕线机/包带机、环形小孔包带机、电力变压器绕线机、EI 型变压器绕线机、环形包绝缘胶带机以及环形线圈匝数/匝比测量仪等产品。

公司已通过德国 TÜV9001（2000）国际质量体系，良好的品质和完善的售后服务赢得了众多客户的支持，产品远销东南亚及欧美等国家和地区。

佛山市南海赛威科技技术有限公司

SiFirst®

地址：广东省佛山市南海区桂城深海路 17 号瀚天科技城 A 区 7 号楼 6 楼 604 单元
邮编：528200
电话：0757-81220912
传真：0757-81220912
邮箱：sales@ sifirsttech. com
网址：www. sifirsttech. com
简介：

佛山市南海赛威科技技术有限公司成立于 2009 年，是由佛山市南海区高技术产业投资有限公司投资的佛山市集成电路设计企业。公司总部位于佛山市南海区瀚天科技城，在上海设有研发中心，深圳设有商务中心，中山和台湾设有办事处。业务覆盖全国，辐射全球。赛威科技拥有一支由留美博士，硕士及国内半导体资深设计专家组成的创新型精英设计团队，他们曾在国内外著名半导公司工作十年以上，具有广泛的理论基础和丰富的实践经验，在模拟与数字混合电路芯片设计领域里领导开发出多款世界一流的芯片产品。

佛山市顺德区冠宇达电源有限公司

GVE®

地址：广东省佛山市顺德区伦教熹涌工业区
邮编：528308
电话：0757-27736306

传真： 0757-27725706
邮箱： ouzhixiong@ 126. com
网址： www. gve-cn. com
简介：

佛山市顺德区冠宇达电源有限公司是专业生产开关电源的中型厂商，工厂面积 12 000m²，员工 500 多人，月产量 80 万台，品种多（5 大系列：电源适配器 5 ~ 250W、充电器 5 ~ 250W、LED 电源、工业内置电源和大功率电源 500 ~ 5 000W），产品通过 UL、FCC、CCC、CE、GS、CB、PSE、KETI 和 SAA 等认证，产品三年质保，年返修率小于 0. 1%，长期供货给美的、格力和海尔等各大企业客户。

佛山市顺德区扬洋电子有限公司

地址： 广东省佛山市顺德区陈村工业园西区广隆中路 8 号
邮编： 528313
电话： 0757-23303066
传真： 0757-23303063
邮箱： sales@ umgz. com
网址： www. umgz. com
简介：

佛山市顺德区扬洋电子有限公司成立于 2002 年，经过 10 多年的努力奋斗，取得了辉煌的业绩。公司设有电源事业部和电感元器件事业部。

电源事业部致力于 LED 驱动电源方案的提供及 LED 驱动电源的生产与销售。电感元器件事业部专注于生产高频变压器，滤波器及电感类等产品。

公司一直坚持“务实进取，学习创新，团队合作，注重分享，诚实守信，互相尊重”的经营理念和“客户至上，精益求精”的质量方针，充分发挥产业链的优势，以专心、专业和专注的精神，致力于向社会各界提供环保、安全的 LED 驱动电源及电感类产品。

公司拥有精干的技术团队，先进的自动化仪器设备，完善的生产和检测设备，并配备了可靠性试验设备，为产品的质量保证提供了坚实的基础。目前，已通过了 ISO9001 : 2008 质量管理体系认证及 UL 绝缘系统认证，全部产品承诺符合欧盟 ROHS 指令和 REACH 要求，部分产品通过了 CQC、CE 等认证。公司密切与各大高校及研究院合作，以获得最大的技术支持。

公司坚持质量第一，信誉第一，服务第一，孜孜不倦地努力，期待着与广大客户一道追求卓越，共创辉煌。

佛山市众盈电子有限公司

地址： 广东省佛山市禅城区张槎一路 125 号北区 2 座
邮编： 528000
电话： 13726652787
传真： 0757-82021699
网址： www. svcpower. com. cn
简介：

佛山市众盈电子有限公司建立于 2002 年，现有生产场地 16 000m²，企业员工规模 400 多人，配置 3 套全自动贴片线；十多套自动插件设备、ICT 线路板测试设备、ATE 整机自动测试中心和老化车间等为所有产品保驾护航。公司力求出品精良，精益求精。

非凡十年，专注研发，高效生产。众盈公司已经从一间专业生产后备式 UPS 的工厂蜕变成一家集中、小功率后备式 UPS，中、大功率在线式 UPS 以及家用逆变器、太阳能逆变器和稳压器等多样化电源产品的企业，并逐步向生活类电源产品方向迈进。打造节能环保产品是众盈公司的发展方向。公司在积极推广自身产品的同时，为全球客人提供优质的 OEM 服务，为客户提供高质量的产品和极具竞争力的价格，赢得了客户的信任和持续的订单。

“诚信、负责”是公司获得持续良好口碑的基石。

广东创电科技有限公司

地址： 广东省佛山市南海区瀚天科技城 A7 号楼
邮编： 528200
电话： 0757-86766288
传真： 0757-86766800
邮箱： liaohui12@ 163. com
网址： www. chadi. com. cn
简介：

广东创电科技有限公司成立于 1997 年，是国家高新技术企业，原名广东创电电源有限公司，是较早从事电源系统设备研制和生产的专业厂家。2012 年更名为广东创电科技有限公司，注册资本 3 010 万元，拥有近 6 000m² 的厂房，员工 120 人，核心产品为 UPS、EPS、LED 驱动电源和特种电源等，特色产品是大功率工业级 UPS，自主研发的基于双核 DSP 控制的 UPS 单机功率可达到 800kV · A，可实现 10 台冗余并机。产品通过了泰尔认证、节能认证和消防认证。公司被评定为南海区“雄鹰计划重点扶持企业”“选种育苗行动重点扶持企业”和“南海区科技型企业”。2014 年，公司在广东省高新区股权交易中心挂牌。公司高度重视研发，2015 年“广东省大功率智能控制电源工程技术研究中心”由广东省科技厅批准在公司组建。公司长期与华南理工大学、广东工业大学等高校合作，目前专职研发工程师有 20 人，发明及实用新型专利 20 余件。

创电/Chadi 牌电源主要应用于轨道交通、部队、油田、公安、金融、电信、邮政、广电和医院等。近年在北京地铁、天津地铁、香港地铁机场线、北京奥运会、哈尔滨世界大学生冬运会、上海世博会、空军空管和海军雷达基地等工程中多次中标，国外已开拓了孟加拉、拉美、中东、印尼、法国、印度、南非和巴西等国家和地区的市场。

广东大比特资讯广告发展有限公司

地址：广东省广州市天河区黄埔大道西翠园街36号2楼
邮编：510630
电话：020-37880700
传真：020-37880701
邮箱：isc@ big-bit. com
网址：www. big-bit. com www. globalsca. com www. global-sca. com
简介：

历经12的创业发展，大比特资讯已成长为中国电子制造业优秀的资讯提供商。

业务范围涉及行业门户网站、平面媒体宣传、市场调查、行业专题研讨会策划、展览展示和人力资源服务等一系列围绕中国电子制造业提升竞争力的服务举措。

大比特资讯旗下拥有以下成熟媒体：大比特商务网 http://www.big-bit.com/、磁性元件与电源网 http://mag.big-bit.com/、半导体器件应用网 http://ic.big-bit.com/、电源供应器网 http://power.big-bit.com/、传感器应用网 http://sensor.big-bit.com/、微电机世界网 http://emotor.big-bit.com/、连接器世界网 http://conn.big-bit.com/、中国电子制造人才网 www.emjob.com和《磁性元件与电源》杂志（月刊）

广东丰明电子科技有限公司

地址：广东省佛山市顺德区北滘镇工业园环镇东路1号
邮编：528311
电话：0757-26601282 18928664200
传真：0757-23608828
邮箱：bmsales@ fm-cap. com
网址：www. bm-cap. com
简介：

广东丰明电子科技有限公司是一家2004年成立的港资企业，位于经济发达的珠江三角洲黄金腹地——顺德北滘工业园。公司拥有现代化的工业生产基地，占地面积3万多m^2，设备原值近9 000万元，总投资规模过亿元，员工共有1 000多名，电容器年生产产能约7亿只。公司后续还将不断投资完善生产设备的自动化、技术更新及提升，力争人均产能再上新台阶。

目前，公司主要生产电力电子电容、交直流滤波电容、高频高压谐振电容、IGBT吸收电容、CBB60、CBB61、CBB65、CBB20、CBB21、CBB80和MKP-X2型金属化薄膜电容器，产品广泛应用于各类电子设备、变频器、电源、光伏风电新能源行业、工业感应加热设备、照明灯具、空调器、电冰箱、洗衣机和电磁炉等家用电器及电力系统中。其中，风扇用电容器、空调风机用电容器和电磁炉专用电容器三大主导产品的产销量连续领先业界多年，稳居全国前列。

公司已经获得了CQC、UL、CUL、TUV、VDE和CB等多项国内外产品认证，通过丰明人倾力打造的“BM”商标电容器现正销往全国各地的电机、电器制造商，远销东南亚、非洲及欧美等国。公司还计划专项增资实验室检测硬件的扩充与完善，建立行业内具有先进水平的产品实验室。

公司以“科技、品质、环保”为核心，秉承“研发的产品市场满意、制造的产品我们满意、交付的产品顾客满意”的质量方针，以“顾客满意”为宗旨，坚持严格的质量管理，全面建立和执行ISO9001国际质量管理体系和ISO14001国际环境管理体系，现已发展成为品种齐全、质量可靠、绿色环保、技术先进和配套能力强的规模性企业，赢得了众多合作伙伴的一致好评，并被多家客户评为优秀供应商。

广东和昌电业集团有限公司

地址：广东省广州市黄埔区黄埔东路1401号亚纲大厦1410室
邮编：510530
电话：020-62958188
传真：020-62958882
邮箱：it@ hichain. com. cn
网址：www. hichain. com. cn
简介：

广东和昌电业集团有限公司（简称和昌集团）是一家集环保PVC、低烟无卤电缆料、铜导体、电线电缆、成套电缆及电气控制设备研发、制造、销售和服务为一体的现代化高新技术企业，总部设在广州黄埔区，生产基地位于肇庆高新区。

产品通过中国3C、德国VDE、美国UL和CE认证，取得ISO9001:2008质量管理体系、ISO10012:2003测量管理体系认证和ISO14001环保认证，符合欧盟ROHS、REACH环保标准，广泛运用于电梯、通信系统、轨道交通、后备电源、数控机床和医疗设备等行业，同时为客户提供全方位的低压弱电类线缆整体解决方案。凭借雄厚的资金，精锐的管理与营销团队，坚强的技术后盾，完善的服务体系以及良好的用户信誉，和昌立足于国内，同时不失时机地深入拓展国际市场，倾力打造行业领先品牌，多次被客户评为优秀供应商、优秀质量奖，取得广东省著名商标、先进单位等荣誉称号。和昌将全力推进企业文化建设，进一步完善企业管理，深挖内部潜力，促进企业与员工的共同发展，树百年和昌以回馈社会。

集团成员：广州市和昌线缆有限公司、肇庆中乔电气实业有限公司和中乔（香港）有限公司。

广东金华达电子有限公司

地址：广东省广州市天河区棠下涌东路大地工业区 C 栋 5 楼
邮编：510665
电话：020-38240010
传真：020-38259275
邮箱：13922298699@ 139. com
网址：www. 020k. net
简介：

广东金华达电子有限公司成立于 1995 年 7 月，总部设于中国广州市，是一家中外技术合作高新科技企业，主要从事通信电源、电力电源和汽车照明电源等，防雷配电设备研发、生产、销售和工程设计施工等业务。公司自成立以来致力于打造“金华达”品牌，严格执行“技术领先，质量可靠，服务满意，客户至上”的经营方针，经过近年来的努力，金华达通信、电力电源产品广泛应用于通信，电力，铁路，军队等行业。并以优良的品质和服务，赢得了广大客户信赖。

2003 年金华达与欧洲企业合作共同开发了高级时尚车灯系列——金华达 HID 高压氙气车灯系列。主要用于奔驰、宝马、奥迪等高级汽车前车灯。目前，金华达 HID 高压氙气车灯系列的各项技术指标及品质达国际中高、国内领先地位，并符合 ECE R98 的近光配光性能要求。为国内车灯的革命注入了新的活力。产品热销海内外，并已在全国大部分地区拥有销售、服务网络。

广东乐科电力电子有限公司

地址：广东省东莞市塘厦镇科苑城鹿苑路 168 号乐科工业园
邮编：523718
电话：0769-87289666
传真：0769-87288518
邮箱：sales@ dgleke. com
网址：www. lekeups. com www. leke. com. cn
简介：

广东乐科电力电子技术有限公司（原东莞市乐科电子有限公司）是一家专业从事电源系统和电力电子设备研发、制造、销售和服务的高新技术企业，专注于电力电子前沿技术的研究与应用，以绿色节能模块化 UPS 不间断电源为主流产品和研究方向，致力于为客户提供完善的电源产品和解决方案。

广东乐科电力电子公司自 1997 年成立以来，一直朝着成为技术领先的创新型企业目标不断迈进。通过了 ISO9001—2008 质量体系认证，ISO14001: 2004 环境管理体系认证，获得了 20 余项国家专利及“东莞市民营科技企业”“广东省高新技术企业”“广东省守合同重信用企业”等资质认定。拥有 20 000m^2 的自主厂房和 1 500 名员工，组建了一支由博士带领的 500 余人的技术团队，组建了博士后创新实践基地，拥有业界完整的电子线路和电线电缆连接器生产系统，以及保障研发、生产、检验、电子线路、整机特性和环境可靠性试验所需的专业精密仪器设备，打造了高效可靠的供应链系统。

广东乐科以“品质、诚信、奉献、团队”的核心价值观为行为准则，以市场为导向，以服务为宗旨，开展售前、售中和售后一体化业务，努力为客户提供更专业，更快捷，更满意的服务。

广东省佛山科星电子有限公司

地址：广东省佛山市南海区平洲工业园环胜路 2 号
邮编：528251
电话：0757-81285150
传真：0757-81285189
邮箱：lcr@ kestar. com. cn
网址：www. kestar. com. cn
简介：

广东省佛山科星电子有限公司是一家大型开发、生产全系列氧化锌压敏电阻器（Varistor）、SPD 浪涌抑制防护器和防雷产品等保护元器件的专业企业。公司通过了 ISO9001 质量管理体系和 ISO14001 环境管理体系认证。全系列产品通过 UL、CE、VDE 和 CSA 等多项国际安全认证。公司产品类型丰富，应用广泛，主要产品有 MYG 通用型压敏电阻、MYL 防雷型压敏电阻、MYE 高负载型压敏电阻、MYP 高能压敏电阻银片、TMOV、MYN 以及拥有独立知识产权的 SPD 防雷装置器件等。公司技术力量雄厚，拥有本科以上文化程度的技术人员数十人，其中有从事本行业研究工作数年到几十年的多名高级职称人员及硕士以上研究人员。企业的品牌在市场上有着良好的美誉度，国内外有较为完善的市场网络和客户群体。

广东顺德三扬科技股份有限公司

地址：广东省佛山市顺德区勒流街道富安工业区 30-3 号
邮编：528322
电话：0757-25563570
传真：0757-25566961
邮箱：sales@ samyang. cc
网址：www. samyang. cc www. kingsunny. com
简介：

广东顺德三扬科技股份有限公司（原广东金顺怡科技有限公司），经过多年的市场砥砺，如今，其三大类型产品——电源设备、电镀生产线和拉链机械设备涵盖电力电子整流、电镀行业和金属拉链行业，在业内树起品牌，形成口碑。

通信电源产品凭借过硬的品质长期服务于公安、三防、消防和远洋通信等领域，市场覆盖全国各地，电镀电源产品在表面处理行业享有高效、节能和质量稳定的赞誉。全自动电镀生产线广泛应用于五金、塑胶、线路板和电子电镀等行业；全自动电镀生产线、半自动电镀生产线、手动电镀线和废气处理系统等产品均可根据客户要求设计、制造，并提供整厂交付服务。拉链机械设备应用在金属拉链生产的企业，下游配套服装业、箱包业和体育用品业的产品，产品较国外进口设备具有极强的价格优势，是同类进口设备的首选替代品。

三大产品，三箭齐发，源于强大的创新能力。公司历来重视产品信息化、自动化和智能化的研发，在微电子技术与精密机械制造领域具有多年行业经验，设立有工程技术研发中心，获得多项国家专利。优良的品质，精湛的工艺，全面的售后服务，优惠的价格，现代化的管理是三扬股份公司对客户的保证。

广州安的电子技术有限公司

地址：广东省广州市番禺区新造镇海景路石角咀街 4 号 2 楼

邮编：511436

电话：020-34826856

传真：020-62351066-807

邮箱：2850173608@ qq. com

网址：www. saftty. com

简介：

1999 年安的成立于香港港岛北角，2004 年在广州设立办事处，2008 年成立广州安的电子技术有限公司，同年在扬州投资设立工厂，2011 年在番禺新造设立新工厂，2013 年在扬州建立生产二厂。公司是中国家用自动控制器标准技术委员会委员企业，拥有十多项国家专利。

公司主要研发生产销售各类热保护器、温控开关，产品广泛应用于电动机、水泵、风机、散热风扇、电源、电焊机、变压器，照明设备和家用电器电加热产品的过电流、过热保护领域。

公司在广州设有研发试验室，拥有多名有着十多年研发生产经验的工程师和管理技术人才。

公司旨在提供安全可靠的产品，严格按照 ISO9001 质量体系进行品质管理，产品通过 CQC、UL、TUV 和 VDE 认证。

公司为客户提供高效、专业的服务，当天必须发样，定制样品 3 ~ 5 天内发出；销售部配有技术支持人员，能及时为客户提供选型、使用和测试等方面的技术支持。不设最小订单量，提供定制化服务，切实满足客户要求。

广州东芝白云菱机电力电子有限公司

地址：广东省广州市白云区江高镇神山管理区大岭南路 18 号

邮编：510460

电话：020-26261623

传真：020-26261285

网址：www. gtmbu. com. cn

简介：

广州东芝白云菱机电力电子有限公司被认定为广东省高新技术企业、广东省自主创新示范企业、广州市安全生产标准化达标企业和广州市清洁生产企业。先后荣获广州市白云区促进专利授权奖二等奖、三等奖，中国质量评价协会科技创新产品优秀奖。

公司建有广东省电力电源及变频调速装置工程技术研究中心、广州市高低压电源工程技术研究开发中心。先后承担了广东省教育部“变电站交直流一体化电源”产学研结合项目、广州市“起重机用变频器”产业关键共性技术研究项目、“6. 6kV 高压 IGBT 变频器”科技攻关计划项目、“高效节能型高压变频器产业化”专利技术产业化示范项目和白云区“10kV 大容量高压 IGBT 变频器产业化”科技支撑项目。

公司拥有实用新型专利 32 件，外观设计专利 14 件，计算机软件著作权 1 件；参加《电力工程直流电源设备通用技术条件及安全要求》（GB/T 19826—2014）标准修订、审定。

“变电站交直流一体化电源”被确认为广东省科学技术成果，“6. 6kV 高压 IGBT 变频器”被确认为广州市科学技术成果，“高压 IGBT 变频器”“微机控制高频开关直流电源柜”被认定为广东省新技术产品，“高压 IGBT 变频器”被认定为广东省自主创新产品。

广州广日电气设备有限公司

地址：广东省广州市番禺区石楼镇国贸大道南 636 号之五

邮编：511447

电话：020-84654222

传真：020-84654898

邮箱：te@ efg. cn

网址：www. efg. cn

简介：

广州广日电气设备有限公司成立于 1998 年 10 月，是广州广日股份旗下一家台港澳与境内合资的国有控股企业。公司作为广东省高新技术企业，拥有总面积约 6 万 m^2 的现代化厂房和花园式的工业园区。此外，公司还在上海青浦、天津北辰、广州大石、广州东圃、成都郫县和广州从化设立了分公司和生产基地。

公司建有先进的自动化生产线、SMT 防尘防静电生产车间、国内一流的大型配光实验室、完善的产品质量检测体系和一系列先进的试验设备。公司全面实行无纸化绿色办公和 ERP 系统管理以及制度化、规范化与人性化管理。

公司集研发、生产于一体，主要产品包括电梯配件类产品、LED 照明类产品、矿用类产品以及电子类产品，其中电源类产品作为电子类产品的重要组成部分，在公司有一个专业的、高素质的开发团队。公司开发的电源产品包括LED驱动电源、工业电源以及其它各类客户定制电源。

公司以“顾客至上，精益求精；诚信企业，服务百年”作为质量方针，一直保持着良好的市场信誉和行业领先地位，并连续数年被选为日立电梯、奥的斯电梯、广日电梯及约克空调等知名企业的主要供应商和长期合作伙伴。通过了德国莱茵TÜV认证审核，并获得ISO9001、ISO14001和OHSAS18001国际质量认证体系证书，优质的产品和良好的售后服务得到社会各界的一致认可和好评，公司也因此获得了国家高新技术企业，全国用户满意企业、中国质量过硬知名品牌、社会突出贡献奖、广东省工程技术研究开发中心和AAAA级标准化良好行为企业等荣誉。

“诚信企业、服务百年”是公司的宗旨，公司将以优质的产品，良好的服务来回馈广大客户的信赖和支持，迈向更广阔的市场。

广州汉铭通信科技有限公司

HanMing Communication

地址：广东省广州市天河区长福路217号长兴智汇商务中心G栋407室

邮编：510665

电话：020-38259019 38383476

传真：020-38259723

邮箱：hmdanae _ yan@126. com

网址：www. gzhanming. com

简介：

广州汉铭通信科技有限公司成立于2003年，公司总部位于广州市天河区智汇软件园，生产基地设在广州市花都区空港工业区。是一家专业从事定制化通信机柜开发、生产、销售和服务的民营高新技术企业。公司拥有完全知识产权，自主研发生产的户外通信一体化机柜广泛应用于中国电信、中国移动、中国联通和中国铁塔的基站建设，是广东省通信基础设施产业联盟首批会员单位。

公司在华南地区建立了完善的销售渠道和服务网络，在北京设有办事处，与中国电信、中国联通和中国移动三大运营商以及中国铁塔建立了稳定信赖的长期合作关系，是中达电通、艾默生、海信和日立等知名企业的重要合作伙伴。

公司坚持以客户为中心，一贯奉行“崇尚目标，诚信立业”的企业宗旨。全面的品质保证，完善的售后服务是公司郑重的承诺。公司通过建立企业社会责任长效机制，为客户创造最大价值，倡导员工团结协作，尊崇敬业创新的精神，使企业成为阳光企业。公司将竭诚为广大用户服务，做用户最可靠的合用伙伴。

●用智慧积累财富，用财富去实现利他事业，是汉铭的精神。

●不予不取是汉铭的原则；让公司的伙伴都成为真正的赢家，这是汉铭的责任。

●弘扬这种精神，坚持这项原则，完成这份责任，是汉铭的使命。

广州华工科技开发有限公司

地址：广东省广州市天河区五山华南理工大学内

邮编：510641

电话：020-85511281

传真：020-85511287

邮箱：gqgong@32163. com

网址：www. 32163. com

简介：

广州华工科技开发有限公司是直属华南理工大学的全民所有制企业，承办学校的科研成果项目转让，技术服务等对外业务，是对外进行技术开发和成果转化的重要窗口，实行科、工、贸结合，具有法人资格。公司自1986年以来，率先引进国外先进的电力电子器件。特别自1992年3月以来，本公司作为日本富士电机公司功率半导体器件中国代理，多次与日本富士电机公司的工程技术人员组织应用技术交流会，为各单位提供了大量的技术资料和应用技术，并为各生产厂家和科研单位提供了大量的富士电机电力电子器件，对促进电力电子技术的发展做出积极的贡献。

公司是日本富士电机电子设备技术株式会社功率半导体件中国代理、日本日立AIC有限公司电容器中国代理和日本三社电机株式会社整流模块代理。公司引进、开发和经营日本等国外的先进电力电子元器件和节电装置，积极向国内高等院校、研究院及国内变频器生产企业推介上述公司最新器件和技术。公司实力雄厚，重守信誉，每种元件皆为原厂定购，质量保证。始终保持“库存多、交货快、价格低”的宗旨为广大用户提供优质服务。

广州健特电子有限公司

地址：广东省广州市经济技术开发区科技园4栋2-6楼

邮编：510730

电话：020-32029926

传真：020-32029929

邮箱：sales@jetekcn. com

网址：www. jetekps. com

简介：

广州健特电子有限公司，成立于2008年，拥有一支资深研究与开发的工程师队伍。是一家集研发、设计、生产和销售为一体的企业。产品广泛应用于军工、铁路、电力、船舶、医疗、通信和自控等领域。各系列产品以其出众的高可靠性、高稳定性及高性价比的特点深受各行业客户的喜爱。

健特人有着坚韧不拔、不屈不挠的钻研精神，多年来致力于磁电隔离技术和产品的研发与应用，并创造了高品质的DC/DC系列产品，公司是国内少数同时具有塑封、灌封和包封的电源厂家；同时具有微点焊、激光打标、无铅生产和车间温湿度控制系统的电源厂家之一。与此同时，公司通过了 ISO9001:2008 质量管理体系认证、ISO14001—2004 环境管理体系认证。随着各项标准的完善，广州健特已成为中国电源模块研发制造技术与诚信方面值得信赖的公司之一。

广州健特以“技术创新、质量第一”为公司理念，以“诚信为本、用户至上”为原则，不断为客户推出高端技术产品。“制造业的使命是一切以客户的需求为导向，为客户提供好的产品，以优良的品质及快速负责的工作热忱来获取客户的信赖和支持，为公司创造利润奠定基石，建立开创永继经营的有利条件，建立符合持续改善品质管理要求”是广州健特务求技术创新、质量第一的品质承诺。公司产品与当前国家重点发展的轨道交通、电动汽车、智能电网、新能源和物联网等新兴行业大量需求关键电子零部件相匹配。产品质量和技术设计符合国际标准，兼容国内外大多数知名品牌，能满足振动、潮湿和高低温等工业级环境下工作条件。在电力控制、通信器材、仪器仪器、医疗设备、工业控制、汽车电子、安防监控、广电仪器和军工装备等行业得到广泛应用。

■公司致力于满足客户的个性化要求；及时提供优质的产品。

■服务网点遍布全国 20 多个城市，能够为客户提供个性化、全方位和最直接的服务。

■未来，公司将不断努力开拓海外市场，并提供更优质、环保和高性价比的产品与服务。

广州科欣仪器有限公司

FALCON®

地址：广东省广州市天河区东圃二马路大埔商贸园 6 栋一楼 115 室
邮编：510310
电话：020-38695149
传真：020-34395932
网址：http：//gzkexin. com. cn

简介：

广州科欣仪器有限公司，总部坐落于环境优美的广州市海珠区艺景路 234 号。与电子业界著名企业中国电子科技集团第七研究所毗邻而居，交通便利、电子科技氛围浓郁。下设深圳、东莞和中山三个分公司及惠州、南宁两个办事处，注册资金 1 000 万元，2012 年被广州市国家税务局、广州市地方税务局联合评定为 2010～2011 年度 A 级纳税人纳税信用等级。

广州科欣仪器有限公司，是全球测量领域的领导者美国安捷伦（Agilent）科技公司华南区授权代理商。从 1993 年至今，公司已成为 Agilent 公司重要的合作伙伴，是安捷伦科技“年度优秀业绩分销商”。

经过多年的发展，近年来公司也成为日本 HIOKI、日本 NF、瑞典红外热成像仪 FLIR、北京普源、TDK、中国台湾巨浮、台湾骅仪、深圳稳科、广州致远、德国 R&S、上海蓝菲、上海创远、快克锡焊、埃德克斯和罗森伯格等仪器授权代理商。

广州市白云化工实业有限公司

BAIYUN

地址：广东省广州市白云区广州民营科技园云安路一号
邮编：510540
电话：020-36703113
传真：020-36703110
邮箱：huangshaoyuan@ china-baiyun. com
网址：www. china-baiyun. com

简介：

广州市白云化工实业有限公司（原广州白云粘胶厂，以下简称白云化工）主要从事各类建筑密封胶和高分子新材料的研究开发及生产经营。公司成立于 1985 年，位于广州市高新技术产业开发区民营科技园内，占地面积 4 万多 m^2。现有员工 186 人，其中博士后 3 人，博士 5 人，硕士 17 人，具有高中级职称的有 30 多人，大专以上学历的员工占 65%。

白云化工是国内同行业中率先通过英国 BSI 公司 ISO9001/ISO14001/OHSAS18001 质量环境安全健康管理体系国际认证的企业，是建设部建筑密封胶技术产业化示范建设基地、人事部授予的博士后科研工作站、广东省工程技术研究开发中心、广东省技术创新优势企业和广州市高新技术及科技示范型企业。2002 年，公司建成具有世界先进水平的硅酮密封胶连续化生产线。公司产品检测中心设备先进完善，能按中国、美国、欧洲和日本等标准进行产品的性能检测。公司是 GB/T 14683—2003《硅酮建筑密封胶》、GB/T 16776—2005《建筑硅酮结构胶》及 JCT486—2001《中空玻璃用弹性密封胶》等国家和行业标准主要起草单位。

公司奉行“科技兴企、以人为本”的方针，立足“国内领先，国际领先”。遍布全国 30 多个城市的服务网点，是公司“质量第一，服务领先”的有力保证。展望未来，公司将一如既往地服务社会，“把好产品贡献给人类”。

广州市宝力达电气材料有限公司

Bothleader®

地址：广东省广州市花都区花山镇南村
邮编：510880
电话：020-86947862
传真：020-86947863
邮箱：info@ gzbld. com
网址：www. gzbld. com

简介：

广州市宝力达电气材料有限公司是电气绝缘漆的专业研发和制造厂家，是中国电器工业协会绝缘材料分会及中国电源学会会员单位，是全国绝缘材料标准化技术委员会成员，是我国绝缘漆行业国家标准和行业标准的主要起草单位。

公司具有丰富的生产制造经验及各类中高级技术人才，拥有强大的研制开发能力，通过精心的设计，先进的生产工艺及完善的检测手段，确保产品性能优异，质量稳定，完全能满足用户的特殊要求。

公司注重产品质量及职业健康安全管理，先后取得了ISO9001:2008质量管理体系认证证书、危险化学品生产企业安全生产许可证、危险化学品从业单位安全标准化二级企业证书以及广东省环保慈善单位称号。

广州市宝力达电气材料有限公司是广州市守合同重信用企业，以“专业、诚信”为宗旨，以顾客要求为最高标准，以用户满意为最终目的，以严格管理创优质产品，竭诚为国内外用户提供优质产品和服务。

广州市昌菱电气有限公司

SHORYO

地址：广东省广州市天河北路900号高科大厦A410房

邮编：510630

电话：020-22233181

传真：020-22233183

邮箱：lee@ cl-ele. com

网址：www. cl-ele. com

简介：

广州市昌菱电气有限公司是一家以供应UPS电源为核心的电源综合解决方案供应商，是日本三菱UPS中国总代理，东芝三菱TMEIC品牌UPS中国全国代理，以及日本共立（KYORITSU）双电源转换开关中国代理。

广州市昌菱电气有限公司的主要成员由三菱电机（香港）有限公司原三菱UPS中国事业部人员组成。公司拥有包括多名留学生在内的博士、硕士等高级人才，公司董事长原在三菱UPS的基干工厂——神户工厂从事技术工作，后调任三菱电机（香港）有限公司三菱UPS中国事业部经理，统管三菱UPS在中国的销售和服务工作。其他工程技术人员也在日本三菱UPS神户工厂接受过严格的专业训练，多年来一直负责三菱UPS在中国的技术支持工作，在三菱UPS中国事业的发展过程中发挥了重要作用。

2008年5月，广州市昌菱电气有限公司获得ISO认证机构颁发的ISO9001:2008质量管理体系认证证书（证号：11408Q10251R0S），成为UPS销售与服务行业少有的通过ISO认证的企业。引入国际标准的ISO质量管理体系，使昌菱电气的管理水平迈上了一个新台阶，为企业提高核心竞争力和进入国际竞争创造了有利的条件。

公司非常重视可持续发展。在提供销售和技术服务的同时，非常重视技术研发工作，目前已在UPS技术、LED照明和其它电源技术领域取得了多项国家专利。

广州市华德电子电器设备有限公司

Wate® 华德　广州市华德电子电器设备有限公司　Guangzhou Wate Electron and Wiring Equipment Co.,Ltd.

地址：广东省广州市白云区石井镇横沙村黄丽路18号

邮编：510180

电话：020-81970003 81799770

传真：020-81970003

邮箱：cgz@ huadedianzi. com

网址：www. wate. com. cn

简介：

广州市华德电子电器设备有限公司，前身是国有大型计算机公司开关电源厂，建立于1985年。具有十几年开关电源的设计和生产经验。

公司集开发、设计、生产、销售和服务为一体。工艺精湛，并通过ISO9001体系认证，CE、CCEE（长城）和CCC认证。公司的产品有AC/DC、DC/DC及DC/AC开关电源。包括工业电源、通信电源和电脑电源。公司有设计生产15～2 000W电源的能力，现成标准产品15～1 500W的电源。可根据用户特殊要求，设计、生产各类开关电源。

公司凭先进的技术，多年的开发生产经验，先进的检测设备，完善的品质管理体制及完善的售后服务，在国内同类产品中处于领先地位，赢得了广大客户的信赖与支持。

广州市锦路电气设备有限公司

KINGROAD 锦路电气

地址：广东省广州市天河区中山大道89号C211房

邮编：510665

电话：020-85566613

传真：020-85565253

邮箱：cici@ gzkingroad. com

网址：www. gzkingroad. com

简介：

广州市锦路电气设备有限公司努力融合创新，不断开拓进取，永续稳健运营，自2004年成立以来，长期致力于UPS电源、EPS电源、机房通信产品及机房节能产品的研发、生产、销售及服务，是国内领先的绿色电源系统集成供应商之一，同时还和国际著名品牌：美国3M公司、美国PROTEK公司和法国SOCOMEC公司等展开了深入、密切的合作。

公司产品品质卓越，性能稳定，优质服务于广州亚运会主会场、亚运场馆、广州塔、广州地铁和武汉地铁等标志性行业客户，并荣获客户的一致好评。

公司坚持于“大行业，大客户，大项目，大团队”的营销理念，秉承“开拓，进取，创新”的创业精神，保证产品从研发到售后服务整个环节的高质高效地运转，满足客户发展与改进的需求，以“科技创新”的观念不断提升客户的竞争力和赢利能力。

广州市力索能电子有限公司

地址：广东省广州市番禺区桥南街陈涌村兴业大道东五横路7号101

电话：020-34730284

传真： 020-34730284
网址： http://resonant-pws. com
简介：

广州市力索能电子有限公司，专注研究开发高功率因数、高效率、高低压大功率电源及其它特殊专用电源，生产、进口、销售电源、电子产品及环境污染防治专用设备。

广州市凝智科技有限公司

RICHCOMM 凝智科技

地址： 广东省广州市萝岗区科学城科学大道中 99 号科汇金谷科汇三街 10 号 C1-8 楼
邮编： 510660
电话： 400-606-9106
传真： 020-82306916
邮箱： service@ richcomm. com. cn
网址： www. richcomm. com. cn
简介：

广州市凝智科技有限公司——机房与 UPS 动力系统安全管理产品专家。自 1999 年创立以来一直致力于智能 UPS 监控管理产品及机房动力环境与设备监控管理的软硬件系统的研制和开发。经过多年的努力和专注发展，公司已成为国内领先的智能 UPS 监控管理产品及机房监控管理解决方案产品的开发商和提供商。

广州市维能达软件科技有限公司

VNATA 维能达科技

地址： 广东省广州市萝岗区科学城香山路 17 号办公楼 4 层
邮编： 510000
电话： 400-668-9533
传真： 020-87589980
邮箱： sale@ vnata. com
网址： www. vnata. com
简介：

广州市维能达软件科技有限公司从 2009 年成立以来，一直专注于 UPS 监控、机房环境监控等软件服务，重视产品质量和技术含量，目前可为用户定制从硬件设计到软件开发的整体解决方案，产品通过了 ISO9001 国际质量认证以及中国强制性产品认证（3C 认证）；其中部分产品于 2013 年获得外观设计专利证书。

广州市维能达软件科技有限公司争做 UPS 管理领航者，深入了解广大用户的实际需求，为不同行业的用户量身定做合适的 UPS 监控解决方案，利用客户现有的设备资源、网络资源等，做出具有成本低，技术成熟，远程集中监控，可扩展性强，安全性高，人性化及智能化等特点的优秀监控系统。

产品基于机房现场数据采集、分析和管理，极大地提高 UPS 电源的使用效率，为用户节约大量资源提供了良好的解决途径。主打产品已经兼容 APC、MGE、Emerson、Eaton、Powerware、Delta 和 Santak 等国外品牌，以及 Kstar、East 和 Kelong 等国内品牌。

公司倡导以客户为本，把“客户需求就是我们努力方向”作为公司服务宗旨。公司拥有一批管理经验丰富，技术水平精湛的工程队伍，为提供专业、先进及高可靠性的产品和优质、高效及全方位的服务提供了保证，深受广大客户的赞誉和好评，与众多知名公司保持良好的合作关系。维能达的 UPS 监控产品被广泛用于政府、金融、电力、交通、电信、广电、医疗和军事等国家重点工程。

广州市先锋电镀设备制造有限公司

地址： 广东省广州市南沙区横沥镇前进村（原前进村小学旧址）
邮编： 511466
电话： 020-84961566 84873354
传真： 020-84961455
邮箱： xianfeng@ pyxianfeng. com xianfeng. 8hy@ 126. com
网址： www. pyxianfeng. com
简介：

广州市先锋电镀设备制造有限公司（原番禺先锋电镀设备二厂）位于珠江三角洲中心地带的广东省广州市南沙区。公司成立于 1986 年，是早期引进国外先进技术，集设计、开发和制造于一体的，专业生产各种电源及其它配套设备的生产厂家，为多个行业开发生产行业所需的特种电源及设备，1986 年开始用大功率晶闸管整流设备在表面处理行业推广，代替直流发电机及硒整流设备，取代价格较贵的进口设备，使表面处理行业生产质量及效率大大提高；与稀土电解行业的专家一同了解稀土电解特性，为稀土行业研制出加热及电解一体的稀土电解电源；开发了大功率开关电源，当时在国内处于领先的地位，使电镀表面处理在其它大功率电解行业得到推广应用，促进了行业的节能减排。产品提供给多个行业，销往全国各地及东南亚、南美等国家。

广州市昱诚电子技术有限公司

昱诚电子 YUCHENG

地址： 广东省广州市白云区机场路棠景街 6 号寓景大厦 505
邮编： 510403
电话： 020-37157272 36137270
传真： 020-86311921
邮箱： scg7201@ 163. com
网址： www. yuchengnet. com
简介：

广州市昱诚电子技术有限公司成立于 2000 年，运营总部设于广州，是专门从事民航空管专网通信设备、导航系统的集中监控设备及动力机房一体化解决方案的研究、开发与销售的高科技企业。公司注册资金1 010万元，现有员工35人。经营产品涵盖光传输网络、程控电话交换机网络、多媒体通信网路、呼叫中心网络、数据网络和动力机房一体化产品等众多领域，是一家在民航行业经验丰富，实力雄厚，信誉卓著的信息网络解决方案提供商。

昱诚公司致力于为民航提供优良的网络信息化系统建设方案，不断整合公司产品优势、技术优势及服务优势，与华为、艾默生、H3C、IBM、DELL和SUN等多家行业领航者保持长期紧密的合作关系，成为华为公司民航行业授权代理商及系列产品工程资格，艾默生公司民航行业高级授权代理商及系列产品工程资格，H3C公司银牌代理商及在民航行业的合作伙伴，从2005年8月起，历时两年公司与H3C公司共同成功开发了适合民航业务传输的FA36设备，解决了雷达信号及高频电台信号的IP网络传输问题，实现了雷达信号在FA36传输网内广播，获得了中国民用航空总局空中交通管理局颁发的“使用许可证”，得到了民航总局、民航中南空管局等各级领导的一致好评。

经过数年的飞速发展，昱诚拥有超前的设计理念、高超的技术能力和丰富的务实经验，能为客户提供多样化、个性化和多层次的服务及量身定制的解决方案。作为专业的信息网络系统集成公司，昱诚秉诚“以质为根，以诚为本，以德为先，以信为生”的理念，高质量地满足客户的需求。昱诚以强大的企业凝聚力，以客户为中心的服务宗旨以及开放合作、自主创新的企业文化，推动着公司在激烈的市场竞争中持续高速发展。今后，昱诚继续以高品质的技术、产品、解决方案和服务推动中国民航网络信息化的建设，致力于成为通信行业一流的信息网络解决方案提供商。

海丰县中联电子厂有限公司

中联电子 Zhong Lian Dian zi

地址：广东省海丰县金园工业区A六座

邮编：516411

电话：0660-6400997

传真：0660-6405708

邮箱：eee@ zldyc. com

网址：www. zldyc. com

简介：

公司成立于1991年，位于海丰县城金园工业区。公司拥有自己的工业园区，占地面积为14 600m²。自建厂房建筑面积为4 000多m²；拥有现代化生产流水线4条，具有完善的生产、研发和检测设备。公司目前有员工100多人，其中科研、工程技术人员30多名。

公司为国内电源行业知名高新技术企业及国内率先进入开关电源领域的专业研发生产厂家之一。专业从事各类开关电源、充电机等电源设备的研发、生产和销售，可为客户量身定制各种开关直流稳压电源和充电机等系列产品（电压1 000V内，电流6 000A内）。公司推出的系列开关电源和系列充电机已在UPS/EPS、电力自动化、广播电视、仪器仪表、通信系统和工业控制、电镀氧化、元器件老化及部队等领域广泛应用，用户遍及全国各地。公司的产品品种多、种类全。

惠州TCL王牌高频电子有限公司

追梦30年 TCL 创意感动生活 The Creative Life

地址：广东省惠州市仲恺高新技术开发区75号小区

邮编：516006

电话：0752-2096506

传真：0752-2096615

邮箱：xxl@ tcl. com

网址：www. tclrf. com

简介：

惠州TCL王牌高频电子有限公司是一家从事开关电源产品研发、生产和销售为一体的高科技现代化企业，综合实力位于全国同类企业前列。公司位于广东省惠州市仲恺高新技术开发区，工厂面积约4万m²，现有员工1 500余人，其中科研技术人员200多名。

公司有着十几年的电子产品生产经验，拥有8条电源产品自动化装调生产线和15条高速SMT生产线。生产工艺完善，电源的年生产能力达1 000多万只。公司已通过ISO9001、ISO14001和QC080000等认证，被评为“广东省高新技术企业”。公司拥有两个独立的研发中心，配备完善的高端实验仪器，以规范的开发流程和完备的实验手段，确保为客户提供满意的电源产品及配套服务。

公司作为TCL集团股份有限公司、泰科立（产业）集团旗下一员，依托集团资源与品牌优势，做客户值得信赖的伙伴和雄厚实力的方案提供商。

江门市安利电源工程有限公司

Anli POWERS

地址：广东省江门市新会经济开发区银海大道6号

邮编：529100

电话：0750-2630178 2630180

传真：0750-2630179

邮箱：7506192880@ 163. com

网址：www. jmanli. com

简介：

江门市安利电源工程有限公司是专业从事大功率变频电源设备的研发设计、生产制造、销售和安装调试一条龙服务的电源设备工程公司。是一家以技术为导向，专注大功率变频电源行业、修造船厂以及港口码头大功率船舶变频岸电行业的高新科技企业。公司本着“专业、专心、专注、专一”的精神，提供技术先进、性能可靠的大功率变频电源设备系列产品、完整的大功率变频电源解决方案及工程服务。

公司总部和生产基地坐落于广东省江门市新会今古洲经济开发区银海大道6号（广东省高新技术开发区）。公司自有工业生产用地十亩，建有现代化园林式主生产车间2 200m²，办公场地1 000m²，配套有产品研发实验中心、大功率负荷试验设备和电能质量分析测试设备等完善的研发和生产设备。公司的产品研发能力、生产制造能力及产品的检测试验手段处于我国同行的领先水平。

目前，公司主要产品有六大产品类别：①单台功率容量由50kV·A～12MV·A大功率变频电源设备系列产品；②单台功率容量由400～4 000kV·A室外移动舱式船舶变频岸电电源设备系列产品；③船舶岸电电缆圈筒和岸电接线箱；④船舶逆变式轴带发电机；⑤大功率并网逆变器；⑥大功率能量回馈式测试电源。对于客户的特殊要求公司可提供个性化的订制产品以及任意功率容量的超级大功率变频电源系统和设备。

理士国际技术有限公司

地址： 广东省肇庆国家高新开发区理士电池工业园

邮编： 526238

电话： 0758-3103299

传真： 0758-3103300

邮箱： domestic@ leoch. com

网址： www. leoch. com

简介：

理士国际技术有限公司始建于1999年，是专门从事铅酸蓄电池的研发、制造和销售的国际化新型高科技企业，于2010年11月16日在香港联交所主板上市（股票代码：00842. HK），是中国领先的铅酸蓄电池制造商及出口商。

理士国际技术有限公司现建有广东、江苏和安徽三个国内区域性生产基地和马来西亚、斯里兰卡两个国外区域性生产基地，拥有肇庆、安徽和江苏三个专门的蓄电池研究开发中心和博士后研究工作站，总占地面积近91万m²。此外，公司还在美国、欧洲、香港及新加坡等地设有销售公司及仓库，产品销往全球100多个国家和地区。

理士国际技术有限公司目前共有员工10 000余人，国内外技术研发人员400余人，生产全系列铅酸蓄电池，包括：AGM阀控式密封铅酸蓄电池，胶体（GEL）电池，纯铅电池，OPzV、OPzS、PzS、PzV和PzB管式极板电池，汽车用蓄电池，摩托车用蓄电池，高尔夫球车用蓄电池及电动助力车用蓄电池等系列产品，年生产能力总和超过2 000万kVA·h。

山特电子（深圳）有限公司

地址： 广东省深圳市宝安72区宝石路8号

邮编： 518100

电话： 0755-27572666

传真： 0755-27572730

邮箱： monicawang@ eaton. com

网址： www. santak. com. cn

简介：

山特电子（深圳）有限公司根植中国30余年，凭借雄厚的技术研发实力，可靠的产品品质，完备、快捷和高效的售后服务体系，得到了国内各行业用户的一致肯定，产品已广泛应用于政府、金融、电信、电力、交通、科研院所、制造业及军队等行业，数以千万的用户正在依靠山特UPS为其设备提供安全、可靠的电源环境。山特于2008年加入伊顿。

汕头华汕电子器件有限公司

地址： 广东省汕头市兴业路27号

邮编： 515041

电话： 0754-88324709

传真： 0754-88630152

邮箱： jay@ huashan. com. cn

网址： www. huashan. com. cn

简介：

汕头华汕电子器件有限公司是创建于1983年11月的汕头华汕电子器件公司经改制后设立的有限责任公司，专业生产和销售半导体器件及芯片。

公司生产用地20 000m²，其中厂房面积10 000m²，现有资产3. 1亿元，专业技术人员占公司员工30%以上。

公司制造和检测设备绝大部分从先进国家和地区引进，高度自动化，技术先进，是国家机电产品出口基地之一，也是广东省确认的高新技术企业，多次荣获信息产业部优秀质量管理小组一等奖，拥有国家外经贸部授予的中华人民共和国进出口企业资格证书和挪威船级社（DNV）颁发的ISO9001质保体系国际认证证书。产品全部采用IEC标准，性能优越，质量可靠。

自1993年以来，先后与韩国三星电子株式会社、美国快捷半导体公司、中国台湾华昕电子股份有限公司和飞利浦公司建立合作伙伴关系。

深圳安固电子科技有限公司

地址： 广东省深圳市龙岗区坂田街道东村十四巷一号

邮编： 518129

电话： 0755-28896787

传真： 0755-28894255

邮箱： andgood@ 188. com

网址： www. andgood. cn

简介：

深圳市安固电子科技有限公司（注册商标：ANDGOOD）成立于2005年6月，是一家集LED照明、LED驱动电源、安防监控电源和车载电源等产品的研发、制造、销售及服务于一体的高科技企业。公司拥有一批在节能高效开关电源领域有丰富经验和技术专长的专业技术人才。为适应 LED 照明事业的发展需要，公司注资 3 300 万元人民币在福建购买了近 50 亩土地投建工业园，并于 2011 年 6 月成立安上（漳州）科技有限公司，工业园投产后将成为现代化的后方生产基地。

公司主要产品有 LED 照明灯具、LED 驱动电源、安防监控系统后备专用电源和城市公交 IC 卡车载读卡机专用电源。

公司产品种类齐全，LED 照明系列主要有路灯、隧道灯、荧光灯、射灯和洗墙灯等；生产的 LED 驱动恒流恒压电源具有高效率、高功率因数和高可靠性等特点。安防监控后备电源是率先在国内考勤门禁系统及监控报警系统中推广应用开关电源的成功案例，其高效节能的特性，合理的结构，稳定可靠的品质，得到客户的广泛赞誉，产品 92% 以出口为主；公司开发生产的城市公交 IC 卡车载读卡机专用电源系列在北京公交、北京地铁、深圳公交及澳门公交等全国各大城市中得到了广泛的应用。

公司所有电源产品符合 CE、UL 安规认证及电磁兼容要求，公司不但有自己研发的众多通用型优良产品，更可以为客户量身定做多款物美价廉的产品，为客户赢得更多利润空间。

公司本着“优良的产品品质，合理的价格，迅速的交期及完善的售后服务”为宗旨，重质量，重人才，重研发，重管理，重服务，力争在本行业中创出优秀品牌和佳绩。

深圳奥特迅电力设备股份有限公司

奥特迅

地址： 广东省深圳市南山区科技园北区松坪山路 3 号奥特迅电力大厦
邮编： 518057
电话： 0755-26520500
传真： 0755-26615880
邮箱： atcsz@ 163. net
网址： www. atc-a. com
简介：

深圳奥特迅电力设备股份有限公司，是大功率直流设备整体解决方案供应商，是直流操作电源细分行业的龙头企业。公司成立于 1998 年，位于深圳高新技术产业园区，是国家高新技术企业，于 2008 年在深圳证券交易所成功上市，公司销售额连续 9 年位居同业前列，公司负责起草或参与制定了多项国家及电力行业标准。

公司“拥有自主知识产权，独创行业换代产品”之理念，致力于新型安全、节能电源技术的研发，创新新型电源技术在多领域的应用，研究开发的多项技术填补国内空白。产品有直流操作电源系列、核电安全电源系列、电动汽车充电站完整解决方案和通信高压直流电源系列。主要应用在电动汽车、通信、核电、智能电网、太阳能储能、水电和风能等新能源领域，如在举世瞩目的长江三峡工程、西电东送工程、南水北调工程、岭澳核电站、大亚湾核电站以及全国规模大的深圳大运中心充电站均有深圳奥特迅电力设备股份有限公司的产品在运行。

深圳辰达行电子有限公司

地址： 广东省深圳市福田区振华路鼎诚国际大厦 3008
邮编： 518031
电话： 0755-82727366
传真： 0755-82727133
邮箱： myj@ szchenda. com
网址： www. szchenda. com
简介：

深圳辰达行电子有限公司成立于 2008 年 3 月，位于广东深圳，是一家专业从事半导体分立器件研发、生产、销售和技术支持的制造商。

公司品种规格齐全，有普通整流、快速恢复、高效率、超快速、肖特基、整流桥以及双向触发、高压、瞬态抑制、开关和稳压等各种系列的二极管/整流桥。所有产品均符合欧盟（ROHS、REACH）标准，可为客户提供量身定制与研发设计的专业服务，并可以提供满足客户需求的无卤素产品。

深圳古瑞瓦特新能源股份有限公司

Growatt powering tomorrow

地址： 广东省深圳市宝安区石岩光明路 28 号
邮编： 518108
电话： 0755-29515888
邮箱： info@ ginverter. com
网址： www. growatt. com
简介：

深圳古瑞瓦特新能源股份有限公司成立于 2010 年 5 月，是一家专注于太阳能逆变器、储能逆变器及其监控系统等新能源设备的研发、生产、销售和服务的国家高新技术企业。公司一直致力于做世界一流的新能源解决方案供应商，为全人类服务。

深圳古瑞瓦特新能源股份有限公司技术团队自主研发的 1 ~ 1 260kW 的全系列光伏并网逆变器、300VA ~ 5kV · A 离网逆变器机型及 3 ~ 100kW 储能逆变器，完全适用于家用屋顶、商业屋顶、地面电站及小型离网系统等光伏电站项目。其中 Growatt 5000 为率先获得国际权威 PHOTON 实验室 A + 评定的亚洲逆变器，Growatt 5000MTL 也率先获得 PHOTON 实验室双 A 评定。Growatt 18000-20000TL3-HE 更是在 2014 年 1 月成功获得 PHOTON 双 A + 评定，效率超过 99%，全球在售商用逆变器中效率排名前列。

公司的逆变器产品先后通过了 SAA、C-Tick、CE、TUV、VDE0126、VDE AR-N4105、G59、G83、ENEL、CEI 0-21、DK5940、EN50438、RD1663、RD1669、EN61727、EN62116、EN50530、IEC62109、IEC60068、IEC61683、

ETL、FCC、NRS 097-2-1、PEA、MEA、CQC、CGC 和 LVRT 等多项国际权威认证和测试，产品已大规模销往澳、欧、美、亚、非和拉六大洲超过 80 个国家及地区，获得全球众多客户的认可和青睐。

公司依托国内外市场的优异表现，先后荣获政府“国家高新技术企业”以及权威机构颁发的”“中国逆变器 10 大品牌供应商”“2012 中国创新成长企业 100 强”“2014 十大创新逆变器企业”“2014 光能杯优秀组串式逆变器供应商”“2015 光能杯优秀组串式逆变器供应商”等多个荣誉称号。

深圳华意隆电气股份有限公司

地址：广东省深圳市南山区西丽镇红花岭工业南区五区三栋
邮编：518055
电话：0755-86000398 86007952
传真：0755-86000571
邮箱：sz@ szhuayilong. com
网址：www. szhuayilong. com

简介：

深圳华意隆电气股份有限公司是一家集研发、生产、销售和服务为一体的专业从事逆变焊割设备制造的高新技术企业，拥有自营进出口权。经过多年的技术创新和品牌经营，公司先后被授予“中国名优品牌”“质量、服务、信誉 AAA 级企业”。目前公司在职员工近 1 000 名，具有雄厚的自主研发、设计和生产制造能力。拥有的和正在申请的国家专利共计 90 余项。并荣获多种奖项。

公司主要产品有：全数字化多功能逆变焊机、逆变直流手工弧焊机系列、逆变手工/氩弧焊机系列、逆变等离子切割机系列、逆变 CO_2 气体保护焊机系列、逆变埋弧焊机系列、数字化脉冲氩弧焊机和数字化单管逆变气体保护焊机系列等 26 大系列，共计 200 余种产品。涵盖了民用型、工业型、数字化和经济型焊机四大类，广泛应用于建筑、桥梁、钢筋架构、火电厂、汽车、造船以及五金加工等各大行业。工程案例遍及全国各地，同时建立物流配送、售后服务中心，及时有效的为客户提供服务与技术保障。

深圳蓝信电气有限公司

地址：广东省深圳市宝安区沙井街道南浦路 531 号汇景源大厦 9 层 E 办公区
邮编：518104
电话：0755-23311001
传真：0755-23068500
邮箱：lxpower809@ 163. com
网址：www. lxpower. com. cn

简介：

深圳蓝信电气有限公司是一家专业从事电力系统操作电源及电力自动化设备研发、生产、销售和服务的创新型高新技术企业。公司的主要产品有：交直流一体化电源、小容量直流电源、多功能直流电源、电力专用 UPS、蓄电池在线监测系统及变电站综合自动化设备，可应用于各级变电站、开闭所、环网柜、柱上开关和箱式变电站等场合。

公司秉承“诚信、创新、专业、共赢”的理念，始终坚持“质量立企，塑造精品，为顾客创造价值”的经营战略。经过多年的积累和发展，公司拥有一批电源及电力自动化领域的技术精英，在国内电源和电力自动化产品等领域占据领先地位，公司产品已达到国内、国际同类产品的领先水平。

公司拥有完整的产品系列，能满足从小容量客户终端到大容量变电站、发电厂的需求。公司自主研发生产的小容量直流电源、多功能直流电源、电力专用 UPS 等产品，具有节约资源、小型化、智能化和高可靠性等特点，获得了广大客户的欢迎和认可，已广泛应用于全国各大电力、铁路、钢铁、煤炭、化工、石油、矿山和交通运输等行业，用户遍及全国各地并出口到海外。

公司在科研和开发方面的投资占年营业额的 10% 以上，拥有先进的研发、测试和生产仪器设备，集中了电源和电力自动化领域优秀的行业专家，并与国内多家科研单位和高等院校建立了良好的合作关系，产品不断创新，目前在智能电网相关领域进行了大量科研并取得了丰硕的成果。

深圳麦格米特电气股份有限公司

地址：广东省深圳市南山区高新区北区朗山路 13 号清华紫光科技园 5 层 A，B，C501-C503，D，E
邮编：518000
电话：0755-86600500
传真：0755-86600999
网址：www. megmeet. com

简介：

深圳麦格米特电气股份有限公司成立于 2003 年，注册资本金 1.33 亿。公司总部位于广东省深圳市高新技术开发区。公司致力于电力电子和工业控制核心技术产品的研发、生产与销售，形成了以智能家电电源、工业电源和工业自动化为三大方向的产品线，并各自推出面向消费品市场的液晶电视电源、变频微波炉控制器、变频空调控制器和智能卫浴；面向工业领域的新能源汽车充电电源、通信电源、医疗电源、新能源汽车定制电源、工业导轨电源、电力电源和 LED 路灯集中供电系统等；以及工业自动化领域的全智能自动焊机、工业微波电源、变频驱动器、伺服驱动器、新能源汽车驱动器和可编程序控制器。所有产品均拥有自主研发的核心知识产权，累计拥有各项专利 200 多项，其中发明专利 40 多件。公司总人数 1 500 多人，其中研发人员 400 多人，2015 年销售收入超过 8 亿。公司是广东省智能电源工程技术研究中心、深圳市技术研究开发中心，2013 年获得了“深圳市知识产权优势企业”称号，2015 年获批建设“窄间隙焊机技术工程实验室”。公司的战略是，以自主知识产权的技术和产品，在电力电子和工控领域的成为全球一流的电气控制与节能领域的方案提供商。

深圳欧陆通电子有限公司

地址：广东省深圳市宝安区西乡街道洲石路 111 号富源工业城 C7. C8 栋
邮编：518126
电话：0755-33857166（20 线）
传真：0755-81453115
邮箱：honor@ honor-cn. com
网址：www. honor-cn. com www. honoto. com

简介：

欧陆通由香港达信（Maxjade）投资创办于 1995 年，目前拥有三大品牌欧陆通、ASPOWER 和 M-ipal。总部位于深圳，并已在美国、韩国、中国台湾、中国香港、北京和杭州等地区成立分公司和办事处 。在深圳和赣州设立工业园，生产占地 25 000m^2，员工 2 800 多人，工厂月产量达 300 万台以上。欧陆通专业研发制造电源适配器、工业电源、快充电源、LED 电源、移动电源、数码配件及智能家居等电子产品，拥有强大研发力量和自主创新能力，是国家高新技术和深圳市高新技术企业。目前，已取得几十项实用新型及外观专利，并拥有数十项自主软件著作权，产品已通过 UL 、CUL 、CE、VDE、GS、CCC、PSE、EK、NOM 、PSB、GOST、BSMI 和 SAA 等认证并出口到世界各地。

公司产业结构及定位：

1）基础产业。欧陆通品牌（HONOTO）——消费类电子设备电源供应器　19 年沉淀的研发技术和生产技术已达到行业领先水平。

2）技术升级产业。ASPOWER 品牌——云计算领域服务器存储器冗余电源及智能家居集中供电系统。

3）商业模式升级产业。M-iPAL 品牌——快充电源、移动电源、数码配件及智能家居产品，开发市场终端需求的时尚且高档的数码产品，建立新时代 B2C、O2O 商业模式。

深圳青铜剑科技股份有限公司

地址：广东省深圳市南山区松坪山路 1 号源兴科技大厦南座 11 楼
邮编：518057
电话：0755-33379866
传真：0755-86329521
邮箱：info@ qtjtec. com
网址：www. qtjtec. com

简介：

深圳青铜剑科技股份有限公司是由剑桥大学和清华大学博士团队创立的国家高新技术企业，专业从事大功率电力电子器件和系统解决方案的开发。

“青铜剑”，谐音“清”同“剑”，代表公司创业团队来自国际一流学府清华大学和剑桥大学。青铜剑，是数千年前中国人民的伟大创造；今天，青铜剑的创业团队立志凝聚清华同剑桥的智慧，打造 21 世纪中国人的高科技产品，铸就科技创新创业的辉煌。

青铜剑科技的研发团队以中央“千人计划”专家为核心，针对新能源发电、新能源汽车、轨道交通、工业节能、智能电网和国防军工等领域推出了 IGBT 驱动器、电流传感器、有源滤波器、电力电子积木和测试平台等系列产品，性能达到国际一流水平，成功打破了国外的技术垄断。

青铜剑科技成立六年来，立足深圳，在北京、上海、南京和青岛设立子公司，构建全国性的布局，实现了跨越式的发展。青铜剑科技入选：中国留学人员回国创业启动支持计划、国务院侨办重点华侨华人创业团队、中国留学人员创业园百家最具创业潜力企业、科技部科技型中小企业技术创新基金、深圳市技术攻关项目、2013 中国清洁技术 20 强、2015 深圳市自主创新百强中小企业、2015 德勤高科技高成长中国 50 强和 2015 德勤高科技高成长深圳 20 强。

创业团队成员入选：中央海外高层次人才引进计划“千人计划”创业人才、深圳市海外高层次人才引进计划“孔雀计划”A 类人才、深圳市高层次专业人才引进计划、第五届中国侨界贡献奖、中国电源学会科学技术奖青年奖、深圳市青年科技奖和深圳市南山区青年创新创业“成长之星”。

深圳市桑达国际电源科技有限公司

地址：广东省深圳市南山区科技园桑达工业大厦 7 楼
邮编：518057
电话：0755-86316420
传真：0755-86316446
邮箱：sales@ sed-ipd. com
网址：www. sed-ipd. com

简介：

深圳桑达国际电源科技有限公司是专业从事可靠、优质环保 LED 驱动电源、客户定制电源、BMS 及锂电池后备电源、BMS 检测仪、光伏控制器、便携式发电系统、家用光伏发电系统和光伏并网逆变器等产品的研发、制造和技术服务的高新技术企业、全国外商投资双优企业、深圳市高新技术产业协会会员单位及中国电源学会会员单位。公司研发、测试设备在国内同行处于领先地位，研发流程管理与项目管理水平与跨国公司全面接轨，现已发展成为可再生能源行业内颇具影响力的企业之一。公司拥有中国新能源电力电子技术专家、教授、博士及资深工程师 20 多人，与清华大学深圳研究院、天津大学、华南理工大学、东南大学和西安理工大学等国内各著名高等院校开展深度合作。与华南理工大学和西安理工大学结成“产学研”战略联盟，共同组建可再生能源联合实验室及研究生实习基地，实现优势互补，促进企业技术创新及产业升级。

公司通过 ISO9001:2008、TS16949:2002 及 ISO14001:2004 体系认证，建立了一套从产品研发、生产、到出货的全过程品质管理体系，产品取得了 CCC、CE、FCC 和 UL 等产品认证证书。

深圳市爱维达新能源科技有限公司

地址：广东省深圳市宝安区沙井街道新玉路北侧圣佐治科技工业园 A3 栋 4 楼
邮编：518104
电话：0755-23123688
传真：0755-23123698
邮箱：hjg@ evadasz. com
网址：www. evadaups. com

简介：

深圳市爱维达新能源科技有限公司为厦门市爱维达电子有限公司控股子公司，爱维达是一家致力于提供全面电源解决方案及电源保护产品的设计、开发、生产和销售的高科技公司，是科技部认定的高新技术企业和市重合同守信用单位。是福建省电源学会常务理事单位，厦门电力电器产业联盟理事单位，厦门光电协会理事单位。承担过八项市科技计划和三项国家重点新产品计划。

作为爱维达在深圳的子公司，从事新能源产品的研发、销售和服务为一体的高新技术企业，公司生产产品有太阳能光伏控制器、风能控制器、LED 驱动电源和各种通信订制电源，覆盖全国各地的 28 个办事处，为用户提供全方位的售前、售后服务体系。

注重客户利益和满足客户的需要是爱维达公司的一贯宗旨，爱维达人以“敬业，诚信，合作，创新”经营理念，为广大用户奉献出优质的产品和服务。爱维达公司将以“成为行业规模化、专业化的制造企业，新技术、新产品的研发中心”为目标，向国际型企业迈进。

深圳市安科讯实业有限公司

地址：广东省深圳市盐田区北山大道北山工业区 5 号楼
邮编：518083
电话：0755-25552808
传真：0755-25558229
邮箱：info@ szaction. com support@ szaction. com
网址：www. szaction. com

简介：

深圳市安科讯实业有限公司成立于 1999 年，是一家集产品研发、生产和销售为一体的高新技术企业。依靠多年积累的行业技术经验和自身强大的研发创新能力，在彩色平板显示领域不断取得突破，现有产品包括数字电视、数码相框、手机、笔记本和电源等。产品主要销往欧美、澳大利亚和亚洲等 20 多个国家和地区。

深圳市安托山技术有限公司

地址：广东省深圳市宝安区沙井镇新沙路安托山高科技工业园 6 栋
邮编：518104
电话：0755-33842888
传真：0755-33923833
邮箱：market@ atstek. com. cn
网址：www. atstek. com. cn

简介：

深圳市安托山技术有限公司是深圳市安托山投资发展有限公司下属的一家致力于逆变器、光伏发电系统和电子电控产品的开发、生产及销售的高科技企业，产品辐射新能源、通信、电力、工业控制及其它高科技领域，属国家高新技术企业和深圳市高新技术企业。公司已通过 ISO9001—2008 质量体系认证和 ISO14001—2004 环境体系认证。

公司位于深圳市沙井安托山高科技工业园内。安托山集团投资 10 多亿元人民币建造的安托山沙井高科技工业园，占地 28 万 m^2，总建筑面积 86 万 m^2，有商住楼 4 栋 13 单元，高标准工业厂房 21 栋，是集工业、研发、商住和商务酒店为一体的大型综合性高科技工业园区。

公司拥有数位国务院津贴的专家，聚集了电力电子、热学、结构、硬件和软件等多学科的一支梯次配置合理的技术骨干队伍，整个团队具有强大的新产品开发和快速响应能力。

公司在设计、工艺和设备等方面均达到国际先进水平，生产工艺机械化、自动化程度高；并配备有一级实验室，引进国际先进检测设备，建立完备的试验、检测系统，确保产品保持国际国内领先水平。产品选用经过长期验证的、高可靠性的元器件，以精细的工艺流程，100% 的受控过程，经过严格完备的测试与评审，制造出高品质和高可靠性的 ATSTEK 精品。

公司本着精益求精的原则，顺应产品绿色潮流，响应人类社会与自然环境的和谐发展，走可持续性发展之道路，在规范的管理体系运行下，以良好的质量，合理的价格来满足专业用户的需求。根据客户提出的产品性能指标，将以优质的解决方案，为客户提供优质的服务。

深圳市倍通检测股份有限公司

地址：广东省深圳市南山区南头关口二路智恒产业园 23-24 栋
邮编：518000
电话：0755-26747751

传真： 0755-26504032
邮箱： christina@ bst-lab. com
网址： www. bst-lab. com
简介：

深圳市倍通检测股份有限公司（股票代码：832172）前身为深圳市倍通科技有限公司，是我国率先开创民族第三方检测、认证专业服务型的高新技术企业。

公司成立于2003年，主要从事电子电器的技术检测服务，目前在国内拥有（上海市倍通检测技术有限公司、东莞市倍通检测技术有限公司和宁波市倍通检测技术有限公司）3家独立法人子公司机构，3家分公司（深圳倍通上海分公司、深圳倍通南山分公司和东莞市倍通检测技术有限公司中山分公司）。

拥有员工总人数300人，拥有化学、安全和电磁兼容等领域的第三方检测机构，取得了欧美、日本及加拿大相关机构的认可，CNAS国家合格评定委员会实验室认可资格和检查机构认可资格，BST倍通检测严格遵循ISO/IEC Guide 65和SO/IEC 17025的要求运作，同时具备中国合格评定国家认可委员会CNAS（L3574/L5034）认可，受ILAC-MRA国际实验室认可合作组织多边互认协议承认。此外，公司还获得香港机电工程署EMSD、UL、Intertek（ETL-SEMKO）、CSA、MET、TüV Rheinland、TüVSüD、SGS、NEMKO、FCC、IC、CPSC、TMICO和California Energy Commission（美国加州能效CEC）等权威机构的认可，BST倍通检测的报告具有法律效力和国际公信力。

公司经过12年的市场化运作，专业化服务，检测数据具有较高的国际公信力，检测报告得到包括欧美、亚洲和日本等很多国家和地区的认可。

12年来，公司致力于在第三方检测、认证服务领域创建具有国际公信力的“中国检测、认证服务”品牌，为中国制造业产品创新、产业升级提供公共技术服务平台，为中国乃至世界各地的产品质量、安全、环保、健康和节能等提供监督和支持。

深圳市比亚迪锂电池有限公司

地址： 广东省深圳市龙岗区宝龙工业城宝坪路1号
邮编： 518116
电话： 0755-89888888
传真： 0755-89643262
邮箱： fu. cejian@ byd. com
网址： www. byd. com. cn
简介：

深圳市比亚迪锂电池有限公司（以下简称比亚迪锂电池公司或公司），成立于1998年，是比亚迪股份有限公司（以下简称比亚迪股份）的全资子公司。2001年，比亚迪股份启用事业部制管理，遂将比亚迪锂电池公司内部命名定为第二事业部。目前，第二事业部拥有深圳、上海、惠州和商洛四大生产基地，下设9个工厂、1个研究所和7个职能部门，拥有员工18 000余人。

公司产品规划由生产单一的锂离子电池，逐渐转向为客户提供全套能源解决方案。

现有产品主要包括铁电池、锂离子电芯、电池Pack和聚合物电池，以及新兴产品电动自行车电池、EV/HEV电池、硅铁模块、UPS、DPS、太阳电池片和太阳电池模组等，主要应用于手机、无绳电话、笔记本、数码产品、电动工具、后备电源、通信设备备电、太阳能路灯及照明设备、电动车船和各类储能电站等领域。

2008年、2009年，公司锂离子电池总销量超过5亿只，在手机电池领域，市占率位居全球前列。

同年，公司确立了以清洁能源为核心的多元化发展道路，公司坚持在发展壮大锂离子电池产品的基础上，用完善的能源方案服务客户。

在完善产品结构的同时，公司同样坚持对生产设备的开发与完善。目前，已拥有核心生产设备自主开发能力，实现了主要设备自动化和半自动化，并逐渐向全自动化生产推进。

公司始终坚持创新、务实的企业文化，坚持技术为王、创新为主，加强产品研发力度、提升装备制造能力，提高公司整体竞争力。公司倡导“家文化”为核心的企业文化理念，为丰富员工业余生活，设立了员工图书室、活动室和宣传栏等文化场所和窗口，举办了丰富多彩的文体活动，如家文化之有奖知识问答、节日礼物发放、员工生日晚会、各种体育比赛和综合性晚会等，让广大员工在工作之余，深切感受到企业的家一般的温暖。

深圳市创容新能源有限公司

地址： 广东省深圳市光明新区恒泰裕工业园5栋
邮编： 518107
电话： 0755-29948998
传真： 0755-29948906
邮箱： sales@ csdcap. com
网址： www. csdcap. com
简介：

深圳市创容新能源有限公司专业生产销售全系列金属化薄膜电容，各种工业大电容、X2安规电容和CBB电容等。公司自2001年创立以来，凭借全套先进的进口设备和精湛的生产工艺以及全面推行国际质量体系，使公司的产品以优异的品质在电力电子行业、新能源汽车、风能发电和太阳能发电等光伏行业，以上乘的服务和具有竞争力的价格赢得了广大客户良好的声誉和口碑。

深圳市东辰科技有限公司

地址： 广东省深圳市宝安区宝城68区留仙二路鸿辉工业区

2 号厂房

邮编：518101

电话：0755-26632038

传真：0755-26633000

邮箱：market@ dctec. com. cn

网址：www. dctec. com. cn

简介：

公司成立于2004 年，注册资本 3 068 万元，是专注于Dctec 品牌高频开关电源的研发、生产与销售的高科技企业。深圳市东辰科技有限公司坚持以服务客户为己任，立足于自主研发，专业从事高频开关电源的定制服务。

公司聚集和培养了大量电源行业的精英，组成了强大的研发、生产、品控和管理队伍。拥有10 000 多 m^2 的研发与生产基地，员工近 300 人。于 2005 年 3 月顺利通过ISO9001 质量体系认证，从 2006 年 3 月开始导入 ROHS 管理体系，多数产品通过了 UL、TÜV、CE 、CSA、CCC、PCT、EK、IRAM 和 NOM 等多项认证，并获得了数十项产品发明专利。

现有 600 余种 AC/DC、DC/DC、DC/AC 客户定制产品的种类和系列，功率覆盖 2 ~ 10 000W 等级，广泛应用于移动通信、网络通信、服务器、金融 ATM、工业控制、医疗设备、高速铁路、新能源以及其它高科技领域。

深圳市飞尼奥科技有限公司

Fineio

地址：广东省深圳市南山区桃源街道大园工业区 7 栋 1 楼

邮编：518052

电话：0755-82838425

传真：0755-82838444

邮箱：benpeng@ fineio. com

网址：www. fineio. com

简介：

深圳市飞尼奥科技有限公司（以下简称飞尼奥）是一家集创新，高新技术，代理贸易为一体的企业，公司成立之初为德国 INF INEON 代理商，INF INEON 中国区第三方设计公司及战略合作伙伴，公司拥有国内顶尖的自主研发设计方案，包括家电、工业加热和直流电动机等，客户覆盖全国 20 多个省市主要城市。有优秀工程团队及销售团队，能为客户提供全方位的更加贴心的配套服务。

深圳市港特科技有限公司

港特科技 KTRANSFORMERS

地址：广东省深圳市宝安区松岗街道燕川社区广田路永建鸿工业园 2 栋

邮编：518105

电话：0755-29095011 29095012 29095055

传真：0755-29095058

邮箱：ktt@ kttchina. com

网址：www. kttchina. com

简介：

深圳市港特科技有限公司具有 10 余年丰富的变压器研发、生产经验的积累，已成为电源行业知名的优质供应商，公司始终坚持“诚信是企业的生命，创新是公司的灵魂”企业发展理念。公司引进了先进的生产与检测设备，以完善的品质管理，严格的生产工艺要求以及优质的售后服务，更以专业的技术研发使之不断地创新突破。

深圳市皓文电子有限公司

HAWUN 皓文电子

地址：广东省深圳市南山区西丽学苑大道 1001 号智园 A5 栋 5 楼

邮编：518055

电话：0755-26805439

传真：0755-26696592

邮箱：cherry. chen@ hawun. com

网址：www. hawun. com

简介：

深圳市皓文电子有限公司是一家专业从事开关电源及各类功率变换产品设计、生产和销售的企业。2010 年通过ISO/GJB9001 质量体系认证，并属于国家高新技术企业。产品广泛应用于军工、铁路、通信、工业控制及新能源等领域。

公司经过多年的技术积累，拥有高素质的专业设计团队和先进的技术开发平台。设计和生产的电源具有高可靠、高效率、高功率密度、宽范围、高电压输入和系列化等特点，能与国际主流电源厂商竞争，并在国家多个重点项目上批量生产装备，达到国内外领先水平。公司还可根据客户的定制要求，在成熟的标准品技术平台上，为客户提供经济、快速的个性化设计和服务。公司经过自身不断创新，努力成为提供高端开关电源产品和服务的领先供应商。

深圳市核达中远通电源技术有限公司

VAPEL

地址：广东省深圳市南山区桃源街道留仙大道 1268 号众冠红花岭工业北区 1 栋

邮编：518055

电话：0755-26515709

传真：0755-26515601

邮箱：wangyong@ vapel. com

网址：www. vapel. com

简介：

深圳市核达中远通电源技术有限公司隶属广东核电集团，是国家核准认定的高新技术企业。20 多年专业致力于VAPEL 品牌高频开关电源的研发、生产和销售。公司已通过 ISO9001 国际质量体系认证、ISO14001 国际环境体系认证和TS16949汽车质量体系管理认证。是北汽福田、海马、宇通、长春一汽、长安汽车、华为、中兴、诺基亚、爱立信和惠普等国内外知名企业的优秀供应商。

总部设在深圳，拥有80 000多m^2的开发和生产基地。现有员工1 700多人，400多名的研发队伍，具有强大的新产品开发和快速响应能力。电源通过UL、TÜV、CE、CSA、CCC和TLC等国内外的产品安规认证，其中TÜV达到ACT水平，UL达到CTDP水平。现有8 000余种AC/DC、DC/DC和DC/AC标准产品、非标准产品及客户定制产品的种类和系列，广泛应用于新能源、通信、电力、工业控制、仪器仪表、医疗、铁路和军工等其它高科技领域。自主研发设计的电动汽车交直流智能充电桩满足低速车、乘用车、物流车、大巴车和装备车等所有车型和各种充电方式。模组化全系列宽电压车载充电机、车载转换电源，满足所有电动汽车车载充电机应用和所有车型的电源转换。是国内公司规模全面的电动车电源厂家。

深圳市坚力坚实业有限公司

CHNKONGFU®

地址： 广东省深圳市宝安区沙井街道蚝乡路教师村3栋102室
邮编： 518104
电话： 0755-27722489
传真： 0755-27722739
邮箱： sz27727887@126.com
网址： www.china-jlj.com
简介：

自主研发系列高效开关电源厚膜集成电路。自置半导体封装设备，产能为每月28万片。涵盖PFC、BUCK、BOOST、RD、PP、BTL和SR等拓扑，供电源整机选配。

深圳市捷益达电子有限公司

Jeidar® UPS systems

地址： 广东省深圳市宝安区固戍东方建富愉盛工业园12栋2楼
邮编： 518126
电话： 0755-26696338
传真： 0755-26811099
邮箱： jeidar@163.com
网址： www.jeidar.com
简介：

1993年成立的深圳市捷益达电子有限公司，是集研发、生产、销售和服务为一体的电源专业制造商，获得中国政府认定的国家高新技术企业、深圳市高新技术企业、深圳市双软企业和深圳市自主创新企业称号。

公司在中国多个省市建立了办事与服务机构，并在海外多个国家建立了品牌经销商和服务商。具备年产电源15万台的生产能力。目前，产品有商用UPS电源、工业用UPS电源、通信用逆变电源、光伏并离网逆变电源、电力专用UPS电源、蓄电池及动环监控产品。23年来，公司产品以先进的技术、高可靠的品质、高性价比以及突出的服务，赢得了各行业用户的好评。

公司在持续推动品牌建设的战略下，以自主创新，掌握产品的核心技术，走国际化、标准化及规范化的管理之路；在产品的研发和制造上，公司始终围绕着："高可靠的根本理念"，采用国际先进技术和制造工艺精益求精。

公司以客户为至尊，珍惜所有为企业付出努力的员工，以及与企业一起携手合作的伙伴。

"真诚、互信、沟通、合作"，深圳市捷益达电子有限公司愿与客户携手同行！

深圳市金顺怡电子有限公司

地址： 广东省深圳市南山区西丽镇官龙工业区东区A15号
邮编： 518055
电话： 0755-26749900
传真： 0755-26749903
邮箱： plan@szjsy.com.cn
网址： www.szjsy.com.cn
简介：

深圳金顺怡电子有限公司创立于1995年8月。专业化生产各类型的电子变压器、电源变压器、电抗器和电感等，应用于光伏逆变器、UPS、EPS、逆变电焊机、电力操作电源和高频智能开关电源等电子产品。

公司具有丰富的制造特种变压器的经验和完善的生产工艺为保证。能够完全达到欧盟的ROHS要求。测试手段齐全。技术力量雄厚，产品质量可靠。深得广大客户的信赖。公司每年给世界500强企业艾默生提供大量的变压器、电感和电抗，凭借可靠的品质，工艺手段，已成为艾默生、华为、山特和科华等最忠实的供应商。

深圳市金威源科技股份有限公司

Goldpower

地址： 广东省深圳市坪山新区大工业区聚龙山片区金威源工业厂区A栋1-3层，B2栋1-5层
邮编： 518101
电话： 0755-83433146
传真： 0755-29799837
邮箱： cehua@gold-power.com
网址： www.gold-power.com
简介：

深圳市金威源科技股份有限公司是全球领先的电源解决方案服务商，具有高度自主知识产权的高科技信息核心骨干企业，集产品研发生产及销售为一体，拥有世界领先的产品研发平台、可靠性测试平台和现代化自动生产制造

平台。针对通信、太阳能绿色环保、汽车应用电子和新能源领域形成了六大核心产品系列，标准通信电源、远供电源、高压直流电源、太阳能光伏、LED电源和汽车充电控制电源，产品广泛应用于通信、电力电子、自动化控制、铁路、军工、医疗、LED、太阳能发电和汽车充电控制系统。客户遍布欧美、日本、印度、中东、巴西和非洲等国家和地区。

凭着快捷，创新，卓越，为用户增值的经营理念，为全球用户提供完善的电源解决方案。已成为中国移动、中国电信、中国联通、Indonesia PT. TELKOM、India Reliance、华为、中兴、京瓷、阿朗、大唐电信和国内外著名企业的优选服务商。

公司为客户在特定领域或行业提供创新性、个性化的解决方案和产品服务，快速的、准确地为客户提供产品技术支持，提供全方位、多元化的解决方案，高效全面地为用户服务。

深圳市金元电子技术有限公司

地址： 广东省深圳市宝安区松岗街道罗田第三工业区象山大道462号浦京华茂工业园

电话： 0755-88210315-823

传真： 0755-88210211

邮箱： lyxj. 888@ 163. com

网址： www. ucon100. com

简介：

深圳市金元电子技术有限公司成立于2003年9月，经过八年艰苦卓绝的研发与不断创新，在长期从事军用铝电解电容研发与生产的不断总结的基础上，对从德国、日本、意大利和韩国引进的先进设备与一流技术进行了充分吸收、消化和革新，于2011年在中国深圳建成投产了国内一流、世界先进的年产量为2 000万颗新能源、变频节能专用的螺栓型、焊针（片）型铝电解电容器生产线。产品性能与质量达到世界一流同行的先进水平，完全可以全部替代进口。金元在对新能源、变频节能专用螺栓型铝电解电容器进行全面开发与研究的基础上，对其专用材料进行了开发与研究，并且成功开发出新能源、变频节能专用螺栓型铝电解电容器专用的高压化成铝箔与高压长寿命耐大纹波电流的电解液专用电解质，为在新能源、变频节能专用的螺栓型铝电解电容器领域全面赶超世界一流水平打下了坚实基础。掌握核心技术，制造世界一流的节能原件，为节能减排多做贡献，是金元公司的企业价值，也是金元人不断奋斗的目标。

金元公司U-CON品牌的高品质螺栓型铝电解电容器在各个领域得到广泛应用，并为中国的国防建设做出了自己的努力。U-CON品牌的高品质螺栓型铝电解电容器主要应用于新能源领域（风能发电系统、光伏发电系统等新能源发电系统）、清洁能源应用领域（高铁、混合动力汽车和纯电动汽车等清洁能源运输系统）、节能设备等工业应用领域（变频器、频闪器、储能焊机、激光焊机和UPS和EPS等工业储能设备）、医疗领域（X光机、MRI机、美容仪、生命监护系统和医疗检查系统），U-CON品牌的高品质螺栓型铝电解电容器得到用户的一致好评，正在完全替代进口品牌。

深圳市巨鼎电子有限公司

地址： 广东省深圳市宝安区宝田一路231号凤凰岗第三工业区B5栋5楼

邮编： 518102

电话： 0755-26974799

传真： 0755-26974522

邮箱： sales@ judingpower. com

网址： www. judingpower. com

简介：

深圳市巨鼎电子有限公司是一家专业的高频开关电源制造商，成立于1998年，一直专注于开关电源的研发、生产、销售与服务，致力于为客户提供高品质的、高可靠的电源产品和完美的电源解决方案。

公司的产品包括AC/DC一次电源、DC/DC二次电源、ADAPTER适配器电源、DC/AC逆变电源、PFC功率因素校正电源及UPS不间断电源等六大系列，1 000多种标准与非标电源产品，单机电源功率涵盖0.5～5 000W。

目前，公司产品在国内电子检测设备和银行监控等应用领域处于领先地位，其中集中供电电源成为入围多家银行监控工程的产品。

“高质求生存，低价赢客户，优服促发展”是公司的经营宗旨。制造高品质、高可靠性的电源产品仅仅是公司迈出的第一步，为每一个客户提供完美的电源解决方案才是公司的最终目标。

深圳市科陆电源技术有限公司

地址： 广东省深圳市南山区科技园北区宝深路科陆大厦21楼电源公司

邮编： 518055

电话： 0755-36901166

传真： 0755-26632050

邮箱： wangwencheng@ szclou. com

网址： www. szclou-power. com

简介：

深圳市科陆电源技术有限公司（以下简称科陆电源），是一家专业从事电力电源产品（直流操作电源设备、不间断UPS电源设备、电力用直流和交流一体化不间断电源设备、电力专用电源设备等）的研发、生产、销售与服务的公司。成立于2005年，其前身是深圳市科陆电子科技股份有限公司的电源事业部。

深圳市技术有限公司自成立以来，紧密依托高新技术，以发展民族工业为己任，创造国际品牌，永居电力行业高峰为目标，得以持续快速发展；其产品先后在1 000 MW及以下的发电行业、750 kV及以下等级的变电站行业，以及在轨道交通、石油化工和水利行业都得以广泛的应用。产品具备的技术先进性、安全可靠性、易操作性、抗干扰性、可扩展性、开放性和适用性的特点，得到了广大用户的一致好评。

目前，公司拥有几十项国家专利及软件著作权，其电力电源产品全部具有自主知识产权，使用“科陆”商标。

深圳市科陆电源技术有限公司是中国电源学会、全国电力系统直流电源委员会委员单位；也是广东省电机工程学会交直流电源专业委员会常务委员会委员。

深圳市科陆电源技术有限公司的愿景是“打造世界领先能源服务商”。

深圳市库马克新技术股份有限公司

CMK
Cumark New Tech.

地址：广东省深圳市宝安区石岩镇宏发工业园三栋二楼

邮编：518108

电话：0755-81785111

传真：0755-81785108

邮箱：business@ cumark. com. cn

网址：www. cumark. com. cn

简介：

深圳市库马克新技术股份有限公司成立于2001年3月19日，注册资本5 740万，证券代码831251。公司专注于能源管理和工业自动化产品的研发、生产和销售。公司依靠其优异的电力电子及自动化控制技术和多年积累行业应用经验，根据各行各业工艺需求，为工业级用户提供高效可靠的自动化及能源管理完整解决方案。

公司主要产品有高压变频器、低压变频器、防爆变频器和电力滤波器等；主要服务于装备制造业、节能环保和新能源三大领域，产品广泛应用于起重、机床、金属制品、电线电缆、塑胶、印刷包装、纺织化纤、建材、冶金、煤矿、市政和汽车等行业。

公司是一家专注于电力电子和自动化控制技术研究的国家高新技术企业。目前，拥有自主知识产权的工业自动化控制技术，掌握了高性能矢量（闭环、开环）变频技术、PLC技术和防爆变频器等核心平台技术。截至2014年12月31日，公司拥有已获证书的专利24项，各种技术资格或荣誉42项；公司拥有一支人数众多，经验丰富，技术领先的研发团队，专门从事核心平台技术的研究、应用技术的研究和产品的开发。

深圳市华天启科技有限公司

华天启 科技工业

地址：广东省深圳市松岗镇罗田井山路14号

邮编：518105

电话：0755-27103658

传真：0755-81732210

邮箱：szhuaqi@ 163. com

网址：www. huatianqi. com

简介：

深圳市华天启科技有限公司是一家民营高新科技企业，专业从事有机胶粘剂产品的开发，生产和销售。公司产品类型有粘接密封类胶粘剂、敷形类胶粘剂、灌封类胶粘剂和导热类胶粘剂等。产品囊括了单组份室温硫化硅橡胶、双组份室温硫化硅橡胶、双组份加成型硅橡胶、导热硅脂（散热膏、传温油）、有机硅树脂和环氧树脂灌封胶等胶粘剂。主要应用于电子，电器，通信，IT，灯饰，汽车，航空等领域。随着全球电子电器及IT电路高集成、高精密的发展，对其相应配套的化工材料提出了更高的要求。为满足其要求我公司在原材料采购，产品测试，产品批量生产，产品销售以及售后服务都严格按照ISO9001质量管理体系执行，确保了产品的稳定性和可靠性。在产品研发方面不断加强同国内多家知名的研究所及大学开展合作，拥有独立的3个实验室和检测中心。雄厚的技术实力，完善的生产销售管理，先进的生产工艺，齐全的检测手段使我厂产品有了坚固的质量保证，并不断扩展产品应用领域。

一直以来，“华天启”都怀着一颗感恩的心，怀着冷静的思考，怀着一种深刻的行业责任，并以这种专业而锐意进取的精神创造出优质、安全、高效的产品回报给社会。

深圳市南方默顿电子有限公司

Erdn

地址：广东省深圳市宝安区松岗街道东方社区大田洋工业区东方华丰工业园（华美路段）D栋4楼1号

邮编：518105

电话：0755-27143393

传真：0755-27143830

邮箱：merdn@ merdn. com

网址：www. merdn. com

简介：

深圳市南方默顿电子有限公司是一家自研发、生产、销售到售后服务一体化的专业UPS生产制造公司。公司一贯秉承“品质第一，客户至上，追求卓越”的经营理念与奋斗目标，长期致力于科技研发与技术创新，给消费者提供更合适的产品。完整的系统技术，优异的产品品质，给客户提供完整的电力解决方案。

公司生产基地坐落于经济优越、科技领先的广东深圳。公司品牌与OEM并行，在印度、泰国和日本等地都有很好的品牌知名度与市场占有率，并为各国知名品牌OEM生产。

公司生产通过了ISO9001国际质量管理体系认证以及ISO14001国际环境体系认证，所生产的UPS产品也通过了CE、CQC等产品品质认证，未来的深圳市南方默顿电子有限公司更会致力于技术的创新与服务的提升，援引学术高端科技与力量，奔向国际电源行业新标航。

深圳市帕瓦科技有限公司

地址： 广东省深圳市龙岗区龙西社区宝鹰工业园 B 区 C 栋 2 楼

邮编： 518116

电话： 0755-28968700

传真： 0755-28968689

邮箱： root@ szpower-tech. cn

网址： www. szpower-tech. cn

简介：

深圳市帕瓦科技有限公司是专业从事电源及节能设备研发、制造和销售的综合性高科技企业。公司产品已在市政、金融、医疗和广播电视等需要高品质电源的领域，深受广大客户的青睐，自 2006 年成立以来，先后获得“电源学会会员单位”“高新技术企业”等荣誉称号。

公司科技运用丰富的电能效率管理经验及现代化的电能损耗诊断分析手段，从低压电网侧入手，对客户的电效和降耗的管理结构、配电系统、动力设备、照明系统以及产品流程等方面，进行系统的综合性分析和诊断，为客户提供系统的电能损耗现场诊断和分析评估，从而帮助客户有效地降低电能消耗和设备故障率，提高产品品质和设备利用效益，降低直接和间接运作成本，提升企业的盈利能力和市场竞争能力。

公司的企业目标：“提升电能质量”和“降低用电成本”。

公司的服务承诺：“让我们尽心尽力，让客户称心如意”。

深圳市鹏源电子有限公司

地址： 广东省深圳市福田区新闻路侨福大厦 4F

邮编： 518034

电话： 0755-82947272

传真： 0755-82947262

邮箱： sales@ szapl. com

网址： www. szapl. com

简介：

深圳市鹏源电子有限公司是一家专业为新型能源产品提供核心电子零件的代理商，既提供包括各类 IGBTs、MOSFET、快速二极管、整流桥、晶闸管、碳化硅二极管和场效应管和控制 IC 等关键的半导体器件，也提供薄膜电容器、铝电解电容器和滤波器等产品，能为功率变换的各个环节提供关键的元器件。

公司拥有专业的销售工程师团队，能为客户提供准确、高效和经济的元器件方案，让客户的设计处于业界前沿。在通信电源、UPS、电力电源、变频器、电焊机、风能、太阳能和 SVG 等领域，公司都有成熟和领先的元器件方案，能有效地减少工程师挑选元器件的时间，缩短产品开发的周期。

产品众多、现货充足是公司的优势之一，无论是跨国企业还是国内厂家，都能得到公司迅速、可靠和专业的服务。

公司代理的产品包括 IXYS、Westcode、CREE、icel、Panjit、CET、NEM、Wavefront 和擎力科技等，服务的客户包括 Emerson、SIEMENS、GE、Philips、中兴通讯和中国南车等。公司致力于为客户提供一站式的服务，是电力电子行业首选的供应商。

深圳市锐能微科技有限公司

地址： 广东省深圳市南山区海天一路 13 号深圳市软件产业基地 5B-401

邮编： 518057

电话： 0755-86221680

传真： 0755-26400023

邮箱： wuxiaoli@ renergy-me. cn

网址： www. renergy-me. cn

简介：

深圳市锐能微科技有限公司成立于 2008 年 5 月，是一家高科技半导体技术公司，专业从事集成电路的研发、生产和销售。具有完整的集成电路设计队伍，公司现有员工 66 名。公司属国家高新技术企业，深圳市高新技术企业，国家软件企业和集成电路设计企业，为深圳市半导体行业协会会员单位，深圳市软件行业协会会员单位，软件企业及软件产品认定企业。2012 年及 2013 年连续两次通过了国家发改委等五部委的“国家规划布局内重点集成电路设计企业”认定。

深圳市瑞必达科技有限公司

地址： 广东省深圳市宝安区福永桥头富桥二区北 A3 栋

邮编： 518103

电话： 0755-33850600

传真： 0755-29912756

邮箱： guoguiyuan@ rbdpower. com

网址： www. rbdpower. com

简介：

深圳市瑞必达科技有限公司成立于 2006 年，是瑞达国际全资子公司，专业从事各类开关电源、充电器等相关产品研发、生产、销售及服务于一体的公司。拥有一流的生产、检测、试验设备及仪器：采用全自动开关电源测试系统、AT 插件机、贴片机、波峰焊、回流焊、AOI、RoHS 光谱分析仪、EMC 测试系统、环境试验箱、高温老化房和数据采集一等先进生产和检验设备。为产品的优良品质提供了有效保证，公司生产的系列电源，已广泛地应用于航空航天、电信、电动车、医疗、多功能家具、体育娱乐设备、工厂设备及 LED、电动工具等领域。工厂已通过了 TÜV ISO19001—2000 质量体系认证，产品通过了 TÜV、CB、CE、UL、FCC、PSE、C-Tick、Gost、CCC 和能源之星等质量安全认证，产品销往欧洲、美洲和大洋洲等 40 多个国家和地区。

深圳市瑞晶实业有限公司

深圳市瑞晶实业有限公司

地址： 广东省深圳市南山区西丽镇丽山路民企科技园 3 栋 6 楼
邮编： 518055
电话： 0755-88860609
传真： 0755-26515068
邮箱： zhen. xiuping@ rjsz. net
网址： www. rjsz. net

简介：

深圳市瑞晶实业有限公司成立于 1997 年，是一家集科、工、贸于一体的民营股份制企业，坐落于深圳市内著名的大型工业区——西丽红花岭工业区，毗邻深圳著名学府——深圳大学城，以及西部风景旅游点：西丽湖度假村、动物园等。工业区内配套完善，交通十分便利。

目前，公司主要从事开关电源类产品的研制、开发和生产。现公司拥有 10 000m^2 生产平台，1 000 名员工和一批专业技术骨干，生产装配线 20 条及 4 台 SMT 自动贴片机，各种专业电子测试仪器，信赖性测试设备，及可同时 BURN—IN 7200pcs 的老化室。日平均产能 35 k，峰值产能可达到 50 k。2005 年的年产值已超过亿元大关。

1999 年开始公司为国外内主流通信设备及相关厂商提供各类规格的开关电源、工业电源和 LED 驱动电源。主要客户包括深圳中兴通讯股份有限公司、福建星网锐捷通讯股份有限公司、德赛电子（惠州）有限公司和韩国 LG 等大型厂商。

2006 年中国电子科技集团公司（CETC）第九研究所（原信息产业部电子九所）与公司合资合作，资产整合后注册资本为 959 万元，现今公司是国有控股的军转民形式的股份制科技企业，依托于九所这一强大技术后盾，致力于发展成为国内一流的电源产品研制，生产，销售一体化的专业公司。

2009 年，深圳市瑞晶实业有限公司成为深圳市 LED 产业标准联盟核心会员单位（该联盟是深圳市计量院与标准局牵头创建），积极参加深圳市 LED 产业标准的制定工作，并已成为深圳市有关 LED 产业中电源产品的核心生产厂家。

深圳市三和电力科技有限公司

三和电力科技
SANHE POWER TECH

地址： 广东省深圳市南山区西丽镇官龙村第二工业区 6 号厂房 1-3 楼
邮编： 518000
电话： 0755-26749992
传真： 0755-26749991
邮箱： samwha2002@ vip. 163. com
网址： www. samwha-cn. com

简介：

深圳市三和电力科技有限公司是一家立足于深圳的高科技企业，主要从事以电力节能为中心的高科技产品的研发、制造，同时与大专院校联合承担科研开发课题。凭借多年的研发和生产经验，公司在无功补偿、滤波方面积累了丰富的经验，多项技术引领行业发展。公司受国家委托参与了多个国家行业标准的起草和制定工作。

公司的核心技术：供电系统的无功补偿技术和智能型控制；供电系统高、低压谐波治理；供电系统的稳定性分析；电容器装置的安全运行；柔性输电技术 SC、SVC、SVG、APF 和 UPFC 系统。稳定的产品质量，专业化的咨询，一流的服务，使公司迈向新的高度。

深圳市实润科技有限公司

地址： 广东省深圳市福田区彩田路中银大厦 B 座 9A-9E 室
邮编： 518026
电话： 0755-83517155
传真： 0755-82468308
邮箱： alex@ sprintek. com. cn rafael@ sprintek. com. cn
网址： www. sprintek. com. cn

简介：

深圳市实润科技有限公司是一家专业的电力电子器件代理商。以“成就你我”的心为来自全球的电子元器件生产厂家和中国的设计工程师们架起一座畅通的“桥梁”，一直致力于产品线和新项目的推广是公司不断发展的基石。依托中国和深圳地区近 30 多年的高速发展，现已成为中国工业领域值得信赖的合作伙伴。公司的产品线包括：高压硅堆、整流二极管、快恢复二极管、肖特基二极管、桥式整流器、三相整流桥、IGBT 单管、MOSFET 单管、整流二极管模块、快恢复二极管模块、肖特基二极管模块、晶闸管模块、三相整流模块、隔离光耦、驱动光耦、高速光耦、IGBT 模块、MOSFET 模块、电流传感器、电压传感器、IGBT 驱动器、安规电容、电解电容、薄膜电容器和电力薄膜电容。

在科技与市场日新月异的今天，公司将不断地扩展更多的产品线，挖掘更新的市场机会，与供应商和客户伙伴一起成长。积累成实，润泽万物，成就你我。

深圳市思凡贝特科技有限公司

贝特科技

地址： 广东省深圳市光明新区公明汉海达高新科技园 C 栋

8 楼

邮编：518106

电话：0755-27639970

传真：0755-27639971

邮箱：307241364@ qq. com

网址：www. safebata. com

简介：

德国贝特国际集团是一家致力于 UPS 不间断电源、逆变电源、清洁能源和阀控免维护电池等技术领域，集研发、生产、销售和服务于一体的全球电源领导厂商，其卓越的产品品质、创新的技术以及完善的售后服务体系都已成为业界的标准。

德国贝特国际集团在全球拥有国际先进的生产和检测设备，以及完整的销量网络和售后服务体系。其产品销售及服务网络遍布全球，广泛应用于通信系统、电力系统、金融系统、紧急供电系统以及安全系统等。德国贝特 UPS 不间断电源是值得依赖的国际知名品牌产品，在国际上被誉为“全球电源解决之道”的专业电源解决方案专家。

深圳思凡贝特科技有限公司依托德国贝特国际集团的先进技术、品牌销售和服务网络，设计生产的贝特品牌产品采用国际上更为先进的设计理念。公司产品具有更长的使用寿命及稳定可靠的卓越品质，是保护网络设备稳定运行的首选品牌。公司研发和生产的所有产品都有严格的质量保证，符合 ISO9001 国际标准。

公司凭借 20 多年的专业经验和对行业发展的敏感预测，不断投入新技术、新应用和新概念的研发，不仅提高了产品的可靠性，而且随着新技术的应用降低了产品的成本，大大提升了产品的性价比，得到更为广泛的市场认可。

公司致力于为客户提供全方位的专业电源管理服务，以及一体化的动力系统解决方案。公司注重硬件的研发，设计开发的专业管理软件更具有强大的兼容性，可以应用于多种操作平台，使系统管理更为简捷及时，令管理人员真正体会到“运筹帷幄，决胜千里”之感。

深圳市威日科技有限公司

地址：广东省深圳市龙华新区大浪街道英泰工业园 5 栋三楼 A 区

邮编：518109

电话：0755-28133003

传真：0755-29787957

邮箱：vr2008@ 126. com

网址：www. weiri. net. cn

简介：

深圳市威日科技有限公司/深圳市兆伟科技开发有限公司位于深圳宝安区龙华二线拓展区内，是以开发生产电子元件检测仪器和元件数控自动生产设备为主的高科技型公司。现公司有 9 大类别 30 余种型号产品：精密 LCR 测试仪、精密直流电阻测试仪、变压器综合参数测试仪、直流叠加程控恒流源、磁性材料功耗测试仪、绝缘耐压安规测试仪器、无刷电机程控绕线机、CNC 自动排线式绕线机和无刷电机数控驱动器，公司还正在研制开发电容纹波测试仪、精密电解电容测试仪、高频功率计和开关电源综合参数测试仪等新产品。公司所投产的所有产品都要收集国内外最新的相关产品进行详细研究，综合各家之所长，并加上本公司独创的电路及根据从广大用户收集来的意见改进的电路。形成既有先进性又符合用户需求的独创产品。

深圳市西格玛泰变压器有限公司

地址：广东省深圳市宝安区石岩街道办光明路 36 号西格玛泰工业大厦（石岩汽车站后侧，泉宝工业区）

邮编：518108

电话：0755-29827108

传真：0755-29827008

邮箱：cgsb1@ szxgmt. com

网址：www. szxgmt. com

简介：

深圳市西格玛泰变压器有限公司成立于 2003 年 6 月 28 日，专业从事高低压空芯电抗器\高低压铁心电抗器\各类干式变压器的研发、设计、制造、营销和技术服务。公司现有员工 100 余人，厂房 4 300 m^2，经营管理和工程技术人员全部具备大专以上学历或中级以上职称，部分人员从事本行业超过 19 年。公司与华中科技大学、厦门大学和沈阳变压器研究所长期进行技术合作。公司空芯电抗器的研发、制造处于国内行业前列。公司产品已销京、津、沪、渝等到 20 多个省、市、自治区和港、澳、台、加拿大、澳大利亚、西班牙、阿联酋、意大利和新加坡等国家与地区。

公司成交客户超过 400 户，已为艾默生电气、清华紫光、科陆电子、骆驼股份等多家上市公司供应各类电抗器、变压器 30 余万台套。公司自行设计、制造的变压器，配套客户产品安装在人民大会堂和钓鱼台国宾馆，已安全、高效运行 9 年。

深圳市希顺有机硅科技有限公司

地址：广东省深圳市光明新区塘家社区塘家南路 A28 号

邮编：518000

电话：0755-29596265 13823101696

传真：0755-29596296

邮箱：liuhuafang@ sisun. cn

网址：www. sisun. cn

简介：

深圳市希顺有机硅科技有限公司是一家研发、生产和销售电子胶黏剂的国家高新技术企业，公司成立于1999年，产品以有机硅胶粘剂为主导，配套有环氧胶、塑料胶、快干胶、UV胶、厌氧胶及多种特殊胶粘剂，产品广泛应用于电源工业制造领域。

公司总部设在深圳，在成都，上海，浙江等全国多地设置分公司或分支机构，业务范围遍布全球。

目前，公司与康佳、TCL、JVC、三星、伟创力、富士康、华龙、九洲、阿特斯、长城电源、珈伟、湖南兴业、冠德、富华、佛山照明、生辉照明、立达信和南玻集团等国内外知名企业建立了长期合作伙伴关系，是中国电子电器、照明、太阳能和汽车制造业用胶粘剂供应商之一。

深圳欣锐科技股份有限公司

SHINRY 欣锐科技

地址： 广东省深圳市南山区学苑大道1001号南山智园C1栋14层

邮编： 518055

电话： 0755-86261588

传真： 0755-86329100

邮箱： evcs@ shinry. com

网址： www. shinry. com

简介：

深圳欣锐科技股份有限公司成立于2005年，是以新能源汽车产业为核心业务的国家高新技术企业，是国家科技部863项目和国家发改委战略性新型产业项目的主承接单位。拥有汽车级TS16949体系认证标准的规范化工厂，为客户提供高效率、高功率密度、智能化和高可靠性的电力电子解决方案，产品服务全球。

公司自2006年初进入新能源汽车产业，拥有车载电源原创性核心技术的全部自主知识产权。在车载电源（DC/DC变换器、车载充电机）和大功率充电领域积累了丰富的研发及产业经验，拥有业界领先的研发创新能力及工程制造能力，产品技术居全球领先水平。公司的车载电源配套了国内外众多车型，国内主流车型覆盖率达80%，直接促进国内新能源汽车行业朝产业化方向发展，并逐步成为全球性的车载电源和大功率充电解决方案提供商。

公司秉承锐意进取、特设服务的理念，通过频繁的国际交流开拓全球化专业视野。以卓越的产品创新理念，为行业客户提供专业价值服务，致力于成为全球领先的电力电子企业。

深圳市新能力科技有限公司

新能力SINOLY

地址： 广东省深圳市宝安区新安街道留仙一路67区甲岸科技园3号厂房6楼（北区）

邮编： 518000

电话： 0755-83409828

传真： 0755-83417632

邮箱： sinoly@ sinoly. com

网址： www. sinoly. com

简介：

深圳市新能力科技有限公司成立于1999年5月，一直以来致力于大功率高频开关变流技术及计算机控制技术的研究、开发和生产。是国家科技部、财政部、深圳市科技局和财政局重点扶持的高科技企业。

公司产品现包括电力高频开关电源模块、微机高频开关电源监控器、智能电力参数仪表、智能电度表、电能质量谐波分析仪表、电力操作电源小系统、BZW系列壁挂电源和GZDW微机控制高频开关直流系统。并分别通过了电力工业部电力设备及仪表检测中心和国家继电器检测中心的严格检验。

公司秉承“创新、合作、服务、双赢”的经营理念，坚持“全员参与，制造优质产品，持续改进，满足客户需求”的方针，坚持“求实创新，质量第一；用户至上，服务社会”的服务宗旨，以可靠的质量，优良的性能，互惠的价格，殷实的服务，与社会各界广大用户同发展、共进步。

深圳市兴龙辉科技有限公司

GD GOLDEN DRAGON

地址： 广东省深圳市龙岗区横岗镇西坑村西湖工业区19栋

邮编： 518002

电话： 0755-89737829 89737228 89737666

传真： 0755-89737108 89737118

邮箱： admin@ unitefortune. com

网址： www. gd-battery. com

简介：

深圳市兴龙辉科技有限公司成立于1998年，是一家专门从事设计、制造镍氢电池、锂电池和聚合物电池的生产企业。产品广泛应用于数码/摄像机、PDA、手机和无绳电话等。

自公司成立以来，始终坚持“技术第一，品质卓越，顾客至上”的原则。其先进的品质检测设备及严格的质量管理体系确保金龙电池在生产过程中品质更完善，性能更稳定。

经过多年的研究与发展，凭借良好的产品品质与不断的技术创新，金龙品牌电池已逐渐成为国内电池业畅销产品。其产品同时远销美国、欧洲、东南亚和中东等国家与地区。

深圳市雄韬电源科技股份有限公司

雄韬電源 CENTER POWER

地址： 广东省深圳市大鹏镇同富工业区雄韬科技园

邮编： 518120

电话：0755-84318700
传真：0755-84318700
邮箱：sales@ vision-batt. com
网址：www. vision-batt. com
简介：

深圳市雄韬电源科技股份有限公司是全球蓄电池生产企业之一，成立于1994年。现有员工3 500人，两大生产基地——深圳雄韬科技园及越南雄韬总占地面积为260 000 m^2。在中国大陆、中国香港、越南、欧洲、美国和印度拥有制造基地或销售中心，分销网络遍布全球100多个国家和地区。

公司产品涵盖密封铅酸、锂电子电池两大品类：密封铅酸蓄电池包括AGM、深循环、胶体和纯铅四大系列；锂电子电池包括钴酸锂、锰酸锂和磷酸铁锂。

公司在全球100多个国家和地区的通信、电动交通工具、光伏、风能、电力、UPS和电子及数码设备等领域为客户提供完善的产品应用与服务。目前，在全球的主要合作伙伴有艾默生（EMERSON）、沃达丰（VODAFONE）、APC-MGE、伊顿（EATON）、中国移动、中兴和南方电网等。

深圳市英可瑞科技开发有限公司

INCREASE

地址：广东省深圳市南山区马家龙工业区77栋
邮编：518052
电话：0755-26586000
传真：0755-26545384
邮箱：increase@ increase-cn. com
网址：www. increase-cn. com
简介：

深圳市英可瑞科技开发有限公司成立于2002年，是一家总部设立在深圳市的民营国家高新技术企业。公司从成立之初就立足于电力电子领域，走自主研发、技术创新的道路，专业从事于电力电子产品的研发、生产、销售。公司业务范围包括电力电源、通信电源、大功率可并联逆变电源、汽车充电站用电源、电力UPS、EPS及其它特殊工业电源等。

自公司成立以来，在全体员工的共同努力下，公司在技术研发能力、产品品质、和市场占有率几方面在电源行业内已经占有一定的地位。合作的国内企业已经多达数百家，生产的电源产品已经大量运行在国内及世界各地，广泛地应用于电力、铁路、城市交通、冶金和能源等多种行业。生产的产品先后参与保障了青藏铁路、北京奥运会、上海世博会和广州亚运会相应电源设备的顺利平稳运行。

公司有着一支高素质的研发队伍，使公司成为技术和革新的先锋，在公司各部门人员的配合下，不仅为客户提供现有的产品和经验，同时也能提供解决问题的新产品和新方案。

深圳市粤嘉鸿电子有限公司

hid

地址：广东省深圳市宝安六区前进一路宝前巷46号经发大厦十一楼1101-1105号
邮编：518000
电话：0755-29743120
传真：0755-29743152-808
邮箱：aaron@ hihtek. cn
网址：www. hihtek. cn
简介：

深圳市粤嘉鸿电子有限公司成立于2008年，是专注于电子元器件供应的一般纳税人企业，并在香港设有分公司和中转货仓。公司立志于把更有价值和更适合应用的产品供应给客户，以达到客户、供应商和公司互利共赢。

目前，公司是JOULWATT（杰华特）、ZOWIE（智威科技）、UTC（台湾友顺）、JINGDAO（山东晶导）、SILERGY（矽力杰）、擎力科技（SPNC）、NCE（新洁能）、晟矽微、大昌、康源、芯龙和芯谷的一线授权代理商。公司主要经营各类电源IC、品种齐全的MOSFET、高低电压整流的各类元器件、通用IC、多种规格的二极管、晶体管、霍尔IC以及多种保护器件。产品广泛应用于各类主板和板卡、开关电源、快充、各类适配器、LED驱动电源、液晶电视以及电源、DVD和DVB以及电源、通信和太阳能以及车载逆变电源、移动电源、旅行以及车载充电器、电动工具和应急灯电源等诸多领域。

公司的价值观：“诚信、专业、用心、高效”。

公司经营理念和方针：只卖优质产品，常用物料备现货，保持价格优势，持续改善产品供应。

选择我们的六个理由：1）我们完全没有假货、劣质产品供应；2）我们供货稳定、及时，避免断货造成停工待料的损失；3）我们人员流动率极低，避免新老交替的麻烦；4）拥有香港公司和货仓，合作方式灵活；5）我们有良好的内控管理和ERP信息系统，有效降低出错率；6）有良好的技术支援能力。

深圳市正能实业有限公司

ZhengNeng

地址：广东省深圳市南山区西丽留仙洞工业区顺和达厂区2栋2楼西
邮编：518067
电话：0755-26698797
传真：0755-26698765
邮箱：zhengneng@ zhengneng. com
网址：www. zhengneng. com
简介：

深圳市正能实业有限公司成立于1999年，是一家民营高新技术企业。公司总部员工80余人，其中研发人员40余人，生产基地800余人。多年来主要从事功率电子学，电气控制及相关成套设备的研究、开发和生产，尤其擅长于高频开关电源微机控制技术；从而在电力和通信高频开关电源以及智能监控领域，有很强的市场竞争能力，其主要产品有分布式电源、电力操作电源、通信直流电源、电力充电模块、通信智能高频开关充电模块、小系统监监控模块、直流变换器、工频高频逆变器、UPS和EPS等。2008年，公司成立新能源事业部，以实力雄厚的专业技术人员，结合高等院校的专家、教授，共同研制、开发的主要产品都通过微处理控制，采用智能化、数字化、PWM调制、SPWM调制及无触点静态控制等技术，达到国内技术领先水平。其主要产品有太阳能系列离网/并网逆变器、太阳能充放电控制器、风光互补控制器、太阳能控逆一体机、风光互补系统（路灯、家庭用电）、太阳电池及组件和太阳能光伏系统集成等。

深圳市中科源电子有限公司

CPET®

地址： 广东省深圳市光明新区公明楼村社区世峰工业园F栋3楼

邮编： 518100

电话： 0755-23429958

传真： 0755-23429958-808

邮箱： sean@ szcpet. com

网址： www. szcpet. com

简介：

CPET致力于电源、家电、灯具老化设备、自动化设备、测试仪器和软件产品等多类相关产品的研发、制造、销售与服务，在华东与华南设有营销服务机构，国内拥有40多家合作伙伴，是业界领先的老化测试设备制造商。

CPET始终以技术创新为发展的源动力，重视对研发的投入，现已获得发明专利与软件著作权50多项，获得了深圳市双软企业、深圳市优秀软件类企业、深圳市高新技术企业和国家高新技术企业等殊荣。

CPET产品广泛应用于电源的研发设计、生产测试、电池、LED照明、家电、光伏和电力新能源等产业。

CPET已服务于全球上千家客户，如Philips（飞利浦）、SAMSUNG（三星）、Panasonic（松下）、CVTE（视源）、NVC（雷士）、三雄极光、MTC兆驰、MOSO茂硕、BYD比亚迪、Inventronics（英飞特）和MOONS'（鸣志）等等知名企业，在国内外市场上享有较高的品牌知名度和美誉度。

CPET在产品创新上不断获得成功，以客户为中心，不断追求更好的技术、品质、服务和价值为经营理念。

深圳市中兴昆腾有限公司

地址： 广东省深圳市宝安区67区留芳路6号庭威工业区二期厂房8楼

邮编： 518000

电话： 0755-86296585

传真： 0755-86296063

邮箱： quantumService@ zte. com. cn

网址： www. ztequantum. com

简介：

深圳市中兴昆腾有限公司成立于2011年9月8日，总部设在深圳，产品覆盖新能源光伏产品、矿山避险和通信产品和自助机类产品等多个领域。

公司前身为中兴新通讯设备有限公司（ZTEHoldings）机械事业部。中兴新通讯设备有限公司，是国务院确定的520家全国重点国有企业之一，是高科技上市公司中兴通讯（SZ000063）的控股母公司。

中兴昆腾现有员工300人，拥有一批经验丰富的产品研发和生产管理队伍。同国内一流院校、研究所建立联合实验室，注重产品研发和创新。目前，公司已累计获得专利45项，其中申报发明专利11项、取得实用新型专利27项、外观专利7项和软件著作权8项。

承载着中兴集团28年的研发、生产制造经验。公司成立后第一年，2012年即实现产品的批量销售，实现收入1.5亿。

公司全面通过了ISO9001质量管理体系认证，相关产品取得日本JET认证、欧洲TUV认证、中国金太阳认证和中国煤矿产品安标认证等。

深圳市中兴昆腾有限公司以诚信经营，回报社会为理念，不断追求卓越，为客户提供优质的产品和服务。

深圳市卓越至高电子有限公司

ETOP EXCELLENT TOP

地址： 广东省深圳市龙岗区坂田街道雪象社区在茂工业厂2号厂房

邮编： 518129

电话： 0755-89395358

传真： 0755-22640117

邮箱： ad@ excellenttop. com. cn

网址： www. etopower. com

简介：

深圳市卓越至高电子有限公司是一家优秀的电源解决方案供应商，拥有十余年的电源研发、制造经验，致力于以优惠的价格，准时的交货时间为客户提供优质的产品与服务。经国家对外贸易经济合作部批准，拥有对外经营权。公司电源产品系列包括：标准通信系统电源产品、标准嵌入式系统电源产品、定制电源产品、标准模块电源产品、标准工业电源产品、标准仪器电源系统产品和交直流配电系统产品等，产品广泛用于通信、电力电子、自动化控制、铁路、军工和医疗等行业，并大量销往欧美、日本、印度和中东等国家和地区；公司重视技术，重视人才，不断强化内部管理，狠抓产品质量。公司的产品100%经过高温老化，符合CCC、CE和UL多个国家权威机构的安全认证的标准。公司以“卓越质量，高效服务”为宗旨，竭诚为客户提供优质的服务。

为了保证及时交货，我们一直保持标准品库存，为您解决燃眉之急。如果您不能从我们的产品展示上找到合适的机型，或者您无法在市场上找到您合适规格的产品，请联系我们强大的研发队伍，一定能按照您的需求开发定制出您满意的产品。

奉行“诚信、严谨、创新、高效”的理念，公司坚持以顾客满意为中心、以环境友好为己任、以安全健康为基点、以品牌形象为先导的价值观，一如既往地为国内外顾客提供优质的技术服务和工程产品。

拓哲（广州）电子科技有限公司

TOZER Power Solution Provider

地址： 广东省广州市广州经济开发区东区宏明路271号1栋4楼

邮编： 510530

电话： 020-82068466

传真： 020-82181182

邮箱： sales@ tozerpower. com

网址： www. tozerpower. com

简介：

Tozer Technologies Limited 是专业设计、生产及销售电能转换设备和变频系统的科技公司。历史可以追溯到世界上第一家提供IC封装微功率DC-DC转换器系列的Newport Components Ltd（建立于20世纪80年代初期）。经多年的努力经营，Tozer已经成功延续了Newport时代的电源技术创新优势并逐步成为电源行业领先的制造服务公司。

拓哲（广州）电子科技有限公司Tozer（Guangzhou）Electronics Technologies Ltd. 是Tozer Technologies在中国投资的全资子公司。

Tozer产品范围涵盖了DC-DC转换器、AC-DC电源、定制磁性器件和LED驱动器等电源相关设备。

协丰万佳科技（深圳）有限公司

HF

地址： 广东省深圳市龙岗区平湖街道良安田社区良白路179号

邮编： 518111

电话： 0755-84687559

传真： 0755-84687810

邮箱： trm1@ hipfunggroup. com

网址： http: //hipfunggroup. com

简介：

协丰万佳科技（深圳）有限公司是香港协丰公司在内地投资兴建的企业，公司在中国的加工生产基地主要向客户提供各种电子产品加工生产服务，满足各种OEM客户的需求和各种复杂产品的加工要求。

公司于2002年5月引进无铅焊接技术，生产无铅产品，目前公司的生产设备可以满足欧洲市场。

此外，公司加强环境管理体系，参与了一些客户的“绿色伙伴”计划，并根据ROHS指示减少、逐渐停止或随后禁止采购和使用破坏环境的物质。

公司在亚洲和美国都设有采购办事处，在澳门设立了一个办事处以满足一些特别客户的需求，具有稳定的人力资源，国际专门的生产设备，良好的质量控制，准时交货，与相关方保持互利的合作与信任，使公司与来自日本、美国、欧洲及澳大利亚等大型电子公司客户保持着良好的商业合作关系。

伊戈尔电气股份有限公司

EAGLERISE 伊戈尔电气股份有限公司 EAGLERISE ELECTRIC & ELECTRONIC (CHINA) CO., LTD.

地址： 广东省佛山市顺德区北滘镇环镇东路4号

邮编： 528311

电话： 0757-86256888

传真： 0757-86256886

邮箱： riyun. liao@ eaglerise. com

网址： www. eaglerise. com

简介：

伊戈尔电气股份有限公司（原日升电业）始创于20世纪90年代，现有标准厂房9万m^2，员工约2 100余人，是一家致力于向全球市场提供变压器产品、成套电源产品及变压器铁心组件的专业供应商，主要产品系列有电感模式电源产品、电子模式电源产品、特种变压器、电力变压器及变压器铁心组件等5大类，300余个品种，广泛应用于照明、电力、新能源和工控等行业。伊戈尔电气坚持以市场为导向，以客户为中心，在中国北京、上海、日本、美国、德国、孟加拉和巴基斯坦分别设有驻外机构，在全球范围内围绕着有价值的客户群，建立并发展着互惠互利的良好合作关系。

亿曼丰科技（深圳）有限公司

地址： 广东省深圳市龙华新区观澜街道横坑环观中路59-69

邮编： 518110

电话： 0755-28035501 28035502

传真： 0755-28085122

邮箱： xiang@ szymf. cn

网址： www. szymf. com

简介：

亿曼丰科技（深圳）有限公司是一家深圳注册集专业

无源电子元器件-电容器的研发、设计、生产和销售于一体的国家高新技术企业。

公司成立于2004年6月，注册资金500万元（港币），固定资产投资达5 000万元，年产量12 Gpcs，产品符合IEC标准，广泛应用于通信、工业控制、家用电器（节能灯、LED照明和音视频设备）、电脑以及新能源等领域，公司已成为中国大陆具有发展潜力的电容器制造企业，总部位于深圳市龙华新区观澜街道横坑社区环观中路69号。亿曼丰科技（深圳）有限公司以“诚信、务实、开拓、卓越”为宗旨和“做科技行业的领跑者，打造国际品牌”的执着追求，由小到大，已拥有从韩国、日本等国家引进的电容器生产线和检测仪器，自动化程度高，生产设备先进，检测手段完善，技术力量雄厚，具有科学的生产管理，先进的生产技术和严谨的质量保证体系。公司自成立以来一直致力于研发、生产各种规格和款式的高品质电容器。主要系列有金属化薄膜电容器系列X2、CL11、CL21、CBB13、CBB81和CBB28等，应用广泛的金属化薄膜电容器具有自己的注册商标。

公司有完善的质量管理体系，2009-03-01通过ISO9000国际质量管理体系认证，并获得CQC、VDE、IEC、UL和ENEC等著名产品的安全认证，能满足不同市场和电器制造行业的需求，并为客户提供放心满意的产品和售后服务。

公司集合了一批有几十年电容器制造技术和工艺的专家和工程技术人员，对电容器科技产业发展的信息有着高度的敏感性和快速响应能力，在全面研究国内外本行业技术工艺材料等的基础上，博采众长，紧紧结合本地实际资源和环境，根据电容器新材料、新工艺和新技术，设计制造具有亿曼丰特点的产品投放市场。公司特别致力于根据用户的特殊环境和要求与用户共同携手创意个性化的电容器产品。

公司以“丰满的意志，宽宏的容量，耐久的服务”为理念，全方位满足客户要求。

中山市横栏镇阿瑞斯电子厂

CHIHUI®

地址： 广东省中山市横栏镇贴边村西边路30号

邮编： 528400

电话： 0760-87615167 86906235

传真： 0760-87615167

邮箱： ktj7210@yahoo.com.cn

简介：

阿瑞斯电子厂位于珠江三角腹地，中山市横栏镇紧邻中国灯饰之都——古镇，地理位置优越，交通运输便捷，是一家专业从事开发设计及制造各类灯饰配套电器的企业，主营电子变压器、LED变压器、电子镇流器和数码遥控分段开关等产品。

自创办至今，经过多年的积累，阿瑞斯电子厂已拥有科学的设计理念、先进的生产工艺、资深的工程技术人员和优秀的管理人员，确保了产品的品质。优质的产品、合理的价格和热忱的服务使阿瑞斯电子厂的产品深受客户的信任和青睐，不仅销往全国各地，还远销至欧洲、中东、中国台湾和中国香港等国家和地区。

“质量至上，信誉第一”是阿瑞斯电子厂不变的理念，“诚信经营，优质服务”是阿瑞斯电子厂的经营原则，客户的满意、我们的好“芯”是阿瑞斯电子厂永远的承诺!

中山市万科电子有限公司

Iscon®

地址： 广东省中山市东区白沙湾工业区

邮编： 528403

电话： 0760-88280321

传真： 0760-88280320

邮箱： ming@wanko.cn

网址： www.wanko.cn

简介：

万科电子有限公司创建于1997年，位于伟人孙中山的故乡中山市。公司创建至今，始终坚持“以科技开拓未来，用质量创造价值”为经营理念，严格按照ISO—9001标准体系，对所有产品进行质量管理与控制. 在全体员工团结一致不断努力下，经过十年的稳步发展，已跃居为国内著名的铝电解电容器专业生产厂，公司占地面积15 000 m^2，拥有现代化的标准厂房，先进的生产线，整套的生产技术及专业技术管理人才和完善的生活配套设施。

公司生产的产品主要为开关电源、显示器、电脑、音响及灯饰等工业和家用电器提供电子元件和附件提供配套服务，产品的工作电压范围为4~500 V、容量范围为0.1~100 000 uF、外形尺寸为$\phi3\times5\sim\phi72\times120$mm产品类型有无极性、导针式、焊针式、焊片式和螺栓式等20余种型号规格，可以满足所有电子电路和整机的使用要求。公司年产能量高达15亿只，产品超过1 000多种，产品远销海内外，客户数量多达200多个。各种不同类型的整机产品，均得到了广大用户的一致好评。

新世纪，新阶段，新征程。务实、创新、奋进的万科人愿意与海内外客商一道，携手开创美好的未来。

珠海金电电源工业有限公司

GEP®

地址： 广东省珠海市港昌路256号

邮编： 519020

电话： 0756-3883366

传真： 0756-3883366-8012

网址： www.gep-power.com

简介：

珠海金电电源工业有限公司是一家专业从事高频开关电源的研发、生产、销售和技术服务的具有独立法人资格的高科技企业。自1992年公司创立时起，就一直致力于高频开关电源的开发、研制与生产。公司创始人曾先后为清华大学物理系、北京迪赛通用技术研究所、山东烟台计算机公司、珠海通用电源厂和深圳华为技术有限公司等单位主持电源产品设计，其电源技术对中国电源产业的发展产生过巨大的影响。

公司具有现代化企业创新经营意识，采用硅谷高科技创新机制，以人为本，注重人才。目前，已经发展成为拥有员工260余名，其中技术人员占60%以上，11 000多m^2生产厂地和成套的生产和科研设备，具有年生产电源能力达2 700余套的现代生产型科技企业。长期以来公司坚持“以技术为先导，以质量、服务为保证”的经营方针，采用国际上先进的电源工作模式，结合我国国情，独具匠心，设计开发出性能卓越、功能完备的高频开关电源系统，在我国高频开关电源工业发展中占据着重要地位。

如今，公司产品已被广泛应用于电力、电信、移动、联通、国防、水利、石化、银行、铁路和广播电视等领域。经过多年的不断发展与稳步成长，产品遍布全国各省、市、自治区，并以性能优良、运行可靠赢得了广大用户的信任和认同。

珠海科达信电子科技有限公司

CODASUN 珠海科達信電子科技有限公司 ZHUHAI CODASUN ELECTRONIC TECHNOLOGY CO.,LTD

地址： 广东省珠海市香洲区梅华西路1089号2栋601

邮编： 519070

电话： 0756-8658523

传真： 0756-8620978

邮箱： marinasun@ qq. com

网址： www. zhcodasun. com

简介：

珠海科达信电子科技有限公司是专业致力于交流稳压器及相关动力设备的研制、生产和销售的高新技术企业，拥有一大批多年从事电源开发的专业技术人员，不断创新，为用户提供符合国情电网环境的优质电源产品，提供动力系统的全方位技术解决方案。

秉承“科技为先，诚信为本”的企业理念，以满足用户的需求为己。1997年自主研制开发出国内第一台“晶闸管步进调压式无触点电力稳压器”，先后获得八项国家专利。该产品一经推出，其卓越的技术性能即受到广大用户的认可和欢迎并得以迅速推广使用。几年来，它倡导了“无触点”稳压技术新概念，在信息产业部及各省份的选型检测中连续名列榜首，一度成为替代传统机械稳压器的畅销产品。

多年来，公司不仅重视产品的质量，更看重对用户的服务，为用户提供技术咨询、产品配套、精心选型及完善的售前、售中和售后全方位的服务。用优异的产品质量和完善的售后服务来赢得各方用户的信赖。

目前公司生产的稳压器在全国20几个省、市、自治区应用于国防、广电、通信、金融、民航、医疗和厂矿等不同行业。

珠海山特电子有限公司

ATA®

地址： 广东省珠海市唐家湾镇哈工大路1号-1-C102

邮编： 519000

电话： 0756-3388866

传真： 0756-3388877

邮箱： ata@ ataups. com

网址： www. ataups. com

简介：

珠海山特电子有限公司是目前国内具有较完整产品系列的不间断电源（UPS）和免维护蓄电池生产制造企业之一。

ATA是珠海山特电子有限公司的自主品牌。

公司的产品主要有不间断电源（UPS）、逆变器、稳压电源以及免维护蓄电池。其中不间断电源有后备式、高频在线式、工频在线式和在线互动式等几大系列100余种规格；免维护蓄电池有世界各种型号汽车电池以及广泛用于通信、电力和消防等各个行业用的2～24 V电池。以上产品能够满足世界上不同用户的要求，并可根据客户要求设计生产，接受OEM订单。

公司采用先进的设备进行生产，产品质量的管理体系通过ISO 9001国际质量管理体系认证，并大力引进世界著名企业的管理理念，以确保满足用户对高品质产品的要求。

ATA品牌的系列产品广泛用于金融证券、医疗、通信、教育和交通等各个领域，并大量出口至东南亚、中东、南非和欧美等世界各个地区。

珠海泰坦科技股份有限公司

TITANS®

地址： 广东省珠海市石花西路60号泰坦科技园

邮编： 519015

电话： 0756-3325899

传真： 0756-3325889

邮箱： titans@ titans. com. cn

网址： www. titans. com. cn

简介：

泰坦全称为“中国泰坦能源技术集团有限公司”，为香港联交所主板上市企业（股票代码2188），包括珠海泰坦科技股份有限公司、珠海泰坦自动化技术有限公司、珠海泰坦新能源系统有限公司和北京优科利尔能源设备公司等企业，公司以电力电子为主要行业定位，集科研、制造及营销一体化，围绕发电、供电和用电的各类用户，运用先进的电力电子和自动控制技术，解决电能的转换、监测、控制和节能的需求，通过技术创新和新技术、新产品的推广应用促进企业的发展。公司成立于1992年9月，总部设在风景优雅的珠海市石花西路泰坦科技园。公司拥有专业化、高素质的员工团队和雄厚的研发实力，以及覆盖全国的营销和技术服务网络。

公司研制和营运的主要产品有电力直流产品系列、电动汽车充电设备、电网监测及治理设备和风能太阳能发电系统等产品。

专顺电机（惠州）有限公司

CSE power

地址： 广东省惠州市博罗县石湾镇科技产业园科技大道一号

邮编： 516127

电话： 0752-6928301

传真： 0752-6928311

邮箱： csc@ csepower. com

网址： www. csepower. com

简介：

专顺电机在中国台湾成立于1978年，是一家致力于变压器设计和制造的专业厂商并在变压器行业取得了骄人的成绩。2002年成立了专顺电机（惠州）有限公司，工厂位于中国惠州市石湾镇，占地面积60 000多m^2，现有员工1 500多人。为更好地满足客户需求，在苏州、菲律宾和印度设立生产服务据点。公司的主要产品包括电源变压器、UPS变压器、环形变压器、自耦变压器、三相变压器、高频变压器、线圈和非晶电抗器等。经过多年的努力公司已成为许多全球知名品牌客户的一级供货商。

公司始终以质量和创新的理念来经营管理。通过了UL认证（Class B. F. H. N. R）。及TUV ISO9001质量认证，全面执行RoHS标准。公司的欧洲研发团队及有经验丰富的管理人员和高效熟练的员工，公司现代化设备使公司成为变压器行业的先驱，并为客户提供物美价廉的产品。

完善的质量体系，严格的原材料和生产质量检测以及优质的售后服务，树立了客户对公司产品的信心，在国际及国内市场享有较好信誉。

北京市

北京博电新力电气股份有限公司

PONOVO 博电®

地址： 北京市海淀区知春路甲48号盈都大厦C座

邮编： 100098

电话： 010-58731010

传真： 010-58731816

网址： www. ponovo. cn

简介：

北京博电新力电气股份有限公司（证券简称：博电电气，证券代码：832921）——电力系统检测方案解决商，电气试验及检测、监测设备制造商，新能源、能源互联网电气试验及检测服务提供商。

北京博电2001年注册成立，2011年改制成为现代股份制企业，总部坐落于中关村高科技产业园区，是“国家火炬计划重点高新技术企业”“新三板”上市企业。

北京博电现已发展成为中国电力检测、监测和仿真设备制造领域的龙头企业。公司检测产品范围涵盖智能电网检测（新能源及微网、特高压、智能变电站和智能配电网）、电气化交通检测（电动汽车、轨道交通）、工业电气检测（航空、航天、石化、冶金、煤炭、船舶、国防和军工）及智能用电检测（充电桩、储能设备和智能电表）等方面。

北京博电为电力系统测试提供高品质、系统级测试服务。面向新能源，推出新能源并网性能检测、新能源发电设备检测、微网电气设备检测、储能电气设备检测、电能质量检测及监测等装置，有效保障新能源并网安全可靠运行；推出先进的半实物仿真试验设备为分布式能源、微网等新领域提供有效的试验手段；充电桩、电动汽车相关检测产品及服务为电动汽车推广应用做出积极贡献。

在数字仿真技术领域，北京博电是国内数字仿真专用放大器及仿真接口设备的领导厂商，研制出一整套适用于直流工程、保护（含数字）测试、智能变电站仿真、暂态仿真及实物仿真研究等相关应用的仿真接口产品——PA系列仿真功率放大器及其配套设备，国内市场占有率雄居行业前列。在特（超）高压输电领域，北京博电是国内为数不多的可提供完整的特、超高压换流站电气设备测试解决方案的生产厂家。测试对象涵盖阀厅、交流场、直流场、保护控制系统，为换流站的运维检修提供了可靠的工具。在智能变电站测试技术领域，北京博电研发出的智能变电站测试设备覆盖智能变电站站控层、间隔层、过程层，为智能变电站整站测试提供全面、系统、丰富的试验手段。北京博电是带电检测技术领域主流厂家之一，产品种类齐全、功能强大、技术先进，产品广泛应用于国家电网、南方电网系统，备受好评。

公司投资兴建的北京博电大厦是2011年北京市重点产业布局重点工程项目，位于路东区-环渤海总部基地商圈，总建筑面积近6万m^2，集研发试验、生产制造和全球销售服务三大功能于一体。2015年7月，作为“北京市经济技术开发区特色产业园发展联盟”成员单位之一，“博电能源互联网创新园”获北京经济技术开发区管委会授牌。北京博电倾力率先打造北京地区以智能电网、分布式发电、云计算和大数据等能源互联网关键技术为基础的创新、创业基地，积极助推国家能源互联网建设的快速发展。

北京大华无线电仪器厂

地址： 北京市海淀区学院路5号

邮编： 100085

电话：010-62937102 62937111
传真：010-62921303
邮箱：dahua@ dhtech. com. cn dhtech@ dhtech. com. cn
网址：www. dhelec. com. cn www. dhtech. com. cn
简介：

北京大华无线电仪器厂（768 厂）建于 1958 年，是我国较早建成的微波测量仪器大型军工骨干企业，企业通过了 GJB9001、ISO9001 质量管理体系认证，武器装备科研生产许可证、军工电子装备科研生产许可证和装备承制单位认证，近年来，企业主持或参与编写了多个行业标准。

企业主要产品有新能源装备、电源、微波仪器和微波应用四大类产品。其中新能源装备涵盖锂电池化成设备、Module 和 Pack 检测设备、充放电机和充电桩等相关产品；电源涵盖交直流稳压稳流电源、开关电源、电子负载及模块电源测试系统和 LED 电源测试系统等相关产品。广泛应用于各军兵种、科研院所、高等院校及各类工业企业，为提高企业生产效率提供了高稳定度、高可靠性的优秀产品。

北京航天星瑞电子科技有限公司

地址：北京市经济技术开发区万源街 18 号四层 425 室
邮编：100176
电话：010-67878915
传真：010-67888906
邮箱：sale@ xrpower. com
网址：www. xrpower. com
简介：

北京航天星瑞电子科技有限公司是一家高新技术企业，位于北京经济技术开发区。公司致力于航空航天及各种军用领域测控电源设备以及民用测控电源的设计、开发、生产和服务，是中国电源学会会员单位。

公司主要产品包括程控直流电源系列、程控交流电源系列、大功率直流电源系列和军品定制电源系列，还可以根据用户需求设计专用电源，提供军用测控系统供配电解决方案。

公司通过了 GJB 9001B—2009 国军标质量管理体系认证和国家三级保密资格单位认证；具有丰富的军用电源研制经验，产品涉及海军、陆军、空军及二炮的多种武器系统。

北京航星力源科技有限公司

地址：北京市昌平区白浮泉路 10 号兴业大厦七层
邮编：102200
电话：010-69700498
传真：010-69700196
邮箱：hangxingliyuan@ 163. com
网址：www. hisoon. com
简介：

北京航星力源科技有限公司位于北京市中关村科技园昌平园区，是一家专业从事大功率高频开关电源模块、高精度恒流源、智能化电源系统、UPS、逆变电源和太阳能并网设备等系列产品的研发、生产、销售和服务的高科技工业企业。作为电源行业的大型龙头企业，正处于引领国内市场，步入国际化发展阶段。

公司拥有自己的现代化标准工业厂房、先进的研发和生产设备，通过了 ISO9001: 2008 国际管理体系认证。公司拥有产品的全部自主知识产权和十余项专利技术，技术水平处于国际前沿水平。“航星电源”为绿色节能产品，在业界以“八高一低”而著称，即高可靠性、高性价比、高适应性、高合格率、高转换效率、高负载率、高功率因数、高功率密度及低返修率。

公司为“北京市高新技术企业”“航星电源”至今已具有 19 年的历史，为电源行业的知名品牌，“航星电源”广泛应用于军工、航空、航天、广电、铁路、电力、医疗、通信和科研等领域，并出口到日本、德国和第三世界国家。

北京恒电电源设备有限公司

地址：北京市海淀区温泉路 26 号
邮编：100086
电话：010-62451119
传真：010-62451121
邮箱：wuchao@ hendan. com. cn
网址：www. hendan. com. cn
简介：

北京恒电电源设备有限公司成立于 1990 年，是北京恒电创新科技有限公司全资子公司，是中国北部知名的电源研制、开发和制造基地，是我国率先生产 UPS 电源的高新技术企业，也是我国率先生产新能源电源的企业之一。公司注册资金 2 000 万，在中关村科技园区拥有近万平方米的生产基地，员工 200 多人，配备一流的专业生产及检测设备。主要产品为 UPS 电源、特种电源、逆变器、新能源控制器、新能源逆变器及新能源一体机。

公司自创立以来，一直保持自己的专业研发队伍，并与国内一些知名院校建立并保持着良好的合作关系。依托雄厚的技术实力，自主研制、开发和制造恒电牌（HENDAN）系列电源产品并获得德国莱茵公司 ISO9001、TÜV 及 CE 等国际认证。并在 2003 年被中国国家发改委列入“可再生能源项目”合格供应商名单。产品各项技术指标均通过中国国家电子部质量检测中心的检测。多种产品取得中国国家“金太阳”认证，中国电信设备进网许可证，并被中国电子商会授予名牌产品及售后服务信誉单位称号。

系列产品通过国家信息产业部产品质量检测中心的检测，同时还获得中华人民共和国发改委“新能源项目”合格供应商和世界银行新能源产品合格供应商。产品广泛应用于银行、证券、通信、国防、医疗、铁路、交通、电力和水力等国内外重点行业领域。

弘扬民族工业，打造国际品牌。恒电电源要以高品质的产品，系统化的管理，周到全面的服务成为中国及世界电源品牌的佼佼者。

北京汇众电源设备厂

地址： 北京市海淀区上地七街一号

邮编： 100085

电话： 010-62974051

传真： 010-62974057

邮箱： huizhong _ gyj@ 163. com

网址： www. huizhong. com. cn

简介：

北京汇众电源设备厂始建于1986年，位于海淀区上地七街一号，自有土地10 000m^2，三栋科研及生产大楼，建筑面积23 500 m^2。30年来一直致力于电源产品的设计、开发、生产和服务，获得了丰富的工艺理念、可靠的技术储备和全系统质量管理经验，建立了一支稳定可靠的职工队伍。2008年，获国家科技进步奖一等奖。

产品包括模块电源、车载电源、逆变电源、军用微电路电源和高精度定制电源。

主要应用于航天、航空、船舶、兵器、铁路通信和电力等领域。

资质认证：武器装备质量管理体系认证证书、军工保密资格证书、武器装备科研生产许可证、武器装备承制资格单位证书、TS16949汽车行业管理体系认证。

北京机械设备研究所

地址： 北京市海淀区永定路50号（142信箱208分箱）

邮编： 100854

电话： 010-88527004

传真： 010-68386215

邮箱： m15027842488@ 163. com

简介：

中国航天科工集团（即原中国航天工业总公司）第二研究院是航天科研系统中的一个重要的、多学科及专业的综合性科研单位，有两弹一星功勋奖章获得者黄纬禄、有6名中国工程院院士、2 000多名高级科研人员和4 000多名中级科研人员。其中既有我国电子界、宇航界的老前辈，又有实践经验十分丰富的中、青年科技专家。

我院不仅承担多种类型飞行器系统的总体、控制、制导、探测、跟踪、动力及地面系统的设计与生产，还承担空间高科技产品的研制；不仅承担国内的重大科研项目，还承担着外贸出口任务。研究院采用现代科学的系统工程管理方法，把众多的研究所与生产厂有机地组成一体。近年来，共获国家与国防科工委各种发明奖以及重大科技成果奖数千项。

我院拥有现代化的科学研究设备，尤其是电子和光学仪器设备大都是全国一流的；拥有世界先进水平的计算机系统与控制系统仿真实验室；有863高科技技术等多个国家重点实验室，可为从事科研工作提供先进的研究与测试手段。

北京京仪椿树整流器有限责任公司

地址： 北京市丰台区三顷地甲3号

邮编： 100040

电话： 010-88680221

传真： 010-88681899

网址： www. chunshu. com

简介：

北京京仪椿树整流器有限责任公司始创于1960年，总部位于北京市丰台区，隶属于北京控股集团有限公司，注册资金7 284万元，资产总额超过2.2亿元，是中国率先生产电力电子器件和电力电子变流装置的高新技术企业。

公司目前拥有市级企业技术中心、博士后科研工作站以及北京市优秀创新工作室，与清华大学、北京交通大学联合研制开发产品，与西安理工大学联合开展工程硕士培养。拥有国内一流的半导体器件生产超净车间及防静电电源生产车间。2000年通过ISO9001质量体系认证，2008年通过GJB/Z 9001A—2001军工质量管理体系认证。

公司产品秉承“优质环保、高效节能”的发展方向，电源产品主要有电解电镀电源、LED用蓝宝石炉电源、电弧炉电源、中频感应加热电源、多晶硅还原炉电源、氢化炉电源、单晶炉电源和铸锭炉电源等系列装置。近年来，致力于开关电源、有源滤波器APF、静止无功发生器、PWM整流器和直流斩波电源等产品领域的研究与开发。

公司为航天科技集团提供了在世界范围内大规模的单套电源系统；在国内率先实现了MW级开关电源在多晶制备直流系统的应用，并推广到多个行业；多个产品获得德国、英国和美国等装备厂家认可，近几年出口额增幅巨大；拥有自主知识产权十余项；连续三年获得北京市科学技术奖。

北京纽绅埔科技有限公司

地址： 北京市海淀区白塔庵5号汉荣家园1号楼507号

邮编： 100098

电话： 010-82822323 82821187

传真： 010-82821187

邮箱： info@ ncpups. com

网址： www. ncpups. com

简介：

北京纽绅埔科技有限公司位于北京中关村科技园区，成立于1999年1月6日，公司具有多年电源设备及蓄电池的设计、研发和市场推广的历史，以及拥有一大批年轻化、高科技及高素质的专业技术人才。公司是一家高新技术企业，中关村创新企业发展促进会副理事会员和中国电源学会会员单位。公司已通过 ISO 9001: 2008 国际质量管理体系认证。

公司针对中国电力发展现状及需求以 ODM 的生产方式，采用先进的技术，自 2000 年公司电源及蓄电池系列产品先后进入了各行业所需的特异 UPS 电源及蓄电池领域，如铁道部户外轨道衡系统、全国率先建成的大秦线 GSM-R 铁路通信基站、直放站及一体化基站系统、国家地震局地震监测系统、公安部系统、中国人民解放军及中国航天部系统等。由于公司经营水平的不断提高和行业市场的不断扩大，公司在产品的生产和研发方面投入了更大的力度，并且在产品的发展方向上满足了行业用户对特殊行业、特殊环境和特殊条件的不同要求。

公司将继续坚持服务于用户的原则，以行业为依托，充分利用公司的整体优势，生产出技术先进、工艺精湛和安全可靠的高品质新品，以满足广大行业用户的需求。当前公司在中国设有多家营销总部及技术服务中心，公司系列产品已逐步进入国际市场。公司高品质的产品以及优质及时到位的售后服务赢得了广大用户的一致认可与好评。

北京普罗斯托国际电气有限公司

PROSTAR®

地址： 北京市通州区马驹桥联东 U 谷工业园 15 号 9D
邮编： 101102
电话： 010-88861981
传真： 010-88861976
邮箱： market@ prostarele. com
网址： www. prostarele. com
简介：

普罗斯托国际电气有限公司坐落于亦庄开发区（联东 U 谷）。是一家专业致力于研发设计、制造太阳能逆变器、太阳能离网发电系统、太阳能控制器、UPS 不间断电源、隔离变压器、稳压电源产品的国际化集团公司。以其享誉全球的电源产品和尖端技术，为世界工业和电力等行业客户提供完善全面的电力解决方案。

作为电源领域的专家，普罗斯托国际电气拥有强大的产品研发及制造能力。普罗斯托除了提供标准配置的电源产品，其主要竞争优势还在于能够根据用户的不同要求，提供满足客户要求的“非标”特殊产品。

普罗斯托国际电气率先通过 ISO9001 国际质量体系认证，产品通过严格的欧盟 CE、ROHS 产品质量认证。其产品具有高可靠性、稳定性、耐用性及适用性。

普罗斯托建立了完整的销售及售后服务网，产品已出口世界 50 多个国家并拥有多个服务机构，为所有普罗斯托产品提供快速方便的服务。

北京群菱能源科技有限公司

群菱能源
Qunling Energy Resources

地址： 北京市经济技术开发区科创 14 街 99 号汇龙森科技园 33 号楼 B 座 6 层
邮编： 100176
电话： 010-56290111
传真： 010-56532088
邮箱： innet@ china. com
网址： www. qunling. cc
简介：

北京群菱能源科技有限公司专业致力于新能源检测及系统集成、电动汽车充电站检测及系统集成、电源测试设备研发与制造的高新技术生产型企业，公司注册资金 10 888万。得益于多年能源检测领域不断的研究与探索，公司在光伏逆变器检测等相关行业拥有核心竞争力。

公司是中国从事新能源检测的先导者之一，拥有自主知识产权，可提供 10 kW ~3 MW 光伏并网逆变器的出厂检测、车载电站验收等相关的设备。主线产品有光伏方阵测试仪、并网逆变器防孤岛检测设备、电动汽车充电站（BMS）检测平台、后备电源检测设备、微网及储能检测设备等。公司产品先后获得金太阳、CQC 和 CE 等认证，并成功应用于国内各逆变器生产型企业、科研机构和实验室等。为中国新能源领域的相关用户，提供全面的系统解决方案。

公司具备高效、卓越的系统集成能力，能够引领国内外一流新能源行业尖端厂商承接并已经顺利通过验收的项目有：国网电力科学研究院防孤岛车载移动检测平台、国家风电研究检测中心试验基地 1MW 检测平台、中国电力科学院兆瓦级并网逆变器测试系统、微网逆变器检测系统、储能逆变器检测系统、北京理工大学充电站检测实验室和上海电力储能并网检测设备实验检测平台等。

北京韶光科技有限公司

SHAO GUANG

地址： 北京市海淀区知春路 108 号豪景大厦 B 座 2002 室
邮编： 100086
电话： 010-62105512 18614041784
传真： 010-62101976
邮箱： xuyp@ shaoguang. com. cn ligl@ shaoguang. com. cn
网址： www. shaoguang. com. cn
简介：

北京韶光科技有限公司成立于 1998 年，是国内率先从事代理仙童功率器件产品的公司，公司主要致力于半导体器件的推广 MOFET、IGBT 单管及模块和超快恢复二极管。同时，公司还代理韩国半导体大卫、美格纳的功率模块及南京晟芯半导体 IGBT、MOS、FRD 单管及模块产品（适应半导体国有化的趋势），并向客户提供一流的服务。

公司的产品主要应用于充电桩、开关电源（AC/DC、DC/DC）、逆变电源、UPS/EPS 电源、通信电源、车载电源、电焊机、特种电源、马达控制器、高频感应加热、纺织机械和仪器仪表等。

公司在北京、上海、南京和深圳均设有库房，备有大量的现货库存，价格具有竞争性，并且可为客户配套服务。

公司在北京、深圳、南京、上海、佛山和成都设有办事处，公司各办事处都设有技术支持部门，技术实力雄厚，可以给客户提供技术解决方案，解决客户的技术难题。

以质量和诚信占有市场是公司始终坚持的宗旨。以创新和共赢求发展。

北京索英电气技术有限公司

地址： 北京市海淀区永丰产业基地永捷北路 3 号永丰科技企业加速器（一区）A 座

邮编： 100094

电话： 010-58937318

传真： 010-58937315

邮箱： soaring@ soaring. com. cn

网址： www. soaring. com. cn

简介：

北京索英电气技术有限公司创立于 2002 年，是国内率先专注于电能回收及可再生能源发电设备及系统自主研发、生产和销售的国家高新技术企业。

凭借十几年扎根节能回馈技术和三相逆变技术领域的研发优势，公司已为全球知名电源企业提供一体化的适合多种电源产品的节能回馈型老化测试系统。有效实现企业生产线智能化管理的同时，可极大地降低测试环节的电能开销（节能效率最高达 95% 以上），降低生产成本，提高老化产能，降低火灾隐患。

公司 2003 年率先推出中国自主研发并实现商业化应用的三相节能回馈负载，先进的技术、较高的回馈效率和智能化的应用设计得到了众多国际大型电源企业的一致好评，已成为艾默生、华为、中兴、GE 和 Power-One 等全球知名企业的长期独家供应商，至今已连续 10 年国内市场占有率排名前列，是中国电源老化节能测试领域的市场开拓者之一。

通过北京索英电气技术有限公司提供的测试老化节能改造，每年为全球各地的电源制造企业减少高达 1 亿多 kW·h 的电力开销，相当于每年减排 10 万多 t CO_2，极大地降低了成本，提升了品质，真正实现了绿色制造。

北京天创汇智科技有限公司

地址： 北京市海淀区海淀大街 3 号鼎好大厦 A 座 1726 室

邮编： 100080

电话： 010-62604402

传真： 010-62604102

邮箱： glf@ tchuizhi. com

网址： www. tchuizhi. com

简介：

公司是国内专业从事“微型模块电源”研发、生产和销售为一体的高新技术企业。公司通过了 ISO9001 质量管理体系认证，拥有多项技术专利。公司汇集了一批高素质专业技术人才，具有雄厚的技术实力及开发能力，可定制优质的电源设计方案。

北京通力盛达节能设备股份有限公司

地址： 北京市经济技术开发区科创 14 街 9 号

邮编： 101111

电话： 010-81508899

传真： 010-81508855

邮箱： sales@ tonlier. com

网址： www. tonlier. com

简介：

北京通力盛达节能设备股份有限公司集节能产品研发、生产、销售及服务为一体的综合型高新技术企业，是中国率先研制智能通信电源，率先参加起草技术标准和具有专业实力的企业。公司以节能减排、保护环境理念为核心，努力成为中国节能环保产业的领军企业。

公司主营产品有通信用高频开关电源系统（包括室内型、室外一体化型、室内外壁挂型和嵌入型）、机房智能换热空调、LED 路灯和 LED 驱动电源等，是北京市认定的质量 AAA 级单位。

公司先后通过了 ISO9001 质量管理体系认证、ISO14001 环境管理体系认证和 GB/T28001 职业安全管理体系认证，不断引进先进的 ERP（企业资源管理系统）和 CRM（客户管理系统）管理系统，使企业运营管理效率和市场竞争力不断提升。

公司技术一直瞄准国际先进水平，奉行生产一代，研制一代的产品创新策略，确立市场化的设计思想，组建了一支敬业、团结和奋进的研发队伍。公司现拥有专利几十项、多项软件著作权证书，是北京市专利工作试点单位，被评为国家高新技术企业。

北京维通利电气有限公司

地址： 北京市通州区聚富苑民族发展产业基地聚富南路 8 号

邮编： 101105

电话： 010-81556123

传真： 010-81583804-8005#

邮箱： huliang@ beijingvictory. com. cn

网址： www. beijingvictory. com. cn

简介：

北京维通利电气有限公司创建于1994年，20多年来坚持走“进口替代、柔性制造、专业化生产”的发展道路，专门为客户提供的导电连接件解决方案，围绕特种焊接工艺，逐步开发形成了“铜铝导电连接件、触头系统、柔性触指、叠层母排、散热器和旋变变压器”等六大产品系列。产品广泛应用于电力电工、输配电、新能源、电动汽车和轨道交通等行业。

公司经营面积55 000 m^2，在北京和无锡分别建立了生产基地。目前，公司拥有大功率分子扩散焊、银钎焊、感应焊、米格焊、氩弧焊、摩擦焊和真空焊等焊接设备80多台套，配套的CNC、水切割机和线切割机等加工设备达到400多台，并拥有配套的模具制造中心和电镀厂。以其自身技术实力、生产规模和品牌知名度为国内外300多家电气制造企业提供配套服务，与ABB、GE、SIEMENS和Schneider等世界500强企业确立长期的战略合作关系。

北京新雷能科技股份有限公司

SUPLET ®

地址： 北京市西三旗东路新雷能大厦

邮编： 100096

电话： 010-82912892

传真： 010-82912862

邮箱： webmaster@ suplet. com

网址： www. suplet. com

简介：

北京新雷能科技股份有限公司是北京市“高新技术企业”，创立于1997年，专业从事高可靠性电源产品研制、生产和销售，是中国电源产业“十大知名品牌企业”。公司员工总数合计900余人，厂房及办公面积24 000余 m^2。

公司电源产品涵盖DC/DC、AC/DC和DC/AC三大系列，产品输出功率1 W～100 kW范围。包括微功率电源、模块电源、厚膜混合集成DC/DC变换器、特种定制电源、铁路专用电源、电力专用电源、LED电源、电力操作电源、光伏变换器、整流器和嵌入式电源及系统等。产品广泛应用于航空、航天、车载、船舶、通信、铁路、电力、工控及新能源等领域。

公司通过了ISO9001质量管理体系、TL9000电信行业质量管理体系、ISO14001环境管理体系、OHSAS18001职业健康安全管理体系和GJB9001B-2009军工产品质量管理体系的认证，通过保密资质认证。

北京亚澳博信通信技术有限公司

北京亚澳博信通信技术有限公司
Beijing ASAU BoXin Communication Technologies Co.,Ltd.

地址： 北京市顺义区林河工业开发区林河大街21号

邮编： 101300

电话： 010-89496341

传真： 010-89496346

网址： www. bjasau. com

简介：

北京亚澳博信通信技术有限公司是由河北亚澳通讯电源有限公司与北京顺义林河开发区合资组建的股份制软件科技型高新技术企业，是一家集研发、制造和销售为一体的开关电源生产厂家，拥有业界领先的电源技术、研发、产品制造及服务平台。主营业务为通信用开关电源系统、开关电源模块、直流远供系统、机房监控产品、新能源汽车、节能节电产品（高效电源）及其它电子产品。公司产品广泛应用于联通、移动、电信、原网通、铁通、军网、电力、广电、石油和金融等行业领域，并出口至法国、俄罗斯、印度、南非、古巴、孟加拉和中东等国家和地区。

北京银星通达科技开发有限责任公司

银星通达
SILVER STAR SCIENCE & TECHNOLOGY

地址： 北京市西城区北三环中路甲29号华尊大厦A座403室

邮编： 100029

电话： 010-82021883 82021884

传真： 010-62034689

邮箱： yxtd@ silverst. com

网址： www. silverst. com

简介：

北京银星通达科技开发有限责任公司前身创建于1994年5月，是北京中关村高新技术企业。本公司自成立以来，始终致力于国际知名品牌电源产品在国内市场的推介工作。是国内外各知名品牌UPS电源、特种电源、蓄电池、机柜、发电机以及相关电子产品的销售、服务代理商；是专业从事各行业数据中心机房建设、UPS供配电、制冷和监控等系统整体解决方案的提供商。公司与中环物研检测中心合作，具有国家质量监督部门批准的对机房环境、基础设施检测资质；可为数据中心提供设计规划、竣工验收、等级评定和测试鉴定等服务项目。多年来，公司同仁不断开拓进取，凭借良好的敬业精神，过硬的专业技术及竭诚服务于用户的意识，得到了广大用户和业界的认可。公司自2004年起至今通过了ISO9001质量管理体系认证，被北京市工商行政管理局评为“守信企业”，被北京市企业评价协会评为“北京市信用企业”，获得“中国电源行业诚信企业”证书。公司是中央国家机关政府采购中心、北京市政府采购中心信息类产品协议供货商。

公司秉承“和谐、求实、敬业、创新”的理念，追求绿色环保、高效节能的目标，努力为广大用户提供专业科学的技术，安全可靠的方案，周到精湛的服务，力争成为用户可信赖的基础设施解决方案、电源供电系统专家。

北京英博电气股份有限公司

inpower

地址： 北京市丰台区南四环西路 188 号总部基地 10 区 2 号楼
邮编： 100070
电话： 010-63805588
传真： 010-82600608
邮箱： info@ in-power. net
网址： www. in-power. net
简介：

一般经营项目：电能质量系统解决方案、高低压滤波补偿成套装置（无功补偿、无源滤波和有源滤波装置）、高低压滤波电抗器、滤波补偿控制器、输配电系统监测、检测技术及节能技术的设计、研发、供应、安装调试及技术服务；能源系统的优化设计、能效管理的系统集成；新型高效能量转换与储存技术的研发及技术服务。

北京宇翔电子有限公司

地址： 北京市朝阳区东直门外西八间房万红西街 2 号
邮编： 100015
电话： 010-64320432-2076
传真： 010-64320432-8082
邮箱： anhuali789@ 163. com
简介：

北京宇翔电子有限公司是一家专业从事半导体集成电路和分立器件设计制造的企业。该公司于 2012 年由宇翔公司（原北器三厂）、北器五厂、北器六厂以及莎威公司（原国营 878 厂）等几家企业整合重组而成，具有 40 余年研发、生产半导体器件的悠久历史。

公司建有一条 4 in 铝栅 CMOS 集成电路制造线和一条 6 in 双极集成电路制造线；具备军（民）用集成电路和分立器件三大类数百种型号上千种规格产品的设计、研发、生产和服务的能力。

公司产品包括：数字集成电路：CC4000 系列、C000 系列、54HC 系列和 BH 系列专用集成电路等；电源管理电路：CW7800/CW7900 固定正/负压电压调整器系列、CW117/CW137 可调正/负压电压调整器系列、LDO 低压差电压调整器系列、PWM 脉冲宽度调制器和精密电压基准电路等；半导体分立器件：PN 硅单结晶体管、开关/稳压/恒流二极管、SBD-SiC 二极管、TVS 瞬态电压抑制二极管、JFET 和 MOSFET 等及 SOT/SOD/DFN/QFN 等多种封装形式产品。

公司执行 GB/T19001 质量管理体系和 IECQ-HSTM QC080000 控制要求，产品质量安全可靠。

顾客的想法就是我们的目标，本公司将一如既往地为新老客户提供高品质的产品和优质的服务。

北京中天汇科电子技术有限责任公司

地址： 北京市昌平区沙河镇七里渠育荣教育园区（北门）
邮编： 102206
电话： 010-80707609
传真： 010-80707609-8009
邮箱： sun-zthk@ sohu. com
网址： www. zthk. com. cn
简介：

北京中天汇科电子技术有限责任公司系一家专业的电力电子制造企业，具有 18 年生产开关电源的历史。产品累计生产达数万余台，广泛应用于通信设备、广播发射、电力自动化和 EPS 应急电源等多个行业。

中天汇科公司注册于北京中关村昌平科技园区，是中国电源学会的团体会员，并取得了高新技术企业认证。公司下设开发部、生产部、销售部和质管部等职能部门，拥有一批高新技术人才，其中具有大专学历以上的人员（含高级职称）占员工的 60%。

公司自创业以来以诚为本，坚持以科技为先导。与中国矿业大学紧密合作采取校企协作，以知名教授及高级工程师为技术后盾，不断地研制出各种新型的电力、电子产品。

公司已通过 ISO9001—2000 质量体系认证，产品安全及电气性能完全符合信息产业部“YD/T731—2000 高频开关整流器标准”，通过了“北京市产品质量监督检验所”及“国家电力科学院”等权威部门的检测。

海瑞弗机房设备（北京）有限公司

地址： 北京市海淀区上地东路 35 号院 1 号楼 5 层 1-510-522
邮编： 100085
电话： 010-60608890
传真： 010-60609980
邮箱： 1287393460@ qq. com
网址： www. hairf. com. cn
简介：

海瑞弗机房设备（北京）有限公司是全球领先的机房制冷系统及关键电源系统供应商。公司旗下主要产品为机房精密空调，UPS 电源，免维护铅酸蓄电池，STS，智能配电系统，雷电防护产品等。

公司采用机房精密空调解决方案、交流不间断电源解决方案、直流不间断电源解决方案、低压配电解决方案、动力环境集中监控解决方案组成了一体化的 IXC/IDC 机房动力系统整体解决方案。公司专业的系统工程师以及国际化的销售和服务团队遍及墨西哥、俄罗斯、巴基斯坦、阿尔及利亚、印度尼西亚和中国，为四大洲 30 多个国家的用户保驾护航。充分满足用户的售前技术支持，设备现场安装调试，以及后期设备运行维护，备件供应等全方位的服务需求。

能科节能技术股份有限公司

地址：北京市海淀区清河小营西路48号汇苑仁和大厦
邮编：100085
电话：010-62980077
传真：010-62981083
网址：www. nancal. com
简介：

能科节能技术股份有限公司（Nancal）成立于2006年，立足于工业系统节能，专注于工业能效管理业务，是集研发、设计、生产、工程实施、运营维护和全程服务于一体的高新技术企业。

公司实行集成化研发设计、定制化工程技术服务，具有突出的资源整合、成果转化、市场开拓和商业模式创新能力。目前，公司已于国内石油化工、冶金、电力、煤炭矿山、航空军工和交通航运等若干行业50多家大型企业建立了长期的工程技术服务关系，并成功进入中东、东南亚10余个国家的工业节能服务市场，是工业能效管理业务领域的先导型企业。

公司以技术创新为发展之基，拥有现代化的企业研发中心，能够为客户提供持续的技术服务。公司以智能配电、传动控制和数据通信三大技术为支撑，在广泛调研客户需求的基础上，经过多年的潜心研究和实践，实现了设备节能技术应用、过程优化技术应用和企业级能源管理中心系统技术应用。在能源管理、节能优化和节能措施方面，形成了一系列具有能科特色的工业系统节能整体解决方案。

公司以科学管理为发展之本，不断引进国内外先进的管理理念和模式，建立了现代化的企业管理体系。公司的全面质量管理系统已经通过了ISO9001质量管理体系认证，并得到了船级社认证公司的高度评价。通过实施全面质量管理，公司已在研发、生产、电气控制设计、模块优化组合、功效检测试验、产品销售执行和售后技术服务等方面实现了标准化作业。

公司以专业服务为发展之舵，利用稳固的软件平台，实现与客户的长期对话和闭环服务。公司在节能服务市场中拥有突出的系统和全产业链整合及服务能力，多年来为客户开发、提供了变频驱动、电动机起动、电能质量、照明节能、新能源、电网安全与控制、数据处理与站控、数据采集与通信以及能源介质平衡和综合利用等一系列整体解决方案，并获得客户的一致赞誉！经过多年的行业积累和近年来的快速发展，公司已成为工业节能服务市场资深的高端整体解决方案提供商。

派沃力德（北京）电子科技有限公司

地址：北京市昌平区沙河镇白各庄新村4号楼1单元101室
邮编：102206
电话：010-52728212 18600334099
传真：010-58851231
邮箱：buyanfen@ byconn. com
网址：www. pwleader. com
简介：

派沃力德（北京）电子科技有限公司成立于2013年，地处北京北五环亚奥商圈，毗邻中关村科技园区，是专业的电源产品制造商。

公司致力于测控电源、工控领域电源的设计、开发、生产和服务，产品广泛应用于航空航天、军用测控以及通信、铁路、电力、工控和新能源等领域，为客户提供高性能、专业的电源解决方案。

公司产品主要包括智能程控电源系列、CPCI电源系列及定制化电源系列。秉承创新就是创造一种资源的理念，凭借公司的专业、高效与热情，全心全意为客户提供优质服务，实现价值最大化。

公司的宗旨：致力于成为高品质智能电源的领导者。

伊顿电源（上海）有限公司

Powering Business Worldwide

地址：北京市朝阳区建国门外大街甲8号IFC大厦9层
邮编：100022
电话：010-59259325
传真：010-59259211
邮箱：lynnewei@ eaton. com
网址：www. eaton. com. cn
简介：

伊顿电源（上海）有限公司是一家拥有超过103年历史的全球领先的动力管理公司，2014年销售额达226亿美元。公司致力于提供各种节能高效的解决方案，以帮助客户更有效，更安全，更具可持续性地管理电力、流体动力和机械动力。公司在全球拥有约10.2万名员工，产品销往超过175个国家和地区。

中科航达科技发展（北京）有限公司

地址：北京市大兴区黄村镇兴华大街绿地财富中心D座712
邮编：100085
电话：010-82758895
传真：010-82758895-8002
邮箱：xy@ bjzkhd. com wxq@ bjzkhd. com
网址：www. bjzkhd. com
简介：

中科航达科技发展（北京）有限公司（以下简称中科

航达）注册于北京市海淀区中关村科技园北区，依托于中科院以及中关村科技园强大的科研平台，以及多年积淀的雄厚技术背景，专注于铁路、电力、军工以及公网、专网等高端通信设备所需要的整体化电源提供方案的设计、研发、生产以及产品销售。为信息产业及国防电力以及铁路系统提供全方位、高品质的电源方案。

主要产品包括研制应用满足于通信交换、基站、电源系统、监控传输设备、铁路信号、铁路通信、工业自动化控制、电力监控以及传输系统的自动化控制、航空、航天和军工等领域特殊要求的高功率密度模块电源以及模块拼装化多输出系统电源产品。

一体化，智能化，低能耗是中科航达电源产品发展的终极目标，通过为铁路电力以及军工行业服务所积累的近20年的设计经验，目前已为国内主流设备厂家提供了全面、系统和智能化的电源解决方案。凭借强大的技术创新以及强大的市场开发能力；树立GJB9001B—2009质量体系思想作为管理核心，以完备的市场体系作为技术支持和服务保障；为客户提供全面，迅捷，智能化的电源解决方案。

江苏省

艾普斯电源（苏州）有限公司

地址：江苏省苏州市新区科技工业园火炬路39号
邮编：215009
电话：0512-68098868
传真：0512-68083816
邮箱：service@ acpower. net
网址：www. acpower. cn
简介：

艾普斯电源（苏州）有限公司1989年创立于中国台北，现已发展成为拥有完备的研发、制造、销售和技术支持服务体系的著名专业电源企业。除掌握优良的交流与直流产品技术之外，更具备技术整合能力，创造产品的多样化与独特性。目前，设有台北、天津和苏州三个制造工厂及研发中心，拥有雄厚的技术实力，工程技术人员占员工总数的40%以上。公司在销售及服务领域积累了丰富的经验，在亚太、北美等地区逾20个中心城市设有销售及服务分支机构，更好地满足各地顾客的需求，全方位为客户提供各类电源项目的设计方案、安装、调试、维护及培训等专业服务。

公司在中国大陆、中国台湾和欧美等国家和地区拥有数十项专利，曾先后获得外经贸部“外商投资先进技术企业”、省“高新技术企业”等称号，在业内率先通过ISO—9001国际质量体系认证，以及CE、EMC、信息产业部电信设备进网许可证和中国民用航空总局航空静变电源生产许可证等多项认证。

安伏（苏州）电子有限公司

地址：江苏省苏州市工业园区星龙街428号21幢 A&B
邮编：215126
电话：0512-67671500
传真：0512-62833080
邮箱：vivian. liu@ efore. com
网址：www. efore. com
简介：

安伏（苏州）电子有限公司是Efore集团在中国的全资子公司，总部位于芬兰Espoo，是专业设计，制造和销售电源相关产品的国际化公司。创立于1975年，在欧洲、亚洲和非洲设有工厂，在芬兰、瑞典、中国和意大利设有技术研发中心。安伏集团利用先进的全球物料系统，优秀的设计，制造能力为通信、照明、工业和电子行业客户提供产品设计及制造服务。

公司专注于一流设计的一体化定制电源解决方案、直流电源系统以及产品维护，密切配合客户需求，为客户提供有效的电源产品以及电子产品。

公司在产品的研发中致力于减少能耗，提高效率，以及环境友好。

多年的专注经营与管理，如今，公司已成为众多知名企业的合作伙伴。

常州东华电力电子有限公司

地址：江苏省常州市金坛区下塘桥108号
邮编：213200
电话：0519-82358200
传真：0519-82359200
邮箱：tzb8896@ qq. com
网址：www. donghuaelec. com
简介：

常州东华电力电子有限公司成立于2008年，注册资金100万元，是规模化的电力半导体模块制造企业，是一家拥有自主知识产权的高新技术企业，公司地处长江三角洲，交通便利，现拥有年产50万只电力半导体模块的自动化生产线1条，拥有员工30人。

目前，主要产品有：晶闸管、快速晶闸管、整流管和超快恢复二极管等各种桥臂模块、单（三）相整流桥模块、单（三）相交流开关模块、绝缘型降压硅堆模块以及三相整流桥与晶闸管集成的模块、NBC焊机及充电机专用硅整流组件、IGBT单管、MDST组合模块以及IPM智能功率模块等。产品已广泛用于军工、通信、电子、交直流电动机控制、励磁电源、斩波调速、光电电源、控温调光、静止无功补偿、电镀电解、交流无触点动力开关、数控机械、交流电动机软起动以及各种工业自动化工业装置和逆变电源等多种行业，并在多项国家重点工程项目中得到了应用，部分产品已配套出口，稳定、可靠的产品质量深受广大用户好评。

公司秉承“亲如一家，多干实事，品质优先”的企业精神，不断引进先进技术及设备为客户提供完善的技术支持和诚挚的售后服务。公司渐渐建立了属于自己的领域，致力于创造出自己的品牌，跻身于行业发展的前端。

常州瑞华电力电子器件有限公司

申 社

地址：江苏省金坛市社头工业园8号
邮编：213231
电话：0519-68080108
传真：0519-82711121
邮箱：meijun. zhou@ ruihuaelec. com
网址：www. ruihuaelec. com
简介：

常州瑞华电力电子器件有限公司属国内率先成为专业化、规模化电力半导体模块制造企业之一，是一家拥有自主知识产权的国家高新技术企业，江苏省著名商标，成立了江苏省电力半导体器件模块工程中心，同行业中率先通过了ISO9000质量管理体系认证及ISO14000环境体系认证。

目前，畅销国内外市场的产品主要有晶闸管、快速晶闸管、整流管和超快恢复二极管等各种桥臂模块以及单（三）相整流桥模块、单（三）相交流开关模块、绝缘型降压硅堆模块以及三相整流桥与晶闸管集成的模块、NBC焊机及充电机专用硅整流组件、IGBT单管、MDST组合模块以及IPM智能功率模块等，产品均通过了国家电力电子产品质量监督检验中心的测试以及UL认证和CE认证。

公司与西安电力电子技术研究所、清华大学和秦皇岛燕山大学等知名院校签署了长期产学研合作协议，成立了浙江大学汪槱生院士工作站以及燕山大学研究生工作站，与国外专家团签订了长期的技术合作协议，全面引进国外知名公司的封装工艺、设计理念以及品质管理等相关技术。拥有一支由教授、高工和硕士等高级专业技术人员组成的研发团队，该研发团队勇于创新、坚持创新，取得了多项自主创新成果，并多次参与电力电子产品国家及行业标准的编审，现已拥有20多项国家专利。

常州市超顺电子技术有限公司

超顺®

地址：江苏省常州市新北区春江镇百丈工业区港口大道10号
邮编：213034
电话：0519-85914838
传真：0519-85911248
邮箱：sjl@ csdztech. com
网址：www. csdztech. com
简介：

常州市超顺电子技术有限公司是一家专业从事研发、生产金属基覆铜箔层压板（铝基、铁基和铜基）的民营科技企业。公司位于常州市新北区百丈工业区，公司面积18 000 m^2，员工280人，年生产能力800 000 m^2，产品具有高散热，低热阻的特点，广泛应用于大功率LED景观照明，各种模块电源。电动机及马达驱动器，太阳能电站和军工产品等。

常州市创联电源有限公司

创联电源
Chuanglian Power Supply

地址：江苏省常州市钟楼经济开发区童子河西路8号
邮编：213100
电话：0519-85210525
传真：0519-85215252
邮箱：cls@ cl-power. com
网址：www. cl-power. com
简介：

常州市创联电源有限公司是中国LED电源行业的领航者，公司成立于2000年，国家高新技术企业，电源生产车间面积超过22 000 m^2。公司产品线目前已经涵盖显示屏电源、超薄电源、工业电源、防雨电源、防水电源和亮化电源等，5～2 000 W多个系列产品，有2 000余种规格。创联电源在行业内率先通过权威认证机构英国NQA公司的ISO9001国际质量体系认证，大部分产品通过了UL、TUV、CB、CE和CCC认证。公司产品一次性通过了欧盟SGS环保检测，符合ROHS认证。

公司电源产品的关键元器件均采用世界一流品牌，以确保电源性能的高可靠性；公司拥有自动插件机，SMT贴片机，全自动波峰焊机、自动电源测试系统和ROHS光谱分析仪等先进的生产设备与检测设备。创联电源拥有强大的研发团队，并配备了一整套国际先进的进口测试仪器与设备，同时在行业内率先建立了自己的EMC实验室。

今天，常州市创联电源有限公司已拥有创联、创锦和哈特克三大主品牌，年销售各种电源超过了800万台，在国内显示屏电源市场销量遥遥领先。拥有数百家国内外销售一级代理商，LED电源远销欧洲、美国、日本、韩国和香港等50多个国家和地区，同时创联电源也广泛应用于国家大型和重点工程建设中，为城市亮化和美化、节能减排做出了突出贡献。

常州市武进红光无线电有限公司

HGPOWER®红光

地址：江苏省常州市武进青洋路桂阳路1号
邮编：213176
电话：0519-86733545 86732495
传真：0519-86731270
邮箱：ww@ hgpower. com
网址：www. hgpower. com
简介：

常州市武进红光无线电有限公司成立于1998年，一直致力于交换式电源产品的开发及生产。

目前，公司已成为国内知名的开关电源生产基地，拥有先进的生产工艺和完善的品质保证体系，主要产品全部通过CCC、UL、CE、GS和FCC认证，并通过国际ISO9001:2008；ISO14000:2004；GJB9001B:2015和TS16949:2015等到质量体系认证。

目前，公司产品已广泛应用于家电、通信网络、LED驱动、电动汽车充电和模块电源等领域，公司现有固定资产15 000万元，厂房及宿舍面积达50 000 m^2，生产开关电源2万台/天。

公司拥有一支作风严谨、高素质的研发队伍，可以灵活高效地为客户提供全面的电源解决方案。

创一流品质，持续不断推出高效、节能及绿色的电源产品，打造中国电源品牌是公司的宗旨。

国充充电科技江苏股份有限公司

特牛 TOPOWER 电源解决方案领导者

地址：江苏省扬州市维扬经济开发区小官桥路20号
邮编：225008
电话：0514-87639993
传真：0514-85122289
邮箱：sales@ shek. cn
网址：www. shek. cn
简介：

国充充电科技江苏股份有限公司创立于1994年，是集研发、生产和销售于一体的国家高新技术企业，在上海、南京和扬州设有多个研发中心和生产基地。公司以建设中国安全的新能源汽车智能充电生态家园为核心，主要经营交/直流稳压稳流电源、直流充电桩、新能源汽车充电站和电动汽车充电站整体解决方案等产品。

公司坚持以客户为中心的经营理念，从设计、生产、服务等各个方面用心满足客户需求。拥有40 000多 m^2 生产和研发场所，年产10万台套生产能力。

公司拥有雄厚的科研力量，多个研发团队，拥有国内顶尖的电源设计人才，并和浙江大学、南京航空航天大学和同济大学等建立了长期的合作关系，以确保公司的产品领先，21年来获得数十项发明专利和著作权，多项国家重点新产品证书，多项高新技术产品证书，多次获得科技部创新基金。

21年高端电源研发生产经验，让国充拥有业内顶尖的大功率充电电源技术。2001年在同行业中率先通过了ISO9001国际质量体系认证，通过国际知名检测机构SGS的严格检测，获得欧盟CE认证证书。

江苏爱克赛电气制造有限公司

EKSI Electrical Powerware

地址：江苏省扬州经济技术开发区金山路142号
邮编：225131
电话：0514-87525888
传真：0514-87526268
邮箱：webmaster@ eksi. cn
网址：www. eksi. cn
简介：

江苏爱克赛电气制造有限公司坐落在风景秀丽的江苏省扬州经济技术开发区，是国内大型专业研发、生产UPS不间断电源、电力专用UPS、EPS消防应急电源、光伏控制器、太阳能并网、离网逆变器、通信电源、交直流稳压电源、铅酸免维护蓄电池、变压器和电抗器等产品的科技型股份制企业。

公司是高新技术企业，中国电源学会会员单位，在同行业中率先通过ISO9001:2008质量管理体系、ISO14001:2004环境管理体系认证；中国节能认证、泰尔认证、欧洲CE认证、德国TUV认证和澳洲的AS4777认证等国际产品认证。产品连续被认为“质量信得过”及“江苏省名牌”产品等荣誉称号。

公司设有30多个分公司（办事处）和100多家销售代理，拥有较为完善的产品销售服务网络。产品广泛应用于金融、银行、证券、交通、民航、海关、税务、教育、邮电、电信、石油和华工等国内重要领域，并出口西班牙、德国和美国等30几个国家和地区。凭着一流的技术优势，过硬的质量水平，优质的服务体系，赢得电源保护服务专家的赞誉。

江苏禾力清能电气有限公司

禾力清能 HELINICE

地址：江苏省宜兴市经济开发区创业园二期C2
邮编：214213
电话：0510-87868659
传真：0510-87868609
邮箱：seanjiang@ 126. com
网址：www. helinice. com
简介：

江苏禾力清能电气有限公司成立于2011年，地处太湖之滨江苏宜兴，为江浙沪三大都市圈的中心区域，地理位置优越，周边交通发达。公司一期注册资金1 000万元，办公与生产面积共计6 000 m^2。2012年公司入选无锡市引进领军型海外留学归国创业人才“530”企业，江苏省可再生能源行业协会理事单位，并通过国家太阳能产品认证，属无锡市重点高新技术企业。

公司长期致力于太阳能发电、光伏并网逆变系统、稳压系统、不间断UPS及光伏并网发电相关电气产品的研发、制造、销售与技术服务，并提供一体化的整体解决方案。

公司现有行业专家十多名，具有行业领先的研发实力。公司拥有光伏并网逆变器、UPS及EPS的自主开发平台和中试基地，华东地区具有现代化的电力电子专业实验室及多项相关发明专利。公司自主研发生产的500 kW大功率逆变器、模块化UPS不间断电源产品获得市场一致好评。

江苏坚力电子科技股份有限公司

地址：江苏省常州市钟楼区香樟路52号
邮编：213023
电话：0519-86926679
传真：0519-86960580
邮箱：505241319@ qq. com
网址：www. czjianli. com

简介：

江苏坚力电子科技股份有限公司（原常州坚力电子有限公司），创建于20世纪60年代，积累了60多年的专业制造经验，是一家集研发、生产、制造、销售和服务为一体的EMI/EMC电源滤波器制造企业。公司坐落于风景秀丽的江苏省常州市，地理位置优越，处于长三角经济圈内，物流四通八达。

公司产品涵盖0.5～2 000 A各种规格的单相、三相交直流电源滤波器以及屏蔽设施类滤波器，广泛用于各种仪器仪表、医疗设备、电力设备、通信电源、UPS、变频设备、电梯设备及轨道交通等。

先进的测试设备，严格的品质管理，完善的售后服务形成了公司的独特优势。坚力产品畅销海内外，拥有国内外各领域优秀客户，如华为、中兴、烽火通讯、南车、北车、通用、西门子、艾默生和合肥阳光等，深受广大客户的赞誉和信赖。公司是军用领域的指定配套厂家，国家重点工程——洲际火箭、电子方舱、运载火箭、考察船以及飞船系列等配套，并得到中央军委的嘉奖。

金海新源电气江苏有限公司

地址：江苏省扬中市经济开发区港隆路558号
邮编：212215
电话：0511-88205918
传真：0511-88205985
邮箱：info@ ksnr. cn
网址：www. ksnr. com

简介：

金海新源电气集团坐落于江苏省扬中市经济开发区，是一家高科技企业集团，旗下有金海新源电气江苏有限公司、江苏金源腾峰换热设备有限公司和江苏金迪电子子科技有限公司等核心子公司。

金海新源电气集团其前身为镇江市金默电器设备厂，2010年3月经增资扩股，产品结构调整，更名为金海新源电气集团，注册资本10 888万元，厂区建筑面积28 000多m^2，二期建设厂房40 000m^2，现有员工约300人，其中大专及以上学历人员占比70%以上，研发团队有博士3人，高级工程师15人。公司产业涉及输配电设备、光伏发电系统电气设备和分布式光纤传感系统设备三大板块。

金海新源电气江苏有限公司人将始终贯彻“团结、勤奋、节俭、责任、创新、奉献”的核心价值观，致力于客户的满意与成功，向着一流企业的目标迈进，这是公司的追求也是公司的责任。

昆山渝科电子科技有限公司

地址：江苏省昆山市千灯镇曼氏路200号
邮编：215341
电话：0512-81861622
传真：0512-57477375
邮箱：kaiview _ power@ yeah. net
网址：www. kaiview. cn

简介：

昆山渝科电子科技有限公司位于中国苏州著名的历史文化古镇——千灯镇，依靠沪宁和苏沪高速公路，交通便捷。公司成立于2009年，专业研发生产高频逆变电源、开关电源和非标电源模块，参与光伏发电等新能源应用领域。公司系列产品通过相关国家机构检验并获得认证，满足出口条件。电源产品广泛应用于通信电力、光伏发电、航空航天、军工、车载船舶、监控医疗和自动化控制等领域，在国内发展建立了区域销售网络，能快捷方便地为客户提供安装，售后服务。公司自成立以来不断改进优化产品性能，提高产品质量，完善售后服务体系，得到了广大新老客户的认可。

雷诺士（常州）电子有限公司

地址：江苏省常州市新北区华山中路38号
邮编：213022
电话：0519-85190886
传真：0519-85190886-8228
邮箱：zhangjun@ rerosups. com
网址：www. rerosups. com

简介：

雷诺士（常州）电子有限公司是国内知名电源设备制造商，是集成设计、生产、销售和服务于一体的高科技股份制企业。公司总部及科研生产基地坐落于国家常州高新技术开发区，毗邻上海、南京，是国内电源设备制造重点企业之一。目前，拥有两大生产基地，4个生产厂区，工厂占地面积35 000 m^2。

公司长期从事电源产品的制造与销售，在产品的电源设计、制造工艺、出厂检验和开通调试等方面具有丰富的经验。主要产品有UPS不间断电源、EPS应急电源、精密空调、精密配电柜、稳压电源、电池以及机房一体化集成配套设备，为国内多家知名品牌UPS电源厂商提供OEM服务，相关产品已出口到80多个国家和地区。公司产品具有个性化、智能化、环保化及品质高等性能特点。同时公司具备强大的技术研发实力，能根据用户需求，量身定制非标电源产品，以满足特殊供电环境的需求。

公司已通过ISO9001质量管理体系、ISO14001环境管理体系以及ISO18001职业健康安全管理体系的国际标准，并获得认证证书。相关产品已连续入围“中央政府采购网”“国税总局采购平台”，企业获得“江苏省高新技术企业”“绿色与创新企业”“江苏省UPS研发机构”“中国通企业协会会员”“中国电源学会会员单位”“用户满意度品牌”等荣誉称号。雷诺士产品广泛应用于医疗卫生、政府机关、税务金融、电力、教育、铁路、冶金、科研、消防、交通、国防、航空航天和广电等重要领域，在各个行业发挥着电力保护神的重要作用。

溧阳市华元电源设备厂

地址：江苏省溧阳市经济开发区民营路3号
邮编：213300
电话：0519-87383088
传真：0519-87383088
邮箱：lyhydy_hj400@163. com
网址：www. huayuan-power. com. cn
简介：

华元电源设备厂专业从事高频开关电源的新技术研发及新产品的生产，拥有高频开关电源的自主发明专利和多项专有技术，是省科技型民营企业。

工厂研发生产的氙灯、汞氙灯和金卤灯等多种大功率电光源电源，高可靠，节能环保效果明显高于目前市售的国内外同类产品，价格比进口同类产品低。该类产品已被国内许多内资、外资、中外合资光学及光学应用企业采用，有的运用于军事；研发生产的电动汽车智能化充电机，2005年起配套国内锂电池生产厂商的电池远销欧美、日本、独联体、中东及东南亚许多国家和地区，从未有质量性的返修。目前工厂正在研发和生产电池组充放电主动均衡模块，决心以快捷、高效、可靠的实效，攻克这一世界性难题，为新能源及电动汽车产业的发展做出贡献。

工厂应用自主专利技术研发生产的特大功率高频开关电源、低压大电流高频开关电源，具有高效率，高可靠，均流好，环保等特色，可应用于太阳能、风能等的特大功率的充电储能，还可应用于高能物理、化工冶炼、航天航海和军事等领域。

南京时恒电子科技有限公司

地址：江苏省南京市江宁区湖熟镇金阳路18号
邮编：211121
电话：025-52121868
传真：025-52122373
邮箱：export@ shiheng. com. cn
网址：www. shiheng. com. cn
简介：

南京时恒电子科技有限公司（SHIHENG）为国家高新技术企业，专业生产全系列NTC热敏电阻器、NTC温度传感器、PTC热敏电阻器和氧化锌压敏电阻器等敏感元器件，是国内规模大的敏感元器件专业生产企业。公司通过了ISO9001质量管理体系认证、TS16949质量管理体系认证和ISO14001环境管理体系认证，并先后被认定为“南京市民营科技企业”“南京市高新技术企业”“江苏省民营科技企业”“国家高新技术企业”。公司还是中国电子元件协会（CECA）会员单位和中国电源学会会员单位。

公司不断研发出具有国际先进水平的新产品，多项科技项目获得包括国家火炬计划、国家科技部创新基金在内的各级政府的立项和资助。

主要产品均通过了CQC标志认证、美国UL、C-UL安全认证和德国TUV认证，产品广泛应用于工业电子设备、通信、电力、交通、医疗设备、汽车电子、家用电器、测试仪器和电源设备等领域。

苏州美恩斯电子科技有限公司

地址：江苏省苏州吴中经济开发区兴中路18号
邮编：215000
电话：0512-66351237
传真：0512-66352923
邮箱：www. meskj. com
网址：szmains@ 163. com
简介：

苏州美恩斯电子科技有限公司是一家专注于研发、生产和销售于一体的高科技企业。拥有现代化厂房，先进的生产设备，积极引进新型技术，不断改进产品性能及工艺。专心致力于设计研发以电力、电子、工业、教学、科研、军工、医疗、电机和能源等相关行业为核心的电源系列产品。

公司主要产品：高频直流稳压稳流电源、液晶程控直流稳压稳流电源、可编程直流稳压稳流电源、线性直流稳压稳流电源、晶闸管直流稳压稳流电源、高速响应电源、电解电镀电源、真空镀膜电源、表面处理电源和污水处理电源等专用直流电源系列；变频电源、中频电源、逆变电源和交流稳压电源等系列。

公司始终专注于行业电源领域，坚持以市场需求为导向，以技术创新作为企业发展的核心。培育了一支经验丰富，自主创新能力较强的专业研发团队，能在短时间内为客户设计研发出具有特殊功能和较高技术含量的专用电源。具有操作简单，体积小，效率高，高精度，高稳定等性能，配备先进的LED/LCD液晶显示，智能化PC系统和RS232、RS485等功能；完善的过电压、过电流、过温度、短路保护、温度显示、湿度显示及预置等功能让用户更放心使用。

公司发展思路一贯坚持“科技是第一生产力”的理论导向，始终坚持科技的创新，技术的进步，高素质人才的培养；以“质量求生存、创新求发展、品牌战略为先导”的方针，凭着对电源技术前瞻性理解，以完善、精湛的生产工艺和对产品的孜孜以求，推出各种优质的电源产品，满足广大客户的不同需求，在国内外市场树立了良好形象。

苏州能讯高能半导体有限公司

Dynax Semiconductor Inc. 能讯半导体

地址：江苏省昆山市高新区晨丰路18号
邮编：215300
电话：0512-36886888
传真：0512-36835030
邮箱：info@ dynax-semi. com
网址：www. dynax-semi. com
简介：

苏州能讯高能半导体有限公司是由获得中国“千人计划”支持的海外归国人员创办的高新技术企业。公司创立于2007年，目前注册资本为2.79亿元，公司在苏州市昆山高新区建设了中国第一家氮化镓电子器件工厂，设计产能为年产3寸氮化镓晶圆6 000片，其技术力量和生产规模位于国际前列。

苏州能讯高能半导体有限公司采用了整合设计与制造（IDM）的商业模式，其产品应用涵括了射频电子和电力电子两大领域。公司在2009年率先生产出2 000 V高压开关功率器件产品，在2010年完成了中国通信基站用120 W氮化镓功放芯片的开发，2014年在全球发布业界领先的量产氮化镓射频微波器件。

苏州能讯高能半导体有限公司已拥有39项中国发明专利和10项国际发明专利，其技术水平和产品指标均已达到国际先进水平。公司有员工150余人，50%以上拥有本科学历，其中包括海外归国博士8名、硕士40余名。公司先后承担了科技部863重大项目、中小企业创新基金以及江苏省重大科技成果转化项目等省市级重大科技产业项目。

苏州能讯高能半导体有限公司已成为国际领先的高能半导体供应商为使命。

苏州市电通电力电子有限公司

地址：江苏省苏州市高新区竹园路209号
邮编：215001
电话：0512-68410244
传真：0512-68410338
邮箱：sales@ szdt. com. cn
网址：www. szdt. com. cn
简介：

一直以来，电通人本着“求实、求新、求精”的精神，着力开创电子材料科学新愿景。在压敏陶瓷材料制造、过电压测试、产品设计和技术应用等方面取得了一系列开创性的成果，由此获得国家多项发明和实用新型专利，2009年“纳米掺杂高能氧化锌压敏电阻阀片及其专用添加剂的制造”项目又被列入苏州高新区创新领军人才计划。

截至目前广泛应用于冶金、化工、能源、交通和航空航天等领域的公司产品有：SVP系列吸能型过电压保护器和保护箱；DSP差模电涌保护器、CSP共模电涌保护器、DCP复合式电涌保护器、SVP电压限制型电涌保护箱、SEID系列对地绝缘在监控仪、多功能防雷器和灭磁单元等。其中SVP系列吸能型过电压保护器，继成为我国自行研制的韶九型电力机车整流电源过电压保护定型装置后，又被中科院托科马克项目、国防科大磁悬浮工程中心自行研制的磁悬浮列车、胜利油田海上钻井、西康卫星发射中心风洞实验装置、西门子传动系统、ABB传动系统和西门子风电系统等项目领域过电压保护的首选配套产品。

苏州市申浦电源设备厂

SPD 申浦电源

地址：江苏省苏州市吴中区角直镇凌港村角胜路（胜浦大桥南100米）
邮编：215127
电话：0512-65043983
传真：0512-82176007
邮箱：515596668@ qq. com
网址：www. sz-spdy. com
简介：

苏州市申浦电源设备厂坐落于美丽富饶的长江三角洲，南临苏沪机场路，北靠312国道，交通便利，环境优美，工厂技术先进，实力雄厚，是集科研生产一体化的专业企业。

工厂专业生产BT—33型多功能大功率晶闸管触发板、BT—1型多功能恒流压调节板、整流器、晶闸管调压器、直流调速器、电子负载、充电机、恒流源及各种规格晶闸管调压变流设备。普通硅整流设备，大功率高频开关电源，贵金属电镀用脉冲电源，铝氧化用大功率脉冲电源，蓄电池生产测试用大功率充放电电源，大功率直流电机调速装置及其它蓄电池生产测试用相关设备。

公司的市场营销策略是：优质低价，服务快捷，相同档次的产品我们的价格达到最低。

公司将以一流的创业精神、全新的质量观念、优质的服务态度和精诚的团结信念广结中外朋友，共谋事业发展。

苏州台智源电子有限公司

地址： 江苏省昆山市陆家镇泗桥村 312 国道往北 100 米

邮编： 215300

电话： 0512-57691662

传真： 0512-57691602

邮箱： taizhiyuanzd@ 126. com

网址： www. cectzy. com

简介：

苏州台智源电子有限公司是经政府注册和中国电源工业协会及多家行业协会认可，并通过 ISO9001—2008 质量管理体系认证的高新、智能和环保电子科技企业。

公司坐落在江苏省昆山市花桥国际城商务城。下设：昆山天恩达自动化设备有限公司、台智源电子宁波分公司和重庆台智源自动化设备有限公司及地区服务处。公司特聘科研院校教授、国内外高级工程师为技术顾问和专业的研发团队共同研发、生产高新、节能环保的智能电源设备、高频电源、电解电源和机器人远程控制通信系统设备。服务于航空设备、兵器制造、PCB 电路板、汽车配件、电子元器件、灯具卫浴、五金配件、稀土冶炼和环境治理等行业。

公司承诺秉承科技、环保和创新作为企业经营理念，坚信在精益求精及严格科学的管理下，用心制造出优质产品和完善的管理服务为客户事业发展竭尽全力。

太仓电威光电有限公司

地址： 江苏省太仓市城厢镇新毛区新港西路 66 号

邮编： 215400

电话： 0512-82775558

传真： 0512-82776898

邮箱： epe@ powerepe. com

网址： www. powerepe. com

简介：

太仓电威光电有限公司于 1999 年在台北成立，专业从事各类电子式安定器的研发与生产，应市场需求，于 2000 年在江苏太仓设立工厂，本着“专业研发、专业生产、共享市场、创造双赢”的发展策略，全方位满足客户需求，提供客户最可靠的品质与服务。

太仓电威光电有限公司是第一家完成数字电路超薄化安定器的华人企业，拥有专用芯片，产品畅销全球。

太仓电威光电有限公司于 2004 年通过 ISO/TS16949 品质保证系统的认证，确保产品通过 FCC、CE/CB、TUV、UL 和 CQC 等权威国际认证，符合 RoHS 法规中产品有害物质使用禁令限制，维护环境。

公司主要产品：①LED 驱动电源：室内、室外照明。②CDM 陶瓷金卤灯电子式安定器：路灯、商业空间照明，民用照明。③HID 石英金卤灯电子式安定器：舞台演出灯具，摄影棚灯具，船舶照明，汽车头灯。

无锡东电化兰达电子有限公司

地址： 江苏省无锡市行创二路 6 号

邮编： 214028

电话： 0510-85281029

传真： 0510-85282585

邮箱： david. wei@ cn. tdk-lambda. com

网址： www. cn. tdk-lambda. com

简介：

1993 年 11 月成立了“上海联美兰达电子有限公司”，专门从事开关稳压电源的研发、生产和销售业务。

1995 年 5 月随着生产量销售业绩的扩大，在江苏省无锡市成立了“无锡联美兰达电子有限公司”。

2008 年 10 月公司名称正式变更为“无锡东电化兰达电子有限公司”，向着继续保持中国工业电源行业先锋和进一步的发展前进。公司在上海设有研发中心，实力雄厚。同时将市场和销售总部设在上海，并且在北京、上海、大连、无锡、深圳、成都、香港和台北设有销售分公司或据点，销售网点遍布全国。

公司通过针对中国市场的深入调研活动，规划性价比适合中国市场的新产品，在中国开发、生产，进而在全国范围内销售。同时为了加强对客户和市场的服务，在无锡和上海成立了售后服务中心和技术支持团队，配备了资深的技术人员以及先进的设备，实现了在中国国内可以对所有 TDK-Lambda 品牌的电源产品进行维护。公司将继续专注基础设施相关市场，进一步加强交通、能源、环境和医疗等与百姓生活直接相关行业的电源产品和服务的提供。

此外，TDK-Lambda 集团作为 TDK 集团的一员，在日本、美国、欧洲、以色列、新加坡、马来西亚和印度等有完善的研发、生产、销售和售后服务网络，可以对客户就地提供全方位的电源解决方案，使顾客可以长期安全和放心地使用公司的产品。

扬州凯普电子有限公司

地址： 江苏省高邮市高邮镇工业园

邮编： 225600

电话：0514-84540882/1/0
传真：0514-84540883
邮箱：service@ yzkprdz. com. cn
网址：www. yzkprdz. com. cn

简介：

扬州凯普电子有限公司是一家专业从事薄膜电容器制造和研发的公司，通过引进国内外先进的制造和试验设备，研发生产各类介质的薄膜电容器，可以根据客户需求定制个性化产品，满足消费类电子及工业类客户的需求。

公司完全按照 ISO9001:2008、TS16949:2009 等标准体系构建并有效运行，采用自主知识产权的国家发明专利技术（5 项）与高校科研合作，创新研发高可靠性的电力电子薄膜电容器，获省高新技术产品（3 项）进步奖等多项，系列产品均通过专业机构的认证。

公司将以市场需求与科技发展为导向，以稳定的品质、高可靠性和一流的服务为依托，继续努力，力争成为一流企业的主力供应商。

越峰电子（昆山）有限公司

地址：江苏省昆山市黄浦江北路 533 号
邮编：215337
电话：0512-57932888
传真：0512-57664667
邮箱：info@ acme-ks. com. cn
网址：www. acme-ferite. com. tw

简介：

越峰电子（昆山）有限公司成立于2000 年，为台聚关系企业。公司主要业务为锰锌和镍锌软性铁氧磁铁心之制造及销售，产品属于电感类被动电子组件，为功率变压器、负载线圈、抗流圈、消磁线圈和感应天线棒/平板等之原材料，应用于交换式电源供应器、电脑显示器、笔记型电脑、宽频网络系统、车用电力电子、车用天线棒/感应钥匙、无线充电器、电话交换机、中继站、行动电话、PDA、液晶电视、数位相机、数位摄影机、掌上型电玩以及扫描器等 3C 产品。

张家港市电源设备厂

地址：江苏省张家港市长安中路 599 号
邮编：215600
电话：0512-58683869
传真：0512-58674019
邮箱：zjgpower@ hotmail. com

简介：

江苏省张家港市电源设备厂位于风景秀丽、美丽富饶的长江三角洲畔的新兴城市-张家港市，这里紧靠苏锡常沪等发达地区，交通便捷。

工厂始创于 1983 年，主要生产通信电源、高频开关稳压电源、直流稳压恒流电源、逆变电源、变频电源、交流稳压电源、UPS 不间断电源和中频电源等各种电源的开发、生产、销售和工程设计施工等多种业务于一体的专业工厂。公司的产品以体积小、重量轻、效率高、智能化程度高和维护操作方便等诸多优点赢得了用户的一致好评。

工厂通过了 ISO9001 质量体系认证，形成了完备的质量管理体系（原材料采购、物料管理、产品制造与质量控制、生产技术工艺与设备管理、产品储运等）。公司将紧随国际电力电子技术的发展步伐，不断研发更高性能的电源系列产品，以高标准，高品质，高性价比来满足广大用户的要求，同时公司也为客户量身定做电源产品来满足用户的特殊需求。

上海市

昂宝电子（上海）有限公司

地址：上海市张江高科技园区华佗路 168 号商业中心 3 号楼
邮编：201203
电话：021-50271718
传真：021-50271680
邮箱：andrew _ lin@ on-bright. com
网址：www. on-bright. com

简介：

昂宝电子（上海）有限公司坐落在中国国家信息技术产业基地——上海浦东张江高科技园区，是一家从事高性能模拟及数模混合集成电路设计的企业。

公司专注于设计、开发、测试和销售基于先进的亚微米 CMOS、BIPOLAR、BICMOS 和 BCD 等工艺技术的模拟及数字模拟混合集成电路产品，以通信、消费类电子、计算机及计算机接口设备为市场目标，致力成为世界一流的模拟及混合集成电路设计公司。

公司拥有一批来自国内外顶尖半导体设计公司的资深专家组成核心技术团队，既有在模拟及混合集成电路领域多款成功产品的开发经验，也带来了鲜活的创新思维。核心技术团队的数位成员来自美国的著名半导体公司，拥有超过 40 项美国专利。通过将这支资深的技术专家队伍与本地优秀的设计人才相结合，公司为客户提供高品质、具有成本竞争力的半导体精品芯片、解决方案以及优良的服务。公司坚持以创新、务实、高效和共赢为经营理念，为客户提供适合的半导体解决方案。

主要产品涵盖：电源管理 Ic，高速、高精度数模/模数转换器，无线射频 Ics，混合信号的系统级芯片（SOC）。

美尔森电气保护系统（上海）有限公司

MERSEN

Eldre | Ferraz Shawmut | m.schneider | R-Theta

地址： 上海市松江区书山路 55 弄 6、7、8 号
邮编： 201611
电话： 021-67602388
传真： 021-67760722
邮箱： liuxiong. mao@ mersen. com
网址： www. ep-cn. mersen. com
简介：

美尔森电气保护系统（上海）有限公司作为世界领先的电气保护专家，为市场提供高品质的、安全可靠且不断创新的产品和符合客户需求的解决方案，从而帮助客户优化电力效率，满足不同客户的需求。公司拥有品种全面的中低压熔断器产品及熔断器底座、浪涌保护器、散热冷却产品、大电流隔离开关、低压接触器以及叠层母排等，广泛应用于电力控制、输配电、大功率低压配电和电力电子等领域。

上海百纳德电子信息有限公司

BND®

地址： 上海市普陀区祁连山南路 2891 弄 100 号 B401 室
邮编： 200331
电话： 021-66166126
传真： 021-66166126-822
邮箱： shbnd@ vip. 163. com
网址： www. bnd-ups. com
简介：

上海百纳德电子信息有限公司是德国百纳德（国际公司）在中国的合作公司。在中国有 30 多个分公司（办事处）及五大片区用户服务中心。上海百纳德电子信息有限公司是致力于电子、电源事业发展的高新科技企业，主要从事 UPS、EPS 不间断电源、稳压电源及电源相关产品、电气设备的生产和销售，通信设备、通信器材、电子产品、仪器仪表、机电设备和计算机软硬件的生产和销售，计算机软件的开发等。

经过多年的发展，公司荟萃了一批行业顶尖的人才，为更好地服务市场需求，2008 年在扬州首期投资人民币 3 000万元建立了工业园区，成为国际化的一流企业。公司在业界树立起了良好的企业形象，成为受人尊重，值得信赖的品牌。

公司是一个具备人才、资金及现代化管理模式的多元化发展公司。本着以“勤奋、务实、创新、坚持”的精神，以“海纳百川、以德为先”的企业文化，以“重视人才、培养人才、追求高效团队”的管理理念，以“诚信服务”的宗旨，以“客户的满意是我们追求的目标”的产品营销理念，重视科学管理和对优秀人才的任用，对员工实行长期能力开发和培训。为顺应社会的需求，公司引进德国先进电源科技产品及生产技术，致力于投入大量资金精细研发高效节能的模块化产品、绿色环保的太阳能产品，制造出满足不同客户需求的多规格品种，为客户关键设备提供稳定可靠的动力保障。

上海德创电器电子有限公司

DECHUANG® 可靠电源供应

地址： 上海市普陀区同普路 1225 弄 16 号
邮编： 200333
电话： 021-52704506
传真： 021-52700380
邮箱： edetron@ intech-tron. com
网址： www. e-detron. com
简介：

上海德创电器电子有限公司是一个具有近 20 年历史的专业电源供应公司，位于上海市长征经济开发区。厂房面积近 3 000 m^2，现有员工 300 多人，是国内率先生产电力系统自动化装置开关电源的供应商之一，其品牌和产品得到了业界和电力系统自动化专业市场的肯定及认可。公司集自主研发设计与生产制造于一体，不仅拥有一支具有多年丰富电力系统自动化装置电源设计经验的设计团队，并且有多条配备先进的制造和检测设备的生产线。公司以可靠电源供应作为公司的立命之本，可靠是电源最基本的要求，也是赖以生存和发展的保障。因此，公司始终将建立、健全质量管理体系作为质量管理的重点，根据质量管理体系，从原材料检验到样品检验、生产过程巡检、测试中心例行试验和成品检验等，建立了完整的品质保证流程，确保给客户可靠的电源供应。公司通过 ISO9000 质量管理体系认证、CCC、ESD 和 UL、TUV 工厂认证，部分产品远销欧、美市场，是上海地区规模很大的专业电源公司之一。

上海豪远电子有限公司

地址： 上海市宝山区呼兰路 515 弄 3 号 A 区
邮编： 200431
电话： 021-66213593
传真： 021-66213591
邮箱： hy1288@ 126. com
网址： www. haoyuandianzi. com
简介：

上海豪远电子有限公司是一家致力于各类电源变压器、稳压电源、逆变电源和开关电源等产品的开发、设计、制造、销售和服务于一体的民营高科技企业。公司自 1997 年成立至今，一直秉承以客户为中心，以产品质量为根本的指导思想，在激烈的市场竞争中站稳了脚跟，取得了骄人的成绩。公司先后通过了 ISO9001：2000 国际质量管理体系认证、中国质量认证中心 CQC 认证、欧盟 CE 认证和环保认证、部分产品已通过 UL 认证，并荣获国家“3. 15 诚信

承诺单位”“2006 年全国产品质量稳定合格企业”“百家知名品牌企业”等称号，经过公司员工的辛勤努力，公司赢得了海内外客商的一致赞誉和好评，产品出口世界各地。

根据公司发展的需要，2003 年 10 月公司投资 1 000 多万元在安徽马鞍山建成了占地 22 亩规模庞大的马鞍山豪远电子工业园，形成了以上海总公司为窗口，以马鞍山为生产基地的集团化发展模式。

公司不仅仅生产产品，更着重于品质与信誉，“以客户为中心，以品质为先驱”是公司的宗旨。

上海厚国电气有限公司

厚国科技
Technology to create products

地址： 上海市闵行区浦江竹园路 518 号 8208 室
邮编： 201112
电话： 021-34718986
传真： 021-51685595
邮箱： hggchina@126. com
网址： www. shhgdq. com

简介：

上海厚国电气有限公司系电力电源领域产品生产、销售的高新技术企业，具独立的法人资格及生产资质。专业从事于各系列稳压器、变压器、变频电源、UPS 电源及电气自动化系列设备的生产、研发与销售。公司拥有业内大型生产基地及先进生产设备，深入研发，精良制作，严谨质控，完善售后，力求为用户提供最为优质的电力电源产品及高标准化的服务。

目前，厚国公司产品销售及服务至国内近 100 多个城市，已荣誉成为中国移动、三一重工、长城汽车、东方明珠、群升集团、日升集团、中兴通讯、ABB 中国、上海虹桥机场、长虹集团、日立电梯在和东芝医疗等企业的合格供应商。全球市场上已有广泛的配套应用，已配套出口至北美洲古巴，非洲尼日利亚、埃塞俄比亚、坦桑尼亚、乌干达和肯尼亚等国家和地区。

发展理念：厚积薄发 追求卓越 思索创新 持续发展 打造高端产品品质。

服务宗旨：真诚的用户沟通 完善的售后保障 建立高效、标准服务体系。

团队精神：理解 沟通 支持 配合 共同学习 共同成长。

上海华翌电气有限公司

地址： 上海市虹口区三门路 760 号
邮编： 200439
电话： 021-65445708
传真： 021-56688889
邮箱： 13901680595@139. com
网址： www. huayi-power. com

简介：

上海华翌电气有限公司，是一家专业生产逆变应急电源、UPS、电力直流操作电源、仪表电源、通信电源、交流稳压电源、智能照明控制电源、电动机分批自启动柜和低压开关柜产品的企业，公司总部位于上海市恒丰路 218 号上海现代交通商务大厦 20 层，制造技术中心位于上海市虹口区三门路 760 号和上海市德力西路 128 号，制造采用日本进口的数控冲床、数控折弯机、数控剪板机、数显铜排加工机、模拟负载箱、温度控制箱、低压开关实验台、耐压试验仪、CL312 三项电能表现场校验仪、CHXLW 微电阻测试仪、LBO—522 日本 LEADER 示波器、HSI801 电涌绝缘测试仪、QT2 型半导体管特性图示仪和 HF2811C 型 LCR 数字电桥等先进加工、检测设备。具有中、高级职称的专业技术人员 55 人，从事电源设备、低压配电柜的开发、研究、设计和制造。

企业具有先进的生产、监测手段和国内一流的制造技术，以“质量为本，科技立业”为宗旨，把产品的质量视为企业的生命，2003 年 7 月获得中国国家强制性产品 3C 认证证书。本厂按 ISO9001 标准建立了质量管理体系，并于 2002 年获得了该质量体系认证证书。开发 GZTW 智能型系列直流电源柜，1998 年在香港获得世界华人发明博览会银质奖。并获得公安部消防设备的照明 EPS 应急电源 CCC 证书。企业生产逆变应急电源、UPS、电力直流操作电源、仪表电源、通信电源、交流稳压电源、智能照明控制电源和电动机分批自起动柜，与德国西门子公司合作生产 SIVACON8PT 及 MNS 低压开关柜在燕山石化、中原油田、安庆石化、塔河石化、青岛石化、扬子石化、镇海石化、中化泉州石化、四川维尼纶厂、青岛大炼油、海宁供电局、上海南桥 50 万伏变电站、宝钢、武钢、水钢、广西钢铁集团防城港项目、宝钢湛江项目和上海国际博览中心等国家重点工程中获得一致的好评，被中石化总公司、中华集团、中海油及冶金、电力等国家重点企业选为资源市场成员，2003 加入中石化总公司战略合作伙伴。

上海吉电电子技术有限公司

Jidian Electronics

地址： 上海市纪展路 288 号
邮编： 201107
电话： 021-52964208
传真： 021-52964207
邮箱： samson _ au@ shanghai-jidian. com
网址： www. shanghai-jidian. com

简介：

上海吉电电子技术有限公司成立于 2001 年。是全球数十家著名半导体企业在亚太地区的重要代理商，同时也是众多知名电子制造和研发企业的重要合作伙伴，供应产品广泛应用于电力电子、仪表仪器、新能源、汽车电子、工业自动化、通信工程集成配套、电梯制造、机器人、大型计算机中心和轨道交通等领域。

公司拥有与国际接轨的服务系统，强大的销售与专业技术支持团队及优秀的研发设计人员，集代理、科研、开发和制造为一体。为客户需求“量身定制”，提供多种方案选择，支持供应商库存管理服务。还与科技机构及大学建立了长期的战略发展合作关系。

公司坚持“品质第一、诚信服务”的经营方针，获得ISO9001认证。在北京、深圳、沈阳、南京、株洲和成都等主要城市，以及香港、新加坡、东京及南非等地都设有分公司。创造了销售额连续多年递增的业绩。2015年被评为上海民营100强企业（排名第56位）。

上海科梁信息工程股份有限公司

地址：上海市宜山路829号海博新大楼2楼

邮编：200233

电话：021-54234718/19/20

传真：021-54234721

邮箱：info@ keliangtek. com support@ keliangtek. com

网址：www. keliangtek. com

简介：

上海科梁信息工程股份有限公司（简称科梁）是一家主要为高端科研机构提供研发测试产品、系统、服务及完整性解决方案的高科技公司。公司成立于2007年，注册于上海漕河泾新兴技术开发区，是上海市高新技术企业、GJB9001B—2009质量管理体系认证企业、“双软”认证企业及上海市科技小巨人培育企业。

科梁致力于为军工、电力、车辆以及教育等行业的高科技装备提供世界一流的仿真测试解决方案和交钥匙工程服务。公司专注于提供面向先进电力电子应用的仿真测试系统解决方案，典型的解决方案包括电力电子控制器仿真测试系统、功率硬件在环系统、SVG入网测试系统和光伏逆变器并网测试系统等。

上海科泰电源股份有限公司

地址：上海市张江高新区青浦园天辰路1633号

邮编：201712

电话：021-59758500

传真：021-69758500

邮箱：zhang haixia@ cooltechsh. com

网址：www. cooltechsh. com

简介：

上海科泰电源股份有限公司于2002年在上海市青浦工业园区成立，是一家专业从事智能环保电源设备的开发、设计、生产、销售和售后服务的高新技术企业。公司于2010年12月29日在深圳交易所上市，股票代码为300153。

公司主要产品为智能环保集成电站，系综合利用软件工程、微电子、计算机、通信、网络等工程及电子信息技术和低噪声处理技术的集成创新电站产品及解决方案，包括标准型机组、静音型电站、车载电站、挂车电站、方舱电站以及电源一体化解决方案。个性化、智能化、环保性及高品质是公司产品的重要特点。

目前，公司拥有11项发明专利，28项实用新型和1项外观设计专利，2项计算机软件著作权。

通过持续的研发技术投入，公司拥有目前国内较先进的柴油发电机组性能实验室，并先后获得英国劳氏（LRQA）ISO9001质量体系认证、ISO14001环境体系、OHSAS18001职业健康安全管理体系认证以及比利时安普（APRAGAZ）CE认证。

公司在不断提升科技创新能力的同时，凭借在行业内的领先地位和技术优势，积极参与GB/T2820等多项国家柴油发电机组行业有关标准的制定。

公司近年来获得了“全国实施用户满意企业”“上海市高新技术企业”“上海市实施卓越绩效管理先进企业”等诸多荣誉。

上海雷诺尔科技股份有限公司

地址：上海市嘉定区城北路3988号

邮编：201807

电话：021-39538087 13761222202

传真：021-39538104

邮箱：renle-power@ 163. com

网址：www. renle. com

简介：

上海雷诺尔科技股份有限公司成立于2008年，坐落于上海市嘉定区国家高新技术产业园区内，占地面积100 000 m^2，厂房面积85 000 m^2，总投资2.5亿元。公司专业生产高中低压电动机软起动器、高中低压变频调速器、EPS消防应急电源、UPS不间断电源、直流屏、智能化电气和高低压输变电成套设备，是集贸易、科研和生产为一体的高科技企业，是国内智能化电气传动行业之龙头企业。具有颇具实力的新产品开发研究机构，产品技术一直处于国内领先地位。建立健全了质量管理体系和CAD、CAM技术中心，行业内率先通过了ISO9001质量管理体系认证、ISO14001环境体系认证，公司所有产品均获得国家质检总局颁发的生产许可证，并全部通过“CCC”认证。

公司EPS消防应急电源先后为上海世博会配套项目、北京奥运会配套项目、上海虹桥机场、石家庄机场、厦门机场、哈尔滨西客站、贵广高铁和甘肃卫星发射中心等国家重点项目配套，在化工、钢铁、医药、石油和民用建筑等领域都有良好业绩，优质的服务和售后技术赢得了一致的好评。公司用品质征服世界，立志成为享誉全球的智能电气专业供应商。

上海全力电器有限公司

地址：上海市静安区新闸路568弄445号
邮编：200041
电话：021-62535836
传真：021-62558838
邮箱：querli@ querli. com
网址：www. querli. com
简介：

上海全力电器有限公司坐落于上海市嘉定区南翔蓝天开发区，占地面积2万m^2，建筑面积1.2万m^2，属中国电源学会会员单位。是一家专业从事各种交直流电源研究、开发、生产和销售于一体的综合性企业。

公司创办以来，一贯坚持“以质量求生存，以科技求发展”的发展纲领，不断引进和吸收国内外新技术、新工艺和新器件，产品品质不断提高，功能不断完善，性能更加可靠。全力人本着“追求永无止境”的理念，不断创新，努力开拓，先后取得中国电工产品安全认证（长城认证）、ISO9001国际质量体系认证，并由中国人民保险公司承担质量责任保险。经过十年拼搏、奋斗，现已发展成为具有多项国内领先技术，以高科技为基础的初具规模的电源生产基地。目前，公司生产的产品主要有精密净化交流稳压器、直流稳压电源的、逆变电源、各种充电机、调压器和变压器等十大系列300多种规格，年产各种产品达十万台（套），产品畅销全国近100个城市，部分产品远销国际市场，深受国内外用户的好评。

上海泰可金属制品有限公司

地址：上海市浦东新区川沙镇川南奉公路551号
邮编：201201
电话：021-50135980
传真：021-51862803
邮箱：info@ megelectronic. com
网址：www. megelectronic. com
简介：

上海泰可金属制品有限公司是一家由中方和意方共同出资，按照ISO2001:2008体系进行管理的合资企业。凭借意方投资商将近30年的丰富经验，公司致力于EI变压器、环形变压器、三相变压器、电感、互感器以及相关电磁元器件的生产。经过3年的共同努力，公司逐步发展成为具有一定规模和经验的电器产品供应商。无论是生产流程管控，还是质量管理体系，公司秉承持续更新的理念，改进技术水平，以满足不同客户的需求。而且公司毗邻上海自贸区，拥有十分便利的交通条件，10 min可搭上海机场，30 min达到上海港口。

公司将继续创新，努力进取，以值得信赖的质量和服务，竭诚欢迎海内外客户。

上海稳利达科技股份有限公司

地址：上海市嘉定区高石公路2439号
邮编：201816
电话：021-63534701 63534702
传真：021-63533418
邮箱：sales@ wenlida. com
网址：www. wenlida. com
简介：

上海稳利达科技股份有限公司（简称“稳利达”）成立于1995年，是专业生产稳压器、变压器、节电器、无源（有源）谐波滤除装置和太阳能逆变器等系列产品的大型生产基地及电源系统服务供应商。公司致力于发展绿色、环保、节能和安全的新能源产品的开发。以“行业专用稳压器”“变压器”“谐波滤除装置”“节能产品”为基础，努力将公司创建为国内新能源产品制造现代企业。多年来，公司以先进技术、优异产品、稳定质量和一流的服务，在市场上赢得了良好的美誉度。产品远销欧美、东南亚、南美洲、中东和非洲等世界各地。

公司现有：上海嘉定和浙江嘉善两处标准型生产基地和研发中心。先后成立北京、广州、青岛、济南、长春、沈阳、西安、重庆、成都、苏州和新疆分公司与办事处。

公司荣获：泰尔产品认证、国家广播入网认定、CCC认证、ISO14001环境认证、ISO9001体系认证、太阳能产品认证、高新成果转化、CE、SGS认证供应商和SONCAP认证等一系列认证。

公司客户有华为、中兴、海尔、海信、中国移动、中国石油、百超、斗山、三菱重工、海德堡、梅兰日兰、上海明珠、娃哈哈、胜利油田、中国英利、时风集团、临工机械、正泰集团、朝阳轮胎和上海宝钢等知名企业指定供应商。

企业资质：国家信息产业部“稳压器”行业标准起草单位。

上海稳压器厂

地址：上海市松江区文翔东路58号2号楼
邮编：200023
电话：021-64108585
传真：021-64543587
邮箱：sales@ csvrp. com
网址：www. csvrp. com
简介：

上海稳压器厂是国家稳压器定点生产厂家，长期从事电力稳压器等电源产品的生产和研究。凭借多年的生产研发经验，独具前瞻的技术观念和功能设计，为各行业提供高品质的电源产品。多年来承担了国家军用、民用和重大工程项目所需稳压电源的研制和生产任务，为各行业的发展提供强劲的推动力。

从单一的订单式设备制造，到为客户提供个性化系统解决方案，上海稳压器厂实现了打造中国稳定电源专家的这一核心理念。

今后，上海稳压器厂仍会坚持以专业成就高品质的理念，致力于新产品、新技术和新工艺的不断创新和开拓。

公司是中国率先生产 SBW 型自动补偿式稳压器的诞生地，中国经过部级鉴定的稳压器生产厂家，国家电力电子产品质量监督检验中心检验产品及 ISO9001 国际质量管理体系标准认证企业。

上海新康电器制造有限公司

XINKANG

地址：上海市青浦区沪青平公路 2933 弄 17 幢

邮编：201703

电话：021-69755111 69755193 69755333

传真：021-69755116

邮箱：xinkang@ online. sh. ch

网址：www. xinkang. com

简介：

上海新康电器制造有限公司，是我国从事电力稳压器制造的专业生产企业，是中国电源学会的会员单位。随着现代科技的发展，工矿企业、科研、邮电、医院及国防等部门对电网供电质量的要求愈来愈高。为确保工业生产的正常进行，科研工作的顺利开展，迫切需要容量大，损耗低，波形失真小及稳压精度高的优质稳压电源。

公司现有生产场地 13 000 余 m^2，从事生产稳压器生产的员工 218 人，其中科研及工程技术人员占 35%；齐全的工装设备，使新康公司的产品一直处于行业领先地位，并多次在国际上获得金奖；为使新康的产品让用户更加放心，公司除免费对设备安装督导，负责设备的开通调试，免费保修一年及实行终身维修之外，在全国各地分布有 16 个办事机构，以确保售后服务工作能及时到位，充分满足对用户的承诺。

1999 年，上海新康电器制造有限公司通过了 ISO9001 质量体系国际认证，同时新康的稳压器还获得中华人民共和国信息产业部电信设备进网许可，为新康电器提高市场竞争力及同国际接轨打下了坚实的基础。集新康电器十余年丰富的生产经验和雄厚的科研力量，新康的电力稳压器销量已逾 80 000 台，安全可靠地运行于全国各地的不同行业，深受用户的赞誉。新康电器不仅遍销全国各地，而且已有销往印度尼西亚、马来西亚国外之业绩。

总之，新康公司本着“以质量求生存，靠管理降成本”这一宗旨，让新康的产品更好地服务于社会，新康愿与客户一道，共创新世纪的辉煌。

上海阳顿电气制造有限公司

YUTTON®阳顿

地址：上海市嘉定区江桥镇曹丰路 618 号

邮编：201812

电话：021-33519445

传真：021-33519449

邮箱：576025192@ qq. com

网址：www. yutton. com

简介：

上海阳顿电气制造有限公司注册资本 505 万元，是一家专业从事于电力能源领域产品研发、生产和销售的高新技术企业。创业初期，公司代理国际知名品牌的不间断电源和蓄电池，是施耐德电气、伊顿电气在大中华区的合作伙伴。通过多年的积累与发展，依靠众多优质客户的支持，公司现成功转型成为一家专业生产不间断电源的工厂，已成为国内电源行业的领军型高科技企业之一。

当前，国内不间断电源行业蓬勃发展，百花齐放，各厂商的品质良莠不齐。公司后来居上，研发生产的金刚系列大型 UPS，单机最大容量为 400 kV · A，可实现多台 UPS 冗余并机。率先将高可靠性、高效、节能、环保及低碳的设计理念集于一体，实现了用户效益最大化，改变了由洋品牌在国内大功率 UPS 市场的垄断状况。

公司在努力拓展市场的同时，坚持“专业营销，精品研发，专注制造，完善售后”的总体战略，恪守“优质产品，完善服务，以客为尊，合作双赢”的质量方针，履行“全年无休，及时响应，快速维护，保障有力”的服务承诺。公司注重开发，在科研和开发方面的投资占年营业额的 8% 以上，公司拥有国际先进的研发、测试和生产仪器设备，集中了国内优秀的电源界技术精英，并与国内多家科研单位和高等院校建立了良好的合作关系，巩固了公司在国内电源行业的领先地位。

公司注重质量管理，建立了完善的质量管理体系，率先通过了由英国优卡斯公司认证的 ISO9001 国际质量体系认证，产品均通过了电源行业权威的泰尔认证。公司产品应用于全国各地的电力、通信、交通、医疗、教育和工业控制等重要领域。

公司立足于素有“东方明珠”之称的世界大都市——上海，在华东地区及全国的主要城市均设有服务网点。被业界誉为华东地区的一枝“电源新秀”。

上海鹰峰电子科技有限公司

EAGTOP

地址：上海市松江区石湖荡工业园唐明路 258 号

邮编：201617

电话：021-57842298

传真：021-57847517

邮箱：zhaozhanglong@ eagtop. com

网址：www. eagtop. com

简介：

上海鹰峰电子科技有限公司 是以专业研发、生产电力电子无源器件为发展方向的高新技术企业，是国内领先的无源器件解决方案供应商。主要产品包括电抗器、叠层母线、薄膜电容器、水冷散热器、功率电阻器、制动单元和电力滤波器等。公司先后通过了 SQC、ISO9001：2008 质量管理认证体系和 ISO/TS16949—2009 质量管理认证体系。

公司不断致力于产品的开拓与创新，为工业传动、新能源、轨道交通和电能质量等行业客户提供具有竞争力的无源器件综合解决方案和服务，持续了解客户需求，配合客户共同研发，提升用户体验，为用户创造最大价值。

上海灼日精细化工有限公司

地址：上海市松江区长塔路 85 号
邮编：201617
电话：021-51872995
传真：021-51872995-802
邮箱：jorle@ jorle. net
网址：www. jorle. net

简介：

上海灼日精细化工有限公司致力于环氧树脂、有机硅及聚氨酯新材料的研发、生产和销售，一直以电子封装材料为主要研发方向，着重开发电子、电气、电力、太阳能及其它行业所需要的各类特殊封装材料。

“科技，点燃灼日的魅力”，灼日化工是勇于追求，不断超越，积极创新的企业，公司将始终不渝地以诚信为纽带，建构信任的桥梁，与您携手，同步世界。

上海作永电气有限公司

地址：上海市中山北路 1759 号浦发广场 D 座 11 层
邮编：200061
电话：021-60492298 60492299
传真：021-60917727
邮箱：sales@ zuoyongdq. com
网址：www. zuoyongdq. com

简介：

上海作永电气有限公司位于国际化大都市，素有东方明珠之称的上海。公司是一家集研发、生产、销售及产品服务于一体的电源制造企业，系中国电源学会会员单位。

公司专业生产、销售大功率补偿式电力稳压器、低压变压器、UPS 旁路柜以及直流电源、变频电源等电气产品、广泛用于数控机床、机械加工、医疗器械、印刷设备、广电和实验室仪器仪表等行业，获得广大客户的认可。

公司遵循“以科技求发展，以质量求效益”和“质量第一，服务第一”为宗旨，全心全意为广大用户提供优质的产品和满意的服务。

公司将不断努力创新，精益求精，致力于成为符合国际化要求的中国制造企业。

晟朗（上海）电力电子有限公司

地址：上海市钦州北路 1089 号 53 幢 4F
邮编：200233
电话：021-64857422
传真：021-64857433
邮箱：infor@ slpower. com
网址：www. slpower. com

简介：

SLPE 隶属美国上市公司 SL 实业集团公司（AMEX：SLI）。SL 公司是全球独立的医用电源提供者，也是产品线覆盖广泛的世界一流电源供应商。凭借高超的设计制造能力及完善的售后服务体系，公司不仅能为客户提供优质、可靠的高端产品，而且还能提供整体的系统集成解决方案。良好的客户服务使公司在医疗和工业客户群中享有极高的声誉。公司的电源产品涉及的领域包括医疗仪器、工业设备、军用电源，网端电源（POE）、通信产品以及其他市场。

公司的产品包括各种内/外置开关电源、线性电源和充电器等，电源功率从 1 ~ 6 000 W，满足不同客户的需求。

时冠电气（上海）有限公司

地址：上海市松江区新车公路 418 弄 1 号厂房
邮编：201611
电话：021-57609501
传真：021-37601484
邮箱：sgbyq@ sgbyq. com. cn
网址：www. sgbyq. com

简介：

时冠电气（上海）有限公司是集科研、制造、销售以及产品保养为一体的综合性电源公司。公司拥有雄厚的技术开发力量和一流的检测试验设备。公司在吸收和利用国内外先进技术的基础上，充分开发具有公司特色的工艺和工装，通过不断优化创新，主要经济、技术指标均居国内领先水平，达到国际领先水平。公司不断加强对原材料质量和工艺过程的控制，保证产品质量的稳定性。

公司所生产的变压器、稳压器、调压器、电抗器、逆变电源、变频电源，EPS，UPS 不间断电源以及配电箱等，十多个系列，100 多种产品，产品远销北美、西欧、中东和北非等 50 多个国家和地区，得到了广大用户的一致好评。

公司始终贯彻“技术创新，品质求精，诚信为本，追求卓越”的质量方针，力求使出厂的每一台产品都成为精品。2005 年公司率先在全国同行业中通过 ISO9001：2000 质量体系认证，全面提高企业综合管理水平。

中达电通股份有限公司

地址：上海市浦东新区民夏路238号
邮编：201209
电话：021-58635678
传真：021-58630003
邮箱：li. qi-pd@ deltaww. com
网址：www. deltagreentech. com. cn
简介：

1992年中达电通股份有限公司成立于上海，自营业以来，保持着年均增长35.5%的高速发展，为工业级用户提供高效可靠的动力、视讯、自动化及能源管理解决方案。在通信电源的市场占有率位居全国前列、同时也是视讯显示及工业自动化方案的领导厂商。

公司整合母公司台达集团优异的电力电子及控制技术，持续引进国内外性能领先的产品，在深入了解中国客户营运环境下，依据各行各业工艺需求，提出完整解决方案，为客户创建竞争优势。秉持“环保、节能、爱地球”的经营使命，成为中国移动的绿色行动战略伙伴，在节能减排、楼宇节能的技术上，陆续开展多项新应用。

为满足客户对不间断运营的需求，公司在全国设立了41个分支机构、64个技术服务网点与12个维修网点。依靠训练有素的技术服务团队，公司得以为客户提供个性化、全方位的售前、售中服务和最可靠的售后保障。

20年深耕，在近2 000名员工的努力下，公司2011年的营业额超过36亿人民币。未来，中达电通股份有限公司更将不断推陈出新，藉由与客户的紧密合作，共同开创更智能、更环保的未来。

浙江省

杭州奥能电力设备制造有限公司

地址：浙江省杭州市拱墅区康桥工业园康政路30号
邮编：310015
电话：0571-88182145
传真：0571-88090507
邮箱：aoneng2008@ 163. com
网址：www. aoneng. cc
简介：

杭州奥能电力设备制造有限公司坐落于高新技术开发区，是一家高科技股份制集团企业。公司成立至今，经过奥能人的艰苦创业、奋发图强，经营规模不断扩大；经济实力不断增强；逐步形成了一个日益完善的经营服务体系，目前公司已在南京、鞍山、成都、武汉、长春和乌鲁木齐等省会城市设立办事机构，是集科研、生产、销售和服务为一体的集团公司。公司承接各种自动化成套设备的制造、安装、调试以及软件开发、技术培训和新产品开发等项目，技术力量雄厚，生产设备齐全，制造工艺先进、测试手段和检测设备均符合国家标准要求。公司已获得ISO9001国际质量体系认证证书。

杭州奥能电源设备股份有限公司

地址：浙江省杭州市西湖区科技经济园区振中路202号1号楼
邮编：310030
电话：0571-88966622
传真：0571-88966986
邮箱：on@ on-eps. com
网址：www. on-eps. com
简介：

杭州奥能电源设备股份有限公司，是一家集开发、生产、销售和服务为一体的国家高新技术企业和软件企业，专业生产逆变电源、ups电源、高频开关电源、电力用智能一体化电源、高压直流电源（hvdc）系统和新能源电动汽车充换电系统等系列产品及一体化解决方案的主流供应商。

“质量第一，客户至上”是公司的经营理念，公司奉献给用户的不仅是品质优良的产品，同时也提供优质，可靠，及时的服务。随着企业的不断发展，公司已全面贯彻实ISO9001质量管理体系并顺利通过认证。

客户的满意是我们永远的追求！

创一流企业是我们最终的目标！

企业使命：致力于为社会节能做出贡献，并在此过程中，为全体员工追求物质与精神两方面幸福搭建平台。

企业愿景：成为行业内具备实力和倍受尊敬的企业。

核心价值观：创造价值，创造快乐，守正出奇，敬业爱岗，分享共赢。

发展理念：做大，做专，做快，做强。

员工管理理念：以人的发展为本。

杭州易泰达科技有限公司

地址：浙江省杭州市上城区钱江路58号太和广场3号15楼

邮编：310008
电话：0571-85464125
传真：0571-85464128
邮箱：sales@ easi-tech. com
网址：www. easi-tech. com
简介：

杭州易泰达科技有限公司是一家为国防军工、航空航天、铁道船舶、汽车、电机电器、电气传动和天线雷达等机电行业提供产品设计分析、仿真验证软硬件解决方案以及咨询服务的专业技术公司。公司坚持以电磁场、温度场和结构应力场多场耦合技术为核心，以系统建模与仿真技术为纽带，以员工和公司的持续学习能力为保障，以切实解决用户难题并不断改进用户体验为目标，通过专业的技术知识和服务流程，为客户提供经济、高效、可靠的解决方案和专业的咨询服务，以帮助客户实现技术创新、提高效益和增强竞争力。

杭州远方仪器有限公司

地址：浙江省杭州市滨江区滨康路 669 号
邮编：310053
电话：0571-86699998
传真：0571-86673318
邮箱：emc@ emfine. cn
网址：www. emfine. cn
简介：

杭州远方仪器有限公司是远方光电（股票代码：300306）的全资子公司，专业从事电磁兼容（EMC）& 电子测量仪器的研发及 EMC 实验室整体解决方案的提供，是国内率先独立进行全系列电磁兼容测试仪器研发的国家重点高新技术企业。建有企业院士工作站、博士后工作站、省企业技术中心和省研发中心等科研平台，并多次承担国家高技术研究发展计划（863 计划）课题和省市级重大科技攻关项目，拥有国内外发明专利 30 余项。2013 年被评为福布斯潜力上市公司 100 强企业（排名第四）。

经过多年的技术发展与积累，远方公司的 EMC& 电子测量仪器已远销全球 70 多个国家和地区，应用于 LED 和照明、家用电器、电动工具、低压电器、医疗器械、国网电力、通信、广播音视频、汽车电子、军工等领域，客户包括中国科学院、中国计量院（NIM）、ETL 国际认证实验室、中检集团、深圳计量院、广东省出入境检验检疫局、清华大学、浙江大学、四川大学、philips、三星、松下、西门子、海尔、美的、TCL 等著名国际检测认证机构、跨国企业、研究所及高校。

杭州中恒电气股份有限公司

地址：浙江省杭州市国家高新技术产业开发区东信大道 69 号
邮编：310053
电话：0571-86699838
传真：0571-86699755
邮箱：zhengquan@ hzzh. com
网址：www. hzzh. com
简介：

杭州中恒电气股份有限公司自 1996 年创立以来，始终秉承“至诚至精，中正恒久”的企业价值观，以“致力于创新应用电力电子和互联网技术，为用户提供世界一流的产品”为使命，稳健务实，精简高效，快速成长。

公司一直专注于主营业务，围绕电力电子产品制造板块深耕细作，为客户提供通信电源系统、高压直流电源系统（HVDC）、电力操作电源系统和新能源电动汽车充换电系统等产品及电源一体化解决方案。

公司始终以市场为导向，不断发掘客户的需求，坚持技术驱动，持续创新，不断为客户创造新的价值，为客户提供增值服务，是行业的领军企业。国家电网、南方电网、中国移动、中国电信、腾讯、阿里巴巴、百度和戴尔等都是公司长期合作的核心客户。

“守拙出奇，恒久致远”，中恒人既坚守自己的信念，也善于抓住时代机遇，依托自身深厚的电力行业背景，以及跨界的技术优势，公司通过电力信息化技术和电力电子技术的有效互联，实现从软件和设备供应商向智慧能源综合解决方案服务商的升级，逐步将产业重点转向能源互联网，完成公司跨领域的产业整合。

公司一直以来，关爱员工，共享成长，赢得员工信赖；快速响应，做精做强，赢得客户认可；积极践行企业公民责任，赢得社会尊敬。

康舒电子（东莞）有限公司杭州分公司

地址：浙江省杭州市西湖科技园区西园八路 11 号杭州数字信息产业园 D 座 3 楼
邮编：310030
电话：0571-87997535
传真：0571-87963179
邮箱：hr _ hz@ apitech. com. tw
网址：www. acbel. com
简介：

康舒电子（东莞）有限公司杭州分公司创立于 1981 年，一直谨守创新、和谐和超越的经营理念，并以客户满意为目的行事，经过持续不断的技术创新及客户开拓，以电源管理技术为核心的康舒科技已成为众多世界一级大厂的主要合作伙伴，并进入全球电源供应器产业的领导厂商之列。

康舒科技目前以中国台湾为全球研发总部，在中国大陆、美国及马来西亚等地亦设有专业研发团队。近年来，康舒科技有感于地球暖化情形日益显著，除了积极改进产品设计以提高电源供应器产品的电力转换效率，协助客户的终端系统节能减碳外，也积极投入照明、能源及电力通讯等新触角，期以电源管理的核心技术为基础，发展出整体解决方案。

杭州分公司作为康舒科技的车用电子事业处，主要围绕电动汽车用各类电源开展应用：客户遍及整车厂、动力电池厂及国家电网等，产品包括车载产品、非车载产品和动力电池的管理与均衡系统等。公司为优秀人才搭建了良好的发展平台，在这里，您将接触到业界领先的技术和富有激情的工作团队。

乐清市永茂电源有限公司

地址： 浙江省乐清市大林工业园区
邮编： 325609
电话： 0577-62216128
传真： 0577-62122938
邮箱： yongmaoinverter@ 163. com
网址： www. power-ok. com
简介：

乐清市永茂电源有限公司创建于2008年，地处于浙江省乐清市天成工业区，依山傍水，交通便利，紧靠风景秀丽的旅游胜地——雁荡山，与开放中的港口城市——温州隔江相望。公司生产的产品被广泛应用于电力、电信、航空航天、国防、交通、科研机构及大中型厂矿企业等领域。

公司是专业从事正弦波逆变电源、UPS不间断电源等产品的研发、生产、销售及服务于一体的创新型科技企业。在电源产品的技术研究、设计、制造工艺、质量管理和售前售后服务等方面都有丰富的经验，是国内外电源产品生产的重要基地，享有很高的声誉和知名度。

公司一直坚持“以人为本”的人才战略，吸纳了具有经验丰富的工程技术人员和专业管理人才，严管理、高技术、先进的生产设备及完善的检测手段，生产高品质的产品，提供优质的售后服务。产品配套国内知名企业，并成为国外著名品牌OEM合作伙伴，畅销全国、远扬海外。

公司本着以更高品质的产品和服务，赢得客户高度的满意为宗旨，依靠先进的现代企业管理不断深化企业内部改革，全面推行质量保证体系。提高产品质量，发扬“求实、创新、团结、进取”的精神，秉着“不断为顾客创造价值，为社会承担责任”的经营理念，期待着与社会各界携手共进，共同谱写电源事业的新篇章。

宁波中车时代传感技术有限公司

地址： 浙江省宁波市江北区振甬路138号
邮编： 315021
电话： 0574-87354108
传真： 0574-87131583
邮箱： csrsensor@ csrzic. com
网址： www. csrsensor. com
简介：

宁波中车时代传感技术有限公司（原株洲电力机车研究所宁波分所，以下简称“中车宁波时代传感”）始创于1990年，隶属于株洲中车时代电气股份有限公司（H股），是宁波市率先成建制引进两家部属科研院所之一，2006年6月更名为宁波南车时代传感技术有限公司，2016年4月更名位宁波中车时代传感技术有限公司。

公司历经20多年的发展，围绕行业领先的测控技术业已形成三大产业板块，包括以电流、电压、压力、速度、位移和温度为主的传感器产业；以站台屏蔽门、安全门和车辆门为主的轨道门产业；以真空集便装置、机车整体卫生间、污物（水）后处理装置及感应卫生洁具为主的环保产业。产品出口欧洲、北美、中东和东南亚等国家和地区，并逐步将产品应用领域拓展至工业和民品控制领域。目前，公司已成为中国南车在长三角经济区域的重要产业化基地和出口基地。

三科电器集团有限公司

地址： 浙江省乐清市经济开发区纬十一路258号三科科技园
邮编： 325600
电话： 0577-62666888
传真： 0577-62666022
邮箱： sako@ sako. cn
网址： www. sako. cn
简介：

三科电器集团有限公司是一家现代化的专业电源制造商，创办于1997年。目前，已拥有深圳、杭州和温州三大制造基地，专业研发、制造、销售、服务UPS、EPS、稳压电源、变频器、直流电源屏、LED驱动电源和光伏发电系统等系列产品，销售网点遍及全国100多个城市、全球30多个国家和地区，是高新技术企业、中国电源学会理事单位和浙江省电源学会理事单位。

公司先后通过了ISO9001质量管理体系、ISO14001环境管理体系和OHSMS28001职业健康安全管理体系等国际标准管理体系认证，主要产品取得了3C产品认证、CQC产品认证、CE认证和ROHS认证等，公司始终坚持自主研发的创新之路，目前已荣获70多项国家专利。

公司坚持“诚信待人、踏实做事、追求卓越、共同成长”的精神，以“致广大而尽精微”作为经营理念，确立“为投资者创造回报，为用户创造价值，为员工创造利益，为社会创造文明”的使命观。在保持企业健康快速发展的同时，为保护民族的传统文化，集团斥巨资兴建了企业“三科非物质文化博物馆”，收藏并展示了国家非物质文化遗产——黄杨木雕、细纹刻纸等优秀作品这即是三科以

"传承中华文化，致力科技创新，共建活力和谐"企业核心文化完美体现。

面对经济全球化的浪潮，公司正紧紧围绕着"专业营销、专业研发、专业制造"的经营战略，坚定地朝着"打造全球知名电源品牌"的宏伟目标迈进。

温州华高电气有限公司

HAGOE

地址：浙江省温州市龙湾区状元街道横街工业区1幢18号
邮编：325011
电话：0577-86509098
传真：0577-86509068
邮箱：hagoe@163.com
网址：www.hagoe.com
简介：

温州华高电气有限公司是集科研、设计、开发为一体的高新技术企业。公司下设华高电源、华高自动化。公司是一家专业从事电力操作电源（直流屏）、直流通信电源、高频整流模块、模块化逆变器、模块化EPS及工业定制电源研究、开发及生产的公司。并被中国电源学会纳为会员单位。产品通过了国家权威部门的检测检验。

企业借助不断创新所带来的管理、技术整合优势，以"高技术求发展、高质量求信誉"作为经营理念，努力进取，以一片至诚服务于客户，以高质量的产品奉献给社会。

"创新科技，服务社会，立足中华，高瞻全球"为公司发展方针。公司一直致力于研发力量的建设，现已组成由硕士及国家重点大学优秀本科生组成的研发队伍，凭借高素质研发队伍、丰富的现场使用经验，开发出电源领域新产品及污水处理、微机控制；公司管理严格按照ISO9001：2000及现代化管理模式，从元器件的采购、生产、调试、销售及售后等已形成严格、严谨、规范化的管理程序，从而保证了公司的产品品质的优异性，得到了广大客户的一致好评。

对于客户在使用产品的过程中，公司有完整的解决方案，售前的答疑、售中的指导及售后的技术支持与服务，均有专业工程技术人员负责，解决了客户的后顾之忧，使客户能放心使用。

华高人以智慧的眼光注视着未来，并以科技创新、发展高新技术为源动力，走向企业今后发展的成功之路。华高人的目光投向世界，华高人正朝着美好的未来奋进。

微信公众账号：华高直流屏

浙江创力电子股份有限公司

Makepower®

地址：浙江省温州市龙湾区高新技术产业园区F幢2楼
邮编：325013
电话：0577-86557922
传真：0577-86557923
邮箱：gulitao@makepower.cc
网址：www.makepower.cc
简介：

作为行业领先的通信应用系统支持服务供应商，创力电子股份有限公司自1996年成立以来，长期专注于各类数据测量、传输、设备自控、信息技术等产品的设计、开发、生产及系统整合。目前，公司是一家集科、工、贸为一体的国家高新技术企业。创业十余载，创力不断开拓、努力拼搏，企业茁壮成长，产品涵盖全国20多个省市。

我公司生产的主要产品涵盖了一个物联网综合监控管理平台和四个系列产品，包括用电量管理系统、智能门禁及动力环境监测系统、综合节能系统和E卡通系统等产品。实现了"工业化"、"信息化"的融合，为节能减排提供了有力保障。我公司产品广泛应用于通信机房、基站、广电、电力、码头、企业和校园等。

公司拥有核心研发、设备生产线，现有近500多名员工，属于国家高新技术企业、国家信息产业部计算机信息系统集成三级资质以及ISO9001质量管理体系认证企业。创力坚持以一流的技术，优质的产品质量，完善的售后服务来满足用户日益增高的要求，坚持以高水平的科技产品为载体，以优质的售前、售后为纽带，与用户实现"双赢"局面。

浙江海利普电子科技有限公司

HOLIP®
Member of the Danfoss Group
丹佛斯成员企业

地址：浙江省海盐县武原镇新桥北路339号
邮编：314300
电话：0573-86169999
传真：0573-86158001
邮箱：xuliqun@danfoss.com
网址：www.holip.com
简介：

浙江海利普电子科技有限公司成立于2001年，于2005年被Danfoss纳入旗下，成为其全资子公司，丹佛斯是丹麦跨国工业制造公司，创立于1933年，丹佛斯以推广应用先进的制造技术，并关注节能环保而闻名于世，是制冷和空调控制，供热和水控制，以及传动控制等领域处于世界领先地位的产品制造商和服务供应商。

公司共有员工600余人，是一家集研发、生产和销售于一体的国家高新技术企业，同时也是国内一家拥有省级变频研发中心的企业，其核心产品HLP系列变频器，广泛应用于纺织、化工、机床和塑料等行业，先后被列入"国家重点新产品""国家火炬计划项目"，并于2004年被授予"浙江省名牌产品"、"国内具有有竞争力的产品"，同时也是国内规模较大的变频器生产厂家之一。

为迎合丹佛斯在中国建立第二家乡市场的战略，公司依靠丹佛斯的强大支持，寻求高速发展。更加巩固公司在国产变频器领域的领先地位，同时逐渐成为丹佛斯旗下的传动控制部在亚太地区的制造和物流中心。

浙江宏胜光电科技有限公司

地址：浙江省乐清市柳市镇柳黄路2285号5楼
邮编：325604
电话：0577-61676211
传真：0577-61676212
邮箱：9029226@ qq. com
网址：http：//hosgd. 1688. com

简介：

浙江宏胜光电科技有限公司创立于2010年3月，是一家集开发、设计、生产、销售和服务于一体的高科技专业化电源制造企业。

公司重视人才的培养与引进，以人为本的理念，拥有一批高素质专业人才。公司有员工200余人，其中高级技术人员10多人，专业管理人员20余人，质检人员10余人；年产量达200多万台电源，厂房面积5 000余 m^2；公司注册资金1 020万元，是国内规模较大的开关电源专业制造企业。

公司以产品质量为方针，注重产品的研发，技术的更新；同时公司引进全自动插件机、自动化生产流水线，采用精确完善的检测设备，筛选优质的进口电子元件；产品经过100%烧机老化、耐压检测，合格率高达99%以上，通过先进的管理和流程，铸就高品质的电源产品。

公司主要产品：防水电源、防雨电源、AC-DC单组、多组开关电源、超薄型、小体积、导轨型、大功率开关电源、DC-DC开关电源、充电开关电源、适配器开关电源、逆变器开关电源等上千种电源规格产品。另外，公司可快速开发各种非标电源及特殊定做规格电源产品，来满足客户对不同产品的需要。产品广泛应用于LED亮化工程、LED显示屏、监控设备、医疗设备、工控自动化、电力通信等领域。

企业宗旨：服务员工、服务顾客、服务社会。

企业方针：技术创新；质量创新，服务创新。

本公司竭诚欢迎各界朋友前来考察，洽谈，合作，共图发展！

浙江省海宁市海整整流器有限公司

地址：浙江省海宁市庆云庆建路9号
邮编：314416
电话：0573-87788141
传真：0573-87788695

简介：

公司前身创办于1994年6月的浙江省海宁市整流器厂。近40年来获浙大，上海电科所等大专院校，科研究院所辅育，实现校企联盟。目前，高频开关电源、可控电源和脉冲电源，都已实现了标准化，微机化、系列化。设计创造的系列直流电源最大输出额定电流为50 000A，最高输出额定电压为600 V。实现PC控制换向时间、电流和电压等有关参数。并记录打印。系列脉冲电源最高额定电压为400 V，最大额定电流为1 000 A。分单脉冲、双脉冲两种。

公司资信等级AAA。购买直流或脉冲电源，请认证“海整”商标。

浙江腾腾电气有限公司

地址：浙江省温州市鹿城轻工产业园区创达路28号
邮编：325019
电话：0577-56968888
传真：0577-56556999
邮箱：hr@ ttnpower. com
网址：www. tinglang. cn www. ttnpower. com

简介：

浙江腾腾电气有限公司系国家高新技术企业、浙江省科技型中小型企业、浙江省企业技术研究开发中心和浙江省专利示范企业，是中国电源学会会员单位、中国电器工业协会会员单位。公司成立于1994年，是一家集研发、生产和销售各种规格光伏离网发电系统、智能交直流稳压电源、UPS、EPS、智能家居和电脑万年历等产品为一体的现代化电气行业翘楚。在公司100多类1 000余种研发产品中，共覆盖家庭、工业、农业、消防、通信和医疗等诸多领域，销售网点500多处遍及全国各地，办事机构延伸到莫斯科、法兰克福、洛杉矶、迪拜和拉各斯等国际大都市，产品畅销全球50多个国家和地区。目前，新研发的3 D打印设备即将投产，产品系列包含从单头单色打印到多头多色打印，材质包含打印塑料及打印金属；GPRS智能路灯控制系统，通过网络控制调节，为现在普遍使用的路灯系统节省40%以上的电能；IGBT智能高频电子式稳压电源产品为各领域高、精、尖设备的必备配套产品，此项科技产品的研发成功将是国际上高端电源产品中的一次革命；此外，公司正在与西北工业大学合作研发的大功率激光电源、伺服电动机等等高科技系列产品。

浙江西奥根电气有限公司

地址：浙江省乐清市柳市镇新光大道26-28号
邮编：325604
电话：0577-62798358
传真：0577-62790118
邮箱：chinasiga@ chinasiga. com
网址：www. chinasiga. com

简介：

浙江西奥根电气有限公司，创建于1994年9月，坐落于乐清市柳市镇新光工业园区新光大道28号，注册资金800万元，现有员工120多人，其中科技人员20多人，厂房面积 6 000 m^2，2010 年创产值近 2 000 万元，出口创汇 40，31 万美元。

公司以生产稳压器（交流稳压器、精密净化稳压器、大功率稳压器和微电脑无触点大功率稳压器）、变压器（控制变压器、干式变压器和油浸变压器）、自耦式启动器、充电机、逆变器、UPS 不间断电源和 EPS 消防应急电源等电源类产品为主，其它电器产品为辅，集产品设计、开发和生产贸易为一体的国内先进企业，公司为“中国电源学会会员”、国内贸易部批准《家用交流自动调压器》专业委员会成员单位。

公司管理制度健全，2004 年 7 月顺利通过了 ISO9001 国际质量体系认证，2006 年 6 月通过了国家公安消防“CCC”质量体系认证。公司技术力量雄厚，积极创新，质量一流，拥有多项国家专利证书，国家电力电子检测中心合格证书，电工产品安全认证，SIGA 西奥根列产品已经成为电源行业知名品牌。

公司拥有自营进出口权，积极开展国际化经营，组建了国际营销网络，产品远销欧美、中东、东南亚和非洲等十几个国家和地区。公司知名度不断提高，国际市场占有率不断扩大，每年参加“广交会”和上海举办的“华东交易会”等。产品质量深受国内外用户和客商的好评。

公司所取得的成绩也得到了上级政府的肯定，先后被乐清市政府和部门授予“文明私营企业、先进私营企业、明星企业、诚信民营企业、重合同守信用单位、稳压电源专家和中国 EPS 应急电源十强企业。2016 年 9 月荣获中国产品质量协会产品质量“AAA”级证书等光荣称号。连续多年被中国农业银行浙江省分行评为“AAA”级信用企业。

公司坚持以科技为先导，以客户需求为重点，不断改进，努力提高产品质量。以人力资源为第一要素，先后与浙江大学、重庆大学建立了长期研发合作关系。面对经济全球化、市场信息化的挑战，西奥根人将以“改善电源，追求无止境”为目标而努力奋斗!!!

浙江宇光照明科技有限公司

地址：浙江省绍兴市柯桥区平水镇会稽村工业集聚区
邮编：312051
电话：0575-85739999
传真：0575-85730969
邮箱：info@ universelite. com
网址：www. uvlte. com

简介：

浙江宇光照明科技有限公司（UNIVERSELITE CO.，LTD.）是一家专业生产照明产品的科技型企业。公司占地面积约 50 亩，建筑面积 30 000 m^2，注册资金 568 万美元，总投资 1 080 万美元。现有员工 300 余人，其中具有中高职称人员 50 多人。公司秉承“诚实守信，品质为先，客户至上，持续发展”的经营理念，是一家重品质、守诚信、服务优、发展快的稳健型企业。

浙江宇光照明科技有限公司是研究和制造绿色环保电光源产品的专业厂家，专注于生产无极灯、HID 气体放电灯及 LED 等三大系列产品。宇光照明是国家重点扶持高新技术企业、浙江省省科技型企业、浙江省清洁生产试点示范企业、浙江省创新型中小企业、中国无极灯联盟副理事长单位、复旦大学教育科研实验基地和无极灯国家标准起草单位。公司拥有强大的技术研发团队与实力，设立了宇光照明省级高新技术企业研究开发中心，每年均有几十项创新技术获得国家专利。公司通过 ISO9001—2008、ISO14000 管理体系认证；产品符合 CCC、CE、FCC、CB 和 UL 等认证。

美好灯光、美好世界，宇光照明将专注于照明领域，服务于全球照明事业，为人类创造更加美好的明天而不懈努力。

浙江正泰电源电器有限公司

地址：浙江省温州经济技术开发区滨海 2 道 1318 号
邮编：325000
电话：0577-86800767
传真：0577-86800726
邮箱：wwb@ chint. com
网址：www. chint-e. com

简介：

浙江正泰电源电器有限公司专业从事低压变压器、太阳能光伏逆变电网变压器、电抗器、调压器、稳压电源、开关电源、互感器、起动器、频敏变阻器、电力保护继电器和漏电保护器的研发和生产，产品达 70 多个系列，7 000 多种规格。公司属“浙江省高新技术企业”，是国内规模较大的电源电器生产供应商之一。

公司通过自主研发等途径，不断加快现有产品的更新换代及新技术、新材料、新工艺的研究和运用，共获得各类专利 60 多项。正泰牌变压器获浙江省名牌产品，正泰牌互感器获温州市名牌产品。

公司在行业内率先通过了 ISO9001 质量管理体系认证、ISO14001 环境管理体系认证和 OHSAS18001 职业健康安全管理体系认证。需强制性认证产品全部通过 3C 认证，部分产品通过了国内 CQC、欧共体 CE、凯码（KEMA）和俄罗斯 PCT 等认证，产品远销亚洲、非洲、美洲、欧洲和中东等 30 多个国家和地区。

山东省

海湾电子（山东）有限公司

GULF SEMI

地址： 山东省济南市高新技术开发区孙村片区科远路 1659 号

邮编： 250104

电话： 0531-83130301

传真： 0531-83130303

邮箱： mk _ king@ gulfsemi. com

网址： www. gulfsemi. com

简介：

海湾电子（山东）有限公司（GULF）是以专业玻璃钝化及玻球封装技术，提供电子照明、LED 照明、LCD 电源供应器、工业类电源、仪器仪表等业界广泛使用的整流器件；10 多年来直接服务于各领域的国际知名公司（Samsung、Philips、GE、Emerson、Delta、Panasonic 和 Sharp 等）。

长期以来，公司依托二极管先进的玻璃球钝化工艺技术，已完整开发了 PHILIPS 原 BYV、BYM 和 BYT 等系列产品，满足业界对高性能，高可靠性产品的需求；海湾电子近年来又相继引进了外延、玻璃钝化技术，已替代原 SANKEN、ON SEMI、TOSHIBA 和 IR 等知名公司的系列产品，满足业界对高频率、低 VF 和高效整流的需求；海湾电子还大量开发了肖特基，高性能桥堆等系列产品，满足各个领域的整流方案。

济南朗瑞电气有限公司

LANGRUI

地址： 山东省济南市历城区花园路 35 号

邮编： 250000

电话： 0531-55711025/26/27/28/29

传真： 0531-55711026

邮箱： sdlangrui@ 126. com

网址： www. sdlangrui. com

简介：

济南朗瑞电气有限公司是一家专业设计研发、生产销售各类军用、工业用和民用高性能交直流电源产品及电力电气系统集成设备的山东省高新技术企业，是国内外一流的电源行业系统解决方案及产品提供商。

公司以市场需求为导向，以技术创新为宗旨，与高校研发资源及企业追求创新理念相结合，不断探索开发新技术、新产品。主要产品有交流变频电源、稳压稳频电源、行业专用 UPS、电力专用 UPS 电源、船舶岸电电源、直流电源、电力、通信、机车、光伏、风力发电专用逆变电源、单/三相应急电源、动力型应急电源、快速切换型应急电源、消防疏散指示系统、航空航天军事 400 Hz 中频电源、36V/1 000 Hz 中频电源、军用逆变电源、270 V 直流电源和 28. 5 V 直流电源以及根据用户需求特殊订制产品。产品广泛应用于航空航天领域、飞机船舶制造与维修、家电电子制造、电机测试、电力通信、高低压配电、铁路机车、医疗器械、新能源以及国家机关和科研院所等，获得众多客户认可并取得长期的信赖与认可。

公司致力于正规化管理，标准化生产，规范化操作，拥有完善的检测设备，确保产品质量，秉承“技术创新、品牌优良、服务完善”的企业价值理念，注重公司长远发展，并以开放的心态，灵活的经营模式和真诚负责的态度为新老用户长期优质服务。

“科技创新、技术领先，为用户提供可靠、高效、绿色、安全的电源产品”是朗瑞电气永远的追求，朗瑞电气将凭借充满活力的企业文化、高素质的人才、一流的设备、先进的技术和管理，更充分、更完美地服务社会，专业守护，成就用户价值。

临沂昱通新能源科技有限公司

昱通新能源

地址： 山东省临沂市高新区新华路中段

邮编： 276000

电话： 0539-7109391

传真： 0539-7109391

邮箱： wsc76821@ 163. com

网址： www. ytxny. cn

简介：

临沂昱通新能源科技有限公司是以生产电子变压器、滤波器、电感和锰锌软磁铁氧体为主的高新技术企业。产品主要应用于家电、通信、绿色照明、汽车电子和太阳能等领域。

青岛航天半导体研究所有限公司

CASIC

地址： 山东省青岛市福州北路 10 号

邮编： 266071

电话： 0532-85718548

传真： 0532-85718548

邮箱： qsi@ qdsri. com

网址： www. qdsri. com

简介：

青岛航天半导体研究所有限公司，原创建于 1965 年的青岛半导体研究所，2011 年年底，青岛市国资委与中国航天科工集团对其进行了重组，性质为全资国有。

公司现有职工 310 人，占地面积 9 550m^2，拥有 11 000 m^2 的工业厂房（含净化厂房 2 000m^2）和 3 600 m^2 的科研办公综合楼。公司是我国高可靠电子元器件研究与生产定点单位，为国家重点工程承担配套研制生产任务已有 50 年的历史，产品主要用于航空、航天、兵器、船舶、电子、石油和工业控制等领域。

公司通过了 GJB9001A—2001 质量管理体系认证，被认定为“高新技术企业”“青岛市企业技术中心”等。厚膜混合集成电路生产线年生产能力为 5 万只；微电路模块（SMT）生产线年生产能力为 5 万只；电力电子器件生产线年生产能力为 50 万只。

1）信号变换类混合集成电路产品：（V/F、I/F、F/V、V/I、C/V）转换器、滤波器、加速度计伺服电路、陀螺解调电路、单片集成电路和运算放大器等。

2）电源功率类产品：中小功率 DC/DC、DC/AC 和高低压电源模块；Interpoint、Victor 兼容产品；二三相陀螺电源、功率模块和尖峰浪涌抑制器等。

3）电力电子类产品：中小功率整流器件、晶闸管、MOSFET 功率器件、晶体管、IGBT 模块和固态继电器等。

4）压力、振动和温度传感器等。

青岛晶鑫伟业高磁材料科技有限公司

地址：山东省青岛市李沧区金水路 1057 号
邮编：266000
电话：0532-80930595
传真：0532-87658828
邮箱：1664729055@ qq. com
网址：www. jingxinweiye. com

简介：

创立于 2009 年的青岛晶鑫伟业高磁材料科技有限公司坐落于美丽的滨海城市——青岛，是一家集科研、开发、销售和服务为一体的高科技企业。从最初非晶带材剪切和直喷带材，发展到现在的各类非晶磁芯、非晶电感器、非晶电抗器、变压器、逆变电源和 UPS 不间断电源的生产，已达到质的飞跃。

公司拥有雄厚的技术力量，先进的检测设备，专业的研发队伍。公司的非晶、纳米晶材料及其衍生品广泛服务于航空航天、信息通信、电力电子、冶金机械和能源交通等领域。非晶产品具有损耗低，寿命长，性价比高的优点，可取代传统硅钢片、铁氧体等材料，性能大大提高，是国家大力扶持的高科技技术产品。

企业的宗旨是科技先导，产品创新，信誉至上，质量保障。

青岛威控电气有限公司

地址：山东省青岛即墨市天山三路 42 号
邮编：266200
电话：0532-82530096
传真：0532-82530096-3008
邮箱：wenjuan. miao@ veccon. com. cn
网址：www. veccon. com. cn

简介：

青岛威控电气有限公司，始创于 2006 年，位于青岛即墨市大信镇天山三路 42 号，是国家高新技术企业、青岛市大功率变频器工程研究中心、青岛市矿用防爆变频器技术研发中心、青岛市市企业技术中心、青岛市智能微网专家工作站和青岛市“专精特新”示范企业，并通过了国家 ISO9001 质量体系认证。公司始终坚持“践行良知，恒以致远”的发展理念，致力于成为行业领先，受人尊重的高效能源管理企业，力求为客户提供先进的产品与优质的服务。

公司主营煤矿用隔爆变频器、智能微网系统和储能 PCS。

矿用隔爆变频器是将煤炭从井下运输到地面的核心装备之一，目前市场份额在国内同行业处于领先地位。公司新研发的 3 300 VA、C 系列矿用三电平变频器，是在国内率先研发并投入现场使用的煤矿生产核心设备。经科技局、经信委专家联合鉴定，性能已达到国际先进水平，比肩西门子、ABB 等跨国公司产品。

智能微网系统、储能 PCS，主要用于风力和光伏等可再生能源发电系统，对于改善可再生能源发电质量，提升发电稳定性具有重要的意义，是目前全球有关新能源利用的研究热点之一。公司此类产品已运用于中科院大连化物的所全钒液流电池系统，国家电网辽宁省电力科学院智能微网系统等，并已获得国家科技部中小企业创新基金扶持。

“以人为本，管理规范，专业敬业，预防为主，开拓创新，永续经营”是公司的最高运营准则。从客户的价值实现出发，遵循价值管理的规律，打造与客户一体的价值管理链条，是公司对“践行良知、恒以致远”宗旨的具体实现。公司坚持企业效益与社会效益并重，携手同行，共同推动企业和行业的健康发展。

青岛云路新能源科技有限公司

QDYL

地址：山东省青岛市即墨兰村火车站西
邮编：266232
电话：0532-82599910
传真：0532-82593000
邮箱：kaifa-ht@ yunlu. com. cn
网址：www. yunlu. com. cn

简介：

青岛云路新能源科技有限公司成立于 1996 年，前身是青岛云路电气有限公司，自2008年起成为中航黎明与云路电气合作的央企控股企业。是专业生产微波炉用高压电源变压器，变频空调电抗器、PFC电感及共模电感，医疗器械专用变压器，电梯专用变压器，工业微波炉专用变压器，UPS电源专用线性变压器，风力发电机专用变压器和电抗器等产品。微波炉变压器产量居世界前三名、占份额20%、变频空调电抗器产量连续8年排名世界前列、占份额40%。2014年起青岛云路已开始为汽车充电桩提供器件及方案设计。为了将企业做大做强，公司从2008年开始研制高科技产品非晶带材，依托中航工业技术和品牌优势，已形成了千吨级生产能力。

山东镭之源激光科技股份有限公司

镭之源
LASERPWR

地址： 山东省济南市高新区颖秀路知慧大厦

邮编： 250003

电话： 0531-88190005

传真： 0531-88190005-814

邮箱： 123755472@ qq. com

网址： www. laserpwr. com

简介：

山东镭之源激光科技股份有限公司前身是济南宏源电气有限公司，于2001年在济南市解放路成立，是一家专业从事电源设备的开发、设计、生产和销售，并为客户提供技术咨询、培训、安装和维修等售前、售后服务的高新技术企业。公司下辖全资子公司两家，分公司一家，拥有总资产近1亿元，员工60余人，年生产各类电源5万多台套。公司于2015年9月30日在全国中小企业股转系统上市，股票代码为833611。

公司主要产品为激光电源，系综合利用激光器放电特性和电气电子信息技术的集成创新供电产品及解决方案，包括气体激光电源（如CO_2、氦氖和CO等）、固体激光驱动电源（如半导体、YAG等）、步进电机驱动一体电源、高压电源、开关电源以及其他特种电源一体化解决方案。定制化、智能化、安全性和稳定性是公司产品的主要特点。

公司通过15年持续的研发投入，不断提升创新能力的同时，凭借在行业内领先地位和技术优势，积极参与各种学术研讨。申请并授权了多项专利，并先后获得ISO9001质量体系认证、欧盟国家CE认证等。

多年来，公司坚持“以客为主，甘当配角；竭诚服务，精益求精”的经营宗旨，视质量为生命，诚意接受广大用户的监督，并真诚希望能够成为您事业成功的助手。

山东山大华天科技集团股份有限公司

HOTEAM山大华天

地址： 山东省济南市千佛山路5号华天大厦

邮编： 250061

电话： 0531-82959900 82670000

传真： 0531-82952200

邮箱： huatianwth@ 126. com

网址： www. huatian. com. cn

简介：

山大华天科技集团股份有限公司创立于1991年，2000年改制为由山东大学产业集团控股的股份制企业，注册资本6 000万元，正式职工500余人。

公司依托山东大学的人才和技术优势，致力于电力电子产品的开发、制造、销售与服务，主导产品包括有源电力滤波器、静止同步补偿器、高速动态消谐无功补偿器、应急电源和稳压电源等；公司是国家重点高新技术企业，并拥有省级企业技术中心、山东省电能质量控制工程中心以及山东省电能质量控制工程实验室；公司承担多项国家级、省市级科技项目，拥有数十项国家专利，多次荣获国家科技进步奖和山东省科技进步奖，公司产品获国家重点新产品、山东名牌等荣誉；公司被评为山东省创新型企业、山东省质量管理先进企业和山东省管理创新优秀企业等，“山大华天”被认定为山东省著名商标。

山东圣阳电源股份有限公司

圣阳电源
SACRED SUN

地址： 山东省曲阜市圣阳路1号

邮编： 273100

电话： 0537-4438666

传真： 0537-4411980

邮箱： gongjianbo@ sacredsun. cn

网址： www. sacredsun. cn

简介：

山东圣阳电源股份有限公司（简称圣阳股份，股票代码：002580）创建于1991年，2011年5月6日在深交所中小板成功上市，是国内率先研发、制造铅酸蓄电池的企业之一，是国家高新技术企业，中国铅酸蓄电池行业首家通过出口免验企业，中国电源系统定制方案供应商，绿色能源的倡导者。产品门类涵盖铅酸蓄电池和锂电池以及新能源系统集成系列产品，公司目前拥有50项AGM和GEL铅酸蓄电池专利技术，现有5大类21个系列400多种规格产品，是通信、电力、UPS、EPS、光伏和风力发电储能等领域的主要供应商，产品出口近30个国家和地区。公司先后通过了ISO9001质量管理体系、ISO14001环境管理体系、OHSAS18001职业健康安全体系的认证。圣阳品牌先后荣获“山东省名牌”“山东省著名商标”等多项荣誉。

山东泰开电源有限公司

TK

地址： 山东省泰安市高新区龙潭南路 10 号泰开南区工业园
邮编： 271000
电话： 0538-8933065
传真： 0538-8933196
邮箱： tk8933196@ 126. com
网址： www. tkzdh. cn
简介：

山东泰开电源有限公司是专业从事直流一体化电源的研制生产，是一家顺应国家电力展，特别是响应国家电网公司提出“建设坚强智能电网”的需要而崛起的高新技术企业。公司拥 1 000 m^2 的科研楼和 2500 平方米的生产场地。

公司拥有卓越的管理队伍和优秀的研发人才，其中本科以上专业技术人员占 75% 以上，是一支充满朝气和富有协作精神的团队。公司十多年专注于电力电网电源产品的研发，先后开发出了智能高频直流电源系统、TKDY49 一体化电源系统、TKE 电动汽车充电系统等系列产品，形成了门类齐全的产品系列，所有产品均通过了国家权威机构严格测试和入网测试。

公司拥有多种国际领先的检测仪器和先进的生产设备，具备了良好的生产和试验检测环境。目前，公司产品广泛应用于国家电网工程及冶金、石油、煤炭和化工等厂矿企业，用户遍布国内 30 多个省区并出口到俄罗斯、印度等国家。

山东新风光电子科技发展有限公司

地址： 山东省汶上县经济开发区
邮编： 272500
电话： 0537-7220735
传真： 0537-7222900
邮箱： info@ fengguang. com
网址： www. fengguang. com
简介：

山东新风光电子科技发展有限公司是由兖矿集团投资控股，公司研发生产基地位于文明古都山东省汶上县，现有厂房面积 80 000 m^2。

公司是变频调速器国家标准起草审定单位，中国电器工业协会变频器分会副理事长单位，件有山东省变频调速技术研究推广中心、山东省电力电子与变频工程技术研究中心、山东省企业技术中心、山东省电力电子技术及能源装备院士工作站、山东省软件工程技术中心等科技创新平台。

公司产品主要为各类高、中、低压变频器、高压动态无功补偿装置（SVG）、再生制动能量吸收逆变装置、特种电源等，广泛应用于电力、煤炭、冶金、采矿、水泥、石油、化工、市政、风力发电、轨道交通等领域。

公司通过了 ISO9001 质量管理体系、ISO14001 环境管理体系、OHSAS18001 职业健康安全管理体系认证。2009 年，公司被授予“中国电器工业影响力品牌”称号；2009 ~ 2012 年，公司连续四年被行业权威机构评为“中国变频器用户满意十大品牌”。

2014 年公司获得 2013 ~ 2014 中国变频器行业年度评选“成长力十强”。

2013 年 10 月公司获得双软企业认证。

2015 年 1 月 18 日通过标准化良好行为企业 AAAA 级认证。公司产品先后获得 1 项国家发明奖，4 项山东省科技进步奖，5 项国家重点新产品，1 项国家火炬计划项目，2 项科技部中小企业技术创新基金项目。

面对未来，公司秉承“创新、品质、服务”的理念，并将其融入企业经营的血脉之中，不断追求成长与突破，努力实现“节约能源，服务社会，打造中国节能产品制造基地”的长远目标。

威海文隆电池有限公司

地址： 山东省文登市葛家镇大英村北
邮编： 264423
电话： 0631-8849087
传真： 0631-8842068
邮箱： wenlongbattery@ 163. com
网址： www. wenlong. cc
简介：

威海文隆电池有限公司成立于 1991 年 10 月，是集研发设计、生产制造及销售服务于一体的各类阀控式铅酸蓄电池、高速动车组电气控制柜、微机监控高频开关直流电源柜、EPS 电源和 UPS 电源专业制造商。

公司设有省级山东特种电源工程技术研究中心和省级认定企业技术中心，通过了 ISO9001、ISO14001、OHSAS18001 职业健康安全管理体系认证，全国工业产品生产许可证、泰尔产品认证、中铁铁路产品认证以及美国 UL 和欧洲 CE 标志认证等，产品获得国家免检、山东名牌，有利牌商标为山东省著名商标。

公司研发生产的“固定型阀控式密封铅酸蓄电池”“CA 型储能用铅酸蓄电池”“GZDW 型微机监控高频开关直流电源柜”三种主要产品先后皆被列为“国家重点新产品”，产品广泛用于国内通信、电力、新能源及各类 UPS 领域，并出口到美国、韩国、印度、尼日利亚等国家和地区，创造了一定的经济和社会效益。

湖北省

空军预警学院电子技术研究所

地址： 湖北省武汉市黄浦大街 288 号（空军预警学院内）
邮编： 430010
电话： 027-85990787

传真: 027-85990787

邮箱: 13607167688@139. com

简介:

空军预警学院电子技术研究所是国内率先研制与生产静止变频电源及大功率直流稳压电源的专业厂家。产品电气性能指标达到或超过国家军用标准(GJB181—1986)、航标(HB5962—1986)和美军标(MIL—STD—704E)的要求,可与飞机、舰船、雷达、火炮和计算机等需要400Hz电源或大功率直流稳压电源供电的设备配套使用。工厂开发的第四代SFC型静止变频电源,采用了正弦脉宽调制(SPWM)的控制方式、新型的IPM智能模块以及集成电感变压器和微处理器。产品技术指标不断提高,性能不断完善,赢得了广大用户的信赖和赞誉,并多次获得国家颁发的荣誉证书及表彰。

武汉泓承科技有限公司

地址: 湖北省武汉市东湖新技术开发区大学园路20号普天工业园1栋4楼

邮编: 430233

电话: 027-86774565 87751017

传真: 027-86633682

邮箱: wuhanhchy@163. com

网址: www. whhckj. com. cn

简介:

武汉泓承科技有限公司是集研发、生产于一体的高新科技型企业,主要产品可分为五大类:AC-DC系列开关电源、DC-DC系列开关电源、DC-AC系列逆变电源、有源功率因数校正模块和特种电源。通过了GJB 9001A—2001和GB/T 9001—2000质量管理体系,拥有完善的质量管理体系,产品设计、生产完全按照军品标准实施,确保了每台产品的可靠性和质量稳定性。产品主要面向航空航天、舰船雷达、通信指挥、军用车载及地面控制等军用领域和高端的工控、铁路、电力和通信等工业领域,公司已累计向国内100多家用户提供了万余台(套)电源产品,承担并完成多项国防重点工程型号的电源研发、生产任务,性能卓越、质量稳定,获得了广大客户的认同。

武汉瑞源电力设备有限公司

地址: 湖北省武汉市东西湖区高桥经济开发区台中大道特1号(神州通物流园内)

邮编: 430040

电话: 027-83266481

传真: 027-83266481

邮箱: whruiy@163. com

网址: www. whruiy. com

简介:

武汉瑞源电力设备有限公司是湖北省一家专门生产直流电源屏的厂家。公司产品主要销售在煤炭、化工和机电设备等行业。产品质量优良,运行稳定可靠,深受用户好评。

武汉泰可电气股份有限公司

地址: 湖北省洪山区路狮南路519号明泽丽湾1栋C单元14层

邮编: 430070

电话: 027-87227071/2

传真: 027-87227071/2

邮箱: gba8786@163. net 124707646@qq. com

网址: www. tkdl. net

简介:

武汉泰可电气股份有限公司(简称:泰可电气)是在2015年1月新三板上市企业(证券代码:831921)、国家高新技术企业、软件企业。从事电力行业高压输电线路在线监测系统、感应电源及通信系统、无线能量传输系统、变电站微机防误闭锁系统和配网设备等电力装备的生产制造、安装调试服务。是集研发、生产、销售和服务为一体的经济实体。公司自2000年成立以来,依托武汉大学等多所国内一流高等院校的支持,自主研发多项新型高科技产品并拥有完全的知识产权,企业已通过了ISO9001—2008国际质量管理体系认证。企业目前拥有员工30多人,50%的员工为技术研发人员,90%的员工具备大学以上学历,在经营实践中立足电力行业、服务电力生产,积累了丰富的行业经验,赢得了业内普遍赞誉和客户信赖。

武汉新瑞科电气技术有限公司

地址: 湖北省武汉市东湖高新技术开发区东二产业园财富一路8号

邮编: 430205

电话: 027-87166570

传真: 027-87166933

邮箱: newrock2004@126. com

网址: www. newrock. com. cn

简介:

武汉新瑞科电气技术有限公司成立于2000年,位于武汉市东湖开发区东二产业园内,是集研发、生产和销售为一体的高新技术企业。公司占地13亩,拥有现代化的生产厂房和专业的生产及检验设备,现有员工70余人,是中国电源学会会员单位,武汉电源学会秘书处挂靠单位,拥有ISO9001—2000质量管理体系认证,是多家军工企业的合格分承制方。公司设有三个事业部:电子元器件事业部、特种变压器事业部及电源事业部。公司在温州、深圳等地设立办事处，并在香港成立子公司，服务遍及全球客户。

电子元器件事业部一直致力于功率半导体及其配套的电力电子元器件的代理销售，包括IGBT模块、晶闸管、整流桥、LEM传感器、台湾SUNON风扇和铃木电解电容等；特种变压器事业部长期为广大科研院所及电源设备厂家设计、生产多种特殊用途和特殊要求的变压器和电感产品；电源事业部主要生产特种用途的逆变电源、充电机等电源产品。

武汉永力科技股份有限公司

地址：湖北省武汉市东湖新技术开发区武大园一路9-2号
邮编：430223
电话：027-87927990 87927991 87927992
传真：027-87927916
邮箱：yl@ ylpower. com
网址：www. ylpower. com
简介：

武汉永力科技股份有限公司成立于2000年9月，位于武汉。中国光谷，是一家专业从事电源技术的研究和应用的高新技术企业。公司拥有移相式全桥软开关变换技术、三相有源功率因数校正技术、大功率恒流并联均流技术、射频环境的抗干扰技术和计算机控制技术等多项核心技术及专利，可为客户量身定制AC/DC、DC/DC和DC/AC系列电源产品。

公司产品具有体积小、重量轻、效率高、可靠性强和绿色环保等显著特点，特别是大功率通信发射机电源、干扰发射机电源、雷达发射机电源和船舶压载水环保处理设备配套电源等产品，其电磁兼容性、抗干扰能力和环境适应性方面，多项指标优于国内同类产品，获得了用户的广泛好评，被重点应用于军队武器装备系统、重大国防科研项目及中央预算内投资项目。

公司是多家科研院所及企业的军用装备、民用设备配套物资合格供方。公司致力于将科技与应用工程完美结合，为客户提供最有竞争力的产品技术解决方案。

武汉中磁浩源科技有限公司

地址：湖北省武汉新技术开发区光谷大道黄龙山南路5号科锐工业园
邮编：430074
电话：027-83820662
传真：027-84812691
邮箱：cmgs-inc@ cmgs-inc. com
网址：www. cmgs-inc. com
简介：

武汉中磁浩源科技有限公司是一家以软磁材料的研发、生产、销售及应用服务于一体的高新技术企业，主要生产金属粉末磁性材料、特种粉末等功能型新材料，涉及军事国防、电子通信、计算机、自动控制、电力输送、新能源、家电、汽车、LED设备和仪器仪表等众多等领域。

公司前身浩源磁材科技发展有限公司是由武汉冶金研究所软磁材料研究室的一批技术骨干创立于1999年，公司现有的技术骨干自70年代起就开始金属软磁粉芯的研究工作，当时研发的产品主要用于航天、航空和军事等国防重点项目，如东方红一号、东风和巨浪等。目前，公司还组建了来自中国大陆、中国台湾及日本方面的软磁用方面的专家团队，具有较强的创新及研制能力。同时，本公司是武汉光谷第一批瞪羚企业及武汉3551人才引进项目。

公司在山西省总投资达2 000万元成立控股子公司以实现产能扩充，目前已实现产能规模达1 200 t/年。

未来，公司将以软磁材料的基础，为人类的节能环保事业，人类最美好的未来继续努力。

四川省

成都普斯特电气有限责任公司

地址：四川省成都市双流航空港经济开发区西航港大道二段219号
邮编：610207
电话：028-82820918
传真：028-82820920
邮箱：huangyu@ pulsetech. com. cn
网址：www. pulsetech. com. cn
简介：

成都普斯特电气有限责任公司是由核工业西南物理研究院成都同创材料表面新技术工程中心、香港进科研发有限公司和成都鑫创源电气有限责任公司共同出资组建的合资企业。公司成立的宗旨是凭借先进的开关电源、脉冲电源和自动控制技术，以长期研究的等离子体应用领域为突破口，集研发、生产、销售和服务于一体，专业生产销售大功率开关电源和专用脉冲电源、专用自动控制系统等设备。公司以诚信为本，视提高中国特种电源及相关控制系统技术水平为己任，锐意进取、力求技术创新，以具有自主知识产权的高价值、高效率和小体积特种开关电源为主要产品，凭借不断创新的技术形成核心竞争力，以完善的产品质量和售后服务立足于市场并发展壮大。公司发展的战略目标是主要力争成为国内有特色的特种电源和专用控制系统的主要供应商。

成都顺通电气有有限公司

顺通电气
Shuntong Electric

地址：四川省成都市龙泉驿区界牌工业园区
邮编：610100
电话：028-84854598
传真：028-84859059
邮箱：cdstdq@ vip. 163. com

简介：

成都顺通电气有限公司坐落在成都经济技术开发区内，是一家通过了 ISO9001 质量管理体系认证，并专业致力于直流电源系统、低压成套开关设备和消防应急电源系统的研究、开发、生产和销售的高新技术企业。公司与电子科大、佛山大学等高校紧密长期合作，成立了“电子科大顺通电气技术研发中心”。拥有成熟的产品研发、生产组织、市场营销和服务的能力，并能根据顾客的要求提供个性化的成熟的产品解决方案。

公司自行研发的具有自主知识产权的消防应急电源系统已一次性通过了国家消防电子产品质量监督检验中心（沈阳）的型式检验，并取得了国家公安部消防评定中心（北京）颁发的产品型式认可证书；公司生产低压成套开关设备（SP 系列产品）已通过了中国质量认证中心的型式检验，并取得了中国国家强制性产品认证证书（CCC 产品认证）；公司生产的 GZDW 微机型高频开关直流电源系统也已一次性通过了国家继电器质量监督检验中心的型式检验，并取得了 GZDW 微机型高频开关直流电源系统产品型号使用证书及四川省经委颁发的产品鉴定证书及已取得国家知识产权局的专利证书，同时被艾默生网络能源有限公司认证为电力电源合作厂等，使顺通公司的电源产品具备了推向市场，服务社会的良好条件。

四川厚天科技股份有限公司

厚德能电气
HOU DE NENG ELECTRIC

地址：四川省天府新区仁寿视高经济开发区
邮编：610200
电话：028-85186517
传真：028-85186517
邮箱：hdn@ sc-hdn. com
网址：www. sc-hdn. com

简介：

四川厚天科技股份有限公司致力于电力电子技术研究，专注于电能质量治理领域和新能源领域，公司聚集了一批国内电力系统及自动化、计算机和自动控制领域的专家和研究人员。公司立足于自主开发，积极跟踪和掌握电力电子科技技术的发展，与国内相关高校和研发机构、团体有良好的合作关系。

公司是高新技术企业，研发团队由研发经验丰富的教授、博士、硕士和专业研发人员等组成。在大功率电力电子应用和供配电成套设备领域不断创造佳绩，并不断成长和壮大。产品涉及电力、石油、煤炭、机械和冶金等行业的电能质量服务和供配电成套设备等。

公司产品涉及 35 kV 及以下配电、电能质量、优化控制与节能降耗整体解决方案；柔性交流输配电装置技术；输配电系统稳定性分析、电能质量咨询和治理服务；电动汽车的整体充电方案和太阳能逆变设备的研发和制造。

公司有较强的成套配套能力，有先进的调试、测试仪器、高压试验设备和数控冲、剪、切等机床，可以完整地完成从研发、设计、生产、调试、测试和成套等所有的产品制作流程。

四川省科学城帝威电气有限公司

科学城帝威

地址：四川省绵阳市科创园区园兴街 26 号
邮编：621000
电话：0816-2545193 2276372 2276872
传真：0816-2543937
邮箱：dwpower@ 126. com
网址：www. dwpower. cn

简介：

四川省科学城帝威电气有限公司属国家高新技术企业，是依托中物院（核九院）的国家重点创新型企业，公司位于中国科技城的科学城内。

公司专业从事 GZP—Y1 系列智能交直流一体化电源系统、GZGW 智能直流电源系统、GZGW 智能交流配电系统、GT 特种电源、PLC 控制系统和进口弧光保护设备及其软硬件配套产品的研发、生产、销售、安装和服务。

公司已通过 GJB 国军标体系认证、ISO 质量体系认证、中国工程物理研究院测试报告、国家继电器检测中心型式实验、产品型号使用证书、银行资信、电源学会、高企认证、3C 认证及国家项目立项等证书，公司获得国家专利及软件著作版权 20 余项。

公司聚集了一批科技精英，博士 3 名，硕士 6 名，学士 10 名，其余人员都是大专以上的学历，同时，公司与科研院所紧密结合，外聘专家教授 10 名，已形成产、学、研一体的高科技企业。

公司始终以满足客户的需要为宗旨，为客户量身定制有创造力的、高品质的优质产品和服务，产品广泛应用于国内外。帝威员工将创新视为连接未来的桥梁，并积极主动不断地发展团体。公司致力于在所进入的领域中取得技术和市场领先地位，因此帝威人精诚团结，勇于开拓，敢于创新，同时致力于与科研院校的全面合作，使公司迅速成长人才荟萃、技术领先和市场知名度较高的创新科技企业。

公司的质量方针："零缺陷"是我们永恒的追求，"万无一失"是必达的目标。

公司的理念：诚信、品质、服务、创新。

企业愿景：做智能电源领域的"零缺陷"供应商。

企业追求：更安全、更可靠、更智能、更高效。

视用户为上帝，树立品牌之威。公司愿意与社会各界人士真诚合作，为共创美好未来贡献自己的一份力量。

四川斯维奇电气科技有限公司

CNSIWQ

地址：四川省成都市郫县成都现代工业港北片区港通北四路850号

邮编：610073

电话：028-87607788

传真：028-87627788

网址：www. switch. com

简介：

四川斯维奇电气科技有限公司是一家以制度创新、优化组合，产学研相结合组建的专业从事消防电气行业的高新技术企业。

公司组建实力强大的研发团队，以电力电子技术、通信技术和微处理技术为基础，构建业界领先的消防电气技术研发、软件开发、产品制造和服务平台，致力于将消防电气控制科技与应用工程技术完美结合，为客户提供优质的消防电气产品及消防智能控制的一体化解决方案。

公司在ISO9001质量保证体系的基础上结合自身实际，采用先进科学的内部管理，以市场为导向，以品质作保障，以创新促发展，整合资源，强化服务，不断提高企业的核心竞争力，努力打造行业领军品牌。

公司生产的EPS消防应急电源、数字智能消防巡检控制设备、电气火灾监控系统、智能开关配电箱系统和网络智能电力仪表，以独到的设计理念、外观造型及过硬的品质在业界颇受推崇。

公司将立志"技术创新，制度创新"的经营理念；树立"人才为支柱、质量拓市场"的指导思想；坚持"科技创新、专业生产、优质服务"的理念；秉承"成功源于进取、创新成就辉煌"的创业精神，阔步在市场经济的海洋里乘风破浪、昂首前行。

四川依米康环境科技股份有限公司

SUNRISE 依米康环境科技

地址：四川省成都市高新区科园南二路二号

邮编：610041

电话：028-82001888

传真：028-82001888-1

邮箱：yimikang@ sunrisegroup. com. cn

网址：www. sunrisegroup. com. cn

简介：

依米康环境科技股份有限公司创立于2002年，一直恪守"创建世界级品牌"信念，坚持"开创和创新"精神，经过十年锲而不舍的努力，从默默无闻到2011年在深交所创业板上市，已经成为了行业具有竞争力的公司。

公司致力于成为行业引领者。目前，公司拥有专利超过20多项，居国内精密环境行业领先水平，拥有系列化核心产品、高效节能技术、专业项目管理和项目实践，能够为客户提供从产品、项目实施、运营管理、基础设施外包服务和专业培训等全面服务，已经完成从提供产品到提供服务转型。

公司致力于开创和创新。构建了"技术研发、产品制造、营销服务、工程服务、外包服务"五位一体服务模式，满足信息化时代客户化服务需求，同时，通过五位一体的差异化服务模式，构建公司核心技术体系和竞争优势，创建世界一流品牌。

公司致力于成为国内第一竞争力服务商。公司质量标准是"客户满意"，服务标准是"零距离"本地化服务。公司已经建立了覆盖全国的营销网络、服务中心网络和物流网络，能够确保服务承诺，公司已经成为广大客户值得信赖和托付的服务商。

公司致力于技术和产品领先战略。公司在成都建立了"企业技术中心"和"产品制造基地，以技术和产品领先为核心价值，关注未来客户的需求，坚持开创和创新，不断开发新技术和新产品，成为行业领先者，并引领行业发展。

在中国，公司是能同时为不同行业提供全方位精密环境整体解决方案服务商，服务内容包括规划、设计咨询、系统方案、项目管理、工程技术与实施、运维、节能科技、精密空调与净化设备等。

四川英杰电气股份有限公司

INJET 英杰电气

地址：四川省德阳市金沙江西路686号

邮编：618000

电话：0838-2903600

传真：0838-2900985

邮箱：injet@ injet. cn

网址：www. injet. cn

简介：

四川英杰电气股份有限公司成立于1996年，是专业的工业电源、特种电源和功率控制器的设计与制造企业。

公司是国家高新技术企业，拥有省级企业技术中心，被授予院士专家工作站。通过多年的发展，已形成了完善的技术创新体系，拥有众多的专利技术，公司自2002年起通过了ISO9001质量管理体系认证、3C认证等。

公司自成立以来，始终以自主研发为核心，产品广泛应用于石油、化工、冶金、机械和建材等传统行业及核电、光伏、晶体生长、半导体和特种金属材料等新兴行业，同时也销往世界多个国家和地区。

公司位于具有中国“西部鲁尔”之称的“中国重大技术装备制造业基地”“联合国清洁技术与再生能源装备制造业国际示范城市”——四川省德阳市，公司占地80余亩。公司以技术创新为核心，以质量提升为突破，持续开展管理优化，提升公司综合实力和核心竞争力，为客户提供优质的产品和高效的服务，创“英杰”品牌，立志成为一流的设备制造商。

安徽省

安徽明瑞智能科技股份有限公司

地址：安徽省滁州市黄山北路11号
邮编：239000
电话：0550-3018020
传真：0550-3018989
邮箱：48990593@ qq. com
网址：www. ahmrzn. com
简介：

安徽明瑞智能科技股份有限公司（前身：滁州南瑞继远电力设备有限公司）自2004年创立以来，始终秉承超越、创新、务实的理念，以致力于智能电源系统（其中交直流一体化电源系统是该行业率先获得国家创新基金支持的项目）以及综合自动化微机保护监控通信系统的研发、生产、销售和服务领域并拥有完整解决方案的双软企业和高新技术企业。

公司目前坐落于滁州市国家经济技术开发区，公司占地近9 000m^2，现有员工近120人，平均年龄30岁左右，大专以上学历占60%，公司与国网电科院形成长期合作及产学研关系。公司始终以市场为导向，目前公司产品涉及的领域包括石油，电力发电以及新能源行业，是行业的优质领军企业。国家电网、中石油宁夏石化、延长石油、国电南瑞、南瑞继保、太阳纸业、晨鸣集团、淮化集团、中电投和中广核等都是公司长期合作的核心客户。

公司愿以高品质技术和产品为客户提供优质服务方案，为完善中国能源消费结构，提高环境质量，创造绿色生态家园贡献全部力量！

安徽首文高新材料有限公司

地址：安徽省宿州市经济开发区金泰二路
邮编：234000
电话：0557-3250935
传真：0557-3256788
邮箱：sales@ swmagnetic. com
网址：www. swmagnetic. com
简介：

安徽首文高新材料有限公司，是一家专业从事金属磁粉芯系列产品研发、生产和销售的高新技术企业。公司由中国首钢国际贸易工程公司（简称中首）和安徽博文集团共同出资成立，并由中首公司控股。公司成立于2010年6月，项目整体规划占地面积约240亩，其中包括一期厂房7 000m^2、办公楼6 000m^2、科研楼等。公司位于安徽省宿州市经济技术开发区，公司配备了一流的生产、研发和检测设备，并拥有一支经验丰富、技术实力雄厚的科研队伍，核心技术人员均在磁性材料领域工作多年。公司采用现代化的管理体系，按照国际化标准进行生产过程中的管控，从而保证了产品的稳定性和先进性，并先后顺利通过了RoHS认证以及ISO9001认证。同时，公司与宿州市人民政府、合肥工业大学于2011年6月合作成立了“磁性材料工程技术研究院”。

公司所有产品均符合国际质量标准，并始终致力于为用户提供高性能的产品以及优质的服务，满足用户的不同需求。

合肥科威尔电源系统有限公司

地址：安徽省合肥市高新技术产业开发区潜水东路88号盛烨工业园2栋
邮编：230088
电话：0551-65837951
传真：0551-65837953-6006
邮箱：sales@ kewell. com. cn
网址：www. kewell. com. cn
简介：

合肥科威尔电源系统有限公司是专业从事于交直流电源和仪器开发的科技创新型公司。公司拥有一支由博导、博士和硕士为主的研发团队，团队主要成员长期从事电力电子专业工作并拥有多年在外资电源企业的工作背景。公司和合肥工业大学能源研究所（教育部光伏系统工程研究中心）长期合作，是“产、学、研”合作的典范。

公司的主要产品有：可编程交流电源、双向可编程交流电源（10～2 000 kV·A）；可编程直流电源（高频开关式单机10～40 kW）、大功率IGBT式可编程直流电源（100 kW～1.5 MW）双向直流电源（100～630 kW）等电源产品。

面向新能源行业（光伏、电动汽车等）公司推出IVS系列光伏阵列IV模拟器、双向交流模拟电网电源、双向直流电源（电池模拟器）以及专业光伏阵列测试仪器——光伏阵列IV测试仪。面对军工行业公司推出了400 Hz/800 Hz系列交流电源及28 V/270 V系的直流电源。

公司的多款产品，成功在多家国家重点实验室运用，推出的产品填补了国内空白。2013年5月光伏阵列IV模拟器及光伏阵列IV曲线测试仪产品参加SNEC（2013）国际太阳能产业及工程展会，在2000多家的展商产品评比中获得了“十大亮点”荣誉。2013年公司和中科院电工研究所就新能源行业的相关测试达成战略合作。

"专业、价值、服务"是公司核心的文化，科威尔公司将以专业的产品和服务为客户、公司和员工创造价值。

合肥联信电源有限公司

地址： 安徽省合肥市高新区玉兰大道 61 号
邮编： 230088
电话： 0551-65323322
传真： 0551-65313339
邮箱： hflx88@163.com
网址： www.lianxin.net

简介：

合肥联信电源有限公司位于合肥国家高新技术开发区，成立于 1997 年 9 月，注册资金 1.05 亿元，是中国消防协会 AAA 信用企业。公司坚持走自主研发与科技创新之路，产品有智能消防应急照明电源、消防设备动力电源、节能型不间断电源、操作直流电源和轨道站台门电源等；广泛运用于场馆、医院和综合体等各种建筑内的重要负载，包括应急照明、疏散指示、消防泵、喷淋泵、排烟风机、消防电梯和防火卷帘门等。联信参与 15 个城市地铁电源投标，中标上海、武汉、杭州和合肥地铁项目。产品于首都体育馆等 20 个场馆，国家非典实验室等 100 多个医院，南京禄口等 12 个机场，安粮城市广场等 50 多个综合体，绩黄高速 50 多条公路隧道，以及石化煤化 40 多个乙二醇、甲醇项目运行。

作为合肥市应急电源工程研究中心，公司向用户提供优质的 500 V·A～500 kV·A 全系列 300 个品种应急电源产品。率先制造的小容量电源主机模块化抽屉式工艺设计，延长主机寿命受到用户欢迎；全国大功率 500 kV·A 光纤正弦波应急电源，良好运行多年；应急照明集中控制系统获得国家发明专利证书；与中科大建立紧密的战略合作关系，主编四项工信部产品行业标准。成熟、先进、适用、安全及可靠的应急电源产品，行销全国各地！

合肥通用电子技术研究所

地址： 安徽省合肥市高新区玉兰大道机电产业园
邮编： 230088
电话： 0551-65842896
传真： 0551-65317880
邮箱： api_power@126.com
网址： www.apii.com.cn

简介：

合肥通用电子技术研究所下辖通用电子技术研究所和通用电源设备有限公司，位于合肥市高新区机电产业园内。公司采用科研和生产相结合的方式，科技研发有效地保证了产品技术的领先地位，专业化的生产及时高效的将研发成果转化为电源产品。

我公司坚持走"专业定制"之道，秉承"造电源精品，创世界品牌"的企业目标，致力于解决系统设备的馈电问题，为广大客户提供性能稳定的开关电源。从研发生产到服务一次性通过了 GJB9001A—2001 标准的认证，目前电源在业内以性能稳定而着称，并受到广大客户的青睐和好评，通用电源已广泛应用到自动控制、军工兵器、智能办公、医疗设备以及科研实验等领域，并累计向业界提供了 120 多万台高品质电源。

通用电源拥有两条生产线，两条装配线，两条产品老化线，一条产品测试线和高低温老化房等，引进国外先进的测试仪、频谱分析仪、多功能电子负载和存储示波器等检测仪器。本着"效益源于质量，质量源于专注"的企业宗旨，严把质量关，强化细化过程管理，精雕细琢，成就完美。

中国科学院等离子体物理研究所

地址： 安徽省合肥市蜀山区蜀山湖路 350 号（合肥市 1126 信箱）
邮编： 230031
电话： 0551-65591322
传真： 0551-65591310
邮箱： shyhuang@ipp.ac.cn
网址： www.ipp.ac.cn

简介：

中科院等离子体物理研究所电源及控制研究室主要从事脉冲电源的研究、开发、运行和维护工作，并为托克马克核聚变装置的运行提供电源。

近年来，本研究室致力于高功率脉冲电源技术、超导储能技术、二次换流技术和大功率直流发电机励磁控制等方面的研究，并取得了较为成熟的研究成果和实践经验。本室主要承担了 EAST、HT-7、HT-6B、HT-6M 等托卡马克装置的磁体电源及辅助加热电源的设计、运行和维护等课题。

目前，本研究拥有一套自主设计的直流断路器型式试验设备，该试验系统主要由四台脉冲发电机组成，该电机单台额定输出电流为 50 kA，额定电压为 500 V。多年来，公司已依据国家标准、欧洲标准和 IEC 标准，多次为众多国内及外企断路器厂家进行型式试验。

本研究室拥有一支非常专业的科研团队，主要从事大功率变流技术、电力电子技术、高压绝缘技术、自动控制、电磁兼容和接地技术等方面的研究。截至目前，本室曾先后获得 46 次国家科技奖，22 项国家技术专利。此外，本室还招收相关专业的硕士和博士研究生，至今已培养出 51 位硕士、博士毕业生，他们大都在国内外高新技术领域的科研院校和企业表现出色。本室现有在读研究生 24 名。

同时，本研究室还与众多企业、国际科研院所和组织保持着紧密的交流和合作，如 ABB 变流器公司、中日核心大学项目，美中磁约束装置研讨组，德国马普学会，通用原子能公司核聚变工作组等。

河北省

保定科诺沃机械有限公司

地址：河北省保定市高阳县庞口农机市场中区 14 栋 10 号

邮编：071504

电话：0312-6854777 6856777

传真：0312-6853699

邮箱：pangdun _ pd@ 163. com

网址：www. pdnjpj. cn

简介：

保定科诺沃机械有限公司是专业生产充电机、蓄电池、起动机的企业，公司已通过 ISO9001：2008 国际质量体系认证，由清华电力系教授指导研究，拥有先进的检测和生产设备，和国内众多电动三轮车厂配套，产品行销国内 27 个省市及中东、东南亚等国家和地区。公司以优异的质量、合理的价格和良好的服务赢得了海内外广大客户的青睐。

多年来公司被评为中国电源学会会员单位，省、市、消费者信得过单位。省、市守合同、重信用单位等众多荣誉称号。

大鹏一日同风起，扶摇直上九万里。跨入新世纪，我公司全体员工以不断创新、赶超一流的气势，奋力开拓、积极进取，为您创造更满意的产品，提供更优质的服务。我们愿与广大新老朋友携手发展、共创辉煌！

河北汇能欣源电子技术有限公司

地址：河北省石家庄市新华区合作路 113 号

邮编：050051

电话：0311-87040435

传真：0311-87040436

邮箱：hnxy04@ 163. com

网址：www. xypower. net

简介：

河北汇能欣源电子技术有限公司（以下简称欣源公司）成立于 2004 年 8 月，注册资金 750 万元。公司位于中集团第十三研究所院内，是一家研发、生产和销售特种电源为主的高新技术企业。

公司通过了双软认证，是软件企业，拥有多项软件产品；通过 ISO9001：2008 质量体系认证和 GJB9001B-2009 质量管理体系认证；具备三级保密单位资格；取得武器装备科研生产许可证。

在发展的道路上，荣获省、市多项荣誉：石家庄市信息产业化暨信息产业工作先进单位；河北省信息产业先进单位；河北省信息产业科技创新先导型企业；河北省信息产业与信息化诚信单位；河北省优秀软件企业等。

公司致力于高频开关电源的研制和生产。多年来，公司承担了国家自然科学基金计划、国家中小企业技术创新基金项目、省、市科技攻关计划和省信息发展计划。

在企业自主知识产权基础上，引进国内、国际先进技术并进行消化吸收，开发生产了七个系列，五百余种电源产品，拥有 1 项专利和 6 项软件著作权，产品处于国内领先和国际先进水平，其中高功率脉冲电源、大功率密封防水电源分别获得石家庄市科学技术进步二三等奖。

公司电源产品广泛用于军民两用领域，取得较好的经济效益和社会效益。

经过多年的培养和积累，今天的河北汇能欣源电子技术有限公司公司已经拥有了职业化的管理团队，专业的研发团队、高素质的生产团队和市场销售团队。是一家具有发展潜力的智力和知识密集型企业。

河北远大电子有限公司

地址：河北省沧县薛官屯乡工业园

邮编：061037

电话：0317-4883888

传真：0317-4889185

邮箱：570774485@ qq. com

网址：www. czyuanda. com

简介：

河北远大电子有限公司始建于 1996 年，位于河北省沧州市薛官屯乡工业园区，是生产各种非标准电源、电子变压器、电源变压器、煤矿防爆变压器、变频变压器、电抗器、交流电源和交流稳压电源的专业公司。厂区面积 23 300 m^2，厂房建筑面积 16 800 m^2。7 个车间，1 个研发中心。

公司拥有变压器、电源专业人才，员工 130 人，其中研发人员 18 人，技术人员 20 人，销售人员 8 人，拥有先进的设备和雄厚的技术力量。以及遍及山东、山西、河南、河北、北京、上海、陕西和东北三省等十几个省市的销售网络，煤矿防爆变压器已占到全国市场 65% 的份额。

公司荣获纳税功臣称号；获得河北省科技型中小企业称号。并于 2002 年获得了 ISO9001：2000 质量管理体系认证，2009 年获得了 CE 产品质量认证，公司生产的电源变压器、牵引变压器、控制变压器、高压限流变压器、变频变压器、煤矿防爆变压器和电抗器等产品，随机销往美国、日本、中东等地，并获得了广泛认可和赞誉。创造100%高可靠、高品质产品是远大公司的质量方针。

公司广交各界朋友，竭诚为客户服务，为客户加工定制特殊产品。

公司正在进行的技术开发的新产品主要有三大项：SH15系列非晶合金铁心电力变压器、SHM系列全密封电力变压器和干式电力变压器。

其空载损耗比普通变压器的降低约70%，节能效果十分显著。干式电力变压器也获得了广泛的应用，既环保又安全。该项目2014年1月份正式投产。

任丘市先导科技电子有限公司

地址：河北省任丘市城东津保南路北张工业区
邮编：062562
电话：0317-2968283
传真：0317-3369058
邮箱：hbxdkj@ 126. com
网址：www. xdkjw. com
简介：

任丘市先导科技电子有限公司始建于2001年，是一家集科研、生产和销售于一体的现代化科技型企业。公司技术力量雄厚，生产设备先进，专业生产蓄电池充放电设备，电动车充电机，电动汽车充电桩、充电站。蓄电池充放电设备以其独特的功能设计，新型的专利技术，广泛应用于蓄电池生产企业；“征程”牌系列电动车充电机现已行销全国各地，为国内众多电动车生产厂家选为优质配套产品，深受广大消费者的青睐，并已成功打入韩国及东南亚市场。

2005年先导公司正式加入中国电源学会，成为优秀会员单位。在有关专家的精心指导和公司全体员工的不懈努力下，公司产品质量和管理水平突飞猛进，于2006年顺利通过ISO9001:2000国际质量管理体系认证。为企业进一步发展奠定了坚实的基础。

“铸诚信、保质量”乃企业发展之根本，公司将一如既往地为用户提供一流的产品和完善的服务。先导人愿与各位同仁携手，共同步入更加辉煌的明天！

唐山尚新融大电子产品有限公司

地址：河北省唐山市滦南县职业教育中心实训基地
邮编：063500
电话：0315-4166302
传真：0315-4166301
邮箱：creativemix@ 126. com
网址：www. creativemix. cn
简介：

唐山尚新融大电子产品有限公司，创立于2008年4月。公司分为电力电子事业部、军品及标准事业部、定制批产事业部；三大事业部。公司致力于为军用电源电路、UPS、智能电网、轨道交通、光伏并网逆变器和通信电源提供磁性元器件系统化解决方案。是国内少数同时具备金属磁粉芯、非晶纳米晶磁芯、平面变压器、电感器、MIL-STD-1553B总线变压器和平面磁集成滤波器，研制、生产力的综合性科技企业。已通过ISO9001及GJB9001B-2009国军标质量体系认证，通过武器装备制造单位三级保密认证。公司依托磁电结合核心竞争力，为广大客户提供感性器件解决方案。

天津市

天津市华明合兴机电设备有限公司

地址：天津市东丽区华明镇南坨工业园华盛道
邮编：300300
电话：022-84901298
传真：022-84900608
邮箱：tjhmhx@ 126. com
网址：www. tjhmhx. com
简介：

天津市华明合兴机电设备有限公司坐落于天津华明高新区，毗邻天津滨海国际机场。“华明合兴”紧紧抓住国家电力事业建设飞速发展的契机，依靠科技力量，研发生产与低压电器配套相关的高端产品，在国内同行业中居于领先水平，受到用户的广泛赞誉，被称为“低压电器制造专家”。

天津市华明合兴机电设备有限公司成立于1997年，占地面积14 000 m^2，建筑面积7 600 m^2，现有员工150余人，其中工程技术人员35人。公司成立以来，已形成具有自主知识产权的核心技术，顺利通过ISO9001国际质量体系的认证。公司主要产品有：电源自动转换开关、电涌保护器、微型断路器、塑壳断路器、电弧保护断路器、自复式过欠电压保护器、控制与保护开关电器、应急电源、电气火灾监控产品和低压电器成套等系列产品，广泛应用于军事基地、重点工业、公安消防、高层楼宇和公益设施等相关行业。产品畅销东北、华北、西北、中南地区和津京两市，销售网络覆盖国内20多个省市自治区。

天津市津铝工贸有限公司

地址：天津市河北区南口西路4号（天动工业园内）
邮编：300230
电话：022-26263152 13352072696
传真：022-26262903
邮箱：tjjinlv@ 126. com

网址： www. tjjinlv. cn

简介：

天津市津铝工贸有限公司是国内有色金属生产制造铝合金电力电子散热器的专业厂家、是电动汽车冷却器及控制器壳体生产研发基地。公司集中了很多专业水平的研究人员。构思、设计符合厂家要求的各种工业用和民用铝合金型材散热器，所生产的 JLD、DXC 电力和电子用铝合金散热器型材断面近千种。广泛应用于诸多行业。其中电动汽车冷却器、控制器底盖配合式壳体、大截面粘片、镶片、焊接超大截面散热器是公司的拳头产品，达到了国际先进水平。

公司 2007 年通过 ISO9001：2008 质量体系认证。并将此质量体系贯穿生产经营等各项工作的全过程。公司为用户提供全方位的服务，满足用户各种不同加工要求。公司将不负各界同仁的重望，不断提高技术，做到精益求精。以真诚才能永远，诚信才能永久的经营理念和科学的管理、先进的技术、可靠的质量和周到的服务，一如既往地为广大用户提供更好的服务。

天津市九荣鑫电源技术有限公司

地址： 天津市华苑物华道 8 号增 2-301

邮编： 300384

电话： 022-83714416 83714416

传真： 022-83714446

邮箱： yaorong69@ 163. com

网址： www. tj9r. com

简介：

企业主要生产开关电源、变频电源、大功率恒压、恒流源、军品电源、等离子体电源、微弧氧化电源及各种非标电源。

天津市鲲鹏电子有限公司

地址： 天津市静海经济开发区金海道 18 号

邮编： 301600

电话： 022-68687673

传真： 022-68680568

邮箱： kunpeng _ vip@ 126. com

网址： www. tj-kp. cn

简介：

天津市鲲鹏电子有限公司创建于 1984 年，厂区面积 23 000余 m^2，建筑面积 15 000 余 m^2，毗邻京沪高速，环境优美，交通便利。

公司现有资深设计人员 12 人，其中高级人才 6 名。具有国内、国外同行业先进生产设备 100 余台套，其中电脑自动绕线机 28 台，R 型绕线机 6 台，大型自动箔式绕线设备 5 套，真空浸漆流水线 2 条，全自动真空环氧浇注设备、干燥设备 2 套及与生产配套机械冲压设备 18 台套，各种检测仪器 55 台套。

公司主要产品有 EPS 电源、UPS 电源、变频电源、专用单相、三相变压器和电抗器。其中 SB 三相隔离变压器最大可做到 25 000 kV · A；单相、三相电源变压器、R 型变压器。环型变压器；单相和三相 C 型变压器；各种高频开关变压器和电感器。及按客户要求加工定制各种特殊变压器。

公司生产电力系统配电变压器已获得国家认证。生产 SB10、S11、S13 和 S15 等系列油浸变压器、干式变压器、非晶合金变压器和配套电抗器。功率 30 ~ 25 000 kV · A。在 2012 年国家质检总局的质量抽查中，产品质量全部达标，获得好评。

公司年产各类变压器、电源模块和稳压电源 55 万台套以上，铁路智能综合信号电源系统 1 200 台套，产品行销全国。广泛应用于科研、电子、能源、交通、医疗、安防，家用电器、节能产品和光伏风能发电等领域。

企业通过 ISO9000：2008 质量管理体系认证和 ISO14000：环境管理体系认证。产品通过 CQC 认证和 CE 认证。及国家大型企业优秀供应商认证。

2011 年公司获得科技型企业称号，2013 年获得国家高新技术企业称号承接国家科技研发项目，已获得专利 11 项。多次为国家重点工程和出口项目配套，在国内同行业中居领先地位。

天津市蓝丝莱电子科技有限公司

地址： 天津市南开区科研西路 12 号

邮编： 300192

电话： 022-87891548

传真： 022-87890535

邮箱： hyn@ lslai. com

网址： www. lslai. com

简介：

天津市蓝丝莱电子科技有限公司是从事特种高压电源，高压电源模块，以及相关仪器设备开发、制造的高科技企业。专为工业、科研和国防提供安全可靠和精确的高压电源产品。是高压电源的专业生产企业，倡导先进工艺、模块化的设计。通过辛勤耕耘，公司高压电源拥有小型化、高精度、抗干扰、高质量和高可靠性的众多优点。

公司以大学和科研所为依托，拥有一批经验丰富的研发工程师，具有设计、生产各种高压电源的雄厚实力。多年来，为国内科研院所、大专院校以及军工、国防、通信、医疗、电力、铁路、化工、仪器仪表、工业控制、光学、光谱、高能物理和科研等行业开发出数百种高压模块、高压电源产品。

福建省

福建联晟捷电子科技有限公司

地址：福建省福州市华林路 338 号锦绣福城 2 座 25 层 1913 室
邮编：350013
电话：0591-87516665
传真：0591-87515299
网址：www. lsjie. com

简介：

福建联晟捷电子科技有限公司是一家以机房动力一体化设备、机房建设、暖通空调、视频会议系统和工业照明为主营，集设计、销售、安装维护于一体的综合性公司。公司自 2004 年 3 月 30 日成立以来，相继成为法国梅兰日兰、伊顿爱克赛、法国 CHLORIDE、法国索克曼、美国海志、日本大金、美国库柏电气、美的和中达电通等国内外知名企业在国内的合作伙伴。

公司秉承着“依靠科学管理，创建一流工程，提供优质服务”的质量方针，承接了众多项目，使公司的业务在政府、金融、能源、电力、化工、电信、交通、公安和工矿企业等多个领域取得了良好的发展。

面对未来，福建联晟捷电子科技有限公司的奋斗目标：本着“坚持不懈，将科技与应用完美结合，为用户提供有利的应用解决方案，为客户创建竞争优势”的理念，为用户提供全线高科技产品和专业化服务。

福建省瑞盛电力科技有限公司

地址：福建省闽侯县上街镇科技东路 8 号高新区“海西高新技术产业园”创业大厦 B 区 14 层
邮编：350100
电话：0591-87667370
传真：0591-87538390
邮箱：razens@ 163. com
网址：www. razens. com

简介：

福建省瑞盛电力科技有限公司成立于 2006 年，是一家集科研、设计、生产、维修、销售和系统集成为一体的技术型生产企业。目前，公司业务领域涉及功率电子、在线监测、电力仪表和现代输变电技术产品开发、制造和营销。在充分引进吸收国内外先进技术的基础上，公司已成功开发出智能交直流一体化电源、高频开关直流电源、继电保护试验电源、通信电源、分布式智能配网直流小电源、UPS、高压直流电源、微机保护装置、用户分界负荷开关控制器、35 kV 及以下高压元件（含真空断路器、隔离开关、高压熔断器）、高低压成套开关设备、机柜加工及各类仪器仪表等一系列电力生产、维护和检测设备，广泛应用于电力、通信和金融等重要领域。

公司通过了 ISO9001：2008 质量管理体系认证，并正式导入企业资源计划系统，对各项工作集中管理，全面提升公司综合实力。公司还与国内多所科研机构、高等院校保持交流合作，研发、设计和制造能力得到迅速提高，生产规模不断扩大。目前，已成长为综合型的技术实体，形成了研发、设计、生产、工程维护和贸易等多个专业团队。

公司重视加强企业技术创新与技术改造。迄今为止，公司获得 9 项国家实用新型专利、1 项发明专利，1 项外观专利及 14 项软件著作权。

公司拥有福州市软件园 E 区 14 号楼 3-4 层 2 000 余 m^2 的生产场所和海西高新区创业楼 14 楼全层 1 500 m^2 的经营办公场所。公司在武夷新区购地 50 余亩，建设厂房面积超 30 000 m^2 的瑞盛科技园，为瑞盛公司集团化打下坚实的基础。

福州福光电子有限公司

福光，让您的测试更简单

地址：福建省福州市台江区广达路 68 号金源大广场东区 24 楼
邮编：350005
电话：0591-83305858
传真：0591-83375868
邮箱：cailei@ fuguang. com
网址：www. fuguang. com

简介：

福州福光电子有限公司成立于 1993 年，是一家专注于仪器仪表的研发、生产和销售，并提供全套测试维护解决方案的高新技术型企业。目前，公司注册资金 2 530 万，员工人数 170 位，年仪表销售额近 2 亿元。产品涉及蓄电池维护、常规电源测试、接地测试和机房环境测试等工业测试设备领域；客户遍及移动、电信、联通、铁塔、电力、铁路、石化、广电、部队及各企业专网等。

公司销售服务网络已覆盖全国各省份和城市，在全国多地设有办事处与售后服务中心，可高效快捷地提供良好的售前、售中及售后服务。在通信市场，福光电子是中国电信集团和中国移动集团仪器仪表集采入围厂家；在电力市场，福光电子式多省电力公司仪器仪表超市化采购的中标厂家；在国际市场，福光电子品牌产品已经远销至全球 30 多个国家和地区。

公司每年投入大量资源用于创新研发，目前已拥有 20 余项国家技术专利和软件著作权。未来，福光还将不断地向行业内推出更多拥有自主知识产权、更加科学方便、更加安全节能、更加经济实惠的仪器仪表及测试维护解决方案，为客户带来更大的效益，为社会创造更大的价值。

厦门埃尔华进出口有限公司

中国一级代理商

埃尔华企业

地址：福建省厦门市湖滨南路51号名官大厦20楼B座

邮编：361004

电话：0592-2237175

传真：0592-2237170

邮箱：kschoi@ almar. com. cn

网址：www. almar. com. cn

简介：

埃尔华进出口有限公司成立于1987年，在1990年埃尔华进出口有限公司被日本RUBYCON公司任命为中国和香港一级代理商。专业代理日本RUBYCON公司生产的红宝石铝电解电容器、塑料薄膜电容和PC-CON固体电容等。

埃尔华进出口有限公司有20多年扎根在电源行业经历，积累了宝贵的经经历。

“以客为本，成就客户”是公司的关键成功要素之一。从产品技术咨询及售后服务，我们能实时提交优化评估方案，帮助客户第一时间了解产品特性，让客户收益最大化。

厦门蓝溪科技有限公司

厦门蓝溪科技有限公司

LANXI XIAMEN LANXI TECHNOLOGY CO., LTD

地址：福建省厦门市火炬高新区创业园伟业楼N508

邮编：361006

电话：0592-5730682

传真：0592-5734682

网址：www. xmlanxi. com

简介：

厦门蓝溪科技有限公司系国家高新技术型企业、2012~2013年度国家科技部火炬计划单位，公司由归国留学人员创立，拥有强大的自主创新研发能力，是“分布式直流电源装置”、“隔离故障的直流电源供电系统”“便携式直流操作电源”等产品专利的发明者与拥有者。公司至2014年1月，共取得自主知识产权专利28项，其中发明专利6项目，涉及电力电源领域10项。拥有蓝溪电力操作电源软件著作权证。公司法人自2001年取得分布式直流电源发明专利以来，结合国内外先进技术，不断的升级、完善电力电源模块及模块软件的自主研发与创新技术，系国家电力电子学标准委员会《模块式不间断电源》标准制定单位，中国电源学会会员单位，福建省电源协会创始会员单位。并多次被列入“全国电网建设与改造所需产品选型选厂推介企业”等单位。

公司所有产品均通过了北京电科院及许继开普实验室等国家权威检测机构的检验和鉴定，直流电源产品覆盖24 V、48 V、110 V和220 V。目前，已广泛应用于全国各大电力、通信、铁路、高速公路、机场、矿山和境外电站等系统，用户数多达20 000多个，公司于2011年注册蓝溪（美国）有限责任公司，产品远销欧美、东南亚及非洲。

厦门兴厦控恒昌自动化有限公司

地址：福建省厦门市集美区汽车工业城（三期）灌口南路598号

邮编：361023

电话：0592-6368300

传真：0592-6368308

邮箱：liping-feng@ hcxec. com

网址：www. hcxec. com

简介：

厦门兴厦控恒昌自动化有限公司是一家致力电力系统配网自动化设备研发、生产、销售和服务的高新技术企业。公司汇聚了各类专业人才，吸收消化国内外先进技术，将专注于在智能电网、节能减排等绿色能源建设方面提供更先进，更环保，更可靠完善的全套智能电气解决方案。自公司成立以来，致力于持续自主研发创新，先后开发了拥有自主知识产权，并获得多项国家专利的各类产品，如户外柱上智能断路器、户外智能分界负荷开关、智能交直流一体化电源系统、新型插框式直流电源屏、小微分布式电源装置和基于总线布置方案的电动机保护装置等。目前，广泛应用在各类发电厂、冶金、石化和矿山、国家电网、南方电网和城镇建设等领域。公司严格按照ISO9001质量管理体系和ISO14000环境管理体系要求运作，良好的企业信誉、产品质量和售后服务深得用户信赖，赢得了许多中外客商的好评。厦门兴厦控恒昌自动化有限公司将秉承“科技创新，顾客满意”的理念，以新技术、高质量的产品和服务为客户创造价值。

湖南省

湖南长沙阳环科技实业有限公司

阳环科技

地址：湖南省长沙市芙蓉中路2段200号新世纪花苑红龙居1405

邮编：410015

电话：0731-85179118

传真：0731-85179118

邮箱：pyk4956@ 163. com

网址：www. yangwhuan. com

简介：

湖南长沙阳环科技实业有限公司是湖南省专业研发、生产及销售各类稳压电源、UPS电源的骨干企业，公司于2001年在湖南省同行业中率先通过ISO9001国际质量管理体系认证。公司生产的SH1791—15 kV·A、20 kV·A精密净化交流稳压电源系目前国内率先通过国家质量中心3 C（CQC）认证的净化电源；并且公司还是净化电源专利的持有者。公司自2003年以来连续五年是“教育部农村中小学现代远程教育项目工程”的入围企业，而且公司还是“教育部农村党员干部现代远程教育项目工程”的入围企业。产品遍布全国各地，广泛应用于教育、电力、通信、高速公路、银行和医院等高要求领域。

湖南东方万象科技有限公司

地址：湖南省长沙市芙蓉区万家丽北路569号银港水晶城E4栋304房

邮编：410016

电话：0731-88156696

传真：0731-88156695

邮箱：470798290@ qq. com

简介：

湖南东方万象科技有限公司成立于2006年7月，注册资金508万，是计算机机房辅助设备（不间断电源系统、开关电源、低压配电系统、环境监控系统、设备监控系统和机房精密空调）的专业服务商和设备供应商，以向客户提供好的、专业的服务为宗旨，面向通信、银行、保险、证券、外企、军队系统以及科研院所等重要部门的交换机房、电脑机房和仪器设备机房提供全线产品和其相关的售前售后技术服务。

湖南丰日电源电气股份有限公司

地址：湖南省浏阳市工业园

邮编：410331

电话：0731-83281148

传真：0731-83281113

网址：www. fengri. com

简介：

湖南丰日电源电气股份有限公司是国内率先生产蓄电池和直流电源、电气成套设备的专业企业之一。产品注册“丰日”牌，为中国驰名商标。

公司是国家高新技术企业，成立了化学电源研发中心，并与中南大学等高等大专院校长期合作，共同进行电池、电源新产品的开发创新。拥有56项国家专利，3项国际专利。

丰日产品经全国20余省市通信、电力、铁路、广电、部队和工矿企业等行业数千家单位的多年使用，并与德国西门子、日本东芝公司、美国GE公司、法国阿尔斯通、美国EMD公司和加拿大庞巴迪等大公司长期合作配套，以其质量稳定、价格合理及服务周到赢得了用户的一致好评和信赖。

公司坚持贯彻“诚信服务顾客、产品件件质优、管理持续改进、铸造丰日品牌”的质量方针，致力于不断革新产品技术，优化生产工艺，严格产品的过程控制。公司通过了ISO9001质量体系和ISO14001环境体系、GB/T28001—2001职业健康安全管理体系认证。

湖南科明电源有限公司

地址：湖南省长沙市麓谷工业园桐梓坡西路183号

邮编：410205

电话：0731-88996378

传真：0731-88996468

邮箱：keming@ sina. com

网址：www. hnkmdy. com

简介：

湖南科明电源有限公司是以国家大型企业湖南仪器仪表总厂为中方，于1994年11月在长沙高新开发区成立的高新技术企业。从事各种交、直流电源装置的专业厂家。产品获得国家新产品证书及国家新技术新产品金奖。本公司全部产品均通过了国家权威检测机构的型式试验和省（部）级鉴定。

公司主要产品有通信电源屏、电力用交直流电源屏（高频开关电源、晶闸管全控桥整流电源）、一体化电源系统、电力、通信用高频开关直流电源及高频模块、晶闸管全控桥智能充电机、直流系统微机监控系统、蓄电池自动巡检装置、蓄电池综合测试系统（恒流放电、容量及内阻检测）、微机绝缘在线监测装置、绝缘、电压、闪光多功能继电器和低压配电成套设备等，是国内配套齐全的直流电源生产专业厂家之一。

公司1999年通过了ISO9001国际质量体系认证，拥有先进的设备和检测仪器及雄厚的技术力量，并有专门的训练有素的技术服务队伍。公司生产的直流电源屏及低压配电成套设备已广泛用于全国各省市铁路、电力和冶金化工等系统，享有良好的声誉。在铁路近年的国家重点工程高铁、客专和货运专线建设中多次中标，设备运行良好。

公司的交直流电源产品曾多次在国际招标和国内重大项目招标中中标，并有部分产品销往白俄罗斯、越南、印度、巴基斯坦和巴西等国外市场。

公司为中国直流电源十佳企业。

湘潭市华鑫电子科技有限公司

地址：湖南省湘潭市雨湖区二环线

邮编：411100

电话：0731-52338338

传真：0731-52328738

邮箱：2355842968@ qq. com

网址：www. hnhxdz. com

简介：

华鑫电子科技有限公司位于风景秀丽的湘江河畔、伟人毛泽东的故乡“湘潭市”，是一家集电源产品研发、生产和销售于一体的科技实体公司，拥有一支专业、资深的研发团队和管理队伍。公司旗下产品有“开关电源”、“电源适配器”两大类别。产品广泛应用于工业自动化，LED 照明、显示、城市亮化及通信，医疗，矿山等领域。

公司拥有高标准的现代化生产设备设施，先后通过 ISO9001：2008 国家质量体系认证；国家强制“CCC”质量认证、欧盟国际“CE”韩国“KC”质量认证；并于 2008 年正式吸纳为“中国电源学会”会员单位。

公司自成立就确立“诚信开拓市场、品质巩固市场、服务决胜市场”的经营方针，和诚信、敬业、创新、卓越的企业精神。不断进取，以高度严谨的敬业态度，致力于成为全球最大的电源供应商。

甘肃省

兰州精新电源设备有限公司

地址：甘肃省兰州市城关区雁西路 1376 号工业城北五区 10 栋

邮编：730010

电话：0931-2186797

传真：0931-2186976

邮箱：jxps126@ 126. com

网址：www. jxps. com

简介：

兰州精新电源设备有限公司位于兰州国家高新技术开发区内，是专业从事电力电子技术及其相关产品研发、生产和销售的高新技术企业。

公司拥有一批实力雄厚的专业技术人员。并以高等院校、科研院所的专家、教授为技术后盾。凭借先进的开关电源、脉冲功率技术和自动控制技术，以长期研制生产核物理加速器、高稳定度、高频、高压、高功率脉冲、三角波扫描和超导电源为基础，研发出一批具有国内领先水平、具有自主知识产权并获得多项国家专利的高、精、新电力电子产品。公司特种电源在材料改性、表面处理、废水、废气、烟尘治理和电化学领域都发挥着不可替代的作用。公司以诚信为本，视提高中国特种电源、高频、高压、高功率和快脉冲电源技术为己任，锐意进取、精益求精、不断创新的技术形成核心竞争力，以完善可靠的产品质量和优良售后服务立足于市场。

天水七四九电子有限公司

地址：甘肃省天水市泰州区双桥路 14 号

邮编：741000

电话：0938-8631053

传真：0939-8214627

网址：www. ts749. cn

简介：

天水七四九电子有限公司是由原天水永红器材厂改制重组的高新技术企业。公司前身国营永红器材厂 1969 年始建于甘肃省秦安县，1995 年整体搬迁至甘肃省天水市。公司占地面积 16 675 m^2，总资产 1. 15 亿元，拥有各种仪器仪表 768 台套。现有职工 306 人，专业技术人员 95 人。公司是国内率先研制生产集成电路的企业之一，主要产品有单片集成电路、混合集成电路和电源模块（包括厚膜化电源）三大类产品 600 多个品种，产品以其优良的品质广泛应用于航空、航天、兵器、船舶、电子、通信及自动化领域。曾为“长征系列”火箭、“风云”卫星、“嫦娥”探月工程和“神舟”号宇宙飞船等多个重点工程提供过高质量的产品，曾荣获“省优”、“ 部优”及“国家重点新产品”称号。

中国科学院近代物理研究所

地址：甘肃省兰州市南昌路 509 号

邮编：730000

电话：0931-4969563

传真：0931-4969560

网址：www. impcas. ac. cn

简介：

中国科学院近代物理研究所创建于 1957 年，以重离子核物理基础研究和相关领域的交叉研究为主要方向，相应发展加速器物理与技术及核技术。50 多年来，中科院近代物理研究所已成为国际上有较高知名度的中、低能重离子物理研究中心之一。与此同时，兰州重离子加速器（HIRFL）也发展成为我国规模最大、加速离子种类很多和能量很高的重离子研究装置，主要技术指标达到国际先进水平。

中国科学院近代物理研究所电源室负责兰州重离子加速器（HIRFL）励磁电源系统以及供配电系统的设计、运行和维护工作。50 多年来，近代物理研究所电源技术在大功率高稳定度直流稳流电源技术，大功率脉冲开关电源技术，以及特种电源技术方面形成自己鲜明的特色。研究所电源技术由直流输出发展到脉冲输出，由慢脉冲发展到快脉冲，由模拟控制发展到全数字控制，电源性能不断提高，满足了重离子加速器的发展需要。

河南省

洛阳隆盛科技有限责任公司

地址：河南省洛阳市凯旋西路25号
邮编：471009
电话：400-0379-613
传真：0379-63917137
邮箱：rosen. rosen@ 163. com
网址：www. rosen-tech. com

简介：

洛阳隆盛科技有限责任公司成立于1996年4月，总部位于牡丹花城——洛阳，直属于中航工业洛阳电光设备研究所（613所）。公司专业从事各类电源产品的设计、开发、生产和服务，并代理销售Vicor、GAIA和COSEL等世界著名品牌的电源模块。

公司自主设计开发的“Rosen”军用模块化电源和“Vcan”工业用模块化电源系列品牌，可靠性高、体积小、重量轻和效率高，具有多种保护功能，并能满足各种环境要求，产品性能处于行业领先地位。目前，面向航空航天、舰船雷达、指挥通信、军用车载及地面控制等军用领域和高端的工控、铁路、电力和通信等工业领域，公司已向国内200多家用户提供了数万余台套电源产品，承担并完成多项国防及民生重点工程型号的电源研发生产任务，被誉为“身边的模块化电源专家”。

公司拥有大型的生产、研发基地和试验检验中心；集聚了设计经验丰富的电源专家和专业技术高超和工程技术人员；配备了包括全自动电源测试系统在内的精良先进的测试仪器；配备了全套的电源加工生产和各种环境筛选试验设备。公司通过了GJB9001B质量管理体系认证，拥有完善的质量管理体系，被中国电源学会评为“理事单位”，中国电子商会评为“中国电源行业诚信单位”。作为美国Vicor公司授予的“中国地区经销商”和“产品应用开发中心”，公司还不断的为用户提供着优秀的电源解决方案和强大的技术支援。在北京、上海、南京、西安、成都和武汉等地，公司都设有专门的销售和服务机构，建立了完整的服务保障体系。

许继电源有限公司

地址：河南省许昌市中原电气谷许继新能源产业园
邮编：461000
电话：0374-3219505
传真：0374-3215203-678
邮箱：weizhongdy@ 126. com
网址：www. xjpower. com

简介：

许继电源有限公司是国家电网许继集团有限公司下属的子公司，是专业从事电力电子产品研发、生产及系统设计的厂商，主要产品涵盖电动汽车充换电系统、电力电源、电能质量控制设备、军工特种电源和光伏发电并网逆变电源产品等高新技术领域。这些产品已广泛应用于在电力、石化、煤炭、水利、环保、国防、轨道交通和公共事业中。

许继电源有限公司秉承“尊重、超越、共赢”的企业核心价值观，以“推进绿色电能变换技术，美好我们的生活和工作”为使命，以“成为中国领先的电力电子电能变换设备供应商及系统集成商”为愿景，许继电源有限公司将携同客户及合作伙伴一起开拓中国电力电子产品的美好未来。

陕西省

陕西长岭光伏电气有限公司

地址：陕西省宝鸡市清姜路75号
邮编：721006
电话：0917—3607661
传真：0917—3607650
邮箱：13772662816@ 163. com
网址：www. changlingpv. com

简介：

陕西长岭光伏电气有限公司（以下简称长岭光伏电气公司）由陕西长岭电气有限责任公司和陕西光伏产业有限公司共同出资组建。公司注册资本2亿元人民币。公司主要从事光伏逆变器、控制器、汇流箱、配电柜、安装支架、追日系统等光伏发电相关配套产品的开发、生产、销售和服务及以上产品的进出口业务。

陕西长岭电气有限责任公司的前身国营第七八二厂是国家“一五”期间投资建设的156项重点工程之一，国家军工骨干企业。经过50多年的发展，已形成以军工电子产品、纺织机电产品、家用电器产品和太阳能光伏产品为支柱的大型国有企业。公司总资产16.8亿元，在职员工4 300余人，其中各类专业技术人员1 000余人。公司拥有先进的电子产品装联生产线、家用电器产品生产线和大批性能优良的机械加工设备，齐全的环境实验设备和先进的精密检测设备，先后通过了GJB/9001质量管理体系认证、ISO10012计量体系认证和ISO14001环境管理体系认证，是国家技术监督局批准的一级计量单位，荣获全国电子行业用户满意先进单位，全国诚信企业，陕西省质量服务双满意企业等荣誉称号。

陕西长岭光伏电气公司可为用户提供 BIPV、BAPV、LSPV 和 CPV 等光伏发电系统的整体解决方案，提供逆变器、汇流箱、配电柜、电站监控系统、安装支架和追日系统等产品及光伏电站设计、施工、安装调试、系统检测、软件升级、技术咨询和人员培训等多方面的服务。

公司坚持“品质第一，规范管理，持续改进，用户满意”的质量方针，通过了 GB/T28001—2011/OHSAS18001 : 2007 职业健康安全管理体系认证、GB/T19001—2008/ISO9001: 2008 标准质量管理体系认证、GB/T24001—2004/ISO14001: 2004 环境管理体系认证，建立了完善的质量管理体系。

陕西赛雷博瑞新能源科技有限公司

地址： 陕西省西安市高新区锦业路锦业路 69 号瞪羚谷 A 座 706 室
邮编： 710000
电话： 029-81870206
传真： 029-81870206-603
邮箱： info@ calibrey. com
网址： www. clbr-energy. com www. calibrey. com
简介：

陕西赛雷博瑞新能源科技有限公司位于陕西省西安市高新区创业研发园，专注于储能系统、新能源汽车、太阳能照明设备及风光互补发电系统技术研发和项目建设。公司拥有先进的测试设备，严格的测试标准以及完善的质量管理体系，已通过 ISO9001: 2008 品质管理体系认证。同时，产品已获得 CE、IEC 等多项国际认证。

公司致力于为客户提供储能系统及新能源机车的完整解决方案，专注于 BMS、大功率器件集成以及 PACK 整体方案的产品开发、生产制造、管理销售以及工程实施，产品广泛应用于储能电站、新能源汽车、家庭储能、锂电池 UPS 后备电源、太阳能照明及风光互补发电系统等不同领域，全方位满足全球客户的多元化需求。

作为行业内优秀的储能系统能源解决方案专家，公司拥有雄厚的研发实力、高素质的人才队伍、核心的科研技术以及成熟的产业化成果。

辽宁省

大连工大麦尔斯动信息技术研究院有限公司

地址： 辽宁省大连市甘井子区轻工苑 1 号
邮编： 116034
电话： 0411-86322338
传真： 0411-86323707
邮箱： dl _ milestone@ 163. com
简介：

大连工大麦尔斯动信息技术研究院有限公司，成立于 2014 年 5 月，注册资金 200 万，以大连工业大学集成测控技术研究所为依托，致力于学生从知识工程到价值工程的人才培养、研究成果转化、专利战略实施和校企项目合作的一个平台。充分激发学生创造力，支撑学生创意产品从研发、制作和推广整个价值链的全面扶持。另外，公司还承担 IGBT 国家项目、软件开发项目、硬件开发项目和服务产品项目等。

航天长峰朝阳电源有限公司

地址： 辽宁省朝阳市电源路 1 号
邮编： 122000
电话： 0421-2732351
传真： 0421-2828501
邮箱： 50hz@ vip. sina. com
网址： www. 4nic. com. cn
简介：

航天长峰朝阳电源有限公司是经中国航天科工集团批准，由中国航天科工防御技术研究院和朝阳市电源有限公司于 2007 年 9 月 5 日投资组建的国有控股公司，注册资金 11 760 万元。

公司前身为朝阳市电源有限公司，成立于 1986 年，是国内率先生产专业电源的公司，具有 27 年的电源设计制造和测试经验，是当前国内规模较大的专业电源生产基地。以“4NIC”“航天电源”及“CASIC 中国航天科工集团”为品牌，生产 30 多个系列 30 余万品种稳压电源、恒流电源、UPS 电源、脉冲电源和滤波器等各种电源和电源相关产品。应用领域覆盖航空、航天、兵器、机载、雷达、船舶、机车、通信及科研等领域，尤其是在需要高可靠性的军工领域发挥着不可替代的作用，为国家的国防建设和经济建设做出了卓越贡献。

公司位于辽宁省朝阳市电源路 1 号，现址占地 20 多万 m^2，建筑面积 15 万 m^2。新厂区占地面积 42 万 m^2，建筑面积 20 万 m^2。公司在国内 30 多个主要城市设有办事处，履行“航天电源就在您身边”的承诺。企业奉行“以顾客为关注焦点，量体裁衣做电源”的经营战略，满足个性化需求。

其它

重庆汇韬电气有限公司

地址：重庆市两江新区水土高新技术产业园区云汉大道5号附23号
邮编：400714
电话：023-68204158
传真：023-68204198
邮箱：hwyton@163.com
网址：www.hwyton.com

简介：

重庆汇韬电气有限公司成立于2007年，工厂位于重庆市两江新区水土高新技术产业园，是一家专业从事电源及消防电子产品的研发、生产、销售和服务为一体的高新技术企业。公司通过了ISO9001质量管理体系认证，并先后获得了重庆市高新技术企业、全国消防标准化技术委员会通讯委员、中科院重庆绿色智能研究院工业设计平台会员单位、中国消防协会单位会员、创新基金重点培育企业（四星级）和中国电源学会会员单位和"全国质量诚信承诺优秀企业"称号。

公司建有国内一流的电源产品和消防灯具生产线，专业的调试检测设备、实验室和智能老化运行系统，能生产制造九大类上千种规格的电源和消防产品。公司从引进美国先进技术的Hwyton工业级UPS，到自主开发的EPS应急电源，以及和中科院合作开发的EIS8000智能疏散系统，采用了先进的DSP数字化技术和工业产品的生产工艺，并不断进行技术革新，致力保持技术先进、质量可靠和用户满意。公司产品已拥有11项专利技术，消防产品并通过了国家公安部的CCC认证和型式认可，获得了"重庆市高新技术产品""重庆市重点新产品""重庆市名牌产品"和"全国质量检验稳定合格产品"等称号。

我们一直遵循"精心制造，持续创新，优质高效，顾客满意"的质量方针，并通过客户服务中心及各地办事处来提供最优质的"5+X"服务。多年来，在广大用户朋友的支持和帮助下，公司产品在工业、能源、交通、商业、医院、酒店、学校、政府和公用工程等行业已得到广泛应用，产品遍布中国30多个省（市）自治区以及南美、非洲和东南亚国家。

公司本着"诚信、和谐、高效、创新"的公司经营理念，竭诚希望与广大新老客户携手奋进、共同发展！

桂林斯壮微电子有限责任公司

地址：广西壮族自治区桂林市国家高新区信息产业园D-8号
邮编：541004
电话：0773-5858088 5852696 5825199 5852939
传真：0773-5855299 2183788
邮箱：gsme@gsme.com.cn sales@gsme.com.cn
网址：www.gsme.com.cn

简介：

桂林斯壮微电子有限责任公司以设计、开发和生产各种高性能半导体功率器件为主营业务，目前主要产品有低导通电阻和低栅电荷密度的功率场效应晶体管（Low Rdson、LowQg MOSFET）及低导通电压的肖特基二极（LowVF）、开关二极管和稳压二极管等桂微牌产品，产品广泛应用于开关电源适配器UPS、逆变器变频器、移动通信基站、智能家居产品、物联网硬件产品、汽车电子产品、安防系统、智能手机及其附属产品、计算机及其附属产品、小型视听多媒体终端产品等消费类电子信息产品、家用电器和工业自动化控制设备等。

"桂微牌"产品不断提高专业水平，为客户提供高性能和低成本的优质产品，推行"精益求精、卓越品质、客户满意"的品质政策，努力成为客户必备的优质供应链伙伴。

贵州航天林泉电机有限公司

地址：贵州省贵阳市长岭南路89号
邮编：550081
电话：0851-84842028
传真：0851-84849057
邮箱：chu_min4182@126.com

简介：

贵州航天林泉电机厂隶属于中国航天科工集团公司，是中国航天微特电机、二次电源及小型化遥测设备的专业研制生产单位，是航天微特电机专业技术中心和检测中心。是国家批准的自营进出口权单位，也是国家批准的航天电机硕士研究生培养点和博士后科研工作站（微特电机专业站）。通过了GJB9001A-2001质量保证体系、ISO9001质量保证体系的认证。

工厂始建于1965年，1966年内迁至贵州省桐梓县，1987年调迁至贵州省贵阳市。工厂占地面积10万m^2，现有职工710人，其中工程技术人员351人。建厂40多年来，共为300多种型号研制生产了上千种产品，有86项获国家、省部级科技进步奖。

光宇国际集团科技有限公司

地址：黑龙江省哈尔滨市南岗区学府路电缆街68号
邮编：150086
电话：0451-86677970
传真：0451-86678032
邮箱：448153847@qq.com
网址：www.cncoslight.com
简介：

光宇国际集团科技有限公司创建于1994年，1999年在香港联交所主版上市。集团在国内拥有哈尔滨光宇蓄电池股份有限公司、哈尔滨光宇电源股份有限公司等23家子公司，在欧美、俄罗斯、日本和东南亚设有19家海外营销子公司或办事机构。集团现有员工11 000余人，2010年总资产42亿元人民币，销售额44亿元人民币。

经过20余年的高速发展，现已形成制造业、矿产业及互联网产业等三大类产业群。第一大类是以工业用铅酸蓄电池、便携类锂离子电池、车用铁锂动力电池和电池储能系统为主体的制造业；第二大类是矿产业，开采作为铅酸蓄电池原材料的铅锌矿；第三大类是网络游戏的运营、研发及制作。

阀控密封铅酸蓄电池为公司第一核心产品，年生产能力可达380万kV·A·h，从1999年以来一直是中国规模较大的阀控式铅酸蓄电池制造商。锂离子电池是公司第二大主要产品，年生产能力液态锂离子电池可达8 000万只，聚合物锂离子电池可达3 000万只，磷酸铁锂动力电池是公司主要研发的新产品，可年产40万kW·h。

公司先后通过了ISO9001、ISO14001、OHSAS18001和TS16949认证等管理体系认证，UL、CE和RHOS等产品认证以及英国沃达丰、俄罗斯通信等入网认证。

历经十几年的持续稳定发展，公司取得了非凡的发展业绩，获得社会各界广泛的肯定与好评。追求品质，超越非凡，立足中国，走向世界，光宇国际致力成为拥有顶级高新技术的大型国际化企业集团。

南昌大学教授电气制造厂

地址：江西省南昌市南京东路351号教授科技楼
邮编：330029
电话：0791-88301618
传真：0791-88332483
邮箱：chinaprofessor@alibaba.com.cn
网址：www.chinaprofessor.com
简介：

南昌大学教授电气制造厂是由南昌大学教师、教授创办的科技型企业，主要从事电脑、通信设备、机床设备精密交流稳压电源、家用冰箱空调稳压器、UPS、逆变电源、充电器充电机和太阳能光伏发电系统等多系列电源类产品的研发和制造，已有20年的制造历史，产品畅销国内各省，并远销非洲、印度和中东等电压特别不稳定地区。南昌大学教授电气制造厂是国内规模较大的家用电源生产企业之一。

南昌大学教授电气制造厂依托南昌大学的研发力量，有能力不断创新，因此产品更新换代非常快，总是以新的、适合消费者的产品，为各级经销商创造新的商机，为终端用户提供更好的产品。

南昌大学教授电气制造厂2001年通过了ISO9000质量管理体系，有着严格的质量控制程序，因此产品质量一直深受用户信赖，在市场上有良好的口碑。

南昌大学教授电气制造厂的核心价值观是：以科技让人们生活得更好。南昌大学教授电气制造厂全心全意以客户为中心，依靠自己的技术优势和勤奋工作，努力创造更好、更多的新产品，与消费者共享科技成果带来的快乐。

勤发电子股份有限公司

地址：台湾省新北市汐止區大同路一段239號11樓
邮编：221
电话：+886-2-26478100
传真：+886-2-26478200
邮箱：helen@chinfa.com
网址：www.chinfa.com
简介：

勤发电子股份有限公司自1985年创立以来，是一家取得ISO9001、UL、TÜV认证的公司，在秉持着不断的创新思考、成为世界级全方位解决方案的翘楚、满足客户的需求及长期经营的理念。所有交换式电源供应器产品皆自行研发设计与生产，不论在技术研发、质量稳定度或降低成本上，以多年的经验来满足客户对于交换式电源供应器的各种要求，并追求更卓越效能的交换式电源供应器。

Isolated DC/DC converter：1～100 W。

AC/DC power module：3～40W。

AC/DC DIN Rail mountable power supply：5～960W。

DC/DC DIN Rail mountable power supply：15～40W。

AC/DC DIN Rail compact size power supply：120～240 W。

AC/DC enclosed power supply：20～150 W。

Battery charger：30&60 W。

DC UPS controller：30 A。

Redundant module：10 &20 A。

北京星原丰泰电子技术股份有限公司

地址：北京市昌平区沙河镇豆各庄工业园9号彩易达科技园
邮编：102206

电话：010-80733900
传真：010-80733900-8001/8214
网址：www. saps. cn
简介：

北京星原丰泰电子技术股份有限公司（SAPS）成立于2004年，坐落于北京市昌平区科技园区内，总面积为10 000 m^2，注册资金1 700万元人民币。

公司现拥有员工230余人，其中大专以上学历的员工占70%以上。

公司是专业从事高频模块电源研发、生产与销售的高新技术企业。公司主要生产满足工业级以上应用标准的AC-DC系列、DC-DC系列及DC-AC系列高频模块电源产品与开板组合电源，功率等级从0.1～1 000 W。公司依托在电源研发方面与行业应用方面的技术积累，为客户提供具有行业针对性的整体电源解决方案，以及电源产品的行业应用服务。

公司通过多年的模块电源技术开发及制造经验的积累，逐渐形成了一系列的核心技术和先进的电源生产检测工艺。拥有完整的动态小信号测试分析实验室、软开关实验室和EMC实验室，并拥有完整的自动化电源生产线及严格的质量管理、控制工艺流程。目前，公司产品已广泛应用于通信、铁路、电力、工控、公路、军工和新能源等领域。

常州诚联电源股份有限公司

地址：江苏省常州市新北区春江镇百丈工业园创业东路15号
邮编：213034
电话：18921092631
传真：0519－69882520
邮箱：office@ czchenglian. com
网址：www. czchenglian. com
简介：

常州诚联电源股份有限公司，位于美丽的江南水乡江苏省常州市新北区，是专业从事LED显示屏电源、景观标识电源和照明电源等研究、开发和制造的高新技术企业，中国电源学会会员单位、中国国家半导体照明学会成员，全国各地区标识行业协会会员单位。

公司现有常州、深圳两大研发基地，研发人员50多名。拥有自己的研发实验室，内置实验设备齐全，目前已自主研发出多项电源产品均已申请专利，公司产品已经荣获CCC、CE、UL和ROSH等多项国内国际认证。

全国各大中城市建立了几十个销售网点，拥有完善的质量跟踪与售后服务体系，能快捷、周到地为客户提供全方位服务

杭州祥博电气有限公司

地址：浙江省杭州市萧山经济技术开发区华瑞中心1号楼23层
邮编：311200
电话：0571-82307787
传真：0571-82308081
邮箱：xenbo@ xenbo. com
网址：www. xenbo. com
简介：

杭州祥博电气有限公司是一家专业为电力半导体（晶闸管、IGBT和IGCT等）器件提供传热系统解决方案的高新技术企业，主要产品有水冷板、风冷型材散热器、热管散热器、配水管、配水接头、循环主机和换热器等产品。公司成立于1998年，总部设在浙江省杭州市，在安徽省绩溪县设有大型生产制造基地，装备了国际领先的真空钎焊和搅拌摩擦焊等生产线，配备了先进的检测设备，能满足各类中高档散热设备的生产加工，是国内率先搅拌摩擦焊通过EN15085焊接体系认证企业。公司产品和技术广泛应用于电能、轨道交通和新能源等高新技术领域。

公司研发中心为杭州市高新技术研发中心，重点研发用于特高压直流输电、柔性直流输电、轨道交通、新能源汽车、光伏和风电等装置的散热技术和产品。公司先后承担了国家火炬计划、创新基金项目、省重大科技项目等科技研发项目，科研成果丰硕。目前，公司拥有专利30余项，是《电力电子半导体器件用散热器》和《静止无功补偿装置水冷却设备》两个国家标准的起草单位。

随着一带一路战略的推进，国家对电网、轨道交通和新能源等新兴产业的鼓励发展，企业正面临着一次巨大的发展机遇。杭州祥博电气有限公司将抢抓市场，并通过新三板挂牌加快企业的健康发展。

全天自动化能源科技（东莞）有限公司

地址：广东省东莞市南城区水濂山路联科国际科研中心7栋201
邮编：523000
电话：0769-22028588
传真：0769-22026771
邮箱：mk008@ apmtech. cn
网址：www. apmtech. cn
简介：

全天自动化能源科技（东莞）有限公司是一家集研发、销售于一体，专注于船舶智能系统、太阳能逆变器、可编程电源、自动化测试系统和自动化生产设备研发的高新入库企业。公司拥有完善的产品 策划、研发、实验、测试和质量控制系统，已通过ISO9001、ISO14001和OHSAS18001体系认证。全天科技研发团队由博士、硕士和行业资深专家等100多人组成，并通过与国内外科研团队和各大重点院校保持长期的战略合作关系，从而在根本上保证产品和服务处于行业领先地位。用专业技术及科技不断推动创新突破，全天科技至今已申请了多项发明专利，并获得多项

实用新型专利、外观专利和软件著作权等专利成果。产品通过 CE、CQC、VDE、SAA、FCC 和 CSA 等认证。从开始到现在，从过去到未来，公司始终秉持“精益求精、追求卓越”的企业精神，提供客户“全天，24h 不间断服务”。

上海谷登电源设备有限公司

谷登电源 GOODEN

地址：上海市长宁区新华路 543 号 10 楼 C 座
邮编：200052
电话：021-62813011
传真：021-32813010
邮箱：gddy@ sh-gddy. com
网址：www. sh-gddy. com

简介：

上海谷登电源设备有限公司成立于 2001 年 9 月 6 日，公司机构拥有上海谷登电气有限公司、上海谷登电源设备有限公司，是一家集研发、生产和销售为一体的现代化电源企业。公司所生产的产品有着严格的质量检测手段，配备先进的试验设备，对质量层层把关。企业通过了 ISO9001 国际质量体系认证，所生产电源产品经国家有关检测机构认可，并取得相关证书。同时由 AugerCertificationg&Testing Service LTD. 检测达 CE 认证，出口欧洲。

公司研发的高精度大功率无触点智能稳压器获得国家专利证书（专利号：1228994）该产品具有输出高精度 ±1%，响应速度快（≤0.02S）抗干扰能力强等特点，目前该技术在国内居领先地位。

公司生产的大功率无触点智能稳压器、直流电源、稳压电源、隔离变压器和 UPS 电源现已成为国际知名企业的长期合格供应商。所生产的产品已广泛应用于国家重点大型工程，如上海宝钢、兰州飞机制造、杭州湾大桥、大众汽车、湖北电信、八达岭高速隧道、上海医科大学、北京航天二十一所、华为、中兴、中国移动、中国石油、海尔、海信、一汽、哈飞、沈鼓、南方机车、海德堡、曼罗兰、高宝、三菱、北人、日立、西门子、百超、哈斯、马扎克、斗山、龙工、大族、梅兰日兰、娃哈哈、比亚迪、奥泰、安川、东芝和中科院等企业，部分产品与成套设备一起出口。

公司有着庞大的电源生产基地，成熟的技术，完善的管理体系，优质的服务，形成电源品质市场的新格局。

公司最重要的财富是她的员工。通过高素质员工的共同努力，公司在技术上始终保持着领先的地位。

公司的宗旨：以人为本，诚信经营。

上海诺易电器有限公司

Nooyi® 诺易

地址：上海市嘉定区德力西路 197 号
邮编：201802
电话：021-69173140
传真：021-36385001
邮箱：sales@ shnuoyi. com
网址：www. shnuoyi. com

简介：

上海诺易电器有限公司是专业从事电源、工业控制领域产品的科研、开发、生产、销售及技术服务于一体的生产型实体企业。公司拥有一个销售、研发和服务总部位于上海宝山城市工业园，两个生产基地坐落于风景秀丽的江南历史文化古镇——上海南翔和江苏昆山。

公司的产品规格多达八大类 530 几种规格，产品被广泛地用于国防、医疗、机械加工、交通、通信、科研和新能源等各个领域。主要产品有交流稳压电源、变频电源、直流电源、UPS、EPS 电源、并网逆变器和智能照明稳压节电系统等产品。取得欧盟 CE 认证、非盟 SONCAP 认证和广电入网许可证等。Nooyi 诺易公司的产品在国内拥有高端客户群体，并批量出口国外，优越的性能、可靠的质量、贴心的服务，博得用户的一致好评。

公司本着“一诺千金，知难行易”的行销与创新理念，使得 Nooyi 诺易品牌逐步走向世界，Nooyi 诺易产品独树一帜。

诺易的宗旨：质量是企业的生命！ISO9001 质量管理体系的规范化管理保证了黄金般的产品质量；科技是企业的动力。优秀杰出的科研人才使我们的产品独树一帜；信誉是企业的基石。高素质的服务团队使您无后顾无忧。管理是企业的根本。数字化的管理使我们的团体高效廉洁。

质量是企业的生命，科技是企业的动力，信誉是企业的基石，管理是企业的根本。

公司的行销宗旨：一诺千金。

一诺千金，使命必达的行销宗旨，为客户提供优质高效的服务，让您买的放心，用得顺心。

公司的创新理念：知难行易。

不断探索，勇于创新，知难行易，乐观向上的创新理念，使 Nooyi 的产品独树一帜、永葆青春。

上海潘登新电源有限公司

PANDIAN

地址：上海市长寿路 285 号恒达广场 23 楼
邮编：200060
电话：021-62766276
传真：021-62773534
邮箱：pandeng@ pandeng. com
网址：www. pandeng. com

简介：

上海潘登新电源是电源稳压、调压产品研发制造和销售为一体的专业公司。20 多年岁月的发展中，生产的无触点稳压器、照明稳压节电柜、稳压调压电源柜与变压器等产品畅销国内外，为各行业用电设备的安全使用及电能节约带来直观的经济效益。

公司系上海市高新技术企业，守合同重信誉 AAA 级企业，节能产品生产企业。拥有教授级高工及大批有经验的电气工程人员，曾多次参与无触点稳压器和浪涌防护器的部标与国标的制定。拥有多项电源稳压调压的专利技术，可为用户制造各类电源稳压、调压和变压器等设备。公司实力雄厚，多项产品在行业中一直处于领先地位。

公司专利技术生产的无触点稳压器。采用电力电子技术调压，产品无机械、无碳刷、无噪声和无触点调压，响应速度极快，容量高达 2 000 kV · A，补偿范围可达 ±50%。是传统机械碳刷稳压器的更新换代产品。现已在各行业应用十几年，效果良好。经中科院情报中心确认，该产品多项技术水平居国内外领先，其整体技术达到了国际同类产品的先进水平，率先填补了国内无触点稳压器的空白。被上海市科委确定为“高新技术成果转化项目”。

根据“中国绿色照明工程”的要求，公司综合路灯与各种照明的供电方式，与照明灯具的发光特点。研发生产的 GGDZ 照明稳压节电柜，以智能稳压调压、时间控制和提高功率因素等；多种专利节电技术相结合的，高效安全的照明节电产品，大大提高电源使用效率，降低电能损耗。节电率普遍可达 25% 以上，同时灯具寿命延长 2 倍以上。上海宝钢、国际博览中心等均已采用，效益可观。被上海市科委确定为“高新技术成果转化项目”。

公司系 ISO9001 国际质量体系认证企业。公司遵照“求精创新，勇于攀登、务实稳发，永无止境”的经营理念，质量尽善尽美，服务至诚至周，相信公司的真诚会使用户成为潘登永远的朋友。

上海熙顺电气有限公司

地址：上海市嘉定区外冈工业一区西冈身路 118 号
邮编：201806
电话：021-56380780
传真：021-56380811
邮箱：xishun@ xishun. net
网址：www. xishun. net

简介：

上海熙顺电气有限公司是一家专业从事各类稳压器、稳压电源、变频电源、变压器、调压器、UPS 不间断电源、逆变电源、净化电源、充电器、直流电源及相关行业电气的开发、销售服务于一体的综合性企业，系中国电源学会会员单位，并由中国人民保险公司承保，并通过了 ISO9001 质量管理体系认证。

公司始终坚持理论与实践相结合的科学发展观，先后从全国各大高校、社会引进大量工程技术人员及多种高新检测和实验设备。从而确保熙顺每种产品具有领先的设计，稳定的性能及卓越的品质。随着我国加入 WTO，企业的发展空间日益扩大，公司始终坚持以振兴民族工业为己任，以铸造世界品牌为目标。公司已建立了健全的营销管理中心和庞大的网络体系。其产品销往全国各大省市，定期销往东南亚市场，且与中东、南非、欧美及国家和地区建立了稳固的贸易往来，而深受用户一致好评。这为熙顺的发展打下了坚实的基础，值此熙顺人深知科技创新是“熙顺”的动力，可靠的品质是“熙顺”的保障，诚信服务是“熙顺”的责任。

深圳市普德新星电源技术有限公司

地址：广东省深圳市南山区荔湾路 4 号能源小区一栋三楼
邮编：518054
电话：0755-26483257
传真：0755-26483259
邮箱：lik516@ 126. com
网址：www. powerld. com

简介：

普德新星电源技术有限公司成立于 1991 年，是世界开关电源领导品牌制造商之一，致力于为客户提供安全稳定，高效环保的开关电源。

公司目前正式销售的标准机型超过 2000 多种。产品主要包括整机型 AC/DC 电源、基板型 AC/DC 电源、多路隔离输出电源、DC/DC 电源、AC/DC 模块、DC/DC 模块和导轨式电源等。广泛用于工业自动化（数控、激光、电控机械等）、通信（交换机、POE、基站等）、LED 照明和显示、医疗、安防、电力控制、冶金、水处理和基础建设等各个领域。

现有员工 1 000 余人，专业的研发团队 100 余人，配合 18 000 m^2 的现代工厂，月产量达 100 万台。为了能更加全面性服务于全国客户，新星在北京、哈尔滨、西安、南京、上海、杭州、成都、广州、深圳、青岛、重庆、福州、天津、武汉、长沙、济南、沈阳和石家庄等城市建立了 20 多个销售网点，更在欧美、韩国、泰国、中国香港和中国台湾等国家和地区设立了代理分销商。海外销售配有专业的国际服务团队对客户进行实地售前、售后服务，产品质量及售后服务都得到客户的一致好评。

“顾客至上 群策群力持续改善 争创一流”是企业的质量方针，基于 20 余年专业的开关电源研发经验，相信公司能为用户提供一套全面的开关电源解决方案，成为您的长期合作伙伴，携手新星，共创辉煌。服务热线 400-6501991

深圳市盛弘电气有限公司

地址：广东省深圳市南山区松白路 1002 号南山百旺信高科

技工业园二区6栋

邮编： 518000

电话： 0755-86511588

传真： 0755-86513100

邮箱： apf@ sinexcel. com

网址： www. sinexcel. com

简介：

深圳市盛弘电气股份有限公司总部位于深圳，公司占地总面积14 500 m^2，是一家专注于电能质量产品研发、生产制造、销售服务的高新技术企业。自成立以来不断致力于提升用户的电能质量，目前是有源滤波技术和工程应用领域的领导者。公司是一家国家高新技术企业、深圳高新技术企业、ISO9001-2008质量体系认证企业。

公司主营范围有：智能电网中的电能质量产品，包括有源滤波器、静止无功补偿发生器等、电动汽车充电机设备及解决方案、光伏储能系统解决方案，电池化成与检测设备。

公司拥有45项专利技术，其中20项发明专利、8项实用新型专利和1项外观设计专利。公司已经通过软件产品认证、中国电科院、信息产业部、中国质量认证中心、鉴衡、IEEE国际电工委员会、ETL、TUV、CE、SAA等多种国内及国际认证。公司有源滤波器产品，经过国际知名测试集团Intertek测试，产品功能满足IEEE（国际电工委员会）的IEC61000标准并获得测试报告。

交付一个稳定的电能质量系统，是公司对用户的承诺。公司有源滤波器采用创新模块化产品设计方式，专注满足用户对系统稳定、易用、高效的需求；同时，公司拥有行业最大的100人市场服务团队，为用户提供技术咨询、工程交付、售后服务。

深圳市颖发电子有限公司

地址： 江苏省苏州新区滨河路588号

电话： 0512-68052108

传真： 0512-66036297

邮箱： yingfa168@ 126. com

网址： www. szyfdz. net

简介：

深圳市颖发电子有限公司是专业生产功率电阻、色环插件电阻的生产厂家，主要产品有：碳膜固定电阻、金属氧化膜固定电阻、精密金属膜固定电阻、插件绕线电阻KNP/KNY、插件保险电阻FR、高压电阻、大功率绕线电阻、制动电阻、高压电阻、水冷电阻、刹车电阻、波纹电阻、水泥电阻、RXLG梯型铝壳电阻、RSLG船型铝外壳电阻、RX24金黄色铝壳电阻、RXLB超薄型铝外壳功率电阻、风电变流器电阻、毫欧（锰铜线）电阻、分流器、取样电阻、变频电阻、不锈钢发热管电阻、负载电阻箱（柜）、香熏型发热体电阻及其他各种特高特低阻值的异形电阻等。产品广泛应用于国防建设、国家重点科研项目及铁路、冶金、变频器、伺服系统、风能发电、太阳能逆变器、电焊机、高低压电气、电源、数控、仪器仪表和家电等行业。

颖发公司拥有雄厚的实力和高科技人员，并已通过了ISO9001：2008质量管理体系及ISO14001：2004环境管理体系认证。公司严格按照相关认证标准进行全方位的产品一体化管理，着力培养全体员工的职业素养和劳动意识，树立员工良好的品德形象，全面提高产品的质量与性能，提升产品的效能比和性价比，全力打造高品质的产品质量，经营符合客户最高要求水平的产品。

优良的产品品质，实在的产品价格，为颖发公司赢得了市场赞誉；完善的售后服务，倍受广大客户承认，满足消费者的需求。

颖发全体同仁将一如既往地奉行“博采众长，精益求精”的企业管理精神，追求“来自社会，回报社会”的企业理念，实现“团结、互助、进取、创新”的企业态度，竭诚相邀广大社会同仁与我们携手，同舟共济，共创辉煌，走向成功！

苏州康开电气有限公司

KANK

地址： 江苏省苏州市吴江区金平大道139号

邮编： 215133

电话： 0512-82073366

传真： 0512-82073360

邮箱： kaikangzh@ kangkaiele. com

网址： www. kangkaiele. com

简介：

苏州康开电气有限公司创建于1989年，致力于研发生产电抗器、变压器等。公司立足于电梯扶梯、风力发电、铁道机车和水利水闸等科技行业，为客户提供性能稳定的产品，设计优越的解决方案以及完善的售后服务，努力打造电气行业的先进品牌。

公司经过20多年的发展与积累，凭借领先的技术和先进的设备，以及完善的管理体系，树立了专业化的企业形象，在业内赢得了良好的口碑，现已初步具备经营智能化和生产智能化的雏形，2013年被评为江苏省五星级数字企业，希望能同广大客户真诚合作，共同发展。

会员企业按主要产品索引

UPS 电源（93）

新能源电源（光伏逆变器、风力变流器等）（92）

艾默生网络能源有限公司
宝士达网络能源（深圳）有限公司
北京动力源科技股份有限公司
北京航星力源科技有限公司
北京恒电电源设备有限公司
北京落木源电子技术有限公司
北京纽绅埔科技有限公司
北京普罗斯托国际电气有限公司
北京群菱能源科技有限公司
北京索英电气技术有限公司
北京伟仕天成科技有限公司
东莞立德电子有限公司
佛山市柏克新能科技股份有限公司
佛山市宝星科技发展有限公司
佛山市众盈电子有限公司
广东顺德三扬科技股份有限公司
广东新昇电业科技股份有限公司
广州广日电气设备有限公司
广州金升阳科技有限公司
广州市先锋电镀设备制造有限公司
国充充电科技江苏股份有限公司
合肥科威尔电源系统有限公司
河北奥冠电源有限责任公司
济南朗瑞电气有限公司
江苏爱克赛电气制造有限公司
金海新源电气江苏有限公司
康舒电子（东莞）有限公司杭州分公司
昆山渝科电子科技有限公司
乐清市永茂电源有限公司
临沂昱通新能源科技有限公司
茂硕电源科技股份有限公司
南昌大学教授电气制造厂
宁夏银利电气股份有限公司
青岛晶鑫伟业高磁材料科技有限公司
全天自动化能源科技（东莞）有限公司
任丘市先导科技电子有限公司
三科电器集团有限公司
山东泰开电源有限公司
山东新风光电子科技发展有限公司
陕西长岭光伏电气有限公司
陕西赛雷博瑞新能源科技有限公司
上海诺易电器有限公司
上海稳利达科技股份有限公司
深圳古瑞瓦特新能源股份有限公司
深圳晶福源科技股份有限公司
深圳科士达科技股份有限公司
深圳欧陆通电子有限公司
深圳桑达国际电源科技有限公司
深圳市爱维达新能源科技有限公司
深圳市安托山技术有限公司
深圳市比亚迪锂电池有限公司
深圳市东辰科技有限公司
深圳市皓文电子有限公司
深圳市核达中远通电源技术有限公司
深圳市汇川技术股份有限公司
深圳市捷益达电子有限公司
深圳市金威源科技股份有限公司
深圳市金元电子技术有限公司
深圳市瑞必达科技有限公司
深圳市盛弘电气有限公司
深圳市威日科技有限公司
深圳市西格玛泰变压器有限公司
深圳市希顺有机硅科技有限公司
深圳市雄韬电源科技股份有限公司
深圳市英威腾电源有限公司
深圳市正能实业有限公司
深圳市中兴昆腾有限公司
石家庄通合电子科技股份有限公司
四川长虹欣锐科技有限公司
四川厚天科技股份有限公司
苏州美恩斯电子科技有限公司
苏州市申浦电源设备厂
台达电子企业管理（上海）有限公司
田村（中国）企业管理有限公司
温州华高电气有限公司
无锡东电化兰达电子有限公司
无锡新洁能股份有限公司
武汉泰可电气股份有限公司
西安龙腾新能源科技发展有限公司
厦门科华恒盛股份有限公司
厦门蓝溪科技有限公司
厦门市爱维达电子有限公司
先控捷联电源设备有限公司
阳光电源股份有限公司
伊戈尔电气股份有限公司
易事特集团股份有限公司
浙江特雷斯电子科技有限公司
浙江腾腾电气有限公司
浙江正泰电源电器有限公司
中达电通股份有限公司
中国长城计算机深圳股份有限公司
中兴通讯股份有限公司

通用开关电源（82）

北京大华无线电仪器厂
北京航天星瑞电子科技有限公司
北京航星力源科技有限公司
北京汇众电源设备厂
北京落木源电子技术有限公司
北京通力盛达节能设备股份有限公司

北京新雷能科技股份有限公司
北京中天汇科电子技术有限责任公司
常州市创联电源有限公司
常州市武进红光无线电有限公司
成都普斯特电气有限责任公司
东莞华兴电器有限公司
东莞市石龙富华电子有限公司
佛山市迪智电源有限公司
佛山市汉毅电子技术有限公司
佛山市南海赛威科技技术有限公司
佛山市顺德区冠宇达电源有限公司
广东金华达电子有限公司
广州市华德电子电器设备有限公司
广州市力索能电子有限公司
广州市维能达软件科技有限公司
广州市先锋电镀设备制造有限公司
贵州航天林泉电机有限公司
海湾电子（山东）有限公司
杭州榆阳电子有限公司
合肥博微田村电气有限公司
合肥华耀电子工业有限公司
合肥科威尔电源系统有限公司
合肥通用电子技术研究所
河北汇能欣源电子技术有限公司
华东微电子技术研究所
惠州 TCL 王牌高频电子有限公司
康舒电子（东莞）有限公司杭州分公司
昆山渝科电子科技有限公司
溧阳市华元电源设备厂
茂硕电源科技股份有限公司
派沃力德（北京）电子科技有限公司
勤发电子股份有限公司
任丘市先导科技电子有限公司
陕西赛雷博瑞新能源科技有限公司
上海德创电器电子有限公司
上海谷登电源设备有限公司
上海吉电电子技术有限公司
深圳安固电子科技有限公司
深圳华德电子有限公司
深圳可立克科技股份有限公司
深圳蓝信电气有限公司
深圳麦格米特电气股份有限公司
深圳欧陆通电子有限公司
深圳市航嘉驰源电气股份有限公司
深圳市核达中远通电源技术有限公司
深圳市坚力坚实业有限公司
深圳市京泉华科技股份有限公司
深圳市巨鼎电子有限公司
深圳市科瑞爱特科技开发有限公司
深圳市普德新星电源技术有限公司
深圳市瑞必达科技有限公司
深圳市瑞晶实业有限公司
深圳市威日科技有限公司
深圳市希顺有机硅科技有限公司
深圳市卓越至高电子有限公司
晟朗（上海）电力电子有限公司
四川长虹欣锐科技有限公司
苏州美恩斯电子科技有限公司
苏州台智源电子有限公司
台达电子企业管理（上海）有限公司
太仓电威光电有限公司
天津市华明合兴机电设备有限公司
天津市九荣鑫电源技术有限公司
拓哲（广州）电子科技有限公司
无锡东电化兰达电子有限公司
无锡芯朋微电子股份有限公司
武汉泓承科技有限公司
武汉永力科技股份有限公司
湘潭市华鑫电子科技有限公司
协丰万佳科技（深圳）有限公司
张家港市电源设备厂
浙江宏胜光电科技有限公司
浙江矛牌电子科技有限公司
浙江省海宁市海整整流器有限公司
浙江正泰电源电器有限公司
珠海泰坦科技股份有限公司

通信电源（71）

艾默生网络能源有限公司
安伏（苏州）电子有限公司
北京动力源科技股份有限公司
北京恒电电源设备有限公司
北京汇众电源设备厂
北京纽绅埔科技有限公司
北京普罗斯托国际电气有限公司
北京新雷能科技股份有限公司
北京亚澳博信通信技术有限公司
北京中天汇科电子技术有限责任公司
常州诚联电源股份有限公司
东莞立德电子有限公司
东莞市石龙富华电子有限公司
佛山市顺德区冠宇达电源有限公司
福建省瑞盛电力科技有限公司
广东金华达电子有限公司
广东顺德三扬科技股份有限公司
广州科欣仪器有限公司
广州市锦路电气设备有限公司
广州市昱诚电子技术有限公司
海湾电子（山东）有限公司
杭州榆阳电子有限公司
杭州中恒电气股份有限公司
合肥联信电源有限公司

河北奥冠电源有限责任公司
湖南丰日电源电气股份有限公司
江苏禾力清能电气有限公司
乐清市永茂电源有限公司
雷诺士（常州）电子有限公司
理士国际技术有限公司
能科节能技术股份有限公司
山东泰开电源有限公司
上海科泰电源股份有限公司
深圳奥特迅电力设备股份有限公司
深圳华德电子有限公司
深圳晶福源科技股份有限公司
深圳可立克科技股份有限公司
深圳麦格米特电气股份有限公司
深圳市爱维达新能源科技有限公司
深圳市安托山技术有限公司
深圳市比亚迪锂电池有限公司
深圳市东辰科技有限公司
深圳市航嘉驰源电气股份有限公司
深圳市皓文电子有限公司
深圳市核达中远通电源技术有限公司
深圳市金威源科技股份有限公司
深圳市巨鼎电子有限公司
深圳市科瑞爱特科技开发有限公司
深圳市普德新星电源技术有限公司
深圳市瑞晶实业有限公司
深圳市新能力科技有限公司
深圳市雄韬电源科技股份有限公司
深圳市英可瑞科技开发有限公司
深圳市英威腾电源有限公司
深圳市中电熊猫展盛科技有限公司
深圳市中兴昆腾有限公司
深圳市卓越至高电子有限公司
晟朗（上海）电力电子有限公司
四川省科学城帝威电气有限公司
台达电子企业管理（上海）有限公司
温州华高电气有限公司
武汉永力科技股份有限公司
厦门科华恒盛股份有限公司
厦门蓝溪科技有限公司
厦门市爱维达电子有限公司
易事特集团股份有限公司
浙江矛牌电子科技有限公司
中达电通股份有限公司
中国长城计算机深圳股份有限公司
中科航达科技发展（北京）有限公司
中兴通讯股份有限公司

照明电源、LED 驱动电源（68）

安伏（苏州）电子有限公司
北京通力盛达节能设备股份有限公司
北京伟仕天成科技有限公司
常州诚联电源股份有限公司
常州市创联电源有限公司
常州市武进红光无线电有限公司
潮州市金刚眼电子有限公司
东莞立德电子有限公司
东莞市石龙富华电子有限公司
东莞市友美电源设备有限公司
佛山市哥迪电子有限公司
佛山市汉毅电子技术有限公司
佛山市南海赛威科技技术有限公司
佛山市顺德区扬洋电子有限公司
佛山市众盈电子有限公司
福建联晟捷电子科技有限公司
广东创电科技有限公司
广东和昌电业集团有限公司
广东金华达电子有限公司
广东新昇电业科技股份有限公司
广州广日电气设备有限公司
海湾电子（山东）有限公司
杭州榆阳电子有限公司
合肥华耀电子工业有限公司
河北奥冠电源有限责任公司
华东微电子技术研究所
惠州 TCL 王牌高频电子有限公司
康舒电子（东莞）有限公司杭州分公司
昆山渝科电子科技有限公司
溧阳市华元电源设备厂
茂硕电源科技股份有限公司
宁波赛耐比光电科技股份有限公司
陕西赛雷博瑞新能源科技有限公司
上海豪远电子有限公司
上海稳利达科技股份有限公司
深圳安固电子科技有限公司
深圳可立克科技股份有限公司
深圳麦格米特电气股份有限公司
深圳欧陆通电子有限公司
深圳桑达国际电源科技有限公司
深圳市爱维达新能源科技有限公司
深圳市安托山技术有限公司
深圳市比亚迪锂电池有限公司
深圳市东辰科技有限公司
深圳市航嘉驰源电气股份有限公司
深圳市金威源科技股份有限公司
深圳市巨鼎电子有限公司
深圳市科陆电源技术有限公司
深圳市普德新星电源技术有限公司
深圳市希顺有机硅科技有限公司
深圳市中电熊猫展盛科技有限公司
深圳市卓越至高电子有限公司
晟朗（上海）电力电子有限公司

四川长虹欣锐科技有限公司
苏州东山精密制造股份有限公司
拓哲（广州）电子科技有限公司
无锡东电化兰达电子有限公司
无锡芯朋微电子股份有限公司
无锡新洁能股份有限公司
厦门市爱维达电子有限公司
湘潭市华鑫电子科技有限公司
伊戈尔电气股份有限公司
英飞特电子（杭州）股份有限公司
浙江矛牌电子科技有限公司
浙江宇光照明科技有限公司
中国长城计算机深圳股份有限公司
中山市横栏镇阿瑞斯电子厂
重庆汇韬电气有限公司

模块电源（55）

安伏（苏州）电子有限公司
宝士达网络能源（深圳）有限公司
北京创四方电子股份有限公司
北京航天星瑞电子科技有限公司
北京汇众电源设备厂
北京韶光科技有限公司
北京天创汇智科技有限公司
北京伟仕天成科技有限公司
北京新雷能科技股份有限公司
北京星原丰泰电子技术股份有限公司
北京银星通达科技开发有限责任公司
北京宇翔电子有限公司
常州市武进红光无线电有限公司
广东乐科电力电子有限公司
广州健特电子有限公司
广州金升阳科技有限公司
国充充电科技江苏股份有限公司
杭州奥能电力设备制造有限公司
杭州奥能电源设备股份有限公司
杭州榆阳电子有限公司
航天长峰朝阳电源有限公司
合肥华耀电子工业有限公司
河北汇能欣源电子技术有限公司
华东微电子技术研究所
江苏禾力清能电气有限公司
昆山渝科电子科技有限公司
兰州精新电源设备有限公司
雷诺士（常州）电子有限公司
洛阳隆盛科技有限责任公司
勤发电子股份有限公司
青岛航天半导体研究所有限公司
山东泰开电源有限公司
深圳蓝信电气有限公司
深圳市安托山技术有限公司
深圳市皓文电子有限公司
深圳市核达中远通电源技术有限公司
深圳市科陆电源技术有限公司
深圳市科瑞爱特科技开发有限公司
深圳市普德新星电源技术有限公司
深圳市瑞必达科技有限公司
深圳市卓越至高电子有限公司
石家庄通合电子科技股份有限公司
四川英杰电气股份有限公司
天津市鲲鹏电子有限公司
天水七四九电子有限公司
拓哲（广州）电子科技有限公司
无锡东电化兰达电子有限公司
无锡芯朋微电子股份有限公司
武汉泰可电气股份有限公司
武汉永力科技股份有限公司
西安伟京电子制造有限公司
厦门蓝溪科技有限公司
协丰万佳科技（深圳）有限公司
中科航达科技发展（北京）有限公司
中兴通讯股份有限公司

稳压电源（器）（52）

艾普斯电源（苏州）有限公司
北京大华无线电仪器厂
北京普罗斯托国际电气有限公司
东莞市友美电源设备有限公司
佛山市汉毅电子技术有限公司
佛山市顺德区冠宇达电源有限公司
佛山市新光宏锐电源设备有限公司
佛山市众盈电子有限公司
广州金升阳科技有限公司
国充充电科技江苏股份有限公司
海丰县中联电子厂有限公司
杭州远方仪器有限公司
航天长峰朝阳电源有限公司
合肥通用电子技术研究所
河北汇能欣源电子技术有限公司
鸿宝电气集团股份有限公司
湖南长沙阳环科技实业有限公司
江苏爱克赛电气制造有限公司
空军预警学院电子技术研究所
南昌大学教授电气制造厂
三科电器集团有限公司
山东山大华天科技集团股份有限公司
上海百纳德电子信息有限公司
上海谷登电源设备有限公司
上海豪远电子有限公司
上海厚国电气有限公司
上海华翌电气有限公司
上海诺易电器有限公司

上海潘登新电源有限公司
上海全力电器有限公司
上海稳利达科技股份有限公司
上海稳压器厂
上海熙顺电气有限公司
上海新康电器制造有限公司
上海作永电气有限公司
深圳安固电子科技有限公司
深圳市巨鼎电子有限公司
深圳市南方默顿电子有限公司
深圳市帕瓦科技有限公司
深圳市瑞必达科技有限公司
深圳市商宇电子科技有限公司
时冠电气（上海）有限公司
苏州美恩斯电子科技有限公司
天津市鲲鹏电子有限公司
温州现代集团有限公司
协丰万佳科技（深圳）有限公司
张家港市电源设备厂
浙江特雷斯电子科技有限公司
浙江腾腾电气有限公司
浙江西奥根电气有限公司
浙江正泰电源电器有限公司
珠海科达信电子科技有限公司

EPS 电源（50）

安徽明瑞智能科技股份有限公司
宝士达网络能源（深圳）有限公司
北京动力源科技股份有限公司
北京银星通达科技开发有限责任公司
常州市武进红光无线电有限公司
成都顺通电气有限公司
佛山市柏克新能科技股份有限公司
佛山市宝星科技发展有限公司
佛山市凯拓电源设备有限公司
广东创电科技有限公司
广东寰宇电子科技股份有限公司
广东志成冠军集团有限公司
广州东芝白云菱机电力电子有限公司
广州市昌菱电气有限公司
广州市锦路电气设备有限公司
合肥联信电源有限公司
鸿宝电气集团股份有限公司
湖南科明电源有限公司
济南朗瑞电气有限公司
江苏爱克赛电气制造有限公司
江苏禾力清能电气有限公司
雷诺士（常州）电子有限公司
理士国际技术有限公司
赛尔康技术（深圳）有限公司
三科电器集团有限公司
山东山大华天科技集团股份有限公司
上海百纳德电子信息有限公司
上海华翌电气有限公司
上海雷诺尔科技股份有限公司
上海熙顺电气有限公司
上海阳顿电气制造有限公司
深圳华德电子有限公司
深圳晶福源科技股份有限公司
深圳市捷益达电子有限公司
深圳市南方默顿电子有限公司
深圳市新能力科技有限公司
深圳市英威腾电源有限公司
深圳市正能实业有限公司
四川厚天科技股份有限公司
四川斯维奇电气科技有限公司
天津市华明合兴机电设备有限公司
温州华高电气有限公司
武汉瑞源电力设备有限公司
厦门科华恒盛股份有限公司
易事特集团股份有限公司
浙江特雷斯电子科技有限公司
浙江腾腾电气有限公司
浙江西奥根电气有限公司
重庆汇韬电气有限公司
重庆荣凯川仪仪表有限公司

其它（47）

TÜV 南德意志集团
保定科诺沃机械有限公司
北京机械设备研究所
北京群菱能源科技有限公司
北京索英电气技术有限公司
北京维通利电气有限公司
北京星原丰泰电子技术股份有限公司
北京中大科慧科技发展有限公司
常州市超顺电子技术有限公司
成都金创立科技有限责任公司
大连工大麦尔斯动信息技术研究院有限公司
东莞市天楠光电科技有限公司
佛山市禅城区华南电源创新科技园投资管理有限公司
福建省瑞盛电力科技有限公司
广东大比特资讯广告发展有限公司
广东寰宇电子科技股份有限公司
广州安的电子技术有限公司
广州广日电气设备有限公司
海瑞弗机房设备（北京）有限公司
杭州飞仕得科技有限公司
杭州易泰达科技有限公司
湖南东方万象科技有限公司
美尔森电气保护系统（上海）有限公司
南昌大学教授电气制造厂

宁波中车时代传感技术有限公司
赛尔康技术（深圳）有限公司
山东新风光电子科技发展有限公司
上海超群无损检测设备有限责任公司
上海科梁信息工程有限公司
深圳市安科讯实业有限公司
深圳市倍通检测股份有限公司
深圳市迪比科电子科技有限公司
深圳市金威源科技股份有限公司
深圳市三和电力科技有限公司
深圳市盛弘电气有限公司
深圳市兴龙辉科技有限公司
深圳欣锐科技股份有限公司
四川斯维奇电气科技有限公司
四川依米康环境科技股份有限公司
苏州康开电气有限公司
太仓电威光电有限公司
温州大学
温州现代集团有限公司
武汉泰可电气股份有限公司
浙江创力电子股份有限公司
中国科学院等离子体物理研究所
中国科学院近代物理研究所

特种电源（42）

北京创四方电子股份有限公司
北京航天星瑞电子科技有限公司
北京航星力源科技有限公司
北京恒电电源设备有限公司
北京京仪椿树整流器有限责任公司
北京伟仕天成科技有限公司
潮州市金刚眼电子有限公司
成都金创立科技有限责任公司
东莞市友美电源设备有限公司
佛山市顺德区冠宇达电源有限公司
广东创电科技有限公司
广东顺德三扬科技股份有限公司
广州金升阳科技有限公司
广州市力索能电子有限公司
广州市先锋电镀设备制造有限公司
贵州航天林泉电机有限公司
杭州飞仕得科技有限公司
杭州远方仪器有限公司
航天长峰朝阳电源有限公司
合肥华耀电子工业有限公司
合肥科威尔电源系统有限公司
河北汇能欣源电子技术有限公司
兰州精新电源设备有限公司
溧阳市华元电源设备厂
山东镭之源激光科技股份有限公司
山东新风光电子科技发展有限公司
深圳华德电子有限公司
四川省科学城帝威电气有限公司
四川英杰电气股份有限公司
苏州市申浦电源设备厂
苏州台智源电子有限公司
天津市九荣鑫电源技术有限公司
天津市蓝丝莱电子科技有限公司
武汉泰可电气股份有限公司
武汉新瑞科电气技术有限公司
武汉永力科技股份有限公司
西安爱科赛博电气股份有限公司
西安伟京电子制造有限公司
许继电源有限公司
伊戈尔电气股份有限公司
浙江矛牌电子科技有限公司
中科航达科技发展（北京）有限公司

变频电源（器）（36）

艾普斯电源（苏州）有限公司
北京大华无线电仪器厂
北京动力源科技股份有限公司
北京航天星瑞电子科技有限公司
北京京仪椿树整流器有限责任公司
广州东芝白云菱机电力电子有限公司
杭州远方仪器有限公司
合肥科威尔电源系统有限公司
济南朗瑞电气有限公司
江门市安利电源工程有限公司
空军预警学院电子技术研究所
能科节能技术股份有限公司
勤发电子股份有限公司
青岛威控电气有限公司
山东新风光电子科技发展有限公司
上海谷登电源设备有限公司
上海厚国电气有限公司
上海雷诺尔科技股份有限公司
上海诺易电器有限公司
上海稳压器厂
深圳麦格米特电气股份有限公司
深圳市汇川技术股份有限公司
深圳市库马克新技术股份有限公司
深圳市帕瓦科技有限公司
深圳市西格玛泰变压器有限公司
四川长虹欣锐科技有限公司
苏州美恩斯电子科技有限公司
苏州台智源电子有限公司
台达电子企业管理（上海）有限公司
天津市九荣鑫电源技术有限公司
天津市鲲鹏电子有限公司
西安爱科赛博电气股份有限公司
张家港市电源设备厂

浙江海利普电子科技有限公司
中达电通股份有限公司
珠海泰坦科技股份有限公司

直流屏、电力操作电源（34）

安徽明瑞智能科技股份有限公司
北京新雷能科技股份有限公司
成都顺通电气有限公司
福建省瑞盛电力科技有限公司
广州科欣仪器有限公司
哈尔滨光宇集团股份有限公司
杭州奥能电力设备制造有限公司
杭州奥能电源设备股份有限公司
杭州中恒电气股份有限公司
合肥联信电源有限公司
湖南丰日电源电气股份有限公司
湖南科明电源有限公司
美尔森电气保护系统（上海）有限公司
勤发电子股份有限公司
山东泰开电源有限公司
上海雷诺尔科技股份有限公司
上海阳顿电气制造有限公司
深圳奥特迅电力设备股份有限公司
深圳蓝信电气有限公司
深圳市皓文电子有限公司
深圳市科陆电源技术有限公司
深圳市新能力科技有限公司
深圳市英可瑞科技开发有限公司
深圳市正能实业有限公司
石家庄通合电子科技股份有限公司
四川省科学城帝威电气有限公司
温州华高电气有限公司
武汉瑞源电力设备有限公司
厦门蓝溪科技有限公司
厦门兴厦控恒昌自动化有限公司
许继电源有限公司
重庆荣凯川仪仪表有限公司
珠海金电电源工业有限公司
珠海泰坦科技股份有限公司

蓄电池（34）

保定科诺沃机械有限公司
北京纽绅埔科技有限公司
北京群菱能源科技有限公司
北京银星通达科技开发有限责任公司
佛山市柏克新能科技股份有限公司
佛山市宝星科技发展有限公司
佛山市力迅电子有限公司
佛山市新光宏锐电源设备有限公司
福州福光电子有限公司
广东乐科电力电子有限公司
广东志成冠军集团有限公司
广州市昌菱电气有限公司
广州市锦路电气设备有限公司
广州市维能达软件科技有限公司
广州市昱诚电子技术有限公司
哈尔滨光宇集团股份有限公司
海瑞弗机房设备（北京）有限公司
河北奥冠电源有限责任公司
鸿宝电气集团股份有限公司
湖南丰日电源电气股份有限公司
湖南科明电源有限公司
理士国际技术有限公司
全天自动化能源科技（东莞）有限公司
山东圣阳电源股份有限公司
上海百纳德电子信息有限公司
上海阳顿电气制造有限公司
深圳科士达科技股份有限公司
深圳市南方默顿电子有限公司
深圳市商宇电子科技有限公司
深圳市雄韬电源科技股份有限公司
威海文隆电池有限公司
先控捷联电源设备有限公司
珠海山特电子有限公司
珠海泰坦科技股份有限公司

电子变压器（33）

北京创四方电子股份有限公司
东莞华兴电器有限公司
东莞立德电子有限公司
佛山市哥迪电子有限公司
佛山市顺德区扬洋电子有限公司
佛山市新光宏锐电源设备有限公司
广东新昇电业科技股份有限公司
合肥博微田村电气有限公司
河北远大电子有限公司
临沂昱通新能源科技有限公司
宁夏银利电气股份有限公司
青岛晶鑫伟业高磁材料科技有限公司
青岛云路新能源科技有限公司
上海豪远电子有限公司
上海厚国电气有限公司
上海全力电器有限公司
上海泰可金属制品有限公司
上海稳压器厂
上海熙顺电气有限公司
上海新康电器制造有限公司
上海作永电气有限公司
深圳市港特科技有限公司
深圳市金顺怡电子有限公司
深圳市京泉华科技股份有限公司
深圳市帕瓦科技有限公司
时冠电气（上海）有限公司

苏州康开电气有限公司
天津市鲲鹏电子有限公司
武汉新瑞科电气技术有限公司
浙江西奥根电气有限公司
浙江正泰电源电器有限公司
中山市横栏镇阿瑞斯电子厂
专顺电机（惠州）有限公司

功率器件（24）

安泰科技股份有限公司非晶金属事业部
北京京仪椿树整流器有限责任公司
北京落木源电子技术有限公司
北京韶光科技有限公司
北京宇翔电子有限公司
常州东华电力电子有限公司
常州瑞华电力电子器件有限公司
广州华工科技开发有限公司
桂林斯壮微电子有限责任公司
南京时恒电子科技有限公司
青岛航天半导体研究所有限公司
汕头华汕电子器件有限公司
上海吉电电子技术有限公司
深圳辰达行电子有限公司
深圳青铜剑科技股份有限公司
深圳市飞尼奥科技有限公司
深圳市汇川技术股份有限公司
深圳市鹏源电子有限公司
深圳市实润科技有限公司
深圳市粤嘉鸿电子有限公司
苏州能讯高能半导体有限公司
无锡新洁能股份有限公司
武汉新瑞科电气技术有限公司
西安龙腾新能源科技发展有限公司

电抗器（20）

安泰科技股份有限公司非晶金属事业部
北京创四方电子股份有限公司
北京英博电气股份有限公司
宁夏银利电气股份有限公司
青岛晶鑫伟业高磁材料科技有限公司
青岛云路新能源科技有限公司
上海豪远电子有限公司
上海稳利达科技股份有限公司
上海鹰峰电子科技有限公司
深圳市铂科磁材有限公司
深圳市金顺怡电子有限公司
深圳市京泉华科技股份有限公司
深圳市三和电力科技有限公司
深圳市西格玛泰变压器有限公司
苏州康开电气有限公司
田村（中国）企业管理有限公司
温州现代集团有限公司
伊戈尔电气股份有限公司
浙江东睦科达磁电有限公司
专顺电机（惠州）有限公司

电焊机、充电机、电镀电源（19）

保定科诺沃机械有限公司
北京韶光科技有限公司
广东顺德三扬科技股份有限公司
广州市先锋电镀设备制造有限公司
国充充电科技江苏股份有限公司
海丰县中联电子厂有限公司
杭州奥能电力设备制造有限公司
杭州奥能电源设备股份有限公司
兰州精新电源设备有限公司
溧阳市华元电源设备厂
南昌大学教授电气制造厂
任丘市先导科技电子有限公司
上海全力电器有限公司
深圳华意隆电气股份有限公司
深圳市盛弘电气有限公司
深圳市中电熊猫展盛科技有限公司
石家庄通合电子科技股份有限公司
四川英杰电气股份有限公司
苏州市申浦电源设备厂

电源配套设备（自动化设备、SMT 设备、绕线）（18）

北京英博电气股份有限公司
东莞宏强电子有限公司
东莞市锐源仪器股份有限公司
佛山市南海区平洲广日电子机械有限公司
广东和昌电业集团有限公司
广州市维能达软件科技有限公司
海瑞弗机房设备（北京）有限公司
华东微电子技术研究所
能科节能技术股份有限公司
任丘市先导科技电子有限公司
陕西长岭光伏电气有限公司
深圳市汇川技术股份有限公司
深圳市鹏源电子有限公司
深圳市中科源电子有限公司
四川英杰电气股份有限公司
苏州台智源电子有限公司
唐山尚新融大电子产品有限公司
天津市华明合兴机电设备有限公司

半导体集成电路（17）

昂宝电子（上海）有限公司
北京落木源电子技术有限公司
北京宇翔电子有限公司
佛山市南海赛威科技技术有限公司
桂林斯壮微电子有限责任公司
青岛航天半导体研究所有限公司
上海吉电电子技术有限公司

深圳青铜剑科技股份有限公司
深圳市飞尼奥科技有限公司
深圳市坚力坚实业有限公司
深圳市锐能微科技有限公司
深圳市实润科技有限公司
深圳市粤嘉鸿电子有限公司
无锡芯朋微电子股份有限公司
无锡新洁能股份有限公司
西安龙腾新能源科技发展有限公司
英飞凌科技（中国）有限公司

电源测试设备（16）

艾普斯电源（苏州）有限公司
安徽明瑞智能科技股份有限公司
北京博电新力电气股份有限公司
北京大华无线电仪器厂
北京泛华恒兴科技有限公司
北京群菱能源科技有限公司
东莞市锐源仪器股份有限公司
杭州飞仕得科技有限公司
杭州远方仪器有限公司
派沃力德（北京）电子科技有限公司
全天自动化能源科技（东莞）有限公司
陕西长岭光伏电气有限公司
陕西柯蓝电子有限公司
深圳市中科源电子有限公司
西安爱科赛博电气股份有限公司
西安龙腾新能源科技发展有限公司

电容器（16）

东莞宏强电子有限公司
广东丰明电子科技有限公司
广东意壳电子科技有限公司
广州华工科技开发有限公司
南通新三能电子有限公司
上海吉电电子技术有限公司
上海赛特康新能源科技有限公司
上海鹰峰电子科技有限公司
深圳市创容新能源有限公司
深圳市三和电力科技有限公司
深圳市实润科技有限公司
深圳市智胜新电子技术有限公司
厦门埃尔华进出口有限公司
扬州凯普电子有限公司
亿曼丰科技（深圳）有限公司
中山市万科电子有限公司

磁性元件/材料（15）

安徽首文高新材料有限公司
安泰科技股份有限公司非晶金属事业部
临沂昱通新能源科技有限公司
青岛晶鑫伟业高磁材料科技有限公司
青岛云路新能源科技有限公司
上海灼日精细化工有限公司
深圳市铂科磁材有限公司
深圳市威日科技有限公司
唐山尚新融大电子产品有限公司
天长市中德电子有限公司
田村（中国）企业管理有限公司
拓哲（广州）电子科技有限公司
武汉中磁浩源科技有限公司
越峰电子（昆山）有限公司
浙江东睦科达磁电有限公司

PC、服务器电源（13）

东莞市金河田实业有限公司
广东乐科电力电子有限公司
海湾电子（山东）有限公司
康舒电子（东莞）有限公司杭州分公司
深圳可立克科技股份有限公司
深圳欧陆通电子有限公司
深圳市东辰科技有限公司
深圳市航嘉驰源电气股份有限公司
深圳市中电熊猫展盛科技有限公司
四川斯维奇电气科技有限公司
协丰万佳科技（深圳）有限公司
浙江省海宁市海整整流器有限公司
中国长城计算机深圳股份有限公司

滤波器（12）

安泰科技股份有限公司非晶金属事业部
北京英博电气股份有限公司
佛山市顺德区扬洋电子有限公司
江苏坚力电子科技股份有限公司
青岛云路新能源科技有限公司
山东山大华天科技集团股份有限公司
上海鹰峰电子科技有限公司
深圳市盛弘电气有限公司
四川厚天科技股份有限公司
唐山尚新融大电子产品有限公司
温州现代集团有限公司
西安爱科赛博电气股份有限公司

电感器（8）

合肥博微田村电气有限公司
临沂昱通新能源科技有限公司
宁夏银利电气股份有限公司
深圳市铂科磁材有限公司
唐山尚新融大电子产品有限公司
田村（中国）企业管理有限公司
武汉新瑞科电气技术有限公司
浙江东睦科达磁电有限公司

电阻器（7）

广东省佛山科星电子有限公司
南京时恒电子科技有限公司
上海鹰峰电子科技有限公司

深圳市金元电子技术有限公司
深圳市颖发电子有限公司
苏州市电通电力电子有限公司
苏州市申浦电源设备厂

机壳、机柜（4）

广州汉铭通信科技有限公司
陕西长岭光伏电气有限公司
深圳市商宇电子科技有限公司
先控捷联电源设备有限公司

胶（3）

广州市白云化工实业有限公司
上海灼日精细化工有限公司
深圳市蓝禾照明有限公司

绝缘材料（3）

广东和昌电业集团有限公司
广州市宝力达电气材料有限公司
上海灼日精细化工有限公司

风扇、风机等散热设备（2）

杭州祥博电气有限公司
天津市津铝工贸有限公司

第十篇　电源新产品

2015年新上市的电源产品目录

不间断电源(UPS)
新能源电源(光伏逆变器、风电变流器等)
充电站/充电桩/充电模块
照明(LED驱动)电源
交/直流稳压电源
IT及消费电子电源
模块电源
其它电源产品
变压器/电抗器
电源IC及功率半导体
其它配套产品

电源新产品介绍

S24SP系列60W高功率密度DCDC模块电源
(台达电子企业管理(上海)有限公司)
核电厂1E级K3类UPS设备FR-UK31HD系列
(厦门科华恒盛股份有限公司)
一体化直流充电桩
(广东志成冠军集团有限公司)
EA660系列模块化UPS
(易事特集团股份有限公司)
新能源电动汽车充电桩
(安泰科技股份有限公司)
光伏逆变器
(北京动力源科技股份有限公司)
医疗电源UES90
(东莞市石龙富华电子有限公司)
IDC数据中心制冷系统应急供电解决方案-BK-KT系列空调电源
(佛山市柏克新能科技股份有限公司)
ST33 60-80K高频在线式不间断大功率电源
(佛山市新光宏锐电源设备有限公司)
新型组合式三相防水控制变压器
(广东新昇电业科技股份有限公司)
3-50W第三代(R3)宽压DC/DC电源模块
(广州金升阳科技有限公司)
DC-DC模块全砖800W-EFBS800系列
(合肥华耀电子工业有限公司)
SJW微电脑无触点补偿式电力稳压器
(鸿宝电气集团股份有限公司)
睿动系列智能LED驱动电源
(茂硕电源科技股份有限公司)
SPH系列电源
(宁波赛耐比光电有限公司)
科士达YDC3300系列中小功率UPS
(深圳科士达科技股份有限公司)
RM系列50-400kVA模块化UPS
(深圳市英威腾电源有限公司)
高集成QR-PSR AC-DC芯片——PN836X系列
(无锡芯朋微电子股份有限公司)
一体化新能源充电站
(先控捷联电气股份有限公司)
EQ型磁芯
(浙江东睦科达磁电有限公司)
EKM系列模块化UPS
(江苏爱克赛电气制造有限公司)
PAS系列线性功率放大器
(上海科梁信息工程股份有限公司)

2015年新上市的电源产品目录

产品名称或规格型号	上市时间	公司名称	主要参数及认证标准	产品图片
不间断电源(UPS)				
三相储能变流器 BCS500K-A	2015年12月	厦门科华恒盛股份有限公司	最大输入功率565kW 额定功率500kW 并网最大转换效率97.0%	
FR-UK31HD系列	2015年11月	厦门科华恒盛股份有限公司	额定输入电压：AC380V 额定直流输入电压：DC110/220V 额定输入频率：50/60Hz 额定输出电压：AC220V 额定输出频率：50/60Hz 转换效率：高达90%	
单相储能变流器 SPH3600-B	2015年12月	厦门科华恒盛股份有限公司	最大输入功率4kW 额定功率3.6kW 并网最大转换效率96.5%	
KR系列智能化高密度在线式UPS 1000~3000VA	2015年9月	厦门科华恒盛股份有限公司	输入功率因数>0.99(满载) 输出功率因数0.9(默认)，1.0(选配) 整机效率 最高可达95%	
KR33系列300~600kVA	2015年10月	厦门科华恒盛股份有限公司	额定电压：AC380/400/415V(L-L) 额定频率：50/60Hz 输出电压：AC380V±1%(400±1%、415±1%可选) 输出频率：市电正常，自动同步跟踪；市电异常，本机50Hz ±0.5% 转换效率：高达96% 输出功率因数：0.9输出THD<1%(线性负载)过载能力：125%负载时维持10min，150%负载时维持10s	

（续）

产品名称或规格型号	上市时间	公司名称	主要参数及认证标准	产品图片
FR-UK33-12P 系列 500～600kVA	2015 年 10 月	厦门科华恒盛股份有限公司	额定电压：380/400/415（L-L） 额定频率：50/60Hz 输出特性：市电正常，自动同步跟踪；市电异常，本机 50Hz（60Hz）±0.5% 转换效率：高达 94% 输出功率因数：0.9 输出 THD＜2%（线性负载）过载能力：125% 负载时维持 10min；150% 负载时维持 1min 认证标准：YD/T 1095-2008	
500K 模块化 UPS	2015 年 1 月	易事特集团股份有限公司	输入电压可变范围：AC138～485V 输入频率变化范围：40～70Hz 输入功率因数：≈1 输出电压稳压精度 ±1% 输出功因数：0.9 以上 转换效率：最高可达 96% 其它主要参数：功率密度高，满载输出功率 450kW；通信接口：RS485，干接点，SNMP；最高系统效率 96%；最大并机 4 台；自老化功能；智能休眠功能 认证标准：泰尔认证、CQC 认证、CE 认证、抗震认证	
EA-EPSD-（1-10）kVA 系列单相工业应急电源	2015 年 10 月	易事特集团股份有限公司	输入相数：单相三线（单相 L＋N＋PE）； 输入电压范围：AC220V＋15%、－25% 输出相数：单相三线（单相 L＋N＋PE）； 输出范围：应急模式电压 AC220V ±3%，频率 50Hz ±0.5% 逆变器效率＞91% 其它主要参数：体积小，功率密度大，120% 过载可长期正常运行；通信接口：RS485，干接点；短路保护、过载保护、过温保护、电池欠电压保护、输出过欠电压保护、风扇故障保护等 认证标准：满足消防应急照明和疏散指示系统 GB 17945—2010 标准	
多制式模块化 EPS 应急电源	2015 年 6 月	广东志成冠军集团有限公司	输入特性：AC380V ±10% 输出特性：AC220/380V ±2% 转换效率：≥92% 输入频率 50Hz ±5% 市电供电转应急供电切换时间≤10ms 输出波形为标准正弦波 正弦波失真度≤3% 认证标准：GB 17945—2010	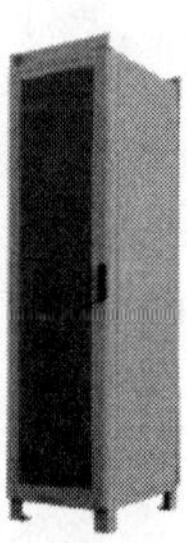

（续）

产品名称或规格型号	上市时间	公司名称	主要参数及认证标准	产品图片
科士达 YDC3300 系列中小功率 UPS	2015 年 1 月	深圳科士达科技股份有限公司	输入电压范围：AC208～478 输入功因：≥0.99 输出电压：AC380/400/415V ±1% 输出功因：0.9 尺寸（W×D×H）mm：250×828×868	
RM 系列 10～90kVA 机架式模块化 UPS	2015 年 5 月	深圳市英威腾电源有限公司	输入特性：AC380/400/415V，3 相+N 线+PE，50/60Hz，PF＞0.99，THDi＜4% 输出特性：380V/400V/415V，50/60Hz，动态响应恢复时间＜20ms（0%-100%-0% 阶跃负载），切换时间 0ms 转换效率：96% 功率范围：10～90kVA 支持功率模块：10kVA/15kVA/20kVA 认证标准：YD/T 2165-2010	
RM 系列 40～500kVA 模块化 UPS	2015 年 10 月	深圳市英威腾电源有限公司	输入特性：AC380/400/415V，3 相+N 线+PE，50/60Hz，PF＞0.99，THDi＜3% 输出特性：380V/400V/415V，50/60Hz，动态响应恢复时间＜20ms（0%-100%-0% 阶跃负载），切换时间 0ms 转换效率：96% 功率范围：40～500kVA，支持功率模块：40kVA/50kVA 认证标准：YD/T 2165-2010	
HT33 系列 10～40kVA 塔式 UPS	2015 年 4 月	深圳市英威腾电源有限公司	输入特性：AC380/400/415V，3 相+N 线+PE，50/60Hz，PF＞0.99，THDi＜3% 输出特性：380V/400V/415V，50/60Hz，频率精度±0.01%，电压精度±1.0%，频率跟踪范围 50/60Hz±3Hz，（可设置±0.5～5Hz） 转换效率：96% 功率范围：10～40kVA 认证标准：YD/T 1095-2008	
HT33 系列 60～500kVA 塔式 UPS	2015 年 6 月	深圳市英威腾电源有限公司	输入特性：AC380/400/415V，3 相+N 线+PE，50/60Hz，PF＞0.99，THDi＜3% 输出特性：380V/400V/415V，50/60Hz，频率精度±0.01%，电压精度±1.0%，频率跟踪范围 50/60Hz±3Hz，（可设置±0.5～5Hz） 转换效率：96% 功率范围：60～500kVA 认证标准：YD/T 1095-2008	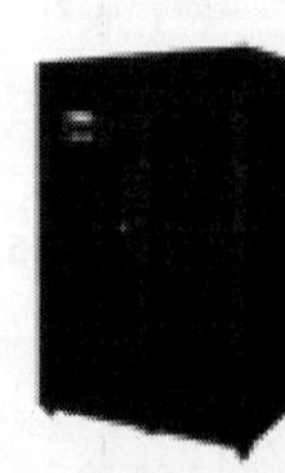

（续）

产品名称或规格型号	上市时间	公司名称	主要参数及认证标准	产品图片
ST33 60～80kVA	2016年8月	佛山市新光宏锐电源设备有限公司	输入特性：AC额定380V，输入PF≥0.99；输入频率范围：40～70Hz；输入电压范围AC207～475V 输出特性：输出电压及精度：AC380V±1%；线性负载THDV≤3%；非线性负载≤5%；输出PF=0.8 转换效率：INV≥93% ECO≥97% 电池市电及旁路INV转换时间0ms；125%过载10min 认证标准：GB4943-2001/EN62040-1 泰尔、CQC	
KT系列机房空调电源	2015年9月	佛山市柏克新能科技股份有限公司	输入特性：380V+25%；50Hz+10%；三相五线制 输出特性：电压；380V+3%，频率；50Hz+0.5% 转换效率：电网供电时>99%，逆变供电时>94% 其它主要参数：空调电源长期处于旁路后备工作模式，灵活的切换时间2～250mS设置，可适应多样化的应用场合 执行标准：GB7260.1 GB7260.2 GB7260.3	
节能型UPS	2015年8月	佛山市柏克新能科技股份有限公司	输入特性：输入功率因数0.99；输入电流谐波失真度小于3% 输出特性：输出电压波形失真度线性负载小于1%，非线性负载小于3% 转换效率：效率高、绿色节能，25%负载效率95%，50%负载效率97%，75%负载效率98.1%，100%负载效率97% 执行标准：GB7260.1 GB7260.2 GB7260.3	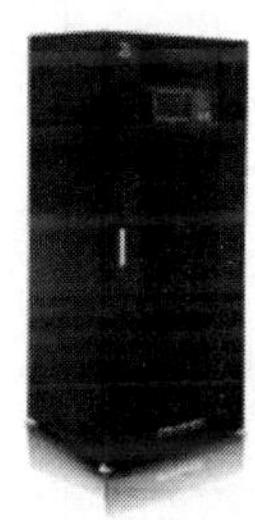
HTT系列高频一体机	2015年10月	佛山市柏克新能科技股份有限公司	输入特性：线电压304～478V可带额定负载；200～303V线性降额；频率范围35～70Hz；电流谐波<4%；功率因素0.99；旁路电压；AC380V±10%/20%可选 输出特性：电压：三相380V或单相220V可调；频率：50±0.01Hz；功率因素：1；100%负载电压波形失真：线性负载≤2%，非线性负载≤3%；三相电压不平衡度：平衡负载≤0.1%，带不平衡负载≤1%；动态电压瞬变范围：≤3%；瞬变响应恢复时间：0ms；整机效率：满载>95%；过载能力：125%负载：10min、150负载：1min；整机效率>94% 其它主要参数：蓄电池每组30～50节偶数可调 数字化无主从冗余控制技术，可4并联 执行标准：GB7260.1、GB 7260.2、GB 7260.3	

（续）

产品名称或规格型号	上市时间	公司名称	主要参数及认证标准	产品图片
隧道/海岛/船用/SD2-40kVA	2015年3月	雷诺士(常州)电子有限公司	输入电压范围：AC220/380V(±25%) 输出电压：AC220V(±1%) 整机效率：>88% 功率容量：单进单出(2~20K)，三进单出(10~40K) 认证标准：1. YD/T1095-2008 2. GB4208-2008(外壳防护等级IP代码)	
工频三进三出触摸大屏/10~600kVA	2015年4月	雷诺士(常州)电子有限公司	输入电压范围：AC380V(±25%) 输出电压：AC380V(±1%) 整机效率：>91% 功率容量：三进三出(10~600K) 认证标准：1. YD/T1095-2008 2. CQC31-461234-2009	
应急电源EPS	2015年	合肥联信电源公司	输入特性：AC380V±15% 输出特性：AC380V±3% 转换效率：不低于90% 应急时间90min，切换时间≤0.25S 认证标准：GB 17945—2010、GB 16806—2006	
EKM系列模块化UPS	2015年10月	江苏爱克赛电气制造有限公司	输入特性：AC(204~520)V(三相四线+接地) 输出特性：AC380V±1%或AC220V±1%三相四线输出 转换效率：≥96% 输入功率因数>0.99 电流谐波<3% 输出功率因数1.0 中华人民共和国通信行业标准YD/T 1095-2008	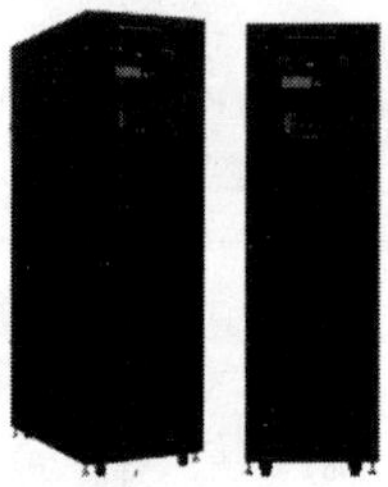
HP系列高频智能化UPS/10-100K	2015年5月	深圳市商宇电子科技有限公司	输入电压范围：AC210~475V三相四线+G；旁路范围：380V(-20%~15%)；频率50Hz/60Hz自适应；输入功率因数：>0.99 输出电压精度：AC380V(1±2%)；输出功率因数0.9；电流峰值系数3:1；支持三相100%不平衡；可设定AC400V/AC415V输出 转换效率：ECO模式：98.5% 逆变模式94.5% 其它主要参数：整机采用功率模块化设计；支持6台并机共用电池组，自动调试风机设计 认证标准：IEC62040-2；TLC	

（续）

产品名称或规格型号	上市时间	公司名称	主要参数及认证标准	产品图片
新能源电源（光伏逆变器、风电变流器等）				
SG40KTL-M	2015年4月	阳光电源股份有限公司	最大输入功率：45000W 最大输入电压：1000V 额定输出功率：40000W 最大输出功率（PF=1）：44000W 最大效率：99.00% 认证标准：TUV，GB，金太阳、中国效率	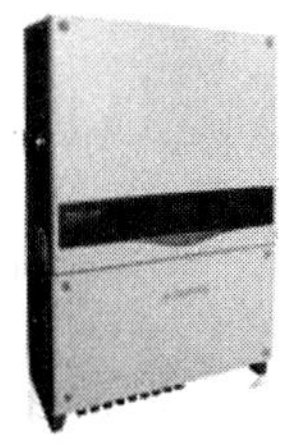
SG60KTL-M	2015年4月	阳光电源股份有限公司	最大输入功率：67500W 最大输入电压：1000V 额定输出功率：60000W 最大输出功率（PF=1）：66000W 最大效率：98.90% 认证标准：TUV，GB，金太阳、中国效率BDEW	
SG500MX 睿版	2015年4月	阳光电源股份有限公司	最大直流功率（$\cos\phi=1$ 时）：560kW 最大输入电压：1000V 额定输出功率：500kW 最大交流输出功率：550kVA 最大效率：99%	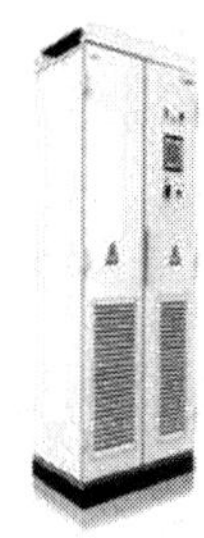
SG1000HV	2015年4月	阳光电源股份有限公司	最大输入电压：1500V 最大输入电流：1435A 最大输入电压：1500V 最大输入电流：1435A 最大效率：98.70% 认证标准：UV，金太阳，BDEW	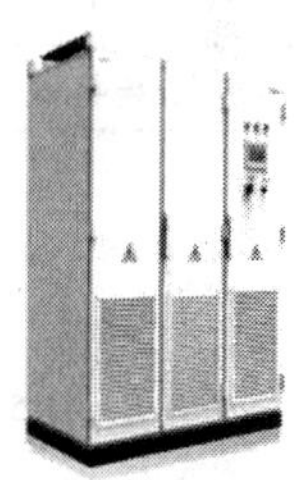
集中式光伏并网逆变器 EA500KTM	2015年10月	易事特集团股份有限公司	输入特性：宽直流输入范围，最高可达1000V 输出特性：自适应控制技术，适应各种恶劣电网环境发电。最大输出功率达550kW 最高效率98.7%，先进的MPPT技术，MPPT效率>99.9% 其它主要参数：IGBT并联数量少，可靠性、稳定性高；支持有功、无功电网调度和夜间AVG功能，具备无功补偿功能；多种通信接口 认证标准：符合多项国际安全及并网标准（TUV\ CQC等）。获得低电压（零电压）穿越认证（LVRT）	

（续）

产品名称或规格型号	上市时间	公司名称	主要参数及认证标准	产品图片
高效组串式光伏并网逆变器	2015年10月	易事特集团股份有限公司	最大输入直流电压：DC1000V；MPPT范围：DC250～900V 额定输出功率，EA33KTLSI：33kW，EA40KTLSI：36kW 中国效率98.7%，欧洲效率98.5%；MPPT效率>99.9% 其它主要参数：三路独立MPPT 支持有功、无功电网调度和夜间AVG功能，具备无功补偿功能；多种通信接口 认证标准：符合多项国际安全及并网标准，通过CE、TüV、CQC等权威认证	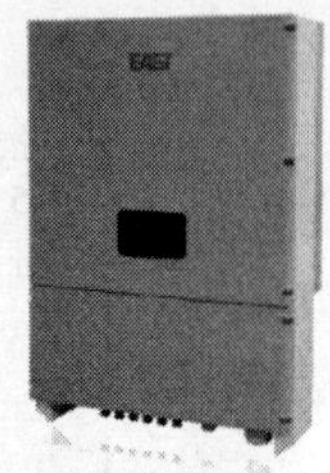
光伏逆变器GPD500k	2015年10月	北京动力源科技股份有限公司	直流电压输入范围：DC450～1000V 额定输出电压：AC270/315V MPPT效率≥99.5% 转换效率≥98.6% MPPT电压范围：DC450～820V 认证标准：EN-62109-1：2010 EN-62109-2：2011 EN-61000-6-2：2005 EN-61000-6-4：2011 NB/T 32004-2013	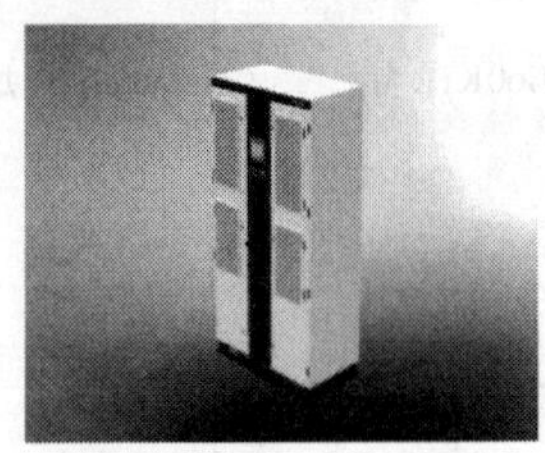
PV20KM3TL系列并网逆变器	2015年7月	全天自动化能源科技（东莞）有限公司	输入特性：200～1000V 输出特性：230V/50Hz 转换效率：最大98.20% 认证标准：CQC/G59/CB/印度	
充电站/充电桩/充电模块				
一体化直流充电桩	2015年10月	广东志成冠军集团有限公司	输入特性：三相五线制，AC380V 输出特性：200～750V 转换效率：≥94% 输入谐波畸变率≤5% 输出电流范围≤250A 认证标准：GB/T20234.1-2015 GB/T 20234.3-2015	
电动汽车用充电桩	2015年12月	安泰科技股份有限公司	交流充电桩：输入电压AC 220V±15% 输入频率50±1Hz 额定输出电压AC 220V 额定输出电流45A 直流充电桩：输入电压AC 380V±15% 输入频率50±1Hz 额定输出功率30kW/45kW，60kW/90kW 输出电压范围DC200～500V/DC200～750V 输出电流范围2～60A/2～90A（DC500V）2～40A/2～60A（DC750V）	

（续）

产品名称或规格型号	上市时间	公司名称	主要参数及认证标准	产品图片
充电器	2015年11月	深圳可立克科技股份有限公司	输入特性：AC90～264V 47～63Hz 输出特性：5路DC输出4.7～30V 转换效率：>82% 认证标准：UL1839 \ UL2743 \ UL1310	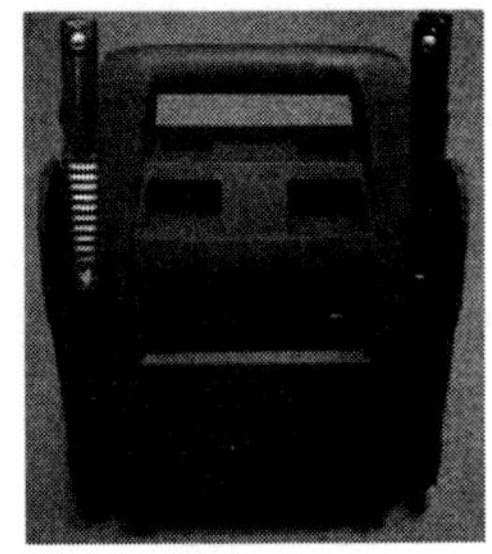
壁挂交流充电桩 ANAC-1-220V/32A-1	2015年10月	杭州奥能电源设备股份有限公司	输入特性：壁挂交流充电桩 ANAC-1-220V/32A-1 输出特性：AC220V 7kW 5寸液晶屏+键盘 认证标准：国标	
立式交流充电桩 ANAC-5-220V/32A-1	2015年10月	杭州奥能电源设备股份有限公司	输入特性：AC220V ±10% 单相 50Hz ±2% 输出特性：AC220V 7kW 5寸液晶屏+键盘 认证标准：国标	
流媒体交流充电桩 ANAC-2-220V/3	2015年10月	杭州奥能电源设备股份有限公司	输入特性：AC220V ±10% 单相 50Hz ±2% 输出特性：AC220V 7kW 5寸液晶屏+键盘 认证标准：国标	
流媒体直流充电桩 ANDC4-500V/60A-1	2015年1月	杭州奥能电源设备股份有限公司	输入特性：AC380V ±15%三相 45～55Hz 输出特性：30kW 7寸彩色触摸屏+19寸流媒体广告屏 认证标准：国标	

（续）

产品名称或规格型号	上市时间	公司名称	主要参数及认证标准	产品图片
电动汽车充电桩	2015年6月	山东泰开电源有限公司	输入特性：AC 380V ± 20% AC 220V ± 20% 输出特性：交流输出 10/16/32/63A 直流输出 DC200 ~ 500V DC300 ~ 750V 转换效率：交流桩≥98% 直流桩≥95# 认证标准：GB/T18487.1-2015 NB/T 33008.2 NB/T 33002 Q/GDW 1485	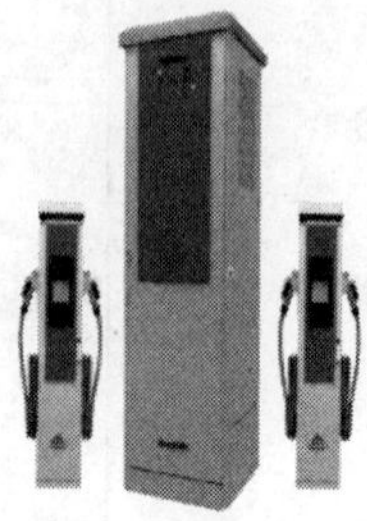
直流充电桩（ZHD-CP70060、ZHDCP700120）	2015年9月	杭州中恒电气股份有限公司	输入特性：交流输入 输出特性：直流输出 转换效率：效率≥95% 功率因数≥0.99 工作频率：50 ± 10% 待机功耗 < 30W 认证标准：NB/T33008.1、GB/T18487、GB/T20234、GB/T17626	
交流充电桩（ZHACP22032/ZHACP22016、ZHACP38063）	2015年9月	杭州中恒电气股份有限公司	输入特性：交流输入 输出特性：交流输出 工作频率：50 ± 2% 待机功耗 < 10W 漏电保护≤30mA 防雷击 C 级 认证标准：NB/T33008.2、GB/T18487、GB/T20234、GB/T 17626	
交流充电机	2015年10月	深圳市盛弘电气股份有限公司	输入特性：220V ± 20% 交流电输入 输出特性：7kW；14kW 转换效率：100% 认证标准：NB330081.1 认证	
EVDS 系列移动式、便携式直流充电桩	2015年1月	先控捷联电气股份有限公司	输入谐波电流分量：< 3% 输入频率：50/60Hz 输出电压：DC200V ~ DC500V/DC350V ~ DC750V 输出电压误差：≤0.5% 单枪输出、双枪输出、四枪输出 整机效率高达 95% 功率因数大于 0.99 稳压精度：≤0.5% 稳流精度：≤1% 防护等级：IP55 CQC 中国质量认证、中检南方认证、TUV 欧盟能效认证	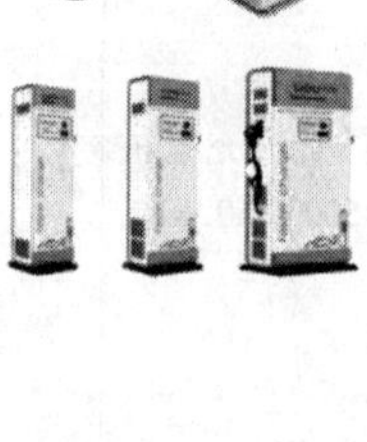

（续）

产品名称或规格型号	上市时间	公司名称	主要参数及认证标准	产品图片
EVsmart 交流充电桩	2015 年 1 月	先控捷联电气股份有限公司	输入电压范围（V/AC）：220 ±15% 或 380 ±15%；输出电流：16A、32A、63A；整机效率高达95% 功率因数大于0.99 稳压精度：0.5% 稳流精度：≤1% 防护等级：IP55 CQC 中国质量认证、中检南方认证、TUV 欧盟能效认证	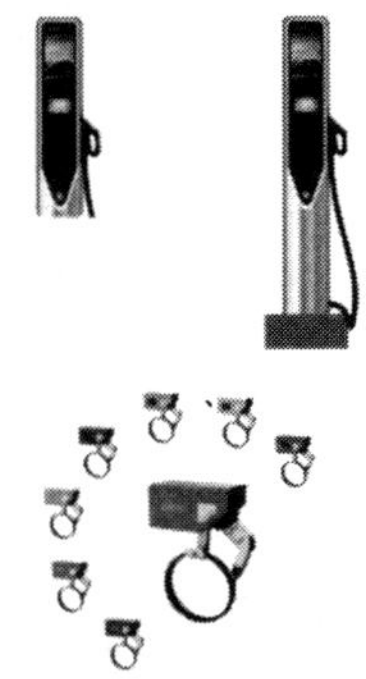
EVTS 系列分体式充电系统	2015 年 1 月	先控捷联电气股份有限公司	额定输入电压：AC380V 输入电压范围：260V ~ 530V（AC260 ~ 304V，输出功率降额 50%） 输入谐波电流分量：<3% 输入频率：50/60Hz 输出电压：DC200V ~ DC500V/DC350V ~ DC750V；整机效率高达 95% 功率因数大于 0.99 稳压精度：≤0.5% 稳流精度：≤1% 防护等级：IP55 CQC 中国质量认证、中检南方认证、TUV 欧盟能效认证	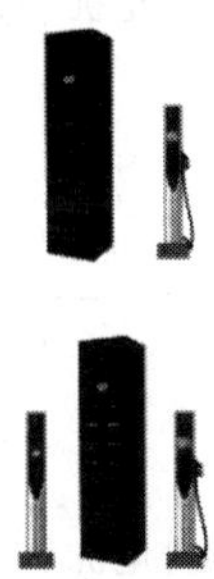
15kW 直流充电模块	2015 年 1 月	深圳市核达中远通电源技术有限公司	输入电压范围：AC156 ~ 502V 输入电压频率：45 ~ 65Hz 输入电流：<30A 输出电压范围：DC200 ~ 750V 输出最大电流：20A 输出功率：15kW 转换效率：96% 国网认证	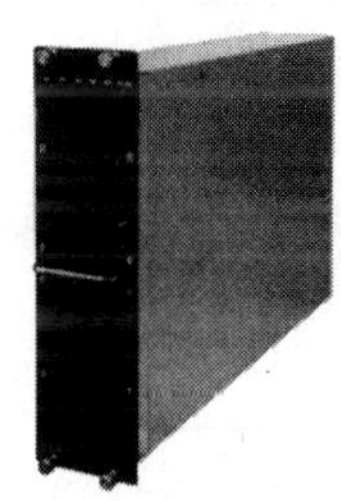
30 ~ 60kW 直流充电桩	2015 年 1 月	深圳市核达中远通电源技术有限公司	输入电压范围：AC304 ~ 456V 输入电压频率：45 ~ 65Hz 输出电压范围：DC200 ~ 500V 输出功率：30 ~ 60kW 转换效率：95% 国网认证	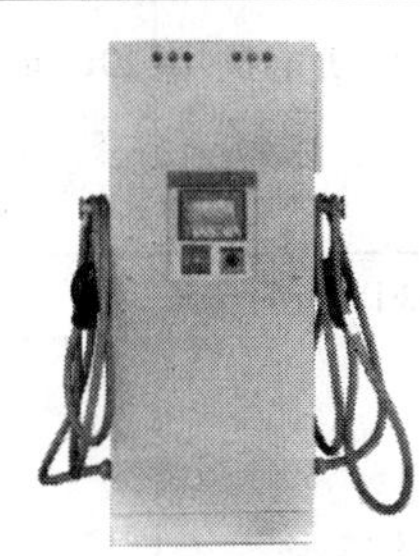
90 ~ 180kW 直流充电桩	2015 年 1 月	深圳市核达中远通电源技术有限公司	输入电压范围：AC304 ~ 456V 输入电压频率：45 ~ 65Hz 输出电压范围：DC200 ~ 750V 输出功率：90 ~ 180kW 转换效率：95% 国网认证	

（续）

产品名称或规格型号	上市时间	公司名称	主要参数及认证标准	产品图片
交流充电桩	2015 年 1 月	深圳市核达中远通电源技术有限公司	输入电压范围：AC220V ±20% 输出电压 AC220V 输出电流：32A(单枪)，64A(双枪) 输出功率：7kW(单枪)，14kW(双枪)	
3.3kW 车载充电机	2015 年 1 月	深圳市核达中远通电源技术有限公司	输入电压范围：AC85 ~ 264V，DC80 ~ 130V 输入电流：23A 输出电压范围：DC80 ~ 130V、DC14V 输出功率：3.3kW 转换效率：93%	
6.6kW 车载充电机	2015 年 1 月	深圳市核达中远通电源技术有限公司	输入电压范围：AC80 ~ 264V 输入电流：32A 输入电压范围：AC80 ~ 264V 输入电流：32A 转换效率：96%	
智能全自动充电机	2015 年 9 月	任丘市先导科技电子有限公司	输入特性：∽180V ~ ∽240V 输出特性：60V/22A，72V/22A 转换效率：90%	
智能电子充电器	2015 年 5 月	任丘市先导科技电子有限公司	输入特性：∽180V ~ ∽260V 输出特性：60V/16A 转换效率：92%	
照明（LED 驱动）电源				
LDP 道路照明系列	2015 年 1 月	茂硕电源科技股份有限公司	输入特性：AC90 ~ 305V PF > 0.95 防浪涌等级：DM 5kV；CM 10kV 输出特性：1）输出功率：60 ~ 320W 2）恒功率智能可调 3）软件设定电流 4）可视化软件编程 5）直流电平和 PWM 信号幅值均可设定为 5V 或 10V 转换效率：高达 93% 认证标准：CCC、CE、CB、UL、ENEC、BIS	

（续）

产品名称或规格型号	上市时间	公司名称	主要参数及认证标准	产品图片
LUC 地铁公共照明系列	2015 年 1 月	茂硕电源科技股份有限公司	输入特性：1）AC90～305V 2）PF＞0.96 3）防浪涌等级：DM 4kV、CM 6kV 4）IP65 输出特性：1）输出功率：25～40W 2）恒功率智能可调 3）DALI 智能可调 4）软件设定电流 5）可视化软件编程 6）调光关断功能 7）直流电平和 PWM 信号幅值均可设定为 5V 或 10V 转换效率：高达 90% 认证标准：CCC	
LTP 工业照明系列	2015 年 12 月	茂硕电源科技股份有限公司	输入特性：1）AC90～305V 2）PF＞0.96 3）防浪涌等级：DM 5kV、CM 10kV 4）IP65 输出特性：1）输出功率：60～160W 2）恒功率智能可调 3）0～10V 调光、PWM 调光 4）内置可调电位器 转换效率：高达 93% 认证标准：CCC、CE、CB、UL	
LSV 景观照明系列	2015 年 10 月	茂硕电源科技股份有限公司	输入特性：1）AC90～305V 2）PF＞0.96 3）防浪涌等级：DM 5kV、CM 10kV 4）IP67 输出特性：1）输出功率：75～320W 2）恒压设计 3）CC＋CV 两种工作模式 转换效率：高达 93% 认证标准：CE、CB、CCC	
茂硕睿动系列 LED 智能驱动电源	2015 年 10 月	茂硕电源科技股份有限公司	输入特性：AC90～305V PF＞0.95 防浪涌等级：差模 5kV、共模 10kV 输出特性：1）输出功率：75～320W 2）恒功率智能可调 3）四合一调光 转换效率：高达 93% 认证标准：CCC、CE、CB、UL、ENEC、BIS、SAA	

（续）

产品名称或规格型号	上市时间	公司名称	主要参数及认证标准	产品图片
SPH 系列电源	2015 年	宁波赛耐比光电有限公司	输入：AC90～305V 47～63Hz 输出功率：40W～600W 多款 输出电压：12V/15V 24V/36V48V/54V 电磁发射：符合 EN55015，Fcc par15 ClssB 安全规范：EN61347-1，EN61347-2-13，UL8750 电磁兼容抗扰度：符合 EN61000-4-2、3、4、5、6、8、11；EN55024；EN61547 谐波电流：符合 EN61000-3-2 CLASS C	
LED 驱动电源-EUG 可编程系列	2015 年 7 月	英飞特电子(杭州)股份有限公司	输入特性：AC90-305V 全电压范围 输出特性：恒功率宽输出电流可调 转换效率：高达 94% PF＞0.99 Surge：6kV/10kV 多种调光控制可选：0～5V，0～10V，PWM，TIMER 认证标准：UL，FCC，CE，ENEC，TUV，CB，CCC，PSE，KS，BIS	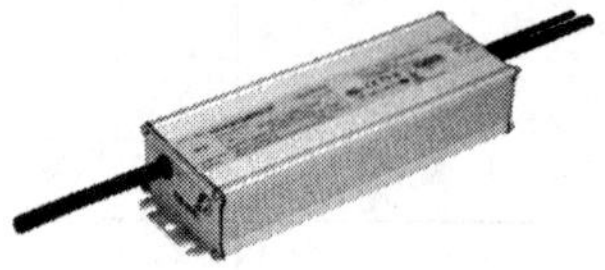
LED 驱动电源-LUD 可编程系列	2015 年 5 月	英飞特电子(杭州)股份有限公司	输入特性：AC90～305V 全电压范围 输出特性：恒功率宽输出电流可调 转换效率：高达 90% PF＞0.95 多种调光控制可选：0～10V，PWM，TIMER，DALI Flicker-free 认证标准：UL，FCC，CE，ENEC，TUV，CB，CCC，PSE，KS，DALI	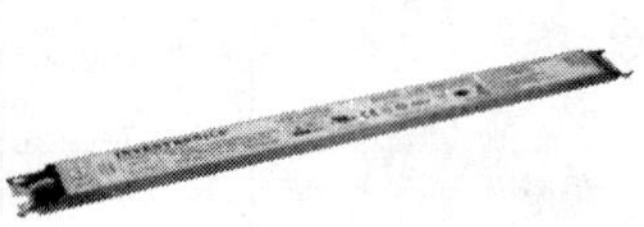
clw400-as-24led 防雨电源	2015 年 12 月	常州诚联电源制造有限公司	内置功率因素校正电路。PF＞92%，转换效率高达 91%，无风扇自然散热，高可靠性，输出过载，短路，过电压，过温保护，防雨淋(IP22)，质保 3 年(五年质保可选)	
交/直流稳压电源				
SJW-WB50-800kVA	2015 年 5 月	鸿宝电气集团股份有限公司	输入特性：AC380V ±20% 输出特性：AC380V ±1%，3%，5% 转换效率：98% 其它主要参数：1)反应速度最快可达 40ms 2)LCD 液晶显示运行和故障参数	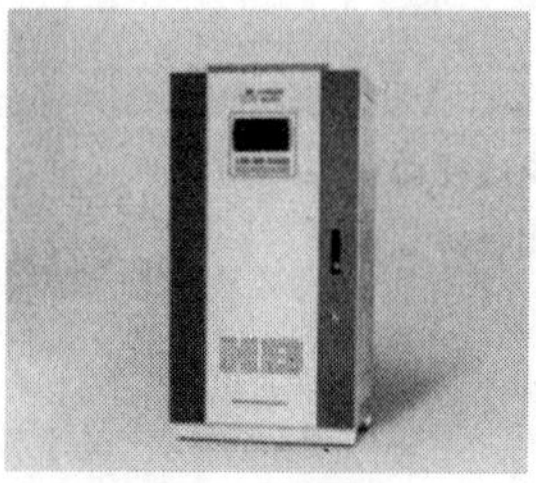

（续）

产品名称或规格型号	上市时间	公司名称	主要参数及认证标准	产品图片
DZT 农电网单相自动调压器	2015 年 9 月	上海潘登新电源有限公司	输入特性：输入电压 220V 输出特性：输出电压 220V 认证标准：ISO：9001	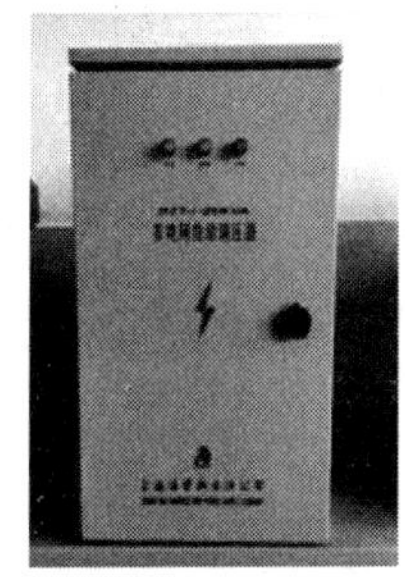
SZT 农电网三相自动调压器	2015 年 9 月	上海潘登新电源有限公司	输入特性：输入电压 380V 输出特性：输出电压 380V 认证标准：ISO：9001	
GK10010 高可靠交流变频稳压电源	2015 年 1 月	杭州远方仪器有限公司	输入特性：110V/220V ±10%；50Hz/60Hz 输出容量：1kVA；最大输出电压：300V；输出频率：40.0Hz ~ 65.0Hz 电源效率：80% RS232/485 通信功能；自我保护功能	
PPS1010 可编程交流源表	2015 年 1 月	杭州远方仪器有限公司	输入特性：110V/220V ±10%；50Hz/60Hz 输出特性：输出容量：1kVA 电源效率：80% RS232/485 通信功能，标配软件；模拟突波或陷波；真正源表一体化；自我保护功能	
ADG 系列可程式大功率直流电源	2015 年 10 月	艾普斯电源有限公司	输入电压允许波动范围宽；功率因数高 输出特性：反应速度快；控制精度佳；输出电压、电流范围广；可编程，可客制电源曲线；支持远控 转换效率：>90% PF>0.9；50kW 尺寸 H * W * D 1050 * 600 * 800mm；纹波量≈0.1%；负载稳压率≤0.1% 爬升率≈60ms（以上参数为典型值，根据实际型号有所变化）	

（续）

产品名称或规格型号	上市时间	公司名称	主要参数及认证标准	产品图片
直流屏	2015年	合肥联信电源公司	输入特性：AC380V 输出特性：DC220V 转换效率：不低于90% 瞬时放电电流：≥1000A 事故放电电流：≥50A 认证标准：GB/T 3859.1—1993	
电池模拟器（40～500kW）	2015年	合肥科威尔电源系统有限公司	输入特性：交流模拟电网电源（45kVA～1500kVA） 输出特性：电压：24～800V 电压精度：0.1%FS 额定电流：200A～1000A 响应时间：≤5ms（10%～90%突加载） 切换时间：≤10ms（+90%～-90%切换） 整机效率92% 认证标准：江苏省计量院	
交流模拟电网电源（45kVA～1500kVA）	2015年	合肥科威尔电源系统有限公司	输入特性：相数：3φ3W+G 电压：380V±10% 输出特性：输出点压：0V～300V（L-N） 最大电流：62.5A～2083A 电压精度：≤0.5%（线性负载） 设置项目：步阶模式、渐变模式、谐波叠加、低电压穿越 整机效率92% 认证标准：江苏省计量院	
动力电池模拟电源	2015年10月	国充充电科技江苏股份有限公司	输入特性：380V 输入特性：直流 转换效率：90% 认证标准：CE	
动力电池充放电测试电源	2015年10月	国充充电科技江苏股份有限公司	输入特性：380V 输入特性：直流 转换效率：90% 认证标准：CE	
标准6u cpci电源和定制电源	2015年4月	派沃力德（北京）电子科技有限公司	输入特性：AC或者DC宽范围输入 输出特性：输出47针CPCI连接器，6U结构高度 转换效率：85%	

（续）

产品名称或规格型号	上市时间	公司名称	主要参数及认证标准	产品图片
标准3u cpci 电源和定制电源	2015 年 6 月	派沃力德（北京）电子科技有限公司	输入特性：AC 或者 DC 输入 输出特性：输出 47 针 CPCI 连接器，3U 结构高度 转换效率：85%	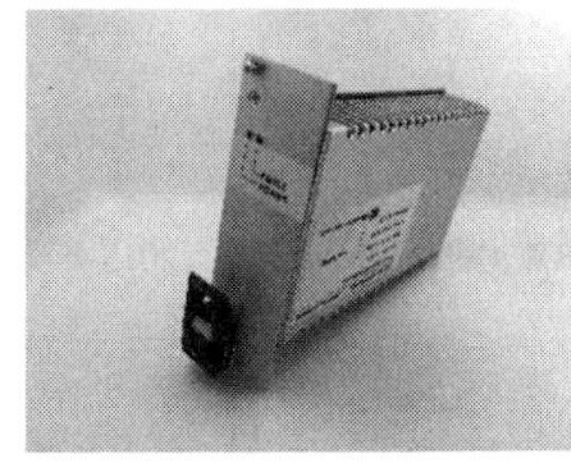
IT 及消费电子电源				
MVP LAND K650	2015 年 12 月	深圳市航嘉驰源电气股份有限公司	输入特性：100 ~ 200V，50 ~ 60Hz，9 ~ 5A 输出特性：单路 54A 的 12V 输出 转换效率：92% 额定输出功率 650W 认证标准：80Plus 金牌认证	
UE60-SPA1/SPA2/SPA3	2015 年 3 月	东莞市石龙富华电子有限公司	输入特性：AC90 ~ 264V 1.5A 输出特性：9 ~ 24V 0.01 ~ 5.00 转换效率：88.1% 其它主要参数：60W 认证标准：2MOPP 医疗标准 3.1 版 IEC/EN60601-1 ES60601（UL/CUL）	
48 Adapter	2015 年	东莞立德电子有限公司	输入特性：100 ~ 240 输出特性：24 尺寸：111.5mm（L）×54mm（W）×30mm（H） 认证标准：CCC，FCC PARTY 15，CISPR22/24 GB4943，GB4706	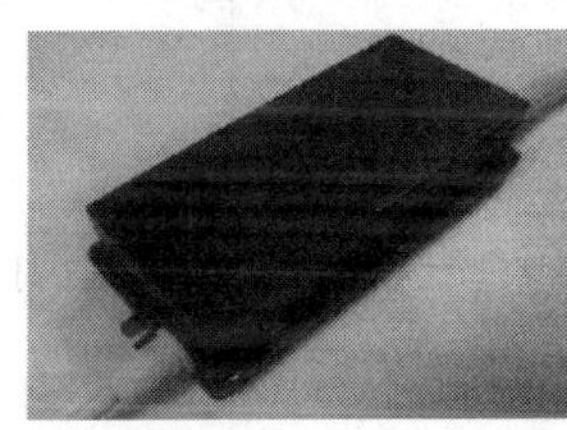
18W Car Charger	2015 年	东莞立德电子有限公司	输入特性：12 或 14 输出特性：5& 5 尺寸：53mm（L）×30mm（D） 认证标准：EN301489-7，ISO7637-2，EN5502，CE	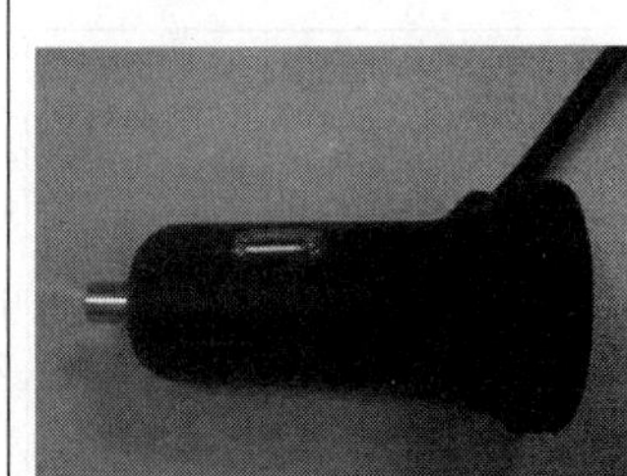
24W Adapter	2015 年	东莞立德电子有限公司	输入特性：100 ~ 240 输出特性：12 尺寸：77mm（L）×48mm（W）×24mm（H） 认证标准：FCC PARTY15，CISPR22/24，GB4943，CCC	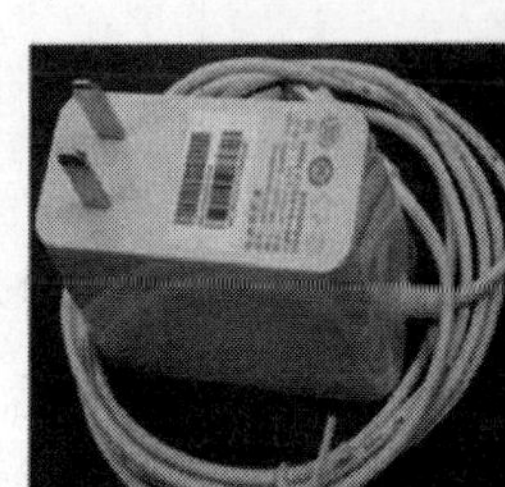

（续）

产品名称或规格型号	上市时间	公司名称	主要参数及认证标准	产品图片
18W Quick Charger	2015年	东莞立德电子有限公司	输入特性：100～240 输出特性：5，9，12 尺寸：45mm(L)×45mm(W)×26mm(H) 认证标准：CCC，CB，UL，FCC PARTY 15，CISPR22/24	
90W Adapter	2015年	东莞立德电子有限公司	输入特性：100～240 输出特性：12～48 尺寸：133mm（L）×58.2mm（W）×30.5mm(H) 认证标准：UL，CUL，CCC，BSMI，AUS. C-TICK	
1kW 车载转换器	2015年1月	深圳市核达中远通电源技术有限公司	输入电压范围：DC200～400V 输入电流：7A 输出电压范围：DC13.6～14V 输出最大电流：72.5A 输出功率：1000W 转换效率：93%	
2kW 车载转换器	2015年1月	深圳市核达中远通电源技术有限公司	输入电压范围：DC250～440V 输入电流：12A 输出电压范围：DC13～14.4V 输出最大电流：145A 输出功率：2000W 转换效率：94%	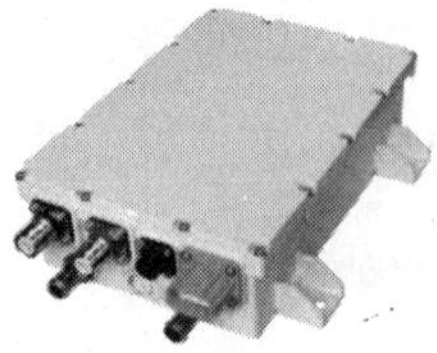
3kW 车载转换器	2015年1月	深圳市核达中远通电源技术有限公司	输入特性：输入电压范围：DC200～750V 输入电流：15A 输出电压范围：DC27±0.3V 输出最大电流：110A 输出功率：3000W 转换效率：96%	
六级能效适配器	2015年12月	深圳市瑞必达科技有限公司	输入特性：AC100～240V 输出特性：29V 2A/1.8A/1.5A 转换效率：88% 其它主要参数：58W/52W/43W 认证标准：UL1310 六级能效	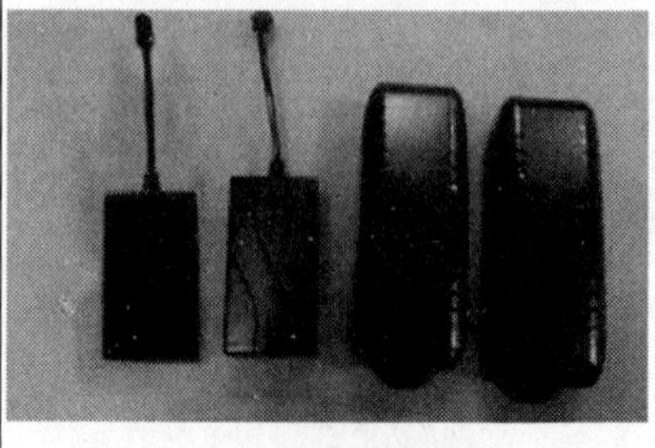

（续）

产品名称或规格型号	上市时间	公司名称	主要参数及认证标准	产品图片
模块电源				
S24SP 系列 DC-DC 工业及轨道应用模块电源	2015 年 12 月	台达电子企业管理（上海）有限公司	输入特性：Vin：DC9～36V 输出特性：Vo：DC5，12，15，24V；Pout：40W，60W 转换效率：93.7% 隔离电压：DC1500V 功率密度：72.6W/in3 认证标准：UL60950-1 EN50155	
K78××-500R3	2015 年 12 月	广州金升阳科技有限公司	输入特性：DC4.75～36V 输出特性：3.3/5/-5/9/12/-12/15/-15VDC 转换效率：80%～93% 空载输入电流低至 0.2mA 工作温度：-40°C～+85°C；支持负输出；短路保护；引脚与 LM78××系列兼容 认证标准：UL60950/EN60950	
URF_LP-20WR3	2015 年 11 月	广州金升阳科技有限公司	输入特性：DC9～36V/DC18～75V 输出特性：DC3.3/5/9/12/15/24V 转换效率：86%～89% 超宽输入电压范围（4:1）；空载功耗低至 0.12W；隔离电压 DC3000V；输入欠电压保护，输出短路、过电压、过电流保护；工作温度：-40℃～+85℃；裸机满足 CISPR22/EN55022 CLASS A 认证标准：UL60950/EN60950/IEC60950	
DC-DC 模块 1×1 电源	2015 年 11 月	合肥华耀电子工业有限公司	输入电压 DC16～50V 最大输出功率：30W 转换效率：90% 功率密度 75W/inch 效率 90% 3:1 宽范围输入 宽电压调节范围：80%～110% 标准输出电压 逻辑控制功能 金属/塑壳封装，开板等多种安装方式可选	
DC-DC 模块-1/16 标准砖	2015 年 11 月	合肥华耀电子工业有限公司	输入电压：DC18～75V 最大输出功率：50W 转换效率：92% 功率密度 110W/inch 效率 92% 4:1 宽范围输入 宽电压调节范围：80%～110% 标准输出电压 逻辑控制功能 金属/塑壳封装，开板等多种安装方式可选	
DC-DC 模块-1/8 标准砖	2015 年 11 月	合肥华耀电子工业有限公司	输入电压：DC9～75V 输出功率：100W～120W 转换效率：92.5% 功率密度 140W/inch 效率 92.5% 4:1 宽范围输入 宽电压调节范围：80%～110% 标准输出电压 逻辑控制功能 金属/塑壳封装，开板等多种安装方式可选	

（续）

产品名称或规格型号	上市时间	公司名称	主要参数及认证标准	产品图片
DC-DC 模块-1/4 标准砖	2015 年 11 月	合肥华耀电子工业有限公司	输入电压：DC16 ~ 75V 最大输出功率：360W 转换效率：94% 功率密度 195W/inch 效率 94% 宽电压调节范围：80% ~ 110% 标准输出电压 逻辑控制功能 金属/塑壳封装，多种安装方式可选	
DC-DC 模块-1/2 标准砖	2015 年 11 月	合肥华耀电子工业有限公司	输入电压：DC9 ~ 75V 输出功率：200W ~ 500W 转换效率：93% 功率密度 169W/inch 效率 93% 宽电压调节范围：80% ~ 110% 标准输出电压 逻辑控制功能 金属/塑壳封装，开板等多种安装方式可选	
DC-DC 模块-全砖	2015 年 11 月	合肥华耀电子工业有限公司	输入特性：输入电压 DC36 ~ 400V 输出特性：输出功率 800W ~ 1500W 转换效率：94% 效率 94% 2∶1 高压 DC 输入 逻辑控制功能 全系列封装灌胶：铝基板工艺，散热性能优异 引脚与封装可兼容进口模块	
抗辐照 DC/DC 变换器系列产品	2015 年 4 月	华东微电子技术研究所	输入特性：额定输入电压 28V，输入范围(20V ~ 50V) 额定输入电压 100V，输入范围(80V ~ 120V) 输出特性：输出功率 1.5W、5W、15W、30W、65W、100W 转换效率：70% ~ 80% 抗辐照总剂量水平可达 200krad(Si)，单粒子效应可达 75MeV · cm/mg，50W/in3 认证标准：Cast C 级	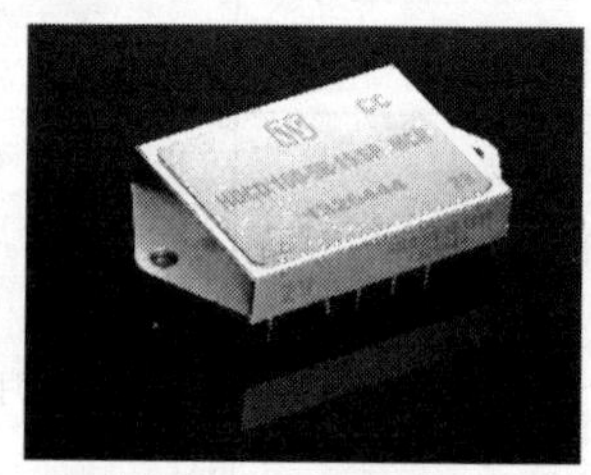
WK30281530T-15M	2015 年 1 月	西安伟京电子制造有限公司	输入特性：16 ~ 40V、50V/50ms 输出特性：+15V/0.8A −15V/0.1A +30V/50mA 转换效率：77% 全金属气密封装 工作温度：−55℃ ~ +105℃ 认证标准：SJ20668	
模块电源/3RW120 ~ 500kVA	2015 年 6 月	雷诺士（常州）电子有限公司	输入电压范围：380V/220V(±20%)，400V/230V(±20%)，415V/240V(±20%) 输出电压：380/220V(±1%)、400/230(±1%)、415/240(±1%)) 整机效率：>93% 功率容量：(20K ~ 500K) 认证标准：1. YD/T1095-2008，2. CQC31-461234-2009	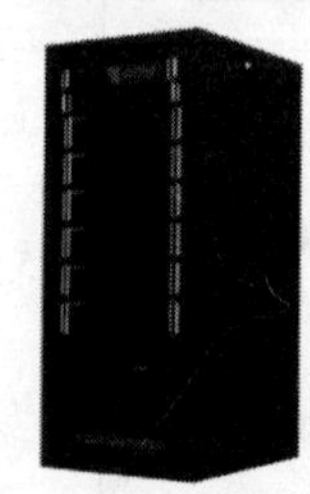

（续）

产品名称或规格型号	上市时间	公司名称	主要参数及认证标准	产品图片
HFBS800-300S 系列	2015 年 2 月	深圳市皓文电子有限公司	输入特性：200～400V 输出特性：800W 转换效率：90%以上 功率密度：145W/in³，MTBF：50 万小时，工业标准全砖封装	
BD-60kVA	2015 年 10 月	上海百纳德电子信息有限公司	输入特性：380/400/415V －40%～＋25% 输出特性：380/400/415V ±1% 转换效率：一般模式 95%，电池模式 95%，ECO 模式 99% 输入频 50/60Hz 功率因数＞0.99 效率＞95%；电池电压±DC240V，可设置 32～40 节；尺寸(W＊D＊H)(mm)600＊900＊1600 认证标准：泰尔认证；＊IEC62040-1-1-使用操作区一般安全要求 ＊IEC62040-2-EMC，3 级 ＊IEC62040-3-性能要求和测试方法	
HZD20B 系列	2015 年 12 月	北京汇众电源设备厂	输入特性：4∶1 输出特性：常规 转换效率：93% 其它主要参数：比同类产品提高 4 倍	
HZD40C 系列	2015 年 12 月	北京汇众电源设备厂	输入特性：4∶1 输出特性：常规 转换效率：93% 其它主要参数：比同类产品提高 4 倍	
WAN25S5	2015 年 6 月	北京伟仕天成科技有限公司	输入特性：AC220V 输出特性：DC5.05V/5A 转换效率：77%以上	
WDH100-110S24	2015 年 8 月	北京伟仕天成科技有限公司	输入特性：DC110V 输出特性：DC24V/4.2A 转换效率：86%以上	

（续）

产品名称或规格型号	上市时间	公司名称	主要参数及认证标准	产品图片
WDF400-110S24	2015年10月	北京伟仕天成科技有限公司	输入特性：DC110V 输出特性：24V/16.7A 转换效率：88%以上	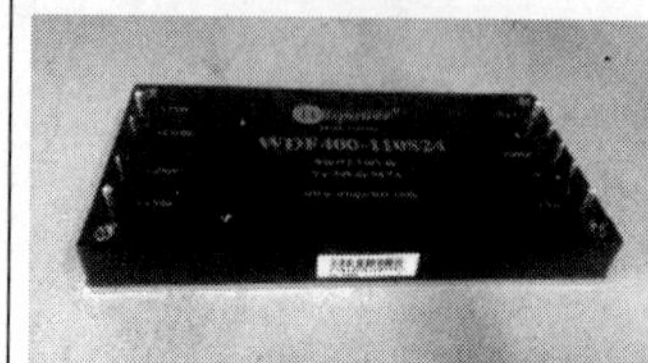
PMA-U500S48	2015年底	深圳市普德新星电源技术有限公司	输入特性：AC90～260V 输出特性：48V10A 转换效率：93% 其它主要参数：116.8＊61＊13MM	
配网自动化终端设备专用电源（FTU、DTU）DFCB700W系列 DACB700W系列 DFCB500W 系列 DACB500W系列	2015年11月	北京星原丰泰电子技术股份有限公司	宽输入电压范围：AC165V～AC265V 输出特性：具有完备的电池管理功能，提供可靠完整的外部控制、遥信等连接端口 效率高达80% 工作环境温度－40～70℃；全封闭封装，高度45mm；隔离耐压AC2.5kV；电池防反接 认证标准：符合标准IEC61000，DL/T 721-2013	
其它电源产品				
MD810多机传动变频器	2015年	深圳市汇川技术股份有限公司	输出频率：V/F控制：0～500Hz 矢量控制：0～500Hz 载波频率：0.8kHz～12kHz；可根据散热器温度，自动调整载波频率 输入频率分辨率：数字设定：0.01Hz 模拟设定：最高频率×0.025% 变频器容量：整流单元：45kW、160kW、355kW 逆变单元：G型机：1.5～75kW 输入电压：整流单元：三相380Vzc～480Vac（可工作范围：AC323V～528V）逆变单元：DC537V～679V（可工作范围：DC350V～800V）	
精密交流可编程交流电源Pre-A100系列	2015年11月	西安爱科赛博电气股份有限公司	输入特性：电压220/380×(1±10%)V、频率50×(1±5%)Hz、功率因数0.95 额定容量：1kVA～15 kVA、电压：0～150/0～300V、频率15～1600Hz 转换效率：0.8 操作模式：交流、直流、交流＋直流	

（续）

产品名称或规格型号	上市时间	公司名称	主要参数及认证标准	产品图片
有源电力滤波器模块 MAC 产品	2015 年 7 月	西安爱科赛博电气股份有限公司	输入特性：电压 400 ×（1 ±20%）V、频率 50 ×（1 ±10%）Hz 输出特性：谐波补偿容量 25A、滤波范围 2 ~ 50 次 转换效率：0.96 其它主要参数：支持热插拔、免调试	
超薄显示屏电源 A-200FAH-2.8P	2015 年 10 月	常州市创联电源有限公司	输入特性：AC90 ~ 264V 47 ~ 63Hz 输出特性：2.8V 0 ~ 40A 转换效率：88.5% 其它主要参数：PF≥0.95 认证标准：UL，CE，CCC	
WHQ-ULS	2015 年 5 月	佛山市汉毅电子技术有限公司	输入特性：AC100 ~ 120V 输出特性：DC34V 1A DC12V 0.15A 转换效率：86% 认证标准：UL1310	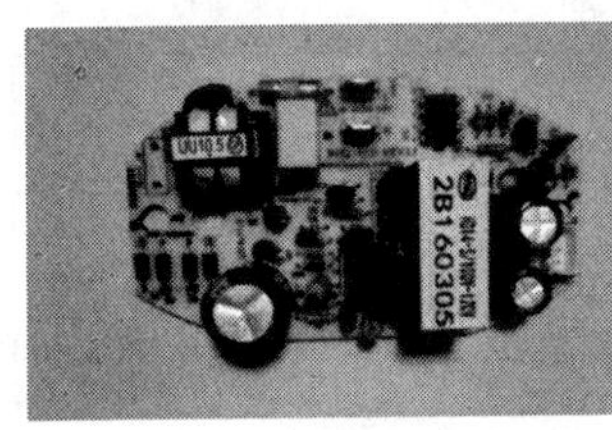
高频链逆变器	2015 年 1 月	厦门市爱维达电子有限公司	输入特性：48V 逆变器 输出特性：交直流输出 转换效率：>90% 其它主要参数：最高 3kVA/U 认证标准：通信用逆变设备 YD/T 777-2006	
AMV 系列中频电源	2015 年 9 月	艾普斯电源有限公司	输入特性：功率因数高；电流失真度小；具备防雷保护 输出特性：频率稳定性好；稳压精度高；过载能力强；体积小，防护等级 IP55；具备 EF 信号； 转换效率：≥93% 其它主要参数：PF > 0.94；THD ≤ 2%；频率可调范围：300 ~ 500Hz 相位 120° ± 2°（100% 不平衡带载）；立卧一体化设计	
PAS 系列可编程双向变频电源	2015 年 9 月	艾普斯电源有限公司	输入特性：功率因数高；电流失真度小 输出特性：具备能量双向回馈功能；稳压精度高；频率稳定性好；编程功能，三相电压可独立设定；谐波失真低，效率高 转换效率：≥92% PF > 0.99；THD ≤ 1%；电源稳压率 < 0.5% 负载稳压率 ± 0.5% 频率稳定率 ≤ 0.01%	

（续）

产品名称或规格型号	上市时间	公司名称	主要参数及认证标准	产品图片
SVF系列大功率室外移动舱式变频岸电电源设备	2015年	江门市安利电源工程有限公司	单台输出功率容量：400～4000kVA可根据客户要求订制不同的输入电压级别和输出电压级别 转换效率：≥95%（100%负荷）输出电压稳定率：静态：≤0.5V；动态：≤±1%	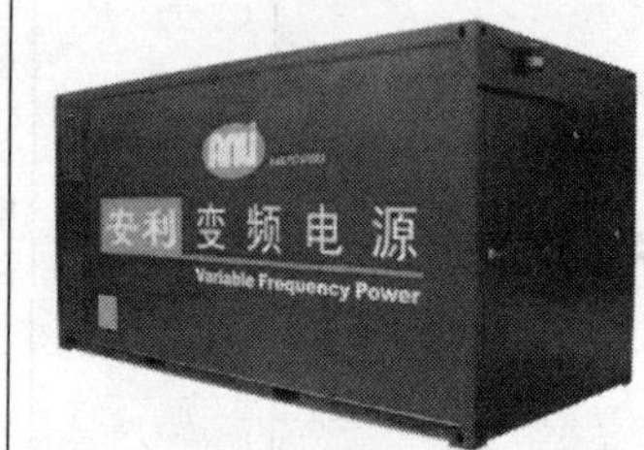
SVF系列船舶岸电电缆卷筒	2015年	江门市安利电源工程有限公司	自动适应380V/50Hz和440V/60Hz电源 排缆方式：横向多层排缆；排缆器：双螺杆排缆器	
VF超级功率容量变频电源设备	2015年	江门市安利电源工程有限公司	单台输出功率容量：12MVA 电压允许波动范围：323V～528V；三相+N输出电压任意设定 转换效率：≥90% 频率稳定度：≤0.01%	
1000W系列	2015年12月	全天自动化能源科技（东莞）有限公司	输入特性：AC90～265V 输出特性：最大电压0～75V，最大电流0～50A，最大功率1000W 转换效率：最大91% 其它主要参数：1kW/1U 认证标准：CE/UL/CSA	
变压器/电抗器				
新型组合式三相防水控制变压器	2015年	广东新昇电业科技股份有限公司	防护等级：IP65 工作条件：温度－20～75℃、频率45～65Hz、电压0.4kV±50% 励磁涌流：≤70 A（10ms），≤30 A（100ms） 局部放电：≤10pc（1500V RMS） 其它特性：短路阻抗≤3.0%、分布电容≤2nF、输出漏感40～120μH	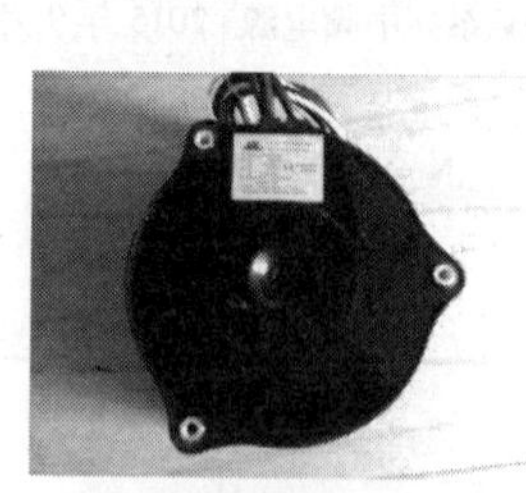
S系列电源变压器	2015年1月	北京创四方电子股份有限公司	输入特性：220V±25% 50Hz/60Hz 输出特性：6V－2×27V 0.25VA～18VA 转换效率：74%～90% 认证标准：CE、UL、CESI	

（续）

产品名称或规格型号	上市时间	公司名称	主要参数及认证标准	产品图片
SL系列电源变压器	2015年2月	北京创四方电子股份有限公司	输入特性：2×110V±15%～20% 50Hz/60Hz 输出特性：2×6V～2×27V 3VA～40VA 转换效率：75%～55% 认证标准：75%～55%	
T系列电源变压器	2015年3月	北京创四方电子股份有限公司	输入特性：220V±10% 50Hz/60Hz 输出特性：6V～27V 0.5VA～40VA 转换效率：60%～90% 认证标准：CE、CESI	
TL系列电源变压器	2015年4月	北京创四方电子股份有限公司	输入特性：2×110V±10% 50Hz/60Hz 输出特性：2×6V～2×27V 4.5VA～12VA 转换效率：72%～90% 认证标准：CE、CESI	
M系列电源变压器	2015年5月	北京创四方电子股份有限公司	输入特性：220V±10% 50Hz/60Hz 输出特性：2×6V～2×27V 3.2VA～160VA 转换效率：72%～93% 认证标准：CE、CESI	
高频变压器	2015年11月	宁夏银利电气股份有限公司	输入特性：1200V 输出特性：700V 转换效率：99% 其它主要参数：额定容量：60kVA 工作频率：20kHz 认证标准：GB/T 25120-2010 中 10.2.1	
NSK（SG2-100太阳能光伏逆变用变压器）	2015年1月	浙江正泰电源电器有限公司	额定输入电压 270V 或 315V 输出电压 400V 转换效率：95% 输出容量：100kVA 认证标准：符合标准 Q/ZT 525	

（续）

产品名称或规格型号	上市时间	公司名称	主要参数及认证标准	产品图片
NSDK1 系列三相电抗器	2015 年 1 月	浙江正泰电源电器有限公司	额定电压 270V 或 315V 匹配功率 50kW ~ 额定电流 120 ~ 1250A 认证标准：符合标准 Q/ZT 728	
电源 IC 及功率半导体				
PN8366(SOP7)	2015 年 5 月	无锡芯朋微电子股份有限公司	输入特性：AC90 ~ 264V 输出特性：6W 转换效率：六级能效 30mW 待机 认证标准：CE、UL、CCC	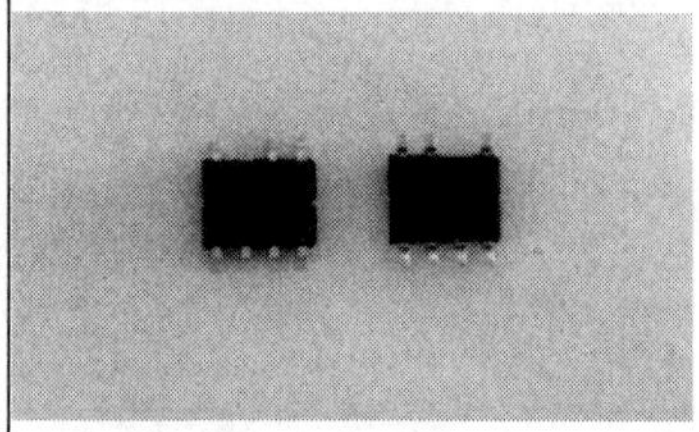
PN8368(SOP7)	2015 年 5 月	无锡芯朋微电子股份有限公司	输入特性：AC90 ~ 264V 输出特性：8W 转换效率：六级能效 30mW 待机 认证标准：CE、UL、CCC	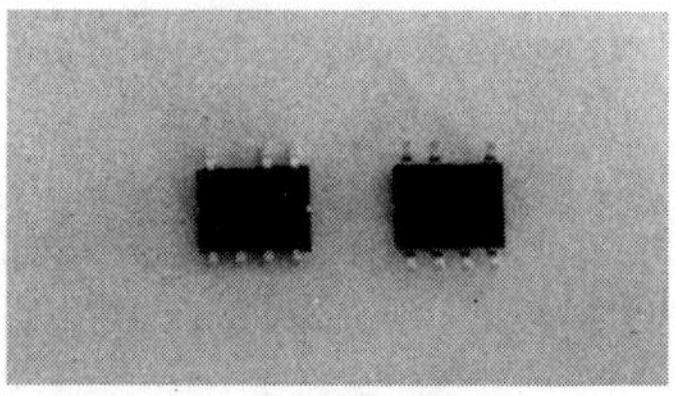
PN8370(SOP7)	2015 年 5 月	无锡芯朋微电子股份有限公司	输入特性：AC90 ~ 264V 输出特性：12W 转换效率：六级能效 30mW 待机 认证标准：CE、UL、CCC	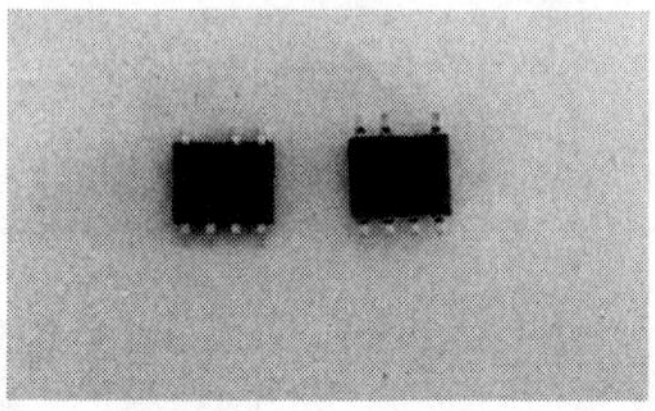
PN8370(DIP8)	2015 年 5 月	无锡芯朋微电子股份有限公司	输入特性：AC90 ~ 264V 输出特性：18W 转换效率：六级能效 30mW 待机 认证标准：CE、UL、CCC	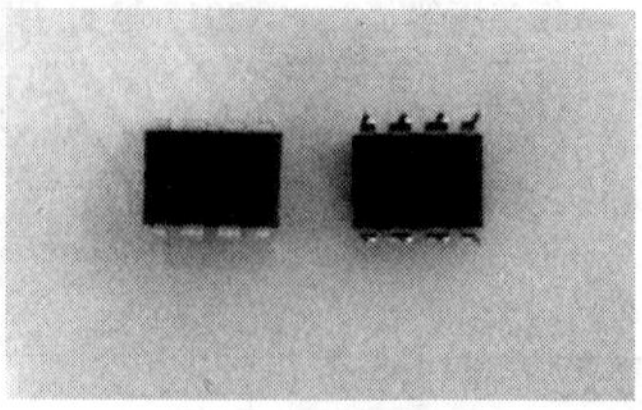
650V　30A/40A/50A/75A	2015 年 11 月	英飞凌科技（中国）有限公司	TO-247 封装	

（续）

产品名称或规格型号	上市时间	公司名称	主要参数及认证标准	产品图片
NCEP85T16	2015 年 1 月	无锡新洁能股份有限公司	电压：85V 导通电阻_典型值：3.2mR 特征电阻：49mR * mm^2 栅电荷_典型值：96nC 耐压：93V 雪崩耐量：1600mJ	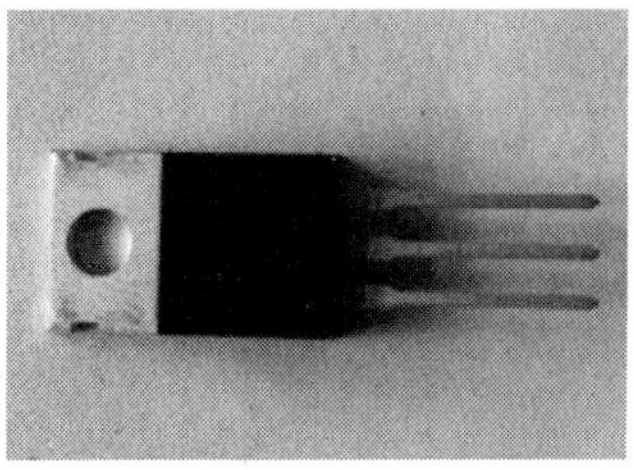
NCEP85T13	2015 年 1 月	无锡新洁能股份有限公司	电压：100V 导通电阻_典型值：3.7mR 特征电阻：57mR * mm^2 栅电荷_典型值：105nC 耐压：113V 雪崩耐量：1444mJ	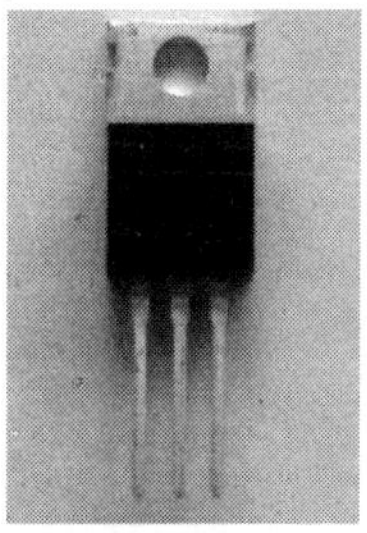
QHCV-S20	2015 年 11 月	深圳青铜剑科技股份有限公司	输入特性：各种交直流及脉冲电流 输出特性：等比例电压信号 测量精度和线性度≤ ±1% 认证标准：CE/UL/ROHS	
QHCV-S40	2015 年 11 月	深圳青铜剑科技股份有限公司	输入特性：各种交直流及脉冲电流 输出特性：等比例电压信号 测量精度和线性度≤ ±1% 认证标准：CE/UL/ROHS	
其它配套产品				
锂电池管理系统	2015 年 5 月	广东志成冠军集团有限公司	输入特性：DC9～36V 单模块电压采集：12 路 电压采集精度：5mV SOC 精度：≤5% 认证标准：QC/T 897 201	
LCP 电池系列	2015 年 1 月	江苏理士电池技术有限公司	生产特点：自动化冲压工艺，COS、TTP 技术 产品特点：相对常规电池寿命长 30%，功率高 30% 容量范围：6AH～200AH 认证标准：IEC \ UL \ CE	

（续）

产品名称或规格型号	上市时间	公司名称	主要参数及认证标准	产品图片
纯铅电池系列	2015年2月	江苏理士电池技术有限公司	生产特点：采用高纯铅合金板栅，特殊的AGM隔板，冲压工艺，PC + ABS材料 产品特点：20年浮充设计寿命，具有高倍率快速充电功能，适用温度 –40 ~ +65℃。PSOC性能优越 容量范围：82AH ~ 190AH 前置端子设计，适合标准19寸、23寸机柜 认证标准：IEC \ UL \ CE	
高温电池系列	2015年3月	江苏理士电池技术有限公司	生产特点：独创的耐腐蚀合金，独特的配方，PC + ABS材料及结构设计 产品特点：35℃电池设计寿命10年，适用温度 –40 ~ +65℃。PSOC性能优越 容量范围：7AH ~ 3000AH 认证标准：IEC \ UL \ CE	
FCP-500 FCP-1000	2015年2月	山东圣阳电源股份有限公司	最大充电电流：0.2C10A 最大放电电流：0.4C10A 转换效率：≥98% 70% DOD充放电循环次数4200次 认证标准：YD/T 799-2010 GB/T 22473-2008	
EQ磁芯	2015年4月	浙江东睦科达磁电有限公司	直流偏置能力：80%（@100 Oe） 磁芯损耗：250mW/cm^3（50kHz/100mT）	
NPH（FeSi2.0）	2015年5月	深圳市铂科新材料股份有限公司	直流偏置能力（DC Bias）：60%（100Oe）损耗：200mW/cc（50kHz，1000Gauss）	
二次电源测试台	2015年3月	北京泛华恒兴科技有限公司	主要功能：输入直流电压、直流电阻负载、电子负载；测试并实时显示；测试数据处理，报告生成；故障提示及保护功能 测试项/主要参数：输入直流电压、直流电阻负载、电子负载；测试并实时显示；测试数据处理，报告生成；故障提示及保护功能	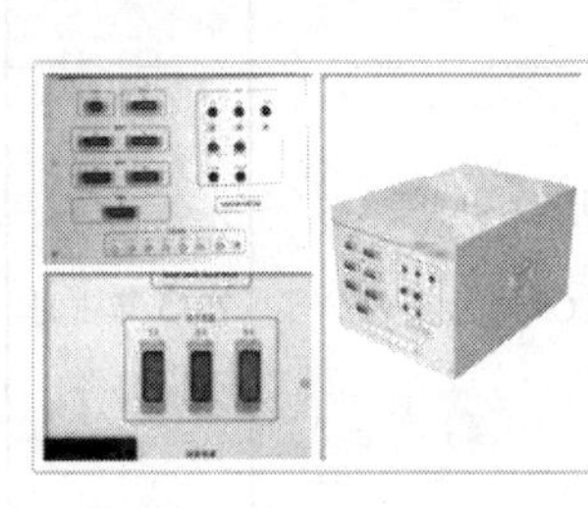

（续）

产品名称或规格型号	上市时间	公司名称	主要参数及认证标准	产品图片
便携式电源质量分析仪	2015年12月	北京泛华恒兴科技有限公司	主要功能：电压监测；电参量测量与分析；电能网络阻抗分析；实验数据实时处理、保存、回放、离线分析 测试项/主要参数：400V电压输入；满足IEC 61000-4-30（A级电能质量测量方法）；IEC EN 61000-4-15（闪变仪）；IEC EN 61000-4-7（谐波测量指南） 基波电压允许误差：≤0.1%FS	
PF310数字功率计	2015年2月	杭州远方仪器有限公司	输入量程：20A/600V 频率范围：DC，AC：0.5Hz～100kHz；基频精度可达0.15%；谐波分析、电能量积分、数据存储/调出等功能	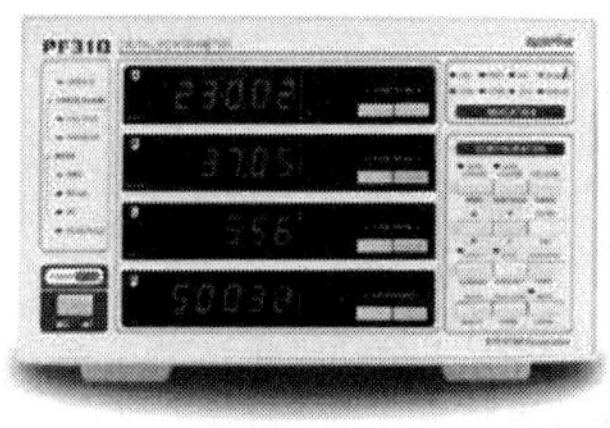
PF5000电功率分析仪	2015年12月	杭州远方仪器有限公司	通道输入：电压：7.5mV～1000V 电流：0.05mA～50A 频率0.1Hz～1MHz 基频精度可达0.15% 电能量积分 双谐波测量	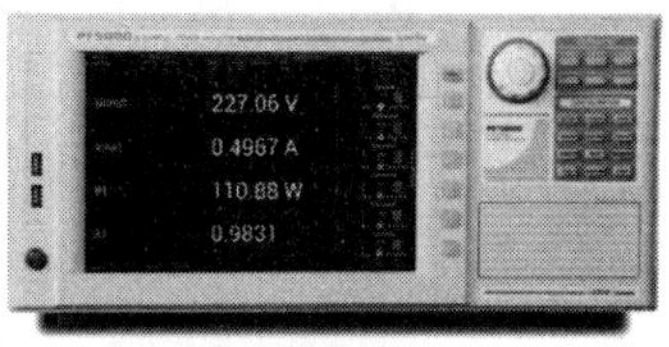
EMS61000-2A _静电放电发生器	2015年6月	杭州远方仪器有限公司	7寸彩色触摸屏显示与操控、智能高效 内置锂电池供电、便携式设计、使用方便 电压峰值：30kV	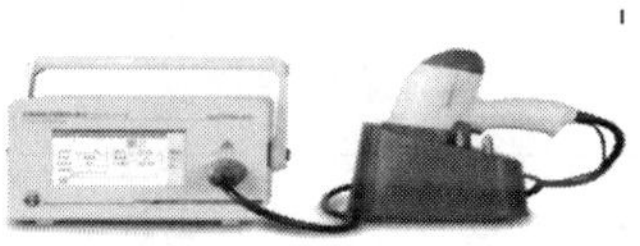
EMS61000-4A _脉冲群发生器	2015年1月	杭州远方仪器有限公司	7寸彩色触摸屏显示与操控，智能高效；程控升压，试验电压峰值高达5kV，频率达1MHz（特殊定制可达2MHz）	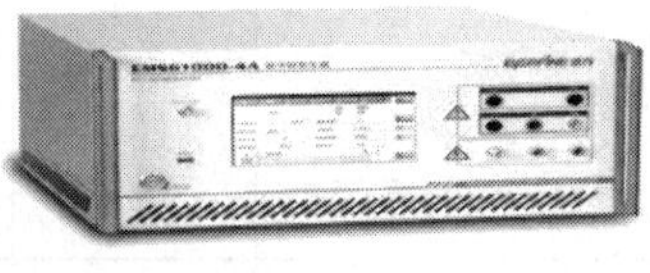
EMS61000-5A _雷击浪涌发生器	2015年1月	杭州远方仪器有限公司	7寸彩色触摸屏显示与操控，智能高效；程控升压，试验电压峰值高达7kV（特殊定制可达10kV、15kV）	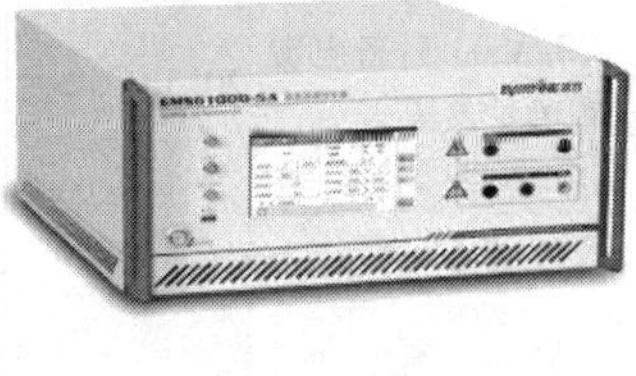

（续）

产品名称或规格型号	上市时间	公司名称	主要参数及认证标准	产品图片
CD13A 型超高压工业类铝电解电容器	2015 年 7 月	南通新三能电子有限公司	技术特点和标准：A：使用温度（℃）：-40℃～+85℃；额定电压（V）：DC600～750V 容量偏差：±20%；漏电流：I≤0.01CV B：标称容量：820～10000 耐久性：85℃ 2000h C：损耗角正切值：不大于规定值的 200%	
DTSPD T 系列防爆型防雷器	2015 年 10 月	苏州市电通电力电子有限公司	1. 本产品具有理想的电压保护水平 2. 通流能力(1)10～200kA(8/20μs)(2)5～25kA(10/350μs) 认证标准：IEC 62305-1 IEC 61400-24 UL1449	
Triphase 系列开关功率放大器	2015 年 11 月	上海科梁信息工程股份有限公司	交流：220～480V 50～60Hz 直流：350～700V 交流：0～480V 直流：0～650V 额定功率下，转换效率在 90% 以上 响应时间小于 0.5ms，谐波注入可到 2.5kHz，DC/PWM 功能可直接驱动电动机 认证标准：CE 认证	
PAS 系列线性功率放大器	2015 年 1 月	上海科梁信息工程股份有限公司	输入特性：220V/230V 50Hz/60Hz 输出特性：直流：DC0～424V 交流：0～300Vrms 根据输出电压不同，转换效率不同 大信号带宽：30kHz(-3dB)；摆率：52V/μs; 认证标准：CE 认证	
CR-AS03 后备电源远程维护系统	2015 年 12 月	陕西柯蓝电子有限公司	适用于 48V 直流蓄电池电压电流监测、内阻测试、自动均衡及远程维护。充放电电流范围：0～150A。电压范围 40～60V	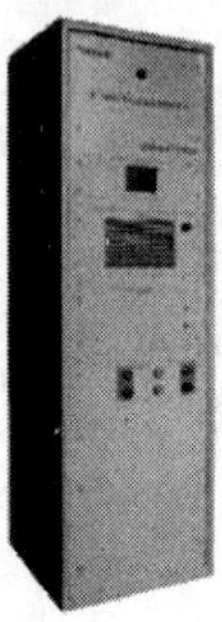

（续）

产品名称或规格型号	上市时间	公司名称	主要参数及认证标准	产品图片
LVR 调压器	2015 年 4 月	深圳市盛弘电气股份有限公司	输入特性：180 ~ 260V 交流输入 输出特性：升压 8 档，降压 8 档，每档 4V 认证标准：企业认证	
北美 APF/SVG	2015 年 7 月	深圳市盛弘电气股份有限公司	输入特性：480 ~ 690V 交流电输入 输出特性：90A 一个模块 转换效率：97% 认证标准：UL508	
单相 APF/SVG	2015 年 8 月	深圳市盛弘电气股份有限公司	输入特性：200 ~ 400V 输出特性：75A 一个模块 转换效率：97% 认证标准：企业认证	
AVC-RTS 动态电压调节器	2015 年 10 月	深圳市盛弘电气股份有限公司	输入特性：208V；400V；480V 交流电 输入输出特性：10% ~ 90% 的电压暂降及电压中断治理 认证标准：Q/GDW 681-2011	
刀锋 APF	2015 年 12 月	深圳市盛弘电气股份有限公司	输入特性：200 ~ 400V 交流电输入 输出特性：5A；10A；15A 转换效率：97% 认证标准：企业认证	

台达电子企业管理（上海）有限公司
地址：上海市浦东新区民雨路182号
邮编：201105
电话：021-68723988
传真：021-68723996
网址：www.delta-china.com.cn
E-mail：dcdc@deltaww.com

S24SP系列60W高功率密度DC-DC模块电源

上市时间：2015年12月

产品简介：

台达S24SP系列模块电源是专为工业及轨道交通应用设计的高效率高功率密度的DC-DC电源转换器。该系列产品的输入电压DC9~36V，提供DC5V、DC12V、DC15V、DC24V三种标准输入电压；具有输入欠电压、输出过电压、短路、过电流、过温等多种保护功能，极大地保障了系统的安全。输出功率有40W和60W两款，封装尺寸仅有50.8mm x 25.4mm x 10.5 mm。

产品创新性：

- 效率高达93.7%
- 全封闭金属外壳，六面屏蔽
- 高功率密度
- 无钽电容设计

产品适用范围：

该系列产品满足UL60950-1安全认证要求，且配合我司推荐外围电路可满足EN50155认证，适用于各种恶劣的工业应用环境以及各类轨道交通相关系统上的应用。

主要参数：

产品编号	输入电压/V	输出电压（标称）/V	输出电压（可调范围）/V	输出电流/A	最大输出功率/W	效率	隔离电压/V
S24SP05008	9~36	5	4.5~5.5	8	40	92.8%	DC1500
S24SP05012	9~36	5	4.5~5.5	12	60	92.4%	DC1500
S24SP12004	9~36	12	10.8~13.2	3.5	40	92.8%	DC1500
S24SP12005	9~36	12	10.8~13.2	5	60	92.8%	DC1500
S24SP15003	9~36	15	13.5~16.5	2.7	40	93.7%	DC1500
S24SP15004	9~36	15	13.5~16.5	4	60	93.3%	DC1500
S24SP24002	9~36	24	21.6~26.4	1.7	40	92.5%	DC1500
S24SP24003	9~36	24	21.6~26.4	2.5	60	93.3%	DC1500

核电厂1E 级K3 类UPS 设备 FR-UK31HD 系列

上市时间：2015年11月

厦门科华恒盛股份有限公司
地址：厦门市火炬高新区火炬园马垄路457号
邮编：361000
电话：0592-5160516
传真：0592-5162166
网址：www.kehua.com.cn/
E-mail：fuwenlin@kehua.com

产品简介：

KELONG® 核电厂1E 级K3 类UPS 设备FR-UK31HD 系列三进单出设备，专为核电厂环境设计，匹配用户DC220V/DC110V 直流电源系统，采用成熟的十二脉冲相控整流技术+IGBT 逆变技术，输入、输出完全电气隔离，是一套高度可靠、性能齐全、高度智能化的不间断供电系统，完全满足核电厂对电源设备的设计要求，可向执行安全功能的仪控、监测和其它能动设备提供可靠电源，属于核电安全相关设备。

产品创新性：

- 真正的核级电源设备：满足核电厂1E 级K3 类UPS 设备质量鉴定程序要求，设计指标基本满足：CPR1000、EPR、ACPR1000、AP1000、华龙一号的技术路线。
- 全隔离、多防护：输入、输出和旁路实现全隔离，具有极强的抗冲击、抗短路特性，最大限度确保关键负载安全。
- 坚固设计、超强防护：防护等级可达IP31；自主专利抗地震柜体技术，满足抗震I类及机械振动标准要求。
- 卓越性能、优异指标：效率高达95.5%，极大地节省了能量消耗，减少运行成本。
- 全正面维护、轻松便捷：采用正面维护的思路进行设计，满足设备完全靠墙安装的需求，实现所有易损器件前维护。
- 安全保障设计、使用全无担忧：防误操作设计，绝缘防护措施，调试及维护过程中，避免意外，保证了人身安全。

产品适用范围：

- 反应堆控制保护及安全相关系统负载。
- 核电厂计算机和通信系统。

主要参数：

充电器：

交流输入电压范围(acV)	380V (-15%~+10%)
交流输入频率范围(Hz)	40 ~70
输出电压可调范围(dcV)	160~289
额定输出电流(A)	900
输出最大电流(A)	1350
充电器效率	95.5%

逆变器：

输入特性直流输入电压范围(dcV)	187~330
额定输出电压(Vac)	220
额定输出频率(Hz)	50/60
逆变器效率	>94.5%

旁路稳压器：

交流输入电压范围(Vac)	380(-15%~+10%)
额定输入频率(Hz)	50/60
额定输出电压(Vac)	220

Snappy
宁波赛耐比光电有限公司
地址：宁波国家高新区科达路56号
邮编：315040
电话：0574-27902725
传真：0574-27902805
网址：www.snappy.cn
E-mail：jili@snappy.cn

SPH系列电源

上市时间：2015年

产品简介：

40~600W全系列户外LED驱动电源,内置有源功率因数校正,超宽的输入电压范围,可工作于零下40~70℃的环境,有多种输出规格,并有多种调光模式可供选择.适用于各种恶劣的场合。

产品创新性：

- 国际通用交流输入范围（可高达AC305V）。
- IP67等级，金属外壳。
- 保护种类：短路/过负载/过电压/过温度。
- 具有主动式PFC功能。
- 自然风冷，高可靠性。
- A系列可通过内部调整电压和电流;B系列具有三合一调光功能D系列定时调光,可根据客人要求设定。
- 符合世界照明设备安全规范。

主要参数：

输入:90~305V AC 47~63Hz。
输出功率:40~600W多款。
输出电压:12V/15V 24V/36V48V/54V。
电磁发射:符合EN55015,Fcc par15 ClssB。
安全规范:EN61347-1，EN61347-2-13,UL8750
电磁兼容抗扰度:符合EN61000-4-2、3、4、5、6、8、11；EN55024；EN61547
谐波电流:符合EN61000-3-2 CLASS C

科士达YDC3300系列中小功率UPS

上市时间：2015年1月

深圳科士达科技股份有限公司
（股票代码：002518）
地址：深圳市高新区科技中二路软件园1栋4层
邮编：518057
电话：0755-86168476
传真：0755-86168482
网址：www.kstar.com.cn

KSTAR 科士达

产品简介：

工作方式：三进三出高频在线式。
功率范围：10～40kVA。
先进的工作模式：双变换在线式设计，采用输入功率因数校正（PFC）技术，输入功率因数高达0.99。
数字化控制：各部分架构全部采用数字化控制，控制系统更加稳定可靠。
ECO功能：可运行在ECO工作模式，高效节能降低用户应用成本。
并联冗余功能：直接并机，可4台并联。
并机共用电池：并机时可共用电池组。
外接电池数量可选：电池节数：10～30kVA：16/18/20节可选；
40～80kVA：32/34/36/38/40节可选。
智能充电管理：用户可设定充电电流，恒流，恒压和浮充三段式充电管理自动平滑切换。
显示：LCD/LED双重显示。
维修旁路：整机带维修旁路功能。
EPO功能：整机配有EPO紧急关机功能。
输出带载能力：输出可以接完全不平衡负载。
自老化模式：可进行系统满载测试。
智能管理：USB / RS232 / RS485通信接口。
SNMP卡（选配）。
继电器卡（选配）。

产品创新性：

功率密度高，应用范围广，参考指标高，可内置电池，标机可外接电池。

产品适用范围：

- 数据中心
- 电信、金融中心机房，政府、能源、电力、交通机房
- 电信营业厅、呼叫中心、企业和政府的办公室、中小企业计算机房

主要参数：

型号	YDC3310S/H	YDC3315S/H	YDC3320S/H	YDC3330S/H	YDC3340H
额定容量	10kVA / 9kW	15kVA/ 13.5kW	20kVA / 18kW	30kVA/ 27kW	40kVA/ 36kW
输入电压范围（Vac）	208~478				
输入功因	≥0.99				
输出电压（Vac）	380 / 400 / 415±1%				
输出功因	0.9				
电池电压（Vdc）	标准机型：±120（20节）长延时：±96；±108；±120（16 / 18 / 20节可选）	标准机型：±120（2组20节）长延时：±96；±108；±120（16 / 18 / 20节可选）		标准机型：±120（3组20节 长延时：±96；±108；±120（16 / 18 / 20节可选）	±192V / ±204V / ±216V / ±228V / ±240Vdc (32/34/36/38/40节可选)
整机效率	93.5%	94.5%			
净重 (kg)	115 / 57	170 / 63	171 / 64	223 / 71	73
尺寸(W×D×H) mm	250×828×868				

深圳市英威腾电源有限公司
地址：深圳市南山区龙井高发科技园
邮编：518055
电话：13556803797
传真：0755-26782664
网址：www.invt-power.com.cn
E-mail：www.invt-power.com.cn

RM系列50～400kVA 模块化UPS

上市时间：2015年10月

产品简介：

RM系列模块化UPS采用在线式双变换和部件模块化全冗余设计，基于新一代全新双DSP全数字化控制，采用当前先进的非主从（分散逻辑控制），为用户提供高可靠、超高效率、超高功率密度的UPS。

RM系列拥有30多项专利，其中发明专利10多项。

RM系列全面通过抗震、泰尔、节能、CE等权威认证。

RM系列专注于智能、可靠、绿色、简易、节省的解决方案，可为小中大型各类数据中心、服务器机房、各类通信系统及工业自动化生产设备等关键负载提供高质量的供电保证。

产品创新性：

功率模块及系统均采用硬件与软件双重保护的设计方案；监控和静态旁路模块可在线热插拔，每个功率模块均为自主控制；功率模块故障发生后，控制单元会迅速抓取波形并保存下来，并可通过USB接口，导出波形图进行快速精确的故障分析，节省维护时间；每个功率模块监控界面均可提供8个温度监控点位及各种关键参数监测显示；通过设置自主老化模式即可进行系统满载测试；采用32位高速DSP数字化控制，通信系统采用当前最先进CAN-BUS系统；系统自带电池冷启功能;智能休眠模式保证UPS高效率运行，真正实现绿色节能。

产品适用范围：

广泛应用于政府、金融、通信、教育、交通、气象、广播电视、工商税务、医疗卫生、能源电力等各个行业领域。

主要参数：

型号		RM400/40X	RM500/50X
容量		40～500kVA	
输入	输入电压	380/400/415VAC (线电压)	
	功率因数	>0.99	
	电流畸变率	THDi<3%	
	电压范围	AC304～478V(线电压)满载；AC304V～228V (线电压)负载从100%到75%之间线性降额	
	频率范围	40Hz～70Hz	
电池	电池电压	±DC240V（32～44节可设置）	
旁路	电压范围	可设置，默认 -20%～+15%；上限: +10%, +15%, +20%, +25%；下限: -10%, -15%, -20%, -30%, -40%	
	频率范围	可设置，±1Hz，±3Hz，±5Hz)	
输出	额定输出电压	380V/400V/415V(线电压)	
	额定输出频率	50/60Hz	
	输出功率因数	0.9	
	电压精度	±1.0%	
	输出总谐波失真（THDu）	<1%（线性负载）,<5%（非线性负载）	
	逆变器过载	110%,1h后转旁路；125%,10min后转旁路；150%,1min后转旁路；>150%,200ms后转旁路	
	频率精度	50/60Hz±0.01%	
	跟踪范围	可设置，±0.5Hz-±5Hz，默认±3Hz	
	三相相位精度	120° ±0.5°	
系统	主路模式	>96%	
	显示	LED + LCD + 彩色触摸屏	
	EMS	IEC62040-2；IEC61000-4-2(ESD)；IEC61000-4-3(RS)；IEC61000-4-4 (EFT)；IEC61000-4-5 (Surge)	
	防护等级	IP20	
	噪声(1m)	72dB @ 100% 负载, 69dB @ 45% 负载	
	工作温度	0～40℃	
	相对湿度	0～95%(无凝露)	
	海拔	<1000m，1000～2000m之间，每升高100m，功率降额1%	
尺寸(W*D*H)mm		1300*1100*2000	

高集成QR-PSR AC-DC芯片——PN836X系列

上市时间：2015年5月

无锡芯朋微电子股份有限公司
地址：江苏无锡新区龙山路旺庄科技创业中心C栋13层
邮编：214028
电话：0510-85217718
传真：0510-85217728
网址：www.chipown.com
E-mail：market@chipown.com.cn

芯朋微电子 Chipown 高性能电源芯片供应商

产品简介：

PN836X系列由准谐振多模式PSR控制器及高压智能功率MOSFET组成，专用于高可靠、六级能效、极简外围的充电器、适配器及内置电源，输出功率为5~12W，SOP7/DIP8封装；内置输入电压补偿，无需额外环路补偿电容，可编程输出线电压补偿；全电压范围±3%的CC/CV精度；齐备的智能保护功能，包括OTP、OLP、OCP、OVP、UVLO、所有外围元件加工的开短路保护、输出开短路保护等。

产品创新性：

- PN836X系列芯片内置高压启动、PFM+PWM+QR模式、集成700V高雪崩能力智能MOS、待机小于30mW,轻松满足5~15W充电器六级能效要求。

拥有六项设计专利特色：

- 集成650~800V高雪崩的智能功率MOSFET（专利），电压、温升De-rating裕量充足；
- 集成两级高压启动MOS模块（专利），配合极低工作电流，满足待机功耗小于30mW；
- 集成高压比例电流采样MOS电路（专利），防止CS/FB外接元件短路炸机；
- 采用自适应谷底开通（专利）和多模式PFM+PWM+QR技术提高平均效率；
- 采用逐级限频电路（专利），大幅改善PSR环路动态特性，EFT满足5kV；
- 采用多段栅驱动电路（专利），显著改善开关过冲特性，EMI裕量更充裕。

产品适用范围：

适用于手机、平板、数码相机等电子产品的充电器、适配器。

主要参数：

PN836X系列产品SOP7/DIP8封装，
输出功率为5~15W,待机功耗＜30mW，
满足六级能效要求。

先控 SICON EMI
先控捷联电气股份有限公司
地址：石家庄高新区湘江道319号第14、15幢
邮编：050035
电话：0311-85903698
传真：0311-85903718
网址：www.scupower.com
E-mail：dongmei.li@scupower.com

一体化新能源充电站

上市时间：2015年1月

产品简介：

先控一体化新能源充电站是由“光伏组件”、“直流控制器”、“储能电池组”、“双向变流器”、“充电设备”及“土建”组成，是一套标准的、集成的一体化充电站。新能源一体化充电站以“组”为单位，每组充电站具有10个充电车位，8路交流慢充、2路直流快充，10个车位可同时充电。每组充电站具有5X2（14.5mX10m）和10X1（27mX5m）两种车位形式。

产品创新性：

- 优先利用自然能源
  由光伏组件通过光伏组件控制器及主机向负载提供优质交流电，同时主机实时对储能电池进行维护，保证电池能量储备。
- 电网补电
  当负载量突然加大时，太阳能与储能电池同时为负载供电，电网进行补电。
- 电池放电
  当出现自然能源不足时转换电池放电模式为负载供电，当电池能量释放至30%时，同时，自然能源不足时，再转由电网供电。

上述工作模式形成先控新能源一体化充电站，其特点：系统标准化、模块化、集成化；系统绿色节能化；美化城市形象的美观外形；充电方式智能化；系统收益多元化。

产品适用范围：

汽车充电站。

主要参数：

采用风能、太阳能，大自然赋予的能源，清洁，安全，无噪声。

充电桩采用分立式结构，充电柜放置于站内，充电桩分布于站外，安全可靠。

体积小——整桩一体化设计，绿色环保、节地，降低设备投入成本。

效率高——用电效率高，真正达到95%的转换效率，降低设备运营成本。

站内具有配电监测、充电监测、设备及环境检测等安防措施，实时传送维护人员，实现无人值守。

智能交互云平台，其功能：云平台的运营管理系统、云端的大数据管理，采用互联网标准接口，实现人、车、设备、云服务的智能连接和交互，节约投资和管理人员，方便维护。

标准化、规模化，易扩展、移动、维护和快速安装部署，实现最少的投资成本和优化配置方案。

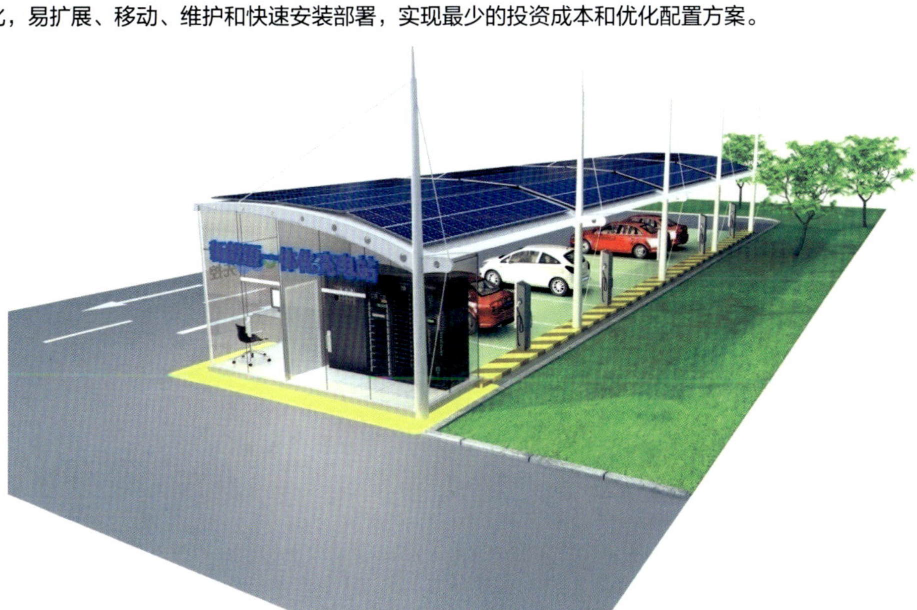

EQ型磁芯

上市时间：2015年4月

浙江东睦科达磁电有限公司
地址：浙江省湖州市德清县武康镇曲园北路525号
邮编：313200
电话：0572-8085881
传真：0572-8085880
网址：www.kdm-mag.com
E-mail：kda@kdm-mag.com

产品简介：

EQ磁芯是KDM公司开发的适用于自动化生产的新型磁芯。相较于传统的环形磁芯电感，EQ磁芯由对称的EQ磁芯和扁平线圈组合而成，自动化工艺极高，能够解决铜线粗，绕线效率低的问题，大大降低人工成本，目前我司已形成多种材料的全系列EQ磁芯生产线。

产品创新性：

- 节约绕线时间。
- 适用于自动化生产，产能提升。
- 减少绕线铜线用量，降低成本。

产品适用范围：

适用于各种大电流输出滤波电感。

主要参数：

磁导率μ：26~60。
直流偏置能力%μ:80%(@100 Oe)。
磁芯损耗P：250mW/cm^3(@50kHz/100mT)。

EKSI Electrical Powerware | 江苏爱克赛电气制造有限公司
JIANGSU EKSI ELECTRONIC MANUFACTURE CO.,LTD

江苏爱克赛电气制造有限公司
地址：扬州经济技术开发区金山路142号
邮编：225131
电话：0514-87525888
传真：0514-87526268
网址：www.eksi.cn
E-mail：market@eksi.cn

EKM系列模块化UPS

上市时间：2015年10月

产品简介：

EKM系列是高效率、高性能的双转换纯在线式的模块化三进三出 UPS，采用DSP全数字化控制技术，集中了当今电力电子和自动控制领域先进的技术成果，是UPS行业技术革命的一块里程碑。EKM系列UPS的诞生给用电设备的供电方案带来了全新的理念，使得用电设备的可用性得到突破性的提高。模组化设计应用于功率模块、STS模块和电池模块。易于更新维护，降低售后维修费用。

产品创新性：

- UPS模块采用先进的双DSP作为中央控制器，可靠性和精确度大大提高，方便升级与维护。
- 高功率密度设计，单模块功率容量最高可达50kVA，采用N+X并联冗余应用设计增加系统灵活性、稳定性和安全性。系统最大可扩容至600kVA。
- 采用智能化电池管理系统，电池节数可灵活配置；并机系统可共用电池组，大大节省了电池的开销。
- 高效双转换在线UPS，最高效率可达96%以上，输入功率因数大于0.99。
- 充电电流可调，每个模块最大充电电流可达8A。

产品适用范围：

数据中心、公安系统、电力调度中心、金融数据中心、教育系统、广电系统、工业控制系统、医疗中心、交通控制枢纽、烟草系统等。

主要参数：

容　量	10～600KVA
功率模块kva	10、20、30、40、50
市电参数	
电压制式	3Φ4W＋G（三相四线＋接地）
电压范围	AC（204～520）V（三相/线电压）
频率范围	50Hz±10Hz 或 60Hz±10Hz
功率因数	＞0.99
电流谐波	＜3%
输出参数	
输出功率因数	1.0
输出相数	三相四线输出（额定电压AC380V）
输出电压	AC380V±1% 或 AC220V±1%
输出频率	50Hz±0.01Hz 或 60Hz±0.01Hz
峰值因数	3:1
电压失真度	＜1%（线性负载）；＜3%（非线性负载）
过载能力	≤130% 10min、130%＜负载≤150% 1min、150%＜负载 0.5s
效 率	≥96%
电池参数	
类 型	阀控式铅酸免维蓄电池
标称电压	±DC240V(±16～±20节可调)

PAS系列线性功率放大器

上市时间：2015年1月

上海科梁信息工程股份有限公司
地址：上海市宜山路829号海博新大楼2楼
邮编：200233
电话：021-54234718/19/20
传真：021-54234721
网址：www.keliangtek.com
售前支持邮箱：info@keliangtek.com
售后支持邮箱：support@keliangtek.com

产品简介：

德国Spizenberger& Spies公司高性能的四象限功率放大器。该四象限功率放大器由于其优异的性能,在各种EMC测试、精密电源测试以及功率硬件在环仿真等领域都有广泛的应用。

产品创新性：

采用线性技术、高电压摆率、极宽带宽、极低的谐波失真、极强的过载能力、低内阻。

产品适用范围：

传导类EMC测试、汽车电源测试、飞机电源测试、功率硬件在环仿真、光伏逆变器测试。

主要参数：

输入特性: 220V/230V50Hz/60Hz。
输出特性: 直流：DC0~424V交流：0~300Vrms。
转换效率: 根据输出电压不同，转换效率不同。
其它主要参数: 大信号带宽：30kHz(-3dB);摆率:52V/μs。

SWITCHING POWER SUPPLIES
CHINFA
Power your success with
our support and supply
NEW
AC/DC
DIN RAIL POWER
AC/DC
DIN RAIL POWER
AC / DC
ENCLOSED POWER
AC / DC
POWER MODULES
DC / DC
CONVERTERS
http://www.chinfa.com
CHINFA
勤發電子股份有限公司
CHINFA ELECTRONICS IND. CO., LTD.
台灣 新北市汐止區大同路一段239號11樓
11F., No. 239, Sec. 1, Datong Road, Xizhi Dist., New Taipei City 22161, Taiwan
TEL : +886 2 26478100 FAX : +886 2 26478200 E-mail : sales@chinfa.com

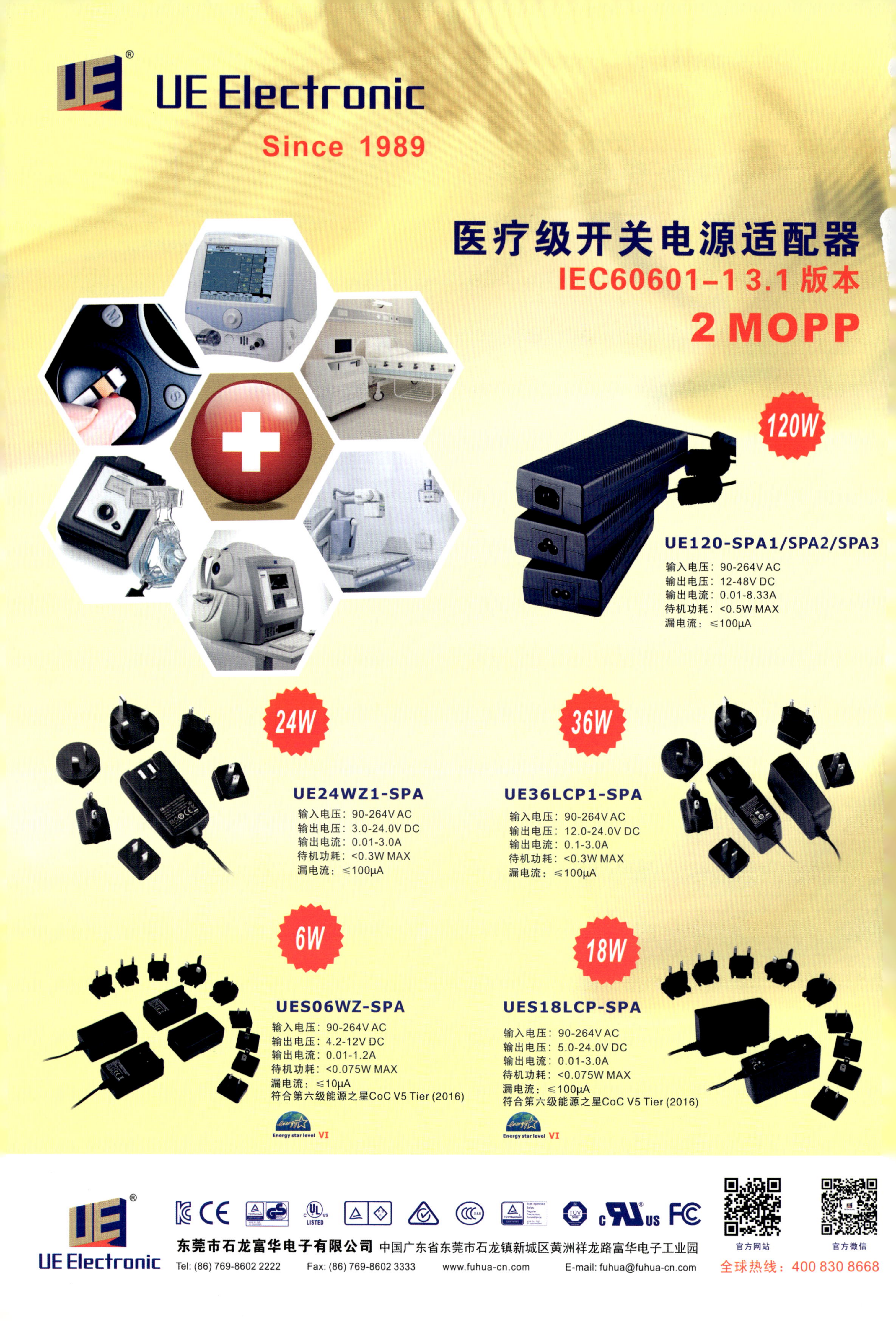
UE Electronic
Since 1989
医疗级开关电源适配器
IEC60601-1 3.1 版本
2 MOPP
120W
UE120-SPA1/SPA2/SPA3
输入电压：90-264V AC
输出电压：12-48V DC
输出电流：0.01-8.33A
待机功耗：<0.5W MAX
漏电流：≤100μA
24W
UE24WZ1-SPA
输入电压：90-264V AC
输出电压：3.0-24.0V DC
输出电流：0.01-3.0A
待机功耗：<0.3W MAX
漏电流：≤100μA
36W
UE36LCP1-SPA
输入电压：90-264V AC
输出电压：12.0-24.0V DC
输出电流：0.1-3.0A
待机功耗：<0.3W MAX
漏电流：≤100μA
6W
UES06WZ-SPA
输入电压：90-264V AC
输出电压：4.2-12V DC
输出电流：0.01-1.2A
待机功耗：<0.075W MAX
漏电流：≤10μA
符合第六级能源之星CoC V5 Tier (2016)
Energy star level VI
18W
UES18LCP-SPA
输入电压：90-264V AC
输出电压：5.0-24.0V DC
输出电流：0.01-3.0A
待机功耗：<0.075W MAX
漏电流：≤100μA
符合第六级能源之星CoC V5 Tier (2016)
Energy star level VI
UE Electronic
东莞市石龙富华电子有限公司 中国广东省东莞市石龙镇新城区黄洲祥龙路富华电子工业园
Tel: (86) 769-8602 2222 Fax: (86) 769-8602 3333 www.fuhua-cn.com E-mail: fuhua@fuhua-cn.com
官方网站
官方微信
全球热线：400 830 8668